W0370626

Systematische Zoologie

Begründet von

Adolf Remane · Volker Storch · Ulrich Welsch

Fortgeführt von

Volker Storch und Ulrich Welsch

5., bearbeitete und erweiterte Auflage

448 Abbildungen

GUSTAV FISCHER

Stuttgart · Jena · Lübeck · Ulm

Anschriften der Autoren:

Prof. Dr. Volker Storch
Zoologisches Institut der Universität
Im Neuenheimer Feld 230, 69120 Heidelberg

Prof. Dr. Dr. Ulrich Welsch
Anatomische Anstalt der Universität
Pettenkoferstr. 11, 80336 München

Spanische Ausgabe 1980 (Ediciones Omega, Barcelona)

Die Deutsche Bibliothek – CIP-Einheitsaufnahme

Remane, Adolf:
Systematische Zoologie / begr. von Adolf Remane ; Volker Storch ; Ulrich Welsch. Fortgef. von Volker Storch und Ulrich Welsch. – 5., bearb. Aufl. – Stuttgart ; Jena ; Lübeck ; Ulm : G. Fischer, 1997
ISBN 3-437-25160-0

© Gustav Fischer Verlag · Stuttgart · Jena · Lübeck · Ulm · 1997
Wollgrasweg 49 · 70599 Stuttgart
Das Werk einschließlich aller seiner Teile ist urheberrechtlich geschützt. Jede Verwertung außerhalb der engen Grenzen des Urheberrechtsgesetzes ist ohne Zustimmung des Verlages unzulässig und strafbar. Das gilt insbesondere für Vervielfältigungen, Übersetzungen, Mikroverfilmungen und die Einspeicherung und Verarbeitung in elektronischen Systemen.

Satz: Typomedia Satztechnik GmbH, Ostfildern
Druck und Einband: Druckhaus «Thomas Müntzer», Bad Langensalza
Umschlaggestaltung: SRP GmbH, Ulm

Vorwort zur 5. Auflage

In zwei Jahrzehnten sind nun fünf Auflagen dieses Buches erschienen, und auch für diese 5. Auflage waren wieder viele Veränderungen erforderlich. Abgesehen von den Korrekturen, die durch den Fortschritt wissenschaftlicher Erkenntnisse notwendig waren, sind es drei Aspekte, die diese Auflage von ihren Vorgängerinnen unterscheiden:

1. Große Zustimmung haben die Lebensraum-Darstellungen gefunden, die wir ab der 4. Auflage für dieses Buch entworfen haben, um verstärkt auf ökologische Aspekte der systematischen Zoologie hinzuweisen. Diese Arbeiten wurden fortgeführt, und wir präsentieren in dieser Auflage weitere Tafeln. Insgesamt wurden etwa 200 Tierarten in ihrem Lebensraum dargestellt. Wir wollen damit die Bedeutung des Tieres in seiner Umwelt unterstreichen, denn ohne Einsicht in die Lebensweise und Ökologie eines Tieres bleibt manches in der Biologie leer. Um die Tafeln rascher auffindbar zu machen, sind sie im Anschluß an dieses Vorwort aufgelistet. Als ein Einstieg in die Vielfalt der Tiere kann dem Anfänger das Betrachten und das Lernen zunächst nach diesen Lebensraum-Darstellungen empfohlen werden.

2. Unter den vielleicht 1,5 Millionen Tierarten, die bis heute beschrieben wurden, sind viele besonders auffallend, zum Beispiel als in ihrem Lebensraum dominierende Formen, als Parasiten des Menschen, als Schadorganismen in Land- und Forstwirtschaft, Gärten und Speichern, als synanthrope Tiere in Städten und Häusern oder als Adventivorganismen (Neozoen), die sich in ihrer neuen Heimat rasch ausgebreitet haben. Viele Tierarten werden vom Menschen auch intensiv genutzt. Wir haben diese Formen in Kästen hervorgehoben, wobei der entsprechende Text vorwiegend die Biologie der Arten berücksichtigt, deren Kenntnis heute auch an Universitäten verloren zu gehen droht. Der Leser kann diese Artenkästen überschlagen, wenn er sich über eine Tiergruppe allgemein informieren will. Er kann andererseits von einem Kasten zum nächsten «hüpfen», wenn er den Zugang zur Vielfalt lebender Tiere zunächst einmal über diese besonders bekannten Arten finden möchte, die oft für den Menschen eine ganz besondere Bedeutung haben. Bei der Auswahl von etwa 300 besonders interessanten Arten haben uns vielfach fachkundige Kollegen beraten; dennoch bleibt eine gewisse Subjektivität.

3. Bestimmte Tierarten hatten oder haben noch heute starken Einfluß auf die kulturelle Entwicklung der Menschheit. Diesem weiten und interessanten Feld haben wir zum ersten Mal in dieser Auflage Rechnung getragen, wenngleich auch erst nur mit wenigen Einfügungen und neuen Abbildungen. Manch ein Leser mag überrascht sein, wenn er in einer «Systematischen Zoologie» Abbildungen von Skulpturen, Wappen oder Briefmarken findet, aber der enge Bezug zum Menschen wird dadurch besonders deutlich.

Den gesamten Text dieses Buches haben Fachleute, die durch langjährige Erfahrung erfolgreich an bestimmten Tierarten oder -gruppen wissenschaftlich gearbeitet haben, durchgesehen. Ihnen allen danken wir herzlich. Wenn mehrere Fachleute ein Kapitel beurteilen, sind die Kommentare natürlich nicht identisch. So konnten wir also nicht jedem Hinweis Rechnung tragen. Folgende Personen haben größere Passagen kritisch durchgesehen:

Dieter Ammermann (Tübingen), Klaus Anger (Helgoland), Wolf Arntz (Bremerhaven), Franz Bairlein (Wilhelmshaven), Klaus Bandel (Hamburg), Dagmar Barthel (Kiel), Heiko Bellmann (Ulm), Hans-Heiner Bergmann (Osnabrück), Rüdiger Bieler (Chicago), Czeslaw Błaszak (Poznań), Wolfgang Böhme (Bonn), Sigurd von Boletzky (Banyuls-sur-Mer), Bernd U. Budelmann (Galveston), Rudo von Cosel (Paris), Katharina Fabricius (Townsville), Pio Fioroni (Münster), Rainer F. Foelix (Aarau), Brigitte Frank (Stuttgart), Roland Fricke (Stuttgart), Olav Giere (Hamburg), Wolfgang-Rüdiger Große (Halle), Frederick W. Harrison (Cullowhee), Klaus Hausmann (Berlin), Thomas Heeger (Cebu City), Thomas W. Holstein (Frankfurt/Main), Ulrich Joger (Darmstadt), Reinhardt M. Kristensen (Kopenhagen), Dieter Kruska (Kiel), Karsten Reise (List/Sylt), Rüdiger Riehl (Düsseldorf), Franz Riemann (Bremerhaven), Klaus Rohde (Armidale), Luitfried von Salvini-Plawen (Wien), Matthias Schaefer (Göttingen), Konrad Schmidt (Karlsruhe), Ulrich Sinsch (Koblenz), Michael Stubbe (Halle), Dieter Sturhan (Münster), Hans Theede (Kiel), Wolfgang Tischler (Kiel), Michael Türkay (Frankfurt/Main), Anders Warén (Stockholm), Bernhard Weischer (Münster), Willi Xylander (Görlitz) und Peter Zwick (Schlitz).

Zahlreiche weitere Fachleute haben kleinere Abschnitte kommentiert. Auch Ihnen, die hier nicht genannt werden, gilt unser Dank.

Etwa 30 neue Abbildungen wurden für diese Auflage hergestellt, und an weiteren wurden Veränderungen vorgenommen. Die Arbeit daran nahmen dankenswerterweise Herr Horst Ruß und Frau Barbara Reyermann aus München und Herr Michael Gottwald aus Heidelberg vor. Herr Ruß hat insbesondere die Lebensraum-Darstellungen konzipiert und gezeichnet.

Heidelberg und München

Volker Storch
Ulrich Welsch

Abbildungen von Lebensräumen:

Abb. 43: Pfahl im Atlantik
Abb. 45: Indowestpazifisches Korallenriff
Abb. 115: Stehendes Gewässer
Abb. 119: Wattenmeer
Abb. 169: Waldboden
Abb. 203: Mangrove
Abb. 225: Mittelgebirgsbach
Abb. 239: Doldenblütler
Abb. 246: Tierleiche
Abb. 346: Meeresboden des Nordatlantik
Abb. 398: Vögel in einer mitteleuropäischen Stadt
Abb. 399: Alpenfauna
Abb. 431: Nordpazifische Küste

Inhalt

Einführung: Grundlagen der Systematik XV

1. Unterreich: Protozoa (Einzeller) 1

1. Klasse: Flagellata (Mastigophora, Geißeltierchen) 12

1. Ordnung: Choanoflagellata 12
2. Ordnung: Trichomonadida 13
3. Ordnung: Diplomonadida 13
4. Ordnung: Hypermastigida 13
5. Ordnung: Kinetoplastida 14
6. Ordnung: Opalinida 17

2. Klasse: Rhizopoda (Sarcodina, Wurzelfüßler) 18

1. Ordnung: Amoebina 18
2. Ordnung: Testacea (Thekamöben) 19
3. Ordnung: Foraminifera 19
4. Ordnung: Radiolaria 21
5. Ordnung: Heliozoa (Sonnentierchen) 22

3. Klasse: Sporozoa (Apicomplexa, Sporentierchen) 23

1. Ordnung: Gregarinida 23
2. Ordnung: Coccidia 24
3. Ordnung: Piroplasmida 26

4. Klasse: Microspora (Microsporidia) 28

5. Klasse: Myxozoa (Myxosporidia) 28

6. Klasse: Ciliata (Ciliophora, Wimpertierchen) 29

1. Ordnung: Holotricha 30
2. Ordnung: Peritricha 30
3. Ordnung: Spirotricha 30
4. Ordnung: Chonotricha 32
5. Ordnung: Suctoria 32

2. Unterreich: Metazoa (Vielzeller) 33

A. Placozoa 35

B. Porifera (Schwämme) 36

1. Klasse: Calcarea 42
2. Klasse: Hexactinellida 42
3. Klasse: Demospongiae 42

C. Cnidaria (Nesseltiere) 44

1. Klasse: Hydrozoa 58
   1. Ordnung: Hydroidea 58
   2. Ordnung: Trachylina 60
   3. Ordnung: Siphonophora 61

2. Klasse: Cubozoa 61

3. Klasse: Scyphozoa 61
1. Ordnung: Stauromedusae 61
2. Ordnung: Coronata 62
3. Ordnung: Semaeostomeae 62
4. Ordnung: Rhizostomeae 63

4. Klasse: Anthozoa 63

a. Octocorallia 63
1. Ordnung: Coenothecalia (Helioporida) 63
2. Ordnung: Alcyonaria 63
3. Ordnung: Gorgonaria 63
4. Ordnung: Pennatularia (Seefedern) 64

b. Hexacorallia 64
1. Ordnung: Actiniaria 64
2. Ordnung: Madreporaria (Scleractinia) 66
3. Ordnung: Corallimorpharia 70
4. Ordnung: Antipatharia (Dornkorallen) 70
5. Ordnung: Ceriantharia (Zylinderrosen) 70
6. Ordnung: Zoantharia (Krustenanemonen) 71

D. Ctenophora (Rippenquallen) 71

1. Klasse: Tentaculifera 75
2. Klasse: Atentaculata 75

E. Bilateria (Coelomata) 75

Reihe: Protostomia (I–XI) 77
I. Tentaculata 77
1. Klasse: Phoronidea 77
2. Klasse: Bryozoa (Polyzoa, Moostiere) 80
3. Klasse: Brachiopoda (Armfüßer) 88

Spiralia (II–XI) 92

II. Sipunculida 93

III. Plathelminthes (Plattwürmer) 94
1. Klasse: Turbellaria (Strudelwürmer) 100
2. Klasse: Trematoda (Saugwürmer) 103
3. Klasse: Monogenea 109
4. Klasse: Cestoda (Bandwürmer) 110

IV. Mesozoa 116

V. Gnathostomulida 118

VI. Nemertini (Schnurwürmer) 118

VII. Aschelminthes (Rundwürmer) 122
1. Klasse: Rotatoria (Rädertiere) 123
2. Klasse: Acanthocephala (Kratzer) 127
3. Klasse: Gastrotricha 130
4. Klasse: Nematoda (Fadenwürmer) 133
5. Klasse: Nematomorpha 145
6. Klasse: Kinorhyncha 146
7. Klasse: Priapulida 146
8. Klasse: Loricifera 148

VIII. Kamptozoa 149

IX. Cycliophora 150

X. **Mollusca (Weichtiere)** 150
1. Klasse: Aplacophora (Wurmmolluscen) 160
2. Klasse: Polyplacophora (Käferschnecken, Chitonen) 163
3. Klasse: Monoplacophora 164
4. Klasse: Gastropoda (Schnecken) 164
1. Unterklasse: Streptoneura (Prosobranchia, Vorderkiemer) 170
1. Ordnung: Archaeogastropoda (Diotocardia) 170
2. Ordnung: Caenogastropoda (Monotocardia) 172
3. Ordnung: Allogastropoda 176
2. Unterklasse: Euthyneura 176
1. Überordnung: Opisthobranchia (Hinterkiemer) 177
2. Überordnung: Gymnomorpha (Systellommatophora) 180
3. Überordnung: Pulmonata (Lungenschnecken) 180
1. Ordnung: Basommatophora 180
2. Ordnung: Stylommatophora 181
5. Klasse: Bivalvia (Lamellibranchiata, Muscheln) 184
1. Unterklasse: Ctenidiobranchia (Palaeotaxodonta) 190
2. Unterklasse: Palaeobranchia (Cryptodonta) 191
3. Unterklasse: Autobranchia 191
1. Ordnung: Pteriomorpha (Anisomyaria) 191
2. Ordnung: Trigonida 194
3. Ordnung: Unionoida (Palaeoheterodonta) 194
4. Ordnung: Heterodonta 194
5. Ordnung: Anomalodesmata 197
6. Ordnung: Septibranchia 197
6. Klasse: Scaphopoda (Solenoconchae, Kahnfüßer) 197
7. Klasse: Cephalopoda (Kopffüßer) 198
1. Unterklasse: Palcephalopoda (Tetrabranchiata) 203
1. Ordnung: Orthoceratoida 203
2. Ordnung: Nautiloida 203
3. Ordnung: Ammonoida 203
2. Unterklasse: Coleoida (Dibranchiata, Tintenfische) 204
1. Ordnung: Belemnoidea 205
2. Ordnung: Decabrachia 205
3. Ordnung: Vampyromorpha 205
4. Ordnung: Octobrachia (Kraken) 205

XI. **Articulata (Gliedertiere)** 207

1. Annelida (Ringelwürmer) 207
1. Klasse: Polychaeta 212
1. Ordnung: Errantia 214
2. Ordnung: Sedentaria 215
3. Ordnung: Archiannelida 217
2. Klasse: Myzostomida 217
3. Klasse: Clitellata 218
1. Unterklasse: Oligochaeta 218
1. Ordnung: Plesiopora (Tubificida) 221
2. Ordnung: Opisthopora (Lumbricida und Haplotaxida) 222
3. Ordnung: Prosopora (Lumbriculida) 223
2. Unterklasse: Hirudinea (Egel) 223
1. Ordnung: Acanthobdellida 225
2. Ordnung: Rhynchobdellida 226
3. Ordnung: Gnathobdellida 226
4. Ordnung: Pharyngobdellida 226
4. Klasse: Echiurida 226

2. Tardigrada (Bärtierchen) 228

3. Pentastomida (Zungenwürmer) 229

4. Arthropoda (Gliederfüßler) . . . 230
Protarthropoda (Onychophora) . . . 234
Euarthropoda . . . 237
Körpergliederung . . . 237
Extremitäten . . . 238
Körperdecke . . . 239
Sinnesorgane . . . 240
Nervensystem . . . 244
Schallerzeugung . . . 245
Atemorgane . . . 245
Darmkanal . . . 248
Blutgefäßsystem . . . 249
Leibeshöhle . . . 250
Exkretionsorgane . . . 250
Gonaden . . . 251
Entwicklung und Eier . . . 253

A. Trilobitomorpha . . . 256

B. Chelicerata . . . 257

1. Klasse: Merostomata . . . 259
1. Ordnung: Xiphosura (Pfeilschwänze) . . . 259
2. Ordnung: Eurypterida (Gigantostraca) . . . 259
2. Klasse: Arachnida (Spinnentiere) . . . 260
1. Ordnung: Scorpiones . . . 261
2. Ordnung: Pedipalpi . . . 263
3. Ordnung: Palpigradi . . . 265
4. Ordnung: Araneae (Webspinnen) . . . 265
5. Ordnung: Pseudoscorpiones . . . 276
6. Ordnung: Opiliones (Weberknechte) . . . 279
7. Ordnung: Solifugae (Walzenspinnen) . . . 281
8. Ordnung: Ricinulei . . . 282
9. Ordnung: Acari (Milben) . . . 282
3. Klasse: Pantopoda (Pycnogonida, Asselspinnen) . . . 289

C. Mandibulata . . . 291

1. Crustacea (Krebse) . . . 291
1. Klasse: Remipedia . . . 296
2. Klasse: Cephalocarida . . . 297
3. Klasse: Phyllopoda (Blattfußkrebse) . . . 297
4. Klasse: Anostraca . . . 300
5. Klasse: Ostracoda (Muschelkrebse) . . . 301
6. Klasse: Copepoda (Ruderfußkrebse) . . . 303
7. Klasse: Branchiura (Karpfenläuse) . . . 304
8. Klasse: Mystacocarida . . . 305
9. Klasse: Tantulocarida . . . 305
10. Klasse: Ascothoracida . . . 306
11. Klasse: Cirripedia (Rankenfüßer) . . . 306
12. Klasse: Malacostraca . . . 308
1. Ordnung: Phyllocarida . . . 310
2. Ordnung: Syncarida . . . 311
3. Ordnung: Pancarida . . . 311
4. Ordnung: Hoplocarida . . . 311
5. Ordnung: Peracarida . . . 311
6. Ordnung: Eucarida . . . 318

2. Antennata (Tracheata, Eutracheata) . . . 324

a. Chilopoda (Opisthogoneata, Hundertfüßer) . . . 324
b. Progoneata . . . 326

1. Ordnung: Symphyla 326
2. Ordnung: Diplopoda 327
3. Ordnung: Pauropoda 328
c. Insecta (Hexapoda, Insekten) 329
Apterygota 330
1. Diplura 330
2. Protura 330
3. Collembola 331
4. Thysanura 333
Pterygota 334
Nutzbare Pterygota 336
Pterygota als Blütenbestäuber 338
Pterygota als Gallerzeuger 339
Pterygota als Pflanzenschädlinge 343
Pterygota als Vorrats- und Hausschädlinge 351
Pterygota als Krankheitsüberträger und Parasiten des Menschen 355
System der Pterygota 360
1. Ordnung: Ephemeroptera (Eintagsfliegen) 360
2. Ordnung: Odonata (Libellen) 361
3. Ordnung: Plecoptera (Steinfliegen) 365
4. Ordnung: Embioptera (Tarsenspinner) 366
5. Ordnung: Notoptera 366
6. Ordnung: Dermaptera (Ohrwürmer) 366
7. Ordnung: Mantodea (Fangheuschrecken) 367
8. Ordnung: Blattodea (Schaben) 368
9. Ordnung: Isoptera (Termiten) 369
10. Ordnung: Phasmatodea 370
11. Ordnung: Ensifera (Laubheuschrecken und Grillen) 371
12. Ordnung: Caelifera (Feldheuschrecken) 371
13. Ordnung: Zoraptera 372
14. Ordnung: Psocoptera (Staubläuse und Flechtlinge) 372
15. Ordnung: Phthiraptera (Lauskerfe) 372
16. Ordnung: Thysanoptera (Fransenflügler) 373
17. Ordnung: Rhynchota (Schnabelkerfe) 374
18. Ordnung: Megaloptera (Schlammfliegen) 384
19. Ordnung: Raphidioptera (Kamelhalsfliegen) 385
20. Ordnung: Planipennia (Netzflügler) 385
21. Ordnung: Coleoptera (Käfer) 386
22. Ordnung: Hymenoptera (Hautflügler) 393
23. Ordnung: Trichoptera (Köcherfliegen) 400
24. Ordnung: Lepidoptera (Schmetterlinge) 402
25. Ordnung: Mecoptera (Schnabelfliegen) 407
26. Ordnung: Diptera (Zweiflügler) 408
27. Ordnung: Siphonaptera (Flöhe) 413
28. Ordnung: Strepsiptera (Fächerflügler) 414

Incertae sedis 415

I. Chaetognatha (Pfeilwürmer) 415

II. Pogonophora 417

Reihe: Deuterostomia (I–III) 419

I. Hemichordata 419
1. Klasse: Pterobranchia 420
2. Klasse: Enteropneusta (Eichelwürmer) 422
3. Klasse: Graptolitha 426

II. Echinodermata (Stachelhäuter) 426
a. Pelmatozoa 438
1. Klasse: Crinoidea (Seelilien) 438

2. Klasse: Rhombifera 442
3. Klasse: Diploporita 442
4. Klasse: Blastoidea 442
b. Eleutherozoa 442
1. Klasse: Stromatocystidea 442
2. Klasse: Edrioasteroidea 442
3. Klasse: Asteroidea (Seesterne) 443
4. Klasse: Concentricycloidea 448
5. Klasse: Ophiuroidea (Schlangensterne) 449
6. Klasse: Echinoidea (Seeigel) 453
7. Klasse: Holothuroidea (Seewalzen, Seegurken) 459

III. Chordata (Chordatiere) 463

1. Urochordata 464

a. Tunicata (Manteltiere) 464
1. Klasse: Ascidiae (Ascidiacea, Seescheiden) 469
2. Klasse: Thaliaceae (Salpen, Feuerwalzen) 470

b. Copelata 472

2. Acrania 476

3. Vertebrata (Craniota, Wirbeltiere) 482
Skelet 482
Wirbelsäule 483
Rippen 487
Extremitätengürtel und Extremitäten 487
Schädel, Schuppen 491
Muskulatur 500
Lunge und Schwimmblase 501
Haut 503
Sinnesorgane 504
Nervensystem 510
Endokrine Organe 519
Coelom 520
Darmsystem 521
Blutgefäßsystem 527
Lymphgefäßsystem 532
Blutzellen, blutzellbildende Organe 532
Lymphatische Organe 533
Urogenitalsystem 533
Entwicklung 540
System der Wirbeltiere (Vertebrata) 543

1. Überklasse: Agnatha (Kieferlose) 544

1. Klasse: Myxinoidea (Hyperotreta, Schleimaale) 545
2. Klasse: Osteostraci (Cephalaspida) 545
3. Klasse: Anaspida (Birkeniiformes) 545
4. Klasse: Heterostraci (Pteraspida) 545
5. Klasse: Galeaspida 545
6. Klasse: Thelodonti 545
7. Klasse: Petromyzonta (Hyperoartia, Neunaugen) 546

2. Überklasse: Gnathostomata (Kiefermünder) 548

1. Klasse: Placodermi 548
2. Klasse: Acanthodii 549
3. Klasse: Chondrichthyes (Knorpelfische) 549
1. Unterklasse: Elasmobranchii (Haie, Rochen) 551
2. Unterklasse: Holocephali (Chimären) 556
4. Klasse: Osteichthyes (Knochenfische) 557

a. Actinopterygii (Actinopteri, Strahlenflosser) 557
Chondrostei 559
Holostei 560
Teleostei 561
b. Choanichthyes (Sarcopterygii) 589
Dipnoi (Lungenfische) 589
Crossopterygii (Quastenflosser) 590

Landwirbeltiere (Tetrapoda) 591

1. Klasse: Amphibia (Lurche) 592
a. Labyrinthodontia 592
b. Lepospondyli 594
c. Lissamphibia 594
1. Ordnung: Urodela 596
2. Ordnung: Gymnophiona 599
3. Ordnung: Anura 600
Amniota (Nabeltiere) 610
2. Klasse: Reptilia (Kriechtiere) 611
a. Chelonia (Schildkröten) 613
b. Lepidosauria 617
1. Ordnung: Eosuchia 617
2. Ordnung: Rhynchocephalia 617
3. Ordnung: Squamata 618
c. Archosauria 634
1. Ordnung: Thecodontia 634
2. Ordnung: Crocodilia 634
3. Ordnung: Pterosauria 635
4. Ordnung: Saurischia 637
5. Ordnung: Ornithischia 639
d. Theropsida (säugerähnliche Reptilien) 639
e. Mesosauria 642
f. Ichthyosauria 642
g. Synaptosauria 643
3. Klasse: Aves (Vögel) 643
4. Klasse: Mammalia (Säugetiere, Säuger) 676
1. Prototheria 682
2. Theria 683
a. Symmetrodonta 683
b. Pantotheria 683
c. Marsupialia 683
d. Eutheria (Placentalia) 690
1. Ordnung: Insectivora 691
2. Ordnung: Macroscelidea 694
3. Ordnung: Scandentia 694
4. Ordnung: Primates 694
5. Ordnung: Chiroptera 704
6. Ordnung: Dermoptera 708
7. Ordnung: Xenarthra 708
8. Ordnung: Pholidota 710
9. Ordnung: Taeniodonta 710
10. Ordnung: Rodentia 710
11. Ordnung: Carnivora 716
12. Ordnung: Lagomorpha 724
13. Ordnung: Condylarthra 725
14. Ordnung: Tillodontia 725
15. Ordnung: Tubulidentata 726
16. Ordnung: Litopterna 726
17. Ordnung: Notungulata 726
18. Ordnung: Perissodactyla 727

19. Ordnung: Hyracoidea 728
20. Ordnung: Ancylopoda 732
21. Ordnung: Pantodonta 732
22. Ordnung: Dinocerata 732
23. Ordnung: Xenungulata 732
24. Ordnung: Pyrotheria 732
25. Ordnung: Desmostylia 732
26. Ordnung: Sirenia 732
27. Ordnung: Proboscidea 733
28. Ordnung: Embrithopoda 735
29. Ordnung: Artiodactyla 735
30. Ordnung: Cetacea 742

Literatur 746

Sachregister 753

Einführung: Grundlagen der Systematik

Der Umfang der systematischen Zoologie ist im Verständnis der einzelnen Forscher nicht identisch. Einerseits ist sie auf die Analyse, die Einordnung und auf das Verständnis der Formenmannigfaltigkeit der Tiere gerichtet, andererseits wird sie oft mit spezieller Zoologie gleichgesetzt und ist dann – so auch in diesem Buch – der Zweig der Zoologie, der die Vielfalt der Arten und ihrer Lebensäußerungen, zum Beispiel ihre embryonale und phylogenetische Entwicklung, ihre Morphologie, Biochemie, Physiologie und Ökologie, ihr Verhalten sowie ihre Verbreitung erforscht und die Ergebnisse dieser Disziplinen verwendet, um die fast 2 Millionen bekannten fossilen und rezenten Tierarten in hierarchisch gegliederten Gruppierungen zu ordnen. Daher spiegelt ein System den jeweiligen Kenntnisstand der Biologie wider.

Innerhalb der Systematik besetzt die **Taxonomie** den Bereich, der sich mit Methoden, Techniken und Prinzipien der Beschreibung, Benennung und Anordnung der Tiere in einem System befaßt. Taxonomie ist also Schaffen von Ordnung. Manchmal wird Taxonomie mit Systematik gleichgesetzt. Den induktiven Prozeß des Einordnens in Stammeslinien oder des Zusammenfassens zu Gruppen nennt man Klassifizieren; es wird eine **Klassifikation** (ein **System**) erarbeitet. Diese sollte alle Informationen, die über eine Tiergruppe vorhanden sind, einbeziehen.

In einer Klassifikation wird eine Gruppierung beliebiger Rangordnung als ein **Taxon** (Plural Taxa) bezeichnet. So sind sowohl die Art *Antedon bifida* als auch die Klasse Seelilien (Crinoidea) jeweils ein Taxon. Ein Taxon sollte eine natürliche Abstammungsgemeinschaft, also eine monophyletische Gruppe sein. Innerhalb einer hierarchischen Klassifikation sind verschiedene **Kategorien** zu unterscheiden: Im wesentlichen handelt es sich um Art (Species), Gattung (Genus), Familie (Familia), Ordnung (Ordo), Klasse (Classis) und Stamm (Phylum). Vielfach – unter anderem bei großen Artenzahlen in einer Tiergruppe – ergibt sich die Notwendigkeit, Zwischenkategorien zu errichten, wie beispielsweise Subordo (Unterordnung) und Superordo (Überordnung). Arten lassen sich sehr oft in Unterarten (Subspecies) gliedern. Es war eine wichtige Entdeckung, daß Taxa hierarchisch geordnet sind, daß also die Blindwühle *Ichthyophis glutinosus* mit anderen Blindwühlen zum Taxon Gymnophiona, dieses zum Taxon Amphibia, dieses wiederum zum Taxon Vertebrata gehört. Die Taxa sind also ineinandergeschachtelt: **enkaptische Ordnung**. Während bei der Errichtung der Kategorie Art im allgemeinen objektive Kriterien (vor allem das der reproduktiven Isolation unter natürlichen Bedingungen) herangezogen werden können, herrschen bei der Abgrenzung und Festlegung der höheren Kategorien Tradition, Pragmatik und oft erheblicher Subjektivismus.

Unter **Bestimmung (Determination)** versteht man die Zuordnung von individuellen Organismen zu bestehenden Arten (oder anderen Taxa).

Theorien, Methoden und Entwicklung der Klassifikation, Systeme

Obwohl eine einfache Klassifikation der Organismen älter als die Zivilisation sein dürfte und die ersten überlieferten Klassifikationen schon diejenigen von Aristoteles (384–322 v. Chr.) sind, ist die Frage, wie und zu welchem Zweck eine Klassifikation konstruiert werden soll, keineswegs gelöst. Die letzten 40 Jahre haben sogar mehr Diskussionen über Theorie und Methodik einer Klassifikation erlebt als andere Zeiten vorher. Übereinstimmung ist allerdings nicht erreicht worden. Unterschiedliche Interpretationen, deren Wurzeln in unterschiedlichen Grundauffassungen und wohl auch in der

Persönlichkeit der jeweiligen Wissenschaftler liegen, prallen bisweilen hart aufeinander. Verschiedentlich haben sich einseitige Ansichten mit einem gewissen Ausschließlichkeitsanspruch bis zur Dogmatik in der Literatur über längere Zeit gehalten, was einem Erkenntnisfortschritt natürlich im Wege steht. Das Ziel vieler moderner Systematiker ist jedoch im wesentlichen dasselbe: Es wird versucht, Verwandtschaft zu ermitteln und eine Klassifikation zu erarbeiten, welche die Verwandtschaftsverhältnisse und die diesen zugrundeliegende Phylogenese sowie die unterschiedlichen Organisationsstufen widerspiegelt. Die Ergebnisse der Phylogeneseforschung, die alle Wissenschaftsbereiche von Molekularbiologie über Morphologie bis zu Ethologie und Ökologie berücksichtigen sollte, werden in Form des Stammbaumschemas dargestellt, wobei betont sei, daß es dafür verschiedene Möglichkeiten gibt. Die Basis muß wissenschaftlich bleiben, d. h. auf begründeten Hypothesen beruhen. Zu einem bestimmten Zeitpunkt für richtig angesehene Annahmen müssen stets durch neue, besser begründete Aussagen ersetzt werden. Die Klassifikation ist die Umsetzung der auf wissenschaftlicher Basis gewonnenen Einsichten. Im Idealfall spiegelt die Klassifikation die stammesgeschichtliche Aufspaltung in klaren hierarchischen Kategorien wider. In der Realität wird es aber immer wieder zu Unschärfen kommen, was teilweise an der schwer zu überschauenden Komplexität biologischer Vorgänge und Strukturen liegt. Es wird immer unterschiedliche Auffassungen zu fundamentalen Voraussetzungen geben, z. B. zu dem, was als primitiv oder ursprünglich (plesiomorph) bzw. abgeleitet (apomorph) anzusehen ist. Da aber gerade Grundannahmen wie die Anerkennung der Gastraea- oder der Enterocoel-Theorie zu weitreichenden Konsequenzen führen, werden auch auf unabsehbare Zeit verschiedene Auffassungen nebeneinander bestehen. Dies spiegelt eine offene wissenschaftliche Frage wider und muß auch ertragen werden. In der Praxis werden oft Kompromisse eingegangen, d. h. neben weitestgehend gesicherten Verwandtschaftszusammenhängen ist vermutete Verwandtschaft zu finden, die auf nicht tiefergehend analysierter oder konvergenter Ähnlichkeit beruht. Oft bleibt auch ein gewisser Ermessensspielraum, der von Tradition beeinflußt werden kann. Dieser Ermessensspielraum ist bisweilen außerordentlich weit ausgelegt und subjektiv mißbraucht worden. Verschiedene Fachleute, die die gleiche Tiergruppe bearbeiten, produzierten manchmal ganz unterschiedliche Klassifikationen, je nachdem, welches Merkmal bei der Bewertung im Vordergrund stand. Wer solche Klassifikationen benötigte, konnte die Wertigkeit dieser verschiedenen Elaborate nicht immer beurteilen und fragte sich, ob Klassifikation überhaupt etwas mit Wissenschaft zu tun hätte. Dieses Problem besteht noch heute, und manche Taxonomen fühlen mit Unbehagen, daß ein Element der Künstlichkeit in vielen der vorliegenden Klassifikationen existiert.

Die im vorgehenden kurz dargestellten Überlegungen sollen vor Augen führen, daß vieles in den derzeitigen Klassifikationen noch den Charakter der Hypothesen hat und wegen vielfach kaum aufzufüllender Wissenslücken auch behalten wird, daß die vorgestellten Klassifikationen nicht als endgültig anzusehen sind, daß die systematische Zoologie unverändert ein weites Feld der Forschung mit immer neuen Fragen ist und daß die Bearbeitung des mehr theoretischen oder erkenntnistheoretischen Hintergrundes der Systematik hohe Ansprüche stellt. Vor einer Fortführung dieser Gedanken und einer Diskussion der heutigen Situation der biologischen Klassifikation soll ein kurzer historischer Abriß eingeschoben werden.

Den Beginn der modernen Klassifikation markiert die 1758 erschienene 10. Auflage der «Systema naturae» des großen Naturforschers und Taxonomen Carl von Linné (1707–1778).

Linné erarbeitete in einer Zeit des Chaos und verwirrender Vielfalt praktikable Techniken für die Benennung von Tieren und Tiergruppen sowie für ihre abgestufte Anordnung. Sein wichtigster Vorläufer war John Ray (1627–1705). Als Linné Student war, bestand der wissenschaftliche Name einer Art vielfach noch aus mehreren lateinischen Wörtern und war eigentlich eine kurze Beschreibung (polynominale Nomenklatur). Linné vereinfachte die Benennung, indem er konsequent eine **binäre (binominale, binominiale) Nomenklatur** benutzte. In Linnés System besteht der wissenschaftliche Name eines Organismus aus zwei Begriffen, dem Gattungsnamen und dem Art-Epitheton (Beiwort); beide zusammen ergeben den Artnamen. Oft wird vereinfachend das Epitheton auch Artname genannt. So hat beispielsweise die Maurische Landschildkröte den Gattungsnamen *Testudo* und das Epitheton *graeca*, heißt also in der binären Nomenklatur *Testudo graeca* Linné 1758. (Die Regeln zur Nennung des Erstbeschreibers und Angabe der Jahreszahl, in der die Beschreibung erfolgte, werden hier nicht erläutert). Linné wendete für die Beschreibung von Organismen bevorzugt lateinisches Vokabular an, das damals in der gesamten naturwissenschaftlichen Welt verstanden wurde. Das Vokabular benutzt auch altgriechische Worte, die aber latinisiert wurden. Für seine Beschreibungen entwickelte Linné einen Telegramm-Stil, so daß jeder schnell und genau die Merkmale verschiedener Organismen vergleichen konnte. Linné war ungewöhnlich erfolgreich und anerkannt, nicht nur wegen der Nützlichkeit der Methode, sondern auch weil seine Ideen die damals in Europa vorherrschende Philosophie widerspiegelten: Linné war ein Vertreter des **Essentialismus.** Er bemühte sich, ein oder sehr wenige Merkmale zu finden, die das Wesentliche – die Essenz – eines Taxons zum Ausdruck brachten. Indem er das tat, meinte er, «den Plan des Schöpfers» zu entdecken. Das gewählte wesentliche Merkmal führte aber zum Teil zu Gruppenbildungen, die aus heutiger Sicht künstlich sind und nicht Verwandtschaftsbeziehungen entsprechen, wie wir sie erkannt zu haben glauben. Linné war sich im übrigen – zumindest zur Zeit späterer Auflagen seiner «Systema naturae» – durchaus bewußt, daß es neben seinen oft schematischen Klassifikationen eine andere wichtige Einteilungsmöglichkeit gab, die in natürliche Gruppen, das heißt in Gruppen von Organismen, die miteinander verwandt sind.

Im 18. und 19. Jahrhundert unternahmen Naturforscher Expeditionen in alle Teile der Erde, und enorme Mengen unglaublich verschiedenartiger Organismen gelangten in Museen. Die Sammlungsstücke waren sowohl neontologischer (Neontologie ist die Wissenschaft der heute noch lebenden Organismen) als auch palaeontologischer Art. Gleichzeitig und in Beziehung damit nahm die **vergleichende Anatomie** einen großen Aufschwung, an deren intellektuellem Rahmen viele hervorragende Naturforscher arbeiteten. Zu ihnen gehört auch Johann Wolfgang von Goethe (1749–1832), auf den das Wort Morphologie zurückgeht, und der es übrigens synonym für vergleichende Anatomie gebrauchte. Ein Zentrum der vergleichenden Anatomie waren im 18. und 19. Jahrhundert die Museen und Institute in Paris, besonders im Jardin des Plantes (G. de Buffon, G. Cuvier, E. Geoffroy de St. Hilaire, J. B. de Lamarck, L. Daubenton u. a.). In dieser Zeit wurden die wichtigsten Grundlagen der Verwandtschaftsforschung gelegt. Sie wurden zum Teil sehr prägnant in dem berühmten Streit zwischen Geoffroy de St. Hilaire und Cuvier formuliert, der im Schoße der französischen Akademie geführt wurde und um 1830 seinen Höhepunkt erreichte. Geoffroy vertrat eine natürliche Entwicklungstheorie, Veränderlichkeit der Arten und Abstammung der einzelnen Arten von einer Stammform, was jedoch oft in kritikloser und phantasievoller Art erfolgte. Cuvier war kühler und gedankenstrenger, vertrat aber statischere Auffassungen. Goethes letzte Arbeit, die er nur wenige Tage vor seinem Tode vollendete, betraf übrigens die Grundauffassungen von Geoffroy, und diese wurden mit großer Sympathie kommentiert. Identische Merkmale, die – wie wir heute sagen – miteinander verwandte Tiere kennzeichnen, werden seit R. Owen **homolog** genannt, gleichgültig, ob die Identität noch unmittelbar erkennbar ist oder nicht. Ähnlichkeiten, die nicht auf Verwandtschaft beruhen (also nicht von einer gemeinsamen Stammart ererbt wurden), nennen wir **analog**. Analoge Merkmale entstehen in verschiedenen Verwandtschaftsgruppen parallel (= konvergent). Ein wesentlicher Teil der vergleichenden Anatomie war eigentlich Homologienforschung, die die Argumente für Verwandtschaft liefert und Grundlage des natürlichen Systems ist. All dies entstand vor Darwin und der Evolutionstheorie. Die außerordentlich wichtigen Kriterien für das Erkennen von Homologien wurden zuletzt ausführlich und auf breiter Basis 1952 von A. Remane diskutiert und umrissen (s. u.).

Nach der Veröffentlichung der «Entstehung der Arten» von Charles Darwin (1809–1882) im Jahre 1859 erhielt die Forschung in der systematischen Zoologie einen großen Auftrieb, obwohl eigentlich viele seiner speziell auf Klassifikation gerichteten und auch erkenntnistheoretischen Überlegungen wenig beachtet wurden. Nicht nur die vergleichende Anatomie, sondern auch die vergleichende Embryologie versprach schwierige Fragen bezüglich der Verwandtschaftsbeziehungen zu lösen. Das

biogenetische Gesetz von Ernst Haeckel (1834–1919) wird oft folgendermaßen zusammengefaßt: «Die Ontogenese ist eine kurze Wiederholung (Rekapitulation) der Phylogenese». Das bedeutet, daß jedes Individuum in seiner Entwicklung von der Zygote zum Adultus durch eine Reihe von Formstadien läuft, die Stadien der Vorfahren in der Evolution der Gruppe ähneln. Das Studium der Ontogenese erbrachte viele wichtige Erkenntnisse, und viele Probleme der Phylogenetik ließen sich lösen. So zeigte die Chorda dorsalis, die in den Larven der Tunicata entdeckt wurde, daß diese nicht den Mollusca, sondern den Chordata zugehören. Wir wissen heute aber – und auch Haeckel wußte es bereits – daß dieses Gesetz nicht ohne Einschränkungen akzeptiert werden kann; vor allem manche frühen Embryonalstadien haben wenig mit den entsprechenden Adultstadien ihrer Vorfahren zu tun.

Um die Wende vom 19. zum 20. Jahrhundert ging das Interesse vieler Naturwissenschaftler an Phylogenese, Systematik und Klassifikation zurück, andere Bereiche der Biologie, wie Genetik, traten in den Vordergrund. Die Hauptgruppen der Organismen waren entdeckt und beschrieben, und die Forschung der systematischen Zoologie hatte viele Fragen über die Verwandtschaftsbeziehungen beantwortet, aber auch manches offen gelassen, was teilweise bis heute noch nicht aufgeklärt ist. Zu Beginn des zwanzigsten Jahrhunderts wurden die Mendelschen Gesetze wiederentdeckt und einiges über Mutationen erarbeitet. Die Darwinsche Theorie der natürlichen Selektion, die zunächst die ganze Antwort zu Fragen der Evolution zu enthalten schien, fiel zeitweilig in Mißkredit, weil es jetzt für viele so aussah, als sei die Mutation das aktive Prinzip der Evolution. Viele wichtige Befunde zur Rolle und zu den Mechanismen von Mutationen im Rahmen der Artbildung wurden erhoben, und es wurde deutlich, daß eine Evolution stattfindet, wenn die natürliche Selektion an Populationen angreift, in denen Gene und Chromosomen mutieren und rekombiniert werden. Das Phänomen Gendrift wurde erkannt, und es zeigte sich, daß der Vorgang der Evolution viel komplexer ist als irgend jemand vorhergesehen hatte. Eine neue Schule der Evolutionstheorie, der Neodarwinismus, entstand und konzentrierte sich auf Fragen der Populationsdynamik und Artbildung (Speziation). Die «Synthetische Evolutionstheorie» (J. Huxley) verband Anfang der 40er Jahre das Wissen der Genetik mit Darwins Grundgedanken. Besonderes Verdienst auf dem wissenschaftlichen Feld der Artbildung und überhaupt der Klärung des Artbegriffs kommt E. Mayr zu. Ihm ist zu verdanken, daß sich das Denken in Populationen durchgesetzt hat. Das Interesse an Taxa oberhalb des Artniveaus entwickelte sich erst wieder in der Mitte des 20. Jahrhunderts (G. G. Simpson, W. Hennig, A. Remane, E. Mayr und andere).

In den letzten Dekaden kam es zu vielen gedanklichen Klärungen und zu einer Schärfung des Problembewußtseins. Es wurden die Grundlagen der Phylogeneseforschung und des natürlichen Systems (A. Remane, 1952) und der Taxonomie (G. G. Simpson, 1944, 1961) neu überdacht. Intensiv meldete sich die numerische Phänetik (mit numerischer Taxonomie) zu Wort (R. R. Sokal und P. H. A. Sneath 1963, 1973). Es entstanden die phylogenetische Systematik (W. Hennig, 1950) und die evolutionäre Klassifikation (E. Mayr, 1967). Natürliche Systematik, phylogenetische Systematik und evolutionäre Klassifikation haben viel Gemeinsames und sind über weite Strecken nicht leicht voneinander zu unterscheiden. Sie beruhen auf gemeinsamen Grundanschauungen und haben sich auseinander und miteinander entwickelt. Besonders ähnlich sind natürliche Systematik und evolutionäre Klassifikation.

Natürliches System

Unter dem Begriff «natürliches System» verbergen sich nicht immer identische Inhalte. Er wird von Darwin (in «The Origin of Species», 1859) in folgender Weise verstanden: «Das natürliche System (the natural system) beruht auf Abstammung und der Erkenntnis von Veränderungen . . . Alle echte Klassifikation ist genealogisch». Bei vielen vergleichenden Anatomen des 19. Jahrhunderts steht aber die Ermittlung von Homologien bei der Schaffung des natürlichen Systems im Vordergrund, ohne daß ausdrücklich auf die Evolution Bezug genommen wird. Bei späteren Zoologen des 20. Jahrhunderts wird versucht, die historisch ältere Methodik der Homologienforschung mit der Phylogenetik zu verbinden, und zwar vor dem Hintergrund der Evolution.

Zentrales Element der Phylogeneseforschung, auf deren Ergebnissen natürliche und phylogenetische Systematik sowie evolutionäre Klassifikation aufbauen, sind die Homologiekriterien, die, ausgehend von Arbeiten zahlreicher Forscher vor ihm, Remane 1952 klar formulierte. Homologe Strukturen sind gleiche oder gleichartige Strukturen bei verschiedenen Taxa. Sie können methodisch ermittelt werden:

1. Das Kriterium der Lage: Homolog sind Strukturen, wenn sie die gleiche Lage in einem Gefügesystem einnehmen (Beispiele: Adern in Insektenflügeln, Knochen des Wirbeltierschädels); bei scheinbarer Lageungleichheit sind Einzelheiten durch konstante Verbindungsstrukturen (Verknüpfungen) als homolog zu erkennen. Dieses Kriterium gestattet in zahlreichen Fällen das Erkennen von Homologien.

2. Das Kriterium der speziellen Qualität der Strukturen: Strukturen können auch ohne Lageübereinstimmung als homolog angesprochen werden, wenn sie in spezifischen Merkmalen übereinstimmen, ganz besonders, wenn diese komplex sind. Mit Hilfe dieses Kriteriums können sogar isolierte Organe, z.B. Knochen, homologisiert werden.

3. Das Kriterium der Verknüpfung durch Zwischenformen (Stetigkeitskriterium): Oft lassen sich zunächst schwer zu beurteilende, u.U. ganz unähnliche Strukturen durch Zwischenglieder als homolog erkennen. Sie sind dann nur Extrema einer Reihe von Ausbildungsformen. Zwischenformen liefern sowohl der ontogenetische Entwicklungsprozeß als auch der Vergleich ausgebildeter Strukturen oder Organe. Beispiele liefern – z.T. im Zusammenspiel mit anderen Kriterien – die Homologisierung 1) von Endostyl (Tunicata, Acrania) und Schilddrüse (Vertebrata) und 2) der zwei Kieferknochen, die das primäre Kiefergelenk der Vertebrata bilden, z.B. bei den Chondrichthyes, mit den ersten zwei Gehörknöchelchen der Mammalia.

Mit Hilfe der Homologienforschung lassen sich für Verwandtschaftsermittlung wesentliche und unwesentliche Ähnlichkeiten ermitteln, wobei sich herausgestellt hat, daß Ähnlichkeit und Verwandtschaft in der Biologie nicht gleiche Begriffe sind. Die festgestellten Homologien sind die Grundlage des natürlichen Systems, das Verwandtschaft widerspiegelt. Die ja stets nur an wenigen Individuen einer Art erhobenen Befunde und Feststellungen lassen sich auf alle Angehörigen der Art ausdehnen, sind also zu verallgemeinern. Verallgemeinerungen lassen sich auch für taxonomische Kategorien höherer Art erheben, und es können wegen der Merkmalskorrelation in natürlichen Systemkategorien im allgemeinen sehr exakte Aussagen über Vorkommen und Verteilung von Merkmalen bei noch nicht untersuchten Individuen gemacht werden, was z.B. bei experimentellen Arbeiten oder bei paläontologischen Fundstücken von Bedeutung ist.

Es ist wichtig zu wissen, daß sich die vergleichende Anatomie und die auf ihr beruhende Verwandtschaftsforschung mit Homologien sowie die Anfänge der natürlichen Systematik historisch vor und unabhängig von der Phylogenetik entwickelt haben. Die Phylogenetik schuf zunächst keine ihr eigene Forschungsmethode, sie bemächtigte sich vielmehr der Ergebnisse der Verwandtschaftsforschung der vergleichenden Anatomie und formulierte diese deszendenztheoretisch um. Die historisch ältere Aussage: «Die Wirbeltiere bilden eine natürliche Gruppe» wurde umformuliert in die phylogenetische Interpretation: «Alle Wirbeltiere stammen von einem gemeinsamen Ahnen ab». Dieser Zusammenhang ist in neuerer Zeit oft übersehen worden, und es kam zu einem Zirkelschluß: «Homolog sind Strukturen gemeinsamer Herkunft». An dieser Definition ist zurecht oft Kritik geübt worden, zuerst von O. Hertwig, und zwar in folgender Weise: «Die Homologie soll auf gemeinsamer Abstammung beruhen, die gemeinsame Abstammung wird aber erst aufgrund der Homologien erschlossen, also liegt ein vollendeter methodischer circulus vitiosus vor».

Die Abstammungslehre ist die einzige Erklärungsmöglichkeit des natürlichen Systems auf naturwissenschaftlicher Basis. Da aber metaphysische (z.B. Offenbarungsglauben) und naturwissenschaftliche Betrachtungsweise grundverschieden sind, werden beide stets nebeneinander bestehen bleiben. Wichtige Ergebnisse der Forschung im Bereich der natürlichen und auch phylogenetischen und der evolutionären Systematik sind folgende Erkenntnisse: Es gibt Gruppen, die relativ viele ursprüngliche Merkmalsausprägungen besitzen, von denen dann andere Gruppen abgeleitet werden können, das gilt z.B. für die Agnatha, die aber natürlich auch eigene abgeleitete Merkmale aufweisen. Es ist bei solchen Gruppen mit vielen als ursprünglich angesehenen Merkmalen, die auch als Basisgruppen bezeichnet werden, oft schwer, die Verwandtschaftsverhältnisse zu ermitteln. Erst bei fortschreitender Kenntnis zeigt sich, ob es sich wirklich um monophyletische Gruppen handelt oder nicht. Als Beispiel seien noch die Ostracodermata genannt, die heute als unnatürliche Einheit angesehen werden und in mehrere spezifische Linien aufgelöst wurden. Es gibt des weiteren Gruppen, die durch eine einmalige Kombination abgeleiteter Merkmale geeint sind. Sie stammen von einem Ahnen ab, d. h. sie sind monophyletisch. Sogenannte Spezialisationsgruppen sind dagegen polyphyletische, unnatürliche Gruppen, die auf verschiedene Ahnenformen zurückgehen und fälschlicherweise aufgrund konvergenter Merkmale zusammengefaßt wurden.

Die natürliche Systematik benutzt zur graphischen Darstellung der systematischen Kategorien das Stammbaum- oder Divergenzschema, in dem sich jeweils aus einer Stammart oder Stammgruppe neue Arten oder neue Gruppen ableiten, wobei im allgemeinen ein Wissen darum besteht, daß die exakte Trennungsstelle der neuen Art oder Arten schwer festzulegen ist. Auch wird im allgemeinen nicht automatisch davon ausgegangen, daß die Mutterart ausstirbt (s. phylogenetische Systematik).

Phänetik

Das Ziel einer phänetischen Studie ist es, mittels rechnerischer Verfahren möglichst objektiv Ähnlichkeiten und Ähnlichkeitsabstufungen bei einer Gruppe von Organismen festzustellen, weil Studien der natürlichen oder phylogenetischen Systematik oder der evolutionären Klassifikation angeblich zu subjektiv seien. Der Grad der Ähnlichkeit soll dem Grad der Verwandtschaft entsprechen, ohne daß die diesbezüglichen Aussagen durch phylogenetische Hypothesen belastet seien. Phänetik ist eigentlich nur der Versuch, eine Ähnlichkeit mit Hilfe von Rechenverfahren zu ermitteln. Eine Bewertung von Merkmalen soll vermieden werden. Aufgrund dieser Daten kann dann ein Ähnlichkeitsdendrogramm (Phänogramm) erstellt werden. Hieraus leitet sich die numerische Taxonomie ab. Der gedankliche Ansatz ist keineswegs neu: Die vordarwinistischen Nominalisten und andere Forscher in der ersten Hälfte des 20. Jahrhunderts gingen bereits diesen Weg. Die Phänetik bedient sich unterschiedlicher, z. T. sehr komplexer mathematischer Methoden oder Techniken, die hier nicht erläutert werden. Jede dieser Methoden wird Taxa in irgendeiner Weise gruppieren. Die Frage, die sich dann stellt, ist, was diese Gruppen eigentlich repräsentieren, denn allzu oft unterscheiden sich die durch bestimmte Kombinationen hervorgebrachten Gruppierungen sehr stark voneinander. Wenn die Organismen wirklich verwandt sind, ist es schwierig, diese Gruppierungsunterschiede zu erklären. Der Anspruch der Phänetik auf absolute Objektivität geht ins Leere, da eine gehaltvolle Studie zur Klassifikation nicht nur zählen oder irgendwie mathematisch erfassen, sondern auch beurteilen und bewerten muß. Nicht selten zeigt uns extremer Geschlechtsdimorphismus, daß Ähnlichkeit ein denkbar schlechtes Kriterium für Verwandtschaft sein kann. Trotz dieser Problematik können phänetische Techniken nützlich sein, besonders für Studien an eng verwandten Formen wie Populationen einer Art.

Phylogenetische Systematik

Die phylogenetische Systematik (W. Hennig, 1950) geht davon aus, daß im Laufe der Stammesentwicklung ständig aus einer Mutterart zwei Tochterarten hervorgehen, wobei die Mutterart erlischt, daß die Phylogenese also durch einen Strom von ständig sich wiederholenden Zweiteilungen (dichotomes Verzweigungsmuster) gekennzeichnet ist. Die Tochterarten und auch alle höheren Taxa, die sich von einer Stammart ableiten, stehen in einem sogenannten Schwestergruppenverhältnis. Das Verzweigungssystem wird in Form eines Phylogramms (Argumentationsschema im Sinne Hennigs, auch Kladogramm genannt) gezeichnet, das die Phylogenese zum Ausdruck bringen soll. Die dann vorzunehmende Klassifikation setzt das Phylogramm in ein hierarchisches System um, das phylogenetische System. Das dichotome Verzweigungsmuster wird so konsequent durchgehalten, daß sich die Frage erhebt, ob es immer den biologischen Tatsachen entspricht, denn eine Art kann sich ja auch in mehr als zwei spalten, und es gibt – wie wir besonders aus dem Bereich der Prokaryota und der Blütenpflanzen wissen – auch das Verschmelzen von Arten. Die Eucyte schließlich verdankt ihre Entstehung sogar einer stufenweisen Vereinigung verschiedener Prokaryota. Auf dieser Organisationsstufe liegen Verwandtschaftsverhältnisse vor, die sich mit einem Netzschema beschreiben lassen. Aber im Bereich der Zoologie ist wohl davon auszugehen, daß das dichotome Muster oft der Realität entspricht, obwohl im Fluß der Generationen und angesichts von verstreut lebenden Populationen der exakte Zeitpunkt der Artneubildung (und damit das geforderte Erlöschen der Stammart) kaum zu erfassen ist. Man denke nur an die Entwicklung der Gattung *Homo*. Die Komponente der Verzweigung (Artspaltung = splitting) in der Phylogenese, auf die in der phylogenetischen Systematik größter Wert gelegt wird, wird **Kladogenese** genannt; sie kennzeichnet die Reihenfolge, in der neue Linien erscheinen. Die Taxa der phylogenetischen Systematik sind «clades». Die fortschreitende Evolution (Merkmalsabwandlung) zwischen den Artspaltungsschritten wird **Anagenese** (Höherentwicklung, ein alter Begriff) genannt, sie verdeutlicht die Änderungen zwischen den Artbildungsvorgängen. Viele Vertreter der phylogenetischen Systematik fragen nicht nach dem evolutionären Merkmalswandel (der Anagenese), sondern berücksichtigen nur die Kladogenese, d.h. die jeweiligen (Art-)Spaltungsereignisse. Diese Vertreter werden oft Kladisten genannt. Für andere phylogenetische Systematiker ist die Anagenese aber durchaus wichtig, da sie evolutionäre Neuheiten hervorbringt.

In der phylogenetischen Systematik sind von Hennig und anderen Forschern – einschließlich Paläontologen – neue Begriffe geprägt und die Bedeutung alter Begriffe verändert worden. Diese müssen daher zunächst definiert werden.

Der wichtige Terminus **monophyletisch** wurde schon um 1860 von Ernst Haeckel geprägt in einer Diskussion über einen einmaligen (monophyletischen) oder einen mehrfachen (polyphyletischen) Ursprung des Lebens auf der Erde. Er wurde seither gebraucht, um Taxa zu bezeichnen, deren Angehörige Abkömmlinge einer nur ihnen gemeinsamen Stammart sind. Auf den Begriff Schwestergruppe war schon hingewiesen worden.

Hennig legt großen Wert darauf, daß eine monophyletische Gruppe alle Abkömmlinge einer Stammart umfaßt; diese Gruppe wird auch **holophyletisch** genannt. So selbstverständlich diese Aussage erscheint, so kann sie doch – was lange bekannt ist – mit traditionellen Auffassungen in Konflikt geraten, wenn eine Schwestergruppe infolge einer rapiden Höherentwicklung so viele Eigencharaktere entwickelt, daß sie sich von der anderen Schwestergruppe so stark unterscheidet, daß sie seit alters her einen eigenen Namen und systematischen Rang hat. Das gern gebrauchte Beispiel sind die Vögel, die traditionell als eigene Klasse geführt werden, aber zu den Krokodilen, die traditionell als Ordnung der Reptilien geführt werden, im Verhältnis einer Schwestergruppe stehen. Dieser Sachverhalt verlangt jetzt nach Auffassung der phylogenetischen Systematiker eine neue Klassifikation mit neuen Namen und Eliminierung alter Begriffe.

Da auch die Säugetiere in den Reptilien wurzeln, ergibt sich – unter Berücksichtigung weiterer Gesichtspunkte, wie z.B. der möglichen Sonderstellung der Pterosaurier – sogar, daß die Reptilien als Klasse (und Begriff) verschwinden müssen. Von Seiten der evolutionären Klassifikation und der natürlichen Systematik wird dem entgegengehalten, der anagenetische Abstand zwischen Vögeln und Reptilien sei so groß, daß es gerechtfertigt ist, sie als Klasse zu führen, ohne daß ihre engeren Beziehungen zu den Krokodilen Anlaß zu neuen, zusammenfassenden Bezeichnungen sind. Im Falle der Vögel ist zudem noch erwähnenswert, daß zwar Übereinstimmung herrscht, daß sie in den Archosauriern wurzeln, über ihre exakte Herkunft gibt es jedoch mehrere Vorstellungen, und damit sind auch ihre Beziehungen zu den Krokodilen nicht ganz klar.

Das Wort **paraphyletisch** wird für Gruppen mit einem gemeinsamen Vorfahren gebraucht, die aber nicht alle Abkömmlinge dieses Vorfahren umfassen. Ein Beispiel sind die Reptilien, denen ja Vögel und Säuger entstammen. Paraphyletische Gruppen werden von phylogenetischen Systematikern als ungültig angesehen, d.h. sie werden von ihnen weder klassifiziert noch benannt. Eine Gesamtgruppe besteht aus den noch lebenden Mitgliedern einer monophyletischen Gruppe sowie allen ausgestorbenen Organismen, die mit diesen noch lebenden Mitgliedern näher verwandt sind als mit anderen rezenten Formen. Eine Kronengruppe besteht aus den letzten gemeinsamen Vorfahren der noch lebenden Mitglieder einer monophyletischen Gruppe sowie allen rezenten oder ausgestorbenen Abkömmlingen dieses Vorfahrs. Eine Stammgruppe besteht aus allen Abkömmlingen der Gesamtgruppe, die keine Angehörigen der Kronengruppe sind. Eine Stammlinie besteht aus allen Mitgliedern der Stammgruppe, die direkt in der Aszendenz der Kronengruppe stehen.

Eine Gruppe gilt als biologisch belegt, wenn ihre Angehörigen wenigstens eine gemeinsame evolutionäre Innovation aufweisen, d.h. ein Merkmal, das bei keinem anderen Organismus vorkommt. Beispiele sind die Federn der Vögel und das Ambulakralgefäßsystem der Echinodermata. Hennig bezeichnet ein abgeleitetes Merkmal als apomorph, ein ursprüngliches als plesiomorph. **Autapomorphe Merkmale** findet man nur einmalig in einer phyletischen Gruppe (Federn der Vögel), **synapomorphe Merkmale** sind gemeinsam bei Schwestergruppen zu finden. Das Aufspüren synapomorpher Merkmale ist ein wesentliches Anliegen der phylogenetischen Systematiker. Synapomorphe Merkmale, die sich nur einmal entwickeln, sind oft seltener als parallele oder konvergente Merkmale, die sich mehrfach entwickelt haben und die für die Analyse unbrauchbar sind.

An dieser Stelle sei erwähnt, daß von extremen Vertretern der phylogenetischen Systematik Fossilien zum Erstellen eines Phylogramms als nicht erforderlich erachtet werden; Fossilien gäben nur Hinweise auf den Zeitpunkt der Entstehung einer Gruppe. Dieser Standpunkt wird aber von anderen phylogenetischen Systematikern ausdrücklich nicht geteilt.

Phylogentische Systematiker haben gezeigt, wie man Merkmale einsetzen kann, um ein wissenschaftlich begründetes Verzweigungsmuster in einer Phylogenese nachzuzeichnen. Als Vorteil dieses Verfahrens wird angesehen, daß man von der Sequenz der Kladogenese die formale Klassifikation ableiten kann. Als Nachteil wird gesehen, daß solche Klassifikationen mitunter dazu neigen, traditionell gut bekannte und brauchbare sowie auch gut begründete Einteilungen umzustoßen, neue Namen zu schaffen und gerade in der Anfangsphase unstabil zu sein. Dem ist entgegenzuhalten, daß sich solche Gesichtspunkte wissenschaftlich neu erkannten genealogischen Zusammenhängen unterordnen müssen. Neue Einsichten haben ja auch in der Vergangenheit zu erheblichen Veränderungen im System geführt (Auflösung der Taxa Radiata und Pisces, Trennung von Rodentia und Lagomorpha, Erkennen der Greifvögel als unnatürliche Gruppe u.a.). Schwerwiegender ist der Einwand, daß von manchen Vertretern – den Kladisten – eine auf reiner Formenbetrachtung beruhende Systematik betrieben wird, die viele evolutionsbiologische Erkenntnisse nicht erfaßt und die dazu neigt, Merkmale zu klassifizieren und nicht Taxa, die im Laufe der Evolution entstanden sind. Manche Forscher fühlen sich daher an vordarwinistische Klassifikationen erinnert.

Evolutionäre Klassifikation

Ein sinnreiches, im guten Sinne traditionelles Vorgehen bei einer Klassifikation, das sich von den phänetischen und vielen phylogenetisch-systematischen Schulen unterscheidet, ist von E. Mayr evolutionäre Klassifikation genannt worden, weil bei der Analyse alle zur Verfügung stehenden Merkmale und Attribute – einschließlich z.B. ökologischer und funktioneller anagetischer Gesichtspunkte – berücksichtigt werden. Über weite Strecken – und in der Zielsetzung – sind aber oft recht enge Übereinstimmungen mit dem natürlichen System und auch dem phylogenetischen System nicht zu übersehen.

Die evolutionäre Systematik beginnt damit, Tierarten in Gruppen zu ordnen, deren Angehörige einander ähnlich sind und sich mehr oder weniger deutlich von ihren Verwandten unterscheiden. Angehörige einer Gruppe – Vögel, Säugetiere oder Trilobiten – weisen im allgemeinen eine ähnliche funktionelle und strukturelle Organisation auf. Solche Gruppen entsprechen Organisationsstufen («grades»), die durch im Laufe der Evolution entstandenen Unterschiede gekennzeichnet sind. Diese Verschiedenheiten entsprechen jeweils einer ökofunktionellen Höherentwicklung (Anagenese). Selbstverständlich berücksichtigt die evolutionäre Klassifikation, die sich ausdrücklich als synthetische Wissenschaft sieht, auch die phylogenetischen Gesichtspunkte.

Darwin sah deutlich, daß auch unterschiedliche Organisationsstufen genealogisch zusammenhängen können, und sah das Dilemma, dies in der Anordnung im System zum Ausdruck zu bringen. Darwin und nach ihm viele

Evolutionsbiologen, z. B. der große Wirbeltierpaläontologe G. G. Simpson, wußten, daß sich Organismen nicht mit gleichmäßigem Tempo entwickeln und daß eine rasch evoluierende Linie sich in genügendem Ausmaß verändern kann, um eine neue Organisationsstufe zu erreichen. Die evolutionäre Klassifikation berücksichtigt wie die natürliche Systematik solche Organisationsstufen und einen Merkmalswandel besonderen Ausmaßes und kann solche Organisationsstufen zu Taxa zusammenfassen, wobei diese durchaus holophyletisch sein können – wie die Vögel. Es werden jedoch auch paraphyletische Gruppen als Taxa respektiert, die durchaus monophyletisch (aber nicht holophyletisch im Sinne der phylogenetischen Systematiker) sind, z. B. die Reptilien. Da Systematik auch eine angewandte Wissenschaft ist (angewandte Phylogenetik), werden Konzessionen an die Praxis gemacht.

Die evolutionäre Klassifikation hat das Ziel, den bekannten Reichtum an evolutionsbiologischen Kenntnissen in die Klassifikation einzubringen. Autapomorphien werden oft als wichtiger angesehen als Synapomorphien (anders als in der phylogenetischen Systematik). Auf der Basis breiter Detailkenntnis der biologischen Eigenheiten von Taxa ergibt sich hieraus, daß G. G. Simpson (1961) formulieren konnte: «Klassifikationen sollen mit der Phylogenese in Übereinstimmung sein, aber brauchen sie nicht starr widerzuspiegeln».

Abschließende Betrachtung

Das Vorgehen der Systematiker in der älteren Vergangenheit hatte bisweilen den Nachteil, daß ein klares Konzept fehlte. Die vordarwinistischen Nominalisten – Systematiker, die Empiriker waren und die davon ausgingen, daß die einzig wirklichen Dinge der Natur Individuen seien – und ihre Abkömmlinge, die Phänetiker, haben zwar einen Teil der Antwort, indem sie so viele Merkmale wie möglich anschauen und nicht versuchen, eins oder wenige essentielle zu finden. Es ist aber nicht nur wichtig, so viele Merkmale und Eigenschaften wie möglich zu erfassen, sondern sie auch kritisch zu werten und sie dann zunächst versuchsweise in einen Stammbaum bzw. ein Phylogramm oder Argumentationsschema umzusetzen, um die Phylogenese der untersuchten Gruppe vorläufig festzulegen. Zum heutigen Zeitpunkt scheint es so zu sein, daß maßvolle Vertreter aller wichtigen Richtungen, die sich um Klassifikation bemühen und die sich ja auch auseinander und miteinander entwickelt haben, in diesen Zielen einig sind. Zweifellos vorhandene Unterschiede in den jeweiligen Konzepten werden mitunter überbewertet.

Wie schon bei den Überlegungen zum natürlichen System gesagt, bleibt es wichtig, daß die Merkmale für eine Klassifikation gewichtet und beurteilt werden müssen. Die Bedeutung der Wertung von Merkmalen, die schon von Geoffroy de St. Hilaire hervorgehoben wurde, erfordert Erfahrung und ist wohl jedem Systematiker bewußt. Ein Merkmal kann mit größerem Gewicht versehen werden, weil es relativ komplex ist oder weil es bei vielen Arten vorkommt. Dennoch sollte auch bei kritisch wertendem Vorgehen klar vor Augen bleiben, daß viele Aussagen hypothetischen Charakter haben und behalten, z. B. wenn von ursprünglichen (plesiomorphen) oder abgeleiteten (apomorphen) Merkmalen oder gar Tieren die Rede ist. Die Begriffe plesiomorph und apomorph sind relativ, und auf der Ebene der Moleküle haftet ihnen sogar etwas Fragwürdiges an.

Klassifikationen sollen Verwandtschaft widerspiegeln, aber auch informationsreich sein, dem Gedächtnis helfen, Überblick und Bestimmung erleichtern, so stabil wie möglich sein und Verallgemeinerungen und Voraussagen zulassen. Sie müssen anwendbar sein, auch von Geologen und Biologen, die keine Systematiker sind. Solche Wissenschaftler aus anderen Bereichen müssen einsehen können, daß die zoologische Klassifikation auf nachvollziehbaren Annahmen und Schlußfolgerungen beruht und eine wissenschaftlich erforschte Evolution zur Grundlage hat.

1. Unterreich: Protozoa (Einzeller)

Unter dem Begriff Protozoa werden alle einzelligen Tiere zusammengefaßt. Sie können solitär (als Einzeltiere) oder in Verbänden (Kolonien) leben.

Protozoa sind keine natürliche Gruppe, sondern eine willkürlich aus der Vielfalt der einzelligen Eukaryota (= Protista) herausgeschnittene Ansammlung von Einzellern, die sich heterotroph ernähren. Nicht immer sind bei Protozoen alle Merkmale des Eucyten ausgeprägt: Mitochondrien können fehlen (ihre Funktion kann von symbiotischen Prokaryoten erfüllt werden), den Chromosomen fehlen bisweilen die Histone, bisweilen ist keine Mitose ausgebildet. Die einzelligen Tiere haben sich polyphyletisch, d. h. mehrfach, entwickelt.

Einzelligkeit bedeutet nicht Einheitlichkeit: Die Größenunterschiede zwischen Protozoen übertreffen die von Wirbeltieren. Ihre Zellvolumina verhalten sich wie $1:10^{12}$. Die kleinsten Flagellaten sind etwa 3 µm lang, die größten Foraminiferen übertreffen 10 cm im Durchmesser.

Die ältesten Fossilfunde von Protozoen – die Chitinozoa – stammen aus 700–800 Millionen Jahre alten Sedimenten und sind damit die ältesten bekannten Eukaryota. Ihre Einordnung in die Protozoen blieb allerdings nicht unwidersprochen. Manche Autoren sehen in ihnen Schwämme.

Bau. Entsprechend der Vielfalt an Leistungen ist die Protozoenzelle meist differenzierter

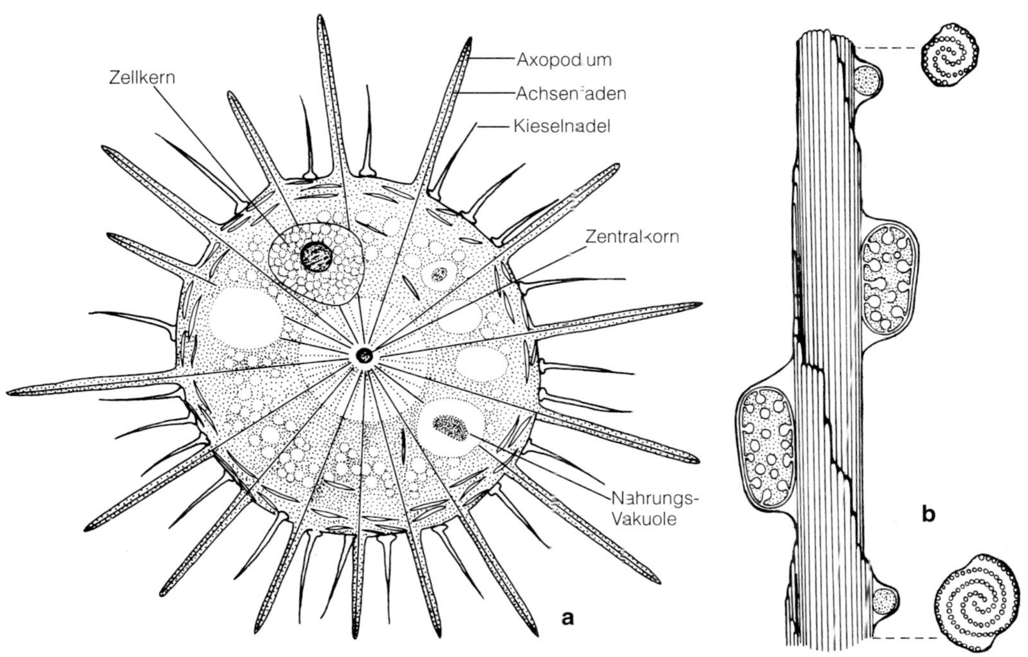

Abb. 1: Heliozoa. a. *Acanthocystis*. b. Axopodium von *Echinosphaerium* nach elektronenmikroskopischen Befunden. Zwischen Zellmembran und zentralen Mikrotubuli werden Grundcytoplasma, Mitochondrien und verschiedene Einschlüsse transportiert; rechts Querschnitte, die die Anordnung der Mikrotubuli zeigen. Nach Porter, Stern, Tilney

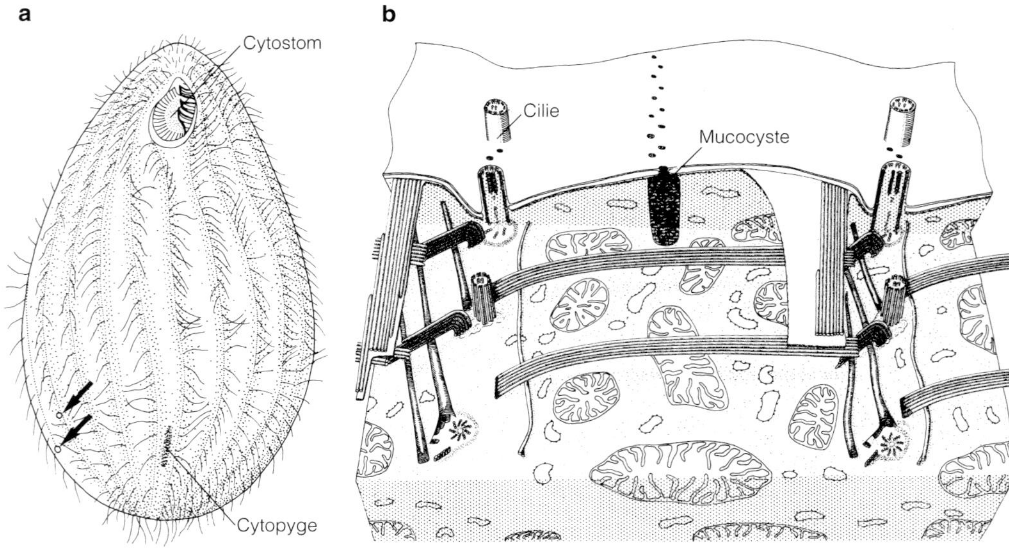

Abb. 2: *Tetrahymena*. a. Gesamtansicht; die Pfeile weisen auf die Öffnungen der pulsierenden Vakuolen. b. Blockdiagramm des Zellcortex mit Cilien, Mucocysten, verschiedenen Filament- und Mikrotubulussystemen, Mitochondrien und endoplasmatischem Reticulum. Nach Allen

als Metazoenzellen, entspricht diesen aber im Bau grundsätzlich. Sie wird außen von einer Zellmembran (Plasmalemm) begrenzt, der eine Glykocalyx aufgelagert ist, enthält ein, zwei oder mehrere Kerne und Cytoplasma mit Organellen und verschiedenen Einschlüssen.

Oft ist das Cytoplasma in eine Außenschicht (Ectoplasma) und einen inneren Bereich (Endoplasma) gegliedert. Kennzeichen des Ectoplasmas vieler Amöben sind die erhöhte Zähigkeit, hyalines Aussehen im Lichtmikroskop und der Mangel an Einschlüssen.

Das Endoplasma ist oft in strömender Bewegung, es enthält die Zellorganellen und zahlreiche Einschlüsse. Oft, z. B. bei vielen Amöben, kann sich das Endoplasma jederzeit in Ectoplasma umwandeln. Im elektronenmikroskopischen Bild gehen Endo- und Ectoplasma kontinuierlich ineinander über.

Bei manchen im Wasser schwebenden Protozoen, z. B. Radiolarien und Heliozoen (Abb. 1, 14, 15) ist die Außenschicht mit Vakuolen durchsetzt (Rindenschicht einiger Heliozoen, extrakapsuläres Cytoplasma der Radiolarien).

Bei vielen Arten mit konstanter Form, wie wir sie z. B. bei Flagellaten, Sporozoen und Ciliaten finden, ist die Zellperipherie besonders kompliziert aufgebaut. Man spricht dann von Zellrinde (Cortex oder Pellicula; Abb. 2 b). Bei den Ciliaten wird die Zelle nicht nur von einer Zellmembran begrenzt, sondern unter dem Plasmalemm liegen flache, membranbegrenzte Säcke. Viele Protozoen legen sich zeitweise eine Hülle zu, in der sie Trockenperioden überleben können. Solche Cysten sind z. B. die Verbreitungsstadien vieler Einzeller des Süßwassers und von Parasiten.

Im Cytoplasma der Protozoenzelle treten verschiedene Organellen auf, die denen der Metazoenzellen entsprechen; außerdem gibt es weitgehend auf Protozoen beschränkte Strukturen (kontraktile [pulsierende] Vakuolen u. a.).

Der Zellkern kann in Ein- oder Mehrzahl vorkommen (Abb. 3). Bei Dinoflagellaten, Euglenida und einigen anderen kann man in ihm auch in der Interphase Chromosomen sehen.

Kerndualismus (generativer Kern, somatischer Kern) kommt bei bestimmten Foraminiferen und bei allen Ciliaten vor. Der generative Kern (Mikronucleus) der meisten Ciliaten ist diploid und führt während der geschlechtlichen Fortpflanzung die Meiose durch (Abb. 6), der somatische Kern (Makronucleus) weist einen erhöhten DNA-Gehalt auf; er wird bei Geschlechtsvorgängen abgebaut. Der Makronu-

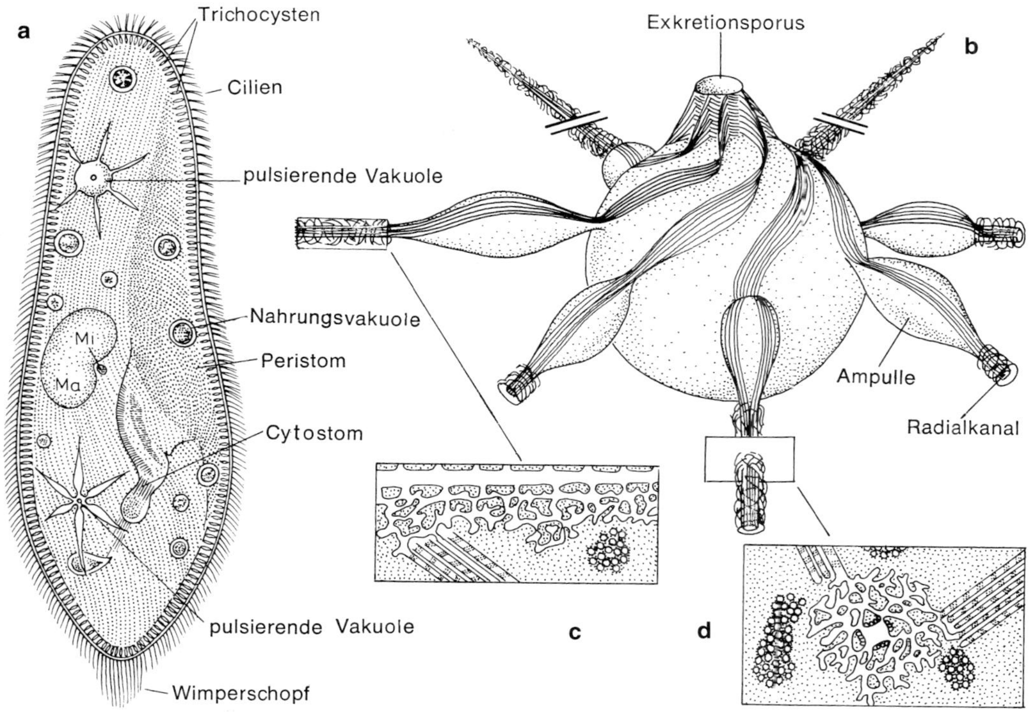

Abb. 3: *Paramecium* (Pantoffeltierchen). a. Gesamtansicht. Ma: Makronucleus, Mi: Mikronucleus. b. Pulsierende Vakuole mit Ampullen und Radialkanälen, die vom sogenannten Spongiom umgeben sind (vergrößert in c und d). Dabei handelt es sich um ein Maschenwerk von kleinkalibrigen Kanälen. Nach Hausmann, Kükenthal

cleus ist stoffwechselphysiologisch aktiv; wird er entfernt, ist die Zelle nicht mehr lebensfähig. Entfernt man dagegen den Mikronucleus, treten oft keine wesentlichen Schäden auf; Tiere können jahrelang durch Teilung vermehrt werden, aber geschlechtliche Fortpflanzung ist nicht mehr möglich.

Golgi-Apparate können in großer Zahl ausgebildet sein (dann sind sie meist sehr klein) oder in geringer Zahl (dann sind sie oft schon lichtmikroskopisch deutlich sichtbar). Spezialisierte Golgi-Apparate sind die Parabasalkörper der Hypermastigida, in deren unmittelbarer Umgebung regelmäßig eine lange Proteinfaser liegt.

Die Mitochondrien der Protozoen können dem Crista-, Tubulus- oder Sacculus-Typ angehören. Ihre Zahl ist unterschiedlich, bei einigen anaerob lebenden Formen können sie fehlen. Dann sind stattdessen meist sogenannte Hydrogenosomen anzutreffen. Kinetoplasten nennt man komplexe mitochondriale DNA in Abschnitten langgestreckter Mitochondrien, die stets in der Nähe des Basalkörpers von Geißeln liegen (Abb. 9). Sie kommen bei der Flagellaten-Gruppe der Kinetoplastida in Einzahl vor. Elektronenmikroskopische Analysen haben gezeigt, daß die Kinetoplasten zur Artcharakterisierung herangezogen werden können.

Eine besondere Entfaltung haben bei Protozoen Filamente und Mikrotubuli erfahren. Filamente bilden oft ein intrazelluläres Gerüstwerk, das peripher konzentriert sein kann oder im gesamten Cytoplasma auftritt. Oft sind sie an Kontraktionsvorgängen beteiligt, man spricht dann von Myonemen. Sie ermöglichen vielfältige Formveränderungen. Bei Entodiniomorpha ziehen sie als Retractoren das Vorderende ein. Die Myoneme der Acantharia, Myophrisken genannt, sind kurze Stränge, die an den Stacheln ansetzen und durch Kontraktion die Oberfläche des Tieres anspannen und so das Volumen verändern. Bei Peritrichen bauen

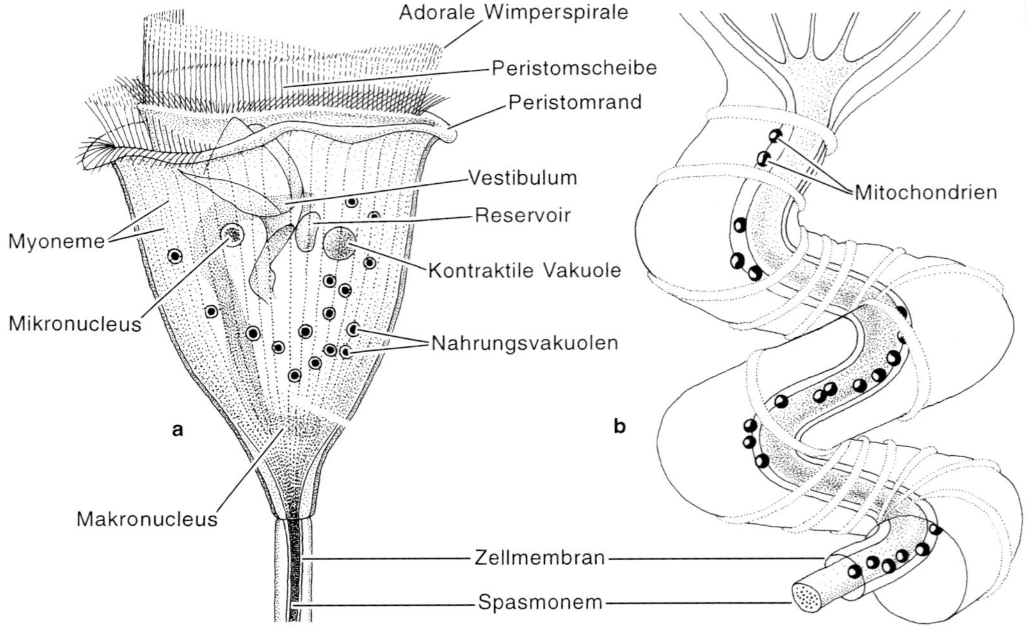

Abb. 4: *Vorticella* (Glockentierchen). Links: Gesamtansicht (lichtmikroskopisch). Rechts: Kontrahierter Stiel (elektronenmikroskopisch) bestehend aus Zellausläufer mit Spasmonem und Mitochondrien sowie extrazellulärer Hülle. Nach Amos, Bütschli, Precht

kontraktile Systeme die Spasmoneme auf (Abb. 4). Die Fähigkeit zur Verkürzung kann beachtliche Ausmaße annehmen: *Spirostomum* (Abb. 21 d) und *Stentor* (Abb. 21 e) können sich auf ein Drittel verkürzen.

Mikrotubuli übernehmen häufig Skeletfunktion, bauen beispielsweise die Achsenfäden in den Axopodien auf (Abb. 1) und sind wesentliche Bauelemente des Mundapparates von Ciliaten. Auch sie sind an Bewegungsvorgängen beteiligt (Cilien, Axostyle).

Protozoen bilden als Extremitäten Pseudopodien und Cilien (Wimpern) bzw. Flagellen (Geißeln) aus. Diese dienen der Fortbewegung, aber auch der Nahrungsaufnahme und bisweilen der Festheftung.

1. Pseudopodien sind Zellausstülpungen, die in ihrer Gestalt stark veränderlich sind und leicht wieder eingezogen und abermals aufgebaut werden können. Nach dem Bau ergeben sich vier Pseudopodien-Typen:

a) Lobopodien. Diese lappenförmigen Pseudopodien enthalten Endoplasma, das normalerweise vom Ectoplasma umgeben wird (Abb. 11 a). Eine eigenartige Variante dieser Lobopodien sind die Bruchsackpseudopodien mancher Amöben. Flüssiges Endoplasma quillt durch einen «Bruch» des Ectoplasmas plötzlich hervor und bildet einen vorspringenden Buckel, der an seiner Oberfläche eine neue Ectoplasmaschicht bildet, während die Reste der ehemaligen Ectoplasmaschicht verschwinden. Die Zellmembran wird bei diesem Vorgang nicht durchbrochen. Aufeinanderfolgende Bruchsackpseudopodienbildung kann die Amöbe rasch vorwärts befördern. Lobopodien sind für die Amoebina charakteristisch, kommen aber auch bei mehreren Flagellaten (z. B. *Chromulina*) vor. Ihre Bewegung beruht auf einer Interaktion von Actin und Myosin.

b) Filopodien. Diese fadenartigen Pseudopodien bestehen überwiegend aus durchsichtigem (hyalinem) Cytoplasma; sie sind um ihre Basis bewegbar, bisweilen sind sie verzweigt; kennzeichnend für manche Testacea wie *Euglypha* (Abb. 5 d) und viele Amoebina.

c) Axopodien. Bei den stabförmigen Axopodien der Heliozoen und Radiolarien bildet strömendes Cytoplasma einen Außenmantel. Es kann Stoffe von den Axopodien in den Körper und umgekehrt transportieren, ohne daß das Axopodium eingezogen werden muß (Abb.

1 b). Die Innenachse der Axopodien ist fest. Sie stellt einen Achsenstab dar (Axostyl), der sich nach innen in den Körper fortsetzen und am Zellkern *(Actinophrys)* oder an einem Zentralkorn *(Acanthocystis)* endigen kann. Das Axonem besteht aus kennzeichnend angeordneten Mikrotubuli (Abb. 1), deren Zahl zur Spitze der Pseudopodien hin abnimmt.

Die Axopodien dienen außer als Schwebefortsätze in erster Linie dem Beutefang, gelegentlich auch der Festheftung. Sie sind formbeständiger als die Lobo- und Filopodien.

d) Rhizopodien (= Reticulopodien). Die feinen und langen Rhizopodien der Foraminiferen stimmen durch ihre oberflächliche Körnchenströmung mit den Axopodien überein, auch Mikrotubuli sind vorhanden. Im Unterschied zu den Axopodien neigen sie zu Verästelungen und Anastomosenbildung. Sie dienen dem Nahrungsfang und der Fortbewegung und bilden um das Tier ein Fangnetz. Um festgeklebte Beutetiere kann sich eine Plasmamasse ansammeln und die aufgearbeiteten Nahrungsteile durch Strömung in den Rhizopodien dem Zellleib zuleiten. Rhizopodien sind typisch für Foraminiferen.

Im Anschluß an die Pseudopodien seien die Fang- und Freßtentakel der Suctorien erwähnt. Sie sitzen in der Zahl von 1 bis 100 dem Zelleib an (Abb. 21 k). In ihrem Aussehen ähneln sie den Axopodien, wenn man von den knopfartigen Anschwellungen ihrer Spitzen absieht; in ihrem Innern werden sie von Mikrotubuli durchzogen. Für die Freßtentakel gilt allerdings, daß das Cytoplasma der Beute durch eine temporäre, röhrenförmige Einsenkung in den Leib gezogen wird. Wo basal die Mikrotubuli enden, schnürt sich eine Nahrungsvakuole ab.

2. Cilien (Wimpern) bzw. Flagellen (Geißeln) sind fadenförmige Zellfortsätze, die den Körper durch verschiedene Bewegungen vorwärtstreiben oder einen Wasserstrom erzeugen. Sie werden von der Plasmamembran begrenzt und enthalten in ihrem Inneren längsverlaufende Mikrotubulus-Systeme (Abb. 2 b). In dem Teil der Cilie, der über die Zelloberfläche hinausragt, dem Cilienschaft, liegen peripher neun Mikrotubuluspaare (Dubletten) und zentral zwei Mikrotubuli, die durch einen schmalen Zwischenraum voneinander getrennt sind (9 + 2-Muster, 9 × 2 + 2-Muster). Die zentralen Tubuli enden häufig in Höhe der Zelloberfläche an einem Axialkorn (Axosom) oder an einer Basalplatte. Die peripheren Tubuli ziehen dagegen über eine kurze Distanz in das Cytoplasma und bilden hier den Basalkörper (Basalkorn). Am Übergang von Schaft und Basalkörper tritt zu jedem Tubuluspaar ein weiterer Mikrotubulus hinzu, so daß der Basalkörper dann aus Dreiereinheiten aufgebaut ist.

Der Unterschied zwischen Geißeln und Wimpern liegt in der relativ großen Länge der Geißeln (meist länger als die Zelle) und ihrer geringen Zahl (meist 1–4), während die Wimpern als kurzes, dichtes «Haarkleid» meist den ganzen Körper oder doch wenigstens große Partien desselben bedecken (Länge i. a. 10 bis 20 µm, Anzahl bei dem Ciliaten *Prorodon:* 12 000 pro Zelle). Außerdem haben beide ein unterschiedliches Schlagverhalten.

Geißeln kommen außer bei Flagellaten vereinzelt auch bei Rhizopoden (Schwärmer der Radiolarien, Gameten vieler Foraminiferen) und Sporozoen (Mikrogameten der Coccidien) vor. Sie können distal in einen schmalen Endfaden ausgezogen sein, oberflächlich einen Härchenbesatz (Mastigonemen) tragen oder als Schleppgeißel nach hinten gerichtet sein. Als undulierende Membranen bezeichnet man Geißeln, die lose mit dem Zellkörper verbunden sind (Abb. 9 c–e).

Geißeln führen meist Schlängelbewegungen aus, entweder in einer Ebene (uniplanar) oder in Schraubenbahnen (helicoidal).

Wimpern sind für Ciliaten typisch. Ihre Bewegung setzt sich aus einem Effektivschlag und einer Rückschwingung zusammen. Gewöhnlich bewegt sich die gestreckte Wimper während des vortreibenden Schlages rasch um einen großen Winkel und schwingt dabei um einen Krümmungsabschnitt nahe der Basis des Cilienschaftes. Sie durchstreicht einen großen Wasserkörper. Beim Zurückschwingen ist sie stark gekrümmt und durchstreicht einen kleinen Wasserkörper. Eine Wimper kann über 100mal in der Sekunde schlagen. Die Schlagrichtung der Cilien kann umgekehrt werden, diese Umkehr wird durch Veränderungen des Membranpotentials und des intrazellulären Calciumgehaltes bewirkt. In Cilienverbänden stimmen Schlagfrequenz und Wellencharakteristik der einzelnen Wimpern normalerweise überein, der Schlag einer Cilienreihe ist gegenüber dem der anschließenden Reihe zeitlich etwas verschoben. Daraus resultiert die Metachronie, eine Schlagfolge, die am sinnfälligsten mit einem Kornfeld verglichen wird, über das der Wind streicht.

Oft sind zahlreiche Wimpern zu funktionellen Komplexen zusammengefaßt:

Reihen dichtstehender Cilien, die im Lichtmikroskop als flächige Einheiten in Erscheinung treten, nennt man Membranellen. Mit ihnen werden bei Ciliaten Nahrungspartikel zum Mundapparat gestrudelt.

Büschelförmig stehende Cilien werden als Cirren bezeichnet. Sie dienen der Fortbewegung auf dem Substrat (z. B. bei den Hypotricha, Abb. 21 g). In wechselnder Zahl sitzen sie der platten Unterseite an; bei der Fortbewegung werden sie als Hebel auf der Unterlage aufgesetzt.

Vor allem Flagellaten und Ciliaten bilden im Cytoplasma direkt unter der Zelloberfläche Strukturen aus, die bei Reizung ausgestoßen werden. Unter diesen Extrusomen sind vor allem die Trichocysten der Flagellaten und Ciliaten bekannt. Besonders bei holotrichen Ciliaten können sie als stabförmige Gebilde regelmäßig unter der ganzen Zelloberfläche stehen (Abb. 3 a). Bei *Paramecium* bestehen sie aus einem Schaft und einer Spitze, die von einer Kappe umhüllt wird. Auf Reizung verlängert sich der Schaft der Trichocyste in Bruchteilen einer Sekunde um das 8fache. Die Trichocysten von *Paramecium* stellen vielleicht Organellen der Feindabwehr dar. Mucocysten sind sackförmige Gebilde im Bereich der Pellicula einiger Flagellaten, Rhizopoden und Ciliaten, die bei Reizung exocytiert werden und ihren Inhalt abgeben (Abb. 2 b). Mucocysten sind oft am Bau der Hüllen von Dauerstadien (Cysten) beteiligt.

Toxicysten der Mundregion räuberischer Ciliaten sind Angriffswaffen und vermögen Beutetiere zu lähmen oder zu töten. Beim Abschießen entlassen sie durch einen Schlauch, der in die Beute getrieben wird, Gift.

Ebenfalls beim Beutefang werden die Haptocysten der Suctorien eingesetzt. Sie erreichen nur eine Länge von 0,3–0,4 µm, die kleinsten Trichocysten sind etwa 10mal so lang.

Ernährung. Protozoen können – wie wohl sehr viele wasserlebende Tiere – gelöste Stoffe durch die Oberfläche aufnehmen. Fast alle Protozoen, mit Ausnahme zahlreicher Parasiten, leben jedoch vorwiegend von geformter Nahrung. Im einfachsten Fall wird die Nahrung von der Zelloberfläche an beliebiger Stelle einfach umflossen (Endocytose). Aufnahme fester Teile wird als Phagocytose bezeichnet (Abb. 11 a). Werden kleine Areale, die Flüssigkeit enthalten, umflossen und dann in den Zellleib transportiert, spricht man von Pinocytose. Beide Vorgänge sind nicht immer scharf zu trennen. In jedem Fall schnürt sich von der Zellmembran eine Vakuole ab (Endocytose) und wandert zentralwärts (s. u.).

Ein konstanter Zellmund (Cytostom) ist bei Arten mit fester Körperform und Pellicula vorhanden. Meist wird im Anschluß an den Zellmund ein ins Innere führendes Rohr (Cytopharynx) gebildet. Seine Wand ist oft mit stab- oder reusenförmigen Differenzierungen versehen (Reusenstäbe, Trichiten). Wenn das Cytostom erweiterungsfähig ist, können die betreffenden Ciliaten, z. B. *Dileptus* und *Didinium*, größere Beute verschlingen. Bei den sich strudelnd ernährenden Ciliaten wird durch Ausbildung von Membranellenreihen ein Mundfeld (= Peristom) um den äußeren Zellmund an der Körperoberfläche abgegrenzt, das sich oft taschenartig einwärts senkt; besonders der innerste Peristomabschnitt ist mit dem Cytostom oft noch trichterartig vertieft (= Vestibulum). Stets werden nur zeitweise Vakuolen, jeweils für den einzelnen Nahrungsaufnahmeakt, gebildet. Diese verschmelzen letztlich mit Lysosomen. Die Zahl der gleichzeitig vorhandenen Nahrungsvakuolen kann groß sein. Bei den Ciliaten durchlaufen sie während der Verdauung des Inhaltes einen bestimmten Wanderweg im Endoplasma (Cyclose).

Die unverwertbaren Reste der Nahrung werden ausgestoßen, indem sich die Nahrungsvakuolen an der Körperoberfläche öffnen (Exocytose). Das Ausschleusen kann an beliebiger Stelle geschehen oder an einem bestimmten Zellafter (Cytopyge), so bei Ciliata (Abb. 2 a).

Lage von Cytostom und Cytopyge sind von Gruppe zu Gruppe verschieden. Bei manchen Ciliaten und vielen Flagellaten mit vorn entspringenden Geißeln liegt das Cytostom am Vorderende, bei vielen Ciliaten dagegen seitlich. Die Cytopyge liegt oft am Hinterende. Wie der After bei festsitzenden Metazoen wird auch die Cytopyge bei festsitzenden Ciliaten und Flagellaten oft nach vorn verlagert, besonders bei Formen mit Gehäuse.

Osmoregulation, Exkretion. Ein charakteristisches Organell vieler Protozoen ist die rhythmisch sich füllende und leerende pulsierende (kontraktile) Vakuole (Abb. 3a). Sie entleert Flüssigkeit an der Körperoberfläche und dient der Osmoregulation. Bei vielen marinen und parasitischen Arten fehlt sie.

Im einfachsten Fall entstehen die pulsierenden Vakuolen im Cytoplasma durch Zusammenfließen kleiner Vesikel. Sie wandern an die Zelloberfläche und entleeren dort ihre Flüssigkeit. Derartige vergängliche Vakuolen treten in großer Zahl bei manchen Amöben *(Pelomyxa, Amoeba plurivesiculata)*, in geringer bei Heliozoen auf.

In anderen Fällen bleibt die Blase bestehen und füllt bzw. entleert sich zu wiederholten Malen. Erst dieses Stadium ist eine echte pulsierende oder kontraktile Vakuole im engen Wortsinne.

Abgesehen von konstanten Mündungsporen treten als Differenzierungen einer solchen Blase Zuführungsblasen oder -kanäle (Ampullen) auf, die kranzartig die zentrale Sammelblase umgeben und ihre Flüssigkeit in sie entleeren. Solche komplizierten Vakuolensysteme haben sich bei Ciliaten entwickelt. Die zuführenden Kanäle (Radialkanäle) übernehmen dann die Abscheidung der Flüssigkeit. In ihrer Umgebung liegen tubuläre Membranstrukturen, die mit den Radialkanälen in offene Verbindung treten. Im Extremfall können die Zuführungskanäle den ganzen Körper durchziehen (*Spirostomum*, Abb. 21 d, *Stentor*, Abb. 21 e).

Zahl und Lage der pulsierenden Vakuolen wechseln von Art zu Art beträchtlich, selbst innerhalb einer Gattung.

Vielfach werden Exkrete in fester Form im Cytoplasma abgelagert. Oft sind sie pigmentiert. Bei manchen Radiolarien (Tripylea) bilden sie einen Pigmentkörper neben dem Kern, das Phaeodium (das vielleicht mit dem Silikatstoffwechsel zu tun hat). Bei Malariaerregern sammeln sich die Abbauprodukte des Haemoglobins des befallenen Blutkörperchens in Form eines zentralen Pigmentkörpers, der bei der Teilung im Restkörper bleibt. Oft werden Exkrete kristallin abgelagert.

Teilung. Aus einem Protozoon können zwei gleichgroße (aequale Teilung) oder zwei ungleiche Tochterzellen (inaequale Teilung, Knospung) hervorgehen oder – nach Vielteilung – zahlreiche Tochterzellen (Abb. 5). Unkompliziert erscheint der äußere Ablauf der Zweiteilung von Amöben. Nach erfolgter Kernteilung ziehen Pseudopodien gleichgroße Zellteile in entgegengesetzte Richtung auseinander.

Bei den meisten Protozoen steht die Teilungsrichtung in einem bestimmten Winkel zur Körperachse. Bei Flagellaten erfolgt meist Längsteilung (bei Dinoflagellaten und manchen Hypermastigiden Querteilung), für die meisten Ciliaten ist Querteilung typisch (Peritricha teilen sich längs).

Komplikationen treten vor allem bei Protozoen mit Panzer oder Schale auf. Folgende Möglichkeiten sind realisiert:

a) Der Panzer oder die Schale werden in zwei Hälften geteilt. Das ist z. B. der Fall bei Dinoflagellaten, Thekamöben mit weicher Schale *(Pamphagus hyalinus)*, bei Radiolarien und Ciliaten *(Coleps)*. Die Teilungsebene ist unterschiedlich, bei manchen Dinoflagellaten verläuft sie schräg zur Längsrichtung (Abb. 5 c).

b) Nur eines der Tochtertiere erhält die ganze Schale, das andere baut eine neue auf. Das gilt für Thekamöben mit fester Schale *(Euglypha, Difflugia, Arcella)*. Dabei können schon vor der Teilung Bausteine der neuen Schale im Cytoplasma gebildet werden (*Euglypha*, Abb. 5 d).

Bei der Knospung sind die beiden Tochtertiere in der Größe sehr verschieden; eines bleibt umfangreich und behält seine Organisation bei, das andere (die Knospe) ist zunächst klein. Knospung ist bei sessilen Protozoen verbreitet (Peritricha, Chonotricha, Suctoria). Die Knospe bildet häufig Wimpern aus und bewegt sich als freischwimmender Schwärmer fort.

Bei Suctorien wölbt sich die Knospe entweder von der Körperoberfläche nach außen vor (äußere Knospung, Abb. 5 e) oder entsteht in einer beutelförmigen Einstülpung der Mutterzelle (versenkte Knospung, Abb. 5 f). Bei einigen parasitischen Ciliaten (Astomata) kommt endständige Knospung mit Kettenbildung vor.

Bei der Vielteilung (multiplen Teilung) zerfällt die Zelle gleichzeitig in zahlreiche kleinere Tochterzellen. Diesem Vorgang gehen mehrere Kernteilungen voraus, so daß vorübergehend ein Plasmodium entsteht.

Die Vielteilung ist weit verbreitet, sie kann neben der Zweiteilung auftreten, z. B. bei *Trypanosoma, Noctiluca, Actinosphaerium*. Einige parasitische Amöben machen multiple Teilungen im encystierten Zustand durch *(Entamoeba)*, bei Foraminiferen pflanzen sich Ga-

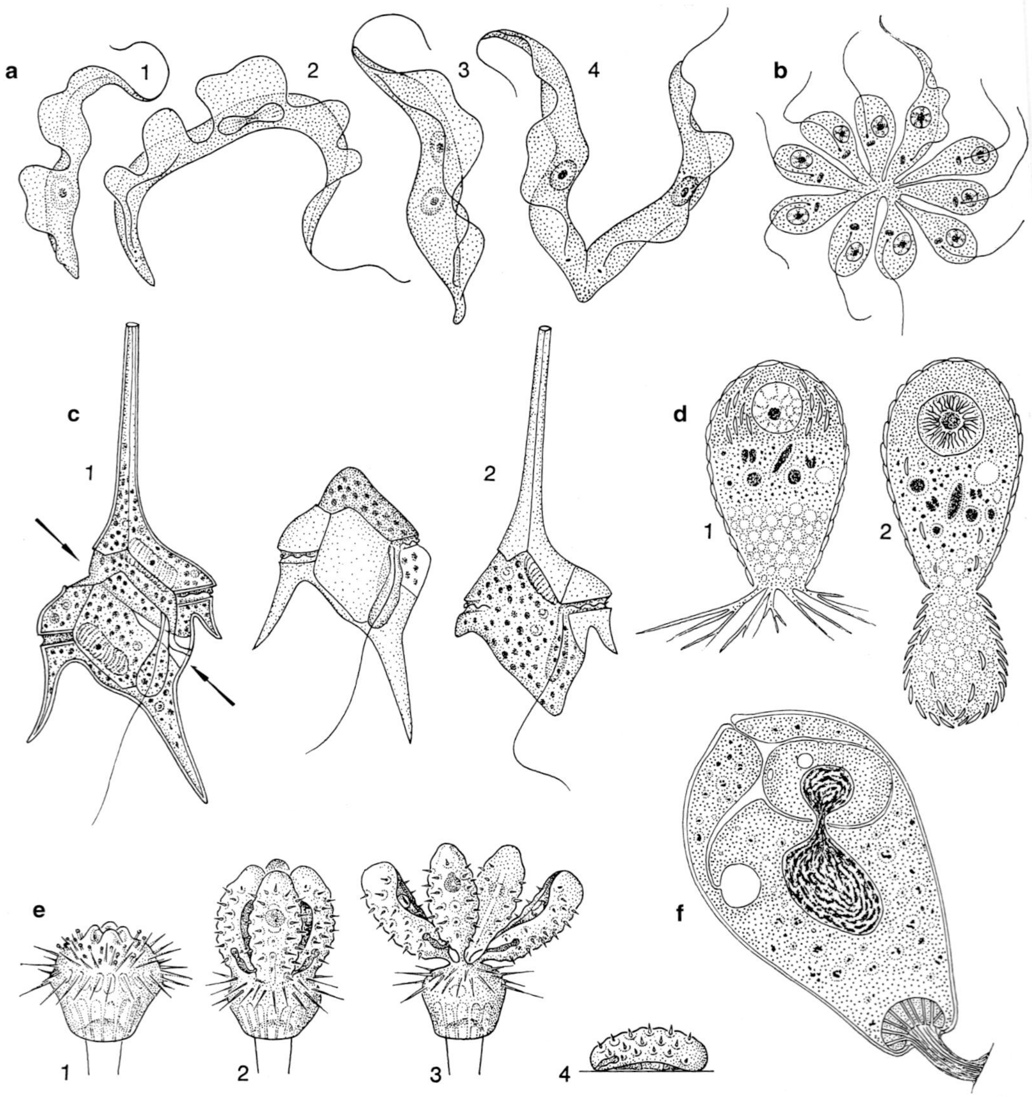

Abb. 5: Teilung von Einzellern. a. *Trypanosoma brucei*, Zweiteilung in verschiedenen Stadien (1–4). b. *Trypanosoma lewisi* (Vielteilung). c. *Ceratium hirundinella* (schräge Zweiteilung); 1: Pfeile zeigen die Teilungsebene. 2: ungleiche Tochterzellen. d. *Euglypha alveolata*; 1: Individuum in Ruhe (mit Zellkern, der von Reserveplättchen für die Schale umgeben wird); 2: Tier in Teilung. e. *Ephelota gemmipara*, äußere Knospenbildung (1–3) und festgesetzte Knospe (4). f. *Tokophrya actinostyla*. Versenkte Knospung. Nach Collin, Grell, Hawes, Schewiakoff, v. Schuckmann

monten und Agamonten (s. u.) durch Vielteilung fort, bei Sporozoen Schizonten, Gamonten und Sporonten (Abb. 18). Bisweilen bleibt ein Teil der Mutterzelle als Restkörper bei der Vielteilung zurück.

Die Vielteilung ist mit der normalen Zweiteilung durch jene Fälle verbunden, bei denen sich ein Ruhestadium der Zelle durch rasch folgende Zweiteilungen in einen Haufen kleinerer Zellen verwandelt, die dann gleichzeitig aus der Cyste schlüpfen, z. B. bei manchen Dinoflagellaten und Ciliaten *(Ichthyophthirius)*.

Bei der Plasmotomie zerfallen vielkernige Plasmodien in mehrkernige Tochtertiere oder schnüren solche ab (Microsporidia).

Sexualität. Auch bezüglich der geschlechtlichen Fortpflanzung existiert bei Protozoen eine große Vielfalt.

Von Hologamie spricht man, wenn Normalindividuen, die sich durch Teilung vermehren, und Gameten, die kopulieren, in Größe und Gestalt gleich sind. Jedes Normalindividuum kann zum Gameten werden. Hier ist die Befruchtung noch klar das Gegenteil der Vermehrung. In einer wachsenden, sich durch Teilung vermehrenden Population fehlt die Befruchtung; setzt diese ein, so vermindert sich die Zahl der Individuen durch die Verschmelzung zweier bei der Befruchtung um die Hälfte. Meist tritt nachher eine Phase der Teilungsruhe auf. Beispiele: manche Flagellaten *(Chlamydomonas, Polytoma, Dunaliella)*. Die Befruchtungsbereitschaft wird durch Außenbedingungen induziert.

Bei der Merogamie unterscheiden sich Normalindividuen und Gameten in Größe und Gestalt. Fast stets sind die Gameten die kleineren Zellen. Sie entstehen aus einer Gametenmutterzelle (Gamont) durch eine besondere Zellteilungsfolge, die als Zwei- oder Vielteilung abläuft. Das Normalindividuum wird jetzt als Agamont bezeichnet. Es gibt also zwei Zellteilungsfolgen:

1. Teilung der Agamonten, die Normalindividuen liefert = Agamogonie. 2. Teilungen der Gamonten, die Gameten liefern = Gamogonie (Gametogonie). Nur Gameten können kopulieren. In dieser Stufe sind zwei Kategorien unterscheidbar, die allerdings durch zahlreiche Übergänge verbunden sind. a) Die Gameten beiderlei Geschlechts sind gleich groß und gleichgestaltet = isogame Merogamie. b) Die Gameten sind der Größe nach in große (= Makrogameten) und kleinere (= Mikrogameten) gesondert (anisogame Merogamie); im Extremfalle sind bewegungslose große und begeißelte kleine Gameten ausgebildet (Oogamie). Beiderlei Gameten können von verschiedenen Gamonten gebildet werden (Getrenntgeschlechtigkeit, Diözie), aber auch von ein und demselben (Zwittrigkeit, Monözie).

Wenn die von demselben Gamonten erzeugten Gameten oder Gametenkerne miteinander kopulieren, spricht man von Autogamie (bei einigen Heliozoen und Foraminiferen).

Mit der anisogamen Merogamie bzw. der Oogamie ist das Stadium erreicht, das alle vielzelligen Tiere kennzeichnet. Die Agamogonie entspricht dabei allen Zellteilungen der Eizelle (Zygote). Während die Zellen sich aber bei den Protozoen voneinander trennen und isoliert leben, bleiben sie bei Metazoen während der Furchung zusammen und bilden nach Arbeitsteilung den Körper. Gamonten sind Urkeimzellen, der Gamogonie entspricht die Ei- und Spermienbildung.

Abgesehen von der Stufenfolge von der Hologamie zur Merogamie finden wir bei den Protozoen eine Fülle von Variationen der Sexualvorgänge und der Entwicklung. Wir nennen folgende:

1. Lage der Reduktionsteilung. Während bei den Metazoen die Reduktionsteilung stets vor der Befruchtung liegt, so daß nur die Keimzellen haploid und die Körperzellen diploid sind (= gametische Meiose), kann bei manchen Protozoen die Reduktionsteilung nach der Befruchtung erfolgen, so daß nur die Zygote diploid ist (= zygotische Meiose). Das ist der Fall bei vielen Flagellaten und den Sporozoen. Aber selbst innerhalb einer speziellen Gruppe können beide Fälle verwirklicht sein; so finden wir bei den Oxymonadida (Flagellaten) Gattungen mit gametischer und solche mit zygotischer Meiose.

2. Gamontogamie. Häufig erfolgt eine Vereinigung zweier Zellen nur auf dem Gametenstadium (= Gametogamie), sie kann aber vorverlegt werden und schon durch die Gamonten erfolgen (Gamontogamie). Zwei oder manchmal mehrere Gamonten legen sich aneinander und führen dann jeder für sich die Gamogonie durch. Die fertigen Gameten können dann sofort die Kopulation vollziehen. Ein Verschiedenwerden der Partner, wie wir es bei der Kopulation durch Ausbildung von Makro- und Mikrogamet bzw. Ei und Spermium kennengelernt haben, kann auch bei Gamonten auftreten. Meist sind beide Partner strukturell gleich (Isogamonten). Innerhalb der Ciliaten kommt es aber zu starken Verschiedenheiten der Gamonten (Anisogamonten). Bei den festsitzenden Glockentierchen *(Vorticella)* bleibt der eine Gamont auf dem Stiel sitzen (Makrogamont), während der andere (Mikrogamont) sich vom Stiel löst, auf den anderen zuschwimmt und mit ihm verschmilzt.

3. Vereinfachung der Gamogonie. Ursprüng-

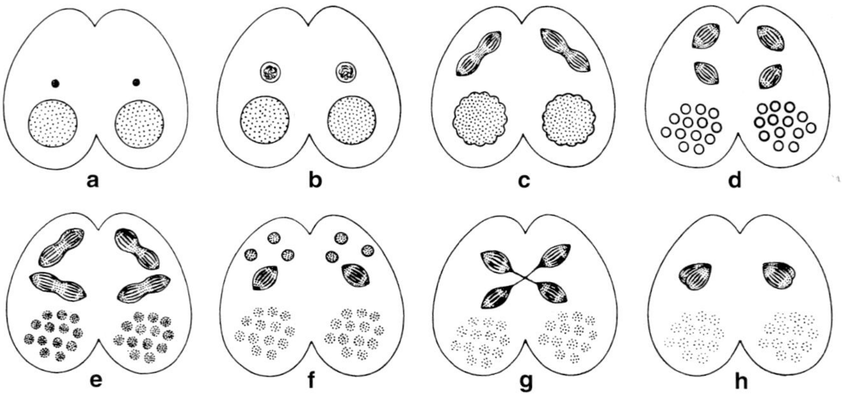

Abb. 6: Schema der Konjugation (Isogamontie) bei Ciliaten. Die Konjuganten sind zunächst äußerlich nicht voneinander zu unterscheiden (a). Die ersten Veränderungen bestehen in einer Vergrößerung der diploiden Mikronuclei (b). Während dieser Größenzunahme laufen in den Chromosomen die Vorgänge ab, die der meiotischen Prophase entsprechen. Jeder Mikronucleus teilt sich zweimal rasch hintereinander (c–e). Verbunden damit ist die Chromosomenreduktion. So entstehen vier haploide Tochterkerne, von denen drei resorbiert werden (f). Der übriggebliebene Kern teilt sich abermals. Durch diese sog. postmeiotische Teilung entstehen die beiden Gametenkerne. Der eine Gametenkern bleibt im ursprünglichen Konjuganten liegen (Stationärkern), der andere wandert in den Partner hinüber (Wanderkern) (g). In jeder Zelle verschmelzen dann Stationär- und Wanderkern miteinander zu einem Synkaryon (h). Es findet also eine Wechselbefruchtung statt, anschließend trennen sich die Partner; das Synkaryon teilt sich mitotisch in zwei Tochterkerne, von denen im einfachsten Fall der eine zum Mikronucleus, der andere zum Makronucleus wird. Der alte Makronucleus löst sich im Laufe der Konjugation auf. Nach Grell

lich besteht die Gamogonie in einer Folge von mehreren bis vielen Kern- und Zellteilungen, die von einem Gamonten, der strukturell von den Agamonten deutlich unterschieden sein kann, ausgehen und schließlich zu den Gameten führen.

Bei vielen Protozoen wird nun die Zahl der Teilungen in der Gamogonie vermindert, mehrfach findet nur eine Teilung des Gamontenkerns statt. Ist diese Teilung eine Reduktionsteilung, so spricht man von einer Einschrittmeiose.

Eine andere Vereinfachung der Gamogonie tritt ein, wenn nur Kernteilungen, aber zunächst keine Zellteilungen eintreten. Dann entwickeln sich oft nur einige Kerne zu Gametenkernen, eine Reihe geht zugrunde. Deutlich ist dieser Kernverlust bei der Konjugation der Ciliaten sichtbar. Hier gehen von den 4 Kernen, die der Mikronucleus zunächst liefert, drei zugrunde, nur einer teilt sich weiterhin in stationären (♀) und wandernden (♂) Kern. Schon mehrfach wurde angedeutet, daß die Konjugation der Ciliaten ein abgeleiteter Befruchtungsvorgang ist. Ihre Entstehung ist wohl folgende: Das zeitweise Aneinanderlegen zweier Tiere ist eine Gamontogamie. Die Gametenbildung in ihnen ist extrem reduziert. Zwar setzen einige Kernteilungen des Mikronucleus ein, aber wie auch in anderen Fällen der Gamogonie gehen die Kerne bis auf einen zugrunde. Dieser liefert nun zwei haploide Gametenkerne, einen weiblichen (stationären Kern) und einen männlichen (Wanderkern). Es unterbleibt aber die Ausbildung freier Gameten; nur die Wanderkerne werden zwischen den konjugierenden Gamonten ausgetauscht, so daß diese sich nach der Vereinigung der Kerne direkt in Zygoten umwandeln (Abb. 6).

Generationswechsel. Bei vielen Protozoen wechseln ungeschlechtliche und geschlechtliche Fortpflanzung miteinander ab. Wenn sich beide Generationen in der gleichen Kernphase befinden, spricht man von einem homophasischen, ist eine Generation diploid, die andere haploid, von einem heterophasischen Generationswechsel.

Ökologie und Vorkommen. Protozoen haben sämtliche Lebensräume, die hinreichend Wasser enthalten, besiedelt: Man findet sie im Meer, im Süßwasser – selbst in kleinsten Wasseransammlungen in Vegetationsschicht und Boden – und als Bewohner anderer Organismen. Encystierte Stadien können über große

Entfernungen durch die Luft transportiert werden. Eine wichtige Rolle spielen Einzeller im größten Lebensraum der Erde, dem offenen Meer (Pelagial). In den oberen, sonnendurchfluteten Wasserschichten lebt das Plankton, das nach der Größe der ihm angehörenden Lebewesen in verschiedene Gruppen unterteilt wird. Das Picoplankton (0.2–2 µm) umfaßt Bakterien. Im Nanoplankton (2–20 µm) finden wir überwiegend autotrophe Flagellaten. Das Mikroplankton (20–200 µm) umfaßt viele Flagellaten und bakterienfressende Ciliaten. Im Mesoplankton (> 200 µm) schließlich finden wir viele größere Formen, z. B. schwebende Foraminiferen, große Flagellaten (z. B. *Noctiluca*) sowie Radiolarien. Etliche dieser Organismen beherbergen photosynthetisch aktive Symbionten in ihrem Cytoplasma, von denen sie so viel profitieren, daß sie ohne Nahrungsaufnahme leben können.

Die planktischen Produzenten sind von enormer Bedeutung für das offene Meer, da sie hier die einzigen Produzenten sind, auf die die größeren Konsumenten dieses Lebensraumes angewiesen sind.

Ein interessanter Lebensraum ist der Sandstrand. Im Sandlückensystem leben nicht nur viele Metazoen, sondern auch viele einzellige Tiere.

Bei der Neubildung von Böden gehören Flagellaten, Amöben, Thekamöben und Ciliaten zu den tierischen Erstbesiedlern, sie leben oft von Bakterien, Pilzen und Algen. In 1 g Boden leben bis zu 200 000 Flagellaten; selbst im Sand der Sahara kommen sie vor.

Viele Protozoen beherbergen Symbionten, die aus verschiedenen Taxa stammen können: Cyanellen sind Cyanobakterien, Zoochlorellen gehören zu den Chlorophyten, Prasinomonaden und Volvocales, Zooxanthellen sind Dinoflagellaten, Diatomeen, Chrysomonaden und Prymnesiden. Zoochlorellen sind grün, Zooxanthellen braun. Der Vorteil der Protozoen liegt in ihrer Versorgung mit reduziertem Kohlenstoff (z. B. in Gestalt von Kohlenhydraten oder durch Verdauung ihrer Partner); der photosynthetisierende Symbiont erhält z. B. Mineralien und Abbauprodukte des Proteinstoffwechsels sowie einen gewissen Schutz. Bei Protozoen mit Kalkskelet wird durch die Symbionten die Calciumcarbonatbildung gefördert.

Ursprung dieser Symbiose ist wohl Phagocytose gewesen, die allerdings nicht zum Ziel führte, sondern zum Überleben des Fraßopfers in eine Vakuole. Eine gemeinsame Evolution beider Organismen hat oft zu erheblichen Umformungen geführt, die bis zur cytoplasmatischen Vererbung der Autotrophen führt. Die rezente Foraminifere *Heterostegina depressa* ernährt sich über ihre symbiotischen, schalenlosen Diatomeen. Sie nimmt keine Nahrungspartikel auf.

Die Parasiten unter den Protozoen rufen z. T. schwere Krankheiten der Menschen, Nutztiere und Nutzpflanzen hervor. So haben Malaria und Schlafkrankheit die Besiedlung weiter Gebiete der Tropen durch den Menschen zunächst stark behindert. Parasitisch sind sämtliche Sporozoa, Microspora und Myxozoa; wichtige Parasiten des Menschen finden sich auch unter den Flagellaten, Rhizopoden und Ciliaten.

Groß ist auch die Zahl der Protozoen, die vergesellschaftet mit anderen Organismen lebt, ohne Parasit zu sein. Viele Ciliaten (Peritricha, Chonotricha, Suctoria) siedeln auf Wassertieren (Symphorismus) oder leben in deren Darmkanal (Entökie). Besonders bekannt sind die Hypermastigida (Flagellaten), die im Darm von Termiten von Holz leben. Sie können Cellulose spalten. Ohne diese Symbionten können holzfressende Termiten nicht bestehen. Groß ist auch die Zahl der Entodiniomorpha, die im Pansen von Wiederkäuern leben (in einem Kubikzentimeter Panseninhalt des Schafes 1 Million). Sie ernähren sich von verschiedenen pflanzlichen Bestandteilen; einige Arten können Cellulose aufschließen, vielleicht mit Hilfe von Bakterien. Künstlich von den Entodiniomorpha befreite Ziegen wuchsen, aber Wirtstiere mit Ciliaten gediehen besser.

System. Ein befriedigendes System der Protozoen existiert bisher nicht. Einige der hier aufgeführten Gruppen sind sicher nicht natürlich. In den letzten Jahren hat es jedoch, besonders durch die Verwendung molekularer Merkmale, große Fortschritte gegeben, die hoffen lassen, daß in den nächsten Jahren ein allgemein anerkanntes System aufgestellt werden kann. Man unterscheidet über 40 000 rezente Arten, von denen etwa 10 000 parasitisch leben. Dazu kommt eine ähnlich hohe Zahl fossiler Formen.

1. Klasse: Flagellata
(Mastigophora, Geißeltierchen)

Durch die Klasse der Flagellata läuft die Grenze zwischen Tier- und Pflanzenreich. Sind Flagellaten zu Photosynthese befähigt (autotrophe Ernährung), ordnet man sie den Pflanzen zu (Phytoflagellata), ernähren sie sich heterotroph, rechnet man sie zu den Tieren (Zooflagellata). Wir kennen zahlreiche Linien, die beide verbinden. Beispiele finden sich unter den folgenden, nicht numerierten Ordnungen. Die numerierten Ordnungen enthalten nur heterotrophe Flagellaten. Flagellaten tragen meist eine oder wenige Geißeln und sind in der Regel sehr klein, selten länger als 50 µm. Die Fortpflanzung erfolgt meist durch Längsteilung, Geschlechtsvorgänge sind nur von wenigen Flagellaten bekannt.

Ordnung: Cryptomonadida. Oft mit Plastiden, zweigeißelig, mit speziellen Extrusomen (Ejectisomen). *Chilomonas*, saprozoisch; *Cryptomonas*.

Ordnung: Dinoflagellida (Dinoflagellata). Oft mit Plastiden, 2 Geißeln: Längs- und Ring- (= Quer)geißeln (Abb. 5 c). Häufig mit celluloseartigem Panzer, Chromosomen im Interphasekern sichtbar, Kerne mit geringem Histongehalt, Chromatiden während der Kernteilung mit Kernhülle verbunden, nicht mit Spindel-Mikrotubuli. Marin und limnisch. *Prorocentrum, Exuviaella, Gymnodinium, Gyrodinium, Polykrikos* (vierkernig), *Amphidinium, Dissodinium, Noctiluca* (Abb. 8 d): ruft Meeresleuchten hervor, kleine Geißel, Tentakel zum Beutefang, *Peridinium, Ceratium* (Abb. 5 c). *Leptodiscus* und *Craspedotella* (Abb. 8 c) medusenähnlich. Dinoflagellata sind wesentlich an der Primärproduktion der Ozeane beteiligt. Als Zooxanthellen leben sie symbiotisch z. B. in Foraminiferen und Korallen. Massenvermehrungen von *Gymnodinium, Gonyaulax, Prorocentrum, Ceratium* u. a. rufen Rote Tide (red tide) hervor, eine rötliche Wasserblüte, in deren Verlauf es zu Fisch-, Krebs- und Muschelsterben sowie zu Vergiftungen von Menschen (z. B. nach Muschelmahlzeiten) kommen kann. *Gambierdiscus* ist im Bereich von Indopazifik und Karibik Ursache zahlreicher Vergiftungen (Ciguatera) von Menschen nach Verzehr von Fischen, die diese Dinoflagellaten gefressen haben. *Gambierdiscus toxicus* wurde erst 1977 entdeckt. Besonders in der Nähe von abgestorbenen Korallenriffen macht diese Art Massenentwicklungen durch. Sie kann zwei Gifte synthetisieren (Ciguatoxin, Maitotoxin), die auf Ionenkanäle wirken. *Oodinium* parasitiert an Fischen und ruft Hauttrübung hervor (Korallenfischkrankheit, Samtkrankheit); *Blastodinium* in Leibeshöhle und Darm von Copepoden.

Ordnung: Euglenida. Oft mit Plastiden, meist mit zwei Geißeln, die in Einbuchtung am Vorderende entspringen (Abb. 8 a), eine kann sehr kurz sein. Eine Geißel mit basaler Schwellung, im benachbarten Cytoplasma findet sich dann ein Pigmentfleck (Stigma, «Augenfleck»). Zellhülle oft mit schraubig verlaufenden Profilen. Vorwiegend im Süßwasser. Mit Plastiden: *Euglena* (Abb. 8 a), *Phacus, Eutreptia, Trachelomonas*. Ohne Plastiden: *Peranema, Anisonema, Petalomonas* (Abb. 8 b), *Astasia*.

Ordnung: Chrysomonadida. Meist mit Plastiden, mit 1–2 Geißeln. Limnisch und marin. *Chromulina*, auf der Oberfläche von Waldtümpeln; *Dinobryon*, Kolonien mit tütenartigen Einzelgehäusen.

Ordnung: Prymnesiida. Goldbraun, mit einem fadenförmigen Haptonema und Schuppen auf dem Zellkörper. Oft extrem kleine Formen. *Phaeocystis:* oft in großen gelatinösen Massen, marin, planktisch, Neigung zu Massenvermehrungen; bildet Schaumwälle an Stränden (z. B. der Nordsee).

Coccolithus: marin, planktisch, auch fossil; *Isochrysis:* marin.

Ordnung: Phytomonadida. Meist mit Plastiden, im allgemeinen zweigeißelig. *Dunaliella*, in stark salzhaltigen Gewässern (Totes Meer, Salinen). *Chlamydomonas, Polytoma*. Teilweise koloniebildend (*Pandorina, Volvox* u. a.).

1. Ordnung: Choanoflagellata

Planktische und sessile, marine und limnische Formen mit einer Geißel am Vorderende, die von einem Kragen (Collare) aus engstehenden Mikrovilli umgeben wird (Abb. 8 f, g). Ein Dictyosom befindet sich unter dem Basalkörper, der Zellkern liegt zentral, weiter hinten eine pulsierende Vakuole. Die Vermehrung erfolgt meist durch Längsteilung; sessile Formen brin-

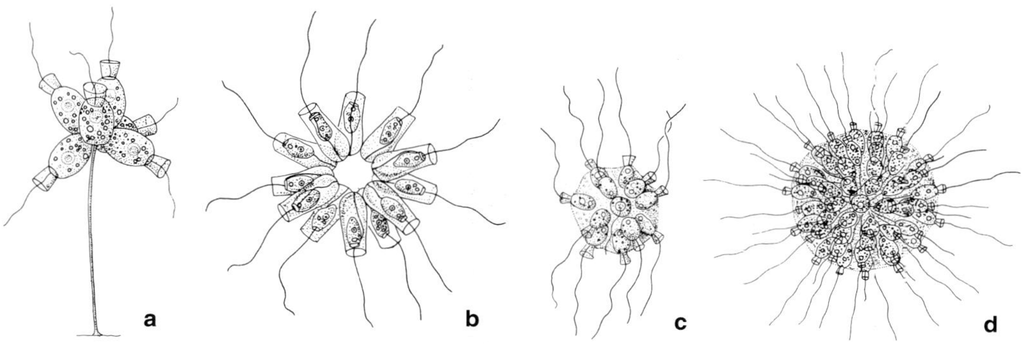

Abb. 7: Choanoflagellata. a. *Codosiga*, b. *Bicosoeca*, c. *Proterospongia*, d. *Sphaeroeca*. Nach Streble, Krauter

gen begeißelte Schwärmer hervor. Als Nahrung dienen Bakterien und Detritus.

Die weitgehende Übereinstimmung zwischen Choanoflagellaten und den Choanocyten der Schwämme (Abb. 25) führte schon Ernst Haekkel im vorigen Jahrhundert zu der Annahme, daß beide Gruppen eng verwandt seien. Neue molekularbiologische Befunde stützen diese Vorstellung. *Salpinogoeca:* einzellebend; *Codosiga:* einzellebend oder in Gruppen an einem Stiel (Abb. 7a); *Sphaeroeca:* freischwimmende, kugelige Kolonien (Abb. 7d); *Proterospongia:* kolonial, freischwimmend, Zusammenhalt der Individuen durch Gallerte (Abb. 7c); *Bicosoeca:* freischwimmende, sternförmige Kolonien, deren Zellen lateral zusammenhaften (Abb. 7b).

2. Ordnung: Trichomonadida

Oft einkernig, 4–6 Geißeln, davon eine als Schleppgeißel nach hinten gerichtet; mit Axostyl und Parabasalkörper. *Trichomonas* meist in Darm und Geschlechtstrakt verschiedener Säugetiere. *T. fecalis* und *Pentatrichomonas hominis* in Dick- und Blinddarm des Menschen, *T. tenax* im Mund, *T. vaginalis* (Abb. 8h) vorwiegend in Vagina, seltener in Urethra und Prostata, in den letzten Jahren in Mitteleuropa häufiger geworden; in manchen Gebieten ist Trichomoniasis die häufigste Geschlechtskrankheit des Menschen. Befall hat Beschwerden vorwiegend beim weiblichen Geschlecht zur Folge und kann zu Unfruchtbarkeit führen. *T. gallinae* in der Mundhöhle von Vögeln, *T. gallinarum* in Hühnern, *Tritrichomonas foetus* lebt in Geschlechtsorganen von Rindern und führt oft zu Fortpflanzungsstörungen. Bei einigen Arten erfolgt die Verbreitung durch Cysten, bei anderen direkt (z. B. *T. vaginalis* durch Geschlechtsverkehr).

Histomonas meleagridis lebt in Lumen und Mucosa des Darmes sowie in der Leber von Hühnervögeln. Weltweit verbreitet. Übertragung durch kontaminiertes Futter und in den Eiern des parasitischen Nematoden *Heterakis gallinae*. Die geißellose *Dientamoeba fragilis* kommt beim Menschen in Colon und Caecum vor; sie soll durch den Nematoden *Enterobius* übertragen werden können.

3. Ordnung: Diplomonadida

Bilateralsymmetrische Doppelindividuen (Kerne und Geißelapparat in Zweizahl). Meist mit 8 Geißeln. Darmbewohner, Übertragung durch Cysten.

Giardia lamblia (Abb. 8i) ist weltweit verbreitet und kommt bei 10 % der Bevölkerung vor, häufigster Darmflagellat (Duodenum, Jejunum) des Menschen, besonders bei Kindern. Bei starkem Befall Darmentzündungen. Kann mit verschmutztem Trinkwasser übertragen werden.

Hexamita im Darm verschiedener Wirbeltiere und Insekten; auch freilebend im Süßwasser.

4. Ordnung: Hypermastigida

Einkernig, mit zahlreichen Geißeln, Axostyl und oft großen Golgi-Apparaten, aber ohne Mitochondrien. Hypermastigida sind die am stärksten differenzierten Zooflagellaten. Oft in

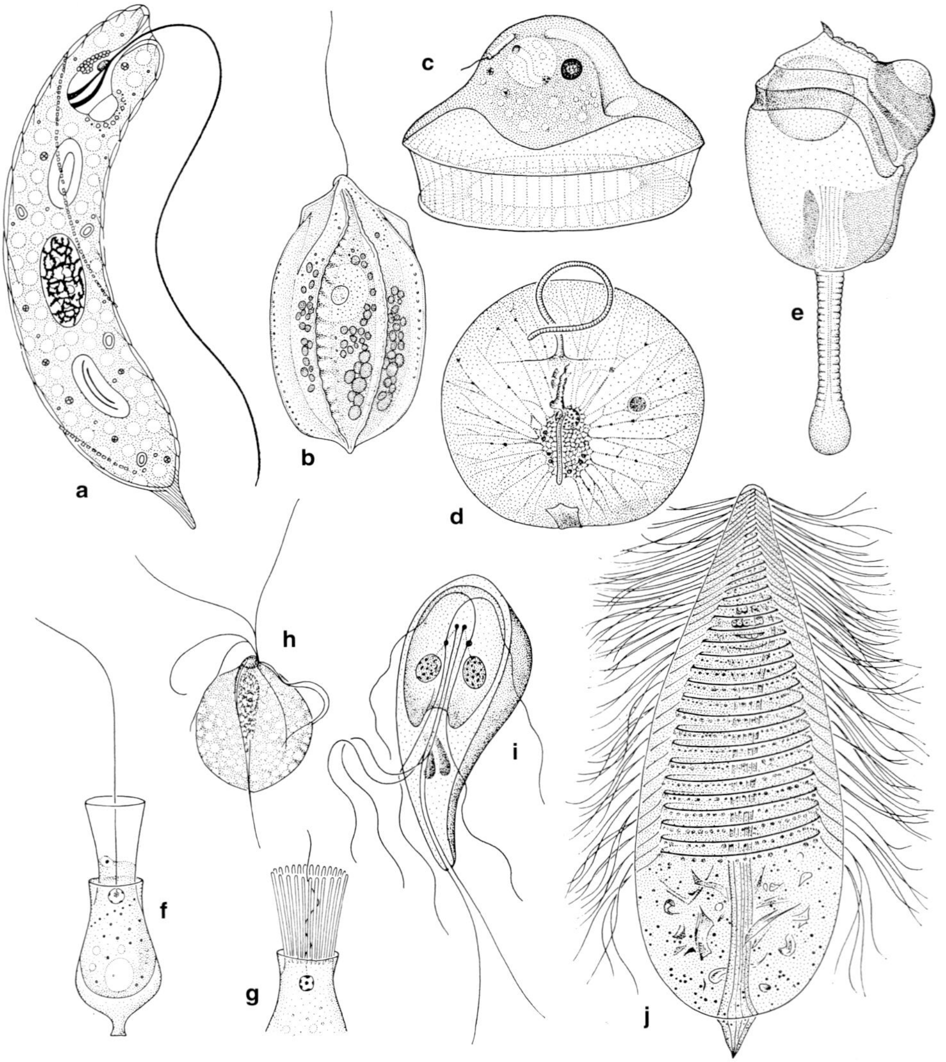

Abb. 8: Flagellaten-Formen. a. *Euglena spirogyra*, b. *Petalomonas hovassei*, c. *Craspedotella pileolus*, d. *Noctiluca miliaris*, e. *Erythropsis pavillardi*, f, g. *Salpingoeca amphoroideum*, f. licht-, g. elektronenmikroskopische Darstellung des Kragens (Collare), h. *Trichomonas vaginalis*, i. *Giardia lamblia*, j. *Spirotrichonympha bispira*. Nach Burck, Cleveland, Grell, Kofoid, Leedale, Meeuse, Mignot, Pratje, Pringsheim, Rodenwaldt, Swezy, Westphal

großer Menge (bis fast zur Hälfte des Wirtsgewichtes) im Darm von Termiten und Schaben; nehmen dort Holz über Phagocytose auf und machen es für den Wirt verwertbar.

Lophomonas (in *Blatta orientalis*), *Spirotrichonympha* (Abb. 8j; in Termiten), *Trichonympha* (in Schaben und Termiten).

5. Ordnung: Kinetoplastida

Diese Gruppe ist durch den Besitz eines Kinetoplasten geeint, der in dem einzigen Mitochondrium dieser Einzeller liegt.

Die Trypanosomatidae sind Parasiten. Die Gattungen *Leptomonas, Herpetomonas, Crithidia* u.a. leben vorwiegend im Darm von

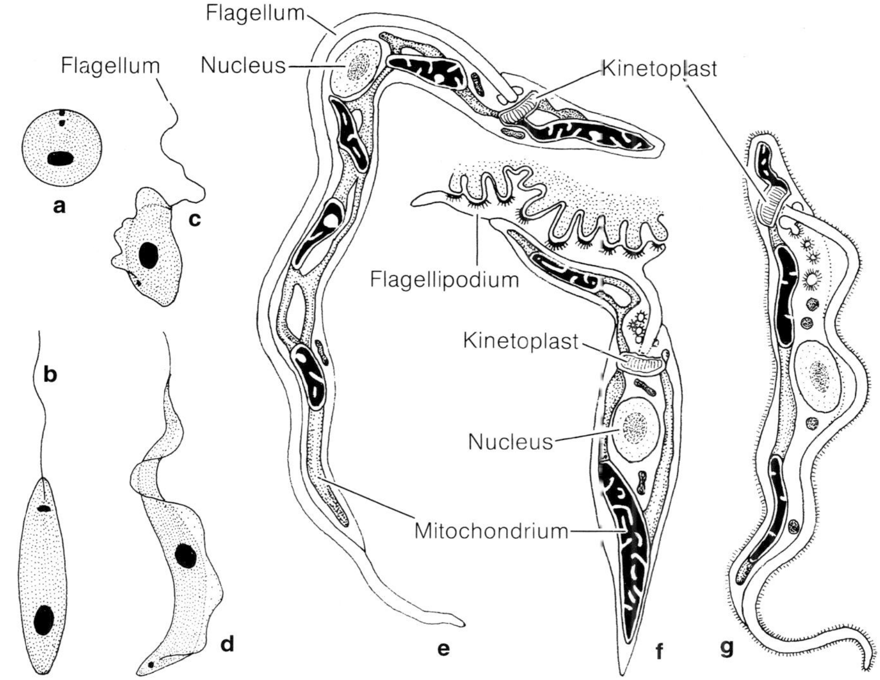

Abb. 9: Trypanosomatidae. a–d. Lichtmikroskopisch differenzierbare Modifikationen. a. Amastigotes Stadium, b. promastigotes Stadium, c. epimastigotes Stadium, d. trypomastigotes Stadium; e–g. *Trypanosoma brucei* elektronenmikroskopisch, e. Stadium aus dem Mitteldarm der Tsetsefliege ohne Endocytose, f. epimastigotes Stadium aus der Speicheldrüse einer Tsetsefliege; mit Fortsätzen der Geißel (Flagellipodien) an der Membran der Wirtszellen festgeheftet, g. trypomastigotes Stadium aus dem Blut eines Säugerwirtes mit Glykocalyx. Nach Hoare Vickerman

Insekten, *Phytomonas* in Sukkulenten (Übertragung durch Hemiptera).

Wichtige Parasiten des Menschen mit Stadien in Insekten sind *Trypanosoma* und *Leishmania*, die durch Polymorphismus ausgezeichnet sind. In folgenden Modifikationen können sie auftreten (Abb. 9):

1. amastigotes bzw. kryptomastigotes Stadium, geißellos bzw. mit sehr kurzer, versenkter Geißel; Zelle kugelig;

2. promastigotes Stadium, Geißel am Vorderende entspringend, Zelle wie bei den folgenden Formen langgestreckt;

3. epimastigotes Stadium, Geißel entspringt in der Zellmitte, bis zum Vorderende ist sie über eine undulierende Membran mit dem Zellkörper verbunden;

4. trypomastigotes Stadium, Geißel entspringt am Hinterende und ist bis zum Vorderende mit dem Zellkörper verbunden (undulierende Membran).

Promastigotes und epimastigotes Stadium werden vorwiegend in Wirbellosen ausgebildet, das trypomastigote Stadium in Wirbeltieren. Das amastigote Stadium kommt bei Wirbeltieren intrazellulär vor.

Leishmania-Arten werden von Schmetterlingsmücken (*Phlebotomus*, Abb. 224) auf den Menschen übertragen, wo sie als amastigotes Stadium im Makrophagensystem auftreten. Bei Insekten lebt das promastigote Stadium im Darmlumen.

Beim Menschen rufen *Leishmania*-Arten drei wichtige Krankheiten hervor: Kala-Azar (= Eingeweideleishmaniose, tropische Milzvergrößerung), Orientbeule und Schleimhautleishmaniose (Espundia). Weltweit gibt es etwa 12 Millionen Fälle. Jährlich rechnet man mit etwa 400 000 Neuinfektionen.

Leishmania donovani, der Erreger der Eingeweideleishmaniose, ist in der Alten Welt, insbesondere in Gebieten des tropischen und subtropischen Afrikas und Asiens, verbreitet und kommt auch in Südamerika vor.

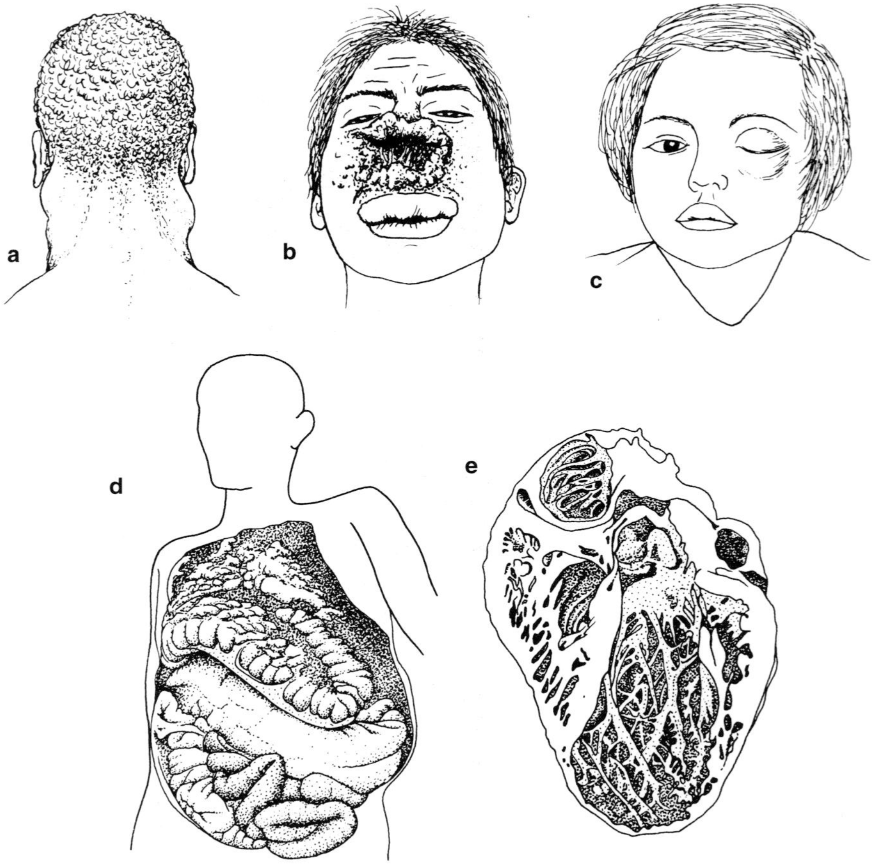

Abb. 10: Auswirkung verschiedener Flagellaten-Infektionen auf den Menschen. a. Schlafkranker mit Nackenschwellung, b. Großflächige Zerstörung im Gesicht durch *Leishmania brasiliensis*, c. Lid-Ödem (Romana-Zeichen), frische Infektion mit *Trypanosoma cruzi*, d. Mega-Bildungen des Verdauungstraktes (Chagas-Krankheit), e. Chagas-Herz mit verdünnter Ventrikelmuskulatur. Nach Bayer, Frank, Köberle, Kretschmar, Venzmer

Es werden v.a. Milz, Leber und Knochenmark befallen. Hauptkennzeichen der Infektion sind eine starke Vergrößerung der Milz (Splenomegalie), Anämie sowie Verminderung der Leukocytenzahl, dunkle Pigmentierung der Haut sowie unregelmäßige Fieberschübe. In Indien wurden Gebiete durch *L. donovani* entvölkert. Heute rechnet man mit 100000 Neuerkrankungen pro Jahr. Heilung ist bei frühzeitiger Behandlung mit Chemotherapeutica möglich.

Leishmania tropica ruft beulenförmige Hautgeschwüre hervor, die Orientbeule genannt werden. Diese Art lebt in den Endothelzellen der Hautcapillaren und bleibt auf die Infektionsstellen beschränkt. Äußerlich sind bei den befallenen Personen kleine Bläschen an den Stichstellen zu sehen. Unter eitriger Füllung und Platzen der Haut wird daraus ein Geschwür, das einige cm Durchmesser erreichen und monatelang bestehen kann. Die Erkrankung ist im allgemeinen harmlos; nach der Infektion verbleibt eine Narbe. Verbreitung: Mittelmeergbiet, Westafrika, Vorderer Orient bis Indien.

Nicht so harmlos verläuft eine Infektion mit *Leishmania brasiliensis*, die auf Lateinamerika beschränkt ist und Haut- oder Schleimhautleishmaniose hervorruft. Die Erreger leben vorwiegend in Schleimhäuten von Nase, Mund, Rachen und Luftröhre. Für befallene Personen ist starker Speichelfluß typisch. Gewebeveränderungen führen im Gesicht zu entstellender Narbenbildung (Abb. 10b). Im Unterschied zur Orientbeule kann sich der Krankheitsverlauf der südamerikanischen Leishmaniose über Jahre erstrecken und sogar das Nasenskelet zerstören. Außer beim Menschen lebt *Leishmania* in den meisten Regionen auch in Säugetieren (vorwiegend Hunden und Ratten), die daher Reservoire dieses Krankheitserregers darstellen.

Mehrere wichtige Parasiten des Menschen und der Haustiere gehören zur Gattung *Trypanosoma*. Im Wirbeltier lebt das trypomastigote Stadium meist im Blut, im wirbellosen Wirt promastigotes und epimastigotes Stadium im Darm. Trypanosomen können sich im hinteren Bereich des Insektendarmes entwickeln und führen dann mit Faeces ausgeschieden zur Infektion des Wirbeltierwirtes (Artengruppe Stercoraria, z. B. *T. cruzi*) oder in Vorderdarm und Speicheldrüsen, dann erfolgt eine Infektion über Stich (Artengruppe Salivaria, z. B. *T. brucei*).

Die Übertragung von *Trypanosoma brucei rhodesiense und T.b. gambiense* auf den Menschen erfolgt durch die Tsetse-Fliege (*Glossina*, Abb. 222). Beide rufen im tropischen Afrika die Schlafkrankheit hervor. Sie leben in Blut, Lymphe und Liquor cerebrospinalis. Der Krankheitsverlauf kann sich über Jahre erstrecken, er ist durch zwei Phasen gekennzeichnet: Zunächst leben die Parasiten in Blut und Lymphe, dann im Nervensystem, wo sie eine Encephalitis hervorrufen. Nach Lymphknotenschwellungen vorwiegend im Nacken der Patienten (Abb. 10a) stellen sich zunehmend schwerere Symptome ein. Schwere Fieberanfälle nehmen zu, Tobsuchtsanfälle können auftreten, schließlich folgt eine apathische Phase, die mit geistigem und körperlichem Verfall einhergeht und mit dem Tod endet. Die Schlafkrankheit hat die Entfaltung der Menschen im tropischen Afrika stark beeinflußt. Die Zahl der Todesfälle ist in den letzten Jahrzehnten stark zurückgegangen. Während 1895–1905 z. B. im Kongogebiet eine halbe Million Menschen starb, rechnet man heute für Afrika mit etwa 20000 Neuerkrankungen und 6000 Todesfällen pro Jahr, wobei allerdings große Schwankungen auftreten. *T.b. rhodesiense* ruft eine akut verlaufende Form der Schlafkrankheit hervor, die sich über 6–9 Monate erstreckt, eine *T.b.-gambiense*-Infektion verläuft langsamer (2–6 Jahre). Behandlung möglich, aber mit schweren Nebenwirkungen verbunden.

Bemerkenswert ist die Fähigkeit der Artengruppe Salivaria, einen Mantel von Oberflächenproteinen auszubilden, der so geändert werden kann, daß der Parasit der Antikörperreaktion des Wirtes entgehen kann (Antigenvarianz). Angesichts dieses Befundes hat der Wirt (bzw. der Mensch mit einer herkömmlichen Vakzine) kaum Chancen im Kampf gegen die Schlafkrankheit.

Reservoir für die Erreger der Schlafkrankheit sind etliche Großsäuger in Afrika.

Trypanosoma cruzi ist auf Lateinamerika beschränkt. Sie ruft die nach einem brasilianischen Wissenschaftler benannte Chagas-Krankheit hervor. Übertragung durch Kot infizierter Raubwanzen (*Triatoma*, Abb. 222), der auf Augen gelangt oder eingekratzt wird. Vermehrung der Parasiten im Makrophagensystem und anderen Zellen, schließlich setzen sie sich in verschiedenen Organen fest, bevorzugt wird die Herzmuskulatur. Die Amastigoten vermehren sich intrazellulär. Sie können sich in Trypomastigote umwandeln, die im Blut leben. Diese können durch Wanzen aufgenommen werden. Lymphknoten-, Milz-, Darm- und Lebervergrößerungen (sog. Mega-Bildungen, Abb. 10d), Ödeme (z.B. Lid-Ödem, Abb. 10c); Fieber. Wird die erste Krankheitsphase überstanden, so können die Parasiten bis 40 Jahre im Menschen verbleiben. Schweres Siechtum führt später meist zum Herztod (Verdünnung und Einreißen des Myocards, Abb. 10e). Die Chagas-Krankheit ist in Lateinamerika weiter verbreitet als früher angenommen wurde: 20 Millionen Menschen sollen befallen sein; jeder fünfte Blutspender in Brasilien ist positiv. Es handelt sich überwiegend um eine Krankheit armer Bevölkerungsschichten, in deren Wohnungen die übertragenden Wanzen vorkommen. Haustiere sind Erregerreservoire. Chemotherapie möglich, aber mit starken Nebenwirkungen.

Verschiedene *Trypanosoma*-Arten rufen oft zum Tode führende Viehseuchen hervor. Sie werden zumeist durch Fliegen *(Glossina, Stomoxys, Tabanus)* übertragen.

T. congolense, T. brucei brucei u. a. sind Erreger der Nagana, einer Pferde- und Rinderseuche (Fieber, Abmagerung, Lähmungen), die in weiten Gebieten Afrikas eine intensive Rinderhaltung verhindert. Hier sterben 3 Millionen Rinder jährlich.

T. equinum ist Erreger der Kreuzlähme (Mal de Caderas) von Pferden in Lateinamerika. Übertragung durch verschiedene Fliegen und blutleckende Fledermäuse (Desmodontidae).

T. evansi ist in Asien, Afrika und Lateinamerika verbreitet und ruft die Surra der Pferde, Elefanten und Kamele hervor (Fieber, Ödeme, Abmagerung).

T. equiperdum wird beim Geschlechtsakt von Pferden und Eseln übertragen und ruft die Beschälseuche hervor (Schwellung der Genitalien, Abmagerung, Lähmung).

Verwandt mit den Trypanosomatidae sind die im Boden und in organisch belasteten Gewässern weit verbreiteten, meist zweigeißeligen Bodonidae, die auch im Darm oder im Blut leben (*Cryptobia* in Fischen) und dann von Hirudineen übertragen werden. *Ichthyobodo:* an der Haut von Fischen.

6. Ordnung: Opalinida

Die ganze Zelloberfläche ist mit Flagellen besetzt, die in Schrägreihen angeordnet sind. Kern in Zwei- oder Mehrzahl, aber immer untereinander gleich. Fortpflanzung durch Zweiteilung und sexuell. Vorwiegend im Enddarm von Amphibien, wo die Nahrung pinocytotisch aufgenommen wird. Der komplizierte Lebenszyklus wird durch Hormone des Wirtes gesteuert. Zu deren Paarungszeit vermehren sich die Einzeller asexuell. Die Teilungsprodukte werden ins Wasser abgegeben und von Kaulquappen aufgenommen, in denen sexuelle Fortpflanzung erfolgt.

Protoopalina (in Teleosteern), *Zelleriella* (in Kröten), beide zweikernig, *Opalina ranarum* (in Fröschen) vielkernig.

Opalina ranarum ist ein abgeflachter, mundloser Kommensale und lebt im Enddarm von Fröschen. Zur Paarungszeit der Wirte erfolgen Zellteilungen ohne Wachstumsphasen. Die daraus resultierenden kleinen Zellen besitzen nur 3–6 Kerne und wenige Flagellenreihen, encystieren sich und werden ausgeschieden. Die Cysten gelangen später in den Darm von Kaulquappen, und die aus ihnen schlüpfenden Einzeller teilen sich, vollziehen meiotische Kernteilungen und werden zu Makro- und Mikrogameten. Abgegeben werden Zygoten. In einer weiteren Darmpassage können abermals Gameten gebildet werden oder aber die großen trophischen Formen.

2. Klasse: Rhizopoda (Sarcodina, Wurzelfüßer)

Rhizopoden sind durch Pseudopodien gekennzeichnet. Sie haben enge Beziehungen zu Flagellaten, Entwicklungsstadien mancher Formen besitzen Geißeln.

1. Ordnung: Amoebina

Keine feste Gestalt, Cytoplasma vielfach in Ecto- und Endoplasma gesondert. Oft mehrere Zellkerne. Beim Eintreten ungünstiger Umweltbedingungen Encystierung. Pseudopodien meist Lobopodien. Manche Amöben des feuchten Bodens schließen sich vor der Encystierung oft zu komplizierten Aggregaten zusammen (Abb. 11). Zwei- oder Vielteilung.

Limnisch: *Amoeba proteus* (Abb. 11 a), *Hartmannella, Naegleria* (kommt auch als begeißelte Form vor); *Pelomyxa*, bis 5 mm; in sauerstoffarmen Gewässern, mit Bakterien als Symbionten. Marin: *Paramoeba, Stereomyxa, Corallomyxa, Pontifex*. In feuchtem Boden lebt die große, vorwiegend räuberisch sich ernährende *Amoeba terricola*, die andere Amöben, aber auch Metazoen (Rotatorien, Nematoden, Tardigraden) überwältigt.

Acrasina (kollektive Amöben) im feuchten Boden, bilden mehrzellige Aggregate aus Sporenträger und Sporen (Cysten): *Actyostelium, Dictyostelium* (Abb. 11 b–d), *Polyspondylium*.

Zahlreiche Arten leben im Darmkanal höherer Tiere und des Menschen, meist als Kommensalen. Während die meisten Arten im Menschen harmlos sind (*Entamoeba coli* im Dickdarm, *E. gingivalis* im Belag der Zähne), kann *Entamoeba histolytica* zu einem gefährlichen Krankheitserreger werden (Amöbenruhr).

> *Entamoeba histolytica* kann Cysten (Durchmesser 12 µm) bilden, die mit dem Stuhl abgegeben werden und der Verbreitung dienen. Infektion erfolgt über Salat, ungewaschenes Obst und dergleichen. Die vierkernigen Cysten entwickeln sich zu einer Amöbe, die Kernteilungen durchmacht und dann in acht einkernige Individuen zerfällt.
>
> Die Cysten können mit heißem Wasser getötet werden, nicht jedoch mit wässriger Lösung von Kaliumpermanganat, die oft in tropischen Ländern zum «Desinfizieren» von Salaten und Früchten Anwendung findet. Im Darm schlüpft die Amöbe, die einen Durchmesser von 20–30 µm hat, in die Darmwand eindringt und in Mucosa und Submucosa Erythrocyten aufnimmt. Die entstehende Krankheit (Amöbenruhr) ist in warmen Ländern verbreitet (500 Millionen Befallene; 10% mit ausgeprägten Gewebeschäden). Sie äußert sich in dünnbreiigem, schleimig-blutigem Stuhl (akute Form). Durchfall kann auch mit Verstopfung wechseln (chronische Form). Bekämpfung mit verschiedenen Chemotherapeutica.
>
> Besonders gefährlich ist der Befall anderer Organe über die Blutbahn (vor allem Leber); hier können Abszesse hervorgerufen werden, die manchmal nur chirurgisch zu entfernen sind. Nimmt man *E. histolytica* in Kultur, so entsteht eine weitere, aus Organismen nicht bekannte Modifikation (Kultur-Form).

Einige meist freilebende Amöben («Limax-Amöben») können fakultativ parasitisch werden und beim Menschen eine tödlich verlaufende Erkrankung des Gehirns hervorrufen *(Naegleria, Acanthamoeba)*. Die Infektion erfolgt durch Stadien, welche über die Nasenschleimhaut entlang den Fila olfactoria in das Gehirn eindringen und eine akut verlaufende Meningoencephalitis bewirken, die innerhalb einer Woche zum Tod führt. Infektionen beim Baden in freien Gewässern. Bei Personen mit herabgesetzten Widerstandskräften (Immundefizienz) können *Acanthamoeba*-Arten zum Be-

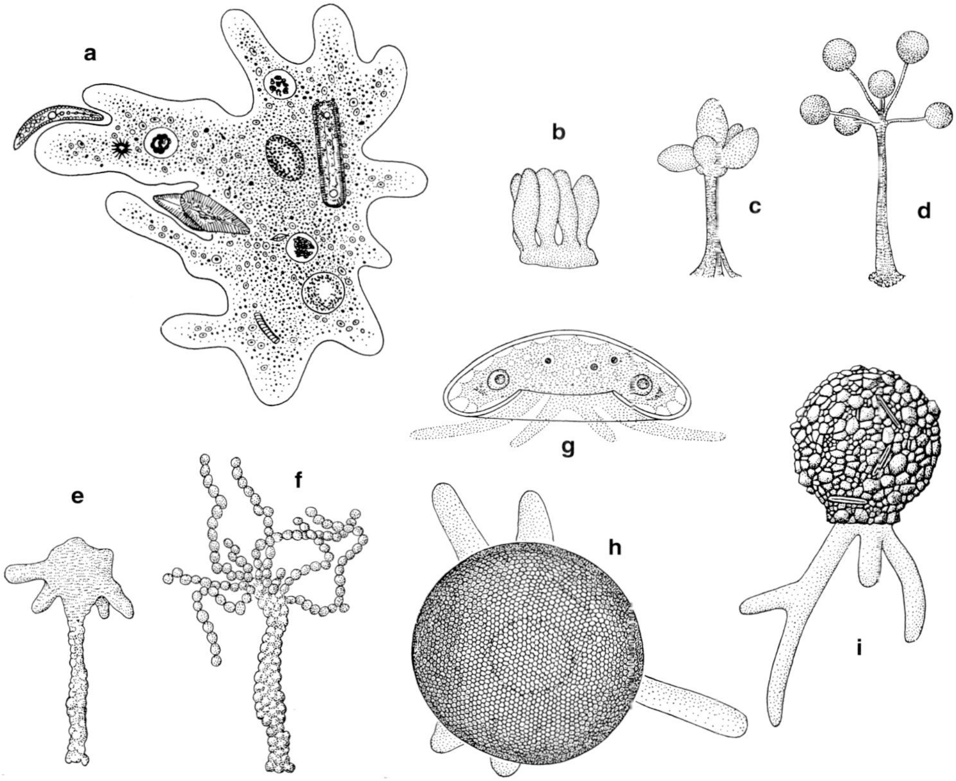

Abb. 11: Amoebina und Testacea. a. *Amoeba proteus*, die links gerade Diatomeen phagocytiert; b–d. *Dictyostelium polycephalum*, Ausbildung des Sporenträgers; e, f. *Acrasis rosea*, bildet vor der Encystierung gestieltes Aggregat; g, h. *Arcella vulgaris*, Schnitt und Aufsicht, i. *Difflugia urceolata*. Nach Grell, Kühn, Schmeil, Verhorn

fall von Lunge, Zentralnervensystem, Augen und Haut führen. In diesen Verwandtschaftsbereich gehören auch die Xenophyophora der Tiefsee. Es handelt sich um plasmodiale Formen, die mehrere cm lang werden können. Sie enthalten Barytkristalle und Fremdpartikel, z. B. Skelete von Radiolarien und Foraminiferen, Spicula von Schwämmen (usw.). Sie sind in Sedimenten der Tiefsee weit verbreitet.

2. Ordnung: Testacea
(Thekamöben)

Beschalte Amöben mit ungekammerter organischer Schale, die mit anorganischen Bestandteilen verbunden sein kann. Vorwiegend limnische Detritusfresser, oft in *Sphagnum*-Polstern. *Arcella* (Abb. 11 g, h), *Difflugia* (Abb. 11 i), *Chlamydophrys, Pamphagus, Euglypha* (Abb. 5 d), *Nebela*.

Thekamöben sind auch in terrestrischen Ökosystemen verbreitet. Sie kommen in Böden vor und werden zu deren Charakterisierung herangezogen. In Fichtenforsten Mitteleuropas sollen bis 200 Millionen Individuen/m^2 vorkommen können, in Laubwäldern sind es erheblich weniger. Verbreitete Gattungen sind *Plagiopyxis* und *Trinema*.

3. Ordnung: Foraminifera

Schale bei einem Teil der Arten von Poren durchsetzt, besteht aus organischer Grundsubstanz und Kalk- oder Siliciumdioxid-Auflagerungen. Fossil sind sie gut erhalten, haben zu Sedimentbildung beigetragen und sind wichtig für die Biostratigraphie (Mikropaläontologie, Erdölprospektion). Aus einkammerigen (Monothalamia; z. B. *Lagena*, Abb. 12 a) haben sich

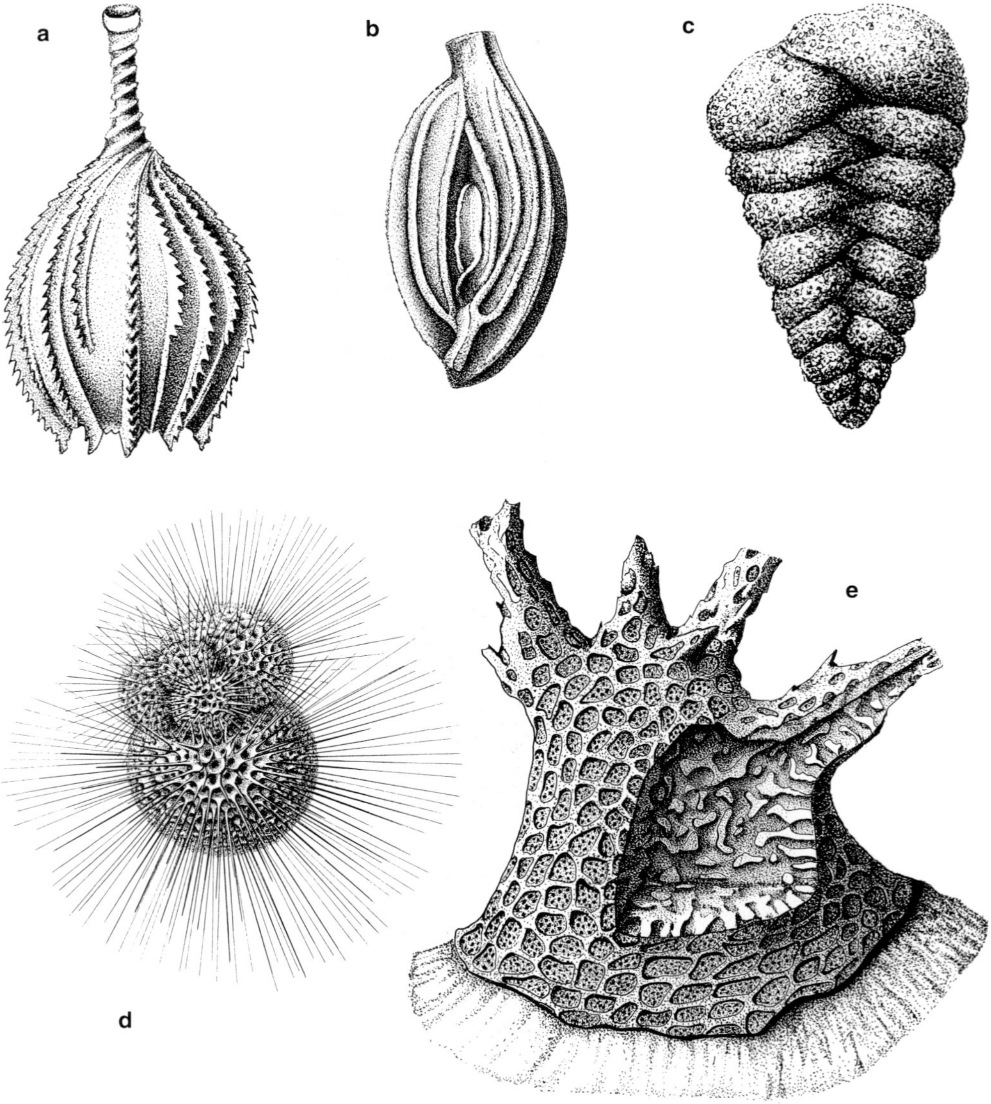

Abb. 12: Gehäuse von Foraminiferen. a. *Lagena*, b. *Spiroloculina*, c. *Textularia*, d. *Globigerinoides*, e. *Miniacina*.

vielkammerige Arten gebildet (Polythalamia; Abb. 12 b–e), die bis über 10 cm Durchmesser erreichen (*Nummulites*, Tertiär). Die Vielfalt der Polythalamia-Gehäuse, die selbst die der Schnecken übertrifft, kann man folgendermaßen ordnen: Die Kammern liegen geradlinig in einer Reihe hintereinander (*Nodosaria*-Typ) oder in zwei Reihen (*Textularia*-Typ), sind spiralig angeordnet (planspiraler *Rotalia*-Typ) oder schraubig (trochospiraler *Rotalia*-Typ) oder in konzentrischen Kreisen (*Planorbulina*-Typ).

Aus den Schalen treten Reticulopodien (Rhizopodien) heraus und bilden ein Netz für den Beutefang (vor allem werden Diatomeen und Bakterien aufgenommen). Alle untersuchten Arten mit heterophasischem Generationswechsel.

Die ungeschlechtlich entstandene Generation nennt man megalosphärisch, weil ihre An-

Abb. 13: Pyramiden von Gizeh bei Cairo. Oben links ein Luftbild. Die Lupe zeigt Nummuliten im Gestein der Cheops-Pyramide, die aus Millionen Blöcken aus eozänem Nummulitenkalk aufgebaut ist (beachte die Größe der Steinblöcke im Verhältnis zu der Touristin, die 1,75 m groß ist). Original

fangskammer (Proloculus) meist besonders groß ist, die sexuell entstandene mikrosphärisch. Die Größe der adulten Gehäuse verhält sich jeweils umgekehrt. Unter den rezenten Foraminiferen findet man mehr megalosphärische als mikrosphärische Gehäuse.

Foraminiferen beherbergen zahlreiche, vermutlich wirtsspezifische Symbionten, z. B. Dinoflagellaten, Chlorophyceen, Rhodophyceen und Diatomeen.

Marin, vorwiegend benthisch (am Boden), die meisten vagil, einige sessil (z. B. *Miniacina*, Abb. 12e). Globigerinidae (Abb. 12d), Globorotalidae und Hastigerinidae leben mit nur 40 Arten, aber in riesigen Individuenzahlen, im Plankton. Sie fressen Plankton und überwältigen selbst Heteropoden und Chaetognathen. Ihre Gehäuse sind in weiten Meeresgebieten sedimentbildend. Zu den Foraminiferen gehören wichtige Leitfossilien, so die Fusulinida (Karbon-Perm) und die im Alttertiär besonders häufigen Nummuliten. Nummulitenkalke wurden für den Bau ägyptischer Pyramiden verwendet (Abb. 13).

Globigerinen und benthische Foraminiferen sind ein wesentlicher Bestandteil der miozänen Sedimente, die den größten Teil der Oberfläche Maltas und damit auch der dortigen Bauwerke ausmachen.

4. Ordnung: Radiolaria

Die Radiolarien sind meist kugelige Plankter warmer Meere mit in alle Richtungen ausgestreckten, schlanken Axopodien. Kieselskelete mit enormer Formenfülle (Haeckel: Kunstformen der Natur). Radiolarien besitzen eine Zentralkapsel, durch deren Poren ein kernhaltiger Zentralraum mit einem peripheren Areal (Extracapsularium) verbunden ist. Das Skelet besteht im einfachsten Fall aus tangential angeordneten Nadeln, sonst aus durchbrochenen Kugelschalen (Abb. 14). Vielteilung verbreitet.

Radiolariengehäuse bilden marine Sedimente.

a) Peripylea (Spumellaria). Zentralkapsel kugelig, allseitig mit Poren. *Heliosphaera*, *Hexacontium* (Abb. 14a), *Thalassicola* (Abb. 14b) und *Collozoum* (Abb. 14d, ohne Skelet; kann meterlang werden).

b) Monopylea (Nassellaria). Zentralkapsel

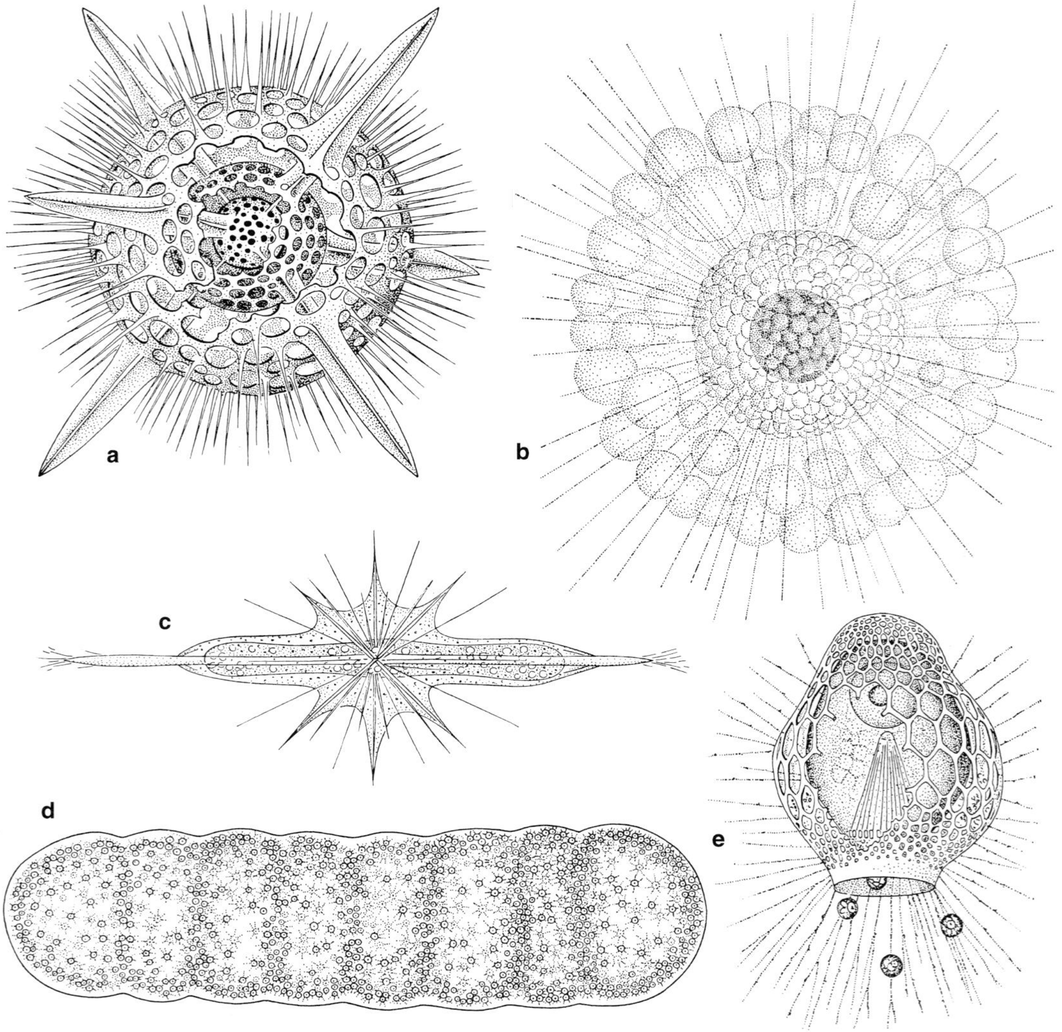

Abb. 14: Radiolarien. a. Skelet von *Hexacontium asteracanthion* (die beiden äußeren Schalen aufgebrochen), b. *Thalassicola nucleata*, c. *Amphilonche elongata*, d. *Collozoum inerme* (Kolonie), e. *Cyrtocalpis urceolus* (mit geöffneter Schale). Nach Brandt, Haeckel, Huth, Schewiakoff

nur mit einer Öffnung. *Cystidium, Cyrtocalpis* (Abb. 14e).

c) Tripylea (Phaeodaria). Zentralkapsel mit 1 Haupt- (Astropyle) und 2 Nebenöffnungen (Parapylen). *Aulacantha.*

d) Acantharia. Skelet aus Strontiumsulfat, in der Regel mit 20 Stacheln. *Acanthometron, Amphilonche* (Abb. 14c).

5. Ordnung: Heliozoa (Sonnentierchen)

Kugelig, den Radiolarien ähnlich, aber ohne Kapsel; meist limnisch. Dichtes Endoplasma vom grobvakuolären Ectoplasma geschieden. Manche Arten mit Skeletnadeln (Abb. 1). Heliozoen liegen dem Boden auf, treiben im Wasser in Bodennähe oder sind mit einem Stiel am

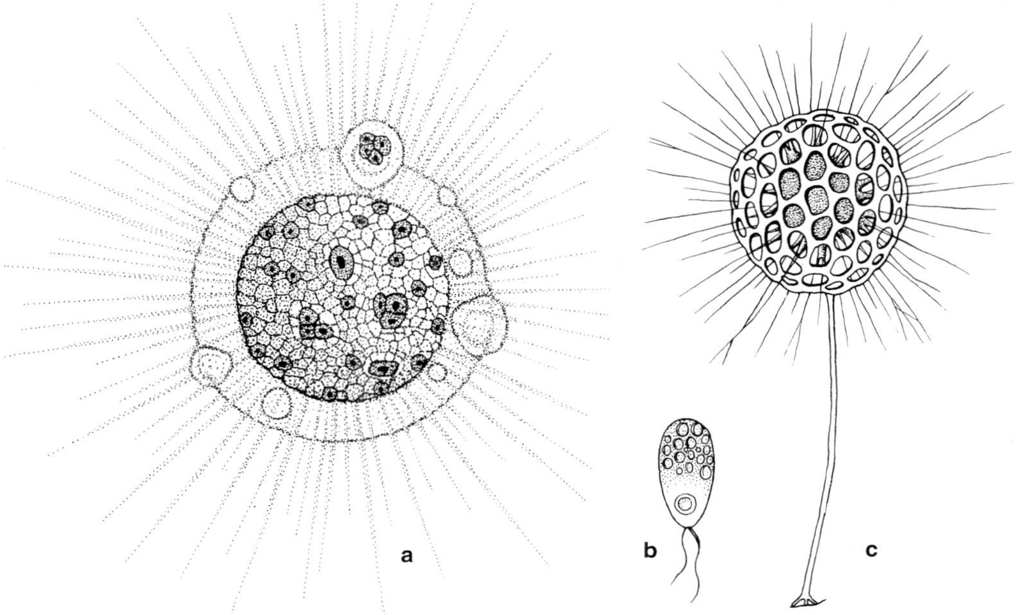

Abb. 15: Heliozoa. a. *Actinosphaerium*, b, c. *Clathrulina*, b. Schwärmer, c. festsitzend. Nach Hertwig

Substrat befestigt, so die von einer extrazellulären Kapsel umhüllte *Clathrulina* (Abb.15c).

Viele Heliozoen können mit Artgenossen fusionieren und gemeinsam große Beuteobjekte überwältigen und verdauen. Anschließend trennen sie sich wieder.

Actinophrys, Actinosphaerium (Abb. 15a), *Acanthocystis* (Abb. 1a), *Sticholonche* (bilateral-symmetrisch).

3. Klasse: Sporozoa
(Apicomplexa, Sporentierchen)

Sporozoen sind ausschließlich Endoparasiten von Tieren.

Nach elektronenmikroskopischen Befunden an den in die Wirtszellen eindringenden Stadien (Mero- und Sporozoiten) nennt man sie auch Apicomplexa, da diese charakteristische apikale Strukturen besitzen (Abb. 16): Polring, Conoid, Rhoptrien und Mikronemen (= Toxonemen). Polringe sind Verdickungen des inneren pelliculären Membrankomplexes an Vorder- und Hinterende. Ein vermutlich der Penetration dienendes Organell ist das Conoid am Vorderpol. Beim Eindringen in die Zelle helfen die Rhoptrien. Die Mikronemen sind langgestreckte Gebilde unbekannter Funktion, die mit den Rhoptrien in Verbindung stehen.

Sporozoa machen einen Generationswechsel durch, bei dem geschlechtliche Fortpflanzung (Gametogonie) und an die Zygotenbildung anschließende Vielteilung (Sporogonie) einander abwechseln. Oft ist noch eine weitere Vielteilung (Schizogonie) eingeschaltet. Die durch die Sporogonie entstehenden Cysten (Sporen) werden auf einen anderen Wirt übertragen. Flagellen kommen nur bei Mikrogameten einiger Gattungen vor.

Sporozoen sind vorwiegend haploid, die Meiose findet direkt nach der Zygotenbildung statt.

1. Ordnung: Gregarinida

Die Gregarinen leben vorwiegend extrazellulär in Darm und Leibeshöhle von Anneliden und Arthropoden. Ihre Gamonten bringen durch Vielteilung männliche und weibliche Gameten hervor. Es findet Gamontogamie statt, wobei sich beide Gamonten mit einer gemeinsamen Hülle umgeben, in der die Gameten kopulieren

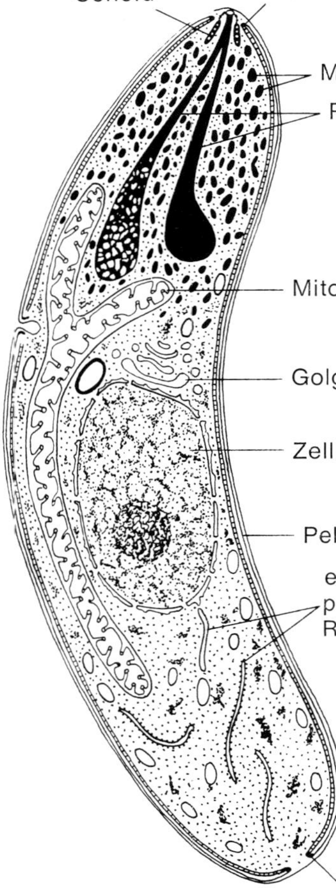

Abb. 16: Schematische Darstellung eines Sporozoons (Merozoit) aufgrund elektronenmikroskopischer Befunde. Nach Scholtyseck

(Syzygie). Die entstandenen Zygoten verwandeln sich direkt in Sporen, in denen die Sporogonie stattfindet, und die direkt übertragen werden. Schizogonie fehlt bei den vor allem extrazellulär lebenden Gregarinida, ist aber bei Schizogregarinida vorhanden. Der Körper kann gegliedert sein in Proto- und Deutomerit (Abb. 17), der Protomerit kann vorn zu einer Haftstruktur verlängert sein (Epimerit), mit der eine Verankerung an Zellen möglich ist. Die Lokomotion kann gleitend oder durch Schlängeln erfolgen.

Gregarina (z. B. im Darm von Mehlwürmern und Schaben), *Schistocystis* (im Darm von Ceratopogoniden-Larven), *Lipocystis* und *Mattesia* im Fettkörper von Insekten, *Monocystis* (Abb. 17a) in Samenblasen von Regenwürmern.

2. Ordnung: Coccidia

Männlicher Gamont (Mikrogamont) führt Vielteilung durch, die meist zu begeißelten Mikrogameten führt, weiblicher Gamont (Makrogamont) wandelt sich in unbeweglichen Makrogameten um. Überwiegend intrazellulär. Hierher gehören sehr wichtige Parasiten der Haustiere und des Menschen: *Eimeria, Isospora, Cryptosporidium, Toxoplasma, Sarcocystis* und *Plasmodium*.

Eimeria-Arten leben im Gewebe von Darm und Leber und rufen bei verschiedenen Haustieren vielfach tödlich endende Krankheiten hervor, die als Coccidiosen bezeichnet werden. Die Infektion erfolgt stets durch orale Aufnahme von Oocysten. *E. stiedai* u. a. rufen bei Kaninchen Auftreibung des Bauches hervor. Mehrere *Eimeria*-Arten sind Erreger der «Roten Ruhr» des Rindes, es werden vorwiegend Kälber befallen (Durchfall, blutiger Kot). Entsprechende Krankheitssymptome werden durch *Eimeria*-Arten bei Schweinen, Pferden, Hunden, Katzen, Hühnervögeln, Gänsen und Enten hervorgerufen. In den Nieren von Gänsen lebt *E. truncata* und tötet das befallene Tier in wenigen Tagen.

Isospora-Arten finden sich in Geweben des Darmes von Caniden und insektenfressenden Vögeln (Singvögeln), rufen blutige Darmentzündung hervor und bewirken meist den Tod. *I. belli* im Menschen; ungefährlich.

Arten der Gattung *Cryptosporidium* befallen die Epithelzellen des Dünndarms von Jungtieren (Kälbern, Lämmern, Fohlen, Küken) und des Menschen (Säuglinge, Kleinkinder). Mit Durchfällen verbundene Infektion in der Regel selbstlimitierend. Cryptosporidiose ist eine wichtige opportunistische Infektion bei AIDS (heftige Durchfälle mit Flüssigkeitsverlusten von 10–15 l pro Tag).

Lange umstritten betreffs der systematischen Einordnung war *Toxoplasma gondii* (Abb. 19b). Weltweit verbreitet, ruft diese Art bei Menschen und Wirbeltieren (vor allem Säugern und Vögeln) Toxoplasmose hervor. Der ältere Teil der Bevölkerung Europas und Nord-

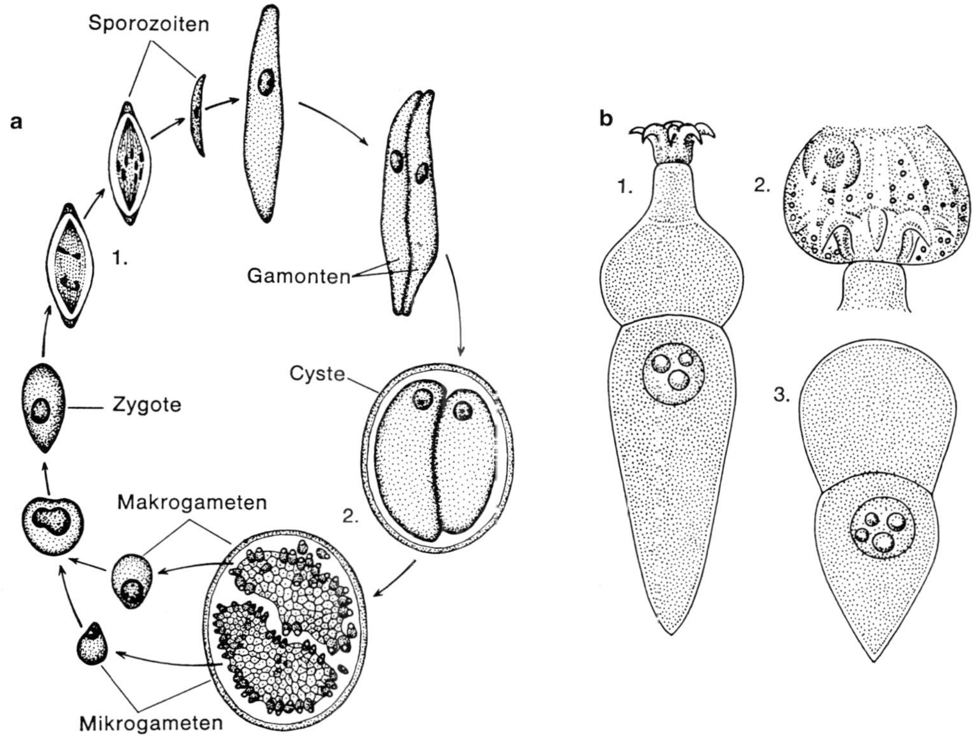

Abb. 17: Gregarinen. a. Entwicklungsgang der Gregarine *Monocystis* (einzelne Stadien unterschiedlich vergrößert). 1: Sporogonie, 2: Gametogonie, b. *Corycella armata*. 1: Gamont, 2: Epimerit, in der Wirtszelle befestigt, 3: Gamont nach Verlust des Epimeriten. Nach Brandt, Cuenot, Grell, Léger

amerikas (und wohl der ganzen Erde) hat zum größten Teil *Toxoplasma*-Infektionen durchgemacht. Normalerweise treten keine besonderen Symptome auf, mitunter aber ganz unterschiedliche (Fieber, Lymphknotenschwellung, Bronchitis, Durchfälle u.v.a.). Die Zahl der unerkannten Fälle ist groß. Todesfälle sind selten. Erstinfektion von schwangeren Frauen kann bei transplacentarer Infektion des Keimes zu Fehl- und Totgeburten und verschiedenen Mißbildungen, vor allem des Gehirns und der Retina, führen. Etwa 50% der Frauen im gebärfähigen Alter haben in Mitteleuropa eine *Toxoplasma*-Infektion durchgemacht.

In Versuchen mit Mäusen wurde festgestellt, daß *Toxoplasma*-Befall Lernvermögen und Gedächtnis wesentlich beeinträchtigt.

Der Mensch infiziert sich beim Essen von Fleisch und durch Aufnahme von Oocysten, die Katzen mit ihrem Kot abgeben. Lediglich in Katzen wird nach dem heutigen Kenntnisstand der gesamte Zyklus mit Gamo-, Sporo- und Schizogonie durchlaufen. Andere Tiere sind Zwischenwirte. Katzen geben Oocysten unsporuliert mit dem Kot ab. Die eigentliche Sporogonie erfolgt im Freien. Im ersten Stadium der Infektion des Menschen (Zwischenwirt) dringen die Toxoplasmen in Makrophagen ein, wo sie sich so lange teilen, bis die Zelle von ihnen ausgefüllt ist (Pseudocysten, Abb. 19b). Dann platzt die Wirtszelle und entläßt die Parasiten, die andere Zellen befallen. In dieser Phase gebietet der Wirtsorganismus der Ausbreitung durch Antikörper Einhalt. Selten werden alle Toxoplasmen abgetötet, meist bilden sie in verschiedenen Geweben Cysten, vor allem in Nervengewebe, Muskeln und Lungen, in denen sie von Antikörpern nicht erreicht werden.

Sarcocystis hat einen zweiwirtigen Entwicklungszyklus. 70–100 % pflanzenfressender Haustiere (Wiederkäuer, Pferd, Schwein) sind mit diesem Parasiten infiziert, der in der Muskulatur in langgestreckten Cysten (Miescherschen Schläuchen) lebt (Abb. 19a). Verzehr von infiziertem Rind- und vor allem Schweinefleisch kann beim Menschen Erbrechen, Bauchschmerzen, Schwindelgefühl und Mattigkeit hervorrufen. Neben dem Menschen können Hund und Katze Endwirt sein. *Sarcocystis*-Arten sind eng an ihren jeweiligen Zwischen- und Endwirt angepaßt; d.h. Mensch, Hund und Katze beherbergen verschiedene Arten.

Eine der wichtigsten und am weitesten verbreiteten Krankheiten, die durch Einzeller hervorgerufen wird, ist die Malaria. Erreger ist *Plasmodium*, ein Blutkörperparasit mit obligatorischem Wirtswechsel (Mücke *Anopheles* [S.358, Abb.222] – Wirbeltier). Die Malaria-Erreger liegen nicht frei im Cytoplasma, sondern bewirken beim Zellkontakt eine Eindellung der Zellmembran. Dieser Vorgang setzt sich fort, bis der Erreger in einer «parasitophoren Vakuole» liegt (Abb.18). Es kommt daher bei Malaria-Infektionen nur zu einer langsamen Antikörperbildung, so daß lediglich in Gebieten mit hoher Erkrankungsdichte allmählich Immunvorgänge eingeleitet werden. Von den etwa 160 beschriebenen Arten sind vier humanpathogen: *Plasmodium vivax* und *P. ovale* (Erreger der Malaria tertiana), *P. malariae* (Malaria quartana), *P. falciparum* (Malaria tropica). Allen gemeinsam ist der Entwicklungszyklus (Abb.18). Schizogonie findet im Menschen statt, geschlechtliche Fortpflanzung wird im Menschen eingeleitet und in *Anopheles* fortgesetzt (Gametogonie), wo auch die Sporogonie abläuft.

Mit dem Stich einer infizierten weiblichen Mücke gelangen Sporozoiten in die Blutbahn des Menschen. Sie wachsen zunächst in der Leber zu Schizonten heran und vermehren sich (präerythrocytäre Schizogonie). Die daraus resultierenden Merozoiten befallen dann Erythrocyten, in denen die erythrocytäre Schizogonie stattfindet. Die daraus entstehenden Merozoiten infizieren weitere Erythrocyten. Sie lassen einen Restkörper zurück. Mit der Schizogonie in den roten Blutzellen kommt es zum Fieberanfall. Schließlich können bei einer Infektion 10% der Erythrocyten (500000/mm^3) befallen sein. Einzelne Merozoiten wachsen zu Gamonten heran, die sich nur in *Anopheles* weiterentwickeln. In den Insekten kommt es zur Befruchtung (aus einem weiblichen Gamonten wird ein Gamet, aus einem männlichen Gamonten 8Gameten). Die bewegliche Zygote (Ookinet) begibt sich in die Wandung des Mückendarmes und wächst zur Oocyste heran. Diese zerfällt in zahlreiche Sporozoiten, die die Speicheldrüsen erreichen und nun übertragungsfähig sind.

Die genannten Arten des Menschen sind strukturell (Abb.18) und durch die Schizogonie-Zyklen deutlich unterschieden.

Bei der Quartana tritt alle 72Stunden Fieber auf, bei den anderen Arten alle 48Stunden. In der ersten Zeit einer Infektion kann Fieber täglich auftreten, erst später wird die typische Synchronisation der Schizogonie-Zyklen erreicht. Etwa 50% der Malaria-Infektionen gehen auf *P. falciparum* zurück, den Erreger der Tropica, über 40% auf *P. vivax* (Tertiana) und unter 10% auf *P. malariae* (Quartana), den kleinsten Anteil hat *P. ovale* (Tertiana).

Tertiana herrscht in gemäßigten und subtropischen Regionen vor. Sie war auch in Küstengebieten Mittel- und Westeuropas verbreitet (Marschenfieber). In den Jahren 1858 bis 1869 erkrankten während des Baues von Wilhelmshaven 18000 Menschen. Nach einigen Jahren erfolgt nomalerweise eine Ausheilung. Quartana ist ähnlich, kann 40Jahre in unbehandelten Personen überdauern. Die Tropica, auf tropische und subtropische Regionen beschränkt, ruft bis 24 Stunden lange Fieberanfälle hervor; die fieberfreie Zeit alle zwei Tage kann recht kurz sein. Mit dem Fieber können schwere Geistesstörungen verbunden sein. Durch die massenhafte Zerstörung von Erythrocyten wird so viel Haemoglobin frei, daß der Urin dunkel gefärbt wird. Mortalitätsquote bis 50%. Die natürliche Abwehr der Plasmodien geht mit Veränderungen im Makrophagensystem einher; vor allem die Milz wird vergrößert. Die tödliche Wirkung von *P. falciparum* wird vorwiegend auf Blokkade von Capillaren zurückgeführt. Als Gegenmittel wurde in Europa zunächst die Chinarinde (aus Peru) bekannt, heute gibt es mehrere Mittel, die prophylaktisch und als Therapeutika genommen werden. Resistenzen sind allerdings verbreitet.

Malaria ist auch heute noch eine weit verbreitete Tropenkrankheit. Man rechnet derzeit mit 300Millionen infizierten Menschen. Es sterben etwa 3Millionen pro Jahr, vor einigen Jahrzehnten waren es allein in Indien 4–5Millionen jährlich. Aufgrund der Resistenz der Plasmodien und der Mücken gegen Bekämpfungsmittel ist die Tendenz der Infektionen wieder steigend; in Europa hat sich die Zahl der Fälle in den letzten 15Jahren etwa verdoppelt und beträgt circa 5000.

3. Ordnung: Piroplasmida

Diese Gruppe spielt bei den großen Haussäugetieren eine ähnliche Rolle wie *Plasmodium* bei Primaten. Ihr Lebenszyklus ist noch nicht vollständig bekannt. Sexuelle Vorgänge wurden beschrieben, transovarielle Infektion kommt bei großen Milben (z.B. Zecken) vor. Es handelt sich um oft birnenförmige Parasiten (Name), die vorwiegend in Erythrocyten von Wirbeltieren leben und – soweit bekannt – von Milben (Ixodidae = Zecken, Argasidae) übertragen werden. Befallen werden insbesondere Wiederkäuer.

Die Babesiidae sind wichtige Krankheitserreger vieler Haustiere, v.a. in Afrika (Abb. 19c). Infektionen mit pathogenen *Babesia*-Arten sind normalerweise mit Anämie, Fieber, Vergrößerung der Milz und Auflösung von Erythrocyten sowie Blutharnen verbunden (Haemoglobinurie). Das Texasfieber ist die wichtigste durch Protozoen verursachte Krankheit der Rinder. Erreger sind z.B. *Babesia bovis* und *B. bigemina*; Überträger ist die einwirtige Zecke *Boophilus*. Selten werden auch Menschen befallen.

Theileriidae kommen in Erythrocyten und Lymphocyten vor, wo sie sich teilen (*Theileria*, Abb. 19d). Sie sind wohl auf Wiederkäuer beschränkt und rufen nur in warmen Gebieten schwere Krankheiten mit hohen Mortalitätsraten hervor. Die Tropische- oder Mittelmeer-Theileriose ist im Mittelmeerraum und Ostasien verbreitet, das Ostküstenfieber in Ostafrika. Letzteres wird durch *Theileria parva*

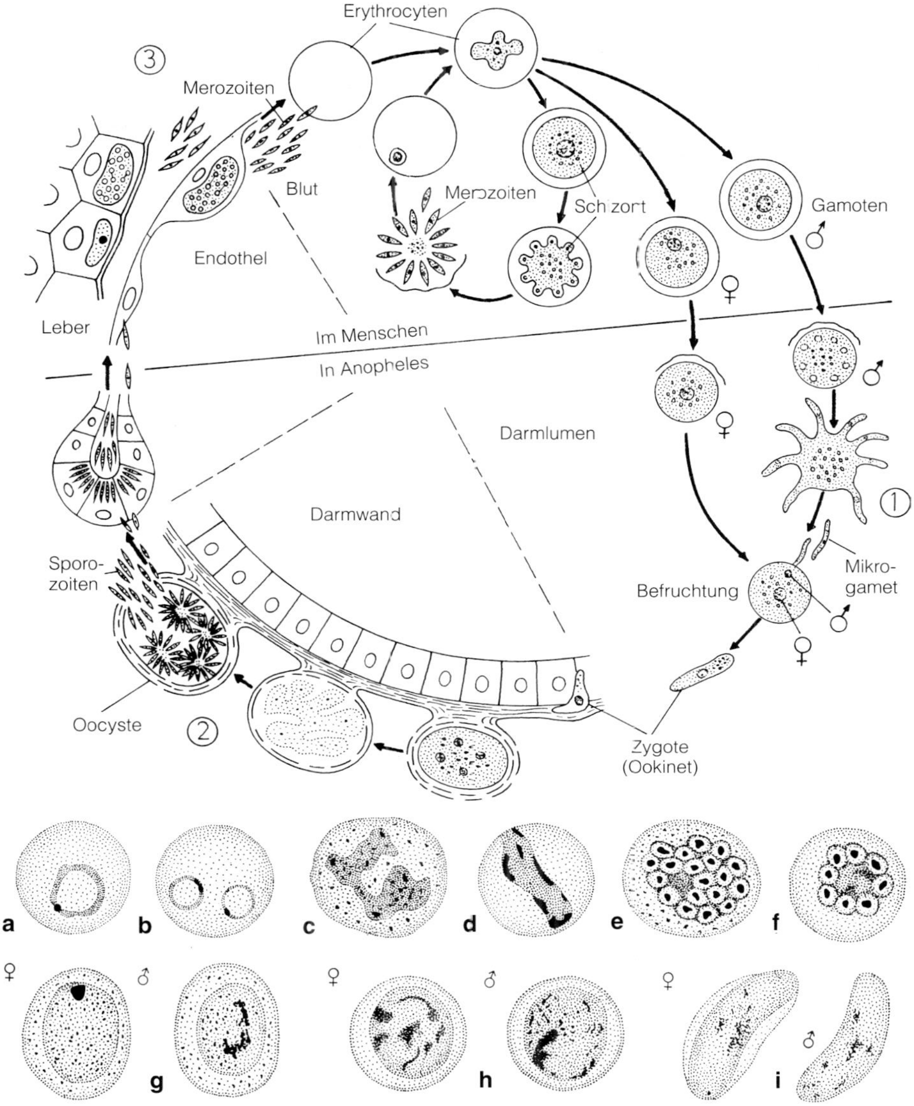

Abb. 18: Malaria. Oben: Entwicklung von *Plasmodium*. Im Blut des Menschen gebildete Gamonten, die mehrere Wochen am Leben bleiben können, werden von der Mücke *Anopheles* aufgenommen, in deren Darm sie zu Mikro- und Makrogameten werden, die zur beweglichen Zygote (Ookinet) verschmelzen (Gametogonie, 1). Diese durchbohrt die Darmwand und rundet sich ab. Es folgen Meiose, Heranwachsen zur Oocyste und Bildung der Sporozoiten (Sporogonie, 2). Diese werden nach etwa 2 Wochen frei und gelangen v.a. in die Speicheldrüsen von *Anopheles*. Wenn der infektiöse Speichel einer Mücke beim Stechen in den Menschen dringt, werden die Sporozoiten auf ihn übertragen. Sie dringen in die Leber ein und vermehren sich durch Schizogonie (3) (präerythrocytäre Stadien). Die Merozoiten begeben sich in die Blutbahn und infizieren Erythrocyten, wo sie in eine parasitophore Vakuole eingeschlossen werden und sich abermals durch Schizogonie vermehren. Bei Zerfall der Erythrocyten bleiben Restkörper zurück.
Unten: *Plasmodium*-Stadien im Blut des Menschen nach Ausstrichpräparaten. a–f. Schizonten; a, b. junge Schizonten; a. *P. vivax* (bzw. *P. malariae*); b. *P. falciparum;* c, d. mittlere Schizonten; c. *P. vivax;* d. *P. malariae;* e, f. reife Schizonten bei Merozoitenbildung; e. *P. vivax;* f. *P. malariae;* g–i. Gamonten; g. *P. vivax*, h. *P. malariae;* i. *P. falciparum*. Nach Grell, Kühn, Tischler

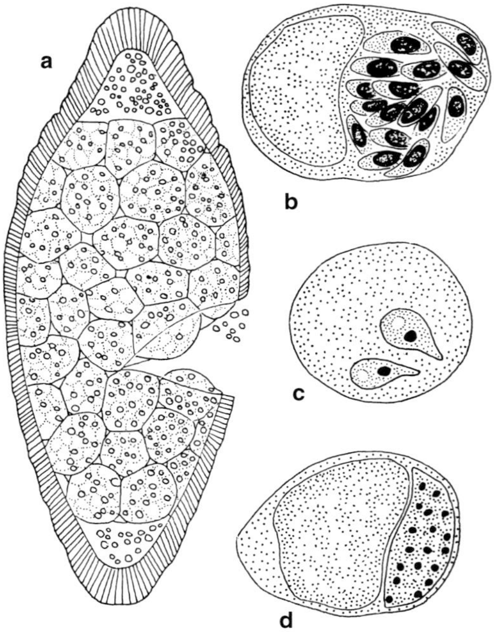

Abb. 19: a. *Sarcocystis*, aus einer Muskelfaser herauspräparierte Cyste (Miescherscher Schlauch); an der rechten Seite ist die radiär gestreifte Hülle eröffnet. Derartige Cysten können über 1 cm Länge erreichen. b. *Toxoplasma gondii*. Pseudocyste in Makrophagen. c. *Babesia*, zwei aus Teilung hervorgegangene Formen in Erythrocyt; d. *Theileria*, Schizont in Lymphocyt. Nach Baker, Doflein, Reichenow, Schuberg

hervorgerufen und durch die Zecke *Rhipicephalus* übertragen, es ist im Verbreitungsgebiet die verlustreichste Rinderkrankheit. *T. parva* regt Lymphocyten zu Teilungen an.

Möglicherweise ist auch *Pneumocystis carinii* hier einzuordnen. Nach neueren molekularbiologischen Befunden verbergen sich hinter diesem Namen wohl mehrere Arten. *Pneumocystis* ist weltweit verbreitet und lebt in der Lunge, insbesondere von Nagetieren, und kommt auch im Menschen vor. Der Befall bleibt meist ohne auffallende Symptome; bei Immunsuppression des Wirtes kommt es zu sehr starker Vermehrung, was unbehandelt zum Tode führt. Die Infektion erfolgt wohl über Inhalation. 30 % der AIDS-Todesfälle in Nordamerika und Europa gehen unmittelbar auf *Pneumocystis* zurück. Die systematische Zugehörigkeit ist nach wie vor umstritten. Derzeit wird wieder die Zugehörigkeit zu Pilzen favorisiert.

4. Klasse: Microspora
(Microsporidia)

Es handelt sich um mitochondrienlose, intrazelluläre Parasiten, vorwiegend in Arthropoden und Wirbeltieren. Sie bilden übertragungsfähige Sporen, deren Cytoplasma (= Sporoplasma) durch erhöhten Binnendruck mittels eines hohlen Polfadens entlassen wird. Der Polfaden ist das Produkt eines speziellen Golgi-Apparates. Die Sporen werden meist mit Faeces des Wirtes abgesetzt und können vom nächsten Wirt oral aufgenommen werden. In diesem erfolgt die Entlassung des Sporoplasmas in eine Wirtszelle, die unter der Wirkung des Parasiten zu «Riesenwachstum» (bis mehrere mm Länge) veranlaßt werden kann. Das Sporoplasma wächst zu einem mehrkernigen Meronten (= Schizonten) heran, der dann in ein- oder zweikernige Stadien (Merozoiten) zerfällt (Schizogonie). Letztlich kommt es wieder zur Ausbildung von Sporen, die von einer extrazellulären, oft chitinhaltigen Hülle umgeben werden.

Mehrere Formen sind von besonderer wirtschaftlicher Bedeutung. Die Gattungen *Glugea, Plistophora* und *Ichthyosporidium* parasitieren in Fischen, z.B. in deren Haut, Skeletmuskulatur oder Darm. Befall kann zu starken Verformungen der Fische führen. *Nosema apis* und *N. bombycis* (Abb. 20c) sind Parasiten an Bienen (Bienenruhr) bzw. Seidenspinnern (Flekkenkrankheit, Pebrine) und können deren Haltung nachdrücklich beeinträchtigen.

Encephalitozoon kommt in vielen Wirbeltieren, auch beim Menschen, vor und befällt verschiedene Organe, unter anderem das Gehirn. Viele Microspora sind Hyperparasiten, z.B. von Trematoden, Cestoden, Acanthocephalen und Nematoden.

5. Klasse: Myxozoa
(Myxosporidia)

Diese Klasse umfaßt etwa 1200 Arten ausschließlich parasitischer Formen, die durch mehrzellige Sporen übertragen werden, welche 1–6 Polkapseln mit Polfäden besitzen. Jede Polkapsel entspricht einer Zelle mit einem Kern und einem Polfaden. Die im Darm des Wirtes

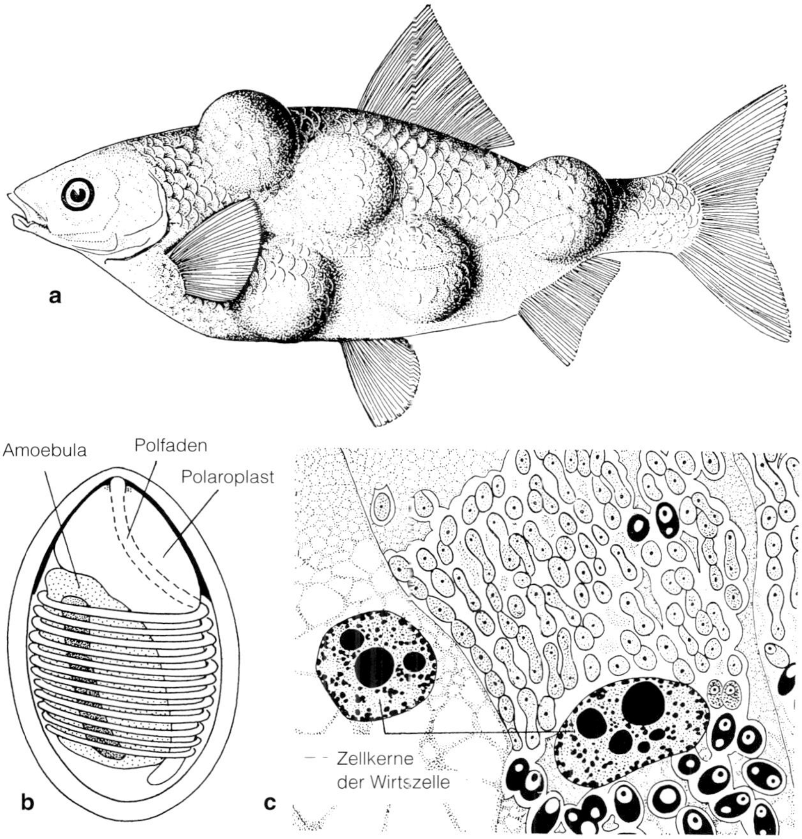

Abb. 20: Microspora und Myxozoa. a. Plötze, mit *Myxobolus* infiziert, b. Spore von *Telohania* (Microspora); der Polaroplast ist wohl am Ausschleudern des Polfadens beteiligt. c. *Nosema bombycis;* die sich stark vermehrenden Parasiten füllen die Darmepithelzelle des Seidenspinners weitgehend aus. Schwarz: Sporen. Nach Daniels, Kudo, Poisson, Stempell

ausgeschleuderten Polfäden dienen zur Verankerung und nicht zur Übertragung von Cytoplasma wie bei den Microspora. Anschließend öffnet sich die Sporenhülle, und das Sporoplasma (= der Amöboidkeim) kann in das Wirtsgewebe eindringen, wo letztlich wieder Sporen gebildet werden. Die Entwicklung erfolgt intra- oder extrazellulär; der Lebenszyklus ist nicht vollständig bekannt. Wegen der Ausbildung von Polfäden hat man früher Microspora und Myxozoa unter dem Begriff Cnidosporidia zusammengefaßt. Die Unsicherheit in der Beurteilung wird besonders dadurch dokumentiert, daß auch eine Einordnung der Myxozoa in die Cnidaria erwogen wird. Eine enge genealogische Verbindung von Polkapseln und Cniden war schon vor Jahrzehnten geäußert worden. Molekularbiologische Daten weisen darauf hin, daß Myxozoa wohl Metazoa sind.

Myxosoma cerebralis: in Knorpel und Perichondrium von Lachsfischen (Drehkrankheit).

Sphaerosoma tincae: kann den Bauch von Schleien auftreiben, bis die Bauchwand reißt.

Myxobolus pfeifferi: Erreger der Beulenkrankheit von Karpfenfischen (Abb. 20a).

6. Klasse: Ciliata
(Ciliophora, Wimpertierchen)

Die Ciliaten sind insbesondere durch zwei Merkmale gekennzeichnet: 1. durch die zwei

Zellkernarten (Kerndualismus), den somatischen Makronucleus mit erhöhtem DNA-Gehalt und den generativen Mikronucleus, der diploid ist, und 2. durch die Konjugation, bei der die Befruchtung nicht durch Gameten, sondern durch Austausch von Wanderkernen gepaarter Individuen erfolgt.

Die Ciliaten sind meist mit zahlreichen Wimpern besetzt, diese können zu büschelförmigen Cirren oder flächenhaften Membranellen assoziieren. Cortex und Mundapparat sind besonders differenziert. Die meist sessilen Suctorien sind abgeleitete Formen.

Ciliaten sind relativ groß (meist 50–200 µm lang), die größten bis einige mm. Praktische Bedeutung haben sie bei der Beurteilung der Qualität limnischer Gewässer erlangt (Wassergüteklassifizierung).

1. Ordnung: Holotricha

Körper meist vollständig und gleichmäßig bewimpert. Schlinger (Gymnostomata), Strudler (Trichostomata, Hymenostomata), Parasiten (Astomata, Apostomea, Thigmotricha).

a) **Gymnostomata.** Cytostom oberflächlich; *Prorodon, Coleps, Lacrymaria, Didinium, Loxodes* (Abb. 21 b) wird als besonders ursprünglicher Ciliat angesehen. Neben zwei Makronuclei sind die Müllerschen Körperchen erwähnenswert, die als Schweresinnesorganellen interpretiert werden. *Dileptus* (Abb. 21 a) besitzt vor dem Mund einen langen, sehr beweglichen Rüssel, der mit zahlreichen Toxicysten ausgestattet ist. Mit ihnen wird Beute immobilisiert bzw. getötet. *Chilodonella, Nassula.* Meer und Süßwasser.

b) **Trichostomata.** Cytostom versenkt, Strudler mit speziellen Wimperreihen. *Colpoda* im Süßwasser; *Isotricha* (im Pansen von Wiederkäuern), *Balantidium coli*, einziges Wimpertierchen von medizinischer Bedeutung.

B. coli lebt u.a. in Colon und Caecum von Mensch, anderen Primaten und Schweinen. Cystenbildung. Infektion des Menschen insgesamt selten, vor allem auf dem Lande (durch Schweine). *B. coli* dringt beim Menschen in die Darmwand ein – ähnlich wie *Entamoeba histolytica* – und ruft Balantidienruhr hervor. Beim Schwein bleibt *B. coli* normalerweise im Darmlumen.

c) **Hymenostomata.** Cytostom versenkt, Wimpern in Mundbucht in Reihen. *Tetrahymena* (Abb. 2) mit freilebenden und parasitischen Arten, *Paramecium* (Abb. 3), beide im Süßwasser. *Paramecium* ist vielleicht der bekannteste Einzeller und verbreitetes Untersuchungsobjekt. Die limnische Gattung lebt von Bakterien, die eingestrudelt werden. An ihr wurden viele grundsätzliche Fragen bearbeitet, z.B. zum Cilienschlag, dem Trichocysten-Ausstoß, der Osmoregulation, der Cyclose, der Konjugation, usw. *Ichthyophthirius* parasitiert an Fischen (Weißpunktkrankheit).

d) **Astomata.** Cytostom fehlt. Vorwiegend in Darm und Leibeshöhle von Oligochaeten.

e) **Apostomea** (auf Krebsen) und **f) Thigmotricha** (auf und in Muscheln). Marine Formen, die durch Parasitismus stark abgewandelt sind.

2. Ordnung: Peritricha

Meist festsitzende Formen des Süßwassers und des Meeres, oft auf Tieren. Ihr Vorderende ist zu einem scheibenförmigen Peristom erweitert, auf dem zwei lingsgewundene, schraubig angeordnete Wimperreihen zum Cytostom führen. Strudler. *Vorticella*, das Glockentierchen, ist vielleicht das bekannteste peritriche Ciliat. Der glockenförmige Körper sitzt an einem langen Stiel, in den ein Spasmonem hineinzieht (Abb. 4). Nahrungspartikel werden über Cilien des Mundapparates eingestrudelt. Fortpflanzung durch freischwimmende Schwärmer mit zusätzlichem Cilienring nahe dem aboralen Pol. Dieser Ring wird nach Festheften am Substrat rückgebildet, und ein Stiel entwickelt sich. *Carchesium* und *Zoothamnium* koloniebildend, alle mit kontraktilem Stiel. *Epistylis* koloniebildend, Stiel nicht kontraktil. Süßwasser und Meer. *Vaginicola* mit Gehäuse, *Trichodina* (Abb. 21 f) auf der Haut von Fischen und Süßwasserpolypen (*T. pediculus*, Polypenlaus).

3. Ordnung: Spirotricha

Membranellenband zieht in rechtsläufiger Schraube zum Cytostom.

a) **Heterotricha.** Gesamte Körperoberfläche bewimpert. *Spirostomum* (Abb. 21 d), bis 4 mm lang. *Stentor* (Trompetentierchen, Abb. 21 e) festsitzend, kann aber auch schwimmen; *Metafolliculina, Eufolliculina*, im Gehäuse, mit zwei Peristomflügeln; marin; mit

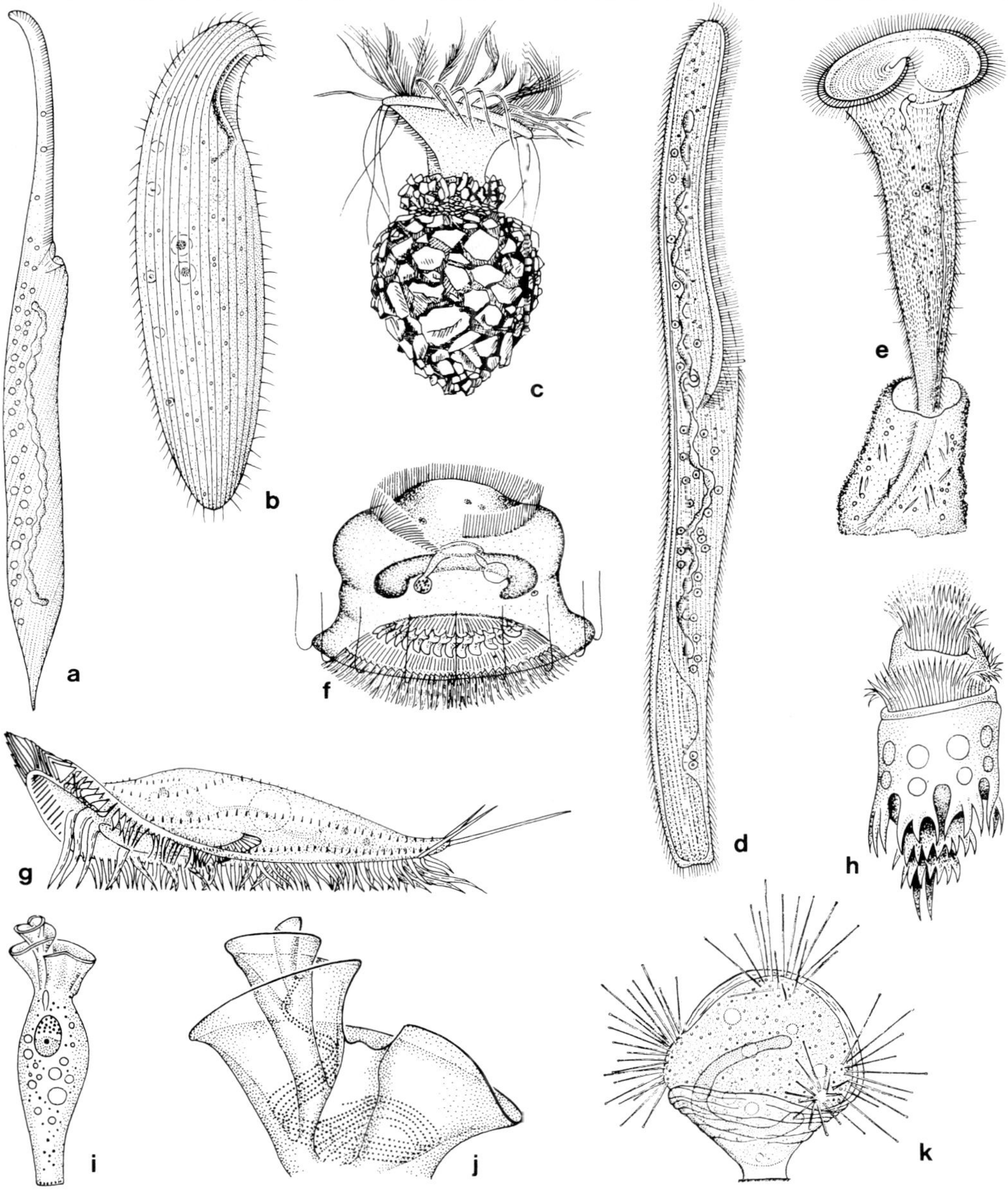

Abb. 21: Ciliata. a. *Dileptus anser* (schwimmt schlängelnd; steht oft still und tastet mit «Rüssel» Umgebung ab; in oligotrophen Gewässern), b. *Loxodes rostrum* (auf Faulschlamm; beachte die beiden Makronuclei), c. *Tintinnopsis ventricosa* (Plankter), d. *Spirostomum ambiguum* (an sich zersetzenden Blättern oft in Massen), e. *Stentor roeseli* (mit Gallertgehäuse, in nährstoffreichen Gewässern), f. *Trichodina myicola* (bewegt sich kreiselnd fort, auf verschiedenen Tieren), g. *Stylonychia mytilus* (verbreitet in allen Gewässertypen), h. *Ophryoscolex purkinjei* (im Pansen von Wiederkäuern, nimmt z.B. Cellulose und Bakterien auf), i. *Spirochona gemmipara* (Chonotricha; auf Kiemen von *Gammarus*), j. Kragen von *Spirochona* mit Reihen von Basalkörpern, k. *Discophrya stammeri* (Suctoria; in Gehäuse, lebt auf Wasserkäfern). Nach Bütschli, Corliss, Dragesco, Grell, Guilcher, Hawes, Hertwig, Machemer, Mackinnon, Matthes, Stein

Schwärmern, die sich zum sessilen Tier umwandeln. *Blepharisma*, ausgesprochen polymorph: Kannibalen werden zu «Giganten».

b) **Hypotricha**. Körper abgeflacht, Fortbewegung mit Cirren auf der abgeflachten Seite. *Stylonychia* (Abb. 21 g), *Euplotes*. Süßwasser und Meer.

c) **Oligotricha**. Bewimperung reduziert. *Strombidium; Halteria;* Tintinniden vorwiegend im Meer pelagisch, in Gehäusen, *Tintinnopsis* (Abb. 21 c); *Saprodinium* im Faulschlamm.

d) **Entodiniomorpha**. Bewimperung stark reduziert. *Entodinium* und *Ophryoscolex* (Abb. 21 h) im Pansen von Wiederkäuern, *Cyclopothium* in Blind- und Dickdarm von Pferden.

4. Ordnung: Chonotricha

Sessil; Vorderende zu einem trichterförmigen Strudelapparat umgestaltet, Zellkörper ansonsten unbewimpert. Vermehrung erfolgt über bewimperte Knospen. Vorwiegend auf marinen Krebsen, träger- und körperteilspezifisch. *Chilodochona, Spirochona* (Abb. 21 i, j) auf den Kiemen des Flohkrebses *Gammarus* im Süßwasser.

5. Ordnung: Suctoria

Sessil; Mundöffnung und Cilien fehlen bei ausgewachsenen Tieren. Die Aufnahme der Nahrung (Einzeller) erfolgt mit Tentakeln. Knospung außen oder in einer Einsenkung; freischwimmende, meist bewimperte Schwärmer oder wurmförmige, unbewimperte, sich spannerraupenartig fortbewegende Stadien. Einige Arten nur auf bestimmten Körperregionen einer Tierart (meist Wasserkäfern und -wanzen sowie Krebsen) als Symphorionten. *Ephelota* (Abb. 5 e), *Tokophrya* (Abb. 5 f), *Acineta, Dendrosoma, Dendrocometes, Discophrya* (Abb. 21 k). Limnisch und marin.

2. Unterreich: Metazoa (Vielzeller)

Vielzellige Tiere sind offenbar nur einmal entstanden, so daß alle Metazoen eine natürliche Einheit darstellen.

Da unter den Protozoen mehrere Gruppen Kolonien bilden, wird man unter diesen die Ahnen der Metazoen suchen. Weil weiterhin viele niedere Metazoen aus Geißelepithelzellen (uniflagellaten, monociliären) Zellen aufgebaut werden, hat man an Choanoflagellaten zu denken, die weitgehend mit den Kragengeißelzellen (S. 37) übereinstimmen. Sie bilden baumförmige, festsitzende und kugelige, schwimmende Kolonien. Die pelagische *Proterospongia* trägt in einer gallertigen Masse außen Kragengeißelzellen und innen amöboide Zellen, ist also schon durch eine Differenzierung in zwei Zelltypen ausgezeichnet.

Während bei Pflanzen mehrere Formenreihen von Ein- zu Vielzellern führen, ist bei Tieren kaum etwas von dem Übergangsfeld zwischen Proto- und Metazoen bekannt.

Hierher gehören beispielsweise *Trichoplax* (s. u. Placozoa) und vielleicht auch die auf Schlammböden des Meeres lebende ***Xenoturbella***. Letztere ist bis 3 cm lang und blattförmig. Die Epidermis ist im wesentlichen aus bewimperten Stützzellen und verschiedenen Sekretzellen aufgebaut. Das Nervensystem liegt intraepidermal. Am Vorderende befindet sich eine Statocyste. Der ventrale Mund führt in einen sackförmigen Darm; ein Pharynx fehlt. Ring- und Längsmuskulatur bilden mit der Epidermis einen Hautmuskelschlauch. Bindegewebe ist schwach entwickelt und nimmt den Raum zwischen Hautmuskelschlauch und Darm ein; in ihm erfolgt die Bildung von Eiern und Spermien. Die Eier gelangen über Darm und Mund nach außen; die Spermien gleichen denen verschiedener primitiver Metazoen mit äußerer Befruchtung. Detaillierte elektronenmikroskopische Untersuchungen haben zwar die zelluläre Organisation von *Xenoturbella* weitgehend aufgeklärt, aber nicht zu einer befriedigenden Einordnung in das System geführt.

Zwischen Proto- und Metazoen werden auch oft die Mesozoa gestellt. Sie sind Parasiten in Meerestieren und als solche vermutlich reduzierte Formen (S. 116).

Da die Entwicklung vom Protozoon zum Metazoon kaum durch rezente Zwischenformen belegt ist, sind wir bei der Rekonstruktion dieser Etappe auf die Ontogenie der Metazoen angewiesen.

Die **Gastraea-Theorie** geht von der Tatsache aus, daß viele primitive Metazoen des Meeres folgende Entwicklungsstadien durchlaufen: Die Furchungszellen (Blastomeren) bilden eine Kugel (Blastula) mit einschichtiger Wand (Blastoderm) und zentralem Hohlraum (Blastocoel = primäre Leibeshöhle). Aus ihr entwickelt sich ein zweischichtiger Keim (Gastrula) durch Einstülpung (Invagination) am vegetativen Pol. Die so entstandene Innenschicht ist das Entoderm, der Hohlraum, den es umfaßt, die Urdarmhöhle (Gastrocoel, Archenteron), seine Öffnung an der Einstülpungsstelle der Urmund (Blastoporus), die Außenschicht ist das Ectoderm. Dementsprechend fordert die Gastraea-Theorie ein bewimpertes Kugelstadium (Blastaea) und eine zweischichtige Gastraea mit Urmund am Beginn der Metazoen.

Nur wenig unterscheidet sich hiervon die **Placula-Theorie**. Für sie ist eine doppelschichtige Scheibe Ausgangspunkt. Durch Biegung wurde sie zu einer zweischichtigen Gastraea, die primäre Leibeshöhle entstand erst später. *Trichoplax* (Abb. 23) entspricht einer Placula.

Sicher war die Gastraea nicht eine einzelne Art, sondern durch zahlreiche Species mit unterschiedlicher Lebensweise repräsentiert, bodenlebende und freischwimmende. Freischwimmende Gastraeen hatten wohl eine Scheitelplatte mit Sinneszellen am aboralen Pol entwickelt, und von solchen lassen sich die Ctenophoren ableiten, andere waren kriechende

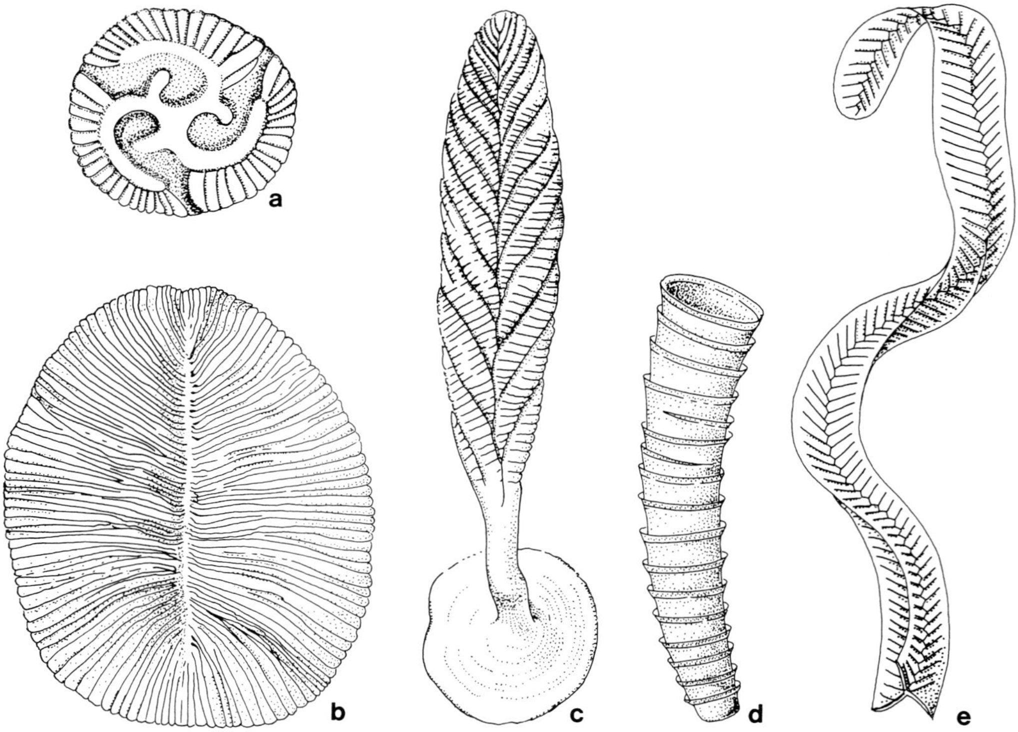

Abb. 22: Formen aus der Ediacara-Fauna. a. *Tribrachidium* (Durchmesser 3 cm), b. *Dickinsonia* (mehrere dm lang), c. *Charnia* (40 cm lang), d. *Cloudina* (2 cm lang), e. *Pteridinium* (60 cm lang). Nach Cloud, Glaessner, McManamin, Pflug, Meinel, Seilacher

Bodentiere mit Ansatz zur Bilateralität (Gastraea bilateralis repens, Bilaterogastraea), solche führen wohl zu den Cnidariern.

Eine andere gedankliche Verknüpfung geht von einer Form aus, die außen eine Schicht bewimperter oder begeißelter Zellen trägt, innen eine Masse amöboider Zellen. An solche Formen (Parenchymella, Phagocytella) wurden dann acoele Turbellarien und die übrigen Bilateria angeschlossen. Diese Hypothese fordert die mehrfache Entstehung des Darmepithels aus einem mesenchymalen Zellhaufen, die mehrfache Entstehung äußerer Befruchtung aus innerer und ist daher wenig wahrscheinlich.

Die niedrigsten Vielzeller sind bereits zweischichtig gebaut (diploblastisches Niveau; «Coelenterata»). Sie bestehen aus Ecto- und Entoderm, die am Mund-After, dem Blastoporus, ineinander übergehen. Dieses einfache Schema wird bei Placozoa, Schwämmen (Porifera), Nesseltieren (Cnidaria) und Rippenquallen (Ctenophora) nur verhältnismäßig wenig abgewandelt. Die Bilateria (Coelomata) haben dagegen eine organisatorische Höherentwicklung durchgemacht, die wesentlich mit der Entfaltung des dritten Keimblattes zu tun hat (triploblastisches Niveau).

Fossilien aus dem Übergangsfeld Protozoa-Metazoa sind nicht bekannt. Die ältesten bekannten Fossilien (**Ediacara-Fauna**) sind über 600 Millionen Jahre alt, stammen also aus dem Präkambrium und zeigen z.T. schon eine recht fortgeschrittene Entwicklung. Ediacara-Elemente sind von verschiedenen Kontinenten bekannt, besonders aus Australien, des weiteren aus dem südlichen Afrika, China, Rußland und England. Die dominierenden Tiere sind medusenartige, radiäre, meist flache Organismen (z.B. *Kimberella* und *Teteana*). Bis 50 cm lange, z.T. blattförmige Fossilien werden mit den Pennatularien in Zusammenhang gebracht (z.B. *Charnia* [Abb. 22c], *Charniodiscus, Rangea* und *Pteridinium* [Abb. 22e]); als Anneliden werden *Spriggina* und *Dickinsonia* (Abb. 22b) interpretiert; einige trugen eine Schale bzw. bildeten eine Röhre aus *(Cloudina*, Abb. 22d; *Sinotubulites*); ganz unsicher ist die Einordnung von *Parvancorina, Praecambridium* und *Tribrachidium* (Abb. 22a). Deren Beurteilung reicht von Cnidaria *(Tribrachidium)* bis Trilobitenlarve *(Parvancorina)*. *Vendia* und *Onega* werden als primitive Arthropoden angesehen; sollte sich aber bewahrheiten, daß ihr Körper asymmetrisch aufgebaut ist, ist diese Interpretation unwahrscheinlich. *Wyattia* aus dem späten Präkambrium mit seiner röhrenförmigen Schale soll ein Weichtier sein. Die 1987 beschriebene *Arkarua* wird auch als der älteste Stachelhäuter angesehen.

Die ungewöhnlich starke Oberflächenvergrößerung mehrerer Ediacara-Formen – *Dikkinsonia* (Abb. 22b) wurde fast 1 m lang und war wohl nur 3 mm dick – legt die Vermutung nahe, daß diese im Dienst der Ernährung stand. Man hat in diesem Zusammenhang auch an eine Symbiose mit photo- oder chemoautotrophen Einzellern zu denken. In der Tat sind solche Symbiosen bei heute lebenden primitiven Metazoen verbreitet.

Neben der hier wiedergegebenen Interpretation der Ediacara-Organismen gibt es auch die Vorstellung, daß sie einen blinden Seitenweg der Evolution darstellen. Ihrer vermuteten Sonderstellung trägt die Bezeichnung Vendobionta für Ediacara-Organismen Rechnung (Vendium: dem Kambrium vorausgehendes jüngeres Präkambrium).

Bisher nicht erklärbar ist die Tatsache, daß es zwischen der präkambrischen Ediacara- und der kambrischen Fauna erhebliche Unterschiede gibt. Natürlich mangelt es nicht an Spekulationen, jedoch muß man sich immer die Zeiträume vor Augen halten, die es hier zu beurteilen gilt: Das Präkambrium umfaßt einen etwa 6–7 mal größeren Zeitabschnitt als der für die Entwicklung der höheren Tiere und Pflanzen maßgebliche Zeitraum, der mit dem Kambrium begann.

A. Placozoa

Es ist ungewöhnlich, wenn für nur eine Tierart eine so hohe Systemkategorie gewählt wird wie in diesem Fall, jedoch ist *Trichoplax adhaerens* (Abb. 23) keinem anderen Taxon zuzuordnen und zudem in der rezenten Fauna der einzige genauer untersuchte Repräsentant des Übergangsfeldes zwischen Ein- und Vielzellern. *Trichoplax* stellt im wesentlichen eine Platte von 2–3 mm Durchmesser dar, an der eine Symmetrie nicht erkennbar ist und die aus einem dorsalen (Ectoderm) und einem ventralen Epithel (Entoderm) ohne Basallamina besteht. Das dorsale Epithel enthält nur einen Zelltyp mit versenktem Perikaryon und einer Geißel (Abb. 23b). Eine Besonderheit sind große Lipidkugeln (Glanzkugeln). Das ventrale Epithel besteht aus begeißelten Zylinderzellen, die der Lokomotion dienen, und zwei Typen von Sekretzellen. Am Rand des Tieres grenzen beide Epithelformen direkt aneinander. Zwischen den Epithelien liegen eine amorphe Matrix mit Kollagenfibrillen und ein Netzwerk von sternförmigen, kontraktilen Faserzellen mit tetraploiden Kernen. Diese Zellen sind zur Phagocytose befähigt und sollen bei der Nahrungsaufnahme durch das ventrale Epithel «hindurchreichen» können, um Partikel aufzunehmen. Manchmal enthalten sie Bakterien.

Trichoplax bewegt sich gleitend durch Geißelschlag fort, zusätzlich kann sich das Tier amöbenartig verformen und unter Hilfe der Faserzellen fortbewegen. Als Nahrung werden z. B. Blaualgen, Protozoen und Algen über das ventrale Epithel aufgenommen. Die Drüsenzellen produzieren vermutlich Verdauungsenzyme. Bei der Nahrungsaufnahme verformt sich der plattenförmige Körper halbkugelförmig (Abb. 23a). Jetzt erinnert er an eine Gastrula, ein Entwicklungsstadium, das von vielen Vielzellern durchlaufen wird.

Die Fortpflanzung kann durch Zweiteilung und Knospenbildung erfolgen. Die Knospen lösen sich vom Körper und bewegen sich als Schwärmer fort, bevor sie wieder das Substrat aufsuchen. Sexuelle Vorgänge kommen vor, sind aber bisher nicht vollständig aufgeklärt; als aflagellate Spermien interpretierte Zellen und Eizellen können im selben Individuum vor-

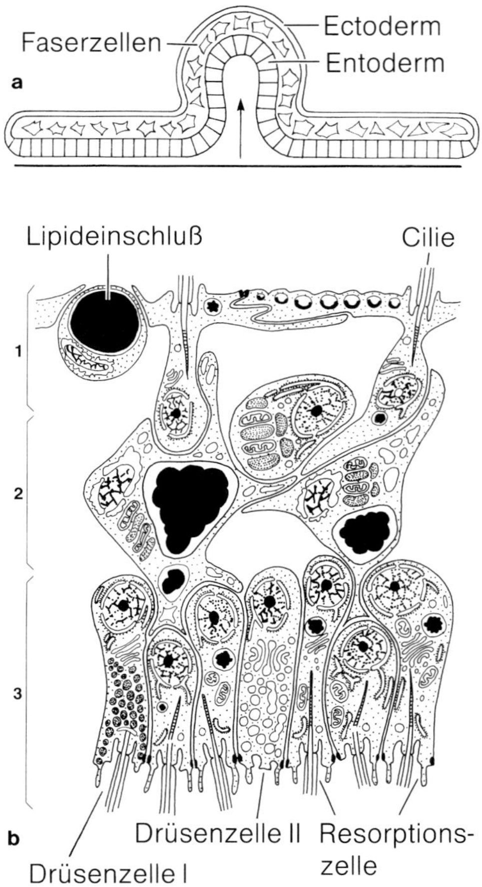

Abb. 23: *Trichoplax adhaerens*. a. Schnitt durch gesamtes Tier, das sich bei der Nahrungsaufnahme über seine Beute wölbt und diese aufnimmt (Pfeil). b. Histologischer Schnitt; 1: Ectoderm, 2: Faserzellen, 3: Entoderm. Nach Grell, Malakhov

kommen. Die Furchung verläuft total und aequal.

Trichoplax ist das am wenigsten differenzierte Metazoon. Des weiteren hat *Trichoplax* unter den Metazoen den geringsten DNA-Gehalt in den Zellkernen. *Trichoplax* ist in der Küstenzone warmer Meere verbreitet.

Eine zweite, allerdings umstrittene Art ist *Treptoplax reptans*, die bisher nur im Golf von Neapel gefunden wurde.

B. Porifera
(Schwämme)

Die Schwämme stellen eine Gruppe von über 5000 festsitzenden Arten von wenigen mm bis über 3 m Höhe dar, die in Gewässern der ganzen Erde auftreten. Ihr Körper ist schlauch-, becher- oder pilzförmig, oft bildet er unregelmäßige Krusten; die Gestalt vieler Arten ist stark von Ernährung und Milieu abhängig. Die freischwimmende Wimperlarve setzt sich mit der Urmundregion fest, der Urmund schließt sich. Er wird durch Tausende von Poren der Körperoberfläche ersetzt, die in ein Kanalsystem führen, das zugleich Funktionen bei Atmung, Ernährung, Exkretion und z.T. als Geschlechtsgang erfüllt. Kragengeißelzellen bewirken einen dauernden Wasserdurchstrom. Ursprünglich kleiden sie einen zentralen Raum (Suboscularraum) aus, meist stehen sie aber in kleinen Kammern (Geißelkammern). Ausgeleitet wird der Wasserstrom durch große Öffnungen (Oscula) in Ein- oder Vielzahl. Im Unterschied zu anderen Metazoen haben Schwämme keine Organe ausgebildet, ihre Zellen zeichnen sich durch einen besonders hohen Grad an Plastizität aus.

Bau. Der Schwammkörper läßt eine Gliederung in drei Schichten erkennen, deren Zellen zum Teil einem ständigen Ortswechsel unterworfen sind.

1. Die Epidermis (= Ectoderm, Pinakoderm, Deckschicht) besteht aus flachen, meist unbewimperten Zellen (Pinakocyten), die sich rasch voneinander zu lösen und mit anderen Zellen neue Bindungen einzugehen vermögen. Bei Süßwasserschwämmen besitzen sie oft Hunderte von kontraktilen Vakuolen, die sonst nur von Protozoen bekannt sind. Die Pinakocyten sind zur Nahrungsaufnahme befähigt, die sie gemeinsam mit auswandernden Zellen aus der Mesogloea (s.u.) bewerkstelligen. Von verschiedenen Schwämmen ist bekannt, daß Zellen aus der Mesogloea auf der Oberfläche umherkriechen können. In der Deckschicht liegen die Poren des Kanalsystems, die von einer oder mehreren ringförmigen, kontraktilen Zellen (Porocyten) umgeben werden.

Entsprechend ihrer Lage und Gestalt gliedert man Pinakocyten folgendermaßen: Exopinakocyten bedecken den größten Teil des Schwammkörpers. Ihr Perikaryon ist in das un-

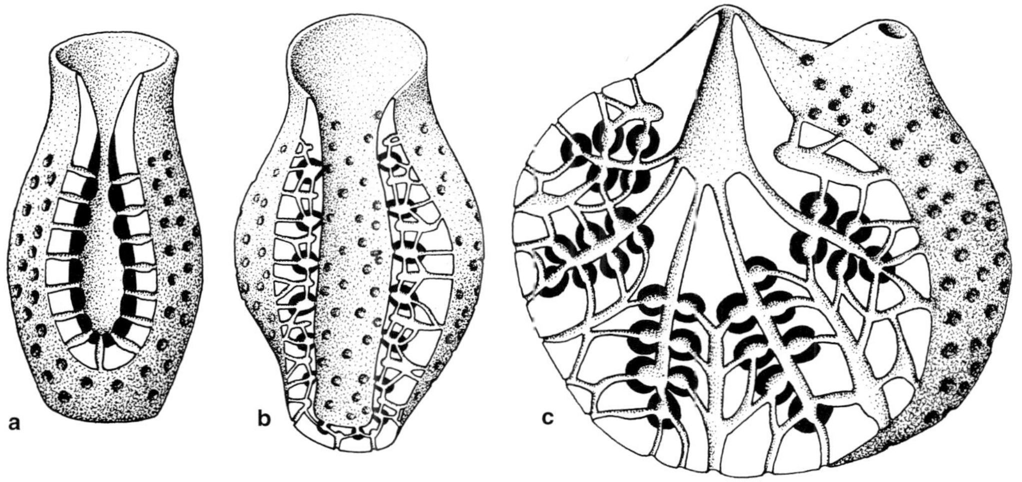

Abb. 24: Baupläne der Schwämme, Gastrodermis (Entoderm) dick schwarz. a. Ascon-Typ, b. Sycon-Typ, c. Leucon-Typ. Nach Kilian

terlagernde Bindegewebe versenkt. Endopinakocyten kleiden die Kanäle aus und sind meist flach. Basopinakocyten bauen das basale Epithel des Schwammes auf, z. T. haben sie Filopodien. Sie scheiden Kollagen und Polysaccharide ab und befestigen den Schwammkörper so am Substrat.

Bei Spongilliden steht die äußere Haut vom weichen Innenkörper ab. Sie wird von aus dem Inneren kommenden Hauptzügen des Skelets gestützt und umgibt so die Mesogloea wie ein Zelt. Unter ihr entsteht der Subdermalraum.

Die Färbung der Schwämme kann unauffällig sein, aber auch leuchtend gelb, rot, violett oder weiß.

2. Die Gastrodermis (= Entoderm, Choanoderm, Gastrallager) besteht aus Kragengeißelzellen (Choanocyten, Abb. 25 a). Diese tragen eine lange Geißel und um deren Basis einen Ring von 30–40 Mikrovilli, die den Kragen bilden. Sie ähneln den Choanoflagellaten (S. 12), sind zu Phagocytose und Pinocytose befähigt und können sich fortbewegen. Eine Besonderheit ihrer Geißeln sind breitflügelige Anhänge («flagellar vanes»).

Der Suboscularraum ist bisweilen einheitlich (Ascon-Typ, Abb. 24a), dann erreicht der Körper nur einen Durchmesser von einigen mm. Beim wenige cm langen Sycon-Typ bildet er zahlreiche Taschen (Radialtuben), deren Wand Choanocyten auskleiden, während der zentrale Hohlraum von Pinakocyten begrenzt wird (Abb. 24b). Ascon- und Sycon-Typ kommen nur bei Kalkschwämmen vor. Meist ist der Darmhohlraum jedoch in zahlreiche Geißelkammern zerlegt, deren Zahl Milliarden betragen kann (Tausende pro mm^3). Dieser Leucon-Typ (Abb. 24c) kann 2 m Durchmesser erreichen *(Spheciospongia)*. Über 95 % aller Schwämme gehören zu diesem Typ, z. B. alle Demospongiae. Das Kanalsystem führt bei ihm von den Poren der Außenfläche über zuführende Kanäle durch eine Eintrittsstelle (Prosopyle) in die Geißelkammern und verläßt diese durch eine Austrittspforte (Apopyle), um durch abführende Kanäle in den Binnenraum zu münden, der durch das Osculum Wasser ausführt. Als Nahrung dienen Kleinorganismen und Detritus. Die Partikel werden von mobilen Archaeocyten (s. u.), die an Einstromkanälen liegen, oder Choanocyten aufgenommen. Letztere geben die Nahrungspartikel bei den meisten Schwämmen an Archaeocyten weiter, in denen intrazelluläre Verdauung abläuft. Bei vielen Calcarea erfolgt die Verdauung in den hier besonders großen Kragengeißelzellen.

3. Mesogloea (Mesohyl). Zwischen den Epithelien liegt eine bindegewebige Mittelschicht (= Mesogloea), die bei manchen jungen Schwämmen nur wenig Raum einnimmt, bei *Oscarella* sogar zunächst noch fehlt, die aber meist die Hauptmasse des Körpers stellt. In einer an Glykoproteinen reichen Grundsubstanz, die auch Kollagenfasern enthält, liegen

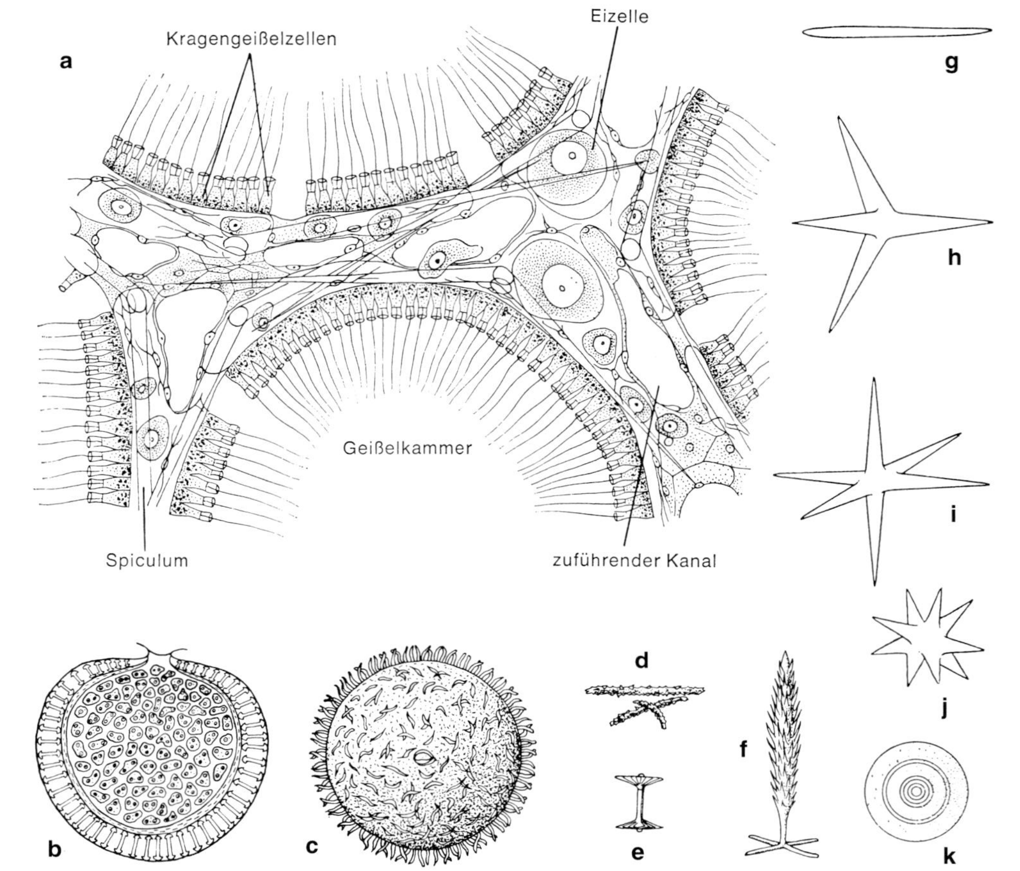

Abb. 25: a. Gewebeausschnitt mit vier Geißelkammern von *Sycon raphanus*. Die Lücken zwischen den Kragengeißelzellen entsprechen Kammerporen, über die zuführenden Kanäle in die Kammern einmünden. Der Kragen der Choanocyten besteht nach elektronenmikroskopischen Befunden aus einzelnen Mikrovilli (vgl. Abb. 8g). b. Gemmula von *Ephydatia* im Schnitt, außen ein Mantel von Amphidisken. c. Gemmula von *Spongilla* in Aufsicht, d., e. Spicula aus Gemmulae. f–k. verschiedene Spicula. f. Pinulus, g. monaxone Nadel, h. tetraxone Nadel, i. triaxone Nadel, j. Astere, k. Sphäre. Nach Brohmer, Hennig, Rauff, Schulze

und wandern verschiedene Zellen, deren Klassifikation und Genese nicht ganz geklärt sind: Archaeocyten (mitotisch aktive, bewegliche, lysosomenreiche und phagocytierende Zellen, aus denen andere Zellen neugebildet werden können); Collencyten (produzieren Kollagen, von dem sie oft eingehüllt werden); Lophocyten (bilden ebenfalls Kollagen, das jedoch schwanzartig hinter der wandernden Zelle hergezogen wird); Spongiocyten (Spongioblasten; bringen zu mehreren in Gruppen zusammenliegend Spongin hervor, eine dem Kollagen ähnliche, aber in Aminosäurengarnitur und Zuckerkomponenten von diesem unterschiedene Substanz, die bis 14 % Jod enthält) und bauen Gemmula-Wand auf; Sklerocyten (Skleroblasten, bringen Spicula hervor und zerfallen anschließend); Myocyten (enthalten Mikrotubuli und Filamente; sind kontraktil); Thesocyten (Speicherzellen mit großen Glykoprotein-Einschlüssen) und Geschlechtszellen. Oft wird auch für viele dieser Zellen der neutrale Begriff Amoebocyten verwendet, da sie in der Mesogloea wandern können.

Über die Existenz von Nervenzellen gibt es widersprüchliche Angaben. Es wurde ein sogenanntes Integrationssystem licht- und elektronenmikroskopisch sowie histochemisch mehrfach beschrieben.

In der Mesogloea wird das Skelet gebildet.

Es besteht aus Hartkörpern (Spicula, Skleren oder Skleriten), die überwiegend aus Calcit (Kalkschwämme) oder amorphem Siliciumdioxid (Demospongiae, Hexactinellida) aufgebaut sind. Bei Kieselschwämmen kann ein Spongingerüst hinzukommen oder das Kieselskelet sogar ersetzen. Die Hartkörper sind Produkte der Sklerocyten. Ihre Gestalt ist für die Systematik und die Einordnung fossiler Schwämme wichtig. Man kennt z. B. einfache Stäbchen (monaxon), dreistrahlige Spicula (triaxon), deren Strahlen sich im Winkel von 90° treffen, vierstrahlige (tetraxon), deren Strahlen im Winkel von 120° zusammentreffen, und komplizierte Gebilde wie Doppelanker (Amphidisken), Bäumchen (Pinuli), Sterne (Asteren), Kugeln (Sphaeren) usw. Einige sind auf Abb. 25 zusammengestellt. Die Gerüst- oder Stütznadeln (Megaskleren) treten zum Primärskelet zusammen, das für die Gestalt des Schwammes verantwortlich ist; sie ragen oft aus dem Körper heraus und können einen Kranz um das Osculum bilden (Abb. 28b) oder den Körper im Boden verankern (Abb. 28c). Ihre Länge übertrifft meist 100 µm, in Einzelfällen (*Monoraphis*, Abb. 28c) werden 3 m erreicht. Die Fleischnadeln (Mikroskleren) liegen meist einzeln zwischen den Megaskleren und bleiben im Körper. Ihre Strahlen sind oft verzweigt und bilden spezielle Formen. Ihre Länge liegt zwischen 10 und 100 µm. Jede Art enthält ein bestimmtes Muster von Nadeltypen, das für die Artbestimmung wichtig ist. Über den Feinbau der Spicula herrscht keine einhellige Anschauung. Bei den Demospongiae legt sich um einen organischen Axialfaden ein Mantel von rein anorganischen Substanzen. Bei Kalkschwämmen steht Calciumcarbonat mit 80–90 % an der Spitze (hinzu kommen z. B. Magnesium [bis 3 %], Eisenoxid, Na, Li, Sr, Mn und als Anion Sulfat), bei Demospongiae macht Siliciumdioxid über 90 % aus, hinzu kommen mehrere Prozent Wasser und Spuren von Mg, K, Na u. a. Letztere können zudem Sand und andere Partikel von außen in ihr Skelet einbauen (*Dysidea*). Die Nadeln der Hexactinellida weisen abwechselnde Schichten aus Silikat und organischer Matrix auf.

Die Schwammnadeln können in manchen Fällen beim Menschen Hautentzündungen hervorrufen. Grundlage ist vermutlich eine allergische Reaktion gegen Proteine, die den Nadeln anhaften. Als besonders unangenehm wird die amazonische Art *Drulia (Parmula) browni* geschildert, aus deren trockenfallender Kolonie Teile mit dem Wind verbreitet werden und Reizungen von Nasen- und Augenregion verursachen. In anderen Gebieten werden getrocknete Schwämme (*Lubomirskia baicalensis*) zum Polieren von Metallgegenständen gebraucht; aus der Geschichte der Mode ist bekannt, daß junge Frauen in Rußland Schwämme als Ersatz für Rouge benutzten: Schwammpulver in die Haut eingerieben, ruft mit seinen Nadeln Rötung hervor.

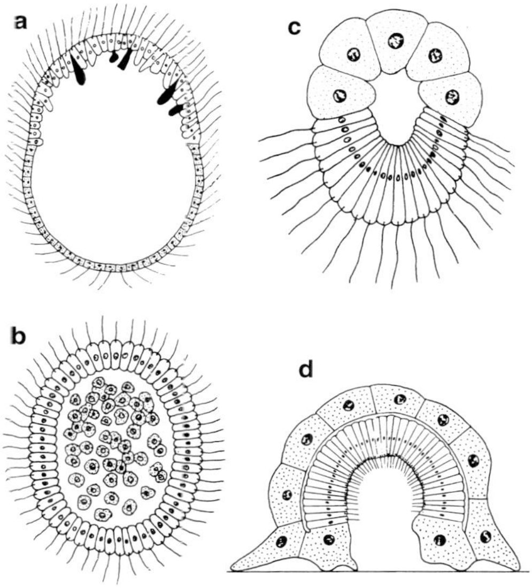

Abb. 26: Entwicklung von Schwämmen. a. Schwimmlarve von *Oscarella* (Vorderpol unten, einwandernde Mesenchymzellen schwarz); b. Parenchymula von *Leucosolenia;* c. Amphiblastula von *Sycon;* d. Festsetzen der Larve von *Sycon* mit gegen das Substrat gerichtetem Blastoporus. Nach Heider, Maas

Gonaden, Fortpflanzung, Entwicklung. Schwämme sind getrenntgeschlechtig oder zwittrig. Spermien entstehen aus Choanocyten, die Eizellen wohl aus Archaeocyten. Die Befruchtung erfolgt oft im Körper: Die begeißelten Spermien werden mit dem Wasserstrom eingestrudelt, von Choanocyten abgefangen und zu den Eizellen transportiert.

Eine verbreitete Larve der Schwämme ist die freischwimmende Blastula (Abb. 26a, c), die sich später festheftet und gastruliert (Abb. 26d). Schon die Blastula kann einen vorderen, begeißelten Teil (späteres Entoderm) und einen unbegeißelten Teil aus größeren Zellen (späteres Ectoderm) ausbilden (Abb. 26c; Amphiblastula). Der begeißelte Teil besorgt die Fortbewegung. Bei vielen Formen breitet er sich über die Oberfläche aus, das Ectoderm wird dadurch ans Hinterende oder ins Innere gedrängt, wo es sich bereits differenziert und Skeletnadeln bilden kann. Diese Parenchymula-Larve (= Parenchymella, Abb. 26b) ähnelt der Planula der Nesseltiere (Abb. 36), doch bestehen zwei wichtige Unterschiede: 1. Die Parenchymula-Larve schwimmt mit dem oralen Pol voraus und setzt sich mit diesem fest, die Planula-Larve mit dem aboralen. 2. Das Innengewebe der Planula ist das Entoderm, das der Parenchymula das Ectoderm oder Ectoderm und Mesogloea. Infolgedessen müssen bei der Festsetzung der Larve Umlagerungen stattfinden. Die Innenzellen brechen nach außen durch, die Geißelzellen der Oberfläche wandern ins Innere und bauen hier die Geißelzellenschicht auf. In extremen Fällen werden die äußeren Geißelzellen abgestoßen oder phagocytiert, bleiben also Larvenzellen (Spongillidae). Die Geißelkammern werden von Archaeocyten im Inneren neu aufgebaut und sind schon in der Parenchymula ausgebildet.

Der junge Schwamm mit geschlossener Urmundregion und zentralem Hohlraum mit Osculum wird bei Kalkschwämmen Olynthus, bei Kieselschwämmen Rhagon genannt. Siedeln mehrere Jungschwämme dicht beieinander, so können sie zu einem Schwammkörper zusammenwachsen.

Dauerstadien, Knospen. Insbesondere Süßwasserschwämme haben die Fähigkeit, Dauerstadien zu bilden, die ungünstige Perioden überdauern und nachher das stehengebliebene Skelet wieder besiedeln können. Im einfachsten Falle sind es kleine Restkörper (Reduktien) mit verschiedenen Zellen, besonders Archaeocyten. Spezieller sind die etwa 0,5 mm messenden Gemmulae: Viele einkernige (= primäre) Archaeocyten unserer Süßwasserschwämme werden mit Spongin und besonderen Nadeln umhüllt (Abb. 25b, c). Sobald diese Schale aufgebaut ist, werden die Archaeocyten zweikernig (sekundäre Archaeocyten). In diesem Stadium überdauern sie.

Die Gemmulae einiger Schwämme *(Ephydatia, Spongilla, Haliclona)* müssen eine Diapause durchmachen, die eine bis mehrere Wochen währen kann. Dann schlüpfen die Archaeocyten bei günstigen Bedingungen aus und bilden einen neuen Schwammkörper. Gemmulae sind bei Süßwasserschwämmen, aber auch bei einer Reihe von Meeresschwämmen *(Suberites, Haliclona, Cliona)* vorhanden. Da sie losgelöst und abtransportiert werden können, dienen sie auch der Verbreitung (z.B. durch Wasservögel) und Vermehrung. Gemmulae werden bei ungünstigen Jahreszeiten gebildet, in den Tropen vor der Trockenheit, in gemäßigten Zonen im Herbst. Vegetative Vermehrung durch Knospen kommt bei *Tethya* u.a. vor. Die hohe Regenerationskraft der Schwämme zeigt die Tatsache, daß eine durch ein feines Netz gepreßte *Spongilla* einen neuen Körper aufbauen kann, wenn Minimalbedingungen erfüllt sind: Eine Geißelkammer sowie Archaeo- und Pinakocyten müssen erhalten bleiben.

Lebensraum, Lebensweise. Die meisten Arten sind marin, etwa 120 Arten leben im Süßwasser und wachsen hier an Schilfstengeln, Steinen oder ins Wasser ragenden Ästen oder Wurzeln. Sie bevorzugen nahrungsreiches, bewegtes Wasser. Außer den Spongillidae gibt es noch weitere Schwämme im Süßwasser (Potamolepidae [Afrika], Lubomirskiidae [Baikalsee]).

Auch die marinen Schwämme sind meist an Festkörpern festgewachsen, sie bilden auf Felsboden dichte Überzüge, leben aber auch an Algen, auf Muscheln, Schnecken, oft an den Schneckenschalen von Einsiedlerkrebsen *(Ficulina [Suberites])*. Einige dienen Einsiedlerkrebsen als Behausung. Sie lösen das vom Krebs ursprünglich bevorzugte Schneckenhaus auf und schützen den Krebs.

Die Bohrschwämme *(Cliona)* bohren in Kalkstein oder Molluscenschalen netzförmige Gänge. Sie sprengen dabei kleine Kalkkörper vom Substrat ab, die sie durch ihr Kanalsystem nach außen befördern. Diese kleinen Splitter können wesentlich am Aufbau von Sedimenten in Riffen beteiligt sein. Auch auf Schlammböden leben im Meer Schwämme in großer Zahl. Sie können durch große Nadeln im Boden verankert sein *(Monoraphis)*.

Schwämme sind sessile Suspensionsfresser und ernähren sich außerdem vermittels diverser Symbionten, z.B. Cyanobakterien, die als Kohlendioxid- und Stickstoff-Fixierer fungieren können. Auf diese Weise werden viele Schwämme quasi photoautotroph; ihre Sauerstoffabgabe kann dreimal so hoch sein wie der Verbrauch. Als innere Strudler filtrieren sie täg-

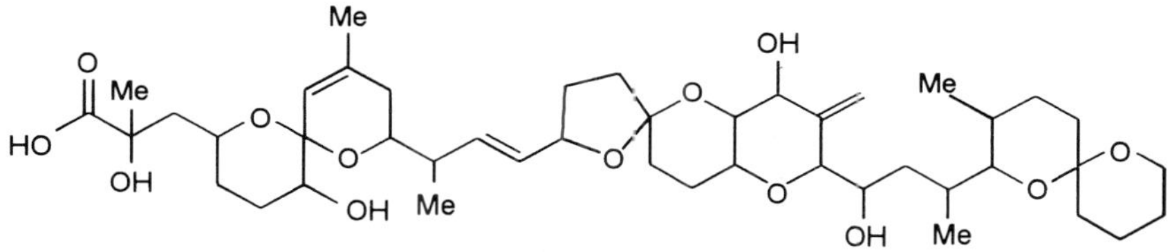

Okadainsäure

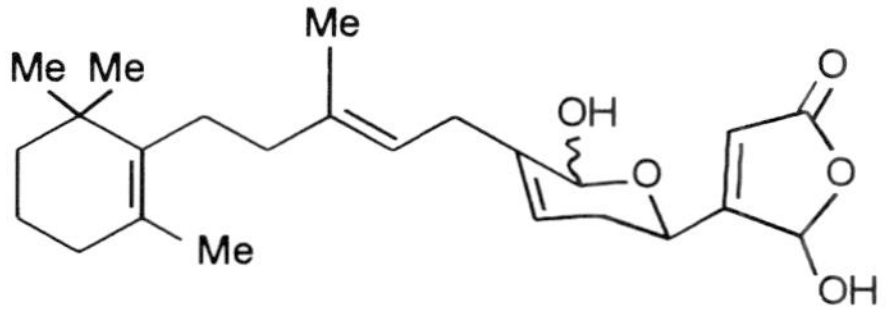

Manoalid

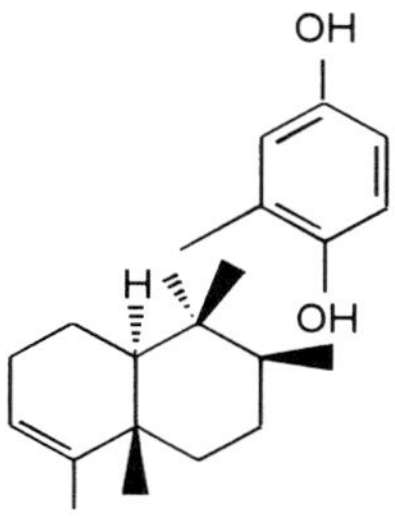

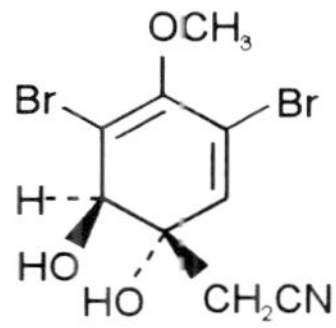

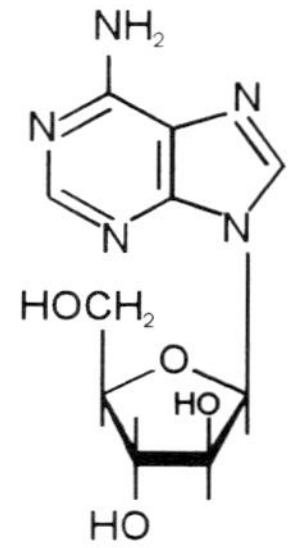

Avarol

Aeroplysinin

Arabinosyl-adenin (Ara-A)

Abb. 27: Formeln verschiedener Stoffe, die von Schwämmen synthetisiert werden. Nach Müller

lich große Wassermengen, ein Badeschwamm von 500 ccm Größe z. B. 2 Liter pro Minute. In flachen Meeresbuchten kann das ganze Wasser durch Schwämme in quellende Bewegung gebracht werden. Eine wichtige Rolle spielen sie bei der Klärung des Wassers bei organischer Belastung.

Teile des Körpers können sich kontrahieren und strecken, besonders das Osculum. Die Deckzellen der Außen- und Innenwand sind hier kontraktionsfähig.

Vielfach leben in den Gängen des Schwammkörpers andere Tiere (vor allem Polychaeten und Krebse).

Schon zu Beginn des Kambriums und bis zum Silur waren Schwämme am Aufbau von Riffen beteiligt; sie sollen damals an Biomasse alle anderen bodenlebenden Organismen übertroffen haben; vor allem in Trias und Jura waren sie gesteinsbildend (z. B. in Fränkischer und Schwäbischer Alb).

Vom Unterkambrium bis zum Mittelkambrium waren die **Archaeocyatha** (Abb. 28f) in den Meeren in vergleichsweise geringen Tiefen (20–30 m) weit verbreitet. Man kennt von ihnen nur das Kalkskelet, das meist die Gestalt eines doppelwandigen, siebartig durchlöcherten Kelches hat. Die meisten Arten haben einen Durchmesser von 10–25 mm und wurden bis 150 mm hoch. Archaeocyatha sind in besonderem Umfang aus Sibirien bekannt, wurden aber auch in Australien, Antarctica, Afrika und Amerika gefunden. Sie starben aus, als typische Schwämme zur Entfaltung kamen. Die Zugehörigkeit der Archaeocyatha zu den Schwämmen ist ungewiß, die meisten Paläontologen führen diese Gruppe als besonderen Tierstamm.

Phylogenie. Der Ursprung der Schwämme ist sicher im Präkambrium zu suchen, die ältesten Calcarea und Hexactinellida stammen aus dem Unterkambrium, seit dem Mittelkambrium sind Demospongiae bekannt.

Eine gesonderte Ableitung der Schwämme von Protozoen und die Errichtung einer eigenen Gruppe (Parazoa) neben den Eumetazoa (= alle anderen Metazoa) wird heute nicht mehr als gerechtfertigt angesehen. Der Aufbau des Bindegewebes, die Biochemie des Kollagens, die Beteiligung von cyclischen Nucleotiden an Entwicklungsvorgängen, die Ultrastruktur der Spermien und schließlich das verbreitete Vorkommen von choanocytenartigen Zellen stützen vielmehr die Annahme, daß die Schwämme in die monophyletische Gruppe der Metazoa einzuschließen sind.

Wirtschaftliche Bedeutung. Wegen ihres besonders hohen Gehaltes an bioaktiven Substanzen sind Schwämme in den letzten Jahren intensiv untersucht worden. Schwämme leben in einer artspezifischen Symbiose mit Bakterien, die sie mit Lektinen anlocken, welche Zuckerreceptoren auf deren Oberfläche erkennen. Um diese Symbiose aufrecht zu erhalten, produzieren die Schwämme eine Fülle von Substanzen, die andere Bakterien abtöten. Dabei handelt es sich um niedermolekulare Sekundärmetabolite (Abb. 27). Bereits Anfang der 1950er Jahre wurde aus *Tethya* das Nucleosid-Analogon Ara-A isoliert, das z. B. die Vermehrung von Herpesviren hemmt. Aus der Gruppe der Polyether mit Fettsäurecharakter sei die Okadainsäure aus *Halichondria* erwähnt, die z. B. Antitumor-Eigenschaft entfaltet. Aus *Luffariella* hat man das Sesquiterpen Manoalid gewonnen, das Gram-positive Bakterien hemmt und schmerzlindernd wirkt, aus *Dysidea* das Sesquiterpen Avarol, das im Zellkulturversuch als Inhibitor der Vermehrung des Humanen Immunschwächevirus (HIV) erkannt wurde. Weiterhin sei das Tyrosin-Derivat Aeroplysinin, ein selektiver Tyrosin-Kinase-Inhibitor erwähnt, das in *Verongia aerophoba* (Abb. 28k) vorkommt. Es hemmt bevorzugt die Vermehrung von Colon-Tumorzellen. Für einige dieser Substanzen ist der Syntheseweg weitgehend aufgeklärt. Intrazellulär werden sie in Vakuolen gespeichert und bei Bedarf aus diesen in das extrazelluläre Milieu abgegeben.

Vor allem im Mittelmeer, im Pazifik zwischen Japan und den Philippinen und in der Karibik werden Schwämme gesammelt. Über die Hälfte des Weltjahresertrages entfallen auf Tunesien, wo v. a. *Hippospongia communis* und *Euspongia officinalis* angelandet werden. Als Badeschwamm kommt besonders der letztere in den Handel; *Hippospongia* wird für Industriezwecke (zum Schleifen und Polieren) gebraucht.

System. Die Porifera wurden lange Zeit in Calcarea (Kalkschwämme) und Silicea (Kieselschwämme) eingeteilt. Heute bevorzugen die meisten Autoren eine Gliederung in die folgenden drei Klassen, von denen allerdings nur die Calcarea und Hexactinellida mit Sicherheit als monophyletische Gruppen angesehen werden.

1. **Calcarea** (Kalkschwämme). Kleine Gruppe überwiegend das Flachwasser der Meere bewohnender Formen. Skelet – wenn vorhanden – aus Kalknadeln von ein-, drei- oder vierstrahligem Typ, die im allgemeinen isoliert im Gewebe liegen. Keine Trennung der Nadeln in Mega- und Mikroskleren. Vom Kambrium bis heute. Die Mehrzahl der Arten ist klein, nur bei ihnen kommen Ascon- und Sycon-Typ vor.

Leucosolenia (Abb. 28 a), *Clathrina, Sycon* (Abb. 28 b) in Nord- und Ostsee; *Leuconia (Leucandra)*.

Zu den Calcarea gehören wohl auch die Sphinctozoa, die im Palaeozoikum und im Mesozoikum verbreitet waren.

2. **Hexactinellida** (Glasschwämme). Mit etwa 300 Gattungen seit dem Kambrium verbreitet. Die größte Formenfülle gab es wohl in Jura und Kreide. Rezente Arten findet man von 30 m Tiefe bis zur Tiefsee.

Die Glasschwämme sind oft becher- oder röhrenförmig und erinnern in ihrer Radiärsymmetrie an den Sycon-Typ. Die Nadeln sind triaxon, es kommen Mega- und Mikroskleren vor. Die Skelete sind oft sehr formschön. Hexactinellida sind vornehmlich aus Syncytien aufgebaut.

Euplectella (Gießkannenschwamm), *Caulophacus, Monoraphis* (Abb. 28 c).

3. **Demospongiae**. Diese Gruppe umfaßt 95 % der rezenten Schwammarten. Ihr Skelet besteht aus Silikatspicula und Spongin. Die Megaskleren sind monaxon oder tetraxon, verschiedene Mikroskleren können vorkommen, bisweilen fehlt das Silikatskelet. Demospongiae

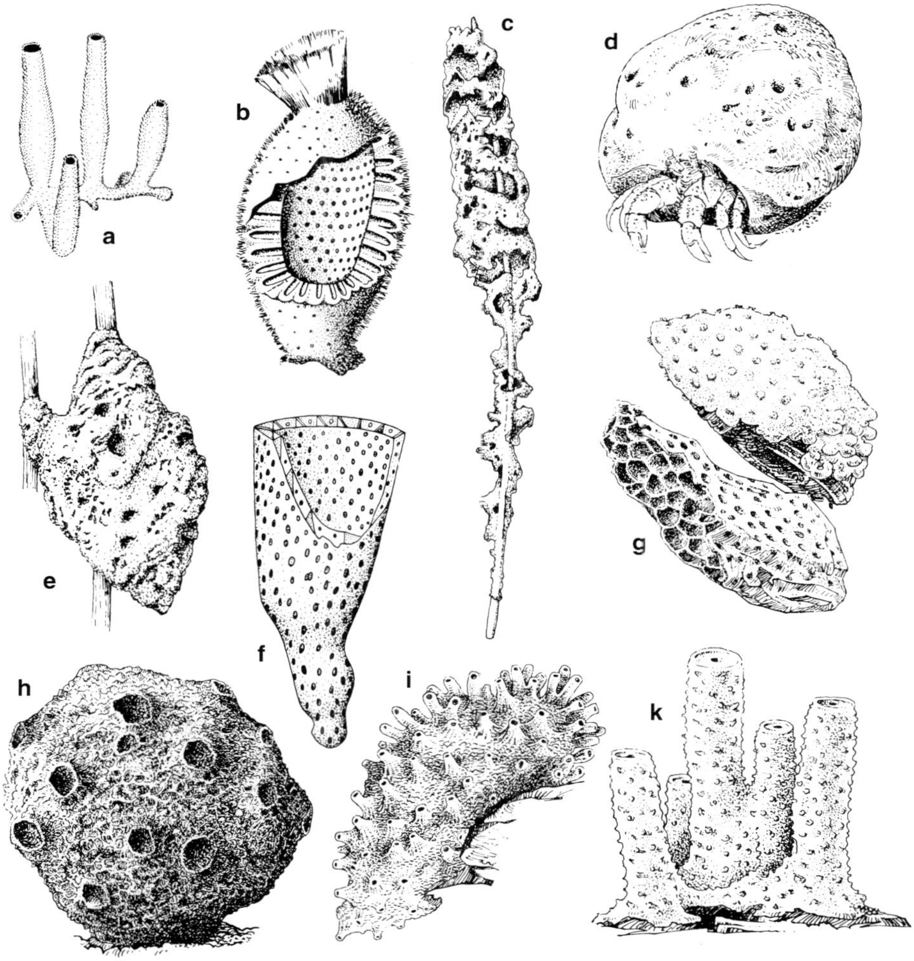

Abb. 28: Schwämme. a. *Leucosolenia*, b. *Sycon* (mit eröffneter Zentralhöhle), c. *Monoraphis*, d. *Suberites* (schließt einen Einsiedlerkrebs ein), e. *Spongilla*, f. *Archaeocyathus* (Mittelkambrium), g. *Cliona*; jedes Loch in der unten abgebildeten Molluscenschale entspricht einer Ausströmöffnung. In einem späteren Stadium vermag der Bohrschwamm auch die Oberfläche zu überziehen (oben). h. *Euspongia*, i. *Halichondria*, k. *Verongia*. Nach Arndt, Brohmer, de Haas, Jammes, Kilian, Knorr, Pfurtscheller, Schulze

sind stets nach dem Leucon-Typ gebaut, sie messen wenige cm bis über 2 m im Durchmesser. Sie sind ovi- oder vivipar. Hierher gehören auch die 3 Familien der Süßwasserschwämme. Demospongiae sind seit dem Kambrium bekannt (400 fossile und 600 rezente Gattungen). Ihre Systematik beruht auf Skeletmerkmalen, Fortpflanzung, Biochemie und Ultrastruktur.

a) **Homoscleromorpha:** Primitivgruppe mit Geißelzellen im Pinakoderm, Spicula nicht in Mega- und Mikroskleren differenziert. Vivipar. *Oscarella* ohne Spicula und Spongin, aber mit Kollagen.

b) **Tetractinomorpha (Tetraxonida):** Mit tetraxonen und monaxonen Megaskleren, oft auch mit Mikroskleren. Ovipar. Meeresbewohner. *Geodia, Chondrosia, Tethya, Polymastia, Suberites, Cliona* (Abb. 28 g): Bohrschwamm, der mit Hilfe spezieller Archaeocyten kleine Kalkstückchen z. B. aus Schneckenschalen heraussprengt. Hierbei wird Säure eingesetzt, die kleine Kalkplättchen («chips») von 50 µm Durchmesser aus dem Substrat ätzt. Diese werden durch das Kanalsystem des Schwammes abtransportiert.

c) **Ceractinomorpha (Monaxonida).** Silikat- und Sponginskelet, oft auch nur letzteres. Megaskleren monaxon. Unter der Oberfläche umfangreiche Hohlräume (Subdermalräume). Meer- und Süßwasser. Oft Parenchymula.

Euspongia officinalis (Badeschwamm): ohne Nadeln, wird in wärmeren Meeren gesammelt und wirtschaftlich genutzt. Der Gebrauchswert beruht auf seiner großen Oberfläche (bis 34 qm bei einem Skelet-Gewicht von 4 g). Der Badeschwamm kann das 50-fache seines Gewichtes an Wasser aufnehmen. In Kulturen macht man sich die Regenerationsfähigkeit zunutze. Kleine Stücke werden aus dem Schwamm herausgeschnitten, an Seilen im Wasser aufgehängt und 1–2 Jahre später geerntet.

Hippospongia (Pferdeschwamm), ebenfalls ohne Nadeln, aber mit Sandkörnern im Spongingerüst. *Haliclona, Verongia* (*Aplysina*, Abb. 28 k); *Halichondria*, klumpenförmig, häufig in Nord- und Ostsee (Abb. 28 i, 43 m).

Halichondria panicea, der Brotkrumenschwamm, ist an den Küsten des Nordostatlantik weit verbreitet und dringt weit in die Ostsee ein, wo er als einziger Schwamm stabile Populationen bildet. Er wird dort besonders häufig im Phytalbereich auf Braun- und Rotalgen angetroffen. Seinen Namen erhielt er, weil er bei Trockenheit wie Brot zerkrümelt. Im Lebendzustand ist er jedoch fest und besitzt ein Gerüst aus Kieselnadeln. *H. panicea* ist getrenntgeschlechtig. Schon früh im Jahr werden von Tieren, die überwintert haben, Larven entlassen. Die aus diesen entstandenen Schwämme können später im selben Jahr noch zur Fortpflanzung kommen. Ihre Wuchsform ist sehr variabel: In der Gezeitenzone werden insbesondere Krusten ausgebildet.

Hierher gehören auch die Spongillidae mit *Spongilla* (Abb. 28 e) und *Ephydatia* sowie die anderen beiden Familien aus dem Süßwasser: Potamolepidae (Kongogebiet) und Lubomirskiidae (Baikalsee). *Halisarca* bildet dünne schleimige Überzüge auf Steinen, Molluscenschalen und Tangen, auch in Nord- und Ostsee; ohne Skelet.

Der häufigste Süßwasserschwamm Mitteleuropas ist *Spongilla lacustris*. Er lebt in stehenden und fließenden Gewässern und bildet in Abhängigkeit von Substrat, Strömung und Nahrungsangebot verschiedene Formen (Krusten, Klumpen, geweihartig verzweigt), die verschiedene Farben aufweisen (gelblich, fleischfarben bis purpurbraun, grau, grün). Gemmulabildung ab November, die Jungschwämme entwickeln sich ab April.

C. Cnidaria
(Nesseltiere)

Die Nesseltiere besiedeln mit über 9000 Arten vorwiegend das Meer.

Bau. Wie die Schwämme behalten die Cnidaria als erwachsene Tiere die larvale Hauptachse des Körpers bei. Die Organe sind oft radiär in gerader Zahl (Ausnahme z. B. *Hydra*) um diese Achse geordnet. Zwei Epithelien (Epidermis = Ectoderm und Gastrodermis = Entoderm) bauen den Körper auf; zu ihnen kommt als verbindende Schicht noch eine primär zellfreie Mesogloea. Der Darmhohlraum hat nur eine Öffnung; diese ist gleichzeitig Mund, After und oft Geschlechtsöffnung. Der Darmhohlraum (Gastrocoel, Coelenteron) dient der Verdauung und der Verteilung der Nahrungsstoffe, übernimmt also Funktionen, die bei Coelomaten von Darm und Gefäßsystem erfüllt werden. Man spricht daher auch vom Gastrovaskularsystem.

Die Cnidaria sind mit Medusen, Korallen und anderen Polypen die «Blumentiere» des Meeres. Charakterisiert sind sie durch die dominierende Rolle der Epithelmuskelzellen und durch Cniden.

Epithelmuskelzellen sind durch basale Ausläufer gekennzeichnet, in denen Muskelfilamente ausgebildet sind. Die Ausläufer bilden oft im Ectoderm eine geschlossene Längs-, im Entoderm eine Ringmuskelschicht (Abb. 29). Sie treten auch in anderen Tierstämmen auf.

Cniden (= Cnidocysten, Nesselkapseln, Nematocysten) entstehen als komplizierte Sekretionsprodukte in Golgi-Apparaten bestimmter Zellen, den Nesselzellen (= Cnidoblasten, Cnidocyten; Abb. 30), die aus interstitiellen (I-Zellen) hervorgehen. Cniden erreichen oft einen hohen Binnendruck (bis 150 bar). Ihre äußere Wand hat eine Öffnung, die durch einen Deckel

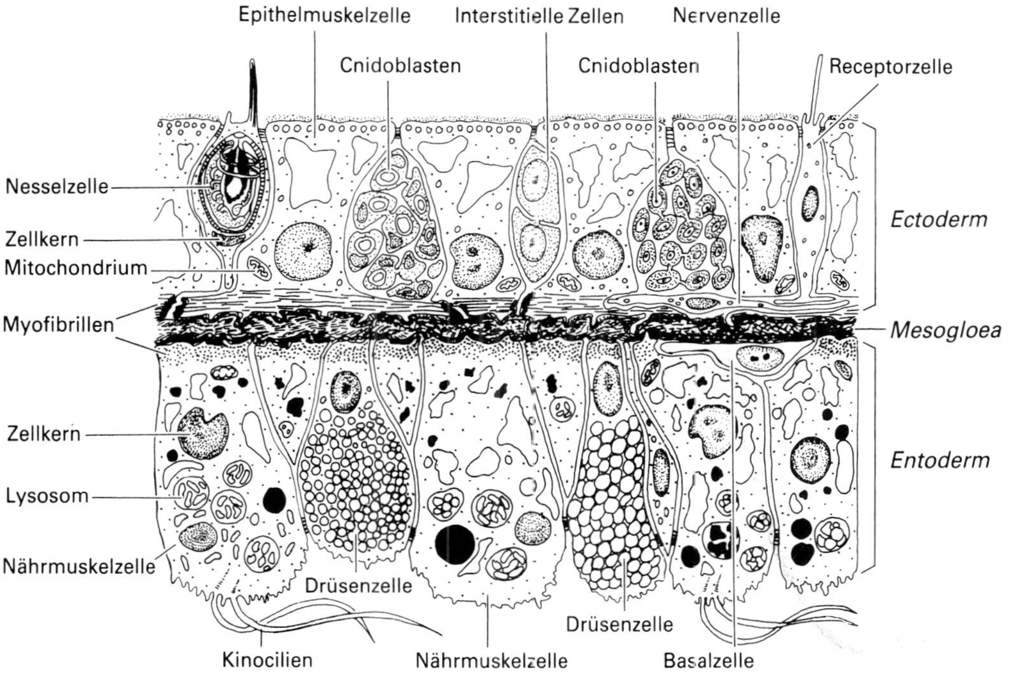

Abb. 29: Zellulärer Aufbau der Körperwand von *Hydra attenuata*. Beachte die Interzellularbrücken zwischen den Cnidoblasten und interstitiellen Zellen.

(Operculum) oder durch drei Klappen verschlossen ist. Die innere Wand setzt sich nahe der Öffnung nach innen in einen Schlauch fort, der sich bei Reizung der Zelle sehr schnell handschuhfingerartig ausstülpt und mehrere mm Länge erreichen kann. Kombinierte chemische und mechanische Reizung erfolgt über eine Cilie, die von einem Ring von Mikrovilli umgeben wird (Abb. 30g, h). Lichtmikroskopisch ist dieser Apparat als kleiner Stift sichtbar, der Cnidocil genannt wird.

Nach der Beschaffenheit der Schläuche differenziert man Cniden in zwei Gruppen: Astomocniden besitzen einen hohlen, geschlossenen, Stomocniden dagegen einen distal offenen Faden. Aus der Öffnung kann Kapselinhalt austreten. In die erste Gruppe gehören Desmonemen mit schraubig gewundenem Faden (Volventen), in die zweite die Haplonemen mit einfachem Schlauch (Glutinanten) und die Heteronemen mit abgesetztem Schaft am Schlauch, der Stilette tragen kann (Penetranten, Abb. 30).

Nach einer differenzierteren Einteilung unterscheidet man 26 verschiedene Cnidenformen. Die meisten Arten tragen mehrere Cniden-Typen, die das für die Bestimmung wichtige «Cnidom» ausmachen.

Cniden können in großer Dichte vorkommen. Jeder Tentakel von *Hydra* ist mit 2500–3000 Nesselkapseln besetzt, die in Gruppen von 20 bis 25 in großen Ectodermzellen lokalisiert sind.

Da jede Nesselkapsel nur einmal entladen werden kann, müssen dauernd neue nachgeliefert werden. Bei *Hydra* erfolgt die Differenzierung der Nematocyten im Rumpfectoderm. Die Nesselzellen wandern dann in die Tentakel.

Die Cniden dienen dem Beutefang, indem sie Gift entlassen und die Beute in wenigen Sekunden lähmen, bei kleinen Formen auch der Festheftung. Des weiteren können sie am Aufbau der Wohnröhre beteiligt sein (Ceriantharia). Cniden einiger Arten (vor allem Milleporiden, Siphonophoren, Cubozoen und einige Semaeostomeae) können Menschen starke Hautreizungen zufügen oder sogar tödlich wirken. Manche Cubomedusen zählen zu den giftigsten Meerestieren (S. 61). Ihre Cniden kön-

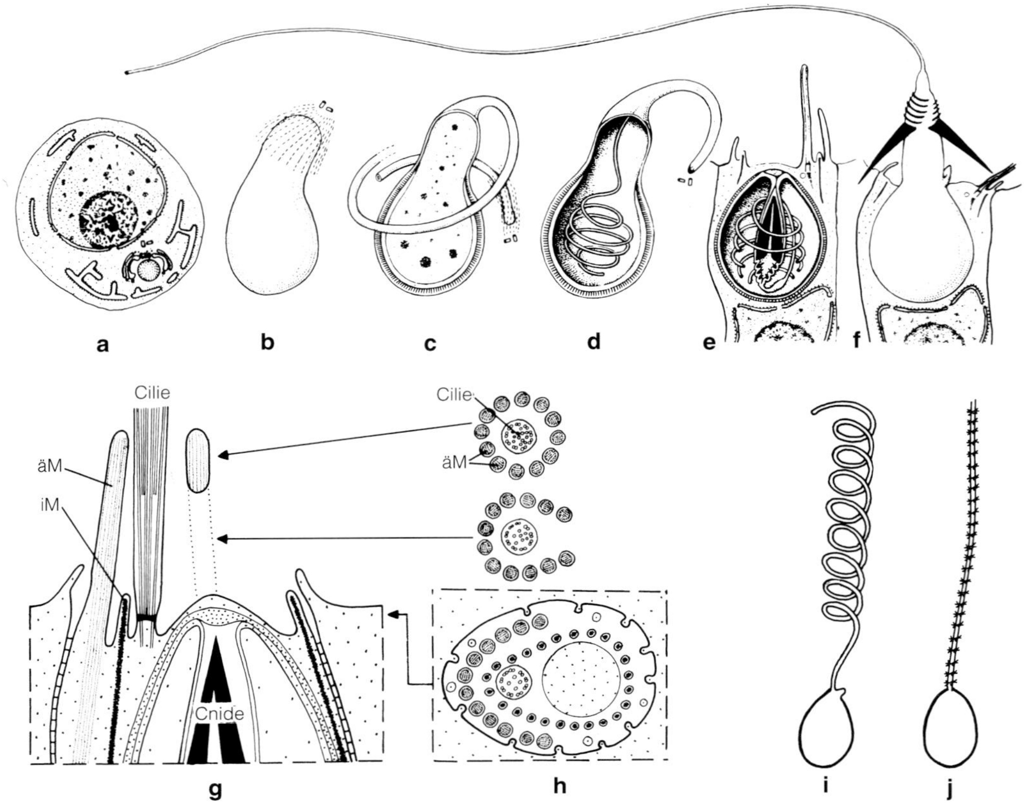

Abb. 30: Nesselzellen und -kapseln. a–f. Morphogenese einer Penetrante. a. Junge Cnidocyte mit Zellkern, endoplasmatischem Reticulum, Centriolen und Golgi-Apparat, in dessen Bereich die kugelige Nesselkapselanlage schon zu sehen ist. b. Die Cnidenanlage hat birnenförmige Gestalt angenommen. Von den beiden Centriolen geht eine formgebende Mikrotubulus-Kappe aus. c. Aus der Cnidenanlage ist ein langer Schlauch ausgewachsen. d. Der Schlauch wird eingestülpt. e. Die Cnide ist ausdifferenziert, der Schlauch hat an seiner Innenseite Stilette gebildet. f. Nach Reizung und Druckanstieg in der Cnide wurde der Schlauch der Nesselkapsel ausgestoßen: Dieser Vorgang benötigt bei *Hydra* bis zum völligen Ausstoß des 500 µm langen Schlauches weniger als 3 msec und ist einer der schnellsten in der belebten Welt. g, h. Rekonstruktion des Cnidocil-Cniden-Komplexes der Süßwassermeduse *Craspedacusta* im Längs- (g) und in drei Querschnitten (h; Pfeile). Der Komplex zeigt eine ausgeprägte Bilateralsymmetrie. äM = äußere Mikrovilli, iM = innere Mikrovilli, i. Astomocnide; der ausgeschleuderte Schlauch besitzt keine terminale Öffnung, aus der Cnideninhalt austreten kann, j. Glutinante. Nach Hausmann, Holstein

nen die gesamte Epidermis des Menschen durchschlagen. Das Volumen einer Cnide von *Chironex* ist etwa 20–30× so groß wie das einer Nesselkapsel von *Aurelia*.

Wenn Cniden außerhalb der Cnidaria vorkommen, entstammen sie der (Nesseltier-)Nahrung dieser Tiere, so bei Nudibranchiern, Turbellarien und Ctenophoren. Man nennt sie Kleptocniden.

Das Nervensystem, in dem verschiedene Transmitter und Neuropeptide nachgewiesen wurden, besteht aus Ganglienzellen, die basal zwischen den Epithelzellen von Ento- und Ectoderm liegen. Ihre Ausläufer bilden ein Netz, das bisweilen eine Schicht von Nervengewebe im Ectodermepithel aufbaut und lokal verstärkt sein kann. Primäre und sekundäre Sinneszellen kommen bei Polypen vor, Medusen können komplexere Sinnesorgane tragen. Drüsenzellen liegen im Ectodermepithel zerstreut, gehäuft an der Fußscheibe von Polypen. Sie sind stark an der Skeletbildung beteiligt und bilden auch die Gasdrüse der Siphonophoren.

Das Entoderm ist, wie erwähnt, primär dem Ectoderm sehr ähnlich, bisweilen fehlen ihm die Nesselkapseln; es ist im allgemeinen mit

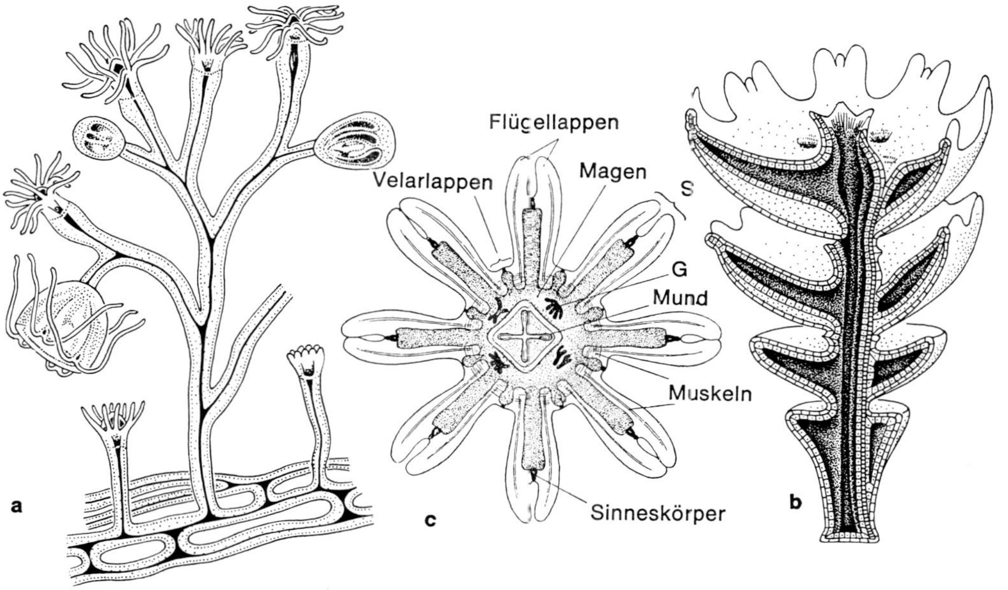

Abb. 31: Generationswechsel. a. Hydrorhizale Kolonie des Hydrozoons *Bougainvillia* mit knospenden Medusen. b. Strobila von *Aurelia*. c. Ephyra (Jugendstadium) von *Aurelia* Zwischen den acht Stammlappen (S), die distal in zwei kleine Flügellappen ausgezogen sind, entstehen später acht Velarlappen, die dieselbe Länge wie die Stammlappen erreichen. G: Gastralfilamente. Nach Allmann, Claus, Friedmann, Remane

Cilien besetzt. Drüsenzellen sind häufig, resorbierende Zellen haben zahlreiche Vakuolen. In den Tentakeln kann das Entoderm zu einem Stützgewebe aus vakuolenreichen Zellen umgeformt sein.

Die Schicht zwischen den Epithelien, die Mesogloea, ist bei den Cnidariern vielgestaltig. Eine umfangreiche Mesogloea fehlt vielen Hydrozoen und einigen anderen kleinen Formen. Hier stoßen Ectoderm und Entoderm im Innern der Körperwand mit ihren Basallaminae zusammen, die so eine Stützlamelle bilden. Schon bei den Hydromedusen ist die Stützlamelle durch eine umfangreiche, aber zellfreie Gallerte ersetzt, die u.a. Kollagen, Proteoglykane und Fibronectin enthält. Bei manchen Scyphomedusen (z.B. *Aurelia aurita*) und Anthozoen wandern Zellen in die Gallerte ein. Die Zellen dürften überwiegend aus dem Ectoderm stammen, sind amöboid, sekretorisch aktiv und können als Skleroblasten beim Aufbau eines Innenskelets tätig sein.

Generationswechsel. Die Cnidaria treten in zwei Formen auf, als festsitzender Polyp und als freischwimmende Meduse (Qualle). Der Polyp erzeugt vegetativ durch Knospung die Meduse, aus den Eiern der Meduse geht über eine Planula-Larve wieder der Polyp hervor. Es herrscht also Generationswechsel (Metagenese). Die Medusengeneration fehlt den Anthozoen und vielen Hydrozoen, z.B. *Hydra*. Seltener ist die Polypengeneration rückgebildet, z.B. bei den Trachylina und *Pelagia*. Polypen sind langlebig und können viele Jahre erreichen, Medusen sterben nach der geschlechtlichen Fortpflanzung und werden meist nur 3–9 Monate alt.

a. Polyp (Abb. 31–33, 39). Der von knapp 1 mm bis über 2 m messende Polyp ist ein doppelwandiger Schlauch, der aus folgenden Anteilen besteht: basaler Fuß- oder Haftscheibe, apikalem Mundfeld (Mundscheibe, Peristom) und röhrenförmigem Mauerblatt, das beide verbindet. Zwischen Mundfeld und Mauerblatt sind fast immer Fangtentakel ausgebildet. Die Körperwand besteht aus zwei Epithelien, Ecto- und Entoderm (Abb. 39a). Das Entoderm zieht in die Tentakel entweder als hohler Schlauch oder als mehr oder minder solider Strang von Zellen hinein. Oft ist der apikale Teil des Körpers becherartig erweitert (Hydranth), der mittlere und untere Körperteil stielartig ver-

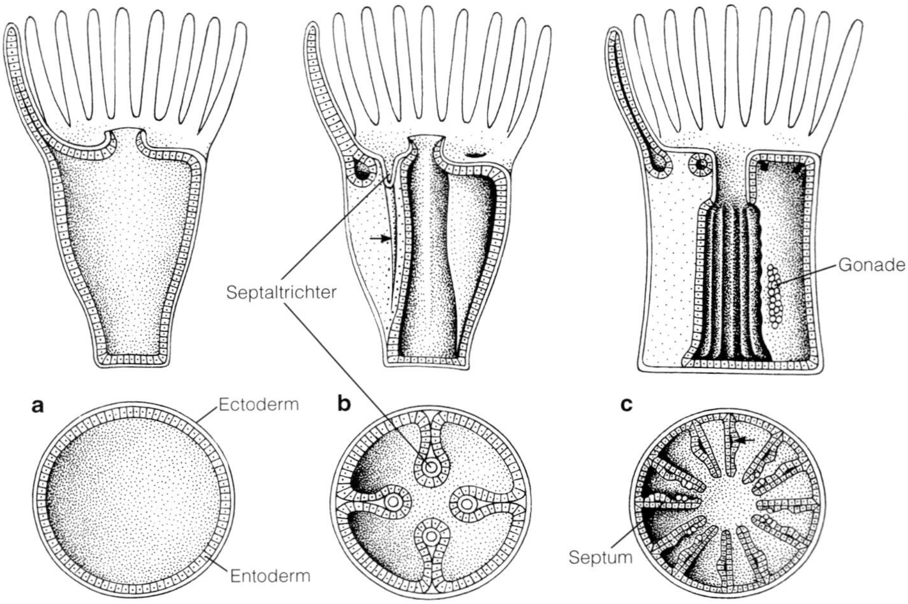

Abb. 32: Schematisch dargestellter Aufbau von Hydro- (a), Scypho- (b) und Anthozoenpolyp (c). Oben: Längs-, unten: Querschnitte. Der Pfeil in b weist auf die Septalmuskulatur. Nach Remane

schmälert (Hydrocaulus) und die Fußscheibe durch wurzelartige Ausläufer verankert (Hydrorhiza, Stolonen). Die Tentakel sind sehr dehnbare, fädige, bisweilen gefiederte Arme, die in Kränzen oder unregelmäßig verteilt vom apikalen Teil des Körpers ausstrahlen. An ihnen kleben Beutetiere fest, werden durch Nesselkapseln gelähmt und durch starke Kontraktion in Mundnähe gebracht.

Neben diesen gemeinsamen Merkmalen weisen die Polypen der drei großen Cnidaria-Klassen Hydrozoa (Hydropolyp), Scyphozoa (Scyphopolyp) und Anthozoa (Anthopolyp) beträchtliche Unterschiede auf (Abb. 32).

Der Mund liegt oft inmitten der Mundscheibe. Bei den Anthozoen wird er durch Ausbildung eines ectodermalen Schlundrohres in die Tiefe versenkt. Dadurch entsteht ein neuer «äußerer» Mund. Das Schlundrohr ist seitlich zusammengedrückt; in einem oder beiden Winkeln kann eine bewimperte Rinne (Siphonoglyphe) Wasser in den Magenhohlraum strudeln. Dieser ist bei Hydro- und Cubopolypen ein einfacher Innenraum, dessen entodermale Auskleidung (Gastrodermis) sich überall der Außenwand anlegt. Bei Scyphopolypen und Anthozoen (Abb. 33) ist er durch vorspringende Septen in einen zentralen Magenraum und radiär gestellte Taschen (Gastraltaschen) zerteilt. Diese Septen sind bei Scyphopolypen und Anthozoen verschieden. Im Scyphopolypen sind vier Septen ausgebildet, die jeweils von Muskelzellen ectodermalen Ursprungs durchzogen werden (Abb. 32). Diese setzen an Einsenkungen der Mundscheibe (Septaltrichter) an und sind die einzigen Muskelzellen der Scyphopolypen. Anthozoen haben oft sehr viele Septen. Ihre Funktion besteht in der Verbindung von Fußscheibe, Schlundrohr und Körperseiten, so daß große, bis über 1 m Durchmesser erreichende, zylindrische Körper entstehen können (Actiniaria). In ihrem Inneren herrscht ein geringer Überdruck gegenüber der Umgebung. Die Septenmuskulatur besteht aus entodermalen Epithelmuskelzellen, die das Septum einseitig bandartig vorwölben und als Muskelfahnen bezeichnet werden. Der freie Rand der Septen bildet Mesenterialfilamente, das sind fädige Anhänge mit vielen Sekretions- und Resorptionszellen sowie an der Spitze mit Nesselzellen, die bei Beutefang und Verdauung aktiv sind. Bei einigen Aktinien tragen die Septenränder besonders lange Wehrfäden (Akontien), die dicht mit Nesselkapseln besetzt sind.

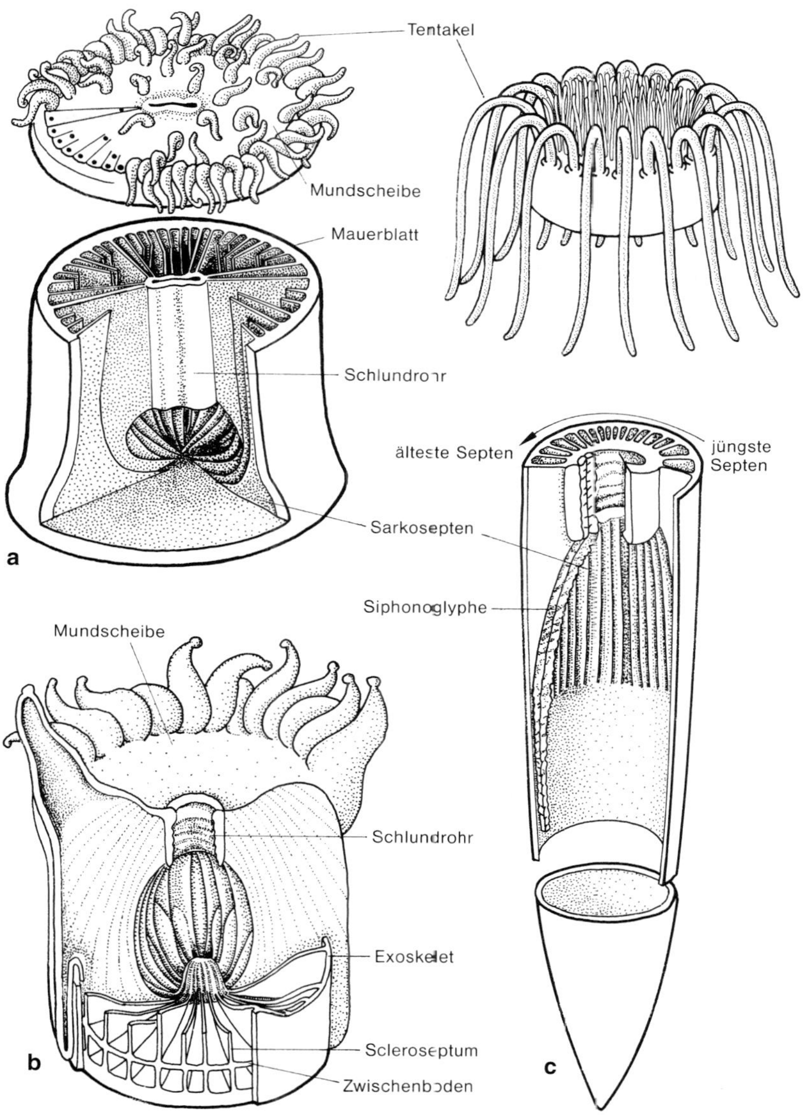

Abb. 33: Blockdiagramme verschiedener Hexacorallia. a. Actiniaria. Die Septen treten paarweise und in zwei Formen auf: als vollständige Septen (das Schlundrohr erreichend) und als unvollständige (Mund- und Fußscheibe sowie Seitenwand verspannend), b. Scleractinia. Beachte das basale Exoskelet. c. Ceriantharia. Beachte die mundnahen Labial- und die randständigen Marginaltentakel. Alle Septen verbinden Schlundrohr und Seitenwand. Nach Graßhoff

Bei der raschen Kontraktion des Tieres geraten sie durch den Mund oder kleine Öffnungen der Körperwand (Cincliden) nach außen und bilden ein Netz von Schutzfäden über dem zusammengezogenen Tier. Bei Anthozoen tragen die Septen auch die Gonaden, die in den Septen hinter den Mesenterialfilamenten liegen (Hexacorallia) oder traubenartig in den Gastralraum hängen (Octocorallia). Sie stammen bei Anthozoen aus dem Entoderm und wandern in die Mesogloea. Nahe der Mundscheibe können durch 1 oder 2 Löcher in den Septen (= Septalstoma) benachbarte Gastraltaschen verbunden sein.

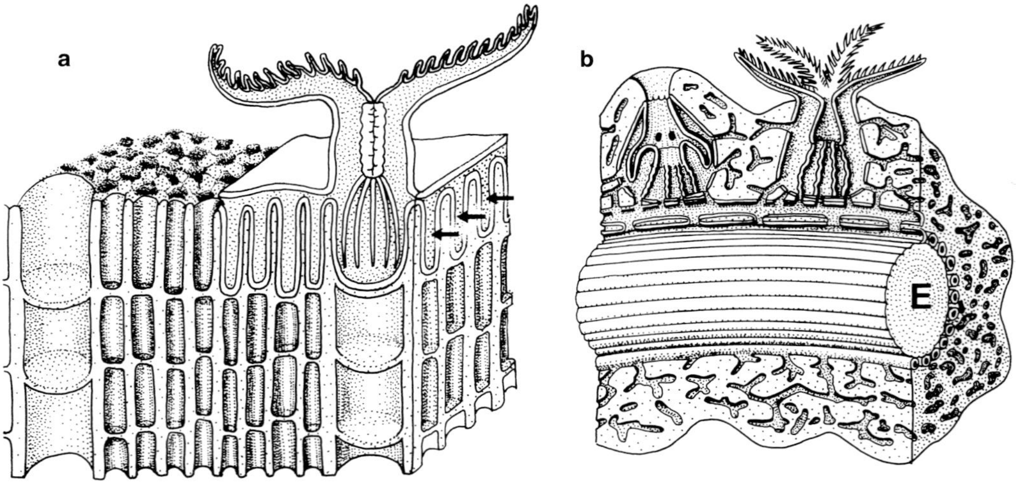

Abb. 34: Blockdiagramme von Octocorallia. a. *Heliopora coerulea* (Coenothecalia). Links wurde das lebende Gewebe entfernt, um die Oberfläche des Skeletes zu zeigen. Polyp und Coenenchym mit Blindschläuchen (Pfeile) scheiden Kalk nach unten aus und ziehen von Zeit zu Zeit Zwischenböden ein. b. *Corallium rubrum* (Gorgonaria) mit Endoskelet (E), das von parallelen Coenenchymkanälen umhüllt wird. Ansonsten wird das Coenenchym von unregelmäßig verlaufenden Kanälen durchzogen. Links eingezogener, rechts entfalteter Polyp. Nach Graßhoff, Lacaze-Duthiers

Die Muskelzellen der Polypen sind im allgemeinen glatt und außerordentlich kontraktionsfähig: Die Riesenaktinie *Stoichactis* kann sich von 50 cm Durchmesser und 50 cm Höhe auf 10 cm Durchmesser und 5 cm Höhe verkleinern.

Die meisten Polypen, besonders die vieler Anthozoen, bilden ein umfangreiches Skelet. Es wird entweder vom Ectoderm nach außen abgeschieden (Exoskelet) oder von mesogloealen Zellen im Inneren des Polypen aufgebaut (Endoskelet). Da diese Mesogloea-Zellen vom Ectoderm nach innen gewandert sind, ist der Unterschied zwischen Exo- und Endoskelet nicht immer scharf. Als Substanzen treten auf: chitinige Abscheidungen außen, hornige Abscheidungen aus Gorgonin im Inneren, Kalk als Calcit oder als Aragonit außen oder in Form von zahlreichen knorrigen Körperchen (Skleriten) innen.

Ein Außenskelet wird häufig nur an der Fußscheibe des Polypen abgeschieden, es bildet dann einen Sockel, auf dem der Polyp oder die Polypenkolonie sitzen. Ein solches basales Außenskelet bilden besonders die Steinkorallen (Abb. 33 b). Sein Bau kann kompliziert werden, da die Kalkabscheidung ungleichartig ist und so Erhebungen emporwachsen, die die abscheidenden Fußscheiben nach oben drängen. So entstehen unter dem Polypen radiale Kalkleisten (Sclerosepten), die zwischen die aus Entoderm und Mesogloea bestehenden Septen (= Sarcosepten) ragen, eine zentrale Säule (Columella) und ein Ringwall (Theca).

Die Kalkbildung erfolgt nicht kontinuierlich, die Fußscheibe löst sich von Zeit zu Zeit z. T. vom Skelet und bildet neue Querlamellen als Basis (Zwischenböden). So gewinnt das basale Außenskelet eine große Mannigfaltigkeit, die für die Systematik wichtig ist (Abb. 44).

Vielfach, besonders bei Hydropolypen, bildet das ganze Ectoderm außen eine chitinige Cuticula (= Periderm). Diese löst sich stellenweise von der Epidermis und bildet um den Polypenkopf einen Becher (Hydrotheca, Abb. 39 a), in den sich der Polypenkopf (Hydranth) zurückziehen kann. Die Cuticula kann verkalken, bei den sog. Hydrokorallen bilden Peridermröhren korallenartige Stöcke.

Ein Innenskelet bauen die Octocorallia auf (Abb. 34). In der Mesogloea bilden Zellen Kalksklerite, die durch weitere Kalkabscheidungen zu festen Massen verkittet werden können. So entstehen bei Orgelkorallen Skeletröhren in der Mesogloea der Polypen, bei anderen solide Skeletachsen im Inneren der Kolonie, z. B. bei der Edelkoralle. Eine innere Skeletachse der Kolonie kann auch durch direkte

Abscheidung einer hornigen Substanz (Gorgonin) entstehen, z.B. bei den Gorgonaria. In diese kann wieder Kalk eingelagert werden, bei manchen Gattungen sogar in regelmäßigem Wechsel mit Gorgonin, so daß die Achse zu einer Art beweglicher «Wirbelsäule» wird *(Isis)*.

Der Bau der Polypen kann durch Skelet- und Koloniebildung stark kompliziert werden. Kolonien oder Tierstöcke entstehen dadurch, daß sich aus dem Stammpolypen Knospen bilden, die sich aber nicht lösen, sondern am Stammpolypen bleiben. Durch wiederholte Knospung können so Tierstöcke mit Tausenden von Individuen entstehen. An der Knospenbildung beteiligen sich Ecto- und Entoderm, so daß die Magenhohlräume aller entstehenden Tiere im Zusammenhang bleiben.

Der äußeren Form nach lassen sich drei Kolonieformen unterscheiden: 1. Stolonenkolonie. 2. Schichtkolonie. 3. Massenkolonie.

Die Grundlage der **Stolonenkolonie** bildet ein Geflecht von Stolonen, also eine umfangreiche Hydrorhiza, das die Kolonie am oder im Substrat befestigt (Abb. 31a). Aus ihm sprossen die Polypenköpfchen hervor *(Clythia, Clava)*. Entstehen am Stiel der Köpfchen, also am Hydrocaulus, noch weitere Knospen, so entstehen Buschkolonien, wie z.B. bei *Campanularia* und *Cordylophora*. Dabei kann die jeweils jüngste Knospe ihre «Mutter» überwachsen, so daß der älteste Polyp an der Basis steht (sympodialer Wuchs), oder der älteste Polyp bildet den langen Hauptstamm, die späteren nur kurze Steinäste (monopodialer Wuchs).

Schichtkolonien entstehen, wenn die Einzelpolypen durch eine Gewebeschicht miteinander basal verbunden sind und das Skelet von dieser Schicht nach unten abgeschieden wird, so daß der lebende Teil der Kolonie eine dünne Schicht über dem massigen Außenskelet bildet (Madreporaria).

Dieser Fall leitet über zu den **Massenkolonien**, bei denen das Skelet innen liegt und die gesamte Kolonie vom Ectoderm überzogen ist. Das verbindende Gewebe zwischen den Polypenköpfen (= Coenenchym, Coenosark) ist außen von Ectoderm überzogen und enthält innen eine Mesogloea, die von Entodermkanälen (Solenia, Coenenchymkanälen) durchzogen wird. Diese Kanäle stellen die Verbindung zwischen den Magenhohlräumen der Polypen her. Das Wachstum der Kolonie erfolgt, indem aus dem Coenenchym neue Polypenköpfe hervorsprossen (extratentakuläre Knospung) oder durch Längsteilung der Polypen (intratentakuläre Knospung). Dabei streckt sich die Mundscheibe in einer Richtung. Mund- und Schlundrohr teilen sich in meist zwei Münder, es folgt die Teilung von Mundscheibe und Tentakelkranz. Unterbleibt die Teilung, so kann aus der ursprünglichen Mundscheibe ein langes, gewundenes Band werden mit vielen Mündern und Tausenden von Tentakeln, z.B. bei Mäanderkorallen (Neptunsgehirne, Abb. 45k). Die äußere Form der Kolonien ist sehr vielgestaltig.

Arbeitsteilung unter den Polypen tritt bei einer Anzahl von Hydrozoen und Anthozoen auf. Recht selten und geringfügig ist sie bei den letzteren (z.B. *Sarcophyton, Lobophytum*). Neben den Normalpolypen (Autozoide) sind kleine tentakellose Polypen mit großer Schlundrinne vorhanden (Siphonozoide), die die Wasserfüllung der Entodermräume besorgen. Eine der beiden Formen trägt die Gonaden. Reicher ist die Arbeitsteilung bei den Hydrozoa. Die Normalpolypen (= Nährpolypen, Trophozoide) behalten Tentakel und Mund. Die Fähigkeit, die Geschlechtsgeneration (Medusen, Medusoide usw.) zu bilden, wird auf bestimmte Polypen beschränkt, deren Tentakel verkürzt sind und denen oft der Mund fehlt (= Fruchtpolypen, Blastostyle, Gonozoide). Bei den Thecata sind sie oft langgestreckt (Abb. 39c), desgleichen ihre Theca (= Gonothek). Das Blastostyl mitsamt der an ihm sprossenden Geschlechtsgeneration wird als Blastozoid bezeichnet. Verbreitet sind kleinere Polypen ohne Mund und meist ohne Tentakel, die an ihrem Vorderende zahlreiche Nesselkapseln tragen und meist sehr dehnbar sind. Sie werden als Wehrpolypen, Dactylozoide oder Nematophoren bezeichnet. Sie helfen z.T. beim Nahrungsfang, aber wohl auch bei der Abwehr anderer Tiere. Bezüglich dieses Polymorphismus übertreffen die Cnidaria alle anderen Tiere.

b. Meduse. Medusen kommen bei Hydrozoen (Hydromeduse), Cubozoen (Cubomeduse) und Scyphozoen (Scyphomeduse) vor. Sie sind komplizierter organisiert als Polypen (Abb. 35), das hängt mit ihrer freischwimmenden Lebensweise zusammen. Als Schwimmorgan ist eine Glocke (Umbrella) entwickelt, die durch rhythmisches Zusammenziehen das Tier

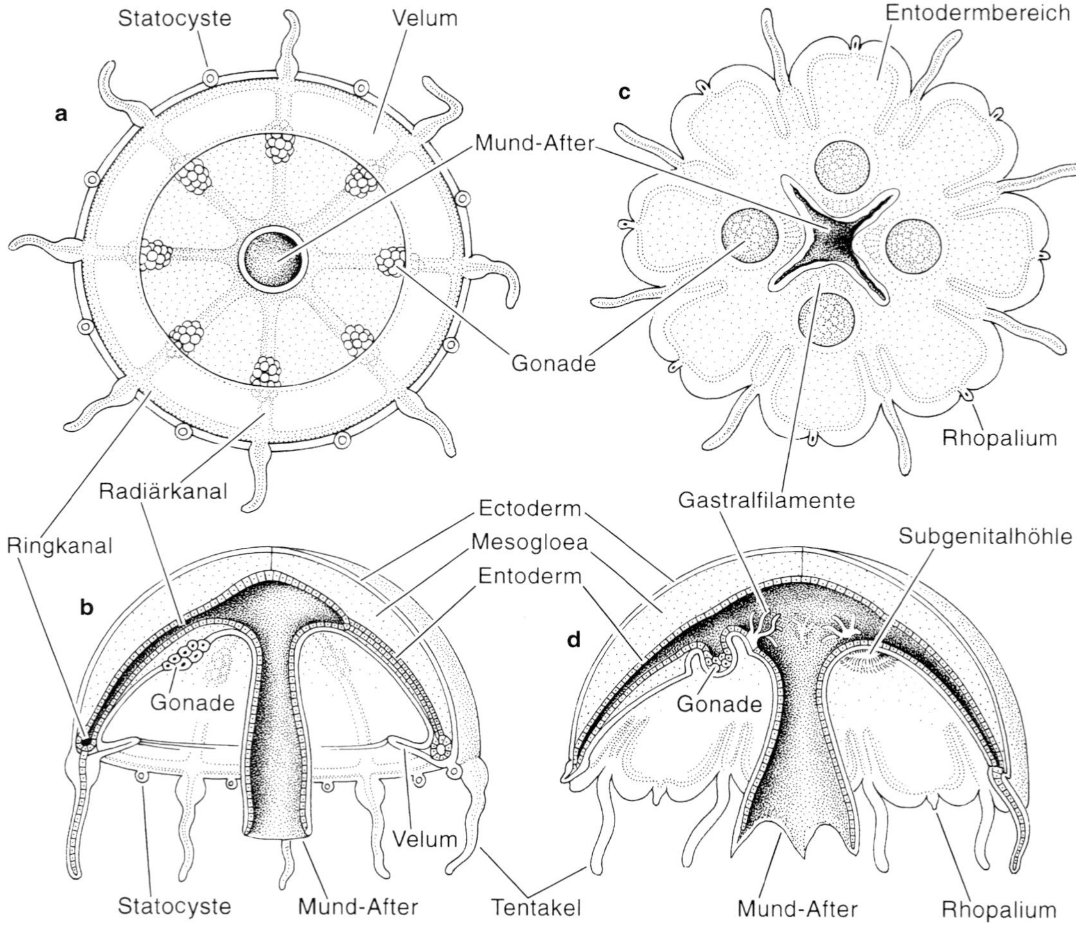

Abb. 35: Organisation der Medusen. a, b. Scyphomeduse, c, d. Hydromeduse. Nach Remane

stoßweise fortbewegt. Am Glockenrand sind z. T. Sinnesorgane ausgebildet, und das Nervensystem ist entsprechend differenziert. Auch der Gastralraum ist komplizierter als bei Polypen. Im Prinzip stimmen Polyp und Meduse jedoch überein. Die Meduse kann als abgeplatteter Polyp beschrieben werden, ihr Rand trägt wie der Mundscheibenrand Tentakel. Der Mund ist zu einem meist langen und mit Lappen versehenen Magenschlauch (Manubrium) ausgezogen; andeutungsweise zeigt dies auch der bei Polypen nicht selten auftretende Mundkegel. Bei diesem Vergleich ergibt sich, daß die konvexe Seite der Meduse (Exumbrella) der Basis- und Seitenfläche des Polypen (= Fußscheibe und Mauerblatt) entspricht; dessen Mundscheibe entspricht dagegen der konkaven Seite (Subumbrella) der Meduse.

Unter den Besonderheiten der Meduse fällt zunächst die umfangreiche Mesogloea auf, die den Großteil ihres Körpers ausmacht; sie besteht zu über 95 % aus Wasser, weniger als 1 % ist organische Substanz; in sie können Zellen einwandern. Der Magenhohlraum erstreckt sich nicht durch die gesamte Glocke, das periphere Gebiet wird nur von einzelnen Radiärkanälen durchzogen, die von einem Zentralmagen ausgehen und am Glockenrand meist durch einen Ringkanal verbunden sind. Das Gastrovaskularsystem besteht dementsprechend aus Mund, Innenraum des Manubriums, Zentralmagen, Radiärkanälen und Ringkanal. Gelegentlich führen vom Zentralmagen ein Aboralporus oder vom Ringkanal Gänge nach außen. Die Tentakel sind im Prinzip wie bei Polypen aufgebaut, sie erreichen mehrere Meter Länge, die Nesselkapseln können auf ihnen in dichten «Batterien» stehen. Am Schirmrand finden sich Statocysten und Augen. Bei Scyphomedusen sind die Statoreceptoren mit Chemo- und Photoreceptoren zu komplexen Sinnesorganen vereint, die als Rhopalien bezeichnet werden. Ansonsten treten Lichtsinnesorgane bei Anthomedusen an der Basis der Tentakel auf. Besonders komplizierte Augen sind von Cubomedusen bekannt.

Das Nervensystem bildet in der Nähe der Sinnesorgane dichte Komplexe und ist am Schirmrand zu Ringsträngen angeordnet. Die Muskulatur der Medusen ist glatt oder quergestreift und besteht grundsätzlich aus Epithelmuskelzellen. Sie ist auf der Subumbrellaseite besonders stark entwickelt und bewirkt das Zusammenziehen der Glocke. Als Antagonist wirkt die Gallerte mit ihrer Elastizität.

Hydro- und Scyphomedusen weisen deutliche Unterschiede auf. Hydromedusen tragen am Rande der Glocke einen nach innen vorspringenden Ringsaum (Velum, Craspedon), der aus zwei Ectodermlamellen besteht und die Glockenöffnung verkleinert. Der Glockenrand der Scyphomedusen wird von vorspringenden Randlappen (meist 8) eingenommen. Ferner haben die Scyphomedusen Septaltrichter. Entsprechend der Gestalt der Medusen stellen sie vier flache Höhlungen der Subumbrella dar (Subgenitalhöhlen). Die Scyphomedusen sind außerdem durch fingerförmige Vorsprünge in den Magen (Gastralfilamente) ausgezeichnet. Wichtig sind auch verschiedene Herkunft und Lage der Gonaden: Bei Hydromedusen sind sie meist ectodermal und liegen im Ectoderm oder zwischen diesem und Mesogloea (Entleerung der Geschlechtszellen durch die Körperoberfläche), bei Scyphomedusen, Cubomedusen und Anthozoa sind sie entodermalen Ursprungs und können in der Mesogloea liegen (Entleerung in den Gastralraum und dann durch den Mund).

Der tiefgreifendste Unterschied zwischen Hydro- und Scyphomedusen besteht in ihrer Entstehung aus dem Polypen. Bei den Scyphozoen wandelt sich der obere Teil des Polypen direkt in die junge Meduse um, eine Ringfurche schnürt diesen medusenbildenden Teil ab. Es kann sich zunächst nur eine Meduse bilden (monodiske Strobila), meist werden jedoch gleichzeitig mehrere übereinander gebildet (polydiske Strobila). Diese scheibenartige Zerlegung des Polypen in Medusen wird als Strobilation bezeichnet (Abb. 31), die freiwerdenden Medusen heißen Ephyren. Bei den Cubozoen entsteht die Meduse durch Metamorphose aus dem Polypen.

Bei Hydrozoen bilden sich die Medusen aus Anlagen, die seitlich an einem Polypenköpfchen am Stiel oder auch an der Hydrorhiza entstehen (laterale Knospung). Hier wölbt sich die Wand des Polypen mit Ectoderm und Entoderm zu einer kolbenförmigen, hohlen Knospe vor.

Medusen sind im Gegensatz zu Polypen fast stets einzellebend. Wenige Arten haben die Fähigkeit, durch Sprossung an Glockenrand oder Magenstiel neue Medusen zu erzeugen, zu einer Stockbildung kommt es nicht.

Die Staatsquallen (Siphonophora) sind komplizierte Stockbildungen mit hochentwickelter Arbeitsteilung, an denen Medusen beteiligt sind (Abb. 40). Die Achse einer solchen Staatsqualle wird von einem faden- bis pilzförmigen Stamm gebildet, der in seinem Bau einem schlauchförmigen, tentakellosen Polypen gleicht. Am aboralen Teil trägt er meist eine komplizierte Schwimmblase, die durch Einstülpung von der Oberfläche entsteht. Das Ectoderm der Blaseninnenwand wird zur Gasdrüse. An dem Stamm sitzen meist einseitig (der Stamm ist dann schraubig gedreht) zahlreiche verschiedene Tiere, Medusen ohne Magenstiel und Tentakel, die als Schwimmorgane dienen und daher als Schwimmglocken bezeichnet werden, schlauchartige Tiere mit Mund, medusenbildende Blastostyle, Wehrpolypen, Deckstücke usw. Das Einzeltier wird hier nur zum Funktionsteil eines höheren Ganzen, die Staatsquallen stellen also Individuen höherer Ordnung dar. Dem äußeren Ansehen nach besteht dieser Tierverband aus Polypen (Stamm, Blastostyl) und Medusen (Schwimmglocken, Deckstücke). Damit stimmt überein, daß der Stamm (Zentralpolyp) direkt aus Ei und Larve hervorgeht. Es wird aber auch die Auffassung vertreten, daß hier nur ein Medusenstock vorliege.

Der Generationswechsel der Hydrozoa und Scyphozoa wird oft zurückgebildet. Sowohl die Polypen- als auch die Medusengeneration kann

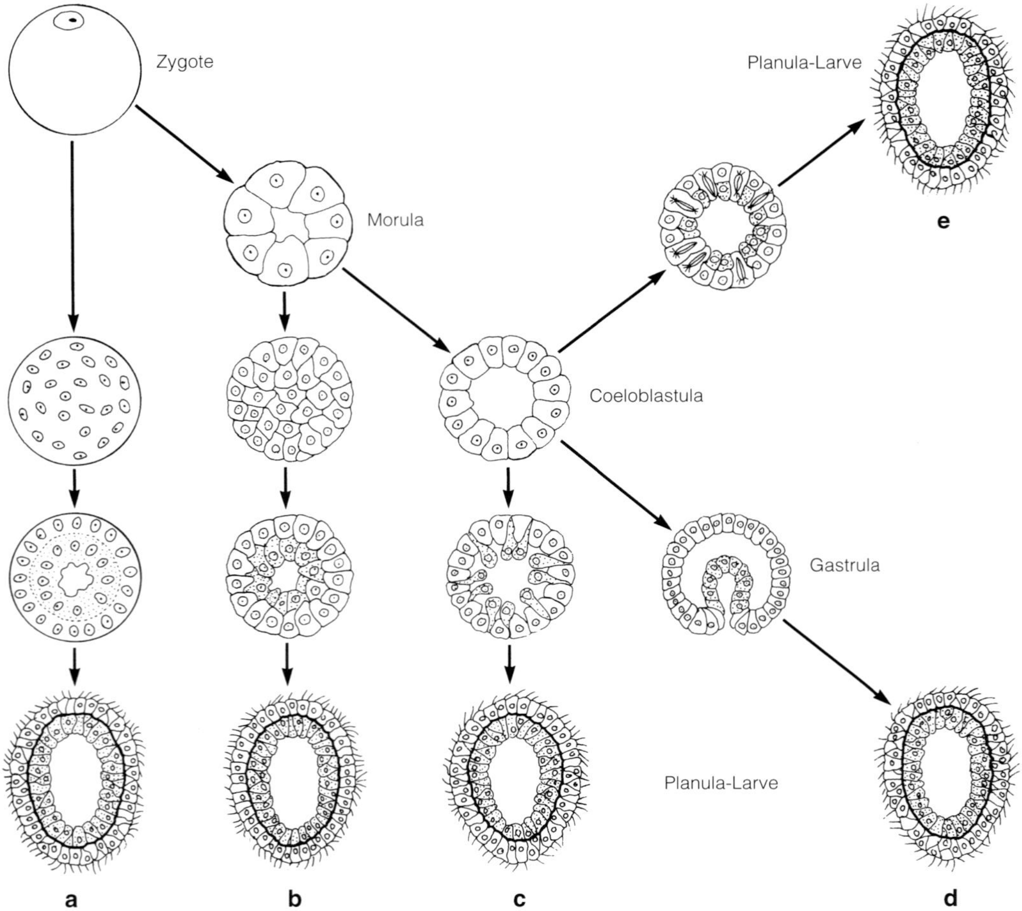

Abb. 36: Entwicklung der Cnidaria von der Zygote bis zum zweischichtigen Stadium (= Planula-Larve): a. plasmodiale Delamination, b. Morula-Delamination, c. multipolare Immigration, d. Invagination (= Embolie), e. coeloblastische Delamination. Nach Tardent

verschwinden. Im ersten Fall entwickelt sich aus Ei und Larve direkt die Meduse, z.B. bei den meisten Trachylina unter den Hydrozoen, unter den Scyphozoa bei *Pelagia* und bei den Lucernarida, wenn man diese als festsitzende Medusen auffaßt. Die Rückbildung der Medusengeneration geht bis zu sessilen Gonophoren.

Entwicklung. Die Cnidaria sind meist getrenntgeschlechtig. Die Befruchtung erfolgt meist im freien Wasser, kann aber auch im Mutterkörper stattfinden. Auffallend verschiedenartig ist die Bildung des Entoderms (Abb. 36). Manche (*Aurelia*, Aktinien) zeigen eine echte Invagination durch Einstülpung des Ectoderms, oft – besonders bei den Hydrozoen – erfolgt aber eine Immigration von Zellen, die ein massiges Entoderm aufbauen, das erst später Urmund und Urdarm bildet. Auch Entodermbildung durch Delamination tritt auf. Das so entstandene Gastrulastadium (die Planula, Abb. 36) ist bewimpert und bewegt sich rotierend fort. Planulae können sich wenige Tage bis mehrere Wochen im Plankton aufhalten.

Entsprechend der verschiedenen Entodermbildung zeigt die Planula manche Verschiedenheiten, meist ist sie mundlos, bei anderen aber mit einem Mund und bei Aktinien z.T. mit Gastraltaschen versehen. Die Begeißelung ist nicht immer überall gleichmäßig, bisweilen tritt ein aboraler Wimperschopf auf, oder sie ist auf einen Querring oder Längsstreifen beschränkt (Sempersche Larven der Zoantharia). In der Regel geht diese Planulalarve zur festsitzenden Lebensweise über, indem sie sich mit dem aboralen Pol – also anders als die Schwammlarve – festsetzt und hier eine Haftscheibe bildet. Dann bricht – falls die Planula mundlos war – der Mund durch, anschließend entstehen die Tentakel. Damit ist die Umwandlung zum Polypen abgeschlossen. Allerdings können sich manche jungen Polypen von Korallen nach dem Bau eines Skelets zurückverwandeln und wieder freischwimmend werden. Bei mehreren Familien erfolgt aber der Übergang zum Bodenleben später. Es sprossen dann schon während des pelagischen Lebens Tentakel, die als Schwebefortsätze dienen. So entstehen bei den Hydrozoen die Actinulalarve (bei *Tubularia*) und bei den Anthozoen die Arachnactis-Larve (Ceriantharia), die einem freischwimmenden Polypen ohne Stiel entsprechen. Die Anthozoenlarven haben auf diesem Stadium schon Gastraltaschen und Septen entwickelt, die häufig in der 8-Zahl auftreten (Edwardsia-Stadium). Die Medusen ohne Generationswechsel durchlaufen bisweilen gleichfalls ein actinulaähnliches Stadium, oder die Planula plattet sich an ihrer Mundfläche ab, der Rand der platten Region wird dann zum Glockenrand.

Beim Süßwasserpolypen *Hydra* fällt wie bei vielen limnischen Tieren die Larve fort; aus dem mit einer Embryonalschale umgebenen «Ei» schlüpft sofort ein kleiner Polyp.

Erst 1982 wurde durch Untersuchungen im großen Barriereriff bekannt, daß ein Großteil der dort vorkommenden Korallen ihre Fortpflanzungsprodukte simultan ins Wasser abgeben. Im Frühjahr, wenn die Wassertemperaturen rasch ansteigen, etwa 5 Tage nach Vollmond und bald nach Sonnenuntergang, erfolgt dieses dramatische Geschehen: Ei- und Spermienmassen färben das Meer vorwiegend gelb und rosa. Manche Arten geben Spermien ab (bei innerer Befruchtung), andere Spermien und Eier (bei äußerer Befruchtung), Zwitter schütten Verbände von Spermien und Eiern aus, die sich allerdings bald trennen.

Wie die Stockbildung zeigt, ist ungeschlechtliche Vermehrung weit verbreitet, besonders bei Polypen. Am häufigsten tritt sie als Sprossung und Knospung auf, indem am Polypen oder an den von ihm ausgehenden Schlauchfortsätzen (Stolonen) neue Polypen entstehen. Bei den Medusen tritt Knospung viel seltener auf, sie erfolgt hier an Glockenrand oder Manubrium. Die erste Anlage des neuen Tieres bildet eine Vorstülpung aus Ectoderm und Entoderm, doch kann die Bildung auch allein vom Ectoderm aus erfolgen. Ungeschlechtliche Vermehrung durch Teilung ist selten. Längsteilung tritt mehrfach bei Anthozoen, vereinzelt auch bei Hydromedusen *(Gastroblasta)* auf, Querteilung kommt bei *Protohydra, Gonactinia* u.a. vor. Abweichende ungeschlechtliche Vermehrungsformen sind die Frustel- und Schizosporenbildung. Frusteln sind periderm- und tentakellose Knospen, die am Körper solitärer Polypen gebildet werden und davonkriechen *(Gonionemus, Craspedacusta)*. Schizosporen sind Endteile von Stolonen mit Periderm, die sich ablösen und in neue Polypen umwandeln (bei Thecata). Regenerations- und Regulationsfähigkeit sind bei den Cnidariern hoch entwickelt, besonders bei Polypen (ein Teilstück von $^{1}/_{200}$ Körpermasse kann bei *Hydra* noch ein volles Tier ergeben), weniger bei Medusen. Unter ungünstigen Lebensbedingungen können Polypen ihren Körper weitgehend abbauen und Reduktionsmassen bilden, die später wieder zu normalen Polypen heranwachsen.

Ökologie und Lebensweise. Die Cnidaria sind überwiegend Meerestiere, nur wenige besiedeln das Süßwasser; zu ihnen gehören *Hydra* und *Craspedacusta*. Das Brackwasser enthält eine Anzahl spezifischer Arten, so den Keulenpolypen *Cordylophora* (vereinzelt im Süßwasser) und die Moerisiidae.

Der Polyp bewohnt als festsitzender Organismus das Bodengebiet (Benthal), oft die Bewuchszone (Phytal) des Gewässers, die Meduse den freien Wasserraum (Pelagial). Von diesem Grundsatz gibt es einige Ausnahmen. Einzelne Polypen (z.B. *Pelagohydra, Margelopsis* unter den Hydrozoen) leben pelagisch, wobei ihre Tentakel als Schwebeorgane dienen. Einige Medusen kriechen am Boden oder an Pflanzen *(Cladonema, Eleutheria)* oder leben schwimmend zwischen den Sandkörnern im Meeressand (die winzige *Halammohydra*, Abb. 39d, 86k). Parasitismus ist selten und findet sich meist nur bei einer Generation oder im Jugendstadium. Das gilt für die Trachymeduse *Cunina* mit ihren polypenähnlichen, sich rege ungeschlechtlich vermehrenden Generationen und für die Larve der Aktinie *Peachia*. Beide kom-

Abb. 37: Symbiosen von Cnidariern mit anderen Tieren. a. *Calliactis* (Actiniaria) mit Einsiedlerkrebs, b. *Adamsia* (Actiniaria) mit Einsiedlerkrebs, c. Aktinie mit *Amphiprion*, d–f. Zusammenleben von Steinkoralle *(Heterocyathus)* und Sipunculide *(Aspidosiphon)*. d. Eine junge Koralle hat sich auf einer Schneckenschale niedergelassen, die von einem Sipunculiden bewohnt wird, e. größere Koralle mit seitlichen Öffnungen für den Sipunculiden, f. Koralle, Schliffpräparat; die Koralle hat die Schneckenschale umwachsen; in ihr bleibt der Sipunculiden-Gang (schwarz) frei, g. *Cyanea* mit jungen Wittlingen *(Merlangius)* und Amphipoden *(Hyperia)*, h. *Hydractinia* auf *Buccinum*-Schale, die von Einsiedlerkrebs *(Pagurus)* bewohnt wird, i. Kolonie von *Hydractinia echinata*. 1: Tentakelpolyp (Tentaculozoid), 2: Nährpolyp (Gasterozoid), 3: Geschlechtspolyp (Gonozoid, Blastostyl), 4: Wehrpolyp (Spiralzoid). Nach de Haas, Feustel, Knorr, Müller, Storch

men an bzw. in anderen Medusen vor. An Fischeiern lebt im Süßwasser der Polyp *Polypodium*. Verbreitet ist das Zusammenleben mit Formen anderer Tierstämme. Besonders bekannt ist die Symbiose bestimmter Aktinien mit in Schneckenschalen lebenden Einsiedlerkrebsen (Abb. 37 a, b), die verschieden stark spezialisiert ist: *Eupagurus excavatus* und *Clibanarius misanthropus* beziehen eine zufällig mit *Calliactis parasitica* besetzte Schneckenschale. Mit dem Umzug des Krebses erlischt die Beziehung. *Pagurus arrosor* nimmt seine Aktinie *(Calliactis parasitica)* dagegen beim Umzug mit. *Eupagurus prideauxi* schließlich ist ganz auf *Adamsia palliata* angewiesen. Die Aktinie umwächst die Mündung der Schneckenschale und vergrößert durch Abscheidungen den Wohnraum des Krebses. Manche Krabben tragen Aktinien an ihren Scheren. Auch Hydroidpolypen (*Hydractinia*, Abb. 37 i) leben auf Schneckenschalen, die von Einsiedlerkrebsen bewohnt werden. In enger Beziehung stehen einige Fische (vorwiegend *Amphiprion*, Abb. 37 c) mit Aktinien (*Radianthus, Stoichactis* u. a.). Im Gegensatz zu anderen Fischen werden sie nicht genesselt, sondern können sich zwischen die Tentakel der Aktinie flüchten. In einigen Fällen wurde gezeigt, daß junge *Amphiprion* von ihrer speziellen Aktinien-Art chemisch angelockt und nicht genesselt werden. In anderen Fällen müssen die Fische ihre Oberfläche zunächst mit Sekret der Aktinien bedecken, um gegen die Cniden geschützt zu sein. Besonders eng ist das Zusammenleben des Sipunculiden *Aspidosiphon* mit den solitären Steinkorallen der Gattungen *Heterocyathus* und *Heteropsammia* (Abb. 37 d–f). Der junge Sipunculide lebt in einer leeren Schneckenschale. Auf dieser siedelt sich eine Korallenlarve an, die zu einem Polypen auswächst, welcher die Schneckenschale umhüllt. In dem Kalkskelet der Koralle hält sich *Aspidosiphon* einen Gang frei. Man nimmt an, daß er durch die Koralle Schutz erhält, die Koralle wird von ihm umhergetragen. Ein seltsamer Fall also, wo ein sessiler Organismus durch einen anderen wieder vagil wird. Zwischen den Tentakeln zahlreicher Medusen und Siphonophoren leben junge Fische (Abb. 37 g).

Viele Cnidaria leben mit einzelligen Algen in Symbiose. Als Zoochlorellen sind sie von Süßwasserpolypen *(Hydra viridissima)* bekannt, denen sie die grüne Farbe verleihen. Im Meer sind es besonders die gelb-braunen Zooxanthellen, die zahlreiche Hydro- und Anthopolypen, aber auch manche Medusen besiedeln. Im Entoderm von Korallenpolypen wurden etwa 1 Million Algenzellen *(Gymnodinium)* pro cm^2 gezählt; diese versorgen die Polypen mit Assimilationsprodukten und profitieren andererseits von deren Kohlendioxid sowie von stickstoffhaltigen Exkreten.

Das Resultat der Symbiose sind Primärproduktionsraten, die in Korallenriffen zu den Spitzenwerten auf der Erde zählen.

Die CO_2-Aufnahme durch die Algen ist weiterhin von großer Bedeutung für die Kalkbildungsrate der Korallen; diese liegt bei Korallen mit Symbionten um das Zehnfache höher als bei solchen ohne Algen. Nur Zooxanthellen enthaltende Formen bauen daher die tropischen Riffe auf (hermatypische oder riffbildende Korallen).

Die Übertragung der Zooxanthellen kann vom Elternpolyp ausgehen; es besteht auch die Möglichkeit, daß die zunächst symbiontenfreien Planulae Dinoflagellaten aus dem Wasser aufnehmen. Von einem vollständigen Verständnis der Cnidaria-Dinoflagellaten-Symbiose sind wir noch weit entfernt. Unter Belastungen entledigen sich Riffkorallen ihrer Zooxanthellen, das gilt z. B. für besonders hohe und niedrige UV-Intensität, geringe Salinität und hohe Temperaturen.

Die meisten Cnidaria sind Tentakelfänger. Die Beute kann dabei, je nach der Größe des Nesseltieres, vom Plankter bis zum Fisch reichen. Bei einigen Anthozoen spielen bewimperte Bezirke des Ectoderms eine Rolle beim Nahrungserwerb, da durch den gerichteten Schlag ihrer Wimpern Nahrungsteile, die auf die Körperoberfläche gelangen, in den Mund befördert werden. Während im allgemeinen tierische Nahrung aufgenommen wird, ernähren sich einige Octocorallia (z. B. *Dendronephthya*) vorwiegend von Phytoplankton.

Die Bewegungsfähigkeit der Cnidaria ist gering. Die Mehrzahl der Polypen ist festgewachsen, die Arten, die zu einer Ortsbewegung fähig sind, zeigen allerdings einen Reichtum an Bewegungsformen (Abb. 38). *Hydra* und einige Aktinien können durch abwechselndes Festheften von Fußscheibe und Mundfeld spannerraupenartig kriechen oder sogar radschlagen, Aktinien kriechen durch lappenartiges Vorschieben von Teilen der Fußscheibe ähnlich einer

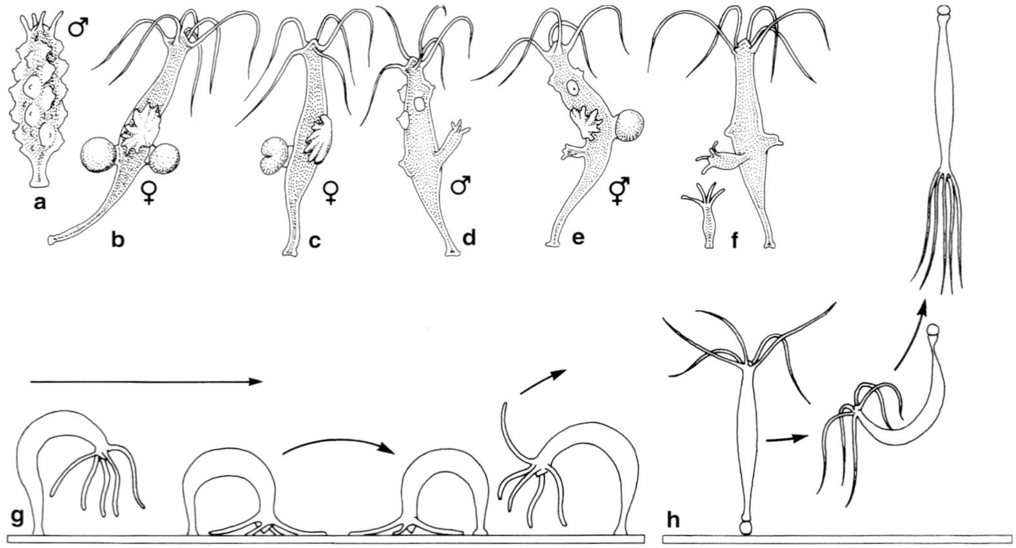

Abb. 38: Süßwasserpolypen der Gattung *Hydra*. a–f. Fortpflanzung, a, b. *Hydra oligactis*, c–e. *Hydra viridissima*, jeweils geschlechtsreife Tiere, f. *Hydra vulgaris* in Knospenbildung und mit bereits abgelöstem Polypen. g–h. Lokomotion, g. Überschlagen auf fester Unterlage, h. Aufwärtsbewegung mittels einer an der Fußdrüse sezernierten Gasblase. Nach Tardent

Amöbe, *Lucernaria* kriecht unter Mithilfe der Tentakel auf der Mundseite, im Schlamm lebende Arten können peristaltische Bohrbewegungen ausführen *(Cerianthus)*. Manche Octocorallia *(Xenia, Nephthea)* kriechen durch gerichtetes Wachstum der Koloniebasis und Geweberesorption auf der der Wachstumsrichtung entgegengesetzten Seite. Medusen bewegen sich durch das Auspressen von Wasser aus der Glockenhöhle fort, gelegentlich helfen Tentakel mit, *Halammohydra* bewegt sich durch Wimperschlag fort.

Phylogenie. Cnidaria sind seit präkambrischen Zeiten bekannt (Ediacara-Fauna, S. 34). Über das Verhältnis der rezenten Klassen zueinander gibt es trotz reicher Fossilfunde stark divergierende Ansichten, des weiteren herrscht keine Klarheit, ob der Polyp oder die Meduse dem Ausgangsstadium näher steht.

1. Klasse: Hydrozoa

Polypen meist koloniebildend, mit einheitlichem, nicht durch Septen zerteilten Gastralraum; Medusen mit Velum und zwei Ringnerven; Mesogloea zellfrei. Gonaden im Ectoderm oder zwischen Ecto- und Entoderm. Cnidocyten nur im Ectoderm. Die Medusen entstehen durch seitliche Knospung am Polypen. Beide haben oft unterschiedliche wissenschaftliche Namen. 2700 Arten.

1. Ordnung: Hydroidea. Polypen stets vorhanden. Meduse oft zu Medusoiden oder anderen Rückbildungsstadien reduziert oder ganz fehlend.

Wegen ihrer außerordentlich großen Empfindlichkeit gegenüber bestimmten Schadstoffen (z. B. Cadmium und Detergentien) eignen sich Hydroidpolypen als Testorganismen für Schwermetallverunreinigungen.

a. Thecata (Thecophorae, Leptomedusae). Das Periderm bildet eine Hülle (Theca) um die Polypenköpfchen, die Geschlechtsgeneration wird stets an besonderen Polypen (Blastostylen) mit langen Theken (Gonotheken) gebildet. Medusen meist mit flacher Glocke und ectodermalen Statocysten, Gonaden in der Region der Radiärkanäle. Polypen: *Campanularia* (Abb. 39c), *Laomedea, Obelia, Campanulina, Sertularia* (Abb. 39g), *Hydrallmania* (Abb. 39f), *Plumularia, Aglaophenia*. Medusen: *Phialidium, Eutonina* (Abb. 39i), *Meliartum*.

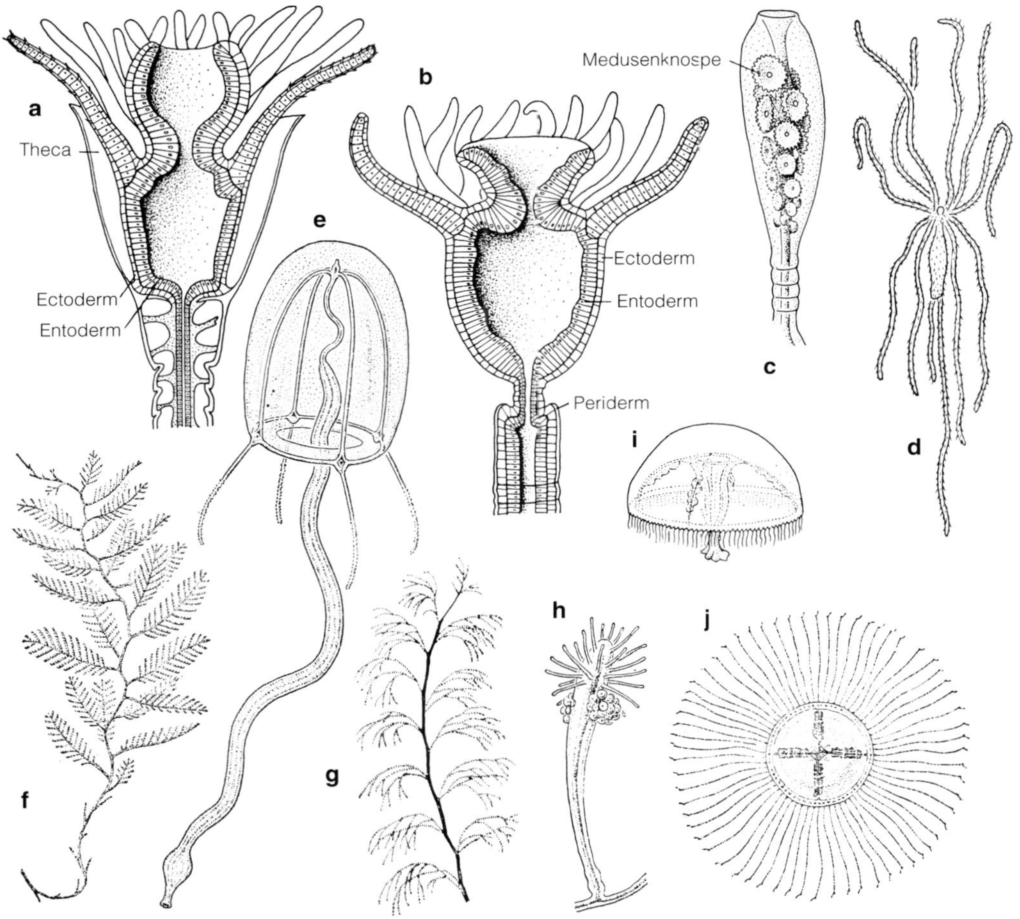

Abb. 39: Hydrozoen. a, b. Längsschnitte von Polypen. a. *Laomedea*, b. *Eudendrium*, c. Blastostyl mit Medusenknospen von *Campanularia*, d. *Halammohydra*, e. *Sarsia*, f. *Hydrallmania*, g. *Sertularia*, h. *Clava*, i. *Eutonina*, j. *Gonionemus*. Nach Hertwig, Miner, Remane

Sertularia cupressina wurde als «Seemoos» vielfach getrocknet sowie gefärbt als Dekorationsmaterial verwendet und sogar als eingetopftes Dauergrün verkauft. Im Wattenmeer der Nordsee bildete es auf Austernbänken und Muschelschill dichte Bestände, die heute durch Überfischung oder zunehmende Sedimentation weitgehend verschwunden sind.

b. Athecata (Anthomedusae). Das Periderm umkleidet höchstens den Polypenstiel und bildet keine Theca. Medusen meist hochgewölbt mit Augenflecken, Gonaden am Magenstiel. Polypen: *Clava* (Abb. 39h), *Cordylophora, Hydractinia, Coryne, Pennaria, Millepora, Stylaster, Tubularia, Branchioceranthus, Hydra* (Abb. 38), *Protohydra*. Medusen: *Sarsia* (Abb. 39e), *Tiara, Halitholus, Bougainvillia, Cladonema*. Hierher gehören auch die bislang zu den Staatsquallen gezählten *Velella* (Abb. 40a) und *Porpita*, von denen man Medusen entdeckt hat. Die Polypenstöcke leben an der Meeresoberfläche (Neuston).

Cordylophora caspia ist aus der pontokaspischen Region nach Mitteleuropa gelangt. Die getrenntgeschlechtigen, verzweigten Kolonien wachsen optimal im Brackwasser bei 15 ‰ und bilden an Standorten mit verschiedenen Salzgehalten unterschiedliche Wuchsformen aus, dringen aber auch in Süßwasser ein.

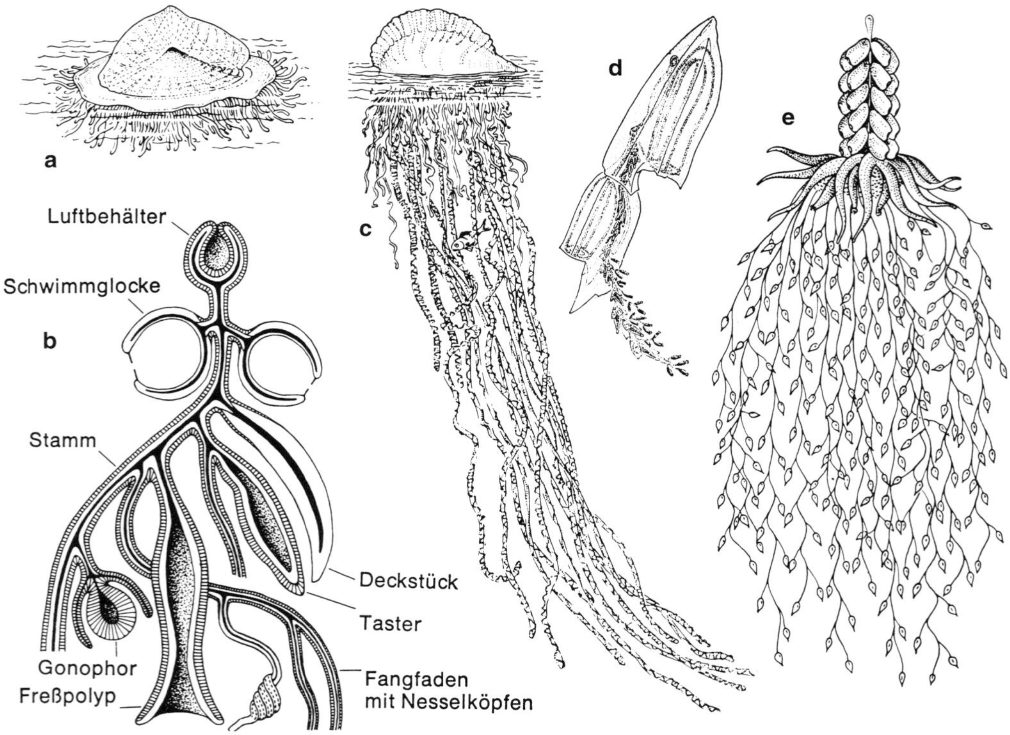

Abb. 40: a. *Velella* (Hydroidea; lange zu den Siphonophora gestellt) und Siphonophora (b–e), b. Schematische Darstellung einer physophoren Staatsqualle, c. *Physalia physalis*, mit Fisch *(Nomeus)* zwischen den Tentakeln, d. *Diphyes bipartita*, e. *Physophora hydrostatica*. Nach de Haas, Hertwig, Knorr, Miner

Hydractinia echinata ist eine marine Form und lebt fast ausschließlich auf Schneckengehäusen, die von Einsiedlerkrebsen bewohnt werden (Abb. 37h). Innerhalb der Kolonie existieren vier verschiedene Polypenformen (Abb. 37i).

Die Gattung *Hydra* ist wohl die bekannteste unter den Hydrozoa. In Europa kommen wenigstens fünf Arten vor, die sich morphologisch und bezüglich ihrer Lebensweise deutlich unterscheiden. Sie alle pflanzen sich vegetativ fort, aber auch geschlechtlich, und verfügen über ein großes Regenerationsvermögen. Ihnen fehlen Skelet und Medusengeneration. Sie können sich auf verschiedene Weise fortbewegen (Abb. 38). Die getrenntgeschlechtige *H. oxycnida* ist mit 30 mm Körperlänge (ohne Tentakel) die größte Art. Wie bei *H. oligactis* bewirkt Temperaturabfall Gametogenese. Ungeschlechtliche und geschlechtliche Fortpflanzung finden nicht zeitgleich statt, anders als bei *H. vulgaris*. Die stenotherme Art *H. oligactis* kommt in Europa und Nordamerika vor und ist die ökologisch am besten untersuchte *Hydra*-Art. Sie lebt bevorzugt in wellenexponierten ufernahen Bereichen von Süßgewässern und auch in Fließgewässern. *H. viridissima* enthält einzellige Algen *(Chlorella)* als Symbionten. Sie ist zwittrig und dringt auch ins Brackwasser ein (z. B. in den Finnischen Meerbusen).

2. Ordnung: Trachylina. Polypengeneration fehlt meist, kleine Polypen ohne Theca noch bei *Craspedacusta* (Polyp *"Microhydra"*) und *Gonionemus* (Polyp *"Haleremita"*). Medusen mit direkter Entwicklung, am Glockenrand tentakuläre Statocysten, Gonaden am Manubrium oder an den Radiärkanälen.

a. Trachymedusae. Tentakel meist am Glokkenrand, Gonaden an den Radiärkanälen. *Craspedacusta (C. sowerbii*, Süßwassermeduse), *Gonionemus* (Abb. 39j), *Rhopalonema, Liriope.*

Die 20 mm im Durchmesser erreichende, getrenntgeschlechtige *Craspedacusta sowerbii* stammt aus Ostasien und wurde von dort verschleppt. In Europa wurde sie Ende des vergangenen Jahrhunderts in englischen Tropenhäusern entdeckt. Bei uns kommt sie bisweilen häufig in stehenden mit langsam fließenden Abschnitten von Binnengewässern vor. Mit 99,3% hat sie einen extrem hohen Wassergehalt. Die bis 2 mm großen Polypen sind tentakellos.

b. Narcomedusae. Tentakel meist auf der Glokkenaußenseite oder Glocke ganz fehlend. Gonaden an der Magenregion. *Aegina, Cunina, Halammohydra* (Abb. 39d), bodenbewohnend.

3. **Ordnung: Siphonophora** (Staatsquallen, Abb. 40b–e). Freischwimmende Stöcke mit starker Differenzierung der Einzeltiere in Schwimmglocken, Deckstücke, Taster, Magenschläuche usw., Gonaden am Manubrium von Medusoiden oder sich loslösenden Medusen, die aber keinen Mund und Randsinnesorgane, höchstens geringe Tentakelanlagen aufweisen.

a. Cystonectida. Mit Pneumatophor (gasgefüllter Schwimmboje, Luftbehälter; Abb. 40b). Ohne Schwimmglocken und Deckstücke.

Physalia (Portugiesische Galeere, Abb. 40c): mit großem Pneumatophor an der Oberfläche treibend; in den Tropen oft in riesigen Schwärmen; das Nesselgift (ein Glykoprotein) ist für Menschen gefährlich. Das «Floß» kann fast 20 cm Länge erreichen, die Länge der Tentakel 10 m. Viel kleinere Tiere dieser blauen Staatsquallen findet man regelmäßig an Stränden warmer Meere angespült.

b. Physophorida. Mit Pneumatophor; meist mit Schwimmglocken; Deckstücke vorhanden oder fehlend. *Physophora* (Abb. 40e). *Thermopalia*: in den 80er Jahren beschrieben, befestigt sich mit Tentakeln am Boden nahe den Hydrothermalquellen vor Galapagos.

c. Calycophorida. Ohne Pneumatophor; mit Schwimmglocken; Zoide am Stamm in gleichartigen Gruppen (Cormidien). *Diphyes* (Abb. 40d).

2. Klasse: Cubozoa

Die solitären Polypen sind 1–3 mm lang, besitzen einen ecto- und einen entodermalen Nervenring, einen Ring- und 4 Radiärkanäle und einen einheitlichen Gastralraum. Ihre Nesselzellen sind an den Tentakelspitzen konzentriert. Die Bildung der tetraradialen Meduse erfolgt durch vollständige Umwandlung des Polypen, der jedoch zunächst eine asexuelle Vermehrung durch Knospenbildung durchmacht. Ihr Schirm ist nahezu würfelförmig. In den Subumbrellaraum springt eine velumartige Struktur vor (Velarium). Die Cubozoa sind nur aus warmen Meeren bekannt und kommen vorwiegend in Küstennähe vor. Sie bewegen sich rasch fort; mit ihren Tentakeln können sie Fische greifen, die größer sind als sie selbst. Im Mittelmeer kommt *Carybdea* (Abb. 41a) vor, die stark nesselt.

Einige Arten des Indopazifik gehören zu den gefährlichsten Meerestieren.

Die erst 1955 beschriebene Art *Chironex fleckeri* gilt sogar als der giftigste Meeresorganismus: Menschen, besonders Kinder, können innerhalb weniger Minuten sterben, wenn die Nematocysten die Epidermis durchschlagen. Da die Länge aller Tentakel einer Qualle zusammen 100 m erreichen kann, aber schon ein Bruchteil davon die für Menschen tödliche Dosis Gift enthält, ist Vorsicht geboten. An der Nord- und Nordostküste Australiens warnen Schilder vor dem Baden im Südsommer (Oktober–Mai). Den Einheimischen ist die Gefahr des «box jellyfish» geläufig. Auch *Chiropsalmus* kann tödlich sein, z. B. an philippinischen Küsten.

Manche Cubomedusen kommen in Ostasien in Essig gelegt als Speise auf den Markt.
Etwa 30 Arten.

3. Klasse: Scyphozoa

Verhältnismäßig kleine Gruppe (200 Arten). Polyp mit vier Gastraltaschen und Septen (Täniolen) mit Septaltrichtern, meist einzellebend. Medusen mit Randlappen, Gastralfilamenten und entodermalen Gonaden. Medusen entstehen durch Strobilation. Hierher gehören die großen Medusen unserer Meere.

Fossile Scyphomedusen sind als Abdrücke erhalten, z. B. im Solnhofener Plattenkalk (Jura). Die am besten bekannte jurassische Gattung ist *Rhizostomites*.

1. **Stauromedusae** (Lucernarida, Stielquallen). Festsitzend, Stiel polypenartig, Oberteil an Meduse erinnernd (Abb. 41b), ohne Generationswechsel. 8 «Arme» mit Büscheln kurzer Tentakel. Mesogloea schwach entwickelt. Gastralraum mit vier Septen mit Septaltrichtern. In der Färbung entsprechen die Stielquallen oft ihrem Substrat (Algen). Mit den Tentakeln werden kleine Nahrungstiere aufgenommen. Vorwiegend im flachen Wasser kalter Meere; in

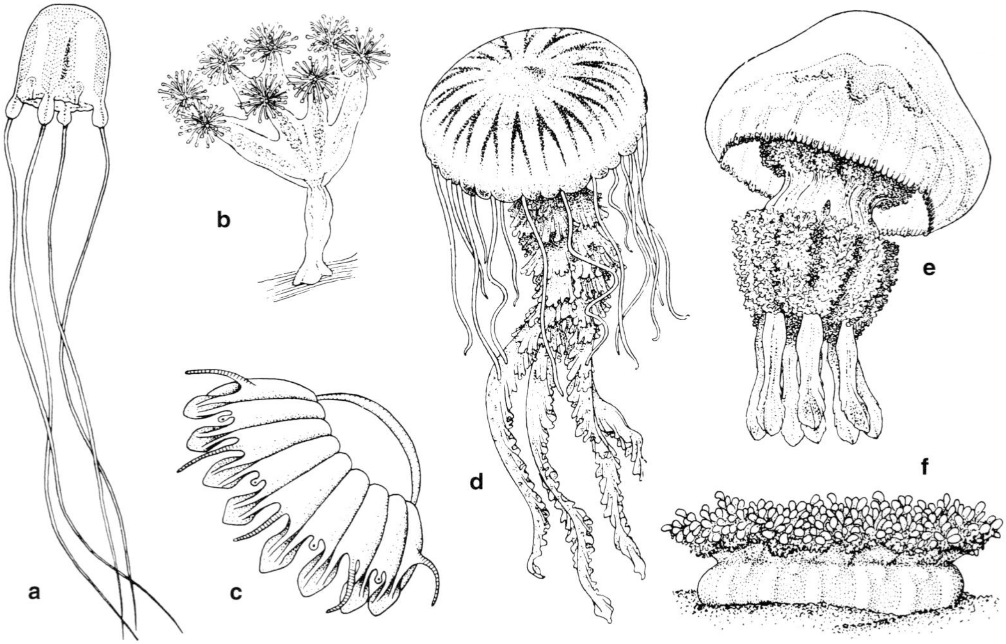

Abb. 41: Cubozoa (a) und Scyphozoa (b–f). a. *Carybdea*, b. *Lucernaria*, c. *Nausithoë*, d. *Chrysaora*, e. *Rhizostoma*, f. *Cassiopea*. Nach Cleland, de Haas, Mayer, Knorr, Southcott, Storch

der Nordsee *Lucernaria, Haliclystus, Craterolophus*: 3–7 cm lang.

2. **Coronatae** (Kranzquallen). Exumbrella der Meduse durch Ringfurche eingeschnürt (Abb. 41c). Polypen bis 9 cm hoch *(Nausithoë)*; leben in Peridermröhre aus Chitin, bisweilen stockbildend. Bei dieser Gruppe handelt es sich offenbar um lebende Fossilien. Ihre Polypen *(Stephanoscyphus)* weisen große Ähnlichkeit mit den fossilen Conulata (Kambrium-Trias) auf, welche Gehäuse ausschieden, die durch vier Klappen verschließbar waren. Diese Klappen gibt es bei den rezenten Polypen nicht, aber ihr tetraradiärer Bau mit vier Septaltrichtern und Rückziehmuskeln dürfte Reminiszenz dieser Konstruktion sein. Im Gegensatz zu anderen Polypen gibt es bei *Stephanoscyphus* ein entodermales Kanalsystem. Medusen vorwiegend bathypelagisch.

3. **Semaeostomeae** (Fahnenquallen). Polyp (Scyphistoma) 3–5 mm lang, becherförmig, mit basalem Periderm. Die vier Zipfel des Mundrohres der Meduse in lange, faltenreiche «Fahnen» ausgezogen. Oft große Formen (bis über 2 m Durchmesser, Länge der Tentakel bis über 30 m). *Pelagia noctiluca* (Leuchtqualle), Durchmesser 7 cm, gehört zu den Erzeugern von Meeresleuchten (Hochseetiere); ohne Polypen. *Chrysaora hysoscella* (Kompaßqualle), Durchmesser 30 cm, protandrischer Zwitter (Abb. 41d). *Cyanea* (Haarqualle), «Feuerqualle» der Nord- und Ostsee. *C. capillata* (rötlichgelb) hier bis 50 cm, *C. lamarcki* (blau) bis 30 cm Durchmesser. *C. capillata* erreicht in arktischen Gebieten über 2 m Durchmesser und hat dann 30 m lange Tentakel.

Aurelia aurita (Ohrenqualle): getrenntgeschlechtig. Männliche Gonaden sind weiß oder orange, weibliche rotviolett. Zur Befruchtung werden Spermienschnüre ins Wasser abgegeben, die von den Weibchen aufgenommen werden. Die befruchteten Eier werden in Bruttaschen an den Mundarmen transportiert, wo sie sich entwickeln und die Larven Schutz genießen. Die freie Larvalphase dauert daher höchstens einige Tage. Strobilation und Ephyrenabschnürung fallen bei uns in das Frühjahr. Die Ohrenqualle ernährt sich in erster Linie von kleinen Zooplanktern, aber auch von Fischlarven (z.B. Hering). Ihre Hauptwachstumsperiode währt bei uns von April bis Juni. Ohrenquallen können einen Durchmesser von 40 cm erreichen, wobei sie aber in dichten Beständen deutlich kleiner als in weniger dichten bleiben. *Aurelia aurita* kann Badenden lästig werden und Fischern die Netze verstopfen. Ob sich die Ohrenquallen aufgrund von Eutrophierung und der Anlage sekundären Hartsubstrates (z.B. Yachthäfen = zusätzliche Siedlungsfläche für die Polypen) besonders stark vermehrt haben, ist unklar. Schon im vorigen Jahrhundert soll es nämlich Quallenschwärme in der Ostsee gegeben haben, die das Rudern erschwert haben. *Aurelia aurita* kann noch bei einer Salinität von 5‰ leben und sich fortpflanzen. Sie nesselt den Menschen nicht spürbar, es sei denn, sie berührt sehr empfindliche Körperstellen, z.B. die Augen.

4. **Rhizostomeae** (Wurzelmundquallen). Polyp meist schalenförmig, mit Stiel; monodiske Strobila. Meduse tentakellos, Schirm hochgewölbt, Mundlappen miteinander zu gefaltetem, wurzelstockähnlichem Gebilde verwachsen. Keine zentrale Mundöffnung, diese wird durch zahlreiche Poren ersetzt. *Rhizostoma* (Blumenkohlqualle, Abb. 41e) auch in der Nordsee, Durchmesser bis 60 cm. *Cotylorhiza* (Knollenqualle) im Mittelmeer. *Cassiopea* schwimmt in der Jugendzeit umher, später legt sie sich in Lagunen auf die Exumbrella («Mangrovenqualle», Abb. 41f).

Verschiedene Arten, v.a. *Rhopilema esculenta*, werden in Ost- und Südostasien gegessen. Allein Japan importiert jährlich viele tausend Tonnen dieser Medusen, die meist gesalzen oder in Gestalt trockener Scheiben verkauft werden. Letztere werden aufgeweicht, in Streifen geschnitten, gewürzt und verspeist.

4. Klasse: Anthozoa

Nur Polypen, Septen oft bilateral angelegt (Abb. 32, 33), mit ectodermalem Schlundrohr. Gonaden in den Septen. Sehr formen- und artenreich (etwa 6000 Arten); oft in Kolonien und skeletbildend. Fossil sind die Anthozoa seit dem Ordovicium bekannt.

Außenhandelsstatistiken zeigen, daß der Handel mit Anthozoa rapide zugenommen hat, das gilt für Produkte der Edelkorallenindustrie wie für den Vertrieb von großen Scleractinia-Blöcken. Manche Gebiete sind derart in Mitleidenschaft gezogen worden, daß vielerorts Exportverbote verhängt wurden. Besonders betroffen sind Gorgonaria *(Corallium)*, Antipatharia («Schwarze Koralle») und Scleractinia.

a. **Octocorallia.** 8 Septen und 8 gefiederte Tentakel. Koloniebildend, die Gastralräume der Einzeltiere durch Röhren (Solenia) miteinander verbunden. Gonaden am Septenrand. Häufig mit mesogloealem Innenskelet, bestehend aus Kalkskleriten und organischer Substanz (u.a. Kollagen). Nur 1 Cnidentyp. Bis 3 m lang (Gorgonien).

1. **Coenothecalia (Helioporida).** Coenothecalia waren zunächst nur fossil bekannt. Einzige rezente Art ist *Heliopora coerulea*, die Blaue Koralle des Indopazifik. Sie bildet massive Blöcke und Mikroatolle, die 7 m Durchmesser erreichen können (Abb. 34a, 45g); ihr Skelet wird zu Schmuck verarbeitet; es handelt sich um ein Außenskelet. *H. coerulea* ist allem Anschein nach seit der frühen Kreide die einzige Art der Coenothecalia. Sie ist ein im Indo-Westpazifik weit verbreitetes Tethys-Relikt und mit etwa 100 Millionen Jahren eine besonders alte Oktokoralle. In der Kreide waren die Coenothecalia z.B. in Europa, Indien und Afrika verbreitet.

2. **Alcyonaria** (Lederkorallen). Skelet aus einzelnen Skleriten, die z.T. verschmolzen sein können. *Cornularia* mit Stolonengeflecht, das eine Cuticula abscheidet (Abb. 42a); Mittelmeer. *Tubipora* (Orgelkoralle) mit rotem Skelet, das aus parallelen Röhren besteht, die durch Quersepten verbunden werden (Abb. 42c). Indopazifik. *Alcyonium* (Korkpolyp, Tote Mannshand, Abb. 42b), z.B. in der Nordsee, massige Kolonien, die regelmäßig Wasser aufnehmen (durch Siphonozoide) und wieder abgeben, auf Steinen oder Muschelschalen festgewachsen. Vor allem in der Karibik, aber auch im Indowestpazifik bilden die Lederkorallen z.T. umfangreiche Bestände in küstennahen Zonen (*Sarcophyton* [Abb. 45h], *Lobophytum, Sinularia* u.a.).

Bei der Gattung *Dendronephthya* wurde nachgewiesen, daß zooxanthellenfreie Arten von Phytoplankton leben, das mit den gefiederten Tentakeln aufgenommen wird.

3. **Gorgonaria.** Verzweigte Stöcke, vor allem in warmen Gewässern des indowestpazifischen Raumes, meist an strömungsexponierten Stellen. Bis 3 m, *Paragorgia* in norwegischen Fjorden bis 2 m hoch. Außer Einzelskleriten eine feste Achse im Innern, die bisweilen als Schmuckgegenstand verwendet wird, so die der 20–40 cm hohen Edelkoralle *Corallium rubrum* im Mittelmeer (Abb. 34b). Die Bestände im Mittelmeer wurden stark übernutzt. In der letzten Zeit werden vorwiegend durch Taiwan und Japan pazifische *Corallium*-Arten dezimiert. Die rote Achse von *Corallium* besteht vorwiegend aus Kalk, die von *Isis* abwechselnd

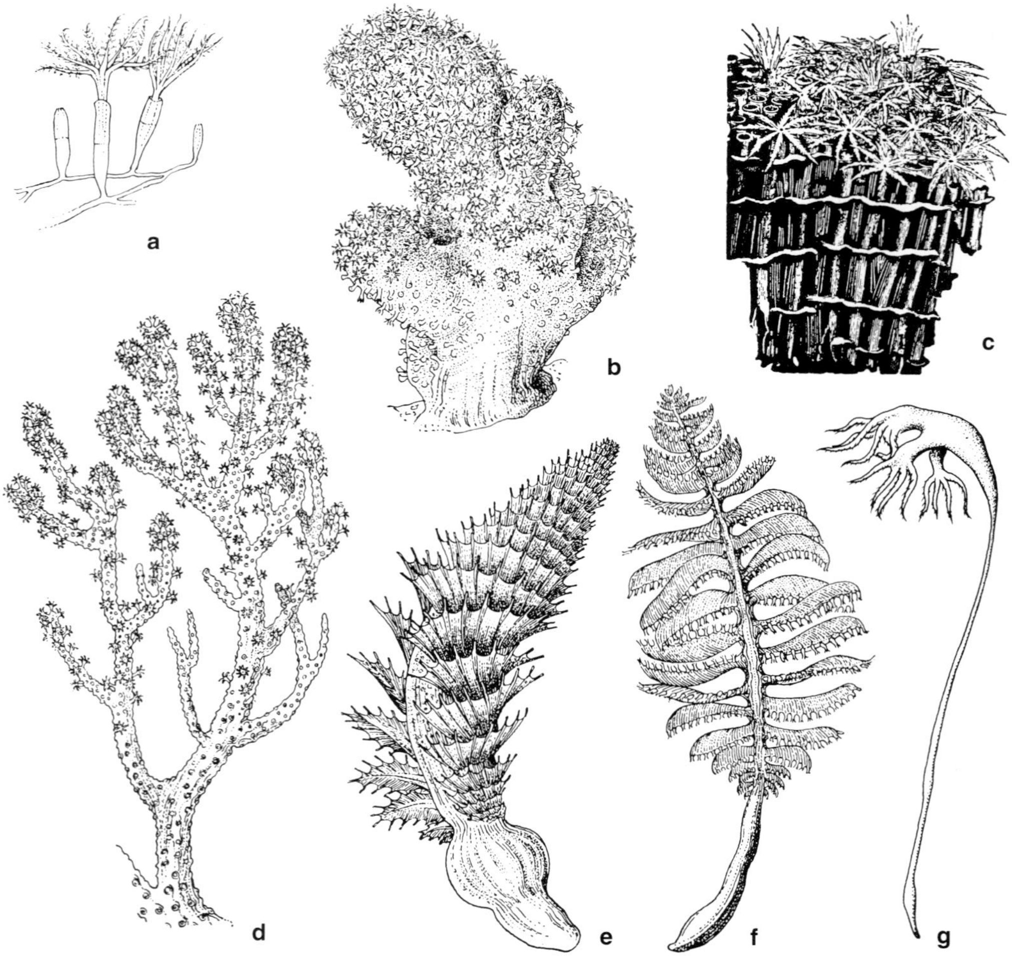

Abb. 42: Octocorallia. a. *Cornularia*, b. *Alcyonium*, c. *Tubipora*, d. *Paramuricea*, e. *Pteroeides*, f. *Pennatula*, g. *Umbellula*. Nach Bourne, de Haas, Graßhoff, Haeckel, Knorr

aus Protein und Kalk («Perlenkette», «Wirbelsäule»), die anderer Gorgonien, deren Zweige im allgemeinen peitschenartig sind, vorwiegend aus einem Protein (Gorgonin), dem Kalk eingelagert sein kann. Derartige Skelete sind biegsam und dauerhaft. Nicht selten findet man sie angeschwemmt, so an der nordamerikanischen Atlantikküste die leuchtend bunte *Leptogorgia*. *Primnoa, Eunicella, Paramuricea* (Abb. 42 d), *Rhipidogorgia* (Venusfächer), *Euplexaura*.

4. Pennatularia (Seefedern). Die Seefedern sind hemisessil. Ihre Hauptachse ist in den Boden eingepfählt. Sie entspricht einem vergrößerten Gründungspolypen. Die Hauptachse enthält eine starke Mesogloea mit Skleriten und einem System von Entodermkanälen sowie basal einen Achsenstab. Manche Arten mit Leuchtvermögen. *Veretillum, Funiculina, Pennatula* (Abb. 42 f), *Pteroeides* (Abb. 42 e), *Renilla, Virgularia, Umbellula* (Abb. 42 g): am Ende eines Stiels 1 bis mehrere Polypenköpfe.

b. Hexacorallia. Gruppe solitärer und stockbildender Anthozoen, deren Septen oft in Sechszahl oder einem Vielfachen davon auftreten, bei Larven (Edwardsia-Stadium) 8 Septen. Tentakel fast immer ungefiedert. Gondaden flächig.

1. Actiniaria (Aktinien, «Seerosen», «See-

Abb. 43: Pfahl, von marinen Organismen besiedelt: a. *Balanus* (Seepocken), b. *Dendrodoa* (Seescheide) auf *Fucus* (Blasentang), c. *Flustra* (Moostierchen), d. *Tubularia* (Hydroidpolypen), e. *Littorina* (Strandschnecke), f. *Mytilus* (Miesmuschel), g. *Hydrallmania* (Hydroidpolypen), h. *Asterias* (Seestern), i. *Metridium* (Seenelke), j. *Actinia equina* (Pferdeaktinie), k. *Pomatoceros* (Polychaeta), l. *Psammechinus* (Seeigel), m. *Halichondria* (Schwamm) teilweise hinter der Grünalge *Ulva* verborgen, n. *Zoarces* (Aalmutter), o. *Carcinus* (Strandkrabbe). Original ▷

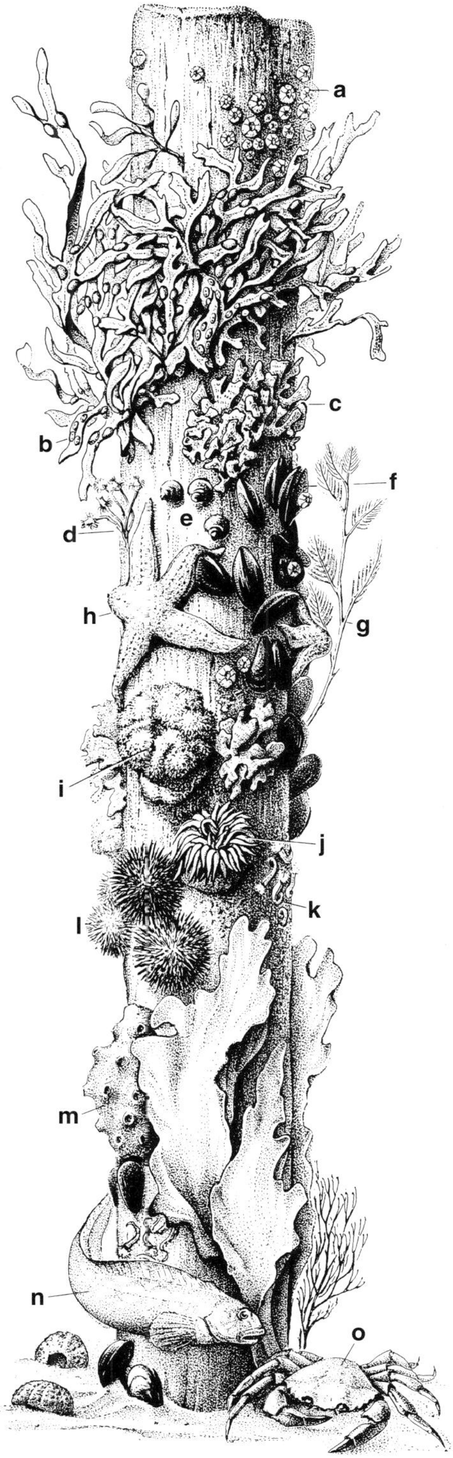

anemonen»). Meist solitär, halbsessil (d. h. festsitzend, aber mit der Fähigkeit, den angestammten Platz zu verlassen), ohne Skelet. Septen meist in Paaren (Abb. 33), Septenvermehrung in allen Gastraltaschen. Mundrohr gewöhnlich mit zwei Wimperrinnen. Die oft großen Actiniaria sitzen im allgemeinen mit einer Fußscheibe auf dem Substrat und können sich fortbewegen. In Nordsee und westlicher Ostsee zahlreiche Arten.

Actinia equina (Pferdeaktinie, Purpurrose; Abb. 43 j) kann rot, grün oder braun sein, ist an europäischen Felsküsten verbreitet und dringt weit bis ins Brackwasser ein (8 ‰), wenn Hartsubstrat verfügbar ist. Die Pferdeaktinie erreicht einen Basisdurchmesser bis 7 cm und trägt bis 200 zurückziehbare Tentakel, die in sechs Reihen um den Mund angeordnet sind. Diese Art kann stundenlanges Trockenfallen vertragen, wobei die Tentakel vollständig eingezogen sind. Die Entwicklung erfolgt im Körper: Es werden Jungtiere nach außen entlassen.

Metridium senile (Abb. 43 i), die Seenelke, besitzt bis zu 1000 feingefächerte, zurückziehbare Tentakel, mit denen Plankton gefangen wird. Die Tentakel sind mit Cilien besetzt, die die Partikel zur Tentakelspitze transportieren. Von den sich einwärts neigenden Tentakeln fallen die Partikel auf die vorgestülpten Schlundrohrlippen, von denen sie auch durch Flimmerschlag in das Schlundrohr und zu den Gastralfilamenten transportiert werden. Kann kleine Stücke von der Fußscheibe abtrennen, aus denen neue Individuen heranwachsen (Laceration). So entstehen eng zusammenstehende Gruppen, die in der Tat an einen Nelkenstrauß erinnern. Größe 30 cm.

Halcampa und *Sagartia* leben eingebohrt im Meeresschlamm und dringen bis in die Kieler- und Lübecker Bucht vor. Alle Actiniaria sind carnivor, entweder verschlingen sie größere, durch Cnidengift gelähmte Beutetiere *(Actinia, Anemonia, Tealia)* oder transportieren kleine Partikel mit Wimperschlag zur Mundöffnung (*Metridium*, Abb. 43 i, *Halcampa, Sagartia*).

Einige Actiniaria leben planktisch. Ihre Fußscheibe bildet einen Gasbehälter *(Minyas)*. Mit Meeresströmungen wird die normalerweise im Sediment lebende Aktinie *Paranthus* über weite Strecken verdriftet (sea onions der nordamerikanischen Atlantikküste).

Mit Tieren verschiedener Stämme leben Aktinien in Symbiose (Abb. 37).

2. Madreporaria (Scleractinia) Steinkorallen. Steinkorallen sind meist koloniebildende Formen, deren Fußscheibenectoderm Kalk sezerniert und so ein kennzeichnendes Skelet aufbaut. Ansonsten sind sie im Bau den Actiniaria ähnlich, mit denen sie eng verwandt sind. Sie bedecken über 600 000 km^2 Meeresboden, das entspricht 15 % der Flachseeböden zwischen 0 und 30 m, und sind am Aufbau der artenreichsten marinen Lebensgemeinschaft beteiligt (Abb. 45). In den modernen Korallenriffen bilden die Scleractinia das Grundgerüst, welches basal meist von Kalkalgen überwachsen wird.

Die Polypen der stockbildenden Arten sind klein, ihre Muskulatur ist schwach. Eine vom jungen Polypen sezernierte Basalplatte, vorwiegend aus Calciumcarbonat (Aragonit), wird von radiären Sclerosepten verdickt. Auf ihnen schiebt sich die Fußscheibe in den Gastralraum vor. In mehreren Schüben können so Garnituren von Sclerosepten entstehen, zudem ein Ringwall (Theca), der die Sclerosepten nahe der Peripherie verbindet (Abb. 33 b), und im Zentrum eine Säule (Columella). Nach bestimmten Zeitabschnitten werden Querböden sezerniert. Die Wachstumsgeschwindigkeit verschiedener Gattungen ist sehr unterschiedlich. Besonders schnell wachsen z. B. *Acropora* (Abb. 45 b) und *Pocillopora* (Abb. 45 f), die heute einen beträchtlichen Teil der tropischen Korallenriffe aufbauen. Diese beiden Gattungen sind erst seit dem Tertiär bekannt und haben andere Korallen aus der dominierenden Rolle verdrängt.

Madreporaria kommen in allen Meeren vor, vorwiegend an Felsküsten. Am Schelfabfall Nord- und Westeuropas bilden die Kolonien von *Lophelia* und *Amphelia* umfangreiche Riffe in Tiefen von 60–2000 m. Der überwiegende Teil der Riffkorallen jedoch lebt in den lichtdurchfluteten küstennahen Zonen der Tropen und Subtropen. Die 20 °C-Isochryme (Linie gleicher winterlicher Temperaturmittelwerte) umschreibt etwa das Vorkommen dieser Riffe. Da der warme nördliche und südliche Äquatorialstrom westwärts verlaufen und dementsprechend von den Ostseiten der Kontinente polwärts abgelenkt werden, finden wir tropische Korallenriffe außer im Äquatorialbereich an den Ostküsten der Landfesten, dagegen fehlen sie fast vollständig an den Westseiten, an denen kalte Meeresströme von Norden bzw. Süden nachgezogen werden. Wegen ihrer Symbiose mit Zooxanthellen sind die tropischen Riffkorallen nicht in größeren Tiefen als etwa 50 m anzutreffen. Ein weiterer begrenzender Faktor stellt zudem eine hohe Sedimentation dar (so fehlen Riffe in der Umgebung der Amazonasmündung).

Tropische Korallenriffe sind häufig ringförmig und umschließen eine zentrale Lagune. Derartige Riffe werden Atolle genannt, sie kommen auf unterschiedliche Art zustande. Viele Riffe der Südsee haben saumartig vulkanische Inseln umgeben, die mit steigendem Wasserspiegel in die Tiefe gelangten, während die Korallen in gleicher Geschwindigkeit emporwuchsen. An der meerwärts gelegenen Seite wachsen die Korallen besser als inselwärts, wo sie sogar veröden, so daß zwischen Insel und Saumriff eine immer breiter werdende Lagune entsteht. Stürme treiben Sand und Korallenschutt auf die Riffe und bauen so eine ringförmige Insel auf. Die erste Besiedlung derartiger Korallenriffe erfolgt beispielsweise durch Palmen *(Cocos)* und Schraubenpalmen *(Pandanus)* sowie junge Landtiere wie Einsiedlerkrebse *(Coenobita)* und Krabben *(Ocypode)*. Die Mehrzahl der Atolle entsteht jedoch nicht an Vulkaninseln. Wegen des hohen Sauerstoff- und Nährstoffbedarfs der Korallen ist ihr Wachstum oft auf strömungsexponierte Regionen beschränkt. Die inneren Teile eines Korallenringes sterben, und die Kolonien wachsen an einer Kreisperipherie weiter. Zerstören Stürme derartige Riffringe teilweise, so kann sauerstoffreiches Wasser in die Lagune einströmen und das Wachstum neuer Korallenblöcke und kleiner Atolle ermöglichen. Auf diese Weise sind große Inselsysteme mit ineinandergeschachtelten Atollen entstanden (z. B. Malediven).

Der am weitesten verbreitete Rifftyp ist das Saumriff, das in unmittelbarer Nachbarschaft parallel zur Küstenlinie verläuft.

Barriereriffe entstehen dagegen weit vor der Küste. Es ist der Hebung des Meeresspiegels bzw. der Senkung des Untergrundes zuzuschrei-

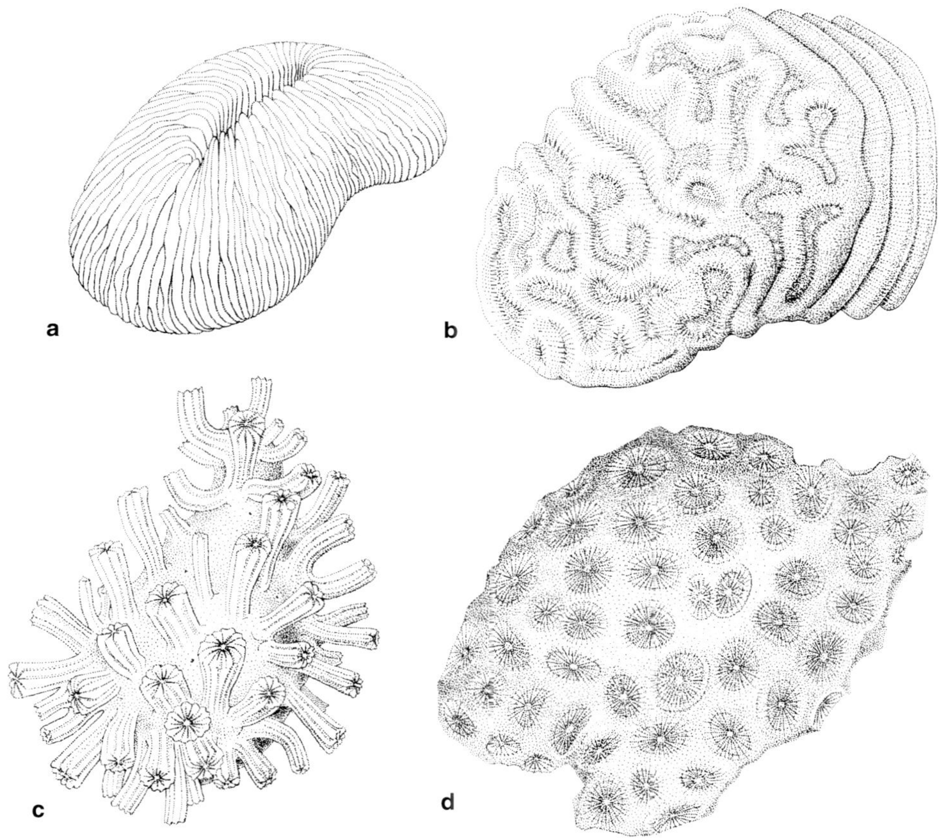

Abb. 44: Skeletbildungen von Madreporaria (Scleractinia). a. *Fungia*. b. *Platygyra*. c. *Galaxea*. d. *Favia*. Original

ben, daß sie sich bisweilen zu riesigen Ausmaßen entwickelt haben.

Das größte zusammenhängende Korallenriffgebiet der Erde ist das «Große Barriereriff» vor der Nordostküste Australiens. Es ist etwa 2300 km lang, 20 bis 300 km breit und wohl das umfangreichste Bauwerk, das jemals von Lebewesen auf der Erde hervorgebracht wurde. Die Bezeichnung «Großes Barriereriff» ist irreleitend, denn es handelt sich um ganz verschiedene Rifftypen, das größte eigentliche Barriereriff in diesem Komplex erstreckt sich von der Torresstraße im Norden des Kontinents bis vor Cooktown in Queensland und ist 670 km lang, dazu kommen über 2500 weitere Riffe. Etwa die Hälfte der Zoomasse dieses riesigen Riffes ist mit phototrophen Organismen assoziiert. Das Große Barriereriff ist – in erdgeschichtlichem Maßstab – recht modern. Sein Gebiet lag zudem etwa drei Viertel seiner Geschichte weit oberhalb des heutigen Meeresspiegels, weil während der Eiszeiten sehr viel Wasser an den Polkappen gebunden war. Zur Zeit der letzten Vereisung (vor etwa 20 000 Jahren) lag der Wasserspiegel etwa 100 m unter dem heutigen. Anders ausgedrückt: Im Gebiet des heutigen Großen Barriereriffes mögen damals australische Ureinwohner Landtiere gejagt haben. Der «moderne Wasserspiegel» wurde erst vor etwa 6000 Jahren erreicht.

Das zweitgrößte Barriereriff liegt vor Belize in der Karibik. Es ist 250 km lang und 10–30 km breit.

Sehr umfangreich ist die Riffbildung auch in früheren Erdepochen gewesen. Reste palaeozoischer und mesozoischer Riffe bauen z. B. die Dolomiten und das fast 3000 m hohe Dachsteinmassiv auf.

Abb. 45: Korallenriff (Indo-Westpazifik). a. *Millepora* (Feuerkoralle), davor ein massiver Block von *Porites*, b. *Acropora* (Geweihkoralle), c. *Stylophora*, d. *Lutjanus*, e. *Acanthurus* (Doktorfisch), f. *Pocillopora*, g. *Heliopora*, h. *Sarcophyton* (Weichkoralle), i. *Tridacna* (Riesenmuschel), j. *Linckia* (Seestern), k. *Platigyra* (Mäanderkoralle), l. *Diadema* (Seeigel), m. *Fungia* (Pilzkoralle; lebendes Tier), n. *Culcita* (Kissenseestern), o. Holothurie (Synaptidae; Seegurke), p. *Fungia* (Skelet), q. Holothurie (Aspidochirota; Seegurke), r. *Tripneustes* (Seeigel). Original

Man kennt etwa 2500 rezente Madreporaria und etwa doppelt so viele fossile. Einzellebend z. B. *Caryophyllia* (Atlantik) und *Fungia* (Tropenmeere, Abb. 44 a, 45 m, p). Weit verbreitete Gattungen in tropischen Riffen sind z. B. *Acropora* (Abb. 45 b), *Porites, Galaxea* (Abb. 44 c), *Goniastrea, Favia* (Abb. 44 d), *Platygyra* (Abb. 44 b) und *Stylophora* (Abb. 45 c).

Ähnlichkeiten im Bau, Übergangsformen und zeitliche Abfolge (Abb. 46) machen wahrscheinlich, daß die Scleractinia von Pterocorallia (= Rugosa = Tetracorallia) abstammen. Deren Außenwand ist oft durch Querrunzeln (Rugae) gekennzeichnet. Die meist solitären Pterocorallia wurden Ende des Palaeozoikums durch Scleractinia ersetzt. Weitere palaeozoi-

a

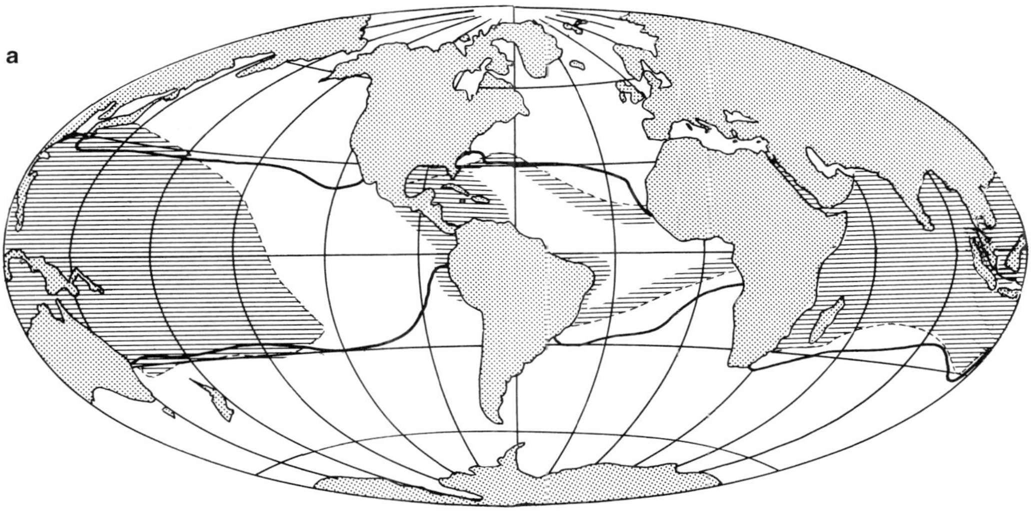

b

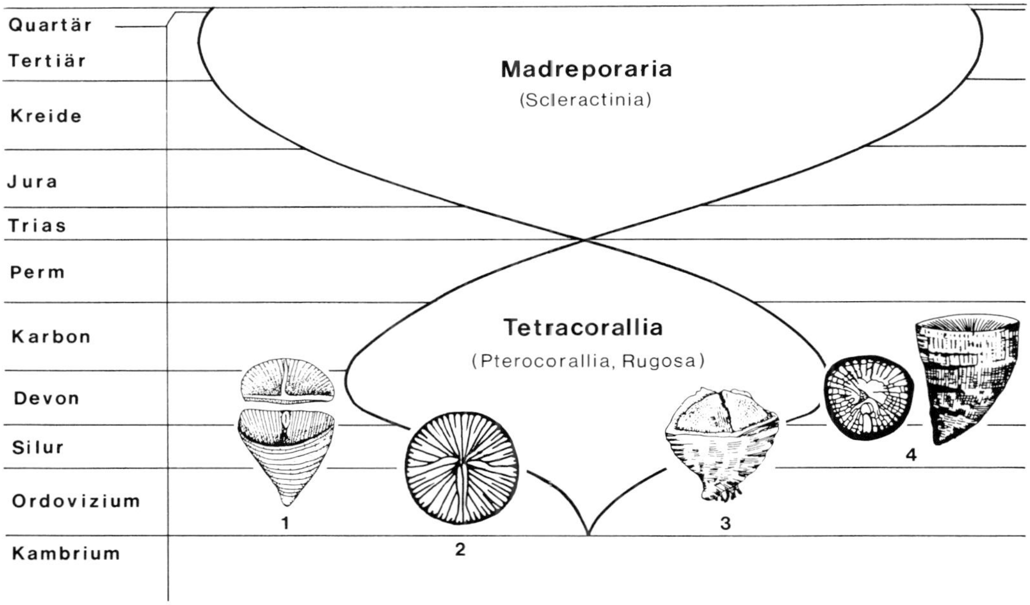

Abb. 46: a. Verbreitungsgebiete (gestreift) rezenter Korallenriffe. Die schwarze Linie bezeichnet die 20°-C-Isochryme. b. Zeitliche Verbreitung der Madreporaria, welche die heutigen Riffe aufbauen, und der Tetracorallia, die im Palaeozoikum dominierten. 1: *Calceola* (Devon; Solitärkoralle mit halbkreisförmigem Deckel), 2. *Lambeophyllum* (Ordovicium-Perm; älteste bekannte Gattung der Tetracorallia), 3. *Goniophyllum* (Silur; Solitärkoralle mit vierteiligem Deckel), 4. *Zaphrentis* (Devon; mit solitären und koloniebildenden Formen). Nach Hillmer, Lehmann, Rasmussen.

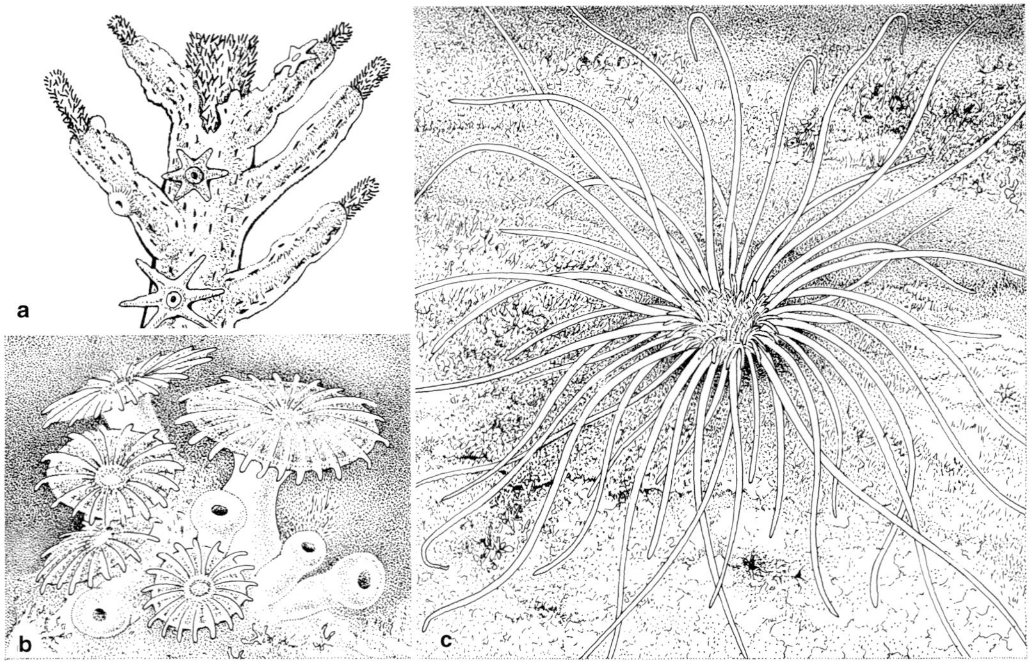

Abb. 47: Hexacorallia. a. *Antipathes*, b. *Palythoa*, c. *Cerianthus*. Nach Riedl, Tiffon

sche Korallen sind Heterocorallia und Tabulata.

3. **Corallimorpharia**. Weichkörper dem der Scleractinia sehr ähnlich, Skelet fehlt. Vor allem in kalten Meeren. *Discosoma*.

4. **Antipatharia** (Dornkorallen). Koloniebildende Formen (Abb. 47 a) mit einem schwarzen, hornartigen, nicht verkalkten Skelet ectodermaler Herkunft, das mit typischem Dörnchenbesatz ausgestattet ist, und kleinen Polypen, die auf ihrer selbstgeschaffenen Unterlage festgewachsen sind und oft stark in die Breite wachsen, ihre Zylinderform also aufgeben. Mehr als hundert Arten vorwiegend in tropischen Gewässern. Stöcke fächer-, feder- oder buschähnlich. Das schwarze und unter Hitzeeinwirkung verformbare Skelet («Schwarze Korallen») wird in vielen Tropenländern in der Schmuckindustrie verwendet. *Antipathes* (Abb. 47 a). Bei *Antipathes* wurde Polypen-Dimorphismus nachgewiesen: Polypen mit kurzen, knapp 2 mm langen und mit Spirocysten besetzten Tentakeln dienen dem Beutefang, solche mit über 15 mm langen Tentakel sind für die Verteidigung und tragen insbesondere Penetranten. Die Verteidigungspolypen stehen insbesondere an langen Ästen der Kolonie in der Nähe von anderen Arten, v. a. Weichkorallen. Sie garantieren ein ungestörtes Koloniewachstum, welches sich über zwei Jahrhunderte erstrecken kann.

5. **Ceriantharia** (Zylinderrosen). Solitäre Formen ohne Skelet, die in mit Sekret (großenteils Cniden) austapezierten Röhren im Meeresboden leben und äußerlich Aktinien ähneln (Abb. 47 c). Doppelter Tentakelkranz aus kurzen, mundnahen Labial- und langen Rand- oder Marginaltentakeln, der oft dem Boden aufliegt (Klebefalle) oder wenig über diesen erhoben wird. Neue Mesenterien entstehen lediglich in dem Gastralfach, das der Siphonoglyphe gegenüberliegt. Alle Septen erreichen das Schlundrohr, jedoch nicht die spitz ausgezogene Fußspitze (Abb. 33 c). Septen nicht gepaart.

Ceriantharia können sich sehr schnell in ihre Wohnröhren zurückziehen (starke ectodermale Längsmuskulatur), daher hat man zunächst ihre dichten Bestände – z. B. in der Nordsee – übersehen. Die Larven können monatelang im Plankton leben, zunächst als Planula, dann als Arachnactis mit Mund, Mesenterien und Tentakeln. Zwitter. *Cerianthus*, bis 1 m lang (Abb. 47c).

6. **Zoantharia** (Krustenanemonen). Solitär oder koloniebildend (Abb. 47b), Einlagerung von Fremdkörpern in die stark entwickelte Mesogloea. Die Neubildung von Mesenterien erfolgt in zwei Zwischenfächern. *Zoanthus* und *Palythoa* sind an Kanten von Korallenriffen weit verbreitet. Das cytolytische Gift Palytoxin, das von Bakterien in *Palythoa* (Abb. 47b) hergestellt wird, ist einer der giftigsten Naturstoffe. Der leuchtend gelbe *Parazoanthus* kleidet im Mittelmeer Höhlen aus. *Epizoanthus*.

D. Ctenophora
(Rippenquallen)

Die Ctenophoren sind eine kleine marine Gruppe biradialer Formen, die durch ihre Durchsichtigkeit sowie die Fangtentakel an Medusen erinnert. Sie unterscheiden sich aber in Bau und Entwicklung tiefgreifend von diesen. Den Ctenophoren fehlen Generationswechsel, Nessel- und Epithelmuskelzellen. Sie sind mit Klebzellen und Wimperplättchen versehen, tragen nur vom Ectoderm und von Muskulatur gebildete Tentakel und besitzen ein Gastrovaskularsystem.

Bau (Abb. 48). Die Ctenophoren sind dreischichtig gebaut. Die Epidermis (Ectoderm) bekleidet die Außenfläche und das Schlundrohr, die Gastrodermis (Entoderm) das innere Röhrensystem, zwischen beiden liegt eine umfangreiche Mesogloea. Diese besteht aus einem Gerüst von extrazellulären Fasern und glatten Muskelzellen, das die Basallaminae von Epidermis und Gastrodermis verbindet, und einer gallertigen Grundsubstanz.

Die Klebzellen (Kolloblasten) sitzen auf den beiden Fangtentakeln sowie an den Mundlappen der Lobata. Ihr distaler Teil wird von einem mit Sekrettropfen versehenen Kopf gebildet. Dieser ist durch einen geraden Stiel, der den Zellkern enthält, und einen schraubig um diesen gewundenen Zellanteil, der aus einer Cilie hervorgegangen ist, mit der Basallamina verbunden (Abb. 49). Mit dem Sekret werden Beutetiere angeleimt. Bevor das Beutetier getötet ist, wird durch seinen Befreiungsversuch die Klebzelle scheinbar aus dem Epithelverband herausgerissen; der Stiel der Zelle wird

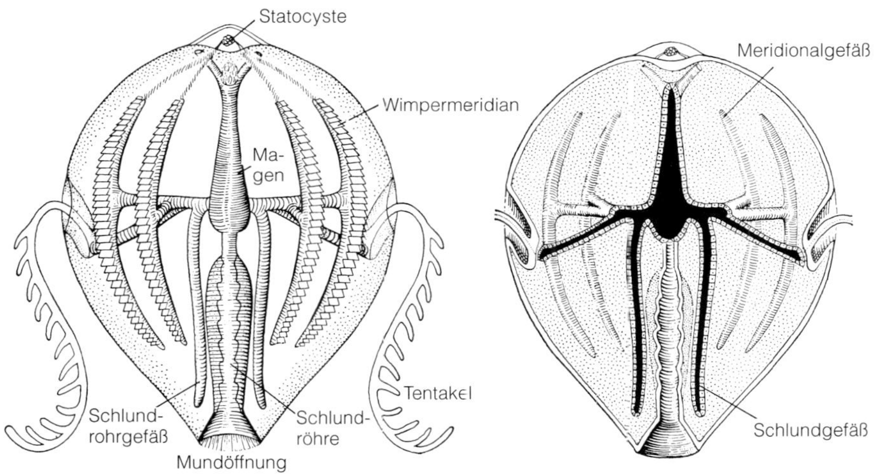

Abb. 48: Organisationsschema der Ctenophoren; links Seitenansicht, rechts Schnitt durch die Tentakelebene. Aus Remane, Storch, Welsch

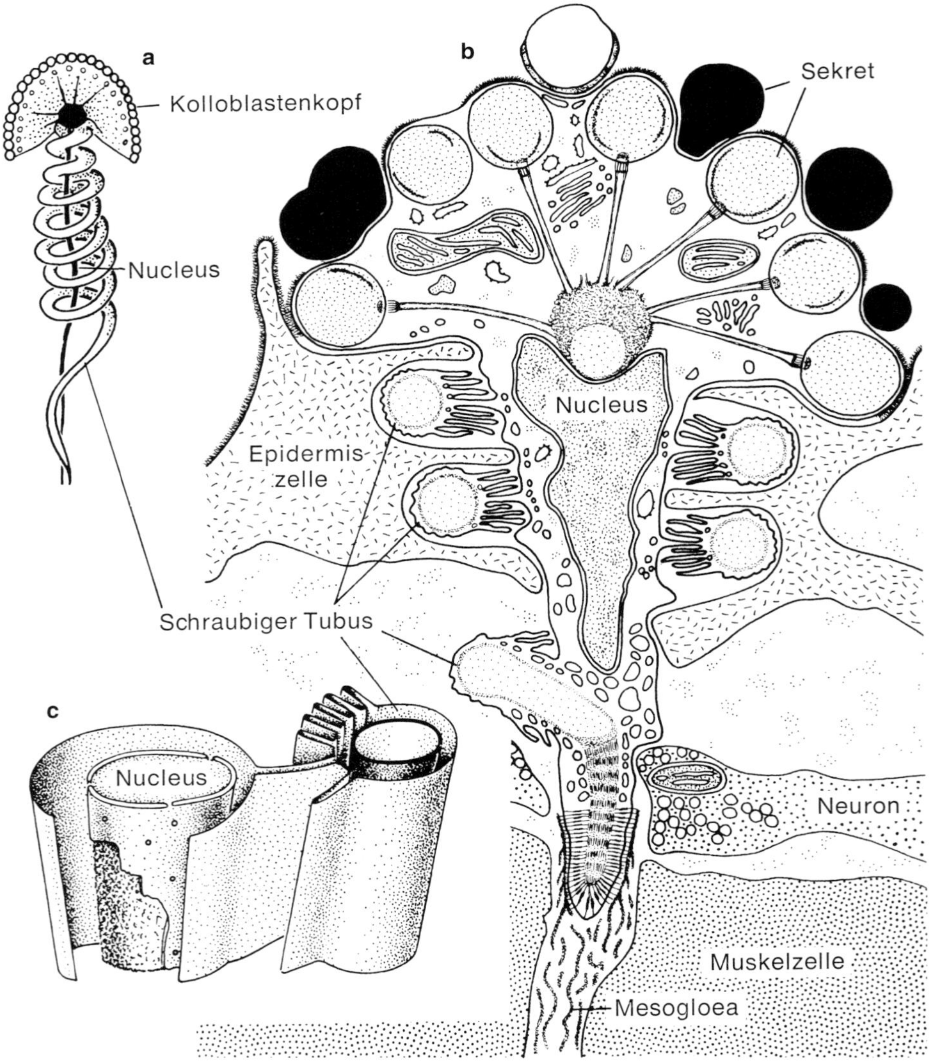

Abb. 49: Schematische Darstellung von Kolloblasten. a. Lichtmikroskopische Darstellung; b. Längsschnitt nach elektronenmikroskopischen Befunden; c. Blockdiagramm der kopfnahen Stielregion, Zellkern (Nucleus) mit teilweise aufgelöster Kernhülle. Nach Benwitz, Komai, Lehnert-Moritz, Storch

dabei gestreckt, hält jedoch die Zelle fest und zieht sogar Zellkopf und Beutetier immer wieder an den Körper heran. Die Tentakel, die Träger der Kolloblasten, sind meist gefiedert; sie enthalten innen Nervenfasern und einen Muskelstrang, Entoderm zieht nicht in sie hinein. Es sind nur zwei Tentakel vorhanden, die sich etwa in der Körpermitte in der sog. Tentakelebene gegenüberstehen. Ihre Ansatzstelle liegt in einer Tasche, in die die Tentakel vollständig zurückgezogen werden können.

Die Wimperplättchen entstehen durch Verkittung zahlreicher nebeneinander stehender Wimpern. Sie sind die Hauptschwimmorgane und fast stets in 8 meridional verlaufenden Reihen angeordnet, den sog. Rippen, in deren Bereich die Epidermis aus hochprismatischen Polsterzellen besteht, die jeweils bis zu 50 Kinocilien tragen und basal mit Nervenendigungen synaptisch verknüpft sind.

Die Epidermis enthält zerstreut Sinneszellen; am aboralen Pol bilden sie einen komplizierten Sinnesapparat mit Statocyste. Deren Statolith ist an vier gebogenen Wimperbüscheln befestigt. Diese stehen am Ende von vier Wimperreihen, die, sich gabelnd, zu den acht Rippen verlaufen. Der so auf der Körperoberfläche ruhende statische Apparat wird von einer dünnen Haube überdacht, die aus verwachsenen Wimpern gebildet wird. Neben der Statocyste liegen noch zwei größere bewimperte Felder, die Polfelder; sie werden gleichfalls als Sinnesorgane angesehen. An der Basis der Statocyste kommen Zellen vor, deren Feinstruktur der von Photoreceptoren ähnelt. Obwohl die Statocyste durch die Überdachung bereits eine geschlossene Blase ist, wird sie bei bodenlebenden Arten noch in die Tiefe verlagert, bleibt aber durch einen Kanal mit der Oberfläche verbunden.

Das Nervensystem besteht aus einem unter der Epidermis gelegenen Nervennetz, das eine höhere Organisationsstufe erreicht als bei den Cnidariern. Unter den Wimperplättchenreihen ordnen sich die Nervenzellen zu Doppelsträngen, die durch zahlreiche Querbrücken verbunden werden. Von ihnen geht ein Einfluß auf die Tätigkeit der Wimperplatten aus. Auch der Mund wird von einem dichteren Nervenring umgeben.

Das Gastrovaskularsystem bildet ein reich verzweigtes Röhrensystem ohne After. Es beginnt mit dem Mund, der an einem Pol der meist birnenförmig geformten Ctenophoren liegt. Er führt zunächst in ein bewimpertes, ectodermales Schlundrohr, das in sich wieder in eine Mundhöhle, einen mit stärkerer Muskulatur versehenen Pharynx und einen dünnen Ösophagus differenziert ist. Dieser führt in den etwa in der Körpermitte gelegenen entodermalen Zentralmagen, von dem mehrere periphere Kanäle abgehen. Zunächst verlängert sich der Zentralmagen in der Körperachse, gabelt sich hier nahe dem Sinnespol in 4 kleine Schläuche und mündet mit mehreren Poren (Analporen) aus. Seitlich geht vom Magen in der Tentakelebene jederseits ein Radiärkanal aus, der sich zweimal gabelt. Die so entstehenden 8 Radiärkanäle münden in lange, oben und unten blind endigende Schläuche, die nahe der Oberfläche unter den Rippen liegen (Meridionalgefäße). Schließlich geht von den Radiärkanälen noch je ein Ast zur Tentakelbasis und je einer am Schlundrohr entlang. Das Kanalsystem kann durch Verzweigungen und Anastomosen kompliziert werden, läßt dann aber noch in Teilbezirken und in der Entwicklung den Grundplan erkennen. Das Gastrovaskularsystem besorgt gleichzeitig Verarbeitung und Verteilung der Nahrung; die Verdauung erfolgt im Darmhohlraum und intrazellulär.

Fortpflanzung und Entwicklung. Fast alle Ctenophoren sind simultane Zwitter. Die Gonaden liegen unter dem Entoderm der Rippengefäße, und zwar an jedem Gefäß Hoden und Ovarien; an benachbarten Gefäßen sind die gleichartigen Gonaden einander zugekehrt. Die Entleerung der Fortpflanzungszellen erfolgt normalerweise durch den Mund. Von diesem typischen Verhalten gibt es jedoch einige Abweichungen. Bei *Coeloplana* und *Ctenoplana* isolieren sich die Hoden als abgegrenzte Hodenfollikel, von denen aus kurze Samenleiter nach außen führen. Bei *Coeloplana* und wohl auch *Tjalfiella* werden einzelne von außen eingesenkte Bläschen mit Spermien gefüllt (Receptacula seminis). *Ocyropsis* ist offenbar getrenntgeschlechtig.

Die Entwicklung erfolgt im freien Wasser, nur selten findet Brutpflege statt (*Coeloplana* bedeckt die Eier, *Tjalfiella* bildet Bruttaschen aus). Die Entwicklung verläuft direkt. Die Furchung ist biradial, determiniert und total und führt zunächst zu 8 Zellen gleicher Größe. Von diesen werden dann kleine Zellen abgeschnürt, die sich rege vermehren und die großen, sich langsamer vermehrenden Zellen umwachsen. So entsteht eine Umwachsungsgastrula (epibolische Gastrula). Die kleinen Zellen bilden das Ectoderm, die großen das Entoderm. Von letzteren werden dann noch nach innen kleinere Entodermzellen abgegeben. Der Darmhohlraum ist erst einfach, dann bildet er vier Gastraltaschen aus, die unter Gabelung zu den 8 Rippenkanälen werden. Die Mesogloea entsteht durch Einwanderung von Ectodermzellen. Alle Ctenophoren durchlaufen ein vierteilig-radiäres Stadium. In der weiteren Entwicklung tritt das Cydippe-Stadium auf, dessen Gestalt bei den Cydippida beibehalten wird, während die anderen Formen noch auffallende Gestaltveränderungen durchmachen. Merkwürdig ist, daß Ctenophoren sich bereits im frühen Jugendstadium fortpflanzen können, um dann

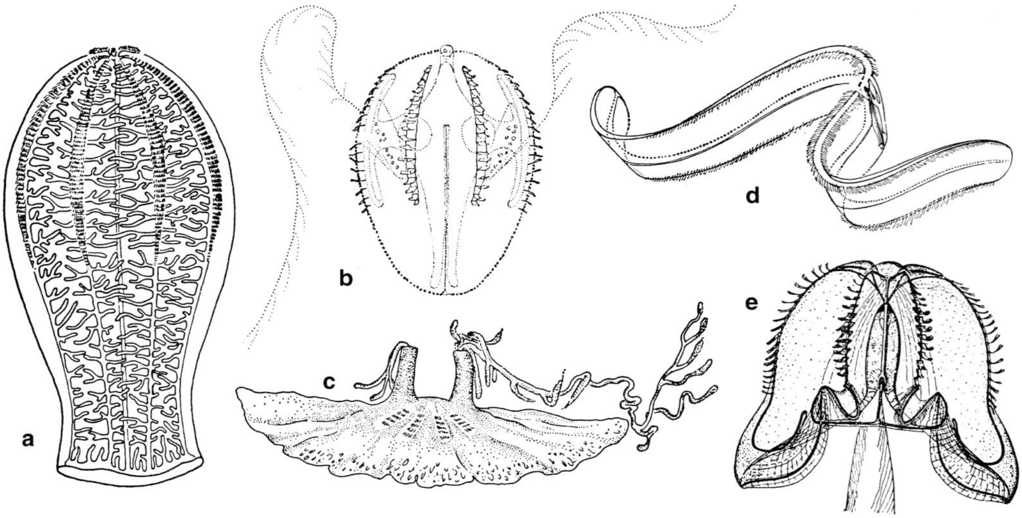

Abb. 50: Ctenophoren-Formen. a. *Beroë*, b. *Pleurobrachia*, c. *Ctenoplana*, d. *Cestus*, e. *Bolinopsis*. Nach Chun, Dawydoff, Riedl

nach einer sterilen Periode nochmals als ausgewachsene Tiere geschlechtsreif zu werden (Dissogonie).

Lebensweise. Die artenarme Gruppe enthält etwa 100 Arten und bewohnt ausschließlich das Meer; einzelne Arten *(Pleurobrachia pileus)* dringen ins Brackwasser vor. Im Meer ist das freie Wasser (Pelagial) ihr Hauptlebensraum. Einige Arten sind zum Bodenleben übergegangen; so kriechen die platten *Coeloplana* und *Ctenoplana* am Boden, besonders auf Korallen, denen sie in ihrer Farbe täuschend ähneln. Die Tiefseeform *Tjalfiella* sitzt sogar mit ihrer Mundscheibe am Boden fest. Auch eine parasitische Form fehlt nicht: *Gastrodes* dringt in Salpen ein.

Die Fortbewegung leisten die Wimperplättchen, deren Effektivschlag nach aboral gerichtet ist, daneben können zwei Ruderflossen ausgebildet sein und beim Schwimmen mitwirken. Normalerweise ist beim Schwimmen der Mund nach vorn gerichtet. Die bodenlebenden Formen besitzen eine bewimperte Kriechsohle, die z.T. aus dem bewimperten Mundfeld entstanden ist. Die Ernährung erfolgt mit Hilfe der Tentakel, die im ausgestreckten Zustand ein Vielfaches der Körperlänge erreichen (bei der meist 1–2 cm großen *Pleurobrachia* bis über 50 cm) und an denen Beutetiere verschiedener Größe festkleben. Die Tentakel werden dann zum Mund gebracht, wo die Beute abgeflimmert wird (vor allem Larven zahlreicher Meerestiere wie Copepoden). Tentakellose Arten erfassen ihre Nahrung – meist Ctenophoren – direkt mit dem Mund (z.B. *Beroë*). Dabei können sog. Sichelcilien behilflich sein, die aus zahlreichen Cilien zusammengesetzt sind, aber nur von einem gemeinsamen Plasmalemm begrenzt werden. Die *Beroë*-Arten der Nordsee sind sehr spezialisiert: *Beroë gracilis* frißt *Pleurobrachia pileus*, *B. cucumis* dagegen *Bolinopsis infundibulum*. Auch sehr kleine *Beroë*-Individuen leben von anderen Ctenophoren. Von größeren Tieren trennen sie Gewebestücke ab. Die weit verbreitete *Haeckelia* (früher: *Euchlora*) ist auf Medusen spezialisiert, deren Cniden sie in ihren Tentakeln deponiert (Kleptocniden).

Phylogenie, Systematik. Die Ctenophoren nehmen in ihrer Organisationshöhe eine Mittelstellung zwischen Cnidariern und Bilateria ein. Die phylogenetischen Verknüpfungen nach beiden Seiten hin sind jedoch nicht faßbar. Die Ähnlichkeit zwischen Ctenophoren *(Coeloplana)* und Turbellarien (Polycladida) ist zwar auffällig, doch legt die unterschiedliche Entwicklung beider Gruppen nahe, diese Ähnlichkeiten als Konvergenzen aufzufassen. Innerhalb der Ctenophoren stehen die Normalformen wie *Cydippe* der Urform am nächsten. Ein Fossilfund aus dem devonischen Hunsrückschiefer *(Paleoctenophora)* ist umstritten.

1. Klasse: **Tentaculifera** («Tentaculata»). Mit Tentakeln. 1. Ordnung: Cydippida. Ei- bis birnenförmig. Darm ohne Anastomosen. Pelagisch. *Pleurobrachia* (Abb. 50b), *Cydippe, Callianira.*

Die Seestachelbeere (*Pleurobrachia pileus* Abb. 50b) ist z.B. in der Nordsee häufig. An ihren fast 1 m langen, gefiederten, im Wasser quasi ein Treibnetz bildenden Tentakeln haften Plankter und Schwebepartikel fest (Kolloblasten). In unregelmäßigen Abständen werden die Tentakel durch den Mund gezogen und von der Beute befreit. Die bis 3 cm lange *Pleurobrachia* kann oft in großer Zahl am Nordseestrand angespült werden und glitzert im Sonnenlicht. Sie wird dann von Einheimischen auch «Rotzfisch» genannt.

– 2. Ordnung: Thalassocalycida. Medusenähnlich, Sargassosee. *Thalassocalyce.* – 3. Ordnung: Tjalfiellida. Festsitzend. *Tjalfiella.* – 4. Ordnung: Lobata. Mit 2 Schwimmlappen. Pelagisch. *Bolinopsis* (Abb. 50e), *Mnemiopsis.* – 5. Ordnung: Cestida. Lang, bandförmig. Pelagisch. *Cestus* (Venusgürtel, Abb. 50d). – 6. Ordnung: Platyctenida. Scheibenförmig, am Boden kriechend. *Coeloplana, Ctenoplana* (Abb. 50c).

2. Klasse: **Atentaculata** (Nuda). Ohne Tentakel. Pelagisch. Ordnung: Beroida. *Beroë* (Abb. 50a).

E. Bilateria
(Coelomata)

Die Bilateria umfassen alle Tiere von den Würmern bis zu den Insekten und Wirbeltieren. Durch eine Medianebene werden sie in zwei spiegelbildliche Hälften und durch eine Transversalebene in eine Dorsal- und eine Ventralhälfte unterteilt. Des weiteren ist eine Polarisierung in Vorderpol (Sinnes- und Nahrungsaufnahmepol, Kopf) und Hinterpol kennzeichnend. Die Bilateria repräsentieren das triploblastische – aus drei Keimblättern aufgebaute – Organisationsniveau der Metazoa und sind vom diploblastischen Niveau durch folgende Merkmale unterschieden:

1. After. Durch die Ausbildung eines Afters entsteht ein durchgehender Darmkanal. Er ermöglicht die Verarbeitung der Nahrung mechanisch (Kiefer, Kaumagen) und chemisch in aufeinanderfolgenden Etappen.

2. Mesoderm, Coelom. Zwischen Epidermis und Darm liegen Derivate des dritten Keimblattes, des Mesoderms. Es kann sich um Bindegewebe, Muskulatur oder um flüssigkeitsgefüllte Hohlräume handeln, die von einem Epithel ausgekleidet sind (= sekundäre Leibeshöhle, Coelom). Das Coelomepithel legt sich mit einer Schicht der Körperwand an (somatisches oder parietales Blatt) und bildet hier den Hauptteil des Hautmuskelschlauches. Mit einer anderen Schicht umschließt es den Darm (splanchnisches oder viscerales Blatt) und bildet hier die Darmmuskulatur. Treffen Coelomwände der beiden Seiten über oder unter dem Darm zusammen, so entstehen Mesenterien, hintereinander liegende Coelomepithelien bilden zusammen eine doppelwandige Querwand (Septum oder Dissepiment). Im Coelomepithel liegen ursprünglich die Gonaden. Die Keimzellen fallen zunächst in das Coelom.

3. Blutgefäßsystem. Es entsteht zwischen den Epithelien, besonders des Coeloms, im Bereich der primären Leibeshöhle. Seine Wandungen werden von der Coelomwand, die dabei ihre Basisfläche dem Blutraum zukehrt, geliefert.

4. Gehirn: Das Nervensystem bildet nahe am Vorderpol ein zentrales Organ der Informationsverarbeitung und Koordination.

5. Nephridialorgane. Sie treten in 2 Typen auf:

a. Metanephridien (oft kurz Nephridien genannt). Sie beginnen im allgemeinen mit einem Wimpertrichter, der von der Coelomwand gebildet wird. Es folgt ein meist bewimperter Ausführungsgang, an dessen Bildung sich das

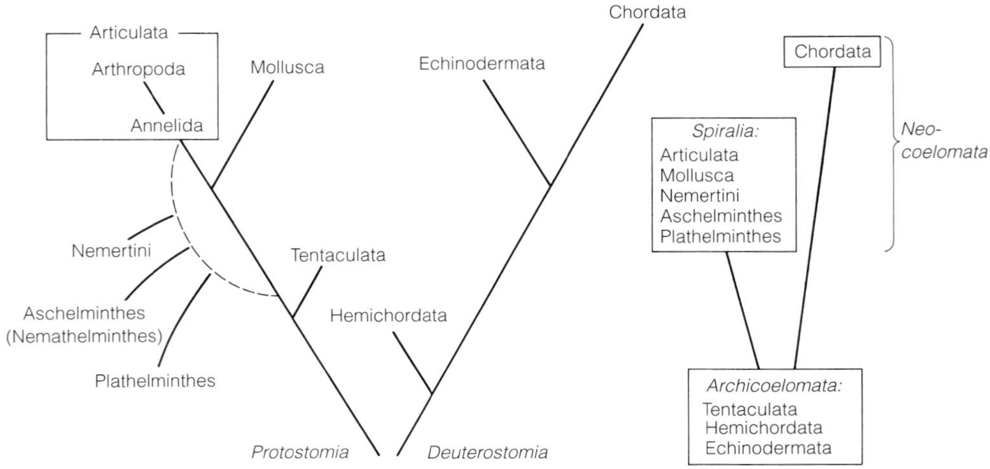

Abb. 51: Die wichtigsten Stämme der Bilateria (Coelomata) in ihren gegenseitigen Beziehungen. Links: Gliederung nach der Ausbildung des Urmundes in Proto- und Deuterostomia. Rechts: Gliederung nach den Coelomverhältnissen in Archi- und Neocoelomata, stark vereinfacht.

Ectoderm beteiligt. Nephridien sind oft in Vielzahl vorhanden, bei segmentierten Arten meist ein Paar pro Segment. Sie werden daher auch Segmentalorgane genannt. Sie sind wohl ursprünglich Geschlechtsleiter und Exkretionsorgane, also ein Urogenitalorgan.

b. Protonephridien. Sie bestehen aus einem innen blind geschlossenen Kanalsystem, das von der Haut in den Körper zieht, und sind oft verzweigt. An den Endstellen sitzen Wimperzellen (Cyrtocyten), auch Terminalzellen genannt (Abb. 63).

Beide Nephridialorgane können in der gleichen Gruppe auftreten. Sie können sogar in einem Organ vereint sein (Mixonephridien), sei es, daß sich ein Wimpertrichter mit einem Protonephridium vereinigt oder daß sich aus der Wand eines Metanephridiums Auswüchse von protonephridialem Bau entwickeln.

Über die Entstehung dieser Organe bestehen verschiedene Auffassungen. Das gilt insbesondere für das Coelom. Am wahrscheinlichsten ist seine Ableitung aus Gastraltaschen, wie sie bei niederen Metazoen vorkommen. Dafür sprechen folgende Gemeinsamkeiten:

a. Gastraltaschen und Coelomepithel bestehen oft aus Epithelmuskelzellen.

b. In beiden Fällen tragen die Epithelmuskelzellen oft eine Geißel.

c. Im Epithel der Gastraltaschen und im Coelothel niederer Bilateria finden sich oft Nervenplexus.

d. Beide Epithelien bringen die Gameten hervor.

e. Verbreitet ist auf dem diploblastischen Niveau wie bei niederen Bilateria eine Abgabe der Spermien ins freie Wasser.

f. Ontogenetisch entsteht das Coelom oft aus Urdarmtaschen (Enterocoelie), rekapituliert also vermutlich den ursprünglichen Zustand.

Bilateria ohne Coelom, z.B. Plathelminthes, sind möglicherweise aus Jugendstadien oder Larven entstanden, die noch keine sekundäre Leibeshöhle hatten (Vorverlegung der Geschlechtsreife; Progenesis).

Die zahlreichen Stämme der Bilateria lassen sich in zwei Linien anordnen, Protostomia und Deuterostomia, die sich basal nahestehen (Abb. 51). Die basalen Gruppen werden auch als **Archicoelomata** zusammengefaßt, aus ihnen sind Spiralia und Chordata abzuleiten (Abb. 51). Die Archicoelomata sind trimere Organismen, d.h. es sind 3 Coelomsackgarnituren ausgebildet: 1. Protocoel (= Axocoel), im Vorderende vor dem Mund, oft unpaar; 2. Mesocoel (= Hydrocoel), paarig im Anschluß an die Mundregion; 3. Metacoel (= Somatocoel), paarig im Rumpf. Sind diesen Coelomräumen entsprechend Körperregionen abgegrenzt, so werden sie als Protosoma (= Prosoma), Mesosoma (= Kragen) und Metasoma (= Rumpf) bezeichnet. Nach dem Archicoelomaten-Konzept lassen sich Sipunculiden und Anneliden eng an die trimeren Organismen anschließen. In die Tentakel der ersteren und die mundnahen Anhänge mancher sedentärer Polychaeten ziehen Coelomausläufer hinein, die wohl teilweise dem Mesosoma der Archicoelomaten entsprechen.

Reihe: Protostomia

In der Ontogenie wird der Urmund oft zum definitiven Mund (Urmünder). Das Nervensystem ist vorwiegend ventral entwickelt (Gastroneuralia). Als Larve ist vielfach eine Trochophoralarve vorhanden, vor allem bei marinen Gruppen.

I. Tentaculata

Die Tentaculaten sind meist festsitzende oder halbfestsitzende Meeresbewohner. Sie umfassen etwa 6000 rezente Arten. Ihr Körper zeigt eine Dreigliederung in

1) Prosoma: kleiner Fortsatz oberhalb des Mundes (Oberlippe, Epistom), der öfter noch einen Coelomraum enthält.

2) Mesosoma: mit eigenem Coelom ausgestatteter Kragenbereich, von dem 2 gebogene bis spiralig aufgerollte Arme (Lophophore) ausgehen, deren Ränder dicht mit bewimperten Tentakeln besetzt sind; an seinem Vorderrand liegt der Mund.

3) Metasoma: Rumpf mit umfangreicher Coelomhöhle und den Hauptorganen, wird meist von einer festen Hülle oder Schalenklappen umgeben. Die Gonaden liegen in der Coelomwand des Rumpfes, die Ausleitung der Keimzellen erfolgt oft noch über ein oder zwei Paar Metanephridien; der Darm ist außer an Dorsal- und Ventralmesenterium ursprünglich noch an 2 Lateralmesenterien aufgehängt. Bei primitiven Formen besitzt die Larve deutliche Übereinstimmung mit der Trochophoralarve.

Das Coelom der Tentaculaten entsteht durch seitliche Abfaltung oder Auswanderung zahlreicher Zellen aus dem Urdarmbereich. Diese Tatsache, die Dreigliederung des Körpers und die Lophophore weisen auf enge Beziehungen zu den Pterobranchiern (Hemichordaten).

Von den drei Klassen der Tentaculaten besitzen Phoroniden und Brachiopoden viele ursprüngliche Merkmale, während die Bryozoen sekundär vereinfacht sind.

1. Klasse: Phoronidea

Die artenarme Gruppe der Phoronidea ist durch einen 3–5 cm langen schlauchförmigen Rumpf (Abb. 52) gekennzeichnet, dessen Epidermis eine chitinige, oft mit Fremdkörpern besetzte Hülle abscheidet.

Das Prosoma bildet über dem Mund eine gewölbte Oberlippe (Epistom), die eine Coelomhöhle besitzt. Diesem Körperabschnitt gehören auch die paarigen Lophophororgane an, deren Gestalt von Wimpergruben bis zu lappenartigen, gefalteten Fortsätzen variiert und die parallel zur Gonadenreifung zyklische Veränderungen durchmachen. Arten, bei denen sich die Embryonen zunächst im Schutz der Tentakelkrone entwickeln, besitzen neben den Lophophororganen noch Drüsenfelder, deren Sekret die frühen Embryonen am Elterntier befestigt.

Das Mesosoma bildet die hufeisenförmig angeordneten Lophophore (Arme), die in unterschiedlichem Ausmaß distal spiralig aufgerollt sind und die eine Doppelreihe von ca. 25 bis über 1600 Tentakeln tragen. Die Tentakel des linken und rechten Armes gehen im Bereich des Mundes ineinander über, so daß dieser von Tentakeln umstellt ist.

Das Metasoma bildet den Rumpf, der terminal erweitert ist (Ampulle).

Sinnesorgane fehlen, in der Epidermis finden sich jedoch zahlreiche in Gruppen angeordnete Sinneszellen.

Das Nervensystem liegt in der Epidermis und besteht aus einem locker verteilten Körperplexus, einem flachen Cerebralganglion (Gehirn) hinter dem Epistom, von dem Fasern zu den Tentakelreihen und dem Lophophororgan

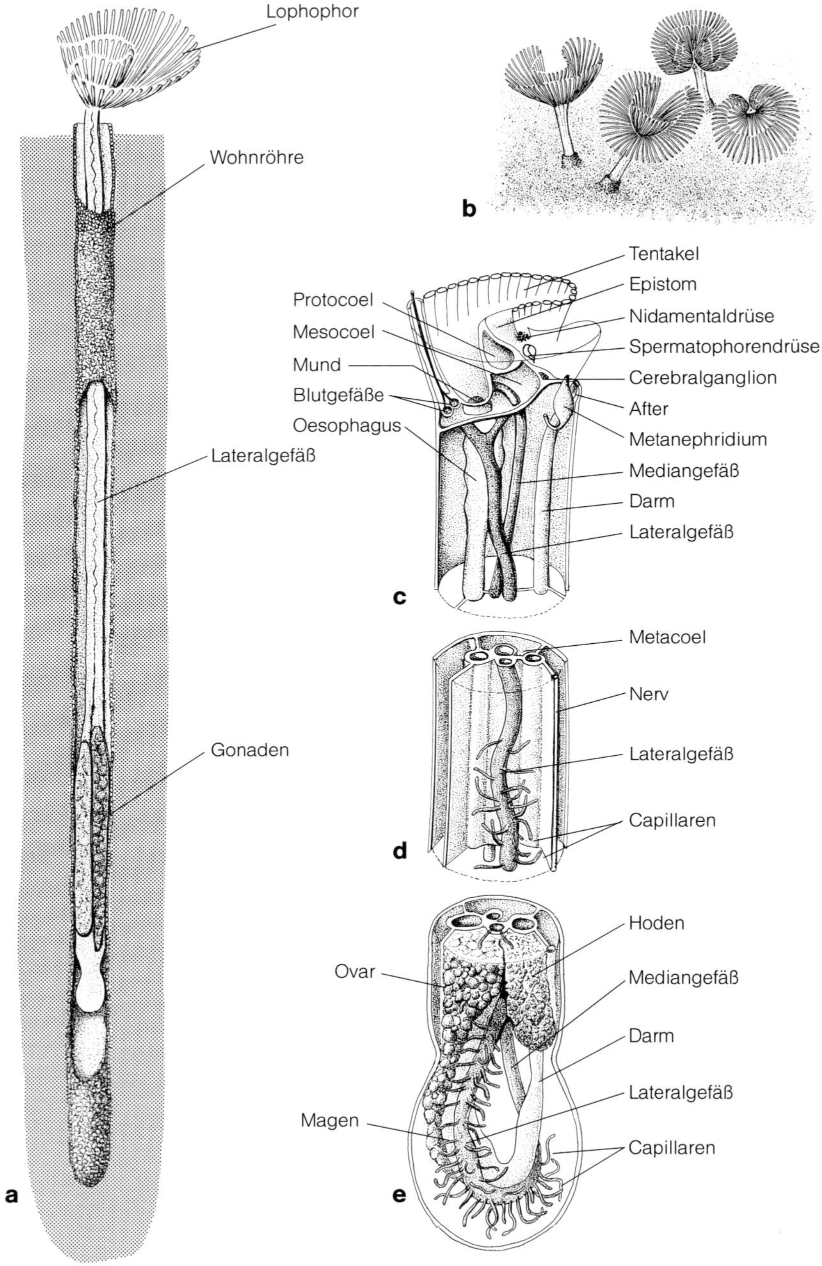

Abb. 52 Phoronidea. a. Adultes Tier in Wohnröhre im Substrat. b. Vier Tiere mit Lophophoren oberhalb des Substrates. c, d, e. Innere Anatomie der Phoroniden. c. Vorderende mit Lophoporen, deren Tentakel distal abgeschnitten sind. Die Hälfte der Phoronidenarten treibt im Bereich des Lophophors Brutpflege, die Embryonen sind im Bereich der Nidamentaldrüse angeheftet. Fast alle Phoroniden bilden Spermatophoren. d. Mittlerer Teil des Rumpfes. e. Hinterende des Rumpfes (Ampulle) mit Hoden und Ovar; ca. 50% der Arten sind zwittrig. Die Capillaren, die Gonaden und Magen versorgen, sind blindendigende Schläuche.
Nach Nielsen, Vandergon und Colacino, Zimmer.

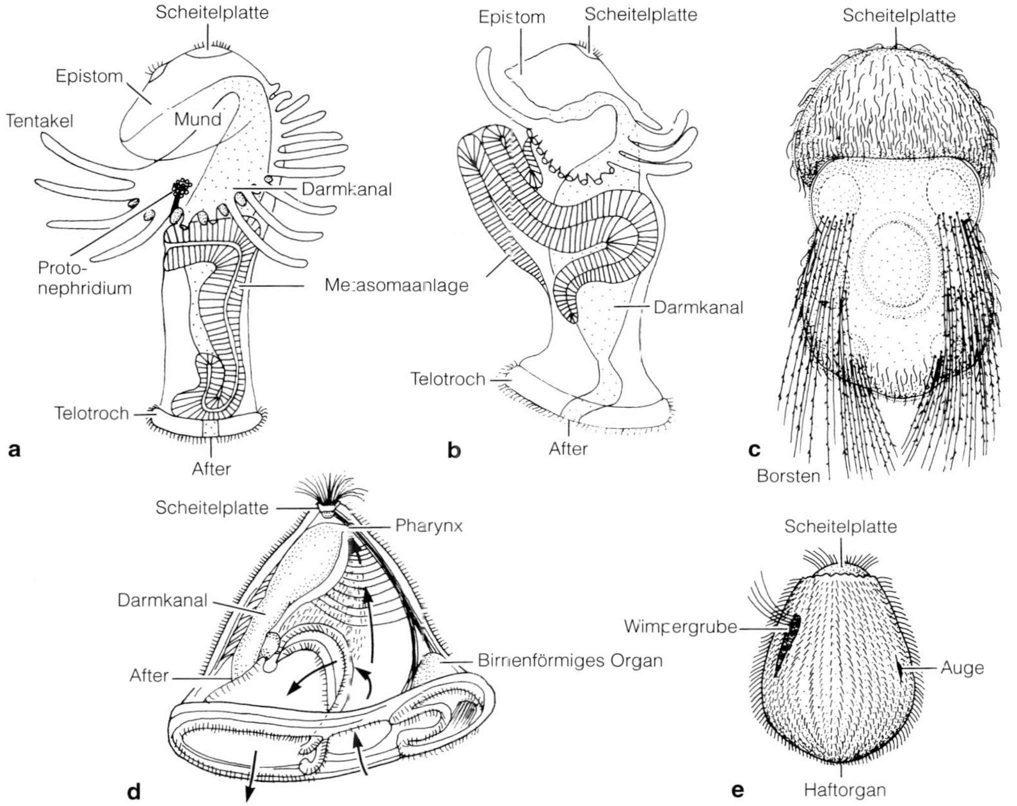

Abb. 53: Larven von Tentaculata. a, b. Actinotrocha (Phoronidea), zwischen den Larvaltentakeln Knospen der Adulttentakel; a. metamorphosebereite Larve von *Phoronis*, b. Larve beim Ausstülpen der Metasomaanlage, c. Larve von *Crania* (Brachiopoda); d. Cyphonautes von *Membranipora* (Bryozoa; Pfeile zeigen den Wasserstrom), e. Larve von *Bugula* (Bryozoa). Nach Herrmann, Nielsen, Zimmer

ausgehen, einem Oesophagusring und 1 oder 2 lateroventralen Riesenfasern, die an den Ansatzstellen der lateralen Mesenterien entlanglaufen. Die Riesenfasern (Durchmesser bis 80 µm) vermitteln schnelle Rückziehbewegungen.

Nahrungsbestandteile, oft Planktonorganismen, werden mit den Cilien der Tentakel in den Mundbereich getrieben; oft werden sie in Schleim eingebettet. Der einfach gebaute Verdauungstrakt (mit Vormagen und Magen) ist U-förmig gebogen und besitzt keine Mitteldarmdrüsen. Er ist innerviert und besitzt eine Längsmuskelschicht, außerdem ist er mit medialen und lateralen Mesenterien an der Körperwand befestigt. Die seitlichen Mesenterien verlaufen unsymmetrisch, weil sich das rechte dem absteigenden, das linke dem aufsteigenden Darmschenkel anheftet. Der After mündet mit einer Papille zwischen den Lophophoren.

Das Coelom ist in Meso- und Metasoma umfangreich und besteht hier aus je einem Paar Kammern. Die Außenwände des Coeloms bilden einen einheitlichen Hautmuskelschlauch, in dem Längsmuskulatur stark hervortritt.

Das geschlossene Blutgefäßsystem enthält im Blutplasma haemoglobinhaltige, scheibenförmige Erythrocyten. Es bildet einen kompliziert gebauten Gefäßring mit venösem und arteriellem Anteil in den Lophophoren und einen venösen dorsalen und einen arteriellen lateralen Längsstrang, die sich hinten in einem Darmblutsinus vereinigen. Das laterale Gefäß, in dem das Blut aus dem Vorderende nach hinten strömt, ist als verlagertes Ventralgefäß aufzufassen. Vor allem am lateralen Gefäß entspringen zahlreiche blindendigende Schläuche, die z. T. von nährstoffspeicherndem Gewebe umgeben sind, und in deren Nähe sich im Coelomepithel die Gonaden entwickeln.

Einige Arten sind zwittrig; deren Gonaden bilden zunächst Spermien und anschließend Eier, die ins Coelom entleert werden. Von dort gelangen sie durch ein Paar vorn im Rumpf gelegener Metanephridien, die z. T. sehr lange Lippen an den Wimpertrichtern besitzen, nach außen. Die Nephridien sind sehr vielgestaltig und besitzen bei einigen Arten zwei Wimpertrichter. Die Nephridialöffnungen liegen dicht neben der Afterpapille. Die Eier bleiben oft an den Tentakeln haften und entwickeln sich zunächst hier. Die Furchung ist total, meist aequal und radiär. Gelegentlich wurden Anklänge an die Spiralfurchung beschrieben. Anders als bei den Trochophoralarven erfolgt die Mesodermbildung durch viele vom Urdarm auswandernde Zellen, deren Zusammenschluß die Coelomwände bildet. Die weitere Entwicklung führt zu einer freischwimmenden Larve (Actinotrocha [Abb. 53 a, b]): Sie besitzt Scheitelplatte, Wimperringe und Protonephridien. Äußerlich erkennt man eine Zweiteilung in Episphäre und Hyposphäre, das Coelom ist dreigliedrig. Die Fortbewegung erfolgt durch einen Tentakelkranz und den hinteren Wimperring, den Telotroch. Der Mund liegt unter der Episphäre, der After terminal inmitten des Telotroch. Eigenartig ist die Bildung des Rumpfes der erwachsenen Tiere. Sie erfolgt derart, daß zuerst an der Bauchfläche der Larve eine schlauchförmige Einstülpung ins Innere entsteht (Metasomaanlage, Abb. 53 a, b). Außerdem bilden sich Adulttentakel und 1–2 Blutkörperbildungszentren nahe den Protonephridien. Der Adultus entsteht durch eine schnell ablaufende Metamorphose (*Phoronis mülleri:* 15 Minuten, *Phoronis psammophila:* 30 Minuten): Die Metasomaanlage wird ausgestülpt und zieht den Darmkanal mit, der jetzt U-förmig wird. Wenig später werden Episphäre und larvale Tentakel verschlungen. Der Telotroch wird meistens in den Enddarm hineingezogen und resorbiert. Das Regenerationsvermögen der Phoroniden ist sehr groß, so daß nach dem Durchtrennen von Tieren mehrere Individuen entstehen können.

Die weltweit verbreiteten Phoroniden (nur ca. 15 Arten, 2 Gattungen: *Phoronis, Phoronopsis*) leben oft in dichten Beständen im Meeresboden, sowohl im Schlamm als auch im Sand und eingebohrt in Gestein sowie Molluscenschalen oder den Sekretröhren von Cerianthariern.

2. Klasse: Bryozoa (Polyzoa, Moostiere)

Die Bryozoen existieren rezent in ca. 5600 und fossil mit ca. 16000 Arten. Sie zeigen als Einzeltiere einen stark vereinfachten Bau, erfahren aber durch Koloniebildung eine reiche Entwicklung. Die Kolonien (Zoarien) zeigen zahlreiche Wuchsformen: Krusten-, Klumpen-, Scheiben-, Strauch- und Rasenbildung und besiedeln in großer Zahl Pflanzen und Festkörper des Meeres, nur wenige Arten sind ins Süßwasser vorgedrungen

Bau des Einzeltieres (Zooids): Die primäre Dreigliederung des Körpers ist oft nur schwer zu erkennen. Das Prosoma ist noch bei manchen Arten als Oberlippe (Epistom) nachweisbar (Abb. 54), dem Mesosoma fehlen bei den meisten Arten die typischen Lophophorarme, so daß sein Bereich nur durch einen Kranz bewimperter Tentakel, die den Mund umstehen, gekennzeichnet ist. Das Metasoma ist umfangreich und enthält u. a. Gonaden und Darmschlinge. Im Körper hat sich eine neue, tiefgreifende Zweiteilung vollzogen. Der Hinterkörper (Cystid) ist von einer kapselartigen Cuticula umschlossen. Sie ist im einfachsten Falle gallertig bis chitinig und besteht vor allem aus Protein und zu einem geringen Teil aus Kohlenhydraten. Die Cuticula kann durch starke Einlagerung von Calciumsalzen verdickt und zu einem Panzer verfestigt werden (Abb. 56), so daß manche Stöcke ein korallenähnliches Aussehen gewinnen *(Hornera)*. $CaCO_3$ wird in der Regel als Mg-Calcit ausgefällt. Das Kalkgehäuse, das ganz beträchtliche Mengen von Magnesium und Strontium enthält, kann durch Ausbildung von Stacheln und durch Einschieben von Kalkwänden ins Innere (Kryptocystenbildung) kompliziert werden. Das Gehäuse des Einzeltieres heißt auch Zoecium.

Der Vorderkörper mitsamt der Tentakelkrone (Polypid) bleibt dünnhäutig und wird bei Störung in das Hinterende eingezogen (Abb. 55). Dieser Vorgang erfolgt so, daß die Tentakelkrone einfach eingezogen, die vordere

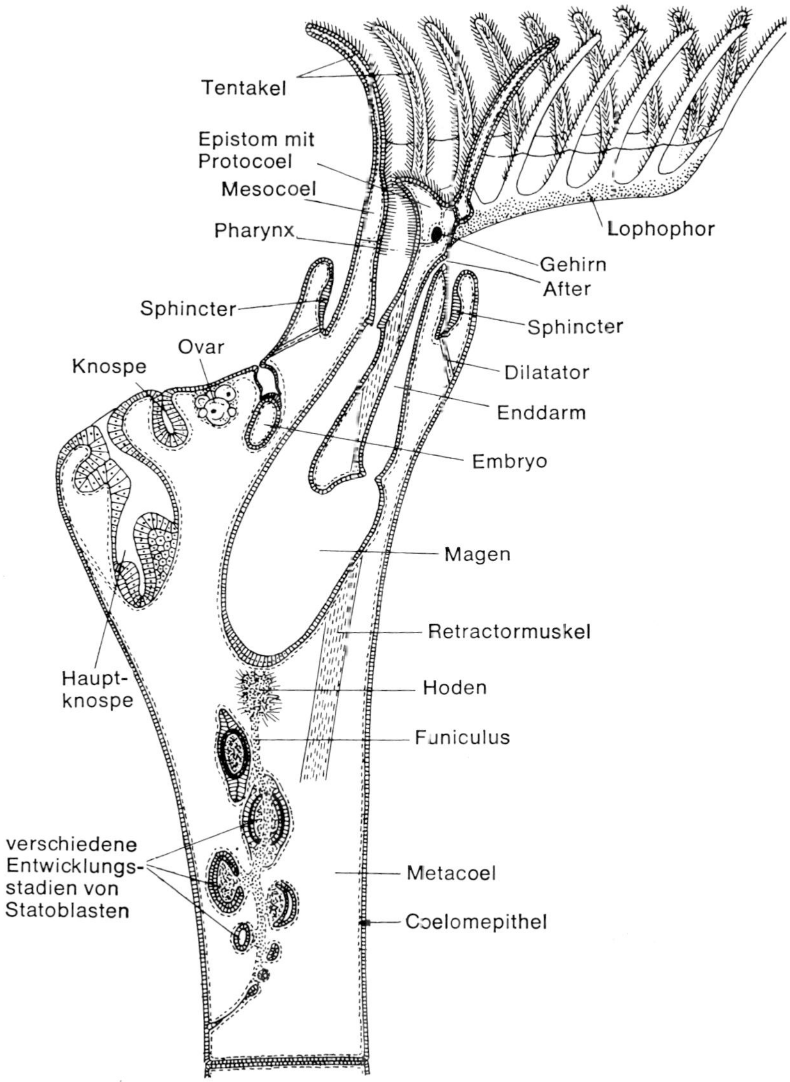

Abb. 54: Bauplan der Phylactolaemata. Nach Ryland

Rumpfwand aber z. T. umgestülpt wird und in diesem Zustand die Tentakel als Tentakelscheide (Kamptoderm) umhüllt. An der Einstülpungsstelle werden vielgestaltige Verschlußapparate ausgebildet; bei den Cyclostomen ist der apikale Teil der Körperwand nicht verhärtet und zentral zum Atrium eingefaltet. Bei Gefahr wird die Tentakelkrone eingezogen und das Atrium geschlossen (bei *Crisia* und anderen durch einen Sphinkter). Bei den Ctenostomen umgibt den Vorderrumpf ein membranöser Kragen, der sich über dem eingezogenen Vorderende zusammenfaltet; die Cheilostomen können die Einstülpungsöffnung mit einem Deckel (Operculum) verschließen (Abb. 55). Das Ausstülpen des Polypids erfolgt meist durch Auspressen infolge Erhöhung des Binnendrucks, der durch Muskelkontraktion hervorgerufen wird. Kompliziert wird dieser Vorgang bei stark verkalkten, starren Gehäusen. In

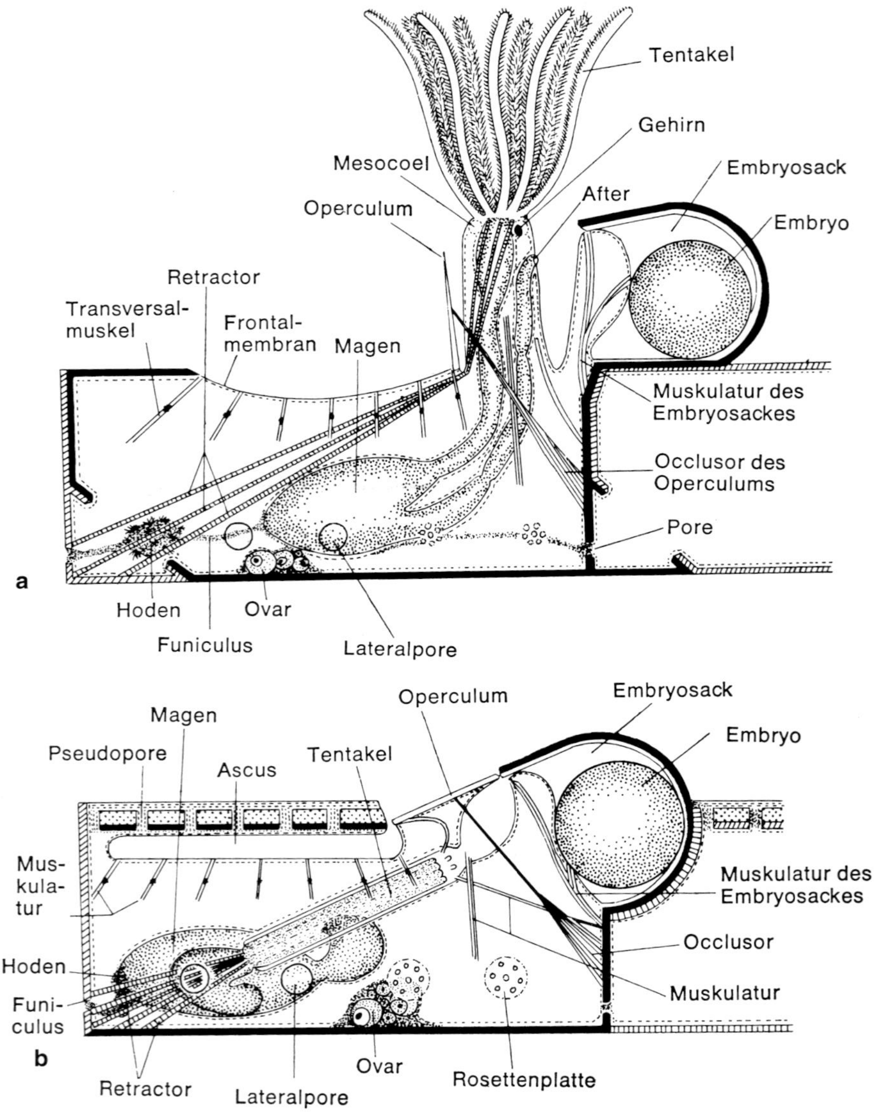

Abb. 55: Bauplan der Cheilostomata. a. Form ohne Ascus (Anasca), b. Form mit Ascus (Ascophora). Der Bereich des Ascus wird vom sogenannten Frontalschild bedeckt. a. mit ausgestülptem, b. mit zurückgezogenem Polypid. Embryosack = Ooecium = Ovicelle. Nach Ryland

diesem Fall bleibt ein Wandteil des Gehäuses dünn und biegsam, so daß dieser Teil einwärts gezogen werden kann (Abb. 55), oder es bildet sich von der Wand aus eine sackförmige, dünne Hauteinstülpung (Ascus, Wassersack; Abb. 55), die durch Muskelzug erweitert werden kann, wobei die Leibeshöhle unter Druck gesetzt wird.

Das Nervensystem besteht aus einem unter der Epidermis gelegenen Cerebralganglion, das bei Phylactolaemata einen Hohlraum aufweist, und einem meist schwach ausgebildeten Hautplexus. Das Ganglion liegt dorsal vom Mund und ist der auffälligste Teil eines um den Mund verlaufenden Nervenringes, von dem aus je ein Paar motorischer und sensorischer Fasern in die Tentakel ziehen, andere Fasern ziehen zur Tentakelscheide und zum Darmkanal. Bei einigen Bryozoen sind Nervenzellen beobachtet worden, die eine Koordination der Einzeltiere einer Kolonie bewirken. Für einzelne Arten ist eine Koordination von Vibracularbewegungen und Polypidretraktionen bei Gefahr nachgewiesen worden. Die Epidermis, vor allem die der Tentakel, enthält Reihen von Sinneszellen, Sinnesorgane fehlen bis auf die Augenflecken der Larven.

Nahrungspartikel werden mit dem Cilienschlag der einen Trichter bildenden Tentakel oder durch Tentakelbewegungen in den Mund befördert. Von manchen Arten ist ein feines Diskriminierungsvermögen hinsichtlich der Partikelgröße bekannt. Die einzelnen Flimmerzellen der Tentakel tragen zahlreiche Kinocilien. Dies steht im Gegensatz zu den Tentakeln der anderen Tentaculata, deren Flimmerzellen nur je eine Cilie tragen.

Der U-förmige, z.T. bewimperte Darm besitzt einen muskulösen Pharynx mit intraepithelialen Myofilamenten und bildet in seinem mittleren Teil einen Blindsack (Magensack); bisweilen findet sich im absteigenden Darmschenkel ein muskulöser, mit Cuticulaplatten versehener Kaumagen, der After liegt dorsal zwischen Tentakelkrone und Cystidrand. Hauptort der extrazellulären Verdauung und Resorption ist wie bei Phoroniden der Magenbereich, der einen pH-Wert von 6,5–7,0 aufweist. Fortbewegung des Nahrungsbreies erfolgt durch Muskulatur und Cilien. Diese formen im hinteren Darmkanal einen Nährstoffstrang, der sich sehr rasch rotierend bewegt und sich meist vom Magenausgang bis zum After erstreckt. Das Coelom ist gut entwickelt. Ein Protocoel kommt noch im Epistom der Phylactolaemata vor (Abb. 54), es steht in offener Verbindung mit dem Mesocoel. Dieses bildet einen Ring um den Mund, von dem bei den Phylactolaemata Kanäle in Lophophoren und Tentakel ziehen. Bei dieser Bryozoengruppe werden die 3 hinter dem Epistom gelegenen mediodorsalen Tentakel durch 2 besondere Mesocoelkanäle mit Wimpertrichtern versorgt, die um das Epistom herumlaufen, sich zu einer Blase vereinigen und dann in die Tentakel ziehen. Sie wurden manchmal als Nephridien angesehen. Das Metacoel ist eine einheitliche Höhle, Mesenterien fehlen; nur ein vom Magen zur Körperwand ziehender, flüssigkeitsgefüllter Schlauch, der Funiculus (Abb. 54, 55), kann als Mesenterienrest angesehen werden. Er ist wie ein Blutgefäß anderer Coelomaten aufgebaut und kann eine Kontinuität zwischen verschiedenen Zooiden herstellen. Bei den Cyclostomata löst sich das Mesodermepithel im Metasomabereich von der Epidermis, so daß im Cystid zwei Körperhöhlen entstehen: das Metacoel um Darm und Funiculus sowie – v.a. im hinteren Cystidabschnitt – ein Spaltraum zwischen Coelomwand und Epidermis. Exkretionsfunktion wird von Darm- und Körperwandepithelien übernommen. Die Darmwand kann mit Exkreten beladen zusammen mit dem Polypid zugrunde gehen und einen sog. braunen Körper bilden. Die Körperwand des Cystids bringt dann ein neues Polypid mit Darm hervor. Der braune Körper kann dann ausgestoßen werden oder im Metacoel liegen bleiben. Atmung erfolgt durch die Körperwand; bei Formen mit festem Gehäuse kann der Gasaustausch durch nicht verkalkte Aussparungen (Pseudoporen bei Cyclostomata und Cheilostomata) oder durch den Wassersack (Ascus mancher Cheilostomata) erfolgen.

Die Gonaden der meist zwittrigen Bryozoen liegen in der Wand des Metacoels oder am Funiculus. Spermien reifen bei vielen Arten im Zusammenhang mit einem Cytophor. Bei *Electra, Schizoporella* und *Zoobothryon* werden Tausende von Spermien durch feine Poren der am weitesten dorsal gelegenen Tentakel nach außen abgegeben. Mit dem Wasserstrom können sie benachbarte Tiere erreichen. Eier, die einen sehr unterschiedlichen Dottergehalt haben können, werden durch eine im Tentakelbereich gelegene Coelomöffnung, die oft auf einem röhrenförmigen Fortsatz liegt, abgegeben (Intertentakularorgan).

Brutpflege kann an verschiedenen Stellen des Körpers erfolgen. Bei den Cyclostomata wächst das Tier, das das Ei produziert hat, selbst zu einem großen tonnenförmigen Brutbehälter (Gonozoid) heran. Der Embryo zerfällt auf frühen Entwicklungsstadien in sekundäre Embryonen, die sich wieder in tertiäre teilen können (Polyembryonie).

Bei den Phylactolaemata entwickelt sich das Ei in einem inneren Brutsack (Uterus), bei vielen Cheilostomata existiert ein äußerer Brutbehälter (Abb. 55), in dem 2 schalen- oder blasenförmige Auswüchse eine äußere Brutkammer umschließen (Ooecium, Ovicelle), in die

die Eier hineingelegt werden. Bei *Tendra* entwickeln sich die Eier unter Rippen über der apikalen Körperwand (Frontalmembran). Die totale (trotz z. T. beträchtlicher Dottermengen) Furchung führt zu einer Wimperlarve, die manche Übereinstimmung mit der Trochophoralarve aufweist; sie besitzt eine Scheitelplatte und einen Wimperring (Corona), der den Larvenkörper in eine vordere Episphäre und eine hintere Hyposphäre teilt. Die Hyposphäre ist oft eingeebnet, so daß Mund und After nahe beieinander an der Hinterfläche liegen (wohl ein ursprüngliches Merkmal). Manche Larven (*Bugula*, Abb. 53 e) besitzen einen Augenfleck. Die äußere Gestalt der Larve ist recht verschieden, bald dreieckig, mützenförmig mit starker seitlicher Zusammenpressung (Cyphonautes), bald halbkugel- bis walzenförmig.

Die dotterreichen Larven halten sich nur Minuten oder wenige Stunden im Plankton auf und nehmen hier keine Nahrung auf. Nur der Cyphonautes ist ein planktotropher Larventyp, der einige Wochen im Plankton lebt.

Beim Cyphonautes wird der größte Teil der Seitenwände von schalenförmigen Abschnitten gebildet, die durch einen Adduktormuskel zusammengehalten werden und die eine recht große Mantelhöhle umschließen. Diese wird durch bewimperte Leisten in 2 Räume zerlegt: Ein- und Ausstromkammer. Apikal geht der Einstromraum in einen bewimperten Pharynx über, der die Nahrung in den Mitteldarm führt (Abb. 53 d). Das Hinterende trägt ein eingesenktes Haftorgan, das beim Festheften der Larve vorgestülpt wird. Vor dem Mund liegt das birnenförmige Organ, ein Komplex aus Drüsen- und Sinneszellen, der durch einen Nerven- und Muskelstrang mit der Scheitelplatte verbunden ist. Das birnenförmige Organ dient vermutlich der Prüfung des Substrates vor der Festheftung.

Gegenüber der Actinotrochalarve zeigen die Bryozoenlarven manche Rückbildungen: Nephridien fehlen stets, ein funktionierender Darm ist nur selten vorhanden (Cyphonautes z. B. von *Electra*); meistens wird das larvale Entoderm bald wieder rückgebildet. Bei den Phylactolaemata ähnelt die Larve einem bewimperten Sack mit ecto- und mesodermaler Wand, die vorne zu einem Hohlkanal eingestülpt ist, an dem bereits die Knospen der ersten Tiere der Kolonie entstehen. So wandelt sich also die Larve nicht nur in ein einzelnes Tier um, sondern bildet oft eine Primärkolonie mit zwei bis mehreren Polypiden.

Bei der Festsetzung der Larven spielt die Interaktion mit mikrobiellen Rasen eine wichtige Rolle. Die Ansiedlung der Bryozoenlarven erfolgt hochgradig selektiv auf benthischen Mikroorganismen, welche von der Larve erkannt und artspezifisch ausgewählt werden. Arten der Gattung *Bugula* enthalten symbiotische Bakterien, die vor der Festheftung über dem Substrat ausgestoßen werden. Auf diesem selbsterzeugten Biofilm erfolgt die Metamorphose.

Knospung, Koloniebildung. Mit Festheftung der Larve beginnt die Ausbildung der Kolonie (Zoarium). Mit dem regelmäßigen Wechsel von geschlechtlicher und ungeschlechtlicher Fortpflanzung gibt es also bei den Bryozoen eine typische Metagenese. Nur ein Teil der Larve – Haft- und Seitenflächen – geht in das erste Tier der Kolonie (Ancestrula) über. Der gesamte Darmtrakt und das Vorderende (Polypid) entstehen durch Knospung neu. Dabei gehen diese Teile, wie bei jeder späteren Knospung, nur aus Ecto- und Mesoderm hervor, ohne Beteiligung des Entoderms. Durch weitere Knospungen entstehen die oft umfangreichen Kolonien. Die jeweilige Neubildung der Darmanlage aus der Körperwand bedingt, daß die Einzeltiere nicht wie bei Cnidarierkolonien über ihr Darmsystem zusammenhängen.

Bei Bryozoen sind die Tiere durch meso- und ectodermale Gewebsstränge verbunden, die durch Poren (= Rosettenplatten) in den Gehäusewänden hindurchziehen. Bei den Phylactolaemata sind oft die Scheidewände zwischen den Einzeltieren rückgebildet, so daß die Coelomhöhlen frei miteinander kommunizieren.

Innerhalb der Kolonie tritt bei vielen Arten eine Differenzierung der Einzeltiere ein. Oft besteht eine Sonderung in sterile Nährtiere und in größere Geschlechtstiere (Gonozoide). Ausschließlich bei Cheilostomata treten Avicularien auf (Abb. 56 b, c), deren Name sich von ihrer vogelkopfartigen Gestalt herleitet, Kopf und Oberschnabel entsprechen einem Cystid, der Unterschnabel einem Verschlußdeckel; Tentakel und Darm fehlen diesen Tieren, dem reduzierten Polypid entspricht der sinneszellenbesetzte sog. Fühlknopf. Sie können gestielt auftreten (z. B. bei *Bugula*), sie können aber auch den Platz eines Autozooides innerhalb der Kolonie einnehmen (interzooidaler bzw. vikariie-

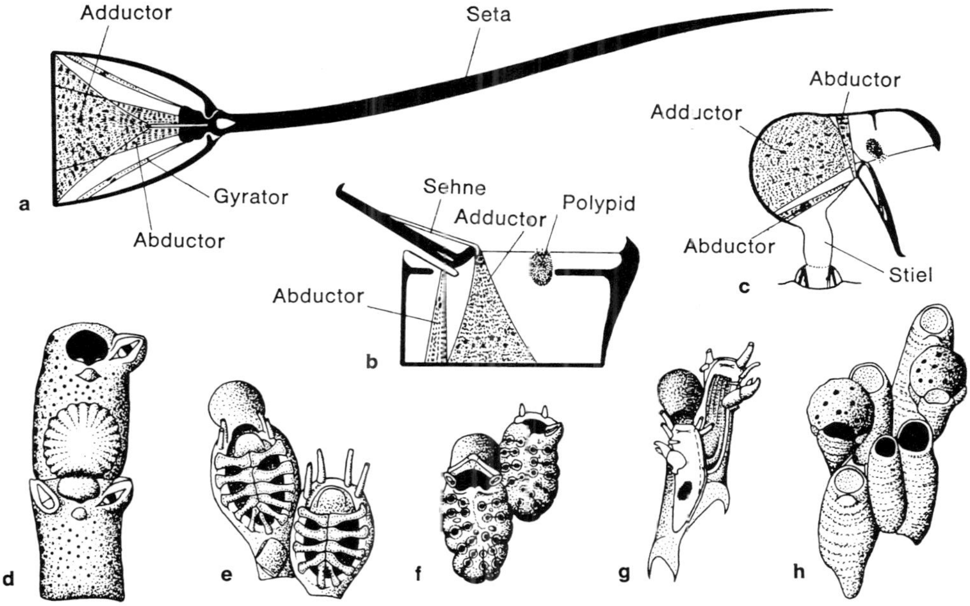

Abb. 56: a. Vibracularium, b. sessiles Avicularium, c. gestieltes Avicularium, d–h. Cystide von Cheilostomata, d. *Schizoporella*, e. *Callopora*, f. *Cribrilina*, g. *Bugula*, h. *Idmidronea*. Nach Markus, Ryland

render Typ) oder als funktioneller Bestandteil eines Autozooides (s. u.) auf dessen Oberfläche sitzen. Häufig bestreichen Avicularien mit ihrem Unterschnabel (Mandibel) die Gehäuseöffnung und verhindern das Überwachsen dieser Öffnung durch Mikrobenfilme. Die Avicularien führen schnappende Bewegungen aus. Bei den selteneren Vibracularien (Abb. 56 a, Cheilostomata), die sich aus Avicularien herleiten (= setiforme Avicularien), ist der Verschlußdeckel zu einem langen beweglichen Stab (Seta) umgewandelt. Sie reinigen die Kolonie von mikrobiellem Aufwuchs und anderen sessilen Organismen. Bryozoen produzieren auch in erheblichem Ausmaß antimikrobielle Substanzen, mit deren Hilfe sie sich der Bakterien erwehren. Bei Formen, die dem Sand aufliegen, dienen die Vibracularien auch der Verankerung der Kolonie *(Cupuladria)*. Gonozoide, Avicularien und Vibracularien werden als Heterozoide bezeichnet; hierher gehören auch die Nanozoide (kleine Formen mit nur einem Tentakel) mancher Cyclostomata. Noch stärker rückgebildet sind die Kenozoide, einfache Kästchen, die Stielglieder, Ranken oder Wurzelfäden (Rhizoide, z. B. bei *Scrupocellaria*), bilden. Viele Autoren sehen auch in den oralen Stacheln, rückgebildete Individuen. Normale Tiere werden als Autozooide bezeichnet.

Die erwähnte Auseinandersetzung mit Mikroorganismen muß nicht einseitig nur Abwehr bedeuten. Für manche Arten der Gattungen *Chaperiopsis* und *Puellina* konnte gezeigt werden, daß die Funktion mancher Dorn- und Stachelbildungen in der Förderung der Besiedelung durch artspezifische mikrobielle Matten besteht. Die Mikroorganismen profitieren von dem Partikelstrom, den die Bryozoen mit ihren Tentakeln erzeugen. Zugleich erschwert der Aufwuchs durch Mikroorganismen das Überwachsen der unterlagernden Bryozoen durch konkurrierende Bryozoen und andere Metazoen. Es kann also offensichtlich von einem Mutualismus gesprochen werden.

Der Überwinterung und Verbreitung dienen bei den Phylactolaemata die Statoblasten (Abb. 57 k–m); es handelt sich um vielgestaltige Dauerknospen, die in Ein- oder Mehrzahl *(Plumatella)* im Funiculus aus dotterhaltigen Meso- und eingewanderten Ectodermzellen entstehen, welche von einer Kapsel umgeben werden. Diese kann Hakenfortsätze und einen luftge-

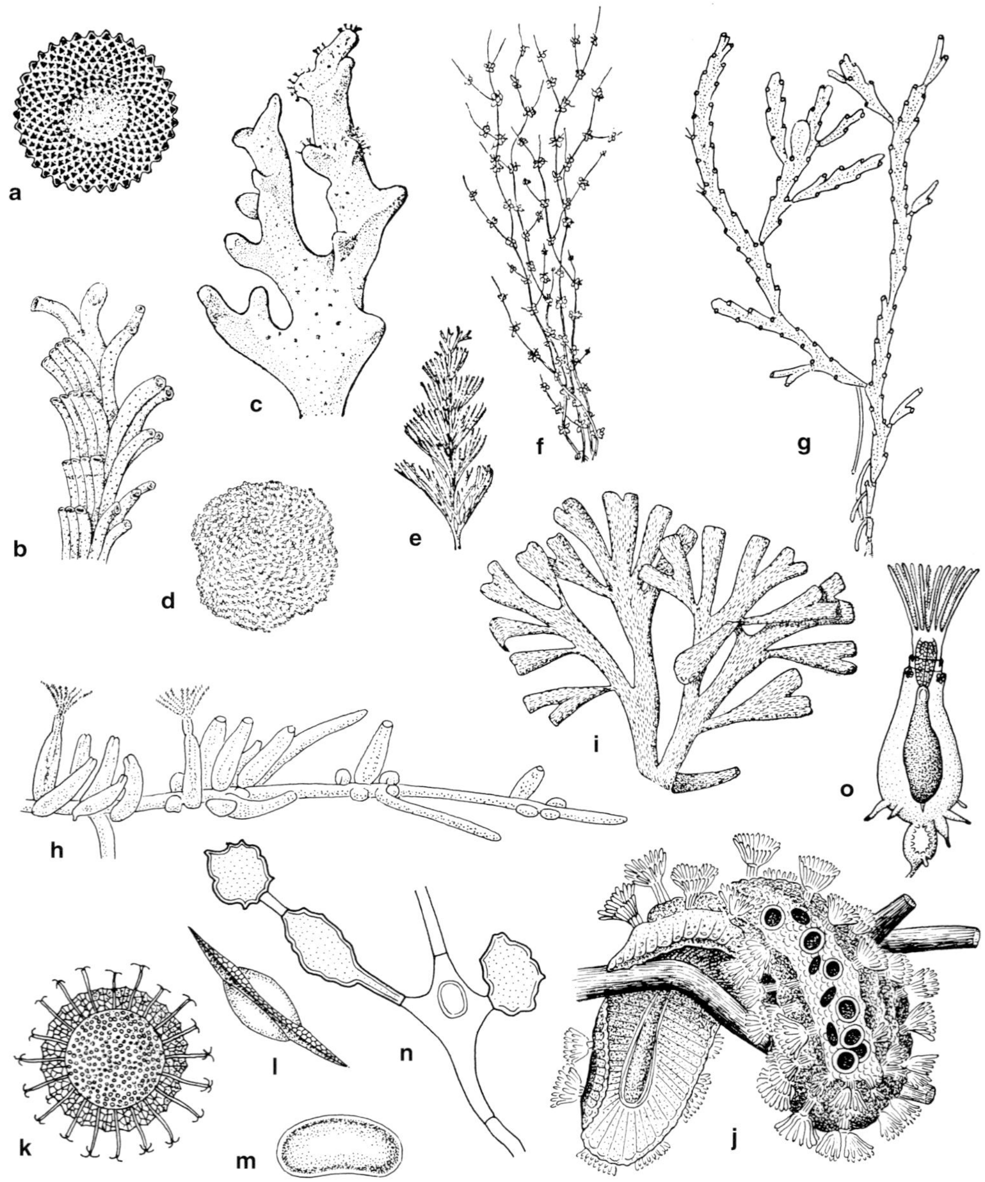

Abb. 57: Bryozoenformen und Dauerstadien. a. *Cupuladria*, b. *Idomonea*, c. *Alcyonidium*, d. *Cribrilina*, e. *Bugula*, f. *Valkeria*, g. *Crisia*, h. *Bowerbankia*, i. *Flustra*, j. *Cristatella*, k. Statoblast von *Cristatella*, l. Statoblast von *Lophopus*, m. Statoblast von *Fredericella*, n. Hibernacula von *Victorella*, o. *Monobryozoon*. In unterschiedlichen Maßstäben. Nach Braem, Perrier, Remane, Riedl, Ryland

füllten Schwimmring tragen. Viele Ctenostomata bilden unter ungünstigen Bedingungen äußere Dauerknospen (Hibernacula) aus.

Lebensweise. Die Bryozoen sind festsitzend, nur das im Meeressand lebende *Monobryozoon* (Abb. 57 o) und die im Süßwasser verbreitete *Cristatella* sowie einige marine Arten haben geringe Beweglichkeit, *Monobryozoon* als Einzeltier, letztere als Kolonie. Auch *Monobryozoon* entspricht eigentlich einer reduzierten Kolonie, da die Haftfortsätze durch ein Septum vom Hauptkörper getrennt sind und sich in ein Polypid umwandeln können. Die festsitzenden Arten sind meist mit dem Substrat verwachsen, selten liegen sie dem Boden – auch Schlamm – auf *(Kinetoskias)*. *Spathipora, Penetrantia* und *Immergentia* (Ctenostomata) bohren sich mit Hilfe von Phosphorsäure, die am Ende von Stolonen abgeschieden wird, in Kalkschalen ein. *Bulbella* ist holzbohrend. Die festsitzende Lebensweise bindet die Bryozoen an festen Untergrund (auch an Schiffen und bisweilen in Abwasserrohren), wo sie rasenartige Bestände bilden. Manche leben epizoisch und als Kommensalen (z.B. *Hippoporidra* und *Triticella*) auf Schnecken, in Polychaetenröhren und an anderen Tieren. Eine für Pflanzensubstrate (Tang) besonders typische Gattung ist *Membranipora*. Auf Tangwäldern vor Kalifornien kann sie zusammen mit anderen Bryozoenarten bis zu 14 kg Karbonat pro Jahr und m^2 ausfällen, das Zehnfache dessen, was tropische Riffe schaffen. Die scheiben- oder kegelförmigen Kolonien (Durchmesser 1–2 cm) der Warmwasserart *Cupuladria canariensis*, die dem Sand einfach aufliegen, bilden oft Bestände von 2000 bis 3000 Kolonien pro m^2. Auf Pflanzen können sie Krusten oder Lianen bilden *(Valkeria)*. Die große Mehrzahl der Arten lebt im Meer in der lichtdurchfluteten Zone von 20–80 m, einige Arten kommen auch in der Tiefsee (bis 8000 m) vor. Im Süßwasser sind nur die Phylactolaemata sowie einige Ctenostomata (Hislopiidae, *Paludicella*) verbreitet. Für das Brackwasser (z.B. Ostsee, Schwarzes Meer, Kaspisches Meer) sind *Victorella, Conopeum* und *Electra*-Arten kennzeichnend. Manche Arten vertragen weite Schwankungen des Salzgehaltes.

Ihre Nahrung nehmen die Bryozoen als Strudler auf. Die Cilien der Tentakel befördern Partikel, die in ihrer Größe bis zu Diatomeen reichen, zum Mund. Infolge ihrer harten Skelete und ihrer Wuchsform dienen die Bryozoen nur wenigen Tieren, z.B. Seeigeln, Chitonen, Nacktschnecken und *Pycnogonum*-Arten sowie manchen Fischen (Acanthuridae, Pomacentridae) als Nahrung.

System

1. Phylactolaemata (= **Lophopoda**, Abb. 54). Primitive Merkmale: Lophophorarme, Epistom mit Protocoel, Körperwand mit Muskulatur; abgeleitete Merkmale: Reduktion der Scheidewände zwischen den Tieren, stark abgewandelte Larve. Keine Heterozoide. Süßwassertiere, besonders in langsam fließenden Gewässern. Statoblasten. 12 Gattungen; *Cristatella* (Abb. 57 j), *Fredericella, Lophopodella, Lophopus, Pectinatella, Plumatella* (Abb. 115 n).

Cristatella mucedo bildet bandförmige Kolonien, die meist 2–3 cm lang sind (jedoch maximal 30 cm Länge und 5 mm Breite erreichen) und sich langsam kriechend fortbewegen können. Die Art kommt in klaren, unbelasteten, stehenden sowie langsam fließenden Gewässern vor und findet sich öfter auf Wasserpflanzen. Die runden Statoblasten (Abb. 57 k) sind mit 30–50 Randhaken versehen.

Die Kolonien von *Plumatella fungosa* können 20 cm Durchmesser erreichen. Je nach Unterlage entwickeln sie eine krusten- oder knollenförmige Gestalt (vgl. Abb. 115 n). Die Statoblasten sind eiförmige Flottoblasten, die meist einen Schwimmring besitzen. *Plumatella fungosa* lebt in stehenden und langsam fließenden Gewässern und erträgt mäßige Verschmutzung. Eine häufige Art ist *Plumatella repens*, die geweihartig verzweigte Kolonien hervorbringt. Sie kann auch in belasteten Fließgewässern zum Beispiel unter Steinen gefunden werden.

Die beiden folgenden Gruppen (Stenolaemata, Gymnolaemata) gehören enger zusammen, was z.B. dadurch dokumentiert wird, daß sie analwärts wachsen, während die Phylactolaemata oralwärts wachsen.

2. Stenolaemata. 550 Gattungen; Palaeozoikum bis rezent. Unterordnungen: Cystoporata (Palaeozoikum), Trepostomata (Palaeozoikum), Cryptostomata (Palaeozoikum), Cyclostomata (Palaeozoikum bis rezent); Cystide lang, zylindrisch, hinten zugespitzt, kein spezieller Verschlußapparat der kreisförmigen Öffnung der Cystide; offene Poren zwischen Nachbartieren; keine Muskulatur in der Körperwand; Eier entwickeln sich meist in Gonozoiden; Polyembryonie.

Crisia (Abb. 57 g), *Crisella* (baumförmig), *Lichenopora, Tubulipora* (plattenartig), *Hornera* (korallenartig), *Idomonea* (Abb. 57 b).

3. Gymnolaemata. Cystide meist kasten- oder füllhornförmig; Tiere der Kolonie durch

Scheidewände mit Poren, die von Gewebe ausgefüllt sind, getrennt. Körperwand ohne Muskulatur, Palaeozoikum bis rezent; ca. 650 Gattungen.

a. Ctenostomata. Wände membranös oder gelatinös, keine Ooecien, keine Avicularien, Cystidverschluß durch Faltung eines membranösen Halskragens (Collare). Einzeltiere weitgehend isoliert, oft mit Stolonen und Gallerte verbunden. Palaeozoikum bis rezent.

Benedenipora, Hislopia, Flustrellidra, Alcyonidium (Abb. 57 c), *Victorella, Bulbella, Bowerbankia* (Abb. 57 h), *Vesicularia, Buskia, Penetrantia, Paludicella, Valkeria* (Abb. 57 f), *Mimosella, Triticella, Nolella, Arachnidium, Monobryozoon* (Abb. 57 o).

Alcyonidium diaphanum bildet aufrecht stehende, verzweigte Kolonien (Abb. 57 c), die bis 30 cm Höhe erreichen und unterschiedlich (braun, grau, gelb und grün) gefärbt sind. Flach inkrustierend ist *A. gelatinosum, A. parasiticum* kann ganze Polypenstöcke überwuchern, *A. mytili* findet man im Wattenmeer auf *Mytilus, Littorina* und *Fucus*.

b. Cheilostomata (Abb. 55). Cystid mit Deckelverschluß, Cystidwände verkalkt; häufig Heterozoide (z. B. Avicularien), Embryonenentwicklung oft in Brutkammern (Ooecien = Ovicellen); Tiere bilden meist aneinanderschließende Kästen in einer verkalkten Kolonie; ca. 600 Gattungen, Mesozoikum bis rezent.

Electra, Aetea, Scruparia, Membranipora, Flustra (Abb. 43 c, 57 i), *Bugula* (Abb. 57 e), *Cupuladria* (Abb. 57 a), *Cellaria, Cribrilina* (Abb. 57 d), *Umbonula, Hippothoa, Porella, Sertella.*

Electra pilosa und *Membranipora membranacea* sind in Nord- und Ostsee verbreitete Formen, die auf Muschelschalen, Tangen und Hartböden weißliche Krusten bilden. *M. membranacea* findet man besonders häufig auf Tangen *(Laminaria)*.

An der Nordsee findet man häufig Kolonien von *Flustra* (Abb. 57 i) angeschwemmt. Sie leben auf felsigem Untergrund, auf Steinen und Muschelschalen vor.

3. Klasse: Brachiopoda (Armfüßer)

Infolge ihrer zweiklappigen Schale ähneln die Brachiopoden äußerlich den Muscheln. Ihre Schalenklappen liegen aber nicht rechts und links wie bei diesen, sondern auf Rücken- und Bauchfläche, das Schalenschloß liegt bei Muscheln an der Rückenseite, bei Brachiopoden am Hinterende; der Strudelapparat wird bei Muscheln von Kiemen, bei Brachiopoden von den Armen (Lophophoren) mit ihren Tentakeln gebildet (Abb. 58).

Innerhalb der Tentaculaten unterscheiden sich Brachiopoden von Phoroniden und Bryozoen durch den Besitz von Schalenklappen (Schilden) und Mitteldarmdrüsen, durch die Lage des Afters (der allerdings fehlen kann) an der Körperseite und die Entwicklung.

Die Schalengröße reicht meist von etwa 1 mm (im Sandlückensystem) bis ca. 8 cm (der fossile *Gigantoproductus giganteus* erreichte ca. 30 cm), *Lingula* (Abb. 59 a, b) wird einschließlich des muskulösen Stiels ca. 20 cm lang.

Der Vorderkörper (Prosoma, Abb. 58) ist als Oberlippe (Epistom) ausgebildet, der Mittelkörper (Mesosoma) trägt den Mund und die stark entwickelten Arme (Lophophore), die vielfältig gewunden und aufgerollt sein können und bewimperte Tentakel besitzen. Am Metasoma entspringen ein ventraler und ein dorsaler Kragenlappen (= Mantel); beide tragen an ihren Außenseiten die Schalen. Der Hinterrumpf ist zu einem als Bohr- oder Haftorgan dienenden Stiel verlängert, der zwischen den Schalen hervortritt und bei primitiven Formen lang und beweglich ist. Bei der Tiefseeform *Chlidonophora* (Abb. 59 f) trägt er sogar wurzelförmige Fortsätze, die der Verankerung im Meeresschlamm dienen. Bei anderen Arten ist er kurz und besitzt keine eigene Muskulatur, bei Craniiden (Abb. 59 e), Thecideiden und manchen fossilen Arten fehlt er. Die Schalen wechseln in Umriß und Struktur beträchtlich. Die Bauchschale ist oft größer als die Rückenschale, ihr Hinterende ist bisweilen in einen schnabelartigen Fortsatz ausgezogen. Am Hinterrand entsteht in mehreren Linien ein Schalenschloß, das ähnlich dem der Muscheln aus Höckern (Zähnen), Gruben und Leisten besteht, welche die sichere Führung der Schalen beim Öffnen und Schließen gewährleisten. Der Stiel tritt durch einen Schlitz (Delthyrium) in der Bauchschale (seltener auch in der Rückenschale) aus. Dieser Schlitz wird oft bis auf das Stielloch durch vom Schalenrand vorwachsende Platten eingeengt. Bei manchen Strophomeniden *(Richthofenia,*

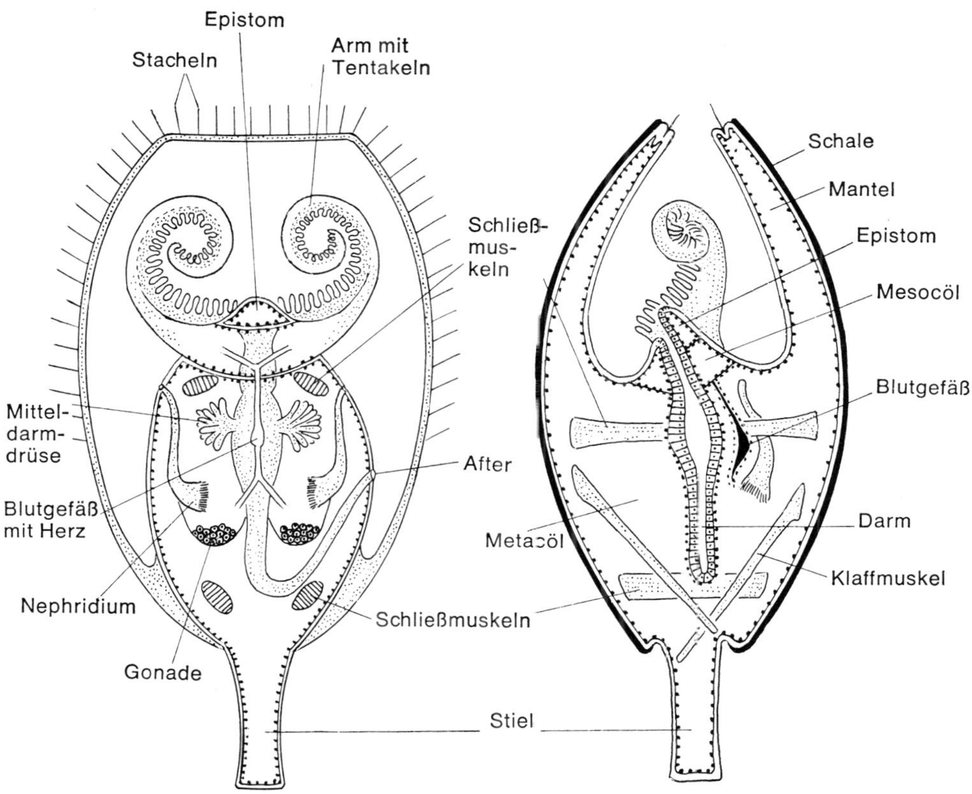

Abb. 58: Organisationsschema eines Brachiopoden (Inarticulata, Ecardines). Nach Femane

Karbon; Parallele zu den Rudisten unter den Muscheln) bildet die dorsale Schale einen Deckel für die kegelförmige, ventrale Schale, die mit ihrer Spitze am Substrat festgewachsen war. Bei den Craniiden verwächst die flache, scheibenförmige, ventrale Schale mit dem Substrat, die kegelförmige, dorsale bildet ähnlich wie bei *Patella* ein Gehäuse über dem Tier. An der hinteren Innenfläche der Rückenschale entwickelt sich bei den meisten Arten ein kompliziert gebautes, ectodermales Skeletgerüst für die Arme (Abb. 59 i). Ursprünglichen Formen, z.B. *Lingula*, fehlt dieses verkalkte Armskelet; hier sind die Arme noch stark muskulös und beweglich und werden von knorpelähnlichem Gewebe gestützt. Einige fossile Formen (Strophomeniden) besaßen eine reduzierte, kleine, dorsale Schale, die ins Innere der trichterförmigen, ventralen Schale verlagert wurde und vermutlich das Armgerüst ersetzte. Der Aufbau der Schale ist in den einzelnen Gruppen recht verschieden. Im einfachsten Fall besteht sie aus wechselnd angeordneten Chitinlamellen und Lagen aus Calciumphosphat *(Lingula)* oder aus ungeordnetem Chitin und Calciumphosphat (Discinidea). Außen befindet sich ein organisches Periostracum.

Die Mehrzahl der Arten besitzt verkalkte Schalen (Calciumcarbonat in Form von Calcit) ohne Chitinanteil. Diese Schalen sind außen von einem organischen Periostracum bedeckt. Darunter liegt eine dünne äußere Primärschicht aus meist feingranulärem Calcit. Nach innen folgt die Sekundärschicht (= Faserschicht), die aus schmalen, meist faserartig angeordneten Calcitkristallen besteht, zwischen denen Proteinlamellen auftreten. Die einzelnen «Calcitfasern» und die dazugehörenden Proteinstreifen werden von je einer Epithelzelle am Innenrand der Schale abgeschieden. Manche Gruppen,

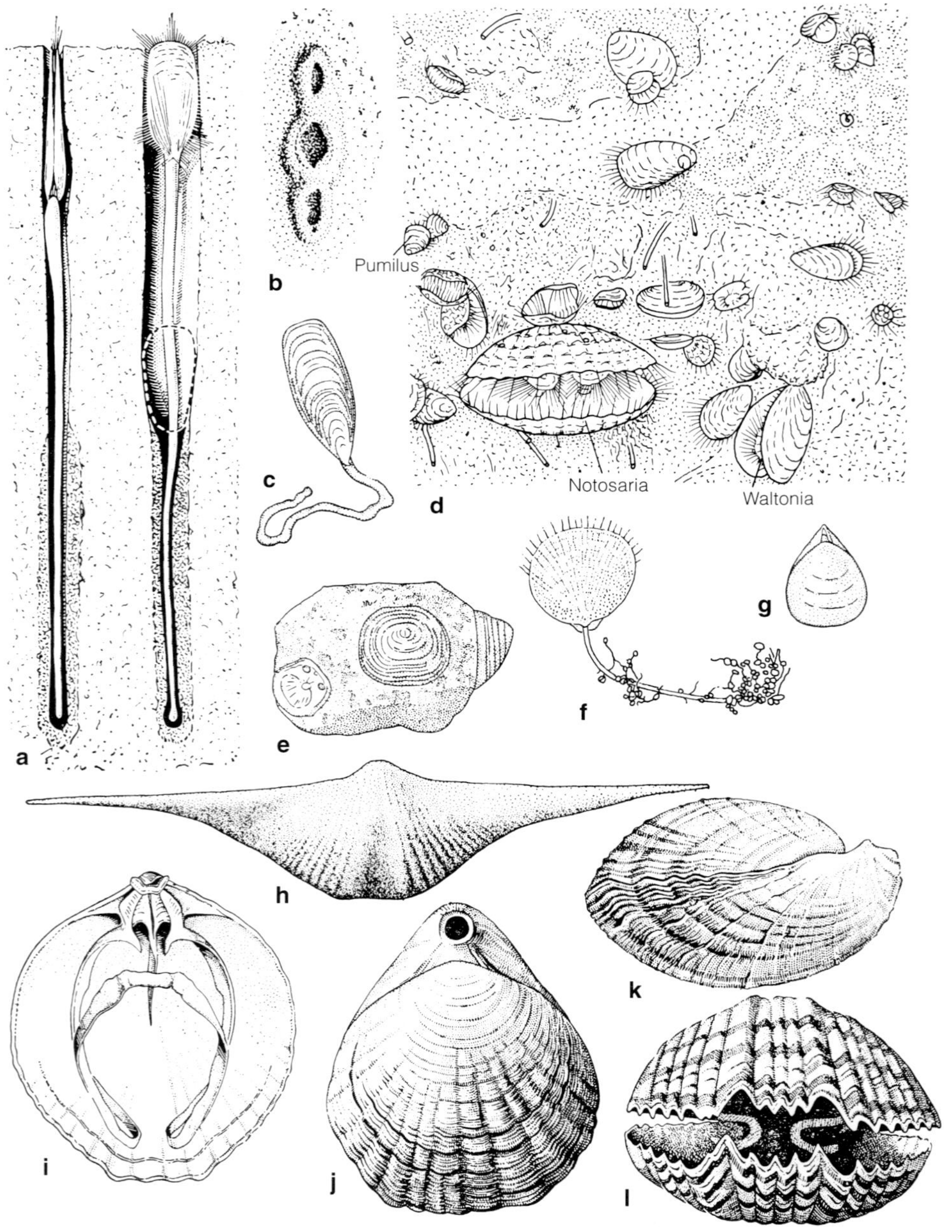

Abb. 59: Brachiopoden-Formen. a. *Lingula* im Substrat, links Seiten-, rechts Dorsalansicht; gestrichelt: Lage des Körpers bei kontrahiertem Stiel; b. Aufsicht auf die drei Öffnungen der Wohnröhre von *Lingula;* c. *Glottidia;* d. verschiedene Brachiopoden an der Oberfläche eines Felsens, *Pumilus* und *Waltonia:* Terebratulida, *Notosaria:* Rhynchonellida; e. *Crania*, links Innenansicht der festgewachsenen Ventralschale, Mitte: Aufsicht auf die Dorsalschale, rechts: Seitenansicht; f. *Chlidonophora*, Tiefseeterebratulide mit verzweigtem Stiel; g. *Atretia* (Rhynchonellida); h. *Eleutherokomma*, devonischer Spiriferide mit ausgedehnter Schloßregion; i–l. Schale von *Magellania* (Terebratulida); i. Innenansicht der Dorsalschale mit Armskelet; j. Innenansicht der Ventralschale mit Öffnung für den Stiel; k. Seitenansicht; l. Vorderansicht mit geöffneten Schalen. Nach Chun, Crickmay, Davidson, Francois, Miner, Rudwick

z. B. die Spiriferiden, besitzen noch eine dritte Prismenschicht, die aus Calcitkristallen besteht.

Auch der Stiel scheidet eine chitinige Cuticula ab, die in die der Schalen übergeht. Bei vielen Arten dringen vom äußeren Mantelepithel aus kleine Blindschläuche (Caeca) in die Schale ein, deren Oberfläche sie aber nicht durchbrechen. Sie bilden hier sogenannte Punctae, zylinderförmige Hohlräume. Solche «punktierten» Schalen sind mehrfach parallel entstanden. Am Mantelrand befinden sich Borsten, die wie bei Anneliden, Pogonophoren und z. T. auch Cephalopoden in einer Epidermistasche von einer Bildungszelle abgeschieden werden. Sie fehlen einigen Gruppen. Bei *Lingula* bilden sie 2 Ingestions- und 1 zentralen Egestionssipho, die über die Oberfläche des Substrats reichen (Abb. 59 a). Der Mantel besitzt eine äußere Kante, die mit der Schale verwachsen ist, und eine innere Falte, die vermutlich Sinneszellen trägt. Zwischen diesen beiden Strukturen befindet sich die Mantelgrube, von der das Wachstum des Mantel- und Schalenrandes ausgeht. Im Bindegewebe des Mantels treten Blutgefäße, der Atmung dienende Kanäle des Rumpfcoeloms und gelegentlich Kalkplatten und Kalkspicula auf (Innenskelet).

Das Nervensystem liegt meistens in der Basis der Epidermis. Die Hauptzentren sind das oberhalb des Mundeingangs gelegene Cerebral- (fehlt gelegentlich) und das viel größere Unterschlundganglion. Beide sind durch einen Schlundring verbunden, und von beiden ziehen Nerven in die Lophophore. Seitliche Rumpfnerven entspringen dem Unterschlundganglion, Mantel und Stiel werden von eigenen Nerven versorgt.

Sinnesorgane fehlen, abgesehen von Statocysten und Augenflecken bei Larven und von Statocysten bei einzelnen *Lingula*-Arten.

Der Darmkanal ist einfach. Ein bewimperter Oesophagus führt in einen Magen, in den zwei oder mehr Mitteldarmdrüsen einmünden, in deren Bereich intrazelluläre Verdauung stattfindet. Das Nährstoffmaterial wird durch rhythmische Bewegungen in die Drüsenlumina eingesogen und aus ihnen wieder ausgestoßen. Der Hinterdarm (Intestinum und Rectum) mündet bei den Lingulidae an der rechten Seite aus, bei den Craniidae nach einer Schlingenbildung am Hinterende. Den übrigen Brachiopoden, d. h. der großen Mehrzahl der Arten, fehlen Enddarm und After.

Das Coelom des Epistoms ist bei den Lingulidae (Abb. 58) als unpaarer Hohlraum (Protocoel) ausgebildet, bei den übrigen Formen ist es in ein bindegewebeähnliches Maschengewebe umgewandelt. Meso- und Metacoel sind gut entwickelt, mit z. T. durchbrochenen Mesenterien und Dissepimenten. Die Lateralmesenterien werden durch die Gastroparietal- und Ileoparietalbänder repräsentiert. In den Armen befindet sich außer dem Armkanal, der sich bis in die Tentakel erstreckt, eine abgeschlossene kanalartige Nebenhöhle. Das Metacoel entsendet in die Mantellappen oft verästelte Schläuche, bei den Lingulidae auch in den Stiel. In den Blutgefäßen kommen hämerythrinhaltige Erythrocyten vor.

Das Coelomepithel bildet Darm- und Körpermuskulatur. Diese besteht aus kräftigen Einzelmuskeln. Die Schalenklappen werden durch 2 Paar Dorsoventralmuskeln verbunden; das vordere oder beide Paare fungieren als Schalenschließer. Längsmuskeln ziehen von den Schalen zum Stiel. Die Schalenöffnung erfolgt nicht wie bei den Muscheln durch ein Schloßband, sondern durch den hinteren Dorsoventralmuskel, Längsmuskeln oder einen Hautmuskel, der den Binnendruck erhöht und so die Schalen trennt. Stiel und Arme können besondere Muskeln enthalten. Das Blutgefäßsystem enthält in seinem Rückengefäß dorsal vom Darm ein kontraktiles Herz (bei *Crania* mehrere Herzbläschen), von dem aus nach vorn 2 Gefäße in den Mantellappen ziehen.

Im Metasoma tritt ein Paar (bei Rhynchonellidae zwei Paar) Nephridien mit großem Wimpertrichter und seitlicher Ausmündung auf, durch die exkretbeladene Coelomocyten nach außen befördert werden. Die meisten Brachiopoden sind getrenntgeschlechtig, wenige zwittrig *(Platidia, Pumilus)*. Die Gonaden liegen in der Coelomwand im Bereich der lateralen Mesenterien (Lingulidae), in den Coelomtaschen des Mantels oder an beiden Stellen *(Crania)*. Die Ausleitung der Keimzellen erfolgt über die Nephridien, wo bereits die Befruchtung erfolgen kann, die sonst im freien Wasser stattfindet. Manche Arten betreiben eine Brutpflege in Bruttaschen.

Die Entwicklung zeigt bei den einzelnen Arten Unterschiede. Die Furchung ist total, der Urdarm entsteht durch Invagination, der Urmund schließt sich teilweise völlig. Coelombildung erfolgt oft durch typische Abfaltung vom Urdarm. Die verschiedengestaltigen pelagischen Larven (Abb. 53 c) tragen eine Scheitelplatte, z.T. auch 4 Augenflecken und – wie bei Muschellarven – paarige Statocysten. Die Festheftung erfolgt meist mit einem Fortsatz des Hinterendes.

Brachiopoden sind Strudler (Mikrophage) und leben ausnahmslos im Meer. Cilien auf den Tentakeln der Arme erzeugen einen Wasserstrom, aus dem Partikel in eine Rinne an der Oberfläche der Arme befördert werden, die zum Mund führt. Sie kommen von der Gezeitenzone (Lingulidae) bis in die Tiefsee vor. In weicheren Böden leben sie in Röhren und mit dem Stiel verankert (Lingulidae, Abb. 59 a), oder mit langen Schalenstacheln im Schlamm verwurzelt (manche Strophomenida), an Felsen sind sie mit dem Stiel festgewachsen. Diese festgewachsenen Formen (die große Mehrzahl der Arten) können auf der Bauch- oder Rückenseite liegen oder sind mit der Ventralschale am Substrat festgewachsen. In diesem Falle ist der Stiel i.a. rückgebildet *(Crania)*. Von manchen fossilen Formen wird vermutet, daß sie frei auf dem Substrat lagen. Diese besaßen oft sehr lange, laterale Schalenfortsätze. Eine winzige, rezente Art tritt im Sandlückensystem auf *(Gwynia capsula)*. Einige Fossilformen konnten möglicherweise wie *Pecten* schwimmen *(Chonetes)*.

Den etwa 330 rezenten Arten stehen über 30000 fossile gegenüber, die besonders im Palaeozoikum reich entwickelt waren und mit zu den ältesten Fossilien (unteres Kambrium) zählen. Die rezente Gattung *Lingula* war schon im Ordovicium vorhanden. Der Rückgang der Brachiopoden setzte bereits im Palaeozoikum ein, Rhynchonelliden und Terebratuliden hatten noch einen Höhepunkt im Mesozoikum; letztere bilden heute die vorherrschende Gruppe.

Das System der Brachiopoden weist noch viele Unsicherheiten auf; meist werden primitive Gruppen nicht näher verwandter Formen nur aufgrund des fehlenden Schalenschlosses zusammengefaßt (Inarticulata) und den Formen mit Schalenschloß («Articulata») gegenübergestellt. Dabei ist noch ungeklärt, ob nicht das Schalenschloß mehrfach parallel entstand.

1. Unterklasse: Ecardines (Inarticulata). Kein Schalenschloß, Schalen recht ähnlich, After vorhanden; umfaßt drei primitive Gruppen:

Ordnung: Lingulida. Langstielige Formen in schlammigen Böden von tropischen und subtropischen Küsten bis in die Gezeitenzone. Seit Kambrium; *Lingula* (Abb. 59 a, b) z.B. in Südostasien, *Glottidia* (Abb. 59c) z.B. an der nordamerikanischen Atlantikküste.

Lingula ist seit dem Palaeozoikum bekannt und kommt heute bis in die Gezeitenzone indopazifischer Küsten vor. In manchen Gebieten Südostasiens sind die Kolonien so dicht, daß sie regelmäßig abgesammelt werden. In Ländern wie Indonesien, Thailand und den Philippinen wird *Lingula* auf Märkten zum Verzehr angeboten.

Ordnung: Discinacea. Rundliche Schalen mit kurzem Stiel am Substrat festgewachsen; *Discinisca, Discina, Pelagodiscus.*

Ordnung: Craniacea. Mit ventraler Schale am Substrat befestigt, *Crania* (Abb. 59 e).

2. Unterklasse: Testicardines («Articulata»). Mit Schalenschloß, After fehlt, Stiel nicht kontraktil. Ventrale Schale meist größer als dorsale. Neben einigen fossilen Ordnungen (Orthida, Pentamerida, Atrypida, Spiriferida, Abb. 59 h) 3 Ordnungen mit rezenten Formen: Strophomenida, vorwiegend fossil mit vielen Arten; rezent *Lacazella, Thecidellina.* Rhynchonellida, *Atretia* (Abb. 59 g), *Hemithyris, Hispanorhynchia;* Terebratulida, *Terebratulina, Pumilus, Terebratalia, Dallina, Terebratella, Magellania* (Abb. 59 i-l).

Spiralia

Die zahlreichen Stämme der Protostomia oberhalb der Tentaculaten sind großenteils durch eine spezielle Art der Furchung, die Spiralfurchung, geeint und werden vielfach als Spiralia zusammengefaßt. Das Mesoderm entstammt der Zelle 4d, die eine oder einige Urmesodermzellen liefert. Das aus diesem hervorgehende Mesoderm bzw. Coelom entspricht nur dem Metacoel. Das Proto- und Mesocoel, denen anlagemäßig die Zellen 4a (Protocoel), 4b, 4c (Mesocoel) entsprechen, entwickeln sich nicht mehr. Höchstens das Mesocoel existiert noch bei einzelnen Formen (Sipunculida und einigen Polychaeta). Die Spiralfurchung findet sich am reinsten bei Anneliden, Molluscen, Nemertinen und unter den Plathelminthen bei den Polycladen, weniger klar bei Aschelminthes (Rotatoria, Acanthocephala). Obwohl ihre Entwicklung nur noch selten Andeutung an die Spiralfurchung aufweist, müssen aber auch die Arthropoden den Spiraliern zugeordnet werden, da sie mit den Anneliden zusammen die natürliche Gruppe der Articulaten bilden, so daß die Spiralia eine Gruppe von enormem Umfang darstellen.

II. Sipunculida

Die Sipunculiden (Abb. 60) sind eine 320 Arten umfassende Gruppe bodenbewohnender Meereswürmer, die keine Segmentierung erkennen lassen. Die walzenförmigen Tiere bestehen aus einem schlanken Vorderkörper und einem dikkeren Hinterkörper. Der vorn liegende Mund wird von einem Kranz bewimperter Tentakel umstellt, die die Nahrungszufuhr besorgen und gleichzeitig Sinnesorgane sind. Der Vorderkörper, der oft mit Haken besetzt ist, kann ein- und ausgestülpt werden. Das Nervensystem besteht aus einem Cerebralganglion, einem Schlundring und einem bei manchen Formen zunächst paarig angelegten Bauchmark mit Sei-

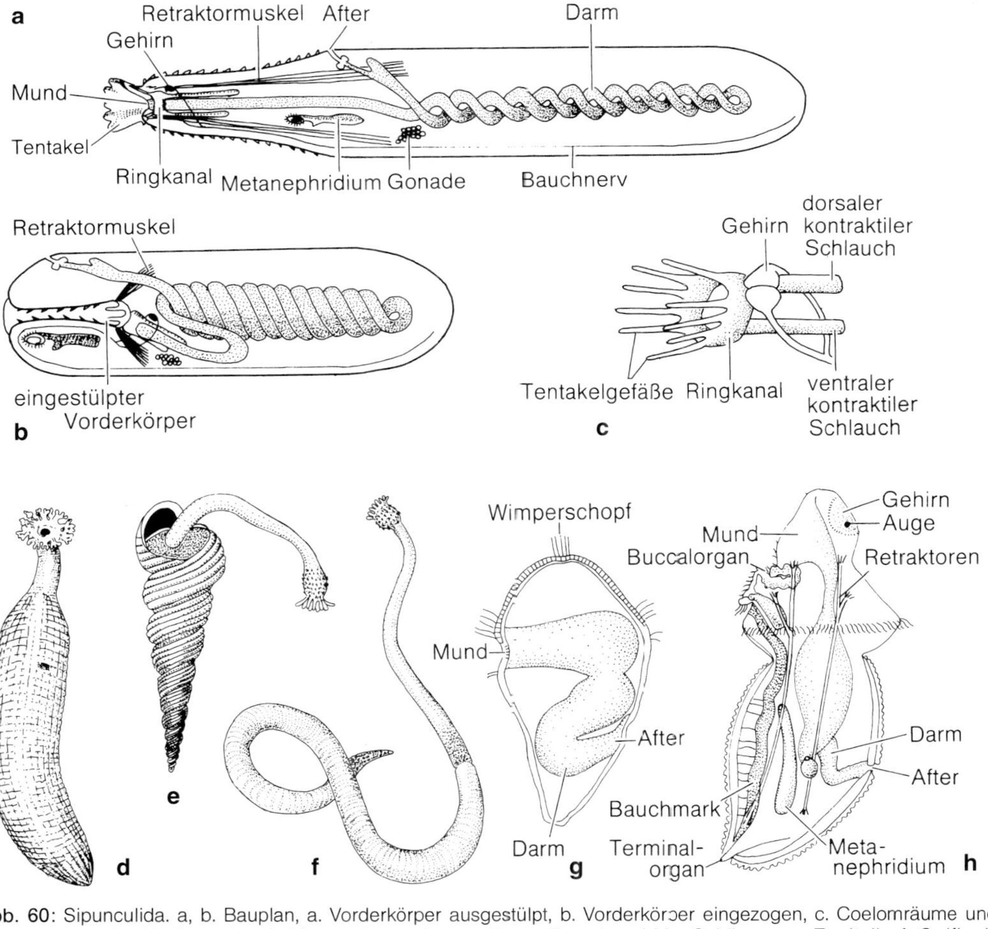

Abb. 60: Sipunculida. a, b. Bauplan, a. Vorderkörper ausgestülpt, b. Vorderkörper eingezogen, c. Coelomräume und Nervensystem des Vorderendes, d. *Sipunculus nudus*, e. *Phascolion strombi* im Gehäuse von *Turritella*, f. *Golfingia vulgare*, g. späte Trochophora von *Golfingia*, h. Pelagosphaera von *Golfingia*. Nach Cuénot, Délage, de Haas, Hérouard, Knorr, Selenka, Rice

tennerven. Im Bauchmark kann ein sog. Regenerationsstrang liegen, der bei Verletzungen zu neuen Organen auswächst. Außer Sinnesknospen in der Haut ist noch eine unpaare Sinnestasche erwähnenswert, die von der Dorsalseite an die Gehirnwand reicht. Der gewundene, U-förmige Darm ist mit feinen Mesenterialfäden an der Leibeswand aufgehängt. Die Afteröffnung liegt dorsal im Vorderkörper, eine Erscheinung, die mit der halbsessilen Lebensweise zusammenhängt. Die Leibeshöhle ist ein umfangreiches Coelom, von dem aus ein Kanalsystem in die unteren Hautschichten dringt. Ein eigenes Hohlraumsystem umgibt die Mundregion, dringt in die Tentakel und ragt mit großen Blasen (Polischen Blasen) in das Coelom. Wahrscheinlich handelt es sich um das Mesocoel. Vom Blutgefäßsystem ist nur ein Darmnetz erhalten. Im Vorderkörper sind ein bis mehrere große, schlauchförmige Nephridien ausgebildet, die auch als Geschlechtsgänge fungieren. Wie isolierte Wimpertrichter sehen die Urnen aus, die an der Coelomwand entstehen, sich meist aber von dieser lösen und frei in der Leibeshöhle schwimmen. Die Gonaden liegen in der Coelomwand an den ventralen Retraktormuskeln. Die Geschlechter sind meist getrennt. Die Befruchtung erfolgt äußerlich, die Spermien sind begeißelt. Die Entwicklung zeigt echte Spiralfurchung. Sie verläuft bisweilen direkt (aus dem Ei schlüpft dann ein kleiner Wurm), meist jedoch indirekt (mit einer oder zwei Schwimmlarven). Die erste (oder einzige) Larve ist eine lecitotrophe Trochophora ohne Protonephridien (Abb. 60 g), in den meisten Fällen schließt sich eine lecitotrophe oder planktotrophe Pelagosphaera an (Abb. 60 h). Lecitotrophe Larven bleiben nur kurz im Plankton, planktotrophe oft ein halbes Jahr. Die Pelagosphaera kommt nur bei Sipunculiden vor; sie besitzt schon Coelom und Metanephridien. Die Sipunculiden leben in Spalten, Schalen oder Wohnröhren im Meeresboden, selten im nur zeitweise überschwemmten Boden von Mangrove-Wäldern Südostasiens *(Physcosoma lurco)*. *Golfingia* (Abb. 60 f), *Phascolion* (Abb. 60 e), *Sipunculus* (Abb. 60 d), *Aspidosiphon* (Abb. 37), *Phascolosoma*, *Physcosoma*.

III. Plathelminthes
(Plattwürmer)

Die Plattwürmer enthalten neben freilebenden Arten zahlreiche Parasiten; sie umfassen über 14000 Arten. Aufgrund ihrer einfachen Organisation wurden sie oft an den Beginn der Bilateria gestellt: Ihnen fehlen Blutgefäßsystem, Enddarm und After, Coelom, Metanephridien und Segmentierung. Das Mesoderm bildet ein muskelzellreiches Bindegewebe («Parenchym») zwischen den Organen (daher auch parenchymatöse Würmer oder Parenchymia genannt).

Das Nervensystem ist ein Netz mit oft rechteckigen Maschen unter der Epidermis, das sehr verschieden ausgebildete Gehirn liegt im Vorderkörper. Protonephridien sind reich entwikkelt. Im Gegensatz zur sonstigen einfachen Organisation steht der komplizierte Genitalapparat. Das Ovar ist meist in Keim- und Dotterstock gegliedert. Die Tiere sind fast ausnahmslos Zwitter. Die Lage der Organe bietet eine Merkwürdigkeit: Während in den Bauplänen anderer Tiergruppen gleichwertige Organe auch meist die gleiche Lage einnehmen, wird diese Regel bei den Plathelminthes durchbrochen.

Die freilebenden Plathelminthes werden in der Gruppe der Turbellaria (Strudelwürmer) zusammengefaßt, die allerdings auch Parasiten enthält. Parasitisch sind die Trematoda (Saugwürmer), Monogenea und Cestoda (Bandwürmer).

Bau (Abb. 61). Plattwürmer erreichen eine Länge von unter 0,5 mm bis viele Meter (Bandwürmer), ihr Körper ist blatt-, faden- oder bandförmig, meist ohne Gliederung; nur viele Bandwürmer bilden hinter ihrem Vorderende dauernd zahlreiche, nach hinten an Größe zunehmende Glieder (Proglottiden) mit je 1 oder 2 vollständigen Genitalapparaten. Diese Glieder werden am Hinterende einzeln oder gruppenweise abgestoßen. Trotz äußerlicher Ähn-

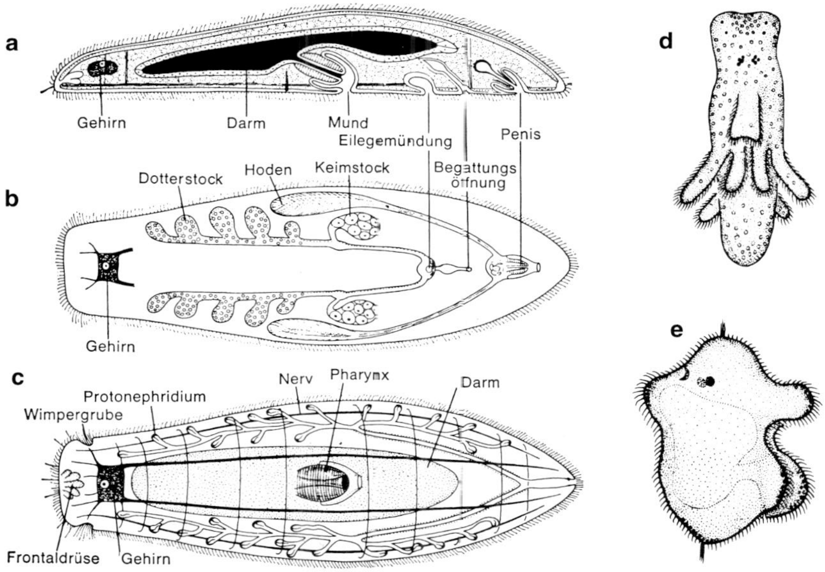

Abb. 61: Bauplan eines Turbellars (a–c) und Polyclader-Larven (d, e). a. Sagittalschnitt, b. Dorsalansicht mit Genitaltrakt, c. Dorsalansicht mit Darmkanal, Nervensystem und Protonephridien. d. Müllersche Larve (Ventralansicht), e. Göttesche Larve (Lateralansicht). Nach Lang, Remane, Ruppert

lichkeit ist diese Gliederung nicht der Segmentierung der Ringelwürmer gleichzusetzen, es handelt sich um eine Art der Erhöhung der Eiproduktion, die ja bei Parasiten allgemein auftritt. Äußere Körperanhänge, seien es Bewegungsorgane, Kiemen oder Tentakel, treten bei den Plattwürmern zurück, nur Haftorgane sind bei den parasitischen Arten reich entwickelt: Hakenkränze, einziehbare Hakenrüssel, Haftlappen und Saugnäpfe besetzen in bunter Mannigfaltigkeit das Vorderende (Bandwürmer) oder Vorder- und Hinterkörper oder die Bauchfläche (Trematoden).

Die **Körperoberfläche** der Turbellarien ist meist mit einem Wimperepithel bekleidet, das auch Mikrovilli aufweist und hauptsächlich zur Fortbewegung dient. Bisweilen liegen die zellkernhaltigen Teile im unterlagernden Bindegewebe oder der Muskulatur. Ein solcher Epitheltyp («versenktes Epithel», Abb. 62) ist für Trematoda, Monogenea und Cestoda besonders typisch. Bei ihnen – aber auch bei manchen Turbellarien – ist die Epidermis ein Syncytium. Da das Oberflächenepithel der adulten Trematoda und Cestoda von Zellen des Körperinneren abstammt, welche die Larvalepidermis ersetzen (Abb. 62 a), spricht man auch von einer Neodermis. Die Haut enthält Drüsen, die besonders am Vorderende gehäuft ausmünden (Frontalorgan). Manche Hautdrüsenzellen enthalten bei Turbellarien stäbchenförmige Sekrete aus basischen Proteinen (Rhabditen), die bei Verteidigung und Angriff ausgeschleudert werden können und vielleicht bei der Fortbewegung beteiligt sind. Aufgrund ihrer Ausstattung mit Rhabditen werden mehrere Turbellarien-Ordnungen auch als Rhabditophora zusammengefaßt. Rhabditen sind zu unterscheiden von Epitheliosomen. Hierbei handelt es sich um Sekreteinschlüsse normaler Epidermiszellen, die ebenfalls nach außen abgegeben werden können.

Das **Gehirn** liegt stets im Vorderkörper dorsal vom Vorderdarm, meist von der Epidermis losgelöst im Parenchym. Sein Aufbau kann sehr verschiedene Ausbildungshöhe zeigen, von ganz einfachen Strukturen (Acoela) bis zu komplizierten Gebilden mit verschiedenen Ganglienruppen und umhüllender Kapsel. Die Nerven bilden ein Gittersystem von mehreren starken Längssträngen und diese verbindenden Kommissuren. Dieses wegen der Rechtwinkligkeit seiner Maschen als Orthogon bezeichnete System geht in wechselndem Maße in ein un-

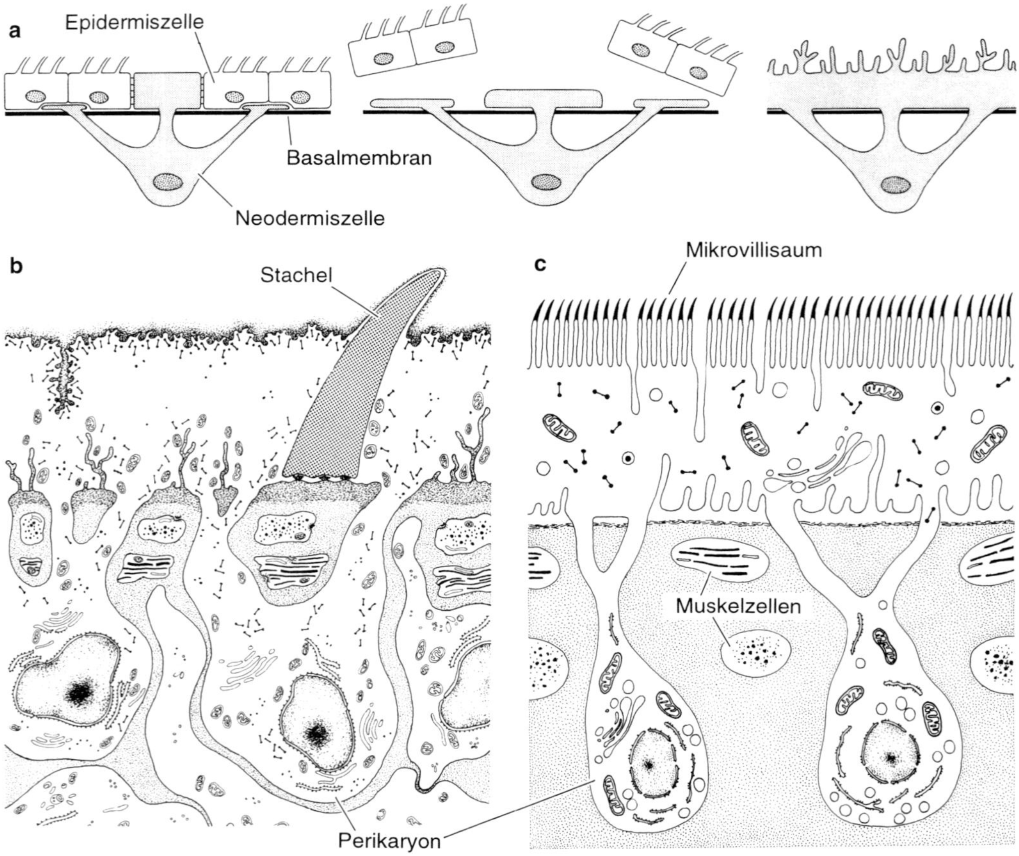

Abb. 62: Integument von Trematoda (a, b) und Cestoda (c). a. Entstehung der Neodermis: Bewimperte Epidermiszellen werden durch Neodermiszellen ersetzt und abgeworfen. Dieser Vorgang begleitet das Eindringen des Miracidiums in den Zwischenwirt. b. Integument eines adulten Trematoden *(Fasciola)*, c. Integument eines adulten Cestoden *(Abothrium)*. Nach Smyth, Storch, Welsch, Xylander

regelmäßiges Netzwerk über, das sich als feiner Nervenplexus unter der Körperoberfläche ausbildet. Innerhalb des Orthogons sind oft ventrale Längsstämme besonders kräftig ausgebildet. An Saugnäpfen können Ganglien ausgebildet sein.

Sinnesorgane sind nur in geringem Maße entwickelt. Abgesehen von verschiedenartigen Sinneszellen in der Haut treten Wimpergruben nahe dem Vorderende, einfache Augen und Statocysten auf. Die Statocyste ist meist ein unpaares Bläschen, das am oder im Gehirn liegt und dem Tier positiv geotaktische Reaktionen (schnelles Einbohren senkrecht in den Untergrund) gestattet. Die Augen vieler Arten bestehen aus einer oder vielen Sinneszellen, die ihren Receptorpol in einen von Pigmentzellen gebildeten Becher stecken (invertierte Pigmentbecherocellen). Sie liegen oft am oder im Gehirn oder in großer Zahl am Körperrand.

Ein **Gastrovaskularsystem** besorgt Aufnahme und Verteilung der Nahrung. Der Mund kann, wie erwähnt, im Bereich vom Vorder- bis zum Hinterende liegen. Der an ihn anschließende Vorderdarm ist im einfachsten Falle ein kurzes, bewimpertes Rohr, das durch locker angeordnete Muskulatur des anliegenden Parenchyms stark erweitert werden kann (Pharynx simplex); oft bildet sich aber aus ihm ein kompliziertes Greif- oder Saugorgan. Es geschieht dies 1. durch scharfe Abgrenzung einer speziellen Pharynxmuskulatur aus dem umgebenden Parenchym und 2. durch Ausbildung einer sich einstülpenden Ringfalte im Mundgebiet (Pharynxtasche), die den Pharynx als zapfen-, lappen- oder fingerartiges Organ von seiner Umgebung isoliert und durch Umstülpung ein Hervorschnellen des muskulösen Pharynx aus der Mundöffnung gestattet. Die Gestalt des Mitteldarms ist überaus mannigfaltig. Die primitivste Form ist wohl die eines bewimperten Sackes. In der äußeren Form ändert sich der Darm oft durch Gabelung (Trematoden), Dreispaltung (Tricladen) und Ausbildung von blindendigenden Seitenästen, die den Körper in dichter Lage bis zur Körperwand durchziehen. Diese Verästelung tritt vorwiegend bei großen Formen auf. Bei der zunehmenden Körpergröße wächst ja das Volumen stärker als die Oberfläche; folglich ergibt sich die Notwendigkeit der Vergrößerung der resorbierenden Oberfläche; ferner wird mit zunehmender Größe die Versorgung der Gewebe durch direkten Stofftransport von Zelle zu Zelle erschwert, falls nicht Leitungsbahnen – hier also Darmäste – die Entfernungen verkürzen. After und Enddarm fehlen üblicherweise. Dies gilt jedoch nicht ohne Ausnahme. Bei manchen Trematoden ist ein echter After vorhanden, der entweder mit den Protonephridien gemeinsam oder von ihnen getrennt am Hinterende ausmündet.

Bei einigen parasitischen Formen tritt eine Reduktion des Darmes ein. Bandwürmer sind stets darmlos. Die Nahrungsaufnahme erfolgt bei ihnen durch die äußere Körperoberfläche (parenterale Ernährung). Trematoda und Monogenea dagegen behalten trotz parasitischer Lebensweise ihren Darm, der Sporocysten-Generation fehlt er allerdings.

Ein eigenartiges Beutefangorgan bilden manche Turbellarien (Kalyptorhynchia) aus. Hier entsteht völlig unabhängig vom Darm und dem ventral gelegenen Mund ein einziehbarer, muskulöser und mit Drüsen besetzter Rüssel, der schließlich zu hakenbewehrten Greifzangen oder zahnbesetzten Kiefern wird.

Sehr unterschiedlich ist der Raum zwischen Epidermis und Gastrovaskularsystem gestaltet. Er kann weitgehend von Muskulatur eingenommen werden (Acoelomorpha), in anderen Fällen dominiert kompaktes Bindegewebe (Polycladida, Trematoda, Cestoda), schließlich kann es zur Ausbildung flüssigkeitsgefüllter Hohlräume kommen (Pseudocoel-Bildung; Catenulida). Die Muskulatur bildet mit dem Integument einen Hautmuskelschlauch aus Ring-, Längs- und Diagonalschichten. Ferner durchziehen Dorsoventralmuskeln den Körper von der Rücken- zur Bauchfläche, und zu einzelnen Organen ziehen Spezialmuskeln; auch die Pharynxmuskulatur wird vom Mesoderm geliefert.

Die **Protonephridien** erfahren bei den Plattwürmern ihre höchste Entwicklung (Abb. 63). Abgesehen von den acoelen Turbellarien sind sie stets vorhanden und durchziehen den Körper als reich verästeltes Kanalsystem, das meist mit vielen Terminalzellen beginnt. Die Ausmündungen sind paarig oder unpaar, gelegentlich in Vielzahl; sie liegen an ganz verschiedenen Stellen (vorn, ventral oder hinten).

Im Gegensatz zu der übrigen einfachen Organisation steht die Entwicklung des **Genitalapparates**, der zu den kompliziertesten gehört, die wir kennen. Die Tiere sind mit wenigen Ausnahmen Zwitter. Hoden wie Ovarien können unpaar oder in eine Vielzahl von Einzelorgane aufgelöst sein, die überall im Bindegewebe zerstreut liegen. Zwischen beiden Extremen stehen vielfach gelappte Gonaden. Eine besondere Entwicklung erfahren die Ovarien. Ursprünglich bilden sie nur Eier, die in ihrem Innern selbst Dotter aufbauen (endolecithale Eier). Dieses einfache Ovar findet sich nur bei manchen Turbellarien (Polycladida, Macrostomida, Acoela z. T.). Auf der nächsten Stufe werden bestimmte Eizellen, die hüllenartig um die definitiven Eizellen gelagert sein können, zu Nährzellen. Bei der Mehrzahl der Plattwürmer führt die Entwicklung bis zur Bildung von Dotterstöcken. Diese sind abgegliederte Teile des Ovars, deren Zellen nicht Eizellen werden, sondern als Dotterzellen dem Ei bei der Ablage mitgegeben werden. Dadurch wird das Ovar in einen Keimstock (Germarium) mit echten Eizellen und in einen Dotterstock (Vitellarium) geteilt.

Beide Organe können sich räumlich entfernen und durch Gänge (Eileiter bzw. Dottergang) ihre Zellen zu einem Raum (Ootyp) führen, in dem um eine Eizelle mitsamt einer Portion Dotterzellen eine Kapsel gebildet wird, die dann als Ei bzw. Kokon abgelegt wird (Abb. 64).

An weiblichen Geschlechtsgängen sind bei Plathelminthen meist zwei vorhanden, ein Begattungskanal (Vagina) und ein Eilegegang

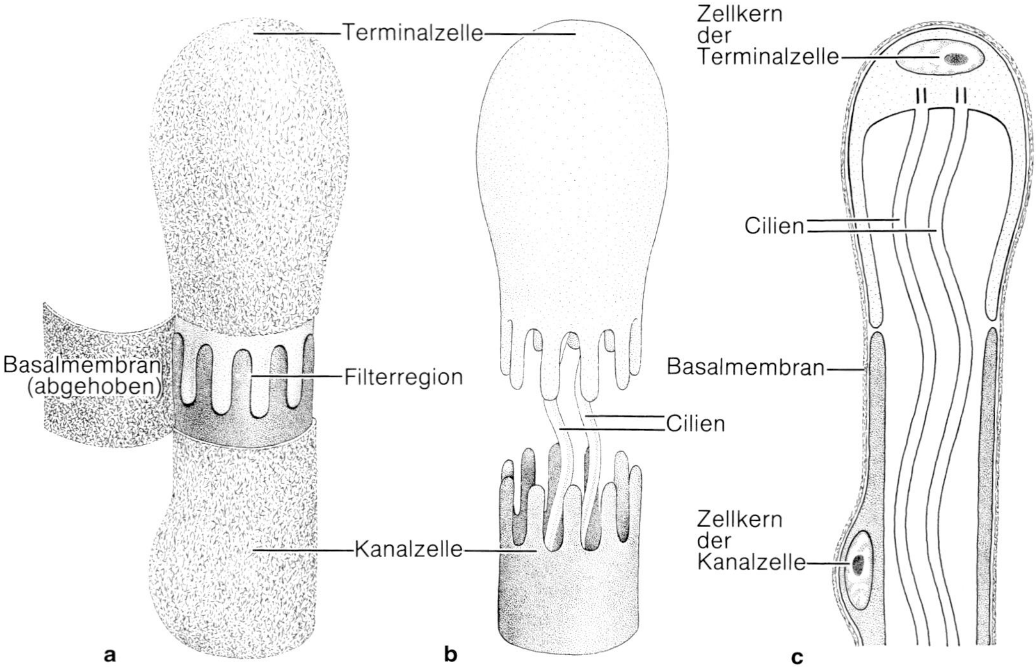

Abb. 63: Terminal- und Kanalzelle eines Protonephridiums. a. Außenansicht mit aufgeschnittener und abgehobener Basalmembran, um die Filterregion zwischen Terminalzelle (hell) und Kanalzelle (dunkel) zu zeigen. b. Beide Zellen ohne Basalmembran und voneinander getrennt, um die Cilien zu zeigen. c. Längsschnitt. Nach Storch, Welsch

(Ovidukt), der häufig in dichten Massen die Eikapseln enthält und in diesem Falle als Uterus bezeichnet wird. Diese beiden Kanäle sind bei den Cestoden klar ausgebildet, nur ist der Ovidukt bzw. Uterus bei den höheren Arten, zu denen auch unsere bekannten Bandwürmer der Gattung *Taenia* gehören, nach außen blind geschlossen (Abb. 73), so daß hier die Eikapseln nicht «gelegt» werden, sondern beim Zerfall der abgestoßenen Proglottide frei werden. Auch bei den Trematoden sind beide Gänge (die Vagina z. T. verdoppelt) ausgebildet; allerdings wird hier die Begattung meist durch die Oviduktöffnung vollzogen; die Vagina, nunmehr als Laurerscher Gang bezeichnet, wird funktionslos oder übernimmt Nebenfunktionen. Derartige Funktionswandlungen erschweren oft die Homologisierung.

Der Begattungskanal endet meist in einer Blase, der Bursa, von der aus die Spermien ins Bindegewebe entlassen oder durch Spermagänge direkt zu den Eiern gelangen. Die Bursa kann aber auch überschüssiges Sperma durch einen Verbindungsgang mit dem Darm (Ductus genito-intestinalis) in diesen überleiten.

Die Abgabe der Eier kann z. B. auch durch den Mund oder die Ruptur der Körperwand erfolgen.

Die Spermien sind oft zweigeißlig. Die Kopulationsorgane sind bisweilen mit zahlreichen Stacheln und Stäben bewehrt und dienen in manchen Fällen auch als Angriffs- und Verteidigungsorgan *(Gyratrix, Prorhynchus)*. Manchmal sind sie in Mehrzahl vorhanden.

Fortpflanzung, Entwicklung. Die Begattung ist oft wechselseitig. Bei einigen Turbellarien und Monogenea kommt Einstich-Begattung vor, bei der der Penis an irgendeiner Stelle die Körperoberfläche durchbohrt und das Sperma ins Bindegewebe entleert. Gelegentlich, besonders bei Parasiten, kommt Selbstbegattung vor. Bei dem Süßwasserturbellar *Mesostoma ehrenbergii* werden in Frühjahr und Sommer, bevor überhaupt das Kopulationsorgan voll entwikkelt ist, durch Selbstbefruchtung kleine dünnschalige «Subitaneier» gebildet, die sich inner-

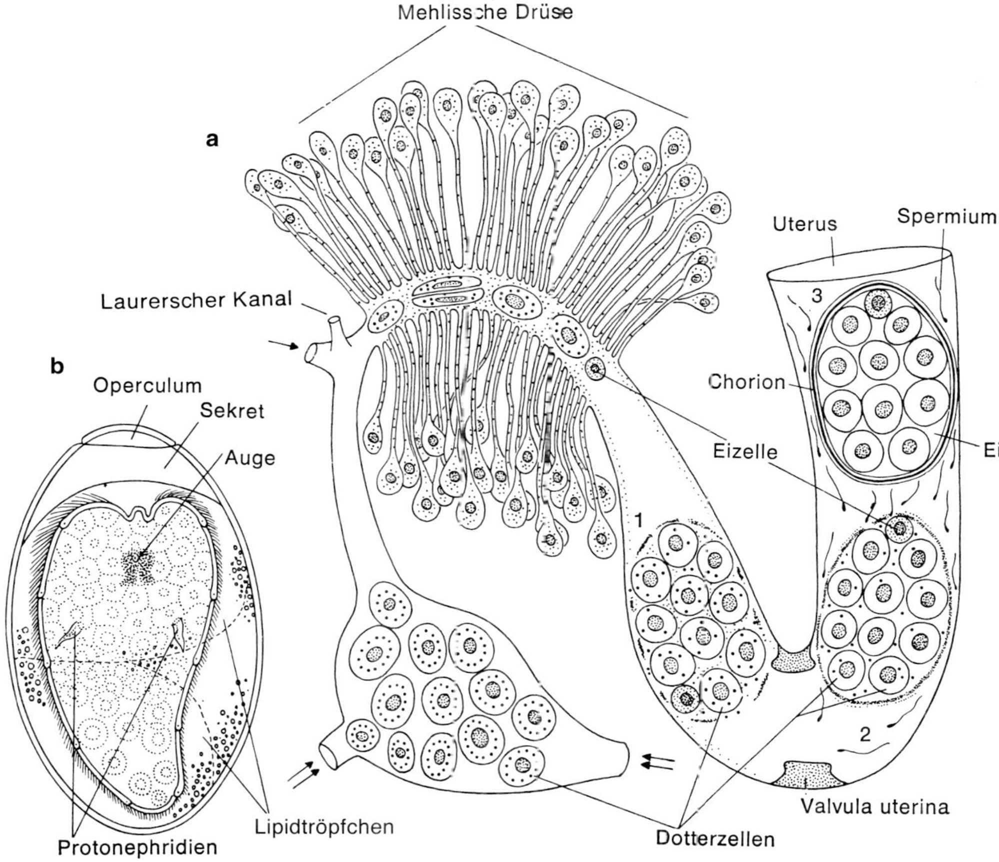

Abb. 64: a. Region des Geschlechtstraktes des digenen Trematoden *Fasciola*, in der das Ei aufgebaut wird. Über die Dottergänge (Doppelpfeile) kommen Dotterzellen, über den Eileiter (einfacher Pfeil) Eizellen in einen Kanalabschnitt, in den die Mehlissche Drüse mündet (Ootyp). Hier findet die Formation der Eier statt: Mit einer Eizelle kommen etwa 30 Dotterzellen zusammen, die Material abgeben (1, 2, 3), aus der die Hülle (Chorion) des zusammengesetzten Eies gebildet wird. Der Mehlisschen Drüse werden verschiedene Funktionen zugeschrieben (z.B. Bildung von Gleitsubstanz für Uterus, Bildung von Gamonen). b. Embryoniertes Ei von *Fasciola* mit Deckel (Operculum), der aufklappt, wenn das Miracidium schlüpft. Nach Clegg, Smyth

halb des Mutterkörpers schnell entwickeln, erst später bilden die Tiere festschalige, große, nach Fremdbefruchtung entstehende Dauereier. Wir finden hier also wie bei vielen anderen Süßwasserbewohnern Subitan- und Dauereier, die aber im Gegensatz zu anderen Tiergruppen vom selben Individuum, nicht von verschiedenen Generationen gebildet werden. Die Herbsttiere produzieren nur Dauereier. Bei Trematoda und Monogenea wird mehrfach Fremdbefruchtung durch biologische Eigenarten gesichert. Am bekanntesten ist der Fall des *Diplozoon*, eines Fischparasiten, bei dem zwei jugendliche Tiere kreuzweise derartig verwachsen, daß sogar die Genitalgänge in das andere Tier überführt werden und so eine dauernde Wechselbefruchtung eintreten kann. Bei anderen Trematoden (Didymozoonidae) liegen je zwei Tiere in gemeinsamer Cyste, und bei einigen Arten bildet sich durch besondere Entwicklung eines der Genitalapparate eine Geschlechtstrennung in Männchen und Weibchen aus. Diese ist bei den Blutparasiten der Familie Schistosomidae vollendet. Das Männchen trägt hier in einer Längsfalte des Bauches das schlankere Weibchen (Abb. 70 a).

Parthenogenese kommt nach verbreiteter Ansicht mehrfach vor, besonders bei manchen Generationen der Trematoden (S. 103). Ungeschlechtliche Vermehrung gibt es bei einer Reihe von Turbellarien: Manche Planarien teilen sich quer, andere (z. B. *Microstomum*) bilden sogar infolge solcher Teilungsvorgänge Tierketten, da neue Teilungsvorgänge bereits beginnen, bevor die früheren vollendet sind. Auch die Larvenstadien (Finnen) mancher Bandwürmer vermehren sich ungeschlechtlich (Abb. 75 a).

Die Keimblätterbildung ist stark verwischt. Die Abwandlung der Entwicklungsgeschichte ist wohl vorwiegend durch zwei Faktoren bedingt: 1. durch die Dotterzellen, deren Verarbeitung der Embryo zu leisten hat, 2. durch den Parasitismus. Diese Erscheinungen sollen bei den Einzelgruppen besprochen werden. Ursprüngliche Verhältnisse werden wir also bei freilebenden Arten ohne Dotterstock erwarten können. Hier finden wir besonders klar bei den Polycladen eine echte Spiralfurchung. Vom 4-Zellen-Stadium ab werden von den vier Grundzellen (Makromeren) Vierergruppen (Quartette) gebildet, die abwechselnd halb rechts und halb links gerichtet sind. Die Gastrulation erfolgt durch Umwachsung, die Urmesodermzellen werden von der Zelle 4d geliefert. Dieser Entwicklungstyp ist wichtig, weil er in ganz ähnlicher Weise auch bei anderen Tiergruppen vorkommt (S. 211). Bei den Dotterzellen enthaltenden Eikapseln kann es innerhalb der Dottermasse zu einer völligen Trennung der Furchungszellen kommen, die sich dann sekundär erst wieder zu einer Hohlkugel zusammenordnen.

Die Entwicklung ist bei den freilebenden Turbellarien meist direkt. Nur bei einigen Polycladen finden sich freischwimmende Larven mit 8 (Müllersche Larve) oder 4 (Göttesche Larve) bewimperten Lappen (Abb. 61). Diverse Larven gibt es bei den parasitischen Trematoden und Cestoden. Zu ihnen gehören das Miracidium und die Cercarie der Trematoden (S. 103) sowie die Finne der Bandwürmer (S. 113).

Phylogenie. Die Mischung einfacher und komplizierter Organisationsmerkmale erschwert die stammesgeschichtliche Einordnung. Zum Teil werden die Plathelminthes als besonders primitive Bilateria angesehen, von denen direkte Verbindungen zu den Ctenophoren (Polycladen – *Coeloplana* – *Ctenoplana*) oder zur Planula-Larve der Cnidaria (Acoela – Planula) führen sollen. Ein anderer Gedankenansatz geht davon aus, daß manche der einfachen Organisationszüge durch Rückbildung entstanden sind, so z. B. das Fehlen von Enddarm, After und Coelom. Auch das hochentwickelte Reproduktionssystem mit zahlreichen Besonderheiten deutet nicht auf ursprüngliche Verhältnisse. Das Vorkommen einer echten Spiralfurchung bei Polycladen zeigt, daß die Plathelminthen mit Anneliden, Nemertinen und Molluscen nähere Verwandtschaft besitzen. Eine phylogenetische Ableitung erscheint derzeit nicht möglich. Innerhalb der Plathelminthes sind die meist freilebenden Turbellarien eine Basisgruppe, aus der sich die parasitischen Trematoda, Monogenea und Cestoda entwikkelt haben. Wie deren enge Bindung an Wirbeltiere zeigt, dürfte ihre Entfaltung mit diesen erfolgt sein.

1. Klasse: Turbellaria (Strudelwürmer)

Die Strudelwürmer sind eine 3000 Arten umfassende Gruppe, die Meer, Süßwasser und feuchte Landgebiete besiedelt. Am artenreichsten ist das Meer, doch sind sie auch im Süßwasser häufig. Am Land wird vorwiegend die Bodenschicht der Laubwälder, besonders in den Tropen, von ihnen besiedelt, auch Grundwasser und Höhlengewässer beherbergen nicht wenige Turbellarien. Vielfach sind die Arten auf spezielle Lebensräume (Moore, Fließgewässer usw.) beschränkt, so daß sie gut zur Charakterisierung von Biozönosen verwendet werden können (z. B. Otoplanenzone des Meeresstrandes). Fast stets sind die Turbellarien an die Boden- und Pflanzenzone der Gewässer gebunden. Das ursprüngliche Fortbewegungsorgan der Turbellarien ist das Wimperkleid, das den kleinen, meist zylindrisch geformten Arten sowohl lebhaftes Schwimmen im freien Wasser als auch schnelles Kriechen auf einer Unterlage gestattet. Bei größeren Formen, die meist abgeplattet sind, wird in zunehmendem Maße die Fortbewegung durch die Muskulatur der Körperwand geleistet. Durch Kontraktion und Streckung kleiner Muskelbezirke der Bauchwand wird ein gleitendes Kriechen ähnlich dem von Schnecken bewirkt, daneben kommen spannerartiges Kriechen und Schwimmen durch Einschlagen und Strecken des Körpers (manche Polycladen) vor.

Die Turbellarien sind vorwiegend Räuber, die mit ihrem Pharynx lebende oder abgestorbene Tiere erfassen, in den Darm befördern oder aussaugen. Beim Beutefang können noch andere Organe mitwirken, wie der bisweilen mit Kiefern und Zähnen bewehrte Rüssel der Kalyptorhynchia oder Stacheln des Begattungsapparates *(Gyratrix)*. Manche Süßwasserformen (z.B. *Mesostoma*) bilden mit schleimigen Fäden ihrer Hautdrüsen eine Art Fangnetz für Wasserflöhe, Flohkrebse usw. Pflanzliche Nahrung tritt ganz zurück, nur bei kleinen Turbellarien des Meeres (besonders Acoela) sind Kieselalgen die Hauptnahrung. Symbiose mit Zoochlorellen und Zooxanthellen ist nicht selten. Im Meer finden wir sie zum Beispiel bei der Gattung *Convoluta*, in der manche Arten nach Infektion mit den Symbionten sogar den Mund verlieren, im Süßwasser sind sie bei *Dalyellia*, *Typhloplana* u.a. vorhanden. Sie besiedeln die Darmzellen oder das Parenchym. Einzelne Arten sind Kommensalen oder Parasiten. An den Kiemen der Xiphosuren sitzen die weißen Tricladen der Gattung *Bdelloura* und beteiligen sich an den Mahlzeiten ihrer Wirte, andere (z.B. *Monocelis*, Temnocephalen) leben ähnlich auf Krebsen, Schnecken, Schildkröten. Turbellarien, u.a. aus der Ordnung der Rhabdocoela, sind die häufigsten Endosymbionten von Stachelhäutern. Hier leben sie bevorzugt im Darm und im Coelom, aber auch in den Ambulakralfüßchen und in Gonaden. Sie können sich hier räuberisch von ebenfalls symbiotischen Protozoen ernähren, aber auch vom Wirtsgewebe, das jedoch – wie bei Echinodermen üblich – rasch regeneriert.

Das System der Turbellarien ist noch im Fluß und wird kontrovers beurteilt. Derzeit kann man drei mehr oder weniger eng verwandte Entwicklungslinien erkennen: a. Acoelomorpha (Nemertodermatida und Acoela), b. Catenulida, c. Rhabditophora (Macrostomida, Polycladida, Seriata, Rhabdocoela u.a.). Die folgenden Gruppen werden als Ordnungen geführt:

1. Nemertodermatida. Artenarme Gruppe mariner Formen. Pharynx und Protonephridien fehlen. Statocyste mit 2 bis mehreren Statolithen. Nervensystem vorwiegend intraepidermal. Spermien uniflagellat. *Nemertoderma*, *Meara* (lebt im Darm von Holothurien).

2. Acoela. Große Gruppe bis einige mm langer, v.a. mariner Formen. Der Pharynx ist einfach oder fehlt. Der Darm besteht meist aus einem zentralen Syncytium, das durch Zellen gegen andere Gewebe abgegrenzt wird. In Einzelfällen wird das Syncytium wohl erst im Laufe der Verdauung gebildet und dann ausgeschieden, so daß ein zentraler Hohlraum zurückbleibt. Diese Darmkonstruktion ist einzigartig im Tierreich. Gehirn mit einer Statocyste, die einen Statolithen einschließt. Nervensystem überwiegend subepithelial. Protonephridien fehlen. Gonaden nicht durch Hülle vom Parenchym abgegrenzt. Spermien biflagellat. Ablage der entolecithalen Eier durch Körperwand, Darm oder Mund. *Convoluta* (mit Algensymbionten). *Proporus*.

3. Catenulida. Artenarme Gruppe v.a. kleiner Süßwasserformen mit Pharynx simplex und einfachem, sackförmigem, oft bewimpertem Darm und wenig entwickeltem Parenchym. Ablage der entolecithalen Eier durch die Körperwand; männliche Genitalöffnung vorn auf Dorsalseite, Spermien aflagellat. Fortpflanzung oft durch Parthenogenese und Querteilung (Paratomie), was zur Bildung von Tierketten führt. Protonephridium unpaar; Statocyste oft vorhanden. *Catenula*, *Stenostomum*.

4. Macrostomida. Kleine Turbellarien in Süßwasser und Meer. Pharynx simplex, Darm einfach. Protonephridien paarig oder fehlend. Ovarien paarig oder unpaar, Eier entolecithal. Spermien aflagellat. Asexuelle Vermehrung (Kettenbildung) ist häufig. *Macrostomum*, *Microstomum* (Abb. 65 f).

5. Polycladida. Meist große, blattförmige, marine Formen mit reich verästeltem Darm und gefaltetem Pharynx (Pharynx plicatus). Hinter der weiblichen Genitalöffnung kann ein Haftorgan (Saugnapf) ausgebildet sein. Die Gonaden liegen in großer Zahl im Parenchym verstreut. Bestimmte Blastomeren werden während der Entwicklung resorbiert. Freischwimmende Larven (Müllersche Larve, Protrochula, Abb. 61 d). Oft durch bunte Farbmuster gekennzeichnet *(Chromoplana, Thysanozoon)*. Einige leben an Wirbellosen, z.B. *Stylochus zebra* in Gehäusen von Einsiedlerkrebsen, wo er kommensalische Schnecken *(Crepidula plana)* frißt. *Thysanozoon* (Abb. 65 e).

6. Seriata. Umfangreiche Gruppe, welche die interstitiellen Proseriata und die großen abgeflachten Tricladida umfaßt. Pharynx plicatus,

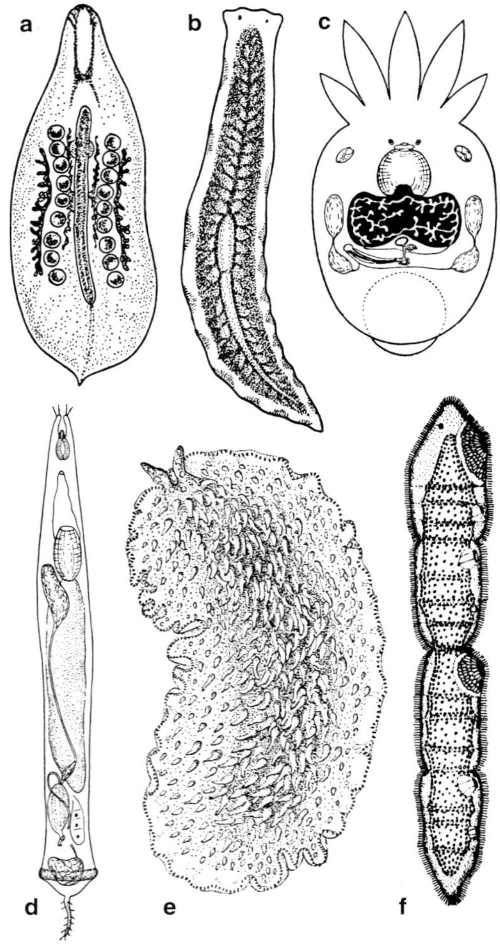

Abb. 65: Turbellarien-Formen: a. *Mesostoma* (Rhabdocoela), Länge: 15 mm; b. *Dendrocoelum* (Seriata), Länge: 25 mm; c. *Temnocephala* (Rhabdocoela, Temnocephalida), Länge: 4 mm; d. *Cheliplanilla* (Rhabdocoela, Kalyptorhynchia), Länge: 1 mm; e. *Thysanozoon* (Polycladida), Länge: 5 cm; f. *Microstomum* (Macrostomida), in Teilung, Länge: 7 mm. Nach Ax, Engelhard, v. Graff, Merton, Riedl

Ovar in Germarium und Vitellarium geteilt. Zu den Proseriata gehören beispielsweise die Otoplaniden. Die Tricladida haben 3 Darmschenkel, einer geht nach vorn, zwei nach hinten. Sie kommen im Meer vor (die egelartige, mit Saugnäpfen versehene *Bdelloura* auf *Limulus*, *Procerodes* z. B. unter Steinen); sind auch im Süßwasser verbreitet (*Crenobia, Planaria, Polycelis, Dendrocoelum*, Abb. 65 b) und leben am Land (*Bipalium, Rhynchodemus*).

In unseren Fließgewässern lebende Tricladida bevorzugen bestimmte Zonen. *Crenobia alpina* ist vermutlich ein Eiszeitrelikt und lebt heute im kalten Quellbereich. Im Bachoberlauf kommt *Polycelis felina* vor, für Bachmittel- und -unterlauf ist *Dugesia gonocephala* typisch. Grundlage für diese Zonierung sind Unterschiede in Sauerstoffbedarf und Temperaturpräferenz. Geringe Ansprüche an die Wasserqualität stellt *Dendrocoelum lacteum*, eine Art, die in stehenden und langsam fließenden Gewässern verbreitet ist.
Die genannten Arten findet man tags unter Steinen, nachts fangen sie ihre Beute, z.B. Asseln und Flohkrebse, die mit dem ausgestülpten Pharynx ausgesaugt werden. Eier werden in rundlichen Kokons mit fester Hülle abgelegt, die neben Eizellen Nährzellen enthalten.

7. **Rhabdocoela.** Sehr vielgestaltige Gruppe meist kleiner Formen in Meer und Süßwasser, die wohl in Zukunft neubewertet werden wird. Pharynx bulbosus, Darm – wenn vorhanden – stabförmig. Protonephridien paarig oder fehlend. Ovar in Dotter- und Keimstock gesondert. Viele Formen als Räuber (von Protozoen lebend) oder Parasiten im Darm von Seeigeln sowie in der Leibeshöhle verschiedener Echinodermata. Diese Formen besitzen oft Hämoglobin.

Temnocephalida (Abb. 65 c) leben als Epizoen oder Parasiten auf anderen Tieren. Ihre Epidermis ist größtenteils unbewimpert; Hinterende mit Saugnapf, Vorderende meist mit tentakelartigen Fortsätzen. Vorwiegend in den Tropen, besonders in Australien.

Mesostoma (Abb. 65 a): im Süßwasser verbreitet, durchzieht Wasser mit Fangfäden aus Schleim. Jüngere Tiere mit Selbstbefruchtung (Ablage von Subitaneiern), ältere Tiere mit gegenseitiger Begattung (Produktion von hartschaligen Dauereiern).

Die vorwiegend marinen und interstitiellen Kalyptorhynchia (*Cheliplanilla*, Abb. 65 d) sind durch einen vorn liegenden, ausstülpbaren Rüssel ausgezeichnet, der zum Beutefang eingesetzt wird. Er steht nicht mit dem Mund in Verbindung und ähnelt damit dem Rüssel vieler Nemertinen (S. 120).

Die folgenden Klassen parasitischer Plathelminthes, die beim Übergang zur parasitischen Lebensweise ihre Epidermis abwerfen und eine neue, syncytiale Körperbedeckung (Neodermis)

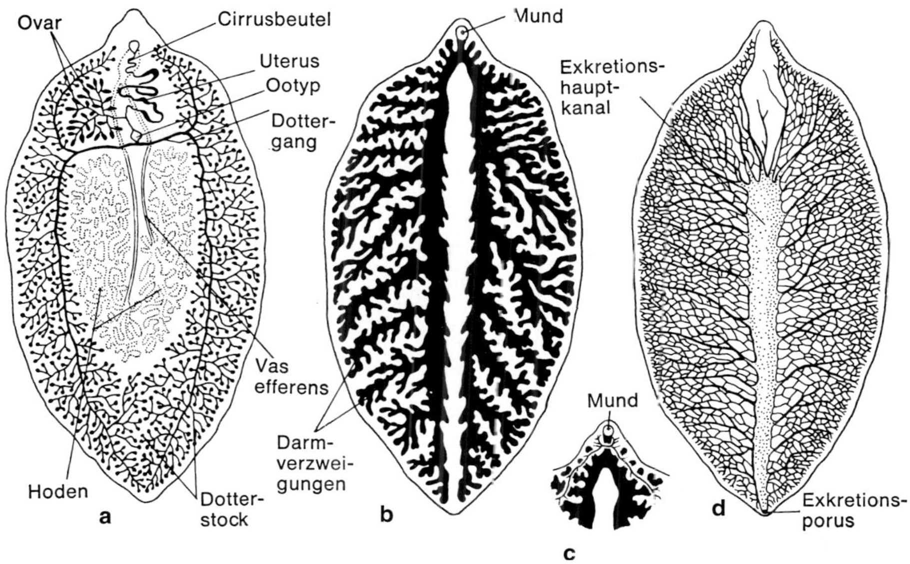

Abb. 66: Verschiedene Organsysteme von *Fasciola*. a. Genitalsystem, b. Gastrovaskularsystem, c. Zentralnervensystem (feine, fadenförmige Strukturen) des Vorderendes mit Schlundring, der den Vorderdarm umfaßt, d. Exkretionssystem. Nach Jammes.

bilden, werden auch als **Neodermata** zusammengefaßt.

2. Klasse: Trematoda (Saugwürmer)

Die ausnahmslos parasitischen Trematoden unterscheiden sich von den Turbellarien durch die unbewimperte, oft Stacheln enthaltende Neodermis (Abb. 62), von den darmlosen Cestoden durch den meist am Vorderende gelegenen Mund, den Pharynx und den meist gabelig verzweigten Darm (Abb. 66). Glieder werden nicht gebildet. Vom Gehirn ziehen durch Querkommissuren verbundene Längsnervenpaare nach hinten. Genitalapparat viel gleichmäßiger gebaut als bei den Turbellarien. Eierstock stets und vollkommen in Dotter- und Keimstock gegliedert, Keimstock unpaar (Abb. 64, 67). Am Körper hochentwickelte Haftorgane.

Die sehr artenreiche Gruppe (ca. 6000 Arten) der Trematoden wird fast ausschließlich in Wirbeltieren geschlechtsreif. Hier besiedeln sie aber die verschiedensten Organe. Am häufigsten wird der Darm bewohnt, doch leben auch Arten in der Lunge (*Paragonimus* beim Menschen), in Nasen- und Rachenhöhle, in Luftsäcken der Vögel, wieder andere bewohnen die Leibeshöhle, die Blutgefäße (*Schistosoma*, auch beim Menschen), sogar im Eileiter von Vögeln leben Trematoden (*Prosthogonimus*) und bewirken das Legen von defekten Eiern. Wieder andere Arten bilden Cysten im Gewebe.

Die Ernährung erfolgt außer durch Mund und Darm oft in großem Umfang durch die Körperoberfläche.

Wie bei vielen anderen Parasiten gibt es bei den Trematoden einen komplizierten Entwicklungsgang, der mit Wirts- und Generationswechsel verbunden ist.

Bei den Digenea ist Generationswechsel vorhanden. Im allgemeinen treten dabei drei aufeinanderfolgende Generationen auf, die sowohl in ihrem Bau als auch in ihrer Entwicklung und Lebensweise verschieden sind. Der Entwicklungsgang dieser Generation ist normalerweise folgender (Abb. 68): Aus dem mit einer gedeckelten Schale versehenen Ei schlüpft eine Wimperlarve (Miracidium), die im Wasser umherschwimmt. An ihrem Vorderende münden große Drüsen (Frontaldrüsen), am Gehirn liegen oft Augenflecken, die paarigen Protonephridien sind einfach, im Innern entwickeln sich bereits die Keimzellen. Dieses Miracidium dringt in andere Tiere, und zwar fast stets Mol-

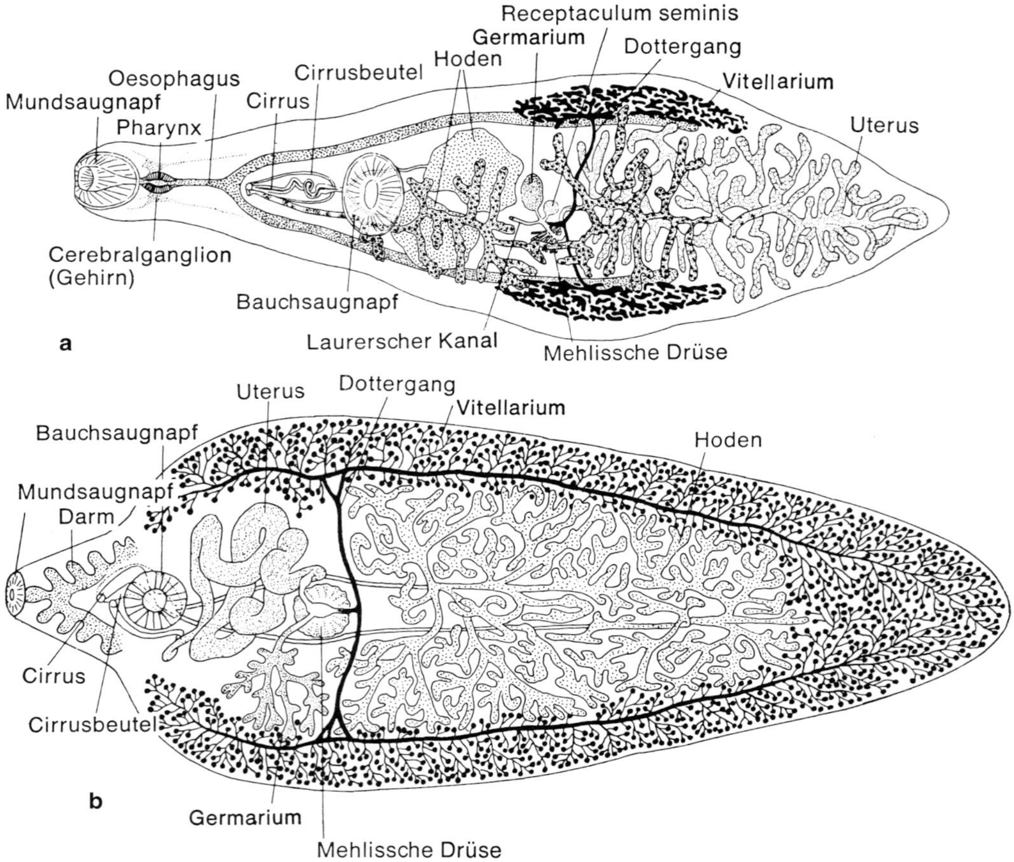

Abb. 67: a. Kleiner Leberegel *(Dicrocoelium dendriticum)*, b. Großer Leberegel *(Fasciola hepatica)*. Nach Kükenthal, Storer

luscen (besonders Wasserschnecken) ein und entwickelt sich hier zur Sporocyste (Länge: wenige mm bis 2,5 cm). Diese ist ein unregelmäßig geformtes sack- oder schlauchförmiges Tier, das in seinem Innern in großer Zahl Embryonen enthält, die zu Tieren ohne Darm (Tochtersporocysten) oder mit Darm (Redien) heranwachsen. Die Redie gelangt nicht ins Freie, sondern bleibt in demselben Wirt, den die Sporocyste besiedelte. In ihrer Organisation ist sie höher entwickelt als diese: Sie besitzt einen stabförmigen Darm und einen Pharynx, Protonephridien und meist auch eine Geburtsöffnung nahe dem Vorderende. Durch die Entstehung von Redien und Tochtersporocysten wird eine Massenvermehrung der Art in einem befallenen Wirt hervorgerufen. In den Redien entwickeln sich wiederum aus unbefruchteten Keimzellen Embryonen. Sie ergeben die freilebenden Larven der 3. Generation, die Cercarien. Diese sind durch einen Schwanz gekennzeichnet, der die Tiere mit schlagenden Bewegungen durch das Wasser bewegt. Meist ist er nach vorn gerichtet. Der Körper ähnelt bereits weitgehend dem fertigen Saugwurm: Mund- und Bauchsaugnapf sowie gegabelter Darm sind vorhanden, oft schon die Anlagen der Geschlechtsorgane. Als Sonderbildungen sind außer dem Schwanz große Kopfdrüsen (Frontaldrüsen), deren Sekret beim Eindringen in ein neues Wirtstier mitwirkt, und Seitendrüsen vorhanden, die eine Hülle abscheiden.

Auf folgende Weise kann das Jugendstadium des fertigen Saugwurms (= Distomum) in den Endwirt gelangen:

a) Beim großen Leberegel *(Fasciola hepatica)*

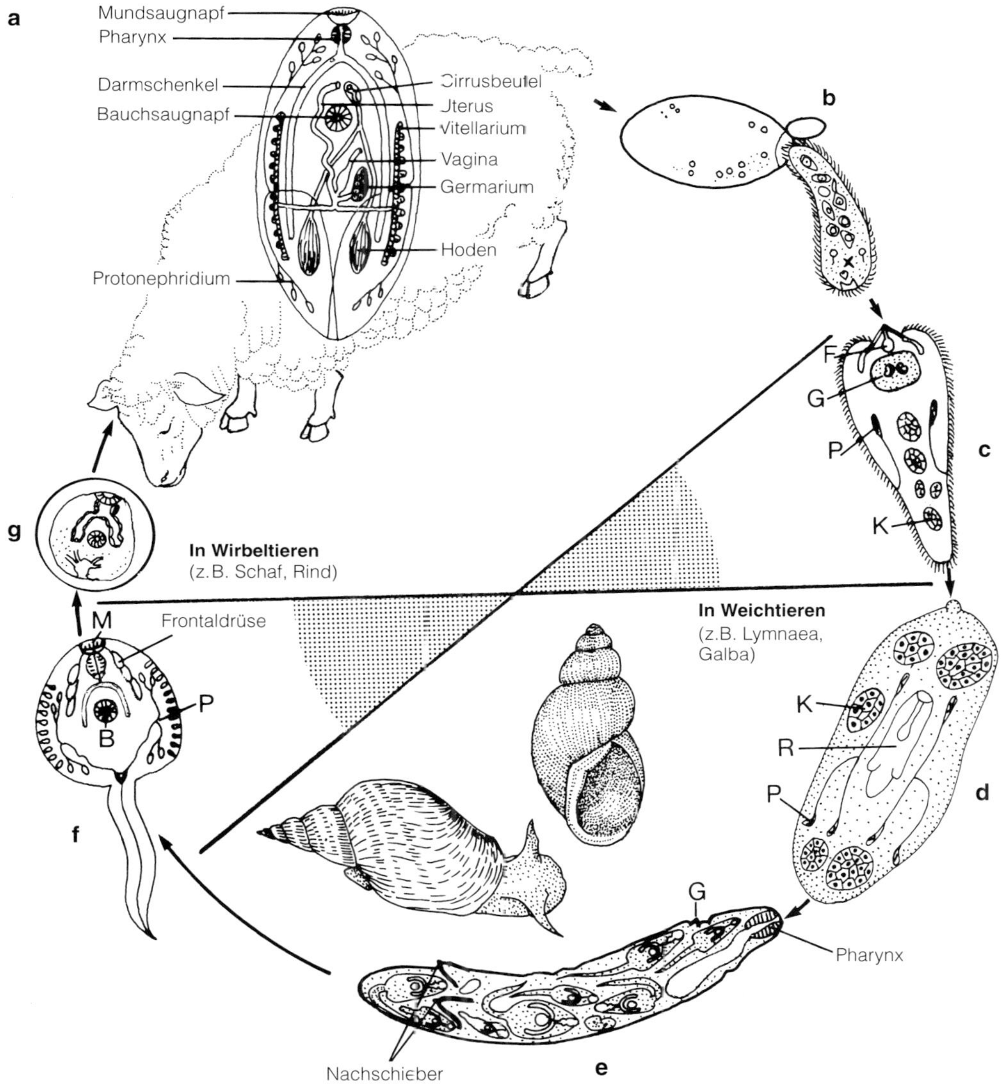

Abb. 68: Schema des Lebenszyklus digener Trematoden, drei Generationen umfassend, von denen zwei eine indirekte Entwicklung durchlaufen: Distomum (a; Larve: Cercarie, f, g), Sporocyste (d; Larve: Miracidium, b, c) und Redie (e). Das Distomum parasitiert in Wirbeltieren, Sporocyste und Redie in Weichtieren, Miracidium und Cercarie leben in limnischen Gewässern (Punkteraster). Das aus einem gedeckelten Ei schlüpfende Miracidium (b, c) ist vollständig bewimpert, enthält einen Penetrationsapparat mit Frontaldrüsen (F), ein Gehirn (G) mit Augen, Protonephridien (P) und Keimballen (K) und dringt in eine Süßwasserschnecke ein. Hier verliert es Wimperkleid und Augen, behält aber die Protonephridien (P) und wächst zur Sporocyste (d) heran. Aus den Keimballen (K) werden Redien (R), welche später die Sporocyste verlassen. Die Redie (e) besitzt Mund, Darm, Speicheldrüsen, komplizierteres Zentralnervensystem, Protonephridien, Geburtsöffnung (G) und Nachschieber. Redien wandern in die Mitteldarmdrüse der Schnecke und produzieren Cercarien. Die Cercarie (f) besitzt schon weitgehend die Organisation des Distomum, allerdings fehlen noch die Geschlechtsorgane. M: Mundsaugnapf, B: Bauchsaugnapf, P: Protonephridium. Nach kurzer Zeit des Umherschwimmens encystieren sich die Cercarien an Pflanzen und werden zu Metacercarien (g). In Wirbeltieren entwickeln sie sich zu adulten Distoma. Nach Kershaw, Remane, Storch, Welsch

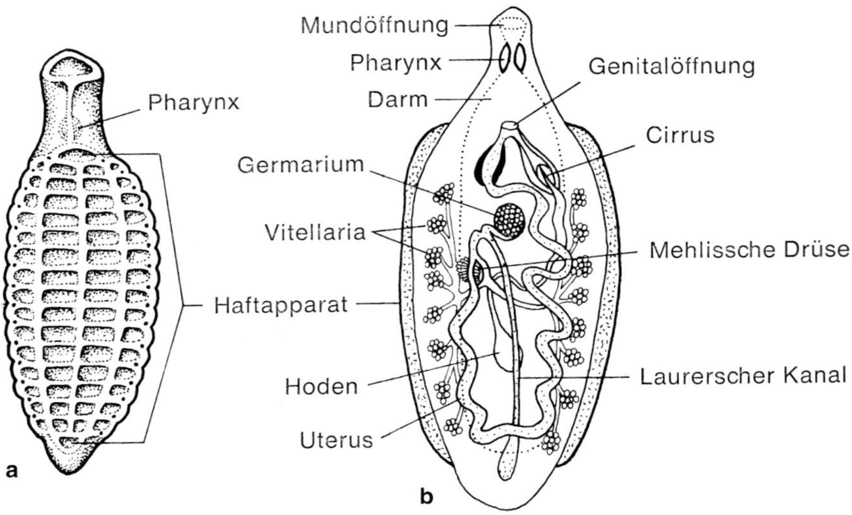

Abb. 69: Aspidobothrii. a. Ventralansicht mit großflächigem, gefeldertem Saugnapf, b. Innere Anatomie. Nach Lankester, Monticelli

kapselt es sich an Pflanzen am Rande des Gewässers ein (Metacercarie), wird dann vom Vieh beim Fressen aufgenommen und entwickelt sich hier zum Leberegel.

b) Meist dringt die Cercarie aktiv in ein anderes Tier, den zweiten Zwischenwirt, ein, in dem sie sich zu einem Ruhestadium (Agamodistomum und Metacercarie) einkapselt, das sich erst in dem Endwirt, der den zweiten Zwischenwirt verzehrt, zum fertigen Saugwurm umbildet. Dieser zweite Zwischenwirt kann sehr verschiedenen Tiergruppen angehören.

c) In manchen Fällen gelangt die Cercarie direkt vom ersten Wirt, in dem Sporocyste und Redie leben, mit der Nahrung in den Endwirt. In diesem Fall fehlt der Cercarie meist der Schwanz (Cercariaeum). So gelangt z. B. die Cercarie des Vogelparasiten *Leucochloridium*, die hier bereits in der Sporocyste entsteht, direkt aus dem Fühler der Bernsteinschnecke *(Succinea)* in den Vogel. In diesen Fühler entsendet die Sporocyste einen buntgeringelten Schlauch, der den Fühler besonders auffällig macht.

d) Schließlich kann die Cercarie aktiv in den Endwirt eindringen *(Schistosoma)*.

In diesem letzten Fall findet wenige Minuten nach dem Eindringen in den Endwirt eine Reihe physiologischer Umstellungen statt. Die in dieser kurzen Zeit entstandenen Schistosomulae sterben im Wasser ab (während Cercarien im Blutserum getötet werden). Schistosomulae können von Makrophagen abgetötet werden.

Der oben geschilderte Entwicklungsgang kann in mannigfaltiger Weise abgeändert werden. Sowohl die Sporocysten- als auch die Rediengeneration kann wiederholt hintereinander auftreten. Es kann aber auch die Rediengeneration ausfallen, sehr selten geschieht dies mit der Sporocyste, es entwickelt sich dann aus dem Miracidium direkt eine Redie. Gliederung in zwei Ordnungen.

1. Aspidobothrii. Diese kleine Gruppe (30 Arten) umfaßt Endoparasiten von Poikilothermen (v. a. Molluscen, Elasmobranchiern, Teleosteern und Schildkröten).

Auffallendstes äußeres Merkmal ist der sehr umfangreiche Haftapparat (Abb. 69), der fast die gesamte Ventralseite einnimmt. Er besteht aus zahlreichen Kompartimenten, die als Saugnäpfe fungieren. Der Binnenraum des Körpers wird durch ein Septum in eine dorsale und eine ventrale Kammer gegliedert; die obere enthält Verdauungstrakt, Vitellaria und distale Teile des Genitalsystems, das untere Germarium, Ovidukt, Ootyp und Hoden. Der Darm ist meist sackförmig, das Protonephridialsystem kompliziert. Der Lebenszyklus ist nur von wenigen Arten bekannt. *Aspidogaster.*

2. Digenea. Länge meist 0,5–80 mm, eine Art *(Nematobothrium)* bis 6 m. Ein Mund-

und ein Bauchsaugnapf bilden die Haftorgane. Mündung der Protonephridien über eine Exkretionsblase am Hinterende, unpaar. Generationswechsel vorhanden. Endoparasitisch in Wirbeltieren. Wichtig sind:

Fasciola hepatica (Großer Leberegel, Abb. 67 b), bis 4 cm lang, Zwischenwirt *Lymnaea truncatula*, Erreger der «Leberfäule», in den Gallengängen besonders der Wiederkäuer, aber auch anderer Säugetiere, seltener beim Menschen. Infektion erfolgt über Nahrung (Gras, Sauerampfer, Brunnenkresse, Fallobst u. dgl.), an der die Metacercarien encystiert leben. Sie wandern durch Darmwand und Leibeshöhle in das Leberparenchym. Der junge Leberegel frißt Lebergewebe und Blut. Auch die Adulten, die im Gallengang leben, nehmen Blut und andere Gewebe auf. Leberegelbefall verursacht für die Landwirtschaft durch verworfene Lebern, Gewichtsverluste, Aufwendungen für Bekämpfung u. dgl. manchmal hohe Verluste.

Bis 7 cm Länge erreicht *Fasciola gigantica*, eine Art, die vorwiegend in Kamelen und Rindern Afrikas und Asiens vorkommt. Die sogar 10 cm lange *Fascioloides magna* befällt in Nordamerika Hirsche und Rinder und wurde mit Wapiti-Hirschen nach Europa eingeschleppt.

Dicrocoelium dendriticum (*D. lanceolatum*, Kleiner Leberegel, Abb. 67 a), 1 cm lang, zwei Zwischenwirte. Das Miracidium schlüpft erst in einer Landschnecke (z. B. *Helicella*), die die Eier beim Fressen aufgenommen hat. In ihrer Atemhöhle sammeln sich später von ihrem eigenen und dem Sekret der Schnecke umhüllte Cercarien an, die abgegeben und von Ameisen *(Formica)* aufgenommen werden. Während die meisten Cercarien in die Leibeshöhle der Ameise eindringen, wandert eine in das Unterschlundganglion und ruft wie auch andere Ameisenparasiten einen Mandibelkrampf hervor. Die infizierten Ameisen beißen sich an der Pflanze fest und können so besonders leicht von Schafen – den Endwirten – aufgenommen werden.

Recht häufig findet man in europäischen Süßwasserfischen die Metacercarien von *Posthodiplostomum cuticula*. Sie leben in deren Haut und rufen eine auffällige Melanophorenvermehrung hervor (Schwarzfleckkrankheit). Endwirt sind Graureiher, erster Zwischenwirt Posthornschnecken *(Planorbis)*.

Ein wirtschaftlich bedeutsamer Blutparasit bei Fischen, v. a. Karpfen, ist *Sanguinicola*. Die Miracidien verlassen den Wirt über die Kiemen, Neuinfektion erfolgt über sich einbohrende Cercarien.

Diplostomum lebt in Wassergeflügel, seine Metacercarien schädigen Linse und Glaskörper von Fischen, v. a. Silberkarpfen und Maränen *(Coregonus)*.

Leucochloridium macrostomum lebt als Distomum im Enddarm von Vögeln. Freilebende Miracidien und Redien fehlen. Die Miracidien enthaltenden Eier werden von Bernsteinschnekken *(Succinea)* aufgenommen, in denen sich verzweigte Sporocysten entwickeln, in welchen bis 300 schwanzlose Cercarien bzw. junge Distoma entstehen. Teile der Sporocyste dringen in die Schneckenfühler ein und führen dort rhythmische Bewegungen aus. Für Vögel (die optisch orientierten Endwirte) werden sie so besonders auffällig.

Eine Reihe von digenen Trematoden parasitiert im Menschen:

Fasciolopsis buski (Großer Darmegel) lebt im Dünndarm von Mensch und Schwein, bis 7 cm lang. Zwischenwirte sind Tellerschnecken (Planorbidae). Die Infektion des Menschen erfolgt per os durch infektionsfähige Metacercarien, die sich an Wasserpflanzen (z. B. Wassernuß, *Trapa natans*) encystieren. Süd-, Südost- und Ostasien. Verschiedene Beschwerden, bei Massenbefall bisweilen Tod des Parasitenträgers.

Ebenfalls in Ostasien sind *Echinostoma ilocanum* und *E. lindoense* («Kleiner Darmegel») heimisch. Sie haben zwei Mollusken-Zwischenwirte. Der Mensch infiziert sich durch Essen von ungekochten Schnecken und Muscheln, die Metacercarien enthalten. Größere klinische Bedeutung kommt diesen nur 3–7 mm langen Parasiten wie auch weiteren Darmtrematoden des Menschen nicht zu.

Bei vielen Vögeln und Säugern einschließlich Mensch kann der Zwergdarmegel *(Heterophyes)* vorkommen. Seine Metacercarien finden sich in der Muskulatur von Süßwasserfischen warmer Klimate.

Clonorchis sinensis (Opisthorchis s.), der Chinesische Leberegel, lebt in Gallengängen, Pankreas und Duodenum des Menschen und einiger Säuger; bis 2 cm lang; zwei Zwischenwirte (Schnecke, Fisch). Cercarie dringt in Karpfenfisch ein und encystiert sich in Bindegewebe oder Muskulatur. Infektion des Men-

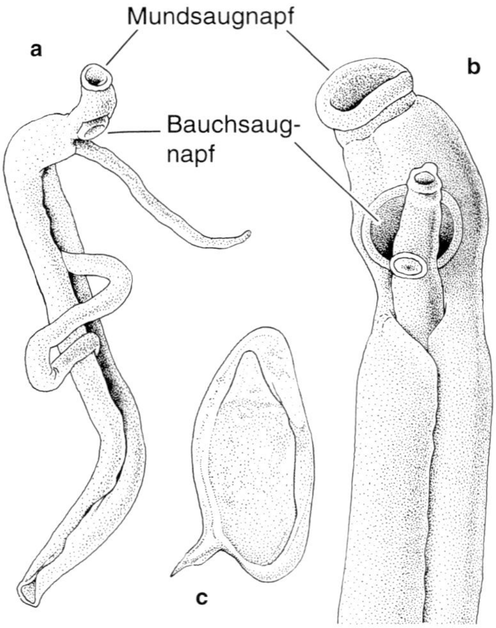

Abb. 70: *Schistosoma*. a. Das größere Männchen trägt sein Weibchen in einer Bauchfalte. b. Vorderenden eines Pärchens. Im Mundsaugnapf beginnt der Darmtrakt, der sich vor dem Bauchsaugnapf in zwei Äste spaltet. c. Ei von *S. mansoni* mit seitlichem Stachel und Miracidium. Nach Ruppel

schen per os durch metacercarienhaltiges, rohes Fleisch von Karpfenfischen. Verbreitet in Ostasien, man schätzt die Anzahl der infizierten Menschen auf 20 Millionen. Magen-Darm-Beschwerden, Anämie, Gelbsucht, blutiger Durchfall, bei Massenbefall bisweilen Tod.

O. felineus, der Katzenleberegel, bis 12 mm lang, ebenfalls mit zwei Zwischenwirten, v. a. in Osteuropa und Ostasien Parasit des Menschen.

Die verwandte Art *O. viverrini* ist in Südostasien verbreitet. Lokal sind bis 90% der Bevölkerung befallen, in Thailand etwa 7 Millionen Menschen.

Paragonimus westermani (Lungenegel) lebt in der Lunge des Menschen und wird 16 mm lang. Erster Zwischenwirt sind verschiedene Schnecken, als zweiter Zwischenwirt sind einige Krebsarten bekannt, in die sich die Cercarien einbohren, um sich hier zu encystieren. Infektion der Endwirte (neben Mensch Raubtiere einschließlich Hund und Katze sowie Schwein) durch infiziertes Krebsfleisch per os. Die im Darm geschlüpften Distoma wandern durch die Darmwand zur Bauchwand (in der sie bis 10 Tage bleiben) und dann über Bauchhöhle und Zwerchfell zur Lunge, wo sie geschlechtsreif werden. Vorkommen: Ost- und Südostasien. Klinisches Symptom: Bluthusten, schwere Komplikation: Festsetzen der Lungenegel in Gehirn und Rückenmark. Die Zahl der Lungenegel in einem Menschen überschreitet selten 10.

P. kellicotti ist aus Amerika bekannt, *P. africanus* aus dem tropischen Afrika. Letzterer lebt in Schleichkatzen, kommt aber in Kamerun auch in Menschen vor, v. a. bei Frauen, die bevorzugt Krabben *(Sudanonautes)* roh oder ungenügend erhitzt verzehren.

Schistosoma (Pärchenegel; Abb. 70 a) lebt in den Venen des Dünn- und Dickdarmes und der Harnwege und ruft eine der wichtigsten Tropenkrankheiten, die Bilharziose oder Schistosomiasis, hervor, von der schätzungsweise 200 Millionen Menschen in über 70 Ländern betroffen sind. Die Bilharziose beeinträchtigt Gesundheit und Arbeitsfähigkeit infizierter Menschen durch chronische pathologische Veränderungen vor allem von Darm, Leber, Milz, Nieren und Harnwegen, wobei die Krankheitssymptome von der *Schistosoma*-Species und Befallsstärke abhängen; in schweren Fällen führt die Krankheit zum Tod.

Schistosoma wandert mit Hilfe seiner Saugnäpfe (Abb. 70 a, b) in den Venen, ernährt sich von Blut und kann mehrere Jahre alt werden. Die etwa 20 mm langen Würmer sind getrenntgeschlechtig; das Männchen trägt das Weibchen in seiner Bauchfalte (Canalis gynaecophorus; Abb. 70 b). In dieser engen Gemeinschaft kommt es zum Glucose-, Lipid- und möglicherweise Proteintransfer vom Männchen zum Weibchen. Nur verpaarte Weibchen erreichen die volle Geschlechtsreife, nicht verpaarte bleiben juvenil. Die Eier von *Schistosoma* gelangen in Darm und Leber bzw. Harnblase und induzieren eine lokale Entzündung und Abwehrreaktion, und diese sind letztlich für die Krankheitserscheinungen verantwortlich. Die Eier haben im Gegensatz zu denen der meisten anderen Trematoden keinen Deckel, dagegen aber einen seitlichen (*S. mansoni;* Abb. 70 c) bzw. endständigen (*S. haematobium*) Stachel. Die Eier bohren sich durch die z. T. chronisch entzündeten Wände der Blutgefäße, des Darmes und der Harnblase und werden dann ausgeschieden. Aus den Eiern schlüpfen im Wasser Miracidien, die in Schnecken eindringen. Diese wiederum entlassen später die für den Menschen infektiösen Cercarien ins Wasser, die sich über Sporocysten und Tochtersporocysten entwickeln. Da die Überträgerschnecken nur in (sub)tropischem Klima leben, kann die Bilharziose auch nur dort übertragen werden; gefährdet sind Personen, die mit Süßwasser in Berührung kommen. Cercarien können sich innerhalb von Minuten durch die Haut der Menschen bohren. Die Parasiten erreichen nach Wanderung in Blutgefäßen ihren endgültigen Aufenthaltsort und werden in etwa 2 Monaten geschlechtsreif.

S. haematobium lebt in den Gefäßen von Harnblase und -leitern und ruft die in Afrika und dem vorderen Orient verbreitete Blasenbilharziose hervor. Die Eier werden mit dem blutigen Urin ausgeschieden. Chronische Infektionen können zu Blasenkrebs führen. Zwischenwirte sind Wasserschnecken *(Bulinus)*, deren Verbreitung durch Stauseen und Bewässerungssysteme enorm begünstigt wird.
S. mansoni lebt in den Mesenterialvenen und verursacht die afrikanische Darmbilharziose. Die chronischen Entzündungen führen z.B. zu einer Fibrose und Vergrößerung der Leber, zu portalem Hochdruck und zur Vergrößerung der Milz. Die Eier werden im Stuhl ausgeschieden, Zwischenwirte sind ebenfalls Wasserschnecken *(Biomphalaria)*. *S. mansoni* wurde mit dem Sklavenhandel nach Südamerika eingeschleppt und wird heute durch Wanderarbeiter und verkehrstechnische Erschließung des Kontinents weiter verbreitet.
S. japonicum lebt ebenfalls in den Mesenterialvenen, ist in Ost- und Südostasien (vor allem China und den Philippinen) verbreitet und verursacht eine schwere Form der Darmbilharziose, da diese Species wesentlich mehr Eier legt als *S. mansoni* (ca. 2000 gegenüber 300 pro Wurmpaar und Tag). Zwischenwirt sind amphibische Schnecken *(Oncomelania)*.

Die Bekämpfung der Bilharziose ist eng mit der landwirtschaftlichen Entwicklung (Bewässerung) und Infrastruktur der Gesundheitsversorgung (Therapie mit dem Medikament Praziquantel) verbunden. Erfolge wurden besonders in Japan und China sowie lokal auch in Afrika und Südamerika erreicht.

In den gemäßigten Zonen der Erde können Cercarien anderer Schistosomatidae eine Dermatitis beim Menschen hervorrufen. Der Mensch ist Fehlwirt. Endwirte sind Enten und Möwen. In Mitteleuropa ist *Trichobilharzia* der häufigste Erreger dieser Dermatitis, die nach sommerlichem Baden in schilfumrandeten Gewässern auftreten kann.

Die folgenden beiden Klassen faßt man auch als **Cercomeromorpha** zusammen. Ihre Larven tragen am Hinterende typisch geformte Häkchen.

Monogenea wurden lange mit den Digenea zu den Trematoda gestellt.

3. Klasse: Monogenea

Meist kleine (0,5–10 mm, selten bis 3 cm lange) Arten, Vorderende meist mit paarigen Haftorganen (Drüsen oder Saugnäpfen). Hinterende mit kompliziertem Haftapparat, dem außer mehreren Saugnäpfen auch Haken angehören können. Mündung der Protonephridien paarig, dorsal nahe dem Vorderende. Meist kein Generationswechsel. Ectoparasitisch auf der Haut, in Kiemen-, Mund- und Nasenhöhlen, seltener in der Harnblase bei Fischen, Amphibien und Reptilien, vereinzelt auch an Crustaceen, Cephalopoden und wasserlebenden Säugern. Eine besondere Rolle spielen die Monogenea als Parasiten an Fischen, an denen sie mit etwa 2000 bekannten Arten vorkommen.

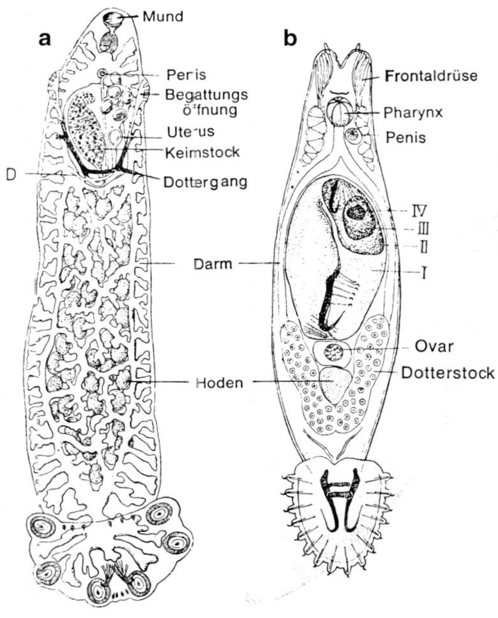

Abb. 71: Monogenea. a. *Polystoma integerrimum* (Länge ca. 1 cm). D: Ductus genito-intestinalis. b. *Gyrodactylus elegans* (Länge ca. 1 mm). Im Uterus liegen ineinandergeschachtelt vier Altersstadien bzw. Generationen (I–IV). Beide Formen sind am Hinterende mit Haftapparaten (Saugnäpfen, Haken) ausgestattet. Nach Fuhrmann, Kaestner

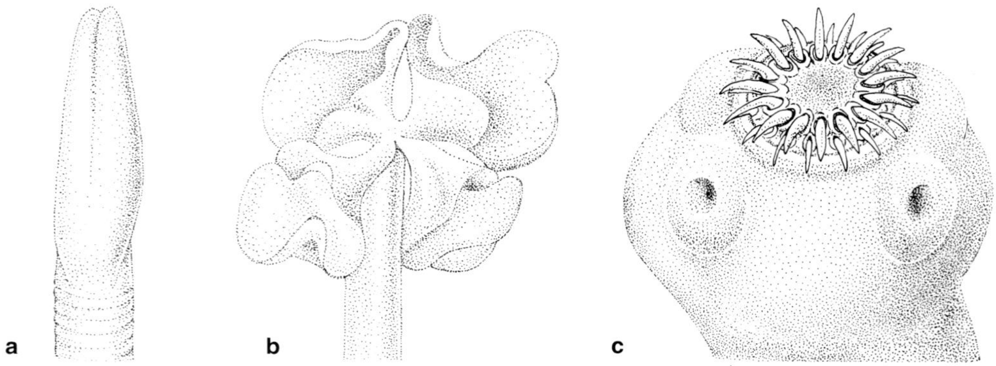

Abb. 72: Köpfe von Cestoden. a. *Diphyllobothrium*, b. *Anthobothrium*, c. *Taenia*.

In Fischzuchtanlagen neigen einige Arten zu Massenvermehrung.

Gyrodactylus (Abb. 71 b) lebt auf der Haut von Karpfenfischen. Bevor die Embryonen dieses viviparen Trematoden entlassen werden, entwickeln sich in ihnen weitere «Generationen». Man faßt diese Erscheinung als Polyembryonie auf; es bleiben pluripotente Furchungszellen übrig, die ihre Entwicklung später beginnen. Auf diese Weise können vier verschiedene Altersgruppen in einem Tier beherbergt werden (vielleicht handelt es sich auch um einen Generationswechsel mit besonders früher Keimzellenbildung).

Dactylogyrus lebt vorwiegend an Kiemen von Fischen und kann deren Erstickungstod bewirken. Diese Gattung ist im Unterschied zur vorherigen ovipar.

Polystoma (Abb. 71 a) lebt in der Harnblase von Fröschen und entläßt seine Eier, wenn das Wirtstier zur Kopulation ins Wasser geht. Aus den Eiern können auf den Kiemen junger Kaulquappen neotene Formen entstehen, die sich abermals durch Eiproduktion vermehren. Erst diese Generation befällt dann ältere Kaulquappen und wandert bei der Metamorphose in die Harnblase der adulten Tiere ein.

Diplozoon kommt auf Kiemen von Süßwasserfischen vor; Partner verwachsen in Begattungsstellung.

Eine häufige Gattung im europäischen Atlantik ist *Diclidophora* (auf Kiemen von Dorschartigen; lokale Befallsraten bis über 50%).

4. Klasse: Cestoda (Bandwürmer)

Alle etwa 3500 Bandwurm-Arten sind Endoparasiten; sie sind darmlos und nehmen ihre Nahrung durch die Körperoberfläche auf. Diese wird wie bei Trematoda und Monogenea von einer Neodermis gebildet (Abb. 62). Wie bei anderen resorbierenden Epithelien ist die Oberfläche als dichter Mikrovillisaum entwickelt, in dessen Bereich das Enzym alkalische Phosphatase nachgewiesen werden kann. Von den Trematoden unterscheiden sich die Cestoden durch das Fehlen von Mund und Darm sowie die Gliederbildung (Proglottiden), die allerdings in manchen Fällen fehlt *(Archigetes, Amphilina, Caryophyllaeus)*. Innere Begrenzungen zwischen den äußerlich sichtbaren Proglottiden existieren nicht, so daß diese Gliederung nicht mit der Segmentierung, z.B. der Anneliden (S. 207), verwechselt werden darf. Der Bandwurmkörper besteht aus Kopf (Scolex), Hals und einer Gliederkette. Mit dem Kopf ist der Bandwurm an der Darmwand seines Wirtstieres verankert, er trägt daher mannigfaltige Haftorgane (Abb. 72). Ziemlich einfach gebaut sind die schlitzartigen Sauggruben (Bothrien), wie sie der Fischbandwurm des Menschen trägt. Sie treten in 2- oder 4-Zahl auf. Sehr verbreitet sind muskulöse Saugnäpfe (Acetabula), von denen 4 kranzartig das Vorderende umsäumen. Sie sind bei manchen Arten gestielt, am Rande krausenartig gefaltet usw. (Bothridien).

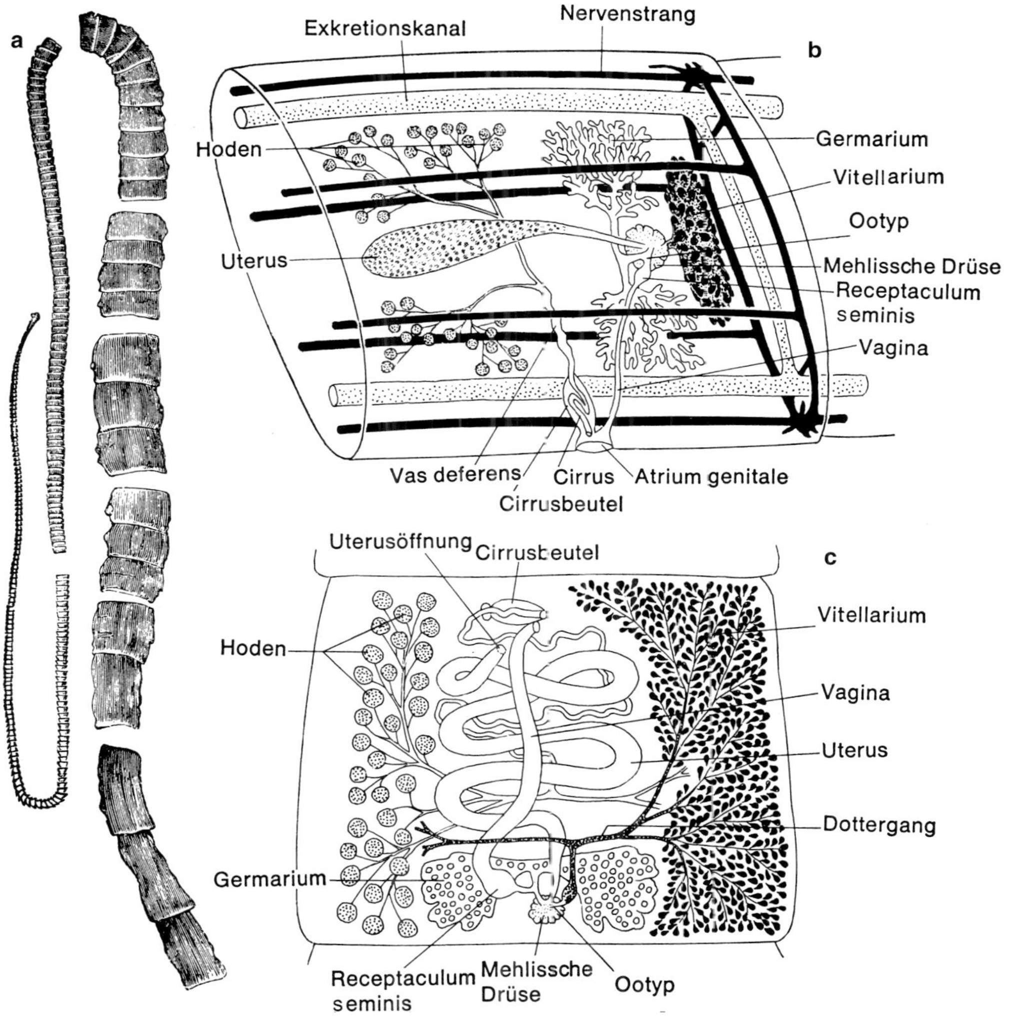

Abb. 73: a. *Taenia saginata* (Rinderbandwurm), an den unterbrochenen Stellen sind lange Körperabschnitte nicht gezeichnet. b. Proglottide von *Taenia* (Blockdiagramm). c. Genitalsystem einer Proglottide von *Diphyllobothrium*, rechts sind die Hoden, links das Vitellarium nicht eingezeichnet. Nach Fuhrmann, Leuckart, Storer

Vielfach dienen noch Haken der Befestigung. Bei vielen Cyclophyllidea bilden sie vor den Saugnäpfen am Scheitel einen Hakenkranz. Manchmal ist der Scolex rückgebildet (Scolex deformatus von *Parabothrium gadipolachi*), selten fehlt er *(Spathobothrium)*.

Die Glieder (Proglottiden, Abb. 73) sind an ihrer Sprossungsstelle am Hals sehr klein und werden beim Wachstum mit der Ausbildung der Genitalapparate länger und breiter. Sie werden meist einzeln oder gruppenweise nach oder seltener vor Erlangung der Geschlechtsreife abgestoßen und gelangen ins Freie, wo sie sich noch fortbewegen können und wo dann die Eier bzw. Embryonen bei Zersetzung der Gewebe frei werden. Ursprünglich werden die Eier durch eine Uterusöffnung (= Oviductöffnung) abgelegt. Die wenigen Arten ohne Gliederbildung sind wohl geschlechtsreif gewordene Larven. Jedes Glied enthält einen, selten zwei vollständige Genitalapparate. Diese bestehen aus einem Keimstock und einem oft in zahlreiche Bläschen aufgeteilten Dotterstock. Bei den Pseudophyllidea und Tetraphyllidea sind die Dotterstöcke umfangreich und produzieren – wie die der Trematoden – neben Dotter die Eischale, bei den Cyclophyllidea sind sie klein und bilden vorwiegend Dotter.

Die Gänge von Keim- und Dotterstock vereinigen sich zu einem Ootyp, in den die Mehlissche Drüse (sog. Schalendrüse) einmündet. Vom Ootyp gehen 2 Gänge aus, der eine enthält die eingekapselten Eier (sog. Uterus) und öffnet sich nur bei manchen Arten nach außen, der andere dient zur Aufnahme des Spermas (Vagina) und mündet oft seitlich. Die Eier werden unterschiedlich umhüllt: bei einigen Cyclophyllidea von einer Keratin-, bei den Pseudophyllidea von einer Sklerotinkapsel.

Die Mehlisschen Drüsen enthalten mucöse und seröse Zellen. Da letztere bei den Taeniidae (deren Eier keine Sklerotinkapseln aufweisen), fehlen, aber bei den Pseudophyllidea stark entwickelt sind, bringt man sie mit der Sklerotinbildung in Zusammenhang.

Die Bandwurmeier sind bisweilen sehr stark auf den Zwischenwirt, der sie aufnehmen muß, abgestimmt: Die Eier von *Hymenolepis megalops*, die von bodenlebenden Ostracoden gefressen werden müssen, sinken auf den Boden, die von *Hymenolepis furcifera* schweben im Wasser, sie werden von freischwimmenden Copepoden und Ostracoden aufgenommen.

Die Hoden können in geringer Zahl ausgebildet sein und sind dann verhältnismäßig groß *(Hymenolepis)* oder sind winzig und können eine Zahl über Tausend erreichen, so bei großen *Taenia*-Arten. Die Ausführgänge münden in einem vorstülpbaren Kopulationsorgan (Cirrus), das meist neben der Öffnung der Vagina liegt. Selbstbegattung, sei es innerhalb eines Gliedes oder zwischen verschiedenen Gliedern eines Tieres, ist verbreitet.

Die zu einem Ring verbundenen Gehirnganglien im Scolex entsenden bis zu 10 Längsnerven nach hinten, von denen die beiden seitlichen am stärksten sind.

Die paarigen Protonephridien, die durch Querkanäle miteinander verbunden sind, münden am Hinterende. Bei den Pseudophyllidea treten 16 Längskanäle und ein im Bindegewebe liegendes Netzwerk auf; die Terminalzellen können in allen Organen vorkommen, auch im Nervensystem.

Die Bandwürmer sind als geschlechtsreife Tiere fast ausnahmslos Darmparasiten der Wirbeltiere. Einige Cestoden leben im Gallengang (*Stilesia* und *Thysanosoma* in Schafen, *Porogynia* in Hühnervögeln, *Hymenolepis microstoma* in Nagern), in Gallengang, Gallenblase und Leber (*Progamotaenia* und *Hepatotaenia* in Marsupialiern) oder im Pankreasgang (*Atriotaenia* im Nasenbären).

Außer einem gewissen Sauerstoffgehalt (ohne den die meisten Cestoden wohl nicht entwicklungsfähig sind) ist eine verhältnismäßig hohe Kohlendioxid-Konzentration für die darmbewohnenden Bandwürmer notwendig. Sauerstoff ist z. B. für Sklerotisierung (Pseudophyllidea) unerläßlich. CO_2 wird von Cestoden fixiert, d. h. zum Aufbau von organischen Molekülen verwendet. Gallenflüssigkeit ist wichtiger Auslöser für die Entwicklung vieler Darmparasiten. Offensichtlich sind Cestoden auf Kohlenhydrate sehr stark angewiesen. Werden diese dem Wirt nicht gegeben, so nimmt *Hymenolepis diminuta* an Größe ab und verringert die Zahl der Proglottiden. Im Verhältnis zu anderen Tieren ist der Kohlenhydratgehalt (Glykogen) der Cestoden sehr hoch (bei Plerocercoiden von *Ligula* und *Diphyllobothrium* bis über 50% des Trockengewichts). Glykogenbildung wird durch erhöhte CO_2-Konzentration stark gefördert.

In der Leibeshöhle von Oligochaeten lebt *Archigetes*, der aber ebenso wie einige in der Leibeshöhle niederer Wirbeltiere vorkommende Arten eine geschlechtsreif gewordene Larve ist.

Die Larven leben in allen möglichen Organen. Ein Generationswechsel, wie er die meisten Trematoden kennzeichnet, fehlt den Bandwürmern; wenn bei einigen Arten durch ungeschlechtliche Vermehrung des Finnenstadiums *(Echinococcus)* sich eine Art Generationswechsel herausbildet, so handelt es sich hier um eine Metagenese.

Die Entwicklung ist fast stets mit einem Wirtswechsel verbunden. In den Eikapseln entwickeln sich die Embryonen, aus deren Zellmaterial zunächst zwei Embryonalhüllen gebildet werden (Abb. 74). Die äußere trägt bei manchen Larven (Coracidium) ein Wimperkleid, die innere ist meist radiär gestreift. Das innere Gewebe des Embryos entwickelt sich zu einer mit 6 (Oncosphaera) oder 10 Haken (Lycophora) besetzten Larve. Die weitere Entwicklung ist recht verschiedenartig. Bei *Taenia* gelangt die in der Schale liegende Oncosphaera

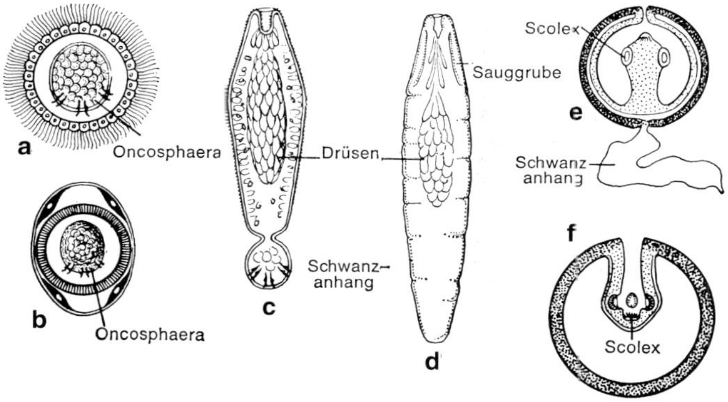

Abb. 74: Larvenstadien von Bandwürmern. a. Coracidium (Wimperlarve) mit eingeschlossener Oncosphaera (Hakenlarve). b. Oncosphaera von *Taenia* in Embryonalhüllen. c. Procercoid von *Diphyllobothrium*. d. Plerocercoid von *Diphyllobothrium*. e. Cysticercoid. f. Cysticercus («echte» Finne) Nach Remane

passiv durch den Mund in den Darmkanal, hier wird sie frei, durchbohrt die Darmwand und wandelt sich in den Geweben dieses Zwischenwirtes zum Blasenwurm (Finne, Cysticercus). Dieser besteht aus einer Blase, von deren Wand an einer Stelle ein Zapfen nach innen ragt. Dieser trägt den vollkommen eingestülpten Kopf des Bandwurmes mit Saugnäpfen usw. Die Finne lebt in verschiedenen Geweben (Muskulatur, Gehirn usw.) von herbivoren Säugetieren. Mit der Nahrung gelangt die Finne passiv in den Endwirt, ein carnivores Säugetier. In seinem Darmkanal stülpt sich der Scolex um, die Blase wird abgeworfen, und die Produktion der Glieder beginnt.

Gegenüber diesem Schema gibt es Komplikationen und Vereinfachungen. Die Komplikationen bestehen im Vorhandensein zweier Zwischenwirte und dreier Larven. Dieses Verhalten zeigen gerade ursprüngliche Cestodengruppen. Als Beispiel sei der Breite Bandwurm (= Fischbandwurm) des Menschen *(Diphyllobothrium latum)* angeführt. Aus der Eihülle schlüpft im Wasser eine mit einem bewimperten Epithel umgebene Oncosphaera (Coracidium), diese wird von einem Copepoden gefressen, in ihm wirft sie die Wimperhülle ab und verwandelt sich in der Leibeshöhle in die zweite Larve, das Procercoid. An einem wurmförmigen Körper mit großen Kopfdrüsen und eingesenktem Scheitelfeld sitzt ein kleiner, runder Schwanzanhang, der die Haken der Oncophaera trägt. Mit dem Copepoden als Nahrung gelangt das Procercoid in einen Fisch, in dessen Leibeshöhle es zu dem wurmförmigen Plerocercoid umgebildet wird. Durch Verzehren roher oder ungenügend zubereiteter Fische gelangt dann das Plerocercoid in den Menschen oder andere Säugetiere, wo es sich zum geschlechtsreifen Bandwurm entwickelt.

Das Plerocercoid entspricht trotz seines ganz anderen Baues dem Finnenstadium. Das wird durch eine Reihe Zwischenformen deutlich. Es gibt Plerocercoide, deren Hinterkörper blasenförmig aufgetrieben ist, es gibt ferner Finnen, die einen Schwanzanhang mit den Haken der Oncosphaera tragen und deren Hinterrumpf in wechselndem Maß zu einer Hüllblase geworden ist, in die sich der Kopf (Scolex) zurückziehen kann (Cysticercoid).

Eine andere Abänderung des Entwicklungsganges entsteht durch die bereits erwähnte ungeschlechtliche Vermehrung des Finnenstadiums, das bei *Echinococcus granulosus* bis kinderkopfgroß wird. An der Blasenwand können nach außen und innen neue Tochterblasen auswachsen, und schließlich sprossen von ihr zahlreiche Brutkapseln nach innen, die je 10–30 Scolices erzeugen (Abb. 75 a). Diese können im Endwirt je einen Bandwurm hervorbringen. Werden sie jedoch im Zwischenwirt verschwemmt, wird jeder Kopf zu einer neuen Finnenblase. Eine einzige reife Finnenblase kann über 2 Millionen Bandwurmköpfe enthalten. Nicht so stark ist die vegetative Vermehrung bei *Multiceps*, dem Quesenbandwurm (Abb. 75 c).

Eine Vereinfachung des Entwicklungsganges tritt bei *Hymenolepis nana* durch Fortfall des Wirtswechsels ein. Aus der Oncosphaera bildet

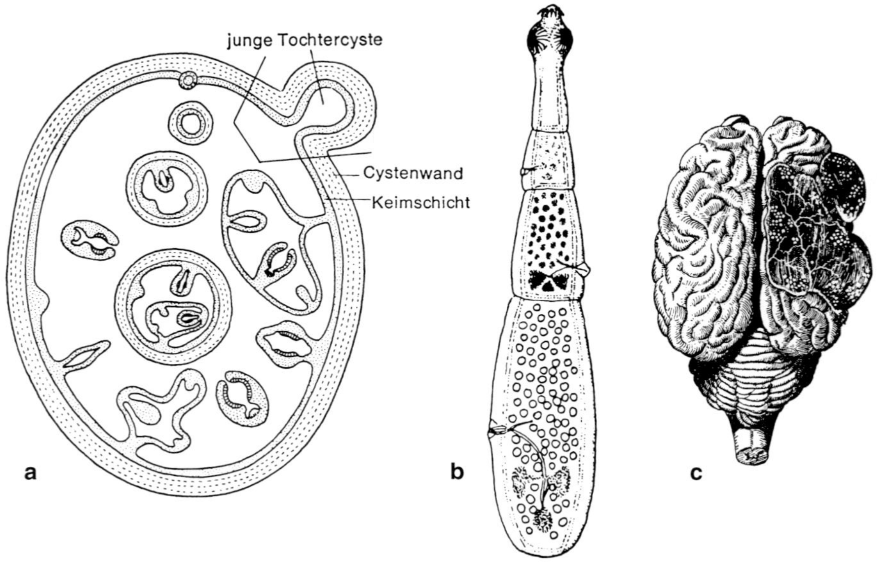

Abb. 75: Bandwürmer mit Vermehrung im Finnenstadium. a. Schnitt durch eine Finne von *Echinococcus* mit Knospenbildung. Von der Keimschicht entstehen Brutkapseln, die auf den Grund der mit einer wasserklaren Flüssigkeit gefüllten Blase fallen («Hydatidensand») *(E. granulosus)*. Außerdem können junge Tochtercysten nach außen abgegeben werden *(E. multilocularis)*. b. Adulter *Echinococcus granulosus*. c. Gehirn eines Schafes; rechts eröffnet, um die zahlreichen Finnen von *Multiceps (= Taenia) multiceps* (Quesenbandwurm) zu zeigen. Nach Brumpt, Schmeil, Wurmbach

sich in der Darmwand eine Finne, die im Darm des gleichen Wirtes zum geschlechtsreifen Bandwurm wird.

System. Die 3500 Arten werden in zwei Unterklassen gegliedert:

1. Cestodaria. Ursprüngliche Formen ohne Proglottiden. Geschlechtsapparat einfach. Oncosphaera mit 10 Haken (Lycophora). Nur wenige Gattungen. In Leibeshöhle und Darm von Fischen *(Amphilina, Gyrocotyle)* und Schildkröten *(Austramphilina)*.

2. Eucestoda. Genitalapparat meist vervielfacht. Oncosphaera mit 6 Haken. Über 1500 Arten, die in mehrere Ordnungen gegliedert werden, von denen zwei (Pseudophyllidea, Cyclophyllidea) wichtige Parasiten des Menschen enthalten.

Pseudophyllidea: Scolex meist mit zwei länglichen Sauggruben (Abb. 72 a). Zwei oder drei Wirte. Viele Arten.

Diphyllobothrium latum (Breiter Bandwurm, Fischbandwurm). Bei Menschen und Raubtieren. Erreger der *Diphyllobothrium*-Anämie. Verbreitet in Gegenden, in denen Fische roh gegessen werden. Bis 15 m lang, bildet über 4000 Glieder. Procercoid in Copepoden, Plerocercoid in Fischen (s.o.).

Plerocercoide von *Ligula intestinalis* (in Karpfenfischen) und *Schistocephalus* (in Stichlingen) werden in Fischen fast geschlechtsreif. Endwirt: fischfressende Wasservögel, dort verweilen sie nur kurz. Bei anderen vollständige Neotenie, so bei den auch in eigener Ordnung (Caryophyllidea) geführten Gattungen *Archigetes* (in *Tubifex*; mit 1 Paar Geschlechtsorganen), *Caryophyllaeus* und *Khawia*. Die letzten beiden Gattungen stellen wichtige Fischparasiten, Zwischenwirte sind Oligochaeten.

Auch *Triaenophorus* ruft Bandwurmseuchen bei Süßwasserfischen hervor, Zwischenwirte sind Copepoden und Fische, Endwirte vor allem Hechte.

Cyclophyllidea: Scolex mit vier Saugnäpfen, oft mit einem vorn gelegenen Rostellum (Rostrum), das einen Hakenkranz trägt (Abb. 72 c). Die Oncosphaera wird schon im Uterus gebildet, bleibt aber in der Eikapsel. 2 Wirte. Bei Wirbeltieren außer Fischen.

Taenia solium (Schweinebandwurm, Abb. 76): Geschlechtsreifes Tier nur im Menschen. Erreicht 2–4, selten bis 8 m Länge und bildet bis 1000 Proglottiden aus. Der Schweinebandwurm ist in Mitteleuropa selten, aber besonders gefährlich.

Der Mensch infiziert sich mit rohem, finnigem Schweinefleisch. Die Bandwurmerkrankung (Taeniose) kann unterschiedliche Folgen haben, z.B. Appetitlosigkeit, Heißhunger, Übelkeit, ruhrartige Störungen u.a. Gefährlich ist Erbrechen, weil eine Selbstinfektion möglich ist. In diesem Fall dringt die durch Verdauungsenzyme aus der Eihülle befreite Oncosphaera (Durchmesser: bis 25 µm) in die Darmwand ein und kann durch den Blutstrom praktisch in jedes Organ vordringen. In 2 bis 4 Monaten wächst sie zu einem weißlichen Cysticercus von 0,5 cm bis (selten) 5 cm Durchmesser heran (Cysticercose). Diese Finne setzt praktisch keine Antigene frei und ruft daher zunächst oft keine Symptome hervor, wenn sie nicht z.B. im Auge oder im Nervensystem liegt. Die Letalität unbehandelter Neurocysticercose-Fälle beträgt 50%. Man nimmt an, daß weltweit 40 Millionen Menschen den Schweinebandwurm beherbergen, insbesondere in ländlichen Gebieten Lateinamerikas, Asiens und dem pazifischen Raum.

Taenia saginata (Rinderbandwurm). Etwa 99% der *Taenia*-Infektionen in Europa gehen auf diese Art zurück, die nicht selten ist. Länge: 4–10 m, bis 2000 Proglottiden. Die reifen Proglottiden lösen sich einzeln ab und können sich peristaltisch fortbewegen und den Darm unabhängig von der Stuhlentleerung verlassen. *Taenia saginata* ist streng wirtspezifisch: Der Bandwurm lebt im Menschen, die infektiösen Eier (in denen schon die Oncosphaera enthalten ist) werden von Rindern aufgenommen. In deren Darm schlüpft die Sechshakenlarve, dringt mit ihren Haken unter Hilfe cytolytischer Sekrete in wenigen Minuten in die Mucosa ein und gelangt in den Blutstrom. Bevorzugt in der Muskulatur entsteht der Cysticercus, der eine Länge von 10 mm und eine Breite von 6 mm erreichen kann. Nach 10–12 Wochen ist dieser wiederum infektionsfähig. In Europa werden Finnen insbesondere in Herz- und Kaumuskulatur gefunden, in anderen Kontinenten ist das oft anders. Grundsätzlich kann jedes Organ besiedelt sein, vorzugsweise jedoch gut durchblutete Muskulatur. Bei der Fleischbeschau zeigt sich, daß bis zu 80% der nachgewiesenen Finnen abgestorben sind.
Nehmen Menschen finniges Rindfleisch auf, entweder völlig roh (Tartar) oder nach ungenügendem Erhitzen, so kann innerhalb von 3 Monaten ein geschlechtsreifer Bandwurm heranwachsen. Lagerung von Fleisch bei -3 °C tötet Finnen in 24 Stunden; mit menschlichem Stuhl abgegebene Eier sterben schon bei 50 °C.
Für Rinder bergen die Umgebung von Autobahnraststätten und Zeltplätzen erhöhte Infektionsgefahr. Auch sind wilde «Camper» eine mögliche Quelle für Bandwurmeier.

Beide Taenien können im Menschen 10–14 Jahre alt werden.

Multiceps multiceps: Quesenbandwurm, im Darm von Hunden, bis 1 m lang. Finne im Gehirn von Schafen, wird in 6 Monaten hühnereigroß und bildet zahlreiche Scolices. Die befallenen Tiere führen Zwangsbewegungen aus (Drehkrankheit), viele sterben.

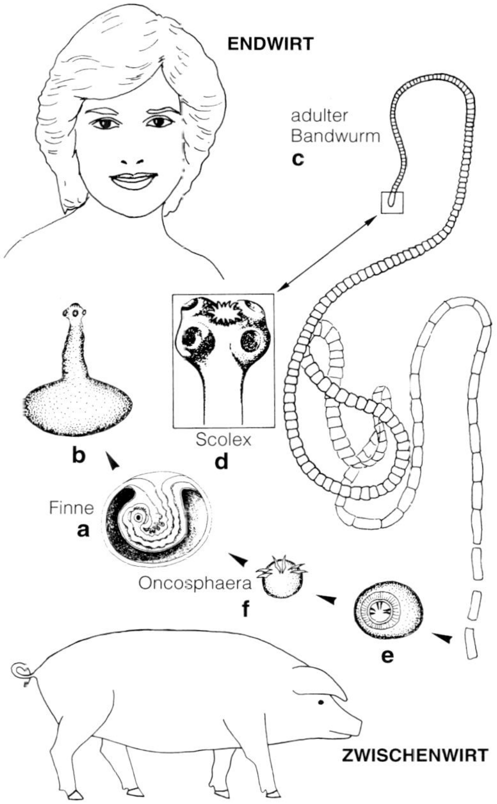

Abb. 76: Zyklus des Schweinebandwurms *(Taenia solium)*. Die Finnen (a) leben in der Muskulatur des Schweins und werden vom Menschen, dem Endwirt, aufgenommen. Im Darm wächst der Bandwurm heran (b, c); mit Saugnäpfen und Haken (d) hält er sich in der Dünndarmschleimhaut fest. Die Eier gelangen durch Auflösung der mit dem Stuhl abgegebenen Proglottiden ins Freie. In ihnen ist das erste Larvenstadium schon ausgebildet (e). Im Zwischenwirt (Schwein) schlüpft die Oncosphaera (Hakenlarve, f); ihr Durchmesser beträgt etwa 20 µm. Sie durchbohrt die Darmwand und gelangt über Gefäße in Muskulatur, wo sie sich zum Cysticercus (Finne) entwickelt, der meist eine Länge von 15 mm und eine Breite von 7–8 mm hat. Nach Storch, Vsiansky

Echinococcus granulosus (Hundebandwurm) lebt im Hundedarm. Er ist weltweit verbreitet, in Mitteleuropa aber selten. Rinder, Schafe, Pferde und Schweine sind Finnenträger, ihre Innereien werden von Hunden gefressen, in denen sich der nur 3–6 mm lange Bandwurm entwickelt. Über die Hunde infiziert sich auch der Mensch, in dessen Leber (44%), Lunge (44%) oder anderen Organen (12%) blasenartige Finnen entstehen, die einen Durchmesser von 40 cm erreichen können und Tochterfinnen erzeugen (cystische Echinococcose,

Abb. 75). Gefährdet sind vorwiegend Kinder, die mit Hunden in engen Kontakt kommen. Aufgrund der starken vegetativen Vermehrung der Finnen beherbergen infizierte Hunde diesen Cestoden im allgemeinen in großer Zahl. Auf Island war wegen einer *Echinococcus*-Plage längere Zeit Hundehaltung verboten. Die Finnen von *Echinococcus granulosus* lassen sich operativ aus dem Körper herausschälen; die prall mit Flüssigkeit gefüllte Blase darf dabei jedoch nicht beschädigt werden (Ausschütten von Tochtercysten und Scolices).

Der verwandte *E. multilocularis* (Fuchsbandwurm) hat eine vielkammerige Finne, die in der Leber wuchert (alveoläre Echinococcose) und schließlich den Tod des Zwischenwirtes zur Folge hat. Der Fuchsbandwurm lebt normalerweise im Darm des Fuchses, seltener in Katze und Hund. Die Finne kommt üblicherweise in pflanzenfressenden Säugetieren vor, jedoch kann sich auch der Mensch infizieren. *E. multilocularis* ist einer der gefährlichsten Wurmparasiten des Menschen; in Mitteleuropa kommt er insbesondere im süddeutschen Raum vor.
Dieser kleine Bandwurm (bis 4 mm) kann zu mehreren Tausend im Endwirt auftreten. Mit dem Kot werden mit reifen Eiern angefüllte Proglottiden oder ganze Tiere abgesetzt. Diese werden im Normalfall von Feldmäusen *(Microtus arvalis)* oder auch anderen Nagern aufgenommen. In ihrem Darm schlüpft die Oncosphaera, welche die Darmwand durchbohrt und sich in der Leber zur Finne mit Tausenden von Bandwurmanlagen entwickelt. Derartig beeinträchtigte Mäuse sind weniger beweglich als gesunde und werden leicht Beute des Fuchses. Aus jeder Bandwurmanlage der Finne entsteht im Darm des Fuchses ein Bandwurm. Die Entwicklung im Fuchs ist nach etwa 6 Wochen abgeschlossen; die Würmer leben nur wenige Monate. Die Larvalentwicklung in der Feldmaus erstreckt sich ebenfalls über wenigstens 6 Wochen. Der Mensch infiziert sich durch Verzehr niedrig wachsender Beeren sowie Fallobst, Einatmen und Verschlucken aufgewirbelter Bandwurmeier, z.B. beim Mähen, oder durch engen Kontakt mit infizierten Endwirten. Der Mensch ist Fehlwirt; die Finne durchsetzt die gesamte Leber im Laufe von 5–10 Jahren. Der Fuchsbandwurm war bei uns immer auf der Schwäbischen Alb relativ häufig. Anscheinend ist es jedoch in den letzten Jahren zu einer Ausbreitung gekommen. Im südlichen Baden-Württemberg sind etwa 50% der Füchse infiziert, in Bayern 25%. Auch weiter im Norden, z.B. in Niedersachsen, wurde der Fuchsbandwurm nachgewiesen, desgleichen z.B. in Österreich und in der Schweiz.
Über die Häufigkeit der alveolären Echinococcose liegen keine präzisen Angaben vor, da keine gesetzliche Meldepflicht besteht. In Baden-Württemberg rechnet man mit 50 Neuerkrankungen pro Jahr.
Operative Entfernung des Larvengewebes ist im Frühstadium aussichtsreich. Bei fortgeschrittenem Befall wird ein Antihelminthikum in hoher Dosierung gegeben (z.B. Mebendazol oder Albendazol), das allerdings lebenslang genommen werden muß, da es das Larvengewebe nur im Wachstum hemmt, jedoch nicht tötet.

Hymenolepis nana (Zwergbandwurm), etwa 4 cm lang, vor allem in wärmeren Ländern. Er befällt besonders Kinder, die sich von After zu Mund selbst infizieren können. Die Finne lebt in den Dünndarmzotten und gelangt von dort in das Darmlumen.

Dipylidium caninum (Gurkenkernbandwurm), in Katzen und Hunden sehr häufig. Finne in Flöhen und Haarlingen. Selten infizieren sich Menschen, in deren Darmkanal dann irgendwie ein Floh oder ein Mallophage geraten sein muß.

IV. Mesozoa

Die Mesozoa (Abb. 77) sind 30 µm-7 mm lange Parasiten in Meerestieren, die z. T. nur aus 20–30 Zellen bestehen (Rhombozoa). Sie sind aus einer mindestens in einzelnen Stadien bewimperten Außenschicht (Somatoderm) und einer bis vielen inneren Zellen (Axialzellen) aufgebaut. Nervensystem, Darmkanal und wohl auch Muskelzellen fehlen. Kontraktile Zellen mit besonders dicken Filamenten (50 nm) sind allerdings vorhanden. Spermien flagellat oder aflagellat. Etwa 80 Arten.

Die **Rhombozoa** sind Parasiten in den Nieren vor allem bodenlebender Cephalopoden in gemäßigten und kalten Meeren. Sie sind länglich, ihr Somatoderm ist bewimpert und umhüllt eine Axialzelle mit polyploidem Kern (Abb. 77 a, b). Die Axialzelle beherbergt in Einsenkungen sehr kleine Embryonalzellen, die sich in zwei Richtungen zu entwickeln vermögen: Es kann zu einer vegetativen Vermehrung oder zu einer sexuellen Fortpflanzung mit Differenzierung zu Ei- und Spermienzellen im selben Tier kommen. Die vegetative Fortpflanzung dient der raschen Vermehrung im Wirt. Zu sexueller Fortpflanzung kommt es, wenn die Nieren der Cephalopoden mit Parasiten überfüllt sind. Nach der Befruchtung entstehen noch im Elterntier Larven, welche die Cephalo-

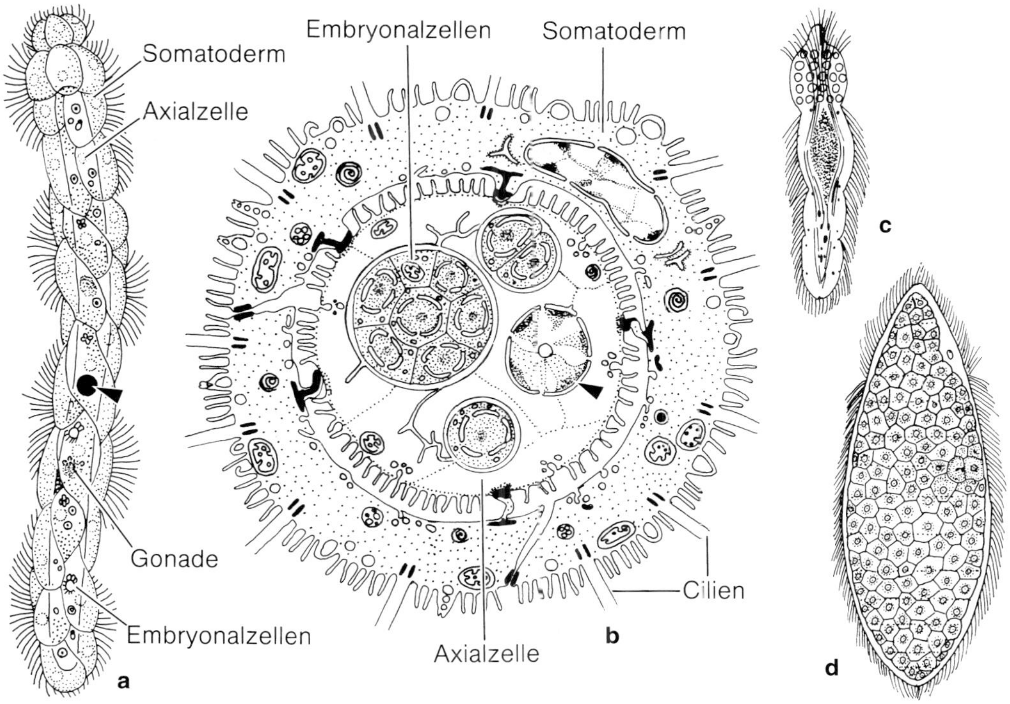

Abb. 77: Mesozoa. a. *Dicyema*, reifes Tier, b. Querschnitt durch *Dicyemennea* (elektronenmikroskopisch), Pfeil: Axialzellkern, c, d. *Rhopalura*, c. Männchen, d. Weibchen. Nach Caullery, Lapan, Malakhov

poden verlassen. Sie sind Verbreitungs- und Infektionsstadien, die nach Aufenthalt im freien Meer auf noch unbekannte Weise erneut in Tintenfische eindringen. Dicyemida mit *Dicyema* sowie Heterocyemida mit *Microcyema*.

Die **Orthonectida** leben in verschiedenen Meerestieren, z. B. Turbellaria, Nemertini, Bivalvia, Polychaeta und Ophiurida. Die meisten Arten sind getrenntgeschlechtig. Männchen und Weibchen bestehen aus bewimpertem Somatoderm und bis zu 300 zentralen Keimzellen (Abb. 77 c, d). Sie verlassen den Wirt; im Meerwasser kommt es dann zur geschlechtlichen Fortpflanzung. Weibchen bringen Wimperlarven hervor, die den Wirt infizieren, ihre Wimpern abwerfen und zu Plasmodien heranwachsen, aus denen Männchen bzw. Weibchen hervorgehen. *Rhopalura* (Abb. 77 c, d), *Stoecharthrum, Pelmatosphaera*.

Die Mesozoa werden als Formen aus dem Übergangsfeld zwischen Proto- und Metazoa (z. B. als Deszendenten der Parenchymula-Larve der Schwämme) oder als stark degenerierte Abkömmlinge der Plathelminthes angesehen. Mit Ciliaten haben sie einen auffällig geringen Guanin-Cytosin-Anteil (23%) im Bestand ihrer DNA-Basen gemeinsam. Auch die Speicherung von Inositphosphat als Reservestoff erinnert an Protozoen.

V. Gnathostomulida

Die Gnathostomuliden sind meist etwa 1 mm, selten bis 4 mm lange, drehrunde oder ein wenig abgeflachte, fast immer farblose Würmer, die mit etwa 90 Arten vor allem in sulfidreichen Meeressanden mit hohem organischen Anteil vorkommen. Ihr Kopf ist mit langen Sinnescilien besetzt (Abb. 78). Die Fortbewegung erfolgt gleitend mittels Cilienschlag. Jede Epidermiszelle trägt eine Cilie (Geißelepithel). Umkehr des Cilienschlages vermittelt Rückwärtsschwimmen.

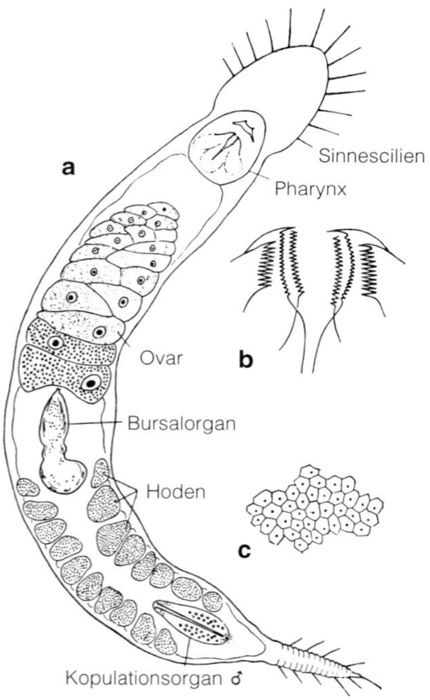

Abb. 78: Gnathostomulida. a. *Gnathostomula paradoxa*, b. Kiefer, c. Flächenschnitt durch die Epidermis (in jeder Zelle liegt ein Basalkörper). Nach Ax

Das Nervensystem besteht aus einem vor dem Mund gelegenen Gehirn und vorwiegend intraepidermal verlaufenden Nervenbahnen. Die Muskulatur ist ausnahmslos quergestreift, Bindegewebe ist kaum ausgebildet. Der Darmkanal beginnt mit einem subterminalen Mund. Der Pharynx ist bilateral und mit cuticularen Kiefern bewehrt, die ultrastrukturell eine gewisse Ähnlichkeit mit denen der Rädertiere aufweisen. Keine vollständige Klarheit besteht bezüglich des Afters. Bei einigen Arten löst sich die Haftung zwischen Zellen am Körperende, so daß zeitweise eine Afteröffnung entsteht. Bis zu zwanzig Paar Protonephridien sind ausgebildet. Alle Gnathostomuliden sind Zwitter. Das dorsal gelegene Ovar ist immer unpaar und kann mit einem Bursalorgan verbunden sein, das Spermien speichert. Hoden gibt es in paariger und unpaarer Ausprägung. Sie liegen dorsolateral oder lateral. Die Spermaübertragung erfolgt wohl durch Injektion, die Befruchtung ist innerlich, die Spermien können filiforme Flagellospermien oder geißellos sein. Die Eier werden durch Einreißen der Körperwand entlassen. Spiralfurchung, Entwicklung direkt. Kieferapparat und seriale Protonephridien deuten auf engere verwandtschaftliche Beziehungen zu Aschelminthes (Rotatoria, Gastrotricha). Der erste Vertreter der Gnathostomuliden wurde 1928 von A. Remane entdeckt. *Gnathostomula*.

VI. Nemertini
(Schnurwürmer)

Die mit etwa 900 Arten vorwiegend im Meere lebenden Nemertinen stehen in ihrer Organisationshöhe etwa zwischen den Plathelminthen und den Anneliden. An erstere erinnern der Mangel echter Gliederung, das zellreiche Bindegewebe («Parenchym») und die bewimperte Epidermis, die bisweilen rhabditenähnliche Sekrete bildet; die komplexere Organisation zeigt sich im Besitz eines wohl coelomatischen Gefäßsystems, eines Afters und eines Rüsselapparates, der von Coelom umgeben wird. Nemertinen sind oft kräftig gefärbt: vielfach einfarbig rot, braun, gelb oder grün, seltener verschiedenfarbig.

Bau. Die 2 mm bis 30 m *(Lineus longissimus)* langen Nemertinen sind meist fadenförmig

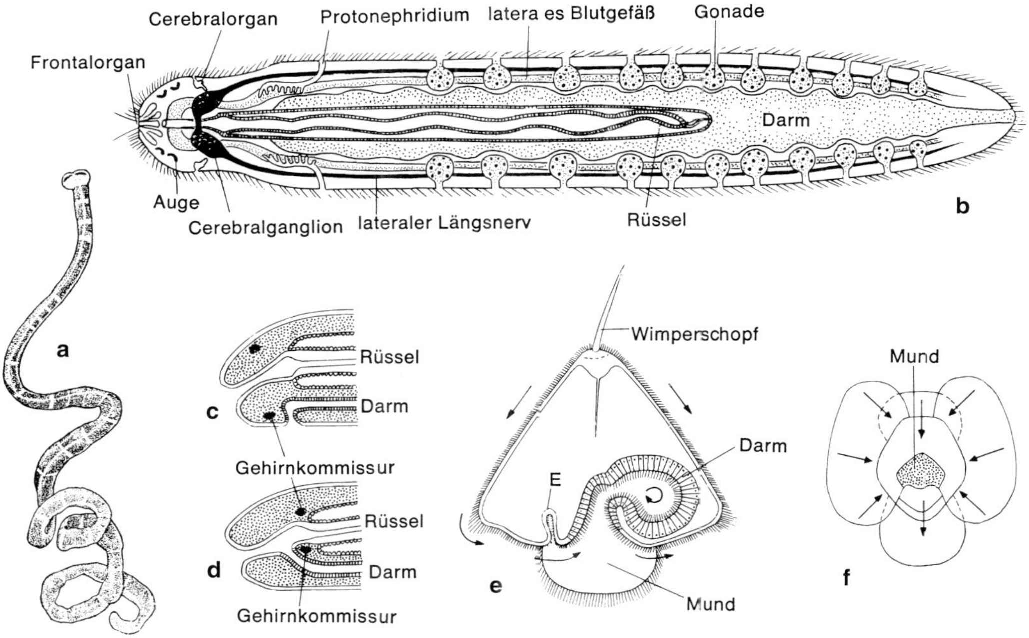

Abb. 79: Nemertini. a. *Tubulanus*, b. Organisationsschema; c, d. Sagittalschnitte durch Vorderenden, c. Anopla, d. Enopla. Beachte, daß der Rüssel von einem umfangreichen Coelom (= Rhynchocoel) umgeben wird. An seinem hinteren Ende entspringt der Rüssel-Retraktor (in b eingezeichnet). e, f. Pilidium-Larve; die Pfeile zeigen den Weg der Nahrungspartikel, e. Seitenansicht, E: Ectodermeinstülpung; f. Ansicht von Oralseite. Nach Cantell, Remane, Riedl

(Abb. 79 a). Anhangsgebilde fehlen fast stets. Der Körper ist ungegliedert, einige Organe treten allerdings in Vielzahl auf (Gonaden, Darmtaschen, bisweilen Exkretionsorgane). *Annulonemertes* zeigt zudem eine Ringelung des Körpers.

Die Epidermis ist bewimpert und enthält Drüsen- und Sinneszellen. Sie wird von einer bindegewebigen Cutis und einem starken Muskelschlauch unterlagert, der ursprünglich aus äußerer und innerer Längsmuskulatur und dazwischen liegender Ringmuskulatur besteht. Nemertinen können sich auf ein Zehntel ihrer maximalen Körperlänge zusammenziehen. Sie haben glatte und schräggestreifte Muskulatur. Das Gehirn liegt nahe dem Vorderende (Abb. 79 b) und besteht aus vier großen Ganglien (zwei dorsalen und zwei ventralen), die durch Kommissuren zu einem die Rüsselbasis umgürtenden Ring verbunden sind. Von den ventralen Ganglien gehen Seitenstränge aus, die mit Ganglienzellen belegt sind und so den Charakter von Marksträngen erhalten. Ein schwächerer Nerv verläuft dorsomedian, selten ist auch ein Ventralnerv vorhanden. Kleinere Nerven treten an die Sinnesorgane heran und ziehen in größerer Zahl zum Rüssel. Nicht streng regelmäßige Ringkommissuren verbinden die Längsnerven. Innerhalb der Körperwand nimmt das Nervensystem eine ganz verschiedene Lage ein, es kann in der Epidermis liegen, im Muskelschlauch oder im Parenchym. Komplexe Sinnesorgane liegen besonders im Kopf: an der Kopfspitze das unpaare Frontalorgan, ein meist vorstülpbares Wimpergrübchen, in dessen Bereich umfangreiche Drüsen münden, an den Kopfseiten die Kopfspalten und die recht verschieden gebauten Cerebralorgane, ein Paar oft tiefer Säcke, die bis ans Gehirn reichen können und die neben Sinnes- auch Drüsenzellen enthalten. Kleine einstülpbare Sinnesorgane können auch am Rumpf liegen (Seitenorgane). Über die Funktion all dieser Organe ist nichts Sicheres bekannt. Lichtsinnesorgane kommen in wechselnder Zahl vor; ihr Bau ähnelt denen der Plathelminthen (invertierte Pigmentbecherocellen). Statocysten sind für die interstitiellen *Otonemertes* und *Ototyphlonemertes* nachgewiesen.

Aus einer Einstülpung der Körperwand ist der Rüssel entstanden (Abb. 79 c, d). Er ist also kein Darmabschnitt, höchstens Mund und Rüsselöffnung sind gemeinsam. Er durchzieht als langer muskulärer Schlauch den Hauptteil des Körpers dorsal vom Darm; er wird bei Gebrauch nach außen umgestülpt (Abb. 346 d) und dient als Angriffs- wie als Verteidigungswaffe, bisweilen auch zur Fortbewegung. Die Mündung dieses Organs liegt am Vorderende, sie führt zunächst in einem kurzen Abschnitt (Rhynchodaeum), der seinem Bau nach durchaus der Körperwand entspricht und auch nicht umgestülpt wird. Erst anschließend beginnt der eigentliche Rüssel, der hinten über einen Retraktormuskel an der Rüsselscheide inseriert. Der Rüssel enthält Papillen und Drüsen, bei den Hoplonemertinen in seinem hinteren Teil zudem ein oder mehrere Stilette, die beim Ausstoßen des Rüssels an dessen Spitze gelangen. Sie dringen in die Beute (z. B. Polychaeten) ein. Drüsen des Rüssels produzieren Gifte, z. B. cytolytische sowie neurotoxische Polypeptide. Eingestülpt wird der Rüssel von einem Coelom (Rhynchocoel) umschlossen (Abb. 79 b-d). Seine Wand (Rüsselscheide) bildet eine kräftige Muskulatur, deren Druck den Rüssel vorpreßt.

Der bewimperte Darm ist meist ein gerades Rohr; der Mund liegt i. a. ventral nahe dem Vorderende, bei den Enopla mit der Rüsselmündung vereinigt. Obwohl mehrere Abschnitte unterschieden werden, ist der Darm wenig differenziert; verbreitet sind seitliche Ausbuchtungen. Mundhöhle, Oesophagus und Magen werden als Vorderdarm zusammengefaßt, der Mitteldarm entspringt an ihm besonders bei den Hoplonemertinen nicht terminal, sondern dorsal. Der After liegt am Hinterende.

Zwischen den Organen liegt ein Parenchym, in dem zwei Hohlraumsysteme vorhanden sind, das eine ist das bereits erwähnte Rhynchocoel, das andere ein Gefäßsystem, das oft als Blutgefäßsystem bezeichnet wird. Seine Hauptstämme sind seitliche Längsgefäße, die am Vorderende und ventral vom After kommunizieren. Komplizierungen können durch Hinzutreten eines Rückengefäßes sowie durch Aufspaltung der Hauptgefäße erfolgen. Die großen Gefäße werden von einem Epithel ausgekleidet und sind kontraktil. Bei der Bewegung der meist farblosen Flüssigkeit spielt auch die Körpermuskulatur eine Rolle. Bei manchen Arten treten rote oder anders pigmentierte freie Zellen auf.

Dieses Gefäßsystem stellt wahrscheinlich wie das Rhynchocoel ein abgewandeltes Coelom dar, ist also dem primären Blutgefäßsystem der Bilateria nicht homolog.

Die Exkretionsorgane der Nemertinen sind Protonephridien. Sie können in einem bis vielen Paaren ausgebildet sein, ihre Terminalzellen liegen oft im Bindegewebe, können aber auch eng mit Gefäßen assoziiert sein. Die Anzahl der Nephridioporen kann bei terrestrischen Formen in die Tausende gehen.

Die Geschlechter sind meist getrennt (zwittrig sind z. B. *Geonemertes* und *Prostoma*), ihre Gonaden sind von sehr ähnlichem und überaus einfachem Bau. Jederseits liegen sie als Säckchen in größerer Zahl hintereinander. Die Wandung der Säckchen wird vom Keimepithel gebildet, die Keimzellen werden durch einen einfachen kurzen Gang aus jedem Säckchen nach außen befördert.

Fortpflanzung und Entwicklung. Ungeschlechtliche Vermehrung kommt vereinzelt vor. Die Tiere zerfallen dabei in eine Anzahl Teilstücke, die regenerieren. Die Befruchtung erfolgt innerhalb oder außerhalb des Mutterkörpers, die Spermien haben eine Geißel, die befruchteten Eier liegen meist in einem gallertigen Laich. Die Furchung ist eine typische Spiralfurchung. Die weitere Entwicklung verläuft recht verschiedenartig. Bei Heteronemertinen tritt eine pelagische Larve auf, die Pilidium-Larve (Abb. 79 e, f). Sie ist hutförmig, mit einer bewimperten Scheitelplatte und zwei seitlichen Lappen. Zwischen diesen liegt der weite Mund, der in einen afterlosen Darm führt.

Aus der Pilidium-Larve entwickelt sich der Wurm nicht direkt, sondern ähnlich wie bei den höheren Insekten durch Imaginalscheiben. So bezeichnet man abgegrenzte Gewebebezirke der Oberfläche, die sich unter Hüllenbildung in die Tiefe senken und von getrennten Stellen aus allmählich zusammenwachsend den Nemertinenkörper um den Larvendarm aufbauen. Der junge Nemertine liegt dann in der Larve, aus der er schlüpft. Diese Entwicklung durch Imaginalscheiben wird auch bei Entwicklung ohne freie Larve beibehalten: a) Desorsche Larve, ernährt sich vom eigenen Dotter , b) Schmidtsche Larve, ernährt sich von entwicklungsgehemmten Geschwistern; beide verbleiben in der Eihülle; bei anderen verläuft die Entwicklung direkt. Manche Arten sind lebendgebärend, z. B. *Cyanophthalma obscura*. Die Entwicklung läuft bei dieser Art zunächst im Ovar ab. Die Jungen durchbrechen jedoch bald dessen Wandung, und die Geburt der 2–4 mm langen Jungtiere erfolgt über Genitalöffnungen und Anus.

Ökologie und Lebensweise. Die Nemertinen sind vorwiegend Meeresbewohner, nur wenige Arten besiedeln das Süßwasser (z. B. *Paralineus, Potamonemertes, Prostoma*); in den Tropen gibt es auch Landnemertinen. Die Gattung *Pantinonemertes* zeigt den Übergang von Meer bis in terrestrische Lebensräume in besonderer Klarheit. Weitere terrestrische Formen sind *Geonemertes, Leptonemertes* und *Argonemertes*. Die im pazifischen Raum verbreitete Art *Argonemertes dendy* bildet Sekretkokons aus, in denen Trockenperioden überdauert werden.

Der Hauptlebensraum ist die Bewuchszone, doch sind sie auch im Schlamm und Sandboden nicht selten, einige Gattungen leben pelagisch *(Chuniella, Pelagonemertes, Planktonemertes)*, wenige kommensalisch und z. T. wohl auch parasitisch (*Carcinonemertes* auf Kiemen von Decapoden, *Malacobdella* im Mantelraum von Muscheln, *Nemertopsis* auf Cirripediern, *Tetrastemma, Wononemertes* in Tunicaten). Die meisten Nemertinen sind räuberisch und leben von anderen Wirbellosen. Die Hauptbewegung ist ein gleichmäßiges Kriechen, bewirkt durch den Wimperschlag der Epidermis und Schleimabscheidung. Bei Reizung treten starke peristaltische Kontraktionswellen auf. Neben Schlängel- kommen Schwimmbewegungen und egelartiges Kriechen bei Nemertinen vor. Tiefseeformen schwimmen stets, ihr Bindegewebe ist gallertig. Viele Arten sind Räuber, die große Beutetiere, bisweilen größer als sie selbst, verschlingen. Andere saugen ihre Opfer aus.

Phylogenie und System. Die Nemertinen sind vermutlich ein isolierter Zweig der ursprünglichen Coelomaten mit Spiralfurchung. Das System enthält 4 Ordnungen in 2 Unterklassen.

1. Anopla. Rüssel ohne Giftstachel. Rüssel von Mundöffnung getrennt (Abb. 79 c). Mund hinter oder unter dem Gehirn.

a. Palaeonemertini. Muskelschicht außen mit Ringmuskulatur, innen Längsmuskelschicht. *Tubulanus* (Abb. 79 a), *Cephalothrix*.

b. Heteronemertini. Hautmuskelschlauch mit zwei Längsmuskelschichten, zwischen denen Ringmuskulatur liegt. *Cerebratulus, Lineus*.

Verschiedene Arten der Gattung *Lineus* sind an unseren Küsten verbreitet und dringen auch in die Ostsee ein. Man hat den rotbraunen *L. ruber* in Populationsdichten von 2000 Individuen/m^2 gefunden. Diese 20 cm erreichende Form lebt wohl vorwiegend von Gastropoden und Crustaceen. Sie kommt von der Gezeitenzone an abwärts vor, insbesondere auf Muschelbänken und zwischen den Wurzelkrallen großer Tange. Insbesondere im Frühjahr kann man ihre schlauchförmigen, gallertigen Gelege unter Steinen finden. *L. viridis* kriecht nachts über den Wattboden und dringt in Gänge der bevorzugten Beute, des Polychaeten *Nereis diversicolor* ein, *L. longissimus* kommt ebenfalls in NW-Europa vor. Er gilt als das längste bekannte wirbellose Tier, Längen um 10 m dieser im Weichboden vorkommenden Art sind üblich, 30 m werden als Maximalwert angegeben. Wer allerdings schon versucht hat, bei einem etwa 1 m langen Nemertinen präzise die Länge zu bestimmen, weiß wo die Schwierigkeiten liegen: Nemertinen ziehen sich bei Störung teilweise zusammen, verdicken sich dabei unregelmäßig, strecken andere Körperteile und lassen gleichzeitig wiederum andere pulsieren – und das Ganze unter Abgabe großer Mengen von Sekret.

2. Enopla. Rüssel fast immer mit Giftstachel (Stilett). Rüssel und Mund münden gemeinsam nach außen (Abb. 79 d). Mund vor dem Gehirn.

a. Hoplonemertini. Rüssel mit Stilett. *Amphiporus, Prostoma, Carcinonemertes* (baut Sekretröhren auf Krebsen); *Nectonemertes:* abgeflachter Körper, pelagisch in der Tiefsee.

b. Bdellonemertini. Rüssel ohne Stilett und Rhynchodaeum. Darm gewunden; Hinterende mit Saugnapf. Hierher gehört die in der Mantelhöhle von Muscheln *(Arctica, Modiolus)* lebende *Malacobdella*, die sich strudelnd (mikrophag) ernährt und daher als Kommensale oder Nahrungsparasit anzusehen ist.

VII. Aschelminthes
(Rundwürmer)

Die Aschelminthes umfassen einfach gebaute Würmer ohne Blutgefäßsystem. Ein durchgehender Darmkanal ist oft vorhanden. Die Pharynxmuskulatur wird häufig nicht vom Mesoderm, sondern von den Pharynxepithelzellen gebildet. Der Raum zwischen Darm und Körperwand wird bei größeren Formen von einer flüssigkeitsgefüllten Leibeshöhle eingenommen. Protonephridien sind oft vorhanden. Die Entwicklung ist meist direkt, Larven kommen beispielsweise bei den Acanthocephalen, Nematomorphen, Priapuliden und Loricifera vor. Die Rundwürmer zeigen eine starke Neigung zur Ausbildung von Zell- bzw. Kernkonstanz (Eutelie), d.h. die Tiere einer Art sind aus der gleichen Zahl von Zellen aufgebaut, die für jedes Organsystem konstant ist. In einer gewissen Entwicklungsphase hören die Zellteilungen auf. Dementsprechend ist das Regenerationsvermögen – wohl mit Ausnahme von Gastrotricha – eingeschränkt auf Zellteile bzw. kernlose Gewebsbezirke, ungeschlechtliche Vermehrung fehlt in der Gruppe völlig. Ferner zeigen die Rundwürmer eine Neigung zu Zellverschmelzungen: Viele Organe sind daher nicht aus getrennten Zellen, sondern aus vielkernigen Plasmamassen (Syncytien) aufgebaut. Zu den Rundwürmern gehören Rädertiere (Rotatoria) und Kratzer (Acanthocephala), Gastrotricha, Fadenwürmer (Nematoda) und Saitenwürmer (Nematomorpha), Kinorhyncha, Priapulida und Loricifera, die man in drei Entwick-

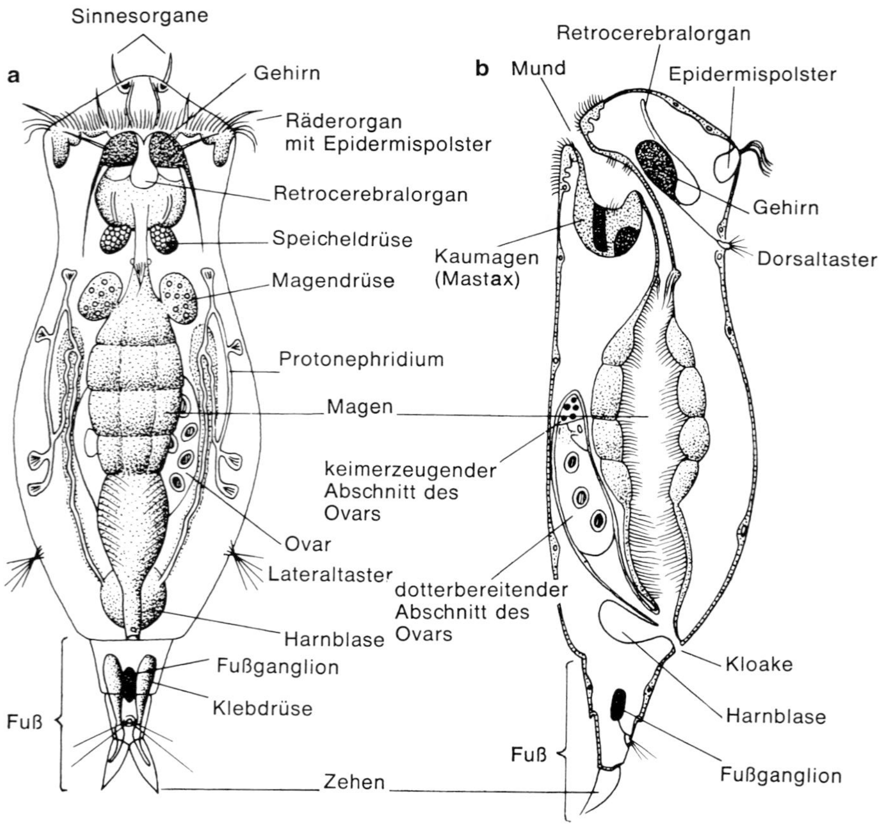

Abb. 80: Bauplan eines weiblichen monogononten Rotators. a. Dorsalansicht, b. Sagittalschnitt. Nach Remane

lungslinien ordnen kann: a) Rotatoria und Acanthocephala, b) Gastrotricha und Nematoda, c) Kinorhyncha, Priapulida und Loricifera. Die Stellung der Nematomorpha ist umstritten.

Bisweilen wird auch der Begriff **Nemathelminthes** – ursprünglich für Nematoda und Nematomorpha gebraucht – für Aschelminthes verwendet.

Cephalorhyncha umfassen die eng verwandten Kinorhyncha, Priapulida und Loricifera.

1. Klasse: Rotatoria (Rädertiere)

Die Rädertiere sind mikroskopisch kleine Tiere (Länge 0,04 bis 2 mm), die mit etwa 2000 bekannten Arten in großer Individuenzahl Süßgewässer und feuchte Moose besiedeln, sie fehlen aber auch im Meer nicht. Sie sind durch die ein Räderorgan bildende Kopfbewimperung, den zu einem komplizierten Kau- und Greifapparat (Mastax) ausgebildeten Pharynx, den Besitz von Magendrüsen sowie die dorsale Kloake, in die After, Gonaden und paarige Protonephridien einmünden, gekennzeichnet (Abb. 80).

Bau. Das Räderorgan, das der Gruppe den Namen gegeben hat, besteht aus meist langen Wimpern, die den Mund umgeben (Mund- oder Buccalfeld) und als Ringband (Circumapicalband) das Vorderende umgürten. Durch verschiedene Ausbildung dieser beiden Grundelemente entsteht eine große Mannigfaltigkeit der Räderorgane:

Das Mundfeld kann tentakelartige Fortsätze tragen, die z. B. die «Krone» von *Stephanoceros* und *Collotheca* (Abb. 81 d) aufbauen; auch das Ringband kann Wimperlappen ausbilden, die dem Vorderende ein blumenartiges Aussehen geben (*Floscularia*, Abb. 81 e). Das Räderorgan dient der Fortbewegung und dem Nahrungserwerb. Die Epidermis ist größtenteils syncytial und enthält eine im Cytoplasma gelegene Verdichtung (Lorica), die zu einem dornenbesetzten Panzer verstärkt sein kann (Abb. 82), in den oft das Vorderende und der zu einem Fuß verschmälerte Hinterkörper einziehbar sind. Die Lorica besteht wohl aus Intermediärfilamenten (keratinartigen Proteinen), die durch Disulfidbrücken verbunden und in ihrer Gesamtheit verfestigt werden. Die Epidermis ist im Bereich des Räderorgans verdickt und enthält hier Grenzen zwischen mehrkernigen Zellen. Zapfenartige Fortsätze (Epidermispolster, Abb. 80), die von hier in die Leibeshöhle ragen, werden mit den Lemnisken der Kratzer (S. 127, Abb. 84 a) homologisiert. Am Hinterende münden Klebdrüsen auf einer Haftscheibe oder zwei beweglichen Zehen. Mit ihnen heftet sich das Tier an Pflanzen und andere Gegenstände. Ursprünglich trug auch das Vorderende Klebdrüsen, die aber vielfach unter Funktionswechsel zum Retrocerebralsack wurden. Dieser und oft paarige Subcerebraldrüsen bauen den sog. Retrocerebralkomplex (Retrocerebralorgan), der meist hinter dem Cerebralganglion liegt, auf. Seine Funktion ist nicht sicher bekannt.

Das Nervensystem ist ziemlich hoch entwikkelt. Das Gehirn liegt dorsal über dem Vorderdarm, von ihm strahlen zahlreiche Nerven aus, unter denen zwei ventrolaterale die Hauptstränge bilden, die mit Ganglienzellgruppen besetzt bis in den Fuß reichen und hier ein Fußganglion bilden. Am Pharynx liegt ferner ein Mastaxganglion. Die Sinnesorgane sind einfach, häufig sind einzelne Sinneszellen. Tastzellen und Wimpergrübchen sind reichlich im Gebiet des Räderorgans vorhanden. Augen, deren Pigmentbecher und Linse von der Sinneszelle selbst gebildet werden, liegen an gleicher Stelle oder im Gehirn. Am Rumpf liegen ein paariger oder unpaarer Rückentaster sowie paarige Seitentaster, auf dem Fuß ein Caudaltaster; die genauere Funktion aller dieser Sinnesorgane ist noch unbekannt.

Der Darmkanal ist kompliziert, er besteht aus Schlundrohr, Pharynx (Kaumagen, Mastax), Oesophagus, Magendrüsen, Magen und Enddarm. Der Pharynx bildet ein hochkompliziertes Platten- und Stabgerüst (Trophi), dessen Teile durch die von der Pharynxwand gebildeten Muskeln gegeneinander bewegt werden. Dieser Kauapparat, der zu über 50% aus Chitin bestehen kann, kann Mahlbewegungen ausführen, aber auch in verschiedener Weise Kiefer ausbilden, mit denen Beutetiere ergriffen und zerrissen werden. Gleichzeitig wirkt der Pharynx meist als Saugpumpe; in ihn münden mehrere Speicheldrüsen. Der schmale Oesophagus führt in den großzelligen, meist bewimperten Magen, der an seinem Vorderende zwei oder mehr Magendrüsen trägt. Der After liegt dorsal, er ist in seltenen Fällen *(Asplanchna)*

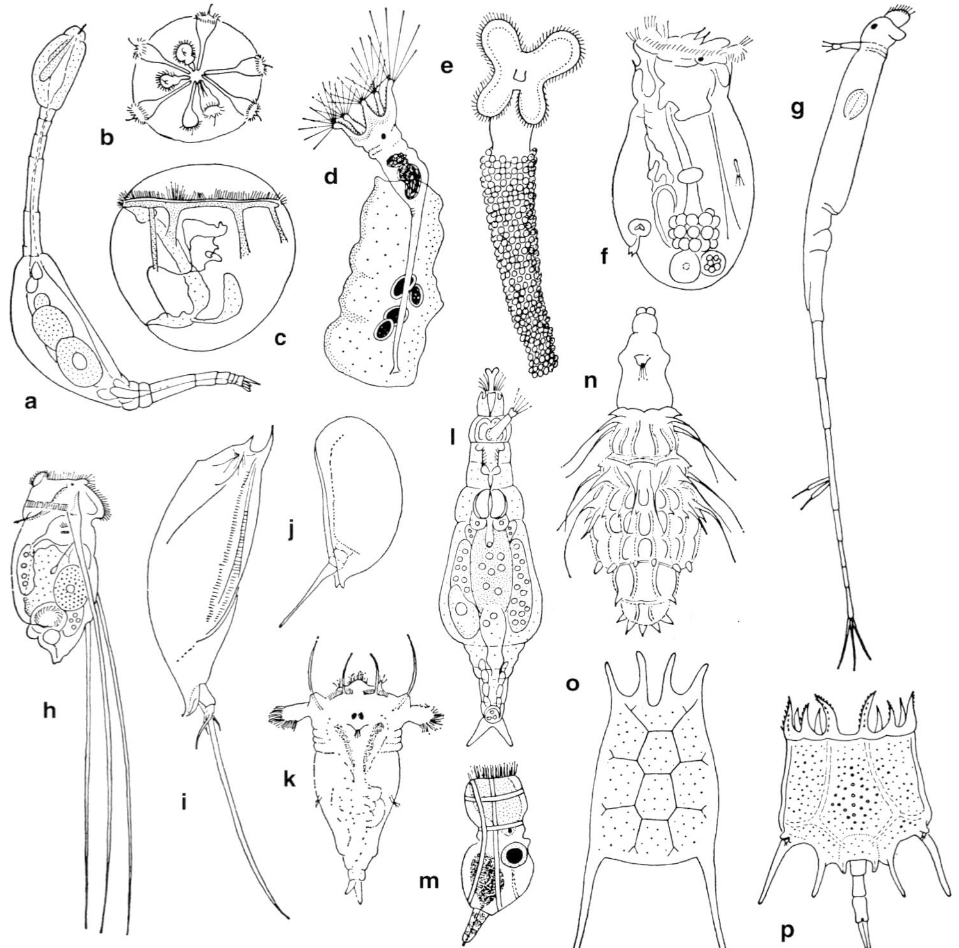

Abb. 81: Rotatorien-Formen. a. *Seison*, Ectokommensale auf *Nebalia*, b. *Conochilus*, planktische Kolonie, c. *Trochosphaera*, kugeliger Plankter, d. *Collotheca*, sessil in Schleimhülle, e. *Floscularia*, sessil, baut Röhre aus in Wimpergrube gedrehten Pillen, f. *Asplanchna*, planktisch, ohne Enddarm, g. *Rotaria*, mit langem, teleskopartig einziehbarem Fuß, h. *Filinia*, Plankter mit langen Schwebeborsten, i. *Trichocerca*, asymmetrisches Rotator, j. *Colurella*, mit zweiklappigem Panzer, k. *Synchaeta*, Plankter, l. *Habrotrocha*, m. Zwergmännchen von *Keratella*, n. *Macrotrachela*, o. *Keratella*, Weibchen, p. *Brachionus*. a. Seisonidea, g, l, n. Bdelloidea, sonst Monogononta. Aus Remane, Storch, Welsch

mitsamt dem Enddarm rückgebildet. Die Körpermuskulatur besteht aus Einzelmuskeln. Die Längsmuskeln sind dabei vorwiegend Rückzieher (Retraktoren) des Vorder- und Hinterendes; Ringmuskeln, die den Körper strecken, treten in Abständen auf.

Die Protonephridien sind paarig, meist gehören ihnen nur 4–5 Wimperkolben an. Die Terminalzellen tragen mehrere Cilien. Eine Harnblase wird bald vom Endgebiet der Protonephridien, bald von der Kloake gebildet.

Neben dem Pharynx zeigt der Genitalapparat besonders wichtige Eigenarten. Die Gonaden sind paarig oder unpaar. An sie schließt sich meist ein einfacher Ausführgang an, der in die Kloake mündet. Beim Männchen münden in ihn Drüsen (sog. Prostata), und das Mündungsgebiet wird bei den Monogononta durch

a

b

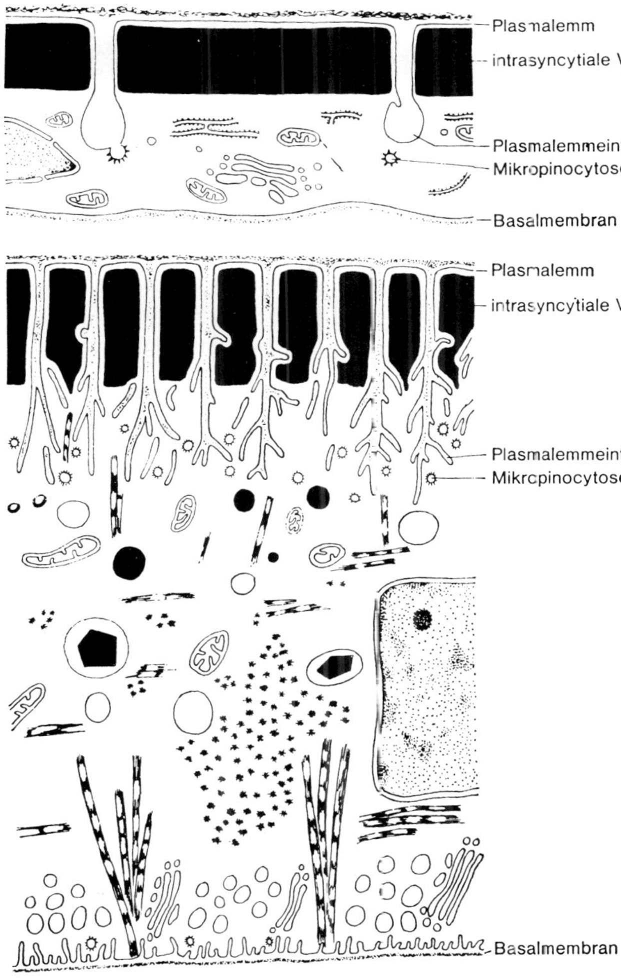

Abb. 82: Ultrastruktureller Aufbau des Rotatorien- (a) und Acanthocephalen-Integumentes (b). Dem Plasmalemm lagert in beiden Fällen eine extrazelluläre Schicht auf, die aber vermutlich unterschiedlich zusammengesetzt ist. Unter den Plasmalemmeinfaltungen der Acanthocephalen-Epidermis liegen zahlreiche Einschlüsse (Glykogen, Fett, Kristalle und Vakuolen) sowie typisch gestreifte Fibrillen. An das Epidermissyncytium schließt sich bei Rotatorien die Leibeshöhle an, bei Acanthocephalen folgen Fasern und Muskelzellen. Nach Storch, Welsch

Umstülpung oder zapfenförmige Verlängerung zu einem Begattungsglied. Mit Ausnahme der Seisonidea teilt sich das Ovar in einen Keimbezirk, der die jungen Oocyten enthält, und einen Nährbezirk, der Dottermaterial bildet. Geschwisterzellen der Oocyten verschmelzen hier zu einem Syncytium, das den vorbeigleitenden Oocyten Nährmaterial übermittelt. Die Geschlechter sind getrennt, jedoch zeigt sich eine weitgehende Reduktion der Männchen. Nur bei den marinen Seisonidea sind sie von gleicher Größe und gleicher Organisationshöhe wie die Weibchen, bei den Monogononta werden sie unter Verlust des Darmkanals zu kleinen Zwergmännchen, bei den Bdelloidea schließlich fehlen die Männchen, so daß die Vermehrung ausschließlich durch unbefruchtete Eier erfolgt. Die Spermien tragen eine Geißel, die ähnlich angelegt ist wie die undulierende Membran mancher Protozoen. Bei den Monogononta steht die Ausbildung von Zwergmännchen mit Generationswechsel (He-

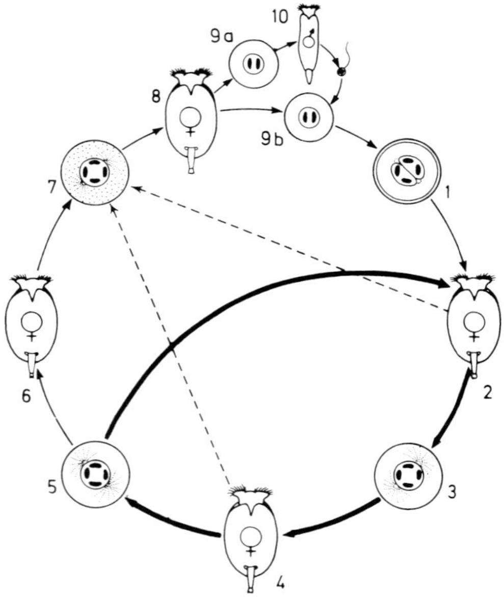

Abb. 83: Die verschiedenen Fortpflanzungsmöglichkeiten des Rotators *Pterodina* und ihre Abhängigkeit von Außenbedingungen. 1. Befruchtetes Dauerei; 2. amiktisches, parthenogenetisches Weibchen, das bei gleichbleibenden Außenfaktoren durch diploide Parthenogenese amiktische Weibchen hervorbringt (3–5); 6. amiktisches Weibchen unter veränderten Außenbedingungen, dessen diploid-parthenogenetische Eier (7) miktische Weibchen entstehen lassen (diese Eier unterscheiden sich äußerlich nicht von denen anderer amiktischer Weibchen, müssen jedoch andere Cytoplasmaeigenschaften besitzen). Die amiktischen Weibchen können in jeder Generation solche Eier ausbilden (gestrichelte Pfeile). 8. miktisches Weibchen, das haploide Eier legt. Diese entwickeln sich zu Männchen (9a und 10), während sie nach Befruchtung (9b) zu Dauereiern (1) werden. Nach Remane, Tenacitate

terogonie) in Zusammenhang (Abb. 83). Aus den hartschaligen Dauereiern schlüpfen nur Weibchen, die dünnschalige, mit diploidem Chromosomensatz versehene Eier (Subitaneier) produzieren. Letztere entwickeln sich ohne Befruchtung im Wasser oder bereits im Eileiter wiederum zu Weibchen, die untereinander erbgleich sind. Weibchen mit diploiden Eiern werden als amiktisch bezeichnet. Nach einer Reihe solcher Weibchengenerationen treten andere Weibchen auf, die miktischen. In ihrem Bau unterscheiden sich diese nur ausnahmsweise von den amiktischen; die Eier, die sie bilden, machen Reduktionsteilungen durch. Aus ihnen gehen, wenn keine Befruchtung erfolgt, haploide Männchen hervor. Werden die Eier jedoch befruchtet, so werden sie zu den hartschaligen Dauereiern.

Die Entwicklung zeigt z. B. durch die Ausbildung von Verergruppen (Quartetten) während der Furchung Anklänge an die Spiralfurchung. Bereits während der Organbildung entstehen Syncytien. Frühzeitig hören in der Entwicklung die Zellteilungen auf, die Weiterentwicklung erfolgt nur durch Zellwachstum und Zellverschiebung. So entsteht ein konstantzelliger Organismus, der etwa 900–1000 Zellen enthält, wovon 200–250 auf das Nervensystem entfallen. Die Generationsfolge ist sehr rasch, die Lebensdauer des Einzeltieres beträgt nur etwa 2–30 Tage. Bei *Asplanchna* wird alle 30 Minuten ein Mitosezyklus durchlaufen, was in 5 Stunden zu 2^{10} = 1024 Zellen führt.

Ökologie. Überall im Süßwasser, von den größten Seen bis zu kleinen vorübergehenden Wasseransammlungen trifft man Rädertiere an, meist in großer Individuen- und Artenzahl (2000 Species). Im Plankton findet man die bekannten Gattungen *Keratella, Synchaeta, Asplanchna, Brachionus* u. a. (Abb. 81), die Mehrzahl der Arten besiedelt aber Gebiete mit Pflanzenbewuchs. In Moos- und Flechtenrasen sowie in durchfeuchtete Bodenschichten dringen vorwiegend die Bdelloidea (Abb. 81) vor; sie besitzen in diesem häufig der Austrocknung ausgesetzten Lebensraum die Fähigkeit der Kryptobiose: Die Tiere schrumpfen bei Austrocknung ein und können wochenlang Zustände wie Trockenheit, Temperaturen bis –270 ° und + 78 °C und andere extreme Bedingungen ertragen und dann bei Befeuchtung wieder aufleben. Nahrung und Nahrungsaufnahme sind sehr verschiedenartig. Viele Arten sieben durch Strudel- oder Filtriereinrichtungen des Räderorgans kleinste Algen oder Detritus aus dem Wasser ab, viele fressen Diatomeen, manche ergreifen andere Tiere bis zur Größenordnung kleiner Krebse, wieder andere stechen Pflanzenzellen an und saugen sie aus. Parasitismus ist selten (*Albertia* in Schnecken und Oligochaeten, *Drilophaga* an Würmern), einige dringen in Pflanzen, z. B. *Volvox*, ein und können sogar Gallbildungen hervorrufen *(Proales wernecki* an der Alge *Vaucheria)*.

Das Hauptbewegungsorgan sind die Wimpern, die sowohl zum Schwimmen als auch zum Kriechen dienen. Daneben treten jedoch auch egelartige Spannbewegungen (Bdelloidea), Sprünge durch Ruder oder Zehen usw. auf. Nicht wenige Arten sind mit ihrem Fußende festgewachsen (nur die Weibchen!). Manche neigen auch zu Koloniebildung *(Conochilus,* Abb. 81 b), die aber nur in einem Zusammensitzen zahlreicher Tiere besteht.

Drei Ordnungen: **1. Seisonidea.** Gonaden paarig, nicht in Keim- und Nährbezirk gegliedert; beide Geschlechter voll ausgebildet; nur wenige Arten im Meer; *Seison* (Abb. 81 a). **2. Bdelloidea.** Gonaden paarig, mit Keim- und Nährbezirk; keine Männchen; *Rotaria* (Abb. 81 g), *Habrotrocha* (Abb. 81 l), *Macrotrachela* (Abb. 81 n), *Philodina.* **3. Monogononta.** Unpaare Gonade mit Keim- und Nährbezirk; Männchen meist Zwergmännchen, Generationswechsel verbreitet. Hierher die Mehrzahl der Arten: *Conochilus* (Abb. 81 b), *Trochosphaera* (Abb. 81 c), *Collotheca* (Abb. 81 d), *Floscularia* (Abb. 81 e), *Asplanchna* (Abb. 81 f). Bis über 2 mm lange, durchsichtige Form ohne After und ohne Darm. Nahrungsreste werden durch die Mundöffnung abgegeben. *Asplanchna* bewohnt nährstoffreiche Gewässer und lebt u.a. von *Brachionus calyciflorus* (s.u.). *Filinia* (Abb. 81 h), *Trichocerca* (Abb. 81 i), *Keratella* (Abb. 81 m, o), *Brachionus* (Abb. 81 p), *Stephanoceros, Epiphanes, Synchaeta* (Abb. 81 k), *Colurella* (Abb. 81 j).

Brachionus ist eine verbreitete Gattung. *B. plicatilis* wird in großem Maßstab für die marine Aquakultur gezüchtet und als Larvenfutter für Fische und Krebse eingesetzt. Die Art kommt in Binnengewässern und im Brackwasser vor. *B. calyciflorus*, eine einheimische Süßwasserart, wurde durch seinen Formwechsel (Cyclomorphose) bekannt: Unter dem Einfluß eines Proteins, das von *Asplanchna* ins Wasser abgegeben wird, verlängert *B. calyciflorus* im Laufe der Generationen die Länge seiner Dornen und wird damit zunehmend sperriger und für *Asplanchna* nicht mehr zugänglich. Mit Rückgang der *Asplanchna*-Populationen bilden sich im Laufe der Generationen auch die *Brachionus*-Dornen zurück.

2. Klasse: Acanthocephala (Kratzer)

Die Acanthocephalen sind als Adulte Wirbeltier-Parasiten, die mit ihrem hakenbesetzten Vorderende an der Darmwand verankert sind. Durch den Besitz einer Ringmuskulatur, paariger seitlicher Hauptnerven, Protonephridien, die mit den Gonaden gemeinsam münden, und den Bau des Integuments, der im Tierreich einzigartig ist (Abb. 82), nähern sie sich den Rotatorien, mit denen auch der erste Furchungsverlauf viel Ähnlichkeit aufweist. Daneben treten eigenartige Organsysteme auf, z.B. ein in der Haut gelegenes Kanalsystem sowie ein ganz spezifischer Bau der weiblichen Fortpflanzungsorgane.

Bau (Abb. 84). Der meist schlauchförmige Körper ist 1,5 mm bis etwa 70 cm lang. Durch eine nach innen vorspringende Ringfalte wird der Vorderkörper (Praesoma) abgegrenzt. Dieser besteht aus dem hakenbesetzten, einstülpbaren Rüssel (Proboscis), mit dem der Körper an der Darmwand des Wirtes befestigt ist, und dem Hals.

Die Epidermis bildet ein fibrillendurchsetztes Syncytium, in dem sich einzelne große gelappte Kerne oder zahlreiche kleine Kerne befinden, die durch Zerfall aus den großen Kernen hervorgegangen sind. Wie bei Rotatorien ist eine intrasyncytiale Verdichtung ausgebildet (Abb. 82). Das apikale Plasmalemm weist tiefe tubuläre Einstülpungen auf; die daraus resultierende Oberflächenvergrößerung wird also ganz anders erreicht als bei Bandwürmern (Abb. 62).

Am Hinterrand des Halses bildet die Epidermis 2 (selten 6) weit in die Leibeshöhle hineinragende Schläuche (Lemnisken), die wohl den Epidermispolstern der Rotatorien vergleichbar sind. Sie sind nicht durch Zellgrenzen von der Epidermis getrennt und stehen wohl im Dienst der Lipidversorgung, während Kohlenhydrate im übrigen Bereich des Körpers aufgenommen werden. Die Epidermis ist von einem Gefäßsystem durchzogen, das die durch die Haut resorbierten Nährstoffe aufnimmt. Es ist ohne eigene Wandung und stellt eine Sonderbildung der Acanthocephalen dar, die bisher nicht hinreichend verstanden wird. Die Epidermislakunen sind anscheinend Teil eines Systems von Hohlräumen, die den Hautmuskelschlauch in Längs- und Querrichtung durchziehen und wegen ihrer Konstanz zur systematischen Gliederung herangezogen werden können. Bei Archi- und Eoacanthocephalen liegen die größten Längskanäle dorsal und ventral, bei Palaeacanthocephalen lateral. Praesoma und Rumpf verfügen anscheinend über getrennte Lakunensysteme.

Sinnesorgane sind gering entwickelt. Am

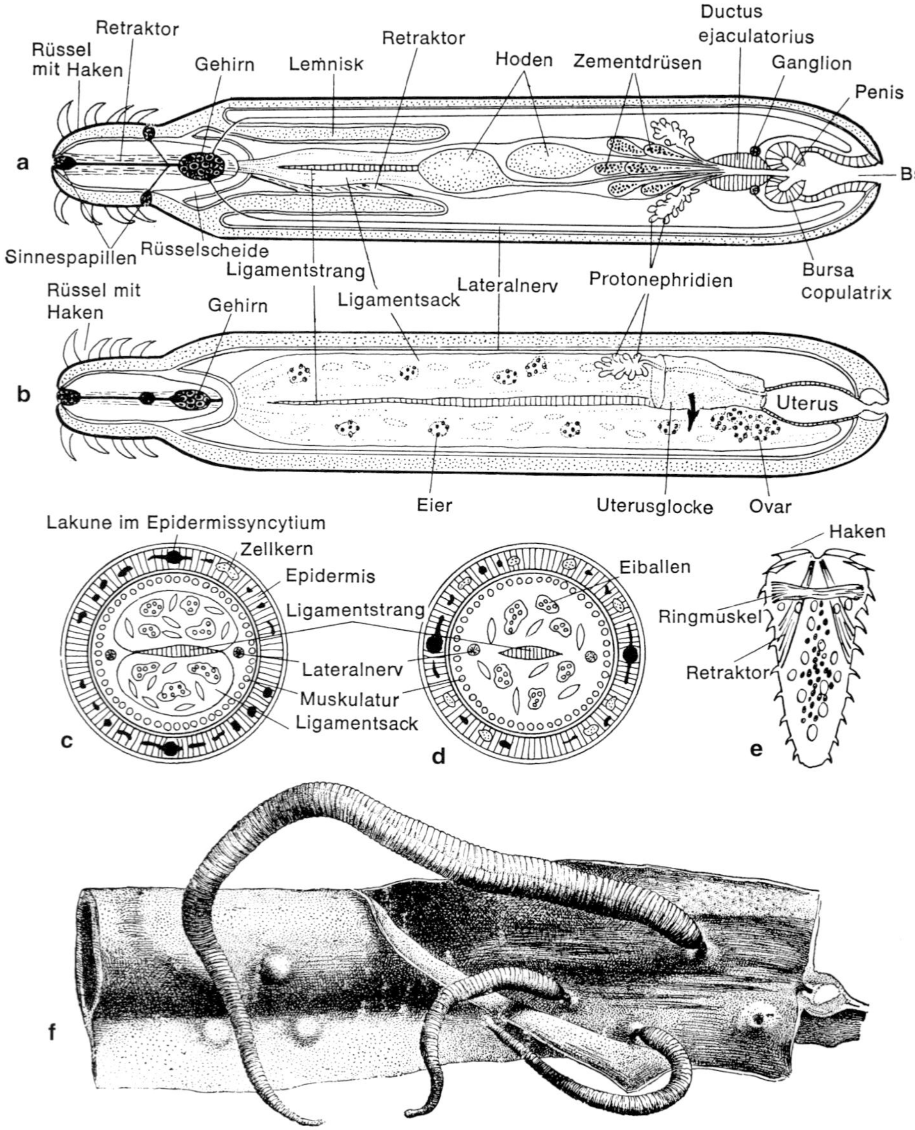

Abb. 84: Acanthocephala. a–d. Organisationsschema. a. Männchen (Dorsalansicht), Bs: umstülpbarer Bursalschlauch mit äußerer Genitalöffnung, b. Weibchen (Lateralansicht), der Pfeil bezeichnet die Uterusglockenöffnung, durch welche unreife Eier in den ventralen Ligamentsack gelangen, c. Querschnitt durch einen weiblichen Archiacanthocephalen, d. Querschnitt durch einen weiblichen Palaeoacanthocephalen, e. Acanthorlarve, f. *Macracanthorhynchus* an der Darmwand eines Schweines festgeheftet. Nach Brumpt, Remane

Rüsselvorderende liegt eine «Apikalpapille», an den Halsseiten ein Paar «Halspapillen». Das Gehirn (= Proboscisganglion) liegt vom Receptaculum des Rüssels umhüllt im Vorderkörper. Außer kleineren Nerven gehen von ihm zwei Hauptnerven aus, die einwärts vom Hautmuskelschlauch nach hinten ziehen und beim Männchen nahe dem Hinterende in paarige «Genitalganglien» münden, die durch einen Ring verbunden sind.

Der Darmkanal fehlt, doch dürften der Ligamentstrang (s. u.) sowie die Endteile der Genitalgänge (Uterus und Vagina des Weibchens, Bursa copulatrix des Männchens) umgebildete Darmreste sein.

Der Hautmuskelschlauch enthält eine äußere Ring- und eine innere Längsmuskelschicht. Außerdem durchziehen kräftige, in verschiedener Höhe ansetzende Retraktormuskeln den Vorderkörper, die ein Einziehen der Halsregion und ein Einstülpen des Rüssels bewirken. Das Vorstülpen des Rüssels wird von einem eigenartigen, plasmareichen Muskelgebilde besorgt, dem tonnen- bzw. köcherförmigen Receptaculum proboscidis (Rüsselscheide).

Die Leibeshöhle wird nicht von einem Epithel ausgekleidet. Sie wird großenteils von den Geschlechtsorganen eingenommen, an die auch Protonephridien angegliedert sein können (Urogenitalsystem). Es handelt sich um Büschel von Hunderten von Terminalzellen mit je 10–20 Cilien, die in eine Blase münden. Diese steht über einen bewimperten Kanal mit dem Urogenitalgang in Verbindung. Dieser ist im männlichen Geschlecht distal zu einem Ductus ejaculatorius differenziert, beim Weibchen mündet er in den Uterus. Den meisten Acanthocephalen scheinen Protonephridien zu fehlen.

Die Geschlechter sind stets getrennt, die Männchen kleiner als die Weibchen.

Die Gonaden werden von einem Schlauch (Ligamentsack) umhüllt, der in der Mittelachse des Körpers liegt. Im Grundtyp sind zwei übereinander liegende Ligamentsäcke vorhanden, die sich aneinanderlegen und ein Horizontalseptum bilden, in dem ein besonders kernreicher Strang (Ligamentstrang) entlangzieht. Die Ligamentsäcke sind offenbar besondere Bezirke der Leibeshöhle, der Ligamentstrang ist wohl ein Darm-Homologon.

Beim Männchen sind die paarigen Hoden an dem einzigen Ligamentsack befestigt. Die Spermien werden über einen muskulösen Ductus ejaculatorius entlassen, der ein Urogenitalgang ist, da über ihn auch die Protonephridien ausmünden. Mehrere kolbenförmige Zementdrüsen geben ihr Sekret ebenfalls über dieses System ab.

Der unpaare Genitalporus sitzt auf einem kleinen Penis. Dieser liegt in einer Tasche (Bursa copulatrix), ihr folgt der durch Einstülpung der Körperwand entstandene und bei der Kopulation umgestülpte Bursalschlauch. Mit diesem ergreift das Männchen das Weibchen am Hinterende, zieht dieses in sich hinein und preßt Sperma in den Uterus. Anschließend wird die weibliche Öffnung mit dem Sekret der Zementdrüsen verschlossen.

Der weibliche Genitalapparat zeigt im Verhalten der Ligamentsäcke zwei Typen. Bei dem einen (Archiacanthocephalen) sind beide Ligamentsäcke vollständig entwickelt. Sie stehen vorn durch Lücken in der Trennungswand und hinten durch die Uterusglockenöffnung in Verbindung. In deren Nähe liegen auch die Ovarien, sind als solche allerdings nur bei jungen Weibchen vorhanden. Später lösen sich Ovarialballen und flottieren frei in den Ligamentsäcken. Von den Ovarialballen werden Eier abgegeben, die in den Ligamentsäcken befruchtet werden und hier auch ihre erste Entwicklung durchmachen. Die Ausleitung erfolgt durch einen unpaaren, komplizierten Gang. Dieser beginnt mit einem muskulösen Trichter, der Uterusglocke, die sich hinten an den dorsalen Ligamentsack anschließt. Die Uterusglocke hat eine ventrale Öffnung, die die oben erwähnte Verbindung zwischen den Ligamentsäcken herstellt (Uterusglockenöffnung). Die Uterusglocke schluckt verschiedene Embryonalstadien aus dem Ligamentsack, die unfertigen, kugeligen gelangen im allgemeinen durch die Uterusglockenöffnung in den ventralen Ligamentsack, die langgestreckten in den Uterus und dann nach außen.

Bei dem zweiten Typ (Palaeacanthocephalen) lösen sich die Wandungen der Ligamentsäcke teilweise auf, so daß Ovarialballen, Eier und Entwicklungsstadien frei in der Leibeshöhle flottieren, in die sich auch die Uterusglocke öffnet.

Die Eier zeigen in ihrer Furchung eine deutliche Quartettbildung, die an die der Rotatorien erinnert. Bald verschmelzen aber die Zellen zu Syncytien. Acanthocephalen sind ovovivipar bzw. vivipar: In der Eihülle befindet sich bei der Ablage schon die infektionsfähige Acanthor-Larve. Sie wird mit der Nahrung von einem Zwischenwirt aufgenommen, hat ein hakenbesetztes Vorderende und Larvalmuskeln (Abb. 84 e) und schmilzt ihre Organisation beim Übergang in ein Ruhestadium (Cystacanthus) großenteils wieder ein. Wird der Zwischenwirt vom Endwirt gefressen, schließt sich der Lebenszyklus in dessen Darm.

Ökologie. Alle adulten Acanthocephalen sind Darmparasiten von Wirbeltieren, in den Menschen gelangen sie nur gelegentlich durch Verzehren von Käfer-Larven (Scarabaeidae). Obwohl neben dem Nahrungsentzug noch toxische Wirkungen auftreten, gehören sie zu den harmlosen Parasiten.

Als 1. Zwischenwirt dient fast ausnahmslos ein Arthropode, und zwar besonders Krebse (*Asellus*, Gammariden, Flußkrebse, *Leander*, Ostracoden) und Insekten (Käfer, Schaben, Termiten, *Sialis*). Bei einfacher Entwicklung gelangt der Parasit aus diesem Zwischenwirt in einen Fisch, ein Amphib, einen Vogel oder ein Säugetier (auch Wal) als Endwirt. Oft ist jedoch ein zweiter Zwischenwirt eingeschaltet. Dieser ist stets ein niederes Wirbeltier (Fisch, Amphib, Reptil). Der Parasit dringt hier vom Darm in die Leibeshöhle ein und vollendet seine Entwicklung erst in einem 3. Wirt (Endwirt), und zwar einem Fisch, Vogel oder Säugetier. Hier kann es zu hohen Populationsdichten kommen. *Echinorhynchus gadi*, die häufigste Art in nordatlantischen Fischen, ist im Sommer in fast jedem Kabeljau zu finden. Wurmbürden von mehr als 300 Parasiten pro Fisch sind keine Seltenheit.

System und Phylogenie. Die Acanthocephalen sind eine geschlossene Gruppe. Am größten sind die Übereinstimmungen mit den Rotatorien (Haut, Nervensystem, Furchung), und es steht nichts im Wege, die Acanthocephalen als eine durch Parasitismus stark abgeänderte Gruppe (Verlust eines funktionsfähigen Darmkanals, Bildung eines Kanalsystems in der Haut) aufzufassen, die sich von der Stammeslinie der Rotatorien abgezweigt hat. Akzeptiert man diese Interpretation, dann wird man den konventionellen Bauplan der Acanthocephalen «umdrehen» müssen: Was bisher als Dorsalseite angesehen wird, wäre die Ventralseite. Die männlichen Gonaden lägen nicht dorsal, sondern ventral – wie bei Rotatorien.

Die über 1000 Arten werden heute in 3 Ordnungen gruppiert:

1. Archiacanthocephala. Epidermis mit gelappten Riesenkernen; beim Weibchen beide Ligamentsäcke wohlentwickelt; zumeist 8 einkernige Zementdrüsen; Protonephridien verbreitet. Meist große Formen; Adulte in Landwirbeltieren; Zwischenwirte: Insekten und Tausendfüßer. *Gigantorhynchus, Moniliformis, Macracanthorhynchus* (Abb. 84 f). *M. hirudinaceus* wird im weiblichen Geschlecht bis 65 cm lang und lebt im Darm von Schweinen und Hunden. Selten ist der Mensch Fehlwirt (dann kommt es zu Abszessen und u. U. Darmperforation). Infektion über Essen von Käferlarven (in unserem Sprachraum wurde zeitweise Engerling-Suppe gegessen).

2. Palaeacanthocephala. Epidermiskerne meist in Teilkerne zerfallend. Der einzige Ligamentsack des Weibchens aufgelöst; Ovarialballen frei in der Leibeshöhle; 2–8 vielkernige Zementdrüsen; Protonephridien fehlen. Adulte meist in Wassertieren; Zwischenwirte: Krebse. *Acanthocephalus, Echinorhynchus, Pomphorhynchus. Echinorhynchus* ist eine besonders häufige Gattung, die zum Beispiel in Salmoniden *(E. truttae)* und Gadiden *(E. gadi)* verbreitet ist.

3. Eoacanthocephala. In der Epidermis wenige Riesenkerne; zwei Ligamentsäcke (der ventrale steht mit Uterusglocke in Verbindung; bei Archiacanthocephala der dorsale); meist eine syncytiale Zementdrüse mit Riesenkernen; Protonephridien fehlen. Adulte in Wassertieren; Zwischenwirte: Krebse. *Acanthogyrus, Neoechinorhynchus.*

3. Klasse: Gastrotricha

Mit einer Länge von 0,1–1,5 mm gehören die Gastrotricha zu den kleinsten Metazoa (Abb. 85). Die etwa 450 Arten umfassende Gruppe weist manche Ähnlichkeit mit Rotatorien auf und zeigt phylogenetische Beziehungen zu Nematoden.

An die Rotatorien erinnern die Körperbewimperung, die «Zehen» und die Protonephridien, aber schon diese Organe zeigen Sondercharaktere. Die Bewimperung erstreckt sich vorwiegend auf die Bauchfläche (Name), die Protonephridien sind in einem (Chaetonotida) oder in mehreren Paaren (Macrodasyida) angelegt, ihre Terminalzellen sind eingeißelig. Bei den Macrodasyida sind Körperseiten und Vorderende mit zahlreichen «Haftröhrchen» bedeckt, die je eine Receptorzelle und zwei verschiedene Sekretzellen enthalten und eine rasche Anheftung an das Substrat ermöglichen. An die Nematoden erinnert vorwiegend der Darmkanal; der Mund liegt am Vorderende, ihm folgt ein langer, zylindrischer Pharynx mit dreikantigem Lumen, dessen Wandung Drüsen-

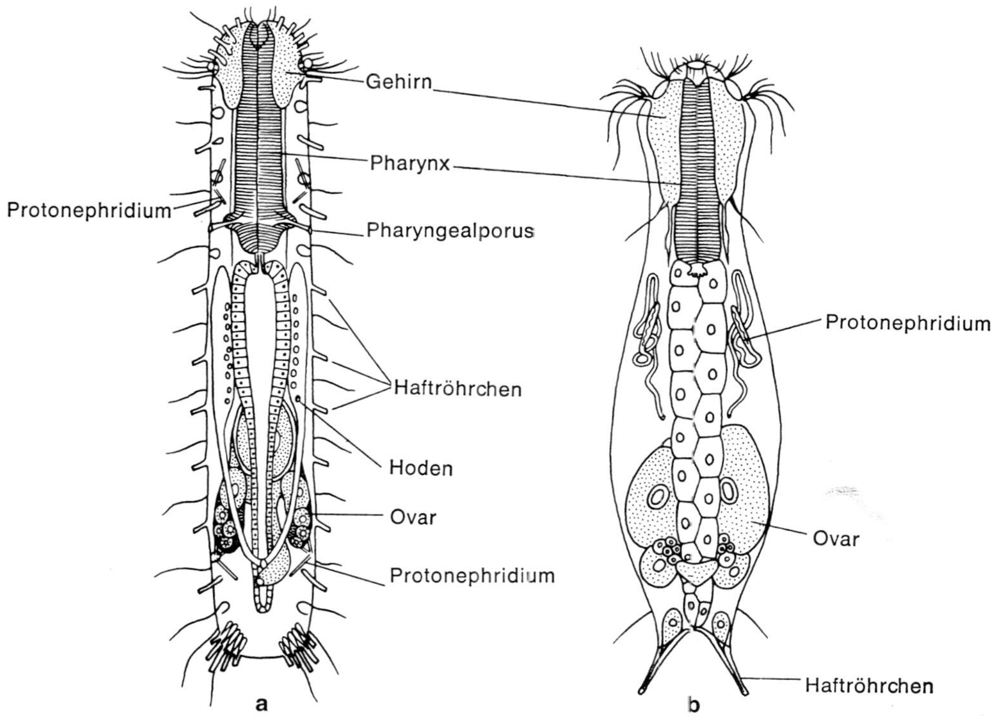

Abb. 85: Organisation der Gastrotricha. a. Macrodasyida, b. Chaetonotida. Ventralansicht. Nach Remane

zellen enthält und in den Epithelzellen radiär gestellte Muskelfilamente selbst bildet. Der Darm ist ein einfaches, umbewimpertes Rohr, der After liegt ventral oder am Körperende, bisweilen sogar etwas dorsal. Das Gehirn bildet einen breiten Zellkomplex über dem Vorderdarm und kann diesen halbgürtelförmig umschließen, die beiden Hauptnerven liegen ventrolateral. Einige Arten besitzen Augenflecken. Eigenartig sind die Geschlechtsorgane. Die meisten Gastrotricha sind Zwitter. Die Hoden sind paarig oder unpaar, ihre unpaare Mündung liegt an der Ventralfläche im Mittelkörper oder dicht vor dem After. Die gleichfalls paarigen oder unpaaren Ovarien haben Ausleitungswege, die ein Receptaculum seminis und eine muskulöse Bursa copulatrix aufweisen können. Sie münden gemeinsam mit dem After oder liegen ventral vor diesem. Bei den Chaetonotida ist der männliche Anteil stark reduziert. Sie pflanzen sich parthenogenetisch fort. Süßwasserformen produzieren zwei Typen sehr großer Eier: die einen entwickeln sich rasch (Subitaneier), die anderen dienen dem Überdauern von Trocken- und Kälteperioden (Dauereier). Die Leibeshöhle kann weitgehend von Blutzellen ausgefüllt sein, die bei Chaetonotida über 10% des gesamten Körpervolumens einnehmen können. Die unbewimperten Teile der Körperoberfläche sind oft mit z.T. bizarren Cuticulagebilden (Schuppen, Schienen, Stacheln, Vierhaker usw.) bedeckt. Die Cuticula wird nicht gehäutet. Die Entwicklung ähnelt der der Nematoden. Die Gastrotrichen bewohnen im Meer fast ausschließlich die Lückenräume zwischen Sandkörnern. Im Süßwasser, das nur einzelne Familien beherbergt, bevorzugen sie dichte Pflanzenbestände und die Schlammoberfläche von Kleingewässern. Ihre Nahrung besteht vorwiegend aus Diatomeen oder Detritus. Die Normalbewegung erfolgt gleitend durch die Bauchbewimperung, daneben kommen spannende Bewegung und Springen vor. Hautmuskelschlauch oft mit äußerer Ring- und innerer Längsmuskellage.

Zwei Ordnungen: 1. Macrodasyida. Zwitter, zahlreiche Haftröhrchen, Pharynx mit 2 nach außen führenden Seitenporen, durch die mit

Abb. 86: Organismen zwischen Körnern des Meeressandes: a. *Monobryozoon* (Bryozoa), b. *Microhedyle* (Gastropoda), c. *Nanaloricus* (Loricifera), d. *Canuella* (Copepoda), e. *Heterostigma* (Tunicata), f. *Batillipes* (Tardigrada), g. *Proales* (Rotatoria), h. *Protodrilus* (Polychaeta), i. Nemertine, j. *Psammonobiotus* (Testacea), k. *Halammohydra* (Cnidaria), l. *Echinoderes* (Kinorhyncha), m. *Meiomenia* (Aplacophora), n. *Meiopriapulus* (Priapulida), o. Turbellar, p. *Epsilonema* (Nematoda), q. *Acaromantis* (Acari), r. *Gnathostomula* (Gnathostomulida), s. *Loxodes* (Ciliata), t. *Diplodasys* (Gastrotricha), u. *Haplophragmoides* (Foraminifera). Original R.P. Higgins

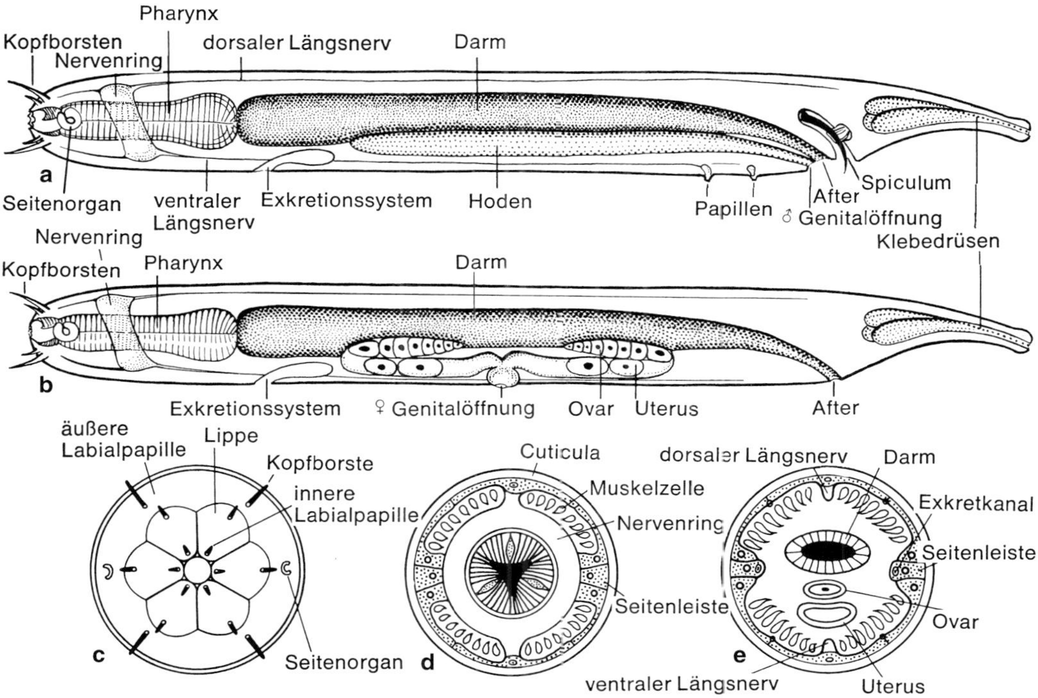

Abb. 87: Organisationsschema der Nematoda. a. Männchen in Seitenansicht, b. Weibchen in Seitenansicht, c. Vorderende in Aufsicht, d. Querschnitt durch Nervenring-Region, e. Querschnitt durch den Rumpf eines Weibchens. Nach Bird, Remane

der Nahrung eingestrudeltes Wasser abgegeben wird. Marin, *Turbanella, Diplodasys* (Abb. 86 t); 2. Chaetonotida. Meist nur Weibchen. Nur 0–4 Haftröhrchen (Zehen) am Hinterende. Pharynx ohne Poren. Süßwasser und Meer. *Chaetonotus, Neogossea* (planktisch).

4. Klasse: Nematoda (Fadenwürmer)

Die Nematoden sind eine artenreiche Gruppe (16000 Arten), die zahlreiche Lebensräume in Meer, Süßwasser sowie in feuchter Erde mit großer Individuendichte besiedelt. Zu ihnen gehören auch zahlreiche und wichtige Parasiten. Trotz ganz verschiedener Lebensweise bewahren die Arten eine erstaunliche Gleichförmigkeit des Bauplanes. Charakteristische Merkmale der Nematoden sind: Fehlen von Wimperepithelien, ringförmiges Gehirn, ventraler Hauptnerv, am After gelegene männliche Geschlechtsöffnung mit cuticularen Haken (Spicula), ventral gelegene weibliche Öffnung.

Bau (Abb. 87). Der Körper ist fast stets faden- bis schlauchförmig, sein Querschnitt rund. Körperanhänge fehlen oft völlig, bei freilebenden Arten sind gelegentlich Haftröhrchen, häufiger Borsten vorhanden, die besonders konstant am Vorderende auftreten. Cilien sind auf Sinneszellen beschränkt. Die Länge der Nematoden liegt meist zwischen 1–3 mm, jedoch erreicht ein Parasit in der Placenta des Pottwales *(Placentonema)* im weiblichen Geschlecht über 8 m bei einem Durchmesser von 2,5 cm.

Eine biegsame, nicht selten geringelte Cuticula bedeckt den Körper. Sie besteht aus drei Schichten: einer corticalen, einer mittleren und einer basalen. Die mittlere kann fehlen, alle drei Schichten können wiederum aus mehreren Lagen aufgebaut sein. Von der corticalen grenzt man bisweilen noch eine Epicuticula ab, von der basalen eine Basallamelle. An chemischen Bestandteilen dominiert Kollagen. Die Cuticula wird während der postembryonalen Entwicklung viermal gehäutet. Vor jeder Häutung wird die Epidermis dicker und bildet in großem Umfang Ribosomen. Die alte Cuticula kann vollständig abgegeben oder teilweise durch die neu angelegte hindurch resorbiert werden. Sehr selten fehlt die Cuticula, so bei dem darmlosen Insekten-Parasiten *Bradynema*. Die Epidermis besteht aus nur wenigen (meist 8) Zellreihen, deren Cytoplasma und Kerne vorwiegend in zwei seitlichen Längswülsten liegen (Seiten- oder Lateralleisten, Abb. 87). Daneben treten noch je eine kleinere Bauch- und eine Rückenleiste auf, die mit Nervenstämmen in Verbindung stehen. Im Vorderkörper ragen die Epidermiswülste bis an den Darmkanal. Die dazwischen liegenden Bezirke der Epidermis sind kernlose, meist dünne Plasmafelder. Bei Jugendstadien und vielen Adulten ist die Epidermis zellig, bei einigen Parasiten syncytial. Hautdrüsen sind bei freilebenden und parasitischen Formen verbreitet, besonders konstant sind die drei großen Klebdrüsen (Schwanzdrüsen) am Hinterende vieler Arten, die dem Festheften am Substrat dienen.

Das Zentrum des Nervensystems bildet eine weitgehend zellkernfreie Ringkommissur (Commissura cephalica), die den Pharynx umgibt, und damit in Verbindung stehende Ganglien. Von der Ringkommissur entspringt oft mit paariger Wurzel der ventrale Hauptnerv, der wohl durch Verschmelzung der beiden Hauptnerven der Gastrotrichen entstanden ist. Ein dorsaler Längsnerv zieht in der Rückenleiste entlang, kleinere Subdorsal- und Ventralnerven zwischen den Median- und Seitenleisten. Maximal sind 12 Längsnerven ausgebildet, die durch Commissuren miteinander verbunden sind. Nach vorn ziehen mehrere Nerven zu Sinnesorganen; Eingeweidenerven versorgen den Darm. In den Nervenbahnen liegen Ganglien, besonders konzentriert findet man sie nahe dem Hinterende (Caudalganglion).

Sinnesorgane stehen konzentriert am Vorderende und bestehen aus Papillen oder Borsten. Sie sind im Grundtyp in drei Kreisen und einem Paar lateraler Gruben (Seitenorgane, Amphiden) angelegt (Abb. 87). Die Kreise bestehen bei primitiven Arten aus zweimal 6 und einmal 4 Sinnesorganen (Abb. 87 c). In die Papillen, Borsten und die Amphidengruben ragen Dendriten, die distal je eine Cilie tragen. Augen sind selten, sie können Pigmentbecher und Linse enthalten. Caudale Sinnesorgane können als Papillen und als Phasmiden ausgebildet sein, die den Amphiden ähneln. Nach ihrem Vorkommen unterteilt man die Nematoden in Phasmidia (= Secernentea) und Aphasmidia (= Adenophorea).

Der Darm stellt ein gerades Rohr mit muskulösem Vorderdarm (Pharynx, oft Oesophagus genannt), schlauchartigem Mitteldarm und kurzem Enddarm dar. Drüsen sind im Bereich von Vorder- und Enddarm ausgebildet. Die Mundöffnung liegt endständig am Vorderende und wird von 6 oder 3 Lippen umgeben. Der anschließende Teil des Vorderdarmes besteht meist aus einer Mundhöhle, die komplizierte Cuticulaspangen oder vorstoßbare Bohrstacheln enthalten kann. Es folgt der muskulöse Pharynx mit seinem dreikantigen Lumen, das die in der Wandung liegenden radiären Myofilamente rasch erweitern können, so daß ein kräftiger Saugstrom erzeugt wird. Der Pharynx enthält ferner in seiner Wand große Drüsen. Oft ist sein Hinterende zu einem besonderen Bulbus verdickt, in dem Klappenapparate ausgebildet sein können. Durch eine scharfe Einschnürung vom Pharynx getrennt, beginnt der Mitteldarm, ein meist einfaches Rohr mit gleichartigen, prismatischen Epithelzellen mit hohem Mikrovillisaum. Er führt in den kurzen Enddarm, der in dem ventral vor dem Hinterende gelegenen After ausmündet. Trotz der zahlreichen Parasiten, die wir unter den Nematoden finden, zeigt der Darm nur selten Rückbildungserscheinungen, bisweilen ist er zu einem Strang reduziert *(Mermis, Atractonema)* oder verschwindet während der Entwicklung völlig *(Bradynema)*.

Die Leibeshöhle ist bei Großformen umfangreich; bei Kleinformen ist sie auf winzige Spalträume reduziert. Innen wird sie vom Darm begrenzt, ihre Außenwand wird von der Muskulatur eingenommen. Diese besteht fast ausschließlich aus Längsmuskelzellen, die in vier Feldern zwischen den Seiten- und Medianleisten der Epidermis liegen. Das kontraktile Material, das eine zusammenhängende Fibrille bildet, liegt außen, übriges Cytoplasma und Kern innen. Zwei bis viele Muskelzellen liegen nebeneinander in jedem Feld. Immer gehören sie dem schräggestreiften Typ an. Man ordnet sie nach zwei Gesichtspunkten: a) nach der Gestalt

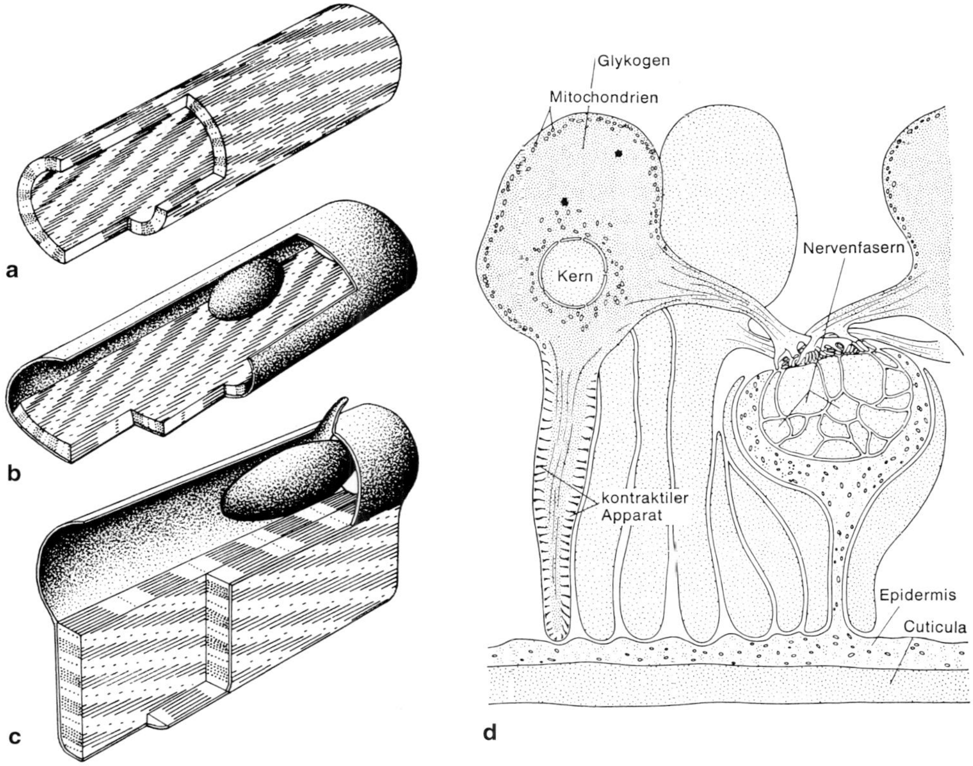

Abb. 88: Muskulatur der Nematoda. a–c. Blockdiagramme verschiedener Muskeltypen. a. circomyarisch, b. platymyarisch, c. coelomyarisch. Bei b und c ist ein Zellkern eingezeichnet; von der coelomyarischen Zelle geht ein Fortsatz zur Nervenzelle. d. Schnitt durch coelomyarische Muskelzellen und Nervenstrang von *Ascaris*. Beachte, daß die Muskelzellen Ausläufer zu den Neuronen entsenden. Nach Hope, Rosenbluth

(circomyarisch, platymyarisch, coelomyarisch; Abb. 88a–c) und b) nach ihrer Anordnung (in vielen Reihen: polymyarisch; in zwei bis fünf Reihen: meromyarisch); nicht in Reihen: (holomyarisch).

Von den Muskelzellen ziehen z.T. Ausläufer zu Nervenzellen (Kahnmuskelzellen, Abb. 88), eine Besonderheit, die auch von den nahe verwandten Gastrotrichen bekannt wurde, allerdings auch z.B. bei Echinodermen und niederen Chordaten *(Branchiostoma)* vorkommt. Die excitatorischen neuromuskulären Synapsen sind cholinerg, Gamma-Aminobuttersäure gilt als inhibitorischer Transmitter. Die Bewegung der Nematoden ist eine charakteristische Schlängelbewegung, die durch abwechselnde Kontraktion der dorsalen und der ventralen Längsmuskelzellen zustande kommt. Stoßen sie auf ein Hindernis, bewegen sie sich ebenfalls schlängelnd rückwärts. Vereinzelt treten auch andere Bewegungsarten auf: ein spannerartiges Kriechen, bei dem Haftborsten die Festheftung des Körpers an der Unterlage besorgen (Draconematidae, Abb. 89 c), «Laufen» auf langen Borsten der Rückenfläche (Desmoscolecidae, Abb. 89 b), Bohrbewegungen durch abwechselnde Kontraktion und Streckung des Körpers, wobei, mangels einer Ringmuskulatur, die Elastizität der stark geringelten Cuticula die Streckung besorgt. Nematoden können in ihrer Leibeshöhle erhebliche hydrostatische Drucke erreichen (bei *Ascaris* bis über 200 mm Hg).

Als Exkretionsorgane wurden lange die Ventraldrüse freilebender Arten und das H-förmige Seitenkanalsystem vieler Parasiten angesehen. Beides sind einzellige Gebilde. Die Ventraldrüse ist ampullenförmig, liegt in der hinteren Pharynxregion und mündet etwas weiter vorn

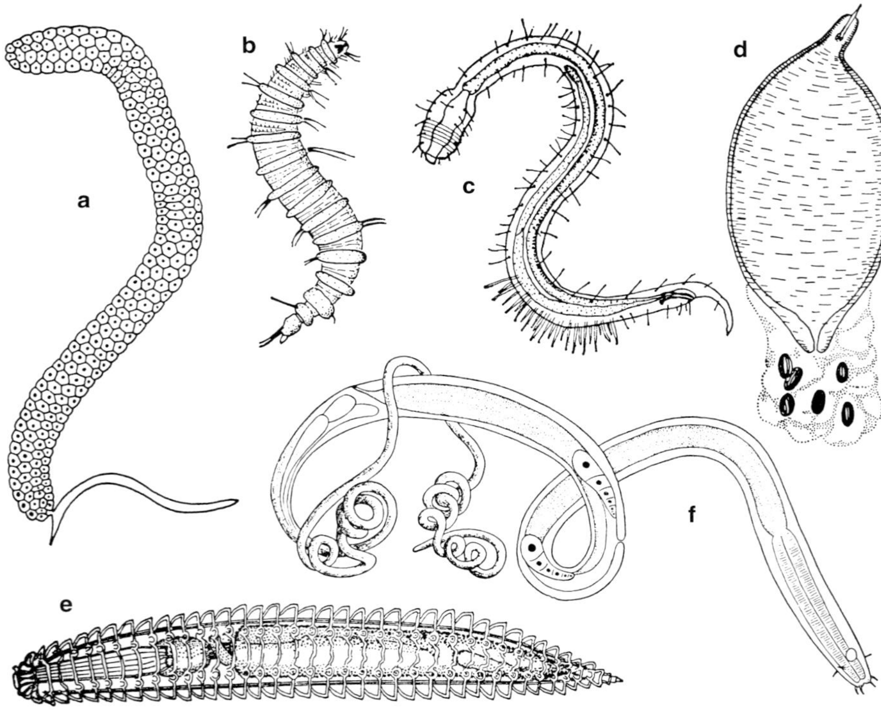

Abb. 89: Aberrante Nematoden-Formen. a. *Sphaerularia*, weibliches Tier mit ausgestülpter Vagina, deren Wand aus hexagonalen Epithelzellen besteht, b. *Desmoscolex*, bewegt sich auf Rückenborsten fort, c. *Draconema*, d. *Heterodera*, Weibchen mit vorstehender Geschlechtsöffnung, durch die Eier ausgetreten sind, die in Gallerte eingeschlossen sind, e. *Criconema*, f. *Trefusia*. Maßstäbe unterschiedlich. Nach Ax, Crofton, Strubell

durch einen schmalen Gang aus. Das Seitenkanalsystem hat bei mehreren Nematodengruppen die Form eines langgestreckten H. Die längsverlaufenden Schenkel liegen in den lateralen Epidermisleisten und werden von je einem Kanal durchzogen. Sie werden durch einen oder mehrere Kanäle im Querbalken des H verbunden. Vom Querbalken oder dem linken Schenkel führt ein unpaarer Ausführgang zur Körperoberfläche.

Wegen der verschiedenen Funktionen, die man diesen Systemen mittlerweile zuordnen kann, wurde als neuer Begriff die Bezeichnung «Exkretions-Sekretions-System» vorgeschlagen. Bisweilen ist es an der Bildung der gelatinösen Hülle um Eier beteiligt, bei den Secernentea scheidet es Glykoproteine aus, die an der Cuticulaoberfläche abgelagert werden und als Gleitmittel bei der Fortbewegung eine Rolle zu spielen scheinen. Des weiteren werden hier Enzyme synthetisiert, die wohl an Verdauungsvorgängen sowie beim Eindringen in Wirtsgewebe beteiligt sind. In anderen Fällen ist eine Beteiligung an der Osmoregulation wahrscheinlich, da in Abhängigkeit vom osmotischen Streß Pulsationen beobachtet wurden.

Die Geschlechter sind fast ausnahmslos getrennt, die Männchen durch sekundäre Sexualcharaktere, ventrale Drüsen, Schwanzlappen usw. gekennzeichnet. Die Gonaden sind schlauchförmig, beim Weibchen meist paarig, doch liegen die beiden Ovarien entgegengesetzt zueinander und hintereinander (Abb. 87 b). Ihre Gänge vereinigen sich in der Geschlechtsöffnung (Vulva), die ventral etwa in der Körpermitte liegt. Das Keimlager ist endständig, bei größeren Formen gruppieren sich seine Zellen meist radiär um einen zentralen Nährstrang (Rhachis). Weitere Bezirke (Ovidukt, Receptaculum seminis, Uterus, Vagina) sind gegeneinander nur wenig in dem schlauchförmigen, oft vielfach gewundenen Organ abgesetzt. Der meist unpaare Hoden bildet unterschiedlich gestaltete Spermien, die amöboid beweglich sein können und denen eine Geißel fehlt. Centriolen sind oft ausgebildet. An der männlichen Geschlechtsöffnung dicht neben dem After finden sich im allgemeinen Spicula, Cuticulaspangen, die aus einer Hauttasche vorgestoßen und eingezogen werden können und bei der Kopulation mitwirken. Die Befruchtung ist stets eine innere, die Übertragung der Spermien erfolgt durch Begattung. Wie bei anderen Parasiten können dabei die Geschlechter eine Dauerverbindung eingehen.

Die kleinen, meist länglichen, von Hüllen umgebenen Eier sind bei Parasiten sehr zahlreich; ein Spulwurmweibchen legt viele Millionen Eier. Diese starke Fruchtbarkeit kann zu eigenartigen Körperdeformationen führen. Das Weibchen wird dann unter Rückbildung von Darm, Nervensystem usw. ballonartig, oder es stülpt sich die Vagina vor, die dann unter sehr starkem Wachstum eine Hülle für Ovar, Uterus und Embryonen bildet, dem der eigentliche Körper als winziger Anhang ansitzt (*Sphaerularia*, Abb. 89 a).

Die Embryonalentwicklung ist streng determinativ. Durch die erste Furchungsteilung werden somatische Stammzelle und die Propagationsstammzelle gebildet, die bei *Ascaris* allein den vollständigen Chromosomensatz behält. Die Entwicklung ist direkt, in der Eihülle macht das Jugendstadium (das bisweilen als Larve bezeichnet wird) oft schon eine oder zwei Häutungen durch, bevor es schlüpft. Das dritte Stadium ist bei vielen Arten das Verbreitungsstadium, welches lange hungern und zu einem resistenten Dauerstadium werden kann. Insgesamt werden postembryonal vier Häutungen durchgemacht.

Der freilebende Nematode *Caenorhabditis elegans* ist – vom Standpunkt der Entwicklungsbiologie aus – eine der am besten untersuchten Tierarten: Man kennt die Genealogie einer jeden Zelle.

Phylogenie. Lange Zeit erschienen die Nematoden als sehr isolierte Gruppe. Heute besteht kein Zweifel, daß sie mit den Gastrotrichen verwandt sind, deren marine Vertreter zahlreiche Hinweise auf die Nematoden-Organisation bieten. Die Gastrotrichen sind fast durchweg ursprünglicher als die Nematoden. Innerhalb der Nematoden lassen sich phylogenetische Linien schwer verfolgen. Die Versuche einer Gruppierung der Familien und Arten sind daher sehr verschieden.

System. Nematoden werden in Adenophorea (= Aphasmidia) und Secernentea (= Phasmidia) gegliedert. Die Adenophorea sind besonders durch mehrere ursprüngliche Merkmale gekennzeichnet, die den Secernentea im allgemeinen fehlen. So sind meist Epidermal- und Schwanzdrüsen ausgebildet, die Seitenorgane sind gut ausgeprägt, die Sensillen oft borstenförmig.

Die Adenophorea sind vornehmlich kleine (1–3 mm lange) marine Formen, leben aber auch in Süßwasser und Boden oder als Parasiten. Man darf davon ausgehen, daß eine Handvoll Meeressand aus dem Sublitoral über 20 Arten dieser Nematoden enthält.

Die Secernentea stellen den Großteil der Parasiten, freilebend sind sie in Boden und Süßwasser verbreitet. Im marinen Bereich sind nur *Rhabditis* und *Eudiplogaster* häufig (im Strandanwurf bzw. in Ästuaren).

Ökologie und Lebensweise. Die Nematoden besiedeln die mannigfaltigsten Lebensräume, sofern diese nur einen gewissen Feuchtigkeitsgrad besitzen. Im Pelagial fehlen sie allerdings. Bevorzugt werden Biotope, in denen starke Zersetzungen organischen Materials auftreten: die litoralen Weichbodengebiete des Meeres, Faulschlamm, gärende Substanzen usw. Freilebende Nematoden ernähren sich von Bakterien, Kleinalgen, Protozoen oder anderer Mikrofauna, vermutlich auch durch Aufnahme gelöster organischer Substanz. Enorm ist ihre Individuendichte: Pro qm Ackerboden sind bis 30 cm Tiefe bis zu 40 Millionen Nematoden zu erwarten, im Wald- und Wiesenboden liegen die Zahlen niedriger. Die meisten sind Saprobionten, einige Räuber (sogar Nematodenfresser, *Mononchus*). Hohe Dichten werden auch im Essig erreicht, vor allem, wenn er weniger als 6%ig ist (Essigälchen, *Turbatrix aceti*) oder im Kleister (Kleisterälchen, *Panagrellus redivivus*), selbst in Bierdeckeln. Zahlreiche Arten sind Parasiten bei Tieren und Pflanzen. Innerhalb des Wirtskörpers besiedeln sie unterschiedliche Regionen, in Wirbeltieren finden wir zahlreiche Darmparasiten, Parasiten der Lungen und Luftwege, des Blut- bzw. Lymphgefäßsystems, der Nieren, verschiedener Gewebe und sogar in Zellen. Die Übertragungswege sind verschieden. Im einfachsten Fall gelangen die Eier (Abb. 90) bzw. die in der Eikapsel eingeschlossenen Jugendstadien durch den Mund in den Wirt. In anderen Fällen dringt der

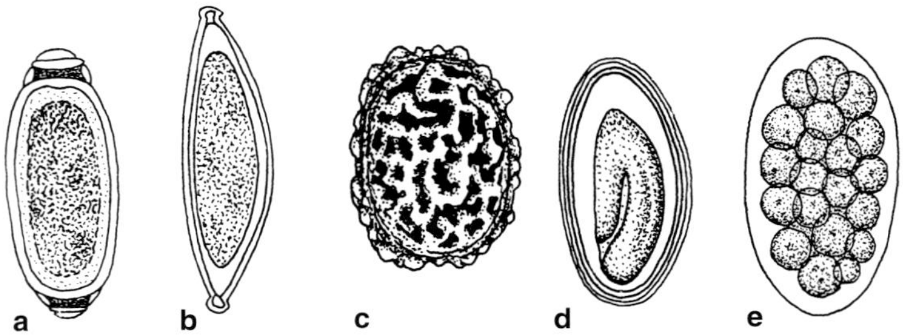

Abb. 90: Nematodeneier. a. Trichuride *(Capillaria)*, b. Oxyuride *(Syphacia)*, c. Ascaride *(Ascaris)*, d. Oxyuride *(Enterobius)*, e. Strongylide *(Strongylus)*. Nach Frank

Nematode aktiv durch die Haut ein, oft ist ein Zwischenwirt eingeschaltet; dieser kann die Parasiten beim Stich in das Wirbeltier einführen, oder er wird vom Wirbeltierendwirt gefressen. In einigen Fällen ist nur eine (zwittrige) Generation parasitisch, während eine andere (getrenntgeschlechtige) freilebend ist.

Zahlreiche Nematoden sind humanpathogen. Derzeit sind über 1 Milliarde Menschen mit *Ascaris* und/oder *Ancylostoma* infiziert, 400 bis 500 Millionen beherbergen Filarien. Weitere Werte: *Trichuris:* 800 Millionen, *Enterobius:* 300 Millionen, *Trichinella:* 40 Millionen. Etwa 90% aller Menschen werden im Laufe ihres Lebens einmal von Nematoden befallen.

Trichuris trichiura (Peitschenwurm). Männchen 3,5–4,5 cm, Weibchen bis 5 cm lang. Dieser Nematode ist einer der häufigsten Wurmparasiten des Menschen. In den meisten Fällen ist eine *Trichuris*-Infektion mit einem *Ascaris*-Befall (S. 140) verbunden. Peitschenwürmer sind mit ihrem schlanken Vorderende in Einstülpungen der Darmwand verankert und ernähren sich vom Darminhalt, können aber auch die Schleimhaut verletzen. Das Hinterende, welches beim Männchen eingerollt ist, ragt in das Darmlumen. Weibchen setzen täglich bis zu 20000 Eier ab. Im Stuhl von stark befallenen Personen wurden bis zu 30000 Eier/g Faeces gezählt. *Trichuris* ist in sanitär unterentwickelten Gebieten der Tropen weit verbreitet (in manchen Gebieten sind bis 90% der Bevölkerung infiziert) und weitgehend auf den Menschen beschränkt. Infektion erfolgt durch orale Aufnahme embryonierter Eier, die für 1 Jahr infektiös bleiben und sich zunächst im Freien unter Sauerstoffeinfluß entwickeln müssen. Unter unseren klimatischen Bedingungen benötigen abgegebene Eier 4–6 Monate bis zur Entwicklung infektionsfähiger Stadien. Einmal in den Magen-Darm-Trakt eines Menschen aufgenommen, schlüpft im Dünndarm die Infektionslarve und wandert von dort in Colon, Rectum oder Blinddarm. Nach 2–3 Monaten wird die Geschlechtsreife erreicht; die Lebensdauer beträgt wohl etwa 2 Jahre. Bei vielen Wurmträgern ruft die Infektion keine Beschwerden hervor, bei 10% allerdings werden schwere klinische Symptome beobachtet, z.B. chronische, auch schleimigblutige Durchfälle mit Phasen der Obstipation, Erbrechen und starken Schmerzen im Oberbauch sowie Gewichtsverlust. In Europa findet man *Trichuris*-Infektionen vor allem im Süden, insbesondere im Südosten. Auf dem Balkan können streckenweise bis 10% der Bevölkerung infiziert sein, in der Türkei bis über 40%. In Deutschland liegen die entsprechenden Zahlen deutlich unter 1%.

Trichinella spiralis (Trichine). Männchen 1,5 mm, Weibchen 4 mm. Lebt im Dünndarm verschiedener fleischfressender Tiere und des Menschen. Infektion erfolgt durch Aufnahme von rohem Fleisch, welches eingekapselte, 1 mm lange Jugendstadien (Muskeltrichinen, Abb. 91 c) enthält. Im Darm werden die Larven frei und häuten sich mehrfach. Die viviparen Weibchen bringen in der Darmwand Hunderte bis über 1000 Larven hervor, die über Blut und Lymphe zu verschiedenen Organen gelangen. Sie bevorzugen Muskulatur von Zwerchfell, Thorax und Kehlkopf. Hier werden sie zu Muskeltrichinen, die von Bindegewebskapseln, in die sich im Laufe der Zeit Kalk einlagert, eingeschlossen sind. Als solche können sie 30 Jahre leben. Sie ernähren sich durch die Kapsel hindurch. Trichinen sind weltweit verbreitet, die meisten Krankheitsfälle kommen im östlichen Nordamerika, in Europa und China vor. Als wichtige Reservoire haben Schweine zu gelten. Verbreitet ist deren Infektion über trichinenhaltiges Fleisch von Ratten und Tieren der Pelztierzucht. In der freien Natur zirkuliert Trichinellose besonders zwischen Aasfressern und Raubtieren. So können Wolf, Luchs und Leopard durch Erbeutung von Schakalen und Füchsen Trichinen bekommen. Eine Infektion kann sogar von Käfern (bestimmte Carabidae und Tenebrionidae, die sich ohne Schädigung infizieren) auf Säuger (z.B. Igel, Fuchs) übergehen.

Die Trichinose ist eine schwere Erkrankung, wenn Massenbefall vorliegt. Sie geht oft mit einer kontinuierlichen Fieberkurve einher. Im ersten Stadium (Inkubation; 1–7 Tage) Darmkatarrh, im zweiten (Einwanderung) Muskelschmerzen, im dritten (Ruhestadium; 2–4 Wochen nach Infektion) rheumatische Beschwerden u.a. Todesfälle: meist 5–6% der Infizierten, maximal 30%.

Abb. 91: Verschiedene humanpathogene Nematoden. a. *Loa loa* im Bindegewebe der Bindehaut des Augenbulbus. b. *Dracunculus medinensis*. Die weiblichen Tiere leben im Bindegewebe der Haut der unteren Extremität und eröffnen das darüberliegende Integument, um ihre Jugendstadien zu entlassen. Dabei können sie ergriffen werden und langsam mit einem Stöckchen aufgewickelt und aus dem Körper entfernt werden. c. *Trichinella spiralis*, Muskeltrichinen in Kapseln der Skeletmuskulatur (M). Trichinenlarven (T) dringen in Skeletmuskelzellen ein, die sie z.T. auflösen. Als Reaktion auf die Trichine bildet die Muskelzelle intrazellulär eine periphere Zone aus dichtem fibrillären Material, die im Lichtmikroskop der Kapsel (K) entspricht. Im Bereich der Kapsel können später Verkalkungen auftreten (V). ▷

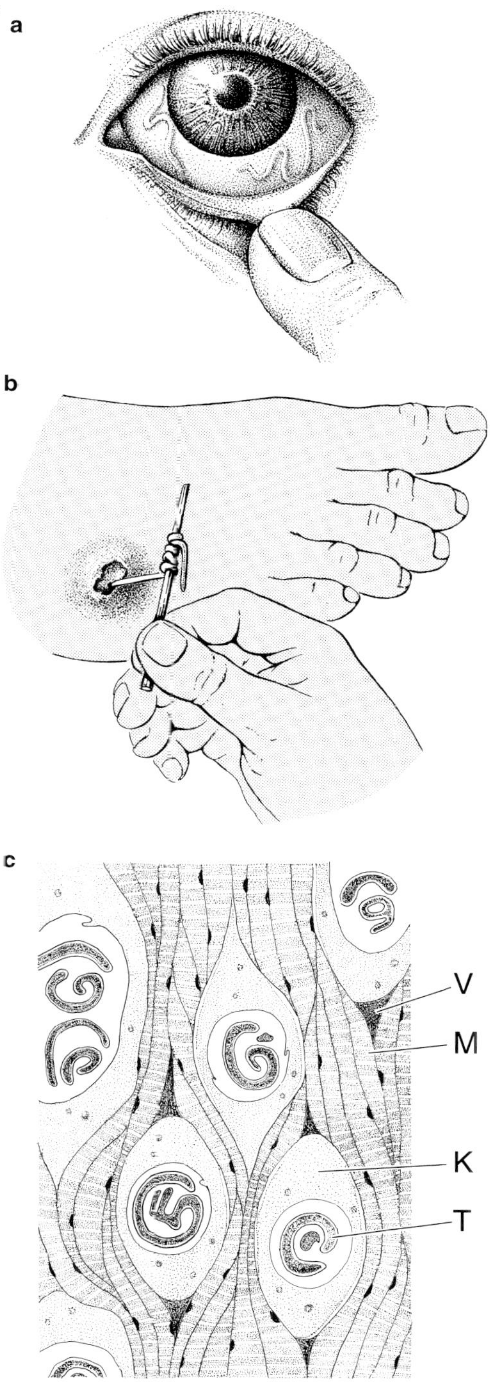

Im deutschsprachigen Raum spielt Trichinenbefall des Menschen aufgrund gesetzlich vorgeschriebener Überprüfung nur eine geringe Rolle. Die seit über 100 Jahren übliche Trichinenschau (mikroskopische Kontrolle ausgewählter Muskelproben) wurde im EU-Raum durch die rationellere Untersuchung von Sammelproben (von 100 Schweinen) ersetzt (Verdauungsmethode: enzymatische Zerlegung der Sammelprobe und anschließende Kontrolle).
Derzeit findet man in Deutschland und Österreich nur einen Trichinenbefall unter 30 Millionen Schlachtschweinen, in Polen 35 Fälle auf 1 Million Schweine. In vielen anderen Ländern jedoch gibt es keine obligatorische Fleischbeschau, und wenn die Trichinose auch nicht mehr die Bedeutung hat wie in vergangenen Jahrhunderten, so gibt es weltweit doch jedes Jahr Hunderttausende von Neuinfektionen durch Verzehr von Schweinefleisch, aber auch durch Spezialitäten wie Fleisch von Hunden, Nerzen, Bären, Ratten und – überraschenderweise – Pferden. Letztere infizieren sich wohl über Aaskäfer.
Bis vor einigen Jahren ging man von der Existenz einer *Trichinella*-Art aus; mittlerweile kennt man vier weitere. Ihre Infektiosität ist für Mensch und Schwein nicht so hoch wie bei der weltweit verbreiteten *Trichinella spiralis*. Im Fall von *T. pseudospiralis*, die v.a. in den Ländern der ehemaligen UdSSR, den USA und Australien vorkommt, ist die Übertragung auf Schwein und Mensch fraglich. *T. nelsoni* (tropisches Afrika), *T. nativa* (kalte und gemäßigte Zonen der Nordhemisphäre) und *T. britovi* (Paläarktis) sind für den Menschen infektiös.

Strongyloides stercoralis (Zwergfadenwurm). Etwa 2 mm. Tropen und Subtropen, vorwiegend in Asien. Entwicklung je nach Umweltverhältnissen unterschiedlich: a) bei günstigen Ernährungsbedingungen im Freien lebende getrenntgeschlechtige Generation, bei ungünstigen Befall des Menschen durch Jugendstadien, die sich durch die Haut bohren und geschlechtsreif werden; b) im Menschen lebend, parthenogenetisch, Jugendstadien entwickeln sich gleich im Darm (Endoautoinfektion) oder bohren sich am After in die Haut ein (Exoautoinfektion).

Ancylostoma duodenale (Haken- oder Grubenwurm). Männchen bis 11 mm, Weibchen bis 18 mm. Blutsauger im Dünndarm, Infektion durch Jugendstadien, die sich durch die Haut bohren. Ruft eine der häufigsten Wurmerkrankungen des Menschen in wärmeren Gebieten hervor. Der tägliche Blutverlust durch einen einzigen Hakenwurm wird auf 0,1–1,4 ml geschätzt. Nur ein kleiner Teil wird vom Wurm aufgenommen, mehr geht durch Nachblutungen verloren. *Ancylostoma* saugt nur wenige Minuten bis Stunden an einer Stelle, dann kriecht er weiter, um sich erneut in die Darmschleimhaut einzubohren. Die Embryonalentwicklung findet im Freien statt, die ersten Larvenstadien ernähren sich von Bakterien und organischem Detritus, ein späteres bohrt sich in den Menschen ein. Über das Blutgefäßsystem wird im allgemeinen nach 3–5 Tagen der Darm erreicht. Bisweilen verbleiben die Larven jedoch für geraume Zeit in der Muskulatur. Bei stillenden Müttern besteht die Möglichkeit der Übertragung der Larven über die Milch. Im Dünndarm wachsen die Hakenwürmer heran; Weibchen können täglich bis 30000 Eier ablegen, die mit dem Stuhlgang abgehen. Die Lebensdauer von *Ancylostoma duodenale* liegt bei 2 Jahren.
Ähnlich ist die Biologie des in den Tropen verbreiteten, aber weniger gefährlichen *Necator americanus*, der pro Tag weniger Eier produziert, aber mehrere Jahre alt wird.

Ascaris lumbricoides (Spulwurm): Weibchen bis 40 cm, Männchen bis 25 cm. Im Darm des Menschen freibeweglich lebend, weit verbreitet. Die Weibchen legen im Darm Eier ab (Abb. 90 c). Unter günstigen Verhältnissen entwickelt sich außerhalb des Wirtes in knapp zwei Wochen eine invasionsfähige Larve. Infektion des Menschen durch Aufnahme Jugendstadien enthaltender Eier per os. Die Jugendstadien schlüpfen im Dünndarm, durchbrechen dessen Wandung und gelangen über den Blutkreislauf zur Lunge, durchbohren die Alveolenwandung (in einer Länge von 1,5 mm) und steigen in den Schlund auf, von hier werden sie verschluckt. Diese Organwanderung währt etwa 8–10 Tage. Die 2–3 mm langen Würmer besiedeln dann den Dünndarm. Die Eiproduktion der Weibchen ist wie bei anderen Parasiten groß: pro Tag etwa 200000, im Laufe des Lebens 30 Millionen. Lebensdauer etwa 9–10 Monate. Hauptinfektionsquelle des Menschen: nachlässige Defäkationsgewohnheiten, Übertragung der Eier auf Obst und Gemüse, nicht hinreichendes Waschen von Händen und Nahrung, die mit Spulwurmeiern in Berührung kam. Eine Direktinfektion von Mensch zu Mensch ist unwahrscheinlich. Die Jugendstadien benötigen je nach Temperatur 10–50 Tage, um in der Eihülle infektionsfähig zu werden. Gefährlich ist Massenbefall (Lungeninfiltration, Leibschmerzen, Blinddarmentzündung, Darmverschluß u.a.), bei Kindern kann es zu Krämpfen, epileptiformen Anfällen und Delirien kommen. Infektion des Keimes durch die Placenta möglich. Auch der erwachsene Wurm kann wandern (Speiseröhre, Mundraum, Nase, Eustachische Röhre, Tränenkanal) und sogar durch die Bauchwand nach außen gelangen.

Enterobius (Oxyuris) vermicularis (Madenwurm). Männchen bis zu 5 mm, Weibchen bis 12 mm. Einer der häufigsten Parasiten des Menschen, besonders in gemäßigten Klimaten. Infektion über embryonierte Eier per os, Selbstinfektion verbreitet; oft Massenbefall, vor allem bei Kindern.
Die Larven schlüpfen gewöhnlich im Duodenum, häuten sich und wandern in Blinddarm und oberen Dickdarm. Die begatteten Weibchen begeben sich in die Analgegend, wo um 10000 Eier abgelegt werden. Bei starker Infektion entstehen verschiedene Magen- und Darmbeschwerden, Appetitlosigkeit, Nervosität u.a. Blinddarmentzündungen gehen nicht selten auf *Enterobius*-Befall zurück. Prophylaxe: Abwaschen der Analregion bei Kindern, häufiges Ersetzen von Leib- und Bettwäsche, Händewaschen.

Dracunculus medinensis (Medinawurm). Männchen 2–4 cm, Weibchen bis über 1 m. Dieser Parasit kommt von Indien bis Ägypten und von Somalia bis Senegal vor. Die Weibchen leben in Hautpartien des Menschen, die besonders oft mit Wasser in Berührung kommen. Über ein Hautödem werden die Larven ins Wasser abgegeben. Weiterentwicklung in Copepoden. Infektion des Menschen über Copepoden, die mit dem Trinkwasser aufgenommen wurden. Das Jugendstadium bohrt sich durch die Darmwand und gelangt über Bauch- oder Brusthöhle in die Peripherie. Begattung im Bindewebe der Haut. Zwischen Aufnahme der befallenen Copepoden und der Geburt der ersten Larven liegt etwa ein Jahr. In dieser Zeit ruft der Wurm im Menschen noch keine klinischen Symptome hervor. Dann kommt es zu Juckreiz, Ödemen, auch zu Erbrechen und anderen Reaktionen. Die früher ausgeübte Entfernung des Wurmes – über ein kleines Holzstäbchen wurde er im Laufe von 10 Tagen aufgewickelt (Abb. 91 b) – hat sich vielleicht im Standessymbol der Ärzte niedergeschlagen, dem Äskulapstab.

Von lokaler Bedeutung ist *Capillaria philippinensis*. Dieser 4 mm lange Nematode lebt in der Mucosa des Dünndarmes. Menschen sind wohl nur Nebenwirte, sie infizieren sich über rohen Süßwasserfisch.

Zu schweren Darmverstimmungen führt bisweilen in Nordeuropa, den Niederlanden und Japan der Genuß mild gesalzener Seefische, die mit *Anisakis* infiziert sind. Diese Nematoden-Gattung ist weltweit verbreitet. Ihre Jugendstadien treten oft in großer Zahl in Leibeshöhle und Muskulatur des Herings und anderer Meeresfische auf, Endwirte sind Robben und Wale. Durch geeignete Zubereitung (z.B. Räuchern) werden die bis 25 mm langen Nematoden abgetötet. In dieser Form hat sie wohl schon jeder verspeist, der Bücklinge gegessen hat.

Einige lange, außerordentlich dünne Nematoden werden als Filarien bezeichnet. Ihre Weibchen bringen Larven hervor, die in die Blutbahn gelangen. Aus peripheren Capillaren werden sie durch Insekten (oder Zecken) aufgenommen, in denen sie sich weiterentwickeln.

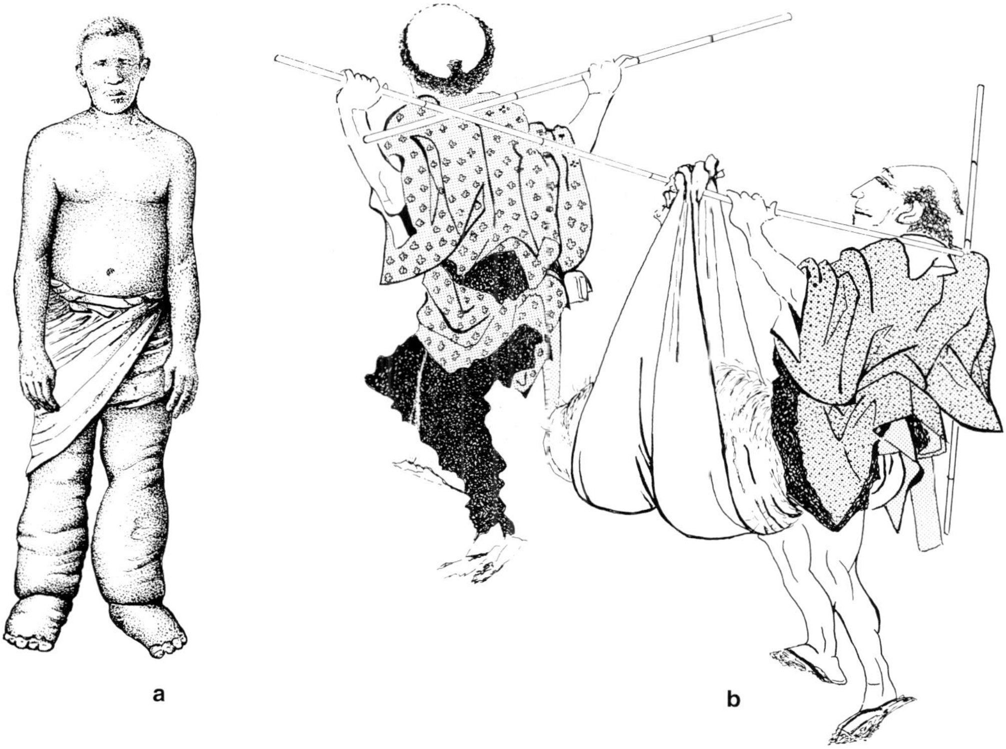

Abb. 92: Verschiedene Krankheitsbilder der Elephantiasis beim Menschen: a. stark deformierte Beine, b. extrem vergrößertes Scrotum. Nach Frank, Hokusai

Sobald sie das dritte Larvenstadium erreicht haben, wandern sie in den Stechrüssel und kommen beim Stich wieder in den Wirbeltierwirt. Die Tagesperiodik der Jugendstadien (Mikrofilarien) im Blutgefäßsystem des Menschen ist auf die Stechgewohnheiten der Überträger abgestimmt. Sie befinden sich tags im peripheren Blut, wenn die Überträger tags stechen (Mikrofilaria diurna), nachts dagegen in den Lungencapillaren. Bei der Mikrofilaria nocturna liegen die Verhältnisse umgekehrt: Jugendstadien werden nachts übertragen.

Weltweit sind schätzungsweise 100 Millionen Menschen mit Filarien infiziert.

Wuchereria bancrofti (Haarwurm). Männchen bis 4 cm, Weibchen bis 10 cm. Lebt in Lymphgefäßen und -knoten, die oft nicht durchbrochen werden können, und blockiert den Lymphstrom. Hier sterben die Tiere in Knäueln, sie rufen Elephantiasis hervor (starke Verdikkung der Extremitäten, der Brüste und des Scrotums, Abb. 92). Über die gesamten Tropen verbreitet (wohl über 50 Millionen infizierte Menschen). Mikrofilaria nocturna, Übertragung durch verschiedene Mücken (z.B. *Culex pipiens*). Die Mikrofilarien können Unwohlsein und Müdigkeit hervorrufen, die älteren Würmer können zu schweren allergischen Reaktionen Anlaß geben.
Ähnlich kann das Krankheitsbild sein, das durch *Brugia malayi* hervorgerufen wird. Diese Filarie wird durch Mücken der Gattung *Mansonia* übertragen. Larven und Puppen von *Mansonia* beziehen ihren Sauerstoff aus Wurzeln schwimmender Pflanzen, die sie mit ihren Atemröhren anritzen.

Onchocerca volvulus (Knotenwurm). Männchen bis zu 4 cm, Weibchen bis 50 cm. Reife Würmer in subcutanen, bis hühnereigroßen Bindegewebsknoten, hier Begattung und Geburt der Jugendstadien. 20 Millionen Befallene in Afrika und Lateinamerika. Würmer wandern z.B. in die Augen (kann zu Erblindung führen). Überträger: einige *Simulium*-Arten (Abb. 222), die tags saugen.

Loa loa (Wanderfilarie, Abb. 91 a). Männchen bis 3 cm, Weibchen bis 7 cm. Wandern im subcutanen Bindegewebe umher, rufen Schwellungen hervor. West- und Zentralafrika (dort 13 Millionen Befallene). Überträger: *Chrysops* (Abb. 222), Mikrofilaria diurna. Dieser Zyklus läuft vorwiegend im Regenwald ab, da die Überträger ihre Eier grundsätzlich an der Unterseite von Blättern und über schlammigem Boden ablegen. Auch die Imagines leben vorwiegend in schattengebender Vegetation.

Eine große Zahl von Nematoden parasitiert in Haus- und anderen Nutztieren. Zum Teil kommen sie selbst oder andere Arten derselben Gattung im Menschen vor, beispielsweise *Strongyloides* in Hund, Katze, Wiederkäuern, Pferden, Schweinen, Diarrhoe hervorrufend; *Trichuris*-Arten, ebenso *Ancylostoma, Necator, Onchocerca, Ascaris*-Verwandte u. a. in verschiedenen Haus- und Säugetieren. Andere sind vorwiegend Parasiten von Tieren, können aber auch bei Menschen auftreten, z. B. *Dioctophyme renale* (Männchen bis 40 cm, Weibchen bis 1 m) im Nierenbecken des Hundes und *Gongylonema* in der Schleimhaut des Schlundes von Pferden und Wiederkäuern lebend.

Die meisten Arten kommen dagegen nur bei Tieren vor. Wichtig sind die Trichostrongylidae, die als «Magenwürmer» zahlreiche gefährliche Krankheiten hervorrufen. Die parasitäre Gastroenteritis ist eine der häufigsten und wirtschaftlich wichtigsten Erkrankungen von Weiderindern in Mitteleuropa. Besondere Bedeutung kommt den Gattungen *Ostertagia* und *Cooperia* zu. Die Larven bilden Wurmknötchen in Magen- und Darmschleimhaut. Die Metastrongylidae leben als «Lungenwürmer» in Atemorganen von Säugern, sie rufen Lungen und Luftröhrenentzündungen hervor und gehören zu den gefährlichsten Parasiten der Haustiere. Weitere bekannte Parasiten: *Capillaria (Trichosomum)* in Darmschleimhaut von Vögeln, Erreger der Haarwurmkrankheit des Geflügels; *Heterakis gallinae* in Blind- und Dickdarm von Hühnervögeln; *Syngamus* (Roter Luftröhrenwurm), der in Dauerkopula in den oberen Luftwegen von Hühnern lebt (Rotwurmseuche).

Einer der gefährlichsten Parasiten der Pferde ist *Strongylus,* der in Leber, Pankreas, Gefäßen oder der Darmschleimhaut lebt. *Trichonema* parasitiert in Blind- und Dickdarm von Equiden. *Habronema* ruft Magengeschwüre bei Pferden hervor. *Oesophagostomum* ist ein Darmparasit bei Schweinen, Schafen und Ziegen, *Haemonchus* von Wiederkäuern, *Arduenna (Ascarops)* und *Gnathostoma* sind Darmparasiten von Schweinen. *Setaria* lebt in Bauchhöhle und Unterhautbindegewebe von Equiden, *Onchocerca* in Bindegeweben von Pferden.

Wandernde Larven der *Toxocara-, Uncinaria-* und *Ancylostoma*-Arten von Hund und Katze führen beim Menschen (= Fehlwirt) zum Syndrom der «Larva migrans». Haupterreger ist in gemäßigten Klimaten der Hundespulwurm *(Toxocara canis).* Die Eier vermögen in Gartenerde und Sand von Spielplätzen jahrelang lebens- und infektionsfähig zu bleiben. Nach Aufnahme embryonierter Eier schlüpfen die Larven im Dünndarm, in dessen Wand sie eindringen. Über die Blutbahn werden sie im Körper verteilt. Vor allem in Leber und Zentralnervensystem des Menschen können sie, von einer Kapsel umgeben, jahrelang leben. Das Krankheitsbild ist vielfältig, die Infektion kann auch zum Tod führen. Betroffen sind vorwiegend Kinder.

Eine Reihe kleiner, meist 1–2 mm langer Nematoden kann beträchtlichen Schaden an Nutzpflanzen hervorrufen (Abb. 93, 94). Sie beeinträchtigen ihren Wirt direkt (chemisch und mechanisch) sowie indirekt (durch Übertragung von Viren und Bakterien) oder auch, indem sie Eingänge für Bakterien, Pilze und andere Sekundärschädlinge schaffen. Phytopathogene Nematoden stechen Pflanzenzellwände mit Stiletten an (Abb. 94).

Der Schaden, den Nematoden an Kulturpflanzen hervorrufen, wird bei den Weltwirtschaftspflanzen auf 10% Ertragseinbuße geschätzt. Allein von Sojabohnen kennt man über 100 Nematoden-Arten; sie können zum Totalausfall der Ernte führen; besonders wichtig ist *Heterodera glycines.* Am Mais parasitieren 15 *Pratylenchus*-Arten, an der Kartoffel etwa 70 Arten aus 24 Gattungen, am wichtigsten sind *Globodera*-Arten (s. u.).

Bäume werden von Nematoden im Wachstum gehemmt oder sogar abgetötet. In *Citrus*-Plantagen spielt *Tylenchulus* eine bedeutende Rolle, in Japan ist *Bursaphelenchus xylophilus* der wichtigste Schadorganismus von Waldbäumen. Er wird durch Bockkäfer (v. a. *Monochamus*) übertragen, die pro Individuum maximal über 200 000 Dauerlarven enthalten.

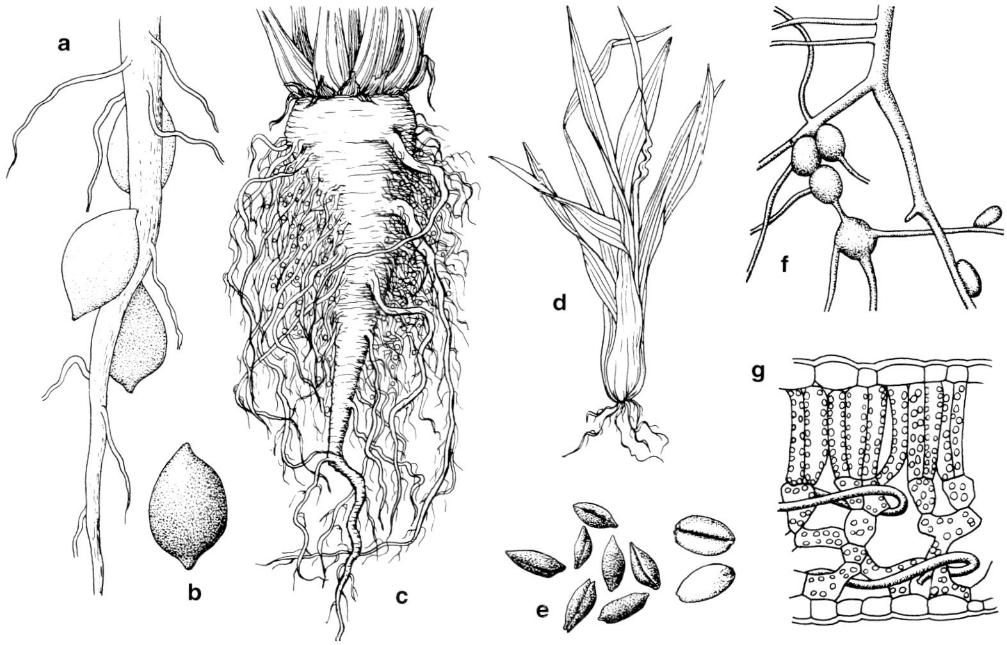

Abb. 93: Pflanzenpathogene Nematoden und ihre Schadbilder. a–c. *Heterodera schachtii*. a. Rübenwurzel mit weiblichen Tieren, b. Cyste, c. befallene Rübe mit sehr dichtem Besatz von Wurzeln. d. *Ditylenchus dipsaci*, Roggenpflanze mit überreichlicher Bestockung und Blattkräuselung. e. *Anguina tritici*, schwarze Radekörner neben zwei gesunden Weizenkörnern. f. *Meloidogyne hapla*, kugelige Wurzelgallen neben langgestreckten Bakterienknöllchen an Luzerne-Wurzeln. g. *Aphelenchoides ritzemabosi*. Blattquerschnitt einer Dahlie mit Parasiten im Schwammparenchym. Nach Decker, Keilbach, Plate-Frömming, Schreier, Wenzel

Ditylenchus dipsaci (Stengel- oder Stockälchen) lebt in vielen Kulturpflanzen in Interzellularräumen oberirdischer Sproßteile oder unterirdisch in Knollen und Zwiebeln. Verkümmerungen und Stauchungen der Pflanzenteile (Stockkrankheit, Abb. 93 d) sind die Folge des Befalls. Bei einem Wirtsspektrum von über 250 Pflanzenarten ist dieser Schädling einer der gefährlichsten.

Zu den bekanntesten Pflanzenparasiten (Abb. 93) gehören *Heterodera*-Arten, deren Weibchen nach der Begattung ballonförmig anschwellen und als Eibehälter (Cysten, Abb. 89 d, 93 b) dienen. Die Larven des Rübencystenälchens *(H. schachtii)* dringen in die Wurzel von Rüben ein und nehmen hier flaschenförmige Gestalt an. Die Weibchen treten mit der Geschlechtsöffnung aus der Wurzelepidermis hervor und geben so die Möglichkeit der Begattung. Nach der Begattung nehmen sie noch eine Zeitlang Nahrung auf; dann setzt eine Rückbildung verschiedener Organe ein; die Cuticula wird verstärkt und der zunächst weißliche Wurm wird tiefbraun. Frisch gebildete Cysten zeigen an ihrer Geschlechtsöffnung häufig einen hellen gallertartigen Tropfen, der Eier enthalten kann. In Mitteleuropa können drei Entwicklungszyklen pro Jahr ablaufen. Andererseits vermag die befallsfähige Brut in den Cysten fünf Jahre zu überdauern. Die Rüben beantworten den Befall mit Ausbildung von mehrkernigen Riesenzellen und vermehrter Wurzelbildung («Hungerwurzeln», Bärtigkeit, Abb. 93 c); der Zuckergehalt sinkt, Oxalsäure ist besonders reichlich vorhanden. Wegen der langandauernden Verseuchung des Bodens spricht man von «Rübenmüdigkeit».

Einer der gefährlichsten tierischen Schädlinge gemäßigter Klimate ist der Kartoffelnematode *(«Heterodera rostochiensis»)*. Er stammt aus Südamerika und tritt in Kartoffelanbaugebieten fast ganz Europas, aber auch anderer Kontinente, auf und wird noch weiter verschleppt. Man unterscheidet heute 2 Arten: *Globodera rostochiensis* (Gelber Kartoffelnematode) und *Globodera pallida* (Weißer Kartoffelnematode). Durch ihre Saugtätigkeit rufen sie Syncytien in Kartoffelwurzeln hervor (Abb. 94), was zu erheblichen Ertragseinbußen führt. Für beide Arten hat man verschiedene Rassen («Pathotypen») nachgewiesen, gegen die einzelne Kartoffelsorten unterschiedlich reagieren. Der Anbau resistenter Sorten ist eine wichtige Bekämpfungsmethode.

Der wichtigste Getreideschädling unter den Nematoden Mitteleuropas ist *Heterodera avenae*.

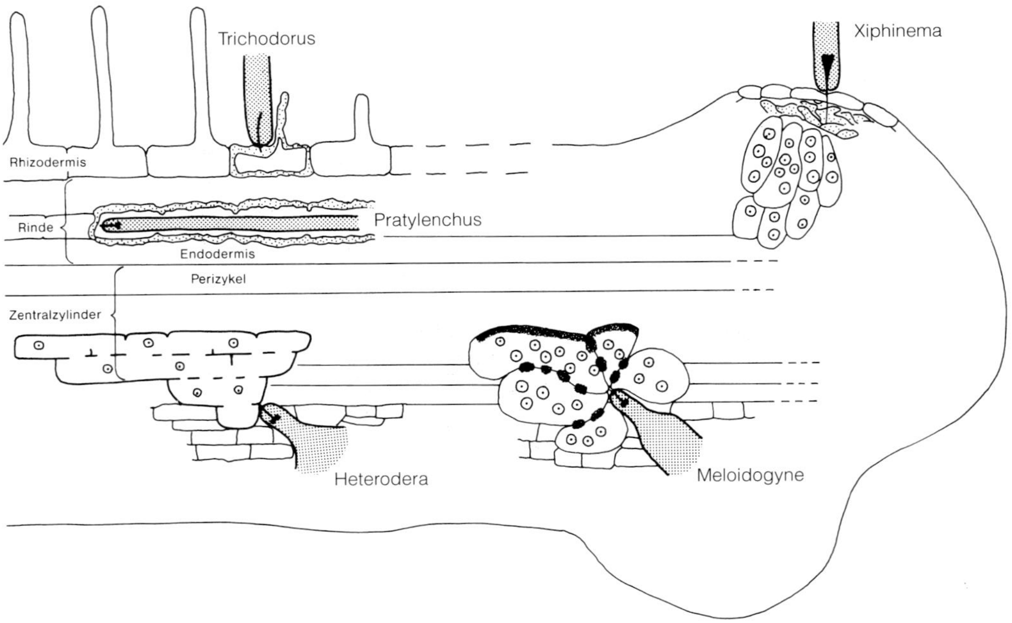

Abb. 94: Von pflanzenschädigenden Nematoden verursachte Veränderungen im Wurzelgewebe. Die meisten ectoparasitischen Pflanzennematoden saugen an Zellen der Rhizodermis, z.B. *Trichodorus*. Besaugte Zellen sterben ab. Einige Ectoparasiten, z.B. *Xiphinema*, können mit ihrem langen Mundstachel auch tiefere Zellschichten erreichen. Besaugte Zellen des Rhizocortex sterben ab und kollabieren. In der Umgebung der Saugstelle entstehen unter dem Einfluß der Speicheldrüsensekrete vielkernige Riesenzellen. Für die Wurzel resultieren Hemmung des Längenwachstums und Anschwellen ihrer Spitze. Wandernde Endoparasiten, z.B. *Pratylenchus*, dringen in den Rhizocortex ein; dabei werden die Zellwände durchstoßen und z.T. reduziert. Die Wurzelfunktion kann erheblich gestört werden. Bei den Wurzelgallnematoden, z.B. *Meloidogyne*, sind nur die zweiten Jugendstadien beweglich. Sie dringen in die Wurzeln ein und setzen sich in der Nähe des Zentralzylinders fest, wo sie vielkernige Riesenzellen induzieren und selbst stark anschwellen. Die Wände zwischen den Riesenzellen sind stellenweise verstärkt. Ohne Riesenzellen kann sich *Meloidogyne* nicht entwickeln. Bei den ebenfalls festsitzenden cystenbildenden Nematoden, z.B. *Heterodera*, wandern ebenfalls die zweiten Jugendstadien ein, setzen sich in der Nähe des Zentralzylinders fest und verlieren ihre Beweglichkeit. Jedes Tier induziert die Bildung eines Syncytiums, das als alleinige Nahrungsquelle dient. Nach Weischer

Meloidogyne-Arten: Weibchen flaschenförmig, induzieren Wurzelgallen, die bis 5 mm Durchmesser erreichen können (Abb. 93 f). Bei uns vorwiegend in Gewächshäusern.

Aphelenchoides-Arten leben in Stengeln und Blättern (Abb. 93 g) und rufen bei vielen Pflanzen Blattfleckung hervor.

Anguina tritici (Weizenälchen) dringt in Blütenanlagen des Weizens ein, die in dunkle, hartschalige Gallen («Radekörner») umgewandelt werden.

Das in Gräsern lebende Älchen *Anguina agrostis* überträgt insbesondere in Australien Bakterien *(Corynebacterium)*, die sich an dessen Cuticula heften. Sie vermögen ein Toxin zu bilden, das zum Beispiel Schafe tötet. Diese «ryegrass toxicity» kann in einem australischen Sommer Tausende von Schafen töten (1985/86 waren es über 6000).

Pratylenchus- (Abb. 94) und *Rotylenchus*-Arten in Wurzeln.

Rhadinaphelenchus cocophilus dringt ins Innere von Kokospalmenstämmen ein. Die Übertragung kann durch andere *Cocos*-Schädlinge erfolgen, z. B. Curculionidae.

Xiphinema index, eine der wirtschaftlich wichtigsten Nematoden-Arten an Weinreben, überträgt Viren. Alle bei uns angebauten Sorten der echten Rebe sind anfällig. *Xiphinema* sammelt sich gruppenweise an den Wurzelspitzen, besaugt diese (Schadbild: Abb. 94) und ruft Hypertrophie von Zellen und Verminde-

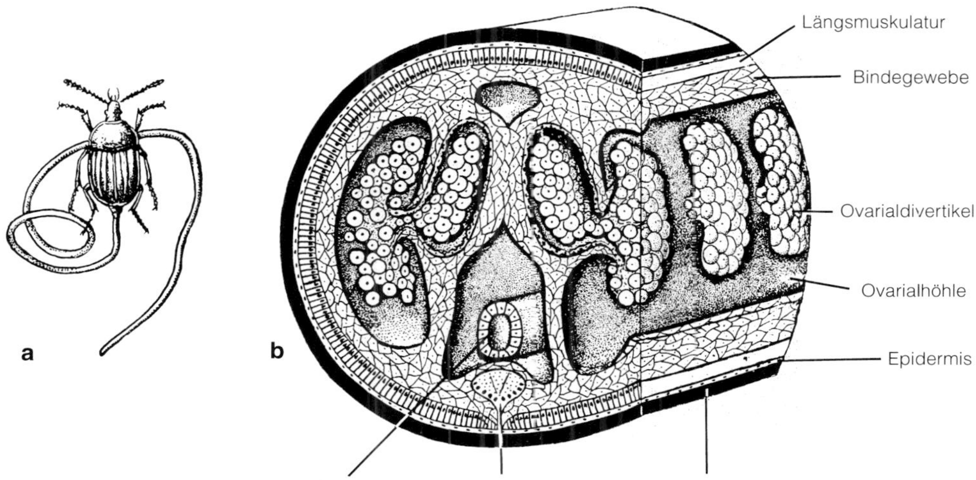

Abb. 95: Nematomorpha. a. *Gordionus* beim Verlassen seines Wirtes, eines Aaskäfers; b. Blockdiagramm des hinteren Körperbereiches von *Parachordodes*, dessen Leibeshöhle von lockerem Bindegewebe ausgefüllt wird. Nach Kaestner, Rauther, Vosseler

rung der Zellteilungsrate hervor. Das Längenwachstum von Wurzeln wird eingeschränkt, Wurzelspitzen schwellen an.

Nematoden werden auch in der biologischen Schädlingsbekämpfung eingesetzt, so Arten der Gattung *Steinernema*, deren Jugendstadien durch Körperöffnungen in Insekten eindringen. In deren Leibeshöhle entlassen sie Bakterien, die sich hier rasch vermehren, Toxine produzieren und den Tod des Insekts bewirken.

5. Klasse: Nematomorpha

Diese etwa 300 Arten umfassende Gruppe ähnelt den Nematoden aufgrund ihrer Fadengestalt (bei 1 m Länge 1 mm dick), des Nervensystems mit Schlundring, des nur Längsmuskulatur enthaltenden Hautmuskelschlauches und des Fehlens von Wimperepithelien. Der Darm ist streckenweise reduziert; der Enddarm nimmt männliche und weibliche Gonadenausführgänge auf. Spezielle Exkretionsorgane fehlen. Die Cuticula erwachsener Tiere ist eher wie die der Anneliden aufgebaut und enthält schraubig um den Körper verlaufende Fibrillen; die Epidermis ist zellig. Die Leibeshöhle ist bei den Süßwasserformen (Gordioidea) weitgehend von Bindegewebe und Gonaden ausgefüllt (Abb. 95 b), bei den marinen Nectonematoida fehlt das Bindegewebe. Es entsteht eine Larve mit einem hakenbesetzten Bohrapparat, der später abgestoßen wird. Mit ihm dringt sie in Arthropoden (Insekten, Tausendfüßer) ein. Die geschlechtsreifen Tiere leben frei, die Gordioidea (Abb. 95) (mit *Gordius*, *Parachordodes* u. a.) im Süßwasser, die Nectonematoidea mit *Nectonema* im Meer.

Vor allem im Frühjahr können in klaren Bächen oder Brunnen lange, drahtartig zähe, wenig bewegliche Adulti von *Gordius* und *Gordinus* auftreten, Paarungsgemeinschaften der darmlosen, getrenntgeschlechtigen Adulti, die Millionen winziger Eier ins Wasser ablegen. Daraus schlüpfen mikroskopische Hakenlarven mit einem stilettbewehrten, beweglichen Apparat am Vorderende, die sich in andere Wassertiere einbohren, oder, in Schleim encystiert, in terrestrische Insekten gelangen; der ganze Lebenszyklus ist bei keiner Art bekannt. Ältere Larven besitzen den Hakenapparat nicht mehr; sie leben in der Leibeshöhle terrestrischer Insekten, entziehen als Parasiten über ihre große Körperoberfläche ihren Wirten Nährstoffe und wachsen in wenigen Monaten heran. Sie beeinflussen das Verhalten des Wirtes schließlich so, daß dieser Gewässer aufsucht, wo die Würmer ihn über den After verlassen. Sie werden auch Saitenwürmer oder Wasserkälber genannt.

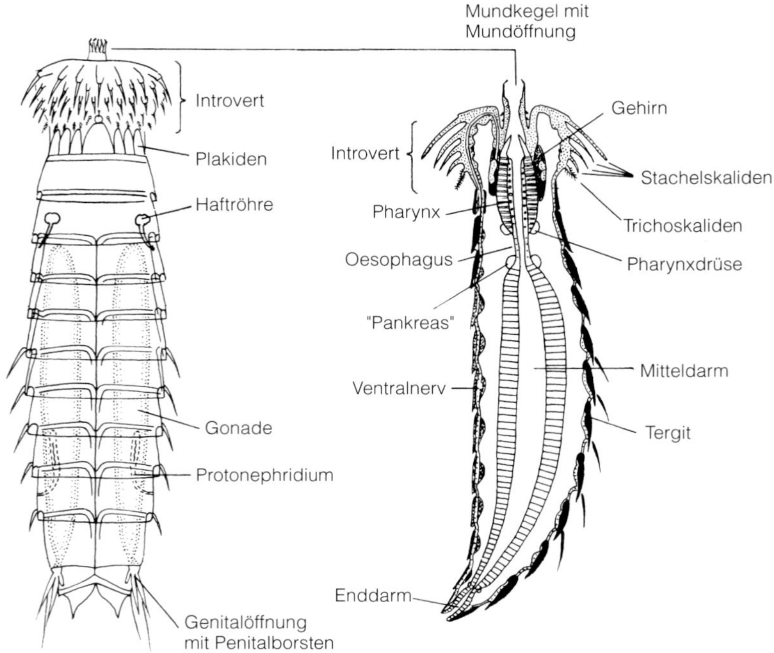

Abb. 96: Bauplan der Kinorhyncha (Ventralansicht und Sagittalschnitt). Nach Remane

6. Klasse: Kinorhyncha

Die Kinorhynchen sind bis 1 mm lange Meerestiere, die durch ihre Körpergliederung von den übrigen Aschelminthes abweichen (Abb. 96). Die Gliederung (13 Segmente = Zonite) umfaßt nicht nur die Körperdecke mit ihrer starken Cuticula, die der der Loricifera ähnelt, sondern auch die Muskulatur und das Nervensystem (Bauchganglienkette).

Das Vorderende ist als Introvert entwickelt. Darunter versteht man einen ein- und ausstülpbaren, radiärsymmetrischen Kopfbereich, der der Fortbewegung dient und in Längsreihen Haken (Skaliden) trägt. Am Vorderende des Introverts liegt der Mund. Die Skaliden sind teilweise distal offen und enthalten Receptorneurone, die je eine Cilie tragen. Das große, lappige Gehirn umschließt den Pharynx, dessen Muskulatur aber im Gegensatz zu der der Gastrotricha und Nematoda nicht vom Darmepithel gebildet wird, sondern dieses umschließt. Die paarigen Protonephridien münden im Hinterkörper. Die Gonaden sind paarige Schläuche, die getrennt dicht vor dem Hinterende münden. Die Frühentwicklung ist unbekannt; aus den Eiern schlüpfen Tiere mit 11 Zoniten; in der Postembryonalentwicklung finden 6 Häutungen statt.

Die Kinorhynchen leben mit etwa 150 Arten besonders im Schlamm, im Sand und auf Algen. *Echinoderes* (Abb. 86 l) *Kinorhynchus*.

7. Klasse: Priapulida

Von dieser Klasse sind nur knapp 20 rezente Arten bekannt. Diese kommen in Weichböden kalter Meere oder in Sandgebieten vorwiegend tropischer Meere vor. Priapuliden waren mit heute ausgestorbenen Gattungen in kambrischen Meeren verbreitet und stellten hier mancherorts die dominierenden weichhäutigen Wirbellosen dar, z.B. im mittelkambrischen Burgess Shale der Rocky Mountains in Kanada. In neuerer Zeit hat sich auch die Fundstätte Chengjang in der chinesischen Provinz Jünnan als lohnend erwiesen. Diese frühkambrischen Fossilien ähneln denen aus Kanada.

Der Körper der Priapuliden besteht aus ei-

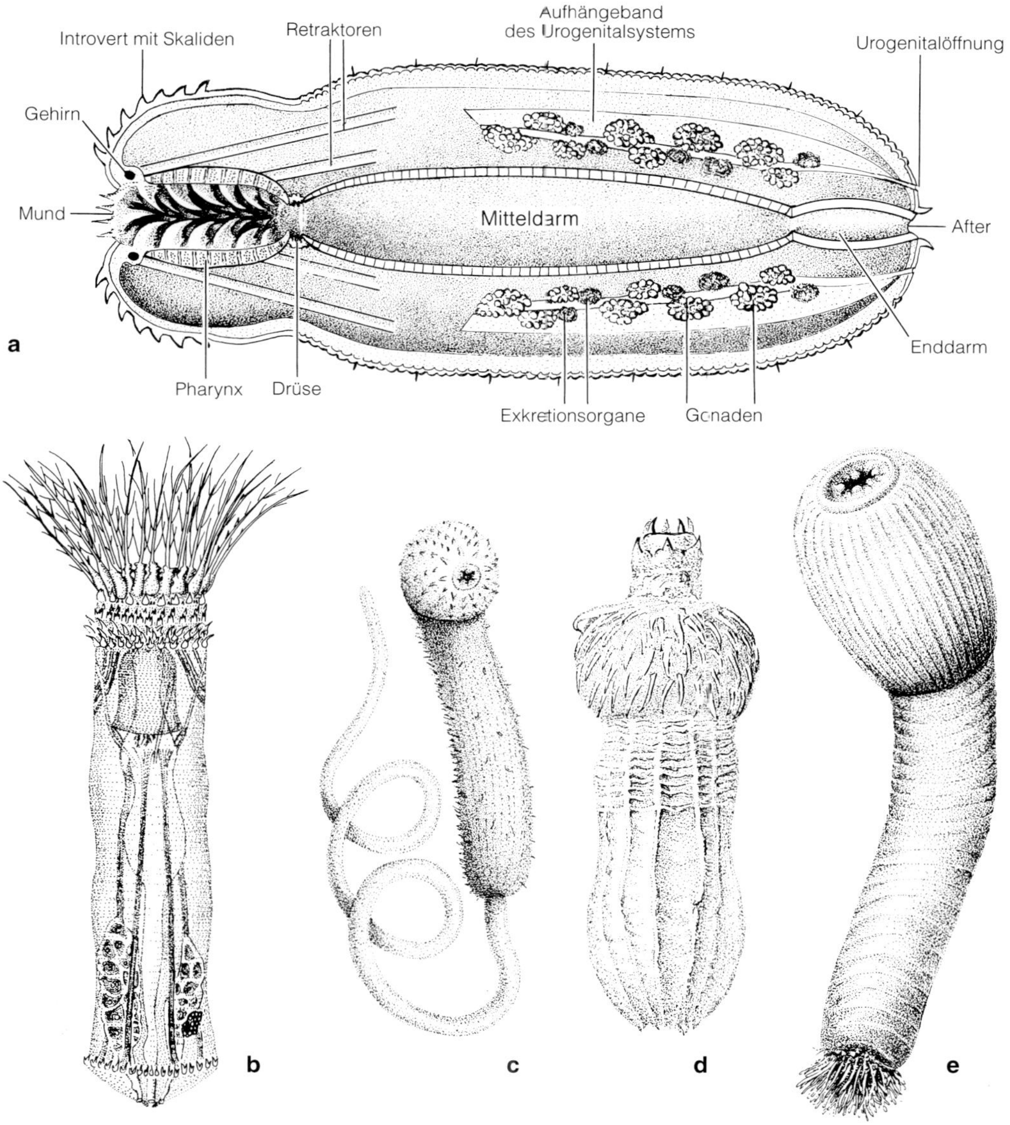

Abb. 97: Priapulida. a. Organisationsschema, b. *Maccabeus*, c. *Tubiluchus*, d. Larve (*Tubiluchus*), e. *Priapulus*. Maßstäbe unterschiedlich. Nach Bromley, Calloway, van der Land, Por

nem aus- und einstülpbaren Vorderkörper (Introvert), einem Rumpf, und oft einem oder zwei Schwanzanhängen (Abb. 97). Das Introvert ist mit Reihen von Skaliden besetzt, die als Haken die Fortbewegung unterstützen und gleichzeitig als Sinnesorgane fungieren. Die Epidermis wird von einer chitinhaltigen Cuticula bedeckt, die vielfach gehäutet wird. Das Nervensystem, bestehend aus Schlundring, ventralem Hauptnerv und einem nahe dem After gelegenen ventralen Caudalganglion, liegt überwiegend intraepidermal. Der Darm ist gestreckt, der Pharynx mit starken Zähnen bewehrt. Die Leibeshöhle ist einheitlich und wird von Muskulatur begrenzt. Sie enthält in großer Zahl freie Zellen, deren Mehrzahl das respira-

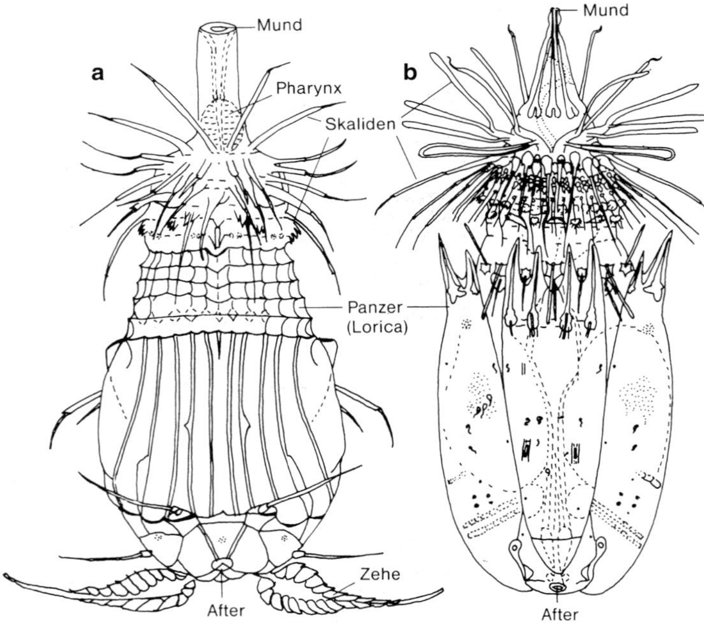

Abb. 98: *Nanaloricus mysticus* (Loricifera). a. Larve (Higgins-Larve), b. adultes Tier. Nach Kristensen

torische Pigment Haemerythrin enthält. Eine Besonderheit stellt das Urogenitalsystem dar: An einem Paar schlauchförmiger Gänge sitzen zahlreiche Protonephridien besonderen Baues und Gonaden. Die Geschlechter sind getrennt. Die Spermien sind primitiv (bei den großen Formen wie *Halicryptus* und *Priapulus*) oder abgeleitet (wie bei der meiobenthischen Gattung *Tubiluchus*, wo zudem ein Geschlechtsdimorphismus ausgebildet ist). Die Furchung ist total und bilateral, die Entwicklung läuft über eine Larvenform (Hammarstensche Larve, Abb. 97 d), deren Rumpf mit dicken Cuticulaplatten (Lorica) gepanzert ist. Die Körperlänge rezenter Priapuliden reicht von etwa 2 mm *(Tubiluchus)* bis 40 cm (*Halicryptus* aus der Arktis).

Priapulus mit dünnhäutigen Anhängen am Hinterende, die als Kiemen angesehen werden (Abb. 97 e). *Priapulus* in Nord- und Südmeeren sowie in der Tiefsee. *Halicryptus*, ohne Kiemen, z.B. in der Ostsee. *Halicryptus spinulosus* ist eine Brackwasserart, die auch längere Perioden ohne Sauerstoff überstehen kann. Sie kommt oft in großen Dichten im Weichboden der Ostsee vor und hat sich in den letzten Jahren, einhergehend mit Perioden des Sauerstoffmangels, stark ausgebreitet.

Tubiluchus (Abb. 97 c) im Sandlückensystem vorwiegend warmer Meere, mit langem Schwanzanhang. *Maccabeus* (Abb. 97 b), Vorderende mit Tentakelkrone, Röhrenbewohner, z.B. im Mittelmeer. *Meiopriapulus* Abb. 86 n).

Priapuliden sind mit mehreren Formen aus dem Kambrium bekannt:

Die häufigste Gattung *(Ottoia)* ähnelt *Halicryptus*, *Selkirkia* war Röhrenbewohner, *Priapulites* aus dem Karbon ähnelt *Priapulus*.

8. Klasse: Loricifera

Loricifera sind mikroskopisch kleine Organismen (Abb. 98), die in Meeresböden von etwa 10 bis über 8000 m Tiefe weit verbreitet sind. Sie wurden erst 1983 beschrieben; inzwischen sind etwa 50 Arten aus 5 Gattungen bekannt. Obwohl sie nur die Länge vieler Ciliaten in ihrem Lebensraum erreichen (bis etwa 400 µm), zeigen sie eine komplizierte äußere Gestalt aus Introvert (mit 200 bis 400 Skaliden) und Rumpf (mit Lorica), eine differenzierte innere Anatomie und bestehen aus über 10 000 Zellen. Das Nervensystem ist intraepidermal, die Muskulatur quer- und schräggestreift, der Darmkanal durchgehend, der Pharynx mit dreikantigem Lumen. Paarige Protonephridien und Gonaden sind eng miteinander verbunden; die Spermien sind begeißelt. Die aberrante Larve der Loricifera (Higgins-Larve, Abb. 98 a) erinnert äußerlich an Rotatorien und Kinorhynchen. Sie bewegt sich schwimmend fort, wobei ihre Zehen als Propeller fungieren. Es existieren 2–5 Larvenstadien, die durch Häutungen getrennt sind. Nach ihnen erfolgt eine Metamorphose. Die nächsten Verwandten der Loricifera sind Kinorhyncha und Priapulida. Wie diese haben sie ein mit Skaliden versehenes Vorderende (Introvert), das sie in den gepanzerten Rumpf einziehen können. *Nanaloricus, Pliciloricus, Rugiloricus.*

VIII. Kamptozoa

Diese nur aus wenigen, meist festsitzenden Arten bestehende Gruppe lebt vorwiegend im Meer (nur *Urnatella* im Süßwasser), entweder koloniebildend auf Steinen oder Algen oder solitär epizoisch auf anderen Tieren. Der Körper ist fast immer in einen bewegbaren Stiel, der bei koloniebildenden Tieren an einem Stolo inseriert, und einen Kelch gesondert, der einen Kranz bewimperter Tentakel trägt, deren Basis von einer dünnen Hautfalte umgeben wird (Abb. 99 a, b).

In dem von diesen Tentakeln umschlossenen Raum (Atrium) liegen Mund- und Afteröffnung sowie die Mündungen der paarigen Protonephridien und der einfachen sackförmigen Gonaden. Die Tiere sind getrenntgeschlechtig oder seltener hermaphroditisch. Das Atrium entspricht der Bauchfläche des Tieres. Am

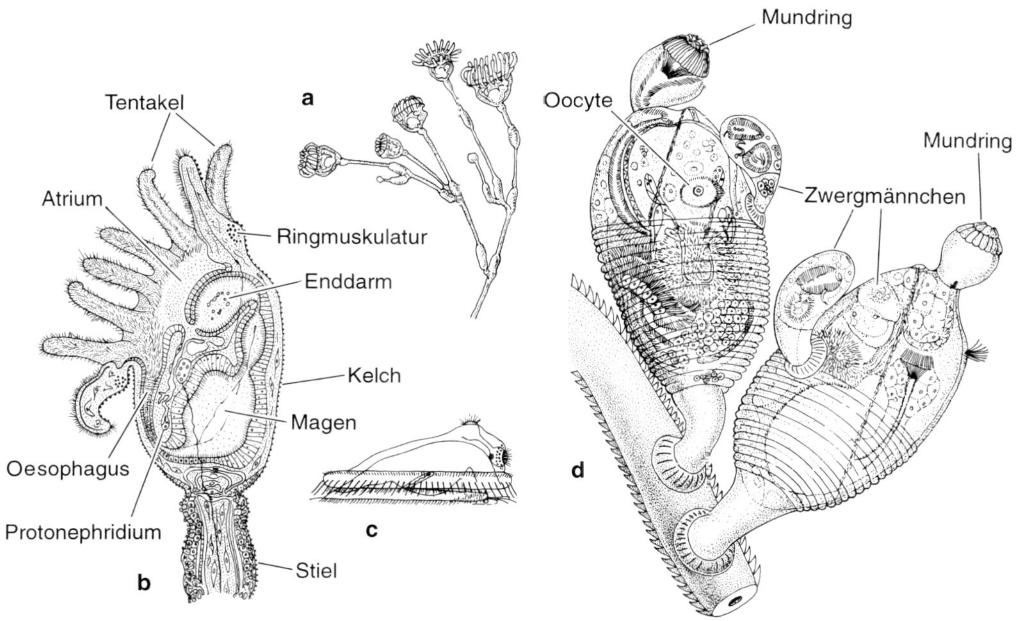

Abb. 99: Kamptozoa (a–c) und Cycliophora (d). a. Teil einer Kolonie von *Barentsia*. b. Längsschnitt durch ein Kamptozon *(Urnatella)*. c. Larve *(Loxosomella)*. d. *Symbiodon*; die beiden weiblichen Tiere tragen je ein Zwergmännchen auf ihrer Oberfläche. Das linke Weibchen trägt ein Weibchen mit einer Oocyte in seiner Brutkammer, das rechte ein Männchen. Nach Emschermann, Funch, Nielsen

Mund liegt ventral ein Ganglion, von dem aus feine Nerven in den gesamten Körper – einschließlich Stiel und Stolo – ziehen; an der Basis der Tentakel liegen weitere kleine Ganglien, seitlich am Kelch der Loxosomatiden finden sich zwei Sinnesorgane; Sinneszellen mit langen, vermutlich starren Cilien liegen vor allem an den Tentakelspitzen. Der bewimperte Darm besitzt einen Magen mit Drüsenzellen und zieht in einer U-förmigen Schleife durch den Kelch. Zwischen den Organen liegt Bindegewebe, das sich mitsamt der Muskulatur in den Stiel erstreckt. Ein Gefäßsystem fehlt. Die Eier entwickeln sich (Spiralfurchung) z.T. in einer Tasche des Atriums. Es entsteht eine kurzlebige Schwimmlarve mit Scheitelplatte, Wimperringen und Protonephridien (Abb. 99c). Vor ihrem Mund liegt dorsal ein langbewimpertes Oralorgan. Die Larve heftet sich mit diesem oder mit dem ganzen Körper bis zum Hauptwimperkranz fest, also einschließlich Mund- und Afterregion. Der Darm macht dann in der Larve eine Drehung um 180°, und Mund und After erlangen am nunmehrigen Vorderende durch das Atrium wieder Verbindung mit der Außenwelt.

Verbreitet ist ungeschlechtliche Fortpflanzung durch Knospung. Die Kamptozoen weisen oberflächliche, durch ähnliche Lebensweise bedingte Übereinstimmungen mit Hydrozoen und vor allem Bryozoen auf, in letztere wurden sie lange als Bryozoa entoprocta (Bryozoen mit After innerhalb des Tentakelringes) eingereiht.

Loxosoma, Loxosomella, Loxomespilon, Barentsia (Abb. 99a), *Pedicellina, Urnatella* (Abb. 99b).

IX. Cycliophora

Dieses Taxon wurde 1995 nach der Analyse von Morphologie und Lebenszyklus der auf Mundwerkzeugen von Hummern *(Homarus, Nephrops)* lebenden mikroskopisch kleinen Art *Symbiodon pandora* (Abb. 99d) beschrieben.

Rein äußerlich besteht eine gewisse Ähnlichkeit mit sessilen Rotatoria und Kamptozoa. Die abgebildeten Weibchen haben einen eiförmigen Körper und sind mit einem Stiel festgeheftet. Ihre Mundöffnung ist von Cilien umgeben, der Körper wird von einer Cuticula begrenzt. Freibeweglich sind z.B. zwei Larvenformen und die Zwergmännchen.

X. Mollusca
(Weichtiere)

Die Molluscen sind nach den Arthropoden der artenreichste Tierstamm. Sie haben alle Lebensräume des Meeres, des Süßwassers und des Landes besiedelt und sind fossil seit dem Kambrium reich vertreten. Wie bei keiner anderen Tiergruppe variieren bei ihnen die Angaben zur Artenzahl: von 50000 bis 130000.

Zu ihnen zählen folgende Gruppen: Polyplacophora (Käferschnecken), Aplacophora (Wurmmolluscen) und Conchifera mit Monoplacophora, Gastropoda (Schnecken), Bivalvia (Muscheln), Scaphopoda (Kahnfüßer) sowie Cephalopoda (Kopffüßer). Die letzteren sind besonders hochentwickelt und weisen manche Merkmale auf, die an Wirbeltiere erinnern. Eine Reihe der folgenden einleitenden Aussagen gilt für Cephalopoden nicht oder nur mit Einschränkungen.

Bau. Der Körper zeigt oft eine Dreigliederung in Kopf, Fuß und Eingeweidesack (Abb. 100). Der Kopf trägt den Mund und bei Conchifera Tentakel, bei Gastropoda und Cephalopoda auch Augen und andere Sinnesorgane, bei Bivalvia ist er rückgebildet. Der Fuß entspricht der muskulösen Ventralseite des Rumpfes; er besteht primär aus einer Kriech-

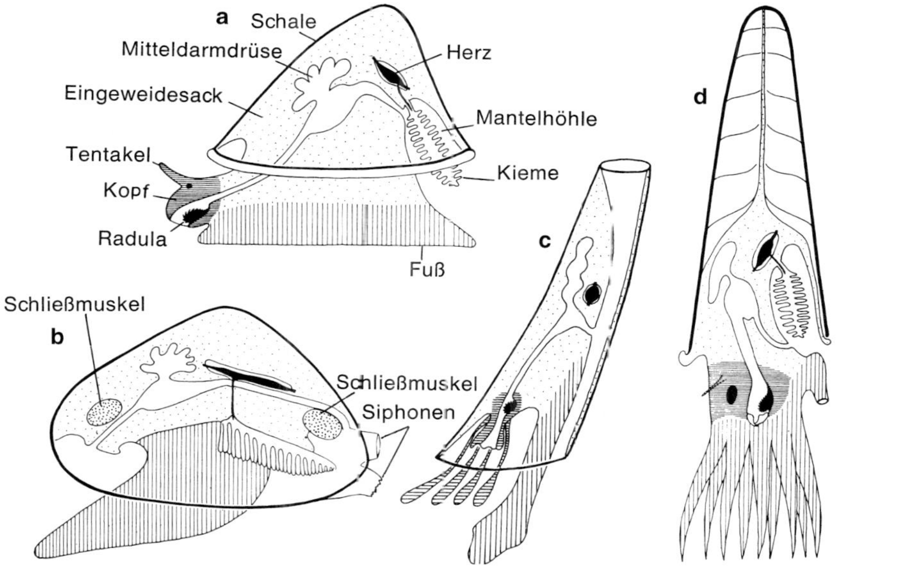

Abb. 100: Conchiferen-Baupläne. a. Ausgangsform mit besonders engen Beziehungen zu den Gastropoden. b. Muschel, c. Scaphopode, d. Cephalopode. Nach Remane, Storch, Welsch

sohle mit dorsoventraler Muskulatur, ist wie der übrige Körper mit bewimpertem Drüsenepithel bedeckt und trägt selbst bei Landtieren Wimperstreifen. Im Vorderteil ist eine Fußdrüse ausgebildet. Bei manchen Aplacophora und kleinen Schnecken leisten die Wimpern die Fortbewegung, bei größeren erfolgt sie durch Muskelwellen. Der Fuß ist in Gestalt und Funktion sehr variabel. Schreitende Bewegung ermöglicht eine Längsfurche, die ein abwechselndes Vorschieben der rechten und linken Fußhälfte ermöglicht *(Pomatias, Littorina)*, oder eine Teilung in einen Vorder- und einen Hinterfuß *(Strombus)*. Bei grabenden Arten wird er beil- oder stempelförmig: Eingepreßtes Blut erweitert seine Spitze und ermöglicht eine Verankerung im Sediment, während der Körper nachgezogen wird. Erhärtetes Sekret bestimmter Fußdrüsen, der Byssus, verankert Muscheln temporär *(Mytilus)* oder dauernd *(Anomia)* am Untergrund. Die Seitenteile des Fußes, besonders die vorderen, können durch ihr Schlagen Schwimmen ermöglichen (Flügelschnecken). Bei einigen Schnecken wird der Vorderteil des Fußes zur unpaaren, vertikalen Schwimmflosse oder zum Greiforgan. Bei wurmförmigen und sessilen Molluscen ist der Fuß meist rückgebildet.

Der Dorsalbereich des Körpers ist bei Schnecken und Kopffüßern unter U-förmiger Krümmung des Darmes (= Retroflexion) zu einem Eingeweidesack ausdifferenziert und oft eingerollt. Seine Wandung wird Mantel (Pallium) genannt und von Hartsubstanzen, meist einer Schale, bedeckt. In den Eingeweidesack werden die meisten Teile des Darmkanals mit Magen und Mitteldarmdrüse, die Gonaden, Exkretionsorgane und das Herz verlagert. Sekundär können diese Organe wieder in die Tiefe des Rumpfes einbezogen werden wie bei manchen Nacktschnecken. Der Eingeweidesack ist vom Fußbereich durch eine ringförmige Mantelfalte abgesetzt. Darunter liegt die Mantelrinne. Oft ist diese Rinne am ursprünglichen Hinterende taschenartig vertieft (Mantelhöhle) und birgt hier den Pallialkomplex mit Kiemen, Chemoreceptororganen (Osphradien), Drüsen (Hypobranchialdrüse), After, Genital- und Exkretionsöffnungen. Der Mantelrand kann röhrenförmige Fortsätze (Siphonen) ausbilden und trägt Sinnesorgane, gelegentlich Augen *(Pecten, Arca)*. Die Mantelfalte kann sekundär rückgebildet werden (Nudibranchier), sie kann aber auch auswachsen und die Schale mehr oder weniger bedecken.

Die Rückenfläche ist meist mit Hartsubstanz

bedeckt: bei den Aplacophora mit einer **Cuticula** und Kalkkörpern (Schuppen, Spicula), bei Polyplacophora am Rand mit einer Cuticula samt Kalkkörpern und in der Mitte mit acht Schalenplatten, bei den Conchifera mit einer Kalkschale.

Die **Schale** der Conchifera bedeckt den Rükken des Tieres vom Mantelrand an. Sie besteht aus drei Hauptschichten: Außen befindet sich das Periostracum, in der Mitte die Prismenschicht (Ostracum) und innen das Hypostracum; Außen- und Mittelschicht entstehen am Mantelrand. Dieser ist meist in drei Längsfalten und zwei zwischen ihnen liegende Furchen aufgeteilt. Die äußere Falte sezerniert Kalkprismen, die mittlere hat oft Sinnesfunktion, und die innere beeinflußt den Wasserstrom.

Das Periostracum besteht aus einer meist dunklen Protein-(Conchiolin)-Schicht und ist nicht verkalkt. Es wird am Mantelrand von einer Zellschicht gebildet, wächst also nur peripher. Das Periostracum schützt die Kalkschichten vor dem Abbau in saurem Milieu und gegen bohrende Organismen.

Das Ostracum besteht aus Kalkprismen (Calcit; Kristallmodifikation des Calciumcarbonats). Die Prismen stehen vertikal zur Oberfläche und sind durch dünne Conchiolin-Lagen getrennt. Die Prismen entstehen an der äußeren Falte des Mantels in einer Flüssigkeitsschicht, die zwischen dem frisch gebildeten Periostracum und der Manteloberfläche gebildet wird.

Das Hypostracum besteht aus horizontalen Plättchen und wird von der ganzen Manteloberfläche abgeschieden. Die innerste Zone in dieser Schicht ist oft eine Perlmuttschicht, die aus Aragonit, einer anderen Modifikation des Calciumcarbonats, besteht. Fremdkörper, die zwischen Epidermis und Schale geraten, werden mit Perlmutt umkleidet (Perlenbildung). Auch durch Verletzung des perlmuttbildenden Epithels kann Perlenbildung induziert werden. Manche Molluscen, so *Pinctada, Trochus, Turbo* und *Nautilus*, besitzen Schalen, die weitgehend aus Perlmutt aufgebaut sind, weswegen sie sich besonderer Wertschätzung erfreuen. Zentrum der Verarbeitung von Perlmutt ist Ostasien.

Besondere Verkalkungszonen können sich noch an den Ansätzen von Muskeln an der Schale bilden. An diesen Stellen haftet das Tier fest an der Schale, sonst liegt eine dünne Flüssigkeitsschicht (extrapalliale Flüssigkeit) zwischen Schale und Haut.

Die Schale ist extrem verschiedengestaltig, bei den Muscheln wird sie zweiklappig, bei den Scaphopoden röhrenförmig; bei Cephalopoden kann sie zahlreiche gasgefüllte Kammern aufweisen. Oft wird sie rückgebildet. Schnecken werden nicht selten «Nacktschnecken», bei einzelnen Muscheln sind die Schalen nur winzige Plättchen, und viele Cephalopoden *(Octopus)* sind schalenlos. Die Rückbildung der Schale beginnt oft mit ihrer Umhüllung durch den zurückgeschlagenen Mantelrand, so daß die feste Schale von einem weichen Gewebe umhüllt wird. Bei *Aplysia* wird die rudimentäre Schale vom Mantel und von Seitenlappen des Fußes umhüllt.

In der Entwicklung entsteht die echte Schale meist an einer napfartigen Einsenkung der Rükkenfläche, der sogenannten Schalendrüse. Wurde die Schale in der Evolution reduziert, kann ein neuer Schutz entstehen: Bohrmuscheln, wie *Teredo*, kleiden ihren Gang mit einer Kalktapete aus; *Brechites*, die «Gießkannenmuschel», scheidet eine sekundäre Schutzröhre ab, die sogar ein Porenfeld zum Wasseraustausch enthält. Eigenartig ist das Papierboot *Argonauta*. Das Weibchen dieses Tintenfisches scheidet durch zwei Arme eine Schale ab, die äußerlich einer primären Molluscenschale gleicht.

Auch innere, im Mesoderm entstehende Skelete fehlen nicht. Verbreitet sind Stützpolster unter der Radula (Radula«knorpel», S. 154). Bei Cephalopoden bilden sich an den Flossen, am Mantelrand und im Kopf umfangreiche Knorpelelemente.

Molluscen-Schalen werden seit Jahrhunderten als Tauschmittel verwendet und zu Schmuck verarbeitet. Gemahlen benutzt man sie bei der Herstellung von Keramikglasur, fügt sie Hühnerfutter bei und verwendet sie mancherorts sogar zum Straßenbau. Auch das Sammeln der farbschönen Schalen (oder «Gehäuse»), v. a. von Schnecken, ist zu einem Wirtschaftsfaktor geworden. Am meisten exportierten die Philippinen (Ende der 70er Jahre waren es 3500 Tonnen pro Jahr). Uneinsichtige Sammler haben sich durch Überfischung in einigen Gebieten ihre Erwerbsgrundlage selbst zerstört.

Sinnesorgane. Molluscen besitzen Augen, Chemoreceptoren, Statocysten und andere mechanosensitive Organe; am höchsten entwickelt sind die Sinnesorgane bei Cephalopoden. Verbreitet sind Augen am Kopf oder auf den Fühlern. Sie entstehen durch Einsenkung vom Ectoderm; die Retina bildet sich an der Hinterwand der Grube oder Blase, ist also evers. Man findet alle Stadien, vom einfachen Grubenauge *(Patella)* über ein Lochkameraauge *(Nautilus)* bis zu komplexen Linsenaugen *(Octopus)*, die dem der Wirbeltiere ähneln. Die Bildung der Linse ist verschieden; sie ist eine verfestigte Abscheidung im Inneren der Blase *(Helix)* oder sie wird von der Vorderwand der Blase und der darüberliegenden Haut gebildet. Am höchsten entwickelt sind die Augen bei vielen Raubmolluscen, z.B. der Schnecke *Pterotrachea*, und den Tintenfischen; bei letzteren liegen sie in einer Augenhöhle und können durch zahlreiche Muskeln bewegt werden. Ectodermale Faltenbildung führt zur Ausbildung einer Iris mit Pupille, einer Cornea und Lidern.

Auch außerhalb des Kopfbereiches sind Augen entstanden. Am häufigsten liegen sie am Mantelrand (bei den Muscheln *Arca* und *Pecten* sowie der Schnecke *Peronia*), bisweilen am Rand des Sipho *(Cardium)*, auf den Schalenplatten bei Polyplacophora (oft viele Tausend), an Lappen des Fußes bei der Flügelschnecke *Corolla* und sogar auf vorderen Kiemenfäden bei Muscheln (wie Anisomyaria). Sie sind oft invers, weil sich die Retina aus der Vorderwand der Augenblase bildet *(Pecten, Cardium)*. In diesem Falle entsteht eine zellige Linse vor der Retina. *Arca* hat zwei Augentypen am Mantelrand, einfache Grubenaugen und Komplexaugen mit zahlreichen Ommatidien.

Für die Conchifera ist ein Paar Statocysten charakteristisch. Sie liegen entweder im Kopf nahe am ZNS, oder im Fuß (Bivalvia, Scaphopoda) nahe am Pedalganglion (werden aber meist von den Cerebralganglien innerviert). Sie sind von der Körperoberfläche versenkte Blasen mit Statolith und Sinnespolster, deren Einstülpungsgang bestehen bleiben kann. Groß sind sie bei Cephalopoden; sie liegen hier eingeschlossen im Kopfknorpel und enthalten Receptororgane für Linear- und Ventralbeschleunigungen, die zahlreiche Analogien zum Vestibularapparat der Wirbeltiere aufweisen.

Organe des chemischen Sinnes sind verbreitet. Wichtig ist ein Chemoreceptororgan in der Atemhöhle, das Osphradium. Es ist paarig oder unpaar, liegt oberflächlich oder versenkt und prüft den Wasserstrom. Bei basalen Opisthobranchia (Cephalaspidea) sind an den Kopfseiten gefaltete Riechorgane (Hancocksche Organe) ausgebildet, die bei den meisten Hinterkiemern zu fühlerartigen Rhinophoren umgewandelt sind. Bei Cephalopoda liegen hinter den Augen paarige Riechgruben. Bei *Nautilus* sind Riechtentakel (Rhinophoren) ausgebildet. Cephalopoden haben zusätzlich zahlreiche Kontaktchemoreceptoren in den Saugnäpfen und auf den Lippen. Ferner kommt bei ihnen (außer *Nautilus*) ein den Seitenlinien analoges System vor, und zehnarmige Cephalopoda haben ein proprioceptives Nackenorgan, das die Stellung des Kopfes relativ zum Körper kontrolliert.

Fühler bzw. Tentakel mit verschiedenen Sinnesfunktionen treten bevorzugt am Kopf auf und können retraktil sein. Sie können außerdem am Mantelrand liegen, der bei Schnecken und Muscheln dicht mit ihnen besetzt sein kann, besonders an den Einströmungsstellen des Wassers. Schließlich tragen manche Schnekken Tentakel an einer Seitenfalte des Fußes, der Epipodialleiste, gelegentlich auch am Hinterende des Fußes.

Nervensystem. Die Molluscen haben primär ein Vierstrang-Nervensystem. Im Vorderkörper liegt ein Schlundring. Von diesem ziehen ventral ein Paar Pedalnerven in den Fuß und seitlich ein Paar Pleuralnerven unterhalb der Mantelrinne bis zum Enddarm. Oft finden sich Markstränge, bei den Conchifera sind meist typische Ganglien vorhanden. Dem Bereich des Schlundringes gehören an: dorsal die Cerebralganglien, seitlich am Ursprung der Pleuralnerven die Pleuralganglien und ventral am Ursprung der Pedalnerven die Pedalganglien. Cerebral- und Pedalganglien sind meist auch direkt durch je ein Konnektiv verbunden. Zwischen den Pedalnerven und Pedal- und Pleuralnerven bestehen ursprünglich zahlreiche Querverbindungen. So entsteht, besonders wenn an den Kontaktstellen Ganglien liegen, ein strickleiterähnlicher Bau des Nervensystems. Wichtige Sonderzentren bilden sich in der Enddarmregion: Hier entstehen ein Visceralganglion, das die Eingeweide innerviert, und bei Schnecken paarige Branchialganglien (oft Parietalganglien genannt), die Kiemenregion und Osphradien versorgen. Visceral- und Branchialganglien sind oft vereinigt. Besondere Erwähnung verdienen noch im Mantelrand entlangziehende Nerven, die von Pleural- oder Visceralganglien ausgehen. Mit den Cerebralganglien ist ein paariges Buccalganglion verbunden, das den Vorderdarm einschließlich der Radula innerviert. Mit Ausnahme der Cephalopoden innervieren die Cerebralganglien das Kopfgebiet, dessen Sinnesorgane, und die Statocysten im Fuß, die Pedalganglien vorwiegend die Muskulatur des Fußes, aber auch die Tentakel der Epipodialfalte. Bei vielen höheren Molluscen rücken die Ganglien des Hinterkörpers nach vorn, die Vorderganglien berühren sich oder verschmelzen, z. B. bei vielen Schnekken (Pulmonata, Opisthobranchia); am stärksten ist dieser Konzentrationsprozeß bei den höheren Tintenfischen, bei denen alle diese Ganglien einschließlich der Visceralganglien ein mächtiges Gehirn um den Vorderdarm bilden, das in einer knorpeligen Kopfkapsel eingeschlossen ist.

Im Zuge der phylogenetischen Umgestaltungen entstehen auch neue Ganglien, so bei Cephalopoden für die Arme Brachialganglien, für die Muskulatur des Mantels die Ganglia stellata, und hinter den Augen die optischen Ganglien (optische Loben).

Darmkanal. Der Mund liegt konstant am Vorderende und besitzt bei vielen Conchifera Kiefer, die bei Tintenfischen den starken Schnabel bilden. Selten bilden die Kiefer ein Stechrohr, z. B. bei der an Tieren saugenden Schnecke *Odostomia*. Räuberische Schnecken tragen ihren Mund auf einem einziehbaren Rüssel, der z. T. eingestülpt und in einer Tasche geborgen werden kann. Der Pharynx ist kompliziert gebaut und mit zahlreichen Muskeln versehen. Typisch für die Molluscen ist ihr Raspelapparat (Radula). Dieser trägt eine große Zahl (bis 150 000) chitiniger Zähnchen, die in hintereinanderliegenden Querreihen angeordnet sind. Innerhalb einer Reihe sind die Zähne meist verschieden. Man unterscheidet im allgemeinen Zentral-, Lateral- und Marginalzähne (Abb. 107); sie können als taxonomisches Merkmal dienen. Auch die Einzelzähne sind nach Form und Funktion sehr verschieden, ein Zahn kann kammähnlich sein, er kann spitze Sicheln bilden (Raubschnecken) oder wird dolch- oder messerartig (Mittelzähne bei an Tieren und Pflanzen saugenden Schnecken). Eine extreme Form erreichen sie bei den giftigen toxoglossen Schnecken. Die wenigen Zähne sind hier von der basalen Radulamembran gelöst, über 1 cm lang und mit Widerhaken versehen (Abb. 107 d). Sie werden einzeln in das Beutetier eingestoßen. Einige Arten von *Conus* können sogar dem Menschen gefährlich werden.

Die Zähne werden in einer Radulatasche von Odontoblasten gebildet, liegen auf einem Stützpolster (Abb. 107 b) und werden vorn abgenutzt. Verbrauchte Zähne werden über den Darm ausgeschieden, selten in einer ventralen Tasche gespeichert (Saccoglossa). Ist der Verbrauch stark, so verlängert sich die Radulatasche, sie kann körperlang und mehrfach aufgewunden sein *(Patella*, Abb. 107 a). Ursprünglich ist die Radula reich an Zähnen.

Bei den sich strudelnd ernährenden Muscheln, bei etlichen saugenden Solenogastren und bei manchen Schnecken, speziell den Parasiten, wird die Radula rückgebildet. Im Radulapolster liegt oft ein Radula«knorpel» aus einem Gewebe, das aus normalen und modifizierten, blasenförmig aufgetriebenen und glykogenreichen Muskelzellen besteht und bei manchen Arten zusätzlich Knorpelzellen in einer typischen Grundsubstanz enthält.

Außer der Radula trägt der Pharynx mancher Schnecken Seitenwülste mit Chitinzähnchen, und bei manchen Flügelschnecken (*Clione* u. a.) dienen ausstülpbare Hakensäcke oder Saugnäpfe dem Beutefang.

Neben der Greiffunktion des Pharynx ist die Saugfunktion oft gut entwickelt, bisweilen durch einen eigenen Schlundsack (Saccoglossa).

Die ursprüngliche Ernährung der Molluscen war wohl ein Abraspeln des Bewuchses von der Oberfläche der Hart- und Weichböden. Dieser enthält beispielsweise Algen, sessile Tiere und abgesunkenen organischen Detritus. Hiervon ausgehend können sie sich auf Abweiden von weichen Pflanzenteilen oder tierischen Aufwuchses (Bryozoa, Porifera, Cnidaria) spezialisieren. Echte Räuber sind die Solenogastren, die Kopffüßer und viele höhere Schnecken, die Seegurken, Seesterne sowie andere Tiere verschlingen und Fische durch Gift töten können (Abb. 111 d). Eine eigenartige Gruppe sind die schalenbohrenden Schnecken: Ihr Rüssel durchdringt vorwiegend durch Drillbewegungen der Radula selbst die Schale von Muscheln und nimmt den Weichkörper auf (Naticidae, *Nucella* u. a.). Unterstützt wird das Bohren der Radula durch Abgabe eines sauren, kalkauflösenden Sekretes.

Manche Molluscen sind Suspensionsfresser,

d. h. sie nehmen im Wasser schwebenden Detritus und Planktonorganismen auf (einige Schnecken [*Viviparus, Turritella, Crepidula* u. a.] sowie die meisten Muscheln). Aus dem Atemstrom durch die Mantelhöhle werden bei diesen Schnecken die Schwebepartikel vor oder auf den Kiemen abfiltriert, mit Schleim zu einem Band verbunden, das in einer Rinne auf der rechten Körperoberfläche zum Kopf geleitet und von Mund und Radula aufgenommen wird. Vollendete Suspensionsfresser mit Hilfe der Kiemen sind die Muscheln.

Abweichend davon fangen die sessilen Wurmschnecken *(Vermetus)* Planktontiere. Aus ihren Fußdrüsen entlassen sie Schleimstränge ins Wasser, die dann mit den anhaftenden Lebewesen gefressen werden.

Stechsauger (Säftesauger) finden wir sowohl an Pflanzen als auch an Tieren. An Algen saugen die Saccoglossa (marine Nacktschnecken) einzelne Zellen aus, die sie mit je einem Radulazahn anstechen. An Tieren saugen zahlreiche Arten der Solenogastres und die Pyramidelliden. Aus ihnen sind echte Ecto- und Endoparasiten hervorgegangen, die eine sukzessive Reihe mit verstärkter Anpassung an den Parasitismus bilden. Während in einer ersten Stufe mittels des Rüssels an der Beute gebohrt und gesaugt *(Balcis)* oder permanent in diese eingedrungen wird *(Thyca)*, kommt es in der nächsten Stufe zur Ausbildung eines die Schale umschließenden Pseudopalliums *(Stilifer)*; dieses dringt unter Verlust des Eingeweidesackes komplett in den Wirt ein *(Entocolax)*, und schließlich gibt es wurmförmige Endoparasiten *(Entoconcha, Parenteroxenos)*. Eine parasitische Muschel ist *Entovalva*. Parasitismus der Larven an Fischen ist in wechselndem Maße bei Süßwassermuscheln der Unionacea entwickelt.

In den Vorderdarm münden ein oder einige Paare von Speichel- oder Vorderdarmdrüsen. Ihre Funktion ist je nach Nahrung verschieden. Meist sondern sie Schleim für die Bindung der Nahrung ab, mehrfach Enzyme. Bei Tintenfischen und den Toxoglossen sind es Giftdrüsen, die Drüsen von *Tonna (Dolium)* produzieren 2–4% Schwefelsäure.

Bei Conchifera kann der Oesophagus einen Kropf ausbilden. Der Magen kann kompliziert sein. Er ist meist ein Sortierraum, in dem durch Wimperstraßen gröbere, unverwertbare Teile der abgeweideten Nahrung direkt in den Darm geleitet werden, während die feinen Nahrungspartikel in die paarige umfangreiche Mitteldarmdrüse gebracht werden, wo sie z. T. von Wandzellen phagocytiert werden. Die Mitteldarmdrüse ist aber meist nicht nur Resorptions-, sondern auch Sekretionsorgan; bei den Tintenfischen wird sie z. T. eine rein sekretorische «Leber», die mit einem «Gallengang» in den Magen oder einen Darmblindsack mündet. Das Sekret besteht zum großen Teil aus Verdauungsenzymen. Neben der intrazellulären Verdauung existiert also in wechselndem Maße eine extrazelluläre. Arten mit cellulosereicher Nahrung, wie z. B. die holzfressende Muschel *Teredo*, produzieren Cellulase; diese wird bei Pulmonaten durch symbiotische Bakterien geliefert. Übrigens erfolgt mechanische Zerkleinerung der Nahrung nicht nur durch Kiefer und Radula, sondern in manchen Fällen ist ein Kaumagen mit oft starken Platten ausgebildet. Das gilt für die Opisthobranchier, die beschalte Beute (kleine Molluscen, Foraminiferen) ganz verschlingen, wie z. B. *Philine, Retusa, Cylichna*, und für Verzehrer groben Pflanzenmaterials, z. B. *Aplysia*. Am Darm treten vielfach Blindsäcke auf. Merkwürdig ist der Stylus-Sack des Magens der Suspensionsfresser. In ihm sind Enzyme (Kohlenhydrat-spaltende Enzyme, Lipase, vielleicht auch andere) in einem gallertigen Kristallstiel eingebettet, der im Magen an seinem Vorderende zerrieben wird.

Der Tintenbeutel der Tintenfische ist ein Blindsack des Enddarms. Der After liegt hinten in der Mantelrinne oder Mantelhöhle und wird bei Schnecken oft mit dieser nach vorn oder an die Seite verlagert.

Coelom. Die Coelomräume nehmen, mit Ausnahme der Cephalopoden, nur einen kleinen Bereich des Körpers ein. Sie bestehen aus zwei hintereinanderliegenden Räumen, die ursprünglich miteinander in Verbindung stehen. Der vordere dieser Räume (Gonocoel) trägt in seiner Wand die Keimzellen und wird nach Einengung des Hohlraumes zu den paarigen oder unpaaren Gonaden. Der hintere Coelomraum umschließt das Herz dorsal des Darmes und wird daher als Pericardhöhle bezeichnet. Die primäre Einheit von Gonaden- und Pericardhöhle bleibt bei Cephalopoda, manchen Gastropoda (Neritomorpha) und Bivalvia (Schizodonta) jedoch auch im Adultus erhalten. Jeder dieser Räume besitzt ursprünglich ein Paar Ausführgänge. Das vordere Paar dient als Genitalgang, ist aber bei den Aplacophora meist rückgebildet (die Ausleitung erfolgt dann über die Pericardhöhle) und bei vielen Cephalopoden nur einseitig funktionsfähig. Bei Gastropoden fehlt generell die linke Gonade samt Gang. Das hintere Paar ist bei Polyplacophora und Conchifera zu Exkretionsorganen umgebildet. Ein Teil des Coelomepithels ist exkretorisch tätig (Pericardialdrüsen). Mesenterien fehlen.

Atemorgane. Kiemen und Lungen sind verbreitet, Hautatmung kommt meist dazu. Die primären Kiemen sind die Kammkiemen (Ctenidien). Sie ähneln einem Fiederblatt: An einer Mittelrippe sitzen zwei Reihen von Kiemenblättchen (= bipectinat). Wimpern der Kiemen sorgen für den Transport von Wasser an die Kieme und durch die Blättchenreihe; nur die großen, faltenreichen Ctenidien der Tintenfische sind wimperlos. Die Ctenidien liegen in der Mantelhöhle.

Folgende Abänderungen treten auf: Die Mittelrippe verwächst mit der Wand der Atemhöhle, so daß nur die Kiemenblättchen frei hervorragen (viele Schnecken, fast alle Muscheln). Eine Blättchenreihe wird reduziert (monopectinat; Mehrzahl der Schnecken, einige Muscheln, *Neopilina*). Ihre höchste Komplikation erreichen die Ctenidien, wenn sie zu einem Filterapparat für die Nahrungsaufnahme umgebaut sind, wie bei den Muscheln. Diskutiert wird die ursprüngliche Zahl der Ctenidien. Verbreitet ist die Zahl 2, doch haben manche Formen eine höhere Zahl (Polyplacophora, Monoplacophora, *Nautilus*). Die primären Kiemen werden mehrfach rückgebildet, nicht nur bei den landlebenden Schnecken, sondern auch bei Solenogastres, allen Opisthobranchia und vielen weiteren Meeresschnecken wie *Patella* u. a. An ihre Stelle können sekundäre Kiemen treten, so bei Patelliden zahlreiche Lappen am Mantelrand, bei Nudibranchiern einfache oder verzweigte Rückenfortsätze und bei der Süßwasserschnecke *Planorbarius corneus* ein Fortsatz des Mantelrandes.

Der Übergang zur Luftatmung erfolgt in umfangreichem Maße bei Schnecken. Im Zusammenhang damit kann eine stark vaskularisierte Lungenhöhle mit einem Atemloch entstehen, dessen Öffnungsweite je nach Feuchtigkeit der Luft durch Muskeln reguliert wird. Bei einigen Landschnecken (Janellidae = Tracheopulmonata) dringen von der Lunge luftgefüllte Schläuche in das umgebende Gewebe. Zirkulation der Luft in der Lunge sowie In- und Exspiration werden durch Muskeln bewirkt. Auch die Tintenfische mit ihren wimperlosen Kiemen führen Atembewegungen durch.

Manche Schnecken sind Doppelatmer: Sie besitzen Lunge und Kieme. Die schon erwähnte Art *Planorbarius corneus* hat beim Übergang zum Wasserleben zu ihrer Lunge eine Kieme am Mantelrand erworben. Manche Prosobranchia haben schon während des Wasserlebens zu ihrer Kieme eine Lunge erworben *(Ampullaria)*. Ein Teil der Kiemenhöhle nimmt in O_2-armem Wasser Luft auf. Ein langer Sipho dient hier zum Luftholen an der Wasseroberfläche. Eine Reihe von Pulmonaten lebt sekundär im Süß- oder Brackwasser, und einige sind wieder zu voller Atmung im Wasser übergegangen und nehmen Wasser in ihre Lungenhöhle auf (Ancylidae, kleine Planorbidae).

Etliche Schnecken atmen nur durch die Haut; ihnen fehlen spezifische Atemorgane.

Blutgefäße. Dorsal liegt im Hinterkörper das arterielle Herz, das durch eine Einfaltung der Pericardwand entsteht. Es erhält sein Blut aus zwei starken Gefäßen, den sog. Vorhöfen (Vorkammern, Atria), die von den Kiemen kommen. Zwei Paar Vorhöfe sind bei *Nautilus* und *Neopilina* vorhanden, meist ist es nur ein Paar, bei höheren Schnecken existiert nur ein unpaarer Vorhof. Die Vorkammern bleiben meist erhalten, wenn die Kieme rückgebildet ist *(Patella)*; sie erhalten dann arterielles Blut aus dem Mantel bzw. der Haut; sie fehlen bei Scaphopoda und einigen Opisthobranchia. Bei Muscheln ändern Herz und Pericard mehrfach ihre Lage. Sie können den Enddarm umgreifen oder im Extremfall ventral vom Darm liegen, z.B. bei *Ostrea, Teredo* u.a. Gelegentlich ist das Herz paarig *(Arca)*.

Das Herz pumpt das Blut in die dorsale, unpaare Aorta anterior. Bei vielen Schnecken und Muscheln verläßt auch eine hintere Aorta (A. posterior) das Herz, bei Kopffüßern noch eine Arteria genitalis, die Blut zu den Gonaden führt.

Das Blutgefäßsystem der Molluscen ist offen, d. h. das Blut ergießt sich aus den Arterien in Kanäle und umfangreiche Räume zwischen den Organen (Sinus, Lakunen). Die Eröffnung des Gefäßsystems kann sehr weit gehen. Bei manchen Muscheln *(Cuspidaria)* sind die Arterien verschwunden, so daß das Herz das Blut direkt in die Lakunen treibt. Nur die Tintenfische haben ein umfangreiches System von Capillaren.

Verschiedentlich kommen accessorische Herzen vor, so bei den Tintenfischen vor den Kiemen jederseits ein venöses Kiemenherz, das das Blut in die Kiemen pumpt, und im Venensystem mancher Muscheln *(Ostrea)* mehrere Herzen, die Blut in den Mantel befördern.

Vor der Zuführung zu den Kiemen wird das meiste venöse Blut zu den Exkretionsorganen geleitet, es besteht hier eine Art Pfortadersystem.

Das Blut enthält bei Schnecken und Tintenfischen einen O_2-bindenden Blutfarbstoff, das kupferhaltige Haemocyanin. Einige zeitweise in O_2-armem Milieu lebende Molluscen haben Haemoglobin im Blut.

Phagocytierende Amöbocyten wandern weit umher, besonders bei Muscheln, und haben verschiedene Funktionen. Sie beteiligen sich vermutlich an der Nahrungsaufnahme, nehmen Partikel bis zur Größe von Diatomeen auf und verdauen diese. Sie dringen dabei ins Darmlumen vor und nehmen bei Muscheln sogar die Nahrungspartikel der äußeren Kiemenoberfläche auf, die dann in den Körper transportiert werden. Amöbocyten transportieren Exkretstoffe zu Exkretionsorganen, Pericardhöhle, in den Darm und durch die Körperoberfläche.

Exkretionsorgane. Unterschiedliche Anteile der Herzwand fungieren als Ultrafilter für den Primärharn, welcher im Pericardraum (Coelom) aufgefangen wird. Dieser steht über paarige Gänge mit der Außenwelt in Verbindung, welche bei Caudofoveata, Polyplacophora und Conchifera, nicht aber bei Solenogastres, verschieden umfangreich zu Exkretionsorganen (mit Bildung des Sekundärharnes) umgestaltet sind. Ihre Gleichsetzung mit Metanephridien ist umstritten, da eine verschiedene Entwicklung vorliegt und ihnen auch ein Wimpertrichter fehlt. Oft werden sie auch als «Nieren» bezeichnet. Monoplacophora haben 3–6 Paare, *Nautilus* zwei Paare, meist ist ein Paar ausgebildet, so bei Polyplacophoren, Muscheln und manchen Schnecken.

Die Exkretionsorgane haben einen komplizierten Hauptabschnitt (Sacculus); dieser bildet Schleifen, Falten, sackförmige Erweiterungen und Verzweigungen, die mitunter den ganzen Körper durchziehen. Sie münden in die Mantelrinne. Die Mehrzahl der Schnecken verfügt nur über ein Exkretionsorgan, das linke.

Auch das Coelomepithel (Pericard) kann an der Exkretion beteiligt sein. Durch Faltung kann es Pericardialdrüsen bilden; bei Cephalopoden liegen sie nahe den Kiemenherzen, bei Muscheln (Unionidae) haben sie Fortsätze bis in den Mantel. Exkretionsprodukt der Muscheln ist Harnstoff; Landschnecken bilden Harnsäure, die in Ruheperioden gespeichert wird. Protonephridien – wenn überhaupt vorhanden – existieren nur larval.

Gonaden und Geschlechter. Bei Molluscen kommen alle Variationen von voller Geschlechtertrennung über Zwitter mit Ovarien und Hoden bis zu Zwittern mit Zwittergonade (Pulmonaten) vor. Geschlechtertrennung ist besonders bei ursprünglichen Formen und bei Cephalopoden vorhanden. Äußerlich sind die Geschlechter meist gleich oder ähnlich. Bei Cephalopoden kommt vereinzelt starker Sexualdimorphismus vor; die Männchen sind Zwergmännchen *(Argonauta)*. Bei der Schnecke *Lacuna pallidula* wiegt das an dem Weibchen sitzende Männchen nur 1/20 so viel wie dieses. Zwitter kommen in verschiedenen Formen vor: protandrische Zwitter, die als Männchen beginnen und sich über Zwitter in Weibchen verwandeln, wie die Schnecke *Crepidula*; Wechselzwitter, bei denen männliche und weibliche Gonaden in unterschiedlichen Phasen reifen (manche Austern), und schließlich Zwitter mit gleichzeitiger Produktion von Eiern und Spermien in einer Zwittergonade (Pulmonaten).

Die Gonaden liegen primär in der Wand des vorderen Coeloms; die Keimzellen gelangen in die Coelomhöhle und werden durch Gonoducte ausgeleitet. Mit der Verkleinerung des Coeloms werden diese Bezirke direkt zu Gonaden. Ihre Zahl beträgt 2 Paar *(Neopilina)*, meist nur ein Paar (z. T. verschmolzen; Caudofoveata, Polyplacophora, Cephalopoda), oder es ist nur eine einzige Gonade erhalten (Schnekken). Ist die Eiproduktion groß, wie bei vielen Muscheln, so können sich die Gonaden weit zwischen den übrigen Organen ausdehnen und bis in den Mantel hineinziehen.

Die Ausleitungsgänge erfahren komplizierte Umbildungen. Der Oviduct wird mit der Lieferung von Substanzen für die Bildung von Eikapseln und Laich, Nährstoffen (Eiweißdrüsen) kompliziert und kann bei innerer Befruchtung ein Receptaculum seminis erhalten, den Eileiter in Befruchtungs- und Eilegegang sondern usw. Der Samenleiter kann durch Begattungsorgane,

Spermatophorentasche und Prostata differenziert werden.

Die Befruchtung ist primär eine äußere. Ihre Sicherung erfolgt dadurch, daß die Eiablage nur in Gegenwart eines Männchens erfolgt. Dieses setzt sich oft auf die Schale des Weibchens; dabei können Ketten von Tieren zusammenleben wie bei *Crepidula*. Bei manchen Muscheln (*Mytilus* u. a.) löst das Ausstoßen der Gameten eines Tieres den gleichen Vorgang bei den Nachbartieren aus, so daß ein Massenlaichen einsetzt. Wenn die Eier zuerst im Mantelraum behalten werden, wie es bei Brutpflege der Fall ist, werden die Eier hier befruchtet. Mehrfach ist aber innere Befruchtung entstanden, so bei Cephalopoden, der Mehrzahl der Schnecken und den Solenogastren. Die Art und Weise, wie die Spermien in das Weibchen übertragen werden, ist recht verschieden. Bei Tintenfischen werden z. B. komplizierte Spermatophoren gebildet. Parthenogenese tritt selten auf, z. B. bei der im Süßwasser lebenden Schnecke *Hydrobia jenkinsi*; Selbstbefruchtung kommt bei Pulmonaten *(Lymnaea, Arion)* und Opisthobranchiern vor.

Das Sperma wird meist in einem Receptaculum seminis gespeichert. Die Übertragung des Spermas bzw. der Spermatophoren erfolgt bei den meisten Schnecken durch einen Penis an der rechten Kopfseite, zu dem die Spermien von der Genitalöffnung durch eine Wimperrinne oder einen Kanal geleitet werden, doch kommen auch andere Übertragungen vor.

Die Eier sind von einer Hülle (Chorion) und oft einer Nährflüssigkeit (Eiklar) umgeben, die von Drüsen des Eileiters abgeschieden werden. Die Eier werden einzeln, in Laichballen, – ketten oder -schnüren abgesetzt.

Entwicklung. Die Furchung ist eine Spiralfurchung. Bei der Mehrzahl der marinen Molluscen (außer Cephalopoden) schlüpft eine Wimperlarve mit Wimpergürtel, Scheitelplatte und teils larvalen Protonephridien. Sie ähnelt einer Trochophora und gewinnt bald durch Ausbildung des Fußes an der Ventralfläche, die Anlagen von Radulatasche und Statocysten sowie durch die Einsenkung der Schalendrüse (bei den Conchifera) molluscentypische Merkmale. Sie wird bei Muscheln als Rotiger-, bei Schnecken als Veliger-Larve bezeichnet (Abb. 101). Nach Ernährung und Lebensdauer im Plankton lassen sich zwei Haupttypen erkennen:

1. Planktotrophe Larven. Sie ernähren sich durch Einstrudeln von Plankton mit ihrem gut entwickelten Wimperband. Ihre Lebensdauer ist meist lang. Zwei Untertypen: a. Die Larvenzeit dauert 2–3 Monate; Wimperband gut entwickelt; es liegt auf Velarlappen (bei Muscheln und vielen Schnecken). b. Larvalzeit dauert 1 Woche; Wimperband einfach, besonders bei Schnecken (bei Nudibranchiern). An das freischwimmende Veliger-Stadium schließt sich eine Veliconcha an, die schwimmen und kriechen kann.

2. Lecithotrophe Larven. Sie sind reich an Dotter und ernähren sich von ihm während der einige Stunden bis wenige Tage dauernden Larvalzeit. Solche Dotterlarven haben Polyplacophoren, Aplacophoren, Scaphopoden und primitive Muscheln *(Nucula, Yoldia)*. Bei manchen Larven überwächst die Wimperregion den ganzen Körper, z. B. bei der Hüllglockenlarve (Pericalymma) von Muscheln *(Nucula)* und Aplacophoren *(Neomenia)*. Die Hüllzellen werden später abgestoßen oder verzehrt.

Manchen Molluscen fehlen freilebende Larven, z. B. den Cephalopoden mit ihren dotterreichen Eiern und den Land- und Süßwassermolluscen (mit Ausnahme der Muschel *Dreissena*). Aber auch viele Meeresschnecken (die meisten Neogastropoden) schlüpfen als kleine Schnecken aus dem Ei. Die trochophoraähnliche bzw. Veliger-Larve fehlt ihnen nicht; sie bleibt nur in der Laichkapsel. Merkmale der Veliger-Larve, z. B. der Wimperkranz und seine großen Zellen, können sehr lange bei Embryonen erhalten bleiben, sogar noch bei jungen Schnecken. Im Eikokon verbleibende Veliger-Larven ernähren sich bei vielen Neogastropoda von Nähreiern, d. h. mitgegebenen Eiern, die sich nicht entwickeln. Bei *Nucella lapillus* sind es 20–30, bei *Buccinum undatum* 100, bei *Volutopsis norvegica* bis 100 000.

Abweichend sind die Veliger-Larven mancher Schnecken: Lamellariidae und Cypraeidae bilden sogenannte Echinospira-Larven aus, bei denen die eigentliche Schale von einer größeren, teilweise fein gezähnten bzw. einer gallertigen Zusatzschale umgeben ist, was das Schweben erleichtert. Höchst merkwürdig ist der Larvalparasitismus der Süßwassermuscheln (Unionacea): Eine besondere Larve (Glochidium) lebt als Parasit in Geweben von Fischen, seltener von Amphibien *(Necturus)*. Sie ernährt sich durch Resorption der Nährstoffe über den wul-

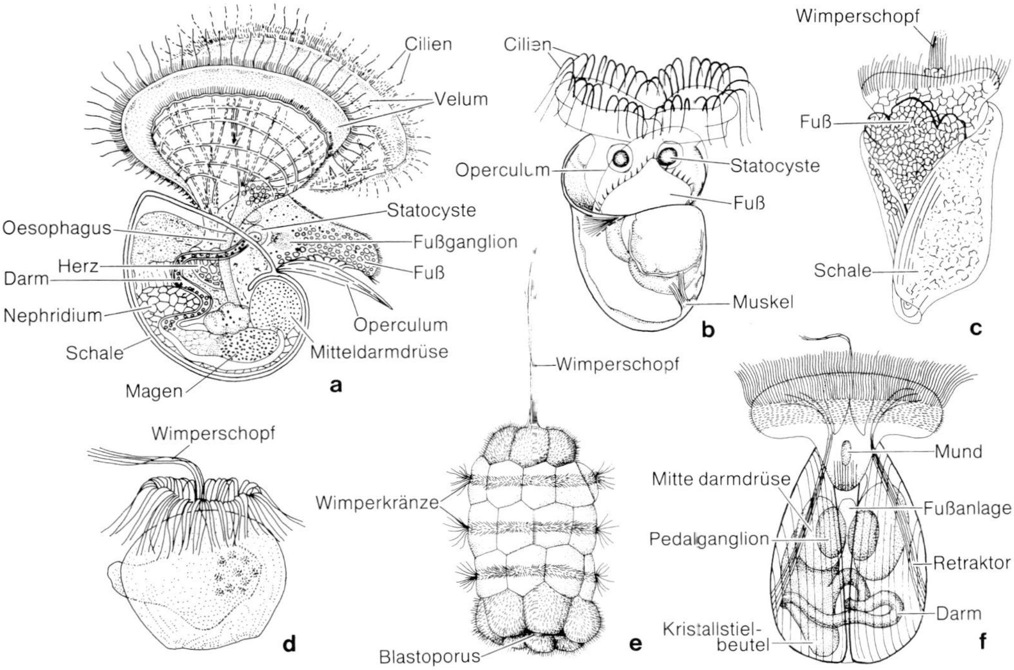

Abb. 101: Larvenformen von Molluscen. a. *Crepidula* (Gastropoda), b. *Siphonaria* (Gastropoda), c. *Dentalium* (Scaphopoda), d. *Modiolus* (Bivalvia), e. *Portlandia (Yoldia)* (Bivalvia), f. *Dreissena* (Bivalvia). Nach Berry, Drew, Hoagland, McFadien, Meisenheimer

stigen Mantelrand, also parenteral; ein kurzer larvaler Haftfaden wird von der Fußanlage gebildet. Die Larven werden ausgestoßen und erreichen auf verschiedene Weise einen Fisch. Bei Unioniden haben die Schalen nach innen ragende Dornen, mit denen sie sich an Kiemen oder Haut bestimmter Fische befestigen. Bizarr ist die Übertragung der Larven der nordamerikanischen Muschel *Lampsilis*. Nahe der Ausströmöffnung des erwachsenen Tieres entwickelt der Mantel einen aktiv bewegten Lappen, der als Köder für Fische dient. Bei einer Art *(L. ovata)* imitiert der Lappen einen Fisch mit Augen und Schwanz. Beschattet ein angelockter Fisch die Muschel, so wird er mit Glochidien beschossen. Viele Muteliden haben ein freischwimmendes Larvenstadium (Lasidium) mit zwei bewimperten Lappen, einer kleinen Schale und einem dornenbesetzten Teil, mit dem sie sich an einem Fisch festheften, in den sie dann Nährfortsätze entsenden. Auch einige Hochseeformen zehnarmiger Tintenfische bilden sekundär Larven bzw. abweichende Jugendstadien aus (z.B. Rhynchoteuthis-Stadium bei *Ommastrephes*).

Phylogenie. Man hat versucht, die Molluscen von Anneliden oder Turbellarien abzuleiten. Mit den Turbellarien bestehen, abgesehen von einigen vielleicht ursprünglichen Merkmalen, kaum Übereinstimmungen. Die äußere Ähnlichkeit des komplizierten Genitalapparates mancher Turbellarien und höherer Schnekken ist eine Parallelbildung, wie die Herausarbeitung der nicht homologen Ähnlichkeiten erst innerhalb der Schnecken zeigt.

Mit den Anneliden sind die Molluscen durch einige gemeinsame Merkmale verbunden, z.B. einen recht ähnlichen Zellstammbaum, aber es fehlt ihnen die Sprossungsmetamerie (Tritomerie). Molluscen haben sich vor dem Entstehen dieser Metamerie abgezweigt.

Diskutiert wird die Frage, ob den Molluscen eine andere Metamerie, etwa vergleichbar den Larvalsegmenten der Anneliden-Larven, zukommt (Deutomerie). Die primitiven Merkmale von *Neopilina* machen eine solche Auffassung diskutabel.

Die ausgeprägte Spiralfurchung und die Bildung des Mesoderms aus Urmesodermzellen

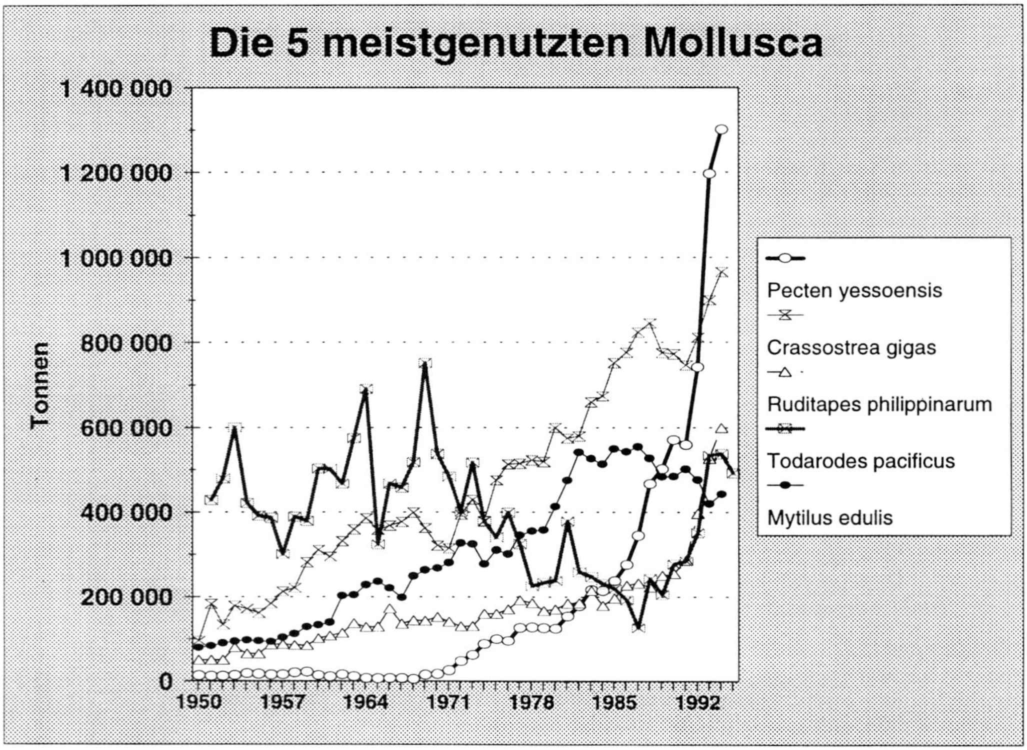

Abb. 102: Graphik der in den letzten Jahrzehnten am stärksten genutzten Mollusca. Nach FAO, Kühnhold

verweisen die Molluscen eindeutig in die Gruppe der Spiralia.

Wirtschaftliche Bedeutung. Groß ist die wirtschaftliche Bedeutung vieler Molluscen (Abb. 102). Ihre Schalen stellen in vielen warmen Gebieten der Erde eine Grundlage für Schmuck- und Baustoffindustrie dar (S. 152). Ihre Weichteile sind eine wichtige Proteinquelle für viele Menschen. Die ertragreichsten Arten sind in Abb. 102 zusammengestellt. Derzeit werden jährlich etwa 6 Millionen Tonnen mariner Arten angelandet. Mehr als die Hälfte entfällt auf Muscheln (S. 190), ein Drittel auf Tintenfische. Besonders wichtige Gattungen sind die Austern *Crassostrea* und *Ostrea*, Miesmuscheln *(Mytilus)* sowie Pilgermuscheln *(Pecten, Placopecten)*, dazu kommen unter den Bivalvia beispielsweise *Arctica, Anadara, Arca, Cardium, Mactra, Spisula, Venus, Meretrix, Tapes, Donax, Solen* und *Mya*. Besonders stark befischte Cephalopoden sind *Todarodes, Illex* und *Loligo*.

Wie bedeutsam viele Molluscen insbesondere in zahlreichen Staaten der Tropen sind, soll auf Abb. 103 dokumentiert werden. Die abgebildeten Briefmarken zeigen besonders bekannte und viel genutzte Gastropoda und Bivalvia.

1. Klasse: Aplacophora (Wurmmolluscen)

Marine, verschmälerte bis wurmförmige Molluscen ohne Schale (Abb. 104 a, c) mit zwei voneinander nicht ableitbaren (paraphyletischen) Gruppen. Die mantelbedeckende Cuticula mit Kalkschuppen, die Körperwandmuskulatur aus äußerer Ring-, innerer Längs- und dazwischenliegender Diagonalmuskulatur. Der ungegliederte Darm, das Nervensystem mit seinen vier Strängen und das terminale (osphradiale) Sinnesorgan werden als ursprünglich angesehen. Die unterschiedliche Reduktion des

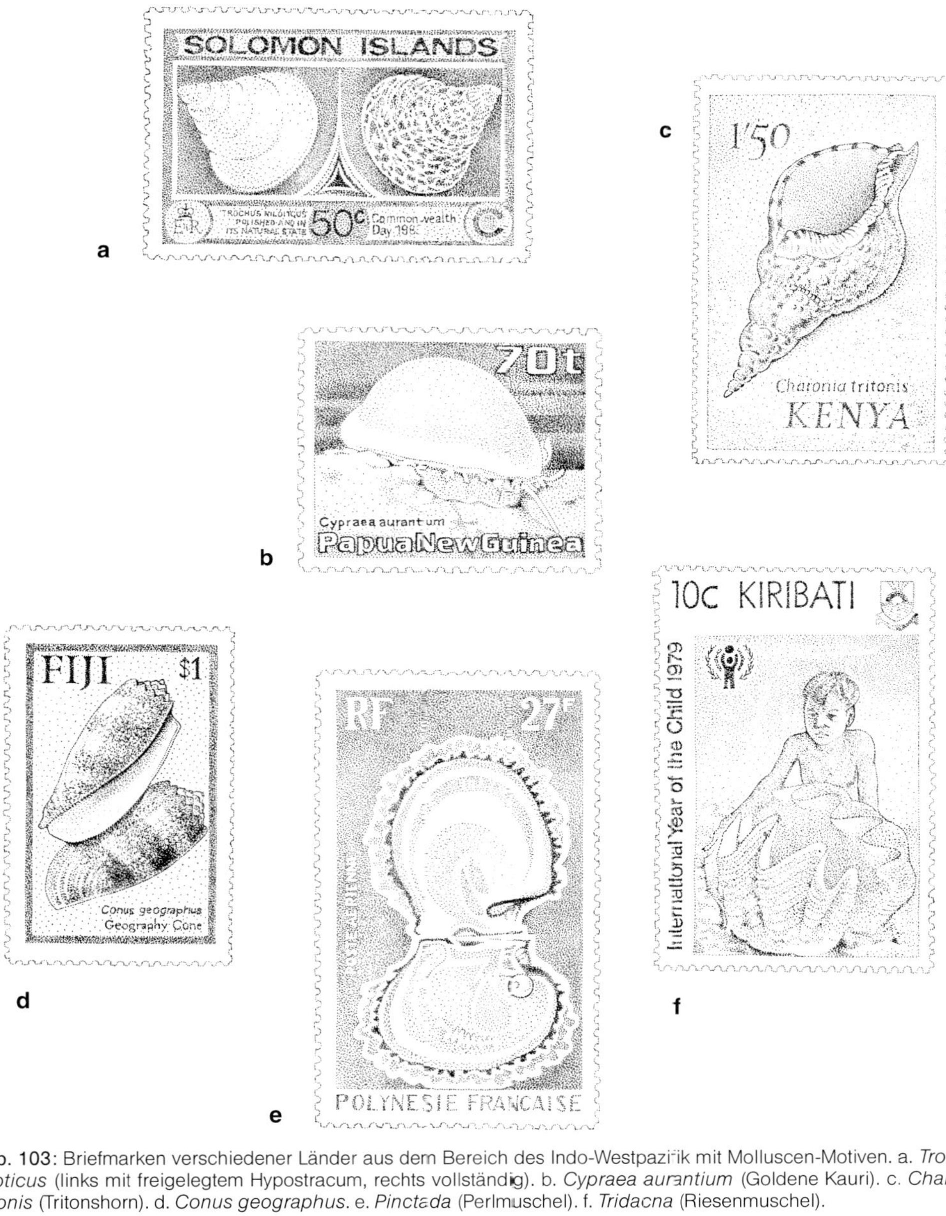

Abb. 103: Briefmarken verschiedener Länder aus dem Bereich des Indo-Westpazifik mit Molluscen-Motiven. a. *Trochus niloticus* (links mit freigelegtem Hypostracum, rechts vollständig). b. *Cypraea aurantium* (Goldene Kauri). c. *Charonia tritonis* (Tritonshorn). d. *Conus geographus*. e. *Pinctada* (Perlmuschel). f. *Tridacna* (Riesenmuschel).

Fußes mit Einschränkung des Mantelraumes ist abgeleitet. Die paarigen oder unpaaren Gonaden haben ihre Gonadengänge verloren und leiten die Keimzellen über die Pericardhöhle aus. Etwa 300 Arten, 1 mm bis 30 cm lang.

1. Unterklasse: Caudofoveata (Chaetodermomorpha, Schildfüßer)

Zur Wurmform abgerundeter Körper ohne Fuß, mit cuticularisiertem Grabschild im Bereich der Mundöffnung; Kalkkörper nur als Schuppen; Mantelhöhle terminal mit After, Ge-

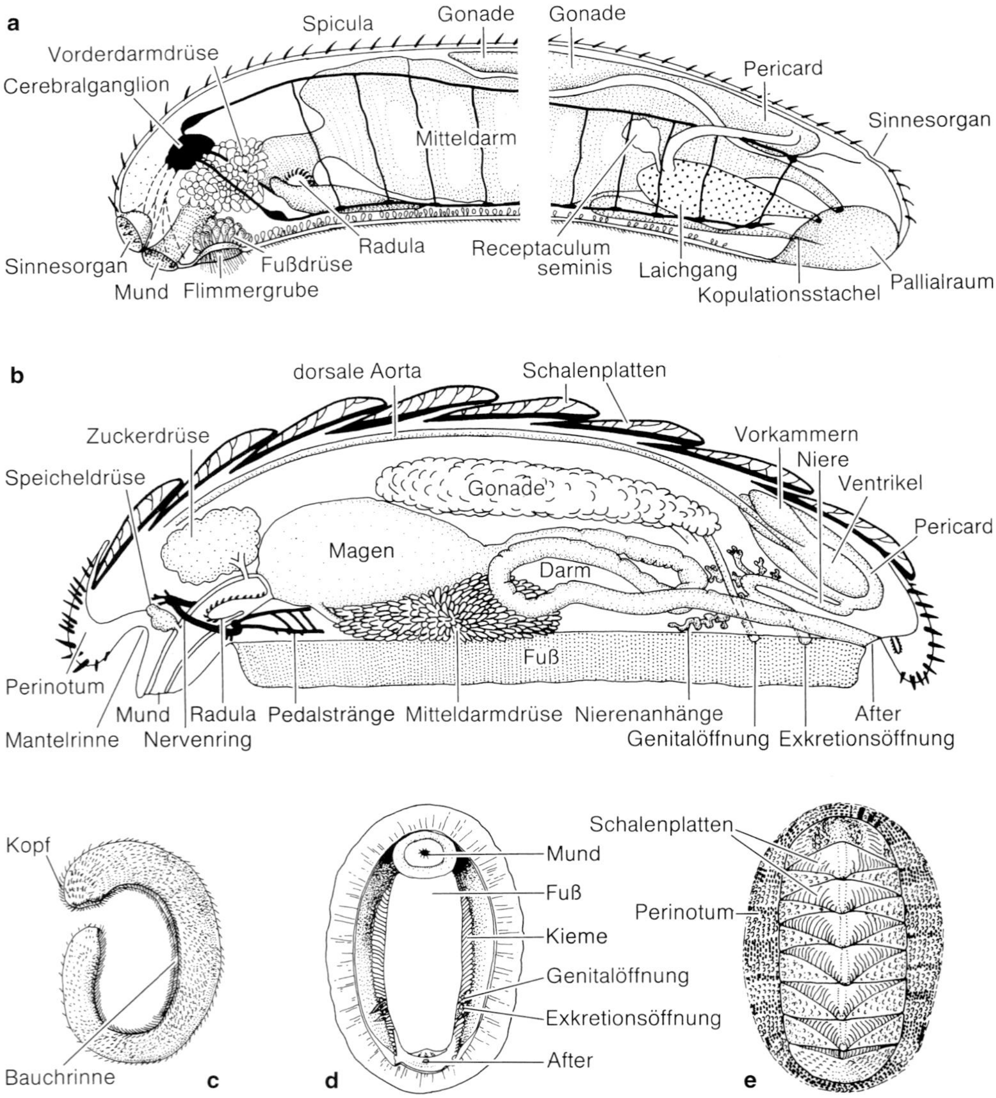

Abb. 104: Aplacophora (a, c) und Polyplacophora (b, d, e). a. Organisationsschema der Solenogastres (Vorder- und Hinterende). b. Organisationsschema der Polyplacophora. c. *Proneomenia*. d. Ventralansicht eines Polyplacophors. e. Dorsalansicht eines Polyplacophors. Nach Fischer-Piette, Franc, Pilsbry, Salvini-Plawen

schlechtsöffnungen und zwei vorstreckbaren Ctenidien. Längsmuskulatur verstärkt, dorsoventrale Bündel rückgebildet. Radula stets mit einem Paar Zähne (Greifzange) je Querreihe, bei höheren Formen *(Falcidens, Chaetoderma)* stark umgebildet. Der Mitteldarm ist ab der Körpermitte in Intestinum und großen Ventralsack längsgeteilt. Nervensystem aus vier Marksträngen, Querverbindungen nur vereinzelt im Vorderkörper. Geschlechter getrennt, Eier und Spermien werden ins Wasser entleert; Larve als vereinfachte Pericalymma. Die etwa 90 Arten (2 mm-14 cm) leben eingegraben im Meeresboden, vom Kontinentalschelf bis in etwa 9000 m Tiefe. In der Tiefsee gelegentlich in hoher Besiedlungsdichte (*Prochaetoderma:*

400/m^2), *Chaetoderma* ist im Kattegat regelmäßiger Bestandteil sandiger Schlammböden. Lebt z. B. von Detritus und Kleintieren.

2. Unterklasse: Solenogastres (Neomeniomorpha, Furchenfüßer)

Der 1 mm bis 30 cm lange Körper ist seitlich verschmälert; der Fuß ist mit bewimperter Längsfalte in ventraler Rinne erhalten und zum Gleiten geeignet. Kalkkörper vielgestaltig, ursprünglich als Schuppen, bei abgeleiteten Formen als Hohlnadeln; Mantelhöhle subterminal, ohne Ctenidien, dafür oft mit sekundären Atemlamellen oder -papillen. Radula monoserial-einfach, zweizähnig oder vielzähnig je Querreihe, kann auch fehlen; Darm gerade (Abb. 104 a), lateral oft durch dorsoventrale Muskelbündel serial eingeschnürt. Nervenstränge mit zahlreichen Querkommissuren und Konnektiven. Zwitter. Innere Befruchtung durch Begattung, z. T. mittels Kopulationsorganen. Wimperlarven mit Hüllglocke: Pericalymma. Bei der *Nematomenia*-Larve treten nach Verlust der Wimperzellen mit Bildung der Kalkschuppen dorsal vorübergehend sieben Querreihen von Kalkkörpern ähnlich wie bei Polyplacophoren-Larven auf, was wohl ursprünglicher ist als die regellos angeordnete *Rhopalomenia*-Entwicklung mit Wechsel der Mantelkörper von Schuppen zu Hohlnadeln. Gelegentlich Brutpflege, teils mit direkter Entwicklung *(Pruvotina)*. Vorwiegend räuberisch von Cnidariern lebend; z. B. auf Hydroidpolypen, Gorgonien und Steinkorallen; einige leben im Lückensystem des Sandes (*Meiomenia*, Abb. 86 m). Über 200 Arten. *Nematomenia, Dondersia, Epimenia* (bis 30 cm), *Proneomenia* (Abb. 104 c), *Rhopalomenia, Neomenia.*

2. Klasse: Polyplacophora (Käferschnecken, Chitonen)

Der Körper ist mit muskulösem Fuß und schildförmigem Rücken versehen, der durch eine tiefe Mantelrinne abgegrenzt ist (Abb. 104 b). Der kleine Kopf ohne Tentakel wird vom Mantel überdeckt. Dieser ist durch eine Cuticula mit kalkigen Stacheln oder Schuppen (Gürtel oder Perinotum) gekennzeichnet. Der Rücken trägt acht Platten, die gegeneinander beweglich sind und ein Einrollen des Tieres gestatten (Abb. 104 e). Sie sind in einer Rinne am Innenrand des Gürtels verankert und werden hier mit Ausnahme der Innenschicht (Hypostracum) gebildet. Die Außenschicht Teg(u)mentum enthält viel organische Substanz und wenig Kalk. Sie ähnelt noch einer Cuticula und ist wie diese von Gewebesträngen der Epidermis durchzogen. Diese bilden an der Schalenoberfläche optische Sinnesorgane (Aestheten), sogar mit Linsen. Es folgen das feste Articulamentum, das am Vorderrand der Platten meist ein Paar Fortsätze (Apophysen) für die Gelenkung bildet, und ein oder mehrere Schichten des Hypostracums, das durch Abscheidungen verdickt wird. An den Larven treten zunächst sieben Querreihen von Kalkschuppen hinter dem Wimperkranz auf, die zu den Schalenplatten, und zwar zu den Tegmenta, verwachsen. Die Kalkschichten treten später auf, ebenso die achte Platte.

In der Mantelrinne liegen zahlreiche Kammkiemen (Ctenidien) in wechselnder Zahl (Abb. 104 d).

Das Nervensystem besteht aus Marksträngen. Pedal- und Pleuralstränge sind durch zahlreiche Kommissuren verbunden.

Entsprechend der weidenden Lebensweise ist die Radula umfangreich. Drüsen sind reich entwickelt (Zucker- und Speicheldrüsen, paarige Mitteldarmdrüsen); der Darm ist lang und in Schlingen gelegt. Die Zuckerdrüsen produzieren Amylase.

Das Herz setzt sich in die dorsale Aorta fort; es empfängt das Blut aus 2 länglichen Vorkammern. Von den Kiemen wird das Blut in 2 Venae branchiales gesammelt und hinten in die Vorkammer geleitet.

Die Gonaden sind durch Verschmelzung unpaar, ohne Verbindung mit der Pericardhöhle, aber mit einem Paar eigener Genitalgänge. Von der Pericardhöhle geht ein Paar exkretorischer Gänge aus, die mit einer meist verästelten Schlinge weit nach vorn ziehen und hinter den Genitalgängen münden. Geschlechter getrennt, Eier und Spermien werden ins Wasser abgegeben. Es schlüpft eine Trochophora. Bisweilen bleiben Eier in der Mantelrinne und entwickeln sich hier zu Larven.

Weitaus die meisten Arten leben im Litoral auf Felsboden oder an Korallenriffen und weiden den Bewuchs ab. Sie können sich an den

Untergrund fest anheften, teils durch die Muskulatur des Mantelrandes, teils durch Saugwirkung der Fußsohle, die durch den Zug der 8 Paar Dorsoventralmuskeln hervorgerufen wird. Größe 1–33 cm.

Die ca. 1000 Arten sind sehr gleichförmig. Hauptsächlich nach dem Bau der Schalen unterscheidet man folgende Ordnungen: **Lepidopleurida** mit *Lepidopleurus, Hanleya;* **Chitonida** (Ischnochitonida) mit *Chiton, Lepidochitona* (Abb. 119 c), *Tonicia, Amicula;* **Acanthochitonida** mit *Acanthochiton, Cryptochiton* (mit der größten Käferschnecke: *C. stelleri*, bis 33 cm lang), *Cryptoplax*.

Lepidochitona cinerea ist auf Hartböden und Muschelbänken von der Gezeitenzone an abwärts im Mittelmeer sowie in Nord- und westlicher Ostsee zu finden. Ihre Hauptnahrung stellen krustenbildende Rotalgen dar. Bei Niedrigwasser ziehen sich die Tiere des Eulitorals in Gezeitentümpel zurück. Fallen sie trocken, saugen sie sich mit ihrem Fuß an Hartsubstrat fest.

Conchifera. Sie umfassen alle übrigen Mollusсen. Cuticula und Stacheln fehlen. Eine einheitliche, aber bisweilen zweiklappige Schale bedeckt den Rücken. Ein Paar Statocysten im Fuß, die meist von Cerebralganglien innerviert werden. Kopf mit Anhängen; hinter der Mundöffnung cuticulare Kiefer; Darm mit Magen und Mitteldarmdrüsen.

3. Klasse: Monoplacophora

Vorwiegend im Paläozoikum mit mehreren Gruppen. Seit 1952 sind etliche rezente Arten bekannt geworden, welche ursprüngliche Conchiferen-Merkmale (napfförmige Schale, seitliche Mantelrinnen, Radulaapparat, ein Paar Oesophagealdrüsen) mit stark abgeleiteten Zügen vereinigen. Der innere Aufbau zeigt in mehreren Organen eine seriale Anordnung (Abb. 105). Es sind 3–6 Paar Kiemen und Exkretionsorgane, 8 Paar Dorsoventralmuskeln und ein typischer Fuß vorhanden. Die 1–2 Paar Gonaden leiten die Keimzellen durch Gänge aus. Das Nervensystem besteht aus Marksträngen. Der von der Schale überdeckte Kopf trägt eine Oberlippe, die beiderseits in ein Velum (Palpen) verlängert ist, und hinter dem Mund ein paar Büschel von Fortsätzen, deren laterale Anteile vom Pedalstrang innerviert werden. Der Darm besitzt umfangreiche Oesophagealdrüsen und ist spiralig aufgewunden. Das Herz ist paarig, die Aorta ist unpaar; das Herz empfängt durch 2 Paar Vorkammern das Blut von den Kiemen. Schale dreischichtig. Einzige Familie: Tryblidiidae mit etwa 15 Arten, 9,9–37 mm lang. *Neopilina*.

Neopilina galatheae wurde im Peru-Chile-Graben in Tiefen von weniger als 200 m bis unter 6000 m gefunden, aber auch anderenorts, so daß man an eine weltweite Verbreitung in größeren Tiefen denkt. Im Darm fand man Diatomeen, Radiolarien, Schalen pelagischer Foraminiferen und Schwammnadeln, was auf Weidegang schließen läßt.

Neopilina und die nahe verwandte *Vema* (mit 6 Paar Kiemen) gehen auf eine kambrische Radiation zurück. Die fossilen Formen hatten 8 Paar Muskeln und ähnelten in dieser Hinsicht den Polyplacophora. Auch lebten sie auf Felssubstrat im Flachwasser und hatten dickere Schalen als die rezenten Tiefseeformen.

4. Klasse: Gastropoda (Schnecken)

Die Schnecken sind mit 40000 bis 100000 Arten die artenreichste und zugleich die biologisch vielseitigste Gruppe der Molluscen, die alle Lebensräume des Meeres und weite Bereiche des Süßwassers und Landes bewohnen.

Zwei Vorgänge charakterisieren die Schnecken (Abb. 106):

1. die Torsion. Der Eingeweidesack dreht sich um 180°, so daß die Organe der Mantelhöhle (Pallialkomplex: After, Genital- und Nierenöffnungen, Kiemen, Osphradien), die ursprünglich hinten lagen, nach vorn gelangen. Diese Torsion bewirkt den Verlust der linken Gonade und eine Überkreuzung der seitlichen Pleurovisceralstränge (Chiastoneurie). Dabei liegt der eine Strang mit seinem Parietalganglion oberhalb des Darmes, der andere unterhalb (vgl. die Chiastoneurie mit der Überkreuzung von Elle und Speiche bei Drehung der Hand). Die Torsion kann sekundär wieder z. T. aufgehoben werden (Opisthobranchia), häufiger noch die Chiastoneurie.

2. Die Ausbildung der Asymmetrie und Bildung der Windung von Eingeweidesack und Schale. Nach der Torsion ist der Körper noch weitgehend symmetrisch; Kiemen, Herzvorhöfe, Osphradien, Mitteldarmdrüse, Exkreti-

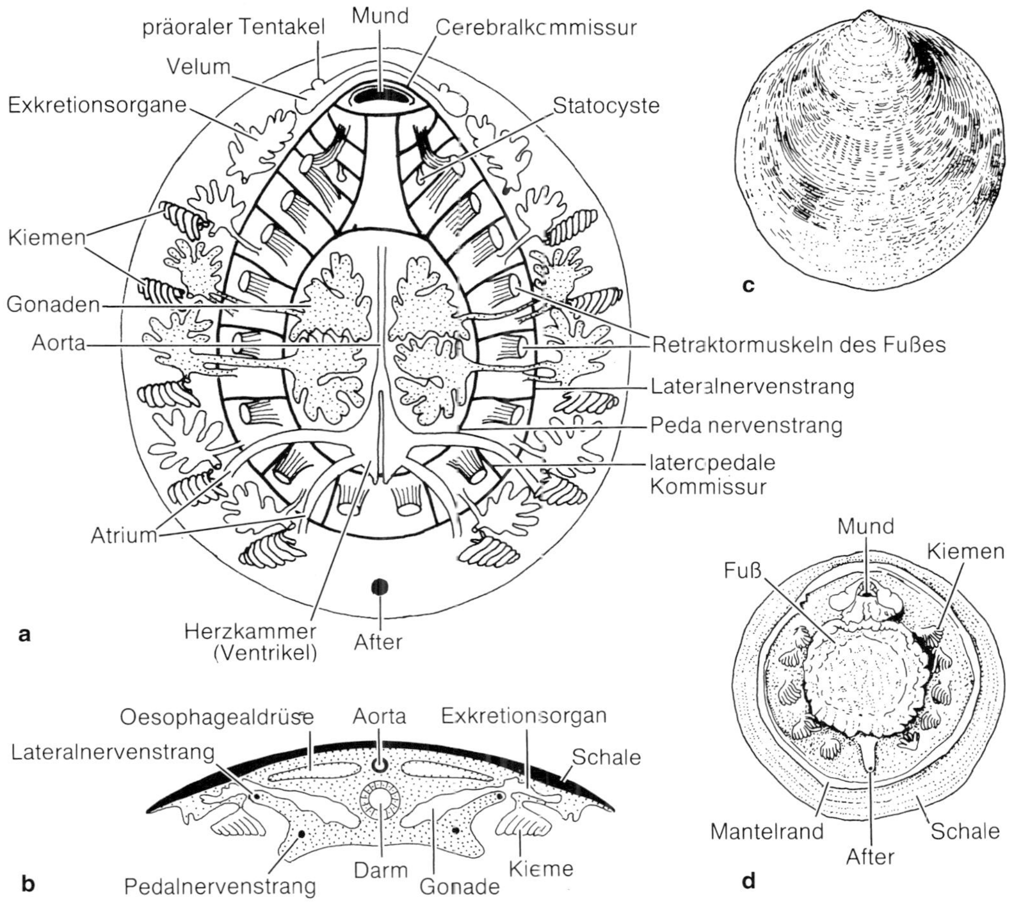

Abb. 105: *Neopilina*. a, b. Organisationsschema. a. Dorsalansicht (ohne Darm und Coelom). b. Querschnitt. c. Schale, d. Ventralansicht. Nach Lemche, Wingstrand

onsorgane sind paarig. Bald wird aber die Schale zum übrigen Körper schräg gestellt, und die Organe des Eingeweidesacks werden unpaar. Schließlich existieren nur eine Vorkammer des Herzens, ein Exkretionsorgan, eine Kieme usw. Die Torsion erfolgte zuerst, die Bildung der Asymmetrie später.

Zum Kopfabschnitt mit primären Tentakeln und Augen tritt ein **Fuß** mit Kriechsohle und zahlreichen Drüsen, die oft vorn große Fußdrüsen bilden, und mit Bewimperung, die selbst bei Landschnecken noch erhalten ist. Die Schleimsekretion wirkt bei der Bewegung mit (Schleimspur kriechender Schnecken); sie dient der Anheftung und ermöglicht es vielen Arten, unter dem Wasseroberflächenhäutchen hängend zu flottieren *(Lymnaea, Hydrobia)*. Die pelagische Veilchenschnecke *Janthina* (Abb. 112 b) baut aus dem Schleim mit Luftblasen ein Floß, an dem sie lebt und auch ihre Eier befestigt. Nur bei kleinen Schnecken leisten die Wimpern die Hauptarbeit für die gleitende Kriechbewegung des Fußes. Der Fuß größerer Schnecken arbeitet mit Kontraktionswellen. Neben der gleitenden leistet der Fuß mancher Arten eine schreitende Fortbewegung. Er kann durch eine Rinne in rechte und linke Hälfte geteilt sein, die sich abwechselnd vorschieben und festheften *(Littorina, Pomatias)*, oder in einen vorderen (Propodium) und einen hinteren Abschnitt (Metapodium) getrennt sein (Strombidae u. a.). Bei den im Sande grabenden

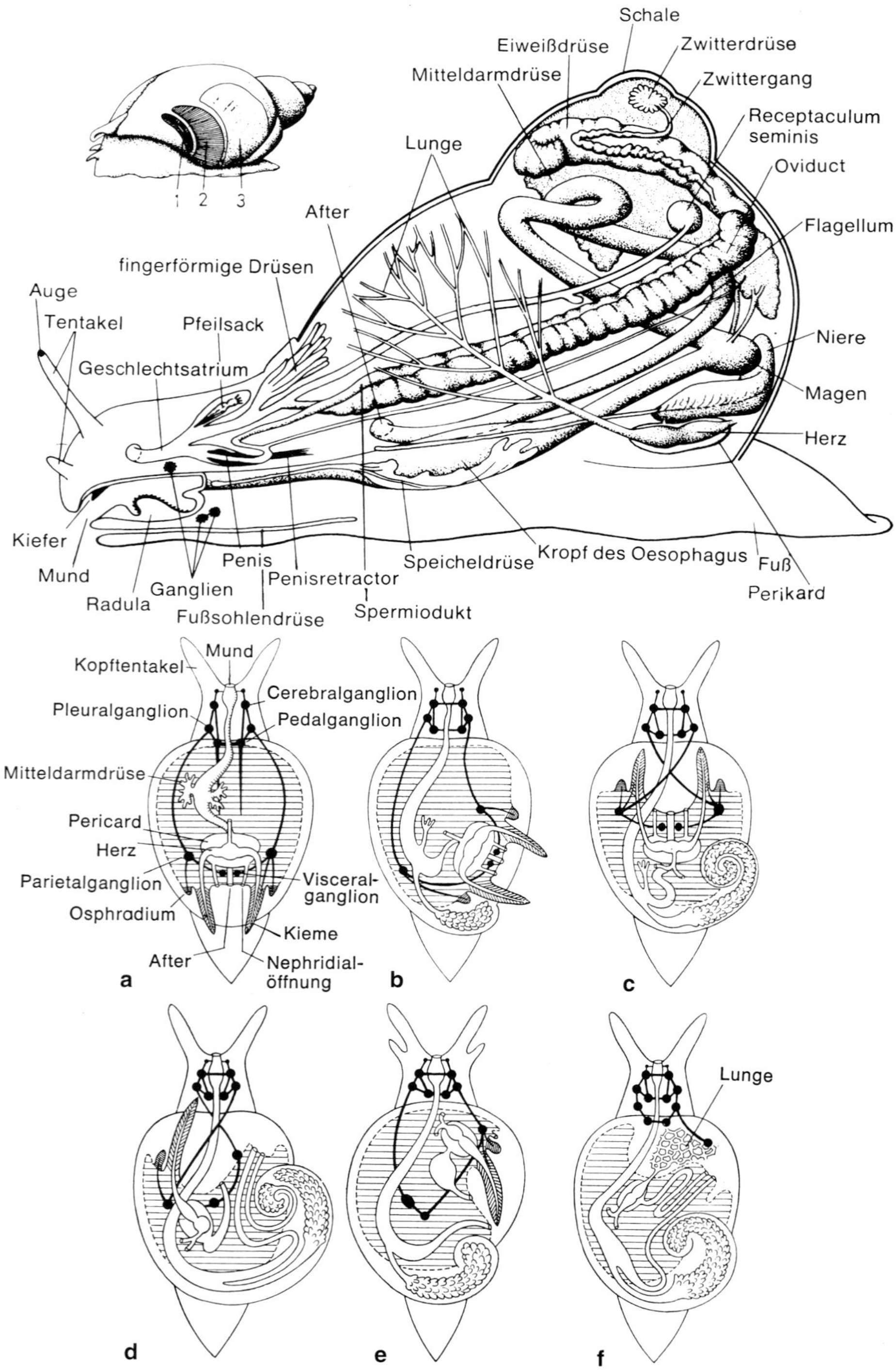
1
2
3
Schale
Eiweißdrüse
Zwitterdrüse
Mitteldarmdrüse
Zwittergang
Receptaculum seminis
Lunge
Oviduct
After
Flagellum
fingerförmige Drüsen
Auge
Tentakel
Pfeilsack
Niere
Geschlechtsatrium
Magen
Herz
Kiefer
Mund
Radula
Ganglien
Penis
Penisretractor
Fußsohlendrüse
Spermiodukt
Speicheldrüse
Kropf des Oesophagus
Fuß
Perikard
Mund
Kopftentakel
Cerebralganglion
Pleuralganglion
Pedalganglion
Mitteldarmdrüse
Pericard
Herz
Parietalganglion
Visceral-ganglion
Osphradium
Kieme
After
Nephridial-öffnung
a
b
c
d
e
f
Lunge

Naticacea vermag das Propodium Kopf und z. T. Schale zu bedecken. Die vorderen Seitenteile des Fußes sind oft lappenartig vorgezogen («Parapodien» genannt) und können bisweilen durch flügelartige Bewegung Schwimmen ermöglichen (*Akera*, Pteropoden) und als Seitenfalten z. T. die Schale bedecken *(Aplysia)*.

Die **Schale** ist in ihrer Form sehr vielgestaltig. Sie verliert, besonders bei Brandungsbewohnern (Patellidae, Siphonariidae, Fissurellidae) und bei Bewohnern fließender Gewässer *(Ancylus)*, ihre Windungen. Das kann auch durch Abstoßen der gewundenen Jugendschale geschehen *(Caecum)* oder dadurch, daß die letzte große Windung alle übrigen umfaßt. Das Wachstum der Schale ist bei manchen Arten (Süßwasser-Pulmonaten, viele Prosobranchier) kontinuierlich; es findet aber oft nach einiger Zeit einen Abschluß, und die Schale wird dann mit einem verstärkten Randwulst und mit Hökkern versehen. Die meisten Schnecken können Fuß und Kopf völlig in die Schale einziehen. Als Verschluß tragen sie auf der Dorsalseite des Hinterfußes einen Deckel (Operculum), der hornig oder verkalkt ist und in konzentrischen oder spiraligen Ringen wächst. Er ist bei Arten mit napfartiger Schale rückgebildet und fehlt auch oft bei Arten mit gewundener Schale (Pulmonata). Das Operculum darf nicht mit dem Epiphragma vieler Pulmonaten verwechselt werden, einer kalkigen Platte, die bei Winter- oder Trockenruhe die Öffnung verschließt. Es ist eine Abscheidung, die jeweils neu gebildet und abgestoßen wird.

Der Mantelrand überdeckt auch bei Schnekken nicht selten die Schale; mit einzelnen Lappen bei *Physa*, als Überzug bei anderen. Bei den Kaurischnecken (Cypraeidae) bildet der übergeschlagene Mantel eine glatte Außenschicht der Schale.

Die Schale wird oft rückgebildet. Im Gegensatz zu den Tintenfischen verschwindet mit ihr bei Schnecken auch der Eingeweidesack. Bisweilen zeigt noch ein vom Mantelrand umsäumter Bezirk, z. B. bei Nacktschnecken des Landes *(Arion, Limax)*, die Stelle des Eingeweidesacks. Im Extremfall wird der Körper wurmförmig (*Pseudovermis, Limapontia* und einige Parasiten).

Die **Mantelhöhle** enthält After, Exkretions- und Gonadenöffnungen, Kiemen, Hypobranchialdrüsen und als Sinnesorgane die Osphradien. Kiemen, Osphradien und Hypobranchialdrüsen können reduziert werden. Der After wird aus der Tiefe der Mantelhöhle zu deren Öffnung verschoben; desgleichen wird die Exkretionsöffnung durch eine Rinne bzw. einen Kanal (sekundärer Harnleiter) verlängert.

Die für die Atmung notwendige Wasserzirkulation verändert mit der Asymmetrie ihren Verlauf. Ursprünglich tritt das Wasser beiderseits in die Mantelhöhle ein und verläßt sie in der Mitte. Hier kann sich in Mantel und Schale ein Schlitz bilden; verwachsen die Ränder wieder, so entsteht ein Loch in der Schale, das weit vom Schalenrand entfernt liegen kann *(Fissurella)*. Dieser Prozeß kann sich während des Wachstums wiederholen, so daß eine Serie von Exspirationslöchern entsteht *(Haliotis)*. Ist nur eine Kieme vorhanden, verläuft der Atemstrom quer durch die Mantelhöhle. Die Einströmstelle liegt neben der Kieme. Der Mantelrand bildet hier eine Ringfalte, die mehrfach zu einem Sipho verlängert ist, der als Schnorchel dient und infolge seiner Bewegbarkeit ein Aufspüren von Beute ermöglicht, da das eingezogene Wasser dem Osphradium Geruchsstoffe zuführt. Der Sipho ist z. T. von einem Fortsatz der Schale umkleidet. Die gegenüberliegende Ausströmöffnung kann als Kerbe in der Schale markiert sein, bildet aber keinen Sipho.

Die Kieme wird von einem freien Ctenidium mit 2 Blättchenreihen (bipectinat) zu einer Kieme mit einer Blättchenreihe. Nach Anwachsen der Mittelrippe hängen diese Blättchen von der Wand der Kiemenhöhle herab. Häufig fehlt die primäre Kieme, und sekundäre Kiemen werden vom Mantelrand oder als Rückenanhänge gebildet.

Die Umbildung der Mantelhöhle in eine **Lunge** ist mehrfach erfolgt. Unter Rückbildung der Kiemen dehnt sich das Blutgefäßnetz an der Innenwand aus und nimmt Sauerstoff aus der Luft auf. Bei Landschnecken entsteht durch

◁ Abb. 106: Oben: Bauplan einer pulmonaten Schnecke *(Helix)*, oben links prosobranche Schnecke mit aufpräparierter Schale. 1: Osphradium. 2: Kieme. 3: Hypobranchialdrüse. Unten: Pallialkomplex und Nervensystem bei den Gastropoda. a. Hypothetische Urform. b. Hypothetisches Übergangsstad um in der Entwicklung zu den Prosobranchiern. c. Primitiver Prosobranchier (Diotocardier). d. Höherer Prosobranchier (mit einer Kieme und einem Osphradium). e. Opisthobranchier. f. Pulmonat. Nach Storer, Usinger, Henning

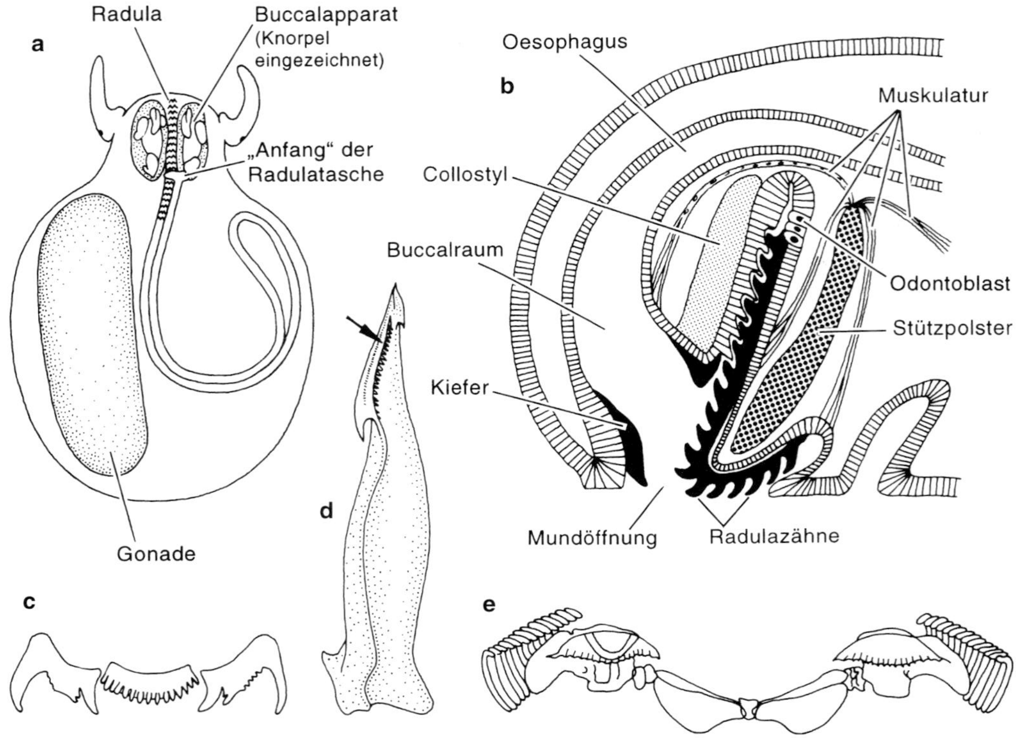

Abb. 107: Radula. a. Lage der Radulatasche von *Patella* nach Entfernung des Eingeweidesacks. b. Schema des Radulaapparates einer Lungenschnecke (Sagittalschnitt, Funktionsstellung der Radula; das Collostyl ist eine Stützstruktur aus Muskel- und Bindegewebe, die von Bluträumen durchzogen wird. c. Einzelne Zahnreihe einer stereoglossaten Radula mit Zentral- und Lateralzähnen *(Nassa)*. d. Einzelner Zahn einer toxoglossen Radula *(Conus)*, die bei vielen Neogastropoda vorkommt. Der Pfeil weist auf die Öffnung, aus der das Gift austritt. e. Zahnreihe einer rhipidoglossen Radula *(Neritina)*: Neben dem Zentralzahn zwei Typen anderer Zähne (Lateral- und Marginalzähne). Nach Kerth, Nybakken, Sundermann

Faltung des Mantelrandes ein Atemloch, dessen Weite je nach Feuchtigkeit und Temperatur durch Muskeln verändert wird. Bei den ins Wasser vorgedrungenen Lungenschnecken schließt sich das Atemloch, wenn das Wasser den Rand berührt. In- und Exspiration werden durch Senken und Heben der Körperwand in der Atemhöhle bewirkt.

Die Schnecken sind primär weidende Tiere, die mit ihrer Radula die Oberfläche des Bodens oder der Pflanzen abschaben. Die **Nahrung** besteht dann aus Algen, Pflanzenteilen und z.T. kleinen Tieren. Schnecken, die den Belag von Felsen abkratzen, wie *Patella* und *Littorina*, haben entsprechend der starken Abnutzung der Zähne einen verlängerten Radula-Sack. Viele Schnecken sind Pflanzenfresser und im Meer auf bestimmte Algen (einschließlich Kalkalgen) spezialisiert, während sie im Süßwasser und auf dem Land die weicheren Teile insbesondere der höheren Pflanzen bevorzugen. Eine besondere Art der Nahrungsaufnahme haben die Saccoglossa unter den marinen Nacktschnecken. Sie stechen mit dolchartigen Radulazähnen Zellen von Algen an und saugen sie aus. Viele Schnekken, besonders Neogastropoda, aber auch Landschnecken, sind carnivor. Oft weiden sie sessile Tiere, etwa Schwämme, Nesseltiere und Bryozoen ab und sind auf einzelne Tiergattungen spezialisiert. Vielfach sind sie Schlinger, die bewegliche Beutetiere verfolgen, selbst größere Tiere.

Entsprechend der ganz verschiedenen Ernährung ist der Darmtrakt vielfach umgeformt. Ein

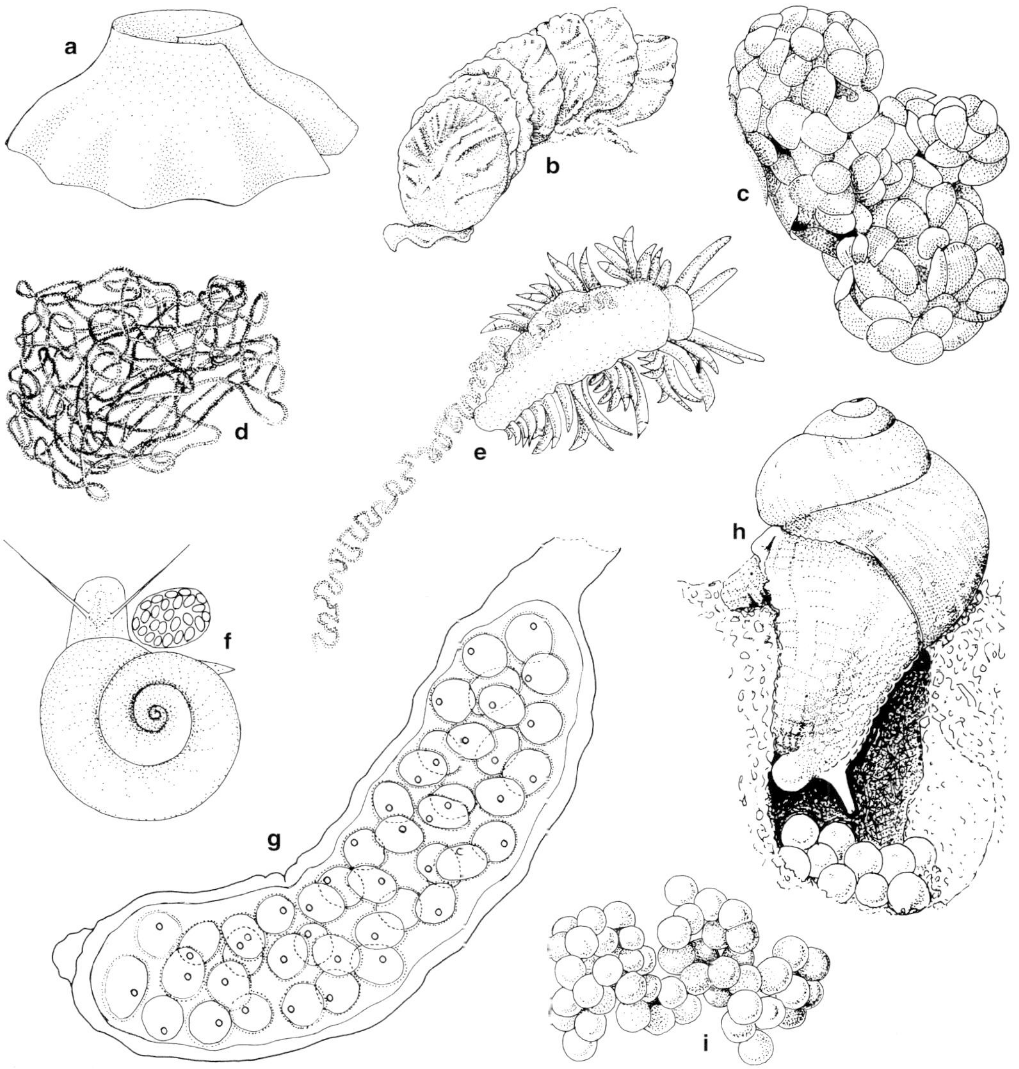

Abb. 108: Eigelege von Schnecken. a. *Polinices* (Durchmesser des Geleges 5 cm) b. *Conus* (Länge der Kapselkette 5 cm). c. *Buccinum undatum*. d. *Aplysia* (Durchmesser des aus langen Eischnüren bestehenden Geleges, 6 cm). e. *Spurilla neapolitana* (mit Laichschnur). f. *Biomphalaria glabrata* (bei der Eiablage). g. *Lymnaea palustris* (Länge des Geleges 1 cm). h. *Helix pomatia* (bei der Eiablage). i. *Limax maximus*. Nach Bielefeld, Fechter, Godan, Grzimek, Triebskorn

cuticularer Oberkiefer ist meist vorhanden. Er ist vielfach mit Leisten und Zähnchen versehen, selten ein Stechrohr, z. B. bei der an anderen Tieren saugenden *Odostomia*. Die **Radula** (Abb. 107) ist bei Patellomorpha noch stereoglossat (vgl. S. 154). Alle weiteren Schnecken besitzen eine flexoglossate Radula, ursprünglich vom rhipidoglossen Typus (d. h. es sind zahlreiche Längsreihen von Zähnen vorhanden [bis einige Hundert]; in jeder Querreihe stehen viele, bis ca. 30 Zähne, insgesamt also einige Tausend). In den Querreihen sind die Zähne verschieden: In der Mitte steht ein unpaarer Zentral- oder Rhachiszahn, es folgen einige Lateralzähne und außen oft hakenartige Marginalzähne (Uncini). Man unterscheidet verschie-

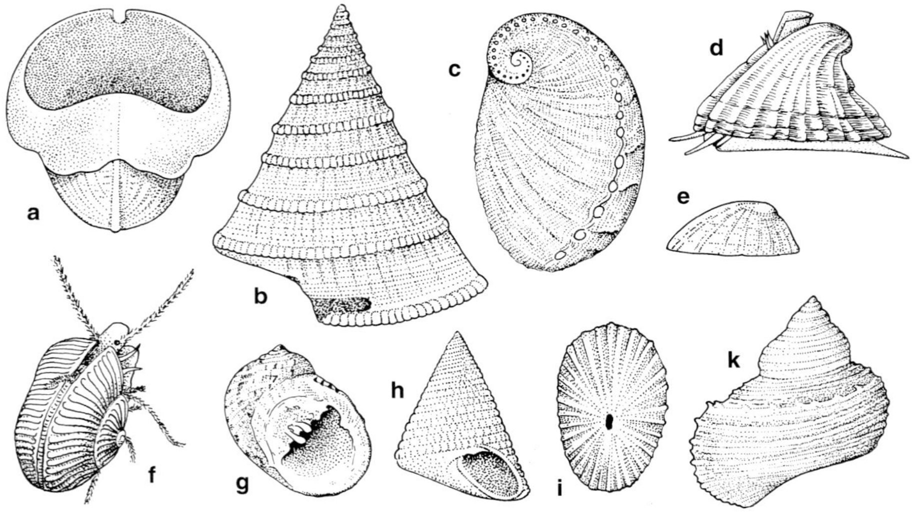

Abb. 109: Archaeogastropoda. a. *Bellerophon* (Palaeozoikum), vermutlich Zwischenform zwischen Monoplacophora und Gastropoda mit bisymmetrischer Spiralschale. b. *Pleurotomaria*. c. *Haliotis* (Abalone, Seeohr). d. *Puncturella*, mit Schalenschlitz. e. *Helcion* (*Patella*, Napfschnecke). f. *Scissurella*, mit Schalenschlitz und verschiedenen Tentakeln (Kopf-, Epipodial- und Pallialtentakel). g. *Nerita*. h. *Trochus* (Kreiselschnecke). i. *Fissurella*. k. *Turbo*. Nach Fretter, Graham, Gregory, de Haas, Knorr

dene Radulatypen (Abb. 107). Eine extreme Form erreichen die Zähne bei den giftigen Toxoglossa: Die wenigen Zähne sind von der Unterlage gelöst, sind einige mm lang und mit Widerhaken versehen und werden einzeln in das Beutetier eingestoßen.

Die übrigen Darmbereiche sind recht verschieden: Kropf, Muskelmagen, Kristallstiel usw. können fehlen. Von den Mitteldarmdrüsen ist meist nur eine stark entwickelt und bisweilen in einzelne Schläuche zerlegt (Nudibranchia).

Ursprünglich ist ein Paar von **Exkretionsorganen** vorhanden, doch wird das primär rechte, das im Mündungsgebiet vielfach den Gonoduct aufnimmt, schließlich zu einem reinen Geschlechtsleiter, so daß nur das primär linke Exkretionsorgan übrigbleibt. Es ist meist kompakt, selten entsendet es Schläuche zwischen die Organe (Dorididae). Bei Land-Pulmonaten ist die Verbindung mit der Pericardhöhle schmal, so daß nur wenig Flüssigkeit von der Pericardhöhle in das Exkretionsorgan geleitet wird (Wassersparen). Die Exkretionsöffnung ist durch einen sekundären Harnleiter bis zum Mantelrand verlagert.

Die **Geschlechter** sind primär getrennt, aber nur selten äußerlich verschieden. Viele Arten sind Zwitter, einige mit Zwittergonade und gleichzeitiger Reifung von Eiern und Spermien. Die Befruchtung ist bei ursprünglichen Formen eine äußere, bei den meisten Arten eine innere. Verbreitet sind Spermiozeugmen. Das sind Körper, die aus abweichenden Spermien (pyrenen und oligopyrenen Spermien) entstehen und Mengen von echten (eupyrenen) Spermien transportieren (*Clathrus, Viviparus, Janthina* u.a.). Parthenogenese ist selten. Der Oviduct bildet im distalen Teil Drüsen, die den Eiern Eiweiß (Eiklar) und auch Eihüllen bzw. Laichkapseln mitgeben. Die Eigelege sind sehr unterschiedlich (Abb. 108).

Lebendgebären kommt vor *(Viviparus, Littorina saxatilis)*. Brutpflege erfolgt vereinzelt im Eileiter, in Hauttaschen des Vorderkörpers oder in der Mantelhöhle.

1. Unterklasse: Streptoneura (Prosobranchia, Vorderkiemer)

Ursprüngliche Gruppe. Mantelhöhle vorn. Die Kiemen liegen vor dem Herzen. Die seitlichen Nervenstränge sind gekreuzt (Chiastoneurie, Abb. 106) und bilden drei Ganglien aus, Fuß

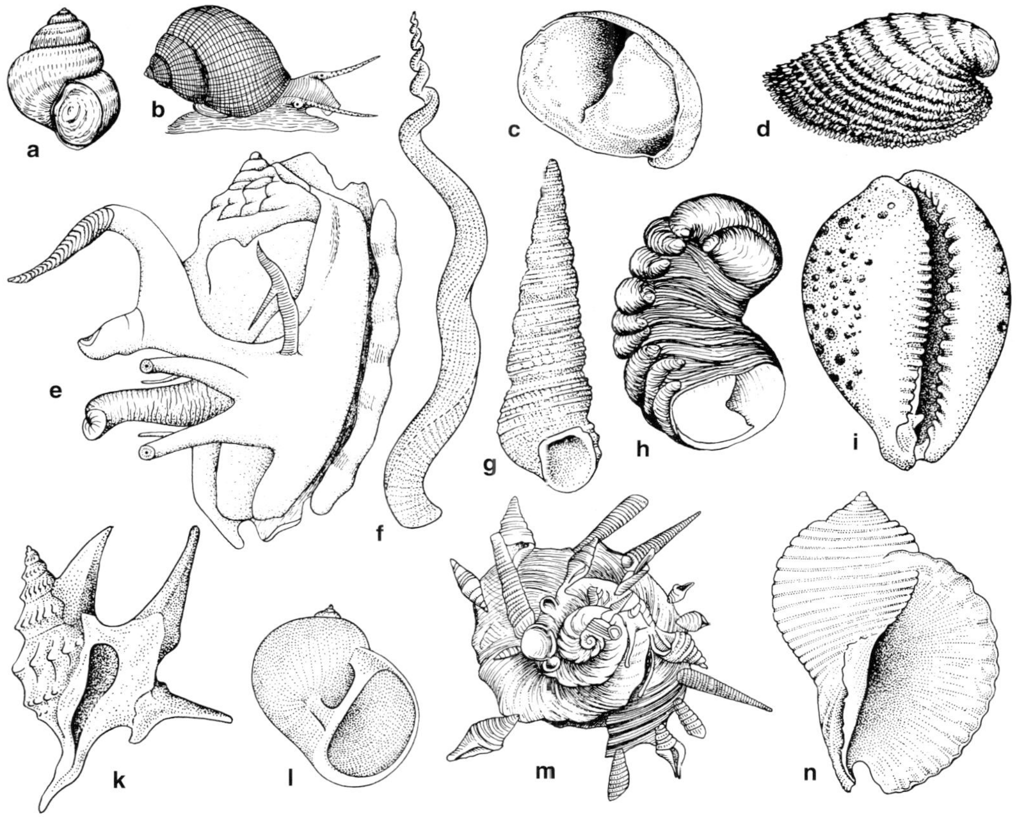

Abb. 110: Mesogastropoda. a. *Viviparus* (Sumpfdeckelschnecke). b. *Littorina* (Strandschnecke). c. *Crepidula* (Pantoffelschnecke, vgl. h.). d. *Capulus* (Haubenschnecke). e. *Strombus*; beachte den nach links oben gerichteten modifizierten Fuß mit seinem langen Operculum, den langen Rüssel und die Augenstiele; seitlich am Körper sitzt der Penis. f. *Tenagodus (Siliquaria)* (Wurmschnecke). g. *Turritella* (Turmschnecke). h. *Crepidula*, Kette von Tieren, die eine Geschlechtsumkehr durchmachen: Basal findet man alte Weibchen, in der Mitte Übergangsstadien, apikal junge Männchen. i. *Cypraea* (Porzellanschnecke). k. *Aporrhais* (Pelikanfuß). l. *Natica* (Mond-, Nabelschnecke). m. *Xenophora*; beachte, daß das Gehäuse mit Schalen von anderen Mollusken verwachsen ist. Die Bedeutung dieser Erscheinung ist unklar. n. *Tonna* (= *Dolium*, Faßschnecke). Nach Alastair, Fretter, Gaimard, Graham, Gregory, de Haas, Knorr, Quoy

sehr oft mit Deckel (Operculum). Meist getrenntgeschlechtig.

1. Ordnung: Archaeogastropoda (= **Diotocardia,** Abb. 109). Ursprüngliche Merkmale: oft 2 Herzvorhöfe, 2 Exkretionsorgane, 2 Osphradien, meist 2 freie Ctenidien mit 2 Fiederreihen. Schale meist mit Perlmutterschicht. Die Bellerophontacea (Abb. 109 a) mit planspiraler Schale und Schalenschlitz schon im Kambrium.

a. Patellomorpha (Docoglossa, Abb. 109 e): mit symmetrischer Napfschale ohne Perlmutt, ohne Exspirationsloch, Deckel und Epipodium. Auch die Ctenidien fehlen, falls nicht die Nackenkieme von *Acmaea* von einem Ctenidium abstammt. Bei *Patella* liegen zahlreiche sekundäre Kiemen am Mantelrand. Häufige Schnekken der felsigen Küstengebiete. *Helcion* auf Tangen.

An den Felsenküsten von Mittelmeer und Atlantik kommt häufig *Patella vulgata* vor. In der Gezeiten- und Spritzwasserzone kriecht sie langsam umher und raspelt z.B. Diatomeen vom Substrat ab. Durch ein besonderes Heimfindevermögen kehrt sie immer wieder an ihren Ausgangsstandort zurück, an dessen Relief ihr Schalenrand angepaßt ist, so daß sie bei Ebbe Trockenfallen gut überstehen kann.

b. Vetigastropoda (Abb. 109 b, c, h, i, k): Mit doppelfiedrigen Ctenidien; Osphradium an Kiemenbasis; Fußseiten (Epipodium) mit Sinnesknospen und meist auch Tentakeln. Radula rhipidogloss, Larven lecitotroph. Die Pleurotomariacea mit gewundener oder napfartiger Schale mit Schalenschlitz, mit einer Reihe von Löchern (*Haliotis*, Abb. 109 c) oder mit einem Exspirationsloch apikal in der napfartigen Schale (*Fissurella*, Abb. 109 i). Die Gattung *Pleurotomaria* (Abb. 109 b) ist seit der Trias bekannt und lebt heute als lebendes Fossil in Tiefen tropischer Meere unter 200 m bevorzugt auf Felswänden. Ein Zentrum liegt vor Ostjapan. Die größte Art *(P. rumphii)* wird fast 20 cm lang. Schale mit Deckel.

Haliotis (Meeresohr, Abalone; Abb. 109 c), ohne Deckel, mit zahlreichen Exspirationslöchern; wirtschaftlich wichtig (Jahresertrag um 20000 t), wird besonders in der chinesischen und japanischen Küche verwendet. Etwa ein Drittel des Weltertrages von *Haliotis* kommt aus Australien, insbesondere aus dem Süden, wo der Fang Kontrollen unterliegt, weil die Gefahr der Übernutzung besteht. In Japan erfolgreiche Zucht. *Haliotis* hat freischwimmende Larven, die sich z.B. auf Kalkalgen niederlassen und zunächst vor allem von Diatomeen leben. Später ernähren sie sich von Makroalgen. Junge Abalone sind sehr mobil und vorwiegend nachtaktiv. Ältere bewegen sich kaum. Geschlechtsreife wird mit 3–4 Jahren erreicht. Feinde sind z.B. Rochen und Seesterne.

Die Trochacea (Kreiselschnecken, Abb. 103 a, 109 h) haben eine gewundene Schale mit Deckel, Ctenidien und seitlicher Durchströmung der Kiemenhöhle, daher ohne Schalenschlitz oder -loch. Darin gleichen sie den höheren Schnecken, aber sie haben noch eine Perlmuttschicht, 2 Herzvorhöfe und 2 Nieren und 1 Epipodium. Im marinen Flachwasser: *Trochus, Gibbula, Calliostoma, Turbo* (Abb. 109 k); *Skenea* in Nord- und Ostsee.

Zu *Trochus* gehören bis 15 cm hohe Arten *(T. niloticus)*, die wegen ihres Perlmutts und ihres Fleisches sehr geschätzt werden (Abb. 103 a). *Trochus* lebt vorwiegend auf Felsen in der küstennahen Zone und ernährt sich von Algen.

Gibbula cineraria ist auf Hartböden und Tangen von der Gezeitenzone an abwärts an der Atlantikküste verbreitet und wird als Schale auch an der Nordsee angeschwemmt («Friesenknopf»). Sie lebt zahlreich im Helgoländer Felswatt.

c. Neritimorpha (Abb. 109 g): Perlmuttschicht und Epipodium fehlen. Die Befruchtung ist eine innere. Das Weibchen hat eine oder mehrere Samentaschen (Spermatheken), das Männchen oft einen Penis am rechten Fühler wie viele höhere Schnecken (Konvergenz?). Planktotrophe Veliger-Larven. Strandbewohner des Meeres; im Süßwasser *Theodoxus = Neritina*; zahlreiche Landschnecken in den Tropen (Helicinidae, Hydrocenidae) mit einer Lunge.

Theodoxus fluviatilis lebt meist auf Steinen mit rauher Oberfläche in stehenden sowie fließenden Gewässern und dringt auch ins Brackwasser ein. Die Art ist auf Diatomeen spezialisiert, die sie allerdings nur verdauen kann, wenn sie beim Abraspeln mit der Radula zerstört wurden. Die etwa 1 mm großen Eikapseln werden auf Festkörpern abgelegt. Von den 80 Eiern in einer Kapsel entwickelt sich eines, die anderen sind Nähreier.

d. Neomphalacea: Tiefsee-Schnecken mit einem doppelfiedrigen Ctenidium und nach vorne links verlagertem Mantelraum; linker Kopftentakel als Begattungsorgan. *Neomphalus* mit Napfschale als Kiemen-Filtrierer der Heißquellen-Zonen («hot vents») im Pazifik.

e. Architaenioglossa (Cyclophoracea): Süßwasserschnecken wie die lebendgebärenden Sumpfdeckelschnecken (*Viviparus*, Abb. 110 a). Auch zu den Mesogastropoda gestellt.

Viviparus contectus, die Sumpfdeckelschnecke, lebt in pflanzenreichen Gewässern wie Weihern, Gräben und Flachmooren. Ihre Ernährung ist besonders vielseitig: Sie weidet Algenaufwuchs ab, kann Plankton herbeistrudeln und nimmt auch Detritus auf. Männchen mit keulenförmig verdicktem rechten Fühler (Begattungsorgan); vivipar. Vertragen Austrocknen des Gewässers. *Viviparus viviparus* (Flußdeckelschnecke) aus dem pontokaspischem Bereich bei uns eingebürgert.

2. Ordnung: Caenogastropoda (Monotocardia). Bei ihnen kommen Herzvorhof, Kieme, Exkretionsorgan und Osphradium nur in Einzahl vor. Die Kieme ist mit der Achse am Mantel festgewachsen, nur eine Reihe von Kiemenblättchen hängt an dem Mantelsaum. Die Pedalstränge sind meist zu einem Pedalganglion mit 1 oder 2 Kommissuren konzentriert. Innere Befruchtung, oft ein Penis am oder hinter dem rechten Fühler.

Die ersten drei Unterordnungen bildeten zusammen mit Architaenioglossa und Allogastropoda die **Mesogastropoda.**

1. Unterordnung: Cerithiomorpha. Basale Gruppe ohne Rüsselbildung; Radula mit 7

Zähnen je Querreihe (taenioglossj; Schalenform und Lebensweise sehr unterschiedlich. Marine Schnecken mit hochgetürmten Schalen sind *Cerithium*, *Bittium* u. a. Ein besonderer Weg geht von *Turritella* (Abb. 110 g; Turritellidae) aus, die mit ihrer langen Schale eingegraben im Meeresboden lebt und sich als Strudler ernähren kann. Diese Ernährung führt zu weitgehend sessilen Arten mit am Ende unregelmäßig offen gewundener Schale und Schlitzband (*Tenagodus:* Abb. 110 f; Siliquariidae). Eine weitere Gruppe (Thiaridae = Melanidae, Potamidae) lebt im Süßwasser der wärmeren Gegenden (*Fagotia:* pannonisch-pontisch) und hat sich im Tanganjika-See zu großem Formenreichtum entwickelt.

2. Unterordnung: Ctenoglossa. Verschiedengestaltige Schnecken mit Spermiozeugmata, Radula verschieden abgewandelt.

Die Triphoracea mit taenioglosser Radula oder erhöhter Zahnzahl. *Monophorus* = *Triphora* linksgewunden.

Die Janthinacea («Scalacea») = Ptenoglossa haben eine Radula mit zahlreichen, etwa gleichartigen Zähnen in jeder Reihe (ptenogloss, *Epitonium* = *Scalaria*). Ihnen entstammt die Floß- oder Veilchenschnecke (*Janthina*), die an einem Floß aus Luftblasen auf dem Meer treibt und an ihm die Eikapseln ablegt (Abb. 112 b). Sie ernährt sich von Plankton und überwältigt auch große Cnidaria, z. B. *Physalia* und *Velella*.

Die Eulimacea = Aglossa sind Säftesauger mit langem Rüssel, aber ohne Radula. Sie parasitieren meist an oder in Echinodermen, *Asterophilus* an Seesternen, *Pelseneeria* an Seeigeln; *Entoconcha* und *Enteroxenos* in Seegurken.

3. Unterordnung: Neotaenioglossa. Hierher gehören die Mehrzahl der Meeresschnecken sowie viele Süßwasser- und Landschnecken, deren Verwandtschaft untereinander nur z. T. geklärt ist. Radula meist mit 7 Zähnen je Querreihe.

Die Littorinacea enthalten die typischen, z. T. amphibischen Strandschnecken (*Littorina*, Abb. 110 b, 119 f) der Küsten. Einige Arten können wochenlang bei Luftaufenthalt überleben, sie vermögen große Wassergehalts- und Volumenschwankungen zu ertragen und Harnsäure zu produzieren, eine wassersparende Form der Exkretion. Sie haben ihre Kiemen rückgebildet und besitzen eine gut durchblutete Atemhöhle. In kalten Meeren gehören sie mit einigen Seepocken zu den am weitesten polwärts vordringenden Tieren der Gezeitenzone.

Sehr unterschiedlich ist die Fortpflanzung der *Littorina*-Arten unserer Küsten: *L. littorea* entläßt ihre Eier ins offene Wasser; aus ihnen schlüpft eine planktische Larve; *L. obtusata* und *L. mariae* setzen ihre ovalen bis nierenförmigen gelatinösen Gelege auf Algen ab; die Entwicklung ist direkt. *L. saxatilis* behält ihre Eier in der Mantelhöhle, in der die Jungschnecken schlüpfen. *L. neritoides*, die an der Felsküste am höchsten lebt und deren Mantelhöhle als Lunge fungiert, gibt ihre Eier bei Springtiden ins Meer ab; aus ihnen schlüpfen planktische Larven. Besonders hoch siedelnde Individuen kriechen zur Eiablage etwas tiefer herab.

Pomatias lebt terrestrisch, *Lacuna* ist marin.

Die meist kleinen Rissoacea sind häufige Bewohner der marinen Litoralgebiete (*Hydrobia*, Abb. 119 g), des Brackwassers und des Süßwassers (*Bulinus*, *Bithynia*), einschließlich Grundwasser (*Lartetia* = *Tythiospeum*) und Quellen (*Bythinella*). Im Meer *Rissoa* u. a., in der Gezeitenzone *Assiminea*, *Truncatella*, *Skeneopsis;* die Gattung *Geomelania* ist sogar Landbewohner. *Caecum* (im Lückensystem des Bodens) stößt die ersten Windungen der Schale ab; diese ist dann hornförmig.

Hydrobia ulvae (Gemeine Wattschnecke) ist ein Weidegänger, der von der Wattoberfläche Diatomeen und Blaualgen aufnimmt. Außerdem frißt sie ihre eigenen Kotpillen (Koprophagie). Bis über 100000 Individuen/m^2 wurden auf besonders nahrungsreichem Substrat gezählt. Die Kriech- und Freßaktivität findet in der Gezeitenzone, insbesondere zu Beginn der Ebbe, statt; nach einiger Zeit graben sich die Schnecken jedoch ein und verbleiben dicht unter der Sedimentoberfläche, bis das Wasser wieder aufläuft. In besonders ruhigem Wasser hängen sie sich auch an die Wasseroberfläche, bilden ein Schleimnetz und fangen mit diesem Plankton. Die bis 5 mm langen Schnecken haben eine Veliger-Larve. Sie tragen durch ihre Sekrete und die Bildung ihrer Kotpillen zur Sedimentbildung bei und stellen eine wichtige Nahrung für viele andere Tiere dar.

Bithynia tentaculata kommt in fast allen limnischen Gewässern vor, ist recht tolerant gegen Verschmutzung und lebt auch im Brackwasser. Nimmt Detritus auf und kann auch Planktonorganismen herbeistrudeln. Laich wird in Schnüren an das Substrat geheftet.

Bulinus ist Zwischenwirt von *Schistosoma* (S. 108).

Die Vermetacea (Wurmschnecken) umfassen Tiere mit unregelmäßig gewundener Schale, die an Felsküsten und in Korallenriffen mit Schleimfäden Beute fangen.

Die Wurmschnecke *(Vermetus arenarius)* baut ein röhrenförmiges Gehäuse, dessen schraubig gewundener Anfangsteil an der Unterlage festgekittet ist. Wenn in wenigen cm Entfernung kleine Tiere vorbeidriften, stößt *Vermetus* lange Schleimfäden aus, die ein Netz bilden. Daran bleiben die kleinen Beutetiere kleben und werden samt Netz eingezogen und gefressen. Der Fuß ist stark rückgebildet, das Operculum als Röhrenverschluß jedoch wohl entwickelt. Die innen porzellanartigen Röhren erreichen einen Durchmesser von 15 mm.

Die Calyptraeacea sind meist Napfschnecken, die sich durch Kiemenfiltration ernähren und sich auch auf Schalen anderer Molluscen, auch der eigenen Art, setzen. Dadurch entstehen Ketten von Tieren. Die erwachsenen Tiere sind oft sessil. Hierher gehört die Pantoffelschnecke *Crepidula* (Abb. 110 c, h).

Crepidula fornicata (Pantoffelschnecke) wurde um 1890 mit Austern von Nordamerika nach Europa eingeschleppt. Die erwachsenen Schnecken sind sessile Strudler. Mit dem Cilienschlag ihrer Kiemen produzieren sie einen Atemwasserstrom und sieben daraus mit einem fortlaufend produzierten Schleimfilter Plankton und grobe Partikel aus dem Wasser heraus. Die feinen Teilchen werden mit den Kiemen filtriert. Das Konzentrat gelangt zum Mund. Jungtiere kriechen zunächst umher und reifen zu männlichen Tieren heran. Viele begeben sich auf ältere festsitzende, die ihre männliche Phase abgeschlossen und eine Geschlechtsumwandlung durchgemacht haben. Auf diese Weise kommt es mit der Zeit zur Bildung von Paarungsketten (Abb. 110 h). Durch ihr freilebendes Larvenstadium verfügt *Crepidula* über rasche Ausbreitungsmöglichkeiten und ist strekkenweise zu einem gefürchteten Nahrungskonkurrenten von Austern und Miesmuscheln geworden. In von Einsiedlerkrebsen bewohnten Schneckenschalen lebt an der nordamerikanischen Atlantikküste oft die abgeflachte *Crepidula plana*, die Zwergmännchen hat.

Die Strombacea sind oft große Schnecken mit dornenbewehrter Schale, deren Mündungsrand lange Fortsätze tragen kann. Der Fuß ist in Vorderfuß (Propodium) und Hinterfuß (Metapodium) geteilt (Abb. 110 e) und gestattet «Spring»bewegungen («Operculum-Staken»). Das Operculum der Strombidae ist messerförmig und kann unter schlagenden Bewegungen des Fußes auch der Verteidigung dienen. Es wurde in der Antike des Geruchs wegen geschätzt, den es beim Verbrennen abgibt, und findet schon im Alten Testament Erwähnung (Onycha). Ernährung weidend *(Lambis)*, aber auch durch Kiemenfiltration *(Struthiolaria*, der Pelikanfuß *Aporrhais*). Hierher gehört auch *Xenophora*, die in tiefem Wasser der Tropenmeere lebt, v. a. im Westpazifik und die ihre Schale z. B. mit Molluscenstücken versieht (Abb. 110 m).

Aporrhais pespelecani (Pelikanfuß; Abb. 110 k) lebt im Schlamm- und Sandboden eingegraben und strudelt Wasser durch die Kiemen, die feine Nahrungspartikel zurückhalten. Bei der Fortbewegung hebt der Pelikanfuß das Gehäuse über den Kopf. In der Nordsee verbreitet.

Bei den Cypraeacea wird die Schale etwa eiförmig, der letzte Umgang überdeckt die übrigen Windungen (Abb. 110 i). Mantellappen bedecken meist die Schale und bilden auf ihr eine glänzende Schicht. Die meisten Arten leben in den Tropen. Ihr deutscher Name Porzellanschnecken rührt von der porzellanartig-glatten Oberfläche der Schale, die bei den etwa 200 rezenten Arten ganz unterschiedlich gefärbt bzw. gemustert ist.

Manche Arten, so die bekannte Goldene Kauri (*Cypraea aurantium*; Abb. 103 b), gehören heute zu den besonders beliebten, aber auch seltenen Sammlerstücken, andere (z. B. *C. moneta*) dienten früher in verschiedenen Gebieten der Tropen als Geld. Die Mehrzahl der *Cypraea*-Arten ist nachtaktiv. Manche leben von Schwämmen, andere von Tunicaten, so die «Falschen Kauris» der europäischen Meere (*Trivia;* Familie Triviidae). Letztere legen ihre Eikapseln in angefressene Beutetiere.

Abweichend sind die pelagischen marinen Raubschnecken der Atlantacea (= Heteropoda). Die durchsichtige, wurmförmige, bis 36 cm lange *Pterotrachea* hat den Vorderfuß zu einer vertikalen Flosse umgewandelt und schwimmt mit der Ventralseite nach oben. Die Adulten haben keine Schale mehr. Das Linsen-Teleskopauge mit mehreren Retina-Ebenen ist das höchstentwickelte unter den Schnecken. *Atlanta* besitzt noch eine unverkalkte Schale, in die der Körper eingezogen werden kann, der Hinterfuß trägt einen Deckel. *Carinaria* hat nur noch eine kleine Schale; der Vorderfuß wird zu einer Flosse, der Hinterfuß zum Hinterkörper (Abb. 112 a).

Die Naticacea (Abb. 110 l) umfassen große Räuber, die Molluscen und Echinodermen verschlingen oder nach Durchbohren der Schale ausfressen. *Natica* und *Lunatia* suchen im Sand Muscheln, umfassen sie mit ihrem großen Vorderfuß, ätzen und bohren durch Raspeln ihrer Radula ein Loch in die Schale des Opfers. Auf der Suche nach Beute durchpflügen Naticidae mit ihrem großen Fuß den Sand. Die Gelege

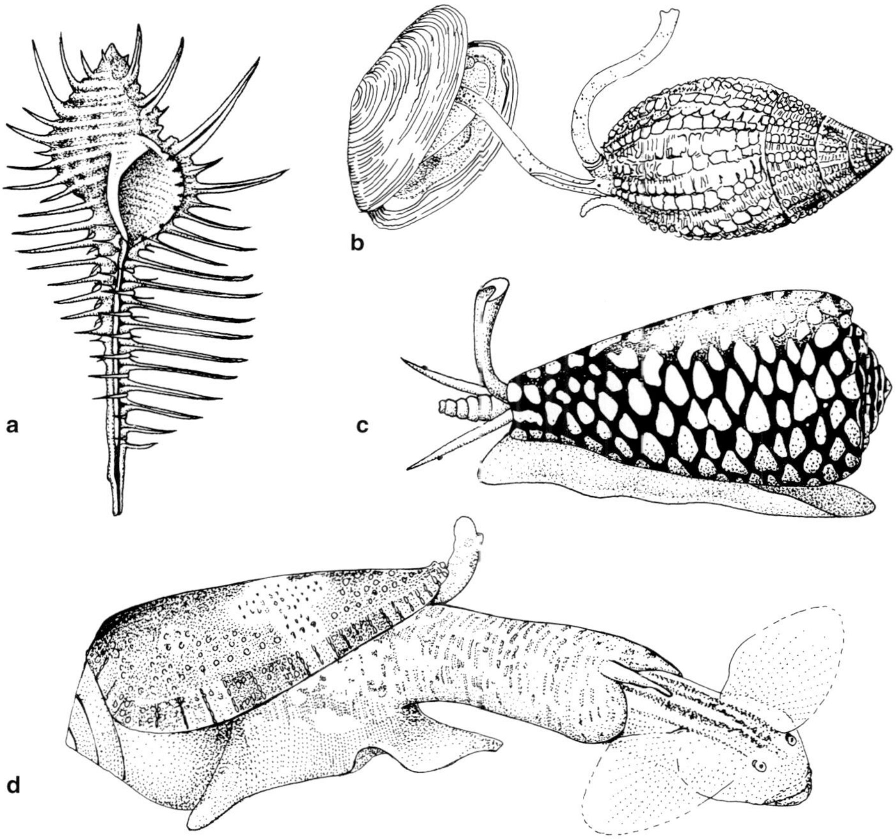

Abb. 111: Neogastropoda. a. *Murex*. b. *Hinia (Nassarius)*, an toter *Tellina* fressend. c. *Conus* bei der Fortbewegung. d. *Conus* beim Fressen eines Fisches. Nach Fretter, Graham, Hiyama, Kerstitch

bilden typische Ringe, die auf dem Substrat abgelegt werden (Abb. 108 a).

Zu den großen Tonnacea gehören das Tritonshorn *Charonia* = *Tritonium* (bis 40 cm; Abb. 103 c) sowie die in ihren Speicheldrüsen Schwefelsäure produzierende *Cassis* = *Dolium*. Beide sind weitgehend darauf spezialisiert, sich von Echinodermen zu ernähren. *Charonia* ist eine der größten Schnecken; sie ist nachtaktiv und lebt beispielsweise von dem Kissenseeigel *Culcita* und dem Dornenkronenseestern *Acanthaster*. Man hat die Massenvermehrung des letzteren in manchen Riffgebieten mit dem Wegsammeln von *Charonia* in Zusammenhang gebracht.

4. Unterordnung: Neogastropoda = Stenoglossa, Neuschnecken (Abb. 111). Sie sind erst von der Kreide an bekannt und leben nur im Meer. Ihr langer Sipho leitet das inhalierte Wasser zu dem gut entwickelten Osphradium. Die Schale trägt meist einen langen Siphonalfortsatz und ist oft bestachelt. Der Rüssel ist vielfach lang und in eine Scheide einziehbar, die Radula schmal mit nur 3 oder weniger Zähnen in einer Querreihe. Eier oft in großer Zahl in Sammelkapseln (Abb. 108 b, c). Der größte Teil der Eizellen dient in vielen Fällen den wenigen sich entwickelnden Embryonen als Nahrung. Fußdrüsen bilden oft eine komplizierte Hülle um das Gelege. Aasfresser und Räuber, manche Arten Muschelöffner.

Zu den Muricacea gehören die Purpurschnecken (*Murex*, Abb. 111 a), die in ihrer Hypobranchialdrüse Schleim erzeugen, woraus Purpur gewonnen wurde; im marinen Strandgebiet *Thais* und *Nucella*, die Seepocken und andere «Schalentiere» ausfressen sowie *Urosalpinx*, die von Muscheln lebt und in Austernbänken auftreten kann. Von amerikanischen Küsten wurde sie mit Saataustern nach Europa verschleppt. Hierher gehört auch *Concholepas*, die wichtigste kommerziell genutzte Schnecke Chiles. Die ovale Schale erinnert an eine Muschelschale. Die bis 10 cm lange Schnecke lebt im Felslitoral und frißt Muscheln.

Von der Antike bis ins Mittelalter gewann man aus der Hypobranchialdrüse von *Murex* den begehrten Purpurfarbstoff, der als Symbol für Macht galt. Das wasserhelle Sekret wird im Sonnenlicht erst gelbgrün, dann tiefviolett (Dibromindigo). Die Purpurherstellung war im Mittelmeergebiet ein wichtiger Wirtschaftszweig. Nahe den antiken Färbereien fand man Schalenhaufen, insbesondere von *M. brandaris* und *M. trunculus*. Immerhin benötigte man für die Färbung eines Gewandes 12000 Schnecken; die genaue Methode der Purpurherstellung war ein wohlgehütetes Geheimnis. Über lange Zeit war die phönizische Stadt Tyros das Zentrum der Purpurherstellung.
Nucella lapillus, die bis 4 cm lange, weißlich-graue Nordische Purpurschnecke ist an den Küsten des Atlantik verbreitet und dringt auch in die Nordsee ein. Sie bohrt Muscheln und Seepocken an und deponiert ihre Eikapseln, in denen nur wenige Eier befruchtet sind (die anderen dienen den Jungschnecken zur Nahrung) auf Hartsubstrat. Zur Purpurgewinnung wurde *Nucella lapillus* im Mittelalter in großem Umfang gesammelt.

Zu den Buccinacea gehören die Wellhornschnecke *Buccinum, Neptunea* und die Netzreusenschnecke (*Hinia = Nassarius);* Abb. 111 b) sowie *Syrinx*, die mit 70 cm Schalenhöhe größte rezente Schnecke, die im Meer zwischen Australien und Neuguinea vorkommt.

Buccinum undatum, die bis 12 cm lange Wellhornschnecke, ist auf Weich- und Hartböden von Nordsee und westlicher Ostsee verbreitet. Oft findet man ihre leeren Eiballen (Abb. 108 c) angeschwemmt. Eine einzelne Kapsel enthält bis 1000 Eier. Davon werden nur etwa 10 befruchtet, die anderen dienen den intrakapsulären Veliger-Larven als Nahrung (Nähreier). Die Erwachsenen sind Aasfresser und Beutegreifer. Leere Gehäuse werden oft von Einsiedlerkrebsen besiedelt.

Hinia reticulata (oft *Nassarius r.* genannt) kommt in Seegraswiesen und auf sandigem Weichboden vor. Sie lebt von Aas, verschiedenen Weichtieren und Würmern. Bei der Ortung ihrer Nahrung hält sie ihren langen Sipho unter Suchbewegungen gegen die Strömung.

Die Volutacea sind vorwiegend tropisch und viele mit bei Sammlern begehrten Schalen versehen. Hierher gehört auch die heilige Schnecke des indischen Gottes Wischnu, *Xancus pyrum*.

Hochspezialisiert sind die Conacea (Toxoglossa), Giftschnecken, die mit einem Radulazahn Beutetiere stechen und durch Gift lähmen oder töten.

Conus (Abb. 111 c, d) mit etwa 500 Arten in warmen Meeren. Die Radula-Zähne von *Conus geographus* und *C. striatus* erreichen eine Länge von über 10 mm. Die Zähne werden in der Radulatasche in einer Zahl von wenigen bis über 50 gespeichert und bei Bedarf einzeln in den Pharynx transportiert, mit Gift ausgestattet und dann bis 8 cm weit abgeschossen. Das Toxingemisch ruft beim Menschen lokale Schmerzen hervor, dann Kopfschmerzen und eventuell Beeinträchtigung der Herztätigkeit und Atemlähmung. Für den Menschen gefährliche Arten sind *Conus geographus* (Abb. 103 d), eine in der Küstenzone des Indopazifik verbreitete Art, und die ebenfalls indopazifischen *C. striatus* und *C. textile*. Außerdem wird *C. gloriamaris*, lange eine der zu besonders hohen Preisen gehandelten Arten, als für den Menschen gefährlich angesehen. Insgesamt sollte man die Gefahr durch *Conus* nicht überschätzen. In der Tat sind nur sehr wenige Todesfälle belegt. *Conus geographus* lebt von anderen Molluscen und Fischen, *C. marmoreus* insbesondere von anderen *Conus*-Arten. Viele Arten mit besonders schönen Schalen. Die Farbmuster treten übrigens erst zutage, nachdem das Periostracum entfernt worden ist.

3. Ordnung: Allogastropoda. Schnecken ohne Ctenidium und Oesophagus-Drüsentaschen. Eier eines Geleges in Schnüren. Marine Formen, meist mit zwei Wimperbändern im Mantelraum und mit linksgewundenen Larvalschalen. Übergangsgruppe zu den Euthyneura, mit welchen zusammen sie z.T. auch als Heterobranchia (gegenüber den Prosobranchia s. str.) eingeordnet werden. Hierzu zählt man die Valvatacea (früher bei Mesogastropoda eingeordnet) und die Pyramidellacea (auch als Opisthobranchia geführt).

Die zwittrigen Valvatacea sind kleine Schnecken mit abgeflachten Schalen und einer Sekundärkieme. Rand der Mantelraumöffnung rechts mit einem Pallialtentakel. *Valvata* im Süßwasser, andere marin.

Die Pyramidellacea sind kleine Schnecken mit turmförmigen Schalen, die aus den Kiefern ein Stechrohr mit Saug- und Speichelgang entwickelt haben, mit dem sie an anderen Tieren saugen; heimisch *Odostomia rissoides* an Miesmuscheln.

2.. Unterklasse Euthyneura

Die Überkreuzung der Nerven fehlt. Laterale Nerven mit fünf Ganglien. Ohne echte Ctenidien, fast alle zwittrig.

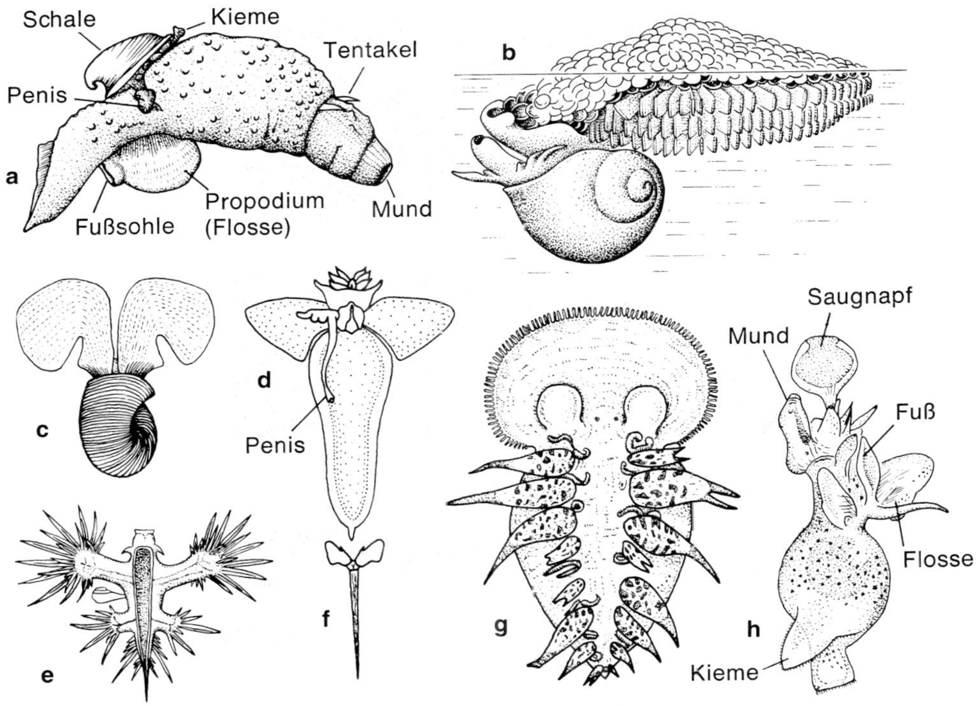

Abb. 112: Freischwimmende Schnecken. a. *Carinaria* (20 cm lang). b. *Janthina* mit Floß, an dem Eikapseln befestigt sind (Gehäuse 2 cm hoch). c. *Spiratella (Limacina)* (Schalendurchmesser 4 mm). d. *Clione* (3 cm lang). e. *Glaucus* (2,5 cm lang). f. *Creseis* (5 mm lang). g. *Fimbria (Tethys)* (25 cm lang). h. *Pneumodermopsis* (5 mm lang). Nach Bergh, Fraenkel, Gegenbaur, Parona, Portmann, Wurmbach

1. Überordnung: Opisthobranchia (Hinterkiemer)

Diese fast rein marine Gruppe verlagert die Atemhöhle nach rechts, so daß die neu entwickelte Kieme hinter dem Herzen liegt (Name). Kiemen und Kiemenhöhle gehen bald verloren. Soweit die Kieme noch vorhanden ist, besteht sie aus unbewimperten Falten (Faltenkieme). Wimperströme sorgen für die Wasserzufuhr. Auch die Schale fehlt den meisten Gruppen, ist aber bei den Veliger-Larven noch vorhanden. Der Körper wird symmetrisch, oft auffallend bunt und erhält durch tertiäre Kiemen und bizarre Körperfortsätze ein ungewöhnliches Aussehen. Daß die Gruppe dennoch von Streptoneura abzuleiten ist, zeigt *Acteon*, die überkreuzte Nerven und eine fast vorn liegende Mantelhöhle mit der Kieme vor dem Herzen hat und doch ein Opisthobranchier ist (Kopfschild, Zwitter u. a.). Auch die Pyramidellacea (s. o.), oft bei den Streptoneura geführt, zeigen die enge Verwandtschaft.

Früher faßte man die schalentragenden, ursprünglichen Formen verschiedener Linien als «Tectibranchia» zusammen.

1. Ordnung: Cephalaspidea (Bullamorpha). Die Kopffühler sind plattenartig und verwachsen zu einem Kopfschild, der beim Kriechen im Sediment wie ein Pflug wirkt. Schale groß, meist zart, Mantelhöhle sehr lang. Ursprüngliche Formen (*Acteon*, Abb. 113 a) weiden das Sediment ab, viele sind Räuber, die andere Tiere, besonders Molluscen, verschlingen und in einem Muskelmagen mit festen Platten zerkleinern. *Philine, Retusa, Cylichna. Philinoglossa* im Sandlückensystem.

2. Ordnung: Thecosomata. Pelagische Flügelschnecken (Abb. 112 c). Die «Flügel» sind die Vorderlappen des Fußes und dienen zum Schwimmen. Die Schale ist ursprünglich gewunden; sie wird meist köcherartig langgestreckt. Sie geht bei *Cymbulia* verloren, wird aber durch eine zellenhaltige innere Schale ersetzt. Thecosomata ernähren sich z. B. durch Schleimnetzfang. Planktonorganismen, wie Diatomeen, werden im noch vorhandenen Kaumagen zerbrochen. *Spiratella* (Limacina): mit gewundener Schale und langer Atemhöhle. *Cavolinia, Clio, Cymbulia.*

Unter dem Begriff **Pteropoda** (Flügelschnecken) werden oft die Thecosomata mit den Gymnosomata zusammengefaßt.

3. Ordnung: Anaspidea (Aplysiacea, Abb. 113 i, l). Mit 4 Tentakeln, Schale meist dünn, teilweise oder ganz vom Mantel umhüllt, auch die Seitenteile des Fußes legen sich über die Schale. Anaspidea fressen Algen, die im vorderen Kaumagen zerrieben werden, der hintere Magen ist mit feinen Zähnchen besetzt. *Acera (Akera;* Abb. 113 i) bis 5 cm, auch in der westlichen Ostsee. *Aplysia* (Seehase, Abb. 113 l).

Aplysia hat den deutschen Namen Seehase erhalten, weil die hinteren Tentakel wohl an Hasenohren erinnern. Die bis 40 cm lange *Aplysia* ist beispielsweise im Phytal des Mittelmeeres verbreitet. Sie kann mit seitlichen Verbreiterungen des Fußes schwimmen. Bei Störung verteidigt sie sich durch Abgabe einer purpur-violetten und einer milchigweißen Flüssigkeit. Im Altertum soll man *Aplysia* zur Herstellung von Giftgetränken verwendet haben. Seehasen legen ihre Eier – bis 500 Millionen im Jahr – in langen Schnüren ab. *Aplysia* ist ein in der Neurobiologie vielfach genutztes Untersuchungsobjekt.

4. Ordnung: Gymnosomata. Pelagisch mit Flossen aus den Seitenteilen des Fußes schwimmend. Räuber mit komplizierten Fangeinrichtungen: paarigen, vorstülpbaren Hakensäcken und bei den Pneumodermatidae saugnapfbesetzten Fangarmen. Erwachsene ohne Schale. *Clione* (Abb. 112 d): wichtige Nahrung der Bartenwale; *Pneumodermopsis* (Abb. 112 h).

5. Ordnung: Saccoglossa (Ascoglossa). Säftesauger an Algen und Seegras. Radula nur mit einer Längsreihe von Zähnen. Jeweils ein Zahn sticht die Algen an, die verbrauchten Zähne werden in einem ventralen Blindsack (Ascus) des Pharynx gespeichert; am dorsalen Pharynx eine Saugpumpe. Nur ein Paar Tentakel (Rhinophoren). Die etwa 1 cm lange *Berthelinia (= Tamanovalva)* trägt zwei Schalenklappen, die durch einen horizontalen Schließmuskel verbunden werden. Es liegt hier eine Analogie zu Muscheln vor. Die Embryonalschale ist aber schneckenartig gewunden und sitzt der linken Schalenklappe an. Eine normale Schale, aber ohne Deckel, tragen *Oxynoë, Cylindrobulla* u. a. Den übrigen Gattungen fehlen Schale, Mantelhöhle und Ctenidium; *Alinia* trägt zahlreiche Rückenfortsätze. Bei uns *Elysia* (Abb. 113 g), die auf Algen und Seegras lebt, deren Chloroplasten sie in die Mitteldarmdrüse aufnimmt, wo sie funktionstüchtig bleiben; ins Ufergebiet vordringend *Alderia* (Abb. 113 e) und *Limapontia.* Die Arten sind meist auf bestimmte Algen spezialisiert.

6. Ordnung: Acochlidiamorpha. Eine Gruppe kleiner, schalenloser Schnecken, die im Lückensystem des Sandes lebt. Der schalenlose, aber lange Eingeweidesack bildet den Hinterkörper. *Microhedyle* (Abb. 86 b), *Unela* (Abb. 113 j).

7. Ordnung: Notaspidea. Die flache Schale liegt dem Rücken auf (*Umbraculum,* Abb. 113 k) oder ist vom Mantel überwachsen (*Pleurobranchus,* Abb. 113 m). Die Mantelrinne ist noch vorhanden und birgt rechts das Ctenidium.

8. Ordnung: Anthobranchia. Körper symmetrisch ohne Mantelhöhle und Schale. Mit verzweigten Kiemenbüscheln um den After in der dorsalen Mittellinie, oft einziehbar. Rücken mit umgebender Mantelfalte und oft mit eingebetteten Skleriten. Manche Formen (Goniodoridae) saugen ihre Nahrungstiere aus. Keine Cerata (Rückenanhänge), linke Mitteldarmdrüse kompakt, rechte rudimentär, Fühler (Rhinophoren) kompliziert. Weiden an Schwämmen und Moostieren u. a. *Acanthodoris, Archidoris* (Abb. 113 h), *Polycera* (Abb. 113 d) lebt insbesondere von Moostierchen *(Electra), Palio.*

Archidoris pseudoargus, auch Meerzitrone genannt, ist durch ihre unregelmäßige Färbung (gelb-braun) und ihre warzige Oberfläche besonders gut auf Hartboden getarnt. Diese bis 12 cm lange Art kommt auch in der Nordsee vor. Bei Reizung gibt ihre Haut ein saures Sekret (pH 1–3) ab. Ihre Nahrung besteht aus Schwämmen, insbesondere *Halichondria panicea.* Im Frühjahr werden lange Laichbänder produziert, die bis 300 000 Eier enthalten. Freischwimmende Veliger-Larven.

9. Ordnung: Nudibranchia (Abb. 113 c). In dieser artenreichen Gruppe sind die Mantelhöhle, Ctenidien und Schale bei den Erwachsenen völlig verschwunden; die bei den Larven noch vorhandene Schale wird abgestoßen. Der Eingeweidesack ist eingeebnet, der Körper symmetrisch, doch liegen die Geschlechtsöff-

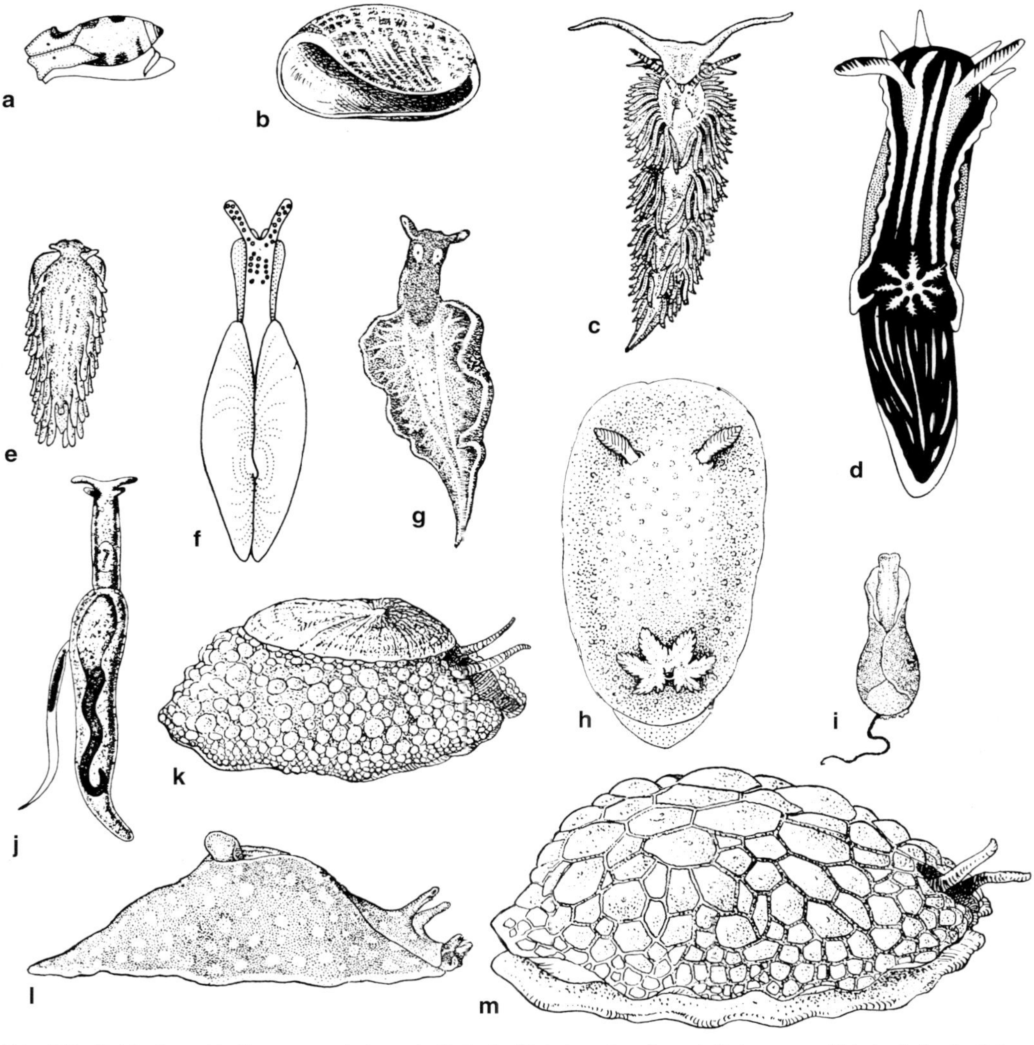

Abb. 113: Opisthobranchia-Formen. a. *Acteon*. b. *Bullaria (Bulla)*. c. *Facelina*. d. *Polycera*. e. *Alderia*. f. *Berthelinia*. g. *Elysia*. h. *Archidoris*. i. *Acera*. j. *Unela*. k. *Umbraculum (= Umbrella)*. l. *Aplysia*. m. *Pleurobranchus (= Oscanius)*. Vergrößerungen unterschiedlich. Nach de Haas, Hoffmann, Knorr, Portmann, Riedl, Swedmark

nungen noch an der rechten Seite, oft auch der After. Zahlreiche Rückenanhänge (Cerata) komplizieren meist das äußere Aussehen. Männliche und weibliche Geschlechtsöffnungen münden meist in ein gemeinsames Genitalatrium. Die meisten Arten weiden an Nesseltieren. Bei den Aeolidiern explodieren die Nesselkapseln der gefressenen Hydroiden nicht. Sie werden in die Rückenanhänge befördert und gespeichert (Kleptocniden). Die Kleptocniden explodieren nicht auf Berührung, können aber auf einen Angreifer beim Abfressen der Cerata wirken. Die Radula trägt nur 1 oder 3 Zähne in einer Reihe. Die rechte Mitteldarmdrüse ist wie die linke gebaut, jedoch kleiner. Viele können durch seitliche Körperbewegungen schwimmen. *Aeolidia, Facelina* (Abb. 113 c), *Coryphella* (lebt von koloniebildenden Hydroidpolyen), *Glaucus* (an Hydromedusen). Abweichend sind die wenige mm langen Pseudovermidae im Lückensystem des Sandes. Sie reduzieren die Rückenanhänge und werden wurmförmig. Abweichend in der Ernährung ist *Calma glanacoides*. Sie sticht Eier von Fischen (Blenniiden) an und saugt den Dotter aus. Bei ihr ist der After verschlossen.

Aeolidia ernährt sich bevorzugt von Anthozoen und nimmt deren Nesselkapseln auf. *A. papillosa* kommt auch in Nord- und westlicher Ostsee vor. Diese bis 12 cm lange Nacktschnecke trägt bis zu 200 Rückenanhänge, in deren Spitzen sie Nesselkapseln deponiert (Kleptocniden). Die Gelege sind lang und gelatinös.

Dendronotus, der auch in der westlichen Ostsee vorkommt, gleicht in Form und Farbe Rotalgen. Abweichende Formen sind: *Phyllirrhoë*, ein blattförmiger Parasit an *Velella* und *Porpita* bzw. an Medusen, und die große, bis ca. 38 cm lange *Fimbria (Tethys*, Abb. 112 g) sowie *Melibe*. Ihr Vorderende ist zu einem großen Fangtrichter erweitert, mit dem sie auch größere Krebse (Amphipoden u. a.) fangen können.

2. Überordnung: Gymnomorpha (Systellommatophora)

Die Mantelhöhle ist zu einer Kloake eingeengt oder rückgebildet. Nacktschnecken mit gestielten Augen. Im oberen Litoral- oder Gezeitenbereich (Onchidiida) oder feucht-terrestrischen Biotopen der Tropen (Soleolifera).

3. Überordnung: Pulmonata (Lungenschnecken)

Mit wohl entwickelter Lungenhöhle. Land- oder Süßwassertiere mit Zwittergonade. Auch hier ist die Nervenkreuzung (Chiastoneurie) aufgehoben, aber durch Vorverlagerung von Parietal- und Visceralganglien, die schließlich zusammen eine Art Schlundring bilden. Die Mantelhöhle bzw. Lunge bleibt vorn. Meist ohne freie Larven; Eier als Laich, bei Landtieren einzeln abgelegt und mit Kalkschale (Abb. 108 h, i), aber durchlässig für Wasser. Der Genitalapparat ist kompliziert und sehr verschieden (Abb. 116). Männliche und weibliche Öffnungen können getrennt oder in einem Atrium vereint sein. Manche bilden, wie *Helix*, als Reizorgan einen Liebespfeilsack mit Liebespfeil, der bei der Begattung in den Körper des Partners gestoßen wird. Andere haben hier einen vorstülpbaren Fortsatz. Manche bilden Spermatophoren, wie *Helix*, in einem Schlauch des Flagellums, anderen fehlen sie.

Die Pulmonaten stammen wohl von primitiven Allogastropoden ab und erscheinen erst spät (Karbon); 16 000–30000 Arten.

Zwischenwirt für Parasiten sind z. B. *Galba truncatula* für den Großen Leberegel, Schnecken trockener Gebiete *(Helicella, Zebrina)* für den Kleinen Leberegel; *Succinea* für *Leucochloridium*, mehrere Süßwasserarten für *Schistosoma* usw. Land-Pulmonaten gehören zu den durch den Menschen besonders gefährdeten Tieren. Als Feuchtlufttiere mit relativ geringer Ausbreitungsmöglichkeit sind sie besonders anfällig gegen starke Biotopveränderungen. Vor allem auf pazifischen Inseln ist ihre Ausrottung weit vorangeschritten: Zum Teil sind bis 50% der endemischen Arten durch Eingriffe des Menschen verschwunden, z. B. auch durch die Einfuhr von anderen Schnecken.

1. Ordnung: Basommatophora. Augen an der Basis der Fühler. Meist Süßwassertiere mit Luftatmung, die aber mehrfach wieder aufgegeben wird, sei es, daß die Lunge wieder mit Wasser gefüllt wird, sei es, daß die Lunge verschwindet (Ancylidae). Hautatmung und sekundäre Kiemen *(Ancylus)* besorgen dann die O_2-Aufnahme im Wasser.

Hierher gehören die napfschaligen Siphonariidae und die Amphibolidae (*Amphibola*, Abb. 114 a), die meist am Meeresstrand leben. In unseren Süßgewässern: Physidae, linksgewunden, mit *Physa, Aplexa*. Lymnaeidae (Spitzschnecken) mit *Lymnaea* (Abb. 114 b, 115 o), *Galba, Radix*. Planorbidae (Tellerschnecken) mit *Planorbarius corneus* (Posthornschnecke, Abb. 114 c, 115 i; lebt in pflanzenreichen Gewässern, ernährt sich von Pflanzen und Aas; wird 3–5 Jahre alt; verbringt Winter im Schlamm), *Segmentina, Armiger*. Die rote Posthornschnecke unserer Aquarien ist meist *Australorbis lugubris* aus Südamerika. Ancylidae mit napfartiger Schale in bewegtem Wasser, Lunge fehlt. Atmung durch die Haut oder sekundäre Kieme. *Ancylus* (Abb. 114 m), *Acroloxus*.

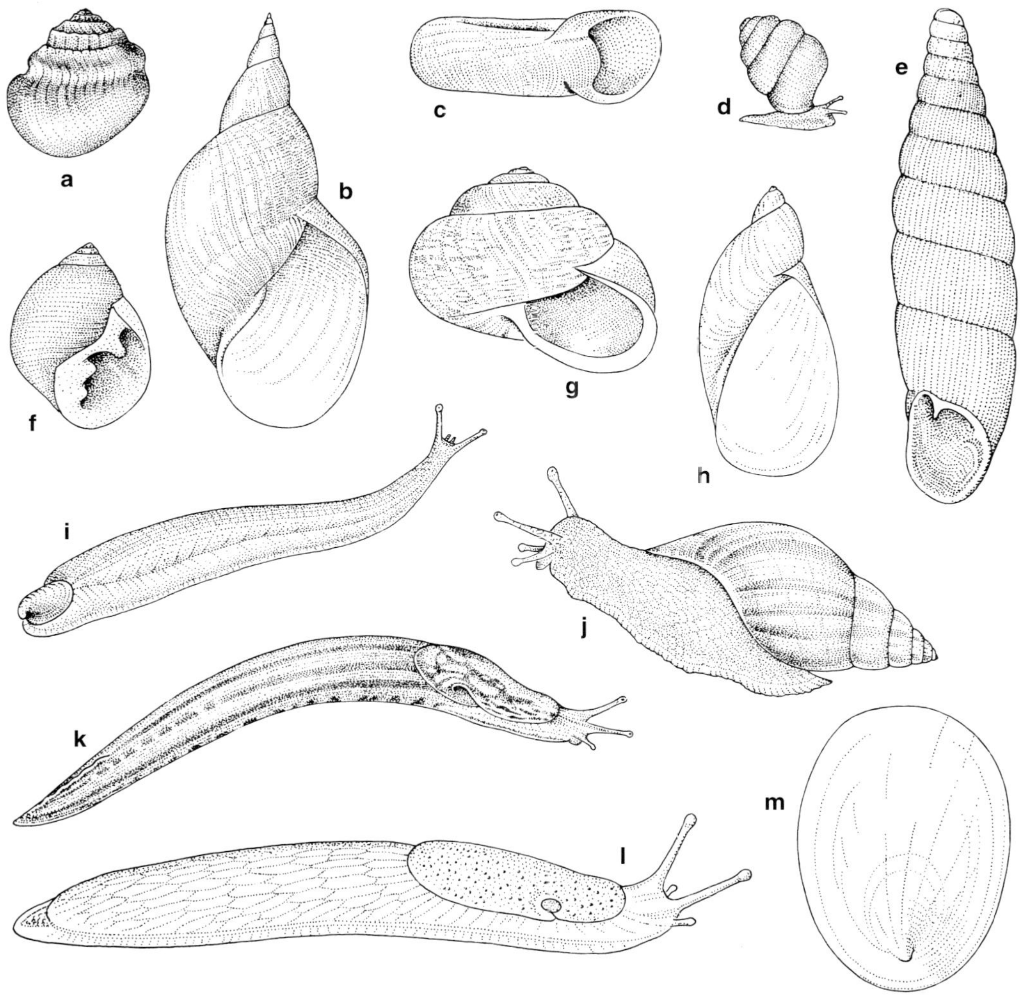

Abb. 114: Pulmonata. a. *Amphibola*. b. *Lymnaea* (Schlammschnecke). c. *Planorbarius* (Posthornschnecke). d. *Vertigo*. e. *Clausilia*. f. *Pedipes*. g. *Arianta*. h. *Succinea* (Bernsteinschnecke). i. *Testacella*. j. *Achatina*. k. *Limax*. l. *Arion*. m. *Ancylus*. Nach Keferstein, Pilsbry, Thiele

Ancylus fluviatilis (Abb. 225 v) lebt in Fließgewässern auf Hartsubstrat, von dem Algen abgeweidet und auf dem die Eikapseln deponiert werden. Die Art erträgt geringe Sauerstoff-Konzentrationen. Selbst im belasteten Niederrhein wurden Populationsdichten bis 3000 Jungtiere/m^2 festgestellt.

Einen eigenen Zweig (Archaeopulmonata) bilden wohl die Ellobiidae, die vom Gezeitenbereich (heimisch *Ovatella myosotis*) bis in feuchte Landgebiete vorkommen (im Boden *Carychium*, in Höhlen *Zospeum*). *Pedipes* (Abb. 114 f).

2. Ordnung: Stylommatophora. Augen an der Spitze einziehbarer Fühler. Fast ausschließlich Landtiere, die aber infolge ihrer feuchten Haut und reichen Sekretabgabe (Schleim) nur bei hohem Feuchtigkeitsgehalt aktiv sind. Die Fähigkeit, Trockenperioden eingezogen jahrelang zu überdauern, ermöglicht ihnen ein Vordringen in Gebiete mit nur gelegentlichen Regenfällen. Die vielen Arten werden in zahlrei-

a
b
c
d
e
f
g
h
i
j
k
l
m
n
o
p
q
r

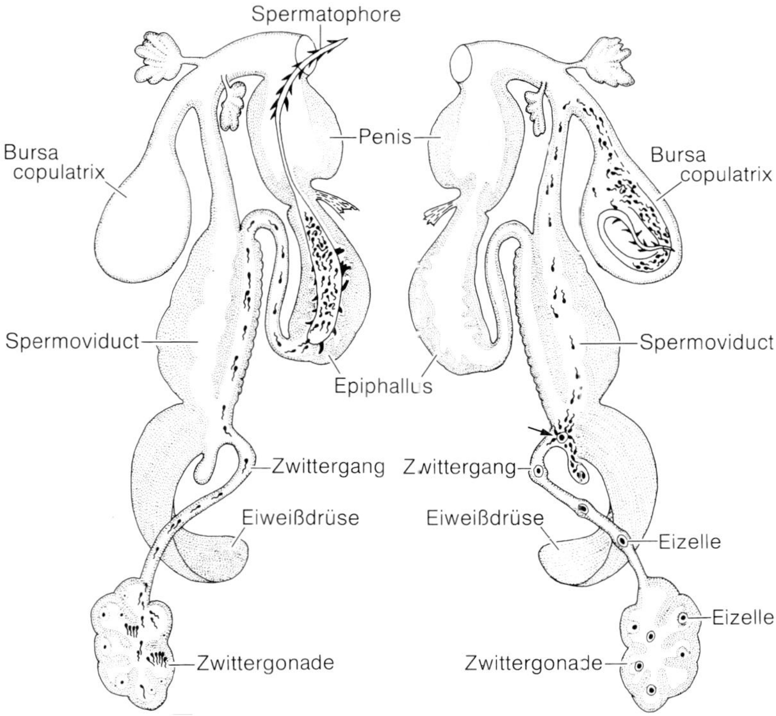

Abb. 116: Geschlechtstrakt von Nacktschnecken (Pulmonata, Milacidae). Die Pfeile zeigen den Weg der Spermien bzw. der Spermatophore. Links: Produktion von Spermien und Spermatophore; rechts: Empfang von Spermatophore und Befruchtung der Eizellen. Nach Wiktor

che Familien gestellt, doch erschweren viele Parallelbildungen das Erkennen der Verwandtschaft. So sind Nacktschnecken mit reduzierter Schale mehrfach entstanden. Bei den nicht verwandten Raubschnecken *Testacella* (Abb. 114 i) und *Daudebardia* liegt die kleine, z.T. versenkte Schale hinten; die Tiere haben einen langen Pharynx, packen mit der Radula Regenwürmer und zerreißen oder verschlingen sie. Nacktschnecken mit versenkter oder reduzierter Schale im Vorderkörper sind die Arionidae (Wegschnecken) mit *Arion* (Abb. 114 l), *Deroceras* u.a. Der Mantel liegt als Schildchen (Notum) dem Körper auf; die Luft wird durch ein Atemloch (Pneumostom) eingeatmet.

In unseren Gärten gehören die Nacktschnecken zu den besonders konsequent verfolgten, aber dennoch erfolgreichen Pflanzenfressern. Neben dem Fraßschaden fällt auch die Übertragung von Krankheitserregern (Viren, Pilzen) ins Gewicht. Die wichtigsten Schädlinge unter den Nacktschnecken sind bei uns *Arion ater* (Große Wegschnecke) und andere *Arion*-Arten, *Deroceras reticulatum* (Ackerschnecke) und *Limax maximus* (Große Egelschnecke). Sie alle legen ihre Eier (bis 500/Jahr) im Substrat ab (Abb. 108 i). Die Jungen leben zunächst im Boden; die Adulten sind bevorzugt nachtaktiv und fressen oberirdische Pflanzenteile (z.B. junge Dahlien, Sonnenblumen und Zucchini). Normalerweise bringen die großen Arten pro Jahr eine Generation hervor. *Arion ater* ist rot bis schwarz, erreicht eine Länge von 15 cm und kann in einer Nacht bis zu 50% ihres Körpergewichts an Nahrung aufnehmen. *Deroceras reticulatum* ist gelblich-weiß bis braun und hat eine

◁ **Abb. 115:** Tierwelt eines stehenden Süßgewässers. a. *Erythromma* (Libellen-Pärchen bei der Eiablage). b. *Gerris* (Wasserläufer). c. *Notonecta* (Rückenschwimmer). d. *Corixa* (Ruderwanze). e. *Dreissena* (Dreikantmuschel). f. *Hydra* (Süßwasserpolyp). g. *Piscicola* (Fischegel). h. *Dytiscus* (Larve des Gelbrandkäfers). i. *Planorbarius* (Posthornschnecke). j. *Acilius* (Schwimmkäfer). k. *Argyroneta* (Wasserspinne). l. *Dendrocoelum* (Strudelwurm). m. *Asellus* (Wasserassel). n. *Plumatella* (Moostierkolonie). o. *Lymnaea* (Teichschnecke). p. *Limnephilus* (Köcherfliegenlarve). q. *Spongilla* (Schwamm). r. *Haemopis* (Pferdeegel). Original

netzartige Zeichnung, wird bis 6 cm lang und ist in Europa besonders weit verbreitet. *Limax maximus* zeigt eine hell-dunkle Streifung und erreicht 15 cm Länge. Außer in Gärten findet man sie auch in Kellern und Vorratsräumen (daher auch Große Kellerschnecke genannt). Mit Pflanzgut sind diese drei Arten weit verbreitet worden und wurden z.B. auch in Teilen Nordamerikas zu wichtigen Schädlingen. Nahe der nordamerikanischen Pazifikküste leben verschiedene *Agriolimax*-Arten (banana slugs), die 25 cm Länge und 100 g Gewicht erreichen.

Die Tracheopulmonata sind eine Nacktschneckengruppe, von deren Atemhöhle fein verzweigte Kanäle ausgehen, die sich an tiefergelegenen Bluträumen verzweigen und den Tracheen ähneln; *Janella*.

Relativ ursprünglich sind die Succineacea (Bernsteinschnecken), die amphibisch meist an Seeufern leben und noch einen gallertigen Laich produzieren.

Die artenreichen Hauptgruppen sind die Helicacea mit *Helix* (Abb. 108 h), *Cepaea, Helicigona, Arianta* (Abb. 114 g), *Helicella, Trichia* u.a., ferner die Vertiginacea mit *Vallonia, Cochlicopa, Pupilla, Vertigo* (Abb. 114 d), *Ena* sowie den Clausiliidae (Abb. 114 e) mit spindelförmiger Schale und einer Lamelle für den Schalenverschluß, die aber nicht dem Deckel (Operculum) homolog ist, sondern von einer Spindelfalte der Schale abgegliedert ist.

Die Weinbergschnecke *(Helix pomatia)* ist mit maximal 5 cm die größte heimische gehäusetragende Lungenschnecke. Sie lebt bevorzugt in der Vegetation auf kalkhaltigem Boden und überwintert, nachdem sie ihre Schalenöffnung mit einem Epiphragma aus erhärtetem Schleim und Calciumsalzen versiegelt hat. Vor allem in Frankreich sieht man *Helix* als unabdingbaren Bestandteil der Küche an (Jahresverbrauch: 1 Milliarde Tiere). In verschiedenen Ländern gibt es gesetzlich festgelegte Sammelbeschränkungen oder -verbote.

Am größten sind *Achatina*-Arten (Abb. 114 j) in Afrika; die Schalenlänge beträgt bis 20 cm, die der kalkschaligen Eier bis 2 cm. *Achatina fulica* ist heute ein über die Tropen verbreiteter Schädling in Pflanzenkulturen. Mancherorts hat man jedoch aus der Not eine Tugend gemacht: Ursprünglich aus Afrika verschleppt, wird *Achatina* vor allem aus Taiwan exportiert und ist nach *Helix* die wichtigste Landschnecke des Delikatessengeschäftes geworden. Der Verzehr dieser Schnecke hat zum Beispiel in Westafrika eine lange Tradition. Hier wird *Achatina* lebend, geräuchert oder getrocknet auf Märkten angeboten. Wegen des hohen Bedarfs geht man an verschiedenen Stellen zur Zucht über. In Europa bemüht man sich z.B. in Großbritannien um die Zucht von *Achatina achatina*. In großen Farmen werden 40 Tonnen pro Jahr produziert; die Marktgröße der Schnecken (20 g) wird nach 3–4 Monaten erreicht.

5. Klasse: Bivalvia (Lamellibranchiata, Muscheln)

Die Schale ist zweiklappig; beide Klappen sind dorsal durch ein elastisches Ligament verbunden. Die Ernährung ist zumeist mikrophag (innere Strudler); die paarigen Kiemen werden Strudel- und Siebapparat. Der Buccalapparat (Radula, Kiefer) ist rückgebildet. Aus den Schalen kann der Fuß meist vorgestreckt werden. Fußdrüsen scheiden einen Haftapparat aus festen Fäden (Byssus) aus, der, wenn er den erwachsenen Muscheln fehlt, meist noch den Larven zur Festheftung dient. Die Keimzellen gelangen primär durch je einen Gonoduct in den Ausleitungsgang der Exkretionsorgane, später aber münden sie selbständig in die Mantelhöhle. Befruchtung im freien Wasser oder in der Mantelhöhle. Eine freie Larve bei marinen Arten (Pericalymma, Rotiger) und *Dreissena*.

Die zweiklappige Schale umschließt fast stets den ganzen Körper (Abb. 117). Ihre dorsale Verbindung, das Ligament, ist meist unverkalkt und bewirkt das Spreizen der Schalen. Es ist also Antagonist der Schließmuskeln. Ein äußeres Ligament ragt oft wulstartig empor und gerät bei Schalenschluß unter Spannung. Ein inneres Ligament (Resilium) liegt zwischen den Schalen und gerät bei Schalenschluß unter Druck. Im Sediment eingegrabene Muscheln bewirken auch durch eine Erhöhung des Binnendrucks in der Mantelhöhle ein Klaffen der Schale. Bohrmuscheln können durch die Verlagerung von Muskeln die Schalen durch Muskelkraft aktiv öffnen und schließen. Die Bewegungen der Schalen gegeneinander werden durch ein dorsales Schloß eingeschränkt. Höcker (Zähne) und Leisten einer Schalenhälfte greifen in die Gruben und Rinnen der anderen. Der Bau des Schlosses dient als taxonomisches Merkmal. Das taxodonte Schloß besteht aus einer großen Zahl etwa gleichartiger Zähne und Gruben (Abb. 118 a, b); es existiert bei Nuculacea, Arcacea, dem Larvalschloß der Anisomyaria und sogar bei einer Süßwassermuschel *(Iridina)*. Das heterodonte Schloß enthält 1–3 kräftige Zähne in der Mitte (Haupt- oder Car-

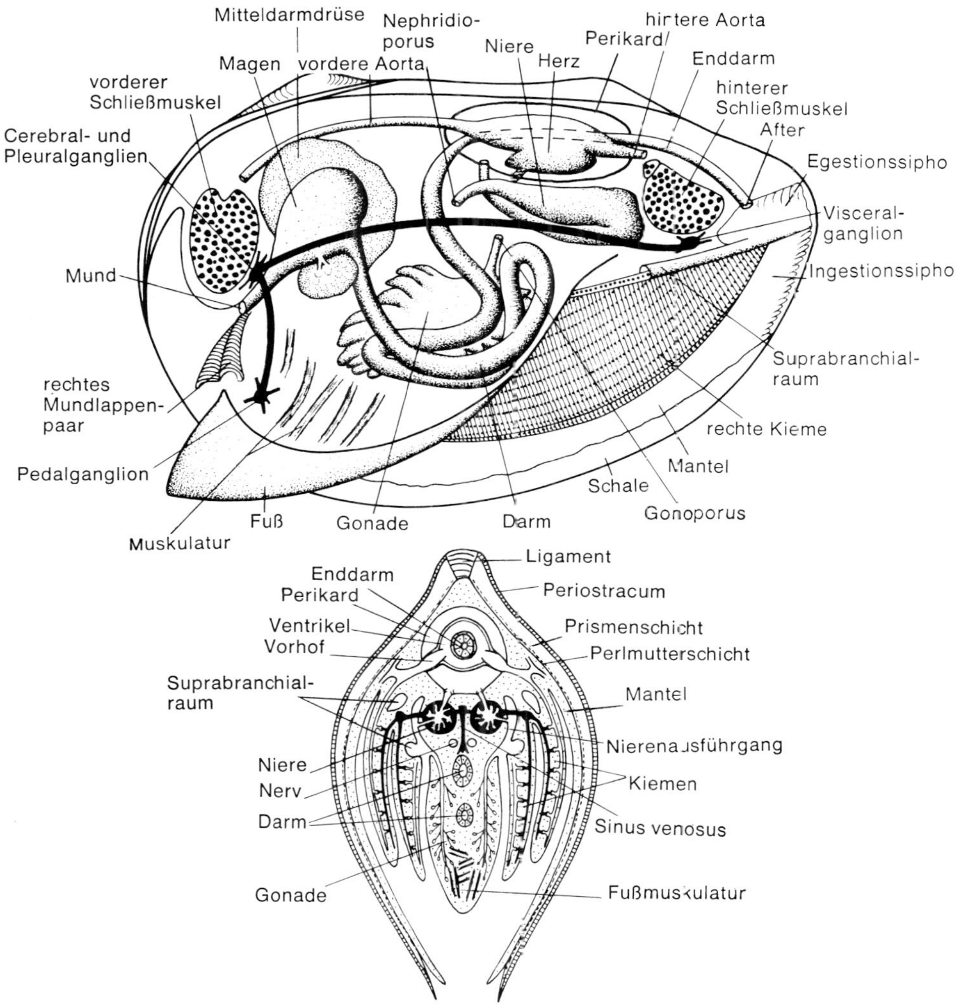

Abb. 117: Bauplan einer lamellibranchen Muschel, oben Seitenansicht, unten Querschnitt. Nach Storer, Usinger, Stempell

dinalzähne, Abb. 118c, d) und entsprechende Gruben. Neben ihnen gibt es meist Schloßleisten (Seiten- oder Lateralzähne). Von ihm ist das desmodonte Schloß abzuleiten. Eine Platte der linken Schalenhälfte greift nicht in eine Grube der anderen Schalenhälfte, sondern trägt das innere Ligament und wird daher als Ligamentlöffel (Chondrophor) bezeichnet *(Mya)*.

Rückbildungen der Schloßzähne sind häufig, z.B. bei *Mytilus* und *Anodonta*; bei letzerer fehlen sie völlig. Die ältesten Muscheln aus dem Kambrium tragen Leisten parallel zum Schloßrand (Lamellodonta), andere palaeozoische Formen haben divergierende Leistenzähne im Wirbelgebiet (Actinodonta).

Die Schale wird embryonal als einheitliches Plättchen angelegt und erst später zweiklappig. Die Verkalkung beginnt paarig an den Wirbeln der Schale, die durch Anlagerung an den Rändern wächst. Sehr deutlich können Zuwachsstreifen in Erscheinung treten, manchmal sogar als Jahresringe. Geringes Wachstum des Vorderteils führt zu der scheinbaren Verlagerung der Wirbel an die Spitze *(Mytilus, Dreissena)*. Bei Arten, die seitlich auf dem Boden liegen oder mit einer Klappe festgewachsen sind, wer-

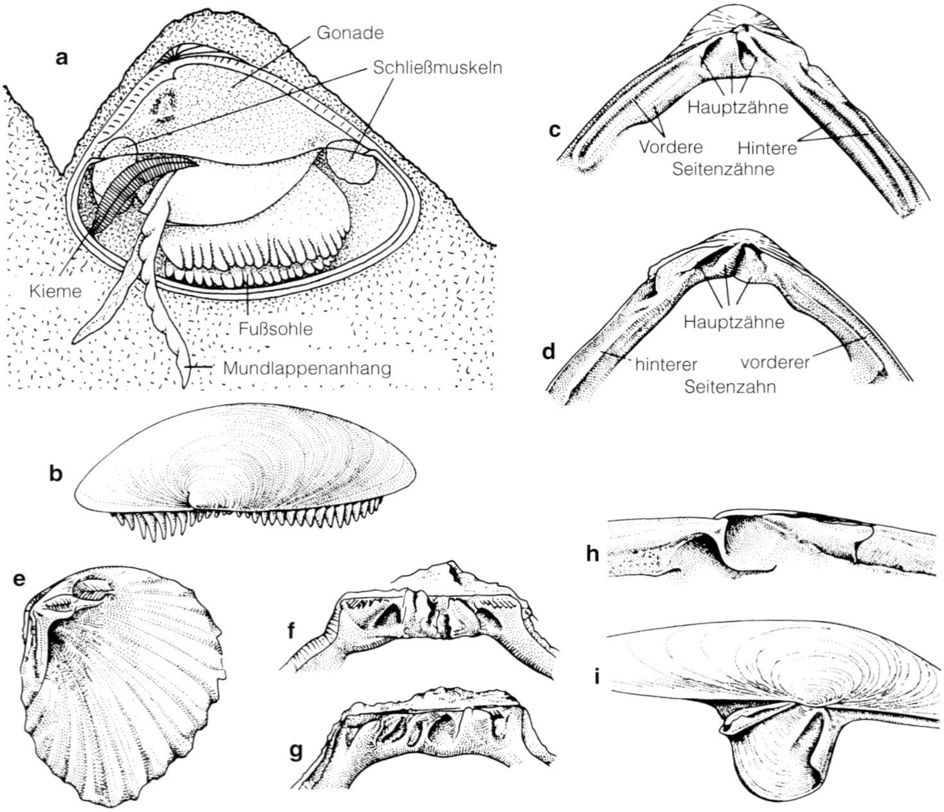

Abb. 118: Schalenschlösser von Muscheln. a. *Nucula* im Biotop. b. taxodontes Schloß. c, d. *Corbicula*, heterodontes Schloß. c. rechte Schalenhälfte. d. linke Schalenhälfte. e. *Neotrigonia*, schizodontes Schloß. f, g. *Spondylus*, isodontes Schloß. f. rechte Schalenhälfte, g. linke Schalenhälfte. h, i. *Mya*, desmodontes Schloß. h. rechte Schalenhälfte. i. linke Schalenhälfte (mit Chondrophor). Nach Grassé

den die Schalen ungleich und oft in ihrer Form variabel (Austern). Die nunmehr untere Schale kann flach werden oder aber zu einem hohen, umgekehrten Kegel emporwachsen, wobei die obere Schale zum Deckel wird.

Die Mantellappen berühren sich ventral und verwachsen oft streckenweise. Ursprünglich strömt das Wasser am Vorderende *(Nucula, Solemya)*, vorn und hinten *(Arca)* oder auf breiter Front zwischen den Mantelrändern ein. In diesen Fällen ist der Mantelrand reich mit Sinnesorganen (Tentakel, Augen) besetzt. Der Ausstrom ist oft auf die Hinterseite neben dem Ligament, also in der Nähe des Afters, fixiert. Meist folgt der Einstrom dicht unter ihm und wird von der Ausströmöffnung durch eine Mantelverwachsung getrennt. Beide Öffnungen können, besonders bei im Sediment lebenden Muscheln, zu langen, beweglichen Schläuchen (Siphonen) verlängert werden. Diese sind verwachsen *(Mya)* oder getrennt.

Die Mantelverwachsung dehnt sich bei vielen höheren Muscheln aus, so daß schließlich nur drei Öffnungen bleiben, eine für den Fuß, eine für Einstrom und eine für Ausstrom. Auch der Fußschlitz kann verschwinden, so daß nur Ein- und Ausströmöffnung am Hinterende bleiben. Aus dem so durch die Mantelhöhle gerichteten Strom wird die Nahrung durch die komplizierten Kiemen abgefiltert. Ursprünglich ist ein Paar großer Ctenidien (Protobranchia; Abb. 118 a). Ihre Mittelrippe verwächst bald mit dem Körper. Die Kiemenblättchen werden zu vielen langen Fäden, die V-förmig sind und mit ihrem aufsteigenden Schenkel an die Körperwand herantreten (Filibranchia). Dadurch entstehen drei Räume, einer ventral von den Kiemen, in den das Wasser einströmt, und jeweils links und rechts einer zwischen den Schenkeln der Kiemenfäden und der Körperwand, in die der Wasserstrom nach Passieren des Kiemenfilters gelangt und zur Ausströmöffnung geleitet wird. Der Wasserstrom wird durch Wimpern der Kiemen und der inneren Mantelfläche erzeugt und geleitet. Die zahlreichen Fäden der filibranchen Kieme benötigen gegenseitigen Halt: Ab- und aufsteigender Ast werden durch Gewebsbrücken verfestigt, nebeneinanderliegende durch starre Wimpern auf Polstern. Werden die Fäden getrennt, so beginnen die Wimpern zu schlagen, bis sie wieder in Kontakt geraten und sich verzahnen. Die höchste Stufe sind die eulamellibranchiaten Kiemen, die mehrfach ausgebildet wurden. In ihnen sind auch hintereinanderliegende Kiemenfäden durch Gewebsbrücken verbunden, so daß Netze mit engem Maschenwerk entstehen.

Die von den Kiemen abgefangenen Partikel werden in Schleim eingebettet und durch Wimpern an die Basis der Kiemen oder den ventralen Rand der Kiemen transportiert und von hier nach vorn über die Mundlappen in den Mund (Abb. 118 a). Schon auf den Kiemen werden «unerwünschte» (z.B. überschüssige) Partikel durch besondere Wimpern aussortiert und zu Pseudofaeces verklebt. Diese werden durch den Fußspalt oder durch die Einströmöffnung ausgeschieden, gelangen also nicht in die dorsalen Räume der Mantelhöhle.

Stark weichen die Septibranchia ab. An Stelle der Kiemen findet sich eine muskulöse, durchlöcherte Querwand, die Pumpbewegungen durchführt.

Darmkanal. Oberlippe und Unterlippe gehen jederseits in etwa dreieckige Mundlappen (Palpen) über. Diese übernehmen meist die Nahrungsströme, die von den Kiemen kommen, und sortieren noch einmal durch Wimperströme das Material in brauchbares, das in den Mund gelangt, und unbrauchbares, das in den Mantelraum zurückbefördert wird. Eine direkte Aufnahme von Nahrung mit den Palpen vollführt wohl primär *Nucula*. Lange Fortsätze der Palpen werden vorn aus der Schale vorgestreckt und kehren Material von der Bodenoberfläche in den Mund. In geringerem Ausmaß tun dies auch die Tellinidae *(Macoma)* mit ihrem langen Ingestionssipho.

Kiefer, Radula und Speicheldrüsen fehlen stets, der Magen dagegen ist kompliziert. Der in einem Blindsack abgeschiedene und rotierende Kristallstiel besteht aus Mucoproteinen und enthält Enzyme (Amylase, Glykogenase, z.T. Cellulase). Er nimmt den Nahrungsstrom aus dem kurzen Oesophagus auf und wird im Magen, z.T. mechanisch, am festen Magenschild, z.T. durch den niedrigen pH-Wert im Magen, aufgelöst. Die Nahrungspartikel werden hier zunächst extrazellulär, dann intrazellulär nach Phagocytose in den Mitteldarmdrüsenzellen verdaut. Die gröberes Material vom Boden aufnehmenden Arten *(Nucula*, Tellinidae und die carnivoren Vertreter der Septibranchia) haben einen stark muskulösen Magen.

Sinnesorgane. Verbreitet sind Statocysten, die im Fuß neben den Pedalganglien liegen, aber vom Cerebralganglion innerviert werden. Sie sind bei einigen Arten noch durch einen Kanal mit der Außenwelt verbunden und enthalten durch ihn aufgenommene Fremdkörper als Statolithen (*Nucula, Pecten* z.T.). Auch *Mytilus* besitzt im Larvenstadium einen Gang zur Körperoberfläche. Meist sind die Statocysten geschlossen. Sie fehlen den Austern.

Larvalocellen können bei Pteriomorpha auch bei Adulten am ersten Kiemenfilament erhalten bleiben *(Arca)*. Einige Arcacea besitzen zusammengesetzte Augen am Mantelrand. Gruben- und Linsenaugen sind bei zahlreichen Muscheln, v.a. Pteriina, am Mantelrand ausgebildet, z.T. sind sie sehr komplex *(Pecten)*.

Die Osphradien sind meist klein und oft reduziert.

Zahlreiche, meist einfache Sinnesorgane finden sich zudem am Mantelrand und Siphonen.

Das **Nervensystem** weist nur selten Markstrang-Charakter auf *(Nucula)* und ist sonst in Ganglien und Nerven gegliedert. Das paarige Kopfganglion enthält die verschmolzenen Cerebral- und Pleuralganglien, die bei ursprünglichen Muscheln *(Nucula)* noch erkennbar getrennt sind. Die Pedalganglien liegen im Fuß, die Eingeweideganglien am hinteren Schließmuskel. Bei manchen Pteriina, bei denen die ganze Organisation ringförmig um den hinteren Schließmuskel gruppiert ist, rücken Teile der Kopf- und Eingeweideganglien zusammen *(Pecten, Lima, Spondylus)*. Der Pedalstrang ist einfach, der Pleuralstrang sehr unterschiedlich lang. Die Kopfganglien innervieren Palpen, den vorderen Schließmuskel, Teile des Mantels und die Statocysten. Die Eingeweideganglien innervieren Kiemen, Herz, Pericard, hintere Schließmuskeln, Osphradien, einen großen Teil des Mantels und Siphonen. Von den übrigen Nerven sind besonders die Mantelrandnerven stark entwickelt.

Hauptmuskeln sind die beiden **Schließmuskeln** der Schale (Adduktoren). Der vordere neigt zur Rückbildung, besonders bei den Pteriina, und verschwindet schließlich bei den Austern und Pilgermuscheln ganz. Funktionell bestehen die Schließmuskeln aus zwei Anteilen: Der tetanische Anteil schließt unter hohem Energieverbrauch die Schalen schnell; der tonische hält unter geringem Energieverbrauch die Schalen fest geschlossen. Das ermöglicht vielen Muscheln ein langes, z.T. monatelanges Verharren in geschlossenem Zustand. Der vordere Schließmuskel kann ganz oder zum Teil unabhängig vom hinteren Schließmuskel arbeiten und der vorderen Schalenpartie als Raspelapparat das Einbohren in das Substrat ermöglichen. Bei Muscheln mit Schwimmfähigkeit bewirken die Schließmuskeln das rasche Auf- und Zuklappen der Schalen *(Pecten, Lima)*.

Der muskulöse Fuß wird durch starke Retraktoren eingezogen. Reich mit Muskeln sind der Mantelrand und besonders die Siphonen versorgt. Der Ursprung dieser Muskeln an der Schale ist an einer Linie zu erkennen (Mantellinie). Sind die Siphonen lang und einziehbar, so bildet diese Linie eine Bucht nach innen, die Mantelbucht (sinupalliater Zustand).

Der **Fuß** trägt nur bei ursprünglichen Muscheln *(Nucula)* eine Sohle, die der Kriechsohle der Schnecken ähnelt. Sie dient aber nicht zum Kriechen, sondern der Verankerung und dem Graben im Sediment. Eine Eigenart des Fußes vieler Muscheln ist der Byssus, der der Festheftung dient: Aus versenkten Drüsen tritt eine Flüssigkeit aus, die zu festen Strängen erstarrt und chemisch der Seide nahesteht. Der Byssus bildet bisweilen eine feste Säule, die sogar verkalkt sein kann *(Anomia)*, meist aber ein Bündel von Fäden. Bei einem vielstrahligen Byssus werden die Fäden durch den vorderen Fußteil geführt und befestigt. Viele Muscheln können sich von ihrem Byssus lösen und sich an anderer Stelle wieder festheften, z.B. *Mytilus*. Einige Arten bauen Nester aus Byssusfäden *(Lima hians)*. Früher wurden aus Byssus Gewebe hergestellt, z.B. für Handschuhe. Der lange, vordere Fußteil ist vorwiegend Bewegungsorgan und wird nach vorn gestreckt. Bei Muscheln, die sich eingraben, wird er stempelartig. Blut wird in seinen Vorderteil eingepreßt und erweitert ihn kolbenartig. Dadurch wird das Tier im Sediment verankert. Durch Muskelkontraktion wird der Körper nachgezogen.

Durch Biegen und Strecken ermöglicht der Fuß bei einigen Formen kurze Sprünge *(Cardium)*, bei sessilen Formen wird er reduziert. In einigen Fällen kann er Fremdkörper aus der Mantelhöhle entfernen.

Blutgefäßsystem. Das Herz variiert in seiner Lage bei den Muscheln in ungewöhnlicher Weise. Meist umgibt es mit der Pericardhöhle den Enddarm, ein Verhalten, das oft als «Durchbohren» des Herzens durch den Enddarm bezeichnet wird. Aber das Herz kann auch dorsal vom Darm liegen (*Nucula, Arca* u.a.) oder ventral *(Ostrea, Malleus* und *Pinctada)*. Mehrfach ist das Herz ganz oder teilweise doppelt. Die Vorhöfe sind stets paarig.

Das Blut wird durch eine vordere, oft auch noch durch eine hintere Aorta in den Körper geleitet. Hier finden sich große Lakunen, die im Fuß am Aufbau eines Schwellkörpers beteiligt sein können. In den Lakunen sind gelegentlich accessorische Herzen vorhanden *(Ostrea)*.

Exkretionsorgane. Die paarigen Exkretionsorgane entspringen der Pericardhöhle (Pericardialgang) und sind oft kompliziert gebaut. Die Larven der Autobranchia haben Protonephridien.

Gonaden. Die Gonaden sind entsprechend der hohen Eizahl vieler Muscheln (bis Millionen) oft groß und verzweigt und können in Mantel und Fuß vordringen. Meist führen von ihnen eigene Gänge in die Mantelhöhle.

Das Verhalten der Geschlechter wechselt von einer völligen Trennung in Männchen und Weibchen bis zu mehreren Varianten des Zwittertums. Die Befruchtung ist stets eine äußere, kann aber schon im Kiemenraum stattfinden. Hier erfolgt auch oft Brutpflege in Bruttaschen, die meist von den Kiemen gebildet werden. Brutpflege gibt es bei Süßwassermuscheln (Unionacea, Sphaeriidae) und oft bei Muscheln polarer Meere, aber auch bei *Ostrea*-Arten, *Teredo* und anderen. Sie führt bis zu Larvenstadien oder kleinen Muscheln (Sphaeriidae).

Die Larve ist eine Rotiger-Larve und/oder eine schwimmend-kriechende Pediveliger-Larve mit zweiklappiger Schale. Die Pericalymma vom Hüllglockentyp der beiden protobranchen

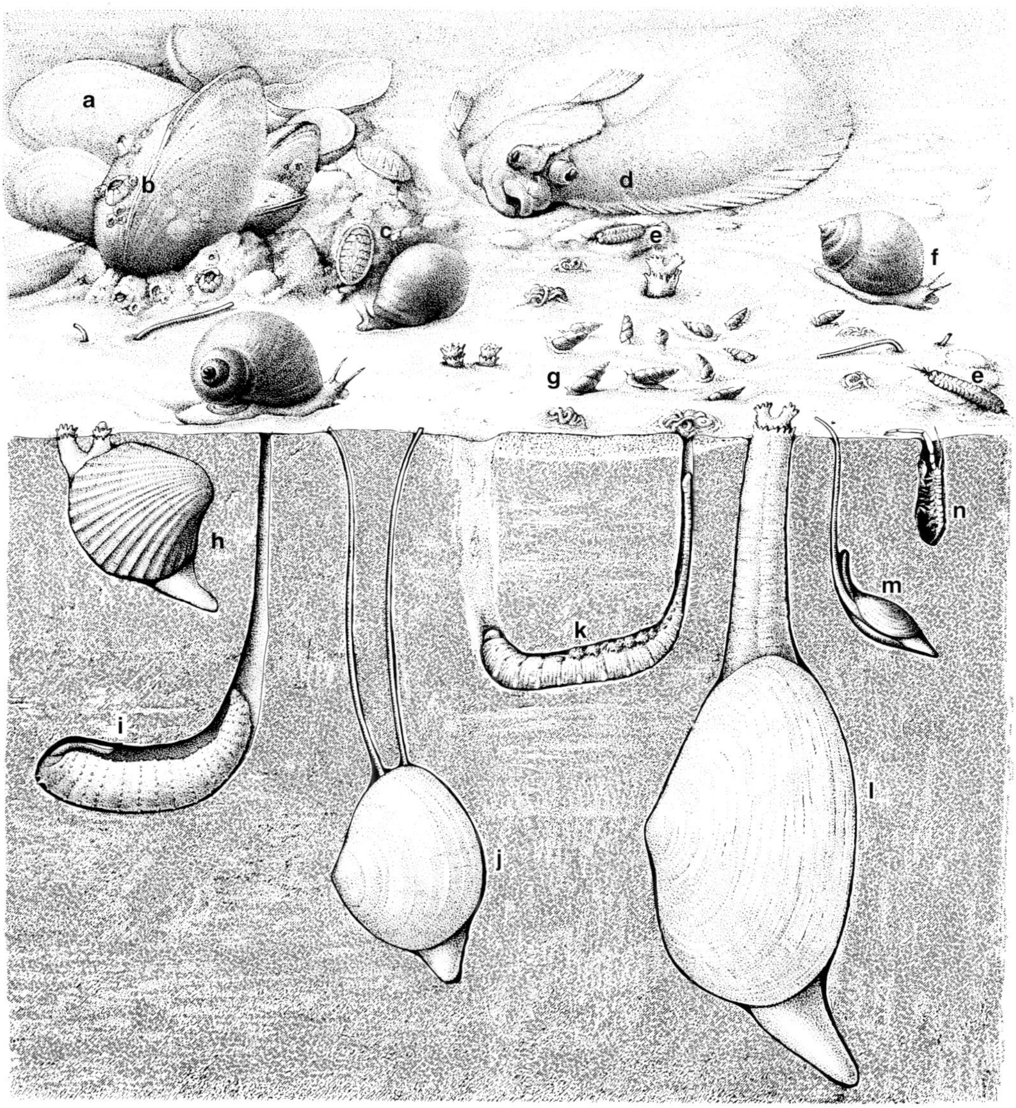

Abb. 119: Wattenmeerboden mit typischen Bewohnern: a. *Mytilus* (Miesmuschel). b. Balaniden (Seepocken). c. *Lepidochitona* (Käferschnecken). d. *Pleuronectes* (Scholle). e. *Harmothoe* (Schuppenwurm; Polychaeta). f. *Littorina* (Strandschnecke). g. *Hydrobia* (Wattschnecke). h. *Cerastoderma* (Herzmuschel). i. *Echiurus* (Quappenwurm; Echiurida). j. *Scrobicularia* (Pfeffermuschel). k. *Arenicola* (Wattwurm; Polychaeta). l. *Mya* (Klaffmuschel). m. *Macoma* (Plattmuschel; der Einstromsipho erreicht die Oberfläche). n. *Corophium* (Schlickkrebs; Amphipoda). Original

Gruppen ist wohl die ursprünglichste Form (vgl. Solenogastres, Scaphopoda). Die Unionacea des Süßwassers haben Glochidien oder Lasidien.

Lebensweise. Die meisten Bivalvia bewegen sich kaum fort oder sind festsitzend (Abb. 119), manche (*Lima, Pecten*) können schwimmen. Eine Schwimmphase führt jeweils nur zu einer geringen Ortsveränderung, viele gleichgerichtete Stöße können jedoch zu größeren Ortsveränderungen ganzer Populationen führen, z.B. bei den jahreszeitlich und entwicklungsbedingten Wanderungen von *Pecten*. Normalerweise heften sich Muscheln mit Byssus an Hartböden, Algen usw. fest. Viele im Boden lebende Arten befestigen sich zuerst auch mit Byssusfäden, das gilt auch für Arten, die mit einer Schale am Untergrund festwachsen. Im Substrat eingegrabene Arten können verschiedene Tiefen erreichen: *Mya arenaria* ca. 30 cm, *Solen*-Arten ca. 1 m. *Xylophaga*- und *Teredo*-Röhren im Holz erreichen Längen von 1,30 m. Die Bohrtätigkeit wird bei Sand- und Weichbodenbewohnern meist durch den Fuß, bei härteren Substraten durch das Raspeln der Schalen, selten durch kalklösende Stoffe aus Drüsen des Mantels *(Lithophaga)* bewirkt. Die Nahrung besteht aus Schwebstoffen und Plankton. *Teredo* verwertet abgeraspelte Holzteilchen. Die Septibranchia saugen kleine Tiere des Meeresbodens auf. Etliche Vertreter in O_2-armen Biotopen beherbergen in den Kiemen symbiotische Bakterien zur Energiegewinnung mittels Sulfid-Oxidation (Chemoautotrophie: Lucinidae, Thyasiridae), was auch zur Darmrückbildung führen kann *(Solemya)*.

Die Hauptentfaltung der Muscheln liegt im Meer. Eine alte Gruppe des Süßwassers sind die artenreichen Unionacea; artenreich sind im Süßwasser auch die kleinen Sphaeriidae. Aus dem Kaspischen Meer sind einige Cardiidae in die einmündenden Flüsse vorgedrungen *(Adacna, Didacna)* sowie die Wandermuschel *Dreissena*, die durch Verschleppung in europäische Süßgewässer gelangte. Einzelne Vorposten im Süßwasser haben auch die Donaciidae mit *Egeria* (Westafrika), die Venerina mit *Glaucomya* (v.a. in Südost-Asien und Australien) und einige Teredinidae.

Im Meer dringen Muscheln in Massenentwicklung bis in die obere Gezeitenzone vor. Im Süßwasser existieren einige *Unio*-Arten in Gewässern, die monatelang trockenliegen können.

Mehrfach sind Muscheln Mitbewohner in Röhren anderer Tiere, etwa von Krebsen und Würmern. Einige leben als Epizoen auf Echinodermen, in Seegurken (Holothurien) kommt *Entovalva* vor; mehrere Gattungen leben in Schwämmen. Verschiedene Bohrmuscheln können leuchten.

Wirtschaftliche Bedeutung. Weltweit werden Muscheln gesammelt bzw. in Kulturen gehalten, um sie schließlich für die Ernährung des Menschen zu verwenden. Abb. 102 vermittelt einen Überblick über Fangstatistik und besonders intensiv genutzte Formen.

Nicht selten ist der Verzehr von Muscheln mit Vergiftungen verbunden. Besonders gefährlich ist die Lähmungsvergiftung (paralytic shellfish poisoning), 8% der Fälle enden tödlich. Ein Gift ist Saxitoxin, das von dem Einzeller *Gonyaulax* (S. 12) produziert wird, der von Muscheln über die Nahrung aufgenommen wird. Beim Menschen treten Symptome innerhalb einer halben Stunde nach Verzehr einer Muschelmahlzeit auf: kribbelndes, brennendes Gefühl im Gesicht, vor allem an Lippen und Zunge. Parästhesie geht dann in Taubheit über; es folgen Allgemeinbeschwerden. Der Tod kann innerhalb von 12 Stunden durch Atemlähmung eintreten; die tödliche Dosis ist 1 mg auf 75 kg Körpergewicht. Saxitoxin wird durch Aktivkohle absorbiert.

System. Oft wurden die Muscheln nach Einzelcharakteren gruppiert; nach den Kiemen: Protobranchia, Filibranchia, Eulamellibranchia, Septibranchia; nach dem Schloß: Taxodonta, Heterodonta, Schizodonta u.a.; nach den Schließmuskeln: Dimyaria, Anisomyaria, Monomyaria. Wie meist, sind solche Klassifikationen nach einem Merkmal ganz oder z.T. unnatürlich. Das moderne System gliedert die Muscheln in drei große Entwicklungslinien.

1. Unterklasse: Ctenidiobranchia = Palaeotaxodonta (Protobranchia z.T.)

Mit vielen ursprünglichen Merkmalen. Schloß taxodont. Kiemen sind echte freie Ctenidien (protobranch). Die Nahrung wird durch lange, vorstreckbare Fortsätze der Palpen von der Bodenoberfläche zum Mund befördert. Fuß mit Sohle, die zum Eingraben und Verankern im Sediment dient. Die Gonaden münden in die Exkretionsgänge; Cerebral- und Pleuralganglien weitgehend getrennt. Mit Pericalymma-Larven.

1. Ordnung: Nuculida: Schließmuskeln gleich, Mantel offen. *Nucula* (Abb. 118 a). *Nucula nitidosa* wird als Indikator für eine allmählich zunehmende, auch länger dauernde Sauerstoffknappheit angesehen. Sie ist eine Charakterart sublitoraler Schlick- und Schlicksandböden der Deutschen Bucht.

2. Ordnung: Nuculanida: Kiemen durch Muskeln zu Pumpbewegungen fähig, die am

Atemstrom mitwirken. Mantelränder streckenweise verwachsen und z.T. Siphonen bildend. *Nuculana (= Leda), Yoldia, Yoldiella, Malletia.*

2. Unterklasse: Palaeobranchia = Cryptodonta (Protobranchia z.T.)

Einzige Ordnung: Solemyida. Freie Ctenidien (protobranch), die aber die Nahrungsaufnahme übernommen haben. Palpen mit reduziertem Fortsatz. Schloß rückgebildet. Schale streckenweise nur aus Periostracum bestehend. Der Fuß ist stempelartig und dient dem Eingraben; sein Vorderteil kann auch eine Platte bilden. Mit Pericalymma-Larve.

Solemya togata lusitanisch-mediterran auf schlammigen Böden, *S. reidi* darmlos mit Bakteriensymbiose im Nordost-Pazifik.

3. Unterklasse: Autobranchia

Ctenidien zur Nahrungsaufnahme. Adult primär mit Byssus. Rotiger- und Fediveliger-Larven mit Protonephridien.

1. Ordnung: Pteriomorpha (**Anisomyaria, Taxodonta, Filibranchia z.T.**, Abb. 120). Die erwachsenen Tiere sind meist durch Byssus festgeheftet oder festgewachsen; der vordere Schließmuskel wird zunehmend kleiner und schließlich völlig rückgebildet (monomyar). Kiemen filibranch bis eulamellibranch.

1. Unterordnung: Arcina (**Arcacea**). Schloß lang, taxodont, doch anders entstanden als das taxodonte Schloß der Palaeotaxodonta. Kiemen filibranch. Byssus, wenn vorhanden, von einem großen Fußbezirk sezerniert. Schließmuskeln etwa gleich. *Arca* (Abb. 120a, b). Am Mantelrand zahlreiche zusammengesetzte Augen mit je ca. 250 Ommatidien. *Glycymeris (Pectunculus).*

2. Unterordnung: Isofilibranchia. Wirbel nahe dem oder am Vorderrand. Vorderer Schließmuskel klein bis fehlend. Byssus meist stark entwickelt, Schloß mit wenigen Zähnen oder reduziert. Mytilidae (Miesmuscheln). *Mytilus* (Abb. 43 f) bildet Bänke von aneinanderhaftenden Muscheln. Miesmuscheln spielen weltweit eine wichtige Rolle als Nahrung des Menschen, aber auch als Monitororganismen zur Erfassung von Verunreinigungen in Meeresgebieten («mussel watch»). Manche Gifte, z.B. Cadmium, reichern sie besonders in den Mitteldarmdrüsen an.

Mytilus edulis ist bei uns eine intensiv genutzte Art. Die Wildmuschelfischerei ist heute gegenüber der Kultur zurückgetreten. Dazu werden möglichst kleine Tiere abgefischt (Besatzmuschelgewinnung) und in einer Dichte auf Kulturflächen ausgebracht, daß sie optimale Wachstumsraten erreichen. Auf diese Weise ermöglichte Anlandungen belaufen sich derzeit im deutschen Wattenmeer auf etwa 60000 t/a , in den Niederlanden auf 100000 t/a. Insgesamt ist die Dichte der Miesmuscheln im Wattenmeer so hoch, daß sie wohl das gesamte Wasser des Wattenmeeres in 8–9 Tagen einmal filtrieren. An den nordamerikanischen Küsten gibt es Gebiete, in denen der gesamte Wasserkörper über Miesmuschelbänken einmal alle 1–2 Tage filtriert wird. Auf solchen Bänken können 2000 Individuen/m^2 siedeln. In den Sedimentansammlungen zwischen den Muscheln entsteht zudem noch ein Lebensraum für viele andere Tiere. Auf den Schalen siedeln u.a. Bryozoen, Polypenstöcke, und *Littorina* weidet Diatomeen-Rasen ab. Miesmuscheln der Gezeitenzone, speziell in den hohen Breiten, haben erhebliche Belastungen zu ertragen: Bei Trockenfallen ihres Lebensraumes können sie zur Anaerobiose übergehen, ihr Herzschlag wird stark abgesenkt, die Cilienaktivität auf den Kiemen eingestellt. Außerdem unterbleibt natürlich die Nahrungsaufnahme. Temperaturen unter dem Gefrierpunkt werden bis −10 °C toleriert. In der heimischen Fauna sind sie die unempfindlichsten Muscheln gegen Frosteinwirkung.

Bohrmuscheln sind *Botula* und *Lithophaga* (*Lithodomus*, Meerdattel; Abb. 120 h), letztere in Kalkgestein, in das sie sich unter Mitwirkung eines kalklösenden Sekretes einbohrt.

3. Unterordnung: Pteriina. Hierher gehören die Perlmuscheln (Pteriidae), Steckmuscheln (Pinnidae, Abb. 120 f), Hammermuscheln (Malleidae, Abb. 120 c), Kamm- bzw. Pilgermuscheln (Pectinidae, Abb. 120 i, j), Stachelaustern (Spondylidae), Sattelmuscheln (Anomiidae), Feilenmuscheln (Limidae) und Austern (Ostreidae, Abb. 120 e).

Zu den Pteriidae gehört die dickschalige *Pinctada*, die mit zahlreichen Arten auf Hartböden, mit Byssus festgeheftet, in Tropenmeeren vorkommt. Von den großen Arten werden Perlmutt und Schmuckperlen gewonnen (Abb. 103 e). Derzeit erwirtschaften Perlenzüchter über eine Milliarde Dollars pro Jahr. Zuchtperlen aus *Pinctada* kommen größtenteils aus Japan.

Pinnidae stecken mit ihrem spitzen Vorderende in Geröll-, Sand- und Weichboden, oft in oder nahe Seegraswiesen, wo sie mit Byssus an Steinen oder Muschelschalen verankert sind. In ihrem Mantelraum leben regelmäßig kleine

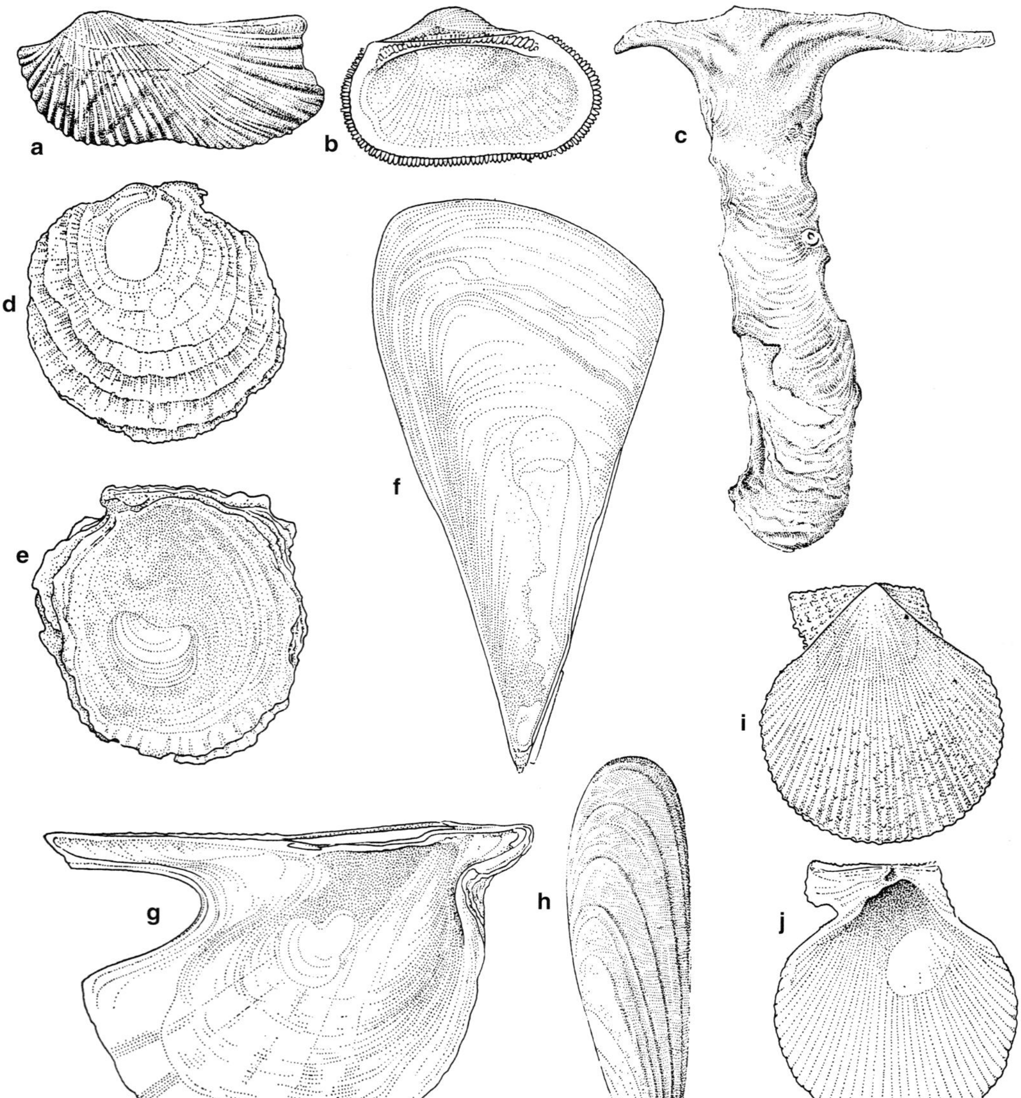

Abb. 120: a. *Arca*, Außenansicht der Schale. b. *Arca*, Innenansicht der Schale. c. *Malleus* (Hammermuschel). d. *Heteranomia*, rechte Schale mit Byssusausschnitt. e. *Ostrea* (Auster), mit Schließmuskeleindruck. f. *Pinna* (Steckmuschel). g. *Pteria (=Avicula)*. h. *Lithophaga* (Meerdattel). i–j. *Chlamys* (Kammuschel). i. Schalenansicht von außen. j. von innen (mit Schließmuskeleindruck). Nach Grassé, Gregory

Krabben (*Pinnoteres*, Muschelwächter; S. 323), die Schleim und Nahrungspartikel von den Kiemen der Muscheln abnehmen.

Pinna nobilis, die Steck- oder Schinkenmuschel aus dem Mittelmeer, erreicht 1 m Länge. Als Dekorationsstück findet man sie weit verbreitet in mediterranen Tavernen. Auch von Tauchern wird sie leider gern gesammelt, was insgesamt zu einem starken Rückgang geführt hat. Tiere mit einer Schalenlänge von 70 cm sind rund 50 Jahre alt (Abb 120 f).

Malleidae (Abb. 120 c) sind tropisch und leben im Flachwasser mit Byssus festgeheftet.

Die Pectinidae haben fächer- bis fast kreisförmige Schalen mit Fortsätzen («Ohren») an beiden Seiten des Wirbels (Abb. 120 i, j). Pectinidae leben oft frei und verfügen über ein relativ gutes Schwimmvermögen, können mit Byssus festgeheftet oder mit der rechten Schale an Hartsubstrat befestigt sein.

Pecten jacobaeus (Jakobs-Pilgermuschel) hat eine besondere Bekanntheit erlangt. Beide Schalen sind ebenmäßig gebaut, die rechte (untere) tief gewölbt, die andere flach. Man findet sie in zahlreichen Bauten als Ornament, und eine Mineralölfirma hat sie zu ihrem Firmenzeichen erkoren. Die Pilgermuschel erreicht 12 cm Durchmesser und ist ein gewandter Schwimmer. *Pecten yessoensis* aus dem Pazifik ist derzeit das am stärksten genutzte Weichtier (Abb. 102).

Chlamys varia lebt auch auf Sand- und Hartböden der Nordsee. Sie lebt frei oder mit Byssus festgeheftet. Am Mantelrand befinden sich viele Linsenaugen. *Aequipecten opercularis*, ebenfalls in der Nordsee freilebend und mit Byssus festgeheftet vorkommend, unternimmt umfangreiche Wanderungen, wobei die offenen Schalenklappen nach vorn gerichtet sind und Wasser nahe den «Ohren» austritt. Nähert sich jedoch ein Feind, z. B. *Asterias*, der über Chemoreceptoren der vielen Tentakel und visuell über die zahlreichen Linsenaugen wahrgenommen wird, werden die Klappen rasch mehrmals ruckartig geschlossen, und die Muschel schwimmt in umgekehrter Richtung davon.

Bei vielen Pectinidae sind «Ober- und Unterschale» verschieden gefärbt. Ein Extrem bildet die im Indowestpazifik und in der Karibik vorkommende Art *Amusium pleuronectes* mit brauner Ober- und weißer Unterschale, was im Farbmuster an Plattfische erinnert (*Pleuronectes*.

Spondylidae leben, mit der rechten Klappe anzementiert, meist auf Hartsubstrat. Die einzige Gattung, *Spondylus* (Felsenauster), ist in warmen Meeren verbreitet.

Anomiidae haben dünnschalige, zerbrechliche, ausgesprochen ungleiche Schalenhälften. Der Byssus tritt durch eine Einbuchtung der rechten (unteren) Schale aus (Abb. 120 d). *Anomia ephippium* an Gehäusen von Weichtieren, auch in der Nordsee.

In diese Familie gehört auch die indowestpazifische *Placuna* mit ihren durchscheinenden Schalen. In der Jugend ist sie mit Byssus festgeheftet, später freilebend. Seit Jahrhunderten wird *Placuna* für die Herstellung kleiner Fensterscheiben verwendet. Der Export von *Placuna*-Lampenschirmen aus pazifischen Ländern (v.a. Philippinen) hat zu einem starken Rückgang der Bestände dieser Muschel geführt. Die Zucht in großem Maßstab ist noch nicht gelungen.

Limidae leben mit meist weit klaffenden Schalen auf Hartsubstrat mit Byssus festgeheftet oder auf Weichboden, z. T. auch in selbstgefertigten Nestern aus kleinen Steinen und Schill, die mit Byssus zusammenhaften. Junge Tiere leben darin zu mehreren, adulte meist alleine. Die 3,5 cm lange *Lima* gehört zu den auffälligen Muscheln, die man schon im Flachwasser des Mittelmeeres finden kann: Schale weiß, lange, orangefarbene Tentakel am Mantelrand, rasche, hüpfende Schwimmbewegungen («Springmuschel»).

Die Ostreidae (Abb. 120 e) sind meist mit der linken Klappe an Hartsubstrat angeheftet. Fuß und Byssus sind rückgebildet. Die etwa 6 Gattungen sind weit verbreitet, und einige werden intensiv genutzt.

Zahlreiche Formen (z.B. *Ostrea* [Abb. 120 e] und *Crassostrea*) werden in Kultur gehalten. Den Larven bietet man verschiedene Substrate zum Besiedeln an, z.B. in den Boden eingelassene Gerüste oder von Bojen herabhängende Gegenstände.
Früher gab es auch an der deutschen Nordseeküste kommerziell genutzte Bänke von *Ostrea edulis*. Sie wurden allerdings schon im 19. Jahrhundert so stark ausgebeutet, daß sie schließlich verschwanden und mit ihnen eine ganze Lebensgemeinschaft. Übrigens hat der Kieler Zoologe Karl Möbius bereits Ende des 19. Jahrhunderts im Rahmen seiner Arbeiten über Austernbänke der Nordsee den Begriff Biocoenose (Lebensgemeinschaft) geprägt. *Ostrea edulis* ist ein protandrischer Zwitter. Die Spermien werden ins freie Wasser abgegeben und von Weibchen eingestrudelt. Die Befruchtung der Eier erfolgt an den Kiemen. Nach 2 Wochen schlüpfen Trochophorae, die sich nach weiteren 2 Wochen festsetzen. Zunächst befestigen sie sich mit Byssus.
Crassostrea gigas wurde aus Japan nach Westeuropa eingeführt.

2. Ordnung: Trigonida. Muscheln mit abgerundet-dreieckiger Schale, filibranchen Kiemen, schizodontem Schloß und offenen Mantelrändern. Vorwiegend fossil *(Trigonia)*, *Neotrigonia* (Abb. 118 e) mit mehreren Arten in australischen Meeren.

3. Ordnung: Unionida (Palaeoheterodonta, Schizodonta; Najaden). Meist langgestreckt-ovale Muscheln des Süßwassers mit ca. 1000 Arten. Das Schloß hat rechts einen großen Zahn sowie einige Seitenzähne. Die Zähne können auch fehlen *(Anodonta)*. Kiemen eulamellibranch, Mantelränder terminal zu Siphonen verwachsen. Byssus reduziert. Die Unionida leben etwa halb eingegraben im Boden und bewegen sich mit dem beilförmigen Fuß. Der Parasitismus der Larven an Fischen wurde auf S. 158 erwähnt. Die Kiemen sind mit Bruträumen versehen; die Schale hat eine Permuttschicht. Hierher gehören *Anodonta* (Teichmuschel), *Unio* (Flußmuschel, Abb. 121 a) und *Margaritifera* (Flußperlmuschel).

Die Malermuschel *(U. pictorum)* kommt in stehenden und langsam fließenden Gewässern vor. Bis 400000 Eier entwickeln sich im Kiemenraum des Weibchens. Nach mehreren Wochen werden die Larven mit dem Atemwasser ausgestoßen und sinken zu Boden. Nähert sich ihnen ein Fisch, schlagen sie ihre mit Haken versehenen Schalenklappen in dessen Kiemen. Hier werden sie von Gewebe umwachsen, entwickeln sich parasitierend im Laufe einiger Wochen zu kleinen Muscheln und lösen sich ab. Geschlechtsreife wird nach 3–4 Jahren erreicht; Lebenserwartung 10 Jahre. Die Malermuschel ist Wirt für die Brut von Bitterlingen (S.571). Ihr Name geht darauf zurück, daß Maler die Schalen früher zum Anrühren von Farben verwendeten.

Margaritifera margaritifera wird bis 14 cm lang. Ihre Perlen wurden über Jahrhunderte geerntet, und noch zu Beginn des 20. Jahrhunderts bildete sie kilometerlange Bestände. Inzwischen ist sie jedoch drastisch zurückgegangen (wie viele Arten der Unionida), vorwiegend durch Verschmutzung der Gewässer und durch wasserbauliche Maßnahmen. Flußperlmuscheln leben in nährstoff- und kalkarmen Fließgewässern. Obwohl alte Weibchen der mitteleuropäischen Restbestände noch immer im August je 4×10^6 Eier ablegen, und obwohl die Bachforelle als Hauptwirt der Glochidien häufig ist, kommen praktisch keine Jungtiere mehr auf. Die Art ist in Europa stark bedroht, in Nordamerika offenbar nicht; dort fürchten Fischer vielmehr die Schäden, die der massive Glochidienbefall bei Salmoniden hervorruft. Die Glochidien entwickeln sich in den Kiemen vorwiegend junger Bachforellen. Normalerweise sind die Flußperlmuscheln getrenntgeschlechtig; die Geschlechtsreife erreichen sie nach 15–20 Jahren; bei geringen Populationsdichten werden die Weibchen zwittrig und es kommt zur Selbstbefruchtung. Mit mehr als 100 Jahren erreichen Flußperlmuscheln ein Lebensalter, das im Tierreich nur selten übertroffen wird. Verbreitungsschwerpunkt in Mitteleuropa: Bayerischer Wald und Fichtelgebirge.

Eine merkwürdige Parallele zu den Austern sind die Flußaustern (Etheriidae), die in den Stromschnellen tropischer Flüsse Muschelbänke bilden. Sie wachsen mit der rechten Schale fest; der vordere Schließmuskel und der Fuß werden rückgebildet.

Die Mutelacea Afrikas und Südamerikas bringen Lasidium-Larven mit langem Haftfaden am Vorderende hervor, die ebenfalls an Fischen parasitieren.

4. Ordnung: Heterodonta (Abb. 121 b). Nahezu 4000 Arten umfassende Gruppe von unterschiedlicher Gestalt. Kiemen eulamellibranchiat, Schloß mit 1–3 Cardinalzähnen und verschiedentlich leistenartigen Lateralzähnen.

1. Unterordnung: Lucinina. Diese Gruppe vereinigt ursprüngliche Merkmale (Einströmöffnung vorne, adult ohne Byssus, Kiemen ohne Filterfunktion, Magen einfach) mit besonderen Spezialisierungen. So formt der wurmförmig verlängerte Fuß eine mit Partikeln verklebte Röhre als Einströmsipho zur Sedimentoberfläche. Viele Thyasiridae und Lucinidae in anaeroben Tiefsee-Sedimenten besitzen chemotrophe Schwefelbakterien in den Kiemen. *Thyasira, Lucinella, Loripes.*

2. Unterordnung: Venerina. Eine besondere Gruppe sessiler Formen vom «Austerntyp», die mit einer Schalenklappe festgewachsen sind, sind die Chamacea mit *Chama*, welche dimyar sind und adult auch keinen Byssus aufweisen.

Ansonsten gehört hierher das große Heer «normaler» Meeresmuscheln, z. B. die Cardiacea mit den Herzmuscheln *Cardium* (Abb. 121 h) und *Cerastoderma* (Abb. 119 h).

Cerastoderma edule bildet im Wattenmeer neben *Mytilus edulis* den größten Anteil der Muschelbiomasse und ist damit ein wichtiger Nahrungsorganismus für Seesterne, Krabben und verschiedene Vögel. Auf einem Quadratmeter können bis 20000 junge Herzmuscheln leben. Allerdings erreichen davon nur wenige hundert Tiere das dritte Lebensjahr. *Cerastoderma* lebt meist nicht tiefer als 1–2 cm im Boden und wird mit schwerem Kuttergeschirr (Kurren) gefangen. Von Wellen werden sie leicht freigespült, können sich aber mit ihrem Fuß vergleichsweise rasch kriechend fortbewegen und wieder eingraben.

Es folgen andere Verwandtschaftsgruppen mit *Macoma* (Abb. 119 m), *Tellina, Mactra, Venus, Donax, Scrobicularia* (Abb. 119 j), *Venerupis (Tapes), Arctica* (Abb. 121 i) u. a. Diese Formen leben meist eingegraben in Sand- und Weichboden und senden kürzere oder längere Siphonen zur Oberfläche.

Macoma balthica, die Plattmuschel, ist eine charakteristische Art mariner Sedimente und dringt weit in die Ostsee ein (bis 5‰ Salinität). An Nord- und Ostseestrand findet man ihre Schalen oft in großen Mengen ausgeschwemmt. Sie liegt in etwa 3–5 cm Tiefe auf der rechten Schalenklappe (nicht immer!) im Sediment und erreicht mit ihren Siphonen die Oberfläche (Abb. 119 m). Mit dem Inhalationssipho pipettiert sie nahrungsreiche Ablagerungen von der Bodenoberfläche ab. Die bis 30 mm lange Plattmuschel kann eine Populationsdichte von 5000 Individuen/m^2 erreichen.

In verschiedenen Sedimenten bohrt *Petricola*. Die Art *P. pholadiformis* ist um die Jahrhundertwende von Nordamerika aus in die europäischen Meere verschleppt worden. In den Korallenriffen des Indopazifik lebt die Riesenmuschel *Tridacna* (Abb. 45 i, 103 f, 121 d).

Tridacna gigas ist die größte Muschelart, sie wird 1,4 m lang und erreicht ein Gewicht von über 200 kg, wovon etwa 60 kg auf die Weichteile entfallen. In ihrem dem Licht zugewendeten Mantelrand leben photosynthetisierende Dinoflagellaten *(Symbiodinium)*. Bei Beschattung und Berührung können die normalerweise klaffenden Schalenhälften rasch geschlossen werden. Im pazifischen Raum nutzt man *Tridacna* auf vielfältige Art. Die Weichteile werden gegessen, die Schalenklappen als Waschbassins, in Kirchen auch als Taufbecken verwendet; als Dekoration findet man die Schalen in Haus, Garten und auf Gräbern. Seit den 80er Jahren wird *Tridacna* auch in größerem Maßstab in Kultur gehalten. *Tridacna* gehört zu den stark bedrohten Muscheln. Während die kleinste Art, *T. crocea* in naturbelassenen Gebieten Besiedlungsdichten von 200 Tieren/m^2 erreicht, findet man die größte Art, *T. gigas*, in weiten Gebieten fast gar nicht mehr. *Tridacna*-Arten müssen einige Jahre heranwachsen, bevor sie sich das erste Mal fortpflanzen. Sie produzieren zunächst nur Spermien, später auch Eier. Ihre Fortpflanzung beginnt, wenn sie etwa die Hälfte ihrer maximalen Größe erreicht haben. *T. gigas* erreicht in drei Jahren bis 30 cm Schalenlänge. Die Aufnahme von Zooxanthellen erfolgt früh in der Entwicklung. Sie leben in einem speziellen Kanalsystem. Festsitzende kleine Muscheln machen einen «Rotationsprozeß» durch, was zur Folge hat, daß das Schloß basal im Riff zu liegen kommt, In- und Egestionsöffnung auf der dem Licht zugehaltenen Seite. *T. crocea* bleibt mit Byssus festgeheftet und bohrt sich mechanisch und chemisch ins Substrat, *T. gigas* liegt frei im Riff.

Im Süßwasser kommen die Sphaeriacea mit den artenreichen Gattungen *Sphaerium* und *Pisidium* vor: Meist werden auch die im Brackwasser lebenden Dreissenidae *(Congeria, Dreissena)* hierhergestellt. Zu ihnen gehört die aus dem Kaspischen Meer ins Süßwasser vorgedrungene *Dreissena polymorpha*, die ähnlich den Miesmuscheln mit Byssusfäden angesponnen ist (Abb. 115 e).

Dreissena polymorpha (Dreiecks- oder Wandermuschel) ist getrenntgeschlechtig und entläßt ihre Eier im Sommer ins Wasser, wo sie befruchtet werden; aus ihnen schlüpfen innerhalb eines Tages freischwimmende Larven, die sich 2–4 Tage von ihrem Dottervorrat ernähren (also lecitotroph sind) und dann zweieinhalb bis fünf Wochen von Plankton (planktotroph). Bei einer Länge von 0,2–0,3 mm setzen sie sich mit Byssusfäden am Substrat fest. Schon nach einem Jahr kann die Geschlechtsreife erreicht werden. Ein Weibchen kann 1 Millionen Eier/Jahr entlassen, was einem Drittel seiner Biomasse entspricht. Die etwa 10 Jahre alt werdende *Dreissena polymorpha* hat sich nicht nur in Europa stark ausgebreitet, sondern nach ihrer unbeabsichtigten Einführung in Nordamerika Mitte der 1980er Jahre auch dort Massenvorkommen produziert. In manchen unserer Fließgewässer (z.B. im Niederrhein) werden flächendeckende Bestände gebildet. Bis zu 40000 Jungmuscheln fand man auf einem Quadratmeter. In den USA wurden im Laufe eines Jahrzehnts Gewässer in etwa 20 Staaten besiedelt; man fand hier Besiedlungsdichten bis 70000/m^2.

3. Unterordnung: Myina (Adapedonta). Sie umfassen neben fast normalen Formen wie *Mya* (Abb. 121 f) und *Hiatella (= Saxicava)* die abgewandelten, in Holz bohrenden Schiffsbohrmuscheln (*Teredo* Abb. 121 e). Die Schalenhälften klaffen an einem oder beiden Enden; Schloß und Ligament werden zunehmend reduziert. Viele sind in weichem oder hartem Substrat eingebohrt, wobei die Schalen als Bohrwerkzeuge dienen. Die Siphonen sind meist lang und ganz oder teilweise verwachsen, die Mantelränder weitgehend verwachsen. Relativ ursprünglich sind: *Hiatella (Saxicava)* in Ritzen oder eingegraben, z. T. mit Byssus, *Mya* (Klaffmuschel) tief eingegraben in Sand oder Weichboden, mit langen verwachsenen Siphonen, Byssus nur bei Jungtieren. Heimisch *M. arenaria* (Abb. 119 l) und *M. truncata*. *Solen* (Messermuschel) mit kurzen Siphonen und stempelartigem Grabfuß, gräbt sich schnell und tief ins Sediment ein, dort in langen Röhren lebend. *Ensis siliqua* kann unter heftigen Schalenbewegungen schwimmen. *Aloidis (Corbula)*, Schalen ungleich, liegt horizontal im Sediment.

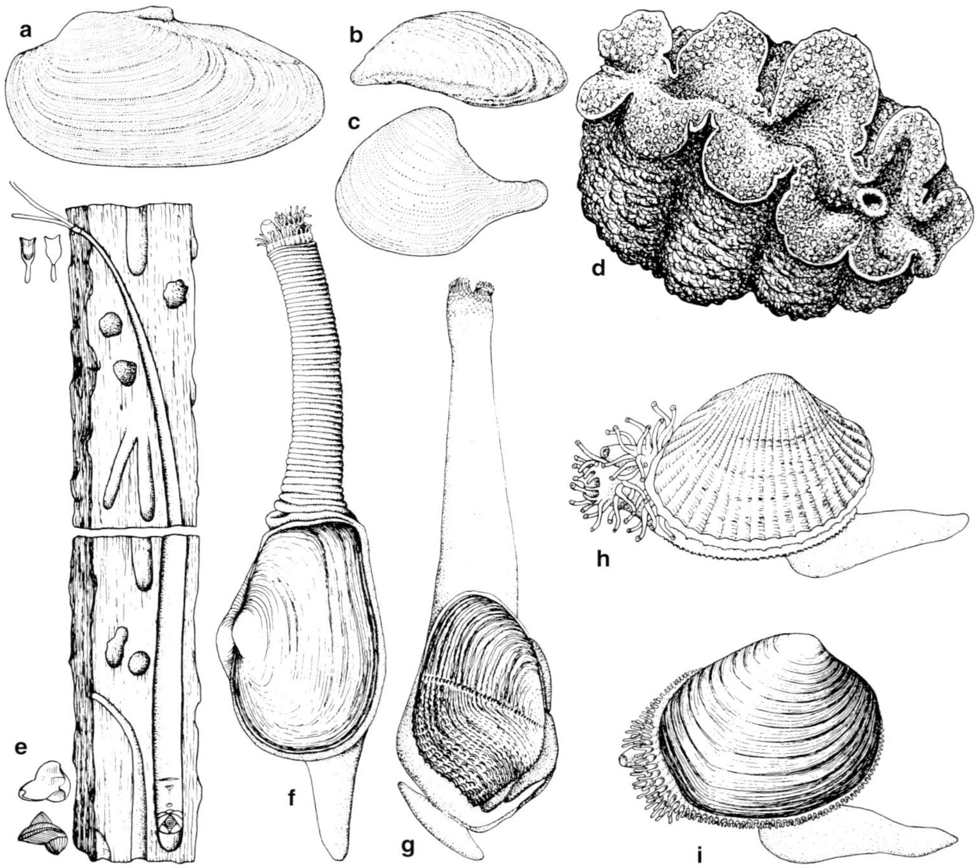

Abb. 121: a. *Unio* (Flußmuschel). b. *Dreissena* (Wandermuschel). c. *Cuspidaria*. d. *Tridacna* (Riesenmuschel); beachte, daß diese Muschel mit der Schloßregion dem Substrat aufliegt; die Schalenklappen sind normalerweise geöffnet, so kann Licht die Symbionten des Mantels erreichen. e. *Teredo* (Schiffsbohrwurm). f. *Mya* (Klaffmuschel) mit Sipho und aus der Schale ausgetretenem Fuß. g. *Zirfaea* (Bohrmuschel). h. *Cardium*. i. *Arctica (Cyprina)*. Nach Baergh, Grassé, Gregory, Möbius

In Nord- und Ostsee ist die Sandklaffmuschel *(Mya arenaria)*, die wohl Ende des 16. Jahrhunderts aus Nordamerika eingeschleppt wurde, verbreitet. Sie wird bis 20 Jahre alt, ihre Schale bis 15 cm lang. Sie lebt bis 40 cm tief im Sand eingegraben (Abb. 119 l) und hält ihre verwachsenen und durch eine derbe Hülle geschützten Siphonen dauernd in ausgestreckter Position. *M. arenaria* ist auf Sand- und Schlickböden verbreitet. Auf dem Meeresboden erkennt man sie an einem 1–2 cm großen Loch. Große Tiere können sich nicht wieder eingraben, wenn sie an die Sedimentoberfläche gelangt sind.

Ende der 70er Jahre wurde *Ensis americanus* aus Nordamerika bei uns eingeschleppt und hat sich zu einem bleibenden Bestandteil der Nordseefauna im untersten Gezeitenbereich und im Sublitoral entwickelt. Allem Anschein nach kamen Veliger-Larven dieser Art 1978 mit Ballastwasser in einem schnell fahrenden Schiff nach Europa und wurden vor der Elbe- oder Wesermündung entlassen. Schon zwei Jahre danach beobachtete man Massenvermehrungen, und seit dieser Zeit findet man die Schalen in großer Zahl angespült. Eine Verdrängung anderer Arten hat man nicht beobachtet.

Die Bohrmuscheln (Pholadidae) bohren in festem Sediment, Holz, Torf und leichtem Gestein (Kreide). Die vorn mit Reibleisten versehenen Schalenhälften klaffen vorn weit auseinander. Der stempelartige Fuß verankert die Muschel; seine Muskeln lassen die Schale beim Bohren etwas rotieren. Siphonen lang. *Pholas, Zirfaea* (Abb. 121 g), *Barnea*. Corbiculidae mit *Corbicula*.

Corbicula-Arten, ursprünglich aus Südostasien, haben sich insbesondere in schiffbaren Gewässern Mitteleuropas auf Kiesgrund in den letzten beiden Jahrzehnten etabliert und treten in manchen Flüssen teilweise in Massen auf, z.B. im Rhein. Zuvor hatten sie sich bereits in Nordamerika ausgebreitet.

Extreme Spezialisten sind die Schiffsbohrmuscheln («Schiffsbohrwürmer», Teredinidae, Abb. 121e). Sie leben in Holz und richten in Holzplanken der Schiffe, an hölzernen Hafenanlagen u.a. Schaden an. Die Schalen sind klein und raspeln Holz ab. Der von der Schale entblößte Rumpf geht kontinuierlich in die langen Siphonen über. Die lange Wohnröhre wird von einer Kalkschicht ausgekleidet. Nahe der Mündung der Siphonen einige Skeletplättchen (Paletten), die die Öffnung nach Einziehen der Siphonen abdichten und dem Tier so ein wochenlanges Überdauern im Süßwasser ermöglichen. Interessant ist die Ernährungsweise: Die abgeschabten Holzpartikel werden durch die Wimpern des Fußes den Vela und dem Mund zugeleitet, und im Darm werden Cellulose und Hemicellulosen größtenteils verdaut. Daneben ist wohl noch die Ernährung durch Einstrudeln von Planktern möglich. *Teredo navalis* (Schiffsbohrmuschel), bis 20 cm. Pholadidae, Xylophagidae und Teredinidae werden als Adesmata zusammengefaßt.

5. **Ordnung: Anomalodesmata.** Marin. Sie zeigen manche Parallelen zur vorigen Ordnung. Auch sie umfassen «normale» Muscheln, reduzieren bald das Schloß und führen zu Gattungen mit einer sekundären Kalkhülle und kleinen getrennten Schalen. Die äußere Kiemenlamelle wird nach dorsal gebogen und reduziert. Viele Pandoracea liegen mit asymmetrischer Schale im Sediment *(Pandora)*. Bisweilen führt nur der Einstromsipho zur Oberfläche, der andere endet im Sediment *(Cochlodesma)*. Die Extremformen (Clavagellidae) bilden eine sekundäre Hülle, die frei im Sediment oder zwischen Korallen verankert ist.

Die Vorderfläche schließt bei *Clavagella* eine Platte mit Löchern ab, daher der Name «Gießkannenmuscheln». Die kleinen Schalenklappen dienen nicht zum Bohren, sondern sind in die Hülle einbezogen. *Clavagella*, bis 70 cm, nur eine Schalenhälfte mit der Kalkhülle verbunden. *Brechites*, bis ca. 15 cm, beide Schalenhälften einbezogen.

6. **Ordnung: Septibranchia.** Sie schließen an die Pandoracea an und werden auch oft als Gruppe der Anomalodesmata geführt; marin. An Stelle der Kiemen in der Mantelhöhle eine muskulöse Scheidewand, die von Poren oder gefensterten Spalten durchbrochen ist. Durch die Bewegung dieses Querseptums können Tiere oder Tierstücke eingesogen werden. Die Septibranchia sind also carnivor, der Magen ist ein Muskelmagen. Auf und in Weichböden, v.a. in tieferen Zonen; Schale bis 2,5 cm. *Poromya, Cuspidaria* (Abb. 121c), *Cetoconcha*.

6. Klasse: Scaphopoda (Solenoconchae, Kahnfüßer)

Etwa 500 Arten umfassende Gruppe mariner Molluscen, deren Körper von einer röhrenförmigen Schale umschlossen ist (Abb. 122). Diese entsteht durch das Verwachsen der paarigen Mantellappen an der Ventralseite. Die Schale ist vorn und hinten offen, die hintere Öffnung ragt aus dem Meeresboden, in dem die Tiere eingegraben leben. Der Kopf besitzt ein verlängertes Mundrohr (Buccalkegel), an dessen Basis zwei Büschel Fangfäden (Captacula) entspringen, die im Sediment umhertasten und Kleintiere (z.B. Foraminiferen und Ostracoden) sowie Diatomeen fangen. Der Fuß ist ein schwellbarer, vorstreckbarer Grabfuß, am Ende dreilappig (Dentaliida) oder mit gefranster Scheibe (Gadilida). Die Atemhöhle durchzieht die ganze Schale; durch die obere Öffnung wird Atemwasser eingestrudelt, Kot und Keimzellen werden über sie entleert. Auffallend sind manche Reduktionen: Kiemen fehlen; das Herz ist ein kleiner Sack ohne Vorhöfe und Arterien; den paarigen Exkretionsorganen fehlt die Verbindung mit der Pericardhöhle. Die unpaare Gonade entleert ihre Keimzellen über das rechte Exkretionsorgan. Die pelagische Larve mit Dottervorrat ist eine vereinfachte Pericalymma. Mantel und Schale liegen dorsal, wachsen dann aber seitlich bis zur Vereinigung an der Ventralseite vor. Die Scaphopoda sind eine isolierte Gruppe, die vielleicht über die fossilen Rostroconchia mit den Muscheln zusammenhängt. Seit dem Paläozoikum bekannt. Länge bis 12 cm.

Ordnung: Dentaliida mit massivem und am Ende dreilappigem Fuß. *Dentalium* (Abb. 122).

Ordnung: Gadilida (Siphonodentaliida) mit

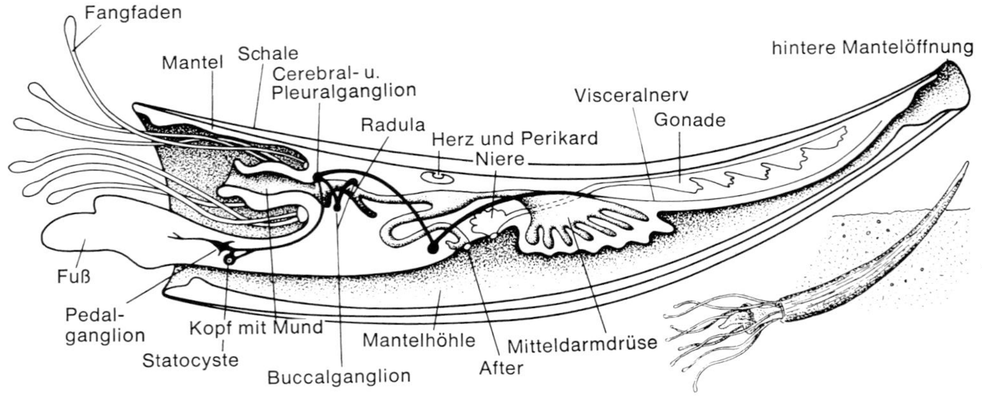

Abb. 122: Bauplan eines Scaphopoden, daneben Scaphopode im Substrat. Nach Stempell

freiem Retraktor im hohlen Fußzylinder; Fußende ausgefranste Scheibe. *Siphonodentalium, Cadulus, Entalina.*

7. Klasse: Cephalopoda (Kopffüßer)

Die Cephalopoda sind die größten (bis 18 m lang) und am höchsten entwickelten Mollusca mit etwa 700 rezenten und über 10 000 fossilen Arten. Die hohe Entwicklung gilt besonders für die Tintenfische (Coleoida), während die einzigen lebenden Palcephalopoden der Gattung *Nautilus* neben abgeleiteten noch viele primitive Charaktere besitzen. Ursprünglich ist das umfangreiche Genitalcoelom, in dem die Gonaden nur einen Bezirk einnehmen, und das mit der Pericardhöhle in Verbindung steht. Abgeleitet ist die Entwicklung: Die Eier sind dotterreich, die Furchung ist discoidal; es kommt also zur Ausbildung einer Keimscheibe. Eine Neubildung ist die Umstrukturierung des Fußes zu einem vom Pedalganglion innervierten Trichter (Sipho) am Ausgang der Mantelhöhle. Auch die Fangarme sind Abkömmlinge des vorderen Fußteiles; sie werden jedoch vom Cerebralganglion innerviert und sitzen dem Kopf rings um die Mundregion an. Bei *Nautilus* (Abb. 123) sind es 62 beim Männchen und 86–90 beim Weibchen, bei den Coleoida 10 oder 8. Der Trichter ist ein Rohr am Ausgang der Mantelhöhle, durch das das Wasser der Mantelhöhle beim Rückstoßschwimmen ausgepreßt wird. Der Wassereinstrom erfolgt beidseitig des Trichters über die Mantelspalte. Der Trichter entsteht bei Coleoida aus zwei zum Trichterrohr verwachsenen Trichterfalten, die bei *Nautilus* noch getrennt sind; er besitzt eine Trichterdrüse und ein Trichterventil. Kopf und Arme besitzen ein Seitenliniensystem, das aus epidermalen Leisten mit mechanoreceptiven Sinneszellen besteht. Der Kopf trägt hochentwickelte Augen und unterhalb des Gehirns die Statocysten, die bei höheren Cephalopoden an das Labyrinth der Wirbeltiere erinnern; hinter den Augen liegen Riechgruben. Im Gehirn sind die Ganglien einschließlich Pedal- und Visceralganglien konzentriert. An den Rumpfnerven haben sich neue Zentren entwickelt, in den Armen die Brachialganglien, an den Muskeln des Mantels die Stellarganglien, im Visceralbereich Cardial- sowie Branchialganglien.

Die Cephalopoden sind ursprünglich pelagische Schweber mit gasgefüllten Schalenkammern. Beim Wachstum schiebt sich das Tier in der jüngsten Kammer (Wohnkammer) vor und scheidet von der hinteren Körperwand (Mantel; Abb. 123) eine Scheidewand (Septum) aus Kalk ab; zusätzlich wird Kammerwasser sezerniert. Sobald eine neue Schalenkammer gebildet ist, wird ein Teil des Wassers aus der neuen Kammer resorbiert und Gas in die Kammer abgeschieden. Die Septen und Kammern werden von einem strangartigen Fortsatz des Körpers durchzogen, dem Siphunkel. Dieser ist von einer aus Kalk und Conchiolin bestehenden Röhre umschlossen, reich vaskularisiert und von sekretorischem und zugleich resorbierendem Epithel bedeckt. Er reicht bis zur Spitze

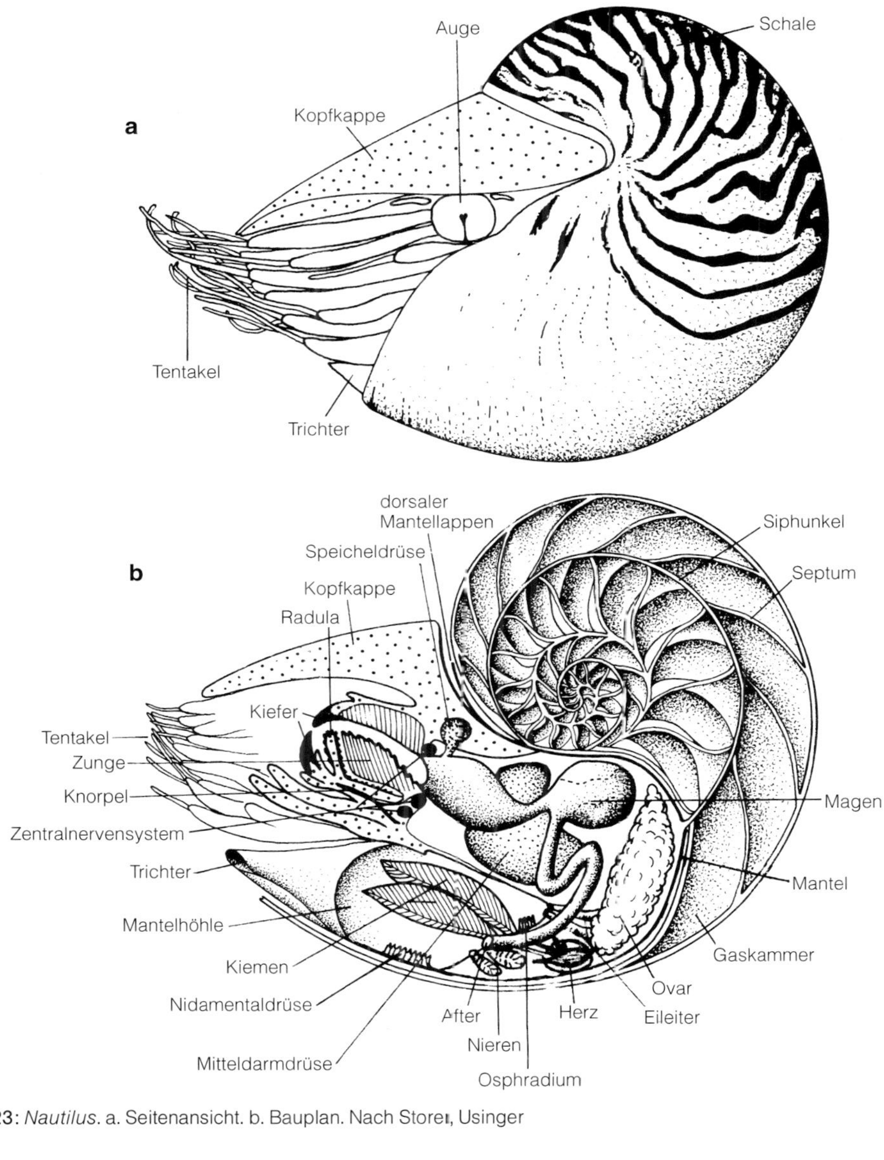

Abb. 123: *Nautilus*. a. Seitenansicht. b. Bauplan. Nach Storer, Usinger

der Schale und bewirkt Sekretion und Resorption von Gas und Wasser, durch deren relative Menge das Tier ein Absinken und Aufsteigen bewirken kann. Das Gas in den Gaskammern ist bei *Nautilus* reich an Stickstoff und Argon, die Flüssigkeit arm an Salzen. Der Siphunkel kann pro Tag ca. 2 ml Flüssigkeit sezernieren und ca. 1 ml resorbieren. Dieser Wechsel von Gas und Flüssigkeit für die Regulation des Gewichtes funktioniert noch in der Schale von *Spirula* und sogar im Schulp von *Sepia*. Die Flüssigkeit enthält bei *Sepia* Ammoniumionen.

Die **Schale** war ursprünglich kegelförmig oder nur leicht nach vorn gekrümmt (orthocon), so daß die Tiere mit der Spitze des Eingeweidesackes nach oben und dem Mund nach unten im Wasser trieben. Sie ist bei den meisten fossilen Cephalopoden, also Nautiloida und Am-

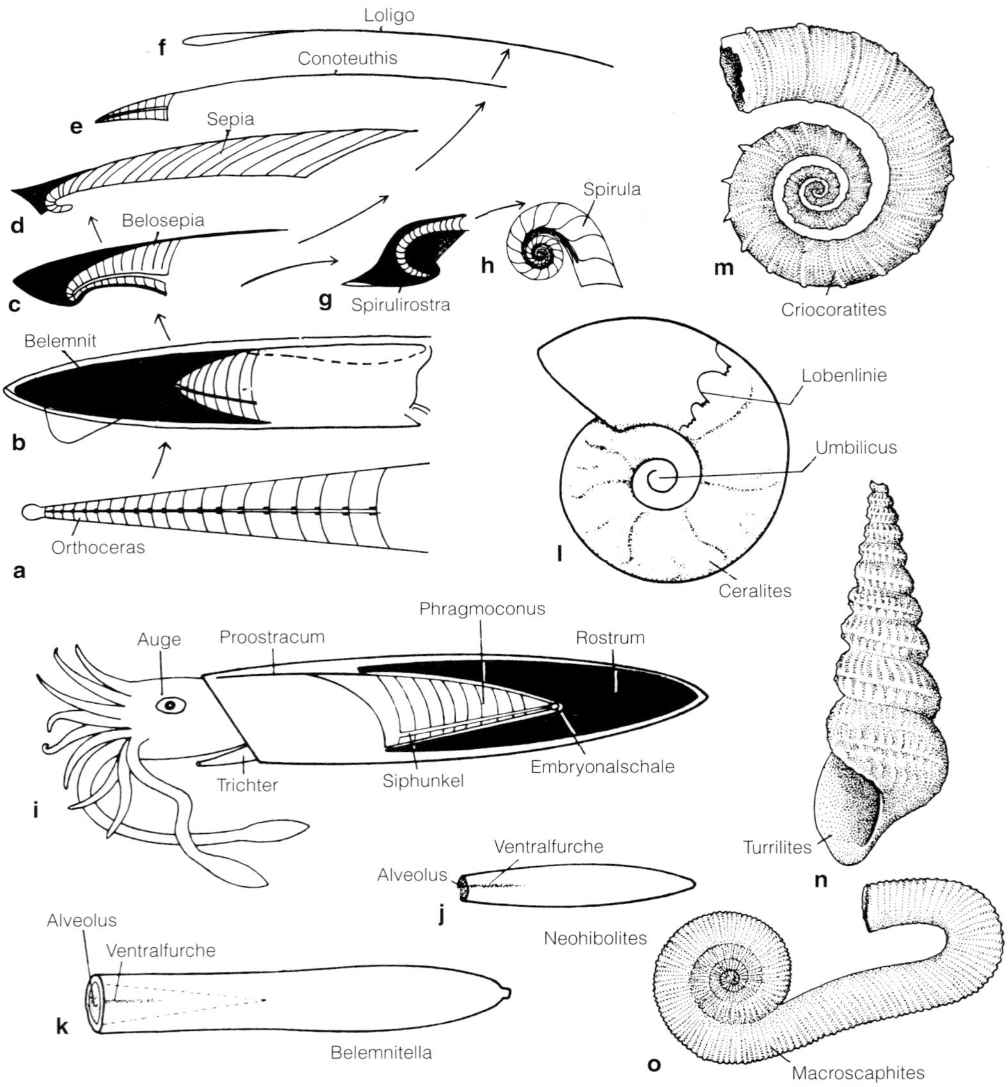

Abb. 124: Cephalopoden. a–h: Entwicklung der Coleoidenschale; Ausgangspunkt: gestreckte Schale von *Orthoceras*; bei den modernen Formen, die von Belemniten ausgehen, kommt es zur Rückbildung der Schale, die bei Octobrachia oft völlig fehlt. Einen Sonderweg schlug *Spirula* ein. i–k. Belemniten (Karbon bis Eozän). i. Rekonstruktion eines ganzen Tieres. j–k. Rostra («Donnerkeile») verschiedener Belemniten. l. typische mesozoische Ammonitenschale. Die Lobenlinien entsprechen den Septen im Inneren der Schale. Sie können einfach oder kompliziert verlaufen. m–o. atypische mesozoische Ammonitenschalen. Nach Morton, Black, Twenhofel, Shrock

monoida (Abb. 124), in einer Ebene nach vorn eingerollt und bildet eine Scheibe, kann aber bei anderen fossilen Formen schneckenartig *(Trochoceras, Turrilites)* oder unregelmäßig gewunden sein *(Nipponites)*. Mehrfach findet sich eine Umorientierung der ursprünglichen Lage, in der die gasgefüllten Kammern oben und die Wohnkammer unten liegen; die Spitze der Schale und damit des Eingeweidesackes verlagert sich nach hinten, der Kopf nach vorn. Bei fossilen Cephalopoden mit gestreckter Schale wird dies erreicht, z. T. durch verschie-

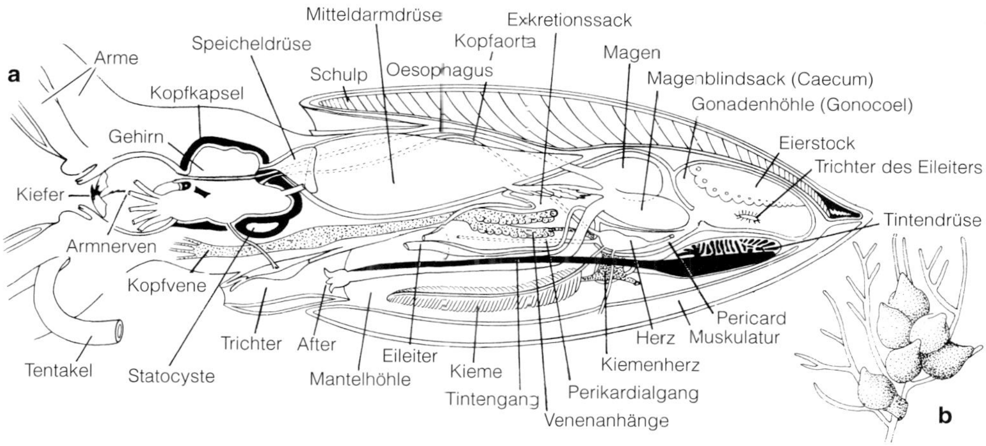

Abb. 125: Bauplan eines Cephalopoden *(Sepia)*; daneben ein Gelege

dene verstärkte Kalkeinlagerungen innen am Schalenrande, z. T. durch Verlagerung der Wohnkammern ventral unter vielen gasgefüllten Kammern *(Ascoceras)*. Unter den fossilen Coleoida belasten die Belemniten ihre gestreckte Schale besonders hinten außen mit abgeschiedenem Material (Rostrum). Bei den anderen Coleoida ist die Schale ins Gewebe versenkt, indem die embryonalen Falten der sog. Schalendrüse über der Schale verwachsen. Sie reduzieren generell den ursprünglich hinteren Bereich der Schale. Dies hängt mit der andersartigen Erneuerung des Atemwassers und der Kiemenhöhle zusammen. Im Gegensatz zu den übrigen Molluscen, bei denen Wimpern die Wasserzirkulation besorgen, übernehmen hier Muskeln diese Aufgabe. Bei *Nautilus* sind es die beweglichen Seitenteile des Trichters, bei den Coleoida starke Muskeln im Mantel, die die Kiemenhöhle einengen und erweitern.

Die dorsale Schale von *Sepia*, der Schulp, enthält noch zahlreiche Septen (Abb. 125) und hinten ein kleines Rostrum. Die Schale der Oegopsida und von *Loligo* ist ein unverkalktes, «horniges» Blatt (Gladius). Bei den Octobrachia ist sie bis auf winzige paarige Rudimente verschwunden.

Die Muskularisierung des von der Schale befreiten Mantels ermöglicht die Ausbildung von Flossen, die als ein, seltener zwei Paare dem Eingeweidesack seitlich ansetzen. Sie werden durch Knorpel gestützt, dessen Entwicklung eine weitere Parallele zu den Wirbeltieren darstellt. Hauptantriebskraft für das Schwimmen ist aber die Kontraktion des Mantels, wobei Wasser durch den Trichter ausgestoßen wird (Rückstoßschwimmen). Da der Sipho stark beweglich ist und nach vorn und hinten gerichtet werden kann, vermögen Tintenfische schnell vor- und rückwärts zu schwimmen. Die Kiemenhöhle ist groß. In ihr liegen die Ctenidien, deren Oberfläche bei Tintenfischen unbewimpert ist. Sie enthalten Capillargefäße, deren Blut durch je ein venöses Kiemenherz in die Kiemen gepumpt wird.

Darmkanal. Charakteristisch sind die Kiefer, die als kräftige Beißwerkzeuge fungieren. Sie bilden einen Schnabel, der an den von Papageien erinnert. Allerdings überragt bei Cephalopoden der Unterschnabel den Oberschnabel. Die Kiefer sind hornig, bei *Nautilus* und mesozoischen Ammoniten mit Kalkablagerungen (Aptychen); sie können hier vereinzelt auch als Deckel an der Schalenöffnung dienen. Gegenüber den starken Kiefern ist die Radula klein, bei *Spirula* und *Cirrothauma* ist sie reduziert. Die Speicheldrüsen, meist zwei Paar, produzieren Proteasen und ein meist sehr wirksames Gift. Der lange Oesophagus trägt nur bei *Nautilus* und den Octobrachia einen Kropf. Der Magen ist zweiteilig. Der vordere Muskelmagen ist mit einer Cuticula ausgekleidet, die aber keine Kauplatten bildet wie bei vielen Schnekken. In ihm wird die Nahrung mit dem hellen Pankreassekret durchgeknetet. Er ist über ein schmales Verbindungsstück mit dem zweiten, bewimperten Magen verbunden, der als langer Sack (Caecum) – bisweilen spiralig gewunden – weit in den Körper zieht. In ihn mündet die sog. «Leber» mit paarigen Gängen. Sie ist aus den beiden verwachsenen Mitteldarmdrüsen entstanden; ihre Ausführgänge tragen exkretorische Anhänge und bilden das «Pankreas». Primär ist die «Leber» resorptiv und sekretorisch tätig, bisweilen alternierend. Bei *Loligo* ist sie nur sekretorisch tätig, die Resorption erfolgt dann nur in Caecum und Intestinum.

Die Wimpern des Caecums befördern unverdauliche Teile direkt in den Darm, der in der Kiemenhöhle ausmündet. Im Endbereich entspringt der Tintenbeutel, der ein melanin- und proteinhaltiges Sekret absondert, das das Wasser meterweit trüben kann *(Sepia)* oder auch, ein «Tintenfisch-Phantom» imitierend, auf engem Raum zusammenbleiben kann. *Nautilus* und einigen Coleoida der Tiefsee fehlt der Tintenbeutel.

Das **Blutgefäßsystem** ist entsprechend der hohen Aktivität der Tintenfische gut entwickelt und bei den Decabrachia fast geschlossen. Die venösen Kiemenherzen und der Capillarkreislauf in den Kiemen der Tintenfische wurden bereits erwähnt. Der Ultrafiltration und Ausscheidung dienen Pericardialdrüsen, die den Kiemenherzen eng anliegen, und Exkretionsorgane. Letzere sind nicht gleichzeitig Genitalgänge; sie erhalten Exkretstoffe direkt aus den Venen. *Nautilus* hat zwei Paar Exkretionsorgane, die nicht mit der Pericardhöhle kommunizieren. Die Coleoida besitzen 1 Paar, die, wie üblicherweise, bei Molluscen mit der Pericardialhöhle in Verbindung stehen und neben dem After in den Mantelraum münden. Die Pericardialhöhle ist vor allem bei den Decabrachia recht umfangreich und besitzt mehrere Divertikel. In einen von ihnen, der den Kiemenherzen anliegt, münden die Pericardialdrüsen, die Ort einer Ultrafiltration sind. Die Exkretionsorgane besitzen ebenfalls Aussackungen, die sich Venen eng anlagern. An den Berührungsstellen existieren Vorwölbungen (Venenanhänge), die möglicherweise exkretorisch aktiv sind. Bei den Octobrachia ist die Pericardhöhle auf einen engen Raum um die Kiemenherzen beschränkt.

Die **Geschlechter** sind getrennt, die Männchen bei Octobrachia oft kleiner, bei *Argonauta* sehr kleine Zwergmännchen. Von Coleoida ist bekannt, daß die Augenstieldrüsen Hormone bilden, die Oo- und Spermiogenese regulieren und auch das Brutverhalten der Weibchen beeinflussen. Nach Beendigung der Fortpflanzungsperiode sterben bei den Coleoida Männchen und Weibchen im Alter von 1–3 Jahren, während *Nautilus* älter wird (bis ca. 20 Jahre) und nach Erreichen der Reife noch mehrere Jahre leben kann. Über die Lebensdauer der meisten Architeuthoidea (mit den Riesenkalamaren) wissen wir noch nichts. Die Keimzellen fallen in das Genitalcoelom und werden durch meist unpaarige Gonodukte ausgeleitet. Bei Octobrachia ist der Eileiter paarig; er enthält Drüsen, die perivitelline Flüssigkeit und Eihüllen liefern. Drüsen außerhalb der Mündung, die Nidamentaldrüsen, liefern Sekrete, weitere Eihüllen und Laichgallerten. Die oft großen Eier werden an Pflanzen oder am Boden befestigt und bei pelagischen Oegopsiden oft als lange (bis 1 m) Laichschnüre ins freie Wasser abgesetzt; *Argonauta* birgt ihre Eier in einer sekundären Schale. Die Zahl der abgelegten Eier variiert zwischen 50 und 500 000. Die Spermien werden in komplizierten Spermatophoren verpackt, die durch verschiedene Drüsen des Samenleiters gebildet und in einer Tasche (Needhamsche Tasche) gespeichert werden. Als Überträger der Spermatophoren dienen Arme, bei *Nautilus* 3 der rechten Seite, die zusammengelegt den Spadix bilden, bei Coleoida 1, selten 2 Arme, die Hectocotyli. Am Hectocotylus ist die Zahl der Saugnäpfe reduziert; bei Octobrachia ist an ihm eine Längsrinne für den Transport der Spermatophoren ausgebildet. Eigenartig ist der Hectocotylus des Zwergmännchens von *Argonauta*. Er liegt eingerollt in einer Tasche, kann sich aber loslösen und in die Mantelhöhle des Weibchens gelangen. Nicht zu verwechseln mit dem Hectocotylus sind die Tentakelarme. Diese sind besonders lang und dienen dem Ergreifen der Beute. Sie heißen auch Fangarme und kommen nur bei den Decabrachia vor.

Die Spermatophoren werden bei Sepioida an der Mundmembran oder in der Mantelhöhle der Weibchen abgesetzt und geben die Spermien frei, die hier in einer Bursa copulatrix gespeichert werden. Hier erfolgt die Befruchtung der Eier, die noch eine äußere ist. Bei Octobrachia findet innere Befruchtung in Ovar oder Oviduct statt. Bei *Ocythoë* erfolgt auch ein Teil der Entwicklung im Oviduct.

Die **Entwicklung** weicht von der anderer

Molluscen ab. Es fehlen Spiralfurchung und Veliger-Larven. Die mehr oder weniger dotterreichen Eier furchen sich discoidal, so daß sich der Embryo als Keimscheibe entwickelt. Der Dotter wird durch ein provisorisches Dotterepithel bzw. Dottersyncytium resorbiert. Der Embryo überwächst allmählich den Dottersack und schlüpft mit fast fertiger Organisation *(Sepia)* oder durchläuft eine pelagische Phase mit Proportionsänderungen *(Octopus)*.

Die Cephalopoden sind rein marin und meiden sogar Brackwasser. Sie dringen in die Tiefsee vor und haben hier zahlreiche Arten mit komplizierten Leuchtorganen hervorgebracht. Das Leuchten besorgen z. T. symbiotische Bakterien. Selten sind blinde Arten.

Cephalopoden erscheinen bereits im Oberen Kambrium und sind schon im Palaeozoikum reich entwickelt. Es ist versucht worden, sie von Monoplacophoren mit erhöhter Schale, wie etwa *Knightoconus*, abzuleiten. Alte Formen haben oft noch einen breiten Siphunkel, der dem oberen Teil des Eingeweidesackes entspricht. Im Kambrium dominierten kleine Formen wie *Plectronoceras*; im Ordovicium fand eine starke Entfaltung mit Riesenformen mit bis zu 9 m Länge (Endoceraten) statt.

1. Unterklasse: Palcephalopoda (Tetrabranchiata)

Radula breit, mit 13 Zähnen je Querreihe (siehe aber Ammonoida).

1. Ordnung: Orthoceratoida. Sie beginnen im Oberen Kambrium mit meist niedriger oder hochkegelförmiger Schale (orthocon), die einige Meter Länge erreichen kann *(Endoceras)*. Die Schale kann nach vorn gebogen sein (cyrtocon), und bald dominieren eingerollte Formen. Einfache Lobenlinien. Die Schale ist selten mit Ornamenten versehen. Hauptentwicklung im Paläozoikum. Aus der Fülle der paläozoischen Formen sei die Ordnung der Orthocerida hervorgehoben. Es handelt sich u. a. um Tiere mit schlanker, gestreckter Schale. Aus den Orthoceriden gingen die Bactritoidea hervor, welche bereits den Ammonoida zugeordnet werden; von den ursprünglichen Orthocerida (Michelinoceratida) werden die Coleoida abgeleitet.

2. Ordnung: Nautiloida. Ursprünglich ist die zunächst meist gerade, äußere, gekammerte Schale, die dann oft planspiral eingerollt wird. Die innere Anatomie kennen wir nur von *Nautilus* (Abb. 123). An ihm sind außer der Schale ursprünglich: das nicht völlig konzentrierte Gehirn, paarige Osphradien, Lochkamera-Augen ohne Linse und Iris, der aus zwei Falten bestehende Trichter sowie das Fehlen von Kiemenherzen, Kiemencapillaren, Tintenbeutel und Saugnäpfen an den Armen. Ein kurzer Tentakel (Rhinophor) unterhalb eines jeden Auges ist ein empfindliches Chemoreceptororgan.

Wahrscheinlich ursprünglich ist auch die doppelte Garnitur von Kiemen, Vorhöfen, Osphradien und Exkretionsorganen. Abgeleitet ist wohl die große Zahl von Armen (62 bei Männchen, 86–90 bei Weibchen). Sie sind in Scheiden zurückziehbar und in verschiedene Gruppen differenziert. Die Scheiden dorsaler Arme bilden eine Kopfkappe als Bedeckung der Schalenöffnung, wenn das Tier eingezogen ist.

Der rezente *Nautilus* lebt mit mehreren Arten im Indo-Westpazifik in einer Tiefe von 60 bis 500 m. Er ist vorwiegend nachtaktiv und bewegt sich langsam schwimmend fort. *Nautilus* wächst relativ langsam. Es dauert 20 Jahre, bis eine Schale, die aus 30–35 Kammern besteht, ausgebildet ist. In 300 m Tiefe dauert allein das Absaugen der Flüssigkeit aus einer neugebildeten Kammer wenigstens ein halbes Jahr. Die Kopulation ist mit einer stundenlangen Umarmung verbunden. Ein Weibchen legt nur etwa zwei Dutzend Eier pro Jahr, die einen Durchmesser von 2,5 cm haben. Diese Größe hat auch das schlüpfende Jungtier.
Nautilus wird mit Fleischködern gefangen, die er nur nachts annimmt. In Gefangenschaft werden tote Fische und Krebse gefressen, indem mit den kräftigen Kiefern Stücke herausgerissen werden.

3. Ordnung: Ammonoida (Abb. 124). Eine artenreiche Gruppe (über 100 Gattungen), die im frühen Devon beginnt und in der Kreide ausstirbt. Da wir nur die Hartteile kennen, lassen sie sich anatomisch schlecht abgrenzen. Ihr Siphunkel ist wandständig. Lobenlinien oft hochkompliziert, im Extremfall an die Verzahnung von Schädelnähten mancher Primaten erinnernd. Ihre Funktion kann man in einer Verfestigung der gasgefüllten Schalenkammern sehen, die starkem Druckwechsel bei Auf- und Abstieg in der Tiefe ausgesetzt sind. Die Radula der Ammonoidea ähnelt der der Coleoida, weswegen sie mit diesen auch als **Neocephalopoda** zusammengefaßt werden.

Die Ammonoida entfalten sich in mehreren Schüben. Die Clymeniida sind eine devonische Nebenlinie. Die echten Ammonoida sind gleichfalls schon in Devon und Karbon durch die Goniatitida reich vertreten, die bis ins Perm reichen. Vor allem in der Trias entfalten sich die Ceratiina. Nach einem starken Niedergang zu Beginn des Jura erfolgt in Jura und Kreide die Hauptentfaltung mit den Ammoniten. Die Schale verliert oft den planspiralen Bau, wird hakenförmig *(Hamites)*, turmförmig *(Turrilites)*, gestreckt *(Baculites)* oder völlig unregelmäßig *(Nipponites)*. *Pachydiscus* erreicht einen Durchmesser von 1,7 m. Seit dem Ende der Kreide sind die Ammonoida ausgestorben.

2. Unterklasse: Coleoida (Dibranchiata, Tintenfische)

Radula schmal, mit 7–9 Zähnen je Querreihe. Sie haben einen Tintenbeutel, der eine Aussackung des Enddarmes darstellt und ein melaninhaltiges Sekret, die «Sepia», produziert. Bei Gefahr wird die dunkle Masse ausgestoßen, die dann das Tier in einer dunklen Wolke verbirgt *(Sepia)* oder als kompakter, dunkler Körper stehenbleibt und den Räuber auf ein falsches Objekt lenkt. Das Sekret aus dem Tintenbeutel von *Sepia* lähmt auch das Witterungsvermögen des Angreifers. Einige Tiefseeformen verbergen sich durch Abgabe des Sekretes, vermischt mit Sekreten von Leuchtorganen, die ventral an der Tintendrüse liegen, in einer leuchtenden Wolke.

Ursprünglich sind höchstens die paarigen Genitalgänge einiger Arten und die Erhaltung der Verbindung Pericardhöhle-Exkretionsorgan (Pericardialgang im noch großen Coelombereich); alle anderen Organe sind stark abgeändert. Die Haut enthält Chromatophoren-Organe, die aus verschiedenen Farbzellen bestehen und infolge ihrer Verbindung mit Muskelzellen einen raschen Farbwechsel ermöglichen. Ihre Erweiterung erfolgt durch ringsum ansetzende, innervierte Muskelzellen. Die Kontraktion besorgen die Farbzellen selbst. Zusätzlich kommen in der Haut verschiedene lichtreflektierende Zellen vor. Der Farbwechsel erlaubt feine Anpassungen an den Untergrund, ist aber auch sehr ausgeprägt bei Erregung der Tiere (Störung, Bedrohung, Paarung). Die 8 oder 10 Arme sind muskulös, mit starken Saugnäpfen, Cuticulahaken oder beweglichen Fortsätzen (Cirren) versehen. Ihre Basen sind oft durch eine Hautfalte verbunden, die im Extremfall (bei Octobrachia) die Arme zu einer Glocke vereinigt und ähnlich wie die Glocke der Medusen durch ihre Kontraktion das Tier bewegen kann. Am Mantel befinden sich bei den Decabrachia seitliche Flossen, mit denen die Tiere langsam vor- und rückwärts schwimmen können. Der Eingeweidesack bildet den Rumpf, so daß die Längsachse stets vom Kopf bis zu dem Ende des Sackes verläuft. Die Schale, wenn vorhanden, ist stets versenkt. Der Mantel ist sehr muskulös: Seine in mehreren Schichten angeordnete Muskulatur bewirkt Ein- und Auspumpen des Atemwassers. Das Einsaugen erfolgt durch den Mantelspalt, das Auspumpen des mittels Trichterfalten und besonderen Druckknopfbildungen nach außen abgeschotteten Mantelhöhlenwassers durch das bewegliche Trichterrohr. Dabei spielt die Kontraktion der Mantelmuskulatur eine entscheidende Rolle. Die zwei Kiemen sind capillar durchblutet; das Blut wird durch zwei venöse Kiemenherzen durch die Kiemencapillaren gepumpt.

Das Gehirn bildet eine kompakte Masse um den Oesophagus herum und enthält 4×10^7 Neurone; es ist in eine Knorpelkapsel eingeschlossen. Es bilden sich zahlreiche neue Lappen (Loben) aus, z.B. sehr große optische Loben. Ein umfangreiches peripheres Nervensystem erstreckt sich in Arme und Körper. Das hochentwickelte Riesenfasersystem, das die Mantelmuskulatur innerviert, spielte eine wichtige Rolle bei der Erforschung von Ruhe- und Aktionspotential. Die Tiere – untersucht wurden meist *Octopus* und *Sepia* – haben ein gutes visuelles Unterscheidungsvermögen sowie eine gewisse Lernfähigkeit und verfügen über Lang- und Kurzzeitgedächtnis. Hochentwickelt sind besonders die Sinnesorgane: 1. Bewegliche Augen mit Linse, Iris, Pupille und Lidern; sie stehen bisweilen auf Augenstielen. 2. Statocysten mit Macula und Cristae in den drei Ebenen des Raumes zur Wahrnehmung von Schwerkraft und Winkelbeschleunigungen. 3. Paarige Riechgruben hinter den Augen. 4. Kontaktchemoreceptoren in Saugnäpfen und Lippen. 5. Ein erst in den letzten Jahren beschriebenes Seitenliniensystem. 6. Halsproprioreceptoren zur Kontrolle der Kopf/Körper-Stellung.

Rückbildungstendenzen zeigt die Schale. Mit Ausnahme von *Spirula* fehlt stets der ventrale Teil; schließlich fehlt die Schale ganz (siehe unten). Über Befruchtung und Entwicklung siehe S. 202, über den Darmkanal S. 201.

Die Coleoida wurden früher nach der Armzahl in Decapoda (Zehnfüßer) und Octopoda eingeteilt. Da die Bezeichnung «Decapoda» bei den Crustacea einen festen Platz hat, werden hier die Namen Decabrachia (Zehnarmer) und Octobrachia vorgezogen. Die Einteilung der Decabrachia ist uneinheitlich, da der myopside Zustand der Augen (geschlossene Augenkammer) auch bei manchen Octobrachia vorkommt, andererseits die Kalmar-Form («Teuthoidea») zweimal entstanden ist.

Die Coleoida entstammen wohl palaeozoischen Orthocerida (Michelinoceratida). Heute unterscheidet man im allgemeinen eine Reihe von Ordnungen:

1. Ordnung: Belemnoidea. Diese ausgestorbene Gruppe war im Mesozoikum von Trias bis Kreide häufig. Ihre Schale war relativ groß. An das dorsale Proostracum schloß sich ein Teil mit Luftkammern und Septen an (Phragmoconus); die Spitze war durch das abgeschiedene massige Rostrum («Donnerkeile») beschwert. Nach Einzelfunden waren seitliche Flossen und 6–10 Arme mit Haken vorhanden.

2. Ordnung: Decabrachia (Abb. 126). Mit 10 Armen, von denen zwei lange einziehbare Tentakel (Fangarme) sind. Die Saugnäpfe der Arme sind gestielt und mit einem Chitinring umgeben; Flossen fast stets vorhanden.

a. Spiruloidea. Mit *Spirula*, die in Tiefen bis zu 1200 m vorkommt. Schale (1–1,5 cm im Durchmesser) im Vergleich mit *Nautilus* entgegengesetzt eingerollt. Sie liegt fast ganz im Inneren des Weichkörpers und ermöglicht zeitweise ein vertikales Schweben, hat also hydrostatische Funktion. Die Schale abgestorbener Tiere findet man an den meisten Stränden wärmerer Meere angeschwemmt.

b. Sepioidea. Leben meist in Bodennähe, z.T. wie *Sepia* tags in den Boden eingegraben. Die Schale (Schulp) enthält noch einen Teil mit Septen (Phragmoconus). Die Septen legen sich dicht gedrängt dem Proostracum an, wie beim *Sepia*-Schulp, der ebenfalls eine hydrostatische Funktion erfüllt (spezifisches Gewicht etwa 0,6). Das Rostrum bildet einen kurzen Stachel. Die Schale kann rückgebildet sein *(Rossia)*. Die Sepioidea erscheinen im Tertiär. Hierher *Sepia* mit *S. officinalis* z.B. im Mittelmeer und in der Nordsee; *Sepiola, Rossia* und als kleinster Tintenfisch (1 cm) *Idiosepius*.

c. Loliginoidea. Küstennah lebende Kalmare mit geschlossener vorderer Augenkammer (myopsid), Schale als hornige Lamelle (Gladius) zum Muskelansatz. Gonoduct nur links. Größere Formen von wirtschaftlicher Bedeutung (Abb. 124).

Loligo und *Alloteuthis* dringen bis in die westliche Ostsee vor.

d. Architeuthoidea (Oegopsida). Sie sind die Kalmare der offenen Ozeane und erreichen Längen bis zu 18 m *(Architeuthis)*. Sie schwimmen oft in Verbänden, und diverse *(Onychoteuthis, Ommastrephes)* können, ähnlich fliegenden Fischen, in die Luft emporschießen. Die Schale ist bei den rezenten Arten zu einem unverkalkten, hornigen Blatt (Gladius) reduziert, das mit 1,2 ein etwas höheres spezifisches Gewicht als Meerwasser hat und als Stützelement dient. Es macht nur ½% des Gesamtgewichts des Tieres aus. Septen fehlen stets. Die Fangarme sind lang, im Extrem 6mal länger als der Körper. Die Bewehrung der Arme ist verschieden, neben Saugnäpfen kommen Haken, fädige Cirren und sogar Büschel von Klebfäden vor. Die Ernährung variiert vom Raubtier bis zum Kleintierfresser. Eier pelagisch. Viele Tiefseeformen mit Leuchtorganen *(Lycoteuthis)*, z.T. gallertige Konsistenz und mit gestielten Augen (Cranchiidae). *Chiroteuthis*, durchsichtiger Planktonfänger mit langen, fadenförmigen Armen (Abb. 126i). *Illex, Todarodes.*

3. Ordnung: Vampyromorpha. Hierher nur eine Art: *Vampyroteuthis infernalis*. Ihr fehlt der Hectocotylus; die Spermatophoren werden ins Wasser entleert. 10 Arme, von denen 2 zu einziehbaren «Fühlern» umgebildet sind. Tiefseeform mit Armglocke und Cirren für die Nahrungsaufnahme.

4. Ordnung: Octobrachia (Octopoda, Kraken). Stark abgewandelt mit sackförmigem Rumpf (Eingeweidesack) und 8 starken Armen mit zahlreichen Saugnäpfen ohne Stiel und Hornring; bodenlebende Arten benutzen die Arme zum Kriechen. Vielfache Reduktionen: Die Schale ist bis auf geringe Reste in Form kleiner, paariger Stäbchen verschwunden; Flossen kommen nur bei Einzelformen und in Jugendstadien vor. Hoch entwickelt ist das Gehirn. Hierher gehören die Kraken *(Octopus)*, die im Meer weit verbreitet sind und ebenso wie der Moschuskrake *Eledone* auch in der Nordsee vorkommen. *Octopus* wird bis ca. 25 kg schwer; vorwiegend am Boden lebend (Abb. 126k, l).

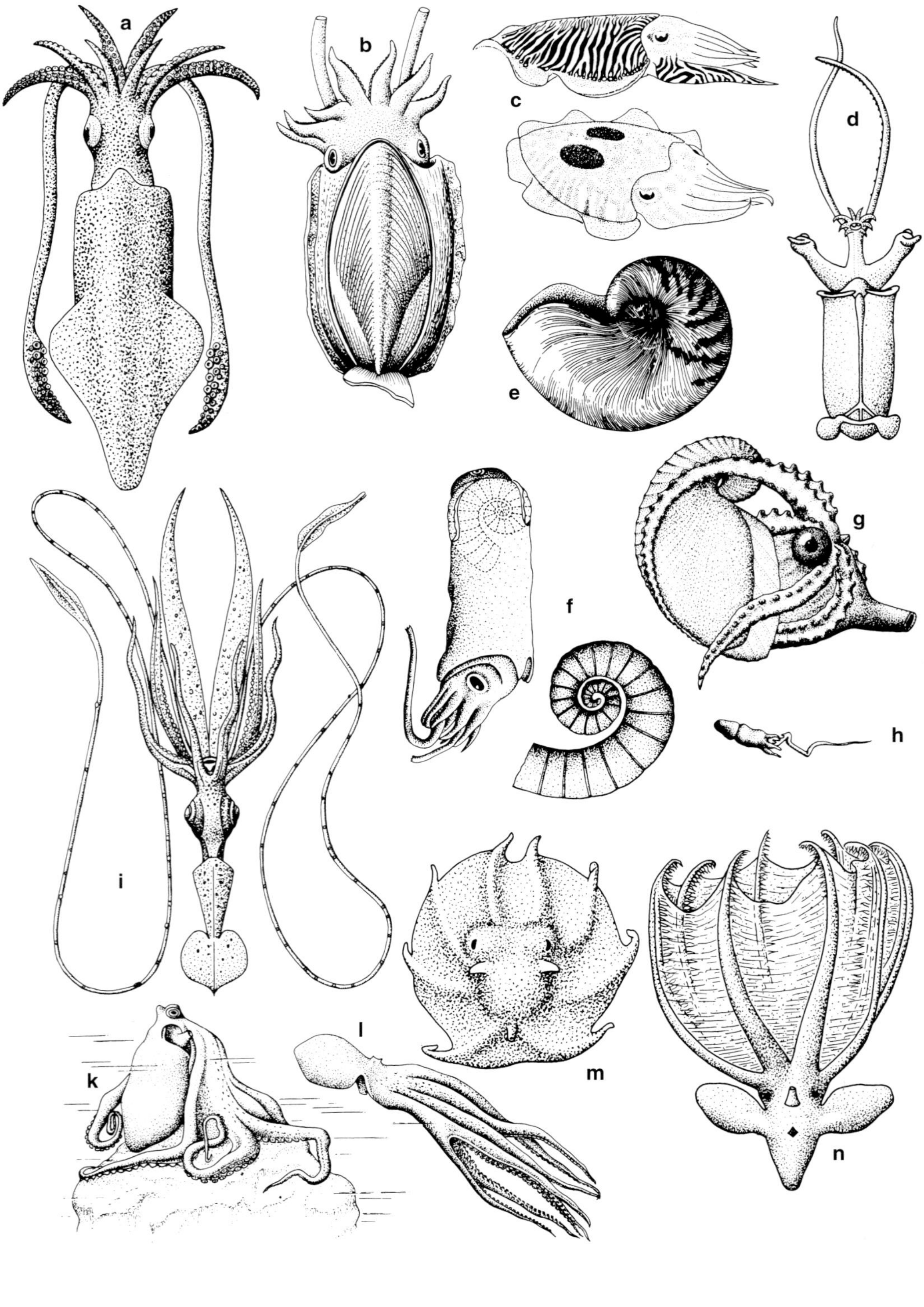
a
b
c
d
e
f
g
h
i
k
l
m
n

Octopus vulgaris ist der häufigste Krake des Mittelmeeres. Er verbirgt sich tagsüber in Höhlen, die er mit herbeigeholten Steinen verbarrikadiert. Nachts streift er umher und sucht Molluscen und Krebse, die er mit dem Gift seiner Speicheldrüsen tötet. Selbst große Hummer kann er mit seinen saugnapfbesetzten Armen auseinanderreißen. Der Laich wird in einer Höhle oder einem Steinnest abgelegt und vom Weibchen bewacht. Die bis zu 150000 Eier werden bis zum Schlüpfen von der Mutter mit Frischwasser versorgt und gesäubert.

Das Papierboot *Argonauta* treibt im Meer. Den Rumpf der Weibchen bedeckt eine Brutschale, die von den verbreiterten hinteren Armen abgeschieden wird und die kleinen Eier und auch Gas beherbergt. Sie wird vom Tier notfalls verlassen. Die Männchen sind Zwergmännchen (nur 1 cm lang, Weibchen 20 cm) mit ablösbarem Hectocotylus (Abb. 126g, h). Letzteres trifft auch für die verwandten *Tremoctopus* und die lebendgebärende *Ocythoë* zu. Bei beiden sind die Weibchen schalenlos. In der Tiefsee gibt es Quallen-Tintenfische mit gallertartigem Bindegewebe, großer Armglocke mit je einer Reihe von Tastfäden neben Reihen von kleinen Saugnäpfen. Sie leben wohl von Kleinlebewesen; Radula, Tintenbeutel und z.T. Augen sind reduziert; ursprünglich ist der Besitz kleiner Schalen. *Cirroteuthis, Cirrothauma* (Abb. 126 n). Ein Platt-Tintenfisch ist *Opisthoteuthis* (Abb. 126 m), der mit ausgebreiteter Armglocke dem Boden in mittleren Tiefen aufliegt.

X. Articulata
(Gliedertiere)

Unter dem Begriff Articulata werden Anneliden und Arthropoden zusammengefaßt. Mit etwa 1 Million beschriebener Arten bilden sie den artenreichsten Tierstamm, der alle Lebensräume besiedelt hat, von der Tiefsee bis in den Luftraum.

1. Annelida
(Ringelwürmer)

Die Anneliden sind metamer gebaut. Unter Metamerie versteht man den Aufbau des Körpers aus hintereinanderliegenden Teilstücken (Metameren oder Segmenten), die in ihrer Organisation übereinstimmen und je eine Garnitur der wichtigsten Organe (Ganglien, Metanephridien, Coelomsäcke, Gonaden usw.) enthalten. Meist sind die Metameren äußerlich durch Ringfurchen abgegrenzt, innerlich sind sie durch die Wände hintereinanderliegender Coelomsäcke (Dissepimente, Septen) voneinander getrennt. Vor dem Mund, der im 1. Segment (Metastomium) liegt, befindet sich noch ein ganz abweichend gebauter Abschnitt, das Prostomium (Kopflappen). Ihm fehlen stets Nephridien und Coelomhöhlen, dafür ist er der Träger des Gehirns (Cerebralganglion) und wichtiger Sinnesorgane. Am Körperende befindet sich das ebenfalls coelomfreie Pygidium, in ihm liegt der After. Neubildung von Segmenten erfolgt aus einer Sprossungszone vor dem Pygidium.

Die metamere Gliederung ist im Gegensatz zu der der Arthropoden oft gleichförmig (homonom), doch ist volle Gleichartigkeit der Segmente kaum je entwickelt (Abb. 127). Meist sind einzelne Organe auf bestimmte Regionen beschränkt, oder es treten in einzelnen Segmenten Sonderbildungen auf (Samentaschen, Receptacula usw.). Bei röhrenbauenden Arten sind manche Organe (Kiemen, Nephridien) auf den Vorderkörper beschränkt. Auch können durch Auflösung der Septen innerlich einheit-

◁ Abb. 126: Cephalopoden-Formen. a. *Loligo*. b c. *Sepia*. b. aufpräpariert, um den Schulp zu zeigen. c. Verschiedene Einstellung der Chromatophoren. d. *Bathothauma*. e. *Nautilus* (Schale). f. *Spirula* (Schale und Gesamttier). g. *Argonauta*-Weibchen. h. *Argonauta*-Männchen. i. *Chiroteuthis*. k. *Octopus* sitzend. l. *Octopus* schwimmend. m. *Opisthoteuthis*. n. *Cirrothauma*. Nach d'Orbinier, Jaeckel, Merculiano, Portmann, Thiel

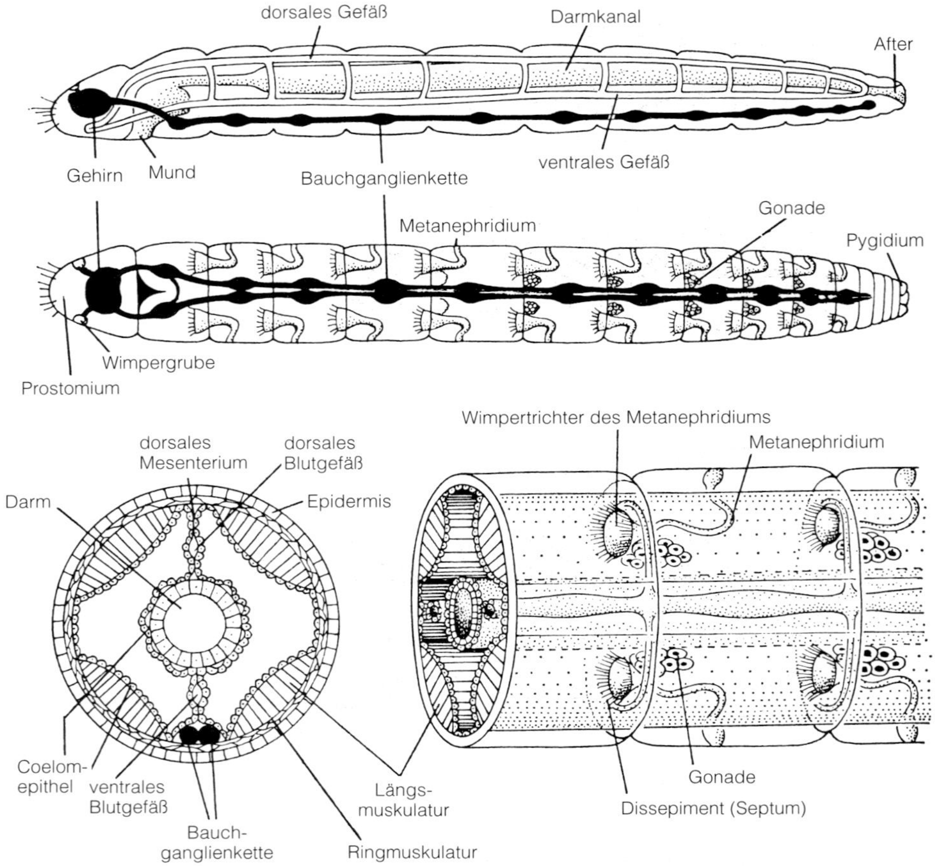

Abb. 127: Organisationsschema eines Anneliden. Oben Seiten- und Ventralansicht. Unten links: Querschnitt durch ein Segment. Unten rechts: Blockdiagramm einiger durchsichtig gedachter Segmente. Nach Remane

liche Hohlräume entstehen, und in manchen Fällen (Hirudineen) läßt erst eingehendes Studium die Metamerie des Körpers erkennen. Die Körperdecke ist ein drüsenreiches Epithel, das nur bei einzelnen Arten regionenweise bewimpert ist, z. B. an der Bauchseite in segmentalen Streifen oder an der Ventralfläche des Kopflappens. Normalerweise wird es von einer Cuticula bedeckt, die aus Kollagenfibrillen aufgebaut ist. Ein charakteristisches Gebilde der Anneliden ist die Borste. Sie ist ein Stift oder eine Nadel aus Chitin, die mit ihrem unteren Teil in einer Hauttasche (Borstenfollikel) ruht. In der Epidermis dieser Taschen liegt jeweils eine große Borstenbildungszelle, die die Borste abscheidet. Durch Muskeln kann die Tasche tiefer eingezogen oder verkürzt werden, so daß die Borsten eingezogen oder vorgestreckt werden können. Die Borsten dienen als Stemmhaken bei der Bewegung, als Ruderborsten, Schwebeborsten, Grabschaufeln, Penisborsten oder auch zur Verteidigung. Die Drüsenzellen sezernieren meist Schleim, bei röhrenbauenden Arten liefern sie oft in Drüsenfeldern oder größeren Zementdrüsen Sekret für den Röhrenbau, das oft zur Verkittung von Fremdkörpern dient oder eine Kalkschale bildet. Bei den Oligochaeten und Egeln ist ein spezieller Körperbezirk (Clitellum) besonders drüsenzellreich und verdickt, der bei der Fortpflanzung (Kopulation, Kokonhülle) eine Rolle spielt.

Das Nervensystem ist ein typisches Strickleiternervensystem. Es besteht 1. aus dem Gehirn (Cerebralganglion), das im Prostomium liegt oder wenigstens von ihm ausgebildet wird. Bei Arten mit höher differenziertem Cerebralganglion lassen sich verschiedene Zentren (meist drei) unterscheiden, 2. aus zwei ventralen Hauptnerven, die vom Gehirn aus als Schlundring den Vorderdarm umziehen und sich hinter dem Mund zu dem paarigen Bauchstrang vereinigen. Jeder Bauchstrang enthält pro Segment ein Ganglion (Bauchganglion), beide Ganglien eines Metamers sind durch Kommissuren (Querbrücken) verbunden, Ganglien aufeinanderfolgender Metameren durch Konnektive. Die vordersten Ganglien können bereits auf dem Schlundring liegen. Gelegentlich verteilen sich die Ganglienzellen gleichmäßig über die Bauchstränge, so daß diese als Markstränge ausgebildet sind. Von jedem Ganglion gehen jederseits mehrere (etwa 3–5) Nerven seitlich ab, einer derselben, der Podialnerv, kann bei Polychaeten in den segmentalen Extremitäten, den Parapodien, eigene Ganglien bilden. Diese Podialganglien sind bei manchen Arten durch Längsstränge zu je einem Seitennerv verbunden, der vom Gehirn ausgeht; dann spricht man von einem tetraneuralen Nervensystem.

Sinneszellen und freie Nervenendigungen (z. T. von Begleitzellen umhüllt und dadurch den Lamellenkörpern der Wirbeltiere ähnlich) liegen in vielerlei Bauart in der Epidermis. Sie vereinigen sich oft zu segmentalen Papillen oder Grübchen. Im Prostomium der Polychaeta liegt ein Paar großer «Wimpergrübchen» (Nuchalorgane). Verbreitet sind Lichtsinnesorgane, die vorwiegend am Vorderende, aber auch im Endsegment, zwischen Parapodien oder auf Tentakeln liegen können. Ihr Bau reicht von einfachen Lichtsinneszellen bis zu hochentwikkelten Linsenaugen mit Akkommodation (Alciopidae). Sogar einfache Komplexaugen treten auf den Tentakeln mancher Polychaeten auf.

Paarige Statocysten kommen besonders bei sandbewohnenden und röhrenbauenden Polychaeten vor. Es sind Bläschen, die von der Epidermis eingestülpt sind und entweder Fremdkörper oder eigene Abscheidungen als Statolithen beherbergen. Als Sinnesorgane funktionieren auch verschiedene Kopfanhänge wie Antennen und Palpen sowie Fortsätze der Parapodien (Cirren).

Spezifische Atmungsorgane sind büschelige oder fädige Anhänge der Parapodien oder Ausstülpungen der Körperdecke (Kiemen), die oft segmental angeordnet sind.

Der Darmkanal ist ein meist gerades Rohr, das entsprechend der ganz verschiedenen Ernährungsweise innerhalb der Anneliden sehr verschieden gebaut ist. Bei den Arten, die als Strudler oder Tentakelfänger feinstes Bodenmaterial und Mikroorganismen aufnehmen, ist er meist ein einfaches bewimpertes Rohr, bei Arten, die größere Nahrung bewältigen oder Blutsauger sind, bildet der Vorderdarm einen muskulösen Pharynx aus, der oft durch den Mund vorgestoßen werden kann und bisweilen chitinige Zähne und Kiefer trägt. Anhangsdrüsen des Darmkanals sind nur bei einem Teil der Arten vorhanden, bald als «Speicheldrüsen», bald als «Mitteldarmdrüsen», seitliche Blindsäcke besonders bei Egeln und Aphroditidae.

Die Leibeshöhle ist ein Coelom. Jedes Segment enthält einen rechten und linken Coelomsack. Die Wände dieser beiden Säcke stoßen in der Medianebene zusammen und bilden über und unter dem Darm doppelschichtige Aufhängebänder (Mesenterien) des Darms, auch die Darmwand wird von den Coelomwänden bedeckt, die hier die Darmmuskulatur und das Peritoneum bilden. Hintereinanderliegende Coelomräume werden durch die gleichfalls doppelwandigen Septen (Dissepimente) getrennt. Die Coelomräume sind mit einer Flüssigkeit gefüllt, die gelegentlich durch Wimperbezirke der Wand in Zirkulation versetzt wird. Durch diese Flüssigkeit erlangen die Coelomräume einen Turgor nach Art eines Wasserkissens, der für die Wirkung der Körpermuskulatur von Bedeutung ist. In der Flüssigkeit flottieren Zellen (Coelomocyten), z. T. vom Charakter der Amoebocyten, deren Funktion sehr verschiedenartig sein kann (Exkretträger, Träger von Hämoglobin usw.). Coelomsäcke können in allen Segmenten ausgebildet sein und dringen vereinzelt auch ins Prostomium ein. Der typische Bau kann jedoch in mancher Weise abgeändert werden, besonders dann, wenn die Schlängel- und peristaltische Kriechbewegung aufgegeben und durch egelartige Fortbewegung, Bohrbewegungen oder Fortbewegung durch Wimpern ersetzt wird.
Bei Formen mit bohrender Lebensweise verschwinden oft zahlreiche Dissepimente, so daß große einheitliche Coelomräume entstehen, bei Verstärkung der Muskulatur wird das Coelom zu einem Kanalsystem eingeengt (Egel), bei sehr kleinen Arten kann es auf die Gonaden beschränkt werden.

Ein geschlossenes Blutgefäßsystem ist meist vorhanden. Seine Wandungen werden außen von Coelomepithel bedeckt. Hauptteile sind: 1. das dorsale Längsgefäß, das im dorsalen Mesenterium verläuft und oft nur im Vorderkörper vom Darmblutsinus getrennt ist. In ihm strömt das Blut von hinten nach vorn, 2. das Ventralgefäß, das im ventralen Mesenterium entlangzieht, in dem das Blut von vorn nach hinten fließt, 3. die segmentalen Seitenschlingen (Ringgefäße), die in oder bei den Dissepimenten verlaufend Dorsal- und Ventralgefäße verbinden und 4. der Darmblutsinus, der in wechselndem Umfang den Mitteldarm umgibt. Je nach der Organisationshöhe kann dieses Grundschema kompliziert oder vereinfacht werden. Besondere kontraktile Herzen können an verschiedenen Stellen ausgebildet sein, sowohl im Bereich des Rückengefäßes als auch der Seitenschlingen. Bei den Hirudineen wird das primäre Blutgefäßsystem zunehmend funktionell ersetzt durch das Coelom, das nunmehr ein Rückengefäß, ein Bauchgefäß usw. ausbildet und schließlich durch Wandkontraktionen eine gerichtete Flüssigkeitszirkulation erhält (sekundäres Blutgefäßsystem). Das Blut enthält oft Hämoglobin, gelöst in der Flüssigkeit oder in Blutzellen. An seine Stelle kann das sehr ähnliche, grüne Chlorocruorin treten.

Die Hautmuskulatur wird vom Coelomepithel gebildet. Sie besteht aus einem starken Muskelschlauch unter der Epidermis, aus dem sich jedoch Spezialmuskeln abspalten können, so z. B. in den Parapodien. Verbreitet sind Diagonalmuskeln, die in den Segmenten von der Körperseite durch die Coelomhöhlen zur Ventralfläche ziehen. Auch am Darm und in den Septen bildet das Coelomepithel Muskulatur, die Pharynxmuskulatur gehört gleichfalls hierzu.

Die typischen Exkretionsorgane liegen in je einem Paar pro Segment und werden daher als Segmentalorgane bezeichnet. Es handelt sich meist um Metanephridien mit einem mesodermalen Wimpertrichter (Nephrostom), der sich an der Hinterwand eines Coelomraumes öffnet, und einem anschließenden gewundenen Kanal, der im folgenden Segment liegt und hier seitlich ausmündet. Merkwürdigerweise treten an die Stelle der Metanephridien mehrfach Protonephridien, deren röhrenförmige Wimperkolben (Solenocyten) dem Ausführgang meist in dichter Lage aufsitzen (Phyllodocidae, Nephtyidae, Alciopidae u.a.). Daneben kommen Arten vor, deren Segmentalorgane gleichzeitig Wimperkolben und einen Wimpertrichter tragen.

Die Segmentalorgane werden in ihrer Zahl oft reduziert, bei freilebenden Arten fehlen sie vielfach in der vordersten Körperregion, bei röhrenbauenden Arten sind sie gerade hier vorhanden, oft nur in einem Paar. Vermehrung der Nephridien im Segment kommt bei Oligochaeten vor.

Oft (Clitellata, manche Polychaeten) belädt sich ein Teil des Coelomepithels an der Darmwand mit Exkretstoffen (Chloragoggewebe).

Die Gonaden liegen als traubige Gebilde in der Coelomwand oder in ihrer Nähe, sie sind gleichfalls segmental angeordnet, doch bleiben sie häufig auf bestimmte Körperregionen beschränkt oder werden überhaupt auf ein Paar reduziert (viele Oligochaeten). Die Gameten gelangen aus ihnen in die Coelomhöhle. Von hier werden sie durch die Wimpertrichter der Nephridien nach außen befördert. Die Wimpertrichter dieser Nephridien sind oft besonders groß (Gonostome), bisweilen sind spezielle «Genitalnephridien» mit großem Trichter neben Exkretionsnephridien vorhanden. Bei den Hirudineen schließen sich diese Nephridien und Coelomkanäle so eng an die Gonaden an, daß der Eindruck von einfachen Vasa deferentia bzw. Oviducten hervorgerufen wird. An der Mündung der männlichen Ausleitungswege kann ein Penis ausgebildet sein. Gelegentlich werden die Eier durch Bruch der Leibeswand entleert (manche Polychaeten). Bei anderen Polychaeten wird der ganze gonadentragende Hinterkörper abgestoßen (Palolowurm).

Fortpflanzung und Entwicklung. Ungeschlechtliche Vermehrung kommt trotz der allgemein hohen Regenerationsfähigkeit nur bei wenigen Familien vor. Es handelt sich meist um eine Querteilung, bei der sich die ergänzenden Teile schon vor der Ablösung bilden, so daß bei reger Querteilung Tierketten entstehen (Naididae unter den Oligochaeten, Syllidae unter den Polychaeten). Es kann auf diesem Wege sogar zu einem Generationswechsel (Metagenese) kommen, so existiert bei manchen Polychaeten eine am Boden lebende Form, die durch Teilung bzw. Sprossung am Hinterkörper eine pelagische, gonadentragende Form mit anderen Parapodien erzeugt *(Autolytus)*; aus den Eiern geht wieder die Bodenform hervor.

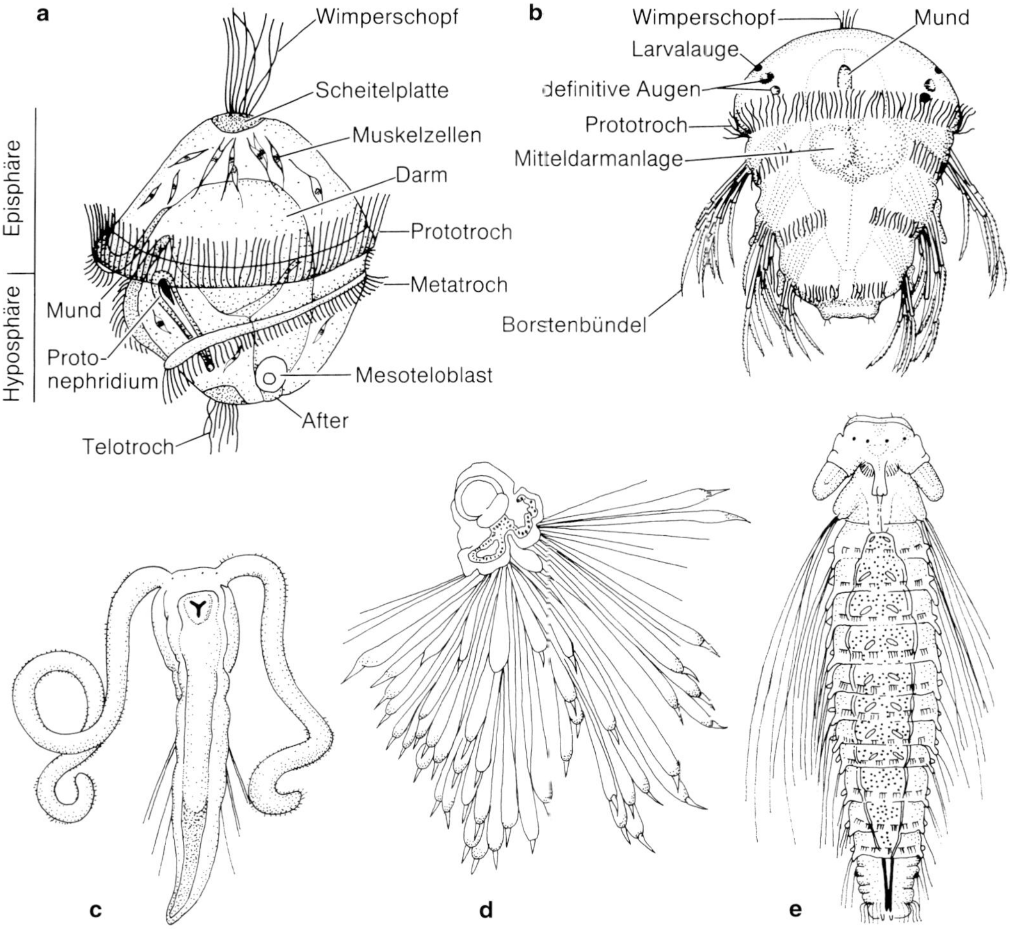

Abb. 128: Larven von Polychaeten. a. Organisationsschema einer Trochophora, b. Metatrochophora *(Platynereis)*, c. fortgeschrittene Larve von *Magelona*, d. Mitraria-Larve *(Owenia)*, e. Nectochaeta-Larve (Spionidae). Nach Fischer, Siewing, Sterrer

Die Clitellata sind Zwitter, die übrigen Gruppen meist getrenntgeschlechtlich. Die meist äußere Befruchtung erfolgt bei Meeresbewohnern vorwiegend im freien Wasser, bei Land- und Süßwasserbewohnern oft (Oligochaeten) beim Vorbeigleiten des abgelegten Eies an einem äußeren Samenbehälter (Receptaculum seminis). Innere Befruchtung ist bei den Hirudineen die Norm und kommt in anderen Gruppen vereinzelt vor.

Die Entwicklung läuft über Spiralfurchung, die bei den dotterreichen Eiern der Clitellata nur wenig abgeändert wird. Die großen Entodermzellen gelangen durch Einstülpung oder Umwachsung ins Innere, der Urmund erstreckt sich ursprünglich über den Bereich vom Mund bis zum After, seine Ränder verwachsen aber von hinten nach vorn, so daß nur die Mundregion bestehenbleibt, falls er nicht ganz verschlossen wird. Das Mesoderm geht aus einer Urmesodermzelle hervor, aus der sich zwei Mesodermstreifen bilden, in denen erst nachträglich die Coelomhöhlen auftreten.

Die Polychaeten entwickeln sich meist zunächst zu einer pelagischen Larve (Trochophora, Abb. 128 a). Die etwa eiförmige Larve trägt an der Ventralseite den Mund, der After liegt am Hinterende. Die Fortbewegung und

z. T. auch die Nahrungsaufnahme erfolgt durch einen Wimpergürtel, der die Larve in Höhe des Mundes umgibt. Der Vorderrand des Gürtels bildet meist einen besonders hohen Wimperring (Prototroch), oft auch der Hinterrand (Metatroch). Ein weiterer Wimperring findet sich dicht vor dem After (Telotroch), und eine Wimperrinne verläuft vom Mund zum After (Neurotrochoid); an ihr bilden sich die Bauchstränge des Nervensystems. Abweichungen von diesem Grundtyp sind nicht selten (Abb. 128). Am Vorderende liegt die Scheitelplatte, eine verdickte Epidermisregion, die einen als Sinnesorgan fungierenden Wimperschopf, oft aber auch Augen oder Larvalfühler trägt. Die Scheitelplatte beteiligt sich wesentlich an der Bildung des Gehirns. Von ihr strahlen 8 meridionale Nerven aus, die durch Ringkommissuren verbunden sein können. Charakteristisch für die Trochophora ist der Besitz eines Paares von Protonephridien; sie liegen seitlich im Hinterkörper. In der Weiterentwicklung bildet sich der vor dem Wimpergürtel gelegene Teil, die Episphäre, in das Prostomium um, während der hintere Abschnitt (Hyposphäre) den Wurmkörper liefert. Die Segmentierung geht von Urmesodermzellen (Mesoteloblasten) aus. Auch in einem späteren, segmentierten Stadium (Metatrochophora) leben die Larven oft noch pelagisch, die Borsten sind dann z. T. als lange, bizarre Schwebeborsten ausgebildet (Nectochaeta, Mitraria; Abb. 128 e, d).

Die Anneliden sind die Stammgruppe der Gliedertiere (Articulata); sie zeigen ferner durch die Trochophoralarve enge Beziehungen zu anderen Spiralia.

Fossile Anneliden sind vergleichsweise selten, obwohl der Einfluß dieser Tiergruppe auf Sedimente und damit auch auf die fossile Überlieferung kaum zu überschätzen ist. Man hat in der Gezeitenzone über 30 000 Anneliden pro m^2 gefunden und berechnet, daß diese jährlich 3 t Substrat durch ihren Darm transportieren. Auch in terrestrischen Lebensräumen können hohe Besiedlungsdichten erreicht werden: Je nach Bodentyp ist eine Zahl von 50–500 Regenwürmern pro m^2 realistisch.

Fossile Anneliden gehören üblicherweise zu den Polychaeten. Parapodientragende Formen wie *Burgessochaeta* und *Canadia* sind seit dem Kambrium bekannt, Kieferapparate (Scolecodonten), die entsprechenden Strukturen rezenter Euniciden ähneln, seit dem Ordovicium. Vielfach wurden Wohnröhren und Gänge beschrieben; die Zuordnung letzterer ist jedoch besonders problematisch.

Ob die präkambrischen Fossilien (*Spriggina* (bis 4 cm lang) und *Dickinsonia* (bis etwa 1 m lang, Abb. 22 b) aus Australien Anneliden waren, ist unsicher. Borsten zeigen sie nicht.

1. Klasse: Polychaeta

Anneliden mit meist deutlicher Segmentierung, an den Segmenten seitliche Ruder (Parapodien), am Prostomium oft Fortsätze («Antennen» und Palpen), am Pygidium Analcirren. Gonaden einfach, meist in zahlreichen Segmenten. Trochophoralarve meist vorhanden.

Bau. Die Polychaeten zeichnen sich durch die reiche Ausbildung von Körperanhängen aus. An den Segmenten sitzen als seitliche Ruder die Parapodien, deren Bau nach Familie und Lebensweise sehr unterschiedlich ist. Im Grundtyp bestehen sie aus einem dorsalen (Notopodium) und einem ventralen Ast (Neuropodium). Die Äste tragen Bündel oft aus Teilstücken bestehender Borsten, unter denen einige besonders kräftig und tief eingesenkt sind (Aciculae) und als Stützen fungieren. Dorsal und ventral sitzt dem Parapodium je ein fühlerartiger Anhang an, der Cirrus, außerdem treten dorsal Kiemenanhänge auf, doch können auch andere Teile (Notopodium, Cirren usw.) als Atmungsorgane dienen. Bei röhrenbauenden Arten ist das Neuropodium meist zu einem Hakenborsten tragenden Haftwulst umgebildet, bei anderen bildet das Notopodium schuppenartige Deckplatten (Elytren) aus. Die Cirren der vorderen Parapodien sind oft zu fühlerartigen Fortsätzen umgestaltet (Tentakelcirren).

Die Segmentierung erfährt innerhalb der Polychaeten von der typischen Gleichartigkeit (Homonomie) manche Abweichung. So verschmilzt das Mundsegment häufig mit einem oder einigen der folgenden Rumpfsegmente zu einem Peristomium, das auch äußerlich durch Abwandlung der Parapodien umgestaltet wird. Häufig ist es der Träger langer, für die Nahrungsaufnahme wichtiger Fortsatz; ihm sitzen die beiden langen Tentakel bei Spionidae, die zahlreichen Fangfäden bei Terebellidae und die gefiederte Tentakelkrone bei Serpulidae und Sabellidae an, die einen komplizierten Strudelapparat bilden. Ungleichheiten im Rumpfgebiet

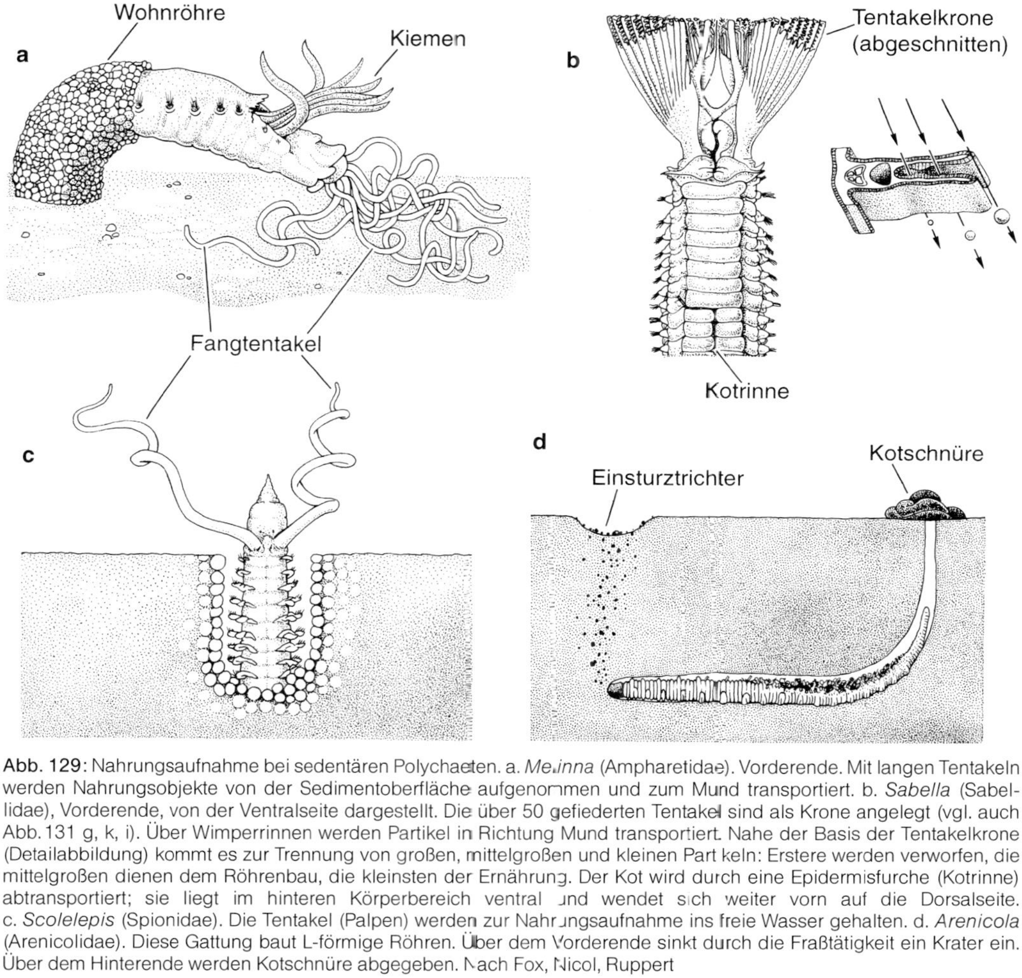

Abb. 129: Nahrungsaufnahme bei sedentären Polychaeten. a. *Melinna* (Ampharetidae). Vorderende. Mit langen Tentakeln werden Nahrungsobjekte von der Sedimentoberfläche aufgenommen und zum Mund transportiert. b. *Sabella* (Sabellidae), Vorderende, von der Ventralseite dargestellt. Die über 50 gefiederten Tentakel sind als Krone angelegt (vgl. auch Abb. 131 g, k, i). Über Wimperrinnen werden Partikel in Richtung Mund transportiert. Nahe der Basis der Tentakelkrone (Detailabbildung) kommt es zur Trennung von großen, mittelgroßen und kleinen Partikeln: Erstere werden verworfen, die mittelgroßen dienen dem Röhrenbau, die kleinsten der Ernährung. Der Kot wird durch eine Epidermisfurche (Kotrinne) abtransportiert; sie liegt im hinteren Körperbereich ventral und wendet sich weiter vorn auf die Dorsalseite. c. *Scolelepis* (Spionidae). Die Tentakel (Palpen) werden zur Nahrungsaufnahme ins freie Wasser gehalten. d. *Arenicola* (Arenicolidae). Diese Gattung baut L-förmige Röhren. Über dem Vorderende sinkt durch die Fraßtätigkeit ein Krater ein. Über dem Hinterende werden Kotschnüre abgegeben. Nach Fox, Nicol, Ruppert

treten besonders bei röhrenbewohnenden Arten auf. Durch größeren Umfang, andere Parapodien usw. hebt sich hier der Vorderkörper (Thorax) von dem schmaleren Hinterkörper (Abdomen) ab. Die hinteren Segmente können einen dünnen Schwanzabschnitt bilden. Alle diese «Heteronomien» der Segmentierung sind aber weder der Art noch dem Grad nach mit der der Arthropoden vergleichbar. Im Organbau zeigen die Polychaeten gleichfalls eine viel größere Vielgestaltigkeit als die übrigen Klassen, nur die Gonaden sind einfacher. Die meisten Arten sind getrenntgeschlechtig.

Ökologie und Lebensweise. Die zahlreichen Polychaetenarten sind ganz überwiegend Meeresbewohner. Nur wenige Gattungen *(Manayunkia, Troglochaetus, Marifugia,* einige Nereiden) dringen ins Süßwasser vor, in den Tropen besiedeln einige Nereiden sogar feuchten, tonigen Boden und Wasseransammlungen in Blattachseln von Pflanzen. Im Meer sind sie in allen Lebensräumen zu finden, meist in großer Arten- und Individuenzahl. Entsprechend wichtig ist ihre Bedeutung bei der Umlagerung von Sedimenten (Bioturbation). Zudem spielen sie eine sehr wichtige Rolle als Nahrungskomponente für viele größere Meerestiere, z. B. Fische. Viele Arten leben in Röhren in oder über dem Boden. Diese Röhren bestehen aus verkitteten Fremdkörpern oder abgeschiedenem

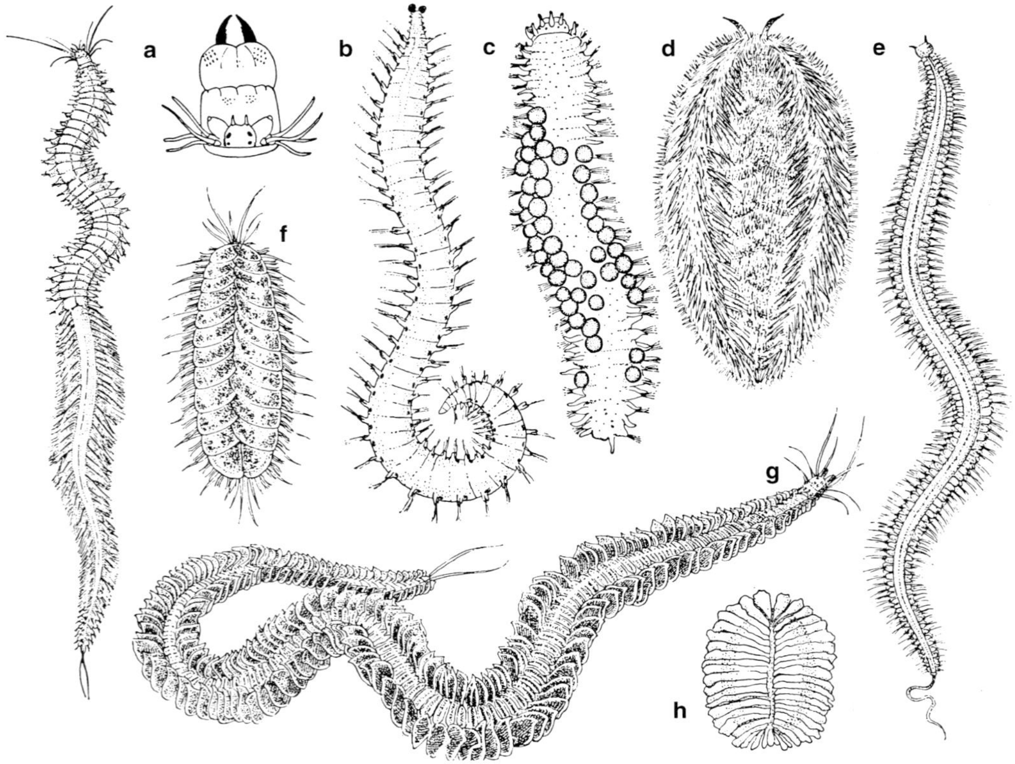

Abb. 130: Errante Polychaeten. a. Nereidae, links: Heteronereis-Form, rechts: Vorderende mit ausgestülptem Rüssel; b. *Alciopa;* c. *Sphaerosyllis* mit Eiern auf Rückenseite; d. *Aphrodita;* e. *Nephtys;* f. *Lepidonotus;* g. *Phyllodoce;* h. *Spinther.* Nach de Haas, Imajima, Knorr, Riedl

Kalk. Derartige Röhrenpolychaeten bilden durch Massenansiedlungen oft dichte Klumpen oder gar Riffe *(Sabellaria, Serpula)*. Die Nahrung besteht aus Kleinorganismen, Bodenmaterial, größeren Tieren und Pflanzen. Kleinorganismen werden von den Strudlern aufgenommen, die mit ihrer bewimperten Tentakelkrone einen Wasserstrom erzeugen und Schwebstoffe aus ihm abfangen (Serpulidae, Sabellidae; Abb. 129b); oberflächliche Bodenmaterialien werden von den Tastern aufgenommen, die mit langen Tentakeln die Oberfläche absuchen (Terebellidae, Ampharetidae [Abb. 129a], Spionidae [Abb. 119k, 129c] u.a.); wieder andere fressen direkt den Bodengrund (Capitellidae, Arenicolidae; Abb. 129d), Arten mit Kiefern oder muskulösem Schlundkopf sind oft Räuber, können aber auch Aas- oder Pflanzenfresser sein. Parasiten sind selten.

Das System der Polychaeten ist noch nicht endgültig geklärt. Die Gliederung in Errantia, Sedentaria und Archiannelida ist in der Bestimmungspraxis hilfreich.

Errantia (Abb. 130): Rumpf nicht in unterschiedliche Abschnitte gesondert. Prostomium meist deutlich ausgebildet, mit Tentakeln; Vorderdarm mit muskulösem, oft kieferbesetztem Pharynx. Meist freilebend, oft räuberisch.

Die primitiven Formen werden oft als Amphinomiformia zusammengefaßt. Sie haben ein tetraneurales Nervensystem (ventrale Stränge und seitliche Podialnerven und -ganglien) und accessorische Längsgefäße des Blutgefäßsystems. Amphinomidae, Euphrosynidae, Spintheridae.

Weitere Familien:
Aphroditidae: Rückencirren vieler Segmente zu Schuppen umgewandelt (Schuppenwürmer). *Aphrodita* (Seemaus, Abb. 130 d) im Weichboden der Nordsee, bis 20 cm lang, *Lepidonotus* (Abb. 130 f), *Harmothoe* (Abb. 119 e).

Aphrodita aculeata gräbt dicht unter der Sedimentoberfläche nach Weichtieren und Würmern, die sie mit ihrem muskulösen Pharynx zerdrückt. Vom Mitteldarm gehen umfangreiche Drüsenkammern aus. Die Dorsalseite der Seemaus wird von einem dichten, goldschillernden Borstenfilz bedeckt, unter dem die Elytren verborgen sind und aus dem einige stärkere Borsten herausragen. Zur Atmung wird das Hinterende über die Substratoberfläche hochgekrümmt.

Nephtyidae: häufige Formen in Sand und Weichboden. *Nephtys* (Abb. 130 e, 346 m).

Glyceridae: mit langem Rüssel, Darm afterlos, können rückwärts schwimmen. *Glycera*.

Phyllodocidae: Parapodien meist mit blattförmigen Rückencirren (Abb. 130 g), oft sehr bunte Arten. *Eulalia, Eumida, Phyllodoce* (Abb. 130 g, 346 g).

Anaitides mucosa ist ein sehr dünner, bis 15 cm langer Polychaet, der z.B. auf Muschelbänken, aber auch auf Weichböden in Nordsee und der westlichen Ostsee vorkommt. Auffällig sind die Sekretproduktion verschiedener epidermaler Drüsenzellen, insbesondere bei Störung, und die grünen, gelatinösen Gelege, die man auf der Wattoberfläche finden kann.

Nereidae: ausstülpbarer Rüssel dieser großen Formen oft mit Paragnathen (Citiculagebilden neben den Kiefern, Abb. 130 a); bei uns oft als Angelköder gegraben: *Nereis*. In den Tropen auch Süßwasser- und Landformen *(Nereis, Namalycastis, Namanereis)*.

Nereis diversicolor ist in Weichböden, in der Gezeitenzone und tiefer sowie auch in der östlichen Ostsee bis $2^0/_{00}$ Salzgehalt verbreitet. Die Art nimmt ihre Nahrung auf vielfältige Art auf: als Räuber, Pflanzen- und Aasfresser sowie Netzfänger. *N. diversicolor* produziert ein Schleimnetz im Gang, so daß der durch undulierende Bewegungen erzeugte Wasserstrom filtriert wird. Das Netz wird anschließend verschlungen. Es werden Gangsysteme mit mehreren Öffnungen zur Oberfläche konstruiert. Populationsdichten von 10000 Individuen/m^2 wurden beschrieben. Manche Autoren teilen die artenreiche Gattung *Nereis* auf und sprechen dann von *Hediste diversicolor*. Länge bis 20 cm. Es werden keine pelagischen Larven gebildet.
Größer (bis 90 cm lang) ist *N. virens*, eine vorwiegend carnivore Art, die auch dem Menschen einen kräftigen Biß in die Finger zufügen kann. Sie legt unregelmäßige Gänge im Sediment an. Häufig als Angelköder verwendet.

Hesionidae: mit vielen Kommensalen z. B. von Echinodermen, *Nereimyra, Ophiodromus, Hesione*. Im Sandlückensystem Zwergformen: *Hesionides, Microphthalmus*.

Syllidae: Kleinformen, oft mit Brutpflege (Abb. 130 c), vielfach mit Metagenese. *Syllis, Exogone, Brania, Autolytus*.

Eunicidae: Durch komplizierten Kieferapparat gekennzeichnet. *Eunice viridis* (Palolo), *Ophryotrocha* (phaenotypische Geschlechtsbestimmung), *Histriobdella* und *Ichthyotomus* sind Parasiten.

Alciopidae (Abb. 130 b) und Tomopteridae sind durchsichtige pelagische Formen. Heimisch: *Tomopteris helgolandica*.

Sedentaria (Abb. 131): Rumpf meist in Thorax und Abdomen gesondert. Prostomium klein bis reduziert, meist ohne Tentakel, Peristomium dagegen oft mit großen Fortsätzen. Kiemen auf bestimmte Körperregionen beschränkt. Leben oft in Röhren, meist Sediment- oder Suspensionsfresser. 5 Ordnungen.

a. Spiomorpha: Vorderende mit zwei langen Fangtentakeln. Spionidae: mit *Polydora* (Abb. 131 a), *Pygospio* und *Scolelepis* (Abb. 129 c).

Polydora ciliata bildet ihre Röhren in Schwämmen und oft in Schalen von Weichtieren, die mit Hilfe besonderer Borsten angebohrt werden. Ihre Larven leben besonders lange im marinen Plankton.

Pygospio elegans ist ein häufiger Bewohner von Schlickböden und sandigen Sedimenten, aus denen die dünnen, bis 9 cm langen, verfestigten Wohngänge freigespült werden. Die Art dringt weit ins Brackwasser ein und kann Besiedlungsdichten von 40000 Individuen/m^2 erreichen. Die Ernährung erfolgt über 2 lange Tentakel, die z.B. Diatomeen aufnehmen.

Orbiniidae: Weichbodenbewohner, die den erranten Polychaeten ähneln. *Scoloplos*.

Chaetopteridae: Körper in stark unterschiedene Regionen differenziert. *Chaetopterus* (Abb. 131 b) lebt in U-förmiger Röhre, baut Schleimnetz, das mitsamt ausfiltriertem Plankton gefressen wird.

b. Drilomorpha: Vorderende meist ohne Anhänge, oft regenwurmähnlich.

Cirratulidae: oft mit sehr langen Körperanhängen, die als Kiemen fungieren. *Cirratulus*.

Flabelligeridae (Chlorhaemidae): Körper mit Papillen übersät, am Vorderende Borstenfächer. Kiemen wegen des respiratorischen Pigmentes Chlorocruorin grünlich. *Flabelligera, Pherusa* (Abb. 131 d) in Weichböden, aber auch in lebenden Korallenblöcken.

Opheliidae: Sand- und Weichbodenbewohner, z. T. mit nematodenartiger Fortbewegung

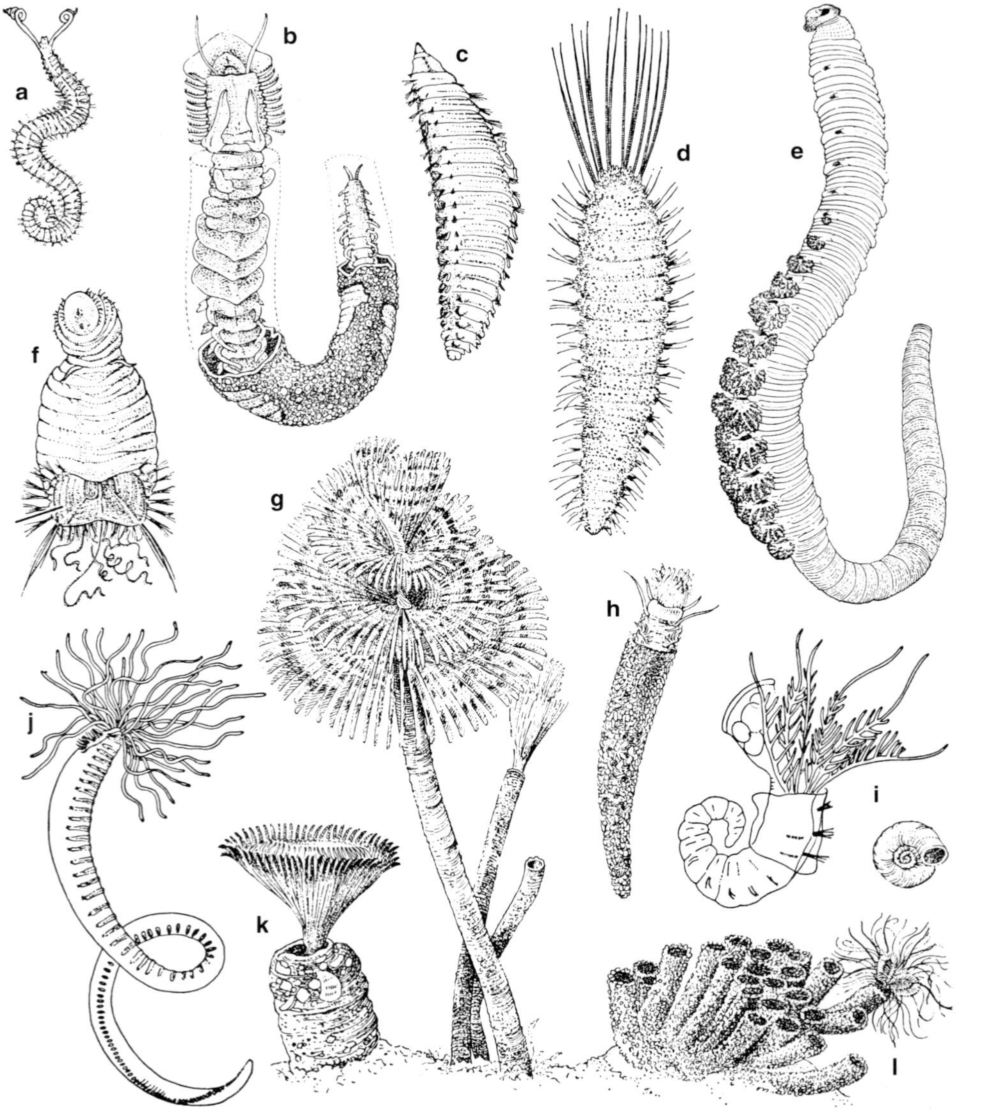

Abb. 131: Sedentäre Polychaeten. a. *Polydora*, bohrt mit speziellen Borsten Gänge z.B. in Kalkgestein und Molluscenschalen; b. *Chaetopterus*, Leuchtvermögen, fängt seine Beute mit Schleimnetz; c. *Travisia*; d. *Pherusa (Stylarioides)*; e. *Arenicola* (Wattwurm); f. *Sternaspis*; g. *Spirographis*; h. *Pectinaria (Lagis)*; i. *Spirorbis* (aus der Röhre herauspräpariertes Tier und Schale); j. Amphitrite; k. *Myxicola*; l. *Sabellaria*. Nach de Haas, Grassé, Knorr, Riedl, Stöp-Bowitz, Ushakov

(Polyophthalmus). *Ophelia, Travisia* (Abb. 131 c).

Arenicolidae: *Arenicola marina* (Wattwurm).

Arenicola marina (Abb. 129 d, 131 e) ist im Wattenmeer eine der dominierenden Polychaetenarten, die besonders durch ihre Trichter und Kotstränge auffällt. Durch ihren bis 30 cm tiefen, L-förmigen Wohngang, der mit Sekret ausgekleidet ist, treiben die bis 20 cm langen Tiere einen Wasserstrom, der Sauerstoff benötigenden Organismen das Leben in dem stark anoxischen Substrat ermöglicht. Die Bauten können am Einsturztrichter und Kotschnüren erkannt werden (Abb. 119 k). *Arenicola* nimmt das Substrat auf, wodurch es zu dessen Umschichtung kommt. Ei- und Spermaabgabe erfolgen im Wohngang, und mit dem Atemstrom gelangen die Geschlechtsprodukte ins freie Wasser, wo die Befruchtung erfolgt.

Capitellidae: äußerlich regenwurmartig. *Capitella, Heteromastus*.

Capitella capitata ist in marinen und brackigen Weichböden verbreitet und kommt in Gebieten zu besonderer Entfaltung, die mit organischen Stoffen angereichert sind. Eine Viertelmillion Individuen dieser bis 12 cm Länge erreichenden Art hat man unter einem Quadratmeter Sedimentoberfläche gefunden. Diese Art ist Substratfresser und gräbt bis 40 cm tiefe Gänge mit je einem kleinen Schornstein an der Mündung. Tiefrote Färbung (Hämoglobin).

Heteromastus filiformis wird maximal nur 1 mm dick und 18 cm lang. In der Nordsee ist er verbreitet und legt verzweigte Gänge überwiegend in Schlickböden an. Substratfresser. Besiedlungsdichte bis 7000 Individuen/m^2. Wie manche anderen Polychaeten heften die Weibchen von *H. filiformis* kugelige, gallertige Laichballen an die Sedimentoberfläche.

Sternaspidae: mit sackartigem Habitus (Abb. 131 f).

c. Terebellomorpha: Vorderende mit zahlreichen Tentakeln.

Terebellidae (Abb. 131 j): meist in mit Sand inkrustierten Röhren lebend. Amphitrite (Abb. 131 j), *Terebella, Nicolea, Lanice*.

Lanice conchilega wird bis 30 cm lang und besteht aus 300 Segmenten. Die Art ist zum Beispiel auf Sandböden der Nordsee verbreitet. Sie baut sandinkrustierte Röhren, deren feinverzweigte Bäumchenkrone, die ein Gerüst für die Tentakel darstellt, über das Substrat hinausragt. Die Ernährung erfolgt über die Bäumchenkrone, an der sich Plankter verfangen, die von den Tentakeln abgenommen und über Wimperbahnen zum Mund transportiert werden.

Amphictenidae (Pectinariidae) in ebenmäßigen, mit Sandkörnern hergestellten Köchern lebend. Am Vorderende mit goldglänzenden Borstenfächern, die beim Graben als Schaufel, beim Kriechen als Schreithebel und zum Röhrenverschluß dienen. *Pectinaria* (Abb. 131 h, 346 h).

Ampharetidae: ähnlich den beiden vorigen Familien (*Melinna*, Abb. 129 a), vorwiegend in nordischen Meeren, aber auch im Süßwasser *(Hypania)* und nahe den pazifischen Hydrothermalquellen *(Alvinella)*.

d. Hermellimorpha: mit einer Familie, den Sabellariidae. *Sabellaria* (Sandkoralle, Abb. 131 l).

Sabellaria-Arten bauen mit Sand inkrustierte Röhren, die so dicht aneinander liegen, daß es zu Riffbildungen kommen kann. Diese kommen beispielsweise an der Küste von Florida vor, waren aber auch in der Nordsee bis in die 1950er Jahre verbreitet. Hier bildete *S. spinulosa* entlang der Rinnen des Wattenmeeres kennzeichnende Sandriffe, die jedoch allem Anschein nach durch jahrzehntelanges Schleifen durch Netzgeschirre der Fischer zerstört wurden.

e. Serpulimorpha: Röhrenbewohner mit gefiederter Tentakelkrone.

Sabellidae: Röhre organisch. *Spirographis* (Abb. 131 g), *Sabella* (Abb. 129 b), *Myxicola* (Abb. 131 k), Kleinformen frei kriechend *(Manayunkia, Fabricia)*. Serpulidae: Röhre aus Kalk, kann nicht verlassen werden, wird bei Zurückziehen mit Deckel verschlossen, an dem die Brut befestigt werden kann (Abb. 131 i). Einige Formen bilden Riffe (Bermuda, Golf von Mexiko). *Spirorbis* (Abb. 131 i), *Serpula, Pomatoceros* (Abb. 43 k).

Archiannelida (Abb. 132 a–c): Sehr heterogene Gruppe kleiner Formen, die mehrheitlich im Sandlückensystem leben. Ventralfläche meist bewimpert; Parapodien und Borsten reduziert bis fehlend. Vorderdarm mit ventralem, muskulösem Schlundkopf. Polygordiidae, Protodrilidae, Nerillidae, Dinophilidae.

2. Klasse: Myzostomida

Die Myzostomida sind eine etwa 150 Arten umfassende Gruppe hermaphroditischer, 3 bis 5 mm langer Anneliden, die kommensalisch oder parasitisch auf oder in Echinodermen, v. a. Crinoiden, lebt (Abb. 132 d, e). Sie besitzen 5 Paar Parapodien, die je eine hakenförmige Borste tragen (Abb. 132 d). Die Entwicklung er-

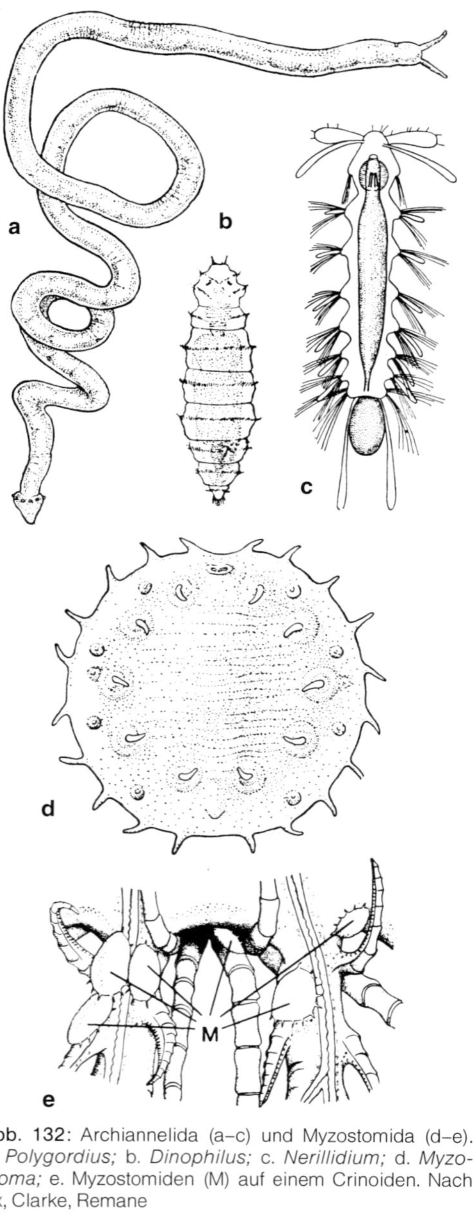

Abb. 132: Archiannelida (a–c) und Myzostomida (d–e). a. *Polygordius;* b. *Dinophilus;* c. *Nerillidium;* d. *Myzostoma;* e. Myzostomiden (M) auf einem Crinoiden. Nach Ax, Clarke, Remane

folgt über eine Trochophora. Die Spuren parasitischer Myzostomida sind bereits von devonischen Crinoiden bekannt, an denen sie die Bildung von Cysten hervorriefen, in denen sie lebten.

3. Klasse: Clitellata

Dieser Gruppe gehören die beiden recht verschiedenen Unterklassen Oligochaeta und Hirudinea (Egel) an, deren enge Zusammengehörigkeit durch Zwischenformen *(Branchiobdella, Acanthobdella)* erwiesen ist. Es sind meist Süßwasser- und Landbewohner ohne Parapodien, ohne echte Tentakel und Palpen, mit einem mehrere Segmente umfassenden Drüsengürtel (Clitellum) der Epidermis. Unterschiedliche Drüsenzellen des Clitellums produzieren eiweißreiches Sekret für Kokonwandbildung und Nährflüssigkeit in den Kokons sowie Sekrete für Wohnröhren, Röhrenstrukturen bei der Eiablage und Kopulation. Der zwittrige Genitalapparat ist komplizierter als bei den Polychaeten. Entwicklung stets direkt.

1. Unterklasse: Oligochaeta

Bau. Meist mit Borsten, Coelom gut ausgebildet, Septen vorhanden, Hoden vor den Ovarien gelegen. Die Oligochaeten sind äußerlich gleichartig segmentiert. An den Segmenten sitzen einfache Borsten, meist in 4 Bündeln, bei einigen Formen können jedoch 100 Borsten ausgebildet sein (Megascolecidae). An Körperanhängen treten nur gelegentlich Kiemen oder feine Fäden (Cirren) an den Körperseiten oder am Hinterende *(Dero)* auf, der Kopflappen ist bisweilen in einen fadenförmigen Fortsatz ausgezogen. Der Vorderdarm trägt nur ausnahmsweise Kiefer, meist wirkt bei der Nahrungsaufnahme ein hinter dem Mund gelegener dorsaler, muskulöser Schlundkopf mit, weitere muskulöse Teile (Muskelmägen) können am Oesophagus oder Mitteldarm liegen. Bei größeren Arten ist in den Mitteldarm eine dorsale Falte eingesenkt (Typhlosolis, Abb. 133), deren Epithel spezielle Enzymaktivität aufweisen kann. Eigenartige Bildungen des Vorderdarms sind die Kalksäckchen einer Reihe von Regenwürmern, es sind gekammerte, kalkgefüllte Darmtaschen, die zur Erhaltung des Ionengleichgewichtes beitragen und wohl Calcium sezernieren. Der Enddarm dient manchmal der Atmung. Im Blutgefäßsystem sind oft eine Reihe von Seitenschlingen als «Herzen» ausgebildet. Der Genitalapparat erstreckt sich über wenige Segmente, meist im Bereich des 10. bis 13. Segmentes. Hoden und Ovarien sind nur in

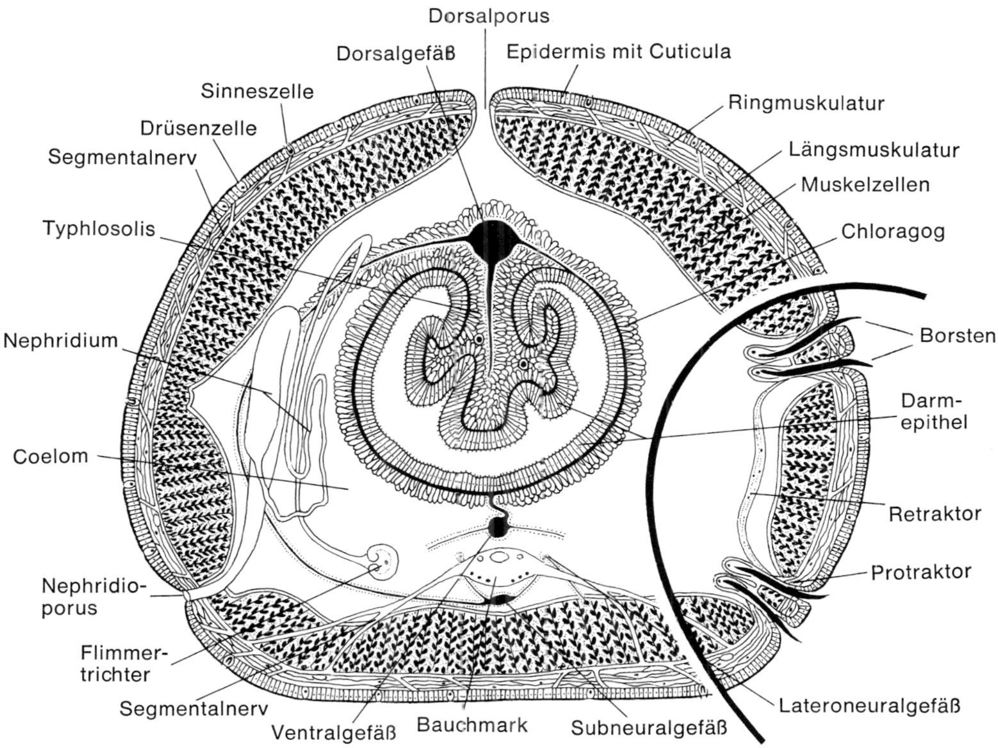

Abb. 133: Querschnitt durch einen Oligochaeten (Regenwurm). Rechts vom Bogen: Region mit Borsten. Samenblasen = Samensäcke, Eihälter = Eisäcke. Nach Storer

1 oder 2 Paaren vorhanden. Die Ausleitung geschieht durch umgebildete Nephridien mit großem Wimpertrichter. In die Samenleiter, die sich über mehrere Segmente erstrecken können, münden oft umfangreiche Drüsen, der männliche Porus trägt bisweilen einen zapfenförmigen Penis. Die Septen der Genitalregion werden in eigenartiger Weise umgebildet (Abb. 134), sie bilden oft lange Taschen aus, in denen die Spermien ihre Entwicklung vollenden (Samensäcke, analoge Bildungen für die Eier [Eisäcke]). Die Spermaübertragung erfolgt durch Kopulation, bei der die Tiere durch Sekrete des Clitellums verbunden werden. Das Sperma gelangt jedoch nicht in die weibliche Genitalöffnung, sondern in besondere, von der Körperoberfläche nach innen ragende Taschen (Samentaschen, Receptacula seminis), die in einem oder einigen Paaren vorhanden sind. Von hier aus erfolgt die Befruchtung beim Vorbeigleiten der Eier am Körper bei der Kokonbildung. Die Eier werden in Kokons abgelegt, deren Hülle vom Clitellum abgeschieden wird, das auch die Nährflüssigkeit im Kokon hervorbringt. Ungeschlechtliche Vermehrung durch Teilung bei einigen Arten.

Ökologie und Lebensweise. Die Oligochaeten leben besonders im Süßwasser und in feuchten Landgebieten, im Meer spielen sie vorwiegend in der Uferregion eine Rolle. In Süßgewässern besiedeln sie die Vegetationszone (Naididae u.a.) und die Schlammregion des Bodens. Hier leben mit dem Vorderende eingebohrt substratfressende Tubificiden, ihr Hinterende pendelt im freien Wasser. Da diese Tiere durch die Kotabgabe bereits sedimentiertes Bodenmaterial wieder ins freie Wasser zurückbefördern, haben sie Bedeutung für den Stoffkreislauf im Wasser.

Am Land bewohnen die Oligochaeten besonders die Humusschicht, aber auch sich zersetzendes Holz, die Laubstreu und bis mehrere Meter tiefe Regionen des Bodens. Vor allem den Regenwürmern kommt eine kaum zu über-

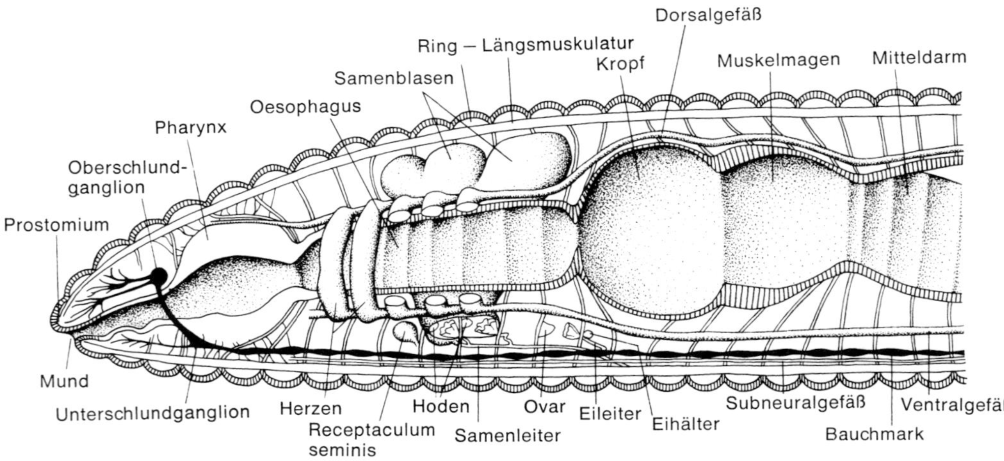

Abb. 134: Organisation des Vorderendes eines Regenwurmes. Körperwand und Darm median aufgeschnitten; Herzen z.T. abgetrennt, Nephridien weggelassen. Nach Storer

schätzende Bedeutung für Bodenbildung, Stoffkreisläufe und Pflanzenwachstum zu.

Regenwürmer sind systematisch nicht ganz klar zu definieren. Wir subsummieren unter diesem Begriff die meist großen terrestrischen Oligochaeten der Opisthopora. Man unterscheidet über 3000 Arten, von denen etwa die Hälfte zu den Megascolecidae zählt, die vorwiegend in den Tropen und auf der Südhemisphäre leben. Weitere 100 Arten gehören zu den afrikanischen Eudrilidae, etwa 200 zu den süd- und mittelamerikanischen Glossoscolecidae. Dazu kommen kleinere Familien, so die Microchaetidae. Auf der Nordhemisphäre sind die Lumbricidae mit etwa 300 Arten verbreitet.

Eine Reihe von Regenwürmern lebt bevorzugt in der Streuschicht oder an sich zersetzendem Holz und dringt nur in die oberste Bodenschicht ein (epigäische Formen). Hierher gehören zum Beispiel *Lumbricus rubellus* und *L. castaneus* sowie *Dendrodrilus rubidus* und *Dendrobaena octaedra*, die übrigens gegenüber dem pH-Wert ihrer Umgebung besonders tolerant sind. Sie erreichen im allgemeinen ein Lebensalter von nur einem Jahr, während bei den tiefgrabenden Arten 6 und mehr Jahre erreicht werden. Vom Ei bis zur Geschlechtsreife benötigen die meisten Streubewohner wenigstens 3–4 Monate, die tiefgrabenden Arten und Mineralbodenbewohner 2–3 Jahre.

Regenwurmbauten können bevorzugt senkrecht verlaufen oder vorwiegend horizontal angelegt werden. Letzteres gilt für die sogenannten geophagen Arten, die sich durch das Substrat fressen, aber auch tote Wurzeln aufnehmen. Sie dringen bis in 5 m Tiefe vor (*Octochaetus multiporus* in Neuseeland). Die heimische Art *Lumbricus terrestris* baut dagegen bis 3 m tiefe senkrechte Gänge, die sich zur Oberfläche hin verzweigen. Als Nahrung bevorzugt diese Art abgestorbene Pflanzenteile («detritovore Ernährung»), die in die Röhre gezogen und hier vorverdaut werden. Die unverdauten Reste dienen zum Teil der Verfestigung der Gangwände, zum anderen werden sie auf der Erdoberfläche abgelagert. Auf Weideland in Mitteleuropa kann Regenwurmkot bis 40 t/ha jährlich ausmachen, das entspricht einer 5 mm dicken Lage. In Subtropen- und Tropenböden wurden noch wesentlich höhere Werte festgestellt: bis 260 t/ha im Nildelta. Die Biomasse der Regenwürmer entspricht in unserem Weideland dem Gewicht der Rinder, die von derselben Fläche ernährt werden können (2500 kg/ha ≙ 3 Kühen). Gepflegte Äcker weisen 1–3 t Regenwürmer pro Hektar auf. Gangsysteme von Regenwürmern dienen auch als Leitschienen für Pflanzenwurzeln.

Die bodenbiologische Bedeutung der Lumbriciden liegt weiterhin darin, daß sie in ihrem Darmtrakt organische und anorganische Bestandteile zu Ton-Humus-Komplexen verbinden, die die Stabilität des Bodens erhöhen (besserer Widerstand gegen Wasserströmungen, Erosion und Druckeinwirkung, größere Wasserkapazität). Weiterhin ist im Regenwurmkot die Mikroflora angereichert, die eine beschleunigte Zersetzung organischer Bestandteile bewirkt.

Regenwürmer werden in großem Maßstab gesammelt und für Bodenverbesserung und als Angelköder verwendet. Allein aus Ontario (Canada) exportiert man jährlich über 500 Millionen Tiere. Unter günstigen Bedingungen (hohe Luftfeuchte, hohe Temperatur, geringe Luftbewegung) kann ein Sammler pro Nacht 20000 Würmer fangen.

Mit Pflanzgut sind einige Arten weit verbreitet worden: In gemäßigten Regionen Südamerikas sind heute die europäischen Lumbricidae allgegenwärtig, die südostasiatischen Megascolecidae wurden über die Tropen verschleppt. In vielen Gebieten sind die einheimischen Formen vermutlich schon ausgerottet worden, z. B. in Australien und Südafrika, wo die europäischen Siedler große Teile der heimischen Vegetation durch exotische Nutzpflanzen ersetzt haben. Wie die terrestrischen haben auch die limnischen Oligochaeten oft nur eng umschriebene Verbreitungsgebiete. So sind im Baikalsee 90% der Oligochaeten endemisch. Zunehmende Verschmutzung bedeutet hier vielfachen Artentod.

Unter den Regenwürmern gibt es mehrere Arten, die erhebliche Ausmaße erreichen: Die australische Art *Megascolides australis* wiegt bei einer Länge von 1,4 m und einem Durchmesser von 2 cm 450 g. Sie soll 4 m Länge erreichen. *Glossoscolex giganteus* aus Brasilien wird 1,2 m lang, mißt dann 3 cm im Durchmesser und wiegt 600 g. Ebenfalls in Südamerika kommt *Rhinodrilus fafneri* vor, der über 2 m Länge erreicht. Nicht ganz sicher scheint die Angabe zu sein, daß *Microchaetus microchaetus* aus Südafrika 7 m lang wird – bei einem Durchmesser von 7,5 cm.

Welches Alter diese großen Formen erreichen, ist nicht bekannt. Europäische Arten wie *Aporrectodea longa* und *Lumbricus terrestris* können wohl 10 Jahre erreichen, letzterer beendet sein Längenwachstum nach 3 Jahren.

Enchytraeidae, eine Familie kleiner terrestrischer Oligochaeten, finden sich in hoher Populationsdichte vor allem in Böden mit niedrigem pH-Wert, wo Regenwürmer nicht mehr vorkommen. Hier wurden maximale Besiedlungsdichten von 250000 Individuen/m^2 festgestellt. Auch ihre Nahrung besteht vor allem aus unzersetzten und wenig zersetzten Pflanzenteilen. Mit Hilfe eines alkalischen Speichels erfolgt eine extraintestinale Vorverdauung; die verflüssigte Nahrung saugen sie dann auf. Wie die Lumbricidae sind auch die Enchytraeidae an der Bildung von Ton-Humus-Komplexen beteiligt.

Manche Süßwasseroligochaeten fressen Kleinorganismen, eine Familie (Branchiobdellidae) parasitiert an Flußkrebsen. Die Fortbewegung ist meist die vom Regenwurm her bekannte peristaltische Kriechbewegung, Süßwasserarten (Naididae) können auch schlängelnd schwimmen oder mit dem ventralen bewimperten Prostomium kriechen.

Neben den limnisch-terrestrischen leben zahlreiche marine Oligochaeten vorwiegend in litoralen Sedimenten, aber auch in Tiefseeböden wurden sie vereinzelt gefunden. Besonders artenreich sind die Kalksande tropischer Küsten.

Im folgenden wird ein einfaches System der Oligochaeta wiedergegeben. 7000 Arten.

1. Ordnung: Plesiopora (Tubificida). Männliche und weibliche Gonaden in je einem Paar, männliche Poren direkt hinter dem Hodensegment. Borsten in wechselnder Zahl in Bündeln. Meist klein, aquatisch.

Aeolosomatidae: Großes Prostomium bewimpert, an Lokomotion beteiligt. Süßwasser. *Aeolosoma.*

Naididae: Meist durchsichtige, kleine Süßwassertiere mit asexueller Fortpflanzung (Querteilung). *Stylaria* (Abb. 135 c), *Chaetogaster* (Abb. 135 d) lebt auf Süßwasserschnecken, *Nais* (Abb. 135 e), *Ripistes* (Abb. 135 f).

Tubificidae: Meist rötlich gefärbte Schlammbewohner, v. a. im Süßwasser. Im Aquarienhandel als Fischfutter angeboten. *Tubifex* (Abb. 135 g). Siedelt in Gemeinschaften, Hinterenden ragen ins freie Wasser. Sauerstoffaufnahme vor allem über den Enddarm.

Tubifex tubifex lebt kopfunten in senkrechten Röhren. Das Hinterende wird unter schwingenden Bewegungen aus der Röhre herausgestreckt und führt sauerstoffreiches Wasser heran. Die Art kann aber auch anaerob leben. Sie dominiert zum Beispiel im Profundal von Baggerseen, wo anoxische Bedingungen monatelang überstanden werden. Die mehrere cm lange Art ist rot gefärbt (Hämoglobin) und kann im Schlamm stehender und langsam fließender Gewässer extreme Populationsdichten erreichen (über 100000/m^2). Sie ist vornehmlich Bakterienfresser. Eikokon grau, elliptisch.

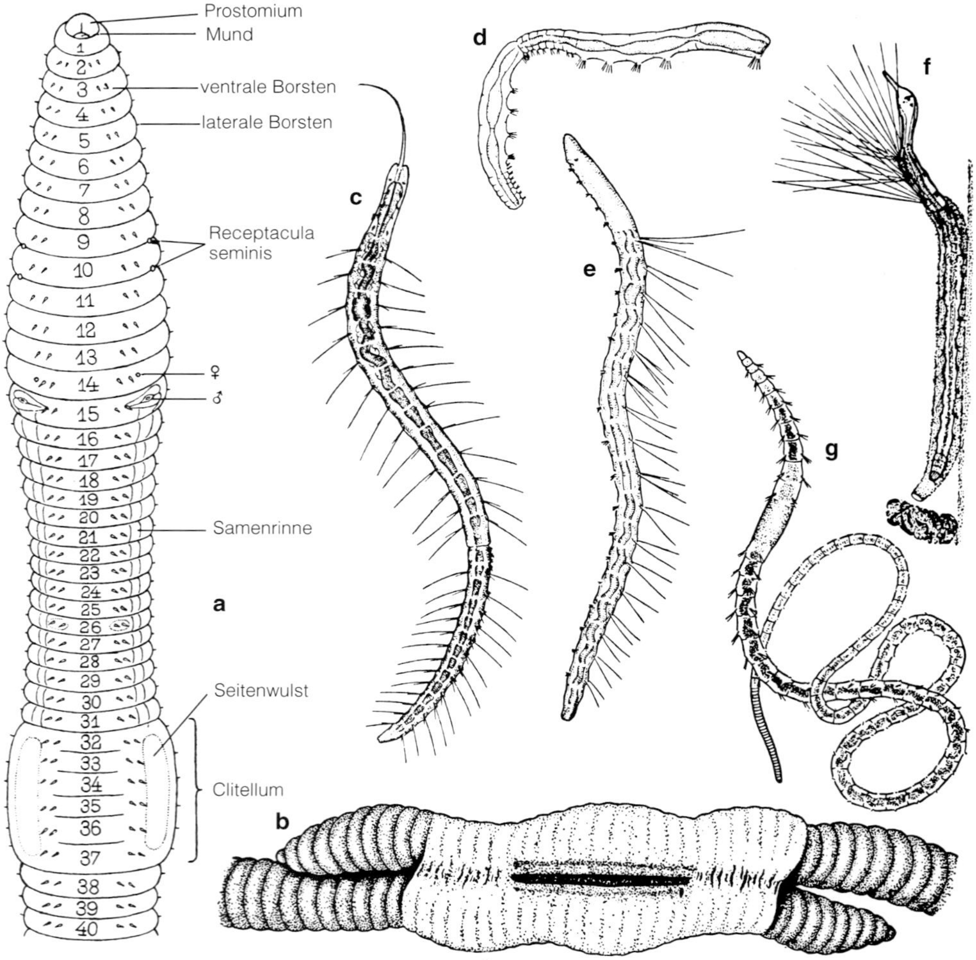

Abb. 135: Oligochaeta. a. Vorderende eines Regenwurms; b. Vorderende zweier in Kopula befindlicher *Eisenia* mit von den Clitella abgesonderten Schleimhüllen; c. *Stylaria* (18 mm); d. *Chaetogaster* (10 mm); e. *Nais* (8 mm); f. *Ripistes* (7 mm; in Wohnröhre, aus der die verlängerten Borsten dreier Segmente zum Nahrungsfang herausgestreckt werden); g. *Tubifex* (30 mm). Nach Cori, Engelhardt, Füller, Kükenthal

In diese Familie werden auch die Gattungen *Inanidrilus* und *Olavius* mit ca. 100 Arten gestellt, die sämtlich darmlos sind und in Symbiose mit Endobakterien in sulfidischen Habitaten leben.

Enchytraeidae: Vorwiegend Erdbewohner. *Enchytraeus, Fridericia.* An Meeresküsten *Lumbricillus, Marionina.*

2. Ordnung: Opisthopora (Lumbricida und Haplotaxida). Männliche Poren weit hinter dem oder den Hodensegmenten. Borsten in segmentalen Kränzen, in 4 Paaren oder als 4 Einzelborsten pro Segment. Umfassen vorwiegend Formen, die als Regenwürmer bezeichnet werden, Bodenbewohner.

Lumbricidae: *Lumbricus, Aporrectodea, Allolobophora, Eisenia.*

Lumbricus terrestris ist der größte einheimische Regenwurm und erreicht 30 cm Länge. Er ist auf tiefgründigen Boden angewiesen und in Grün- und Ackerland verbreitet. Seine Nahrung, die hauptsächlich aus wenig abgebauten Pflanzenteilen besteht, nimmt er an der Oberfläche auf, frißt aber auch große Wurzeln. Sein

Darminhalt besteht zu etwa einem Viertel aus anorganischem Material. Wohnröhren: S. 220. Diese Art wird nach etwa einem Jahr geschlechtsreif und kann dann etwa alle 10 Tage einen Kokon produzieren, aus dem erst nach einem halben bis einem Jahr Jungtiere schlüpfen. Diese Werte variieren, wie auch bei den folgenden Arten, deutlich mit Temperatur und Nahrung.

Aporrectodea longa ähnelt der vorherigen Art, erreicht 18 cm Länge, gräbt weniger tief und kommt weniger an die Bodenoberfläche als *L. terrestris*. Sie kommt in Grünland und Gartenböden vor und fällt im Sommer in tieferen Erdschichten in eine Ruhephase, in welcher der Wassergehalt wesentlich reduziert wird. Die bevorzugte Nahrung ist schon weiter abgebaut als die von *Lumbricus terrestris*. Sehr geringe Kokonzahl: 8/Jahr. Schlüpfen nach etwa 2 Monaten.

Allolobophora chlorotica ist in den oberen 10 cm feuchter Acker-, Garten- und Grünlandböden verbreitet. Diese Art ist geophag, sie nimmt Boden auf, der schon weitgehend abgebaute Pflanzenteile und Wurzeln enthält. Sie kommt selten an die Erdoberfläche und legt etwa 26 Kokons pro Jahr, die sich innerhalb von einem Monat entwickeln. Damit hat *A. chlorotica* unter den Mineralbodenarten das höchste Reproduktionspotential. Die Geschlechtsreife kann nach 4 Monaten erreicht werden.

Eisenia fetida ist in Mitteleuropa ein Kulturfolger und hier weitgehend auf Kompost- und Misthaufen beschränkt («Mistwurm»). Die Produktion von 1–2 Kokons/Woche, aus denen bis 4 (selten bis 8) Jungtiere schlüpfen (gegenüber einem bei den meisten anderen heimischen Regenwürmern), führt zu einer raschen und dichten Besiedlung ihres Lebensraumes. Die Geschlechtsreife wird nach 4–6 Wochen erreicht. Wegen dieses kurzen Lebenszyklus und der Vorliebe für relativ hohe Temperaturen (Raumtemperatur) wird *E. fetida* auch oft als Versuchstier in Testverfahren verwendet. Die Fütterung im Labor erfolgt meist mit Rinderdung.

Haplotaxidae: Oft im Grundwasser, Eiszeitrefugien und alten Seen. *Haplotaxis*.

Megascolecidae: Mit sehr großen Arten. *Megascolex, Megascolides, Pheretima*.

Microchaetidae: Mit größten Oligochaeten, gestreckt angeblich 6–7 m, endemisch in Südafrika. *Tritogenia, Microchaetus*. Ebenfalls sehr große Formen bei Eudrilidae (in Afrika) und Glossoscolecidae (in Südamerika).

3. Ordnung: Prosopora (Lumbriculida). Männliche Gonaden in 1–4, weibliche in 1–3 Paaren. Männliche Poren im einzigen Hodensegment oder im letzten, falls mehr als 1 Paar Hoden ausgebildet sind, dann aber Porus unpaar. Borsten zu je 4 Paaren im Segment. Vorwiegend aquatische Formen der Holarktis.

Lumbriculidae: Ähneln Regenwürmern, in Süßgewässern. *Lumbriculus, Rhynchelmis*.

Branchiobdellidae (auch als Ordnung zu den Hirudinea gestellt, S. 225): Borsten fehlen, nur 15 postorale Segmente. Hinterer Saugnapf aus drei Metameren. Egelartig kriechende Parasiten auf Süßwasserkrebsen. *Branchiobdella*.

2. Unterklasse: Hirudinea (Egel)

Bau. Die Egel unterscheiden sich äußerlich durch vorn und hinten gelegene Saugnäpfe und durch die Ringelung der Körperdecke von den meisten Oligochaeten. Diese ist nicht mit der Segmentierung identisch, auf jedes Segment kommen mehrere Ringe (Annuli). Die Segmentierung ist hauptsächlich im inneren Bau (Ganglien, Nephridien usw., Abb. 136) erkennbar, sie zeigt bei den Egeln eine konstante Zahl, 33 Segmente (Ausnahme: *Acanthobdella*). Die letzten 7 Segmente sind zu einer großen Haftscheibe verschmolzen, die vordere Haftscheibe liegt ventral um oder vor dem Mund; oft ist eine besondere Kopfregion abgesetzt. Die typischen Annelidenborsten fehlen den Egeln (Ausnahme: *Acanthobdella*). Das Nervensystem besteht aus Cerebralganglion, Bauchganglienkette (aus 21 Ganglienpaaren) und einem Ganglion der hinteren Haftscheibe. Unter den Sinnesorganen sind die Augen bemerkenswert, die in wechselnder Zahl in den vorderen Segmenten liegen. Ihre Sinneszellen tragen in ihrem Innern eine Vakuole, deren Rand von einem Mikrovillisaum besetzt ist. Um die Sinneszellen wird ein Pigmentbecher gebildet. Die Epidermis ist sehr reich mit Receptorzellen versehen, unter denen Druck- und Berührungsreceptoren nachgewiesen sind. Der Darmkanal zeigt manche Anpassungen an die blutsaugende bzw. räuberische Lebensweise. Er enthält vorn einen muskulösen Pharynx. Bei den Rüsselegeln wird dieser von einer Tasche (Rüsselscheide) umgeben, so daß er ähnlich wie der Turbellarienpharynx vorgestoßen und in das Beutetier eingeführt werden kann; bei den Kieferegeln liegen in der Mundhöhle drei strahlig angeordnete Kiefer, deren Kante mit feinen Zähnchen besetzt ist. Sie erzeugen das charakteristische Bild des Blutegelbisses. Die Schlundegel schließlich haben einen stark erweiterungs-

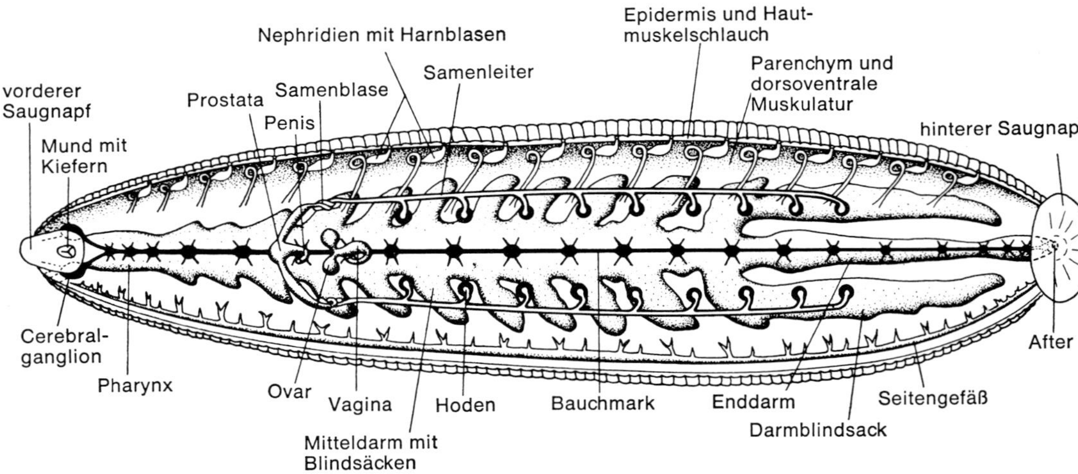

Abb. 136: Organisationsschema des Blutegels (Ansicht von ventral). Nach Storer, Usinger

fähigen Pharynx. Umfangreiche Speicheldrüsen münden im Mundgebiet, sie enthalten ein Sekret (Hirudin), das die Blutgerinnung verhindert. Hinter dem Oesophagus liegt der umfangreiche, meist mit großen Blindsäcken ausgestattete Magen, der der Nahrungsspeicherung und auch der Nahrungsverarbeitung dient. Es folgt der kurze Hinterdarm, der gleichfalls Blindsäcke aufweisen kann. Der After liegt dorsal vor der hinteren Haftscheibe.

Das Coelom wird durch die mächtige Entwicklung der Muskulatur mit ihren Längs-, Ring- und Dorsoventralmuskeln und durch eine Wucherung des Coelomepithels zu einem umfangreichen Chloragoggewebe (Botryoidgewebe) eingeengt, und zwar besonders an den Körperseiten. Es besteht schließlich aus einem dorsalen, einem ventralen und zwei seitlichen Längskanälen, die durch unregelmäßige Zwischenkanäle verbunden sind, selbst bis unmittelbar unter die Haut erstrecken sich die Kanäle. Dorsal- und Ventralgefäß liegen in den medianen Coelomkanälen, doch wird das Blutgefäßsystem innerhalb der Egel reduziert und durch das Coelomsystem ersetzt, dessen Seitenkanäle und Ventralgefäß dann rhythmische Kontraktionen ausführen und das in seiner Flüssigkeit Hämoglobin gelöst enthält. Ein echtes Blutgefäßsystem kommt noch den Rüsselegeln zu. Besonders gut ist das Coelomgefäßsystem des Blutegels *(Hirudo medicinalis)* untersucht. Hier fungieren die Seitenkanäle als Herzen; sie kontrahieren sich peristaltisch und alternierend; Sphinkter und Klappen an ihren Enden verhindern einen Blutrückfluß. Die Richtung des Blutstromes erfolgt in den Seitenkanälen von hinten nach vorn, in Dorsal- und Ventralgefäß umgekehrt. In dem geschlossenen System können Drucke von 100 mm Hg erreicht werden.

Nephridien sind in 10–17 Paaren vorhanden. Der Genitalapparat weicht stark vom Anelidentyp ab. Die Ovarien bilden allerdings nur ein Paar Schläuche, die mit meist unpaarer Öffnung im 11. oder 12. Segment münden. Die Hoden treten jedoch in 8 bis über 100 Säckchen auf, die bei geringerer Anzahl segmental angeordnet sind. Diese Säckchen münden durch kleine Kanäle in einen längsverlaufenden Samenleiter, der vorn im 10. Segment unpaar mündet. Übergangsformen *(Acanthobdella)* zeigen, daß dieses Genitalsystem aus einem langen Coelomschlauch des 10. Segments entstanden ist, in den die Hoden einwanderten und der sich dann in Einzelbläschen und Gänge zerlegte.

Fortpflanzung und Entwicklung. Egel sind protandrische Zwitter. Das Sperma wird entweder durch ein ausstülpbares Kopulationsorgan übertragen (Kieferegel) oder durch Aufsetzen von Spermatophoren auf den Partner (Schlundegel und Rüsselegel). Die Eier werden in Kokons abgelegt. Diese werden von den einheimischen Kieferegeln *Hirudo medicinalis* und

Haemopis sanguisuga in feuchter Erde deponiert. Von hier kriechen die Jungen sogleich nach dem Schlüpfen ins Wasser. Der bei uns häufige Schlundegel *Erpobdella octoculata* (Abb. 137 d) produziert flache Kokons, die im Wasser an harten Gegenständen abgelegt und von der Mutter kurz befächelt werden. Bei Rüsselegeln kann es zur Brutpflege kommen. Die heimische *Glossiphonia complanata* (Abb. 137 c) schützt ihre Kokons vor Freßfeinden und trägt die Jungen am Bauch. Verschiedene *Helobdella*-Arten, u.a. die heimische *H. stagnalis* (Abb. 137 b) füttern überdies ihre Jungen, z.B. mit *Tubifex*. Die Mutter wird erst verlassen, wenn der Nachwuchs etwa 30% von deren Körpergröße erreicht hat.

Im Embryo ist noch ein segmentales Coelom ausgebildet. Postembryonal kommen keine neuen Segmente hinzu.

Lebensweise. Viele der ungefähr 650 Arten sind Blutsauger. Am bekanntesten ist der Medizinische Blutegel *(Hirudo medicinalis)*, am größten der Riesenegel *(Haementeria ghilianii*; 50 cm lang, 80 g schwer).

In den Tropenwäldern des indoaustralischen Raumes leben Landblutegel *(Haemadipsa)*, die auch Menschen befallen. Sie dringen selbst durch kleinste Öffnungen an den Körper vor und können sehr lästig werden, weil ihre Bißstellen lange bluten. Für Vieh und auch Menschen sind besonders Egel gefährlich, die sich an Schleimhäuten (z.B. im Nasenrachenraum) festsetzen, um hier Blut zu saugen. Am besten bekannt sind *Dinobdella ferox* aus Asien und *Limnatis nilotica* aus dem Mittelmeerraum. *Myxobdella* und *Praobdella* kommen in Zentralafrika auch an Menschen vor. Verschiedene Egel sind wichtige Fischparasiten, in Mitteleuropa z.B. *Piscicola geometra* (Abb. 137 f), weiter im Norden *Acanthobdella peledina*. Nach dem Blutsaugen können Egel lange Zeit hungern.

Viele Hirudineen verschlingen ihre Beutetiere (z.B. Mückenlarven, Oligochaeten und Molluscen). Das gilt für den häufigsten einheimischen Süßwasseregel *Erpobdella octoculata* (Abb. 137 d).

Eine verbreitete und charakteristische Art der Lokomotion ist das spannerhafte («egelartige») Kriechen unter Verwendung von Mund- und hinterem Saugnapf. Verschiedene Arten können auch mittels vertikaler Schlängelbewegungen schwimmen, so z.B. *Hirudo*

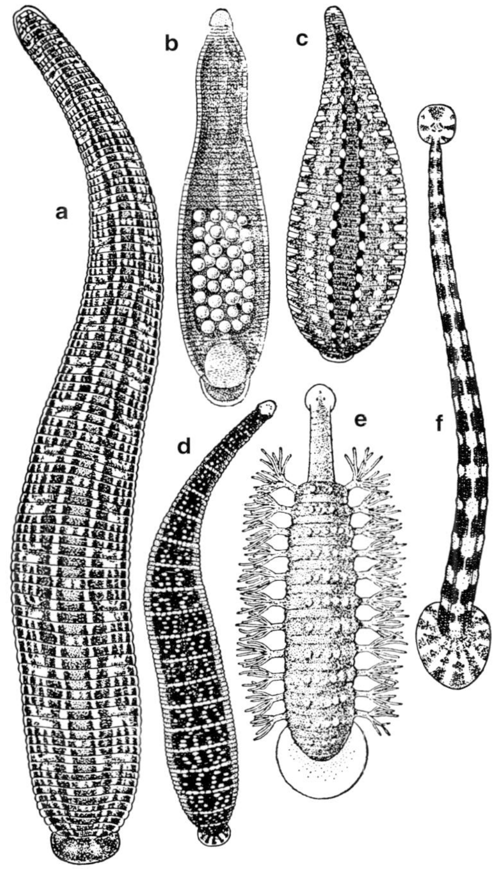

Abb. 137: Hirudinea. a. *Hirudo* (Kieferegel); b. *Helobdella* (Rüsselegel; mit Gelege); c. *Glossiphonia* (Rüsselegel); d. *Erpobdella* (Schlundegel), e. *Ozobranchus* (Rüsselegel), f. *Piscicola* (Rüsselegel). Nach Brumpt, Engelhardt

medicinalis. Einige bodenlebende Formen der Tropen haben ihre Saugnäpfe weitgehend rückgebildet und bewegen sich nach Regenwurmart fort.

Phylogenie und System. Die Egel sind Abkömmlinge der Oligochaeten und so nahe mit diesen verwandt, daß manche Gattungen nicht mit Sicherheit der einen oder anderen Gruppe zugeordnet werden können. Das gilt zum Beispiel für die Branchiobdellidae (S. 223).

1. Ordnung: Acanthobdellida. Ursprüngliche Egel mit 30 Segmenten; je 2 Paar Borsten an den Segmenten 2–6; Coelom durch lockeres Bindegewebe eingeengt, aber nicht zu einem Kanalsystem umgeformt; Septen teilweise erhalten; Hoden ein einheitlicher, langer

Schlauch. *Acanthobdella peledina*: Dauerparasit an Süßwasserfischen im Norden Eurasiens und Alaskas; reife Tiere nur im Sommer, Lebenszyklus unbekannt.

2. Ordnung: Rhynchobdellida (Rüsselegel). Vorderdarm mit vorstoßbarem Rüssel. Primäres Blutgefäßsystem noch vorhanden. Begattung durch Spermatophoren. Glossiphoniidae *(Glossiphonia,* Abb. 137 c; *Helobdella,* Abb. 137 b), Piscicolidae (Fischegel). *Piscicola* (Abb. 137 f) ist ein verbreiteter Ectoparasit an Fischen, der auch als Virus-Vektor fungiert. *Branchellion* besitzt Kiemenanhänge und lebt auf Meeresrochen; *Ozobranchus* (Abb. 137 e).

3. Ordnung: Gnathobdellida (Kieferegel, Abb. 137 a). Mundregion mit 3 Kiefern. Ohne primäre Blutgefäße. Mit Penis. Hierher der Blutegel *(Hirudo),* aber auch der würmerfressende «Pferdeegel» *(Haemopis;* Abb. 115 r) und die Haemadipsidae (Landblutegel).

Der bis über 15 cm lange Medizinische Blutegel *(H. medicinalis;* Abb. 137 a) war im 19. Jahrhundert in Europa, v.a. in Frankreich, ein Hilfsmittel medizinischer Therapie (Aderlaß). Heute gewinnt man aus seinen Speicheldrüsen das blutgerinnungshemmende Sekret Hirudin und andere Stoffe, die z.T. auch schon gentechnisch hergestellt werden.
Der Medizinische Blutegel kann sich mit wellenförmigen Bewegungen schwimmend oder – im Wasser oder an Land – «laufend» fortbewegen. Zur Aufnahme von Blut werden mit den Kiefern bis über 1 mm tiefe Ritzen in die Haut gesägt. Die Haut des Wirtes wird betäubt, außerdem werden Hirudin und Histamin injiziert (ersteres zur Gerinnungshemmung, letzteres zur Gefäßerweiterung). Die Saugleistung ist mit einem Unterdruck bis zu 0,2 Atmosphären verbunden; große Tiere saugen bis zu einer halben Stunde und verfünffachen dabei ihr Volumen. Nach Abschluß der Nahrungsaufnahme kann aus der Freßstelle noch über einen Tag Blut austreten. Der Medizinische Blutegel legt seinen schaumigen Eikokon, der bis zu 30 Eier enthält, auf feuchter Erde ab. Die Tiere können über 20 Jahre alt werden.

4. Ordnung: Pharyngobdellida (Schlundegel). Ohne Zähne und Magenblindsäcke, Pharynx lang. Ohne Penis. Hoden sehr zahlreich. *Erpobdella* (Abb. 137 d).

4. Klasse: Echiurida

Diese kleine (etwa 150 Arten) Gruppe meeresbewohnender Würmer steht infolge des Fehlens der Segmentierung den typischen Anneliden recht fern, doch zeigen der Besitz von Chitinborsten sowie die Entwicklung mit typischer Trochophoralarve ihre Verwandtschaft mit den Anneliden.

Der Körper ist schlauch- oder sackförmig (Abb. 138), ohne Parapodien; stark entwickelt ist das Prostomium, das meist einen besonders ventral bewimperten Rüssel bildet, der mehrfach so lang werden kann wie der Rumpf. Dieser Rüssel kehrt von der Bodenfläche Nahrungspartikel auf und befördert sie zum Mund. Die Borsten sitzen als ein Paar Haken an der vorderen Bauchfläche und als Stachelkranz um das Hinterende. Das zentrale Nervensystem besteht aus einem Schlundring im Kopflappen und einem unpaaren Bauchstrang, der nur gelegentlich Spuren segmentaler Ganglien zeigt. Höhere Sinnesorgane fehlen, Papillenkränze kommen vor. Der Darm, der aus mehreren, äußerlich wenig unterschiedenen Regionen besteht, ist gewunden, die Afteröffnung liegt am Hinterende. Das Coelom ist ein einheitlicher, ungegliederter Raum, der im Vorderkörper mit einer queren Scheidewand (Diaphragma) abschließt. Die Hauptblutgefäße sind ein Bauchgefäß und eine Schlinge im Kopflappen, ein Rückengefäß findet sich nur im Vorderkörper, es steht mit einem kurzen Darmsinus in Verbindung. Nephridien treten in zwei Typen auf: 1. in ein oder mehreren Paaren großer sackförmiger Nephridien im Vorderkörper, die die Gonadenwege darstellen, 2. als zahlreiche kleine Nephridien, die in ein Paar langer Schläuche münden (Analschläuche), die in der Aftergegend ausmünden. Die Gonaden liegen ventral in der Leibeshöhlenwand, die Gameten reifen in der Leibeshöhle.

Die Geschlechter sind getrennt; berühmt ist der große Geschlechtsunterschied der Gattung *Bonellia*. Die darmlosen, bewimperten, nur wenige Millimeter langen Zwergmännchen leben in den vorderen Nephridien (Oviducten) der Weibchen, und zwar in einer besonderen Kammer. Bei der Geschlechtsbestimmung dieser Art spielen Außenfaktoren eine wichtige Rolle. Larven, die sich an dem Rüssel eines Weibchens festheften, werden unter der Einwirkung des Rüsselsekretes zu Männchen; werden diese Larven nach kurzer Festheftung wieder entfernt, entstehen Intersexe. Die Entwicklung führt zu einer echten Trochophora mit Protonephridien, doch geht diese ohne Ausbildung einer Segmentierung in den fertigen Wurm über, so daß die Echiurida vielleicht nur aus den Larvalsegmenten bestehen.

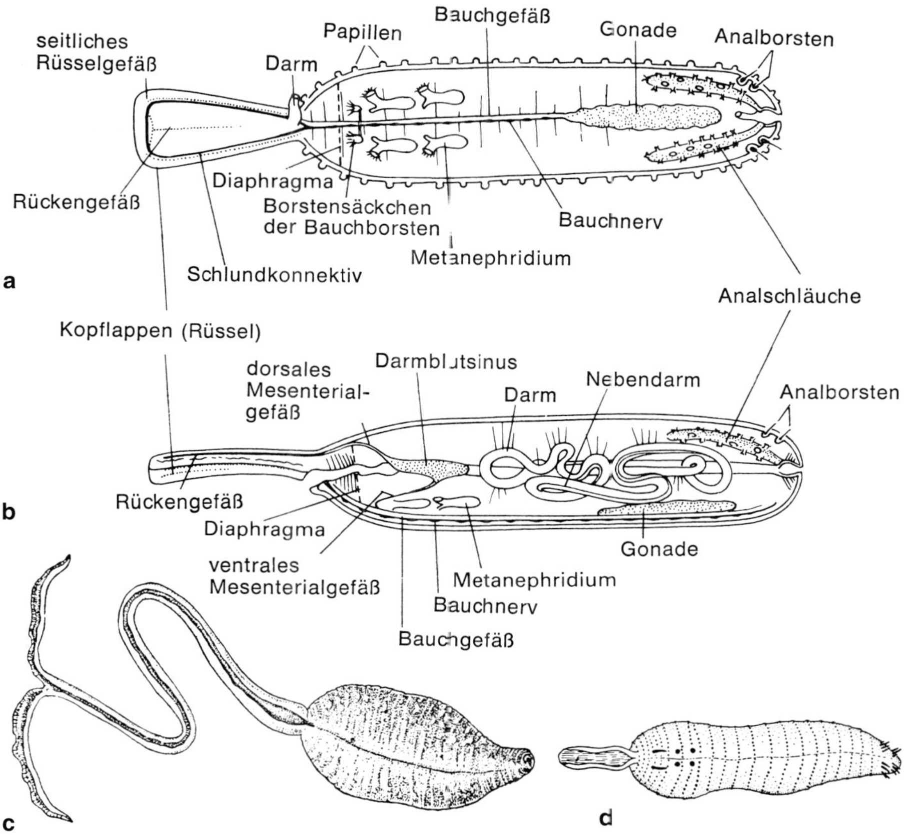

Abb. 138: Echiurida. a, b. Bauplan. a. Dorsalansicht; b. Lateralansicht; c. *Bonellia*, Weibchen; d. *Echiurus*. Nach Remane, Riedl

Die Echiuriden leben im Meer in Spalträumen oder in selbstgegrabenen Wohnröhren, sie ernähren sich von Bodenmaterial. *Echiurus echiurus* (Abb. 119 i) wird als Indikator für ein ausreichendes Sauerstoffangebot in bodennahem Wasser angesehen.

Echiurus (Quappenwurm, Abb. 138 d), *Urechis, Thalassema, Ochetostoma, Listriobulus, Hamingia, Bonellia* (Abb. 138 c).

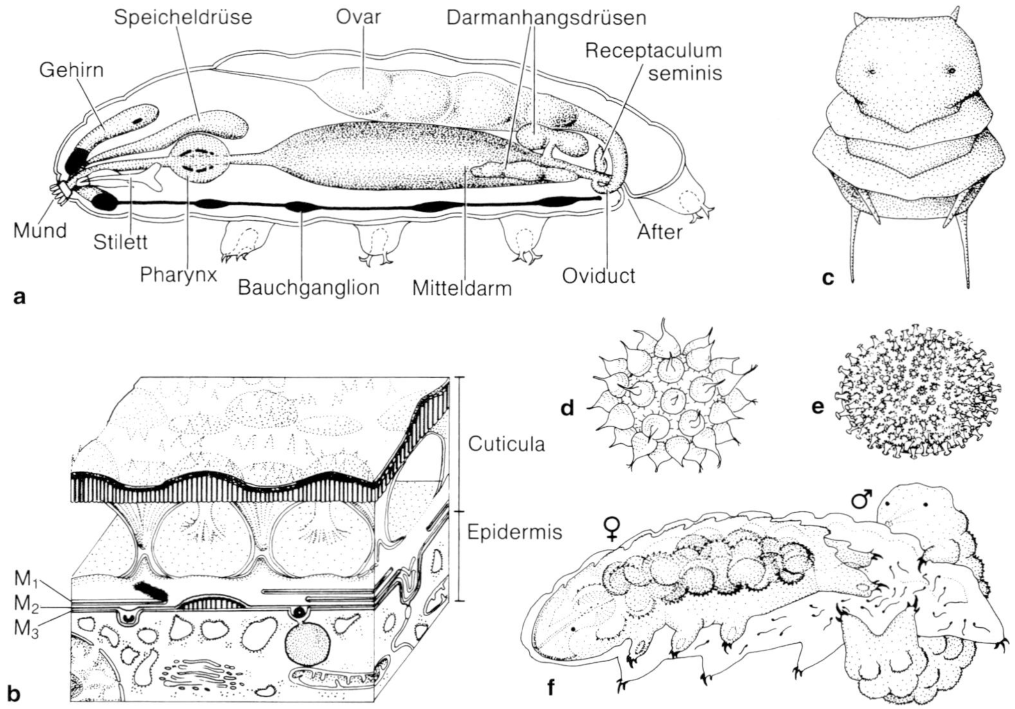

Abb. 139: Tardigrada. a. Organisationsschema eines Eutardigraden, b. Räumliche Darstellung des Integuments von *Batillipes* während der Häutung. M_1–M_3: Während der Häutung entstehende Membranen, c. Tönnchen von *Echiniscus*, d. Ei von *Macrobiotus harmsworthi*, e. Ei von *Macrobiotus hufelandi*, f. Kopulation von *Hypsibius nodosus* (Weibchen in Häutung). Nach Grassé, Greven, Kristensen, Marcus, Nelson

2. Tardigrada
(Bärtierchen)

Diese Gruppe kleiner, meist unter 1 mm langer Tiere (Abb. 139) wird meist zu den Arthropoden gestellt, doch fehlen viele typische Arthropodencharaktere, z. B. die Mundgliedmaßen, die Kopfbildung, das mit Ostien versehene Herz. Die Cuticula (Abb. 139 b), die gehäutet wird, enthält Chitin. Die vier Paar mit Krallen oder Haftplättchen besetzten Stummelfüße weichen beträchtlich von den Gliederfüßen ab, die Homologisierung der am Hinterdarm mündenden Drüsen mit den Malpighischen Gefäßen ist umstritten. Nach elektronenmikroskopischen Befunden haben sie exkretorische und sekretorische Funktion. Die mit vier Ganglien besetzte Bauchganglienkette deutet auf Anneliden und Arthropoden hin.

Die Tardigraden sind verhältnismäßig einfache Organismen; das zeigen der völlige Mangel eines Blutgefäßsystems und die Auflösung des Coelomepithels. Der Darmkanal zeigt manche Ähnlichkeiten mit dem der Aschelminthes: vorn ein komplizierter Stilettapparat mit großen Speicheldrüsen, anschließend ein muskulöser Pharynx, dessen radiäre Muskelfilamente in den Epithelzellen gebildet werden. Der After liegt ventral nahe dem Hinterende. Die Geschlechter sind getrennt (nur bei einigen *Isohypsibius*-Arten Hermaphroditismus), die Gonaden bilden einen dorsalen Sack, sie münden mit unpaarer Öffnung in den Enddarm oder ventral vor dem After. Die Entwicklung erfolgt direkt.

Der Hauptlebensraum der Tardigraden sind Moosrasen; sie kommen aber auch in Boden und Laubstreu sowie Süßwasser, heißen Quellen und im Meer vor. Bei Austrocknung der Moosrasen oder Kleinstgewässer ziehen sich die Tiere zusammen und bilden die sehr widerstandsfähigen Tönnchen (Abb. 139 c). Sie sind dann im Zustand der Anhydrobiose (Kryptobiose). Typische Süßwasserbewohner und manche Bodenformen können ungünstige Perioden in Cysten überdauern, die weniger widerstandsfähig sind. Sie leben von Algen, Pilzen, Bakterien, Nematoden u.a.

In Experimenten erwiesen sich Tardigraden als besonders widerstandsfähig. Sie überlebten Temperaturen nahe dem absoluten Nullpunkt, aber auch Werte von + 150 °C. Geringe Sauerstoffspannung, hohe Konzentration von Kohlendioxid und Schwefelwasserstoff schädigten sie anscheinend ebenso wenig wie Vakuum, Ethanol und hohe Dosen von UV- und Röntgenstrahlen. Man geht sogar davon aus, daß Perioden der Kryptobiose die Lebensdauer von üblicherweise einem Jahr auf 6 bis 7 Jahrzehnte verlängern können. In der Kryptobiose ist der Wassergehalt auf 2–3% reduziert.

Ca. 600 Arten; oft Kosmopoliten.

a. Heterotardigrada: Fast alle Arten sind marin, *Echiniscoides* kann Seepocken anstechen; *Batillipes* (Abb. 86 f), *Echiniscus*.

b. Eutardigrada: *Macrobiotus, Hypsibius* (Abb. 139 f), *Milnesium*.

3. Pentastomida
(Zungenwürmer)

Bis auf wenige Ausnahmen sind die etwa 100 Arten umfassenden Zungenwürmer Parasiten in Lunge und Atemwegen von Reptilien. Äußerlich ähneln sie einem gliedmaßenlosen Anneliden, da der Rumpf eine mehr oder weniger deutliche Ringelung zeigt (Abb. 140 d). Der Vorderkörper trägt die Mundöffnung und zwei Paar einschlagbarer Haken; bei den Cephalobaenida stehen diese Haken auf deutlichen, parapodienähnlichen Fortsätzen. Die Epidermis wird von einer chitinhaltigen Cuticula bedeckt, mehrere Drüsengruppen ragen von ihr ins Innere, besonders umfangreich sind die Frontaldrüsen. Die Sinnesorgane dieser augenlosen Schmarotzer sind nicht sehr stark entwickelt, zum Teil erinnern sie an Arthropoden-Sensillen. Das Nervensystem besteht bei Cephalobaenida aus einem dreiteiligen Gehirn und einer mit 5 Paar Abdominalganglien versehenen Bauchganglienkette. Bei den Porocephalida

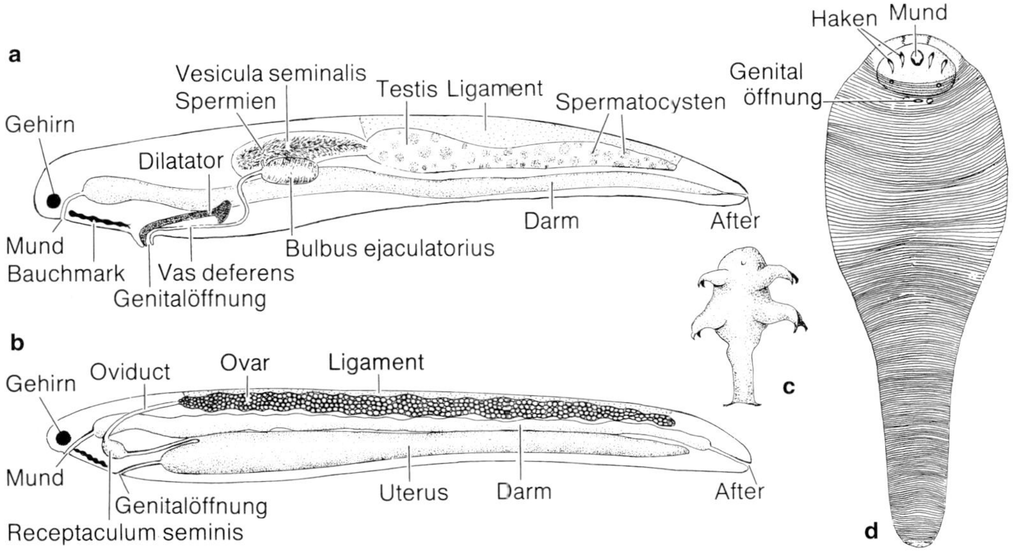

Abb. 140: Pentastomida. a, b. Organisationsschema der Cephalobaenida, a. Männchen, b. Weibchen, c. Larve von *Subtriquetra*, d. Weibchen von *Linguatula*. Nach von Haffner, Rack, Riley, Sachs, Winch

können diese Gebilde zu einer einheitlichen Nervenmasse verschmelzen, von der lange Nerven ausgehen. Der Darm ist ein einfaches Rohr von geringer Gliederung ohne Anhangsdrüsen; der After liegt am Hinterende, bei *Reighardia* endet der Darm blind. Als Nahrung dient den Adulten v. a. Blut. Die Leibeshöhle ist einheitlich, der Darm ist an zwei dorsolateral entspringenden Mesenterien aufgehängt. Der Hautmuskelschlauch besteht aus Ring-, Längs- und Transversalmuskeln, die in ihrer Lage denen der Polychaeten entsprechen, die Muskeln sind quergestreift. Nephridien fehlen. Hochkompliziert sind die Geschlechtsorgane (Abb. 140 a, b). Die Geschlechter sind getrennt. Die Befruchtung erfolgt im Innern. Hier entwickeln sich die Eier über eine totale Furchung zu einer Primärlarve, die durch einen Bohrapparat am Vorderende, 2 Paar krallenbesetzte Extremitäten und eine Schwanzgabel am Hinterende ausgezeichnet ist. In die Eikapsel eingeschlossen, gelangt diese Primärlarve ins Freie, um in einem neuen Wirtstier, in das sie mit der Nahrung gelangt, freizuwerden. Hier bohrt sich die Larve durch die Darmwand und gelangt über Blut- oder Lymphgefäßsystem in verschiedene Organe, wo sie eingekapselt wird. Diese ruhende Larve verändert sich unter mehrfachen Häutungen, sprengt schließlich die Kapsel und wird zur Wanderlarve (Nymphe), die sich aktiv im Wirtskörper fortbewegt. Im einfachen Fall kann sie im selben Wirt die Geschlechtsreife erlangen, meist tritt aber ein Wirtswechsel ein, indem die meist in pflanzen- oder allesfressenden Tiere lebende Wanderlarve in ein carnivores Tier gelangt, wo sie aus dem Magen in die Atemorgane wandert und sich zur geschlechtsreifen Form entwickelt.

Der Wirtswechsel vollzieht sich bei vielen Pentastomida zwischen Reptilien (Endwirt) und Säugern (Zwischenwirt).

Bei den Cephalobaenida bildet die Gattung *Reighardia* eine Ausnahme: Sie parasitiert in Seevögeln. Zwischenwirte können bei den Cephalobaenida neben Reptilien Insekten, Fische und Amphibien sein.

Eine Ausnahme unter den Porocephalida bildet die Gattung *Linguatula*, deren Endwirte Carnivora darstellen. *Linguatula serrata* war früher in Europa häufig und wurde noch um die Jahrhundertwende öfter als Larve im Menschen gefunden. Hauptwirte sind Haushund, Wolf und Fuchs.

Eine Einreihung in das System kann bis heute nicht mit Sicherheit vorgenommen werden. Für die Stellung zwischen Anneliden und Arthropoden – hier noch beibehalten – sprechen immer weniger Argumente. Spezifische Übereinstimmungen in der Spermiogenese und molekularbiologische Befunde weisen auf eine Stellung innerhalb der Crustacea und nahe den Branchiura hin.

Cephalobaenida: *Cephalobaena, Raillietiella, Reighardia.*

Porocephalida: *Armillifer, Linguatula* (Abb. 140 d), *Porocephalus.*

4. Arthropoda
(Gliederfüßler)

Die Arthropoden sind mit über 1 Million bekannter Arten heute die bei weitem vorherrschende Tiergruppe. In ihrer Organisation schließen sie sich eng den Anneliden an. Beiden Gruppen gemeinsame Spezialcharaktere sind: das Strickleiternervensystem, die Segmentierung und die Extremitäten. Das Strickleiternervensystem besteht aus dem vor dem Mund gelegenen Oberschlundganglion und den paarigen Bauchsträngen mit segmentalen Bauchganglien. Die Mehrzahl der Glieder (Metameren, Segmente) entsteht wie bei Anneliden aus einer vor dem After gelegenen Sprossungszone (Tritometameren), während eine geringe Anzahl im Vorderkörper durch gleichzeitige Zerteilung des Mesodermstreifens entsteht (Deutometameren, Larvalsegmente); die Rumpfsegmente tragen jederseits eine Extremität, die in mannigfacher Weise als Ruder oder Schreithebel dient. Den Arthropoden fehlen die versenkten Chitinborsten, die für die Parapodien der Anneliden charakteristisch sind. Aus dem Übergangsgebiet zwischen Anneliden und Arthropoden haben sich die Protarthropoden bis heute erhalten. Diese lebenden Fossilien ermöglichen es uns, die Etappen, in denen sich die Sondermerkmale herausgebildet haben, darzustellen.

1. Etappe: Charaktere, die an der Basis der Arthropoden entstanden sind und daher schon den Protarthropoden zukommen.

a. Ostien des Herzens. Das Herz, das dem Rückengefäß der Anneliden entspricht, empfängt das Blut nicht durch Venen, sondern nimmt es durch ursprünglich segmentale Öffnungen (Ostien) auf (Abb. 152).

b. Bildung des Komplexgehirns durch Verschmelzung des ursprünglichen Gehirns mit mehreren Rumpfganglien. Als ursprüngliches Gehirn ist hierbei der dem Kopflappen (Prostomium, Acron) angehörende Gehirnabschnitt gemeint, der bei den Anneliden fast stets das Oberschlundganglion bildet. Ihm sind als wichtigste Sinnesorgane die Augen zugeordnet. Diesem sogenannten Archicerebrum werden drei Rumpfganglien angegliedert. Das vorderste ist wenig ausgeprägt, es gehört zum Präantennalsegment, das zweite bildet das Deutocerebrum, das die 1. Antennen innerviert, das dritte das Tritocerebrum mit den 2. Antennen.

c. Auflösung und Umbildung der Coelomhöhlen. Die für die Anneliden charakteristischen segmentalen paarigen Coelomhöhlen erscheinen bei Arthropoden zwar noch in der Embryonalentwicklung, ihre Wand geht aber größtenteils in Organ- und Gewebsbildung auf. Die Außenwand liefert die Muskulatur des Körpers und der Beine, die innere die Darmmuskulatur, den Fettkörper und exkretorisches Gewebe. Die dorsalen Wandbezirke des Coeloms bleiben nach ihrem Rückzug von der Körperwand oft unter dem Herzen stehen und liefern hier die horizontale Querscheidewand (Pericardialseptum), die den das Herz umgebenden Blutraum («Pericard») gegen die übrige Leibeshöhle weitgehend abgrenzt. Das Pericard der Arthropoden ist also nicht wie das der Molluscen Coelomteil, sondern liegt außerhalb des Coeloms. Echte Coelombezirke bleiben erhalten: 1. als Endbläschen (Sacculus) um die Nephridien; die Coelomepithelzellen sind hier als Podocyten ausgebildet; 2. als Gonaden und Gonodukte. Die Gonaden bilden sich aus Coelomabschnürungen mehrerer Segmente, die Gonadengänge entstehen gleichfalls aus Coelombezirken und im Endabschnitt aus eingegliederten Nephridien.

Die definitive Leibeshöhle der Arthropoden entsteht aus Zwischenräumen zwischen Organen und Körperwand, die häufig mit Resten der Coelomhöhlen zu einem Mixocoel verschmelzen (Abb. 141 b).

d. Die Körperoberfläche wird von einer Cuticula bedeckt, die Chitin enthält und durch Häutungen erneuert wird.

2. Etappe: Charaktere, die erst oberhalb der Protarthropoden an der Basis der Euarthropoden entstanden sind.

a. Die Facettenaugen. Die paarigen Facettenaugen (Abb. 146) der Arthropoden bestehen aus zahlreichen (bis mehrere 1000) röhrenförmigen Einzelaugen (Ommatidien). Neben diesen großen Seitenaugen sind kleine Scheitelaugen (Ocellen) (bis 4, meist 3) bei den Euarthropoden nachweisbar.

b. Das Plattenskelet des Rumpfes. Die Cuticula wird in feste Platten (Sklerite) und biegsame Zwischenzonen (Membranen) gegliedert. Jedes Segment erhält eine Rückenplatte (Tergit), eine Bauchplatte (Sternit) und gelegentlich feste Seitenstücke (Pleurite). Durch diese gegliederte Panzerung erhält der Körper einen maximalen Schutz bei Erhaltung der Beweglichkeit und zugleich Ansatzstellen für die quergestreifte Muskulatur (Abb. 145).

Zum Grundplan der Euarthropoden gehören vermutlich weiterhin die Pleurotergite, seitliche Falten zumindest an den extremitätentragenden Segmenten, die den Körperstamm lateral überdachen und eine «Arbeitskammer» für die Extremitäten schaffen.

c. Die Extremitäten werden gegliedert (Abb. 144), d.h. die Cuticula bildet an ihnen feste röhrenförmige Glieder, die durch weiche cuticularisierte Zonen verbunden und dadurch gegeneinander beweglich werden. Die Extremitäten primitiver Euarthropoden haben neben der Lokomotion wohl dem Nahrungstransport gedient. Median haben sie zwischeneinander eine Nahrungsrinne freigelassen, in der die Nahrung von hinten nach vorn zum Mund transportiert wurde. Ein Transport über den Mund hinaus wurde durch die Oberlippe (Labrum) verhindert.

d. Reduktion der Nephridien. Die Nephridien werden auf 1 oder 2 Paare im Vorderkörper beschränkt oder fehlen.

3. Etappe: Nach Aufspaltung der Euarthropoden in die Hauptzweige treten in mehreren Linien parallele Umbildungen auf, die für hö-

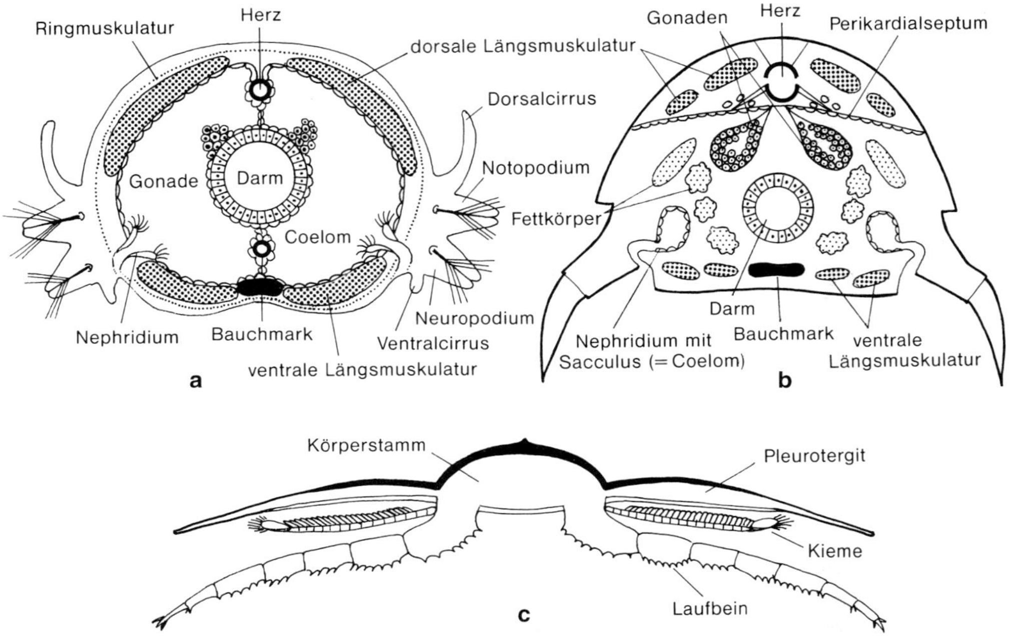

Abb. 141: Schematisierte Querschnitte durch Articulata. a. Polychaeta, b. Euarthropoda, c. Thoraxsegment eines Trilobiten. Beachte die Differenzierung des Panzers in einen dorsalen (sklerotisierten, kalkinkrustierten) und einen ventralen (weicheren) Anteil. Die Pleurotergite überdachen den Kiemenraum. Nach Lauterbach, Remane, Störmer

here Arthropoden charakteristisch sind, den Primitivformen aber meist fehlen.

a. Die Körpergliederung wird ungleichmäßig (heteronom). Bei primitiven Arthropoden sind die Segmente fast gleichgestaltet (homonom) mit Ausnahme der Kopfregion. Innerhalb der Arthropoden werden dann die Extremitäten des Vorderkörpers größer und mit ihnen die vorderen Segmente; die Extremitäten des Hinterkörpers werden kleiner und verschwinden schließlich völlig, so daß der Rumpf in einen gliedmaßentragenden Thorax und ein gliedmaßenloses Abdomen gesondert wird, die im Extremfall durch eine tiefe Einschnürung getrennt sind.

b. Von den 5 (oder 6) Paaren von Extremitäten, die dem Kopf angehören, wandeln sich die hinteren 3 zu Mundgliedmaßen um, die für die Nahrungsaufnahme umgestaltet sind. Bei Trilobiten gleichen diese Gliedmaßen (1 Paar Madibeln, 2 Paar Maxillen) noch weitgehend den Rumpfextremitäten, bei Antennata, Crustacea, Protarthropoden und z.T. Arachnida sind aber alle oder einige zu speziellen Mundgliedmaßen geworden.

c. Tracheensysteme (Abb. 150). Allen Hauptlinien der Arthropoden gelingt der Übergang zum Landleben und damit zur Luftatmung. Hierbei wird mehrfach unabhängig ein Tracheensystem ausgebildet. Die Tracheen entstehen durch Einstülpung von der Haut und bilden ein reichverzweigtes Luftkanalsystem, das die Luft bis in die einzelnen Gewebe leitet. Das Blut enthält meist keine Atmungspigmente und ist für den Sauerstofftransport von geringerer Bedeutung als bei Tiergruppen mit respiratorischen Blutfarbstoffen.

d. Malpighische Gefäße (Abb. 151). Mit der Reduktion der Nephridien und demgemäß dem Zurücktreten der Exkretion flüssiger Stoffe entstehen neue Exkretionsorgane mit wassersparender Exkretion. Es sind Blindschläuche des Darms, die an der Grenze Mitteldarm-Enddarm entstehen. Sie sind bei Antennaten und Cheliceraten sicher unabhängig entstanden und finden sich auch vereinzelt bei Crustaceen.

e. Superfizielle Furchung (Abb. 154). Wenn die Arthropoden in ihrem Ei Dotter anhäufen, so liegt dieser in der Mitte des Eies um den zentral bleibenden Kern (centrolecithales Ei).

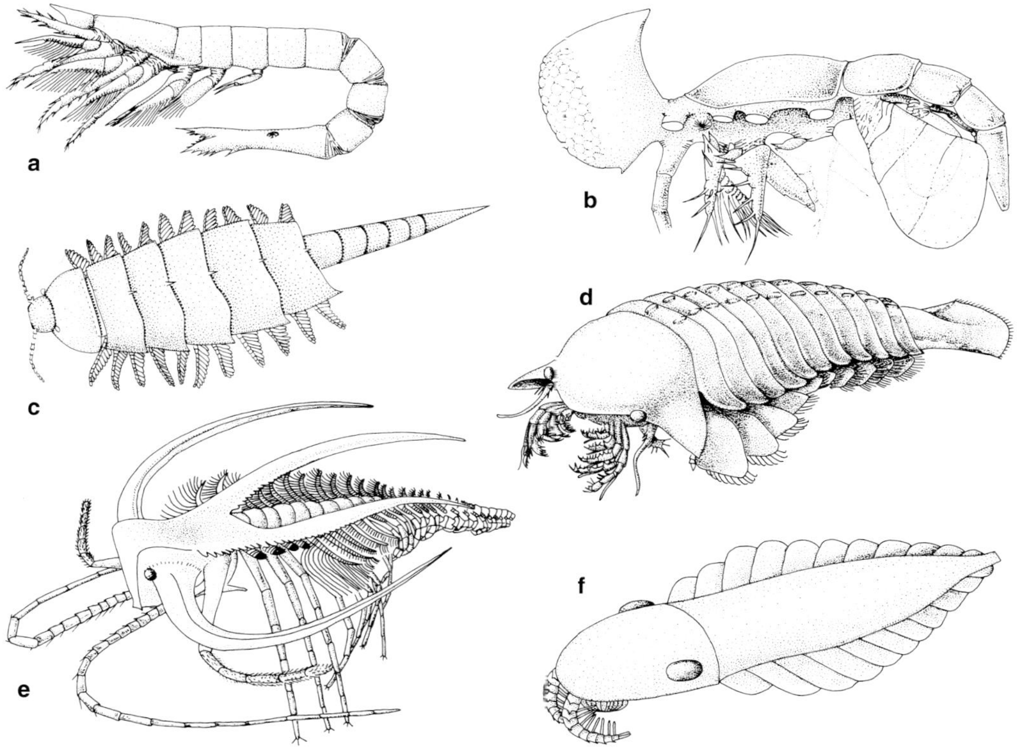

Abb. 142: Fossile Arthropoden aus dem Palaeozoikum, die sich nicht mit Sicherheit in das System der rezenten Formen einordnen lassen. a. *Martinssonia*, b. *Cambropachycope*, c. *Kottixerxes*, d. *Sanctacaris*, e. *Marrella*, f. *Anomalocaris*. Nach Briggs, Collins, Rolfe, Schram, Walossek, Whittington

Bei der Furchung entsteht zunächst eine größere Zahl Kerne, die ohne Zelltrennung in der Plasma-Dotter-Masse liegen. Die meisten Kerne wandern zur Peripherie des Eies, grenzen sich mit ihren Cytoplasmabezirken gegeneinander zu Zellen ab und liefern so eine äußere Schicht (Blastoderm). Aus dieser erfolgt die Weiterentwicklung durch Bildung eines ventralen Keimstreifs. Primitive Gruppen (besonders Krebse) und viele vivipare Arten furchen die Eier total.

Im Palaeozoikum hat es eine Fülle von Arthropoden gegeben, die bislang in das System der rezenten Formen nicht mit Sicherheit eingeordnet werden können. Funde aus dem Oberkambrium Schwedens erwiesen sich als besonders aufschlußreich. Durch einen feinen Überzug aus Phosphat sind hier sehr kleine Formen mit ihren Weichteilen detailreich erhalten geblieben. Die von diesen Fundstellen beschriebenen Gattungen *Martinssonia* (Abb. 142a) und *Cambropachycope* (Abb. 142b) werden der Stammlinie zugerechnet, die zu den Crustaceen führt.

Aus dem Ordovicium Schwedens wurden Formen beschrieben, die mit den rezenten Pentastomiden Ähnlichkeiten aufweisen. Sie besitzen allerdings (noch?) winzige Rumpfextremitäten.

Die Gruppe der Euthycarcinoidea ist aus dem Karbon bekannt und durch Antennen und eine wechselnde Zahl von Diplosomiten (Segmenten mit zwei Paar Extremitäten) gekennzeichnet. *Sottyxerxes* und *Kottixerxes* (Abb. 142 c) gehören hierher, sie wurden in Amerika und Europa gefunden und werden in die Stammlinie der Antennata gestellt.

Als ein Vertreter der Stammlinie der Chelicerata wird *Sanctacaris* (Abb. 142 d) angesehen; allerdings ist hier die Beweislage sehr problematisch.

Eine wichtige Fundstätte ist auch der «Burgess Shale» (Mittelkambrium) in Kanada. Von hier sind mehrere Arthropoden bekannt, die sich nicht in das System einordnen lassen.

Marrella splendens (Abb. 142 e) ist im Burgess Shale der häufigste Arthropode. Wegen seiner Kleinheit und seiner langen Fortsätze wird *Marrella* als Planktonorganismus interpretiert. Andere Autoren nehmen jedoch eine benthische Lebensweise an. Ähnliche Formen *(Mimetaster)* sind aus dem Devon bekannt und wurden im Hunsrück gefunden.

Anomalocaris nathorsti (Abb. 142 f) ist mit 20 cm Länge der größte Arthropode, der im Burgess Shale gefunden wurde. *Sidneyia inexpectans* war ein benthischer Räuber, der z. B. von Trilobiten lebte. Seine Körperlänge erreichte 14 cm. *Habelia optata* war eine kleine und seltene Form, die einen mit Warzen bedeckten Panzer besaß. Der Schwanzstachel hatte subterminal offenbar ein Gelenk.

Burgessia, Waptia und *Yohoia* sehen auf den ersten Blick wie Krebse aus, ihre Extremitäten zeigen jedoch Besonderheiten, die eine Einordnung in die Crustaceen verbieten.

Aysheaia hat eine gewisse Ähnlichkeit mit Onychophoren, jedoch liegt die Mundöffnung dieser marinen Form, die wohl auf Schwämmen gelebt hat, terminal. Ebenfalls in das Umfeld der Onychophoren wird die mitteleuropäische Gattung *Xenusion* aus dem Kambrium gerechnet.

Noch älter sind die frühkambrischen Chengjiang-Fossilien aus dem Süden Chinas. Auch bei ihnen dominieren, wie im Burgess Shale, die Arthropoden. Beide Fundorte hatten offenbar eine recht ähnliche Fauna.

Protarthropoda (Onychophora)

Mit Hautmuskelschlauch, weit getrennten, kaum gegliederten Bauchnerven, zahlreichen segmentalen Nephridienpaaren ohne Plattenskelet, Seitenaugen noch Blasenaugen, Muskulatur nicht quergestreift, rezent nur die Onychophora.

Die **Onychophora** (Abb. 143) umfassen etwa 110 Arten. Ursprüngliche Merkmale sind: die zahlreichen segmentalen Nephridienpaare, das Vorkommen von Wimperepithelien in Nephridien, Ovidukten und Samenleitern, der schichtenreiche Hautmuskelschlauch und wohl das Fehlen eines Plattenskelets an Rumpf und Extremitäten, die wenig gegliederte Stummelbeine darstellen. Unsicher ist, ob die fehlende Segmentierung der Längsmuskulatur und die geringfügige Gliederung der Bauchnerven primitiv sind. Sonderbildungen sind die Tracheen, die keinem der Tracheensysteme höherer Arthropoden homolog sind, die Mundgliedmaßen (Mundhaken und Oralpapillen), die unabhängig von den Mundgliedmaßen anderer Arthropoden entstanden sind, die paarigen Krallen der Füße, für die dasselbe gilt, ferner die Umformung einiger Nephridien in mächtige Speicheldrüsen und Analdrüsen sowie die Reduktion des Gefäßsystems. Die paarigen Augen ähneln in ihrem Bau den Blasenaugen mancher Anneliden.

Die Körperdecke weist eine dichte Querringelung auf, die sich auch auf Antennen und Beine erstreckt und nicht der Segmentierung entspricht. Die Epidermiszellen sezernieren eine dünne Cuticula, die Alpha-Chitin und Protein enthält. Diese wird alle 2–3 Wochen gehäutet. Die erste Häutung findet bei den lebendgebärenden Formen gleich nach der Geburt statt, auch geschlechtsreife Tiere häuten sich. Das Integument ist besonders reich an epidermalen Knospen aus Sinnes- und Stützzellen, denen Mechanoreception zugeschrieben wird. Unter der Epidermis liegt eine dicke Kollagenfaserlage, dann folgt die Muskulatur.

Der wurmförmige Körper ist kaum gegliedert, nur die Extremitäten verraten die Zahl der Segmente. Man unterscheidet 1 Paar Antennen, 2 Paar Mundgliedmaßen und je nach Art und Geschlecht 13–43 Beinpaare. Die geringelten Antennen sitzen praeoral (werden aber embryonal postoral angelegt) und sind dicht mit Sensillen besetzt. Das erste Mundgliedmaßenpaar (Kiefer, oft Mandibeln genannt) ist in einen Mundvorraum versenkt, der von mit Sensillen besetzten Platten umschlossen ist. Jeder Kiefer trägt zwei sichelförmige, gezähnte Chitinplatten, die nicht den Kauladen der Mandibeln der Crustaceen und Antennaten entsprechen, eher den Krallen der Füße. Die Homologisierung der Kiefer ist nicht ganz sicher, der Reihenfolge nach entsprächen sie den 2. Antennen. Das 2. Mundgliedmaßenpaar, die Oralpapillen, sind kurze Extremitäten ohne Krallen und nicht am Freßakt beteiligt; sie stehen neben dem Mundvorraum und tragen die Mündung der langen, z. T. verästelten Wehr-

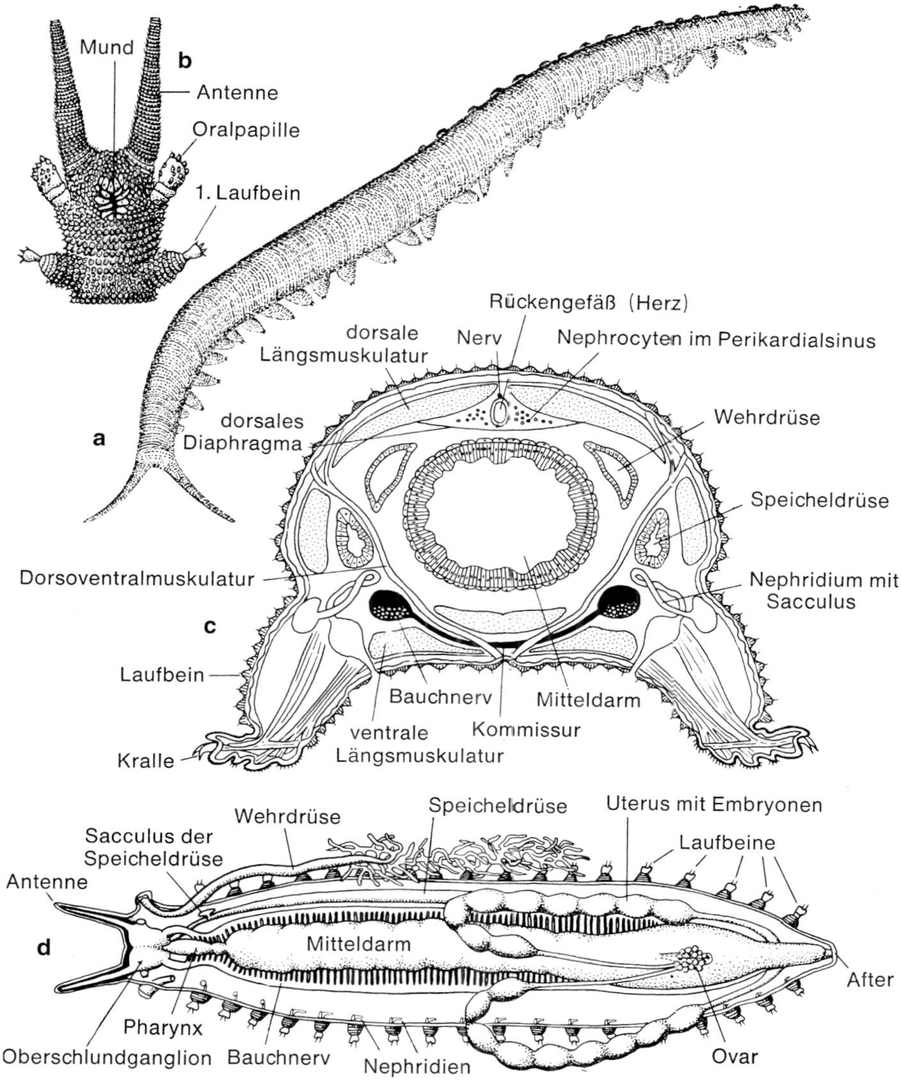

Abb. 143: a. *Macroperipatus*. b. Vorderansicht eines Onychophors von ventral, c. schematischer Querschnitt durch ein Onychophor, d. dorsal aufpräpariertes Onychophor. Nach Buchsbaum, Remane, Snodgrass

oder Schleimdrüsen (= umgewandelte Schenkeldrüsen), die ihr fädiges, klebriges Sekret bei Reizung bis 50 cm weit ausstoßen. Mit ihm werden kleine Arthropoden gefangen; es dient auch der Verteidigung. Die Oralpapillen werden vom Bauchmark innerviert, die sich anschließenden Stummelbeine bestehen aus einem konischen Basisteil (Bein) und einem schmaleren Endteil (Fuß), der zwei bewegbare Krallen trägt. Bei der Fortbewegung wird das erste Beinpaar fast unbewegt gehalten, das Kopfende und das letzte Beinpaar berühren meist die Unterlage nicht. Auch Rückwärtslaufen ist den Onychophoren möglich. An der Basis der Beine finden sich medial ausstülpbare Coxalbläschen. Oft münden an ihnen ventral Schenkeldrüsen (Cruraldrüsen). Diese treten vor allem bei den Männchen auf, im hinteren

Körperbereich sind sie im allgemeinen besonders stark entwickelt.

Im Nervensystem sind die weit getrennten, kaum gegliederten Bauchstränge auffallend, sie sind durch zahlreiche Querkommissuren verbunden, meist 9–10 im Segment. Ein Eingeweidenervensystem zieht vom Gehirn zur Oberlippenregion und dann rückbiegend am Darm entlang; auch ein unpaarer Herznerv ist vorhanden.

Die Seitenaugen liegen an der Antennenbasis. Die Hinterwand der geschlossenen Augenblase bildet die hohe Retina. Die Sinneszellen tragen apikal je eine Cilie mit Mikrovilli. Vor der Retina liegt ein von ihr sezernierter Glaskörper (Linse). Über die vorgewölbten Augen ziehen Epidermis und dünne Cuticula.

Organe unbekannter Funktion sind die Ventralorgane, die in segmentalen Paaren im Anschluß an die Bildung der Bauchstränge aus dem Ectoderm entstehen. Sie werden zu eingestülpten Säckchen der Bauchfläche, deren Hohlraum aber später zu einer unpaaren ventralen Mulde verflacht. Die Ventralorgane der beiden Mundgliedmaßen werden in den Mundvorraum einbezogen, die des Gehirns werden zu geschlossenen Bläschen unter dem Gehirn (Infracerebralorgane). Sie sind wohl den Ventralorganen der Diplopoden und anderer Arthropoden homolog.

Die zahlreichen Tracheenöffnungen sind unregelmäßig über den Körper verteilt, im allgemeinen findet man dorsal mehr als ventral. Pro Segment hat man bis 75 Stigmen gezählt. Die äußeren Öffnungen führen in Tracheentaschen, die Einstülpungen der Epidermis darstellen, welche bis in die äußeren Muskelschichten reichen. Erst vom Boden dieser Taschen gehen die zahlreichen, äußerst dünnen Tracheen ab. Da die Stigmen nicht verschließbar sind, ist der Wasserverlust der Onychophoren bei relativ niedriger Luftfeuchte groß.

Der Darmkanal durchzieht den Körper geradlinig, er liegt frei in der Leibeshöhle, wird also nicht durch Mesenterien gehalten. In die Mundhöhle münden Speicheldrüsen. Sie reichen bis an das Hinterende des Tieres.

Die Leibeshöhle (Mixocoel) ist umfangreich, der Pericardialsinus durch ein horizontales Pericardialseptum abgegrenzt, die übrige Leibeshöhle wird durch Transversalmuskeln in eine Mittelkammer mit Darm, Gonaden und Gonadengängen, Schleim- und Analdrüsen sowie paarige Seitenkammern mit Bauchnerv, Metanephridien, Speicheldrüsen und Coxaldrüsen zerlegt. Den Organen liegen Bindegewebsschichten an. Nephrocyten liegen gruppenweise beiderseits des Herzens (Pericardialzellen) und an verschiedenen Muskeln.

Das Herz ist ein langgestrecktes Rückengefäß mit segmentalen Ostienpaaren, also ein typisches Arthropodenherz. Das Gefäßsystem ist reduziert. Die Herzwand besteht aus Ringmuskulatur, der außen und innen Bindegewebe aufliegt. Vom Pericardialseptum treten Muskelzellen an die Ventralseite des Herzens und bewirken bei Kontraktion die Diastole. Dorsal ist das Herz durch feine Bindegewebsstränge mit dem Hautmuskelschlauch verbunden. Dorsal liegt auch ein unpaarer Nervenstrang. Das Blut enthält verschiedene Haemocyten, im mm^3 etwa 1500 bis 3000, bei Weibchen wohl mehr als bei Männchen.

Die segmentalen Nephridien enthalten die typischen Abschnitte des Arthropodennephridiums. Die Nephridien der Oralpapillen sind zu mächtigen Speicheldrüsen geworden. Die Nephridien des 4. und 5. Beinpaares sind vergrößert, ihre Mündung ist auf die Basis der Fußsohle verlagert. Ein hinteres Nephridienpaar ist besonders stark vergrößert und bildet die Analdrüsen, die dem erwachsenen Weibchen fehlen. Sie münden meist paarig oder unpaar vor dem After, bei einzelnen Formen in den Endteil des Samenleiters, den Ductus ejaculatorius.

Die Gonaden liegen im Hinterkörper in typischer Lage ventral vom Pericardialseptum. Die Paarigkeit wird bei den Ovarien mancher Arten durch eine gemeinsame Hülle für beide Ovarien oder teilweise Verschmelzung undeutlich. In manchen Fällen weisen Ovarien sogar ein gemeinsames Lumen auf. Die umfangreichen Ovidukte verlaufen in einer großen Schlinge oft fast durch den ganzen Körper, dicht am Ovar bilden sie bisweilen einen Eiersack (Receptaculum ovorum) und oft eine Spermatasche (Receptaculum seminis). Der übrige umfangreiche Eileiter fungiert bei den lebendgebärenden Arten als Uterus, der die Embryonen in verschiedenen Entwicklungsstadien enthält. Die Ovidukte münden in einen unpaaren Endabschnitt (= Vagina). Die reichgewundenen Vasa efferentia ziehen direkt von den paarigen Hoden nach hinten und münden in ein unpaares Vas deferens, dessen Endteil einen oft langen muskulösen Ductus ejaculatorius bildet. Die unpaaren Genitalöffnungen liegen ventral vor dem Hinterende, je nach systematischer Zugehörigkeit in verschiedener Lage zu den letzten Beinpaaren (s. u.). Spermatophoren werden wahllos auf die Körperoberfläche des Weibchens geheftet, die Spermien gelangen durch die Haut in die Leibeshöhle und zu den Ovarien. Geradezu bizarre Übertragungsorgane von Sperma bzw. Spermatophoren wurden Ende der 80er Jahre von australischen Onychophoren bekannt. Die männlichen Onychophoren haben zwischen ihren Antennen eine Grube, die Sperma enthält (Gattung *Cephalofovea)* und vermutlich in eine entsprechende Grube auf dem Kopf des Weibchens entleert wird. Des weiteren wurden Kopfhaken und sogar Kopfspritzen bekannt. Ovipare Formen *(Ooperipatus, Symperipatus)* besitzen eine Legeröhre, ebenso die vivipare Art *Austroperipatus paradoxus.*

Die Entwicklung ist direkt, je nach Dottergehalt verlaufen die ersten Furchungsstadien unterschiedlich (total-adaequale bis superfizielle Furchung). Wichtige Hinweise für die Verwandtschaftsverhältnisse gibt die Entwicklung der Coelomsäcke im Kopfbereich, die wenigstens in drei Paaren auftreten: in Antennen-, Mandibular- und Oralpapillensegment. Auch praeantennale und praemandibulare Coelomsäckchen wurden nachgewiesen. Die Ernährung der intrauterinen Entwicklungsstadien kann über Sekrete oder eine Placenta erfolgen. Die Entwicklung dauert 6–13 Monate.

Die Onychophoren bewohnen die Südkontinente, Südamerika einschließlich der Antillen, Süd- und Mittelafrika, Australien, Neuguinea und Neuseeland sowie das Malayische Gebiet. Die nördlichsten Fundorte liegen in Mittelamerika *(Oroperipatus, Macroperipatus)* und am Himalaya *(Typhloperipatus).* Es handelt sich um nachtaktive, feuchtigkeitsliebende Tiere des Bodens (Laubstreu, unter Steinen, Holz und dgl.). Länge bis 20 cm.

1. Familie: Peripatidae. Geschlechtsöffnung zwischen dem vorletzten Beinpaar. Speicheldrüsen mit Reservoir. Beine mit Coxalbläschen. 19–43 Beinpaare. Es überwiegen Braunfärbungen, Zahl der Ringel pro Segment 14 (selten 22). *Mesoperipatus, Oroperipatus, Epiperipatus, Eoperipatus, Typhloperipatus, Peripatus.*

2. Familie: Peripatopsidae. Geschlechtsöffnung zwischen oder hinter dem letzten Beinpaar. Speicheldrüsen ohne Reservoir. Beine meist ohne Coxalbläschen. Bis 29 Beinpaare. Zahl der Ringel pro Segment 13–26. Färbung blauschwarz bis blau, grün oder orange. *Peripatopsis alba* aus Höhlen bei Kapstadt weiß. *Peripatoides, Ooperipatus, Opisthopatus, Paraperipatus, Peripatopsis, Metaperipatus, Cephalofovea.*

Euarthropoda

Mit Plattenskelet, echten Gliederfüßen (Arthropodien), Facettenaugen, meist klar gegliederter Bauchganglienkette, nur 1–2 Nephridienpaaren, quergestreifter Muskulatur. Segmente zu Gruppen (Tagmata) zusammengefaßt (z. B. Kopf. Thorax, Abdomen).

Körpergliederung. Der Kopfabschnitt ist bei primitiven Formen – wie etwa den Trilobiten – umfangreich und wird dorsal durch einen Kopfschild bedeckt, der oft noch die Grenzen der in ihn eingegangenen Rumpfsegmente erkennen läßt. An Vorder- und Seitenrändern schließt sich ventral eine Umschlagleiste an, die sich vorn median zu einem Vorsprung verlängert (Oberlippe, Labrum), der den Mund überdacht. In dem von diesem Kopfschild begrenzten Ventralfeld des Kopfes inserieren die Antennen und die übrigen Kopfgliedmaßen und entstehen die großen Sinnesorgane des Kopfes, die Seitenaugen, die Scheitelaugen und die seitlichen Frontalorgane. Sekundär wandern manche dieser Strukturen in den Kopfschild ein und werden von seiner festen Cuticula umschlossen. Bei Antennaten dehnt sich der Kopfschild ventral vorwärts hinter den Mundgliedmaßen bis zu einer gegenseitigen Berührung aus, so daß eine feste Kopfkapsel entsteht. So sicher die Beteiligung mehrerer Rumpfsegmente am Aufbau des Arthropodenkopfes ist, so schwer sind die Segmentzahlen und die Segmentgrenzen im einzelnen anzugeben (siehe folgende Tabelle, S. 238). Embryologische Untersuchungen ergaben mindestens 6 in den Kopf eingehende Metameren. Es sind dies: 1. das Praeantennalsegment, 2. das 1. Antennensegment, 3. das 2. Antennensegment (= Interkalarsegment), 4. das Mandibelsegment, 5. das 1. Maxillensegment, 6. das 2. Maxillensegment (= Labialsegment). Die Segmente sind also nach den Extremitäten benannt, die sie tragen. Nur das Praeantennalsegment ist vielleicht extremitä-

Segmente	Extremitäten				Gehirn-abschnitte
	Trilobita	Chelicerata	Custacea	Antennata	
Acron	–	–	–	–	* { Archicerebrum
1.	Labrum (?)	Labrum (?)	Labrum (?)	Labrum (?)	Prosocerebrum
2.	1. Antennen	–	1. Antennen (Antennulae)	Antennen	Deutocerebrum
3.	1. Gliedmaße	Cheliceren	2. Antennen	–	Tritocerebrum
4.	2. Gliedmaße	Pedipalpen	Mandibeln	Mandibeln	Unter-schlund-ganglion
5.	3. Gliedmaße	1. Beinpaar	1. Maxillen	1. Maxillen	
6.	?	2. Beinpaar	2. Maxillen	2. Maxillen = Unterlippe	

* Archi- und Prosocerebrum = Protocerebrum

tenlos; nach embryologischen Untersuchungen ist auch ein Verschmelzen ihrer Extremitätenanlagen zum Labrum möglich. Vor diesen in den Kopf eingehenden Segmenten liegt das Acron, das dem Prostomium der Anneliden entspricht. Die obige Tabelle zeigt diese Beziehungen genauer.

Mit dem Kopfabschnitt verwachsen in einzelnen Gruppen noch weitere Rumpfsegmente, bei den Arachnida sind es zwei; so entsteht das Prosoma mit seinen 6 Gliedmaßenpaaren. Bei Crustaceen bildet der Kopfschild eine den Rumpf überragende und bisweilen umhüllende Nackenfalte und verwächst mehrfach mit Rumpfsegmenten zu einem Cephalothorax, selbst bei den Antennata mit ihrem so scharf und eng abgegrenzten Kopfabschnitt kann der Kopf mit dem großen ersten Rumpfsegment (Pronotum) verwachsen (bei der Wanze *Idiocoris*).

Die Zahl der Rumpfsegmente hinter dem Kopf variert beträchtlich, sie erreicht ihre höchsten Werte bei Progoneaten und Chilopoden (ca. 200), ihre geringsten bei manchen Muschelkrebsen (Polycopidae: 3). Der gleichartige Bau der Rumpfsegmente, wie er für die Ausgangsform anzunehmen ist, ist wenigstens äußerlich annähernd bei Tausendfüßern und Trilobiten noch vorhanden. Lokomotionsorgane liegen bevorzugt im vorderen Rumpfbereich. Am deutlichsten ist dies bei den Insekten, wo die drei vorderen Rumpfsegmente mit ihren drei Beinpaaren den Thorax bilden. In ähnlicher Weise gliedern viele Spinnen ein sackförmiges Abdomen, das sogar seine Segmentgrenzen einbüßt, gegen das beintragende Prosoma ab.

Eine andere Regionenbildung kann vom Hinterkörper ausgehen, indem das aftertragende Endsegment mit einer Anzahl von Rumpfsegmenten zu einer Endplatte verschmilzt (z. B. bei Trilobiten und Isopoden).

Zur Verwischung der Metamerie kommt es bei den Milben mit ihrem sackförmigen Rumpf, nur die Extremitäten lassen mit ihren 6 Paaren die Metamerie noch erkennen.

Extremitäten. Als primitiv wird eine Extremität mit einer gegliederten Hauptachse sowie Innen- und Außenanhängen (Enditen, Exiten) angesehen (Abb. 144). Endite dienen meist als Kauladen oder stehen jedenfalls im Dienste der Nahrungsaufnahme. Dementsprechend sind auch sie meist auf die basalen Glieder und auf die Mundgliedmaßen beschränkt. Exite sind die Epipoditen vieler primitiver Arthropoden, die an den Basalgliedern der Beine entspringen und meist als Kiemen dienen; ein Außenanhang ist ferner der Exopodit der Krebse. Die Hauptachse der Extremitäten besteht ursprünglich wohl aus 9 Grundgliedern, deren Namen aus Abb. 144 zu ersehen sind. Die Gliederung unterliegt vielen Umformungen; die basalen Glieder (Prae- bzw. Subcoxa und Coxa) können mit dem Körper verwachsen, andere Glieder können reduziert werden, wieder andere sekundär in bewegliche Teilbezirke aufgegliedert werden; das betrifft besonders den Tarsus. Der Praetarsus kann zu Krallen umgeformt werden und Haftlappen entwickeln.

Die Umformungsfähigkeit der Rumpfbeine

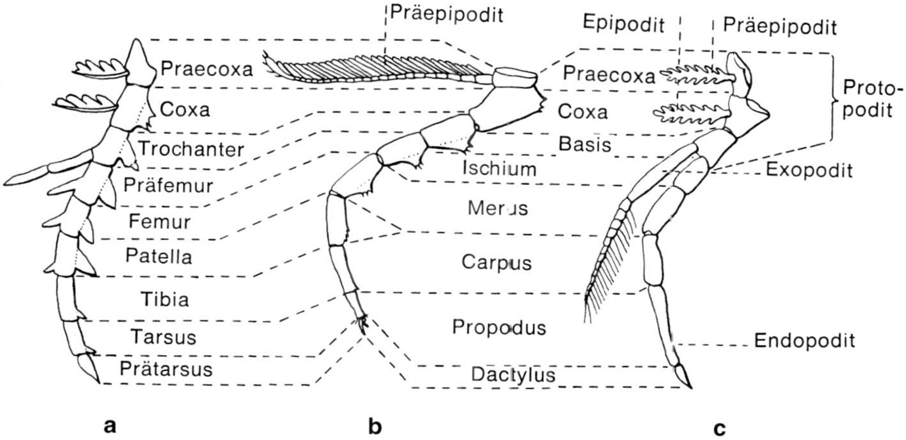

Abb. 144: Gliederung der Beine von Arthropoden. a. Hypothetische Ausgangsform; b. Bein der Trilobiten; c. Bein der Krebse. Nach Remane, Störmer

wird noch von der der Mundgliedmaßen übertroffen. Wie erwähnt, wird die Mithilfe bei der Nahrungsverarbeitung von Innenladen (Enditen) der Beinbasen übernommen. Diese entwickeln sich daher an den Mundwerkzeugen besonders stark, während die distalen Teile zu einem Taster werden und an den Mandibeln der Antennata völlig verschwinden. Die Mandibeln werden dadurch zu Kauplatten, die eine erhebliche Härte erreichen können (z.B. durch das Einlagern von Zink bei vielen phytophagen Insekten).

Bei den Spinnentieren mit ihrer weitgehend chemischen Nahrungszersetzung im Mundvorraum wird die wesentliche Funktion der Endite oft die Abgrenzung dieses Mundvorraumes, wobei ihr Beincharakter weitgehend erhalten bleibt; die den Mandibeln homologen Gliedmaßen sind hier oft, die 1. Maxillen meist Laufbeine.

Die besonderen biologischen Leistungen der Mundextremitäten der Arthropoden sind darin begründet, daß sie zu komplizierten Apparaten zusammentreten. Am wichtigsten sind die Saugrüssel, wie sie in verschiedener Form bei Krebsen (Copepoden, Ostracoden, Isopoden), Spinnentieren (Milben) und Insekten auftreten. Stechborsten, Saugröhre und oft auch Speichelgang liefern einen Apparat, der die Arthropoden zu Saugern an Pflanzen und Tieren werden läßt.

Körperdecke. Alle Euarthropoden tragen einen Chitinpanzer, der als Cuticula von der Epidermis gebildet wird (Abb. 145). Das Chitin ist ein stickstoffhaltiges Kohlenhydrat, ein Polyacetylglucosamin. Es ist nicht der einzige Baustoff der Cuticula. Die feine Außenschicht, die Epicuticula, besteht aus Eiweiß, z.T. mit Wachs- und Zementlage. Auch die Hauptschicht enthält zwischen den Chitinfibrillen netzartig eingebaute Proteine; weiterhin ist oft Kalk eingelagert (Krebse, Diplopoden). Die Hauptschicht ist in ihrem äußeren Teil (Exocuticula) besonders verfestigt, sie bildet auch die Panzerteile, während die Innenlage, die Endocuticula, weich bleibt.

Die Chitin-Cuticula ist von Poren durchsetzt und innerlich und äußerlich kompliziert strukturiert. Von den Cuticulagebilden sind besonders die Haare wichtig, die z.B. den Pelz der Hummeln und Bienen bilden. Sie werden von Einzelzellen aufgebaut, d.h. der Haarschaft wird von einer in der Haut liegenden Bildungszelle abgeschieden (trichogene Zelle), eine Geschwisterzelle umgibt sie bei den Insekten gürtelartig (Balgzelle, tormogene Zelle, Abb. 145). Durch eine weichhäutige Umrahmung werden die Haare passiv beweglich, ihre äußere Form wechselt von feinen Fiederhaaren bis zu den breiten Schuppen der Schmetterlinge.

Der Einschluß des Körpers in einen festen Panzer erfordert Vorrichtungen, die das Wachstum ermöglichen. Diese sind in den periodischen Häutungen gegeben, bei denen das gesamte Chitinskelet, einschließlich dem des Vorder- und Hinterdarms und der Tracheen, abge-

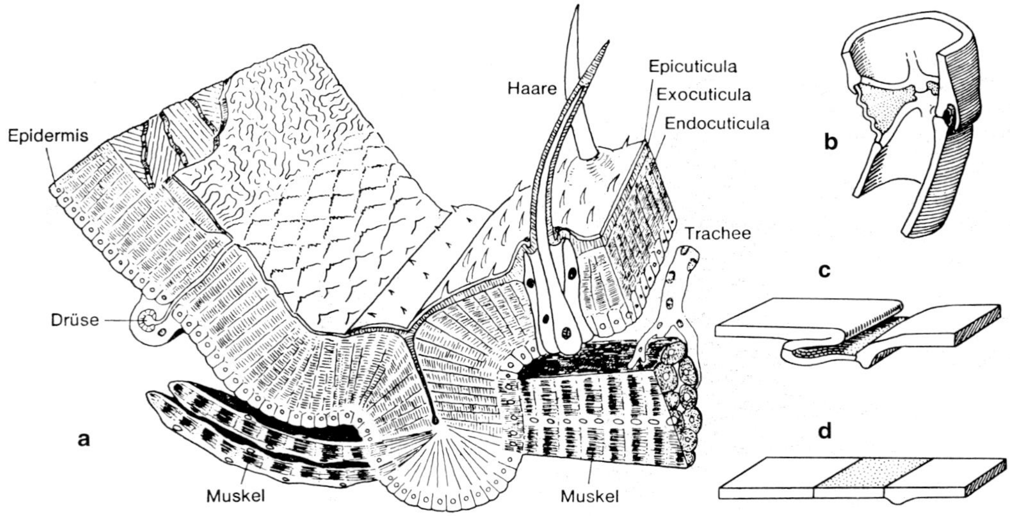

Abb. 145: Arthropoden-Panzer. a. Halbschematische Darstellung der Insektenhaut, b–d. Verbindung von Skleriten durch weiche Cuticulaanteile (gepunktet). Nach Weber

stoßen und erneuert wird. Ursprünglich war die Zahl der Häutungen groß (über 30), sie erstreckten sich über das ganze Leben. Vielfach wurde aber die Zahl auf unter 10 reduziert, und die Häutungen sistieren mit Erreichen des geschlechtsreifen Stadiums. Das gilt nicht nur für die geflügelten Insekten (excl. Ephemeriden), sondern auch für viele Spinnentiere (Araneae excl. Orthognatha, Pedipalpi, Chelonethi) und Krebse (Ciripedia, Ostracoda). Mit zunehmender Verstärkung des Panzers wird die Häutung ein komplizierter Vorgang, die alte Cuticula wird nicht einfach abgestoßen, wesentliche Teile werden von der Epidermis vorher durch Enzyme aufgelöst, in den Körper rückresorbiert und z.T. für die neue Cuticula verwendet. Das gilt auch für den Kalk des Krebspanzers. Das Zerplatzen der restlichen Chitinhaut wird durch Häutungsnähte, vorgebildete dünne Reißzonen, erleichtert. Die neue Cuticula wird unter der alten gebildet, sie ist zunächst weichhäutig, erst durch den Sklerotisierungsprozeß entstehen die festen Bezirke.

Die Häutungsvorgänge werden hormonal gesteuert. Bei höheren Krebsen wird im vor dem Gehirn gelegenen Y-Organ (Carapaxdrüse) das Häutungshormon Crustecdyson gebildet. Neurosekretorische Neurone des Medulla-terminalis-X-Organs (= X-Organ) im Augenstiel bilden ein häutungshemmendes Hormon (MIH). Häutung erfolgt, wenn die Abgabe von MIH eingestellt wird und das Y-Organ Crustecdyson freisetzt.

Bei Insekten bildet eine nach ihrer Lage Prothorakal- oder Ventraldrüse genannte endokrine Drüse das Häutungshormon Ecdyson. In den Corpora allata (Abb. 148) wird das Juvenilhormon Neotenin gebildet, das das larvale Wachstum fördert und die Metamorphose hemmt.

Sinnesorgane. Das Kopfgebiet trägt ursprünglich eine bestimmte Sinnesorgangarnitur: ein Paar Seitenaugen (Komplexaugen), ein Medianauge (Naupliusauge), zwei laterale Frontalorgane, zwei oder ein mediales Frontalorgan.

Die Frontalorgane sind «Sinnesdrüsenorgane» und oft tentakelähnlich ausgebildet, ihre Funktion ist wahrscheinlich chemoreceptorisch; sie sind bei niederen Krebsen und Antennata verbreitet, werden aber bei höheren Krebsen und Insekten zu endokrinen Organen.

Augen. Die Seitenaugen sind Facettenaugen, bei denen oft Tausende von röhrenförmigen Ommatidien zu einem strukturell und funktionell einheitlichen Sehorgan zusammengeschlossen sind (Abb. 146). Das Ommatidium besteht aus wenigen Sinneszellen (meist 8) und distal gelegenen Linsenbildungs- und Pigmentzellen. Die Sinneszellen (sog. Retinula-Zellen)

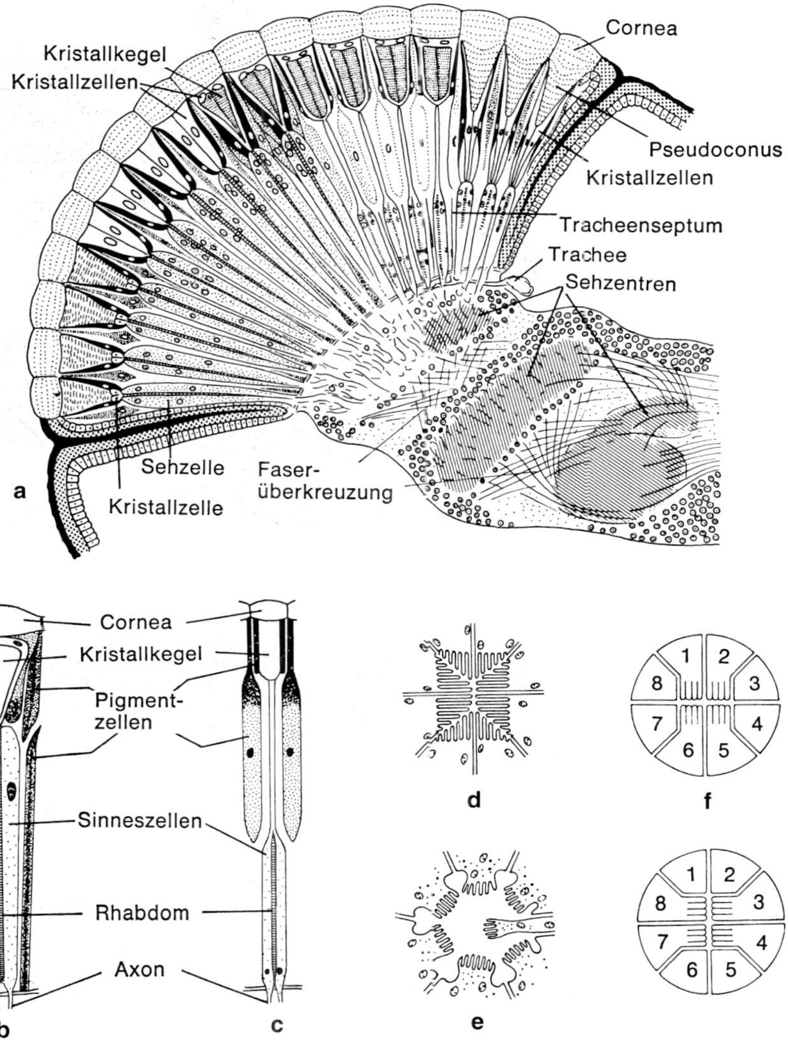

Abb. 146: Komplexauge. a. Kombiniertes Schema eines Schnittes durch ein Komplexauge und dazugehörige Sehzentren. Unter der Cornea liegt als weiterer Teil des dioptrischen Systems ein verschieden ausgebildeter Kristallkegel, der von Kristallzellen gebildet wird. Er kann außerhalb der Kristallzellen liegen (Pseudoconus, die linken vier und die rechten drei Ommatidien) und vollständig mit der Cornea verschmelzen. Der Kristallkegel kann auch innerhalb der Kristallzellen gebildet werden (Euconus), oder die Kristallzellen weisen keinerlei besondere Differenzierungen auf, der Kern liegt zentral (acones Auge). b, c. Rhabdom aus Appositions- und Superpositionsauge, d–f. elektronenmikroskopische Darstellungen von Rhabdomen im Querschnitt. d. geschlossenes, e. offenes Rhabdom von Insekten, f. Rhabdom von Krebsen, auf verschiedener Höhe geschnitten. Die Zahlen geben die Sinneszellen an. Nach Weber, Wolken

stehen kranzartig um einen zentralen Raum, in den ihre Mikrovillisäume (Rhabdomere) hineinragen. Diese bilden das Rhabdom. Als Linse fungiert zunächst eine transparente Verdickung der Cuticula, die Cornea. Die zu ihr gehörenden Hautzellen sind die Corneagenzellen, die oft als Hauptpigmentzellen die optische Isolierung der Ommatidien unterstützen. Krebse und Antennata entwickeln eine zweite innere Linse, den Kristallkegel. Er wird von meist 4 Zellen, den Kristallkegelzellen, gebildet, die eine lichtbrechende Substanz in ihrem Innern absondern (eucones Auge) oder diese zu einem außerhalb der Zellen gelegenen Kristallkegel abscheiden (pseudocones Auge). Im aconen Auge fehlt der Kristallkegel. Zwischen den Ommatidien bleiben oft säulenförmige Epidermiszellen stehen und fungieren als Pigmentzellen (Nebenpigmentzellen). Die Facettenaugen entstehen ganz aus dem Ectoderm, jedes Ommatidium aus einer Gruppe nebeneinanderliegender Zellen. Die Sinneszellen stehen mit den anschließenden Sehmassen des Gehirns in Verbindung.

Zu den besonderen Leistungen des Facettenauges gehört die Wahrnehmung polarisierten Lichtes. Die bildartige Auflösung der Umwelt hängt von der Zahl der Ommatidien ab. Selbst bei großer Zahl bleibt das Auflösungsvermögen des Auges weit hinter dem der Wirbeltiere zurück. Dafür ist, wenigstens bei den fliegenden Insekten, die Verarbeitung der Bilder in der Zeiteinheit viel größer. Mit ihren cuticularen Corneae sind die Facettenaugen fest in den Chitinpanzer eingebaut, d. h. sie sind unbeweglich. Auf zwei Wegen wird aber besonders bei Krebsen eine Bewegbarkeit der Augen erreicht:

1. Die Augen werden durch Emporwachsen der Umgebung auf Augenstiele gestellt, die dann bewegt werden können (Stielaugen der Malacostraca).
2. Die Augen werden ins Innere taschenförmig versenkt, wobei der so entstandene Augensack dünnwandig wird und die Corneae verschwinden (Phyllopoden, *Daphnia*). Auch bei Milben (Hydracarinen) werden die Augen nach Versenkung bewegbar, bei Springspinnen (Salticidae) durch Drehen des Innenteils.

Die Facettenaugen können einerseits durch Ausbildung verschieden funktionierender Regionen kompliziert, andererseits durch Auflösung in wenige Einzelommatidien reduziert werden (Asseln, Diplopoden u. a.). In lichtlosen Gebieten fehlen die Augen oft. Eigenartig ist eine Auflösung der Facettenaugen in 2–8 Einzelaugen, deren jedes aus zahlreichen Retinula-Zellen bzw. Rhabdomen besteht, die aber von einer gemeinsamen großen Cuticulalinse überdacht werden. Das geschieht bei den Spinnentieren (hier besitzt nur *Limulus* Facettenaugen) und bei dem Amphipoden *Ampelisca*.

Die Medianaugen bleiben meist klein und tragen eine einheitliche Linse verschiedener Herkunft. Ursprünglich liegen wohl 4 Medianaugen eng zusammen am Scheitel, meist sind es 2 oder 3, oft fehlen sie. Bei Krebsen sind sie oft als Naupliusauge auf die Larvalstadien beschränkt, bei Spinnen können sie als Hauptaugen besonders groß werden (Springspinnen) und ebenso wie bei Copepoden die einzigen Augen sein (Opiliones). Unter den Insekten sind sie bei den fliegenden Arten gut ausgebildet.

Als Stemmata bezeichnet man einfache Augen, die bei den Larven holometaboler Insekten an Stelle der später entstehenden Facettenaugen stehen, sie können bisweilen neben diesen bei der Imago vorhanden sein.

Trotz der zahlreichen und oft komplizierten Bewegungstypen sind Statocysten bei Arthropoden selten, sie kommen fast nur bei höheren Krebsen (Malacostraca) vor und auch da nur bei einem Teil der Arten. Bei den Decapoden und einigen Syncarida liegen sie als Einstülpungen in der Basis der 1. Antenne, als Statolith fungiert ein aufgenommenes Sandkorn, das nach jeder Häutung erneuert wird; bei pelagischen Formen kann an seine Stelle eine abgeschiedene Chitinkugel treten. Im Kopf selbst können Statocysten bei Amphipoden liegen, im Endsegment des Rumpfes bei manchen Asseln (Anthuridae). Schließlich tragen die Mysideen Statocysten im Innenast des letzten Beinpaares (Uropoden), der Statolith besteht aus Calciumfluorid.

Die übrigen Sinnesorgane entwickeln sich innerhalb der Arthropoden aus einfachen Hautsinnesorganen, den sog. Sensillen. Die Mehrzahl derselben ist vom Chitinhaar abzuleiten, und das Hinzutreten einer Sinneszelle läßt dieses zum Sinneshaar werden (Abb. 147). Durch Umgestaltung des Haares entsteht eine Fülle von Sonderformen. Schlauchförmig und dünnwandig ist das Sinneshaar bei den Riechschläuchen (Aesthetasken) der Krebse, kegelförmig oder plattenartig bei vielen Sensillen der Insekten. Das abgewandelte Sinneshaar ist in manchen Fällen sogar ins Innere versenkt (Abb. 147 i).

Chemoreceptorische Sensillen besitzen eine besonders dünne oder von Poren durchbrochene Cuticula (Abb. 147 g), unter der die Cilien der Sinneszellen liegen. Sie treten bei Arachniden und Antennaten in ähnlicher Form auf.

Bei den Mechanoreceptoren dieser Gruppen treten in der Spitze der Cilie der Sinneszellen i. a. zahlreiche Mikrotubuli auf (Tubularkör-

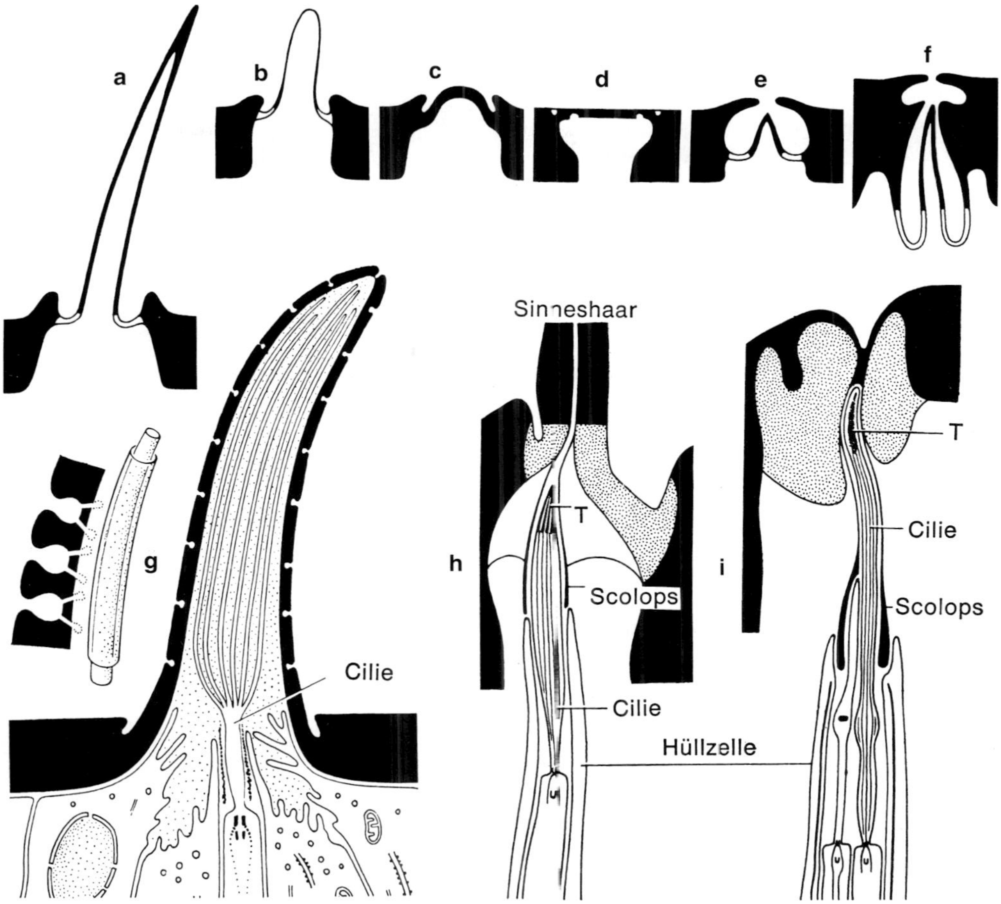

Abb. 147: Sensillen von Insekten. a–f. Schematische Darstellung der Cuticulaanteile verschiedener Sensillen. a. Sensillum trichodeum, b. S. basiconicum, c. S. campaniformium, d. S placodeum, e. S. coeloconium, f. S. ampullaceum. g. Riechensillum: In Einzelelemente aufgefächerte Cilie einer Receptorzelle liegt unter einer von Poren durchbrochenen Cuticula (links vergrößerter Ausschnitt). h. Mechanoreceptor: Mit einem beweglichen Sinneshaar steht eine Receptorcilie über einen cuticularen Zylinder (Scolops) in Verbindung. T: Tubularkörper (Ansammlung von Mikrotubuli). i. Ausschnitt aus einem Scolopidium: Sinnescilien stehen mit Scolops und Cuticula in Verbindung. T: Tubularkörper. Nach Ernst, Schmidt, Seifert, Thurm

per), denen eine Funktion bei der Reiztransformation zukommen soll. Setzen diese Cilien an besonders leicht beweglichen Haaren an, spricht man von Trichobothrien. Sie kommen beispielsweise bei vielen Arachniden, Diplopoden, Pauropoden, Symphylen und Insekten vor. Bei Arachniden sind Sensillen verbreitet, die sowohl als Chemo- als auch als Mechanoreceptoren fungieren.

Eine Modifikation der Sinneshaare sind auch die Stiftsinnesorgane (Scolopidien), die fast ganz auf die Antennata beschränkt sind (unter den Krebsen bei *Caprella*). Die Sinneszellen stehen hier in Verbindung mit versenkten Epidermiszellen (Abb. 147 i). Im Endgebiet der Sinneszellen liegt ein cuticularer Stift (Scolops). Die Stiftsinnesorgane liegen oft serial in Rumpf, Extremitäten und Fühlergliedern, häufig als saitenartige Chordotonalorgane. Druck, Zug und Vibration sind wohl primär die adaequaten Reize. Sie übermitteln oft die Dehnung bzw. die Stellung von Körperteilen, d.h. sie sind proprioceptiv tätig. Aus dem Bereich der Stiftsensillen entwickeln sich die Gehörorgane

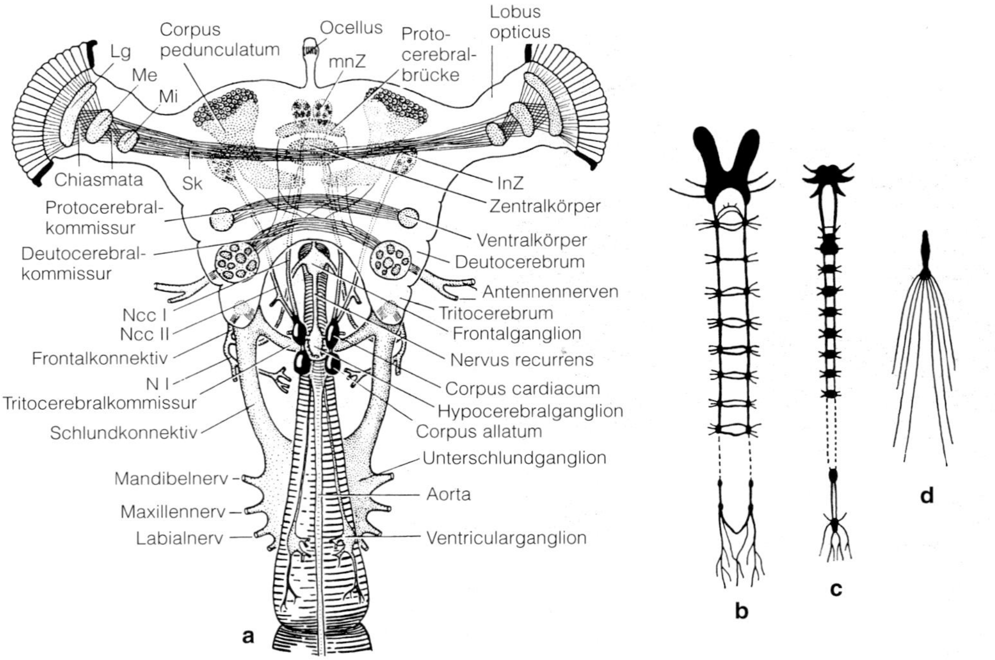

Abb. 148: a. Gehirn eines Insekts. Lg: Lamina ganglionaris, Me: Medulla externa, Mi: Medulla interna (Sehzentren), Ncc I und II: Nervus corporis cardiaci I et II, NI: Labralnerv, mnZ, lnZ: mediane und laterale neurosekretorische Zellen des Protocerebrums, Sk: Sehkommissur. b–c. Schematische Darstellung verschieden stark konzentrierter Nervensysteme von Arthropoden: b. Notostraca, c. Euphausiacea, d. Diptera (Larve). Nach Beklemishev, Seifert, Weber

der Insekten, die entsprechend der weiten Verteilung der Stiftsensillen an ganz verschiedenen Körperstellen entstehen, selbst innerhalb einer Ordnung, bei Lepidoptera z. B. an Thorax oder Abdomen, bei Orthoptera in den Tibien der Vorderbeine oder am Abdomen. In ihrer Konstruktion sind sie einfacher als die der Wirbeltiere. Ein Trommelfell entsteht an der Körperoberfläche durch umgrenzte Verdünnung der Cuticula. Von innen legt sich dem Trommelfell eine Luftkammer der Tracheen an, so daß das Trommelfell zwischen zwei Lufträumen schwingt. Diese Schwingungen werden direkt von Stiftsinneszellen abgenommen, die reihenartig angeordnet an das Trommelfell herantreten (Crista acustica). Trommelfellähnliche Gebilde treten auch an den Beinen der Krabben (Landkrabben) auf.

Ein anderes Komplexorgan, aufgebaut aus Stiftsensillen, ist das Johnstonsche Organ, das bei Thysanuren und pterygoten Insekten im 2. Fühlerglied der 1. Antenne liegt und Bewegungen der peripheren Antenne registriert. Es kann zur Reception von Strömungen, Erschütterungen *(Gyrinus)* und Schallwellen dienen. Schallwellen können auch durch Sinneshaare recipiert werden. Schließlich können Hautsinnesorgane einfach an spezialisierten Cuticulastellen entstehen. Hierher gehören die bei Spinnentieren verbreiteten mechanoreceptiven Spaltsinnesorgane, die bei einem Tier in mehreren Tausend ausgebildet sein können; stehen sie in Gruppen zusammen, nennt man sie lyriforme Organe.

Nervensystem. Die Charakteristika des Nervensystems der Arthropoden wurden bereits erwähnt: Komplexgehirn aus dem ursprünglichen Gehirn des Kopflappens und angegliederten Rumpfganglien und ventrale Bauchganglienkette. Im Gehirn (Abb. 148) nimmt das Protocerebrum als Sinnes- und Assoziationsgebiet eine hervorragende Stellung ein. Mit den Facettenaugen ist es durch die Lobi optici verbunden, die bis zu 3 Sehmassen enthalten, in seiner Vorderwand liegen paarige Glomerulimassen, die pilzförmigen Körper (Corpora pedunculata), die bei Arten mit hohen Instinkt- und Assoziationsleistungen stark entwickelt sind, aber auch fehlen können. Medial liegen noch Brücke und Zentralkörper. Das Deutocerebrum innerviert die ersten, das Tritocerebrum die zweiten Antennen.

Die Bauchganglienkette ist nur selten in der ursprünglichen Form ausgeprägt (Abb. 148 b, c); meist verschmelzen die Ganglien weitgehend. Das geschieht z.B. bei der Bildung des Unterschlundganglions, aber auch im Abdomen. Selbst bei erhaltener äußerer Gliederung besteht hier die Tendenz, die Bauchganglien in den Vorderkörper zu verlagern und hier einheitliche Ganglienmassen aus den Einzelganglien zu bilden (Abb. 148 d). Diese Tendenz ist bei Spinnentieren besonders stark ausgeprägt. Schließlich können Gehirn und Bauchganglien zu einer vom Vorderdarm durchbohrten Ganglienmasse verschmelzen (Milben, annähernd Fliegenlarven). Von den Bauchganglien ziehen seitlich die Nerven (ursprünglich 3 jederseits) zu Extremitäten, Muskeln und Organen.

Wie viele andere Tiergruppen besitzen die Arthropoden auch ein viscerales Nervensystem. Ihm gehört das stomatogastrische Nervensystem mit mehreren Ganglien an. Diese entstehen aus dem Ectoderm des Vorderdarms (Frontalganglion, Hypocerebral- oder Occipitalganglion, Ventricularganglion). Die Frontalganglien stehen mit dem Tritocerebrum in Verbindung, sie werden bei den Spinnentieren als Stomodaealbrücke zunehmend dem Gehirn einverleibt. Verbindungen mit dem Protocerebrum bestehen gleichfalls.

Schallerzeugung ist bei Arthropoden weit verbreitet, nicht nur bei Insekten, auch bei Krebsen (z.B. Pistolenkrebs *Alpheus*), Skorpionen und Spinnen. Sie dient meist dem Zusammenfinden der Geschlechter bzw. Artgenossen, oft aber auch als Schrecklaut. Der Bau der schallerzeugenden Organe ist verschieden.

Am häufigsten sind Schrill- und Stridulationsorgane, cuticulare Bildungen, bei denen eine geriefte oder gezähnte Region (Pars stridens) und eine scharfe Kante (Plectrum) gegeneinander bewegt werden. Solche Organe sind z.B. von Skorpionen, Spinnen und unter den Insekten besonders von Orthoptera, Hemiptera und Coleoptera bekannt. Ihre Lage und Betätigung sind selbst innerhalb einer dieser Gruppen ganz verschieden. Bald werden die Flügel gegeneinander bewegt (Heuschrecken, Grillen), bald Abdominalsegmente (Käfer, z.B. *Geotrupes*), bald Beine am Flügel, bald der Rüssel an der Brust oder die Vorderbeine am Kopf (Hemiptera) usw.

Einen Höhepunkt der Entwicklung dürfte die Maulwurfsgrille *Gryllotalpa* (Abb. 232 d) erreicht haben: Sie produziert einen sehr reinen 3,5-kHz-Ton, dessen Intensität beachtlich ist; man hört den Gesang 600 m weit. Die bodenbewohnende *Gryllotalpa vineae* gräbt einen speziellen Gesangsausgang – etwa nach Art eines Grammophontrichters –, wodurch die Abstrahlung der Hauptfrequenz optimiert und die hohe Reichweite ermöglicht wird.

Atemorgane. a. Kiemen. Die Arthropoden sind primär Meerestiere. Wir finden daher bei ihnen zunächst Kiemen, sofern nicht geringe Körpergröße die Ausbildung spezieller Atemorgane überflüssig macht. Die primären Kiemen der Arthropoden sind Außenanhänge (Epipoditen) der Basalglieder der Beine (Subcoxa und Coxa) und dienen des weiteren der Exkretion und Osmoregulation. Sie treten als Platten, Fadenbüschel oder Fiederkiemen auf oder sitzen als dichte Lamellengarnitur dem Epipodit an. Meist werden die Epipodit-Kiemen auf bestimmte Regionen beschränkt, bei *Limulus* auf die Abdominalbeine, bei höheren Krebsen auf Thorakalbeine. Hier werden sie oft durch überragende, versteifte Seitenfortsätze des Carapax so umhüllt, daß eine Kiemenhöhle entsteht, die nur durch einen Spalt an den Beinbasen mit dem freien Wasser kommuniziert; in diesem Spalt kann eine Inspirations- und Exspirationsöffnung differenziert sein.

Die Entwicklung einer solchen Kiemenhöhle erfordert die Ausbildung von Ventilatoren, die von den Epipoditen der Maxillarfüße (Peracarida) oder von Exopoditen der 2. Maxille und der Maxillarfüße (Decapoda) gebildet werden.

Nicht selten treten bei Krebsen sekundäre Kiemen an verschiedenen Stellen auf, oft nach Rückbildung der primären oder auch gleichzeitig mit ihnen. So werden die Abdominalbeine (Pleopoden) oder Teile von ihnen (Exopodit, Endopodit) Respirationsorgane und können von einem umgebildeten Beinpaar als Kiemendeckel überdacht werden (Isopoden). Bei Mysideen wird die Innenwand der Kiemenhöhle das Hauptrespirationsorgan.

b. Lungen, Tracheen. Landlebende Arthropoden, die zur Luftatmung übergegangen sind, finden wir in geringem Maße unter Krebsen;

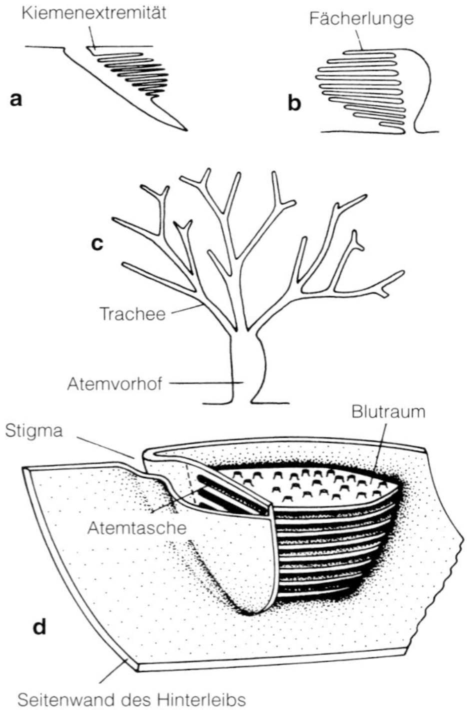

Abb. 149: a–c: Umbildung einer Kiemenextremität (a) in eine Fächerlunge (Fächertrachee) (b) und dieser in Tracheen (c). d. Blockdiagrammatische Darstellung eines Teiles einer Fächerlunge. Nach Remane, Siewing

Spinnentiere und Antennata sind dagegen überwiegend Landtiere. Die Ausbildung der Luftatmungsorgane ist verschiedene Wege gegangen. Morphologisch am interessantesten sind die Kiemenlungen der Spinnentiere (Fächerlungen, Abb. 149 d), weil hier die Kiemen direkt in Luftatmungsorgane umgebildet wurden. Die plattenartigen Abdominalbeine mit den Kiemenlamellen am Epipodit, wie sie noch *Limulus* besitzt, werden so in den Körper eingezogen, daß das Bein als Teil der Ventralfläche zum Deckel wird. Nur durch einen Spalt (Stigma) steht der eingestülpte Atmungsraum mit der Außenwelt in Verbindung; die Kiemenlamellen bleiben bestehen, zwischen ihnen zirkuliert die Luft, und diese Zwischenräume ragen als Luftschächte nach innen. Die Skorpione tragen noch 4 Paar solcher Fächerlungen, die Pedipalpi 2 Paar, die Araneae oft noch 2 oder 1 Paar.

Dicht neben den Kiemen entwickeln sich meist bei Krebsen die Luftatmungsorgane. Bei Landkrabben und -einsiedlerkrebsen wird ebenso wie bei den Schnecken die Kiemenhöhle zur Lunge, indem die Kiemen reduziert und das Wandepithel respiratorisch tätig wird. Bei Landasseln entstehen an den erst als Kiemen dienenden Abdominalbeinen durch Einstülpung Luftsäcke, die sog. weißen Körper. Sie liegen in Exopoditen und fungieren als Lungen, ihre Zahl beträgt 2 oder 5 Paare.

Das charakteristische Atmungsorgan der Landarthropoden sind die Tracheen (Abb. 150). Es sind oft segmentale Hauteinstülpungen, die sich weit im Körper verzweigen und so den Sauerstoff bis in die einzelnen Organe führen. Man könnte die Tracheen ein «Aerovaskularsystem» nennen. Die Versteifung der Luftröhren erfolgt durch schraubige oder ringförmige Verdickungen der Cuticula (Intima) der Wandzellen. An den feinsten Verzweigungen sitzen sternförmige Zellen, in die sich die Endgebiete der Luftkanäle einstülpen. Diese enthalten bei ruhenden, d.h. wenig O_2 benötigenden Organen, Flüssigkeit.

Die Tracheenöffnungen (Stigmen) sind oft versenkt und erhalten so Vorhöfe mit Reusen und komplizierten Verschlußapparaten. Bei niederen Formen bleiben die Versorgungsareale der einzelnen Tracheen getrennt, bei höheren treten sie durch Längs- und Queranastomosen in Verbindung, so daß ein lufterfülltes Kanalsystem entsteht. Diese Stufe erreichen unter den Spinnentieren die Solifugae, unter den Insekten die Pterygoten. Bei ihnen können große Luftsäcke den Tracheenstämmen ansitzen. Bei den Spinnentieren z.B. können sie durch Auswachsen des Lungenvorraumes (viele Araneae), aber auch aus Hauteinstülpungen an Muskelansätzen entstehen, bei den Antennata können sie sich in unpaarer Reihe vom Rücken her in den Pericardialsinus einstülpen (Chilopoda, Notostigmophora), vom Kopf ausgehen (Symphyla) oder als ursprünglich paarige segmentale Organe seitlich in den meisten Rumpfsegmenten entspringen. Die Zahl der Stigmen wird jedoch vielfach reduziert, besonders nach Herstellung eines kontinuierlichen Luftkanalsystems. Daß gerade Tracheen mehrfach unabhängig entstehen, hängt sicher mit der geringen Leistung des Blutes beim O_2-Transport zusammen, nur ausnahmsweise sind respiratorische Farbstoffe vorhanden; so übernimmt das

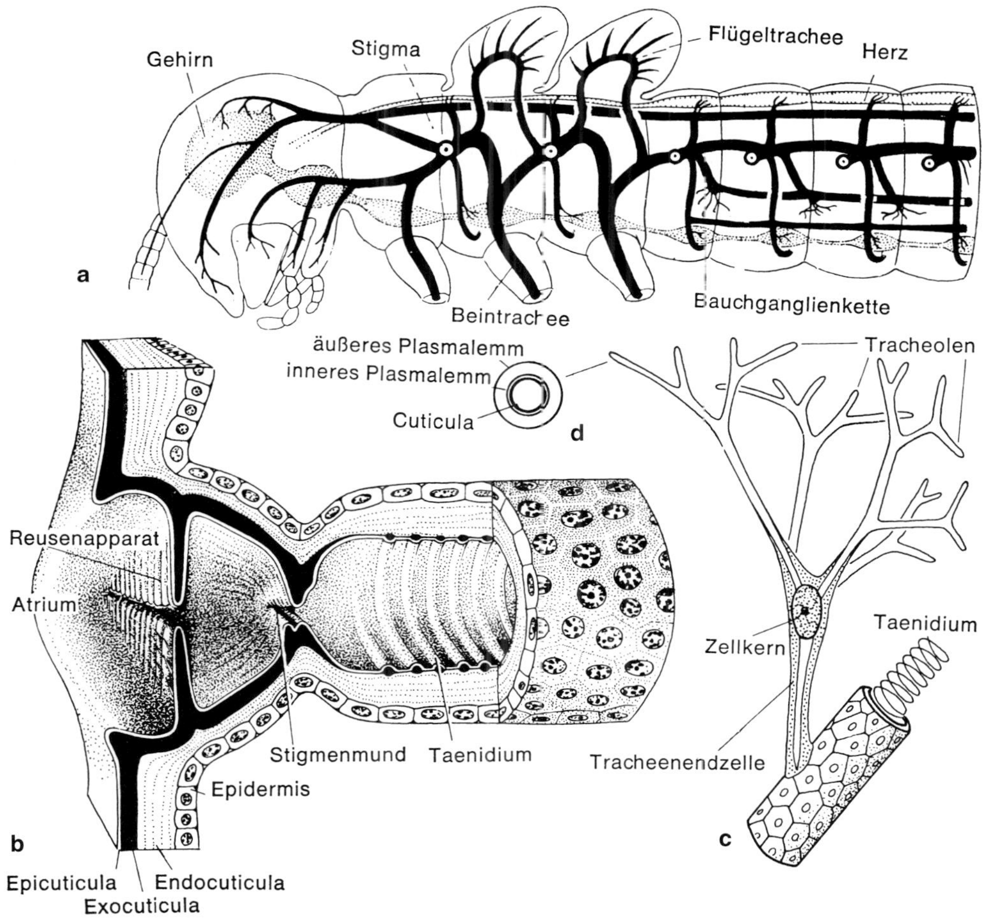

Abb. 150: Tracheen. a. Verlauf der Tracheenhauptstämme in einem pterygoten Insekt. b. Blockdiagrammatische Darstellung eines Stigmas von Insekten. c. Feiner Tracheenzweig (der noch von einem Taenidium ausgekleidet wird) und Tracheenendzelle mit Tracheolen, die bis in ihre Verzweigungen reichen. Daneben (d) ein Schnitt durch eine solche Verzweigung bei stärkerer Vergrößerung. Nach Seifert, Weber

Atemorgan selbst die O_2-Zuleitung zu den Geweben.

Arthropoden haben in großer Zahl sekundär das Wasser wieder besiedelt, fast ausschließlich das Süßwasser (Wassermilben, *Argyroneta* unter den Spinnentieren, Wasserkäfer, Wasserwanzen, viele Insektenlarven). Unter diesen sekundären Wassertieren treffen wir alle Übergangsstadien von reiner Luftatmung bis zu Wasseratmung mit Blutkiemen. Periodisches Luftholen an der Wasseroberfläche vollziehen viele Insekten und Insektenlarven. Oft wird dabei eine am Körper haftende Luftschicht unter Wasser mitgenommen, die nicht nur als Luftvorrat, sondern auch als physikalische Kieme dient, d.h. die Luftblase kann O_2 aus dem umgebenden Wasser aufnehmen. Dies führt zu den Plastronatmern, die durch feinen Haarbesatz dauernd einen Luftüberzug tragen, der allein den Gasaustausch aus dem Wasser besorgt, ohne daß er durch Aufsteigen zur Wasseroberfläche erneuert wird (Wasserwanzen: *Aphelocheirus*, Wasserkäfer: Dryopidae). Ähnlich atmen die Wassermilben, die noch ein Tracheensystem besitzen, bei ihnen diffundiert O_2 aus dem Wasser in das Tracheensystem.

Nun wird ein besonderes Organ vieler aquatiler Insektenlarven, die Tracheenkieme, ver-

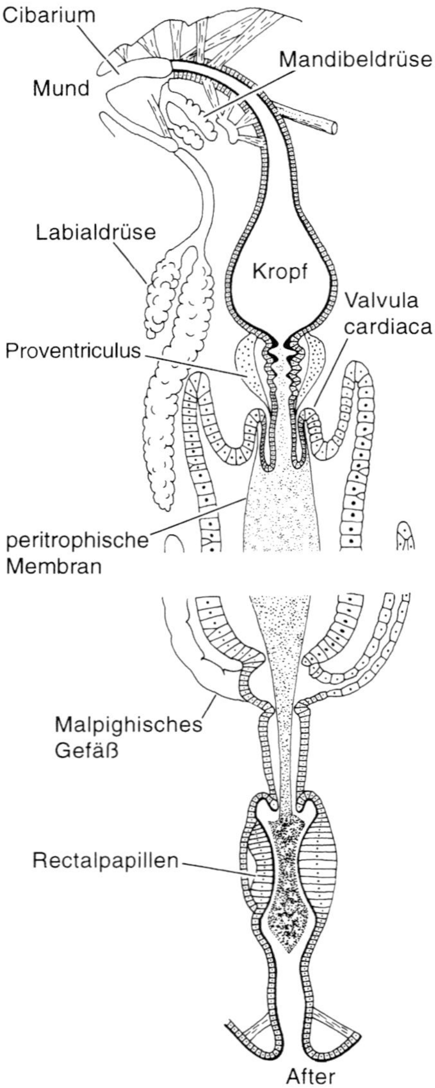

Abb. 151: Darmkanal eines Insekts. Nach Weber

ständlich; es sind kiemenähnliche Hautausstülpungen, in denen sich Tracheen verästeln, ohne nach außen zu münden. Auch hier erfolgt der Gasaustausch zwischen Wasser und Tracheensystem, und zwar durch die Haut hindurch. Tracheenkiemen entstehen an ganz verschiedenen Regionen. Interessant ist, daß sie bei Ephemerida, manchen Plecoptera und Odonata den Basen der Abdominalbeine ansitzen, also ganz wie Epipodite aussehen. Bei Odonata können Tracheenkiemen von der Enddarmwand gebildet werden, wie ja überhaupt der Enddarm bei vielen wasserlebenden Arthropoden durch Wasserventilation als Atmungsorgan fungieren kann. Am Thorax tragen Plecopterenlarven Tracheenkiemen. Schließlich atmen viele Insektenlarven durch neu entstandene Blutkiemen, z. B. Trichopteren, Dipterenlarven u. a. (Abb. 258). Erwähnt sei noch, daß CO_2 oft direkt durch das Integument abgegeben wird, nicht nur über die Tracheen.

Darmkanal. Wie bei allen höheren Tieren durchzieht der Darm der Arthropoden den Körper (Abb. 151). Bei extremen Parasiten, z. B. Krebsen (Rhizocephala, Monstrillidae) u. a., kann er völlig rückgebildet werden; die Nahrungsaufnahme erfolgt dann durch die Körperoberfläche.

Der Mund liegt stets ventral am Kopf. Wie bereits erwähnt, gerät er aber von seiner ursprünglichen Lage vor den Extremitäten hinter die 1. oder 2. Antennen und bei Merostomata sogar zwischen die Schreitbeine. Stets wird er von vorn her durch die oft mächtige Oberlippe (Labrum bzw. Clypeolabrum) überdacht. Die weichhäutigen Innenteile des Oberlippengebietes sind oft zu einem sog. Epipharynx differenziert. Von hinten her ist dieser Praeoralraum durch mediane «echte» Unterlippen verschiedener Herkunft begrenzt. Zu ihnen gehört der Hypopharynx der Insekten, der cuticulare Spangen und paarige Anhänge (Superlinguae) tragen und sich als Speichelrohr oder Stechapparat an der Arbeit der echten Mundgliedmaßen beteiligen kann. Das Mundgebiet zwischen Hypopharynx und Oberlippe wird bei Insekten als Cibarium bezeichnet.

Nun kann noch ein weiterer Mundvorraum dadurch entstehen, daß plattenartige Teile der Mundgliedmaßen sich vor den Mundbereich schieben und so zu sekundären äußeren Unterlippen werden. Das geschieht bei den Insekten durch Verwachsung der 2. Maxillen zu einem Labium, bei Krebsen sind es Maxillarfüße, die ähnliche Schließplatten bilden, bei den Amphipoden z. B. die 1. Maxillarfüße, bei den Decapoden die 3. Bei Spinnentieren schließlich begrenzen vorspringende Laden (Enditen) einen Mundvorraum, vom 1. und 2. Laufbein aus bei den Skorpionen, von den Palpen aus bei Araneae, Pedipalpen u. a. Dieser äußere Mundvorraum umfaßt bei den Insekten die hinter oder an den Hypopharynx mündenden Speicheldrüsenöffnungen, so daß nun ein Spezialvorraum, der Speichelraum oder das Salivarium, zwischen Hypopharynx und Labium gebildet wird.

Speicheldrüsen im Mundgebiet sind bei Antennata und Milben hochentwickelt. Fast stets münden sie im Mundgebiet hinter dem eigentlichen Mund, bei den Insekten oft in das Salivarium. Ihrer Herkunft nach sind sie teils Hautdrüsen speziell der Mundgliedmaßen, teils aber umgewandelte Maxillennephridien. Diesen Funktionswechsel von Nieren zu Speicheldrüsen kann man innerhalb der Antennata verfolgen. Bei Diplopoden, Chilopoden und Collembolen sind es noch echte Nephridien, bei den höheren Insekten aber Speicheldrüsen und bei manchen sogar Spinndrüsen, die Spinnfäden absondern.

Der ectodermale Vorderdarm (Abb. 151) ist lang und meist kompliziert im Zusammenhang mit den Funktionen: Saugen, Speichern, Zerkleinern bzw. Sortieren. Der Saugtätigkeit dient ein Pharynx, der durch Muskelgruppen erweitert wird, die von der Darmwand zur Körperwand ziehen. Sie liegen vor dem Gehirn, hinter dem Gehirn und z.T. sogar am Mundvorraum (Cibarium). Überall dort, wo flüssige bzw. verflüssigte Nahrung aufgenommen wird, ist dieser Pharynx wohl entwickelt. Die Speicherfunktion übernimmt der Mittelteil des Vorderdarms, der dann zu einem erweiterungsfähigen Kropf (Ingluvies) umgebildet wird. Bei den Bienen ist er der «Sozialmagen», dessen Inhalt wieder hervorgewürgt und zur Fütterung der Stockgenossen verwendet werden kann. Obwohl dem Kropf Drüsen fehlen, können in ihm Verdauungsprozesse (Enzyme aus Speichel und Mitteldarm) ablaufen. Der hintere Abschnitt des Vorderdarms kann ein muskulöses Organ mit festen Chitinzähnen und -leisten sein. Er wird dadurch zum Proventriculus. Besonders groß ist dieser bei den höheren Krebsen (Malacostraca). Er enthält mit Chitinleisten besetzte Falten, borstenbesetzte Rinnen und Flächen. Mechanisch kann er sehr wirksam sein, und manche Krabben zertrümmern Muschelschalen in ihm, die Feinmaterialien werden in den Borstenrinnen abgefiltert; in ihm findet ein wesentlicher Teil der Verdauung unter Beteiligung der Sekrete der Mitteldarmdrüsen statt. Innerhalb der Antennata finden wir einen muskulösen Kaumagen mit Chitinzähnen bei einer Reihe von Insekten (Blattopteroidea, Orthopteroidea u.a.).

Die Grenze Vorderdarm – Mitteldarm ist scharf markiert, nicht nur durch das Aufhören der Chitinauskleidung, sondern bei den Antennata auch durch eine zapfenartige Einstauchung des Vorderdarmes in den Mitteldarm (Valvula cardiaca, Abb. 151). Bei Krebsen und Chelicerata und wohl auch den Trilobita sitzen dem Mitteldarm umfangreiche Mitteldarmdrüsen an, die sich oft mit zahlreichen Schläuchen weit zwischen die übrigen Organe schieben (Abb. 162). Bei den Peracarida sind sie durch eine geringe Anzahl von Blindschläuchen repräsentiert. In ihnen erfolgt eine Resorption der feinen Nahrungsbestandteile, außerdem produzieren sie Verdauungsenzyme. Den Antennata fehlen Mitteldarmdrüsen. Die Taschen am Vorderende des Mitteldarms (Coeca) können vielleicht als ihre Homologa angesprochen werden. Oft wird der zentrale Darminhalt durch eine Membran (peritrophische Membran) von der Darmwand ferngehalten. Sie wird vom ganzen Mitteldarm aus oder von einem Zellring vorn um die Valvula cardiaca abgeschieden.

Der Hinterdarm, dessen Wand wieder von einer Cuticula ausgekleidet wird, ist in Ausdehnung und Bau sehr verschieden. Bei Chelicerata und Crustacea ist er meist ein einfaches Rohr, kompliziert ist er bei den Insekten (Abb. 151). Physiologisch spielt er eine wichtige Rolle bei der Rückresorption von Wasser aus dem Darminhalt, ein Vorgang, der bei den landlebenden Arthropoden biologisch wichtig ist (Wasserersparnis). Diese Aufgabe übernehmen besonders die Rectalpapillen.

Mehrfach erfolgen Rückbildungen im Enddarmgebiet, so daß der Darm blind endigt. Das geschieht sogar bei nicht parasitischen freilebenden Arten, z.B. dem Cirripedier *Trypetesa* u.a. Bei manchen Insektenlarven (Hymenoptera, Neuroptera) öffnet sich erst spät der Mitteldarm in den Enddarm. Über die speziell exkretorisch tätigen Darmblindschläuche (Malpighische Gefäße) vgl. S. 251.

Blutgefäßsystem. Das Blutgefäßsystem der Arthropoden ist offen, d.h. das Blut zirkuliert nicht nur in umwandeten Röhren, sondern wird in bestimmten Bezirken in Spalträume zwischen den Organen entleert, aus denen es wieder in die Blutgefäße gelangt. Dieser Prozeß des «Öffnens» des Gefäßsystems schreitet in

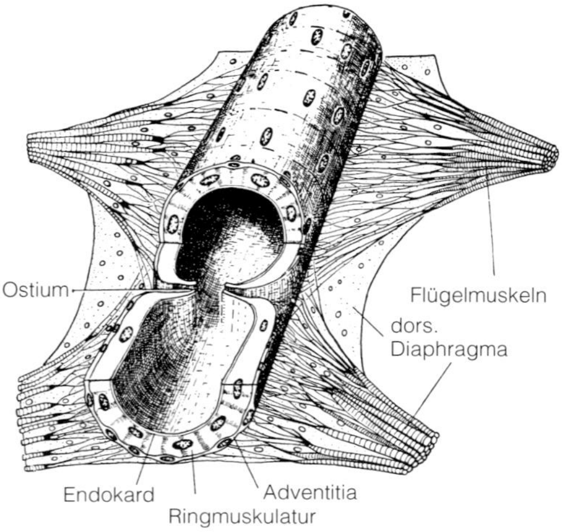

Abb. 152: Blockdiagrammatische Darstellung eines Ausschnittes aus einem Insektenherzen. Nach Weber

mehreren Linien so weit fort, daß das dorsale Herz als einziger Bereich übrigbleibt (Krebse [Cladoceren, z.T. Copepoden], Insekten, Milben u.a.), bei kleinen Arthropoden kann schließlich auch noch das Herz verschwinden (Mehrzahl der Copepoden, Ostracoden, Milben), so daß das Blut nur durch die Darmperistaltik oder Körpermuskeln bewegt wird.

Das Arteriensystem ist bei vielen primitiven Gruppen noch hoch entwickelt. Wie bei den Anneliden besteht es aus einem Rückengefäß, in dem das Blut von hinten nach vorn strömt, aus Seitengefäßen, die vom Rückengefäß ausgehen und primär intersegmental liegen, und oft aus einem Ventralgefäß, das meist der Bauchganglienkette anliegt. Das Rücken- oder Dorsalgefäß ist der Hauptmotor und wird als Herz bezeichnet (Abb. 152). Da Venen meist fehlen, strömt das Blut durch Ostien bei der Erweiterung des Herzschlauches ein. Es sind ursprünglich paarige, segmentale Spalten, die sich bei der Diastole des Herzens öffnen und bei der Systole schließen. Diese Ostien und oft innere Klappenventile kennzeichnen die eigentliche Region des Herzens. Nur selten nimmt dieses Herz etwa das ganze Rückengefäß ein *(Artemia)*, die meisten Gruppen konzentrieren das Herz auf die Mittelregion des Gefäßes, so daß es schließlich ein sackförmiges muskulöses Organ mit nur wenigen Ostien bildet (Krebse: Eucarida, Cladocera; Spinnen: Acari; Insekten: Pediculidae u.a.). Der vor dem Herzen gelegene Teil des Dorsalgefäßes wird als Aorta cephalica oder Aorta anterior bezeichnet, seltener schließt sich hinten an das Herz noch eine Aorta caudalis oder posterior an.

Mehrfach treten accessorische Herzen auf, die in ihrem Schlag unabhängig vom Hauptherzen sind. So gibt es Kopfherzen paarig oder unpaarig bei Krebsen und manchen Insekten als Antennenherzen. Bei beiden Gruppen kommen Beinherzen vor, und in den flügeltragenden Thoraxsegmenten entstehen pulsierende Blasen als Antrieb für die Blutbewegung in den Flügeln.

Das Blut enthält verschiedene Blutzellen, aber normalerweise bei den Insekten keine speziellen Sauerstoffträger, nur ausnahmsweise – z.B. bei den «roten» Mückenlarven (Chironomiden) und der Larve der Magenbremse *(Gasterophilus)* – tritt Hämoglobin im Blut gelöst auf.

Leibeshöhle. Die Neugliederung der Leibeshöhle wurde schon erwähnt. Der Blutraum um das Herz, aus dem das Blut ins Herz gelangt und der so physiologisch eine Vorkammer darstellt (Pericardhöhle oder Pericardialsinus), ist kein Coelom. Er ist durch eine Membran abgegrenzt, die von der Coelomwand gebildet wird (= Pericardialseptum). Sie umgibt das Herz schlauchförmig bei den Chelicerata, ist aber bei Crustacea und Antennata eine quer durch den Körper gespannte Membran (dorsales Diaphragma). Der Pericardialsinus kann – von der Membran begleitet – schlauchartige Fortsätze in die Beine bzw. die Kiemen entsenden. In seiner Wand bilden sich bei Antennata von der Medianen zur Körperwand ziehende Muskeln, die Flügelmuskeln, die durch ihre Kontraktion das gewölbte Diaphragma senken und dadurch an der Erweiterung des Herzens mitarbeiten (Abb. 152). Oft ist das Diaphragma stellenweise aufgelöst, und schließlich bleibt nur die Region der Flügelmuskeln erhalten, die dann am Herzen ansetzen. Vom Herzen ziehen Bindegewebs-Stränge zur Körperwand, bei Chelicerata sogar zur Ventralseite, sie bewirken bei Dehnung der Körperwand hier passiv eine Erweiterung des Herzens.

Ventral kann sich ein ähnlicher Blutraum (Perineuralsinus) um den Bauchnervenstrang bilden. Er ist oft bei Insekten durch ein ventrales Diaphragma abgegrenzt.

Exkretionsorgane. Exkretionsorgane sind die von Anneliden ererbten Nephridien und die vom Darm aus neugebildeten Malpighischen Gefäße. Exkretorisches Gewebe liefert auch das Mesoderm (Nephrocyten und Uratzellen im Fettkörper).

Bei den Euarthropoden sind die Nephridien regional beschränkt, es werden, abgesehen von den Genitalgängen, höchstens 4 Paare angelegt, es funktionieren nur 1 oder 2 Paare, und nicht selten fehlen sie ganz (Pantopoda, Geophilomorpha).

Bei den Mandibulata bleiben sie nur im Kopf erhalten und funktionieren bei Crustaceen als Antennenniere (Segment der 2. Antenne) und als Maxillarniere (2. Maxille). Beide werden mitunter «Schalendrüse» genannt. Bei den Antennata ist mit den 2. Antennen die Antennenniere geschwunden. Dafür tritt bei primitiven Formen aber sowohl an der 1. wie auch der 2. Maxille ein Paar Maxillarnieren auf, bei den Symphyla als getrennte Paare; bei den Chilopoda sind 1. und 2. Maxillarniere in Trichter und Ausmündungen getrennt, im Mittelabschnitt aber vereint. Die übrigen Antennata haben meist nur die 2. Maxillarniere = Labialniere. Ihnen sind offenbar die umfangreichen und vielgestaltigen Speicheldrüsen (Labialdrüsen) homolog. Bei den Chelicerata gehören die Nephridien dem 3. und besonders dem 5. Extremitätenpaar an, in den übrigen Schreitbeinpaaren erfolgt nur die Anlage der Sacculi (s. u.). Das vordere dieser Paare entspricht zwar dem Gebiet der 2. Maxille, das hintere gehört aber dem Thoraxgebiet an, das also allein bei Chelicerata noch Nephridien trägt. Die Mündung des vorderen Paares auf dem 2. Extremitätenpaar bei manchen Cheliceraten (Solifugae, Palpigradi) beruht wohl auf einer sekundären Verlagerung der Mündung, wie sie auch bei Stigmen vorkommt.

Der Grundbau der Nephridien ist bei allen Arthropoden gleich und sehr charakteristisch. Das Organ besteht aus 4 Abschnitten: 1. dem Coelomsack (Sacculus), der streng genommen noch nicht dem Nephridium angehört; 2. dem Trichter, der nur bei den Protarthropoden noch Wimpern trägt und oft auf wenige Trichterzellen reduziert ist; 3. dem Nephridialkanal als Hauptteil des Organs; 4. einem meist kurzen ectodermalen Endabschnitt, dem Harnleiter. Von diesen Teilen der Nephridien können Sacculus und Nephridialkanal stark kompliziert werden, der Sacculus kann durch eingefaltete Wände gekammert werden oder Fortsätze bilden, der Nephridialkanal bildet oft lange, weit in den Körper (Schalenklappen, Abdomen) hineinragende Schlingen; ein durch Kammerung oder starke Fortsatz- bzw. Schleifenbildung ausgezeichneter Abschnitt wird als Labyrinth bezeichnet. Im Bereich des Sacculus findet offenbar Ultrafiltration statt, im mit basalem Labyrinth und Mitochondrien versehenen Nephridialkanal Rückresorption.

Die Mündungen der Nephridien sind paarig und liegen an den Extremitätenbasen; nur bei abgeänderten Nephridien werden sie unpaar, so bei den Maxillarnieren (Labialnieren) der Collembola.

Während die Nephridien innerhalb der Arthropoden zunehmend zurücktreten, wird die exkretorische Tätigkeit des Darmes gesteigert. Sie wird schließlich auf bestimmte Darmblindsäcke lokalisiert, die als Malpighische Gefäße bezeichnet werden. Sie sind bei den einzelnen Gruppen nicht gleichwertig. Nur in geringen Ansätzen treffen wir sie bei manchen Crustaceen (z. B. Amphipoda), stark ausgebildet sind sie bei Spinnentieren und Antennata. Bei den ersteren sind es hintere Blindschläuche des Mitteldarms, die zu Malpighischen Gefäßen werden, bei den Antennata aber Ausstülpungen des ectodermalen Enddarms, sie münden in seinen vordersten Teil. Ihre Zahl schwankt bei Insekten von 0–150. Sie legen sich oft eng an andere Organe an, meist den Darm. Ebenso wie die Maxillennephridien können sie über Funktionserweiterung zu Spinn- und Klebdrüsen werden, z. B. bei Neuropterenlarven *(Myrmeleon, Chrysopa)* und Käfern *(Lebia, Phytonomus)*.

Gonaden. Die Arthropoden sind bis auf wenige Ausnahmen getrenntgeschlechtig. Die Gonaden sind aus Bereichen mehrerer Segmente durch Vereinigung entstanden. Meist ist es der dorsale Bezirk unterhalb des Herzens, der die Gonaden unter Einbeziehung eines Coelomabschnittes liefert. Demnach liegen die Gonaden meist dorsal oder lateral, gelegentlich aber ventral vom Darm. In der Längsrichtung können sie sich über die verschiedensten Bezirke vom Kopf bis zum Rumpfende erstrecken, auch erfolgt weit verbreitet Verlagerung der Gonaden in Körperanhänge, bei Pantopoden in die Beine, bei manchen Ostracoden in den Bereich der Schale; die Ovarien der gestielten Cirripedier liegen im Kopfstiel, die Hoden vieler Cirripedier in den Beinen.

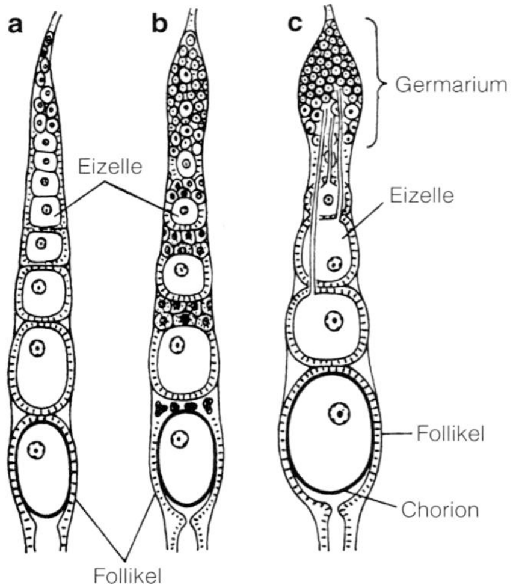

Abb. 153: Ovariolen (Eiröhren) von Insekten. a. panoistische Ovariole. An der Spitze liegen nur Eizellen (Germarium). Diese wandern basalwärts und werden hier von Follikelzellen umhüllt. b–c. Meroistische Ovariolen. Im Germarium liegen Ei- und Nährzellen, die beide Keimbahnzellen darstellen. b. Polytrophe Ovariole. Mehrere Nährzellen rücken mit einer Eizelle basalwärts und bilden zwischen Eikammern Nährkammern. c. Telotrophe Ovariole. Die Nährzellen bleiben im Germarium und erhalten die Verbindung zu den Eizellen über Nährstränge aufrecht. Nach Weber

Die Form ist, wie bei der Artenfülle nicht anders zu erwarten, sehr mannigfaltig. Erwähnenswert sind die netzartigen Gonaden vieler Chelicerata und die Follikelgonaden der Insekten. Die Ovarien bestehen hier aus einer Anzahl (ein- bis mehrere Tausend) von Eiröhren (Ovariolen, Abb. 153). Bei primitiven Formen sind sie oft hintereinander und bisweilen auch segmental angeordnet (kammförmige Ovarien). Vielleicht sind also die Ovariolen direkt auf den segmentalen Ursprung der Gonaden zurückzuführen; meist aber sitzen sie in großer Zahl trauben- und büschelartig den Ovidukten an. In den Ovariolen liegt die Keimzone (Germarium) in dem schmalen Endgebiet (Abb. 153). Die Hoden bestehen in ähnlicher Weise aus Hodenfollikeln, sie sind geringer an Zahl als die Ovariolen.

Spezialeinrichtungen für die Nährstofflieferung an Eier sind selten. Bei Phyllopoden (Cladoceren) sind einem Ei meist drei degenerierende Eizellen als Nährzellen beigegeben, unter den Insekten entstehen die polytrophen und telotrophen Ovariolen (Abb. 153). Im Normaltyp der Ovariolen, dem panoistischen, umgibt nur eine Hülle von Follikelzellen die großen Eizellen, die Follikelzellen werden von den mesodermalen Wandzellen des Ovars geliefert. Die meroistischen Ovariolen komplizieren diesen Bau durch besondere Nährzellen. Beim polytrophen Typ folgt jeder Eizelle eine Gruppe von Nährzellen, so daß in den Ovariolen Eikammern und Nährkammern abwechseln. Beim telotrophen (= acrotrophen) Typ bleibt die Nährmasse als einheitlicher Abschnitt im Endgebiet der Ovariolen, und die heranwachsenden Eier bleiben durch einen Zellfortsatz mit dieser Nährkammer verbunden.

Die meist paarigen Genitalgänge entstehen aus dem Mesoderm, im Mündungsgebiet können sich ectodermale Bezirke anschließen und sekundär zu Hauptanteilen der Ovidukte werden. Die Lage der Genitalporen ist verschieden, sie variiert vom vorderen Thoraxgebiet (Ovidukt der Cirripedier im 1. Segment, beide Öffnungen bei Diplopoda hinter dem 2. Beinpaar) bis zum Rumpfende dicht vor dem After. Eine Verschiebung des Genitalporus kann auch durch Angliederung neuer ectodermaler Einstülpungen erfolgen. Die Hauptverschiedenheiten beruhen jedoch darauf, daß Nephridialanlagen ganz verschiedener Segmente zu Genitalöffnungen werden.

Oft entstehen besondere Legeröhren (Ovipositoren). Ihre Entstehung erfolgt aus verschiedenen Grundbestandteilen: 1. aus dem Bezirk des weiblichen Genitalporus selbst (der lange komplizierte Ovipositor der Opiliones, der vieler Acari und unter den Insekten etwa der der Raphidioptera (hier rohrartige Verlängerung des 8. und 9. Abdominalsternits)); 2. Der röhrenförmig gestaltete Hinterleib fungiert als Legeröhre: viele Insekten unter den Lepidoptera, Diptera (Muscidae), Coleoptera (Cerambycidae) und auch Hymenoptera (Chrysididae); 3. Unter Mitwirkung von Extremitäten entsteht ein mehrteiliger Legeapparat. Dieser interessante Fall ist bei Insekten verbreitet und war offenbar schon bei ihrer Urform vorhanden.

Brutpflegeorgane sind gleichfalls ganz verschiedener Herkunft. Extremitäten dienen als Eiträger bei Pantopoden (3. Beinpaar der Männchen), Arachniden (Cheliceren bei Pholcidae), Phyllopoden (9. bis 11. Beinpaar bei Conchostraca), Pleopoden bei Decapoden usw. Ein Brutraum entsteht bei manchen Krebsen zwischen Schalenfalte und Rumpf (Cladocera,

Cirripedia, manche Ostracoda) oder zwischen Rumpf und Brutlamellen der Thorakalbeine (Marsupium der Peracarida) oder bei Insekten zwischen Flügeln und Rumpf (die Schabe *Phlebonotus*) und durch neue Hautfalten der Körperoberfläche am Rücken (Copepoden wie *Gastrodelphys*).

Kopulationsorgane sind in recht verschiedener Weise entstanden:

1. Echte Penisbildungen entstehen als Vorstülpungen aus dem Gebiet des männlichen Genitalporus und sind wie dieser bald paarig, bald unpaar. Unter den Chelicerata finden wir bei Opiliones und manchen Acari einen solchen Penis, bei den Crustaceen sind meist paarige Penispapillen unter den Malacostracen verbreitet (viele Decapoda, Stomatopoda, Mysidacea, Isopoda z. T.), und unter den Insekten trägt die Mehrzahl der Pterygota einen komplizierten Penis, der oft in Basis (Phallobasis) und Endabschnitt (Aedeagus) gegliedert ist. Auch bei Chilopoden (Geophilidae) und Diplopoden kommen Penes vor.

2. Gonopoden. Mit diesem Namen werden umgewandelte Extremitäten bezeichnet, die zu Hilfsorganen bei der Kopulation geworden sind. Primäre Gonopoden liegen dabei in der Nachbarschaft der Genitalöffnung. Hierher gehören die Gonopoden (Petasma) vieler Malacostraca, deren ± röhrenförmige Glieder aus den beiden vordersten Abdominalbeinen (Pleopoden) entstehen, entweder aus einem dieser Paare oder aus beiden, unter den Copepoden fungiert bei Calanoida ein abgewandeltes hinteres Thoraxbein als Spermatophorenüberträger. Unter den Antennata bilden die Diplopoda (Proterandria) Beispiele einer Gonopodenbildung. Hier werden ein oder beide Beinpaare des 7. Ringes zu ganz abweichenden und systematisch wichtigen Gonopoden. Da hier die männlichen Poren am 3. Thoraxsegment liegen, nähern sich diese Gonopoden durch ihre Entfernung von den Genitalöffnungen schon den sekundären (s. u.). Typische primäre Gonopoden treffen wir bei Insekten. Ebenso wie am Ovipositor können sich daran beteiligen: Fortsätze der Basen der Extremitätenreste des 9., selten des 8. Abdominalsegmentes und die Styli des 9. Segmentes als bewegliche Haken (Harpagonen). Auch die Cerci, also die umgebildeten Extremitäten des 11. Abdominalsegmentes, können Klammerhaken werden.

Es reihen sich hier verschiedene Kopulationsapparate an, die als Penis bezeichnet werden, aber mit größerer oder geringerer Wahrscheinlichkeit umgewandelte Extremitäten, also Gonopoden, sind.

Als sekundäre Gonopoden seien hier Extremitäten bezeichnet, die zwar bei der Übertragung des Spermas mitwirken, sogar als einführende Organe, aber vom Genitalporus entfernt liegen und den Normaltyp ihrer Extremität noch erkennen lassen. Der bekannteste Fall dieser Art sind die Palpen der Araneae (S. 267), aber auch andere Extremitäten können bei Arachniden die Spermienübertragung besorgen, so die Cheliceren bei Solifugae.

Spermatophoren kommen bei vielen Spinnentieren, Collembolen, Thysanuren, Diplopoden *(Polyxenus)* und anderen vor.

Entwicklung und Eier. Die Eier der Arthropoden sind meist dotterreich, der Dotter liegt um den zentral bleibenden Zellkern und an der Peripherie des Eies. Da die Bildung der Schale vor der Befruchtung erfolgt, ist in ihr eine Öffnung für den Einlaß von Spermien (Mikropyle) vorhanden.

Die Eier mancher pelagischer Krebse (Copepoden, Euphausiaceen) schweben frei im Meerwasser, bei Krebsen und Spinnentieren werden sie oft am Körper getragen. Die Insekten legen die Eier meist einzeln oder als Gelege auf oder in das Nährsubstrat, viele Wasserinsekten bilden zu Laich verkittete Eimassen (Trichopteren, Chironomiden).

Bei vielen Arthropoden, besonders bei Krebsen und bei manchen spezialisierten Insekten (Schlupfwespen), furcht sich das Ei total. Die dotterreichen Eier aller Gruppen tendieren zur Ausbildung der superfiziellen Furchung, die so zur Norm der Arthropoden-Furchung wird (Abb. 154). Der zentrale Kern mit dem umgebenden Cytoplasma teilt sich mehrfach, ohne daß eine Zerschnürung des Gesamtplasmas zu völlig getrennten Zellen eintritt. Die Kerne dieses plasmodialen Keimes wandern zur Peripherie und grenzen hier erst ihre Plasmabezirke gegenseitig durch Furchen ab. Die Furchung führt zu einer Blastula, deren Inneres von Dotter erfüllt ist. An ihr vollzieht sich dann die Weiterentwicklung durch lokalisierte Zellanhäufung, die schließlich einen ventralen Keimstreif, seltener (Skorpione) eine Keimscheibe bildet.

Große Schwierigkeiten bereitet die Deutung der Keimblätterbildung, besonders des Ento-

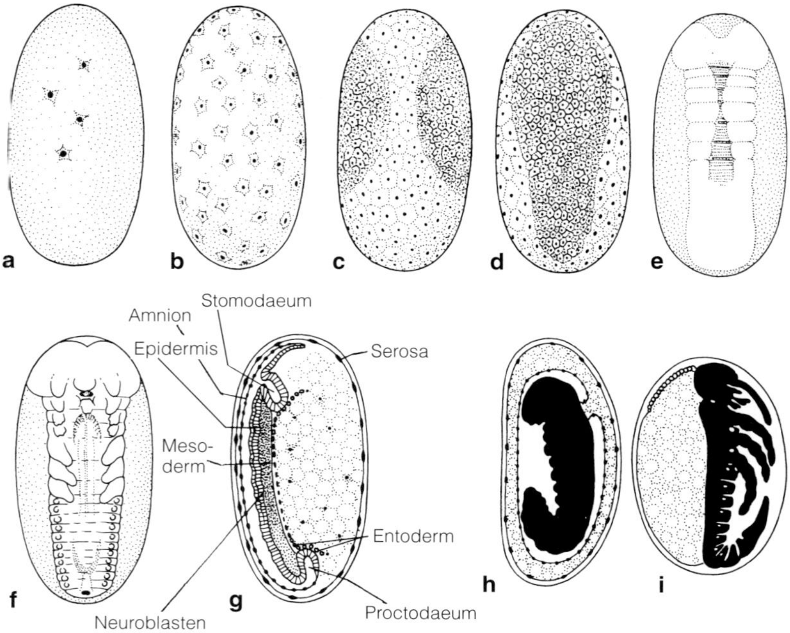

Abb. 154: Frühentwicklung der Insekten. a–e. Furchung und Ausbildung des Keimstreifs. a, b. Ausbildung des Blastoderms; c, d. Entstehung der Keimanlage (oval-birnenförmige Platte aus kleinen Zellen); e. bereits segmentierte Keimanlage mit Kopflappen (oben), Differenzierungszentrum waagerecht schraffiert; f. Ventralansicht; g. Sagittalschnitt durch weiter differenzierten Keim; h. eingesenkter Keim; i. oberflächlich liegender Keim. Nach Weber

derms. Sie wird ebenso wie an den dotterreichen Keimen der Wirbeltiere in mehrere, oft zeitlich und räumlich getrennte Teilprozesse zerlegt (mehrphasische Gastrulation). Von Bedeutung ist, daß bei Krebsen noch eine echte Einstülpung des Urdarms als Invagination (z. B. bei *Leucifer*) vorkommt. Wenn bei dotterreichen Eiern dann im Dotter Zellen auftreten, die als Vitellophagen an der Aufarbeitung des Dotters teilnehmen, so dürfte diese im Keim zeitlich oft erste Entodermbildungsphase ein sekundärer Vorgang sein. Diese Dotterzellen entstehen teils durch Einwanderung von Blastoderm oder vom Keimstreif bzw. der Darmanlage (sekundäre Dotterzellen), teils sind es Zellen, die bei der ersten Wanderung der Furchungskerne im Innern zurückbleiben (primäre Dotterzellen). Meist gehen die Dotterzellen zugrunde, doch können sie sich auch an der Bildung der Darmwand beteiligen. Die zweite Phase der Gastrulation ist eine Einstülpung oder Einschiebung von Zellschichten median an der Ventralfläche. Durch sie entsteht eine Primitivrinne, die mit hoher Wahrscheinlichkeit als die Urmundbildung betrachtet werden kann. Der Blastoporus (Urmund) erstreckt sich also in diesem Falle zwischen Mund- und Afterregion. Diese Einstülpung oder Einwucherung liefert mit ihren seitlichen Flügeln das Mesoderm und die Coelomsäcke, die Aussonderung des Entoderms aus ihr ist verschieden. Oft ist der Mittelstrang die Ursprungsstelle des Mitteldarms. Bei diesem Prozeß wird in verschiedener Weise die Dottermasse dem sich bildenden Darmrohr einverleibt. Den einfachsten Fall zeigt der Flußkrebs. Hier wird der Dotter von den geschlossen bleibenden Zellen der Einstülpung allmählich aufgenommen und in den Darmzellen gespeichert, das Darmlumen geht ganz nach Art einer echten Einstülpung aus der Anlage hervor. Häufig entsteht nun der Darm einfach dadurch, daß der Mittelstrang seitlich rechts und links am Dotter emporwächst, ihn so umgreift, durch Vereinigung der Zellschichten an der Dorsalseite die Darmbildung vollendet und gleichzeitig den Dotter in das entstehende Darmlumen einschließt. Dieser Vorgang wird nun weiterhin dadurch abgeändert, daß sich nicht mehr der gesamte Mittelstrang der Mesoderm-Entoderm-Anlage an der Darmbildung beteiligt, diese erfolgt vielmehr von getrennten Einzelstellen, so entsteht bei den Arachniden der Mitteldarm aus 2 oder 3 getrennten Bezirken, für die Mehrzahl der Insekten und manche Chelicerata gilt eine Beschränkung der Darmbildungsregion auf eine Vorder- und eine Hinteranlage, die der Einstülpung des ectodermalen Vorder- und des Hinterdarms eng anliegen, so daß anscheinend der Mitteldarm aus Vorder- und Hinterdarmanlage entsteht. Wahrscheinlich sind aber diese Bildungsherde nur vordere und hintere Restgebiete des ehemaligen Mittelstranges.

Das Mesoderm ist in seiner Anlage nicht einheitlich. Bei Crustaceen kommt noch eine Entstehung des Mesoderms der vorderen Segmente aus der Zelle 4 d *(Artemia)* oder einigen Urmesodermzellen vor. Bei solchen Formen ist auch noch die Sonderung des «larvalen» Mesoderms (für die Deutomeren) und des «imaginalen» für die übrigen Körpersegmente deutlich (auch bei *Limulus*). Dieses bildet sich meist unter Abwucherung von der Entodermanlage bzw. der Mesoderm-Entodermanlage, von der die Seitenplatten das Mesoderm liefern, und zeigt eine Vermehrungszone vor dem After. Das Mesoderm bildet die segmentalen Coelomsäcke, die aber meist klein bleiben und bald aufgelöst werden. Die Urgeschlechtszellen sind besonders bei den Insekten früh zu erkennen und oft am Hinterende weitgehend von dem übrigen Keim isoliert.

Innerhalb der Arthropoden erfolgt die Segmentbildung bei primitiven Gruppen sukzessiv. Vielfach dauert die Segmentneubildung noch während der frühen Larvenperiode an, d.h. die Larven sind segmentarm. Das gilt besonders für die Crustaceen mit ihrer Naupliuslarve, für die Trilobiten, unter den Chelicerata für Pantopoden und wohl Eurypterida, unter den Antennata für manche Myriapoda und schließlich die Protura unter den Insekten. Die anderen schlüpfen mit voller Segmentzahl.

Der Keimstreif, der ursprünglich an der Oberfläche liegt, wird bei manchen Gruppen ins Innere versenkt und von den seitlichen Teilen des Embryos überwachsen und überdacht. So entstehen wie bei höheren Wirbeltieren Embryonalhüllen, die als Amnion und Serosa bezeichnet werden (Skorpione, Mehrzahl der Insekten; Abb. 154).

Parthenogenese tritt in verschiedenen Formen auf. Die Männchen entstehen durch haploide Parthenogenese bei Hymenopteren, also auch bei Bienen, und manchen Homoptera (Schildläuse, Aleyrodina, Thysanoptera) und Milben. Diploide Parthenogenese mancher Generationen führt zu dem bekannten Generationswechsel (Heterogonie) der Wasserflöhe, Blattläuse und Gallwespen (S. 342). Oft existieren neben den bisexuell sich vermehrenden Individuen rein sich parthenogenetisch fortpflanzende Stämme, für die in vielen Fällen Polyploidie nachgewiesen ist. Solche Beispiele sind unter den Krebsen bei Phyllopoda, Anostraca *(Artemia)*, Ostracoda, unter den Insekten bei Käfern und Schmetterlingen bekannt.

Die Parthenogenese kann schon zu einer Fortpflanzung der Larven führen, die auf diese Weise sogar neue Larven gebären können. Eine solche Paedogenese kommt bei manchen Gallmücken, Käfern und Chironomidae vor.

Durch Polyembryonie kann ein Embryonalstadium in zwei oder mehrere zerfallen, und so können aus einem Ei bis über tausend Tiere entstehen. Wir kennen eine solche Polyembryonie besonders von Schlupfwespen (Braconidae, Chalcididae, Proctotrupidae), aber auch von Strepsiptera und Lepidoptera.

Phylogenie. Bezüglich der Phylogenie der Euarthropoda werden zwei Anschauungen diskutiert. Nach der einen, der wir im folgenden Text Rechnung tragen, sind die Euarthropoda monophyletisch. Sie haben sich schon im Praekambrium in Amandibulata (= Arachnata) und Mandibulata aufgespalten. Ebenfalls schon im Praekambrium erfolgte eine Aufspaltung der Arachnata in Trilobitomorpha und Chelicerata sowie der Mandibulata in Crustacea und Antennata (= Tracheata). Nach der alternativen Vorstellung sind die Euarthropoda polyphyletisch. Myriapoda und Insekten werden mit den Onychophora als Uniramia zusammengefaßt. Chelicerata und Crustacea sollen alle Arthropodenmerkmale unabhängig erworben haben und werden auch als Schizoramia zusammengefaßt.

A. Trilobitomorpha

Trilobitomorpha traten zu Beginn des Kambriums auf und sind seit dem Perm ausgestorben. Sie enthalten die primitivsten bekannten Euarthropoden, sind jedoch bereits dem Ast zuzuteilen, der zu den Spinnentieren führt. Gemeinsam ist allen Trilobitomorpha die Struktur der Beine mit gegliedertem Hauptast und lamellenartigem Epipodit. Nur die Linie, der die Spinnentiere entstammen, hat das Palaeozoikum überlebt.

Trilobita. Mit über 1400 beschriebenen Gattungen und mehreren tausend bekannten Arten waren die Trilobiten die beherrschenden Arthropoden palaeozoischer Meere. Sie waren vorwiegend Bodenbewohner. Ihre Länge betrug meist 3–10 cm, die Extrema liegen bei 5 mm *(Strumardia)* und 75 cm *(Uralichas)*. Trilobiten waren z.T. «weichhäutig», z.B. *Naraoia* und *Tegopelte* aus dem Unteren Kambrium Grönlands, Amerikas und Chinas, die meisten hatten jedoch ein mineralisiertes Exoskelet. Ihr Kopf bildet eine große Platte mit weitgehender Markierung ursprünglicher Segmente (Abb. 155). Ihnen gehören ventral ansitzend 1. Antennen und 3, nach anderer Auffassung 4 Paar Gliedmaßenpaare an, die, abgesehen von ihrer geringen Größe, weitgehend den Rumpfbeinen gleichen. Facettenaugen sind meist ausgebildet. Der Rumpf enthält eine wechselnde Zahl gleichartiger Segmente (bis 40), alle beintragend und dorsal von einer dreiteiligen Spange mit Mittelstück (Mesotergit) und Seitenflügeln (Pleurotergiten) bedeckt. Der aftertragende Endbezirk (Telson) ist bei primitiven Arten klein, bei anderen verwächst er mit den hinteren Rumpfsegmenten zu einer großen Schwanzplatte. Im Extremfall bleiben zwischen ihr und dem Kopf nur 2 freie Rumpfsegmente (Agnostidae). Der Mund ist von vorn durch eine Oberlippe überdeckt, die großen Seitenaugen liegen meist auf dem Kopfschild am Innenrand der durch Nähte abgegrenzten Wangen.

Von der inneren Anatomie ist wenig bekannt. Mitteldarmdrüsen sind wahrscheinlich vorhanden gewesen. Die bisweilen ventrolate-

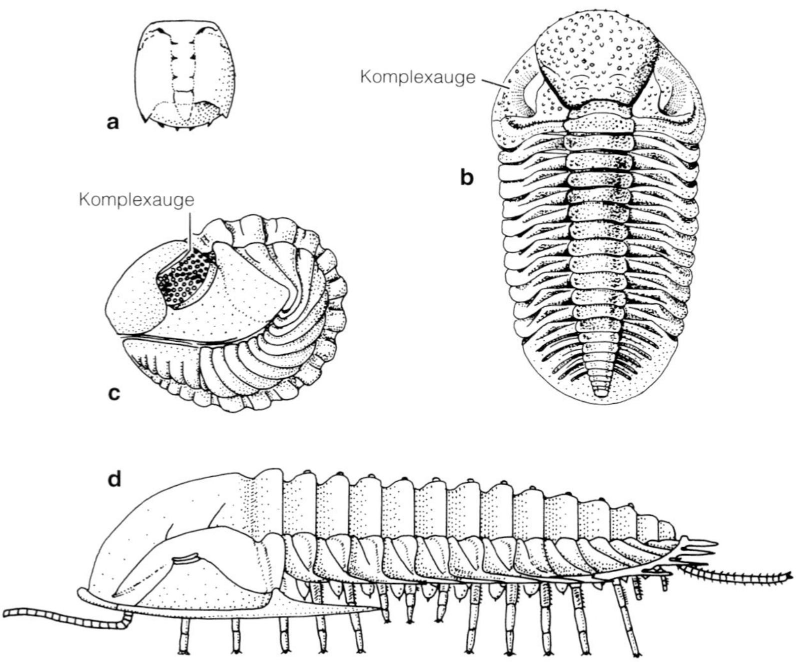

Abb. 155: Trilobita. a. Protaspis-Larve von *Sao*, b, c. *Phacops*, b. Dorsalansicht, c. Lateralansicht eines eingerollten Tieres, d. *Olenoides*. Nach Hupé, Manton, Richter, Whittington

ral an vielen Rumpfsegmenten nachweisbaren Öffnungen (Pandersche Organe) dürften Mündungen segmentaler Nephridien bzw. der Gonaden sein. Die Entwicklung beginnt – soweit bekannt – mit einer scheibenförmigen Protaspis-Larve, die vier Paar Extremitäten trägt. Durch Segmentvermehrung vor dem Telson wird allmählich die Gestalt des fertigen Tieres erreicht. Man nimmt etwa 30 Häutungen an.

Das Aussterben der Trilobiten wird mit dem Aufkommen von Nahrungskonkurrenten (z. B. Brachiopoden) und Freßfeinden (z. B. Fischen) in Verbindung gebracht.

B. Chelicerata

Die Chelicerata umfassen die marinen Merostomata und Pantopoda sowie die meist landlebenden Arachnida. Sie sind durch folgende Merkmale charakterisiert: Die 1. Antennen fehlen, die Extremitäten des folgenden Metamers sind als Cheliceren entwickelt, die vor allem zum Ergreifen und Zerkleinern der Beute oder zu deren Abtöten mittels Giftinjektion dienen. Letzteres ist für die Webspinnen typisch. Bei Merostomata, Scorpiones, Palpigradi und Opiliones sind sie dreigliedrig, wobei die beiden letzten Glieder meist eine Schere bilden. Bei Pedipalpi, Pseudoscorpiones, Solifugae, Araneae und Ricinulei sind sie zweigliedrig. Bei Acari kommen beide Typen vor. Die Beine besitzen oft ein besonderes Glied (Patella), welches den Pseudoscorpiones und Solifugae fehlt.

Zwei Segmente des Rumpfes werden dem Kopf mehr oder weniger angeschmolzen. Dadurch entsteht als neuer Vorderkörper das Prosoma (= Cephalothorax) mit 6 Extremitätenpaaren. Dieses wird dorsal von einem großen Rückenschild (Peltidium) bedeckt, das auch aus einzelnen freien Platten bestehen kann (Pro-, Meso- und Metapeltidium).

Die Extremitäten des Hinterkörpers (Opisthosoma = Abdomen) verfallen bald der Umbildung und Reduktion. So behalten die Chelicerata in der Regel 6 Extremitätenpaare: die Cheliceren und 5 weitere Paare, von denen das vorderste in eine Schere oder einen Taster verwandelt ist und meist nicht mehr zum Laufen dient (Pedipalpen = Palpen). Laufbeinartig sind sie bei den Pedipalpi, Palpigradi, Solifugae und einigen ursprünglichen Webspinnen (Mesothelae, Vogelspinnen). Das Opisthosoma ist ursprünglich reich und ziemlich gleichmäßig gegliedert. Man nimmt 13 Abdominalsegmente als Grundzahl an, wobei das letzte reduziert ist und z. B. als Schwanzstachel oder -faden bei Xiphosura, Scorpiones, Uropygi und Palpigradi auftritt. Bei primitiven Merostomata (Eurypterida) und bei primitiven Arachnida (Scorpiones) ist der Hinterkörper in Prae- und Postabdomen gegliedert. Zwischen Pro- und Opisthosoma kann eine bindegewebige Platte (Diaphragma) ausgespannt sein (Scorpiones, Solifugae). Die Geschlechtsöffnung ist auf dem 2. Segment des Hinterkörpers lokalisiert. Die Nephridien werden auf 1 oder 2 Paare im Vorderkörper beschränkt; sie münden meist am 3. oder 5. Extremitätenpaar. Das Herz liegt meist im Abdomen. Es wird von einem schmalen Raum (Pericardialsinus) umgeben. Elastische Bänder verankern das Herz an der Körperwand und wirken als Antagonisten zu seiner Ringmuskulatur. Die Haemolymphe wird durch Ostien in das Herz eingesogen; über Arterien wird sie ins Körperinnere geleitet und über ein Lückensystem zwischen den inneren Organen nach Passage der Atmungsorgane durch den Pericardialsinus in das Herz zurückgeleitet.

Ursprüngliche Charaktere bewahren die Chelicerata in dem extremitätenartigen Bau ihrer vorderen Gliedmaßen. Primitiv sind wohl ferner das Fehlen des Kristallkegels in den Seitenaugen und die hohe Differenzierung des Arteriensystems, in der sie nur von manchen Krebsen erreicht werden. Die Mitteldarmdrüsen sind umfangreich, ihre hinteren Blindschläuche fungieren exkretorisch (Malpighische Gefäße).

Die Entwicklung ist meist direkt. Larven treten bei Xiphosura, Ricinulei, Acari und Pantopoda (Abb. 179 c) auf.

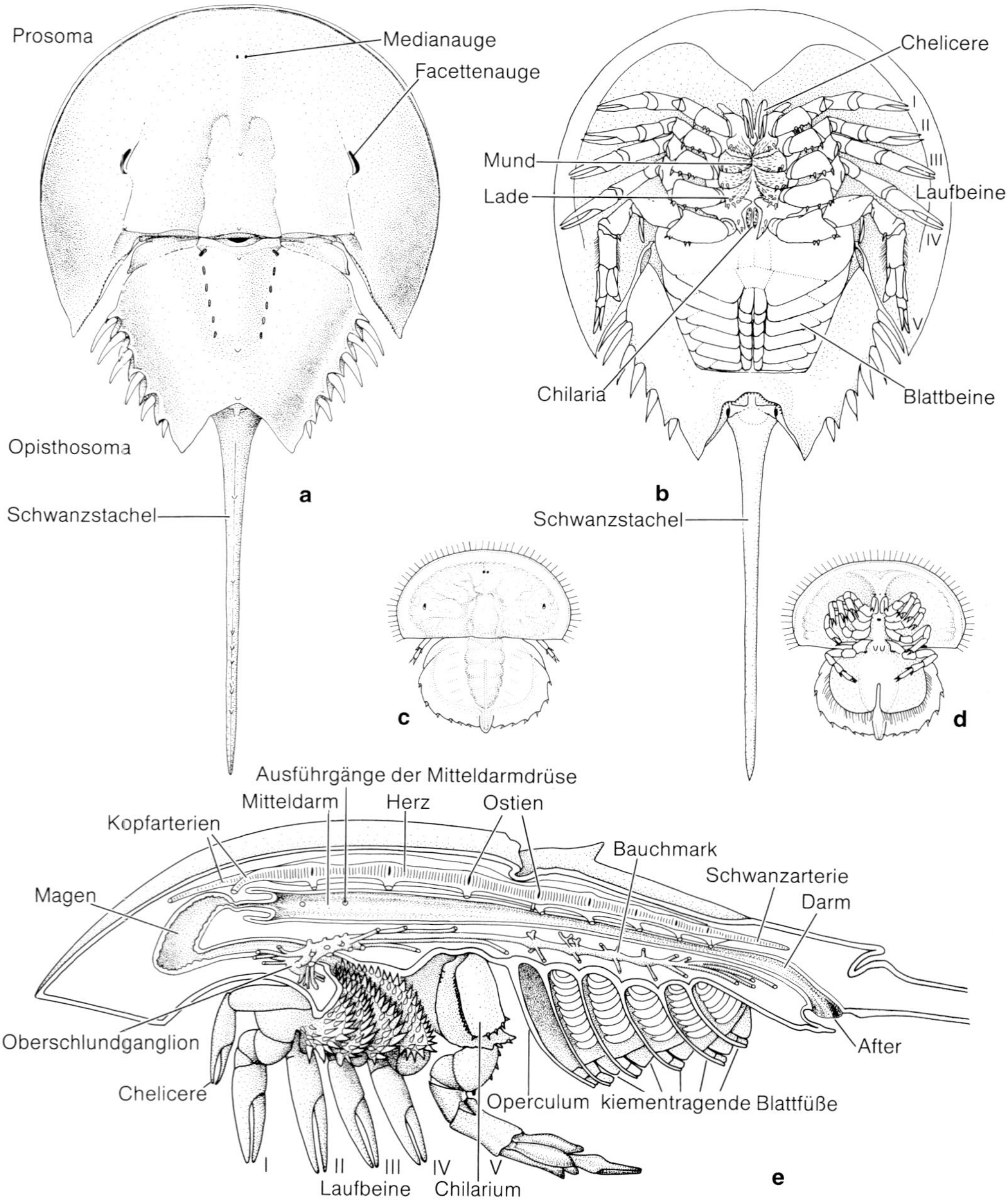

Abb. 156: Merostomata *(Limulus)*. a. Dorsalansicht, b. Ventralansicht, c, d. Larve in Dorsal- und Ventralansicht, e. Organisationsschema. Nach Bonaventura, Sabine, Tesh

1. Klasse: Merostomata

Die wasserlebenden Merostomata (Abb. 156, Abb. 203n) bewahren in vielem eine ursprüngliche Organisation.

Zu ihnen gehören rezent die Pfeilschwänze (Xiphosura) und fossil die paläozoischen Eurypterida. Ihre Kennzeichen sind: die Ausbildung von 4–5 Rumpfbeinpaaren zu plattenartigen Kiemen- und Schwimmbeinen, die Verlagerung des Mundes zwischen die Schreitbeine, die mit großen Enditen versehen sind. Das 1. Beinpaar des Hinterleibes bildet eine Art Unterlippe (Chilaria bzw. Metastoma). Die Seitenaugen sind Facettenaugen, deren Ommatidien eine stark wachsende Zahl von Sinneszellen (4–20) enthalten; die Medianaugen sind klein.

1. Ordnung: Xiphosura (Pfeilschwänze). Die Xiphosura leben heute in zwei getrennten Gebieten: an der Ostküste Nordamerikas *(Limulus polyphemus)* und im malayischen Gebiet *(Tachypleus* und *Carcinoscorpius). Limulus* wurde auch an europäische Atlantikküsten verschleppt. Sie sind gegenüber Salzgehalts- und Temperaturschwankungen sowie auch gegen Verschmutzung ihres Wohngewässers recht unempfindlich und kommen auch im Brackwasser vor. Ihr Prosoma ist groß und trägt relativ kleine Cheliceren sowie 5 Paar Laufbeine, die mit Ausnahme des letzten gleichfalls kleine Scheren und große beborstete Laden tragen. Das letzte Beinpaar ist noch durch den Besitz eines Epipoditen (= Flabellum) ausgezeichnet. Die Flabella erfüllen folgende Funktionen: Beim im Substrat grabenden Tier verhindern sie das Eindringen von größeren Fremdkörpern in die Kiemenkammer, beim ruhenden Tier treiben sie einen schwachen Wasserstrom durch die Kiemenkammer, beim schwimmenden Tier dichten sie die Kiemenkammer vorn ab und ermöglichen so Vorwärtsschwimmen durch Auspressen des Wassers aus der Kiemenkammer nach hinten (Rückstoßprinzip). Der Hinterkörper ist bei den rezenten Xiphosura zu einer einheitlichen Platte verschmolzen, sein vorderstes Segment ist im Mittelteil dem Prosoma angegliedert; seine Beine bilden die nach vorn gebogenen Chilaria (= Unterlippe). Die nächsten 6 Beinpaare des Hinterkörpers (2.–7.) bedecken einander teilweise und sind plattenartig mit verkürztem Stamm und breiten Epipoditen; das vorderste (2.) dient als Genitaldeckel (Operculum), die nächsten (3.–7.) tragen an der Hinterwand des Epipoditen zahlreiche dichtgestellte Kiemenlamellen. Der Schwanzstachel ist lang. Die Tiere leben am Boden der Flachmeere, z.T. im Sand wühlend, und bevorzugen meist tierische Nahrung, besonders Muscheln. Zur Paarungszeit kommen sie nahe ans Ufer, die Männchen klammern sich an die Weibchen und befruchten die in Sandgruben abgelegten Eier. Die Entwicklung führt zu vollsegmentierten, freischwimmenden Jugendstadien (Abb. 156) mit nur 2 Paar Plattenbeinen am Hinterkörper. Im ersten Jahr erfolgen 5–6 Häutungen, später nur 2 oder 1 pro Jahr. Die Geschlechtsreife wird mit etwa 10 Jahren erreicht.

Eine besondere Bedeutung hat *Limulus* in der Pharmazie erlangt. Sein Blut findet für eine In-vitro-Testmethode zur Ermittlung des Endotoxingehaltes von parenteral anzuwendenden Arzneimitteln und als indirekte Nachweismethode für höhere Keimzahlen Gram-negativer Bakterien Verwendung.

Die Xiphosuren sind als lebende Fossilien ein Schulbeispiel einer sehr langsamen Evolution (Brachytelie, Stasis). Der permische *Palaeolimulus* und die mesozoischen Gattungen *Limulitella* und *Mesolimulus* (z.B. aus dem Jura Solnhofens) ähneln den rezenten Formen sehr stark.

2. Ordnung: Eurypterida (Gigantostraca). Sie lebten vom Ordovicium bis zum Perm, zunächst im Meer, dann auch in Brack- und Süßwasser. Unter ihnen finden wir die größten Arthropoden (Abb. 157); *Pterygotus rhenanus* erreichte 1,8 m Länge. Sie waren offenbar rasche Schwimmer, deren letzte Prosomabeine oft kräftige Ruder sind, und lebten als Räuber. Im Unterschied zu den Xiphosura behielten sie einen langen gegliederten Hinterkörper, der in ein breites siebengliedriges Praeabdomen und ein fünfgliedriges schmales Postabdomen differenziert wurde, dem der Schwanzstachel oder die Schwanzplatte folgte. Die Cheliceren sind Scheren, die nächsten beiden Extremitätenpaare bisweilen hakenbesetzte Raubbeine. Kräftige Fortsätze an den proximalen Extremitätengliedern ermöglichten vermutlich auch das Überwältigen größerer Beutetiere, selbst von Wirbeltieren. Die Extremitäten des Hinterkörpers sind spezialisierter und median mehr oder weniger verwachsen. Die ersten bilden die einheitliche Unterlippe, die 2.–6. die breiten Kiemenplatten. Kiemen sind also auch am Ge-

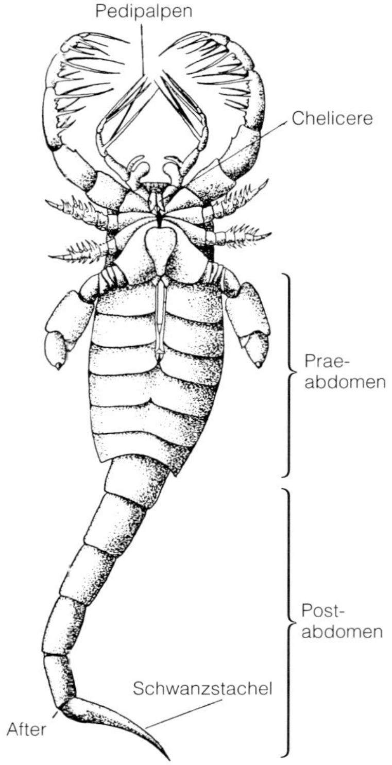

Abb. 157: *Mixopterus*, Eurypteride aus dem Silur. Länge ca. 70 cm. Nach Störmer

nitalsegment vorhanden, das beim Männchen einen medianen Fortsatz aus umgewandelten Extremitäten trägt.

2. Klasse: Arachnida (Spinnentiere)

Die Spinnentiere sind der zum Landleben übergegangene Zweig der Chelicerata. Sie waren bereits in Devon und Karbon in die Hauptgruppen differenziert, existieren heute in vielen Tausenden von Arten und ernähren sich zum großen Teil von Insekten.

Die Kiemen werden zunächst durch Einstülpung zu Fächerlungen (S. 246). Diese werden in vielen Ordnungen durch Tracheen verschiedener Herkunft ersetzt, die schließlich bei den Solifugae mit Längskanälen verbunden sind und so dem Tracheensystem der höheren Insekten gleichen. Der Mund liegt weiter vorn als bei den Merostomata, enditenähnliche Laden bilden vor ihm einen Mundvorraum, in dem bereits eine Vorverdauung stattfinden kann. Die Laden werden meist von den Palpen (2. Extremitäten) gebildet.

Die Cheliceren sind kleine Scheren, Klauen (bei Webspinnen mit Giftdrüse) oder Stilette, die nächsten Extremitäten wechseln von Laufbeinen (Palpigradi) zu mächtigen Scheren (Skorpione, Pseudoskorpione), hakenbesetzten Fangbeinen (Pedipalpi, einige Opiliones und Acari) bis zu Tastern (Araneae). Die übrigen Beine des Prosoma bleiben i. a. Schreitbeine meist mit 2 Krallen. Bei einigen Milben kommt es zur Reduktion von Beinpaaren. Am Hinterkörper fehlen Extremitäten am 1. Segment, die des 2. bilden Genital- oder Lungendeckel, die des 3. bei Skorpionen die großen gefiederten Kämme, sonst oft Lungendeckel, die des 4. und 5. Segmentes bei den Araneae die Spinnwarzen (Abb. 158). Bei Skorpionen enthält der Hinterkörper 13 Segmente, bei den anderen Gruppen ist er kürzer. Der Schwanzstachel enthält bei Skorpionen eine Giftdrüse, sonst ist er mehrfach ein geringelter Faden, den meisten Gruppen fehlt er völlig.

Die Lichtsinnesorgane sind nicht als Komplexaugen ausgebildet; es sind zwei Augentypen zu unterscheiden, die als Haupt- und Nebenaugen bezeichnet werden. Beim Beispiel der Webspinnen (Araneae), die über meist 8 verfügen, läßt sich der Unterschied deutlich machen: Die Kerne der Sehzellen liegen bei den Hauptaugen hinter den lichtrecipierenden Rhabdomen, bei den Nebenaugen davor. Die Hauptaugen sind bei vielen Arten mit besonders leistungsfähigen Linsen versehen.

Hautsinnesorgane, die vor allem an den Extremitäten konzentriert sind, liegen in großer Zahl und mit unterschiedlichen Funktionen vor: lange Tasthaare, die Luftschwingungen übermitteln (Trichobothrien), Geschmackshaare mit feinen Öffnungen und Spaltsinnesorgane. Letztere können zu lyraförmigen Organen zusammentreten. Sie recipieren Verformungen der Cuticula.

Neben dem Exoskelet, das seine innere Oberfläche oft durch Einstülpungen und Verdickungen (Entapophysen, Apodeme) vergrößert, ist vielfach noch ein mesodermales, plattenförmiges Innenskelet ausgebildet (Endosternit), auf dem das Unterschlundganglion liegt und an dem Muskeln ansetzen (fehlt bei Solifugae).

Ein stark erweiterbarer Abschnitt des Vor-

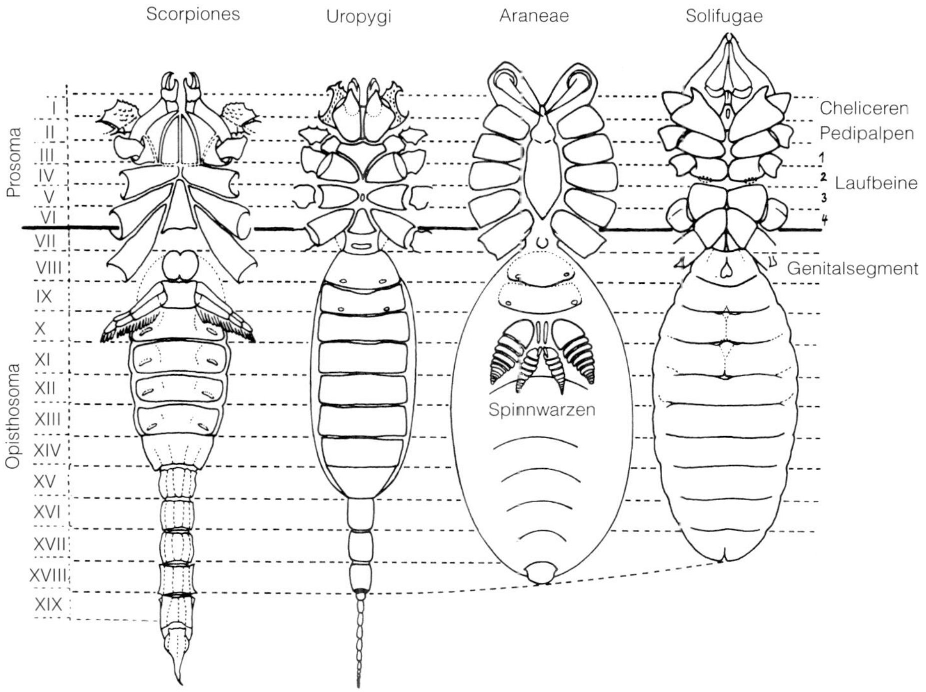

Abb. 158: Gliederung verschiedener Arachniden. Ob die hier dargestellte Segmentierung der Skorpione endgültig richtig ist, kann noch nicht entschieden werden. Vielleicht liegt im Praeabdomen eine Segmentverdoppelung vor. Als Beispiel für die Araneae dient der primitive *Liphistius*. Nach Millot

derdarms ist als praecerebrale Saugpumpe entwickelt. Anschließend verengt sich der Vorderdarm, passiert den Raum zwischen Ober- und Unterschlundganglion, um dann bei Amblypygi und Araneae eine postcerebrale Saugpumpe zu bilden. Der Mitteldarm ist im allgemeinen mit umfangreichen Anhängen (Mitteldarmdrüsen) ausgestattet, die sezernieren, resorbieren und speichern.

Als Exkretionsorgane fungieren neben den entodermalen Malpighischen Gefäßen (fehlen bei Palpigradi, Pseudoscorpiones, Opiliones und manchen Acari) und Coxaldrüsen (Nephridien mit Coelomraum (= Sacculus)), die im allgemeinen in einem Paar ausgebildet sind, Nephrocyten, die in Bluträumen liegen, und andere freie Zellen.

Die oft komplizierten Gonaden münden am 2. Segment des Hinterkörpers. Die Befruchtung ist eine innere, die Art der Spermienübertragung jedoch ganz verschieden, z. T. durch einen echten Penis (Opiliones, manche Milben), oft durch Extremitäten, bei den Araneae z. B. durch die Palpen, bei Solifugae und manchen Milben durch die Cheliceren, bei Ricinulei und anderen Milben durch modifizierte Laufbeine; Skorpione, Pedipalpi, Pseudoskorpione und viele Milben setzen Spermatophoren ab, die vom Weibchen aufgenommen werden. Brutpflege ist häufig, echte Viviparie kommt bei Skorpionen und einigen Milben vor.

Der Lebensraum der Arachnida ist insbesondere das Land, sekundär ins Wasser und sogar ins Meer sind einige Webspinnen und mehrere Familien der Milben vorgedrungen. Nur in dieser letzten Gruppe – der artenreichsten und vielgestaltigsten unter den Arachnida – treffen wir Parasiten und Pflanzenschädlinge.

1. Ordnung: Scorpiones (Skorpione)

Die Skorpione (Abb. 159) sind in vieler Hinsicht ursprüngliche Arachniden.

Ursprüngliche Merkmale sind:

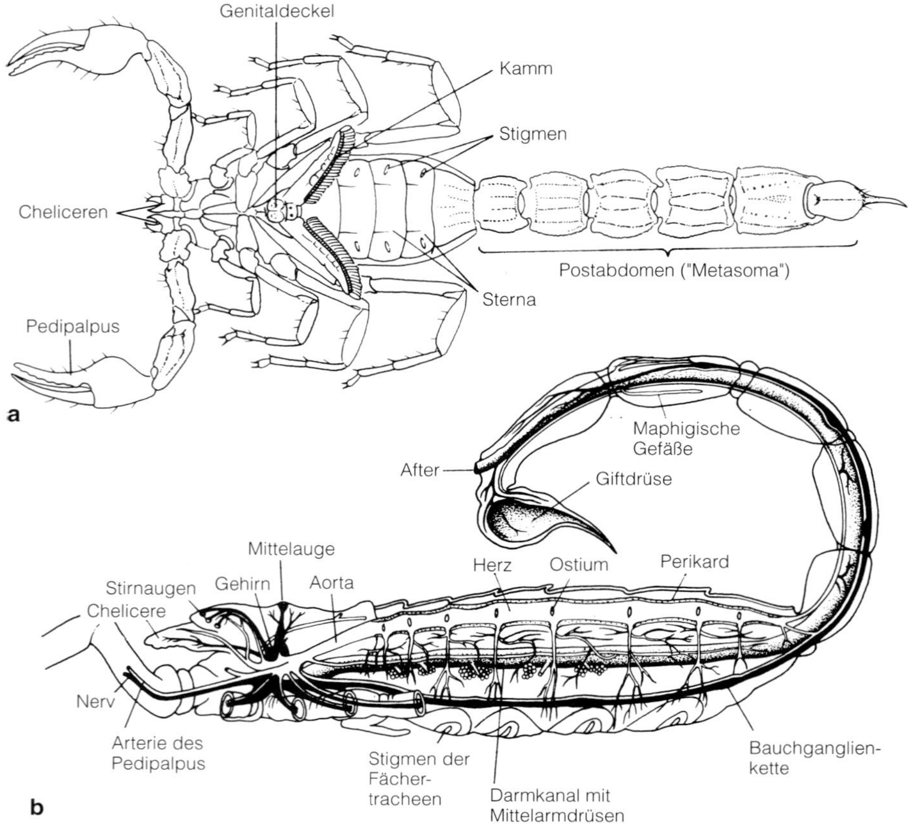

Abb. 159: Scorpiones. a. Ventralansicht von *Pandinus*, b. Organisationsschema. Nach Demoll, Newport, Versluys

1. Das lange, gegliederte Opisthosoma (Abdomen), das aus einem breiten Praeabdomen («Mesosoma») und einem dünneren Postabdomen («Metasoma») besteht. Im Postabdomen sind Pleuren mit Tergiten und Sterniten zu Ringen verwachsen; dieser Körperteil kann nach allen Seiten bewegt werden. Am Ende trägt er einen Giftstachel.

2. Die hohe Zahl von Fächerlungen an den Abdominalsegmenten 4–7 (die übrigen Arachniden tragen höchstens 2 Paar an Segment 2 und 3 des Abdomens).

3. Die Bauchganglienkette mit 7 freien Ganglienpaaren im Abdomen (das letzte ist ein Verschmelzungsprodukt aus zwei segmentalen Ganglien).

Ursprüngliche Merkmale, welche die Skorpione nur mit einzelnen anderen Arachniden gemeinsam haben, sind die hohe Zahl der Ostienpaare des Herzens (7, bei einigen Pedipalpi 9, Solifugae 8), das reichentwickelte Blutgefäßsystem mit zahlreichen Arterien und 7 Paar Lungenvenen. Eigene Merkmale, die erst nach der Abzweigung der Skorpione von den übrigen Arachnida erworben wurden, sind die starke Reduktion des Abdominalsegmentes 1, die Umbildung der Abdominalextremitäten 3 in Kämme (Pectines), des Endsegmentes in einen Giftstachel mit Giftdrüse und die Verlagerung der Stigmen vom Hinterrand der Sternite auf die Fläche. Die Kämme sind umgewandelte Extremitäten des dritten Hinterleibssegments, die mit Mechano- und Kontaktchemoreceptoren besetzt sind. Beim Laufen nähern sie sich ständig dem Untergrund und berühren ihn.

Die Skorpione sind eine Ordnung mit starrem Bauplan, der bereits im Silur ausgeprägt war. Bei den silurischen Palaeophonidae endeten die Beine mit einfachem, zugespitztem Praetarsus, später mit zwei Krallen; nur deren erstes Jugendstadium verhält sich wie bei den Palaeophonidae. Die Atemorgane der palaeozoischen Formen waren Lamellen hinter plattenartigen, einander überlappenden Opisthosomaextremitäten. Beide morphologischen Besonderheiten werden als Hinweis auf ein Leben im Wasser gewertet.

Alle rezenten Skorpione sind ovovivipar bzw. vivipar. Die Entwicklung im Mutterleib umfaßt die wichtigsten Unterschiede der heutigen Arten. Weitere Unterschiede betreffen die komplizierten Endabschnitte der Samenleiter (Paraxialorgan, in ihm wird ein Teil der Spermatophore abgesondert) und den Bau der Giftdrüse (gekammert oder ungekammert usw.).

Die über 1000 Arten umfassende Ordnung lebt in allen Erdteilen, meidet aber die kälteren Zonen jenseits des 50. Breitengrades. Die Skorpione sind nachtaktiv und leben v.a. von Insekten. Zahlreiche Arten dringen in Trockengebiete vor. Länge 1,3–18 cm. Färbung meist gelblich, braun oder schwarz. Ihre Beute pakken sie mit den Scheren; leistet sie Widerstand, wird sie mit dem Gift des Giftstachels getötet. Skorpione sind thigmotaktisch, was bedeuten kann, daß sie sich nach ihren nächtlichen Ausflügen auch in Zeltplanen, Decken, Kleidung (Schuhen, Strümpfen) usw. verbergen. Der Stich mehrerer Arten kann für Menschen gefährlich sein. Man geht von schätzungsweise 150000 Unfällen im Jahr aus, wovon sich 40000 in Mexiko ereignen. Etwa 1200 gehen tödlich aus; der Tod tritt durch Atemlähmung meist innerhalb der ersten 20 Stunden nach dem Unfall ein. Ein besonders starkes Gift sezerniert *Tityus* (in Nord- und Südamerika), weiterhin gehört *Androctonus* zu den gefährlichen Formen. Gemeinsam scheint den Skorpionen außer Ovoviviparie bzw. Viviparie das Begattungsspiel zu sein, in dessen Verlauf das Männchen das Weibchen mit den Scheren ergreift und über eine auf den Boden abgesetzte Spermatophore zieht. Die neugeborenen Skorpione besteigen die Mutter und lassen sich von dieser bis zur ersten Häutung transportieren. Die Mutter sammelt verlorene Jungtiere wieder ein.

Buthus gelblich, im westlichen und südlichen Mittelmeerraum verbreitet.

Mesobuthus: v.a. im östlichen Mittelmeerraum.

Androctonus: in den Wüsten Nordafrikas bis Indiens; gilt als sehr gefährlich für den Menschen, kann einen Hund in Sekunden töten.

Pandinus imperator: größte Art (18 cm lang), in Westafrika.

Euscorpius-Arten in Südeuropa verbreitet (braun-schwarz).

2. Ordnung: Pedipalpi (Geißelskorpione, Geißelspinnen)

Die Pedipalpi gehören zu einer zweiten Entwicklungslinie der Arachniden, die wohl alle Ordnungen außerhalb der Skorpione umfaßt und daher oft als Lipoctena = Epectinata den Skorpionen (als Pectinifera) gegenübergestellt wird.

Die artenarmen, aber vielgestaltigen Pedipalpi (Abb. 160) zeigen folgende primitive Merkmale: Als Atemorgan fungieren nur 1 oder 2 Paar Fächerlungen; Röhrentracheen fehlen; das Herz enthält noch zahlreiche Ostien (5–9 Paar); die Zahl der Lungenvenen ist groß (5–7 Paar); das Abdomen enthält meist noch 12 deutliche Segmente, von denen das erste noch Tergit und Sternit trägt, die letzten drei bilden oft ein kleines Postabdomen aus ringförmigen Gliedern.

Sondercharaktere der Pedipalpi sind: die Umwandlung des 1. Laufbeins in ein langes gliederreiches «Tastbein», das nur sensorische Funktion besitzt; die Cheliceren sind zweigliedrig und stehen etwa zwischen einer Schere und einer Klaue. Die Pedipalpen werden zu einer komplizierten Fangextremität. Ein oder zwei Paar Nephridien. Die Ausführungsgänge der einfachen Gonaden sind, besonders beim Männchen, kompliziert, sie können ein umfangreiches Schlauchsystem bilden. Ausbildung von Spermatophoren. Die Eier werden in einem Eiersack an der Genitalplatte befestigt getragen.

Die Pedipalpi umfassen zwei Unterordnungen, die schon im Karbon getrennt waren und oft als eigene Ordnungen bewertet werden; die eine (Uropygi, Geißelskorpione) ähnelt in Körperform und durch die Umbildung der Pedipalpen in Scheren den Skorpionen, die andere (Amblypygi, Geißelspinnen) steht den Araneen nahe, unterscheidet sich aber durch das Fehlen der Giftdrüse an den Cheliceren sowie der

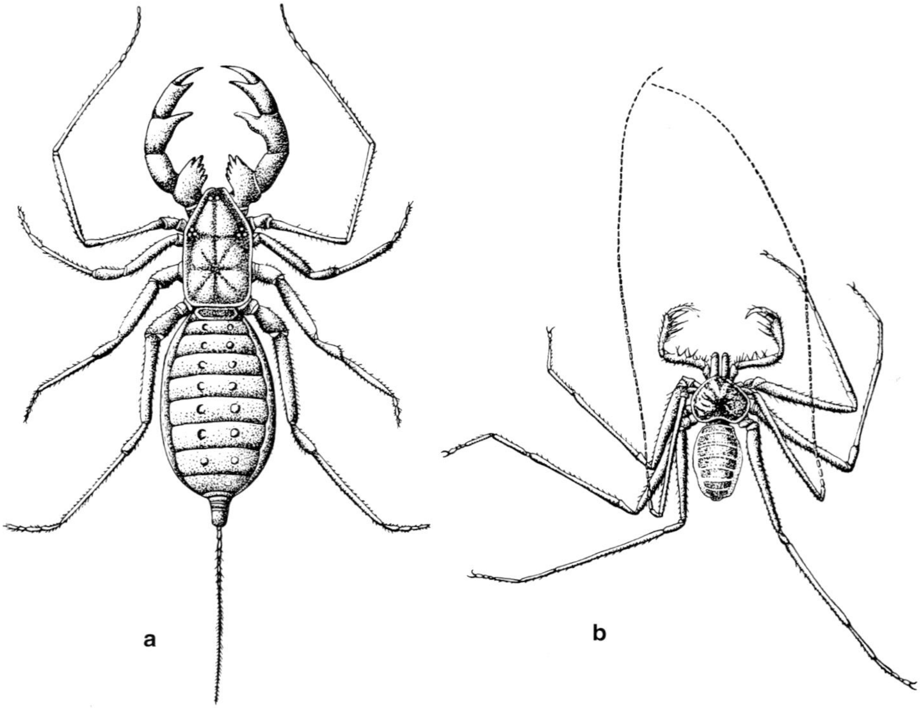

Abb. 160: a. Geißelskorpion *(Mastigoproctus giganteus)*, Körperlänge 6,5 cm, b. Geißelspinne *(Charinus milloti)*, Körperlänge 1,2 cm. Nach Millot, Pocock

Spinnwarzen und -drüsen. Manche Systematiker bevorzugen eine Dreigliederung in Uropygi, Schizomida und Amblypygi.

Die ca. 200 Arten besiedeln Tropen und Subtropen und dringen nur in Asien weit nach Norden vor. Körperlänge: 0,3 cm bis 7,5 cm.

1. Unterordnung: Uropygi (Geißelskorpione, Abb. 160 a). Peltidium länger als breit; die drei Endglieder des Abdomens (= Postabdomen) klein und röhrenförmig, das letzte mit einem Schwanzfaden (Flagellum). Dieser ist dem Giftstachel der Skorpione bzw. dem Schwanzstachel der Xiphosuren homolog. Das Sternum des 3. Prosomasegmentes bildet keine «Unterlippe», Ansatz des Abdomens mäßig verschmälert. Mit Analdrüsen (Wehr-, Giftdrüsen), die bis zu den Fächerlungen reichen können. Das Sekret wird gegen Angreifer gespritzt. Es kann bis über 80% Essigsäure enthalten *(Mastigoproctus)*, Ameisensäure *(Thelyphonus)* oder auch Chlor. Im Nervensystem noch ein isoliertes Abdominalganglion.

a. Holopeltidia (= Thelyphonida) 17–75 mm lang (ohne Flagellum). Peltidium einheitlich. Palpen zu Scheren umgebildet. Flagellum lang und fadenförmig. Herz mit 9 Paar Ostien. Mit Medianaugen und jederseits drei Seitenaugen. 2 Paar Fächerlungen. Mittel- und Südamerika, Süd- und Ostasien bis Polynesien, Afrika; meist in Regenwäldern. Fortpflanzungsverhalten ähnlich wie bei Skorpionen (Spermatophorenübertragung, Junge nach der Geburt auf Rükken der Mutter). *Hypoctonus, Typopeltis, Mastigoproctus, Thelyphonus.*

b. Schizopeltidia (Schizomida). Zwerghaft, 3–18 mm lang. Das letzte Segment trägt ein kurzes, aus höchstens 3 Gliedern zusammengesetztes Flagellum. Peltidium in Pro-, Meso- und Metapeltidium zerlegt. Palpen noch weitgehend beinähnlich mit Endklaue. Herz mit 5 Paar Ostien. Augen fehlend oder reduziert. 1 Paar Fächerlungen. Tropengebiete, im Boden oder in Höhlen. *Schizomus, Trithyreus, Stenochrus.*

2. Unterordnung: Amblypygi (Geißelspinnen, Abb. 160 b). Peltidium breiter als lang,

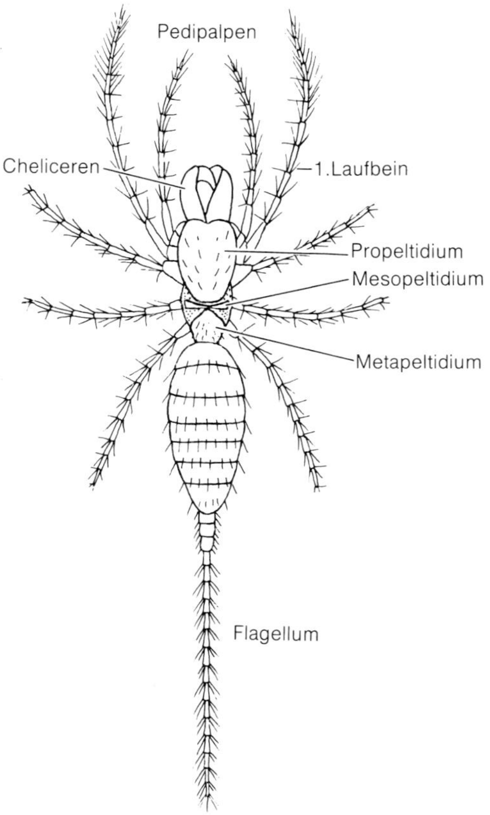

Abb. 161: Palpigradi. *Eukoenenia mirabilis* in Dorsalansicht. Körperlänge 1,2 mm. Nach Hansen

Opisthosoma verkürzt, kein Postabdomen. Ansatz des Abdomens stielartig. Ohne Analdrüsen. 6 Paar Ostien im Herzen, Herz auf Hinterkörper beschränkt. Palpen große dornenbesetzte Fangarme, das erste Laufbein als Tastbein stark verlängert, Spannweite bis 60 cm. Vorder- und Mitteldarm erinnern an Araneen, prae- und postcerebrale Saugpumpe. 7–45 mm lang. Tropen und Subtropen, auch im Mittelmeerraum *(Sarax)*. *Charinus, Phrynichus*.

3. Ordnung: Palpigradi

Diese Ordnung enthält nur etwa 60 Arten von sehr geringer Körpergröße (0,6–2,8 mm Rumpflänge). Sie haben mehrere Merkmale mit den Pedipalpi Uropygi gemeinsam: die drei röhrenartigen letzten Abdominalglieder, den gegliederten Schwanzfaden (Flagellum), die Gliederung des Peltidiums in ein großes Propeltidium, paarige kleine Mesopeltidia und ein Metapeltidium (vgl. Schizopeltidia) und ein freies Opisthosomalganglion (Abb. 161).

Allgemein an Pedipalpi erinnern die Umbildung des 1. Laufbeines in ein Tastbein mit auswärts verlagertem Ursprung und die Größe der Ventralplatte des 2. Opisthosomalsegmentes. Einige Sondercharaktere sind sicher Reduktionserscheinungen, so das Fehlen von Fächerlungen und Tracheen, von Malpighischen Gefäßen, Kreislaufsystem und Augen.

Die Mundbildung ist die einfachste unter den Arachniden: Die schlitzförmige Mundöffnung reicht bis zwischen die Chelicerenbasen, liegt also besonders weit vorn; Hüften von Extremitäten sind nicht als Kauladen ausgebildet.

In manchen Merkmalen sind jedoch die Palpigradi primitiver als die Pedipalpi, so sind z. B. die Cheliceren noch echte, dreigliedrige Scheren, die Palpen weitgehend laufbeinartig. Meist werden auch die Sternalplatten des Prosoma als besonders primitiv innerhalb der Arachnida gewertet, es sind hier 5 deutliche Platten in den Segmenten 1, 2 + 3, 4, 5 und 6 vorhanden, von denen die zweite besonders groß ist und die vordere als Unterlippe fungiert.

Weitere Eigenarten sind: die Mündung des einen Nephridienpaares an der Hinterwand der Tastbeinhüfte, die einfachen sackförmigen, z. T. segmentalen Darmblindsäcke und das elfgliedrige Abdomen. An den Opisthosomasegmenten 4–6 kommen drei Paar von Ventralsäcken vor, die durch Blutdruck ausgestülpt und durch Dorsoventralmuskeln zurückgezogen werden können. Man schreibt ihnen Respirationsfunktion und Wasseraufnahme zu.

Die Palpigradi sind versteckt lebende Feuchtlufttiere warmer Regionen, bis Mitteleuropa (Österreich). Eine Familie: Koeneniidae. *Eukoenenia, Prokoenenia* u. a.

4. Ordnung: Araneae (Webspinnen)

Mit 30000 Arten sind die Araneae nach den Acari die artenreichste rezente Ordnung der Chelicerata. Sie schließen sich an die Pedipalpi Amblypygi an, sowohl in ursprünglichen Merkmalen wie dem reichentwickelten Arteriensystem, dem zwölfgliedrigen Abdomen, den

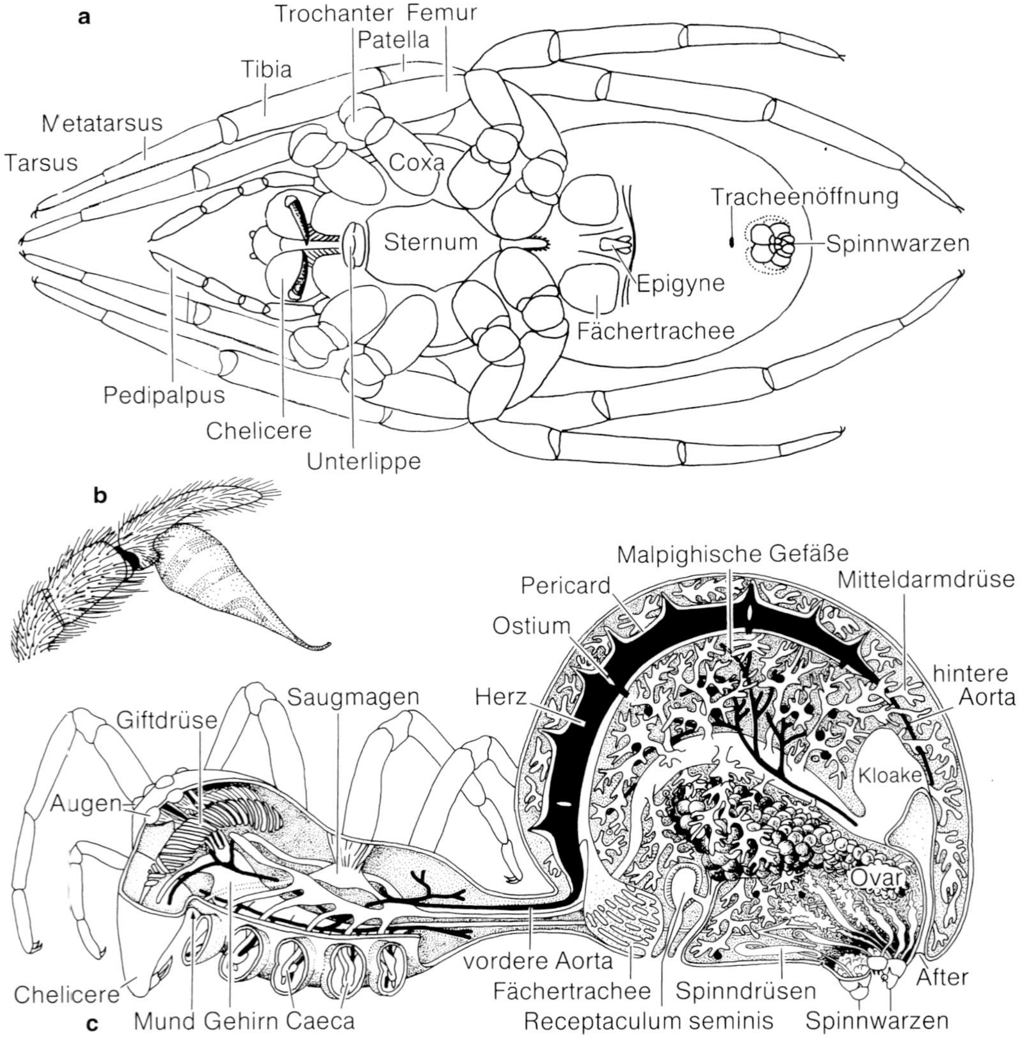

Abb. 162: Araneae. a. Ventralansicht eines Kreuzspinnen-Weibchens, b. Palpus einer männlichen *Segestria* mit Kopulationsapparat, c. Organisationsschema. Nach Bristowe, Comstock, Kullmann

jederseits drei Seitenaugen und den zwei Paar Nephridien bei primitiven Arten sowie dem Besitz von Fächerlungen, als auch in speziellen Eigenarten wie der Ausbildung der Cheliceren als zweigliedrige Klaue und dem gestielten Abdomen, dessen Stiel vom ersten Segment gebildet wird (Abb. 162).

Spezielle Merkmale der Araneae sind:

1. Die Giftdrüse der Cheliceren, die den Uloboridae sekundär fehlt. Ihr Gift dient zum Beutefang und bei der Abwehr. In vergleichsweise sehr wenigen Fällen wirkt das Gift der Webspinnen auch nachhaltig auf Menschen. Das stärkste Toxin produziert die südamerikanische Kammspinne *Phoneutria* (S. 268).

2. Die Spinnwarzen. Sie sind Umbildungen der Extremitäten des 4. und 5. Abdominalsegmentes. Ursprünglich waren vier Paare vorhanden (*Liphistius*, Abb. 163), ihre Zahl wird vielfach verringert; das vordere Paar kann zu einer Spinnplatte (Cribellum) und schließlich zu einem unpaaren Hautzipfel (Colulus) wer-

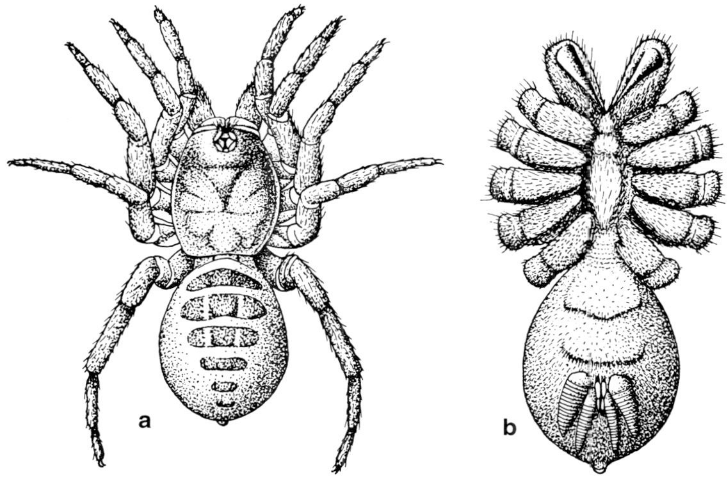

Abb. 163: *Liphistius;* a. Dorsalansicht, b. Ventralansicht. Nach Millot

den. In ihrer ursprünglichen Lage an der Ventralfläche des Abdomens finden wir die Spinnwarzen nur noch bei den Mesothelae (Abb. 158, 163), bei den übrigen Gruppen sind sie nach hinten verlagert (Opisthothelae). Der auf den Spinnwarzen an den Spitzen von kanülenartigen Haaren (Spinnspulen) mündende Drüsenapparat ist kompliziert und kann mehrere hundert Drüsen enthalten, die mehreren Typen zuzuordnen sind. Mit dem Cribellum können Tausende von Drüsen in Verbindung stehen, die über maximal 50000 sehr zarte Spinnspulen ausmünden. Das Sekret dient zum Wohnröhrenbau, zur Eikokonbildung, zur Herstellung von Flug- und Fangfäden, Fangnetzen, zum Umspinnen der Beute usw.

Spinnwebfäden sind nicht einheitlich gebaut. Fäden aus Netzen können eine Dicke von $^1/_{100}$ mm erreichen (andere weniger als $^1/_{1000}$ mm). Ihre Festigkeit liegt bei 20–60 kp/mm^2 , ihre Reißlänge übertrifft die normalen Stahls. Fangfäden können mit Klebsekret überzogen sein (Kleb- oder Tropfenfäden; ecribellate Spinnen), oder sie sind mit Fangwolle aus feinsten Fäden belegt (Cribellumfäden; cribellate Spinnen).

Spinnfäden bestehen aus Proteinen. Polymerisation und paralleles Ausrichten der Moleküle sind wesentliche Vorgänge beim Austritt des Sekretes aus den Drüsen.

3. Die Palpen der Männchen sind als Spermaüberträger ausgebildet. Dem Tarsus sitzt im einfachsten Fall ein rübenförmiger Anhang (Bulbus) an, der innen einen schraubigen, nahe der Spitze mündenden Kanal als Spermabehälter (Samenschlauch, Spermaphor) enthält (Abb. 162). Die Mündung kann zu einem komplizierten Fortsatz (Embolus) ausgezogen sein. Die weichhäutige Ansatzstelle des Bulbus am Tarsus kann zu einem Schwellorgan (Haematodocha) werden, das durch einströmende Haemolymphe den Bulbus in den Funktionszustand überführt. Der Tarsus selbst wird zu einem Deckel (Cymbium) für diesen Apparat. Das Sperma wird erst auf ein besonders gesponnenes Netz (Spermanetz) gebracht und von dort in den Taster aufgenommen. Der Embolus wird in die Mündung des Einführungsganges zum Receptaculum seminis des Weibchens geführt und das Sperma entlassen. Der Spermavorrat reicht dem Weibchen für Monate bis über eineinhalb Jahre. Es gibt aber auch mehrfache Begattungen durch verschiedene Männchen.

Innerhalb der Araneae sind folgende Umbildungen wichtig.

1. Die äußere Segmentierung des Abdomens verschwindet. Bei den Mesothelae ist sie noch erhalten (Abb. 163), bei den Hypochilidae sind im männlichen Geschlecht noch Tergite ausgebildet, bei den übrigen Gruppen ist das Abdomen ein einheitlicher Sack ohne Platten. Nur in frühen Jugendstadien ist auch hier die Segmentierung angedeutet.

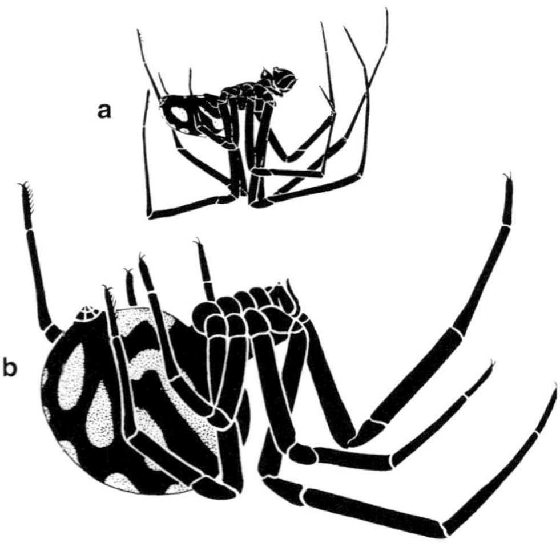

Abb. 164: *Latrodectus*. Die Tiere hängen gewöhnlich mit dem Rücken nach unten in ihrem Gespinst und sind in dieser Stellung dargestellt. a. Männchen, b. Weibchen. Nach Maretic

2. Die ursprünglichen Fächerlungen werden allmählich durch Tracheen ersetzt, indem das hintere Lungenpaar, z. T. auch das vordere, in Tracheen umgebildet wird und neue Tracheen aus Entapophysen entstehen. Daraus ergibt sich die Vielfalt der Atemorgane. Zwei Paar Fächerlungen als einzige Atemorgane sind bei Mesothelae, Mygalomorpha und Hypochilidae ausgebildet, ein Paar bei Pholcidae. Meist sind jedoch Fächerlungen und Tracheen entwickelt, einige Familien besitzen nur Tracheen.

3. Die weibliche Genitalöffnung wird kompliziert. Ihr Bereich ist oft durch eine verfestigte Cuticulaplatte (Epigyne) markiert. Der Aufnahme der Spermien dienen Receptacula seminis.

4. Im Nervensystem sind bei den Mesothelae alle 17 ventralen Ganglienpaare (5 im Prosoma, 12 im Abdomen) einander genähert, aber deutlich getrennt, bei den übrigen Gruppen verschmelzen 12 Ganglienpaare zu einem großen Komplex, die letzten Paare werden reduziert.

5. Das Herz vermindert die Zahl seiner Ostien und Seitenarterien von 5 (Mesothelae) über 4 (die meisten Orthognatha) und 3 (die meisten Labidognatha) bis auf 2 (Dysderidae u. a.). Die Schlagfrequenz liegt in der Ruhe bei 30–50/min, bei Aktivität um 200/min.

Vorkommen und Lebensweise. Die Araneae bewohnen alle Erdteile. Sie sind vorwiegend Landtiere, einige haben das Wasser besiedelt. Den größten Reichtum an Spinnen in der Gezeitenzone weist die Salzwiese auf, manche *(Desis)* legen ihre Wohnglocke in Polychaetenröhren von Korallenriffen an. Ganz zum Leben unter der Wasseroberfläche ist die heimische Wasserspinne *(Argyroneta aquatica)* übergegangen (Abb. 115 k). Manche jagenden Spinnen, so *Pirata* und *Dolomedes* (Abb. 167 g), besiedeln die Wasseroberfläche von Süßgewässern. Mit ihren Spinnfäden fliegend bilden viele Arten zeitweise – vor allem im Jugendstadium – ein Luftplankton («Altweibersommer»), wobei Höhen von 1000 m erreicht werden.

Spinnen leben grundsätzlich räuberisch, sie erbeuten ihre Nahrungstiere jagend (laufend oder springend) oder in Fangnetzen. Gewöhnlich leben sie von Insekten. Man schätzt, daß bei uns auf 1 ha Waldboden 500 000 Spinnen leben können, die in einem Sommer zwei Zentner Insekten vertilgen. Manche Arten sind auf Spinnen spezialisiert (Mimetidae), andere auf Oligochaeten (*Erigone* bei uns an den Meeresküsten); große Vogelspinnen überwältigen zuweilen kleine Wirbeltiere. Zur Beute gehört für die Weibchen mancher Arten auch das arteneigene Männchen (z. B. *Argiope, Cyrtophora, Latrodectus*). Immer wird die Nahrung extraintestinal vorverdaut und durch die enge Mundöffnung in flüssiger Form aufgenommen. Vorher wird den Beutetieren Gift der Chelicerendrüsen injiziert. Das Gift kann in Einzelfällen auch für den Menschen gefährlich werden. In der mitteleuropäischen Fauna kann der Biß der Wasserspinne zu starken Schmerzen führen. Der Dornfinger *(Cheiracanthium punctorium)*, eine Clubionide, die aus dem Mittelmeergebiet hier eingewandert ist, kann Menschen einen sehr schmerzhaften Biß zufügen, der auch Beeinträchtigung des Gesamtbefindens hervorrufen kann.

Die meisten Vergiftungsfälle in Europa sind auf die zu den Kugelspinnen gehörende Malmignatte *(Latrodectus mactans tredecimguttatus)*, in Amerika auf die Schwarze Witwe (*L. mactans mactans*, Abb. 164) zurückzuführen. *Latrodectus*-Bisse können in warmen Ländern aller Kontinente für Menschen, vor allem für Kinder, tödlich werden. Wichtig ist auch die südamerikanische *Phoneutria* (Familie Kammspinnen, Ctenidae), die früher mit Bananenladungen nach Europa gelangte. Ihr Biß ist oft tödlich, das Gift gehört zu den stärksten Nervengiften. Der Tod kann nach 2–5 Stunden eintreten. Besonders gefürchtet sind die großen Vogelspinnen, die jedoch in der Mehrzahl für den Menschen ungefährlich sind. Sie haben verhältnismäßig kleine Giftdrüsen und können Vögel bis Taubengröße töten. Von den 30 000 Webspinnen, die bekannt sind, haben nachweislich 10–20 unter Menschen Todesopfer gefordert. Die toxische Wirkung des Sekretes wird vorwiegend auf Polypeptide zurückgeführt.

Auffällig sind Spinnennetze, die mit Hilfe von Sekreten der abdominalen Spinndrüsen hergestellt werden. Je nach Bedarf kann die Spinne das Sekret einer der maximal sechs Drüsentypen als Spinnfaden austreten lassen, der vorwiegend aus Seide besteht. Daneben kann er z. B. Kaliumnitrat, Kaliumhydrogenphosphat und Pyrrolidon enthalten. Auf das Protein (Fibroin) der Seide ist die Elastizität des Fadens zurückzuführen, das Pyrrolidon als hygroskopische Substanz wirkt wohl dem Eintrocknen entgegen, das Kaliumhydrogenphosphat ist bakteriostatisch, Kaliumnitrat wirkt der Denaturierung der Eiweiße entgegen.

Am Beispiel der Garten-Kreuzspinne *(Araneus diadematus)* wird der Bau eines Radnetzes auf Abb. 166 erklärt.

Das Radnetz dient der Spinne als Wohnung und als Falle für Insekten. Anfliegende Insekten bleiben an einem klebrigen, spiraligen Faden (Fangspirale) hängen, werden von der Spinne mit weiteren Spinnfäden gefesselt und durch Giftinjektion getötet. Aus trockenen Fäden bestehen der Zentralteil des Netzes (Nabe), der Rahmen sowie die die beiden Teile verbindenden Radialfäden (Speichen).

In die nahe Verwandtschaft der Kreuzspinne gehören auch tropische und subtropische Gattungen, die wesentlich größere Netze bauen, so die Seidenspinnen *(Nephila)*. Die Fäden der bis 2 m großen Netze sind auf Madagaskar schon vor Jahrhunderten gewerblich zu Seidenstoffen verarbeitet worden.

Radnetzspinnen können außerhalb ihres Netzes auf Beute warten oder auch auf der Nabe. Im letzteren Fall sind die betreffenden Arten bisweilen besonders stark gepanzert *(Gasteracantha*, Abb. 167 b), oder die Netze sind mit sog. Stabilimenten versehen. Das sind zentrale Anteile des Netzes, die besonders dicht sind. Bei *Argiope* finden sich beispielsweise zickzackförmige Stabilimente, die als Kreuz angelegt sind, in anderen Fällen bilden sie ein senkrechtes Band oder etwa runde Flecken. Sie dienen wohl der Tarnung oder Warnung und verhindern vielleicht, daß Vögel in das Netz hineinfliegen und es zerstören.

Das beschriebene Radnetz findet sich bei cribellaten und ecribellaten Spinnen. Ob dem Bau von Radnetzen homologe Verhaltensmuster zugrundeliegen oder ob Radnetze konvergent entstanden sind, wird noch diskutiert. Wie oben schon dargelegt, sind die Fangfäden in beiden Gruppen sehr verschieden.

Neben den Radnetzen gibt es eine Reihe weiterer Netztypen. Den einfachsten Fall zeigen eine Reihe von Spinnen, die in selbstgefertigten Erdbauten leben (Abb. 165). Von der Öffnung dieses Baues können radiär Fäden oder auch Blatteile als Stolperfäden oder -gegenstände ausgelegt sein. Stoßen Insekten dagegen, kommt die Spinne hervor und tötet sie. Solche Erdbauten können mit einem Deckel verschlossen werden, der aus Spinnsekret besteht, welchem Bodenteile der direkten Umgebung des Baues aufgelagert wurden, und der mit einem Scharnier aus Seide mit dem Höhleneingang in Verbindung steht (Abb. 165 a). Derartige Bauten sind z. B. von Mesothelae und Falltürspinnen (Ctenizidae) bekannt. Die Fadenanlage des primitiven *Liphistius* bleibt monate-, vielleicht sogar jahrelang bestehen. Die Tiere verlassen ihren Bau zum Beutefang oder zum Entfernen von abgestreiften Häuten oder von Fremdkörpern. Die Fadenanlage wird dabei nicht verlassen. Vor Häutungen und vor der Eiablage spinnt die Ctenizide *Nemesia caementaria* ihren Deckel fest zu, die Jungen bleiben dann mit der Mutter mindestens 1 Jahr in der Röhre. Andere Spinnen, z. B. *Atypus*, haben ihre Wohnröhre zu einem oberirdischen Fangschlauch aus Seide verlängert (Abb. 165 b, c). Wird dieser von einem Insekt berührt, kommt die Spinne und tötet die Beute durch seine Wand hindurch, eröffnet diese sodann, zieht die Beute hinein und repariert die Wand wieder. Waagerechte Decken in der Vegetation werden beispielsweise von den Baldachinspinnen (Linyphiidae) gebaut. Deckennetze, die meist in eine Röhre übergehen, sind für die Trichterspinnen typisch, von denen *Tegenaria* häufig in Wohnungen anzutreffen ist.

Das Spinnsekret kann auch in ganz anderer

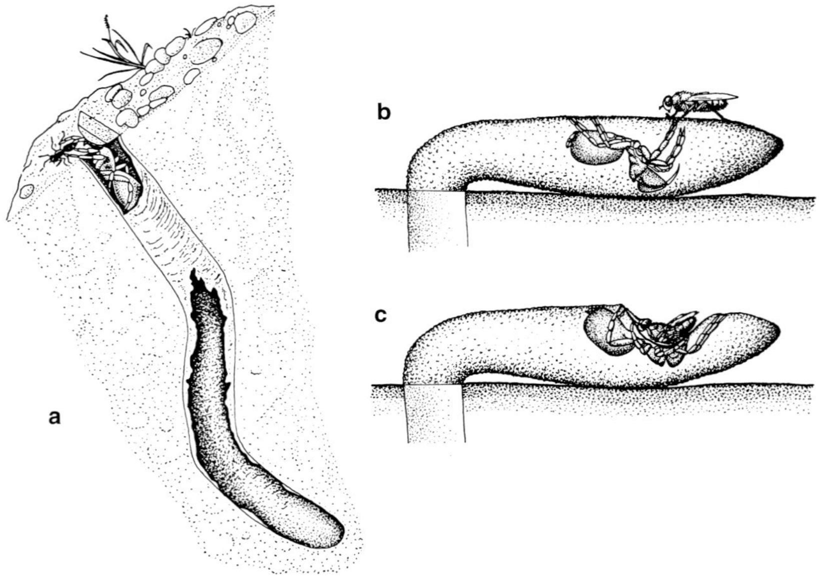

Abb. 165: Spinnen mit Erdbauten. a. Wohnröhre der Falltürspinne *(Nemesia caementaria)* an einem Hang. Die Spinne hat unter dem Deckel gerade eine Ameise gefangen. b, c. *Atypus* beim Fang einer Fliege, die auf das Röhrennetz vor der Wohnröhre gelangt ist. Nach Bristowe, Buchli, von Frisch

Weise zum Beutefang eingesetzt werden: Die Lassospinnen *(Dicrostichus, Mastophora)* bauen nur ein kleines Fadengerüst, an dem sie sich aufhängen. Sie halten einen langen Faden, an dessen Ende ein Klebtropfen angebracht ist, und fangen damit anfliegende Insekten. Dabei helfen ihnen wohl Sexualpheromone, mit denen Nachtschmetterlinge angelockt werden.

Die Käscherspinne *Dinopis* hält ein Fanggewebe aus Cribellum-Fäden zwischen den Beinen und spreizt diese, wenn sich ein Insekt nähert. Das Netz wird dabei stark gedehnt und über das Insekt geworfen.

Das Auffinden der Beute kann auch ohne Netz erfolgen. Wolfspinnen (Lycosidae) und Springspinnen (Salticidae) erjagen ihre Beute in Lauf oder Sprung. Einige Krabbenspinnen lauern auf Blüten und fangen fliegende Insekten. Die Speispinne *Scytodes* (Abb. 167 d) leimt Beutetiere mit dem ausgespritzten Sekret ihrer Chelicerendrüse am Untergrund fest.

Die Häutung erfolgt meist in Rückenlage (siehe auch Abb. 171 a für Opiliones), oft hängend im Netz. Vogelspinnen können stundenlang regungslos am Boden liegend verharren. Mit der Häutung ist eine Verdoppelung des Blutdrucks verbunden.

Lauterzeugung kommt verschiedentlich vor, z. B. durch Stridulationsorgane an den Cheliceren oder zwischen Pro- und Opisthosoma.

Normalerweise sind Spinnen Einzelgänger, bisweilen leben sie jedoch mit Spinnen oder anderen Arthropoden zusammen. *Argyrodes* lebt in Netzen von *Cyrtophora, Argiope* u. a. und hat ihre Netzfäden mit deren Netz verbunden; auf diese Weise wird sie über einen Jagderfolg informiert und kann an der Mahlzeit ihres «Wirtes» teilnehmen.

Die Weibchen der Webspinnen betreiben Brutfürsorge, indem sie ihre Eier mit Kokonfäden umhüllen. Auf diese Weise können familien-, gattungs- und sogar artspezifische Gespinste entstehen (Abb. 168), welche die Eier vor Austrocknung, Hitze oder Kälte schützen. In vielen Fällen werden sie durch Fremdkörper getarnt oder durch Verfestigung der äußeren Hülle (*Agroeca* mittels Fremdkörpern, *Dinopis* durch ein sich holzartig verfestigendes Sekret) vor Feinden bewahrt. Bei vielen Spinnen, z. B. Kreuz- und Zebraspinnen, erschöpft sich die Brutfürsorge darin, daß die Weibchen ihren Eikokon herstellen und bald danach sterben. Andere Spinnen stellen geräumige «Kinderstuben» her, in denen sie Kokons deponieren und die geschlüpften Jungspinnen bewachen. Einen direkten Kontakt zwischen ihnen gibt es nicht. Anders bei den Wolfsspinnen: Hier besteigen die frisch geschlüpften Spinnen den Rücken ihrer Mutter und werden von ihr bis zu ihrer ersten Häutung transportiert. Bei den Eresidae und Theridiidae entwickelt sich der Zusammenhalt weiter: Hier kommt es zur Brutpflege, die geschlüpften Jungspinnen werden gefüttert. Die erste Stufe ist die Verabreichung von Nahrung durch Regurgitation: Das Weibchen läßt an seinem Mund einen Tropfen austreten, der von den Jungen aufgesogen wird. Dieses Regurgitat ist ein Sekret von Darmzellen. So werden die Jungen mindestens bis zur ersten Häutung mit Nahrung versorgt. Dann folgt eine weitere Stufe: Die Mutter fängt Beute, speichelt sie ein und überläßt sie ihren Nachkommen zum Aussaugen. Der nächste Schritt ist der, daß die Heranwachsenden gemeinsam Beute machen. Sie gehen bei verschiedenen Arten erst nach der dritten, vierten oder fünften Häutung auseinander. Die solitäre Lebensphase verkürzt sich also immer mehr. Permanent soziale Spinnen kooperieren miteinander und bleiben bis zur Geschlechtsreife zusammen. Eine Reihe von Individuen wandert dann aus und baut gemeinsam in Verbindung mit ihrem Ausgangsnetz ein neues Wohngespinst. So entstehen große Netzkomplexe. Die Kooperation betrifft z.B. die Jagd, aber auch die Bewachung der Eigelege. In wenigstens acht Familien der cribellaten und ecribellaten Spinnen sind soziale Formen entstanden, z.B. bei Amaurobiidae, Eresidae, Dictynidae, Uloboridae, Dipluridae, Agelenidae, Theridiidae und Araneidae. Soziale Spinnen der Gattung *Stegodyphus* werden von afrikanischen Völkern schon lange zur Schädlingsbekämpfung in Hütten gehalten. Später haben die Buren Spinnen zu diesem Zweck sogar in Krankenhäuser geholt. In Mexiko bringen Landbewohner soziale Spinnen der Gattung *Mallos* während der Regenzeit ins Haus, wenn die Stechmücken zu lästig werden.

Als Beispiel für Mimikry soll nur *Myrmarachne* erwähnt werden, die Ameisen imitiert und sogar – wie Insekten – auf drei Beinpaaren läuft.

Webspinnen sind fossil seit dem Devon nachgewiesen.

1. Unterordnung: Mesothelae. Ursprüngliche Restgruppe mit 25 Arten in Südostasien. Abdomen noch durch Tergite und ventrale Querfurchen gegliedert. Spinnwarzen (4 Paare oder 3 Paare und ein Rudiment) ventral mitten auf dem Abdomen. Bauchnervenmasse aus 17 getrennten Ganglienpaaren. 5 Paar Ostien am Herzen. Cheliceren nach vorn gerichtet, ihre Klauen einander parallel (Orthognathie). 2 Paar Fächerlungen, 2 Paar Nephridien. Pedipalpen ohne Kauladen.

Liphistius (Abb. 163) gräbt bis 60 cm tiefe Erdröhren, Mündung durch Tür verschlossen, strahlenförmig um Wohneingang angelegte Stolperfäden. Im Karbon waren die Mesothelae in Europa und Nordamerika verbreitet.

2. Unterordnung: Opisthothelae. Spinnwarzen am Ende des Opisthosomas. Hierher gehört die Mehrzahl der Webspinnen.

a. Mygalomorphae (Orthognatha). Cheliceren vom orthognathen Typ. 2 Paar Fächerlungen; keine Tracheen; 2 Paar Nephridien.

Familie: Ctenizidae (Falltürspinnen). Cheliceren mit kräftigen Rechen. Erbauer von Erdröhren, deren Mündung meist mit einem Deckel versehen wird, und die nur nachts zum Beutefang verlassen werden. *Ctenizа, Nemesia* (Abb. 165 a), *Cyclocosmia* (Hinterleibsende abgestutzt, stark sklerotisiert, kann zum Verschluß der Röhre dienen, wenn Deckel entfernt wurde).

Familie: Dipluridae. Hintere Spinnwarzen sehr lang, spinnen große Deckennetze. *Diplura.*

Familie: Atypidae. Einzige Vertreter der Orthognatha in Mitteleuropa. Lange Laden an den Palpen. Erbauer von Erdröhren, deren Auskleidung sich in oberirdischen Fangschlauch fortsetzt (Abb. 165 b). *Atypus*, etwa 17 mm lang.

Familie: Aviculariidae (Vogelspinnen). Jagende oder netzbauende, oft besonders große Arten (südamerikanische *Theraphosa leblondi* bis 9 cm lang). In Baumhöhlen, Gezweig oder Erdgängen. *Eurypelma* (Abb. 167 a), *Avicularia:* stark behaarte Tiere warmer Länder.

b. Araneomorphae (Labidognatha). Cheliceren ventralwärts gerichtet, Klauen einander zugekehrt. Nur ausnahmsweise (Hypochilidae) 2 Paar Fächerlungen, meist 1 Paar oder ohne Fächerlungen. Tracheen reich entwickelt. 1 Paar Nephridien. Oft unterscheidet man zwei Gruppen: Ecribellatae und Cribellatae.

α. Ecribellatae. Vordere innere Spinnwarzen nicht in eine Spinnplatte (Cribellum) umge-

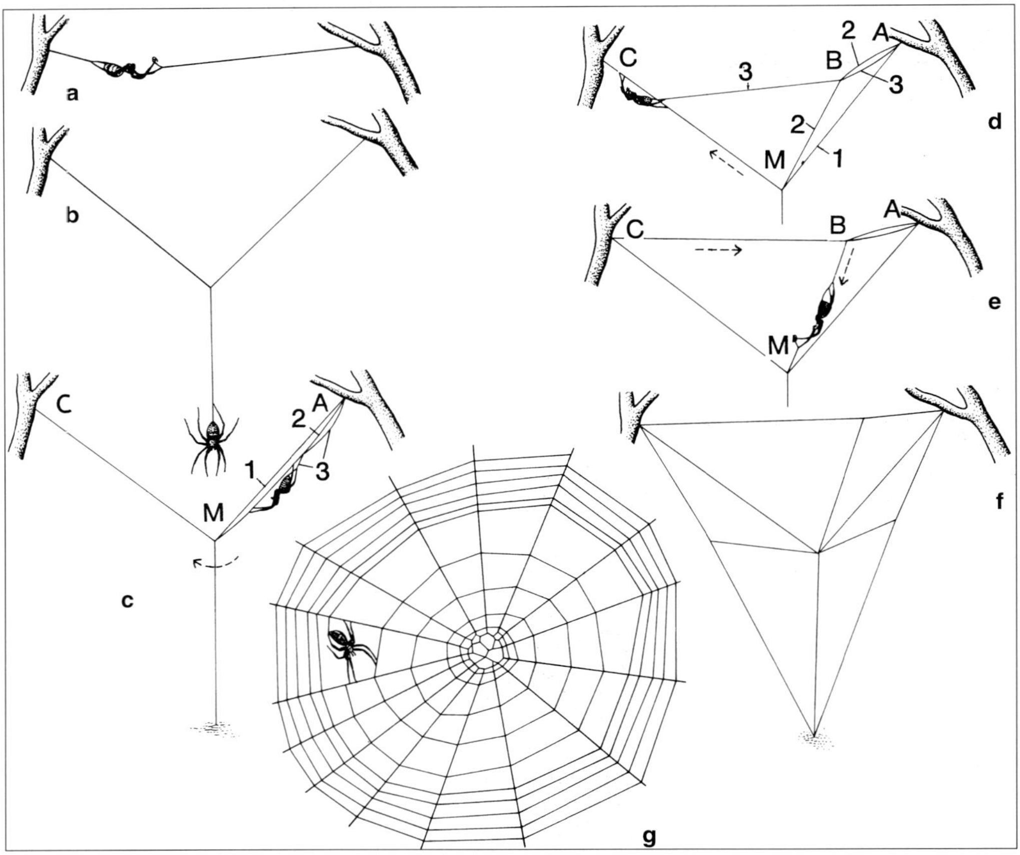

Abb. 166: Bau eines Radnetzes einer Kreuzspinne. Zunächst wird eine Fadenbrücke vom Sitzplatz der Spinne zu einem anderen festen Gegenstand hergestellt. Mit gespreizten Spinnwarzen wird ein Fadenbüschel («Segel») produziert, das von einer leichten Luftströmung erfaßt werden kann. Dann legen sich die Spinnwarzen zusammen und bringen so einen einfachen Faden hervor. Mit dem «Segel» voran kann der Faden auf einen Gegenstand treffen und hier festkleben. Die Spinne befestigt den Faden auch auf ihrer Seite und hat damit eine Brücke geschaffen.
a. Die Spinne beißt die Brücke durch und hält die beiden Enden mit Vorder- und Hinterbeinen fest. Dann läuft sie los. Während sie die Brücke vorn aufhaspelt, läßt sie hinten viel neues Spinnsekret austreten, so daß eine längere Brücke entsteht.
b. In der Mitte heftet die Spinne beide Fadenenden zusammen und seilt sich ab. Dieses Seil wird in der Weise am Boden befestigt, daß das spätere Netz nicht senkrecht, sondern leicht geneigt steht.
c. Die Spinne ist zu M gelaufen, von dort nach A. Die Verbindung M–A ist nun doppelt und wird dreifach, wenn die Spinne zu M zurückläuft (Fäden 1, 2, 3). Faden 2 und 3 werden verklebt.
d. Die Spinne läuft über M zu C und befestigt Faden 3 an C. Faden 3 ist der erste Teil des Rahmens, Faden 2 zur vierten Speiche geworden.
e. Die Spinne läuft zu dem Verklebungspunkt der Fäden 2 und 3 und verlängert die vierte Speiche, so daß der erste Rahmenfaden (3) gerade wird.
f. In gleicher Weise entstehen weitere Rahmenfäden immer in Verbindung mit einer neuen Speiche.
g. Nahe dem Zentrum des Netzes sind die Speichen verbunden und bilden die spätere Nabe.
Dann legt die Spinne eine Hilfsspirale an, während sie von einer Speiche zur nächsten klettert. Außen angelangt, zieht sie zwischen den Fäden der weiteren Hilfsspirale eine engere Klebspirale und entfernt die Hilfsspirale wieder. Da die klebrige Beschaffenheit des Fadens nicht von Dauer ist, ist nach 1–2 Tagen Ersatz nötig. Auch vorher können schon Reparaturen ausgeführt werden. Nach von Frisch

wandelt, am Metatarsus des 4. Beinpaares keine Reihen besonderer Borsten (Calamistrum). Negativgruppe.

Familie: Dysderidae mit *Dysdera* (Abb. 169 c) und *Segestria*, die unter Steinen oder Baumrinde Röhren bauen.

Familie: Scytodidae: Hierher gehört die Speispinne (*Scytodes*, Abb. 167 d), die ihre Beute mit dem Sekret der Chelicerendrüsen bespritzt und an den Untergrund fesselt.

S. thoracica ist die einzige Art dieser Familie in Mitteleuropa. Sie kommt bei uns fast nur in Häusern vor. Die nachtaktive Spinne nähert sich ihrer Beute langsam an, bleibt 1–2 cm davor stehen und schleudert aus den sehr großen Chelicerendrüsen Sekret aus, welches sich in nur 140 ms zickzackförmig über die Beute legt und diese an das Substrat fesselt. Dann folgen Giftbiß und Aussaugen. Die Chelicerendrüsen bestehen aus zwei Teilen: Der hintere bildet Leimfäden, der vordere Gift. Starke Muskelkontraktion vermittelt das Ausspritzen des Leim-Gift-Gemisches. Mit dem Sekret der Spinndrüsen werden Gespinste für den Aufenthalt bei Tage und für die Umhüllung des Geleges angefertigt, welches das Weibchen an der Bauchseite trägt.

Familie: Pholcidae (Zitterspinnen): Erinnern wegen ihrer langen Beine an Weberknechte. Zitterspinnen leben in Mitteleuropa vorwiegend in Häusern, auch in recht trockenen Wohnungen.

Besonders auffällig ist *Pholcus phalangioides*, dessen Körperlänge 10 mm erreicht. Man findet seine unregelmäßigen Netze an Zimmerdecken. Die Spinne lauert darin bauchoben auf Beute. Bei Beunruhigung (etwa durch Berühren oder Luftbewegung) versetzt sie ihren Körper in rasch kreisende Bewegungen, so daß sie praktisch unsichtbar wird. Das Weibchen trägt das nur von wenigen Fäden umhüllte Eipaket mit den Cheliceren. Lebensdauer: etwa 3 Jahre.

Familie: Theridiidae (Kugelspinnen). Netzbauer, bewerfen im Netz gefangene Beute mit Hilfe der Hinterbeine mit klebrigen Spinnfäden. *Theridium*, *Steatoda* (bei uns in Häusern), *Latrodectus* (Abb. 164; wichtigste Giftspinne Europas).

Eine der häufigsten einheimischen Arten dieser Familie ist die bis 7 mm lange *Enoplagnatha ovata*, die durch ihr gelbes Opisthosoma, welches häufig zwei rote Längsstreifen trägt, auffällt. Sie lebt auf Gebüsch und niedriger Vegetation, insbesondere an Wald- und Wegrändern; Schlupfwinkel oft zwischen zusammengesponnenen Himbeerblättern. Eikokon kugelig, bläulich oder grünlich. Die geschlüpften Jungspinnen nehmen an der Mahlzeit der Mutter teil.

Theridion pallens ist nur 1,7 mm lang, ist an Eichenblättern häufig zu finden, desgleichen ihre 2 mm großen, schneeweißen, kugeligen Kokons, die in mehreren Spitzen ausgezogen sind.

Familie: Linyphiidae (Baldachinspinnen): Mit etwa 300 Arten die größte Familie der heimischen Webspinnenfauna. Die Netze sind bei vielen Arten als waagerechte Decken in der Vegetation verspannt; darüber wird ein Gewirr von Fäden angelegt, in dem sich Insekten verfangen und auf die Decke fallen. Die Spinne lauert bauchoben unter der Gespinstdecke und tötet die Beute durch die Decke hindurch.

Linyphia triangularis ist eine der häufigsten Webspinnen unserer Fauna. Im Spätsommer und Herbst fallen die Netze in Gebüschen insbesondere in den Morgenstunden auf, wenn sie mit Tau überzogen sind.

Familie: Araneidae (Kreuzspinnen). Radnetzbauer (Abb. 166)

Araneus, die Kreuzspinne (Abb. 167 e), ist bei uns mit etwa 50 Arten verbreitet. Die Weibchen sind bis 15 mm lang und auffällig gefärbt, die Männchen meist kleiner. Eikokons werden im Herbst in der Vegetation befestigt. Geschlechtsreife im zweiten Jahr. Relativ eng an den Menschen haben sich *A. sclopetarius* (Brückenspinne) und *A. umbraticus* (Spaltenkreuzspinne) angeschlossen. Erstere wird regelmäßig an und in Bauwerken an Fließgewässern gefunden, die zweite spannt ihr exzentrisches Netz oft an Gebäuden. Beide Arten sind nachtaktiv.

Meta menardi (Höhlenkreuzspinne) lebt in Höhlen, Stollen und Kellern. Körperlänge 15 mm, durch die langen Beine größer wirkend. Die Weibchen hängen ihre etwa 2 cm großen Kokons mit einem Fadenband an der Höhlendecke auf (Abb. 168 a).

Argiope bruennichi (Wespenspinne) ist durch ihr silbrig-weißes Prosoma und das gelb-schwarz gebänderte Opisthosoma eine der auffallendsten Spinnen in Europa. Sie ist im Mittelmeerraum verbreitet, kommt aber auch bei uns vor und hat sich in den letzten Jahrzehnten ausgebreitet. Zum Befestigen des bodennahen Netzes schaffen sich die Tiere einen freien Raum, indem sie Grashalme zusammenspinnen. Über und unter der Nabe findet sich ein zickzackförmiges Gespinstband (Stabiliment), das wohl der Tarnung, eventuell auch der Anlockung von Insekten dient (UV-Reflektion). Weibchen werden bis 20 mm lang, Männchen bis 5 mm. Die Paarung endet für das Männchen fast immer tödlich. Es wird meist noch während der Paarung eingesponnen, getötet und schließlich gefressen. Oft kommt es sogar schon vor der Kopulation zur Tötung. In manchen Netzen wurden drei gefangene Männchen pro Tag gefunden.

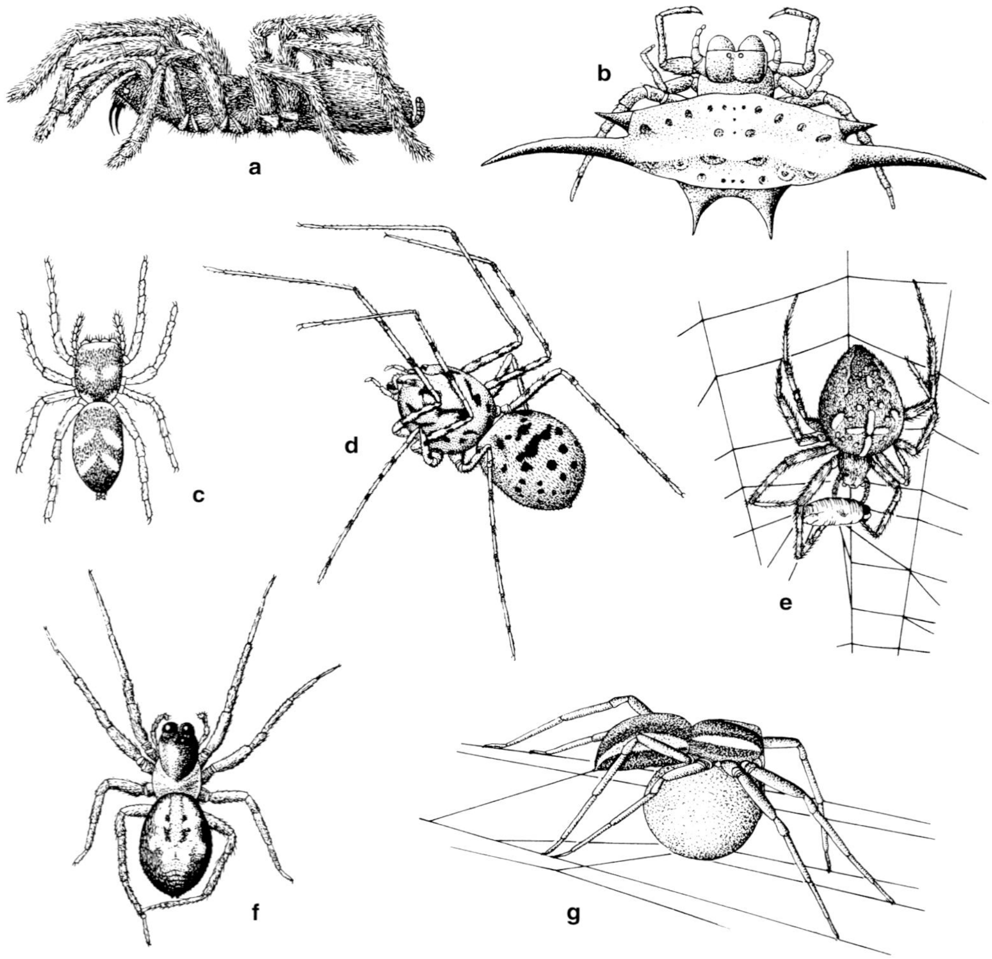

Abb. 167: Araneae. a. *Eurypelma* (Vogelspinne), b. *Gasteracantha*, c. *Salticus* (Springspinne), d. *Scytodes* (Speispinne), e. *Araneus* (Kreuzspinne) mit Beute, die normalerweise kopfunten angegangen wird, f. *Amaurobius*, g. *Dolomedes* (Weibchen mit Kokon). Nach Bristowe, Crome, Millot, Wiehle

Cyrtophora, Cyclosa, Nephila, Gasteracantha (Abb. 167 b), *Dicrostichus* (Lassospinne).

Familie: Tetragnathidae. Bauen ebenfalls Radnetze, oft sehr langgestreckte Tiere (Strekkerspinnen). *Tetragnatha*.

Mimetidae (Spinnenfresser): auf Spinnen als Nahrung spezialisiert.

Ero furcata: nähert sich abends Netzen, z. B. von Theridiidae, rüttelt an den Fäden und tötet herbeilaufende Netzbewohnerin mit einem rasch wirkenden Giftbiß. Eikokon (Abb. 168 c) v. a. an Fichten.

Familie: Agelenidae (Trichterspinnen). Bauen Deckennetze, die meist in Röhren übergehen. *Agelena* auf Vegetation, *Tegenaria* bei uns häufig in Häusern, *Coelotes*.

Tegenaria atrica (Hausspinne) ist wohl jedem schon einmal im Hause aufgefallen, die Männchen, weil sie frei umherlaufen, die Weibchen v. a. durch ihre Trichternetze in Ecken. Sie wird bis 18 mm lang und wirkt durch ihre langen Beine besonders groß. Ihr rascher Lauf trägt sie bis 30 cm/s. Die Weibchen beginnen im April mit der Eiablage, und Jungspinnen schlüpfen nach 3 Wochen. Nach neun Häutungen erreichen sie bis August die Geschlechtsreife. Nach der Fortpflanzung, die bis Oktober erfolgt, sterben die Männchen. Die Weibchen sind mehrjährig.
Etwas kleiner ist *Tegenaria domestica*; sie erreicht etwa 11 mm Länge.

Familie: Desidae: *Desis* in Riffen.
Familie: Argyronetidae (Wasserspinnen).

Argyroneta aquatica lebt unter Wasser (Abb. 115 k) und kann schwimmen. Sie bewohnt stehende und langsam fließende, saubere Gewässer mit reichem Pflanzenbestand. Die Wasserspinne benötigt atmosphärische Luft zum Atmen. Diese wird im dichten Haarkleid des Opisthosoma transportiert. Netze werden zwischen Wasserpflanzen gesponnen und mit Luft gefüllt. In der Wohnglocke finden Verzehr von Nahrung (Krebse, Insekten u.a.) sowie Paarung statt, in anderen Luftglocken Häutung, Eiablage und Aufzucht der Jungen. Das Männchen baut eine spezielle Glocke, in der Sperma abgesetzt und in die Pedipalpen aufgenommen wird. Das Weibchen baut direkt über seiner Wohnglocke eine Eiglocke, die es bewacht und mit Frischluft versorgt.

Familie: Pisauridae (Jagdspinnen). Der Eikokon wird zwischen den Cheliceren getragen (Abb. 167 g). *Dolomedes*, am Ufer von Gewässern und auf deren Oberfläche, kann bei Beunruhigung tauchen, bis 2 cm lang, eine der größten mitteleuropäischen Spinnen, *Pisaura:* Männchen «beschenkt» Weibchen vor Kopulation mit eingesponnener Fliege.
Familie: Lycosidae (Wolfspinnen). Eikokon wird an Spinnwarzen getragen. *Pardosa* am Boden. Hierher gehört auch die apulische Tarantel *(Hogna tarentula)*, ein Röhrenbewohner, dem der Volksglaube große Gefährlichkeit nachgesagt hat.

Pardosa ist mit etwa 30 Arten die größte heimische Gattung dieser Familie. Besonders häufig ist *P. lugubris*. Die bis 7 mm große Art kann in hoher Individuenzahl an offenen Bodenstellen in Gärten sowie an Wald- und Wegrändern gefunden werden. Männchen mit differenzierter Balz (alternierendes Winken mit den Palpen). Weibchen legen Eier auf Gespinst, decken dieses mit weiterem Gespinst ab, verbinden die Ränder der beiden und tragen den so entstandenen, flachen Kokon an den Spinnwarzen. Nach dem Schlüpfen klettern die bis zu 100 Jungtiere sogleich auf den Rücken ihrer Mutter, wo sie etwa eine Woche verbleiben. Von Juni bis September kann man solche Gemeinschaften am Boden von Wäldern, aber auch in Gärten häufig finden.

Familie Gnaphosidae (Plattbauchspinnen). Verbringen den Tag in geschlossenem Wohnsack. Jagen nachts. *Drassodes, Zelotes*.
Familie: Clubionidae (Sackspinnen). Lebensweise ähnlich voriger Familie. *Clubiona, Cheiracanthium*. *Agroeca:* spinnt glockenförmigen Kokon (Feenlämpchen), der oberes Stockwerk für Eier und unteres für ausgeschlüpfte Jungtiere enthält (Abb. 168 b).

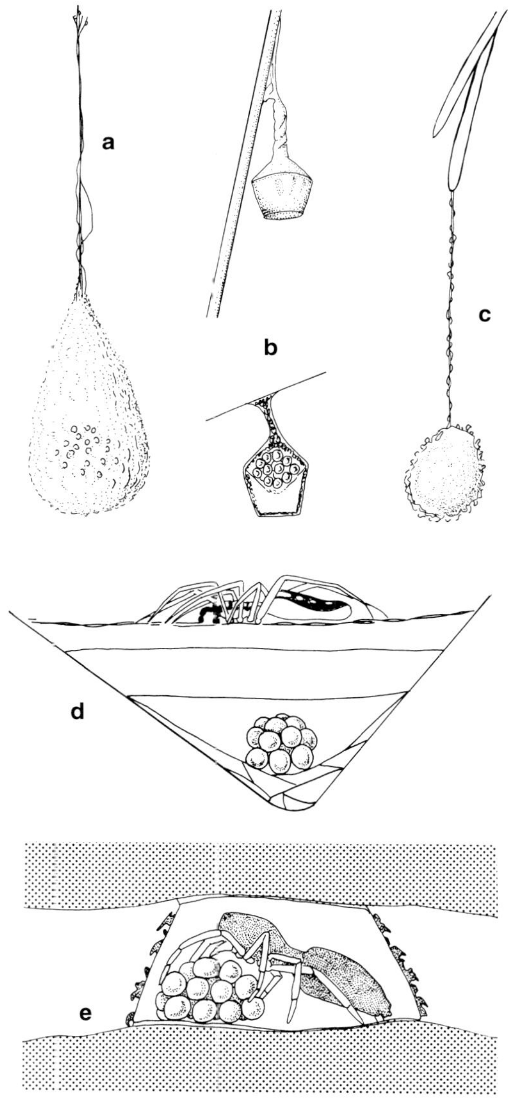

Abb 168: Kokons verschiedener Webspinnen. a–c: aufgehängte Kokons. a. *Meta menardi* (Höhlenkreuzspinne; Araneidae); Kokon weiß, an Höhlendecke befestigt, b. «Feenlämpchen» von *Agroeca brunnea* (Clubionidae); zunächst weiß, dann mit Erdpartikeln getarnt, c. *Ero* (Spinnenfresser; Mimetidae); Kokon von lockerem Gespinst aus braunen Fäden umhüllt, d. *Philodromus dispar* (Philodromidae); das Weibchen sitzt auf der Schutzdecke der Kokonkammer, das Gelege befindet sich an deren Basis, e. *Heliophanus cupreus* (Salticidae); das Weibchen bewacht den Eiballen in einem dichten, außen markierten Nest Nach Holm, Pötzsch

Cheiracanthium punctorium, der Dornfinger, ist die einzige Spinne Mitteleuropas, die für den Menschen unangenehm werden kann: Dem schmerzhaften Biß können Schüttelfrost und Kreislaufkollaps folgen. Auch wird von Übelkeit, Kopfschmerzen und Temperaturerhöhung berichtet. Ernster verlaufende Fälle sind jedoch nicht bekannt.
Der bis 15 mm lange Dornfinger ist auffallend gefärbt: Prosoma rot, übriger Körper gelblich bis grünlich. Männchen und Weibchen leben im Hochsommer eine Zeitlang gemeinsam in einem großen Gespinst in offenem, warmem Gelände mit hohem Gras. Später, wenn das Weibchen Kokon bzw. Junge bewacht, ist die Gefahr eines Bisses für den Menschen besonders groß.

Familie: Thomisidae (Krabbenspinnen). Können wie Krabben seitwärts laufen. Auf Blüten oder Blättern Insekten fangend. *Xysticus*, *Misumena* (Abb. 239 b), *Misumenops* (darunter eine Art in Blattkannen von *Nepenthes*).

Familie: Salticidae (Springspinnen). Vordermittelaugen mit großen Linsen. Tagtiere, die Beute beschleichen und aufspringend überwältigen. *Salticus* (Abb. 167 c), *Myrmarachne* imitiert Ameisen.

Salticus scenicus, die etwa 5–7 mm lange Zebra-Springspinne, ist besonders häufig. An Gebäuden, selbst an senkrechten Glaswänden, kann man die schwarz-weiß gestreifte Art leicht finden und beim Beutefang beobachten. Die Männchen haben wesentlich größere Cheliceren als die Weibchen. Nur tagaktiv.

b. Cribellatae. Die vorderen inneren Spinnwarzen sind zu einer Spinnplatte (Cribellum, Siebplatte) umgewandelt. Letztes Beinpaar am Metatarsus mit einer besonderen Borstenreihe (Calamistrum), die beim Spinnen mitwirkt. Beutefang mit Cribellumfäden.

Palaeocribellatae: ursprüngliche Gruppe, die anatomisch den Orthognatha nahesteht und bisweilen auch zu diesen gestellt wird. Die Cheliceren zeigen eine intermediäre Stellung zwischen Orthognathie und Labidognathie, sie funktionieren wie bei Orthognathen. 2 Paar Fächerlungen. Rückseite bei jungen Tieren mit abgegrenzten Tergiten, diese bleiben bei Männchen zeitlebens erhalten. 4 Paar Ostien am Herzen. *Hypochilus* in Nordamerika, andere Gattungen in China, Tasmanien, Chile.

Neocribellatae: 1 Paar Fächerlungen.

Familie: Amaurobiidae. *Amaurobius* legt um den Eingang zur Wohnröhre unregelmäßig Fangfäden aus. Häufig in Kellern und feuchten Mauern (Abb. 167 f).

Familie Filistatidae. Die Fangfäden werden radial um den Eingang des Baues angeordnet. Subtropisch bis tropisch.

Familie: Uloboridae. Ohne Chelicerendrüsen; als Kompensation langanhaltende Beutefesselung. *Uloborus*-Arten bauen vertikale bis horizontale Radnetze, die mit denen der Araneidae konstruktionell übereinstimmen (s. S. 269). Statt Klebfäden enthalten sie jedoch Cribellumfäden. Vorwiegend tropisch bis subtropisch.

Hyptiotes baut als Radnetzrelikt ein Dreiecksnetz mit nur 4 Radien. Die «Dreiecksspinne» ist auch in unseren Fichtenwäldern heimisch.

Sybota legt die Fangfäden den Radien auf, baut also keine Fangfadenspirale. Der Netztyp kann als Vorstufe des Radnetzes aufgefaßt werden. Mittelmeerraum.

Familie Dinopidae. *Dinopis* («Käscherspinne», s. S. 270). Tropisch. *Menneus* verfertigt nur einen einzigen mit Haftwolle belegten Faden, in den sie sich als Brücke einschaltet, wie es auch *Hyptiotes* in ihrem Signalfaden tut. Tropisch.

5. Ordnung: Pseudoscorpiones (Chelonethi, Afterskorpione)

Die Pseudoskorpione sind eine isolierte Ordnung kleiner Arachniden (0,9–7 mm) von einheitlichem Bau. Die Ähnlichkeit mit den Skorpionen ist nur äußerlich und wird durch die großen, als Greifscheren entwickelten Pedipalpen vermittelt (Abb. 169 l, 170). Aber schon diese unterscheiden sich durch die wohlentwickelten Laden und die 1 oder 2 Giftdrüsen in der Schere von denen der Skorpione und sind wahrscheinlich in paralleler Umbildung entstanden. Ursprüngliche Charaktere sind selten. Zu ihnen gehört das in 12 Segmente gegliederte Abdomen, das mit breiter Fläche dem Prosoma ansitzt. Besonders ursprünglich ist die gute

Abb. 169: Fauna des Waldbodens. a. Nacktschnecke *(Limax)*, b. Ohrwurm *(Chelidurella)*, c. *Dysdera*, die eine Assel erbeutet hat, d. Julide, e. Regenwurm, der von einem Laufkäfer (*Carabus;* f) erbeutet wurde, g. Mauerassel *(Oniscus)*, h. Geophilide, i. Weberknecht *(Phalangium)*, j. Waldschabe *(Ectobius)*, k. *Polyxenus*, l. Pseudoskorpion, m. *Belba* (Moosmilbe), n. Kugelspringer, o. *Entomobrya* (Collembola). Original ▷

a
b
c
d
e
f
g
h
i
j
k
l
m
n
o

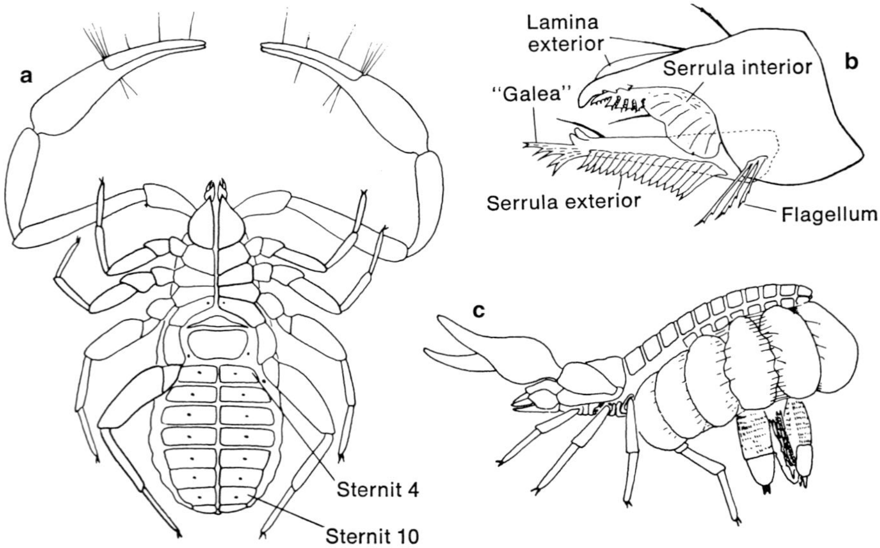

Abb. 170: Pseudoskorpione. a. Ventralansicht, b. Chelicere, c. Weibchen mit angehefteter Brut, zwei Jungtiere schlüpfen gerade. Nach Beier, Weygoldt

Ausbildung des 1. Abdominalsegmentes, das stets eine Rückenplatte (Tergit) und oft auch eine Bauchplatte (Sternit) trägt. Das 12. Segment ist nur ein kleiner, den After tragender Bezirk. Auch die z.T. netzartigen Hoden sind wohl ursprünglich. Schwerer zu beurteilen ist das Vorkommen von Atemorganen im 4. Abdominalsegment. Es handelt sich um zwei Paar Büschеltracheen, die von Fächerlungen ableitbar sind. Ihre Stigmen liegen meist im 3. und 4. Abdominalsegment.

Viele Charaktere der Pseudoskorpione sind Merkmale, die in paralleler Entwicklung auch bei anderen Ordnungen entstanden sind, so die Zweigliedrigkeit der scherenförmigen Cheliceren (Solifugae), die Umbildung der Fächerlungen in Tracheen (z.T. Araneae u.a.), das Fehlen der Medianaugen (z.T. Acari) und die Reduktion der Lateralaugen auf höchstens 2 jederseits, die Verschmelzung der ventralen Ganglien zu einer einheitlichen Masse (viele Gruppen), die Mündung des einzigen Nephridienpaares am 3. Laufbein (Scorpiones), die Vereinfachung des Gefäßsystems (Solifugae, Opiliones, Acari, Ricinulei) und die Reduktion der Ostien des Herzens auf 1–3 Paare.

Spezielle Merkmale finden wir an Cheliceren und Palpen. An den Cheliceren münden Spinndrüsen, die sich durch das gesamte Prosoma erstrecken, oft auf eine Erhebung (Galea) des beweglichen Fingers. Ferner tragen die beiden Scherenglieder gezähnelte, durchsichtige Fortsätze (Serrula exterior und interior, Abb. 170), z.T. auch noch eine äußere Lamelle sowie ein besonderes Borstenbüschel (Flagellum). An den Palpen sind die Giftdrüsen wichtig, die an einem oder beiden Scherenfingern münden. Die wichtigsten Sondercharaktere zeigen aber Entwicklung und Brutpflege. Die Männchen vieler Arten setzen auf einem Stiel beim Paarungsspiel Spermatophoren am Boden ab, von dem die Weibchen dann die Spermamasse abnehmen. Die Eier bleiben in einem Brutsack um die Genitalöffnung, dessen Wandung von Nebendrüsen der Vagina stammt. Die Embryonen entwickeln zur Aufnahme von Nährflüssigkeit ein muskulöses Pumporgan (Barrois-Organ). Auch sonst zeigt die Entwicklung Abweichungen, z.B. in der Verzögerung der Bildung der Cheliceren. Nach der ersten Embryonalhäutung können die Embryonen die Wand des Brutsackes durchbrechen, bleiben aber mit der abgestoßenen Cuticula und dem Pumporgan an seiner Außenwand haften. Das Weibchen sezerniert Nährflüssigkeit in den Brutsack; diese stammt aus sekretorischen Zellen des Ovars, die sich nach der Eiablage enorm entwickeln. Nach der 2. Häutung verläßt der Embryo den

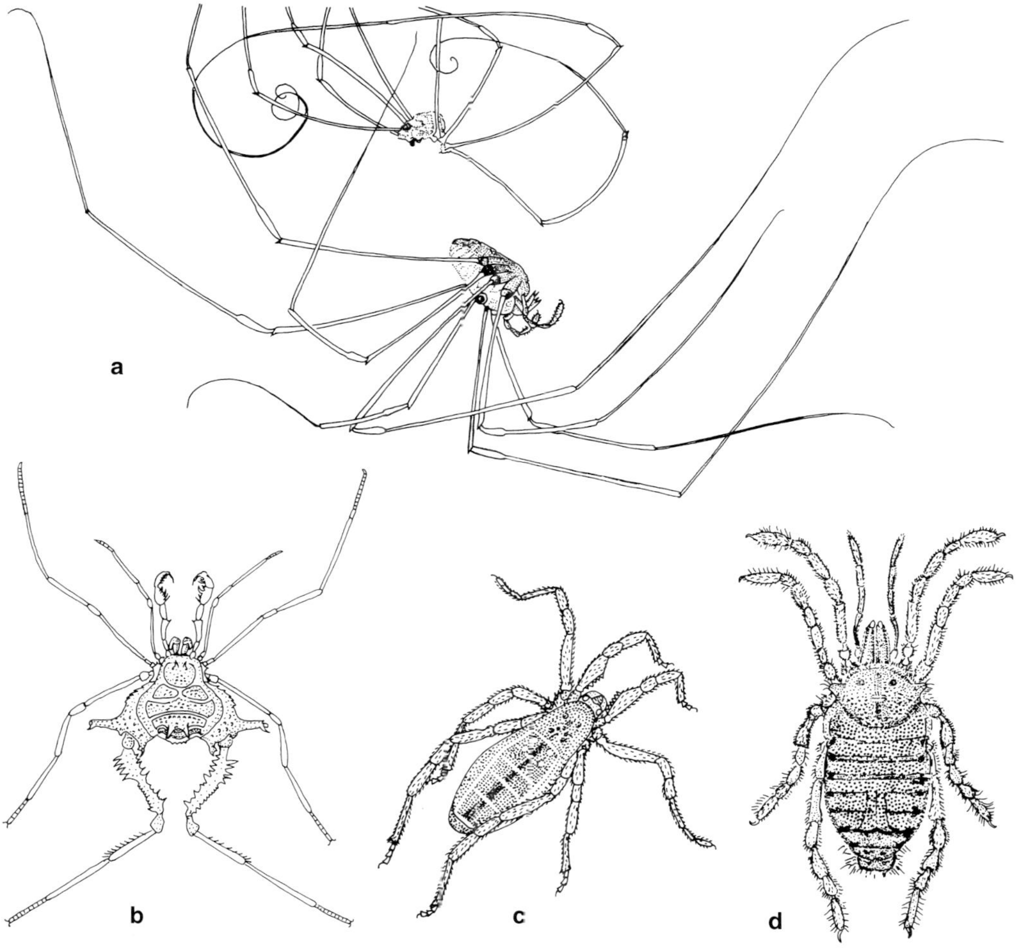

Abb. 171: Opiliones. a. *Phalangium* (Palpatores Eupnoi) direkt nach der Häutung (in hängender Lage), b. *Coelopygus* (Laniatores), c. *Trogulus* (Palpatores Dyspnoi), d. *Siro* (Cyphophthalmi). Nach Berland, Juberthie, Savory, Schaller

Brutsack und durchläuft 3 freilebende Jugendstadien (Proto-, Deuto-, Tritonymphe), die weitgehend dem erwachsenen Tier gleichen, das aus der 5. Häutung hervorgeht.

Die Pseudoskorpione sind Räuber. Ihre Spinndrüsen dienen zur Herstellung des kuppelförmigen Nestes (Durchmesser 2–10 mm), z.B. für Häutungen, Eiablage oder Überwinterung. Sie kommen mit über 2000 Arten in allen Kontinenten vor, im Lückensystem zwischen Laub, Rinde, unter Steinen, auch in Höhlen, Vogelnestern, bei Ameisen und in Häusern (Bücherskorpion *Chelifer cancroides*). Die Gattung *Garypus* besiedelt die Tanghaufen des Meeresstrandes, *Neobisium maritimum* lebt in der Gezeitenzone. Fossile Formen aus dem Devon wurden Ende der 80er Jahre beschrieben.

6. Ordnung: Opiliones (Weberknechte)

Die Opiliones sind eine recht vielgestaltige Ordnung. Keineswegs alle Arten gleichen den langbeinigen Weberknechten (Kankern, Abb. 169 i, 171 a), manche sind äußerlich milbenähnlich. In der Organisation finden wir sowohl primitive als auch abgeleitete Charaktere. Relativ primitiv sind:

1. Die Laden (Endite) an den 1. und 2. Lauf-

beinen (vgl. Scorpiones); auch die Palpen tragen Laden. Das hintere Ladenpaar ist durch eine vor ihm liegende Unterlippe (3. Sternum) vom Mundvorraum ausgeschlossen und z.T. reduziert (Trogulidae, Nemastomatidae), die vorderen Laden dienen der Nahrungsbearbeitung, alle Laden entspringen basal an den Coxen.

2. Die Cheliceren sind dreigliedrige Scheren (vgl. Scorpiones, Palpigradi, Opiliones, z.T. Acari).

3. Die Palpen sind ursprünglich beinartige Taster (vgl. Araneae, Solifugae, Acari). Sie werden bei den Laniatores bedornte Fangbeine.

4. Im Abdomen ist noch ein isoliertes Bauchganglienpaar vorhanden für die Abdominalsegmente 5–7 (vgl. Pedipalpi, Solifugae), die kleinen Ganglien dieses Paares sind getrennt und durch eine Querkommissur verbunden.

Das Abdomen ist noch maximal in 10 Segmente (2–11) gegliedert, zeigt aber in Vorder- und Hinterregion Reduktionen. Das erste Abdominalsegment fehlt, das Sternit des zweiten ist, wenn vorhanden, nach vorn zwischen die Beinhüften verlagert, auch das 3. Sternit ist nach vorn verschoben und bildet von hinten her einen Deckel über der Genitalöffnung. Am Hinterende erfolgen Reduktionen im Zusammenhang mit der Ventralverlagerung des Afters. Das Tergit 10 ist meist rudimentär oder fehlt (excl. Cyphophthalmi), das Tergit 11 ventralwärts hinter den After verlagert. Ventral neigen die Sternite des 9. und 10. Abdominalsegmentes zur Reduktion, am 11. fehlt es stets. Außerdem sind die Tergite des Abdomens nicht selten mehr oder weniger verwachsen, bei den meisten Palpatores bilden so Tergit 2–6 ein «Scutum», das bei vielen Laniatores, Trogulidae und Nemastomatidae mit dem Peltidium zu einer Rückenplatte verwächst. Diese umfaßt z.B. bei Cyphophthalmi sogar Peltidium und die Tergite bis Abdominalsegment 9.

Die beiden Medianaugen sind hochentwickelt (Rhabdom evers) und stehen dorsal meist auf einem Augenhügel, die Seitenaugen fehlen. Es ist ein hochentwickeltes Tracheenpaar vorhanden. Zwischen den beiderseitigen Tracheen treten Queranastomosen auf, bei den Phalangiidae auf den Beinen Nebenöffnungen. Am Genitalporus ist ein langer, einziehbarer Penis vorhanden. Das entsprechende Organ des Weibchens dient als Ovipositor bei der Eiablage (Penis und Ovipositor sind unpaar). Keine Brutpflege. Im Prosoma liegt ein Paar großer Wehrdrüsen (Stinkdrüsen); sie münden seitlich oberhalb der Hüften des 1. Laufbeines (Palpatores), des 2. (Laniatores), oder auf einer Papille zwischen 2. und 3. Laufbeinhüften. Das eine Nephridienpaar mündet am 3. Laufbeinpaar wie bei Scorpiones und Chelonethi. Es bildet weitreichende Schlingen und einen großen Endsack. Die Nervenstränge des Abdomens werden meist von Nephrocyten umhüllt. Im Rückengefäß liegen 2 Paar Ostien im Vorderteil des Abdomens. Mitteldarm mit 3 Paar Blindsäcken, die meist gelappt sind. Malpighische Gefäße fehlen. Bei Arten mit langen Beinen ist der Tarsus in zahlreiche kurze Glieder zerlegt. Autotomie ist verbreitet, abgeworfene Beine werden nicht regeneriert.

Die Opiliones sind mit ihren mehr als 4000 Arten über alle Erdteile verbreitet. Sie sind bereits im Karbon vorhanden *(Dinopilio, Nemastomoides, Protopilio)*. Körperlänge 1–22 mm.

1. Unterordnung: Cyphophthalmi. Habitus milbenartig (Abb. 171 d). Stinkdrüsen münden auf einer Papille seitlich zwischen 2. und 3. Laufbein. Harter Rückenschild (Scutum) aus Peltidium und den Tergiten von Abdominalsegment 2.–9. Genitalöffnung ohne Deckel, Palpen beinartig. *Stylocellus*, Augen voneinander getrennt; kein Augenhügel, Süd- und Mitteleuropa, Südostasien, Afrika, tropisches Amerika. *Siro* (Abb. 171 d).

2. Unterordnung: Laniatores. Genitalöffnung durch Sternit des 2. Abdominalsegmentes bedeckt. Palpen Greifbeine mit starker Endklaue (Abb. 171 b). Tarsen des 3. und 4. Laufbeines mit je 2 Krallen oder dreizackiger Klaue. Tropen und Subtropen, auch in Südeuropa. *Coelopygus* (Abb. 171 b), *Gonyleptes.*

3. Unterordnung: Palpatores. Genitalöffnung bedeckt. Pedipalpen beinförmig, dünn, ihre Klaue klein oder fehlend. 3. und 4. Laufbein mit nur 1 Kralle, Tarsen der Beine oft vielgliedrig und lang (Abb. 171 a).

a. Dyspnoi. Stigmen vergittert; accessorische Stigmen an den Beinen fehlen; Tarsus der Palpen kürzer als Tibia; zweite Laufbeinhüfte ohne Lade. *Trogulus* (Abb. 171 c), *Nemastoma, Ischyropsalis.*

b. Eupnoi. Offene Stigmen; accessorische Stigmen an Beinen; Tarsus der Palpen länger als Tibia; zweite Laufbeinhüfte mit Lade. Beine auffallend lang. *Phalangium* (Abb. 171 a), *Opilio, Nelima.*

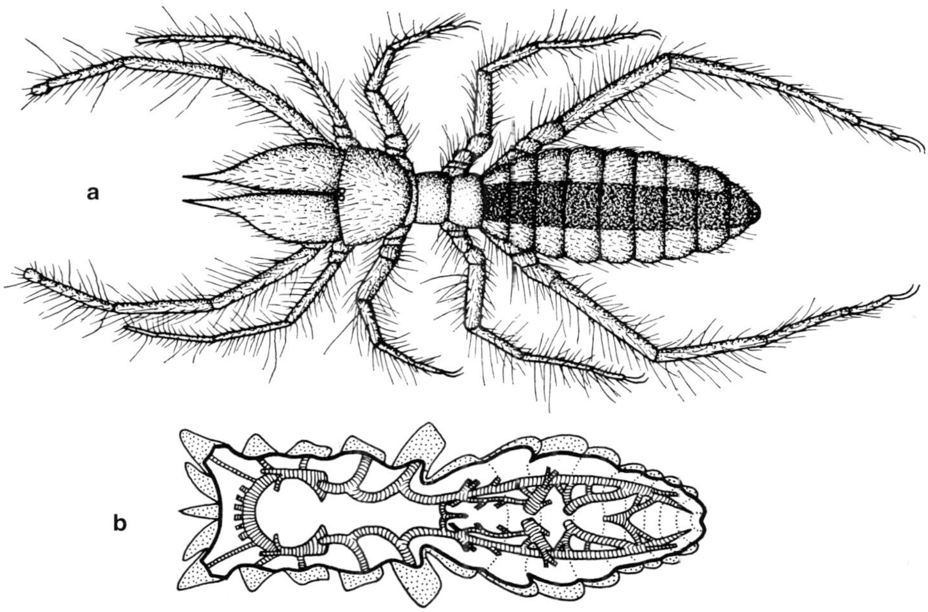

Abb. 172: Solifugae. a. *Paragaleodes occidentalis*, b. Tracheensystem von *Galeodes*. Nach Géroin, Kaestner

7. Ordnung: Solifugae (Walzenspinnen)

Die Solifugae (Abb. 172) sind eine isolierte Gruppe mit manchen primitiven und vielen speziellen Charakteren. Sicher primitiv sind: 1. die 8 Paar Ostien des Herzens, 2. die Anlage von 9 Paar Abdominalextremitäten (2–10) beim Embryo, 3. das Vorhandensein eines eigenen Abdominalganglions im Bauchnerven für die Abdominalsegmente 6–10 (vgl. Pedipalpi, Opiliones), 4. die besonders beinähnlichen Palpen, die jedoch keine Krallen, sondern einen komplizierten, einfaltbaren Haftapparat an ihrem Ende tragen. 5. Sowohl Median- als auch Seitenaugen sind vorhanden, letztere aber reduziert.

Als primitiv werden oft auch die Platten des Prosoma-Rückens gewertet. Außer einem freien Meso- und Metapeltidium, die beide bei den Hexisopodidae reduziert sind, sind hier noch mehrere isolierte Spangen und Platten vorhanden. Da die Seitenplatten sicher sekundär abgegliederte Teile des Peltidiums sind, gilt das gleiche vielleicht auch für die übrigen Platten.

Eine mittlere Entwicklungsstufe zeigen das Abdomen und die Cheliceren. Das Abdomen ist elfgliedrig. Das 1. Segment ist klein, stielartig verschmälert, weist aber noch Reste von Sternit und Tergit auf, das letzte ist ein geschlossener Ring.

Die Cheliceren sind zwar Scheren, aber zweigliedrig, mächtig entwickelt und vertikal gestellt.

Sondercharaktere sind: 1. die Malleoli, hammerförmige Sinnesfortsätze (Chemoreceptoren) an den inneren Gliedern der Hinterbeine. 2. das hochentwickelte Tracheensystem mit seinen kommunizierenden Röhren (Abb. 172). Die paarigen Stigmen liegen ventral im 3. und 4. Abdominalsegment und im Prosoma hinter den Hüften des 2. Laufbeinpaares. Ein unpaares Stigma liegt im 5. Abdominalsegment. 3. der umfangreiche Enddarm. 4. das Fehlen des mesodermalen Innenskelets, während die inneren cuticularen Skeletspangen (Apodeme) reich entwickelt sind.

Mit den Palpigradi teilen die Solifugae die Mündung des einen Nephridienpaares an den 2. Extremitäten (Palpen). Mit den Scorpiones teilen sie die Trennung des Prosoma vom Abdomen durch ein Diaphragma.

Die Hoden sind paarige Schläuche, die Übertragung der Spermatophoren erfolgt mit den Cheliceren. Malpighische Gefäße sind in einem

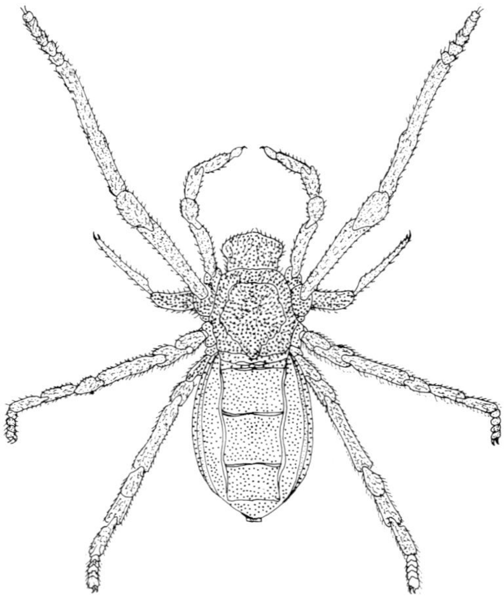

Abb. 173: *Ricinoides* (Ricinulei). Körperlänge etwa 5 mm. Nach Legg

Paar vorhanden. Der nach vorn gerichtete Mund wird vorwiegend von dem ein «Rostrum» bildenden Lippen umgeben, und zwar der Oberlippe und der aus dem 2. Sternum gebildeten Unterlippe. Die Laden der Palpen sind vorhanden, aber klein.

Die ca. 900 Arten bewohnen vorwiegend Steppen- und Wüstengebiete bis in die wärmeren Teile der gemäßigten Zonen. Sie fehlen im australischen Gebiet. Die meisten Familien bewohnen die Alte Welt (Europa 6 Arten). Rumpflänge 8 bis 70 mm. *Galeodes, Solpuga, Hexisopus* (mit Grabbeinen), *Paragaleodes* (Abb. 172 a). *Protosolpuga* im Karbon.

8. Ordnung: Ricinulei (Kapuzenspinnen)

Die kleine, etwa 30 Arten umfassende Gruppe stark cuticularisierter Formen kommt in den Tropen Afrikas und Amerikas vor (im Karbon auch in Europa). Die wichtigsten Kennzeichen sind: Vom Peltidium ist vorn eine bewegbare Kopfplatte (Cucullus) abgegliedert, welche Cheliceren und Mund überdeckt. Die Cheliceren sind zweigliedrige Scheren, die Palpen sind klein und tasterförmig. Ihre Laden sind median zu einem Trog verwachsen. Basal schließen Coxen der Beine eng aneinander, nur zwischen den beiden letzten Hüften liegt ein einwärts verlagertes Sternum. Das Abdomen erscheint äußerlich nur viergliedrig, enthält aber 9 Segmente (2–10). Vom 1. Abdominalsegment (Praegenitalsegment) ist keine Spur vorhanden, die beiden folgenden sind klein und bilden einen Stiel des Abdomens, sind aber in einer Falte zwischen Prosoma und Abdomen verborgen. Groß und außen sichtbar sind die Abdominalsegmente 4–7, ihre Tergite sind in ein medianes und zwei laterale Felder geteilt. Die drei letzten Segmente (8–10) sind kleine ineinandergeschobene Röhren, bilden also ein kleines Postabdomen. Prosoma und Abdomen sind durch ein Scharniergelenk verbunden, das von Fortsätzen der Coxen des letzten Beinpaares und von Höhlen am vierten Abdominalsegment gebildet wird. Nur ein Paar Büscheltracheen im Prosoma, die Stigmen liegen seitlich neben oder hinter den Hüften der dritten Laufbeine. Augen, Trichobothrien und Spaltsinnesorgane fehlen. Das dritte Laufbeinpaar der Männchen ist in Metatarsus und Tarsus eigenartig abgewandelt und dient der Spermaübertragung. Larve mit drei Beinpaaren. 4,5–10 mm lang. *Ricinoides* (Abb. 173), *Cryptocellus*.

9. Ordnung: Acari (Acarina, Milben)

Die Acari mit ihren Tausenden von Arten (über 30 000 wurden beschrieben) erreichen eine Vielgestaltigkeit der Organisation wie keine andere Cheliceratenordnung. Fast jedes Organsystem, das bei anderen Ordnungen konstant ist, tritt hier in einer schwer faßbaren Mannigfaltigkeit auf. Als gemeinsame Charaktere bleiben: 1. Mundgebiet, Cheliceren und Pedipalpen sind zu einem besonderen Körperabschnitt, dem Gnathosoma, zusammengefaßt, der gegen den übrigen Körper beweglich ist (Abb. 174). 2. Das Opisthosoma ist in breiter Fläche mit dem Prosoma verschmolzen und hat im allgemeinen seine primäre Gliederung verloren. In Prosoma und Opisthosoma können sekundäre Gliederungen auftreten (Abb. 174). 3. Die Entwicklung läßt sich trotz aller Verschiedenheiten auf folgendes Grundschema zurückführen: Auf eine Larve mit nur drei Beinpaaren (das hinterste fehlt) folgen drei Nym-

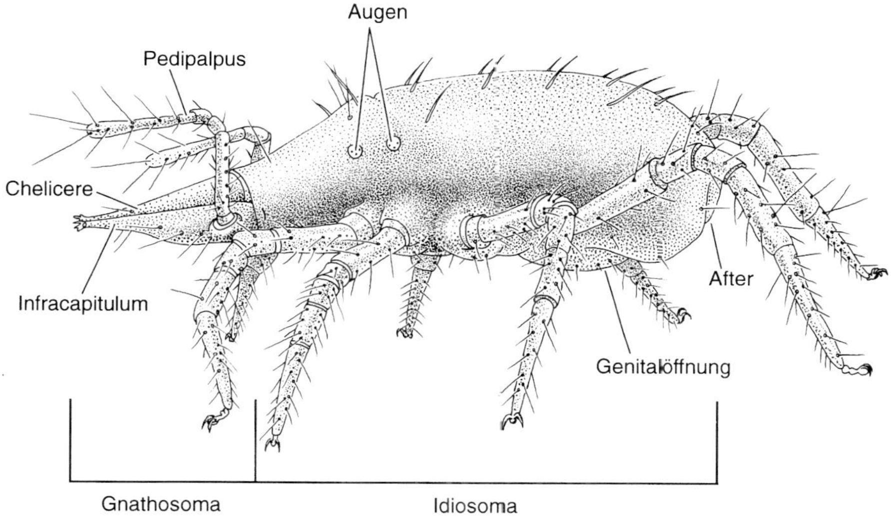

Abb. 174: Seitenansicht einer Milbe (*Bdellodes longirostris*; Bdellidae). Als besonderer Körperabschnitt ist das Gnathosoma abgegliedert, den folgenden Körperabschnitt nennt man Idiosoma. Als weitere Begriffe finden bisweilen Anwendung: Podosoma für die vier laufbeintragenden Segmente, Propodosoma für die vorderen beiden, Metapodosoma für die hinteren beiden Laufbeinsegmente, Hysterosoma für Opisthosoma und Metapodosoma. Infracapitulum: basaler Teil des Gnathosoma. Nach Alberti

phenstadien mit voller Beinzahl: Proto-, Deuto-, Tritonymphe. Bei Opilioacarida und Actinotrichida kommt häufig noch ein sog. Praelarvenstadium vor. Ausfall eines oder mehrerer Stadien ist nicht selten.

Besonders vielgestaltig sind: 1. die Plattenbildungen der Körperoberfläche. Neben weichhäutigen Arten ohne Platten stehen Arten mit vielen Einzelplatten und festgepanzerte Formen (Oribatida). 2. Die Cheliceren. Die ursprüngliche Form der dreigliedrigen Schere ist noch häufig erhalten, oft besteht sie aus zwei Gliedern. 3. Die Palpen. Sie wechseln von beinartigen Gebilden mit Krallen (Notostigmata) zu tasterartigen Anhängen von verschiedener Gliederzahl und zu Greifarmen. 4. Der Darmkanal. Die Umbildungen der Mundregion, speziell des ventralen Gnathosomas (= Hypostom), sind komplizierter als bei anderen Arachnida. Darmblindsäcke sind entwickelt oder fehlen (Eriophyidae), desgleichen Malpighische Gefäße; Enddarm und After fehlen bisweilen. 5. Die Drüsen der Haut (besonders reich an Hydrachnellae) und des Mundes. 6. Tracheen. 7. Der Genitalapparat mit seiner ganz verschiedenen Lage des Genitalporus. 8. Die Übertragung der Spermien.

In der Entwicklung, die keine Ausnahme der allgemeinen Vielgestaltigkeit der Acari macht, wird die Segmentierung weniger ausgebildet als bei anderen Arachnida. Am Abdomen erscheinen 6 oder mehr Segmente. Das 4. Beinpaar, das ja der Larve fehlt, wird zunächst meist angelegt. Von den typischen postembryonalen Stadien können einzelne fehlen. Die Häutung verläuft bei einem Teil der Arten normal, meist nach einem Starrezustand, bei dem wenigstens die Gliedmaßen und die Muskulatur z. T. aufgelöst werden. Stärkere Auflösungen und Neubildungen nach Art einer Puppe gibt es bei Acaridida und Parasitengona. Das Auftreten von vermehrten Häutungen z. B. bei *Ornithodoros* und *Limnochares* ist wohl sekundär.

Die Vielgestaltigkeit der Acari hat die Frage aufkommen lassen, ob die Ordnung nicht in mehrere unabhängig entstandene Linien zu zerlegen sei. Eine solche Auffassung läßt sich z. Z. nicht beweisen, u. a. wird Diphylie diskutiert. Bereits im Devon sind Milben nachgewiesen (*Protacarus crani* in Schottland).

Der von den Acari besiedelte Lebensraum ist größer als der aller anderen Chelicerata. An Land besiedeln sie alle möglichen Biotope bis in tiefere Erdschichten hinein und gehören zu den häufigsten Bodentieren (Abb. 169). In Grünlandböden werden Populationsdichten von 50000–150000 Individuen/m^2 erreicht, in feuchten Waldböden 100000–400000. Noch höhere Dichten sind im Kompost möglich. 70–90% dieser Milben gehört zu den Oribatida. Das Süßwasser besiedeln die zahlreichen Familien der Hydrachnellae (mit schwimmenden wie mit kriechenden Arten) sowie die Porohalacaridae; das Meer bewohnen in verschiedenen Biotopen Halacaridae, ferner einige Hydrachnellae (Pontarachnidae: *Litarachna*). In der Gezeitenzone leben viele Landmilben. Besonders zahlreich treten sie als Epizoen und Parasiten in verschiedenen Linien auf. Blutsauger und Ectoparasiten, die sich von Blut, Lymphe, Zellen oder verflüssigtem Gewebe ernähren, finden wir unter den Gamasida, Ixodida und Actinedida. Während in diesen Fällen die erwachsenen Tiere oder alle Stadien parasitieren, tritt bei den meisten Parasitengona ein typischer Parasitismus der Larven auf, die eine große Zahl anderer Tiere befallen (Wirbeltiere, Arachniden, Insekten). Unter den Acaridida sind Sarcoptidae und Psoroptidae als Erreger von Krätze und Räude bei Säugern berüchtigt. Auch Wassertiere werden von ectoparasitischen Milben befallen, z.B. von Wassermilben-Larven.

Mehrfach sind Milben Endoparasiten geworden, und zwar auf drei Wegen: 1. Ectoparasiten dringen von außen in das Hautgewebe ein, wie es schon die Krätzmilben (Sarcoptidae) zeigen. Die Demodicidae leben so in Talgdrüsen, *Psorergates* in Cysten der Haut von Mäusen, *Myobia* in Haarfollikeln. 2. Durch Eindringen in innere Lufträume, z.B. in die Nasenhöhle (Rhinonyssinae bei Vögeln, *Halarachne* bei Robben), in die Lunge (*Pneumonyssus* bei Affen, *Entonyssus* bei Schlangen), in Luftsäcke (*Cytodites* bei Vögeln) und Tracheen (*Acarapis* [Bienenparasit], *Locustacarus*). 3. Durch Eindringen in den Darm. *Cloacarus* lebt in der Kloake von Schildkröten, im Darm von Echinodermen kommt *Enterohalacarus* vor.

Keineswegs alle auf anderen Tieren lebenden Acari sind Parasiten. Viele leben von Abscheidungen oder totem Gewebe (Federn, Haaren usw.). Die Fell- und Gefiederbewohner besitzen oft bizarre Haftorgane. Andere Milben benutzen Tiere nur zur Verbreitung (Phoresie), ohne auf oder von ihnen Nahrung zu entnehmen. Meist sind es Nymphen (Deutonymphen), selten erwachsene Tiere.

Das System der Milben war lange umstritten; heute zeichnet sich eine Gliederung in zwei Unterordnungen ab.

1. Unterordnung: Anactinotrichida. Ihr innerer Bau erinnert durch die Existenz von Malpighischen Gefäßen und oft auch eines Herzens an andere Arachnidenordnungen. Trichobothrien fehlen. Sinnesspalten sind zahlreich, die Coxen sind frei. Das Chitin der Haare ist nicht doppelbrechend.

a. Opilioacarida (Notostigmata). Abdomen noch durch Furchen in mehr als 10 Segmente gegliedert. Im Prosoma sind die beiden hinteren Segmente durch Furchen gesondert. 4 Paar Stigmen dorsal im vorderen Teil des Abdomens. Herz vorhanden. Genitalöffnung zwischen den Coxen des vorletzten Beinpaares. Unter Steinen, in warmen Klimazonen verbreitet, auch am Mittelmeer. *Opilioacarus* (Abb. 175 a).

b. Holothyrida (Tetrastigmata). Ungegliedert, fest gepanzert. Ein Paar Stigmen, Coxaldrüsen, Herz, 4 Malpighische Gefäße (sonst 2 oder 0). *Holothyrus*.

c. Gamasida (Mesostigmata). Cheliceren meist dreigliedrig, in eigener Chelicerenscheide. 3. Sternum meist vorhanden, nach vorn gerichtet. 1 Stigmenpaar seitlich neben den 2.–4. Beinansätzen. Blindsäcke des Mitteldarmes stark entwickelt. Herz mit 1 oder 2 Ostienpaaren oder fehlend. System kompliziert.

Parasitus (Abb. 175 b). Die Deutonymphe von *P. fucorum* ist auf Hummeln zu finden, die von *P. coleoptratorum* (Käfermilbe) auf *Geotrupes*. Käfermilben leben auf Pferdekot, wo sie Nematoden erbeuten.

Halarachne (Robbenmilbe), in der Nasenhöhle von Robben. *Pneumonyssus* (Lungenmilbe) in der Lunge von Affen.

Dermanyssus gallinae (Hühner- oder Vogelmilbe, Abb. 175 c), in Ställen von Hofgeflügel und in Taubenschlägen oft massenhaft unter Brettern und dgl. Kommt hervor und saugt Blut, bei Nahrungsmangel auch an Menschen.

Bdellonyssus bacoti kommt bei verschiedenen Nagern weltweit vor und befällt mitunter auch Menschen. Zwischenwirt der bei Nagern vorkommenden Filarie *Litomosoides carinii*, kann verschiedene Viren, Rickettsien und Bakterien übertragen.

Varroa jacobsoni ist ursprünglich ein Ectoparasit an der Östlichen Honigbiene *Apis cerana* und wurde in den Westen verschleppt, wo sie jetzt an *Apis mellifera* Schaden anrichtet.

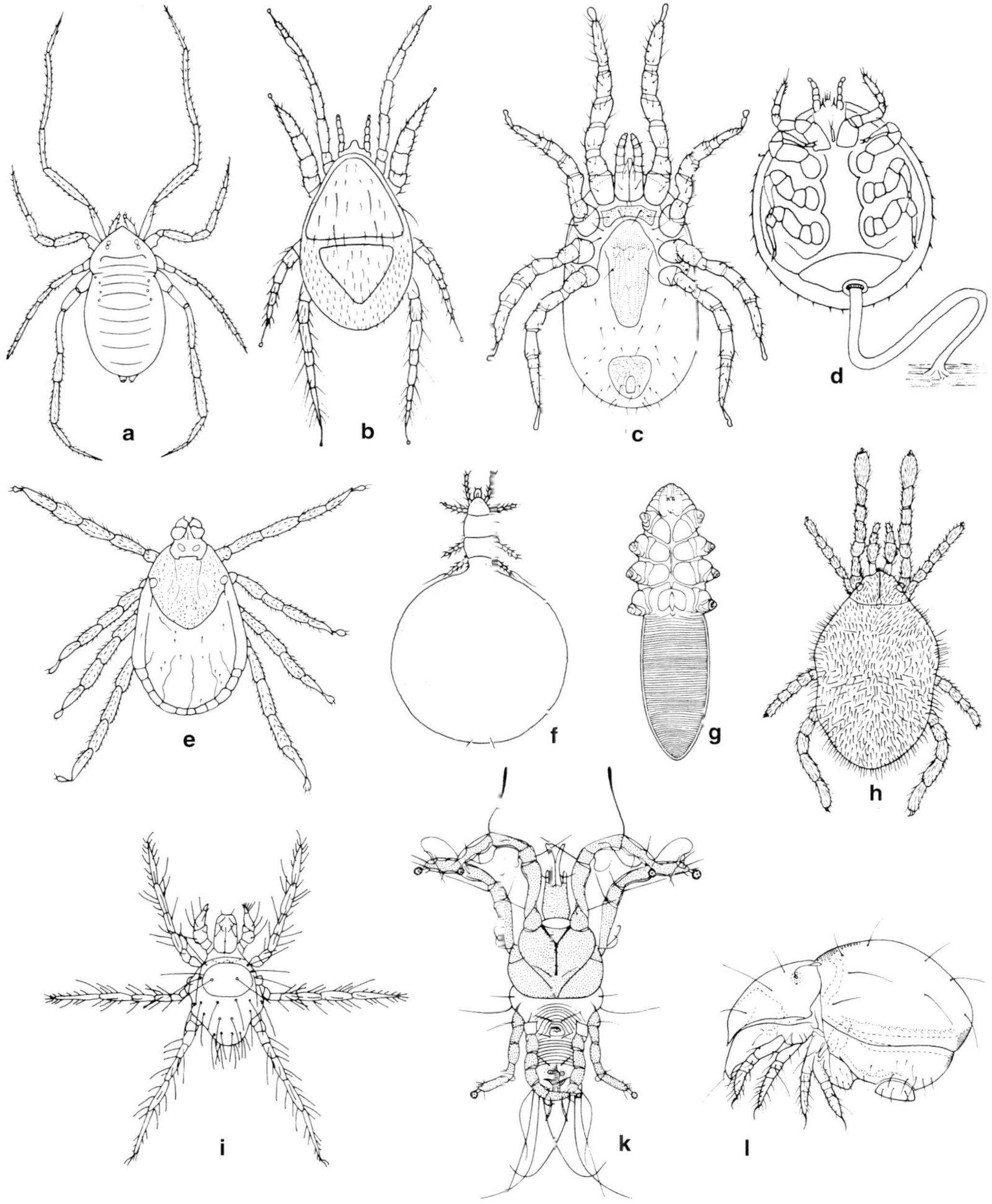

Abb. 175: Acari (Maßstäbe etwas unterschiedlich). a. *Opilioacarus* (beachte die vier dorsalen Stigmenpaare), b. *Parasitus* (Käfermilbe), c. *Dermanyssus gallinae* (Hühner- oder Vogelmilbe), d. *Cilliba* (Schildkrötenmilbe; Uropodide, Deutonymphe mit elastischem Stiel an Käfer festgeheftet), e. *Dermacentor* (Weibchen einer Schildzecke vor der Blutaufnahme), f. *Pyemotes* (*Pediculoides*; Insektenparasit; gravides Weibchen mit angeschwollenem Hinterleib), g. *Demodex* (Haarbalgmilbe, beachte den wurmförmigen Habitus), h. *Microtrombidium* (Samtmilbe), i. *Limnochares* (Süßwassermilbe; Larve, die an Gerriden und Hydrometriden parasitiert), k. *Falculifer* (Gefiederparasit von Taubenvögeln), l. *Mesoplophora* (Oribatide; stark gepanzert, mit Vermögen sich abzukugeln). Nach Berlese, Cooley, Hirst, Viets, Vitzthum, With

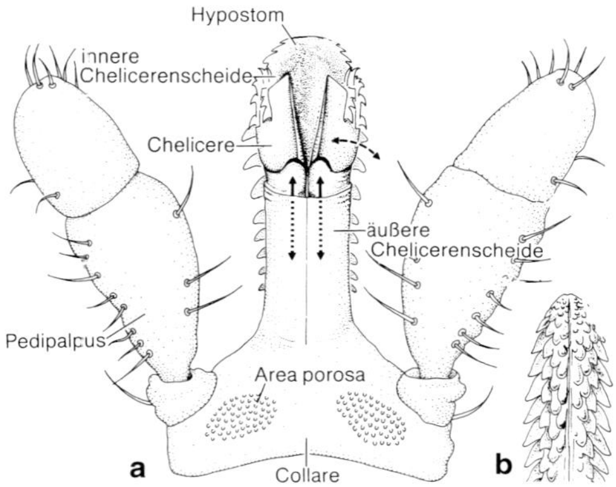

Abb. 176: a. Gnathosoma (= Capitulum) einer weiblichen Zecke *(Ixodes)* in Dorsalansicht. Das Gnathosoma besteht aus Collare (Kragen), Pedipalpen, Cheliceren und dem unter letzteren liegenden Hypostom (= Infracapitulum, Clava). Die Areae porosae sind Sinnesorgane unbekannter Funktion, welche nur beim Weibchen vorkommen, b. Ventralseite des Hypostoms.
Die Cheliceren werden vor dem Einbohren in die Wirtshaut zunächst aus der äußeren Chelicerenscheide herausgepreßt (gerade Doppelpfeile), ihre Endabschnitte sägen sich dann unter seitlichen Schwenkbewegungen (gebogener Doppelpfeil) in die Wirtshaut. Auch das Hypostom wird allmählich in die Wunde geschoben und hilft so beim Verankern. Das Einbohren erstreckt sich über 10–15 Minuten. Dann wird Speichel abgesondert, der lokal betäubt, Gewebe zersetzt und die Blutgerinnung hemmt. Die Aufnahme von verflüssigten Zellbestandteilen und Gewebeflüssigkeit erfolgt zwischen Hypostom und äußerer Chelicerenscheide. Nach Babos, Bürgis

Alle Stadien saugen Hämolymphe der Bienen, bevorzugt von Drohnenbrut.

Familiengruppe: Uropodina. *Uropoda, Cilliba.* Die phoretische Deutonymphe mit Sekretstiel an Unterlage festgeheftet (Abb. 175 d).

d. Ixodida (Metastigmata). Endglieder der Cheliceren werden nach außen geschlagen. Unter ihnen ein hakenbesetzter Fortsatz von der Basis des Gnathosomas, das Hypostom (Abb. 176). Am 1. Beinpaar Hallersches Organ (chemisches und mechanisches Sinnesorgan). Parasiten an Landwirbeltieren. Wenige bleiben zeitlebens auf dem Wirt *(Boophilus annulatus)*, andere wechseln. Die meisten Arten befallen in jedem Entwicklungsstadium einen neuen Wirt. Große wirtschaftliche Bedeutung, da sie nicht nur Blutsauger, sondern auch Krankheitsüberträger an Menschen und Haustieren sind. Überträger von *Babesia* (S. 26, Abb. 19c), *Theileria* (S. 26), Rikkettsien (Zeckentyphus), Viren (Encephalitis), Bakterien (Tularämie).

Ixodes ricinus (Zecke, Holzbock): Überträger verschiedener Infektionskrankheiten; Weibchen kann vollgesogen bis über 1 cm Länge erreichen; beim Saugen können sie bis 500fach an Gewicht zunehmen. In Europa verbreitet, Eiablage in Vegetation. Larven suchen ersten Wirt auf, verlassen diesen später und entwickeln sich am Boden zur Nymphe, die abermals einen Wirt befällt. Entwicklung am Boden zum Adultus, der den 3. Wirt finden muß. Überträger von Encephalitis-Viren auf den Menschen. In manchen Gebieten Zentraleuropas (v.a. Österreichs) ist die Frühsommer-Meningo-Encephalitis (FSME) von Bedeutung. Sie tritt bei etwa 10% der infizierten Menschen auf, kann zu irreparablen Lähmungen führen oder sogar tödlich enden. Der Krankheitsverlauf ähnelt in seinen Symptomen der Kinderlähmung. Impfstoff steht seit mehreren Jahren zur Verfügung.
Seit 1982 kennt man den Erreger einer weiteren Krankheit, die durch *Ixodes* auf Menschen übertragen wird. Nach dem kleinen Ort Lyme im Osten der USA, wo die Krankheit 1975 in großem Ausmaß auftrat, nennt man sie Lyme-Krankheit. Erreger sind Spirochaeten *(Borrelia burgdorferi)*. Diese Krankheit ist die häufigste von Zekken auf Menschen übertragene Krankheit in Mitteleuropa und kommt auch in Rußland und China vor. Eine Behandlung mit Antibiotika ist angezeigt. Später halten sich die Bakterien oft in Gelenken auf und rufen rheumatische sowie arthritische Beschwerden hervor, die oft in Schüben über Jahre wiederkehren. Neurologische Komplikationen wie Encephalitis können auftreten. Das Leitsymptom der Krankheit, eine wandernde rote Veränderung der Haut um die Bißstelle der Zecke (Erythema chronicum migrans, ECM) ist schon seit 1909 bekannt.

Dermacentor (Abb. 175 e), *Amblyomma:* Überträger von Viehseuchen, Stiche am Hinterkopf und in Wirbelsäulennähe können beim Menschen zum Tod führen (Zeckenlähme).

Seit Ende der 70er Jahre tritt *Rhipicephalus sanguineus* in Gebäuden mancher Städte Mitteleuropas massiv auf. Diese Art wurde durch aus dem Mittelmeerraum eingeführte Hunde verschleppt und breitet sich bei uns v. a. von Tierpensionen und tierärztlichen Praxen aus. Die Adulten befallen bisweilen Menschen und übertragen *Rickettsia conori* (Zeckenbißfieber).

Argas reflexus (Taubenzecke), in Taubenschlägen, saugt gelegentlich am Menschen und kann zu allergischen Reaktionen führen. *Ornithodoros moubata* überträgt *Borrelia recurrentis*, die das Afrikanische Zeckenrückfallfieber hervorruft (hohe Sterbequote).

2. Unterordnung: Actinotrichida. Es fehlen Herz und Malpighische Gefäße, die Coxen sind meist verschmolzen. Die Anzahl der Spaltsinnesorgane ist gering, Trichobothrien sind oft vorhanden. Das Chitin der Haare ist doppelbrechend.

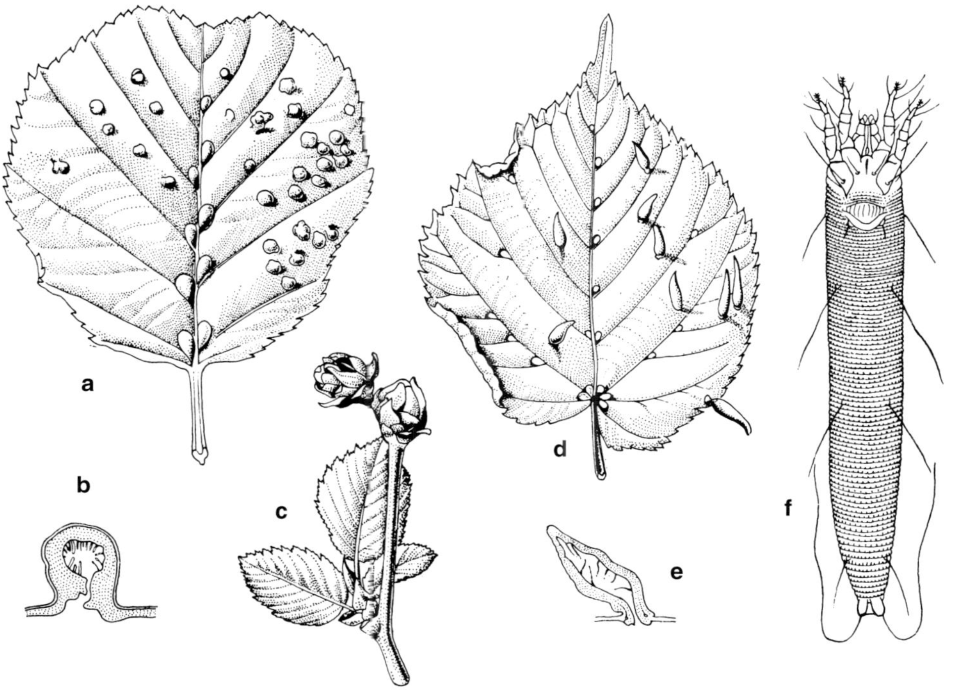

Abb. 177: Gallmilben. a. Blatt von *Alnus glutinosa* mit Gallen von *Eriophyes laevis*. b. Schnitt durch eine Galle. c. Zweig von *Corylus avellana* mit Knospengallen von *Eriophyes avellanae* d. Blatt von *Tilia cordata* mit verschiedenen Gallen von *Eriophyes tiliae*. Die Randrollung links im Bild geht auf die Gallmücke *Dasineura tiliamvolens* zurück. e. Schnitt durch eine Galle. f. Gesamtansicht von *E. tiliae*. Nach Hedicke, Nalepa, Ross

a. Actinedida (Prostigmata u.a.). Stigmen, wenn vorhanden, vorn im Bereich des Gnathosomas. Aussackungen des Mitteldarmes meist umfangreich.

Familie: Tarsonemidae. *Tarsonemus*, vorwiegend an Pflanzen saugend, daher schädlich (z.B. an Erdbeeren). *Acarapis woodi* (Bienenmilbe) lebt im Pelz oder im Tracheensystem von Bienen. Tracheen werden verstopft.

Familie: Podapolipodidae. Insektenparasiten mit oft rückgebildeten Beinpaaren. Bei *Podapolipus* ist nur das 1. Beinpaar stummelförmig ausgebildet.

Familie: Pyemotidae. *Pyemotes (Pediculoides) herfsi*. Weibchen saugt an Larven der Kleidermotte, schwillt dabei stark an (Abb. 175 f) und bringt schließlich geschlechtsreife Junge hervor. Männchen verlassen Mutter nach der Geburt nicht, sondern begatten gleich ihre Schwestern. Andere *Pyemotes*-Arten befallen gelegentlich den Menschen und rufen heftig juckende Hautreizungen hervor. *Siteroptes graminum* ruft Weißährigkeit bei Gräsern hervor.

Familie: Tetranychidae (Spinnmilben). Meist Pflanzenschädlinge, z.T. von erheblicher Bedeutung. *Tetranychus urticae* an Gurken, Bohnen, Paprika, Tomaten und Sellerie, v.a. unter Glas, aber auch im Freiland in windgeschützten Lagen und in niederschlagsarmen Jahren mit hohen Durchschnittstemperaturen. Die Blätter werden durch Saugschäden zunächst fleckig, dann insgesamt weißlich oder silbrig und mit Spinnfäden überzogen. *Panonychus ulmi* (Rote Spinne) kommt auf Obstbäumen, *Bryobia ribis* (Stachelbeermilbe) z.B. auf *Ribes* vor.

Die Bekämpfung von Tetranychiden bereitet erhebliche Schwierigkeiten. Im Gewächshaus ist eine weitgehende Kontrolle von *Tetranychus urticae* mit der Raubmilbe *Phytoseiulus persimilis* (Gamasida) möglich und wird z.B. in den Niederlanden in Gewächshäusern praktiziert, v.a. an Gurken.

Im Weinbau, wo *Panonychus ulmi* eine wichtige Rolle als Pflanzensaftsauger spielt, ist die Raubmilbe *Typhlodromus pyri* (Gamasida) als Gegenspieler dieses Schädlings von gewisser Bedeutung.

Familie: Cheyletidae. *Cheyletus eruditus*, jagt in Getreide und anderen pflanzlichen Vorräten u.a. Schadmilben. *Cheyletiella yasguri*, Ectoparasit an Hunden.

Eriophyidae (Gallmilben, Abb. 177). Nur 2 Beinpaare, Körper langgestreckt, geringelt oder mit zahlreichen Rückenplatten, Darmkanal gerade, ohne Aussackungen. In manchen Fällen rufen sie erhebliche Schäden an Pflanzen hervor, z.B. an Haselnuß und Schwarzen Johannisbeeren, wo es zur Ausbildung großer, nicht austreibender Rundknospen kommt, die Hunderte von Milben enthalten können (Abb. 177 c). Die Johannisbeergallmilbe *(Cecidophyophis ribis)* kann zudem als Krankheitsüberträger fungieren (Brennesselblättrigkeit). Bekannt ist schließlich das Schadbild der Brombeermilbe *(Acalitus essigi)*: Einzelne Früchte der Sammelfrucht reifen nicht aus und bleiben rötlich.

Familie: Demodicidae (Haarbalgmilben). Körper gestreckt, sekundär geringelt. *Demodex folliculorum* (Abb. 175 g) und *D. brevis* in Haarfollikeln von Säugern einschließlich Mensch. 80% aller Menschen sollen betroffen sein. Symptomlos.

Familie: Bdellidae (Schnabelmilben). Mit Spinnsekret wird Beute erjagt. *Bdella, Bdellodes* (Abb. 174), *Neomolgus*.

Familie: Halacaridae (Meeresmilben). Verbreitet im Meer, aber auch im Süßwasser vorkommend. Ein Darmparasit (in Seeigeln): *Enterohalacarus minutipalpis. Halacarus, Halacarellus*.

Familiengruppe: Parasitengona, Larve parasitisch an Arthropoden oder Wirbeltieren.

Familie: Trombiculidae (Herbst- oder Laufmilben). Die Larven leben insbesondere im Spätsommer und Herbst als temporäre Ectoparasiten auf Wirbeltieren, von denen sie mit ihren stechend-saugenden Mundwerkzeugen lysiertes Gewebe aufnehmen. Nymphen und Adulte leben räuberisch im Boden.

In Eurasien und Nordamerika ist die Erntemilbe *(Neotrombicula autumnalis)* verbreitet. Mit einer Länge von 0,3 mm sind diese Milben kaum sichtbar, können aber insbesondere im August und September zum Ärgernis werden. Neben Säugetieren wie Mäusen und Katzen befallen die am Boden oder in bodennaher Vegetation lebenden Larven auch den Menschen, an dem sie z.B. Fußknöchel, Oberschenkelinnenseite oder Leistenregion aufsuchen, um hier zu saugen Mit ihren Cheliceren durchbohren sie das Stratum corneum, pressen Speichel in den Stichkanal, verdauen präoral Epidermisanteile und saugen diese in verflüssigter Form auf. Das Resultat sind stark juckende, lebhaft rot gefärbte Papeln von 1–2 mm Durchmesser, an denen der Nachweis der Milbenlarve nur selten gelingt, weil sie beim ersten Juckreiz abgekratzt werden. Der Juckreiz erreicht sein Maximum meist am zweiten oder dritten Tag nach dem Einstich. Weibchen von *Neotrombicula autumnalis* legen 300–400 Eier; pro Jahr entwickelt sich eine Generation, Nymphen und Adulte leben im Boden. Der Befall in Mitteleuropa erfolgt oft im eigenen Garten, wo liegengebliebener Rasenschnitt und unsachgemäß angelegte Komposthaufen optimalen Lebensraum für die Milben darstellen.

Familie: Trombidiidae (Samtmilben). *Trombidium holosericeum*, Larven an Schmetterlingen und anderen Arthropoden. *Microtrombidium* (Abb. 175 h).

Eine Reihe von Familien wird unter dem Begriff Süßwassermilben (Hydrachnellae) zusammengefaßt. Sie stellen gegenüber den Landmilben keine systematische Einheit dar, sondern sind ökologisch definiert. Die Behaarung ihres Körpers ist reduziert, die Anzahl der Hautdrüsen vermehrt. Beine häufig als Schwimmbeine entwickelt (oft mit langen Haaren), meist Räuber. *Hydrachna, Limnochares* (Abb. 175 i), *Litarachna* (als Ausnahme im Meer), *Unionicola* (Eier werden in Süßwassermuscheln oder Schwämme gelegt), *Arrenurus*.

b. Oribatida (Cryptostigmata). Rumpf dorsal, meist auch ventral gepanzert. Häufige Bewohner des Bodens (Horn- oder Moosmilben). *Phthiracarus, Galumna, Damaeus, Mesoplophora* (Abb. 175 l), *Zetorchestes* (mit ausgeprägtem Sprungvermögen).

c. Acaridida (Astigmata). Meist weichhäutig, weißlich, ohne Tracheen. Spermaübertragung mit Penis.

Es kann ein Hypopus-Stadium auftreten, das besonders stark cuticularisiert ist und von seiner eigenen Substanz lebt; es kann jahrelang in Trockenheit überleben.

Viele Arten sind Vorratsschädlinge: *Acarus siro* (Mehlmilbe) lebt oft in Massen in Kornspeichern, Mühlen u. dgl. *Tyrophagus casei* (Käsemilbe) wurde zur Käsebereitung gezüchtet (Altenburger Käse), *Glycyphagus destructor* (Pflaumenmilbe): in Polstermöbelfüllungen bisweilen in Massen, ähnlich *G. domesticus*

(Hausmilbe). *Carpoglyphus lactis* (Backobstmilbe) an Trockenobst.

Einige *Dermatophagoides*-Arten sind eine wesentliche Ursache für die Entstehung von Hausstaub-Allergien. Sie können weltweit in Häusern gefunden werden und bewirken bei empfindlichen Personen Asthma und Rhinitis. Ihre Lebensdauer beträgt einige Monate. Weibchen legen innerhalb ihres gesamten Lebenszyklus etwa 30 bis 120 Eier (meist zwei pro Tag). Eine adulte Milbe scheidet täglich ca. 20 Fäkalpartikel («pellets») aus. Sie enthalten das Milben-Hautallergen. In der Natur leben sie an Vogelfedern und in Vogelnestern.

Andere Formen sind Parasiten von Wirbeltieren. *Sarcoptes scabiei* ist die bekannte Krätzmilbe. Ruft Krätze des Menschen hervor (Gänge in gering behaarten Epidermisregionen, in denen auch die Eiablage erfolgt; Abb. 178). Befinden sich die Gänge in der behaarten Epidermis, spricht man von Räude. Ein wichtiger Räude-Erreger der Rinder und Schafe ist *Psoroptes ovis*. Wie ernst man den Befall nimmt, zeigt sich z. B. darin, daß in England alle Schafe des Landes jährlich in ein Acaricid-Bad geführt werden müssen. In Deutschland meldepflichtig.

Knemidocoptes mutans ruft die Kalkbeinigkeit der Hühner hervor.

Gefiederparasiten sind *Falculifer* (Abb. 175 k) und *Pterolichus* (Federmilben).

Cytodites lebt in Atemorganen von Hühnervögeln.

Fossilfunde aus dem Karbon zeigen, daß im Palaeozoikum noch weitere Arachniden-Ordnungen existierten. Infolge der Unkenntnis der inneren Anatomie und der unvollständigen Kenntnis der äußeren Gestalt läßt sich wenig über die Verwandtschaft sagen.

3. Klasse: Pantopoda (Pycnogonida, Asselspinnen)

Die Pantopoden sind bizarre Bewohner der Algen- und tierischen Bewuchszone des Meeres.

Sie fallen durch ein starkes Zurücktreten des Rumpfes gegenüber den Gliedmaßen auf (Abb. 179). Der Rumpf ist meist nur ein schmales Verbindungsstück zwischen den Beinbasen, die dorsale Panzerung fehlt ihm völlig; er ist durch Ringfurchen, die hinter dem 1. Laufbeinpaar beginnen, in einen Vorderabschnitt und je nach der Beinzahl in 3–5 Segmente zerlegt. Seitlich trägt der Rumpf Sockel

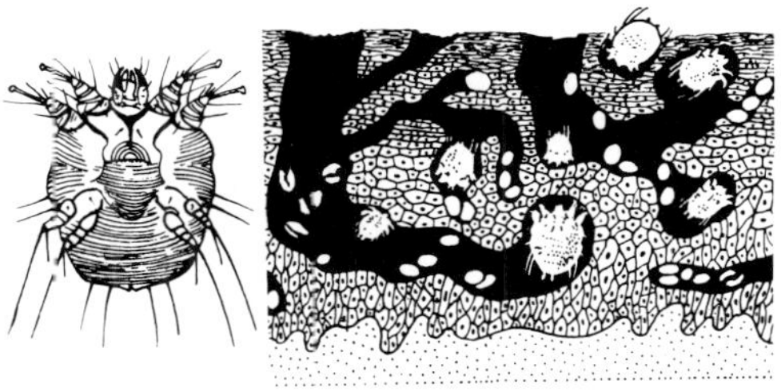

Abb. 178: Krätzmilbe *(Sarcoptes scabiei)*, ausgewachsenes Tier und Epidermis eines Menschen, die von Milbengängen durchsetzt ist. Nach Schmeil

für die Insertion der Beine. Das Abdomen ist extrem reduziert und meist nur ein kleiner Stift ohne Anhänge, nur bei den fossilen Palaeopantopoden ist es noch sackförmig und läßt 3–5 Glieder erkennen.

Die Extremitäten ähneln denen anderer Chelicerata, doch fehlen ihnen stets die Laden (Enditen). Die scherentragenden Cheliceren bestehen meist aus 3, seltener aus 4 Gliedern; es folgen tasterartige Palpen von wechselnder Länge (bis 10gliedrig). Eigenartig ist das nächste Extremitätenpaar (Brutbeinpaar). Es entspringt ventral, ist gleichfalls tasterartig und dient beim Männchen als Eiträger (Oviger). Dann folgen die langen Schreitbeine, meist 4 Paare, vereinzelt auch 5 *(Pentanymphon, Pentapycnon, Decalopoda)* oder gar 6 *(Dodecalopoda)*. Die Gliederzahl der Beine beträgt 9. Das Endglied, der Praetarsus, ist meist klauenförmig. Die vorderen Extremitäten können fehlen. Die Brutbeine sind bei den Weibchen häufig rückgebildet.

In der Haut liegen zahlreiche Drüsen, an den Femora der Beine der Männchen Kittdrüsen, an den Cheliceren der Larven Spinndrüsen. Die Sinnesorgane sind gering entwickelt. Im Vorderkörper liegen auf einem Augenhügel vier kleine Linsenaugen (= Medianaugen). An Hautsinnesorganen sind Sinnesborsten bekannt. Spaltsinnesorgane fehlen. Das Nervensystem ist primitiver als das anderer Chelicerata, da die Bauchganglien weitgehend getrennt bleiben. Das Unterschlundganglion innerviert Palpen- und Brutbeinsegment. 1 oder 2 Abdominalganglien treten während der Entwicklung noch auf, verschmelzen jedoch mit dem letzten Rumpfganglion. Spezielle Atmungsorgane fehlen. Der Mund liegt auf einem umfangreichen Rüssel (Rostrum), der ventralwärts

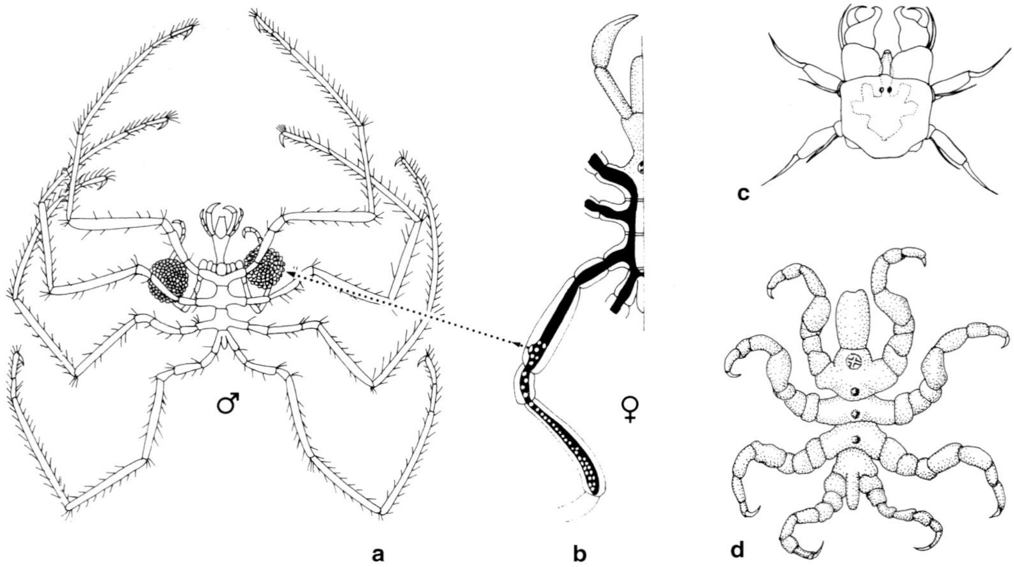

Abb. 179: Pantopoda. a. *Nymphon*, eiballentragendes Männchen, b. Schematische Darstellung des weiblichen Genitaltrakts. Die Eier werden aus Laufbeinen der Weibchen entlassen und von Eiträgern der Männchen übernommen (Pfeil), c. Protonymphon-Larve, d. *Pycnogonum*. Nach King, Miner

oder nach vorn vom Vorderkörper vorragt. Nach seinem inneren Bau besteht der Rüssel aus drei Längsteilen (Antimeren), einem dorsalen und 2 ventrolateralen. Der dreieckige Mund an der Rüsselspitze selbst ist mit drei borstenbesetzten Platten (Lippen) und drei Chitinhaken besetzt, die beweglich sind. Der im Rüssel liegende Teil des Darmes wird als Pharynx bezeichnet, sein dreikantiges Lumen durch radiäre, zur Rüsselwand ziehende Muskeln erweitert, sein hinterer Bezirk wird durch in das Lumen ragende Chitinborsten zu einem Reusenapparat. Ein Oesophagus führt in den Mitteldarm, der lange Blindsäcke vor allem in die Beine entsendet, bei manchen Arten aber auch in Cheliceren und Rüssel. Der gerade Endteil des Darmes mündet mit endständigem After. Die Leibeshöhle ist umfangreich. Das Pericardialseptum durchzieht den Rumpf horizontal dicht über dem Darm und erstreckt sich auch in die Beine.

Das Rückengefäß (Herz) ist der einzige erhaltene Teil des Blutgefäßsystems. Es durchzieht den Rumpf von seinem Hinterende bis zur Region der Augenhügel und ist dorsal mit breiter Fläche an der Rückenwand, ventral am Pericardialseptum angewachsen. Es trägt zwei Ostienpaare, zu denen noch ein unpaares Ostium am Hinterende kommen kann.

Nephridien und Malpighische Gefäße fehlen. Die Muskulatur des Rumpfes besteht aus segmentalen Längssträngen, Dorsoventralmuskeln fehlen.

Die Gonaden entstehen ventral am Pericardialseptum, erstrecken sich aber in die Beine, die ihren Hauptteil enthalten. An den Coxen der Beine liegen auch die Genitalöffnungen. Interessanterweise sind oft mehrere Paare von Öffnungen vorhanden, vielfach an allen 4 Beinpaaren. Bei manchen Gattungen sind sie auf bestimmte Beinpaare beschränkt, am häufigsten auf die letzten; Männchen und Weibchen können in Zahl und Lage der Genitalöffnungen verschieden sein.

Die abgelegten Eier werden vom Männchen getragen. Die Entwicklung zeigt manche Eigenarten und ist auch innerhalb der Pantopoden nicht gleichartig. Die Furchung ist zunächst total, und zwar je nach Dottergehalt aequal oder inaequal. Früher oder später verschmelzen aber Zellen zu syncytialen Massen. Die Keimblätterbildung ist schwer verständlich. Dorsal werden große Zellen ins Innere verlagert, welche Entoderm (z. T. von einer Urentodermzelle ausgehend) und Mesoderm bilden. Später tritt aber ventral die Längsrinne auf, die dem Blastoporusgebiet anderer Arthropoden entspricht. Das Mesoderm scheint sich stets oder meist über ein einfaches Streifenstadium in Muskeln und Bindegewebe umzuwandeln.

Die Embryonalentwicklung führt zu einer typischen Larve, der Protonymphon-Larve (Abb. 179 c). Bei den drei Extremitätenpaaren handelt es sich um Cheliceren, Palpen und Brutbeine. Die Cheliceren der Protonymphon-Larve tragen eine seitlich auf eine Röhre mündende Spinndrüse und z. T. Scherendrüsen. Die beiden anderen Extremitäten sind jedoch nur dreigliedrige Haken, die später ± rückgebildet werden, während die definitiven Palpen und Brutbeine durch Neubildung entstehen. Herz und After fehlen der Larve. Die Weiterentwicklung erfolgt durch schrittweise Bildung der Beine am Hinterkörper, die Stadien sind durch Häutungen getrennt. Nur selten bleiben die Larvalstadien an den Brutbeinen der Männchen (z.B. *Chaetonymphon*), meist verlassen sie als Protonymphon die Brutbeine und leben in der nächsten Phase als Ecto- oder Endoparasiten *(Phoxichilidium, Anoplodactylus)* an anderen Tieren, besonders Polypen.

Die ca. 500 Arten umfassenden Pantopoden leben im Meer und im Brackwasser. Sie saugen mit ihrem Rüssel an Meerestieren oder fressen an ihnen, besonders an Cnidariern. Länge des Körpers (ohne Beine) 0,8–100 mm, Spannweite bis über 70 cm.

Nymphon (Abb. 179 a, b) *Phoxichilidium, Ammothea, Decalopoda, Dodecalopoda, Pycnogonum* (Abb. 179 d).

Fossile Pantopoden sind schon aus dem Devon bekannt. Sie sind durch das drei- bis fünfgliedrige Abdomen ursprünglich.

C. Mandibulata

Die Kopfextremitäten 3–5 sind Mundgliedmaßen, die als Mandibel, 1. Maxille und 2. Maxille bezeichnet werden. Ihr funktioneller Hauptteil sind die Grundglieder mit ihren Laden (Enditen), die im Fall der Mandibeln zu starken Kauplatten geworden sind. Die Facettenaugen enthalten Kristallkegel. Die Nephridien sind auf den Kopfbereich beschränkt. Zu den Mandibulata zählen Crustacea (Diantennata) und Antennata (Tracheata, Eutracheata).

1. Crustacea
(Krebse)

Die Crustaceen sind in Einzelmerkmalen ursprünglicher als alle anderen rezenten Euarthropoden. Zu den primitiven Charakteren gehören:

1. Die Nauplius-Larve mit ihrer geringen Segmentzahl und drei Extremitätenpaaren (1. und 2. Antennen, beinartigen Mandibeln, Abb. 180).

2. Der Bau des Nervensystems, das bei einzelnen Gruppen (Phyllopoda, Abb. 183 a) noch den Strickleitertypus in reiner Form darstellt. Primitiv ist auch die geringfügige Anschmelzung des Tritocerebrums an das Gehirn bei manchen Krebsen.

3. Die Zahl der Seitenarterien kann höher sein als bei anderen rezenten Arthropoden, so bei Stomatopoden.

4. Die Extremitäten mit zahlreichen Seitenanhängen stehen dem Urtyp besonders nahe.

5. In der Erhaltung aller Gliedmaßenpaare des Kopfes, wie sie sonst nur bei Trilobiten zu finden ist.

Als monophyletische Gruppe sind die Krebse durch ihr mehrteiliges Naupliusauge und den Besitz von 2 Paar Metanephridien gekennzeichnet, die in den Segmenten der 2. Antennen und 2. Maxillen ausmünden.

Wichtige Merkmale vieler Crustacea sind Carapax und Furca.

Vom Hinterrand des Kopfes schiebt sich bei manchen Krebsgruppen eine Hautfalte, der Carapax, vor, der weite Teile des Körpers dorsal und lateral überdeckt oder mit Schalen umhüllen kann. Die Schalen können dorsal durch ein Schloß miteinander verbunden sein (zweiklappig) oder hier durch eine bewegliche Zone miteinander in Verbindung stehen (zweilappig). Die Außenfläche der Nackenfalte ist meist stark sklerotisiert. Die Nackenfalte verschmilzt oft dorsal mit den folgenden Rumpfsegmenten. Vor dem Mund liegt oft ein Kopffortsatz, das Rostrum.

Nach einer anderen Interpretation ist der Carapax ein Rückenschild, der schon die Dorsalseite des Nauplius bedeckt.

Das Telson trägt primär ein Paar Anhänge (Furca), die keine Gliedmaßen darstellen.

Segment- und Extremitätenzahl schwanken in weitem Bereich. Die geringsten Zahlen finden wir – wenn man von extremitätenlosen und ungegliederten Parasiten absieht – bei manchen Ostracoden, die höchsten bei Notostracen.

Der Körper der Krebse wird in Kopf, Thorax und Abdomen (Pleon) gegliedert. Bei den Entomostracen wird der jeweils gliedmaßenlose Hinterkörper als Abdomen bezeichnet, bei den Malacostraca mit ihrer festen Segmentzahl liegt die Grenze von Thorax und Abdomen zwischen 8. und 9. Rumpfsegment; sie ist äußerlich durch einen Wechsel des Extremitätenbaues (Thoracopoden und Pleopoden) gekennzeichnet. Kopf und unterschiedlich viele Thoraxsegmente sind vielfach zu einem Cephalothorax verschmolzen (vgl. Spinnen: Prosoma). Abdominalsegmente bilden bisweilen mit dem Telson eine Einheit (Pleotelson).

Die Extremitäten der Crustaceen sind (vielleicht mit Ausnahme der 1. Antennen) auf einen Fiederfuß zurückzuführen; der bekannte Spaltfuß der Krebse ist erst eine spezielle Form dieses Fiederfußes. Der Spaltfuß besteht aus einem Stamm (Protopodit), der distal zwei Äste trägt, außen den Exopoditen, innen den Endopoditen. Das Grundglied des Protopoditen (Prae- oder Subcoxa) ist meist weitgehend rückgebildet bzw. mit der Körperwand verschmolzen. Zweites und drittes Grundglied (Coxopodit, Basipodit) sind im allgemeinen deutlich ausgebildet. Laterale Anhänge des Protopoditen werden als Exite bezeichnet. Sie können als dünnhäutige Anhänge (Epipodite) Atmungs- und osmoregulatorische Funktionen erfüllen (Kiemen) oder als Brutplatten (Oostegite) dienen. Mediale Anhänge (Endite) treten als Kauladen auf.

Der Endopodit ist bei Malacostracen meist charakteristisch gegliedert in Ischiopodit, Meropodit, Carpopodit, Propodit und Dactylopodit. Propodit und Dactylopodit können als Schere (Chela) zusammenwirken. Der bewegliche Dactylopodit wird gegen einen Fortsatz – den unbeweglichen Scherenfinger – des Propoditen bewegt. Wird der Dactylopodit gegen den Propoditen zurückgeklappt, spricht man von einer Subchela.

Exopodite sind oft wie Antennengeißeln geringelt; sie sind vielfach rückgebildet, so daß ein »Stabbein« entsteht.

Blattbeine (Phyllopodien) nennt man die mit dünner Cuticula versehenen Extremitäten von Anostraca, Phyllopoda und Phyllocarida, deren Festigkeit und Streckung zum Teil auf den Haemolymphdruck zurückzuführen ist.

Die 1. Antennen (Antennulae) sind einästig, doch treten bei Malacostraca nicht selten 1 oder 2 geringelte Nebengeißeln auf. Sie sind bevorzugter Ort von Riechschläuchen (Aesthetasken), in ihrer Basis können Statocysten ausgebildet sein. Bei manchen Gruppen sind sie Greif- oder Schwebeorgane.

Die 2. Antennen (Antennae) sind Spaltfüße. Auch sie können als Greif- oder Lokomotionswerkzeuge ausgebildet sein.

Die Mundgliedmaßen erreichen nicht die Vielgestaltigkeit, wie sie von Insekten bekannt ist. Die Mandibel der Nauplius-Larve ist noch als typischer Spaltfuß entwickelt, Endopodit und sogar Exopodit kommen bei Erwachsenen oft noch als Taster vor. Besonders ausgestaltet wird oft die Kaulade, die basal einen Mahlfortsatz (Pars molaris), distal eine gezackte Platte (Pars incisiva) trägt, von der sich bei den Peracarida noch eine bewegliche Platte (Lacinia mobilis) abgliedert.

Die Maxillen (Maxillulae, Maxillae) tragen häufiger Endo-, Exo- und z.T. auch Epipodit. Die Zahl ihrer Laden beträgt bis vier, von denen zwei der Coxa und zwei der Basis angehören. Sie sind meist borstenbesetzte Lappen, seltener mit kräftigen Dornen und Zähnen versehen. Mehrfach werden Maxillen zu Greifwerkzeugen.

Die Thorakalbeine sind die wichtigsten Fortbewegungsorgane. Sind sie vorwiegend Schreitbeine, ist der Endopodit wohlentwickelt, während der Exopodit verschwindet; tritt die Ruderfunktion in den Vordergrund, so werden Exo- und Endopodit einheitliche Platten und nähern sich dem Blattfußtyp. Nur mit den Exopoditen schwimmen Mysideen und Cumaceen.

Innerhalb der Thorakalbeine werden oft funktionelle Gruppen gebildet. Die vorderen werden als Maxillarfüße (Maxillipeden) zu Hilfsorganen bei der Nahrungsaufnahme und nehmen dann in ihrem Bau oft eine Mittelstellung zwischen Maxillen und typischen Thorakalbeinen an. Weiterhin sind oft einzelne Thorakalbeine zu Greiffüßen umgebildet, die vorderen können Schreit-, die hinteren Schwimmbeine werden. Die meist im Dienst der Fortbewegung stehenden Extremitäten des Thorax werden Peraeopoden (Pereiopoden) genannt.

Die Abdominalbeine (Pleopoden) der Malacostracen sind meist zweiästige Ruderbeine; besonders kräftige Platten bildet oft das letzte Paar (Uropoden) aus, das mit dem Telson zusammen einen Schwanzfächer bildet. Bei Arten, deren Hinterkörper die Ruderfunktion verliert, werden die Äste der Uropoden griffelförmig und fungieren z. T. als Sinnesorgane. Die übrigen Abdominalbeine sind vorwiegend Ruderextremitäten oder dienen als Atmungsorgane, die Beine eines Paares sind oft durch hakenbesetzte Fortsätze (Retinacula) gekoppelt. Die vorderen Pleopoden werden beim Männchen oft zu Spermaüberträgern umgebildet (Petasma); vordere Pleopoden können bei Isopoden ebenso wie die Uropoden zu Kiemendeckeln werden.

Die übrige Morphologie der Crustaceen ist schon im Abschnitt »Euarthropoda« (S. 237) abgehandelt worden.

Hingewiesen sei hier noch auf die Konzentrationsvorgänge in Nervensystem und Rückengefäß. Sie verlaufen anders als bei den Chelicerata.

Das Nervensystem enthält zunächst eine Bauchganglienkette, in der nicht nur die Ganglienpaare hintereinander durch Konnektive verbunden sind, sondern auch die Ganglien eines Paares entfernt stehen und durch Kommissuren verbunden sind (Phyllopoda, Anostraca). Die Verschmelzung der Ganglien eines Paares erfolgt häufig, die der Ganglien verschiedener Segmente seltener. Selbst die Zusammenfassung der Ganglien der Mundgliedmaßen zu einem Unterschlundganglion kommt nur bei einem Teil der Krebse vor (viele Malacostraca); sofern Maxillarfüße vorhanden sind, schließen sich ihre Ganglien meist dem Unterschlundganglion an. Andere Konzentrationen treten bei Verkürzungen des Rumpfes auf. Dann entsteht eine einzige vom Darm durchbohrte Ganglienmasse.

Ein langes Herz mit vollzähliger Garnitur von Ostien in Thorax und Abdomen bewahren noch die Anostraca und annähernd die Stomatopoda sowie die Notostraca. Die verkürzten Herzen liegen entsprechend der Lage der Atmungsorgane in verschiedenen Körperregionen, z. B. bei den Cladoceren nahezu im Kopf (Maxillarregion), meist im Thorax (Eucarida, Amphipoda) oder zum Teil im Abdomen (Isopoda). Bei kleinen Crustaceen (Mehrzahl der Copepoden und Ostracoden) fehlt das Herz.

Die Furchung variiert wie in anderen Gruppen von einer totalen bis zu typisch superficieller Furchung.

Die Postembryonalentwicklung der Crustacea ist ursprünglich vermutlich ein kontinuierlicher Wachstumsprozeß mit regelmäßiger Segment- und Gliedmaßensprossung ohne abrupte Veränderungen zwischen aufeinanderfolgenden Häutungen gewesen. Diesem Modus am ähnlichsten ist noch der Entwicklungsablauf bei den Cephalocarida, Phyllopoda, Anostraca und Mystacocarida, bei denen jedoch bei einzelnen Häutungen durch gleichzeitiges Erscheinen mehrerer Segmente und Extremitäten größere Entwicklungsfortschritte auf einmal erzielt werden. Bei allen anderen Gruppen geht das so weit, daß an einer oder mehreren Stellen des Entwicklungsablaufs deutliche Einschnitte auftreten und ihn in klar erkennbare Phasen gliedern. Wenn Larve und Adultus ganz unterschiedliche Lebensräume besiedeln, ist ein allmählicher Übergang zwischen beiden nicht möglich.

Bei vielen Gruppen beginnt die Postembryonalentwicklung mit der Nauplius-Larve (Abb. 180 a). Diese trägt drei Gliedmaßenpaare: 1. und 2. Antennen sowie Mandibeln. Während die 1. Antennen einästig sind, sind die 2. Antennen und Mandibeln typische Spaltfüße. Alle drei Gliedmaßenpaare, besonders aber die 2. Antennen, dienen der Fortbewegung. Die Rückenfläche wird von einem Schild, der Mund von einer oft stark entwickelten Oberlippe überdeckt, die Unterlippe ist kleiner. Bei Ostracoden besitzt bereits der Nauplius einen zweiklappigen Carapax. Medianaugen (Naupliusaugen) kommen normalerweise vor, Seitenaugen nur selten (z. B. Cirripedia). Nauplien machen mehrere Häutungen durch. Schließlich können schon Anlagen weiterer Segmente

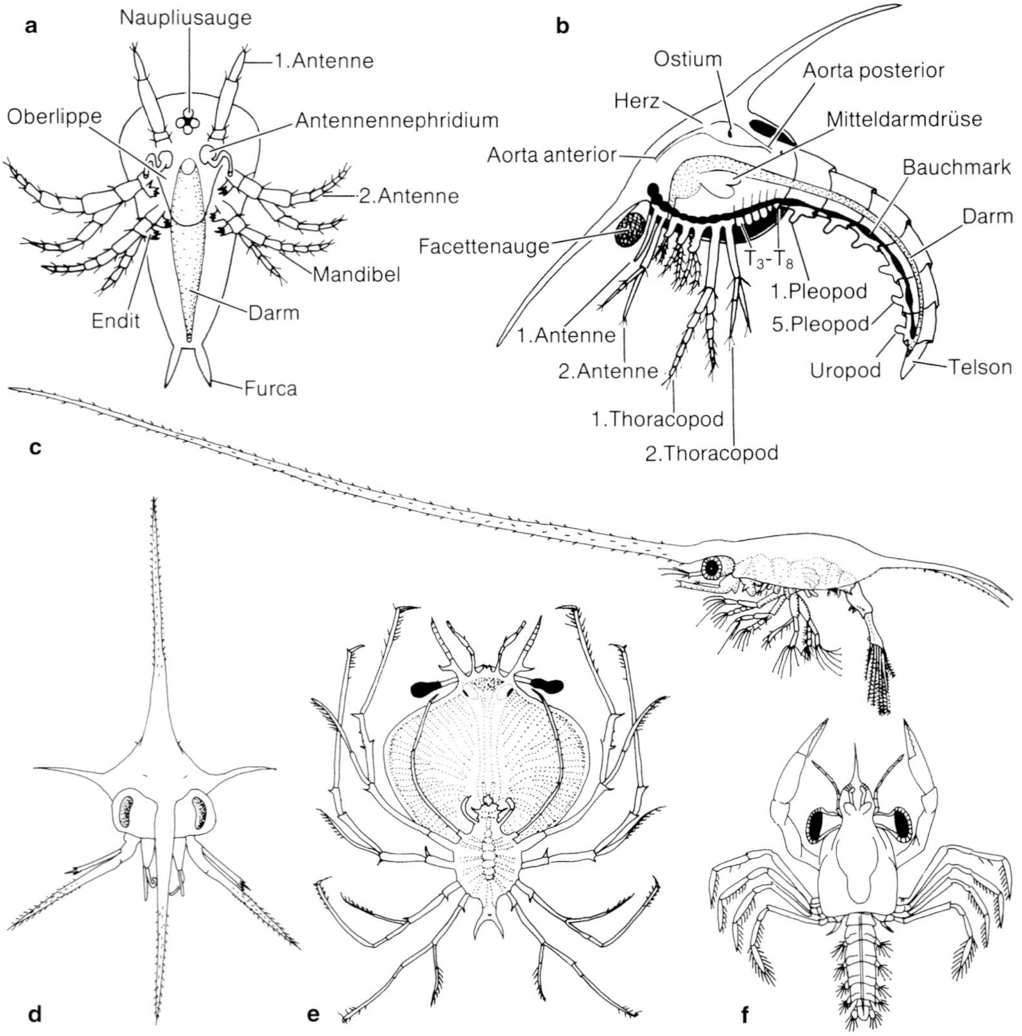

Abb. 180: Larven von Crustaceen. a. Nauplius (Organisationsschema), b. Zoëa (Organisationsschema), T_3–T_8: Anlagen der Thoracopoden 3–8, c. Zoëa von *Petrolisthes*, d. Zoëa von *Hyas* (Frontalansicht), e. Phyllosoma von *Palinurus*, f. Megalopa von *Liocarcinus*. Nach Christiansen, Claus, Sterrer

und Extremitäten am Larvenkörper erkennbar sein. Man spricht dann von einem Metanauplius.

Bei den Copepoda folgt auf den Nauplius, der 5–6 Häutungen durchmacht, direkt eine Phase, deren einzelne Häutungsstadien in Körperbau und Struktur der Extremitäten dem Adultus schon weitgehend gleichen und allmählich ohne weitere abrupte Veränderungen in ihn übergehen. Diese Phase wird als Copepodit bezeichnet. Ganz ähnlich sind die Verhältnisse bei den Cirripedia, bei denen sich der letzte Nauplius direkt in die sogenannte Cypris-Larve umwandelt, die bereits alle Extremitäten des Adultus besitzt.

Bei den Malacostraca ist die Postembryonalentwicklung am stärksten gegliedert. Die ursprünglichsten Verhältnisse finden sich bei primitiven Decapoda (Penaeidea), bei denen bis zur Erlangung der Geschlechtsreife 4 Phasen

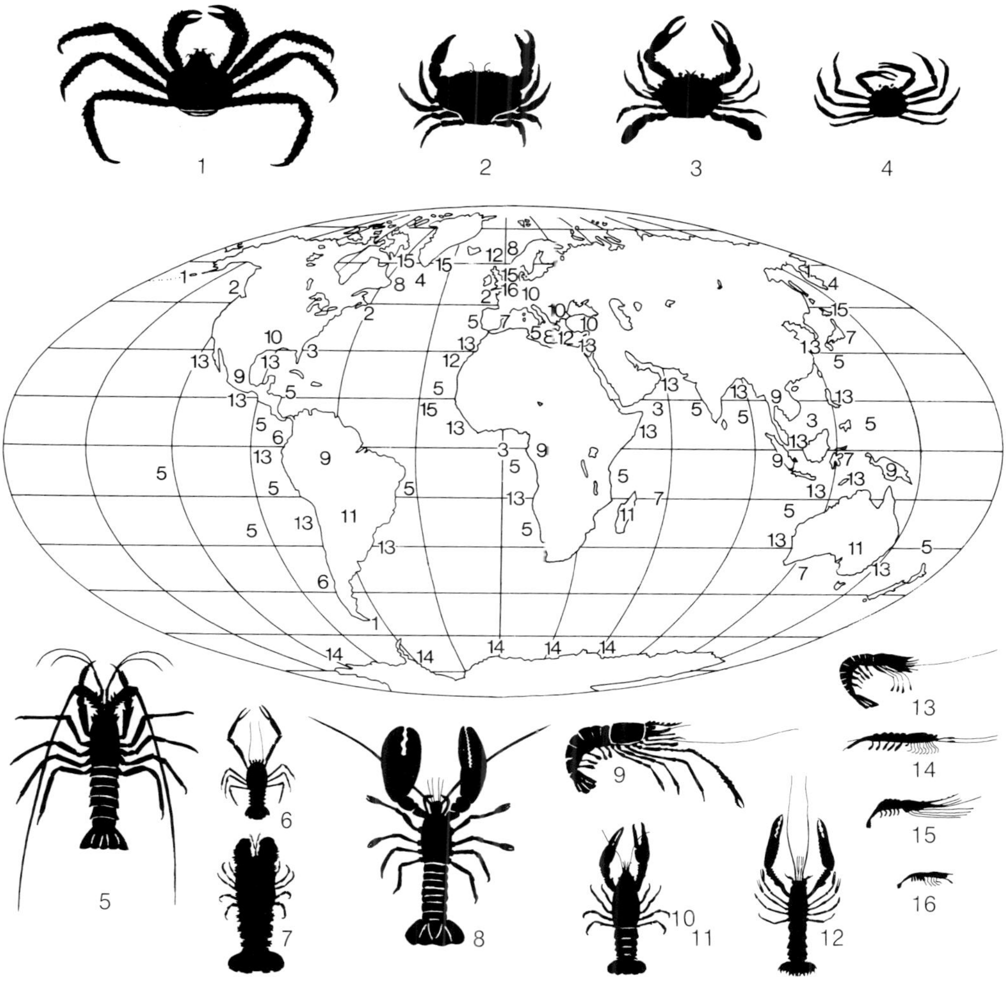

Abb. 181: Hauptfanggebiete wichtiger Krebse. 1. Lithodidae (Schein- oder Königskrabben), 2. Cancridae (Taschenkrebse), 3. Portunidae (Schwimmkrabben), 4. *Chionoecetes* (Schneekrabben), 5. Palinuridae (Langusten), 6. Galatheidae (Scheinhummer), 7. Scyllaridae (Bärenkrebse), 8. *Homarus* (Hummer), 9. *Macrobrachium* (Süßwassergarnelen), 10. Astacidae und Cambaridae = Astacoidea (Flußkrebse der Nordhalbkugel), 11. Parastacoidea (Flußkrebse der Südhalbkugel), 12. *Nephrops* (Kaisergranat), 13. Penaeidae (Geißelgarnelen), 14. *Euphausia superba* (Antarktischer Krill), 15. Pandalidae (Tiefseegarnelen), 16. *Crangon crangon* (Granat, Nordseegarnele). Nach Schäfer, Türkay, Williams

durchlaufen werden: Nauplius, Protozoëa, Zoëa (Abb. 180 a-d) und Postlarve. Diese lassen sich nicht nur strukturell unterscheiden, sondern vor allem auch an der Art der Fortbewegung. Bei Nauplius und Protozoëa sind die 2. Antennen Hauptruderorgane. Sie erhalten beim Nauplius Unterstützung vom Exopoditen der Mandibel, bei der Protozoëa von den Exopoditen der bereits vorhandenen Thoracopoden. Von Beginn der Zoëa-Phase an dienen dem Schwimmen allein die Thoracopoden, die diese Aufgabe zu Beginn der Postlarvalphase an die Pleopoden abtreten.

Die Häutung zwischen Zoëa- und Postlarve markiert den abrupten Wechsel von der Larval- zur Adultstruktur, der wegen des gleichzeitigen Wechsels von der pelagischen zu einer benthischen Lebensweise als Metamorphose bezeichnet wird. Die Postlarve ist dem Adultus im Bau bereits sehr ähnlich. Nur bei Gruppen, deren

Adultus besondere Baueigentümlichkeiten aufweist, gleicht die Postlarve ihm noch nicht so ganz und wird gesondert benannt: Megalopa der Krabben, Glaucothoë der Einsiedlerkrebse.

Bei höheren Decapoda wird die ursprüngliche Entwicklungsabfolge dadurch abgewandelt, daß sich die Segmente und Extremitäten des hinteren Körperabschnittes vorzeitig differenzieren. Dadurch entsteht die typische Larve der Decapoda, die als Zoëa bezeichnet wird. Bei ihr bleibt die hintere, 5–6 Segmente repräsentierende Thoraxregion in der Entwicklung zurück, während das Pleon schon vollständig gegliedert ist und auch bereits Extremitäten tragen kann. Bei den meisten Decapoda beginnt das Larvenleben erst auf diesem Stadium, sie schlüpfen als Zoëa aus dem Ei.

Diese Möglichkeit sekundärer Abwandlung des Entwicklungsablaufes gilt generell. Auch bei anderen Crustaceen-Gruppen kommt es zur Verlagerung von Teilen der Entwicklung ins Ei, so daß das freie Leben erst auf einem unterschiedlich weit fortgeschrittenen Stadium der Entwicklung beginnt. Der sekundäre Zustand dieser Entwicklung läßt sich daran erkennen, daß im Ei Stadien auftreten, die deutliche Kennzeichen der entsprechenden freilebenden Entwicklungsphasen tragen. Im Extremfall wird fast die gesamte Entwicklung im Ei durchgemacht (Cladocera, Leptostraca, Peracarida), so daß anschließend nur noch Größenwachstum und die Ausbildung der Gonaden stattfinden. Diese direkte Entwicklung ist in der Regel mit Brutpflege verbunden.

Die heutigen Gruppen der Krebse sind isoliert voneinander oder hängen nur locker zusammen. Die kleineren Formen mit reduziertem Blutgefäßsystem und gliedmaßenlosem Hinterkörper werden oft als niedere Krebse (Entomostraca) zusammengefaßt und den höheren Krebsen (Malacostraca) gegenübergestellt. Diese Zweiteilung hat wenig Berechtigung.

Die Krebse sind heute im Meer die Hauptgruppe der Arthropoden. Hier leben sie in großer Artenzahl; ins Süßwasser sind nur wenige Linien vorgedrungen. Die Eroberung des Landes haben viele in den ersten Schritten vollzogen, nur die Asseln sind Landtiere im engeren Sinn geworden. Über 50 000 Arten. Groß ist ihre wirtschaftliche Bedeutung, z. B. als Proteinquelle (Abb. 181). Derzeit werden weltweit über 3 Millionen t angelandet.

1. Klasse: Remipedia

Diese Gruppe wurde in den 80er Jahren nach der Entdeckung einer Art *(Speleonectes lucayensis)* aus marinen Höhlen der Bahamas aufgestellt. Inzwischen hat man mehrere Gattungen beschrieben, und die Gruppe ist von beiden Seiten des Atlantik bekannt.

Der Cephalothorax schließt ein Rumpfsegment mit ein; die 16–38 Rumpfsegmente sind weitgehend homonom und tragen je ein Paar zweiästiger Schwimmextremitäten. Dieses Merkmal und der Bau der begeißelten Spermien haben zu der Annahme geführt, daß es sich bei diesen 9–45 mm langen Crustacea um besonders ursprüngliche Krebse handele. Die Mundwerkzeuge sind einästig, der Darm ist mit serialen Aussackungen versehen. Augen fehlen. Remipedia sind Simultanzwitter, das weibliche Genitalsystem beginnt im Cephalothorax, das männliche liegt weiter hinten. Die 9 beschriebenen rezenten Formen werden mit der karbonischen Gattung *Tesnusocaris* in Verbindung gebracht.

Speleonectes, Lasionectes (Abb. 182 b).

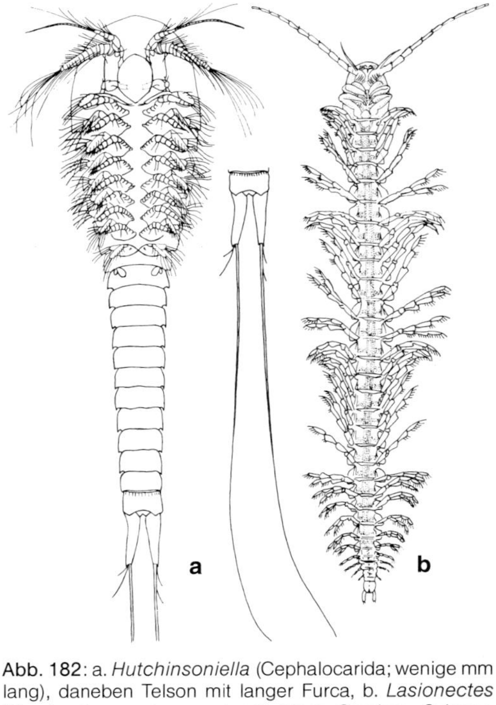

Abb. 182: a. *Hutchinsoniella* (Cephalocarida; wenige mm lang), daneben Telson mit langer Furca, b. *Lasionectes* (Remipedia; wenige cm lang). Nach Sanders, Schram, Yager

2. Klasse: Cephalocarida

Langgestreckte, etwa 3 mm lange Kleinkrebse, die erst in den 50er Jahren dieses Jahrhunderts von Schlammböden vor der nordamerikanischen Küste beschrieben wurden. Komplexaugen degeneriert; Carapax kurz; 19 Rumpfsegmente, davon die ersten 9 mit Extremitäten; 2. Maxille ähnelt vorderen Thoracopoden, die als Spaltfüße ausgebildet sind; Telson mit Furca. Simultanzwitter mit gemeinsamer männlicher und weiblicher Genitalöffnung. Spermien aflagellat. Eier werden in Säckchen am 9. Segment getragen. In jedem Säckchen entwickelt sich nur 1 Ei zur Zeit. Schlüpfen mit 2 postcephalen Segmenten. Bisher wurden 9 Arten beschrieben. *Hutchinsoniella* (Abb. 182 a).

Die folgenden Klassen 3 und 4 werden auch als **Branchiopoda** zusammengefaßt, weil sie über einen speziellen Filterapparat verfügen und im Spermienbau viele Übereinstimmungen aufweisen.

3. Klasse: Phyllopoda (Blattfußkrebse)

Die Phyllopoden (Abb. 183, 184) umfassen eine Reihe von primitiven (Notostraca) bis zu stark abgeänderten Formen, die sich eventuell aus neotenen Larven entwickelt haben (Cladocera). Besonders ursprüngliche Charaktere sind die große Zahl von Beinpaaren, die bei den Notostraca über 70 beträgt, die weite Verbreitung der Endite und zahlreiche Häutungen. Der Carapax der Notostraca deutet auf den Grundtyp des Crustaceen-Carapax hin. Kopfsinnesorgane sind gut entwickelt.

Die Seitenaugen sind in Hauttaschen versenkt und dorsalwärts in den Carapax verlagert. Das Naupliusauge besteht aus 4 Bechern (alle anderen Krebse haben 3).

An den vorderen Gliedmaßen der Notostraca sowie an den Nauplius-Extremitäten ist noch der ursprüngliche, gegliederte Bau zu erkennen; mit zunehmend mikrophager Ernährung durch Filtration wird der Gliederfuß zu einem Blattfuß und schließlich zur stark vereinfachten Turgorextremität vieler Cladoceren. Die Fangbeine räuberischer Cladoceren sind gegliederte Stabbeine.

Aus dem Ei schlüpft, falls die Entwicklung nicht direkt ist, bereits ein Metanauplius, bei Conchostraca ein Nauplius. Die Spermien sind unbegeißelt und unbeweglich. Die Eier werden unter der Schale getragen, oft an Fortsätzen von Extremitäten.

Innerhalb der Phyllopoda wird, abgesehen von Beinzahl und -bau, vor allem der schalenartige Carapax abgeändert. Er sondert sich bei den Conchostraca und Cladocera in einen zweilappigen hinteren Teil und einen vorderen, sehr andersartig gebauten Kopfteil. Dieser wird bei den Conchostraca zunehmend ventralwärts eingeklappt und von den Schalenlappen schließlich ganz umschlossen. Sekundär werden die Schalenlappen zu einem nur als Brutraum dienenden Behälter. Verschieden in den einzelnen Gruppen sind 2. Antenne und Furca (Abb. 183). Mitteldarmdrüsen sind bei Notostraca und Conchostraca reich zerteilt, bei Cladocera aber zu »Leberhörnchen« reduziert, oder sie fehlen ganz.

Die Phyllopoden sind vorwiegend Süßwasserbewohner, im Pelagial des Meeres leben wenige Cladoceren-Gattungen. Notostracen und Conchostracen kommen vorwiegend in periodisch austrocknenden Gewässern vor. Etwa 1000 Arten.

1. Ordnung: Notostraca (Abb. 183). Schale (Carapax) schildförmig. 2. Antennen beim erwachsenen Tier reduziert, ca. 60 Paar Rumpfbeine, das vorderste mit tasterartig verlängerten Enditen, vom 12. Rumpfsegment an gehören 2 oder mehr Beinpaare zu einem Metamer (Polypodie). Furca lang, geringelt. Körperlänge 3 bis 6 cm. Herz lang, mit 11 Ostienpaaren. Besonders in periodischen Süßwassertümpeln. *Triops* (Abb. 183 b), *Lepidurus*.

Triops cancriformis tritt bei uns bisweilen in großer Zahl in Regen- oder Hochwassertümpeln auf Äckern oder Wiesen mit lehmigem Untergrund auf. Ihre Dauereier können hier bis zu einem Jahrzehnt überleben. Im zeitigen Frühjahr kann man in Überschwemmungstümpeln in Auwäldern und auf Feldern entsprechend *Lepidurus apus* antreffen. Sie schwimmen meist nahe dem Gewässergrund und wirbeln mit ihrem Beinschlag den Boden auf. Dabei kommt es zur Aufnahme kleiner Nahrungstiere. Im freien Wasser schwimmen die Tiere auf dem Rücken. Populationen in Mitteleuropa scheinen v.a. selbstbefruchtende Zwitter zu sein; südliche Populationen sind zweigeschlechtig. Beide Arten findet man oft gemeinsam mit Anostraca (S. 300).

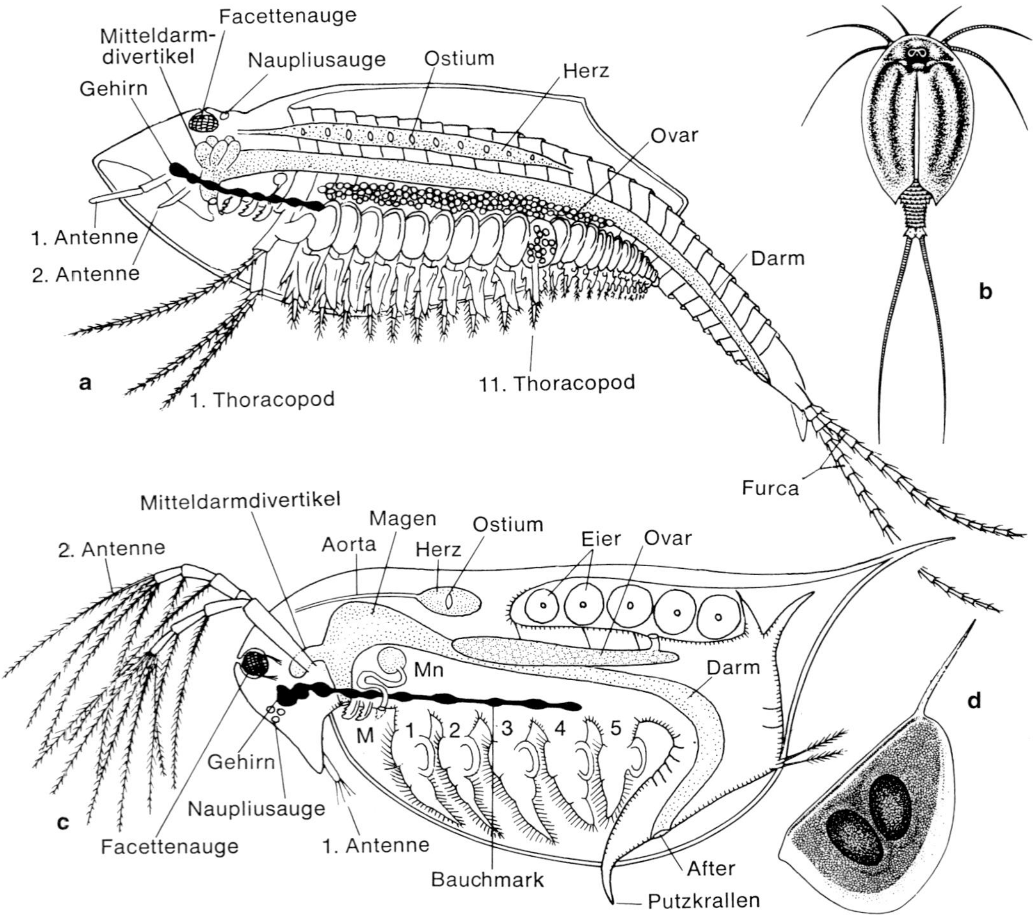

Abb. 183: a. Organisationsschema eines Notostracen. b. *Triops cancriformis* (Dorsalansicht). c. Organisationsschema eines Cladocers, M: Mundwerkzeuge, Mn: Maxillarnephridien, 1–5: Thoracopoden. Bei den Phyllopoden ziehen die Nephridien meist weit in den Carapax hinein und werden auch Schalendrüsen genannt. d. Ephippium von *Daphnia*. Nach Engelhardt, Remane, Siewing

2. Ordnung: Onychura (Abb. 184). Die Schale bildet zwei Seitenlappen, der dorsale Raum zwischen Rücken und Schale dient als Brutraum; die 2. Antennen sind Spaltfüße und kräftige Ruder; 4- ca. 30 Rumpfbeinpaare, die vorderen beim Männchen mit Klammerhaken. Furca mit zwei Krallen. Herz kurz mit höchstens 4 Ostienpaaren. Länge 0,25–10 mm.

a. Conchostraca. Die zweilappige Schale umhüllt den Kopf ganz oder teilweise (Abb. 184a). 10 – ca. 30 Beinpaare. Seitenaugen nur unvollkommen verschmolzen. Die Eier werden an dorsalen Fortsätzen von Rumpfbeinen getragen. Entwicklung über Nauplius. In periodischen Süßwassertümpeln. *Limnadia, Lynceus.*

b. Cladocera (Wasserflöhe). Die Schalenlappen lassen den Kopf frei; nur 4–6 Beinpaare; Seitenaugen zu einem oft bewegbaren Hauptauge verschmolzen. Eier im Schalenraum dorsal am Körper, jedoch nicht von Extremitäten getragen. Entwicklung mit Generationswechsel (Heterogonie). Viele Generationen von Weibchen, die parthenogenetisch rasch sich entwickelnde Subitaneier hervorbringen. In gewissen Perioden treten Zwergmännchen auf und werden Dauereier gebildet. Entwicklung direkt, nur aus dem Dauerei von *Leptodora* schlüpft

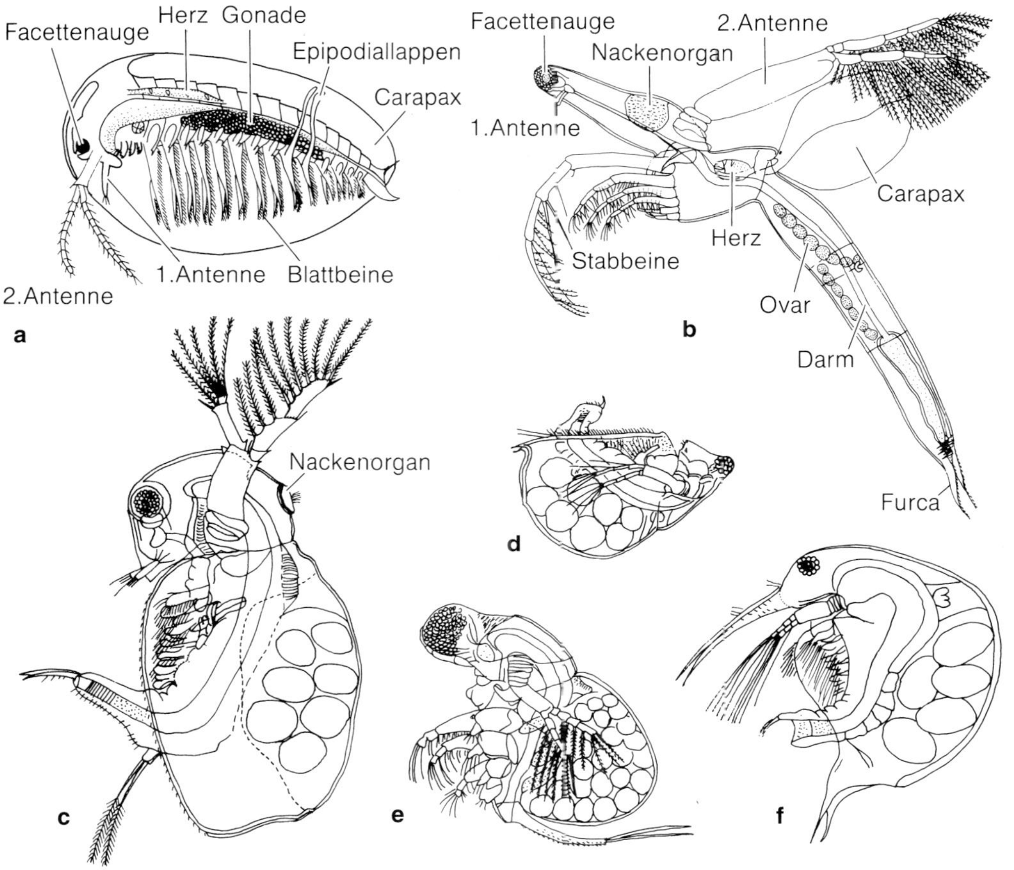

Abb. 184: Onychura. a. Bauplan eines Conchostracen, b. *Leptodora*, c. *Sida*, d. *Scapholeberis*, e. *Polyphemus*, f. *Bosmina*. Nach Lilljeborg, Remane

ein Metanauplius. Im Süßwasser artenreich, im Plankton, an Pflanzen und am Boden. *Anchistropus* an *Hydra*. Einige Formen sind ins Meerespelagial vorgedrungen *(Podon, Evadne, Penilia)*. Sie halten die Salzkonzentration ihres Binnenmediums wesentlich unter der des Meerwassers. Der Ionentransport erfolgt über einen spezialisierten Epidermisbereich des Kopfes (Nackenorgan) mit basalem Labyrinth und vielen Mitochondrien. 4 Familiengruppen, die verwandtschaftlich wohl so fern voneinander stehen, daß die Cladocera als Taxon auch in Zweifel gezogen werden.

Ctenopoda. Von den 6 Beinpaaren die vorderen 5 gleichartig, alle mit Reihen von Filterborsten. Schalenlappen voll ausgebildet. Sididae mit *Sida* (Abb. 184 c), *Diaphanosoma, Holopedium, Penilia* (marin).

Anomopoda. Die 5 oder 6 Beinpaare verschieden. Die Dauereier liegen in einem Futteral aus modifizierten Schalenteilen der Mutter (Ephippium, Abb. 183 d). Daphniidae mit *Daphnia, Moina, Scapholeberis* (Abb. 184 d), *Simocephalus*, Bosminidae mit *Bosmina* (Abb. 184 f), Macrothricidae mit *Ilyocryptus, Streblocerus*, Chydoridae mit *Chydorus, Alona* u.a.

Daphnia magna ist ein bis 6 mm langer Bewohner eutrophierter Kleingewässer. Sie ernährt sich als Geschwebefiltrierer, deren feinmaschige Filter Poren von 0.2–0.8 µm besitzen. Die Tiere häuten sich ein Leben

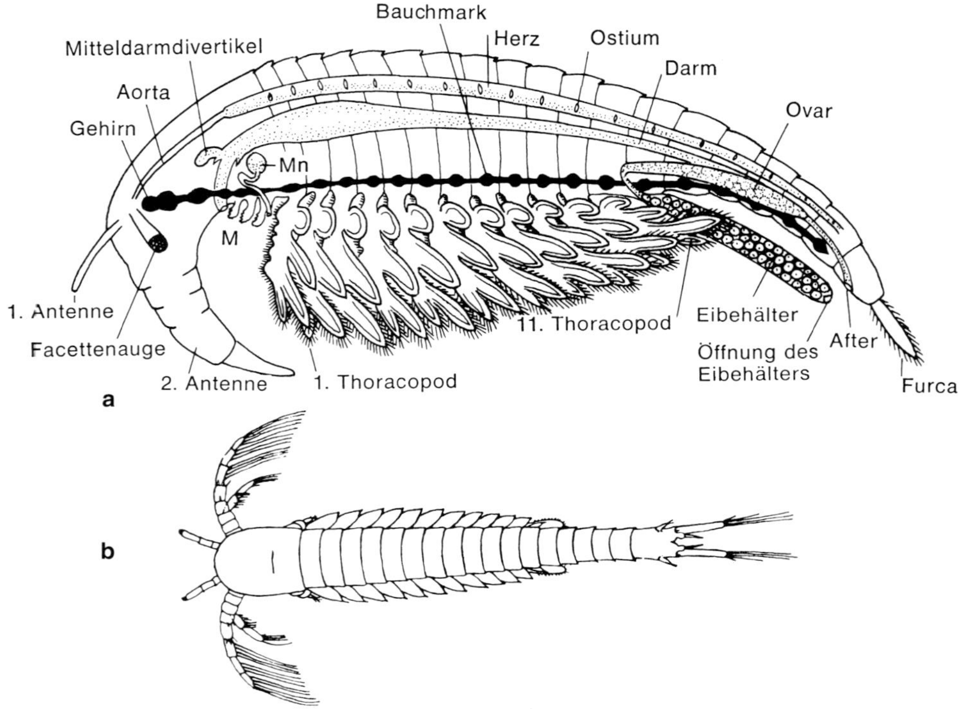

Abb. 185: a. Organisationsschema eines Anostracen. M: Mundwerkzeuge, Mn: Maxillarnephridium. b. *Lepidocaris* aus dem Devon. Nach Remane, Siewing, Sourfield

lang. Im Sommer kommt es oft zur Massenvermehrung, so daß die Tiere eine große Rolle als Fischnahrung und bei der Gewässerreinigung spielen. *Daphnia* zeigt eine deutliche morphologische Verschiedenheit der Generationen (Cyclomorphose, Temporalvariation). Sie äußert sich in einer generationsweise zunehmenden Länge des Kopfes (Helmbildung), die ihren Höhepunkt im Sommer erreicht und zum Herbst hin wieder abklingt. Vermutlich verantwortlich dafür ist der starke Fraßdruck, doch endgültig geklärt ist der Anpassungswert nicht. Die Lebensdauer eines Tieres beträgt maximal etwa 200 Tage. Männchen sind kurzlebiger als Weibchen. *Daphnia*-Arten werden oft als Testorganismen für Wasserqualität verwendet.

Onychopoda. Die Schalenlappen sitzen als Brutraum dorsal dem Rumpf an, ihre Ränder sind z. T. mit der Rumpfwand verwachsen. Die 4 freien Beinpaare sind gegliederte Haken, dorsal des Afters ein langer Schwanzanhang. Pelagische Räuber mit großem Hauptauge. Im Süßwasser *Polyphemus* (Abb. 184 e), *Bythotrephes,* im Meer *Podon* und *Evadne.*

Haplopoda. Rumpf gestreckt mit langem Abdomen, dem Thoraxende sitzen die Schalenlappen als kleiner Brutraum auf. 6 Paar gegliederte Stabbeine. Räuber im Süßwasserplankton. *Leptodora* (Abb. 184 b).

4. Klasse: Anostraca

Zarte, meist einige cm lange Tiere mit filtrierenden Blattfüßen (Abb. 185), die mit der Bauchseite nach oben schwimmen. Die Seitenaugen stehen auf Stielen, die 2. Antennen des Männchens sind große Greiforgane zum Halten des Weibchens während der Kopula. Mundgliedmaßen vereinfacht. Thorax mit 11, 17 oder 19 Beinpaaren. Der Carapax fehlt. Das gliedmaßenlose Abdomen trägt vorn die Genitalporen, die beiden vordersten Segmente sind ventral zur Genitalregion verschmolzen, diese trägt beim Männchen paarige Penes, beim Weibchen ist sie zu einem Eiersack vorgebuchtet, der in sich den unpaaren Ausgang des Eileiters (Uterus) birgt. Länge ca. 1–10 cm. In ephemeren Süßwassertümpeln *(Branchipus, Chiro-*

cephalus), aber auch in Salztümpeln von hoher Konzentration (*Artemia*, Salinenkrebs).

Branchipus schaefferi kann im Sommer in Tümpeln gemeinsam mit *Triops* (S. 297) auftreten. Vom Schlüpfen aus dem Dauerei, das mehrere Jahre überdauern kann, bis zur Geschlechtsreife werden nur zwei Wochen benötigt. Häufiger ist jedoch im Frühjahr *Siphonophanes grubei* in Schmelzwassertümpeln sumpfiger Wälder zu finden. Diese Art erreicht nur eine Lebensdauer von etwa 10 Tagen.

Artemia – vielen Aquarienfreunden auch unter der früheren Artbezeichnung »*Artemia salina*« ein Begriff – hat in den vergangenen Jahren eine große Bedeutung in der Aquakultur erlangt. Im Unterschied zur Viehzucht benötigt die Aquakultur (für Fisch- und Krebsbrut) im allgemeinen Lebendfutter. *Artemia*, von der bisher viele Arten oder Rassen (Artabgrenzung kann bisher nicht vorgenommen werden) weltweit gehandelt werden, erfüllt viele Anforderungen: Bei höherer Salinität werden Cysten (»ruhende Embryonen«) produziert, die versandt oder jahrelang aufgehoben werden können; die 0,4 mm langen Nauplien können in hohen Besiedlungsdichten gezogen werden (über 10000 Tiere/l); abiotische und biotische Faktoren können im gesamten Lebenszyklus gleich bleiben; Nährwert und Fruchtbarkeit sind hoch; Nahrungsansprüche bescheiden (z.B. Abfälle aus der Landwirtschaft). Entsprechend spielt die Massenzucht vielerorts eine wichtige Rolle.

Im Devon eine abweichende Form (*Lepidocaris*, Abb. 185 b) mit 11 Thoraxsegmenten und zweiästigen 2. Antennen; Beine zweiteilige Ruder, nicht echte Blattfüße.

5. Klasse: Ostracoda (Muschelkrebse)

Der Körper ist ganz von einer zweiklappigen Schale umschlossen, die wie die der Muscheln durch Muskulatur geschlossen und durch ein Band (Ligament), das dorsal die Schalenklappen verbindet, geöffnet wird (Abb. 186). Schloßartige Verbindungen der Schalen sind die Regel. Die Zweiklappigkeit ist durch eine mediane Spaltung des Carapax erfolgt, die bereits beim Nauplius hervortritt, also anders als bei den Conchostraca, bei denen die Schale ungeteilt bleibt.

Die Organisation ist stark vereinfacht. Die Segmentierung des Rumpfes ist weitgehend verlorengegangen, nur eine Furche trennt Vorder- und Hinterkörper. Nur wenige Arten besitzen noch ein Herz mit einem Ostienpaar, die Bauchganglien sind konzentriert, die Extremitätenzahl ist gering, einschließlich der Antennen sind es nur 5–7 Paare. Nur selten tragen sie noch einen Exopodit (2. Antenne). Ein oder beide Antennenpaare fungieren als Schwimmruder, die 2. oft als Laufbeine, bei Cytheridae auch als Spinnorgan bzw. Grabbeine. Die Mandibeln tragen Taster. Die 2. Maxille ist bald Laufbein (Cytheridae), bald Mundgliedmaße. 1 bis 2 Paar Thoracopoden dienen als Laufbeine, die letzte Extremität ist oft ein Putzfuß. Die Genitalpori liegen am Hinterleib oder auf dem großen Kopulationsorgan des Männchens, beim Weibchen liegt zwischen den beiden Pori ein Receptaculum, das die begeißelten Spermien aufnimmt. Diese sind bei manchen Cypridae vielfach länger als der Körper; es existiert eine besondere Apparatur für ihre Ausstoßung (Ductus ejaculatorius, Zenkersches Organ). Die Entwicklung beginnt meist mit einem Nauplius mit zweiklappiger Schale und kurzen Mandibeln. Die Eier werden abgelegt, nur selten im Schalenraum geborgen. Parthenogenese ist nicht selten.

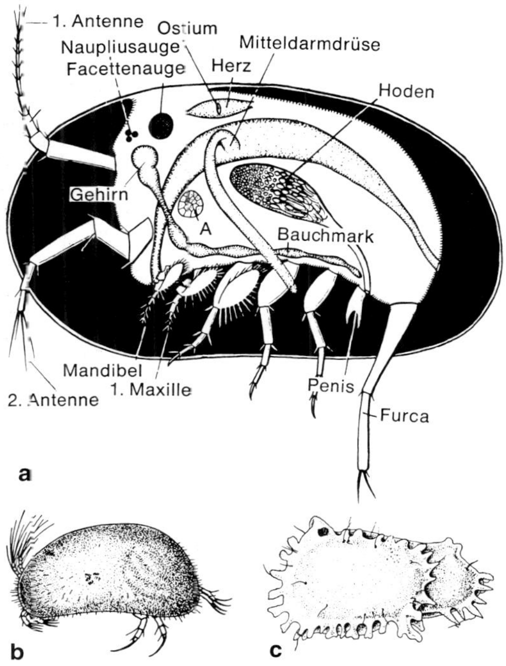

Abb. 186: Ostracoda. a. Organisationsschema. A: Adductormuskel der Schalenklappen. b. *Candona*. c. *Cythereis*. Nach Engelhardt, Ried, Siewing

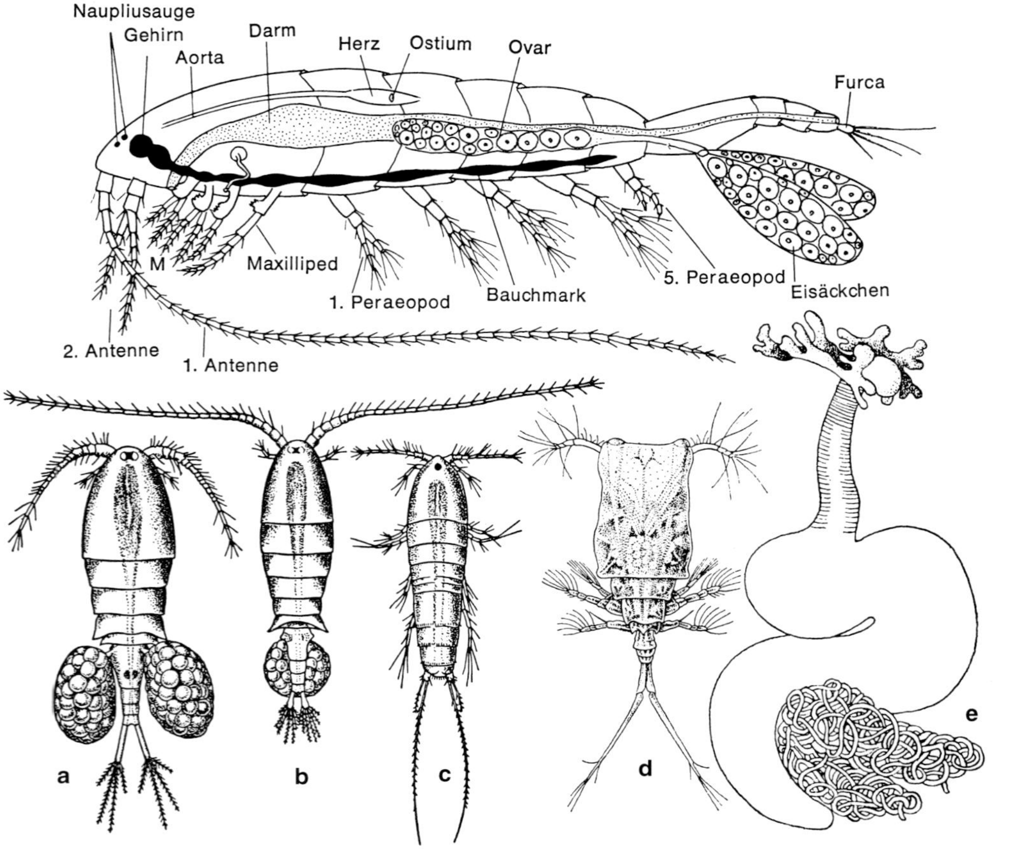

Abb. 187: Copepoda. Oben: Organisationsschema. M: Mundwerkzeuge (Mandibel, 1. und 2. Maxille, an deren Basis Maxillarniere mündet). Unten: Formen. a. *Cyclops*, b. *Diaptomus*, a und b mit Eisäckchen, c. *Canthocamptus*, d. *Copilia*, e. *Lernaea* (Weibchen). Nach Engelhardt, Remane, Scott, Siewing

Mit 12 000 Arten bewohnen die Ostracoden fast alle Lebensräume des Meeres und des Süßwassers, nur im Plankton sind sie selten (*Conchoecia, Philomedes* im Meer). Schwimmfähigkeit besitzt nur ein Teil der Arten. Die Nahrung besteht meist aus sich zersetzendem, organischem Material, mehrere Gruppen sind Filtrierer mit verschiedenartigem Filterapparat *(Platycopa, Notodromas, Asterope)*; die Paradoxostominae bohren mit ihren stilettartigen Mandibeln Pflanzenzellen an und saugen sie aus; einige Arten leben an anderen Tieren (*Entocythere* in der Kiemenhöhle von *Cambarus, Sphaeromicola* an Isopoden). Länge 0,2–30 mm *(Gigantocypris)*, meist zwischen 0,5 und 3 mm.

Die Ostracoden sind seit dem Kambrium mit 40 000 fossilen Arten bekannt und von damals bis heute in marinen und limnischen Lebensräumen sowie im Brackwasser verbreitet. Ihre Häufigkeit, die geringe Größe, die rasche Evolution und ihre oft hervorragende Erhaltung haben sie zu wichtigen Leitfossilien werden lassen. Bei der Erdöl- und Erdgasprospektion kommt ihnen eine große Bedeutung zu.

1. Ordnung: Myodocopa. Mit Herz; Seitenaugen z. T. noch vorhanden. Schalen vorn meist mit ventraler Kerbe (Rostralinzisur). 2. Antenne alleiniges Bewegungsorgan. Marin, relativ groß. *Cypridina, Asterope, Conchoecia.*

2. Ordnung: Cladocopa. Ohne Herz und Augen, beide Antennen Schwimmbeine. Extremitäten 6 und 7 fehlen. Kleine marine Bodenbewohner. *Polycope.*

3. Ordnung: Platycopa. Marin. *Cytherella.*

4. Ordnung: Podocopa. Einzige Gruppe mit Arten im Süßwasser. Ohne Herz, Seitenaugen fehlen, doch Medianaugen (Naupliusaugen) oft gut entwickelt. 2. Antenne einästig, 1–3 Schreitbeinpaare. Cytheridae: Im Meer die vorherrschende Familie, nicht schwimmfähig. Cypridae: Vorwiegend im Süßwasser. *Cypris, Candona* (Abb. 186 b), *Notodromas* (an der Wasseroberfläche filtrierend), *Mesocypris* (in feuchte Landgebiete vordringend).

Die folgenden Klassen 6–11 werden auch als **Maxillopoda** zusammengefaßt.

6. Klasse: Copepoda (Ruderfußkrebse)

Diese arten- und formenreiche Gruppe von Kleinkrebsen ist mit etwa 10000 Arten die drittgrößte Krebsklasse und durch im folgenden aufgeführte Organisationsmerkmale gekennzeichnet, die bei Parasiten allerdings stark abgeändert werden. Carapax und Seitenaugen fehlen immer, das Herz meist. Naupliusaugen sind meist entwickelt, die seitlichen können auseinanderrücken und große Linsen ausbilden (Abb. 187 d). Der Körper zeigt eine feste Segmentzahl und besteht aus Kopf, 6 Thorax- und 5 Abdominalsegmenten (einschl. Endsegment mit Furca). Der Kopf ist mit dem ersten oder den ersten beiden Thoraxsegmenten zu einem Cephalothorax verwachsen. Die ersten Antennen sind oft als lange Schwebefortsätze entwickelt. Die Thoraxextremitäten sind ursprünglich zweiästige Ruderbeine mit plattenförmigem Exo- und Endopodit, das vorderste ist zu einem Maxillarfuß, das hinterste zu einem Spermatophorenüberträger umgewandelt oder reduziert. Die beiden Extremitäten eines Segmentes sind durch eine mediane Platte (Intercoxalplatte) zu einer funktionellen Einheit verbunden. Die Spermaübertragung erfolgt durch Spermatophoren; diese werden an der Genitalregion des Weibchens angeheftet. Die Genitalöffnungen liegen am 1. Abdominalsegment. Die Eier werden an der Genitalöffnung, durch ein Drüsensekret der Ovidukte verkittet, als Eisäckchen getragen. Die Entwicklung ist holoblastisch und geht über Nauplius-Metanauplius und Copepodit-Stadium.

Primitiv sind sie in ihrer Entwicklung und im Bau ihrer Mundwerkzeuge, die weitgehend ihren Extremitätencharakter bewahren, an Mandibel und 1. Maxille sind oft noch Endo- und Exopodit erhalten.

Die Copepoden besiedeln alle Lebensräume des Meeres und Süßwassers; sie sind ein wichtiger Bestandteil von Plankton und Benthos, dringen in unterirdische Gewässer und in die nur zeitweise feuchten Moosrasen ein, in mehreren Linien sind sie zum Parasitismus übergegangen und spielen als Fischparasiten eine bedeutende Rolle. Die Copepoden des Meeresplanktons stellen eine der dominierenden Tiergruppen der Ozeane dar. Als Konsumenten von Phytoplankton und Nahrungsquelle für andere Tiere spielen sie eine bedeutende Rolle. Durch ihre Kotballenproduktion (bis 200/Tier/Tag) leisten sie außerdem einen wichtigen Beitrag zum Stofftransfer vom Wasserkörper zum Meeresboden.

Die Nahrung besteht meist aus Kleinorganismen (Diatomeen, Bakterien), manche sind Filtrierer, viele Detritusfresser. Viele Cyclopoidea des Meeres haben einen Saugrüssel aus Ober- und Unterlippe um die stilettförmigen Mandibeln gebildet, mit dem sie viele Tiere und Pflanzen ansaugen. Der Parasitismus reicht vom Ecto- bis Endoparasitismus. Fast alle wasserlebenden Tiergruppen werden von parasitischen Copepoden befallen, besonders häufig sind sie an Fischen, speziell an deren Kiemen.

Der Parasitismus kann den Körper fast bis zur Unkenntlichkeit umformen, und nur die Ontogenese verrät dann die Zugehörigkeit zu den Copepoden. Ectoparasiten bilden Haftorgane, die Caligiformes einen von der Stirndrüse ausgeschiedenen Haftfaden, Lernaeidae wurzelartige Fortsätze des Vorderkörpers, viele bilden Haftorgane aus Gliedmaßen, wobei die 2. Antenne und die 2. Maxille bevorzugt sind, doch können auch die ersten Antennen einen Saugnapf tragen (Caligidae) oder die Maxillarfüße Greifhaken werden. Der Körper der Parasiten verliert oft die Gliederung, wird sack-, kugel- oder wurmförmig; die Extremitäten sind z. T. reduziert oder abgewandelt; der Körper bildet oft eigenartige Lappen. Die Männchen werden weniger umgebildet, bisweilen bleiben sie als Zwergmännchen am Weibchen festgeheftet (*Chondracanthus, Lernaeopoda, Clavella*).

Die zahlreichen Familien der Copepoden

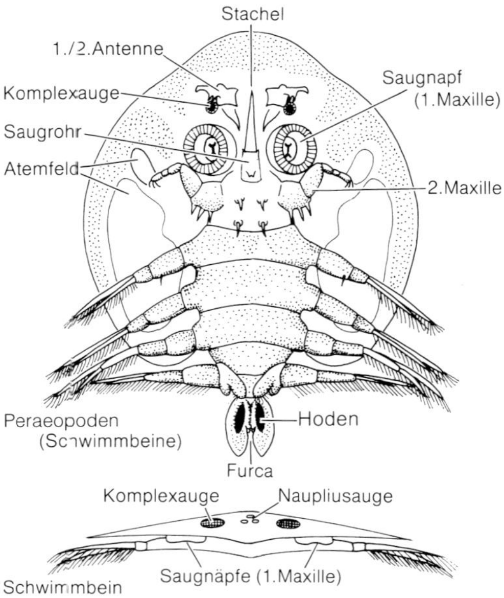

Abb. 188: Organisationsschema eines Branchiuren *(Argulus)* von ventral (a) und von vorn (b). Nach Kaestner, Remane

können erst unvollkommen in ein natürliches System gegliedert werden.

1. Calanoida. Mit Herz, leben in hohen Populationsdichten im Plankton von Meer und Süßwasser. *Calanus, Temora, Centropages, Diaptomus* (Abb. 187 b), *Heterocope.*

Der bis über 5 mm lange *Calanus finmarchicus* ist insbesondere im Nordatlantik, aber auch in anderen kühleren Meeren, eine zeitweise massenhaft auftretende Art. Insbesondere in den oberen 300 m des Wasserkörpers gehört sie zu den dominierenden Zooplanktern. Die Fortpflanzung erfolgt insbesondere in Winter und Frühjahr; die Lebensdauer beträgt etwa 1 Jahr. Wie auch andere Calanoida besitzt *C. finmarchicus* eine große Lipidkugel als Auftriebsorgan.

2. Harpacticoida. Meist Bewohner des Bodens und der Vegetationszonen. *Canthocamptus* (Abb. 187 c), *Harpacticus, Tisbe.*

3. Cyclopoida. Im Süßwasser *Cyclops* (Abb. 187 a) u.a., *Ergasilus* wichtiger Fischparasit, Verwandte im Meer, hier oft mit saugenden Mundgliedmaßen *(Ascomyzon), Mytilicola*: Miesmuschel- und Austernparasit. Die Cyclopoida spielen in limnischen Gewässern eine ähnliche Rolle wie die Calanoida im Meer.

4. Monstrilloidea. Von Cyclopoidea abgeleitete Endoparasiten in Anneliden und Schnekken. Darmlos. Geschlechtsreife Tiere frei, pelagisch. *Monstrilla.*

5. Notodelphyoidea. Kommensalen, besonders in Tunicata. Eier dorsal unter einer Hautfalte. Marin. *Notodelphys.*

6. Caligiformes. Vielgestaltige Fischparasiten; *Caligus, Lernaea* (Abb. 187 e); selten an Walen, *Nautilus* u.a. *Penella, Dichelestium, Lernaeopoda.*

7. Klasse: Branchiura (Karpfenläuse)

Eine Gruppe von etwa 130 temporären, abgeflachten Ectoparasiten an Fischen und Kaulquappen, die in die Verwandtschaft der Copepoden gehören (Abb. 188). In manchen Merkmalen sind sie ursprünglicher als die Mehrzahl der Copepoden, so im Besitz der Facettenaugen und des schlauchförmigen Herzens mit einem Ostienpaar (bei Copepoden nur bei Calanoida). Die komplizierten Spermien ähneln denen der Pentastomida. Es sind eigenartige Spermaübertragungsmechanismen am letzten und vorletzten Beinpaar der Männchen entwickelt. Die paarigen Spermathecae (Receptacula seminis) haben die Branchiura mit Copepoda, Ostracoda und Ascothoracida gemeinsam. Die Genitalöffnungen liegen im letzten Thorakalsegment.

Der Cephalothorax trägt einen großen Carapax, das Abdomen ist ein ungegliederter zweilappiger Anhang mit Resten der Furca. Die Extremitäten sind weitgehend an die ectoparasitische Lebensweise angepaßt. Die Antennen sind kurz, die ersten können fehlen. Ober- und Unterlippe bilden mit den stilettförmigen Mandibeln ein Saugrohr. Die beiden Maxillenpaare sind die Haftorgane, die Basis der 1. Maxillen bildet je einen großen Saugnapf. Es folgen noch vier Thoraxbeinpaare; es handelt sich um zweiästige Ruderfüße mit ungegliedertem Exopodit. Der Putzanhang (Flabellum) der vorderen ist vielleicht ein Epipodit. Hoden im Abdomen, Ovar einseitig mit einem Oviduct (dem der Gegenseite). Die Eier werden an Wasserpflanzen oder Steinen abgelegt, aus ihnen schlüpfen Nauplius-Larven oder Jugendstadien.

Länge 5–30 mm, in Süßwasser und Meer. *Argulus*, an Süßwasserfischen Blut saugend und Viren übertragend, *Chonopeltis, Dolops.*

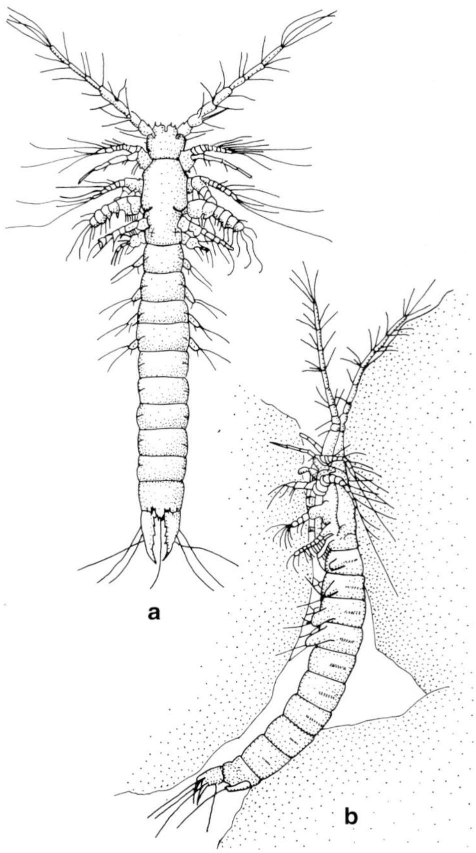

Abb. 189: Mystacocarida *(Derocheilocaris)*. a. Dorsalansicht, b. Seitenansicht eines Tieres, das sich zwischen Sandkörnern fortbewegt. Beachte die nur bei dieser Gruppe vorkommenden paarigen, dorsolateralen Furchen auf den Segmenten. In sie münden Drüsen unbekannter Funktion. Nach Delamare-Debouteville, Lombardi, Ruppert

8. Klasse: Mystacocarida

Die Mystacocarida leben mit 11 Arten im Lückensystem des Meeressandes, vor allem im Küstengrundwasser, wo sie enorme Besiedlungsdichten erreichen können (15 Millionen pro Kubikmeter). Ihr Rumpf ist langgestreckt, die Mundgliedmaßen sind groß, die Thorakalbeine reduziert. Die Lokomotion erfolgt im wesentlichen mit den zweiästigen 2. Antennen und Mandibeln und kann effektvoll nur in engen Spalträumen stattfinden, in denen die Tiere dorsal (mit den Exopoditen) und ventral (mit den Endopoditen) Widerlager finden. Naupliusaugen. *Derocheilocaris*, ca. 0,5–1 mm lang (Abb. 189).

9. Klasse: Tantulocarida

Diese Klasse mariner Krebse wurde erst in der zweiten Hälfte der 80er Jahre genauer bekannt. Tantulocarida sind winzige Ectoparasiten an anderen Krebsen, die wohl in die Verwandtschaft der Copepoda und Cirripedia gehören. Mit 80–150 µm Körperlänge sind sie die kleinsten bisher bekannten Crustaceen. Die sackförmigen adulten Weibchen (Abb. 190 a) entlassen meist unter 100 µm lange Larven (Tantulus-Larven, Abb. 190 b), welche sich nach einer bodenlebenden Phase an einen Wirt heften (Abb. 190 c). Weibliche Larven bilden einen Rumpfsack hinter dem Kopf aus und werfen den Larvenkörper ab (Abb. 190 d, e). Männliche Larven bilden einen Rumpfsack am Ende des Thorax, in dem eine Umorganisation stattfindet. Das erwachsene Männchen entsteht in dem Sack. Es verfügt über Schwimmvermögen, nimmt aber keine Nahrung auf. Tantulocarida besitzen keine Kopfgliedmaßen. Etwa 25 Arten. *Onceroxenus, Stygotantulus.*

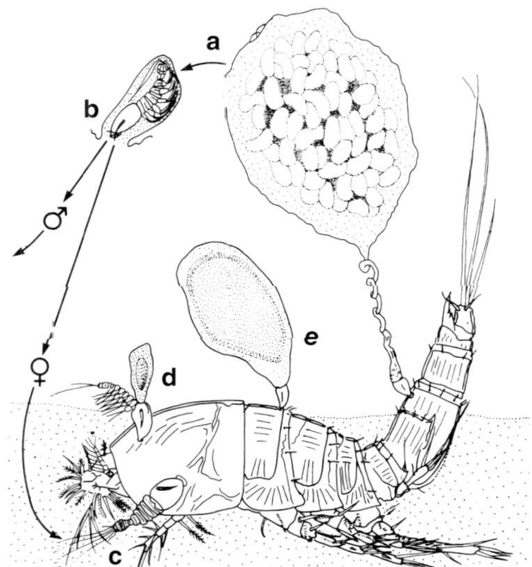

Abb. 190: Tantulocarida. a. Adultes Weibchen, mit Eiern gefüllt, auf einem Copepoden festsitzend, b. Tantulus-Larve (kann männlich oder weiblich sein), von Eihülle umgeben, c. bodenlebende weibliche Larve, die sich am Wirt festheftet, d, e. heranwachsende Weibchen. Außer an Copepoden wurden Tantulocarida an Ostracoda, Cumacea, Tanaidacea und Isopoda gefunden. Nach Huys

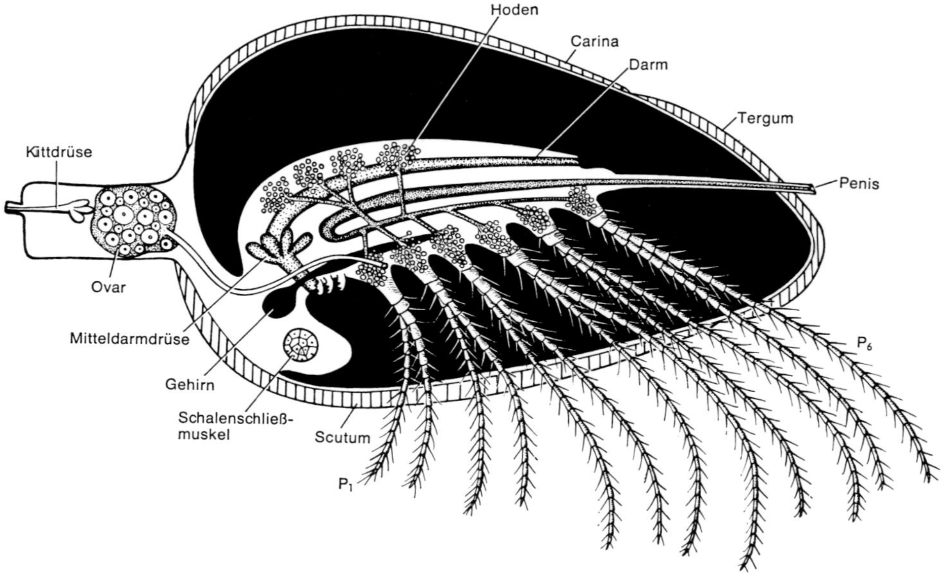

Abb. 191: Organisationsschema eines Cirripediers *(Lepas)*. P_1–P_6: Rankenfüße. Nach Remane, Siewing

10. Klasse: Ascothoracida

Die etwa 70 Arten umfassenden Ascothoracida sind getrenntgeschlechtige Parasiten von Anthozoa und Echinodermata; oft werden sie den Cirripediern zugeordnet. Sie haben sich von der Stammlinie abgezweigt, bevor die Cirripedier festsitzend wurden und ihre Spezialcharaktere erwarben. Das beweisen ihre Festheftung mit dem Mundsaugrohr, das alle Mundgliedmaßen umfaßt, die nicht zu Rankenfüßen gewordenen 6 Paar Thorakelbeine und das nicht reduzierte Abdomen. Aus den Eiern schlüpfen Nauplius- oder Cypris-Larven. *Synagoga, Laura, Ascothorax* (Abb. 192 f).

11. Klasse: Cirripedia (Rankenfüßer)

Die Cirripedia sind festsitzende und durch die Sessilität stark abgeänderte Krebse (Abb. 191, 192 b-e). Die Festheftung erfolgt mit der Region der 1. Antenne, die Haftdrüsen (Zementdrüsen) enthält. Der Rumpf ist völlig von einem Mantel umschlossen, der aus einer zweiklappigen Carapaxfalte durch Verwachsung der hinter den Antennen gelegenen Region entstanden ist. In die Cuticula der Außenschicht des Mantels sind Kalkplatten eingelagert, sie wird nicht gehäutet, wohl aber der vom Mantel umschlossene Körper. Die 2. Antennen fehlen, die kleinen Mundgliedmaßen stehen auf einem Mundkegel, die 6 Paar Thorakalbeine sind zu Rankenfüßen umgebildete Spaltfüße, sie werden rhythmisch aus dem Mantelschlitz hervorgestreckt, umgreifen einen Wasserbezirk und filtern beim Einziehen die im Wasser suspendierten Partikel und Kleinorganismen ab.

Das Abdomen ist klein und stabförmig. Die meisten Arten sind Simultanzwitter. Wie gelegentlich auftretende Zwergmännchen beweisen, sind diese Zwitter aus Weibchen hervorgegangen. Die Ovarien liegen im Vorderkörper bzw. Stiel, ihre Mündung bei den 1. Thorakalfüßen; die Hoden, die oft in die Beine hineinreichen, enden an einem Penis am Abdomen, durch den die flagellaten Spermien in ein benachbartes Tier überführt werden. Die Entwicklung führt über Nauplien mit Seitenaugen und Fortsätzen sowie eine Cypris-Larve mit zweiklappiger Schale zu dem festsitzenden Tier.

In großer Zahl besiedeln Cirripedia Felsen und andere feste Körper einschließlich der Oberfläche von Tieren bis zur Brandungszone,

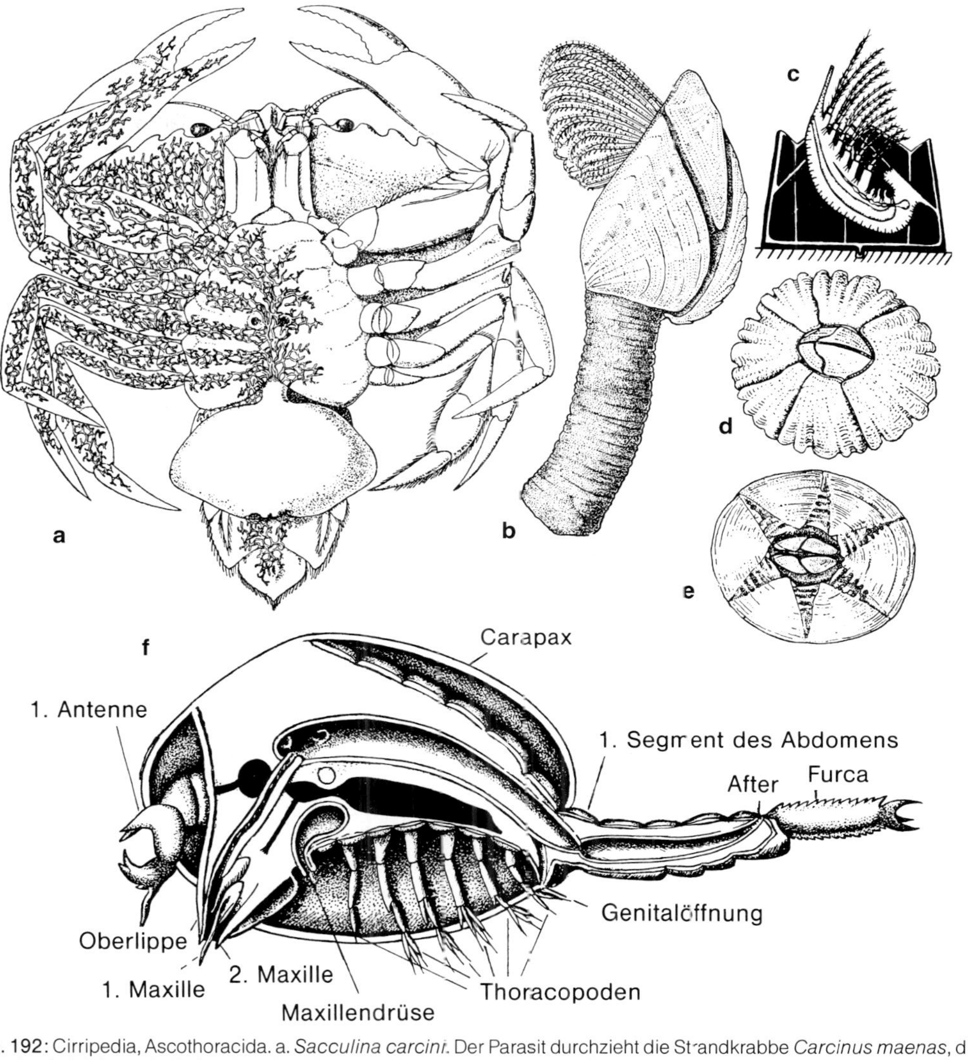

Abb. 192: Cirripedia, Ascothoracida. a. *Sacculina carcini*. Der Parasit durchzieht die Strandkrabbe *Carcinus maenas*, die links durchsichtig gedacht ist. Am abgeklappten Pleon die sackförmige Sacculina externa. b. *Lepas*, c. Organisationsschema eines Balaniden. d. *Semibalanus balanoides*, e. *Chelonibia*, f. *Ascothorax*, Längsschnitt durch ein Männchen, Länge ca. 3 mm. Nach Boas, Kaestner, Remane, Wagin

in der sie oft durch Massensiedlung ein weißes Band bilden (Seepocken). Durch ihr Festwachsen an Schiffen und die dadurch bedingte Gewichtsvermehrung und Reibungserhöhung sind sie z. T. ein wirtschaftliches Problem geworden. Heute verwendet man daher bewuchsabweisende Anstriche.

Seepocken sind in Gezeiten- oder Spritzwasserzone starken Schwankungen ihrer Umwelt ausgesetzt. Gegen hohe Temperaturen haben einige Gattungen dicke, schaumstoffartige Kalkplatten angelegt, in kalten Meeren gehören andere Arten mit einigen Schnecken zu den letzten Vertretern der Gezeitenfauna und verfügen über Frostresistenz. Bei annähernd wassergesättigter Luft können die Seepocken bei weitgehendem Schalenschluß eine kleine Pore offenhalten, durch die ein geringer Gasaustausch erfolgt. Bei Austrocknungsgefahr gehen sie bei völligem Schalenschluß zur Anaerobiose über.

Viele Cirripedia sind Parasiten. Der Weg zum Parasitismus ging über den Epizoismus, d. h. eine Besiedlung anderer Tiere, die nur der Festheftung dient. Als solche Epizoen finden wir zahlreiche Arten auf Krebsen, Korallen, Fischen, Schildkröten *(Chelonibia)*, Walen *(Coronula)* und Seekühen. Mehrfach wird dann der Stiel bzw. das Vorderende durch wurzelartige Haftfortsätze in der Haut des Trägertieres verankert. Auf diesem Stadium setzte offenbar ein völliger Ernährungswechsel ein, die wurzelförmigen Haftfortsätze übernehmen die Nahrungsaufnahme aus dem Wirt und können bei den Rhizocephalen (z. B. *Sacculina*) den Wirtskörper durchsetzen. Darm und Extremitäten verschwinden, der Rumpf wird ein ungegliederter Sack mit Gonaden und Gehirn, der vom Mantel bis auf eine kleine Öffnung umhüllt wird. Über 1000 Arten.

1. Ordnung: Thoracica. 1. Antenne an der Haftstelle erhalten; die Anheftung erfolgt durch einen langen Stiel oder durch eine Fußplatte. Hierher gehören die Entenmuscheln *(Lepas* [Abb. 192 b], *Pollicipes* [Abb. 431]) und die Seepocken (*Balanus, Chelonibia;* Abb. 192 c-e). *Megabalanus psittacus* (»picoroco«) aus Chile und Peru bis 20 cm lang, wird gegessen.

Semibalanus balanoides ist an unseren Küsten verbreitet und dominiert in der oberen Gezeitenzone des Felslitorals der Nordsee. Beim Trockenfallen müssen sie unter Umständen erhebliche Temperatur- und Salzgehaltsschwankungen aushalten. Ihre flächendeckende Besiedlung kennzeichnet boreale Küsten. Diese Seepocke kann über etwa 5 Jahre jährlich etwa 10000 Eier pro Individuum hervorbringen. Das gilt jedoch nur für Tiere, die oft trockenliegen. Ständig im Wasser lebende Individuen werden nur etwa 3 Jahre alt. In der Ostsee ist die Brackwasser-Art *B. improvisus* häufig.

Elminius modestus gelangte vermutlich in den frühen 1940er Jahren an Schiffen von Neuseeland nach Großbritannien. 1952 erreichte die Art das deutsche Wattenmeer, wo sie derzeit im Gezeitenbereich besonders häufig ist, jedoch in harten Eiswintern immer wieder dezimiert wird. Mittlerweile ist sie im Süden bis Portugal und im Norden bis Norwegen vorgedrungen und verträgt auch Brackwasser.

2. Ordnung: Acrothoracica. Leben eingebohrt in Schalen anderer Tiere (z. B. Molluscen und Seepocken). Mantel ohne Kalkplatten Thorakalbeine abgeändert und z. T. reduziert. *Trypetesa* z. B. in *Buccinum*.

3. Ordnung: Rhizocephala. Sehr stark abgewandelte Endoparasiten anderer Krebse (v. a. Decapoda, seltener Isopoda und Cirripedia), deren systematische Einordnung aufgrund der Larvenstadien (Nauplius und Cypris) ermöglicht wird. Rhizocephalen sind getrenntgeschlechtig. Nur weibliche Cypris-Larven infizieren einen Wirt. Nach ihrem Festsetzen entsteht aus ihnen in 10–20 Minuten ein viel kleineres Kentrogon-Stadium, das über eine Einstichkanüle ihren Inhalt in den Wirt injiziert. Diese wächst in der Haemolyphe zu einem »Wurzelwerk« aus (Interna), aus dem schließlich ein Teil nach außen auswächst (Externa; Abb. 192 a). Letztere enthält das weibliche Genitalsystem. Die Befruchtung erfolgt durch Männchen, die über die Larvalphase nicht hinauskommen. *Sacculina* (Abb. 192 a) an verschiedenen Krabben, *Peltogaster* auf Einsiedlerkrebsen, *Duplorbis* auf Asseln, *Chthamalophilus* auf Seepocken.

12. Klasse: Malacostraca

Diese Gruppe umfaßt mit über 20000 Arten das große Heer der »höheren Krebse«. Diese Bezeichnung darf nicht so verstanden werden, daß die Malacostraca aus einer der vorherigen Gruppen direkt abzuleiten wären. Vielmehr handelt es sich um eine früh abgezweigte Linie, die in Einzelcharakteren noch primitive Züge zeigt. Solche sind:

1. das reichentwickelte Arteriensystem, das bei allen anderen Ordnungen reduziert ist. Da es sich dem Grundschema des Arthropodenblutgefäßsystems anschließt, handelt es sich wohl kaum um eine Neubildung.
2. Die Zahl der Rumpfgliedmaßen ist hoch.
3. Das Abdomen trägt Gliedmaßen.

Sondercharaktere der Malacostracen sind:

1. die Fixierung der Segmentzahl auf 8 Thoraxsegmente und meist 6 Abdominalsegmente. Ursprünglich sind 7 Abdominalsegmente vorhanden (Leptostraca und Lophogastrida), doch bleibt meist das 7. mit dem Telson verwachsen, bisweilen ist sein Ganglion noch isoliert.
2. der komplizierte Magen (Filter- und Kaumagen) am hinteren Teil des Vorderdarmes (Abb. 193).
3. Thorakal- und Abdominalbeine sind von

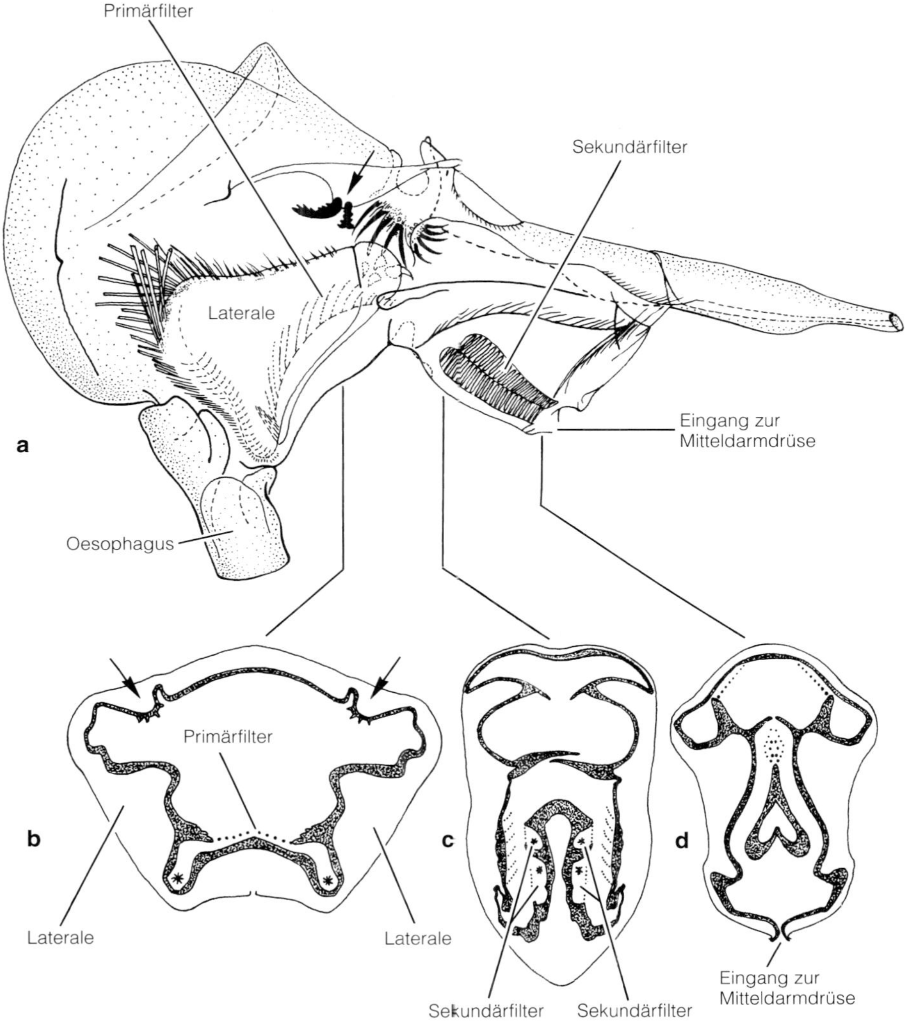

Abb. 193: Malacostracen-Magen (Mysidacea). a. Seitenansicht des weitgehend transparenten Magens. Die Nahrung kommt durch den Oesophagus und wird von Lateralia und Zahnstrukturen am dorsalen Magendach zerkleinert (Pfeile). Durch Primärfilter und Sekundärfilter erfolgt eine Mikrofiltration, die zur Folge hat, daß in die Mitteldarmdrüsen praktisch nur Flüssigkeit aufgenommen wird. Gröberes Material verbleibt dorsal im Magen und wird in den Mitteldarm transportiert. b. Querschnitt im Bereich von Lateralia und Primärfilter. c. Querschnitt im Bereich der Sekundärfilter. Die Sternchen in b und c zeigen an, wohin filtriert wird. d. Querschnitt im Bereich des Eingangs zur Mitteldarmdrüse. Nach Kobusch, Storch

verschiedenem Bau, die Pleopoden zweiästige Ruderbeine, das letzte Abdominalbeinpaar (Uropoden) legt sich neben das Telson und bildet mit ihm meist einen Schwanzfächer (Ausnahme: Leptostraca).

4. Die männlichen Genitalöffnungen liegen im 8., die weiblichen im 6. Thoraxsegment.

5. Die Augen stehen ursprünglich auf beweglichen Stielen; im Gehirn liegen drei Sehzentren.

6. An der Kaulade der Mandibel ist meist eine Schneide (Pars incisiva) von einem Mahlteil (Pars molaris) gesondert.

7. Das Telson ist eine Platte ohne Furca, nur

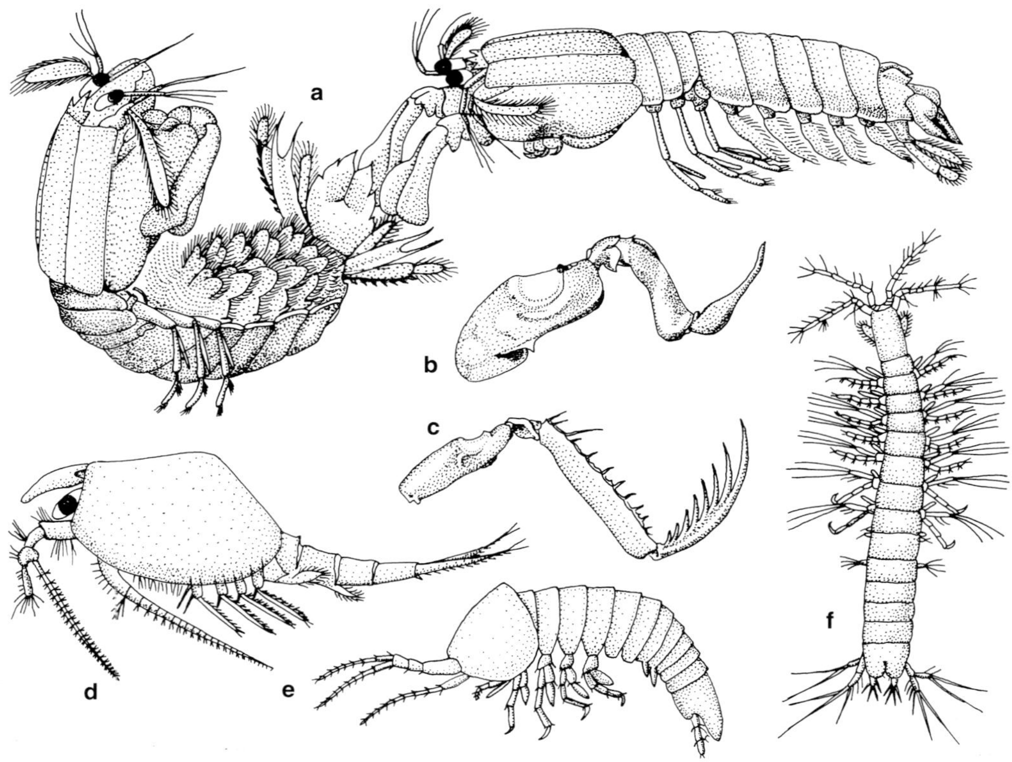

Abb. 194: Malacostraca. a. Kämpfende Hoplocarida, b, c. Fangbeine, d. Phyllocarida *(Nebalia)*, e. Thermosbaenacea, f. Syncarida *(Bathynella)*. Maßstab sehr unterschiedlich. Nach Caldwell, Delachaux, Dingle

bei Leptostracen und manchen Larven ist die Furca noch vorhanden.

8. Der Exopodit der 2. Antennen ist ursprünglich eine breite Platte (Antennenschuppe).

9. Sofern freie Larvenstadien vorhanden sind, zeigen die mittleren die Tendenz, die Entwicklung der hinteren Thoraxsegmente gegenüber dem Abdomen zu verzögern (Zoëa-Larve).

Abgesehen von den üblichen Konzentrationen in Herz und Bauchganglienkette tritt als mehrfache Parallelbildung innerhalb der Malacostraca eine Umformung der vordersten Pleopoden der Männchen als Hilfsorgan bei der Kopulation ein (Petasma) und eine Ausbildung vorderer Thorakalbeine als Maxillarfüße.

Die Vielgestaltigkeit innerhalb der Ordnung wird vor allem durch das verschiedene Verhalten des Carapax bzw. Cephalothorax, der Thorakalbeine, der Kiemen und der Entwicklung erreicht. Seit dem Karbon bekannt.

1. Ordnung: Phyllocarida (Leptostraca). Eine 13 Arten umfassende Gruppe mariner Krebse (Abb. 194 d). Ihre ursprüngliche Stellung verraten der Besitz einer Furca am Telson, die 7 Segmente des Hinterleibes, das lange, bis in den Kopf reichende Herz mit zahlreichen Ostien und Seitenarterien, die freien, nur lose von der Carapaxfalte bedeckten Thorakalsegmente, das abgegliederte Rostrum und die Existenz von Antennen- und Maxillennephridien (Abb. 195 a).

Sondercharaktere sind: die Umhüllung des Vorderkörpers durch zweilappige, schalenartige Carapaxfalten mit Schließmuskel, die Verkürzung der Thorakalbeine, die Verbreiterung ihres Exopoditen, die Reduktion der hinteren Pleopoden und der Antennenschuppe (= Exopodit) der 2. Antennen. Die Entwicklung der dotterreichen Eier ist direkt. *Nebalia* (Abb. 194

d), *Nebaliopsis* pelagisch in der Tiefsee, *Dahlella* an untermeerischen Hydrothermalquellen.

Die Archaeostraca (Ordovicium-Trias) entsprechen den Phyllocarida weitgehend in ihrem äußeren Bau.

2. Ordnung: Syncarida. Urtümliche, fast ausschließlich limnische Malacostraca. 180 Arten. Ähnliche Formen sind fossil schon aus dem Karbon/Perm bekannt (Palaeocaridacea); sie waren vorwiegend marin. Einige wenige Anaspidacea kommen in oberirdischen Gewässern Australiens vor, die übrigen (restliche Anaspidacea und die Bathynellacea) unterirdisch im kontinentalen Grundwasser (Interstitial).

Bei den Anaspidacea sind 1. Thoraxsegment und Kopf zu einem Cephalothorax verwachsen. Im Grundglied der 1. Antenne befindet sich eine Statocyste. Die Männchen haben ein Petasma, die Weibchen am 8. Thoraxsegment eine Spermatheca. Die innere Organisation ist teilweise sehr urtümlich (kein Unterschlundganglion, langes Herz mit vielen Seitenarterien). Anaspidacea sind in ihrer Verbreitung auf Australien, Neuseeland und südliches Südamerika beschränkt *(Anaspides, Koonunga)*.

Bei den Bathynellacea (Abb. 194 f) sind alle 8 Thoraxsegmente frei. Statocyste, Spermatheca und Petasma fehlen. Dafür ist bei den Männchen der 8. Thoracopod zu einem kompliziert gebauten Kopulationsorgan umgewandelt. Die innere Organisation ist entsprechend der geringen Körpergröße sehr vereinfacht. Bathynellacea sind weltweit verbreitet (*Bathynella* [Abb. 194 f], *Parabathynella*. Hierher gehören die kleinsten Malacostracen (0,5 mm lang).

Alle Syncarida legen ihre Eier frei ab. Die Entwicklung beginnt trotz Dotterreichtums mit Totalfurchung und Invaginationsgastrulation, führt dann aber über das Nauplius-Stadium in der Eihülle direkt zum Jungtier.

3. Ordnung: Pancarida (Thermosbaenacea). Bis 4 mm lange, augenlose Krebse, die zunächst nur mit einer Art *(Thermosbaena mirabilis)* aus einer Thermalquelle Tunesiens (bis 47 °C) bekannt waren (Abb. 194 e). Verwandte Gattungen wurden dann im marinen Küstengrundwasser und in Höhlengewässern des Mittelmeer- und karibischen Raumes gefunden. Derzeit kennt man 20 Arten. Sie besitzen noch eine Carapaxfalte, die einen Brutraum zwischen sich und dem Körper bedeckt. Manches erinnert an die Peracarida, so die Lacinia mobilis der Mandibeln, anderes an primitive Decapoda. Die Entwicklung erfolgt direkt.

4. Ordnung: Hoplocarida (Stomatopoda, Heuschreckenkrebse, Abb. 194 a–c, 195 b). Diese Gruppe enthält relativ große (bis über 30 cm lange) Arten, die in Wohnröhren im Boden v. a. warmer Meere leben. Es sind mehrere primitive Merkmale vorhanden: ein langgestrecktes Herz mit Seitenarterien, ein bewegbares Rostrum und ein großes Abdomen mit Pleopoden. Abgewandelt sind die Thorakalbeine, die 5 vorderen Paare sind zu Maxillipeden umgebildet und nach vorn gerichtet; das zweite fungiert mit seinen dornenbesetzten, einschlagbaren Klauen als Fang- oder Raubbein. Es bleiben nur 3 etwa normale Peraeopoden, die Exopodite tragen. Kiemen sind an den Abdominalbeinen entwickelt. Der Fangschlag der Raubbeine von Heuschreckenkrebsen gehört zu den schnellsten Bewegungen im Tierreich. Die Opfer können mit den nadelspitzen Fortsätzen der Raubbeine (Abb. 194 c) durchbohrt oder, bei anderen Arten, mit einem Schlag der keulenartig verdickten Raubbeine, (Abb. 194 b) zertrümmert oder immobilisiert werden. Auch Kämpfe innerhalb einer Art (Abb. 194 a), wobei sich die Widersacher für einige Zeit aneinander erinnern. Komplizierte Facettenaugen (Farbsehen, Reception von polarisiertem Licht). Die Eier werden vom Weibchen getragen oder an der Höhlenwandung befestigt. Die Larven stehen der Zoëa nahe. *Gonodactylus, Squilla.*

5. Ordnung: Peracarida. Ihr Hauptkennzeichen ist die spezifische Brutpflege. Die Eier werden in einem Brutraum ventral am Thorax getragen (Marsupium; Abb. 196). Er wird unten durch plattenartige Anhänge der Beine, die Oostegite, abgegrenzt. Sie sind offenbar verlagerte Epipodite. Die Peracarida haben die Tendenz, die Carapaxfalte zurückzubilden. Mit ihrem Kopf ist ein (selten ein zweites) Thoraxsegment verwachsen. Die Stiele der Augen sind bei den abgeleiteten Gruppen rückgebildet, die Augen liegen schließlich in der Kopfplatte, die Thorakalbeine verlieren die Exopodite.

Die **1. Unterordnung: Mysidacea** steht dem Ausgangstyp noch recht nahe; das gilt besonders für die marinen Lophogastrida (Abb. 197 a) mit z. T. 7 embryonal angelegten Abdominalsegmenten, Kiemenepipoditen an den Thorakalbeinen, Antennen- und Maxillennephridium; vielfach in der Tiefsee; *Gnathophausia.*

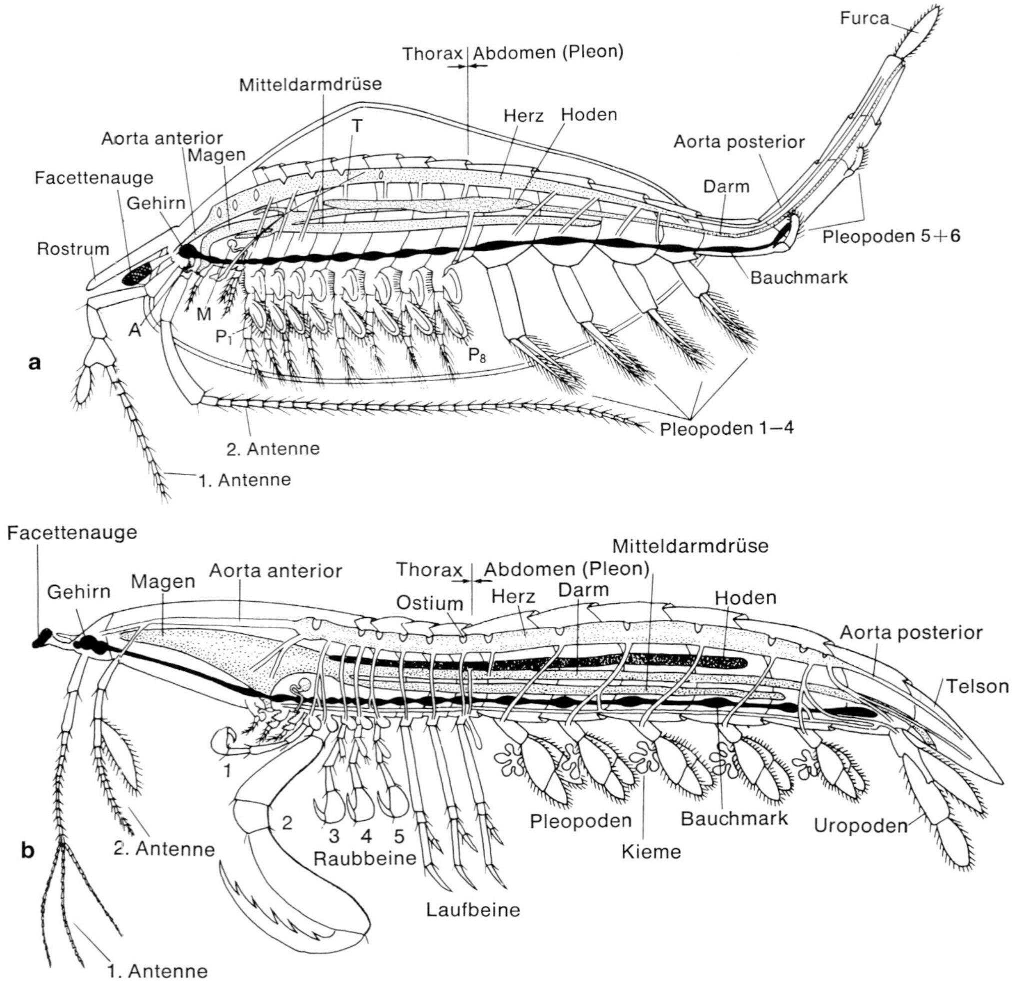

Abb. 195: Organisationsschema von a) Phyllocarida (Leptostraca) und b) Hoplocarida (Stomatopoda). A: Antennennephridium, M: Maxillarnephridium, T: Taster, P_1–P_8: Peraeopoden 1–8. Nach Remane, Siewing

Die häufigen und verbreiteten Glaskrebse (Mysida) sind schon abgewandelt; es ist nur das Antennennephridium vorhanden; nur das vorderste Thorakalbein trägt einen lamellenartigen Epipoditen, die Pleopoden werden reduziert. Glaskrebse leben in mäßiger Artenzahl im Meer, sowohl pelagisch als auch benthonisch, einige Arten sind ins Süßwasser vorgedrungen, z. B. *Mysis oculata relicta* in nordeuropäische Seen und verschiedene Arten im Gebiet des Schwarzen Meeres. Einige sind Höhlenbewohner. *Mysis, Mysidopsis, Paramysis* (Abb. 198 a), *Praunus, Gastrosaccus.*

Neomysis integer (= N. vulgaris) ist eine Brackwasserart und kommt bevorzugt bei einer Salinität von 0,5–20 ‰ vor. Sie lebt in Schwärmen im flachen Wasser und frißt Diatomeen.
Praunus flexuosus lebt im Meer und im Brackwasser, aber in etwas höherem Salzgehalt (über 20 ‰). Extremes Vermögen, die Farbe zu wechseln (transparent bis fast schwarz). Meist im freien Wasserkörper, Vorderende nach oben gerichtet. Sublitoral bis Flachwasser, oft in Seegrasbeständen und an Hafenmolen.
Mysidopsis bahia aus dem Golf von Mexiko wird in verschiedenen Ländern als Testorganismus in Untersuchungen zur Wasserqualität eingesetzt.

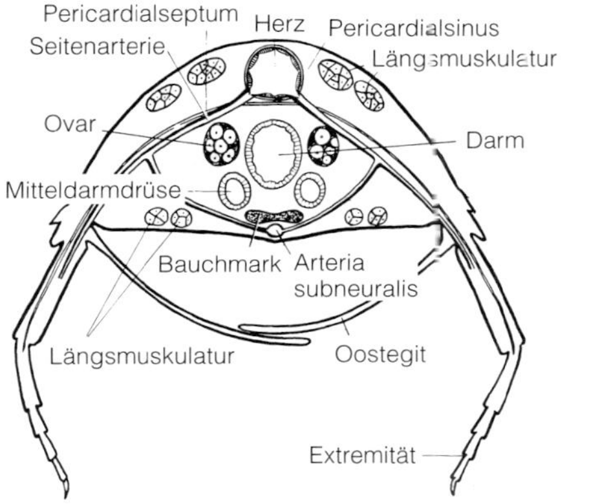

Abb. 196: Schematischer Querschnitt durch einen Peracariden im hinteren Teil des Thorax. Nach Remane, Siewing

Die 2. Unterordnung: Amphipoda (Flohkrebse)

ist mit 6000 Arten weltweit verbreitet. Ihre Epipoditen sind als löffelartige Kiemen noch an den Thorakalbeinen erhalten, die Maxillennephridien aber nicht, die Antennennephridien sind noch vorhanden. Der Carapax ist reduziert, der Cephalothorax ist aus Kopf und einem, selten zwei Thorakalsegmenten aufgebaut. Eigenarten sind der Einbau der ungestielten Augen in den Kopfpanzer, die Sonderung der Extremitäten in verschiedene Typen: im Thorax in nach vorn gerichtete Greifbeine mit Klaue und z. T. nach hinten gedrehte Klammerbeine; am Abdomen in 3 Paar vordere Schwimmbeine und 3 Paar hintere, griffelartige Uropoden (Abb. 199 a).

Die Amphipoden besiedeln in großer Arten- und Individuenzahl das Meer (Abb. 199 b-g) und sind hier eine wichtige Fischnahrung. Hier leben außer dem normalen *Gammarus*-Typ noch besondere Formen, im Plankton durchsichtige kugelige *(Thaumatops)* oder stabförmige Arten *(Rhabdosoma)*. *Phronima* wohnt in der Tunica von Salpen; auf Walen leben epizoisch die breiten Wal-Läuse *(Cyamus)*, *Hyperia* oft an oder in Scyphomedusen. Viele Ar-

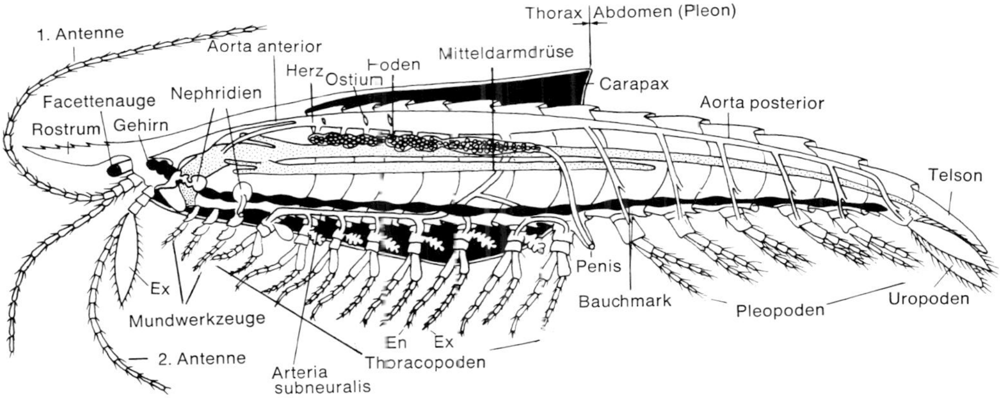

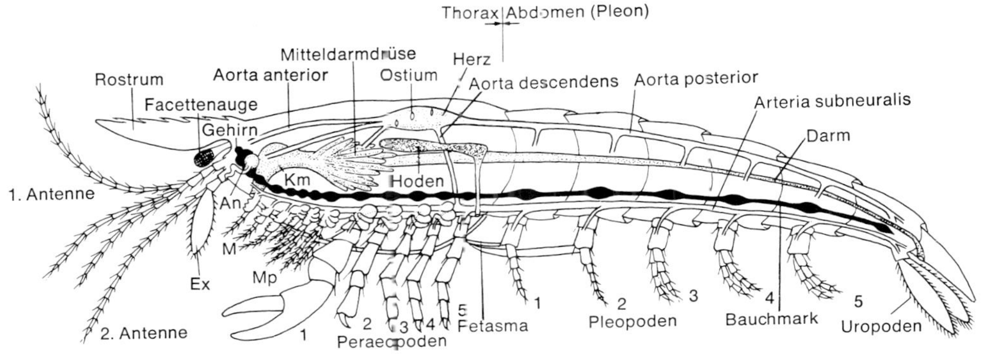

Abb. 197: Oben: Bauplan eines Lophogastriden. Unten: Bauplan eines Decapoden. An: Antennennephridien, En: Endopodit, Ex: Exopodit, Km: Kaumagen, M: Mundgliedmaßen, Mp: Maxillarfüße. Nach Remane, Siewing

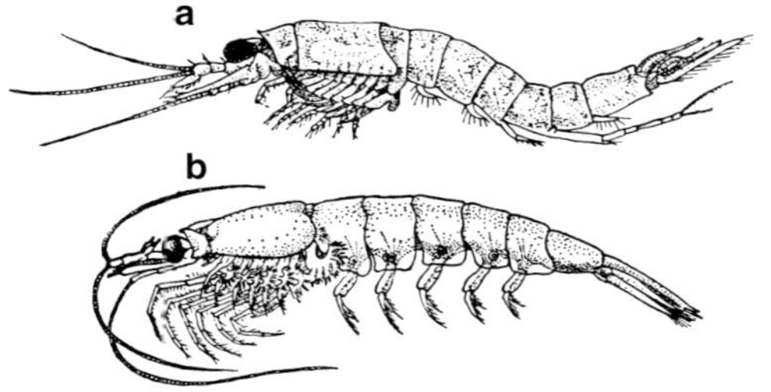

Abb. 198: a. *Paramysis* (Mysidacea), b. *Meganyctiphanes* (Euphausiacea). Nach Riedl

ten bauen Röhren, die am Substrat befestigt oder in den Boden eingebaut sind *(Corophium, Haploops)*.

Auf *Corophium* (Abb. 119 n) geht das knisternde Wattgeräusch zurück, das man z.B. an der Nordsee anläßlich einer Wattwanderung hören kann. Die Krebse kommen aus ihren Gängen hervor, um mit den stark entwickelten 2. Antennen organisches Material von der Oberfläche abzusammeln. Nicht verwertbare Reste und Kot werden am anderen Ende der Wohnröhre hinausgeworfen. Wenn die vielen kleinen Luftblasen, die von Millionen von Krebsen in ihre Röhren mitgenommen wurden, an der Oberfläche platzen, entsteht besagtes Geräusch.
Aus dem pontokaspischen Raum stammt wohl die bei uns in langsam fließenden Binnengewässern vorkommende Art *Corophium curvispinum*, die mit ihren selbstgebauten Schlammröhren andere Organismen überwächst, auch die *Dreissena*-Bestände (die vermutlich dieselbe Heimat haben). Besiedlungsdichten von 100000/m² wurden festgestellt. *C. curvispinum* produziert drei Generationen pro Jahr und ernährt sich filtrierend.

In den Sand bohren sich *Bathyporeia, Haustorius* u.a. ein. Als Nahrung dienen oft pflanzliche und tierische Substanz, die durch Filterbeine aus dem mit den Pleopoden erzeugten

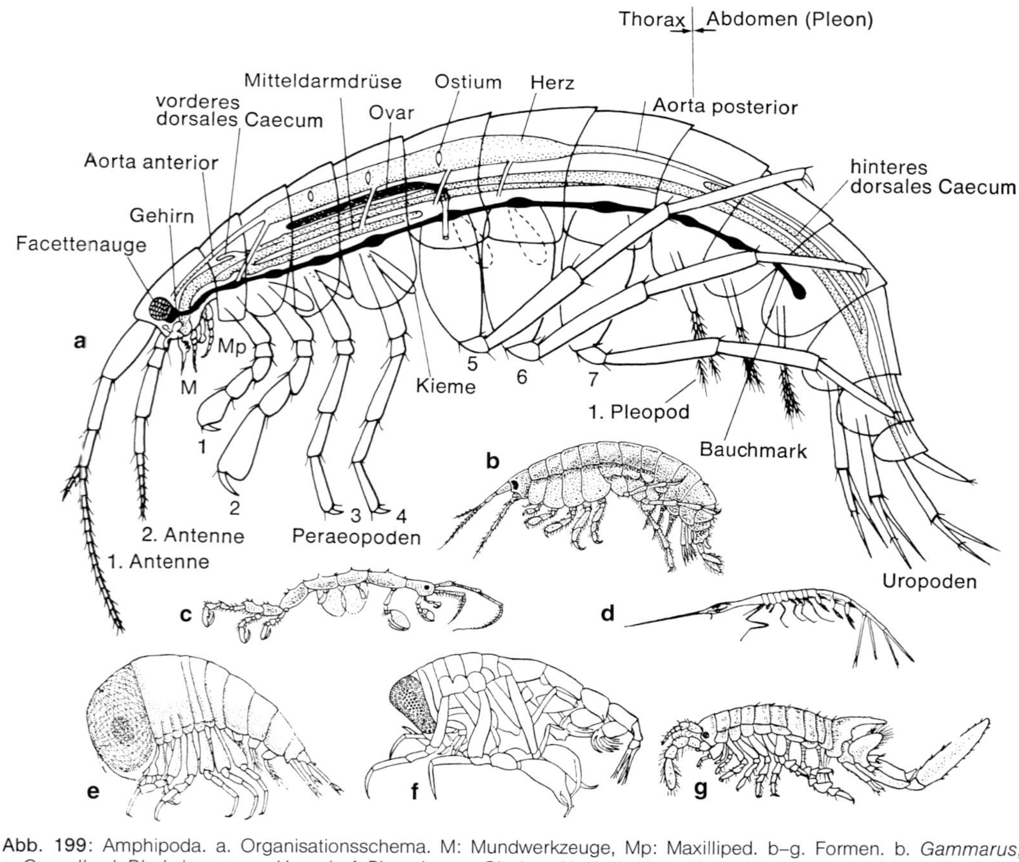

Abb. 199: Amphipoda. a. Organisationsschema. M: Mundwerkzeuge, Mp: Maxilliped. b–g. Formen. b. *Gammarus*, c. *Caprella*, d. *Rhabdosoma*, e. *Hyperia*, f. *Phronima*, g. *Chelura*. Nach de Haas, Knorr, Miner, Remane, Riedl, Siewing

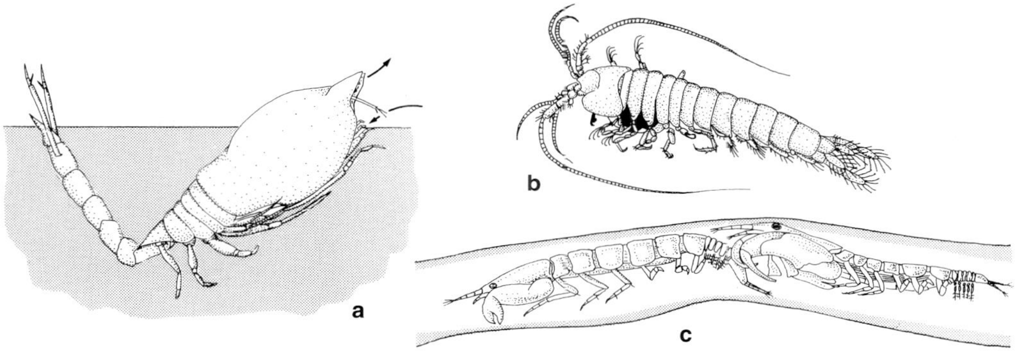

Abb. 200: a. *Diastylis* (Cumacea), im Substrat eingegraben. Die Pfeile kennzeichnen den Nahrungs- und Ventilationsstrom im Wasser, b. *Spelaeogriphus*, c. *Heterotanais* (Tanaidacea), Paarungsspiel; links: Weibchen, rechts: Männchen. Nach Barnes, Bückle-Ramirez, Gordon

Wasserstrom abgefiltert wird. *Chelura* bohrt in Holz und kann auf Hafenbauten Schaden anrichten; *Caprella,* auf Algen und Hydroidea lauernd, Beute mit Vorderbeinen ergreifend (Abb. 199 c). *Alicella* bis 34 cm lang, Tiefsee.

Ins Süßwasser sind besonders Gammariden vorgedrungen; sie sind hier überall verbreitet und erreichen im Baikalsee eine außergewöhnliche Artenzahl. Wichtig sind sie auch in unterirdischen Gewässern (z.B. *Niphargus* im Interstitial des Rheins).

Die Amphipoden haben auch vom Meer aus einen Vorstoß zum Landleben unternommen. Am Meeresstrand leben die »Strandflöhe« (Talitridae: *Talitrus, Orchestia*), manche haben auch feuchte Wälder, v.a. auf der Südhemisphäre, besiedelt *(Talitroides)*. Strandflöhe sind bezüglich ihres Orientierungsvermögens besonders gut untersucht. Sie können polarisiertes Licht wahrnehmen, verfügen über die Sonnenkompaß-Reaktion und können sich nach Mondlicht orientieren. Eine innere Uhr ermöglicht ihnen das Zurechtfinden in einem recht schmalen Lebensraum, von dem land- oder seewärts abzukommen den Tod bedeutet.

Verschiedene *Gammarus*-Arten treten in Phytal und Benthos der Meere in großer Dichte auf. *G. salinus* und *G. zaddachi* zum Beispiel stellen über die Hälfte der Biomasse jener Tiere, die den Blasentang *(Fucus vesiculosus)* in der Ostsee besiedeln. Im Rhein ist *Gammarus pulex* ganz wesentlich am Abbau organischen Materials beteiligt und stellt selbst eine wichtige Nahrung für Fische dar. In den letzten Jahren hat hier der aus Nordamerika stammende, besonders salztolerante *G. tigrinus* die einheimischen Arten *G. fossarum* und *G. pulex* stark zurückgedrängt. Er wurde in den 1950er Jahren, insbesondere im Werra-Wesersystem, aus ökonomischen Gründen als »Fischnährtier« freigelassen. In Ruhe liegt *Gammarus* mit eingekrümmtem Pleon seitlich auf dem Boden, stabilisiert durch einen Wasserstrom der dauernd schlagenden Pleopoden durch die ventrale Rinne, der das Wasser aus allen Richtungen herbeizieht, die Kiemen ventiliert und eine chemische Prüfung des Wassers ermöglicht. Beim Schwimmen strecken die Tiere das Pleon weit nach hinten. Durch ruckartige Schläge des Pleons kann die Geschwindigkeit beim Schwimmen gesteigert werden. Daher der Name Flohkrebse.
Beim Laufen schieben sie sich in seitlicher Körperlage mit den 6.–8. Thoracopoden der aufliegenden Körperseite vorwärts. Der Begattung geht eine mehrtägige Praekopula voraus. Dabei hält das Männchen das wesentlich kleinere, stark eingekrümmte Weibchen unter seine Ventralseite gepreßt (Reiterstellung). Die Kopulation erfolgt nach der Reifehäutung des Weibchens.

Die **3. Unterordnung: Mictacea** wurde erst Mitte der 80er Jahre beschrieben und als eigene Unterordnung zu den Peracarida gestellt. Es handelt sich um kleine Formen (3–3,5 mm lang) mit seitlichen Carapaxfalten, die nur die Basen von Maxillen und Maxillipeden bedekken. Die Brut wird als Manca-Stadium aus dem Marsupium entlassen. Man fand sie in Höhlen (Bermuda) und in der Tiefsee. *Mictocaris.*

Unter den folgenden Gruppen bewahrt die **4. Unterordnung: Cumacea** (Abb. 200 a) manche ursprünglichen Merkmale. Sie leben eingewühlt im Meeresboden, können aber noch wie die Mysideen mit den Exopoditen ihrer Thorakalbeine schwimmen. Der Carapax ist noch vorhanden und überdeckt den Thorax zur

Hälfte; in Anpassung an das Leben im Boden trägt er aber durch flügelartiges Vorwachsen seiner Seitenteile zur Bildung eines Atemrohres (Pseudorostrum) bei. Die Augen sind sitzend und sehr klein, die Pleopoden vielfach reduziert. *Diastylis, Cuma, Bodotria.*

Eine häufige Art der heimischen Fauna ist *Diastylis rathkei,* die bevorzugt im marinen Weichboden, auch in der Ostsee, vorkommt. In Anpassung an das Bodenleben können sich die Tiere eingraben. Dabei werden Vorderkörper und Pleon V-förmig nach oben gekrümmt, während die hinteren 3–4 Thoracopodenpaare Substrat zur Seite schaufeln. Das Tier sinkt in die entstehende Grube ein und kann diese durch Pleonbewegungen vertiefen, während das aufgewühlte Substrat über ihm zusammenfällt. Am Tage sind die Tiere im Substrat verborgen, nachts schwimmen sie mittels der Exopodite der Thoracopoden im freien Wasser.
Bei der Nahrungsaufnahme liegt *Diastylis* mit dem Vorderende an der Oberfläche und schwemmt den Bodenbelag auf. Im trichterförmigen Mundvorraum wird eine kleine Schlammportion durchgespült und die verwertbaren Teile den Mundwerkzeugen zugeführt. Die Besiedlungsdichte kann bis zu 1200 Individuen/m^2 betragen.
Der Begattung geht eine offenbar bis zu mehreren Wochen andauernde Praekopula voraus. Die Begattung erfolgt während der Reifehäutung des Weibchens.
Ein 15 mm langes Weibchen trägt im Brutbeutel etwa 100 Eier.

Die 5. **Unterordnung: Spelaeogriphacea** wurde für eine Art errichtet, die in einer Höhle des Tafelberges (Kapstadt) vorkommt. Inzwischen wurde eine zweite Art aus Brasilien bekannt. Cephalothorax mit 1. Thoracomer; Augenstiele vorhanden, Komplexaugen fehlen. *Spelaeogriphus* (Abb. 200 b).

Die **6. Unterordnung: Tanaidacea (Scherenasseln**, Abb. 200 c) steht den echten Asseln näher als die Cumaceen. Es sind meist kleine, walzenförmige Meerestiere, die in selbstgebauten Röhren oder in Lückensystemen, z. B. im Sand, leben (Küstenregion bis Tiefsee). Der Cephalothorax bildet einen kurzen Carapax. 1. Thoracopod mit Epipodit, der in die Atemhöhle reicht, die vom Carapax gebildet wird. Zum Teil noch Exopodite an den ersten Peraeopoden wie bei Mysideen. Die Augen können noch auf Höckern stehen; die Mehrzahl der Charaktere weist aber auf enge Beziehungen zu den Asseln. Eigenartig sind die besonders beim Männchen großen Scheren, die das 2. Thorakalbein bildet. *Apseudes, Tanais, Heterotanais* (Abb. 200 c).

Heterotanais oerstedi lebt in mit Spinnfäden hergestellten Röhren, die an Hydroidpolypen, Algen oder anderen Substraten im Brackwasser festgeheftet sind. Sie können eine Siedlungsdichte von 5000 Individuen/m^2 erreichen. 3 mm lang. In der Röhre fließt von vorn nach hinten ein dauernder Wasserstrom, der durch Pleopodenschlag erzeugt wird. Gelangen Fremdstoffe in die Röhre, wird die Strömungsrichtung schlagartig umgekehrt und das Wasser nach vorn ausgestoßen.
Als Nahrung dienen Mikroorganismen, die in unmittelbarer Umgebung der Röhre abgeweidet werden. Dabei bleiben zumindest die letzten Thoracopoden mit der Röhre verankert.
Die Begattung findet in der Röhre des Weibchens statt. Ihr geht ein mehrstündiges Paarungsvorspiel voraus.

Die **7. Unterordnung: Isopoda (Asseln**, Abb. 201) umfaßt 8000 Arten und ist ökologisch die leistungsfähigste Gruppe der Krebse. Durch die Reduktion der Carapaxfalte, die sieben Thorakalsegmente, die sitzenden Augen in der Kopfplatte und die exopoditlosen Thorakalbeine haben sie manche Ähnlichkeiten mit den Amphipoden. Als sekundäre Atmungsorgane fungieren die Pleopoden; dementsprechend liegt das Herz im Hinterkörper. Asseln machen eine »doppelte Häutung« durch: Erst wird der Hinterleib gehäutet, dann der Vorderkörper. Die oft dorsoventral abgeflachten Isopoden besiedeln in großer Zahl den Meeresboden (Benthal und Phytal): *Saduria (Mesidotea), Idotea* (Abb. 201 c), *Jaera* und *Sphaeroma* (Abb. 201 b). Pelagisch leben sie nur gelegentlich. *Limnoria* ist Holzzerstörer.

Idotea kommt mit mehreren Arten entlang unserer Küsten auf Algen vor, von denen sie sich bevorzugt ernähren. Durch ihre den Algen angepaßte Färbung sind sie hervorragend getarnt. Ihre Laufbeine enden mit je einer Klaue, so daß sich die Tiere bei starker Wasserbewegung gut festhalten können. Auf dem in Nordsee und Ostsee verbreiteten Blasentang *(Fucus vesiculosus)* ist *Idotea* mit etwa einem Drittel an der Biomasse der Epifauna beteiligt.

Jaera albifrons ist an unseren Küsten ein häufiger Bewohner unter Steinen, in Höhlungen von Hartböden und Muschelbänken. Sie lebt von Algen und Diatomeen, nimmt aber auch tierische Nahrung auf.

Limnoria lignorum, die Holzbohrassel, lebt in untergetauchtem Holz. Mit ihren Mundwerkzeugen baut sie 1 mm weite, verzweigte Gänge. Mit dem Holz, das lange in Salzwasser gelegen haben muß, nimmt sie auch Bakterien und Pilze auf. *Limnoria* bohrt zunächst in weicheren Anteilen und dringt dann auch ins Kernholz vor. Wenn die Bohrgänge eine gewisse Länge erreicht haben, werden »Belüftungsschächte« gebaut.

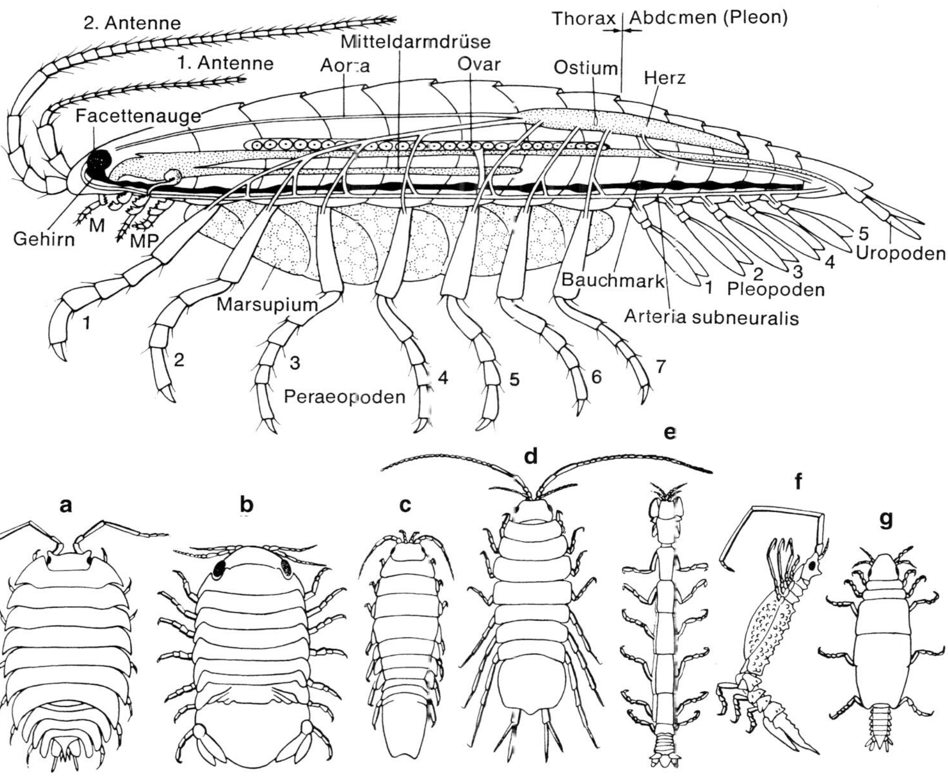

Abb. 201: Isopoden. Oben: Bauplan einer primitiven Assel. M: Mundwerkzeuge, Mp: Maxilliped. Unten: Verschiedene Formen. a. *Oniscus*, b. *Sphaeroma*, c. *Idotea*, d. *Asellus*, e. *Calanthura*, f. *Astacilla*, g. *Gnathia*. Nach Remane, Siewing

Im Süßwasser sind die Asellidae verbreitet (*Asellus*, Abb. 201 d), manche marine Familien haben Vertreter in unterirdische Süßgewässer entsandt (Sphaeromatidae, *Parasellus*, *Microcerberus*). In antarktischen Meeren und in der Tiefsee besonders große Kaltwasserformen: *Glyptonotus* 10 cm, *Bathynomus* 35 cm lang.

Asellus aquaticus, die Wasserassel, ist ein häufiger Bewohner in Binnengewässern und lebt oft an Fallaub, an dessen Abbau sie beteiligt ist. Das Weibchen trägt das Männchen während der Vorpaarung 8 Tage auf dem Rücken. Bei der Paarung legen sich die Partner mit ihren Bauchseiten aneinander. Junge werden ca. 3 Wochen im Marsupium getragen. *Asellus aquaticus* toleriert auch eine relativ starke Belastung des Wassers. In Gartenteichen oft massenhaft. Alle 2–3 Wochen erfolgt eine Häutung.

Die Asseln sind die einzigen Krebse, die in großer Artenzahl die Lebensräume des Landes besiedeln (Abb. 169). Es sind vor allem die weltweit verbreiteten Oniscidea *(Porcellio, Oniscus* [Abb. 201 a], *Armadillidium, Philoscia).* Sie kommen selbst in Wüsten vor (Wüstenassel, *Hemilepistus*). Der Übergang zum Landleben erfolgte direkt vom Meeresstrand aus, wo noch heute die Gattung *Ligia* lebt. Luftatmungsorgane entstehen aus Taschen in den Exopoditen von Pleopoden (weiße Körper), also an den erst als Wasseratmungsorgane dienenden Beinen. Eine wichtige Funktion erfüllen terrestrische Isopoden bei der Bodenbildung.

Porcellio scaber, die Kellerassel, ist an und in Häusern (feuchten Kellern) bei uns fast ubiquitär. Sie nimmt pflanzliche und tierische Nahrung auf und ist koprophag. Wie bei anderen Oniscidea ist ihr gesamtes Darmrohr von einer Cuticula ausgekleidet. Ihr Magen besitzt Filter, die Partikel von 40–50 nm Durchmesser zurückhalten können; im Hinterdarm befindet sich eine spezielle Mikroflora, die deutlich von der des Lebensraumes unterschieden ist (vermehrt coryneforme Bakterien) und die die Asseln mit bestimmten Aminosäuren versorgt. Die Mitteldarmdrüsen der Kellerassel können Schwermetalle in beachtlichem Ausmaß akkumulieren. Eier und Junge (bis 85) werden im Marsupium getragen, letztere nehmen an Fortsätzen der Ventralseite der Mutter, den Cotyledonen, Haemolymphe auf. Mehrjährig.

Asseln sind mehrfach Parasiten geworden; *Danalia* parasitiert sogar an *Sacculina*. Der Parasitismus führt zu einer tiefgreifenden Umgestaltung, die Segmentierung kann äußerlich verschwinden, der Körper stark deformiert, die Extremitäten reduziert werden. Viele Parasiten neigen zum Zwittertum. Sie entstanden in drei Gruppen in verschiedener Art: 1. Die Cymothoidae enthalten Fischparasiten, die an der Haut, den Kiemen oder in der Mundhöhle angeheftet leben. Sie sind durch blutsaugende Arten, die sich nur zur Nahrungsaufnahme am Wirt festheften, mit räuberisch lebenden Arten verbunden. Die Umformungen sind gering. 2. Die Gnathiidae (Abb. 201g) sind gleichfalls Fischparasiten, aber nur im Jugendstadium (Praniza-Larve), das infolge der Anschwellung während der Nahrungsaufnahme die Segmentierung des Thorax z. T. einbüßt. Die erwachsenen Tiere leben frei, sie nehmen keine Nahrung auf, die Mundgliedmaßen sind reduziert, nur die Mandibeln der Männchen sind zu großen Zangen geworden. 3. Die Hauptgruppe der parasitischen Isopoden sind die Epicarida, sie leben an Krebsen, besonders in Hohlräumen, z. B. in Hauttaschen. Zwei Stadien leben frei (pelagisch) (Epicaridium, Cryptoniscium), zwei parasitisch (Microniscium und erwachsene Weibchen).

6. Ordnung: Eucarida. Zu ihnen gehören die Krabben, Garnelen und Edelkrebse. Sie behalten die Carapaxfalte, die über den Beinbasen die Kiemenhöhlen umwölbt, die Epipoditen der Thorakalbeine als Kiemen, die Stielaugen, Statocysten in der 1. Antenne und den Schwanzfächer. Auch die Entwicklung bleibt primitiv, z. T. treten freie Naupliuslarven auf (Euphausiacea, Penaeidae), die Zoëa-Larve und andere pelagische Larvenstadien sind bei marinen Arten verbreitet. Nur selten, z. B. bei den Süßwasserkrebsen, wird die Entwicklung direkt. Das Herz ist stets zu einem kurzen Sack mit wenigen Ostien umgebildet.

1. Euphausiacea (Leuchtkrebse): Mit vielen ursprünglichen Merkmalen. Vordere Thoracopoden nicht zu Maxillarfüßen differenziert. Meist pelagisch, öfter in der Tiefsee. Fast immer mit Leuchtorganen. Wichtige Fisch- und Wal-Nahrung. Entwicklung holoblastisch mit freiem Nauplius. *Euphausia, Nyctiphanes, Stylocheiron, Meganyctiphanes* (Abb. 198 b).

Der Krill *(Euphausia superba)* antarktischer Gewässer, früher wesentliche Nahrungsgrundlage der durch den Menschen ungestörten Walbestände, hat in den letzten Jahren zunehmendes Interesse auf sich gezogen. Die Schwärme dieser 6 cm langen Krebse können einen Durchmesser von mehreren Kilometern erreichen und so dicht werden, daß das Meerwasser verfärbt wird. Nach optimistischen Schätzungen könnte der Krill eine wichtige Nahrungsressource für den Menschen werden. Seit *Homo sapiens* auch die antarktischen Walbestände dezimiert hat, ging deren jährlicher Krillverbrauch – so schätzt man – von 190 Millionen auf 40 Millionen Tonnen zurück. Im selben Zuge vermehrten sich wohl zwei weitere Gruppen von Krillkonsumenten: Robben und Pinguine. 1982 erreichte die Krillfischerei die höchsten Erträge (500000 t; davon entfielen über 90% auf die Sowjetunion).
Probleme bezüglich der Verwendbarkeit von Krill durch den Menschen wirft ihr hoher Fluoridgehalt auf. Da das Fluorid vorwiegend im Exoskelet liegt, geht es um dessen rasche Trennung von der Pleonmuskulatur, die zum Verzehr geeignet ist.

2. Decapoda: Die ersten drei Thoracopoden sind Maxillarfüße, so daß als Schreitbeine fünf Thorakalfußpaare bleiben. Ihnen fehlen die Exopoditen fast stets. Das oder die vorderen Schreitbeinpaare können Scheren ausbilden (Abb. 202).

Als **Natantia** faßt man Schwimmformen zusammen, die über einige ursprüngliche Merkmale verfügen. Sie werden heute nicht mehr als Taxon gesehen. Cuticula nur schwach verkalkt; Pleopoden Schwimmfüße; meist kräftiges Rostrum. Zu ihnen gehören die »Krabben« der Nahrungsmittelindustrie, aus der heimischen Fauna *Crangon* und *Palaemon*. Schillernd wie der deutsche Begriff »Krabben« (siehe Brachyura) sind die englischen Bezeichnungen »prawns« (für große Natantia) und »shrimps« (für kleine Natantia). Natantia sind von erheblicher ökonomischer Bedeutung. Der jährliche Weltertrag wird derzeit mit über 1,5 Millionen Tonnen angegeben; er verteilt sich auf über 300 Arten. In der Aquakultur der Tropen gelten Natantia als besonders aussichtsreiche Kandidaten, v. a. Penaeidae mit den Gattungen *Penaeus* (Abb. 203 p) und *Metapenaeus* sowie Süßwassergarnelen *(Macrobrachium)*.

Besonders hohe Populationsdichten von

Garnelen hat man in den 80er Jahren nahe den 350 °C heißen Hydrothermalquellen in den Tiefen des Atlantik entdeckt. Etwa 3600 m unter dem Meeresspiegel ernähren sich Schwärme von *Rimicaris exoculata* von sulfidoxidierenden Bakterien und »kultivieren« diese auf ihren Kiemen.

Zahlreiche Familien, z. B. Penaeidae (primitive Formen; *Penaeus*), Atyidae (Süßwassergarnelen meist warmer Länder; *Atyaephyra* bei uns eingewandert), Pandalidae (kleine oder fehlende Scheren; *Pandalus*), Alpheidae (mit *Alpheus*, dem Pistolenkrebs, der mit seiner Schere Laute und einen Wasserstrahl erzeugt), Palaemonidae (mit *Palaemon*), Crangonidae (mit *Crangon*, Abb. 204 b), Stenopodidae (mit *Spongicola*, die paarweise in *Euplectella* (und anderen Schwämmen lebt).

Penaeidae sind Allesfresser, die in Küstennähe und in Ästuaren auf Sand- oder Schlammboden leben. Ungewöhnlich ist ihr Fortpflanzungsverhalten. Dem frisch gehäuteten Weibchen folgen meist mehrere Männchen, von denen eines schließlich unter das Weibchen schlüpft. Nach kurzer Zeit dreht das Männchen zunächst seine Ventralseite nach oben und klammert sich am Weibchen fest, um sich dann quer zum Weibchen zu stellen und dieses dann durch Einbiegen seines Körpers zu umschlingen. Dabei wird eine Spermatophore abgesetzt. Die Eier werden ins freie Wasser abgelegt; die Larven (Nauplius) wandern in Ästuare ein und entwickeln sich dort zu Jungtieren, die dann wieder in salzreicheres Wasser abwandern.
Penaeiden sind von beträchtlicher wirtschaftlicher Bedeutung. Führend im Angebot sind derzeit *Penaeus monodon, P. chinensis, P. merguiensis* und *P. vannamei*, die alle in wärmeren Meeren vorkommen.
P. monodon wird über 30 cm lang (giant tiger prawn) und gehört mit einem jährlichen Ertrag von 60000 t zu den wirtschaftlich wichtigsten Garnelen Asiens. Sie wird in großem Maßstab beispielsweise auf den Philippinen, in China und Indien gezüchtet.
P. chinensis ist insbesondere in China und Korea in Kultur. Der jährliche Ertrag liegt über 200000 t.
P. merguiensis ist beispielsweise in Thailand und Malaysia besonders wichtig. Der jährliche Ertrag liegt bei 80000 t.
P. vannamei ist die führende Aquakultur-Garnele in Amerika, wo Ecuador ein wichtiger Produzent ist.

Die Nordseegarnele *(Crangon crangon)* ist eine besonders häufige Art der Makrofauna des Wattenmeeres und angrenzender Gebiete. Bei Flut dringen sie hoch in die Gezeitenzone ein, bei Ebbe ziehen sie sich zurück. Wenn sie sich im Sediment verbergen, ragen nur Augen und Antennen aus dem Boden heraus. *Crangon* wird wirtschaftlich genutzt (»Nordseekrabben«, Granat, »Krabbensalat«). Praktisch alle zum Verzehr angebotenen Garnelen sind anscheinend Weibchen, da Männchen sich nach der ersten Laichperiode bei einer Länge von 4–5 cm allem Anschein nach in Weibchen umwandeln. *Crangon* laicht mehrfach im Jahr und erreicht ein Alter von 2–3 Jahren. Im Herbst wandern die Tiere in tieferes Wasser. Die Nordseegarnele ist ein wichtiger Nahrungsorganismus für zahlreiche Fisch- und Vogelarten, auch junge Seehunde ernähren sich von Garnelen. Die Fangquoten unterlagen in den letzten Jahren großen Schwankungen.
Palaemon adspersus (Ostseegarnele) wird in manchen Gebieten der Ostsee fischereilich genutzt. Auch diese Art hält sich im Winter in tieferen Wasserschichten auf.

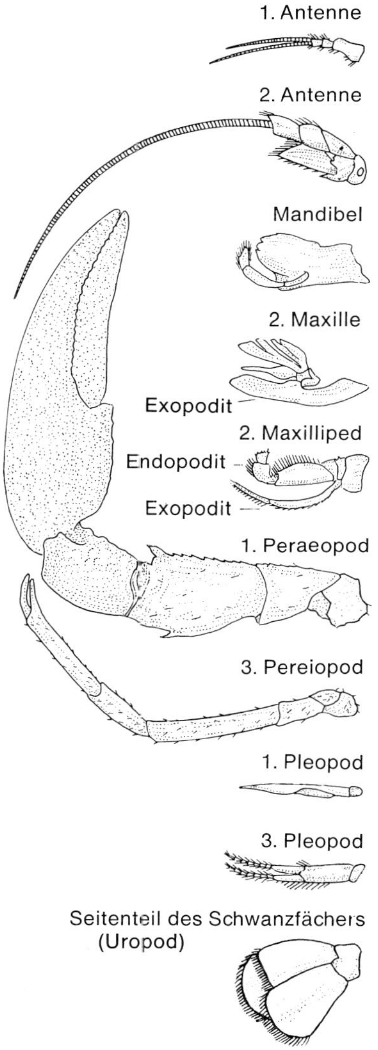

Abb. 202: Verschiedene Extremitäten eines decapoden Krebses (Flußkrebs). Nach Kükenthal

a
b
c
d
e
f
g
h
i
j
k
l
m
n
o
p
q
r
s
t

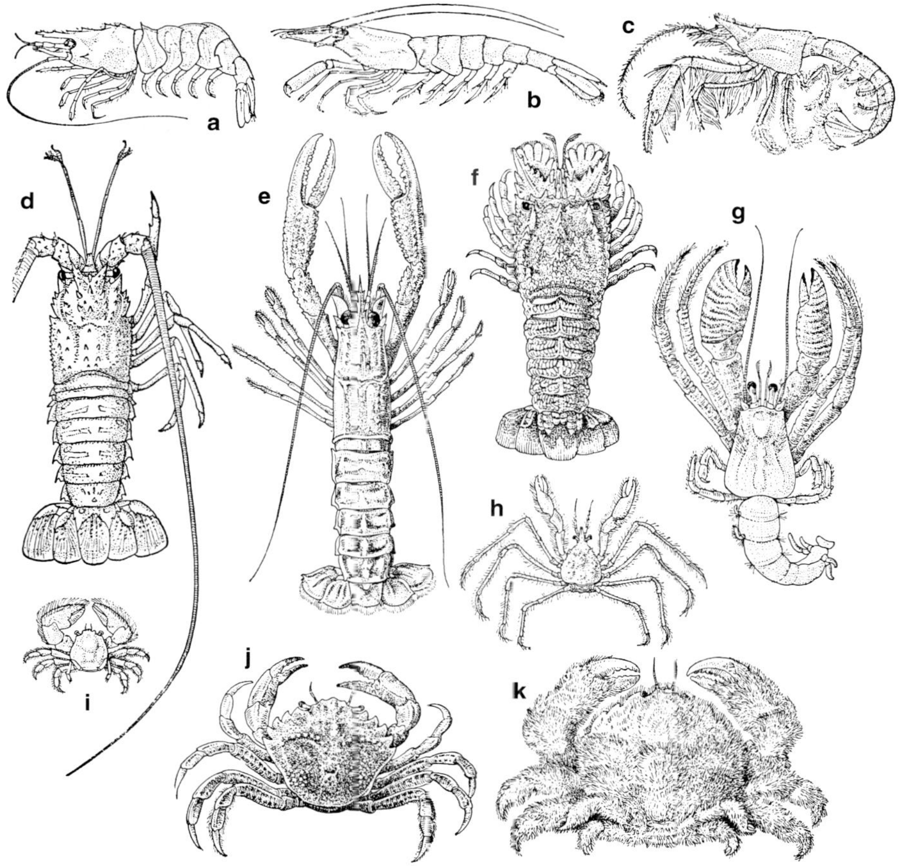

Abb. 204: Decapoda. a. *Sicyonia* (Penaeidae) b. *Crangon*, c. *Upogebia*, d. *Palinurus*, e. *Nephrops*, f. *Scyllarus*, g. *Dardanus*, h. *Macropodia*, i. *Porcellana*, j. *Carcinus*, k. *Dromia*. Nach de Haas, Knorr, Riedl

Unter dem Begriff **Reptantia** werden bodenbewohnende Formen mit einer Reihe abgeleiteter Merkmale zusammengefaßt. Wie die Natantia werden auch sie nicht mehr als Taxon akzeptiert. Oft mit stark verkalkter Cuticula, Rostrum meist klein oder fehlend, erstes Schreitbein meist mit kräftigen Scheren; vier Familiengruppen.

a. Palinura. Pleon lang und gestreckt, breiter Schwanzfächer, Carapax abgeflacht. *Palinurus* (Languste, Abb. 204 d), *Scyllarus* (Bärenkrebs, Abb. 204 f).

b. **Astacura.** Pleon ebenfalls gerade verlaufend, Carapax zylindrisch. *Homarus* (Hummer), *Nephrops* (Norwegischer Hummer; Abb. 204 e, 350 b), im Süßwasser Edelkrebse *Astacus* und *Orconectes*, auch Flußkrebse genannt. *Astacus astacus (= A. fluviatilis)* war in Europa weit verbreitet, bis die Krebspest *(Aphanomyces astaci)* vor über 100 Jahren die Populationen dezimierte. Heute sind der amerikanische *Orconectes limosus (= Cambarus affinis)* und weitere Arten in Europa verbreitet (s.u.).

◁ Abb. 203: Mangrove (Südost-Asien). a. *Haliaeetus* (Seeadler), b. *Nasalis larvatus* (Nasenaffe), auf Borneo beschränkt, c. *Egretta* (Reiher), d. *Ibis* (Nimmersatt), e. *Halcyon* (Eisvogel), f. *Goniopsis*, g. *Boleophthalmus*, zwei drohende Tiere, h. *Dotilla*, i. Seepocken auf einer Stelzwurzel der Mangrove, j. *Boiga*, k. *Uca* (Winkerkrabbe), l. *Periophthalmus*, an Stelzwurzeln festgeheftet, m. *Crassostrea* (Austern), n. *Carcinoscorpius* (Merostomata), o. *Toxotes* (Schützenfisch beim Insektenfang), p. *Penaeus*, q. *Mugil*, r. *Scylla* (Mangrovekrabbe), s. *Laticauda*, t. Sabellidae (Polychaeta). Original

Der Hummer hat an beiden Seiten des Nordatlantik wirtschaftliche Bedeutung: an unseren Küsten *Homarus gammarus*, in Amerika *Homarus americanus*. Vor dem 2. Weltkrieg gab es auch eine ertragreiche Hummerfischerei um Helgoland. Heute sind die Fanggründe vor der nordamerikanischen Altlantikküste besonders ergiebig; führend ist der US-Bundesstaat Maine.
Männliche Hummer sind größer als Weibchen. Weibchen häuten sich alle zwei Jahre, Männchen dagegen jährlich. Die Eier, die nach der Ablage unter dem Pleon des Weibchens befestigt werden, benötigen 11–12 Monate zur Entwicklung.

Astacus astacus lebt in sauberen fließenden und stehenden Gewässern. Er bewohnt Löcher in überhängenden Ufern, in denen er auch überwintert. Er ist omnivor und geht nachts auf Nahrungssuche. Bei der Begattung dreht das Männchen das Weibchen auf den Rücken, klettert auf die Partnerin und hält sie mit seinen Scheren fest. Die Begattung findet zwischen September und November statt, zwischen Mitte November und Ende Dezember legt das Weibchen 70–240 Eier ab, aus denen im darauffolgenden Sommer etwa 20 Postlarven schlüpfen. Der Edelkrebs lebt nach der Krebspest nur noch in wenigen relativ gut isolierten Gewässern. Heute sind die aus Nordamerika eingeschleppten Arten *Orconectes limosus, Pacifastacus leniusculus* sowie *Pontastacus leptodactylus* aus dem pontokaspischen Raum in Mitteleuropa verbreitet. In vielen Gewässern, auch belasteten und sauerstoffarmen, können sie hohe Populationsdichten erreichen.
Flußkrebse unserer Breiten (Astacoidea) werden vom Menschen genutzt; gleiches gilt für die Parastacoidea der Südhemisphäre (Abb. 181), insbesondere für *Cherax tenuimanus*, eine von über 100 Arten Australiens. Sie erreicht erst nach 4 Jahren Marktgröße. Ihr australischer Name »marron« geht auf die Bezeichnung Marone für Eßkastanie zurück. Europäische Mönche waren an Kastanien erinnert worden (außen braun, innen weiß), als sie die Flußkrebse kennenlernten.

Stammesgeschichtlich einander näher stehen die Anomura und Brachyura. Beide gestalten das Abdomen um, in beiden Gruppen entstehen schließlich Krabben, die das verkürzte Abdomen so unter den Thorax legen, daß es von oben nicht mehr zu sehen ist.

c. Anomura. Abdomen oft nach ventral eingekrümmt oder auch asymmetrisch.

Thalassinidae: Noch mit langgestrecktem Abdomen. *Thalassina*; Indopazifik. Lebt im Boden, baut an der Mündung des Wohnganges bis 1,5 m hohe Erdhügel. Paguridae (Einsiedlerkrebse): Pleon weichhäutig, asymmetrisch, meist in Schneckenhaus geborgen. *Dardanus* (Abb. 204 g), *Pagurus* (Abb. 346 f). Coenobitidae (Landeinsiedlerkrebse): Landtiere, Entwicklung im Meer. *Birgus latro* (Palmendieb), heute fast nur noch auf kleinen indopazifischen Inseln, größter Landarthropode, bis über 10 kg schwer. Durch Menschen stark bedroht. Ausgewachsen ohne Schneckenschale. *Coenobita*, stets mit Schale.

Pagurus bernhardus ist ein an der Nordsee zum Beispiel in Prielen und Gezeitentümpeln häufig zu findender Einsiedlerkrebs; er kommt aber auch in tieferem Wasser in der Nordsee, im Nordatlantik sowie in der Ostsee vor. Besonders ältere Tiere wandern tiefer, wo die Wellhornschnecke *(Buccinum undatum)* vorkommt, in deren Gehäuse die großen Krebse üblicherweise leben. Kleinere Individuen findet man oft in den Gehäusen der Strandschnecke *(Littorina littorea)*. *Pagurus bernhardus* hat auf seiner Schneckenschale oft Mitbewohner wie *Hydractinia* (S. 57; Abb. 37 h) und Anthozoa. Beim Umzug kann es zum »Umpflanzen« der Symbionten kommen. Die Nahrung besteht aus diversen Tieren, einschließlich aufgewirbelten Kleinstlebewesen, Detritus und Algen, die filtriert werden. Die Weibchen tragen bis zu 15000 Eier. Während der Tragzeit kommen die Weibchen öfter aus ihrem Schneckenhaus, um die Eier zu schwenken und ihnen Sauerstoff zuzuführen. Auch beim Schlüpfen der Larven verläßt die Mutter kurz das Gehäuse.

Lithodidae (Steinkrabben): Krabbentypen im Nordpazifik, die z.T. wirtschaftlich wichtig sind (Abb. 181; *Paralithodes*).

Galatheidae: Pleon nach ventral gekrümmt. *Galathea*.

Porcellanidae: Krabbentypen, *Porcellana* (Abb. 204 i).

Hippidae: Pleon nach ventral gebogen, im tropischen Sandstrand (Brandungszone). *Hippa*.

d. Brachyura (Echte Krabben). Hochentwickelte Gruppe mit etwa 4500 Arten. Pleon kurz, dünn, wird fest unter Cephalothorax geschlagen. Carapax meist breit und flach. Bewohnen fast alle Lebensräume des Meeresbodens von der Tiefsee (*Macrocheira*, Japanische Riesenkrabbe, Spannweite bis 3 m) bis in die Gezeitenzone. Die Schwimmkrabben (*Portunus* u.a.) haben sekundär wieder das Schwimmvermögen erworben. Mehrere Familien sind in den Tropen Landtiere der Küsten geworden und bestimmen durch ihre Häufigkeit, ihre raschen Bewegungen und ihre Farben das Bild des Tropenstrandes. Auch ins Süßwasser sind sie vorgedrungen. Laufen meist seitwärts. Brachyura werden kommerziell genutzt (Weltertrag 1990: etwa 1 Million Tonnen), einige hält man in Aquakultur. Wenige sind giftig; Todesfälle von Menschen nach Krebsmahlzeiten sind aus Tropenländern bekannt.

Dromiidae (Wollkrabben): maskieren sich mit verschiedenen Gegenständen, die mit den hinteren Thoracopoden über den Körper gehalten werden. *Dromia* (Abb. 204 k).

Dorippidae: Maskieren sich ebenfalls. *Dorippe, Ethusa.*

Majidae (Dreieckskrabben): Carapax länger als breit, schmale lange Beine, maskieren sich oft. *Hyas, Maja* (Meerspinne). Einige werden wirtschaftlich genutzt (Schneekrabben, *Chionoecetes* Abb. 181).

Cancridae (Taschenkrebse): *Cancer.* Wirtschaftlich wichtig.

Portunidae (Schwimmkrabben): *Liocarcinus, Portunus, Carcinus* (Strandkrabbe, Abb. 204 j, 43 o). *Scylla* (Abb. 203 r).

Carcinus maenas (Gemeine Strandkrabbe, Abb. 43 o und 204 j) ist die häufigste Krabbe in Nord- und Ostsee. An der Küste wird sie auch Dwarslöper genannt. Junge Tiere, die in der Gezeitenzone leben, vergraben sich bei Niedrigwasser im Weichboden oder verbergen sich in Höhlen, während die älteren Tiere mit den Gezeiten auf- und abwandern. Kurzfristiges Trockenfallen übersteht *Carcinus* unbeschadet. *Carcinus maenas* lebt von Weichtieren, Krebsen und auch Aas. Mit ihren Scheren können sie Muscheln und Schnecken knacken. Sie selbst werden z.B. von Möwen gefressen. Die Fortpflanzung erfolgt, indem Männchen Weibchen vor deren Häutung greifen, aber erst danach mit ihnen kopulieren. Weibchen bringen bis 200 000 Eier hervor, die sie an den Pleopoden tragen.

Pinnotheridae: kleine Formen, die oft als Kommensalen in Muscheln, Ascidien u. a. leben. *Pinnotheres* (Muschelwächter).

Ocypodidae: vorwiegend landlebende oder amphibische Formen der tropischen Strände. Bauen Wohnröhren. *Ocypode, Uca* (Winkerkrabbe; Abb. 203 k), *Dotilla* (Abb. 203 h).

Grapsidae: Oft an Felsküsten, auch in der Mangrove (Abb. 203 f) und von der Küste entfernt. *Pachygrapsus, Geograpsus.* Eine Besonderheit stellt die in der amerikanischen Mangrove lebende Gattung *Aratus* dar: Größere Tiere halten sich bevorzugt in Baumkronen auf.

Die Wollhandkrabbe *(Eriocheir sinensis)* erhielt ihren Namen wegen ihrer wollig behaarten Scheren. Sie verbringt die meiste Zeit ihres Lebens im Süßwasser, unternimmt aber weitere Laichwanderungen in Flußmündungen und ins Meer. Ihre planktischen Larven leben im Meer und wurden vor dem 1. Weltkrieg von Ostasien vermutlich mit Ballastwasser nach Deutschland gebracht. Hier entfaltete sich die Art so stark, daß sie in den 30er Jahren die Elbfischerei massiv schädigte und bei ihrer Massenwanderung Wehre verstopfte. In dieser Zeit breitete sie sich auch in der gesamten Ostsee aus und drang in zahlreiche Flußmündungen ein. Mit der zunehmenden Verschmutzung der Elbe ging die Population zurück. Heute kommt *Eriocheir sinensis* in allen großen Flüssen Deutschlands vor, in neuerer Zeit tritt sie wieder vermehrt auf. Im Wattenmeer findet man auf ihrem Carapax bisweilen eine aus Neuseeland importierte Seepocke *(Elminius).* Die Wollhandkrabbe gilt in China als Delikatesse. Lebensdauer bis 5 Jahre.

Ende der 80er Jahre wurde von Grapsiden eine Pflege der Jungen bekannt: Die Weibchen von *Metopaulias* entlassen Zoeae in kleine Wasseransammlungen in den Blattachseln von epiphytischen Bromelien, auf denen der gesamte Lebenszyklus abläuft. Zunächst säubert die Mutter das Wasser, in dem sich die Larven innerhalb von zehn Tagen zu kleinen Krabben entwickeln. Dann werden die Jungen im Laufe von weiteren acht Wochen von der Mutter im Bereich der Blattachseln verteidigt und z. B. mit Schnecken und Tausendfüßlern gefüttert.

Gecarcinidae (Landkrabben): In terrestrischen Lebensräumen der Tropen verbreitet. *Cardisoma, Gecarcinus.*

Potamoidea (Süßwasserkrabben): In limnischen Gewässern, aber auch am Land. Längere Aufenthalte außerhalb des Wassers werden in Ruhe eingegraben verbracht. Entwicklung direkt: Aus den Eiern, die am Weibchen getragen werden, schlüpfen kleine Krebse. *Potamon* auch im Mittelmeerraum.

2. Antennata
(Tracheata, Eutracheata)

Die Antennata sind von ihren ältesten bekannten Vertretern an Landtiere und haben sekundär das Wasser besiedelt. Ihre Kennzeichen sind: 1. Antennen als Sinnesorgan erhalten (fehlen den Protura); Fehlen der 2. Antennen; Mandibeln nur aus Grundteil und Laden, Taster fehlen; Epipoditen treten an Extremitäten als Griffel (Styli) bei primitiven Formen auf; Exopodite fehlen stets. Das Endglied der Beine wird nur durch einen Beugemuskel (Krallenbeuger), nicht durch einen Strecker bewegt. Der Kopf ist eine abgesetzte Kapsel. Nephridien sind bei primitiven Formen als Maxillennephridien erhalten, meist aber zu Speicheldrüsen umgewandelt oder reduziert. Exkretionsorgane sind die Malpighischen Gefäße, ectodermale Blindschläuche an der Grenze zwischen Mittel- und Enddarm. Mitteldarmdrüsen fehlen. Entwicklung zwar bisweilen mit Segmentvermehrung, doch treten nie mehr so segmentarme Larven wie Protaspis und Nauplius auf. Obwohl die Antennata näher mit den Crustacea verwandt sind, können sie nicht von bekannten Crustaceen abgeleitet werden. Der theoretisch erschlossene Zusammenhang besteht nur an der Basis. Die Antennata enthalten die vielbeinigen Chilopoda und Progoneata, die auch als **Tausendfüßer (Myriapoda)** zusammengefaßt werden, sowie die Insekten.

a. Chilopoda
(Opisthogoneata, Hundertfüßer)

Diese etwa 2800 Arten umfassende Gruppe ist vor allem durch die giftigen Scolopender und den einheimischen Steinkriecher (*Lithobius*, Abb. 205 b) bekannt. Mit den Progoneata teilen die Chilopoda manche primitiven Merkmale, so die weitgehend homonome äußere Segmentierung und die einander ähnlichen Extremitäten. Im Besitz einer Ventralarterie, die durch 1–3 Paar Seitenschlingen das Blut aus dem Herzen empfängt, sind die Chilopoden noch primitiver als die Progoneata.

Spezielle Sondermerkmale kennzeichnen die Chilopoden als einen Seitenzweig: Das erste Rumpfbeinpaar ist zu mächtigen Gifthaken umgeformt (Kieferfüße), auf denen Giftdrüsen ausmünden. Die Beine der letzten beiden Rumpfsegmente sind reduziert (Extremitäten von Genital- und Praegenitalsegment): Sie können kurze Anhänge sein, von denen oft nur ein Paar vorhanden ist, sie können auch ganz fehlen. Das letzte Laufbeinpaar ist zu langen Tast- oder Greifbeinen umgeformt, die oft als Waffe verwendet werden.

Parallel zu den Progoneata erfolgen Auflösung und Reduktion der Facettenaugen. Notostigmophora besitzen Komplexaugen mit maximal 600 mit Kristallkegeln ausgestatteten Ommatidien. Die Pleurostigmophora besitzen isoliert stehende Ocellen. Geophilomorpha und einige andere Pleurostigmorphora sind augenlos. Als Sinnesorgane sind weiterhin die Schläfenorgane (Tömösvarysche Organe) der Notostigmophora und Lithobiomorpha zu nennen. Es handelt sich vermutlich um Chemoreceptororgane, die mit ähnlich lokalisierten Organen von Progoneaten und entognathen Insekten homologisiert werden, z. B. mit den Postantennalorganen der Collembolen.

Das Tracheensystem kommt bei Chilopoden in zwei Ausprägungsformen vor: 1. Röhrentracheen (Pleurostigmophora), deren Stigmen nicht durch spezielle Verschlußapparate oder Muskeln verschließbar sind, und 2. Tracheenlungen (Notostigmophora), deren Tracheencapillaren sich ein- oder zweimal dichotom verzweigen und dann blind endigen. Sie versorgen lediglich die Haemolymphe mit Sauerstoff, nicht die einzelnen Körpergewebe. Bei Notostigmophora Atembewegungen.

Die Gonaden sind unterschiedlich ausgebildet, Lithobiomorpha haben lange unpaare, Scutigeromorpha und Geophilomorpha ein Paar schlauchförmige, Scolopendromorpha 4–14 Paar kurze Hoden. Das dorsale Ovar ist unpaar. Der Genitalporus, an dem große Drüsen münden, liegt vor dem After. Spermatophorenübertragung (ähnlich Apterygoten, Pselaphognathen und mehreren Arachnidenordnungen). Die Eier werden bei Lithobiomorpha und Notostigmophora meist einzeln im Abstand von mehreren Tagen abgelegt, Geophilomopha und Scolopendromorpha legen alle Eier zu einem Gelege zusammen und rollen sich darum. Die Jugendstadien der Notostigmorphora und Lithobiomorpha schlüpfen segmentarm (Anamorpha), die der Geophilomorpha und Scolopendromorpha besitzen beim Schlüpfen schon alle Segmente (Epimorpha).

Alle Arten sind Bodentiere (Abb. 169 h) und

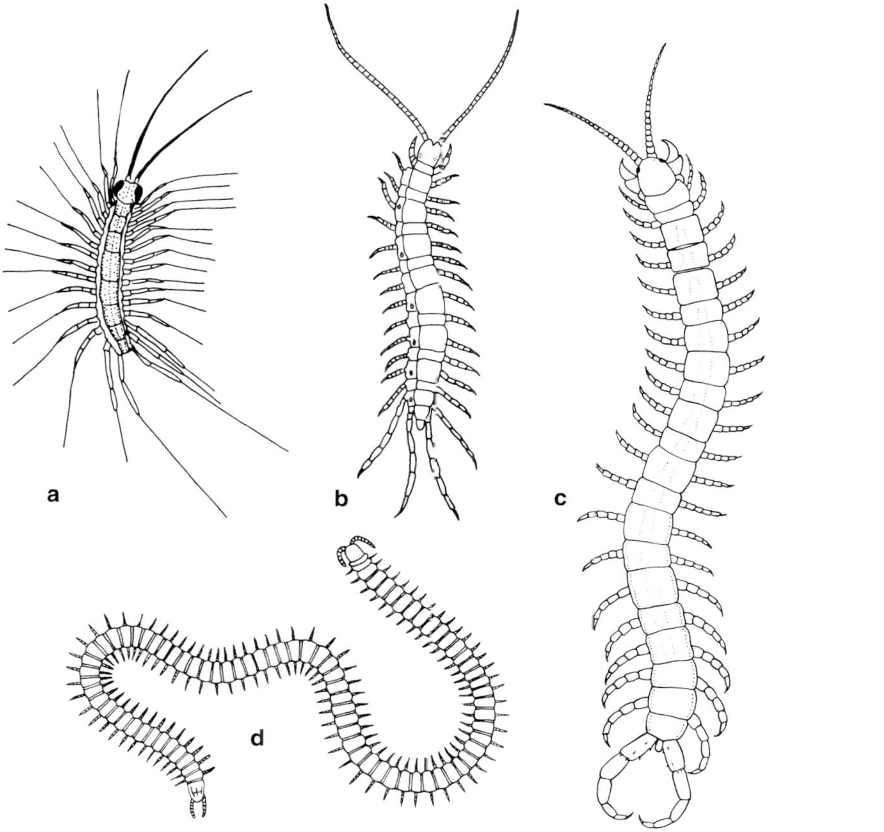

Abb. 205: Chilopoden-Formen. a. *Scutigera*, b. *Lithobius*, c. *Scolopendra*, d. *Himantarium*. Nach Grassé, Klingel, de Saussure, Schaudinn

leben unter Steinen, Rinde u. dgl. oder im Boden selbst (Geophilidae). Ihre Länge schwankt zwischen 3 mm und 27 cm. Alle leben räuberisch, sie sind im allgemeinen nachtaktiv. Wenige dringen in den marinen Bereich vor. *Strigamia (Scolioplanes) maritima* und *Hydroschendyla submarina* an steinigen Küsten. Vereinzelt wurden Chilopoden in Nasen- und Stirnhöhle von Menschen gefunden.

1. Notostigmophora (Schizotarsia, Spinnenläufer). Gruppe mit vielen primitiven Merkmalen: beinartigen zweiten Maxillen, paarigen männlichen Genitalporen und Extremitäten am Genitalsegment des Männchens, aber auch mit hochevoluierten Facettenaugen, die wohl konvergent zu denen der Insekten entstanden sind. Kopf nicht abgeflacht wie bei den folgenden Gruppen. 2 Paar miteinander verschmolzene Maxillarnephridien. 15 Paar Laufbeine, deren Tarsen in viele Glieder zerlegt sind. Sondermerkmale stellen die unpaaren, dorsal mündenden Tracheenbüschel, die in das Blut des Pericardialsinus hineinragen, und die verlängerten, vielgliedrigen Tarsen dar. Die Gruppe lebt mit über 100 Arten fast ausschließlich in warmen Gebieten. In Süddeutschland *Scutigera coleoptrata*, bis 2,6 cm lang (Abb. 205 a). In Häusern und im Freien. Sehr schneller Lauf, wobei der Körper gerade bleibt.

2. Pleurostigmophora. Mit segmentalen, typischen Tracheen, deren Stigmen seitlich in den Pleuren liegen. Die Seitenaugen sind in eine Gruppe von Punktaugen aufgelöst oder fehlen. Der männliche Genitalporus ist unpaar. Mit etwa 2600 Arten stellen sie den größten Teil der Chilopoden.

a. Lithobiomorpha. Diese durch den Steinkriecher *(Lithobius)* bekannte Gruppe stimmt

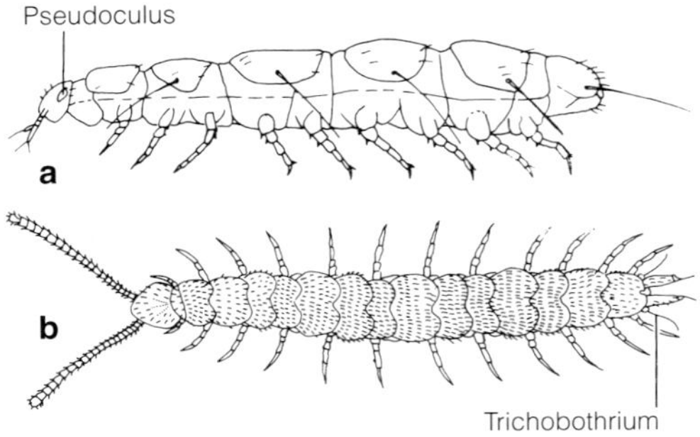

Abb. 206: a. *Pauropus silvaticus* (Pauropoda); Pseudoculi sind Sinnesorgane unbekannter Funktion. b. *Scutigerella immaculata* (Symphyla). Nach Snodgrass, Tiegs

in der Segmentzahl (15 Laufbeinpaare, 18 Rumpfsegmente), Ungleichheit der Tergite, Besitz eines Schläfenorgans, von Maxillennephridien und segmentarmen Jugendstadien (Anamorphose) mit den Notostigmophora überein, ist also in diesen Merkmalen primitiv. Tracheen in 2–7 Paaren. Hoden unpaar. *Lithobius* (Abb. 205 b), *Monotarsobius, Henicops.*

b. Scolopendromorpha. Diese Gruppe teilt mit der folgenden die volle Segmentzahl der schlüpfenden Jugendstadien (Epimorphose), die Brutpflege und das Fehlen von Maxillennephridien. Spezielle Merkmale sind: die zahlreichen Hoden, die 24 oder 26 Rumpfsegmente mit 21 oder 23 Laufbeinpaaren, die 9–17 Stigmenpaare sowie die schwache Ungleichheit der Tergite. Hierher gehört *Scolopendra,* deren Biß auch für den Menschen gefährlich sein kann. *S. cingulata* in Küstengebieten des Mittelmeeres. In Mitteleuropa *Cryptops hortensis,* bis 3 cm lang, augenlos.

c. Geophilomorpha. Hohe Segmentzahl in Anpassung an das Leben im Lückensystem des Bodens (31–170 Beinpaare). Segmentzahl auch innerhalb einer Art nicht festgelegt, hohe Tracheenzahl (über 28), gleichartige Tergite und nur 1 Paar Hoden. Bewohner der Erdschicht, häufig auch im Gartenboden, einzelne Arten in der Gezeitenzone des Meeres. Augenlos.

Haplophilus, Hydroschendyla, Titanophilus (etwa 170 Beinpaare), *Geophilus, Pachymerium, Strigamia, Himantarium* (Abb. 205 d).

b. Progoneata

Die Progoneata zeigen als primitive Charaktere einen relativ homonomen Rumpf mit zahlreichen Extremitäten, ein langes Herz mit zahlreichen Ostien, ein reichentwickeltes Arteriensystem und segmentarme Jugendstadien. Sondercharaktere sind: Lage der Genitalöffnung vorn am 3. oder 4. Rumpfsegment (daher Progoneata genannt), die Beine entspringen ventral auf einer querverlaufenden Spange, die Ovarien und meist auch die Hoden finden sich ventral vom Darm. Die zahlreichen Arten sind meist Feuchtlufttiere des Bodens oder leben unter Rinde, Steinen usw.

1. Ordnung: Symphyla (Zwergfüßer)

Die Symphyla (Abb. 206 b) sind innerhalb der Progoneata durch folgende Merkmale als primitiv gekennzeichnet. Sie besitzen zwei Maxillenpaare. Mit den Maxillen sind in einigen Fällen 2 Paar Nephridien verbunden. An den Laufbeinen finden sich Styli (Epipodite). Ihre Entwicklung läuft über totale Furchung.

Sondermerkmale sind die am Kopf mündenden Tracheen, die Vermehrung der Tergite (bis 24) gegenüber den Beinpaaren (12) und den Sterniten, die beiden Spinngriffel am Hinterende, auf denen Spinndrüsen münden, und zwei Trichobothrien, ebenfalls am Hinterende. Die Spinngriffel entstehen wie Laufbeine am 13. Rumpfsegment und werden erst später dorsalwärts verschoben. Die konischen Hügel, auf denen die Trichobothrien stehen, gehen auf Extremitätenanlagen des 14. Rumpfsegmentes zurück.

Augen und Sehmassen des Gehirns fehlen. Genitalöffnung unpaar im vierten Rumpfsegment. Spermaübertragung indirekt. Das Männchen setzt gestielte Spermatophoren ab, die vom Weibchen abgebissen werden. Die in vom Mundraum ausgehenden Taschen gespeicherten Spermien werden auf das frisch abgelegte Ei gebracht.

Etwa 120 Arten; bis 8 mm lang; farblose Bodenbewohner. *Scolopendrella, Scutigerella* (Abb. 206 b), *Hanseniella.*

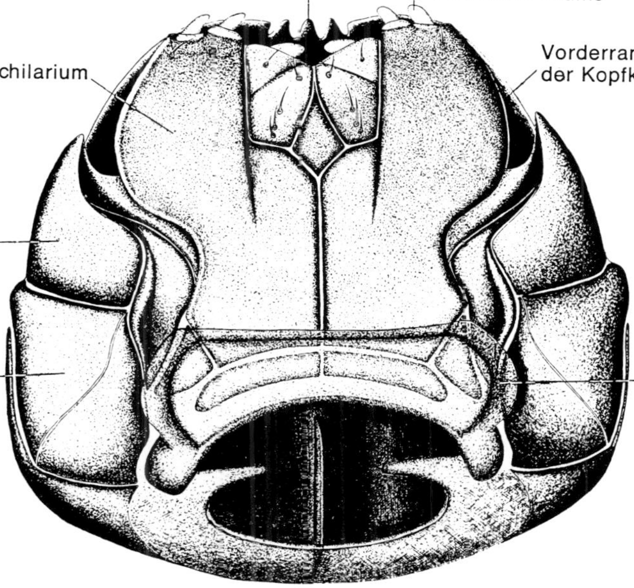

Abb. 207: Kopf eines Diplopoden von ventral. Nach Kaestner

2. Ordnung: Diplopoda (Doppelfüßer)

Die Diplopoden stellen die Hauptordnung der Progoneata dar. Die 3000 Arten sind 2 mm bis 30 cm lang, die Beinzahl variiert von 11 bis über 300 Paaren. Die meisten Rumpfsegmente sind Doppelsegmente (Diplosegmente, Diplosomiten) mit je 2 Beinpaaren (daher der Name), einheitlichen Tergiten, zwei Paar Stigmen und Ostien sowie Seitenarterien. Nur im Vorderkörper liegen andersartige Segmente: bei den Pselaphognatha und den Opisthandria tragen die ersten 4 Segmente hinter dem Kopf je ein Beinpaar, dahinter folgen die Doppelsegmente. Bei vielen Proterandria sind im Hinterkörper Tergit, Pleurite und Sternit zu einem festen Ring verwachsen; hier findet man im Vorderkörper 3 normale Segmente, dann folgen Diplosomiten.

Der Kopf trägt nur ein Maxillenpaar. Ontogenetisch verwachsen die 1. Maxillen mit dem Sternum dieses Segments zum Gnathochilarium (Abb. 207). Das Segment der 2. Maxillen ist extremitätenlos. Dieses Merkmal teilen die Diplopoden mit den Pauropoden, mit denen sie daher auch als Dignatha zusammengefaßt werden. Vom Segment der 2. Maxillen bleibt das Sternit als eine ventrale Platte (Gula) erhalten.

Am Kopf befinden sich neben den kurzen, 6–8gliedrigen Antennen Seitenaugen und vielfach Schläfenorgane.

Die Cuticula der meisten Formen (Chilognatha) ist durch Einlagerung von Kalksalzen ausgezeichnet und wird dadurch besonders druckfest. Vor der Häutung werden sie in den Körper aufgenommen. Die gesamte Häutungsprozedur kann 2–3 Wochen dauern und findet oft in speziellen Häutungskammern statt.

Abgesehen von Pselaphognathen finden sich vom 5. Rumpfring an Wehrdrüsen, die durch seitliche »Foramina repugnatoria« ausmünden und Sekrete produzieren, die z. T. Blausäure enthalten und bisweilen bei Naturvölkern als Pfeilgift Verwendung fanden. Der Darm nimmt zwei Malpighische Gefäße auf, deren Hauptmassen oft im Endabschnitt des Körpers aufgeknäuelt liegen. Tracheen finden sich bei Pselaphognathen und Glomeriden vom ersten bis zum letzten beintragenden Segment, bei den übrigen fehlen sie an den ersten beiden Ringen. Die Stigmen liegen am Grund von Gruben, an die sich Tracheentaschen anschließen, die durch Muskeln bewegbar sind. Von ihnen gehen die Tracheen in Büscheln ab. Sie sind nicht durch Anastomosen miteinander verbunden. Die ventral gelegenen Gonaden werden paarig angelegt, verschmelzen aber vielfach. Die Genitalöffnungen liegen am oder hinter dem 2. Beinpaar. Im Zusammenhang mit der Fortpflanzung sind die Extremitäten der Männchen in verschiedenen Diplopoden-Gruppen unterschiedlich ausgebildet. Die Männchen von *Polyxenus* (Pselaphognatha) spinnen Fäden, auf denen die Spermatropfen abgesetzt werden. Weibchen nehmen diese von hier auf. Eine in Mitteleuropa dominierende Unterart von *P. lagurus* pflanzt sich hier nur parthenogenetisch fort. Die Opisthandria-Männchen benutzen die letzten, umgeformten Beinpaare zum Halten der Weibchen. Das letzte Paar ist besonders groß (Telopoden), zwei davorliegende gegenüber den Laufbeinen verkleinert (Nebentelopoden). Ebenfalls zu einem Klammerorgan umgewandelt ist das 1. Beinpaar vieler Juliden. Vielfach gehen von den Coxen des 2. Beinpaares oder deren unmittelbarer Umgebung Fortsätze aus, auf denen die männlichen Geschlechtsausführgänge münden (»Penis«). Von hier wird bei den Proterandria das Sperma an spezialisierte Extremitäten des 7. Rumpfringes gebracht (Gonopoden), die das Sperma erst in die weibliche Genitalöffnung befördern.

Die Eier werden – einzeln oder in Gelegen – oft von speziellen Hüllen oder Erdbauten umgeben. Die Jungen schlüpfen meist mit drei Beinpaaren und «Abdominalsegmenten», die z. T. Extremitätenknospen tragen.

Diplopoden sind meist feuchtigkeitsliebende Bewohner des Bodens. Ihre Nahrung besteht vorwiegend aus Pflanzensubstanz, Bakterien und Pilzhyphen, einige können Pflanzenschädlinge werden. Infolge der beschränkten Ausbreitungsmöglichkeit sind die Diplopoden für die Beantwortung tiergeographischer Fragen wichtig.

Aus dem Überschwemmungsgebiet des Rio Negro bei Manaus (Brasilien) wurde eine Art der Gattung *Gonographis* bekannt, die monatelang Überschwemmungen unter Wasser an veralgter Rinde überlebt. Spezielle Cuticulastrukturen vermögen eine feine Luftschicht zu halten (Plastronatmung).

Diplopoden waren in Karbon und Perm reich vertreten. Viele trugen Facettenaugen. Sie erreichten eine Länge von 50 cm.

1. Unterordnung: Pselaphognatha. Kleine Arten, Körperwand weich, ohne Kalkeinlagerungen, mit Büscheln von Haaren besetzt, keine Gonopoden. 11–13 Ringe, 11–17 Beinpaare. *Polyxenus* (Abb. 169 k, 208 c).

Polyxenus lagurus ist in den Böden Mitteleuropas weit verbreitet und tritt sowohl in der Laubstreu als auch unter sich ablösender Baumrinde (bis in 20 m Höhe) auf. Er ernährt sich vorwiegend von Algen und zerfallendem pflanzlichen Material. Die Populationen in Mitteleuropa bestehen fast ausschließlich aus sich parthenogenetisch fortpflanzenden Weibchen.

2. Unterordnung: Chilognatha. Skelet mit Kalksalzen, mindestens 17 Beinpaare.

a. Ospisthandria. Die letzen Beinpaare zu Telopoden umgewandelt. Gonopoden fehlen. *Glomeris, Sphaerotherium* (Riesenkugler), bis 9,5 cm lang und 5 cm breit, striduliert mit Telopoden (Ruf wie Vogel). Können sich wie Kugel einrollen (»Kugler«).

Glomeris ist die häufigste Diplopodengattung in Europa. *Glomeris marginata* gehört in einigen Wäldern zu den bedeutendsten, am Abbau von Fallaub beteiligten Organismen. In manchen Gebieten werden etwa 10% des gesamten Fallaubes von dieser Art gefressen. *Glomeris marginata* wird mit 2–4 Jahren geschlechtsreif und kann ein Alter von über 10 Jahren erreichen.

b. Proterandria. 1 oder 2 Paar Gonopoden am 7. Körperring, meist segmentreich, oft mit Wehrdrüsen. *Julus* (Abb. 208 a), *Polydesmus* (Abb. 208 d). *Spirostreptus.*

Julus scandinavius ist ein häufiger Streuzersetzer in den Wäldern Mittel- und Westeuropas und hinsichtlich seiner Biologie eine der bestuntersuchten Diplopoden-Arten. *Julus scandinavius* ändert seine Pigmentzusammensetzung in Abhängigkeit von der Belastung seiner Umwelt und kann daher zu Indikationszwecken herangezogen werden. Die Tiere werden zwischen 3 und 4 Jahre alt.

3. Ordnung: Pauropoda (Wenigfüßér)

Höchstens 2 mm lange Tiere der Bodenschicht mit vielen Reduktionserscheinungen, z. B. Verlust der Augen, Blutgefäße, Tracheen (bei den meisten Formen). Nur 1 Maxillenpaar. Maxillardrüsen fungieren auch als Speicheldrüsen, 1. Antennen mit Geißeln. Ca. 370 bodenbewohnende Arten, die sich z. B. von Pilzhyphen ernähren. *Pauropus* (Abb. 206 a).

c. Insecta (Hexapoda, Insekten)

Die Insekten sind bei weitem die artenreichste Gruppe des Tierreichs. Man nimmt an, daß mehrere Millionen Arten existieren, von denen der Großteil der tropischen Formen noch unbeschrieben ist.

Ihr Körper ist in Kopf, dreisegmentigen Thorax (Pro-, Meso- und Metathorax) und ein ursprünglich aus 11 Segmenten und Telson bestehendes Abdomen gegliedert. Der Thorax trägt 3 Paar typische Laufbeine, am Abdomen kommen nur abgewandelte Extremitäten vor, die mannigfache Funktionen übernehmen, aber nie typische Laufbeine sind. Echte Facettenaugen und 2–3 Scheitelaugen (Ocellen) sind verbreitet. Das Gehirn enthält drei Sehmassen. Die Genitalöffnungen liegen ventral am Hinterkörper.

Die Klassifizierung erfolgt nach unterschiedlichen Gesichtspunkten. Oft werden fünf Unterklassen unterschieden: Diplura, Protura, Collembola, Thysanura und Pterygota. Die ersten vier sind primär flügellos und werden als Apterygota (Urinsekten) zusammengefaßt und den geflügelten Insekten (Pterygota) gegenübergestellt, die hinsichtlich Artenzahl und Organisationsumbildung die erfolgreichere Gruppe darstellen. Die Thysanura stehen einerseits der Stammform der Insekten nahe, andererseits den Pterygota. Diesem Sachverhalt trägt eine andere Gliederung Rechnung: Auflösung der Thysanura in die primitiven Archaeognatha (= Microcoryphia) und die den Pterygoten nahestehenden Zygentoma. Zygentoma und Pterygota können dann als Dicondylia zusammengefaßt werden. Sie haben zwei Gelenkhöcker an der Mandibel, die anderen Insekten (und Progoneata sowie Chilopoda) nur einen. Collembola, Protura und Diplura werden als Entognatha (Entotropha) zusammengefaßt, da ihre Mundwerkzeuge in einer Hauttasche verborgen und in die Kopfkapsel eingesenkt sind, und den Ectotropha (Thysanura, Pterygota) gegenübergestellt, deren Mundwerkzeuge frei sind (Ectognatha).

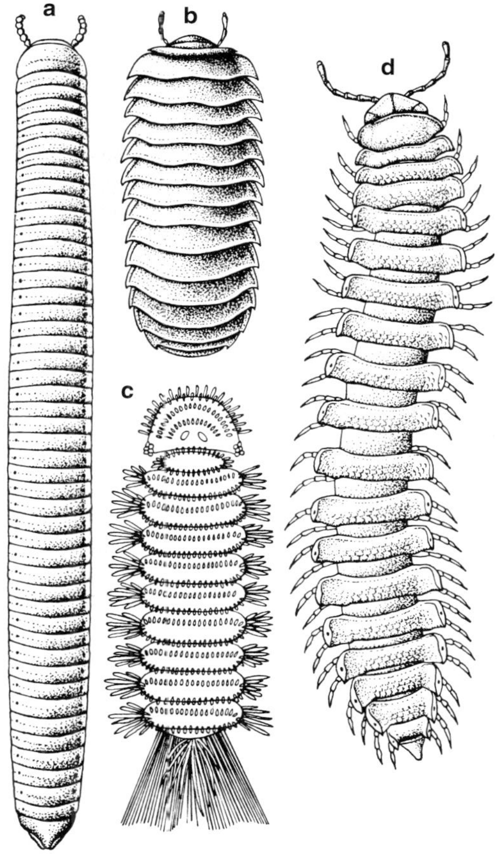

Abb. 208: Diplopoden-Formen. a. *Julus*, b. *Glomeridesmus*, c. *Polyxenus*, d. *Polydesmus*. Nach Reinecke, de Saussure

Für Entognatha sind weiterhin die Rückbildung von Komplexaugen und Malpighischen Gefäßen kennzeichnend. Ihre Antennen tragen mit Ausnahme des letzten in jedem Glied Muskulatur (Gliederantennen). Die Ectognatha besitzen Geißelantennen, d. h. nur das basale Glied (Scapus) enthält Muskulatur, das zweite (Pedicellus) ein mechanisches Sinnesorgan (Johnstonsches Organ)). Die Abdominalbeine der Segmente 8 und 9 werden in Gonopoden umgebildet (Abb. 209). Beim Weibchen bilden sie einen Legebohrer (Ovipositor), in dem die Coxen von Segment 8 und 9 lange Fortsätze bilden (Valvulae 1 und 2), zu denen noch der Stylus von Metamer 9 kommt (3. Valvula). Beim Männchen liefern in ähnlicher Weise die

Fortsätze der Segmente 8 und 9 die Parameren, die den Penis umgeben. Die Styli entsprechen den Harpagonen (Abb. 209).

Es sind etwa 5000 fossile Insekten-Gattungen bekannt, die 7000 Arten umfassen. Die ältesten Funde stammen aus dem Devon. Zu dieser Zeit waren bereits Entognatha (Collembola) und Ectognatha (Archaeognatha) vorhanden. Ihre Entwicklung ging vermutlich mit der Eroberung des Landes durch Pflanzen im Silur einher. Im späteren Paläozoikum setzte dann die starke Entfaltung der Insekten ein.

Apterygota

1. Diplura (Doppelschwänze)

Dipluren sind augenlose, weiß- oder gelbliche Bodenbewohner (Abb. 209). Fast 700 Arten, meist 2–10 mm lang, eine *Heterojapyx*-Art erreicht fast 6 cm. Innerhalb der Entognatha weisen sie die meisten primitiven Merkmale auf: vielgliedrige Gliederantennen, ursprüngliche Zahl von 11 Abdominalsegmenten, Herz mit 9 Ostien, volle Garnitur der thorakalen und abdominalen Stigmen, Hinterleibssegmente 1–7 tragen kleine Gliedmaßen (Styli), neben denen an den meisten Segmenten Ventralsäckchen (Coxalbläschen) liegen, die durch Blutdruck ausgestülpt und durch Muskeln eingezogen werden können (Atmung, Wasseraufnahme?), Trennung von Tibia und Tarsus, paarige Krallen. Abgeleitet ist beispielsweise das Fehlen von Komplexaugen, Ocellen und Gonopoden.

Das 11. Segment trägt lange fadenförmige (Campodeidae), kurze tasterförmige (Projapygidae) oder zangenförmige (Japygidae) Cerci. Malpighische Gefäße können als Papillen angedeutet sein. Die Gonaden münden am Hinterrand des 8. Abdominalsternites. Gestielte Spermatophoren. Eiablage an der Decke von Kammern, die vom Weibchen im Boden angelegt werden. Keimesentwicklung ohne Keimhüllen, Jugendentwicklung direkt, Häutungen auch noch nach Erreichen der Fortpflanzungsfähigkeit. Dipluren ernähren sich zum Teil von Algen, Pilzsporen und abgestorbenen Pflanzenteilen (Campodeidae), zum Teil sind sie räuberisch (Japygidae). Letztere nehmen beim Beuteerwerb (meist Collembolen) ihre Zangen zur Hilfe.

Campodeidae: bei uns *Campodea* (Abb. 209 a) häufig; Projapygidae: tropisch-subtropisch; Japygidae: vor allem in wärmeren Ländern, auch in Zentraleuropa, z. B. *Metajapyx, Diplojapyx, Japyx* (Abb. 209 b).

Die beiden folgenden Entognathen-Gruppen – auch als Ellipura zusammengefaßt – haben reduzierte Antennen (maximal viergliedrig). Vom Labium, das bei den Dipluren noch relativ gut erhalten ist, bleibt nur ein kleiner Teil mit Palpen. Das Tracheensystem ist reduziert. Abdominalstigmen fehlen. Cerci nicht ausgebildet. Gelenk zwischen Tibia und Tarsus (Tibiotarsalgelenk) fehlt wenigstens am 2. und 3. Beinpaar, der Praetarsus trägt nur 1 Kralle.

2. Protura (Beintastler)

Winzige, 0,5–2,4 mm lange Bodenbewohner (Abb. 210), die erst in diesem Jahrhundert entdeckt wurden. Heute kennt man über 200 Arten. In der Segmentierung des Abdomens, der geringen Konzentration des Nervensystems und im Vorhandensein des Tibiotarsalgelenkes an den Vorderbeinen sind sie primitiver als Collembolen. In anderen Merkmalen sind sie stark abgewandelt: Komplexaugen, Ocellen und sogar Antennen fehlen. Deren Funktion wird von den ersten Thoraxextremitäten übernommen, die von den auf vier Beinen laufenden Tieren erhoben gehalten werden. Ein Postantennalorgan (s. S. 332) ist ausgebildet. Das Tracheensystem fehlt bei den Acerentomidae, bei Eosentomidae ist es ausgebildet und besitzt zwei thorakale Stigmenpaare. Die ersten drei Abdominalsegmente tragen Extremitäten mit ausstülpbaren Endbläschen. Am 8. Hinterleibssegment mündet eine Wehrdrüse. Einzigartig unter den Insekten ist die Mündung der Gonaden am 11. Abdominalsegment beim Männchen mit paarigen Zapfen. Es wird für möglich gehalten, daß die Lage der Genitalöffnung durch sekundäre Unterteilung des 8. Abdominalsegmentes zustande gekommen ist. Die vollständige Segmentzahl des Abdomens wird erst über wenigersegmentige Jugendstadien erreicht (8 Abdominalsegmente plus Telson beim Schlüpfen). Ernähren sich von Pilzhyphen, die sie anstechen. *Acerentomon, Eosentomon.*

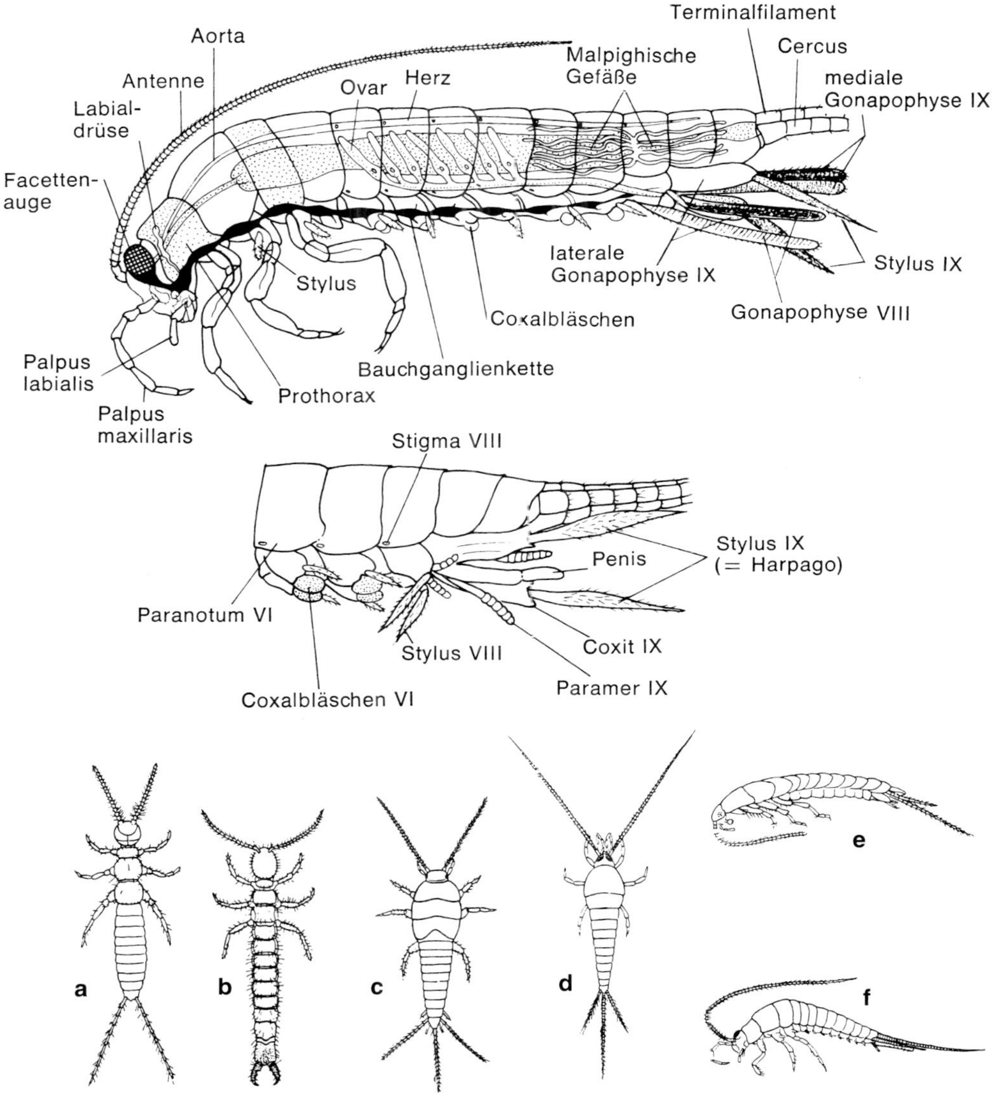

Abb. 209: Oben Bauplan eines weiblichen Archaeognathen, darunter Hinterende eines Männchens. Unten: Dipluren (a, b) und Thysanuren (c–f). a. *Campodea*, b. *Japyx*, c, e. *Lepisma*, d, f. *Machilis*. Nach Brauns, Tischler, Weber

3. Collembola (Springschwänze)

Die meist 1–2 mm langen Collembolen – *Tetrodontophora* erreicht 9 mm – besiedeln mit über 2000 Arten vor allem verschiedene Bodenschichten. Sie treten oft in hohen Individuendichten auf (mehrere 100 000/m^2), vor allem in verschiedenen Waldböden, weniger in Grün- und Ackerland. Meist benötigen sie fast hundertprozentige relative Luftfeuchtigkeit. Bodenbiologisch sind sie wegen der Beteiligung an Umsetzungsprozessen und aufgrund ihres Indikatorwertes von großer Bedeutung. Sie fördern die Humifizierung und bereiten ihr Wohnsubstrat zu einem höheren Feinheitsgrad auf.

Ursprünglicher als Proturen sind sie beispielsweise im Besitz von Komplexaugen, die allerdings höchstens 8 Ommatidien umfassen,

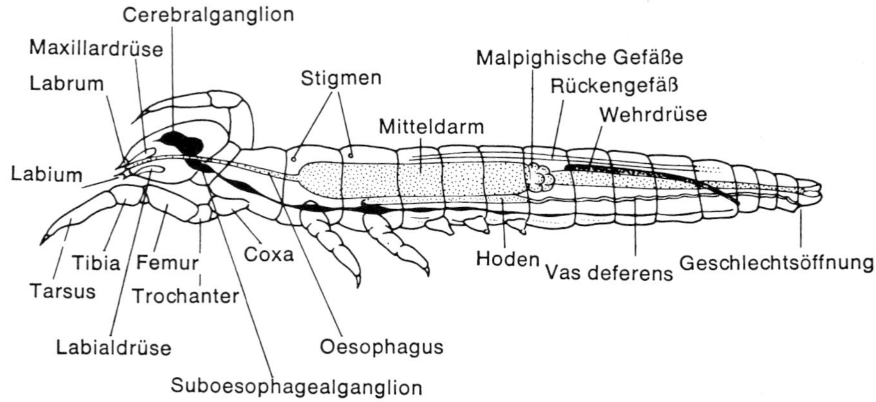

Abb. 210: Organisationsschema von *Eosentomon* (Protura). Nach Weber

Ocellen und Antennen, die nur aus vier Gliedern bestehen. Zwischen Antennen und Augen liegt bei vielen Collembolen ein Sinnesorgan unbekannter Funktion (Postantennalorgan). Abgeleitet sind folgende Merkmale: Abdomen sechsgliedrig (mit Telson), Nervensystem konzentriert, Bauchganglienkette besteht aus drei Thorakalganglien, von denen das letzte mit den nach vorn gewanderten Abdominalganglien verschmolzen ist. Reduktion des Tracheensystems (bei Sminthuridae ausgebildet mit einem hinter dem Kopf liegenden Stigmenpaar), Lage der Germarien lateral oder dorsal, nicht apikal wie gewöhnlich, Fehlen des Tibiotarsalgelenkes auch am 1. Beinpaar, Spezialisierung der Extremitäten des 1., 3. und 4. Abdominalsegmentes

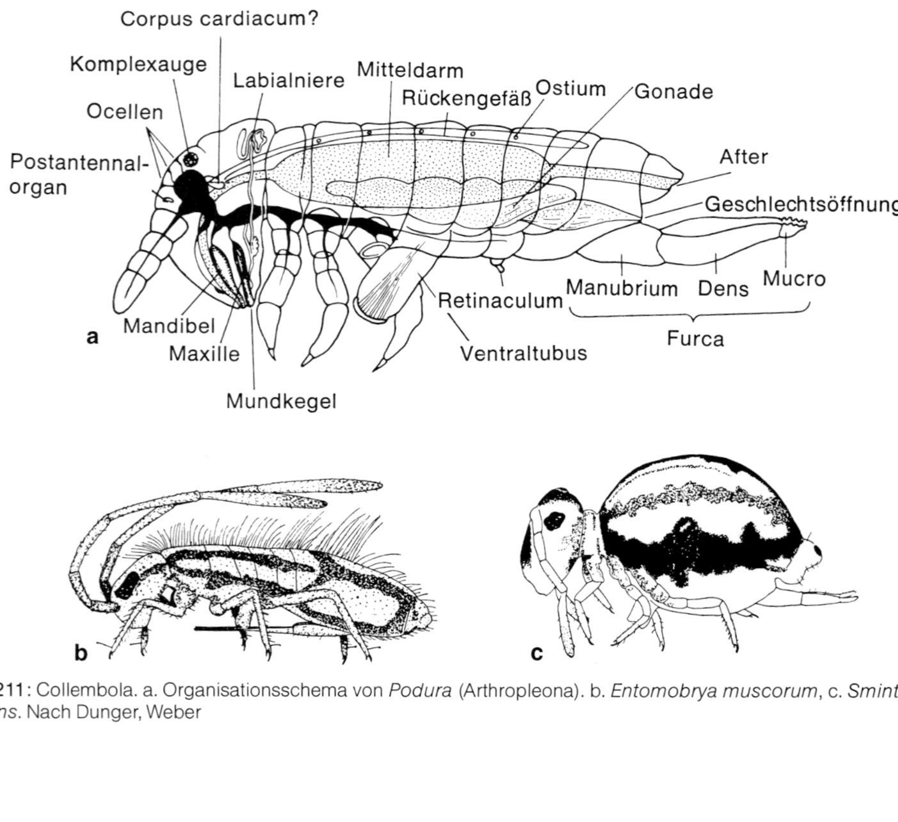

Abb. 211: Collembola. a. Organisationsschema von *Podura* (Arthropleona). b. *Entomobrya muscorum*, c. *Sminthurinus elegans*. Nach Dunger, Weber

(Abb. 211 a): Die letzten (am 4. Abdominalsegment) bilden eine Sprunggabel (Furca), die die springende Fortbewegung der Collembolen ermöglicht. Sie liegt in Ruhestellung nach vorn gerichtet unter der Bauchfläche und wird hier durch zwei Haken (Retinacula) festgehalten, die den Extremitäten des 3. Abdominalsegmentes entsprechen. Die Sprunggabel besteht aus einem unpaaren Stück (Manubrium) und paarigen Anteilen (Dens, Mucro). Sie ist selten zurückgebildet, so bei den mehr langgestreckten, wurmförmigen Collemboden tieferer Bodenschichten. Die Extremitäten des 1. Abdominalsegmentes sind zu dem unpaaren röhrenförmigen Ventraltubus (Collophor) umgebaut, der als Haftorgan, Atemorgan oder zur Flüssigkeitsaufnahme dient.

Die Genitalöffnung liegt ventral am 5. Abdominalsegment. Die Collembolenmännchen setzen Spermatophoren ab, die sofort oder später vom Weibchen aufgenommen werden. Die Furchung der Eier erfolgt total, die Entwicklung verläuft direkt. Hohe Anzahl von Häutungen, auch nach Eintreten der Geschlechtsreife.

Collembolen leben saprophag von Pflanzensubstanz und sind gelegentlich auch carnivor. Bei der großen Artenfülle sind auch einige ungewöhnliche Regionen besiedelt worden. Einige – bei uns z. B. *Podura aquatica* und *Sminthurides aquaticus* - leben auf der Oberfläche von Süßgewässern, *Anurida maritima* kann auf der Oberfläche von Gezeitentümpeln gefunden werden, *Isotoma saltans* kommt am Rande von Gletschern vor und bevorzugt eine Temperatur von + 3 °C (Gletscherflöhe). Einige leben als Gäste in Ameisen- und Termitennestern. Vereinzelt sind Collembolen Schädlinge an Pflanzen (z. B. *Sminthurus viridis*). Fossil sind sie seit dem Mittel-Devon bekannt. *Rhyniella praecursor* ist eines der ältesten bekannten Insekten. 2 Gruppen (Abb. 211):

Arthropleona: Segmentierung normal. *Podura aquatica, Hypogastrura, Anurida, Onychiurus, Orchesella, Isotoma saltans, Entomobrya* (Abb. 211 b), *Tomocerus* (bis 7 mm).

Symphypleona: Kugelspringer, Abdomen annähernd kugelig, Segmente ganz oder teilweise verschmolzen. *Neelus minimus*, 0,3 mm lang, kleinster Collembole; *Sminthurides aquaticus, Sminthurus, Sminthurinus* (Abb. 211 c).

Die folgenden Gruppen werden als **Ectognatha (Ectotropha)** zusammengefaßt: Mundwerkzeuge gelenken frei an der Kopfkapsel. Antennen als Geißelantennen ausgebildet. Kopf mit komplexem Innenskelet (Tentorium, Abb. 213). Terminalfilum, das aber nur bei einigen ursprünglichen Gruppen erhalten bleibt. Praetarsus trägt paarige Krallen, als Rudiment der unpaaren Kralle, die bei einigen Dipluren auftritt, gilt das Empodium; häutige ventrale Ausstülpungen des Praetarsus können als Arolium (unpaar) oder Pulvillen (paarig) ausgebildet sein (Abb. 213). Genitalöffnung von Anhängen des 8. und 9. Segmentes (Gonopoden) umstellt, die beim Weibchen Legeröhre (Ovipositor) aufbauen. Der Embryo bildet Hüllen.

4. Thysanura

Die beiden primitivsten Gruppen der Ectognatha – Archaeognatha und Zygentoma – werden als Thysanura zusammengefaßt (Abb. 209 c-f), aber auch nachdrücklich getrennt. Bekannt durch die Felsenspringer und Silberfischchen, haben sie Merkmale der Insektenahnen bewahrt und teilen spezielle Charaktere mit den geflügelten Insekten, so daß diese von ihnen abgeleitet werden müssen.

Primitive Merkmale sind die freien Mundwerkzeuge mit oft beinartigem Maxillartaster, die volle Garnitur der Kopfsinnesorgane mit Facettenaugen (bei Archaeognatha groß, bei Zygentoma klein oder fehlend), Ocellen (bei Zygentoma rückgebildet) und Frontalorganen, das Vorkommen von Epipoditen (Styli) an Thorakalbeinen (bei Archaeognatha) und die oft vollständige Garnitur einfacher Abdominalbeine. Spezielle Gemeinsamkeiten mit geflügelten Insekten sind die Geißelantennen, die Umbildung der Abdominalextremitäten 8 und 9 in Gonopoden, das Terminalfilum (ein medianer Endfortsatz), die Rückenplatten, die Seitenlappen (Paranota) bilden, welche bei den Zygentoma am Thorax als Vorstufen von Flügeln angesehen werden können, die Mandibeln, die bei Zygentoma mit zwei Gelenkflächen am Kopf inserieren, die Keimesentwicklung, die z. T. durch Embryonalhüllen ausgezeichnet ist.

Thysanuren sind 0,5–2 cm lange Tiere mit oft beschuppter Haut. Sie leben von Algen, Flechten, Pilzen und zerfallenen Pflanzenstoffen; einige sind wichtige Schädlinge, sie fressen Stärke, Zucker, benagen Bücher, Tapeten u. dgl.

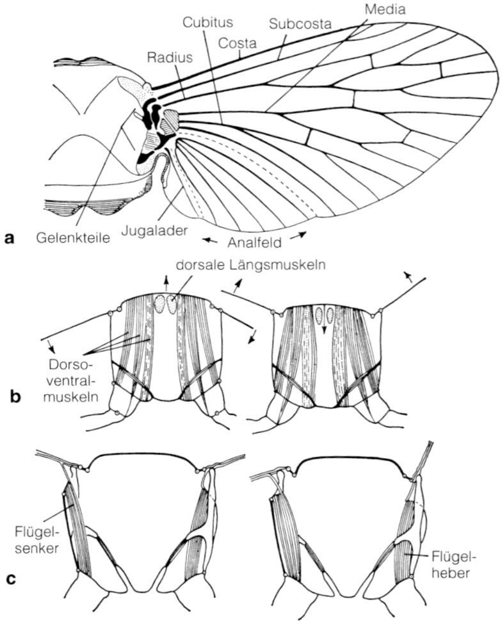

Abb. 212: a. Grundschema des Flügelgeäders der pterygoten Insekten mit Analfeld (= Neala) und basalen Gelenkteilen. b. Indirekte Flugmuskulatur. Gelenke der Flügelbasis sind als kleine Kreise dargestellt. Die Flügel werden durch Kontraktion der dorsalen Längsmuskeln gesenkt (links), durch Kontraktion der Dorsoventralmuskeln gehoben (rechts). c. Direkte Flugmuskulatur. Die Muskeln greifen direkt an der Flügelbasis an. Links: Flügelsenker und -heber erschlafft, rechts: beide Muskeln sind kontrahiert. Nach Weber

a. **Archaeognatha (Felsenspringer).** Etwa 250 Arten. Körper spindelförmig, mit Sprungvermögen. Sie bewahren besonders primitive Merkmale. Nur bei ihnen Coxen des Meso- und Metathorax mit Styli, Mandibeln wie bei Progoneaten, Chilopoden und Entognathen mit einem Gelenkhöcker. Amnionhöhle fehlt noch. Besonders in konkurrenzarmen Felsengebieten, bis in Gletscherregion und am Meeresstrand. Spermaübertragung indirekt.

Dilta, Machilis, Petrobius.

b. Zygentoma. Etwa 330 Arten. Körper abgeflacht, kein Sprungvermögen. Nähern sich durch die zwei Gelenkhöcker der Mandibel, Entwicklung einer – allerdings noch offenen – Amnionhöhle, Bau des Thorax u.a. deutlich den Pterygoten. Wärmeliebend, daher bei uns oft in Wohnungen: *Lepisma saccharina*, Silberfischchen, Zuckergast.

Lepisma saccharina ist bis 12 mm lang und über große Teile der Erde verbreitet; kommt in wärmeren Gebieten (z.B. am Mittelmeer) im Freien vor, in kühleren Zonen in Häusern. Bei uns leben Silberfischchen insbesondere in Badezimmern und Küchen, wo sie besonders nachts in Erscheinung treten und beim Lichteinschalten rasch in Ritzen verschwinden. Sie benötigen eine relativ hohe Luftfeuchte, können Wasser aus der Luft über ihren Enddarm aufnehmen und ernähren sich bevorzugt von stärkehaltiger Nahrung, sind aber omnivor und können beispielsweise an Textilien und Papier (Büchern, Briefmarken) fressen. Sie sind zur Cellulose-Verdauung fähig. Silberfischchen können bis 5 Jahre alt werden; Geschlechtsreife erreichen sie bei optimalen Bedingungen nach einem halben Jahr, auch danach erfolgen Häutungen. Nach der dritten Häutung ist ihr Körper dicht mit silbrig-glänzenden, 100–250 μm langen Schuppen bedeckt, die Mechanoreceptoren enthalten. Merkwürdig ist das Fortpflanzungsverhalten: Unter einem schräg zwischen einer Senkrechten und dem waagerechten Boden verlaufenden Faden, den das Männchen in Anhangsdrüsen des Genitalapparates produziert, wird eine Spermatophore abgesetzt! Das Weibchen kriecht unter diesen Faden. Sobald es mit dem angehobenen Hinterleib den Faden berührt, senkt es den Hinterleib ab und nimmt die Spermatophore auf. Das Weibchen bringt nur wenig Nachwuchs hervor, insgesamt etwa 20 Eier, die einzeln mit dem Legeapparat in Ritzen deponiert werden.

Thermobia domestica, Ofenfischchen: in Bäkkereien und Heizungsanlagen. Manche Arten in Ameisen- und Termitennestern, bei uns *Atelura formicaria*, Ameisenfischchen. Spermaübertragung indirekt.

5. Pterygota

Die bedeutsamste Erwerbung dieser Gruppe sind die Flügel. Sie entstehen aus Seitenteilen (Paranota) der Rückenplatten des 2. und 3. Thoraxsegmentes (Meso- und Metanotum). Es sind also Hautfalten, nicht Extremitäten wie die Flügel der Wirbeltiere. Nach einer anderen Vorstellung sind die Flügel aus dem Exit der Epicoxa entstanden; die Epicoxa wurde in das Flügelgelenk integriert, die Subcoxa zur Pleura. Dorsal- und Ventralflächen der Falten legen sich ontogenetisch bald mit ihren Epidermisschichten aneinander. Wo ursprünglich Blutlakunen in die Flügel ziehen, bleiben Hohlräume, in die dann auch Tracheen vom Rumpf hineinwachsen, an denen Nervenfasern von den Sinneszellen der Flügel in den Körper ziehen. In ihrer Gesamtheit bilden derartige Stränge die Flügelhauptadern (Abb. 212). Einfache Querversteifungen der Cuticula rufen die

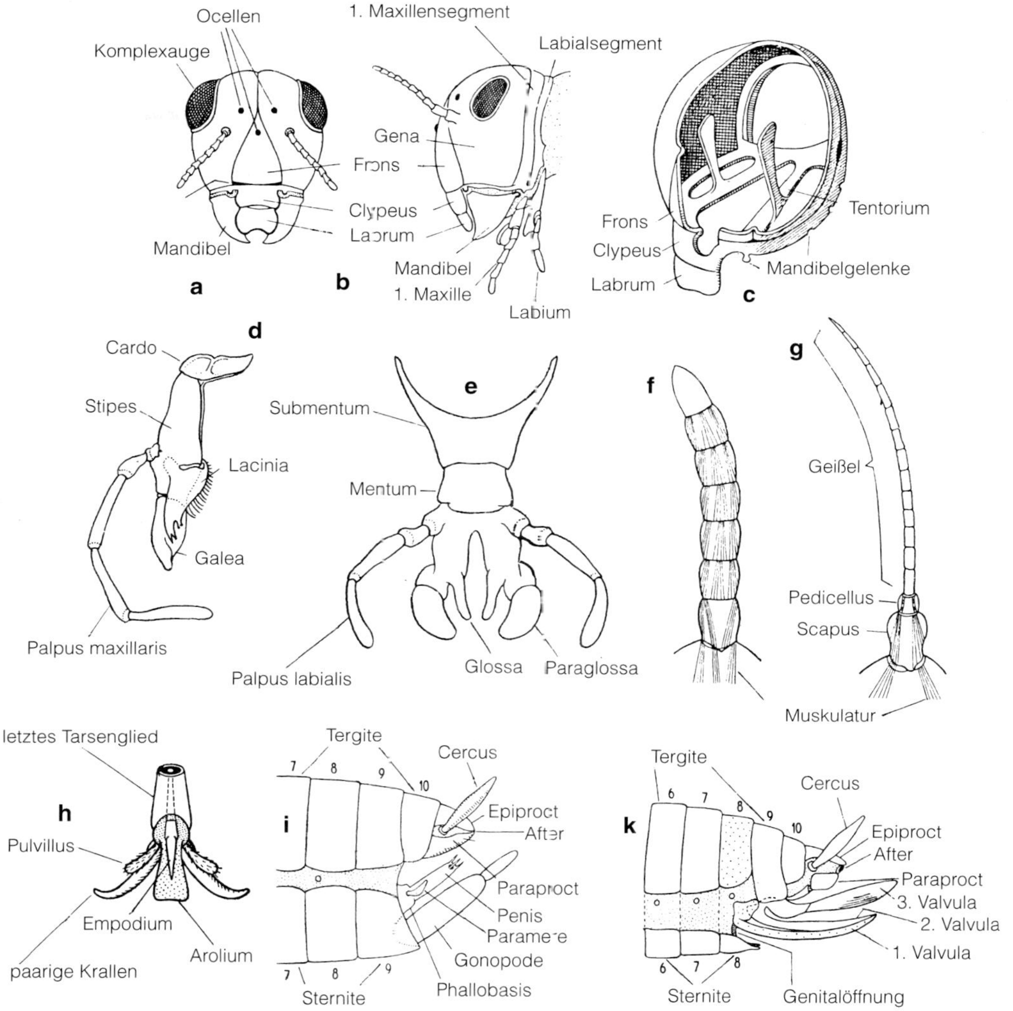

Abb. 213: a, b. Kopf eines pterygoten Insekts in Frontal- und Lateralansicht; c. blockdiagrammatische Darstellung eines eröffneten Insekten-Kopfes, um das Innenskelet (Tentorium) zu zeigen; d, e. 1. Maxille (d) und 2. Maxille (= Labium) (e) eines Insektes mit orthopteroiden Mundwerkzeugen; f, g. Gliederantenne (f) und Geißelantenne (g); h. Praetarsus von ventral; i, k. Schema der äußeren Geschlechtsorgane der Pterygota i. Männchen, k. Weibchen. 1. Valvula = Gonapophyse VIII, 2. Valvula = mediale Gonapophyse IX, 3. Valvula = laterale Gonapophyse IX. Nach Hennig, Snodgrass, Weber

Netzaderung primitiver Insektenflügel hervor. Die Bewegung der Flügel wird von im Thorax gelegenen Muskeln geleistet. Sie können direkt an der Flügelbasis ansetzen (direkte Flugmuskeln), bewirken dann aber nur selten den Flügelschlag (vgl. Odonata), oft nur die Flügelstellung (Flugsteuerung, Anlegen und Aufstellen). Meist erfolgt der Flügelschlag durch indirekte Flugmuskeln, die an den Hautteilen des Thorax inserieren (indirekte Flugmuskeln, Abb. 212). Ursprünglich sind bei den Pterygoten 2 Paar Flügel vorhanden, die bei Odonaten sogar unabhängig voneinander bewegt werden können. Der Prothorax hat bei den ausgestorbenen Palaeodictyoptera zwar auch breite Lappen ausgebildet (Abb. 227), doch sind diese nie zu Flügeln geworden. Innerhalb der Insekten besteht die Tendenz, die beiden Flügelpaare durch Haftverbindungen zu einer einheitlichen Fläche werden zu lassen oder nur einem Flügelpaar die Flugleistung zu überlassen. Die Hinterflügel reduzieren z. B. viele Ephemeriden und Dipteren, bei denen sie jedoch als Sinnesklöppel (Halteren) mit statischer und Stimulationsfunktion erhalten bleiben. Die Vorderflügel werden oft zu Deckplatten halb oder ganz versteift (Heuschrecken, Wanzen, Käfer) und schließlich als Flugorgane ausgeschaltet (manche Käfer, Dermaptera) oder gleichfalls zu Halteren umgebildet (Strepsiptera). Oft sind Flügel ganz rückgebildet, so bei Parasiten (Läusen, Federlingen, Bettwanzen), oft sind die Weibchen mit ihren schweren Ovarien flugunfähig (Frostspanner u. a.), vielfach verlieren aber auch freilebende Insekten in beiden Geschlechtern Flügel und Flugvermögen.

Das Abdomen behält meist die primären 11 Segmente und das Telson (Aftergebiet) bei. Das 11. ist in das dorsale Epiproct und die seitlichen Paraprocten zerlegt, es trägt meist als Gliedmaßen Cerci in verschiedener Form. Die Extremitäten des 8. und 9. Segmentes sind primär beim Weibchen zu einem Legeapparat, ähnlich dem der Thysanuren, geformt (Heuschrecken, Hemiptera, Hymenoptera [Abb. 213]), der aber oft rückgebildet und manchmal durch einen sekundären Legebohrer aus dem Hinterende ersetzt ist.

Die Jugendstadien der Insekten besitzen sofort die volle Segmentzahl (Ausnahme: oligomere Larven mancher Schlupfwespen, Proctotrupoidea). Sie sind sehr vielgestaltig. Es hängt dies damit zusammen, daß innerhalb der Pterygoten die Jugendstadien zunehmend die langlebigen Wachstums- und Ernährungsstadien werden, während das geschlechtsreife Tier (Imago) zum kurzlebigen Fortpflanzungs- und Verbreitungsstadium wird. Vielfach verliert die Imago die Fähigkeit zu eigener Nahrungsaufnahme und reduziert die Mundgliedmaßen (Ephemeroptera, Plecoptera, manche Lepidoptera und Diptera).

Die Entwicklung verläuft bei den primitivsten Pterygoten (Ephemeriden, Odonaten und Plecopteren) über sekundär wasserlebende Larven. Deren Atmung erfolgt nicht über echte Kiemen, sondern durch Tracheenkiemen. Da sich diese z. T. aus Abdominalextremitäten entwickeln, erfolgte der Übergang zum Wasserleben offenbar, als die Larven noch Abdominalgliedmaßen in voller Zahl ausgebildet hatten.

Eine zweite Gruppe der Pterygoten vollzieht ihre Entwicklung vollkommen am Land, die jüngsten Stadien gleichen bis auf das Fehlen der Flügel, der äußeren Geschlechtsanhänge und einiger geringfügiger Merkmale durchaus den Erwachsenen. Diese imagoähnlichen Jugendstadien entwickeln sich ohne Puppenstadium zum erwachsenen Tier (Hemimetabolie). Dieser Gruppe gehören die Blattopteroidea, Orthopteroidea, Rhynchota sowie kleinere Ordnungen aus ihrer Verwandtschaft an.

Die bisher genannten Gruppen entwickeln ihre Flügel und äußeren Genitalien als äußere Anhänge; sie werden daher als Exopterygota zusammengefaßt.

Eine dritte Gruppe enthält über 85% aller Insekten. Es sind die Holometabola mit Neuropteroidea, Hymenoptera, Coleoptera, Mecopteroidea u. a., die vor das Imaginalstadium ein nicht zur Nahrungsaufnahme befähigtes Puppenstadium eingeschaltet haben, das als erstes Stadium äußere Flügelanlagen enthält. Während der Puppenruhe erfolgt eine innere Metamorphose, d. h. Flügel und äußere Genitalien entwickeln sich bis zur Verpuppung im Körperinneren eingestülpt aus Imaginalscheiben. Die Gruppe wird daher auch als Endopterygota bezeichnet. Bei der Verpuppung werden Flügelanlagen und Gonopoden ausgestülpt. Die Imago schlüpft aus der Puppe, in der die Larvenorganisation weitgehend abgebaut wurde.

Die pterygoten Insekten sind für den Menschen von großer Wichtigkeit. In den folgenden Abschnitten werden für uns nützliche und schädliche Insekten besprochen, bevor dann die systematische Gliederung folgt.

Nutzbare Pterygota

Einige Insekten-Arten hat sich der Mensch nutzbar gemacht, indem er sie züchtet, hält oder ihre Produkte verwendet.

Die Honigbiene *(Apis mellifera)* ist als Bestäuber sehr bedeutend. Da sie im Staatsverband überwintert und im Frühjahr entsprechend zahlreich auftreten kann und die Individuen zudem blütenstet sind, d. h. längere Zeit zu den Blüten einer Pflanzenart fliegen, ist sie für die Kulturpflanzen von erheblicher Wichtigkeit. Dieser mittelbare übertrifft den unmittelbaren Nutzen (Produktion von Honig und Wachs) bei weitem.

Honig besteht v. a. aus Nektar und anderen

Pflanzensäften, denen Enzyme zugesetzt werden, welche die Saccharose des Nektars in Fructose und Glucose umsetzen. Daneben enthält er Pollen, der bei der Prüfung auf Herkunft bzw. Echtheit herangezogen wird. Wasserentzug und Zusatz von Inhibinen (Stoffen, die bakteriostatisch wirken) machen aus den Pflanzenprodukten den Honig.

Bienenwachs wird industriell genutzt zur Herstellung von Salben, Pomaden, Puder, Schminken, Bohnermasse u. a.

Hummeln *(Bombus)* werden ebenfalls gezüchtet. Mit ihren Mundwerkzeugen können die langrüsseligen Arten Nektar vom Boden längerer Blütenröhren aufnehmen (z. B. Rotklee). Sie werden in den Sommermonaten in Kunstnestern gehalten, es überwintern nur die begatteten Weibchen. Besondere Bedeutung haben sie in der Rotkleesamengewinnung.

Der Seidenspinner *(Bombyx mori)* ist ein wenig fliegender weißer Schmetterling, dessen Zucht mit Sicherheit seit der Chou-Dynastie Chinas (11. Jh.–221 v.Chr.) bekannt ist. Genutzt wird die von der Larve beim Herstellen des Puppenkokons gebildete Seide (Naturseide).

Seidenraupen fressen die Blätter von Maulbeerbäumen. Sie werden bei einer relativen Feuchte von maximal 70% und einer Temperatur von 22–23 °C gehalten. Während die Gesamtfadenlänge des Kokons bei Wildformen 220 m nicht übersteigt, entwickelt die domestizierte Form einen Faden von 3,5 km Länge. Der Seidenfaden stammt aus den paarigen Spinndrüsen der Raupe und ist daher doppelt. Wildseiden sind dunkel, Zuchtseiden hell mit verschiedenen Tönen.

Noch heute wird der Großteil der Seide in Ost- und Südostasien gewonnen.

Die nützliche Tätigkeit einiger Ameisen besteht z. B. darin, daß sie Schadinsekten in ihren Bau eintragen. Am wichtigsten ist die kleine Rote Waldameise *(Formica polyctena)*, in deren Nestern bis zu 5000 Weibchen leben können, die auch nach der Begattung darin verbleiben und für eine Bestandsvergrößerung von 1,5 Millionen Tieren/Monat sorgen. Man kann diese Ameisenart durch künstliche Ableger verbreiten.

Nutzbare Insekten sind auch einige Schildläuse, so die Cochenille-Schildlaus *(Dactylopius)*, die in Mittelamerika, auf den Kanarischen Inseln u. a. auf Opuntien gezüchtet wird. Ihr Farbstoff geht in die kosmetische Industrie und wurde auch in der histologischen Technik als Karmin gebraucht. Auch Schellack ist ein Schildlausprodukt. Cantharidin wird vorwiegend aus der »Spanischen Fliege«, dem Ölkäfer *Lytta vesicatoria*, gewonnen. Es findet Verwendung bei der Herstellung von Pflastern und Salben.

In manchen Gebieten Süddeutschlands sind Blattläuse der Familie Lachnidae (Baum- oder Rindenläuse) die Grundlage für die Gewinnung von »Tannen- oder Waldhonig«. Insbesondere *Cinara pinicola* an Fichte und *Buchneria (Cinara) pectinata* an Weißtanne spielen hierbei eine Rolle. Sie sind recht große Tiere, haben einen langen Rüssel und produzieren durch ihren zuckerhaltigen Kot den sogenannten »Honigtau«, der von Honigbienen aufgenommen wird.

Groß ist schließlich die Zahl der Insekten, die als Versuchstiere in Laboratorien Verwendung finden, allen voran *Drosophila*, die Taufliege.

Immer mehr Arten werden in der biologischen Schädlingsbekämpfung eingesetzt, v. a. Schlupfwespen, die an Schadinsekten parasitieren (S. 394).

Im Rahmen eines zunehmenden integrierten Pflanzenschutzes finden auch Insekten verstärkt Aufmerksamkeit, die von Schadinsekten leben (Nützlinge). Hierher gehören in Mitteleuropa besonders folgende Gruppen:

1) Ohrwürmer, die zwar omnivor sind, aber z. B. auf von Blattläusen befallenem Obst vollständig von Blattläusen leben.

2) Räuberische Blumen- (Anthocoridae) und Weichwanzen (Miridae), die im wesentlichen von Insekten und Milben leben und im Obstbau Bedeutung haben.

3) Netzflügler mit Florfliegen (Chrysopidae) und Blattlauslöwen (Hemerobiidae), deren Larven stets räuberisch sind und z. B. Blattläuse fressen.

4) Käfer mit einigen hundert Nützlings-Arten in mitteleuropäischen Agrarbiozönosen, v. a. Laufkäfer (Carabidae), Kurzflügler (Staphylinidae), Weichkäfer (Cantharidae) und Marienkäfer (Coccinellidae).

5) Fliegen mit Schwebfliegen (Syrphidae). Die Larven vieler Arten leben von Blattläusen.

Auch bei der Unkrautbekämpfung werden Insekten gezielt eingesetzt. Im Zusammenhang mit biologischen Bekämpfungsprojekten gegen von Eurasien in andere Kontinente verschleppte und dort als aggressive Unkräuter auftretende Disteln hat man mehrere Insekten erfolgreich eingesetzt, z. B. den Rüsselkäfer *Larinus* und die Bohrfliege *Urophora*.

In verschiedenen Gebieten stellen Insekten, insbesondere Termiten, Heuschrecken, Wasserwanzen, Käferlarven und Schmetterlingsraupen einen Bestandteil der Nahrung von Menschen dar. Man geht davon aus, daß etwa 500 Arten auf diese Weise genutzt werden. In manchen Regionen Zentral- und Südafrikas werden bis über 50% des Proteinbedarfs der Bevölkerung durch Insektennahrung gedeckt.

In Nordafrika spielen Wanderheuschrecken *(Schistocerca gregaria)* eine wichtige Rolle, im südlichen Afrika (Botswana, Transvaal, Zimbabwe) werden jährlich 1600 t Schmetterlingsraupen verkauft *(Gonimbratia belina*; Saturniidae). In Mexiko ißt man z. B. die Eier, Jugendstadien und Imagines verschiedener Wasserwanzen (»Mexikanischer Kaviar«). Groß ist die Palette der in Südost- und Südasien gegessenen Insekten, u. a. Libellen, Grillen, Heuschrecken, Termiten und Wanzen.

Zum Teil werden Zuchten angelegt (so von der Grille *Brachytrupes*). In großem Umfang fallen auch Puppen des Seidenspinners (s. o.) an; allein Indien produziert jährlich 20 000 t fettextrahiertes Puppen-Mehl, das auch als Tierfutter verwendet wird. In unserem Sprachraum ruft der Gedanke an »Entomophagie« meist negative Emotionen hervor, die jedoch rational nicht begründbar sind. Insektennahrung ist oft höherwertig als das Pflanzenmaterial, welches die Insekten verzehren und gilt in vielen Gebieten als Delikatesse, nicht als Notlösung.

Pterygota als Blütenbestäuber

Parallel zur Phylogenie der Blütenpflanzen mit ihrem Nahrungsangebot für Tiere erfolgte die Entfaltung der Insekten, speziell die Umformung ihrer Mundwerkzeuge. In vielen Fällen können Blüten nur von bestimmten Insekten bestäubt werden. So schloß schon Darwin nach seinen Untersuchungen über Orchideen, daß es auf Madagaskar ein besonders langrüsseliges Insekt geben müsse und daß es aus dem etwa 25 cm langen Sporn der dort heimischen Orchidee *Angraecum sesquipedale* den Nektar aufnehmen kann. Etwa 40 Jahre später entdeckte man den Schmetterling *Xanthopan morgani praedicta* (Sphingidae), der tatsächlich einen so langen Rüssel hat. In Europa sind die Insekten die einzigen Tiere, die Blüten bestäuben, in den warmen Zonen Afrikas, Asiens und Amerikas kommen Vögel und Fledermäuse hinzu, in Australien zudem noch Beuteltiere *(Tarsipes)*.

Die Bestäubung pflegt mit Aufnahme der Nahrung durch die Bestäuber einherzugehen, die als Nektar, Pollen im Überfluß oder speziellen Beköstigungsantheren oder anderen Futtergeweben angeboten wird. Blütenbestäubende Insekten gehören vorwiegend zu den Coleoptera, Lepidoptera, Diptera und Hymenoptera. Den Käfern kommt insgesamt nur eine geringe Bedeutung zu. Größere Käfer treten oft mit ihren beißenden Mundwerkzeugen als Blütenzerstörer auf *(Cetonia)*, Rüssel sind bei Blütenbestäubern selten *(Strangalia, Nemognatha)*.

In der heimischen Flora ist die Echte Kastanie *(Castanea sativa)* eine der wenigen Pflanzen, die vorwiegend durch Käfer bestäubt wird.

Wie die Käfer sind auch die Schmetterlinge zunächst Pollenfresser. Die primitiven Micropterygiden haben noch kauende Mandibeln, mit denen sie Pollen zerbeißen können. Bei anderen Schmetterlingen ist ein Saugrüssel ausgebildet, der in die Blütenröhren eingesenkt wird und Nektar aufzunehmen vermag. Tagfalter setzen sich auf die Blüte, manche Eulen (Noctuidae) und Schwärmer (Sphingidae) saugen den Nektar, während sie sich an den Blüten festhalten und mit den Flügeln schwirren. Einige Sphingiden stehen im Flug vor der Blüte und tauchen ihren langen Saugrüssel in den Nektar (*Macroglossum*, Taubenschwanz). Nach dem Blütenbesuch rollen die Schmetterlinge ihren Rüssel spiralig auf. In der heimischen Flora sind Falterblumen verbreitet: Tagfalterblumen sind *Dianthus*-Arten; Schwärmerblume ist beispielsweise das Seifenkraut *(Saponaria)*.

Dipteren werden vielfach von Blüten angezogen, die fauligen oder Kotgeruch ausströmen, z. B. Efeu. Reine Fliegenblumen gibt es bei uns nur vereinzelt. Bisweilen sind die Mundwerkzeuge zu einem langen Rüssel verlängert (Woll- oder Hummelschweber, *Bombylius*, Abb. 257k). Eine wichtige Rolle spielen Fliegen bei der Bestäubung von Kesselfallenblumen

(Aronstab: Psychodiden, Osterluzei: Ceratopogoniden). Wichtige und auffallende Blütenbesucher sind die Schwebfliegen (Syrphidae).

Etwa 50% der blütenbestäubenden Insekten wird von den Hymenopteren gestellt. Die größte Bedeutung haben die Apoidea (solitäre Wildbienen, Hummeln, Honigbiene) erlangt, eine geringere Rolle spielen Faltenwespen (Vespidae) und Grabwespen (Sphecidae).

Die Wildbienen spielen als Bestäuber eine überragende Rolle, da sie in allen nicht zu intensiv landwirtschaftlich genutzten Lebensräumen das ganze Jahr mit vielen Arten vorkommen und im Gegensatz zur Honigbiene auch sehr zerstreut wachsende Blüten besuchen. Fast alle Arten verhalten sich blütenstet, besonders natürlich die zahlreichen Arten, die auf eine Futterpflanzengattung oder Familie spezialisiert sind. Derart flächendeckend kann man Honigbienen gar nicht aufstellen, außerdem gehen sie als Opportunisten nur an die jeweils ergiebigsten Nektar- und Pollenquellen außer in unmittelbarer Stocknähe.

Ficus-Arten werden von Chalcidoidea bestäubt, die Eßbaren Feigen von *Blastophaga psenes*. Typische Bienenblumen sind die Lamiaceae, viele Scrophulariaceae u.v.a. Als Besonderheit sei hervorgehoben, daß manche *Ophrys*-Arten in ihrem Blütenbau das Aussehen von Insekten imitieren und Sexuallockstoffe produzieren. Die Männchen versuchen mit den Blüten zu kopulieren und bestäuben sie dabei.

Pterygota als Gallerzeuger (Cecidozoen)

Eine Reihe von Insekten ruft an Pflanzen typische Wachstumsanomalien (Gallen, Cecidien) hervor, in denen ihre Entwicklung stattfindet. Gallerzeuger finden sich vor allem unter den Thysanoptera, Rhynchota, Coleoptera, Hymenoptera, Lepidoptera und Diptera. Die Induktion der Gallenbildung geht meist von dem sich entwickelnden Insekt aus, seltener von dem eiablegenden Weibchen (Tenthredinidae). Die oft auffallenden Gallen sind erheblich leichter zu bestimmen als die Cecidozoen; daher sind nur jene auf den Abb. 214 und Abb. 215 zusammengestellt.

Von den Gallen trennt man sog. Procecidien ab, Bildungsabweichungen geringeren Umfanges wie sie z.B. bei der Eiablage der Libelle *Lestes viridis* entstehen.

Unter Falt- und Rollgallen versteht man Einfaltungen oder -rollungen eines Blattes. Der Parasit wird dabei eingehüllt. Unter den Insekten rufen Thysanopteren, Blattläuse und Blattflöhe solche Gallen hervor.

Filzgallen sind abnorme Haarbildungen vorwiegend an der Unterseite von Blättern. In dem Haarfilz leben die Erreger. Filzgallen werden meist von Milben hervorgerufen (Abb. 177).

Beutel- und Umwachsungsgallen sind eng begrenzte Ausstülpungen oder Einwölbungen von Blättern, die den Parasiten vollständig einschließen können. Sie werden z.B. von Gallmücken und Blattläusen hervorgerufen (*Mikiola, Pemphigus*, Abb. 214).

Lysenchymgallen sind für Gallwespen kennzeichnend. Bei ihrer Entstehung wird die Epidermis der Pflanze aufgelöst, und Ei bzw. Larve des Parasiten sinkt in das Pflanzengewebe ein. Die Verbindung mit der Oberfläche kann bestehen bleiben. Werden die Eier direkt in das Pflanzengewebe eingesenkt, spricht man von Markgallen (Tenthrediniden).

In Mitteleuropa treten unter den gallenerzeugenden Insekten Homoptera, Hymenoptera und Diptera hervor.

Unter den **Heteroptera** ruft bei uns *Copium* (Tingidae) Blütengallen an *Teucrium* hervor.

Die meisten gallenerzeugenden **Coleoptera** gehören zu den Rüsselkäfern (Curculionidae), wichtig ist z.B. *Ceutorhynchus pleurostigma*, der an Cruciferen-Wurzeln Gallen induziert.

Unter den **Lepidoptera** ruft die Motte *Cecidoses eremita* die komplizierteste Galle hervor, die an Sprossen von *Schinus dependens* entsteht. Sie ist nach Art einer Flasche mit einem Deckel verschlossen.

Homoptera. Einige Gallerzeuger gehören zu den Psyllina (*Livia juncorum*, Abb. 214 a), die meisten zu den Blattläusen (Aphidina), die ihre Hauptentfaltung in der Holarktis erfahren haben. Wichtige Gallerreger stellen folgende Familien: Adelgidae (Tannenläuse), Phylloxeridae (Zwergläuse), Pemphigidae (Blasenläuse).

Tannenläuse leben an Nadelhölzern, bekannt sind z.B. die Ananasgallen von *Sacchiphantes* (Abb. 214 d) und *Adelges* auf Fichten. Die Larven von Weibchen, welche als Stammmutter (Fundatrix, S. 380) bezeichnet werden, überwintern an jungen *Picea*-Sprossen und reifen heran. Im Frühjahr bringen sie partheno-

Abb. 214: Gallen verschiedener Insekten. a. *Livia juncorum* (Psyllina) an einer Binse *(Juncus)*, b. Blatt einer Pappel *(Populus)* mit Blattstielgalle von *Pemphigus spirothecae* (Aphidina) und Galle von *Pemphigus filaginis* an der Mittelrippe, c. Galle von *Pemphigus bursarius* am Blattstiel von *Populus*, d. Zweig einer Fichte *(Picea)* mit Gallen von *Sacchiphantes abietis* (Aphidina), e. Blatt der Rotbuche *(Fagus)* mit glatten Beutelgallen von *Mikiola fagi* (Cecidomyiidae), behaarte Beutelgallen von *Hartigiola annulipes* (Cecidomyiidae) und einer Filzgalle der Milbe *Eriophyes nervisequus* an einem Blattnerven, f. *Veronica* mit Sproßspitze, vergallt durch *Jaapiella veronicae* (Cecidomyiidae), g. Zweig einer Weide *(Salix)* mit verschiedenen Mücken- und Milben-Gallen; am Zweig: *Rhabdophaga salicis* (Cecidomyiidae), am linken Blatt: *Iteomyia caprae* (Cecidomyiidae), an den Mittelblättern: *Eriophyes tetanothrix*, am rechten Blatt: *Rhabdophaga noduli*, h. aufgeschnittene Sproßspitzengalle von *Tetramesa hyalipenne* (Chalcidoidea) an der Quecke *(Agropyrum)*, i. *Salix*-Blatt mit Gallen von *Pontania* (Tenthredinidae). Nach Hedicke, Ross

genetisch Junge hervor und sterben dann ab. Die schlüpfenden Jungtiere wandern an die Basis der Fichtennadeln. Durch ihr Saugen wird die schon von der Mutter eingeleitete Gallenbildung fortgeführt: Sproß und Nadelbasen schwellen an und bilden die typische Ananasgalle. Im Sommer werden die Gallen trocken und öffnen sich. Bis zu diesem Zeitpunkt ent-

Abb. 215: Cynipiden-Gallen. a. *Quercus*-Blatt mit großen Eichengalläpfeln von *Cynips quercusfolii* und den etwas kleineren, gestreiften Gallen von *C. longiventris*, b. Querschnitt durch eine *Cynips*-Galle mit zentraler Larvenkammer, c. Zweig mit Knospengallen von *C. quercusfolii*, d. Knospengalle vergrößert, e. *Quercus*-Blatt mit verschiedenen *Neuroterus*-Gallen, die links daneben vergrößert dargestellt sind, f. *N. quercusbaccarum*, g. *N. albipes*, h. *N. numismalis*, Schnitt (um Larvenkammer zu zeigen) und Aufsicht, i. Blütenstand von *Quercus* mit weinbeerenartigen Gallen von *Neuroterus*, j. Knospengalle von *Andricus fecundator*, k, l. *Biorrhiza pallida*, k. Wurzelgallen, z.T. aufgeschnitten, l. Knospengalle am Zweig und aufgeschnitten, die Larvenkammern zeigend, m. *Diplolepis rosae*, Gallen am Rosenzweig und aufgeschnittene Galle mit mehreren Larvenkammern, n. *D. eglanteriae*, o. *D. rosarum*. Nach Hedicke, Ross

standene geflügelte Tiere von *Sacchiphantes viridis* wechseln auf Lärchen, wo dort entstandene Larven überwintern. Nach der Vermehrung auf Lärchen erfolgt der Rückflug auf Fichten, wo Männchen und Weibchen entstehen. Aus Dauereiern schlüpfen überwinternde Larven, die zu Fundatrices werden. Der Kreislauf ist also zweijährig.

Unter den Zwergläusen ist vor allem die Reblaus *(Viteus vitifolii)* bekannt geworden, die an Weinrebenwurzeln und -blättern Gallen hervorrufen kann (S. 381).

Die Fundatrix der Blasenläuse lebt normalerweise in Blatt-, Blattstiel- oder Triebgallen. *Pemphigus spirothecae* saugt im Frühjahr an Blattstielen von Schwarzpappeln und bewirkt deren schraubige Aufdrehung und Verstärkung. In einem zentralen Hohlraum entstehen weitere Generationen. Eröffnung der Gallen im Spätsommer und Herbst. *Pemphigus bursarius* ruft an Blattstielen von Pappeln blasige Gallen hervor, mehrere Generationen richten im Sommer an Salat Schaden an, um dann im Herbst auf die Pappel zurückzukehren.

Hymenoptera. Gallbildner gehören zu den Blattwespen (Tenthredinidae), Gallwespen (Cynipidae) und Zehr- und Erzwespen (Chalcidoidea).

Die Blattwespengallen nehmen eine Sonderstellung ein, da die erste Phase ihrer Entwicklung schon beginnt, sobald das Ei in das Pflanzengewebe eingesenkt wird. Im Unterschied zu anderen gallerzeugenden Hymenopterenlarven produzieren die Blattwespenlarven Kot, der bei einigen Arten von der halberwachsenen Larve aus der Galle entfernt wird. Verpuppung außerhalb der Galle im Boden. *Pontania* ruft an Weidenblättern dicke, fleischige Cecidien hervor (Abb. 214 i).

Unter den Chalcidoidea ruft *Tetramesa hyalipenne* an Stengeln verschiedener Gräser, z. B. der Quecke, röhrenförmige Gallen hervor (Abb. 214 h).

Groß ist die Zahl der Gallerreger unter den Gallwespen. Von ihnen werden die großen Eichengalläpfel hervorgebracht, die an den Eichenblättern im Spätsommer oft in Vielzahl auftreten und früher zur Herstellung von Tinte gesammelt wurden. Cynipiden-Gallen sind besonders differenziert: Unter der Epidermis der Galle liegen eine umfangreiche Parenchymlage, eine Sklerenchymschicht und eine dünne Nährschicht, aus der die sich entwickelnden Larven die Nahrung aufnehmen. Der Großteil der Cynipiden-Gallen entsteht auf Fagaceen (v. a. *Quercus*) und Rosaceen *(Rosa)*. Der Entwicklungsgang kann als Heterogonie ablaufen oder als eine Folge parthenogenetisch sich fortpflanzender Weibchen.

Ohne Heterogonie entwickelt sich *Diplolepis rosae,* die meist an Blättern oder Zweigen die bekannten Rosengalläpfel (Abb. 215 m) hervorruft. In den vielkammerigen Gallen, die von zahlreichen Auswüchsen bedeckt werden, überwintern die Larven. Die Adulten (meist Weibchen) schlüpfen im Mai und im Juni.

Ebenfalls ohne Heterogonie entwickeln sich die oft stacheligen, runden Gallen von *Diplolepis eglanteriae* und – an den Stengeln des Habichtskrauts *(Hieracium)* – die einseitig geschwollenen Gallen von *Aylax hieracii.*

Regelmäßiger Wechsel von parthenogenetisch sich fortpflanzender (unisexueller, agamer) und zweigeschlechtlich mit Befruchtung sich fortpflanzender Generation ist für die folgenden Cynipiden typisch. Bei ihnen rufen beide Generationen unterschiedlich geformte Gallen hervor (Abb. 215).

Aus den großen Eichengalläpfeln von *Cynips quercusfolii* schlüpfen im Herbst oder später agame Weibchen, die im Frühjahr in Eichenknospen Eier legen. Aus diesen Knospengallen schlüpfen von Mai bis Juni Männchen und Weibchen, die ihre Eier wiederum an Eichenblätter legen, an denen sich im Laufe von Sommer und Herbst die großen Galläpfel entwikkeln. Larvenentwicklung, Verpuppung und Schlüpfen der Imago finden also in der Galle statt. Die Imagines arbeiten sich mit ihren Mundwerkzeugen aus der Galle heraus.

Ebenfalls an Blättern von *Quercus* findet man die »Zebragallen« der agamen Generation von *Cynips longiventris.* Die kugelige Galle ist bleichgelb mit roten Streifen. Die Galle der bisexuellen Generation ist eine Knospengalle, die im Frühjahr erscheint.

Flache, linsen- und schalenförmige Gallen werden von der agamen Generation verschiedener *Neuroterus*-Arten an Eichenblättern erzeugt *(N. numismalis, N. quercusbaccarum, N. albipes).* Besonders auffällig sind die Gallen von *Biorrhiza pallida.* Männchen und Weibchen schlüpfen aus Knospengallen, die bis 4 cm Durchmesser erreichen, ausschließlich flügellose Weibchen aus Wurzelgallen. Sie klettern zu den Knospen der Eiche hinauf und legen dort ihre Eier ab.

Weitere Gattungen: *Andricus, Pediaspis* (auf Ahorn).

Diptera. Groß ist die Zahl der Gallerreger unter den Dipteren. Neben einigen Fliegenfamilien (Agromyzidae, Tephritidae, Anthomyiidae) sind vor allem die Gallmücken (Cecidomyiidae) von Bedeutung. Unter den Fliegen-

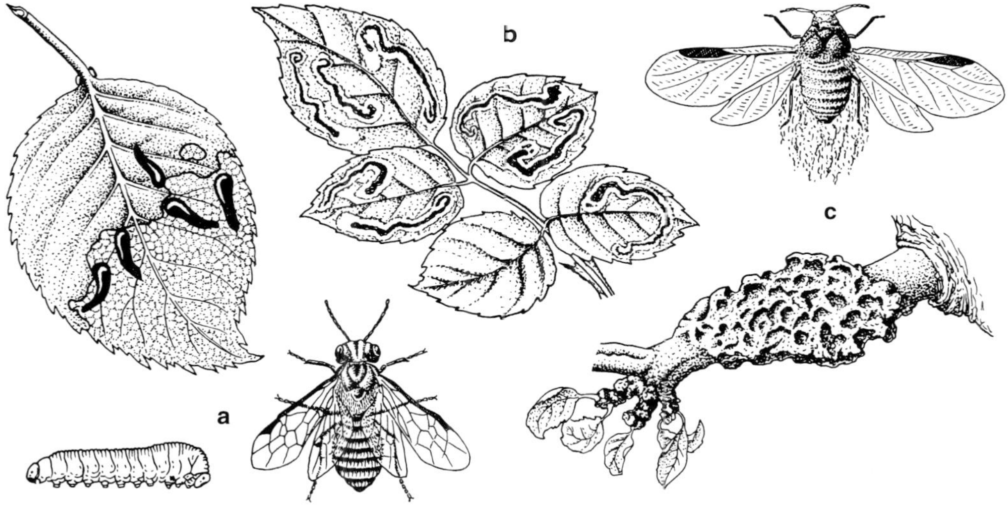

Abb. 216: Verschiedene Schadbilder und ihre Erzeuger. a. *Caliroa cerasi* (Schwarze Kirschblattwespe): Kirschblatt, z.T. von den sekretbedeckten Larven skeletiert, Larve, Imago; b. Miniergänge einer Schmetterlingsraupe *(Nepticula)* in einem Rosenblatt; c. *Eriosoma lanigerum* (Blutlaus): Imago und von Saugtätigkeit veränderter Zweig eines Apfelbaumes. Nach Diehl, Weidner

gallen sind die von *Lipara* (Chloropidae) an Schilfstengeln, denen von *Tetramesa* (Abb. 214 h) ähnlich. Weit verbreitete Gallmücken-Gattungen sind *Lasioptera, Oligotrophus, Dasineura, Rhabdophaga, Contarinia* und *Mayetiola*. Aufeinanderfolgende Generationen rufen normalerweise identische Gallen hervor (Ausnahme: *Rhabdophaga heterobia* auf Kätzchen von Weiden und an Sproßknospen, hier Rosettengallen hervorrufend).

Es werden fast alle Pflanzenteile befallen, auch von Kulturpflanzen. Daher gehören die Gallmücken zu den wichtigsten Schädlingen in der Landwirtschaft (S. 344). Einige auffallende Mücken-Gallen sind auf Abb. 214 zu sehen: *Mikiola fagi, Hartigiola annulipes* auf Buchenblättern und *Jaapiella veronicae* an *Veronica chamaedrys*.

Pterygota als Pflanzenschädlinge

Viele Insekten befallen Kulturpflanzen, allein unter den Schmetterlingen wenigstens 3000 Arten, unter den Käfern etwa 3500 aus 40 Familien. Betroffen werden Land- und Forstwirtschaft. Die Schädigung kann durch Fraß, Saugtätigkeit (Abb. 216) oder Übertragung von Viren, Mycoplasmen, Bakterien und Pilzen erfolgen. Pflanzenkrankheitserregende (phytopathogene) Viren können ihre Infektiosität kurz nach der Aufnahme in ein Insekt verlieren (nichtpersistente Viren) oder längere Zeit in dem Insekt infektionsfähig bleiben (persistente V.), vermehren sich hier sogar (Zirkulations- oder Celationszeit) und können später wieder auf andere Pflanzen übertragen werden.

Die meisten Virus-Vektoren stellen die Aphidina; von den etwa 200 bekannten Pflanzen-Viren übertragen sie mehr als die Hälfte, z. B. Blattrollvirus der Kartoffel, Gurkenmosaik-, Kartoffel-Y-Virus u. v. a. (durch *Myzus persicae*) und Erdbeerviren (durch *Pentatrichopus fragaefolii*).

Weitere Virusüberträger gehören z. B. zu den Auchenorrhyncha (die Zikaden sind nach den Blattläusen am wichtigsten, an Zuckerrohr, Reis, Mais, Erdnuß, Kartoffel, Rüben u. a.), Aleyrodina (Mottenläuse), Coccinea (Schildläuse, besonders wichtig *Pseudococcus njalensis* an Kakaokulturen), Thysanoptera u. a.

Folgende Insektengruppen spielen als Pflanzenschädlinge eine Rolle:

Unter den **Orthopteroidea** sind in Mitteleuropa nur wenige Arten wichtig. Die Waldheuschrecke (Nadelholzsäbelschrecke; *Barbitistes constrictus*) frißt an Knospen, Nadeln und Trieben von Nadelhölzern. Die Maulwurfsgrille (*Gryllotalpa gryllotalpa*, Abb. 232 d) gräbt im Boden und lebt von Tieren und Wurzeln; in Südeuropa wichtiger als bei uns.

Die **Thysanoptera** spielen in Mitteleuropa nur eine untergeordnete Rolle. Der Erbsenblasenfuß *(Kakothrips robustus)* befällt Leguminosen. Blütenknospen und junge Triebspitzen werden besaugt, der Fruchtansatz beeinträchtigt. Teile der Pflanzen verkrüppeln, andere zeigen Silberglanz. Der Lärchenblasenfuß *(Taeniothrips laricivorus)* wird an Lärchen schädlich, der Gladiolenblasenfuß *(T. simplex)* auf verschiedenen Zierblumen (Blätter und Blüten werden silberfleckig). Verstärkter Getreideanbau führte regional zu *Thrips*-Massenvermehrungen. Nach der Reife des Getreides Abwanderung und Belästigung in nahegelegenen Wohnsiedlungen (*Limothrips cerealium,* »Gewittertierchen«).

Thysanoptera werden in Gewächshäusern mancherorts mit räuberischen Milben, z. B. *Amblyseius cucumeris*, bekämpft.

Die **Homoptera** stellen – vor allem auf der nördlichen Hemisphäre – eine enorme Zahl von Pflanzenschädlingen, die oft durch Massenvermehrung auffallen.

Die Zikaden (Cicadina) sind wichtige Überträger von Viren, Mycoplasmen und Rickettsien, bei uns z. B. die Schaumzikaden *(Philaenus spumarius, Aphrophora alni)* (Abb. 240).

Unter den Blattflöhen (Psyllina) sind einige wichtige Schädlinge. Der Apfelblattsauger (*Psylla mali*, Abb. 242 f) ruft durch Saugen Schaden an Knospen hervor, die sich nicht entfalten. Im Sommer oft auf anderen Laubbäumen, Eiablage im Herbst an Kurztrieben in Knospennähe. Weitere *Psylla*-Arten: *P. pyricola* überträgt an Birnenbäumen Mycoplasmen (Birnenverfall). *Trioza* (Möhrenblattfloh) ruft an Möhre und Petersilie Blattkräuselung und Verfärbung hervor.

Unter den Motten(schild)läusen (Aleyrodina) ist die »Weiße Fliege« (*Trialeurodes vaporariorum,* Abb. 242 d, e) bei uns besonders bekannt als Gewächshausschädling, z. B. an Gurken, Tomaten und Salat sowie Zierpflanzen. Vor allem in den Niederlanden mit seinen vielen Gewächshäusern wird *Trialeurodes* erfolgreich mit der Erzwespe *Encarsia formosa* bekämpft, die ihre Eier in deren ältere Larven legt. Der Vertrieb dieses Systems erfolgt schon kommerziell und macht eine chemische Bekämpfung, z. B. im Tomatenanbau, überflüssig.

Bemisia tabaci wurde in den letzten Jahren zum wichtigsten Schädling in afrikanischen Baumwollanpflanzungen.

Aus der großen Anzahl der Blattläuse (Aphidina), die in Mitteleuropa schädlich werden (über 1000 Arten), können hier nur einige herausgegriffen werden:

Aphididae (Röhrenläuse): Die Schwarze Bohnen- oder Rübenblattlaus *(Aphis fabae)* lebt in dichten Kolonien an Rüben und Saubohnen. Wie viele andere Blattläuse macht sie einen Wirtswechsel durch, den Winter verbringt sie als Dauerei an Triebknospen von Schneeball *(Viburnum opulus)* oder Pfaffenhütchen *(Euonymus europaeus)*.

Die Grüne Apfelblattlaus *(Aphis pomi)* erzeugt an Kernobst Blattrollung oder -kräuselung. Triebe und Früchte können verkümmern. Kein Wirtswechsel, überwintert als Ei am Obstbaum.

Die Grüne Pfirsichblattlaus *(Myzus persicae)* hat über 400 Pflanzenarten als Sommerwirte. Sie überträgt zahlreiche Viren; Schaden oft Blattkräuselung. Als Ei überwintert sie an Pfirsich und anderen *Prunus*-Arten.

Die Mehlige Pflaumenblattlaus *(Hyalopterus pruni)* ruft an *Prunus* (Pflaume und Zwetschge) Saugschäden hervor. Auf dem zuckerreichen Kot siedeln sich Pilze an. Fakultativer Wirtswechsel (häufig im Sommer auf Schilf). Überwinterung nur auf dem Hauptwirt *(Prunus)*.

Cryptomyzus ribis induziert im zeitigen Frühjahr gelbliche bis rote, blasenförmige Auftreibungen an Johannisbeerblättern.

An Kohl und anderen Kreuzblütlern ruft die Mehlige Kohlblattlaus *(Brevicoryne brassicae)* durch Saugen Wachstumshemmungen hervor und vermag Viren zu übertragen. Die Art ist nicht wirtswechselnd.

Im Apfelanbau können Arten der Gattung *Dysaphis* wesentliche Schäden durch Blattrollung, Störung des Trieb- und Fruchtwachstums (»Blattlausäpfel«) bewirken. *D. plantaginea* wirtswechselt mit *Plantago*.

Seit Anwendung sehr hoher und bis zum Ährenschieben gegebener Stickstoff-Gaben, dem Einsatz von Wachstumsregulatoren und Fungiciden sowie dem Anbau ertragsreicherer, spätreifender Sorten haben sich die Ernährungsbedingungen für Blattläuse an Getreide (besonders bei Weizen und Hafer) in ungeahnter Weise verbessert. Ihre mögliche Befallsperiode ist gegen früher um 2 Wochen verlängert.

In Europa handelt es sich im wesentlichen um *Macrosiphum avenae* (ohne Wirtswechsel), *Metopolophium dirhodum* (Wechsel zwischen Rosen und Getreide), *Rhopalosiphum padi* (Wechsel zwischen Traubenkirsche und Getreide). Die erste befällt außer den oberen Blättern später Ähren und Rispen, die anderen beschränken sich zum Saugen weitgehend auf die Blätter. In manchen Jahren verursachen sie Ertragsminderungen bis zu 15%; seit den 70er Jahren zählen sie zu den wichtigsten Getreideschädlingen.

Pemphigidae (Blasenläuse): Die Blutlaus *(Eriosoma lanigerum)* lebt an Apfelbäumen unter von ihr sezernierten Wachsabscheidungen versteckt. Ihr Speichel verändert das Kambium, wodurch die Zweige aufgetrieben werden und platzen (Blutlauskrebs, Abb. 216). Bevorzugt werden Schnittstellen und Kallusgewebe.

Die Birnenwurzellaus (Ulmenbeutelgallenlaus, *Schizoneura lanuginosa*) ruft an ihrem Hauptwirt, der Ulme *(Ulmus campestris)*, bis faustgroße, an Blattknospen entstehende Blasen hervor, welche später vertrocknen. Nebenwirt ist der Birnbaum, an dessen Wurzeln ungeflügelte Tiere leben. Bei starkem Befall vertrocknen die Birnbäume. Zwischen *Ulmus*- und *Ribes*-Arten wechselt die Ulmenblattrollenlaus (Johannisbeerwurzellaus, *Schizoneura ulmi*). Am ersten Wirt werden Blattrollen erzeugt, am zweiten die Wurzeln angestochen.

Die Salatwurzellaus *(Pemphigus bursarius)* ruft an ihrem Hauptwirt, *Populus italica*, beutelförmige Blattstielgallen hervor (Abb. 214b), am Nebenwirt, z.B. Salat, wird Schaden durch Wurzelläuse bewirkt.

Adelgidae (Tannenläuse): Hierher gehört eine Reihe wichtiger Forstschädlinge, z.B. *Pineus pini*, die Europäische Kieferwollaus, die Spitzendürre junger Nadelbäume und deren Eingehen bewirkt. Als Gallenerreger wurden sie auf S. 339 behandelt.

Phylloxeridae (Zwergläuse): Aus Amerika wurde die Reblaus *(Viteus vitifolii)* nach Europa eingeschleppt, die an Weinreben Schaden hervorruft (Abb. 241).

Unter den **Coccinea** sind etliche Arten Schädlinge. Die San-José-Schildlaus *(Quadraspidiotus perniciosus)* lebt z.B. an verschiedenen Beeren-, Kern- und Steinobstarten. Bei starkem Befall gehen die Bäume zugrunde. Die Kommaschildlaus *(Lepidosaphes ulmi)* lebt an Ästen und Zweigen, z.B. von Birn- und Apfelbäumen, und bewirkt verringertes Triebwachstum.

Die **Heteroptera** enthalten wichtige Schädlinge, z.B. die Rübenwanze *(Piesma quadrata)*, die an Chenopodiaceen saugt. Der Hauptschaden besteht in der Übertragung von Viren, die an Rübenblättern die Kräuselkrankheit hervorrufen. Andere Schädlinge gehören vorwiegend zu den Miridae (*Calocoris*, *Lygus*, Abb. 238). Zu weiteren Schädlingen s. S. 377.

Groß ist die Zahl der Schädlinge unter den **Hymenoptera**. Sie gehören vorwiegend zu den Symphyta. Gespinstblattwespen (Pamphiliidae) können durch Nadel- und Blattfraß in Forsten und Obstplantagen Schaden anrichten *(Cephaleia, Acantholyda)*.

Halmwespen (Cephidae) leben als Larven in Stengeln und Seitentrieben. Die Getreidehalmwespe *(Cephus pygmaeus)* lebt an Weizen, Roggen und Gerste.

Die Blattwespen (Tenthredinoidea) sind als Larven Laubfresser und kommen vorwiegend in den nördlichen gemäßigten Zonen als Schädlinge vor. Die Kiefernbuschhornblattwespe *(Diprion pini)* ist ein gefürchteter Kiefernschädling; *Gilpinia* lebt z.B. an Fichten, *G. hercyniae* hat sich – aus Europa importiert – in den USA und Kanada zu einem verheerenden Forstschädling entwickelt. Weitere Forstschädlinge: *Pristiphora abietina* (Kleine Fichtenblattwespe), *Pristiphora erichsoni* (Große Lärchenblattwespe). Die Rosenbürsthornwespe *(Arge ochropus)* sticht zur Eiablage Rosentriebe nahe der Spitze an. Die Stichstellen schwellen an und bräunen. Wegen ihrer Regelmäßigkeit – 16–18 Eier werden in einer Reihe hintereinander gelegt – wird *Arge ochropus* auch Nähfliege genannt. An Pflaumen, Zwetschgen und Mirabellen treten Schwarze *(Hoplocampa minuta)* und Gelbe Pflaumensägewespe *(H. flava)* auf. Die Larven fressen im Fruchtknoten und überwintern im Kokon im Boden, die etwa 5 mm langen Imagines leben von Nektar und Pollen. Bei stärkerem Befall wird die 7 mm lange Apfelsägewespe *(Hoplocampa testudinea)* zu einem wichtigen Schädling. Die Junglarve frißt einen Miniergang (dieser Apfel wird reif mit schraubigem Korkstreifen), die Larve steigt dann nacheinander in 4–5 junge Fruchtansätze um und höhlt sie aus (diese Äpfel fallen etwa walnußgroß ab; in ihrem Innern ist ein mit Kot gefüllter Hohlraum). *Nematus ribesii* (Stachelbeerblattwespe) kann Kahlfraß an Stachel- und

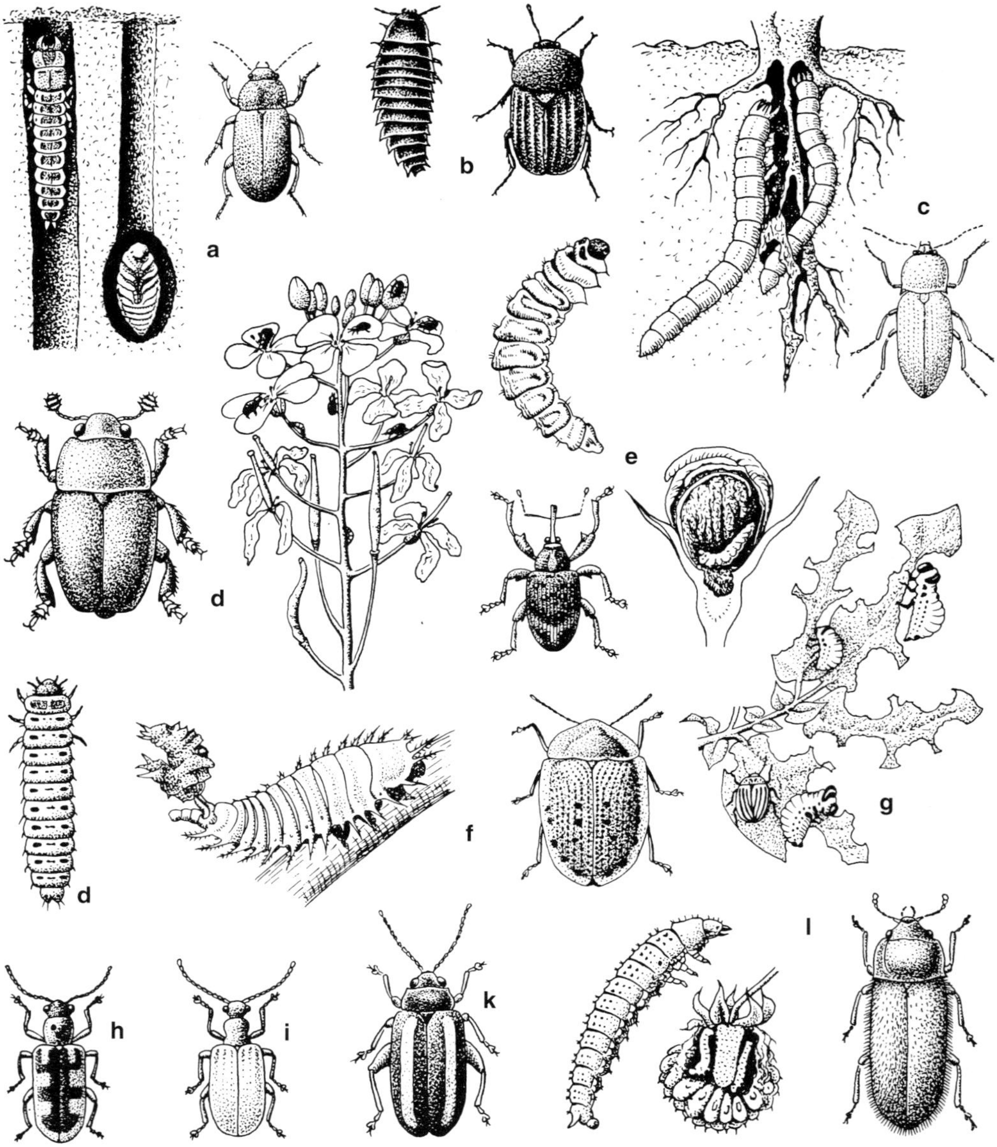

Abb. 217: Landwirtschafts-Schädlinge (Coleoptera). a. *Zabrus tenebrioides* (Getreidelaufkäfer), Larve und Puppe in Erdgang, Imago; b. *Blitophaga* (Rübenaaskäfer), Larve und Imago; c. *Agriotes* (Schnellkäfer), Larven (Drahtwürmer) an Wurzel und Imago; d. *Meligethes aeneus* (Rapsglanzkäfer), Imago, Larve und Blütenstand mit Käfern; e. *Anthonomus pomorum* (Apfelblütenstecher), Larve, von dieser befallene Knospe und Imago; f. *Cassida* (Schildkäfer), teilweise maskierte Larve und Imago; g. Kartoffelblatt mit Larven und Imago von *Leptinotarsa decemlineata* (Kartoffelkäfer); h. *Crioceris asparagi* (Spargelhähnchen), i. *Lilioceris lilii* (Lilienhähnchen), k. *Phyllotreta* (Erdfloh), l. *Byturus tomentosus* (Himbeerkäfer), Larve, befallene Himbeere und Imago. Nach Diehl, Weidner

Johannisbeere hervorrufen. Die Larven der Schwarzen Kirschblattwespe *(Caliroa cerasi)* skeletieren die Blätter von Steinobst und Birnen. Sie überziehen sich mit einem tintenartigen Schleim und sehen dann wie 1–2 cm lange Nacktschnecken aus (Abb. 216 a). Rosentriebbohrer (*Ardis* und *Cladardis*): Larven im Stengel.

Besonders groß ist die Zahl der Schädlinge, die zu den **Coleoptera** gehören (Abb. 217).

Unter den meist carnivoren Carabidae schädigen nur wenige Arten Pflanzen, z. B. der Getreidelaufkäfer *(Zabrus tenebrioides),* dessen Larven die Blätter junger Wintersaat fressen. *Amara*-Arten sind Samenfresser.

Auch unter den Silphidae sind nur einzelne Arten schädlich. Der Rübenaaskäfer *(Blitophaga)* geht an *Beta*-Rüben. Imago und Larve verursachen Blattfraß.

Wichtige Schädlinge an vielen Kulturpflanzen stellen die Elateridae, deren Larven (Drahtwürmer) an unterirdischen Pflanzenteilen fressen. *Agriotes*-Arten.

Byturus tomentosus ist ein Vertreter der Familie der Himbeerkäfer (Byturidae). Larven leben in Fruchtboden und Teilfrüchten von Himbeeren und Brombeeren und sind als »Himbeermaden« allgemein bekannt.

Ernobius abietis (Fichtenzapfennagekäfer, Fam. Anobiidae) zerfrißt im Larvenstadium Spindel und Schuppen von Fichtenzapfen.

Zu einem Schädling im Rapsanbau kann der Rapsglanzkäfer (*Meligethes aeneus*, Fam. Nitidulidae) werden. Er frißt Blütenknospen; in diese legt das Weibchen auch die Eier, Larven fressen Pollen und können auch in jungen Schoten gefunden werden. Verpuppung im Boden.

Sehr groß ist die Zahl der Pflanzenschädlinge unter den Chrysomelidae. *Crioceris asparagi* (Spargelhähnchen) frißt als Larve und Imago an Spargel. *Oulema melanopus* (Getreidehähnchen) befällt Getreide und wurde von Europa nach Nordamerika verschleppt. *Lilioceris lilii* (Lilienhähnchen) lebt an Lilien, an deren Blättern die mit Kot maskierten Larven fressen. *Leptinotarsa decemlineata* (Kartoffelkäfer) frißt an Solanaceen. Er wurde aus den USA nach Europa eingeschleppt (s. S. 391). *Melasoma populi* (Roter Pappelblattkäfer) an Pappeln; *Phyllotreta-, Psylliodes-, Cassida*-Arten u. v. a.

Ebenfalls groß ist die Zahl der Pflanzenschädlinge unter den Curculionidae: *Ceutorhynchus* mit *C. assimilis* (Kohlschotenrüssler), *C. napi* (Großer Rapsstengelrüssler), *Sitona, Otiorhynchus, Bothynoderes, Apion, Anthonomus* u. a. Weibchen des Apfelblütenstechers *(Anthonomus pomorum)* bohren Blütenknospen an und legen in jede Knospe ein Ei. Die Knospen öffnen sich nicht, die Blütenblätter vertrocknen. Ähnliche Arten an Birnen, Himbeeren und Brombeeren. Gegen den in Gewächshauskulturen gefürchteten Dickmaulrüßler *(Otiorhynchus sulcatus)* werden mit Erfolg parasitische Nematoden *(Heterorhabditis heliothidis)* und imperfekte Pilze *(Metarrhizium anisopliae)* eingesetzt (Abtötungsrate 80–90 %).

Schädlinge in der Forstwirtschaft sind neben den Nadelbäume befallenden Rüsselkäfern der Gattungen *Hylobius* und *Pissodes* die Scolytidae (S. 392, Abb. 248) und eine Reihe von Cerambycidae, deren Larven im Holz leben, z. B. *Lamia textor* (Weberbock), *Saperda*-Arten (Pappelbock) und *Tetropium* an Nadelhölzern.

Der Scarabaeide *Oryctes rhinoceros* ist der wichtigste Schädling in *Cocos*-Plantagen.

Eine große Zahl von **Lepidoptera** verursacht bei Massenauftreten Ertragsverluste. Fast immer sind es die Raupen, die den Schaden hervorrufen. Sie können an Blättern Kahlfraß bewirken, in Blättern minieren (Abb. 216 b), Zweige mit dichten Gespinsten verbinden, in Holz bohren oder an Wurzeln leben (Abb. 218).

An Wurzeln von Salat, Hopfen und anderen Nutzpflanzen kommen Raupen der Wurzelbohrer (Hepialidae) vor.

Im Holz bohren die Larven der Holzbohrer (Cossidae), z. B. Arten der Gattung *Cossus* (Weidenbohrer) und *Zeuzera* (Blausieb). In Rinde und Kambium leben die Larven der Sesiidae (z. B. Apfelbaumglasflügler, *Synanthedon myopaeformis*). Blattminierer sind die Raupen der Langhornminiermotten (Lyonetiidae), z. B. der Obstbaumminiermotte *(Lyonetia clerkella)* und Tischeriidae an Eichen. Schädling an Lärchen ist die Lärchenminiermotte *(Coleophora laricella),* deren Raupe zunächst in Nadeln miniert. Später fertigt sie sich aus den ausgehöhlten Nadeln einen hinten offenen Sack an.

Unter den Gespinstmotten (Yponomeutidae) befällt die Apfelbaumgespinstmotte *(Yponomeuta malinellus)* Apfelbäume, *Y. padellus* Weißdorn und *Prunus*-Arten, darunter Pflaume. Bei Massenbefall wird die Baumkrone völlig mit Gespinsten überzogen, in denen auch die Verpuppung stattfindet. Unter den Plutellidae ist die Kohlschabe *(Plutella xylostella = maculipennis)* an verschiedenen Kreuzblütlern schädlich.

Eine Reihe von Wicklern (Tortricidae) kann

Abb. 218: Landwirtschaftsschädlinge (Lepidoptera). a. *Yponomeuta malinellus* (Apfelbaumgespinstmotte), Imago, Larven und Puppen im Gespinst; b. *Plutella xylostella* (Kohlschabe), c. *Cydia pomonella* (Apfelwickler), Imago und Raupen an befallenem Apfel; d. *Abraxas grossulariata* (Stachelbeerspanner), Imago und Raupe auf Stachelbeerzweig; e. *Zeuzera pyrina* (Blausieb), Larve in Zweig und Imago; f. *Operophtera brumata* (Kleiner Frostspanner), großes Männchen und kleines, stummelflügeliges Weibchen, g. *Bembecia hylaeiformis* (Himbeerglasflügler), h. *Eupoecilia ambiguella* (Ein-

starke Beeinträchtigung von Kulturen hervorrufen, so der Eichenwickler *(Tortrix viridana)* an Eichen und der Apfelwickler *(Cydia pomonella)* an Äpfeln. Seine Raupen sind die bekannten »Obstmaden«. Gegen Apfelwicklerbefall wird derzeit mehrfach im Jahr mit chemischen Insektiziden gespritzt, aber auch Bekämpfungen mit Granuloseviren haben Erfolge gebracht. Das Apfelwickler-Granulosevirus ist eines der wirksamsten Insektenviren und durch hohe Spezifität ausgezeichnet. Seit 1989 ist industriell produziertes Granulosevirus in der Bundesrepublik im Kampf gegen Apfelwickler amtlich zugelassen. Ähnliche Schadbilder rufen Pflaumenwickler *(Laspeyresia funebrana)* und Erbsenwickler *(L. nigricana)* hervor. *Rhyacionia*-Arten können Kiefernbestände verderben. Der Fichtenwickler *(Choristoneura fumiferana)* gehört zu den größten Forstschädlingen Nordamerikas. Als Traubenwickler werden Arten verschiedener Gattungen bezeichnet, z. B. der Einbindige Traubenwickler *(Eupoecilia ambiguella)*. Nach dem Schadbild werden im Obstbau Wickler verschiedener Gattungen unter dem Begriff »Fruchtschalenwickler« zusammengefaßt, z. B. *Archips, Adoxophyes, Hedya, Pandemis* und *Spilonota*.

Unter den Glasflüglern (Sesiidae) sei nur der Himbeerglasflügler *(Bembecia hylaeiformis)* aufgeführt, dessen Raupe zunächst an Himbeer-Wurzeln lebt und später in das Mark vorjähriger Triebe aufsteigt.

Unter den Zünslern (Pyralidae) ist der Maiszünsler *(Ostrinia nubilalis)* besonders gefährlich, er hat sein Schadgebiet in Mitteleuropa in den 80er Jahren noch ausgedehnt. Ende der 80er Jahre wurden in mehreren Ländern Europas mit der Zehrwespe *Trichogramma evanescens* Bekämpfungserfolge erzielt.

Zu den Spannern (Geometridae) gehören der Kiefernspanner *(Bupalus piniarius)* und die Gruppe der Frostspanner, die zu verschiedenen Gattungen gehören. Die Weibchen des Kleinen Frostspanners *(Operophtera brumata)* sind flugunfähig, die Männchen fliegen im Spätherbst. Die Weibchen klettern an Obstbäumen hoch – gegen sie werden Leimringe angebracht – und legen an den Knospen ihre Eier ab. Die Raupen schädigen durch Blatt-, Blüten- und Fruchtfraß. Der Stachelbeerspanner *(Abraxas grossulariata)*, wegen seiner Musterung auch Harlekin genannt, lebt auf Stachel- und Johannisbeeren sowie Schlehen und Haselnuß.

Zu den Eulen (Noctuidae) gehört die Kiefern- oder Forleule *(Panolis flammea)*, ein Forstschädling. *Agrotis*-Raupen sind als Erdraupen bekannt und fressen an Wurzeln, z. B. *Agrotis segetum* (Wintersaateule) und *Noctua pronuba* (Hausmutter). An Kohl und anderen Gemüsen zerfressen die Raupen der Kohleule *(Mamestra brassicae)* die Blätter.

Zu den Wollspinnern (Lymantriidae) gehört die Nonne *(Lymantria monacha)*, ein gefährlicher Schädling der Kiefern- und Fichtenwälder. Verwandt ist der Schwammspinner *(L. dispar)*, dessen polyphage Raupen an vielen Kulturpflanzen fressen. In den 1990er Jahren machte diese Art in manchen Waldgebieten Mitteleuropas wieder Massenentwicklungen durch. Insbesondere in Süddeutschland wurden ganze Wälder entlaubt; die Befallsfläche betrug über 50 000 ha. Der Name »Schwammspinner« geht auf das auffallende Eigelege zurück, das bis 400 Eier enthält und mit Haarbüscheln bedeckt wird. Das Weibchen vermag mit seinem Sexualpheromon Männchen aus fast 4 km Entfernung anzulocken. Die langhaarigen Eiräupchen können vom Wind viele Kilometer weit verfrachtet werden. Der Schwammspinner stammt aus Südostasien; bei uns ist er seit Beginn des 18. Jahrhunderts bekannt. Von Europa nach Nordamerika verschleppt, wurde er dort zu einem sehr gefährlichen Schädling in Obst- und Forstbau. Ähnliche Folgen hatte die Verschleppung des Goldafters *(Euproctis chrysorrhoea)*.

Ein wichtiger Feind der Kiefern ist der zu den Glucken (Lasiocampidae) gehörende Kiefernspinner *(Dendrolimus pini)*. Zur selben Familie gehört der an Obstbäumen schädliche Ringelspinner *(Malacosoma neustria)*.

Unter den Pieridae sind einige *Pieris*-Arten, so der Kohlweißling *(P. brassicae)*, Schadinsekten. An Kohl und anderen Kreuzblütlern können sie Kahlfraß hervorrufen.

Pflanzenschädlinge unter den **Diptera** (Abb.

◁ bindiger Traubenwickler), i. *Ostrinia nubilalis* (Maiszünsler); k. *Agrotis segetum* (Wintersaateule), Erdraupe und Imago; l. *Mamestra brassicae* (Kohleule); m. *Malacosoma neustria* (Ringelspinner), Imago und (links darunter) Raupe; n. *Lymantria dispar* (Schwammspinner), Raupe, Puppe, Imago (oben Weibchen, unten Männchen); o. *Pieris brassicae* (Kohlweißling), Raupe, Puppe und Imago. Nach Diehl, Kohlhaas, Weidner

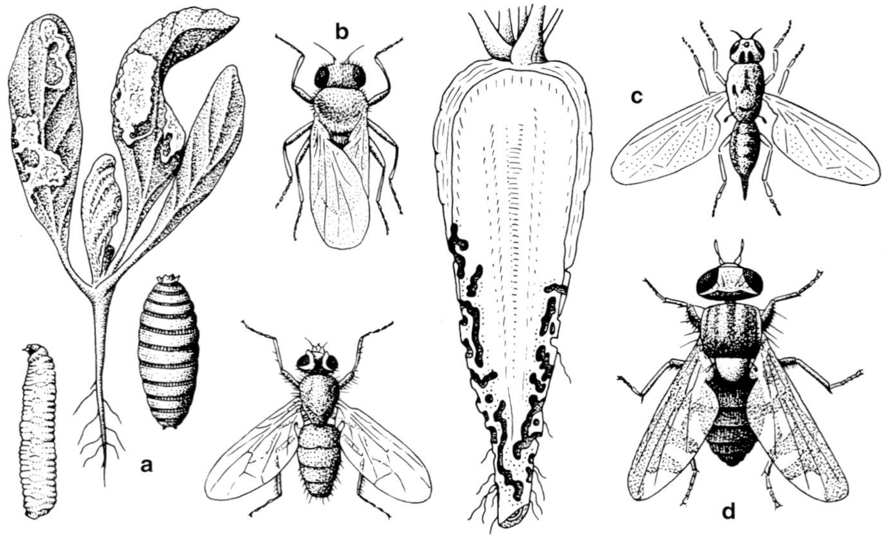

Abb. 219: Landwirtschaftsschädlinge (Fliegen). a. *Pegomya hyoscyami* (Rübenfliege). Jungpflanze mit Schadbild, Larve, Puppe, Imago, b. *Oscinella frit* (Fritfliege), c. *Psila rosae* (Möhrenfliege), infizierte Möhre, Imago, d. *Rhagoletis cerasi* (Kirschfruchtfliege). Nach Diehl, Weidner

219) sind vorwiegend durch ihren Larvenfraß bedeutend. Manche erregen Gallen. Groß ist die Zahl der Schädlinge unter den Gallmücken (Cecidomyiidae). Hessenmücke *(Mayetiola destructor)* und die Weizengallmücken (Gelbe W. *[Contarinia tritici]*, Rote W. *[Sitodiplosis mosellana]*) legen ihre Eier in die Blüten des Getreides, wo sich auch die Larven entwikkeln. Überwintern im Kokon am Boden. Die Larven der Kohldrehherzmücke *(Contarinia nasturtii)* rufen Kräuselungen an Kohlblättern hervor.

Die Kohlschotenmücke *(Dasineura brassicae)* legt ihre Eier in Rapsschoten, wo die Larven heranwachsen. Birnengallmücken *(Contarinia pyrivora)* entwickeln sich in heranwachsenden Birnen, die frühzeitig abfallen.

An Wurzeln leben die Larven einiger Tipuliden, z.B. der Wiesenschnake *(Tipula paludosa)* und der Kohlschnake (*T. oleracea*, Abb. 257 a). Dasselbe gilt für die Larven der Haarmücken (Bibionidae). Allgemein bekannt sind die Larven von Pilzmücken (Mycetophilidae), die Pilze in engen Gangsystemen bevölkern können.

Die Bohr- oder Fruchtfliegen (Tephritidae), Halmfliegen (Chloropidae) und Nacktfliegen (Psilidae) stellen einige Landwirtschaftsschädlinge.

Die Kirschfruchtfliege *(Rhagoletis cerasi)* entwickelt sich z.B. in Süßkirschen, die Spargelfliege *(Platyparea poeciloptera)* in Spargelkulturen, die Mittelmeerfruchtfliege *(Ceratitis capitata)* z.B. in Citrus-Früchten. Letztere wird erfolgreich durch Freilassung sterilisierter Männchen bekämpft. Die Weibchen paaren sich nur einmal.

Fritfliege (*Oscinella frit*; Chloropidae) ist wohl eine Bezeichnung für eine Reihe von ähnlichen Fliegenarten; der Befall verschiedener Getreide ist zunächst daran zu erkennen, daß das jüngste Blatt vertrocknet, dann reagiert die Pflanze mit übermäßiger Bestockung. Spätere Generationen rufen u.a. Weißährigkeit hervor (Ausfressen der Samenanlagen) oder können sich in Körnern entwickeln. Weiterer Getreideschädling: *Chlorops* (Halmfliege).

Die Möhrenfliege *(Psila rosae)* ist der wichtigste Schaderreger im Möhrenanbau.

Unter den Anthomyiidae sind folgende Formen hervorzuheben: Die Brachfliege *(Delia coarctata)* schädigt Getreide, die Kohlfliege *(Delia brassicae)* entwickelt sich in den Wurzeln verschiedener Kreuzblütler (Kohl, Kohlrübe), die Rettichfliege *(Delia floralis)* vor allem in Wurzeln von Rettich und Radieschen, die Zwiebelfliege *(D. antiqua)* in Speisezwiebeln und Porree, *D. platura* an Bohnen, die

Rübenfliege *(Pegomya hyoscyami)* in Beta-Rübenblättern. Schwerste Schäden, v. a. bei kühler Witterung, kann die Bohnensaatfliege *(Delia platura)* hervorrufen. Die Larven fressen unterirdisch an Keimpflanzen an Bohnen, Gurken, Spinat und anderen Kulturpflanzen.

Pterygota als Vorrats- und Hausschädlinge

Unter diesen Begriffen werden Insekten zusammengefaßt, die an Nahrungsmittelvorräten in Haushaltungen oder Lagerhäusern Schaden anrichten. Dieser kann beträchtliche Maße annehmen. Die Tätigkeit der Schädlinge kann auch mit der Übertragung von Fäulniserregern oder Pilzsporen verbunden sein. Außer an Vorräten können Schädlinge des Hauses an Hölzer gehen (Dachgebälk, Möbel usw.) und an Gebrauchsgegenstände tierischer Herkunft (Teppiche, Kleidung usw.). Vorrats- und Hausschädlinge, die aus wärmeren Ländern nach Mitteleuropa eingeführt wurden, können sich hier nur in Gebäuden halten. Je nach Temperatur- und Ernährungsbedingungen entwikkeln sie sich sehr unterschiedlich schnell und zu unterschiedlicher Größe.

Unter den vorwiegend in wärmeren Regionen beheimateten **Blattodea** sind einige über die ganze Erde verschleppt worden. In Mitteleuropa haben sich vor allem die Küchenschabe (Abb. 230, Orientalische Schabe, Kakerlak, *Blatta orientalis*) und die Hausschabe (Deutsche Schabe; *Blattella germanica*) eingebürgert. Beide leben in warmen, etwas feuchten Orten in Bäckereien, Großküchen, Wohnkomplexen mit Müllschluckanlagen u. dgl. und können auch in Haushalten auftreten. Sie sind nachtaktiv und werden vor allem durch Übertragung von Schimmelpilzen, Fäulnis- und Krankheitserregern sowie durch Verunreinigung der Nahrungsmittel mit Kot und Exuvien wichtig. Zudem hinterlassen sie einen unangenehmen Geruch, der von Sekreten herrührt. Eiablage in derbschaligen Kokons, die zunächst am Körper getragen werden.

Blatta orientalis: bis 3 cm lang, dunkelbraun. Flügel der Männchen kürzer als Abdomen. Weibchen mit stummeligen Vorderflügeln, Hinterflügel fehlen (Abb. 230). Entwicklung 6 Monate bis 4 Jahre. *Blattella germanica*: bis 1,5 cm lang, gelbbraun. Beide Geschlechter langflügelig. Entwicklung kann in 2 Monaten abgeschlossen sein. In dauernd warm gehaltenen Räumen hat sich in Mitteleuropa auch die bis 4 cm lange Amerikanische Schabe *(Periplaneta americana)* eingebürgert; erst in den letzten Jahrzehnten trat bei uns die Braunbandschabe *(Supella longipalpa)* auf.

Wichtige Schädlinge aus der Verwandtschaft der Schaben sind die Termiten, die in den Tropen zu den gefürchtetsten Holzzerstörern gehören. In Mitteleuropa hat bisher nur die amerikanische Gelbfußtermite *(Reticulitermes flavipes)* in einigen Städten Schaden angerichtet.

Unter den **Orthopteroidea** kann die Hausgrille (Heimchen; *Acheta domesticus*, Abb. 232) in warmen Räumen, beispielsweise in Bäckereien oder Heizungskellern, auftreten. Diese etwa 2 cm langen graugelben und braun gezeichneten Tiere können sich im Sommer im Freien vermehren (z. B. auf Müllplätzen), im Herbst kehren sie in die Häuser zurück. Lebensweise ähnlich der der Schaben, jedoch Sprungvermögen. Die beißenden Mundwerkzeuge sind spezialisiert: Der Hypopharynx ist zu einem Polsterrüssel umgebildet und kann so Flüssigkeit aufnehmen. Die Eier werden einzeln mittels Legeröhre in Erdreich oder Spalten abgelegt. Männchen können störend werden durch ihr intensives Stridulieren in Abend- und Nachtstunden. Entwicklungszeit 1 Jahr oder kürzer.

Die **Psocoptera** stellen eine Reihe von Schädlingen, die in feuchten Lagerräumen oder Wohnungen in Massen auftreten können. Die 1–3 mm kleinen flügellosen Tiere ernähren sich vorwiegend von Schimmelpilzhyphen. An Lebensmitteln, Tapeten und Büchern können sie durch Kotabgabe und Zurücklassen von Exuvien für starke Verunreinigung sorgen. Als Schädlinge sind folgende Formen wichtig:

In Häusern kommen etwa 10 schwer zu unterscheidende *Liposcelis*-Arten vor, die auch Bücherlaus *(L. divinatorius)* genannt werden. Staublaus (*Trogium pulsatorium*, Abb. 234); in Getreidespeichern, Mühlen und Wohnungen. Das Weibchen von *Trogium* kann mit dem Hinterleib ziemlich laut auf die Unterlage klopfen (vgl. *Anobium*).

Weiterhin: *Psyllipsocus*, *Lepinotus*-Arten u. a.

Die **Hymenoptera** können mit mehreren Gruppen schädlich werden. Die mit Pilzen in Symbiose lebenden Holzwespen (Siricidae) sind bis 4 cm lange Tiere (Abb. 249), die ihre Eier

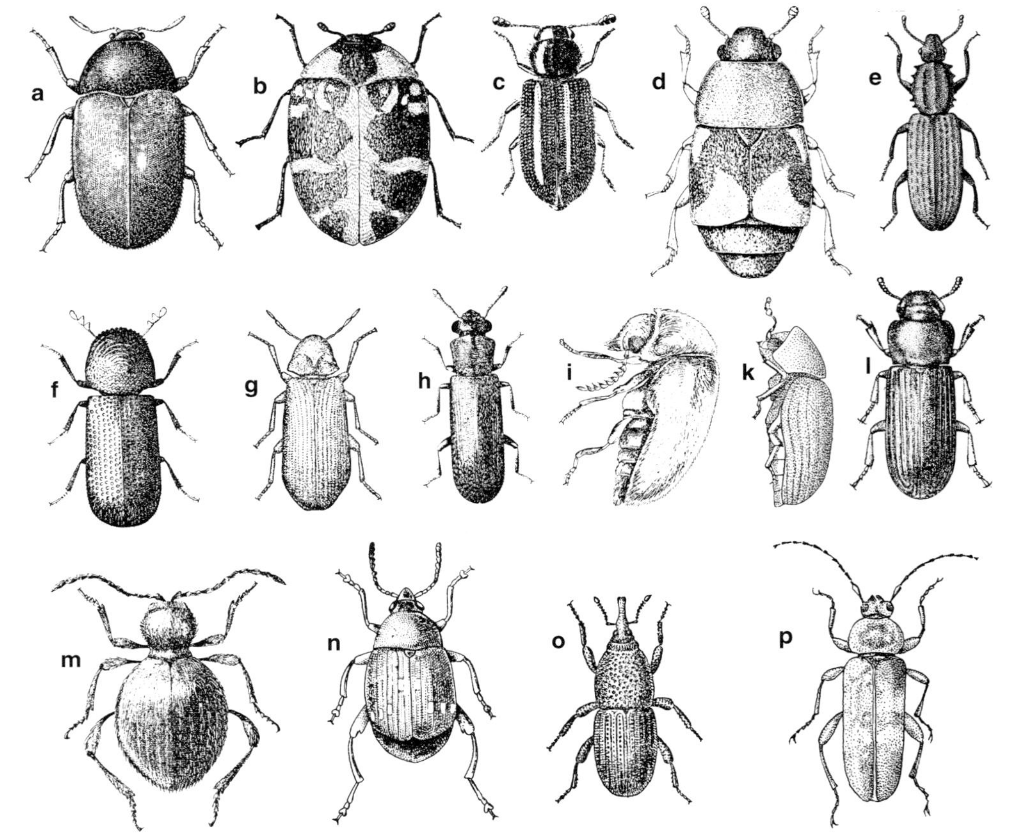

Abb. 220: Haus- und Materialschädlinge (Coleoptera). a. *Attagenus pellio*, b. *Anthrenus scrophulariae*, c. *Necrobia rufipes*, d. *Carpophilus hemipterus*, e. *Oryzaephilus surinamensis*, f. *Rhizopertha dominica*, g. *Anobium punctatum*, h. *Lyctus brunneus*, i. *Lasioderma serricorne*, k. *Stegobium paniceum*, l. *Tribolium confusum* (ähnlich, aber größer: *Tenebrio*), m. *Niptus hololeucus*, n. *Bruchus pisorum*, o. *Sitophilus granarius*, p. *Hylotrupes bajulus*. Maßstäbe unterschiedlich (vgl. Text). Nach Diehl, Hinton, Kemper, Knull, Lepesme, Weidner

mit einem langen Legebohrer in kränkelndes oder frisches Holz legen. Nach mehrjähriger Entwicklungszeit schlüpfen sie aus dem vielleicht schon verarbeiteten, ausgetrockneten Holz. *Sirex, Urocerus*.

Faltenwespen (Vespidae) werden vor allem im Spätsommer und Herbst lästig, wenn sie in Wohnungen eindringen und Süßigkeiten aufnehmen. Die weiblichen Tiere können dem Menschen schmerzhafte Stiche zufügen. Häufig sind Deutsche Wespe *(Vespula germanica)* und Gemeine Wespe *(V. vulgaris)*.

Ameisen (Formicoidea) dringen mit einigen Arten in Gebäude ein und werden hier als Nahrungsmittelschädlinge durch Fraß und Verschmutzung wichtig.

Die Pharaoameise *(Monomorium pharaonis)* aus Indien, die ihre Nester in Mauerwerk anlegt, ist eine sehr kleine bernsteinfarbige Ameise, deren Arbeiterinnen etwa 2 mm lang werden. Sie kann sich bei uns nur in überdurchschnittlich warmen Gebäuden halten; in Krankenhäusern bisweilen sehr lästig.

Die Braune Rasenameise *(Tetramorium caespitum)*, deren Arbeiterinnen 3 mm lang sind, legt im Freien große Erdnester an sandigen Stellen an und dringt von dort oft in Vorratsräume ein.

Außerdem sind mehrere *Lasius*-Arten als Schädlinge von Bedeutung.

Der Großteil der Vorrats- und Hausschädlinge wird von den **Coleoptera** gestellt

(Abb. 220). Zum Teil handelt es sich um Formen aus weniger bekannten Familien, die bei uns eingeschleppt wurden.

Mehrere wichtige Schädlinge gehören zu den Speckkäfern (Dermestidae). Der Gemeine Speckkäfer *(Dermestes lardarius)*, etwa 8 mm lang, und andere Arten dieser Gattung leben als Larve und Imago von tierischen Produkten wie Räucher- und Wurstwaren, Fischmehl, Häuten, Fellen, aber auch in Schokolade. Zur Verpuppung bohren sich die Larven in härtere Gegenstände ein und können dadurch weiteren Schaden hervorrufen.

Sehr weit verbreitet ist der Gefleckte Pelzkäfer (*Attagenus pellio*, Abb. 220 a), den man in den meisten Häusern erwarten kann. Die Larve lebt an tierischen Produkten, vor allem Wolle, Pelzen und Federn, die Imagines findet man auch im Freien. *Attagenus pellio* ist etwas kleiner als *Dermestes* (5 mm). Auf den Flügeldecken weist er je einen behaarten, weißen Fleck auf, *Dermestes lardarius* eine breite Binde. Die Gattung *Anthrenus* kann ebenfalls mit mehreren Arten in Gebäuden auftreten. Die Larven sind als Pelzfresser von Bedeutung und können Insektensammlungen stark in Mitleidenschaft ziehen. Wie andere Dermestiden-Larven sind sie mit langen Haaren versehen. Die 2–4 mm langen Imagines findet man im Freien häufig auf Blüten. Museumskäfer *(Anthrenus museorum)*, Teppichkäfer (*A. scrophulariae*, Abb. 220 b). Zu den Dermestiden gehört schließlich der aus Indien eingeschleppte Khaprakäfer *(Trogoderma granarium)*, dessen Larve in Lagerräumen an Getreide schädlich wird.

Unter den Buntkäfern (Cleridae), die meist räuberisch von Insektenlarven leben, rufen die Schinkenkäfer Schaden an Fleischwaren und Käse hervor. Eine der häufigsten Formen ist der bis 6 mm lange Rotbeinige Schinkenkäfer (Koprakäfer, *Necrobia rufipes*, Abb. 220 c), mit seinen blauen, metallisch glänzenden Flügeldecken. Zur Massenentwicklung kommt er oft in Kopra auf Schiffen, die in Süd-, Südost- und Ostasien beladen wurden.

An Getreidekörnern, Erdnüssen und anderen Vorräten können Larven und Imagines des bis 1 cm langen Schwarzen Getreidenagers *(Tenebrioides mauritanicus*, Fam. Ostomidae) schädlich werden.

Unter den Glanzkäfern (Nitidulidae) ist die Gattung *Carpophilus* (Backobst- und Saftkäfer) hervorzuheben. Der bis 4 mm lange, schwarzgelbe *Carpophilus hemipterus* (Abb. 220 d) findet sich häufig in Trockenobst, Nüssen oder feuchtem Getreide. An ähnlichen Produkten (Getreide, Dörrobst) ruft der 3 mm lange Getreideschmalkäfer (*Oryzaephilus surinamensis*, ein Cucujide) Schaden hervor (Abb. 220 e). Meist tritt er gemeinsam mit Kornkäfern, Reiskäfern u. a. auf.

Aus Indien stammt der etwa 3 mm lange Getreidekapuziner (*Rhizopertha dominica* [Abb. 220 f], Fam. Bostrychidae), der sich immer wieder in Getreidespeichern Mitteleuropas festsetzt.

Die Klopfkäfer (Anobiidae) erhielten ihren Namen nach der Fähigkeit, durch Kopfschlagen auf das Substrat ein klopfendes Geräusch hervorzurufen. *Anobium punctatum* (Totenuhr, Holzwurm; Abb. 220 g) kommt nicht selten in Möbeln, Schnitzarbeiten und Bauholz vor. Der Befall ist spätestens an den kleinen, 1–2 mm messenden Ausfluglöchern erkennbar. Der Käfer wird etwa 4 mm lang.

Ähnlich kann das Befallsbild der vorwiegend tropischen Splintholzkäfer (Lyctidae) aussehen, die bei uns immer häufiger eingeschleppt werden (*Lyctus brunneus*, Abb. 220 h).

Die beiden folgenden Arten gehören ebenfalls zu den Anobiidae. Der Brotkäfer (*Stegobium paniceum*, Abb. 220 k), dessen Larven häufig Backwaren befallen, ist einer der häufigsten Schädlinge in Haushaltungen, Drogerien und Apotheken (»Drogeriekäfer«). Die 2–3 mm lange Imago nimmt, wie die von *Lasioderma serricorne* (Tabakkäfer, Abb. 220 i), dessen Larven in Tabakwaren leben, keine Nahrung auf.

Die Larven und die langbeinigen Imagines der Diebskäfer (Ptinidae) treten als Schädlinge bevorzugt in älteren Gebäuden auf und ernähren sich von verschiedenen organischen Bestandteilen. Beim Bau der Verpuppungskokons werden die Futterteilchen durch Sekrete der Larven verklebt und Nahrungsmittel des Menschen so unbrauchbar gemacht. *Ptinus fur* (Kräuterdieb, Gemeiner Diebskäfer), *Ptinus tectus* (Australischer Diebskäfer), *Niptus hololeucus* (Messingkäfer, Abb. 220 m).

Zu den bekanntesten Schädlingen gehört ein Vertreter der Schwarzkäfer (Tenebrionidae): Mehlwürmer, Larven des Mehlkäfers *(Tenebrio molitor)* sind als Vogelfutter im Handel. Sie leben in Mehlprodukten. Die Larven werden

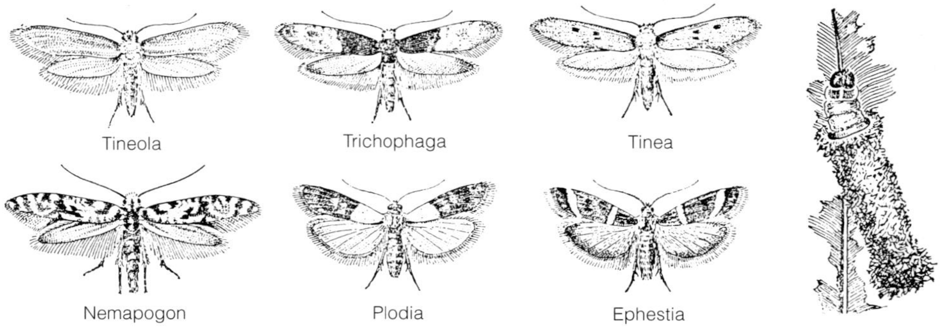

Abb. 221: In Haus und Vorräten schädliche Schmetterlinge. Rechts Raupe einer Kleidermotte. Nach Weidner

nahezu 3 cm lang, der Käfer etwa 1–2 cm. Entwicklungsdauer 1–2 Jahre. Kleiner (3–5 mm) und mit kürzerer Entwicklung, in der Lebensweise ähnlich: Amerikanischer Reismehlkäfer (*Tribolium confusum*, Abb. 220 l) und Vierhornkäfer *(Gnathocerus cornutus)*.

Die Bockkäfer (Cerambycidae) sind meist relativ große Käfer mit langen Antennen, deren Larven sich in Holz entwickeln. Als Schädling, der sich ununterbrochen in Gebäuden fortpflanzen kann, ist der bis 2 cm lange Hausbock (*Hylotrupes bajulus*, Abb. 220 p) wichtig. Er ist einer der gefährlichsten Zerstörer von Dachstühlen. Seine Eier legt er bevorzugt in altes, trockenes Nadelholz. Im Freien findet man seine Larven bei uns daher nur in Telegraphenmasten, Zaunpfählen u. dgl. Da diese die Holzoberfläche meiden, kann Befall unbemerkt bleiben. Das knisternde Geräusch ihrer Mundwerkzeuge ist jedoch ein untrügliches Zeichen für Hausbock-Befall. Später recht große ovale Ausfluglöcher mit gefranstem Rand.

Einheimische Samenkäfer (Bruchidae) wie der Erbsenkäfer *Bruchus pisorum* (Abb. 220 n) sind keine Lagerschädlinge, sie befallen Hülsenfrüchte schon im Freien. Aus wärmeren Ländern eingebürgerte Formen wie der Speisebohnenkäfer *(Acanthoscelides obtectus)* pflanzen sich jedoch bei uns auf Speichern fort. Typisches Befallsbild: Hülsenfrüchte mit kreisrunden Löchern. Zahlreiche ähnliche Arten.

Bohrlöcher an Getreide sowie unregelmäßige Fraßstellen hinterläßt der flugunfähige, 2,5-5 mm lange Kornkäfer (*Sitophilus granarius*, Abb. 220 o). Er gehört zu den Rüsselkäfern (Curculionidae). In Getreidelagern kann er für starke Verluste sorgen. Der ähnliche, aber flugfähige Reiskäfer *(S. oryzae)* befällt in warmen Ländern den Reis bereits im Freien.

Auch eine Anzahl von **Lepidoptera** gehört zu den Vorratsschädlingen. Alle hier genannten Formen sind Kleinschmetterlinge (Abb. 221).

Allgemein bekannt ist die Kleidermotte *(Tineola bisselliella)*, deren Raupe an Pelzen, Wolltextilien, Matratzenfüllungen u.dgl. erheblichen Schaden anrichten kann. Sie gilt als der wichtigste Textilschädling und ist weltweit verbreitet. Die einzeln und lose abgelegten Eier entwickeln sich zu Raupen, die in einer beiderseits offenen Gespinströhre leben und sich in einem Kokon verpuppen. Die jungen Weibchen leben versteckt und laufen bei Störung weg. Umherfliegende Kleidermotten sind meist Männchen und Weibchen nach der Eiablage. Sie wegzufangen bedeutet für den Befall daher keine Minderung.

Weitere Motten (Tineidae) sind die Pelzmotte *(Tinea pellionella)*, die Tapetenmotte *(Trichophaga tapetzella)* (Raupen beider an Pelzen, Wollwaren u.dgl.) und die Kornmotte *(Nemapogon granellus)* (Raupen in Getreide, Trockenpilzen, Trockenobst).

In Weinkellern findet man häufig die Raupen von *Oinophila* (Fam. Oinophilidae, Weinkellermotten), die Aufwuchs von Weinfässern oder Korken abweiden.

Von den Gelechiidae (Tastermotten) befällt die Getreidemotte *(Sitotroga cerealella)* in warmen Ländern das Getreide im Freien, bei uns im Speicher.

Eine Reihe weiterer Schädlinge gehört zu den Zünslern (Pyraloidea), so die Große *(Galleria mellonella)* und die Kleine Wachsmotte *(Achroia grisella)*, deren Raupen in Bienenstökken leben, die Dörrobstmotte *(Plodia interpunctella)* (Raupen an Trockenobst und anderen Nahrungs- bzw. Futtermitteln) sowie die bekannte Mehlmotte *(Ephestia kuehniella)* (Raupen spinnen in Getreideprodukten so stark, daß es zu technischen Störungen in Mühlen kommen kann).

Unter den **Diptera** sollen hier nur einige Fliegen (Brachycera) genannt werden, die sich in verschiedenen Nahrungsmitteln des Menschen entwickeln oder als Imagines zwischen diesen und anderen Substraten, z. B. Müll und Kot, wechseln. Besonders bekannt sind die Käsefliege *(Piophila casei)*, deren Larve in einem Stadium springen kann (Entwicklung in Käse und Fleischprodukten), Tau-, Essig-, oder Fruchtfliege *(Drosophila)*, die oft an Obstprodukten sehr lästig wird, die Schmeißfliegen *(Sarcophaga, Lucilia, Calliphora, Phormia)* sowie die Muscidae *Musca, Muscina* und *Fannia*. Da ihnen meist eine Bedeutung bei der Übertragung von Krankheiten zukommt, werden sie auf S. 359 im Zusammenhang abgehandelt.

Pterygota als Krankheitsüberträger und Parasiten des Menschen

Viele pterygote Insekten saugen Blut des Menschen und können Krankheiten übertragen. Einige haben den Lauf der Menschheitsgeschichte nicht unbeträchtlich beeinflußt.

Die flügellosen **Anoplura** als Gruppe permanenter Parasiten leben mit den zwei Arten *Pediculus humanus* und *Pthirus pubis* am Menschen (Abb. 222).

Pthirus pubis, die Filz- oder Schamlaus, etwa 1–1,7 mm lang und etwa ebenso breit, lebt vorwiegend in der Schamgegend und legt ihre Eier auch hier ab. Wie bei anderen Läusen werden die Eier mit wasserunlöslichem Sekret an Haaren befestigt und sind durch einen Dekkel gekennzeichnet (Abb. 234 d). Man bezeichnet sie als Nissen. Die Übertragung der Filzlaus erfolgt beim Geschlechtsverkehr oder Schlafen mit verlausten Personen im selben Bett. Als Krankheitsüberträger spielt *Pthirus pubis* keine Rolle.

Pediculus humanus (Menschenlaus) tritt in zwei Rassen auf, der 2–3,5 mm langen Kopflaus *(P. h. capitis)* und der 3–4,5 mm langen Kleiderlaus *(P. h. humanus)*. Die Kopflaus lebt vor allem im Haupthaar und legt hier die Eier ab. Bei Personen mit langen Haaren findet man sie öfter als bei kurzhaarigen. Die Kleiderlaus lebt meist an der Innenseite der Kleidung, die dem Körper direkt aufliegt. Steigt die Temperatur hier an (weil der Lausträger besonders warm bekleidet ist, fiebert oder stark körperlich arbeitet), wandert sie weiter nach außen. Ihre Eier legt sie in der Kleidung ab.

Bei starkem Befall können die Läuse ihre optimale Umgebung verlassen. Kleiderläuse und deren Nissen fand man z. B. auch in Lagerstätten, Polstermöbeln, Papiergeld und Notizbüchern befallener Personen.

Die Verbreitung der Läuse ist sicher in den letzten Jahrhunderten zurückgegangen, wenngleich auch heute noch in vielen Regionen der Erde das Beisammensitzen von Personen, die sich gegenseitig die Kopfläuse absammeln, keine Besonderheit darstellt. Im zeitweise als lausfrei angesehenen Mitteleuropa gibt es wieder Kopfläuse. Bei hinreichend hygienischem Verhalten ist Massenbefall jedoch leicht zu verhindern (Entwicklungszeit der Laus etwa 25–30 Tage). Werden hygienische Grundregeln allerdings nicht eingehalten, kann es zur totalen Verlausung kommen: Ein Weibchen vermag in einer Woche 50 Eier abzulegen, was also rasches Populationswachstum sicherstellt. Aus dem 1. Weltkrieg wird berichtet, daß man in den Hemden einzelner Soldaten 10 000 Läuse fand.

Wichtiger als die Läusestiche, die allerdings heftigen Juckreiz zur Folge haben können, ist die Tatsache, daß Kleiderläuse Krankheiten übertragen. Durch *Rickettsia prowazekii* infizierte Läuse sterben nach 8–12 Tagen, von *R. quintana* befallene zeigen dagegen keine Beeinträchtigung. Beide Rickettsien kommen durch Einkratzen von Läusekot oder durch Einatmen in den Menschen. *R. prowazekii* ruft Läusefleckfieber (= Flecktyphus) hervor, *R. quintana* das nicht tödlich verlaufende Fünftagefieber (Wolhynisches Fieber).

Fleckfieber führt über Fieber, Roseolenbildung, Delirien und Zusammenbruch des Kreislaufs bei 20–40% der Fälle zum Tod. Als Prophylaxe: Schutzimpfung. Fleckfieber ist vielfach in Epidemien aufgetreten. Im 30jährigen Krieg wurden durch Fleckfieber (und Pest, s. u.) mehr Menschen getötet als durch Waffen. Napoleon verlor auf seinem Feldzug in Rußland etwa dreimal so viele Soldaten durch Flecktyphus (und Ruhr) wie durch Waffengewalt. So-

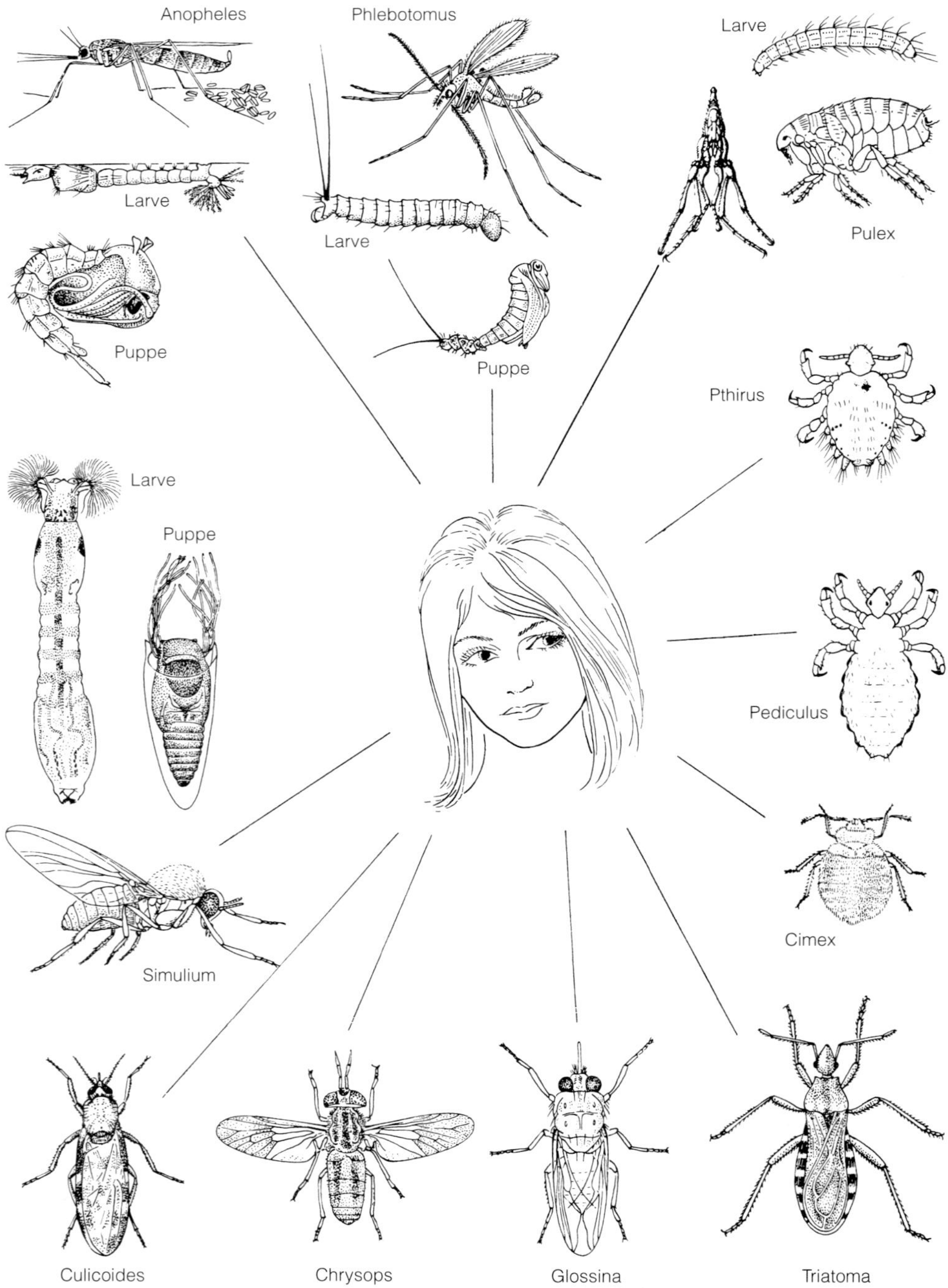

Abb. 222: Pterygote Insekten, die am Menschen parasitieren und Krankheiten übertragen können. Nach Austen, Brumpt, Friederichs, Ludwig, Neveu-Lemaire, Newstead, Remane, Sikora, Smart, Storch, Welsch, Zumpt

gar im und nach dem 1. Weltkrieg kam es in Osteuropa noch zu Verlusten durch diese Krankheit. 1918–1922 gab es in der Sowjetunion etwa 20–30 Millionen Erkrankungen; 2–3 Millionen Menschen starben.

Zu den Spirochaeten gehört *Borrelia recurrentis*, der Erreger des Läuserückfallfiebers. Infektion des Menschen erfolgt, indem eine infizierte Laus zerdrückt und die Borrelien in die Haut gekratzt werden. Fieberfreien Zeiten folgen jeweils mehrtägige Fieberanfälle. Mortalitätsquote hoch.

Auch Läuse von verschiedenen Säugetieren finden sich bisweilen am Menschen und stechen ihn gelegentlich, halten sich aber hier nicht lange.

Unter den **Heteroptera** sind Cimicidae und Triatominae temporäre Parasiten und Krankheitsüberträger.

Die Bettwanzen (Cimicidae) kommen mit der Gemeinen Bettwanze *(Cimex lectularius)* in den gemäßigten und warmen Zonen der Erde und der Tropischen Bettwanze *(Cimex hemipterus)*, die auf den Tropengürtel beschränkt ist, am Menschen vor. Es handelt sich um bis 8 mm lange, braune, behaarte Insekten, deren Vorderflügel schuppenförmig sind und denen Hinterflügel fehlen. Sie leben tags verborgen in Spalten von Boden, Wand und Mobiliar. Hier werden auch die mit einem schräg aufgesetzten Deckel versehenen Eier angeheftet. Die Entwicklung bis zum adulten Tier dauert 1–2 Monate. Nachts suchen junge und adulte Tiere Schlafende auf; sie alle saugen Blut, können aber monatelang hungern. Das Vollsaugen dauert 5–10 Minuten. Der Stich ruft bei den meisten Menschen unregelmäßige, juckende Quaddeln hervor. Als Krankheitsüberträger unwesentlich, in Mitteleuropa sehr selten.

Triatominae (Raubwanzen) kommen mit ca. 80 Arten vorwiegend in Lateinamerika vor. Sie sind wesentlich größer als Bettwanzen (3 cm lang) und tragen Flügel. Sie leben in Nestern verschiedener Vögel und Säugetiere und dringen in Behausungen von Menschen ein, wo sie Eier ablegen und wo sich die Entwicklung vollzieht. Jedes einzelne Stadium muß – wie bei *Cimex* – Blut saugen, jedoch reicht zeitweilig das von Artgenossen. Die Triatominen sind nachtaktiv. Über ihren Kot kann *Trypanosoma cruzi*, der Erreger der Chagas-Krankheit, auf den Menschen übertragen werden. Der Kot gelangt i.a. durch Einkratzen in die Blutbahn.

Eine weitere Gruppe flugunfähiger Parasiten stellen die **Siphonaptera** (**Aphaniptera**, Flöhe) dar, die mit einigen Arten temporär am Menschen saugen. Im Unterschied zu Läusen und Wanzen entwickeln sie sich über fußlose Larven und Puppen zur Imago, die zudem seitlich zusammengedrückt ist, nicht dorsoventral, und die meist über Sprungvermögen verfügt. Die Entwicklung findet in Nestern von Tieren oder in organischem Substrat in Fußbodenritzen o.dgl. statt. Die Larven ernähren sich von verschiedenen Abfallstoffen und dem bluthaltigen Kot der Imagines, welche nur Blutsauger sind, allerdings nicht auf eine Wirtsart spezialisiert.

Als häufigste Parasiten des Menschen haben zu gelten: Menschenfloh *(Pulex irritans)*, Pestfloh (Indischer, Tropischer Rattenfloh, *Xenopsylla cheopis*), Katzenfloh *(Ctenocephalides felis)*, Hundefloh *(C. canis)*, Europäischer Rattenfloh *(Nosopsyllus fasciatus)*, Hühnerfloh *(Ceratophyllus gallinae)* und Taubenfloh *(Ceratophyllus columbae)*.

Etwa 75% allen Flohbefalls beim Menschen verursacht in gemäßigten Klimaten Europas und Nordamerikas der Katzenfloh.

In den Tropen kommt der Sandfloh *(Tunga penetrans)* hinzu. Das Weibchen bohrt sich nach der Begattung in die Haut von Mensch oder Schwein und schwillt zu einer erbsengroßen Blase an. Dann werden die Eier ausgestoßen.

In der Geschichte haben Flöhe als Krankheitsüberträger eine enorme Bedeutung erlangt. An erster Stelle steht die Pest, an der im 14. Jahrhundert ein Viertel der Bevölkerung Europas zugrundeging. Aber schon vor dieser Riesenkatastrophe sind etwa 150 Pestepidemien historisch belegt. Schon von der ersten, über die authentisch berichtet wurde, hieß es, die meisten Menschen, die sich in den Straßen von Pelusium (Ägypten) begegneten, trügen eine Leiche. Die Epidemie zog sich über 200 Jahre hin. Im 20. Jahrhundert trat Pest vorwiegend in Asien (Indien, Mandschurei) auf, von wo sie jedoch immer wieder in andere Gebiete verschleppt werden kann. In den letzten Jahren traten zum Beispiel Pestepidemien in einigen arabischen Ländern auf. Erreger dieser Seuche ist das Bakterium *Yersinia (Pasteurella) pestis*, das beim Saugen von Flöhen aus verschiedenen Tieren aufgenommen wird. Von Bedeutung sind vor allem pestkranke Ratten, von denen der Floh auf den Menschen überwechseln kann. Die Bakterien vermehren sich im Flohdarm, stauen sich hier und werden beim nächsten Stich wieder erbrochen. In die Blutbahn des Menschen gelangt, vermehren sie sich in Lymphknoten und bringen diese zum Vereitern. Nach kurzer Zeit kann der Tod eintreten. Der wichtigste Überträger ist *Xenopsylla cheopis*. Ebenfalls durch Flöhe wird das Murine Fleckfieber (Erreger: *Rickettsia typhi*) übertragen, das in warmen Gebieten weit verbreitet ist. Sterblichkeitsrate: 1–2%.

Viele Krankheitsüberträger und Blutsauger des Menschen gehören zu den **Diptera**. Ihnen kommt eine beträchtliche Bedeutung zu.

Unter den 4–10 mm langen Stechmücken (Moskitos, Culicidae) saugen die Weibchen der Culicinae und Anophelinae Blut, während die Männchen Pflanzensäfte aufnehmen. Beim Blutsaugen kann es zur Übertragung verschiedener Virosen, von Malaria (S. 26) und Filariosen (S. 140) kommen. Die Stechmücken legen ihre Eier einzeln oder gruppenweise auf Klein- oder Kleinstgewässern (in Flaschen-, Dosenresten u.ä.) mit ruhiger Oberfläche oder in deren unmittelbarer Nähe ab. Die Larven und Puppen leben im Wasser, sie sind aber auf Luftsauerstoff angewiesen, den sie an der Oberfläche aufnehmen *(Anopheles, Aëdes, Haemagogus, Culex, Culiseta)* oder über Pflanzenstengel, die sie anbohren *(Mansonia)*.

Über 50 *Anopheles*-Arten übertragen *Plasmodium*, den Erreger der Malaria, auf den Menschen. Der Kampf gerade gegen diese Mücken wird auf verschiedene Weise geführt. Um Stiche der Imagines zu verhindern, werden verschiedene Mittel zum Einreiben der Haut angeboten, jedoch bei Massenauftreten der Mücken mit geringem Erfolg angewendet, außerdem werden Vitamin-B_1-Präparate empfohlen. Mückennetze (Moskitonetze) und Gaze in den Fensterrahmen halten Mücken von Schlafstellen fern. Um die Entwicklung der Stechmükken zu verhindern, wurden vielfach Sümpfe trockengelegt bzw. Kleingewässer zugeschüttet oder beschichtet. Schließlich hat man Fische, z.B. *Gambusia* (Abb. 355d), ausgesetzt, die sich von Mückenlarven ernähren; neuerdings setzt man Bakterien ein (s.u.).

Aëdes aegypti überträgt das Gelbfieber-Virus. In vergangenen Zeiten war Gelbfieber eine der wichtigsten Krankheiten in den Tropen. Beim Bau des Panama-Kanals starben sehr viele Arbeiter durch Gelbfieber und Malaria. Heute ist das Gelbfieber weitgehend eingedämmt. Schutzimpfungen bei Besuch gefährdeter Gebiete (Lateinamerika, Afrika) sind obligatorisch. Die Krankheit ist durch Fieber, Erbrechen von Blut und Gelbfärbung der Haut gekennzeichnet. Sterblichkeitsrate bis 30%.

In Mittelamerika, im Mittelmeergebiet und in warmen Teilen Asiens und Australiens tritt das Denguë- oder Siebentagefieber auf, das durch Viren hervorgerufen wird, die von Mükken, u.a. *Aëdes aegypti*, übertragen werden. Meist verläuft es gutartig. Inzwischen kennt man über 100 weitere Viren, die von Stechmükken übertragen werden. Nicht selten bewirken sie Encephalitis.

Zwar sind die Zeiten, da Culiciden in Mitteleuropa Malaria übertrugen, vorüber, aber als Lästlinge spielen sie dennoch mancherorts eine Rolle. In Regionen mit großen Mückenvorkommen (z.B. Oberrheinebene) wurden bis 200 Stechversuche/min/Person gezählt, so daß hier ein umfangreiches Bekämpfungsprogramm eingeleitet wurde. Die hier oft in Massen auftretende und sich in Überschwemmungsgebieten entwickelnde «Rheinschnake» *Aëdes vexans* wird mit dem Toxin von *Bacillus thuringiensis israelensis* (Bti) bekämpft. Während diese Art im freien Gelände (Wälder, Äcker, Gärten) lebt, dringen *Culex pipiens* und die etwas größere *Culiseta annulata* (mit schwarz-weiß geringelten Tarsen) in den engeren Wohnbereich ein und sind aus Schlafzimmern wohlbekannt. Sie legen ihre «Eischiffchen» (Gelege aus 200–400 Eiern) auf die Oberfläche auch kleiner Wasseransammlungen in Regenfässern u. dgl. Weibliche Mücken dringen nach erfolgter Begattung in Häuser ein, wo sie bei Dunkelheit Blut saugen. Speziell im August und im September können sie bei uns zur Plage werden. Weibchen überwintern in Kellern und anderen feuchten, frostgeschützten Räumen.

Wichtige Krankheitsüberträger sind weiterhin die Phlebotominae (Sandmücken), etwa 1,5–3 mm kleine sandfarbene Mücken vorwiegend der Tropen und Subtropen, die zu den auch bei uns verbreiteten Schmetterlingsmükken (Psychodidae) gehören. Auch bei ihnen saugen nur die Weibchen Blut, die Männchen dagegen Pflanzensäfte. Die Larven, erkennbar an langen Borsten am Hinterende, leben im Boden von allen möglichen faulenden Stoffen; gegen Überschwemmungen sind sie nicht sehr empfindlich. Die Hauptbedeutung der Phlebo-

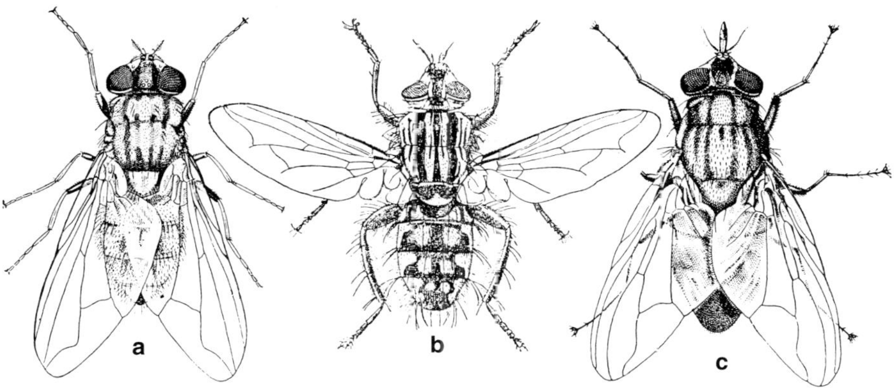

Abb. 223: Synanthrope Fliegen. a. *Musca*, b. *Sarcophaga*, c. *Stomoxys*. Nach Kemper

tominen liegt in der Übertragung der Leishmaniosen (S. 15), in den Anden übertragen sie zudem das Bakterium *Bartonella bacilliformis*, den Erreger der Carrionschen Krankheit (Fieber, Blutungen der Haut, Gliederschmerzen, Leberschwellung, psychische Veränderungen; Mortalitätsquote bis über 40%). Durch Phlebotominen wird in manchen warmen Ländern auch das Pappataci- oder Dreitagefieber übertragen, eine Virose, die nach hohem Fieber, Durchfall und Erbrechen und anderen unangenehmen Erscheinungen gutartig verläuft.

Eine weitere Mückenfamilie von Bedeutung sind die Kriebel- oder Kribbelmücken (Simuliidae). Die 4–4,5 mm langen Mücken sind leicht an ihrem «gebuckelten» Thorax und dem gedrungenen Körper zu erkennen. Einige Arten übertragen den Nematoden *Onchocerca volvulus* (S. 141).

Schließlich sollen die Gnitzen (Ceratopogonidae) erwähnt werden, 0,5–3 mm lange Mükken mit wurmförmigen Larven im Wasser oder an feuchten Standorten. Die Weibchen zahlreicher Arten sind Blutsauger, oft hinterlassen ihre schmerzhaften Stiche heftigen Juckreiz oder Blutungen. Sie sind Vektoren von Viren und Nematoden. In Afrika überträgt *Culicoides* die Nematoden *Dipetalonema* und in Amerika *Mansonella* auf den Menschen.

Fliegen (Brachycera) können dem Menschen in vielfacher Hinsicht Schaden zufügen.

Die Bremsen (Tabanidae) und andere können schmerzende Stiche setzen, z. B. *Tabanus* und *Chrysozona (= Haematopota) pluvialis*, die Regenbremse («Blinde Fliege»). *Chrysops* überträgt das Bakterium *Francisella tularensis*, den Erreger der Tularämie und die Wanderfilarie *Loa loa* (S. 142).

Die Tsetsefliegen (Glossinidae), die heute auf Afrika beschränkt sind, übertragen die Schlafkrankheit (S. 17) auf den Menschen. Die *Glossina*-Arten stechen vorwiegend Säugetiere und den Menschen. Die Weibchen bringen verpuppungsreife Larven zur Welt, die sich in den Boden eingraben und verpuppen.

Eine Anzahl Fliegen ist an den unmittelbaren Lebensbereich des Menschen gebunden, man nennt sie synanthrope Fliegen. Mit Ausnahme von *Stomoxys* sind sie keine Ectoparasiten, kommen jedoch als Krankheitsüberträger in Betracht.

Der Wadenstecher (Stall-, Kuhfliege, *Stomoxys calcitrans*, Abb. 223 c) hat stechende Mundwerkzeuge. Vorwiegend in Viehställen (Pferd, Rind, Schwein), befällt jedoch auch häufig Menschen. Von der ähnlichen Stubenfliege unterscheidet er sich außer durch die Mundwerkzeuge durch die Sitzhaltung: *Musca* parallel zur Unterlage, *Stomoxys* mit angehobenem, schräg nach oben gerichtetem Vorderkörper.

Die anderen synanthropen Fliegen besitzen einen Tupfrüssel. Sie gehören vor allem zu den Gattungen *Musca* (Große Stubenfliege), *Muscina* (oft mit *Musca* verwechselt), *Fannia* (Kleine Stubenfliege), *Lucilia* (Goldfliege), *Calliphora* und *Phormia* (Schmeißfliege, «Brummer») und *Sarcophaga* (Fleischfliege, Abb. 223 b). *Musca*-Larven entwickeln sich z. B. in Exkrementen, *Fannia* in faulender pflanzlicher Substanz, *Lucilia*, *Calliphora* und *Sarcophaga* in Aas. Die Imagines leben an verschiedenen

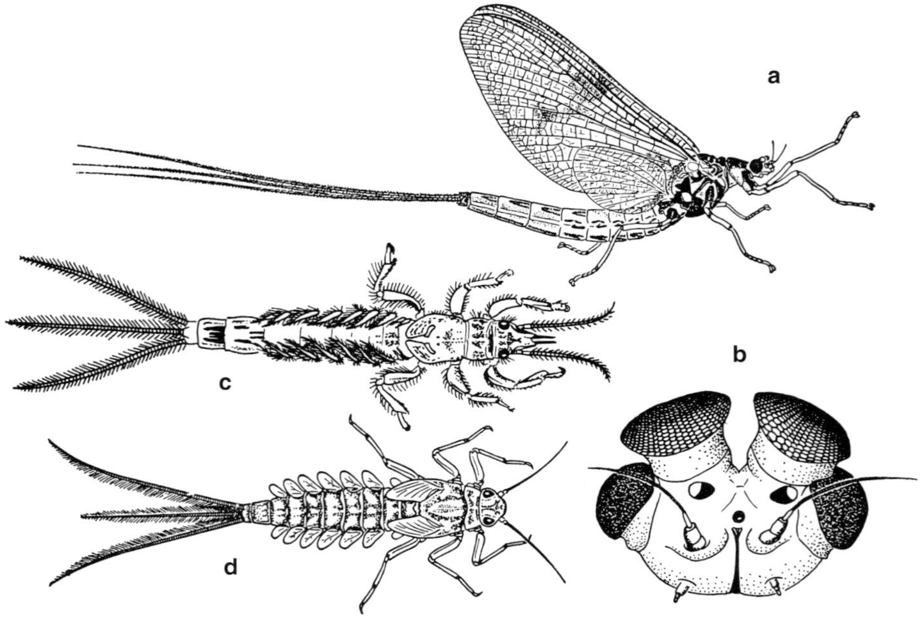

Abb. 224: Eintagsfliegen. a. *Ephemera vulgata*, Imago; b. Kopf von *Cloëon dipterum* mit Turbanaugen; c, d. Larven. c. *Ephemera*, d. *Baëtis*. Nach Engelhardt, Illies, Seifert

Nahrungs- und Genußmitteln, aber auch an eiternden Wunden, Kot- und Abfallhaufen. Dadurch sind sie als Überträger von Krankheitskeimen natürlich besonders geeignet.

Die synanthropen Fliegen können vor allem die Ägyptische Augenkrankheit (Trachom) übertragen, die besonders in Nordafrika und Asien nicht selten vorkommt und oft Blindheit zur Folge hat. Der Erreger *Chlamydia trachomatis* ist mit Rickettsien verwandt. Auch für die Verbreitung anderer Bakterien sind Fliegen verantwortlich, z. B. Salmonellen, Ruhr *(Shigella)*, Streptokokken und Staphylokokken. Schließlich sind sie Überträger von Protozoen (Amöbenruhr, Darmflagellaten, *Balantidium*) und Wurmeiern *(Ascaris, Enterobius, Taenia)*.

In gemäßigten Regionen ist die Gefährlichkeit der synanthropen Fliegen geringer als in wärmeren. Immerhin ist bei uns schon die rasche Fortpflanzung der Fliegen Grund genug, Nahrungsmittel vor ihnen zu verschließen: *Calliphora* und *Lucilia*, die ihre Eier bevorzugt an Fleisch legen, legen eine große Zahl von Eiern ab, aus denen bei *Calliphora* am selben Tage schnellwüchsige Larven schlüpfen können.

Zahlreiche Fliegen sind auch Larvalparasiten. Im tropischen Afrika lebt *Auchmeromyia luteola*, die Kongofliege, deren Larven nachts Menschen aufsuchen und Blut saugen. Meist jedoch dringen Fliegenlarven ganz in die Haut des Menschen ein. Dann spricht man von Myiasis. Sie können auf eiternde Wunden beschränkt bleiben und dann sogar heilend wirken oder dringen tiefer ein, so die Larven von *Dermatobia hominis* in Lateinamerika und der Tumbufliege *(Cordylobia anthropophaga)* in Afrika sowie von *Wohlfartia* (auch in Europa).

System der Pterygota

Palaeoptera (Ordnungen 1 und 2)

Flügelgelenk primitiv, Flügel können nicht über dem Abdomen aufeinandergelegt werden. Hinterflügel ohne vergrößertes Analfeld.

1. Ordnung: Ephemeroptera (Ephemerida, Eintagsfliegen)

Mit über 2000 Arten leben die Eintagsfliegen als Larven in Süßgewässern und als Imagines in deren Nähe (Abb. 224, 225). Sie weisen einige besonders primitive Merkmale auf, z. B. die Häutung des aus der Larve hervorgehenden flügeltragenden Stadiums (Subimago) zum geschlechtsreifen Tier (Imago) und vielleicht die Lage der paarigen Genitalöffnungen hinter dem 7. Rumpfsegment beim Weibchen bzw. dem 9. beim Männchen. Weitere primitive Merkmale sind die langen, gegliederten Hinterleibsanhänge (Cerci und Terminalfilum), die deutliche segmentale Gliederung von Nerven-, Tracheen- und Blutgefäßsystem sowie die große Anzahl der Häutungen (über 20), die Kammform der Gonaden, der einfache Praetarsus der Larven sowie deren Abdominalanhänge, die Extremitäten entstammen und als Tracheenkiemen fungieren. Gruppeneigene Abwandlungen sind die Reduktion der Mundgliedmaßen der erwachsenen Tiere, die Verkleinerung der Hinterflügel (Mundgliedmaßen und Hinterflügel können auch fehlen), das Fehlen der Gonopoden bei den Weibchen (bei den Männchen sind am Hinterrand des 9. Sternites paarige Penes ausgebildet) und das Palménsche Organ, ein vielleicht statisches Sinnesorgan vor dem Cerebralganglion.

Die Imagines leben wenige Stunden bis Tage, in denen die Fortpflanzung erfolgt. Bei vielen Arten entstehen nach gleichzeitigem Schlüpfen Massenschwärme, in denen die Weibchen von den Männchen ergriffen und von unten her begattet werden. Eine Reihe von Arten pflanzt sich auch parthenogenetisch fort. Die Eier werden ins Wasser gebracht, das Weibchen kann dabei untertauchen. *Cloëon dipterum* ist ovovivipar. Entsprechend der kurzen Imaginalzeit sind die Mundwerkzeuge reduziert, der Mitteldarm ist mit Luft gefüllt und funktioniert als aërostatisches Organ, die Beine sind schwach, vereinzelt zu Stummeln rückgebildet. Auch die Hinterflügel können fehlen. Verlängert sind die Vorderbeine der Männchen vieler Arten. Sie dienen dem Ergreifen der Weibchen. Auch die Augen der Männchen sind vergrößert, bei *Cloëon* und *Baëtis* sind sie als Doppelaugen (Turbanaugen) ausgebildet (Abb. 224 b).

Die wasserlebenden Larven tragen 6–7 Paar Tracheenkiemen am Abdomen (Abb. 226). Sie sind im allgemeinen Detritusfresser, die ihre Nahrung durch verschiedene Borstenfelder an Kopf, Mundgliedmaßen und 1. Brustbeinen zum Mund transportieren. Sie können in weichem Boden graben *(Ephemera)*, durch Auf- und Abschlagen des Abdomens sich zwischen Pflanzen schwimmend fortbewegen *(Cloëon)*, mit abgeplattetem Körper in Strömen (torrenticol) leben *(Stenonema, Heptagenia)* oder – das gilt für viele Gattungen – langsam kriechend am Boden verschiedener Gewässer vorkommen. Die Larvalentwicklung kann sich über mehrere Jahre erstrecken. Vollständig entwickelte Larven kriechen an die Wasseroberfläche oder verlassen das Wasser. Aus ihnen schlüpft ein Tier mit milchigtrüben Flügeln (Subimago), das sich – je nach Art – nach Minuten oder Stunden zur Imago häutet. In einigen Fällen *(Palingenia, Campsurus)* wirft das Weibchen die Subimaginalhaut nicht ab, sondern wird sofort vom Männchen ergriffen. Das Subimago-Stadium währt wenige Minuten bis über einen Tag.

Cloëon dipterum ist eine in Tümpeln und ruhigen Fließgewässern häufige ovovivipare Eintagsfliege. Die Larven sind torpedoförmige, durch Rumpfschlag zu raschem Fluchtschwimmen befähigte Weidegänger auf mikroskopischem Aufwuchs; bei ruhigem Verweilen führen sie mit den doppelblättrigen Kiemen kräftige Ventilationsbewegungen durch. Aus der dunkel pigmentierten Subimago schlüpft alsbald die blasse Imago. Die Hinterflügel fehlen. Das Männchen ist wie üblich kurzlebig, das begattete Weibchen aber lebt inaktiv etwa 2 Wochen im Verborgenen (und ist wohl die langlebigste Eintagsfliege); es sucht Brutgewässer auf, sobald seine Eier entwickelt sind, aus denen bei Ablage die Larven schlüpfen.

In den 1990er Jahren kam es in mehreren aufeinanderfolgenden Jahren wieder – wie auch früher schon – zu Massenvermehrungen von *Ephoron virgo*. An Rhein und verschiedenen Nebenflüssen flogen die Tiere in August- und Septembernächten in solcher Dichte, daß man an Schneegestöber erinnert wurde. Die Larven leben als Feinpartikelfiltrierer in U-förmigen, selbstgegrabenen Gängen im Sediment. Den Filtrationsstrom erzeugen sie durch Kiemenschlag. Massenflug und anschließender Massentod brachte den Tieren den Namen «Uferaas» ein. Am Rhein kam es früher regelmäßig zu Massenvermehrung, so daß Bauern mit den Leichen ihre Felder düngten.

Eintagsfliegen sind seit dem Palaeozoikum bekannt; die älteste Art *(Triplosoba pulchella)* stammt aus dem Karbon.

2. Ordnung: Odonata (Libellen)

Mit über 5000 Arten weit verbreitete Gruppe meist großer Insekten mit wasserlebenden Larven. Primitive Merkmale sind die kauenden

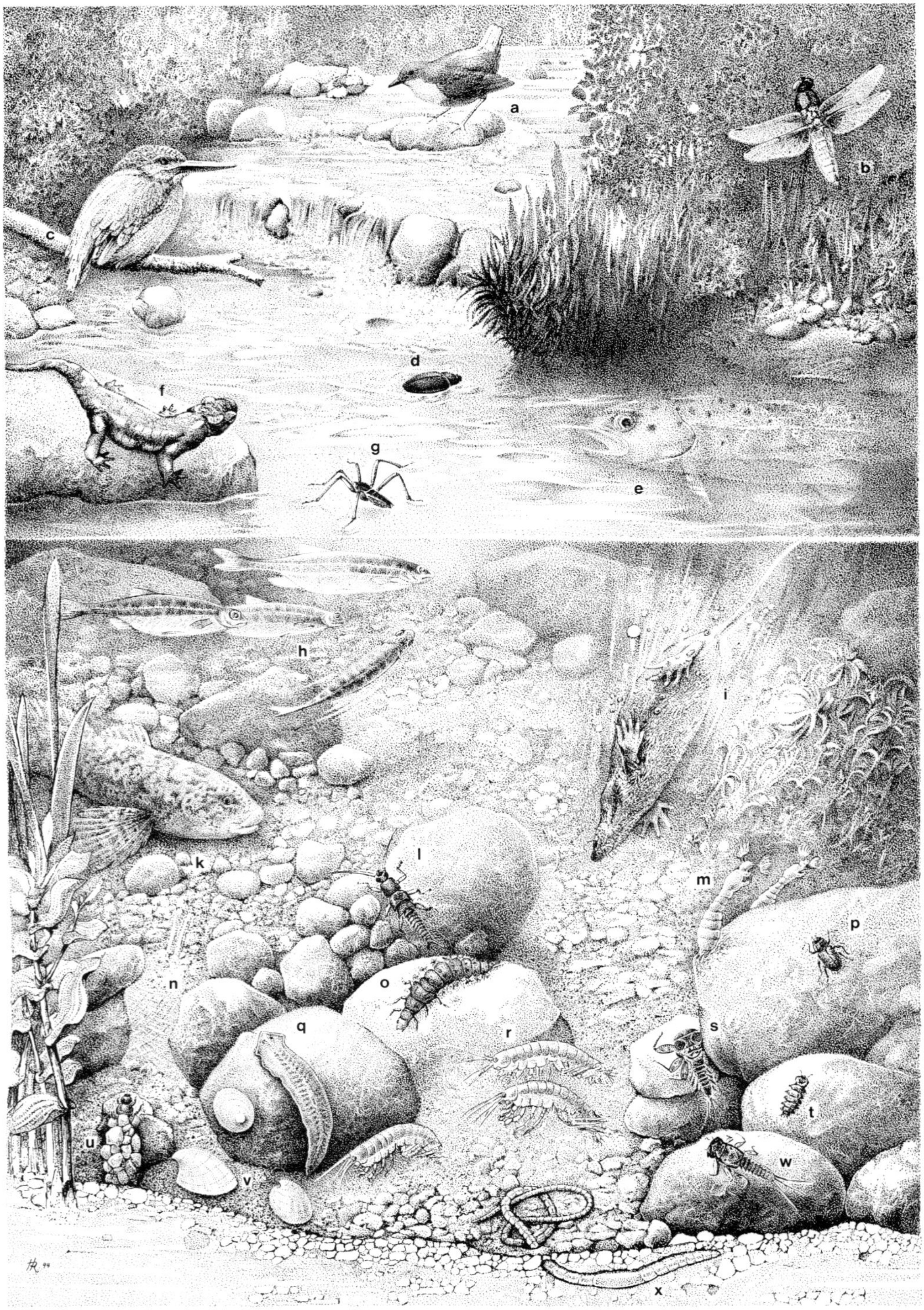
a
b
c
d
f
g
e
h
i
k
l
m
p
n
o
q
r
s
t
u
v
w
x

Mundwerkzeuge und der meist vorhandene, aus Gonopoden aufgebaute Legeapparat. Die Flügel werden durch direkte Flugmuskeln bewegt. Sondermerkmale: Die Männchen entwikkeln ein sekundäres Kopulationsorgan ventral am 2. und 3. Abdominalsegment. Da dieses mit den Gonaden nicht in Verbindung steht und die Genitalöffnung am 9. Segment liegt, muß das Männchen durch Einbiegen des Abdomens den sekundären Kopulationsapparat vor der Begattung mit Sperma füllen. Das Weibchen wird mit zangenartigen Fortsätzen des 10. Hinterleibssegmentes am bzw. hinter dem Kopf gepackt und bringt seine Genitalöffnung an das sekundäre Kopulationsorgan des Männchens (Paarungsrad). Die Begattung erfolgt im Flug oder sitzend.

Die großäugigen Imagines sind reine Flugtiere, zur Fortbewegung auf dem Substrat sind die Beine ungeeignet, sie ermöglichen nur langsames Klettern. Der Prothorax ist besonders klein und beweglich; Meso- und Metathorax stehen schräg, dadurch werden die Beine nach vorn gerichtet und können Beute im Flug ergreifen (Fangkorb). Die Mehrzahl der Libellen jagt bei Tageslicht.

Von vielen Arten sind Revierbildungen und -verteidigung bekannt. Die Männchen können sich in Kämpfen verletzen oder Berührungen vermeiden (Kommentkämpfe).

Nach der Begattung legt das Weibchen – oft in Begleitung des Männchens und unter dessen Bewachung – die Eier ab (Abb. 115 a). Diese können in Pflanzenteile und den Boden eingesenkt, im Flug über dem Wasser abgeworfen und unter Wasser abgelegt werden. Dabei können beide Partner längere Zeit unter der Wasseroberfläche bleiben oder nur das Weibchen. Die Larven vieler Arten machen etwa 10 Häutungen durch. Sie leben im Wasser als Räuber, die von *Megalagrion* sind landlebend. Kiemenartige Abdominalextremitäten sind selten, meist dient der Enddarm mit Tracheen- oder Blutkiemen als Atemorgan, bei den Zygopteren zusätzlich auch die drei blattförmigen Schwanzanhänge (Abb. 226 b); für die ersten Larvenstadien ist Hautatmung von Bedeutung. Anisopterenlarven können sich durch Ausstoßen des Atemwassers aus dem After fortbewegen. Das Labium ist zu einer vorschnellbaren Greifzange (Fangmaske) umgeformt (Abb. 226 c). Rezent sind folgende Unterordnungen:

a. Anisozygoptera. Nur durch zwei rezente Arten der Gattung *Epiophlebia* – lebende Fossilien – in Asien vertreten, eine in Japan, eine weitere im Himalaya. Im Mesozoikum war die Gruppe verbreitet.

b. Zygoptera. Flügel etwa gleichgroß, basal verschmälert (Abb. 226 g). *Agrion, Lestes, Platycnemis, Enallagma* (Abb. 226 h). *Calopteryx* gehört mit ihren bunten Flügeln zu den schönsten Libellen der heimischen Fauna.

In Mitteleuropa kommen *C. virgo* (Männchen mit blauen Flügeln) und *C. splendens* (Männchen mit blauer Querbinde im Flügel) vor.
Flatterflug an Tieflandbächen und anderen sauerstoffreichen, nicht zu stark strömenden Gewässern, nie weit vom Ufer entfernt. Männchen bilden dort kleine Reviere von etwa 2 × 1 m, die sie 2–3 Tage lang gegen Artgenossen verteidigen, und wo sie durch Schauflüge um ein Weibchen werben und diesem nach erfolgter Begattung durch Vorzeigen eines hellen Farbsignals am letzten Hinterleibsegment eine geeignete Eiablagestelle zuweisen. Zur Eiablage klettern die Weibchen entlang dem Stengel einer Wasserpflanze (z.B. *Myriophyllum*) nach unten und tauchen nicht selten dabei ganz unter Wasser. In einen mit ihrem Legestachel aufgeschlitzten Stengel schieben sie ihre Eier hinein. Die Larven von *C. virgo* benötigen 13–18°, diejenigen von *C. splendens* 18–24 °C kühles Wasser bei einer Strömungsgeschwindigkeit von 3–6 cm/sec um ihren Sauerstoffbedarf optimal zu decken. Sie haben Enddarmatmung wie die Anisoptera. Ihre langen, spitzen Schwanzanhänge dienen nicht als Tracheenkiemen, sondern als Ruder- und Steuerorgan. Beide Arten sind sehr empfindlich gegen Verschmutzung des Wassers (Indikator-Eigenschaft) und daher jetzt seltener geworden.

c. Anisoptera. Flügel ungleich, Hinterflügel basal verbreitert (Abb. 226 f). *Libellula, Aeshna, Gomphus, Sympetrum.*

◁ Abb. 225: Fauna eines Mittelgebirgsbaches. Einige der Tierformen im Vordergrund leben vorwiegend unter Steinen. a. Wasseramsel, b. Plattbauchlibelle *(Libellula depressa)*, c. Eisvogel, d. Bachtaumelkäfer *(Orectochilus villosus)*, e. Bachforelle, f. Feuersalamander, g. Bachläufer (Velia), h. Elritze, i. Wasserspitzmaus, k. Groppe, l. Plecopteren-Larven, m. *Simulium*-Larven, n. Netz von *Hydropsyche* (Trichoptera), o. *Rhyacophila*-Larve (Trichoptera), p. *Elmis* (Dryopidae, Hakenkäfer), q. *Dugesia gonocephala* (Turbellaria), r. *Gammarus* (Amphipoda), s. Larve von *Ecdyenurus* (Ephemeroptera), t. Blepheraceriden-Larve, u. *Agapetus* (Trichoptera), v. *Ancylus fluvatilis* (Pulmonata), w. Larve von *Rhithrogena* (Ephemeroptera), x. *Tubifex* (Oligochaeta). Original

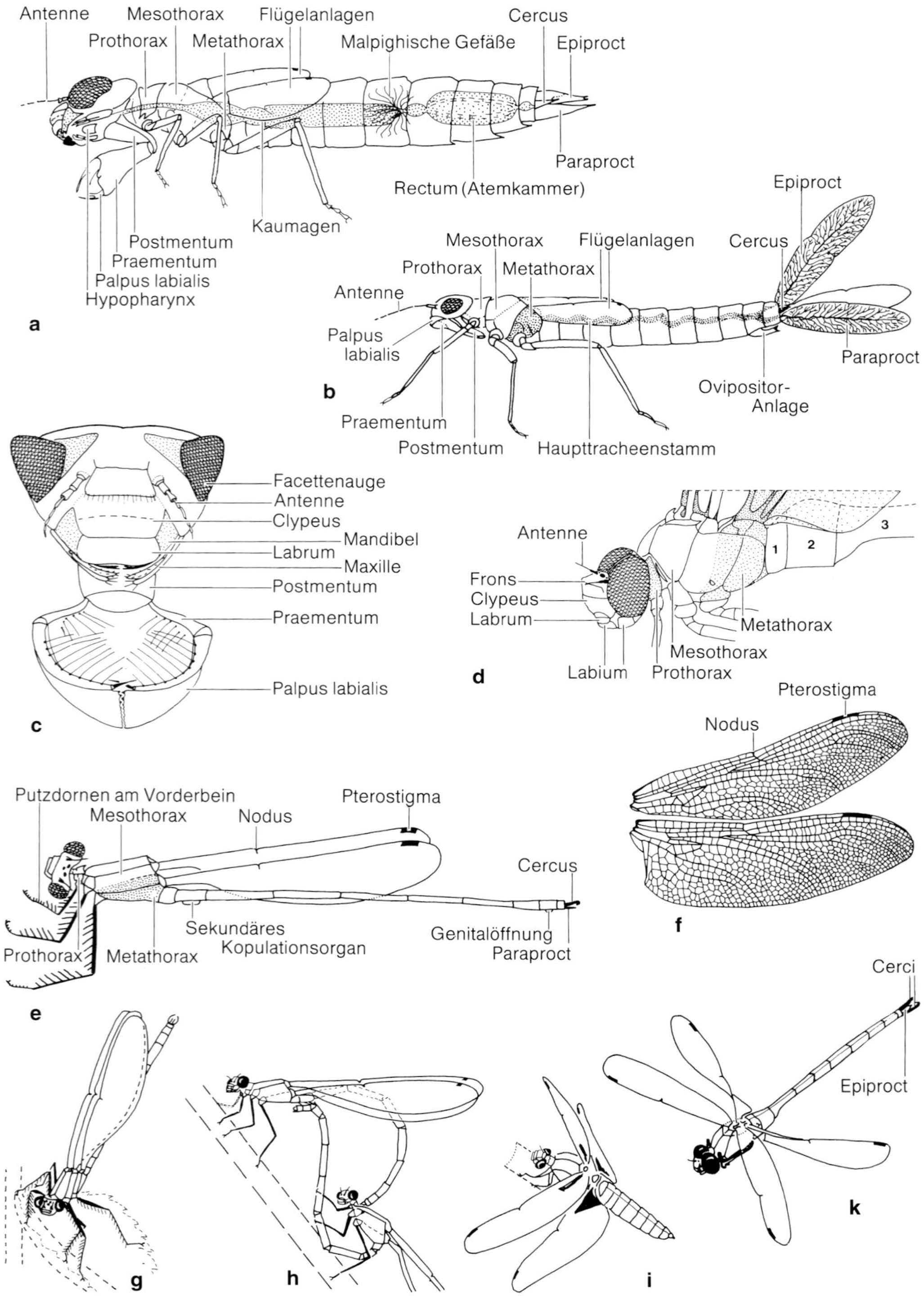
Antenne
Mesothorax
Flügelanlagen
Cercus
Prothorax
Metathorax
Malpighische Gefäße
Epiproct
Paraproct
Rectum (Atemkammer)
Kaumagen
Postmentum
Praementum
Palpus labialis
Hypopharynx
a
Epiproct
Mesothorax
Flügelanlagen
Cercus
Prothorax
Metathorax
Antenne
Palpus labialis
Paraproct
Ovipositor-Anlage
b
Praementum
Postmentum
Haupttracheenstamm
Facettenauge
Antenne
Clypeus
Mandibel
Labrum
Maxille
Postmentum
Praementum
Palpus labialis
c
Antenne
Frons
Clypeus
Labrum
1
2
3
Metathorax
Mesothorax
Labium
Prothorax
d
Pterostigma
Nodus
Putzdornen am Vorderbein
Mesothorax
Nodus
Pterostigma
Cercus
Sekundäres Kopulationsorgan
Genitalöffnung
Paraproct
Prothorax
Metathorax
e
f
Cerci
Epiproct
g
h
i
k

Aeshna cyanea, die Blaugrüne Mosaikjungfer, ist eine auffällige und unter den Anisoptera die häufigste Art der heimischen Libellen-Fauna. Mit einer Länge und einer Flügelspannweite von jeweils etwa 10 cm ist sie zudem bei uns eine der größten Formen. Sie fliegt von Juni bis Oktober, unternimmt Jagdflüge an Waldrändern, in Gärten und dringt sogar in Städte ein. Paarungsbereite Männchen patrouillieren mehrfach am Tage verschiedene Kleingewässer (auch Gartenteiche) nach Weibchen ab. Sie greifen diese im Flug; die Paarung erfolgt im Sitzen und kann sich über mehr als zwei Stunden erstrecken. Das Weibchen legt die Eier oberhalb der Wasserlinie kleiner Gewässer in Moos und feuchte Erde. Im darauffolgenden Frühjahr schlüpfen die Larven, die sich innerhalb von 1–3 Jahren zehnmal häuten und 45 mm Länge erreichen. Je nach Größe ernähren sie sich von Wasserflöhen, Eintagsfliegen- oder Mückenlarven sowie kleinen Fischen unter 35 mm Körperlänge.

Libellen sind seit dem Palaeozoikum bekannt, der älteste Fund ist ein Flügel von *Erasipteron larischi* aus dem Karbon. Aus dem Perm von Nordamerika stammen die größten Arten (*Meganeuropsis*, Flügelspannweite 75 cm).

Palaeodictyoptera

Palaeozoische Insekten (Abb. 227), die im Perm ausstarben. Spezialisierte Mundwerkzeuge (Rüssel).

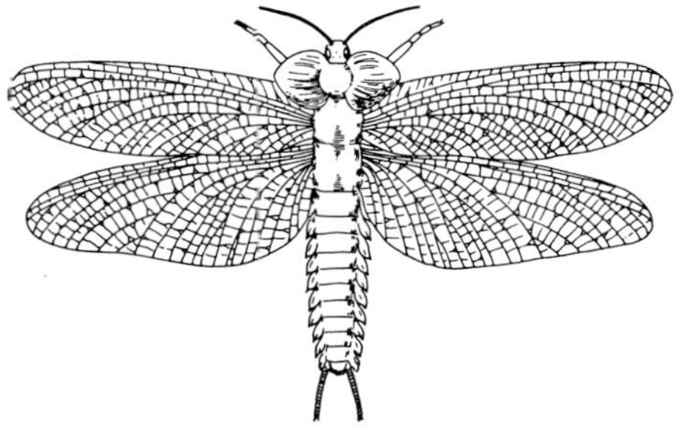

Abb. 227: *Lithomantis carbonaria* (Palaeodictyoptera). Nach Handlirsch

Neoptera (alle folgenden Ordnungen)

Ihre Flügel können über dem Abdomen zusammengelegt werden. An der Flügelbasis liegen typischerweise drei größere Gelenkstücke (Axillaria). Die Jugalfurche teilt vom Analfeld (Vannus) das Jugalfeld (Jugum, Neala) ab.

3. Ordnung: Plecoptera (Steinfliegen)

Meist dunkel gefärbte 3–30 mm lange, vierflügelige Insekten in der Nähe von Gewässern, in denen die Larven leben (Abb. 225 l). Etwa 2000 Arten. Ursprünglich sind die gleichartigen Thoraxsegmente, die direkten Flugmuskeln (etwa gleichstark entwickelt wie die indirekte Flugmuskulatur), die kauenden Mundwerkzeuge, die allerdings bei der Imago, die keine Nahrung mehr aufnimmt, rückgebildet sind, sowie die langen Cerci. Abweichend vom Grundtyp der Pterygoten sind das völlige Fehlen der Gonopoden, des Terminafilums und die Verwachsung der Gonaden an ihrem Vorderende.

Die wasserlebenden Larven (Abb. 225, 228) fressen Algen oder Detritus oder sind räuberisch. Vorwiegend treten sie in Fließgewässern auf, man kann sie auch in gut durchlüfteten Seen finden. Unter Steinen am Land leben die Larven einer südamerikanischen *Megandiperla*-Art. Kleine Larven decken ihren Sauer-

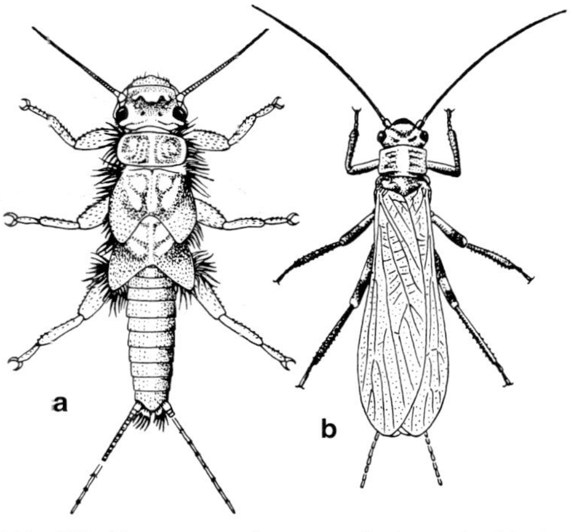

Abb. 228: Plecoptera. a Larve von *Perlesta placida;* beachte die Thorakal- und die Analkiemen. b. Imago von *Isoperla confusa*. Nach Frisch

◁ Abb. 226: Odonata. a. Larve von *Aeshna* (Anisoptera), b. Larve einer Kleinlibelle (Zygoptera), c. Kopf einer Larve von *Cordulia* (Anisoptera) mit ausgeklapptem Labium, d. Imago (Anisoptera), 1–3: Abdominalsegmente, e. Imago (Zygoptera), f. Flügel (Anisoptera), g–k. Totalansichten von Zygoptera (g, h) und Anisoptera (i, k). g. *Calopteryx* in Sitzhaltung, h. *Enallagma* in Paarungsstellung, i. *Libellula* in Sitzhaltung, k. *Aeshna* im Rüttelflug. Nach Schmidt

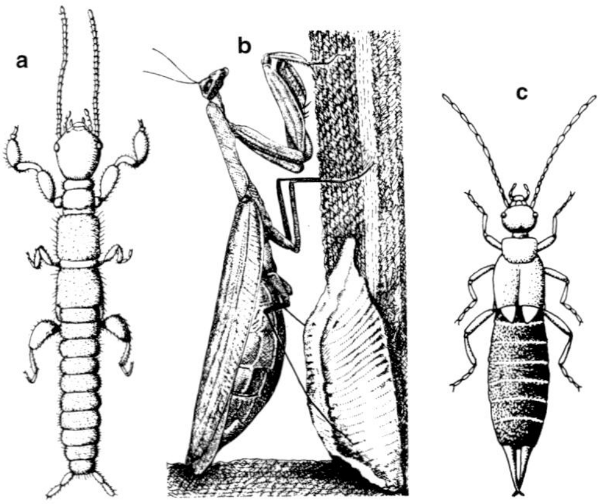

Abb. 229: a. *Monotylota* (Embie), 13 mm lang; b. *Mantis*, Weibchen neben Eigelege; 7 cm lang; c. *Forficula*, 11–16 mm lang. Nach Friedrichs, Herms, Jacobs

stoffbedarf über Hautatmung, größere tragen Tracheenkiemen, meist ventral am Thorax, seltener am Hals oder Abdomen. Tracheenkiemen, die von Abdominalextremitäten ableitbar sind, kommen bei *Eusthenia* vor. Die Entwicklungsdauer umfaßt meist ein Jahr. Nach 20–30 Häutungen entsteht das letzte Larvenstadium, welches aus dem Wasser kriecht und sich zur Imago häutet. An Steinen oder Pflanzen, die aus Fließgewässern herausragen oder am Ufer wachsen, kann man die Larvenhäute oft in großer Anzahl finden. Die Imagines leben wenige Wochen und verbringen diese Zeit in Gewässernähe. Sie sind schlechte Flieger, oft fliehen sie laufend. Die Geschlechter vieler Arten finden sich über Substratschwingungen, die durch Abdomenschläge hervorgerufen werden. Bei der Begattung sitzt das Männchen neben dem Weibchen, umklammert mit den Beinen einer Körperseite dessen Rücken und bringt seine Genitalöffnung an die des Weibchens. Die Eier werden in Gelegen ins Wasser gebracht.

Eusthenia, Nemoura, Leuctra, Perla, Chloroperla, Perlesta, Isoperla.

Nemoura cinerea ist eine sehr häufige und verbreitete Steinfliege, deren Larven im Unterlauf von Flüssen, in Tiefland- und Waldbächen leben. Sie gedeihen auch noch in sauren Gewässern unter pH 5 und kommen dort sogar zur Massenvermehrung. Mit steigender Fließgeschwindigkeit nimmt ihr Körpergewicht ab. Die Nahrung der Larven besteht vor allem aus Diatomeen und aus abgestorbenen (weniger aus frischen) Pflanzenstücken. Die schwerfällig fliegende, aber schnell laufende Imago entfernt sich nicht sehr weit vom Wasser und hält sich gern an Uferpflanzen auf, fliegt aber auch auf Bäume und Sträucher, besiedelt also auch Hecken in Wassernähe, ohne Nahrung aufzunehmen.

Die ältesten Plecopteren sind mit Sicherheit aus dem Perm bekannt, Fossilien aus dem Karbon werden unterschiedlich bewertet.

4. Ordnung: Embioptera (Embien, Tarsenspinner)

Selten länger als 0,5 cm, dunkel gefärbt, Entwicklung unter Steinen in selbstgefertigten Tunneln, die mit Drüsensekreten der Tarsen hergestellt werden. In wärmeren Gebieten, in Europa z. B. am Mittelmeer; über 300 Arten; prognath, beißende Mundwerkzeuge, Pflanzenfresser, Thorax verhältnismäßig lang. Weibchen flügellos, Männchen mit schmalen Flügeln oder ebenfalls ungeflügelt. Legeapparat fehlt. Männchen häufig mit sekundären Kopulationsorganen, z. B. Klammerhaken, aus dem rechten Cercus gebildet. Verwandtschaftsbeziehungen unklar. *Embia, Monotylota* (Abb. 229 a). Einige permische Fossilreste *(Protembia, Sheimia)* werden mit den Embien in Beziehung gebracht.

Orthopteromorpha (Ordnungen 5–12)

Vorderflügel im allgemeinen sklerotisiert. Zusammenfassung von Blattopteroidea, Orthopteroidea und zwei Ordnungen unsicherer Stellung, den Notoptera und Dermaptera. Zu ihnen gehört der Großteil der Fossilfunde aus der karbonischen Insektenfauna.

5. Ordnung: Notoptera (Grylloblattodea)

Mindestens 16 Arten in den Gebirgen von Asien und Nordamerika. Flügellos, ohne Ocellen, Cerci vielgliedrig, Ovipositor orthopteroid. *Grylloblatta.*

6. Ordnung: Dermaptera (Ohrwürmer)

Über 1200, meist dunkelglänzende Arten. Körper abgeflacht, Vorderflügel kurze Decken

(Elytren), Hinterflügel häutig, werden nicht nur gefaltet, sondern mehrfach geknickt unter den Elytren geborgen. Auch ungeflügelte Formen. Ocellen fehlen. Cerci zangenförmig, in Abwehrhaltung werden sie erhoben. Mit Hilfe der Cerci werden die Hinterflügel entfaltet, und sie spielen auch eine Rolle beim Geschlechtsleben. Vor allem nächtlich aktiv, unter Steinen, Rinde u.dgl. Pflanzen- und Fleischfresser. Wie bei den Blattopteroidea liegt der stark zurückgebildete Legebohrer in einer Genitalkammer, die ventral vom 7. Sternit (Subgenitalplatte) begrenzt wird. Weibchen vieler Arten bewachen Eier bis zum Schlüpfen. *Forficula auricularia* (Gemeiner Ohrwurm, Abb. 229 c), *Labidura riparia* (Sandohrwurm), bis über 2 cm lang, in feuchtem Sand am Meeresstrand oder an Flußufern. *Labia minor*, 6 mm, fliegt gut. *Chelidurella acanthopygia* (Waldohrwurm, Abb. 169 b), bis 13 mm, in Wäldern. *Arixenia* mit Fledermäusen der orientalischen Region vergesellschaftet, *Hemimerus* im Fell der Afrikanischen Hamsterratte.

Forficula auricularia, der bis 16 mm lange Gemeine Ohrwurm, ist eine häufige einheimische Art, die auch in und an Häusern sowie in Gärten in großer Zahl auftreten kann. Die Tiere sind vorwiegend nachtaktiv und leben von zarten Pflanzenteilen, fangen kleine Insekten (z.B. Blattläuse) sowie Milben und nehmen auch Aas an. Den Tag verbringen die Tiere in Spalten, z.B. hinter Borke und unter Steinen. Im Herbst findet die Kopulation statt, in deren Verlauf das Männchen das Weibchen mit seinen Cerci in die passende Position bringt und hält. Die Köpfe weisen in entgegengesetzte Richtung; die Kopulation kann Stunden dauern. Den Winter verbringt *Forficula auricularia* in oft selbst hergestellten Erdhöhlen, manchmal paarweise. Im Spätherbst oder Frühjahr legt das Weibchen in einer Erdhöhle etwa 50 Eier ab, die sie pflegt und deren Pilzbefall sie durch Umschichten und Belecken verhindert. Die Jungen bleiben zunächst in der Nähe der Mutter. Sie werden im Sommer desselben Jahres geschlechtsreif. Die Lebensdauer beträgt etwa ein Jahr; das Muttertier wird nach seinem Tod von den Jungen aufgefressen. In verschiedenen europäischen Sprachen werden sie mit dem Ohr in Verbindung gebracht, da sie gerne in dunkle Schlupfwinkel kriechen. Sicher können sie sich als thigmotaktische Tiere auch einmal in den äußeren Ohrgang verirren, aber daran anschließende Geschichten sind Unsinn.

Blattopteroidea (Blattoidea) (Ordnungen 7–9)

Durch die kauenden Mundgliedmaßen, die z.T. gegliederten Cerci, die Ausbildung der Vorderflügel als Flügeldecken u.a. ähneln die Blattopteroidea den Orthopteroidea. Verschieden sind die Genitalmündungen: Die weibliche Öffnung liegt bei den Blattopteroidea am Grunde einer umfangreichen Genitalkammer, die vom Hinterrand des 7. Sternits (Subgenitalplatte) her eingestülpt ist. Die Reste des 8. und 9. Sternits sind in die dorsale Wand der Genitalkammer einbezogen. In der Genitalkammer werden Eipakete gebildet, die von einer Hülle (Oothek) umschlossen werden. Vor dem 8. Sternit liegt eine Spermatheca. Die Hüften der Beine sind groß und ventral genähert, so daß die Thorakalsternite eingeengt werden.

7. Ordnung: Mantodea (Fangheuschrecken, Gottesanbeterinnen)

Etwa 1800 Arten. Vorderbeine mit großen Greifhaken (Tibia wird gegen Femur geklappt) werden meist erhoben gehalten. Oft in Färbung der Umgebung angepaßt. Es dominieren grüne Farbtöne bei Arten im Laub und graue bei solchen auf Flechten. *Hymenopus coronatus* aus Südostasien lebt auf den roten Blüten einer Orchidee, denen sie farblich und in der Form sehr ähnelt. Normalerweise halten die Gottesanbeterinnen die Beine «gefaltet». Beute, die optisch ausgemacht wird, schlagen sie in ca. 30–35 msec (vom Augenblick des Losschlagens bis zum Zuschnappen der Zange). Meist werden Insekten gefangen, bisweilen auch Artgenossen, manchmal das Männchen nach der Begattung. Große Eikokons, deren Sekret zu papierartiger Masse erhärtet. *Mantis religiosa* (Abb. 229 b) auch in Süddeutschland.

Mantis religiosa ist die einzige Gottesanbeterin, die bis nach Mitteleuropa vordringt (z.B. Kaiserstuhl). Weibliche Tiere, die größer werden als männliche, erreichen 75 mm Körperlänge. Färbung gelbbraun oder grünlich; können sich im Laufe der Häutungen von braun bis grün umfärben. Ein Wechsel von grün zu braun ist auch zwischen den Häutungen möglich. *Mantis religiosa* ist ein tagaktiver Räuber und nimmt hauptsächlich Insekten auf, die optisch wahrgenommen werden. Bei Störung können die Flügel abgespreizt werden und die Cerci unter zischendem Geräusch über die Hinterflügel geführt werden (Drohgebärde). Unpaares Gehörorgan zwischen den Coxen der Hinterbeine; Ultraschallreception (Möglichkeit der Reaktion auf Fledermäuse). Kopulation dauert etwa 2 Stunden; danach wird das Männchen gegebenenfalls vom Weibchen gefressen (Freß-

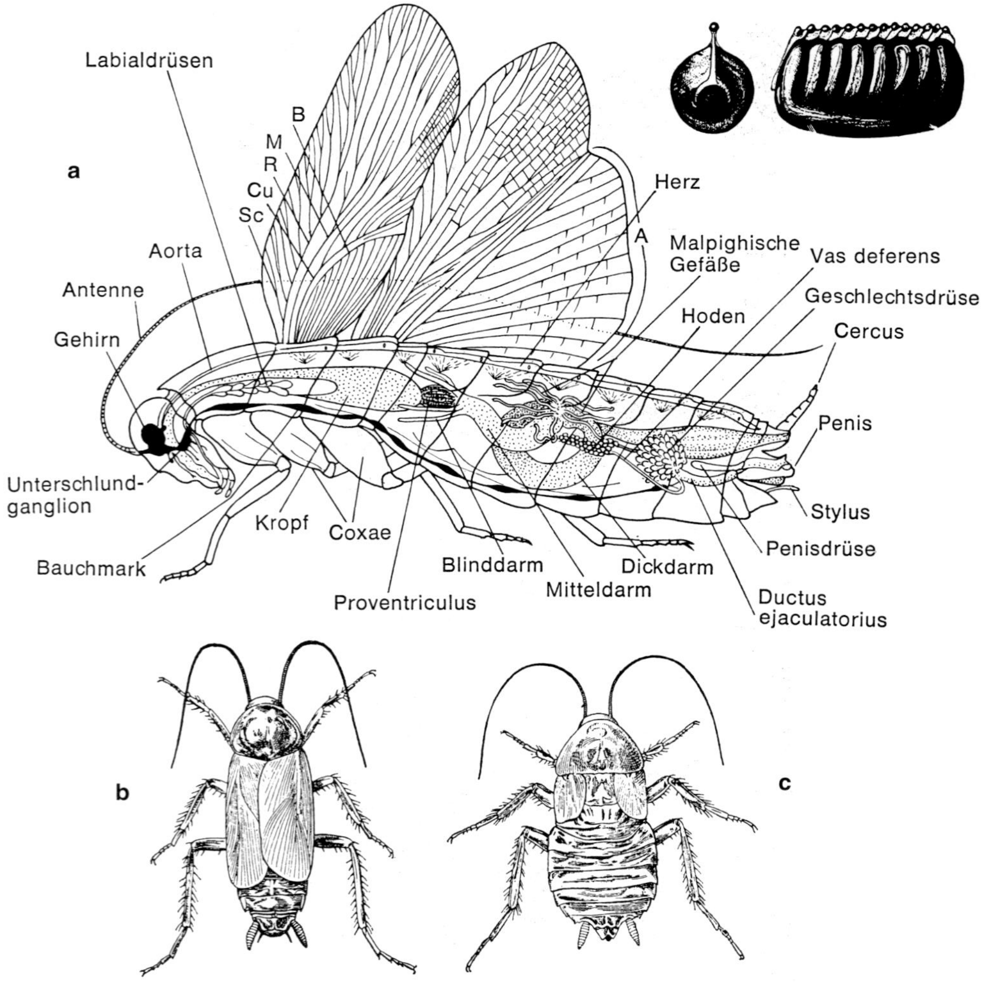

Abb. 230: a. Bauplan einer Schabe, daneben Eikapsel von *Periplaneta americana* (von vorn und der Seite, Länge 8–9 mm). B: Bogen- oder Analnaht: sie grenzt das Analfeld (A) ab. Cu: Cubitus; M: Media; R: Radius; Sc: Subcosta: sie begrenzt einen kleinen Abschnitt am Vorderrand. b, c *Blatta orientalis*, b. Männchen, c. Weibchen. Nach Kemper, Rietschel, Weber

beginn am Kopf; Kopulationsablauf dadurch nicht gefährdet). Bis 300 Eier werden in eine Schaummasse abgelegt, die zu einem mit Luftkammern versehenen festen, bis 4 cm langen Kokon erstarrt (Abb. 229 b). Dieser schützt gleichermaßen vor Austrocknung und Nässe. Die Kokons sind zunächst weiß, später graubraun. Ein Weibchen kann davon mehrere produzieren. Im Frühjahr schlüpfen die Jungtiere, die zunächst vor allem Blattläuse fressen, später immer größere Insekten. Wenigstens 5 Larvalhäutungen.

8. Ordnung: Blattodea (Schaben)

Körper abgeflacht. Alle Beine Schreitbeine, Kopf hypognath, vom schildförmigen Pronotum, dem Tergit des ersten Thoraxsegmentes, überdeckt (Abb. 230). Vorder- und Hinterflügel ungleich, Flügel oft rückgebildet. Meist Allesfresser warmer Länder (etwa 4000 Arten). 15–37 Eier in Kapseln (Oothek) eingeschlossen, neben Eiablage auch Ovovivi- und Viviparie. Bei uns einige Arten am Waldboden (*Ecto-*

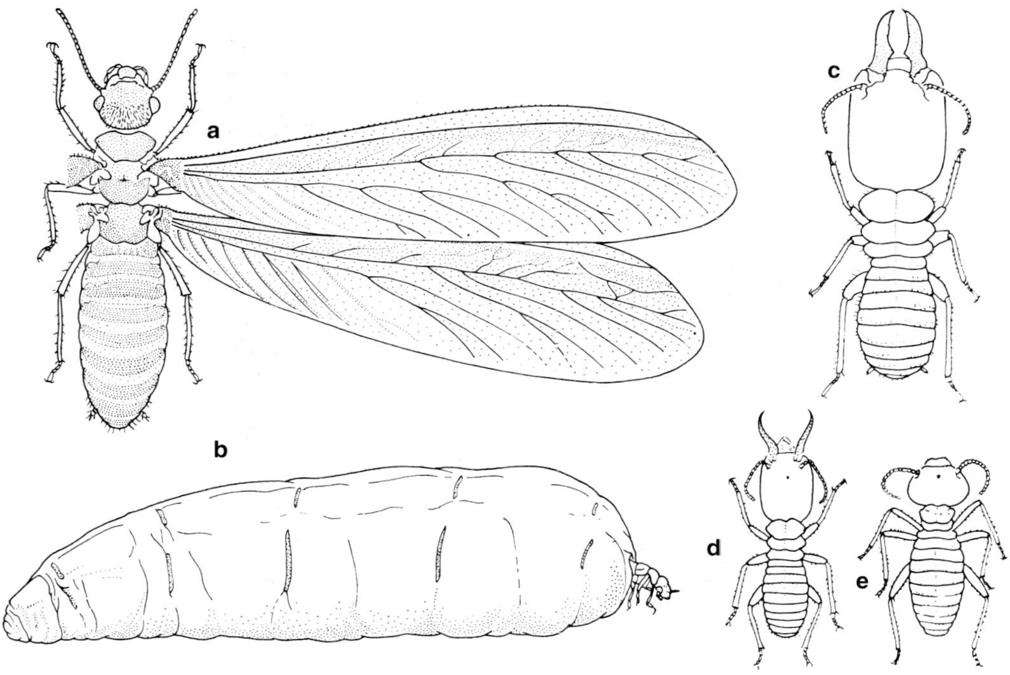

Abb. 231: Kasten der Termite *Bellicositermes*. a. Geflügeltes Weibchen, b. reife Königin, c. großer Soldat, d. kleiner Soldat, e. Arbeiter. Königin weniger vergrößert als die anderen Tiere. Nach Grassé

bius ca. 1 cm lang), mehrere Arten synanthrop: Küchenschabe (Kakerlak, *Blatta orientalis*) 3 cm, Amerikanische Schabe *(Periplaneta americana)* 4,5 cm, *Blattella germanica* 13 mm, Totenkopfschabe *(Blaberus craniifer)* bis 8 cm lang, oft in Laborzuchten. Synanthrope Schaben in Mitteleuropa, z.B. in Heizungskellern, Lagerräumen, Bäckereien und Wohnungen (S. 351).

9. Ordnung: Isoptera (Termiten)

Staatenbildende, meist wenig sklerotisierte (weißliche) und daher «weiße Ameisen» genannte Insekten vorwiegend der warmen Gebiete der Erde, die von Schaben abzuleiten sind. Etwa 2100 Arten. Die australische Gattung *Mastotermes* (im Bernstein auch in Europa) weist noch mehrere Merkmale auf, die auf Schaben hinweisen: Analfeld an den Hinterflügeln (bei anderen Termiten reduziert), Tarsen fünfgliedrig (sonst viergliedrig), Eier in Eipaketen (bei anderen Termiten einzeln).

Die Flügel sind sekundär gleichartig und an der Basis mit vorgebildeter Naht, an der sie abbrechen. Der meist orthognathe Kopf wird nicht von dem kleinen Prothorax überdeckt.

Im Unterschied zu den Hymenopteren-Staaten leben im Termitenstaat Königin und König, die nach einem «Hochzeitsflug» ihre Flügel abwerfen und nach der Begattung gemeinsam eine Kolonie gründen. Außer ihnen umfaßt die Kolonie viele Arbeiter und in geringerer Zahl Soldaten (Abb. 231). Beide Kasten sind flügellos und entsprechen Männchen und Weibchen mit undifferenzierten Geschlechtsmerkmalen. Eine besondere Ausprägungform der Soldaten sind die Nasuti, die einen Stirnfortsatz tragen, auf dem eine Drüse mündet, deren Sekret bei der Verteidigung verwendet wird. Lediglich die Arbeiter können selbständig Nahrung aufnehmen, die anderen müssen von ihnen ernährt werden. Man unterscheidet Humus-, Alles- und Holzfresser. Vor allem letztere können an Holzbauten des Menschen erheblichen Schaden hervorrufen. Beim Aufschließen der Nahrung helfen Darmsymbionten (Flagellata, Amöben, Bakterien). Verschiedentlich werden Pilzgärten angelegt.

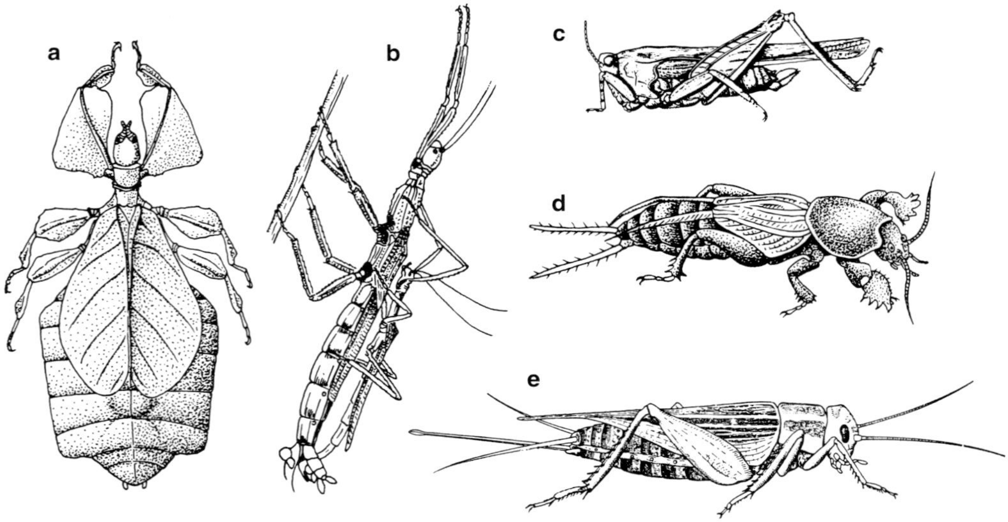

Abb. 232: Orthopteroidea. a. *Phyllium* (Wandelndes Blatt), b. *Cyphocrania* (Stabheuschrecke), Kopulastellung; c. *Tetrix*, d. *Gryllotalpa* (Maulwurfsgrille), e. *Acheta* (Heimchen). Nach Chopard, Dahl, Diehl, Foucher, Kemper, Weidner

Äußeres Zeichen vieler Termitenkolonien sind die Bauten. Man kann sie in Bäumen hängend finden oder als Bauten, die sich oft mehrere Meter über dem Erdboden erheben und die für viele Steppen- und Savannengebiete typisch sind. Besonders bekannt wurden die Bauten von *Hamitermes meridionalis* Nordaustraliens, die 3,5 m hoch werden. An der Basis sind sie 3 m breit und messen an der Schmalseite 1 m. Sie sind immer in Nord-Süd-Richtung angelegt, was man mit der Sonneneinstrahlung in Verbindung bringt. Vormittags und abends halten sich die Termiten in den oberen Teilen auf, während der Mittagszeit weiter basal. Die Termitenbauten können steinhart sein oder auch die Beschaffenheit von Pappe aufweisen. Der Baustoff stellt ein Gemisch von Speichel, Kot und Erde, das den Darm passiert hat, dar, das an der Luft erhärtet. In seiner Farbe entspricht er dem Boden der Umgebung.

Arbeiter von *Prohamitermes mirabilis* halten sich einen Vorrat von vorgefertigten Bausteinen, die sie bei Bedarf rasch für Reparaturarbeiten benutzen. In Europa: *Reticulitermes flavipes* (aus Nordamerika eingeschleppt, z.B. nach Hamburg) und die mediterranen *R. lucifugus* (z.B. in *Pinus*) und *Calotermes flavicollis* (z.B. in Weinstöcken).

Orthopteroidea (Orthopteria, Geradflügler) (Ordnungen 10–12)

Mundgliedmaßen kauend, Vorderflügel verstärkt (Tegmina), Genitalöffnung zwischen 8. und 9. Sternit, Gonopoden vorhanden, Weibchen meist mit echtem Legebohrer, meist Spermatophorenübertragung bei Kopulation. Cerci verkürzt, meist eingliedrig.

10. Ordnung: Phasmatodea (Phasmida, Gespenstheuschrecken, Stabheuschrecken)

Über 2500 Arten vor allem in den Tropen. Stabheuschrecken können große Ähnlichkeit mit Zweigen aufweisen (Abb. 232 b), meist sind sie bräunlich, junge auch grün gefärbt. Flügel oft fehlend. Hierher gehört *Palophus titan*, eines der größten Insekten (30 cm lang). Aus Indien stammt die fast nur parthenogenetische Art *Carausius morosus*, die bei uns oft gehalten wird. Wandelndes Blatt (*Phyllium*, Abb. 232 a): Flügel, Beine und Körper extrem abgeflacht, blattähnlich. Langsame Bewegungen, flugunfähig.

Saltatoria (Spring(heu)schrecken) (Ordnungen 11 und 12)

20 000 Arten. Hinterbeine als Sprungbeine entwickelt. Körper meist seitlich zusammengedrückt. Prothorax frei beweglich, sehr groß. Springschrecken besiedeln besonders Trockengebiete, manche auch unterirdisch. Räuber oder Pflanzenfresser. Nach Überbevölkerung ihres Lebensraumes bilden manche Gattungen der Caelifera Wanderschwärme (Wanderheuschrecken).

11. Ordnung: Ensifera (Laubheuschrecken und Grillen)

Fühler vielgliedrig, oft länger als der Körper. Oft Gehörorgane an den Vordertibien. Männchen mit Lautorganen an den Vorderflügeln, deren basale Abschnitte aneinander gerieben werden. Weibchen mit langem Legebohrer.

Tettigonia viridissima (Heupferd), 3–4 cm lang; *Decticus* (Warzenbeißer), 3–4 cm lang; *Gryllotalpa gryllotalpa* (Maulwurfsgrille, Werre; Abb. 232 d), bis 5 cm lang, kurzflügelig, in Erdgängen, Vorderbeine als Grabwerkzeuge. *Myrmecophila* (Ameisengrillen), bis 5 mm lang, flügellos, in Ameisennestern, kleinste Orthopteroidea. *Oecanthus* (Weinhähnchen) südlich des Mains, blaßgelb, bis 1,5 cm lang, einziger mitteleuropäischer Vertreter der Blüten- oder Baumgrillen. *Acheta domesticus* (Heimchen, Abb. 232 e) 2 cm lang, bei uns in geheizten Gebäuden oder an Müllhalden (S. 351). *Gryllus campestris* (Feldgrille, 2,5 cm lang).

Tettigonia viridissima, das Grüne Heupferd, ist mit etwa 4 cm Körperlänge eine der größten Heuschrecken Mitteleuropas. Die Art ist ausgesprochen anpassungsfähig und kommt zum Beispiel an Waldrändern und Hecken, auf Wiesen und Getreidefeldern sowie auch in Gärten vor. *T. viridissima* lebt insbesondere von Insekten, die sie mit ihren bedornten Vorderbeinen ergreift, weniger von Blättern. Durch das Vertilgen von Raupen und Fliegen- sowie Käferlarven (Kartoffelkäfer!) kann ihnen im Garten eine hilfreiche Rolle zukommen. Die Männchen singen von Mittag bis Mitternacht, nachts auch von Baumkronen. Der laute Gesang ist auch für uns bis etwa 50 m weit hörbar. Die dunkelbraunen, schlanken Eier werden einzeln oder in kleinen Gruppen mit dem Legebohrer in das Erdreich eingeführt. Im folgenden Frühjahr schlüpfen die Larven; sie können aber auch einen oder sogar mehrere weitere Winter überleben.

Gryllotalpa gryllotalpa ist in Europa, Ägypten und Westasien verbreitet. Liebt lockeren, feuchten Boden, in den sie fingerdicke Gänge gräbt, die manchmal so dicht unter der Oberfläche verlaufen, daß man ihren Grabgang durch den aufgeworfenen Boden verfolgen kann. Allesfresser. Zarte Wurzeln und Keimlinge, aber auch Regenwürmer, Schnecken und Insektenlarven dienen als Nahrung. Zur Eiablage baut das Weibchen in 10 cm bis 1 m Tiefe ein etwa kartoffelgroßes Nest, in das es 200–300 Eier legt. Nach 1–3 Wochen schlüpfen die Jungen, die noch eine Zeitlang in der Obhut der Mutter bleiben. Außer ihrem Grabvermögen können Maulwurfsgrillen auch schwimmen, und in schwülen Nächten machen sie (trotz Kurzflügligkeit) auch von ihrer Flugfähigkeit Gebrauch, wobei sie wie Nachtfalter vom Licht angelockt werden. Vor allem bei großer Bevölkerungsdichte können sie in Gärten und Parks durch ihr Wühlen und den Verzehr unterirdischer Pflanzenteile schädlich werden. Zu ihren Feinden gehören Maulwurf, Spitzmäuse, Laufkäfer und Stare. Zur Schallerzeugung s. S. 245.

12. Ordnung: Caelifera (Feldheuschrecken)

Antennen kurz. Gehörorgan, soweit vorhanden, seitlich am 1. Hinterleibssegment. Männchen und Weibchen erzeugen Gesänge meist durch Auf- und Abbewegen der Hinterschenkel, die dabei an die Vorderflügel gedrückt werden. Weibchen mit kurzem Legebohrer, Männchen ohne Gonopoden. *Stenobothrus* (Heuhüpfer), *Tetrix* (Abb. 232 c), *Psophus stridulus* (Schnarr- oder Knatterheuschrecke). Hierher gehören auch die etwa 5 typischen Wanderheuschrecken wie *Locusta migratoria* und *Schistocerca gregaria*. Normalerweise leben sie solitär, gelegentlich erfolgen eine Massierung und ein Aufbruch in die Ferne, der zur Katastrophe für landwirtschaftlich genutzte Gebiete werden kann. Voraussetzung für die Wanderschwärme ist eine Massenentwicklung: Sobald lokal eine große Populationsdichte erreicht ist, beginnen die Jungtiere sich umzuformen. Farbe, Körperproportionen und Aktivität werden im Verlaufe der weiteren Entwicklung verändert. Die Jungtiere der entstandenen Wanderform streben aufeinander zu, bilden Gruppen, es entsteht ein Marsch in fester Richtung. Der Jungtier-Strom geht ohne Unterbrechung vorwärts; wenn mit der letzten Häutung die Flügel voll entwickelt sind, kann der Schwarm auch in die Luft aufsteigen. Bei manchen Wanderheuschrecken ist ein ziemlich regelmäßiger Hin- und Rückflug zwischen bestimmten Gebieten

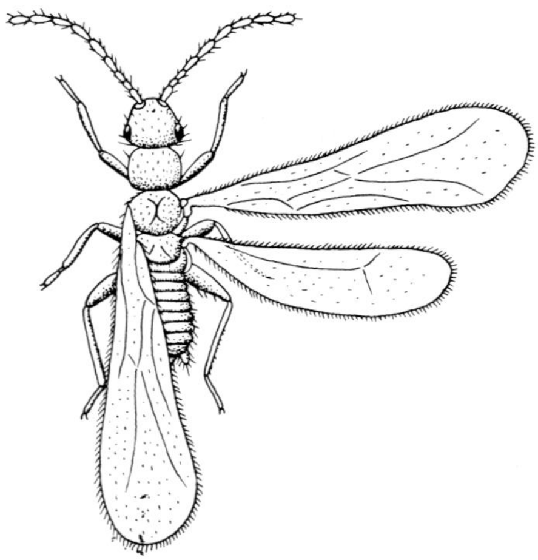

Abb. 233: *Zorotypus brasiliensis* (Länge 2 mm). Nach Silvestri

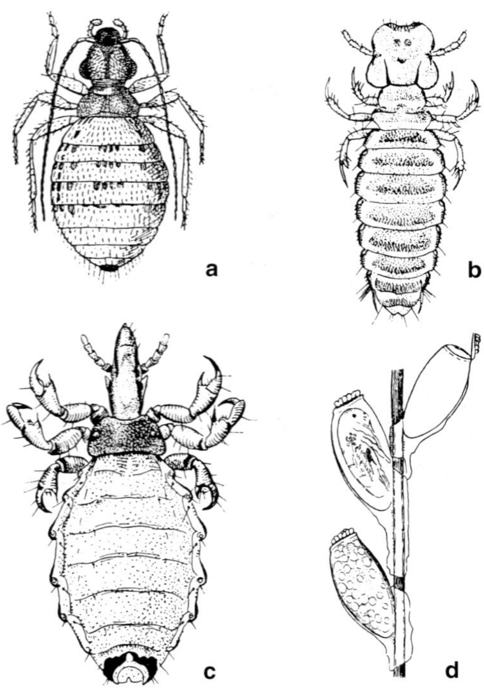

Abb. 234: Psocoptera (a) und Phthiraptera (b–d). a. *Trogium*, b. *Cervicola* (Rehhaarling; Mallophaga), c. *Haematopinus*, d. Eier (Nissen) der Kopflaus am Haar eines Menschen. Oben: Leere Eischale mit noch anhaftendem Deckel, Mitte: Fast schlupfreife Laus in Eischale, unten: wenig entwickeltes Ei. Nach Brauns, Kemper

nachgewiesen worden, so bei *Schistocerca gregaria* in Afrika. Gelegentlich sind auch Schwärme von *Locusta migratoria* nach Mitteleuropa vorgedrungen. Es wurden Schwärme beschrieben, die viele km Durchmesser hatten.

Die Massenvermehrung von *Locusta migratoria* ist eine der zehn biblischen Plagen, die Ägypten heimsuchten, und wird im Alten Testament eingehend beschrieben. In der Tat können die Schwärme in kurzer Zeit die Vegetation auf Tausenden von Quadratkilometern abfressen, und der Geruch solcher Riesenansammlung kann wohl in mehr als 100 km Entfernung wahrnehmbar sein. Auch trifft die biblische Aussage zu, daß die Wanderroute der Schwärme von der Windrichtung abhängt.

13. Ordnung: Zoraptera (Bodenläuse)

Höchstens 3 mm lange Formen, die alle zur Gattung *Zorotypus* gestellt werden (Abb. 233). Geflügelt und ohne Flügel. Bodenbewohner; gut 20 Arten, fehlen in Europa. Systematische Stellung unsicher, vielleicht Termitenverwandte.

14. Ordnung: Psocoptera (Staubläuse und Flechtlinge)

Etwa 2000 Arten freilebender, meist geflügelter Formen von 1–4 mm Länge (Abb. 234). Leben auf und unter der Rinde von Bäumen, an Flechten, Felsen, in Nestern und Häusern. Mit Komplexaugen, beißenden Mandibeln und in den Kopf eingesenkten Lacinien sowie langen Antennen. Ernähren sich in erster Linie von Pilzhyphen, Algen und Flechten. Einige flügellose Formen in Gebäuden des Menschen (S. 351): Bücherlaus *(Liposcelis simulans)*, Totenuhr *(Trogium pulsatorium)*, *Lepinotus*. Nach manchen Autoren seit Perm.

15. Ordnung: Phthiraptera (Tierläuse i.w.S., Lauskerfe)

Tierparasiten mit abgeflachtem Körper, festem Chitinpanzer und Klammereinrichtungen an den Beinen, die ihre Entwicklung am Wirtstier vollziehen. Reduktionsmerkmale: Flügel und

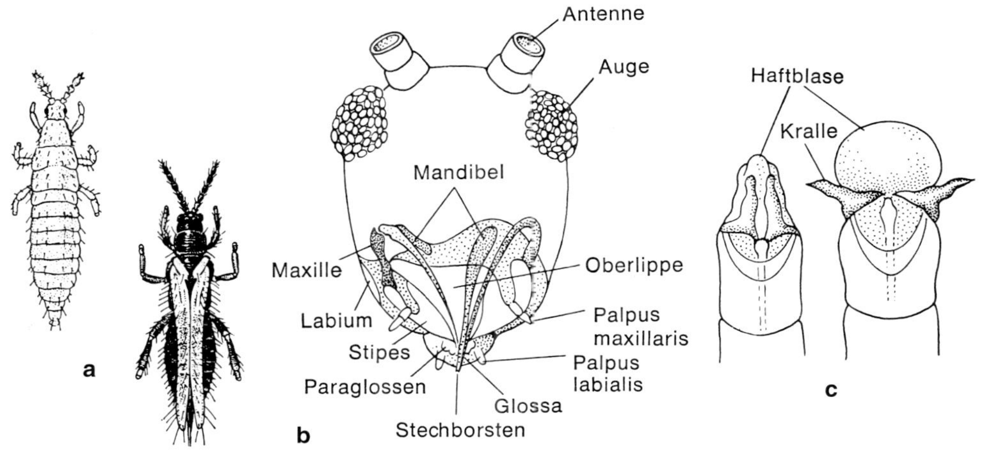

Abb. 235: Thysanoptera. a. Larve und Imago, b. schematische Darstellung des Kopfes mit Mundwerkzeugen, c. Tarsen mit ein- und ausgestülpter Haftblase. Nach Brauns, Weber

Ocellen fehlen, Komplexaugen rudimentär oder fehlend, Fühler verkürzt. Fast 4000 Arten, die den ganzen Lebenszyklus auf dem Wirtstier verbringen.

a. Mallophaga (Feder- und Haarlinge). Meist Horn- und Abfallfresser im Gefieder der Vögel (3000 Arten) oder im Haarkleid von Säugetieren (300 Arten). Mandibeln beißend, Lacinien stabförmig, versenkt. Eier werden an Federn oder Haaren abgelegt. Die Mehrzahl der Mallophagen ist eng spezialisiert. Sie konnten daher für die Verwandtschaftsforschung in ihrer Stellung umstrittener Wirbeltiergruppen herangezogen werden. So wurde die Mallophagensystematik, z. B. bei der Annäherung der Flamingos an die Enten, nicht an die Storchenvögel, mit herangezogen. Einige Mallophagen der Haustiere können schädlich werden, z. B. die Hühnerlaus *(Menopon pallidum)* und *Columbicola columbae* an Tauben.

b. Rhynchophthirina. Mit 2 Arten, die von manchen Autoren auch zu den Mallophaga gestellt werden: *Haematomyzus elephantis* (parasitisch auf *Loxodonta africana* und *Elephas maximus*) und *H. hopkinsi* (parasitisch auf *Phacochoerus aethiopicus*).

c. Anoplura (Läuse i. e. S.). Mundwerkzeuge stechend-saugend. Etwa 500 Arten, die als dorsoventral abgeplattete Blutsauger auf Säugetieren, besonders auf Nagern, leben, z. B. die Gattungen *Hoplopleura* und *Polyplax*. Die Robbenläuse (Echinophthiriidae) haben sogar die Wanderung ihrer Wirtstiere vom Land- zum Wasserleben mitgemacht. Die See-Elefantenlaus *(Lepidophthirius macrorhini)* bohrt Gänge in die Haut ihres Wirtes *(Mirounga)*. Die Fortpflanzung dieser Läuse erfolgt während der Landphase ihrer Wirte. Einige Läuse sind Parasiten des Menschen *(Pthirus pubis, Pediculus humanus*, S. 355) und Krankheitsüberträger. Verschiedene Läuse auch auf Haustieren, so die bis 6 mm lange Schweinelaus *(Haematopinus suis*; Abb. 234 c) und die 2,5 mm lange Hundelaus *(Linognathus setosus)*.

16. Ordnung: Thysanoptera (Blasenfüße, Fransenflügler, Thripse)

Die Fransenflügler sind winzige, meist 1 bis 2 mm, in den Tropen maximal 14 mm lange Insekten, die in der Umgangssprache als «Gewittertierchen» bekannt sind (Abb. 235). Etwa 4700 Arten. Als Pflanzensauger und Virusträger können einige Schaden hervorrufen (S. 344). Mundwerkzeuge hypognath, stechend-saugend, asymmetrisch (rechte Mandibel reduziert, linke als Stechborste entwickelt, Abb. 235 b). Die Beine tragen zwei Krallen und eine große Haftblase (Arolium, Abb. 235 c). Die Flügel sind sehr schmal und am Rand fransenartig behaart, sie können auch fehlen. Eiablage in Pflanzengewebe (Terebrantia, mit Legeröhre) oder auf Pflanzen (Tubulifera, ohne Legeröhre). Öfter Parthenogenese. Zwei Larvenstadien (ohne Flügel), danach 2 (Tere-

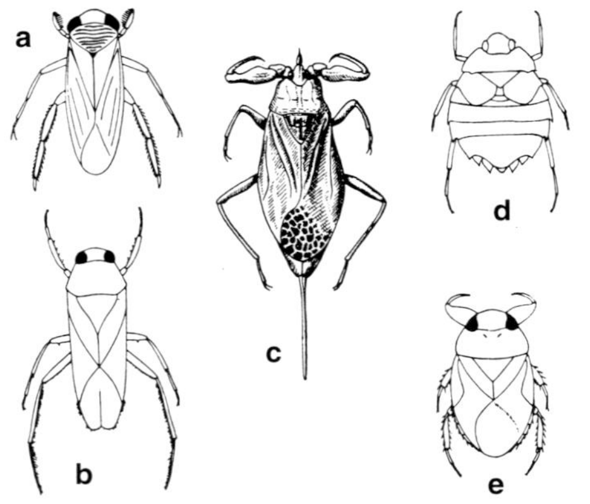

Abb. 236: Hydrocorisae. a. *Corixa*, b. *Notonecta*, c. *Nepa*, d. *Aphelocheirus*, e. *Naucoris*. Nach Tischler

brantia) oder 3 (Tubulifera) wenig aktive Ruhe- und Nymphenstadien (mit Flügelanlagen). Seit Perm *(Permothrips longipennis)*.

17. Ordnung: Rhynchota (Hemiptera, Schnabelkerfe)

Die ca. 70 000 Arten umfassende Gruppe enthält Wanzen, Zikaden, Blattläuse, Schildläuse u. a., die als Pflanzensaftsauger und Virusvektoren sowie Tierparasiten und Krankheitsüberträger am Menschen eine bedeutende Rolle spielen (S. 344, 357; Abb. 222). Ihr wichtigstes Merkmal sind die zu einem Stechrüssel umgeformten Mundgliedmaßen. Sie enthalten zwei Stilettpaare, die im Ruhezustand mit ihren Basen in den Kopf eingesenkt sind. Außen liegen die Mandibeln, innen die Laciniae der 1. Maxillen. Letztere bilden sowohl Nahrungskanal als auch Speichelgang. Beim Vorstrecken werden die Stilette von einer gegliederten Rüsselscheide geführt, die aus dem Labium entstanden ist und nicht in die Stichwunde eingeführt wird. Vorn überdeckt das verlängerte Labrum den Rüsselansatz, seitlich die Genae (Wangen) und die Basisteile der 1. Maxillen. Maxillar- und Labialpalpen fehlen.Teile von Mundhöhle und Pharynx sind als Saugpumpe entwickelt. Analfeld der Vorderflügel als Clavus gegen übrige Flügelteile abgegrenzt.

Die Rhynchota lassen sich in zwei große Gruppen gliedern: **Heteroptera** und **Homoptera**.

Heteroptera tragen ihre Flügel in der Ruhestellung meist waagerecht auf dem Rücken, das vordere Paar ist basal stark sklerotisiert. Die Kopfkapsel der Heteroptera ist ventral verschlossen, Labium und Kopfhinterrand werden durch eine Gula getrennt.

Homoptera tragen in der Ruhestellung ihre Flügel meist dachartig über dem Hinterleib, beide Flügelpaare sind membranös. Die Kopfkapsel ist ventral nicht geschlossen, sondern membranös; eine Gula fehlt. Die Labiumbasis wird auf die membranöse Zone hinter der Kopfkapsel verlagert. Bei den meisten Homoptera ist im Darm eine Filterkammer ausgebildet, in der die Übergangsregion zwischen Vorder- und Mitteldarm unter dem Peritoneum mit dem Hinterdarm in Verbindung tritt: Nahrungssaft kann durch frühzeitige Ableitung von Wasser in den Enddarm eingedickt werden. Ob die Homoptera eine natürliche Gruppe sind, ist unsicher. Sie enthalten 2 Gruppen, Auchenorrhyncha und Sternorrhyncha, die hier gleichberechtigt neben die Heteroptera gestellt werden.

a. Heteroptera

Über 40 000 Arten. Vorderflügel (Hemielytren) in ihrem proximalen Teil zu einer Decke (Corium) versteift, der distale Teil dünnhäutig (Membran). Leben von Pflanzensäften (z. B. *Piesma, Lygus, Eurygaster, Aelia, Eurydema*), manche sind Räuber, wenige Blutsauger (*Triatoma, Cimex* S. 357, Abb. 222). Die Mehrzahl lebt am Land (Geocorisae), manche Familien bewohnen die Wasseroberfläche (Amphibiocorisae), mehrere hundert Arten sind echte Wasserbewohner (Cryptocerata, Hydrocorisae; Abb. 115). Seit Perm *(Paraknightia)*.

1. Hydrocorisae (Cryptocerata, Wasserwanzen, Abb. 236): wasserlebende Formen mit kurzen Antennen, die kürzer als die Kopfbreite und in Kopfgruben verborgen sind. Ocellen fehlen.

Die Anpassung an das Wasserleben ist in einzelnen Familien unterschiedlich weit fortgeschritten. Die meist kurzflügeligen Aphelocheiridae leben in Wassertiefen bis 6 m und kommen nicht zur Oberfläche. Zwischen Haaren tragen sie eine feine Luftschicht, deren Sauerstoffgehalt aus dem umgebenden Wasser aufgefüllt wird (Plastronatmer). Bodenbewohner, die kleine Muscheln anstechen. Andere Wasserwanzen müssen zum Luftholen an die Wasseroberfläche kommen.

Belostomatidae (Riesenwasserwanzen), bis über 10 cm lange Räuber mit Fangbeinen, und Nepidae (Wasserskorpione, Skorpionswanzen) besitzen am Abdomen eine Atemröhre.

Nepa rubra, der Wasserskorpion, erreicht 22 mm Körperlänge; dazu kommt das lange Atemrohr (Abb. 236 c). Der Wasserskorpion lebt in Tümpeln mit schlammigem Grund. Die Vorderbeine sind einschlagbare Fangbeine, mit denen aus einer Lauerstellung heraus Insekten, aber auch kleine Fische und Kaulquappen überwältigt werden. Die Imagines verfügen über wohlentwickelte Flügel; dennoch können die meisten nicht fliegen. Die Eier werden oft in flutende Algenwatten gelegt; ihre Atemanhänge sind mit einem Plastron versehen. Die Imagines überwintern im Wasser oder in Wassernähe unter Pflanzen und Steinen.

Corixidae (Ruderwanzen) sind flach gebaute Wasserwanzen mit großem Kopf (Abb. 236 a). Sie kommen in Mitteleuropa mit etwa 40 zum Teil recht ähnlichen Arten in pflanzenreichen Stillgewässern vor. Die mit Haarsäumen versehenen Hinterbeine dienen dem Schwimmen, die bekrallten Mittelbeine dem Festhalten am Substrat, und die mit schaufelartigen Tarsen versehenen Vorderbeine dem Herbeischaufeln von Nahrung. Mit ihnen durchwühlen die Tiere das Substrat nach Algen, Pflanzenteilen und Kleintieren, die ausgesaugt werden. Das Luftholen erfolgt in weniger als einer halben Sekunde, indem das Vorderende aus dem Wasser kommt. Der Hauptluftvorrat befindet sich unter den Deckflügeln und an der Ventralseite von Thorax und Abdomen. Das Flugvermögen ist gut; der Start kann durch die Wasseroberfläche hindurch erfolgen. Die Eier werden an Wasserpflanzen geheftet; es überwintern meist die Imagines. Die Männchen stridulieren, was für uns hörbar ist («Wasserzikaden»). Der Gesang einzelner Männchen regt andere zur Imitation an. Die Weibchen schwimmen daraufhin ruckartig im Kreis und bringen die Männchen in Kopulationsstimmung. Die Hörorgane liegen bei beiden Geschlechtern im Mesothorax.

Notonectidae (Rückenschwimmer, Wasserbienen) liegen bei der Luftaufnahme in Rükkenlage unter der Wasseroberfläche. Nur die Hinterleibsspitze ragt aus dem Wasser. Luft wird in zwei ventrale, von Haaren überdeckte Rinnen aufgenommen, die mit dem Thorax und Räumen unter den Flügeln in Verbindung stehen. Durch die luftgefüllten Atemrinnen sind die Tiere nur imstande, in Rückenlage zu schwimmen.

Notonecta glauca, der Gewöhnliche Rückenschwimmer, ist bei uns in stehenden Gewässern verbreitet und in Mitteleuropa die häufigste Art der Familie. Zum Luftholen kommen Rückenschwimmer an die Wasseroberfläche, verweilen dort in Schräglage und nehmen Luft insbesondere in zwei Rinnen auf, die von Haaren der Bauchseite überdeckt werden. Die Tiere schwimmen geschickt in Rückenlage. Ihre Hinterbeine sind mit je 3700 Haaren versehen, die sich beim Rückschlag auffächern. Rückenschwimmer sind auch gute Flieger. *Notonecta glauca* lebt insbesondere von Insekten. Badende, die von *Notonecta* gestochen werden, berichten von Schmerzen, die denen eines Bienenstiches entsprechen («Wasserbiene»). Kot wird von der Wasseroberfläche in die Luft gespritzt. Auch die Begattung erfolgt an der Wasseroberfläche; die 200 Eier werden in Pflanzengewebe gelegt. An die 3–6wöchige Embryonalentwicklung schließt sich eine etwa zweimonatige Larvalzeit an. Adulte sterben nach der Fortpflanzung.

Naucoridae (Schwimmwanzen) besitzen Luftvorräte an einem dichten Haarfilz der Körperoberfläche sowie unter den Flügeln.

Die meisten Wasserwanzen sind Räuber. Die großen Belostomatidae ergreifen Fische und Kaulquappen, eine Art ist auf Schnecken spezialisiert, die Zwischenwirte von *Schistosoma* sind; ebenfalls an größere Beutetiere gehen z. B. *Nepa* und *Notonecta*. Sie können wie *Naucoris* auch die Haut des Menschen durchdringen. Corixidae mit ihrem kurzen, weichen Rüssel saugen z. B. Algenfäden und abgestorbene Tiere aus. Die Eier werden an oder in Wasserpflanzen gelegt. Bei vielen Belostomatidae gibt es Brutpflege im männlichen Geschlecht: Nach intensiven Kampfhandlungen zwischen Weibchen und Männchen setzt das Weibchen bis über 100 Eier auf den Rücken des Männchens.

2. **Amphibiocorisae** (Abb. 237): Mehrere Familien, die den größten Teil ihres Lebens auf der Oberfläche von stehenden oder fließenden Gewässern zubringen, z. B. Wasserläufer (Gerridae) und Bachläufer (Veliidae). Viele dauernd auf der Wasseroberfläche, die Veliidae können untertauchen. Leben von kleinen Wassertieren oder solchen, die auf die Wasseroberfläche getragen wurden. Überwinterung am Land. Wasserreiter (Hydrometridae; Abb. 237 a) leben meist am Ufer und gehen zur Nahrungssuche auf die Wasseroberfläche.

Halobates, flügellose Gattung, auf der Oberfläche warmer Meere, auch fern von Küsten;

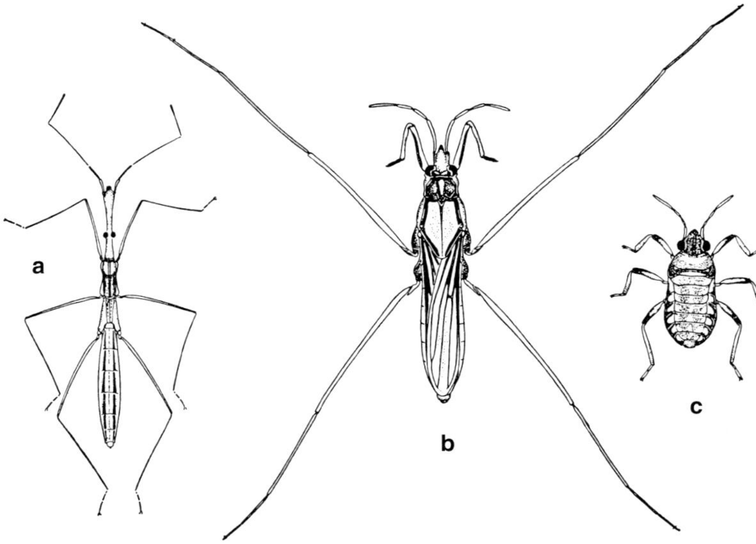

Abb. 237: Amphibiocorisae. a. *Hydrometra*, b. *Gerris*, c. *Microvelia*. Nach Engelhardt

legen Eier an treibende Algen, an Schalen von *Janthina* und Federn von Seevögeln.

Gerris lacustris, der bis 10 mm lange Gewöhnliche Wasserläufer, ist bei uns die häufigste Art seiner Gattung. Beine und Körperunterseite sind fein wasserabstoßend behaart. Das rasche Gleiten auf der Oberfläche stehender Gewässer wird durch die simultan bewegten Mittelbeine bewirkt, während die Hinterbeine in erster Linie der Steuerung dienen. Die kurzen Vorderbeine dienen dem Fangen und Halten von Beutetieren, insbesondere auf die Wasseroberfläche gefallener Insekten. Die Flügel können vollentwickelt sein, derartige Tiere fliegen gut und weit, oder in verschiedenem Maße rück-

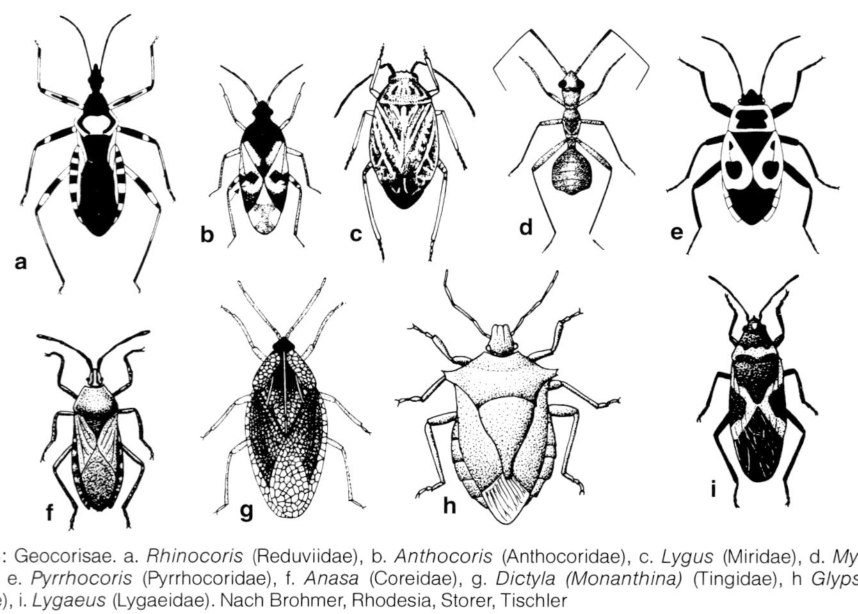

Abb. 238: Geocorisae. a. *Rhinocoris* (Reduviidae), b. *Anthocoris* (Anthocoridae), c. *Lygus* (Miridae), d. *Myrmecoris* (Miridae), e. *Pyrrhocoris* (Pyrrhocoridae), f. *Anasa* (Coreidae), g. *Dictyla (Monanthina)* (Tingidae), h *Glypsus* (Pentatomidae), i. *Lygaeus* (Lygaeidae). Nach Brohmer, Rhodesia, Storer, Tischler

gebildet. Bei Störung flüchten Wasserläufer oft in flachen Sprüngen. Bei starkem Wind oder Regen begeben sie sich an feste Gegenstände oder an das Ufer, wo ihre Fortbewegung hilflos wirkt. Die Paarung von Imagines, die überwintert haben, erfolgt im Frühjahr; das Männchen reitet auf dem Weibchen. Die Eiablage erfolgt teils einzeln, teils in Reihen mit Gallerte an Substraten direkt unter der Wasseroberfläche. Die Embryonalentwicklung währt 1–2, die Larvalentwicklung 3–4 Wochen. Zwei Generationen im Jahr. Überwinterung oft weit entfernt vom Wasser als Imago.

3. **Geocorisae** (**Landwanzen**, Abb. 238): Lange, freie Fühler 4- oder 5-gliedrig. Ocellen meist in Zweizahl vorhanden (fehlen bei Miridae, Pyrrhocoridae). Die meisten Landwanzen besitzen Duftdrüsen, deren flüchtiges Sekret (Kontaktgift) bei Störungen abgegeben wird. Im folgenden einige große Familien:

Reduviidae (Raubwanzen): Mit ca. 4000 Arten eine der größten Wanzenfamilien. Saugen an Insekten, Wirbeltieren und Menschen. Bei manchen Arten Vorderbeine zu Raubbeinen entwickelt. *Triatoma megista* neben anderen Überträger der Chagas-Krankheit (S. 17), *T. rubrofasciata* vielleicht von Kala-Azar (S. 15). In Europa verbreitet: *Reduvius personatus. Melanolestes picipes* in Amerika als «kissing bug» bekannt, da sie Menschen vor allem ins Gesicht sticht. *Rhinocoris* lauert auf Blüten und fängt Insekten (Abb. 239 m).

Reduvius personatus erreicht 18 mm Körperlänge und ist die größte einheimische Raubwanze. Sie ist weltweit verbreitet und lebt bei uns als Kulturfolger zum Beispiel in Dachböden und Ställen. Die nachtaktiven Tiere fangen Insekten. Da die Jungtiere ihren Körper mit Hilfe der Hinterbeine mit Staub und anderen Fremdkörpern bedecken, heißen sie im Deutschen Staubwanzen. Der Staub bleibt an der klebrigen Behaarung der Körperoberseite hängen. Die Staubwanze kann wie alle größeren Reduviiden schmerzhaft mit dem Rüssel stechen.

Cimicidae (Bettwanzen, Plattwanzen): Etwa 30 Arten. *Cimex lectularius* und *C. hemipterus* auf Menschen (S. 357), befallen auch verschiedene Haustiere. Mehrere *Cimex*-Arten auf Fledermäusen. *C. columbarius* in Taubenschlägen. *Oeciacus* in Schwalben- und Seglernestern.

Anthocoridae (Blumenwanzen): Saugen an Insekten und gelegentlich auch am Menschen.

Miridae (Blind-, Weichwanzen): Über 6000 Arten, größte Familie der Landwanzen, mit wichtigen Schädlingen, meist Pflanzensaftsauger. *Lygus pratensis* saugt an über 50 Pflanzenarten, *Myrmecoris gracilis* ähnelt Ameisen, lebt räuberisch, auch in Blattlauskolonien, Flügel verkümmert.

Pyrrhocoridae (Feuerwanzen): *Pyrrhocoris apterus*, leuchtend rot-schwarz gefärbt, *Dysdercus*, wichtiger Schädling an Baumwolle.

Pyrrhocoris apertus, die Feuerwanze, ist eine durch ihr Muster (Abb. 238 e) aus roten und schwarzen Elementen auffallende Wanze der einheimischen Fauna. Schon im zeitigen Frühjahr kann man große Aggregationen von Imagines finden, die das Winterlager verlassen haben. Färbung, Zeichnung und Flügellänge variieren und sind zum Teil durch Umweltfaktoren, z. B. Tageslänge, Temperatur, stark modifizierbar. Bevorzugt werden Linden, Malven sowie Robinien. Aggregationen werden durch Pheromone stabilisiert. Die Kopulation erfolgt mit abgewandten Köpfen und erstreckt sich über 10–30 Stunden; die etwa 100 Eier werden vom Weibchen in Laub oder selbstgegrabenen Erdhöhlen abgelegt.

Lygaeidae (Langwanzen): Mit Getreideschädlingen, z. B. *Blissus* in den USA.

Coreidae (Leder- oder Randwanzen): Mit einigen wichtigen Schädlingen z. B. in der Neuen Welt (z. B. *Anasa*, Abb. 240 f).

Pentatomidae (Schild-, Stinkwanzen): Scutellum (Tergit des Mesothorax) groß, überdeckt manchmal Flügel ganz. Über 5000 Arten. Stinkdrüsen, Sekret wird bisweilen sogar verspritzt *(Tesseratoma)*. Meist Pflanzensauger. Grüne Stinkwanze *(Palomena prasina)*, besonders auf Beerenobst, Kohlwanze *(Eurydema oleraceum)*, *Dolycoris baccarum* (Beerenwanze), *Eurygaster*, wichtiger Getreideschädling in Ukraine, Iran und Türkei, *Aelia acuminata* an Getreide.

Palomena prasina (Grüne Stinkwanze, Abb. 239 q) ist häufig in der Agrarlandschaft, an Waldrändern, in Gärten und Parks. Sie bevorzugt Beerenobst und andere Früchte, sticht aber auch Getreidekörner und sonstige Pflanzenteile an. Die im Sommer plattenförmig auf Blättern abgelegten grünen Eigelege werden häufig von kleinen Schmarotzerwespen befallen und sehen dann schwarz aus. Die Larvenentwicklung ist bis zum Herbst abgeschlossen. Trotz ihrer Stinkdrüsen, die der Feindabwehr dienen, werden die Larven oft von Fliegen parasitiert. Vor der Überwinterung der Imago erfolgt durch die kürzer werdende Tageslänge eine Umfärbung von Grün zu Braun. Dadurch sind die Tiere im Winterlager unter Fallaub an Waldrändern gut getarnt. Im Frühjahr schwindet mit Beginn des Langtages das dunkle Pigment, so daß wieder eine Rückfärbung zu Grün stattfindet.

a
b
c
d
e
f
g
h
i
k
k
l
m
n
o
p
q

Graphosoma lineatum, die etwa 1 cm lange Streifenwanze, ist eine mediterrane Art, die sich jedoch weit nach Mitteleuropa ausgebreitet hat. Sie lebt phytophag auf Doldenblütlern (Abb. 239 e) und fällt durch die schwarzen Längsstreifen auf rotem Grund auf. Überwinterung als Imago. Im Frühsommer Ablage plattenförmiger Gelege auf Pflanzen.

b. Auchenorrhyncha (Zikaden)

30000 Arten. Vorderflügel im allgemeinen nicht stärker sklerotisiert als Hinterflügel. Flügel in Ruhelage dachartig über dem Rücken zusammengelegt (Abb. 240). Sprungvermögen. Bei Männchen und bei Kleinzikaden auch Weibchen oft lauterzeugende Organe (Trommelorgane) am 1. Abdominalsegment. Die Gesänge der Singzikaden (Cicadidae) können über mehrere 100 m hörbar sein und kennzeichnen neben den Lauten von Heuschrecken die Geräuschkulisse der Vegetationszonen wärmerer Länder. Die Lauterzeugung erfolgt, indem ein spezialisiertes Cuticulaareal durch einen Muskel eingezogen wird und wieder in die Ausgangslage zurückschnellt (vgl. Boden einer Blechdose, der eingedrückt wird und wieder zurückschnellt).

Die bis 35 mm lange *Cicada plebeja* ist durch ihren lauten und meist von Bäumen erklingenden Gesang ein auffallendes Faunenelement der Mittelmeerländer. Die Strophen können bis eine halbe Minute dauern und werden tags vorgetragen. Mit diesem Gesang locken die Männchen Weibchen an, die sich in der Nähe der Sänger niederlassen. Die Vorderbeine der Larven sind Grabbeine; sie saugen an Pflanzenwurzeln. Die Larvalentwicklung dauert mehrere Jahre.

Unter den heimischen Zikaden fallen am meisten die Larven der Schaumzikaden (Cercopidae) auf, die am After austretende Flüssigkeit mit Luft aus der sog. Atemhöhle auf der Bauchseite, die durch Seitenfalten der Hinterleibssegmente seitlich und ventral begrenzt wird, aufschäumen lassen und so eine schutzvermittelnde Schaumhülle hervorbringen («Kuckucksspeichel», Abb.

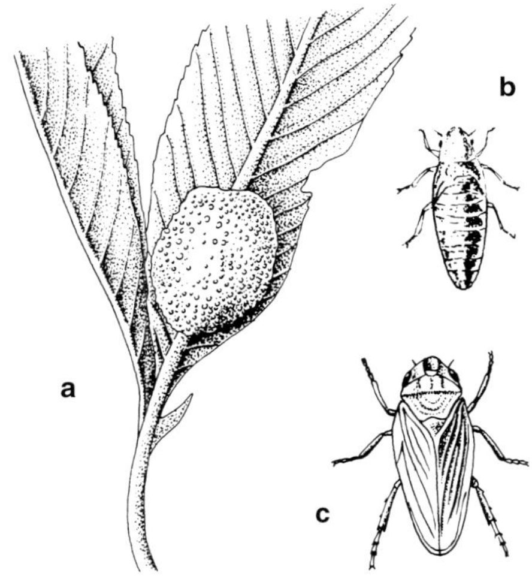

Abb. 240: Schaumzikade *(Aphrophora)*. a. Weidenblatt mit «Kuckucksspeichel», der von der Larve (b) hervorgerufen wird, c. Imago. Nach v. Frisch

240 a). Atemluft nehmen sie auf, indem sie ihr Hinterende aus der Schaumhülle herausstrecken. Zu ihnen gehört als häufige Art in Süddeutschland die bis 10 mm lange Blutzikade *(Cercopis vulnerata)*, deren Larven unterirdisch leben. Weit verbreitet ist die bis 6 mm lange Wiesenschaumzikade *(Philaenus spumarius)*, deren Larven an zahlreichen Kräutern leben. *Aphrophora salicina* auf Weiden.

Die mitteleuropäischen Arten sind meist klein, in warmen Ländern kommen mehrere cm lange Arten vor, die z. T. durch ihre umfangreichen Anhänge unbekannter Funktion bekannt wurden, so unter den Fulgoridae Formen mit Kopffortsatz, in den mit Luft gefüllte Darmdivertikel hineinziehen (Laternenträger) und unter den Membracidae solche mit Fortsätzen des Pronotum.

Magicicada umfaßt Arten, die besonders lange Entwicklungszeiten haben. Bei der nordamerikanischen *M. septendecim* dauert die Larvalzeit 17 Jahre, die Adultphase nur wenige Wochen.

◁ Abb. 239: Insekten und Spinnen auf einem Doldenblütler *(Angelica)*. a. Faltenwespe (*Paravespula*, Vespidae). b. Krabbenspinne (*Misumena*, Thomisidae). c. Schwebfliege (*Helophilus*, Syrphidae). d. Gartenhummel (*Bombus*, Apidae). e. Streifenwanze (*Graphosoma*, Pentatomidae). f. Schwebfliege (*Syrphus*, Syrphidae). g. (*Cheilosia*, Syrphidae). h. Goldfliege (*Lucilia*, Calliphoridae). i. Blütenbock (*Leptura*, Cerambycidae). k. Weichkäfer (*Cantharis*, Cantharidae). l. Kreuzspinne (*Araneus*, Araneidae). m. Raubwanze (*Rhinocoris*, Reduviidae). n. Schwebfliege (*Eristalis*, Syrphidae). o. Marienkäfer (*Anatis*, Coccinellidae). p. Grüne Stinkwanze (*Palomena*, Pentatomidae). Original

c. Sternorrhyncha (Pflanzensauger)

Etwa 8000 Arten kleiner pflanzensaugender Insekten, zu denen viele Schädlinge zählen (S. 344). Labiumbasis in den Bereich der Vorderhüften verlagert, Tarsenzahl auf 2 oder 1 reduziert, Flügel in Ruhelage dachartig über dem Rücken zusammengelegt (außer bei Coccinea), Vorderflügel nicht stärker sklerotisiert als Hinterflügel. Seit Perm.

1. Aphidina (Blattläuse). Flügel glasklar, kein Sprungvermögen, Malpighische Gefäße fehlen, Generationswechsel (Heterogonie) und Wirtswechsel verbreitet (Abb. 241). 3000 Arten.

Blattläuse treten in verschiedenen Phaenotypen auf, die Morphen genannt werden. Diese können auf einer Phanerogamen-Art leben, dann nennt man die betreffende Art monözisch, oder einen Wirtswechsel vornehmen (diözische Arten). Arten mit Heterogonie nennt man holozyklisch, solche mit einer ununterbrochenen Folge von parthenogenetisch sich fortpflanzenden Tieren anholozyklisch. Manche Arten sind in ihrer Heimat holozyklisch, in Gebieten, in welche sie verschleppt wurden, anholozyklisch.

Aufgrund der Fortpflanzungsweise unterscheidet man folgende Morphen:

Fundatrix. Weibchen, das aus befruchtetem Ei hervorgegangen ist und parthenogenetisch Weibchen (Fundatrigenien) hervorbringt. Fortpflanzungsquote hoch: bis etwa 400 Nachkommen. Die Fundatrix ist die einzige Morphe, die aus einem abgelegten, befruchteten Ei hervorgehen kann, alle anderen entstehen durch Parthenogenese.

Virginopara: Weibchen, das parthenogenetisch entstanden ist und sich parthenogenetisch fortpflanzt. Es kann geflügelt (alat) oder flügellos (apter) sein. Nachkommenzahl: etwa 20–60. Bringt es Weibchen hervor, nennt man es gynopar, erzeugt es Männchen, andropar, zeugt es beide Geschlechter, sexupar.

Sexualis: Männchen und Weibchen, die sich begatten. Das befruchtete Weibchen bringt ein oder wenige Eier (Dauereier) bzw. Jungtiere (Fundatrix-Larven) hervor. Diese überwintern in unserem Klima. Blattläuse, deren Sexuales Eier ablegen, werden als Aphidina ovovivipara bezeichnet, solche, die nur lebende Junge hervorbringen, Aphidina vivipara.

Mit der Heterogonie ist vielfach Wirtswechsel verbunden. Man unterscheidet Winter- (Primär-) und Sommerwirt (Sekundärwirt). Am Winterwirt können folgende Stadien auftreten: das befruchtete Ei (Dauerei), die Fundatrix und Virginoparae. Geflügelte Formen wandern zum Sommerwirt und werden Migrantes (Emigrantes) genannt; die auf dem Sommerwirt entstan-

Abb. 241: Entwicklungsgang der Reblaus *(Viteus vitifolii)* sowie Befallssymptome der Rebe. Der ursprünglich auf den Osten der USA beschränkte, heute weltweit verbreitete Rebenparasit lebt nur an *Vitis*, wobei ein Wechsel zwischen oberirdischen Organen und Wurzel erfolgen kann. Voraussetzung des Befalls ist die Induktion von Beutelgallen an den Blättern oder von massiven Wurzelgallen – vogelkopfartigen Nodositäten an den Saugwurzeln und knotigen Tuberositäten an den verholzten Wurzeln. Im vollständigen Entwicklungskreislauf treten verschiedene Morphen mit jeweils vier Larvenstadien (I, II, III, IV) auf. Nur eine einzige Generation ist geflügelt, alle übrigen sind flügellos. Auf eine bisexuelle Phase mit einem Winterei (Dauerei) folgen zahlreiche Generationen, die sich durch parthenogenetisch erzeugte Eier fortpflanzen. ▷
Im Frühjahr kriecht aus dem befruchteten Winterei die Fundatrix aus, die an der Triebspitze eine Blattgalle induziert und unbefruchtete Eier ablegt. Es schließen sich mehrere, der Fundatrix sehr ähnliche Generationen von Blattgallenläusen (Gallicolae) an, die sich ebenfalls auf parthenogenetischem Wege vermehren. Aus den Gallenlausgelegen (GO) entstehen im Frühsommer überwiegend junge Blattrebläuse, später wandern immer mehr Jungläuse in den Boden ab und werden zu Wurzelläusen (Radicolae). Aus den gleichfalls parthenogenetischen Wurzellauseiern (RO) entwickeln sich wiederum Wurzeljungläuse. Im Spätsommer können an der Wurzel aus «Praenymphen» (3. Larvenstadium) auch Formen mit Flügeltaschen («Nymphen», 4. Larvenstadium) entstehen, die den Boden verlassen und sich zu geflügelten Sexuparae häuten. Die geflügelten Rebläuse, die sich mit Luftströmungen über größere Entfernungen ausbreiten können, legen an das alte Rebholz entweder kleinere unbefruchtete Eier (♂), aus denen Männchen hervorgehen, oder größere parthenogenetische Weibcheneier (♀). Die Geschlechtstiere (Sexuales), deren Larven sich in rascher Folge häuten, besitzen weder Mundwerkzeuge noch Darm. Das Weibchen erzeugt nur ein einziges Ei, das nach der Befruchtung unter der Borke oder in Spalten des alten Holzes festgeheftet wird (Winterei).
An den Wurzeln verbliebene Jungläuse verfallen unter dem Einfluß abgesunkener Bodentemperaturen in Diapause, um als Winterläuse (Hiemales) die kalte Jahreszeit zu überdauern. Sie leiten in der nächsten Vegetationsperiode eine Folge neuer Wurzellausgenerationen ein.
Der Entwicklungsgang der Reblaus wird sowohl durch die klimatischen Bedingungen als auch durch die Artzugehörigkeit ihrer Wirtsreben variiert. In Mitteleuropa sind 3–5, am Mittelmeer über 10 ober- bzw. unterirdische Reblausgenerationen möglich. In unseren Weinbaugebieten ist ferner die bisexuelle Phase häufig unterdrückt. In wärmeren Regionen wurde andererseits eine unmittelbare Besiedlung der Blätter durch wurzelbürtige Rebläuse («direkte Gallenläuse») beobachtet

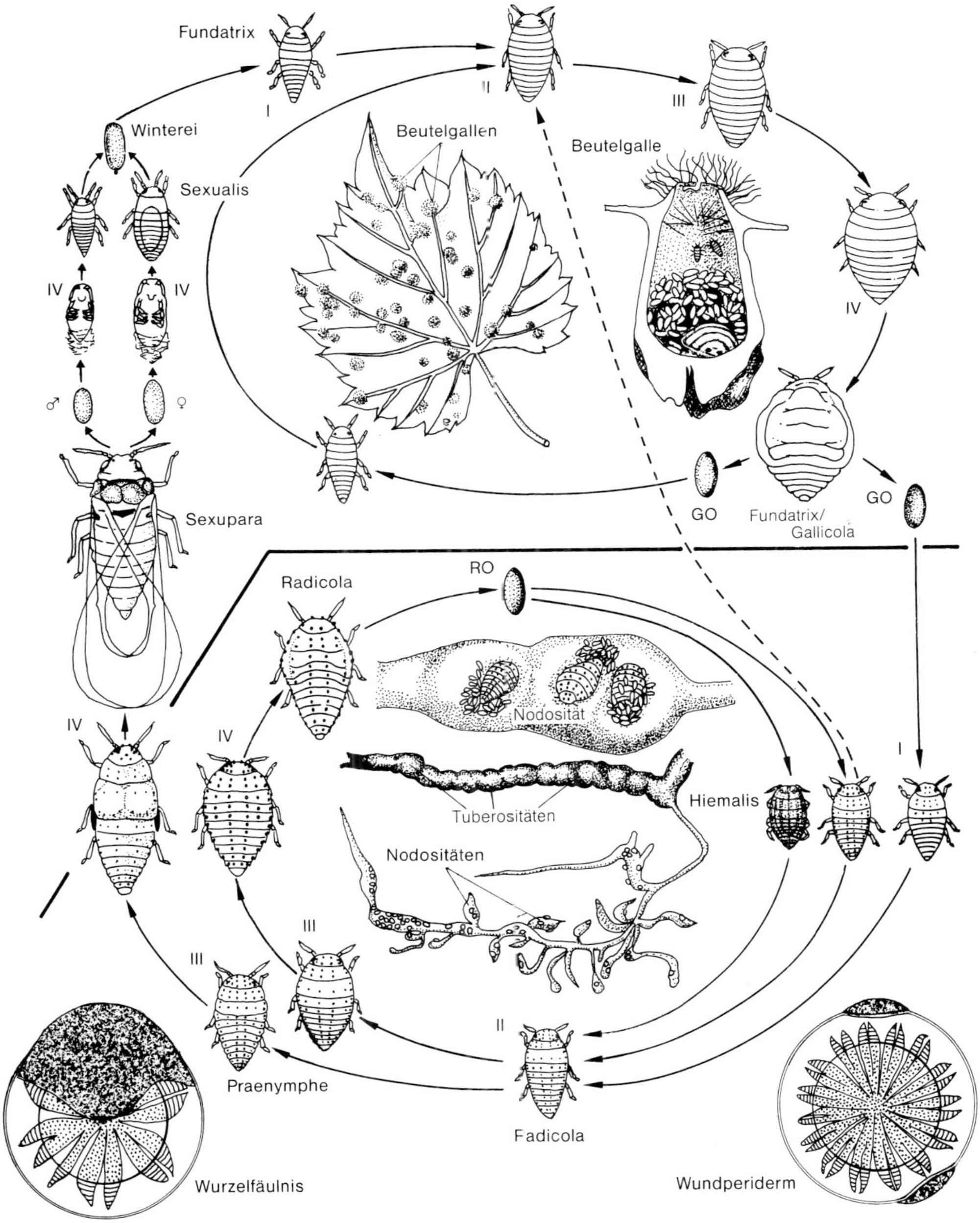

(gestrichelte Linie). Aus klimatischen und wirtsspezifischen Gründen ist für den mitteleuropäischen Weinbau nur der unterirdische Teil des Reblauszyklus von Bedeutung, in dem Wurzellaus auf Wurzellaus folgt.

Reblausschäden gehen in erster Linie auf die mikrobielle Zersetzung des vergallten Wurzelgewebes zurück, wobei Wurzelverluste durch Fäulnis von Tuberositäten besonders schwer wiegen. Während sich die Wurzelfäulnis bei der europäischen Kulturrebe *Vitis vinifera* ungehemmt ausbreitet (unten links) und zum Tod der befallenen Rebe führt, riegeln zahlreiche amerikanische Wildarten die Leitbündel ihrer Wurzeln durch ein Wundperiderm gegen die Nekrosen ab (unten rechts), so daß die Wurzeln nicht nachhaltig geschädigt werden (Toleranzverhalten). Durch Pfropfung von Edelreisern der europäischen Rebsorten auf reblaustolerante Unterlagen, die von amerikanischen Arten abstammen, ist es möglich, auch auf reblausverseuchten Böden Weinbau zu betreiben. Nach Rilling

denen Individuen bezeichnet man als Exsules, die Rückwanderer zum Winterwirt Immigrantes.

Bei der Benennung der Stadien im Blattlauszyklus hat man also die Bezeichnung aufgrund der Fortpflanzungsverhältnisse sowie ihres Aufenthalts- bzw. Geburtsortes zu treffen.

Die Entstehung der Morphen wird durch verschiedene Faktoren hervorgerufen:

Geflügelte Virginoparae entstehen bei erhöhter Populationsdichte und bei Abnahme der Nahrungsqualität; Sexuparae bilden sich unter dem Einfluß von Kurztag und niedriger Temperatur aus Individuen im fortgeschrittenen Sommer; Fundatrices sind grundsätzlich Weibchen, da die männchenbestimmenden Spermien bei der 1. Reifeteilung degenerieren.

Von einer Reihe von Blattläusen sind Soldatinnen bekannt: Sie übernehmen die Verteidigung und sind steril. Ostasiatische *Colophia*-Soldatinnen töten z.B. Syrphiden-Larven mit dem Stich ihres Rüssels, während die Junglarven von *Pseudoregma* mit Kopfdornen rammen.

Blattläuse leben nur auf Phanerogamen und saugen Phloemsaft, dessen Zucker- und Wasserüberschuß sie als «Honigtau» wieder abgeben können. Dieser wird von Bienen, Ameisen und Fliegen aufgenommen. Einige Ameisen «betrillern» mit ihren Antennen Blattläuse an deren Hinterende, so daß diese einen Honigtautropfen abgeben. Diese Verhaltensweise fördert auch das Wachstum der Blattlauskolonien, da die «gemolkenen» Tiere mehr Phloemsaft aufnehmen und mehr Nachkommen erzeugen.

Verbreitet sind auch Wachsabscheidungen, die bei vielen Aphididen und einigen Pemphigiden über Röhren (Siphonen) am Hinterleib abgegeben werden.

Blattläuse gehören zu den wichtigsten Schadinsekten landwirtschaftlicher Kulturen (S. 344), vorzugsweise in Klimaten mit ausgeprägten Jahreszeiten. Sie schädigen in erster Linie durch Entzug von Phloemsaft. Außerdem siedeln sich Pilze auf ihren Honigtauausscheidungen an und beeinträchtigen den Lichtzutritt zu den Assimilationsorganen. Starker Befall führt auch zu frühzeitiger Abreife von Früchten und damit zu Ertragseinbußen. Schließlich können sie z.B. Viren übertragen.

Aphididae (Röhrenläuse, mit gut ausgebildeten Siphonen); *Aphis, Myzus, Brevicoryne*, bedeutende Schädlinge (S. 344).

Lachnidae: Hierher gehören die größten Blattläuse; leben meist an Baumrinde, z.B. von Coniferen. Ihr Honigtau wird von Bienen geerntet (Tannenhonig; s. S. 337).

Eriosomatidae: mit Gallerregern (S. 342), *Tetraneura, Eriosoma, Pemphigus.*

Phylloxeridae: mit Reblaus *(Viteus vitifolii* [Abb. 241])

Die Reblaus, deren Zyklus auf Abb. 241 dargestellt ist, wurde in den 70er Jahren des vorigen Jahrhunderts aus Nordamerika nach Europa verschleppt, wo sie ganze Weinregionen ruinierte. Ihre Eindämmung erfolgte durch Pfropfung europäischer Rebsorten auf eine Unterlage amerikanischer Reben. Daß sich die Reblaus in den letzten Jahren in Kalifornien zu einem Großschädling in Weinkulturen entwickelt hat, liegt daran, daß die dort verwendeten Unterlagen Hybriden mit einem Anteil der europäischen *Vitis vinifera* darstellen.

Adelgidae: mit wichtigen Schädlingen und Gallerregern (S. 339, Abb. 214).

2. Coccinea (Schildläuse). Meist unter 5 mm lange Kleinformen mit ausgeprägtem Sexualdimorphismus (Abb. 242 a–c): Männchen meist kurzlebig, mit zwei Flügeln, Hinterflügel zu Haken rückgebildet, Mundwerkzeuge atrophiert; Weibchen mit längerer Lebensdauer, meist seßhaft, Beine und Antennen können reduziert sein; Körpergliederung meist verwischt; Mundwerkzeuge bleiben erhalten. Weibchen erreichen Geschlechtsreife 1–2 Häutungen vor den Männchen (Neotenie). Weibchen primitiver Schildläuse ähneln Blattläusen, andere bilden aus eigenen Sekreten einen Schild, der sie selbst sowie Eier und Jungtiere schützt. Komplexaugen vereinfacht, oft nur von einer Linse überdeckt. Parthenogenese ist verbreitet.

Schildläuse gehören vorwiegend in warmen Klimaten zu den wichtigsten Schadinsekten in der Landwirtschaft (S. 345). Einige Arten werden jedoch auch wirtschaftlich genutzt (Farbstoff-, Lackgewinnung, Manna).

Orthezia urticae (Nessellaus), auf Brennesseln. *Porphyrophora*, aus ihr wurde roter Farbstoff gewonnen. *Icerya purchasi* (Australische Wollschildlaus), im vergangenen Jahrhundert von Australien nach Nordamerika verschleppt, bedrohte dort die *Citrus*-Plantagen. Durch Nachholen des Marienkäfers *Rodolia cardinalis* wurde eine drohende Katastrophe vermieden. *Trabutina mannipara:* Honigtau dieser Art trocknet im Wüstenklima Sinais zu Manna und wird von der dortigen Bevölkerung ge-

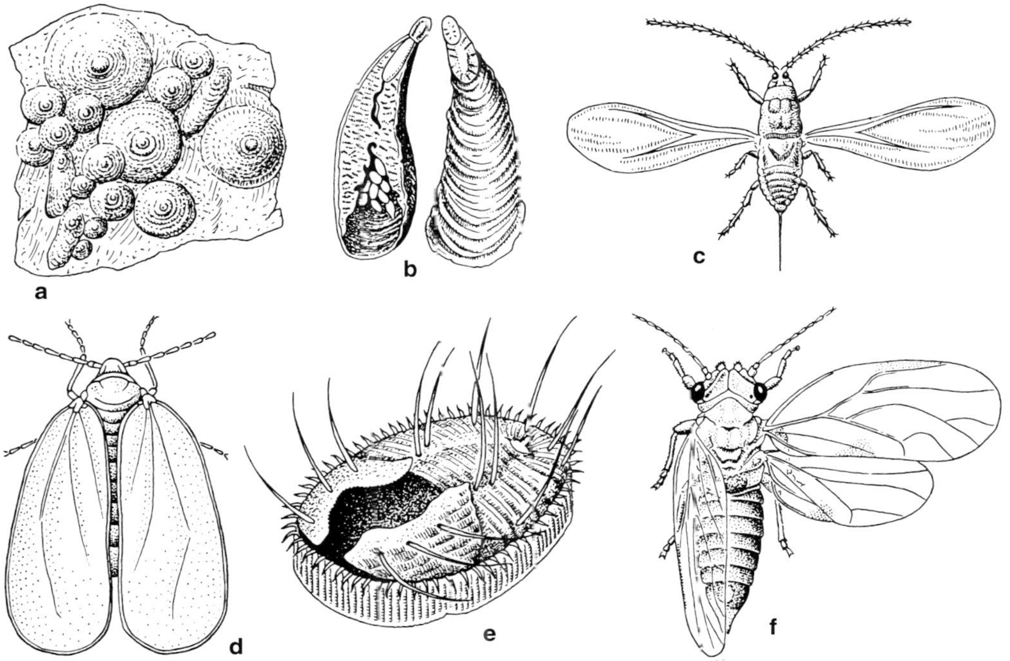

Abb. 242: Schildläuse (Coccinea, a–c), Mottenschildläuse (Aleyrodina, d, e), Blattflöhe (Psyllina, f) a. *Quadraspidiotus perniciosus*, b, c. *Lepidosaphes ulmi*, b. Weibchen, c. Männchen, d. *Aleurodes*-Weibchen, e. *Trialeurodes*, leere Hülle des vierten Larvenstadiums nach dem Schlüpfen der Imago. f. *Psylla*-Weibchen. Nach Diehl, Haupt, Newcomer, Weber, Weidner

gessen. *Lakshadia* und *Laccifer* aus Süd- und Südostasien liefern Schellack. *Dactylopius cacti* (Cochenillelaus): wird in Mexico und auf Kanarischen Inseln an Opuntien gezüchtet, dient der Gewinnung von Karmin (früher zur Färbung von Stoffen und in der Histologie verwendet). *Eulecanium* mit kreisförmigem Schild. *Lepidosaphes* (Kommaschildlaus, Abb. 242 b, c), *Quadraspidiotus perniciosus* (San-José-Schildlaus, Abb. 242 a), Schädling von Obstkulturen.

3. **Aleyrodina (Aleurodina, Mottenschildläuse)**. Kleine Gruppe, mit mehlartigem Wachsstaub bedeckt. Bei uns wenige Arten, in Gewächshäusern als «weiße Fliegen» bekannte Schädlinge (Abb. 242 d, e). Sprungvermögen. Parthenogenese verbreitet.

Besonders gekennzeichnet sind die Mottenschildläuse durch ihre postembryonale Entwicklung (Allometabolie): Das 1. Larvenstadium ist freibeweglich, die folgenden sind festsitzend. Im letzten Jugendstadium (Puparium) wird die Imaginalgestalt herausgebildet. Das Puparium setzt die Nahrungsaufnahme zunächst fort. *Aleurodes, Aleurochiton, Dialeurodes, Trialeurodes* (Abb. 242 d, e).

4. **Psyllina (Blattflöhe)**. Kleinformen, erinnern an Kleinzikaden, vorwiegend in warmen Klimaten. Flügelgeäder relativ ursprünglich, Sprungvermögen. Larven zunächst freibeweglich, spätere Stadien weitgehend sessil, Adulte mit Flugvermögen (Abb. 242 f).

Livia juncorum erzeugt Gallen an Binsen (Abb. 214 a), *Psylla* mit wichtigen Schädlingen (S. 344) an Obstbäumen, *Trioza* schädlich an Möhren.

Holometabola (Ordnungen 18–28)

Über 700 000 Arten. Entwicklung vollkommen, d. h. zwischen Larven- und Imaginalstadium Puppe, die keine Nahrung aufnimmt und als erstes Stadium äußere Flügelanlagen besitzt.

Man unterscheidet folgende Haupttypen der

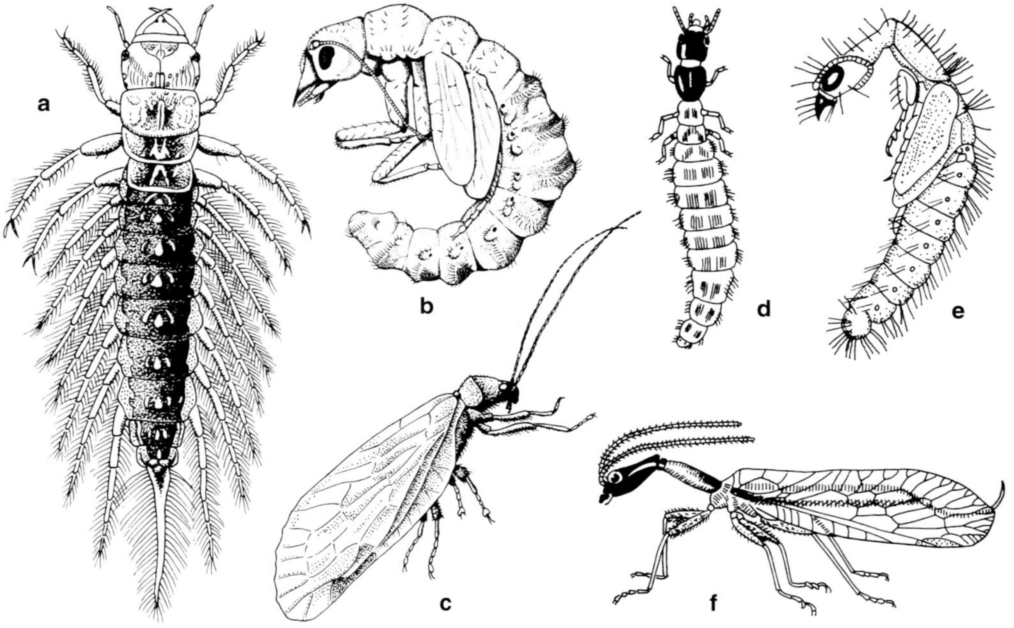

Abb. 243: Megaloptera (a–c) und Raphidioptera (d–f). a–c. *Sialis*, a. Larve, b. Puppe, c. Imago; d–f. *Raphidia*, d. Larve, e. Puppe, f. Imago. Nach Berland, du Bois, Geigy, Eidmann, Rousseau, Wurmbach

Puppen: Bei der Pupa dectica sind die Mandibeln sklerotisiert und beweglich; die Körperanhänge stehen frei vom Rumpf ab. Sie kommt z.B. bei Planipennia, Mecoptera und Trichoptera vor.

Bei der Pupa adectica sind die Mandibeln nicht sklerotisiert oder beweglich. Ihre Anhänge können der Körperoberfläche frei aufliegen (Pupa exarata, z.B. bei Coleoptera und Hymenoptera) oder mit ihr durch Exuvialflüssigkeit verkittet sein (Pupa obtecta, Mumienpuppe, z.B. bei den meisten Lepidoptera und Nematocera).

Unter dem Begriff **Neuropteroidea** (Netzflügler i.w.S.) werden drei Ordnungen primitiver Holometabola zusammengefaßt (Megaloptera, Raphidioptera, Planipennia).

18. Ordnung: Megaloptera (Schlammfliegen)

Etwa 250 Arten. Schlecht fliegend. Imagines meist in Wassernähe, nehmen wenig oder keine Nahrung auf. Bei uns nur drei *Sialis*-Arten. Eiablage an Pflanzenteilen direkt über dem Wasser. Erstes Larvenstadium freischwimmend, später bodenlebend, räuberisch. Larven mit gegliederten Tracheenkiemen an den ersten 7 Abdominalsegmenten (Abb. 243a). Larven leben 2 Jahre, Verpuppung am Land, Puppenruhe und Imaginalzeit kurz. Seit Perm. *Sialis* (Abb. 243 a-c).

Corydalis: Afrika, Amerika, Asien, in den Tropen z.T. Großformen mit 20 cm Spannweite.

Die düster braunen, dickköpfigen Imagines von *Sialis* (Abb. 243 c) nehmen keine Nahrung auf und sind kurzlebig. Sie fliegen schwerfälllig in Gewässernähe umher; ruhende Tiere tragen ihre Flügel dachförmig über dem massigen Abdomen. Sie finden ihre Partner durch chemische und Substratschall-Signale. Die Eier haben zipfelartige Mikropylenfortsätze und stehen aufrecht in flächigen Gelegen, die hoch über dem Brutgewässer (je nach Art Tümpel, Flußunterläufe, aber auch Bergbäche) angebracht werden; die Eilarven fallen ins Wasser. Nur der Vorderkörper der fleischfarbenen nackten Larven ist sklerotisiert; das Abdomen besitzt 7 Paare fädiger Kiemen und läuft in einen unpaaren Endfaden aus. Mit starken Mandibeln überwältigen die im Bodensubstrat verborgenen Larven andere Tiere. Die 7 bis 10 Stadien können in einem Jahr durchlaufen werden; die Verpuppung erfolgt an Land in einer Erdhöhle.

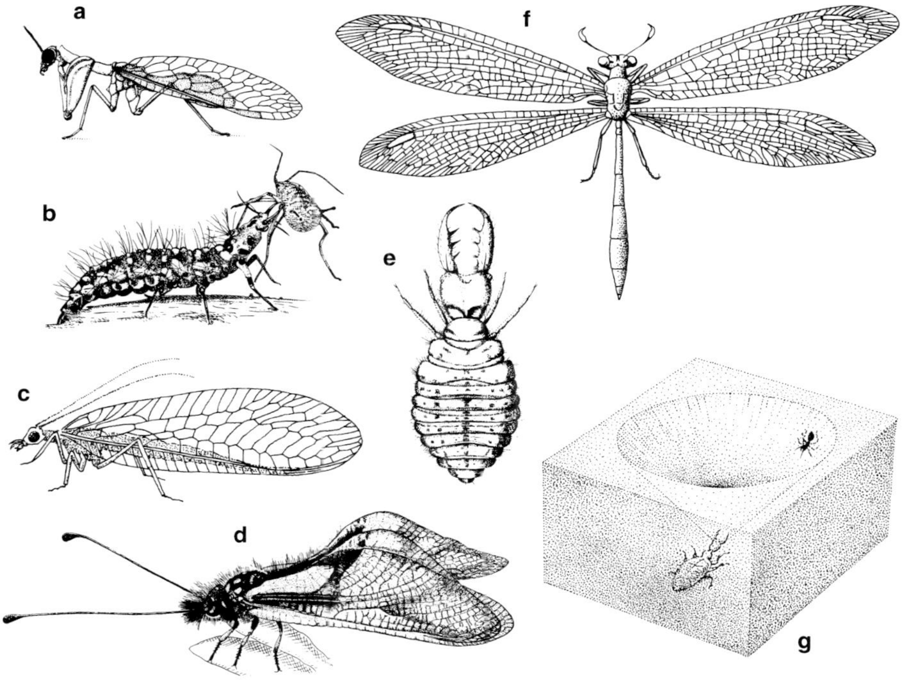

Abb. 244: Planipennia. a. *Mantispa*; b, c. *Chrysopa*. b. Larve, eine Blattlaus aussaugend, c. Imago; d. *Libelloides (Ascalaphus)*, e–g. Myrmeleon. e. Larve (Ameisenlöwe), f. Imago (Ameisenjungfer), g. Larve im Fangtrichter. Nach Jacobs, Renner, Ulrich, Wundt

19. Ordnung: Raphidioptera (Kamelhalsfliegen)

Etwa 160 Arten langsamer Flieger. Larven terrestrisch, vor- und rückwärts laufend, wie Imagines räuberisch lebend. Puppe (Pupa dectica, Abb. 243 e) vor Imaginalhäutung imstande zu klettern und zu laufen. Imago mit stark verlängertem Prothorax und sehr beweglichem Kopf. Beim Fang von Insekten werden Kopf und Vorderbrust vorgeschnellt. Geschätzt als Vertilger der Eier von Forstschädlingen. Seit Perm. *Raphidia* (Abb. 243 d-f), *Inocellia*.

20. Ordnung: Planipennia (Netzflügler i.e.S.)

Diese etwa 4000 Arten umfassende Gruppe ist vor allem durch eine Reihe von Larvenmerkmalen gekennzeichnet. Der Mund ist zu einer schmalen Spalte umgebildet. Mandibeln und ein Teil der Maxillen sind zangenförmig und vergrößert (Abb. 244 e) und miteinander verzahnt. Zwischen beiden liegt das Nahrungsrohr (das also paarig angelegt ist), durch das praeoral verflüssigte Nahrung aufgesaugt wird. Lebensweise räuberisch (nützlich, da sie z.T. von Schildläusen, Blattflöhen und -läusen leben), terrestrisch oder im Wasser. Der Darm der Larve ist vor den Malpighischen Gefäßen verschlossen, Exkremente werden gespeichert oder ausgewürgt. Die am Land lebende Puppe wird von einem Kokon umgeben, der aus einem Sekret der Malpighischen Gefäße hergestellt wird.

Die Imagines sind vielfältig in Gestalt und Größe. Vorder- und Hinterflügel sind meist ähnlich und reichgeädert, in Ruhe liegen sie dachförmig auf dem Rücken. Flug träge, mit Ausnahme der Ascalaphidae. Die Imagines sind im Unterschied zu den Megaloptera und Raphidioptera, die prognath sind, orthognath; die Larven aller drei Gruppen sind prognath. Einige Familien mit typischer Eiablage: Jedes Ei steht auf einem kleinen Sekretstiel. Seit Perm.

Coniopterygidae (Staubhafte): Kleinformen, Körper und Flügel mit Wachsschuppen bedeckt.

Sisyridae (Schwammhafte): Kleinformen, Larven im Süßwasser, saugen an Schwämmen und Moostierchen.

Osmylidae (Bachhafte): Imagines ähnlich Florliegen, Larve in Wassernähe.

Mantispidae (Fanghafte): Imago mit Fangbeinen (Abb. 244 a); erstes Larvenstadium vagil mit gut ausgebildeten Extremitäten, zweites Larvenstadium im Eikokon von Spinnen, Beine stark reduziert. *Mantispa*.

Chrysopidae (Florfliegen, Goldaugen): Bekannteste Neuropteroidea Mitteleuropas. Larven (Abb. 244 b) und von mehreren *Chrysopa*-Arten auch die Imagines (Abb. 244 c) sind Blattlausvertilger, ebenso die bei uns häufigen Hemerobiidae (Blattlauslöwen).

Chrysopa kommt mit mehreren Arten in Mitteleuropa vor. Ihr Körper ist etwa 10 mm lang, ihre Flügelspannweite beträgt 30 mm. Mit ihren in Ruhe dachförmig auf dem Rücken ruhenden durchsichtigen Flügeln und ihren goldfarbenen, großen Augen sind sie leicht zu erkennen. Die Imagines sind vorwiegend nachts aktiv. An der Flügelbasis kann ein Tympanalorgan liegen, welches Ortungslaute von Fledermäusen wahrnimmt. *Chrysopa* bringt auch selbst Ultraschallaute hervor, die bei der Paarung eingesetzt werden. Die auf biegsamen Sekretstielen angehefteten weißen Eier werden in Gruppen von 6–16 auf Vegetation abgesetzt und haben im ganzen Ähnlichkeit mit Schimmelpilzrasen. Larven und Imagines leben bevorzugt von Blattläusen. Die Verpuppung erfolgt zwischen Blättern und anderen Verstecken in einem Kokon. Überwinterung artspezifisch verschieden als Larve, Vorpuppe (= verpuppungsreife Larve) oder als Imago. Imagines von *Chrysopa carnea* findet man als Überwinterer oft in Häusern. Im Herbst sind ihre Flügel grün, nach dem Winter gelbbraun.
Im biologischen Pflanzenschutz finden Massenfreilassungen von gezüchteten Florfliegen-Larven *(Chrysoperla carnea)* zunehmend Verwendung. Auch das maschinelle Ausbringen von Florfliegeneiern ist schon möglich und bei der Bekämpfung von Blattläusen in Kulturen hilfreich.

Nemopteridae (Fadenhafte): Vorwiegend tropische Formen mit langen, bandartigen Hinterflügeln.

Ascalaphidae (Schmetterlingshafte): schmetterlingsartige gute Flieger; machen im Flug Jagd auf Insekten. *Libelloides* (*Ascalaphus;* Abb. 244 d).

Myrmeleontidae (Ameisenjungfern): Imago wirkt libellenartig (Abb. 244 f). Larven jagen frei am Boden Insekten, manche lauern an der Basis von selbstgefertigten Sandtrichtern, in die Ameisen und andere kleine Insekten hineinrutschen (Abb. 244 e, g). *Myrmeleon, Euroleon.*

21. Ordnung: Coleoptera (Käfer)

Die Käfer sind mit über 350 000 Arten die größte Ordnung (Abb. 115, 169, 217, 220, 239, 245–248). Die Vorderflügel sind feste Decken (Elytren) mit vorspringender Seitenkante (Epipleurum), rechte und linke Elytre legen sich in der Medianen zusammen. Sie können auch zu kurzen Decken reduziert sein (Staphylinidae, Kurzflügler). Unter sie werden die Hinterflügel in komplizierter Weise eingefaltet, diese sind häutig und die eigentlichen Flugorgane. Die Elytren können median verschmelzen, dann sind die Hinterflügel rückgebildet und die Tiere flugunfähig (z. B. bei manchen Carabiden (Laufkäfern) und Curculioniden (Rüsselkäfern)). Der Kopf ist prognath, die Mundwerkzeuge beißend. Prothorax groß und beweglich. Seine Paranota treten mit dem Sternum in Verbindung und überdecken die Pleuren meist vollständig (Cryptopleurie). Vom Mesothorax dorsal Scutellum sichtbar. Die von den Elytren bedeckten Hinterleibssegmente sind dorsal weichhäutig. Die auf das 8. Abdominalsegment folgenden Metameren sind in dieses einbezogen. Larven vielgestaltig, z. B. *Campodea* ähnlich, Maden, Draht- und Mehlwürmer, Engerlinge (Abb. 217). Sie sind Pflanzenschädlinge verschiedenster Art (S. 347, Abb. 217; z. B. Knospenstecher, Wurzelnager, Blattfresser, Fruchtzerstörer), Lagerschädlinge, Schädlinge in verschiedenen Sammlungen und Wohnungen (S. 352, Abb. 220), Holzzerstörer (S. 353, 392, Abb. 248), aber wir finden auch Blütenbesucher (Abb. 239, S. 338), Aasfresser (Abb. 245) und Raubtiere. Mit mehreren Familien sind sie Wassertiere geworden (Abb. 115). Einige sind als Larven Parasiten oder Verzehrer der Nahrungsvorräte von Hymenopteren, wie z. B. viele Ölkäfer (Meloidae). Käfer sind seit dem Perm bekannt. Einige Gruppen werden im folgenden aufgeführt:

a. Adephaga: mit einigen primitiven Merkmalen. Bei den Larven ist die Tibia als selbständiges Glied erhalten, paarige Krallen. Cryptopleurie unvollständig.

Cicindelidae (Sandlaufkäfer) Larven in senkrechten Röhren des Bodens, am Röhreneingang

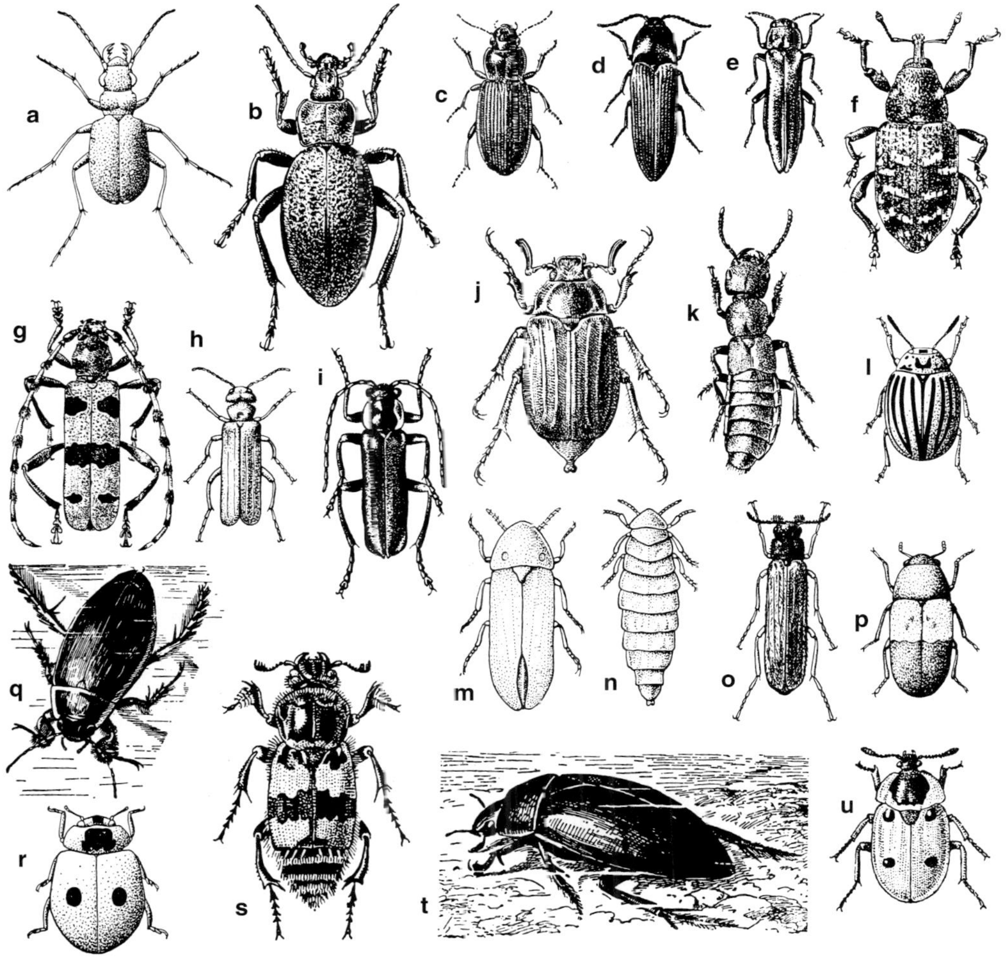

Abb. 245: Käfer (Coleoptera). Vgl. auch Abb. 217, 220. a. *Cicindela* (Cicindelidae), b. *Carabus*, c. *Harpalus* (Carabidae), d. *Elater* (Elateridae), e. *Agrilus* (Buprestidae), f. *Hylobius* (Curculionidae), g. *Rosalia* (Cerambycidae), h. *Lytta* (Meloidae), i. *Cantharis* (Cantharidae), j. *Melolontha* (Scarabaeidae), k. *Ocypus* (Staphylinidae), l. *Leptinotarsa* (Chrysomelidae), m, n. *Lampyris*, m. Männchen, n. Weibchen (Lampyridae), o. *Hylecoetus* (Lymexylonidae), p. *Dermestes* (Dermestidae), q. *Dytiscus* (Dytiscidae), r. *Adalia* (Coccinellidae), s. *Necrophorus* (Silphidae), t. *Hydrous* (Hydrophilidae), u. *Xylodrepa* (Silphidae). In unterschiedlichem Maßstab. Nach Brauns, Kemper, Tischler, Weidner

werden Insekten gefangen. Käfer oft auffallend gefärbt, weltweit verbreitet, z. B. in Sandgebieten und an Stränden. *Cicindela*, fliegt besonders schnell auf.

Die tagaktive *Cicindela* stellt in den warmen Tagesstunden auf Sandflächen insbesondere Insekten und Spinnen nach, die extraintestinal verdaut werden. Bei geringsten Störungen fliegen die Tiere rasch auf, um aber schon nach wenigen Metern wieder zu landen. Die Larven bauen senkrechte, bis 40 cm tiefe Röhren im Substrat, an deren Öffnung sie auf Beute lauern. Insekten werden mit den Mandibeln gegriffen, in die Röhre gezogen und ausgesaugt. Bewegung in der Röhre erfolgt unter Zuhilfenahme eines dorsalen Stemmpolsters. Entwicklung 2–3 Jahre.

Carabidae (Laufkäfer): Etwa 25 000 Arten, vorwiegend in gemäßigter Zone. Lange, kräftige Beine, fadenförmige Antennen (Abb. 169 f). Bekannte Käfer, wie Lederlaufkäfer (*Carabus coriaceus*, Abb. 245 b), Goldschmied (*C. aura-*

tus), Puppenräuber *(Calosoma)*, Bombardierkäfer *(Brachinus)*, *Zabrus*, wichtiger Getreideschädling. *Harpalus* (Abb. 245 c). Große Arten meist flugunfähig. Elytren verwachsen.

Dytiscidae (Schwimmkäfer): Larven und Käfer im Wasser, letztere flugfähig. Luft wird in Tracheen und unter Elytren aufgenommen, indem der Käfer mit dem Hinterende an die Wasseroberfläche kommt. Vorderbeine der Männchen oft mit Haftscheiben, Mittelbeine umgreifen Weibchen bei Begattung, Hinterbeine Schwimmextremitäten. Larven mit großen Mandibeln, extraintestinale Vorverdauung. Verpuppung außerhalb des Wassers. *Dytiscus marginalis* (Gelbrandkäfer [Abb. 245 q]), *Colymbetes, Acilius* (Abb. 115 j).

Der bis 35 mm lange Gelbrandkäfer hat einen deutlichen Sexualdimorphismus: Die Elytren der Männchen sind glatt, die der Weibchen weisen oft Furchen auf. In Norddeutschland sind glatte Weibchen stellenweise häufiger als die gefurchten. Männchen haben an ihren Vorderbeinen Haftscheiben, mit denen sie sich während der Kopulation an den Weibchen festhalten. Gelbrandkäfer leben von Wassertieren und greifen sogar Fische und Molche an. Die Weibchen legen im Verlaufe weniger Wochen bis 1000 etwa 7 mm lange Eier einzeln in Blätter von Wasserpflanzen. Die Larven, aber nicht die Imagines, verdauen extraintestinal. Enzymabgabe und Nahrungsaufnahme über einen Kanal in der Mandibel (= Saugzangen). Die Larven erbeuten zum Beispiel Kaulquappen und können 20 pro Tag aussaugen. Die Verpuppung erfolgt in feuchter Erde. Der Käfer lebt mehrere Jahre. Er kann das Wohngewässer fliegend verlassen, um an Land zu überwintern.

Gyrinidae (Taumelkäfer): Oft in Gruppen auf der Wasseroberfläche schnell schwimmend Kreisbogen beschreibend. Larve mit Tracheenkiemen. *Gyrinus, Orectochilus* (Abb. 225 d).

Die räuberischen Taumelkäfer (Abb. 225 d) erscheinen wie Schwärme von Silberflecken, die auf der Wasseroberfläche schnell in Spiralen umhergleiten. Sie orientieren sich mit den breit geteilten Augen gleichzeitig über und unter Wasser und benutzen die modifizierten Antennen zur Analyse von Oberflächenwellen. Weil fast nur die paddelartig verkürzten Mittel- und Hinterbeine benetzbar sind und ins Wasser ragen, ist fast reibungsfreie, sehr schnelle, aber keine geradlinige Bewegung möglich; tauchende Käfer steuern mit ihren ausgestreckten Genitalorganen und schwimmen geradeaus. Mit Hilfe der langen Vorderbeine können die flugfähigen Käfer das Gewässer verlassen. Die Eier legen sie unter Wasser ab. Die weißen, nackten Larven zerreißen und verschlingen ihre Beute. Sie besitzen paarige Abdominalkiemen und 4 große Haken am Nachschieber. Zur Verpuppung verlassen sie das Gewässer und ersteigen Stämme u. dgl., wo sie aus als Rückenlast mitgebrachter Erde und Darmsekreten einen festen Puppenkokon bauen.

b. Polyphaga: höhere Formen, Larven nicht mit selbständiger Tibia (wohl mit Tarsus verschmolzen), mit unpaarer Kralle. Imagines mit vollständiger Cryptopleurie.

Cantharidae (Weichkäfer): Weiche Flügeldecken, Käfer auf Blüten (Abb. 239 k), Larven räuberisch in der Erde. *Cantharis* (Abb. 245 i), *Rhagonycha*.

Lampyridae (Leuchtkäfer, Glühwürmchen): Leuchtorgane am Hinterleib. Larven räuberisch, Imagines nehmen oft keine Nahrung auf. Weibchen oft wurmförmig, flugunfähig (Abb. 245 n). *Lampyris, Lamprohiza (= Phausis)*.

In Mitteleuropa sind die Gattungen *Lampyris* (Abb. 245 m, n) und *Lamprohiza (= Phausis)* vertreten. Die vor allem in lauen Sommernächten fliegenden Leuchtkäfer sind die Männchen von *Lamprohiza*, dem Kleinen Leuchtkäfer. Die Männchen des Großen Leuchtkäfers *(Lampyris noctiluca)* leuchten nicht. Die Weibchen beider Arten sind flugunfähig; sie locken die Männchen mit ihrem Licht an, indem sie ihren Hinterleib hochbiegen, sich auf den Rücken legen oder sich in der Vegetation so exponieren, daß die ventralen Leuchtorgane sichtbar werden. Die Männchen schweben kurz über dem Weibchen, um sich dann fallen zu lassen. Die meisten treffen so direkt auf das Weibchen, der Rest in die unmittelbare Nähe. Haben sich die Geschlechter getroffen, erlischt das Licht. Die Kopulation findet im Dunkeln statt. Anschließend leuchtet das Weibchen nicht mehr. Nicht selten landen *Phausis*-Männchen auf *Lampyris*-Weibchen, an denen sie dann stundenlang Kopulationsversuche vornehmen. Dieses Fehlverhalten wird durch das Geschlechtsverhältnis kompensiert: Bei *Lamprohiza* gibt es fünfmal mehr Männchen als Weibchen. Die Larven fressen Schnecken, deren Schleimspur sie folgen und die sie mit einem Giftbiß töten.

Silphidae (Aaskäfer): Vor allem in nördlicher gemäßigter Zone. Leben meist von Aas oder sich zersetzenden pflanzlichen Stoffen. *Necrophorus* (Totengräber) benannt wegen des Verhaltens: Leichen kleiner Tiere werden vergraben (Abb. 246). Entwicklung der Eier und Larven an Aas. *Silpha* (Abb. 246 e), Räuber oder Aasfresser, *Blitophaga*, Rübenschädling. *Xylodrepa* (Abb. 245 u): räuberisch.

Der Gemeine Totengräber (*Necrophorus vespillo*, Abb. 246 f), etwa 2 cm lang, trägt zwei orangefarbene Flügelbinden. Schon im 18. Jahrhundert hat man sein

Abb. 246: Tierleiche (Maus) mit aasbesuchenden Fliegen (a–d) und Käfern (e–h). a. *Lucilia*, b. *Fannia*, c. *Muscina*, d. *Sarcophaga*, e. *Silpha*, f. *Necrophorus vespillo*, g. *Oeceoptoma thoracica*, h. *Necrophorus humator*. Original

«Bestattungswesen» ausführlich dargestellt und ihm Spuren von Verstand zugebilligt. Heute wissen wir, daß der Totengräber über eine komplizierte Brutpflege verfügt. Finden erwachsene Käfer Leichen kleiner Wirbeltiere, so fressen sie zunächst davon, dann paaren sie sich und bekämpfen andere Käfer desselben Geschlechts, bis nur ein Pärchen übrigbleibt, wobei es auch zu Lautäußerungen (Stridulation) kommt. Das Aas wird gemeinsam vergraben, zu einer Kugel gerollt und liegt schließlich in einer Erdhöhle (Krypta). Das Männchen wird nach dem Eingraben des Aases vertrieben. In die Wand eines von der Krypta ausgehenden Ganges werden Eier gelegt, aus denen bald Larven schlüpfen, die zunächst auf der Aaskugel von der Mutter gefüttert werden und später auch selbst vom Aas fressen. Sie entwickeln sich in etwa einer Woche und verpuppen sich in der Erde nahe der Krypta. Die Krypta liegt nur wenige Zentimeter unter der Erdoberfläche, bei großen Arten aber bis zu 60 cm.
Necrophorus vespilloides lebt im Wald. Er vergräbt das Aas nicht, sondern versteckt es unter Moos und Laub. Bei dieser Art bleibt auch das Männchen beim Aas und kann sich an der Fütterung der Larven beteiligen.

Staphylinidae (Kurzflügler): Mit 27000 Arten eine der größten Käferfamilien. Viele 1–2 mm lang. Elytren kurz, Zusammenfalten der Hinterflügel oft mit Hilfe des langen Abdomens. Oft an Mist und Aas räuberisch, auch Blütenbesucher. Einige in selbst gegrabenen Gängen am Meeresstrand *(Bledius)*, andere an Leben in Termiten- und Ameisenstaaten angepaßt *(Dinarda, Atemeles)*. *Ocypus* (Abb. 245 k; über 3 cm lang).

Hydrophilidae (Kolbenwasserkäfer, Wasserfreunde): meist wasserlebend, Imagines, Pflanzenfresser. Luft wird an Fühlern entlang zur Bauchseite transportiert. Larven meist räuberisch. Beim 4–5 cm langen Kolbenwasserkäfer (*Hydrous*, Abb. 245 t) Eiablage in schwimmenden Kokons. Kleiner Kolbenwasserkäfer *(Hydrophilus caraboides)*, viele kleine Arten.

Lucanidae (Hirschkäfer): Starke Mandibeln bei den meisten Arten, besonders bei Männ-

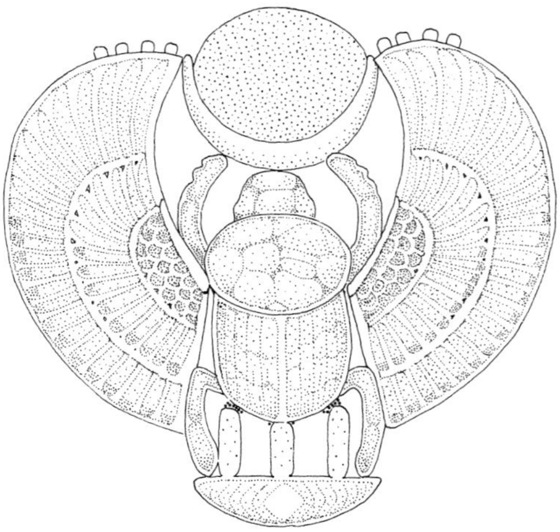

Abb. 247: Scarabaeus-Amulett aus dem Grab eines Pharaos.

chen. Europäischer Hirschkäfer *(Lucanus cervus)* bis 6 cm lang, Mandibeln des Männchens geweihartig. Entwicklung 6 Jahre, Larven in Mulm und Holz alter Eichen, bis 11 cm lang. *Dorcus*.

Scarabaeidae (Mist- und Laubkäfer): Familie benannt nach dem Heiligen Pillendreher *Scarabaeus sacer* der Alten Ägypter, dem Sinnbild der aufgehenden Sonne. Der etwa 2 g schwere Käfer formt Kot von pflanzenfressenden Säugern zu einem harten, etwa 40 g schweren Ball und rollt diesen fort. Für sich und den Kotball gräbt er eine Höhle und frißt diesen hier. Zur Fortpflanzungszeit wird ein Kotball in einer Erdhöhle birnenförmig umgestaltet und mit einem Ei belegt. Ein Weibchen legt pro Jahr nur wenige Eier.

Scarabaeus sacer galt in Ägypten als Symbol von Auferstehung und Wiedergeburt. Oft wurde er in Stein, Ton oder Edelstein nachgebildet und war als Amulett und Siegel verbreitet (Abb. 247), später auch als Grabbeigabe und Dekorationselement an Särgen. Mit dem Sieg des Christentums ging der Pillendreher als Symbol der Todesüberwindung nicht verloren. Vielmehr hat Kirchenvater Ambrosius, Bischof von Mailand, Jesus Christus noch als «bonus scarabaeus» bezeichnet. Heute ist ein Besuch in Ägypten gar nicht vorstellbar ohne die vielen Händler, die den Besuchern «garantiert echte, antike Skarabäen» anbieten.

Aphodius-Arten legen ihre Eier meist direkt in Kothaufen. Auch die Adulten kann man z. B. in Kuhfladen in großer Zahl finden. Die Weibchen der Mistkäfer *(Geotrupes)* graben unter frischen Kothaufen senkrecht Gänge bis ½ m tief in die Erde, von denen Seitenkanäle abgehen, die mit Kot gefüllt werden. Hier findet auch die Eiablage statt.

Melolontha (Maikäfer): bei Massenbefall starke Schädlinge als Larve und Imago. Weibchen graben sich nach Begattung in den Boden ein, wo sie in 20–25 cm Tiefe 60–70 Eier legen. Entwicklung: meist 4 Jahre. Im Sommer des 3. Jahres Verpuppung, Schlüpfen des Käfers im Spätherbst, Ruhe bis zum nächsten Frühjahr. Käfer Laubfresser, Larven an Wurzeln. Ähnlich, aber kleiner: Gartenlaubkäfer *(Phyllopertha horticola)*, Junikäfer *(Amphimallus solstitialis)*, Julikäfer *(Anomala dubia)*. Besonders groß, bis 3,5 cm: Walker *(Polyphylla fullo)*. Überhaupt gehören diese Formen zu den größten Käfern der heimischen Fauna. In den Tropen lebende Scarabaeidae sind die größten Käfer der Erde: Der südamerikanische *Dynastes neptunus* mit einem vom Halsschild nach vorn ausgezogenen Horn und einem ebenfalls nach vorn gerichteten Kopfhorn erreicht 15 cm Länge; der afrikanische Goliathkäfer *(Goliathus giganteus)* 10 cm. In die unmittelbare Verwandtschaft des letzteren gehört von der heimischen Fauna *Cetonia* (Rosenkäfer), ein metallisch glänzender pollenfressender Blütenbesucher.

Meloidae (Ölkäfer, Pflasterkäfer): Mit Hypermetamorphose. Weibchen des Ölkäfers legt bis 10 000 Eier in den Boden, daraus schlüpfen längliche Larven mit Schwanzborsten und dreikralligen Extremitäten (Triungulinus), die auf Blüten klettern und sich von Bienen (z. B. *Andrena*) in deren Nest tragen lassen. Hier frißt die Triungulinus-Larve ein Ei der Biene auf und verwandelt sich in eine andere Larve, die vom Futtervorrat der Bienen lebt, dann folgt die Phase einer Scheinpuppe und erst aus dieser eine neue Larve, die sich später verpuppt. *Lytta vesicatoria* (Spanische Fliege): enthält blasenziehenden Stoff (Cantharidin), der früher in der Medizin eine große Rolle gespielt hat.

Tenebrionidae (Schwarzkäfer): v. a. nachtaktive Formen, die Abfälle pflanzlicher und tierischer Herkunft fressen. *Blaps*. Schädlich: *Tenebrio, Tribolium, Gnathocerus*, S. 353).

Anobiidae (Klopf- oder Pochkäfer): Larven meist in trockenem Holz; mit Schädlingen (*Anobium, Stegobium*, S. 353, Abb. 220 k).

Ptinidae (Diebskäfer): mit Schädlingen (*Ptinus, Niptus*, S. 353, Abb. 220 m).

Lymexylonidae (Werftkäfer), mit holzbohrenden Larven. *Hylecoetus* (Abb. 245 o).

Elateridae (Schnellkäfer): Längliche, flache Käfer (Abb. 217 c), durch ihren Umdrehungsmechanismus allgemein bekannt. Manche Larven wichtige Schädlinge (Drahtwürmer). *Pyrophorus noctiluca* aus den amerikanischen Tropen wegen seines enormen Leuchtvermögens zu 3–4 Individuen als Leuchte benutzt. *Elater* (Abb. 245 d).

Buprestidae (Prachtkäfer): Oft metallisch glänzend; Larven weich, madenähnlich (beinlos), meist in Holz. Einige Arten durch Bohrtätigkeit schädlich. *Agrilus* (Abb. 245 e).

Dermestidae (Speckkäfer): Wichtige Schädlinge *Dermestes* (Abb. 245 p), *Attagenus, Anthrenus* (Abb. 220 b), *Trogoderma*.

Coccinellidae (Marienkäfer): Larven und Imagines als Blattlausfresser und Vertilger anderer Insekten von Bedeutung. Meist bis 5 mm lange halbkugelige Käfer. Wichtig in der biologischen Schädlingsbekämpfung: *Rodolia cardinalis* wurde von Australien nach Südafrika und Nordamerika mit großem Erfolg eingeführt, um die ebenfalls aus Australien stammende Wollschildlaus *(Icerya purchasi)*, einen wichtigen Schädling in *Citrus*-Plantagen, zu bekämpfen. *Coccinella septempunctata* sehr häufig bei uns, *Adalia bipunctata* durch seinen Polymorphismus bekannt.

Der Siebenpunkt *(Coccinella septempunctata)* ist bei uns die wohl häufigste und bekannteste Marienkäferart. Als «Glücksbringer» ziert dieser Käfer mit seinen roten Elytren (Carotinoide) und sieben schwarzen Punkten Glückwunschkarten und wird in vielen Schmuckgegenständen dargestellt. In der Regel treten zwei Generationen im Jahr auf. Die Weibchen setzen bis 800 Eier in Gruppen an die Unterseite von Blättern. Die Larven fressen täglich bis 20 Blattläuse. Verpuppung nach 4–6 Wochen unter Befestigung des Hinterleibsendes an der Blattunterseite. Die Imago kann bis 14 Monate alt werden. Überwintern z.B. im Boden, unter Borke oder in Häusern.

Cerambycidae (Bockkäfer): Oft mit sehr langen Fühlern, Larven meist Holzfresser, Käfer oft Blütenbesucher. Hierher gehören viele der schönsten Käfer, z.B. Alpenbock *(Rosalia alpina*, Abb. 399 j) und Moschusbock *(Aromia moschata)*. Sägebock *(Prionus coriarius)*, Mulmbock *(Ergates faber)*, Pappelbock *(Saperda), Rhagium, Leptura, Clytus*; wichtiger Schädling: *Hylotrupes* (S. 354, Abb. 220 p).

Chrysomelidae (Blattkäfer): Mit 35 000 Arten nach den Rüsselkäfern die größte Familie der Coleoptera. Leben meist als Larve und Imago an Blättern, daher Bedeutung als Schädlinge (S. 347, Abb. 217). *Donacia* (Schilfkäfer), bockkäferähnlich, Larven wasserlebend (an Pflanzen), Käfer in Wassernähe. Erdflöhe (Halticinae): mit Springvermögen, winzige Formen. *Cassida:* flachgedrückt (Schildkäfer), Larven mit Gabel am Körperende, an der Exuvien aufgehängt werden, die mit Kot bedeckt werden (Abb. 217 f) (Maskierung). Umfangreichste Unterfamilie: Chrysomelinae mit *Leptinotarsa* (Kartoffelkäfer), *Chrysomela, Galerucella* (Ulmenschädling), *Agelastica* (an Erle), *Melasoma* (an Pappel), Criocerinae mit *Crioceris* (Spargelhähnchen), *Lilioceris* (Lilienhähnchen), *Oulema* (Getreidehähnchen).

Der bis 13 mm lange Kartoffelkäfer (*Leptinotarsa decemlineata*; Abb. 245 l) ist an seinen braun-gelb gestreiften Elytren leicht zu erkennen. Er wurde 1825 vom Colorado-Plateau beschrieben und galt als seltener Bewohner bestimmter Nachtschattengewächse, v.a. *Solanum tuberosum*. Mit dem Anbau von Kartoffeln entlang der «Pacific Railway» wechselte er auf diese über und breitete sich mit einer Geschwindigkeit von 100–200 km im Jahr nach Osten aus. 1876 zertrat man sie in Seebädern an der amerikanischen Ostküste bei jedem Schritt, Züge kamen zum Stillstand, der Gestank toter Käfer verpestete die Luft; so steht es in zeitgenössischen Berichten. In Deutschland verbot Kaiser Wilhelm die Einfuhr von Kartoffeln und Kartoffelsäcken aus den USA. Zahlreiche europäische Länder folgten. Seit 1876 waren immer wieder Kartoffelkäfer nach Europa gelangt, aber man hatte sie wieder eindämmen können. Im 1. Weltkrieg jedoch kam es zur Ausbreitung des Kartoffelkäfers in Europa. 1935 richtete man in Deutschland von Staats wegen den «Kartoffelkäfer-Abwehrdienst» ein.
Lebensdauer der Imago 2 Jahre; Eizahl pro Weibchen 800 jährlich; Larven und Imago fressen an Kartoffelblättern (Abb. 219 g). Eine Larve benötigt 40 cm^2 Blattfläche und frißt je nach Witterung 10–30 Tage. Verpuppung im Boden. Puppenruhe bis etwa 24 Tage.

Bruchidae (Samenkäfer): Larven fressen Samen von Leguminosen, daher wichtige Schädlinge (*Bruchus, Acanthoscelides*, S. 354, Abb. 220 n).

Curculionidae (Rüsselkäfer): Mit 60 000 Arten größte Familie der Coleoptera. Meist Kleinformen. Maximal bis 7 cm lang, in der Regel bis 0,5 cm. Rüsselartig verlängerter Vorderkopf, Fühler meist deutlich gekniet. Cuticula dick, Hinterflügel können fehlen. Larven in der Regel madenförmig, bein- und augenlos, oft in Holz oder Blättern, auch an Wurzeln.

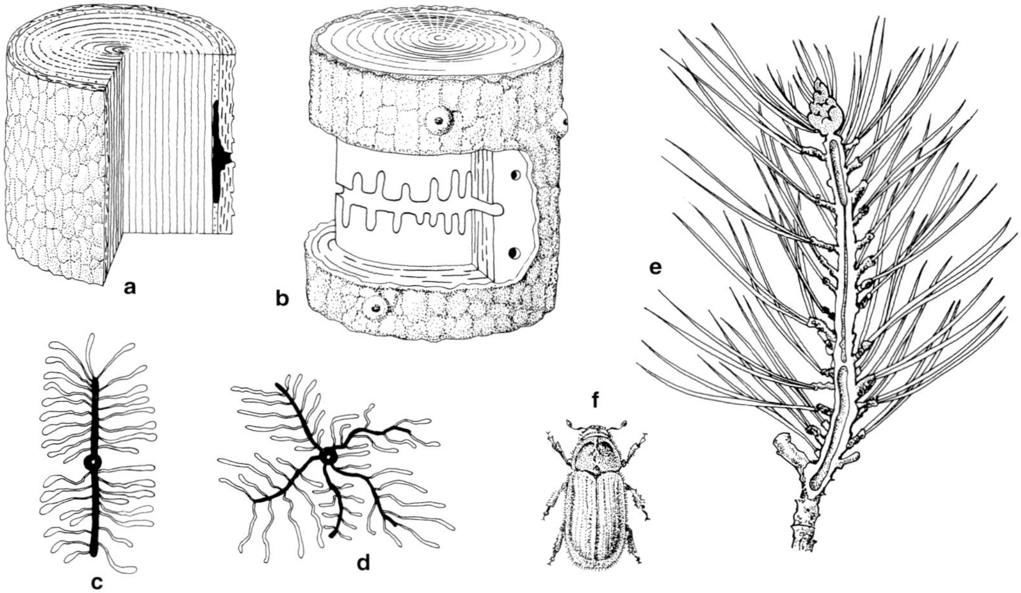

Abb. 248: Borkenkäfer. a, b. Schadbilder an Ästen. a. Fraßgänge (schwarz) rindenbrütender Borkenkäfer im Bast, b. Brutbild des holzzerstörenden *Trypodendron lineatum* (Nadelholzbohrer) mit Bohrmehlhäufchen auf der Borke. c, d. Brutbilder von *Ips typographus* (Buchdrucker, c.) und *Pityogenes chalcographus* (Kupferstecher, d.). Jeweils in der Mitte liegen Einbohrstelle und Rammelkammer; davon gehen die Fraßgänge des weiblichen Altkäfers aus (Muttergänge; schwarz), von diesen die Fraßgänge der Larven (Larvengänge; weiß). Am verbreiterten Ende der Larvengänge erfolgt die Verpuppung (Puppenwiege). e, f. *Blastophaga piniperda* (Großer Waldgärtner). e. Vom Käfer ausgehöhlter Kieferntrieb, f. Imago (3,5–5 mm) lang. Nach Amann, Zernecke

Vielfältige Schädlinge, z. B. Rebenstecher *(Bytiscus betulae)*, Blattroller (Weibchen rollt Blatt zusammen und legt Eier in Rolle), Fichtenrüsselkäfer *(Hylobius abietis)*, *Cryptorhynchus*, *Curculio nucum* (Haselnußbohrer), *Anthonomus pomorum* (Apfelblütenstecher). Nur 1–2 mm lang: *Tanysphyrus lemnae*, Larven minieren in Wasserlinsen. *Otiorhynchus* und *Ceutorhynchus* als Schädlinge. Palmenbohrer: *Rhynchophorus*, Schädling in Afrika und Amerika (Öl-, Kokos- und Dattelpalme). Kornkäfer (*Sitophilus*, Abb. 220 o).

Scolytidae (Borkenkäfer): Meist wenige mm lang, maximal 1 cm (Abb. 248), gedrungen, stumpfes Hinterende. Fühler keulenförmig. Bauen unter der Borke oder im Holz Gänge, in denen einige (z. B. *Trypodendron*) Pilze («Ambrosia») kultivieren. Familie mit wichtigen Schädlingen. *Scolytus rugulosus* im Obstbau, *S. scolytus* am Ulmensterben beteiligt: Verschleppt Sporen des Pilzes *Ceratocystis (Graphium) ulmi*.

Das Zusammentreffen einer für Borkenkäfer günstigen Witterung in Sturm- und Schneebruchgebieten kann zu starken Massenvermehrungen in Forsten führen. Als Sekundärschädlinge finden sie bevorzugt in geschwächten oder gefällten Bäumen optimale Lebensbedingungen. Einzelne Arten können auch zu Primärschädlingen werden und gesunde Wälder großflächig vernichten. Man unterscheidet Rindenbrüter, die den Saftstrom unterbrechen (Abb. 248 a), und Holzbrüter, die den Holzwert mindern (Abb. 248 b). Vier Arten sind in Mitteleuropa von besonderer Bedeutung. Von ihnen können Buchdrucker und Kupferstecher in einem Jahr mehrere Generationen hervorbringen und zudem Geschwisterbruten (weitere Bruten derselben Generation).

Der Buchdrucker *(Ips typographus)* wird 4–5,5 mm lang und ist der gefährlichste Borkenkäfer unserer Fichtenwälder. Er befällt vor allem ältere Bestände und in diesen den dickrindigen Stammbereich. Der Kupferstecher *(Pityogenes chalcographus)* ist kleiner (1,5–3 mm) und befällt vornehmlich dünnrindige Baum-

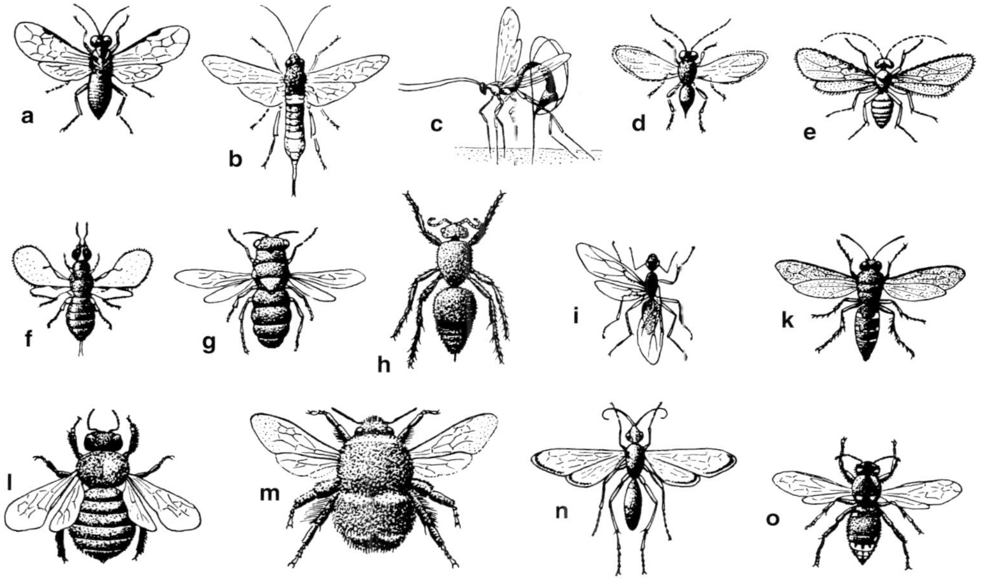

Abb. 249: Hymenopteren-Formen. a. Tenthredinidae, b. Siricidae, c. Ichneumonidae, d. Cynipidae, e. Braconidae, f. Chalcididae, g. Chrysididae, h. Mutillidae, i. Formicidae, k. Sphecidae, l. Xylocopidae, m. Bombidae, n. Pompilidae, o. Vespidae. Nach Storer, Usinger

teile in Fichtenkulturen und -dickungen, aber auch Kronenteile älterer Fichten. Bei Massenvermehrung kann er junge Bestände vernichten. Der Große Waldgärtner *(Blastophagus piniperda)*, 3,5–5 mm lang, greift Kiefern an, vorzugsweise im grobrindigen Stammbereich. Außerdem schädigt er durch Reifungsfraß der Jungkäfer und Regenerationsfraß der Altkäfer in den Trieben (Abb. 248 e), die bei Herbststürmen dann in Massen abfallen («Abbrüche»). Der Gestreifte Nutzholzborkenkäfer (Nadelnutzholzbohrer, *Trypodendron lineatum*), 3–4 mm lang, lebt an Fichte und Kiefer und befällt eingeschlagenes Holz. Seine Brutgänge liegen im Splintholz (Abb. 248 b); Wälder sind durch Primärbefall nicht gefährdet.
Allgemein gilt, daß von geschwächten Bäumen eine besondere Lockwirkung auf Borkenkäfer ausgeht. Nach ihrem Einbohren scheiden die Käfer Aggregationspheromone aus, die zu gezielter Besiedlung des Baumes führen. Bei Überfüllung werden benachbarte Bäume befallen, es kommt zum sog. «Käferloch». Gemischte, stabile Bestände sind weniger gefährdet als Monokulturen. Es existieren verschiedene Möglichkeiten einer biologischen bzw. biotechnischen Bekämpfung:
1) Unentrindete Bäume üben nach dem Einschlag eine gewisse Zeit eine starke Lockwirkung aus. Man legt sie gezielt als Fangbäume aus und vernichtet die Brut vor dem Ausfliegen. Fangreisighaufen dienen analog der Bekämpfung des Kupferstechers.
2) Lockstoff-Fallen mit Pheromonen können die Käfer in hohem Maße konzentrieren. Es müssen Sicherheitsabstände zu gefährdeten Bäumen eingehalten werden.
3) Langfristig sind gesunde und stabile Mischwälder der beste Schutz, in denen Schadholz rasch aufgearbeitet wird.

22. Ordnung: Hymenoptera (Hautflügler)

Diese Ordnung enthält über 110 000 kleine bis mittelgroße Arten, darunter auch die kleinsten Insekten mit einer Körperlänge von 0,2 mm. Hymenopteren sind meist mit vier häutigen, wenig geäderten Flügeln ausgestattet (Abb. 249). Die Hinterflügel sind klein und durch Hafthäkchen (Hamuli) an die größeren Vorderflügel gekoppelt. Bei primitiven Formen (Symphyta außer Cephidae) werden die Vorderflügel in Ruhelage mit einem Dornenfeld auf dem Analfeld an blasenförmige Auftreibungen (Cenchri) des Metathorax, die mit mikroskopisch kleinen Plättchen besetzt sind, verankert.

Die Mundwerkzeuge sind bei primitiven Arten kauend, bei abgeleiteten leckend-saugend.

Das 1. Abdominalsegment ist als Mittelsegment (Propodeum) mit dem Metathorax fest verschmolzen, sein Sternit ist reduziert. Tergite und Sternite des Hinterleibs greifen schuppenartig übereinander. Als Anhangsorgane der weiblichen Geschlechtsorgane sind häufig Giftdrüsen ausgebildet. Als einzige Holometabolen-Ordnung besitzen die Hymenopteren einen orthopteroiden Legeapparat, mit dem die Eier in pflanzliches oder tierisches Substrat abgelegt werden. Bei abgeleiteten Formen (Aculeata) ist er als Stachel ausgebildet, der zum Paralysieren von Insekten oder Spinnen dient, von denen die Larven leben, oder der bei der Verteidigung eingesetzt wird.

Die Männchen der Hymenopteren entstehen aus unbefruchteten Eiern (haploide Parthenogenese), erreichen aber in ihren Körperzellen durch Endomitosen höhere Chromosomenzahlen. Diploide Parthenogenese kommt bei Blatt- und Gallwespen vor; z.T. Heterogonie (S. 342, Abb. 215) und Polyembryonie bei verschiedenen Terebrantes. Primitive Hymenopteren besitzen eruciforme Larven mit 6–8 Paar Abdominalbeinen (Abb. 216); Bauchfüße (Holzwespen) und sämtliche Beine (Apocrita) können reduziert sein. Die Maden besitzen im Unterschied zu Fliegenmaden eine Kopfkapsel. Die Puppe wird oft von einem Seidenkokon aus Labialdrüsensekret umgeben. Brutfürsorge verbreitet, Brutpflege oft mit Sozialleben verbunden.

Die wirtschaftliche Bedeutung der Hymenopteren ist groß: Blütenbestäuber (S. 336), Honighersteller (Bienen), Lockerung und Durchmischung des Bodens (Ameisen), biologische Schädlingsbekämpfung (Schlupfwespen), Pflanzen- und Materialschädlinge (S. 345, 351), Cecidozoen (S. 342, Abb. 215).

Mit Sicherheit seit Trias bekannt.

System:

a. Symphyta: Hinterleib in ganzer Breite an Thorax ansetzend, ohne Wespentaille; Imagines oft auf Blüten, von Nektar lebend; Weibchen mit Legeapparat; Larven phytophag, häufig raupenähnlich mit 6–8 Abdominalbeinpaaren (Afterraupen, Abb. 216 a).

Tenthredinidae (Blattwespen): artenreiche Familie mit wichtigen Pflanzenschädlingen (S. 345). *Pristiphora, Athalia, Hoplocampa, Pterodinea, Pontania, Caliroa.* Pflanzenschädlinge gehören auch zu den Diprionidae (Buschhornblattwespen), Pamphiliidae (Gespinstblattwespen), Cephidae (Halmwespen) und Siricidae (Holzwespen).

Die beiden folgenden Gruppen werden als **Apocrita** zusammengefaßt. Abdomen zwischen 1. und 2. Segment mit Wespentaille. Weibchen teils mit Legeapparat, teils mit Stachel. Cenchri fehlen, Larven madenförmig (außer Mundwerkzeugen keine Extremitäten).

b. Terebrantes: mit Legeapparat; Larven zum großen Teil Insektenparasiten, genauer -parasitoide (d.h. sie töten ihren Wirt), z.T. phytophag (z.B. Gallerreger, S. 342, Abb. 215). Die erste Gruppe (die Parasiten) nennt man Schlupfwespen, manchmal auch beide Schlupfwespen i.w.S. Die etwa 80 000 Arten umfassende Gruppe kann im Kampf gegen Schadinsekten eingesetzt werden, in denen sich ihre Larven entwickeln (biologische Schädlingsbekämpfung). Einige Beispiele aus Europa:

Der Apfelschädling *Eriosoma lanigerum* (Blutlaus, Abb. 216 c) wurde im 18. Jahrhundert aus Nordamerika nach Europa verschleppt. Ab 1920 wurde der spezifische Parasit *(Aphelinus mali)* nachgeholt und der Blutlausbefall dadurch stark reduziert.

Nach dem 2. Weltkrieg gelangte *Quadraspidiotus perniciosus* (San-José-Schildlaus, S. 345) aus Ostasien über Nordamerika zu uns. Der in Obstanlagen verheerend auftretende Schädling wurde nach 1950 in verschiedenen Gebieten durch die importierte *Prospaltella perniciosi* bekämpft. In Baden-Württemberg wurden über 20 Millionen Schlupfwespen freigelassen; heute schalten sie insgesamt ein Drittel, örtlich bis über 90% der Schildläuse aus. Mit *Encarsia formosa* bekämpft man in Gewächshäusern *Trialeurodes vaporariorum.* Eiparasiten der Gattung *Trichogramma* werden in Mitteleuropa gegen Maiszünsler (S. 349) sowie Schadschmetterlinge im Obstbau eingesetzt. Der Maiszünsler wurde Mitte der 1990er Jahre auf über 6000 ha mit *Trichogramma evanescens* bekämpft. Diese Art kann im Kohlanbau zu fast vollständiger Parasitierung der Eier von Kohleulen (S. 349) führen. Im Apfelanbau kommen *T. dendrolimi* und *T. cacoeciae* zum Einsatz. Die letzte Art bringt auch im Pflaumenanbau und im Weinbau gute Ergebnisse.

Verschiedene Schildläuse wurden in der Sowjetunion erfolgreich mit *Pseudaphycus, Coccophagus* und *Prospaltella* bekämpft, die Ölbaumschildlaus *(Saissetia oleae)* in Griechenland mit *Metaphycus*, die Citruskommaschildlaus *(Lepidosaphes beckii)* mit *Aphytis.*

Selbst im Holz bohrende Insektenlarven

werden von Schlupfwespen parasitiert: *Rhyssa persuasoria* dringt mit dem Legebohrer 5 cm in festes, gesundes Holz ein, um ihre Eier in Holzwespenlarven zu legen.

Negative Folgen für die biologische Schädlingsbekämpfung kann der Hyperparasitismus erlangen: Die Parasiten werden von anderen Schlupfwespen parasitiert.

Ichneumonoidea mit Ichneumonidae *(Ichneumon, Rhyssa, Ephialtes, Ophion)* und Braconidae *(Bracon, Aphidius, Apanteles)*.

Rhyssa persuasoria ist eine besonders große einheimische Art (fast 4 cm Körperlänge, dazu ein mehr als körperlanger Legebohrer). Wirte sind die Larven von Holzwespen *(Sirex, Urocerus)* in Nadelhölzern. Die Weibchen orten die Larven durch eine dicke Holzschicht und treiben ihren Legebohrer innerhalb einer halben Stunde in ganzer Länge ins Holz bis zu deren Fraßgang. Dann wird die Larve durch eine Giftinjektion gelähmt, worauf die Eiablage erfolgt. Die aus dem Ei schlüpfende *Rhyssa*-Larve sucht ihren Wirt auf und saugt ihn letztlich aus. Die fertige Schlupfwespe nagt mit ihren kauenden Mundwerkzeugen einen bis 4 mm breiten Gang ins Freie. Die Imagines nehmen Honigtau auf.

Apanteles mit einigen 100 Arten, davon etwa 50 in Mitteleuropa. *Apanteles glomeratus* in Europa und Nordamerika. Larven schmarotzen in Weißlingsraupen (Pieridae). Ein Weibchen legt bis zu 2000 Eier ab, in eine Raupe etwa 30. Kurz vor ihrer Verpuppung haben die Weißlingsraupen noch die Kraft, die Kohlpflanzen zu verlassen und zu einem Baumstamm oder Zaun zu wandern, können sich aber nicht mehr verpuppen, weil die Larven von *Apanteles* nun plötzlich aus dem Wirtskörper hervorbrechen, um sich selbst in kleinen Gespinstkokons an der Körperhaut ihres Wirts in Puppen zu verwandeln. Es sieht dann so aus, als hätten die Raupen Eier gelegt, daher die Bezeichnung «Raupeneier» im Volksmund. Wenn sich an einer Weißlingsraupe mehr als 30 *Apanteles*-Kokons befinden, bedeutet dies, daß sie von mehr als einem Parasiten mit Eiern belegt wurde, da Polyembryonie bei *Apanteles* nicht bekannt ist.

Cynipoidea mit *Ibalia, Figites* und Gallerregern (S. 342).

Chalcidoidea mit *Chalcis, Podagrion, Blastophaga, Pteromalus, Encyrtus, Eulophus, Aphelinus, Trichogramma*.

Proctotrupoidea mit *Proctotrupes*.

c. Aculeata (Stechimmen): Legeapparat zu Giftstachel umgebildet; kann auch reduziert sein (z. B. bei vielen Ameisen). Imagines Allesfresser oder meist Blütenbesucher (S. 339); Larven sind Maden, die von Eltern versorgt werden (Abb. 250, 251). Staatenbildung verbreitet: Mutterfamilie der Faltenwespen, Ameisen, Bienen und Hummeln. Weibchen in zwei Modifikationen, die durch unterschiedliche Ernährung entstehen: Königinnen (fortpflanzungsfähig) und Arbeiterinnen (unfruchtbar), die bei Ameisen in mehreren Formen auftreten können. Die Königin sezerniert eine Substanz, die die Ovarienentwicklung anderer Weibchen hemmt. Kommunikation der Stockgenossen z. B. durch Pheromone. Aus unbefruchteten Eiern gehen Männchen hervor (Drohnen).

Dryinidae (Zikadenwespen): Vorderbeine der Weibchen meist zu Greifapparat umgebildet, mit dem Wirtstiere (Zikaden) festgehalten werden.

Bethylidae: Larven ectoparasitisch an Larven von Käfern und Schmetterlingen, z. T. an Schädlingen *(Cephalonomia* an *Oryzaephilus* und *Stegobium, Laelius* an *Dermestes)*.

Chrysididae (Goldwespen): metallisch glänzend. Larven meist Ectoparasitoide an Bienen- und Wespen-Larven; *Chrysis*.

Mutillidae: Weibchen ungeflügelt. Larven leben von Larven anderer Hymenopteren. Stiche sehr schmerzhaft («cow-killer»).

Scoliidae (Dolchwespen): Larven an Engerlingen, die durch Giftstich dauernd gelähmt sind. Mit größter europäischer Hymenopterenart (5 cm lang).

Megascolia maculata, bis 5 cm lang. Die schwarzgelben Weibchen dieser in Südeuropa vorkommenden Art graben sich bis zu Engerlingen von Nashornkäfern *(Oryctes nasicornis)* vor, lähmen diese und heften ein Ei an deren Körper. Die Larve der Dolchwespe frißt den Engerling völlig auf und verpuppt sich in einem rotbraunen Kokon. Flugzeit der Imagines im Sommer.
Die etwa 20 mm lange *Scolia hirta* ist am Mittelmeer häufig zu sehen, oft an Rinnsalen bei der Wasseraufnahme. Die Larven parasitieren an Blatthornkäfer-Larven *(Cetonia)*.

Formicidae (Ameisen): Staatenbildend, mit Signalstoffen als besonders wichtigem Kommunikationsmedium. Das erste oder die beiden ersten Segmente hinter Wespentaille verschmälert (Petiolus). Männchen geflügelt, Königin wirft Flügel an Bruchnaht nach Hochzeit ab, Arbeiterinnen flügellos. Arbeiterinnen oft polymorph (Soldaten, Türwächter, Honigtöpfe). Stachel oft rückgebildet, Gift wird verspritzt. Staaten können Millionen von Individuen enthalten, oft mit mehreren Königinnen, auch aus mehr als einer Art bestehend. Neugründung oft durch Ausschwärmen geflügelter Geschlechtstiere. Weibchen legt dann Eier in Brutkammer

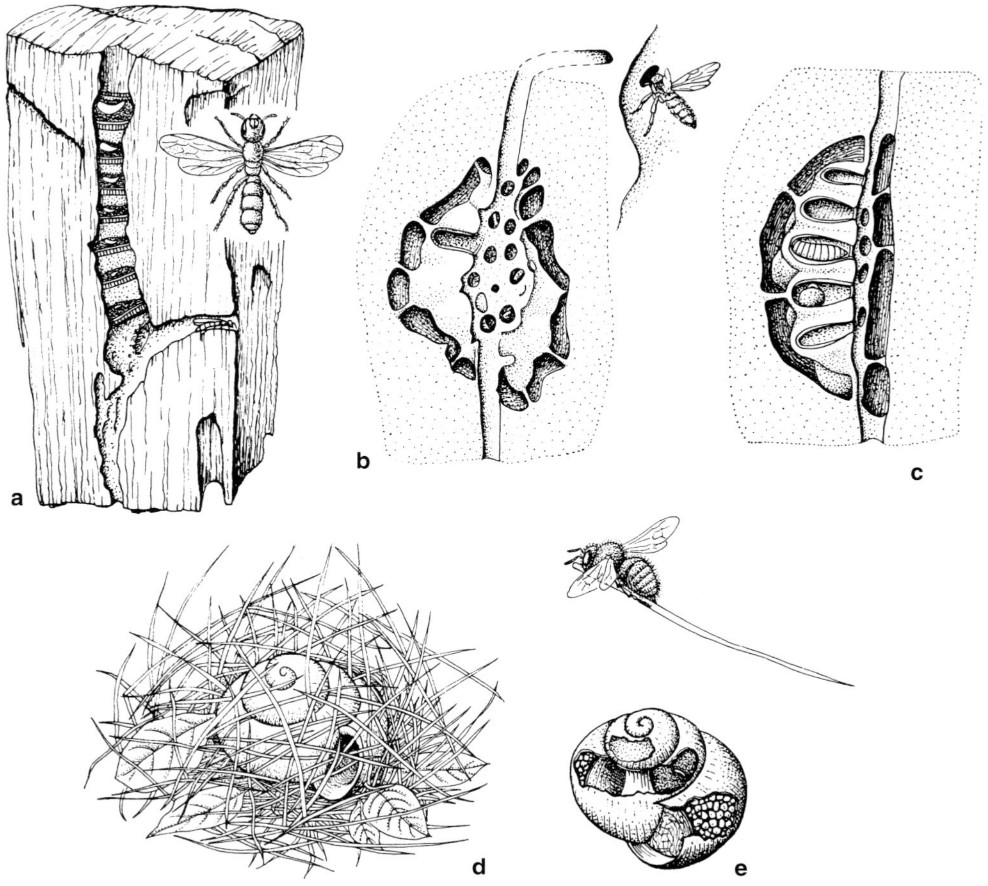

Abb. 250: Bauten solitärer Bienen. A. Fast vollendete Nestanlage von *Heriades* (Megachilidae). Die Mutter (rechts vergrößert) sitzt im Flugloch. Dieses wird zum Abschluß noch mit Harz verschlossen. b, c. Wabe von *Halictus quadricinctus* (Furchenbiene; Halictidae) in einer Lehmwand, Aufsicht und Seitenansicht; d, e. *Osmia bicolor* (Mauerbiene; Megachilidae). Die Nestanlage wird in einem Schneckenhaus untergebracht, welches unter Halmen und Zweigen verborgen wird (d), die z.T. herangeflogen werden. In den oberen Windungen des Schneckenhauses wird der Futterkuchen mit dem länglichen Ei untergebracht (e). Die unterste Windung ist mit Sandkörnern verbarrikadiert, vor ihnen befindet sich noch eine Stützwand aus zerkauten Blättern. Nach von Frisch

und versorgt die erste Brut. Geschlüpfte Jungtiere übernehmen Aufzucht der Larven.

Ameisen sind Allesfresser, Räuber oder auch auf Pflanzensamen spezialisiert. Manche wechseln ihr Nahrungsgebiet (Treiberameisen, Dorylinae), andere sind seßhaft. Sie können Pilzgärten anlegen, die z.B. mit Blättern bestückt werden (Blattschneiderameisen, *Atta*) und Blattläuse aufsuchen, um Honigtau abzunehmen, andere Arten sind Sklavenhalter, d.h. Arbeiten im Stock werden von einer anderen Art ausgeführt.

Einige Ameisen sind schädlich (S. 352). Die südamerikanischen Blattschneiderameisen können in kurzer Zeit Bäume entlauben. *Atta* und *Acromyrmex* sind die wichtigsten Schädlinge in Wiederaufforstungen Brasiliens, v.a. in *Eucalyptus*-Monokulturen.

Andererseits ist der Nutzen vieler Ameisen groß (Bodendurcharbeitung, Vertilger von Schadinsekten), weswegen man manche *Formica*-Arten in bedrohten Baumbeständen angesiedelt hat. Es folgt dann im Falle eines individuenreichen Staates eine Abnahme von

Schmetterlingsraupen und Blattwespenlarven um etwa die Hälfte in einem Kreis mit einem Radius von 20–30 m. Gleichzeitig steigt jedoch die Populationsdichte der von den Ameisen als Honigtauspender gehegten baumbewohnenden Blattläuse in Nestnähe auf das 20fache an, was z. B. bei Kiefern deren Höhenwuchs mindert und sie anfälliger für Rüsselkäfer-Befall macht.

Ameisen können besonders differenzierte Nester bauen, die bei vielen Arten ständig repariert und umstrukturiert werden, um sie den jeweiligen Bedürfnissen anzupassen. In unserem Klima werden von einigen *Formica*-Arten Winterschäden im Frühjahr ausgebessert, im Sommer kommt es zu dauernden Umbauten und zum Einziehen von Luftschächten gegen Überhitzung, zum Winter hin werden die Nester abgedichtet. Verschiedene Entwicklungsstadien werden in den Nestern unterschiedlich gelagert und somit im jeweils günstigsten Mikroklima gehalten. Des weiteren spielt Nesthygiene eine wichtige Rolle: Puppenhüllen, Leichen von Stockgenossinnen sowie Reste erbeuteter Insekten werden oft in weitem Abstand vom Nest an trockenen Stellen konzentriert («Ameisenfriedhöfe»), in anderen Fällen kommt es zur Ablage solchen Materials tief unterhalb der Wohnkammern («Wurmstein»: früher zum Abtreiben von Spulwürmern verwendetes Hausmittel).

Viele Ameisen bilden Erdnester, bei uns z. B. *Lasius flavus* und *Tetramorium caespitum*. Die Erdnester der Blattschneiderameisen *(Atta)* Südamerikas reichen bis 4 m in die Tiefe und können viele Millionen Individuen umfassen.

Die Waldameisen bauen kombinierte Nester, die aus einem Oberbau und einem in der Erde gelegenen Bereich bestehen. Der Oberbau besteht aus zusammengetragenen trockenen Pflanzenteilen, besonders Nadeln und Zweigteilen, Grashalmen und Flechten, die ständig umgeschichtet werden. Nestkuppeln der Kleinen Waldameise *(Formica polyctena)* können einen Umfang von über 20 m erreichen.

Manche Arten leben im Holz. Die Roßameise *Camponotus ligniperda* baut Gänge in morschen Baumstümpfen, von denen aus Nestkammern auch in der Erde angelegt werden können. *C. herculaneus* baut ihre Nester in gesundem Holz. Nach Wespenart stellen manche Arten, z. B. *Dendrolasius fuliginosus*, Kartonnester aus Holzfasern her.

Aus an Bäumen hängenden Blättern, die durch Gespinst zusammengefügt werden, bauen Weberameisen, z. B. *Oecophylla smaragdina*, ihre Nester. Wird ein Blatt entfernt, kommen viele Ameisen zur Verteidigung heraus, andere schließen die entstandene Lücke, indem sie die Blätter wieder zusammenziehen – oft unter Bildung von Ameisen-Ketten. Schließlich kommen Arbeiterinnen, die Larven zwischen ihren Mandibeln tragen und diese so drücken, daß sie Spinnsekret austreten lassen, mit dem die Blätter wieder zusammengefügt werden.

Wanderameisen (Dorylinae) legen in ihren Wanderphasen bei sinkender Temperatur und nachlassender Helligkeit für Millionen von Tieren sogenannte Biwaks aus Kammern und Gängen an, die meist nur einen Tag bestehen. Beutestücke werden in ihnen neben den Larven abgelegt. Sobald ein neues Biwak angelegt ist, folgen die zurückgebliebenen Tiere mit Königin und Brut nach. Der Umzug wird von Soldaten flankiert.

Pompilidae (Wegwespen): Brutfürsorge wie bei Sphecidae (s. u.), tragen pro Nachkommen jeweils eine Spinne ein, *Pepsis* z. B. Vogelspinnen.

Vespidae (Faltenwespen): Flügel werden der Länge nach gefaltet. Z. T. sozial. *Polistes* (Feldwespe): Nest aus einer hüllenlosen Wabe.

Vespa (Papierwespe) umgibt Waben mit Hülle (Abb. 251 a). Baumaterial ist aufgearbeitetes Holz. *V. crabro* (Hornisse): Stich schmerzhaft.

Insbesondere vier Wespenarten sind zu Kulturfolgern geworden. Die Langkopfwespen (mit langen Wangen) *Dolichovespula saxonica* und *D. sylvestris* bauen meist frei hängende Nester z. B. in Dächern und Schuppen, seltener auch in weiträumigen Jalousienkästen. Die Kurzkopfwespen (mit kurzen Wangen) *Vespula vulgaris* und *V. germanica* bauen ihre Nester meistens im Boden, z. B. in Mauselöchern, die sie weiter ausschachten. Seltener findet man ihre Nester oberirdisch in umschlossenen Hohlräumen von Gebäuden, z. B. hinter Verschalungen oder in Rolladenkästen. Nur die Kurzkopfwespen werden lästig, da nur sie im Spätsommer an Säfte, Kuchen und andere Nahrungsmittel gehen («Marmeladewespen»). Langkopfwespen sind Blütenbesucher und Insektenjäger. Sie sind auch in der Nähe ihres Nestes weitaus weniger aggressiv als die Kurzkopfwespen, und ihr Stich ist weniger schmerzhaft als der der Kurzkopfwespen. Das Wespengift enthält insbesondere die schmerzerzeugenden biogenen Amine Histamin und Serotonin, einige Peptide und Enzyme. Gesunde Personen werden auch durch Hunderte von Stichen nicht in Gefahr geraten (mehrere 1000 Stiche sind nötig, um eine letale Dosis zu erreichen). Bei an Giftallergie leidenden Personen jedoch kann schon ein

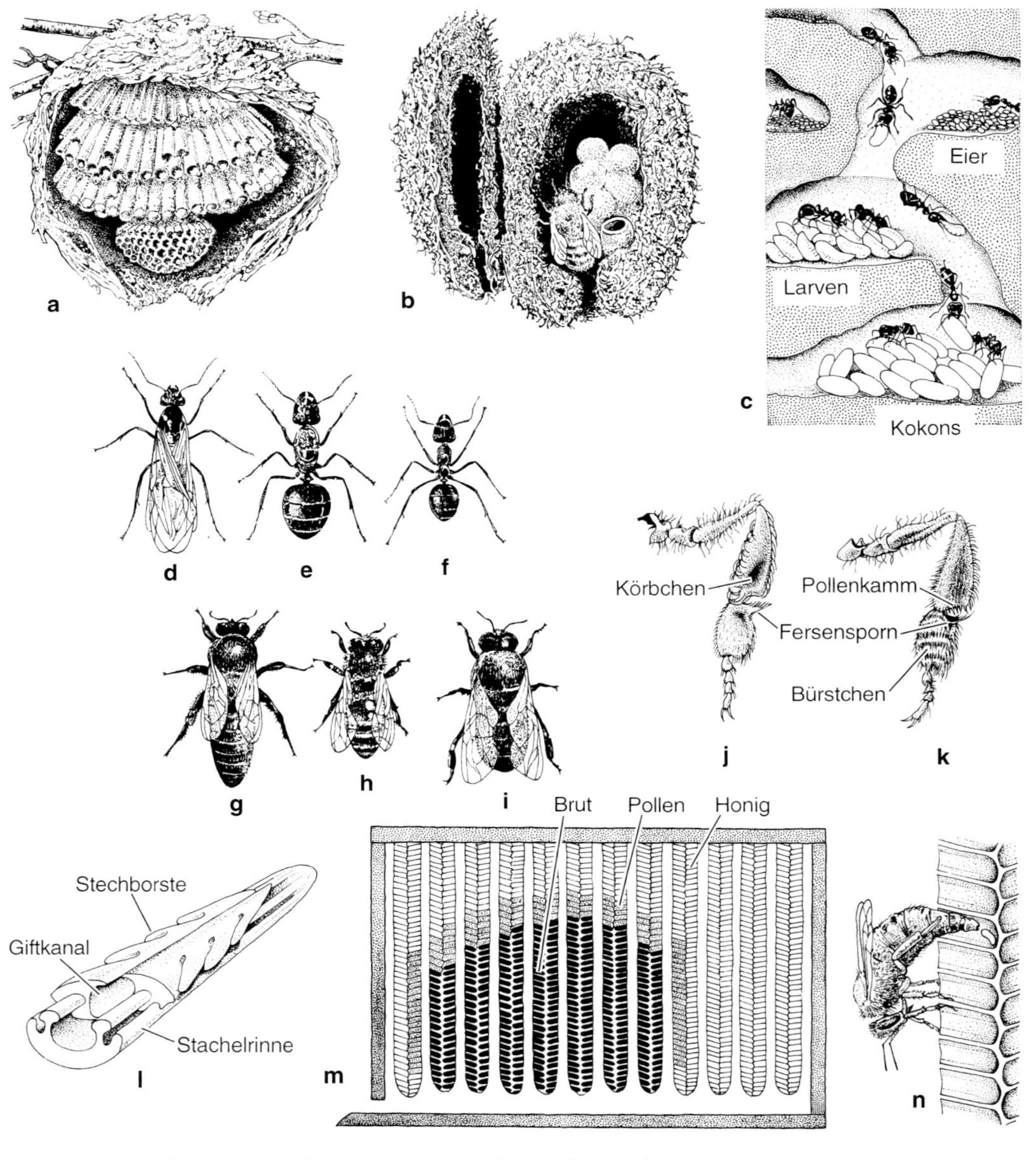

Abb. 251: Soziale Hymenoptera. a. Geöffnetes Nest einer Wespe *(Vespa)*; die unterste Wabe ist noch nicht fertiggestellt. b. Aufgeschnittenes Nest einer Feldhummel *(Bombus)* mit Königin, offenem Honigtopf und fünf geschlossenen Zellen. c. Ausschnitt aus einem Nest der schwarzen Wegameise *(Lasius niger)*. Die Brut (Eier, Larven und Kokons) werden von Arbeiterinnen betreut. d–f. Kleine rote Waldameise *(Formica polyctena)*. d. Männchen. e. Weibchen nach Abwerfen der Flügel. f. Arbeiterin. g–i. Honigbiene *(Apis mellifera)*. g. Königin. h. Arbeiterin. i. Drohne. j, k. Hinterbein einer Honigbiene (Arbeiterin). j. Ansicht von außen, k. von innen. Aus den Bürstchen wird der Blütenstaub mit dem Pollenkamm des anderen Hinterbeins herausgekämmt. Ein Druck des Fersensporns drückt den Pollen aus dem Kamm auf die Außenseite des Unterschenkels in das Körbchen (eine von einem Haarkranz umgebene Vertiefung), in welcher der Blütenstaub in den Stock getragen wird. l. Funktionsschema des Bienenstachels: Die beiden Stechborsten bewegen sich alternierend in der Stachelrinne und treiben den Stachel immer tiefer in die Stichstelle. Unter Pumpbewegungen einer Giftblase wird das Gift über einen Kanal zwischen den Stechborsten entleert. m. Längsschnitt durch einen Bienenkasten mit Waben, um Anordnung und Ausdehnung des Brutnestes sowie von Pollen- und Honigzellen zu zeigen. n. Königin bei der Eiablage. Nach von Frisch, Schmeil

einzelner Stich Anaphylaxie hervorrufen. Unter den heimischen Vespidae überwintern nur begattete Weibchen (Königinnen). Diese heften befruchtete Eier in selbst angefertigte Zellen, deren Öffnung nach unten zeigt. Es handelt sich um 10–20 Zellen in einem walnußgroßen Nest aus einer papierartigen Substanz aus Holz und Speichel. Die Königin füttert die Brut mit Insekten- oder Spinnen-Stückchen. Wenn aus den ersten Puppen Arbeiterinnen geschlüpft sind, widmet sich die Königin ganz der Eiablage. Nestbau und Füttern der Brut übernehmen jetzt die Arbeiterinnen. Die Larven werden mit Insektenstückchen gefüttert, die Larven ihrerseits geben auf Betasten ein Speichelsekret an die Arbeiterinnen ab (Trophallaxis), das Aminosäuren, Peptide und Kohlenhydrate enthält. Nahrungsaustausch findet auch zwischen Imagines statt. Im Spätsommer schlüpfen die Geschlechtstiere, aus unbefruchteten Eiern die Männchen, aus befruchteten die jungen Königinnen. Jetzt können die Nester der Kurzkopfwespen auf einige Tausend Mitglieder anwachsen. Der enorme Futterbedarf treibt die Tiere zu allen erreichbaren Futterquellen auch in die Nähe des Menschen. Im Spätherbst stirbt die alte Königin, das Sozialgefüge bricht zusammen und das Staatswesen stirbt ab. Nur die begatteten jungen Königinnen überleben und suchen ein geschütztes Winterlager auf.

Sphecidae: Larven werden mit paralysierten Beutetieren versorgt (Brutfürsorge). *Ammophila, Sphex, Philanthus* (Bienenwolf): trägt Bienen ein, *Trypoxylon*

Ammophila sabulosa kann bis 28 mm Länge erreichen. Sie ist in Mitteleuropa weit verbreitet und bevorzugt sonnige Flächen, z.B. Heiden. Die Weibchen graben zunächst ein einzelliges Nest und verschließen es oberflächlich. Danach gehen sie auf die Jagd nach einer großen unbehaarten Raupe, in der Regel eine Eulenraupe. Diese wird durch mehrere Giftstiche gelähmt und zum Nest geschleppt. Der Nesteingang wird freigelegt und die Raupe in das Nest gebracht. An die Raupe wird anschließend das Ei abgelegt. Nun erfolgt ein sorgfältiger endgültiger Nestverschluß. Manchmal wird das Nest mit zwei Raupen versorgt, das Ei wird aber auch dann stets an die erste Raupe abgelegt.

Apoidea (Bienen): Solitär (viele Halictidae, Andrenidae, Megachilidae, Abb. 250) oder staatenbildend (Apidae z.T.; Abb. 251). Weibchen füttern Larven mit Pollen und Nektar.

In Mitteleuropa kommen über 100 Arten der Gattung *Andrena* (Sandbienen) vor. Sie besiedeln nahezu alle Lebensräume und fliegen – einige Arten in zwei Generationen – von Anfang März bis September. Die Männchen der am frühesten fliegenden Art erwarten schon vor dem Aufbrechen der ersten Weidenkätzchen die Weibchen an den Nistplätzen. Alle Arten graben mehrzellige Nester in die Erde, bevorzugt in Sand, Lehm und Löß. Die Zellen liegen je nach Art etwa 5–60 cm tief. Die Wände der Zellen werden geglättet und mit einem wasserabstoßenden Sekret ausgekleidet. Eine ganze Reihe von Arten ist oligolektisch, also auf bestimmte Futterpflanzen spezialisiert.

Besonders wichtig ist die Honigbiene *(Apis mellifera)*, die als Haustier in Kästen und Körben gehalten wird. Hier bauen die Tiere senkrecht hängende Waben, die aus Tausenden von sechseckigen Wachskammern (Zellen) bestehen. Jede Wabe hat eine Mittelwand, die den gemeinsamen Boden für die nach beiden Seiten gerichteten Zellen bildet (Abb. 251 n). Man unterscheidet Vorratszellen für Honig und Pollen, Brutzellen für Arbeiterinnen, Königinnen (Weiselzellen) und Drohnen (Abb. 251 m).
Im Bienenvolk besteht Arbeitsteilung. In den ersten 10 Tagen nach dem Schlüpfen ist eine Arbeiterin Hausbiene im Innern des Stockes. Sie reinigt Zellen und schützt Brutzellen vor Abkühlung; ihre wichtigste Aufgabe besteht in der Betreuung und Fütterung der Larven (Brutamme). Nach diesem Lebensabschnitt unternimmt sie kurze Orientierungsflüge in die Umgebung des Stockes. Im 2. Lebensabschnitt (10. bis 20. Tag) bilden sich die Futterdrüsen zurück, mit deren Sekret die Larven gefüttert wurden, dafür entwickeln sich Wachsdrüsen; die Biene ist jetzt vor allem mit dem Bau neuer Zellen beschäftigt, weiterhin füllt sie Pollenzellen mit Pollen, führt Reinigungsdienste aus und dient manchmal als Wächter am Flugloch. Im 3. Lebensabschnitt (20. Tag bis zum Lebensende) ist die Arbeiterin Sammlerin. Eine Arbeiterin stirbt im Sommerhalbjahr etwa einen Monat nach dem Schlüpfen. Die überwinternden Arbeiterinnen werden 6–8 Monate alt.
Die Verständigung über Nahrungsquellen erfolgt mittels der bekannten Bienensprache. Sie ist vermutlich in folgenden Etappen entstanden: 1. Am Anfang der Entwicklung steht ein erregtes Umherlaufen einer erfolgreichen Sammlerin, die den Duft ihrer Futterquelle im Stock verbreitet. Die Nestgenossen machen sich dann in alle Richtungen auf und suchen die Futterquelle (primitive Meliponinen). 2. Die Entfernung wird durch verschieden lange Töne angegeben (Meliponinen). 3. Die Richtung wird durch die erfolgreiche Sammlerin durch eine Duftspur oder durch Vorausfliegen gewiesen (Meliponinen). 4. Schwänzeltanz, der Entfernung, Richtungsweisung und Nahrungsmenge angibt. Dieser wird erst im Freien auf einer horizontalen Fläche *(Apis florea)*, dann auf einer Vertikalfläche im Freien *(A. dorsata)* und schließlich auf einer Vertikalfläche im Stock ohne Anblick der Sonne ausgeführt *(A. mellifera)*.
Die Bienen transportieren Blütenstaub in Form von Klumpen (Höschen) außen an den Hinterbeinen, er liegt hier im Körbchen, einer von hohen Borsten umstellten Mulde der Tibia. Besucht eine Biene ein Blüte, bleibt der Pollen zunächst zwischen den Haaren des gesamten Körpers liegen; er wird dann während des Fluges mit der dicht behaarten Unterseite des proximalen Fußgliedes, dem Bürstchen, vom Körper abgebürstet und mit Hilfe größerer Borsten in das Körbchen des gegenüberliegenden Beins befördert (Abb. 251 j, k).
Staatsneugründung erfolgt durch das Schwärmen der Bienen. Letzteres wird dadurch vorbereitet, daß die Arbeiterinnen einige Weiselzellen anlegen. Kurz vor Schlüpfen der ersten jungen Königin verläßt die alte

Königin mit der Hälfte des Volkes das Nest; bei starken Völkern kann auch mehr als ein Schwarm abgehen. Es bildet sich eine Schwarmtraube an einem Ast, die auf Informationen von Kundschaftern (Spurbienen) wartet, die einen neuen Aufenthaltsort suchen. Die neue Königin wird in der Luft an sog. Drohnensammelplätzen begattet. Andere sich entwickelnde Königinnen hat sie vorher getötet.
Im Bienenstaat leben eine Königin und 30–50000 Arbeiterinnen. Die Königin legt täglich bis 1500 Eier. Die zeitweise auftretenden Drohnen werden von den Arbeiterinnen gefüttert, vom Hochsommer an aber abgewiesen oder sogar erstochen (Drohnenschlacht).

Bombus (Hummel). Junge Königin überwintert. Nester (Abb. 251 b) oft unterirdisch oder in hohlen Bäumen. Baumaterial für die Zellen ist Wachs. Ein Volk kann 1000 Individuen umfassen.

Das befruchtete Hummel-Weibchen (Königin) überwintert in einem Bodenversteck. Im Frühjahr ernährt es sich von Nektar und baut je nach der Art unter- oder oberirdisch ein kleines Nest, ein paar Zellen, in die sie Pollen einträgt und je ein Ei legt, bevor sie verschlossen werden; außerdem wird eine offen bleibende «Honigzelle» angelegt. Das Ganze wird von einer Hülle umgeben. Zur weiteren Ernährung der Brut öffnet die Königin hin und wieder die Zellen und betreibt Brutpflege. Die ausgewachsenen Larven verpuppen sich in braunen Kokons, die später als Brutzellen dienen, wenn sich das Volk durch weitere Eiablagen der Königin vergrößert. Die zuerst geschlüpften Individuen sind kleine Arbeiterinnen, die nun die Aufzucht der Brut übernehmen. Wenn die Ernährung im Jahresverlauf immer besser wird, schlüpfen schließlich Weibchen von der Größe der überwinterten Königin. Aus unbefruchtet gebliebenen Eiern entstehen Männchen, so daß es dann zu Begattungen kommt. Der Staat ist einjährig. Nur die begatteten Königinnen überleben den Winter. Hummeln sind wichtige Blütenbestäuber, vor allem auf Rotkleefeldern, aber auch an Obstbäumen.

Psithyrus (Schmarotzerhummel): Brutparasiten bei anderen Hummeln, bauen keine eigenen Nester.

Alle folgenden Ordnungen faßt man unter der Bezeichnung **Mecopteroidea** zusammen.

Unter dem Begriff **Amphiesmenoptera** werden die Köcherfliegen (Trichoptera) und Schmetterlinge (Lepidoptera) zusammengefaßt. Als einzige Insektengruppe sind die Amphiesmenoptera wohl durchgehend heterogametisch im weiblichen Geschlecht. Die drei Analadern im Vorderflügel haben ihren Endabschnitt verloren und enden gemeinsam am Flügelrand.

23. Ordnung: Trichoptera (Köcherfliegen)

Die etwa 7000 Arten weisen mit wenigen Ausnahmen lebende Larven auf. Oft bauen sie einen den Körper umhüllenden Köcher. Die meist in Wassernähe vorkommenden Imagines besitzen im allgemeinen behaarte, seltener beschuppte Flügel, die in Ruhe dachförmig auf den Rücken gelegt werden und unscheinbare gelbliche bis dunkle Farben tragen. Wie bei Schmetterlingen (s. u.) sind die beiden Flügel jeder Körperseite im Flug miteinander durch unterschiedliche Haftvorrichtungen gekoppelt.

Die Imagines sind meist mittelgroß und vorwiegend dämmerungs- oder nachtaktiv. Die Mundteile sind leckend-saugend und zum Beispiel zum Trinken von Nektar geeignet; manchmal wird im Imaginalstadium gar keine Nahrung aufgenommen. Die Mandibeln sind klein und schwach sklerotisiert, Gelenke fehlen ihnen. Hypopharynx und Labium sind miteinander zu einem Haustellum (Abb. 252h) verwachsen, das durch Haemolymphdruck ausstülpbar ist, selten ist ein kurzer Saugrüssel entwickelt.

Die Paarbildung erfolgt meist im Flug, die Kopula auf Substrat. Die Eier werden selten einzeln, meist in arttypischen Gelegen in Wassernähe oder ins Wasser abgelegt. Der Eiablageplatz kann unter der Wasseroberfläche kriechend oder schwimmend erreicht werden, manche Weibchen (z. B. *Hydropsyche, Phryganea*) haben Schwimmbeine. Selten Larviparie: *Notonatolica vivipara* aus Indien.

Die Larven leben mit wenigen Ausnahmen (*Enoicyla*, Larven in Mitteleuropa in Laubstreu) als Räuber, Plankton- oder Pflanzenfresser in Süßgewässern, selten in Brack-, noch seltener in Meerwasser. Sie sind durch ein geschlossenes Tracheensystem und oft fadenförmige Tracheenkiemen gekennzeichnet. Ihre Mandibeln sind kräftig, Maxillen und Labium basal verwachsen. Am 10. Abdominalsegment befindet sich 1 Paar Nachschieber (zum Bewegen und Festhalten). Bis weit in das Abdomen reichen Labialdrüsen, die als Spinndrüsen fungieren. Die Augen bestehen jederseits aus 6 Stemmata. Man unterscheidet im allgemeinen zwei Larventypen (Abb. 252): raupenförmige (eruciforme) mit orthognathen Mundwerkzeugen und *Campodea* ähnelnde (campodeiforme) mit prognathen Mundwerkzeugen.

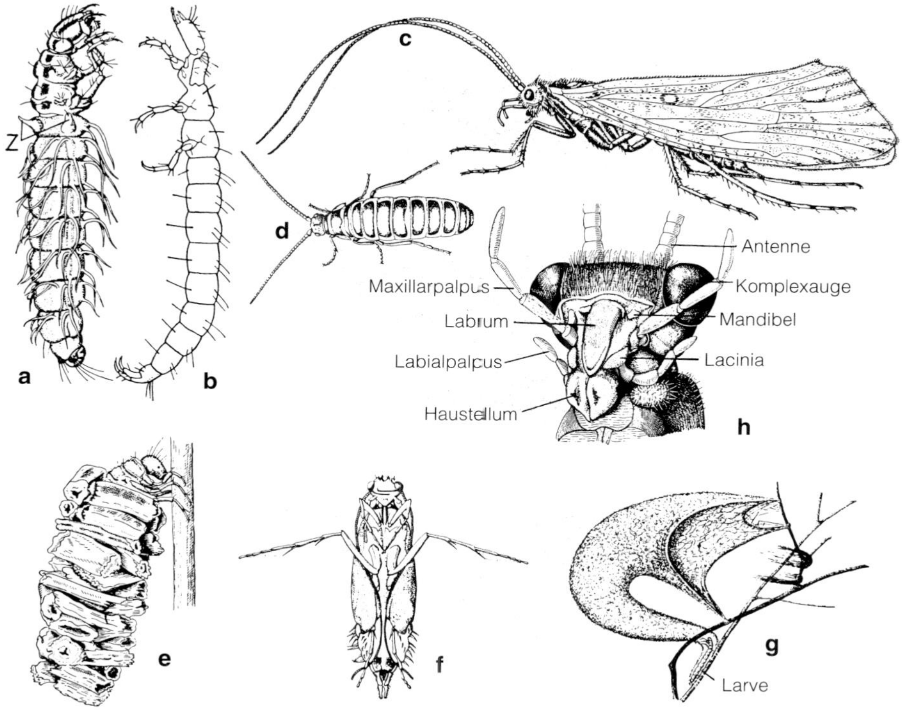

Abb. 252: Trichoptera. a. Eruciforme Larve ohne Köcher *(Limnephilus)*, Z: Zapfen, b. campodeiforme Larve *(Rhyacophila)*; c. *Phryganea* in Sitzhaltung (20 mm lang); d. *Enoicyla*, flügelloses Weibchen (8 mm lang); e. Larve von *Limnephilus* im Köcher; f. Puppe von *Rhyacophila*, g. Larve von *Neureclipsis* mit Fangnetz; h. Kopf von *Phryganea*. Nach Brauns, Despax, Engelhardt, von Frisch, Handlirsch

Eruciforme Larven sind walzenförmig und leben in einem Köcher, der aus Sekret der Labialdrüsen und Fremdkörper besteht. Er ist in der Regel gestreckt, seltener gebogen, vereinzelt sogar spiralig aufgerollt. In Fließgewässern werden die Köcher verschiedener Arten besonders beschwert. Eruciforme Larven sind meist Pflanzenfresser. An ihrem 1. Abdominalsegment stehen Zapfen, die den Köcher auf Distanz halten, und an den Seiten des Abdomens je eine Haarreihe, welche die Atembewegung des Hinterleibes unterstützt, die einen Wasserstrom durch den Köcher bewirkt. Die meisten Larven leben am Boden, wo sie sich mit ihren Beinen vorwärtsziehen, einige schwimmen mit den Hinterbeinen *(Triaenodes)*.

Campodeiforme Larven sind häufig dorsoventral abgeflacht. Sie können köcherlose Räuber (z. B. *Rhyacophila*, Abb. 252 b) sein, die Insektenlarven nachstellen, seßhaft in Wohnröhren leben, an deren Vorderende Fangnetze angebracht sind (*Neureclipsis*, Abb. 252 g) oder als Köcherbewohner auftreten. Die Fangnetze bestehen im einfachsten Fall aus radiär um die Wohnröhrenmündung angeordneten Fäden, in denen Tiere gefangen werden, bei manchen auch Plankton, das dem Fangnetz mit langen Borsten entnommen wird (z. B. *Hydropsyche*). Die Verpuppung erfolgt in einem Puppenköcher, der am Substrat festgesponnen ist. Kriechend oder schwimmend gelangen die Puppen später an die Wasseroberfläche. Das Schlüfen erfolgt vorwiegend abends, nachts oder morgens.

Die 300 mitteleuropäischen Köcherfliegenarten werden etwa 30 Familien zugeordnet.

Rhyacophila, Neureclipsis, Holocentropus, Tinodes, Hydropsyche, Phryganea, Triaenodes, Enoicyla, Limnephilus.

Die Larven der artenreichen Gattung *Hydropsyche* spinnen kleine Fangnetze und bilden dadurch zugleich Territorien, die sie gegen Eindringlinge verteidigen und solche u.U. sogar töten. Die Maschenweite der Netze

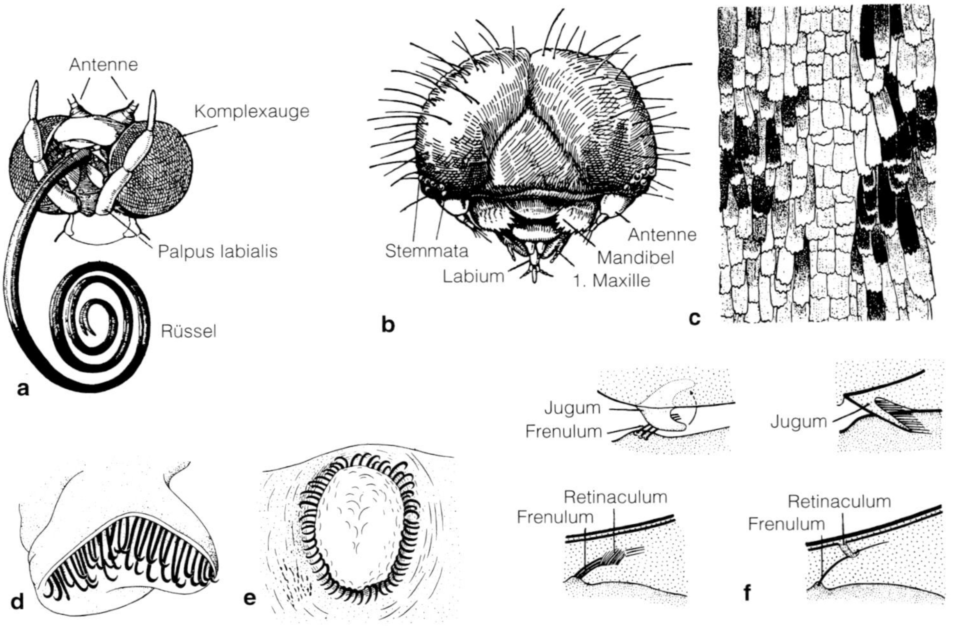

Abb. 253: Lepidoptera. a. Kopf einer Imago, b. Kopf einer Raupe, c. Ausschnitt eines Flügels mit Schuppen, d, e. Raupenfüße, d. Pes semicoronatus, e. Pes coronatus, f. Bindevorrichtungen zwischen Vorder- und Hinterflügel. Vorderflügel oben. Nach Hennig, Kühn, Weber

wächst mit den Häutungen. Zerstörte Netze werden repariert.

Die Larven von *Hydropsyche contubernalis* haben die größte Toleranz aller Trichopteren mitteleuropäischer Fließgewässer gegenüber Belastungen und sind dort weit verbreitet, wo sie am Hartsubstrat Stellnetze bauen und sich als Driftfänger ernähren können. Im Bereich kiesig-steiniger Substrate zählte man bis 10000 Larven/m^2, was z.B. am Rhein später zu Massenschwärmen führt. Es gibt zwei Generationen von *Hydropsyche contubernalis* im Jahr; eine Larvengeneration überwintert. Diese wandert dann mehr zur Flußmitte hin, in der warmen Jahreszeit aber mehr in Nähe der Uferregion.

24. Ordnung: Lepidoptera (Schmetterlinge)

Schmetterlinge schließen sich eng an Trichopteren an; ihre ursprünglichen Formen sind den Köcherfliegen noch sehr ähnlich. Im Unterschied zu den meisten Köcherfliegen sind die vier Flügel und meist auch der Körper mit kompliziert gebauten, leicht abstreifbaren Schuppen besetzt (Abb. 253c), die modifizierte Haare darstellen. Die Spannweite der Flügel reicht von knapp 2 mm (Nepticulidae) bis 360 mm (*Coscinocera hercules* in Nordostaustralien). Die Mundwerkzeuge sind nur bei primitiven Formen noch kauend, im allgemeinen sind die Mandibeln rückgebildet, Lacinien und Laden der Unterlippe fehlen, das Labium stellt eine einfache Platte dar. Die stark verlängerten Galeae bilden einen einrollbaren Saugrüssel (Abb. 253a), der mehr als körperlang sein kann und mit Muskeln und Hämolymphdruck ausgestreckt wird. Im Unterschied zu den Trichopteren fehlt der unpaare Ocellus.

Hörorgane treten oft auf (an Thorax, Abdomen oder Flügelbasis) und ermöglichen die Wahrnehmung der Laute von Fledermäusen. Das Zusammenfinden der Geschlechter erfolgt bei Tagfaltern zunächst über die Augen, dann über den chemischen Sinn, bei Nachtfaltern oft nur über den Geruch. Entsprechend haben die Männchen mancher Formen große, gefiederte, mit Riechsensillen besetzte Antennen, die Weibchen am Abdomen liegende Drüsen, die Sexuallockstoff produzieren. Bei manchen Tagfaltern kommt es zu einem ausgedehnten Balzspiel. Die Begattung erfolgt mit voneinander abgewandten Köpfen. Die Eier werden einzeln oder in Gelegen an oder in Nähe der Futter-

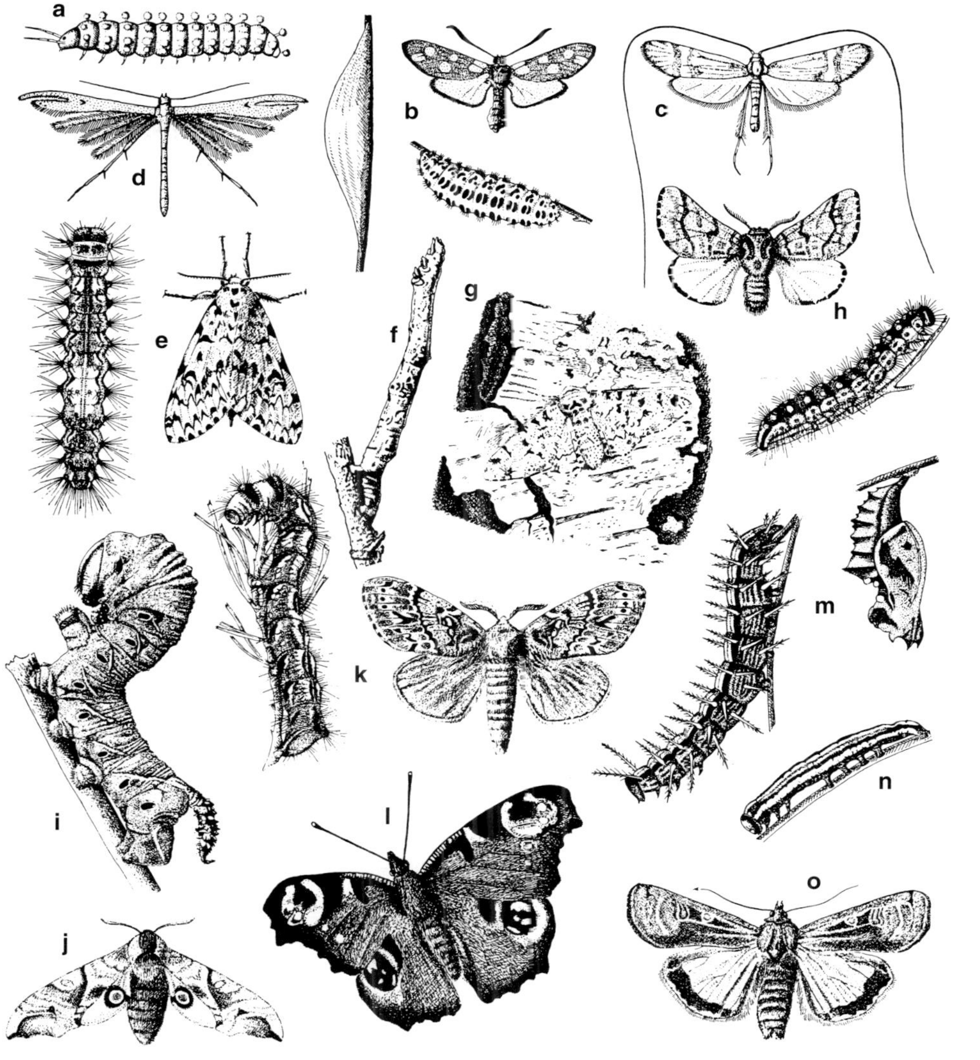

Abb. 254: Lepidoptera (vgl. auch Abb. 218, 221). a. Raupe von *Micropteryx*, b. *Zygaena* (Blutströpfchen), Falter, Puppenkokon, Raupe, c. *Adela*, d. *Pterophorus* (Federmotte), e. *Lymantria monacha* (Nonne), Raupe, Imago, f. zweigähnliche Spannerraupe, g. *Biston betularia* (Birkenspanner), auf Birke, h. *Thaumetopoea* (Prozessionsspinner), Raupe und Imago; i. *Acherontia* (Totenkopf), Raupe in Abwehrstellung; j. *Smerinthus* (Abendpfauenauge), k. *Dendrolimus* (Kiefernspinner), Raupe, Imago; l. *Inachis* (Tagpfauenauge); m. *Argynnis* (Kaisermantel), Raupe, Puppe; n. *Panolis* (Forleule), Raupe; o. *Noctua* (Hausmutter). Vergrößerung unterschiedlich. Nach Amann, Aubert, Bourgogne, Brauns, Chapman, de Ruiter, Eckstein, Escherich, Forster-Wohlfahrt, Jacobs

pflanze der Raupe abgelegt; einige Mottenverwandte und Pieridae sind larvipar.

Die mit kauenden Mundwerkzeugen ausgestatteten Larven leben terrestrisch, selten an Wasserpflanzen; es sind Raupen mit abdominalen Stummelfüßen, die als Kranzfüße (Pedes coronati, Abb. 253 d) oder Krallen = Klammerfüße (Pedes semicoronati, Abb. 253 e) gewöhnlich an den Segmenten 3–6 und als Nachschieber am 10. Abdominalsegment entwickelt sind. Rückbildungen der Abdominalextremitäten sind für minierende Larven typisch.

Sehr unterschiedlich sind Form und Färbung der Raupen (Abb. 218, 254). Manche (Spannerraupen, Geometridae) ahmen Zweige nach, andere besitzen Giftdrüsen, die mit Haaren in Verbindung stehen können (z. B. Prozessionsspinner). Die meisten Raupen besitzen große Labialdrüsen (Spinndrüsen) und kleben einen Spinnfaden beim Laufen in geringen Abständen am Untergrund fest; später bauen sie mit dem Sekret einen Puppenkokon auf.

Die Puppen tragen Gliedmaßen und Flügel im allgemeinen nicht frei wie die anderen holometabolen Insekten, sondern in die Wand eingebaut (Mumienpuppe, Pupa obtecta).

Mit über 120 000 Arten sind die Schmetterlinge über alle Kontinente verbreitet. Die Imagines sind fast ausschließlich Blütenbesucher und Säftesauger, die Raupen Pflanzenfresser und daher bei Massenvermehrung oft in Land- und Fortwirtschaft schädlich (S. 347, Abb. 218); verschiedene Nahrungsspezialisten sind Vorrats- und Hausschädlinge (S. 354, Abb. 221).

Das große Interesse, das viele Menschen den Schmetterlingen entgegenbringen, beruht auf der oft wunderschönen Farbgebung. Bisweilen stellt diese eine Warntracht dar. Solche Falter sind oft ungenießbar und werden z. B. von Vögeln nur einmal angenommen, aber sofort wieder ausgespien. In anderen Fällen dient das Farbmuster als Verbergetracht, z. B. auf der Borke von Bäumen. Verschiedentlich werden giftige oder für Feinde wenig schmackhafte Formen nachgeahmt (Mimikry).

Viele Schmetterlinge unternehmen lange, dem Vogelzug vergleichbare Wanderungen: Am bekanntesten ist der Monarch *(Danaus plexippus)*, der sich im Herbst im Norden der USA in Scharen zusammenfindet und über 3000 km nach Mittelamerika zieht. Nach Mitteleuropa wandern beispielsweise alljährlich Distelfalter, Admiral, Totenkopfschwärmer und Gamma-Eule aus den Mittelmeerländern ein.

Die systematische Gliederung der Schmetterlinge wird nach verschiedenen Gesichtspunkten vorgenommen. Früher teilte man nach der Körpergröße in Macro- und Microlepidoptera und nach der Aktivität in Tag- und Nachtfalter ein, heute nach unterschiedlichen strukturellen Merkmalen von Raupen und Imagines. Bei den Jugata sind Vorder- und Hinterflügel durch ein Jugum am Vorderflügel verbunden, bei den Frenata durch ein Frenulum am Hinter- und ein Retinaculum am Vorderflügel (Abb. 253). Die Zeugloptera umfassen Formen mit kauenden Mandibeln und werden den Glossata gegenübergestellt.

Schmetterlinge sind seit dem Jura bekannt.

a. Zeugloptera. Mit mehreren ursprünglichen Merkmalen: Mandibeln kauend, beide Maxillenpaare orthopteroid, Flügel gleichartig; Raupen mit gegliederten Bauchfüßen auch an den Abdominalsegmenten 1 und 2 (Abb. 254 a). Kleinformen, Pollenfresser.

Micropterygidae: *Micropteryx*.

b. Glossata. Galeae bilden Saugrüssel; Raupen an Abdominalsegmenten 1 und 2 ohne Bauchfüße.

Familiengruppe Homoneura (Jugata): Vorder- und Hinterflügelgeäder gleich.

Eriocraniidae (Trugmotten): Kleinformen, Larven beinlose Blattminierer.

Hepialidae (Wurzelbohrer): Mundwerkzeuge rückgebildet, Larven oft in Wurzeln (*Hepialus humuli*, Hopfenwurzelbohrer, *H. hecta*, Heidekrautwurzelbohrer).

Familiengruppe Heteroneura (Frenata): Flügelgeäder der Hinterflügel durch Aderreduktion von dem der Vorderflügel verschieden.

Nepticulidae (Stigmellidae, Zwergmotten): Kleinformen mit rückgebildetem Rüssel, Raupen minieren oder bilden Gallen. *Nepticula*-Arten an Ahorn und Rosen (Abb. 216 b).

Incurvariidae (Miniersackmotten): Larven zunächst Minierer, dann spinnen sie Blattstücke zum Wohngehäuse (Sack) zusammen. Kleinformen. *Adela* (Langhornmotten), *Tegeticula alba (= Pronuba yuccasella*, Yuccamotte): bringt Pollen von einer zur nächsten Blüte, in deren Fruchtknoten die Eier gelegt werden.

Tischeriidae (Schopfstirnmotten): Raupen Minierer, z. B. *Tischeria eklebladella* (Eichenminiermotte).

Cossidae (Holzbohrer): Raupen in Holz bohrend, *Cossus* (Weidenbohrer), *Zeuzera* (Blausieb).

Tineidae (Motten): Imagines nehmen keine Nahrung auf, Larven stellen wichtige Haus- und Vorratsschädlinge (S. 354, Abb. 221). *Tineola, Tinea, Trichophaga.*

Psychidae (Sackträger): Rüssel rückgebildet, bei Weibchen oft auch die Flügel und Beine. Raupen spinnen Gehäuse (Sack, in dessen Wand Pflanzenteilchen oder Sandkörnchen eingesponnen werden). *Solenobia, Fumea.*

Coleophoridae (Sackträgermotten): Larven erst Minierer, dann bauen sie sich einen Köcher. *Coleophora laricella* (Lärchenminiermotte, S. 347).

Yponomeutidae (Gespinstmotten, Hyponomeutidae): mit mehreren Schädlingen, z. B. *Yponomeuta malinellus* (S. 347, Abb. 218), desgleichen Plutellidae mit *Plutella xylostella* (S. 347, Abb. 218).

Sesiidae (Glasflügler): Larven bohren in Holz, aber auch in Stengeln und seltener in Wurzeln krautiger Pflanzen. Imagines werfen Flügelschuppen ab. Oft hymenopterenähnlich. *Aegeria apiformis* (Bienenglasflügler), *Bembecia* (Abb. 218 g), *Synanthedon* (S. 347).

Tortricidae (Wickler): Familie mit zahlreichen Schädlingen in Land- und Forstwirtschaft (S. 328, Abb. 218), *Tortrix, Evetria, Rhyacionia, Cydia* (Abb. 218). *Epinotia, Choristoneura, Enarmonia, Grapholitha, Eupoecilia, Sparganothis.*

Zygaenidae (Widderchen, Blutströpfchen): *Zygaena* (Blutströpfchen; Abb. 254 b).

Pterophoridae (Geistchen, Federmotten): Flügel in gefiederte Leisten gespalten; *Pterophorus* (Abb. 254 d)

Pyralidae (Zünsler): Große Familie mit Schädlingen in Land- und Forstwirtschaft (S. 349, Abb. 218) und an Vorräten (S. 354, Abb. 221). Hierher gehört auch *Acentropus niveus*, dessen stummelflügelige Weibchenform im Wasser lebt.

Geometridae (Spanner): Zweitgrößte Schmetterlingsfamilie (15000 Arten); Raupen meist nur mit den beiden hinteren Abdominalfußpaaren. Typische Ruhestellung (Schutzstellung; Abb. 254 f. Bewegen sich egelartig «spannend», teilweise Schädlinge (S. 328, Abb. 218, z. B. *Bupalus piniarius* (Kiefernspanner), *Operophtera* und *Erannis* (Frostspanner), *Abraxas grossulariata* (Stachelbeerspanner). *Biston betularia* (Abb. 254 g) mit Industriemelanismus.

Uraniidae: Tropische Formen mit wunderbaren Schillerfarben; *Urania*.

Notodontidae (Zahnspinner): Rüssel meist rückgebildet; viele Falter rollen in Ruhelage Flügel seitlich an den Körper (Verbergetracht). Gabelschwanzraupen von *Cerura* und *Dicranura* verspritzen Gift. *Stauropus* (Buchenspinner, Raupe bizarr).

Thaumetopoeidae (Prozessionsspinner, Abb. 254 h): *Thaumetopoea processionea* an Eichen, *T. pityocampa* an Kiefern. Raupen (mit Brennhaaren) bauen Gemeinschaftsgespinste und leben gesellig, wandern zu ihren Nahrungsplätzen und ins Nest oft in geschlossenem Zug, wobei sich die Tiere berühren.

Der Eichenprozessionsspinner *(T. processionea)* ist fortstwirtschaftlich nur von geringer Bedeutung; seine Massenentfaltung in manchen wärmeren Gebieten Zentraleuropas in der Mitte der 1990er Jahre hat dennoch zu Bekämpfungsmaßnahmen Anlaß gegeben, weil die 0,1–0,2 mm langen Brennhaare der Raupen Reizungen und Entzündungen der Haut von Menschen hervorrufen können. Diese klingen jedoch nach 4–5 Tagen wieder ab.
Die unscheinbar grauen Falter fliegen in den Monaten Juli und August. Vorher fallen die fußballgroßen Gespinstnester in Eichen auf, von deren Blättern die Raupen leben. Die Raupen wandern in mehrreihiger Prozession vom Nest zum Futterplatz und zurück. Verpuppung im Nest.
Im südlichen Europa findet man an Kiefern häufig die Gespinste der verwandten Art. *T. pityocampa* (Pinienprozessionsspinner). Die Wanderzüge sind einreihig. Da die erwachsenen Raupen gemeinsam einen Verpuppungsplatz im Boden suchen, kann man die Prozession gegentlich auch am Boden sehen.

Lymantriidae (Trägspinner): *Lymantria monacha* (Nonne, Abb. 254 e) kann an Nadelhölzern (vor allem Fichten) sehr schädlich werden. Raupen mit Brennhaaren. *L. dispar* (Schwammspinner) z. B. an Obstbäumen, *Euproctis chrysorrhoea* (Goldafter), *Orgyia recens* (Schlehenspinner): Weibchen stummelflüglig.

Noctuidae (Eulen): Größte Schmetterlingsfamilie (25000 Arten), z. T. Wanderfalter. Einige sind wichtige Schädlinge in Land- und Forstwirtschaft (S. 328, Abb. 218). *Panolis flammea* (Forleule) in Forsten an Nadelhölzern, *Agrotis segetum* (Saateule), *Mamestra brassicae* (Kohleule). *Autographa gamma* (Gammaeule), *Agrotis ypsilon* (Ypsiloneule), *Catocala* (Ordensband).

Autographa gamma, die Gamma-Eule, erhielt ihren Namen wegen je eines gammaförmigen Zeichens auf den Vorderflügeln. Sie ist wohl die häufigste Eule der heimischen Fauna und findet sich im Spätsommer oft an mit Blumen bestandenen Fenstern. Häufig fliegt sie auch am Tage und besucht z. B. den Herbstflieder *(Buddleia)*. Die Gamma-Eule ist ein Wanderfalter, der im Frühjahr über die Alpen nach Mitteleuropa kommt. Hier entsteht eine Spätsommergeneration, die durch weitere Einwanderer aus Südeuropa verstärkt werden kann. Die nackten, in der Färbung variablen, vorzugsweise grünen Raupen zeigen eine ausgeprägte helle Längsstreifung. Man findet sie in den Monaten August und September oft zahlreich auf niedriger Vegetation. Die Verpuppung erfolgt in einem lockeren Gespinst an der Futterpflanze.

Die Generationenfolge in Mitteleuropa ist nicht vollständig geklärt. Meist überwintern sie als Raupen, gelegentlich auch als Imagines; auch Rückflug nach Südeuropa wurde beobachtet. Erfolgreiche Überwinterung ist in Mitteleuropa wohl nur in klimatisch begünstigten Gebieten möglich.

Arctiidae (Bärenspinner): Raupen oft stark behaart. *Arctia caja* (Brauner Bär).

Bombycidae (Seidenspinner): *Bombyx mori* (S. 337).

Attacidae (Saturniidae, Pfauenaugenspinner): vorwiegend tropische Großformen, meist mit «Augenflecken» auf den Flügeln. Nachtpfauenaugen *(Saturnia, Eudia)*. Der Kokonspinnfaden von *Antheraea*-Arten als Naturseide (Tussahseide) verwertbar.

Lasiocampidae (Glucken): *Dendrolimus pini* (Kiefernspinner, Abb. 254 k), *Malacosoma neustria* (Ringelspinner, Abb. 218 m).

Sphingidae (Schwärmer): Großformen, gute Flieger, z.T. Wanderfalter. Das Flugverhalten mancher blütenbesuchender Arten ähnelt dem von Kolibris: Sie stehen in der Luft vor den Blüten und saugen mit ihrem langen Rüssel Nektar. Raupen auffallend groß, hinten oft mit «Horn». *Sphinx ligustri* (Ligusterschwärmer), *Smerinthus ocellata* (Abendpfauenauge, Abb. 254 j), *Acherontia atropos* (Totenkopfschwärmer, Abb. 254 i), *Macroglossum stellatarum* (Taubenschwänzchen) tags fliegend.

Das Taubenschwänzchen *(Macroglossum stellatarum)* ist ein typischer Wanderfalter, der Mitteleuropa jährlich aus dem Mittelmeerraum besiedelt und hier eine Sommergeneration hervorbringt, die z.T. häufig sein kann. Die Falter mit etwa 4 bis 5 cm Spannweite sind braun gefärbt; nur die sehr kleinen Hinterflügel sind orange. Hinterleibsende mit breiten Haarbüscheln. Die Taubenschwänzchen stehen tagsüber im Schwirrflug vor Blüten und saugen mit ihrem mehrere cm langen Rüssel Nektar. Berichte über Kolibris in Europa lassen sich meist auf *Macroglossum stellatarum* zurückführen.

Unter dem Begriff **Rhopalocera (Tagschmetterlinge)** werden die folgenden Familien zusammengefaßt. Ihre Flügel besitzen keine Koppelungsvorrichtungen, in der Ruhe werden sie dorsalwärts geschlagen; Fühler distal keulenartig verdickt.

Hesperiidae (Dickkopffalter): vorwiegend tropisch.

Bei den folgenden Familien sind die Puppen nur selten von einem dünnen Gespinst umhüllt. Meist hängen sie kopfüber an einer Pflanze (Stürzpuppe) oder werden mit dem Kopf nach oben von einem Seidenfaden gehalten (Gürtelpuppe).

Papilionidae (Schwalbenschwänze, Ritterfalter): Oft mit schwanzförmigen Fortsätzen an Hinterflügeln. Raupen an Kopf-Thorax-Grenze mit ausstülpbarer Nackengabel (Osmaterium); *Papilio machaon* (Schwalbenschwanz), *Parnassius apollo* (Apollofalter).

Pieridae (Weißlinge): *Gonepteryx rhamni* (Zitronenfalter), *Pieris* (Kohlweißling, Abb. 218 o), *Anthocaris cardamines* (Aurorafalter), *Aporia* (Baumweißling).

Lycaenidae (Bläulinge, Abb. 399 m): Raupen z.T. carnivor, manche in Ameisenbauten, wo es zu komplizierten Symbiosen kommen kann: Schmetterlingsraupen vermögen Nährsekret für Ameisen zu produzieren; Ameisen schützen Raupen.

Morphidae: kleine Familie in Südamerika. Sehr bekannt durch die leuchtend blauen Flügel der Männchen. Werden für kommerzielle Zwecke (Bilder, Tischplatten, Lampenschirme usw.) gezüchtet.

Nymphalidae (Fleckenfalter): Artenreichste Familie der Tagschmetterlinge mit leuchtend bunten Formen. Erstes Beinpaar zu Putzorganen umgebildet, Raupen (Abb. 254 m) mit Hautzapfen oder Dornen; oft gesellig. Die Puppen sind Stürzpuppen (Abb. 254 m). Einige Arten legen als Wanderfalter lange Strecken zurück. Mehrfach Saisondimorphismus.

Das Tagpfauenauge (*Inachis io*; Abb. 254 l) ist ein verbreiteter Kulturfolger, der von der starken Ausbreitung der Brennessel profitiert, an denen die bedornten Raupen zunächst gesellig leben. Tagpfauenaugen überwintern als Imagines.
Auch der Kleine Fuchs *(Aglais urticae)* ist ein Kulturfolger, lebt im Raupenstadium an Brennesseln und überwintert als Imago.

Der Distelfalter *(Vanessa cardui)* ist ein Wanderfalter, der nördlich der Alpen nicht überwintern kann. Ab April treffen bei uns die ersten Falter aus Nordafrika ein, eine zweite, weit stärkere Welle von in Südeuropa aufgewachsenen Faltern erreicht Süddeutschland ab Ende Mai. Im September in Süddeutschland aufzufindende Jungraupen dürften Nachkommen von zurückwandernden Durchzüglern aus Skandinavien und Norddeutschland sein. Eiablage einzeln, häufig an Disteln, aber auch an anderen Pflanzen (z.B. Brennesseln). Die Raupen spinnen ein Blatt zur «Retraite» zusammen.

Der Admiral *(Vanessa atalanta)* fliegt im Frühjahr aus dem Mittelmeerraum nach Zentraleuropa. Er legt die Eier an Brennesseln ab. In Norddeutschland eine, in Süddeutschland zwei Generationen im Jahr. Im Herbst Rückwanderung nach Süden. Einzelne Falter können auch in Mitteleuropa erfolgreich überwintern.

Das Landkärtchen *(Araschnia levana)* ist dadurch gekennzeichnet, daß Frühjahrs- und Sommergeneration farblich stark verschieden sind. In der Wärme schlüpft die dunkle Sommerform, bei niedrigen Temperaturen gehaltene Puppen ergeben die Frühjahrsform. Nach sehr kühlen Sommern fliegt im Frühherbst eine Übergangsform. Die Raupen leben gesellig auf Brennesseln.

Der Trauermantel *(Nymphalis antiopa)* fällt durch seinen vor der Winterruhe gelben, danach weißlichen Flügelsaum und die parallel dazu verlaufende Reihe blauer Flecken auf. Die Weibchen legen ihre Eier in Ringen um Zweige von Weiden und Birken. Auch der Trauermantel überwintert als Falter.

Danaidae: vor allem tropisch, vor allem durch den Monarch *(Danaus plexippus)* in Nordamerika bekannt.

Der Monarch *(Danaus plexippus)* ist ein Wanderfalter. Im Herbst sammeln sich Millionen von Imagines in Südkalifornien und Nordmexiko, um den Winter zu überdauern. Eine Ostpopulation überwintert in Florida. Im Frühjahr verteilen sich diese Tiere wieder über weite Bereiche Nordamerikas. Der große, orange-schwarz gefärbte Falter wurde mit Schiffen nach Europa eingeschleppt und ist mittlerweile auf den Kanaren bodenständig. Auch an anderen Stellen des westlichen Europas (Iberische Halbinsel, Frankreich, Irland, England) wurde er beobachtet.

Unter der Bezeichnung **Antliophora** werden bisweilen Mecoptera (Schnabelfliegen) und Diptera (Zweiflügler) zusammengefaßt, u.a. wegen ihrer speziellen Spermaübertragung mit einer Spermapumpe.

25. Ordnung: Mecoptera (Panorpatae, Schnabelfliegen)

Die Mecopteren stellen eine kleine Gruppe von etwa 400 Arten sehr verschiedenen Aussehens dar (Abb. 255), die durch einige abgeleitete Merkmale verbunden sind: Der orthognathe Kopf ist zu einem langen Schnabel ausgezogen, auch die Basalteile von Maxillen und Labium sind verlängert. Die distal inserierenden Mandibeln sind kauend oder stechend. Das 1. Abdominaltergit ist geteilt, sein vorderer Teil ist dem Thorax angeschmolzen. Das 1. Abdominalsternit ist zu zwei kleinen Sterniten reduziert. Die weibliche Genitalöffnung liegt in einer Genitalkammer, die als Bursa copulatrix dient. Die vor allem räuberischen und aasfressenden Larven sind raupenförmig mit Stummelfüßen an den ersten acht Abdominalsegmenten. Verpuppung im Boden (Pupa dectica). Mecopteren sind mit Sicherheit seit dem Perm bekannt. Funde aus dem Karbon werden unterschiedlich eingestuft.

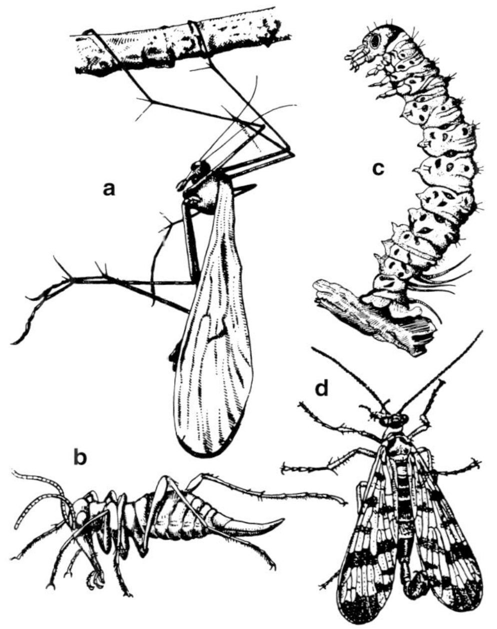

Abb. 255: Mecoptera. a. *Bittacus* in Fanghaltung, b. *Boreus* (= «Schneefloh»), c, d. *Panorpa*, c. Larve, aufgerichtet und an Analklappen festgeheftet, d. Imago. Nach Brauns, Grassé, Stitz

Panorpidae (Skorpionsfliegen): Hinterleibsende des Männchens meist nach oben gekrümmt getragen, 9. Abdominalsegment verdickt und mit großen Zangen zum Packen des Weibchens. Skorpionsfliegen leben vor allem von toten Insekten. Männchen bietet Weibchen bei Kopula Speicheldrüsensekret. *Panorpa* (Abb. 255 c, d).

Die Imagines von *Panorpa* halten sich gern im Gebüsch an Waldrändern und Hecken auf. Sie ernähren sich außer von Nektar und Honigtau vorzugsweise von toten

Insekten. Die Weibchen legen ihre Eier in Haufen von 15–20 Stück in kleine Risse feuchter Erde. Nach einer Woche schlüpfen raupenartige Larven, die zunächst noch zusammenbleiben, sich aber später im Boden verteilen. Sie fressen sich zersetzende Stoffe, vor allem tierischer Herkunft. Nach 7 Häutungen, etwa im Verlauf eines Monates, sind sie ausgewachsen und begeben sich zur Verpuppung tiefer in den Boden. Bei Störung kann die Puppe Abwehrbewegungen machen. Nach 10–20 Tagen steigt sie zum Schlupf der Imago zur Oberfläche empor.

Bittacidae (Mückenhafte): Schnakenähnlich. Fangen Insekten im Flug oder an Zweigen hängend mit den Hinterbeinen, deren letztes Glied klappmesserartig eingeschlagen werden kann. Bei der Kopula wird von beiden Partnern an einem Beutetier gesaugt, welches das Männchen mitgebracht hat. *Bittacus* (Abb. 255 a).

Boreidae (Winterhafte): Im Mitteleuropa *Boreus hiemalis* (Gletschergast, «Schneefloh» (Abb. 255 b)), Sprungvermögen, Flügel stark rückgebildet. Imagines von Herbst bis Frühling an Schneefeldern, bei Tauwetter auch auf Schneefeldern, Pflanzen- und Tiernahrung (wohl nur tote Insekten).

26. Ordnung: Diptera (Zweiflügler)

Diese große Insektenordnung enthält über 120 000 kleine bis mittelgroße Arten und umfaßt die Gruppen der Mücken und Fliegen. Die Imagines sind vor allem durch die Umbildung der Hinterflügel zu Halteren (Schwingkölbchen) gekennzeichnet, die Organe der Lagekontrolle beim Flug darstellen. Die Mundwerkzeuge sind wohl durch das Vorhandensein eines Hypopharynx primitiver als die der Mecoptera; typisch sind der Labialrüssel, die borstenförmige Gestalt der Mandibeln und der Verlust von deren vorderem Gelenk. Es wird flüssige Nahrung aufgenommen, entweder stechend- oder leckend-saugend.

Stechend-saugende Mundwerkzeuge haben viele Mücken und primitive Fliegen (z. B. Tabanidae). Labrum, Hypopharynx, Mandibeln und Teile der Maxillen (wohl Lacinien) sind zu einem Bündel von Stechborsten vereinigt. Im Hypopharynx befindet sich das Speichelrohr; das Nahrungsrohr wird vor allem vom Labrum gebildet. Das Labium bildet eine Hülle um die Stechborsten, die bei Stechmücken nicht in die Stichwunde eindringt (Abb. 256 f). Die Labialpalpen sind zu Labellen an der Spitze der Unterlippe umgebildet, Maxillarpalpen sind erhalten, bisweilen bei Männchen und Weibchen unterschiedlich.

Leckend-saugende Mundwerkzeuge haben die höheren Fliegen. Mandibeln und Maxillen sind rückgebildet, Maxillarpalpen erhalten. Das Labium ist zu einem stempelförmigen Organ (Haustellum) umgebildet. In einer vorderen Rinne enthält es den Hypopharynx und das Labrum, damit also Speichel- und Nahrungsrohr. Die Labellen sind wie Tracheen mit kennzeichnenden, versteiften Rinnen (Pseudotracheen) versehen, die den Speichel auf der Nahrung verteilen und gelöste Nahrung aufnehmen.

Bei manchen höheren Fliegen (z. B. *Glossina, Stomoxys*) wird aus dem Haustellum ein Stechapparat, der als Ganzes unter Raspelbewegungen der Labellen in die Haut von Wirbeltieren eingesenkt wird.

Die Imagines sind meist tagaktiv, manche Stechmücken aber in Dämmerung und Nacht. Viele Blütenbestäuber, Krankheitsüberträger (S. 358, Abb. 222), Schädlinge in Land- und Forstwirtschaft (S. 349, Abb. 219), teils nützlich als Parasiten in Schadinsekten (Tachinidae), einige sind für die allgemeine Biologie wichtig geworden (*Drosophila* ist das genetisch am besten bekannte Tier; Chironomidae und Drosophilidae wegen ihrer Riesenchromosomen).

Die Larven (Maden) besitzen keine Thorakalbeine. Nach der Ausbildung der Kopfregion unterscheidet man eucephale Larven (Kopf gut ausgebildet, die meisten Mücken), hemicephale Larven (Kopfkapsel hinten aufgelöst, in den Thorax eingesenkt, manche Mücken, niedere Fliegen) und acephale Larven (Kopfkapsel fehlt, Kopfbereich in Thorax verlagert, Cephalopharyngealskelet mit kräftigen Mundhaken [Mandibeln oder Maxillen]; höhere Fliegen).

Dipteren-Larven leben in enormer Formenfülle (Abb. 258) in Wasser oder Boden, als Pflanzen- oder Tierparasiten usw.

Die Puppe ist bei Mücken und vielen niederen Fliegen eine Mumienpuppe, z. T. freischwimmend (Culicidae, Abb. 222), viele Fliegen bilden eine Tönnchenpuppe: Die Verpuppung findet in der Haut des letzten Larvenstadiums (Puparium, Tönnchen) statt. Das Schlüpfen erfolgt aus dem Vorderteil des Pupariums, das durch eine Stirnblase der Imago ab-

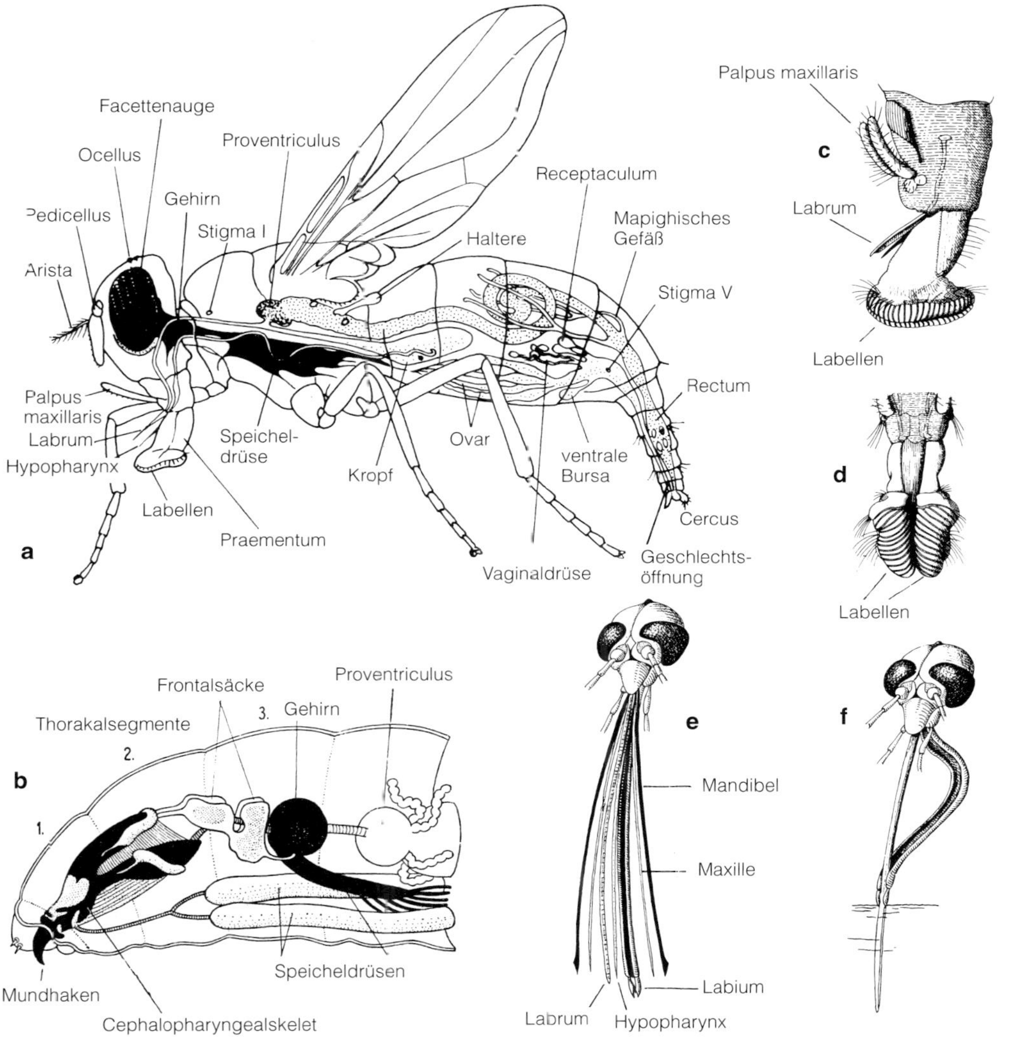

Abb. 256: Diptera. a. Bauplan einer Fliege, b. Organisation des Vorderendes einer Fliegenmade, c, d. Mundwerkzeuge einer Fliege in verschiedenen Ansichten, e, f. Mundwerkzeuge einer Stechmücke, e. Einzelteile getrennt, f. beim Einstich. Nach Hennig, Jacobs, Renner, Weber

gesprengt werden kann, die später rückgebildet wird.

Die ältesten Dipteren sind mit Sicherheit aus dem Mesozoikum bekannt, die permischen Funde werden unterschiedlich eingeschätzt (z.B. die vierflügelige *Permotipula*). 2 Unterordnungen (Abb. 257, 258).

a. Nematocera (Mücken): Primitive, schlanke, langbeinige Formen; Fühlergeißeln mit gleichartigen Gliedern, fadenförmig. Kopfkapsel der Larven meist erhalten, ihre Mandibeln arbeiten gegeneinander.

Trichoceridae (Wintermücken): Imagines fliegen auch im Winter, die Männchen in kleinen Tanzschwärmen; Larven saprophag. *Trichocera*.

Tipulidae (Schnaken): z.T. sehr große Formen, Larven meist im Boden, Celluloseverdauung mit Bakterien in Darmanhängen; z.T. schädlich (S. 350). *Tipula* (Abb. 257 a).

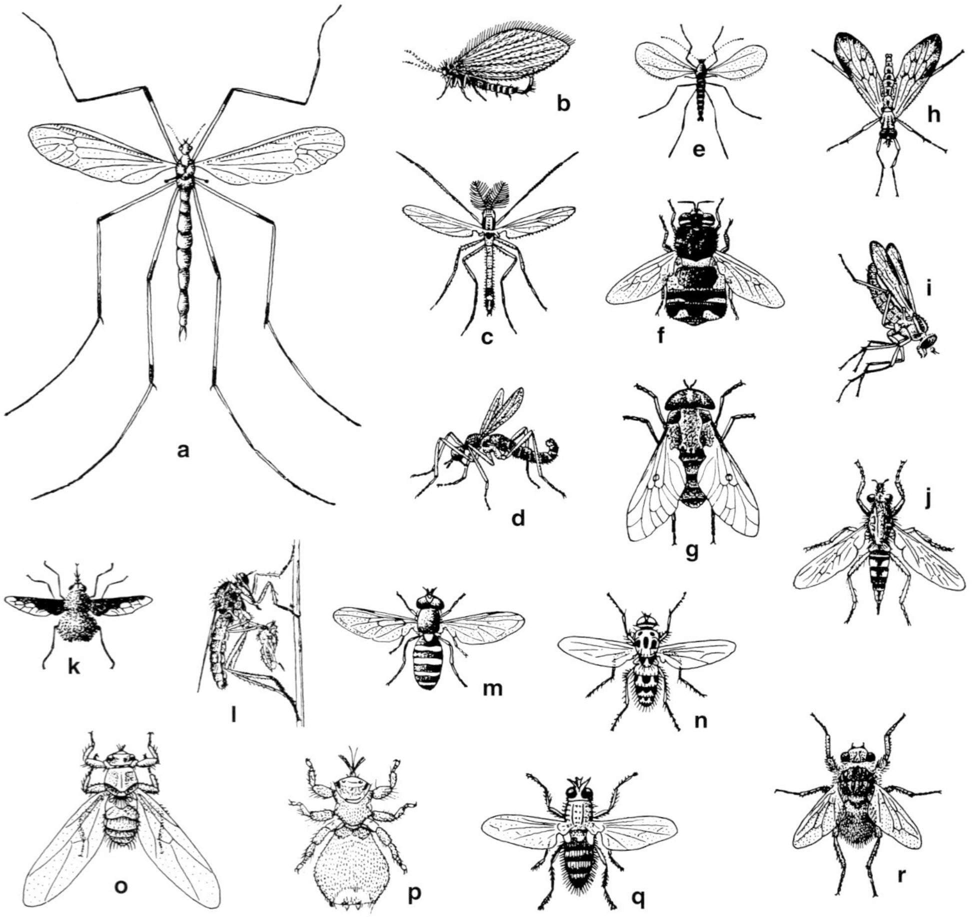

Abb. 257: Diptera. a. *Tipula*, b. *Psychoda*, c. *Chironomus (Tendipes)*, d. *Penthetria* (Bibionidae), e. *Mayetiola* (Cecidomyiidae), f. *Stratiomys*, g. *Tabanus*, h, i. *Rhagio*, j. *Erax* (Asilidae), k. *Bombylius*, l. *Empis* (Männchen mit Kopulationsgeschenk), m. *Syrphus*, n. *Anthomyia*, o. *Lipoptena* (Hippoboscidae; Männchen), p. *Melophagus*, q. *Tachina*, r. *Hypoderma* (Oestridae). Nach Brauns, Storer, Usinger

Tipula paludosa ist eine verbreitete einheimische Art. Flugzeit und Eiablage liegen im August/September. An warmen Abenden spritzen die Weibchen im Niedrigflug über feuchtem Grasland einzelne, insgesamt aber Hunderte ihrer kleinen schwarzen Eier in lockere Böden. Die nach wenigen Tagen geschlüpften, grauen, walzenförmigen Larven ernähren sich zunächst von modernden Pflanzenstoffen. Nach der Überwinterung nagen sie lebende Pflanzen an, fressen deren Wurzeln und verlassen nachts oft ihre Erdlöcher, um Keimlinge auf der Oberfläche des Bodens abzunagen und nach unten zu ziehen. Besonders auf für Grasnutzung kultiviertem Moorboden kommt es leicht zur Massenvermehrung. Dann sind 300–400 Larven pro m^2 keine Seltenheit. Dadurch kann die gesamte Grasdecke auf weite Flächen hin völlig zerstört werden. Der Hauptschaden liegt im Frühjahr bis Anfang des Sommers.

Blephariceridae (Netzmücken): Imagines saugen an Insekten (z. B. anderen Mücken), Larve in Fließgewässern an Steinen festgesaugt. Mit den Mandibeln werden vor allem Kieselalgen von den Steinen abgefressen (Abb. 225 t).

Psychodidae (Schmetterlingsmücken): Körper und Flügel dicht behaart. *Psychoda* (Abb. 257 b), Larven leben von faulenden Stoffen in Kläranlagen u.dgl. Imagines bisweilen in Mengen in ungepflegten Aborten, saugen Flüssigkeit auf. *Phlebotomus* (Abb. 222): Weibchen stechen; Krankheitsüberträger (S. 337).

Culicidae (Stechmücken): Weibchen der meisten Arten außer Nektar- auch Blutsauger. Krankheitsüberträger (S. 358, Abb. 222).

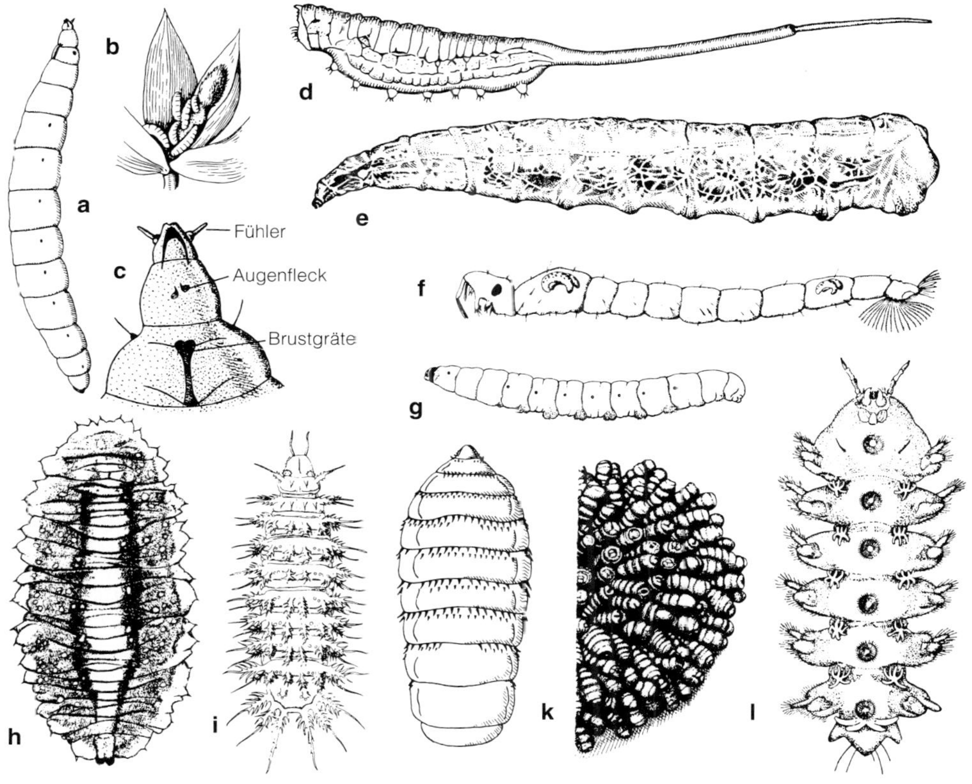

Abb. 258: Dipteren-Larven. a–c. Cecidomyiidae, a. Larve in Seitenansicht, b. Larven von *Contarinia tritici* in Weizenähre, c. Vorderende von *Dasineura brassicae*. Die Brustgräte ist eine Cuticulaverstärkung, mit der Pflanzenteile verletzt werden können. d. Eristalinen-Larve, e. *Musca*, f. *Chaoborus* (beachte die 2 Paar Tracheenblasen) g. Pilzmücke, h. *Syrphus*, i. *Fannia*, k. *Gasterophilus*, Einzeltier und Gruppe von Larven im Pferdemagen, l. Blepharoceride. Nach Brauns, Dusek-Laska, Fröhlich, Hennig, Jacobs, Lindner, Renner, Seguy, Thomson

Anopheles, Aëdes, Mansonia, Culiseta, Culex.

Chaoboridae: bekannt durch ihre durchsichtigen, planktischen, räuberischen Larven. *Chaoborus* (Abb. 258 f).

Chironomidae (Zuckmücken): Imago stechmückenähnlich, aber nicht stechend, zuckt beim Sitzen mit dem 1. Beinpaar (Tastbeine). Keine Nahrungsaufnahme. Larven am Grund von Gewässern, oft durch Hämoglobin rot gefärbt; wichtige Fischnahrung (für Aquarienfische gehandelt). *Pontomyia, Chironomus* (Abb. 257 c); *Clunio*, Weibchen flügellos, in Gezeitenzone; *Diamesa*, Flügel und Antennen reduziert, auf Gletschern des Himalaja, Larven im Schmelzwasser, von Bakterien und Blaualgen lebend.

Ceratopogonidae (Gnitzen): Winzige Formen. Die Weibchen einiger Arten bringen Menschen schmerzhafte Stiche bei. *Culicoides* auch Wurmüberträger (Abb. 222, S. 359).

Simuliidae (Kriebelmücken): Die Weibchen fast aller Arten sind Blutsauger an Haustieren. Krankheitsüberträger an Menschen (S. 359, Abb. 222) und Haustieren. Larven in Fließgewässern festsitzend, ernähren sich als Filtrierer (Haarfächer auf zwei Fortsätzen des Labrums). *Simulium* (Abb. 225 m).

Simulium ornatum ist der häufigste einheimische Vertreter der Simuliidae, die alle an Fließgewässer gebunden sind. Ihre Larven verankern sich auf festen Unterlagen und filtrieren mit komplizierten, aus dem Labium hervorgegangenen Fächern Feinpartikel. Die Verpuppung erfolgt in einem tütenförmigen Kokon aus Spinnsekret der Labialdrüsen. Die Puppe ist starr, nur ihre langen, im Wasser und an der Luft gleich effektiven

Spiraculum-Kiemen (Plastron-Atmung) ragen hervor. Die schlüpfende Imago steigt in einer Luftblase auf. Die Männchen vieler Arten bilden Tanzschwärme, die die Weibchen zur Begattung anfliegen. Während Männchen nur Blütensaft trinken, saugen Weibchen Blut, meist an Warmblütern. *S. ornatum* befällt u.a. Menschen und ist lästig, für sensible Personen durch den beim Stich übertragenen toxischen Speichel sogar gefährlich. Massenangriffe anderer Arten führen bei Weidevieh auch in Mitteleuropa regelmäßig zu Todesfällen; bevor die Donau am Eisernen Tor gestaut wurde, erlagen im Donauraum Hunderttausende Weidetiere den Angriffen von *S. columbaczense*.

Bibionidae (Haarmücken): Imagines plump, fliegenähnlich, stark behaart, meist dunkel gefärbt. Larven saprophag oder an Wurzeln, dann schädlich werdend. *Bibio, Penthetria* (Abb. 257 d).

Im Frühjahr und im Herbst fallen insbesondere die über Wiesen und Gebüsch schwärmenden männlichen Individuen von *Bibio marci*, einer stubenfliegengroßen Art, auf. Die Weibchen sitzen vielfach auf der Vegetation. Bibioniden sind wichtige Bestäuber von Nutzpflanzen.

Mycetophilidae (Pilzmücken): Larven als «Würmer» in Pilzen bekannt, Imagines in deren Nähe. Z. T. mit Leuchtvermögen, so *Arachnocampa luminosa*, in neuseeländischen Höhlen.

Sciaridae (Trauermücken): *Sciara*, saprophag, im Boden der Wälder und Felder.

Cecidomyiidae (Gallmücken): Für Nematoceren ungewöhnlich stark rückgebildete Kopfkapsel im Larvenstadium, Larven z. T. phytophag und gallbildend. Landwirtschaftlich wichtige Arten enthaltend (S. 350), Gallerreger (Abb. 214 e–g). *Mayetiola* (Abb. 257 e), *Contarinia, Sitodiplosis, Dasineura, Mikiola, Jaapiella*.

b. Brachycera (Fliegen): Fühlergeißel meist rückgebildet zu Anhang des 3. Fühlergliedes. Mandibeln bzw. Mundhaken der Larven arbeiten vertikal, also parallel.

Stratiomyiidae (Waffenfliegen): Larven terrestrisch oder aquatisch. Imagines Blütenbesucher. *Stratiomys* (Abb. 257 f).

Tabanidae (Bremsen): Große Fliegen, Weibchen Blutsauger, z. T. Krankheitsüberträger (S. 359, Abb. 222). *Chrysops, Tabanus* (Abb. 257 g), *Haematopota*.

Rhagionidae (Schnepfenfliegen): Larven terrestrisch oder im Wasser. Typische Sitzhaltung der Imagines (Abb. 257 h, i). *Rhagio vermileo*. Larve baut Trichter im Sand zum Beutefang («Wurmlöwe»). Vgl. Ameisenlöwe, Abb. 244 e, g).

Asilidae (Raubfliegen): Insektenfresser. Die Beute wird im Flug mit den Beinen ergriffen; Larven saprophag, Männchen oft mit Flugbalz. *Asilus, Erax* (Abb. 257 j).

Bombyliidae (Wollschweber, Hummelfliegen): Imagines oft stark behaart, hummelähnlich, einige stehen schwirrend vor Blüten, in die der lange Rüssel eingeführt wird. Eiablage oft aus dem Flug, z. B. in oder neben die Nesteingänge von solitären Wespen oder Bienen. Larven z. T. parasitisch an Insektenlarven. *Anthrax, Bombylius* (Abb. 257 k).

Bombylius major fällt schon im zeitigen Frühjahr auf, z.B. beim Besuch von Traubenhyazinthen *(Muscari)*, oder an sonnigen Waldrändern. *B. major* wirft seine sehr zahlreichen Eier aus dem Flug an den Nistorten von Solitärbienen ab, seltener auch gezielt in die Nähe der Nesteingänge. Hauptsächliche Wirte sind Sandbienen *(Andrena)*. Die sehr bewegliche Junglarve kriecht in eine Zelle eines Bienennestes und frißt dort zunächst vom Bienenbrot (Pollen-Nektargemisch). Nach der Häutung saugt die nun madenartige Larve die Bienenlarve von außen aus. Die bewegliche Puppe trägt am Vorderende Dornenfortsätze, mit deren Hilfe sie sich im nächsten Frühjahr aus dem Nest hinauf in die Erdoberfläche bohrt.

Empididae (Tanzfliegen): schwarmbildend, Kopulationsgeschenk (Insekt) des Männchens an das Weibchen. Larven terrestrisch und im Wasser. *Empis* (Abb. 257 l).

Dolichopodidae (Langbeinfliegen): Vorwiegend laufend, z. B. an Baumstämmen, Räuber. *Poecilobothrus* auf Wasserflächen, fängt Mükkenlarven. *Dolichopus, Medeterus* (verfolgt Borkenkäfer).

Die folgenden Familien werden als Cyclorrhapha (Musciformia) zusammengefaßt: Larven acephal (Maden), Cephalopharyngealskelet (Abb. 256 b), Puparium.

Phoridae (Buckelfliegen): mit der hermaphroditischen *Termitoxenia* in Termitenbauten. *Termitoxenia* frißt Termiteneier; Larvalentwicklung im Ei.

Syrphidae (Schwebfliegen): Blütenbesucher mit Farbmustern (Abb. 239). Larven der bienenähnlichen Eristalinae aquatisch (Rattenschwanzlarve; Abb. 258 d), z. T. in Jauche. Larven der Syrphinae wichtige Blattlausfeinde (Abb. 258 h), *Eristalis, Syrphus* (Abb. 257 m).

Die bienenartig behaarte *Eristalis tenax* legt ihre Eier an den Rand von Jauchegruben und schlammigen Pfützen mit viel organischem Material. Die bis 20 mm langen Larven nehmen Schlamm auf, von dem mit einem Filterapparat im Schlund das Wasser abgeseiht wird. Mit ihrem dreiteiligen terminalen Atemrohr (daher auch die Bezeichnung «Rattenschwanzlarve»), das bis zu 4 cm Länge ausgefahren werden kann, erreichen sie die Oberfläche des Wassers. Die Verpuppung erfolgt im Boden, wo auch die Überwinterung stattfindet. Die Imagines kommen auf verschiedenen Blütenpflanzen vor.

Tephritidae (Bohrfliegen): z. T. mit gebänderten Flügeln, Larven oft in Früchten, schädlich (S. 350, Abb. 219 d). *Rhagoletis, Ceratitis, Platyparea.*

Agromyzidae (Minierfliegen): Larven minieren in Pflanzen.

Sepsidae (Schwingfliegen): schlagen beim Laufen mit den Flügeln.

Piophilidae: mit Käsefliege *(Piophila casei)*, Larve z. B. in Käse.

Drosophilidae (Tau- oder Essigfliegen); Larven an gärendem Obst, oft in Häusern. *Drosophila.*

Ephydridae (Salzfliegen): Larven z. T. in Salzwasser *(Ephydra)*, z. T. in Petroleum *(Psilopa)*. Nahrung: ins Petroleum gefallene Insekten.

Braulidae (Bienenläuse): flügellos, 1–1,5 mm lang, leben auf Bienen, induzieren durch Trommeln an deren Mundwerkzeuge Abgabe von Honig, den sie selbst aufnehmen.

Chloropidae (Halmfliegen): mit wichtigen Schädlingen (S. 350, Abb. 219) *Chlorops, Oscinella.*

Scathophagidae (Dungfliegen): Larven z. T. in Dung, Fliegen oft räuberisch.

Anthomyiidae (Blumenfliegen): Larven z. T. wichtige Schädlinge (S. 350). *Anthomyia* (Abb. 257 n), *Leptohylemya, Pegomya, Delia; Fucellia* (Tangfliege) am Meeresstrand.

Muscidae: mit wichtigen synanthropen Fliegen (S. 359, Abb. 223), z. T. Krankheitsüberträger (S. 359, Abb. 222), *Musca, Fannia, Stomoxys, Glossina.*

Hippoboscidae: Parasiten an zahlreichen Vögeln und Säugern, z. T. flügellos; Blutsauger; Weibchen gebären verpuppungsreife Larven. *Hippobosca, Lipoptena* (Abb. 257 o), *Melophagus* (Abb. 257 p).

Calliphoridae und Sarcophagidae mit bekannten synanthropen Fliegen und Krankheitsüberträgern (S. 359, Abb. 223). *Calliphora, Phormia, Lucilia* (Larven z. T. in Kröten), *Auchmeromyia, Sarcophaga.*

Gasterophilidae (Magenbremsen): Imagines hummelähnlich, kurzlebig, nehmen keine Nahrung auf. Larven (Abb. 258 k) endoparasitisch im Darmtrakt von Pferden und Nashörnern. *Gasterophilus.*

Oestridae (Dasselfliegen): Larven in Nasenhöhlen, Darm und Unterhautbindegewebe (Dasselbeulen) von Säugern. *Oestrus, Cephenomyia, Hypoderma* (Abb. 257 r).

Tachinidae (Raupenfliegen): Larven in Insekten, z. B. Schmetterlingsraupen, Wanzen usw. Wichtig bei Bekämpfung von Schadinsekten. *Tachina* (Abb. 257 q).

27. Ordnung: Siphonaptera (Aphaniptera, Flöhe)

Die Flöhe sind eine Gruppe von etwa 2000 Arten, die im Imaginalstadium an Homoiothermen, meist an Säugetieren, als Blutsauger leben. Sie sind meist 2–3 mm lang (Maulwurfsfloh, *Hystrichopsylla talpae* bis 6 mm lang), die Männchen meist kleiner als die Weibchen. Ihr Körper ist seitlich stark abgeflacht. Ähnlich wie bei Hymenopteren überlappen sich die Segmente; die Behaarung ist nach hinten gerichtet, das gilt auch für Cuticula-Fortsätze, die in Reihen (Ctenidien, Kämme) an Kopf und Prothorax sitzen können und als Haftstrukturen fungieren (Abb. 259). Die beiden Hinterbeine sind als Sprungbeine entwickelt. Ocellen fehlen, Seitenaugen als kleine Einzelaugen oder fehlend. Antennen kurz, in Kopfgruben einklappbar. Mundwerkzeuge stechend-saugend. Kopfkapsel oft durch Querfurche geteilt (Caput fractum). 10. Abdominalsegment als Pygidialplatte entwickelt, die Trichobothrien trägt. Die Imagines sind z. T. wichtige Krankheitsüberträger (S. 357), meist leben sie nur temporär auf einem Wirtstier, manche auch dauernd, so die Weibchen von *Tunga penetrans* am Menschen (S. 357). Bezeichnend für viele Arten ist die Begattungsstellung. Das Männchen ergreift mit Antennen und einem Halteapparat am Hinterleibsende das Weibchen von ventral.

Die Eiablage erfolgt in Feder- bzw. Haarkleid des Wirtes, die Larvalentwicklung z. B. in Nestern der Wirtstiere. Die Larven sind augen- und fußlos, sie bewegen sich schlängelnd und spannend mit den prognathen Mundteilen und Nachschiebern und leben von Abfällen und Schimmel, z. T. auch vom Kot der Floh-Imagines. Die Verpuppung findet in einem Kokon statt, der mit Speicheldrüsensekret hergestellt

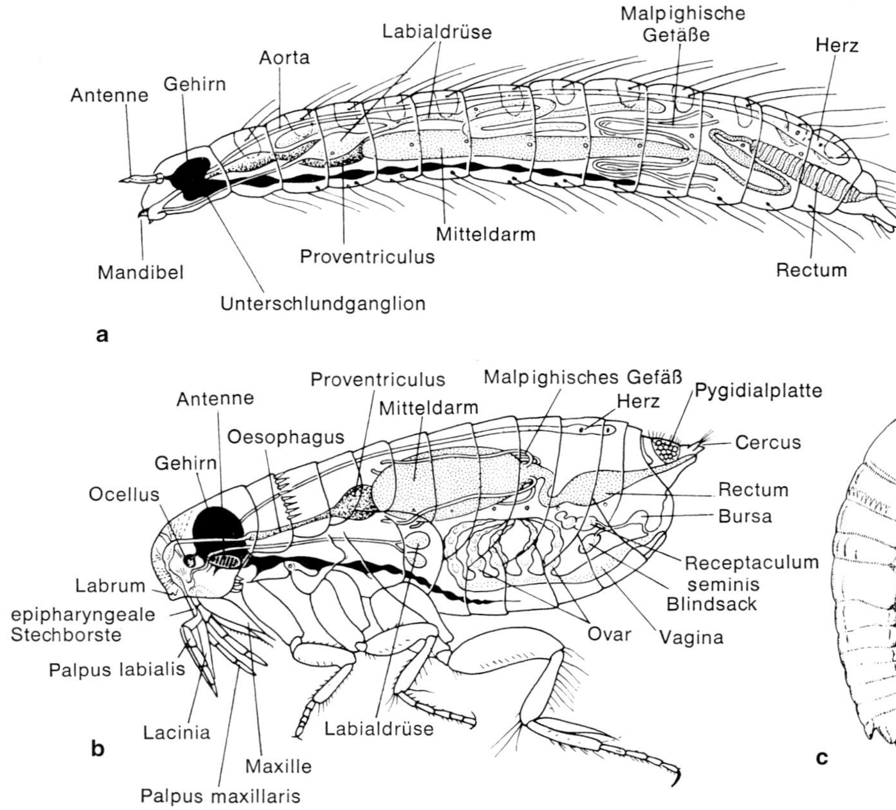

Abb. 259: Siphonaptera. a. Bauplan einer Larve, b. Bauplan einer Imago, c. Puppe. Nach Seguy, Weber

und mit Fremdkörpern besetzt wird. Puppen bisweilen mit rudimentären Flügelanlagen. *Pulex, Xenopsylla, Tunga* (vgl. S. 357, Abb. 222).

Verwandtschaftsbeziehungen unklar, wahrscheinlich Beziehungen zu den Mecoptera und Diptera. Fossilien aus der Zeit vor dem Tertiär unbekannt.

28. Ordnung: Strepsiptera (Fächerflügler)

Die Strepsipteren sind eine etwa 440 Arten umfassende Ordnung kleiner Insekten mit kurzer Imaginalzeit und stark ausgeprägtem Sexualdimorphismus: Die Männchen besitzen große, breite Hinterflügel und in «Halteren» umgeformte Vorderflügel, die Weibchen sind flügellos, manchmal freilebend, meist auch beinlos und parasitisch in anderen Insekten, in Mitteleuropa z. B. in Zikaden und Aculeaten. Zahlreiche Rückbildungen: Mundwerkzeuge reduziert, Darmkanal rudimentär, Malpighische Gefäße, Tentorium und Ocellen fehlen. Bei der Begattung durchbohrt das Männchen die Cuticula des Weibchens; Embryonalentwicklung in der Leibeshöhle. Larviparie, bisweilen Polyembryonie.

Auf eine freilebende Erstlarve (z. B. auf Blüten) folgen madenähnliche, parasitische Sekundärlarven (Polymetabolie).

Verwandtschaftsverhältnisse unklar; von vielen Autoren in die Nähe der Käfer gestellt. Fossil erst aus Bernstein bekannt. *Eoxenos, Stylops, Xenos* (Abb. 260 a, b).

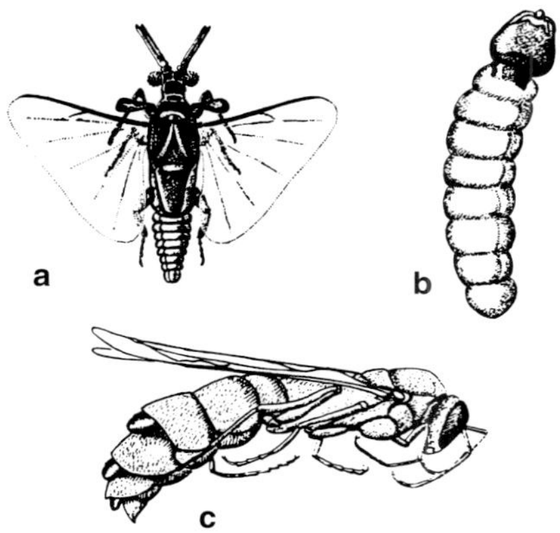

Abb. 260: Strepsiptera. a, b. *Xenos vesparum*. a. Männchen (2 mm), b. Weibchen (10 mm), c. Stylopisierte (d.h. von Strepsipteren parasitierte) Feldwespe *(Polistes)*. Nach Jacobs, Ulrich

Incertae sedis

I. Chaetognatha
(Pfeilwürmer)

Die systematische Stellung dieser Gruppe ist schwer festzulegen. Ihre Entwicklung zeigt Übereinstimmungen mit der der Deuterostomia (Abfaltung des Coeloms vom Urdarm; Urmund wird zum After), ihre Anatomie zeigt manche Übereinstimmung mit der der Protostomia, v.a. hinsichtlich Lage und Bau des Nervensystems.

Die Chaetognathen sind eine artenarme Gruppe 1–8 cm großer, transparenter, mariner Tiere, die meist im Plankton vorkommen, primitivere Formen, wie *Spadella*, leben am Meeresboden. Sie halten sich oft im Oberflächenwasser auf, werden aber auch in ca. 1000 m Tiefe gefunden. Viele führen saisonale vertikale Wanderungen aus. Der langgestreckte Körper ist in Kopf und Rumpf gegliedert (Abb. 261). Am Kopf inserieren 2 seitlich gelegene Gruppen von Greifhaken, die durch kräftige Muskelzüge bewegt werden können, und 2 Reihen kleinerer Zähnchen. In Ruhe wird der Kopf einschließlich Greifhaken und Zahnreihen von einer Hautduplikatur (Kopfkappe) umschlossen, die zurückgezogen werden kann. Der Rumpf trägt seitlich und am Hinterende muskelfreie Flossen, die von zarten Flossenstrahlen gestützt werden. Die Epidermis ist an mehreren Stellen mehrschichtig, unter ihr liegt ein Muskelschlauch aus quergestreifter Muskulatur.

Das Innere des Körpers ist durch 2 querstehende Septen in je eine Kopf-, Rumpf- und Schwanzhöhle gegliedert. Das Kopf-Rumpfseptum liegt im Bereich der Einschnürung zwischen Kopf und Rumpf, das Rumpf-Schwanzseptum liegt hinter dem After. Die Flüssigkeit in den Körperhöhlen zirkuliert ständig. Ein Blutgefäßsystem fehlt den Chaetognathen. Der einfache, gestreckt verlaufende Darmkanal beginnt mit dem ventral am Kopf gelegenen Mund, der von Sinnes- und Drüsenpapillen umstellt ist. Drüsenzellen des Mundraumes können bei einer Reihe von Arten ein hochwirksames Neurotoxin bilden, das Beute lähmt, es handelt sich um Tetrodotoxin. Hinter dem Kopf-Rumpfseptum oder im Mitteldarmbereich treten paarige Darmdivertikel auf. Außen auf dem einschichtigen Darmepithel lagert ein dünnes viscerales Coelomepithel mit Myofilamenten, die vorwiegend ringförmig angeordnet sind. Dorsal und ventral sind Mesenterien ausgebildet. Der After liegt ventral. Die Nahrung besteht aus relativ großen Planktonorganismen, z.B. Copepoden, Fischlarven und anderen Chaetognathen. Sie sind sehr gefräßig und verschlingen bis zu 35% ihres Körpergewichts am Tag. Das Nervensystem ist relativ hoch entwickelt. Ein dorsal im Kopf gelegenes Cerebralganglion (Gehirn) ist mit 2 seitlich vom Mundraum gelegenen Vestibularganglien sowie einem großen Bauchganglion verbunden. Von jedem Vestibularganglion gehen Frontal- und Darmnerven aus. Weiterhin mit dem Cerebralganglion verbunden sind die 2 dorsal gelegenen Augen und ein dorsaler Wimperring (Corona). Hinter dem Cerebralganglion liegen 2 gemeinsam ausmündende «Retrocerebralorgane» unbekannter Funktion. Manche Arten besitzen umfangreiche epidermale Tastborsten, die Wasservibrationen registrieren. Nephridialorgane fehlen.

Die Chaetognathen sind Zwitter. Ihre Ovarien liegen im hinteren Teil der Rumpfhöhle und münden vor dem Rumpf-Schwanz-Septum aus. Sie enthalten ein lateral gelegenes Receptaculum seminis. Die Hoden entwickeln sich in der Schwanzhöhle, die keinen Darmanteil mehr enthält und durch ein medianes Septum in 2 Räume gegliedert ist. Zur Reifezeit sind diese Räume völlig mit Spermien gefüllt. Ihrer Aus-

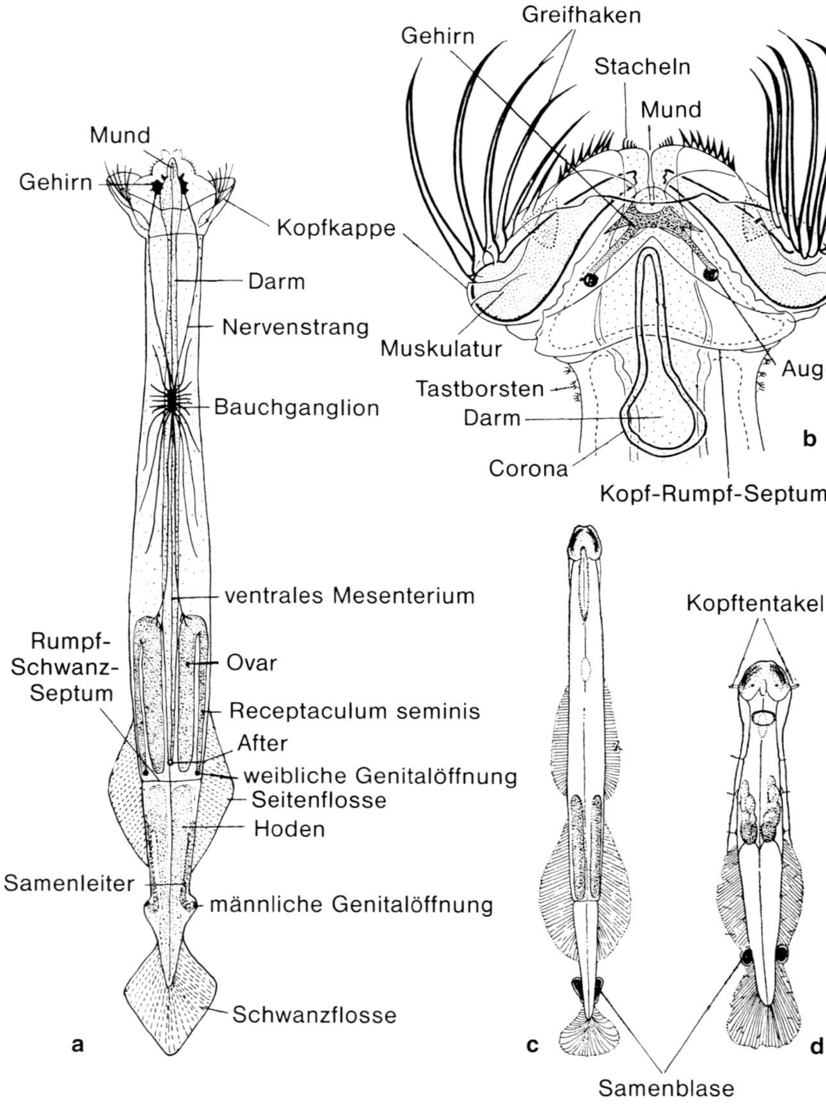

Abb. 261: Chaetognathen. a. Bauplan, Ventralansicht, b. Kopf von *Sagitta*, c. *Sagitta bipunctata*, d. *Spadella cephaloptera*. Nach Delage, Herouard, de Beauchamp, Riedl

leitung dient ein kurzer Gang, der sich zu einer Vesicula seminalis erweitert und der zwischen Lateral- und Caudalflosse ausmündet. Die Befruchtung erfolgt nach Begattung oder Selbstbefruchtung im Ovar (ähnlich wie bei Schwämmen) mit Hilfe zweier accessorischer Zellen, von denen eine mit in das Ei aufgenommen wird und später in ihm einen sog. Restkörper bildet. Die Furchung ist total und führt über eine Coeloblastula zu einer Invaginationsgastrula. Die Urkeimzellen lassen sich bereits auf sehr frühen Stadien erkennen: Mesodermbildung durch Enterocoelie. Im Kopfbereich treten früh eigene Coelomhöhlen auf. Die relativ opaken Schwimmlarven ähneln den adulten Tieren und machen nach 2–3 Tagen eine Umwandlung durch (Ausbildung der Kopfkappe und der Greifhaken, die Tiere werden durchsichtig u.a.). Entwicklung i.a. im freien Wasser; vereinzelt Brutpflege in einem Marsupium *(Eukrohnia)*.

Die kosmopolitischen Chaetognathen spielen eine bedeutsame Rolle in der Ökologie der Meere und bilden einen sehr großen Anteil an der Biomasse des Zooplanktons.

Sagitta (Abb. 261 a–c), *Eukrohnia, Spadella* (Abb. 261 d), *Bathyspadella.*

Amiskwia sagittiformis, eine fossile Form aus dem Kambrium, wird oft in die Chaetognathen eingeordnet.

II. Pogonophora

Die Kenntnis dieser Tiergruppe ist noch nicht ausreichend, um sie sicher in das System einzuordnen. Die zuerst gefundenen Arten wurden den Polychaeten zugerechnet. 1951 wurde ein neuer Tierstamm errichtet, der aufgrund vergleichend-anatomischer und erster entwicklungsgeschichtlicher Untersuchungen bis in die 60er Jahre den Deuterostomiern zugeordnet wurde. Befunde der letzten Jahre haben die meisten Untersucher bewogen, die Pogonophora doch in die Nähe der Anneliden zu stellen und damit den Protostomiern zuzuordnen. Die Unsicherheit der Beurteilung dieser Tiergruppe beruht auf folgenden Tatsachen: Die Pogonophoren stellen die einzige große freilebende Tiergruppe dar, die im Adultstadium weder Mund noch After aufweist. Ihre Coelomgliederung ist einzigartig: Der letzte Körperabschnitt (Opisthosoma) ist segmentiert und meist mit vier Borsten pro Segment versehen (wie bei Anneliden), davor liegen vielfach drei Coelomsackgarnituren, die an trimere Organismen erinnern. Über die Entwicklung des Coeloms liegen widersprüchliche Angaben vor; nach älteren Untersuchungen soll es durch Enterocoelie, nach neueren durch Schizocoelie entstehen.

Die etwa 100 bisher beschriebenen Arten sind entweder fadenförmige Röhrenbewohner, die vor allem in Weichböden der Meere meist in größerer Tiefe vorkommen (Perviata) oder relativ dicke (bis 4 cm) und bis über 2 m lange Tiere, deren Röhren auf Hartsubstrat angeheftet sind (Vestimentifera). Einige Arten sind in der Vertikalen weit verbreitet (*Siboglinum caulleryi* von 22 m bis über 8000 m Tiefe). Sie leben hier bisweilen in dichten Beständen (bis 200/m^2). Die Röhren sind sehr viel länger als die Tiere, sie bestehen aus Protein und β-Chitin und sind vielfach hell-dunkel geringelt (Abb. 262 e).

Bis Ende der 80er Jahre sah man Pogonophora als darmlos an und meinte, sie ernährten sich durch Stoffaufnahme über die Körperoberfläche. Entwicklungsgeschichtliche Untersuchungen an *Riftia* zeigten jedoch, daß bei Jungtieren ein durchgehender Darmkanal ausgebildet ist. Der Mitteldarm wird mit endosymbiotischen Bakterien gefüllt, dann werden Enddarm und After und danach der Mund verschlossen. Vom Vorderdarm bleibt nur ein Gewebestrang, der durch das Gehirn zieht. Die endosymbiotischen Bakterien sind chemoautotroph; sie oxidieren Sulfid. Die gewonnene Energie wird zur Kohlendioxidfixierung genutzt. *Riftia* lebt in der Nähe von H_2S-haltigen warmen Quellen am Boden des Pazifik. Der H_2S-Transport von der Peripherie zum ehemaligen Mitteldarm, dem Trophosom, erfolgt durch Haemoglobin.

Das Integument ist ähnlich wie das der Anneliden aufgebaut. Besondere Differenzierungen der Haut sind Borsten, die im Opisthosoma segmental und weiter vorn in Ringen um den Körper vorkommen. Sie werden wie die Borsten der Anneliden, Brachiopoden und Cephalopoden in Follikeln von je einer Bildungszelle sezerniert. Auch in ultrastrukturellem Aufbau und chemischer Zusammensetzung (Chitin) entsprechen die Borsten aller vier Tiergruppen einander.

Nach der Gliederung des Coeloms unterscheidet man vier Körperteile:

Prosoma (Coelom unpaar, durch ein Paar Coelomodukte mit der Außenwelt verbunden), Mesosoma (paariges Coelom, keine Coelomodukte), Metasoma (paariges Coelom, ein Paar Coelomodukte, durch welche die Geschlechts-

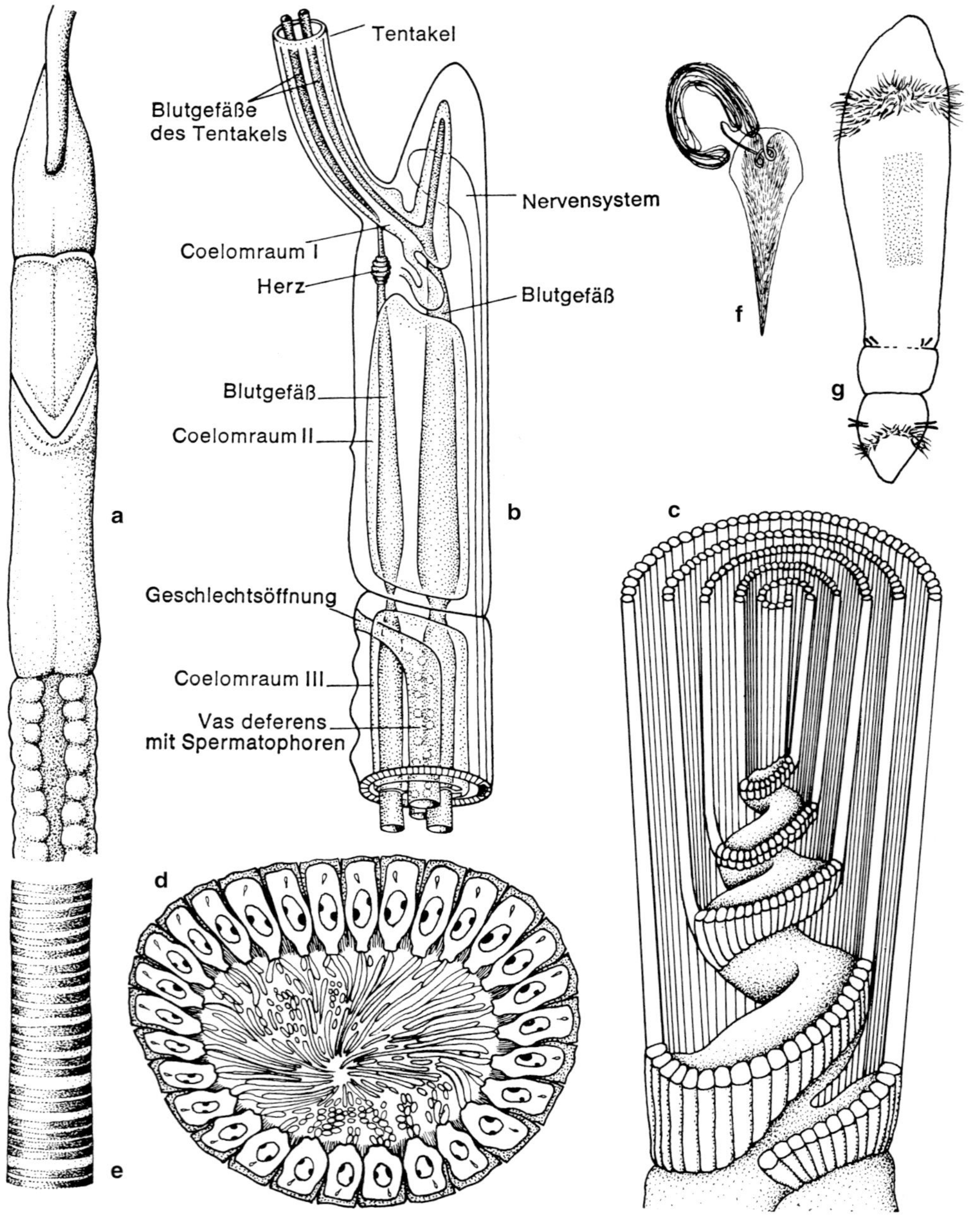

Abb. 262: Pogonophora. a. *Siboglinum;* Vorderende, das bei dieser Gattung nur einen Tentakel trägt; Pro- und Mesosoma bzw. Meso- und Metasoma sind jeweils durch eine Ringfurche voneinander getrennt. Die V-förmige Struktur (Frenulum) am Mesosoma ist wohl ein Halteapparat, ebenso die Papillen am Metasoma. b. Organisationsschema des Vorderendes eines Vertreters der Perviata. Beachte den Ausführgang (Coelomoduct) vom vorderen Coelomraum. c. Tentakelkrone von *Spirobrachia*, Tentakel teilweise abgeschnitten; d. Querschnitt durch Tentakelkrone von *Lamellisabella*. Jeder Tentakel trägt zentralwärts gerichtete Fortsätze (Pinnulae). e. Teil einer Röhre von *Siboglinum*, f. Spermatophore von *Spirobrachia*, g. Larve von *Siboglinum* mit Wimperkränzen und Borsten. Nach Ivanov

produkte abgegeben werden) und ein wie bei Anneliden gegliedertes Opisthosoma aus 5–23 Segmenten mit einer Wachstumszone im hinteren Bereich. Vom Prosoma gehen Coelomschläuche in lange Tentakel des Vorderendes, die in verschiedener Zahl angelegt sind (1 bis etwa 2000).

Der Hautmuskelschlauch setzt sich aus äußerer Ring- und innerer Längsmuskulatur zusammen. Das Nervensystem besteht aus Gehirn und intraepithelialen Bahnen mit Riesenaxonen. Das Blutgefäßsystem ist geschlossen, ein hinter den Tentakeln gelegenes Herz pumpt Blut in diese hinein. Eine Pericardhöhle kann ausgebildet sein. Die Geschlechter sind fast immer getrennt, die Weibchen bisweilen etwas größer als die Männchen. Die Geschlechtsprodukte werden über Coelomodukte ausgeleitet, die männliche Genitalöffnung liegt an der Grenze zwischen Meso- und Metasoma, die weibliche weiter hinten, die Gonaden im Metasoma. Die meisten Arten bilden Spermatophoren, die spindelförmig oder abgeplattet sind und ein langes, dünnes Filament tragen (Abb. 262 f). Sie werden wohl mit den Tentakeln übertragen oder flottieren durch das Wasser. Die befruchteten Eier werden in der Röhre des Weibchens abgelegt. Zur Entwicklung gibt es widersprüchliche Angaben; Larven vom Trochophora-Typ (Abb. 262 g). In einem Fall ist ungeschlechtliche Fortpflanzung durch Teilung nachgewiesen.

Systematische Gliederung: a) Perviata: Fadenförmig, in Weichböden aller Meere, meist in größeren Tiefen, Röhren viel länger als die Tiere. *Siboglinum, Spirobrachia.* b) Vestimentifera (Obturata): Erreichen bei einer Länge von 2 m einen Durchmesser von 4 cm. Röhre mit Deckel verschließbar. An schwefelwasserstoffhaltigen Tiefseequellen. *Riftia, Oasisia.*

Reihe: Deuterostomia

Aus dem Urmund (Blastoporus) oder der Urmundregion geht i.a. der definitive After hervor, der definitive Mund entsteht neu am Vorderende des Tieres. Das Nervensystem ist i.a. intraepithelial, bei höher entwickelten Formen bildet sich ein dorsal gelegenes Zentralnervensystem durch Abfaltung vom Neuroectoderm der Rückenfläche (Neuralrohr; daher auch der Name Notoneuralia). Das Coelom ist immer vorhanden, es entsteht oft noch durch Abfaltung vom Urdarm; bei den niederen Gruppen deutliche Dreigliederung des Körpers und des Coeloms (Archimerie). Das Skelet ist mesodermal.

I. Hemichordata

Die Hemichordaten umfassen die Pterobranchier und Enteropneusten; sie gestatten, entfernte Glieder des Systems zu verknüpfen, da sie an der Basis der Deuterostomier stehen und viele Ähnlichkeiten mit den Tentaculaten aufweisen, die am Anfang der Protostomier stehen. Außerdem zeigen sie Beziehungen zu den Echinodermen (Coelomgliederung, Larven) und den Chordaten (Kiemendarm, dorsales Neuralrohr, Stomochord).

Der bilateral-symmetrische Körper ist in drei Abschnitte mit eigenen Coelomräumen gegliedert: Prosoma (Protosoma, Eichel, Kopfschild), Mesosoma (Kragen, Hals) und Metasoma (Rumpf). Diese Gliederung entspricht der Trimerie der ursprünglichen Bilateria. Das Prosoma enthält einen unpaaren Coelomabschnitt (Protocoel), der sich nach dorsal mit einem oder zwei Coelomporen öffnet. Mit diesem Coelom in Beziehung steht der von einem eigenen kleinen Coelomraum, der Pericardhöhle, umgebene, pulsierende Herzabschnitt des Blutgefäßsystems, dem funktionell ein Gefäßknäuel (Glomerulus, Glomerulargefäß) nachgeschaltet ist, dem Podocyten aufliegen. Vermutlich wird aus ihm heraus in das Protocoel filtriert. Grundsätzlich ähnliche Gefäßknäuel mit Podocyten gibt es bei Echinodermen und Chordaten. Im Mesosoma liegt das paarige Mesocoel; jeder dieser zwei Coelomräume hat einen Coelomporus. In der dorsalen Epidermis des Mesocoels befindet sich eine Konzentration des Nervengewebes: ein Ganglion bei Pterobranchiern und das Kragenmark bei Enteropneusten. Das Mesosoma trägt bei Pterobranchiern tentakelbesetzte Arme, die den bodenbewohnenden Enteropneusten möglicherweise sekundär fehlen.

Das Metasoma enthält das paarige Metacoel und die Gonaden. Das Metacoel hat keine Coelomporen und zeigt eine Tendenz zur Rückbildung, seine Wandung bildet sich verschiedentlich in Bindegewebe und Muskelzellen um.

Das Nervensystem liegt zwischen den Basen der Epidermiszellen und bildet einen Plexus an der gesamten Körperoberfläche. Hauptstränge, bei Enteropneusten mit Riesenfasern, finden sich dorsal und – oft besonders kräftig – ventral.

Der Darmkanal beginnt ventral zwischen Pro- und Mesosoma; er besitzt vorn einen Pharynx mit Kiemenspalten und mündet caudal oder dorsal am Metasoma. Die Mundhöhle bildet dorsal einen nach vorn gerichteten blindendigenden Fortsatz, das Stomochord.

Die Ernährung erfolgt sehr oft mit Hilfe von Schleimbahnen, die von Cilien bewegt werden und die Nahrungspartikel – z.B. einzellige Algen – von Tentakeln und Armen (Pterobranchier) oder von der Eichel (Enteropneusten) in Mund und Darmtrakt transportieren. Die Tiere leben solitär oder koloniebildend (viele Pterobranchier) in Röhren oder Gehäusen oder frei in verfestigten Gängen im Meeresboden.

Viele Enteropneusten haben planktische Larven (Tornaria), die den Larven der Echinodermen ähneln. Die Tornaria trägt einen apikalen Wimperschopf mit paarigem, rotpigmentiertem Lichtsinnesorgan, ein prae- und postorales, schleifenförmiges sowie ein praeanales, zirkuläres Wimperband (Telotroch). Der Darmtrakt weist bereits eine Gliederung in Pharynx, Magen und Intestinum auf. Proto- und Mesocoel besitzen Coelomporen, die als Nephridien angesehen werden können. Manche Juvenilformen von Enteropneusten besitzen nach der Metamorphose einer dotterreichen Larve vorübergehend einen «Schwanz» oder Stiel, der dem Stiel der adulten Pterobranchier homolog sein dürfte. Formen mit dotterreichen Eiern *(Harrimania, Saccoglossus)* entwickeln sich direkt oder besitzen abgewandelte Wimperlarven mit kurzer Lebensdauer. Die Larven der Pterobranchier sind bewimpert, kurzlebig und lecitotroph.

1. Klasse: Pterobranchia

Die Pterobranchier sind millimetergroße, koloniale, röhrenbewohnende marine Tiere, die i.a. feste Substrate besiedeln.

Der Körper der meist nur millimetergroßen Tiere ist in Kopfschild, Kragen und Rumpf gegliedert. Der Kopfschild besitzt eine nach ventral gerichtete muskulöse und drüsenzellreiche Haftscheibe, mit der die Tiere umherkriechen können (Abb. 263). Der Kragen (Hals) verläuft geknickt zwischen dem ventral liegenden Kopfschild und dem längsverlaufenden Rumpf. An seinem ventralen Vorderrand liegt der Mund, der in Mundhöhle und Pharynx führt. Dieser besitzt bei den Cephalodiscidae ein Paar Kiemenspalten. Dorsal entspringen Arme – bei *Rhabdopleura* 1 Paar, bei Cephalodiscidae meist 4–9 Paare –, die zwei Reihen bewimperter Tentakel tragen, und auf denen eine Wimperrinne verläuft.

Der sackförmige Rumpf geht in einen langen, kontraktilen Stiel über, der oft in einer scheibenförmigen Verbreiterung mit Saugnapf endet. Bei *Rhabdopleura* setzt sich der Stiel in einen Stolo fort, einen vereinfachten Stielabschnitt, der die Tiere miteinander verbindet. Der Rumpf enthält die Gonaden und den Darm.

Das intraepitheliale Nervensystem bildet dorsal im Kragen ein kleines Ganglion, das vor allem die bewimperten und kontraktilen Arme und Tentakel versorgt. Von ihm gehen mehrere Hauptnerven aus: 1) ein nach vorn gerichteter Nerv, der den ventralen Teil des Kopfschildes mit seinen verschiedenen Drüsenzellen versorgt, 2) ein nach caudal gerichteter Nerv, der dorsal in die Mittellinie in die Afterregion zieht, 3) zwei laterale Nerven, die sich dann in der ventralen Mittellinie vereinigen und hier einen kräftigen Strang bilden, der auch den kontraktilen Stiel mit einem gut entwickelten Plexus versorgt. Auch der Darm enthält intraepithelial Nerven, die vermutlich am Mundrand von der Epidermis in den Verdauungstrakt übertreten.

Das Kopfschildcoelom ist ein flacher Spaltraum, durch den Muskelfasern ziehen; es mündet durch 2 Poren (Schildporen) dorsal nach außen.

Der Darmkanal ist U-förmig gekrümmt und mündet dorsal vorn am Rumpf aus. Von der Mundhöhle stülpt sich ein Blindsack in das

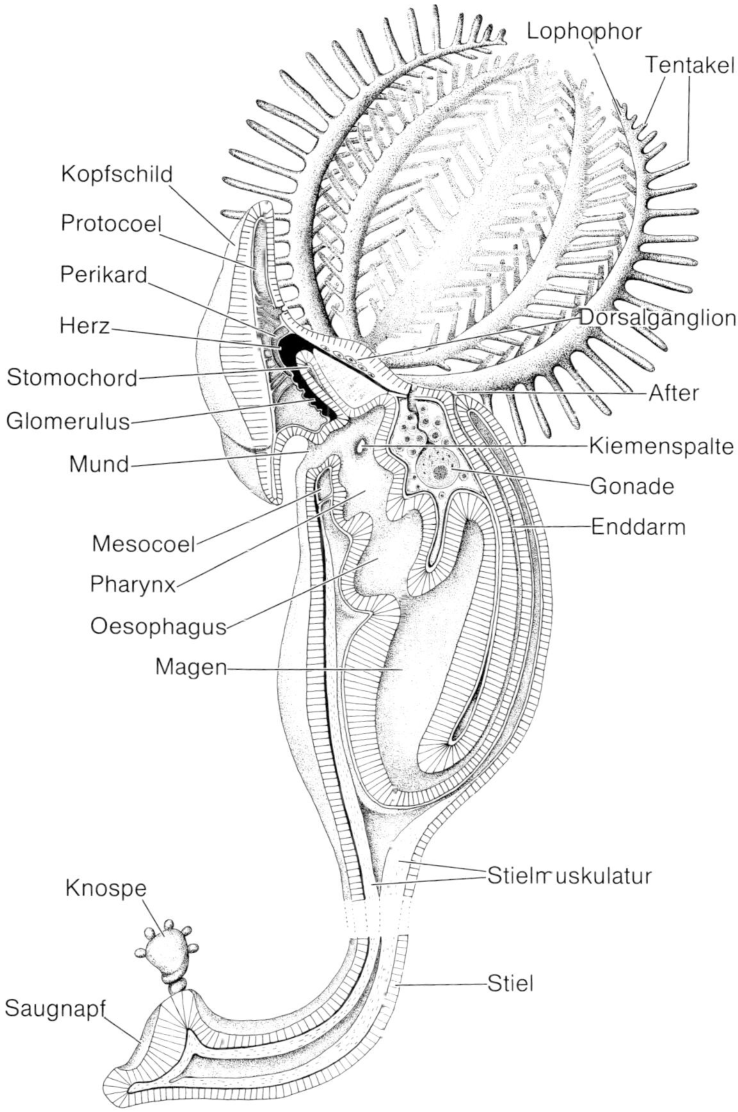

Abb. 263: Organisationsschema von *Cephalodiscus* (Pterobranchia). Nach Schepotieff, Dilly, Lester

Prosoma vor, dessen Lumen z. T. rückgebildet ist und der dem Stomochord der Enteropneusten entspricht. Der Pharynx ist seitlich von einem Paar einfacher Kiemenspalten durchbrochen, die nur *Rhabdopleura* fehlen. Der Hauptteil des Darmkanals ist ein weitlumiger Magen, dessen Epithel Verdauungsenzyme bildet sowie Nährstoffe resorbiert und speichert.

Das Blutgefäßsystem ist trotz der geringen Größe der Tiere relativ komplex. Das Herz liegt vor dem Stomochord, es wird von der Pericardhöhle (Herzblase) umschlossen. Ventral vom Stomochord und hinter dem Herzen liegt ein podocytenbedecktes Glomerulargefäß. Den hydrostatischen Druck, der für eine Ultrafiltration erforderlich ist, könnte das Herz mit seinen myofilamentreichen Wänden erzeugen. Weitere Gefäße versorgen Körper und Stiel. Zum Herzen fließt Blut u.a. aus zwei weiten Gefäßen aus den Gonaden und dem Magenbereich. Das Blut enthält submikroskopische proteinhaltige Partikel; funktionelle Daten zu Blut und Gefäßsystem fehlen.

Die Gonaden sind einfach gebaut, paarig *(Cephalodiscus)* oder unpaar *(Rhabdopleura)* und münden dorsal am Rumpf aus.

Die Tiere sind zwittrig, getrenntgeschlechtig oder besitzen keine Gonaden. Die Eier sind dotterreich, die Embryonen entwickeln sich einige Tage vom Muttertier bewacht in der Tiefe der Röhren. Eine einfache, gleichmäßig bewimperte Larve lebt mehrere Stunden im freien Wasser und setzt sich an einem geeigneten Substrat fest. Sie umgibt sich mit einem flachen Kokon, der vom Epithel einer flachen, ventralen Mulde der Larve abgeschieden wird, die sich vorstülpt und aus der die Ventralfläche des Kopfschildes entsteht. Es folgt eine 7–10 Tage dauernde Metamorphose. Häufig ist ungeschlechtliche Vermehrung durch Knospung vom Stielende, dem Stolo oder von der Mundscheibe.

Die Pterobranchier leben in nicht-chitinigen, skleroproteinhaltigen Röhren. Sie kommen meist in größeren Tiefen (100–600 m) vor, vereinzelt leben sie im Flachwasserbereich (Bermuda). In antarktischen Gebieten können sie bestandsbildend sein. Sie vermögen ihr Gehäuse zu verlassen und kriechen in der Umgebung umher. Meist bleiben sie aber mit der Fußscheibe in der Röhre verankert. Das Hauptverbreitungsgebiet sind antarktische, südafrikanische und neuseeländische Gewässer. Gut 20 Arten.

Rhabdopleura lebt in Meeren der Nord- und Südhemisphäre, auch an der westeuropäischen Atlantikküste, z.B. im Ärmelkanal.

a. Cephalodiscidae (Abb. 264a): Die 5–15 mm langen Tiere (ohne Stiel) leben in Kolonien und sind meist frei. *Cephalodiscus, Atubaria* (Japan), lebt vermutlich oft außerhalb seines Gehäuses.

b. Rhabdopleuridae (Abb. 264b): Die kleinen, bis 1 mm großen Tiere einer Kolonie bleiben über Stolonen miteinander verbunden. *Rhabdopleura*.

2. Klasse: Enteropneusta (Eichelwürmer)

Der wurmförmige Körper dieser meist 10–50 cm langen Tiere (*Balanoglossus gigas*, Brasilien bis Nord-Carolina, über 2 m) läßt schon äußerlich die Dreigliederung in Eichel, Kragen und Rumpf deutlich erkennen (Abb. 264c, d).

Die Eichel ist ein schwellbares Bohrorgan mit unterschiedlicher und für die einzelnen Gruppen kennzeichnender Gestalt. Am Beginn des Kragens liegt ventral der Mund, am Hinterende setzt breit der langgestreckte Rumpf an. Dieser läßt 4 Abschnitte erkennen. 1. Der Kiemenabschnitt ist durch die U-förmigen Kiemenöffnungen gekennzeichnet (paarige Reihe dorsaler Poren oder breiter Spalten *[Ptychodera]*), die z.T. in Furchen liegen, in die auch die Genitalöffnungen münden. 2. Die Gonaden bilden eine oder zwei paarige, dorsal gelegene Reihen und sind äußerlich als Höckerreihen oder als Falten erkennbar. Nur selten sind sie über den ganzen Rumpf verteilt. Bei manchen Arten *(Balanoglossus, Ptychodera)* sind die Genitalfalten breite Genitalflügel. 3. Bei vielen Arten ist auch der Darmabschnitt mit Blindsäcken («Leberblindsäcke») äußerlich an Vorwölbungen erkennbar. 4. Der Rest des Rumpfes bildet einen dünnwandigen weiten Schlauch mit terminalem After.

Die Epidermis ist bewimpert und drüsenzellreich; basal liegt in ihr der umfangreiche Nervenplexus, der sich dorsal und ventral zu Hauptsträngen zusammenlagert (Abb. 266b). Im dorsalen Kragen bildet die Epidermis mit dem dorsalen Nervenstrang das Kragenmark. Es entsteht dadurch, daß hier die Epidermis mit dem dorsalen Nervengewebe durch Einstülpung ein Rohr bildet, das sich i.a. dorsal schließt und vorn und hinten am Kragen nach außen mündet. Das Lumen des Kragenmarks ist oft eng und rückgebildet. Entstehung und Querschnittsfigur des Kragenmarks erinnern an das Rückenmark der Vertebraten.

Eine sehr umfangreiche Ansammlung von Nervengewebe befindet sich in der Epidermis der Wurzel der Eichel (fächerförmiges Organ), wo auch eine Wimpergrube liegt, mittels derer die von der Eichel kommenden Schleimbahnen in den Mund gelenkt werden.

Lokal verdicken und verfestigen sich Basalmembranen und ihnen anliegendes extrazellu-

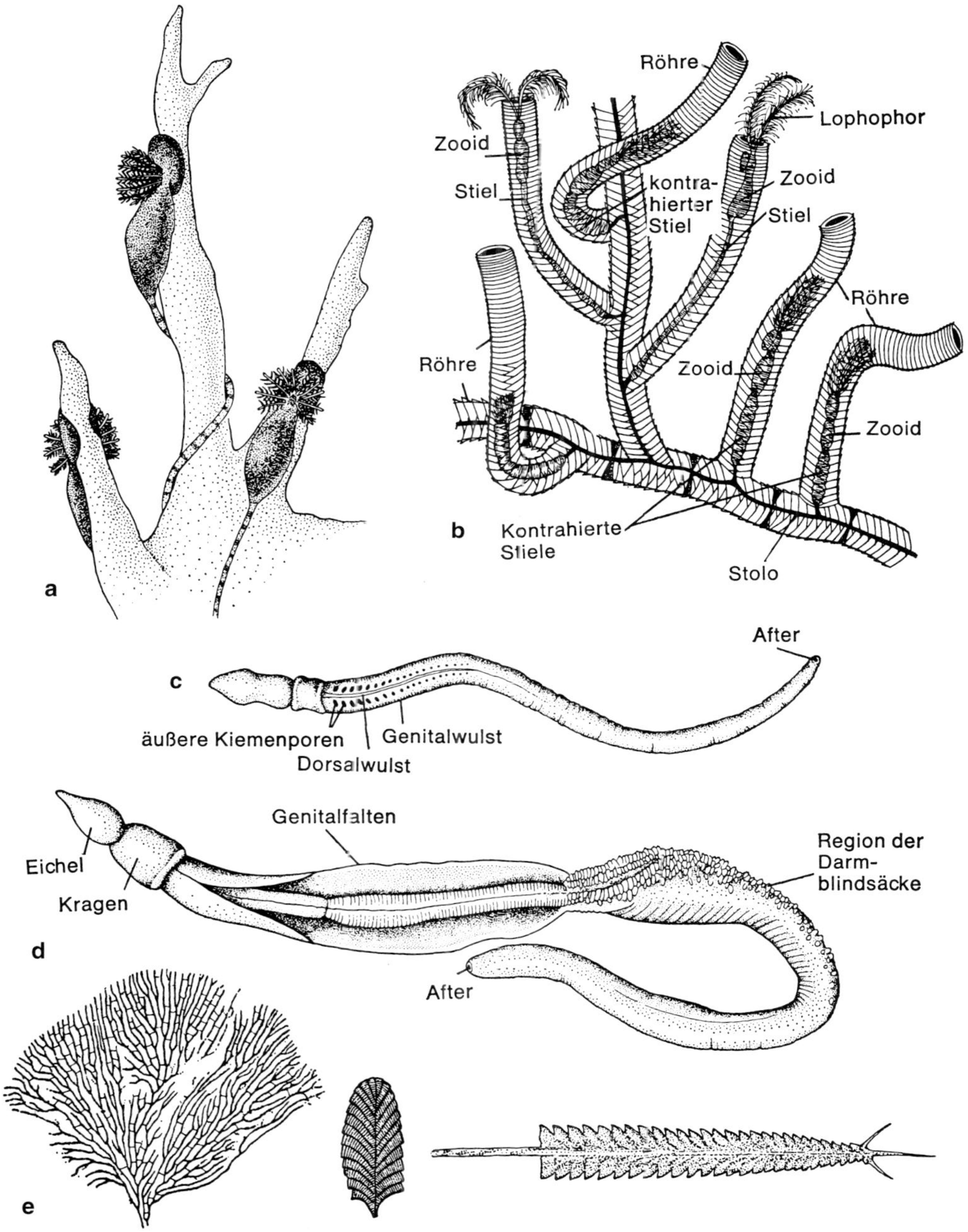

Abb. 264: Hemichordaten-Formen (a–d) und verschiedene Graptolithen (e). a. *Cephalodiscus* auf Gehäusezweigen kletternd; b. *Rhabdopleura*-Kolonie; die Gehäuse der Pterobranchier können an harten Unterlagen (Muschelschalen, Steinen, Schwämmen u.a.) befestigt sein. Die Gehäuse bestehen ebenso wie vermutlich bei Graptolithen aus Skleroproteinen. Sie zeigen Wachstumslinien die in typischen Halbringen angeordnet sind. c. *Protoglossus* (Harrimanidae); d. *Balanoglossus* (Ptychoderidae); e. Graptolithen, links: *Callograptus* (Ordovicium), Mitte: *Petalograptus* (Silur), rechts: *Orthograptus* (Ordovicium). Nach Anderson, Riedl, White

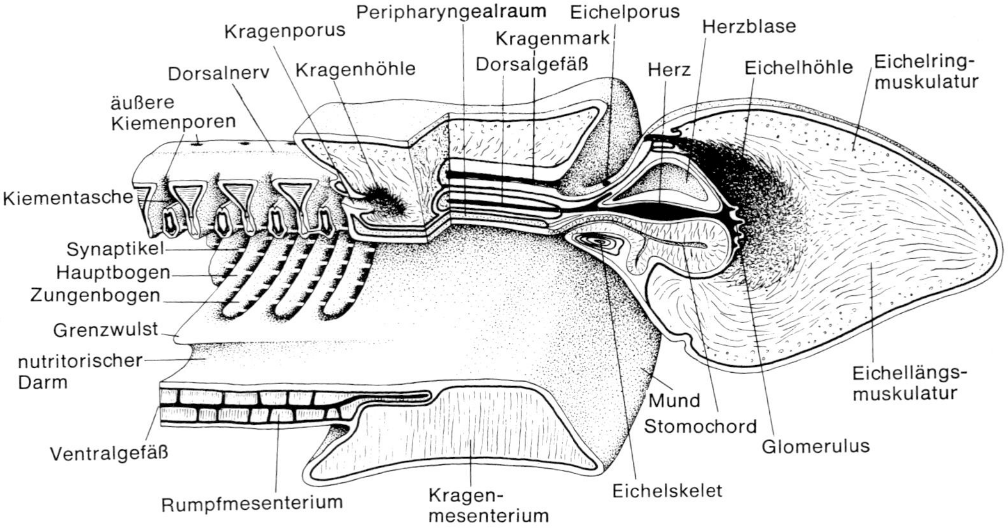

Abb. 265: Organisationsschema eines Enteropneusten. Nach van der Horst, Riedl

läres Material zu skeletartigen Gebilden (Eichelskelet, Kiemenbögen). Die Coelomepithelien bilden oft Bindegewebe und Muskulatur aus, so daß die Coelomhohlräume z.T. verdrängt werden. Eichel- und Kragencoelom münden über dorsale Poren aus. Das Rumpfcoelom ist bei den einzelnen Gattungen unterschiedlich gegliedert, meist entsendet es nach vorn schmale Räume (Perihämal-, Peripharyngealräume). In Kragen und Rumpf sind oft dorsale und ventrale Mesenterien ausgebildet.

Der Darm verläuft gerade. Sein gesamtes Epithel ist innerviert und baut sich in den postpharyngealen Teilen aus Epithelmuskelzellen auf. Oberhalb des Mundes zieht vom Vorderdarm das Stomochord bis in die Basis der Eichel (Abb. 265); sein Lumen ist oft rückgebildet, und sein Bau ähnelt dem der Chorda der Vertebraten. Der Darm der Kiemenregion ist bei den einzelnen Gruppen nicht ganz einheitlich gebaut. Die i.a. dorsal gelegenen Kiemenspalten des Pharynx öffnen sich oft zunächst in weite Kiementaschen, die dann erst durch Kiemenporen nach außen münden. Die primären Kiemenspalten werden – wie bei *Branchiostoma* – durch von dorsal einwachsende Zungenbögen und oft zusätzlich durch Brückenbildungen (Trabekel) untergliedert.

Der ventrale Teil des Pharynx ist z.T. gegen den spaltentragenden Abschnitt (Pars respiratoria) durch eine paarige Leiste (Grenzwulst) abgegrenzt und wird als Pars nutritiva bezeichnet. Vereinzelt *(Schizocardium)* liegt ventral nur ein schmaler Hypobranchialstreifen. Der drüsenzellreiche ventrale Teil des Pharynx einschließlich des Grenzwulstes erinnert an das Endostyl der Tunicaten und Acranier. Der dem Kiemendarm folgende Abschnitt (Oesophagus) besitzt manchmal paarige Darmpforten, die sich dorsal öffnen. Der anschließende sog. Leberdarm besitzt bei den Ptychoderidae und manchen Spengelidae dorsale Aussackungen. Hier erfolgen Verdauung und Nahrungsspeicherung. Der Enddarm trägt bei den Ptychoderidae einen ventralen Anhang mit blasigen Zellen (Pygochord).

Das Blutgefäßsystem ist recht hoch entwickelt (Abb. 266a); sein Zentrum ist ein größerer Blutraum (Herz) über dem Stomochord, der von einem muskulösen Pericard (Herzblase) umgeben wird. Vor ihm liegt der von Podocyten bedeckte Glomerulus, der als Ultrafiltrationsorgan angesehen wird. Exkretstoffe gelangen in das Eichelcoelom und über dessen Coelomporus nach außen. Vom Glomerulus geht der Kreislauf der Eichel aus, dessen venöser Schenkel in einen Sinus venosus hinter dem Herzen einmündet. Der größere Kreislauf des Kragens und Rumpfes geht ebenfalls von der Herzregion aus und führt über zwei laterale,

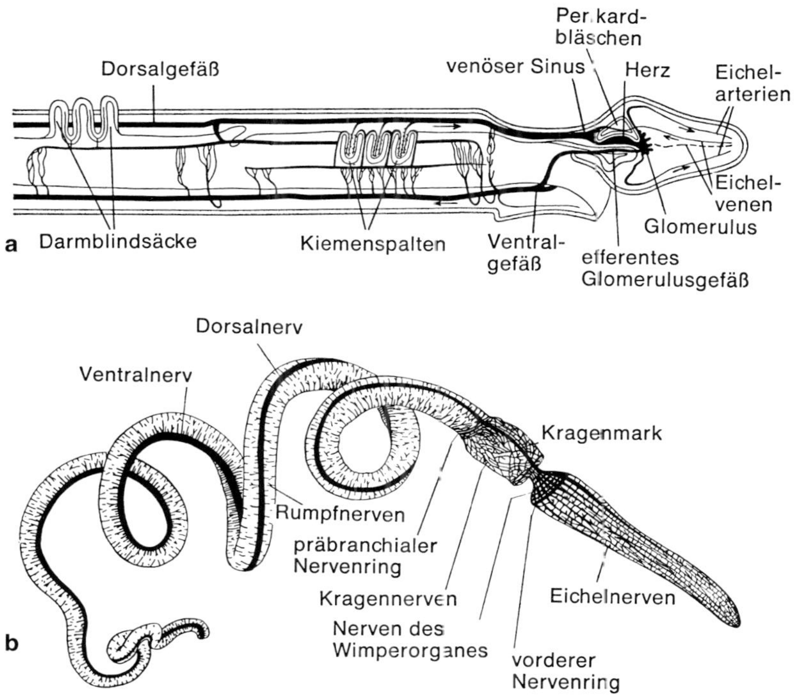

Abb. 266: Enteropneusten, a. Gefäßsystem, b. Nervensystem. Nach Knight-Jones, van der Horst

den Vorderdarm umgreifende Gefäße in ein großes ventrales Hauptgefäß, von dem die Versorgung der Kiemenregion, des übrigen Darmes und der Gonaden ausgeht; ein großes dorsales Gefäß sammelt das Blut und führt es in den Sinus venosus, der in das Herz übergeht.

Die Enteropneusten sind getrenntgeschlechtig. Die Gonaden sind einfach gebaute Säcke, die oft in großer Zahl vorhanden sind und die dorsal ausmünden. Die Befruchtung ist äußerlich. Eine lebendgebärende Art *(Xenopleura vivipara)*.

Manche Formen, so die Arten von *Saccoglossus*, besitzen dotterreiche Eier, die sich in eine kurzlebige Larve, die nur vom Dotter lebt, entwickeln. Diese Larve setzt sich fest und bildet sich zu einem jungen Eichelwurm. Die Mehrzahl der Arten bildet langlebige Tornarialarven, die sich von kleinen Planktonorganismen ernähren.

Die Regenerationsfähigkeit der Enteropneusten ist hoch. *Balanoglossus capensis* und *B. australiensis* pflanzen sich durch Sprossungs- und Querteilungsvorgänge fort.

Die Enteropneusten leben im Boden aller Weltmeere. Sie kommen in verschiedenen Substraten vor (z. B. Grobsand, Schlamm, Seegraswiesen u. a.). Nicht selten liegen sie auch unter Steinen oder zwischen Rhizoiden von Algen. Einzelfunde stammen aus 4500 m Tiefe *(Glandiceps abyssicola)* und aus der Umgebung von Tiefsee-Hydrothermalquellen, die Mehrzahl wurde in Schelfgebieten gefunden. In sandigen oder schlammigen Böden des Gezeitengürtels leben sie oft in annähernd U-förmigen, mit verfestigtem Schleim ausgekleideten Röhren (bis 50 cm tief), die an Faeceshaufen erkennbar sind. Bei Störungen ziehen sie sich rasch in die Tiefe der Röhren zurück.

Die Nahrungsaufnahme erfolgt mit Hilfe eines Wasser- und Schleimstromes, der vor allem von den Cilien der Eichel angetrieben wird; dabei spielen Cilienbänder und eine reich innervierte und drüsenzellreiche Wimpergrube auf der Ventralseite der Eichel eine Rolle, deren Lage an die der Hatschekschen Grube von *Branchiostoma* und die der Rathkeschen Tasche der Wirbeltiere erinnert. Nahrungspartikel werden mittels des komplex zusammengesetzten Schleimes festgehalten und in den bewimperten Darmtrakt getrieben. Das eingestrudelte Wasser läuft über die Kiemenporen des Pharynx ab. Viele Arten nehmen zusätzlich große Mengen des Substrats, in dem sie leben, auf; manche scheinen carnivor zu sein, es wurden Nemertinen und Polychaeten in ihrem Darm gefunden. Circa 70 Arten, die in drei Familien geordnet werden.

Harrimanidae: *Protoglossus* (Abb. 264 c), *Xenopleura, Harrimania, Saccoglossus.*

Spengelidae: *Willeyia, Schizocardium, Glandiceps.*

Ptychoderidae: *Ptychodera, Glossobalanus, Balanoglossus* (Abb. 264 d).

3. Klasse: Graptolitha

Ausschließlich palaeozoische Formen, die wohl mit den koloniebildenden Pterobranchiern näher verwandt sind. Die Einzeltiere (Zooide) lebten in Thecae, die in 1, 2 oder 4 Reihen an einem Achsenstab (Stolo) angeordnet waren (Abb. 264 e). Die Kolonien (Rhabdosome) konnten stabförmig, spiralig oder verzweigt aufgebaut sein und über 1 m Länge erreichen. Bei einigen Graptolithen war vermutlich – ähnlich wie bei Staatsquallen – eine Reihe von Kolonien radiär an einem Pneumatophor befestigt (Synrhabdosome). Manche Tiere waren vermutlich zu Gonozooiden umgewandelt. Die Entwicklung ging von sessilen Formen aus; ab Beginn des Ordoviciums erfolgte eine rasche Differenzierung schwebender Formen. Sehr wertvolle Leitfossilien bis zum unteren Devon.

II. Echinodermata
(Stachelhäuter)

Die Echinodermen sind die einzigen fünfstrahligen (pentaradiären) Coelomaten. Diese ungewöhnliche Symmetrieform erstreckt sich auf fast alle Organsysteme, leitet sich aber, wie die Entwicklungsgeschichte zeigt, von einer Bilateralsymmetrie ab und tritt erst nach der Metamorphose einer bilateralsymmetrischen Larve hervor. Entwicklungsgeschichte und Paläontologie weisen auf Beziehungen der Echinodermen zu anderen Deuterostomiern: Larve und Coelombildung weisen grundsätzliche Übereinstimmungen mit den Hemichordaten auf, manche palaeozoische Formen hatten Körperöffnungen, die als Kiemenspalten gedeutet werden.

Die Echinodermen besitzen in vieler Hinsicht eine primitive Organisation. Sie haben ursprüngliche Coelomverhältnisse, kein Centralganglion und nur gering entwickelte Sinnesorgane. Das Nervensystem liegt i.a. intraepithelial – in der Epidermis, im Darmepithel, in Coelomepithelien – kann aber auch im Bindegewebe auftreten. Dem Blutgefäßsystem fehlen endotheliale Wände, die Atmung erfolgt über dünnwandige Hautpartien, die Keimzellen werden i.a. direkt ins Wasser abgegeben. Hochentwickelt dagegen sind das mesodermale Skelet und ein Derivat des Hydrocoels, das Wassergefäßsystem (Ambulakralgefäßsystem).

Der Körper der Echinodermen ist mit Ausnahme einiger Fossilformen durch 10 vom Mund ausgehende Zonen gekennzeichnet. In 5 von ihnen verläuft ein Hydrocoelkanal, von dem dünnhäutige Füßchen (= Ambulakralfüßchen) ausgehen. Diese Zonen werden Ambulakren oder Radien genannt, die zwischen ihnen liegenden Zonen heißen Interambulakren oder Interradien (Abb. 281). Die Radien sind

Abb. 267: Stacheln, Pedicellarien, Ambulakralfüßchen von Echinodermen. E: Echinoidea, A: Asteroidea, O: Ophiuroidea, a–i, s: verschiedene Stacheln, a. *Heterocentrotus* (E), b. *Cyathocidaris* (E), c. *Cidaris* (E), d. Fächerstacheln, *Pteraster* (A), e. *Asthenosoma* (E), f. bestachelte und schirmförmige Stacheln von *Ophiotholia* (O), g. 4 Paxillen, die beiden linken geöffnet, die beiden rechten geschlossen, dahinter Papulae, Paxillosida und Valvatida (A), h. Giftstacheln von *Asthenosoma* (E), G: Giftdrüsen, M: Muskulatur, K: Stachel, i. Basis einer Clavula von *Echinocardium* (E), beachte die starke ▷

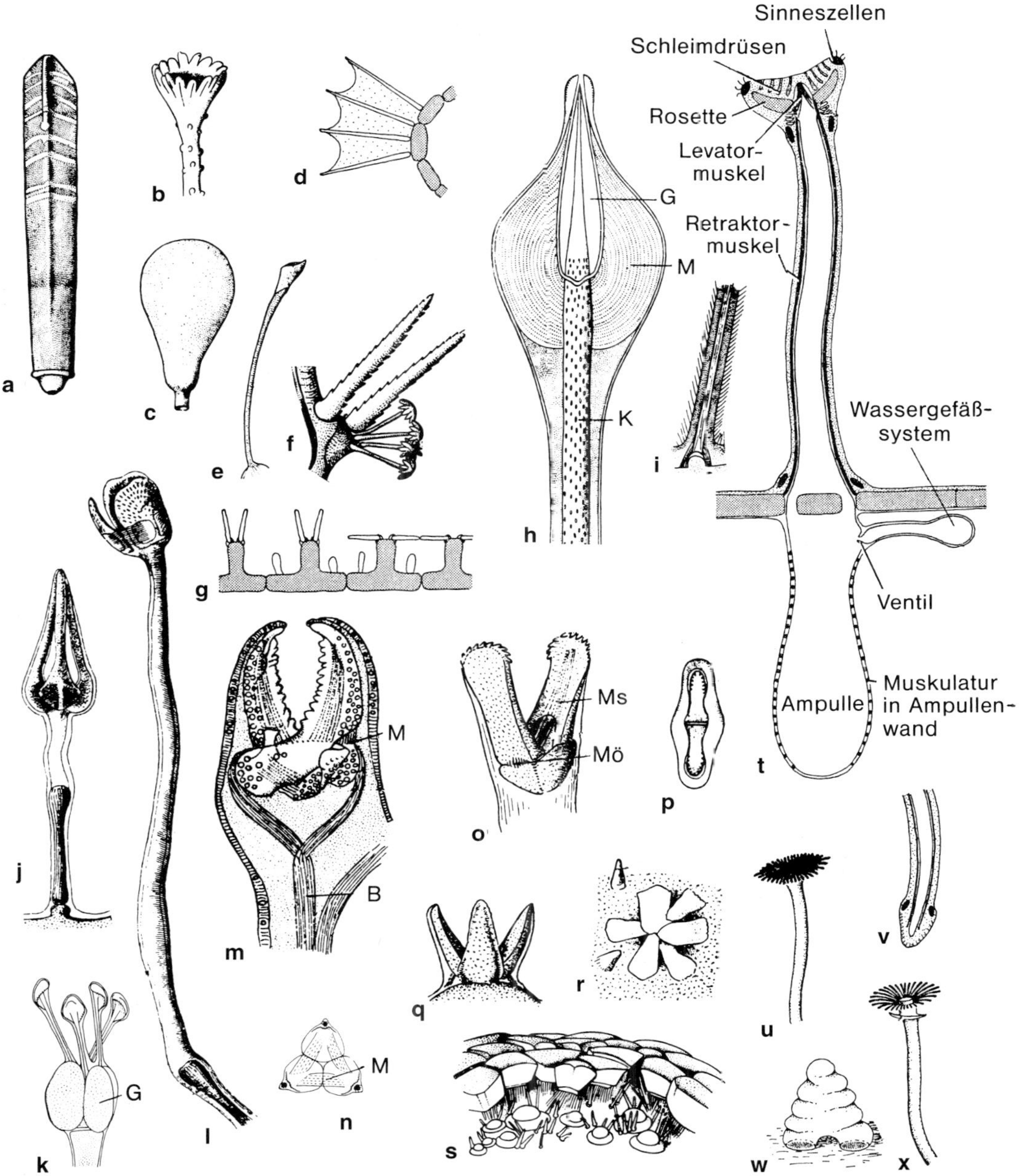

Bewimperung, j–r. Pedicellarien, j. tridactyles Pedicellarium, *Echinus* (E), k. *Araeosoma* (E), globiferes Pedicellarium, mit großen Giftdrüsen (G), l. trifoliates Pedicellarium, *Echinus* (E), m. didactyles Pedicellarium, *Asterias* (A), M: Öffnungsmuskel, B: Bindegewebsstrang, n. drüsiges (globiferes) Pedicellarium geöffnet, Aufsicht M: Schließmuskel der Klappen, *Cidaris* (E), o. didactyles Pedicellarium von *Asterias* (A), Ms: Schließmuskel, Mö: Öffnungsmuskel, p. geöffnetes zweiklappiges Pedicellarium, *Hacelia* (A), q. tridactyles Pedicellarium, *Luidia* (A), r. pectinates Pedicellarium, *Pectinaster* (A), s. pflastersteinartige Stacheln von *Colobocentrotus* (E), t–x. Ambulakralfüßchen, t. typisches Füßchen mit distalem Saugnapf, *Echinus* (E), u. nahrungsaufnehmendes Füßchen, Spatangide (E), v. grabendes Füßchen, Phanerozonia (A), w. Atmungsfüßchen, Spatangide (E), x. röhrenbauendes Füßchen mit Kratzer und schleimbildenden Papillen, Spatangide (E). Nach Cuénot, Hyman, Mortensen, Nichols, Sarasin

entweder in einer Ebene radiär angeordnet (Seesterne, Schlangensterne, Seelilien) oder bei Seeigeln und Seegurken meridional.

Skelet und Bindegewebe. Die mesodermalen, also im Bindegewebe liegenden Skeletstücke bestehen vorwiegend aus Calciumcarbonat in Form des Calcits, daneben kommen Magnesiumcarbonat, Calciumsulfat, Calciumphosphat, Aluminium-, Eisensalze u.a. vor. Das Skelet kann aus isoliert in der Haut liegenden Stücken bestehen oder sehr vielgestaltige lokkere oder feste Panzer bilden. In den Armen von Ophiuriden und Crinoiden baut es wirbelförmige Strukturen auf. Die Skeletbildung geht von Sklerocyten aus, die Syncytien bilden können (s.u.), in deren Innerem sich eine membranbegrenzte Vakuole befindet, in der die Biomineralisation stattfindet. Die Ausbildung der Skeletstücke (Ossikel) erfordert ein kontrolliertes Mikromilieu, das diese Vakuole bietet. Zunächst entstehen i.a. feine Skeletnadeln, die in verschiedenen Richtungen wachsen und schließlich ein poröses Skeletstück (Stereom) bilden. Im Bereich von Gelenkflächen und an anderen Stellen können auch kompakte Skeletanteile entstehen. Bei Crinoiden bilden Einzelzellen im Extrazellularraum einer Einsenkung der Zellmembran die ersten Skeletnadeln. Die fertigen extrazellulären Ossikel werden von zahlreichen feinen dicht beeinanderliegenden Ausläufern der Sklerocyten bedeckt. Die Skeletstücke können von makrophagenähnlichen Zellen um- und abgebaut werden. Auch Regeneration ist möglich. Im Porensystem des Stereoms findet sich variabel ausgebildetes Bindegewebe (Stroma).

Skeletstücke können durch Muskulatur und/oder kollagenfaserige Bandapparate verbunden sein. Solche Kollagenstrukturen sind reich innerviert und können unter dem Einfluß des Nervensystems ihre Konsistenz rasch verändern, sie können einerseits steif und andererseits weich sein. Dadurch können z.B. die Arme von Haarsternen entweder lange Zeit ohne größeren Energieaufwand starr in einer bestimmten Stellung verharren, die für den Nahrungserwerb vorteilhaft ist, oder sie können in flexiblem Zustand der Bänder für Schwimmbewegungen eingesetzt werden. Ein solches Bindegewebe wird mutabiles (veränderliches) Bindegewebe genannt; es ist ein spezifisches Merkmal der Echinodermen. Die molekularen Grundlagen dieser Bindegewebsstrukturen sind noch wenig erforscht; Verschiebungen von Ionen (Kalium und Calcium) und sehr rasche Veränderungen der Kollagenfibrillen spielen möglicherweise eine Rolle.

Als Extremitäten sind, abgesehen von den Armen, Stacheln, Pedicellarien und Ambulakralfüßchen verbreitet. Die Stacheln sind strukturell und funktionell sehr vielgestaltig (Abb. 267). Es sind nadelförmige Skeletstücke, die mit Muskeln und Bändern an einer tiefer liegenden Skeletplatte, meist auf einem Kugelgelenkkopf, befestigt sind. Sie sind von Epidermis überzogen, die jedoch distal abgescheuert sein kann. Oft kommen auf ihnen Drüsenzellen vor. Die phanerozonen Seesterne besitzen neben einfachen Stacheln folgende Spezialformen: 1) Clavulae, spatelförmige, bewimperte Stacheln, die bei den meist im Boden lebenden Formen Wasserströme zum Mund leiten, und 2) Paxillae, Skeletstücke mit apicalem Fortsatz, an dem distal ein Kranz Stacheln steht, der horizontal und vertikal gestellt sein kann. Bei manchen Formen sind die Stacheln durch häutige Membranen verbunden. Bei Ophiuroiden sind die vielgestaltigen Stacheln weitgehend auf die Lateralabschnitte der Arme beschränkt. Besonders hochentwickelt sind die Stacheln der Seeigel; sie dienen der Fortbewegung, dem Eingraben, Schutz, der Erzeugung von Wasserströmen, dem Einbohren im Fels, dem Schutz von Larven u.a. Die Clavulae der Spatangoidea sind in Bändern angeordnet, die Fasciolen genannt werden. Modifizierte Stacheln sind die Sphaeridien, kugelförmige, meist versenkte Gebilde, die vermutlich Schweresinnesorgane darstellen.

Manche Seesterne und alle Seeigel besitzen an der Körperoberfläche Pedicellarien, pinzettenähnliche Strukturen. Sie bestehen aus einem beweglichen Stiel, der distal meist 3 ab- und zusammenklappbare, blattförmige, skeletgestützte Greifzangen trägt (Abb. 267). Ihre Hauptfunktionen sind Reinigung und Nahrungstransport.

Coelom. Echinodermenlarven lassen die drei primitiven Coelomräume Axocoel (Protocoel), Hydrocoel (Mesocoel) und Somatocoel (Metacoel) erkennen. Alle Coelomhöhlen sind paarig angelegt und entstehen typischerweise durch Enterocoelie (Abb. 268). Im Laufe der Metamorphose kommt es zu erstaunlichen Umbildungen des Coeloms. Es wird vermutet, daß sich die ursprüngliche Echinodermenlarve, die

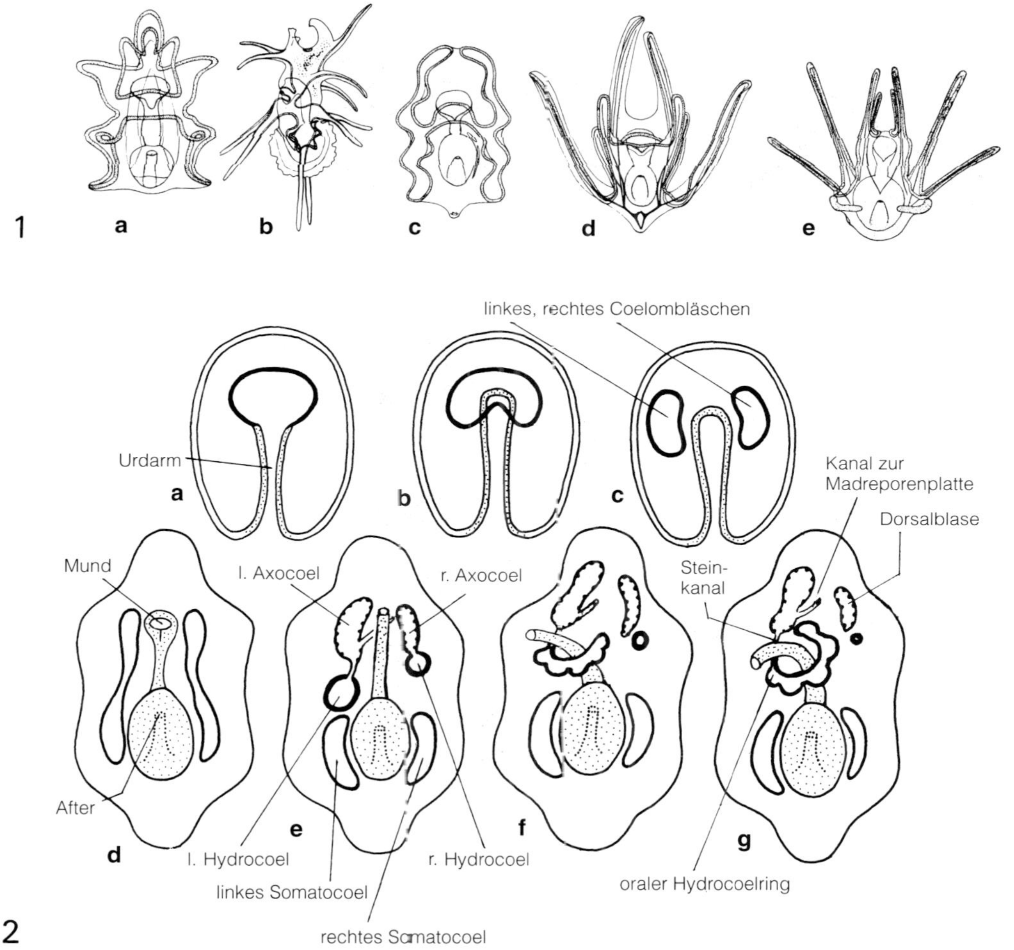

Abb. 268: Entwicklung von Echinodermen. 1. Reihe: a. Bipinnaria (Asteroidea), b. Brachiolaria (Asteroidea), c. Auricularia (Holothuroidea), d. Ophiopluteus (Ophiuroidea), e. Echinopluteus (Echinoidea). 2. Reihe: Coelomentwicklung. a–g. Aufeinanderfolgende Stadien der Entwicklung von Seeigeln und Seesternen. Nach Cuénot, Mortensen

abstrahierend Dipleurula genannt wird, nach Ausbildung der drei Coelomhöhlenpaare mit dem Kopfbereich an einer Unterlage festsetzte und primär sessil wurde. Ein Modell für den Festsetzungsvorgang bieten die Pterobranchier, die auf dem Kopflappen kriechen. Bei der Festheftung mit dem Vorderende muß der Mund aus der Anheftungsstelle auswandern. Bei den Echinodermen verlagert er sich auf die linke Körperseite, wobei er das linke Hydrocoel einbuchtet, bis dieses ihn als Ring umgibt. Dieser Vorgang leitet die Umwandlungen, die die radiärsymmetrischen erwachsenen Echinodermen kennzeichnen, ein (Abb. 268). Das rechte Hydrocoel bildet sich völlig zurück, das rechte Axocoel bleibt klein. Möglicherweise spiegeln diese eigentümlichen Vorgänge einen Prozeß wider, der sich am Anfang der stammesgeschichtlichen Entwicklung der Echinodermen abspielte: Die Ahnform legte sich mit der rechten Körperhälfte auf ein Substrat, was zur Verlagerung des Mundes und zu Rückbildung rechter Coelomanteile führte.

Das Axocoel ist nur bei Seeigeln, Seesternen und Schlangensternen typisch ausgebildet, bei Crinoiden verschmilzt es mit dem Somatocoel,

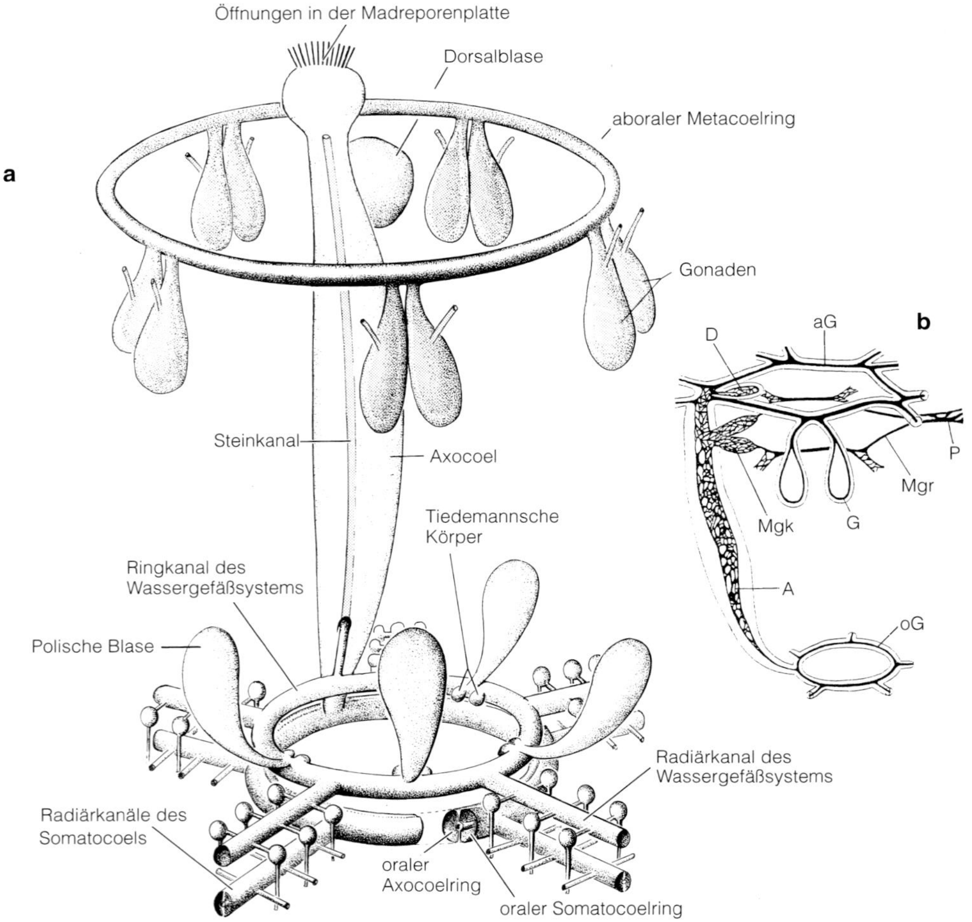

Abb. 269: Gefäßsysteme von Echinodermen (Seesternen). a. Coelom, b. Blutgefäßsystem. D: Dorsalblase, aG: aboraler Gefäßring, MgK: Gefäßknäuel am Magen, G: Gonade, Mgr: Magengefäßring, P: Gefäße der Pylorusdrüsen, A: Axialorgan, oG: oraler Gefäßring

bei Holothurien ist es rückgebildet. Das linke Axocoel, in dessen Wand oft auch der Steinkanal verläuft (s. u.), bildet bei den erstgenannten drei Gruppen das Axialorgan und aboral die Ampulle, eine Erweiterung, die über den Hydroporus nach außen mündet (Abb. 269). Der Hydroporus ist also Coelomporus des Axocoels, er kann in Mehrzahl auftreten und durchbohrt eine eigene Skeletplatte, die Madreporenplatte. Bei Seesternen entsteht aus dem linken Axocoel weiterhin ein oraler Coelomring. Das rechte Axocoel kann die Dorsalblase bilden, die sich rhythmisch kontrahieren kann und die der Pericardhöhle der Hemichordaten und Tunicaten entspricht.

Das linke Hydrocoel bleibt meist über den Steinkanal, dessen Wand sehr oft Skeletplättchen enthält, mit dem Axocoel verbunden, so daß sein Lumen über Ampulle und Hydroporus mit dem Meerwasser kommunizieren kann. Aus dem linken Hydrocoel entsteht das Ambulakralgefäßsystem, dessen zentraler Teil ein Oralring ist (Abb. 269). Dieser entsendet in die Radien 5 Radialkanäle, welche die Ambulakralfüßchen ausbilden; diese sind paarweise angelegt und dienen der Fortbewegung, Atmung, Nahrungsaufnahme, Reizaufnahme u. a. Sie sind außen von Epidermis bedeckt, innen befindet sich der epithelausgekleidete Blindkanal des Coeloms; zwischen beiden liegt Bindegewebe. Die Retraktormuskulatur der Füßchen ist ein Teil des Epithels des Hydrocoels. Sollen die Füßchen ausgestreckt werden, wird Coelomflüssigkeit in sie hineingepreßt. Seeigel, Seesterne und Holothurien besitzen hierfür Ampullen, Ophiuroidea haben ampullenähnliche basale Erweiterungen an den Füßchen, bei Crinoiden entstammt die Flüssigkeit vorübergehend abgeschnürten Anteilen des Radiärkanals. Beim Auspressen der Ampullen versperren Klappen den Zufluß zum Radiärkanal.

Die Füßchen sind entsprechend ihren vielfältigen Funktionen sehr verschiedengestaltig. Bei Crinoiden dienen sie vor allem der Nahrungsaufnahme und stehen meist in Dreiergruppen neben der Ambulakralfurche. Bei den Seesternen besitzen sie terminal oft Saugnäpfe, die den im Boden lebenden Formen i. a. fehlen, die Ampullen sind oft zweikammerig. Bei den Seeigeln durchbohren die Füßchen wie bei Schlangensternen die Skeletplatten, und ihre Saugnäpfe sind besonders hoch entwickelt mit Skeletplättchen und komplizierten Muskel- und Fasersystemen (Abb. 267). Bei den Spatangoiden dienen jeweils verschiedene Füßchentypen der Atmung, Reizaufnahme, Nahrungsaufnahme und dem Erhalt der Wand der Wohnhöhle sowie dem Bau der Atemröhre. Bei den Holothurien sind die Füßchen der Mundregion (Tentakel) besonders hoch entwickelt und dienen der Nahrungsaufnahme.

Vom Oralring gehen neben den Mundtentakeln die Polischen Blasen ab. Sie fehlen den Crinoiden und Echinoiden und vereinzelt anderen Formen. Weiterhin münden in ihn bei Seesternen die Tiedemannschen Körper (Abb. 269) und bei Seeigeln die coelomocytenreichen, schwammigen Körper. Die Funktion der myofilamentreichen polischen Blasen besteht vermutlich darin, den Wasserdruck aufrecht zu halten und den Erfordernissen entsprechend zu verändern. Die Tiedemannschen Körper sind oft pigmentiert und enthalten Phagocyten.

Beim Somatocoel sind beide Coelomhöhlen gut ausgebildet. Aus ihnen entstehen die große Leibeshöhle, die durch die Darmmesenterien zweigeteilt ist, ein oraler Ringkanal, von dem Radiärkanäle (Pseudo-, Perihaemalsystem) ausgehen, die parallel zu den radiären Hydrocoelkanälen verlaufen und die in Mehrzahl auftreten können, und ein aboraler Ringkanal (fehlt Holothurien), von dem meist 5 interradiäre Ausstülpungen ausgehen, die die Gonaden enthalten (Abb. 269).

Blutgefäßsystem, Axialorgan, Exkretion. In enger Nachbarschaft zu den Coelomkanälen, zur Epidermis in Nähe des ectoneuralen Nervensystems, zum Darmepithel und zu den Gonaden verläuft das Blutgefäßsystem (Blutlakunensystem, Haemallakunensystem, Abb. 269 b). Es geht aus dem Blastocoel hervor, und ihm fehlt ein Endothel. Es liegt direkt unter den benachbarten Epithelien und wird von deren Basalmembranen oder auch Extrazellularsubstanz mit Kollagenfibrillen begrenzt. Liegen den Gefäßen Coelomephithelien an, so enthalten diese basal oft Myofilamente. Die Gefäße enthalten dicht gelagert ultrastrukturell erkennbare Partikel, die aus Glykoproteinen bestehen. Umstritten ist, in welchem Ausmaß, mit welcher Regelmäßigkeit und in welcher Richtung das Blut bei Echinodermen strömt. Möglicherweise fließt es zumindest zeitweise nur träge oder gar nicht.

Das Gefäßsystem enthält Blutzellen (Amöbocyten, Coelomocyten), die aber auch im Bindegewebe oder in Coelomräumen vorkommen. Bis zu 18 Typen wurden beschrieben. Sie phagocytieren, bilden Pigmente, transportieren Sauerstoff (bei Holothurien existieren scheibenförmige, rote, hämoglobinhaltige Blutzellen), Nährstoffe sowie Exkrete und können Wundverschlüsse bilden. Sie entstehen vermutlich an verschiedenen Stellen z. B. im Coelomepithel, Bindegewebe und den Tiedemannschen Körpern.

Das Axialorgan (Abb. 269 b) der Eleutherozoa ist eine blutgefäß- und blutzellreiche Differenzierung in der Wand des linken Axocoels. Es verläuft annähernd in der zentralen Achse der Tiere von oral nach aboral. Aufgrund des Pigmentgehalts mancher Blutzellen hat das Organ meist eine braune Farbe. Zum Lumen des Axocoels (Axialsinus) wird das Organ von dessen Coelomepithel begrenzt, das sich an vielen Stellen zu Podocyten (Ultrafiltration) und Epithelmuskelzellen (Kontraktion, Pulsieren) differenziert (s. u.). Außen liegt dem Axialorgan das Epithel des Somatocoels auf, das wie alle anderen Coelomepithelien auch Perikaryen und Fortsätze von Nervenzellen enthält. Das Axialorgan der Crinoiden weist einen besonderen

Aufbau auf. Es besteht im wesentlichen aus geknäuelt verlaufenden Drüsenschläuchen, Blutgefäßen sowie vermutlich neurosekretorischen Nervenzellen und wird von einem Coelomepithel bedeckt. Die Drüsenzellen bilden möglicherweise Proteine der Hämalflüssigkeit.

Das Axialorgan ist vermutlich den Glomeruli der Hemichordaten und den Nierenglomeruli der Chordaten homolog, hat aber wahrscheinlich mehr Funktionen als die der Ultrafiltration. Die anderen Funktionen sind oft noch unbekannt, könnten aber mit den zahlreichen, meist im Bindegwebe des Organs liegenden verschiedenen Blutzellen in Beziehung stehen. Podocyten kommen nicht nur am Axialorgan vor, sondern auch in anderen Arealen des Coelomepithels, z. B. an Magengefäßen von Seesternen.

Aboral liegt dem Axialorgan die doppelwandige, pulsierende Dorsalblase (entspricht dem rechten Axocoel) an; sie enthält Bluträume, die nicht nur mit den Gefäßen des Axialorgans, sondern auch mit denen des Darmes und der Gonaden direkt in Beziehung stehen. Dieses blasenförmige Organ hat wohl Herzfunktion.

Das Axialorgan steht über seine Ultrafiltrationsbarriere aus Podocyten funktionell mit dem Lumen des Axocoels und den Kanälen der Madreporenplatte in Beziehung. Über die Madreporenplatte können auszuscheidende Stoffe nach außen abgegeben werden. Die bewimperten Kanäle in dieser Platte gehen aus dem Hydroporus der Larven hervor. Bei Bipinnaria-Larven (Abb. 268 a) von Seesternen besteht dieser Porus aus einem bewimperten kanalähnlichen Abschnitt (Porenkanal; entspricht Metanephridium) und der bewimperten Öffnung nach außen (Hydroporus). Dem Porenkanal liegt der pulsierende, blasenförmige Vorläufer der Dorsalblase an, der sich 5–10mal pro Sekunde kontrahiert und Motor eines erheblichen Flüssigkeitsstroms durch den Porenkanal nach außen ist. In einer Stunde wird einmal die Gesamtflüssigkeitsmenge des Coeloms durch den Kanal transportiert. Das Coelom kollabiert dabei nicht, sondern die verlorengegangene Flüssigkeit wird aus dem Blastocoel ersetzt, indem dessen Flüssigkeit durch das Podocyten enthaltende Epithel des Coeloms getrieben wird. Das Volumen des Blastocoels wird bei einer Bipinnaria alle 5 Stunden ausgetauscht. Pro Stunde werden insgesamt 14% des Körperwassers ersetzt. Flüssigkeitsersatz erfolgt durch die Larvenepidermis; möglicherweise wird er durch osmotische Gradienten, die durch Proteine im Blastocoel aufrecht erhalten werden, angetrieben. An Exkretionsstoffen wurden in der Coelomflüssigkeit nachgewiesen: Ammoniumionen, Harnstoff, Kreatin, Kreatinin, Harnsäure und Aminosäuren. Die exkretbeladenen Coelomocyten verlassen den Körper über dünnwandige Stellen wie Papulae, Füßchen, Wasserlungen u. a. Sie können sich auch im Körper (Axialorgan) ablagern. Bei Holothurien ohne Wasserlungen (z. B. *Leptosynapta*) treten die Coelomocyten in Wimperurnen der Leibeshöhlenwand ein und durchbrechen von hier aus die Körperwand. Außerdem besitzt die Wand der Enddarmerweiterung der Holothurien bewimperte schmale Gänge, die das Coelom mit der Umwelt verbinden.

Echinodermen sind weitgehend stenohalin; ihre Körperflüssigkeiten sind i. a. isoosmotisch mit dem Meerwasser und ähneln ihm hinsichtlich der Ionenzusammensetzung. Eine Ausnahme ist Kalium, das im Wassergefäßsystem in viel höherer Konzenration vorliegt als im Meerwasser (bis 93% höher bei *Solaster*). Auch im Somatocoel – v. a. bei Schlangensternen – sind die Kalium- und auch die Calciumwerte meist etwas höher als im Meer. Diese Konzentrationsunterschiede werden von den jeweiligen Coelomepithelien aufrecht erhalten. Einige Arten vermögen in Bereich mit wechselnden Salinitäten – z. B. in Flußmündungen – zu leben, wobei sich das innere Ionenmilieu i. a. im Laufe von mehreren Stunden dem äußeren anpaßt; die Kaliumwerte im Wassergefäßsystem bleiben aber immer relativ hoch.

Atmung: Die Atmung erfolgt über dünnwandige Hautpartien (Papulae, Kiemen) oder Darmanhänge (Holothurien). Haemoglobin tritt bei Holothurien auf.

Ernährung: Der Darmkanal ist entweder lang und röhrenförmig (Crinoiden, Seeigel, Holothurien) oder kurz und sackförmig (See- und Schlangensterne). Am Mund, der meist im Zentrum der Oralseite liegt, können bezahnte Kiefer, die aus dem Plattenskelet stammen, ausgebildet sein (Seeigel, Schlangensterne). Der Kieferapparat der Seeigel ist besonders hoch entwickelt (Laterne des Aristoteles, Abb. 270) und besteht aus ca. 40 Kalkplatten und 6 Muskelgruppen. Die Zähne sind besonders hart und wachsen ständig nach. Bei Holothurien

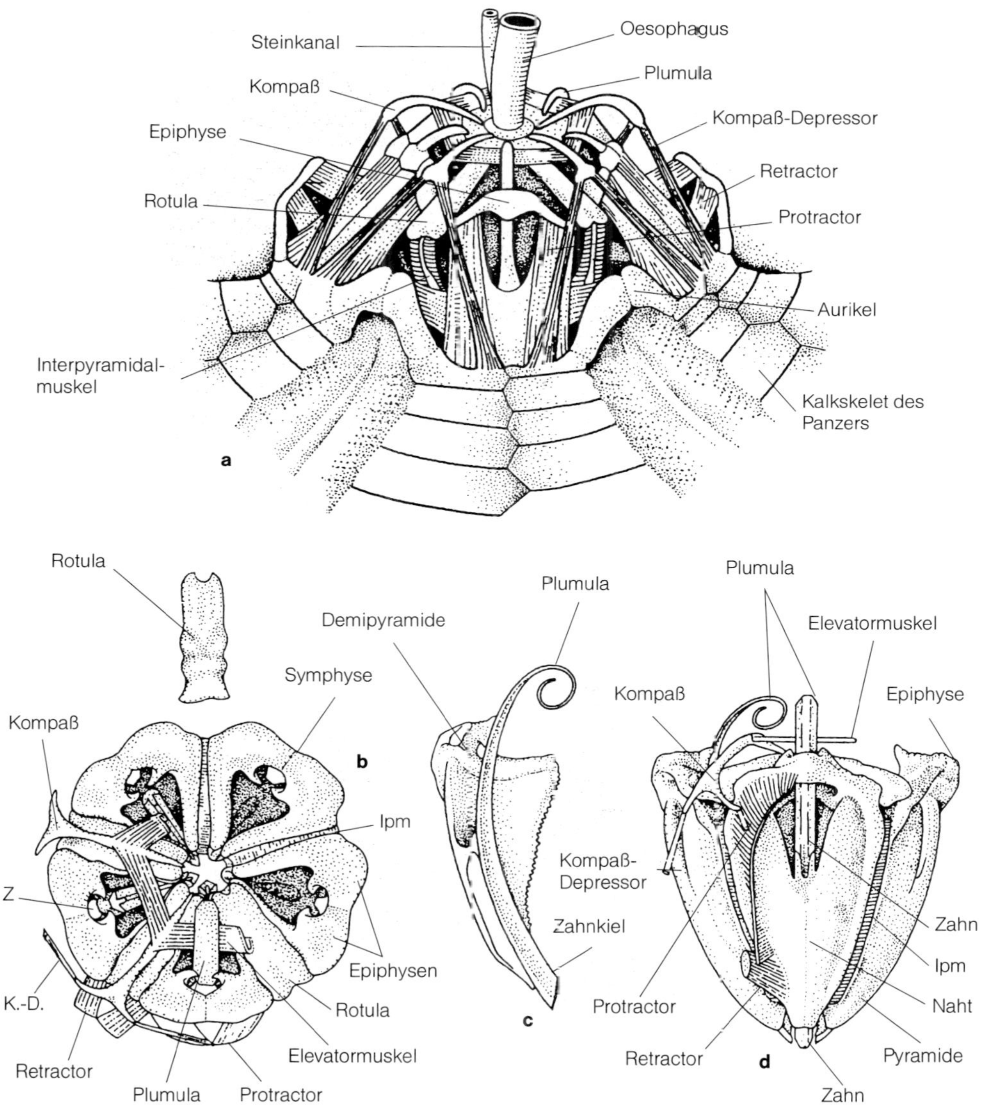

Abb. 270: Laterne des Aristoteles. a. Ansicht der Laterne in situ. b. Aufsicht auf die isolierte Laterne. c. Seitenansicht einer Demipyramide. d. Seitenansicht einer isolierten Laterne. Ipm: Interpyramidalmuskel. Z: Zahn, K.–D.: Kompaß-Depressor. Die Laterne arbeitet wie ein fünfzähniger Greifer; Muskeln verbinden sie mit dem Peristomrand, der spezielle Vorsprünge ausbildet: interradiale Grate und Aurikel. Die Laterne besteht aus fünf Pyramiden, die je einen Zahn halten. Jede Pyramide setzt sich aus zwei Demipyramiden zusammen, die durch eine Naht verbunden sind, und denen Epiphysen aufsitzen, die wiederum durch eine Symphyse verbunden werden. Die kräftigen interpyramidalen Muskeln schließen die Laterne. Die Rotulae sind durch Muskulatur und Gelenke mit den Epiphysen verbunden; sie können die Pyramiden auseinanderstemmen. Die Protractoren schieben die Laterne nach außen; die Retractoren öffen sie und ziehen sie in das Innere des Panzers. Über den Rotulae liegen Kompaßstücke, die ringförmig durch Elevatormuskeln verbunden sind. Das Senken der Kompaßstücke erfolgt durch die Kompaß-Depressoren. Der Kompaß soll die Flüssigkeit des Coeloms der Laterne bewegen. Die Zähne vermögen ständig nachzuwachsen. Die Plumula ist ihre noch unvollständig verkalkte Wachstumszone. Die Zähne von *Echinus* werden durch einen Kiel versteift. Nach DeRidder und Lawrence

wird der Mund von hochentwickelten Tentakeln umgeben. Ein Oesophagus verbindet Mund und Magen; er kann in einen muskulösen Pharynx umgewandelt sein und Drüsenzellen enthalten. Der Magen ist der Hauptort der Verdauung und Resorption. Er ist bei vielen Formen eine sackartige gut abgrenzbare Erweiterung des Darmkanals. Bei den Schlangensternen, denen Enddarm und After fehlen, ist der Magen der wichtigste Darmabschnitt; auch bei Seesternen ist der sehr vielgestaltige Magen der wichtigste Darmanteil, er besteht hier oft aus gefalteter und ausstülpbarer Hautkammer (Cardia) und aboral gelegener Pyloruskammer, von der die großen Pylorusdrüsen («Leber») ausgehen. Bei Holothurien und Crinoiden ist der Magenanteil oft durch Furchen abgegrenzt, bei Seeigeln beginnt er z.T. mit Blindkammern. Eine Besonderheit vieler Seeigel ist der durchgehende muskulöse Nebendarm (Sipho), der am inneren Magenrand verläuft und keine Nahrung enthält. Vielleicht ist er eine peristaltische Pumpe, die Nahrung aus dem Oesophagus ansaugt und Faeces aus dem Enddarm austreibt. Die Magenwand enthält meist sekretbildende Zellen, echte Verdauungsdrüsen kommen jedoch nur bei den Seesternen vor (Pylorusdrüsen). Der dem Magen folgende Abschnitt wird Intestinum oder Enddarm genannt. Vor dem After ist bei Holothurien eine muskulöse Erweiterung ausgebildet, von der die Wasserlungen abgehen. Die Crinoiden besitzen einen Analsack, der vermutlich auch respiratorische Funktion besitzt.

Im gesamten Darmsystem herrscht ein pH um 7, das aber im vorderen Bereich bei Nahrungsaufnahme niedriger sein kann. Von den Verdauungsenzymen wurden die Proteinasen und Carbohydrasen meist extrazellulär im Darmlumen, die Lipasen dagegen meist intrazellulär im Darmepithel nachgewiesen. Bei den Seeigeln helfen vermutlich Bakterien bei der Verdauung der pflanzlichen Nahrung. Wahrscheinlich sind auch Amöbocyten an der Nahrungsaufnahme beteiligt. Viele Echinodermen nehmen über die Epidermis gelöste Stoffe aus dem Meerwasser auf. Auch Amöbocyten können an der Körperoberfläche Nahrung aufnehmen und vorverdauen, die dann durch die Epidermis resorbiert wird.

Nährstoffspeicherung erfolgt vor allem in der Magenwand, den umfangreichen Pylorusdrüsen und den Gonaden.

Ursprünglich sind die Echinodermen mikrophage Suspensionsfresser. Die Crinoiden zeigen noch heute diesen Zustand (Abb. 271 a, b). Ihre Nahrung besteht überwiegend aus Planktonorganismen. Diese werden mit Hilfe von Ambulakralfüßchen aufgefangen und in den bewimperten Ambulakralfurchen mit Schleim vermischt zum Mund transportiert.

Die Holothurien nehmen die Nahrung mit Hilfe ihrer Tentakel auf, die sogar in den Mund gesteckt und von der Nahrung befreit werden können. Die Tentakel können auch Nahrung vom Boden aufnehmen (Abb. 271 c). Aspidochirote Formen schaufeln mit Hilfe ihrer schildförmigen Tentakel Bodenmaterial in den Darm oder fressen sich durch den Boden.

Die regulären Seeigel sind meist Weidegänger, die mit ihren Zähnen den Bewuchs aufnehmen (Algen, Seepocken, Hydrozoen, Korallenpolypen, Röhrenwürmer, Ascidien, Schwämme). Seeigel der Tiefsee fressen Schlamm. Die Irregularia leben meist im Boden und nehmen Bodenmaterial auf, dem im Magen die Nahrung entzogen wird, weiterhin können Wimperstraßen in Schleim eingebettete Nahrung dem Mund zuführen (Sanddollars); viele Arten besitzen Füßchen, die über die Bodenoberfläche geführt werden und hier Nahrung aufnehmen.

Bei den Seesternen existieren noch einige Formen *(Porania, Linckia, Henricia)* mit primitiver Nahrungsaufnahme mittels Cilienstraßen und Schleimabsonderung. Oft sind sie carnivor oder Allesfresser. *Astropecten*, in dessen Magen etwa 100 Tierarten gefunden wurden, kann seine Beute (Schnecken, Muscheln, andere Echinodermen, Krebse) ganz verschlingen, *Solaster* ist auf *Asterias* spezialisiert, *Luidia* auf *Ophiura*. Manche Arten *(Asterias)* stülpen ihren Magen aus und führen ihn in Beutetiere ein, z.B. durch die Byssusöffnung (Ø 0,2 mm) von Muscheln; Verdauungsenzyme lösen dann das Beutetier auf; kleinere Muscheln können auch mit Hilfe der Ambulakralfüßchen und der Armmuskulatur geöffnet werden.

Bei den Schlangensternen sind die Arme besonders wichtig für die Nahrungsaufnahme. Sie können Beute ergreifen und dem Mund zuführen oder über dem Boden oder an der Unterseite der Wasseroberfläche entlangfahren (Abb. 271 d). Die Nahrung kann dann auch mit Cilienbändern zum Mund befördert werden. Korbsterne halten ihre Arme in den Plank-

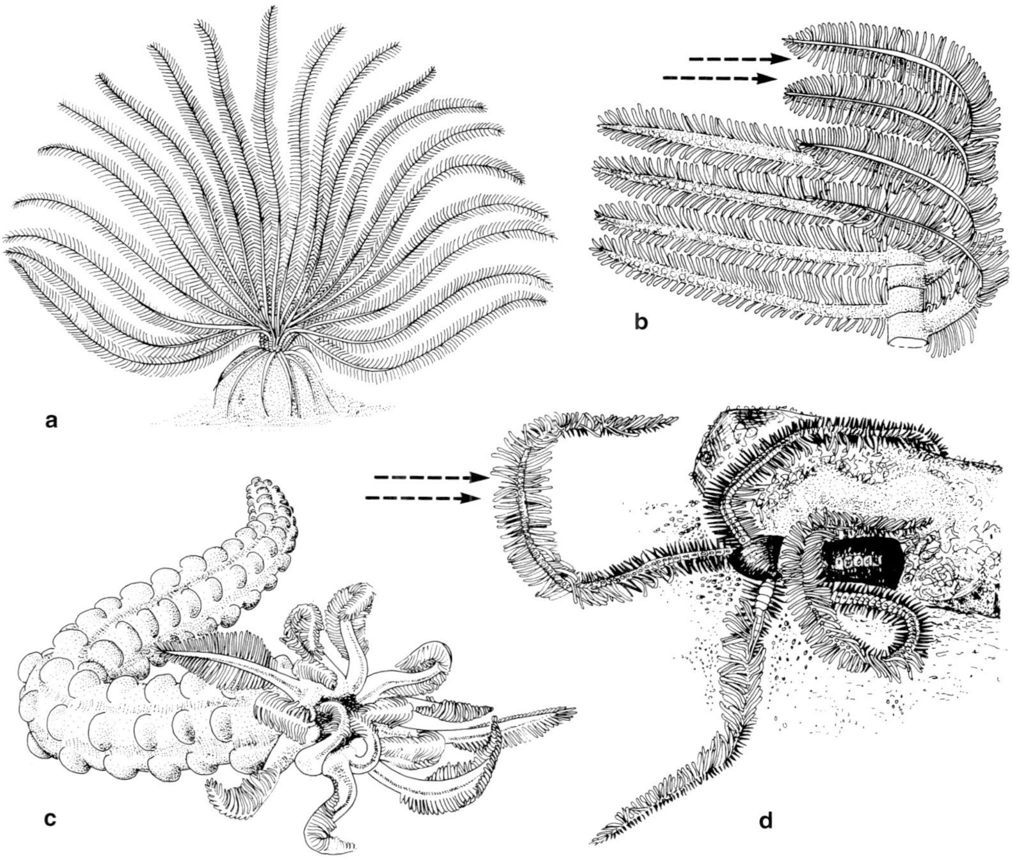

Abb. 271: Nahrungserwerb bei verschiedenen Echinodermata. a, b. *Heterometra* (Crinoidea), a. Filtrationsfächer, b. Ausschnitt eines Armes in Filtrationsstellung, c. *Opheodesoma* (Holothuroidea) bei Partikelaufnahme, d. *Ophiocoma* (Ophiuroidea). Die Pfeile zeigen den Wasserstrom an. Nach Lawrence, Magnus

tonstrom, *Ophicomina* bildet ein Schleimnetz zwischen den Armen.

Nervensystem. Das Nervensystem zeigt in mancher Hinsicht eine niedrige Organisationshöhe und ist zum großen Teil noch intraepithelial. Es werden traditionell in etwas schematisierender Weise 3 zumindest funktionell miteinander verbundene Abteilungen des Nervensystems unterschieden: ectoneurales, hyponeurales und aborales (= apikales = entoneurales) Nervensystem. Hinsichtlich der Ausprägungen dieser 3 Abteilungen bestehen bei den einzelnen Echinodermengruppen deutliche Unterschiede. Zum Teil werden nur 2 Abteilungen (ecto- und hyponeurales System) anerkannt.

Das Nervensystem der Echinodermen bietet dem Verständnis noch sehr viele Schwierigkeiten. Es bildet Markstränge, in die oft ganglionähnliche Strukturen eingeschaltet sind, und mit ihnen verbundene, weitverzweigte feine Netze. Im Mundbereich bilden die Markstränge Ringe. Ein zentrales (cerebrales) Ganglion fehlt. Es gibt aber lokale Koordinationszentren, und bei Bewegungen der Seesterne scheint ein Bewegungszentrum im führenden Arm die entsprechenden Zentren in den anderen Armen zu dominieren. Bei der Entstehung der Aktionspotentiale sind die bei anderen Tieren üblichen Natriumionen durch Calciumionen ersetzt. In erheblichem Ausmaß hat das Nervensystem endokrine Funktionen. Offensichtlich beeinflußt es z.B. die Gonadenreifung und in bedeutsamem Maße die Funktion des Bindesgewebes.

An Transmittern und Neuropeptiden sind u.a. Acetylcholin, biogene Amine, Methyl-Adenin, Arginin-Vasotocin, Neurophysin und Somatostatin nachgewiesen.

Synapsenstrukturen sind oft einfach, es lassen sich aber auch typische Synapsen mit prae- und postsynaptischen Differenzierungen nachweisen. Die Durchmesser der Nervenfasern variieren erheblich, bei Crinoiden und Ophiuroiden treten einzelne Riesenneurone und -fasern auf.

Das **ectoneurale** System ist überwiegend sensibel und liegt mit den Hauptsträngen in der Epidermis der Ambulakralfurche; bei Seeigeln, Seegurken und Schlangensternen ist es durch Einfaltung versenkt (Epineuralkanal). Es geht am Mundrand ohne strukturelle Unterbrechung in das Epithel des Darmtraktes über, wo es speziell im Oesophagus erstaunlich reich entwickelt sein kann. Das **hyponeurale** System ist vorwiegend motorisch und liegt i.a. im Epithel des Somatocoels, dem es primär zugeordnet ist; offenbar entsteht es auch in der Wand des Somatocoels und wäre damit mesodermalen Ursprungs. In den Armen bildet es parallel zum ectoneuralen System verlaufende Stränge. Bei Crinoiden tritt es auch im Bindegewebe auf. Ob ihm auch die Nervenzellen im Epithel des Hydrocoels zuzuzählen sind, ist nicht klar. Das **aborale** System läßt sich auch dem hyponeuralen System zuordnen und hat vermutlich motorische, sensible und endokrine Funktionen. Es ist bei Crinoiden sehr hoch entwickelt (Abb. 272) und scheint bei Comatuliden die Schwimmbewegungen zu koordinieren. Es liegt überwiegend im Bindegewebe (wie auch das hyponeurale System der Crinoiden), kommt aber auch im Coelomepithel vor. Es bildet hier um das gekammerte Organ – ein fünfkammeriges Somatocoelderivat – eine faser- und perikaryenreiche Anhäufung von Nervengewebe, von dem kräftige Markstränge in Arme und Cirren ziehen, bei den Seelilien entsendet es auch kräftige Stränge in den Stiel. Bei Eleutherozoa ist es kaum vom hyponeuralen System zu trennen; es befindet sich im Epithel des Somatocoels und versorgt die Gonaden.

Die Epidermis enthält zahlreiche **Sinneszellen**, die auf Chemikalien, Berührung und Licht reagieren; typische Sinnesorgane sind selten. Manche Holothurien besitzen im Mundbereich Statocysten, die im Innern bis zu 20 Lithocyten (Zellen mit Einschlüssen) enthalten. Auch die Sphaeridien mancher Seeigel (umgewandelte Stacheln) sollen dem Schweresinn dienen. Seesterne besitzen an der Spitze der Arme meist Augenflecken, deren Entfernung die Lichtempfindlichkeit der Tiere jedoch nicht wesentlich stört. Manche Schlangensterne und Holothurien besitzen Leuchtvermögen.

Viele Echinodermen sondern Toxine ab; besonders bekannt sind die Pedicellariengifte vieler Seeigel (z.B. von *Toxopneustes*) und die Gifte der Cuvierschen Schläuche der Holothurien; beide wirken auf Wirbeltiere haemolytisch.

Entwicklung. Die Gonaden der getrenntgeschlechtlichen Tiere entwickeln sich in enger Beziehung zum linken Somatocoel (Abb. 269). Sie liegen i.a. in Fünfzahl in den Interradien, sind innerviert, mit Blutgefäßen versorgt und werden von einem bis auf einen sehr schmalen Spalt reduzierten Coelomraum umgeben. Sie enthalten in ihrer Wand Stütz- und Geschlechtszellen, die, wenn sie ausgereift sind, in den zentralen Hohlraum abgegeben werden, aus dem Gonoducte nach außen führen.

Die Eier sind i.a. dotterarm und klein und werden ins freie Wasser abgegeben. Die Furchung ist i.a. total und radiär und führt zu einer Coeloblastula. Nach der Gastrulation kommt es zur Mesodermbildung, die meist durch Enterocoelie erfolgt. Auf diesem Stadium verläßt der Embryo i.a. die Eihüllen und wird zur Schwimmlarve. Die Larven sind bilateralsymmetrisch und haben in den einzelnen Klassen eigene Namen erhalten (Abb. 268): Doliolaria (Crinoidea), Auricularia und Doliolaria (Holothuroidea), Bipinnaria und Brachiolaria (Asteroidea), Ophiopluteus, (Ophiuroidea), Echinopluteus (Echinoidea). Die Pluteuslarven bilden ein larvales Skelet, das die langen Körperfortsätze stützt und das bei der Metamorphose wieder aufgelöst wird. Das Larvalskelet entsteht aus Mesenchymzellen, die meist vom vegetativen Pol in die primäre Leibeshöhle einwandern. Den Larven liegt ein gemeinsamer Bauplan zugrunde. Um den Mund herum befindet sich ein verschieden gestaltetes Feld, das von einem lokomotorischen Cilienband begrenzt ist; der After mündet außerhalb dieses Feldes. Alle Larven besitzen, zumindest vorübergehend, einen Hydroporus. Die sich nur von Dotter ernährenden Doliolarialarven der Crinoiden und mancher Holothurien und manche Larven der Ophiuroiden werden auch Vitellarialarven genannt. Sie besitzen 4 (selten 3 oder 5) Wimperringe um den länglichen Larvenkörper, die bei den Holothurien aus dem typischen peroralen Wimperband hervorgehen. Es handelt sich um offenbar parallel entstandene, ähnliche spezialisierte Larvenformen. Arten mit Brutpflege und dotterreichen Eiern (oft in Kaltwassergebieten) besitzen eine abgewandelte Entwicklung ohne freies Larvenstadium.

Wirtschaftliche Bedeutung. Jährlich werden 50 000 Tonnen Echinodermen gefangen; der Großteil entfällt auf Seeigel, ein kleinerer Anteil auf Seegurken. Von ersteren ißt man die Gonaden, von letzteren die Körperwand (Bindegewebe und Muskulatur), die getrocknet und knochenhart als Trepang vor allem von Chinesen gehandelt wird. Wirtschaftliche Bedeutung können Seeigel zudem als Pflanzenfresser in Algenfarmen erlangen; der indopazifische Seestern *Acanthaster planci* ist bekannt geworden, weil er Korallenriffe durch Abfressen der Polypen erheblich schädigen kann.

Phylogenie und System der Echinodermata; Carpoidea, Calcichordata. Vermutlich existierten Echinodermen schon im Präkambrium, denn die Ediacara-Fauna Australiens enthält drei- und fünfstrahlige Formen. Die fünfstrahlige *Arkarua* erinnert an *Stromatocystites* oder Edrioasteroidea. Ein direkter Nachweis von Skeletplatten steht aber noch aus. Sicher sind Echinodermen im unteren Kambrium nachgewiesen. Ihre Geschichte läßt sich dank des reichen Fossilmaterials und moderner paläontologischer Methoden sowie mit Hilfe der vergleichenden Anatomie relativ gut rekonstruieren.

Sehr alte (Kambrium bis Devon) und in ihrer Bedeutung beträchtlich umstrittene Formen sind die **Carpoidea (Homalozoa)**, die weder Anzeichen einer Radiär- noch einer Bilateralsymmetrie erkennen lassen, sondern ungewöhnliche, asymmetrische Tiere waren. Es handelt sich wahrscheinlich um eine unnatürliche Sammelgruppe verschiedenartiger, primitiver Taxa, die im folgenden geschildert werden sollen.

Die Heterostelea (Stylophora; Kambrium bis Devon) sind eine Gruppe der Carpoidea, die durch sorgfältige Analysen genauer bekannt wurde und durch die Theorie, daß es sich bei ihnen um primitive Chordaten handele, Aufmerksamkeit auf sich zogen. Sie werden auch **Calcichordata** genannt. Sie weisen – wie die unbestrittenen Echinodermen – ein Calcitskelet mit Stereomstruktur auf. Die auf der Auswertung von Dünnschliffrekonstruktionen sehr gut erhaltener Tiere beruhenden Befunde zur Anatomie sind die Basis für die Annahme, daß sie mit den Chordaten in Beziehung stehen.

Die ursprünglichen Formen der Calcichordaten sind die **Cornuta** (Abb. 274 c). Sie hatten verschließbare äußere Spalten links dorsal am Körper (Kopf), die als Kiemenspalten angesehen werden (auch die Larven von *Branchiostoma* weisen nur linksseitige Kiemenspalten auf). *Ceratocystis, Cothurnocystis, Reticulocarpos.*

Die **Mitrata** (Abb. 274 a, b) besitzen innere Kiemenspalten, einen linken und einen rechten Peribranchialraum (Atrium) mit je einer hinten gelegenen Öffnung. Der Calcichordatentheorie zufolge leiten sich die modernen Acrania, Tunicata und Vertebrata aus Mitrata her. *Lagynocystis, Balanocystites, Mitrocystella, Barrandeocarpus.*

An der Basis der unumstrittenen Echinodermata stehen möglicherweise die birn- oder spindelförmigen triradiären **Helicoplacoidea** aus dem Unteren Kambrium. Der Mund lag seitlich. Sie und triradiäre Stadien der Edrioasteroidea sind eine Stütze für die Vermutung, daß der fünfstrahligen Symmetrie der Echinodermen eine dreistrahlige vorausging. Die älteste unbestrittene Echinodermenform mit fünfstrahliger Radiärsymmetrie war *Camptostroma*, die offenbar an der gemeinsamen Basis von Pelmatozoen und Eleutherozoen stand; diese beiden Gruppen umfassen dann alle weiteren Echinodermen.

Die Pelmatozoa sind primär gestielte Formen, die im unteren Kambrium entstanden und denen die Cystoidea und die Crinoidea zugezählt werden. Die Gliederung und der Umfang der Cystoidea bieten noch viele offene Fragen. Ihnen werden z. T. recht verschiedenartige Gruppen zugerechnet, die z. T. monophyletisch sind (z. B. die Blastoidea und die Paracrinoidea), z. T. aber wohl unnatürliche Sammelgruppen darstellen (z. B. die Rhombifera und die Eocrinoidea).

An der Basis der Eleutherozoa steht die Form *Stromatocystites*, die frei beweglich war. Von ihr lassen sich die Edrioasteroidea ableiten, die sich oft sekundär mit der Aboralseite festsetzten; sie entwickelten dann aber keinen Stiel, wie er für Pelmatozoen typisch ist. Die

Asteroidea (Seesterne) lassen noch viele ursprüngliche Merkmale erkennen, wie z.B. die offene Ambulakralrinne. Die Concentricycloidea weisen Beziehungen zu den Asteroidea auf. Die restlichen Eleutherozoa, die Ophiuroidea (Schlangensterne), Echinoidea (Seeigel) und Holothuroidea (Seegurken), weisen spezielle Gemeinsamkeiten auf (Embryonalentwicklung, Morphologie), so daß sie als Cryptosyringoidea zusammengefaßt wurden, d.h. Formen mit versenkter Ambulakralrinne und weiter in die Tiefe verlagertem radiären Wassergefäßkanal und radiären Nerven. Es ist aber keineswegs sicher, ob nicht ein Teil der Übereinstimmungen zwischen Schlangensternen und Seeigeln Parallelbildungen sind.

Viele der bekannten Echinodermen sind schon im Paläozoikum ausgestorben. Heute sind noch 6 Klassen in allen Bereichen der Meere vorhanden: Crinoidea, Asteroidea, Concentricycloidea, Ophiuroidea, Echinoidea und Holothuroidea. Die Crinoidea, v.a. die gestielten Formen, hatten eine erste Blütezeit schon im Paläozoikum, waren aber auch im Mesozoikum weitverbreitet und vielgestaltig. Die anderen Gruppen sind zwar auch alt, scheinen ihre größte Formenfülle aber erst im Meso- und Känozoikum erreicht zu haben. Während sich die Asteroidea seit dem Paläozoikum offenbar recht konservativ verhalten und seitdem keine großen Veränderungen hervorgebracht haben, lassen sich bei den Echinoidea immer wieder neue Typen erkennen. Heute existieren ca. 6000 Echinodermenarten.

a. Pelmatozoa
Primär gestielte Formen

1. Klasse: Crinoidea
(Seelilien)

Die meisten Crinoidea sind in Stiel, Kelch (= Calyx) und Arme gegliedert; nur bei den rezenten Haarsternen fehlt der Stiel im erwachsenen Zustand und ist durch bewegliche Cirren repräsentiert. Stiel und Kelch werden auch als Rumpf, Kelch und Arme als Krone bezeichnet.

Der Stiel, der bei mesozoischen Formen bis 20 m lang war, dient der Festheftung der Tiere und kann verschiedene Differenzierungen (Wurzelbildungen, Ankerstrukturen, wirtelförmig angeordnete Cirren oder Ranken [Abb. 273c]) ausbilden. Einige palaeo- und mesozoische Formen (z.B. *Eifelocrinus*) besaßen einen wickelschwanzähnlichen Stiel. Er besteht im wesentlichen aus einer Reihe von Skeletstücken (Columnaria = Columnalia), die durch Bindegewebsbänder verbunden sind.

Der Kelch (Abb. 272) enthält die Eingeweide und besitzt eine Außenwand (Theca) und eine Mundscheibe (= Kelchdecke, Tegmen). Die Theca besteht aus Skeletplatten, die für die einzelnen Gruppen eine typische Anordnung zeigen. Bei den höher entwickelten Formen werden die basalen Armglieder mit in die Theca einbezogen und bilden den größten Teil ihrer Wand. Die untersten kleiner Thecaplatten können mit dem vergrößerten obersten Stielglied zu einem einheitliche Skeletstück, dem Centrodorsale, verschmelzen, das den Grund des Kelches bildet. Die Kelchdecke enthält bei primitiven Formen *(Hyocrinus)* größere Platten (= Oralia), bei höher entwickelten Arten besteht sie nur noch aus kleinen Kalkplättchen, die in ein umfangreiches faseriges Bindegewebe eingebettet sind.

Die Arme bilden eine Tentakelkrone, die dem Rande des Kelches entspringt; ihre einzelnen Skeletstücke (Brachialia) sind durch innervierte Ligamente aus mutabilen Kollagenfasern und durch Muskulatur verbunden. Die Konsistenz dieser Ligamente kann zwischen weich und steif wechseln. Primitive Formen besitzen 5 Arme, bei den höherentwickelten Arten hat sich ihre Zahl durch Verzweigung auf 10 bis 200 vermehrt. Von den Hauptästen der Arme gehen seitliche Zweige (Pinnulae) ab, die auch gegeneinander bewegliche Skeletstücke enthalten. Die ersten Pinnulae (Mundcirren) dienen dem Schutz des mund- und aftertragenden Tegmens (Abb. 273a). In den unteren Abschnitten der Arme enthalten die Pinnulae die Gonaden und sind daher verdickt, die distalen tragen oft Haken oder können sogar Greifzangen bilden. Bei manchen Formen (*Petalocrinus, Crotalocrinus;* Silur) verschmelzen die Skeletstücke der Arme zu einheitlichen blütenblattähnlichen Platten.

Auf der Innenseite der Arme und Pinnulae verlaufen die Nahrungsrinnen (= Ambulakralfurchen), deren Gesamtlänge infolge der Armverzweigungen bis zu 100 m betragen kann (*Comantheria grandicalyx* bei *Antedon* ca. 16 m). Sie können von Plättchenreihen beglei-

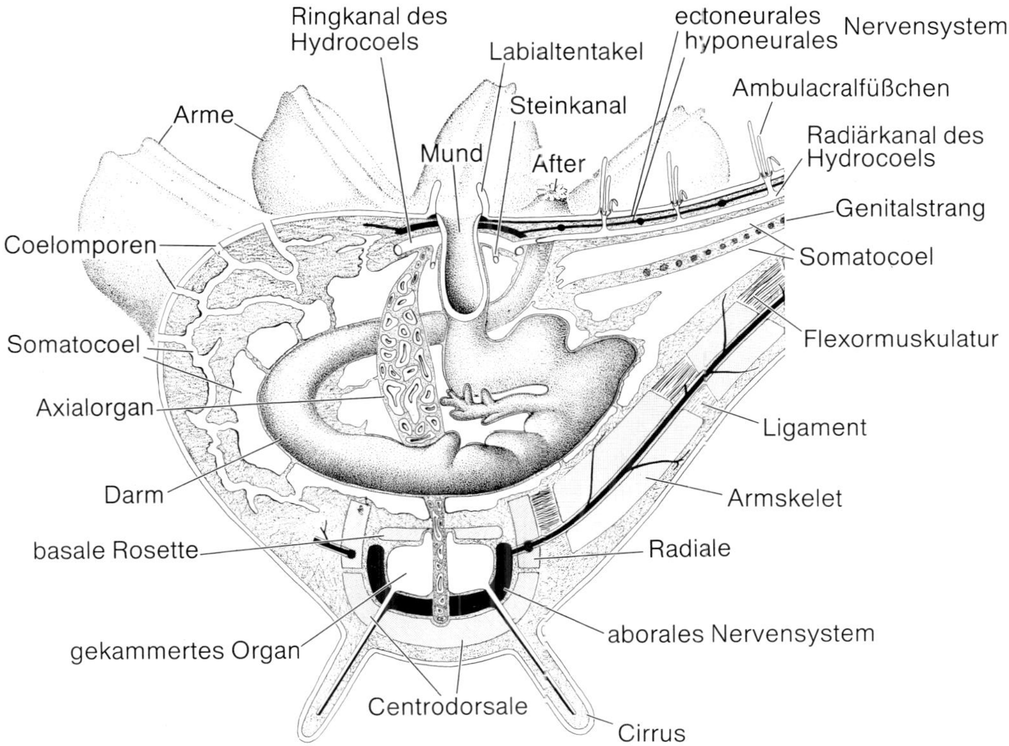

Abb. 272: Organisationsschema der Crinoidea. Die Arme tragen seitlich die Pinnulae, in denen die Gonaden liegen. Original

tet sein, die über ihnen ein bewegliches Schutzdach bilden. Bei vielen palaeozoischen Formen waren sie an den Armbasen und auf dem Kelch ebenso wie der Mund ständig von Platten bedeckt. Am Rande der Furche stehen zwei Reihen von ausstülpbaren Tentakeln (Ambulakralfüßchen), die meist Dreiergruppen bilden. Der Boden der Ambulakralfurche besteht aus einem bewimperten Epithel, das Sinnes- und Schleimzellen enthält und basal das ectoneurale Nervensystem beherbergt. Diese Furchen treten von den Armen auf die Kelchdecke über und laufen – meist in Fünfzahl – auf den Mund zu, der zentral oder lateral liegen kann. Der ebenfalls an der Kelchdecke ausmündende After liegt am Ende einer schornsteinförmigen Erhebung meist lateral, kann aber auch ins Zentrum rücken. Dieser Schornstein ist bei vielen palaeozoischen Arten so hoch wie die Arme und von Kalkplatten bedeckt. Er kann den größten Teil der Kelchdecke einnehmen und einen pilzförmigen Schirm tragen (z.B. viele Inadunata).

Der bewimperte Darmkanal beginnt mit einem kurzen Oesophagus und geht dann in einen ringförmigen Hauptdarm mit einem Umlauf oder mehreren Spiralwindungen über, der oft Blindsäcke trägt.

Das Coelom ist bei erwachsenen Crinoidea bis auf schmale epithelbegrenzte Spalten vom Bindegewebe verdrängt (Abb. 272). Das Axocoel verschmilzt früh mit dem Somatocoel. Zu den Coelomverhältnissen im Arm siehe Abb. 273b; im Gegensatz zum Kelch sind hier typische Coelomkanäle ausgebildet, deren Trennwände jedoch oft unvollständig sind. Das spalt- und schlauchförmige Coelom ist vermutlich das Haupttransportsystem der Crinoidea. Das Blutgefäßsystem ist weitgehend auf die Bereiche Darm, Axialorgan, Gonaden und Ambulakralfurchen beschränkt, seine Transportfunktion ist umstritten. Eine Sonderbildung des

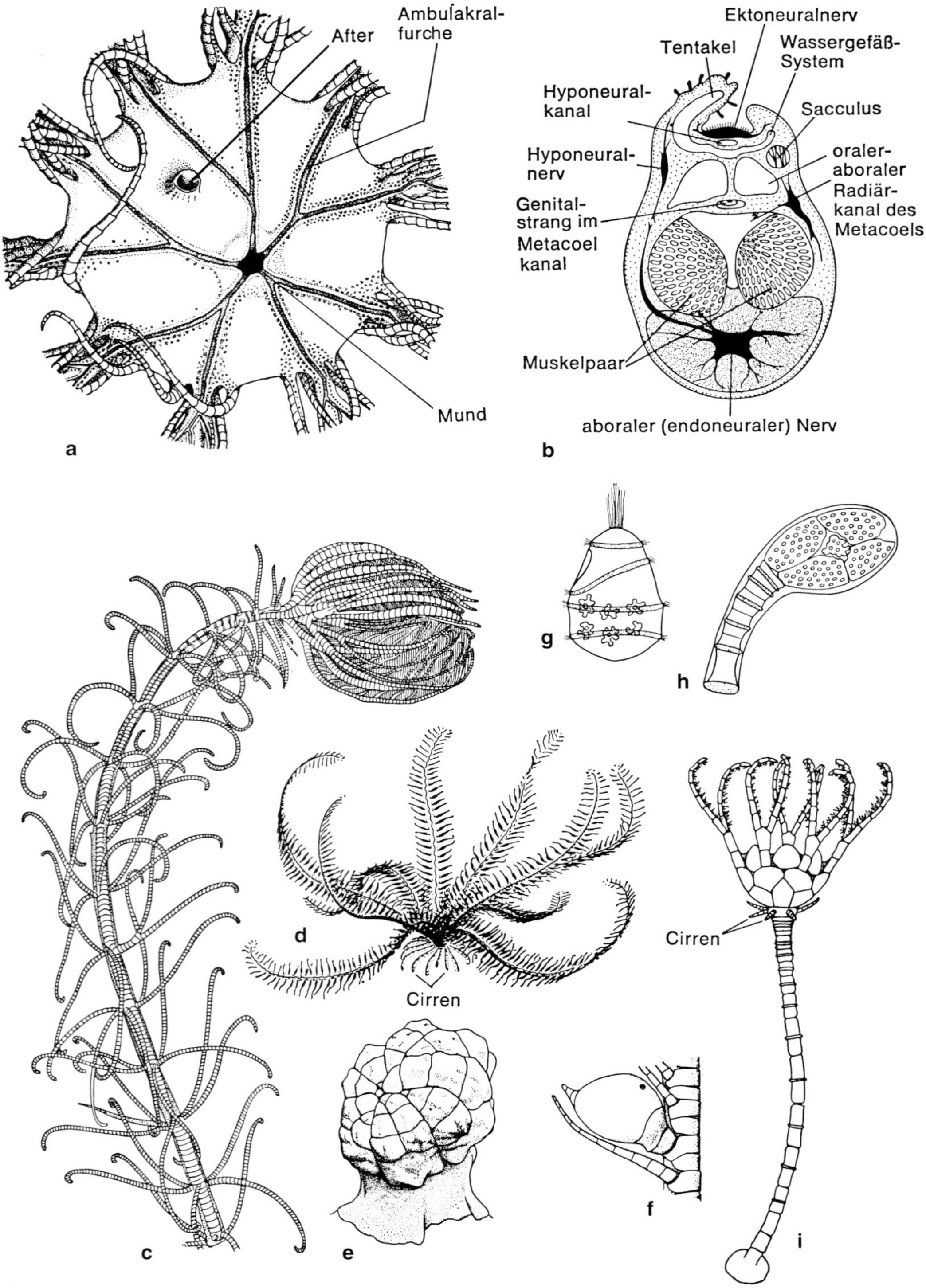

Ambulakral-
furche
After
Mund
a
Ektoneuralnerv
Tentakel
Wassergefäß-
System
Hyponeural-
kanal
Sacculus
Hyponeural-
nerv
oraler-
aboraler
Radiär-
kanal des
Metacoels
Genital-
strang im
Metacoel
kanal
Muskelpaar
aboraler (endoneuraler) Nerv
b
g
h
d
Cirren
Cirren
c
e
f
i

Coeloms (Somatocoels) ist das gekammerte Organ am Kelchgrund (Abb. 272), das sich in Stiel und Cirren fortsetzt. Es besteht aus 5 Kammern, die vom zentralen Anteil des aboralen Nervensystems umgeben werden.

Das Wassergefäßsystem bildet einen Ringkanal um den Mund, von dem Radiärkanäle, den Mund umgebende Labialtentakel und zahlreiche kurze Steinkanäle ausgehen, die in die Coelomspalten des Kelches münden. Anstelle eines einzigen Hydroporus sind bei adulten Crinoidea bis über 1000 bewimperte Poren in der Wand des Kelches zu finden, die die Coelomspalten des Kelches mit der Außenwelt verbinden.

Das Hauptnervensystem der Crinoidea ist das aborale Nervensystem, das in den Skeletstücken von Stiel, Kelch und Armen verläuft (Abb. 272). Es besteht aus Marksträngen und versorgt u.a. die Muskulatur des Skelets und über große neurosekretorische Neurone die Ligamente zwischen den Ossikeln von Armen und Stiel. Sinneszellen treten konzentriert an Tastpapillen der Füßchen und in der Ambulakralfurche auf.

Neben den Ambulakralfurchen liegen bei vielen Arten in das Bindegewebe eingesenkte kugelige Gebilde (Sacculi) unbekannter Funktion, die einige spindelförmige Drüsenzellen enthalten. Die Sacculi können ausgestoßen und neu gebildet werden (Abb. 273b).

Die Gonaden der meist getrenntgeschlechtlichen Crinoidea finden sich merkwürdigerweise meist in den Pinnulae (Comatuliden) oder in den Armen. Die Freisetzung der Keimzellen erfolgt durch Wandbruch (Ovarien) oder einen Porus (Hoden).

Manche Formen besitzen Bruttaschen an den Armen und Pinnulae; die gut 20 Bruttaschen des antarktischen *Notocrinus* enthalten insgesamt ca. 2000 Embryonen. Manche Arten, z.B. die europäischen *Antedon*-Arten, tragen die Eier an den Pinnulae.

Die Entwicklung führt über eine kurzlebige, nur von Dotter lebende Larve (Doliolaria, Abb. 273g) mit Scheitelplatte und meist 4 Wimperringen, die sich unter Stielbildung (Pentacrinus-Stadium, Abb. 273i) festsetzt und zum erwachsenen Tier umbildet. Bei den Comatuliden löst sich die Krone bei einer Größe von 3 mm vom Stiel und nimmt eine freischwimmende Lebensweise auf. Einige Arten mit Brutpflege (*Isometra vivipara* u.a.) besitzen dotterreiche Eier.

Die Verbreitung erstreckt sich vom Flachwasser bis in große Meerestiefen (bis über 8000 m), die gestielten Arten treten dabei häufiger in der Tiefsee auf als die ungestielten.

Die Nahrung besteht vorwiegend aus kleinen Planktonorganismen. Crinoidea werden oft von Myzostomiden parasitiert (Abb. 273f). Bei manchen *Comatula*-Arten sind einzelne Arme verlängert, sie weisen bei der Fortbewegung i.a. nach vorn. Bei *Antedon* (Abb. 273d, 10 Arme) wechseln einander beim Schwimmen immer 5 gleichzeitig schlagende Arme ab.

System: Die Crinoidea werden in mehrere Unterklassen gegliedert.

a. Echmatocrinea: mit *Echmatocrinus*, der ursprünglichsten bekannten Crinoidengattung; Mittleres Kambrium, Burgess Shale.

b. Inadunata: Unteres Ordovicium bis Trias. Vermutlich unnatürliche Sammelgruppe ursprünglicher Formen, die die Stammformen der restlichen Crinoiden enthält. Starre Theca; Mund mit Skeletplatten bedeckt; Arme z.T. noch ohne Pinnulae, oft noch unverzweigt und in wechselnder Zahl (1–6); *Embryocrinus* sogar ohne Arme. *Petalocrinus* mit breiten, blattähnlichen Armen. Porocrinidae möglicherweise mit Atmungsorganen ähnlich denen mancher Cystoidea.

c. Flexibilia: Mittleres Ordovicium bis unteres Perm. Theca mit beweglichen, gegeneinander verbundenen Skeletplatten. Mund frei, Arme verzweigt, keine Pinnulae.

d. Camerata: Ordovicium bis Mittleres Perm. Größte palaeozoische Gruppe. Starre Theca, Mund und Nahrungsrinnen auf der Theca bedeckt, Arme mit Pinnulae. Sehr vielge-

◁ Abb. 273: Rezente Crinoidea. a. Aufsicht auf die Kelchdecke eines Comatuliden (*Antedon*); die proximalen Pinnulae tragen keine Ambulakralfurchen und schützen die Kelchdecke. b. Querschnitt durch den Arm eines Haarsterns. Der Hyponeuralkanal ist ein Blutgefäß. Die Bedeutung des Sacculus ist unbekannt, c. gestielte Crinoide: *Cenocrinus*, d. Haarstern (*Antedon*), e. *Holopus*, ungewöhnliche, festsitzende Crinoide mit kurzen Armen, f. Myzostomidengalle an Haarsternarm, g–i. Entwicklungsstadien eines Haarsterns, g. freischwimmende Doliolaria-Larve mit 4 Wimperbändern, im Innern erste Skeletplatten, h. Stielbildung einer festgesetzten Larve, i. Pentacrinus-Stadium mit Armen und Cirren, Stiel bricht unterhalb der Cirren nach Metamorphose ab. Nach Cuénot, Clark, Carpenter, von Graff

staltig; manche Gattungen mit herabhängenden Armen (z.B. *Barrandeocrinus*); *Glyptocrinus* mit greifschwanzähnlichem Stiel; *Syphocrinus* vielleicht pelagisch.

e. **Articulata:** Trias bis rezent. Im Mesozoikum z.T. sehr große Arten mit ca. 20 m langem Stiel. Heute ca. 600 Arten, verteilt auf ca. 25 (artenarme) gestielte Gattungen und ca. 90 (artenreichere) freilebende Gattungen, die nur in der Jugend vorübergehend mit einem Stiel festgeheftet sind. Die Articulata haben flexible lange Arme, die sich bewegen können. Rheophile Arten halten ihre Arme in Wasserströme, aus denen sie Nahrungspartikel abfangen (Abb. 271a, b). Tagsüber verstecken sie sich oft in Spalten, aus denen sie nachts zur Nahrungsaufnahme herauskommen. Viele Arten halten die Arme vertikal in die Strömung. Die Filterleistungen sind außerordentlich effizient. Rheophobe Arten leben in strömungsarmen Bereichen und halten die Arme eher horizontal. *Antedon* kann sich im Labor rheophil oder rheophob verhalten.

Ordnung: Millericrinida. Seelilien mit einem Stiel ohne Cirren. *Calamocrinus, Hyocrinus.*

Ordnung: Cyrtocrinida. Kompakte Formen ohne Stiel am Substrat festgewachsen. *Holopus* (Abb. 273 e), *Cyathidium.*

Ordnung: Bourgueticrinida. Kleine Seelilien mit schlankem Stiel ohne Cirren. *Rhizocrinus.*

Ordnung: Isocrinida. Seelilien mit Cirren am Stiel, bis 1 m groß, tiefere Meeresregionen, z.T. häufig und bestandsbildend. *Metacrinus, Cenocrinus* (Abb. 273 c).

Ordnung: Comatulida. Haarsterne, enger mit den Isocrinida verwandt. Als Adulte freilebend.

Nach einem freien Larvenstadium setzen sie sich mit einem Stiel fest (Pentacrinus-Stadium), von dem sie sich nach einer Metamorphose lösen (Abb. 273g–i). Können als Adulte auf Substrat klettern und frei schwimmen. *Saccocoma* (Jura), wohl pelagisch. Zwei Unterordnungen.

1. Unterordnung: Comasterina. Halten sich mit Armen am Substrat fest. Mund meist exzentrisch, After oft zentral. Darm bildet mehrere Spiralwindungen. Tendenz zur Bilateralsymmetrie, z.T. ungleich lange Arme; oft sehr bunt gefärbte Formen. *Comaster, Comatula, Comanthus, Tropiometra.*

2. Unterordnung: Macrophreata. Mund zentral, proximale Pinnulae bilden Mundcirren. *Antedon* (Abb. 273d) häufigster Haarstern in außertropischen Bereichen; *Hathrometra*, Nordwesteuropa bis Skagerrak; *Isometra* und *Notocrinus* mit hochentwickelter Brutpflege, Antarktis.

Die folgenden 3 Klassen bilden nach derzeitiger Auffassung eine natürliche Gruppe, die als Überklasse **Cystoidea** (Blastozoa) zusammengefaßt werden. Es handelt sich um vielgestaltige, palaeozoische Echinodermen, die vom Kambrium bis zum Devon vermutlich überwiegend in Flachwasserregionen lebten. Die Tiere sind von rundlicher oder ovaler Gestalt und aboral am Substrat befestigt. Viele besitzen einen Stiel. Die Skeletplatten sind oft auffällig skulpturiert. In unterschiedlicher Ausprägung besitzen sie respiratorische Kanal-, Schlitz- oder Porenstrukturen, die die Platten der Theca durchbrechen und deren Morphologie ein wichtiges Kriterium für die systematische Gliederung ist. Penta- oder auch hexamere Symmetrie. Auf den oben liegenden zentralen Mund führen z.T. verzweigte Nahrungsrinnen zu, die oft bedeckt sind. Am Ende oder am Rande der Nahrungsrinnen befinden sich kurze Arme, die Brachiolen genannt werden. Hierher werden die folgenden palaeozoischen Echinodermenklassen gezählt: **Rhombifera, Diploporita** und **Blastoidea**.

b. Eleutherozoa

1. Klasse: Stromatocystidea

Kambrium. Mit *Stromatocystites*, freilebend, vermutlich Stammform der Eleutherozoa.

2. Klasse: Edrioasteroidea

Typische Formen vom Ordovicium bis Karbon. Oft werden ihnen auch die Stromatocystidea zugerechnet (s.o.). Kleine armlose, sessile Formen, oft abgeflacht, kissen- oder pilzförmig (Abb. 274h–j). Oberseite mit zentralem, öfter von Platten bedecktem Mund, auf den fünf, stets von beweglichen Skeletstücken bedeckte Nahrungsrinnen zuführen; oft vermutlich mit Ambulakralfüßchen, z.T. sogar mit Ampullen. Nahrungsrinnen verlaufen gerade (*Cyathocystis* [Abb. 274j]) oder gewunden *(Edrioaster*

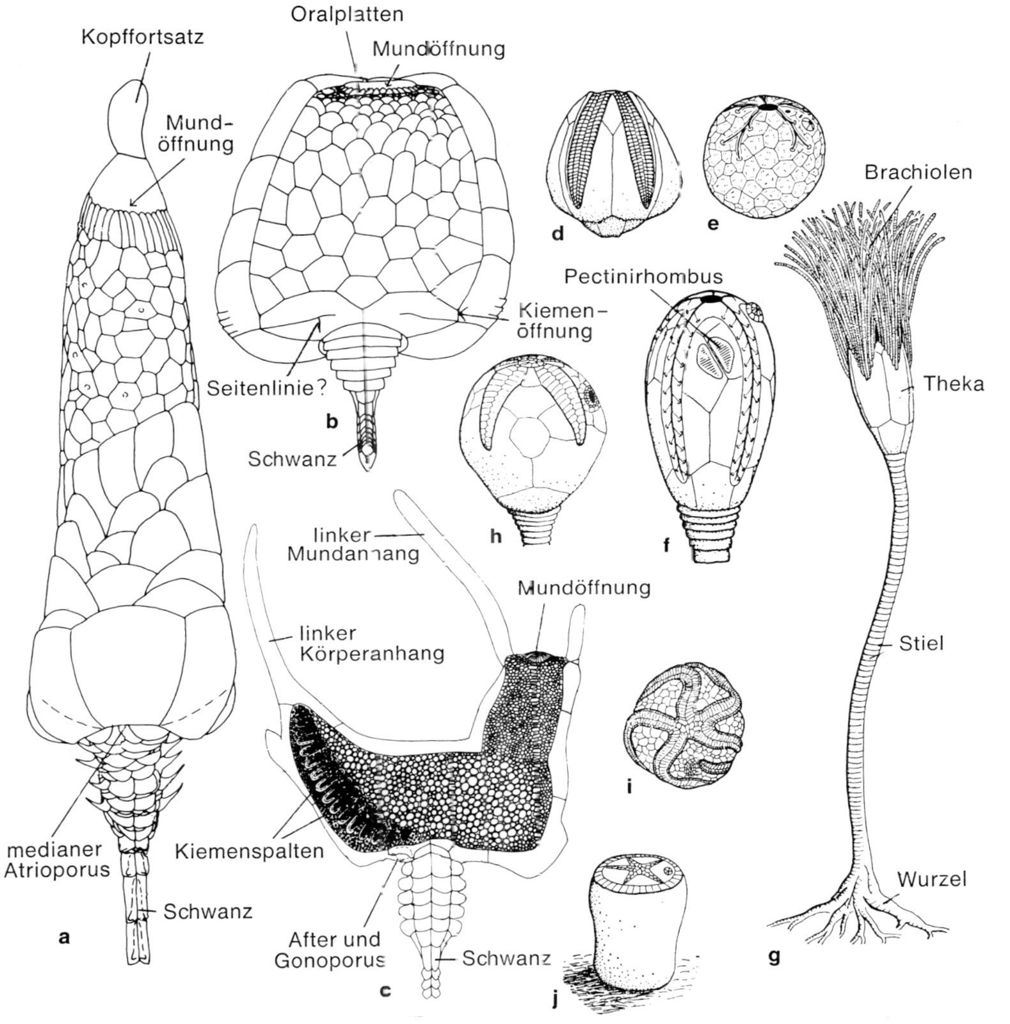

Abb. 274: a–c. Carpoidea (Ordovicium), a. *Lagynocystis* (Mitrata), Ventralansicht, Stiel (Schwanz?) nur z.T. dargestellt, b. *Mitrocystitis* (Mitrata), Ventralansicht, ca. 1,5 cm groß, c. *Cothurnocystis* (Cornuta), Dorsalansicht, ca. 2 cm groß; Stiel (Schwanz?) nur z.T. dargestellt, d. *Pentremites* (Blastoidea), Theca ohne Brachiolen, e. *Glyptosphaerites* (Cystoidea), ohne Brachiolen, f. *Staurocystis* (Cystoidea), g. *Orophocrinus* (Blastoidea), vollständiges Tier, h–j. Edrioasteroidea, h. *Astrocystites*, i. *Edrioaster*, j. *Cyathocystis*. Nach Jefferies, Nichols

[Abb. 274i], *Agelacrinites)*. In ihnen wurzeln vermutlich alle weiteren Eleutherozoa.

3. Klasse: Asteroidea (Seesterne)

Fünfstrahlige, sternförmige und relativ flache Tiere mit deutlich getrennter Oral- und Aboralseite (Abb. 275). Ambulakralfurchen offen. After (fehlt bei manchen Gruppen) und Madreporenplatte(n) liegen aboral. Der Körper ist in eine zentrale Scheibe und die meist mittellangen Arme gegliedert, die an der Scheibe breit ansetzen. Bei einigen Arten Vermehrung der Armzahl (6–7: *Luidia;* bis 50: *Labidiaster*). Auffällige Armverlängerung bei gleichzeitiger Vermehrung zeigt z.B. *Freyella* (Gesamtdurch-

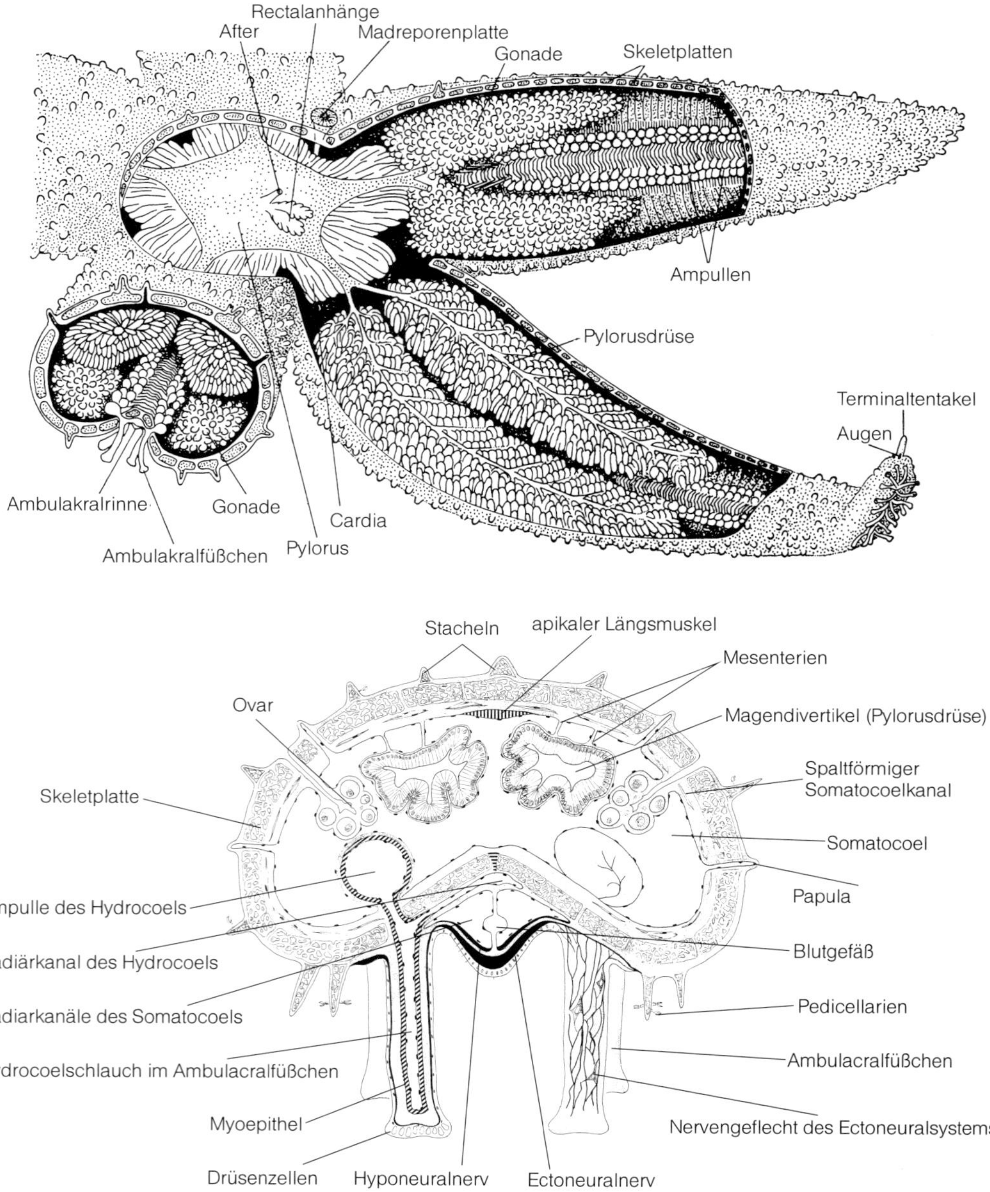

Abb. 275: a. Bauplan eines Seesterns, b. Armquerschnitt eines Seesterns. Nach Kükenthal, Storer.

messer ca. 1 m). Bei einigen Gruppen wächst das Gewebe zwischen den Armen bis an deren Spitze vor, so daß 5eckige Tiere entstehen, die mitunter relativ hochkörperig sind (*Culcita*, Kissenstern); daneben gibt es auch extrem abgeflachte Formen *(Anseropoda)*. Die Epidermis ist oft bunt pigmentiert. Die Skeletstücke des Bindegewebes sind meist durch mutabiles Kollagen miteinander verbunden und gegeneinander beweglich. Sie bilden an der Oralseite der

Arme 2 Reihen von Ambulakralplatten, die wie ein Dach (aboral) über der Ambulakralfurche liegen. Lateral von ihnen schließen sich die oft bestachelten Adambulakralplatten an, die die Furche begrenzen. Um den Mund liegt ein Skeletring, der aus den ersten Ambulakral- und Adambulakralplatten entsteht. Die Aboralseite enthält vorwiegend kleine Skeletstücke, die ihr ein körniges Aussehen verleihen. Besondere Skeletbildungen der Paxillosida und Valvatida sind die Paxillen (Abb. 267 g). Sie können miteinander verwachsen und ein Schutzdach der Aboralseite bilden. Bei den beiden genannten Ordnungen sind weiterhin an der Grenze von Oral- und Aboralseite besondere Marginalplatten ausgebildet.

Der der Madreporenplatte gegenüberliegende Arm (Radius) wird mit A bezeichnet, gegen den Uhrzeigersinn (von aboral betrachtet) folgt B usw. Die Interradien werden AB, BC usw. genannt, die Madreporenplatte liegt in CD, der After meist in BC. Dieses System läßt sich auf alle Echinodermen übertragen (Abb. 281). Allerdings liegt der After bei Crinoiden in Interradius CD, ihm gegenüber Arm A).

Typische Oberflächenbildungen sind verschiedene bewegliche Stacheln, Pedicellarien, Füßchen und Papulae (Kiemen). Die Pedicellarien dienen der Reinigung und dem Ergreifen der Beute (Abb. 267). Die Füßchen bilden meist Doppelreihen (seltener Vierer-Reihen, *Asterias*) entlang der Ambulakralfurche.

An den Armspitzen liegen oft rotpigmentierte Augenflecken mit flachen Retinae oder Becheraugen mit Linsen.

Dem Mund folgen ein kurzer Oesophagus und ein sehr weiträumiger, meist ausstülpbarer Magen (Cardia), von dessen aboralem Teil (Pylorus) stark gelappte, paarige Blindschläuche (Pylorusdrüsen, Magendivertikel) abgehen, die den größten Teil der Arme ausfüllen (Abb. 275).

Das innervierte Epithel dieser Drüsen bildet Verdauungsenzyme, resorbiert und speichert Nährstoffe.

Vom Dach des Pylorus zieht ein kurzer, enger Darmabschnitt, der oft Taschen (Rectaldivertikel) ausbildet, zum aboral liegenden After; dieser fehlt *Astropecten* und einigen weiteren Formen.

Das Axocoel (Axialsinus) ist oral mit dem inneren Ringkanal und aboral mit der Ampulle verbunden (Abb. 269). Das Axialorgan entspricht dem oben beschriebenen Typ.

Das Wassergefäßsystem trägt am Mundring die Tiedemannschen Körperchen (oft 11–12, Abb. 269). Die Zahl der Polischen Blasen schwankt, sie können auch fehlen (z.B. bei Asteriidae). Die Zahl der Steinkanäle kann bis zu 16 (*Acanthaster*, Abb. 276 e) vermehrt sein, sie sind oft innerlich zweigeteilt; zum Verlauf des Wassergefäßsystems im Arm s. Abb. 275.

Das Somatocoel bildet die große Leibeshöhle, einen aboralen Ring (mit Verbindung zu den Gonaden) und ein relativ kompliziertes Oralsystem, das aus Mundring und Radiärkanälen im Arm besteht. Von den Radiärkanälen gehen seitlich schmale Kanäle ab, die die ganze Wand der Arme durchziehen und deren Epithel aus Myoepithelzellen besteht, die funktionell eine locker angeordnete Muskulatur aufbauen.

Die Keimzellen der meist getrenntgeschlechtigen Arten entstehen in Strängen im aboralen Metacoel. Ihre Form und Ausmündungsweise sind sehr unterschiedlich. Die Ausgänge liegen oft seitlich am Arm oder im Armwinkel. Die Befruchtung erfolgt meist im freien Wasser. Die Entwicklung läuft über die Bipinnaria-Larve (Abb. 268 a), die sich direkt in ein erwachsenes Tier umwandelt (*Astropecten*, Abb. 276 j, *Luidia*) oder zunächst 3 kleine Haftarme ausbildet und dann Brachiolaria genannt wird. Mit Hilfe dieser Arme und einer Saugscheibe heften sich die Larven am Substrat fest, ein Vorgang, der vermutlich auf ursprünglich sessile Lebensweise hindeutet.

Manche Arten treiben Brutpflege und geben große dotterreiche Eier ab. *Asterina* klebt Eier an Steine, manche Arten bewachen diese noch zusätzlich. Einige Seesterne (*Henricia*) sitzen über den Eiern, bis die Jungtiere selbständig werden. Andere Arten legen die Eier an der Körperoberfläche ab; *Leptasterias groenlandica* benutzt Magenkammern als Brutraum. Vereinzelt erfolgt ungeschlechtliche Vermehrung durch Teilung.

Seesterne leben i.a. recht lange, in Einzelfällen wurde ein Lebensalter von über 30 Jahren nachgewiesen.

Seesterne kommen von der Küstenzone bis in die Tiefsee (unter 7000 m) vor. Sie bewohnen alle Meere, dringen aber kaum ins Brackwasser vor (*Asterias, Henricia* und *Crossaster* in der westlichen Ostsee). Viele Arten sind Allesfresser und nehmen außer großen Beutetieren auch kleine Partikel auf, z.T. mit Bodenmaterial. Manche Formen scheinen nur mikro-

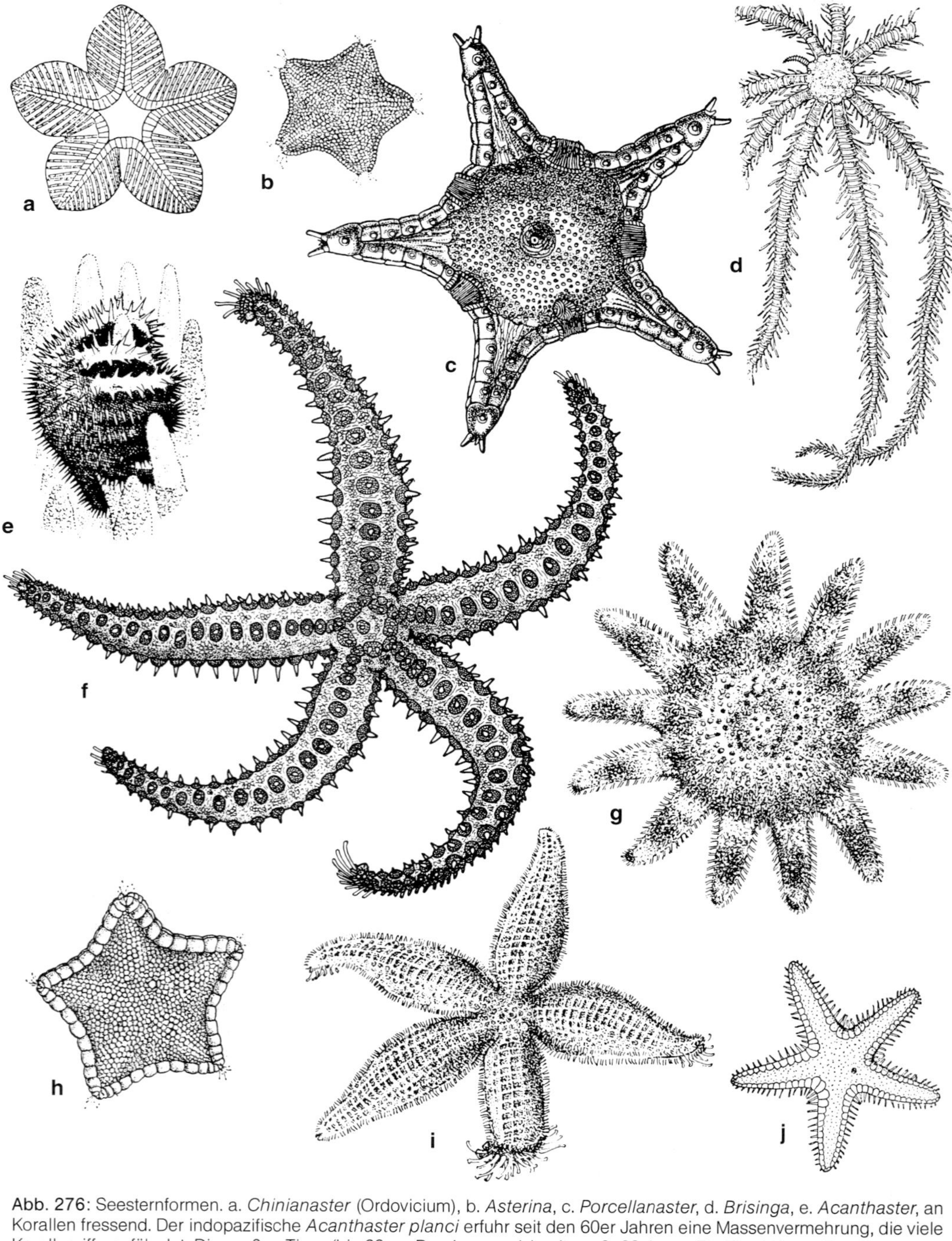

Abb. 276: Seesternformen. a. *Chinianaster* (Ordovicium), b. *Asterina*, c. *Porcellanaster*, d. *Brisinga*, e. *Acanthaster*, an Korallen fressend. Der indopazifische *Acanthaster planci* erfuhr seit den 60er Jahren eine Massenvermehrung, die viele Korallenriffe gefährdet. Die großen Tiere (bis 60 cm Durchmesser) besitzen 9–23 Arme. Ein Tier frißt am Tag mit seinem ausgestülpten Magen eine Region lebenden Korallengewebes, die seiner eigenen Fläche entspricht. f. *Marthasterias*, g. *Crossaster*, h. *Ceramaster*, i. *Asterias*, j. *Astropecten*. Nach Clark, de Haas, Knorr, Nichols, Riedl, Thomson

phag zu sein *(Henricia, Linckia, Porania)*. Die Nahrungsaufnahme erfolgt dabei z.T. über Wimperströme (vor allem in den Ambulakralfurchen), die zum Mund führen. Nahrungsspezialisten sind z.B. *Acanthaster*, der Steinkorallen frißt, und *Oreaster*, der von Schwämmen lebt. Einige Formen sind Raubtiere und Schlinger, die auch andere Echinodermen, vor allem Ophiuroiden, fressen. Große Beute kann außerhalb des Mundes verdaut werden (extraintestinale Verdauung), wobei der Magen ausgestülpt wird *(Asterias)*.

System. Die palaeozoischen Seesterne werden als Somasteroidea zusammengefaßt und auf verschiedene Ordnungen verteilt. Bekannte Gattungen sind *Chinianaster*, *Villebrunaster* und *Archegonaster*. Die ältesten Formen sind aus dem Unteren Ordovicium nachgewiesen und gehen wohl auf kambrische Formen zurück. Sie besaßen z.T. breite blattförmige Arme. *Chinianaster* (Abb. 276 a) besaß noch keine innere Ampullen, diese treten erst bei *Villebrunaster* auf, der auch schon Marginalia besaß. Die ersten typischen Seesterne treten im Unteren Ordovicium auf *(Petraster = Uranaster)*. Das System der Asteroidea weist noch viele Unsicherheiten auf. Besonders umstritten sind die Systematik der höheren Kategorien (Überordnungen, Ordnungen u.ä.) und deren gegenseitige Beziehungen. Die Unsicherheiten beruhen vor allem auf lückenhaften Kenntnissen der Morphologie, Entwicklung, Biochemie und Lebensweise der fossilen und rezenten Formen. Außerdem fällt die Bewertung von Merkmalen, z.B. der Struktur der Ambulakralfüßchen und des Nervensystems, außerordentlich verschieden aus.

Rezent ca. 1600 Arten.

1. **Ordnung: Paxillosida.** Füßchen ohne Saugnäpfe. Oft im Substrat eingegraben. Z.T. mit Siebrinnen, die bewimperte vertikale Furchen darstellen, die zwischen 2 Armbasen die Marginalplatten ersetzen und Atemwaser und Nährstoffe zum Mund führen.

Luidiidae: Enddarm und After fehlen. *Luidia ciliaris* mit 7 langen Armen, frißt andere Echinodermen.

Astropectinidae: *Astropecten* (auch Nordsee) ohne After und Pedicellarien, Bodenbewohner (Abb. 276 j), ernährt sich vorwiegend von größerer Beute, die im Körper verdaut wird, nimmt aber auch Substrat auf.

Radiasteridae: Nur eine Gattung *Radiaster*.

Goniopectinidae: mit vereinfachtem Siebrinnenorgan, ohne After und Enddarm, *Ctenodiscus* (auch Nordsee).

2. **Ordnung: Notomyotida.** Tiefseebewohner mit langen beweglichen Armen, sollen schwimmen können.

Benthopectinidae: *Benthopecten, Pontaster*.

3. **Ordnung: Valvatida.** Füßchen mit Saugnäpfen, auffallende Randplatten, paxilliforme Platten, Pedicellarien valvat und liegen i.a. in Gruben, mehrere Formen mit kurzen, breiten Armen, z.T. Kissensterne, z.B. *Culcita* (Abb. 45 n). Umfaßt nach derzeitigem Verständnis 13 Familien, die hier nicht alle genannt werden.

Archasteridae: Mit *Archaster* auf Korallenriffen Südostasiens. Versammeln sich zur Fortpflanzung in großer Zahl, Männchen legen sich auf die Weibchen.

Oreasteridae: Mit *Culcita* und *Oreaster*, letztere Gattung mit großen voluminösen Formen mit netzförmigem Skelet und individuell schwankender Armzahl (4–7).

Acanthasteridae: Mit *Acanthaster planci* (Abb. 276 e), einem Korallenfresser.

Ophidiasteridae: Mit *Linckia* (Abb. 45 j). Lange biegsame Arme mit glatter Oberfläche, häufig im Flachwasser der Tropen, autotomiert leicht, kann sich auf diese Weise vermehren.

Goniasteridae: Mit bunten, schön gefärbten Gattungen: *Ceramaster* (Abb. 276 h).

4. **Ordnung: Velatida.** Oft große Körperscheibe, 5 oder viele Arme, Füßchen in 2 Reihen mit Saugnäpfen, große Mundplatten.

Solasteridae: Breite Scheibe mit vielen Armen, keine Pedicellarien. *Crossaster papposus* (Sonnenstern, Abb. 276 g) bis westliche Ostsee, 8–14 Arme (schwankt individuell), frißt häufig *Asterias*.

Pterasteridae: Breite kurze Arme, lange äußere Stacheln der Adambulakralplatten durch Membran verbunden, Spitzen aboraler Stacheln ebenfalls durch Membran verbunden, so daß zwischen ihnen und der aboralen Körperwand ein Raum (Brutraum bei Weibchen) entsteht. *Pteraster, Hymenaster*.

Weitere Familien Myxasteridae (dicker abgerundeter Körper, Arme deutlich von Körperscheibe abgesetzt), Korethrasteridae (dicker Körper, kurze Arme gehen breit in die Körperscheibe über) und Caymanostellidae (kleine, extrem flache, pentagonale Formen).

5. **Ordnung: Spinulosida.** Kleine Körper-

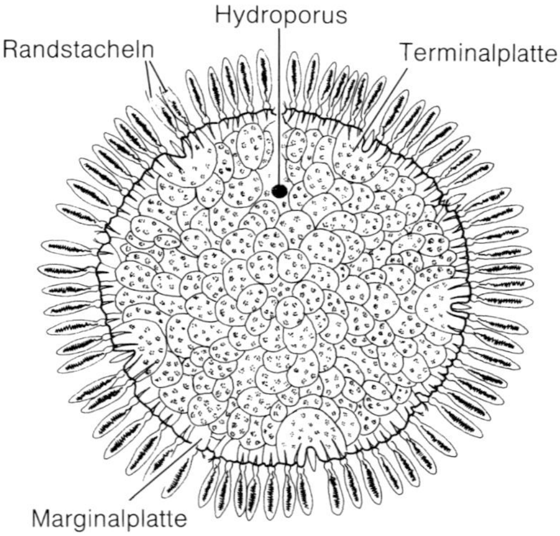

Abb. 277: Concentricycloidea. Gesamtansicht von *Xyloplax*. Nach Baker, Clark, Rowe

scheibe; meist 5 lange, rundliche Arme. Aboralskelet oft mit netzförmigem Muster: Hautdrüsen verbreitet; Pedicellarien fehlen; Füßchen mit Saugnäpfen.

Echinasteridae: Mit *Echinaster* und *Henricia; Henricia sanguinolenta* (tiefrot, orange oder gelb) bis in die Kieler Bucht, Ernährung mikrophag mit Hilfe von Cilienströmen auf der Epidermis; Brutpflege.

6. Ordnung: Forcipulatida.

Zoroasteridae: Lange schlanke Arme; Pedicellarien mit geraden Zangenarmen; auf Weichböden. *Zoroaster* verbreitet in Atlantik und Pazifik.

Neomorphasteridae: Pedicellarien mit gestreckten und gekreuzten Zangenarmen. *Neomorphaster.*

Pedicellasteridae: 5 bis 6 Arme, Pedicellarien mit gestreckten und gekreuzten Zangenarmen. *Pedicellaster.*

Asteriidae: Artenreiche Familie, 5–15 Arme, 4 Füßchenreihen. *Marthasterias*, auch Nord- und Westeuropa (Abb. 276 f). *Pycnopodia*, groß (Durchmesser bis 80 cm), relativ schnell, vielarmig, Stacheln von Pedicellarienkranz umgeben, rückgebildete aborale Skeletstücke, *Asterias* (Abb. 276 i), *Heptasterias; Pisaster*, kann Beute mit Pedicellarien ergreifen.

Asterias rubens (Gemeiner Seestern) ist der häufigste Seestern in Nordsee und westlicher Ostsee. Jungtiere findet man oft an Algen, größere zum Beispiel auf Bänken von Miesmuscheln, von denen sie leben. Unter oft stundenlanger Einwirkung werden die Schalenhälften auseinander gezogen; dann stülpt der Seestern die Cardia in die Muschel und verdaut die Weichteile mit dem Sekret der Pylorusdrüsen. Außerdem kann *Asterias* mit seiner Cardia kleine Organismen von der Oberfläche aufnehmen. Auf Weichböden der Ostsee gräbt diese Art Muscheln (v.a. *Macoma*) aus dem Sediment aus. Befruchtung im Wasser. Die Entwicklung erfolgt über *Bipinnaria* (Abb. 268 a) und *Brachiolaria* (Abb. 268 b). Fortpflanzung ist noch in der westlichen Ostsee möglich.

Labidiasteridae: 9 bis 50 schlanke Arme; Jungtiere oft 5 Arme. Gezeitenzone; *Heliaster.*

7. Ordnung: Brisingida. Seesterne der Tiefsee. Schlangensternähnlich mit kleiner rundlicher Körperscheibe und langen, schlanken Armen, die leicht abbrechen. Armzahl immer mehr als 5, oft mehr als 10. Gonadentragende Armregion vom restlichen Arm etwas abgegrenzt. Zwei Reihen von Füßchen (mit Saugnäpfen), breite Ambulakralfurche, zahlreiche gekreuzte Pedicellarien.

Brisingidae: Körperscheibe recht scharf gegen die Arme abgesetzt, Suspensionsfresser, halten Arme ähnlich wie Comatuliden empor. *Brisinga* (Abb. 276 d), *Odinia.*

Freyellidae: Armbasen gehen unscharf in Körperscheibe über. Arme können bis 45 cm lang werden und tragen seitlich z. T. lange hakenartige Stacheln, vermögen wahrscheinlich aktiv Beute zu fangen.

4. Klasse: Concentricycloidea

Die 2 bekannten Arten dieser erst 1986 beschriebenen Klasse, *Xyloplax medusiformis* und *X. turnerae*, ähneln wegen ihres wenige mm großen scheibenförmigen Körpers oberflächlich einer Meduse (Abb. 277). Sie wurden in Tiefen von etwa 1000 bis über 2000 m vor Neuseeland und in der Karibik gefunden. Die Skeletelemente sind weitgehend konzentrisch angeordnet, die Ambulakralfüßchen stehen in einem peripheren Ring (Abb. 277), das Ambulakralgefäßsystem enthält zwei miteinander kommunizierende Ringkanäle und Polische Blasen. Mit weitem, blindendigendem Magen *(X. turnerae)* oder als Adulte ohne Verdauungstrakt *(X. medusiformis)*. Es sind 5 Paar

Gonaden vorhanden. Viviparie und damit verbundene innere Befruchtung wurden für *X. medusiformis* nachgewiesen. Die Spermien weisen eine innerhalb der Echinodermen ungewöhnlich schlanke Gestalt des Kopfes auf.

Die Tiere leben auf abgesunkenem Holz, auf dem sie sich mit ihren Ambulakralfüßchen bewegen, vielleicht vermögen sie zu schwimmen.

Eine Reihe morphologischer Merkmale deutet auf verwandtschaftliche Beziehungen zu Seesternen, speziell zu den Caymanostellidae (Velatida), die auch an in die Tiefe abgesunkenem Holz leben.

Die folgenden Echinodermengruppen (Ophiuroidea, Echinoidea, Holothuroidea) weisen spezielle Gemeinsamkeiten auf, so daß sie eine natürliche Gruppe bilden, für die der Name **Cryptosyringida** geschaffen wurde.

5. Klasse: Ophiuroidea (Schlangensterne)

Bei den recht einheitlichen Schlangensternen ist der Körper stets klar in Scheibe und Arme gegliedert (Abb. 279). Die Arme sind schmal, rundlich, lang und gut beweglich; Abweichungen von der 5-Zahl sind selten. Bei den Euryalae kommt es meist zu dichotomen Verzweigungen der Arme.

Die Aboralseite der Scheibe ist im allgemeinen ledrig und enthält oft nur kleinere Skeletstücke; schuppenartige Platten oder Stacheln sind selten. Sehr oft liegen 2 größere Platten (Radialschilde) an der Armbasis (Abb. 278 c). Aboral sind keine Körperöffnungen vorhanden; der After fehlt den Schlangensternen stets, die Madreporenplatte liegt oral neben dem Mund. Dieser befindet sich in der Tiefe eines sternförmigen Mundvorhofes, an dessen 5 Spitzen (Mundwinkel) die Ambulakren der Arme mit 2 Mundfüßchen beginnen (Abb. 278). In den Interradien liegen meist 5 größere Skeletplatten, die Oralschilde.

In jedem Interradius liegen beiderseits der Arme auf der Oberfläche 2, selten 4 bewimperte Öffnungen der Bursae (Abb. 278). Diese Taschen sind bewimperte Einsenkungen der Haut ins Innere der Scheibe, die bei manchen Arten (z. B. bei den Euryalae) sehr umfangreich sind, miteinander verschmelzen und einen ringförmigen Raum im Innern der Scheibe bilden. Sie dienen der Atmung und wohl auch der Exkretion und können sich mit gefäßartigen Schläuchen in die Muskulatur der Mundregion einsenken *(Ophiothrix, Ophiocoma)*. Da in sie hinein meistens die Gonaden ausmünden, bilden sie oft auch Bruttaschen. Bei den Ophiactidae fehlen die Bursae oder sind rückgebildet.

Pedicellarien und Papulae – und selten auch Stacheln – fehlen. Das Armskelet besteht aus 4 Reihen peripher gelegener Platten (1 Apikal- = Aboralschild, fehlt manchen Gruppen, v. a. den Euryalae), 2 Lateralschilde und 1 Oral- = Epineuralschild), die ein gegliedertes, röhrenförmiges Skelet bilden, und den im Innern befindlichen Wirbeln, die gelenkig und über Muskulatur und Bänder miteinander verbunden sind. Die Wirbel entstehen aus einer paarigen Anlage und entsprechen den Ambulakralplatten der Asteroidea. Hierfür spricht auch ihre Lagebeziehung zur versenkten Ambulakralrinne. (Abb. 278 a). Die Form der Gelenke erlaubt entweder Bewegungen in allen Richtungen (Abb. 279, streptospondyle Gelenke, Euryalae) oder bevorzugt seitliche Bewegungen (Abb. 279, zygospondyle Gelenke, Ophiurae). Manchmal fehlen Gelenkflächen (Ophiomyxidae), so daß ein Einrollen der Arme zum Mund hin möglich ist. An den Seiten der Arme stehen meist Stachelreihen. Diese sind mitunter zu fächerförmigen *(Ophiopteron)* oder hakenartigen *(Gorgonocephalus)* Gebilden umgewandelt. Vereinzelt treten Giftstacheln auf, die an ihren Enden Drüsenpakete tragen.

Die Epidermis ist oft sehr dünn und nur noch an wenigen Stellen (Bursaeingänge, Armbasen) bewimpert. Sie scheidet apical, wie bei anderen Echinodermen, eine oft Cuticula genannte extrazelluläre Schicht ab. Die Arme mancher Arten (*Amphipholis squamata, Amphiura filiformis, Ophiacantha bidentata* u. a.) besitzen neuronenähnliche Zellen mit Leuchtvermögen.

Die Wand des Mundvorraumes wird von 5 mit Zähnchen (umgewandelten Stacheln) besetzten, beweglichen Kiefern gebildet. Der Darm bildet einen kurzen Oesophasus und einen einfachen, sackförmigen Magen. Nur bei *Ophiocanops,* einer Form mit sehr kleiner Scheibe, entsendet er Fortsätze in die Arme.

Das Axocoel verläuft abwärts gebogen parallel zum Steinkanal neben dem Mundvorhof (Abb. 278 a). Infolge der Verlagerung der Madreporenplatte von aboral nach oral ist der

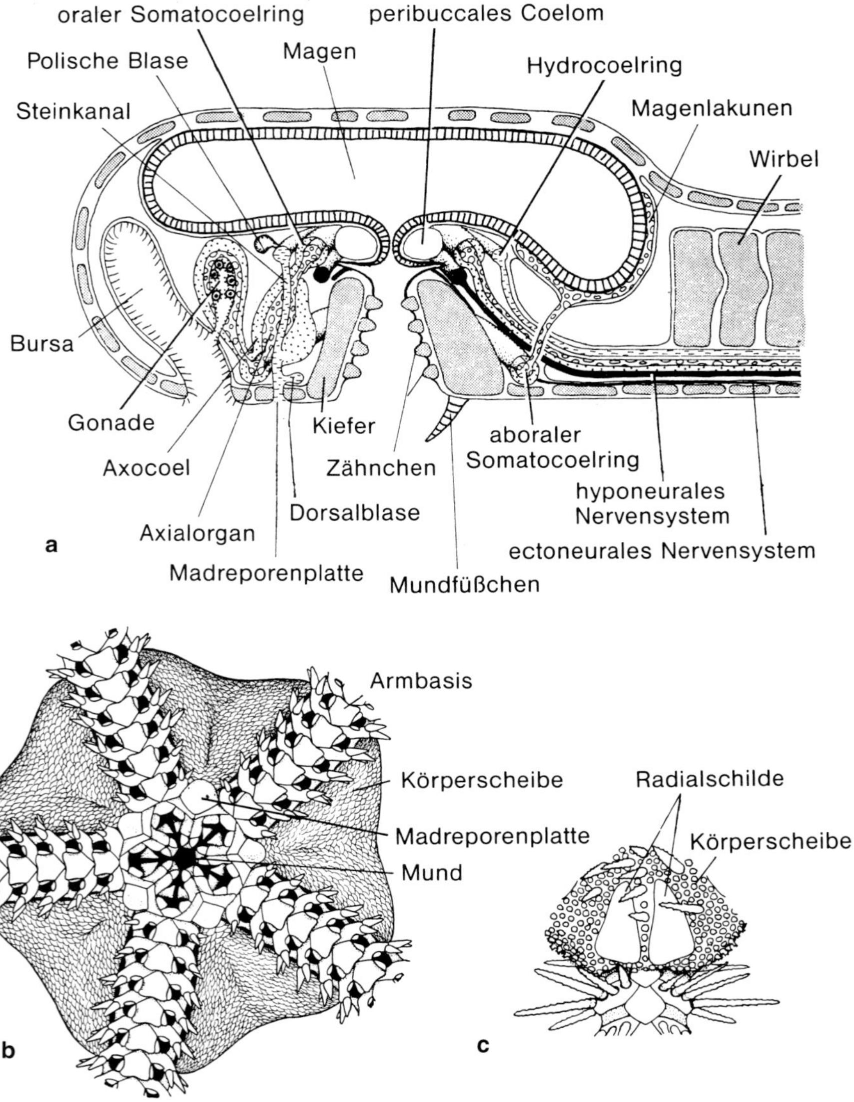

Abb. 278: Schlangensterne. a. Organisationsschema, b. Oralansicht der Körperscheibe und Armbasen von *Amphiura chiajei*, c. Armansatz von *Ophiothrix*, Aboralansicht. Nach Clark, Nichols

gesamte ehemalige Aboralteil des Gefäß- (Lakunen-) und Coelomkanalsystems verlagert.

Das Nervensystem ist zusammen mit der Ambulakralrinne, die von den Oralplatten der Arme überdeckt wird, in die Tiefe versenkt (Abb. 278 a, b). Zwischen den Oralplatten und dem ectoneuralen System liegt – wie bei Seewalzen und Seeigeln – ein Epineuralkanal. Das Nervensystem enthält Riesenneurone und zeigt in den Armnerven eine Organisationsform mit sich wiederholenden Baueinheiten in Parallele zu denen des Bewegungsapparates.

Die Füßchen erfüllen zahlreiche Aufgaben (Atmung, Exkretion, Fortbewegung, Eingraben), nur selten tragen sie Saugnäpfe *(Ophiactis arenosa)*. Sie werden zwischen Oral- und Lateralplatten ausgestülpt.

In Blindsäcken, die der Bursa anliegen, bilden sich die Gonaden, die bei Geschlechtsreife in die Bursen ausmünden. Bei bursenlosen Arten brechen die Gonaden an Arm- oder Scheibenoberfläche nach außen. Die Gonadenzahl variiert stark, Gorgonocephaliden besitzen Tausende. Die Geschlechter sind meistens getrennt, die wenigen Zwitter besitzen Zwittergonaden oder getrennte Hoden und Ovarien. Bei einigen wenigen Arten *(Ophiodaphne, Amphilycus, Ophiosphaera)* kommen Zwergmännchen vor, die dauernd an der Oralseite (Mund zu Mund) der Weibchen sitzen.

Die Entwicklung läuft über eine Pluteus-Larve (Ophiopluteus, Abb. 268 d), die nach 2–5 Wochen eine Metamorphose durchmacht. Relativ häufig ist Brutpflege. Entweder werden Eier an geschützten Stellen abgelegt oder sie entwickeln sich in Bursa oder Ovar. Vereinzelt wurde sogar eine Ernährung der Embryonen oder Jungtiere beobachtet (Placentabildung mit Blutlakunen an der Bursa, Anschmiegen an den Magen, Zerfall der unreifen Eier). Wenn mehrere Jungtiere vorhanden sind, werden die kleinsten von ihnen von ihren größeren Geschwistern gefressen.

Schlangensterne sind in allen Ozeanen von der Flachwasserzone bis in die Tiefe (ca. 7000 m) verbreitet. Im Brackwasser sind sie selten (Ostsee: *Ophiura albida*). Sie kommen auf Hart- und Weichböden vor, in die sie sich oft auch eingraben (Abb. 346 l: *Amphiura*), besiedeln in großer Zahl Weichböden (*Ophiothrix fragilis* kann z. B. in Zahlen von 1000–2000/m^2 vorkommen) und auch Korallenriffe. Mitunter leben sie epizoisch auf Crinoidea, Seeigeln u. a., junge Gorgonocephalidae leben in den Armen der Erwachsenen.

Die Fortbewegung erfolgt vor allem mit Hilfe der Arme, wobei die Füßchen unterstützend wirken können. Das Eingraben in den Boden erfolgt wohl vor allem mit Hilfe der Füßchen. Schlangensterne sind die beweglichsten Echinodermen.

Viele Schlangensterne ernähren sich mikrophag, nehmen aber auch kleine Molluscen, Polychaeten u. a. auf. Gorgonenhäupter leben vor allem von Planktern. Bei der Nahrungsaufnahme können Arme und Füßchen behilflich sein (Abb. 271 d). Es gibt vor allem Weidegänger, Greifer und Taster. Diese leben eingegraben oder anderswo verborgen und tupfen mit den Füßchen Nährstoffpartikel auf. Sie leben z. B. in Lücken tropischer Hartböden (oft toter Riffe) der Küsten, die bei Ebbe trockenfallen. Die einlaufende Flut hebt viele Partikel vom Boden ab, die dann sofort von den Füßchen der hin- und herpendelnden Arme aufgefangen und mit Schleim vermischt zum Mund geführt werden. Die zahlreichen Arme der Gorgonenhäupter wirken als Netz, in dem Planktontiere hängenbleiben. Eine Reihe von Arten lebt kommensalisch. In großen Schwämmen können z. B. in den Wasserkanälen zahlreiche Schlangensterne vorkommen, andere leben an der Unterseite von Sanddollars. Zur Fortpflanzungszeit hört z. T. die Nahrungsaufnahme auf.

System. Schlangensterne sind seit dem Paläozoikum bekannt (Abb. 279 a). Eine Reihe von ordovizischen und silurischen Gattungen zeigt deutlich die Vergrößerung der Ambulakralplatten zu den Wirbeln der heutigen Schlangensterne und ihre Verlagerung in das Innere der Arme, die Ausbildung der Radiärkanäle in den Wirbeln und der seitlichen Armskeletplatten, die Ausbildung der Kiefer aus Mundwinkelplatten. Drei Ordnungen mit über 2000 Arten.

Oegophiurida: weitgehend fossile Gruppe mit einer rezenten Art *(Ophiocanops fugiens)* in indonesischen Gewässern; keine Bursae, keine Oral- und Aboralschilde.

Ophiurae: typische Schlangensterne mit unverzweigten Armen, die meist nur seitlich gekrümmt oder spiralig ausgerollt werden können (Abb. 279 b). Nur ein Hydroporus. Wichtige Merkmale zur Trennung der Familien betreffen Skeletstücke der Arme, Kieferapparat und Mundpapillen.

Ophiomyxidae: dickhäutig, Wirbel ohne Gelenke; *Ophiomyxa.*

Ophiacanthidae: mit vielen Tiefseeformen. *Ophiacantha*, z. T. mit mehr als 5 Armen, *Ophiotholia* mit nach oben gerichteten Armen.

Amphiuridae: artenreich, oft im Schlamm lebende Arten; *Amphiura, Amphipholis* (*A. squamata* im Gezeitengebiet, Helgoland), *Ophiocentrus, Nannophiura*, kleinster Schlangenstern (Armlänge 3 mm, Scheibendurchmesser 0,5 mm), klettert mit seinen greifschwanzähnlichen Armen auf den Stacheln des irregulären Seeigels *Laganum. Amphilycus* lebt auf Seeigeln *(Echinodiscus biperforatus)* mit Zwergmännchen, die am Weibchen festgeklammert sind, *Ophiosphaera* lebt auf Comasteriden und Seeigeln.

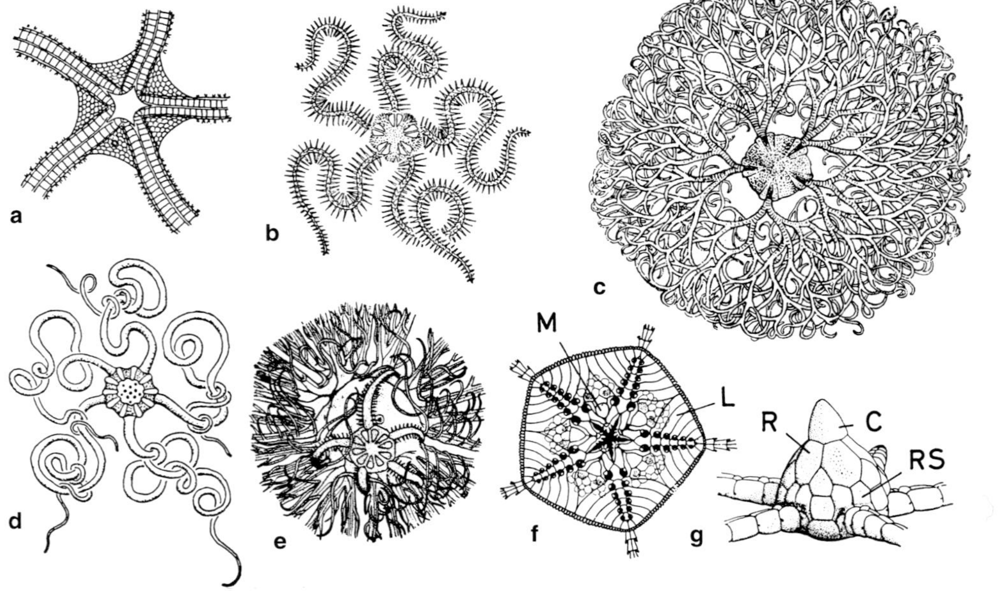

Abb. 279: Schlangensternformen. a. *Pradesura* (Unteres Ordovicium, ältester Schlangenstern), b. *Ophiocomina*, Armbeugung vor allem in der Horizontalebene, c. *Gorgonocephalus*, d. *Astroschema*, Armbewegungen in allen Ebenen, e. *Ophiomaza* auf *Comanthus* (Haarstern), f. *Astrophiura*, Oralansicht, L: die proximalen lateralen Armplatten, M: Madreporenplatte, g. *Ophiopyrgus*, hohe Körperscheibe, konische Zentralplatte (C), R: Radialplatte, RS: Radialschild. Nach Clark, de Haas, Knorr, Nichols

Ophiactidae: *Ophiactis* kann sich ungeschlechtlich vermehren; *Ophiactis arenosa* (mit 6 Armen) lebt in Schwämmen; *Ophiopholis*.

Amphilepididae: Bursa meist rückgebildet.

Ophiothricidae: artenreich; Arme meist mit langen Stacheln; *Ophiothrix fragilis*, der Zerbrechliche Schlangenstern, ist unter Steinen im Mittelmeer und an der Atlantikküste verbreitet. Bei Reizung verliert er leicht Teile seiner Arme, die jedoch wieder regeneriert werden. *Ophiomaza* (Abb. 279 e) lebt als Kommensale auf *Comanthus* (Haarstern).

Ophiochitonidae: *Ophionereis* bewegt sich mit Hilfe der Füßchen fort.

Ophiocomidae: *Ophiocoma*, individuenreich im Flachwasser tropischer Küsten, groß, langarmig (Abb. 271 d). *Ophioderma, Ophiarachna, Ophiocomina* (Abb. 279 b).

Ophiuridae: artenreich; Scheibendecke oft noch mit größeren Platten. *Ophiura* (*O. albida* auch in westlicher Ostsee), *Ophiophycis, Astrophiura*, Scheibe wirkt durch verbundene flache Seitenplatten der Arme stark vergrößert (Abb. 279 f), schmiegt sich wie *Patella* an Steine; *Ophiopyrgus* (Abb. 279 g) mit kegelförmiger, gepanzerter Scheibe.

Ophiohelidae: Wirbel bestehen aus 2 getrennten Skleriten; *Ophiohelus*.

Euryalae. In der Artenzahl tritt diese Gruppe weit hinter die vorherige zurück. Mit dickem Hautmuskelschlauch, Lateralschilde der Arme sehr groß. Oft hakenartige Stacheln. Scheibendurchmesser bis 15 cm. Arme meist verzweigt (Abb. 279 c) und vielfältig bewegbar. Sehr große Bursae, Madreporenplatte oft vermehrt (bis 5). Reduktion der Zahl der Polischen Blasen; am Hydrocoelring Divertikel, die u. U. den Tiedemannschen Körpern der Seesterne entsprechen. Als Embryo und Jungtier wie normaler Schlangenstern ausgebildet. Oft in der Tiefsee.

Asteronychidae: Arme unverzweigt; *Asteronyx*.

Astroschematidae: Arme unverzweigt, *Astroschema* (Abb. 279 d) lebt auf Gorgonien.

Trichasteridae: Arme einfach oder verzweigt.

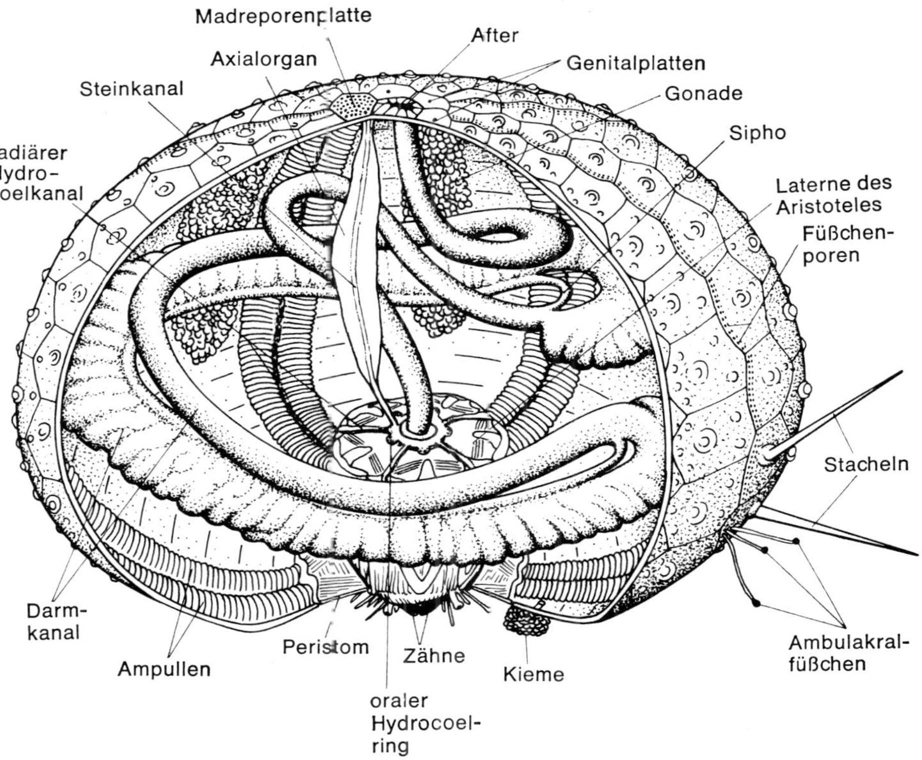

Abb. 280: Organisationsschema eines regulären Seeigels. Nach Storer, Usinger

5 Axialorgane, keine Polischen Blasen; *Astroceras* mit einfachen Armen, *Trichaster* mit terminal verzweigten Armen.

Gorgonocephalidae (Medusenhäupter): Arme selten lang und einfach *(Astropora)*, meist schon an der Basis stark verzweigt (Abb. 279c). Solche Armbüschel können über 70 cm lang werden. Sitzen oft auf Cnidariern, die nordeuropäischen (z.B. an skandinavischer Westküste) auf Alcyonariern und Gorgonien. *Astrophyton, Gorgonocephalus* (auch Nordeuropa), *Astrochlamys* mit Zwergmännchen an Oralfläche, *Astrospartus, Euryale.*

Die folgenden Klassen (Echinoidea und Holothuroidea) lassen spezielle Gemeinsamkeiten erkennen und werden z.T. als **Echinozoa** zusammengefaßt. Primitive Echinozoa sind vermutlich die Ophiocistioidea mit der devonischen Gattung *Rotasaccus.*

6. Klasse: Echinoidea (Seeigel)

Annähernd kugelförmige oder abgeflachte Echinodermen mit bestacheltem, festem Körperpanzer (Abb. 280). Die Ambulakralzonen (= Radien) mit den versenkten Radiärkanälen ziehen vom Mund bis in die Afterregion. Die Aboralregion ist also klein.

Sehr häufig werden zwei große Seeigelgruppen unterschieden: reguläre und irreguläre Seeigel, Regularia und Irregularia. Bei den Regularia liegen Mund und After einander gegenüber an den Enden der Hauptachse, ihr Umriß ist kreisförmig (Abb. 281a).

Bei den Irregularia wandert der After in einen Interradius (= Interambulakrum) nach lateral, oft bis auf die Oralseite; auch der Mund kann nach lateral wandern, und das ganze Tier

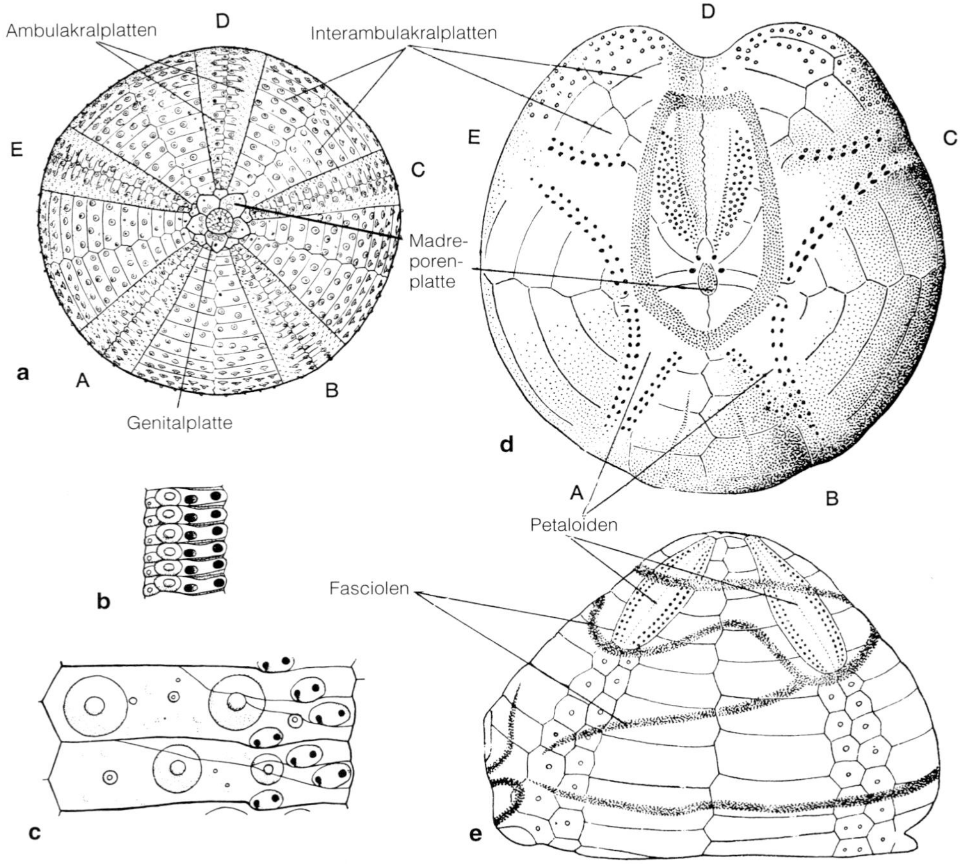

Abb. 281: Seeigelpanzer. a. Aboralansicht eines regulären Seeigels *(Echinus)*, A–E: Radien (= Ambulakren), dazwischen Interradien (= Interambulakren); die Madreporenplatte liegt im Interradius CD, b. sechs einfache Platten eines Cidariden mit je 2 Poren für die Ambulakralfüßchen (schwarz), c. zwei zusammengesetzte Platten von *Echinus*, d, e. irreguläre Seeigel, d. *Echinocardium*, e. Schema eines Spatangiden mit den verschiedenen Fasciolen, die bei diesen Seeigeln ausgebildet sein können. d. Aboral-, e. Lateralansicht, A–E: Radien, D liegt vorn und ist bei den Herzigeln meist eingebuchtet. Nach Clark, Cuénot

nimmt dann eine gestreckte, bilateralsymmetrische Gestalt mit Vorder- und Hinterpol an (Abb. 281 d). Die neue Längsebene (Lovénsche Ebene) entspricht nicht der alten Längsebene der Dipleurula. Der Umriß der Irregularia ist oval, herz- oder flaschenförmig; hierher gehören auch die Sanddollars, die stark abgeflacht sind und Durchbrechungen des Körpers (Lunulae) oder randliche Einkerbungen aufweisen (Abb. 282 g). Ob den beiden Gruppen Regularia und Irregularia auch systematische Bedeutung zukommt, ist umstritten (s. u.).

Die Epidermis ist i. a. bewimpert und bildet oft Cilienbänder aus. Im Bindegewebe unter der Epidermis ist der meist geschlossene Skeletpanzer ausgebildet, dessen Einzelelemente fest aneinanderschließen oder seltener einander dachziegelartig überdecken; vereinzelt treten zwischen ihnen lederartige Zonen auf. Alle Coelomkanäle und die Radiärstränge des Nervensystems liegen unter diesem Panzer. Aboral (Abb. 281 a) liegen eine Skeletplatte (Centrale), die bei Adulten von einer den After enthaltenen Periproctmembran ersetzt wird, sowie 5 interradiale Basalia (Genitalplatten mit Gonoporen) und 5 radiale Ocellenplatten (Radialplatten), durch die die Endtentakel der Radiärkanäle ausgestülpt werden. Meist ist eine Genitalplatte gleichzeitig eine Madreporenplatte. Vom Aftergebiet geht das Wachstum des größten Teils des Panzers aus, der in 10 Zonen (5 Ambulakralzonen (Radien, Ambulakren) und 5 Interambulakralzonen (Interradien, Interambulakren), die je aus einer Doppelreihe von Schilden bestehen, gegliedert ist. Die Platten der Ambulakralzonen sind ursprünglich von 2 Poren für ein Ambulakralfüßchen durchbrochen (Abb. 281 b). Bei den Clypeasteroidea besitzen oft auch die Interambulakralplatten Poren für Füßchen. Oft verschmelzen die einzelnen primären Ambulakralplatten zu größeren Skeletelementen (Abb. 281 c). Der Mund wird von einer Peristomealmembran umgeben, durch die oft die Mundfüßchen austreten. Bei einigen Formen (z. B. Cidaroidea) erreichen jedoch die Platten des Hautpanzers die des Mundrandes.

Bei den Irregularia besitzen die Ambulakralzonen auf der Aboralseite spindelförmigen Umriß und bilden die blütenblattähnlichen Petalodien (Abb. 281 d), deren Gesamtheit (meist 4–5) Rosette genannt wird. Ähnlich gestaltete Ambulakralabschnitte der Oralseite heißen Phyllodien.

Die Körperoberfläche trägt verschiedene Anhänge: Stacheln, Sphaeridien, Pedicellarien, Kiemen und Ambulakralfüßchen (Abb. 267). Alle Stacheln sind beweglich. Ihre Gestalt und Funktion sind sehr unterschiedlich (Schutz, Fortbewegung, Beutefang). Bei den Lederseeigeln tragen sie an der Spitze einen Beutel mit giftigem Sekret; bei *Diadema* können sie bis über 30 cm lang werden und besitzen nadelfeine Spitzen. Manche Arten können sich mit ihrer Hilfe in Felsen einbohren *(Paracentrotus, Strongylocentrotus* und vor allem *Echinostrephus).*

Vier Typen von Pedicellarien werden unterschieden: 1. tridactyle Pedicellarien (Klappzangen) mit quergestreifter und glatter Muskulatur (Abb. 267 j), 2. ophiocephale Pedicellarien (gezähnelte Beißzangen), 3. trifoliate Pedicellarien (Putzzangen, Abb. 267 l), 4. globifere Pedicellarien (gemmiforme P., Giftzangen), die Giftdrüsen und Sinnespolster besitzen und die bei *Toxopneustes* besonders groß und zahlreich sind (Abb. 267 k).

Die Kiemen sind ausstülpbare dünnwandige Partien der Mundhaut; sie fehlen den Irregularia und Cidaroidea.

Die Ambulakralfüßchen sind sehr verschieden; die typischen Lauffüßchen fehlen. Tastfüßchen tragen sensible Endigungen. Bei Irregularia gibt es weiterhin Kiemenfüßchen mit dünner Wand und vergrößerter Oberfläche. Die Spatangoiden besitzen neben anderen Tupffüßchen, die Nahrung aufnehmen, und Kittfüßchen, die einen Schleim liefern, der der Verfestigung der Wand der Wohnröhre dient.

Das ectoneurale Nervensystem liegt am Boden des Epineuralkanals, d. h. der versenkten Ambulakralfurche, es gibt Äste ab, die durch die Poren der Ambulakralplatten die Oberfläche erreichen. Das hyponeurale System versorgt unter anderem den Kauapparat. Das aborale System bildet einen Ring, der die Gonaden innerviert.

Sinneszellen kommen im Bereich der gesamten Epidermis vor, besonders an Füßchen und Pedicellarien. Bei *Centrostephanus* und *Diadema* konnte nachgewiesen werden, daß Chromatophoren der Haut lichtempfindlich sind. Die Pigmentzellen von *Centrostephanus* reagieren autonom, d. h. ihre Lichtreaktion erfolgt ohne Einfluß des Endokriniums oder Nervensystems. Die Zellen breiten sich bei Belichtung rasch aus.

Der Kieferapparat wird Laterne des Aristoteles genannt und besteht aus 5 harten und ständig nachwachsenden Zähnen, die mit vielen anderen Skeletstücken verbunden sind und durch ein eigenes Muskelsystem bewegt werden (Abb. 270). Die Zähne sind außen härter als innen und weisen an der Innnenseite oft einen Kiel (stirodont) oder eine Rinne (aulodont) auf. Vom Mund geht ein kurzer Oesophagus aus, der oberhalb der Laterne des Aristoteles in den Darm übergeht, der eine oder 2 ungefähr waagerecht verlaufende Windungen ausführt und über einen dünneren Enddarm ausmündet.

Der bewimperte Darm ist über Bänder und Mesenterien an der Innenwand des Panzers befestigt. Im Bereich der ersten Darmschlinge haben viele Seeigel einen parallel zum Hauptdarm verlaufenden Nebendarm (Sipho, Abb. 280). Er enthält keine Nahrung und ist kontraktil. Bei Cidariden entspricht ihm eine bewimperte Darmrinne. Viele Seeigel besitzen am Anfang des Darmes Blindsäcke.

Zum Coelomsystem s. S. 428. Das auffallende Somatocoel bildet 1. die große Leibeshöhle und die Mesenterien des Darms, die bei Spatangoida Kalkeinlagerungen besitzen (Statolithenfunktion?), 2. den oft sehr umfangreichen oralen Somatocoelring, von dem 5 Paar Kiemen, 5 interradiale Blindsäcke, die den Zähnen anliegen, öfter auch 5 radiäre Blindsäcke (Gabelblasen) und die 5 Radiärkanäle ausgehen, 3. den aboralen Somatocoelkanal, von dem aus die Bildung der 5 (bei Irregularia nur 2–4) interradiär gelegenen Gonaden ausgeht.

Die Seeigel sind getrenntgeschlechtlich. Die Gonaden münden durch je einen Porus in den Genitalplatten aus (Abb. 280, 281). Befruchtung im freien Wasser. Die Entwicklung erfolgt über Pluteus-Larven (Echinopluteus) mit Larvalskelet (Abb. 268 e). Nach 4–5 Wochen erfolgt die Metamorphose zum Adulttier. Arten mit dotterreichen Eiern haben eine abgekürzte Entwicklung. Manchen Formen mit Brutpflege zwischen den Stacheln, am Mundfeld oder in Gruben im Panzer.

Seeigel bewohnen alle Regionen der Ozeane von der Küstenzone bis in die Tiefsee (bis über 7000 m tief, Spatangoida). Regularia leben als Weidegänger auf Hart- oder Weichböden, in Seegraswiesen u.a. Sie sind oft Generalisten und fressen vor allem Algen, sessile Wirbellose und auch tote Tiere. Formen, die auf Weichböden der Tiefsee leben, fressen wahrscheinlich Detritus. Einige Arten leben in Gestein eingebohrt *(Echinostrephus); Strongylocentrotus* kann sogar dicke Stahlplatten durchbohren. Die Irregularia leben i.a. im Sand vergraben, wo ihre Besiedlungsdichte sehr hoch sein kann. Formen der Brandungszone (Felsküsten, Korallenriffe) wie *Podophora* und *Colobocentrotus* besitzen neben kräftigen Saugfüßen abgeflachte Stacheln, die einen zweiten pflasterartigen Panzer an der Oberfläche des Tieres bilden.

Die Spatangoida graben sich mit Hilfe ihrer Stacheln 10–20 cm tief ein. Mit speziellen bis 20 cm langen Füßchen (Kittfüßchen) halten *Brissopsis* und *Echinocardium* einen Zuflußkanal für Atemwasser frei. Ein Abflußkanal endet bei *Echinocardium* blind im Boden, bei *Brissopsis* erreichen 2 solcher Kanäle dagegen die Oberfläche. Spezielle bewimperte Stacheln (Clavulae) bilden bandförmige Formationen (Fasciolen, Abb. 281), die der Wasserzirkulation in der Wohnhöhle dienen. Sanddollars liegen i.a. dicht unter der Sandoberfläche, *Eucope* mit dem Mund nach oben.

Die Irregularia sind Mikrophage. Sie sieben mit den Stacheln Sand aus, sind Sandlecker *(Echinocyamus)* oder Sandtupfer (Taster), die mit Mundfüßchen die Sandkörner der Umgebung absuchen. Dabei nehmen sie meist auch große Mengen an unverdaulichem Bodenmaterial in den Darm auf.

Seeigel sind Beute von manchen Fischen, einigen Schnecken und Seesternen sowie im nordwestlichen Pazifik von Seeottern. Deren Dezimierung hat vermutlich zum Überhandnehmen von *Strongylocentrotus* an der kalifornischen Küste geführt, der Schäden an den großen Tangwäldern (kelp-beds) verursachen kann. An pazifischen Küsten, z.B. in Japan, gehören die Ovarien von Seeigeln zum Speisezettel.

System. Seeigel sind seit dem Ordovicium bekannt. Die palaeozoischen Formen sind i.a. klein und zeigen noch nicht den regelmäßigen Aufbau moderner Echinoidea; die alten Formen starben fast alle am Ende des Palaeozoikums aus, die einzige überlebende Linie sind die Cidaroidea. Das Hautskelet vieler palaeozoischer Formen besteht in den Interradien noch aus unregelmäßig angeordneten Kalkplatten. Die Radien sind aus 2 Plattenreihen mit noch offener Ambulakralrinne aufgebaut. Daneben existieren Formen mit 1 Reihe von Kalkplatten im Interradius – wie der in seiner Stellung umstrittene *Bothriocidaris* – oder mit vielen Plattenreihen im Radium *(Melonechinus)*. Nach einem sehr auffälligen Artenrückgang am Ende des Palaeozoikums erschienen in der Oberen Trias moderne Seeigel, deren Zahl dann ständig zunahm. Zu Beginn des Jura traten die ersten Irregularia auf.

Die schon erwähnte traditionelle Gliederung der Seeigel in 2 große Gruppen, die Regularia und Irregularia, ist umstritten; aber anderen Systemen, in denen versucht wird, die natürlichen Verwandtschaftsverhältnisse klarer zum Ausdruck zu bringen, haftet noch etwas Vorläufiges an. Besonders schwierig ist, die Beibehaltung der Regularia zu begründen, wohingegen in den letzten Jahren aufgrund vergleichend-anatomischer und palaeontologischer Untersuchungen Argumente beigebracht worden sind, die dafür sprechen, daß die Irregularia doch eine monophyletische Gruppe sind. Die im folgenden aufgeführte systematische Gliederung lehnt sich auch an Befunde der Palaeontologie an. Es sind ca. 850 rezente Arten bekannt.

1. Unterklasse: Perischoechinoidea, palaeozoische reguläre Seeigel; vermutlich Basis-

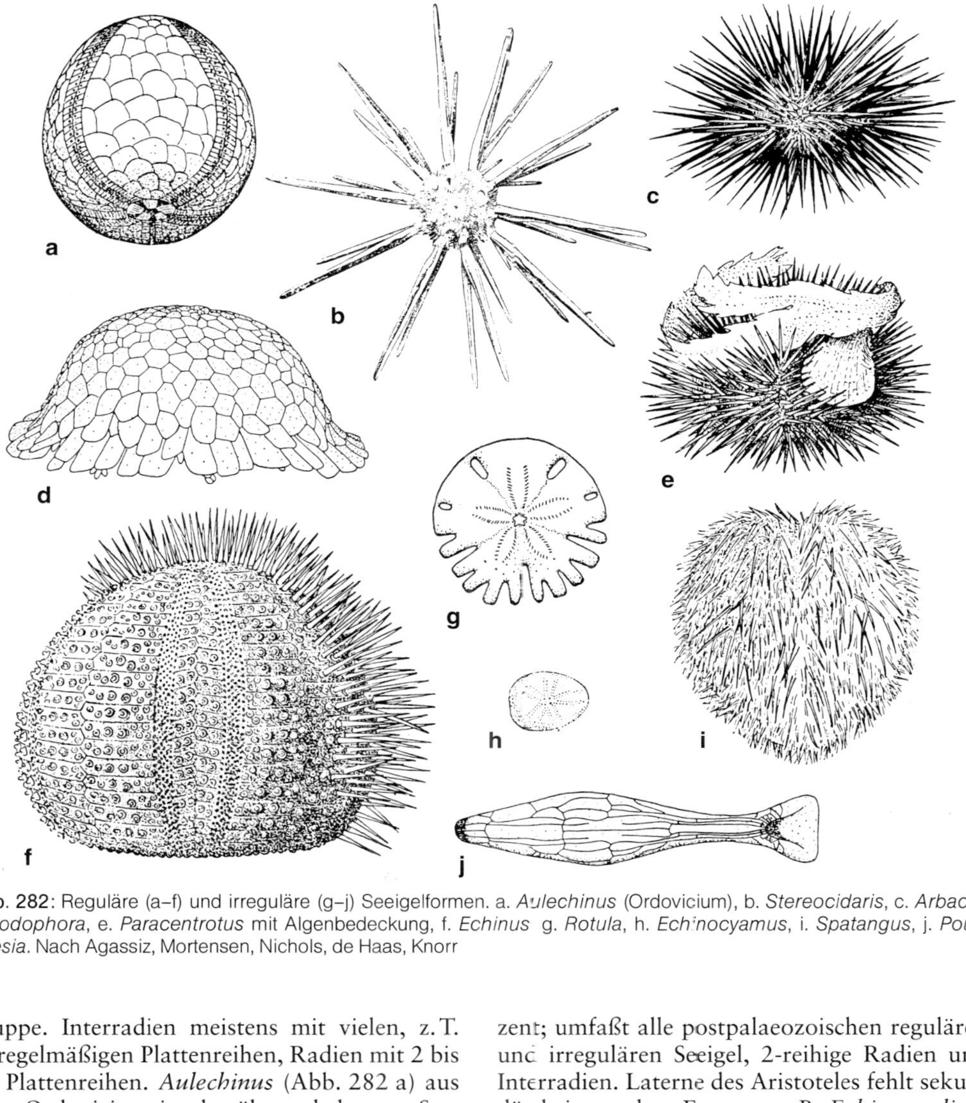

Abb. 282: Reguläre (a–f) und irreguläre (g–j) Seeigelformen. a. *Aulechinus* (Ordovicium), b. *Stereocidaris*, c. *Arbacia*, d. *Podophora*, e. *Paracentrotus* mit Algenbedeckung, f. *Echinus* g. *Rotula*, h. *Echinocyamus*, i. *Spatangus*, j. *Pourtalesia*. Nach Agassiz, Mortensen, Nichols, de Haas, Knorr

gruppe. Interradien meistens mit vielen, z. T. unregelmäßigen Plattenreihen, Radien mit 2 bis 20 Plattenreihen. *Aulechinus* (Abb. 282 a) aus dem Ordovicium ist der älteste bekannte Seeigel.

Ordnung: Cidaroidea (Lanzenseeigel, Abb. 282 b), Devon bis rezent, Grundgruppe der modernen Seeigel, fixieren früh die Plattenzahl im Radius und Interradius auf zwei. Jede Interambulakralplatte mit einem bis 30 cm langen Stachel, der basal von Büscheln kleiner Stacheln umgeben wird. Keine Kiemen und Sphaeridien. Viele Arten mit Brutpflege.

Cidaridae: *Cidaris; Stylocidaris, Stereocidaris* (Abb. 282 b).

2. Unterklasse: Euechinoidea, Trias bis rezent; umfaßt alle postpalaeozoischen regulären und irregulären Seeigel, 2-reihige Radien und Interradien. Laterne des Aristoteles fehlt sekundär bei manchen Formen, z. B. *Echinocardium* (Abb. 346 i).

1. Überordnung: Diadematacea.

Ordnung: Echinothuroidea (Lederseeigel): Im Innern des flexiblen Panzers Muskeln, mit denen sich die Tiere abflachen können. Große, bunte Tiere; Stacheln mit Giftsäcken; Tiefsee. *Echinothuria, Calveriosoma, Asthenosoma.*

Ordnung: Diadematoidea: Mit vielen ursprünglichen Merkmalen. Zähne auf der Innenseite mit Rinne. Hohle, sehr lange Stacheln, die mit winzigen Zähnchen besetzt sind; Platten des Panzers durch relativ weite Suturen verbunden und dadurch relativ flexibel. Treten im Flachwasser tropischer Küsten oft in Massen auf. Einige Labridae und Balistidae haben sich darauf spezialisiert, die mit langen Stacheln bewehrten Diadematoidea zu fressen. *Diadema* (Abb. 45 l), *Centrostephanus, Echinothrix* (Echinothuroidea).

2. Überordnung: Echinacea: Typische und häufige rezente Seeigel; Zähne mit Kiel, kompakte Stacheln, feste Panzer.

1. Ordnung: Stirodonta. Zähne innen mit Längskiel; Epiphysen der Laterne durch freie Abstände voneinander getrennt; kleinere rundliche Formen mit gleichmäßig langen Stacheln.

Arbaciidae: *Arbacia* (Abb. 282 c), mit Analklappen.

Saleniidae: 1–3 mm kleine Formen.

2. Ordnung: Camarodonta. Innen gekielte Zähne, Epiphysen der Laterne verwachsen. Mit bekannten Arten küstennaher Regionen. 4 Pedicellarien-Typen, Gonaden werden vielfach gegessen.

Toxopneustidae: *Sphaerechinus* bedeckt sich mit Fremdkörpern, *Toxopneustes* mit vielen Giftzangen, *Lytechinus.*

Echinidae: *Echinus* (Abb. 282 f), *Psammechinus* auch in westlicher Ostsee, *Paracentrotus* (Abb. 282 e).

Echinus esculentus lebt im Sublitoral, auch im Eulitoral, in Tümpeln und Prielen, auf Felsböden und auch Hafenmolen. Der Durchmesser kann 16 cm erreichen. Die Nahrung besteht aus Algen und sessilen Tieren, z.B. Bryozoen und Balaniden.
Psammechinus miliaris erreicht etwa 4 cm Durchmesser, lebt auf Felsböden und Miesmuschelbänken, unter Steinen, aber auch auf Seegraswiesen. Er kommt in Nordsee und westlicher Ostsee vor. Die Ernährung erfolgt grasend, wobei Pflanzen und festsitzende Tiere aufgenommen werden.

Strongylocentrotidae: *Strongylocentrotus* auch in westlicher Ostsee.

Echinometridae: oft mit ovaler Schale; *Echinometra, Heterocentrotus, Colobocentrotus, Podophora* (Abb. 282 d).

3. Überordnung: Irregularia: Ca. 400 Arten. Radiär- von Bilateralsymmetrie überlagert, Schale verlängert, meist 5 Petalodien, Sand- oder Schlammbewohner. Oft in 2 Gruppen gegliedert: Gnathostomata (mit Kieferapparat, der jedoch Adulten oft fehlt, Ordnungen 1–3) und Atelostomata (ohne Kieferapparat, Ordnung 4).

1. Ordnung: Holectypoidea. Viele verbindende Charaktere zu den Regularia; es fehlen die Petalodien; in der Jugend besitzen sie noch Kiefer, fossile Formen mit kreisförmigem Umriß und kaum verlagertem After. *Echinoneus, Holectypus.*

2. Ordnung: Cassiduloidea. Petalodien fehlen oft. Kieferapparat wird in der Jugend rückgebildet; Schale rund oder oval, nicht abgeflacht. *Cassidulus, Tropholampas, Echinolampas.*

3. Ordnung: Clypeasteroidea (Sanddollars, Abb. 282 g). Flacher Körper mit fast rundem Umriß, Hinterrand mit Einkerbungen oder Panzer mit Durchbrechungen (Lunulae), kurze, relativ weiche Stacheln, oft mit Innenskelet, Pedicellarien fehlen oft, Mund zentral, Kieferapparat, meist 5 Petalodien.

Clypeasteridae: *Clypeaster.*

Arachnoididae: *Arachnoides,* besonders stark abgeflacht.

Fibulariidae: eiförmige, kleine Formen. *Echinocyamus* (Abb. 282 h), etwa 1 cm groß, auch Nordsee. *Fibularia,* im Grobsand.

Echinocyamus pusillus (Zwergseeigel) wird nur 1,5 cm lang und kommt beispielsweise in Nord- und westlicher Ostsee auf Sandböden vor. Die Tiere leben dicht unter der Sedimentoberfläche und ernähren sich von bodenlebenden Organismen. Sie selbst werden von Plattfischen gefressen.

Laganidae: *Laganum.*

Scutellidae: *Echinarachnius, Echinodiscus, Mellita* mit Lunulae, Rotula mit Einkerbungen des Schalenrandes (Abb. 282 g).

4. Ordnung: Spatangoidea (Herzigel). Über 100 Arten; bilateralsymmetrischer, ovaler oder herzförmiger Umriß, *Hagenowia* (Kreide) mit langem Rostrum; dünne Schale, relativ zarte polymorphe Stacheln; Mund meist am Vorderrand, After meist auf Oralseite; Kiefer und Zähne fehlen, werden aber vereinzelt noch angelegt. Meist 4 Gonoporen; Petalodien meist vorhanden. Füßchen nicht zur Fortbewegung.

1. Unterordnung: Holasteroida. Ovale oder flaschenförmige Seeigel mit i.a. sehr dünnem Panzer. Petalodien und Phyllodien fehlen. Tiefseeformen. *Holaster, Pourtalesia* (Abb. 282 j).

2. Unterordnung: Spatangoida. Ovale oder längliche Formen. Petalodien können in länglichen Einsenkungen liegen, Phyllodien vorhanden. *Spatangus,* Purpurigel (Panzer purpurrot, Nordkap bis Azoren, Grobsand oder Kies, ernährt sich u.a. von Foraminiferen und Mollus-

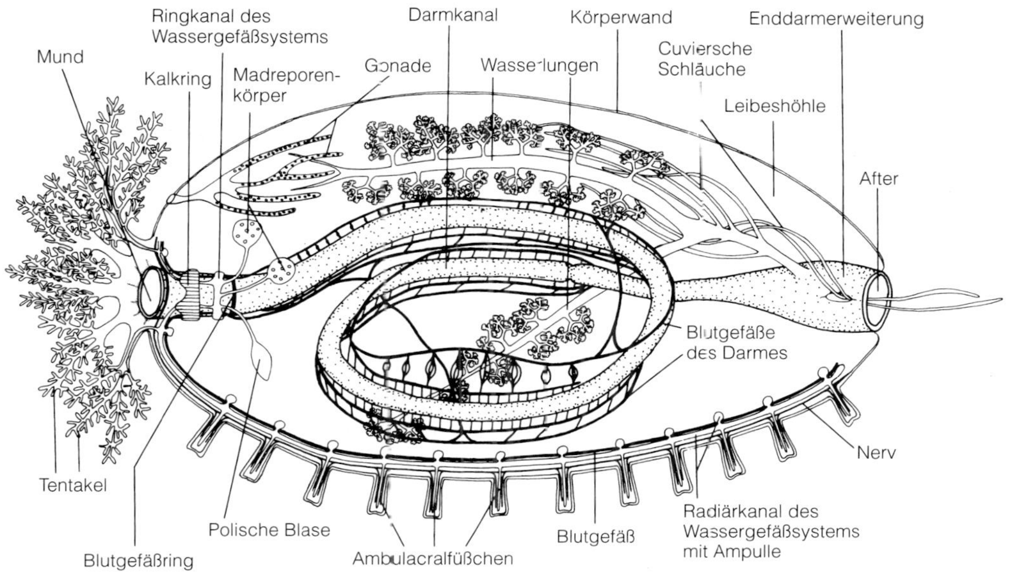

Abb. 283: Holothurienbauplan. Auffällig ist das besonders hochentwickelte Blutgefäßsystem des Darmes, das auch spezielle Gefäßnetze um die linke Wasserlunge ausbildet. Nach Nichols, Herreid II, Larussa, Defesi

cen, Abb. 282i). *Echinocardium* (Herzigel), Norwegen bis Mittelmeer, auch westliche Ostsee, in Sand und Schlick. *Brissopsis* (Norwegen bis Mittelmeer, auch größere Meerestiefen, tief in Schlick eingegraben). *Lovenia, Schizaster, Abatus, Moira, Meoma, Metalia.*

Echinocardium cordatum (Kleiner Herzigel) ist in der Nordsee auf Sand- und Schlickböden verbreitet. Die Art lebt eingegraben und hält durch einen Gang Verbindung zur Sedimentoberfläche (Abb. 350 i). Dieser wird mit etwa 70 bis zu 20 cm langen Kittfüßchen freigehalten. Ein durch Wimpern erzeugter Wasserstrom wird ins Sediment geleitet. Herzigel fressen verschiedene kleine Wirbellose.

7. Klasse: Holothuroidea (Seewalzen, Seegurken)

Die Holothurien weichen äußerlich stark von den übrigen Echinodermen ab und weisen viele Sondermerkmale auf: Die Hauptachse des langgestreckten Körpers verläuft parallel zur Substratoberfläche, sie wird zur lokomotorischen Achse mit vorn gelegenem Mund und terminalem After (Abb. 283). Die Pentamerie des Bauplanes wird also von einer Tendenz zur Bilateralsymmetrie überdeckt. Das Kalkskelet ist meist bis auf zarte und vielgestaltige Sklerite (Kreuzchen, Schnallen, Stühlchen, Stäbchen, Gitterplatten, Anker u.a.) reduziert, selten bilden sie einen Panzer *(Elpidia)*. Die Ambulakralfurchen sind geschlossen und in die Körperwand versenkt. Ihnen entsprechen die Ambulakralstreifen, die erst in Nähe des Afters enden. Der aborale Körperteil ist also, wie bei Seeigeln, klein. Die 5 Ambulakralstreifen (= Radien) sind oft ungleichartig ausgebildet. 3 von ihnen bilden mit 2 Interradien eine Kriechsohle (Trivium) mit gut ausgebildeten Ambulakralfüßchen (Abb. 283). Der Rest der Körperwand bildet eine Rückenfläche mit 2 Radien und 3 Interradien (Bivium), an der die Ambulakralfüßchen um- oder rückgebildet sind. Die Füßchen sind in der Mundregion zu großen Tentakeln umgestaltet, die der Nahrungsaufnahme dienen. Die Gestalt der Tentakel ist für die einzelnen Ordnungen kennzeichnend (baumförmig verzweigt, kurz mit schildförmigen Endplatten oder fingerförmigen Fortsätzen u.a.).

Besonders abweichend gestaltet sind die in der Tiefsee lebenden Elasipoda, die – ähnlich Tintenfischen – Flossensäume besitzen und denen auch die pelagische *Pelagothuria* angehört. Im Sediment gibt es vereinzelt beutelförmige

Holothurien, bei denen sich Mund und After nähern *(Rhopalosoma)*.

Die Körperoberfläche ist oft rauh und warzig und trägt verschiedene Papillen. Manche Arten bedecken sich mit Fremdkörpern. Die Epidermis ist nicht bewimpert. Unter ihr liegt eine gutentwickelte Faserschicht («Cutis»), die auch die Sklerite enthält. Ihr folgt nach innen eine Muskelschicht, so daß die Körperwand insgesamt von einem kräftigen Hautmuskelschlauch gebildet wird. Außen liegt eine Ringmuskelschicht, die im Bereich der Ambulakralstreifen unterbrochen ist – außer bei den Apoda, denen die Radien fehlen. Die Ringmuskulatur differenziert sich um Mund und After zu besonderen Schließmuskeln. Die innen gelegene Längsmuskulatur bildet i.a. 5 Längsstreifen im Bereich der Radien. In der Körperwand liegen die Hauptanteile von Wassergefäßsystem und Nervensystem.

Ecto- und hyponeurales Nervensystem bilden parallellaufende Radiärstränge unter dem Epineuralkanal, der der verschlossenen Ambulakralfurche entspricht. Ein Mundring kommt nur dem Ectoneuralsystem zu. An Sinnesorganen treten Hautsinnesknospen an den Tentakeln und in der Körperhaut (Synaptidae) auf, an der Basis der Tentakeln der Synaptidae sind pigmentierte Augenflecken beschrieben. Vermutlich alle Holothurien reagieren rasch auf Lichtveränderungen. Besonders auffallend sind die Statocysten der Synaptidae, Elasipoda und Molpadonia. Sie liegen in der Haut in der Nähe des Mundes oder entlang der Längsmuskulatur der Kriechsohle (Elasipoda).

Das Wassergefäßsystem steht nur noch bei wenigen Arten (Elasipoda) über Steinkanal und Hydroporus mit der Außenwelt in Verbindung. Meistens ist der in Ein- und Vielzahl (bis über 100) vorhandene Steinkanal durch einen blasenförmigen Madreporenkörper, der zahlreiche Öffnungen aufweist, abgeschlossen und hängt vom Ringkanal in die Leibeshöhle (Abb. 283). Vom Ringkanal gehen außer den Steinkanälen und 1–50 Polischen Blasen (Abb. 283) fünf Radiärkanäle aus. Diese entsenden Fortsätze in die Mundtentakel und ziehen im Bereich der Radien bis zum After. Sie geben meist mit Ampullen versehene Seitenzweige in die i.a. mit Saugnäpfen versehenen Ambulakralfüßchen ab, die außerordentlich variabel gestaltet und angeordnet sind. Die Tentakel (5–30, oft 12) dienen der Nahrungsaufnahme (Abb. 271 c) und dem Eingraben in den Boden. Sie fangen Sinkstoffe auf oder schaufeln Substrat in den Mund. Bei vielen Dendrochirota kann der gesamte Tentakelapparat in den Mund gebracht werden.

Die große Leibeshöhle ist von bewimpertem Peritonealepithel ausgekleidet und enthält viele freie Zellen (Coelomocyten), von denen ein Teil Haemoglobin enthält. In die große Leibeshöhle hinein hängen bei Apoda sog. Wimperurnen, die phagocytierende Zellen enthalten. Andere Apoda besitzen Wimperkeulen oder pulsierende Vorwölbungen, die u.U. der Zirkulation der Coelomflüssigkeit dienen. Das Mesenterium, an dem der Darm aufgehängt ist, ist unvollständig. Im dorsalen Mesenterium liegt die Gonade. An Vorder- und Hinterende sind meistens Coelomräume abgetrennt: Peripharyngealsinus, Perianalsinus. In die Außenwand des Peripharyngealsinus sind ringförmig angeordnete Kalkplatten eingelagert, die nur selten fehlen (*Benthodytes, Pelagothuria*, Elasipoda) und an denen die Längsmuskulatur des Körpers und auch der Retraktormuskel des Vorderendes, der allerdings fehlen kann, ansetzen. Von diesem sehr vielgestaltigen Kalkring (Abb. 283), der entfernt an die Laterne des Aristoteles der Seeigel erinnert, können weit in den Körper hineinziehende Kalkstäbe ausgehen. Axocoel und Axialorgan fehlen den erwachsenen Tieren.

Vom cranialen Teil der Enddarmerweiterung (fälschlich auch «Kloake» genannt) entspringen bei Dendrochirota, Aspidochirota und Molpadonia die reichverzweigten, dünnwandigen Wasserlungen (Abb. 283), die sich rhythmisch kontrahieren. Es handelt sich um Atmungsorgane, über deren Wände aber auch exkretbeladene Coelomocyten auswandern. Bei den Elasipoda entsprechen ihnen vermutlich die in Einzahl auftretenden kleinen Enddarmcaeca. Bei einigen Aspidochirota *(Holothuria, Mülleria)* gehen von den Hauptstämmen der Wasserlungen weiß oder rötlich gefärbte, unterschiedlich gestaltete Cuviersche Schläuche aus (Abb. 283). Bei Abwehrreaktionen können sie nach Einreißen der Enddarmerweiterung durch den After ausgeworfen werden. Sie verlängern sich aufgrund der Kontraktion der Ringmuskulatur ihrer Wand auf ein Vielfaches der Körperlänge, ihre Oberfläche setzt eine klebrige Substanz frei, so daß sich Feinde, wie z.B. Krebse, in ihnen verfangen können. Bei manchen Arten scheiden sie auch einen Giftstoff ab, der Feinde betäubt. Die Cuvierschen Schläuche werden sehr schnell regeneriert.

Das Blutgefäßsystem ist besonders hoch entwickelt. In den Radien verläuft je ein blindendigendes Radiärgefäß, das von dem Ringefäß um den Mund ausgeht. Der Darm wird von je einem Dorsal- und Ventralgefäß begleitet. Vom Dorsalgefäß laufen zahlreiche Gefäße, die zum Teil pulsieren (Herzen), auf den Darm zu. Hier bildet sich ein reichgegliederter Plexus kleiner Gefäße, aus denen sich das Blut im Ventralgefäß sammelt. Darm und linke Wasserlunge sind über das Gefäßnetz eng verbunden. Die Wasserlunge wird von einem Netz eigenartiger capillarer Gefäße, die follikelähnliche Erweiterungen ausbilden, umsponnen, die in ein pulmonales Hauptgefäß drainieren. In den Follikeln finden sich Blutzellen, die hier möglicherweise gebildet und/oder abgebaut werden. Die Holothurien sind meist getrenntgeschlechtig. Zwitter treten mehrfach unter den Apoda auf. Die in Einzahl vorhandene Gonade ist sackförmig oder bildet viele einzelne Schläuche (Abb. 283). Die Ausleitung erfolgt über einen Gonoduct.

Mehrfach kommt Brutpflege vor (Abb. 284 i), wie bei anderen Echinodermen vor allem in Kaltwassergebieten. Sie findet an sehr unterschiedlichen Stellen statt, z. B. in der Tentakelkrone oder in dorsalen Hauttaschen. Eine andere Form der Brutpflege erfolgt in der Leibeshöhle, die Jungen verlassen die Mutter über den Enddarm. Bei *Taeniogyrus* entwickeln sich die Jungen im Ovar.

Die Entwicklung führt über Auricularia (bilateralsymmetrische Schwimmlarve, Abb. 268 c), Doliolaria (Schwimmlarve mit mehreren Wimperringen und beginnender Pentamerie des Coeloms) und Pentactula-Larven (bildet Tentakel aus und geht zum Bodenleben über). Bei den dotterreichen Eiern brutpflegender Arten ist die Entwicklung oft abgekürzt.

Bei groben Störungen können viele Holothurien fast ihre gesamten Eingeweide ausstoßen (Evisceration), die später regeneriert werden. Synaptidae können ihren Körper in Stücke zerlegen, wobei nur das Vorderende wieder zu einem vollständigen Tier heranwächst.

Holothurien kommen vom Gezeitengebiet bis in die Tiefsee vor. In den tropischen Zonen bilden sie ein sehr bestimmendes Element der Küsten. Bodentiere; zwei Arten pelagisch, Zwergformen im Sandlückensystem (*Rhabdomolgus ruber*, Helgoland).

Parasiten bzw. Entöken der Holothurien sind abgewandelte Schnecken und Muscheln, Copepoden und Decapoden sowie der Fisch *Carapus*, der im Hauptstamm einer der Wasserlungen lebt (Abb. 356 b).

System. Eindeutige Reste der Holothurien sind erst seit dem Devon bekannt. Für die spärlichen Fossilfunde ist sicherlich das reduzierte Skelet verantwortlich. Manche Übereinstimmungen mit Echinoidea. Primitiv sind Formen mit äußerlich gut erkennbarer Pentamerie wie die Dendrochirota, abgeleitet Formen mit gut ausgebildeter Kriechsohle. Isoliert sind die Apoda mit vielen Reduktionserscheinungen; ihnen werden manchmal alle übrigen Formen als Actinopoda gegenübergestellt.

Über 1000 Arten, von denen die Synaptidae über 2 m Länge erreichen.

1. Ordnung: Dactylochirotida. Primitive Holothurien, einfache Tentakel, Körperwand mit flexiblem Hautpanzer, U-förmig gekrümmter Körper. *Echinocucumis, Sphaerothuria, Rhopalodina* (Abb. 284 e).

2. Ordnung: Dendrochirota (Dendrochirotida). 10–30 bäumchenartig verzweigte, lange Tentakel, die gemeinsam eingestülpt werden können. Tentakelampullen schwach ausgebildet, Wasserlungen vorhanden, büschelförmige Gonaden, keine Statocysten, mit oder ohne Kriechsohle. Vor allem Plankton- und Detritusfresser. *Cucumaria* (Abb. 284 i) oft in gemäßigten oder kühlen Zonen (arktisch und antarktisch), oft mit Brutpflege, häufig im Boden eingegraben, nur Tentakel ragen über die Bodenoberfläche. *Thyonidium* auch in der Ostsee, *Thyone* in der Nordsee, *Psolus* bis Kattegat.

3. Ordnung: Aspidochirota (Aspidochirotida). Unverzweigte Tentakel tragen am Ende Scheiben mit kleinen Fortsätzen, Tentakelampullen meist vorhanden. Teils mit Kriechsohle; Wasserlungen stets, Cuviersche Schläuche manchmal vorhanden (Holothuriidae), Substratfresser.

Holothuriidae: *Holothuria* (Abb. 284 h) mit ca. 100 Arten, Flachwasserbewohner der Tropen und Subtropen, in Südostasien oft gegessen (Trepang, *H. atra*). Ambulakralfüßchen meist auch in Interradien. *Mülleria.*

Stichopodidae: keine Cuvierschen Schläuche. *Stichopus* bis Westeuropa.

Synallactidae: Tiefseebewohner, keine Tenta-

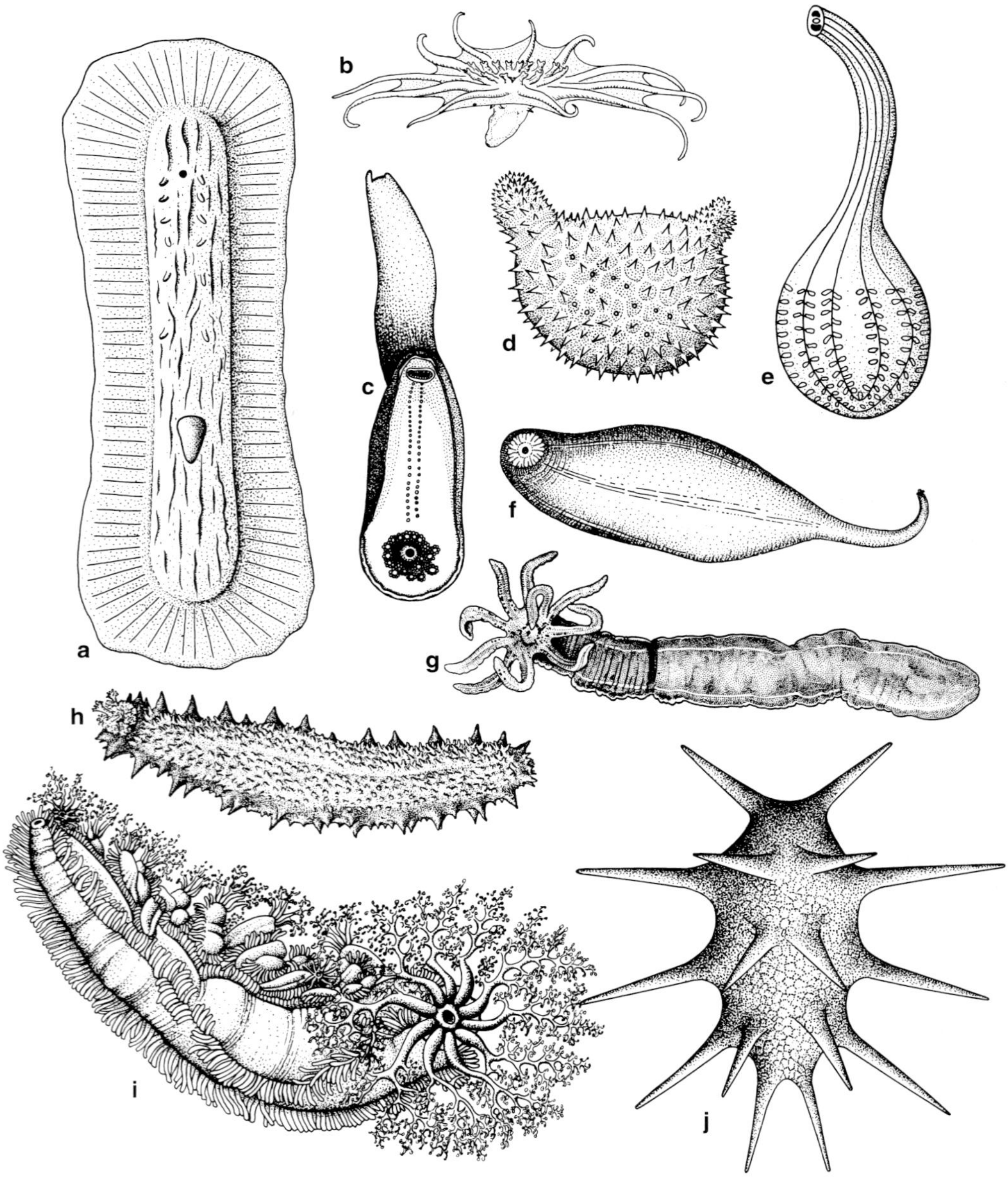

Abb. 284: Holothurien-Formen. a. *Euphronides* (Elasipoda) lebt in ca. 3000 m Tiefe, Rückenansicht; b. *Pelagothuria* (Elasipoda), pelagische, medusenähnliche Form, die mit dem Mund nach oben schwimmt. Hinter den Tentakeln hat sich eine von Radiärkanälen durchzogene, schirmähnliche Membran ausgebildet (Schultermembran, Randsaum), die das Tier zum Schwimmen befähigt; c. *Psychropotes* (Elasipoda, Tiefsee, Ventralansicht, unten Mund mit Tentakeln); d. *Sphaerothuria* (Dactylochirotida, Tiefsee); e. *Rhopalodina* (Dendrochirota, Schlammbewohner); f. *Molpadia* (Molpadida); g. *Rhabdomolgus* (Synaptidae, Sandlückensystem, Nordsee, 5 mm lang); h. *Holothuria* (Aspidochirota); i. *Cucumaria* mit Jungtieren (Brutpflege, Dendrochirota); j. *Deima* (Elasipoda, Tiefsee). *Deima* besitzt einen zarten Panzer aus einander überlappenden Skleriten, die zum Teil stachelartige Fortsätze tragen. Nach Wyville-Thomson, Ludwig, Cuénot, Hérouard, Théel, Becher, Riedl

kelampullen, keine Cuvierschen Schläuche. Z.T. mit Randsaum am Körper, *Synallactes; Bathyplotes* z.T. zu kurzen Schwimmbewegungen befähigt. *Galatheathuria*, guter Schwimmer mit Hilfe des undulierenden Randsaumes.

4. Ordnung: Elasipoda (Elasipodida). Meist stark abweichend gebaute Tiefseeholothurien (bis ca. 10 000 m Tiefe), Körper abgeflacht, Mund an der Unterseite, Tentakel schildförmig oder mit fingerförmigen Fortsätzen, keine Tentakelampullen, oft fehlen auch den Ambulakralfüßchen die Ampullen. Wasserlungen fehlen, Enddarm besitzt oft einen oral gerichteten Blindschlauch. Steinkanal mündet oft noch nach außen. Mitunter Hautlappen ausgebildet (Randsaum oder Schultermembran), die sie zum Schwimmen befähigen. Vermutlich Substratfresser. *Elpidia* (mit zahlreichen Statocysten), von 60 m–9000 m Tiefe, auch im Nordatlantik; *Psychropotes* (mit ca. 12 cm langem, flachem Schwanzfortsatz, der umgewandelter Papille entspricht); *Duphronides, Euphronides, Psychropotes* (Abb. 284 c), *Deima* (Abb. 284 j).

Hierher werden auch oft die Pelagothuriidae gezählt, pelagische Formen ohne Kalksklerite und mit gallertiger, wasserreicher Körperhaut. Steinkanal mündet nach außen. *Pelagothuria* (Abb. 284 b) lebt in allen Schichten bis ca. 1000 m Tiefe. *Planktothuria*, Tiefseeform; Körper von dicker, gallertiger Hülle umgeben.

5. Ordnung: Molpadonia (Molpadiida). Manche Übereinstimmungen mit Apoda (Konvergenz). Im Boden lebende Substratfresser mit weitgehend rückgebildeten Füßchen und Papillen, z.T. Anker in der Haut. Steinkanal kann noch nach außen münden, Wasserlungen vorhanden, Tentakel schildförmig, z.T. mit kleinen Fortsätzen, Tentakelampullen meist vorhanden. Oft verlängertes, schmales Hinterende, mit dem die Tiere die Substratoberfläche erreichen: Wechsel des Atemwassers und Ausstoßen des Kotsandes. Strandregionen bis Tiefsee (ca. 9000 m). *Acaudina, Molpadia* (Abb. 284 f); *Caudina*.

6. Ordnung: Apoda (Apodida). Keine Füßchen und Papillen, i.a. auch keine Radiärkanäle. Tentakel gefiedert, ohne Ampullen; gut ausgebildete Statocysten; keine Wasserlungen; Darm oft gerade verlaufend; oft Zwitter.

Synaptidae: Haut meist mit Ankern, *Synapta* (Abb. 45 o) bis über 2 m lang, Strandzone. *Leptosynapta*, bodenlebend, Nordsee; *L. minuta*, ca. 1 cm lang, vivipar, Helgoland; *Rhabdomolgus* 0,5–1 cm lang, Helgoland (Abb. 284 g).

Chiridotidae: z.T. *(Chiridota)* Jugendentwicklung im Coelom der Mutter.

Myriotrochidae: *Myriotrochus*, Norwegen bis Skagerrak; eine pazifische Art im Philippinengraben in bis über 10 000 m Tiefe.

III. Chordata
(Chordatiere)

Zu den Chordata gehören 1) die Urochordata mit den pelagischen Copelata und den meist festsitzenden Tunicata, 2) die Acrania und 3) die Vertebrata. Ihre wichtigsten Kennzeichen sind:

1. Die Chorda dorsalis, ein elastischer Stützstab zwischen Rückenmark und Darm. Sie ist unterschiedlich aufgebaut und besteht aus vakuolenreichen Zellen (Vertebrata), Muskelplatten (Acrania), dotterreichen Zellsträngen (Tunicata) oder gallertigem Material, das von einem Plattenepithel umschlossen ist (Copelata). Sie durchzieht den Körper meist mit Ausnahme des Vorderendes. Ontogenetisch entsteht sie ursprünglich aus dem entodermalen Dach des Urdarms.

2. Das Neuralrohr. Der Hauptnervenstrang liegt dorsal und bildet ein Rohr mit einem von Ependym ausgekleideten, zentralen Hohlraum (Zentralkanal). Er entsteht beim Embryo durch Versenken des Epithels der Rückenoberfläche. Dieses Neuroectoderm wird am Rand durch Neuralwülste abgegrenzt, die sich mit ihren Rändern nähern und dann über der versenkten Rückenfläche verschmelzen, zuerst hinten, dann vorn. Der Zentralkanal des Nervenrohrs

bleibt beim Embryo oft lange vorn dorsal als Neuroporus offen. Der Vorderteil des Neuralrohrs bildet das Gehirn. Die Wand des Neuralrohres enthält außer Nerven- und Gliazellen noch Sinneszellen (Rückenmarksaugen von *Branchiostoma*), die Augenblasen werden stets vom Gehirn gebildet.

3. Canalis neurentericus. Beim Embryo besteht eine Verbindung zwischen dem Hohlraum des Neuralrohrs und dem Darm (Canalis neurentericus). Er entspricht dem Urmund (Blastoporus), der nahe dem späteren Hinterende liegt. Die Neuralwülste umgreifen den Urmund, und so mündet er beim Verschluß des Neuralrohrs nicht mehr nach außen, sondern in diesen.

4. Kiemendarm. Der Vorderdarm ist von Spalten durchbrochen, deren Zahl sehr groß sein kann. Durch sie strömt das Wasser, das durch den Mund aufgenommen wurde, nach außen. Der Kiemendarm dient ursprünglich der Nahrungsaufnahme, er ist primär ein Filterapparat, an dem Nahrungspartikel abgefangen und in Schleim eingebettet in den Darm transportiert werden. Die Chordata sind zunächst «innere Strudler». Ventral bildet der Kiemendarm eine Rinne mit Wimpern und Drüsenstreifen, das Endostyl (Hypobranchialrinne), das bei Wirbeltieren zur Schilddrüse wird. Die altertümliche Ernährungsweise der niederen Chordaten wird bei Vertebraten durch räuberisch carnivoren Nahrungserwerb abgelöst, worin vermutlich höhere Stoffwechselleistungen und Erfolg der Wirbeltiere begründet sind. Der Kiemendarm erhält bei den Vertebraten eine neue Hauptfunktion, er wird bei Fischen Atmungsorgan. Bei Tetrapoden wechselt seine Funktion erneut. Das Herz liegt ventral und pumpt Blut in den Kiemendarm.

Diese Merkmale der Chordata sind vielfach nur im Larven- oder Embryonalstadium erhalten (Chorda der Säuger und Vögel, Kiementaschen der Amnioten).

Die Chordaten stehen isoliert, ihre ontogenetische Entwicklung ist die von Deuterostomiern (Blastoporus in der Afterregion u.a.). Zur Frage ihrer genaueren Herkunft liegen zahlreiche, z.T. sehr verschiedenartige Hypothesen vor. Beinahe jede Tiergruppe wurde irgendwann einmal als Ursprungsgruppe der Chordaten angesehen.

Verbreitet war z.B. die Ansicht einer Ableitung von Anneliden (Segmentierung, Metanephridien), wobei deren Bauchfläche zur Rükkenfläche der Chordaten werden sollte. Es zeigte sich jedoch, daß die Nephridien ein altes Coelomatenerbe sind, und daß der Segmentierung der beiden Gruppen ganz unterschiedliche Entwicklungsvorgänge zugrunde liegen.

Unbestritten sind Gemeinsamkeiten zwischen Hemichordaten, Echinodermen und Chordaten, wobei die Hemichordaten allgemein als die ursprünglichste Gruppe angesehen werden, die sowohl Beziehungen zu den Echinodermen als auch zu den Chordaten erkennen läßt. Zu den «Calcichordata» s. S. 347.

Die systematische Gliederung der Chordaten erfolgt unterschiedlich, und die Beziehungen der großen Chordatengruppen untereinander ist auch umstritten. Es besteht nicht einmal Einigkeit darüber, welche Tiere den Vertebraten zugezählt werden sollen, denn neuerdings werden von einzelnen Forschern die Myxinoidea nicht mehr zu den Vertebrata gezählt (s. S. 543). In dieser Situation ist es sinnvoll, drei große Gruppen zu unterscheiden: Urochordata, Acrania und Vertebrata.

1. Urochordata

Hierher gehören Tunicata und Copelata, deren gegenseitige Beziehungen auf S. 473 diskutiert werden. Oft wird der Begriff Tunicata mit Urochordata gleichgesetzt.

a. Tunicata (Manteltiere)

Die Tunicata sind meist festsitzende Meerestiere. Ihre Zugehörigkeit zu den Chordata zeigt die Larve, die eine Chorda und ein Neuralrohr mit Gehirn besitzt. Die Festheftung an den Untergrund erfolgt bei der Mehrzahl der Tunicaten, den Ascidien, mit der Kehlregion. Dann

Abb. 285: Oben: Ascidien-Bauplan, Dorsalorgan = Epibranchialrinne; unten: verschiedene Ascidienformen. a. *Ciona;* b.*Sycozoa;* c. *Dendrodoa;* d. *Polycitor;* e. *Pyura;* f. *Botryllus;* g. *Microcosmus;* h. *Eugyra*. Nach Delage, Hérouard, Dawydoff ▷

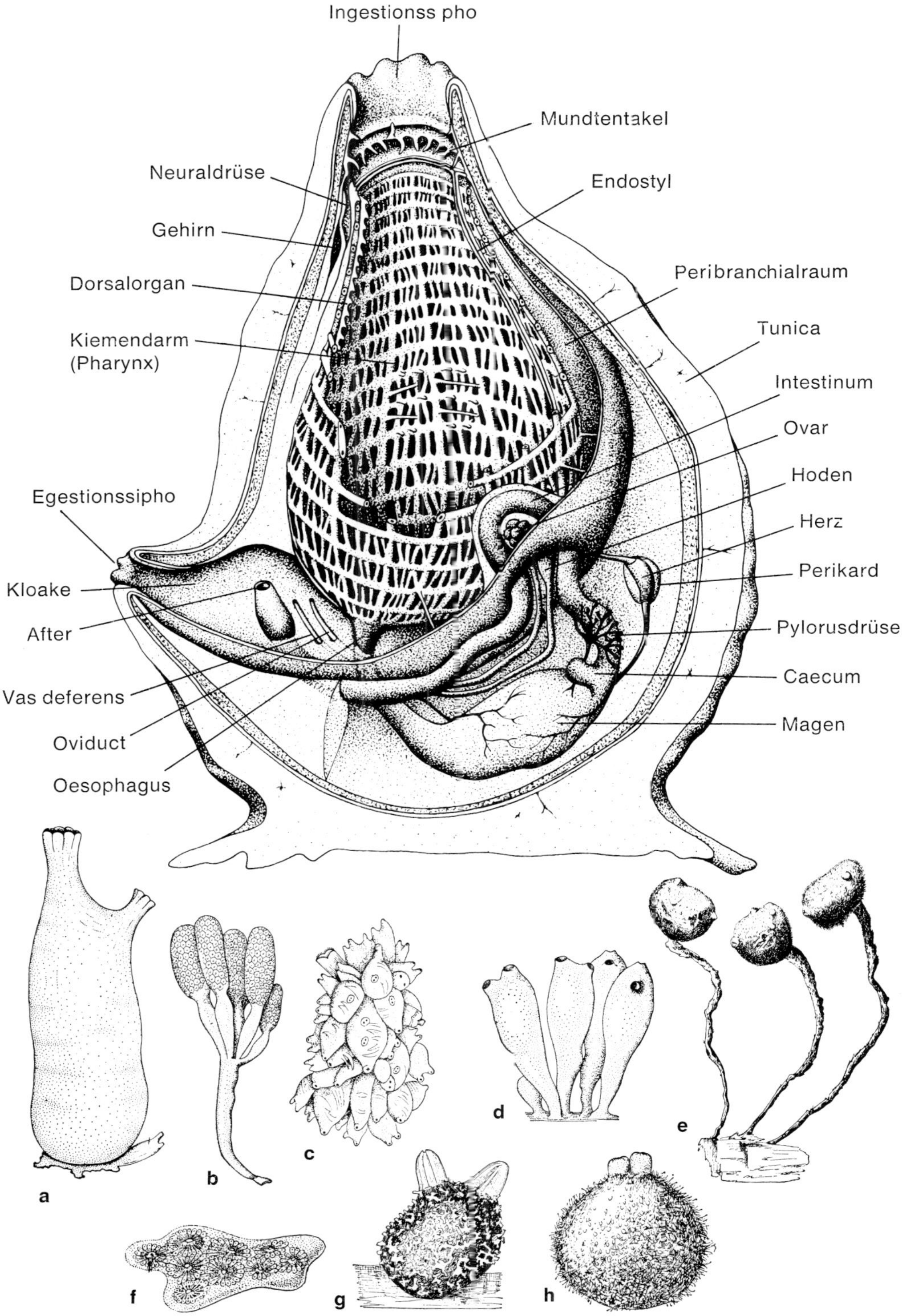
Ingestionss pho
Mundtentakel
Neuraldrüse
Endostyl
Gehirn
Dorsalorgan
Peribranchialraum
Tunica
Kiemendarm
(Pharynx)
Intestinum
Ovar
Egestionssipho
Hoden
Herz
Kloake
Perikard
After
Pylorusdrüse
Vas deferens
Caecum
Magen
Oviduct
Oesophagus
a
b
c
d
e
f
g
h

wandern Mund und After dorsalwärts und münden in einen oft röhrenartigen, kontraktilen Ingestions- bzw. Egestionssipho (Abb. 285).

Bau. Der Körper wird von einem gallertigen Mantel (Tunica) bekleidet. Er besteht aus einer Abscheidung, die sich aus Wasser (75%- über 90%), Protein, Kohlenhydraten und zu einem kleinen Teil auch anderen Verbindungen zusammensetzt. Unter den Kohlenhydraten findet sich eine Form der Cellulose (Tunicin), die möglicherweise an Protein gebunden ist. Die Tunica wird wohl überwiegend von der Epidermis gebildet. In sie wandern oft mesodermale Zellen ein und verleihen ihr einen bindegewebigen Charakter. Diese Zellen beteiligen sich vermutlich zum Teil auch am Aufbau der Tunica. Fortsätze des Mantels befestigen das Tier am Boden.

Entsprechend der sessilen Lebensweise der Ascidien sind Nervensystem und Sinnesorgane vereinfacht. Nach Verschluß des Neuroporus teilt sich bei Ascidien der vordere Teil des Neuralrohrs in 2 röhrenartige Gebilde, von denen sich das rechte zu einem Gehirn mit Licht- und Statoreceptoren entwickelt. Die linke Struktur verliert die Verbindung zum Neuralrohr und wandelt sich zu einem Gang um, der sich mit einem Wimpertrichter in den Pharynx öffnet. Später proliferiert das Gangepithel und bildet die Neuraldrüse, die z. T. circadiane Veränderungen durchmacht und in der hormonale Faktoren gefunden wurden. Bei der Metamorphose bildet sich das Sinneshirn zurück, und es geht aus dem Gang ein kompaktes neues Cerebralganglion hervor. Der Komplex Neuraldrüse und Gang wird oft mit der gesamten Hypophyse der Vertebraten homologisiert. Vergleichbare Strukturen treten auch bei Copelaten auf.

Der weite Mund führt in einen umfangreichen Kiemendarm (Pharynx), dessen Wände oft Tausende von Spalten enthalten und so ein dichtes Sieb bilden. Die hohe Zahl der Spalten erfolgt sowohl durch Vermehrung als auch durch weitgehende Zerteilung der primären Spalten. Bei sekundär freischwimmenden Arten, bei denen auch Mund und After wieder entgegengesetzt liegen, ist die Zahl der Spalten geringer. Ventral durchzieht den Kiemendarm ein Endostyl, dorsal ein schmales Dorsalorgan mit einer Reihe vorspringender, nach rechts gebogener, zungenförmiger Lappen (Languetten). Das Endostyl (Hypobranchialrinne) ist eine offene Rinne mit verschiedenen Zellzonen, die sekretorisch aktiv sind und einen komplexen Schleim, der reich an jodhaltigen Proteinen ist, absondern, welcher innen über den Kiemendarm wandert und die Nahrungspartikel auffängt. Schleimfilm und Nahrungspartikel werden von den nach innen weisenden Cilien der linken und rechten Pharynxhälfte nach dorsal getrieben. In der Rinne, die von den Languetten gebildet wird, formiert sich ein sich drehender Schleimstrang, der durch den Oesophagus in den Magen befördert wird. Die langen Cilien, die die Spalten des Pharynx säumen, verursachen durch ihren Schlag den Wasserstrom, der in den Ingestionssipho und Mund einströmt und durch den Egestionssipho ausströmt. Die Filterleistungen sind beträchtlich. *Phallusia* filtert z. B. täglich etwa 175 l Wasser. Cilienschlag und Schleimproduktion können unterbrochen werden. Im Abstand von Minuten kontrahieren sich viele Ascidien, um unerwünschtes Material aus dem Pharynx auszustoßen und ihn zu reinigen. Das Endostyl der Tunicata – und auch das von *Branchiostoma* – vermag wie die Schilddrüse der Wirbeltiere Jod zu binden.

Das Wasser gelangt durch die Kiemenspalten nicht direkt nach außen, sondern in einen großen Peribranchialraum (Atrium), der in die Kloake übergeht (Abb. 285). Dieser Raum entsteht aus paarigen Taschen oder einer einzigen medianen Tasche (Stolidobranchier), die das Ectoderm der Larven über den ersten Kiemenspalten bildet. Sie verschmelzen dann dorsal zur Kloake und umgreifen seitlich den ganzen Kiemendarm. Der übrige Darm ist klein, oft enthält er einen erweiterten Magen; meist gehen von ihm nährstoffspeichernde (pylorische) Schläuche aus; der Enddarm mündet in die Kloake.

Coelomhöhlen fehlen bis auf einen Hohlraum um das Herz (Pericardhöhle, Abb. 285, 286). Das Herz liegt ventral hinter dem Kiemendarm und treibt Blut in diesen. Merkwürdigerweise erfolgt bei Ascidien von Zeit zu Zeit ein Wechsel in der Richtung des Blutstromes, das Herz pumpt mit einer Reihe von Schlägen das Blut nach vorn, dann eine Zeitlang nach hinten. Es liegen offenbar zwei Schrittmacher (ein visceraler und ein hypobranchialer) vor, deren Dominanz abwechselt. Bei hohem CO_2-Gehalt des Blutes soll der viscerale Schrittma-

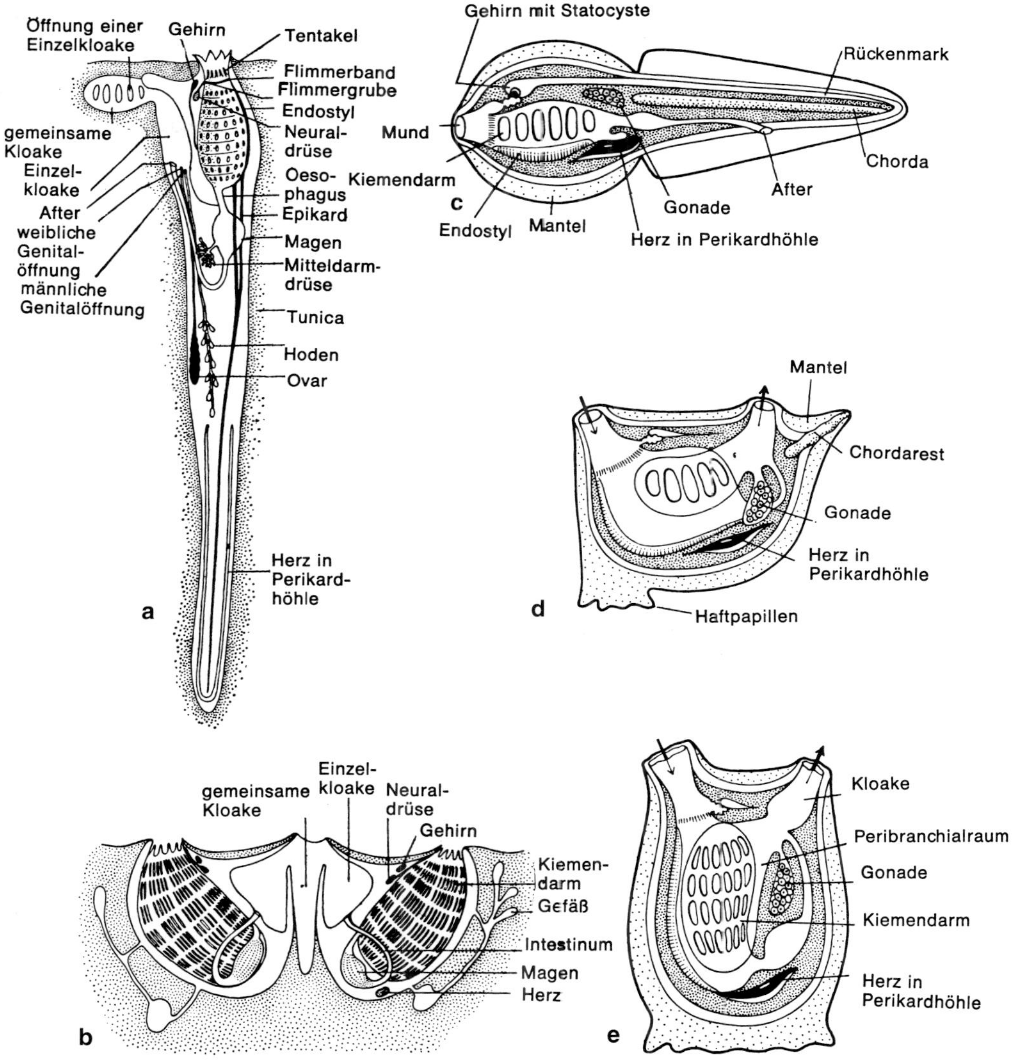

Abb. 286: Ascidien. a. Bauplan einer Polyclinide *(Polyclinum)*, Einzeltier einer Kolonie; von dem langgestreckten basalen Teil mit Epi- und Pericard geht die Knospung aus, b. Schnitt durch eine *Botryllus*-Kolonie (Coenobium); diese ist von gemeinsamem Blutgefäß mit Blindsäcken umgeben. Der Kiemendarm ist von einem Peribranchialraum umgeben, der wie Darm und Gonaden zunächst in die Kloake der Einzeltiere (Einzelkloake) mündet. Die Kloaken münden dann über eine gemeinsame Kloake nach außen, c–e. Vereinfachte Darstellung der Umwandlung einer Ascidienlarve (c) zum erwachsenen Tier (e). Der Kiemendarm der Larve besitzt bereits einen Peribranchialraum mit eigener dorsal gelegener Öffnung (nicht eingezeichnet). Pfeile auf d und e geben die Richtung des Wasserstroms an. Nach Grassé, Remane, Storch, Welsch

cher dominieren und Blut durch den Pharynx treiben, so daß es mit O_2 beladen wird. Die Blutgefäße entsprechen einfachen Spalträumen im Bindegewebe ohne Endothel. Die Blutflüssigkeit enthält verschiedene Amöbocyten; eine Besonderheit sind vanadiumhaltige Verbindungen (Hämovanadium), die in Blutflüssigkeit und Amöbocyten vorkommen; ihre Bedeutung ist unbekannt.

Über dem Herzen ziehen zwei Schläuche entlang (Epicard), die vom Kiemendarm ausgewachsen und weit in den Körper ziehen können

(Abb. 286 e), auch sie werden vielfach als Coelomreste angesehen, aber ihre Bedeutung ist umstritten. Die 2 Schläuche können verwachsen oder sehr verschieden große Räume bilden; bei *Ciona* gehen aus ihnen die großen Perivisceralsäcke hervor. Bei manchen Arten verlieren sie die Beziehung zum Kiemendarm. Wenn das Epicard einen Coelomrest darstellt, könnte es der Leibeshöhle der Wirbeltiere homolog sein; *Ciona* würde einen primitiven Zustand zeigen. Das Epicard ist oft an Sprossungsvorgängen beteiligt.

Das spärliche Bindegewebe bildet Längs- und Ringmuskeln, die bei sessilen Arten der Kontraktion und Streckung des Tieres (besonders der Siphonen) dienen, bei schwimmenden auch der Fortbewegung (Ausstoßen des Wassers durch die Egestionsöffnungen, z. B. Salpen).

Besondere Exkretionsorgane fehlen, manche Arten bilden durch Anhäufung fester Exkretstoffe in Bindegewebszellen Speichernieren. Bei einigen Arten entstehen harnsäurehaltige, blasenartige Gebilde am Darm.

Mitochondrienreiche Zellen des Magen-Darmtrakts können ionenregulierende und vielleicht auch exkretorische Funktionen haben.

Fortpflanzung. Die Tunicata sind meist Zwitter. Die unpaaren Hoden und Ovarien liegen getrennt im Hinterkörper, selten sind sie zu einer Zwittergonade vereinigt. Samenleiter und Eileiter münden in die Kloake. Die Keimzellen werden meist ins freie Wasser entleert, bisweilen entwickeln sich die Eier im Peribranchialraum *(Dendrodoa)* oder in kloakalen Bruttaschen. Bei einigen, z. B. Salpen, liegt der Embryo an einer Placenta. Obwohl die Embryonen eine Mosaikentwicklung haben, ist die Regenerationsfähigkeit groß. Bei geschlechtlicher Vermehrung ist die Befruchtung meist eine äußere. Die Eizellen erhalten im Ovar einen Follikel, dessen Zellen amoeboid auf dem Embryo umherkriechen.

Vegetative Vermehrung durch Sprossung ist weit verbreitet. Ort und Art der Knospenbildung sind sehr verschieden, meist erfolgt sie an Stolonen (Abb. 289). Merkwürdig ist, daß in die Stolonen oder Knospen Stränge von verschiedenen Organen hineinwachsen, vom Kiemendarm, Epicard, Peribranchialraum, Nervensystem, Gonaden, Pericard usw. Hierbei verhalten sich die einzelnen Familien recht verschieden. Wie andere sessile Organismen degenerieren die Tiere bei ungünstigen Milieubedingungen; nur Anhäufungen von verschiedenen Zellen bleiben als Dauerknospen bestehen, die bei normalen Umweltbedingungen wieder Tiere bilden.

Entwicklung. Die Furchung ist meist total. Schon vor der Furchung kann das Ei verschiedene Plasmabezirke für einzelne Organgruppen (Neuralrohr, Haut, Darm, Chorda, Mesoderm) bilden. Die Organbildung verläuft ähnlich der der Wirbeltiere, nur bilden sich keine Coelomhöhlen im soliden Mesoderm. Dieses zerfällt nur in 2 Partien, eine vordere und eine hintere. Der Körper des Embryos sondert sich bald in einen dicken Kopf und einen dünnen Schwanz, durch dessen Schlag sich die Larve fortbewegt. Diese Larve wird oft mit einer Kaulquappe verglichen (Abb. 286 c); ihr Schwanz entspricht aber dem Hinterrumpf, nicht dem Schwanz der Wirbeltiere. Die Larve zeigt noch folgende Besonderheiten: Der Mund rückt etwas dorsalwärts und vereinigt sich mit dem Neuroporus. Das Vorderende bildet Haftpapillen. Der Pharynx bricht mit zunächst nur wenigen, einfachen Kiemenspalten nach außen durch. Ihre Mündungen versinken jederseits in eine Tasche, die Anlage des Peribranchialraumes. Beide Taschen verschmelzen dorsal zur Kloake. Der After wandert nicht – wie es phylogenetisch offenbar war – dorsalwärts, der ganze Hinterdarm im Schwanz wird vielmehr zurückgebildet, und vom Pharynx wächst ein neuer Darm dorsalwärts und öffnet sich in die Kloake. Das zweiteilige Gehirn ist gut ausgebildet. Es besitzt eine vordere Sinnesblase, die in ihrer Wand ein Auge mit Linse und ein einfaches statisches Organ enthält, das aus einer keulenförmigen Zelle besteht, die in den Hirnhohlraum ragt und die von Sinnesborsten der Nachbarzellen umgeben ist. Der zweite Hirnteil ist das Medullarganglion (viscerales Gehirn). Das larvale Gehirn wird rückgebildet, das Cerebralganglion des erwachsenen Tieres ist eine Neubildung. Das Neuralrohr wird, soweit es nicht mit dem Schwanz zugrundegeht, zu einem Faserstrang, der vorn in die Neuraldrüse übergeht. Diese öffnet sich über eine Flimmergrube in den Vorderdarm. Beim Festsetzen wird der Schwanz mit Chorda reduziert und z. T. abgestoßen (Abb. 286 d). Bisweilen ist die Larve vereinfacht oder fehlt ganz.

Generationswechsel. Mehrfach ist eine Metagenese vorhanden, also ein Wechsel zwischen ungeschlechtlicher und geschlechtlicher Fortpflanzung. Aus dem Ei geht das sterile Oozoid (Cyathozoid) hervor, das durch Knospenbildung die Blastozoide (Ascidiozoide) liefert. Besonders deutlich ist die Metagenese bei den Salpen. Hier ist das Oozoid groß und einzellebend (Abb. 289 a), die kleineren Blastozoide werden schubweise an einem Stolo gebildet und werden als koloniale Kettensalpen frei (Abb. 289 c). Sie bilden in jedem Tier 2–4 Eier. Kompliziert ist die Metagenese von *Doliolum* (S. 470). Das Oozoid tendiert zur Reduktion und bleibt bei einigen Gattungen *(Botryllus, Pyrosoma)* auf einem larvalen Stadium stehen, das sich nach Entstehung der ersten Knospen rückbildet.

Koloniebildung. Die vegetative Vermehrung führt bei vielen Arten zur Koloniebildung. Die Einzeltiere sind durch einen Stolo verbunden, oft fließt der Mantel zu einer gemeinsamen Masse zusammen, oft ist die Egestionsöffnung vieler Tiere vereinigt, so daß mehrere Tiere rosettenartig um eine Kloake stehen (Abb. 285, 286).

Lebensweise. Die Tunicaten sind meist sessile Tiere des Meeresbodens. Sie bilden auf Hartböden oft Schichten, besiedeln aber auch Pflanzen. Einige sind durch Fortsätze des Mantels im Schlamm verankert. Sekundär sind manche freilebend und freibeweglich geworden, die Pyrosomen und Kettensalpen als Kolonie, die Einzelsalpen als Einzeltiere. Die meisten Tunicaten sind Suspensionsfresser, und zwar innere Strudler, die durch die Wimpern ihres Kiemendarms einen Wasserstrom erzeugen und an dem Sieb der Kiemenspalten die Nahrung abfangen. Diese wird in Schleimbänder eingebettet und dem Magen zugeführt. Abweichend verhalten sich vielleicht einige Formen (*Octacnemius* u. a.), die an der Ingestionsöffnung mehrere Tentakel tragen, die Kiemenspalten aber rückgebildet haben.

1. Klasse: Ascidiae (Ascidiacea, Seescheiden)

Bodenlebende, meist sessile Tiere von 0,1 bis über 30 cm Länge, gut 1000 Arten. Kolonien können mehrere Meter lang werden. Einzellebend (Monascidien) oder koloniebildend (Abb. 285); die koloniebildenden werden in soziale Ascidien (Tiere hängen nur basal über Stolonen zusammen) und Synascidien (Tiere sind in einheitlichem Mantel zusammengeschlossen) gegliedert. Der Körper ist bei Arten, die als eher primitiv angesehen werden, in drei Regionen gegliedert: vorn gelegene Pharynxregion, Abdominalregion (mit Magen-Darmtrakt) und Postabdominalregion (mit Herz und Gonaden) (Abb. 286 a). Der Mehrzahl der Arten fehlt ein Postabdomen, da es zu einer zunehmenden Konzentration der Eingeweide kommt. *Polycitor* ist eine Gattung mit gut ausgeprägtem Abdomen (Abb. 285 d), Stolidobranchiata bilden dann noch das Abdomen als eigene Region zurück (Abb. 285 g und h). In- und Egestionsöffnung genähert. Tunica gallertig, ledrig oder knorpelig, kann Kalkstacheln enthalten und vermag Jod zu konzentrieren. Generationswechsel selten, z. B. bei *Didemnum* und *Botryllus*. Knospenbildung kann vom Epicard, vom Gewebe des hinteren Körperendes oder der parietalen Wand des Peribranchialraumes ausgehen.

Ascidien sind ausschließlich marin und bewohnen vor allem die Küstenzonen. Reiche Entfaltung in Korallenriffen. Auf festem oder auch weichem Untergrund. Über 100 Arten in der Tiefsee. Einige sehr kleine Arten leben im Sandlückensystem. 3 große Gruppen.

a. **Enterogona** (Enterogonea, Enterogena). Körper z. T. noch mit Postabdomen, Abdomen i. a. deutlich ausgebildet. Solitär und kolonial, z. T. in gemeinsamer Tunica.

1. **Ordnung: Aplousobranchia.** Kiemendarm ohne Längsfalten und ohne innere Längsgefäße. Koloniebildend. *Clavelina, Sidnyum, Amaroucium, Polycitor* (Abb. 285 d), *Didemnum, Sycozoa* (Abb. 285 b).

Die bis 2 cm hohe, orangefarbene *Clavelina lepadiformis* kommt in der Nordsee, z.B. auf Felsböden, Muschelschalen und Hafenmolen vor. Ihr durchsichtiger Körper macht sie zu besonders instruktiven Beobachtungsobjekten. Um Ein- und Ausstromöffnung eine weiße Zeichnung. Einzeltiere durch Stolonen miteinander verbunden.
Bei *Sidnyum turbinatum* stehen mehrere Tiere eng beieinander, werden gemeinsam von einem transparenten Mantel umgeben und besitzen eine gemeinsame Ausströmöffnung. Kolonien oft durch Stolonen verbunden. In der Nordsee nicht selten.

2. **Ordnung: Phlebobranchia.** Kiemendarm meist mit inneren Längsgefäßen, aber ohne durchlaufende Längsfalten. Solitär oder kolo-

niebildend. *Ciona* (Abb. 285 a), *Corella, Perophora, Phallusia, Ascidia, Ascidiella.*

Ciona intestinalis (Abb. 285 a) ist auf Hartsubstraten und Algen vermutlich kosmopolitisch verbreitet und dringt bis in die westliche Ostsee vor. Die milchig durchscheinenden Tiere erreichen eine Länge von 20 cm. *Ascidiella aspersa* kommt ebenfalls in Nord- und westlicher Ostsee vor. Tiere mit ihrer unregelmäßigen Oberfläche werden intensiv von anderen sessilen Tieren überwachsen.

b. Pleurogona (Pleurogonea, Pleurogena). Körper ungegliedert, Eingeweide seitlich am Kiemenkorb.

Ordnung: Stolidobranchia. Kiemendarm mit inneren Längsgefäßen und meist durchlaufenden Längsfalten. Solitär oder koloniebildend. *Botryllus* (Abb. 285 f), *Distomus, Styela, Dendrodoa* (Abb. 285 c), *Pyura* (Abb. 285 e), *Microcosmus* (Abb. 285 g), *Eugyra* (Abb. 285 h), *Molgula.*

Mehrere Einzeltiere von *Botryllus schlosseri* sind sternförmig um eine Ausströmöffnung angeordnet. Ein Stern hat einen Durchmesser von etwa 1 cm. Die verschieden gefärbten Tiere (gelb, rot, grün, blau) kommen von der Gezeitenzone an auf Hartsubstrat vor und gehören zu den schönsten Ascidien der heimischen Fauna. Bei *Botrylloides leachi* stehen die Einzeltiere in geschlängelten Doppelreihen.

Die Tangbeere *(Dendrodoa grossularia)* kann in der Rotalgenzone der westlichen Ostsee bis $^3/_4$ der gesamten Zoomasse stellen.

c. Octacnemida. Aberrante, meist abgeflachte Tiefseeformen mit 8 längeren Armen um den Mund; ähneln äußerlich Seesternen, Medusen oder Actinien. Kiemenspalten rückgebildet, ernähren sich carnivor von Nematoden und Crustaceen.

2. Klasse: Thaliacea (Salpen, Feuerwalzen)

Pelagische, meist transparente Tunicaten wärmerer Meeresgebiete. Ingestions- und Egestionsöffnung liegen an den beiden Körperpolen. Kiemendarm und Kloake treffen fast zusammen. Fortbewegung durch Wasserausstoß aus der Kloake. Generationswechsel (Metagenese) stets vorhanden. Oozoid solitär, Blastozoid kolonial. Die drei Ordnungen sind vielleicht nicht näher verwandt, sondern unabhängig aus sessilen Ascidien entstanden. Ca. 40 Arten.

1. Ordnung: Pyrosomida (Feuerwalzen). Kolonien bilden einen hohlen Kegel von Dezimeter bis einige Meter Länge (Abb. 287 a, c). Der gemeinsame Mantel enthält verschiedene Bindegewebszellen, die elastische Fasersysteme aufbauen oder Knospen transportieren (Phorocyten), sowie Blutlakunen. Die Ingestionsöffnungen aller Einzeltiere liegen außen, die Egestionsöffnung im Kegelhohlraum (Abb. 287 b). Kiemen gitterartig. Ringmuskulatur schwach, bildet Sphinkter an In- und Egestionsöffnung. Eine Besonderheit ist ein blutzellbildendes Organ mancher Arten zwischen Oesophagus und Gehirn. Letzteres ist höher entwickelt als bei den Ascidien und besitzt ein Auge mit Cornea, Linse und Pigmentbecher.

Das Ovar bringt zeitlebens nur ein dotterreiches Ei hervor, das sich im Peribranchialraum zu einem Oozoid entwickelt. Das Oozoid bleibt larval und bildet durch Knospung 4 Blastozoide (Abb. 287 c), die durch weitere Knospung die Kolonie bilden. Diese Knospung geht von einem epicardialen Stolo prolifer aus. Die abgeschnürten Knospen (Blastozoide) können durch Phorocyten an ihren definitiven Platz transportiert werden. Die ältesten Tiere der Kolonie vermehren sich zunächst nur durch Knospung, dann erst reifen die Spermien und noch später das Ei (Protandrie). Nach Abgabe des Eies werden nur noch Spermien und Knospen gebildet. Die mittleren Tiere zeigen ziemlich gleichzeitig Ei- und Spermienreifung. Die jüngsten Tiere bilden zuerst das Ei (Protogynie). Die Zahl der aufeinanderfolgenden protandrischen, gemischten und protogynen Generationen ist für die einzelnen Arten der einzigen Gattung *Pyrosoma* verschieden.

Bakterien in einem Leuchtorgan produzieren intensives Licht. Die Mikroorganismen werden von den Follikelzellen der Eier aufgenommen und in den Embryo transportiert. Die Leuchtkraft kann sehr hoch sein und nachts sogar die Segel von Schiffen erhellen.

2. Ordnung: Cyclomyaria (Doliolida). Oozoid groß (Ammentier, Abb. 288), tonnenförmig, dünne Tunica. Zwischen Pharynx und Kloake eine Reihe von 8–200 Kiemenöffnungen. Ringmuskeln bilden deutliche, geschlossene Bänder. Statocyste vorhanden. Generationswechsel kompliziert. Die vom ventral gelegenen Stolo prolifer der Ammentiere abgeschnürten Knospen werden durch amöboide Trägerzellen (Phorocyten) an der Oberfläche

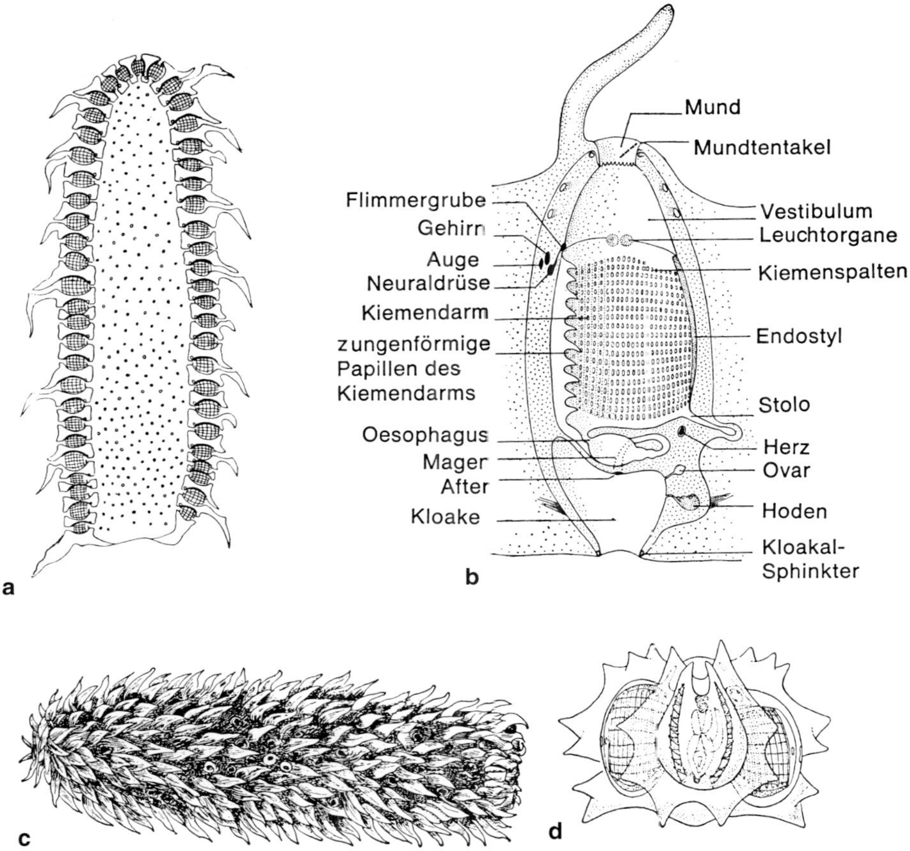

Abb. 287: Pyrosomida. a. Schematischer Sagittalschnitt durch eine *Pyrosoma*-Kolonie. b. Längsschnitt durch ein Einzeltier *(Pyrosoma elegans)*. c. Außenansicht einer *Pyrosoma*-Kolonie. d. *Pyrosoma*-Larve. Nach Grassé, Grobben, Herdmann, Riedl

des Tieres zu einem Rückenfortsatz transportiert und dort in 3 Längsreihen aufgestellt (Abb. 288 c). Die lateralen Knospen werden zu sterilen, die Mutter versorgenden, gestielten Nährtieren (Gasterozoide = Trophozoide), die medianen zu Pflegetieren (Phorozoide Abb. 288 e). An einem Haftstiel der Phorozoide wird eine dritte Knospenform, die Geschlechtsurknospe, befestigt. Diese erzeugt 20–30 weitere Geschlechtsknospen, aus denen Geschlechtstiere (Gonozoide) hervorgehen. Phorozoide und Gonozoide lösen sich vom Ammentier ab und trennen sich dann auch. Die Gonozoide (Abb. 288 d) besitzen Hoden und ein Ovar, in dem 3 Eier gebildet werden. Aus den Eiern gehen Larven mit Chorda hervor. Nach einer Metamorphose entstehen aus ihnen die Oozoide, die heranwachsen, ihre Eingeweide zurückbilden und nur noch Knospen hervorbringen, bis sie sterben. Es wechseln hier also 3 Generationen, von denen die zweite dimorph ist. *Doliolum, Doliopsis.*

3. **Ordnung: Desmomyaria (Salpida, Salpen).** Solitäre Tiere (Oozoide) tonnenförmig (Abb. 289 a), relativ dicke Tunica, Ringmuskeln des Körpers ventral offen. Im Gehirn ein Auge. Pharynx mit jederseits nur einer Kiemenspalte, die in die Kloake führt. Das Endostyl bildet aus Schleim ein tütenförmiges Gebilde, das Nahrungstiere auffängt und mit seinem spitzen Ende in den Oesophagus einmündet. Am ventralen, spiralig aufgerollten Stolo prolifer entstehen schubweise durch Stolo-Reste miteinander verbundene Kettensalpen (Blasto-

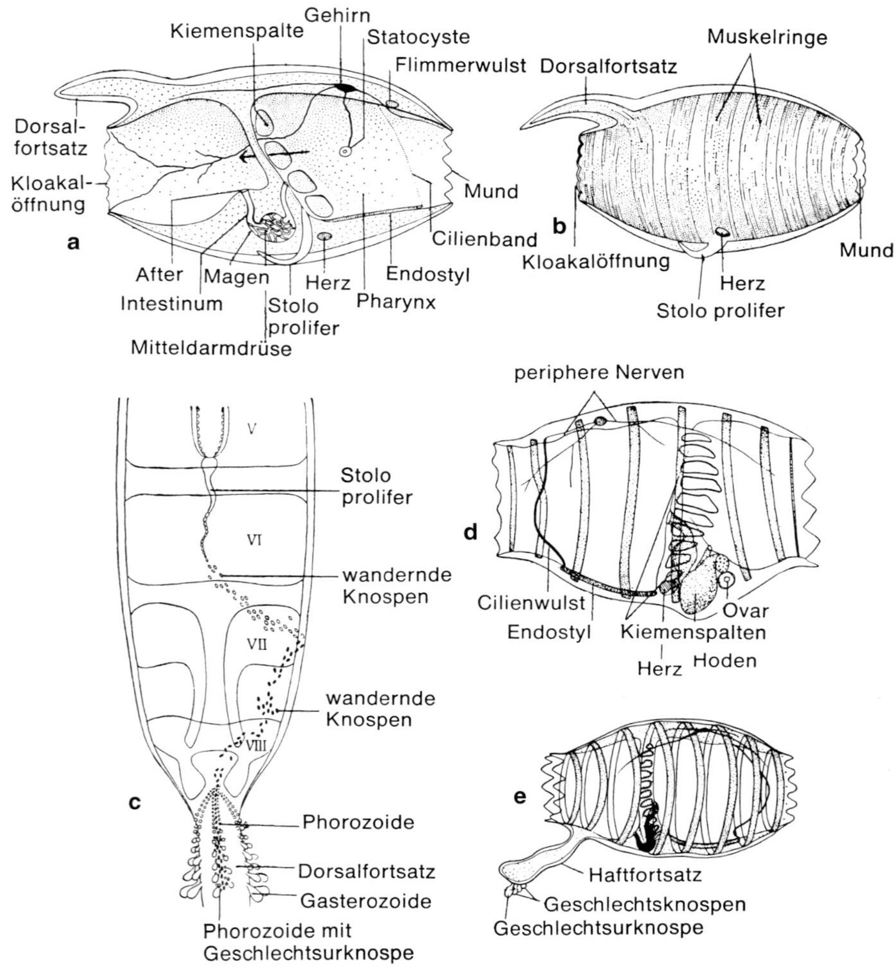

Abb. 288: Cyclomyaria (Doliolida). a. *Doliolum*, Oozoid, Längsschnitt, Pfeil deutet Wasserstrom durch die Kiemenspalten an. b. *Doliolum*, Oozoid, Außenansicht. c. Wanderung der Knospen zum Dorsalfortsatz, V–VIII: Muskelringe. d. Gonozoid *(Doliolum)*. e. Phorozoid mit Geschlechtsknospen. Nach Barrois, Grobben, Grassé

zoide, Sexualtiere Abb. 289c). Sie lösen sich in Gruppen ab, die Darmkanäle der Einzeltiere kommunizieren zunächst noch miteinander. Mit zunehmender Reifung verschwindet der verbindende Stolo. Bei einigen Arten bleiben die Einzeltiere über Haftfortsätze zeitlebens verbunden (Cyclosalpen). Diese Blastozoide besitzen oft mehrere Augenflecken im Gehirn und bilden frühzeitig Gonaden aus. Das Ovar entsteht als erstes und bringt i.a. nur ein Ei hervor. Der Embryo entwickelt sich an einer Placenta im Kloakenbereich. Im Embryo läßt sich vorübergehend ein Gewebekomplex nachweisen, der Elaeoblast, der möglicherweise der Chorda entspricht. Entwicklung ohne freischwimmende Larve. *Salpa, Thetys, Thalia* (Abb. 289a, b), *Cyclosalpa, Ihlea* (mit antarktischer Kaltwasserart).

b. Copelata (= Appendicularia, Larvacea)

Copelaten kommen verbreitet im Plankton aller Weltmeere vor und können zeitweise und lokal in riesigen Mengen auftreten; so wurden

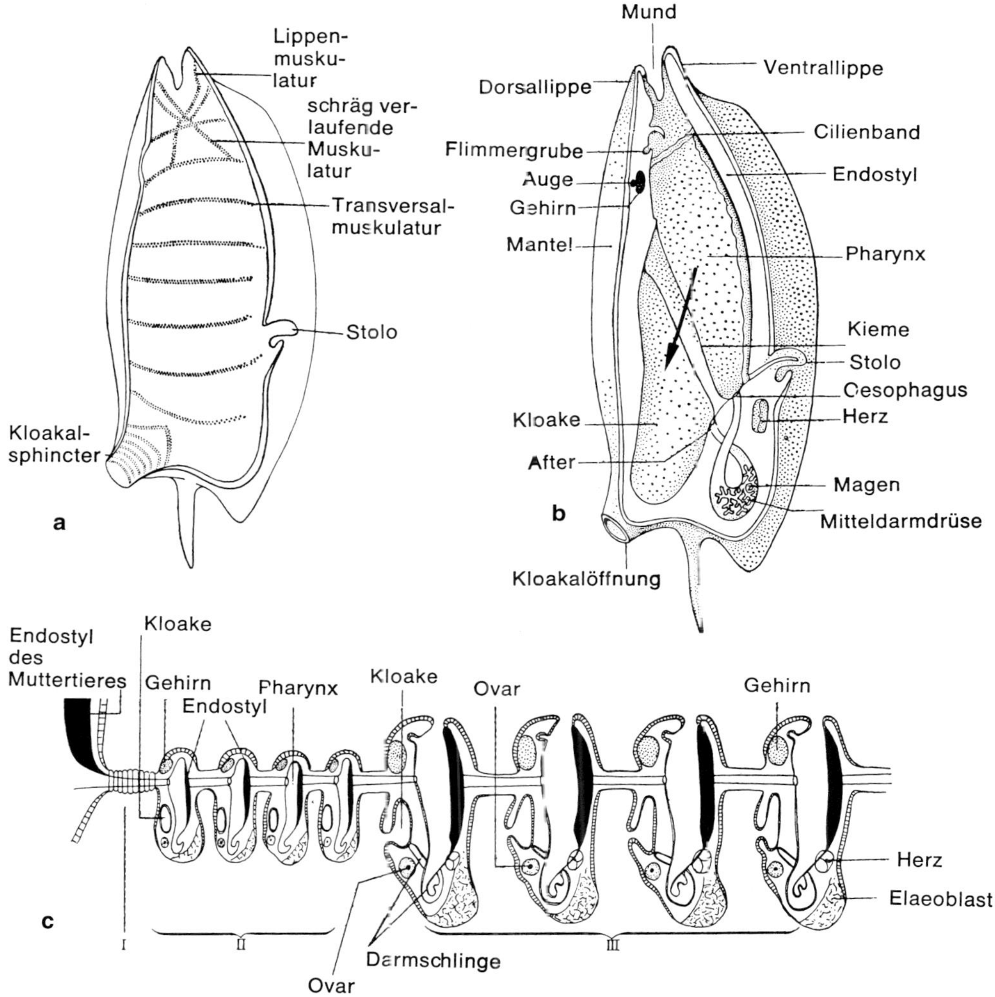

Abb. 289: Desmomyaria (Salpida). a, b. *Thalia democratica;* Oozoid; a. Außenansicht mit Muskulatur; links: Dorsalseite; b. Längsschnitt; links: Dorsalseite; Pfeil: Richtung des Wasserstroms durch Kiemenspalte. c. Drei verschiedene Generationen (I–III) am Stolo prolifer einer Salpe. Nach Brooks, Grassé

an der nordamerikanischen Westküste bis über 25 000 Tiere/m^3 Wasser der Art *Oikopleura dioica* gefunden.

Die pelagischen, mehrheitlich 0,5 bis ca. 2 mm großen Copelaten besitzen als Larven und als Adulte einen Ruderschwanz mit Chorda (Abb. 290). Sie werden manchmal als geschlechtsreif gewordene (neotene) Tunicatenlarven angesehen; ihre zahlreichen Eigenmerkmale lassen aber auch den Schluß zu, daß es sich bei ihnen um primär freischwimmende Tiere handelt, die unter ihren Vorfahren keine festsitzenden Formen besitzen. Auffällig sind einige Übereinstimmungen mit den freilebenden Dolioliden: Fehlen einer celluloseähnlichen Substanz im Gehäuse bzw. in der Tunica, ventraler Schwanzansatz (bei Dolioliden haben nur Larven einen Schwanz), einfaches Endostyl u. a. Unbestritten ist, daß Tunicaten und Copelaten von freilebenden Vorfahren mit Ruderschwanz abstammen.

Ein besonderes Eigenmerkmal ist das i. a.

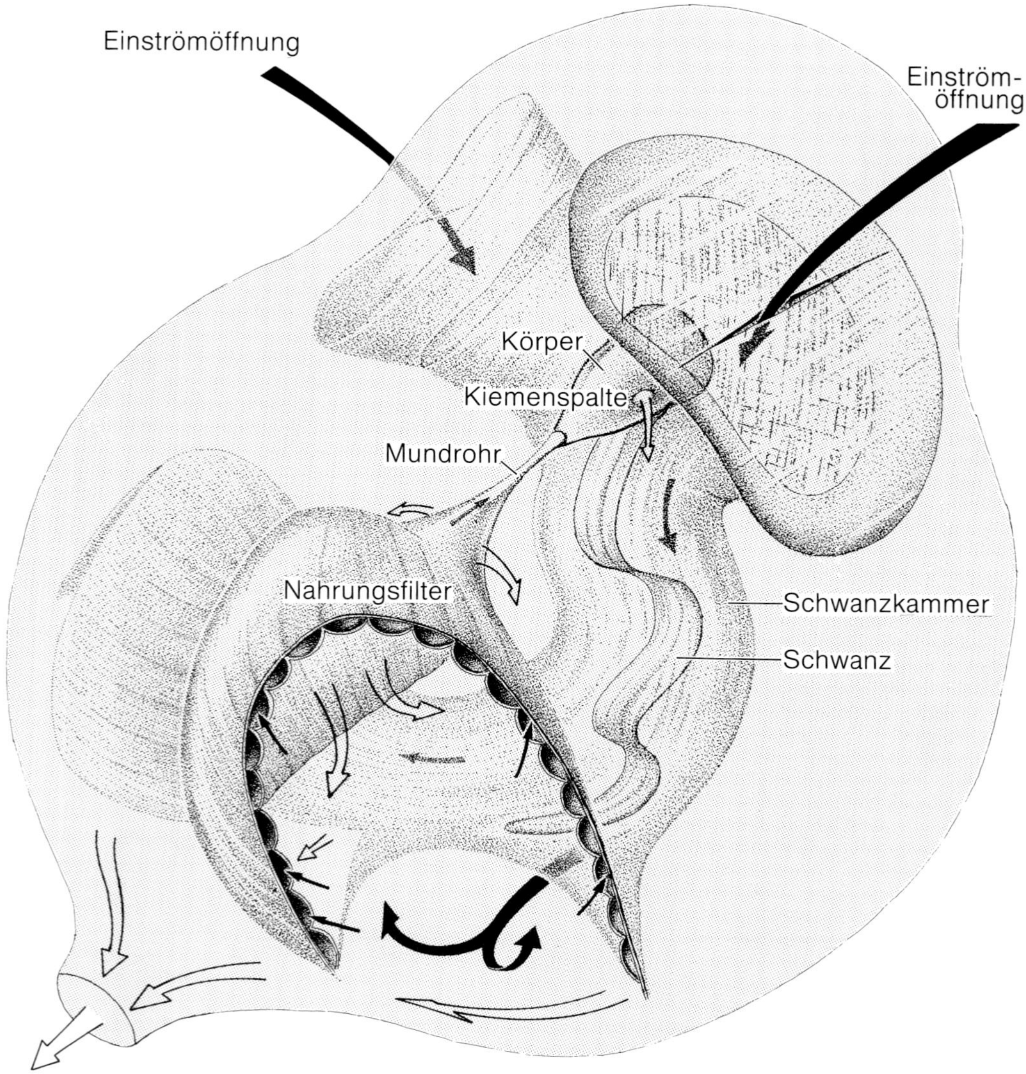

Abb. 290: Gehäuse des Copelaten *Oikopleura dioica*. Motor für den Wasserstrom durch das Gehäuse sind die differenzierten Bewegungen des Schwanzes des Tieres. Das Gehäuse besitzt zwei große, kompliziert gebaute Öffnungen für den Einstrom partikelreichen Wassers (schwarze Pfeile); in Höhe der Oberfläche des Gehäuses lassen zwei bewegliche Klappen oft nur einen Spalt für den Wassereinstrom frei, darunter liegt eine siebartige Platte, die gröbere Partikel festhält. Das Wasser gelangt über die Schwanzkammer in zwei komplizierte Filterstrukturen, die gebogenen Flügeln ähneln und die eine doppelte Wand haben. Das partikelreiche Wasser tritt in röhrenförmigen Bahnen zwischen innerer und äußerer Wand ein. Die innere Wand besitzt die Struktur eines sehr feinen Siebes und hält kleinste Nahrungspartikel zurück, während das Wasser durch sie hindurchtreten kann. Die sich anreichernden Partikel werden in den Mund transportiert, Wasser kann noch durch die Kiemenspalten aus dem Pharynx austreten. Das partikelarme Wasser (weiße Pfeile) vermischt sich nicht mit dem nährstoffreichen Wasser und wird über eigene Bahnen, die nicht alle eingezeichnet sind, nach außen transportiert. Um ein Verstopfen der Siebe zu vermeiden, kann der Wasserstrom für Augenblicke umgekehrt werden. Nach Fenaux

mehrere mm große Gehäuse der Copelaten. Epidermiszellen (Oikoblasten) scheiden ein zellfreies Gallertgehäuse ab, das zugleich durch eingebaute Siebe als Filterapparat dient (Abb. 290) und das bei *Oikopleura* je nach Nahrungsangebot und Wassertemperatur in 24 Stunden 4 bis 16mal ersetzt werden kann. In ca. 400 Metern Tiefe vor der Küste Kaliforniens gefundene 6 bis 7 cm große Riesencopelaten bilden bis zu 2 m große Gehäuse.

Der für die Filtration notwendige Wasserstrom wird durch undulierende Bewegungen des Schwanzes erzeugt. Das Tier ist meist völlig von dem Gehäuse umschlossen, kann es aber z. T. durch eine spezielle Öffnung verlassen und wieder ein neues Gehäuse bauen. Die Fritillariidae können das Gehäuse zum Nahrungserwerb entfalten und anschließend wieder zusammenlegen und unter einer dorsalen Hautfalte (Kapuze) unterbringen. Die Nahrung besteht aus ausgefilterten Bakterien, Planktern und Nanoplankton. *Oikopleura* filtert pro Tag ca. 300 ml durch das Gehäuse, wobei ca. 250 000 Kleinorganismen aus dem Wasser extrahiert werden können. Da das Gehäuse als Sieb dient, ist der Kiemendarm sehr einfach. Nur ein Paar Kiemenspalten ist vorhanden, es fehlen Peribranchialraum und Kloake; Kiemen und Gonaden münden also direkt nach außen. Der Mund ist i. a. von sinneszellentragenden Lippen umgeben. An beiden Seiten des Rumpfes befindet sich je ein innervierter Mechanoreceptor (Langerhans-Receptor, sekundäre Sinneszellen). Das längliche Gehirn besteht aus knapp 100 Zellen. Sein paariger Vorderteil empfängt die afferenten Fasern von vorn am Kopf gelegenen primären Sinneszellen, die vermutlich Chemoreceptoren sind. Vom Vorderteil gehen weiterhin 2 sensible Fasern aus, die mit Receptoren im Pharynx und der Haut in Verbindung stehen. Ein dritter, weiter hinten gelegener, paariger «Nerv», der auch nur aus je einer Faser besteht, versorgt die bewimperten Kiemenspalten. Im Zentrum befindet sich ein Ventrikelraum, dessen Wand Krönchenzellen enthält und ein einfaches Gleichgewichtsorgan mit Statocyste. Krönchenzellen finden sich auch im Gehirn von Ascidienlarven und im Saccus vasculosus von Fischen. Dem Gehirn folgt ein kompakter dorsaler Nervenstrang, der in den Schwanz zieht und hier einen schmalen Zentralkanal bildet. Am Anfang des Schwanzes liegt im Dorsalnerven das Caudalganglion, dessen Neurone die Schwanzmuskulatur versorgen. Im Zentralkanal des Schwanznerven befindet sich wie bei Tunicatenlarven ein Reissnerscher Faden, der bei *Oikopleura* von einer Zelle gebildet wird.

Im Kiemendarm der Copelata liegen: 1. ein ventrales Endostyl, das Jod bindet und wie bei anderen wirbellosen Chordaten einen Schleimfilter bildet; 2. eine Flimmergrube unter dem Gehirn, die sich in einem Gang fortsetzt, der während der Embryonalentwicklung aus der Hirnanlage hervorgeht. Der tiefe Abschnitt dieses Ganges ist möglicherweise sekretorisch (endokrin) aktiv (vermutlich homolog der Neuraldrüse und ihrem Gang bei Ascidien); 3. 2 nach dorsal führende Wimperbänder; 4. die dorsale Epibranchialrinne. Der Magen ist zweikammerig, in ihn mündet bei *Fritillaria* eine Verdauungsdrüse. Der Darm endet ventral. Ebenfalls ventral liegt das Herz. Rumpf und Schwanz sind deutlich getrennt, der Schwanz ventral gerichtet und um 90° gedreht. Er enthält Chorda, Gefäßlakunen, Gruppen von quergestreiften Muskelzellen und Nervenzellen am Dorsalnerv (Caudalganglien). Neben der Chorda können Amphichordalzellen, unter ihr die vakuolenreichen Subchordalzellen (Reste des Schwanzdarms) auftreten. Der Schwanzschlag erzeugt im *(Oikopleura)* oder außerhalb *(Fritillaria, Kowalewskaia)* des Gehäuses den Wasserstrom. Einige Copelaten besitzen Leuchtvermögen. Dieses beruht auf dem Sekret zweier Drüsen, das an der Körperoberfläche und z. T. auch im Gehäuse abgelagert wird. Die Copelaten sind meist Zwitter (Ausnahme: *Oikopleura dioica*) mit umfangreichen Gonaden. Die Hoden bilden bei Spermienreife Ausführgänge, die Eizellen (Mosaikeier) verlassen den Körper über Bruchstellen, danach sterben die Weibchen. Furchung total und inäqual, frühzeitige Determination, Gastrulation durch Epibolie. Nach Ausbildung des am Hinterende liegenden Schwanzes entsteht eine Schwimmlarve ohne Mund und After, aber mit hochentwickeltem Gehirn. Bei der Metamorphose wandert der Schwanz auf die Ventralseite, die Chorda bildet sich im Rumpf zurück. Mund und After entstehen, das Gehirn erfährt einige Rückbildungen.

Sonst haben die Copelata viele Merkmale mit den erwachsenen Tunicata gemeinsam: Reduktion des Coeloms bis auf eine Pericardhöhle, rhythmische Umkehr des Herzschlages und des Bluttransportes. Manche Merkmale teilen sie mit den Tunicatenlarven: Statocyste und vermutlich auch Photoreceptoren im Gehirn, dorsaler Nerv, Chorda. Drei Familien. Ca. 70 Arten.

Oikopleuridae: *Oikopleura*, ca. 15 Arten, kosmopolitisch, Schwanz schmal, Körper eiförmig.

Fritillaridae: *Fritillaria*, mit gestrecktem Körper und sehr breitem Schwanz.

Kowalewskaiidae: *Kowalewskaia*, Kiemenspalten langoval, Endostyl und Herz fehlen.

2. Acrania
(Leptocardii, Cephalochordata)

Hierher gehört das Lanzettfischchen *Branchiostoma* (Amphioxus). Es ist für das Verständnis der Wirbeltierorganisation eine wichtige Form. Ein Sondercharakter ist die an der Körperspitze beginnende und bis zum Schwanzende reichende Chorda. Primitiver als die Wirbeltiere ist *Branchiostoma* durch: 1. die einschichtige Epidermis; 2. die Lage von Sinnesorganen (Rückenmarksaugen) im Neuralrohr; 3. den Kiemendarm mit zahlreichen, U-förmigen Kiemenspalten und Endostyl; 4. die hohle blindsackartige Leber; 5. das umfangreiche Coelom, das sich ontogenetisch vom Urdarm abfaltet, zahlreiche völlig getrennte Bläschen und im dorsalen Teil noch ein Myocoel bildet; 6. das Fehlen von Knorpel und Knochen; Skeletfunktion übernehmen kollagenfaserreiches Bindegewebe und feste glykoproteinreiche extrazelluläre Substanz (z. B. Kiemenbögen), die mit Basalmembranen in Verbindung steht; 7. die direkte getrennte Ausmündung der Nephridien; 8. das Fehlen der paarigen Extremitäten; statt ihrer sind paarige Längsfalten am Rumpf vorhanden (Metapleuralfalten), die hinter dem Atrioporus (Abb. 291) in eine unpaarige Flossenfalte an Hinterrumpf und Dorsalseite übergehen.

Fraglich ist, ob das Fehlen des Herzens primitiv ist, seine Stelle (Sinus venosus) an der Einmündung der Ductus Cuvieri (gemeinsame Cardinalvenen) ist vorhanden (Abb. 292), seine Funktion wird durch zahlreiche Kiemenherzen (Bulbilli) ventral an den Kiemenspalten übernommen. Fraglich ist auch, ob die hohe Zahl der Gonaden primitiv ist; sicher sekundär ist die Entleerung der Keimzellen in den Peribranchialraum durch Bruch der Leibeswand. Sekundär vereinfacht dürfte auch das Gehirn sein. Es ist nicht dicker als das Neuralrohr, enthält aber ein vorderes Bläschen mit terminalem Pigmentfleck, ventralem, sekretorisch aktivem «Infundibularorgan» und verschiedenen Sinnes- und Nervenzellen. Molekulargenetisch bestehen Übereinstimmungen mit dem Rhombencephalon der Vertebraten.

Das Integument besteht aus einschichtiger Epidermis mit verschiedenen Sinneszellen, einer schmalen Dermis aus Kollagenfibrillen und einer breiten Subdermis, die in reichem Maße amorphe Matrix enthält und in die enge epithelbegrenzte Kanäle unbekannter Natur und Nerven eingelagert sind.

Mit den Tunicaten hat *Branchiostoma* einen Peribranchialraum gemeinsam. Er mündet aber ventral in einem Porus abdominalis. Da er auch anders entsteht, dürfte er sich in beiden Gruppen unabhängig entwickelt haben.

Die durchscheinenden adulten Tiere besitzen fischförmige Gestalt (Abb. 291), beide Körperenden sind zugespitzt («Lanzettfischchen»). Die Spitze des Vorderendes wird Rostrum genannt. Die unpaaren Flossen werden von den Flossenkästchen gestützt (3–5 pro Myomer), die epithelbegrenzte Coelomderivate sind und einen Kegel verformbarer zellfreier Grundsubstanz (Flossenstrahl) enthalten (Abb. 291). Eigenartig ist die Chorda dorsalis; sie ist länger als das Neuralrohr und besteht aus hintereinanderliegenden, quergestreiften Muskelscheiben, die von einer festen Kollagenfaserhülle (Chordascheide) umgeben werden. Die Muskelplatten werden von dorsal innerviert, ihre Kontraktionsgeschwindigkeit ist gering. Wahrscheinlich dienen sie der Versteifung der Chorda und besitzen eine Funktion beim Schwimmen und Einbohren in den Sand.

Der größte Teil der lateralen Körperwand besteht aus quergestreifter Skeletmuskulatur. Diese bildet auf jeder Seite ca. 60 Blöcke (Myotome, Myomeren), die durch V-förmige (Spitze des V weist nach vorn) Bindegewebssepten (Myosepten, Myocommata) getrennt sind (Abb. 291). Die Anordnung der Muskulatur weist Asymmetrien auf; die Myomeren der beiden Körperseiten liegen sich nicht gegenüber, sondern die linke Seite liegt um eine halbe Myomerbreite vor der rechten. Die Muskulatur

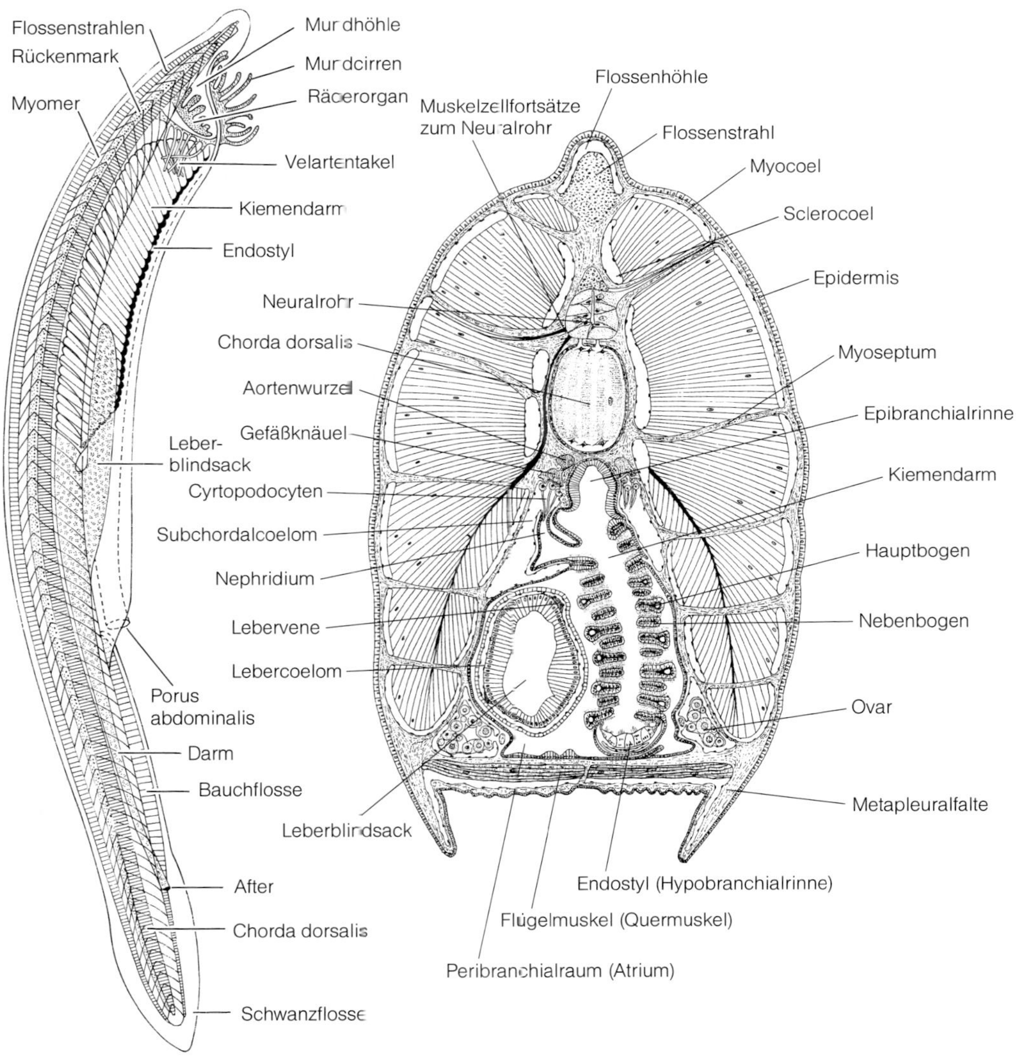

Abb. 291: *Branchiostoma:* links Seitenansicht, rechts Querschnitt.

enthält schnelle und langsame Fasern; erstere enthalten viele Mitochondrien und wenig Glykogen, letztere viel Glykogen und wenig Mitochondrien. Beide entsenden cytoplasmatische Fortsätze zum Rückenmark. Eine typische motorische Wurzel eines Spinalnerven existiert also nicht.

Alle anderen Muskeln werden als viscerale Muskulatur bezeichnet, sie entstammen nicht – wie die Rumpfmuskulatur – den Myotomen, sondern dem Coelomepithel ventraler Coelompartien. Hierher gehören u.a. der Pterygial- oder Transversalmuskel der ventralen Körperwand, der beim Austausch des Wassers im Atrium eine wichtige Rolle spielt, der Ringmuskel des Velums und die Tentakelbewegungsmuskeln.

Der Darmkanal besteht aus Mundraum, Kiemendarm (Pharynx) und Nährdarm. Die Mundöffnung wird von ca. 30 beweglichen Cirren (Lippententakeln) umstellt (Abb. 293), die eine Reuse bilden, welche das Eindringen grober Partikel in den Mund verhindern. Das Epithel der dorsalen Mundhöhle enthält Bänder aus hohen Cilienzellen (Flimmerwülste, Räderorgan), die einen Wasserstrom in Richtung Pharynx erzeugen. Im Dach der Mundhöhle findet sich weiterhin eine Grube (Hatscheksche Grube), die vielleicht einem Vorläufer der Adenohypophyse entspricht. In ihrem Epithel sind gonadotrope Substanzen gefunden worden. (Siehe auch Ascidien und Copelaten mit Neuraldrüsenkomplex in Pharynxdach).

Mundhöhle und Pharynx sind durch ein Septum, das Velum, getrennt, das eine zentrale Öffnung enthält (Enterostom). Diese ist von Velartentakeln (innere Cirren) umgeben.

Der Kiemendarm erstreckt sich über die gesamte vordere Hälfte des Tieres. Seine Wand entspricht einem feinen Gitterkorb, der jederseits von ca. 180 schräggestellten Kiemenspalten (Abb. 291) durchbrochen ist. Während der Entwicklung werden die primären Kiemenspalten wie bei Enteropneusten von dorsal einwachsenden sekundären Kiemenbögen (Zungenbögen) geteilt; die ursprünglichen Kiemenbögen werden primäre oder Hauptbögen genannt. Die Synaptikel bilden Querverbindungen zwischen den Kiemenbögen. Der Kiemendarm wird nach der Metamorphose von seitlich auswachsenden Hautfalten umgeben, die ventral miteinander verwachsen. Daher münden die Kiemenspalten nicht direkt nach außen, sondern in einen Peribranchialaum (Atrium, Abb. 291), der dann ventral medial mit einem Atrioporus nach außen führt. Ventral liegt im Kiemendarm das Endostyl (Hypobranchialrinne, Abb. 291), das einen Schleimfilm produziert, der mit Cilien über die Innenfläche der seitlichen Kiemendarmwände getrieben wird und eingestrudelte Nahrungspartikel festhält. Der mit Nährstoffen beladene Schleimfilm wird dann in der dorsalen Epibranchialrinne (Dorsalorgan, Abb. 291) in den Nährdarm befördert. Das abgefilterte Wasser tritt in den Peribranchialraum über. Spezifische, am Rand des Endostyls gelegene Zellen haben morphologische und biochemische Eigenschaften von Schilddrüsenzellen und binden auch Jod.

Der Nährdarm bildet nach einem kurzen Oesophagus einen nach vorn gerichteten Blindsack aus (Leberblindsack, intestinales Caecum, Abb. 291), dessen Aufgabe in der Bildung von Verdauungsenzymen und in der Speicherung von Fett und Glycogen besteht. Vermutlich ist er auch an der Resorption von Nährstoffen beteiligt und bildet außerdem Hormone. Der gesamte Darm ist bewimpert und besitzt nur bei den Larven Muskulatur in seiner Wand. Die im Pharynx gebildeten Schleime werden zum größten Teil unverdaut aus dem Enddarm ausgestoßen.

Das Blutgefäßsystem (Abb. 292) entspricht in der Anordnung seiner Hauptgefäße dem des Wirbeltierbauplans. Wie erwähnt fehlt ein echtes Herz, doch ist seine Stelle ventral hinter dem Kiemendarm kenntlich. Aus der Herzregion fließt das Blut unter dem Endostyl in der ventralen Aorta (Endostylarterie = Truncus arteriosus) nach vorn. Von ihr zweigen die Kiemenbogengefäße (Aortenbögen) ab, die in den Hauptbögen basal kontraktil sind (Bulbilli). Diese Gefäße gehen in die dorsale Aorta über, die im Kiemendarmbereich paarig ist (Aortenwurzeln) und die sich nach vorn in die Carotiden fortsetzt. Von der dorsalen Aorta gehen seitlich die Parietalarterien und die Darmarterien ab. Erstere bilden einen Plexus in den Myosepten, letztere einen capillaren Darmplexus, aus dem die Leberpfortader hervorgeht, die sich im Bereich des Leberblindsackes wieder in ein Capillarnetz auflöst. Diese venösen Capillaren gehen in die Lebervene über, welche in den Sinus venosus einmünden. Dieser Gefäßabschnitt entspricht in seiner Lage dem Herzen

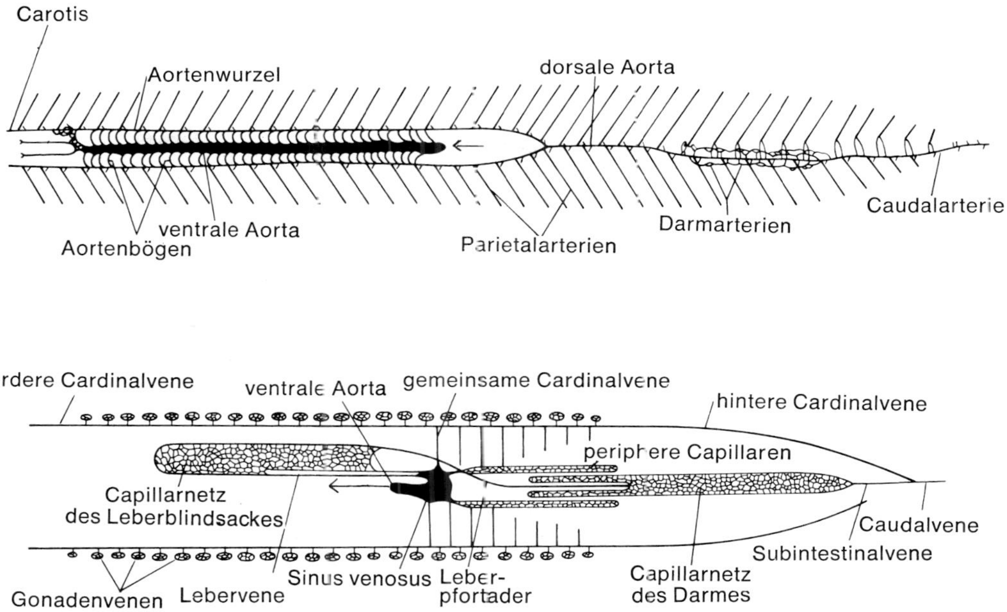

Abb. 292: Kreislaufsystem von *Branchiostoma*, oben Arterien-, unten Venensystem. Beachte die Existenz des Leberpfortadersystems, das mit dem der Wirbeltiere übereinstimmt. Eine Nierenpfortader fehlt bei Amphioxus, statt dessen besitzt er ein Darmpfortadersystem, das bei den Wirbeltieren fehlt; die Subintestinalvene ist also eine Pfortader. Pfeil: Richtung des Blutstroms in der ventralen Aorta. Nach Dawydoff

der Wirbeltiere. In ihn münden links und rechts weiterhin die gemeinsamen Cardinalvenen (Ductus Cuvieri), die die vorderen und hinteren Cardinalvenen (Lateralvenen) aufnehmen, welche vor allem das Blut aus den Rumpfwänden und Gonaden sammeln.

Die Gefäße besitzen über weite Strecken keine Endothelien, sind aber klar begrenzte Kanäle in der Grundsubstanz des Bindegewebes, so z. B. in den Kiemenbögen. An vielen Stellen legen sich den Gefäßkanälen von außen Coelomepithelzellen mit Myofilamenten an; hier sind die Gefäße kontraktil. Respiratorische Pigmente fehlen; das Blut enthält jedoch dicht gelagert ca. 10 nm große Glykoproteinpartikel, ähnlich wie bei Hemichordata und Echinodermata.

Die Zirkulation ist langsam, der Blutdruck niedrig, die Kontraktionen der Hauptgefäße werden als selten und unregelmäßig beschrieben. Manche Gefäße transportieren das Blut in beiden Richtungen. Der Gasaustausch erfolgt vermutlich vor allem über die Körperoberfläche und nur zum Teil über die Gefäße des Kiemendarms. Das Blut hat offenbar eine wichtige Funktion als Speicher energiereicher Verbindungen, eine Funktion die auch den Flossenstrahlen u. a. zugeschrieben wird.

Das Coelom ist beim erwachsenen Tier auf Spalträume und Kanäle eingeengt. Die zwei vorderen Coelomsäckchen sind ungleich und entsprechen wohl dem paarigen Axocoel der Echinodermen und Hemichordaten. Ansonsten lassen sich bei adulten Tieren folgende Coelomräume unterscheiden: Flossenkästchen, Myocoel (lateral der Rumpfmuskulatur), Sklerocoel (medial der Rumpfmuskulatur), subchordales Coelom, das über Coelomkanäle an den Hauptbögen mit dem Endostylcoelom in Verbindung steht, Coelom in der ventralen Körperwand (parallel zu den Pterygealmuskeln), Gonadencoelom.

Die Exkretionsorgane (Nierenorgane) liegen dorsal neben dem Kiemendarm und bestehen aus Nierenkanälchen (Nephridien), die subchordales Coelom und Atrium verbinden. Ihre Zahl entspricht der der Hauptbögen. Funktionell gehören zu ihnen Cyrtopodocyten, spezielle podocytenähnliche Coelomepithelzellen, die knäuelähnlichen Blutgefäßen anliegen. Es

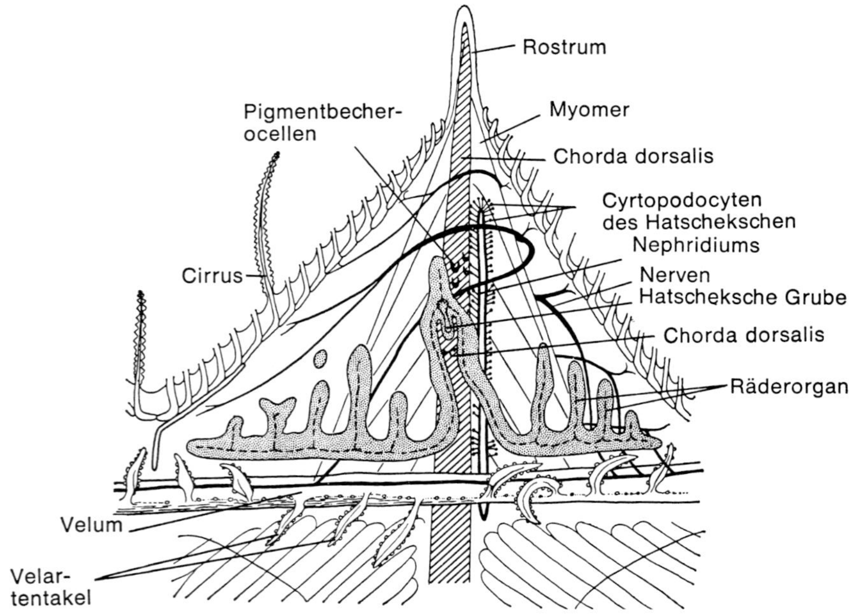

Abb. 293: *Branchiostoma*, Kopf und Munddach von ventral. Nach Franz

ist zu vermuten, daß zwischen den durch Diaphragmen verbundenen Füßchen dieser Zellen eine Ultrafiltration erfolgt. Eine Besonderheit dieser Zellen bei Amphioxus ist eine aus 10 langen speziellen Mikrovilli aufgebaute röhrenförmige Struktur, in deren Mitte eine Kinocilie undulierend schlägt. Zwischen den langen Mikrovilli befinden sich schmale Spalten. Die Röhren laufen durch das Coelom und münden in die Nephridien ein. Etwas isoliert liegt das grundsätzlich ähnlich gebaute Hatscheksche Nephridium links im Vorderende des Körpers. Es ist mit einem speziellen Coelomraum, der sich vom 2. linken Somiten herleitet, verbunden (Abb. 293).

Das Zentralnervensystem der Acranier besteht aus einem rückenmarksähnlichen Neuralrohr, das vorn in einen sehr kleinen, nicht scharf abgegrenzten Gehirnabschnitt übergeht. Es enthält einen schmalen, spaltförmigen Zentralkanal (Abb. 291), der sich vorn bläschenförmig erweitert. Der vordere Hirnteil ist aus hochprismatischen, ependymähnlichen Epithelzellen aufgebaut, die rostral dunkelbraun pigmentiert sind; der hintere enthält neben Ependymzellen (Tanycyten) Sinneszellen (Josephsche Zellen und andere Lichtreceptoren) und Neurone, darunter neuroendokrine, die vermutlich das Gonadenwachstum beeinflussen. Am Boden des Gehirns produzieren die Zellen des Infundibularorgans den Reissnerschen Faden, der durch das Lumen des Zentralkanals bis ans Ende des Rückenmarks zieht, wo er sich auflöst. Das Neuralrohr enthält wie bei Neunaugen und Myxinoiden ein Riesenfasersystem (Rohde-Zellen), das vermutlich rasche Bewegungen der Rumpfmuskulatur vermittelt.

Eine ventrale Spinalnervenwurzel fehlt (s. o.). Die gemischte dorsale Wurzel besitzt keine Spinalganglien. Die motorischen Fasern der dorsalen Wurzel innervieren die viscerale Muskulatur.

Die Geschlechter sind getrennt. Die Gonaden liegen seitlich vom Kiemendarm (Abb. 291) und besitzen einen komplizierten Aufbau. Die eigentliche Wand der Gonaden besteht bei beiden Geschlechtern aus den Keimzellen und bewimperten epithelialen Stützzellen, die den Sertoli-Zellen der Vertebraten ähneln und u. a. phagocytieren und wahrscheinlich Steroide bilden. Das Lumen der Gonaden wird mit zunehmendem Wachstum der Keimzellen verdrängt. Die Hoden werden von einem schmalen perigonadalen Coelom umgeben. Die Ova-

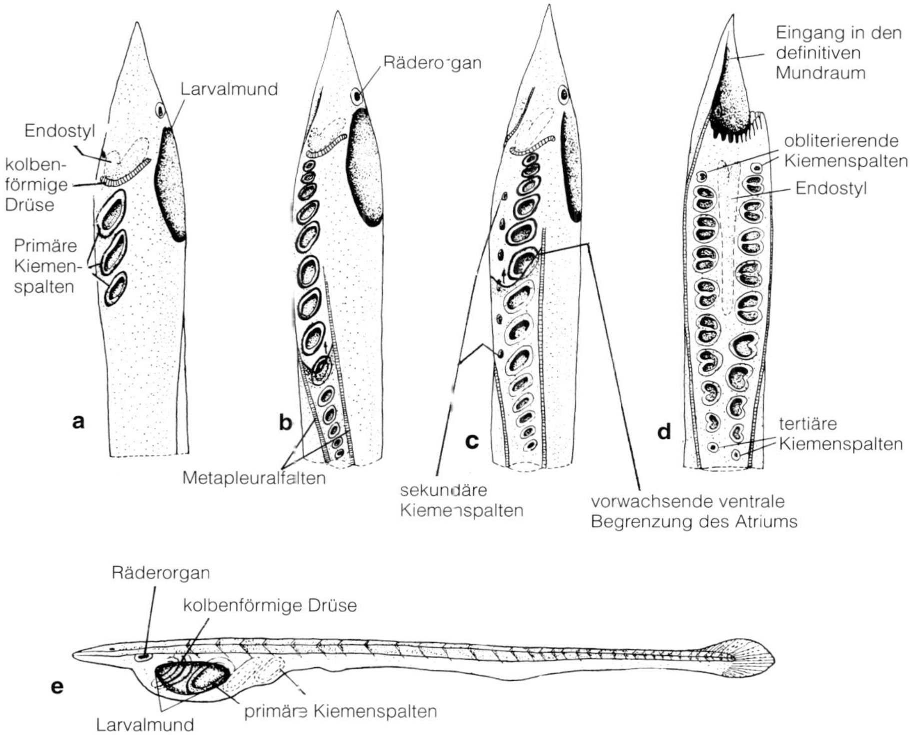

Abb. 294: *Branchiostoma*, Larvalentwicklung. a–d. Ventralansicht; a. Anfang der Larvalperiode; b. Ende der larvalen Wachstumsperiode; c. Beginn der Metamorphose; d. Ende der Metamorphose; e. Seitenansicht, Anfang der Larvalperiode. Nach Délage, Hérouard, Strenger

rien werden von zwei Coelomräumen umhüllt. Das viscerale Blatt des engen inneren Coelomraums wird fälschlicherweise mitunter «Follikelepithel» genannt.

Die Befruchtung findet im freien Wasser statt. Die planktischen Larven (Abb. 294) sind asymmetrisch gebaut und besitzen zunächst nur auf der rechten Seite einfache Kiemenspalten; der larvale Mund, der vielleicht einer Kiemenspalte entspricht, liegt links. Die Larven halten sich tagsüber in Bodennähe, nachts vorwiegend in Nähe der Wasseroberfläche auf.

In einer Metamorphose (Abb. 294) wird die Organisation der Tiere stark verändert: Ausbildung von Kiemenspalten auf beiden Körperseiten, Auswachsen der Metapleuralfalten und Bildung eines Atriums, Rückbildung der Darm- und Kiemenbogenmuskulatur, Neubildung eines Mundes u. a. Besonders große Larven (Amphioxides-Larven), die lange Zeit in Praemetamorphose verbleiben und Sondermerkmale aufweisen, z. B. Trennung des Pharynx in Pars nutritoria und Pars respiratoria, können mit Wasserströmen verdriftet werden und dienen der Verbreitung; sie können bereits Gonaden entwickeln (Möglichkeit der Neotenie).

Amphioxus kommt vor allem in feineren und groben Sanden von Flachwassergebieten vor. Vereinzelt tritt er in schlammreichen Sanden auf (z. B. Golf von Mexico, Mississippimündung). In Grobsand lebt er oft völlig eingegraben. Auf schlammigen Böden liegt er seitlich auf der Oberfläche. Ernährung als Suspensionsfresser. Z. T. außerordentlich zahlreich, z. B. *Branchiostoma belcheri* (Ostafrika, Nordaustralien bis Südjapan), der an der chinesischen Küste bei Xiamen sogar wirtschaftlich genutzt (gegessen) wird. 3 Gattungen mit insgesamt 25 Arten.

Branchiostoma (weltweit), symmetrischer

Mund, 2 Reihen von Gonaden, *Asymmetron* (weltweit), nur eine Reihe von Gonaden. *Epigonichthys* (Neuseeland), asymmetrischer Mund.

3. Vertebrata (Craniota, Wirbeltiere)

Der Körper ist in Kopf, Rumpf und Schwanz gegliedert. Der Kopf enthält das Gehirn, die großen Sinnesorgane, Mundhöhle und Pharynx. Der Rumpf beginnt mit dem ersten Wirbel und endet mit dem After; er enthält die Leibeshöhle und die Hauptmasse der Eingeweide; von ihm geht die Bildung von paarigen oder unpaaren Körperanhängen (Flossen, Extremitäten) aus; der Schwanz enthält keine Eingeweide und Coelomhöhlen, bei wasserlebenden Formen bildet er unpaare Flossen. Bei den Tetrapoden ist die Grenze Rumpf/Schwanz scharf durch den Hinterrand des Sacrums gekennzeichnet. Bei den Amnioten bildet sich zwischen Rumpf und Kopf der Hals aus. Bei Säugern ist der Rumpf durch das Zwerchfell in Thorax (vorn; enthält Herz und Lungen) und Abdomen (hinten; enthält vor allem Magen-Darm-Kanal und Urogenitalorgane) geteilt.

Weitere kennzeichnende Strukturen sind: Knochengewebe, knöcherner oder knorpeliger Schädel; Kiemenbogen und einfache Kiemenspalten; Wirbelsäule, die zunehmend die embryonal stets vorhandene Chorda dorsalis ersetzt; ventrales Herz primär mit 4 hintereinander liegenden Kammern im venösen Blutstrom; Blut mit hämoglobinhaltigen Erythrocyten; komplizierte Leber; komplexe endokrine Organe (Hypophyse, Schilddrüse, Adrenal- und Suprarenalkörper usw.); Integument mit mehrschichtiger Epidermis; großes mehrteiliges Gehirn mit mindestens 10 Paar Hirnnerven, Rückenmark mit paarig und metamer angelegten ventralen, motorischen und dorsalen, sensiblen Nerven (letztere mit je einem Spinalganglion); 1 Paar Seiten- und unpaare Scheitelaugen, deren Bildung vom Zwischenhirn ausgeht; statische Organe neben dem Gehirn, in deren Bereich es zur Ausbildung eines Hörsinns kommen kann; bleibende Coelomräume nur im Seitenplattenmesoderm; Coelom bildet einheitliche sekundäre Leibeshöhle, von der sich stets Pericardhöhle und bei einigen Reptilien, den Vögeln und Säugern auch die Pleurahöhlen abgliedern; Fortpflanzung sexuell, einige Fische mit Hermaphroditismus.

Primitiv sind wohl die Nierenkanälchen, die aus Nephridien entstehen und die Ausleitung der männlichen Keimzellen übernehmen können; auch die Eileiter entsprechen Nephridien.

Bei der Formenfülle der Wirbeltiere ist es nicht erstaunlich, daß manche dieser Strukturen sekundär zurückgebildet werden, z. B. Knochen, Augen (besonders Scheitelaugen), Kiemenspalten u. a. Wirbeltiere sind mit Sicherheit seit dem Ordovicium bekannt, wahrscheinlich sind sie älter; ihre erste Entfaltung erfolgte im Meer.

Vor der Darstellung des Systems der Wirbeltiere sollen kurz die kennzeichnenden Skeletstrukturen, das Muskelsystem, wichtige Organe und die Entwicklung vergleichend dargestellt werden.

Skelet

Zwei Skeletgewebe treten bei den Wirbeltieren auf: Knorpel- und Knochengewebe. Knorpel ist verformbar und besteht aus isolierten, abgerundeten Zellen, die in eine Grundsubstanz (Matrix) eingebettet sind, welche u. a. Kollagenfibrillen und Glykosaminoglykane enthält. Knochengewebe ist im Gegensatz zum Knorpel auf die Wirbeltiere beschränkt. Es setzt sich aus Zellen mit verzweigten Fortsätzen und einer harten Interzellularsubstanz zusammen. Die Festigkeit dieser Interzellularsubstanz geht auf eingelagerte Mineralien, vor allem Hydroxylapatit, zurück. Knochen zeigt einen komplizierten Bau, der – besonders bei großen Knochen – den jeweils besonderen Druck- und Zugbelastungen entspricht. Besonders hoch differenzierte Knochen finden wir vor allem bei Vögeln, Sauriern und erwachsenen Säugetieren (Abb. 295). Weiterhin enthält Knochen Blutgefäße, die im Knorpel meist fehlen. In vielen Bereichen des Skelets ist es so, daß Knochen im Verlauf der Ontogenese den Knorpel ersetzt. Nur bei Haien bildet sekundär Knorpel das gesamte Skeletgewebe der Adulten, und auch bei manchen Knochenfischen und Amphibien unterbleibt die Verknöcherung teilweise. Entsteht Knochen, indem er ontogenetisch den Knorpel ersetzt, spricht man von Ersatzknochen (chondrale Knochenbildung). Daneben

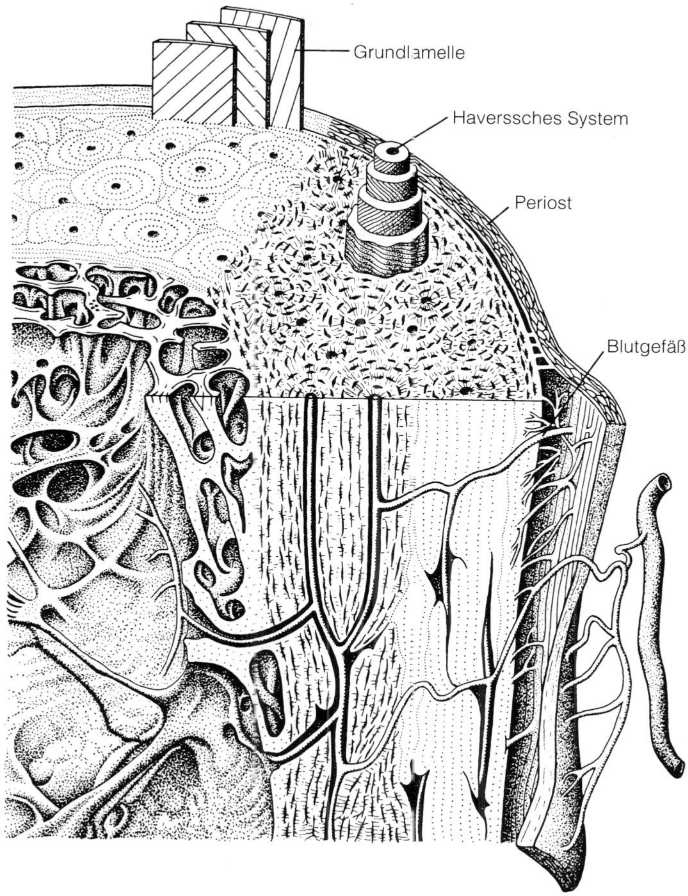

Abb. 295: Schematische Darstellung eines Lamellenknochens eines Säugetieres. Knochensubstanz ist bei dem abgebildeten Röhrenknochen einer Extremität im wesentlichen auf die Randzone beschränkt. Im Innern befindet sich die Markhöhle. Die Knochenlamellen bauen entweder miteinander verbackene röhrenförmige Strukturen mit zentralem Blutgefäß (Haverssche Systeme = Osteone) auf oder bilden den ganzen Knochen umfassende innere und äußere Grundlamellen (= Generallamellen), die die kompakte Außenzone des Knochens begrenzen. Auch das Spangensystem am Rande der Markhöhle besteht aus Lamellenknochen. Nach Benninghoff

existiert noch eine andere Form der Knochenbildung: der Knochen entsteht direkt aus dem embryonalen Bindegewebe (desmale Knochenbildung). Solche Knochen werden Deck- oder Hautknochen genannt. Deckknochen bilden meist in der Haut gelegene Skeletstücke, die sich von dem alten Hautschuppenpanzer der paläozoischen Agnatha herleiten (sog. Exoskelet). Ersatzknochen bilden das sog. Endoskelet (Wirbelsäule, Neurocranium, Skelet der Extremitäten, Visceralskelet). Auf histologischer Ebene liegt Knochengewebe als Geflechtknochen oder Lamellenknochen (so bei adulten Säugetieren) vor (Abb. 295).

Wirbelsäule

Das Achsenskelet der Wirbeltiere ist aus zwei Komponenten aufgebaut, 1. der entodermalen Chorda dorsalis und 2. dem mesodermalen perichordalen Skelet, das in verschiedenen Gewebeformen (Bindegewebe, Knorpel, Knochen) auftritt. Das Stadium der Wirbelsäule wird erst in mehreren Etappen erreicht.

A Die Chorda ist der phylogenetisch ältere Teil des Achsenskelets. Ausgangspunkt ist eine durchgehende Chorda (von der Hypophysenregion bis zum Körperende), wie sie

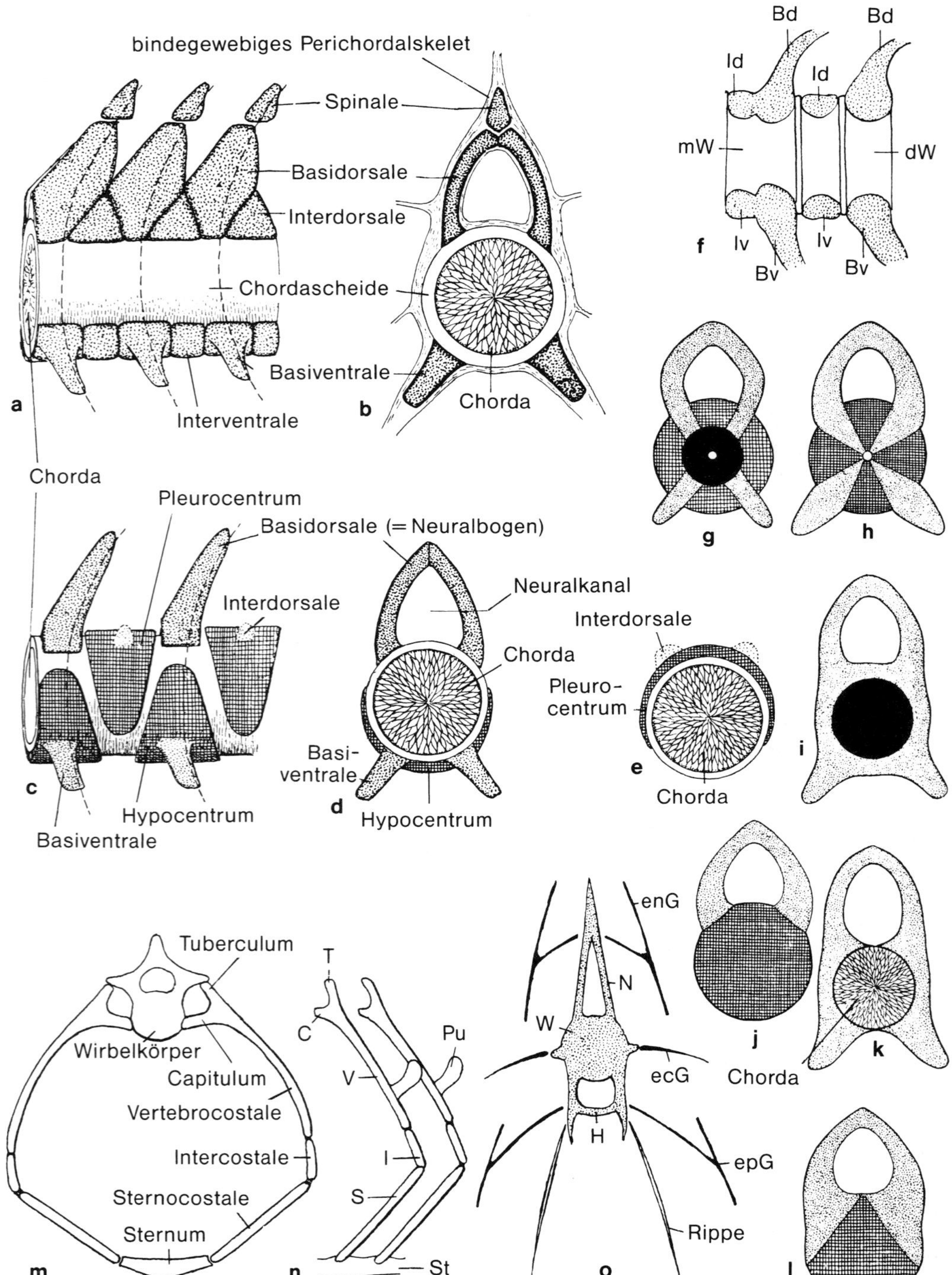

bindegewebiges Perichordalskelet
Spinale
Basidorsale
Interdorsale
Chordascheide
Basiventrale
Chorda
Interventrale
a
b
Bd
Bd
Id
Id
mW
dW
Iv
Iv
Bv
Bv
f
g
h
Chorda
Pleurocentrum
Basidorsale (= Neuralbogen)
Interdorsale
Neuralkanal
Interdorsale
Chorda
Pleuro-
centrum
Basi-
ventrale
Hypocentrum
Basiventrale
Hypocentrum
Chorda
c
d
e
i
Tuberculum
T
C
Pu
V
I
S
St
Wirbelkörper
Capitulum
Vertebrocostale
Intercostale
Sternocostale
Sternum
enG
N
W
ecG
H
epG
Rippe
Chorda
m
n
o
j
k
l

noch bei manchen niederen Fischen besteht und embryonal stets angelegt wird. Sie wird dann meist bis auf Reste zwischen den Wirbeln zurückgebildet und fehlt den erwachsenen Vögeln und Säugern.

B Das perichordale Skelet entsteht z. T. aus den Chordaepithelzellen und zum größten Teil aus Sklerotomen und zeigt große Mannigfaltigkeit und Kompliziertheit (Abb. 296). Es verdrängt schließlich die Chorda und übernimmt ihre Funktion. Es umhüllt von Anfang an (noch auf dem Bindegewebsstadium) nicht nur die Chorda, sondern auch das dorsal gelegene Neuralrohr und ventral der Chorda liegende Blutgefäße; seitlich steht es mit den Myosepten zwischen den Muskelplatten und der Auskleidung der Leibeshöhle in Beziehung. Histologisch und meist auch ontogenetisch durchläuft das mesodermale Achsenskelet drei Phasen: a) kollagenfibrillenreiches Bindegewebe *(Branchiostoma, Myxine)*, b) Knorpel, c) Knochen. Selten wird das Knorpelstadium ausgelassen. Knorpeliges und knöchernes Skelet ersetzen sich meist ontogenetisch und können daher gemeinsam besprochen werden.

Knorpeliges und knöchernes Stadium beginnen phylogenetisch mit kleinen dorsalen und ventralen Skeletstücken, die Bogenelemente (Arcualia) genannt werden; ein eigentlicher Wirbelkörper (Centrum) fehlt noch: aspondyles Stadium (= Bogenstadium).

In einem weiteren Stadium treten mehrere Knochenplatten an der Wand der Chorda auf, die diese mehr oder weniger umschließen, aber noch nicht zu einem einheitlichen Wirbelkörper verschmelzen: hemi- oder temnospondyles Stadium.

Schließlich werden um oder anstelle der Chorda einheitliche Wirbelkörper gebildet: holospondyles Stadium. Es besteht dann die Wirbelsäule aus einzelnen Wirbeln, die aus Körper, Bogenelementen und mannigfachen Fortsätzen aufgebaut sind. Der Übergang vom a- zum hemispondylen Stadium erfolgte bei Fischen vielfach unabhängig, ebenso entstand Holospondylie mehrfach unabhängig.

1. Aspondyles Stadium. Grundschema: In jedem Segment werden jederseits 4 Bogenelemente ausgebildet, 2 dorsale und 2 ventrale: ein dorsales, vorderes Bogenstück (Interdorsale); ein dorsales, hinteres Bogenstück (Basidorsale), umgreift Neuralrohr (Neuralbogen); ein ventrales, vorderes Bogenstück (Interventrale); ein ventrales, hinteres Bogenstück (Basiventrale), umgreift im Schwanz die großen Gefäße (Haemalbogen). Die Interelemente sind meist klein (Abb. 296). Bei paläozoischen Agnatha und *Myxine* finden sich keine knorpeligen oder knöchernen Skeletstücke an der Chorda dorsalis, bei Petromyzonten sind kleine knorpelige dorsale Bogenelemente ausgebildet, die vor allem die Wände des Rückenmarkskanals stützen. Die Deutung der Situation bei Agnathen ist schwierig, auf alle Fälle ist bei ihnen die Chorda das wesentliche axiale Skeletelement.

2. Entstehung des Wirbelkörpers. Am Aufbau der Wirbelkörper können sich die Bogenelemente (arcocentraler Anteil) und Kollagen und Glycosaminoglykane enthaltende Chordascheiden (chordacentraler Anteil) beteiligen. Häufig entstehen aber die Körper in der Hauptsache unabhängig von den vorher ge-

◁ Abb. 296: Wirbel. a, b. Bogenstadium des Achsenskelets; a. Seitenansicht, b. Querschnitt. Nur in b ist das bindegewebige Perichordalskelet eingezeichnet; in a sind die Segmentgrenzen durch unterbrochene Linien angegeben. c–e. hemispondyle Wirbel; c. Seitenansicht, die vermutlichen Segmentgrenzen sind durch unterbrochene Linien angegeben; d. Querschnitt in Höhe der Basiventralia, Basidorsalia (Neuralbogen) und des Hypocentrums; e. Querschnitt in Höhe des Pleurocentrums; Interdorsale meist reduziert. f. Zwei Wirbel einer jungen *Amia* (Holosteer), links: monospondyler Wirbelkörper, gebildet durch Verschmelzung der Teilwirbel desselben Segments; rechts: diplospondyler Wirbel. Iv: Interventrale, Bv: Basiventrale, Id: Interdorsale, Bd: Basidorsale, mW: monospondyler Wirbel, dW: diplospondyler Wirbel, bestehend aus zwei Wirbelkörpern. g–l: Haupttypen der Wirbelkörperzusammensetzung; Wirbel im schematischen Querschnitt. Arcocentrale Anteile: punktiert, autocentrale Anteile: senkrecht und waagerecht schraffiert, chordacentrale Anteile: schwarz. g. Wirbelkörper chorda-+auto- +arcocentral: Normaltyp der Selachier; h. auto- +arcocentral: *Amia*, viele Teleosteer; i. chorda- + arcocentral: einige Selachier; j. rein autocentral: viele Amnioten; k. rein arcocentral: Vorderregion vieler Fische; l. auto- + arcocentral: viele Säuger. m, n: Amniotenrippe, m. Vorder-, n. Seitenansicht. T. Tuberculum, C. Capitulum, Pu. Processus uncinatus, V. Vertebrocostale (Vertebralrippe), I: Intercostale, S: Sternocostale (Sternalrippe), St: Sternum; o. Wirbel und Gräten (schwarz) von *Alosa* (Teleosteer), N: Neuralbogen, W: Wirbelkörper, H: Hämalbogen, enG: epineurale Gräte, ecG: epicentrale Gräte, epG: epipleurale Gräte. Nach Bütschli, Remane, Schauinsland

nannten Anteilen direkt aus perichordalem Gewebe (entweder erst knorpelig und dann knöchern oder gleich knöchern): autocentrale Anteile. Folgende Möglichkeiten der Wirbelkörperbildung existieren: 1. allein chordacentral (Holocephalen), 2. chorda-, arco- und autocentral (Mehrzahl der Selachier), 3. arco- und chordacentral (manche Haie), 4. arco- und autocentral (*Amia*, viele Teleosteer, z. T. Säuger), 5. allein autocentral (Tetrapoden, einige Crossopterygier), 6. allein arcocentral (einige Knochenfische) (Abb. 296). Im einzelnen können sich Probleme bei der Interpretation ergeben, histologisch-embryologische Befunde werden z. T. unterschiedlich gedeutet.

Nicht nur die Grundkomponenten der Wirbelkörper, sondern auch die Formenentwicklung gehen verschiedene Wege. 1. Im hemispondylen Zustand befinden sich meist 2 Halbringe um die Chorda, ventral das Hypo-, dorsal das Pleurocentrum. Das Hypocentrum ist dem Basiventrale angelagert, das Pleurocentrum liegt vor dem Basidorsale (Neuralbogen) und bleibt von ihm getrennt. Jedes Wirbelsäulensegment besteht nun aus 3 Anteilen: a) Hypocentrum und Basiventralia (vorn), b) Pleurocentrum (hinten), c) Neuralbogen (dorsal). Letzterer beteiligt sich nie am Aufbau des Körpers, sondern liegt ihm dorsal auf. 2. Entstehung der Holospondylie aus der Hemispondylie. a) Das Hypocentrum wächst dorsalwärts, das Pleurocentrum ventralwärts. So entstehen 2 Körper pro Segment: primäre Diplospondylie, z. B. bei *Amia* im Schwanz. Diese Körper können ring- oder scheibenförmig sein. Wirbel mit ringförmigem Körper werden oft Hülsenwirbel genannt (manche Teleosteer, Lepospondylier). Hülsenwirbel schnüren dann in ihrer Mitte die Chorda ein und gehen in amphicoele Wirbel (s. u.) über. b) Es entsteht nur 1 Wirbelkörper pro Segment (Monospondylie): 1. durch Verschmelzung zweier Körper (wohl bei Knochenfischen), 2. durch Ausdehnung eines Körpers. Bei den Labyrinthodontia dominiert das Hypocentrum, bei den Amnioten das Pleurocentrum. Bei diesen Tieren wird das Hypocentrum zur Zwischenwirbelscheibe (Säuger) oder Knorpelelementen zwischen den Körpern. Auch die Intervertebralknorpel der Amphibien sind wohl Reste von Wirbelkörpern. Die Evolution der Wirbel innerhalb der Amphibien, der ersten Tetrapoden, wird auf S. 593 beschrieben.

Meist liegen Wirbelgrenze und Myomergrenze alternierend (intermetamere Wirbelkörper), ein Zustand, der sich im Laufe der Embryonalentwicklung herausbildet. Das Gewebe für den Aufbau der Wirbel entstammt dem ventromedianen Teil der Somiten, dem Sklerotom. Auch die Anlage der segmentalen Rumpfmuskulatur entstammt dem Somiten und wird Myotom genannt (s. S. 541). Blieben Wirbel und die Blöcke der Rumpfmuskeln auf gleicher Höhe, würde jeder Muskel an nur einen Wirbel ansetzen. Er könnte dann die Wirbel kaum gegeneinander bewegen. Durch bei den einzelnen Wirbeltieren unterschiedliche Prozesse kommt es dazu, daß sich Wirbelgrenzen und Muskelgrenzen um ein halbes Segment gegeneinander verschieben. Bei Säugetieren entsteht embryonal in der ursprünglichen Wirbelanlage ein Spalt, und es verwächst die vordere Hälfte einer ursprünglichen Wirbelanlage mit einer hinteren Hälfte der vorausgehenden ursprünglichen Anlage. Der definitive Intervertebralspalt (Bereich der Zwischenwirbelscheibe) entsteht also in der Mitte des ursprünglichen Wirbelsegments (intrasegmental). Die Muskulatur bleibt in Höhe ihres ursprünglichen Entstehungsortes. Ähnliche Prozesse sind bei anderen Amnioten erkennbar, bei Amphibien ist die Situation noch weniger gut geklärt.

Eine Besonderheit der Chondrichthyes ist, daß ihre knorpeligen Wirbel in oft spezifischen Mustern verkalken (nicht verknöchern) können. Dies ist besonders bei großen Formen zu beobachten; die Wirbel werden durch die Einlagerung der Kalksalze fester.

Folgende Formentypen der Wirbel lassen sich unterscheiden: a) Amphicoel: Wirbelfläche cranial und caudal konkav; primitiv; meist intervertebrale Chordareste. b) Procoel: cranial konkav, caudal konvex. c) Opisthocoel: cranial konvex, caudal konkav. d) Heterocoel: beide Flächen sattelförmig. e) Platycoel (biplan): beide Flächen eben. Selten gibt es noch kompliziertere Formen. Primär erfolgt die Gelenkung zwischen den Wirbelkörpern.

Fortsätze der Wirbel. a) Zygapophysen, Fortsätze, die der zusätzlichen Gelenkung hintereinander liegender Wirbel dienen, z. B. dorsale Zygapophysen (Prae- und Postzygapophysen) am Neuralbogen und Zygosphen und Zyganthrum. Diese beiden Fortsätze (oft bei schlangenartigen Formen) bilden ein meist unpaares Zapfengelenk zwischen den Neuralbögen median oberhalb des Neuralrohres. (Wichtigste gelenkähnliche Struktur zwischen den Wirbeln ist stets die Verbindung zwischen den Wirbelkörpern). b) Fortsätze an Ansatzstellen der Rippen. c) Dornfortsätze, in der Medianebene gelegen, meist nur dorsal, vom Neuralbogen ausgehend.

Die Wirbelzahl variiert von Art zu Art, selbst innerhalb einer Art können – z. B. bei Fischen – Salzgehalt und Temperatur die Wirbelzahl beeinflussen. Das Maximum liegt bei ca. 435 (*Python*), geringe Zahlen weisen Anuren und einige Fische auf. Verwachsungen sind häufig, sie treten vor allem am unteren Extremitätenansatz auf: Beckenwirbel vieler Tetrapoden. Im Bereich der Vorderextremität kommt es oft bei Fliegern zu Verwachsungen. Halswirbel verwachsen oft bei schwimmenden, grabenden und hüpfenden Arten. Vielfach läßt sich eine Regionenbildung der Wirbelsäule erkennen: Halswirbel, Rückenwirbel (bei Säugern und einigen Reptilien in Brustwirbel [mit Rippen] und Lendenwirbel [ohne Rippen] geteilt), Sakralwirbel (Beckenanschluß), Schwanzwirbel. Sonderbildungen sind die ersten 2 Halswirbel der Amnioten (Atlas und Epistropheus = Axis) und die Weberschen Knöchelchen mancher Fische. An Atlas (1. Wirbel) und Epistropheus (2. Wirbel) bleibt noch die ursprüngliche Struktur der Doppelkörper erkennbar. Das Hypocentrum des Atlas verknöchert und verwächst mit dem Neuralbogen zu einem Ring, der eine (Sauropsiden) oder zwei (Säuger) Gelenkpfannen für die Gelenkhöcker des Schädels trägt. Das Pleurocentrum des Atlas verwächst aber mit dem folgenden Wirbel, dem Epistropheus, und bildet an ihm das Zahnstück (Processus odontoideus). Da oft das Hypocentrum des Epistropheus verknöchert, enthält dieser Wirbel drei der ursprünglichen Wirbelkörper (Pleurocentrum 1 + Hypocentrum 2 + Pleurocentrum 2), der Atlas nur einen (Hypocentrum 1). Kompliziert wird die Situation noch dadurch, daß ein embryonaler Wirbelkörper zwischen Schädel und Atlas, der Proatlas, mit seinen Anteilen bald mit dem Schädel, bald mit dem Zahn des Epistropheus verwächst.

Bei Fischen und einigen anderen wasserlebenden Wirbeltieren ist das Ende der Wirbelsäule im Bereich der Schwanzflosse entweder nach dorsal abgeknickt (heterozerk) oder nach ventral (hypozerk) oder sie verläuft gerade (diphyzerk). Ist die Schwanzflosse äußerlich symmetrisch, aber das Ende der Wirbelsäule nach dorsal gerichtet, spricht man von einer homozerken Flosse (Abb. 342 g–m).

Rippen

Die Rippen (Abb. 296) sind knorpelig vorgebildete, segmentale, meist stabförmige Skeletstücke, die in bindegewebigen Scheidewänden der Seitenrumpfmuskulatur liegen und zentral Anschluß an die Wirbelsäule gewinnen, mit der sie meist gelenkig verbunden sind. Peripher enden sie frei oder an Sternalgebilden. Ursprünglich lassen sie sich von Kopf bis Schwanz nachweisen, oft sind sie aber auf den mittleren Rumpf beschränkt, wo sie bei Amnioten mit dem Sternum (Brustbein) den Brustkorb bilden. Zwei Rippentypen existieren: obere und untere. Meist ist nur eine Garnitur ausgebildet (bei *Polypterus* beide). Obere Rippen liegen meist im Horizontalseptum zwischen ep- und hypaxonischer Muskulatur (S. 501), untere meist im Grenzbereich zwischen Seitenmuskulatur und Leibeshöhle. Die Rippen der Tetrapoden sind vermutlich obere, die der meisten Fische untere Rippen. Die Amniotenrippe ist primär zweiköpfig und trägt oft einen nach hinten gerichteten Fortsatz (Processus uncinatus). Die für die Atmung nötige Bewegung des Brustkorbes wird durch eine Gliederung der Rippen in zwei oder drei gegeneinander bewegbare Teile (Reptilien, Vögel) oder durch ein nur knorpeliges Verbindungsstück mit dem Brustbein erreicht (Säuger). Unter dem Begriff Bauchrippen (Gastralia) werden stabförmige ventrale Reste des Hautknochenpanzers (*Sphenodon*, Crocodilia u. a.) verstanden.

Die Gräten vieler Teleosteer sind Geschwisterbildungen der Rippen in den Muskelscheidewänden, sie sind nicht knorpelig vorgebildet und können auch die Wirbelsäule erreichen (Abb. 296).

Extremitätengürtel und Extremitäten

Der Fortbewegung der meisten Wirbeltiere dienen 2 Paar Extremitäten (Gliedmaßen), die als Flossen, Arme, Beine oder Flügel ausgebildet sein können. Sie sind über das Zonoskelet (Schulter- und Beckengürtel) am Rumpf befestigt. Diese Gürtelstrukturen dienen weiterhin

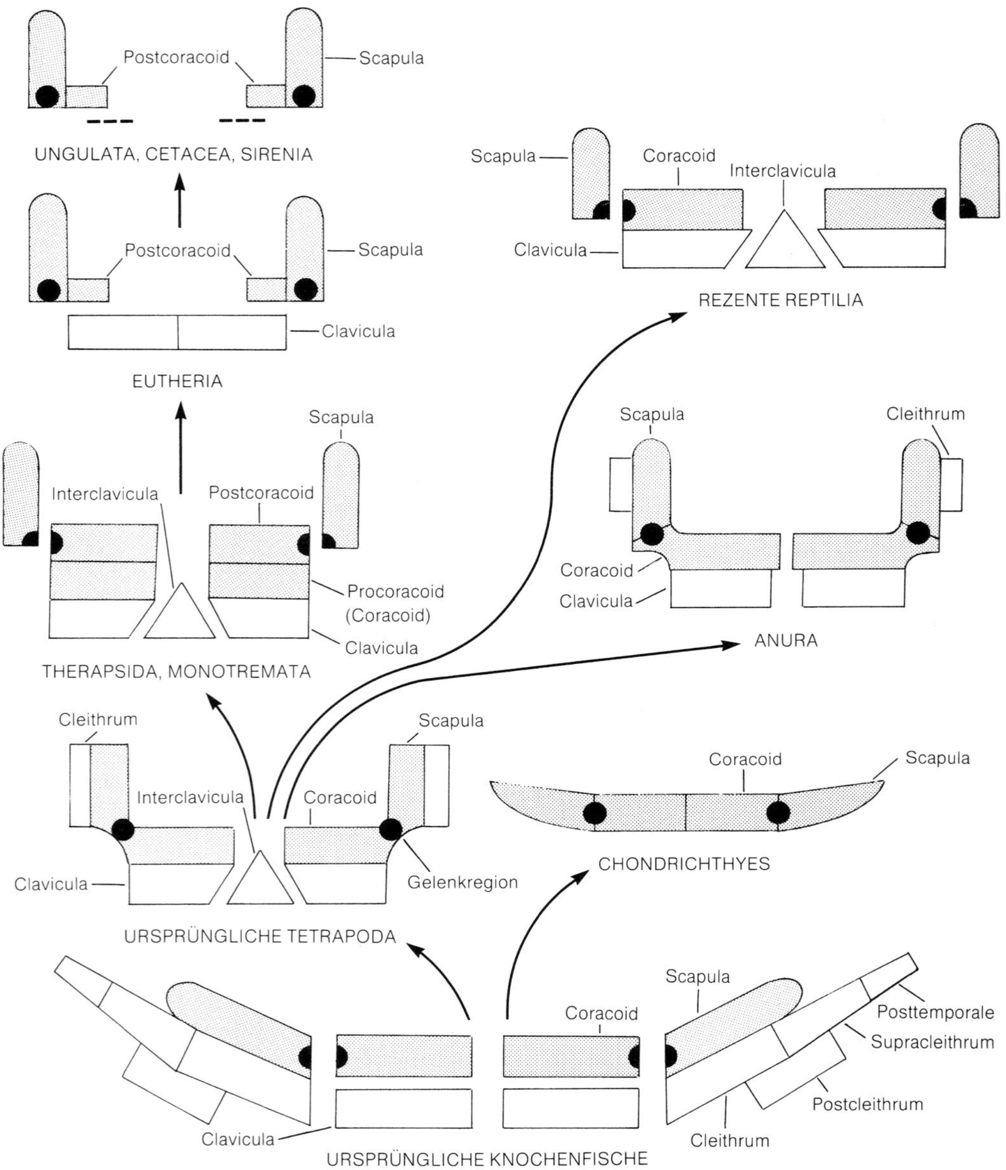

Abb. 297: Evolution des Schultergürtels (schematisch), Ventralansicht. Gelenkregion des Humerus (Glenoidea) als schwarzer Kreis. Die gestrichelten Linien bei Ungulata, Cetacea und Sirenia symbolisieren Kollagenstränge (Reste der Claviculae). Bei manchen Fröschen ist noch ein kleines Cleithrum nachweisbar. Hell: Deckknochen, gerastert: Ersatzknochen. Nach Starck

der Muskulatur der Extremitäten als Ursprung. Der vorn gelegene **Schultergürtel** (Abb. 297) enthält wie der Schädel zweierlei Knochen: Hautknochen und knorpelig vorgebildete Ersatzknochen. Die alte Hautknochenkapsel des Vorderkörpers bedeckte auch die Region der vorderen Extremitäten, und mit deren zunehmender Beweglichkeit löste sich der Schulterpanzer vom Schädel, blieb aber noch bei vielen Fischen und älteren Amphibien dorsal mit ihm in Kontakt. Deckknochen des Schultergürtels sind dorsal die Cleithra. Sie werden bald reduziert und sind unter den rezenten Tetrapoden nur noch bei Anuren nachweisbar. Lange bleiben die ventralen Deckknochen erhalten. Es sind die paarigen Schlüsselbeine (Claviculae) und die unpaare Interclavicula. Diese verschwindet zuerst. Sie ist bei den Säugern noch bei den Monotremen erhalten. Viele Säuger verlieren auch die Claviculae (Huftiere, Wale) als letzten Knochen des dermalen Schultergürtels.

Umgekehrt nimmt der ersatzknöcherne Teil des Schultergürtels an Komplikationen zu. Bei Fischen ist er meist nur eine Spange, die etwa in ihrer Mitte die Gelenkgrube für den Ansatz der Brustflosse trägt. Der dorsale Teil wird Scapula, der ventrale Coracoid genannt. Die Scapula bleibt sehr konstant, nur wenn der ganze Schultergürtel mitsamt den Vorderextremitäten reduziert wird (Schlangen, Gymnophionen), verschwinden auch sie. Ihre Form wechselt stark, bei Säugern wird sie platt und trägt einen Knochenkamm (Crista) für den Muskelansatz. Sie liegt dorsal den Rippen an, nur bei den Pterosauriern gewinnt sie beweglichen Anschluß an die Wirbelsäule. Das Coracoid der Säuger ist nicht mit dem der Amphibien, Reptilien und Vögel homolog und soll hier Postcoracoid genannt werden. Das Coracoid der Nichtsäuger wird manchmal auch Procoracoid genannt. Bei Therapsiden und Monotremen existieren Procoracoid und Postcoracoid. Bei den meisten Säugern ist das Coracoid (Postcoracoid) zu einem kleinen Fortsatz (Processus postcoracoideus = Processus coracoideus = Rabenschnabelfortsatz) am Schulterblatt reduziert.

Der **Beckengürtel** (Abb. 298) enthält nur Knochen des Endoskelets, besteht also aus Ersatzknochen. Bei Fischen ist er ein kleiner Stab, der die Gelenkpfanne (Acetabulum) für das Skelet der Hinterextremität trägt. Bei den Landwirbeltieren wird das Becken Stütze für die Hinterbeine und gewinnt Anschluß an die Wirbelsäule. Das geschieht über eine oder mehrere verkürzte Sakralrippen, an die sich das Darmbein anschließt. Ursprünglich ist nur ein Sakralwirbel vorhanden, an dem das Darmbein (Ilium) des Beckengürtels befestigt ist. Mit zunehmender Aktivität der Hinterbeine verwachsen weitere Bezirke des Darmbeins mit der Wirbelsäule, bis diese Sakralregion bei Vögeln einen weiten Bezirk einnimmt. Ventral enthält der Beckengürtel der Tetrapoden 2 Knochen: vorn das Schambein (Pubis), hinten das Sitzbein (Ischium). Sie sind ventral zu einer Symphyse verwachsen, so daß das gesamte Becken einschließlich Wirbelsäule einen knöchernen Ring bildet, den Eier bei der Ablage und Junge bei der Geburt passieren müssen. Bei den Säugern wird die Symphyse allein von den Pubes aufgebaut. Nur bei Vögeln (Ausnahme: Afrikanischer Strauß) und einigen Kleinsäugern ist die Symphyse geöffnet.

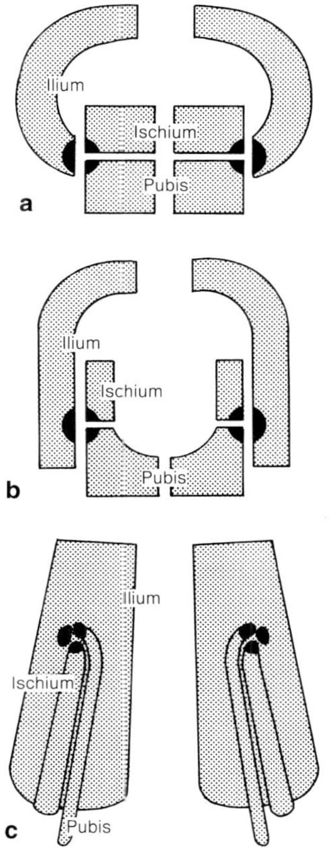

Abb. 298: Evolution des Tetrapoden-Beckengürtels (die schwarzen Kreise entsprechen dem Acetabulum der Gelenkpfanne des Femur). a. Ausgangsstadium, b. Säuger (Insectivora, Primaten). c. Vogel.

Die **Extremitäten** (Abb. 299) entstehen aus Falten des Körpers, die unpaar über die Rükken- und die Bauchseite, paarig etwa von der Afterregion ventrolateral cranialwärts ziehen. In diese Falten wandern zur Bildung der paa-

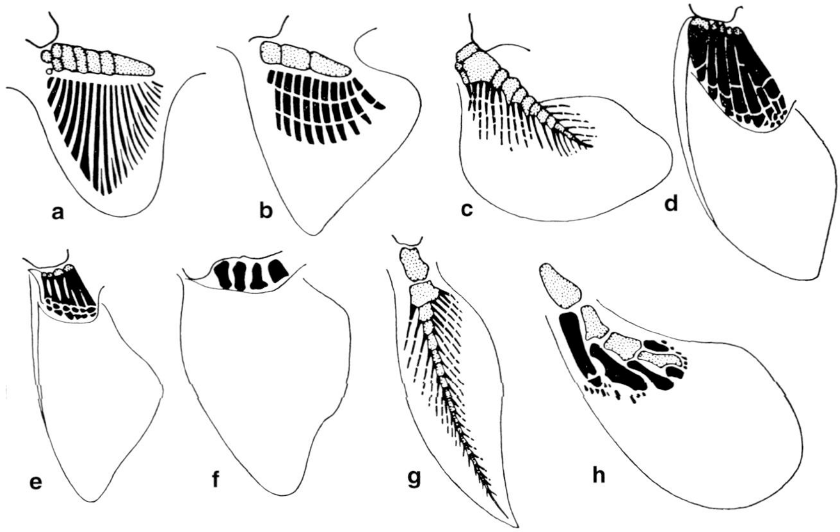

Abb. 299: Brustflossen verschiedener Fische. a. *Cladoselache*, primitiver Hai mit paralleler Anordnung der Radien; b. *Isurus*, höher entwickelter Hai mit schmaler Flossenbasis; die Basalia (punktiert) sind zu größeren Knorpelstücken vereinigt: Pro-, Meso- und Metapterygium; c. *Xenacanthus*, palaeozoischer Hai, mit achsenförmig ausgerichteten Basalia; d. *Cornubiscus* (Actinopterygii, Palaeoniscoidea); e. *Amia* (Holostei), die Radien sind parallel angeordnet; f. *Serranus* (Teleosteer) mit reduziertem Flossenskelet; g. *Neoceratodus* (Lungenfisch), biseriales Archipterygium; h. *Eusthenopteron*, fossiler Crossopterygier, Anordnung der Flossenskeletanteile ähnelt schon deutlich der der Tetrapoden. Nach Remane, Storch, Welsch

rigen Gliedmaßen Muskelknospen von den Somiten ein, die die Extremitätenmuskulatur bilden. Die älteste Form der Gliedmaßen sind die Seitenlappen (Pleuropterygium). Im basalen Fleischteil liegen zwei Reihen von Knochen oder Knorpeln, die proximalen Basalia, von denen meist eines am Extremitätengürtel gelenkt, und die distalen Radialia. Die häutigen Teile der Flossen tragen als Skelet Elemente des Hautskelets, wie Placoidschuppen oder von ihnen abgeleitete Flossenstacheln, Knochenstrahlen aus verwachsenen Knochenschuppen (Lepidotrichen) oder vom Mesoderm neugebildete weiche Flossenstrahlen. Durch eine Einengung der Ansatzstelle am Rumpf werden diese Flossen vielseitig beweglich. Ihr Fleischanteil mit Muskeln und Innenskelet wird dabei erst auf die Flossenbasis konzentriert (Actinopterygien), oder das Skelet streckt sich mit einer Mittelachse und Seitenstrahlen weit in die Flosse (Archipterygien).

Die Extremitäten der Landwirbeltiere (Tetrapoden), die sich von den Flossen der Crossopterygier ableiten, haben trotz ihrer ganz verschiedenen Funktion als Laufbein, Grabschaufel, Flügel, Flosse einen einheitlichen Bauplan (Abb. 300) und lassen sich in die drei Abschnitte Stylo-, Zeugo- und Autopodium gliedern. Das proximal gelegene Stylopodium besteht nur aus einem Skeletelement, das die Gelenkung zum Zonoskelet übernimmt. Das mittlere Zeugopodium besteht aus 2 Skeletstücken. Das Autopodium liegt distal und setzt sich aus mehreren Anteilen zusammen. Die folgende Zusammenstellung (S. 491) umfaßt die Namen für die einzelnen Skeletelemente der Tetrapodenextremität.

Von den Wurzelknochen verschmelzen manche in verschiedener Weise, manche werden rückgebildet. Bei einigen Formen kann sich in ihrem Bereich ein großes, queres Gelenk ausbilden, das Intertarsalgelenk. Bei Vögeln ist es das Hauptfußgelenk. Die proximal von ihm gelegenen Fußwurzelknochen verschmelzen mit der Tibia zum Tibiotarsus, die distal von ihm gelegenen mit den verwachsenen Metatarsalia zum Tarsometatarsus. Die Elemente des Metapodiums sind meist stabförmig; bei Lauftieren verwachsen die der Hinterextremität oft zu einem einheitlichen Knochen. Finger und Zehen sind frei. Ihre Zahl beträgt meist 5. Bei primitiven Tetrapoden finden sich noch Andeutungen eines Fingers vor dem 1. Finger (Praepollex) und hinter dem 5. (Postminimus). Bei

			Vorderextremität	Hinterextremität
Stylopodium			Humerus (Oberarmknochen)	Femur (Oberschenkelknochen)
Zeugopodium			Ulna (Elle) Radius (Speiche)	Tibia (Schienbein) Fibula Wadenbein)
Autopodium (vorn Hand oder Vorderfuß, hinten Fuß oder Hinterfuß)	Basipodium		Carpus (Handwurzel) setzt sich aus folgenden Handwurzelknochen (Carpalia) zusammen: einer proximalen Reihe (Radiale, Intermedium, Ulnare), 4 in der Mitte gelegenen Centralia u. einer distalen Reihe aus 5 Einzelknochen. Mitunter werden auch nur die distalen Handwurzelknochen «Carpalia» genannt.	Tarsus (Fußwurzel) besteht aus folgenden Fußwurzelknochen (Tarsalia): proximal Tibiale, Intermedium, Fibulare, in der Mitte 4 Centralia und 5 distale Einzelknochen. Mitunter werden auch nur die distalen Fußwurzelknochen «Tarsalia» genannt.
	Metapodium		5 Mittelhandknochen (Metacarpale 1–5)	5 Mittelfußknochen (Metatarsale 1–5)
	Acropodium		Digitus 1–5 (Finger) jeder Digitus besteht aus einzelnen gelenkig verbundenen Phalangen.	Digitus 1–5 (Zehen) jeder Digitus besteht aus einzelnen gelenkig verbundenen Phalangen.

Lauftieren wird die Zahl der Zehen reduziert, bei Vögeln bis auf 2 (Strauß), bei Säugern bis auf 1 (Pferde, Litopterna).

Amphibien besitzen i. a. nur wenige Phalangen. Bei Reptilien sind die Zahlen an Digitus 3 und 4 i. a. am höchsten (4,5), bei Säugern trägt der erste Digitus 2, die restlichen 3 Phalangen. Abb. 300 gibt einen Eindruck von der Vielfalt der Tetrapodenextremitäten.

Reptilien und Säuger, die ins Meer zurückgegangen sind und wieder Flossen ausgebildet haben (Wale, Plesio-, Ichthyosaurier), weisen oft eine starke Vermehrung der Phalangenzahl auf. Die Ichthyosaurier können sogar die Zahl der Finger erhöhen.

Trotz des einheitlichen Bauplanes treten rasch Unterschiede zwischen Vorder- und Hinterextremitäten auf. Ein wichtiger Unterschied betrifft die Gelenke zwischen Stylo- und Zeugopodium (Knie- und Ellbogengelenk). Das Kniegelenk ist in der Hauptsache ein Scharniergelenk. Im Ellbogengelenk verhalten sich Radius und Ulna nicht gleichsinnig. Der Radius führt nicht nur wie die Elle Scharnierbewegungen aus, sondern ermöglicht auch Drehbewegungen (Pro- und Supination).

Schädel, Schuppen

Der Schädel entsteht auf komplizierten Wegen aus drei verschiedenen Bereichen (Abb. 301):

1. Neurocranium. Es umgibt primär Gehirn und Sinnesorgane.

2. Viscerocranium (Splanchnocranium). Es besteht aus einer Anzahl hintereinanderliegender Spangen, den Visceralbögen, die ursprünglich den Kiemenkorb bilden.

3. Dermatocranium. Ein Knochenmantel dicht unter der Haut umhüllt den ganzen Vorderkörper und bildet auch in der Mundhöhle einen Knochenbelag.

Neuro- und Viscerocranium werden im Embryo knorpelig angelegt (= Primordial- oder Chondrocranium). Die Verknöcherung erfolgt durch Ersatzknochenbildung. Das Dermatocranium entsteht durch direkte Verknöcherung im Bindegewebe der Haut, seine Knochen sind Hautknochen (= Deckknochen).

Bei niedrigen Gruppen existiert noch ein Oralskelet (Knorpel in der Mundregion), das bei den Agnathen mit ihrem Saugmund reich entwickelt ist, bei Haien in den Lippenknorpeln erhalten und noch bei Teleosteern und Amphibienlarven nachweisbar ist.

1. **Neurocranium.** Ontogenetisch entsteht das Neurocranium aus getrennten, verschiedenartigen Bezirken (Abb. 302):

a) **Parachordalia.** Sie begleiten als paarige Stäbe die Chorda und setzen sich nach hinten in die Anlagen der Wirbelkörper fort. Die Grenze zwischen Wirbelanlagen und Parachordalia ist hier unscharf. Die spätere Grenze Schädel-Wirbelsäule entsteht an verschiedenen Stellen, so daß dieser Bereich mit Recht als Wirbelabschnitt des Schädels bezeichnet wird. Das Gehirn wird jedoch nur am Hinterhaupts-

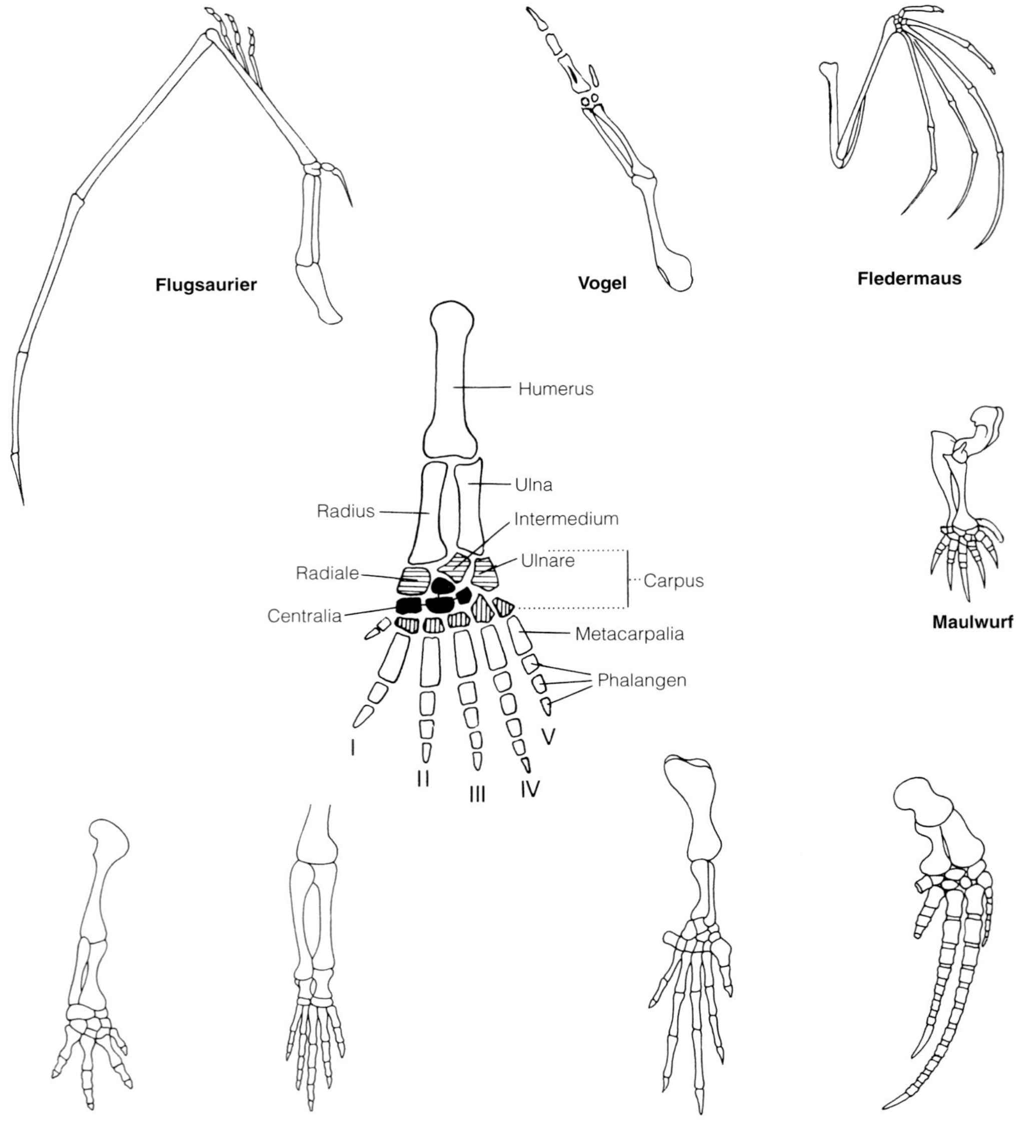

Abb. 300: Tetrapoden-Extremität. Im Zentrum Schema einer Vorderextremität. I–V. Digiti (Finger). Hinterextremität ist nach dem gleichen Plan gebaut. Peripher: Beispiele für verschieden abgewandelte Vorderextremitäten. Nach Remane, Storch, Welsch

loch dorsal von einem Bogen umschlossen (Occipitalspange). Die Parachordalia bilden auf späteren Stadien nur eine Knorpelplatte unter dem Schädel, die die Chorda umschließt und basal sogar ein Fenster (Fenestra basicranialis) bilden kann.

b) **Trabeculae.** Vor der Chorda entstehen paarige Knorpelstäbe vor und neben der Hypophyse. Sie entstehen aus dem Ectoderm der Neuralleisten und sind offenbar die oberen Teile des Kieferbogens und des Praemandibularbogens, gehören also zum Visceralskelet und sind sekundär dem Neurocranium angegliedert. Bei primitiven Fischen (Crossopterygier)

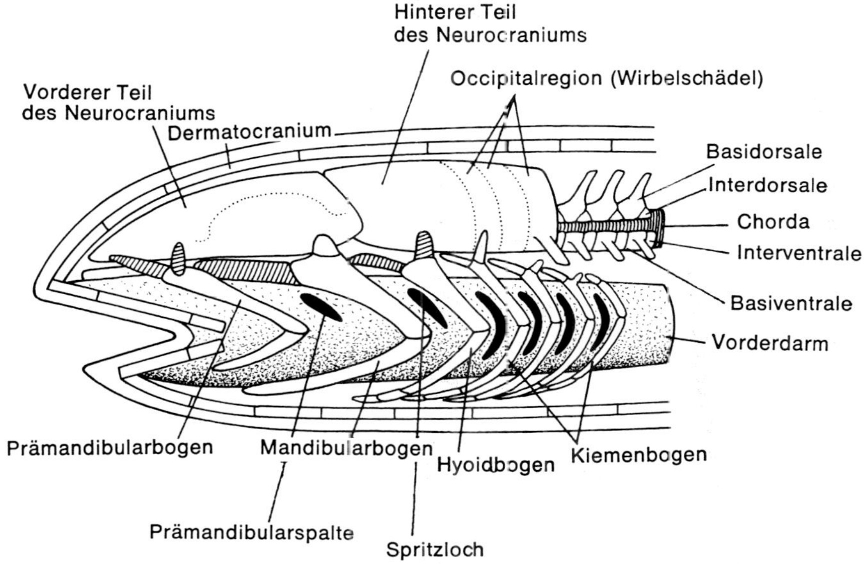

Abb. 301: Grundbauplan des Wirbeltierschädels (v.a. nach Befunden an Crossopterygiern). Das Neurocranium besteht aus zwei gelenkig miteinander verbundenen Anteilen, deren Zuordnung zu den ontogenetisch nachweisbaren Skeletstücken rezenter Formen umstritten ist; caudal lagern sich umgeformte Wirbel an (Wirbelschädel). Die Teile des Viscerocraniums, die in das Neurocranium aufgenommen werden, sind schraffiert gezeichnet. Nach Jarvik, Portmann.

ist der hintere Teil des Neurocraniums (chordale Region) mit dem vorderen noch durch ein Gelenk verbunden.

c) **Sinnesknorpel.** Die 3 großen Sinnesorgane bilden eigene Knorpel, die mit der Schädelbasis verwachsen können. Die Augen können Knorpel und sogar Knochenplättchen (Scleralknochen) in der Sclera bilden. Diese verwachsen nicht mit dem Schädel. Sekundär entstehen noch Knorpel in Ohrmuscheln, Nasenflügeln usw.

Die Entstehung eines knöchernen Neurocraniums unterbleibt vollkommen bei den rezenten Chondrichthyes und Dipnoi, weitgehend bei rezenten Amphibien. Reste des Knorpels bleiben auch bei Säugern noch in der Nasenscheidewand. Die Verknöcherung führt bei primitiven Wirbeltieren meist zu einer einheitlichen oder nur in Vorder- und Hinterstück geteilten Knochenmasse. Bei höheren Wirbeltieren finden wir im Neurocranium eine Reihe einzelner Knochen. Es sind von hinten nach vorn (Abb. 302):

a) Die **Occipitalia.** Sie umgeben das Hinterhauptsloch und bestehen aus dem basalen unpaaren Basioccipitale, den seitlichen Exoccipitalia und dem dorsalen Supraoccipitale. Alle 4 verwachsen bei Säugern im Laufe des Lebens zum Hinterhauptsbein.

b) Die **Sphenoidea (Keilbeine).** Sie liegen an der Schädelbasis vor den Occipitalia und bestehen aus dem unpaaren Basisphenoid, dem vor ihm liegenden Praesphenoid und den seitlichen Orbitosphenoidea und z. T. noch den Pleurosphenoidea (Reptilien). Bei primitiven Tetrapoden liegt vor dem Basisphenoid ein größeres Knochenstück, das Sphenethmoid, das wohl dem Praesphenoid der Säuger oder deren Praesphenoid und Mesethmoid entspricht; z. T. repräsentiert es anscheinend auch nur die Ethmoidalregion.

c) Die **Ethmoidea** im Nasenraum. Bei Knochenfischen treten in dieser vordersten Region des Neurocraniums mehrere Ethmoidea auf. Das typische mediane Siebbein vieler Säuger (Mesethmoid = Ethmoid) trennt Nasen- und Hirnhöhle und ist in der Lamina cribrosa von den Durchtrittsstellen der Riechnerven oft siebartig durchlöchert. Ihm angelagert sind die Nasenmuscheln (Turbinalia). Bei vielen niederen Tetrapoden bleibt die Ethmoidalregion knorpelig oder ist rückgebildet.

d) die **Otica,** die das Gehör- und Vestibularorgan beherbergen. Sie liegen meist seitlich von

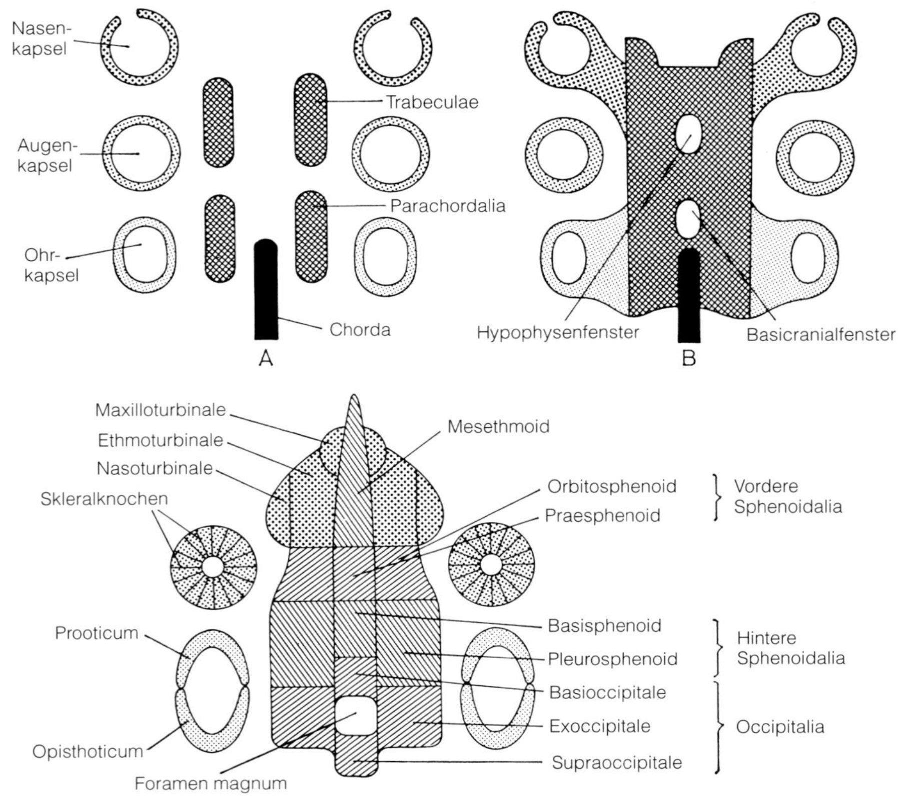

Abb. 302: Oben: Bildung des (platybasischen) Neurocraniums; Kapseln der Sinnesorgane punktiert. A. frühes, B. spätes Stadium. Unten: Schematische Darstellung der Knochen des Amniotenneurocraniums und der Sinneskapseln. Nach Smith

der Sphenoidalregion. Meist sind zwei Knochen vorhanden: Prooticum und Opisthoticum. Sie verschmelzen bei Säugern zu einem Knochen.

2. Das **Viscerocranium** besteht aus paarigen Spangen zwischen den Kiemenspalten und bildet den Kiemenkorb (Abb. 303). Seine Teile werden tiefgreifend abgeändert und zu neuen Funktionen verwendet. Ein Kiemenbogen besteht primär aus folgenden Teilen (von dorsal nach ventral): Pharyngo-, Epi-, Cerato-, Hypo- und Basibranchiale. Die Pharyngobranchialia sind doppelt (Supra- und Infrapharyngobranchiale) und treten vorn mit dem Neurocranium in Kontakt. Es ist bekannt, daß der Kieferbogen ein umgewandelter Visceralbogen ist, desgleichen der folgende Hyoidbogen. Sie erhielten die Bezeichnung Visceralbogen 1 und 2, denen als 3. der erste echte Branchialbogen (= Kiemenbogen) folgt.

Untersuchungen an fossilen Wirbeltieren ergaben, daß vor dem Kieferbogen noch ein Visceralbogen existierte, der Praemandibularbogen. Dieser liefert ziemlich sicher die Trabeculae am Neurocranium, an deren Aufbau auch der vorderste Teil des Kieferbogens beteiligt ist.

I. Der Kiefer- oder Mandibularbogen besteht aus dem oberen Palatoquadratum und dem unteren Mandibulare (= Meckelscher Knorpel). Nicht sie sind primär die Träger der Zähne, sondern die sie bedeckenden Hautknochen; nur bei Haien liegen die Zähne nach Reduktion der Hautknochen auf ihnen. Das Palatoquadratum entspricht dem Epibranchiale. In ihm entsteht in der Gelenkregion als Knochen das Quadratum, vor diesem das Epipterygoid, das bei Säugern Teil der Schädelwand wird (Alisphenoid = großer Keilbeinflü-

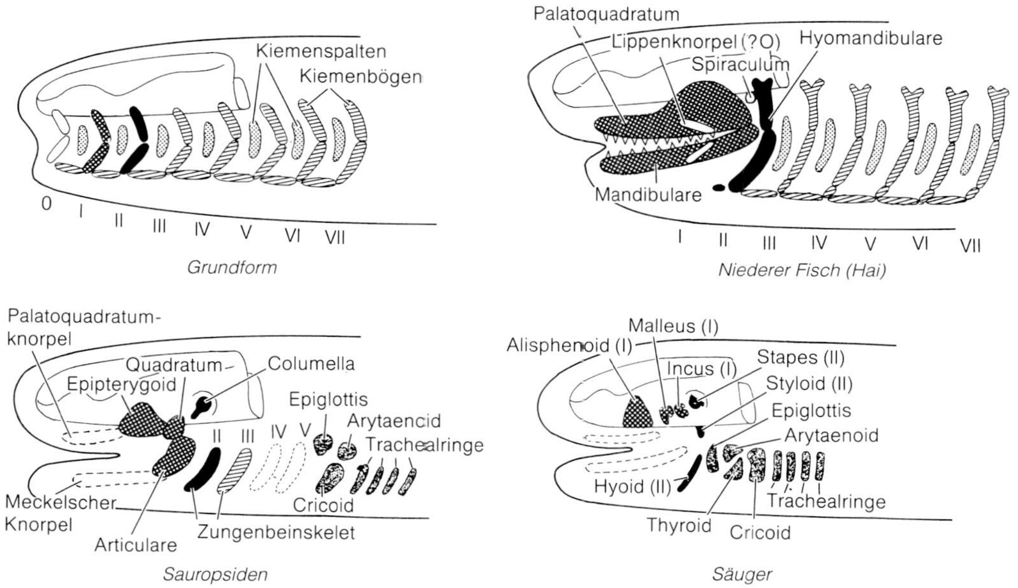

Abb. 303: Entwicklung des Viscerocraniums der Wirbeltiere, Spiraculum = Spritzloch, Prämandibularbogen = weiß, Kieferbogen: Kreuzschraffur, Hyoidbogen: schwarz, typische Kiemenbogen: schraffiert; Derivate der hinteren Kiemenbögen bei Tetrapoden unregelmäßig punktiert. Nach Remane, Storch, Welsch

gel). Bei Knochenfischen sind weitere Ersatzknochen vorhanden (Autopalatinum, Supra- und Metapterygoid). Der untere Kieferbogen, das Mandibulare (entspricht einem Ceratobranchiale), bildet das Articulare als Knochen. Quadratum und Articulare bilden das primäre Kiefergelenk, sie wandern bei Säugern ins Mittelohr und werden zum 2. und 3. Gehörknöchelchen: Amboß (Incus) und Hammer (Malleus) (Abb. 304).

II. Der Hyoidbogen unterliegt in seinem oberen Teil einem starken Funktionswechsel. Die obere Hauptspange (Hyomandibulare = Epihyale) wird bei Haien und Actinopterygiern eine Befestigungsstange zwischen dem Neurocranium und dem Kiefergelenk, der sog. Kieferstiel. Bei Actinopterygiern verbindet oft ein zusätzliches Symplecticum das Hyomandibulare mit dem Oberkiefer. Bei Dipnoi und Tetrapoden ist das Hyomandibulare am Schädelkontakt gegabelt.

Bei den Tetrapoden wird dieser Knochen in den Spritzlochkanal, der nun zum Mittelohr eingefaltet wird, einbezogen und zum ersten Gehörknöchelchen, dem Stapes (= Columella) umgestaltet, dessen innerer Teil (Deckplatte) im ovalen Fenster (Fenestra ovalis) der Schädelwand liegt. Das untere Pharyngobranchiale des Hyoidbogens wird dem Neuralschädel eingegliedert. Der untere Teil des Hyoidbogens (= Ceratohyale) wird zunehmend selbständig und bei Tetrapoden zum vorderen Teil (vorderen Horn) des Zungenbeines.

III. Die Branchialbögen entsprechen in ihrer Zahl den Kiementaschen, ihre Zahl wird also in der Phylogenie geringer. Sie verschwinden jedoch mit dem Verlust der Kiemenatmung bei Tetrapoden keineswegs, sondern beteiligen sich am Zungenbein (Os hyoideum). Dieses besteht aus einem unpaaren ventralen Körper, der aus den Basibranchialia gebildet wird, und 2–3 paarigen Hörnern. In der Sauropsiden-Linie werden die Branchialbögen 2 und 3 zunehmend reduziert; in der Säugerlinie gewinnen die hinteren Bögen aber eine neue Bedeutung und werden in das Kehlkopfskelet einbezogen (Cartilago thyroidea, C. cricoidea, C. arytaenoidea). Epiglottis und Trachealspangen sind möglicherweise Neubildungen.

Verbindungen zwischen Visceralbögen und Neurocranium: Die drei vorderen Bögen (0 bis II) legen sich dorsal mit doppelter Basis dem Neurocranium an. Nach Reduktion des Praemandibularbogens behalten Kieferbogen und Hyoidbogen zunächst diese Verbindung. Ein solcher «amphistyler» Schädel ist noch bei pri-

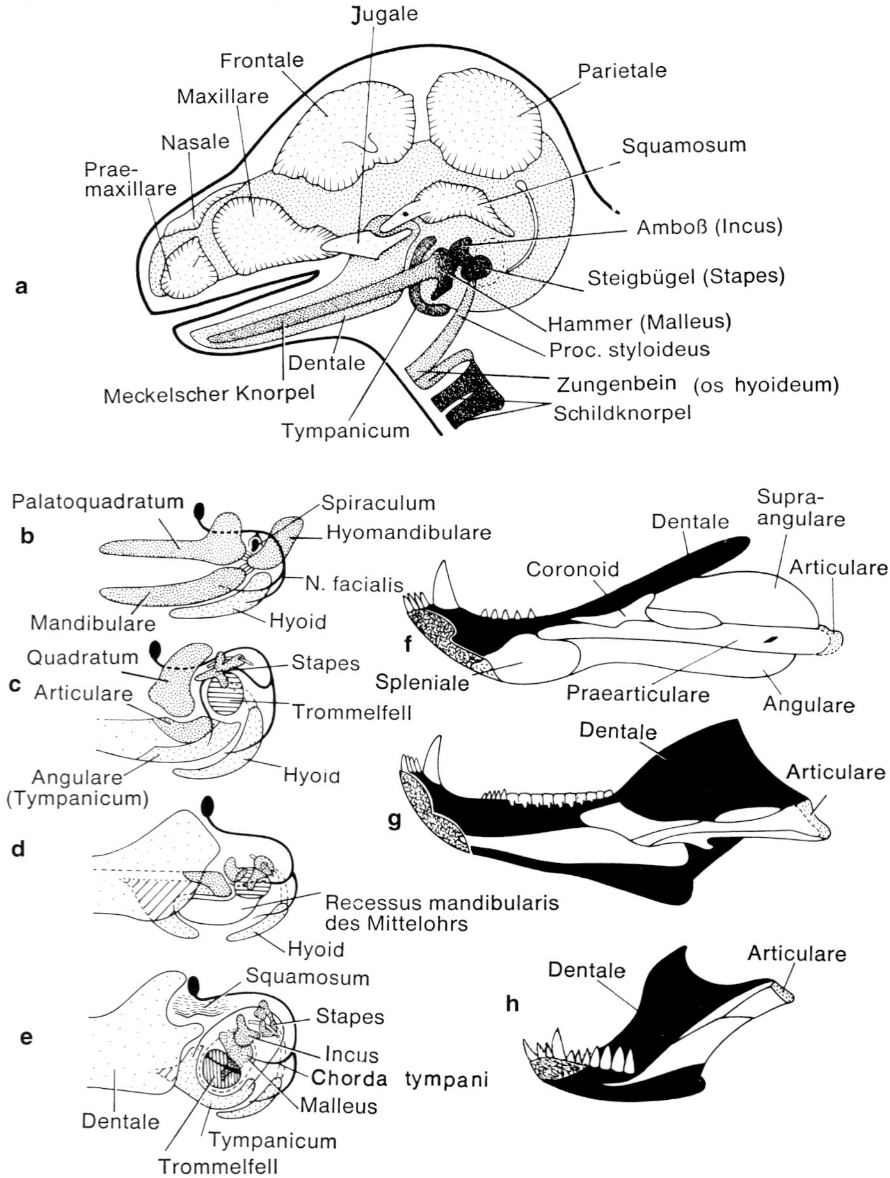

Abb. 304: Entwicklung des Unterkiefers, des Kiefergelenks und der Mittelohrknochen bei Wirbeltieren. a. Kopf eines Säugerembryos mit primärem Kiefergelenk; Proc. styloideus: Processus styloideus. Das primäre Kiefergelenk liegt zwischen Hammer und Amboß, die bei erwachsenen Säugern Gehörknöchelchen bilden, das sekundäre zwischen Dentale und Squamosum. b–e. Kieferapparat von Haien (b), primitiven Tetrapoden (c), säugerähnlichen Reptilien (d) und Säugern (e). Zuerst wird das Kiefergelenk von Palatoquadratum und Mandibulare gebildet, bei Säugern von Squamosum und Dentale. Der proximale Teil des Palatoquadratums entspricht dem Quadratum, der des Mandibulare dem Articulare. Bei den Säugern bilden Quadratum und Articulare Incus (Amboß) und Malleus (Hammer); das weitere Gehörknöchelchen, der Stapes (Steigbügel), entspricht dem Hyomandibulare und übernimmt innerhalb der Wirbeltiere als erstes schalleitende Funktion und wird bei den Nichtsäugern Columella genannt. Das Trommelfell der Säuger ist nicht mit dem der Reptilien homolog, sondern entspricht ihm nur in seinem oberen Abschnitt (Shrapnellsche Membran). Chorda tympani: Ast des Nervus facialis, der durch das Mittelohr zieht. f–h. Unterkiefer in der Ansicht von innen. f. primitiver Tetrapode, g. typisches säugerähnliches Reptil, h: hochentwickeltes säugerähnliches Reptil. Beachte die Vergrößerung des Dentale (schwarz) und die Reduktion der anderen Deckknochen. Präarticulare = Goniale = Processus folianus. Nach Portmann

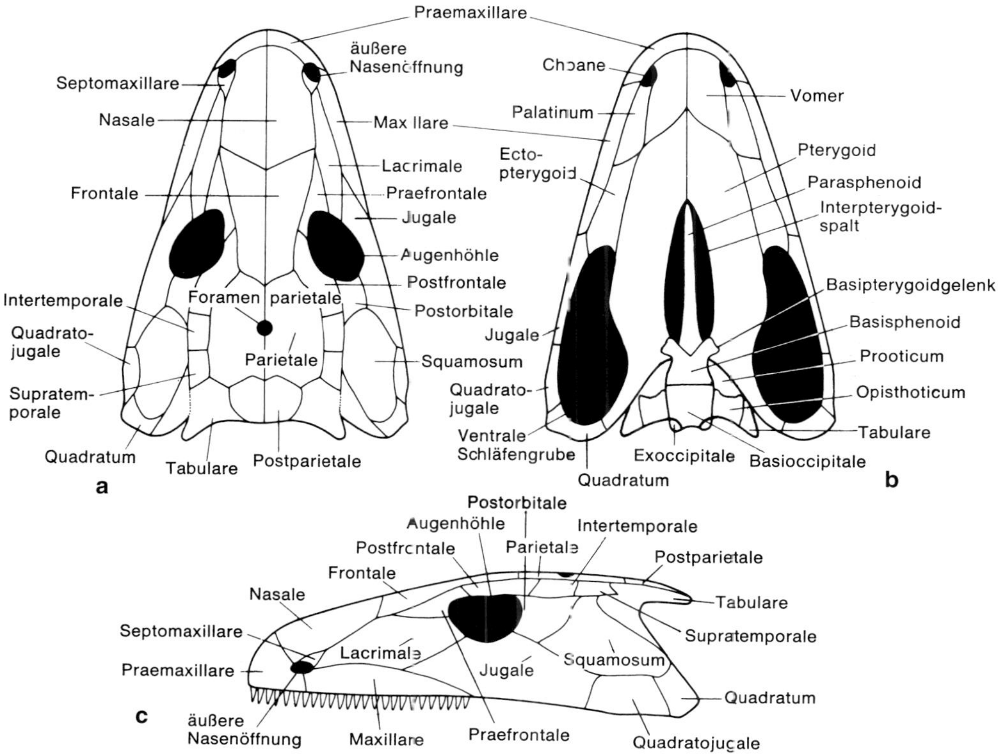

Abb. 305: Tetrapodenschädel, a. Dorsal-, b. Ventral-, c. Lateralansicht. Bei Säugern gehen verloren: Praefrontale, Postfrontale, Postorbitale, Inter- und Supratemporale, Quadratojugale; ihre Eigenständigkeit verlieren durch Verschmelzung mit dem Parietale bei Säugern: Postparietale, Tabulare; unregelmäßig treten bei Säugern auf: Septomaxillare, Parasphenoid, Ectopterygoid. Nach Remane, Storch, Welsch

mitiven Haien vorhanden. Von diesem Zustand führen zwei entgegengesetzte Wege weiter. Entweder wird der Kieferbogen frei beweglich und löst sich vom Neurocranium, dann übernimmt das Hyomandibulare allein seine Verankerung am Schädel. Ein solcher «hyostyler» Schädel entsteht unabhängig bei Haien und Actinopterygiern. Andererseits kann gerade der Kieferbogen, besonders bei harter Nahrung, intensiver am Schädel befestigt werden und mit ihm verwachsen. Ein solcher «autostyler» Schädel entsteht unabhängig und auf verschiedenen Wegen bei den Holocephalen, Dipnoern und Amphibien. Die spezielle Form der Autostylie der Holocephalen heißt Holostylie. Bei höheren Fischen und primitiven Tetrapoden tritt das Basipterygoidgelenk auf, das das Palatoquadratum oder an seiner Stelle Skeletelemente des Munddaches (Endopterygoide [s. u.]) mit der Basis des Neurocraniums verbindet. Bei den Amniota legt sich das Epipterygoid, ein Knochen des Palatoquadratums, dem Neurocranium an und wächst bei den Säugern als Alisphenoid in seine Wand ein. Das Hyomandibulare gewinnt ja bei Tetrapoden als Gehörknöchelchen eine neue Bedeutung, es kann seine Verbindung Kiefergelenk bzw. Quadratum-Neurocranium beibehalten oder wiedererlangen (Synapsida, Schlangen).

3. Das **Dermatocranium** bildet bei den ältesten Wirbeltieren eine Knochenkapsel um Kopf und Vorderrumpf. Sein Fehlen bei den rezenten Haien, Holocephalen und Agnathen muß auf sekundärem Verlust beruhen. Es besteht aus einer größeren Anzahl Knochen, die sich im Laufe der Phylogenie vermindert haben. Da hierbei Verschmelzungen und Reduktionen erfolgen, ist die Homologisierung der Knochen innerhalb der Fische oft unsicher. Von den Crossopterygiern und Tetrapoden an ver-

fügen wir aber über ein klares Grundschema, das anhand des Ichthyostegalia-Schädels erläutert werden soll. Das Schädeldach ist geschlossen, nur für die Augen und Nasenhöhlen sind Öffnungen vorhanden, am Hinterrand verrät eine Einbuchtung die Ansatzstelle des Trommelfelles. Die Knochen haben außen oft noch eine Skulptur, die Kanäle der Seitenlinien markieren sich als Furchen. Die Knochen lassen sich in folgende Gruppen ordnen (Abb. 305):

1. Vier Kieferrandknochen: a) Praemaxillare = Intermaxillare (Zwischenkiefer); b) Maxillare (Oberkiefer), c) Jugale (Jochbein), erreicht die Augenhöhle, oft vom Kieferrand ausgeschaltet, d) Quadratojugale, legt sich an das Quadratum, das zum Visceralskelet gehört, an; a) und b) tragen Zähne.

2. Vier paarige Mittelknochen: a) Nasalia (Nasenbeine), b) Frontalia (Stirnbeine), c) Parietalia (Scheitelbeine) mit der Öffnung der Scheitelaugen, d) Postparietalia.

3. Zwischenreihe vor der Augenhöhle: a) Septomaxillare an der Nasenöffnung, b) Lacrimale (Tränenbein), c) Praefrontale.

4. Doppelte Zwischenreihe hinter der Orbita. a) Postfrontale. b) Postorbitale, beide an der Augenhöhle. c)–e) Intertemporale, Supratemporale und Tabulare oberhalb der Trommelfellregion, f) Squamosum (Schuppenbein), unterhalb derselben. Am Säugerschädel existiert nur noch etwa die Hälfte dieser Knochen. Manche sind ganz verschwunden (Praefrontale, Postfrontale, Postorbitale, Intertemporale, Supratemporale, Quadratojugale, meist auch das Septomaxillare), andere sind schon früh mit anderen Knochen verschmolzen, Postparietale und Tabulare mit dem Supraoccipitale, also einem Knochen des Neurocraniums. Sie sind gemeinsam z. T. noch als «Interparietale» erkennbar.

Die Hautknochen des Gaumendaches bilden große Platten. Median liegt das unpaare Parasphenoid. An den Kieferrand grenzen: a) die paarigen Vomeres (Pflugscharbeine), b) die Palatina (Gaumenbeine), c) die Ectopterygoidea. Alle drei können Zähne tragen. Nach innen schließen sich die großen Endopterygoidea an, meist einfach Pterygoidea genannt.

Sie treten durch einen Fortsatz (Processus basipterygoideus) mit dem Gehirnschädel, und zwar dem Basisphenoid, in Gelenkverbindung (Basipterygoidgelenk) und reichen ursprünglich nach hinten bis zu Quadratum und Squamosum. Große Lücken, in denen Kaumuskeln liegen, befinden sich vor dem Kiefergelenk, Lükken bilden sich auch zwischen Parasphenoid und den Pterygoidea.

Bei Tieren, deren innere Nasenöffnungen rachenwärts verlängert werden, entsteht oft ein sekundärer knöcherner Gaumen, indem vom Kieferrand Knochenlamellen einwärts wachsen (Säuger, Krokodile). Dann bilden Gaumenplatten des Praemaxillare und Maxillare, die median zusammenstoßen, den Hauptteil des knöchernen Gaumens. Der Vomer wird bei Säugern von ihnen überdeckt, die Pterygoidea begrenzen die Choanen.

Im Unterkiefer liegen dem Mandibulare außen und innen eine Reihe von Knochen auf. Das Dentale nimmt den Kieferrand ein, außen liegen unter ihm 1–3 Splenialia, 1 Angulare, 1 Supraangulare; innen liegen 1–3 Coronoidea, 1 Praearticulare (= Goniale). Das Dentale und eventuell die Coronoidea tragen die Zähne. Auch hier vermindern sich die Knochen im Laufe der Phylogenese. Bei den Säugern bildet allein das Dentale den Unterkiefer, das Angulare löst sich von ihm und wird jetzt Tympanicum genannt. Dieser Knochen bildet einen Ring um das Trommelfell und beteiligt sich – oft zusammen mit einem knorpelig vorgebildeten Knochen, dem Endotympanicum – am Aufbau der Bulla tympanica. Dieser oft blasenförmig aufgetriebene Knochen ist im wesentlichen der knöcherne Boden des Mittelohrs. Als kleines Stück kann ein weiterer Deckknochen, das Praearticulare, dem Hammer im Mittelohr ansitzen (Processus folianus). Bei den Säugern bilden also nicht mehr Quadratum und Articulare das Kiefergelenk, sondern Squamosum und Dentale (sekundäres Kiefergelenk). Einige Zeit haben offensichtlich zwei Kiefergelenke neben- (oder hinter-)einander existiert. Eine Reihe von rezenten Vögeln (z. B. Mausvögel *[Colius]*) und Fischen (Scaridae, Papageifische) zeigen, daß dies grundsätzlich möglich ist.

Architektur des Schädels, Schläfenfenster (Abb. 306). Die Knochenmasse des Schädels wird bei wasserlebenden und beweglichen Landtieren stark verringert, bei Wassertieren durch Verminderung der Knochen und weitgehende Persistenz des Knorpelschädels, bei Landtieren oft durch Auftreten von Lücken im Schädeldach. Die Lücken sind für die Systematik der Amnioten wichtig. Die primitiven Tetrapoden haben ein geschlossenes Schädeldach

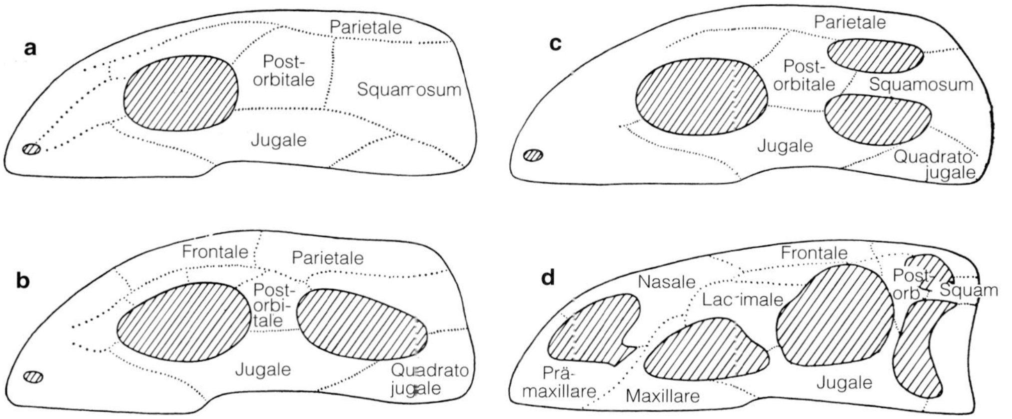

Abb. 306: Schädeltypen der Tetrapoden. a. anapsid, b. synapsid, c. diapsid, d. mit großem Praeorbitalfenster (triapsid), wie z.B. bei vielen Archosauriern; bei diesem Schädeltyp ist oft auch die Nasenöffnung vergrößert. Nach Remane, Storch, Welsch

(anapsid), das z. T. noch bei den Schildkröten vorhanden ist. In der Schläfenregion treten durch Auseinanderweichen der Deckknochen Öffnungen auf, in der Reihe der Säuger ein unteres Schläfenfenster (synapsid), bei den Sauropsida zwei, ein oberes und ein unteres (diapsid). Sind diese Schläfenfenster umfangreich, so werden Teile der Schädelwand zu Jochbögen reduziert. Bei den Säugern bzw. Synapsida gibt es einen, bestehend aus Jugale und Squamosum, bei den Diapsida zwei; der obere wird von Postorbitale und Squamosum, der untere von Jugale und Quadratojugale gebildet. Bei vielen Archosauriern und Vögeln tritt noch ein Praeorbitalfenster auf, so daß das Dermatocranium nur noch aus einem Strebenwerk besteht. Seltener (Ichthyosaurier, Plesiosaurier) existiert ein einzelnes, weiter oben gelegenes Fenster, das unten von Postorbitale und Squamosum und oben vom Parietale begrenzt wird: euryapsider Schädel (Abb. 390).

Das Auftreten der Fenster hat zwei Folgen:

1. Muskeln, die unter dem Schädeldach lagen, können mit ihrer Ansatzstelle um den Fensterrand an die Außenfläche der Hautknochen wandern. Das geschieht mit Kaumuskeln (M. temporalis) bei den Säugern. Sie schieben sich über Squamosum, Parietale und Frontale hinweg und können in der Medianen des Hirnschädels zusammentreffen. Hier ist dann ein Knochenkamm (Crista sagittalis) ausgebildet.

2. Die stabförmigen Knochen können beweglich werden. Das ist am deutlichsten erkennbar am Quadratum bei den Squamata, bei denen nach Auflösung des unteren Jochbogens das Quadratum als Stab vorspringt. Auch bei den Vögeln ist das Quadratum beweglich. Das hat zur Folge, daß das Kiefergelenk je nach der Stellung des Quadratums verschoben werden kann. Auch in der Schädelkapsel können bewegliche Stellen entstehen. Bei Vögeln ermöglicht eine Biegungsstelle zwischen Nasale und Frontale das Bewegen des Oberschnabels. Da keine Muskeln außerhalb dieser Hautknochen liegen, erfolgt das Heben indirekt durch Kaumuskeln. Das untere Ende des Quadratums wird durch sie mit dem Kiefergelenk nach vorn gedreht, und damit schiebt die Verbindungsstange aus Quadratojugale und Jugale den Oberschnabel nach oben. Eine zweite Verbindung zwischen Quadratum und Oberschnabel bilden das Pterygoid und Palatinum. In analoger Weise wird bei Schlangen (Viperidae) das bewegliche Maxillare mit den angewachsenen Giftzähnen durch eine Schiebestange aus Pterygoidea und Palatinum nach vorn gedreht. Das Maxillare inseriert gelenkig am Praefrontale. Überhaupt erreichen bei Schlangen Isolierung und Beweglichkeit der Schädelknochen ihr Maximum, können doch auch rechte und linke Kiefer bei der Bewältigung großer Beute auseinanderweichen und selbständig vorgeschoben werden.

Des weiteren können hinten Biegungszonen

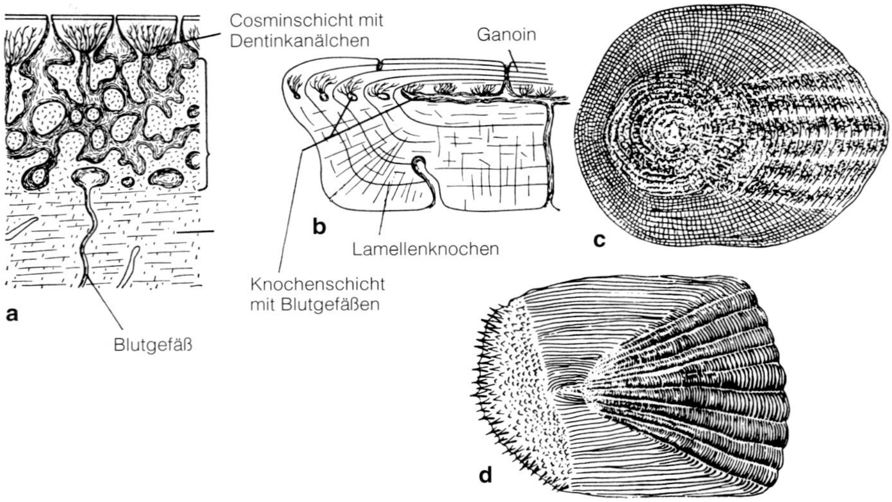

Abb. 307: Fischschuppen. a. Cosmoidschuppe, b. Schuppe eines Palaeoniscoiden mit Ganoin, c. Cycloid-, d. Ctenoidschuppe von Teleosteern. Nach Hyman, Storer, Usinger

auftreten (metakinetische Schädel). Auch das bereits erwähnte Basipterygoidgelenk dient der Beweglichkeit des vorderen Schädels.

Auch bei Fischen kommen solche Schädelstrukturen vor. Bei Crossopterygiern ist sogar das Neurocranium in 2 gegeneinander bewegbare Abschnitte geteilt. Selbst die hinteren Deckknochen des Dermatocraniums sind hier durch einen Spalt von den vorderen getrennt. Offensichtlich leitet sich der Schädel der Tetrapoden von einem solchen, durch ein Gelenk quergeteilten Schädel ab (Abb. 301). Bei den Teleosteern isolieren sich Praemaxillaria und Maxillaria. Durch ihre Bewegung kann das Maul vorgestreckt und so eine Saugwirkung erreicht werden.

Die Haut der Fische wird von verschieden gebauten **Schuppen** (Abb. 307, 343) bedeckt. Den ursprünglichsten Schuppentyp besitzen die Placodermen. Sie tragen an der Oberfläche harte, spitze Fortsätze (Dentikel), der Schuppenkörper besteht aus drei Schichten, die denen der Cosmoidschuppen (s. u.) entsprechen. Bei den Chondrichthyes bleiben nur die Dentikel erhalten, die jetzt Placoidschuppen genannt werden (Abb. 336), ihnen entsprechen auch die Zähne der Wirbeltiere. Bei den Choanichthyes wird dagegen die Dentikellage reduziert, es bleiben die drei basalen Schichten bestehen (Cosmoidschuppen, Abb. 307a). Sie sind aus einer basalen kompakten lamellierten Knochenlage (Isopedinschicht) aufgebaut, der sich eine hohe gefäßreiche Zone lockerer Knochenbälkchen anschließt. Die obere Lage, die relativ schmale Cosminschicht, ist aus Dentin aufgebaut und enthält in büschelförmiger Anordnung feine Kanälchen (Dentinkanälchen). Die Oberfläche kann von einer dünnen Schmelzschicht bedeckt sein. Bei den Dipnoern ist dieser Schuppentyp zu dünnen Knochenplatten reduziert (Leptoidschuppen). Bei den Actinopterygiern finden wir die kompakten Ganoidschuppen; diese besitzen wieder eine dicke basale Isopedinlage, die gefäßreiche Zone ist aber weitgehend bis völlig reduziert. Bei den primitiven Palaeoniscoiden ist noch die Dentinschicht mit Höhlen, von denen Büschel von Dentinkanälchen ausgehen, erhalten. Die wichtigste Veränderung gegenüber der Cosmoidschuppe besteht in der Ausbildung einer mehrschichtigen, abschließenden Ganoidschicht, deren Härte der des Schmelzes entspricht. Auch dieser Schuppentyp ist meist zu Leptoidschuppen reduziert (moderne Teleosteer).

Muskulatur

Die Muskulatur entsteht embryonal aus 3 Bezirken:

1. aus den Somiten, deren Myotome die Körpermuskulatur bilden = somatische Muskulatur,

2. aus der Mesodermhülle um den Darm = viscerale Muskulatur,

3. aus dem Mesoderm der Haut (Dermatom), das aber nur kleine Muskeln wie die Haar- und Federmuskeln liefert. Diese Muskeln, Arrectores pili bzw. plumae, sträuben Haarkleid bzw. Gefieder.

Schließlich entstammen die Muskelzellen mancher Hautdrüsen und die Irismuskulatur des Auges dem Ectoderm (letztere dem Neuroectoderm).

1. Die somatische Muskulatur bildet zunächst eine kompakte Muskellage zwischen der Haut und den Rippen und Wirbeln. Entsprechend ihrer Herkunft ist sie in aneinandergrenzende Abschnitte (Myomeren) gegliedert, die durch Bindegewebe (Myosepten) verbunden sind. Jeder Fisch zeigt diese segmentale Rumpfmuskulatur. Von den Haien an sind die Myomeren noch durch eine horizontale Bindegewebsschicht (Septum horizontale) in einen dorsalen (= epaxialen) und ventralen (= hypaxialen) Bezirk geteilt. Übrigens stehen die Myosepten keineswegs stets vertikal, sondern sind oft eingebogen und gefaltet, so daß im Querschnitt konzentrisch mehrere Myosepten getroffen werden können. Die Myomeren gliedern sich dann in Lagen mit verschiedener Faserrichtung und schließlich in eine große Anzahl isolierter Muskeln, die an Rippen, Wirbeln, Becken, Schulterblatt u. a. ansetzen. Außerdem bilden Myomeren noch Muskelgruppen außerhalb der Rumpfwand. Am wichtigsten sind die Muskeln der Extremitäten. Sie entstehen durch Knospen oder Abwucherungen von den Myomeren. Vom 6.–8. Myotom wandern Muskeln in die Kiemen- und Zungenregion und bilden hier eine Reihe von Muskeln für die Zunge (Lingualis, Genioglossus, Geniohyoideus), die z. T. an Unterkiefer und Zungenbein inserieren. Aus den 3 vorderen Myotomen entstehen die Bewegungsmuskeln des Auges (Recti und Obliqui). Bei Säugern zweigt sich von einigen Rumpfmuskeln (Pectoralis maior und Latissimus dorsi) ein Muskelmantel unter der Haut ab (Panniculus carnosus bzw. Cutaneus maximus), der Zuckungen und Bewegungen von Hautstellen ermöglicht. Bei Primaten ist er rückgebildet.

2. Die viscerale Muskulatur aus i. a. glatten Fasern bildet die Muskelschicht des Darmes, die die peristaltischen Bewegungen des Darmes bewirkt. Sie kann in Muskelmägen stark entwickelt sein (Vögel). Ein besonderes Schicksal erfährt sie aber in der Kiemenregion, wo sie quergestreift ist. Sie bewirkt hier Verengung und Erweiterung der Kiemenspalten und gewinnt z. T. Anschluß an die Visceralbögen, deren Spangen sie gegeneinander bewegt. Mit der Rückbildung der Kiemenspalten verschwindet sie jedoch nicht, sondern übernimmt neue Aufgaben. Am Kieferbogen liefert sie schon bei Fischen die Kaumuskulatur (Adductor und Abductor mandibulae) und bei Säugern die Masseter-, Temporalis-, Pterygoid- und Mylohyoid-Muskeln. Auch am Hyoidbogen bleiben manche Muskeln bestehen (Stapedius am Steigbügel, Stylohyoideus, Digastricus z. T.). Muskeln der Kiemenbögen bleiben als Kehlkopfmuskeln erhalten. Muskeln der Spritzlochregion erobern aber ganz neue Schichten. Ein Muskel breitet sich unter der Haut des Halses aus (Sphincter colli) und hilft zunächst wohl beim Abheben der Hornhaut während der Häutung. Bei Säugern dehnt er sich als Platysma in das Kopfgebiet aus und bewirkt hier Hautbewegungen. Diese Leistung war die Voraussetzung zur «Gebärdensprache» des Gesichtes, die so viele Stimmungen verrät. Das Platysma differenziert sich dabei zur mimischen Gesichtsmuskulatur um Mund, Augen, Ohren und besteht beim Menschen aus ca. 25 meist paarigen Muskeln. Das Material für den Ausdruck von Freude und Zorn, von Lachen und Lippenbewegungen liefert also ein Muskel der Spritzlochregion. Demgemäß wird die mimische Muskulatur vom Nervus facialis innerviert.

Lunge und Schwimmblase

Der Erwerb von Luftatmungsorganen zeigt bei Wirbeltieren 2 Besonderheiten: 1. Sie entstanden schon während des Wasserlebens. 2. Sie bilden sich vom Vorderdarm aus, nicht von der Außenfläche wie bei den Arthropoden. Die zweite Tatsache mag mit dem «Luftschnappen» der Fische zusammenhängen, d. h. mit der Aufnahme von Luftblasen an der Wasseroberfläche bei Atemnot. Dadurch kann sich Luft in Nischen des Vorderdarmes ansammeln.

Der wichtigste Schritt war die Entstehung des Lungen-Schwimmblasenorgans am Beginn

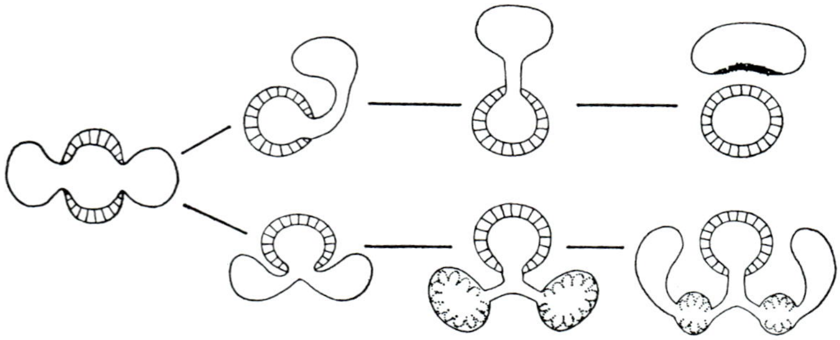

Abb. 308: Evolution des Schwimmblasen-Lungen-Organs. Links: Ausgangsstadium mit zwei seitlichen Aussackungen des Vorderdarms. Obere Reihe: Entwicklung zur Schwimmblase. Verbindungsgang zwischen Darm und Schwimmblase: Ductus pneumaticus; dieser fehlt bei Physoclisten (rechts oben), bei denen ein gasbildendes Epithel ausgebildet ist. Untere Reihe: Entwicklung zur Lunge, deren Innenwand zunehmend kompliziert wird. Bei vielen Reptilien (z.B. Chamäleon) und Vögeln sind zusätzliche Luftsäcke ausgebildet (rechts unten). Nach Remane, Storch, Welsch

der Osteichthyes, vielleicht schon am Beginn der Gnathostomen.

Nach Ausweis der Ontogenie entstanden die Lungen aus einem Paar hinterer Kiementaschen, die ihre Kiemenspalten verloren hatten. Hier sammelte sich geschluckte Luft. Sie wurde sicher zunächst nur zur Notatmung in sauerstoffarmem Wasser gebraucht, wie heute bei den Dipnoern und einigen primitiven Actinopterygiern (z. B. *Amia*). Derartige Luftsäcke entwickelten sich in 2 Richtungen (Abb. 308):

1. zur Schwimmblase der Fische,
2. zur typischen Lunge der Landwirbeltiere.

Schwimmblase. Die Schwimmblase dient den freischwimmenden Fischen zur Anpassung ihres spezifischen Gewichts an das des umgebenden Wassers, so daß sie frei schweben. Dabei vollziehen sich folgende Umänderungen: Nur einer der beiden Luftsäcke wird zur Schwimmblase (der rechte). Sie wird nach dorsal zwischen Darm und Wirbelsäule verlagert, liegt also oberhalb des Schwerpunktes. Auch die Mündung in den Darm liegt dorsal. Nur ein Teil der Fische behält den Verbindungsgang zum Darm zeitlebens (sog. Physostomen) und kann durch ihn Luft aufnehmen und abgeben. Viele reduzieren ihn im Laufe der ontogenetischen Entwicklung (sog. Physoclisten). Dadurch wird die Schwimmblase zu einem geschlossenen Luftsack. Da aber ihr Gasgehalt je nach der Situation vermehrt oder vermindert werden muß, sind jetzt neue Mechanismen der Gasregulation erforderlich. Gasresorption liegt schon in der ursprünglichen Leistung des Organs als Lunge. Sie wird jetzt oft auf einen Bezirk (Oval) lokalisiert, der von einem Ringmuskel umgeben wird. Neu ist aber die Gassekretion. Sie erfolgt in einem oder mehreren sog. «roten Körpern», in denen aus Blutgefäßen eines Wundernetzes O_2, CO_2 und N_2 in die Schwimmblase abgegeben werden. Auch bei Physoclisten erfolgt die erste Füllung der Blase bei Jungfischen oft durch Luftschlucken (der Gang ist dann noch vorhanden). Die Form der Blase wird sehr verschieden. Sie kann zweigeteilt werden, z. B. bei Weißfischen (Karpfen), und Anhangssäcke und sogar sekundäre Mündungen nahe dem After ausbilden (Heringsfische). Sie kann aber auch zusätzliche Funktionen erwerben: Bei manchen Teleosteern (Ostariophysen) werden Erschütterungen an ihr durch Knöchelchen (Webersche K.) jederseits der vorderen Wirbelsäule auf ein Schädelfenster übertragen, dem Perilymphe des knöchernen Labyrinthes angrenzt. So wird die Schwimmblase über Gehörknöchelchen zum Hilfsorgan des Hörens. Sie kann aber auch Resonator für durch Muskeln erzeugte Laute werden, also Hilfsorgan bei der Lauterzeugung. Merkwürdigerweise wird die Schwimmblase mehrfach rückgebildet, nicht nur bei Bodenfischen, sondern auch bei raschen Schwimmern (Makrelen). Bei dem Crossopterygier *Latimeria* ist sie ein fettreicher Schlauch geworden.

Lunge. Die Lungen werden bei den Tetrapoden das zentrale Atmungsorgan. Die rechte Lunge ist fast immer größer als die linke. Vereinzelt kommt es zur Rückbildung (bei Schlangen der linken Lunge, bei einigen Urodelen fehlen beide). Die Lungen münden ventral mit einem unpaaren Gang in den Pharynx

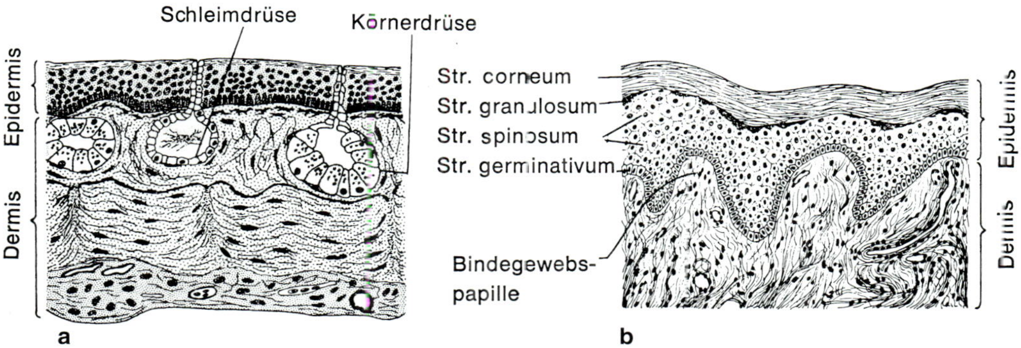

Abb. 309: Typische Hautformen bei Wirbeltieren, a. mit schwach verhornter Epidermis (Amphib); beachte die für die Amphibien typischen großen Hautdrüsen, b. mit verhornter Epidermis (Säuger); siehe auch Abb. 404. Dermis = Corium. Nach Smith

(Schlund). Dieser Gang wird bei den Amnioten Trachea (Luftröhre) genannt, bei Amphibien nennt man ihn laryngotrachealen Sack. Die Trachea wird von Knorpelspangen gestützt und verläuft bei Vögeln oft in komplizierten Windungen. Ihre Mündung in den Schlund (Glottis) bildet zunächst einen muskulösen Verschlußapparat und dann den Kehlkopf (Larynx) mit Stimmapparat bei Fröschen, Reptilien und Säugern. Er besitzt Stimmbänder, nach innen vorspringende, schwingende Membranen, und beim Menschen besonders komplizierte Muskulatur. Die Vögel entwickeln einen eigenen Stimmapparat (Syrinx) am Übergang der Trachea in die Bronchien. Er besteht aus dünnen Membranen, meist auch mit eigener Muskulatur, in der Wand der Trachea oder Bronchien. Die Trachea gabelt sich in die Bronchien, die in die Lunge einmünden. Die Lungen selbst komplizieren sich mit den erhöhten Anforderungen an einen gesteigerten Stoffwechsel.

Bei niederen Tetrapoden ist die Lunge oft sackartig, bei Waranen, Schildkröten, Krokodilen, Vögeln und Säugern kommt es zur Rückbildung des zentralen Hohlraumes der Lunge. Sie wird schwammartig und von Tausenden bis Millionen blindendigender Bläschen (Alveolen) ausgefüllt. Während in der Lunge mit Alveolen die Luft die Lungen auf demselben Wege verläßt, auf dem sie eintrat, gelingt den Vögeln die Herstellung einer Luftzirkulation durch Ausbildung der Lungenpfeifen (Abb. 396).

Haut (Integument)

Die Haut der Wirbeltiere besteht aus 2 Schichten, der oberflächlichen, ectodermalen Epidermis und der mesodermalen Dermis (Corium, Abb. 309). Die Epidermis ist stets mehrschichtig; sie bildet bei den Tetrapoden als Verdunstungsschutz eine apikale Hornschicht aus, die allerdings bei Amphibien noch sehr dünn ist. Die Hornschicht besteht aus abgestorbenen Zellen und wird ständig abgeschilfert oder periodisch als Ganzes abgestoßen (Ecdysis, Häutung). Von der Epidermis geht die Bildung zahlreicher Strukturen aus, z. B. Hornschuppen, Federn (S. 644), Haare (S. 676), Hufe, Hornscheiden, Hornbildungen (Nashörner), Nägel und Hautdrüsen. Die Epidermis enthält bei allen Vertebraten die innervierten Merkel-Zellen (Sinnes- und/oder sekretorische Zellen), bei Vögeln und Säugern auch im Dienst des Immunsystems stehende Zellen (Langerhans-Zellen). Die Hautdrüsen sind bei Fischen noch durch zahlreiche und vielgestaltige Drüsenzellen in der Epidermis repräsentiert. Bei Amphibien entstehen in die Dermis versenkte kleine Drüsen (Schleim-und Körnerdrüsen), die über einen kurzen Gang an der Oberfläche ausmünden. Die Haut der Reptilien und Vögel ist drüsenarm. Bei Säugern sind Hautdrüsen sehr vielgestaltig: Talgdrüsen, Schweißdrüsen, verschiedene Duftdrüsen und Milchdrüsen. Von Hautdrüsen leiten sich auch die Leuchtorgane verschiedener Fische ab.

Die Dermis enthält vor allem Kollagen- und elastische Fasern, Gefäße, Nerven, Sinneskör-

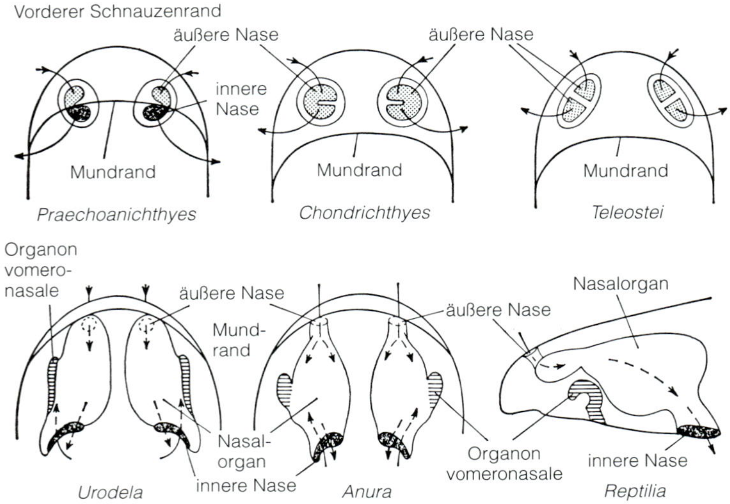

Abb. 310: Schematische Darstellung der Nasenhöhle und des Vomeronasalorgans bei verschiedenen Wirbeltieren. Innere Nase = Choane. Nach Smith

per (freie Nervenendigungen dringen auch in die Epidermis vor), z. T. auch Hautmuskeln. In ihr entstehen die Hautknochen und Knochenschuppen (Abb. 307, 343). Die Dermis geht bei Amnioten ohne scharfe Grenze in die fettzellreiche Subcutis über (= subcutanes Fettgewebe), die u. a. eine Rolle bei der Thermoregulation spielt und die sich bis zur Oberfläche der Muskulatur erstreckt.

Die Dermis der Fische besteht aus einer äußeren lockeren und einer inneren kompakten Schicht aus Kollagenfibrillen. Unter ihr befindet sich oft eine Zone mit verschiedenen Pigmentzellen, der sich eine fettzellreiche Subcutis anschließt, die die Verbindung zur Rumpfmuskulatur herstellt. In der Zone der Pigmentzellen ist oft ein dünnes Epithel erkennbar, das dermales Endothel genannt wird.

Sinnesorgane

Aus der großen Zahl der verschiedenen Sinnesstrukturen sollen im folgenden vorwiegend die großen Sinnesorgane besprochen werden. Die vielen einfacher gebauten Receptororgane sind bei niederen Wirbeltieren oft noch wenig bekannt, und nur selten treten sie als auffällige Strukturen hervor. Bei den einfacheren Receptoren handelt es sich meist um Nervenzellen im Zentralnervensystem (z. B. Hunger-Durstreceptoren) oder um deren sensible Endigungen in der Haut, an Gefäßen oder in den Eingeweiden. Beispiele sind Berührungs- und Druckreceptoren, wie die Meissnerschen oder Pacinischen Körper oder die Merkelschen Tastscheiben. Größere Temperaturreceptororgane sind am Kopf mancher Schlangen bekannt (S. 619). Elektroreceptoren sind bei Fischen verbreitet; es handelt sich bei ihnen um Einsenkungen der Haut mit spezifischen Receptorzellen. Sie kommen auch beim Schnabeltier *(Ornithorhynchus)* vor.

Chemoreceptoren. Hierher gehören die Receptorzellen der Geschmacks- und Riechorgane. Geschmacksreceptoren (sekundäre Sinneszellen) liegen i. a. in kleinen Gruppen in Mundhöhle und Pharynx. Bei Fischen liegen sie häufig auch in der Haut des Kopfes, auf speziellen Mundtentakeln oder sogar in der Haut des gesamten Körpers. Dem Geschmackssinn sind v. a. der 7. und 9. Hirnnerv zugeordnet.

Riechorgane sind Nase und Jacobsonsches Organ. Sie werden vom 1. Hirnnerven versorgt; die Riechsinneszellen sind primäre Sinneszellen, ihre Axone enden im Bulbus olfactorius des Endhirns (Abb. 312 b).

Bei den meisten Fischen sind die Geruchsorgane einfache paarige Gruben (Nasengruben, Nasensäcke) vorn am Kopf. Die Öffnung ist meist für Ein- und Ausstrom unterteilt. Bei Agnathen lagern sich die zwei Nasengruben median dicht aneinander und bilden eine gemeinsame äußere Öffnung. Bei Rhipidistia entwickelt die Grube eine Öffnung in die Mundhöhle (innere Nasenöffnung oder Choane). Bei den Tetrapoden entwickeln sich im Nasensack 2 Geruchsorgane, das eigentliche Nasalorgan und das Jacobsonsche Organ (Vomeronasalorgan, Abb. 310). Letzteres fehlt nur einigen Säugern, Schildkröten, Krokodilen und Vögeln. Besonders hochentwickelt ist es bei Squamaten, wo ihm Geruchsstoffe mit der Zunge zugeführt werden können (S. 620). Das Jacobsonsche Organ befindet sich i. a. in Blindtaschen, die sich in Mund- oder Nasenhöhlen öffnen. Das Nasalorgan liegt in der Schleimhaut der Nasenhöhle, z. T. auf Aufwölbungen, den Nasenmuscheln.

Lichtsinnesorgane. Ursprünglich existieren bei den Wirbeltieren vermutlich 4 Lichtsinnesorgane, vielleicht sogar mehr, deren Bildung immer vom Zwischenhirn ausgeht. Es sind die unpaaren dorsalen Augen (Parietal- [vorn] und Pinealauge) und die Seitenaugen.

Die unpaaren Augen (Medianaugen) sind einfach gebaut und verfallen oft der Rückbildung, beide zusammen existieren nur selten, z. B. bei Neunaugen und Anuren. Viele Eidechsen und *Sphenodon* besitzen noch ein Parietalauge. Das Pinealorgan bildet sich zur Epiphyse um, einem neuroendokrinen Organ, das Farbzellen und Gonaden beeinflußt. Dem Auftreten eines Medianauges entspricht meist ein Foramen im Schädeldach.

Die Seitenaugen sind komplizierter gebaut und größer als die Medianaugen. Ein typisches Seitenauge ist ein kugelförmiges Organ (Augapfel, Bulbus oculi), dessen Wand aus drei Schichten besteht und in dessen Innerem sich eine transparente, gallertige Masse, der Glaskörper, und die Linse befinden (Abb. 311 a). Die äußere Wandschicht besteht aus festem Bindegewebe, in das Knorpel oder sogar Knochenplättchen (z. B. manche Vögel, Ichthyosaurier) eingelagert sein können. Die mittlere Schicht wird aufgrund ihres Gefäßreichtums Aderhaut (Uvea = Choroidea) genannt. Die innere Schicht ist die Retina (Netzhaut), die sich in der Embryonalzeit aus dem Zwischenhirn entwickelt. Sie läßt i. a. 3 Lagen von Neuronen erkennen (Abb. 312 a), wobei die äußeren den Lichtreceptoren entsprechen: Stäbchen sind für Hell-Dunkel-Sehen, die Zapfen für Farbsehen verantwortlich. Dieses ist bei Teleosteern, Reptilien, Vögeln und Säugern – vor allem den höheren Primaten – nachgewiesen. Die Zapfen sind an Stellen besonders scharfen Sehens konzentriert. Diese liegen in der optischen Achse des Bulbus und heißen Areae centrales und treten meist in Einzahl auf, können aber, besonders bei Vögeln, auch in Zwei- oder Dreizahl vorkommen. Bilden sie eine Vertiefung, spricht man von Foveae centrales. Die Erregung der Receptoren leitet der N. opticus zum Gehirn; er verläßt die Retina am sog. blinden Fleck (Papilla nervi optici), von der aus bei Reptilien und Vögeln ein gefäßreicher Fortsatz (Conus der Reptilien, Pecten der Vögel) in den Glaskörper vorspringt. Bei Fischen existiert ein vergleichbarer Fortsatz, der Processus falciformis (Abb. 311 b).

Bei den meisten Wirbeltieren ziehen alle oder sehr viele Nervenfasern aus dem linken Auge in die rechte Hirnhälfte und umgekehrt. Die Überkreuzungsstelle heißt Chiasma opticum. Bei den Säugern zieht dagegen mit zunehmendem stereoskopischen Sehen nur die mediale Hälfte der ableitenden Fasern eines Auges auf die gegenüberliegende Hirnseite; die lateralen Fasern ziehen zur selben Hirnseite. Vorn im Auge befindet sich der lichtbrechende Apparat, der vor allem aus den transparenten Strukturen Hornhaut (Cornea) und der Linse mit begleitendem Aufhänge-, Verschiebungs- oder Verformungsapparat besteht (Abb. 311). Die Linse der Fische ist kugelig und starr. Vor der Linse liegt die unterschiedlich gefärbte Iris, die ein zentrales Loch veränderbarer Größe enthält (Pupille). Die Gestalt der Pupille ist in den einzelnen Gruppen sehr variabel: kreisförmig, oval, schlitzförmig (viele nachtaktive Tetrapoden, die sich tagsüber gegen Licht schützen müssen), rhombisch, herzförmig usw.

Akkommodation (Scharfstellung) erfolgt entweder gemeinsam über Cornea und Linse oder allein über die Linse. Fische können allein mit der Linse akkommodieren. Tetrapoden benutzen i. a. beide Strukturen, wobei sich oft eine Dominanz der Cornea erkennen läßt, deren Kurvatur durch den ringförmigen Ciliarmuskel (Abb. 311) veränderlich ist. Akkommodation über die Linse erfolgt durch Verschiebung der Linse (Anamnier, Schlangen) oder durch Verformung (Amnioten außer Schlangen).

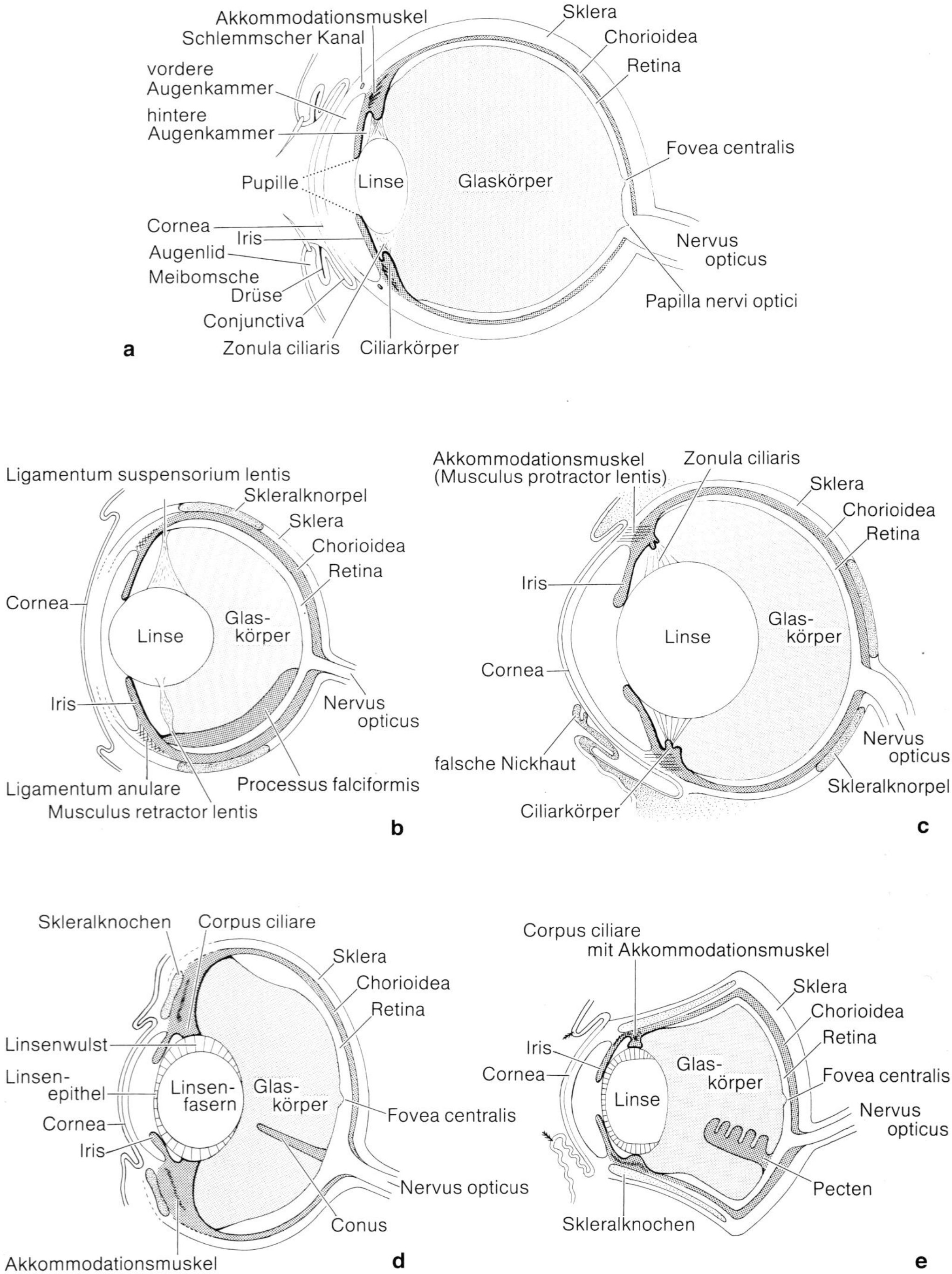

Abb. 311: Augen verschiedener Wirbeltiere: a. Säuger (Primaten), b. Fisch (Teleostei), c. Frosch, d. Eidechse, e. Eule. Der Akkommodationsmuskel liegt im allgemeinen im Corpus ciliare und wird Musculus ciliaris genannt. Z.T. nach Starck

Bei Knochenfischen liegt die Linse i. a. vorn und in Nahsichtstellung; bei Fokussieren auf entfernte Gegenstände wird sie durch einen Teil des Ciliarmuskels (M. retractor lentis) nach hinten gezogen. Bei Neunaugen existiert ein Cornealmuskel, der die Cornea abflacht und die Linse näher an die Retina schiebt. Bei Elasmobranchiern und Amphibien ist die Linse i. a. hinten und in Fernstellung. Bei Fokussierung auf nahe gelegene Gegenstände wird die Linse durch Kontraktion eines Teils des Ciliarmuskels (M. protractor lentis) nach vorn geschoben. Bei den Amnioten wird die Linse nicht mehr verschoben, sondern ihre Gestalt wird verändert. Bei Nahakkommodation wird sie abgerundet. In Ruhe ist sie abgeflacht und auf Weitsicht gestellt. Bei Reptilien und Vögeln wirkt ein Wulst des Ciliarmuskels direkt auf die Linse ein, so daß diese Kugelgestalt annimmt. Bei Säugern ist die Linse an Zonulafasern aufgehängt. Diese Fasern erschlaffen bei Kontraktion des Ciliarmuskels, und die Linse nimmt aufgrund ihrer Eigenelastizität eine abgerundetere Gestalt an (Nahsicht). Erschlafft der Ciliarmuskel, so erweitert sich der von ihm gebildete Ring, die Zonulafasern spannen sich, und die Linse wird abgeflacht (Weitsicht).

Seitenlinienorgan. Dieses System ist auf Fische und die aquatischen Stadien der Amphibien beschränkt und dient der Wahrnehmung von Wasserströmen und Unterschieden des Wasserdruckes. Primär sind die Receptoren (Neuromasten) in Gruben gelegen, dann in Rinnen (Chimären) und schließlich in versenkten Kanälen, die nur noch über porenförmige Öffnungen mit der Außenwelt verbunden sind. Diese Kanäle verlaufen längs der Körperseiten und bilden ein kompliziertes System am Kopf (Abb. 343).

Gleichgewichts- und Gehörorgan (Statoakustisches Organ). Gleichgewichts- und Gehörorgan bilden das Ohr, welches sich oft in drei Teile gliedert: äußeres Ohr, Mittelohr, Innenohr. Von diesen ist das Innenohr phylogenetisch am ältesten. Es leitet sich vom Seitenlinienorgan her. Das Mittelohr entsteht bei Amphibien, seine weitere Evolution steht im Dienst einer Verbesserung des Hörvermögens. Das äußere Ohr entsteht bei Reptilien und umfaßt ebenfalls Einrichtungen, die verbessertem Hören dienen. Hierher gehören der äußere Gehörgang (Krokodile, einige Eidechsen, Vögel, Säuger) und die Ausbildung einer knorpeligen Ohrmuschel (Säuger) oder vergleichbarer Bildungen (Hautlappen, Federbüschel).

Das Mittelohr entsteht aus dem Bereich der 1. Kiemenspalte (S. 495). Es ist ein Raum (Paukenhöhle, Cavum tympani), der nach außen durch das Trommelfell verschlossen ist und in dem die Gehörknöchelchen liegen, deren Entwicklung auf S. 494 beschrieben wurde. Diese schalleitenden Elemente verbinden Trommelfell und Innenohr. Vom Mittelohr zum Rachen zieht ein Gang (Tuba auditiva, T. pharyngotympanica, Eustachische Röhre), der dem Druckausgleich dient. Trommelfell und Paukenhöhle fehlen Urodelen, Gymnophionen, Schlangen und einigen Anuren und Eidechsen. Der Mittelohrknochen (Columella = Hyomandibulare = Stapes) bleibt jedoch erhalten. Er liegt mit seinem proximalen Ende am ovalen Fenster, das in den Perilymphraum des Innenohrs führt.

Bei Ostariophysen werden dem Innenohr durch die Vermittlung der Weberschen Knöchelchen, die sich von der Wirbelsäule abgliedern, von der Schwimmblase aus Schallwellen zugeleitet. Bei Heringen kommen zwei Fortsätze der Schwimmblase in direkten Kontakt mit dem Innenohr. Kaulquappen einiger Frösche (z. B. *Rana*) besitzen einen stabförmigen Knochen, der Luftschwingungen aus der Lunge auf das Innenohr überträgt.

Das Innenohr liegt in der Ohrkapsel, die aus Pro- und Opisthoticum (= Petrosum incl. Mastoid der Säuger) entsteht. Bei vielen Fischen ist es weitgehend im Knochen eingeschlossen, besitzt aber bei Haien noch eine offene Verbindung nach außen. Bei Amphibien entsteht die Fenestra ovalis, die Verbindung zum Mittelohr. Den hier eintreffenden Schallwellen dient eine zweite Öffnung als Druckausgleich. Bei Amphibien öffnet sich diese zum Hirnraum. Bei Amnioten entsteht als zweite Öffnung die Fenestra rotunda, die zum Mittelohr weist. Diese Öffnungen sind durch elastische Membranen verschlossen.

In einem komplizierten Hohlraumsystem des Knochens (knöchernes Labyrinth) liegt das häutige Labyrinth, das die Receptoren beherbergt und als Flüssigkeit Endolymphe enthält. Zwischen ihm und der Knochenwand liegt der flüssigkeitsreiche, bindegewebige, perilymphatische Raum. Dieser bildet ein Polster für das häutige Labyrinth und überträgt die Erregungen zu dessen Receptoren, sekundären Sinnes-

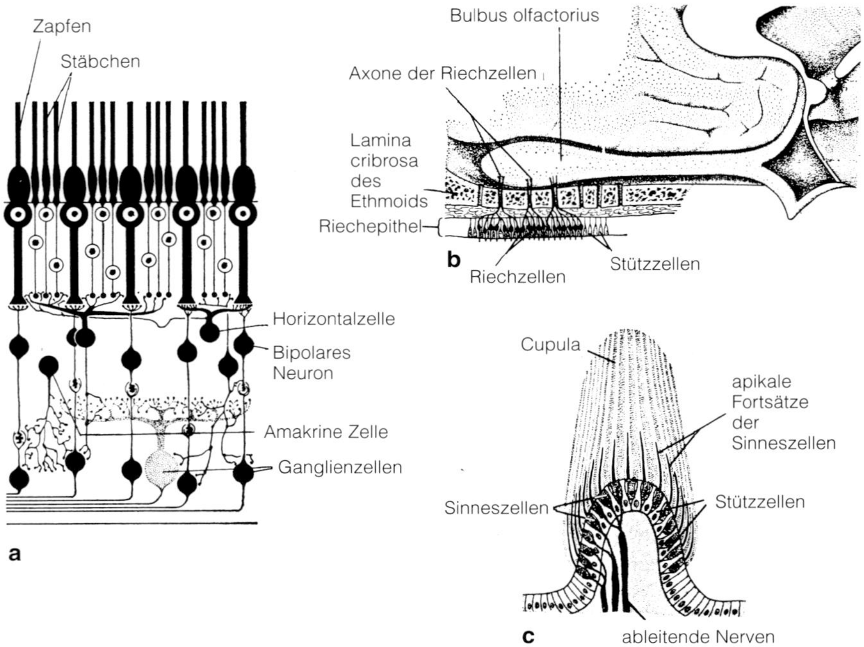

Abb. 312: Feinbau der Hauptsinnesorgane bei Säugern. a. Retina, Lichteinfall von unten. b. Riechepithel, die basalen Fortsätze (= Axone) der Riechzellen treten durch Poren im Ethmoid in den Bulbus olfactorius ein. Oberhalb des Bulbus die mediale Ansicht des vorderen Teils einer Endhirnhemisphaere; rechts 3. Ventrikel und Zwischenhirn. c. Crista ampullaris aus einer Ampulle des Gleichgewichtsorgans. Nach Polyak, Smith, Netter

zellen, die apikal von extrazellulären Substanzen bedeckt werden. Die Receptoren stehen in Gruppen oder Feldern beisammen, die Cristae oder Maculae heißen (Abb. 312c).

Bei Teleosteern steht die Perilymphe oft über eine weite Öffnung in Kontakt mit dem Liquor cerebrospinalis der Hirnhaut, mitunter liegt das häutige Labyrinth sogar im Schädelhohlraum. Bei den Tetrapoden verliert die Verbindung Perilymphe-Schädelcavum zunehmend an Bedeutung. Auch vom Endolymphraum zieht ein Fortsatz (Saccus = Ductus endolymphaticus) zum Schädelcavum. Dieser wird i. a. rückgebildet; bei Haien öffnet er sich allerdings nach außen und bei Lungenfischen, Anuren und manchen Eidechsen (Geckos) kann der (geschlossene) Endolymphsack ungewöhnlich groß werden. Bei Fröschen dehnt er sich in den Wirbelkanal aus und bildet an den Spinalganglien die Kalksäckchen, die Reservoire von Calciumsalzen bilden.

Das primitive häutige Labyrinth umfaßt verschiedene Räume, die aber alle miteinander verbunden sind: 1) den Utriculus, einen zentral gelegenen sackartigen Raum, von dem 2) zwei oder drei Bogengänge ausgehen und 3) den Sacculus, einen weiteren sackartigen Raum. Diese Abschnitte bilden gemeinsam das Vestibulum. Der Utriculus enthält eine Macula utriculi (Lagereception) und bei Fischen sowie Amphibien auch eine Macula neglecta (Hören, Abb. 313).

Alle Gnathostomen besitzen 3 Bogengänge, deren Receptoren auf den Cristae in basalen Erweiterungen der Gänge (Ampullen) liegen. Man unterscheidet einen horizontalen, einen vertikalen vorderen und einen vertikalen hinteren Bogengang, die alle Drehbewegungen recipieren. Neunaugen besitzen nur zwei, *Myxine* sogar nur einen Bogengang, der aber ein Verschmelzungsprodukt des vorderen und hinteren Bogenganges ist (Abb. 313).

Der Sacculus ist möglicherweise der älteste Teil des Vestibulums; bei Elasmobranchiern ist er noch in offener Verbindung mit dem Seewasser, bei den übrigen Wirbeltieren ist diese Verbindung geschlossen und durch den blindendigenden Ductus endolymphaticus ersetzt

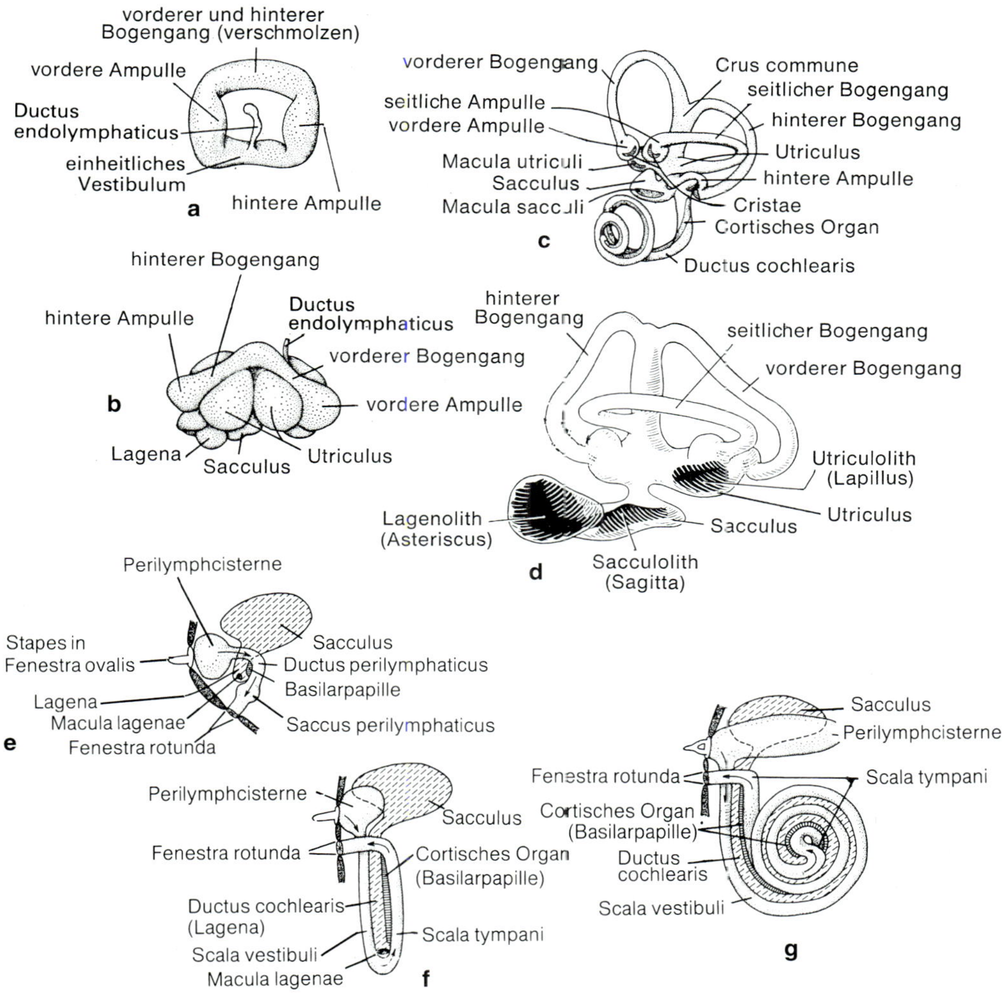

Abb. 313: Verschiedene Formen des häutigen Innenohrs bei Wirbeltieren. a. *Myxine*; b. *Petromyzon*; c. Säuger; d. Teleosteer mit Statolithen; e–g. Entwicklung des Cortischen Organs und der Schnecke, e. Amphib, f. Reptil, g. Säuger. Nach Retzius, Portmann, Romer, Smith

(s. o.). Die Macula sacculi dient der Lagerezeption und ist bei Teleosteern oft von besonders großen Kalkkonkrementen (Otolithen) bedeckt. Ein Anhang des Sacculus ist die Lagena, aus der sich später die Cochlea entwickelt. Sie enthält eine Macula lagenae und bei Amphibien und Reptilien zusätzlich die Papilla basilaris, die allerdings bei vielen Amphibien durch eine besondere Papilla amphibiorum ersetzt ist.

Bei Krokodilen und Vögeln wächst die Lagena zu einem Schlauch aus, dem Ductus cochlearis; die Papilla basilaris streckt sich und wird zum Cortischen Organ. Der Perilymphraum bildet bei den Amphibien den Ductus perilymphaticus, der bei diesen Tieren den Perilymphraum mit dem Flüssigkeitsraum der Hirnhäute verbindet und bei den Amnioten am runden Fenster endet. Der Ductus perilymphaticus umfaßt den Ductus cochlearis schleifenförmig. Bei den Säugern bilden diese Schleifen und der Ductus cochlearis ein gewundenes Gebilde, die Schnecke oder Cochlea.

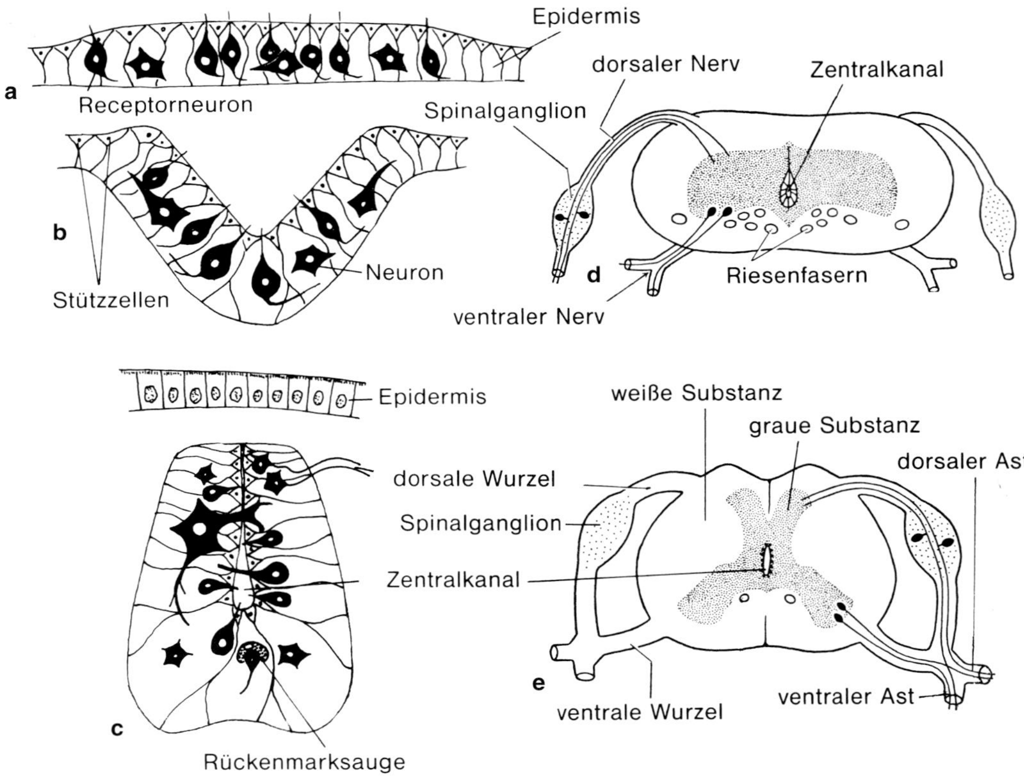

Abb. 314: Entstehung (a–c) und Haupttypen des Rückenmarks (d, e). Das Rückenmark entsteht als Einfaltung eines epithelialen Nervensystems der Körperoberfläche (a), wie es noch bei Echinodermen vorkommt; die Neurone und Receptoren liegen zwischen basalen Fortsätzen von Stützzellen; b. Faltenbildung in der Embryonalentwicklung der Wirbeltiere; c. geschlossenes Rohr, Beispiel: *Branchiostoma*; d. Rückenmark eines Neunauges, dorsale und ventrale Spinalnerven bleiben getrennt; e. Rückenmark eines Teleosteers, wie bei den Tetrapoden verschmelzen dorsale und ventrale Spinalnerven, der viscerale Ast ist nicht eingezeichnet (s. Text). Riesenfasern treten bei Agnatha und bei embryonalen oder larvalen wasserlebenden Wirbeltieren auf. Z.T. nach Portmann

Nervensystem

Das Nervensystem der Wirbeltiere entsteht wie das der anderen Chordaten durch Einfaltung eines umschriebenen Bezirkes des Ectoderms zu einem Neuralrohr. Dieses Rohr enthält einen flüssigkeitsgefüllten Hohlraum (Neurocoel), der im Bereich des Gehirns die Ventrikel und im Bereich des Rückenmarks den Zentralkanal bildet. Das Rohr gliedert sich dann in einen erweiterten vorderen Anteil, aus dem das Gehirn (Encephalon) entsteht, und einen langgestreckten hinteren Abschnitt, das Rückenmark (Medulla spinalis). Gehirn und Rückenmark bilden zusammen das Zentralnervensystem (ZNS). Alle von ihm ausgehenden oder auf es zulaufenden Nerven sowie außerhalb liegende Ganglien bilden das periphere Nervensystem. Die Anteile sowohl des zentralen als auch des peripheren Nervensystems, die die Eingeweide versorgen, werden als vegetatives (Eingeweide-, autonomes) Nervensystem zusammengefaßt. Ihm gegenüber stehen die Anteile des Nervensystems, die die Haut und die sich von Myotomen ableitende Muskulatur (d. h. im wesentlichen die quergestreifte Skeletmuskulatur) versorgen, und die bisweilen als somatische Anteile des Nervensystems zusammengefaßt werden.

Rückenmark. Im Rückenmark liegt noch eine primitive Form der Anordnung des Nervengewebes vor (Abb. 314): Im Innern, um den Zentralkanal herum, liegt graue Substanz, d. h. Perikaryen von Neuronen und Nervenfasern, peripher liegt weiße Substanz, d. h. ausschließlich Nervenfasern, die markhaltig oder marklos sein können. Sowohl in grauer als auch in weißer Substanz treten Gliazellen und Blutgefäße auf (letztere fehlen im Rückenmark von Neunaugen). Das Rückenmark enthält einen Eigenapparat, der aus Neuronen und ihren Fasern besteht, die den Bereich des Rückenmarks nicht überschreiten (Reflexe, Automatismen). Weiterhin enthält es einen Verbindungsapparat, der das Rückenmark mit dem Gehirn verbindet und aus auf- und absteigenden Bahnen besteht. Im Rückenmark der Fische und Amphibien steht der Eigenapparat deutlich im Vordergrund. Besonders bei den Säugetieren nimmt dann der Verbindungsapparat an Umfang und Differenzierung stark zu und besteht aus longitudinalen Bahnen (Tractus), die in der Peripherie der weißen Substanz verlaufen. Ein Teil der in das Rückenmark eintretenden sensiblen Fasern kreuzt nach Umschaltung zur Gegenseite. Unter den vom Gehirn ins Rückenmark absteigenden Bahnen sind bei den Säugern vom Telencephalon (Rinde und Basalganglien) absteigende Bahnen besonders wichtig. Sie enden direkt oder indirekt an den Motorneuronen in den ventralen Hörnern des Rückenmarks und reifen z. T. erst postnatal aus. Die graue Substanz zeigt meist eine kennzeichnende Querschnittsfigur (H-Figur, Schmetterlingsfigur), die auf dem Vorkommen von zwei dorsalen und zwei ventralen leistenförmigen Vorsprüngen (Säulen) beruht. Diese werden Hinter- oder Dorsalhörner bzw. Vorder- oder Ventralhörner genannt. Lateral lassen sich i. a. Seitenhörner erkennen. Dieser strukturellen Gliederung entspricht eine funktionelle: Ventral liegen motorische, dorsal sensible Neurone. Innerhalb dieser zwei Gruppen lassen sich viscerale und somatische Nervenzellen unterscheiden, so daß insgesamt vier funktionelle Gruppen existieren, die von ventral nach dorsal folgendermaßen angeordnet sind: somatomotorisch, visceromotorisch, viscerosensibel, somatosensibel. Die visceralen Neurone liegen vorwiegend im Bereich der Seitenhörner.

Vom Rückenmark gehen seitlich in segmentaler Anordnung die Spinalnerven ab, die zum peripheren Nervensystem zählen. Ursprünglich sind es auf jeder Seite zwei Nerven pro Segment: ein ventraler somatomotorischer und ein dorsaler sensibler und visceromotorischer Nerv. Schon bei Knochenfischen und Haien verschmelzen aber diese zwei Nerven in kurzem Abstand vom Rückenmark zu einem Spinalnerven. Die ehemalige Trennung läßt sich aber noch an den stets vorhandenen ventralen und dorsalen Spinalnervenwurzeln (Abschnitt zwischen Rückenmark und dem einheitlichen Spinalnerven) erkennen. Bei den höher entwikkelten Formen verläßt dann auch ein großer Teil der visceromotorischen Komponente das Rückenmark über die ventrale Wurzel, so daß bei höheren Gruppen die ventrale Wurzel nur motorische und die dorsale ganz überwiegend sensible Fasern enthält. In der dorsalen Wurzel liegt stets das sensible Spinalganglion, eine Ansammlung sensibler Perikaryen. Diese sensiblen Neurone liegen bei larvalen Fischen und Urodelen noch – wie bei Acraniern – im Rückenmark (Rohon-Beardsche Zellen). Der Spinalnerv teilt sich nach kurzem Verlauf in drei Äste (Rami). Ein medio-ventraler Ast, der Ramus visceralis, führt zu den Eingeweiden, in seinem Verlauf tritt ein vegetatives Ganglion auf (Umschaltung von erstem auf zweites vegetatives Neuron, Ansammlung von Perikaryen des zweiten Neurons). Ein mittlerer Ast (Ramus ventralis) führt zu Haut und Muskulatur der ventralen und seitlichen Körperwand. Ein dorsaler Ast (Ramus dorsalis) erreicht Haut und Muskulatur des Rückens. Die Äste der Spinalnerven sind i. a. gemischte Nerven, d. h. sie enthalten motorische und sensible Fasern. In Höhe der Extremitäten bilden die Spinalnerven Geflechte (Plexus); auch das Rückenmark ist an diesen Stellen deutlich verdickt als Folge einer Konzentration von Nervengewebe, das die Gliedmaßen versorgt. Bei manchen Dinosauriern war die sakrale Auftreibung des Rükkenmarks (Versorgungsbereich der Beine) vermutlich größer als das Gehirn.

Das Rückenmark der Vögel besitzt im Sakralbereich eine Besonderheit in Form des Glykogenkörpers. Es handelt sich dabei um eine starke Konzentration von fast vollständig mit Glykogen angefüllten Astrocyten, die die dorsale Oberfläche des Rückenmarks aufwölben. Im caudalen Abschnitt des Rückenmarks der Haie und Knochenfische liegt eine Ansammlung neurosekretorischer Nervenzellen, deren Fortsätze zu einem Speicher- und Freisetzungsorgan (Urophyse, Analogon zur Neurohypophyse) ziehen können. Ihr Hormon steht möglicherweise im Dienst der Osmoregulation.

Bei vielen Vertebraten durchzieht das Rükkenmark den Wirbelkanal bis zu seinem Ende. Bei einigen Teleosteern, den Anuren und Säugetieren füllt es aber nur einen Teil dieses Kanals aus: So endet es z. B. bei der Wabenkröte in Höhe des 3. Wirbels, beim Seehund im Brustbereich, beim Mondfisch unmittelbar hinter dem Hinterhauptsloch. Den Rest des Wirbelkanals durchzieht als Fortsetzung des Rückenmarks das Filum terminale, ein Bindegewebsstrang.

Hirnnerven. Die vom Gehirn ausgehenden Nerven (Cranialnerven, Hirnnerven) sind einander nicht gleichwertig wie die Spinalnerven. Der Nervus opticus ist beispielsweise ein in die Peripherie verlagerter Teil des Zwischenhirns. Außerdem sind die Hirnnerven innerhalb der Wirbeltiere nicht gleichförmig ausgebildet: Der N. trigeminus besitzt bei Amnioten drei Äste, bei Anamniern dagegen vier. Der vierte Ast versorgt bei diesen meist aquatischen Formen das Seitenliniensystem (s. u.).

Die Hirnnerven der Säuger lassen sich in drei funktionelle Gruppen gliedern: a) sensorisch b) motorisch, c) gemischt sensibel und motorisch. Sensorisch sind N. olfactorius (I), N. opticus (II) und N. statoacusticus (VIII). Sie leiten Informationen von der Riechschleimhaut (I), der Retina (II) und den Receptoren des Innenohrs (VIII) zum ZNS.

Motorisch sind der N. oculomotorius (III), N. trochlearis (IV), N. abducens (VI) und N. hypoglossus (XII). III, IV und VI versorgen die Augenbewegungsmuskulatur, XII die Zungenmuskulatur, III enthält zusätzlich parasympathische Fasern für den Ciliarkörper und die Pupille. In allen Nerven dieser Gruppe sind auch sensible Fasern nachgewiesen. Auch der N. accessorius (XI) ist motorisch, entspricht aber keinem eigenen Nerven, sondern einer motorischen Wurzel des N. vagus (X). Alle anderen Hirnnerven sind gemischt. Ihre Aufgabe war ursprünglich die Versorgung der Kiemenbogenregion (Branchialnerven, Kiemenbogennerven). Hierzu zählen die folgenden Nerven: Der N. trigeminus (V) entsteht aus zwei Kiemenbogennerven. Der vordere Anteil, der Nervus ophthalmicus (höhere Vertebraten) bzw. Nervus ophthalmicus profundus (niedere Vertebraten) wird einem prämandibularen Kiemenbogen zugeordnet; der Hauptanteil, der Nervus maxillomandibularis, ist der Nerv des Mandibular-(Kiefer)bogens. Er enthält bei Säugern sensible Fasern, die vor allem Gesicht, Zunge und Zähne versorgen; motorisch innerviert er die Kaumuskulatur. Der N. facialis (VII) versorgt primär den Zungenbein-(Hyoid-)bogen. Bei Säugern erreicht er mit motorischen Fasern die mimische Muskulatur und einige Halsmuskeln; sensorische Fasern dieses Nerven versorgen vorn gelegene Geschmacksknospen der Zunge, parasympathische Anteile die Mehrzahl der großen exokrinen Drüsen des Kopfes. Der N. glossopharyngeus (IX) ist dem ersten Branchialbogen zugeordnet. Bei Säugern enthält er motorische und sensible Fasern, die den Rachenraum versorgen; außerdem innerviert er die Geschmacksknospen des hinteren Zungenbereichs und parasympathisch einen Teil der Speicheldrüsen. Der N. vagus (X) erreicht den zweiten und die daran anschließenden Branchialbögen und mit vegetativen (parasympathischen) Fasern Darm, Schwimmblase bzw. Lunge und andere Eingeweide. Bei Säugern versorgen motorische Fasern den Kehlkopf, sensible den äußeren Gehörgang, sensorische im Rachen gelegene Geschmacksknospen, parasympathische Hals-, Brust- und oberen Bauchraum. Der N. accessorius (XI) ist ein motorischer Teil des Nervus vagus, der bei Säugern als eigener Nerv die Trapeziusmuskulatur versorgt.

Die Deutung der sensorischen Versorgung des Seitenlinienorgans (Lateralissystems) ist umstritten. Einerseits besteht die Auffassung, daß die Sinneszellen des Lateralissystems von Ästen aller Branchialnerven versorgt werden, andererseits wird das Lateralissystem als altes, dem N. statoacusticus (N. VIII) zugehöriges System angesehen. Bei allen Wirbeltieren außer den Agnatha und Vögeln existiert ein weiterer Hirnnerv, der N. terminalis, der als dünner Strang von der Nasenhöhle zum Zwischenhirn läuft und vegetative sowie vermutlich sensible Fasern enthält.

Gehirn (Abb. 315–319). Das Gehirn gliedert sich embryonal primär in zwei Abschnitte: das vorn gelegene und z.T. nach ventral abgeknickte Prosencephalon (Vorderhirn) und das hintere Rhombencephalon (Rautenhirn). Im Laufe der weiteren Entwicklung teilt sich das Prosencephalon in das vordere Telencephalon (Endhirn) und das dahintergelegene Diencephalon (Zwischenhirn). Das Rhombencephalon bleibt in seinen ventralen Anteilen, die insgesamt Tegmentum heißen, recht einheitlich; dorsal differenziert es sich in das Tectum opti-

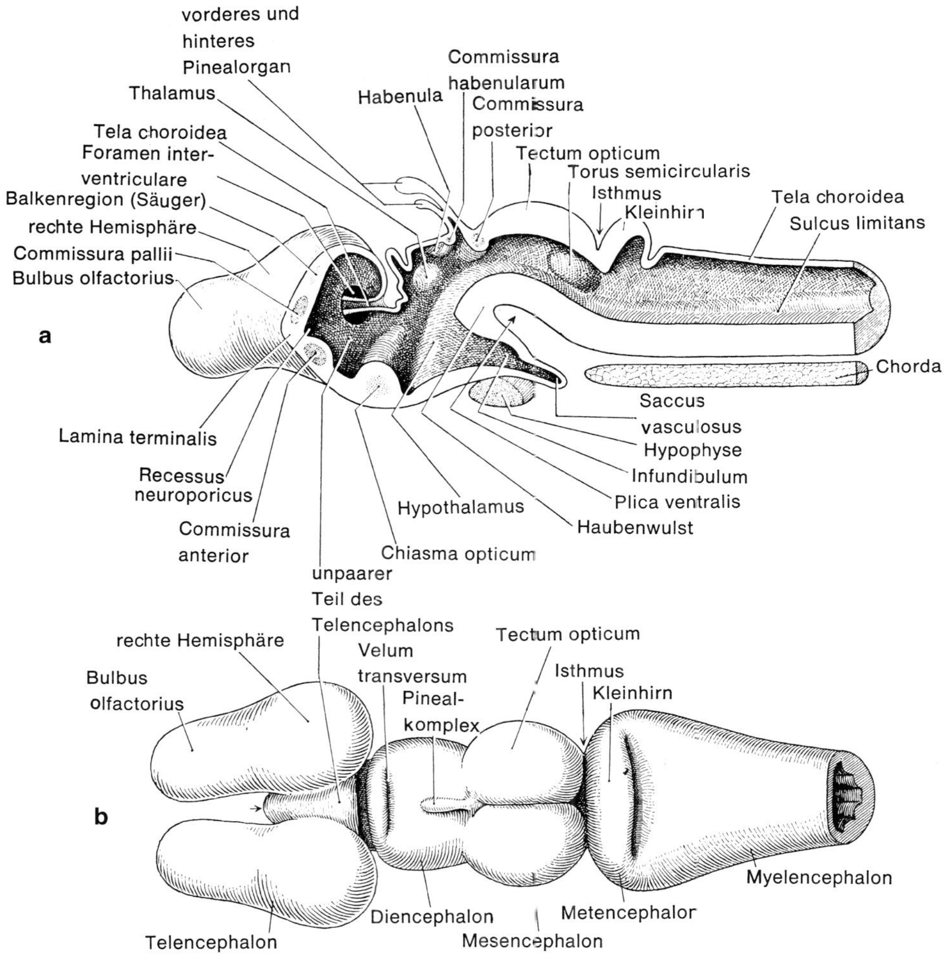

Abb. 315: Bauplan des Wirbeltiergehirns, oben Sagittalschnitt, unten Dorsalansicht. Das Telencephalon besteht aus 2 Hemisphären und einem unpaaren Anteil. Das vordere Pinealorgan wird auch als Parietalorgan, das hintere als Pinealorgan im engeren Sinne (= Epiphyse) bezeichnet. Dieser Bauplan ähnelt besonders dem Gehirn der Amphibien, v.a. dem der Urodelen. Aus Portmann

cum und das dahinterliegende Cerebellum (Kleinhirn). Unter dem Kleinhirn lagert sich bei Säugern dem Tegmentum ventral die Brücke (Pons) an, die Informationen aus dem Endhirn in das Kleinhirn leitet.

Rein deskriptiv wird das Rhombencephalon der erwachsenen Wirbeltiere oft schematisch in drei Abschnitte zerlegt, das Mesencephalon (Mittelhirn, folgt auf das Zwischenhirn, umfaßt dorsal Tectum opticum und ventral den cranialen Teil des Tegmentums), das Metencephalon (Hinterhirn, umfaßt Kleinhirn, den mittleren Teil des Tegmentums und bei Säugern die Brücke) und das Myelencephalon (= Medulla oblongata = Nachhirn, umfaßt den hinteren Teil des Rhombencephalons, der zum Rückenmark überleitet).

Das **Telencephalon** umfaßt einen meist kleinen unpaaren Mittelteil und zwei durch Evagination entstehende große Ausstülpungen, die Hemisphären, die zentral Ventrikelräume bergen und an deren Spitzen sich die Bulbi olfactorii abgliedern. Diese nehmen Erregungen aus der Riechschleimhaut auf und leiten sie an das restliche Endhirn weiter. Die Bulbi sind bei primitiven Formen sehr groß, nehmen aber bei

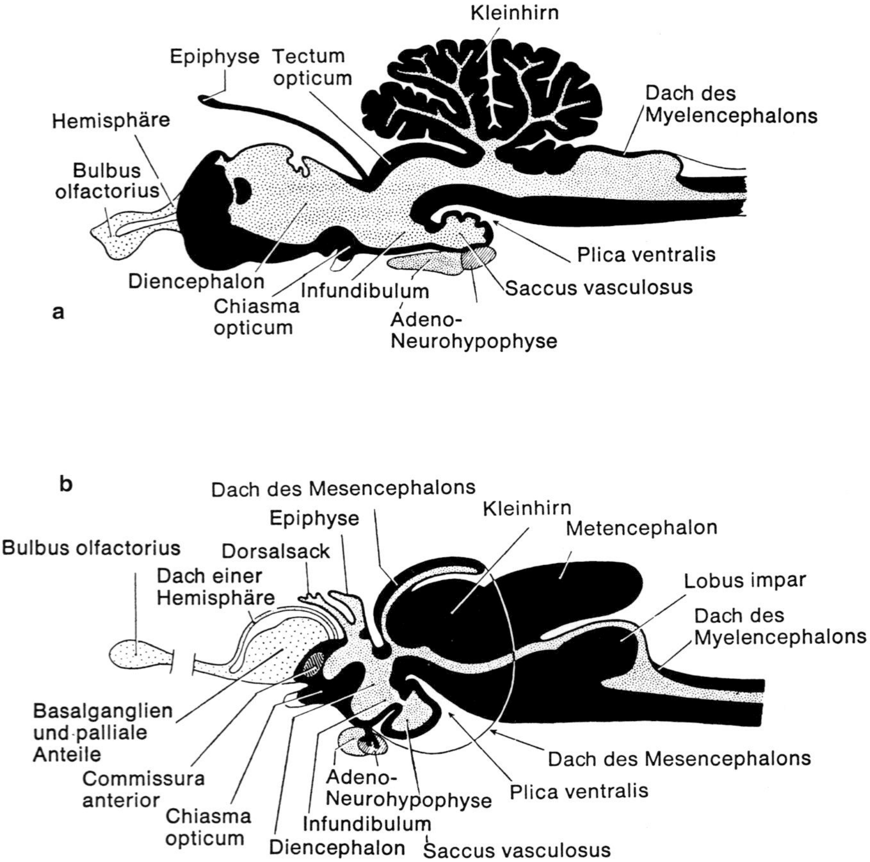

Abb. 316: Gehirne von Fischen (Sagittalschnitte); oben Selachier, unten Teleosteer. Aus Portmann

höher stehenden Arten an Umfang ab und können stark rückgebildet sein (Wale).

Das Telencephalon erhält nicht nur Eingänge aus dem Riechepithel und – wenn vorhanden – aus dem Jacobsonschen Organ. Von Anfang an empfängt es auch aufsteigende Bahnen anderer Sinnesorgane, besonders der Augen. Es ist also schon bei ursprünglichen Formen nicht nur Riechhirn. Im Laufe der Stammesgeschichte macht das Endhirn eine auffallende Höherentwicklung durch und wird zum dominierenden Kontroll- und Steuerungsapparat, dessen Assoziationsareale immer größeren Raum einnehmen. Die graue Substanz ist zunächst vorwiegend periventrikulär angeordnet. Das Telencephalon, das bei Amphibien einen besonders ursprünglichen Bau zeigt, ist in das dorsale Pallium und das ventrale Subpallium gegliedert. Das Pallium läßt sich funktionell und oft auch morphologisch in drei Zonen gliedern, das laterale, dorsale und mediale Pallium (entsprechen den Begriffen Palaeo-, Neo- und Archipallium). Das Subpallium gliedert sich in das mediale Septumgebiet und das laterale Striatum (Abb. 318). Das Neopallium entfaltet sich dann bei Säugern stark und drängt die anderen Palliumgebiete ab. Ab der Reptilienstufe kommt es zur Verlagerung der grauen Substanz der pallialen Anteile an die Oberfläche des Gehirns (Abb. 319). Es entsteht also eine Rinde (Cortex), deren Feinbau auch zunehmend komplizierter wird (Palaeocortex, Archicortex, Neocortex).

Das Grau des Striatums (Basalganglions) bleibt in der Tiefe. Es erfährt aber auch eine zunehmende Höherentwicklung und engt von

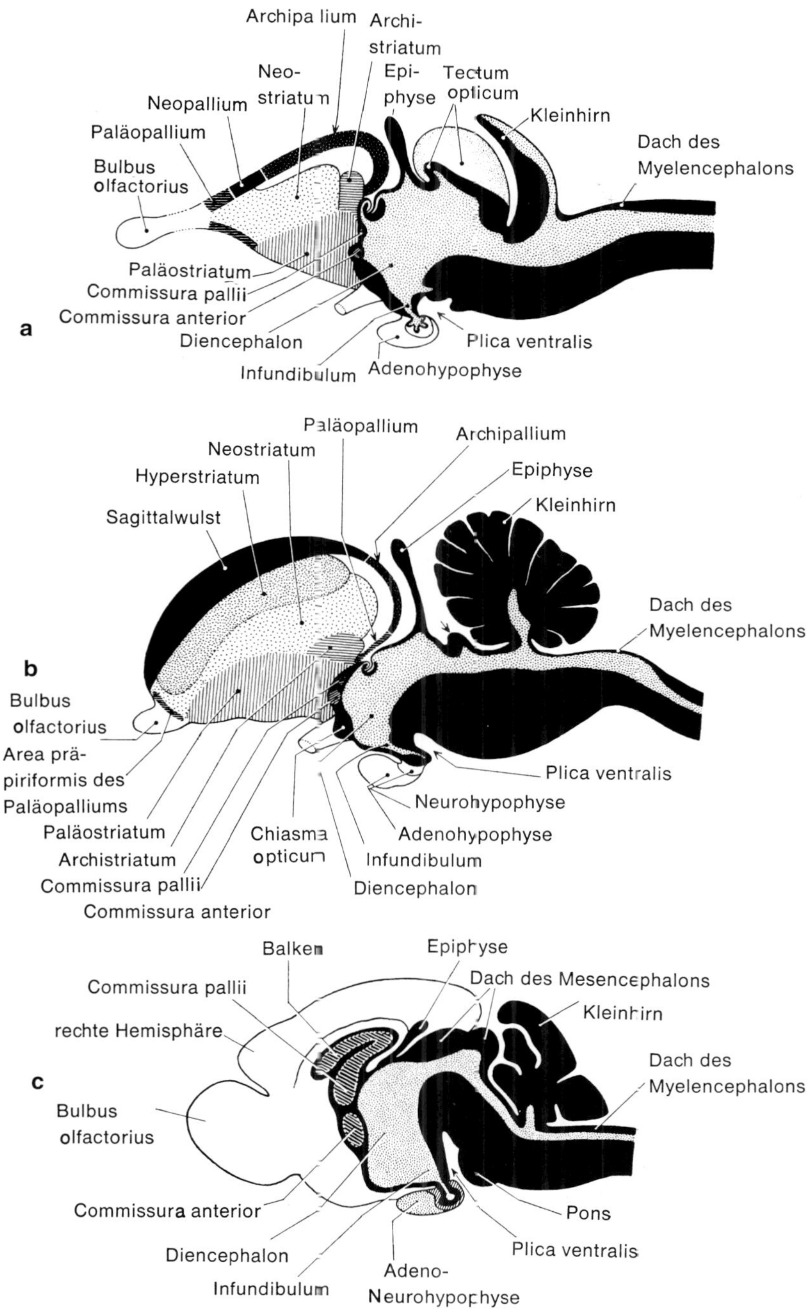

Abb. 317: Tetrapodengehirne (Sagittalschnitte) a. Reptil, b. Vogel, c. primitiver Säuger (Insektivor). Auf b weist der Pfeil auf das Dach des Mesencephalons, das Tectum opticum. Das Kleinhirn, das ein Zentrum der Koordination der Motorik darstellt, ist bei Vögeln meist hochentwickelt. Beachte auch den unterschiedlichen Aufbau des Telencephalons bei Vögeln und Säugetieren. Aus Portmann

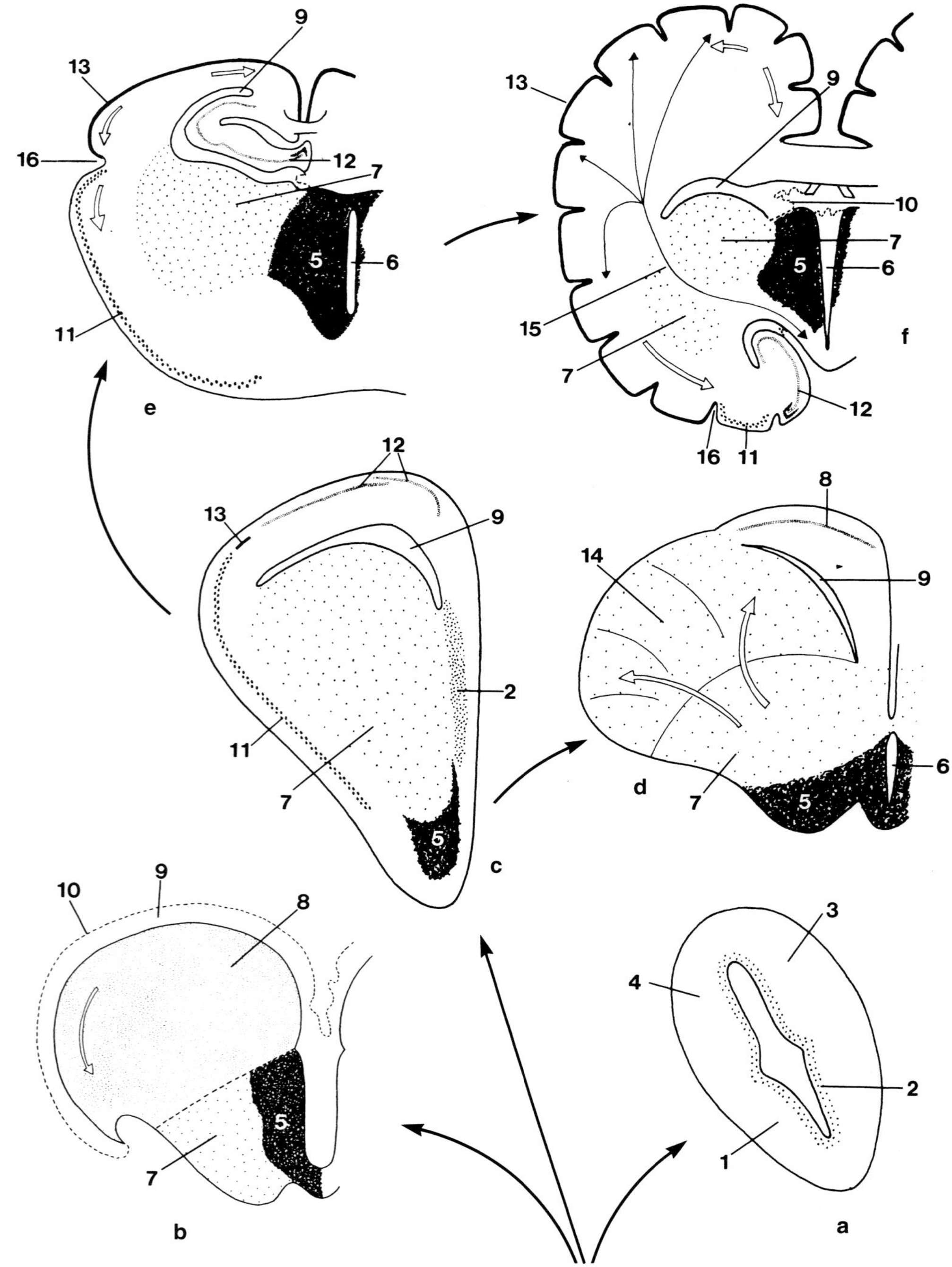

Abb. 318: Entwicklung des Endhirns in verschiedenen Wirbeltiergruppen, erläutert am schematisierten Querschnitt durch eine Hemisphäre des Endhirns. a. Amphib, b. Teleosteer, c. Reptil (Eidechse), d. Vogel, e. niederer Säuger (Insectivor), f. höherer Primat (Mensch). Weiße Pfeile: Wachstumsrichtungen. 1: Striatum (Basalganglion), 2: Septumregion, 1 + 2: Subpallium, 3: mediales Pallium, 3: laterales Pallium, 3 + 4 = Pallium, 5: Zwischenhirn (Thalamus), 6: III. Ventrikel, 7:

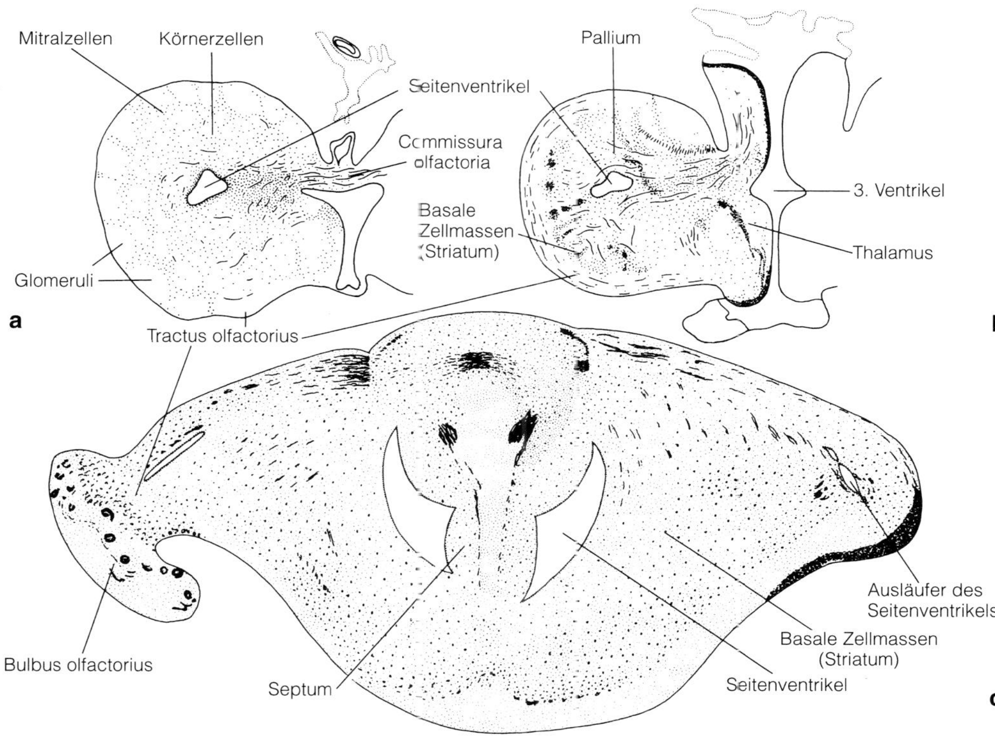

Abb. 319: Histologische Querschnittsbilder durch das Telencephalon von *Lampetra* (Neunauge) (a, b) und *Galea* (Hai, c). Das Telencephalon des Neunauges ist einmal in Höhe des Bulbus olfactorius (a) und einmal weiter proximal (Lobus hemisphaericus, b) geschnitten. Nach Ariens-Kappers und Kuhlenbeck

unten her das Ventrikellumen ein. Die Septumregion (Septum verum) bildet die mediobasale Hemisphärenwand; dieses Gebiet bleibt in seinem Aufbau recht ursprünglich und ist bei vielen Formen umfangreich. Bei höheren Säugern umfaßt es nur einen kleinen Raum.

In eigener Weise differenzieren sich Endhirn der Teleosteer und Vögel. Bei Teleosteern läuft die Formbildung als Eversion ab, wobei die Organanlage nach lateral gedreht wird. Besonders betroffen sind die pallialen Anteile, die neben den subpallialen Gebieten zu liegen kommen. Es entstehen kompakte Neuronenmassen, die von einer dünnen ependymalen Haut bedeckt werden (Abb. 318b).

Vögel haben ebenso wie Säuger ein großes Telencephalon entwickelt. Das Pallium der Vögel ist aber nur in geringem Maße cortical organisiert. Bei Säugern ist die Entstehung von Windungen und Furchen Ausdruck der Massenzunahme; bei den Vögeln häufen sich große Zellmassen im Innern des Endhirns an. Eine in den Ventrikel hineinragende neuronenreiche Leiste (Ganglienhügel, dorsale ventrikuläre Leiste) entspricht bei Vögeln funktionell dem Neocortex der Säuger. Das etwas vorgewölbte dorsale Pallium der Vögel, der Wulst, ist eine Hirnregion, in der ein Teil der Sehbahn und sensibler Systeme enden. Auch das Striatum der Vögel ist hochentwickelt.

Das Telencephalon der Agnatha läßt sich zwar auf den Typ des Vertebratengehirnes zu-

◁ Basalganglien, 8: Pallium der Knochenfische und rudimentäres Pallium der Vögel, 9: Endhirn-(Seiten-)Ventrikel, 10: Plexus chorioideus des Seitenventrikels, 11: Palaeopallium, 12: Archipallium (Hippocampusformation), 13: Neopallium, 14: Hyperstriatum beim Vogel, 15: neopalliale Projektionsbahnen in der inneren Kapsel, 16: Fissura rhinica (Fissura palaeoneocorticalis). Nach Starck

rückführen, aber sowohl *Petromyzon* als auch *Myxine* zeigen sehr viele Sonderbildungen (Abb. 319a, b); ihr Endhirn ist offenbar im wesentlichen ein Riechhirn.

Bei Chondrichthyes ist die Hemisphärenwand gleichmäßig dick (Gegensatz zu Teleosteern). Die Hemisphären stülpen sich wie bei Petromyzonten eher seitlich aus (Abb. 319c). In das Telencephalon der Haie ziehen auch Fasern aus dem optischen System und dem Thalamus.

Die Massenzunahme des Telencephalons der Säuger, die vor allem auf die Vergrößerung des dorsalen Palliums (Neopalliums) zurückgeht, führt zu einem Wachstum dieses Organs nach frontal, dorsal, lateral und occipital. Dadurch werden die anderen Teile des Gehirns z. T. erheblich überdeckt, und das Endhirn läßt sich in Frontal-, Parietal-, Temporal- und Occipitallappen gliedern. Diese Wachstumsvorgänge führen nicht nur zur Lappenbildung, sondern offenbar auch zur Ausbildung von Windungen (Gyri) und Furchen (Sulci), z. B. bei Carnivoren, Ungulaten, Walen und Primaten. Einfacher gebaute Endhirne bleiben glatt (lissencephal). Das laterale Palaeopallium, das bei Insectivoren und anderen primitiven Säugern noch recht umfangreich ist, wird vor allem Assoziationsgebiet des olfactorischen Systems. Das mediale Archipallium (Hippocampus und zugehörige Gebiete) kommt dorsomedial zu liegen. Es erhält unter anderem Informationen aus dem olfactorischen System und ist wichtiger Bestandteil des limbischen Systems. Das Gebiet des Basalganglions, das schon bei Anamniern in reichem Maße differenziert ist, zerfällt bei Säugern in mehrere Kerne, Putamen und Caudatum (= Corpus striatum der Humananatomie), große Teile des Pallidums, Amygdala (Mandelkern). Die erstgenannten Kerne haben vor allem motorische Funktionen. Sie steuern z. B. Bewegungsautomatismen und sind das übergeordnete Zentrum der extrapyramidalen Motorik. Am Aufbau der Amygdala beteiligt sich auch das Palaeopallium. Die Amygdala ist u. a. beteiligt an der Entstehung von Aggression und Fluchtverhalten.

Das **Diencephalon** ist ein relativ kleiner Hirnabschnitt, der oft von anderen Teilen überdeckt wird. Es birgt zentral den dritten Ventrikel. Seine dorsale Wand wird Epithalamus, die lateralen Wände Thalamus, der ventrale Teil Hypothalamus genannt. Teile des dorsalen Daches haben sich z. T. zu dünnwandigen, gefäßreichen Ausstülpungen (Paraphyse, Dorsalsack) und zu zwei hintereinandergelegenen lichtwahrnehmenden Organen, dem rostralen Parapinealorgan (Parietalauge) und dem caudalen Pinealorgan (Epiphyse, bei Säugetieren auch Zirbeldrüse genannt) differenziert. Vermutlich sind beide primär photosensibel und endokrin (Hormon: Melatonin) aktiv. Das vordere Organ wird bei vielen Gnathostomata zurückgebildet, im hinteren Organ tritt zunehmend die Drüsenfunktion in den Vordergrund. Bei *Sphenodon* und vielen Lacertilia ist das Parietalauge, das stets ein Blasenauge ist, sehr hochentwickelt; es liegt in einer Öffnung des Schädeldaches, wie sie auch sehr häufig bei paläozoischen Vertebraten vorkommen. Der Thalamus ist wichtige Durchgangs- und Umschaltstelle motorischer und sensorischer Bahnen. Beispiele sind die Corpora geniculata der Seh- und Hörbahn. Dorsal liegt ein weiteres Integrationszentrum der Eingeweidetätigkeit, die Habenula. Im Bereich des Hypothalamus befinden sich neurosekretorische Kerngebiete, höhere Koordinationszentren des autonomen Systems und die Hypophyse. Eine Besonderheit des Zwischenhirns der Knorpel- und vieler Knochenfische ist eine basale, hinter der Hypophyse gelegene, reich mit Blutgefäßen versehene Aussackung, der Saccus vasculosus. Er ist blutgefäßreich und weist Krönchenzellen in seiner Wand auf, deren Funktion nicht sicher bekannt ist.

Das Dach des **Mesencephalons**, das Tectum opticum, ist bei niedrigen Wirbeltieren das dominante Assoziationszentrum und bei höheren Formen immer noch wichtige Schaltstelle für sensorische Bahnen aus Auge und Innenohr. Es weist i. a. paarige Vorwölbungen auf (Corpora bigemina), die einen komplizierten Schichtenbau zeigen können und bei vielen Vögeln besonders groß sind und sich seitlich ausdehnen (Lobi optici).

Wichtigste dorsale Differenzierung des **Metencephalons** ist das Kleinhirn, dem Informationen aus dem Innenohr (Gleichgewicht), dem Seitenliniensystem und den Sinnesorganen der Muskulatur (Muskelspindeln) und bei höheren Formen auch aus der Großhirnrinde zugeführt werden. Es ist bei höheren Primaten mit allen motorischen Zentren im Nebenschluß verbunden und erhält direkt oder indirekt Informationen aus allen Sinnesorganen. Aufgrund seiner Verbindungen ist es befähigt, die verschiedenen motorischen Zentren aufeinander abzustimmen und damit Bewegungsabläufe zu koordinieren.

Das **Myelencephalon** besitzt einen ähnlichen Aufbau wie das Rückenmark. In seiner grauen Substanz enthält es die Kerngebiete zahlreicher Hirnnerven und Teile der Formatio reticularis, in der wesentliche Zentren des autonomen Nervensystems liegen, z. B. Atmungs- und Kreislaufzentrum. Vegetative Zentren sowie mehr oder minder untergeordnete motorische Zentren breiten sich im gesamten Tegmentum aus. Weiterhin liegen hier Regionen, die die Rhythmik beeinflussen, zum Beispiel Schlaf- und Wachzentren.

Im Gehirn der Wirbeltiere existieren weitere übergeordnete Systeme, die Strukturen in verschiedenen Hirnabschnitten umfassen. Ein Beispiel ist das limbische System, zu dem verschiedene Regionen des End- und Zwischenhirns gehören. Hier werden primär Informationen aus dem Riechorgan und den Eingeweiden verarbeitet, später steht es in Beziehung zu Funktionen wie Lernen, Gedächtnis, Aggression, Sexualität, Furcht, Wut u. a.

Vegetatives Nervensystem (Eingeweidenervensystem). Aufgabe des vegetativen Nervensystems ist die Aufrechterhaltung der Homöostase, d. h. eines ausgeglichenen inneren Milieus. Hierher gehören z. B. die Regelung der Körpertemperatur, des Kreislaufes, der Atmung, der Exkretion, der Sekretion und des chemischen Gleichgewichtes der Körperflüssigkeiten. In den Eingeweiden sind es oft die glatten Muskelzellen, auf die das vegetative System einwirkt. Es enthält zentrale und periphere Neurone und läßt sich vor allem funktionell in zwei Anteile gliedern; das sympathische und das parasympathische System. Eine morphologische Trennung der beiden Anteile ist schwieriger. Beide Komponenten innervieren gemeinsam alle Eingeweideorgane. Funktionell unterscheiden sich Sympathicus und Parasympathicus durch antagonistische Wirkung in einem Organ und die Transmitter der postganglionären Neurone; der Sympathicus gibt hier Noradrenalin oder Adrenalin ab, der Parasympathicus Acetylcholin. Viele vegetative Fasern sind auch peptiderg. Parasympathische Nerven verlassen das ZNS über Hirnnerven (N. oculomotorius, N. facialis, N. glossopharyngeus und N. vagus) und bei Knochenfischen und Amnioten auch über sakrale Spinalnerven des Rückenmarks. Sympathische Nervenfasern treten nur noch aus dem Rückenmark in Hals-, Thorax- und Lumbalbereich aus. Alle vegetativen Fasern werden peripher einmal umgeschaltet. Die Umschaltung der sympathischen Fasern erfolgt in einer parallel zur Wirbelsäule verlaufenden Ganglienkette (Grenzstrang, Paravertebralganglien, Truncus sympathicus, fehlt bei *Myxine*), die beidseitig ausgebildet und mit den Spinalnerven verbunden ist, oder in einer Reihe größerer Ganglien in Nähe der unteren Aorta (Kollateralganglien). Bei Nichtsäugern erstreckt sich der Grenzstrang bis in den Kopf. Die Ganglien des Parasympathicus liegen i. a. in der Nähe oder sogar im Erfolgsorgan. Infolge der Umschaltung in einem Ganglion lassen sich ein präganglionäres Neuron, das sein Perikaryon im Rückenmark oder Rhombencephalon hat, und ein postganglionäres Neuron unterscheiden. Dieses hat sein Perikaryon in dem Ganglion und erreicht mit seinem Axon das Erfolgsorgan. In den Eingeweiden treten i. a. Ganglien auf, die entweder als periphere parasympathische Ganglien gedeutet werden oder einem organeigenen Nervennetz (intramuraler Plexus) zugeordnet werden. Diese Ganglien sind oft peptiderg. Höhere vegetative Zentren liegen in der Medulla oblongata, dem Hypothalamus, dem limbischen System und sogar in der Endhirnrinde.

Der Hypothalamus steuert hormonal und neuronal das Endokrinium; er besitzt Zentren für Temperaturregulation, Appetit, sexuelles Verhalten u. v. a. Er ist mit limbischem System und Endhirnrinde verbunden, so daß vegetative und willkürliche Aktionen koordiniert werden können (vergl. Harnblasenentleerung).

Das vegetative System besitzt auch sensible Fasern, die mit den somatischen dorsal ins Rückenmark eintreten.

Endokrine Organe

Endokrine Organe bilden Hormone und sind bei den Vertebraten besonders hoch entwickelt. Während bei den Wirbellosen i. a. Neurone oder Einzelzellen, die z. B. im Epithel des Darmtraktes auftreten können, Hormone oder vergleichbare Faktoren hervorbringen, sind es bei den Vertebraten vielfach spezielle Organe, die die Hormone bilden und die untereinander besonders komplex korreliert sind. Auch bei

Vertebraten hat das Nervensystem noch wichtige endokrine Funktionen, insbesondere der Hypothalamus, der z. B. viele der Adenohypophysenfunktionen steuert. Quantitativ ist bei den Vertebraten die Gesamtheit der endokrinen Zellen des Magen-Darmtraktes (einschließlich des endokrinen Pankreas) das größte endokrine Organ.

Organe, die ausschließlich Hormone produzieren, sind Adenohypophyse, Schilddrüse, Epithelkörperchen (Nebenschilddrüse), Ultimobranchialkörper, Adrenal- und Interrenalorgan (die letzten beiden bilden bei Amnioten die Nebenniere). Organe mit endokriner Funktion sind Hypothalamus, Gonaden, Pankreas, Darmkanal, Placenta, Leber, Niere, Pinealorgan, Rückenmark (Urophyse, viele Fische) und der Thymus. Die Stanniusschen Körper sind endokrine Organe bei Fischen, die möglicherweise den Calciumstoffwechsel beeinflussen.

Übergeordnete Bedeutung hat die Hypophyse. Dieses Organ zerfällt in 2 Anteile: 1. die Neurohypophyse, die eine Ausstülpung des Zwischenhirns ist und in der hypothalamische Hormone freigesetzt werden und 2. die Adenohypophyse, die sich embryonal von einer ectodermalen Ausstülpung des Munddaches (Rathkesche Tasche) herleitet. Der Hauptbestandteil der Adenohypophyse ist die Pars distalis (Vorderlappen), in der die Mehrzahl der Hormone gebildet wird: Gonadotropine (FSH, LH), Prolactin, schilddrüsenstimulierendes Hormon (TSH), nebennierenrindenstimulierendes Hormon (ACTH), Wachstumshormon (STH) u. a.

Der Zwischenlappen (Pars intermedia) der Adenohypophyse bildet das melanocytenstimulierende Hormon (MSH). Eine spezielle Funktion der Trichterlappen (Pars tuberalis) ist nicht bekannt.

Interrenal- und Adrenalorgan sind zwei nach Herkunft und Natur ihrer Hormone völlig verschiedene Organe, die sich aber oft durchdringen und dann ein gemeinsames Organ aufbauen: die Nebenniere. Das Interrenalorgan (Nebennierenrinde) entsteht aus der dorsalen Coelomwand und bildet Steroidhormone (Gluco- und Mineralocorticoide sowie Geschlechtshormone). Das Adrenalorgan (Nebennierenmark) entsteht aus der Neuralleiste (Nervengewebe, das nicht in die Bildung des Rükkenmarks und Gehirns eingeht) und bildet Noradrenalin und Adrenalin.

Die Schilddrüse leitet sich stammesgeschichtlich vom Endostyl her, einer schleimbildenden epithelial ausgekleideten Rinne ventral im Pharynx der Tunicaten, Copelaten und Acranier. Eine vergleichbare Struktur tritt im Pharynx der Enteropneusten auf. Ein Endostyl kommt auch bei der Ammocoetes-Larve der Neunaugen vor, und auch in der Embryonalentwicklung der restlichen Wirbeltiere entsteht die Schilddrüse als Derivat des Kiemendarms. Endostyl und Schilddrüse konzentrieren Jod, das wesentlicher Bestandteil der Schilddrüsenhormone ist. Bei *Myxine*, adulten Petromyzonten und den meisten Teleosteern ist das Schilddrüsengewebe (Follikel) locker im Pharynxboden und an der ventralen Aorta verstreut. Bei den anderen Vertebraten bildet die Schilddrüse ein kompaktes Organ, das bei Amphibien, einzelnen Reptilien und Vögeln sekundär paarig ist.

Coelom

Coelomräume in den Somiten treten nur teilweise und embryonal auf. Die definitive Leibeshöhle bildet sich im ventralen Mesoderm zwischen zwei Blättern, der äußeren Somato- und der inneren Visceropleura (Splanchnopleura). Die auskleidende Wand der Leibeshöhle heißt Peritoneum. Primär besteht die Leibeshöhle aus 2 gestreckten Hohlräumen beiderseits des Darms, die ober- und unterhalb des Darmrohres aneinandergrenzen. Diese Kontaktzonen bilden die Mesenterien des Darms, die als Aufhängebänder fungieren. Das dorsale Mesenterium legt sich in komplizierte Falten. Das ventrale Mesenterium bildet sich bis auf vorn gelegene Reste zurück, so daß ein einheitlicher Raum entsteht. Von diesem gliedert sich dann durch ein Septum (Septum transversum) die Pericardhöhle ab, welche das Herz beherbergt. Die Pericardhöhle ist bei manchen Fischen noch durch Poren mit dem Rumpfcoelom verbunden, in das bei Amphibien, *Sphenodon* und den meisten Squamaten die Lungen hineinragen (Pleuroperitonealhöhle). Bei Krokodilen, Schildkröten und Waranen wird die Lunge durch das postpulmonale Septum gegen die Darmeingeweide abgegrenzt und liegt in einer eigenen Höhle (Pleurahöhle). Die Peritonealhöhle beherbergt im wesentlichen nur noch Magen und anschließenden Darmtrakt sowie die großen Darmdrüsen.

Das postpulmonale Septum wird bei den Vö-

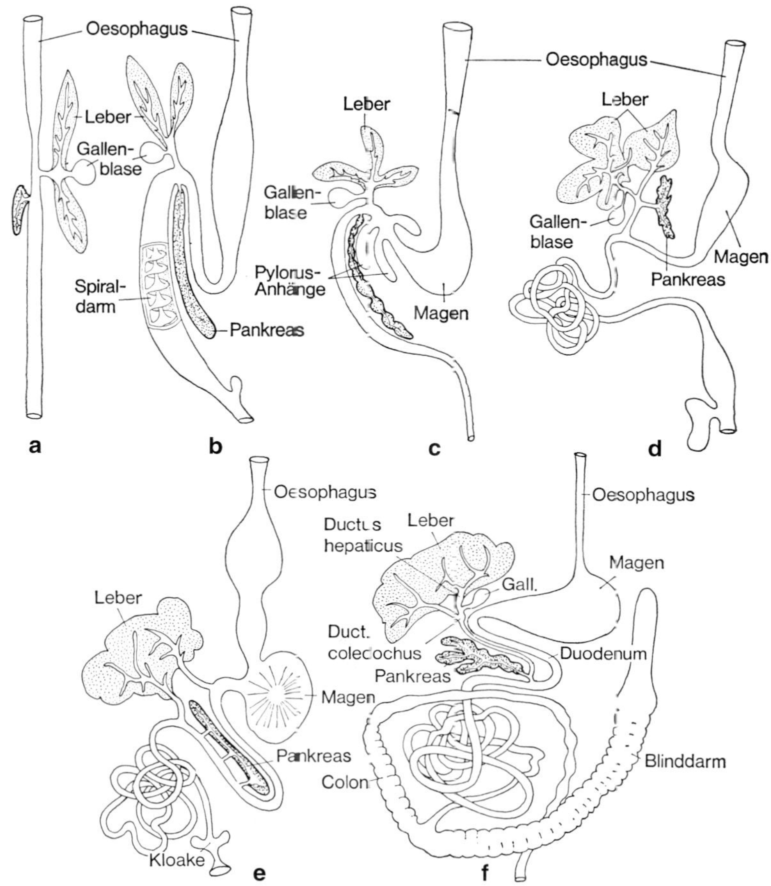

Abb. 320: Magendarmkanal mit den großen Anhangsdrüsen (Leber, Pankreas) bei verschiedenen Wirbeltieren. a. *Myxine*, b. Hai, c. Barsch, d. Frosch, e. Taube, f. Kaninchen. Das endokrine Pankreasgewebe liegt bei Agnathen und Teleosteern meist vom exokrinen Drüsenteil räumlich getrennt, bei den übrigen Formen ist es in Form der Langerhansschen Inseln in das exokrine Drüsengewebe eingelagert. Beachte beim Darmtrakt des Vogels den Kropf (im distalen Oesophagus), den sich anschließenden Drüsenmagen und vor der Kloake die Blinddärme; der Muskelmagen ist unterschiedlich stark ausgebildet. Bei den Säugetieren ist der Verlauf von Leber- und Pankreas-Ausführgängen besonders variabel. Ebenfalls bestehen in den einzelnen Säugetiergruppen große Unterschiede in bezug auf Größe und Zahl der Blinddärme. Nach Stempell

geln durch einwachsende Luftsäcke in horizontales und schräges Septum getrennt. Das horizontale Septum trennt die Pleurahöhle von dem Cavum subpulmonale, das kein Coelomraum ist und das die meisten Luftsäcke enthält. Bei Krokodilen, Schildkröten, Waranen und Vögeln liegen die Lungen nicht verschieblich in der Pleurahöhle, sondern verwachsen mit der Rumpfwand. Bei einigen Reptilien und den Vögeln liegt die Leber in einem eigenen Coelomraum. Bei Säugern entsteht unter Einbeziehung des Septum transversum eine Scheidewand, das Zwerchfell (Diaphragma), zwischen Peritonealhöhle einerseits und den vorn gelegenen Pericard- und Pleurahöhlen andererseits. Es wird zum wichtigsten Atemmuskel.

Darmsystem

Das Darmsystem (Abb. 320) steht in engen entwicklungsgeschichtlichen und strukturellen Beziehungen zu mehreren Organen, vor allem denen der Atmung (Lunge, Kieme).

Besonders eng ist der strukturelle Zusammenhang bei den Kiemen, so daß diese im vorliegenden Abschnitt mit besprochen werden (Lungen, Schwimmblase, S. 501). Auch andere Organe leiten sich strukturell vom Darmsystem ab, z. B. die endokrinen Organe Adenohypophyse und Schilddrüse sowie das Mittelohr der Tetrapoden.

Der Darm läßt sich nach unterschiedlichen Gesichtspunkten gliedern, z. B. in Kopfdarm (Mund bis Pharynx) und Rumpfdarm (Oesophagus bis Enddarm). Verbreitet ist folgende Gliederung: 1. Vorderdarm (Mundhöhle, Kiemendarm oder Pharynx, Oesophagus, Magen), 2. Mitteldarm (Duodenum, Jejunum, Ileum; wird auch «Dünndarm» genannt), 3. Enddarm (Colon mit Blinddarm, Rectum). Typische Anhangsdrüsen des Mitteldarmes sind Leber und Pankreas, die sich vermutlich aus Blindsäcken des Darmes – wie in Einzahl noch bei *Branchiostoma* vorhanden – entwickeln. Blinddärme (Darmdivertikel) treten in unterschiedlicher Zahl und an unterschiedlicher Stelle auf. Sie sind bei Pflanzenfressern besser entwickelt als bei Fleischfressern. Bei Knochenfischen kann auch der Endteil des Magens Blindschläuche tragen.

Der Darmkanal ist zunächst ein einfaches, gestrecktes Rohr. Die Effektivität der Verdauungs- und Resorptionstätigkeit wird gesteigert durch 1. Verlängerung und Aufknäuelung einzelner Abschnitte, 2. Erweiterung einzelner Teile (vor allem des Magens) oder Ausbildung von Blindschläuchen, 3. Entwicklung innerer Falten oder Vorsprünge.

Mund. Bei manchen Wirbeltieren werden die Mundränder von weichen, beweglichen Haut-Muskel-Strukturen gebildet, den Lippen. Bei *Myxine* tragen sie Tentakel, bei Neunaugen bilden sie eine Saugscheibe, bei Vögeln und Schildkröten sind sie zu einem Schnabel umgebildet, der in seiner Funktion das rückgebildete Gebiß ersetzt. Bei Säugern sind die Lippen allgemein hochentwickelt, durch Einlagerung mimischer Muskulatur bekommen sie besondere Bedeutung für das Sozialleben.

Zunge. Eine typische Zunge existiert nur bei den Tetrapoden. Sie liegt am Mundboden und besitzt ein Skelet (Zungenbein, Os hyoideum), das sich vom Kiemenbogenskelet herleitet. Der fleischige Teil enthält an seiner Oberfläche Geschmacksknospen und oft verschiedene Typen von verhornten Widerhäkchen oder Borsten (Papillae filiformes). Bei vielen Formen kann sie aus dem Mund ausgestülpt werden (z. B. vielen Anuren, Chamäleons, Spechten u. a.). Bei Reptilien und Vögeln ist sie i. a. stark verhornt.

Speicheldrüsen. Die Drüsen der Mundhöhle produzieren eine schleimige Gleitflüssigkeit. Bei Wasserformen sind sie geringer entwickelt als bei Landformen. Bei vielen Arten (Säugern, Vögeln, Anuren) sind im Sekret der Speicheldrüsen Amylasen nachgewiesen. Oft wirkt das Sekret auf andere Organismen toxisch. Hochentwickelte Giftdrüsen besitzen Schlangen; bei Vögeln dient das Sekret gelegentlich zum Nestbau (Segler, Schwalben, u. a.).

Choanen. Bei Rhipidistia und Tetrapoden öffnen sich die Nasen auch in die Mundhöhle: innere Nasenöffnung, Choanen.

Gaumen. Das Dach der Mundhöhle ist der primäre Gaumen. Bei luftatmenden Wirbeltieren besteht die Tendenz, die Mundhöhle zu unterteilen in je einen Raum für Nahrungsaufnahme und Luftstrom. Bei Krokodilen und Säugern ist diese Trennung zum großen Teil durch die Bildung eines horizontalen Knochenseptums in der Mundhöhle (sekundärer Gaumen) verwirklicht. Verhornte Leisten (Barten) stehen bei Mysticeti im Dienste der Nahrungsaufnahme.

Zähne. Die Zähne sind modifizierte Teile des Hautskelets. Sie fehlen noch den Agnathen und entwickeln sich erst mit Ausbildung der Kiefer als spezielle Kauwerkzeuge (Abb. 321).

Die Hartteile der Zähne bestehen aus einer äußeren ectodermalen Schmelzlage und einer tieferen und dickeren Dentinschicht. Im Zentrum befindet sich die Zahnpulpa mit Blutgefäßen, Nerven und den Odontoblasten, die das Dentin abscheiden. Die Schmelzbildner (Adamantoblasten) sterben im Gegensatz zu den Odontoblasten nach Ablagerung des Schmelzes ab. Schmelz besteht zu ca. 97 % aus anorganischem Material (vor allem Hydroxylapatit), Dentin zu ca. 72 %. Die Lage der Zähne ist variabel. Bei den Knochenfischen können sie an den Kiemenbögen auftreten, bei Sägehaien und -rochen kommen sie sogar auch außerhalb der Mundhöhle vor. Im Laufe der Stammesgeschichte läßt sich eine Konzentration der Zähne auf die Kieferknochen erkennen, bei Fischen tragen noch fast alle Gaumen- und Kieferknochen Zähne, bei Säugern nur noch Praemaxillare, Maxillare und Dentale.

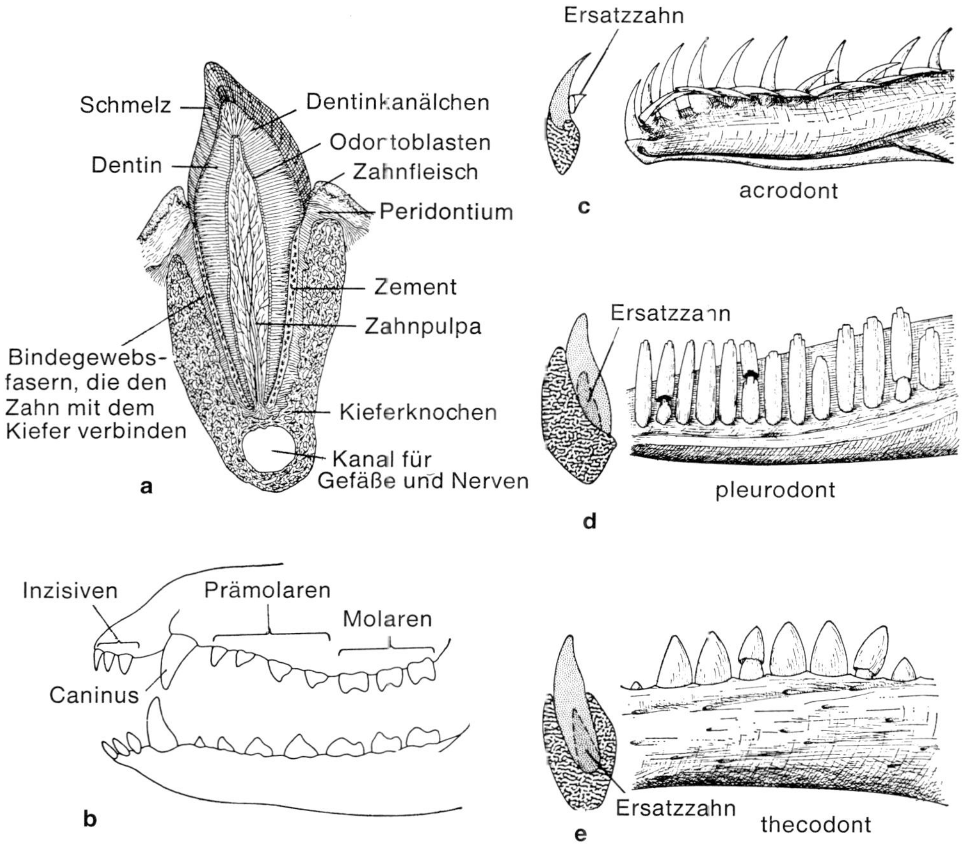

Abb. 321: Wirbeltierzähne. a. Schnitt durch einen Säugerzahn im Kiefer; b. heterodontes Gebiß eines Säugers mit verschiedenen Zahntypen; c–e. verschiedene Formen der Befestigung der Zähne am Kiefer. Nach Bailey, Romer, Smith

Während primitive Formen zahlreiche Zähne besitzen, ist deren Zahl bei höheren Gruppen reduziert. Auch innerhalb der einzelnen Ordnungen läßt sich diese Tendenz erkennen, die selten bis zum völligen Fehlen der Zähne führen kann. Zum Fehlen von Zähnen kann auch die oft erkennbare Tendenz zur Verkleinerung der Zähne führen. Nur selten erfolgt sekundär eine Vermehrung der Zahnzahl (Delphine). Einzelzähne können zu Zahnplatten verschmelzen (Lungenfische).

Bei primitiven Wirbeltieren werden die Zähne während des ganzen Lebens ständig neugebildet und ersetzt. Oft erfolgt der Zahnersatz wellenförmig entlang der Zahnreihe. Die Zahl der Zahngenerationen wird dann bei höheren Formen mit zunehmender Zahngröße und komplizierter Zahnbefestigung am Kieferknochen eingeschränkt. Manche Reptilien wechseln die Zähne nur noch in der Jugend (Milchzähne), bei Säugern treten meist noch 2 Zahngenerationen auf. Die üblicherweise vorhandenen 2 Generationen (Milch- und Dauerzähne) erscheinen bei vielen Säugern nicht mehr in voller Zahl, besonders die Dauerzähne nicht. Beim Menschen bilden sich z. B. zunächst die Milchzähne des Vordergebisses und dann langsam im Laufe der Jugend die dazugehörigen hinten gelegenen großen Molaren, von denen der letzte oft nicht mehr durchbricht. Die vorn gelegenen Milchzähne (Schneidezähne, Eckzahn, Praemolaren) werden dann durch Dauerzähne ersetzt. Die Molaren des Dauergebisses erscheinen nicht mehr.

Die Zähne können lingual am Kiefer befestigt sein (Pleurodontie), auf der Kante (Acrodontie) oder in Gruben (Alveolen) der Kieferkante (Thecodontie, Abb. 321). Pleuro- und acrodonte Zähne sind mit ihrer Basis am Knochen festgewachsen. Thecodonte Zähne sind mit Hilfe eines kompliziert verspannten Systems von Kollagenfasern in der Alveole aufgehängt.

Zähne sind ursprünglich einfache einspitzige Gebilde. Mit unterschiedlicher Lebensweise verändert sich die Zahnform: Mahlzähne sind oft rundlich und abgeflacht (z. B. bei einigen Elasmobranchiern und Reptilien), schneidende Zähne besitzen eine scharfe Schneidekante usw. Primär sind alle Zähne in einem Gebiß annähernd gleichförmig; man spricht dann von einem homo- oder isodonten Gebiß. Höhere Formen besitzen unterschiedlich gestaltete Zähne: heterodontes Gebiß. Besonders klar ausgebildet ist die Heterodontie bei den Säugern; sie kommt aber auch bei Fischen und Reptilien vor.

Bei Säugern unterscheidet man Schneidezähne (Incisivi, I), Eckzähne (Canini, C), Vorderbackenzähne (Praemolaren, P) und Mahlzähne (Molaren, M, Backenzähne). (Schneidezähne in Praemaxillare; Eckzähne an Grenze Prämaxillare-Maxillare; Praemolaren vorn im Maxillare; Molaren hinten im Maxillare.) Placentale Säuger besitzen ursprünglich in jeder Kieferhälfte 3 Schneidezähne, 1 Eckzahn, 4 Praemolaren, 3 Molaren. Die Zahnzahl kann in einer sog. Zahnformel angegeben werden, die ursprünglichen Verhältnisse der Eutheria lauten dann $\frac{3\ 1\ 4\ 3}{3\ 1\ 4\ 3}$. Die Zahlen oberhalb des Bruchstriches beziehen sich auf den Oberkiefer, die unter dem Bruchstrich auf den Unterkiefer. Eine andere Schreibweise ist: I: 3/3, C: 1/1, P: 4/4, M: 3/3.

Pharynx und Kiemen. Der Pharynx ist der Teil des Darmkanals, der von paarigen Kiemenspalten durchbrochen ist. Die Kiemenspalten sind bei Tetrapoden allerdings nur noch embryonal nachweisbar und brechen meist nicht mehr durch. Bei Fischen ist der Pharynx groß, und in seiner Wand liegen die Atmungsorgane, die Kiemen; bei Tetrapoden ist er klein und der Kreuzungspunkt der Nahrungs- und Atmungswege (Rachen).

Die **Kiemen** sind primär ein Nahrungsfilter (Tunicaten, *Branchiostoma*), erst bei Wirbeltieren sind sie typische Atmungsorgane (Abb. 322), die aber stets auch Aufgaben im Elektrolythaushalt und bei der Exkretion übernehmen. Bei rezenten Agnatha sind sie sackartige Gebilde mit engem Ein- und Ausgang (Sackkiemen) in der Wand des Pharynx. Die vertiefte Analyse zeigt aber manche Unterschiede im Bau der Kiemen zwischen Myxinoidea und Petromyzonta; außerdem sind Übereinstimmungen in der Struktur der Kiemen zwischen Neunaugen und gnathostomen Fischen erkennbar (s. Abb. 322).

Cranial und caudal ist die Innenwand der Kiemenspalten höherer Fische in reich vascularisierte Falten (Kiemenlamellen) geworfen. Zwischen den einzelnen Kiemenspalten liegt das intrabranchiale (nicht interbranchiale) Septum, das die Kiemenbögen enthält. Von diesen gehen lateral kleine Skeletstücke, die Kiemenstrahlen, aus. Die benachbarten Wände aneinandergrenzender Kiemenspalten bilden je eine vordere und hintere Hemibranchie, die gemeinsam die Kieme oder Holobranchie aufbauen (s. S. 525 und Abb. 322).

Veränderungen betreffen vor allem Zahl der Kiemen, Ausbildung eines Kiemendeckels (Operculums) und Rückbildung der intrabranchialen Septen (Kiemensepten). Bilden sich die Septen bis auf das Gebiet um den Kiemenbogen zurück, spricht man von Fadenkiemen, weil die Hemibranchien i. a. fadenförmig vom Kiemenbogen herabhängen.

Bei den Tetrapoden leiten sich aus dem Gebiet des Kiemendarms (Schlundes, Pharynx), und zwar aus den Anlagen der Kiemenspalten, den Schlundtaschen, endokrine und lymphatische Organe ab (Epithelkörperchen, Thymus,

Abb. 322: Kiemen bei Agnathen und gnathostomen Fischen. a. *Eptatretus* (Myxinoidea); oben: mittels Frontalschnitt eröffneter Kiemensack, Blick auf den ventralen Boden mit Kiemenfalten (entsprechen vermutlich Filamenten), deren freie Kanten vorn und hinten abgeschnitten sind; auf den Falten sitzen die unregelmäßig angeordneten dünnen respiratorischen Lamellen. Die Kiemensäcke werden von einem venösen Blutraum (Blutsinus) umgeben; große Pfeile: Richtung des Wasserstroms; unten: schematische, vereinfachte Darstellung des Blutgefäßsystems; das Blut strömt von lateral durch die Falten und Lamellen (kleine Pfeile); dem Capillarnetz sind in den Kiemen aller Fische weite «kavernöse» Bluträume vorgeschaltet (kavernöser Körper), b. Neunaugen und Gnathostomen. Die regelmäßig angeordneten respiratorischen Lamellen sitzen auf Filamenten, die in großer Zahl von der Vorder- und Rückseite eines Kiemenseptums ausgehen und in ▷

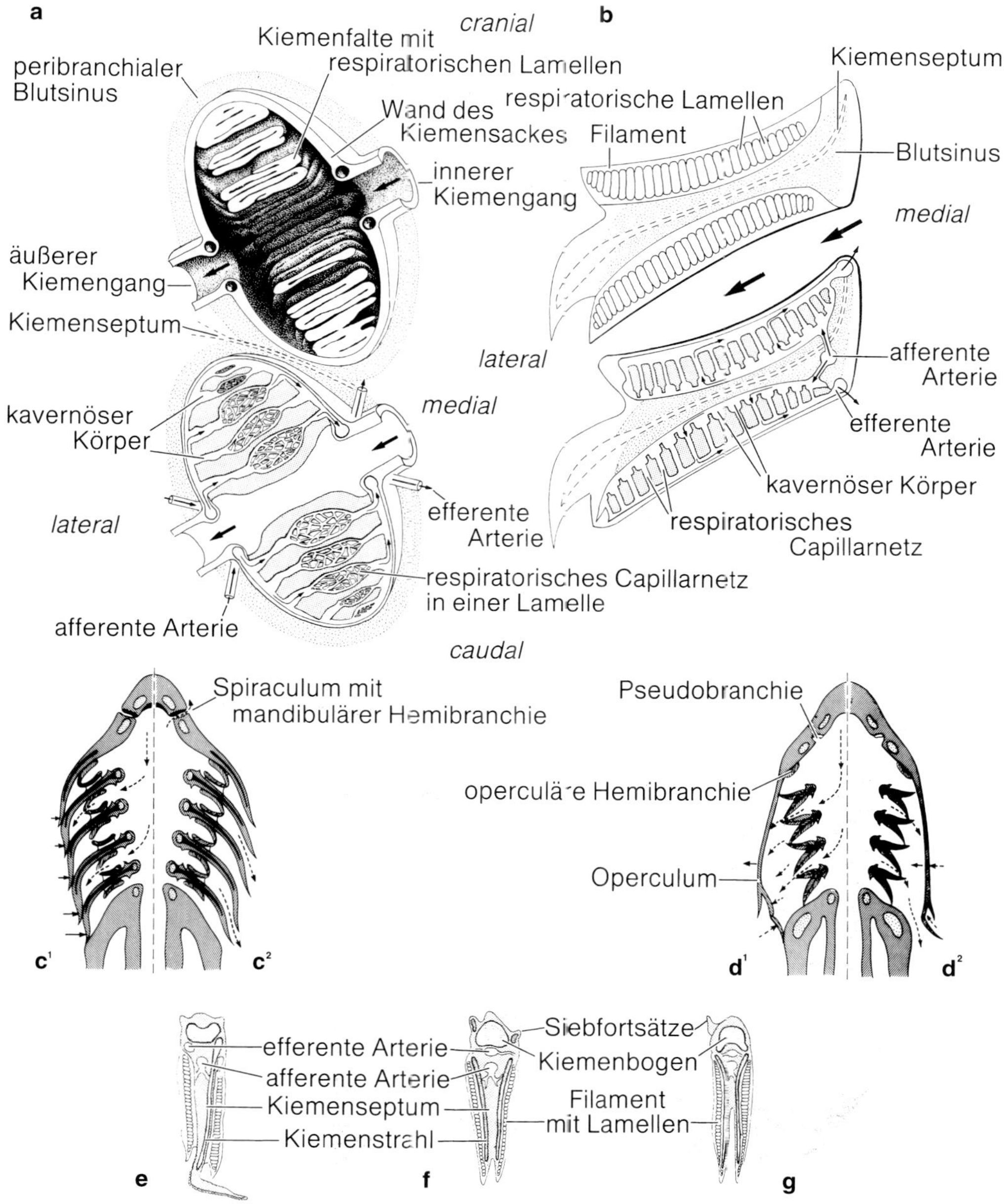

den Wasserstrom hineinragen. Die Gesamtheit der Filamente auf einer Seite eines Kiemenseptums bildet eine Hemibranchie. Die zwei Hemibranchien auf der Vorder- und Rückseite eines Kiemenseptums bilden eine Holobranchie; das Blut tritt medial in die Kiemenregion ein, das Kiemenseptum verläuft von innen/vorn nach außen/hinten (bei *Eptatretus* von außen/vorn nach innen/hinten, bei *Myxine* ist es rückgebildet), c, d. Atemmechanismus bei Selachiern (c) und Teleosteern (d); Frontalschnitt durch den Kopf; jeweils links (c^1, d^1) Inspiration (Einatmung), jeweils rechts (c^2, d^2): Exspiration (Ausatmung); unterbrochene Pfeile: Wasserstrom; ausgezogene Pfeile: Bewegungsrichtung von Teilen des Kiemenapparates, e, f, g. Rückbildung des Kiemenseptums, e *Mustelus*, f. *Acipenser*, g. *Salmo*. Nach Goodrich, Portmann, Mallat, Paulsen, Elger

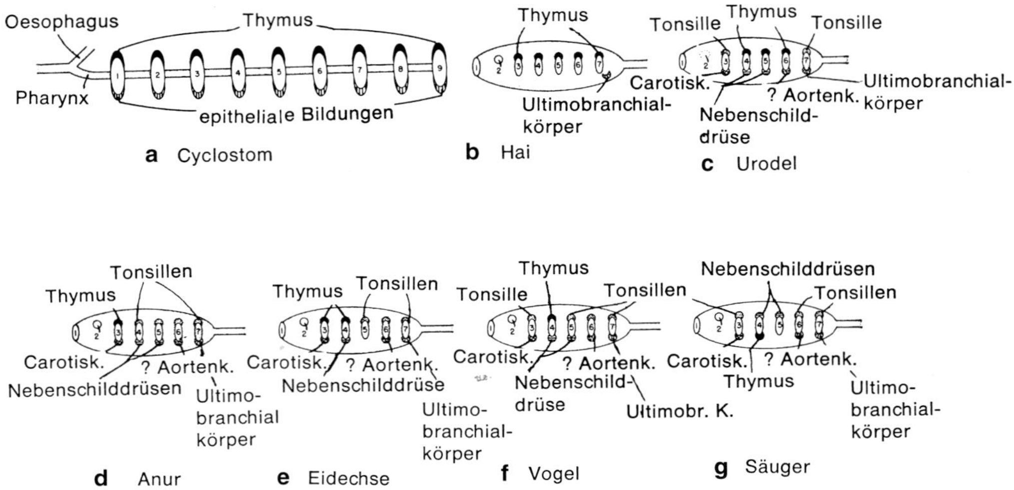

Abb. 323: Kiemenspaltenregion und ihre Derivate bei verschiedenen Wirbeltieren. Carotisk. = Carotiskörperchen, Aortenk. = Aortenkörperchen (beide sind Receptororgane), Ultimobr. K. = Ultimobranchialkörper. Zahlen bezeichnen Reihenfolge der Kiemenspalten bzw. Schlundtaschen, 2: Spritzloch. Zählweise erfolgt nicht ganz einheitlich. Nach Smith

Tonsillen, Carotiskörperchen, Ultimobranchialkörper, Abb. 323). Aus einer der ersten Kiemenspalten, vermutlich der zweiten, entsteht das Mittelohr mit Eustachischer Röhre, dem Verbindungsgang zwischen Mittelohr und Rachen (Abb. 304).

Der Abschnitt vom Oesophagus bis zum Enddarm läßt eine grundsätzliche Übereinstimmung im Wandbau erkennen.

Das Darmrohr wird von einer Schleimhaut (Tunica mucosa) ausgekleidet, die aus dem Darmepithel (Lamina epithelialis), einer Bindegewebslage (Lamina propria mucosae) und meist einer feinen Muskelschicht (Muscularis mucosae) besteht. Es schließt sich eine bindegewebige, lymph- und blutgefäßreiche Schicht an, die Submucosa, worauf die für die Darmperistaltik (Darmbewegungen) verantwortliche Tunica muscularis folgt, die sich aus einer inneren Ring- und einer äußeren Längsmuskel-Lage zusammensetzt. Die erste kann den Darm verengen, die letztere örtliche Verkürzungen hervorrufen. Der größte Abschnitt des Darmes liegt in der sekundären Leibeshöhle und wird daher vom Coelomepithel umgeben, welches zusammen mit einer dünnen Bindegewebslage die Tunica adventitia bildet.

Die autonome Peristaltik des Magendarmtraktes wird durch zwei Nervenplexus bedingt: den Auerbachschen Plexus (P. myentericus), der zwischen den Muskelschichten der Tunica muscularis ein Geflecht bildet, und den Meissnerschen Plexus (P. submucosus), der in der Submucosa liegt. Von diesen Plexus gehen effektorische Fasern aus, die Muskel- und Drüsenzellen aktivieren.

Der **Oesophagus** ist ein mehr (Amnioten) oder minder (Fische, Amphibien) langes Rohr, das die Nahrung dem Magen zuführt. Viele Vögel entwickeln im Oesophagus einen Nahrungsspeicher, den Kropf. Bei Tauben bildet er zur Brutzeit ein Sekret (Kropfmilch), mit dem die Jungen gefüttert werden.

Magen. Der Magen ist ein Nahrungsspeicher, der vielleicht erst sekundär Verdauungsfunktionen übernimmt. Seine funktionellen und morphologischen Spezialisierungen sind sehr groß. Die Magenregion mit den Verdauungsdrüsen wird oft Fundusregion genannt, hier werden Salzsäure und Proteasen gebildet. Er ist durch einen Sphinkter (den Pylorus) gegen den Mitteldarm abgegrenzt. Die entsprechende Grenze gegen den Oesophagus ist unschärfer. Bei manchen Fischen (Agnathen, Holocephalen, Dipnoern und manchen Teleosteern) fehlt ein eigener Magenabschnitt.

Krokodile und Vögel besitzen einen vorderen Drüsen- und einen hinteren Muskelmagen. Letzterem folgt bei vielen Vögeln noch ein kurzer Abschnitt mit Drüsen. Der Magen von Wiederkäuern (viele Känguruhs, Kamele, Boviden u. a.) ist meist besonders kompliziert (Abb.

444). Die 4 Magenkammern der Boviden heißen Pansen (Rumen), Reticulum (Netzmagen), Omasus (Blättermagen) und Abomasus (Labmagen). Nur letzterer enthält Verdauungsdrüsen. Nicht selten bildet der Magen Blindschläuche, z. B. bei manchen Teleosteern und der blutleckenden Fledermaus *Desmodus*.

Mittel- und Enddarm. Der Mitteldarm ist Hauptort der Resorption. Bei Pflanzenfressern ist er i. a. länger als bei Fleischfressern. Seine innere Oberfläche weist verschiedene Einrichtungen zur Oberflächenvergrößerung auf. Sie trägt verschiedene Falten (Spiralfalte bei Elasmobranchiern, Typhlosolis (rudimentäre Spiralfalte) bei Neunaugen, Kerckringsche Falten bei manchen Säugern u. a.) und Zotten. Die resorbierenden Zellen tragen einen Mikrovillisaum (Bürstensaum). Die Grenze zwischen Mittel- und Enddarm ist oft unscharf (Agnathen, Selachier, Lungenfische, viele Teleosteer). Bei manchen Teleosteern und den Amnioten liegt zwischen beiden Teilen eine Klappe. Bei Amnioten liegen an der Grenze oft Blinddärme. Diese haben vielfältige Funktionen, z. B. Gärkammer (Pferde u. a.) und immunologische Aufgaben. Hier kann mit Hilfe von Mikroorganismen cellulosehaltige Nahrung aufgeschlossen werden oder auch Bildung von Vitaminen (B-Gruppe) erfolgen. Mitunter wird der Inhalt der Blinddärme gesondert abgesetzt und dann oral aufgenommen (Caecotrophie, z. B. bei Hyracoidea und Rodentia). Der erste Teil des Säugerdünndarms ist der Zwölffingerdarm (Duodenum). In seiner Wand liegen z. T. die Duodenaldrüsen (Brunnersche Drüsen) und der Ausführungsgang von Leber und Pankreas. Der Enddarm (proximal: Dickdarm = Colon, distal: Mastdarm = Rectum) trägt oft keine Zotten mehr; seine Hauptaufgabe ist die Wasserresorption.

Leber. Die Leber entsteht embryonal als Aussackung des Dünndarms, mit dem sie über den Gallengang verbunden bleibt. Dieser führt das Sekret der Leber, die Galle, ab, die eine Rolle bei der Fettverdauung spielt. Die Leber übernimmt zahlreiche zusätzliche Aufgaben (Nährstoffspeicherung, Entgiftung, Exkretion, Sekretion von Stoffen in den Blutstrom u. a.). Sie erhält nicht nur arterielles, sondern über die Leberpfortader auch venöses Blut, das aus den unpaaren Bauchorganen kommt und ihr z. B. aus dem Dünndarm resorbierte Nährstoffe direkt zuführt.

Pankreas. Das Pankreas (Bauchspeicheldrüse) ist die wichtigste Verdauungsdrüse des Dünndarms. Sie bildet Verdauungsenzyme, die ihm über einen oder mehrere Gänge zugeführt werden. Weiterhin entstehen in den Langerhansschen Inseln des Pankreas die Hormone Insulin, Glucagon, Somatostatin und Pankreatisches Polypeptid.

Rectaldrüse. Diese in den Enddarm mündende Drüse der Knorpelfische scheidet Natriumchlorid aus. Auch *Latimeria* besitzt eine Rectaldrüse.

Blutgefäßsystem

Das ursprüngliche Blutgefäßsystem der Wirbeltiere ist bereits geschlossen und besteht aus Herz, Arterien und Venen (Abb. 324). Arterien leiten Blut vom Herzen weg. Venen führen dem Herzen Blut zu. Der O_2-Gehalt spielt bei diesen Namen keine Rolle. Ein Modell für den ursprünglichen Verlauf der Gefäße stellt das Gefäßsystem von *Branchiostoma* dar. Dieses weicht nur in wenigen Punkten von dem im folgenden geschilderten Grundschema ab. Das Herz liegt ventral direkt hinter der Kiemenbogenregion. Von ihm geht die unpaare ventrale Aorta (Truncus arteriosus) aus, die in der Mittellinie des Körpers verläuft und Blut nach vorn transportiert. Sie teilt sich vorn in zwei äußere Carotiden, die die Kopfregion versorgen. Im Bereich der Kiemenspalten gehen rechtwinklig von der ventralen Aorta paarweise Aortenbögen ab, die ursprünglich (wirbellose Chordaten) wohl primär keine respiratorische Funktion besitzen, sondern nur Blut in die dorsale Körperregion bringen. Ihre Zahl ist zunächst groß und beträgt bei den fossilen Agnathen 10 und bei manchen Myxinoidea 14. Sie münden in die paarigen Wurzeln der dorsalen Aorta ein, die das Blut in die verschiedenen Regionen des Körpers bringt. Die Aortenwurzeln verschmelzen im Bereich der Leber zur Aorta descendens, die im Schwanz in die Caudalarterie übergeht. Die nach vorn gerichteten Abschnitte der Aortenwurzeln versorgen das Gehirn und werden innere Carotiden genannt. Von der Aorta gehen im Abdomen drei unpaare Gefäße ab: die Arteria (A.) coeliaca (zu Magen und Leber), A. mesenterica superior (Dünndarm), A. mesenterica inferior (Dickdarm). Die Gefäße zu Nieren, Gonaden und Körperwand sind paarig.

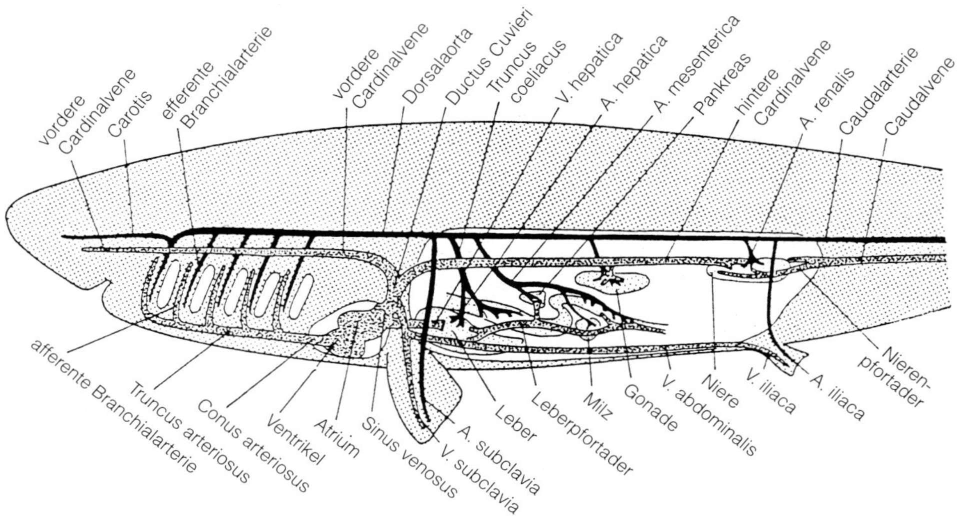

Abb. 324: Blutgefäßsystem eines Haies. Gefäße mit O_2-reichem Blut schwarz, Gefäße mit O_2-armem Blut punktiert. Nach Goodrich

Es lassen sich schematisch 4 Gruppen von Venen unterscheiden:

1. Ein subintestinales System, das das Blut vom Darm zum Herzen leitet und das ursprünglich mit einem caudalen venösen Ring um die Kloake in Beziehung steht. Mit der Entwicklung der Leber wird die Subintestinalvene in die vorn gelegene Lebervene (V. hepatica) und einen hinteren Gefäßanteil zerteilt. Dieser verliert früh die Beziehung zum Kloakenring und wird dann in seinem Hauptstamm Leberpfortader genannt. Zwischen Leberpfortader und Lebervene vermittelt ein venöses Capillarnetz in der Leber.

2. Die Cardinalvenen leiten Blut vom Kopf und aus dem dorsalen Teil des Rumpfes sowie i. a. auch von den Extremitäten zum Herzen. Sie werden bei den Tetrapoden langsam durch die Hohlvenen (Vv. cavae) ersetzt. Primär existieren paarige vordere und hintere Cardinalvenen, die dorsal verlaufen und in Höhe des Herzens zu den Ductus Cuvieri (Venae cardinales communes) zusammenfließen. Diese münden in den Sinus venosus des Herzens ein. Bei den Amphibien entwickeln sich aus der vorderen Cardinalvene die innere und die äußere Jugularvene. Der Ductus Cuvieri nimmt mit Entwicklung einer Halsregion einen Längsverlauf an und bildet die Fortsetzung der Jugularvenen. Er wird bei den Tetrapoden i. a. vordere Hohlvene (V. cava anterior) genannt. Auf ihrem Weg zum rechten Vorhof des Herzens nimmt diese die Vena subclavia auf, die aus den Vorderextremitäten kommt. Bei einigen Säugern (einschließlich *Homo sapiens*), wird noch die linke vordere Hohlvene rückgebildet, so daß das gesamte Blut aus Kopf, Hals und Vorderextremitäten über ein Gefäß, die rechte vordere Hohlvene, in den rechten Vorhof geleitet wird. Die hinteren Cardinalvenen sind zunächst einfache paarige Gefäße, die das Blut aus Schwanz, Gonaden, Nieren und hinterer Rumpfwand sammeln. Bei Haien, Knochenfischen, Amphibien, Reptilien und in geringem Maß bei Vögeln bildet sich ein Nierenpfortadersystem. Das Blut aus Schwanz und hinterem Rumpf fließt nun zunächst in einem Capillarsystem durch die Niere und dann erst in die hinteren Cardinalvenen. Dieses Pfortadersystem fehlt den Säugern. Bei den Tetrapoden werden die hinteren Cardinalvenen weiter umgestaltet und langsam durch die unpaare hintere Hohlvene (V. cava posterior), wie sie bei Vögeln und Säugern vorliegt, ersetzt. Dieses Gefäß mündet allein oder zusammen mit der (den) vorderen Hohlvene(n) in den rechten Vorhof. Aus den hinteren Extremitäten fließt das Blut über die Vv. iliacae in die hintere Cardinalvene bzw. untere Hohlvene oder bei manchen Formen in die Abdominalvenen (s. u.).

3. Die unpaare(n) oder paarige(n) Abdominalvene(n) nehmen das venöse Blut der ven-

tralen Wand des Körpers auf. Sie verlieren langsam an Bedeutung und münden bei Amphibien und Reptilien in die Leberpfortader. Bei Säugern ist eine Abdominalvene embryonal erhalten und bildet die Nabelvene.

4. Die Lungenvenen treten bereits bei Fischen auf. Bei *Polypterus* münden sie wie bei Tetrapoden neben dem Sinus venosus direkt in den Herzvorhof. Der gemeinsame Einstrom O_2-armen, venösen (über den Sinus venosus) und O_2-reichen, arteriellen (über die Lungenvenen) Blutes in den Vorhof löst dann bei den Tetrapoden die Ausbildung einer Trennwand in diesem Herzteil aus.

Herz. Die Entwicklung des Bluthherzens geht aus von einem einfachen geraden Rohr über ein gewundenes, gekammertes Organ bei den Fischen bis zu den kompakten zweigeteilten Herzen der Vögel und Säuger. Unter den rezenten Wirbeltieren besitzt noch *Latimeria* ein gerades, nicht-gewundenes Herz.

Bereits bei den ältesten Fischen hat die Haut infolge des sich entwickelnden Knochenpanzers ihre Funktion als Atmungsorgan verloren. Diese Funktion wurde von der Kiemenspaltenregion übernommen, die damit nicht mehr ausschließlich im Dienst der Nahrungsaufnahme steht. Das capillare Netzwerk, das sich jetzt in diesem Bereich ausbildet, macht ein kräftiges Herz erforderlich, das das Blut von der ventralen zur dorsalen Aorta durch die engen Capillaren pumpt. Das Herz der Fische erfüllt 2 Aufgaben: einmal sammelt es das gesamte Blut aus dem Körper und zum zweiten treibt es das Blut mit kräftigem Druck in die Kiemenregion. Diesen beiden Aufgaben entspricht die Gliederung des Fischherzens in vier hintereinanderliegende Abschnitte. Hinten liegt der Sinus venosus, vor ihm das Atrium (Vorhof). Diese 2 Abschnitte sind dünnwandig und sammeln das Blut. Am Atrium können 2 seitliche Ausbuchtungen, die Aurikel, ausgebildet sein. Vor dem Atrium liegen dann der Ventrikel (Herzkammer) und ganz vorn der sehr verschiedengestaltige Bulbus cordis (Conus arteriosus). Diese beiden Abschnitte sind dickwandig, und ihre Muskulatur sorgt für die Kraft, das Blut aus dem Herzen auszutreiben. Das ableitende Gefäß ist die ventrale Aorta, die im Anfangsteil meist Truncus arteriosus genannt wird. Der Herzschlag läuft peristaltisch von hinten nach vorn. Die Kontraktionswelle entsteht immer endogen im Sinus venosus.

Das Herz der Fische ist S-förmig gekrümmt, wodurch das Atrium dorsal vor und über dem Ventrikel zu liegen kommt. Diese Lagebeziehung bleibt auch bei den landlebenden Vertebraten erhalten. Zwischen den einzelnen Kammern sind Klappen ausgebildet, die den Rückfluß des Blutes verhindern. Eine größere Zahl solcher Klappen befindet sich im Bulbus cordis. Bei Holosteern und Teleosteern ist dieser Bulbus rückgebildet und z. T. durch einen muskelstarken Bulbus arteriosus ersetzt (verstärkter erster Anteil des Truncus arteriosus). Auch bei Agnatha ist der Bulbus cordis schwach.

Beim Übergang vom Wasser- zum Landleben und damit von der Kiemen- zur Lungenatmung lassen sich auch Veränderungen im Bau des Herzens beobachten. Die Umbauten stehen vor allem im Dienst einer Trennung von sauerstoffreichem Blut, das aus den Lungen ins Herz fließt, und kohlendioxidreichem Blut aus dem Körper, das über den Sinus venosus in das Herz fließt. Das Herz der Fische liegt also vollständig im sauerstoffarmen Teil des Blutstromes. Die erste wichtige Veränderung besteht in der Unterteilung des Atriums in 2 Kammern, von denen die rechte das sauerstoffarme Blut aus dem Sinus venosus und die linke das sauerstoffreiche aus den Lungenvenen empfängt. Bei rezenten Lungenfischen und Urodelen ist das Atrium zum Teil, bei Anuren, Reptilien, Vögeln und Säugern völlig in zwei Räume getrennt.

Bereits bei den frühen Tetrapoden, zu denen die rezenten Amphibien zählen, läßt sich eine weitere trennende Einrichtung finden, die aber nicht eine weitgehende Vermischung des Blutes in den vorderen Kammern verhindert. Im Bulbus cordis ist nämlich ein zusätzliches Septum ausgebildet, das den Blutstrom in 2 Richtungen lenkt: 1. in die vorn und ventral gelegenen Gefäße der ventralen Aorta und 2. in das hintere dorsale Gefäßpaar, die Lungenarterien. Das Septum im Bulbus cordis verläuft schraubig; es lenkt die von links und rechts kommenden Blutströme in eine ventrale und dorsale Richtung ab. Weiterhin verliert der Sinus venosus an Wichtigkeit, sein Umfang ist bereits bei den Amphibien reduziert. Für Fische, deren Blutfluß in den Venen durch den höheren Wasserdruck behindert ist, ist eine große aufnehmende Kammer, die wenig Widerstand bietet, wichtig. Bei landlebenden Formen, auf denen nur ein relativ geringer atmosphärischer Druck lastet, ist ein solches Sammelbecken dagegen nicht erforderlich.

Bei den Reptilien läßt sich eine Reihe von Veränderungen gegenüber den vorgehend geschilderten Verhältnissen beobachten.

1. Der Sinus venosus wird weiter reduziert und fehlt sogar als eigener Abschnitt bei einigen Reptilien. Er fehlt aber nie völlig und bleibt als Ursprung der Erregung der Herzmuskulatur immer wesentlicher Teil der Herztätigkeit. Das erregungsbildende Gewebe, der sog. Sinusknoten, liegt bei hochentwickelten Reptilien und später auch bei Vögeln und Säugern in der Wand des Atriums als Rest des Sinus venosus in der Nähe der Einmündung der Venen.

2. Der Bulbus cordis verschwindet als eigene Herzkammer. Er bildet jetzt den Anfangsteil der großen Gefäße, die vom Herzen abgehen. Es handelt sich dabei um 2 Hauptgefäße, den mehr dorsal gelegenen Truncus pulmonalis, und den mehr ventral gelegenen Stamm, der zum übrigen Körper führt, und der bei den Krokodilen und Squamaten paarig ausgebildet ist. Komplizierte Klappeneinrichtungen sorgen dafür, daß der linke Ast dieses zum Körper führenden Gefäßstammes ebenfalls vorwiegend O_2-reiches Blut erhält.

3. Es erfolgt eine teilweise Unterteilung des Ventrikels, wodurch die Trennung der 2 Blutströme weiterhin begünstigt wird. Bei den Krokodilen ist der Ventrikel völlig in 2 Kammern getrennt. Diese Trennung erfolgt jedoch so, daß vom rechten Ventrikel sowohl der Truncus pulmonalis als auch der linke Ast des Körperstammes abgehen. Eigentümlicherweise ist aber dieser Ast durch Klappen, die sich nur in besonderen Notfallsituationen öffnen, fest gegen den rechten Ventrikel verschlossen, so daß er kein sauerstoffarmes Blut aus dem rechten Atrium erhält. Der damit eigentlich funktionslose linke Ast erhält aber trotzdem O_2-reiches Blut, und zwar durch das Foramen panizzae, welches linken und rechten Körperast an ihrer Überkreuzungsstelle kurz oberhalb des Herzens verbindet. Bei Vögeln und Säugern ist die Scheidewand des Ventrikels stets vollständig, so daß O_2-reiches und O_2-armes Blut sich nicht mehr mischen können. Damit ist eine optimale O_2-Versorgung des Körpers gewährleistet. Bei den Vögeln geht der linke Körperast (Aortenbogen) verloren. Bei den Säugern ist ebenfalls nur ein großes Gefäß, das den Körper mit Sauerstoff versorgt, vorhanden, hier ist es der linke Aortenbogen. Bei Embryonen ist noch ein Foramen zwischen linkem und rechtem Vorhof vorhanden, wodurch der Lungenkreislauf umgangen werden kann. Zwischen allen Herzabschnitten sind Klappen ausgebildet, die einen Rückfluß des Blutes verhindern. Das Herz der Fische, das allein Motor im sauerstoffarmen Teil des Gefäßsystems ist und dem die Aufgabe zukommt, dieses verbrauchte Blut in die Kiemen zu treiben, hat sich also bei den Vögeln und Säugern zu einer Doppelpumpe entwickelt, die zwei voneinander getrennte Kreislaufsysteme – Körper- und Lungenkreislauf – antreibt.

Kiemenbogengefäße (Abb. 325). Ausgangspunkt der folgenden Darstellung soll ein Stadium sein, in dem 6paarige Aortenbögen zwischen der ventralen Aorta und den paarigen dorsalen Aortenwurzeln vermitteln. Auch die ventrale Aorta ist im vorderen Abschnitt paarig und geht in die äußeren Carotiden über. Die Funktion der Aortenbögen besteht auf diesem Stadium nur im Transport des Blutes von ventral nach dorsal. In einem weiteren Stadium übernehmen sie Atmungsfunktionen, gleichzeitig bildet sich in den Wänden der Kiemenspalten ein Capillarnetz für den Gasaustausch aus. Die jeweiligen Aortenbögen, die in den Gewebestreifen zwischen den Spalten verlaufen, werden jetzt in eine zu- und abführende Kiemenarterie geteilt. In einem nächsten Evolutionsschritt teilt sich die abführende Arterie (A. epibranchialis) in 2 Äste, von denen der vordere Arteria praebranchialis und der hintere A. postbranchialis genannt wird. An dieses Stadium schließt sich die Ausbildung von Anastomosen zwischen prae- und postbranchialen Gefäßen benachbarter Spalten an, so daß um eine Kiemenspalte eine einheitliche Gefäßschlinge herumläuft. Vom 6. Epibranchialgefäß zweigt sich bei primitiven Knochenfischen *(Amia, Polypterus)*, Lungenfischen sowie Tetrapoden die Lungenarterie ab. Bei Osteichthyes und Chondrichthyes erfährt die vordere Kiemenregion im Zusammenhang mit der Ausbildung der Kiefer starke Veränderungen, die den 1. und 2. Kiemenbogen und die entsprechende Spalte betreffen (die Zählung erfolgt so, daß die Bögen jeweils hinter den entsprechenden Spalten liegen). Abb. 325 zeigt die Umbauten im Bereich der Kiemenbogenarterien innerhalb der Wirbeltiere. Bei erwachsenen Amphibien verschwinden die Kiemenspalten.

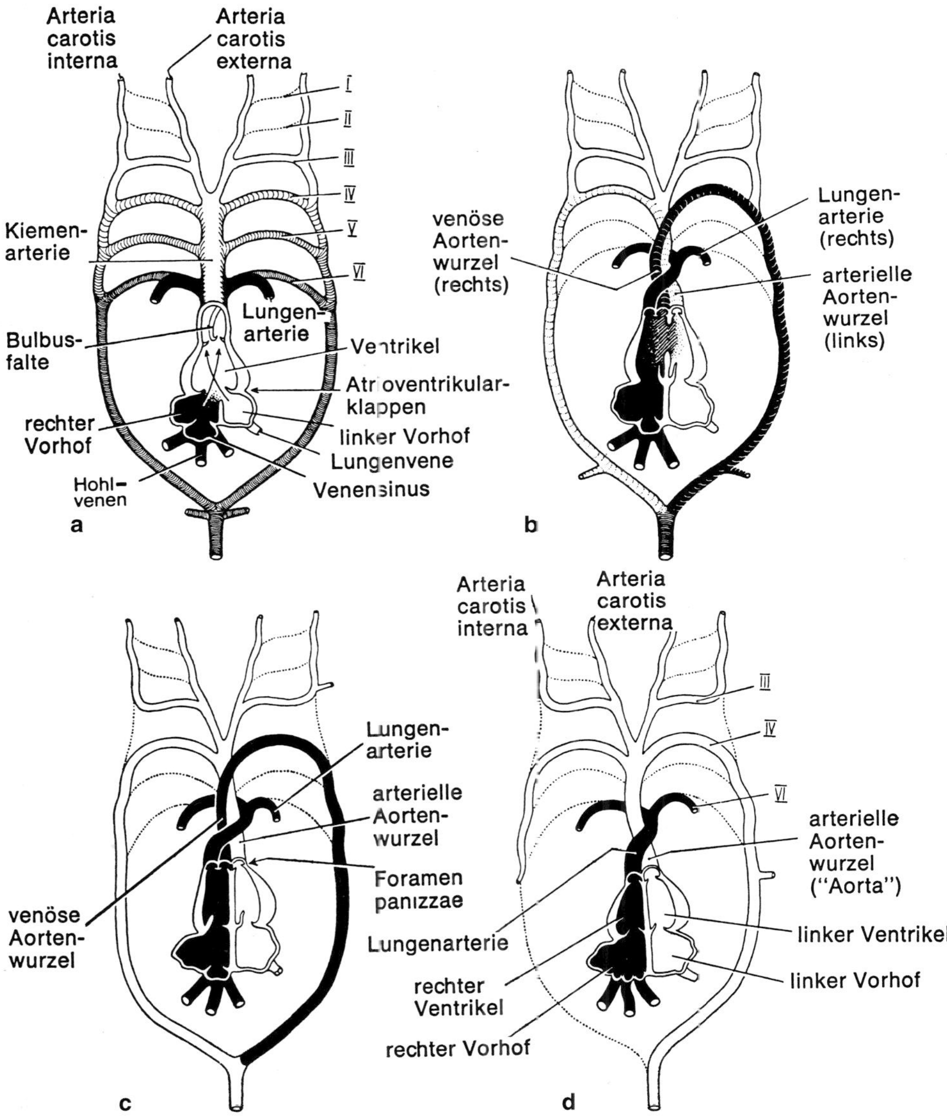

Abb. 325: Herz und Kiemenbogengefäße bei Wirbeltieren, Schema. a. Amphib (Urodela), b. Reptil (Squamata, Chelonia, Rhynchocephala), c. Krokodil, d. Säuger. I–VI: ursprüngliche 6 Kiemenbogengefäße; der rechte Anteil des vierten Bogens der Säuger wird zur Arteria subclavia. Nach Goodrich, Portmann

Eine Modifizierung bei vielen Reptilien besteht in der Teilung des Truncus arteriosus in drei Gefäße. Eins davon bildet den gemeinsamen Stamm der Lungenarterien (6. Bogen), der mit dem rechten Ventrikel in Verbindung steht. Die beiden anderen Gefäße gehen auf eine Teilung der verbleibenden Arterien in zwei Gefäße zurück. Hiervon ist eins in Verbindung mit dem linken Ventrikel und setzt sich in den rechten 4. Aortenbogen fort, und das andere steht in Verbindung mit dem rechten Ventrikel und setzt sich in den linken Bogen fort. Die Verbindung von 6. (Lungen-)Bogen und dorsaler Aorta wird bei neugeborenen Reptilien zum Ligamentum arteriosum (L. botalli) zurückgebildet.

Die vorgehend beschriebenen Veränderungen der Reptilien betreffen z. T. auch die Anuren, bei denen z. B. die ventrale Aorta ebenfalls gespalten ist, jedoch in unterschiedlicher Weise (Abb. 325).

Bei Säugern geht ein großer Teil des rechten 4. Bogens verloren (sein Ursprung geht auf im Abgangsstück der rechten A. subclavia), so daß der Körper in der Hauptsache vom linken 4. Bogen versorgt wird. Bei den Vögeln wird der Körper nur vom rechten 4. Bogen versorgt.

Im Laufe der Evolution der Kiemenbogenarterien sind zwei «Pannen» aufgetreten, die jedesmal durch umfangreiche und aufwendige Kompensationen wieder ausgeglichen wurden:

1. Die Rückführung des mit Sauerstoff beladenen Blutes aus der Lunge in das Herz und nicht in die dorsale Aorta. Kompensation: Ausbildung der Scheidewände und schraubiger Falten («Spiral»-falten) im Herzen.

2. Bei den Reptilien Ausbildung von 3 Gefäßen, die Blut aus dem Herzen fortleiten. Dadurch enthält wenigstens eins dieser Gefäße bei den gegebenen anatomischen Umständen gemischtes Blut. Kompensation: Zunächst Ableitung dieses gemischten Blutstromes über umständliche Falten- und Gefäßbildung in die Darmregion (A. coeliaca), in der der Bedarf an Sauerstoff nicht so groß ist wie z. B. im Kopfbereich; schließlich nur Ausbildung von 2 abführenden Gefäßen (je eins aus linkem und rechtem Herzen).

Lymphgefäßsystem

Das Lymphgefäßsystem ist im Gegensatz zum Blutgefäßsystem kein Kreislaufsystem, sondern besteht aus blindendigenden Kanälen, die die interstitielle Flüssigkeit der Organe sammeln und dem Blutgefäßsystem zuführen. Im Bereich des Dünndarmes kommt den Lymphgefäßen zusätzlich die Aufgabe des Abtransportes eines großen Teiles des resorbierten Fettes zu; sie werden hier oft Chylusgefäße genannt. Die netzartig angeordneten Lymphgefäße sammeln sich in größeren Stämmen, die in das Venensystem münden. Teleosteer und Amphibien haben besonders gut ausgebildete Lymphherzen.

Bei den Amphibien lassen sich zwei Entwicklungswege beobachten. Bei den Anuren sind umfangreiche Zisternen vorhanden, die die Lymphe sammeln, und das eigentliche Lymphgefäßsystem ist rückgebildet. Bei den Urodelen und Gymnophionen hat die Zahl der Gefäße zugenommen, und Zisternen sind klein und selten. Der Lymphabfluß wird von neurogen schlagenden Lymphherzen beschleunigt, die ursprünglich segmental angelegt waren. Ihre Zahl beträgt bei manchen Gymnophionen bis zu 200; bei Anuren sind es selten 10, meist nur 4, die an der Einmündung der wenigen größeren Lymphkanäle in das Venensystem liegen. Die Lymphherzen stehen im Gegensatz zum Blutherzen ausschließlich unter nervöser Kontrolle.

Bei den Reptilien ist ein gut ausgebildetes Lymphgefäßsystem vorhanden, das noch Lymphherzen besitzt.

Unter den Vögeln haben nur Ratiten noch Lymphherzen. Eine Neuentwicklung sind die Klappen im Lymphgefäßsystem, die den Flüssigkeitsstrom in eine Richtung lenken. Motor des Lymphstromes sind die Körperbewegungen.

Die Mammalier besitzen keine Lymphherzen, außerdem bildet sich die Zahl der Einmündungen in das Venensystem zurück. Bei der Mehrzahl der Säuger laufen die Lymphgefäße des Körpers zu einem größeren Kanal (dem Ductus thoracicus) zusammen, der oberhalb des Herzens in eine große Vene einmündet.

Blutzellen, blutzellbildende Organe

Sowohl mit Lymph- als auch mit Blutgefäßen stehen die sehr variablen blutzellbildenden (haemopoetischen) Organe in Beziehung. All diese Organe entstehen aus dem Mesoderm. Sie treten an unterschiedlichen Stellen auf, die meist auch noch bei Embryonen und Adulten verschieden sind. Bei vielen Fischen entstehen Blutzellen in Niere, Leber, Gonaden, Milz und Kiemendarm. Die Blutzellbildung bei Amphibien erfolgt v. a. in Leber, Milz und auch im strömenden Blut selbst. Neu ist bei Fröschen das rote Knochenmark, das dann bei Amnioten die Hauptaufgabe der Blutzellbildung übernimmt.

Zwei große, aus einer gemeinsamen Stammzelle hervorgehende Gruppen von Blutzellen existieren bei allen Vertebraten:

1. haemoglobinhaltige Erythrocyten (bei Säugern und wenigen anderen Wirbeltieren

kernlos), ihre Größe variiert von ca. 80 μm *(Amphiuma)* bis 4 μm *(Tragulus)*. Ihre Zahl nimmt bei den homoiothermen Vertebraten stark zu. Manchen Fischlarven (Glasaal) und den Eisfischen (Channichthyidae) fehlt Haemoglobin.

2. weiße Blutzellen (Leukocyten), die sich in Granulocyten, Lymphocyten, Monocyten und Thrombocyten gliedern lassen. Die Granulocyten (Neutrophile, Eosinophile, Basophile) besitzen einen segmentierten Kern und Einschlüsse (Granula), unter denen Lysosomen dominieren. Sie sind ebenso wie Lympho- und Monocyten befähigt, den Blutstrom zu verlassen, im Gewebe zu wandern und meist auch Fremdkörper oder andere Stoffe zu phagocytieren. Lymphocyten übernehmen, z. T. in abgewandelter Gestalt, wichtige Aufgaben der zellulären und humoralen Abwehr. Monocyten sind vielfach Vorstufen der Makrophagen. Thrombocyten dienen dem Verschluß verletzter Blutgefäße.

Lymphatische Organe

Von den blutzellbildenden Organen zu unterscheiden sind die lymphatischen Organe, die eine wichtige Rolle im Rahmen der Immunität bei der Abwehr von Fremdstoffen spielen. Sie bestehen aus einem lockeren reticulären Grundgewebe, in dessen Maschen sich Lymphocyten ansiedeln, vermehren und differenzieren. Diese Zellen (T- und B-Lymphocyten) übernehmen zahlreiche Abwehraufgaben. Verschiedene monocytäre Zellen assistieren dabei, indem sie den Lymphocyten Antigene präsentieren. Eigene lymphatische Organe sind Thymus, Milz, Lymphknoten (Bursa Fabricii nur bei Vögeln). Wichtig ist auch das reich entwickelte lymphatische Gewebe in der Darmwand (einschließlich Kiemendarm), in den Luft- und ableitenden Harnwegen. Manche lymphatische Organe, vor allem die Milz, bilden auch Erythro- und Thrombocyten.

Der Thymus entsteht aus der Kiemendarmregion und ist das erste lymphatische Organ in der Ontogenese. Er prägt die T-Lymphocyten und regt bei vielen Formen die Ausbildung anderer lymphatischer Organe an, vermutlich vermittels eines Hormons. Oft schon in der Jugend bildet sich der Thymus zurück. Er kommt in variabler Gestalt bei allen Gnathostomen vor, sein Vorhandensein bei Neunaugen ist unsicher, bei *Myxine* fehlt er.

Die Milz tritt erstmalig bei Agnathen auf, sie entspricht hier – und auch bei Lungenfischen – Ansammlungen lymphatischen und blutzellbildenden Gewebes in der Darmwand. Bei den anderen Fischen und Tetrapoden ist sie ein abgegrenztes rotes Organ im dorsalen Mesenterium in Nähe des Darmes. Die Milz niederer Formen bildet Blutzellen (auch bei Säugerembryonen), häufig speichert sie Blut, meist ist auch Blutzellenzerstörung (vor allem Erythrocytenabbau) nachgewiesen. Vor allem erfüllt sie Funktionen der Immunität.

Lymphknoten kommen zahlreich bei Säugetieren, in etwas anderer Bauart und seltener auch bei Krokodilen und Vögeln vor. Sie gehen aus einfachen Anhäufungen lymphatischen Gewebes hervor, das auch bei den anderen Wirbeltieren auftritt. Sie sind in den Strom der Lymphbahnen eingeschaltet und jeweils bestimmten Körperregionen zugeordnet. In der Rindenzone der Knoten liegen Anhäufungen von Lymphocyten (Lymphfollikel), in denen sich bei Infektionen Reaktionszentren bilden, die Ausdruck der Umwandlung von B-Lymphocyten in antikörperbildende Plasmazellen sind.

Die Bursa Fabricii ist eine dorsale Ausstülpung der Kloake der Vögel, deren Wand Lymphocyten enthält. Hier werden die B-Lymphocyten geprägt, die sich in antikörperbildende Zellen umwandeln können. Wie der Thymus bildet sich die Bursa schon in der Jugend zurück. Prägung der B-Lymphocyten der Säuger erfolgt im Knochenmark.

Urogenitalsystem

Da zwischen Nieren- und Geschlechtsorganen enge räumliche und entwicklungsgeschichtliche Beziehungen bestehen, werden sie gemeinsam als Urogenitalsystem besprochen.

a. Nieren (Abb. 326–330). Die primitive Wirbeltierniere wird Holonephros genannt. Ein solches Organ erstreckt sich gleichförmig von der Kopf- bis in die Kloakenregion und besteht aus segmentalen Kanälchen (Tubuli), die durch einen gemeinsamen Gang, den primären Harnleiter (= Wolffschen Gang), nach außen münden. Die Kanälchen öffnen sich mit einem Wimpertrichter (Nephrostom) ins Coelom und

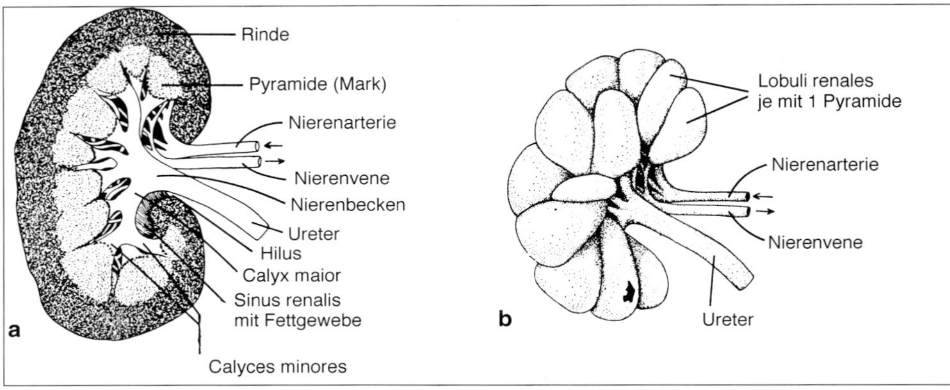

Abb. 326: Niere der Säugetiere. a. Längsschnitt einer Niere vom Schwein (äußerlich ungegliedert), b. Außenansicht einer gegliederten Niere (Bär). Nach Weichert, Walker

sind ursprünglich auch die Ausleitungswege für die Keimzellen, die exkretorische Funktion ist aber dominant. Besonders verständlich wird diese Funktion dadurch, daß Blutgefäßknäuel (Glomeruli) in Nähe der Kanälchenöffnungen ein Filtrat in das Coelom abscheiden (äußere Glomeruli). Solche Gefäßknäuel existieren bereits bei *Branchiostoma*. Ein Holonephros kommt nur noch in der Entwicklung von Myxinoidea und Gymnophionen vor, sonst erfährt er vielfache Umwandlungen.

Bei den erwachsenen Formen der Knorpelfische und Amnioten wird der vordere Teil des Holonephros (Pronephros, Vorniere) stets rückgebildet, embryonal aber noch angelegt. Bei adulten Schleimaalen, einigen Knochenfischen und einigen Amphibienlarven bleibt ein Pronephros erhalten und besteht aus einigen Wimpertrichtern, die in die Leibeshöhle münden. Bei Neunaugen und vielen Knochenfischen bildet die Vorniere der Erwachsenen ein lymphatisches Organ. Solche Gebilde sowie bei Larven oder Adulten funktionstüchtige Vornieren werden auch Kopfnieren genannt.

Der hinter dem Pronephros liegende Teil des Holonephros wird oft Opisthonephros genannt. In seinem Bereich wird die Anzahl der pro Segment gebildeten Tubuli erhöht, die segmentale Organisation geht verloren; offene Verbindungen zur Leibeshöhle fehlen meistens. Das Filtrat aus den Glomeruli wird stets in einen kleinen, von der Leibeshöhle abgegliederten Raum abgeschieden, der Coelomderivat ist und auch Nephrocoel genannt wird. Dieser Raum wird von der Bowmanschen Kapsel begrenzt, sein einziger Ausgang ist das Nierenkanälchen (s. u.).

Der Opisthonephros entwickelt sich bei den einzelnen Wirbeltieren unterschiedlich. Aus verschiedenen Gründen herrscht aber leider keine Einheitlichkeit in der Benennung der Nieren oder ihrer Teile bei den einzelnen Gruppen. So werden z. B. die Nieren der Anamnier auch Meso-, die der Amnioten auch Metanephros genannt.

In den meisten Gruppen werden bei männlichen Tieren der vordere Teil des Opisthonephros und der primäre Harnleiter in den Dienst der Genitalorgane gestellt: Pars sexualis des Opisthonephros, der hintere exkretorische Teil heißt dann Pars renalis des Opisthonephros.

Die Niere (Opisthonephros) der Neunaugen und der meisten Teleosteer ist ein einheitliches Organ. Die Ausleitung des Harns erfolgt durch den primären Harnleiter, die Gonaden gewinnen keine Beziehung zur Niere und zu diesem Gang. Bei Knorpelfischen und Amphibien werden die Kanälchen im vorderen Teil des Opisthonephros – wie auch bei Amnioten – bei den männlichen Tieren in das Ausleitungssystem des Hodens übernommen; der primäre Harnleiter übernimmt dann also zusätzlich die Ausleitung der Spermien (Harnsamenleiter). Bei männlichen Elasmobranchiern hat die Pars sexualis des Opisthonephros überhaupt keine Nierenfunktion mehr und wird Leydigsche Drüse genannt. Eine Folge dieser Entwicklung ist, daß sich bei Haien, Urodelen und manchen Anuren caudal an der Niere ein neuer Harnleiter ausbildet, der Ureter genannt wird, aber

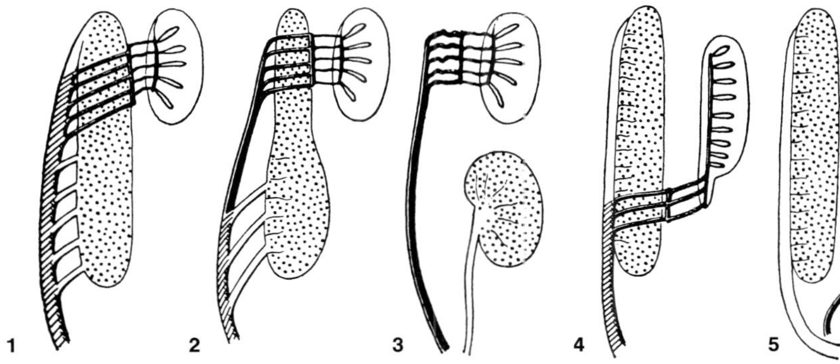

Abb. 327: Schematische Darstellung der Verknüpfung von Gonaden (weiß) und Nieren (punktiert) bei verschiedenen männlichen Wirbeltieren. 1. Ausgangsstadium; 2. Stadium mit Beckenniere (caudaler Opisthonephros), Haie, Urodelen, abführende Kanäle des Hodens (Vasa efferentia) vorn; 3. Stadium, auf dem die Niere einen eigenen, neugebildeten Harnleiter (Ureter) besitzt, Amnioten; 4. Stadium mit hinteren abführenden Kanälen des Hodens, *Lepidosiren;* 5. Stadium mit eigenem abführenden Kanal (Vas deferens) des Hodens, Teleosteer. Nach Remane, Storch, Welsch

nicht mit dem Ureter der Amnioten homolog ist. Der neue Harnleiter, der auch in Vielzahl auftreten kann, existiert bei vielen Formen gemeinsam mit einem primären Harnleiter, der noch den Harn der cranialen Abschnitte der Niere aufnimmt. Bei einigen Haien, Urodelen und Anuren sind dann beide Systeme getrennt, Spermienleitung übernimmt der primäre Harnleiter, Harnleitung der neue Ureter. Besonders variabel verhalten sich die Anuren. Auch einige Teleosteer *(Anguilla)* bilden für die caudalen Nierenanteile einen neuen Harnleiter aus (Abb. 327). Die Lungenfische zeigen in ähnlicher Weise wie Teleosteer die Tendenz zur getrennten Ausleitung, jedoch besteht caudal stets eine Verbindung Hoden–Niere, bei *Protopterus* nur über ein caudales Nephron.

Die Nieren der erwachsenen Amnioten entsprechen einer kompakten Form eines caudalen Opisthonephros, also einer Pars renalis dieses Organs. Sie besitzen einen eigenen Harnleiter, den Ureter, dessen Anfangsteil bei Säugern in die Niere eingesenkt ist und hier das Nierenbecken bildet.

Die Nieren der Amnioten machen kennzeichnende Stadien in der Embryonalentwicklung durch, die aber nur z. T. die phylogenetische Entwicklung widerspiegeln. Zunächst entsteht eine kurze Tubulusreihe im Bereich der künftigen Halsregion, des Pronephros, mit dem der primäre Harnleiter in Verbindung steht. Diese vorderen Tubuli funktionieren gar nicht oder nur kurze Zeit. Caudal schließt sich dann ein weiteres Tubulussystem an, das zum Opisthonephros gehört und das während der größten Zeit des Embryonallebens der Säuger die Ableitung von Exkreten übernimmt. Diese embryonale Struktur wird Mesonephros (Urniere) oder auch schon Pars sexualis des Opisthonephros genannt, weil sie wie schon erwähnt beim Erwachsenen in das System der Ausführgänge der Hoden übernommen wird. Später (bei Reptilien erst nach der Geburt bzw. dem Schlüpfen, bei Säugern früher) wird auch der Mesonephros ersetzt durch die in der Lendenregion liegende Pars renalis des Opisthonephros. Diese Niere der erwachsenen Amnioten wird auch Metanephros oder Nachniere genannt. Sie mündet mit einem neuen (sekundären) Harnleiter, dem Ureter, aus, während der primäre Harnleiter bei männlichen Tieren ganz in das Reproduktionssystem übernommen wird.

Bei adulten Säugern ist die Niere ein kompaktes oder gelapptes Organ (Abb. 326). Eine besonders starke Gliederung weist sie bei wasserlebenden Säugern, Bären und Boviden auf. Die einzelnen Nieren sind mikroskopisch in Mark und Rinde gegliedert.

Beim weiblichen Geschlecht fehlen die engen Beziehungen zwischen Gonaden und Nieren. Die Eier werden stets über eigene Gänge ausgeführt (Eileiter, Oviduct, Müllerscher Gang), die auch bei männlichen Tieren rudimentär angelegt sein können. Dennoch kommt es auch bei weiblichen Amnioten zur Ausbildung eines Ureters, der primäre Harnleiter ist dann oft noch rudimentär nachweisbar (Gartnerscher

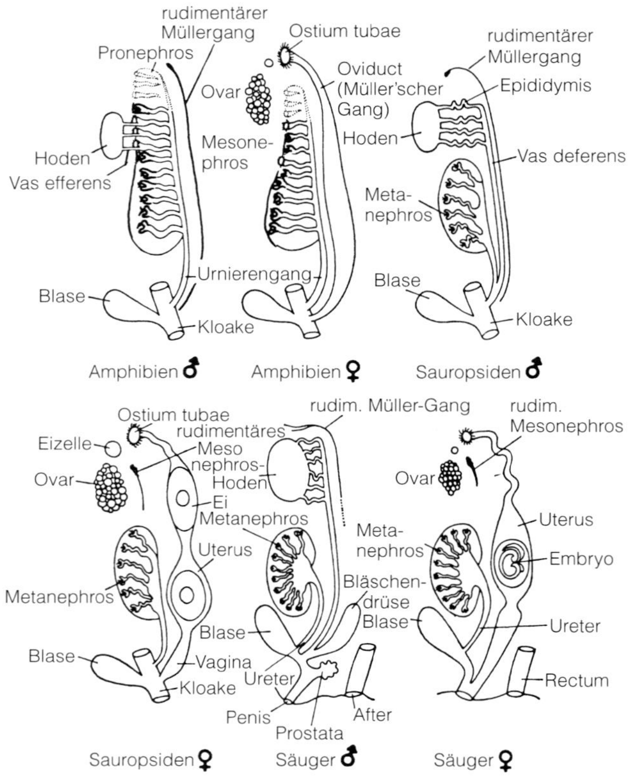

Abb. 328: Urogenitalsysteme von Amphibien und Amnioten. Nach Kühn

Gang). Auch bei vielen weiblichen Haien und Urodelen liegt wie bei Männchen ein Ureter vor.

Die mikroskopische Baueinheit der Nieren aller Wirbeltiere ist das Nephron, das sich aus Nierenkörperchen (Malpighisches Körperchen) und Nierenkanälchen (Nierentubulus) zusammensetzt (Abb. 329). Das Nierenkörperchen besteht aus einem Capillarknäuel (Glomerulus), das von einer doppelten Hülle (Bowmansche Kapsel) umgeben wird. In den Spaltraum (Nephrocoel) zwischen den 2 Blättern wird das Ultrafiltrat abgegeben; aus ihm heraus führt das vielfach gewundene Nierenkanälchen, das dann in den Harnleiter (primär oder sekundär) einmündet. Das Kanälchen besitzt bei den einzelnen Wirbeltiergruppen recht unterschiedlichen Aufbau. Bei den meisten Vertebraten lassen sich proximale und distale Abschnitte unterscheiden, zwischen denen bei Tetrapoden meist ein Überleitungsstück liegt. Bei Vögeln und Säugern nehmen die Kanälchen einen schleifenförmigen Verlauf (Henlesche-Schleife), indem sie von der Rinde ins Mark und wieder zurück in die Rinde ziehen. Hier gehen sie in die sog. Sammelrohre über, die zurück zum Mark laufen und in das Nierenbecken münden. Für die Funktion der Nephrone besonders wichtig ist ihre Verbindung mit dem Blutgefäßsystem (Abb. 329). Die Zahl der Nephrone in der Säugerniere kann bei großen Formen einige Millionen erreichen, bei Amphibien nur einige Tausend. Das beschriebene Nephron ist erst im Laufe der Wirbeltier-Evolution entstanden. Es ist vermutlich aus einem metanephridienähnlichen Tubulussystem hervorgegangen, das mit der Leibeshöhle in offener Verbindung stand; der Glomerulus hat ein Ultrafiltrat in die Leibeshöhle abgegeben (äußerer Glomerulus). Glomerulus und Coelomoduct haben sich im weiteren Verlauf der Entwicklung von der Leibeshöhle getrennt (Abb. 330). Auch die Tubu-

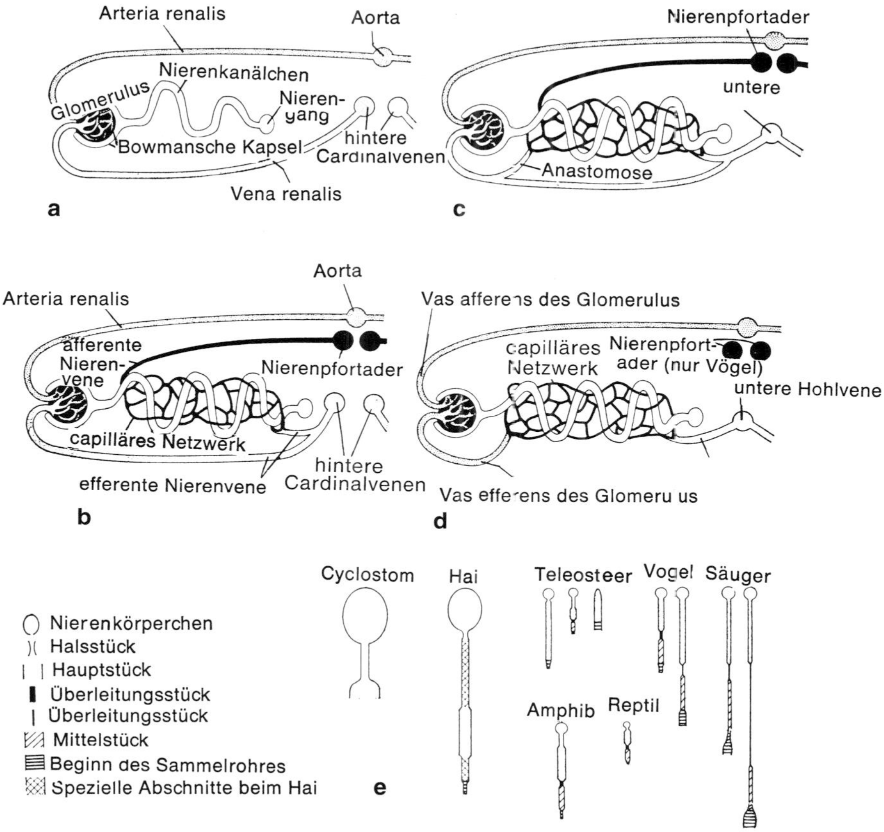

Abb. 329: Nierengefäße und Nephrontypen. a–d. Evolution der Gefäßversorgung des Nephrons. a. Agnathen; b. gnathostome, wechselwarme Wirbeltiere, c. hypothetische Übergangsform zwischen b und d; d. homoiotherme Wirbeltiere. e. Nephrontypen bei Wirbeltieren, beachte die unterschiedliche Größe der Nierenkörperchen und der Überleitungsstücke. Nach Smith

lusapparate sind in den einzelnen Wirbeltiergruppen recht unterschiedlich gebaut:

a) Bei Elasmobranchiern, Süßwasserteleosteern und Amphibien ist das Malpighische Körperchen und damit die Filtratmenge relativ groß. Die Tubuli der Elasmobranchier sind auffällig lang und gewunden.

b) Bei marinen Teleosteern und Reptilien ist der Glomerulus klein und kann sogar fehlen (aglomerulärer Typ des Nephrons). Die Wasserabgabe kann entsprechend gering gehalten werden. Bei den marinen Teleosteern sind die proximalen Tubuli umfangreich, sie scheiden beim Trinken aufgenommene Magnesium- und Sulfationen aus.

c) Bei Vögeln und besonders bei Säugern ist der Glomerulus verhältnismäßig groß. Im Unterschied zu den anderen Gruppen ist zwischen proximalem und distalem Tubulus die Henlesche Schleife eingefügt. Ultrafiltration in großem Umfang ist mit beträchtlicher Rückresorption verbunden. Bei Wüstennagern ist die Rückresorption so effektiv, daß die Aufnahme von Wasser wochen- oder sogar monatelang unterbleiben kann.

Typ a) kommt v. a. bei Tieren vor, die in einem Medium leben, welches eine geringere Osmolarität besitzt als die Körperflüssigkeit. Durch Osmose nehmen die Tiere daher dauernd Wasser auf, welches wieder eliminiert werden muß. Süßwasserfische und Amphibien geben täglich bis zu 30 % des Körpergewichtes an Harn ab. Meeresfische dagegen sind der Entwässerung ausgesetzt, da das umgebende

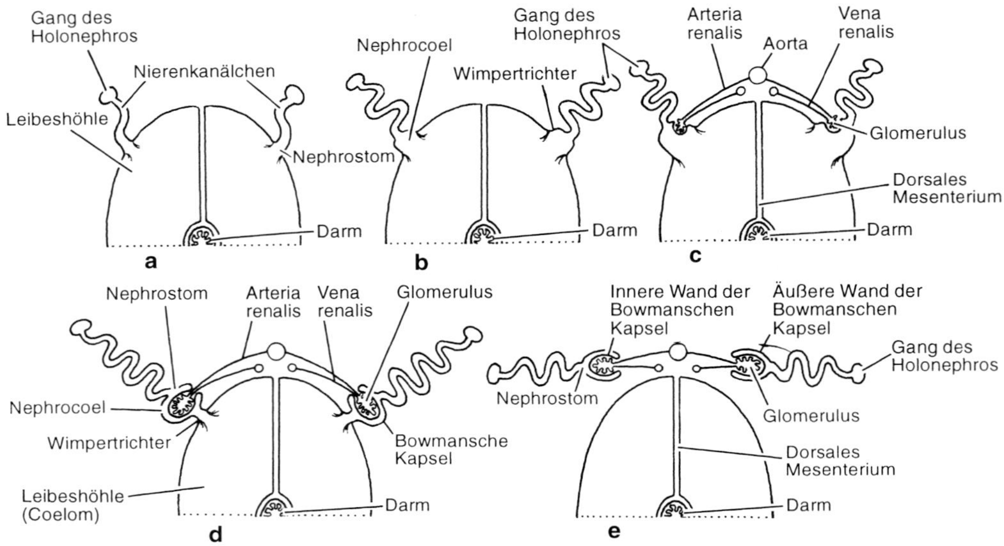

Abb. 330: Evolution des Nierenglomerulus. a. Ausgangsform, b. Wirbeltier ohne Glomerulus in Nähe des Wimpertrichters, Filtration erfolgt wie bei a. an anderer Stelle in die Leibeshöhle hinein. c. äußerer Glomerulus am Wimpertrichter, d. innerer Glomerulus noch mit Verbindung zur Leibeshöhle. e. innerer Glomerulus ohne Verbindung zur Leibeshöhle. Nach Smith

Milieu eine höhere Salzkonzentration aufweist. Das Wasser muß also zurückgehalten, dafür aber Salze abgegeben werden. Der Filtrationsapparat fehlt daher oder ist doch rückgebildet. Salze und Exkrete werden dagegen auch an anderen Körperoberflächen eliminiert (Kiemen). Teleosteer, die in Gewässern unterschiedlicher Salzkonzentration zu leben vermögen, können die Menge filtrierender Glomeruli ganz erheblich variieren.

Landwirbeltiere haben ähnliche Probleme wie marine Fische: Sie müssen das Wasser in ihrem Körper zurückhalten. Reptilien besitzen ein reduziertes Nierenkörperchen, ähnlich wie die Knochenfische des Meeres. Bei Vögeln und Säugern erreicht die intensive Rückresorption die höchsten Werte im Tierreich. Besondere Verhältnisse sind bei den Haien zu beobachten. Obwohl marin, besitzen sie verhältnismäßig große Glomeruli. Ihr Blut wird durch einen hohen Harnstoffgehalt mit dem Meerwasser isotonisch gehalten. Haie und Teleosteer haben sich also den Meereswasserbedingungen auf verschiedene Weise angepaßt. Süßwasserstachelrochen *(Potamotrygon)* fehlt übrigens die Harnstofferhöhung, und sie haben den Ionengehalt im Blut – wie Süßwasserteleosteer – insgesamt reduziert.

Die Funktion der Nieren besteht keineswegs nur in der Exkretabgabe. Vielmehr findet hier eine Regulation des Wasser- und Salzhaushaltes statt. Das Regulationsvermögen tritt zum Beispiel dadurch zutage, daß bei erhöhter Flüssigkeitsaufnahme viel schwach konzentrierter Harn, bei Durst jedoch wenig, aber stark konzentrierter Harn abgegeben wird. Außerdem wirkt die Niere bei der Aufrechterhaltung der Absolutreaktion des Blutes mit, indem sie bei Gefahr der Blutübersäuerung (Acidose) Säure, bei Gefahr der Verschiebung zum alkalischen Bereich (Alkalose) Alkali im Überschuß abgibt. Daß die Exkretabgabe nur eine und oft untergeordnete Funktion der Niere ist, zeigen viele Knochenfische: Haut und Kiemen geben bei manchen Süßwasserteleosteern bis zu zehnmal mehr Stickstoffverbindungen ab als die Nieren.

b. Genitalorgane. Die Gonaden sind mesodermalen Ursprungs und entstehen medial in Nähe der Nieren. Die Keimzellen entstehen allerdings im Entoderm des caudalen Urdarms und wandern erst sekundär in die Genitalorgane ein. Ein Teil der Genitalanlage geht oft in der Bildung eines Fettkörpers auf.

1. Die männlichen Keimdrüsen (Hoden, Testes) liegen meist paarig an der Wand der dor-

salen Leibeshöhle. Bei vielen Säugern werden sie periodisch oder dauernd in einen extraabdominalen Hautsack (Scrotum) verlagert (Descensus testium). Die Hoden bestehen aus Samenkanälchen (Tubuli seminiferi), in denen die Spermienbildung erfolgt, und Bindegewebe mit den Leydigschen Zwischenzellen, die androgene Hormone produzieren. Die Ausleitung der Spermien erfolgt über den Ductus deferens. Dieser ist ein eigener Gang (Teleosteer) oder entspricht dem primären Harnleiter (s. S. 533). Besondere Verhältnisse liegen bei den Agnathen vor. Zur Zeit der Geschlechtsreife wachsen die Gonaden stark an, die anderen Organe der Leibeshöhle atrophieren mehr oder minder stark. Die Spermien gelangen frei in die Leibeshöhle und werden über sog. Abdominalporen ausgestoßen. Bei Chondrosteern, Lungenfischen, manchen Amphibien u. a. übernimmt noch der primäre Harnleiter den Spermientransport.

Bei den Amnioten bilder der Anfangsteil des Ductus deferens einen geknäuelten Abschnitt (Nebenhoden, Epididymis), der Spermien speichert. Die Ausmündungsstelle des Ductus deferens liegt meist in der Kloake; bei Teleosteern mündet er aber sehr oft selbständig. Bei Säugern erfolgt die Ausmündung von Harn und Geschlechtsprodukten wieder gemeinsam über eine Urethra, nachdem zunächst phylogenetisch eine Trennung erfolgt war. Weiterhin kennzeichnen eine Reihe von Anhangsdrüsen (Bläschendrüsen, Prostata und Cowpersche Drüsen) die ableitenden Geschlechtswege.

2. Die weiblichen Genitalorgane (Ovarien, Eierstöcke) liegen ebenfalls dorsal in der Rumpfwand. Öfter finden sich Asymmetrien, z. B. ist bei Haien und Vögeln meist nur ein Ovar ausgebildet. Die Ovarien sind kompakt (Haie, Säuger) oder enthalten flüssigkeitshaltige Hohlräume (Ovarialhöhle, Amphibien, Reptilien).

Die Eizellen sind von Follikelzellen umgeben. In den Follikeln treten bei Eutheria während der Reifung Hohlräume auf. Weiterhin bildet das Ovar weibliche Geschlechtshormone.

Die Ableitung der reifen Eier erfolgt über Oviducte, die bei den Wirbeltieren Müllersche Gänge genannt werden. Diese sind Eigenbildungen oder spalten sich während der Entwicklungsgeschichte vom primären Harnleiter ab (Elasmobranchier, Amphibien). Bei Stören sind sie ein Seitenzweig des primären Harnleiters. Der Müllersche Gang besitzt i. a. einen offenen Trichter (Infundibulum), der sich dem Ovar anlegt und die reifen Eier, die durch Platzen der Oberfläche des Ovars frei werden, aufnimmt.

Bei Agnathen fehlt ein Müllerscher Gang. Die Eier gelangen in die Leibeshöhle und werden über Abdominalporen nach außen geleitet. Bei Teleosteern fehlt auch ein Müllerscher Gang; er wird durch einen Gang ersetzt, der sich vom Coelom abfaltet. Das langgestreckte Ovar faltet sich ein und bildet einen inneren Hohlraum, der die Eier zuerst aufnimmt und sie dann in den kurzen neuen Oviduct überführt. Salmoniden entlassen Eier und Spermien frei in die Leibeshöhle, von wo sie über kurze Kanäle ausgeleitet werden. Auch die primitiven Knochenfische entlassen die Eier in die Leibeshöhle, von wo sie aber über einen Müllerschen Gang abgeführt werden. Lungenfische besitzen ebenso wie Amphibien normale Verhältnisse, d. h. die Eier werden direkt vom Müllerschen Gang aufgenommen.

Im Verlaufe des Eileiters treten meist besondere Regionen auf, die an der Hüllenbildung des befruchteten Eies beteiligt sind (Nidamental = Schalendrüsen u. ä.). Auch Placentabildung tritt im Verlauf des Eileiters auf (einige Haie, Amphibien und Reptilien, fast alle Säuger). Bei den Säugern gliedert sich der Müllersche Gang in drei Anteile: 1. die Tuba uterina mit dem Ostium tubae, das die Eier auffängt, 2. den Uterus (Gebärmutter), 3. die proximale Vagina. Bei den Monotremen ähnelt der Eileiter noch dem der Reptilien (Schalendrüsen). Bei Marsupialiern sind linke und rechte Vagina zunächst getrennt, verschmelzen dann aber zu einem unpaaren Raum, dem Sinus vaginalis; in diesen münden die paarigen Uteri (s. S. 685). Bei den Eutheria ist nur eine Vagina vorhanden, die Uteri verschmelzen in unterschiedlichem Ausmaß (getrennte Uteri: Uterus duplex [Nager], Uteri nur caudal verschmolzen: Uterus bipartitus [z. B. Carnivoren], Uteri zur Hälfte verschmolzen: Uterus bicornis [z. B. Insectivora, Perissodactyla], Uteri völlig verschmolzen: Uterus simplex [Simiae, Abb. 413]).

Kloake. Viele Wirbeltiere besitzen hinten ventral am Rumpf eine Kloake, d. h. eine Einsenkung, in die der Darmkanal, die Harn- und die Geschlechtsleiter einmünden. Sie entsteht aus dem ectodermalen Proctodaeum und einem caudalen Darmabschnitt und ist in typischer Form bei Elasmobranchiern, Lungenfischen, Amphibien, Reptilien, Vögeln und Monotremen ausgebildet. Bei den Teleosteern ist sie gering entwickelt oder fehlt sogar; z. T. existiert dann ein Sinus urogenitalis, und der After mündet getrennt (Neunaugen, manche Knochenfische), bei den meisten Teleosteern münden sogar alle drei Systeme getrennt. Auch bei Beuteltieren und Eutheria wird die Öffnung des Darmkanals von der des Urogenitalsystems getrennt.

Kopulationsorgane. Elasmobranchier haben medial an der Bauchflosse einen Anhang, der Mixopterygium oder Pterygopodium genannt wird; gemeinsam bilden diese Anhänge eine Rinne, die die Spermien aufnimmt und die mit einem muskulösen Hilfsapparat, dem Sipho, in Verbindung steht. Dieser erzeugt einen Wasserstrom, der die Spermien vorantreibt. Einige Teleosteer weisen zu Kopulationsorganen umgebildete Afterflossen auf (Gonopodien). Der Frosch *Ascaphus* und Gymnophionen stülpen die Kloake aus. Amnioten besitzen penisartige Bildungen, die bei Schlangen und Eidechsen Hemipenes genannt werden. Es sind paarige Gebilde, die ausstülpbaren Taschen der Kloake entsprechen. Bei Chelonia und Krokodilen finden sich in der Wand der Kloake zwei schwellbare Wülste (Corpora cavernosa penis), an deren Ende eine Verdickung (Glans) liegt. Ein vergleichbares kleineres Organ tritt bei Weibchen auf (Clitoris). Von einem solchen Gebilde leitet sich der Penis der Säuger ab. Die Rinne zwischen den Corpora cavernosa wird geschlossen und mit einem weiteren Schwellkörper (Corpus cavernosum urethrae, Corpus spongiosum) umgeben.

Entwicklung

In der Frühentwicklung der Chordaten lassen sich folgende Tendenzen erkennen: 1. Zunahme der Größe der Eizellen, 2. Zunahme des Dotters, 3. zunehmende Asymmetrie in der Verteilung des Dotters und 4. zunehmende Asymmetrien bei der Furchung.

Zu 1.: Eine Ausnahme bilden die Säuger, deren Eizellen klein sind (wohl infolge der Viviparie).

Zu 2. und 3.: Amphibien und primitive Fische haben i. a. mesolecithale Eier (mittlere Dottermengen); Reptilien, Vögel, einige Amphibien sowie viele Teleosteer und die Selachier besitzen polylecithale Eier (viel Dotter); die Eier der Säuger sind sekundär wieder dotterarm.

Zu 4.: Bei Amphibien und primitiven Fischen erfolgen die ersten Teilungsschritte noch gleichmäßig durch die ganze Zelle, dann bilden sich aber am animalen Pol kleine und am vegetativen Pol zunehmend große Zellen aus. Bei den Formen mit polylecithalen Eiern erfolgt die Furchung nur noch am animalen Pol, so daß eine sog. Keimscheibe dem Dotter aufliegt (discoidale Furchung).

Die ersten Furchungsschritte ergeben eine Blastula mit einem Hohlraum, der jedoch bei dotterreichen Eiern sehr stark eingeengt ist. Gastrulation (Entoderm-[Urdarm-]Bildung) erfolgt bei Arten mit mesolecithalen Eiern durch Einstülpung. Dadurch entsteht ein zweischichtiger Keim mit entodermalem Urdarm, der mit dem Urmund (Blastoporus) nach außen mündet. Die Außenschicht des Embryos wird jetzt Ectoderm genannt. Bei Formen mit dotterreichen Eiern ist die Gastrulation stark abgewandelt und erfolgt durch Delamination (Reptilien, Vögel) oder Einrollung am Rande der Keimscheibe (Selachier).

Als erste Organe treten Darmkanal, Neuralrohr und Chorda dorsalis auf. Der Darmkanal geht unmittelbar aus dem Urdarm hervor. Der Urmund verschließt sich meist. Mund und After entstehen oft durch Einbuchtungen des Ectoderms, die Stomodaeum (Mundhöhle) und Proctodaeum (Afterregion) genannt werden. Die Entstehung des Stomodaeums erklärt die Existenz vieler Strukturen, die sonst nur im Bereich des Integumentes vorkommen (z. B. Zähne und Geschmacksknospen).

Das Neuralrohr entsteht durch Einfaltung eines Ectodermbezirkes (Neuroectoderm) der Gastrula oder Keimscheibe. Es wird von zwei Neuralleisten flankiert. Diese entstammen randlichen Partien des Neuroectoderms, die nicht bei der Bildung des Neuralrohres verbraucht werden.

Die Chorda entsteht ursprünglich als Abfaltung vom Urdarm, später meist zusammen mit dem Mesoderm. Bei *Didelphis* entsteht sie noch vom Entoderm aus.

Das Mesoderm bildet sich als Zellplatte zwischen Ecto- und Entoderm durch Einwanderung von Zellen. Diese nehmen ihren Ausgang

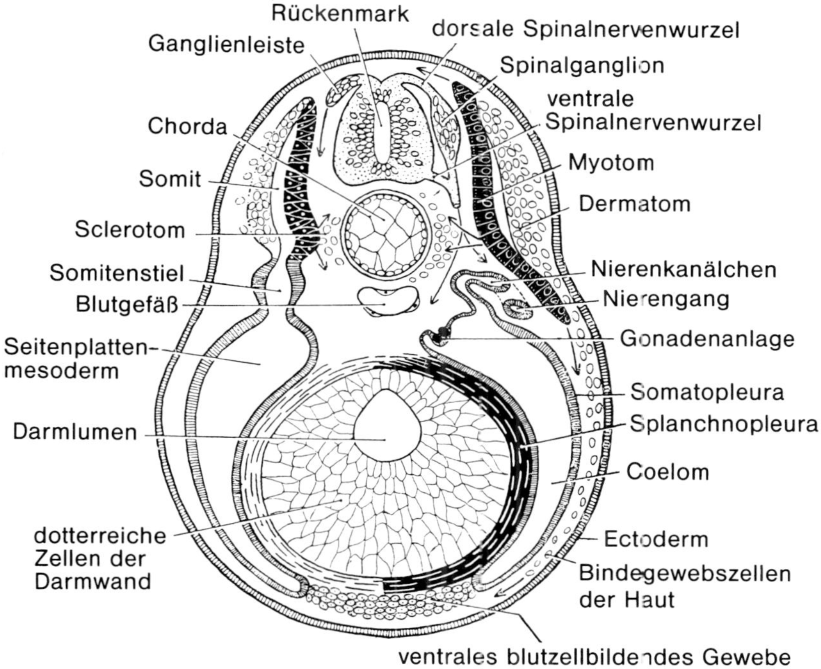

Abb. 331: Querschnitt durch den Rumpf eines typischen Tetrapodenembryos mit Differenzierung des Mesoderms; die Mesodermanteile enthalten ursprünglich alle einen Hohlraum (Myocoel, Nephrocoel, Splanchnocoel). Dieser bildet sich im Bereich von Somit (Myocoel) und Somitenstiel (Nephrocoel) völlig oder weitgehend zurück und bleibt nur im Bereich der Seitenplatten, also um den Darmkanal herum, erhalten und wird dann hier oft allein Coelom genannt. Der Somitenstiel wird auch Nephrotom genannt. Links etwas früheres Stadium als rechts; Pfeile: Richtung auswandernder Zellen. Aus Portmann

oft an der dorsalen Urmundlippe (Amphibien) oder dem Homologon dieser Region. Bei Haien ist das eine Region am hinteren Rand der Keimscheibe, bei Reptilien, Vögeln und Säugern eine Rinne im Ectoderm, der Primitivstreifen.

Das Mesoderm formiert sich in Gestalt von zwei Zellstreifen, die seitlich von Neuralrohr und Chorda liegen. Diese Streifen differenzieren sich im dorsalen Anteil zu segmental gegliederten Blöcken (Somiten); ventral unterbleibt (bis auf die Agnathen) die Gliederung, die Mesodermmasse wird hier Seitenplatte genannt. Später spalten sich unter Hohlraumbildung die Seitenplatten in 2 Blätter. Das innere (Splanchnopleura) legt sich dem Darm an, das äußere (Somatopleura) der Wand des Körpers. Der Hohlraum zwischen beiden ist das Coelom. Auch im Somiten und Somitenstiel treten oft vorübergehend coelomatische Hohlräume auf (Abb. 331).

Der Bezirk zwischen Somiten und Seitenplattenmesoderm ist der Somitenstiel (= Nephrotom), die Bildungsstelle für das Nierengewebe.

Bei Formen mit mesolecithalen Eiern bleibt der Dotter im Darm, der dadurch zunächst stark aufgeschwollen ist. Bei Arten mit polylecithalen Eiern wird ein **Dottersack** ausgebildet, eine extraembryonale Struktur, die über den Dottergang mit dem Darmlumen des Embryos in Verbindung steht. Am Aufbau der Wand des Dottersackes beteiligen sich bei den Anamniern alle drei Keimblätter, bei den Amnioten (Reptilien, Vögel, Säuger) nur Ento- und Mesoderm.

Die Amnioten bilden weitere extraembryonale Hüllen aus, die zusammen mit dem Auftreten einer Schale, einer Eiweißschicht um den Keim und der Ausscheidung von Harnsäure die Voraussetzung für eine erfolgreiche Besiedlung des Landes durch die Wirbeltiere waren.

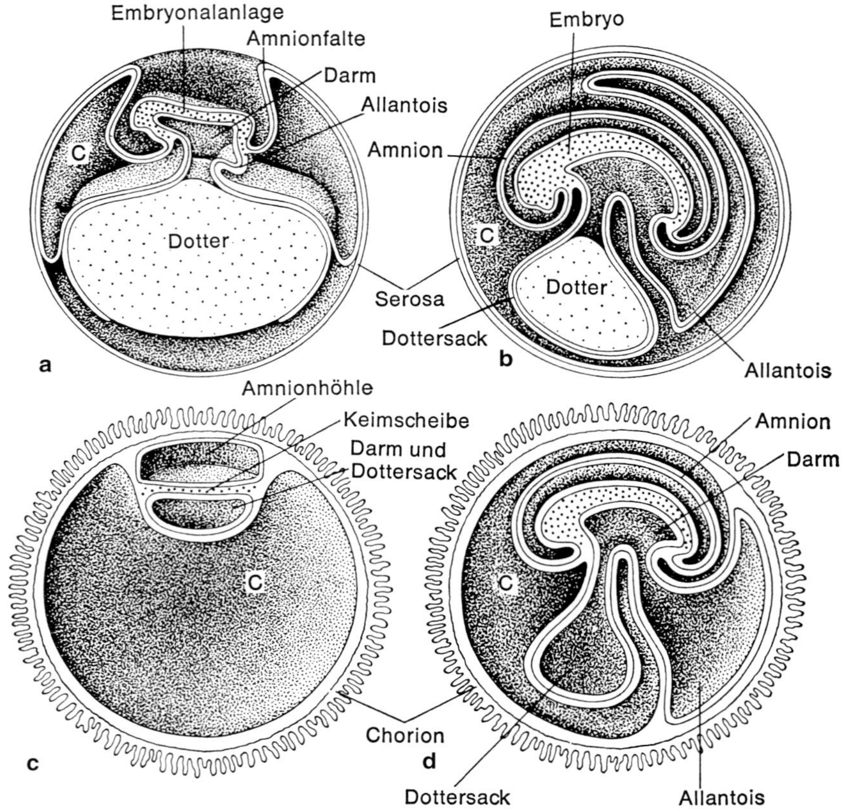

Abb. 332: Embryonalhüllen bei Wirbeltieren. a, b. Bildung der Embryonalhüllen beim Reptil- oder Vogelembryo. Vorderes Körperende des Keimes links. a. Früheres Stadium. Der Embryo hat sich etwas vom Dotter abgehoben. Darm und Dottersack stehen in breiter Verbindung. Der Dotter ist noch nicht vollständig vom Entoderm umwachsen. Vor und hinter dem Embryonalkörper erheben sich die Amnionfalten. b. Älteres Stadium. Die Embryonalhüllen sind ausgebildet, der Dotter ist vollständig in den Dottersack eingeschlossen. c, d. Entwicklung der Embryonalhüllen bei Primaten. Der Embryo gliedert sich früh in eine kleine Zellmasse (Embryoblast) und eine größere Hohlkugel (Trophoblast); der Embryoblast liegt dem Trophoblasten innen an und bildet 2 Hohlräume aus; ventral den entodermalen Dottersack und das Darmlumen, dorsal die ectodermale Amnionhöhle. Zwischen beiden Hohlräumen liegt die Keimscheibe, von der aus sich der zukünftige Organismus entwickelt. Der Trophoblast bildet Zotten (Chorionzotten) aus, die Kontakt mit dem Uterus aufnehmen. Diese Zotten sind bei den einzelnen Säugern unterschiedlich verteilt und meist nur auf bestimmte Regionen (Placentaregion) beschränkt. Der Begriff Chorion wird uneinheitlich gebraucht: außer für Embryonalhüllen auch für Eihüllen (z.B. bei Insekten). Oft werden Chorion und Serosa gleichgesetzt, oft wird auch nur eine Serosa mit Zotten als Chorion bezeichnet. C: extraembryonales Coelom. Nach Romer

Die Eierschale der Reptilien ist meist noch weich, bei Vögeln wird in sie Kalk eingelagert. Die Hauptfunktion der Eiweißschicht ist vermutlich Wasserspeicherung. Harnsäure ist ein nichttoxisches Exkretionsprodukt, das ohne schädliche Folgen innerhalb der Eischale abgelagert werden kann.

Bei den Amnioten existieren neben dem Dottersack die folgenden extraembryonalen Hüllen (Abb. 332): das **Amnion**, eine besonders wichtige ectodermale Hülle, die aus seitlich vom Embryo emporwachsenden Falten entsteht. Diese Amnionfalten verwachsen über dem Embryo miteinander, so daß eine flüssigkeitsgefüllte Höhle gebildet wird, die Amnionhöhle, in der der Embryo von der Amnionflüssigkeit umspült wird. Zwischen Dottersack und Hinterende des Keimes wächst ventral die **Allantois** aus, eine Extraembryonalstruktur, die mit dem Darmlumen in Verbindung steht, die vaskularisiert ist und die sich bei Reptilien und Vögeln innen der Eischale anlegt. Die Allantois nimmt

Endprodukte des Eiweißstoffwechsels auf (Reptilien, Vögel) und hat infolge ihres Gefäßreichtums auch Atmungsfunktion. Weiterhin entsteht extraembryonal die komplex gegliederte **Chorionhöhle**, deren Wandung vom Mesoderm gebildet wird, so daß die Chorionhöhle extraembryonalem Coelom entspricht. Das mesodermale Choriongewebe legt sich innen der Eischale an und bedeckt Amnion, Dottersack und Allantois. Bei Vögeln wird das Choriongewebe auch Serosagewebe genannt.

Bei den Säugern kommt es mit der echten Viviparie zur Rückbildung mancher dieser Strukturen. Eine Eischale ist nur noch bei Monotremen und in reduzierter Form bei Marsupialiern vorhanden, ebenso fehlt meist die Eiweißschicht, das Hauptexkretionsprodukt ist wieder Harnstoff, der ja vom mütterlichen Blut rasch wieder ausgeschieden werden kann. Der Dottersack verliert seine Hauptfunktion; seine vaskularisierte Wand kann aber Kontakt mit dem Uterus aufnehmen (Dottersackplacenta vieler Beuteltiere). Außerdem entstehen hier Stammzellen der Blutzellen und Urkeimzellen. Bei den Eutheria und *Perameles* geht die Placentabildung primär von den Gefäßen der Allantois aus (allantoigene Placenta); diese Gefäße entstehen im mesodermalen Gewebe der Allantois und können sich auf andere extraembryonale Strukturen ausdehnen, speziell in periphere Bereiche des Chorions (chorio-allantoigene Placenta). Manche Beuteltiere besitzen Placenten, die sowohl vom Dottersack als auch von der Allantois aufgebaut werden. Im einzelnen gibt es in der Frühentwicklung und Placentabildung bei den Säugern mannigfache Sonderbildungen.

System der Wirbeltiere (Vertebrata)

Die Wirbeltiere (Vertebrata) sind die bei weitem größte und höchstentwickelte Gruppe der Chordaten. Sie wurden lange Zeit in Pisces (Fische) und Tetrapoda (Vierfüßer, Landwirbeltiere) aufgeteilt. Diese Gliederung spiegelt die phylogenetischen Zusammenhänge unvollkommen wider. Auch die Einteilung der Vertebraten in Agnatha (Kieferlose) und Gnathostomata (Kiefermünder) erscheint heute problematisch, v. a. weil die rezenten Agnatha, die Schleimaale und Neunaugen, neben gemeinsamen Primitivmerkmalen grundlegende Unterschiede aufweisen und die Neunaugen spezielle Übereinstimmungen mit den Gnathostomata zeigen. Damit ist auch der Begriff Cyclostomata (Rundmäuler) hinfällig, unter dem Schleimaale und Neunaugen zusammengefaßt wurden (s. u.). Weiterhin hat die Paläontologie der Agnatha in letzter Zeit große Fortschritte gemacht. Es wurden neue systematische Kategorien und Namen geschaffen, z. B. werden Neunaugen, Anaspida, Osteostraci und Gnathostomata als Myopterygii zusammengefaßt. Sicher erscheint, daß die Myxinoidea sehr isoliert innerhalb der Wirbeltiere stehen. Manche Forscher gebrauchen den Begriff Wirbeltiere in etwas eingeschränktem Sinn und zählen die Myxinoidea nicht mehr dazu; die Vertebrata (ohne Myxinoidea) und die Myxinoidea werden dann als Craniota bezeichnet. Der altvertraute Begriff Ostracodermata (fossile Agnatha) ist für die Systematik nicht mehr brauchbar, da er eine unnatürliche Basisgruppe kennzeichnet. Im vorliegenden Text wird die Gliederung der Vertebrata in Agnatha und Gnathostomata beibehalten.

Die Aufgabe des Taxons Cyclostomata soll kurz begründet werden. Gemeinsame, z. T. ursprüngliche Merkmale der Schleimaale und Neunaugen sind: Fehlen von Knochen und Schuppen sowie von paarigen Extremitäten, Myomeren sind nicht durch ein Septum horizontale getrennt, die persistente Chorda dorsalis, die ähnlich aufgebaute Chordascheide, der nur bei Neunaugen dorsal Bogenelemente anliegen, Mund mit Hornzähnen, muskulösem Saugstempel («Zunge»), der mit Hornzähnen zum Raspeln versehen ist, unpaare Gonaden, Keimzellen fallen in die Leibeshöhle und gelangen durch ein oder zwei Coelomporen nach außen, Erythrocytenmembran ohne Bande-3-Protein (Bicarbonatstoffwechsel). Grundlegende Unterschiede zwischen Myxinoidea und Petromyzonta betreffen fortpflanzungsbiologische, morphologische, physiologische und biochemische Merkmale, z. B. strukturelle und physiologische Eigenschaften der Muskulatur, des Nervensystems und der Nieren. Myxinoidea haben z. B. niedrige Stoffwechselraten, die adulten Petromyzonten dagegen relativ hohe; das Herz der Myxinoidea wird nicht von Acetylcholin und Catecholaminen beeinflußt, wohingegen diese Substanzen bei Petromyzonten unterschiedliche ino- und chronotope Effekte aufweisen; Myxinoidea sind rein marin und isoosmotisch, Petromyzonten haben die Fähigkeit hyper- und hypoosmotisch zu regulieren; Myxinoidea haben einen Karyotyp von 48, der möglicherweise dem der Wirbeltierahnen entspricht, Petromyzonta haben eine Chromosomenzahl von ca. 160–180, lediglich *Mordacia* hat im Durchschnitt 76, was aber als Ausdruck von Chromosomenfusionen angesehen wird. Myxinoidea besitzen keine erkennbaren Geschlechtschromosomen. Weiterhin besteht eine Fülle von biochemischen Unterschieden, z. B. in Merkmalen der Hämoglobine, Kollagene, Gallensalze, vieler Enzyme und des Thyroglobulins. Weitere Unterschiede s. u.

Conodonta

Die Conodonta sind eine fossile Tiergruppe, die vom Kambrium bis zur Trias im Meer lebte. Sie sind der Paläontologie mehr als 100 Jahre bekannt, aber erst seit 1981 wurden so gut erhaltene Funde bekannt, daß wir uns ein grobes Bild von der Anatomie dieser Tiere machen können. Offensichtlich waren sie Wirbeltiere. Hauptkennzeichen ist ein komplizierter Zahn- und Kieferapparat, der aus Hartsubstanzen, in denen Calciumphosphat nachgewiesen wurde, aufgebaut war. Es wurden Strukturen beschrieben, die Schmelz, Dentin, zellulärem Knochen und auch verkalktem Knorpel ähneln. Dem übrigen Körper fehlen Hartgewebe. Der wenige cm lange, aalähnliche Körper wurde von einem zentralen Axialskelet gestützt, das als Chorda dorsalis interpretiert wird. Seitlich am Rumpf kommen regelmäßig angeordnete Muskelblöcke vor. Am Kopf fallen große Augen auf. Offensichtlich waren sie aktive Räuber. Die Stellung der Conodonta im System der Wirbeltiere ist naturgemäß noch umstritten. Sie sind ca. 30 Millionen Jahre älter als die ältesten fossilen Agnatha. Es stellt sich daher u. a. die Frage, ob die ersten Vertebraten wirklich gepanzerte Formen waren und ob nicht Hartgewebe anfangs nur auf den Zahn-Kieferapparat beschränkt war. Weiterhin entsteht die Frage nach der Lebensweise der ersten Vertebraten erneut; die Conodonta waren offensichtlich Räuber, die fossilen Agnatha, die bisher bekannt sind, waren eher Suspensionsfresser.

1. Überklasse: Agnatha (Kieferlose)

Die Agnathen waren wahrscheinlich schon im oberen Kambrium, sicher aber im Ordovicium, Silur und Devon reich entwickelt. Rezent existieren nur noch zwei in mancher Hinsicht vereinfachte Gruppen. Die erste Entwicklung der Agnathen vollzog sich wahrscheinlich in flachen Meeresregionen; erst im Silur erfolgte die Besiedlung des Süßwassers. Vermutlich gliederte sich der Lebenszyklus der ursprünglichen Wirbeltiere, ebenso wie der der meisten wirbellosen Chordaten, in eine Larven- und eine Adultphase, wobei die Larven möglicherweise pelagische Suspensionsfresser waren oder aktiv kleine Beutetiere aus dem Plankton aufnahmen und die Adulten mikrophage Suspensionsfresser oder, nach anderer Auffassung, schon aktive Räuber waren. Kiefer, die aus Kiemenbögen entstanden sind, fehlen. Der Mund ist ein Saug- oder Schluckmund, der funktionell mit dem Hornzähnchen tragenden Zungenapparat verbunden ist. Eine äußere unpaare Öffnung des Nasen-Hypophysenganges, in den sich zwei eng benachbarte Nasensäcke öffnen, liegt bei Osteostraci, Anaspida und Petromyzonta dorsal. Der Nasen-Hypophysengang leitet sich von der Rathkeschen Tasche her und kann mit dem Pharynx verbunden sein. 5–15 Paar Beutelkiemen, die über je einen zuführenden Gang mit dem Pharynx und einem ausführenden Gang mit dem Außenmedium verbunden sind. Die Kiemen sind bei Myxinoidea und Petromyzonta nur oberflächlich ähnlich. Im Detail weisen sie viele Unterschiede auf. Es bestehen Gemeinsamkeiten im Bau der Kiemen (einschließlich Verlauf von Blutgefäßen und Nerven) zwischen Neunaugen und gnathostomen Fischen, während die Kiemen der Myxinoidea einen Eigenweg zu repräsentieren scheinen, der aber auf das Neunaugen-Gnathostomenmuster zurückgeführt werden kann. Larvale Neunaugen besitzen recht einfach gebaute Kiemen, die noch stärker an die Gnathostomenkiemen erinnern.

Die endokrinen Organe sind i. a. einfacher organisiert als bei den Gnathostomen, das Inselgewebe bildet vermutlich nur Insulin, die Neurohypophyse nur Arginin-Vasotocin. Nur zwei Bogengänge (bei Myxinoidea verwachsen sie zu einem) im Ohrlabyrinth; das Rückenmark ist stark abgeflacht. Brustflossen sind bei den meisten fossilen Formen vorhanden, fehlen aber den Myxinoidea (vermutlich primär) und den Petromyzonta (vermutlich sekundär). Bauchflossen fehlen.

1. Klasse: Myxinoidea (Hyperotreta, Schleimaale)

Knochen und Schuppen fehlen. Nasenhypophysengang mündet hinten in den Pharynx, so daß Atemwasser durch die Nase aufgenommen werden kann. Mundregion längsgestellt, mit Lippen und Tentakeln, nicht von Ringknorpel gestützt, nur 1 Gaumenzahn im Mundepithel. Augen teilweise reduziert. Kiemenskelet vereinfacht. Beiderseits eine Reihe großer Schleimdrüsen auf der Ventralseite. Verschiedene Venenabschnitte sind kontraktil (Hilfsherzen, z. B. Portal- und Caudalherz). Die Schleimaale sind rein marin, sie leben von Würmern, toten oder kranken Fischen, deren Leibeswand sie bisweilen durchraspeln und in deren Leibeshöhle sie eindringen können. Die Kiemen münden getrennt nach außen *(Eptatretus, Paramyxine)* oder vereinigen sich jederseits zu einem Atemloch *(Myxine)*. Die bis 20 mm langen Eier werden von einer hornigen Schale umgeben, die an einem Pol eine Öffnung (Mikropyle) zum Durchtritt des Spermiums freiläßt und zwei Fäden trägt, mit denen sich zahlreiche Eier zu einem traubigen Gelege verbinden. Die Entwicklung ist direkt. Nord- und Südhemisphäre, bis in 2000 m Tiefe nachgewiesen. Einzige Wirbeltiere, deren Blut mit dem Meerwasser isoosmotisch ist. 6 Gattungen mit 32 Arten. *Myxine* (Inger, Nordeuropa), *Paramyxine* (Ostasien, Japan), *Eptatretus* (Abb. 333 f; Nordpazifik), *Neomyxine* (Neuseeland), *Notomyxine* (Feuerland).

Unter den fossilen Agnathen lassen sich 5 Klassen unterscheiden:

2. Klasse: Osteostraci (Cephalaspida)

Spätes Silur bis spätes Devon. Kleine, bis 60 cm lange, dorsoventral abgeplattete Fische, deren Kopf und Vorderrumpf von einer Kopfkapsel umschlossen wird, die dorsal einen starken Kopfschild bildet (Abb. 333 a). Am Rumpf regelmäßige Reihen von Knochenplatten. Mit 10 Paar äußeren Kiemenöffnungen auf der Unterseite. Schwanzflosse heterozerk. Anscheinend hatten die Osteostraci große elektrogene Organe am Kopf. Vor allem im Süßwasser. *Hemicyclaspis* (Abb. 333 a), *Cephalaspis*.

3. Klasse: Anaspida (Birkeniiformes)

Unteres Silur bis spätes Devon. Kleine, spindelförmige Fische mit knöchernen Schuppen am Kopf und Schienenpanzer – ähnlich wie Osteostraci – am Rumpf (Abb. 333 b). 6–15 Paar äußere Kiemenöffnungen. Schwanzflosse hypozerk. Die Tiere weisen Übereinstimmungen mit Petromyzonten auf. Vor allem im Süßwasser. Osteostraci, Anaspida und Petromyzonten werden auch als Cephalaspidomorpha zusammengefaßt. *Birkenia* (Abb. 333 b), *Rhyncholepis*.

4. Klasse: Heterostraci (Pteraspida)

Vermutlich Oberes Kambrium bis Oberes Devon. Vorderkörper mit großen Knochenplatten bedeckt, dahinter dichter Besatz mit großen Schuppen. Abgeplattet (*Drepanaspis*, Abb. 333 d) oder spindelförmig (*Anglaspis*, Abb. 333 c, *Poraspis*). Die Kiemensäcke vereinigen ihre Ausführgänge jederseits zu einem Mündungsporus. Älteste bekannte Wirbeltiere.

5. Klasse: Galeaspida

Devon; mit großem Knochenschild am Kopf, zahlreiche ventrale Kiemenöffnungen. *Polybranchiaspis*.

6. Klasse: Thelodonti

Grenze Ordovicium/Silur bis Oberes Devon; längliche oder abgeplattete Formen mit kleinen Hautschuppen, kleinen Augen, kleinem Mund und vermutlich ventral gelegenen, getrennten Kiemenspalten und hypozerkem Schwanz; möglicherweise Basisgruppe der Agnatha (außer Myxinoidea) und Gnathostomata.

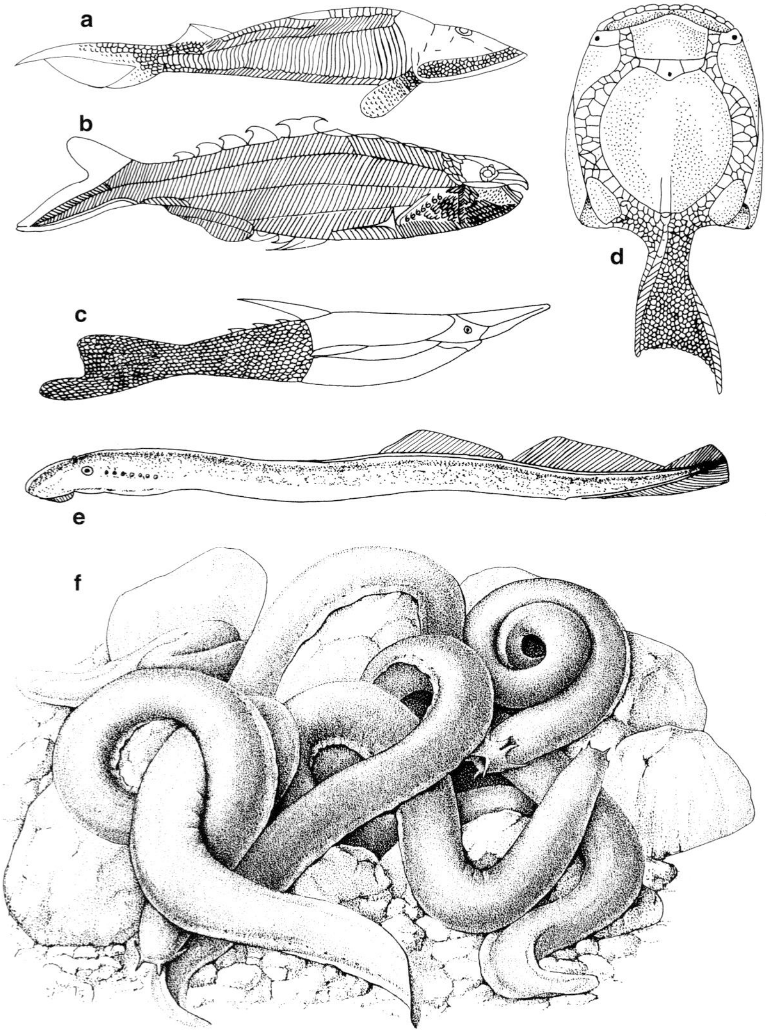

Abb. 333: Agnathen, a–d. Fossile Formen. a. *Hemicyclaspis* (Osteostraci), b. *Birkenia* (Anaspida), c. *Anglaspis*, d. *Drepanaspis* (beide Heterostraci), e. *Petromyzon*, f. *Eptatretus*, Gruppe von Tieren auf dem Meeresboden (Myxinoidea). Nach Stensiö, Kiaer, Heintz

7. Klasse: Petromyzonta (Hyperoartria, Neunaugen)

Silur bis rezent. Nasenhypophysengang hinten geschlossen. Der Mund ist ein Saugmund, mit dem sich die Tiere an Steinen oder Tieren anheften können. Die Mundöffnung wird durch einen ringförmigen Knorpel gestützt. Das Mundepithel ist mit unterschiedlich großen Hornzähnen besetzt, die kompliziert spiralig angeordnet sind und deren Ausprägung in Beziehung zur Lebensweise steht (Abb. 334a). Der Kiemendarm ist in einen dorsalen Nahrungsgang (Oesophagus) und einen ventralen Kiemengang geteilt. Der Kiemengang ist hinten geschlossen, von ihm gehen die inneren Öffnungen der Beutelkiemen aus. Das Kiemenskelet besteht aus einem Netzwerk von Spangen, das sich nicht mit dem Kiemenskelet der anderen Fische vergleichen läßt. Das Herz liegt in einer knorpeligen Pericardkapsel. Im Gegensatz zu den Myxinoidea, denen jede Spur von Wirbelelementen fehlt, sind solche bei Petromyzonten vorhanden, die Arcualia der Gnathostomen entsprechen.

Ungefähr die Hälfte der bekannten ca. 40 Arten lebt als Adulte räuberisch von Teleosteern (diese Lebensweise wird jetzt oft «parasitisch» genannt); die andere Hälfte nimmt während einer relativ kurzen adulten Lebensphase keine Nahrung zu sich («nicht-parasitische» Formen). Letztere sind reine Süßwasserformen, während die räuberischen Arten anadrom sind oder erst infolge kürzlicher geologischer Ereignisse oder Maßnahmen des Menschen in großen Süßgewässern eingeschlossen wurden (Ladoga See, große Seen Nordamerikas). Nur ausnahmsweise *(Tetrapleurodon* und *Eudontomyzon danfordi)* sind reine Süßwasserarten auch räuberisch.

Die «nicht-parasitischen» Arten, die auch «Bachneunaugen» genannt werden, sind i. a. jeweilig eng mit bestimmten räuberischen Arten verwandt und haben sich wahrscheinlich erst in jüngerer Zeit von diesen getrennt. Zum Teil haben sich von einer räuberischen Art mehrere «nicht-parasitische» Arten entwickelt, die auch als Satelliten-Arten bezeichnet werden. In Europa ist ein solcherart zusammengehöriges Paar *Lampetra fluviatilis* (räuberisch) und *Lampetra planeri* («nicht-parasitisch»). *Lampetra planeri* hat als adultes Tier keinen funktionsfähigen Darm mehr.

Neunaugen leben im Meer und Süßwasser der gemäßigten Zonen der Nord- und Südhalbkugel. Lediglich in Mittelamerika erreichen sie subtropische Regionen, allerdings nur in Gewässern von Gebirgen. Sie legen Laich in selbstgefertigten Gruben in den Oberläufen von Flüssen ab und machen nach dem Schlüpfen aus den Eihüllen zunächst eine Larvenphase durch, die bei *Lampetra fluviatilis* etwa 4 Jahre dauert, bei *Lampetra planeri* ca. 6 Jahre. Die Larven werden Ammocoetes-Larven oder Querder genannt. Nach einer Metamorphose folgt die Adultphase, während der die räuberischen Formen flußabwärts ins Meer wandern, hier eine bestimmte Zeit leben und rasch heranwachsen. Sie bleiben bis zu 2 Jahren im Meer, hören dann zu fressen auf und beginnen die Laichwanderung zurück ins Süßwasser, wo sie nach Ablegen des Laichs sterben (viele Parallelen zum Lebenszyklus der Lachse). Die

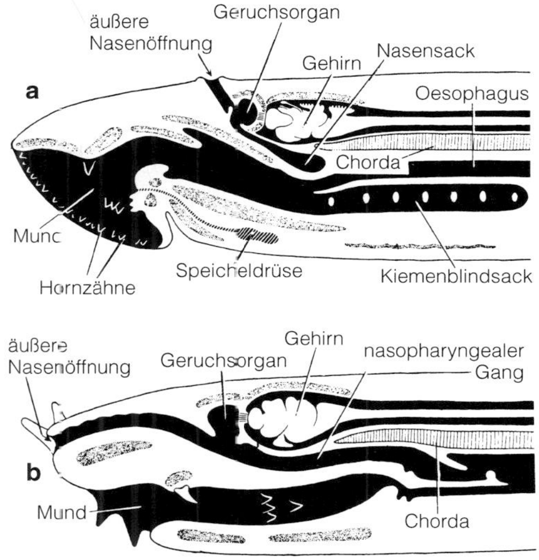

Abb. 334: Sagittalschnitt durch den Kopf von *Petromyzon* (a) und *Myxine* (b). Beachte die durchgehende Verbindung von äußerer Nasenöffnung und Pharynx bei *Myxine*. Nasensack und nasopharyngealer Gang = Nasenhypophysengang. Nach Portmann

Larven leben im Substrat und ernähren sich von Diatomeen, Protozoen, Bakterien, Rotatorien u. a. Organismen als Filtrierer ähnlich wie *Branchiostoma*. Im Pharynxboden befindet sich ein komplexes Endostyl. Der Filtrationsstrom ist relativ langsam, die Filtrationsbarriere ist im wesentlichen ein Schleimfilm vor den Kiemen. Die Augen liegen unter der Haut.

Während der mehrwöchigen Metamorphose kommt es zu tiefgreifenden strukturellen und funktionellen Umgestaltungen. Das Kiemensystem wird zum Beispiel völlig umgewandelt, der unidirektionale Wasserstrom der Larven (Mund-Pharynx-Kiemen-Außenmedium) wird umgestellt, das Wasser kann in beiden Richtungen durch die Kiemen strömen. Die bis dahin einfachen, unter der Haut verborgenen Augen werden komplizierter und sichtbar, das Endostyl des Kiemendarms wird zur Thyroidea, der Darm erlangt seine zweistöckige Gliederung im Kiemendarmbereich, der Mund wird zum Saugmund; es entstehen Speicheldrüsen, die ein cytolytisches und antikoagulierendes Sekret bilden. Die räuberischen Formen unterscheiden sich hinsichtlich der Art und Weise der Nahrungsaufnahme: *Petromyzon marinus, Geotria australis* und *Entosphenus tridentatus* saugen ihre Nahrung (Blut, Körpersäfte) auf. *Lampe-*

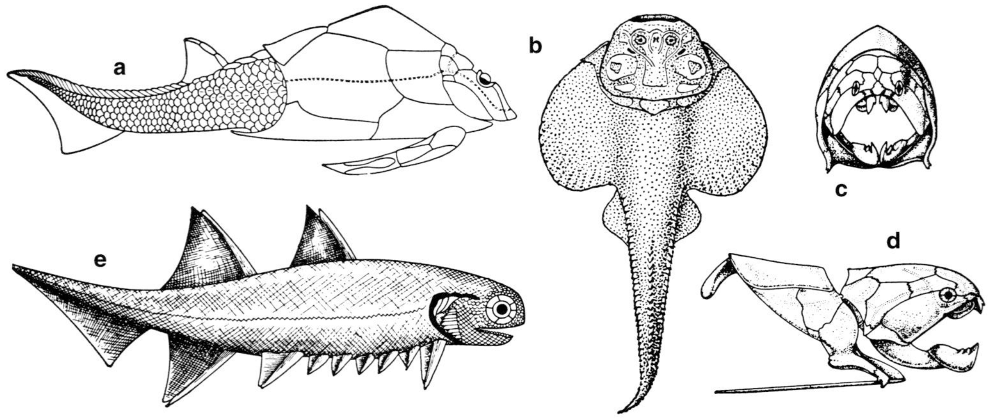

Abb. 335: Placodermen und Acanthodier. a. *Pterichthyodes* (Antiarchi), b. *Gemuendina* (Rhenanida), c, d. *Dunkleosteus* (= *Dinichthys*, Arthrodira), c. Kopf von vorn, d. Kopf u. Hautpanzer des vorderen Rumpfes von der Seite. e. *Climatius* (Acanthodii). Nach Heintz, Gross, Stensiö, Traquair

tra fluviatilis u. a. scheinen vorwiegend Nahrungsstücke aus der Beute herauszureißen oder grob herauszuraspeln, wobei sie in die Körperhöhle der Beutefische eindringen können. Lebende Beute wird vielfach bevorzugt, aber manche Arten nehmen auch Aas auf, *Caspiomyzon* scheint das ausschließlich zu tun. Die Petromyzonten weisen Gemeinsamkeiten mit den Anaspida auf (s. o.). Die silurische Form *Jamoytius* ähnelt Petromyzonten. Definitiv scheinen *Mayomyzon* (oberes Karbon) und *Hardistiella* (Unteres Karbon) bereits Neunaugen zu sein.

Heute gibt es 41 Arten, die 3 Familien zugeordnet werden:

Petromyzontidae: Holarktisch, 9 Gattungen, 37 Arten, darunter die europäischen Formen *Petromyzon marinus* (Meeresneunauge), anadrom, bis 1 m lang; *Lampetra fluviatilis* (Flußneunauge), anadrom, bis 40 cm lang; *Lampetra planeri* (Bachneunauge), bis 20 cm lang, reine Süßwasserform, «nicht-parasitisch».

Geotriidae: Australien, Neuseeland, südliches Südamerika, Südgeorgien, 1 Art, *Geotria australis*, anadrom, Adulte werden von Albatrossen gefressen.

Mordaciidae: Australien, Chile, *Mordacia*, 3 Arten, darunter eine «nicht-parasitische».

2. Überklasse: Gnathostomata
(Kiefermünder)

Diese Gruppe umfaßt alle Wirbeltiere von den Placodermen bis zu den Säugetieren. Mund mit einem Kieferbogen aus Palatoquadratum (Oberkiefer) und Mandibulare (Meckelscher Knorpel, Unterkiefer). Der Kieferbogen ist ein umgewandelter Kiemenbogen (Abb. 303). Höchstens mit 7 Kiemenspalten. Hypophysengang von den paarigen Nasengängen getrennt; er geht von der Mundhöhle aus, schließt sich aber während der Entwicklung. Statisches Organ mit drei Bogengängen.

1. Klasse: Placodermi

Die Placodermen sind auf das Palaeozoikum beschränkt. Sie hatten ihre Blütezeit im Devon, als sie die vorherrschenden Vertebraten der Gewässer waren. Die frühen Formen waren Süßwasserbewohner. Später drangen viele ins Meer vor. Placodermen weisen Beziehungen zu den Chondrichthyes auf.

Kopf und Rumpf sind in einen Knochenpanzer aus Platten eingeschlossen; Kopf- und Rumpfteil werden äußerlich getrennt. Der Kopf kann sogar Gelenke am Hauptpanzer ausbilden, Kiemendeckel sind vorhanden. Abgeleitet ist das verbreitete Fehlen echter Zähne an den Kiefern, die dann durch Knochenzacken ersetzt werden. Der Oberkiefer ist eng an den Schädel gebunden (Autostylie). Zwei Paar Extremitäten; das vordere ist bei einer Gruppe (Antiarchi) von Hautknochen umhüllt (Abb. 335 a), das hinter bisweilen reduziert. Die Chorda ist persistent, Wirbelkörper fehlen, obere und z. T. untere Bogen sind verknöchert. Außer den Hauptgruppen **Arthrodira** und **Antiarchi** abgeplattete Formen mit reduziertem Hautknochenskelet, z. B. **Rhenanida** (Abb. 335 b).

Coccosteus, 20–45 cm lang, im Devon Europas verbreitet. Riesenformen bis 10 m lang (*Dunkleosteus* [Abb. 335 c, d], *Titanichthys*), *Gemuendina* (rochenartig abgeplattet, Abb. 335 b), *Pterichthyodes* (Abb. 335 a), *Bothriolepis* mit Brustflossen, die zu «Armen» mit Hautknochen umgebildet sind.

2. Klasse: Acanthodii

Meist bis 30 cm, selten bis 2,5 m lange Formen von Silur bis Perm. Kopf und Körper mit Knochenplatten und Schuppen bedeckt, letztere ähneln denen mancher Actinopterygier. Bei hochentwickelten Formen war das Hautskelet stark rückgebildet. Zähne sind bei manchen Arten auf den Kieferknochen vorhanden, ein Deckel schützt die Kiemen. Die Flossen sind häutig, sie werden von großen Flossenstacheln an ihrem Vorderrand gestützt. Merkwürdig ist, daß oft nicht nur 2 Paar Flossen vorhanden sind, sondern daß zwischen diesen bis zu 6 paarige Dornen (oder Flossen?) auftreten (Abb. 335 e). Vielleicht mit Actinopterygii verwandt. *Acanthodes, Climatius* (nur 8 cm lang).

3. Klasse: Chondrichthyes (Knorpelfische)

Knochen fehlen im Innenskelet; Schädel, Wirbelsäule und Flossenskelet sind knorpelig, allerdings durch Verkalkung oft sehr fest. Dieser Zustand ist durch Reduktion des Knochens erreicht worden. Das Vorderende des Schädels ist oft zu einem Rostrum ausgezogen, das von einem einheitlichen Fortsatz des Schädels oder von mehreren Knorpelstücken gestützt wird (Abb. 336). Primitive Haie haben einen amphistylen, höhere einen hyostylen Schädel. Das Hautskelet baut sich aus kleinen Placoidschuppen auf. Sie bestehen aus einer subepidermalen Basalplatte und einem darauf sitzenden Zahn, der die Epidermis durchstößt. Die Oberfläche wird von einem Schmelzüberzug gebildet, das Zentrum besteht aus Dentin, die Basalplatte aus Knochen (Abb. 336 e, f). Die Placoidschuppen bedecken bei Haien den ganzen Körper, bei Rochen und Holocephalen sind sie weitgehend rückgebildet, können aber zu großen Stacheln umgeformt sein. An den Kieferrändern bilden sie kräftige Zähne verschiedener Gestalt. Sie werden bei Elasmobranchiern dauernd von innen her ersetzt (Abb. 336 e).

Die Brustflossen stehen horizontal, sind beim Schwimmen ausgebreitet und dienen als Höhensteuer, bisweilen als «Flügel» (große Rochen). Die paarigen Flossen besitzen oft drei am Schultergürtel ansitzende basale Knorpelteile (Pro-, Meso- und Metapterygium), an die sich distal Radialia und Lepidotrichia anschließen (Abb. 336 c). Pro- und Mesopterygium können reduziert sein. Bei Rochen ist das Propterygium der Brustflossen nach vorn verlängert. Schwanzflosse heterozerk, bei *Chimaera* diphyzerk.

Spezielle Sinnesorgane sind die Lorenzinischen Ampullen am Kopf der Elasmobranchier. Sie werden vom Seitenliniensystem abgeleitet und dienen wohl der Elektroreception. Von der Oberfläche abgeschlossene Hohlräume sind die Savischen Bläschen am Rostrum, die vermutlich auch Elektroreceptoren sind.

Die Zahl der typischen Kiemenspalten beträgt meist jederseits 5, selten 6–7. Bei den Elasmobranchiern münden sie frei nach außen, bei den Holocephalen werden sie von einem Deckel überdacht. Die vor ihnen liegende 1. Kiemenspalte ist klein und zu einem Spiraculum (Spritzloch) umgewandelt; sie fehlt adulten Holocephalen. Bei Rochen und Meerengeln liegt sie dorsal und hinter den Augen. Der Darm ist mit einer Spiralfalte versehen, Lunge bzw. Schwimmblase fehlt. Conus arteriosus mit zahlreichen Klappen.

Die Spermien werden durch den primären Harnleiter (Wolffschen Gang) ausgeleitet, die Eier durch Müllersche Gänge, deren Wimpertrichter allerdings meist zu einer unpaaren Öffnung unter dem Vorderdarm verschmolzen sind.

Vielleicht ist die Mündung des inneren Labyrinths durch einen Kanal (Ductus endolympha-

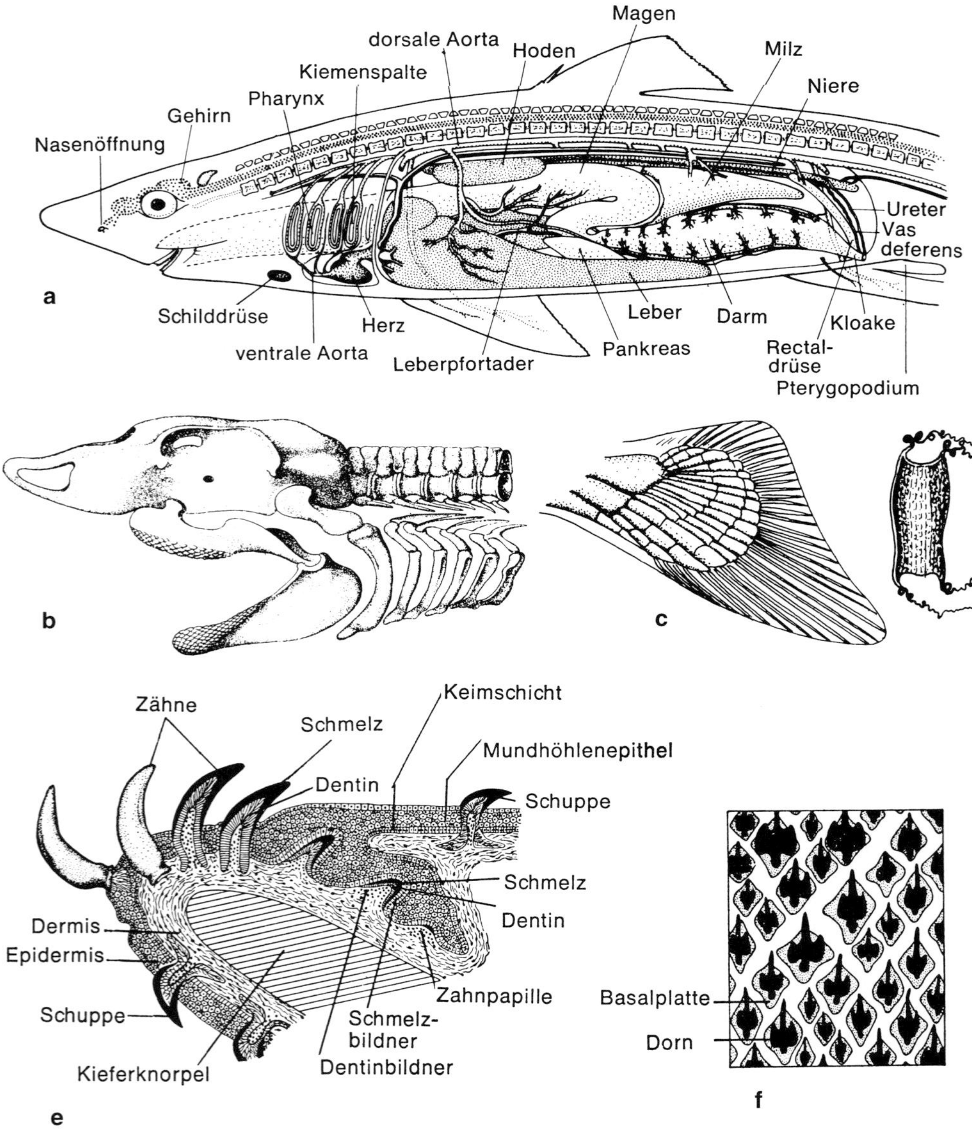

Abb. 336: Haie a. Körperbauschema, b. Kopf und Kiemenbogenskelet, c. Brustflosse, d. Eikapsel von *Scyliorhinus*. e. Sagittalschnitt durch Kiefer mit Gebiß und Placoidschuppen, f. Aufsicht auf Placoidschuppen. Zähne und Placoidschuppen differenzieren sich ähnlich und weisen den gleichen Bau auf. Nach Gegenbaur, Norman, Smith

ticus) dorsal am Kopf nach außen primitiv. Dieses Merkmal war offenbar schon bei Placodermen vorhanden. Nicht primitiv sind die innere Befruchtung und die Umbildung der Bauchflossen des Männchens zu langen Kopulationsorganen (Mixopterygien, Pterygopodien).

Die Eier sind groß, dotterreich und werden von einer Nidamentaldrüse am Ovidukt mit einer festen Schale versehen, die vielfach mit Verlängerungen an den Ecken ausgestattet ist (Abb. 336d), welche der Befestigung am Substrat dienen können.

Der Embryo entwickelt sich mit Dottersack

und äußeren Kiemenfäden. Viele Arten sind ovovivipar, d. h. das Jungtier schlüpft kurz vor der Geburt im Mutterleib aus der Eikapsel. Bei echter Viviparie erfolgt über längere Zeit Ernährung des Keimes in Erweiterungen des Oviducts über Gefäße der Mutter in Zotten (Trophonemata) oder mit unbefruchteten Eiern. Es kann eine Dottersackplacenta ausgebildet sein.

Die ältesten Formen waren Süßwassertiere, heute sind sie fast ausschließlich marin. Die osmotische Balance wird überwiegend durch Harnstoffabgabe ins Blut hergestellt. Der hohe Harnstoffgehalt im Blut (normalerweise um 0,4 M) würde sich bei den meisten Tieren als schädigend auf Proteine erweisen. Haie haben verschiedene Mechanismen entwickelt – u. a. Anwesenheit von Trimethylaminoxid –, um Proteine, z. B. Enzyme, vor der hemmenden Wirkung des Harnstoffs zu schützen.

Rezent sind zwei Ordnungen, die Elasmobranchii (Selachii; Haie und Rochen) und Holocephali (Chimären). Beide sind wohl von Placodermen abzuleiten, die Haie von Formen mit reduziertem Hautskelet, die Holocephalen von Bradyodonti, die oft den Placodermen eingereiht werden.

Haie werden vom Menschen intensiv verfolgt. Man schätzt, daß jährlich 100 Millionen Haie getötet werden, viele davon nur wegen ihrer Flossen. Pro Jahr nimmt allein der Markt in Hongkong über 3000 t Haifischflossen auf, und von 1980–1990 wurde die Haifischerei im Südosten der USA um über 1500 % erhöht (von 504 t auf 7859 t). Da die meisten Haie über 10 Jahre alt sind, wenn sie die Geschlechtsreife erreichen, und viele sich seltener als einmal jährlich fortpflanzen, sind die Haie als besonders stark überfischt bzw. bedroht anzusehen. Dessen ungeachtet wird die Wahrscheinlichkeit von Haiangriffen auf Menschen unglaublich dramatisiert.

1. Unterklasse: Elasmobranchii (Haie, Rochen)

a) Selachimorpha (Pleurotremata, Haie). Meist spindelförmige Raubfische mit seitlichen Kiemenspalten.

Unter dem Begriff Protoselachii werden einige primitive ausgestorbene Haie zusammengefaßt und den Euselachii, zu denen alle rezenten Formen gehören, gegenübergestellt. Die ältesten bisher bekannten Haie stammen aus Devon (*Cladoselache*) und Karbon (*Xenacanthus*). Sie hatten bereits ein Knorpelskelet und lebten als Raubfische im Süßwasser. Seit der Trias drangen Haie ins Meer ein.

Cladoselache fehlen Wirbelkörper; der Mund liegt an der Kopfspitze, ein Rostrum fehlt also noch; die Brust- und Bauchflossen sitzen mit breiter Basis am Körper an und enthalten Basalstücke und parallele Radien. *Xenacanthus* hat dagegen Archipterygien. Unter dem Begriff Hybodontiformes werden weitere Protoselachii zusammengefaßt, die den Euselachii besonders nahestehen. Es sind 1–2 amphicöle Wirbelkörper pro Segment ausgebildet, die die Chorda einschnüren. Die Schnauze ist meist zu einem Rostrum verlängert, so daß der Mund ventral liegt.

System der rezenten Haie:

Chlamydoselachidae: Aalförmig, Mund endständig, kein Rostrum, 6 Paar Kiemenspalten, Chorda nahezu ungegliedert. Einzige Art: *Chlamydoselachus anguineus* (Kragenhai, Abb. 338 a), ovovivipar, Tragzeit 2 Jahre; bis 2 m lange, weit verbreitete Tiefseeart (Nordatlantik, Nordpazifik).

Hexanchidae (Grauhaie): 6 oder 7 Paar Kiemenspalten, ovovivipar. *Hexanchus griseus* mit 6 Paar Kiemenspalten, kann 8 m Länge erreichen. Weit verbreitet. *Heptranchias* und *Notorhynchus* mit 7 Paar Kiemenspalten.

Odontaspididae (Sandhaie): Mit langem Kopffortsatz (Abb. 338 b); die auffallend langen Zähne waren schon aus der Kreide bekannt, als man an einem Tiefseekabel den ersten Zahn eines rezenten Tieres fand. *Scapanorhynchus owstoni*, bis über 4 m lange Tiefseeform.

Lamnidae: *Lamna nasus* (Heringshai); vivipar, wenn Junge im Mutterleib ihren eigenen Dottervorrat aufgebraucht haben, nehmen sie unbefruchtete Eier der Mutter auf. Bei uns stückweise als Kalbfisch oder Haisteak im Handel.

Carcharodon carcharias (Weißhai, Abb. 337 a). Da schätzungsweise ein Drittel der Menschen, die von Haien tödlich verletzt wurden, von dieser Art angegriffen wurden, hat sich um den Weißhai (auch Menschenhai genannt) manches an Legenden gebildet. Tatsächlich ist unser Wissen über diese Art mäßig. *Carcharodon carcharias* kommt in allen Weltmeeren vor, ist jedoch nicht häufig. Seine Körpertemperatur ist relativ hoch und stabil; Eindringen in kühleres Wasser ist daher

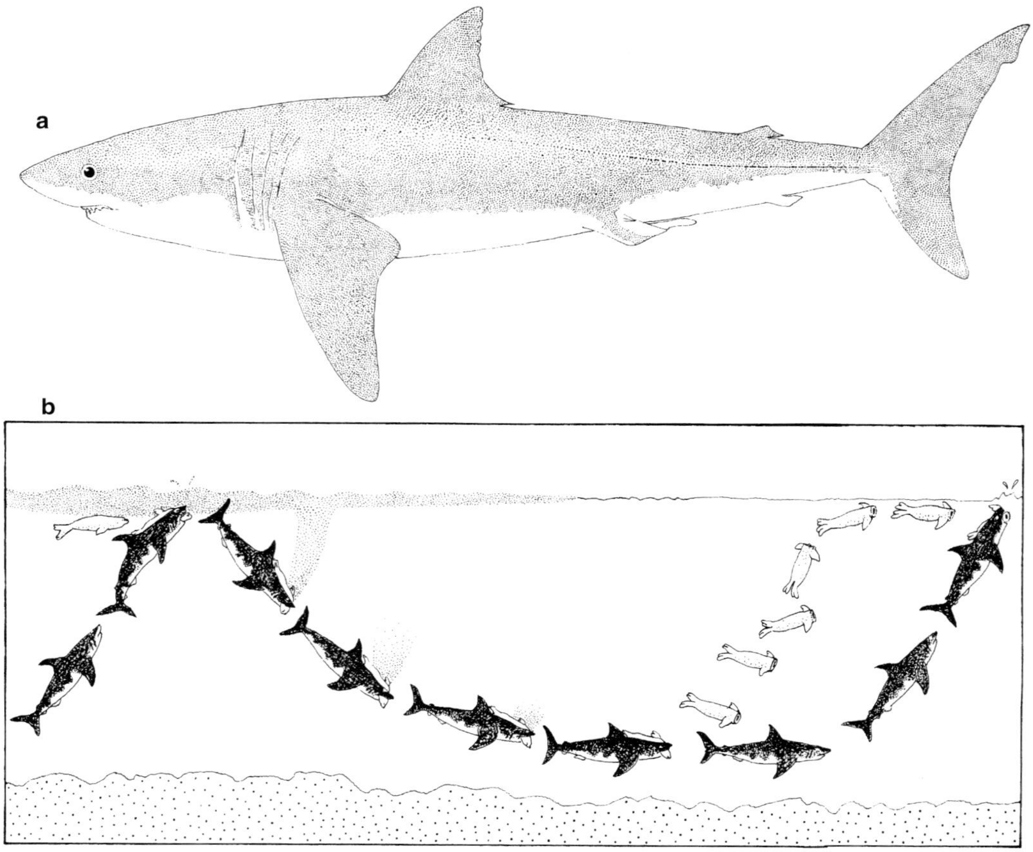

Abb. 337: Weißhai *(Carcharodon carcharias)*. a. Adultes Tier, b. Angriff eines Weißhais auf einen Seelöwen (über den genaueren Ablauf s. Text). Nach Klimley

möglich. Die verläßlichsten Beobachtungen zum Beutefang liegen aus küstennahen Gewässern vor, wo der Weißhai insbesondere Robben frißt. Das größte bisher vermessene Tier war 9 m lang, 4,5 t schwer und stammte aus dem Nordatlantik. Ältere Längenangaben (11 m) beruhten auf Extrapolation von Schädelmaßen und sind falsch. Der Weißhai bringt in Warmwasserzonen lebende Junge hervor, pro Weibchen wohl nicht mehr als 10, und das vermutlich alle 2–3 Jahre. Systematische Beobachtungen der letzten Jahre in Kalifornien haben wahrscheinlich machen können, daß der Weißhai im Unterschied zu vielen anderen Haien bevorzugt tags jagt. Dafür sprechen auch histologische Befunde seiner Retina. Die meisten Angriffe auf Robben entfallen auf Sommer und Herbst; im Winter und Frühjahr lebt er vielleicht von toten Bartenwalen. Robben werden insbesondere in einer 25–450 m von der Küste entfernten Zone angegriffen, und zwar oberflächennah und von unten durch einen Biß in Kopf oder Kopfnähe (Abb. 337 b). Der Hai kehrt nach dem ersten kräftigen Biß, der intensives Bluten zur Folge hat, zurück und zieht das sterbende Tier in die Tiefe. Anschließend läßt er die ausgeblutete Robbe aufschwimmen und kommt später, manchmal erst nach 2 Stunden wieder, um sie zu fressen. Zwar haben Fischer in Mägen von Weißhaien allerlei gefunden, aber es gibt viele Hinweise dafür, daß manche Angriffe zwar zum Tod der Beute führen, daß diese aber nicht gefressen wird. Das gilt zum Beispiel für Meerotter, die nie im Haimagen gefunden wurden, und große Vögel wie Pelikane. Manches spricht dafür, daß der Weißhai v. a. fettreiche Nahrung zu sich nimmt. Von Bartenwalen wird z. B. oft selektiv der Blubber gefressen. Tote Robben wurden in Versuchen toten Schafen vorgezogen. Der hohe Fettbedarf wird mit der Homoiothermie in Zusammenhang gebracht.

Die Bedrohung von Menschen durch den Weißhai wird unglaublich dramatisiert. So fiel in den letzten Jahrzehnten in Australien statistisch pro Jahr weniger als ein Mensch einem Weißhai zum Opfer.

Der Weißhai andererseits ist durch den Menschen gefährdet, so daß er zum Beispiel in Australien unter Schutz gestellt wurde.

Abb. 338: Verschiedene Haie (Pleurotremata). a. *Chlamydoselachus* (Kragenhai); b. *Mitsukurina* (Nasenhai); c. *Scyliorhinus* (Katzenhai); d. *Heterodontus* (Stierkopfhai); e. *Orectolobus* (Ammenhai); f. *Sphyrna* (Hammerhai); g. *Alopias* (Fuchshai); h. *Squalus acanthias* (*Acanthias vulgaris*, Dornhai); i. *Prionace* (Blauhai); k. *Squatina* (Meerengel). Haie sind durch zahlreiche morphologische und funktionelle Spezialisierungen gekennzeichnet; z.B. erfolgt der Nahrungserwerb in besonderer Vielfalt. Auch einzelne Arten können eine breite Nahrungspalette aufweisen Der Blauhai (i) ernährt sich u.a. von Fischen, Cephalopoden, toten Walen, Ascidien, Schnecken und Krebsen. Nach de Haas und Knorr, Norman, Riedl

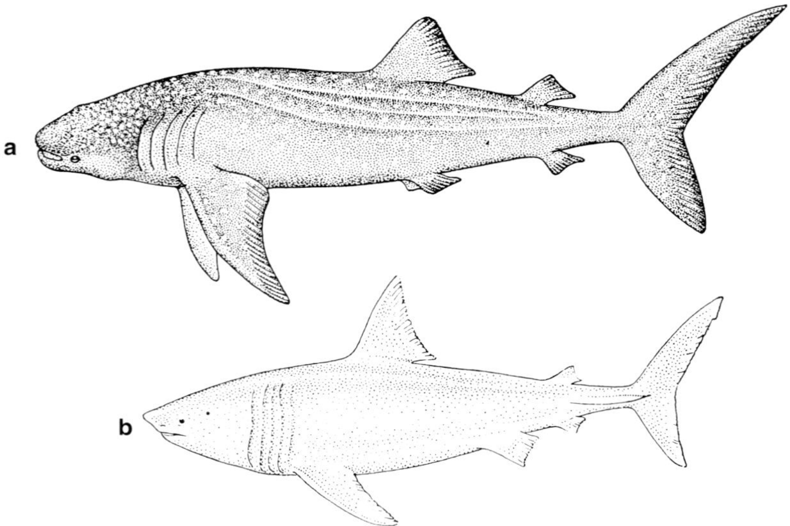

Abb. 339: Die größten Haie. a. *Rhincodon typus* (Walhai), b. *Cetorhinus maximus* (Riesenhai). Nach Gudger, de Haas und Knorr

Alopiidae: Mit außerordentlich langem Oberlappen der Schwanzflosse. Kreisen Fischschwärme ein, wobei sie das Wasser mit der Schwanzflosse peitschen (Drescherhaie). *Alopias* (Fuchshai), bis 6 m lang (Abb. 338 g).

Cetorhinidae (Riesenhaie): Planktonfresser mit stark vergrößerten Kiemenspalten und schlanken Fortsätzen auf den Kiemenbogen, die in den Schlund ragen und als Reusen wirken. Dieser Filterapparat wird während der Wintermonate rückgebildet, dann nehmen die Riesenhaie wohl keine Nahrung auf. Zähne klein.

Cetorhinus maximus (Abb. 339 b), bis 14 m lang, erreicht 8000 kg Gewicht, Junge bei Geburt wenigstens 1,5 m lang. Gestrandete, teilweise skeletierte Riesenhaie wurden früher als Seeschlangen angesehen. Verbreitet, vor allem südlich Island, einzeln oder in Schulen.

Rhincodontidae (Walhaie): mit *Rhincodon typus* (Abb. 339 a), dem größten Fisch, der 18 m Länge erreicht. Seine Eier haben einen Durchmesser von 25 cm und sind damit die voluminösesten Zellen im Tierreich. Kiemenreusen und Ernährungsweise ähnlich wie bei Riesenhaien. Tropenmeere. Eine weitere, erst in neuerer Zeit bei Hawaii entdeckte, etwa 4,5 m große, planktonfressende Form ist *Megachasma pelagios.*

Orectolobidae (Ammenhaie): mit sog. Nasolabialgruben auf jeder Kopfseite, die vorn einen Bartfaden tragen. Meist kleine Formen der Küstengewässer, oft bunt gefärbt (Abb. 338 e). Ovovivipar oder ovipar. *Ginglymostoma, Orectolobus.*

Scyliorhinidae (Katzenhaie): Eierlegend, manche Arten mit Farbmustern (Abb. 338 c). Können z. T. Luft schlucken und treiben dann an der Oberfläche (Schwellhaie). Heimisch: Katzenhaie *(Scyliorhinus)*, 1 m lang, von Bodentieren lebend.

Carcharhinidae: z. T. wichtige Lieferanten für Leberöl und Vitamin A. Bringen lebende Junge hervor, z. T. mit Dottersackplacenta. Vor allem in tropischen Meeren, z. T. große Wanderungen unternehmend. *Carcharhinus melanopterus* des Indopazifik geht auch in sehr flaches Wasser. *C. nicaraguensis:* Süßwasserhai im Nikaragua-See. *Prionace glauca* (Blauhai) kann in westliche Ostsee eindringen (Abb. 338 i). *Mustelus.*

Sphyrnidae (Hammerhaie): Kopf hammerartig verbreitert (Abb. 338 f), Augenabstand kann 1 m betragen. Bringen lebende Jungen zur Welt. Für Menschen gefährlich. *Sphyrna (Zygaena).*

Heterodontidae (Stierkopfhaie): mit Pflasterzähnen (Molluscenfresser), gedrungene Gestalt

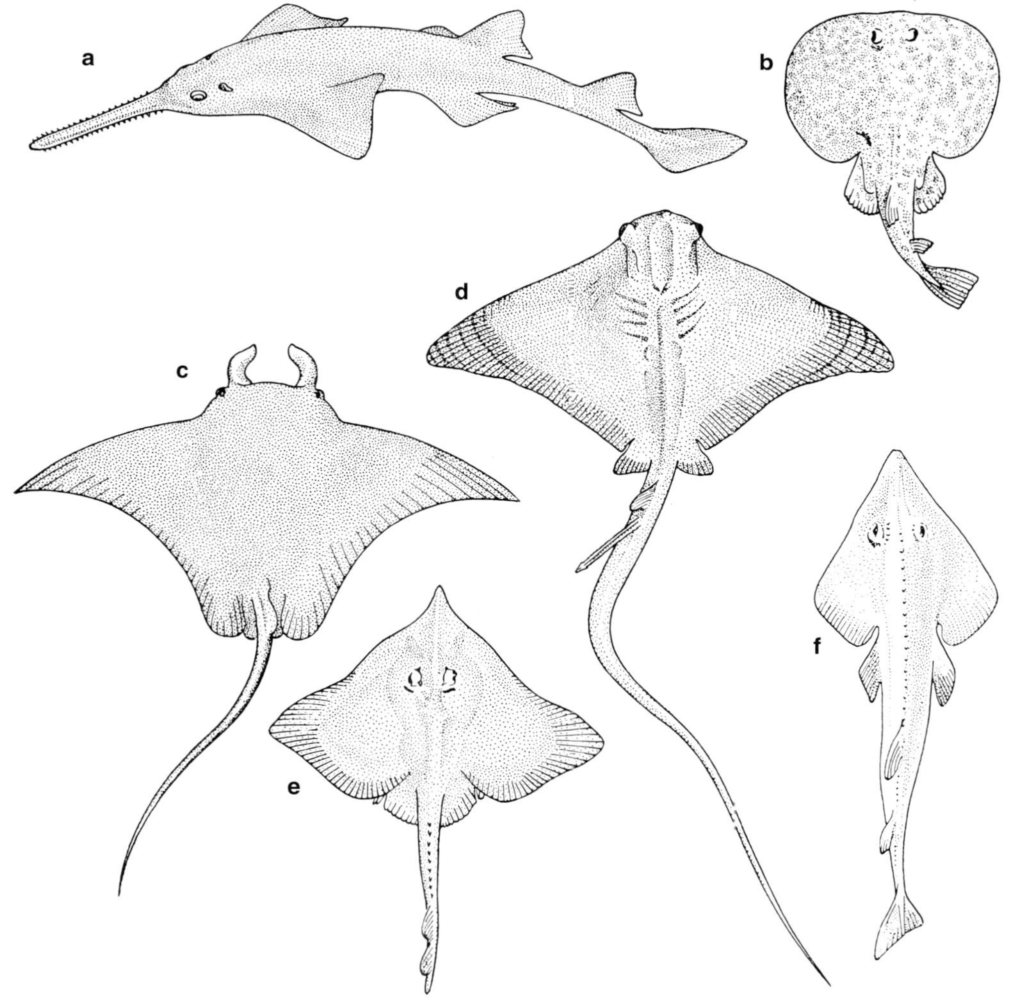

Abb. 340: Rochen. a. *Pristis* (Sägerochen), b. *Torpedo* (Zitterrochen), c. *Manta* (Manta, Teufelsrochen), d. *Myliobatis* (Adlerrochen), e. *Raja*, f. *Rhinobatus* (Geigenrochen). Nach de Haas, Knorr, Luther, Fiedler, Norman

(Abb. 338 d), können tagelang in Kopulastellung verharren, legen zylindrische bis kegelförmige Eier. *Heterodontus* in Indischem und Pazifischem Ozean.

Pristiophoridae (Sägehaie): Oberkiefer verlängert (Säge). «Sägefische» sind unter den Elasmobranchiern zweimal entstanden. Sägehaie haben kleine Brustflossen, Sägerochen (Abb. 340 a) große, breite Brustflossen, unter denen die Kiemenöffnungen liegen. Indopazifik *Pristiophorus, Pliotrema.*

Squalidae: mit kräftigen Stacheln vor Rükkenflossen (Abb. 338 h), die mit Giftdrüsen in Verbindung stehen; ovovivipar. Häufig im Nordatlantik. *Squalus* (Dornhai) etwa 1 m lang, auf Schlammgründen Schwärme von mehreren 1000 Individuen. Im Handel ohne Kopf und Haut als Seeaal, geräucherte Bauchlappen als Schillerlocke. *Etmopterus* (mit Leuchtorganen), kleinste Art: 25 cm lang. *Somniosus* (Grönlandhai), über 6 m lang.

Squatinidae (Meerengel): Ähnlichkeit mit Rochen (Abb. 338 k). Kiemenöffnungen an den Kopfseiten. *Squatina*, bis über 2 m lang.

b) Batidoidimorpha (Hypotremata, Rochen). Körper abgeflacht, mit schlankem, abgesetztem Schwanz. Brustflossen stark vergrößert, an Kopfseiten festgewachsen. Rochen bewegen sich verhältnismäßig langsam durch Undulieren ihrer Brustflossen fort, während die pelagischen Formen diese Flossen wie Flügel auf- und abschlagen. Kiemenöffnungen auf Unterseite. Wasser wird durch Spritzloch (nach dorsal verlagerte erste Kiemenspalte) eingesogen. Meist bodenlebende Formen küstennaher Gebiete, die sich von benthischen Organismen ernähren. Um an ihre Nahrungstiere (z. B. Bivalvia und Polychaeten) zu gelangen, produzieren Rochen mit Hilfe eines Wasserstrahls Krater im Sediment, die bis 50 cm tief sein können und 1,5 m Durchmesser erreichen. 10 qm Kraterlandschaft können täglich geschaffen werden, und das über einige Wochen im Sommerhalbjahr. Rochen des offenen Meeres *(Manta)* nehmen Wasser durch Mundöffnung auf. Meist eierlegend, vorwiegend Kleintierfresser. Seit Jura bekannt.

Pristidae (Sägerochen): Oberkiefer zu langem, zahntragendem Rostrum ausgezogen (Abb. 340 a), mit dem der Boden durchwühlt wird. Ovovivipar (Sägezähne sind bei Geburt noch beweglich). Tropen, z. T. auch im Süßwasser, erreichen mehrere m Länge. *Pristis.*

Rhinobatidae (Geigenrochen): Körper langgestreckt (Abb. 340 f), auch im Mittelmeer. Ovovivipar. *Rhinobatus* bis 3 m lang.

Torpedinidae (elektrische Rochen, Zitterrochen): mit elektrogenen Organen in Flossen nahe dem Kopf, dienen zur Abwehr und zum Lähmen sowie Töten von Beutefischen, entstehen aus Muskeln. In allen Meeren der tropischen und gemäßigten Zonen. Ovovivipar. *Torpedo* (Abb. 340 b).

Rajidae: mit über 200 Arten größte Rochenfamilie. Brustflossen erstrecken sich auch nach vorn um den Kopf (Abb. 340 e). Rechteckige Eier. Häufigste Rochen der Nordsee. *Raja*, mit schwachen elektrogenen Organen im Schwanz.

Dasyatidae (Stechrochen): Diese und die folgende Familie mit langem Giftstachel auf dem Schwanz. Bei den Dasyatidae bilden die Brustflossen vor dem Kopf einen abgeflachten, dünnen Saum, bei Myliobatidae eine dicke, fleischige Region.

Dasyatis: auch im Mittelmeer, Giftstachel kann Bein von Menschen durchstoßen. Bei älteren Tieren sind Giftdrüsen oft nicht mehr vorhanden, so daß sie nur mechanische Verletzungen hervorrufen können.

Potamotrygonidae: Mit *Potamotrygon* im Süßwasser in Südamerika.

Myliobatidae (Adlerrochen): Meist mit Giftstachel, können in Schwärmen auftreten. *Myliobatis* (Abb. 340 d).

Mobulidae (Teufelsrochen): Mit einem Paar schlanker Fortsätze am Kopf werden Nahrungstiere ins Maul geleitet (Abb. 340 c); mit Kiemenreusenapparat wird Plankton filtriert. *Manta:* Spannweite über 6 m, 2 t schwer. *Mobula.* Auch im Mittelmeer.

2. Unterklasse: Holocephali (Chimären)

Die Holocephalen sind eine rein marine, etwa 30 Arten umfassende Gruppe. Ihr Palatoquadratum ist völlig dem Schädel angegliedert (Holostylie), der Hyoidbogen ist ein normaler Kiemenbogen. Die Kiemen werden von einem Deckel überdacht, dem aber im Unterschied zum Kiemendeckel der Knochenfische Deckknochen fehlen. Spritzlöcher werden nur embryonal angelegt. Wirbelkörper fehlen z. T. den rezenten Arten, waren aber bei fossilen zu mehreren pro Segment ausgebildet. Das Gebiß besteht aus zwei Paar Zahnplatten im Oberkiefer und einem Paar im Unterkiefer, die nicht gewechselt werden. Eine typische Kloake ist nicht vorhanden. Die getrennten Ausmündungsstellen von Gonaden, Nieren und Darm liegen aber dicht zusammen. Das Männchen ist kleiner als das Weibchen, es trägt bei *Callorhynchus* einen morgensternartigen Fortsatz auf dem Kopf (Abb. 341 a, b), der als Halteapparat bei der Kopula dient. Innere Befruchtung. Das Weibchen legt bis 30 cm lange Eier ab, die von einer Kapsel umschlossen sind.

Chimaera monstrosa: häufigste Art in Europa, in tieferem Wasser. *Hydrolagus*, Atlantik und Pazifik, nachts nahe der Wasseroberfläche. *Callorhynchus, Harriotta.*

Die Ahnen der Chimären sind die Bradyodonti, die seit dem Devon bekannt und heute ausgestorben sind. Im Unterschied zu den Chimären trug ihre Haut Placoidschuppen, und ihr aus vielen Zähnen bestehendes Gebiß war kompliziert (z. B. bei *Helicoprion* mit spiralig angelegten Zähnen [Abb. 341 d]).

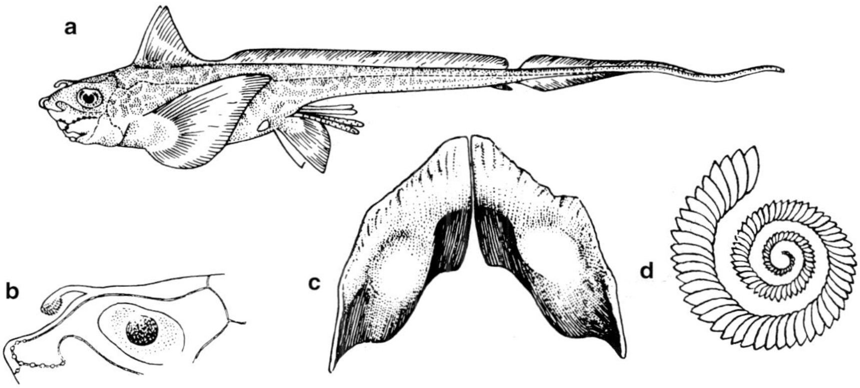

Abb. 341: Chimaeren. a. *Chimaera monstrosa*, b. Oberkopf von *Chimaera* mit Seitenliniensystem und Kopffortsatz, c. Zahnplatten von *Chimaera*, d. Gebiß von *Helicoprion* (Bradyodonti). Nach Moy-Thomas, Bigelow, Schroeder, Norman

4. Klasse: Osteichthyes (Knochenfische)

Die Ausbildung von Knochen im Skelet trennt diese Klasse nur von den heutigen Knorpelfischen und Agnathen, nicht von deren fossilen Ahnen. Der Schädel wird zunehmend kompliziert, seine zahlreichen Einzelteile können z. T. nicht sicher mit denen des Tetrapodenschädels homologisiert werden.

Der Schwanz kann heterozerk sein (Störe und Löffelstöre), ist aber meist homozerk: Das Ende der Wirbelsäule (Urostyl) ist schräg nach oben gebogen, die Schwanzflosse jedoch äußerlich symmetrisch. Kennzeichnend ist das Lungen-Schwimmblasenorgan (Abb. 308), primär eine paarige, luftgefüllte Ausstülpung des Vorderdarms mit Atemfunktion (Lunge), später ein hydrostatisches Organ (Schwimmblase, Abb. 342 a). Kiemendeckel sind stets vorhanden, sie werden von Hautknochen (Operculare u. a.) gestützt und gehen ventral in eine bewegbare Hautfalte (Branchiostegalmembran) über. Die Kiemenbögen tragen Kiemenblättchen. Die erste Kiemenspalte (Spiraculum) ist klein und meist verschlossen.

Knochenfische, die in sauerstoffarmen Gewässern oder zeitweise im Luftraum leben, haben andere Atemorgane. Mit Hilfe des Lungen-Schwimmblasenorgans atmen die primitiven Holostei und *Polypterus*, einige Teleosteer (z. B. aus den Familien Osteoglossidae, Mormyridae, Characidae) und die Lungenfische.

Die Labyrinthfische haben oberhalb der Kiemen unter den Kiemendeckeln ein accessorisches Luftatmungsorgan. Bei manchen Welsen *(Clarias)* besteht das accessorische Atmungsorgan aus büschelförmigen Kiemenanhängen. Einige Fische atmen auch mit der Mundschleimhaut *(Electrophorus, Periophthalmus)*, Darmatmung ist von verschiedenen Welsen und *Misgurnus* (Abb. 352 g) bekannt, an dessen Magen sich ein Blindsack anschließt, der als Luftreservoir fungiert. Schließlich kann die Haut ein wichtiges Atemorgan im Luftraum darstellen, so beim Aal und den Blenniidae.

Primitiver als die Knorpelfische bleiben die meisten Osteichthyes in der äußeren Befruchtung, die erst nach der Ablage der meist polylecithalen Eier erfolgt. Außer Ovipărie kommen Ovovivi- und Viviparie vor. Aus verschiedenen Teleosteer-Gruppen sind Zwitter bekannt; Geschlechtsumwandlung erfolgt z. B. bei Cyprinodontidae, Selbstbefruchtung wird von einigen Serranidae angegeben.

Knochenfische sind seit dem Devon artenreich und reichen wohl ins Silur zurück. Schon im Devon sind die Hauptlinien getrennt. Größte Fischgruppe mit wenigstens 22 000 Arten.

a. Actinopterygii (Actinopteri, Strahlenflosser)

In diese Reihe gehören über 99 % der heutigen Fische. Sie sind weit ins freie Wasser vorgedrungen und haben fast alle Lebensräume des Meeres und Süßwassers erobert. Infolge der Erleichterung des Körpers durch die Schwimm-

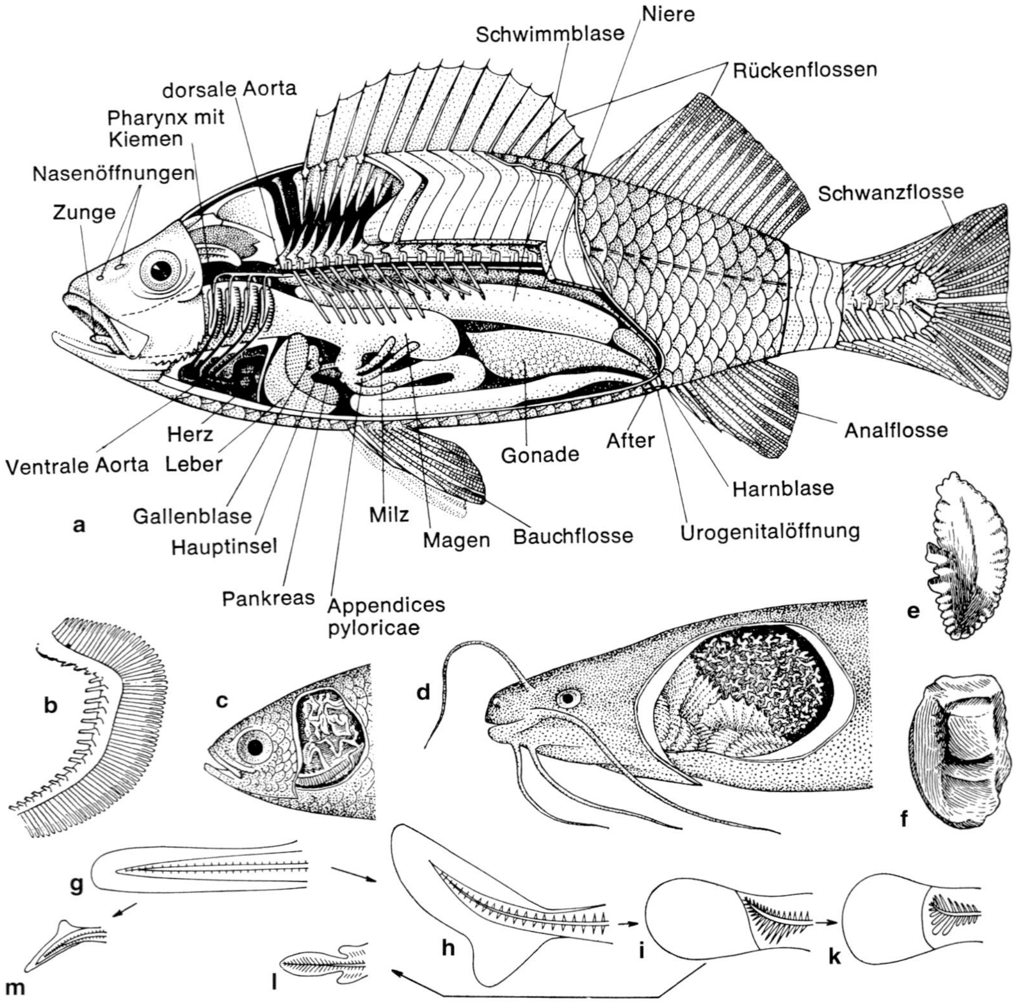

Abb. 342: a. Körperbau eines Barsches, Hauptinsel = sehr große Langerhanssche Insel, b. Kiemenbogen eines Barsches *(Perca)*, c, d. accessorische Atmungsorgane, c. *Anabas*, d. *Clarias*, e, f. Otolithen, e. *Gadus*, f. *Sciaena*, g–m. Entwicklung der Schwanzflossen bei Fischen, g. protozerke Schwanzflosse (wirbellose Chordaten), h. heterozerke Schwanzflosse (Chondrichthyes, primitive Ostracodermen), i. verkürzte heterozerke Schwanzflosse (Holosteer), k. homozerke Schwanzflosse (die meisten Teleosteer), l. diphyzerke Schwanzflosse (viele Dipnoer und Crossopterygier, *Polypterus*, Cyclostomen, einige Teleosteer), m. revers heterozerke (hypozerke) Schwanzflosse (einige fossile Agnatha). Nach Storer, Usinger, Smith, Norman

blase reduzieren die paarigen Flossen ihre Funktion als Stütz- und Bewegungsorgan und ihre Funktion als Höhensteuer; sie werden beim aktiven Schwimmen meist an den Körper angelegt. Der Fleischteil der Flossen mit Muskeln und Skelet verkürzt sich, vom Skelet bleiben nur noch wenige Radialia und Basalia an der Flossenbasis. Der Hauptanteil der Flossen ist häutig und wird von Flossenstrahlen gestützt.

Der Rumpf ist meist von Schuppen bedeckt, die in konzentrischen Lagen wachsen. Ihre Außenschicht besteht primär aus einer Ganoinschicht. Sie wird allmählich reduziert und fehlt den Teleosteern. Die Form der Schuppen ist erst rhombisch (*Polypterus*, Abb. 344a, *Lepi-*

sosteus, Abb. 345 a), dann rundlich mit glattem Hinterrand (Cycloidschuppe vieler primitiver Teleosteer, Abb. 307 c, 343) und schließlich rundlich mit kammartigen Zähnchen am Hinterrand (Ctenoidschuppen, Abb. 307 d) wie bei vielen höheren Teleosteern. Die Schuppen überdecken sich dachziegelartig. Der Epidermisüberzug schlägt auf der Unterseite der Schuppe um und kleidet eine Schuppentasche aus, in deren Tiefe die Epidermis auf die Oberseite der folgenden Schuppe übergeht. Der freie Schuppenteil überragt dachziegelartig die folgende Schuppe. Als mesodermale Gebilde werden diese Schuppen von Epidermis bedeckt. Sekundär können Deckknochen in die Haut eingelagert werden und sogar einen Panzer bilden, z. B. bei Kofferfischen, Panzerwelsen, Seenadeln u. a. Viele Fische haben keine Hartteile in der Haut, sie werden als nackt bezeichnet. In ihrer Epidermis liegen besonders viele Schleimzellen.

Im Labyrinth werden einzelne große Statolithen ausgebildet, deren Jahresringe für die Altersbestimmung der Fische wichtig sind.

Die Actinopterygier sind seit dem Devon artenreich. Ihre Entfaltung läßt eine alte (Chondrostei), eine mittlere (Holostei) und eine neue Schicht (Teleostei) erkennen.

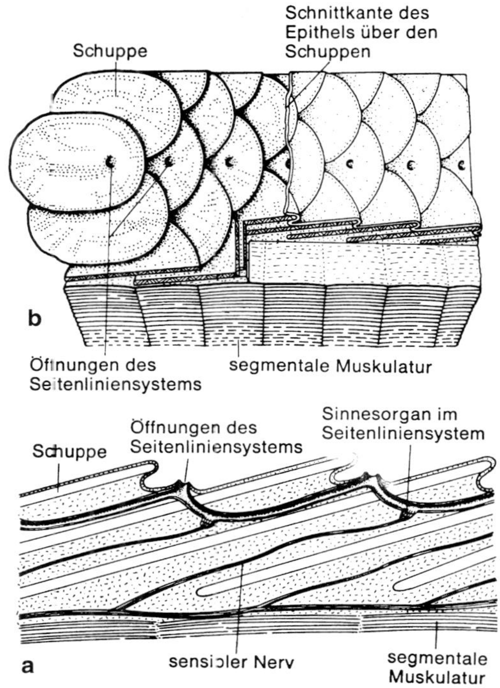

Abb. 343: Teleosteerschuppen. a. Blockdiagramm, Aufsicht auf die Haut, Epidermisepithel, z.T. abpräpariert b. Schnitt durch die Haut. Nach Storer, Usinger

Chondrostei

Die Altschicht der Actinopterygier, die Chondrostei, war im Palaeozoikum vor allem durch die Palaeoniscoidea vertreten. Ihre Schwanzflosse war heterozerk, ihre rhombischen Schuppen trugen einen dicken Ganoinbelag. Spritzloch meist vorhanden. Aus dieser Altschicht haben sich zwei Gruppen erhalten, Flösselhechte (Polypterini, Cladistia, Brachiopterygii) und die Störe und Löffelstöre (Acipenserini), die primitive und abgeleitete Merkmale aufweisen.

a) Polypteriformes (Brachyopterygii, Flösselhechte). Sie kommen mit wenigen Arten im Süßwasser Afrikas vor. Primitive Merkmale sind die Größe des Fleischteils der paarigen Flossen, wie sie noch von einzelnen palaeozoischen Chondrostei bekannt ist, die paarigen sackförmigen Lungen mit Zonen gasaustauschenden Gewebes sowie Streifen mit Kinocilien tragenden und sekretbildenden Zellen und die reiche Entwicklung des Dermatocraniums. Ein Spritzloch, das ebenso wie der Mund der Aufnahme atmosphärischer Luft dient, ist vorhanden, ein Spiraldarm ausgebildet, das Achsenskelet gut verknöchert, der Körper mit Ganoidschuppen bedeckt.

Die Larve (Abb. 344 b) ähnelt der von Dipnoi und Amphibien; sie stützt sich auf die Vorderflossen; die äußeren Kiemen sitzen den verlängerten Kiemendeckeln an, nicht den Kiemenbögen. Parallel zu den Teleostei haben die Hoden ein eigenes Vas deferens und das Achsenskelet starke amphicoele Wirbelkörper entwickelt.

Etwa 10 Arten; *Polypterus* (Abb. 344 a, b), *Erpetoichthys (Calamoichthys)*.

b) Acipenseriformes (Störe und Löffelstöre). Sie haben noch eine heterozerke Schwanzflosse; auch die Gonaden mit ihren Ausführgängen (Urnierengang und Müllerscher Gang) und der Besitz eines Spritzloches sind primitiv. Die weite Verbreitung von Knorpel im Skelet ist sekundär, wie die stärker verknöcherten Fossilfunde zeigen. Die Schnauze ist zu einem

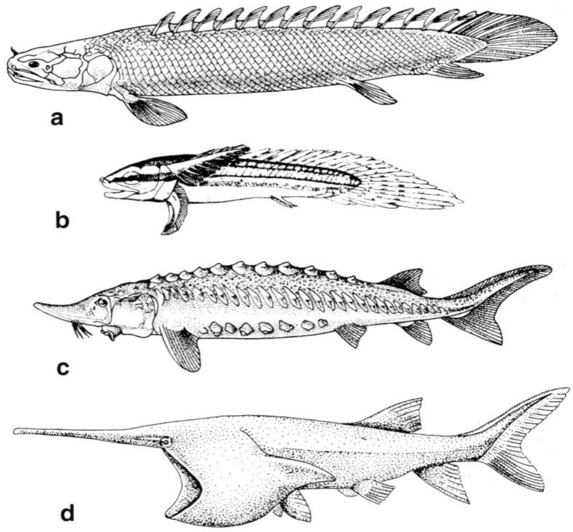

Abb. 344: Chondrostei: a. *Polypterus* (adultes Tier), b. *Polypterus* (Larve; beachte die äußere Kieme), c. *Acipenser sturio* (Stör), d. *Polyodon spathula* (Löffelstör) bei der Nahrungsaufnahme. Nach Budgett, Riedl, Russ

Rostrum ausgezogen, der Mund unterständig. Wie bei den folgenden Actinopterygiern ist eine unpaare Schwimmblase vorhanden, die Wirbelsäule besteht nur aus Bögen, die Chorda ist einheitlich. Das Schuppenkleid ist weitgehend reduziert, es kann durch Reihen von Knochenplatten ersetzt werden. Reduziert sind auch die Zähne, die bei Jungen noch vorhanden sind. Bewohner des Süßwassers und der Meere der Nordhemisphäre.

Die Acipenserini waren nie artenreich und lassen sich über fossile Formen (*Chondrosteus* u. a.) mit den palaeozoischen Palaeoniscoidea verknüpfen. 2 rezente Familien.

Acipenseridae (Störe, Abb. 344 c): mit Reihen von Knochenplatten in der Haut. Sie schwimmen dicht über dem Boden; die vor dem Mund gelegenen Barteln zeigen Nahrungstiere an, die durch den vorstülpbaren Mund aufgenommen werden.

Die marinen Arten wandern zum Laichen ins Süßwasser und legen hier ihre zahlreichen Eier ab. Werden diese vor der Ablage aus dem mütterlichen Körper entfernt, können sie zu Kaviar aufbereitet werden. Ein 1000 kg schwerer Hausen liefert 100 kg Kaviar.

Huso (Hausen) und *Acipenser* mit Spritzlöchern, *Scaphirhynchus* und *Pseudoscaphirhynchus* ohne Spritzlöcher.

Huso huso (Hausen), bis über 7 m lang; *Acipenser sturio* (Stör), bis 6 m lang, Hauptlieferant von Kaviar. *A. ruthenus* (Sterlet). Maximum der Arten im Wolga Kaspi-Gebiet.

Der Stör *(Acipenser sturio)* ist der größte einheimische anadrome Süßwasserfisch. Er erreicht bis 6 m Länge und über 200 kg. Aufstieg ab April, laicht Juni/Juli in Kuhlen in der Flußmitte; bis zu 2,5 Mio Eier; Jungstöre bleiben 1–2 Jahre im Süßwasser; Geschlechtsreife bei Männchen mit 7–15 Jahren (ab 1,20 m Länge), bei Weibchen mit 8–20 Jahren (ab 1,70 m Länge).
Bis Anfang unseres Jahrhunderts in vielen europäischen Flüssen von der Ostsee bis zum Schwarzen Meer, heute unmittelbar von der Ausrottung bedroht, Restbestände in Frankreich (Gironde – Garonne), Spanien (Guadalquivir) und Georgien (Rioni). Bis Ende des letzten Jahrhunderts wurden in Norddeutschland jedes Jahr mehrere tausend Störe gefangen. 1915 erlosch der kommerzielle Fang.
Verschiedene Störarten und Hybridstöre wie *Huso huso* × *Acipenser ruthenus* («Bester», teils fruchtbar) in Aquakultur.

Polyodontidae (Löffelstöre): Das Rostrum ist eine lange Platte (Abb. 344 d); es fehlt noch bei frisch geschlüpften Tieren, die jungen Stören ähneln. Nahrungsaufnahme mit weit geöffnetem Maul, Nahrung wird mit Kiemenreusen abgefiltert. Knochenplatten fehlen. Süßwasser. *Psephurus*, bis 6 m lang, in China; *Polyodon*, bis 1,8 m, in Nordamerika.

Holostei

Die Mittelschicht der Actinopterygii, die Holostei, war im Mesozoikum in großer Formenfülle vorhanden und ist durch «Subholostei» mit der Altschicht verbunden. Heute leben nur noch zwei Familien im Süßwasser Mittel- und Nordamerikas. Primitiv sind die Ganoinlage auf den Schuppen, die noch vorhandene Atemfunktion der Schwimmblase, der Rest einer Spiralfalte im Darm, die heterozerke Schwanzflosse und der Besitz eines Conus arteriosus. Fortschrittlich ist die Ausbildung der Wirbelkörper, die bei *Lepisosteus* mit ihren vollen, gelenkenden Wirbeln (opisthocoele W.) unter völliger Verdrängung der Chorda die höchste Stufe unter den Fischen erreicht.

Lepisosteidae (Knochenhechte): Rumpf mit Panzer aus rhombischen, aneinandergrenzenden Schuppen mit dickem Ganoinbelag bedeckt. Conus arteriosus noch mit mehreren Klappenreihen. Schwanzflosse heterozerk. Die Tiere sind Stoßräuber und ähneln in der Kör-

a

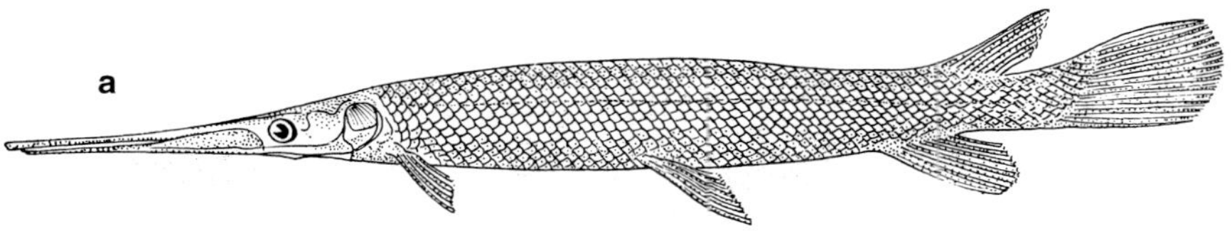

b

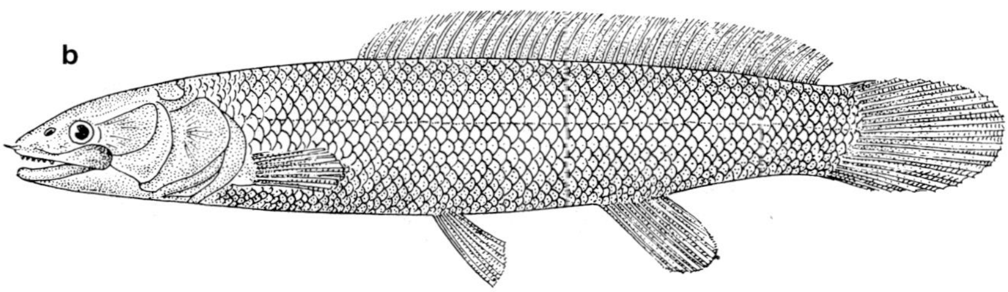

Abb. 345: Holostei. a. *Lepisosteus osseus* (Knochenhecht), b. *Amia calva* (Schlammfisch). Nach Grassé

perform dem Hecht. Länge bis über 3 m. *Lepisosteus* (Abb. 345 a) mit mehreren Arten, die z. T. ins Meer vordringen können. Nord- und Mittelamerika.

Amiidae (Schlammfische): stehen den Teleosteern nahe. Schuppen rund, noch mit dünnem Ganoinbelag. Die Schwanzflosse ist verkürzt heterozerk, fast homozerk. Die Wirbelkörper sind amphicoel und durch Chordareste verbunden; im Hinterkörper kommen je zwei Wirbelkörper auf ein Segment (Diplospondylie). Der Conus arteriosus hat nur wenige Klappen, ein Bulbus arteriosus ist ausgebildet. Der Müllersche Gang ist reduziert, die Eier werden durch einen kurzen Gang mit Trichter ausgeleitet. Die Schwimmblase dient als Atmungsorgan. In der Kreide verbreitet. Einzige rezente Art:

Amia calva (Abb. 345 b): bis 90 cm lang; östliches Nordamerika. Kann in sauerstoffarme Gewässer vordringen und übersteht auch 24 Stunden im Luftraum. Männchen bauen Nester aus Pflanzenteilen, bewachen Eier und die Jungen kurz nach dem Schlüpfen.

Teleostei

Diese Gruppe vollzog eine enorme Expansion sowohl in Artenzahl, die ca. 25 000 beträgt, als auch in biologischer und ökologischer Anpassung (Abb. 346–348). Sie hat fast alle Lebensräume des Meeres und des Süßwassers besiedelt. Viele Familien sind in die Tiefsee vorgedrungen und haben hier bizarre Formen mit Leuchtorganen und merkwürdigen Fangapparaten gebildet (Abb. 348); andere können im Fluchtflug in die Luft vordringen wie die «fliegenden» Fische (Exocoetidae). Wieder andere bewohnen die Flüsse von reißenden Stromschnellen, in denen sie sich mit komplizierten Haftapparaten an der Unterlage festheften, bis zur Mündung und stehende Gewässer bis in austrocknende Tümpel. Vertreter von mehreren Familien sind in unterirdische Gewässer vorgedrungen unter Reduktion der Augen (*Astyanax, Caecobarbus* u. a.). Einige sind zu amphibischer Lebensweise übergegangen, z. B. *Periophthalmus*. Ihre Größe reicht von 8 mm bis 10 m. Die Teleosteer beginnen ihre Expansion an der Grenze Jura–Kreide, sie erscheinen also später als die Säugetiere. Holostei sind ihre Ahnen.

Was den Teleostei diese Überlegenheit und Anpassungsfähigkeit verlieh, ist nicht leicht abzuschätzen. Gegenüber den Holostei zeigen sie viele Reduktionen: Verlust der Ganoinschicht der Schuppen, Verminderung der Radien in den paarigen Flossen, der Knochen in Unterkiefer, Wangen und Kehle. Umgekehrt verknöchert das Innenskelet stärker. Die Wirbelsäule besteht aus knöchernen amphicoelen Wirbeln, die durch Chordareste verbunden sind; stets ist je ein Wirbelkörper pro Segment vorhanden. Zusätzliche Verknöcherungen sind die Gräten. Die stets unpaare Schwimmblase erreicht erst

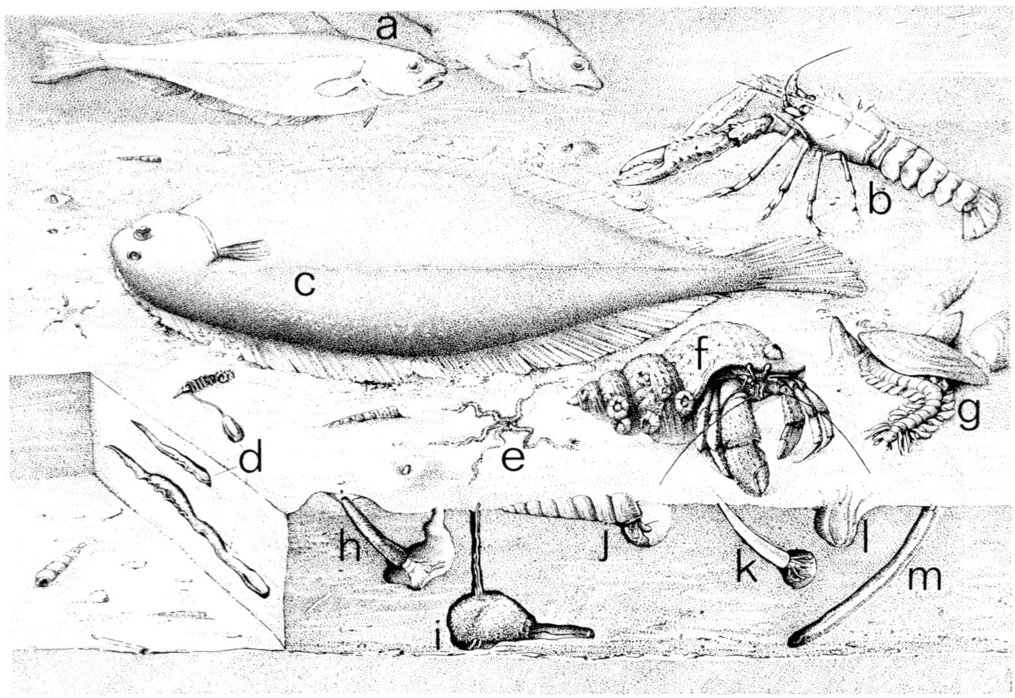

Abb. 346: Fauna des Meeresbodens (Nordatlantik). a. *Merlangius* (Wittling), b. *Nephrops* (Kaisergranat), c. *Solea* (Seezunge), d. *Lineus* (Nemertini), e. Schlangenstern, f. *Pagurus* (Einsiedlerkrebs) mit Gehäuse von *Buccinum*, die mit Balaniden besetzt ist, g. *Phyllodoce* (Polychaeta), h. *Pectinaria* (Polychaeta), i. *Echinocardium* (Seeigel), j. *Turritella* (Turmschnecke), k. *Dentalium* (Scaphopoda), l. *Amphiura* (Schlangenstern), m. *Nephtys* (Polychaeta). Original

hier ihren Höhepunkt als hydrostatisches Organ, sie ermöglicht durch Anpassung ihres Gasgehaltes an die Anforderungen der Umwelt ein «Stehen» im Wasser ohne aufwendige Muskelarbeit. Gesteigert ist die Bewegungsaktivität. Stark entwickelt ist das Gehirn, in ihm erreicht das Kleinhirn eine besonders hohe Entfaltung. Biologisch wichtig ist die Lösung der Hautknochen des Oberkiefers (Maxillare, Intermaxillare) vom Schädel, dadurch ist der Mund nicht nur ein Beißmund, sondern auch ein beweglicher Saugmund, der kleine Nahrungstiere einsaugen kann.

In der sonstigen Anatomie setzen die Teleosteer die schon bei *Amia* erkennbare Umformung fort: Die Kiemenscheidewände sind bis auf eine Umhüllung der Kiemenbögen verkürzt, sie tragen dann 2 Reihen von Kiemenblättchen, im Herz ist der Conus arteriosus auf einen Klappenring reduziert, dafür der Bulbus arteriosus stark entwickelt, Hoden und die röhrenförmigen Ovarien haben direkte Ausführgänge (Abb. 327).

Die Fortpflanzung zeigt enorme Verschiedenheiten. Die äußere Befruchtung ist meist erhalten, doch vereinigen sich hierzu Paare oder Laichschwärme. Laichplätze werden oft durch weite Wanderungen erreicht. Sie führen im Extremfalle vom Meer ins Süßwasser (anadrome Fische, z. B. Lachs, Maifisch), seltener vom Süßwasser ins Meer (katadrome Fische, z. B. Aal). Die Eier vieler Meeresfische treiben pelagisch im Meer (Scholle, Dorsch, Sprotte u. a.), einige haben auch pelagische Larven mit verlängerten Flossenstrahlen *(Lophius)* oder blattartige Körperform (Aal). Die Eier werden oft bewacht, gepflegt und verteidigt, vielfach vom Männchen (Stichling). Mehrfach werden die Eier am Körper getragen, wobei die Männchen oft Brutbeutel bilden, z. B. bei Seepferdchen und Seenadeln. Ein merkwürdiger Ort der Brutpflege ist das Maul: Maulbrüter sind mehr-

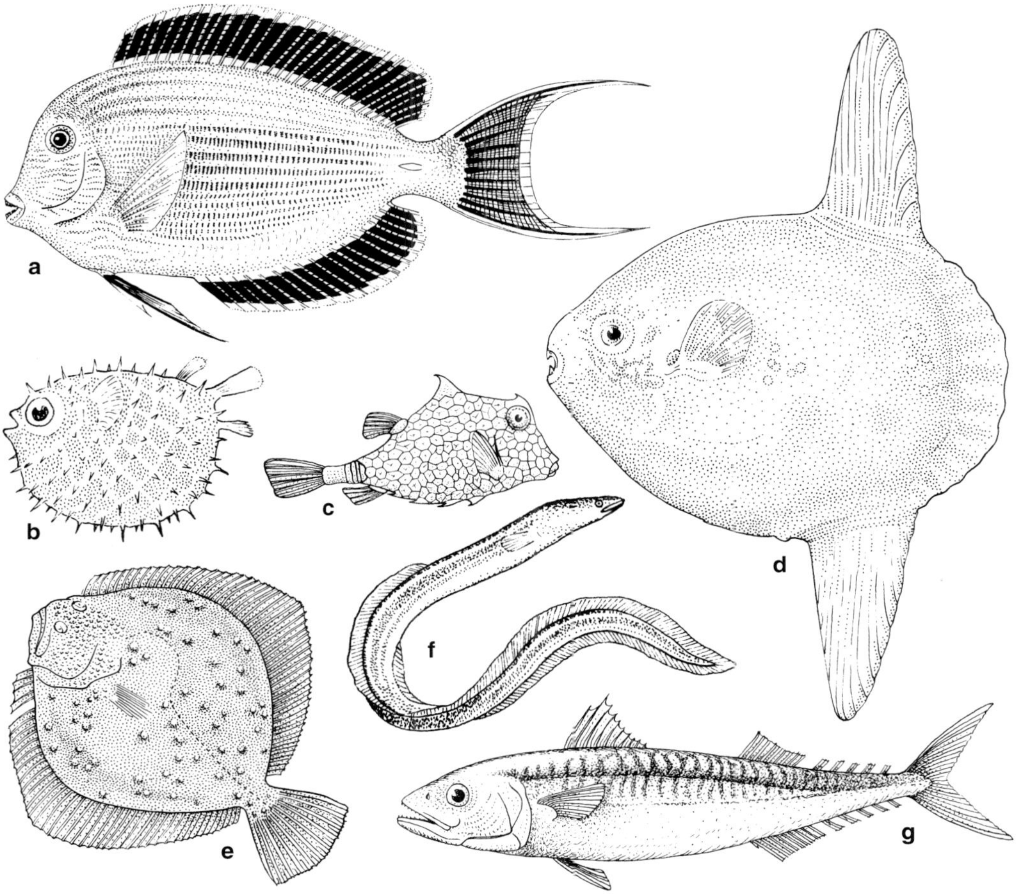

Abb. 347: Verschiedene Teleosteer-Formen. a. *Acanthurus* (Doktorfisch), b. *Chilomycterus* (Igelfisch), c. *Ostracion* (Kofferfisch), d. *Mola* (Mondfisch), e. *Scophthalmus* (Steinbutt), f. *Anguilla anguilla* (Aal), g. *Scomber scombrus* (Makrele). Nach Greenwood, Norman, Klausewitz, Rau

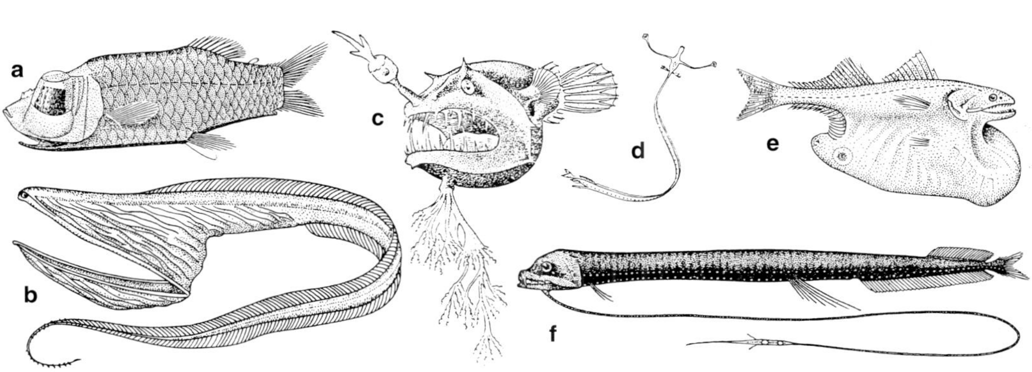

Abb. 348: Tiefseefische. a. *Opisthoproctus* (mit stark vergrößerten Augen), b. *Eurypharynx*, c. *Linophryne*, d. *Idiacanthus* (Jungtier), e. *Chiasmodon* (mit verschlucktem Beutetier), f. *Eustomias*. Nach Greenwood, Klausewitz, Norman, Regan

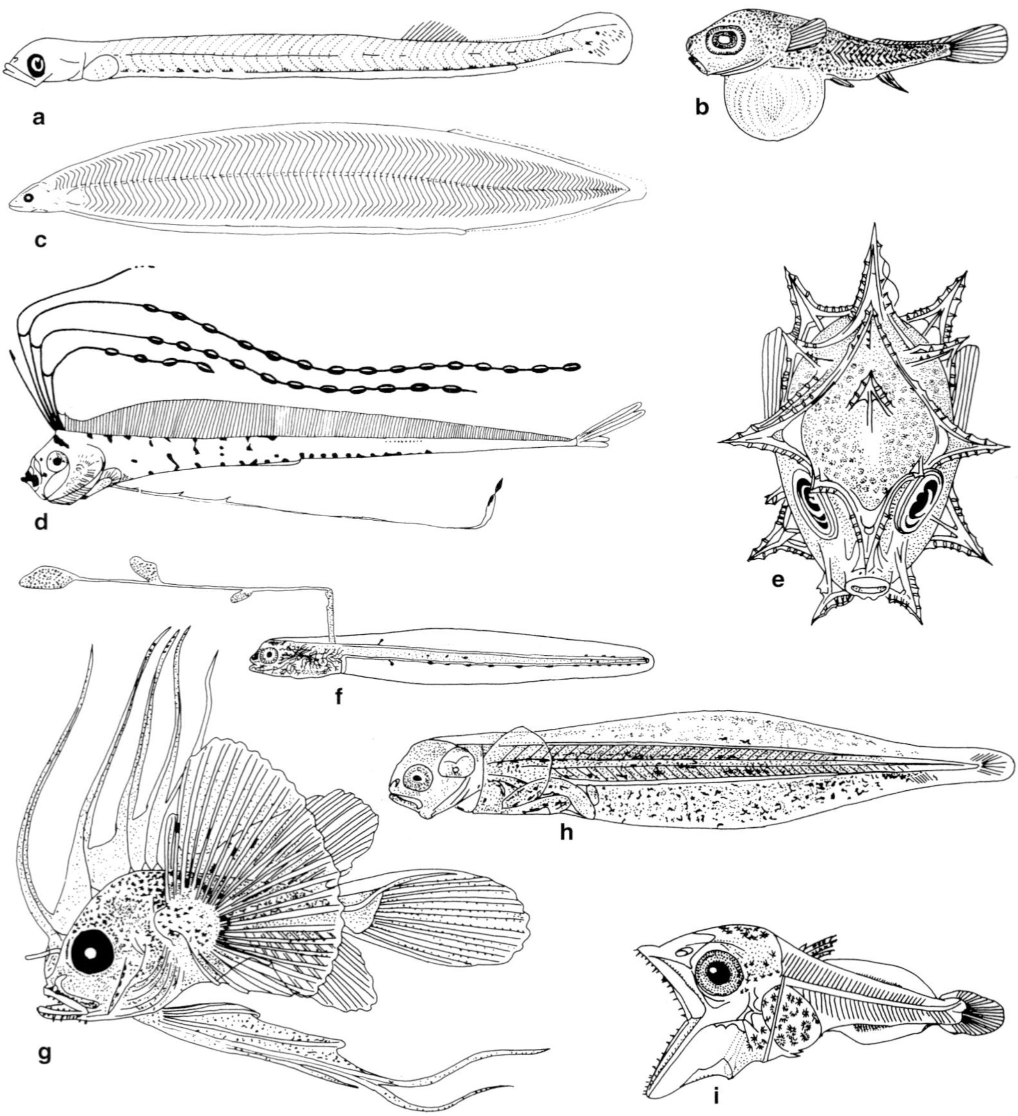

Abb. 349: Fischlarven. a. *Clupea pilchardus* (11 mm lang), b. *Exocoetus* (6 mm lang), c. *Anguilla* (Leptocephalus; 70 mm), d. *Regalecus glesne* (45 mm), e. *Ranzania* (ostracioniforme Larve; 3 mm), f. *Carapus acus* (4 mm), g. *Lophius piscatorius* (26 mm), h. *Platichthys flesus* (7 mm lang), i. *Thunnus thynnus* (7 mm lang). Nach Angel, Ehrenbaum, Fage, Padoa, Roule, Sanzo, Sparta, Tanning

fach entstanden, z. B. bei Cichliden. Ins Maul wird auch z. T. das Sperma zur Befruchtung aufgenommen. Innere Befruchtung kommt mehrfach vor: Aalmutter *(Zoarces)*, viele Zahnkärpflinge, bei denen eine vielseitige Ernährung des Embryos im Mutterkörper stattfindet. Als Kopulationsorgane sind bei den Männchen oft Flossenstrahlen der Analflosse ausgebildet (Gonopodium), oder die Urogenitalpapille ist zu einem Pseudopenis verlängert (Cottidae). Eine Extremform sind die Zwergmännchen mancher Pediculati, die an Weibchen angewachsen sind und durch deren Blut ernährt werden. Jugendstadien weichen in ihrem Aussehen oft sehr stark von den Adulten ab (Abb. 349).

Der Nahrungsbereich ist nicht so vielgestaltig. Zwar reicht der Spielraum von Planktonfressern bis zu Raubfischen, die eine Beute größer als sie selbst bewältigen (*Chiasmodon*, Abb. 348 e), doch werden Pflanzen selten gefressen. Sonderfälle sind Korallenfische, die Stücke von Korallen abbeißen (Scaridae, einige Balistidae), die Anglerfische (Lophiiformes), die aus isolierten Strahlen der Rückenflosse einen Lockapparat bilden, der bei Tiefseeformen sogar ein Leuchtorgan trägt, der Schützenfisch *Toxotes*, der mit gezielten Wasserschüssen aus dem Mund Insekten, die sich oberhalb des Wassers befinden, herabholt, die Putzer, die das offene Maul größerer Fische nach Nahrungsresten und Parasiten absuchen usw. Echte Filtrierer sind unter den Teleosteern selten (Engraulidae). Planktonfresser nehmen Nahrungstiere einzeln auf; der Reusenapparat an den Kiemenbögen verhindert ihr Ausschwemmen.

Die Flossen sind in ihrem Skelet und in ihrer Muskelmasse reduziert, und manchen Teleosteern fehlen sie völlig. Besonders die Bauchflossen werden oft klein und rücken nach vorn in die Brust- oder sogar Kehlregion. Die Schwanzflosse ist homozerk. Rücken- und Afterflossen sind an Zahl und Ausdehnung sehr variabel. Die höheren Teleosteer erhalten durch knöcherne Hartstrahlen ein starkes Stützelement in ihren Flossen.

Die Fortbewegung leistet meist der muskulöse Schwanz, doch können verschiedene Flossen an der Fortbewegung beteiligt sein, die Brustflossen als Ruder (*Pantodon*, Labriden, Gasteropelecidae) oder sogar als Schreithebel, z. B. bei Pediculaten und an Land bei *Periophthalmus*, die Rückenflossen durch undulierende Bewegungen bei Seenadeln und Seepferdchen, bei denen der Schwanz ein Wickelschwanz geworden ist. Rücken- und Afterflossen können den Schlag des Hinterendes unterstützen und unter Reduktion des Schwanzes die Hauptträger der Bewegung sein (Mondfisch, *Mola*). Der oftmals entstandene Aal-Typ und der ähnliche Bandfisch-Typ bewegen sich durch seitliche Schlängelung des gesamten Körpers vorwärts, die paarigen Flossen neigen zur Reduktion, Rücken-, After- und Schwanzflossen verschmelzen zu einem Flossensaum. An der Bildung von Haftorganen, wie sie bei Bewohnern bewegten Wassers häufig auftreten, beteiligen sich oft die Bauchflossen, an der dorsalen Saugscheibe des «Schiffshalters» *(Echeneis)* die vorderen Strahlen der Rückenflosse.

Flossenstrahlen können sich von ihrer Flosse isolieren, sie dienen dann als Wehrstacheln (Rückenflossen beim Stichling) oder als Tastfäden (Brustflossen beim Knurrhahn).

Teleosteer geben mehrfach die Normalhaltung auf. Bekannt ist dies von den Plattfischen. Die pelagische Jugendform ist normal gebaut, beim Übergang zum Bodenleben legen sie sich auf eine Seite, bald die rechte, bald die linke – das kann sogar innerhalb einer Art wechseln (Flundern). Nun wird das Tier asymmetrisch, die unten liegende Seite bleibt hell, die obere ist gefärbt, das Auge der Unterseite wandert auf die Oberseite, die Bezahnung der Kiefer wird verschieden usw. Mit der Bauchseite nach oben schwimmt ein Wels (*Synodontis nigriventris*, Abb. 353 d). Auch hier schwimmen die Jungen normal, dann bald Bauch nach unten, bald Bauch nach oben, schließlich dauernd umgekehrt. Vertikal stehen Röhrenaale *(Taenioconger)*, die wie Röhrenwürmer im Meeresboden leben. Zeitweise wird die normale Lage bei Igelfischen aufgegeben, wenn sie sich durch Luftaufnahme in einen Magensack zur Kugel aufblasen und bauchoben treiben.

Die Teleostei stellen die wesentliche Grundlage der Fischerei dar (Abb. 350, 351). Der jährliche Weltfischereiertrag von über 90 Millionen Tonnen entfällt zu über 50 % auf etwa 70 Arten, die jeweils 100 000 t übertreffen. Über ein Drittel geht auf 10 Arten zurück, etwa 12 Millionen Tonnen fängt man von einer Art, der Sardelle (Anchovy, *Engraulis ringens*) vor Peru und Chile.

In Deutschland haben Hering und Seelachs gemeinsam einen Marktanteil von etwa 60 % unter allen verzehrten Meeresfischen. 20 % entfallen auf Kabeljau, Makrelen, Thunfisch und Pollack. Weitere wichtige Nutzfische sind Scholle, Heilbutt, Sardine, Seehecht und Schellfisch.

Kein anderer Fisch hat in Mitteleuropa jemals eine so große wirtschaftliche und politische Bedeutung erlangt wie der Hering (S. 570). Zunächst wurde er von dänischen Fischern in großem Umfang gefangen, brachte Reichtum und bewahrte die Menschen vor mancher drohenden Hungersnot. Hamburg, Lübeck und Bremen verbündeten sich und bemächtigten sich des Transportmonopols für

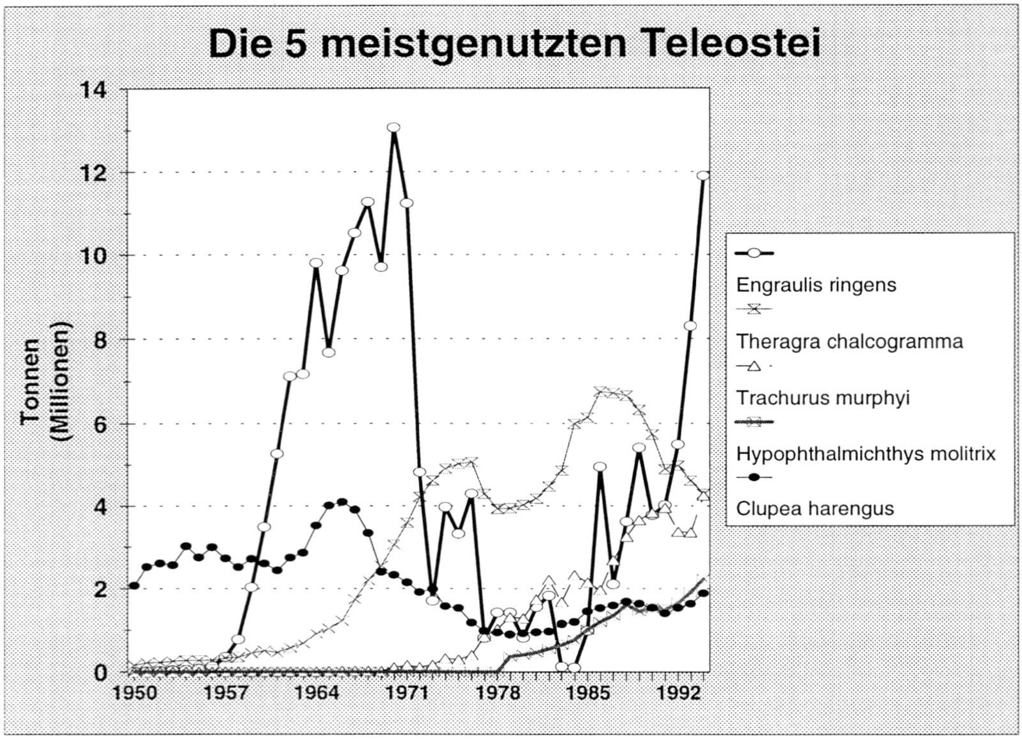

Abb. 350: Graphik der in den letzten Jahrzehnten am stärksten genutzten Fische. Beachte die Dominanz der marinen Arten (nur der Silberkarpfen *(Hypophthalmichthus molitrix)* ist limnisch). Insgesamt liegt der Fischereiertrag der Meere etwa fünfmal so hoch wie im Süßwasser. In der Rangfolge der Meere dominiert der Pazifik, aus dem etwa zwei Drittel der Gesamtanlandungen stammen. In der Länderwertung führt seit einiger Zeit die Volksrepublik China mit über 17 Mio Tonnen pro Jahr (zum Vergleich: Deutschland landet weniger als 200000 t/a an; Nr. 1 ist der Hering, *Clupea harengus*). Etwa 90% der Fischfänge stammen von den Kontinentalschelfen. Zwei Drittel des Weltfischereiertrages werden derzeit für den menschlichen Verzehr verwendet, ein Drittel wird zu Fischmehl verarbeitet. Der Einbruch der Fischerei auf Sardellen (Anchovy, *Engraulis ringens*) vor Peru in den frühen 1970er Jahren geht im wesentlichen auf Überfischung zurück. Nach FAO, Kühnhold

den Hering. Das war der Ausgangspunkt für die Entstehung der Hanse.

Eine ähnliche Bedeutung hatte der Kabeljau in Norwegen und an der nordamerikanischen Atlantikküste. Cape Cod in Massachusetts wurde nach dem Kabeljau (cod) benannt.

Der Seelachs oder Köhler (S. 577, Abb. 353c) ist ein naher Verwandter des Kabeljaus. Er wird vorwiegend in der nördlichen Nordsee und in Küstengewässern Norwegens gefangen. Er kommt auch geräuchert und als Seelachsschnitzel in Öl in den Handel.

Die wichtigsten genutzten Süßwasserfische Europas sind Aal, Karpfen, Schleie, Lachs, Forelle, Hecht und Zander.

Die enorme Vielfalt der Teleosteer in ein natürliches System zu bringen, ist noch nicht vollständig gelungen, daher findet man recht verschiedene Einteilungen.

Bei vielen primitiven Teleosteern, z. B. Clupeiformes und Ostariophysi, sind Darm und Schwimmblase noch durch einen Gang (Ductus pneumaticus) verbunden; man faßt sie als Physostomi zusammen. Bei adulten höheren Teleosteern fehlt diese Verbindung (Physoclisti). Die Formen mit weichen Flossenstrahlen werden Malacopterygii genannt, die mit Hartstrahlen Acanthopterygii (Acanthopteri).

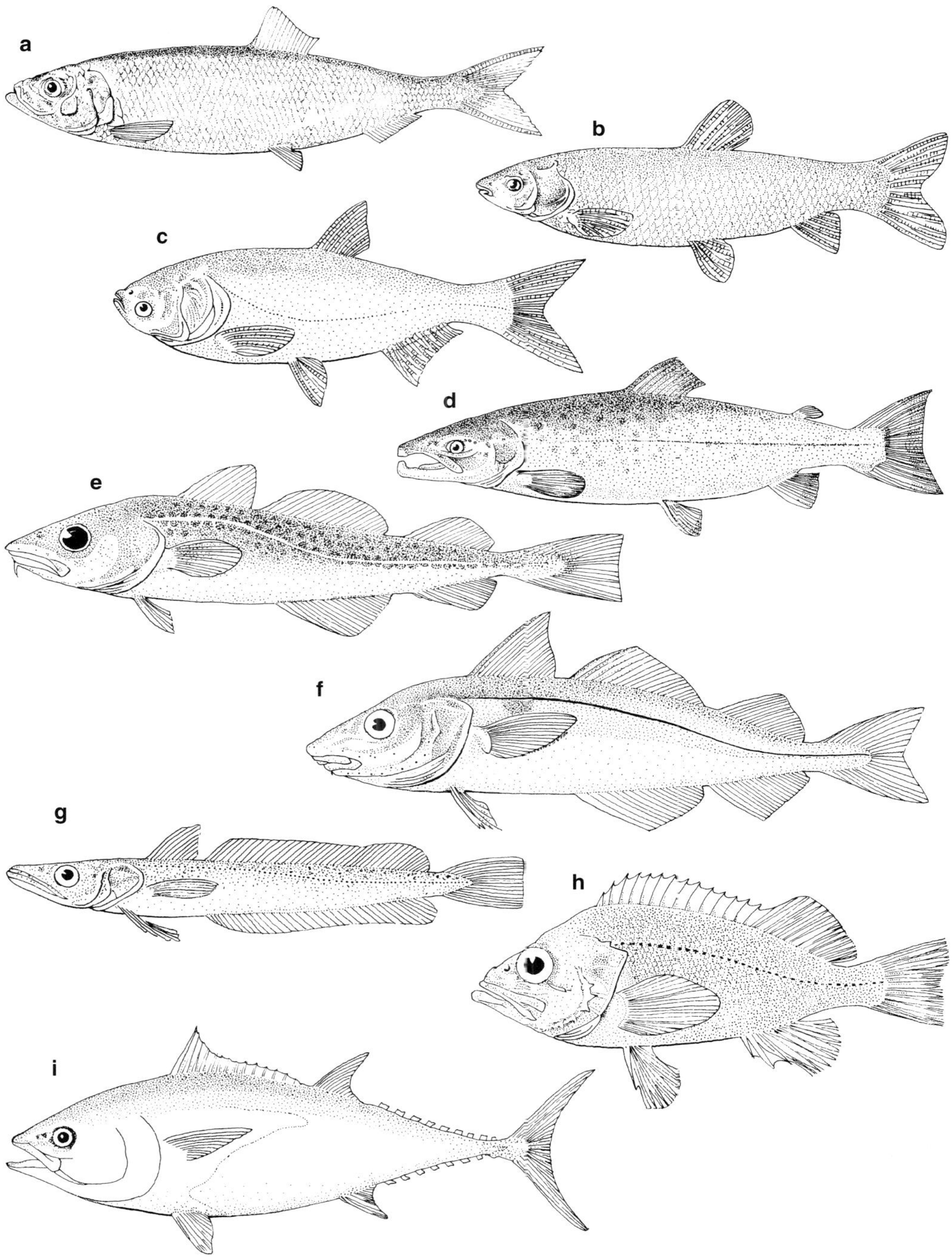

Abb. 351: Wichtige kommerziell genutzte Knochenfische. a. Hering (*Clupea harengus*) b. Graskarpfen (*Ctenopharyngodon idella*). c. Silberkarpfen (*Hypophthalmichthys molitrix*). d. Atlantischer Lachs (*Salmo salar*). e. Kabeljau (*Gadus morhua*). f. Schellfisch (*Melanogrammus aeglefinus*). g. Seehecht (*Merluccius merluccius*). h. Rotbarsch (*Sebastes marinus*). i. Thunfisch (*Thunnus thynnus*). Nach Brauchot, Fischer, Hureau, Nielsen, Tortonese, Whitehead

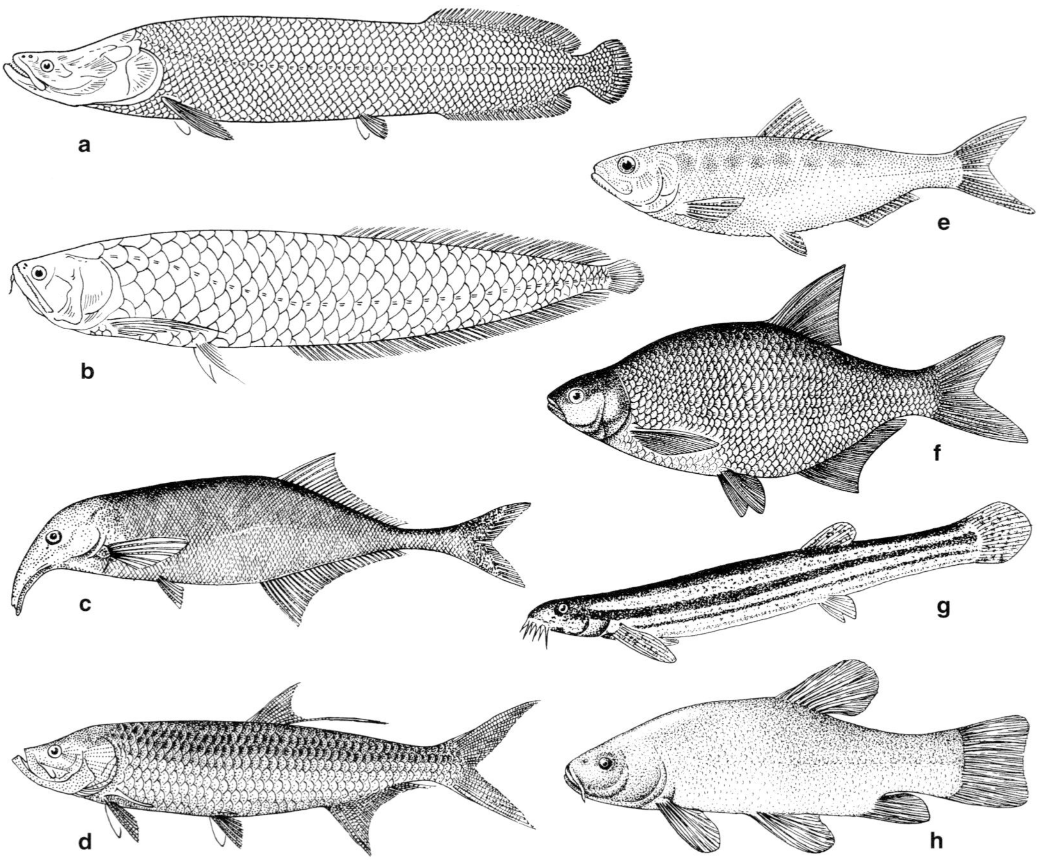

Abb. 352: a. *Arapaima*, b. *Osteoglossum* (Arawana), c. *Gnathonemus* (Nilhecht, Elefantenfisch), d. *Megalops* (Tarpun), e. *Alosa fallax* (Finte), f. *Abramis* (Blei, Brassen, Brachsen), g. *Misgurnus* (Schlammpeitzger), h. *Tinca* (Schleie). Nach Greenwood, Klausewitz, Norman

1. Ordnung: Osteoglossiformes

Parasphenoid und Zungenknochen mit gut entwickelten Zähnen: Supramaxillare fehlt.

Osteoglossidae (Knochenzüngler): Große Fische der Süßgewässer Südamerikas, Afrikas und der malaiisch-australischen Region mit stark hervortretenden Schuppen; Maulbrüter oder Nestbauer. *Arapaima gigas* (Arapaima, Abb. 352 a) einer der größten Süßwasserfische, bis über 3 m lang, Südamerika. Bevorzugte Beute: *Osteoglossum* (Arawana, Abb. 352 b) aus derselben Familie. *Osteoglossum* ist ein Maulbrüter mit kirschgroßen Eiern (Durchmesser: 18 mm). In Afrika: *Heterotis*, in Asien und Australien: *Scleropages*.

Pantodontidae (Schmetterlingsfische): Brust- und Bauchflossen vergrößert; *Pantodon buchholzi* (Schmetterlingsfisch), kann bis 2 m weite Sprünge außerhalb des Wassers ausführen, in Süßgewässern des westlichen Afrikas.

Notopteridae (Messerfische): Die besonders lange Afterflosse beginnt hinter dem Kopf; Antrieb durch ihren undulierenden Schlag. Sechs Arten im tropischen Afrika und Asien. *Notopterus*.

Mormyridae (Nilhechte): Mit unterschiedlich gestalteter, oft lang ausgezogener Schnauze (Abb. 352 c) und elektrogenen Organen, die im Dienst der Orientierung Partnerfindung und Geschlechtsunterscheidung stehen; besitzen unter allen Knochenfischen das größte Kleinhirn. Ausgeprägtes Spielvermögen, können sich stundenlang mit einem Blatt oder dergleichen beschäftigen. *Gnathonemus, Marcusenius.* Der bis 1,5 m lange *Gymnarchus* wird auch in eine eigene Familie gestellt; baut Schaumnest, bewacht Eier und Junge, die äußere Kiemen besitzen. Tropisches Afrika und Nil.

2. Ordnung: Anguilliformes (Apodes, Aalfische)

Bauchflossen fehlen, Rücken-, Schwanz- und Afterflosse bilden oft Flossensaum; Schuppen klein oder meist fehlend. Vorwiegend marin, carni- und omnivor.

Anguillidae (Aale): Mit winzigen Cycloidschuppen.

Anguilla anguilla (Europäischer Flußaal, Abb. 347f) mit Laichwanderung: Weibchen, die wenigstens 6, und Männchen, die wenigstens 4 Jahre alt sind, verlassen die europäischen Süßgewässer und färben sich ventral goldgelb bis silberfarben um (Blankaal). Blankaale sind besonders fett und eine beliebte Spezialität von Fischern. Man fängt sie zwischen August und November und schätzt sie besonders als Räucheraale. Ihr Fang hat in verschiedenen europäischen Ländern eine Jahrhunderte lange Tradition. Die im Sommer im Süßwasser gefangenen Aale werden Gelbaale genannt.

Aale wandern 5000–6000 km zu einem eng begrenzten Gebiet der Sargasso-See, wo sie nach einem Jahr ankommen und in bis zu 500 m Tiefe laichen und dann sterben. Während dieser Wanderung sollen sie keine Nahrung zu sich nehmen. Die Eier – ein Weibchen soll 1 Million hervorbringen – steigen langsam zur Oberfläche auf, aus ihnen entwickelt sich die bis 9 cm lange Leptocephalus-Larve (Abb. 349c), die im Laufe von drei Jahren nach Europa gelangt und hier als 6–8 cm langer, streichholzdicker Glasaal ankommt. Nach einer anderen Version sind die europäischen Aale Abkömmlinge des Amerikanischen Aales (*A. rostrata*, der dann *A. anguilla* heißen müßte), der ebenfalls in der Sargasso-See laicht. Bisher ist die Frage, ob *A. anguilla* und *A. rostrata* vielleicht einer Art angehören, nicht abschließend beantwortet. Morphologisch sind sie insbesondere durch die Zahl ihrer Wirbel unterschieden (*A. anguilla:* 110–119; *A. rostrata:* 103–110; Tiere mit 110 Wirbeln sind sehr selten). *Anguilla*-Blut enthält ein gefährliches Nervengift, das nicht in Wunden gelangen darf. Beim Kochen wird es zerstört.

Die Verbreitung des Aals in Mitteleuropa ist vom Besatz abhängig. Die meisten Aale, die bei uns angeboten werden, stammen aus «Aalzuchten», d. h. eigentlich Aufzuchtstationen, in denen abgefangene Glas- und Jungaale gemästet werden. Aale kommen bei uns insbesondere geräuchert in den Handel. Um die Haut nicht zu verletzen, werden die Tiere elektrisch getötet. Dann werden sie ausgenommen, gepökelt und heiß geräuchert. Stellenweise sind Aale eine Bedrohung für andere Arten.

Muraenidae (Muränen): Marin, in tropischen und gemäßigten Meeren. Bis 3 m lang, ohne Brustflossen, mit spitzen Hakenzähnen, Gaumenschleimhaut und Haut einiger Arten mit Giftdrüsen, Blut ebenfalls giftig. *Muraena; Echidna* (mit Mahlzähnen, Molluscenfresser), *Rhinomuraena* (mit Nasenröhren).

Ophichthidae (Schlangenaale): Nasenlöcher zu röhrenförmigen Kanälen ausgezogen. Marin, in Küstengebieten der tropischen und warm gemäßigten Meere. *Ophichthus.*

Congridae (Meeraale): ohne Schuppen, Brustflossen gewöhnlich vorhanden. *Conger conger*, bis 3 m lang, lebt von Fischen, dringt auch in Flußmündungen ein.

Georgasia (Röhrenaal) in Röhren im Meeresboden.

Synaphobranchidae: marin, Larven mit Teleskopaugen, bohren sich z. T. wie *Myxine* in Fische ein. *Dysomma.*

Nemichthyidae (Schnepfenaale): mit spitzen Kiefern (Oberkiefer aufwärts, Unterkiefer abwärts gebogen, d. h. Maul kann nicht geschlossen werden), marin, bathy- und mesopelagisch.

Eurypharyngidae (Pelikanaale): Maul extrem vergrößert, Augen sehr klein, nahe an Oberkieferspitze. Marin, in allen Meeren. Einzige Art: *Eurypharynx pelecanoides* (Abb. 348b). Ähnlich, aber mit kleinerem Maul, die Familie Saccopharyngidae; *Saccopharynx*, 4 Arten.

In die Verwandtschaft der Anguilliformes gehören zwei weitere Ordnungen:

3. Ordnung: Elopiformes, vor allem marin, selten im Süßwasser, tropische und subtropische Meere; mit Merkmalen, die an Holosteer erinnern. Larve bandförmig und durchsichtig, ähnlich der Aallarve, schrumpft in ihrer Länge, wenn sie zum Jungfisch wird. *Elops*, tropisch bis subtropisch; *Megalops* (*M. atlanticus*, Tarpun) (Abb. 352d), über 2 m lang, steigt auch in Flüsse auf.

4. Ordnung: Notacanthiformes (Stachelaale). Tiefsee, vor allem in 450–2500 m Tiefe. *Notacanthus.*

5. Ordnung: Clupeiformes (Isospondyli, Heringsverwandte)

Große Gruppe primitiver Teleosteer mit gleichartigen Wirbeln; Flossen weichstrahlig, Bauchflossen am Hinterkörper abdominal; Seitenlinie kurz, kann auch fehlen; fast immer mit Ductus pneumaticus; vorwiegend marin; zahlreiche wichtige Speisefische.

Clupeidae (Heringe): Wirtschaftlich von Bedeutung. Weltweit verbreitete Schwarmfische, die vorwiegend von Plankton leben, meist Meeresbewohner, manche wandern in Brack- oder Süßwasser, wenige leben hier dauernd. *Clupea harengus* (Atlantischer Hering), im Handel z. B. als Bückling oder Rollmops; *Sprattus* (Sprotte); *Sardina* (Sardine, Pilchard) ersetzt in gemäßigten und subtropischen Gebieten Hering und Sprotte. Ins Süßwasser wandern bei uns die Finte (*Alosa fallax*, Abb. 352 e) und der Maifisch *(Alosa alosa)* ein, um hier abzulaichen.

Der Maifisch wurde früher zur Zeit der Frühjahrswanderung in großen Mengen in Flüssen wie Rhein (bis Basel), Main und Neckar angetroffen. Anfang des 19. Jahrhunderts bot man ihn regelmäßig auf Märkten, z. B. in Würzburg, an. Heute ist er vom Aussterben bedroht. Querbauwerke in Flüssen verhindern die Wanderung, Kiesbänke, die zum Laichen dienen, sind verschlammt.

Der Hering *Clupea harengus* (Abb. 351 a) ist einer der wichtigsten Nutzfische. Seine Schwärme nehmen oft riesige Ausmaße an. Sie kommen im Nordatlantik bis 250 m Tiefe vor und steigen nachts zur Oberfläche auf. Heringe laichen entlang der Küste; die äußerlich befruchteten Eier (50 000 pro Weibchen) sinken zu Boden und kleben am Substrat fest. Auf diese Weise entsteht ein dicker «Eierteppich» am Meeresboden. Die nach etwa 2 Wochen schlüpfenden Larven steigen zur Oberfläche auf. Heringe werden frühestens nach 2 Jahren geschlechtsreif, ihr Lebensalter kann 20–25 Jahre erreichen. Man unterscheidet verschiedene Lokalrassen, von denen der Norwegische Hering wirtschaftlich besonders wichtig ist. In der Ostsee lebt der Baltische Hering. Der Hering gehört zu den Arten, die erheblich überfischt wurden und noch werden. In der Ostsee gibt es Frühjahrs- und Herbstlaicher. Nach Norden verlagern sich ihre Laichzeiten zunehmend in die Sommermonate und können sich gelegentlich überlappen. Die Frühjahrslaicher dringen teilweise tief in Buchten und Förden ein und haben z. B. im Nordostsee-Kanal und in der Schlei im flachen Wasser Laichplätze, die sie von März bis Mai aufsuchen.

Diesen Umstand haben sich die Menschen schon früh zunutze gemacht. Wie wir durch Ausgrabungen in der frühmittelalterlichen Handelsmetropole Haithabu an der Schlei bei Schleswig wissen, ist der Hering schon vor einem Jahrtausend ein verbreitetes Nahrungsmittel gewesen. In diesem Raum ist auch die erste geschichtlich belegte Großfischerei entstanden. Die Vermarktung erfolgte über die Hanse, eine Handelsorganisation, die von Lübeck ausging. Lübeck sicherte sich im 13. Jahrhundert gegenüber Dänemark das Privileg der Heringsfischerei an der schwedischen Südküste vor Schonen. Jährlich wurden etwa 10 000 t Hering umgeschlagen. Das zum Pökeln nötige Salz kam aus den Lüneburger Salinen. Der Gütertransport erfolgte über den 1390–1398 eigens dafür gebauten Stecknitz-Kanal (heute Elbe-Lübeck-Kanal). Hering war eine kirchlich zugelassene Fastenspeise. Ende des 15. Jahrhunderts brach die Schonen-Fischerei zusammen. Das bedeutete das Ende einer Großfischerei für mehrere Jahrhunderte. Indessen ging der Heringsfang in der Nordsee weiter, und Holland, von dem schon um 1000 Heringsfang unternommen wurde, wurde zum Beispiel im 17. Jahrhundert in Heringskriege vor der schottischen Küste verwickelt. Bereits in dieser Zeit wurden in Holland Menge und Behandlung des Fanges festgelegt, denn Ausbleiben der Heringe bedeutete Hungersnot. In Deutschland gehörte über Jahrhunderte das Heringsfaß zum festen Bestandteil eines jeden Kaufmannsladens.

Ein naher Verwandter des Herings ist die Sprotte; die bis 16 cm Länge erreicht. Sie wird in der südlichen Nordsee und in der Ostsee und im Skagerrak gefangen und erlangte ihre größte Bekanntheit als Räucherfisch (Kieler Sprotte). Im Unterschied zu Heringseiern entwickeln sich die Sprotteneier pelagisch.

Engraulididae: Vorwiegend marine, kleine Schwarmfische mit großem, unterständigem Maul. *Engraulis encrasicholus* (Sardelle, Anchovis).

Ostariophysi

Hierher gehören über 6000 Arten, das sind etwa zwei Drittel aller Fischarten im Süßwasser, nur wenige leben im Meer, Gliederung in folgende 5 Ordnungen: **6. Gonorhynchiformes** (mit dem in Ost- und Südostasien in Teichen gehaltenem Milchfisch [*Chanos*]). **7. Cypriniformes** (mit 2400 Arten), **8. Characiformes** (mit 1300 Arten), **9. Siluriformes** (mit über 2200 Arten) und **10. Gymnotiformes** (mit *Gymnotus* und *Electrophorus electricus*), dem Elektrischen Aal Zentral- und Südamerikas, der über elektrogene Organe und Elektrorezeptoren verfügt, die der Orientierung und Kommunikation dienen.

Wichtige Merkmale der Ostariophysi sind: a) die Schreckreaktion auf ein Alarm-Pheromon («Schreckstoff»), das aus besonderen Epidermiszellen der verletzten Haut von Artgenossen abgegeben wird und b) der Webersche Apparat. Dabei handelt es sich um einen Knochenapparat, der die schallsammelnde

Schwimmblase beiderseits der Wirbelsäule mit einem perilymphatischen Raum verbindet, der wiederum an das Labyrinth grenzt. Flossen meist weichstrahlig; Fettflosse kann ausgebildet sein; Bauchflossen – wenn vorhanden – abdominal. Oft mit Bartfäden. Mit Ausnahme von Welsen meist mit Cycloidschuppen. Bei Welsen oft Knochenplatten in der Haut. Ductus pneumaticus vorhanden.

7. Ordnung: Cypriniformes (Karpfenfische)

Über 2400 Arten umfassende Gruppe; größter Artenreichtum in Ost- und Südostasien. Mund im allgemeinen vorstülpbar und zahnlos. Ohne Fettflosse.

Cyprinidae (Karpfen- oder Weißfische): Weit verbreitete Fischfamilie, die in Australien und Südamerika fehlt. Oft mit Barteln. Kiefer im allgemeinen ohne Zähne, aber Schlundknochen mit Schlundzähnen. Viele Nutzfische, meist Allesfresser. Zur Laichzeit oft Veränderung der Haut (Laichausschlag). Viele Cyprinidae laichen im Schwarm, zum Teil unter Beteiligung verschiedener Arten. Dabei kommt es auch zu Bastardierung. Verschiedene Arten dieser in europäischen Süßgewässern artenreichsten Fischfamilie schließen sich im Winter an geschützten Stellen über dem Boden in großen Schwärmen zusammen. Besonders bekannt sind Karpfen und Goldfisch.

Seit der Römerzeit wird der Karpfen *(Cyprinus carpio)* in Europa gezüchtet, seit dem 13. Jahrhundert ist er über große Teile Europas als Teichfisch verbreitet, später wurde er in tropische Länder eingeführt. Im Mittelalter wurden Karpfen oft in Klöstern gehalten und auch züchterisch verändert. Mönche hatten mindestens 100 Tage im Jahr «fleischlos» zu leben; bezüglich der «Fastenspeise» Karpfen brauchten sie sich jedoch keine Beschränkungen auferlegen. Daß der Karpfen bei uns ein Saisonfisch ist, d.h. insbesondere zu Festtagen wie Weihnachten und zum Jahreswechsel gegessen wird, geht auf klösterliche Tradition zurück. In China, wo die Karpfenzucht eine besonders lange Tradition hat, ist er dagegen ein Ganzjahresfisch.

Die Eier haften an Wasserpflanzen; die nach wenigen Tagen schlüpfenden Larven bleiben zunächst mit kopfständigen Haftorganen an Wasserpflanzen, danach müssen sie an der Wasseroberfläche ihre Schwimmblase mit Luft füllen; erst dann beginnt die Nahrungsaufnahme. In der Jugendzeit in Schwärmen lebend. Die kalte Jahreszeit verbringt der Karpfen oft in großen Gruppen am Boden ohne Nahrungsaufnahme. Geschlechtsreife wird ab dem dritten Jahr erreicht, in Gefangenschaft wurden einige Jahrzehnte Lebensalter und 1 m Länge belegt. Karpfen erreichen in 15 Jahren 20 kg Gewicht. Verschiedene Zuchtformen: Schuppenkarpfen (mit großen Schuppen), Spiegelkarpfen (mit einzelnen, großen Schuppen), Lederkarpfen (ohne Schuppen).

Der Goldfisch *(Carassius a. auratus forma domestica)* gehört zur selben Art wie der heimische Giebel *(C. a. gibelio)*. Ältester domestizierter Fisch und erster Aquarienzierfisch. Produkt der chinesischen Hochkultur, bei dessen mittelalterlicher Domestikation viele Erkenntnisse moderner Tierzucht vorweggenommen wurden. Seit 968 Haltung von goldfarbenen Mutanten in chinesischen Teichen belegt. In China mindestens seit dem 16. Jahrhundert in irdenen Miniaturgefäßen gezüchtet (historisch erste Aquarien), die Einblick nur von oben gestatteten. Daher Selektion auf Schauwert durch die Wasseroberfläche: Himmelsgucker, Büffelköpfe, Teleskopaugen, Nasenbuketts, Schleierflossen. 1725 erschien chinesische Goldfisch-Monographie (16 Seiten), 1848 wurden in China Selektionsregeln publiziert (Weiterzucht mit 1 unter 1000 Fischen empfohlen). Domestikationsfortschritt kulminierte in drei Perioden: 1163–1276, 1547–1644, 1848–1925. Erste Exporte um 1500 nach Japan, wo Haltung ebenso wie ab dem 17. Jahrhundert in Europa zunächst auf die Aristokratie beschränkt war. Hier oft tierquälerische Haltung in Dekorgläsern (Tischschmuck). Oberitalien wurde zum europäischen Zuchtzentrum. Beliebtheit schwankendem Modegeschmack unterworfen, Höhepunkt u.a. um die letzte Jahrhundertwende. Weltweit vielfach verwildert, dann oft Rückselektion auf Wildtypfärbung, in Bermuda sogar im Brackwasser.

Krautlaicher. Wenn Wassertemperatur 20 °C überschreitet, werden 300–5000 Eier abgelegt. Jungfische erreichen die goldene Altersfärbung im Herbst oder im Folgejahr. Lebensdauer bis 20 Jahre. Versuchstier für Lernverhalten, Neurobiologie, Toxikologie.

Rhodeus sericeus (Bitterling), Weibchen bildet Legeröhre, mit der Eier in den Ingestionssipho von Muscheln (Unionidae) gelegt werden. Die Jungtiere halten sich mit Hilfe einer Verdikkung am Kopf an den Kiemenblättchen der Muschel fest; ist diese aufgebraucht, verlassen sie die Muschel.

Zu den kleinsten heimischen Fischen gehört der etwa 8 cm große *Leucaspius delineatus* (Moderlieschen); das Weibchen legt seine Gelege ähnlich wie der Ringelspinner an Pflanzenstengel; das Männchen übernimmt die Brutpflege.

Abramis brama (Brassen, Blei; Abb. 352f), in größeren und langsam fließenden Gewässern sowie in nährstoffreichen Seen verbreitet; zieht schlammige Partien mit Vegetation vor. Lebt in Schulen. Nach dieser Art wird die träge fließende Zone unserer Flüsse vor der Mündung

Blei-Region genannt. Kleintierfresser. Bis 70 cm und 9 kg. Im 19. Jahrhundert wurde der auch heute noch häufige Brassen intensiv genutzt. Sein Rogen wurde zu einer Art Kaviar verarbeitet. Das Laichen erfolgt ufernah, und hierbei lassen sich die Tiere leicht stören. In einigen Gebieten Schwedens gab es daher den Brauch, während der Laichzeit das Glockenläuten in der Nähe von Seen zu unterlassen. Die Eiablage erfolgt in Mitteleuropa in den Monaten April und Mai im flachen Wasser, wo Männchen Laichreviere verteidigen. In die Laichschwärme können sich andere Weißfische, z. B. *Blicca bjoerkna* (Blicke, Güster), mischen, wobei es zur Bastardierung kommt.

Tinca tinca (Schleie, Abb. 352h), besonders in verschlammten Teichen, wo die Nahrung unter langsamem Schwimmen gründelnd und wühlend gesucht wird; Vorkommen in Mitteleuropa zum Teil auf Besatz zurückgehend. Ablage der Eier an Wasserpflanzen oder am Boden erstreckt sich auf zwei Monate; in der Zeit kann ein Weibchen bis 1 Million Eier ablegen.

Rutilus rutilus (Plötze, Rotauge), bei uns einer der häufigsten Fische in stehenden und langsam fließenden Gewässern, dringt auch in Brackwasser ein. Oft in großen Scharen, auch zusammen mit anderen Cypriniden. Nimmt Pflanzensubstanz auf. Im Frühjahr (Mai) Ablage der etwa 1 mm messenden Eier, die an Wasserpflanzen und Steinen haften. Hybridisierung mit anderen Cypriniden, z. B. Brassen und Ukelei möglich.

Scardinius erythrophthalmus (Rotfeder): häufig in Gewässern mit weichem Grund und reicher Vegetation, auf der die klebrigen Eier abgelegt werden; schließt sich auch Laichschwärmen anderer Karpfenfische wie Plötze und Ukelei an, mit denen es auch zur Bastardierung kommt. Lebt zum erheblichen Teil von Pflanzen.

Leuciscus idus (Aland, Orfe) mit goldgelber Form (Goldorfe), die in Deutschland für Toxizitätstests eingesetzt wird. Bis 60 cm und 4 kg.

Barbus barbus (Barbe), Grundfisch in schnellfließenden, sauberen Gewässern mit festem Sand- oder Kiesgrund unterhalb der Forellen- und Äschenregion (Barbenregion). Sucht im Substrat nach Nahrung. Bis 20 Jahre alt. Rogen zur Laichzeit (Mai–August) giftig; Verzehr verursacht beim Menschen Erbrechen und Durchfall.

Phoxinus phoxinus (Elritze), häufig in der Forellenregion der Gewässer (Abb. 225 h), wo sie sich den Schwärmen von jungen Forellen anschließt. In vielen Gebieten gefährdet.

Gobio gobio (Gründling): Bodenfisch vor allem in Äschenregion der Fließgewässer.

Einige pflanzenfressende Cyprinidae, die aus den großen chinesischen Flußsystemen stammen, haben in verschiedenen Gebieten der Erde eine zunehmende Bedeutung in der Aquakultur erlangt. Es sind dies der Gras- oder Amurkarpfen *(Ctenopharyngodon idella*, Abb. 351 b*)*, der Silberkarpfen *(Hypophthalmichthys molitrix*, Abb. 351 c*)*, und der Marmorkarpfen *(Hypophthalmichthys nobilis)*. Der Graskarpfen kann selbst mit Landpflanzen (Gras!) gefüttert werden. Silberkarpfen und Marmorkarpfen nehmen Phytoplankton auf. Die genannten Arten erreichen hohe Produktionswerte, können gemischt gehalten werden (Polykultur) und zur Wasserunkrautbekämpfung (Graskarpfen) bzw. Trophiesteuerung (Phytoplankton-Verzehrer) eingesetzt werden.

In Aquarien werden z. B. folgende Arten gehalten: *Rasbora heteromorpha* (Keilfleckbarbe), *Brachydanio rerio* (Zebrabärbling), *B. albolineatus* (Schillerbärbling), *Esomus lineatus* (Flugbarbe), *Barbus tetrazona* (Sumatrabarbe), *B. conchonius* (Prachtbarbe) und *Tanichthys albonubes* (Kardinalfisch).

Cobitidae (Schmerlen) und Balitoridae (Bachschmerlen): meist rundlich im Querschnitt, langgestreckt, 6–12 Barteln um das Maul. Einige Gattungen zeigen unterhalb und vor dem Auge einen oft mehrspitzigen, aufrichtbaren Dorn. Oft mit Darmatmung. *Misgurnus fossilis* (Schlammpeitzger, Abb. 352 g), *Barbatula barbatula* (Bachschmerle), *Cobitis taenia* (Steinbeißer); in Aquarien *Botia*-Arten mit großen Unteraugendornen und *Acanthophthalmus* (Dornauge).

Gyrinocheilidae: Äußere Kiemenöffnung in oberen und unteren Abschnitt geteilt; oben strömt Wasser ein, unten aus. Mit dem Mund können sich die Tiere festsaugen. Südostasien, in Aquarien als Scheibenputzer beliebt. *Gyrinocheilus*.

8. Ordnung: Characiformes (Salmler)

Kleine karpfenähnliche Fische mit Fettflosse; oft sehr bunt. Süßwasser des tropischen Afrikas und Südamerikas. 1500 Arten.

Characidae (Salmler): Deutscher Name wegen der Fettflosse (wie Salmonidae). Meist Schwarmfische; von den südlichen USA bis Südamerika, tropisches Afrika.

Wegen seiner ungewöhnlichen Brutbiologie wurde der südamerikanische Spritzsalmler *(Copella arnoldi)* bekannt. Zum Laichen springen

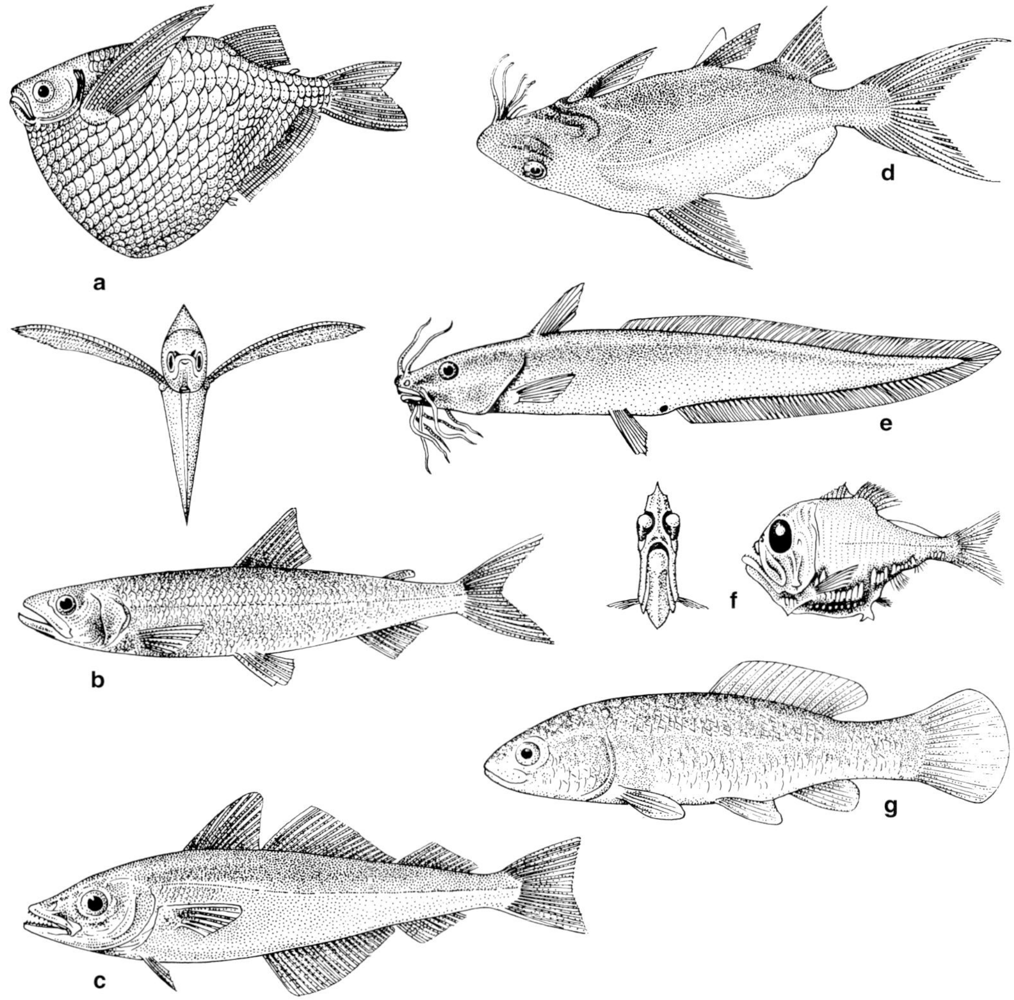

Abb. 353: a. *Thoracocharax* (Beilbauch), Seiten- und Vorderansicht, b. *Osmerus* (Stint), c. *Polachius virens* (Köhler), d. *Synodontis nigriventris*, e. *Plotosus* (Korallenwels), f. *Argyropelecus* (Silberbeil), Vorder- und Seitenansicht, g. *Umbra* (Hundsfisch). Nach Grassé, Greenwood, Ladiges, Norman, Schultz, Vogt

die etwa 10 cm langen Fische – Männchen und Weibchen oft eng umschlungen – aus dem Wasser, um an einem Blatt die Eier abzulegen und zu besamen. Später wird das Gelege mit Wasser bespritzt. Auf diese Weise werden schließlich die Jungen ins Gewässer gespült.

Zahlreiche Formen gehören zu den beliebtesten Aquarienfischen, z. B. der Neonfisch *(Paracheirodon [Hyphessobrycon] innesi)*, Trauermantelsalmler *(Gymnocorymbus ternetzi)*, Roter von Rio *(Hyphessobrycon flammeus)*, Schmucksalmler *(H. ornatus)*, der schräg mit dem Kopf nach oben im Wasser stehende Schrägsalmler *(Thayeria boehlkei)*.

Seltener sieht man in Aquarien die mittel- und südamerikanischen Beilbauchfische (Gasteropelecidae, Abb. 353 a), die zu echtem Flug fähig sind. Mit den Brustflossen können sich die Tiere im Flug wahrscheinlich aktiv antreiben. Ihr sonderbarer «Bauch» enthält einen stark vergrößerten Schultergürtel. *Gasteropelecus, Thoracocharax*.

Als besonders gefährliche Räuber des Amazonas sind die Piranhas (Pirayas) bekannt. Mit ihren scharfen Zähnen können sie selbst aus Alligatoren Stücke herausbeißen. Als Angelschnüre werden daher Leitungsdrähte verwendet. *Colossoma, Pygocentrus, Serrasalmus.*

9. Ordnung: Siluriformes (Welse)

Meist mit langen Barteln, Körper oft nackt, bisweilen mit Knochenpanzer; oft mit Elektroreceptoren. Mit 2200 Arten, v. a. im Süßwasser.

Doradidae: Südamerika; mit Längsreihe von Knochenplatten an Körperseite. *Doras* kann Landwanderungen unternehmen.

Mochokidae: *Synodontis nigriventris* schwimmt auf dem Rücken (Abb. 353d); Afrika.

Callichthyidae (Panzerwelse): Südamerika; mit zwei Reihen glatter Panzerplatten an den Seiten. *Callichthys, Corydoras* (häufig in Aquarien), z. T. mit Brutpflege.

Loricariidae (Harnischwelse): Südamerika; mit einander dachziegelartig überdeckenden Knochenplatten in der Haut. In schnellen Flüssen, auch in Wasserfällen festgesaugt. Kiemenspalten nach ventral verlagert. *Loricaria, Ancistrus.*

Ariidae (Meereswelse): in Tropen und Subtropen verbreitet. Maulbrüter (meist brüten die Männchen). *Arius.*

Plotosidae (Korallenwelse): In Süß- und Brackwasser sowie im Meer (Indowestpazifik); oft in Schwärmen; manche Flossenstrahlen verstärkt und mit Giftdrüsen verbunden, Gift für den Menschen gefährlich. *Plotosus* (Abb. 353e).

Clariidae: Können zeitweise außerhalb des Wassers leben (accessorisches Atmungsorgan unter Kiemendeckeln). *Clarias.* Süßwasser Afrikas und Asiens. Zur Gattung *Clarias* gehören Arten, die in der Aquakultur bisher die höchsten Hektarerträge erreicht haben (in Thailand).

Siluridae: oft große Welse mit breitem Kopf; Süßwasser Europas und Asiens.

Silurus glanis (Europäischer Wels, Waller) kann 5 m Länge und über 300 kg Gewicht erreichen. Er ist ein Bodenfisch, der Fische, auch in flachem Wasser, jagt. Dabei können ihm auch Frösche, Wasservögel und Kleinsäuger zum Opfer fallen. Das Ablaichen erfolgt paarweise in Pflanzenbeständen des seichten Wassers. Die Eier werden an einem gesäuberten Laichplatz, der von niedrigem Wall aus Pflanzenteilen umgeben ist, abgelegt. Das Männchen bewacht die Brut. Geschlechtsreife wird ab dem 2. Jahr erreicht. Vor allem in Ungarn wird der Wels in Teichen gehalten. Einer der größten Süßwasserfische.

Wallago aus Südostasien erreicht 2 m Länge. Auch der glasartig durchsichtige *Kryptopterus* (Glaswels) wird in diese Familie gestellt.

Ictaluridae (Zwergwelse): Nordamerika; von hier nach Europa eingeführt. *Ictalurus.*

Pimelodidae (Antennenwelse): Mittel- und Südamerika; oft mit sehr langen Bartfäden. *Pimelodus, Pseudoplatystoma.*

Bagridae (Stachelwelse): Süßwasser Afrikas und Asiens. *Bagrichthys.*

Trichomycteridae (Parasitenwelse): Südamerika; freischwimmend oder parasitisch an den Kiemen anderer Fische. *Vandellia cirrhosa* (bis 6 cm lang und 4 mm dick) dringt auch in Harnröhre und Vagina von badenden Menschen ein; hier stellen sie die Stacheln ihrer Kiemendeckel auf und können unangenehme Entzündungen hervorrufen.

Malapteruridae (Elektrische Welse): Afrika; zwei Arten. *Malapterurus electricus*, bis über 1 m lang, mit elektrogenen Organen, die sich – wie zumeist bei Fischen – aus quergestreifter Muskulatur entwickeln.

11. Ordnung: Salmoniformes (Lachsverwandte)

Bewohner sommerkühler, oligotropher Gewässer der Nordhalbkugel, besonders um den Nordpazifik. Viele Arten mit erheblicher wirtschaftlicher Bedeutung für Angelfischerei und Aquakultur.

Salmonidae (Lachsfische): Kleine Familie vorwiegend der nördlichen Hemisphäre. Zwischen Rücken- und Schwanzflosse kleine, strahlenlose Fettflosse (Abb. 351d, 353b). Räuber oder Kleintierfresser. Zahlreiche Arten werden wegen ihres wohlschmeckenden Fleisches gezüchtet. Ablaichen im Süßwasser, wo die Männchen mancher Arten Hakenkiefer ausbilden. Eiablage in Gruben, die im Bachgrund ausgehoben werden. Die Jungen bleiben in der Nestgrube, bis der Dottersack aufgezehrt ist.

Salmo salar (Lachs), bis 1,5 m lang und 50 kg schwer, verbringt die meiste Zeit im Meer. Während des Laichaufstiegs im Süßwasser nehmen die Lachse kaum Nahrung auf und verlieren 30–40% ihres Gewichtes. Rivalenkämpfe. Laichgeschäft im Spätherbst in sauerstoffreichen Flußoberläufen. Nestgrube bis 2 m breit und 0,5 m tief; die 6–7 mm großen Eier (bis 10000/Weibchen) werden mit Kies zugedeckt, Junge schlüpfen zum Winterende nach 40–200 Tagen, verbleiben zunächst im Kies, bauen ihren Dottersack in 1–2 Monaten ab und wandern dann im Verlauf von ein bis drei Jahren ins Meer. Als Erwachsene (im Alter von 4–6 Jahren) sterben viele, besonders die Männchen, nach der ersten Laichwanderung, die jeweils in den Ort des eigenen Schlüpfens führt (Heimfindevermögen). Lachse waren früher in Mitteleuropa nicht selten, sind dann aber praktisch ausgerottet worden. Im südbadischen Rhein fing man schätzungsweise vom 17.–19. Jahrhundert 30 t jährlich. Stabile Populationen findet man an der Ostküste Kanadas, in Island, Nordeuropa, Westfrankreich und Nordspanien. Nutzung von Wildbeständen rückläufig. Lachsranching: Befischung und Gonadenabstreifen der adulten Rückkehrer, Ausbringung von künstlich aufgezogenen Jungfischen zur Minimierung der hohen Jungenmortalität. Lachsfarmen: Aufzucht von Junglachsen in Käfigen an der Meeresküste seit Ende der sechziger Jahre mit rapider Produktionssteigerung, die mittlerweile ein Mehrfaches des Ertrages aus Wildbeständen beträgt.

Allein in Norwegen gibt es etwa 700 Aufzuchtbetriebe, aber auch in Schottland und Irland sowie auf der Südhemisphäre (Chile) wird er erfolgreich gezüchtet.

Die größten Lachsbestände der Erde gibt es in Alaska. Sie gehören der im Nordpazifik verbreiteten Gattung *Oncorhynchus* (Pazifische Lachse) an. Fünf Arten sind von besonderer wirtschaftlicher Bedeutung. *O. keta* («Chum», «Dog») und *O. gorbuscha* («Pink») laichen nahe den Mündungen, die Eier des ersteren sind auch bei uns als Keta-Kaviar im Handel. *O. tschawytscha* («Chinook») wandert mehrere 1000 km flußaufwärts. Er wird im Amerikanischen auch «King» genannt. Auch *O. kisutch* («Coho», «Silver») unternimmt lange Wanderungen flußaufwärts. Wegen seiner leuchtend roten Farbe ist *O. nerka* («Sockeye») bekannt. Alle Arten steigen zu bestimmten Zeiten in die Flüsse auf, in denen sie selbst geschlüpft sind. Im Süßwasser nehmen auch die pazifischen Lachse keine Nahrung auf.

Die Forelle *(Salmo trutta)* ist über ganz Europa, Nordafrika, Vorderasien bis hin zum Einzugsgebiet des Aralsees verbreitet, aber vom Menschen in alle Erdteile eingeführt. Viele Bestände erhalten neben stationären «Bachforellen» einen Anteil anadromer Individuen, manchmal überwiegend Weibchen, die aus dem Brutgewässer in Flußoberläufen für einige Jahre in große Seen oder ins Meer abwandern (See- bzw. Meerforelle), um zum Ablaichen zurückzukehren. See- und Meerforellen erreichen bei einem Gewicht von 30 kg bis 140 cm Körperlänge, Bachforellen erreichen selten 40 cm. Die meisten Meeresforellen kehren nach dem Ablaichen ins Meer zurück (Unterschied zum Atlantischen Lachs). Herbst- und Winterlaicher, Laichgruben in sauerstoffreichem Kiessubstrat. Wichtigster Angelfisch der Gewässeroberläufe («Forellenregion»). Erste kommerzielle Forellenzuchten seit Mitte des letzten Jahrhunderts. Wildpopulationen, vor allem Bestände mit anadromen Individuen, sind heute vielfach in Mitteleuropa bedroht und selten; für fischereiliche Nutzung wird regelmäßig mit Brut aus Zuchtanstalten besetzt.

Die Regenbogenforelle *(Oncorhynchus mykiss = Salmo gairdneri)* ist aquakulturell eine der bedeutendsten Fischarten: Jahresproduktion um 250000 Tonnen. Zuchtpopulationen gehen hauptsächlich auf den Bestand des McCloud-Flusses (Kalifornien) zurück, wo die Art 1874 in Kultur genommen wurde. Heute in zahlreichen Stämmen gezüchtet. Das natürliche Verbreitungsgebiet erstreckt sich über weite Teile der nordamerikanischen und ostasiatischen Pazifikküste. In Nordamerika Ausbildung von anadromen (Steelhead-Forelle) und stationären Formen. Einer der vom Menschen am weitesten verbreiteten Süßwasserfische. Nach Deutschland um 1880 eingeführt; hier robuster gegenüber Gewässerverunreinigung als Bachforelle. Die meisten mitteleuropäischen Bestände durch Besatz aufrechterhalten, da natürliche Reproduktion selten, jedoch regional in Ausbreitung begriffen.

Thymallidae (Äschen): Wie Lachse, Renken und Stinte mit kleiner Fettflosse. Fahnenartige, große Rückenflosse schön gezeichnet. Ausschließlich im Süßwasser. In gemäßigten Zonen der Holarktis. *Thymallus* (Äsche), Leitfisch schnellfließender Bäche und Flüsse (Äschenregion) unter der Forellenregion.

Coregonidae (Renken): *Coregonus* mit zahlreichen Arten in Europa, z. B. Kleine und Große Maräne, Blaufelchen, Schnäpel. Lokal als Speisefisch von Wichtigkeit.

Osmeridae (Stinte): Kleine Fische der Küstengewässer gemäßigter und kalter Meere der nördlichen Hemisphäre. Mit Fettflosse. Heimisch: *Osmerus eperlanus* (Abb. 353 b), pelagischer Schwarmfisch, laicht im Unterlauf der Flüsse. In tiefen Binnenseen des baltischen Bereichs isolierte Standformen (Binnenstinte). Als Speisefisch unbedeutend. In der Unterelbe stellen Stintlarven zeitweise (April) den Hauptteil des Ichthyoplankton (bis 600 Tiere/m^3).

Zu den Salmoniformes werden derzeit auch die folgenden Familien gestellt:

Esocidae (Hechte): entenschnabelartige Schnauze, Stoßräuber, leben vor allem von Fischen, aber auch von Amphibien, Wasservögeln und Säugern. *Esox lucius* (Hecht), holarktisch, bis 1,5 m lang, einzige Art in Europa.

Der Hecht ist ein meist zwischen Wasserpflanzen der Uferzone lauernder einzelgängerischer Standfisch in Fließ- und stehenden Gewässern und kann auch in die Ostsee eindringen. Er lebt vorwiegend von Fischen, z. B. Rotfedern und Plötzen, in der Ostsee auch von Heringen. Auch Kannibalismus kommt vor, und bisweilen werden Wasservögel und Kleinsäuger gefressen. Sein Gaumen ist mit Hunderten nadelartiger Zähne besetzt. Weibchen sind größer als Männchen und erreichen 1,5 m, 30 Jahre und 45 kg. Die Eiablage erfolgt an verkrauteten Uferstellen oder auch auf vom Frühjahrshochwasser überschwemmten Wiesen. Die klebrigen Eier haften an der Vegetation. Die Larven halten sich zunächst mit Sekret ihrer Kopfdrüsen angeheftet an der Vegetation auf. Erst etwa nach 2 Wochen sind Mund- und Kiemenöffnungen ausgebildet; dann kommt es an der Wasseroberfläche zur Luftaufnahme in die Schwimmblase und zum Lauern auf Beute.

Umbridae (Hundsfische): Wenige kleine, limnische Arten, werden auch in Aquarien gehalten. *Umbra* (Hundsfisch, Abb. 353 g), tolerieren zum Teil pH-Werte unter 4, Nordamerika und Europa; *Dallia*, Alaska und Sibirien, kann längeres Einfrieren ertragen.

Opisthoproctidae: mit Stielaugen (Abb. 348 a), manche mit Leuchtorganen.

12. Ordnung: Stomiiformes

Meist Tiefseeformen mit Leuchtorganen.

Gonostomatidae: Marin, in allen Meeren. *Cyclothone*, erreicht besonders hohe Individuendichten.

Sternoptychidae (Tiefseebeilfische): *Argyropelecus* (Silberbeilfisch, Abb. 353 f) mit zahlreichen Leuchtorganen auf dem Kopf und an der Bauchseite.

Idiacanthidae: mit *Idiacanthus*, dessen Larven Augen an langen, dünnen Stielen tragen (Abb. 348 d).

Chauliodontidae: Erster Halswirbel so lang wie die folgenden fünf zusammen. *Chauliodus*.

Melanostomiidae: Mit langem Bartfaden am Kinn, bei *Altimostomias mirabilis* erreicht er die neunfache Länge des Fisches. *Eustomias* (Abb. 348 f).

Als eigene Ordnungen sind schließlich aus diesem Verwandtschaftskreis die **Aulopiformes** (**13**) mit hermaphroditischen Arten aus der Tiefsee *(Bathypterois)* zu nennen und die **Myctophiformes** (**14**) mit *Myctophum*, einem häufigen Schwarmfisch der Tiefsee um 2000 m sowie die **Percopsiformes** (**15**) aus dem Süßwasser Nordamerikas. Die letzteren umfassen auch blinde Höhlenbewohner. *Amblyopsis.*

16. Ordnung: Gadiformes (Dorschfische)

Bauchflossen brust- oder kehlständig, vor den Brustflossen. Wichtige marine Nutzfische.

Gadidae: oft 3 Rücken- und 2 Afterflossen. Eier treiben im Wasser, Junge oft unter Scyphomedusen Schutz suchend (in westlicher Ostsee unter *Cyanea*, Abb. 37 g). Vorwiegend Kaltwasserformen der nördlichen Hemisphäre. *Gadus morhua:* Jungstadien und Ostseeformen als Dorsch, Adulte anderer Gebiete als Kabeljau bezeichnet (Abb. 351 e).

Der Kabeljau ist einer der wichtigsten Nutzfische und kommt im Nordatlantik von Küstennähe bis in 600 m Tiefe meist in Grundnähe vor. Man unterscheidet verschiedene Unterarten, die sich zum Beispiel in ihren Laich- und Nahrungswanderungen unterscheiden. Für die Fischerei sind die norwegisch-arktischen, die isländischen, die grönländischen sowie neufundländischen Bestände besonders wichtig. Das Ablaichen des Kabeljaus findet bevorzugt im Frühjahr bei etwa 5 °C statt. Ein einzelnes Weibchen produziert dann bis über 5 Millionen Eier. Das Laichen findet innerhalb großer Schwärme paarweise statt, wobei das Männchen mit dem Bauch nach oben unter dem Weibchen hinstreicht. Sperma und Eier werden dabei ins Wasser entlassen und durch Schwanzbewegungen verwirbelt. Die Eier sind pelagisch. Nach einigen Monaten gehen die Jungtiere, die sich zunächst von Plankton ernähren, zum bodennahen Leben über. Der Kabeljau ist Allesfresser, oft folgt er Schwärmen anderer Fische, von denen er sich ernährt. Geschlechtsreife wird ab dem 6. Lebensjahr erreicht. In manchen Gebieten ist auch diese wichtige Nutzfischart überfischt. Früher hat man Tiere gefangen, die über 1 m lang waren. Diese dürften in der Regel über 10 Jahre alt sein. Seit den Wikingern sind getrocknete Dorsche (Dorsch bedeutet Dörrfisch) wichtige Lebensgrundlage und Handelsprodukt nordischer Völker, zum einen als Stockfisch (getrocknet), zum anderen als Klippfisch (aufgeschnitten, gesalzen und getrocknet). Die Leber ist eine wichtige Grundlage für die Lebertranherstellung. Im späten Mittelalter war Norwegen der Versorger ganz Europas mit Stockfisch, der besonders in der Fastenzeit sehr geschätzt wurde.

Oft wird der Ostseedorsch als Unterart von der Atlantikform abgetrennt. Auch der Ostseedorsch unternimmt ausgeprägte Freß- und Laichwanderungen. Zum Laichen muß er tiefere Bereiche mit einem Salzgehalt von mindestens 10 ‰ aufsuchen, damit die Eier noch schweben und sich entwickeln können. In der zentralen Ostsee schweben die Eier in 60–100 m Tiefe an der Grenze zwischen salzarmem Oberflächen- und dem salzreichen Tiefenwasser. Letzteres ist oft sauerstoffarm, und Sauerstoffmangel in dieser Grenzschicht tötet die Eier ab.

Melanogrammus aeglefinus (Schellfisch, Abb. 351f): Zusammen mit Kabeljau und Köhler (Seelachs) ist der Schellfisch der wirtschaftlich wichtigste Gadide des Nordatlantik. Er lebt meist küstenfern über Weichboden und frißt Molluscen, Polychaeten, Schlangensterne und Fische. Lebensdauer 20 Jahre. Die Larven halten sich oft in Gruppen unter Nesselquallen auf. Hier finden sie Schutz und fressen deren Eier (Abb. 351f.).

Merlangius merlangus (Wittling, Abb. 346a): der kleinste Vertreter der Gadidae im Nordatlantik; kein Bartfaden; lebt bevorzugt über Weichboden. Kleine Wittlinge sind oft mit Nesselquallen vergesellschaftet und fressen auch von deren Eiern (Abb. 37g).

Pollachius virens (Köhler, Seelachs; Abb. 353c): Als Adultus pelagischer Schwarmfisch, der weite Wanderungen unternimmt; Nahrung z.B. Hering und Lodde. Jugendformen oft in Küstennähe. Laichen in offenem Meer in 100–200m Tiefe bei Temperaturen unter 10° Celsius. In 5 Jahren wachsen sie auf 70cm Länge heran und wiegen dann etwa 12kg. Der Köhler wird fast nur unter der Bezeichnung «Seelachs» in den Handel gebracht und gehört bei uns zu den preiswerten Fischen. Hauptabnehmer sind Fischbratküchen und Fischverarbeitungsbetriebe («Seelachs in Öl»).

Molva molva (Leng): nordatlantisch, einer der fruchtbarsten Fische: ein erwachsener Rogner laicht über 20 Millionen pelagische Eier ab. Larven verbringen das erste Jahr im Pelagial, dann nehmen sie eine bodennahe Lebensweise auf.

Lota lota (Quappe) ist der einzige Gadide des Süßwassers. Er ist ein vorwiegend von Fischen lebender, nachtaktiver, einzellebender Grundfisch, bis 1 m lang und 20 Jahre alt werdend. Völker Sibiriens fertigen aus der Haut von Quappen Kleidungsstücke und Fensterscheiben an. Winterlaicher (Dezember und Januar), zieht zum Laichen in Schwärmen stromaufwärts. Ein Weibchen legt bis zu 3 Millionen Eier pro Laichperiode. Larven pelagisch. Wurde lange zu Gadidae gestellt, jetzt in eigener Familie (Lotidae).

Theragra mit dem Alaska-Pollack, einem der ertragsreichsten Fische (Abb. 350).

Merlucciidae (Hechtdorsche, Seehechte): Atlantik und Pazifik. *Merluccius* (Abb. 351g). Zu dieser Gattung gehört ein Dutzend Arten, die erst in den letzten Jahrzehnten verstärkt für den menschlichen Verzehr verwendet werden. Mit etwa 1–2 Millionen t/a sind die Erträge seit 1965 etwa gleich geblieben. Genutzt werden insbesondere die Bestände des östlichen Atlantik. Die Eier der Seehechte sind pelagisch. Jungtiere leben von Copepoden, ältere vor allem von größeren Krebsen. Mit Alter und Länge nimmt Kannibalismus zu; bis über 50% der Nahrung großer Seehechte kann aus kleineren Individuen derselben Art bestehen.

Macrouridae (Grenadierfische): Tiefseeformen aller Meere mit langem, zugespitztem Schwanz. *Macrourus* vor den skandinavischen Küsten.

Ähnliche, kleine Ordnungen:

17. Ophidiiformes: in allen Meeren. *Carapus (Fierasfer)*, lebt als erwachsenes Tier im Darm von Seegurken (Abb. 356b), der nachts zum Fang von Krebsen verlassen werden kann; *Ophidion*.

18. Batrachoidiformes (Froschfische): marin. *Batrachus*.

19. Gobiesociformes (Saugfischverwandte): marin. *Gobiesox, Lepadogaster. Gouania* lebt in feuchtem Kies der Adria oberhalb des Wasserspiegels.

20. Ordnung: Lophiiformes (Pediculati, Armflosser)

Bizarre Formen mit großem Kopf und Rumpfvorderteil (Abb. 354), Basis der Brustflossen armähnlich verlängert (Abb. 354b). Erster Rückenflossenstrahl oft zu Angel mit Köder umgebildet (Abb. 354a). Skelet z. T. aus Knorpel. Langsame Schwimmer. Marin. 265 Arten.

Lophiidae (Seeteufel): Beute wird mit beweglichem 1. Rückenflossenstrahl vor das Maul gelockt und verschluckt. Eier der bodenlebenden Fische treiben an der Oberfläche in bis 4 m langen Schleimbändern. Jungtiere im Pelagial (Abb. 349g). Komplizierter Gestaltwechsel. *Lophius piscatorius* (Anglerfisch, Seeteufel; Abb. 354a), bis 2 m lang. Ohne Kopf und Haut bei uns bisweilen als Forellenstör im Handel.

Antennariidae mit *Histrio* (Sargassofisch), der zwischen treibendem *Sargassum*-Tang lebt (Mimese). Ogcocephalidae (Fledermausfische, Abb. 354b). Ceratiidae (Tiefseeanglerfische) und Linophrynidae, z. T. mit Zwergmännchen, die an Weibchen festgewachsen leben (Abb. 354c). *Ceratias, Edriolychnus* (Abb. 354c), *Linophryne*.

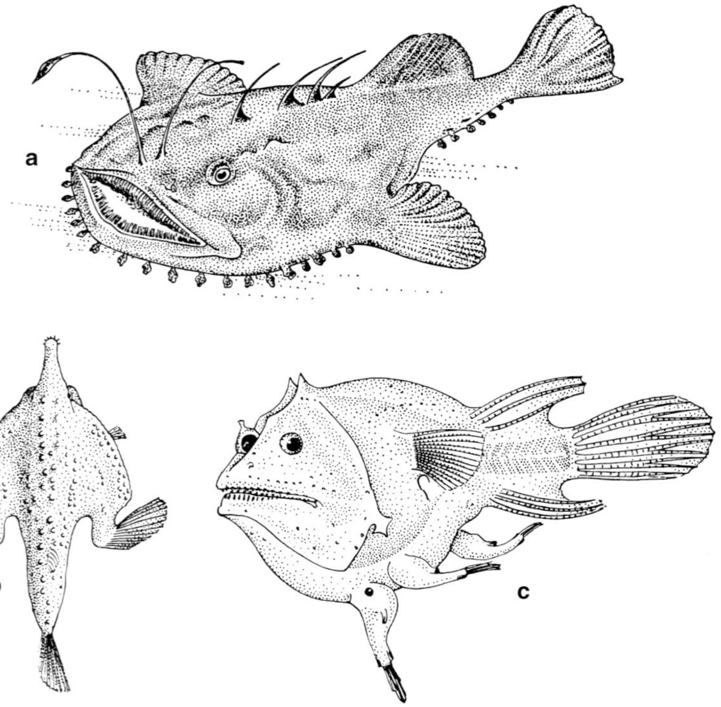

Abb. 354: Lophiiformes. a. *Lophius piscatorius* (Anglerfisch), b. *Ogcocephalus vespertilio* (Seefledermaus), c. *Edriolychnus*, Weibchen (adult); mit drei Männchen, die am Weibchen angewachsen sind. Nach Bertelsen, Greenwood, Norman

21. Ordnung: Cyprinodontiformes (Kleinkärpflinge)

Meist kleine Arten, die oft an der Wasseroberfläche Nahrung aufnehmen. Ohne Seitenlinien.

Exocoetidae (Fliegende Fische): in allen tropischen und gemäßigten Meeren; Brustflossen groß und verbreitert (Abb. 355 b); werden beim Flug starr gehalten. Fluggeschwindigkeit kann über 50 km/h liegen. Flugdauer maximal 1/4 min. Die Wasseroberfläche wird beim Start mit seitlichen Schwanzschlägen (50/s) gepeitscht. Jungtiere oft stark abweichend, z. B. mit körperlangen Bartfäden. *Cypselurus, Exocoetus, Cheilopogon* (Abb. 355 b).

Hemirhamphidae (Halbschnabelhechte): Marin, Brackwasser, limnisch; Oberkiefer beweglich, wesentlich kürzer als Unterkiefer (Halbschnäbler). Z. T. ovovivipar. *Dermogenys, Hemirhamphus.*

Belonidae (Hornhechte): Marin bis Süßwasser. Kiefer pinzettenartig (Abb. 355 a). *Belone* (bei uns im Handel, Gräten grün), *Strongylura, Potamorrhaphis.*

Scomberesocidae (Makrelenhechte): Hochseebewohner, beide Kiefer verlängert. *Scomberesox, Cololabis.*

Cyprinodontidae (Eierlegende Zahnkarpfen): im Süß- und Brackwasser warmer Gebiete. *Fundulus heteroclitus* (Zebrakärpfling); *Cyprinodon variegatus* (Edelsteinkärpfling); *Aphanius iberus* (Spanienkärpfling, Abb. 355 c).

Oryziidae (Reiskärpflinge): *Oryzias* (Japankärpfling), in Japan Untersuchungsobjekt in der Genetik.

Poeciliidae (Lebendgebärende Zahnkarpfen): Männchen mit zu Begattungsorgan umgebildeter Afterflosse (= Gonopodium). Geschlechtsumwandlung möglich. Neue Welt. *Poecilia reticulata* (Millionenfisch, Guppy). *Gambusia affinis* (Moskitofisch) aus Amerika

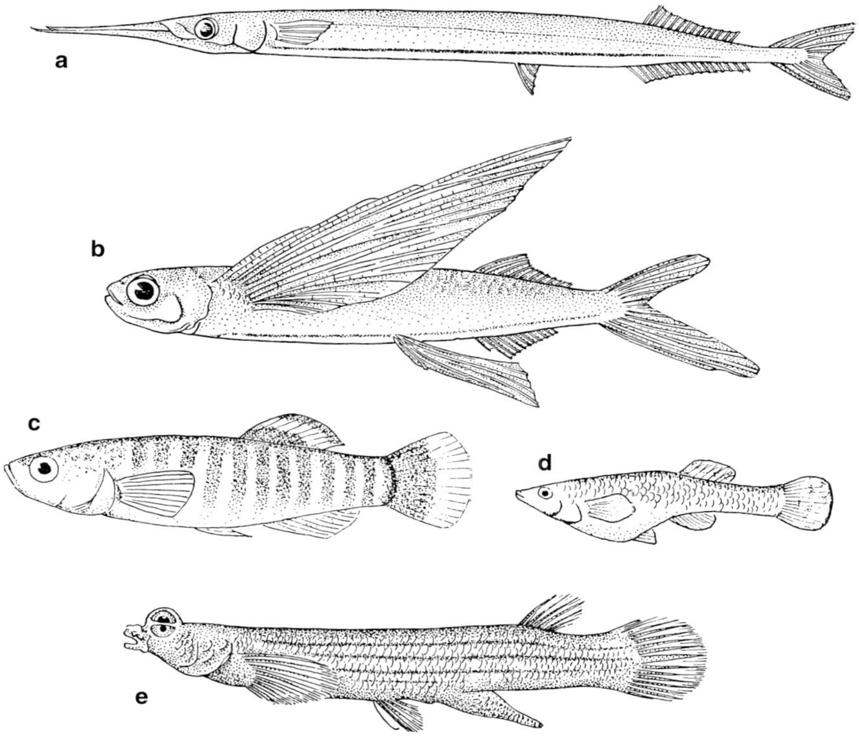

Abb. 355: Cyprinodontiformes. a. *Belone* (Hornhecht), b. *Cheilopogon*, c. *Aphanius*, d. *Gambusia* (Moskitofisch), e. *Anableps* (Vierauge). Nach Greenwood, Ladiges, Norman, Riedl, Vogt

in alle warmen Länder verschleppt, wichtiger Mückenlarvenfresser (Abb. 355 d). *Xiphophorus maculatus* (Platy). *Xiphophorus helleri* (Schwertträger). *Xiphophorus*-Bastarde weisen z. T. Wucherungen (oft Melanome) auf, die für die Krebsforschung von Bedeutung sind. *Belonesox* (Hechtkärpfling).

Anablepidae (Vieraugen): Sie sind durch eine besondere Augenkonstruktion gekennzeichnet. Ihre Pupille wird durch eine horizontale Irisbrücke in ein oberes und ein unteres Sehloch geteilt. Der obere Teil sieht in den Luft-, der untere Teil in den Wasserraum. Die Cornea ist über dieser Brücke pigmentiert und über Wasser dicker als darunter (Abb. 355 e). Ovoviviparie. *Anableps*.

22. Ordnung: Atheriniformes (Ährenfischverwandte)

Atherinidae (Ährenfische): Meist Schwarmfische tropischer und gemäßigter Meere. *Leuresthes tenuis* (Kalifornischer Ährenfisch) mit besonderem Laichverhalten: Weibchen kriechen bei Springflut zu Tausenden auf Sandstrand, Männchen windet sich um Weibchen und besamt die Eier. Zur nächsten Springflut schlüpfen die Jungen. *Atherina*.

Melanotaeniidae (Regenbogenfische): Süßwasser Australiens und Neuguineas; Zwischenwirte von Pentastomiden, die als Adulte in Krokodilen leben; einige sind beliebte Aquarienfische. *Melanotaenia*.

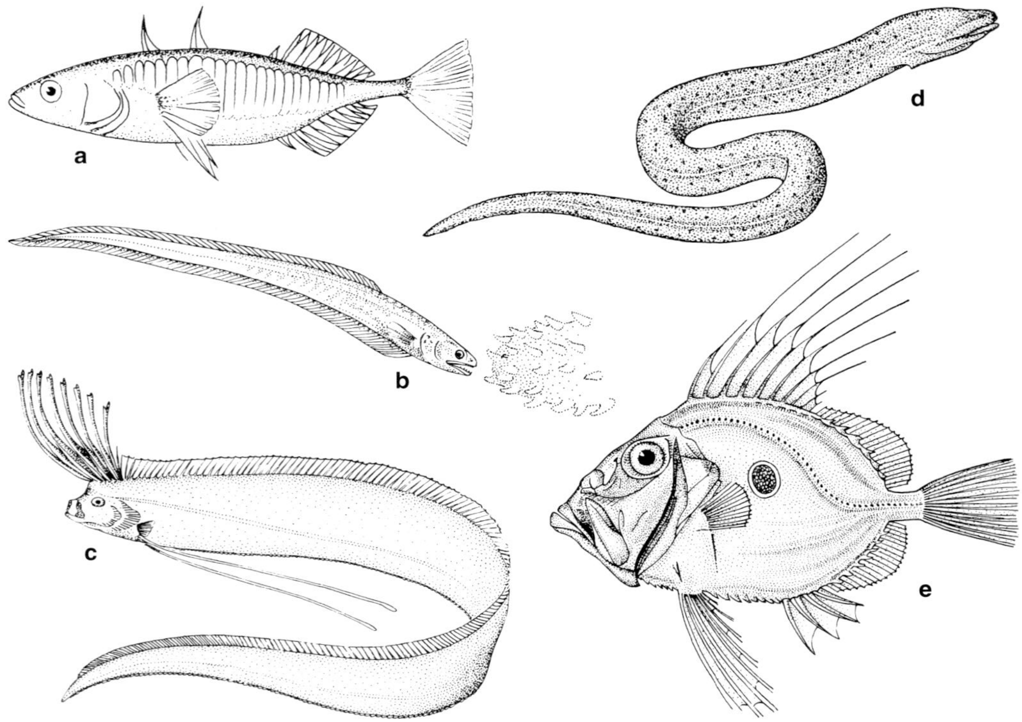

Abb. 356: a. *Gasterosteus aculeatus* (Dreistacheliger Stichling), b. *Carapus* (*Fierasfer;* Eingeweidefisch), c. *Regalecus glesne* (Riemenfisch), d. *Monopterus*, e. *Zeus faber* (Petersfisch, Heringskönig). Nach Day, Grassé, de Haas, Knorr, Schultz

23. Ordnung: Lampriformes (Gotteslachsverwandte)

Meeresfische des Pelagials mit speziellem Kieferbau.

Lampridae (Gotteslachse): Körper hoch, kompreß. *Lampris guttatus* (1,8 m lang).

Trachipteridae (Bandfische): Kompreß, langgestreckt, in tiefen Wasserschichten der Hochsee, leben vor allem von Cephalopoden und Crustaceen. *Trachipterus* (bis 1,7 m lang).

Regalecidae (Riemenfische): *Regalecus* (Abb. 349 d, 356 c); bis 8 m lang; verbirgt sich hinter Geschichten über «Riesenmeeresschlangen».

24. Ordnung: Beryciformes

Berycidae: Am Kopf große, mit Schleim gefüllte Höhlungen, die von dünner Haut bedeckt werden. Marin. *Beryx:* Tiefseefisch.

Holocentridae: meist rot gefärbte Bewohner von Korallenriffen. *Holocentrus* (Eichhörnchenfische), *Myripristis* (Soldatenfische).

25. Ordnung: Zeiformes

Meist scheibenförmige, marine Räuber, die Fischschwärme (z. B. Heringe) begleiten und einzelne Tiere daraus fressen.

Zeidae: *Zeus faber* (Petersfisch, Heringskönig, Abb. 356 e).

Capridae: *Capros aper* (Eberfisch).

26. Ordnung: Gasterosteiformes (Stichlingverwandte)

Gasterosteidae (Stichlinge): Marin und im Süßwasser der Nordhemisphäre; Körperseiten meist mit Knochenplatten gepanzert, die ersten Rückenflossenstrahlen stehen frei (Abb. 356 a).

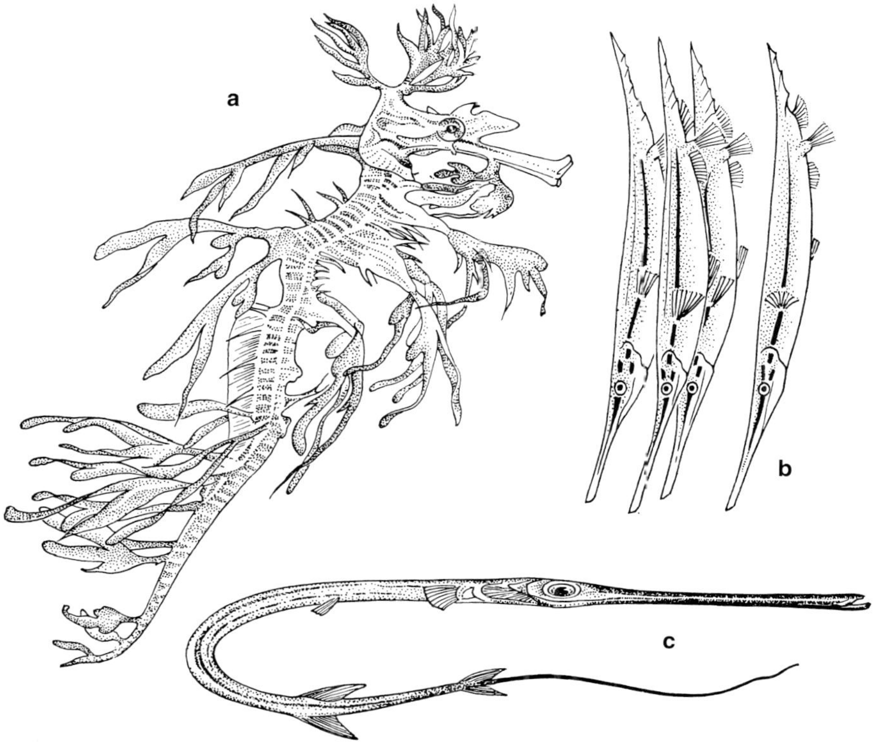

Abb. 357: Syngnathiformes. a. *Phyllopteryx* (Fetzenfisch), b. *Aeoliscus* (Messerfisch), c. *Fistularia*. Nach Grassé, Greenwood, Norman

Brutpflege; Männchen fertigt Nest an, Weibchen legt Eier hinein, Männchen bewacht das Gelege und befächelt es mit Frischwasser. Können oft zwischen Salz- und Süßwasser wechseln. *Gasterosteus aculeatus* (Dreistachliger Stichling).

Der Dreistachlige Stichling kommt in Süß- sowie Brackwasser und im Meer vor. Küstenformen wandern zum Ablaichen ins Süßwasser. Das Männchen baut aus Pflanzenteilen und mit einem von den Nieren hergestellten Sekret ein Nest, in das das Weibchen gelockt wird. Nach der Eiablage bewacht das Männchen die Brut und fächelt ihr Wasser zu.

Pungitius (G.) pungitius (Neunstachliger Stichling), *Spinachia spinachia* (Seestichling).

Weitere ähnliche Ordnungen:

27. Indostomiformes: einzige Familie Indostomidae, einzige Art *Indostomus paradoxus* aus dem Indawgyi-See in Myanmar; kann Kopf nach oben und unten bewegen. **28. Pegasiformes (Seemotten):** marin im Indo-Westpazifik. *Pegasus*. **29. Dactylopteriformes:** marin, in tropischen und warm gemäßigten Meeren. Dactylopteridae (Flughähne) mit *Dactylopterus* im Mittelmeer. **30. Synbranchiformes:** in tropischem und subtropischem Süßwasser, auch Luftatmer. *Monopterus* (Abb. 356 d), *Synbranchus*.

31. Ordnung: Syngnathiformes (Seenadelverwandte)

Zahnlos, Schnauze röhrenförmig («Pipettenmund»), saugen kleine Nahrungsobjekte ein. Oft mit Knochenplatten in der Haut. Eier am Bauch des Männchens festgeklebt oder in einer Bruttasche.

Syngnathidae (Seenadeln und Seepferdchen): Kiemen büschelförmig (Lophobranchii). Seepferdchen marin, Seenadeln auch limnisch. Im Verlaufe eines oft andauernden «Liebesspiels»

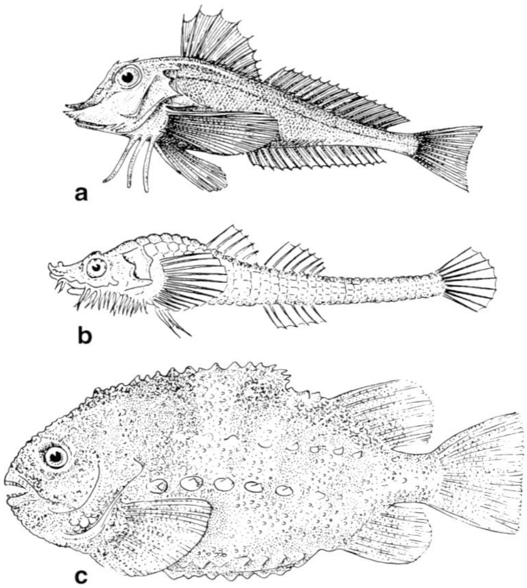

Abb. 358: Scorpaeniformes. a. *Trigla* (Knurrhahn), b. *Agonus cataphractus* (Steinpicker), c. *Cyclopterus lumpus* (Seehase). Nach de Haas, Knorr

werden die Eier vom Weibchen auf das Männchen transferiert: Diese tragen bei Seenadeln die Eier an Hinterleib oder Schwanzstiel in offenen Bruttaschen, bei Seepferdchen unter dem Schwanz in einer Bruttasche, die fast in ganzer Länge verschlossen ist. Seenadeln: *Entelurus, Nerophis, Syngnathus*, Seepferdchen: *Hippocampus* («Pferderaupe»), *Phyllopteryx* (Fetzenfisch, Abb. 357 a).

Centriscidae: mit Plattenpanzer; die indowestpazifischen *Centriscus* und *Aeoliscus* schwimmen in senkrechter Haltung (Abb. 357 b); halten sich z. T. zwischen Stacheln von Seeigeln *(Diadema)* auf.

Fistulariidae: *Fistularia*, bis 1,8 m lang, in lockeren Schulen in Korallenriffen, aus der Mitte der Schwanzflosse entspringt ein langer, peitschenförmiger Fortsatz (Abb. 357 c).

Aulostomidae: mit *Aulostomus* (Trompetenfisch); Räuber, die oft sehr nah an größeren Fischen schwimmen, deren Bewegungen mitmachen und sich so Beutetieren annähern. Bis 80 cm lang.

32. Ordnung: Scorpaeniformes (Drachenkopffischverwandte)

Der vordere Knochen des Kiemendeckelapparates, das Praeoperculum, tritt durch einen besonderen Knochen mit den Infraorbitalia in Verbindung. Bauchflossen oft brustständig.

Scorpaenidae (Drachenköpfe): marin, z. T. vivipar, oft mit Giftdrüsen an Stachelbasis, so der Rotfeuerfisch *(Pterois)*. *Scorpaena*. *Sebastes* (Rotbarsch), wichtiger Nutzfisch im Nordatlantik.

Der Rotbarsch (*Sebastes* marinus, Abb. 351 h) lebt in 100–400 m Tiefe nahe dem Grund räuberisch von Fischen. Paarung erfolgt in großen Schwärmen in der nördlichen Barentssee. Anschließend wandern die Weibchen zu den Lofoten, nach Island oder Neufundland und bringen bis zu 40000 lebende Junge zur Welt.

Synanceiidae (Steinfische): Tropischer Indowestpazifik. Hierher gehören die giftigsten Fische; der Tod kann beim Menschen nach 8 Stunden eintreten. *Synanceia*.

Triglidae (Knurrhähne): Freie und bewegliche Brustflossenstrahlen, die mit Geschmacksknospen besetzt sind, Bodenbewohner, Lauterzeuger. *Trigla* (Abb. 358 a).

Platycephalidae (Flachköpfe): Indowestpazifik, bodenlebend. *Platycephalus*.

Cottidae (Groppen): Bodenlebende Raubfische. *Cottus, Myoxocephalus*. Im Süßwasser Mitteleuropas lebt *Cottus gobio* (Abb. 225 k).

Agonidae (Panzergroppen): In Nord- und Ostsee *Agonus cataphractus* (Steinpicker, Abb. 358 b). Eiablage in Zonen starker Wasserbewegung; Eihülle die stärkste der bisher untersuchten Teleostei (100 µm).

Cyclopteridae: Die Bauchflossen sind zu einem Saugnapf umgeformt.

Cyclopterus lumpus (Seehase, Abb. 358 c): bis 60 cm langer Bodenfisch auf steinigem Grund des Nordatlantik, ohne Schwimmblase, mit Reihen von Knochenhökkern in der Haut. Seehasenweibchen legen bis zu 200000 gelbrote, später sich grünlich verfärbende Eier in Laichballen zwischen Pflanzen oder Geröll ab, die vom Männchen bewacht werden. Der Rogen wird mit Salzlake behandelt und schwarz gefärbt bei uns als Deutscher Kaviar in den Handel gebracht, in Island als «Perles du Nord».

Liparis (Scheibenbauch): in der Nordsee.

33. Ordnung: Perciformes (Barschfische)

Sehr große Gruppe; keine Verbindung zwischen Schwimmblase und Darm; stachelige und weiche Rückenflosse; beide oft zu einer verschmolzen. Gliederung in 22 Unterordnungen; 150 Familien, etwa 8000 Arten.

Serranidae (Zackenbarsche): 3 cm bis über 3 m lang, Gestalt einheitlich (Abb. 359 b). Die größten Arten erreichen ein Gewicht von über 400 kg. Meist Stoßräuber vorwiegend warmer Meere, z. B. in Korallenriffen. *Epinephelus, Dicentrarchus, Serranus (S. cabrilla* ist ein simultaner Hermaphrodit), *Anthias, Polyprion.*

Centrarchidae (Sonnenbarsche): In nordamerikanischen Süßgewässern. Bekannte Aquarienfische, z. B. *Enneacanthus gloriosus* (Diamantbarsch), *Enneacanthus chaetodon* (Scheibenbarsch). *Lepomis gibbosus* bei uns ausgesetzt.

Percidae (Barsche): mit wichtigen Nutzfischen im Süßwasser der nördlichen Hemisphäre: *Perca fluviatilis* (Flußbarsch), *Stizostedion lucioperca* (Zander) und *Gymnocephalus cernuus* (Kaulbarsch).

Der Flußbarsch lebt und jagt, besonders in der Jugend, in Trupps in stehenden und fließenden Gewässern. Er kommt selbst in Baggerseen vor, in die er als Laich mit Wassergeflügel transportiert werden kann, und auch in der Ostsee. Sucht Beutefische und führt geradezu Treibjagden durch (Barschkessel). Bis 300000 Eier werden im Frühjahr (März bis Mai) in Schnüren abgelegt, die netzartig miteinander verklebt an Wasserpflanzen aufgehängt werden. Etwa 2 Tage nach der Eiablage schlüpft die Brut. Die Larven müssen zunächst an die Wasseroberfläche, um ihre Schwimmblase mit Luft zu füllen. Bis 7 kg, meist jedoch wesentlich kleiner.

Der Zander ist Räuber, bildet Gruppen, stößt in Weißfisch-Schwärme. Wird bei uns ständig ausgesetzt. Erste Besatzmaßnahmen vor über 100 Jahren. Bis 130 cm und 15 kg. Baut im Mai flache Laichgruben, Männchen schützt das Gelege. Zur Zucht wird Laich-Zandern künstliches Laichsubstrat (z. B. Nadelholzzweige und Perlonnetze) angeboten.

Apogonidae (Kardinalbarsche): v. a. marin, tropisch und subtropisch. *Apogon.*

Echeneididae (Schiffshalter): Dorsalseite des Vorderkörpers mit komplizierter Saugscheibe (Abb. 359 a), die aus dem ersten Teil der Rükkenflosse entsteht. Marin; saugen sich z. B. an Schiffen, Haien, Schildkröten und Walen fest. *Remora, Echeneis.*

Carangidae (Stachelmakrelen): Seitenlinie oft mit Knochenschildchen (Abb. 359 c). Eier mit Ölkugeln, treiben im Wasser. Vorwiegend in warmen Meeren. *Caranx; Naucrates* (Lotsen- oder Pilotenfisch), begleitet z. B. Haie; *Seriola, Trachurus.*

Lutjanidae (Schnapper): wichtige Nutzfische vor allem im Flachwasser des Indowestpazifik. *Lutjanus.*

Sparidae (Meerbrassen): z. T. sukzessive Hermaphroditen, typisch für Felsgründe, z. B. des Mittelmeeres. *Pagellus, Sparus, Pagrus, Dentex.*

Sciaenidae (Umberfische): mit ausgeprägter Lautgebung, meist marin, oft im Brackwasser. *Sciaena.*

Mullidae (Meerbarben): mit Barteln und großen Schuppen. Geschätzter Speisefisch im Mittelmeerraum. *Mullus.*

Toxotidae (Schützenfische): indoaustralisch, bis Polynesien, limnisch bis marin. Aus Rinne im Gaumendach werden mit Zungen- und Kiemendeckeldruck Wassertropfen abgeschossen, mit denen Insekten außerhalb des Wassers getroffen werden, die dann herunterfallen und gefressen werden (Abb. 203 o, 359 g). *Toxotes.*

Chaetodontidae: bunte Formen insbesondere tropischer Korallenriffe («Schmetterlingsfische»), wegen der Gefährdung der Bestände bei uns Importverbot. *Chaetodon, Chelmon, Forcipiger, Heniochus.*

Pomacanthidae (Kaiserfische). In tropischen Meeren, v. a. in Korallenriffen. Importverbot nach Mitteleuropa. *Pomacanthus.*

Nandidae: Limnisch, Tropen. Mit dem Blattfisch *(Monocirrhus polyacanthus)* im Amazonas-Gebiet, der in Form, Farbe und Bewegung Wasserpflanzen imitiert.

Cichlidae (Buntbarsche): über 1000 fast ausschließlich limnische Arten in Afrika, Mittel- und Südamerika, vier in Asien. Im Unterschied zu Percidae jederseits nur 1 Nasenöffnung. Zahlreiche Aquarienfische und Untersuchungsobjekte in Ethologie und Evolutionsbiologie. Differenzierte Brutpflege, z. B. Maulbrüter. *Symphysodon* (Diskus-Buntbarsch), *Pterophyllum* (Segelflosser, Skalar), *Haplochromis, Microgeophagus* (Schmetterlingsbuntbarsch); *Sarotherodon* (Abb. 359 d) verbreitet als tropischer Aquakulturfisch (alte Gattung *Tilapia*).

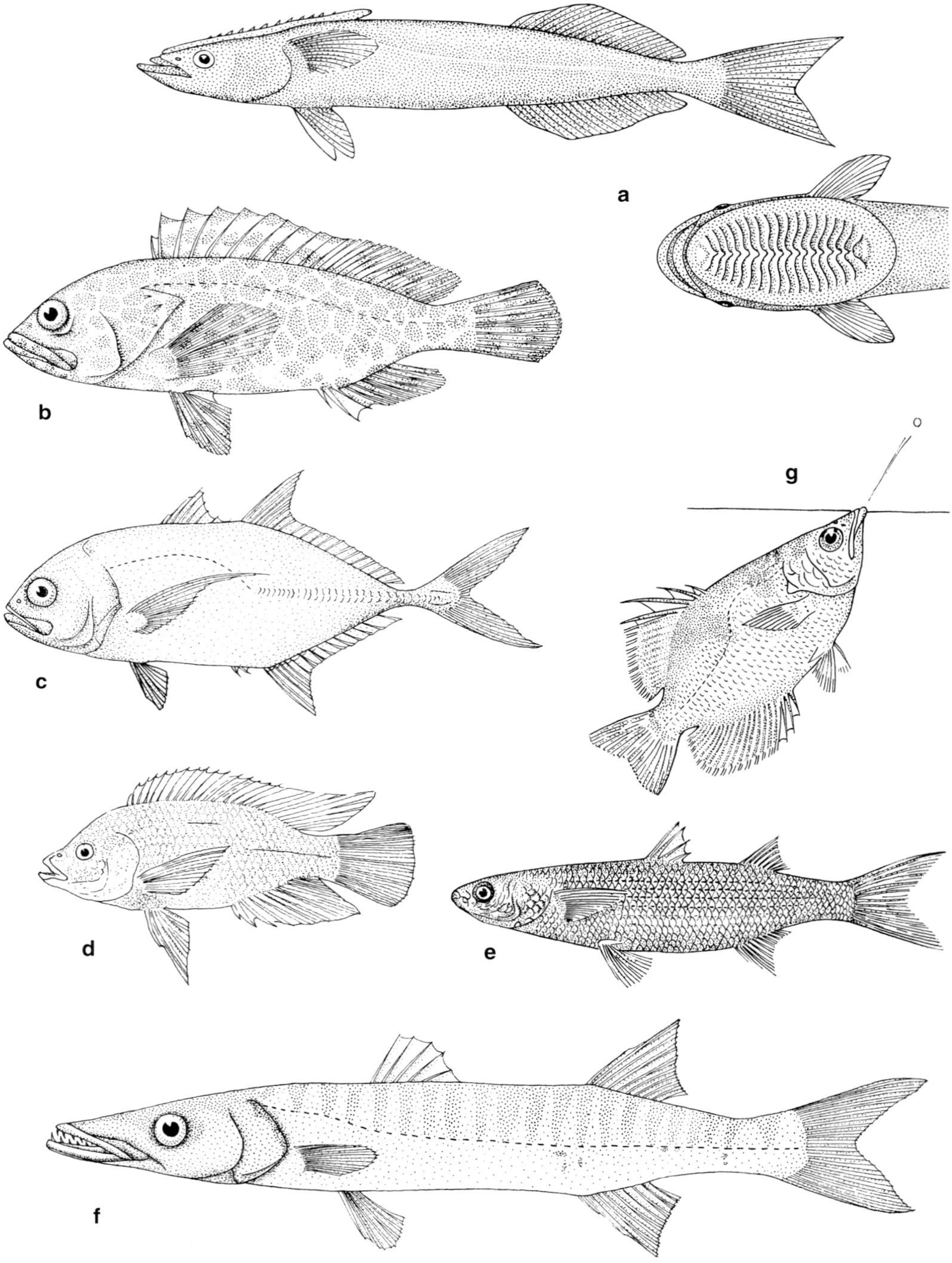

Abb. 359: Perciformes I. a. *Echeneis remora* (Schiffshalter). Seitenansicht und Rückenansicht des Kopfes mit Saugplatte, b. *Epinephelus*, c. *Caranx* (Stachelmakrele), d. *Sarotherodon*, e. *Mugil* (Meeräsche), f. *Sphyraena* (Barrakuda), g. *Toxotes* (Schützenfisch). Nach Grassé, Greenwood, de Haas, Knorr, Rau

Arten der alten Gattung *Tilapia* gehören zu den wichtigsten Nutzfischen der Süßgewässer warmer Klimate. Besonders weit verbreitet ist *T. mossambica*, eine vorwiegend herbivore Art, die auch in Brack- und Meerwasser leben kann. Sie wird bis 40 cm lang. Schon vier Monate alte Tiere können sich fortpflanzen. Die Anzahl der Eier steigt von einer Laichperiode zur nächsten von etwa 100 bis 1000. Die Eltern fertigen eine Bodenvertiefung (Nest) an, in die Eier und Spermien entlassen werden. Sogleich danach nimmt das Weibchen die befruchteten, etwa 2,5 mm messenden Eier in ihren Mund auf, hält sie in diesem etwa 60 Stunden in Bewegung, dann schlüpfen die 4 mm langen Larven. Nach Resorption des Dottersackes verlassen sie etwa eine Woche später den Mund. Der Zeitraum zwischen zwei Laichperioden beträgt etwa 3 Wochen.

Pomacentridae (Riffbarsche): Kleine, bunte Fische in Korallenriffen; *Chromis, Dascyllus, Pomacentrus, Abudefduf. Amphiprion* (Anemonenfisch), besonders bekannt wegen Zusammenlebens mit Aktinien (Abb. 37c, S. 56).

Cepolidae (Bandfische): Langgestreckte Formen; marin. *Cepola.*

Mugilidae (Meeräschen): Flachwasserformen, die z. T. gegenüber Salzgehalts- und Temperaturschwankungen sehr tolerant sind. *Mugil* (Abb. 359e), *Liza.*

Sphyraenidae (Barrakudas): sogar für Menschen gefährliche Raubfische vor allem der tropischen Meere. *Sphyraena* (Abb. 359f).

Labridae (Lippfische): Lebhaft gefärbte Fische vorwiegend warmer Meere mit vorstreckbaren, wulstigen Lippen (Abb. 360a). *Labrus, Ctenolabrus, Coris, Labroides* (bekannter Putzerfisch, reinigt große Fische von Parasiten).

Scaridae (Papageienfische): Bewohner von Riffen, mit «Papageienschnabel» aus verwachsenen Zähnen. Zermahlen Steinkorallen. Manche Arten nachts am Boden in Schleimhülle, deren Herstellung eine halbe Stunde dauern kann. *Scarus* (Abb. 360g).

Zoarcidae: *Zoarces viviparus* (Aalmutter) auch in westlicher Ostsee (Abb. 43n). Bodenlebender Standfisch, insbesondere in Seegraswiesen. Innere Befruchtung, Tragzeit 4 Monate, Viviparie. Ein Weibchen bringt bis 400 aalförmige Junge hervor (Name!), die 4–5 cm lang sind und sogleich zum Leben am Grund übergehen.

Pholididae: Marin, Nordatlantik und Nordpazifik. *Pholis gunellus* (Butterfisch).

Anarhichadidae: Wichtige Nutzfische des Nordatlantik. *Anarhichas lupus* (Seewolf, Kattfisch; Abb. 360c), bis über 1 m lang.

Der Seewolf lebt am Boden; bei uns ohne Kopf («furchterregendes» Gebiß) im Handel als Steinbeißer oder Karbonadenfisch. Das Gebiß enthält kräftige, nach hinten gebogene Fangzähne und abgeflachte Mahlzähne. Die Nahrung besteht aus Schnecken, Muscheln, Krebsen und Stachelhäutern. Fischer behandeln Seewölfe mit Vorsicht, da sie schmerzhafte Bißverletzungen fürchten. Große Exemplare können einen festen Stiefel durchbeißen. Weibchen legen bis zu 24000 Eier in kugelförmigen Gelegen zwischen Geröll ab. Daraus schlüpfen nach zwei Monaten pelagische Larven.

Nototheniidae und Channichthyidae (Chaenichthyidae, Eisfische): vorwiegend in der Antarktis, wo sie etwa 80 % – mancherorts (Ross-Meer) 99 % – der Fischfauna ausmachen. Ohne Schwimmblase, wenig verkalktes Skelet, viel Fett in der Muskulatur. Die Channichthyidae besitzen nur wenige oder gar keine Erythrocyten und verfügen über einen Gefrierschutz im Blut. Einige Arten, z. B. *Dissostichus mawsoni* und *Notothenia rossii*, werden wirtschaftlich genutzt.

Chiasmodontidae: Marin; Mund und Magen extrem erweiterbar (Abb. 348e).

Opisthognathidae (Brunnenbauer): Marin, tropisch. Bauen mit Steinen eine senkrechte brunnenartige Röhre in den Untergrund, in der sie ständig stehen und in die sie sich zurückziehen können. *Opisthognathus.*

Trachinidae: Marin, Atlantik; leben meist in Sand eingegraben. Wegen ihres Giftes gefürchtet. *Trachinus* (Petermännchen; Abb. 360b).

Uranoscopidae: Marin, z. T. mit schwachem, elektrogenem Organ; Stacheln mit Giftdrüsen. Stich kann für Menschen tödlich sein. *Uranoscopus.*

Tripterygiidae: Marin, drei Rückenflossen. *Tripterygion.*

Blenniidae (Schleimfische): Schwimmblasenlose kleine Fische der Küstenregion; können Kopf drehen und Augen unabhängig voneinander bewegen. *Dialommus fuscus*, Galapagos-Inseln, steht senkrecht im Wasser und sieht mit vorderer Augenhälfte in den Luftraum. Augen sind ähnlich unterteilt wie bei Anablepidae, nur rechtwinkelig dazu. *Istiblennius rivulatus* (Indopazifik), tags im Wasser, nachts an Land. *Runula* (Indopazifik) imitiert *Labroides* (Labridae), putzt aber nicht wie dieser, sondern reißt anderen Fischen Stücke aus der Haut. *Blennius*, typisch für die Küstenzone z. B. des Mittelmeeres. *Lipophrys* (Abb. 360e).

Ammodytidae (Sandaale): Marin, aalähn-

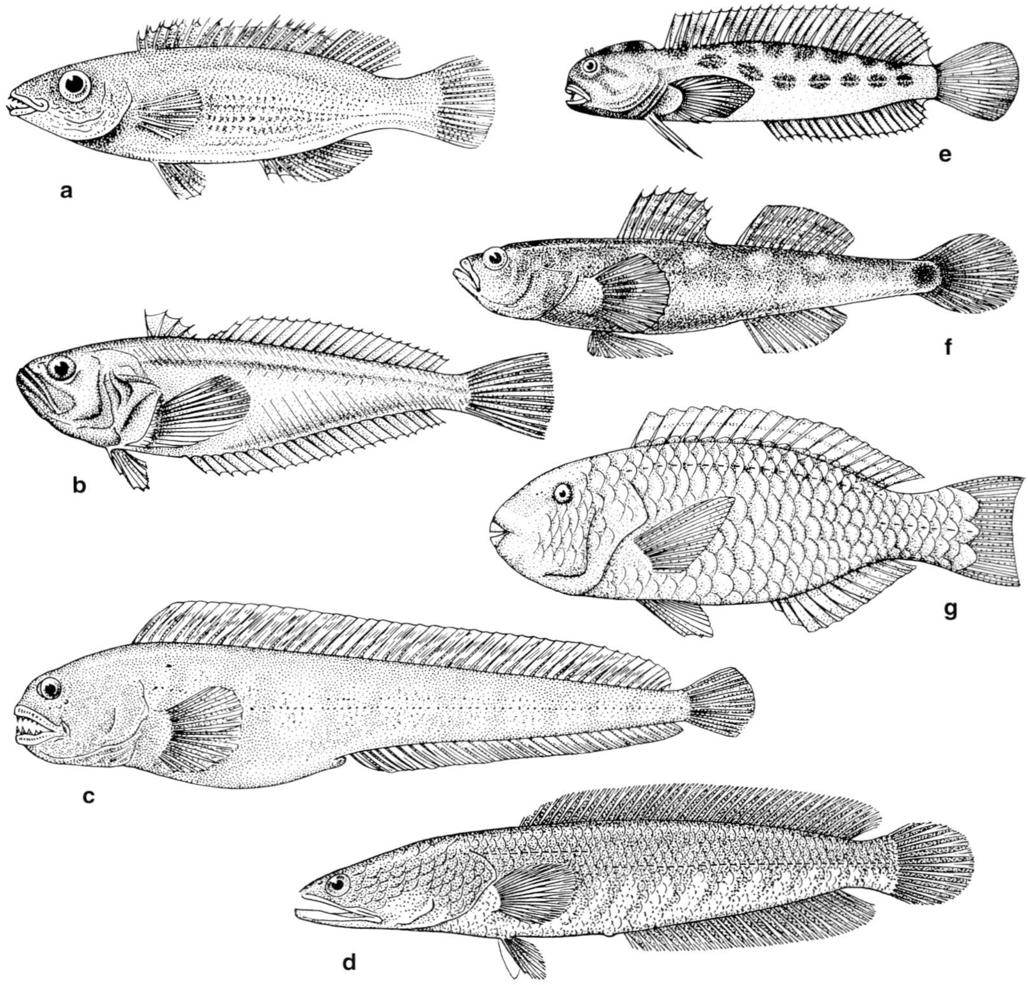

Abb. 360: Perciformes II. a. *Ctenolabrus*, b. *Trachinus* (Petermännchen), c. *Anarhichas* (Seewolf, Kattfisch), d. *Channa*, e. *Lipophrys*, f. *Gobius*, g. *Scarus* (Papageifisch). Nach Grassé, Greenwood, de Haas, Norman, Rau

lich, graben sich in Sand ein. *Ammodytes* auch in Nord- und Ostsee. Wichtig für die Industriefischerei (Fischmehlproduktion).

Callionymidae (Leierfische): Marin, kleine Kiemenspalte am oberen Rand des Kiemendeckels. *Callionymus lyra* mit intensivem Balzspiel.

Gobiidae (Grundeln): Meist marin; mit etwa 2000 Arten größte Familie mariner Fische; mit Saugnapf, der aus Bauchflossen und brustständiger Trichtermembran gebildet wird. Hierher gehören das mit 8–10 mm Länge kleinste Wirbeltier, die 1981 beschriebene Art *Trimmatom nanus* und der kleinste Süßwasserfisch, die auf einer philippinischen Münze dargestellte Art *Pandaka pygmaea* aus Luzon (Abb. 361). *Go-*

Abb. 361: Philippinische Münze von 1992, die den kleinsten Süßwasserfisch der Erde zeigt: *Pandaka pygmaea*

bius (Abb. 360f), *Pomatoschistus, Coryphopterus flavescens*. Bisweilen mit anderen Tieren vergesellschaftet (z. B. in Sandhöhlen mit Decapoden).

Periophthalmidae (Schlammspringer): Atlantik, Indo-Westpazifik. Bei Ebbe oft außerhalb des Wassers, vor allem in Mangrovegebieten (Abb. 203). Stützen sich mit Brustflossen ab. Können senkrecht an Bäumen emporklimmen. Beim Schwimmen sieht der obere Teil des Kopfes oft aus dem Wasser heraus. *Periophthalmus* (Abb. 203 l).

Acanthuridae (Doktorfische): Marin, an beiden Seiten der Schwanzwurzel liegt ein oft abspreizbarer Dorn. *Acanthurus* (Abb. 45 e, 347 a), *Naso, Zebrasoma*. Nahe Korallenriffen.

Siganidae (Kaninchenfische): Marin, Indo-Westpazifik; auch in Aquakultur. *Siganus, Lo*.

Scombridae (Makrelen, Thunfische): Marin, *Scomber scombrus* (Makrele, Abb. 347g), wichtiger Speisefisch vom Mittelmeer bis zum Nordkap. *Pneumatophorus colias* (Mittelmeermakrele): hat im Gegensatz zur Makrele Schwimmblase. *Thunnus thynnus* (Thunfisch, Abb. 351 i), bis 5 m lang, *Katsuwonus (Euthynnus) pelamis* (Echter Bonito), *Auxis thazard* (Unechter Bonito).

Die Makrele *(Scomber scombrus)* ist ein pelagischer, schwimmblasenloser Schwarm- und Zugfisch, der meist oberflächennah lebt und der beispielsweise Heringsschwärmen nachstellt, insbesondere nach dem Ablaichen. Sie überwintert in bodennahen Wasserschichten (z. B. der nördlichen Nordsee und des Skagerrak); während dieser Zeit wird keine Nahrung aufgenommen. Im Frühjahr werden vorwiegend größere Plankter gefressen, die mit den Kiemenreusen ausgefiltert werden. Das Laichen findet im Sommer nahe der Wasseroberfläche statt; die Eier sind pelagisch. Die Geschlechtsreife wird nach drei Jahren erreicht; das maximale Lebensalter wird mit 10 Jahren angegeben.

Auch der Thunfisch *(Thunnus thynnus)* ist ein pelagisch lebender Schwarm- und Zugfisch, der 3 m Länge und 400 kg Gewicht erreicht und 25 Jahre alt werden kann. Er tritt in warmen Meeren meist in Schwärmen nahe der Wasseroberfläche auf und unternimmt lange Wanderungen. Nahrung stellen die Schwarmfische der Hochsee dar. Kleinere Fische, z. B. Sardinen, filtert der Thunfisch ruhig in deren Schwarm schwimmend ab. Größere Arten, z. B. Heringe und Makrelen, werden oft kooperativ unter starken Körperbewegungen angegriffen. Der Thunfisch laicht im Sommer und wandert hierzu vom Atlantik ins Mittelmeer. Schon zwei Tage nach der Eiablage schlüpfen die pelagischen Larven. Die abgemagerten Elterntiere machen Nahrungswanderungen bis an die norwegische Küste, später wandern sie in das Gebiet der Azoren. Thermoregulation. Thunfische werden intensiv befischt, und schon in der Mythologie des Altertums waren sie wichtig: Poseidons Dreizack soll ein Thunfisch-Fanggerät sein.

Xiphiidae (Schwertfische): Marin; Oberkiefer lang ausgezogen. *Xiphias gladius*, auch an europäischen Küsten, bis 4,5 m lang.

Istiophoridae (Segelfische): Marin; ähneln Schwertfischen, von diesen aber durch segelartige Rückenflosse unterschieden. *Istiophorus*, bis 4 m lang, Hochseefisch.

Nomeidae: Marin, in tropischen und gemäßigten Klimaten; leben oft zwischen Tentakeln von Medusen. *Nomeus*.

Anabantidae (Labyrinthfische): Müssen Sauerstoff aus der Luft aufnehmen. Accessorisches Atemorgan im Bereich des ersten Kiemenbogens (Labyrinth, Abb. 342c). Meist in Süßwasser warmer Gebiete der Alten Welt. Oft Bau von Schaumnestern. *Anabas*, Süd- bis Ostasien, unternimmt Landwanderungen.

Helostomatidae: *Helostoma* (Küssender Gurami).

Osphronemidae: *Osphronemus* (Riesengurami), bis 60 cm lang, wird als Speisefisch auf Reisfeldern gezüchtet.

Belontiidae (Guramis): Süßwasser, Westafrika bis Ostasien. *Betta splendens* (Kampffisch), wird in manchen Gebieten Südostasiens in «Turnierkämpfen» und Wettspielen eingesetzt. *Colisa, Trichogaster* (Fadenfische): lange, fadenförmige Bauchflossen mit Geschmacksknospen. *Macropodus* (Paradiesfisch): verbreiteter Aquarienfisch.

Channidae (Ophiocephalidae, Schlangenköpfe): Limnisch, tropisches Afrika und Südostasien; bis 1,2 m lang, können sich auch auf dem Land fortbewegen und Trockenzeiten im Schlamm überdauern. *Channa* (Abb. 360d).

34. Ordnung: Pleuronectiformes (Plattfische)

Asymmetrische, einseitig dem Substrat aufliegende Fische. Bei der Entwicklung der zunächst normal gebauten Larve wandert ein Auge auf die andere Körperseite, bei manchen Arten dreht sich auch das Maul, eine Brustflosse kann verkümmern. Blinde Körperseite gewöhnlich heller als die Seite mit Augen. Mit wertvollen Speisefischen. Meist marin, vorwiegend in kälteren Meeren. Bei den primitiven Psettodidae *(Psettodes* im Indopazifik) ist das Maul noch symmetrisch, das «Wanderauge» liegt auf der Scheitellinie.

Schollen, Flundern, Seezungen und Kliesche verbringen ihre Jugendphase im Wattenmeer. Etwa 80 % der Nordseeschollen – bei uns besonders beliebte Speisefische – finden hier ihre «Kinderstube», weswegen dieses Gebiet besonders geschützt werden sollte. Scholle und Seezunge sind wichtige Grundlage unserer Küstenfischerei.

Bothidae (Butte): *Hippoglossus hippoglossus* (Heilbutt), größter Plattfisch.

Der langgestreckte Heilbutt lebt in subarktischen Kaltwassergebieten und ist der größte Plattfisch. Er wächst langsam, wird schätzungsweise 50 Jahre alt und kann 4 m Länge bei fast 300 kg erreichen. Sein Name («halybutte»; heute halibut geschrieben) kommt aus dem Englischen und besagt, daß er an «heiligen Tagen» gegessen wurde. Er ernährt sich bevorzugt von Fischen, z.B. Kabeljau, Schellfisch und Rotbarsch und unternimmt weite Wanderungen. Im Winter nimmt der Heilbutt in größeren Tiefen vor allem Garnelen auf.

Geschlechtsreife nach 10 (7–12) Jahren bei einer Länge von über 1 m. Eier (2–3 Mio/Jahr) und Larven pelagisch. Bodenleben wird aufgenommen, wenn die Tiere etwa 4 cm lang sind. Zieht zum Winter in größere Tiefen.

Pleuronectidae: *Pleuronectes platessa* (Scholle, Goldbutt; Abb. 119 d), *Limanda limanda* (Kliesche), *Platichthys flesus* (Flunder), *Scophthalmus maximus* (Steinbutt).

Scholle: Rechtsseitig. Vorwiegend nachtaktiv, unternimmt in Gruppen Nahrungswanderungen. In der Nordsee verbreitet, kommt auch in der westlichen Ostsee vor; einer der wichtigsten Nutzfische der europäischen küstennahen Fischerei. Umfangreiche Laichzüge, bei denen bis 30 km pro Tag zurückgelegt werden. Ein einzelnes Weibchen legt bis zu ½ Million pelagischer Eier ab, aus denen nach 10–20 Tagen bilateralsymmetrische Larven schlüpfen. Breites Nahrungsspektrum von bodenlebenden Wirbellosen und Fischen. Schollen erreichen ein Alter von 30, in Ausnahmefällen bis 50 Jahren.

Kliesche: Zusammen mit dem Wittling gehört dieser rechtsseitige Plattfisch zu den häufigsten Fischen der südlichen Nordsee. Lebt vorwiegend von Muscheln, Krebsen und Polychaeten, weniger von kleinen Fischen. Fischereiliche Nutzung nimmt zu.

Flunder: In der Regel rechtsäugig/seitig, man findet jedoch auch bis zu einem Drittel Linksflundern. Bastardiert zum Beispiel in südlicher Beltsee mit Scholle (Blendlinge). Bis 50 cm, 3 kg und 20 Jahre. Kommt außer entlang der europäischen Küsten in der gesamten Ostsee und im Schwarzen Meer vor und steigt bisweilen weit in die Flüsse auf, früher zum Beispiel bis in Mosel und Main. Weibchen legen im ersten Jahresdrittel bis 2 Millionen planktischer Eier, aus denen nach wenigen Tagen bilateralsymmetrische, pelagische Larven schlüpfen. Bei einer Länge von etwa 8 mm wandern die Augen auf eine Seite. Flundern leben vor allem von Bodentieren, fressen aber auch Fische.

Steinbutt: Fast kreisrund (Abb. 347 e). Linksseitig. Recht standorttreu in küstennahen Zonen; lebt vorwiegend von Grundfischen, Muscheln und Krebsen. Weibchen produziert in vergleichsweise langer Laichzeit bis 15 Millionen Eier. Der Steinbutt wird auch in Kultur gehalten. In Neuseeland ausgesetzt. Exemplare von 1 m Länge und 15 kg Gewicht sind etwa 20 Jahre alt.

Soleidae (Seezunge): *Solea solea* (Abb. 346 c).

Die Seezunge ist ein geschätzter Speisefisch. Sie erreicht maximal 60 cm Länge und wird über 20 Jahre alt und lebt in 10–60 m Tiefe auf sandigem oder schlammigem Boden (Abb. 346 c). In der Nordsee laicht sie im zweiten Jahresviertel; Eier und Larven sind pelagisch. Die größeren Fische leben vorwiegend im Sand vergraben, Beutesuche erfolgt insbesonders nachts und am Boden.

35. Ordnung: Tetraodontiformes (Plectognathi, Kugelfischverwandte)

Schuppen gewöhnlich Stacheln oder Platten, Lautäußerungen verbreitet. Der Magen mancher Tetraodontiformes kann sehr viel Wasser in eine ventrale Aussackung aufnehmen, so daß die Tiere Kugelform annehmen (Kugelfische, Igelfische). Nimmt man die Fische aus dem Wasser, schlucken sie große Mengen Luft. Kiemenöffnungen klein. Eingeweide (vor allem Leber und Gonaden) von Tetraodontiformes sind giftig. Vorwiegend in Tropenmeeren.

Balistidae (Drückerfische): erste Rückenflosse mit drei dicken Strahlen, von denen der erste besonders lang ist (Abb. 362 a). In einer Höhlung seiner Caudalseite kann er einen Fortsatz des zweiten Stachels aufnehmen, wodurch er festgelegt wird. Nur durch Zurücklegen des zweiten Strahls wird er wieder beweglich. Der erste feststellbare Flossenstrahl kann den Fisch zwischen Steinen und Korallenblöcken einkeilen. *Balistes, Balistoides* (Abb. 362 a), *Rhinecanthus* (Picassofisch), *Odonus*.

Ostraciidae (Kofferfische): Körper fast vollständig gepanzert. *Ostracion* (Abb. 347c).

Tetraodontidae (Kugelfische; Abb. 362b): schneidezahnähnliche Zähne in Vierzahl (Name). «Genuß» von Kugelfischen kann tödliche Folgen haben. In Japan Fugu-Schulen, wo Entgiftung und Zubereitung gelehrt werden. Das Zubereiten von Fugu ist nur lizensierten Köchen gestattet, die in speziellen Restaurants arbeiten. Gift: Tetrodotoxin (TTX). Das TTX, ein von Bakterien *(Atteromonas)* produziertes Gift, beeinflußt die Natriumkanäle in Zellmembranen. Viel TTX bedeutet Tod, wenig anscheinend Genuß. TTX kommt auch in Drüsen z. B. von Armfüßern, Krebsen, Chaetognathen und Seesternen vor. *Arothron, Tetraodon, Sphoeroides, Lagocephalus* (Abb. 362b).

Diodontidae (Igelfisch): ebenfalls fähig, sich kugelförmig aufzublasen. Zähne in Ober- und Unterkiefer völlig verschmolzen, also jeweils nur eine schneidezahnähnliche Platte (Name). Haut mit aufrichtbaren Stacheln besetzt. *Diodon, Chilomycterus* (Abb. 347b).

Molidae: Kurzer, hoher Körper, Schwanz abgestutzt. *Mola* (Mondfisch, Abb. 347d), bis 3 m, Gewicht bis 1000 kg, legt ca. 300 Millionen Eier. *Ranzania.*

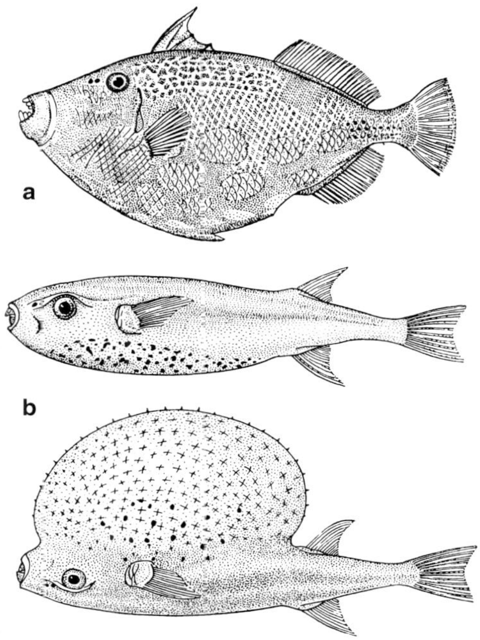

Abb. 362: Tetraodontiformes. a. *Balistoides* (Leopardendrückerfisch), b. *Lagocephalus*, 2 verschiedene Körperhaltungen. Nach Grassé

b. Choanichthyes (Sarcopterygii)

Dieser Gruppe werden die Dipnoi (Lungenfische) und Crossopterygii (Quastenflosser) zugezählt; erstere sind heute mit 3, letztere mit einer Gattung vertreten. Es ist jedoch sehr umstritten, ob es sich um eine natürliche Gruppe handelt und ob die Dipnoi überhaupt eine Choane (Öffnung der Nasenhöhle in den Mund) besitzen; eine solche ist sicher nur bei Rhipidistia nachzuweisen. Im Venensystem bildet sich eine untere Hohlvene (Vena cava). In den paarigen Flossen bleiben der Fleischteil und sein Innenskelet umfangreich; sie haben eine lange Skeletachse und sind oft Archipterygien. Im übrigen wird der primitive Bauplan gewahrt: Herz mit Conus arteriosus, Ausleitung der Spermien durch den Wolffschen, der Eier durch den Müllerschen Gang, äußere Befruchtung, Darm mit Spiralfalte, einfaches Kleinhirn. Die geringe Verknöcherung des Innenskelets der heutigen Arten ist wohl sekundär, da fossile Formen eine reiche Verknöcherung und z. T. sogar Wirbelkörper besaßen.

Dipnoi (Lungenfische). Die Lungenfische haben Ähnlichkeit mit den Amphibien und damit den Tetrapoden: Lungenatmung (in O_2-armem Wasser, sonst Kiemenatmung, *Lepidosiren* ist stets auf Lungenatmung angewiesen); Rückführung des sauerstoffreichen Blutes zum Herzen durch eine Lungenvene, so daß sich O_2-reiches und O_2-armes Blut im Herzen mischen; Besitz einer Längsfalte, die nicht nur Vorkammer, sondern auch die Hauptkammer und den Bulbus arteriosus teilt. Eine Vena cava ist vorhanden. In der Haut – ebenso wie bei Polypterini – Elektrorezeptoren (Fahrnholzsche Organe). Die Larven haben wie die Amphibienlarven Fiederkiemen, die oben an den Kiemenbogen ansetzen, und ein Haftorgan an der Kehle, das vom Ectoderm gebildet wird.

Trotzdem sind die Dipnoer nicht die Ahnen der Amphibien. Ihr autostyler Schädel ist stark abgewandelt, sie tragen Kopfrippen. Zahnreihen zu speziellen Zahnplatten verschmolzen, ein Paar am Gaumen, ein Paar auf dem Unterkiefer (Spleniale), dazu 2 Zahnschneiden am Vomer. Die Deckknochen des Schädels werden

a

b

c

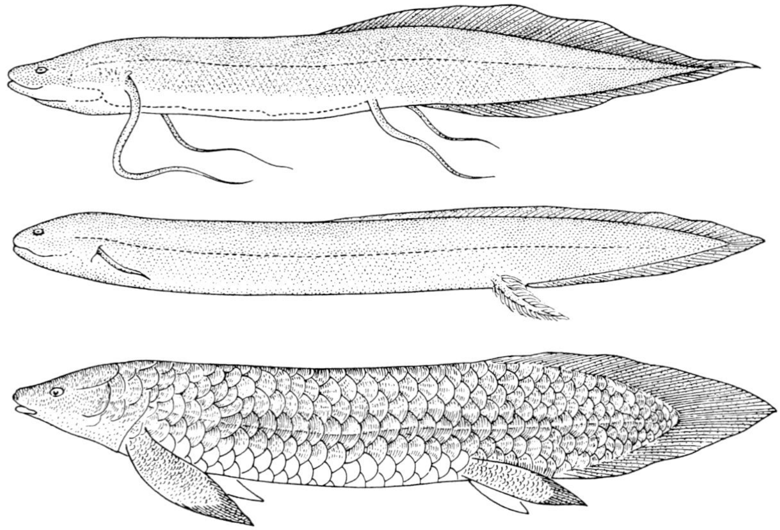

Abb. 363: Lungenfische. a. *Protopterus aethiopicus*, b. *Lepidosiren paradoxa*, c. *Neoceratodus forsteri*. Nach Greenwood, Norman

irregulär und z. T. reduziert (Maxillare, Dentale u. a.), die vordere Nasenöffnung ist an den Mundrand gerückt usw. Die Dipnoi lassen sich fossil bis ins Devon verfolgen. Sie waren weltweit verbreitet, aber nie zahlreich. Die ältesten Formen *(Dipterus)* hatten eine heterozerke Schwanzflosse und dicke Schuppen mit Cosmoidlager.

Heute leben noch drei Gattungen (Abb. 363): *Neoceratodus* in Australien, *Protopterus* in Afrika und *Lepidosiren* in Südamerika. *Protopterus* enthält vier Arten, die anderen beiden nur je eine. *Lepidosiren* wird etwa 1 m lang, die anderen Gattungen können das Doppelte erreichen.

Neoceratodus hat typische Archipterygien; seine Schuppen sind groß; nur eine Lunge ist ausgebildet; ein Larvenstadium mit äußeren Kiemen fehlt.

Protopterus und *Lepidosiren* haben Extremitäten, die zu biegsamen Stäben umgewandelt sind. Die Schuppen sind klein; zwei Lungen sind ausgebildet. Beide Gattungen bauen ein einfaches Nest, das Männchen bewacht Gelege und Jungtiere. Das Larvenstadium ist mit äußeren Kiemen ausgestattet, die bei *Lepidosiren* schnell abgeworfen werden, bei *Protopterus* aber monatelang persistieren können.

Trockenzeiten werden in Schleimkokons verbracht, die von Schlamm umhüllt werden. Während seines Trockenschlafes baut *Protopterus* seine Muskulatur teilweise ab und kann dabei die Hälfte seines Gewichtes verlieren. Die Atmung erfolgt über einen Luftkanal oben im Kokon.

Crossopterygii (Quastenflosser). Unter diesem Begriff werden zwei divergente Reihen vereinigt, die ausgestorbenen Rhipidistia und die Actinistia, von denen nur ein lebender Vertreter *(Latimeria)* gefunden wurde. Beiden gemeinsam ist die Zweiteilung des knöchernen Gehirnschädels in einen Vorder- (Ethmosphenoidale) und einen Hinterschädel (Oticooccipitale) mit erhaltener Chorda im hinteren Teil. Beide Hälften sind gelenkig verbunden. Da diese Teile den ontogenetisch getrennten Parachordal- und Trabecularteilen entsprechen, ist ihre Trennung wohl ein primitives Merkmal.

Die von Devon bis Perm lebenden **Rhipidistia** waren im Süßwasser verbreitet. Sie sind sicher die Ahnen der Tetrapoden. Die meisten Knochen lassen sich klar identifizieren, so in den Vorderflossen wenigstens Humerus, Radius, Ulna, Radiale, Ulnare und Intermedium. Die Zähne zeigen den gleichen gefälteten Wandbau wie die der ältesten Amphibien (Labyrinthodontia). Es existieren jederseits drei Nasenöffnungen: Ein vorderer Nasengang führt von der Körperoberfläche in die Nase hinein, ein zweiter erstreckt sich von Nasen- zu

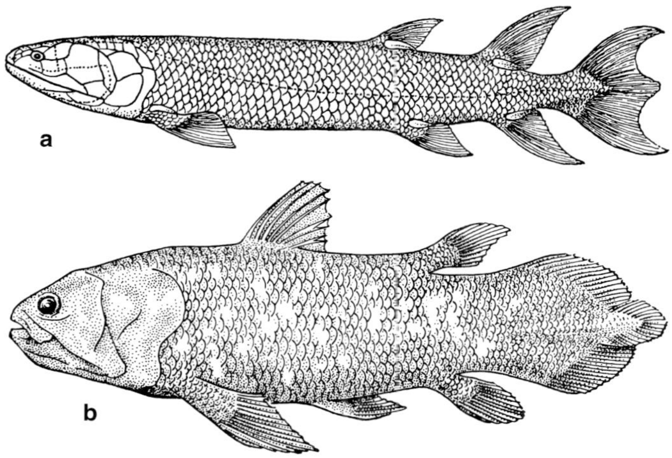

Abb. 364: Crossopterygier. a. *Eusthenopteron* (Osteolepiformes, Devon), b. *Latimeria*, rezenter Actinistier. Nach Jarvik

Augenhöhle und entspricht wohl dem Tränennasengang der höheren Wirbeltiere, ein dritter verbindet Nasen- und Mundhöhle (Choanen). Die Rhipidistia waren Räuber; ihnen werden zwei Gruppen zugerechnet:

a) Osteolepiformes mit *Osteolepis, Eusthenopteron* (Abb. 364a), *Megalichthys, Rhizodus, Panderichthys*. Sie sind die Stammgruppe der Tetrapoden.

b) Porolepiformes. *Holoptychus*.

Die **Actinistia** (Coelacanthini) begannen im Devon mit Süßwasserbewohnern und waren bis zur Kreide bekannt, als 1938 die kaum abgewandelte *Latimeria chalumnae* (Abb. 364b) vor der südafrikanischen Küste für die Wissenschaft entdeckt wurde. Sie gehört zu einem Zweig, der ins Meer gewandert ist. Die Lunge wurde zur Schwimmblase, die bei *Undina* eine knöcherne Wand hatte und bei *Latimeria* eine große Fettmasse darstellt. Das Extremitätenskelet wurde vereinfacht und bildet oft nur einen gegliederten Stab. Einige Charaktere der Actinistia erinnern an die Actinopterygier: Die Nasengrube hat jederseits nur eine vordere und eine hintere Öffnung, Choanen fehlen.

Im Labyrinth liegen große Statolithen – wie allerdings auch bei *Megalichthys*. Das Gehirn ist stark vereinfacht. Bei *Latimeria* nimmt es nur $\frac{1}{100}$ des Volumens der Hirnhöhle des Schädels ein, der übrige Raum wird von einer fettartigen Substanz ausgefüllt. Die Actinistia sind sicher ein isolierter Seitenzweig. Fossil: *Coelacanthus, Undina, Macropoma*.

Rezent: *Latimeria chalumnae*, bis fast 2 m lang, nur in geringer Individuenzahl bekannt. *Latimeria chalumnae* wurde 1938 vor der Mündung des Chalumnaflusses nahe East London in Südafrika für die Wissenschaft entdeckt. Der Bevölkerung der Komoren war die Art jedoch schon lange bekannt; die in ihrem freien Teil bestachelten Cosmoidschuppen wurden zum Aufrauhen der Klebeflächen von defekten Fahrradschläuchen verwendet, das Fleisch wurde gegessen. *Latimeria* lebt in 150 m bis 300 m Tiefe auf Felsböden vor der südafrikanischen Ostküste, speziell um die Komoren, und ernährt sich von kleinen Fischen und Krebsen. Die Tiere schwimmen langsam und bewegen Brust- und Bauchflossen im «Kreuzgang». Mit 300 g sind die Eier die größten aller Knochenfische. Es werden 30 cm lange Jungtiere geboren, die in der Gestalt bereits den Alten ähneln. Mit Elektroreceptoren. Wie die Chondrichthyes und der Frosch *Rana cancrivora* weist *Latimeria* einen sehr hohen Harnstoffgehalt im Blut auf.

Landwirbeltiere (Tetrapoda)

Die Wirbeltiere gingen bereits im Devon an Land, und zwar – im Gegensatz zu den meisten Wirbellosen – vom Süßwasser aus. Paarige

Lungen für Luftatmung brachten sie mit. Tiefgreifend ist aber die Umwandlung der paarigen Extremitäten in Schreitfüße mit festem Innenskelet, mehreren Gelenken und Hand- bzw. Fußwurzelknochen. Für die Bewegung wird die hintere Extremität besonders wichtig. Das Bekken gewinnt über Rippen (Sacralrippen) eine feste Verbindung mit der Wirbelsäule. Es besteht aus drei Knochen: Ilium, Ischium, Pubis. Die Wirbelsäule wird ein Tragebogen für den Körper, ihre Neuralbögen treten in gelenkige Verbindung miteinander (Prae-, Postzygapophyse), Wirbelkörper sind stets vorhanden, aber in ihrer Struktur wechselnd. Primitiv bleiben Ausleitung der Eier und der Spermien (Müllerscher Gang und Wolffscher Gang). Rückgebildet werden die Körperteile, die durch das Wasserleben bedingt sind: das Skelet der unpaaren Flossen, die Kiemendeckel mit ihren Hautknochen, die Kiemenspalten oberhalb der Amphibien, deren rezente Formen während des aquatischen Larvallebens i. a. noch Kiemen und Kiemenspalten besitzen. Die vorderste Kiemenspalte, der Spritzlochkanal, wird zum lufterfüllten Mittelohr und behält über die Eustachische Röhre die Verbindung mit der Mundhöhle; nach außen wird es durch ein Trommelfell abgeschlossen. Die Schalleitung vom Trommelfell zur Schädelwand wird zuerst durch das Hyomandibulare (= Columella), dann zusätzlich durch Quadratum und Articulare geleistet. Die Tetrapoden stammen von den Rhipidistia unter den Crossopterygiern ab, und zwar von den Osteolepiformes. Es waren wahrscheinlich räuberische, bodenlebende Formen, die zunächst zeitweise das Wasser verließen. Alles spricht dafür, daß die Tetrapoden monophyletisch entstanden sind.

1. Klasse: Amphibia (Lurche)

Die drei heute lebenden Amphibienordnungen, Schwanzlurche, Blindwühlen und Froschlurche sind die Reste einer großen palaeozoischen Formenfülle. Die rezenten Formen weisen im Skeletsystem, besonders im Schädel, im Vergleich mit den fossilen Arten viele Reduktionen auf. Wie den Fischen fehlen den Amphibien die Embryonalhüllen, beide Gruppen werden daher oft als Anamnia zusammengefaßt und den Amniota (Reptilien, Vögel, Säuger) gegenübergestellt. Amphibien besitzen noch Seitenlinienorgane und Kiemenspalten; Kiemenblättchen funktionieren während des Larvallebens noch als Wasseratmungsorgane. Primitiv ist auch die äußere Befruchtung vieler Amphibien. Mit den Amnioten teilen sie die allgemeinen Charaktere der Tetrapoden, bewahren aber oft primitive Zustände, z. B. im Gehirn, Gefäßsystem und in der dünnen Hornschicht der Haut. Der Schädel trägt einen oder zwei Gelenkhöcker, die mit dem ersten Wirbel verbunden sind. Die vorderen Wirbel sind nicht zu Atlas und Epistropheus umgebildet. Sonderbildungen der rezenten Amphibien sind die Wirbelkörper, die wahrscheinlich aus dem vorderen Körper (Hypocentrum) und nicht aus dem hinteren (Pleurocentrum) entstehen wie bei den Amnioten, ferner die Haut mit ihren sackförmigen, vielzelligen Gift-(Körner-) und Schleimdrüsen.

Entfaltung der Amphibien. Amphibien sind seit dem Oberen Devon überliefert. Die frühen Formen, die Ichthyostegalia, waren z. T. große Tiere mit starker Verknöcherung des gesamten Schädels und Schultergürtels, voller Garnitur der Hautknochen, unpaarem Gelenkkopf des Schädels und Austrittsöffnungen für die Hirnnerven. Die modernen Amphibien sind also in der Verknöcherung reduziert, ihr paariger Gelenkkopf entstand durch Reduktion des mittleren Teils aus einem unpaaren, und auch die Tatsache, daß heute nur noch die Hirnnerven I–X die Schädelwand passieren, ist abgeleitet. Ein eigener 11. Hirnnerv hat sich bei Amphibien noch nicht vom Nervus vagus (10. Hirnnerv) abgespalten. Ein echter Nervus hypoglossus (12. Hirnnerv) kommt bei Urodelen vor.

Zwei große Gruppen fossiler Amphibien lassen sich unterscheiden, die Labyrinthodontia und Lepospondyli; ihnen können als Lissamphibia die rezenten Formen gegenübergestellt werden.

Im einzelnen ist das System der fossilen Amphibien nicht unumstritten, und auch zur Ableitung der modernen Amphibien aus den Altformen gibt es sehr unterschiedliche Auffassungen.

a) **Labyrinthodontia.** Devon bis Trias. Der Name bezieht sich auf die starke Faltung der Zahnoberfläche, die auch bei Crossopterygiern auftritt. Als Basisgruppe gehört hierher die Ordnung der **Ichthyostegalia** (Abb. 366 a) mit der ursprünglichen *Elpistostega* und höheren Formen wie *Ichthyostega*. An Fische erinnernd

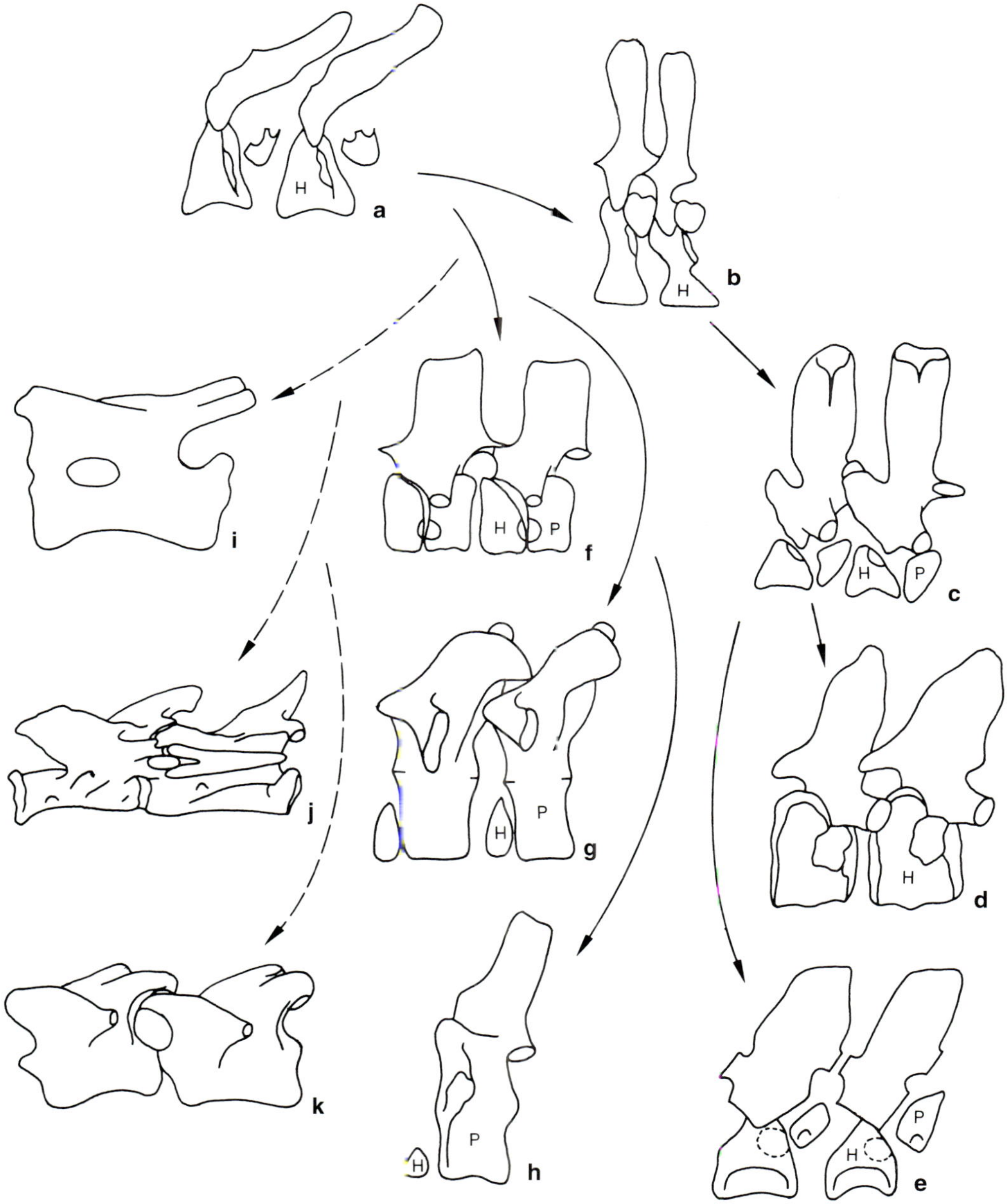

Abb. 365: Phylogenese der Wirbeltypen. a. Ausgangstyp, Crossopterygier *(Eusthenopteron);* b. *Ichthyostega* (Pleurocentrum wohl knorpelig); c. *Eryops* (rhachitomer Typ); d. *Mastodonsaurus* (stereospondyler Typ); e. *Lyriocephalus* (neorhachitom, Hypocentrum überwiegt); f. *Archeria* (embolomer); g. *Seymouria* (Pleurocentrum überwiegt); h. *Sphenodon* (primitives Amniotenstadium); i. *Cardiocephalus* (lepospondyl); j. *Salamandra;* k. *Rana*. H: Hypocentrum, P: Pleurocentrum. Die gestrichelten Pfeile kennzeichnen weniger gut gesicherte Entwicklungslinien als die ausgezogenen Pfeile. Ein Problem bei der Interpretation der Verhältnisse der fossilen Formen besteht darin, daß nicht mit Sicherheit festzustellen ist, in welchem Maße die Skeletelemente aus Knorpelgewebe bestanden haben. Nach Jarvik, Starck, Williams, Williston

und besonders primitiv sind die knöchernen Flossenstrahlen in den Schwanzflossen und die kleinen Knochen des Kiemendeckels. Äußeres und inneres Nasenloch liegen nahe beieinander am Kieferrand. Die Wirbel lassen sich als protorhachitom beschreiben. Das relativ kleine keilförmige Pleurocentrum ist wie bei Crossopterygiern wohl meist noch knorpelig (Abb. 365).

Oberhalb der Ichthyostegalia lassen sich die Labyrinthodontia zwei Ordnungen zuweisen, den Temnospondyli und Anthracosauria, die sich vor allem im Bau ihrer Wirbel unterscheiden. Als primitiv wurde lange ein Wirbeltyp angesehen, dessen Wirbelkörper aus gleichgroßen Hypo- und Pleurocentra besteht: embolomerer Wirbel. Neue Funde zeigen aber, daß im frühen Karbon auch schon rhachitome Wirbel (großes Hypocentrum, kleines dorsales Pleurocentrum, großer Neuralbogen) nachweisbar sind. Da auch die primitiven Ichthyostegalia rhachitome Wirbel besaßen, ist der rhachitome Wirbel vermutlich als ursprünglich anzusehen. Bei den abgeleiteten stereospondylen Wirbeln besteht der Wirbelkörper nur aus einem Hypocentrum (Abb. 365).

Temnospondyli. Die Rhachitomi sind eine Gruppe primitiver Temnospondyli. Zu ihnen gehören zahlreiche Gattungen in Karbon und Perm (z. B. *Loxomma, Edops* und *Eryops*; Abb. 366g). Die Choanen bleiben außen am Gaumen, im Gaumen bilden sich große Lücken zwischen den Pterygoidea.

Die Stereospondyli sind die Fortsetzung der Rhachitomi im Mesozoikum bis in den Jura (Lias). Die Hypocentren werden zu massigen Wirbelkörpern, die die Chorda dorsalwärts drängen. Die Pleurocentren bleiben erst knorpelig und verschwinden dann zwischen den Wirbelkörpern. Der Schädel war meist stark abgeflacht, einige Formen waren vermutlich neoten (Kiemen vorhanden, Abb. 366f). *Mastodonsaurus, Cyclotosaurus, Plagiosaurus.*

Zwischen Rhachitomi und Stereospondyli vermitteln die Trematosauria, Fischfresser, die in der Trias ins Meer vordrangen.

Die **Anthracosauria** führen zu den Reptilien. Bei ihnen dehnt sich das Pleurocentrum langsam aus und verdrängt das Hypocentrum, bis es schließlich alleiniger Wirbelkörper wird. Ihre Entwicklung vollzieht sich in Karbon und Perm. Eine frühe Form ist *Pholidogaster.* Besser bekannt sind die Embolomeri mit 2 etwa gleichgroßen Wirbelkörpern pro Segment *(Eogyrinus, Palaeogyrinus).* Die inneren Nasenlöcher rücken medianwärts, die Gaumenknochen bleiben breit, der Condylus des Kopfes ist unpaar.

Für besonders wichtig werden die Solenodonsauridae *(Diplovertebron* [Abb. 366i], *Gephyrostegus, Solenodonsaurus)* gehalten, weil sie oder ähnliche frühere Formen gut die Vorfahren der Reptilien sein können. Von ihnen lassen sich primitive echte Reptilien (Captorhinomorpha) ableiten. Ihre Wirbel besitzen schon große Pleurocentra, der Schädel ist wie bei Reptilien langgestreckt und ziemlich hoch.

Weitere Anthracosauria, die Seymouriamorpha *(Seymouria, Kotlassia)* weisen ebenfalls viele Merkmale auf, die an Reptilien erinnern. Sie werden heute aber meist noch für Amphibien gehalten, u. a. weil sie Seitenlinienorgane und kiementragende Larven besaßen.

b) **Lepospondyli.** Der Wirbelbau weicht von dem der anderen palaeozoischen Amphibien ab, dennoch ist es sehr wahrscheinlich, daß auch die Lepospondylier sich von primitiven Labyrinthodontiern herleiten. Pro Segment ist ein hülsenförmiger Wirbel ausgebildet, das Hypocentrum. Ihm sitzt ein breiter, z. T. die Chorda überdachender Neuralbogen auf, der oft mit ihm verschmilzt. Gleiche Wirbel treten bei Urodelen und Gymnophionen auf. 3 Ordnungen bildeten eine Fülle von kleinen Arten, die die Sümpfe und Gewässer der Steinkohlenzeit bevölkerten.

Die Aistopoda (Abb. 366j) umfassen schlangenartige Formen mit reduzierten oder fehlenden Extremitäten; ähnliche Typen treten bei den Nectridea auf, zu denen weiterhin Arten mit grotesken, nach hinten weisenden Fortsätzen am Schädel zählen. Auch die Microsauria (Abb. 366c) hatten meist reduzierte Beine.

c) **Lissamphibia.** Von Lepospondyli wurden oft die rezenten Urodelen und Gymnophionen abgeleitet, vor allem wegen des Wirbelbaues. Die Vorfahren der Anuren sollten dagegen in der Gruppe der Rhachitomi zu suchen sein. Jetzt sieht man in den rezenten Amphibien oft wieder eine Einheit, die Lissamphibia. Diese sind u. a. durch viele Übereinstimmungen im Schädelbau, in der Anlage des Neurocraniums, in der Zahnform (mit mechanisch schwacher Zone an der Basis der Krone), im Bau des Ohres (verbreitetes Auftreten von zwei Mittelohrknochen: Stapes und Operculum, Papilla

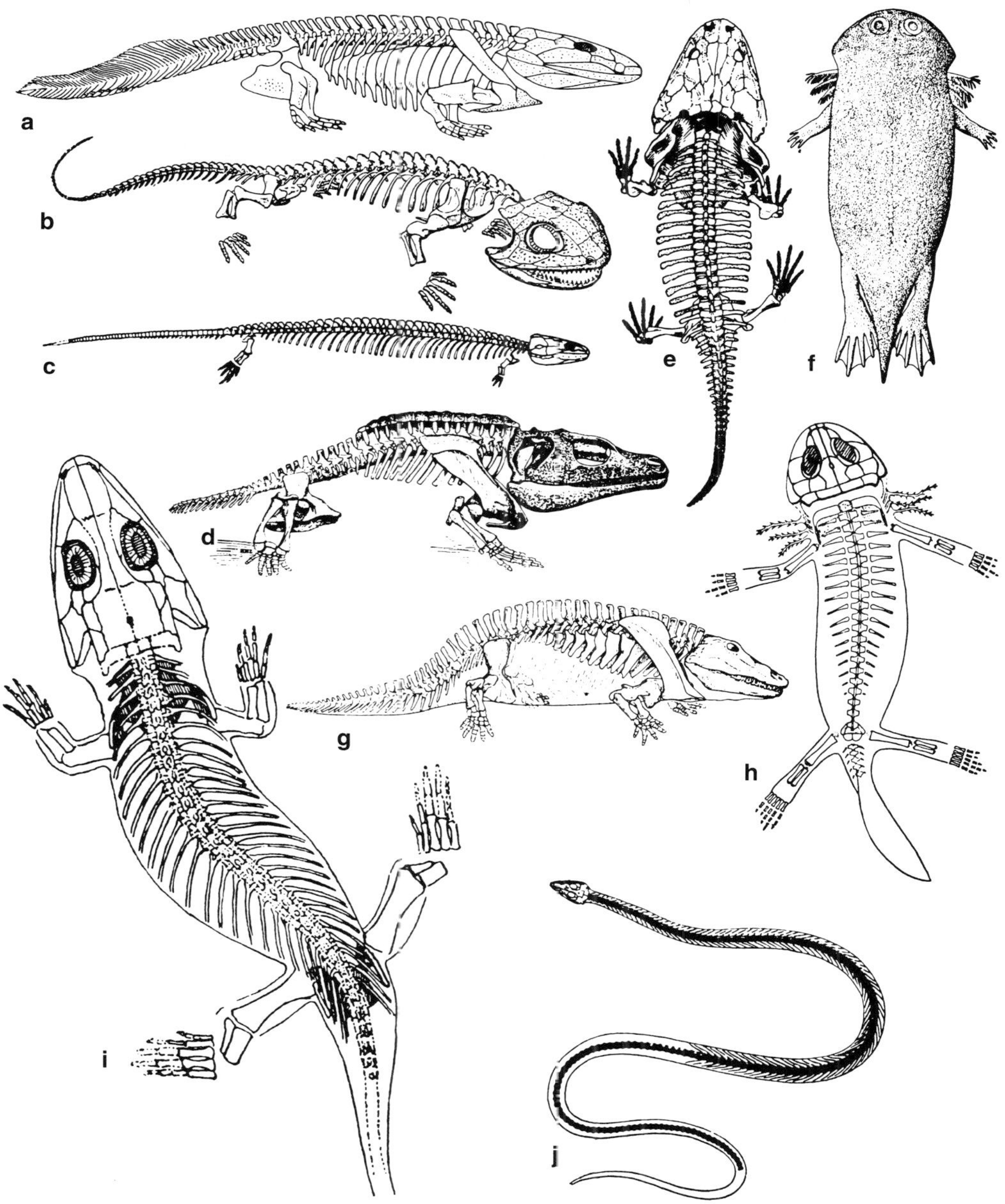

Abb. 366: Fossile Amphibien. a. *Ichthyostega* (Ichthyostegalia), b. *Discosauriscus* (Seymouriamorpha), c. *Microbrachis* (Microsauria), d. *Cacops* (Rhachitomi), e. *Metoposaurus* (Stereospondyli), f. *Gerrothorax*, neotener Temnospondyle, g. *Eryops* (Rhachitomi), h. *Branchiosaurus*, Larve (Rhachitomi), i. *Diplovertebron* (Anthracosauria), j. *Ophiderpeton* (Aistopoda). Die altertümlichen Amphibien, die in der Zeit vom Karbon bis zum Perm ihre Hauptentfaltung hatten, weisen eine erstaunliche Formenvielfalt auf. Sie waren zunächst wasserlebende Formen, die mit den Ichthyostegalia an die Rhipidistia anschließen. Im Perm lebten Landformen, in der Trias dominierten wieder wasserlebende Arten. Nach Bullmann, Fritsch, Jarvik, Nilsson, Sawin, Spinar, Watson, Whittard, Williston

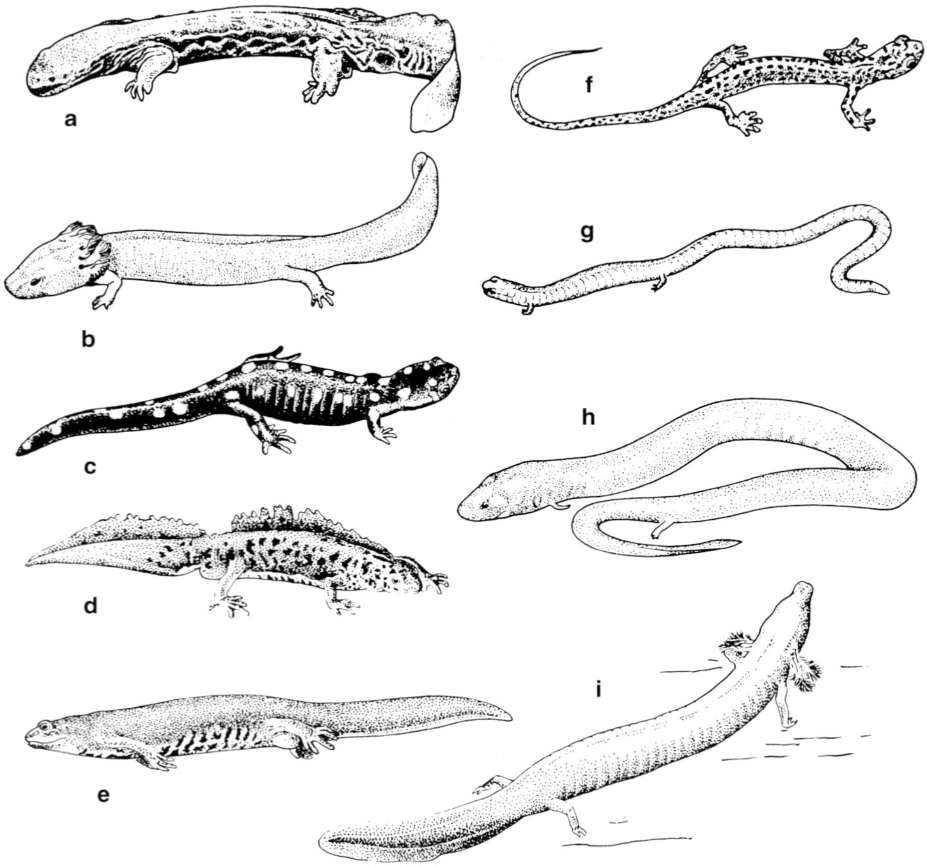

Abb. 367: Urodelen. a. *Cryptobranchus* (Cryptobranchidae) Schlammteufel; b. *Necturus* (Proteidae) Furchenmolch; c. *Ambystoma* (Ambystomatidae) Querzahnmolch; d, e. *Triturus cristatus* (Salamandridae), Kammolch, d. Männchen, e. Weibchen; f. *Eurycea* (Plethodontidae); g. *Batrachoseps* (Plethodontidae) Wurmsalamander; h. *Amphiuma* (Amphiumidae) Aalmolch; i. *Proteus* (Proteidae) Grottenolm. Nach Noble, Schmeil

amphibiorum im Innenohr), in der Hirnstruktur, in der Anatomie von Carpus und Tarsus und im histologischen Aufbau vieler Organe, z. B. der Haut und ihrer Drüsen geeint. Weiterhin zeigen Aufbau der blutbildenden Organe, z. B. Milz und Leber sowie das Blutbild bei den rezenten Amphibien viele Übereinstimmungen. Bei allen rezenten Formen ist die Hautatmung gut entwickelt, bei Fröschen führt eine Arteria cutanea magna venöses Blut zur Haut, bei Urodelen ist die Mundhöhle oft stark vaskularisiert. Bei allen Lissamphibien kommt eine Metamorphose beim Übergang von Larven- zu Erwachsenenstadium vor, die wohl von gleichartigen endokrinen Mechanismen gesteuert wird.

Unter dem Begriff Urodelomorpha werden Urodelen und Gymnophionen zusammengefaßt (z. T. auch einschließlich der Lepospondyli). Nur ein hülsenförmiger Wirbel ist pro Segment verknöchert, das Hypocentrum. Ihm sitzt ein breiter, z. T. die Chorda überdachender Neuralbogen auf, der oft mit ihm verschmilzt.

1. Ordnung: Urodela (Caudata, Schwanzlurche)

Die Urodelen besitzen innerhalb der rezenten Amphibien viele ursprüngliche Merkmale, z. B. in Hinsicht auf Körperform und Hirnmorphologie.

Molche und Salamander haben die typische Körperform der Urodelen: flachen Kopf, langen Rumpf und Schwanz, kurze, einander ähnliche Extremitäten (Abb. 367). Einige Urodelen haben einen aalartigen Körper. Das Skelet bleibt teilweise knorpelig, Deckknochen fehlen im Schultergürtel völlig und sind im Schädel gering an Zahl. Trommelfell und Mittelohr sind verschwunden, Augen meist klein. Wasserlebende Formen auch als erwachsene Tiere mit Seitenliniensystem. Kurze, doppelköpfige Rippen sitzen oberhalb der Arteria vertebralis an einem besonderen Rippenträger der Wirbel. Nur bei primitiven Formen (Hynobiidae und Cryptobranchidae) findet äußere Befruchtung statt, sonst setzt das Männchen bei einem Balzspiel gallertartige Spermatophoren mit Spermienstiftchen auf den Boden, die vom Weibchen aufgesucht und in die Kloake aufgenommen werden. Nicht selten erfolgt eine Übergabe der Spermatophoren direkt von Kloake zu Kloake.

Einige Typen des Balzspieles lassen sich unterscheiden. Bei *Euproctus* greift das Männchen das Weibchen mit dem Schwanz und legt die Spermatophoren in oder nahe der Kloake ab. Bei den Salamandern *Pleurodeles* und *Tylototriton* ergreift das Männchen das Weibchen von unten (Amplexus) und führt es zur abgelegten Spermatophore. Bei anderen Molchen ergreift das Männchen das Weibchen von oben, und die Geschlechter trennen sich zur Ablage der Spermatophore; das Weibchen wird dann veranlaßt, über die Spermatophore zu schwimmen. Der enge Kontakt zwischen den Geschlechtern wird als Anpassung an fließende Berggewässer aufgefaßt.

Am einfachsten ist das Verhalten von *Triturus*, der in ruhigen Gewässern lebt. Männchen und Weibchen stehen sich zunächst mit der Schnauze gegenüber. Das Männchen gibt dann Duftstoffe ab, die dem Weibchen mit dem Schwanz zugewedelt werden. Anschließend erfolgt das Absetzen der Spermatophore. Danach wird das Weibchen über diese geführt und nimmt sie in seine Kloake auf.

Das Begattungsverhalten der Plethodontiden weist Anpassungen an das Landleben auf; hier spielen Duftdrüsen an Kinn und dorsaler Schwanzwurzel eine wichtige Rolle beim einleitenden Balzspiel; das Männchen führt das Weibchen schließlich über die abgelegte Spermatophore. Bei *Amphiuma* werben mehrere Weibchen um ein Männchen, das die Spermatophore direkt in die weibliche Kloake überträgt.

Die Eier mit Gallerthülle werden meist an Pflanzen abgelegt. Die im Wasser lebenden Larven ähneln weitgehend den Erwachsenen; sie sind durch lange äußere Kiemen, Kiemenspalten, ein paariges Sinnes- und Haftorgan am Kopf (Rusconische Häkchen) und echte Zähne gekennzeichnet (Abb. 369k). Die Plethodontidae besitzen Landlarven mit Kiemen und großem Dottervorrat, sie machen kein Wasserstadium durch. Einige Arten sind lebendgebärend (Alpensalamander). Die Urodelen sind noch stark ans Wasser gebunden, dort verbringen sie fast alle ihre Larvalzeit, und dort erfolgen meist auch Befruchtung und Eiablage.

Mehrere Gattungen leben, oft unter Beibehaltung larvaler Merkmale, besonders der Kiemen, dauernd im Wasser (*Proteus, Typhlomolge, Amphiuma, Andrias, Cryptobranchus* u. a.).

Daneben kommen bei manchen Arten einzelne Tiere vor, die als Larven im Wasser heranwachsen und hier geschlechtsreif werden (Neotenie; z. B. manche Molche). Heute leben Urodelen vorwiegend in Süßgewässern der nördlichen Hemisphäre; der größte Artenreichtum findet sich in Nordamerika. *Ambystoma subsalsum* lebt im Brackwasser (Mexiko); einige Plethodontidae *(Bolitoglossa)* findet man in Amerika auch südlich des Äquators im oberen Amazonasgebiet.

Systematik. Man unterscheidet 8–10 Familien, die hier in 4 Unterordnungen zusammengefaßt werden, mit ca. 400 Arten.

1. Cryptobranchoidea. Urtümliche Gruppe: äußere Befruchtung, Eier oft in Gallertsäcken oder -strängen.

Hynobiidae (Winkelzahnmolche): Mittel- und Ostasien, mehrere Arten in Japen, oft in Gebirgsbächen (bis 4000 m), salamanderähnliche Gestalt, Lungen können fehlen. *Hynobius; Pachypalaminus; Onychodactylus; Ranodon.*

Cryptobranchidae (Riesensalamander), im Wasser lebend mit larvalen Merkmalen, Kiemen bilden sich aber bei Erwachsenen zurück. *Andrias (Megalobatrachus)*, bis 1,5 m lang, mit 2 Arten (China, Japan), von Ausrottung bedroht; im Tertiär auch in Europa; *Cryptobranchus* (Schlammteufel, Nordamerika), Männchen bewachen Laich mehrerer Weibchen.

2. Sirenoidea (Meantes, Armmolche). Aalähnlich, ohne Hintergliedmaßen und ohne Bekken; Erwachsene haben Lungen und Kiemen sowie Kiemenspalten; Kiefer mit Hornscheiden an Stelle von Zähnen; Maxillare fehlt; Männchen ohne Kloakendrüsen (vermutlich keine Spermatophorenbildung); wenn Gewässer austrocknen, überdauern Sirenoidea in Schlammhöhlen; Hautdrüsen produzieren einen Schleimkokon, der den Körper vor Austrocknung schützt. Nordamerika: *Siren, Pseudobranchus.*

3. Salamandroidea. Artenreich (ca. 200 Arten), Haut glatt oder rauh, z. T. neotene Arten, vor allem bei Höhlenbewohnern.

Salamandridae (Salamander und Molche): *Pleurodeles* und *Tylototriton* sind Primitivformen; *Salamandra* (Abb. 399 l), *Mertensiella, Chioglossa* und *Salamandrina* sind die höchstentwickelten Gattungen. Oft am Land; *Salamandra atra* ist vivipar; *Triturus* (Abb. 367 d, e), *Cynops, Paramesotriton, Neurergus, Notophthalmus, Taricha, Euproctus* und *Pachytriton* (ständig im Wasser).

Feuersalamander *(Salamandra salamandra):* Großer gelb-schwarz gefärbter Landsalamander, der bei uns in bewaldeten Tälern mit Bächen in den Mittelgebirgen vorkommt. Es lassen sich nach neuen Untersuchungen im gesamten Verbreitungsgebiet (Westeuropa bis Persien) mehrere nahverwandte Arten unterscheiden. Er ist überwiegend nachtaktiv, bei Regen auch tagaktiv. Nahrung v. a. Insekten, Spinnen, Tausendfüßer, Asseln, Regenwürmer und Schnecken. Paarung in der Regel von Juli bis September. Weibchen nehmen nach Balzspiel Spermatophore auf. In Mitteleuropa Absetzen von Larven in sauberen, kühlen Fließgewässern. Larven – mit äußeren Kiemen und seitlich plattem Schwimmschwanz – ernähren sich von aquatischen Insektenlarven, Kleinkrebsen u. ä. Metamorphose je nach Lebensbedingungen nach 2 Monaten bis seltener 1–2 Jahren. Einige Formen des Feuersalamanders können wahlweise oder regelmäßig vollentwickelte Jungsalamander gebären. Geschlechtsreife der jungen Salamander nach 3–5 Jahren. Im Herbst wandern Salamander in Winterquartiere (Höhlen, Stollen, modernde Baumstubben, Keller verfallener Häuser u. ä.). Umweltveränderungen wie Abholzen von Laubwäldern, Anlage von Fichtenmonokulturen, Straßenverkehr und Verschmutzung der Brutgewässer bedrohen den Feuersalamander stark. Er ist streng geschützt. Der Name geht auf den Aberglauben zurück, daß ein in ein Feuer geworfener Feuersalamander dieses zu löschen vermag. In der christlichen mittelalterlichen Symbolik ist er Symbol der Flamme und Sinnbild der Seele im Fegefeuer.

Alpensalamander *(Salamandra atra):* Ein charakteristisches, meist einheitlich schwarz (der Aurora-Alpensalamander ist schwarz-gelb gefleckt) gefärbtes Tier der Alpen und von Teilen des Dinarischen Gebirges, das in Höhen von ca. 450 bis 3000 m in Zwergstrauchheiden und Felsfluren, moorigen Regionen, auf feuchten Wiesen, in Krüppelholzbeständen und lichten Laub- und Laubmischwäldern vorkommt. I. a. nachtaktiv, kann aber bei Regen auch tagaktiv sein. Der Alpensalamander ernährt sich von Regenwürmern, Nacktschnecken und Insekten. Einem Paarungsspiel, das dem des Feuersalamanders ähnelt, schließt sich höhenabhängig eine 2–3 Jahre lange Tragzeit an, an deren Ende i. a. zwei bis 5 cm große Jungtiere zur Welt kommen. Die Ernährung im Uterus der Mutter erfolgt zunächst über Dotter – auch von nicht befruchteten Eiern –, später über Produkte der Uteruswand. Die Larven besitzen große verzweigte Kiemen. Da in den Alpen viele Landschaftsschutzgebiete ausgewiesen sind, ist sein Fortbestand hier weniger gefährdet als der des Feuersalamanders. In inselartigen Vorkommen braucht er aber strengen Schutz.

Kammolch *(Triturus cristatus):* Neue systematische Untersuchungen haben gezeigt, daß die Tiere, die bisher der Art Kammolch zugeordnet wurden, einen Komplex nahverwandter Arten bilden, die über weite Teile Europas (außer Spanien und SW-Frankreich) verbreitet sind.

Großer Wassermolch, bei dem die Männchen einen hohen, gezähnelten Rücken- und Schwanzflossensaum («Kamm») ausbilden. Lebt in stehenden und langsam fließenden Gewässern vom Flachland bis ins Mittelgebirge. Von Ende Februar bis August aquatisch, manchmal (Donau, Balkan) auch ganzjährig, danach an Land unweit der Laichgewässer. Auffällige Balz im Wasser, wobei die Männchen den Weibchen mit ihrem Schwanz Duftstoffe aus Drüsen ihrer Kloake zuwedeln. Reagiert das Weibchen darauf, wird eine Spermatophore abgesetzt und vom Weibchen in seine Kloake aufgenommen. Das Weibchen legt dann die Eier einzeln an Blätter von Wasserpflanzen, wobei die klebrige Eihülle das eingefaltete Blatt taschenförmig zusammenhält. Nach spätestens 2 Wochen schlüpfen die Larven, deren Metamorphose noch im selben Sommer stattfindet. Geschlechtsreife der Jungmolche nach 2–5 Jahren. In der terrestischen Lebensphase sind die Kammolche überwiegend nachtaktiv. Sie verbergen sich tagsüber unter Steinen, unter Holz, in Wurzelballen von Gräsern o. ä. Ihre Nahrung besteht aus Regenwürmern, Insekten, Spinnen, Nacktschnecken u. a. In der aquatischen Phase fressen sie Kleinkrebse, Anneliden, Wasserinsektenlarven, Amphibienlarven u. a. Feinde sind vor allem größere Hechte und Barsche sowie Wassernattern. Den Larven stellen auch räuberische Wasserinsekten und deren Larven nach. Durch wasserbauliche und landwirtschaftliche Veränderungen überall bedroht.

Amphiumidae (Aalmolche): aalähnlich, sehr schwache Extremitäten mit 2–3 Zehen, bis 1 m lang, wasserlebend, unvollständige Metamorphose, Kiemenlöcher bleiben erhalten, größte

Erythrocyten bei Wirbeltieren, Weibchen bewachen Gelege. *Amphiuma,* Nordamerika.

Proteidae (Olme): wasserlebende, neotene Formen mit äußeren Kiemen und kleinen Extremitäten; Lungen vorhanden; Schädel weitgehend knorpelig; einige Deckknochen des Gesichtsschädels fehlen (Maxillare, Nasale, Praefrontale); Balzverhalten und Spermatophore von *Proteus* weisen Übereinstimmungen mit *Triturus* auf. *Proteus anguinus* (Abb. 367i; Grottenolm), Augen rückgebildet, unter der unpigmentierten Haut, reduzierte Zahnzahl, Höhlen des dinarischen Karstes; der Schwarze Olm *(Proteus zoisii)* hat dagegen eine dunkel pigmentierte Haut und funktionstüchtige Augen, er wurde oberirdisch gefunden. *Necturus* (Abb. 367b; Furchenmolch), oberirdische Gewässer Nordamerikas, nicht näher mit *Proteus* verwandt, wird auch in eigener Unterordnung geführt.

4. Ambystomatoidea (Amblystomoidea, Querzahnmolche). Ambystomatidae: Nordamerika, breiter Kopf, deutliche Rippenfurchen, seitlich abgeflachter Schwanz, Gaumenzähne in Querreihen am Mundhöhlendach. Als Erwachsene meist an Land, nur zur Paarung und Eiablage im Wasser, manche Arten z. T. mit neotenen Larven (z. B. *Ambystoma tigrinum),* Axolotl *(Ambystoma mexicanum* und *Dicamptodon copei)* im Freiland stets neoten. *Dicamptodon* in und am Wasser, mit Lautäußerungen; *Ryacosiredon; Ambystoma,* artenreiche Gattung (Abb. 367c).

Plethodontidae: Lungen fehlen, drüsige Furche vom äußeren Nasenloch zum Oberlippenrand, Lippen können bei Männchen Tentakel bilden. Artenreichste Gruppe (180 Arten), fast nur Neue Welt. *Spelaeomantes* auch in Höhlen Sardiniens und Liguriens. Oft außerordentlich langgestreckte Tiere, Eier werden im Wasser oder an Land abgelegt; z. T. ohne wasserlebende Larven, auch die europäische Art legt Eier. Zunge bei manchen Arten pilzförmig gestielt und ausschleuderbar; *Gyrinophilus; Pseudotriton; Eurycea, Typhlotriton* als Erwachsene blind; *Typhlomolge,* blind; *Haideotriton,* neoten, blind; *Plethodon; Aneides; Hydromantes;* Nordamerika; *Spelaeomantes* in Europa; *Batrachoseps* (Abb. 367g): kurze Extremitäten, vierzehige Füße; *Bolitoglossa; Oedipina; Parvimolge; Thorius; Desmognathus* (bei Öffnung des Mundes werden Oberkiefer und Schädel nach oben aufgerichtet), u. a.

2. Ordnung: Gymnophiona (Apoda, Caecilia, Blindwühlen)

Tropische, meist unterirdisch lebende, wurmförmige Amphibien mit gut verknöchertem Schädel und bezahnten Kiefern; Zähne vielgestaltig, oft schlank und zweispitzig. Sie sind Raubtiere, die sich von Würmern, Insekten, Fröschen, kleinen Schlangen u. a. ernähren; z. T. noch Knochenschuppen in der geringelten Haut. Viele Sondermerkmale sind Anpassungen an die wühlende Lebensweise: Extremitäten einschließlich Schulter- und Beckengürtel fehlen, Augen reduziert, liegen meist unter der Haut, z. T. sogar unter den Schädelknochen, Kloake mündet terminal, Schwanz reduziert oder fehlend. Oberkiefer mit zwei ausstülpbaren Tentakeln. Diese entspringen der Wand eines Ganges, der die Höhle des Jacobsonschen Organs mit der Außenwelt verbindet. Möglicherweise fächeln die Bewegungen der Tentakel dem gut entwickelten Sinnesepithel des Jacobsonschen Organs Duftstoffe zu.

Das Gehirn der Gymnophionen ist innerhalb der Amphibien hochentwickelt. Das Telencephalon hat einen besonders hochdifferenzierten und großen Bulbus olfactorius accessorius, was im Zusammenhang mit dem großen Jacobsonschen Organ und dem Tentakelapparat steht. Eine Besonderheit ist die auffallende ventrale Falte (Plica ventralis) des Gehirns auch bei Adulten, d. h. die Beibehaltung der großen embryonalen Flexur, zwischen prosencephalen und tegmentalen Abschnitten. Wie Urodelen und auch Lungenfische zeigen die Gymnophionen hinsichtlich der Cytoarchitektur der Wand des Neuralrohrs Beibehaltung embryonaler Zustände, d. h. Neurone bleiben im Gehirn und Rückenmark ganz überwiegend periventriculär angeordnet.

Linke Lunge rückgebildet. *Typhlonectes* mit 2 sehr großen Lungen, die sich bis zum Körperende erstrecken und sicherlich auch hydrostatische Funktion haben. Auffallend große gelappte Leber. Innere Befruchtung, die ausstülpbare Kloake des Männchens dient als Begattungsorgan (Abb. 369m).

Die systematische Gliederung der Gymnophionen erfolgt in sehr verschiedener Weise, z. T. werden 10 Familien unterschieden. Wegen vieler Unsicherheiten, die noch abzuklären sind, gliedern wir die Ordnung in 6 Familien mit 33 Gattungen und 165 Arten. Die Verbrei-

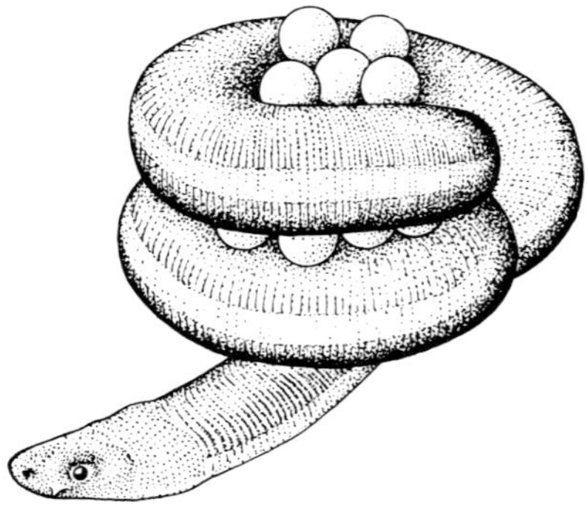

Abb. 368: Weibliche Gymnophione *(Ichthyophis)*, die unterirdische, in Embryonalkapseln eingeschlossene Embryonen bewacht. Nach Sarasin

tung der rezenten Gymnophionen spricht dafür, daß die Gymnophionen ein Element der Gondwanafauna sind.

1. Ichthyophiidae: Adulte terrestrisch, mit kleinen Knochenschuppen in der Dermis; 2–4 Sekundärfalten pro Körpersegment. Bei der süd- und südostasiatischen *Ichthyophis* bewacht das Weibchen in einer Erdhöhle 20 oder mehr dotterreiche Eier (Abb. 368). Die Eier nehmen Wasser auf und schwellen auf das Doppelte der ursprünglichen Größe an. Die Embryonen entwickeln sich in der Eihülle zu kiementragenden Larven (3–4 cm lang). Nach dem Schlüpfen verlieren die Larven die Kiemen und führen ein weitgehend aquatisches Leben. Nach ca. 2 Jahren machen sie eine unauffällige Metamorphose durch (Verschluß der Kiemenspalten, Rückbildung des Flossensaumes am Schwanz) und nehmen die grabende terrestrische Lebensweise der Adulten auf. Süd- und Südost-Asien; 37 Arten. *Ichthyophis.*

2. Rhinatrematidae: Südamerika, 9 Arten, *Rhinatrema.*

3. Caeciliidae: Größte Familie (vermutlich künstliche Gruppe) mit 91 Arten. Schwanz undeutlich, z. T. mit Knochenschuppen. Adulte terrestrisch, Larven oft aquatisch. *Gymnopis, Geotrypetes* u. a. mit Viviparie, Metamorphose im Oviduct. Südamerika, Afrika, Asien. *Siphonops, Hypogeophis, Caecilia, Chthonerpeton, Schistometopum, Dermophis.*

4. Scolecomorphidae: Adulte mit sehr langen Tentakeln; Augen unter Schädelknochen, Stapes fehlt; Embryonen z. T. mit verzweigten Kiemen, Afrika. 5 Arten. *Scolecomorphus.*

5. Typhlonectidae: aquatisch, Körperende ruderschwanzartig umgebildet, Kiemen der intrauterin lebenden Larven sind vaskularisierte Lappen (Abb. 369 o). Südamerika. 19 Arten, *Typhlonectes.*

6. Uraeotyphlidae: Südamerika, 4 Arten.

3. Ordnung: Anura (Salientia, Ecaudata, Froschlurche)

Die Anuren sind mit z. Z. etwa 4000 Arten die größte und über alle Erdteile verbreitete Ordnung der rezenten Amphibien. Ihr Bau (Abb. 370) ist durch die Ausbildung des Sprungvermögens gekennzeichnet: Verlängerung der Hintergliedmaßen, Fußwurzel lang mit Intertarsalgelenk, Schwanz reduziert, seine Wirbel sind zu einem Knochenstab (Urostyl) verschmolzen, Beckengürtel mit stabförmigen Darmbeinen (Ilia), die als Stoßstange wirken. Beim Krötentyp, der mehrfach unabhängig entstand, ist das typische Sprungvermögen wieder rückgebildet. Sind die Coracoidknorpel getrennt und überlappen sich, spricht man von arciferen Schultergürteln; sind sie verwachsen, von firmisternen (Abb. 371); es existieren viele Übergangsformen. Präsakralwirbel auf 5–9 reduziert, Rippen bei primitiven Formen *(Ascaphus, Leiopelma)* noch als kurze Elemente an einigen Querfortsätzen von Brustwirbeln nachweisbar, meist sind die Anlagen von Rippenresten mit diesen verwachsen. Amphicoele (primitiv), pro- und opisthocoele Wirbel. Die Wirbelgelenke bilden sich im knorpeligen Intervertebralkörper aus, bei den Amphicoela unterbleibt die Bildung eines Gelenkspalts, die knöchernen Centra sind also hier durch ungeteilte Knorpelstücke verbunden. Trotz der Einstellung des Körperbaues auf die springende Bewegung sind

Abb. 369: Amphibienentwicklung und -fortpflanzung. a–i. Kaulquappen von Anuren. a. Kaulquappe des Wasserfrosches. S: Atemloch, b–d. junge Kaulquappenstadien von *Rana esculenta*, in denen die Kiemen (K) noch frei sind, H: Haftorgane, e. *Xenopus*, schwebt mit Kopf nach unten im Wasser, f. *Hyla rosenbergi*, sehr große Kiemen; g. *Ascaphus*, Mund bildet Saugnapf; h. *Ceratophrys*, kannibalisch, kräftige Kiefer; i. *Microhyla achatina*, nimmt mit breiten Lippen Nahrung von der Wasseroberfläche auf; j. *Salamandra salamandra*, oben Wand des Oviducts eines trächtigen Weibchens, beachte die zahlreichen Capillaren (C), unten Larve aus dem Oviduct eines trächtigen Weibchens, lange fädige Kiemen, die Nährstoffe ▷

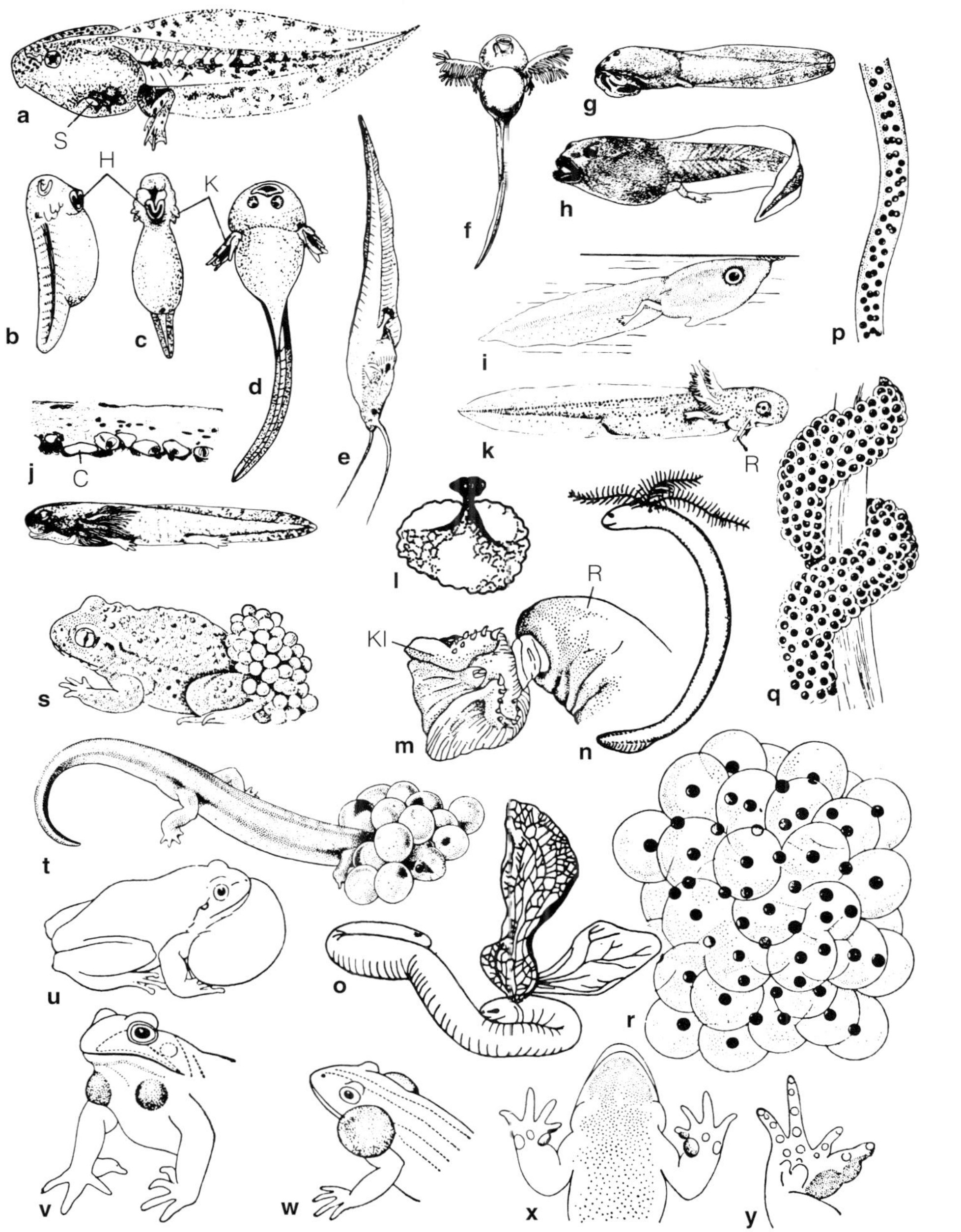

aufnehmen; k. junge Larve von *Ambystoma mexicanum*, R: Rusconisches Häkchen; l. Spermatophore von *Notophthalmus;* m. Kopulationsorgan (Kl: ausgestülpte Kloake) eines männlichen *Scolecomorphus* (Gymnophiona), R: hinteres Ende des Rumpfes; n. ganz junge Larve von *Ichthyophis*, o. Larve von *Typhlonectes* (Gymnophiona), riesige Kiemen; p–r. Laich verschiedener Anuren, p. *Pelodytes punctatus*, q. *Bufo bufo*, r. *Rana temporaria*, s. Männchen der Geburtshelferkröte *(Alytes)* mit Laich; t. Weibchen von *Desmognathus fuscus* mit Laich; u–w. Schallorgane bei Anurenmännchen, u. Laubfrosch *(Hyla arborea)*, v. *Rana temporaria*; w. *Rana esculenta*; x–y. Haftstrukturen an den Armen und Händen männlicher Anuren, die dem Festhalten am Weibchen dienen, x. *Discoglossus pictus*, y. *Rana temporaria*. Nach Boulenger, Noble, Mertens, Perrier, Smith, Sarasin, Bishop

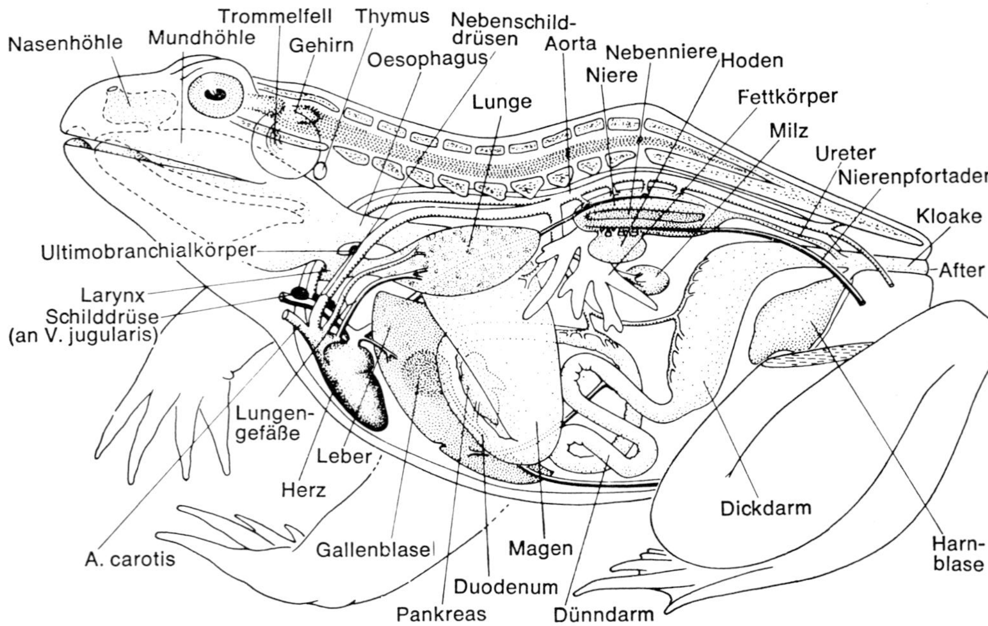

Abb. 370: Körperbau eines Frosches. Nach Storer, Usinger

Anuren zu vielen Anpassungen fähig, zum vollen Leben im Wasser *(Xenopus, Pipa)*, zu grabender Lebensweise *(Cyclorana, Scaphiopus, Pelobates, Breviceps)*, zum Leben auf Bäumen *(Hyla, Rhacophorus)*; einige Formen sind sogar durch große Hände und Füße mit Hautflächen zwischen Fingern und Zehen zu kurzem Gleitflug fähig (*Rhacophorus reinwardti* in SO-Asien, die Hylidae *Agalychnis calcarifer* und *Hyla miliaria* in der Neotropis). *Cyclorana* lebt z. T. unterirdisch in australischen Trockengebieten, kann rasch größere Wassermengen aufnehmen und speichern. Relativ primitiv innerhalb der rezenten Amphibien bleiben die Anuren durch die häufige Bewahrung von Mittelohr und Trommelfell, durch die meist äußere Befruchtung, bei der das Männchen das Weibchen bei der Paarung in Achsel- oder Lendenregion umklammert. Nur *Ascaphus* bildet aus der Kloake ein Kopulationsorgan. Anuren sind im Gegensatz zu Urodelen stimmfreudig und quaken oft in riesigen Chören. Die Lauterzeugung erfolgt im Kehlkopf und kann durch Schallblasen verstärkt werden (Abb. 369 u–w, S. 601). Nahrungsaufnahme meistens mittels einer klebrigen Schleuderzunge, die bei den aquatischen Aglossa fehlt.

Eine eigenartige Sonderentwicklung zeigen die geschwänzten Larven (Kaulquappen, Abb. 369). Das 1. Stadium gleicht mit seinen äußeren Kiemen noch der normalen Amphibienlarve, die kehlständigen Haftorgane sind sogar noch besonders primitiv. Im 2. Stadium erhält aber der Mund meist hornige Kiefer und wird

Abb. 371: Schulter- und Beckengürtel verschiedener Amphibien. Knorpel punktiert, Knochen weiß oder unregelmäßig gestrichelt. a–c. Reihe mit Zunahme des Knorpelgewebes im Schultergürtel. a. *Eryops* (Labyrinthodontier), im ersatzknöchernen Schultergürtel liegt noch ein ungeteiltes Skeletelement vor, das Scapulocoracoid. b. *Ascaphus* (primitiver Frosch), die Suprascapula ist ein knorpelig bleibender Teil der Scapula, das Coracoid bleibt in den medianen, sich überlappenden Teilen auch knorpelig. Die Nomenklatur der Anteile des Schultergürtels ist bei Amphibien verwirrend und uneinheitlich, speziell in bezug auf die Elemente des Endoskelets Coracoid (Procoracoid) und Scapula. Große Teile dieser Elemente bleiben knorpelig und können dann neue Namen erhalten. Verbreitet ist der Begriff Epicoracoid für bestimmte knorpelige Bereiche. c. *Ambystoma* (Salamander), knöchern ist nur noch der einheitliche Bereich der Gelenkgrube, der hier Scapulocoracoid genannt wird; «Procoracoid» – nach vorn gerichteter Fortsatz des Coracoidknorpels (nicht homolog mit dem oft Procoracoid genannten Coracoid der Amphibien und Sauropsiden), d. firmisternaler Schultergürtel von *Rana*. ▷

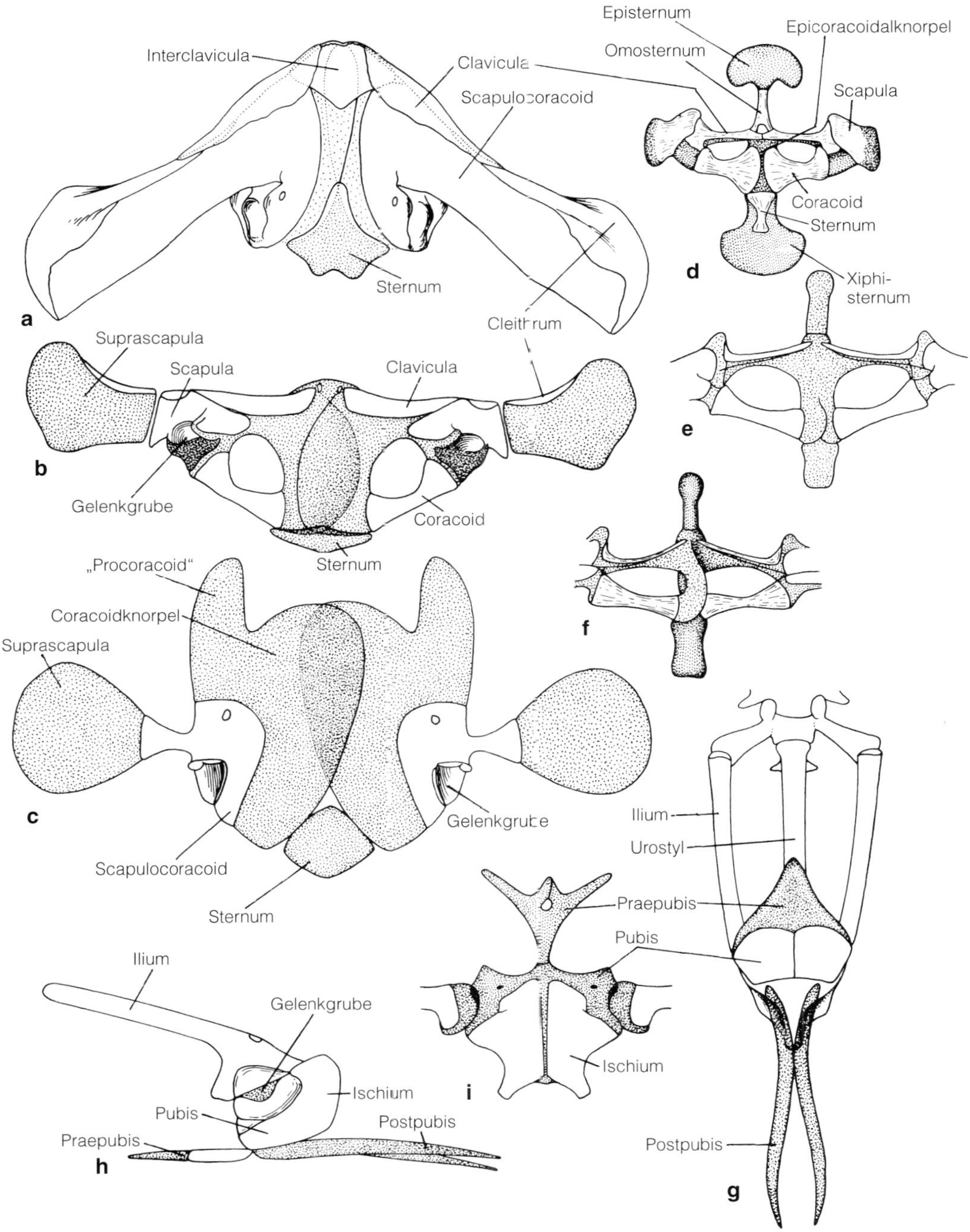

Das Sternum der Anuren ist in einen cranialen und einen caudalen Teil zerlegt; der knöcherne Anteil des cranialen heißt Omosternum, der knorpelige Episternum, der knorpelige Anteil des caudalen Teils heißt auch Xiphisternum, der knöcherne wird auch allein Sternum genannt, e, f. arciferale Schultergürtel, e. *Sminthillus*, f. *Eleutherodactylus*, g. Ventral-, h. Lateralansicht des Beckengürtels eines Frosches *(Ascaphus)*, i. Ventralansicht des Beckengürtels eines Salamanders *(Tylototriton)*. Nach Goin und Goin, Gregory

von Reihen von Hornzähnen umgeben. Jederseits wächst eine Hautfalte von hinten her über die Kiemenregion; vereinigt bilden sie dann einen Peribranchialraum, der durch ein Atemloch (fälschlich Spiraculum genannt) meist ventral oder linksseitig ausmündet. Die Falte überwächst auch die Anlagen der Vorderbeine, die zunächst in den Peribranchialraum wachsen. Vier Haupttypen der Kaulquappen sind für die Systematik verwendet worden. Typ I (Aglossa): 2 Peribranchialräume mit je einem Atemloch, ohne hornige Kiefer und Zähne; Typ II (Microhylidae): 1 Peribranchialraum mit medianem ventralen Atemloch, ohne hornige Kiefer und Zähne. Typ III *(Ascaphus):* wie Typ II, aber mit Hornkiefern und -zähnchen. Typ IV (Anomocoela, Ranidae, Procoela): wie Typ III, Atemloch aber links gelegen. Der Schwanz trägt unterschiedlich hohe Flossensäume, manche Kaulquappen besitzen Lungen als hydrostatisches Organ *(Hyla versicolor);* um den Mund herum können faltige Hautsäume ausgebildet sein, die der Wasseroberfläche anliegen und der Nahrungsbeschaffung dienen (*Microhyla,* Strudler); einen röhrenförmigen Saugmund besitzen *Hyla*-Arten, bei *Hemisus* tragen die Lippen Sinnesfäden. Die Kiemen sind faden-, teller- oder glockenförmig *(Gastrotheca)*, z. T. sehr groß (Schwimm- und Atmungsorgane, *Hyla rosenbergi, Leptodactylus*); in schnellfließenden Gewässern können Kaulquappen Saugnäpfe ausbilden *(Staurois)*, auch vergrößerte Lippen dienen der Festheftung (*Rana*-Arten). Viele carnivore, z. T. kannibalische Larven besitzen kräftige Kiefer und Zähne (einige Hylidae und Microhylidae). *Hylodes (= Eleutherodactylus)* und *Eupsophus* besitzen vereinzelt abgeflachte Larven, die in der Spritzzone von Gebirgsbächen und Wasserfällen über nasse Steine rutschen. Bei wüstenbewohnenden *Scaphiopus*-Kaulquappen gibt es zwei Morphen; die normale herbivore und die durch Dichtestreß induzierte carnivore Form, die sich von der herbivoren ernährt und extrem schnell wächst.

Die Eier werden i. a. in Klumpen oder Schnüren im Wasser abgelegt. Manche Raniden und Microhyliden besitzen dagegen Eier mit Schwebevorrichtungen. Viele Arten treiben Brutfürsorge: Eier werden in Bodengängen (viele Brevicipitinae) oder in Schaumnestern (Rhacophoriden, manche Bufoniden) abgelegt, Blätter werden über den Eiern zusammengefaltet (*Hyla*-Arten). *Pipa* trägt die Eier in einzelnen Hautkammern auf dem Rücken; *Phyllobates*-Männchen tragen die Larven auf dem Rücken an Gewässer; die Weibchen der südamerikanischen Baumfrösche (Hemiphractinae) tragen die Eier frei oder in Hauttaschen auf dem Rücken, während bei der australischen Art *Assa darlingtonia* die Männchen die Brutpflege in Hauttaschen übernehmen. Bei *Rhinoderma* entwickeln sich die Larven im Kehlsack des Männchens; *Nectophrynoides* ist vivipar. Manchen Microhylidae, Ranidae, Bufonidae u. a. fehlen freie Larvenstadien. Die Weibchen von *Rheobatrachus silus* verschlucken befruchtete Eier oder junge Kaulquappen und deponieren diese in ihrem Magen. Unter dem Einfluß eines Prostaglandins, welches von der Brut gebildet wird, stellt der Magen seine Salzsäureproduktion ein. In dem sich erweiternden Magen entwickeln sich im Laufe von 8 Wochen etwa 20 Jungfrösche, die von der Mutter «erbrochen» werden («Mundgeburt»). Wenige Tage nach erfolgter Geburt nimmt der Magen wieder seine ursprüngliche Funktion auf.

Nach dem Larvenstadium machen die Kaulquappen eine Umwandlung (Metamorphose) zum adulten Frosch durch. Dabei werden u. a. rasch der Schwanz eingeschmolzen, der Darm umgebaut, die Kiemen reduziert und der Mund erweitert.

Im Verhalten der Froschlurche spielt die akustische Kommunikation eine wichtige Rolle. Die Schallbildung erfolgt im Kehlkopf, der innerhalb der Wirbeltiere bei Amphibien zum ersten Mal auftritt. Er liegt am Eingang der Lungen und besteht aus einem ringförmigen Knorpel und zwei beweglichen Knorpelstücken, den Arytaenoiden, an deren Hinterrand sich die Stimmbänder befinden. Zusätzlich zu diesem primären Stimmapparat können Schallblasen ausgebildet sein, welche die im Kehlkopf gebildeten Rufe verstärken. Den Unken fehlen Schallblasen primär, bei der Erdkröte sind sie rückgebildet. Andere Kröten und Laubfrösche haben eine kehlständige Schallblase, See- und Teichfrosch sowie Grasfrosch paarige Schallblasen (Abb. 369 u–w).

Akustisch kommunizierende Arten verfügen über Rufe mit unterschiedlicher Bedeutung. Am auffälligsten sind die arttypischen Paarungsrufe der Männchen, zu denen diese ab Erreichen der Geschlechtsreife im zweiten oder dritten Lebensjahr befähigt sind. Der Paarungsruf weist dem Weibchen den Weg zum Männchen, kann der Verteidigung des Territoriums dienen oder erfüllt beide Aufgaben. Abwehr von paarungsbereiten, aber nicht willkommenen Tieren erfolgt schließlich mit Hilfe von Befreiungsrufen. Neben Paarungs- und Befreiungsrufen sind auch Aggressions-, Werbe- und Schreckrufe *(Gastrotheca)* bekannt. *Leptodactylus albilabris* benutzt auch seismische Signale zur Kommunikation.

Systematik. Ein natürliches System der Froschlurche gibt es bisher nicht. Aus der Fossilgeschichte der Anuren ist *Triadobatrachus (= Protobatrachus)* aus triassischen Ablagerungen Madagaskars von Interesse; seine Deutung ist jedoch umstritten. Er besaß bereits einen typischen Froschschädel, während das postcraniale Skelet noch vergleichsweise unspezialisiert ist. Zahlreiche verschiedene Klassifikationen existieren, gegen jede wurden Einwände vorgebracht. Parallelbildungen sind sehr häufig. Wichtige Merkmale für die Systematik sind: Bau der Wirbelsäule, des Schultergürtels, Anordnung der Muskelgruppen, Larventypen u. a. Oft wird auch das Verhalten von Kopfganglien für die Systematik herangezogen: Leiopelmatiden und Discoglossiden besitzen getrennte Trigeminus- und Facialisganglien, was – ebenso wie die freien Rippen – ein Primitivmerkmal ist. Bei allen anderen Anuren sind diese Ganglien verschmolzen, ein spezielles abgeleitetes Merkmal. Im folgenden werden die heute bekannten 25 Familien, 334 Gattungen und etwa 4000 Arten auf 6 Unterordnungen verteilt.

1. Amphicoela. Vermutlich künstliche Sammelgruppe primitiver Formen. Körper der amphicoelen Wirbel durch knorpelige, ungeteilte Intervertebralkörper verbunden, 9 präsakrale Wirbel, Rudimente von 2 Schwanzmuskeln vorhanden, arciferer Schultergürtel. *Leiopelma* (Neuseeland), Eier werden an Land abgelegt, kein freies Kaulquappenstadium. *Ascaphus* (nordwestliche USA) lebt in Gebirgsbächen, innere Befruchtung mit Hilfe der ausgestülpten Kloake, Kaulquappen können sich mit dem Mund an Steinen festsaugen (Abb. 369g, 372a).

2. Aglossa. Isolierte und spezialisierte Gruppe; mindestens seit Jura mit Eigenentwicklung. Ophisthocoele Wirbel. Stark ans Wasserleben angepaßt, z. T. mit Seitenlinienorganen; Zunge fehlt; Nahrungsaufnahme mittels eines eigenartigen Saug-Schnappmechanismus, dessen morphologisches Äquivalent ein spezialisierter, großer hyolaryngealer Apparat ist. *Xenopus* mit stark beweglichem Becken ohne eigentliches iliosacrales Gelenk. *Pipa* (Wabenkröte), nördliches Südamerika; Eier entwickeln sich in Zellen (Waben) der Rückenhaut des Weibchens, kein freies Larvenstadium, Jungfrösche verlassen nach ca. 100 Tagen die Waben. *Xenopus* (Krallenfrosch), Afrika südlich der Sahara, Labortier, früher oft zum Schwangerschaftstest benutzt, Kaulquappen mit langen Mundtentakeln, schweben fast senkrecht (Kopf nach unten) im Wasser (Abb. 369e). *Hymenochirus, Pseudohymenochirus*, Westafrika.

3. Opisthocoela (Opisthoglossa). Opisthocoele Wirbel. Discoglossidae: scheibenförmige Zunge, Adulte mit freien Rippen und beweglichen Augenlidern. Alte Welt. *Alytes* (Geburtshelferkröte). *Bombina* (Unken), Europa bis China, aquatische Formen mit bunter Unterseite.

Geburtshelferkröte *(Alytes obstetricans)*: Dieser vorwiegend südwesteuropäische kleine Scheibenzüngler erreicht im mittleren Deutschland seine östliche Arealgrenze. Die Kröte ist weitgehend terrestrisch, lebt aber meist nicht weit von Gewässern entfernt und geht in der Dunkelheit auf Nahrungssuche. In Deutschland bewohnt die Geburtshelferkröte reich strukturiertes besonntes Gelände, wo sich die Tiere tagsüber unter Steinplatten, in Schotterhalden, in Trockenmauern verkriechen oder einfach in lockerem Sand eingraben. Zwischen April und August kommt es zu mehrfachen Paarungen. Das Weibchen gibt 20–80 große Eier ab, die mittels einer fädigen Struktur verbunden sind. Diese Eischnüre wickelt sich das Männchen mit strampelnden Bewegungen um die Hinterbeine. Es kann auch Eischnüre von zwei Partnerinnen tragen. Die Eier werden bis 4 Wochen, bis zum Ende der Embryonenentwicklung umhergetragen. Dann sucht das Männchen ein Gewässer auf und streift die Eischnüre mit den schlüpfenden, schon ca. 1,5 cm großen, Larven ab. Die Metamorphose der 5–9 cm großen Larven kann noch im gleichen Jahr, aber auch erst im nächsten Jahr erfolgen. Die Art ist an ihrer nordöstlichen Verbreitungsgrenze bestandsgefährdet bzw. vom Aussterben bedroht.

Rotbauchunke *(Bombina bombina)* und Gelbbauchunke *(Bombina variegata)*: Rotbauchunken mit meist orange-rotem (seltener gelblichem), Gelbbauchunken mit gelblichem Fleckenmuster auf der Unterseite. Bei Gefahr bei beiden Arten «Unkenreflex»: Sie biegen den Rücken durch («Hohlkreuz») und drehen die farbigen Unterseiten der Arme und Beine nach oben, selten drehen sie sich vollständig auf den Rücken (Abwehrverhalten). Das Hautsekret der Unken ist besonders

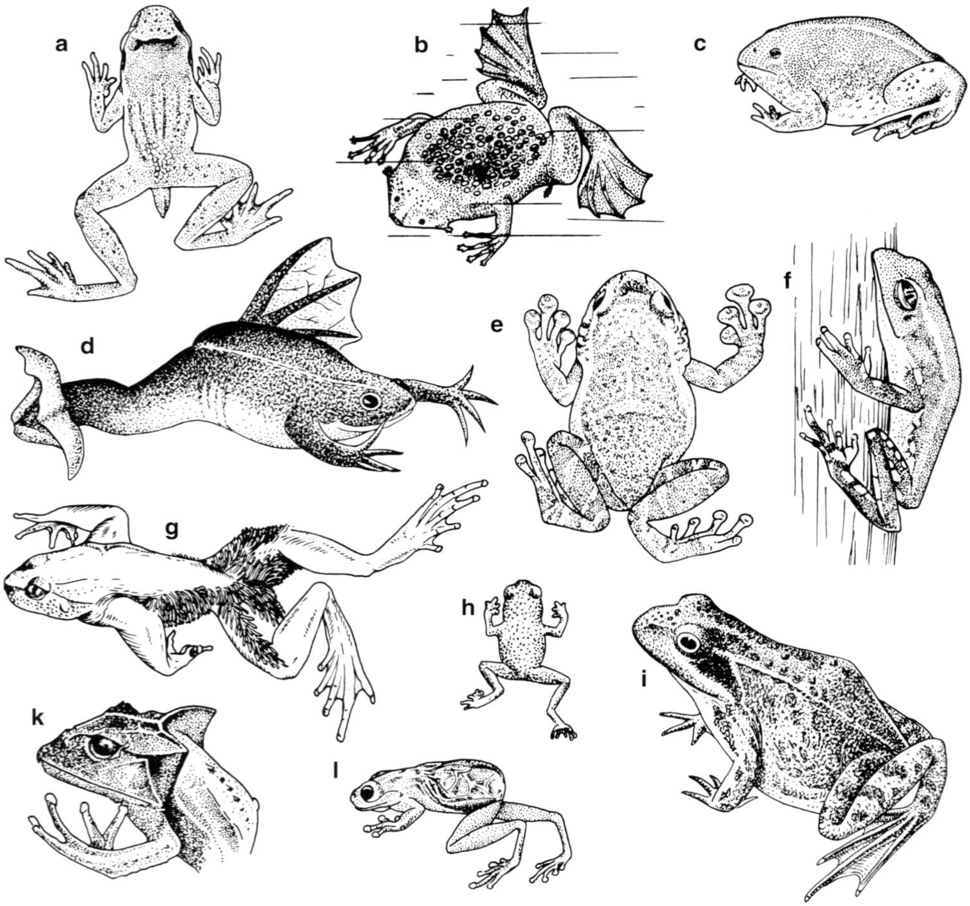

Abb. 372: Anurenformen. a. *Ascaphus*. Männchen mit stark verlängerter Kloake, die äußerlich einem kurzen Schwanz ähnelt. b. *Pipa* (Wabenkröte), c. *Rhinophrynus* (Rhinophrynidae), d. *Xenopus* (Krallenfrosch), e. *Platyhyla* (Rhacophoridae), f. *Phyllomedusa* (Hylidae), g. *Trichobatrachus* (Ranidae), Männchen, h. *Oreophrynella* (Bufonidae), i. *Rana* (Ranidae), k. *Hemiphractus* (Hylidae), l. *Gastrotheca* (Hylidae). Nach Allyn, Noble

giftig und reizt auch die Schleimhäute des Menschen sehr stark. Die Rotbauchunke kommt in den östlichen Tiefländern Mitteleuropas vor. Die Gelbbauchunke kommt in West-, Südwest- und Süddeutschland vor sowie in weiten Teilen Frankreichs, Italiens und des Balkans. Teilweise Überlappung der Verbreitungsgebiete (Südpolen, Ungarn, Rumänien), wo natürliche Hybriden auftreten.

Rotbauchunken leben im Frühjahr und Sommer in vegetationsreichen Gewässern, wo sie tag-, dämmerungs- und nachtaktiv sind. Der eintönige Ruf der Rotbauchunke ist relativ laut, weil die Männchen die Kehlblasen und den gesamten Lungenraum als Resonanzkörper nutzen. Im April werden, nach der Winterruhe an Land, die Gewässer aufgesucht. Im Mai werden Eiballen an Pflanzen oder am Gewässerboden abgesetzt. Ein Weibchen legt pro Saison maximal 300 Eier. Nach dem Schlüpfen leben die Larven ca. 3 Monate im Wasser, danach im Spätsommer Metamorphose. Geschlechtsreife nach 2 Jahren. Die Gelbbauchunke besiedelt oft Pionierlebensräume mit flachen, sich schnell erwärmenden Wasseransammlungen (Pfützen, vegetationslose Tümpel, Trittsiegel, Hangdruckwasserstellen), im Gebirge bis 2100 m hoch, lebt in Spalten- und Lückenbiotopen unter Steinen, verläßt im Sommer nicht selten das Wasser und kann bei Regen größere Strecken über Land wandern; dabei können neue Wohngebiete erschlossen werden. Rufe leiser als die der Rotbauchunke, da Kehlblasen fehlen. Laicht von Mai bis August, Jungtiere zwischen Juni und Oktober. Geschlechtsreife nach 1 Jahr möglich. Unken werden im Freiland bis 20 Jahre alt.

Barbourula, aquatisch, Philippinen und Kalimantan. *Discoglossus*, froschähnlich, westliches Mittelmeergebiet. Rhinophrynidae: mit *Rhinophrynus*, Mittelamerika, unsichere Stellung im System; keine freien Rippen, Füße als Grabwerkzeuge spezialisiert. Am 1. Zeh kräftige Hornkante, Nahrung u. a. Termiten.

4. Anomocoela. Ohne Rippen. Sacralwirbel procoel, mit Urostyl (Schwanzstab) verwachsen oder über einen oder zwei *(Pelodytes)* Condylen mit ihm gelenkig verbunden. Pelobatidae: 8 praesacrale Wirbel, die entweder einheitlich procoel (Pelobatinae) oder amphicoel (Megophryinae) sind. *Pelobates* (Knoblauchkröte), Europa, N.Afrika, glatte Haut, Fußinnenseite mit Grabschaufel, Kaulquappen z. T. räuberisch. *Megophrys* (Zipfelfrosch), Südost-Asien, mit langen, weichen Hautzipfeln über den Augen und an der Nase. Larven mit Trichtermund, dessen breiter Rand auf der Wasseroberfläche liegt (Schwimmapparat), zahlreiche verwandte südostasiatische Gattungen. Pelodytidae mit *Pelodytes* (Schlammtaucher), SW-Europa, Kaukasus.

5. Diplasiocoela. Artenreiche, weltweit verbreitete und vielgestaltige Gruppe. Sacralwirbel vorn konvex und hinten mit zwei Condylen für das Urostyl (Sooglossidae, 1 Condylus), 8 freie Wirbel, Wirbel 1–7 procoel, 8 amphicoel; vereinzelt nur procoele Wirbel (*Arthroleptis,* viele Microhylidae). Nie freie Rippen. Zahlreiche Familien.

Ranidae (echte Frösche): weltweit mit vielen Arten, allein *Rana* mit ca. 200. *Gigantorana* (Goliathfrosch) ist mit 35,5 cm Länge und 3 kg Gewicht der größte Froschlurch (Westafrika), überwiegend Wasserbewohner, schlanker Körper, große Augen, großes Trommelfell; *Rana catesbeiana* (Ochsenfrosch), Nordamerika; *Rana cancrivora*, einzige Froschart mit einer Salztoleranz von bis zu 80 % Meerwasser, Südostasien, auch in Salzwasserbiotopen; in Europa 7 Braunfroscharten (z. B. *Rana temporaria, R. arvalis, R. dalmatina, R. italica, R. iberica*), 6 Wasserfroscharten (z. B. *R. ridibunda, R. lessonae, R. perezi*) und 3 Hybridformen, wovon der Teichfrosch *(Rana esculenta)* der bekannteste ist.

Der Teichfrosch *(Rana esculenta)* gehört der evolutionsbiologisch und populationsgenetisch interessanten Wasserfrosch-Gruppe an, die echte Arten und Hybridformen (=Bastardformen) umfaßt. Der Teichfrosch ist eine solche Hybridform, seine Elternarten sind der Seefrosch (*Rana ridibunda*) und der Kleine Wasserfrosch (*Rana lessonae*). Durch einen besonderen Vererbungsmechanismus (Hybridogenese) enthalten die diploiden Teichfrösche den vollständigen Chromosomensatz je eines Elternteils. Die Meiose gewährleistet eine vollständige Weitergabe von *ridibunda-* bzw. *lessonae*-Chromosomensätzen. Es gibt nicht selten auch triploide Teichfrösche. Sie erzeugen haploide und diploide Gameten. Sie leben in unterschiedlich gemischten Populationen entweder mit See- oder Kleinen Wasserfröschen zusammen, mit denen sie sich paaren. Es gibt jedoch auch Populationen, in denen sich Teichfrösche untereinander paaren, hier sind nur die Nachkommen lebensfähig, die je ein Genom vom See- und Kleinem Wasserfrosch enthalten, also wieder Teichfrösche sind. Der Teichfrosch ist in Mittel-, Ost- und Nordwesteuropa weit verbreitet und stellt relativ geringe Ansprüche an die Gewässer; kommt in Gräben, auch in Altwässern und Mooren vor und toleriert sogar schwaches Brackwasser. Oft ist er der erste Frosch, der neuentstandene Gewässer besiedelt. Dennoch ist er mancherorts vom Aussterben bedroht. Er überwintert am Boden von Gewässern oder auch an Land. Fortpflanzung von April bis Juni, gelegentlich bis gut 13 cm große Riesenlarven. Geschlechtsreife nach 2 (oft Männchen) oder 3 (oft Weibchen) Jahren. Die Männchen rufen meist im Chor, auch Weibchen können leise rufen. Höhenverbreitung bis 1500 m.

Teichfrösche ernähren sich von vielerlei Insekten, Spinnen, Schnecken und schrecken auch vor Kannibalismus nicht zurück. Die Larven leben zunächst von Grün- und Kieselalgen, Rotatorien und Protozoen, später v. a. von Kleinkrebsen und Anneliden. Sie haben eine Vielzahl von natürlichen Feinden, wie viele Vogel- und Säugetierarten, Wassernattern, daneben ist der Teichfrosch vor allem durch die Gewässerzerstörung gefährdet. Bei Gewässersanierung erholt sich der Bestand oft.

Ingerana legt Eier an Land ab, direkte Entwicklung; *Staurois*, SO-Asien, Gebirgsbäche, Larve mit Saugnapf hinter dem Mund.

Arthroleptidae (Langfingerfrösche): Afrika, Männchen oft mit stark verlängertem 3. Finger; Waldböden; *Arthroleptis* (legt 3 Eier an Land ab); *Schoutedenella, Cardioglossa.* Sooglossidae (Seychellenfrösche): nur 3 Arten von Landbewohnern, Eier werden an Land abgelegt, die Weibchen tragen die Kaulquappen zum Wasser, oder direkte Entwicklung. *Sooglossus, Nesomantis.*

Dendrobatidae (Giftfrösche, Baumsteiger): etwa 130 Arten in Mittel- und Südamerika, Waldbewohner, leuchtende Warnfarben und Hautdrüsen mit Giften, die von Indianern zum Vergiften von Pfeilspitzen benutzt wurden (andere Pfeilgifte, z. B. Curare mit dem Hauptinhaltstoff d-Tubocurarin, sind pflanzlichen Ursprungs); *Phyllobates terribilis* ist für den

Menschen giftig; Brutpflege, Kaulquappen werden nach dem Schlüpfen auf dem Rücken des Männchens zum Wasser transportiert oder Weibchen besetzen Wasseransammlungen in Blattachseln von Bromelienblättern (Phytothelmen) mit je einem Ei und füttern die Kaulquappen mit unbefruchteten Eiern; 2 große Gruppen: Raketenfrösche *(Colostetus)* am Bachrand, ungiftig, meist dunkel gefärbt; echte Giftfrösche *(Dendrobates, Phyllobates, Epipedobates, Minyobates)* sehr bunt, giftig; *Aromobates* stinkt und ist nicht giftig.

Rhacophoridae (Polypedatidae): Afrika, Süd- bis Ostasien, meist Baumfrösche mit Saugnäpfen an den Finger- und Zehenspitzen, *Rhacophorus reinwardti* u. a. mit häutigen Membranen zwischen den Zehen (Flugfrösche): Knorpelstücke zwischen den distalen Phalangen. Eier werden typischerweise in Schaummasse an Blättern über Gewässern abgelegt. Manche Formen mit direkter Entwicklung. *Rhacophorus, Chiromantis* u. a.

Hyperoliidae (Riedfrösche): Afrika südl. der Sahara. *Hyperolius*-Arten aus der westafrikanischen Savanne verbringen die Trockenzeit ruhend auf der Vegetation. Ihre Wasserabgabe ist geringer als die vieler Reptilien in vergleichbaren Lebensräumen; Purinkristalle in Iridiophoren wirken als Reflektoren für einfallendes Licht. *Trichobatrachus robustus* (Haarfrosch), bei dessen Männchen sich zur Brutzeit haarähnliche Hautfortsätze entwickeln, die Blutgefäße enthalten und der Atmung dienen.

Microhylidae: Sehr vielgestaltige Gruppe oft kleiner Frösche, die vermutlich in Südost-Asien entstanden und sich bis Neuguinea, Amerika und Afrika ausbreiteten, oft flache, kurze Köpfe, Zähne fehlen oft, Schultergürtel manchmal reduziert.

Viele Parallelbildungen innerhalb der Gruppe (Zahnverlust, Verlust der ventralen Anteile des Schultergürtels, Anpassungen an das Baumleben, grabende Lebensweise u. a.) erschweren die Gliederung der Familie. Primitive Formen mit Anklängen an Ranidae (*Dyscophus*, Madagaskar; *Calluella*, Südost-Asien u. a.). Larven typischerweise mit medianem Atemloch und ohne Hornzähne und Kiefer. 10 Unterfamilien, darunter Cophylinae aus Madagaskar mit vielen Entwicklungslinien (Gräber, Baumbewohner u. a.), Microhylinae (Indien bis Celebes und Mandschurei, USA bis Argentinien) mit *Microhyla* und *Kaloula*, Brevicipitinae (Afrika) mit meist grabenden Formen, die Eier im Boden ablegen.

Phrynomerinae: Afrika, mit Knorpelstücken zwischen Endphalangen (wie Rhacophoridae und Hylidae).

6. Procoela. Procoele Wirbel; Urostyl über Doppelcondylus mit Sacralwirbel verbunden, selten sind Urostyl und Sacralwirbel verschmolzen. Nie freie Rippen. Weltweit, sehr formenreich.

Pseudidae (Harlekinfrösche): aquatische südamerikanische Frösche, vermehrte Phalangenzahl (wie auch bei wasserlebenden Reptilien und Säugern), *Pseudis* mit über 25 cm langen Larven (Adulte ca. 7 cm lang).

Bufonidae (Kröten): weltweit; Tendenz zur Reduktion der Wirbelzahl. Maxillarzähne fehlen. Männchen von *Bufo* mit Bidderschem Organ (rudimentären Ovarien). *Bufo* mit großen Ohrdrüsen und rauher, warziger Haut. Ohrdrüsen bilden weißliches giftiges Sekret, das in Mundhöhle und Rachen eines Räubers Entzündungen, Übelkeit, Herzarrthythmien u. ä. verursacht. Überlebende solcher Vergiftungen greifen Kröten kaum wieder an. *B. blombergi*: größte Kröte, bis 30 cm, Kolumbien. *Bufo marinus:* Vom Menschen im pazifischen Raum verschleppt, z. B. als Schädlingsvertilger im Zuckerrohranbau («cane toad»). Wurde selbst zum Schädling, frißt außer Insekten z. B. Reptilien und Säuger. In Mitteleuropa *B. bufo* (Erdkröte), *B. viridis* (Wechselkröte) und *B. calamita* (Kreuzkröte).

Erdkröte *(Bufo bufo):* Recht große, plumpe Kröte mit großen Ohrdrüsen. Männchen werden bis 10 cm, Weibchen bis 15 cm lang. Die Haut ist relativ trocken, die Tiere leben überwiegend terrestrisch und sind nachtaktiv. Erdkröten sind anpassungsfähig und kommen in unterschiedlichen Habitaten vor. Sie bewohnen Kulturlandschaften und naturbelassene Landschaften. Im Gebirge können sie bis in 2100 m Höhe auftreten. Nach einer Winterruhe von Oktober bis März in Erdhöhlen unter Steinen o.ä., wandern Erdkröten in ihre Laichgewässer. Die Weibchen, die dem Wasser zustreben, sind oft schon verpaart. Der Laich (3000 bis 8000 Eier) wird in Form von 3–5 m langen Doppelschnüren zwischen Wasserpflanzen abgelegt. Die Weibchen verlassen nach dem Ablaichen die Gewässer rasch wieder, während unverpaarte Männchen 1–2 Wochen im Wasser bleiben. Die Larven treten nach 2–3 Monaten in die Metamorphose ein. Geschlechtsreife bei Männchen nach 2–6 Jahren und bei Weibchen nach 3–8 Jahren, wobei manche Individuen nicht jährlich oder nur einmal laichen (große Variabilität zwischen Population und Standorten). Nahrung vor allem Insekten, darunter auch viele sog. Schadinsekten, Spinnen, Tausendfüßer und Schnecken.

Gefährdung vor allem durch Laichgewässerverlust (Ortstreue), Straßenverkehr (Krötenzäune und Krötentunnel können helfen), Iltis kann massenhaft Erdkröten am Laichgewässer töten.

Kreuzkröte *(Bufo calamita)*: Eine mittelgroße südwest- und mitteleuropäische Kröte, die in Sanddünen am Meer oder in Ödlandbiotopen (Pionierart offener trokkenwarmer Lebensräume) und auch Flußauen vorkommt. Männchen besitzen eine große, kehlständige Schallblase. Oft Chorgesänge vieler Männchen in den Laichgewässern, die abends und nachts angestimmt werden und weit zu hören sind. Sie sind überwiegend nachtaktiv und nur im Spätfrühjahr und Frühsommer zur Paarungszeit auch im Wasser anzutreffen. 2800 bis 4000 Eier werden in zwei einfachen, bis 2 m langen Laichschnüren zwischen der Vegetation flacher temporärer Kleingewässer oder in vegetationslosen Pfützen oder Wagenspurrinnen abgelegt. Schlüpfen der Larven nach 3–7 Tagen. Metamorphose nach 3 Wochen bis 2 Monaten. Geschlechtsreife nach 1–3 Jahren. Kreuzkröten halten sich gern an Land auf und wandern schnell laufend abends und nachts viel umher. Am Tage graben sie sich gern ein. In manchen Gebieten (z. B. Rhein-Main) Bastarde zwischen Kreuz- und Wechselkröten. Nahrung vor allem Insekten, Spinnen und Schnecken.

Nectophrynoides (Ostafrika und Guinea) lebendgebärend und mit innerer Befruchtung. Aus wenigen dotterreichen Eiern entwickeln sich im Uterus freie Stadien (ohne Kiemen, Festheftungsorgan und Hornkiefer), die ein Sekret der Uterusschleimhaut mit dem Mund aufnehmen. Die 2–16 Jungen sind bei der Geburt ⅓ so groß wie die Mutter. Geburt erfolgt mit Hilfe der aufgeblasenen Lungen und der Bauchmuskulatur.

Hylidae (Laubfrösche): Leiten sich von Bufoniden ab. Oft baumlebend mit Haftnäpfen an Fingern und Zehen (Abb. 372 f). Mehrere 100 Arten, außer *Hyla* alle Neue Welt. *Hyla* mit zahlreichen Arten vor allem in Neuguinea und Australien, in Europa *H. arborea* (Laubfrosch).

Europäischer Laubfrosch *(Hyla arborea)*: Der Laubfrosch ist mit Ausnahme der britischen Inseln und weitgehend Skandinaviens (hier nur im allersüdlichsten Gebiet) in ganz Europa verbreitet. Eine systematische Neuordnung der südeuropäischen Formen läßt vermuten, daß die Laubfrösche hier eigenen Arten zugeordnet sind. Die Männchen rufen relativ laut und besitzen eine kehlständige Schallblase; sie singen vorwiegend nachts und in der Paarungszeit, können dies jedoch auch außerhalb dieser Zeit und tagsüber tun. Sie überwintern in Erdhöhlen oder in anderen geschützten Quartieren und verlassen diese bei uns im März, um zu den Laichgewässern zu wandern. Sie paaren sich Mitte April bis Ende Juni in den Randbereichen verkrauteter, meist flacher Gewässer, wobei die Weibchen meist noch in derselben Nacht wieder abwandern. Der Laich wird oft in vielen Klümpchen an die Unterwasservegetation geheftet (200–1400 Eier pro Weibchen). In den relativ warmen Regionen der Laichgewässer (temporäre Kleingewässer ebenso wie verschilfte Flachwasserbuchten von Seen) schlüpfen die Kaulquappen bereits nach 3–4 Tagen und werden bis 5 cm lang. Die Metamorphose ist unter günstigen Bedingungen schon nach 1½ Monaten abgeschlossen.

Nach der Fortpflanzungsperiode leben die sprunggewandten Tiere außerhalb des Wassers vor allem in höheren Stauden, Büschen oder Bäumen. Tagsüber sitzen sie ruhig auf Blättern (oft von Brombeeren) oder auf Zweigen. Sie bevorzugen Wärme und können frei in der Sonne sitzen. Sie ernähren sich überwiegend von Insekten. Sie sind geschützt und mancherorts vom Aussterben bedroht. Gefährdung v. a. durch die Industrialisierung, Landverbrauch und Intensivlandwirtschaft. Migrationsfreudige Art, die mancherorts als Pionierbesiedler auftritt; in Flußauen zeitweise Massenvermehrung in Druckwasserstellen. Der Laubfrosch ist kein Wetterprophet.

Kopfhaut öfter mit Verknöcherungen (*Hemiphractus* u. a.), z. T. mit helmartigen Bildungen (*Pternohyla*); *Gastrotheca guentheri* als einziger Anure mit echten Zähnen am Dentale. *Phyllomedusa* mit opponierbarem Daumen und innerem Zeh; Verdunstungsschutz durch die Sekrete von Lipiddrüsen in der Haut; Stickstoffexkretion hauptsächlich in Form von Harnsäure. Meist aquatische Kaulquappen. *Hyla faber*, Kaulquappe mit riesigen Kiemen, mit denen sie an der Oberfläche kleiner Wasserlöcher hängen. Kaulquappen mancher *Hyla*-Arten in Bromeliaceen, wo sie andere Kaulquappen fressen. *Hemiphractus*- und *Stefania*-Weibchen (Südamerika) tragen Eier frei auf dem Rücken, *Gastrotheca* (Abb. 372 l) und *Flectonotus* (Südamerika) in Hauttaschen.

Leptodactylidae: Mittel- und Südamerika. *Leptodactylus* (Südamerika) legt Eier in Nest ab. *Eleutherodactylus* (Kuba), 12 mm, kleinster Frosch, Weibchen legt ein dotterreiches Ei am Boden ab, das sich direkt entwickelt. *Ceratophrys* (Hornfrosch); *Physalaemus* (Augenkröte); *Batrachophrynus macrostomus* (Peru) ist ein aquatischer Riesenfrosch (bis 30 cm Körperlänge und bis 40 cm Hinterbeinlänge), Kaulquappen mit gänseeigroßem Körper und 21 cm Gesamtlänge; *Telmatobius* in Flüssen Zentralperus und im Titicaca-See. Eine eigene Unterfamilie sind die Ceratophryinae, großmäulige krötenähnliche Formen Südamerikas;

fressen oft andere Frösche, *Ceratophrys, Lepidobatrachus.*

Centrolenidae: meist leuchtendgrüne Baumfrösche Mittel- und Südamerikas. *Centrolenella.*

Rhinodermatidae mit *Rhinoderma* (Darwinfrosch): Chile. Eier werden an Land abgelegt und von mehreren Männchen bewacht. Nach einiger Zeit nimmt jedes Männchen einige Eier mit der Zunge auf und lagert sie in Rachentaschen ab, wo sich die Jungen über die Larvenstadien entwickeln; sie verlassen die Bruttasche als Jungfrösche.

Brachycephalidae (Kurzkopffrösche): nur 2 Arten kleinster Frösche, Südostbrasilien, *Brachycephalus* (Sattelkröte) mit knochigem Rükkenschild. Heleophrynidae (Gespensterfrösche); nur 4 Arten, Kapregion Südafrikas, Haken- und Stachelbildungen der Haut, Larven mit Mundsaugnapf zum Festhalten (Gebirgsbachbewohner). Myobatrachidae (Australische Frösche): umstrittene Familie, breites Anpassungsspektrum, von wasserlebenden Arten mit freischwimmenden Kaulquappen bis Landbewohnern (Höhlen) mit direkter Entwicklung. *Limnodynastes* (Sumpffrosch); *Neobatrachus pictus* (Katzenfrosch); *Philoria; Pseudophryne; Rheobatrachus silvus* (Magenbrüterfrosch) erst 1973 in Ostaustralien gefunden, aquatil, wahrscheinlich inzwischen ausgestorben.

Amniota (Nabeltiere)

Alle höheren Wirbeltiere – Reptilien, Vögel, Säugetiere – bilden eine Einheit, die unter anderem durch folgende entwicklungsgeschichtliche Merkmale gekennzeichnet ist: Der Embryo gliedert sich in Kern- und Hüllenembryo (Abb. 332). Aus dem Kernembryo geht der definitive Organismus hervor. Der Hüllenembryo entsteht aus einer Ringfalte, die zu einer Doppelhülle um den Keim auswächst. Die Hüllen werden auch Embryonalmembranen oder «Eihäute» genannt. Die äußere Membran (Serosa oder Chorion) liegt unmittelbar unter der Eischale, die vom Ovidukt produziert wird. Die innere (Amnion) umschließt einen Flüssigkeitsraum, die Amnionhöhle, in der der Kernembryo sich wie in einem Mikroaquarium entwickelt. Die dritte Embryonalmembran ist die Allantois. Sie ensteht als Ausstülpung des Enddarmes, schiebt sich zwischen Amnion und Chorion und legt sich innen dem Chorion an. Als 4. Embryonalhülle kann der Dottersack angesehen werden, eine entodermale Bildung, die schon bei den niederen Vertebraten ausgebildet ist. Reptilien, Vögel und Säuger werden wegen des Besitzes des Amnions auch als Amnioten bezeichnet, die niederen Wirbeltiere (Fische, Amphibien) auch als Anamnier. Die Ausbildung von Embryonalhüllen und Eischale ermöglicht den Amnioten, sich unabhängig vom äußeren Wasser in verschiedenen Lebensräumen des Landes zu entwickeln. Der Reichtum an Dotter (polylecithale Eier) zwingt die Jungen nicht, frühzeitig als Larven zu schlüpfen. Sie kommen in einem reiferen Zustand aus dem Ei.

Die Wirbelkörper entsprechen dem Pleurocentrum; das Hypocentrum ist nur bisweilen ventralwärts verknöchert, es wird zu einer Zwischenwirbelscheibe (Bandscheibe der Säuger) oder bildet Gelenke an den Wirbelkörpern. Die beiden vordersten Wirbel werden zu Atlas und Epistropheus (Axis): Das Pleurocentrum des 1. Wirbels verschmilzt mit dem 2. Wirbel zum Epistropheus.

Seitenlinienorgane fehlen. Kiementaschen werden noch angelegt, doch fehlen Kiemenblättchen und meist Kiemenspalten. Der Truncus arteriosus vor dem Herzen wird in 2 oder 3 Teile zerlegt.

Aufgrund des unterschiedlichen Verhaltens der großen Gefäßstämme werden 2 große Gruppen errichtet: **Sauropsida**, zu denen alle rezenten Reptilien und die Vögel gehören, und **Theropsida**, zu denen die säugerähnlichen Reptilien und die Säuger gehören. Bei den Sauropsiden trägt der rechte Aortenbogen die Carotiden; der Truncus arteriosus wird in drei Längsgefäße gespalten, die Lungenarterie und zwei Aortenwurzeln. Bei Vögeln ist dieser Zustand etwas modifiziert: Vom Herzen gehen nur noch zwei arterielle Gefäße (rechter Aortenbogen, Lungenarterie) ab; im Gehirn erhebliche Entwicklung pallialer und striataler Anteile. Bei den Theropsiden trägt der linke Aortenbogen die Carotiden, der Truncus wird meist in zwei Gefäße, Lungenarterie und eine Aortenwurzel, zerlegt; im Gehirn entwickelt sich das Pallium besonders stark.

Die Epidermis verhornt in unterschiedlichem Ausmaß; diese Verhornung und die Sekretion spezieller Lipide in die Interzellularräume der Epidermis setzen den Flüssigkeitsverlust der an das Landleben angepaßten Amnioten herab. Das Integument kann verschiedengestaltige Hornschuppen und Knochenpanzer bilden.

Die Sondermerkmale sind in der Stammesgeschichte nacheinander erschienen. Zuerst erfolgte die Ausdehnung des Pleurocentrums zum Wirbelkörper, sie ist schon bei *Gephyrostegus* Anthracosauria im Karbon sichtbar. Es folgte die Umbildung der beiden 1. Wirbel zu Atlas und Axis. Sie ist bei den permischen Seymouriamorpha bereits erkennbar, die anatomisch viele Merkmale von Reptilien zeigen. Sie besitzen aber noch Seitenlinien und Larven mit äußeren Kiemen. Da wir die wichtigsten Charaktere (Bildung von Amnion und Chorion, die schon während des Wasserlebens entstanden sein können, Entstehung der Allantois und Umbildung des Truncus arteriosus) an Fossilien nicht erkennen können, ist die Diskussion, ob manche Formen noch Amphibien oder schon Reptilien waren, ohne Bedeutung; Reptilien gibt es seit dem Karbon.

2. Klasse: Reptilia (Kriechtiere)

Die Unterschiede zwischen rezenten Amphibien und Reptilien beruhen im wesentlichen auf der Weichteilanatomie und der Fortpflanzungsweise – einige davon wurden bereits aufgezählt. Da Weichteile fossil meist nicht erhalten sind, hat man sich bemüht, auch Besonderheiten des Skelets heranzuziehen. Unter diesen Merkmalen kennzeichnen folgende die frühen Reptilien: Vorkommen von Tabulare und Supratemporale, Verlust des Intertemporale, seitlicher Fortsatz des Pterygoids, meist 2 proximale Tarsalia, meist glatte Zähne (nur Limnosceliden und Ichthyosaurier haben noch labyrinthodonte Zähne); meist besitzen die frühen Reptilien ein schweres und stärker verknöchertes Skelet als die palaeozoischen Amphibien; 1 Condylus.

Die Haut der Reptilien besitzt eine mehrschichtige, verhornte Epidermis, die meist Schuppen ausbildet, und in der Dermis oft noch Knochenplatten (Krokodile, Schildkröten, manche Echsen u. a.). Die verhornten Teile der Epidermis verhindern Austrocknung und bilden einen schützenden Panzer. Sie bestehen aus gut gegeneinander abgrenzbaren Schichten, deren auffälligste α- und β-Schichten heißen wegen ihres Verhaltens im Röntgenstrahlbrechungs-Muster. Die verhornten Zellen in der α-Schicht enthalten 8 nm Keratinfilamente, die in der β-Schicht 3 nm Keratinfilamente. α-Keratin kommt vor allem in beweglichen, dehnbaren Anteilen des Epidermispanzers vor, β-Keratin in nicht biegsamen Anteilen, die vor allem dem Schutz dienen.

Bei Krokodilen und Schildkröten erfolgt die Verhornung der Epidermis kontinuierlich, und Teile der verhornten Oberhaut werden in Form kleiner Schuppen stetig abgestoßen. Bei Lepidosauria erfolgt die Verhornung schichtweise, und die äußere Hornschicht wird in gewissen Abständen und oft im Ganzen abgestoßen (Häutung, Ecdysis): Die Epidermis spaltet sich noch im Bereich der lebenden Zellen in eine innere und eine äußere Häutungsschicht. Die innere Schicht bildet an ihrer Oberfläche eine neue Lage verhornter Zellen, und die äußere Häutungsschicht wird zusammen mit der alten Hornschicht abgestoßen. Nicht selten kann man in der Epidermis zwei oder mehr Generationen von Hornschichten beobachten.

Hautdrüsen sind selten. Die wenigen Hautdrüsen stehen im Dienst der Fortpflanzung (z. B. Moschusdrüsen der Krokodile an Kiefern und Kloake); Eidechsen besitzen holokrine Schenkeldrüsen (Schenkelporen, Femoralporen), die möglicherweise auch eine Funktion bei der Fortpflanzung haben (sie sind bei Männchen besser ausgebildet als bei Weibchen und bilden sich bei Kastration zurück). Manche Geckos besitzen holokrine Schwanzdrüsen, aus denen ein Wehrsekret verspritzt wird.

Im Mundraum münden mehr und größere Drüsen als bei den Amphibien, die Giftdrüsen der Schlangen sind solche modifizierten Speicheldrüsen. Eine Zunge ist stets vorhanden, aber nur bei den Squamaten hochentwickelt und ausstreckbar. Die Zähne sind meist gleichförmig (homodont), einspitzig und auf mehrere Knochen des Mundraumes verteilt. Seltener treten verschiedene Zahntypen auf (Mahlzähne zum Zerkleinern harter Nahrung, *Dracaena*, Placodontier; hohe, z. T. ausgehöhlte Giftzähne bei Schlangen u. a.). Die Zähne werden häufig gewechselt und sind auf der Kante der Kieferknochen (acrodont) oder innen seitlich am Kiefer (pleurodont) befestigt. Seltener stehen sie wie bei Säugern in Gruben der Kiefer (thecodont). Der Darmtrakt mündet noch in eine Kloake.

Die Lunge ist z. T. noch einfach und am-

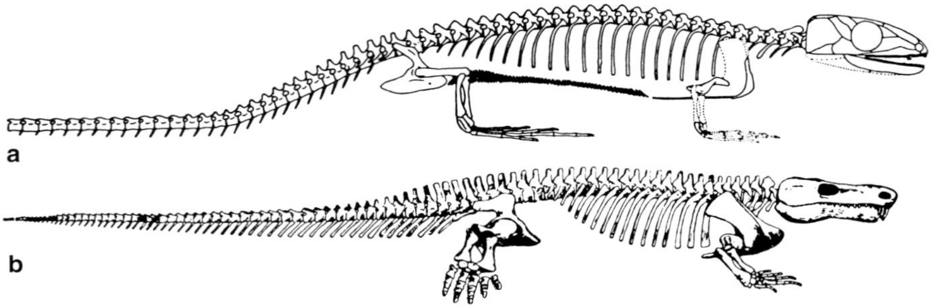

Abb. 373: Primitive Reptilien. Captorhinomorpha. a. *Hylonomus*, ältestes bekanntes Reptil (frühes Pennsylvanian), b. *Limnoscelis*. Nach Carrol, Williston

phibienähnlich gebaut und weist dann geringe Reliefbildung der inneren Oberfläche auf, z. B. bei *Sphenodon* und vielen Eidechsen und Schlangen. Bei manchen Formen ist aber das gasaustauschende Gewebe erheblich vergrößert und komplex gegliedert, und es können schwammig gebaute Lungen mit verschieden großen Kammern entstehen, v. a. bei Waranen, Schildkröten und Krokodilen. Die Atemmechanismen sind unterschiedlich. Manche Eidechsen zeigen phasenweise noch buccale Druckatmung (wie Amphibien), kennzeichnend ist aber die Entstehung einer Saugatmung, die bewegliche, lange Rippen erfordert. Kompliziert ist der Atemmechanismus der Schildkröten, der durch spezielle Muskeln bewerkstelligt wird und sich bei Wasser- und Landschildkröten unterscheidet. Bei *Testudo* erzeugen aktive Verschiebungen des Schultergürtels Änderungen des Druckes in der Pleuroperitonealhöhle und damit Ein- und Ausatmung. Bei Krokodilen zieht ein eigener Muskel, der Musculus subperitonealis – eine dem Zwerchfell der Säuger analoge Bildung – Leber und Pericard nach hinten und bewirkt damit Entfaltung der Lunge und Inspiration. Das Stimmvermögen ist meist gering oder fehlt. Jedoch gibt es auch Beispiele für gut entwickelte Kommunikation, z. B. Wechselrufe zwischen männlichen und weiblichen Geckos und akustische Verständigung zwischen Krokodilbabies im Ei und der Mutter.

Das Herz ist 3kammerig, nur bei Krokodilen 4kammerig, 3 Gefäße (Truncus pulmonalis, linker und rechter Aortenbogen) führen das Blut aus dem Herzen ab. Die Niere der Adulten ist ein Opisthonephros mit Ureter (Metanephros), der Wolffsche Gang ist nur Samenleiter und bildet Anhangsdrüsen aus. Kopulationsorgane sind meist vorhanden, sie fehlen *Sphenodon*. Eier polylecithal. Ovi-, Ovovivi- und Viviparie mit Placentabildung (einige Squamaten). Wie bei Vögeln und Säugern sind 12 Paar Hirnnerven ausgebildet, oft ein zusätzlicher Nervus vomeronasalis. Das Gehirn ist höher entwickelt als das der Amphibien und besitzt schon ein Neopallium, das Tectum opticum ist noch groß. Das Auge enthält meist einen Conus papillaris, der dem Pecten des Vogelauges entspricht.

Entfaltung der Reptilien. An der Basis der Reptilien und damit aller Amnioten steht die Ordnung der Stammreptilien (**Cotylosauria**), Landtiere mit geschlossenem (anapsidem) Schädeldach. Diese Formen lebten in Karbon und Perm bis zum Ende der Trias und schließen sich an karbonische Anthracosaurier an. Sie weisen neben dem anapsiden Schädel weitere primitive Merkmale auf: vollständiger Schultergürtel, langer Schwanz, einfacher Condylus occipitalis und kurze kräftige Extremitäten. Die Zentralgruppe der Cotylosaurier sind die **Captorhinomorpha** (Abb. 373), die vermutlich Ursprung aller höheren Reptilien sind. Ein Sondermerkmal mancher Formen sind die oft auffällig großen Zähne im Prämaxillare und der leicht schnabelartig über den Unterkiefer gebogene Oberkiefer. *Captorhinus, Labidosaurus, Limnoscelis* (innen mit labyrinthodonten Zähnen), *Romeria*. Isoliert stehen die **Diadectomorpha**, relativ große und plumpe Formen mit schwerem, kräftigem Skeletbau. Eigenartig ist der große Stapes, der teilweise mit dem verknöcherten Trommelfell verwachsen ist. Das Gebiß besitzt Mahlzähne (möglicherweise Pflanzenfresser). Sie werden gelegentlich noch als Amphibien betrachtet, die zu den Seymouriamorpha gehören *(Diadectes)*. Die dritte

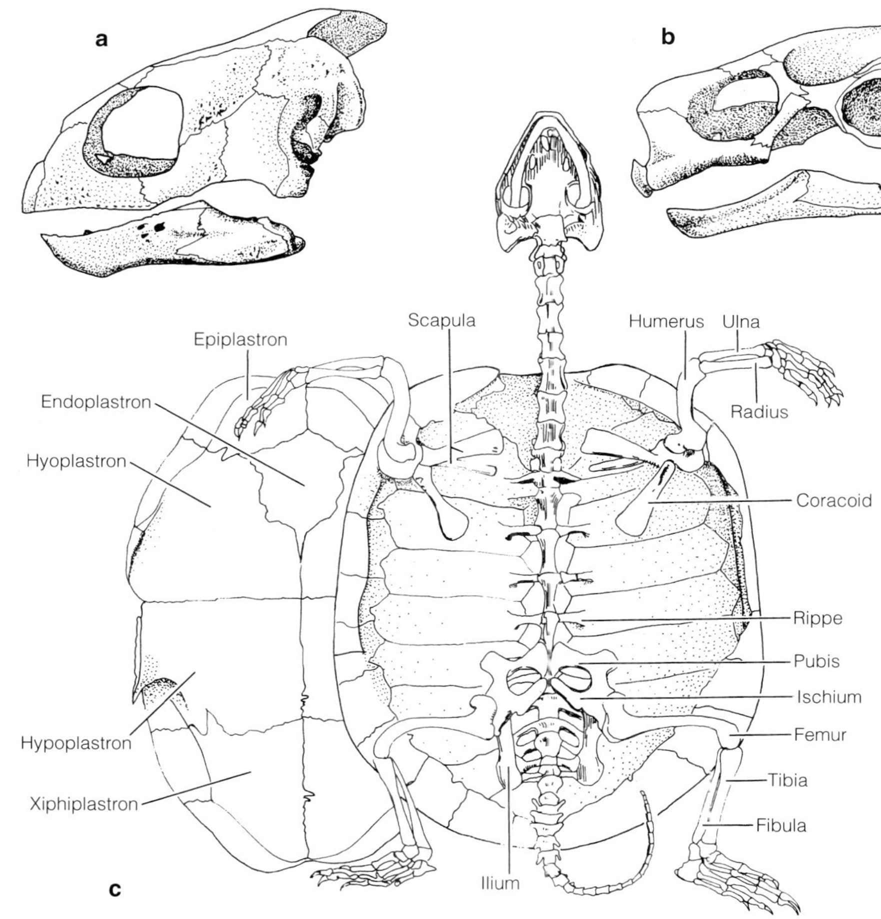

Abb. 374: Schildkrötenskelet. a. Schädel einer Meeresschildkröte *(Caretta)* mit überdachter Temporalregion, b. Schädel einer landlebenden Schildkröte *(Kinixis)*, deren Temporalregion nur zu einem geringen Teil überdacht ist, c. Skelet der Sumpfschildkröte *(Emys)*, Plastron entfernt, links Ventralansicht der Knochenplatten des Plastrons. Nach Boulenger, Claus

Gruppe, die **Procolophonia,** besitzt bereits einen höher entwickelten Extremitätenbau. Bei ihnen standen die Extremitäten nicht mehr seitlich ab (wie z. B. bei Eidechsen), sondern waren mehr vertikal ausgerichtet. *Procolophon* und *Paraeiasaurus.*

Oberhalb der Cotylosaurier lassen sich drei Hauptentwicklungslinien und einige Nebenlinien erkennen, die zusammen eine große Formenfülle hervorbringen und die Reptilien zur beherrschenden Tiergruppe des Mesozoikums werden lassen. Auf die Trennung aller Formen oberhalb der Stammreptilien in Sauropsida (Archosaurier, Lepidosaurier, Vögel) und Theropsida (Synapsida, Säuger) wurde bereits hingewiesen. Die Anwendung dieser Trennung auf fossile Arten ist jedoch fraglich, da sie vor allem auf Einzelheiten der Weichteilanatomie beruht.

a. Chelonia (Testudines, Schildkröten)

Die Stellung der Schildkröten ist umstritten. Oft werden sie v. a. wegen des Fehlens von Schläfenfenstern zusammen mit den Cotylosauriern als «Anapsida» zusammengefaßt. Möglicherweise sind jedoch Schläfenfenster früh reduziert worden. Einige anatomische und molekularbiologische Merkmale deuten auf Verwandtschaft mit Archosauriern oder Lepidosauriern. Eigenmerkmale sind:

1. Der Körper ist von einem vorn und hinten offenen Panzer umschlossen, der einen tiefgehenden Einfluß auf Fortbewegungsweise und innere Anatomie ausübt und der aus einer Knochen- und einer Hornschicht besteht (Abb. 374c). Die Knochen sind Hautknochen und werden Platten genannt; ihre Zahl beträgt circa 60; ursprünglich waren sie wahrscheinlich segmental Wirbeln und Rippen zugeordnet. Der dorsale Teil des Panzers (Carapax) besteht aus den median gelegenen Neuralia, die mit den Dornfortsätzen der Wirbelsäule verwachsen, den Costalia, die mit den Rippen verwachsen, und den seitlichen Marginalia. Der ventrale Teil des Panzers (Plastron) – über die Marginalia mit dem Carapax fest verbunden – besteht vorn aus den abgeflachten Claviculae (Epiplastron) und der unpaaren Interclavicula (Endoplastron) sowie 3 weiteren Knochenpaaren (Hyo-, Hypo- und Xiphiplastron), die aus Bauchrippen entstanden. Die den Knochenplatten aufliegenden Hornschilde decken sich nicht mit diesen. Bei Trionychiden und adulten *Dermochelys* ist der Hornpanzer durch eine dicke ledrige Haut ersetzt. Der Carapax ist bei landlebenden Formen meist hochgewölbt, eine Ausnahme ist der afrikanische *Malacochersus*, dessen Panzer flach, dünn und elastisch ist. Diese Tiere leben in felsigen Regionen und können sich in Spalten zurückziehen. Wasserschildkröten haben meist flachere Panzer. *Dermochelys* bildet den Carapax zurück, er besteht aus Hunderten kleiner Knochenstücke. In verschiedenen Gruppen wird der Knochenpanzer reduziert, vor allem im Plastron (viele Wasserschildkröten). Von den Trionychiden wird vermutet, daß der ursprüngliche Knochenpanzer zum großen Teil durch eine Neubildung ersetzt wurde (epithecaler Panzer). Einige Formen bilden im Panzer Quergelenke aus, die die vordere und/oder hintere Öffnung zuschließen können: *Kinixys* im Carapax, *Cuora, Terrapene, Kinosternon* u. a. im Plastron.

2. Zahnlose Kiefer (Abb. 374a, b), die mit einem Hornschnabel bedeckt sind; nur triassische Schildkröten besaßen noch Zähne in Alveolen.

3. Ein kleiner sekundärer Gaumen.

4. Reduktion von Schädelknochen.

5. Der Extremitätengürtel liegt unter den Rippen.

6. Schwammige Lunge mit eigenen Muskeln zur Atmung.

Primitiv sind 1. das oft geschlossene Schädeldach (anapsid), das jedoch bei vielen Formen von hinten und/oder unten her eingekerbt wird, so daß ein Jochbogen entsteht, der auch noch verschwinden kann (Abb. 374). 2. Die geringe Differenzierung von Atlas und Epistropheus, die sogar weitgehend gleichartig sein können (Pleurodira). Die Wirbel sind ursprünglich amphicoel; es kommt aber, besonders im Halsbereich, zu einer großen Vielfalt an Wirbelformen (pro-, opisthocoel, bikonvex, bikonkav, platycoel u. a.), die auch systematisch ausgewertet wird. 3. Art und Weise der Fortpflanzung: Alle Schildkröten sind ovipar, die Eier werden i. a. in selbstgegrabenen Erdlöchern verscharrt.

Eine Reihe spezieller anatomischer Merkmale teilen die Schildkröten mit Archosauriern, was die Weichteile betrifft, speziell mit den Krokodilen, den einzigen rezenten typischen Archosauriern, und z. T. sogar mit Vögeln, die sich ja auch von Archosauriern herleiten: 1. Bau der Nasenhöhle und speziell des Jacobsonschen Organs, das klein ist und eine Rinne am Boden der Nasenhöhle bildet; eine Concha nasalis ist bei Embryonen nachweisbar, bei Erwachsenen fehlt sie oder ist schwach ausgebildet. 2. Die sekundäre Arteria subclavia entspringt der Carotis und nicht, wie bei Lepidosauriern, den Aortenbögen, 3. Aortenbögen entspringen linker und rechter Herzkammer (bei Lepidosauriern nur der linken). 4. Unpaarer schwellbarer Penis mit dorsaler, offener Samenrinne und Corpus fibrosum (auch bei Vögeln). 5. Eigener Muskel am Augenbulbus, der die Nickhautsehne bedient (M. pyramidalis, auch bei Vögeln). 6. Struktur des Zungenbeins. 7. Feinbau der schwammigen Lunge, die sogar als Vorstadium der Vogellunge angesehen werden kann. 8. Bau des Kleinhirns. 9. Einzelheiten der Embryonalentwicklung des Neurocraniums. 10. Längsverlaufender Kloakenspalt. Andererseits teilen die Schildkröten mehrere abgeleitete osteologische Merkmale mit den Lepidosauria sowie den Sauropterygia.

Die Schildkröten haben sich wohl früh (Perm) von den anderen Reptilien getrennt. Abgesehen von einem Abdruck eines Panzers aus

Abb. 375: Verschiedene Schildkrötenformen. a. *Testudo*, b. *Emys*, c. *Eretmochelys*, d. *Carettochelys*, e. *Hydromedusa*, f. *Chelus*. Nach Allyn, Grzimek

dem Perm sind die Schildkröten von der Trias an überliefert *(Triassochelys)*. Trotz ihres spezialisierten Baues haben sie viele Lebensräume besiedelt, das Land, das Süßwasser und mehrfach das Meer. Ursprünglich ist wohl die amphibische Lebensweise.

Viele Schildkrötenarten sind heute in ihrem Bestand bedroht. Besonders gefährdet sind die großen Meeresschildkröten, deren Ausrottung zumindest z. T. zu befürchten ist.

1. Unterordnung: Pleurodira (Halswender). Bei Einziehen des Kopfes wird der Hals seitlich unter die Ränder des Panzers gelegt. Halswirbel mit kräftigen Dorn- und Seitenfortsätzen für die Halsmuskulatur. Becken mit Knochenpanzer verwachsen. Schädeldach meist hinten und unten eingekerbt. Süßgewässer der Südkontinente (Südamerika, Südafrika mit Madagaskar, Australien), alte Gruppe.

Pelomedusidae: 14 Arten, *Pelomedusa, Pelusios*, Panzer bis 30 cm lang, Afrika; *Podocnemis*, Panzer bis 80 cm lang, Madagaskar, Südamerika.

Chelidae: Mit relativ langem Hals, Kiefer schwach, Panzer bis 40 cm lang, 10 Gattungen, 31 Arten, Australien, Neuguinea, Südamerika. *Chelus* (Matamata, Abb. 375 f), Südamerika, mit bizarren Hautfortsätzen an Hals und Kopf und schnorchelartigem Nasenrüssel; *Chelodina*, Australien; *Hydromedusa* (Abb. 375 e), Südamerika.

2. Unterordnung: Cryptodira (Halsberger). Hals wird beim Einziehen des Kopfes vertikal S-förmig gekrümmt. Halswirbel mit stark rückgebildeten Seitenfortsätzen, an letzten Halswirbeln Dornfortsätze sehr niedrig; Schädeldach meist tief von hinten eingekerbt. Becken nicht mit Panzer verwachsen.

a) Familiengruppe **Chelydroidea.** Auf Nord- und Mittelamerika beschränkte Süßwasserbewohner. Artenarme Gruppe, z. T. mit als primitiv angesehenen Zwischenschilden auf der «Brücke» zwischen Bauch- und Rückenpanzer.

Dermatemydidae: Nur 1 rezente Art, *Dermatemys mawii*, Mittelamerika; flacher Panzer.

Chelydridae (Schnappschildkröten): 2 langschwänzige Arten mit reduziertem Bauchpanzer; die Schnappschildkröte *(Chelydra)*, Nordamerika bis Ecuador, bis 60 cm lang, und die große Geierschildkröte *(Macroclemys)*, USA, bis 1 m lang, großköpfig, kräftige, hakenförmige Kiefer; lauert auf Beute mit geöffneten Kiefern, wobei die rote, wurmähnlich sich bewegende Zunge als Köder dient.

Kinosternidae: Plastron *(Kinosternon)* mit zwei Quergelenken, die bei der Moschusschildkröte *(Sternotherus)* nur angedeutet sind, sonst mit Rückbildungstendenz des Plastrons *(Claudius, Staurotypus);* Süßgewässer der Neuen Welt, vorwiegend Mittelamerikas.

b) Familiengruppe **Testudinoidea**. Mehrzahl der rezenten amphibischen und terrestrischen Schildkröten.

Platysternidae (Großkopfschildkröten): Kopf sehr groß und mit Hakenkiefern, kann nicht zurückgezogen werden; in Gebirgsbächen, können gut klettern und finden sich auch auf Bäumen, 1 Art *(Platysternon megacephalum)*, Südost-Asien.

Emydidae (Sumpfschildkröten): Vorwiegend amphibische Gruppe, die nur in Australien und Afrika südlich der Sahara fehlt. Panzer oft flach, Schläfenregion des Schädels nicht überdacht; ca. 30 Gattungen, davon etwa 20 in Ostasien, ca. 80 Arten. Einige Arten mit kompliziertem Balzspiel. *Emys* (Abb. 375 b) und *Clemmys* in Europa, *E. orbicularis* (Europäische Sumpfschildkröte).

Europäische Sumpfschildkröte *(Emys orbicularis)*: Sie ist die einzige einheimische Schildkröte Mitteleuropas und kommt in Mecklenburg und Brandenburg noch selten vor. Westdeutsche Sumpfschildkrötenrestbestände sind stark mit ausgesetzten Exemplaren aus Südeuropa durchsetzt. Es ist fraglich, ob es in Westdeutschland noch autochthone Populationen gibt. Sie bevorzugt stehende Gewässer, z. B. Altwasserarme oder Buchten von Seen sowie auch Kleingewässer. In Südeuropa ist sie noch regelmäßig zu finden. Sie ist wärmeliebend und hat feste Plätze zum Sonnen. Sie orientiert sich beim Beutefang vorwiegend olfaktorisch. Ihre Nahrung besteht aus Schnecken, Insektenlarven, Fischen und Amphibien. Fische erbeutet sie nur, wenn diese krank oder verletzt sind. Sumpfschildkröten überwintern von November bis März am Boden ihrer Gewässer. In schlechten, kalten Sommern pflanzen sie sich in Mitteleuropa nicht fort, ihr Bestand hier ist nur aufgrund ihrer Langlebigkeit (50–70 Jahre) gesichert.

Terrapene (amerikanische Dosenschildkröten) terrestrisch, Panzer kann durch bewegliche Plastronhälften völlig verschlossen werden; *Batagur*, sehr große Art Südost-Asiens, *Trachemys* (Schmuckschildkröten), *Chrysemys* (Zierschildkröte) und *Graptemys* (Höckerschmuckschildkröte), Neue Welt, vor allem Nordamerika. *Cuora* (orientalische Dosenschildkröte) mit Quergelenk im Plastron, Südost-Asien.

Testudinidae (echte Landschildkröten): Plumpe, breite Extremitäten, Finger und Zehen bis auf die Krallen verwachsen, pro Finger nicht mehr als 2 Phalangen; Hinterextremitäten säulenförmig, Schläfendach hinten eingekerbt. Carapax meist hochgewölbt, Panzerlänge 12 cm *(Testudo kleinmanni)* bis 1,5 m *(Geochelone gigantea*, Seychellen und *G. elephantopus*, Galapagos-Inseln). Über 40 Arten. Vorwiegend Alte Welt ohne Australien, in der Neuen Welt nur wenige Arten (*Gopherus* und *Geochelone*-Arten). *Testudo* (Abb. 375 a) in Süd-Europa mit *T. graeca, T. hermanni, T. marginata; Kinixys*, hinterer Carapax mit Quergelenk, auch an Gewässern, Afrika; *Malacochersus* (Spaltenschildkröte), Afrika; *Homopus*, Süd-Afrika; *Pyxis*, Madagaskar.

c) **Familiengruppe Chelonoidea**. Große, bis über 1 m lange Meeresschildkröten, legen Eier an Land ab. Extremitäten in Flossenpaddeln umgewandelt, vordere dienen der Fortbewegung, hintere der Steuerung, Schädeldach kaum mit Einkerbungen. Alle sind infolge der Verfolgung durch den Menschen bedroht.

Cheloniidae: 6 Arten der Gattungen *Caretta* (Unechte Karettschildkröte), *Chelonia* (Suppenschildkröte), *Eretmochelys* (Karettschildkröte, liefert Schildpatt; Abb. 375 c), *Lepidochelys* (Bastardschildkröte). Kommen in allen wärmeren Meeren der Erde vor.

Dermochelyidae: Marine Schildkröten ohne Hornschilde, Knochenpanzer durch zahlreiche kleine Hautknochen, die in einer dicken ledrigen Haut liegen, ersetzt. Extremitäten zu Ruderflossen umgebildet, die vorderen sind sehr lang, die hinteren breit und kürzer und durch einen Hautsaum mit dem kurzen Schwanz verbunden. Schädeldach hinten eingekerbt.

Nur eine rezente Art, die Lederschildkröte *(Dermochelys coriacea)*. Rückenhaut mit 7, Bauchhaut mit 5 niedrigen Leisten, die von den Hautknochen gebildet werden. Rippen und Wirbel frei. Größte Schildkröte, bis fast 3 m lang. Spannweite der Vorderextremitäten bis über 3 m, Gewicht über 900 kg. Sie wurde im Nord- und Südatlantik und in tropischen Meeren nachgewiesen. Wahrscheinlich kann sie ihre Körpertemperatur aktiv (endotherm) auf hohem Niveau halten, denn ein bei Nova Scotia gefangenes Tier hatte eine Temperatur von mindestens 18 °C über der Wassertemperatur (7,5 °C). Die Nahrung besteht hauptsächlich aus Medusen, deretwegen die Tiere vermutlich sehr weite Wanderungen unternehmen und weit in die Tiefe der See vorstoßen. Lederschildkröten vermögen 1200 m tief zu tauchen, das entspricht etwa den für Pottwale festgestellten Werten. Sie werden wegen ihres Gehalts an öligen Fetten gejagt.

d) **Familiengruppe Trionychoidea:** Hornschilde fehlen, Knochenpanzer von ledriger Haut bedeckt, Schwimmextremitäten, Schädeldach hinten eingekerbt, Schnauze mit Nasenrüssel.

Carettochelyidae: Nur 1 Art, *Carettochelys insculpta* (Abb. 375 d), Neuguinea, Nordaustralien, geht ins Brackwasser.

Trionychidae (Weichschildkröten): Bis fast 1 m große Süßwasserformen, die gelegentlich auch an Meeresküsten vorkommen; mit weichledriger Haut auf dem Knochenpanzer; Schädeldach hinten tief eingekerbt; fleischige Lippen; kleine oberständige Augen; können stundenlang unter Wasser liegen. 23 Arten. *Trionyx*, Nord-Amerika, Afrika, Asien (bis Türkei); *Dogania, Chitra* und *Pelochelys*, Südost-Asien bis Neuguinea. *Lissemys* (Indien, Burma), *Cyclanorbis* und *Cycloderma* (beide Afrika) mit Hautklappen, die die eingezogenen Hinterbeine bedecken.

b. Lepidosauria

Diese Gruppe umfaßt rezent Brückenechsen, Eidechsen und Schlangen. Die Zähne bleiben an den Knochen angewachsen, die Herzkammer ist nicht vollständig geteilt, das Parietalauge bleibt oft erhalten. Die Extremitäten stehen mit Oberarm und Oberschenkel seitlich vom Rumpf ab. Fortbewegung schlängelnd, oft ist der Schlangentyp entstanden.

Charakteristisch ist die weit verbreitete Fähigkeit, den Schwanz an vorgebildeten Bruchstellen, die mitten durch einen Wirbel verlaufen, abzustoßen (Autotomie) und zu regenerieren. Das Regenerat ist oft einfacher gebaut als das ursprüngliche Organ. Bei *Lacerta*-Arten wächst das Schwanzregenerat um ca. 2 mm pro Tag. Echsen ohne natürliche Bruchstellen (Warane) und Schlangen regenerieren abgebrochene Schwänze nicht oder nur schlecht. Der Schädel ist ursprünglich diapsid.

1. Ordnung: Eosuchia

Perm, Trias. Ursprungsgruppe der Squamaten. Meist noch diapsider Schädel *(Youngina)*, bei *Prolacerta* ist aber der untere Jochbogen bereits rückgebildet. Einige aquatische Formen (marin und limnisch) mit langer Schnauze *(Thalattosaurus, Champsosaurus)*.

2. Ordnung: Rhynchocephalia

Seit Trias; zu dieser Zeit auch Hauptentfaltung der Gruppe, die aber nie artenreich war. Rezent nur zwei engverwandte Arten, *Sphenodon punctatus* und *Sphenodon guentheri* (Abb. 376), die Brückenechsen (Tuataras), lebende Fossilien einiger kleiner Inseln vor der Nordinsel Neuseelands. Im Mesozoikum waren die Rhynchocephalia weltweit verbreitet. *Sphenodon (= Hatteria)* ähnelt äußerlich einer mittelgroßen (50–80 cm) Echse, z. B. einer Agame; die innere Anatomie weist jedoch abweichende Strukturen auf, von denen viele primitiv sind. Schädel mit 2 Jochbögen und Schläfenfenstern, Quadratum daher fest mit dem Schädel verbunden; Praemaxillare nach vorn abwärts gekrümmt. Kopulationsorgane fehlen. Zähne nicht nur auf Maxillare, Praemaxillare, Palatinum, Dentale, sondern spurenweise auch auf dem Vomer. Primitiv sind das gut entwickelte Parietalauge und die Bauchrippen. Wie bei Echsen kann der autotomierte Schwanz regeneriert werden.

Brückenechsen leben tagsüber in selbstgegrabenen Erdlöchern oder in den Höhlen von Sturmvögeln, nachts gehen sie auf Nahrungssuche (Insekten, Vogeleier und Vogelküken). *Sphenodon punctatus* ist bei relativ niedrigen Temperaturen aktiv. Die Durchschnittstemperatur des Körpers liegt bei 10 °C. Die Embryonalentwicklung im Ei dauert ca. 12 bis 15 Monate, das Wachstum erfolgt sehr langsam, die Tiere werden wohl erst nach ca. 20 Jahren geschlechtsreif.

Abb. 376: *Sphenodon*. Nach Mützel aus Haeckel

3. Ordnung: Squamata (Echsen und Schlangen)

Heute mit über 6000 Arten die führende Reptilienordnung. Am Schädel wird der untere Jochbogen aufgelöst, gelegentlich auch der obere, besonders bei Schlangen und schlangenähnlichen Eidechsen. Das Quadratum steht isoliert am Schädel und wird gegen ihn beweglich. Wirbel meist procoel. Bauchrippen fehlen. Zähne seitlich an Kieferknochen angewachsen (pleurodont) oder auf der Kante der Kieferknochen stehend (acrodont). Auch Knochen des Munddaches oft mit Zähnen. Haut mit Hornschuppen, z. T. auch mit Hautknochen (Blindschleiche, Krustenechsen, Skinke u. a.). Hornschuppen liegen meist dachziegelartig übereinander. Sie sind in oft arttypischen Mustern angeordnet. Das Aussehen der einzelnen Schuppen variiert stark (z. T. mit Geschlechtsdimorphismus), sie können Höcker, Dornen, höckerartige Strukturen, Kiele usw. bilden; an Kopf und Ventralseite sind sie oft besonders groß. Bei den meisten Schlangen ist die Bauchseite von einer Längsreihe verbreiterter Ventralschilde (Bauchschienen) bedeckt, die der Fortbewegung dienen; Schuppen können Sinnesflecken und feine Borsten tragen (Geckos, Agamen), die Sinnesfunktion haben. Periodisch wird das Hornschuppenkleid gewechselt, als Ganzes (Schlangen, manche Geckos) oder felderweise (viele Eidechsen). Die Häutung kündet sich bei Schlangen und Geckos durch Trübung der Cornea an.

Haut mit verschiedenen Pigmentzellen in der Dermis, die allein oder im Zusammenspiel die Färbung der Tiere bedingen. Farbwechsel beruht vor allem auf Bewegungen der Melaningranula in den Melanophoren. Besonders ausgeprägte Fähigkeit zum Farbwechsel besitzen Chamäleons, Agamen, Leguane und einige Taggeckos; er wird i. a. durch Veränderungen des Lichtes, der Wärme und des Erregungszustandes der Tiere ausgelöst. Bei Chamäleons beeinflußt vor allem das Nervensystem die Melanophoren, bei *Anolis* übt das Adenohypophysenhormon MSH den Haupteinfluß aus. Die Haut ist arm an Drüsen (Rückendrüsen bei *Natrix*-Arten, Nackendrüsen anderer Schlangen, Schenkeldrüsen vieler Eidechsen). Meist sind diese Drüsen holokrin. Bei vielen Squamaten (vor allem bei Agamen, Leguanen und Chamäleons) bildet die Haut Falten, Kehllappen, Halskrausen, Rückenkämme, Kopfanhänge usw. aus. Bei Kammchamäleons ist der Rükkenkamm wie bei manchen Pelycosauriern durch Fortsätze der Wirbel gestützt. Die Helme mancher Chamäleons, Agamen und Leguane

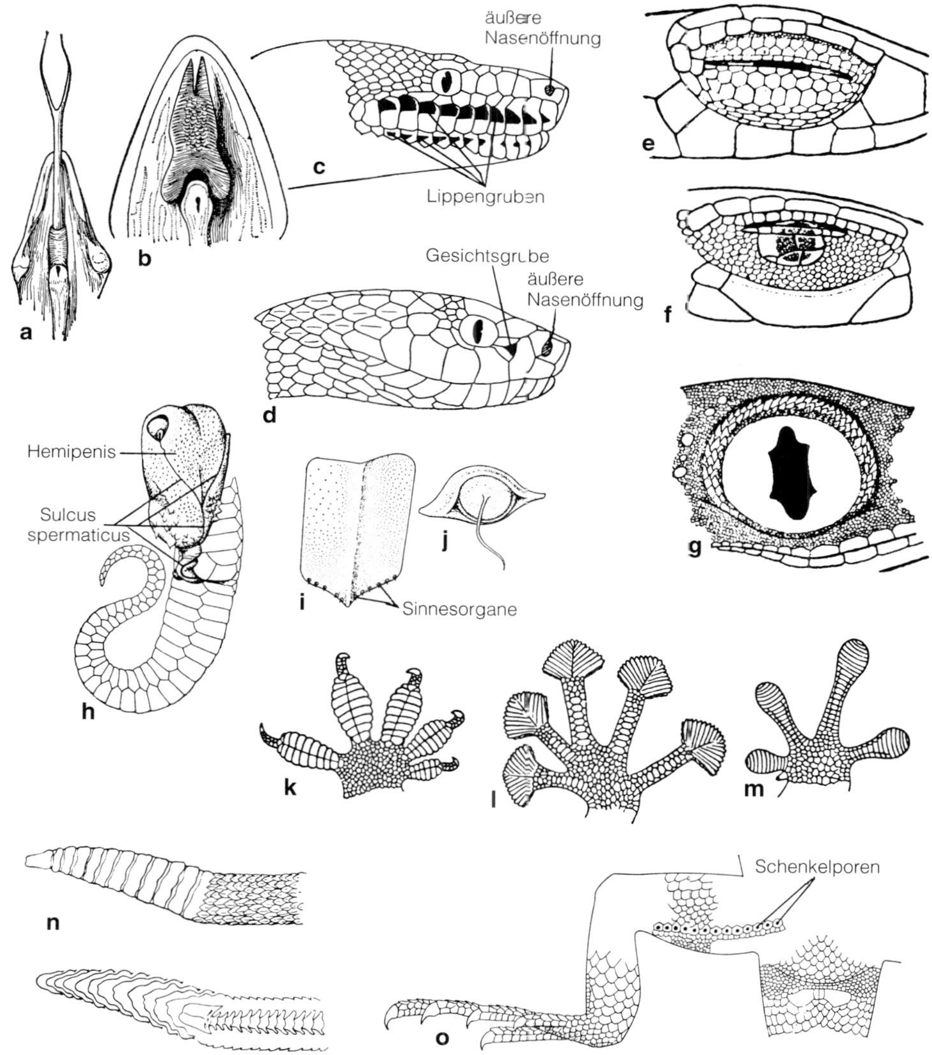

Abb. 377: Verschiedene anatomische Merkmale von Squamaten. a. Zunge einer Schlange, b. einer Echse (Skink), c, d. Grubenorgane an Schlangenköpfen, c. Lippengruben einer *Boa*, die vielleicht Thermoreceptoren beherbergen. d. Gesichtsgrube einer Grubenotter; der Grube entspricht eine Höhlung im Maxillare. In der Tiefe der Grube liegt eine Membran, die sehr empfindliche Thermoreceptoren enthält, mit deren Hilfe die Grubenotter Beutetiere genau lokalisieren kann. Die Receptoren sind mitochondrienreiche sensible Nervenendigungen, die zum Nervus trigeminus gehören. e–g. Augenlider von Echsen, e. normales Augenlid *(Zonosaurus)*, f. unteres Augenlid mit transparentem Fenster *(Eremias)*, g. Brille, d. h. verwachsene transparente Augenlider *(Hemidactylus)*, h. Hemipenis einer Schlange, i, j. Sinnesorgane mit Fortsätzen am hinteren Rand einer Agamenschuppe, i. ganze Schuppe, j. einzelnes Sinnesorgan vergrößert, k, l, m. Füße verschiedener Geckos, k. *Hemidactylus*. l. *Ptyodactylus*. m. *Phelsuma*. Distal tragen die Finger und Zehen unterschiedlich gestaltete Haftstrukturen, mit deren Hilfe die Tiere selbst an glatten Wänden senkrecht emporlaufen können. Sie werden von mikroskopisch feinen Hornhäkchen aufgebaut. n. Schwanzende einer Klapperschlange, oben: Außenansicht, unten Längsschnitt, o. Schenkelporen einer Eidechse. Nach Angel, Grassé, Haempel, Hilzheimer, Rochon-Duvigneaud, Smith

werden i. a. von Knochenleisten der Parietalia gebildet. Schnauzenanhänge kommen in großer Vielfalt auch bei Agamen, Leguanen, Chamäleons und außerdem bei einzelnen Schlangen vor. Die Schwanzklapper (Rassel) der Klapperschlangen besteht aus locker übereinandergreifenden Hornkegeln, die aus Häutungen stammen.

Die Zunge ist oft gespalten (Abb. 377a, b) und dient primär der Übertragung von Geruchsstoffen an das Jacobsonsche Organ, das vom Nasenraum isoliert ist und in die Mundhöhle mündet.

Charakteristisch sind die paarigen vorstülpbaren «Penes» (Hemipenes) in der Schwanzwurzel, die keinem der Begattungsorgane anderer Wirbeltiere homolog sind (Abb. 377h). Sie sind sehr vielgestaltig und können Falten, Papillen, Stacheln usw. tragen. Das Sperma kann im weiblichen Genitaltrakt Monate, vereinzelt sogar Jahre am Leben gehalten werden. Der Kloakenspalt steht quer.

Verhältnismäßig häufig werden die Gliedmaßen rückgebildet, das geschieht nicht nur bei den Schlangen, sondern auch bei Echsen, z. B. manchen Schleichen und Skinken und den Amphisbaenen.

Verschiedentlich wird das Wasser als Fluchtraum benutzt, z. B. von Tejus *(Crocodilurus, Neusticurus)*, Leguanen *(Basiliscus)*, Lacertiden und Agamen. Auch die Skinke umfassen mehrere semiaquatische Formen *(Cophoscincopus, Sphenomorphus)*. Unter den Schlangen sind Süßwasserbewohner häufig. Das Meer wird selten besiedelt (*Amblyrhynchus*, Seeschlangen).

Die Nahrung besteht oft aus Kleintieren, seltener werden endotherme Tiere (Schlangen), Aas (manche Warane) oder Pflanzen verzehrt (manche Leguane und Agamen). Nahrungsspezialisten sind z. B. *Dracaena* (Schnecken), *Dasypeltis* und *Elachistodon* (beide fressen Eier) und *Amblyrhynchus* (frißt bestimmte Algen).

Die Eier haben kalkige oder pergamentartige Schalen. Viele Arten sind lebendgebärend, meist aber nur ovovivipar (z. B. Waldeidechse und Blindschleiche), echte Viviparie mit Placentabildung ist relativ selten. Primitive Placenten bei rückgebildeter Eischale finden sich bei einigen Geckos, Agamen, Skinken, Seeschlangen, bei der Kreuzotter u. a. Hochentwickelte Placenten mit gefäßreichen Zotten oder Falten besitzen z. B. einige australische Skinke und die Erzschleiche *Chalcides*. Es existieren alleinige Dottersackplacenten *(Tiliqua)* oder gemeinsame Dottersack- und Allantoisplacenten *(Chalcides)*. *Xantusia* frißt sogar wie viele Säuger Embryonalhüllen (Nachgeburt). Die Grenzen zwischen Eiablage, Ovoviviparie und Viviparie sind oft nicht scharf. Viele Eidechsen legen ihre Eier im Boden ab und decken sie zu. Manche Schlangen legen ihre Eier in Dunghaufen (Ringelnatter), deren Wärme die Entwicklung beschleunigt, manche Warane und Tejus legen sie in Termitenbauten.

Weibchen einiger Arten bebrüten ihre Gelege (z. B. einige Schlangen und *Ophisaurus*), *Eumeces* wendet und beleckt die Eier und hilft den Jungen beim Schlüpfen, manche Kobras bauen Nester oder Brutbauten, die sie bewachen.

Manche Geckos, Leguane, Agamen, Chamäleons, Eidechsen, Tejus und Blindschlangen pflanzen sich parthenogenetisch fort.

Einige besondere Verteidigungsmethoden seien kurz erwähnt: Absonderung von toxischen Stoffen (Speicheldrüsengift der Speikobras, Sekret der Nacken- und Rückendrüsen von Nattern, Blutabsonderung aus Nickhaut *(Phrynosoma)* oder aus dem Mund (*Tropidophis*, Zwergboa), Autotomie des Schwanzes, auffälliges Warnverhalten (Aufrichten der Halskrause von *Chlamydosaurus*, Aufrichten des Vorderkörpers und Abspreizen des Nackenschildes bei Kobras).

Die Lacertilia als Grundgruppe der Squamata zweigten sich vermutlich in der Trias von **Eosuchiern** ab. *Kuehneosaurus* war eine spezialisierte, gleitende Echse (ähnlich *Draco*) der Oberen Trias. Viele der rezenten Familien lassen sich bis in die Kreide zurückverfolgen. Eine Gruppe bis 12 m langer mariner Lacertilia waren die **Mosasaurier** der Oberen Kreide. Sie besaßen flossenförmige Extremitäten und ernährten sich vermutlich von Ammoniten; tieftauchende Arten besaßen verknöcherte Trommelfelle. Die Herkunft der Schlangen ist umstritten. Boidae existierten bereits in der späteren Kreide, jedoch entstanden die meisten modernen Schlangen erst im späten Känozoikum.

1. Unterordnung: Lacertilia (Sauria, Echsen). Unterer Jochbogen fehlt stets, oberer oft noch vorhanden, Extremitäten zwar gelegentlich rückgebildet, aber Reste der Extremitätengürtel noch fast immer vorhanden. Trommel-

Abb. 378: Lacertilia. a. *Tarentola* (Gekkonidae) Mauergecko; b. Fußunterseite von *Tarentola*, c. *Lacerta* (Lacertidae) Zauneidechse; d. *Cnemidophorus* (Teiidae) Schienenechse; e. *Anguis* (Anguidae) Blindschleiche; f. *Amphisbaena* (Amphisbaenidae) Doppelschleiche; g. *Scincus* (Scincidae) Apothekerskink. Nach Grzimek, Schmeil

fell fast immer, Parietalauge oft erhalten. Lateralaugen meist mit beweglichen Augenlidern und Nickhaut; bei einigen Formen transparente Stelle (Fenster) im unteren Augenlid, seltener verwachsen transparente Augenlider zur sog. Brille (Abb. 377g). Unterkiefer mit fester Symphyse, Schädelknochen meist noch fest verbunden. Meist Fähigkeit zur Autotomie des Schwanzes. Besiedeln zahlreiche Lebensräume von Wüstengebieten bis ins Meer. Oft boden- oder baumlebend. Unterirdische Formen bilden oft die Extremitäten zurück. *Draco* ist Gleitflieger, der Strecken bis zu 18 m zurücklegen kann. Auffallend ist, daß einige Arten auf 2 Beinen rennen können (z. B. einige Teiiden und Agamen). Viele Großformen (Leguane, Warane) bedroht durch sinnlose Verfolgung zur Herstellung von Lederwaren.

a) **Familiengruppe Iguania:** Große, vielgestaltige Gruppe, oft mit stacheligen oder häutigen Rücken- und Schwanzkämmen, Hörnern, Helmen, Kehlfalten oder -säcken usw. Oberer Jochbogen vorhanden, Zähne pleuro- oder acrodont. Wirbel procoel, immer 6 Halswirbel, einfache ungespaltene Zunge, normale gut entwickelte Augenlider, rundliche Pupillen. Haut mit kleinkörnigen Schuppen; keine größeren Schilde; physiologischer Farbwechsel. Keine Tendenz zur Gliedmaßenreduktion. 3 ähnliche Familien, die neuweltlichen Iguanidae und die

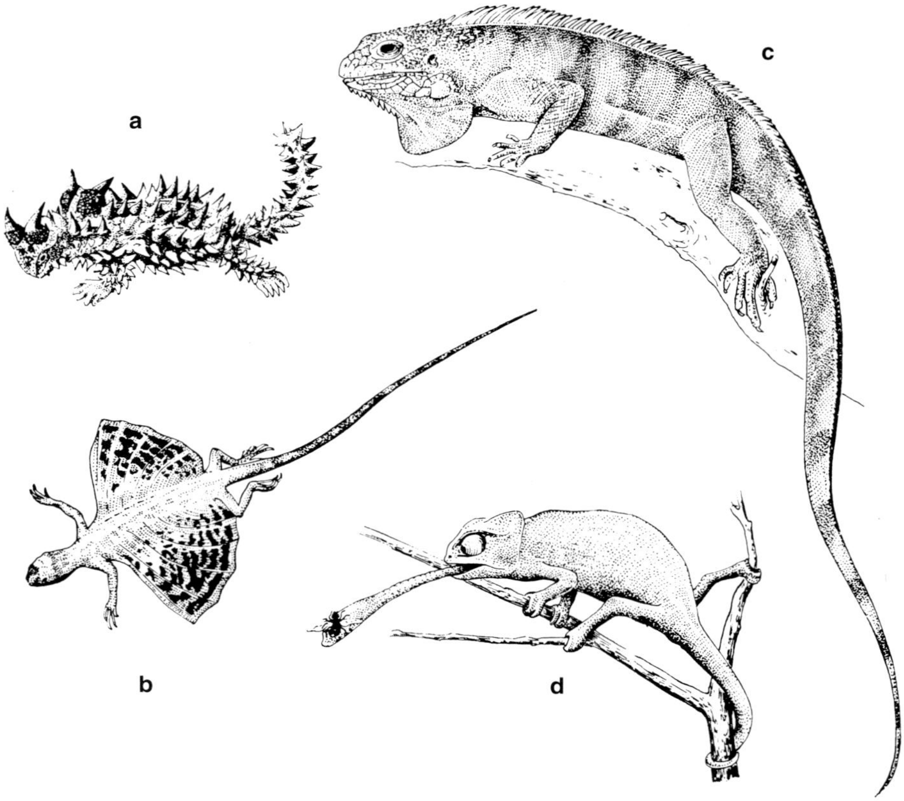

Abb. 379: Lacertilia. a. *Moloch* (Agamidae) Dornteufel; b. *Draco* (Agamidae) Flugdrachen; c. *Iguana* (Iguanidae) Leguan; d. *Chamaeleo* (Chamaeleonidae) Chamäleon. Nach Grzimek, Schmeil

altweltlichen Agamidae mit vielen parallelen Anpassungstypen, z. B. an Wüste oder Baumleben wie die Chamaeleonidae.

Iguanidae (Leguane): Größte Echsenfamilie der Neuen Welt, ca. 50 Gattungen und mindestens 650 Arten, nur *Chalarodon* und *Oplurus* auf Madagaskar und *Brachylophus* auf polynesischen Inseln. Acht Unterfamilien, die manchmal als eigene Familien betrachtet werden. Zähne pleurodont, bei Pflanzennahrung mehrkronig. Spleniale im Unterkiefer gut ausgebildet. Bis über 1,8 m lang (Grüner Leguan). *Anolis*, artenreichste Gattung (160 Arten), Augen unabhängig voneinander beweglich; *Iguana* (Grüner Leguan, Abb. 379c); *Basiliscus* (Basilisken); *Liolaemus* (Erdleguan); *Holbrookia* (Taubleguan); *Phrynosoma* (Krötenechse) mit hornigem Stachelkleid; *Sceloporus* (Zaunleguan); *Crotaphytus* (Halsbandleguan); *Ctenosaura* (Schwarzer Leguan); auf den Galapagos-Inseln *Conolophus* (Drusenkopf) und *Amblyrhynchus* (Meerechse); ersterer lebt von Kakteentrieben, Blättern und Beeren, letzterer taucht im tiefen Wasser nach Algen. Fast alle eierlegend.

Agamidae (Agamen): Zähne acrodont, vereinzelt pleurodont, verschiedene Zahntypen (incisiven-, caninus-, molarenähnliche Zähne), Spleniale rückgebildet. Meist kleine oder mittelgroße Echsen. Über 300 Arten in ca. 40 Gattungen. Größte Vielfalt in Asien und Australien, wenige Gattungen in Afrika; in Südosteuropa der Hardun *(Laudakia stellio)*. *Lyriocephalus* (Lyrakopfagamen, baumlebend); *Chlamydosaurus* (Kragenechse mit Halskrause); *Phrynocephalus* (Krötenköpfe, Wüstenbewohner); *Uromastyx* (Dornschwänze, Pflanzenfresser); *Calotes* (Blutsaugeragamen mit intensivem Farbwechsel); *Gonocephalus* (Winkelkopfagamen, baumlebend); *Hydrosau-*

rus (Wasseragamen, bis 90 cm); *Pogona* (Bartagamen); *Moloch* (Dornteufel, Abb. 379 a); *Agama* (afrikanische Agamen, sozial lebend); *Leiolepis* (Schmetterlingsagamen) und *Draco* mit durch Rippen abspreizbare Flankenregion des Körpers; aber nur *Draco* (Flugdrachen, Abb. 379 b) mit Gleitflug. Die Flugbewegung ist eine abwärts führende Schraube, Landung mit Kopf nach oben.

Chamaeleonidae (Chamäleons). Meist baumlebende Formen mit kurzem, seitlich abgeplattetem Körper und Greifschwanz. Schädel oft mit Hörnern, Helmen usw. Acrodonte Zähne. Oberer Jochbogen vorhanden; nur 3 Cervicalwirbel. Hände und Füße sind Greifzangen. An den Händen weisen 3 miteinander verbundene Finger nach außen und 2 nach innen; an den Füßen umgekehrt (Zygodactylie). Die dicken mit kleinen Körnerschuppen bedeckten Augenlider sind bis auf einen zentralen Schlitz verwachsen. Augen unabhängig voneinander bewegbar. Ohröffnungen fehlen. Lauern Beutetieren auf, die sie mit langer Schleuderzunge fangen (Abb. 379 d). Schwanz nicht autotomierbar. Lunge mit Luftsäcken, Eier in Erdgruben abgelegt, häufig Ovoviviparie. Leiten sich vermutlich von Agamen ab. Ca. 120 Arten, fast alle in Afrika und Madagaska. *Chamaeleo Chamaeleo chamaeleon* auch in Südspanien und Portugal; *Rhampholeon* (blatt- und zweigähnlich); *Brookesia* (bodenlebend).

Europäisches Chamäleon *(Chamaeleo chamaeleon)*: Vorkommen in Nordafrika und vorderem Orient. In Europa nur im Süden der Iberischen Halbinsel, auf Sizilien, Malta, einigen griechischen Inseln und im Süden des Peloponnes. Lebt bevorzugt im Ginster- und Tamariskengebüsch. Sprichwörtlich variable Färbung. Lauert seiner Beute (Insekten, Spinnen) auf und ergreift sie mit einer langen, klebrigen Schleuderzunge. Chamäleons beobachten ihre Umgebung mit den sich unabhängig voneinander ständig bewegenden Augen. Finden sie ein Beutetier, fixieren sie es zunächst mit beiden Augen, bevor die Zunge fast körperlang aus dem Mund herausschießt. Sie bewegen sich sehr langsam und haben Reviere, die sie verteidigen. Die Finger und Zehen verwachsen an jeder Extremität zu je 2 Gruppen und bilden so zangenartige Hände und Füße, mit denen sie sich ebenso wie mit ihrem Greifschwanz auch an dünnem Gezweig und bei starkem Wind sicher bewegen können.

Sie paaren sich im Spätsommer. Die Eier werden in selbstgegrabenen Erdlöchern abgelegt. Die Jungen schlüpfen nach 8–9 Monaten im nächsten Sommer.

b) Familiengruppe Gekkota: Weltweit verbreitet, vorwiegend tropische Länder. Jochbögen fehlen im allgemeinen. Fleischige, oft einheitliche Zunge. Die stimmbegabtesten aller Reptilien; nachtaktive Arten verständigen sich durch Rufe. Amphi- oder procoele Wirbel.

Eublepharidae (Lidgeckos): eierlegend, jährlich zwei kalkschalige Eier; mit normalen Augenlidern; Bodenbewohner; ohne Haftlamellen an den Füßen; 5 Gattungen, 17 Arten, disjunkt in den Tropen und Subtropen.

Gekkonidae (Geckos): Meist kleine und stimmfreudige Dämmerungs- oder Nachttiere mit großen Augen. Meist senkrechte Pupille; Augen von transparenter Brille bedeckt. Meist gute Kletterer; Finger und Zehen oft, Schwanz selten mit Haftborsten, die in Lamellen angeordnet sind, Wirbel meist noch amphicoel. Männchen oft mit Postanalknochen, die in Postanalsäcken unbekannter Funktion hinter der Kloakenöffnung liegen. 1–2 Eier mit Kalkschale. Gekkoninae: Größte Unterfamilie der Gekkota mit mehr als 50 Gattungen und ca. 700 Arten; *Gekko; Hemidactylus; Gymnodactylus; Phyllodactylus;* Taggeckos sind *Lygodactylus* (Afrika) und *Phelsuma* (Madagaskar). Einige Wüstenbewohner mit reduzierten Haftlamellen. In Südeuropa *Tarentola*, (Abb. 378 a), *Hemidactylus, Phyllodactylus* und *Cyrtopodion.*

Unterfamilie Spaerodactylinae (Kugelfingergeckos): ca. 100 Arten, neotropische Kleinformen *(Gonatodes, Sphaerodactylus)* mit runder Pupille, meist tagaktiv. Haftborsten nie in Lamellen angeordnet, oft fehlend.

Diplodactylidae (Australgeckos): 1–2 Eier mit pergamentartiger Schale, einige lebendgebärende Arten. Durchsichtige Augenbrille.

Unterfamilie Diplodactylinae (Doppelfingergeckos): Gruppe von ca. 80 Arten der australisch-pazifischen Region. Typische Geckos mit Haftlamellen *(Diplodactylus, Hoplodactylus, Rhacodactylus)*, die auch reduziert sein können *(Nephrurus).*

Unterfamilie Pygopodinae (Flossenfüße): schlangenähnliche Abkömmlinge der Diplodactylinae, früher als eigene Familie betrachtet. Vorderextremitäten fehlen, Hinterextremitäten als kleine Anhänge erhalten. Augen von Brille bedeckt (16 Arten); *Aprasia; Lialis;* Australische Region.

Die folgenden Echsengruppen werden aufgrund ihrer abgeleiteten Zungenstruktur als Autarchoglossa zusammengefaßt.

c) **Familiengruppe Scincomorpha.** Überwiegend bodenlebende, kleine bis mittelgroße Formen. Auffallend häufig Tendenz zur Rückbildung der Extremitäten und Entwicklung von schlangenähnlichen Arten, die meist unterirdisch leben. Zähne pleurodont, Jochbogen oft erhalten, 6 Halswirbel. Kopfschuppen oft zu größeren Schilden differenziert. Einfache Zunge. Kosmopolitisch. 8 Familien.

Scincidae (Glattechsen, Skinke): Weitverbreitete, meist kleine Tiere mit glatten, glänzenden Schuppen. Rumpf langgestreckt, Extremitäten kurz. Schläfenöffnung weitgehend von Auswuchs der Postfrontalia bedeckt, Jochbogen nur bei schlangenförmigen Arten aufgelöst. Öfter Hautknochen. Schenkelporen fehlen, oft Fenster im unteren Augenlid, z. T. Ausbildung von Brillen *(Ablepharus)*. Leben oft in oberen Bodenschichten. Es finden sich alle Übergangsstadien der Extremitätenreduktion bis zum völligen Fehlen, selbst in einer Gattung. Mehr als 600 Arten, vor allem in Australien, der orientalischen Region und Afrika. *Lygosoma* (ca. 250 Arten); *Mabuya* (eidechsenartig, zirkumtropisch, artenreich); *Eumeces; Ablepharus* (mit Johannisechse), bis Ungarn; *Trachydosaurus* (Tannenzapfenskink) und *Tiliqua* (Blauzungenskink, beide vivipar, Australien); *Neoseps, Scincus* und *Ophiomorus* leben in lockerem Sand; *Scincus scincus* (Apothekerskink [Abb. 378g] wird oder wurde als Heilmittel und Aphrodisiacum gebraucht, Nord-Afrika, Arabien); *Chalcides* (Walzenskink), Mittelmeergebiet, vivipar mit Placenta; *Feylinia* (beinlos, schleichenartig, Afrika).

Die wenigen Arten der beiden folgenden Familien ähneln Schlangen, ihre Stellung im System ist unsicher.

Anelytropsidae: Seltene schlangenähnliche Echsen ohne Schultergürtel und Jochbogen. Mexiko.

Dibamidae: schlangenförmige Tiere, Augen unter der Haut, Südost-Asien.

Cordylidae: Verschiedengestaltige kleine Echsenfamilie mit ca. 60 Arten. Extremitäten vorhanden oder rückgebildet; verknöcherter Hautpanzer. *Cordylus* (Gürtelschweife); *Gerrhosaurus* (Schildechsen); Afrika, südlich der Sahara und Madagaskar.

Lacertidae («echte» Eidechsen): Meist kleine, agile und langschwänzige Arten Eurasiens und Afrikas. Extremitäten nie rückgebildet. Jochbogen vorhanden, aber Hautknochen bedecken die Schläfenöffnung und verwachsen mit den Schädelknochen. Seitliche Zähne oft mit 2 bis 4 Höckern. Schenkelporen meist vorhanden. Gelegentlich Fenster im unteren Augenlid. Fast 200 Arten. Meist bodenlebend bis in Wüsten *(Acanthodactylus)*, selten Baumbewohner *(Gastropholis);* in Südeuropa neben *Lacerta*-Arten, z. B. *L. lepida* (mit 75 cm größte Lacertide), *Podarcis, Psammodromus. Algyroides, Acanthodactylus;* in Mitteleuropa: 1. *Lacerta agilis* (Zauneidechse, Abb. 378c), 2. *Lacerta vivipara* (Wald-, Moor- oder Bergeidechse), 3. *Lacerta viridis* und *L. bilineata* (Smaragdeidechsen, zwei Arten mit unterschiedlichen Temperaturansprüchen in Ost- und Westdeutschland), 4. *Podarcis muralis* (Mauereidechse, v. a. in Weinbaugebieten), 5. *Lacerta horvathi* (kroatische Gebirgseidechse, erst kürzlich im Karwendelgebirge entdeckt, vielleicht eingeschleppt). Bemerkenswert ist der *Lacerta saxicola*-Komplex im Kaukasus, der eine Anzahl parthenogenetischer Arten enthält.

Zauneidechse *(Lacerta agilis):* Eine mittelgroße, in West-, Mittel- und Osteuropa weit verbreitete Eidechse mit vielen etwas unterschiedlich gefärbten Unterarten. Vielfältige Lebensräume: Heiden, sonnige Abhänge, Schonungen, Bahndämme, Wiesen als Kulturfolger in Parks, Friedhöfen und Gärten. Sie halten von September/Oktober bis März/April Winterruhe. Im Frühjahr kämpfen rivalisierende Männchen um ein Weibchen. Die Weibchen legen ein- bis zweimal Gelege mit 4–15 Eiern. Die Gelege werden in selbstgescharrten Erdlöchern abgelegt. Die Jungen kommen nach 7–10 Wochen zur Welt und werden nach der zweiten Überwinterung geschlechtsreif. Die Zauneidechse hat viele Feinde, die Glattnatter, die sich auf Eidechsen spezialisiert hat, Vögel, wie Greife, Störche und Krähenvögel, Igel, Hauskatzen u. a.

Wald- oder Bergeidechse *(Lacerta vivipara):* Die kleine Waldeidechse ist von Westeuropa über Mittel- und Nordeuropa bis in den fernen Osten verbreitet. Im Süden ihres Verbreitungsgebietes kommt sie vor allem im Gebirge vor und wird in den Alpen bis in Höhen von 3000 m gefunden. Ansonsten bevorzugt sie Heiden, Moore, Waldränder, Dünen, alte Steinbrüche u. ä. Ihre Färbung ist recht variabel. Sie ernährt sich von Insekten, Insektenlarven, Spinnen u. a. Sie hält bei uns von Oktober bis Anfang März Winterruhe. Paarung von April bis Juni. Nach ca. 3 Monaten werden bis zu 10 Jungtiere geboren, die unter der Geburt aus ihren Eihüllen schlüpfen. Im Norden, z. B. in Skandinavien, paaren sich die Tiere schon im Herbst, die Jungen kommen dann im Frühsommer zur Welt. Die südwestliche Population (SW-Frankreich, Nordspanien) ist eierlegend.

Teiidae (Schienenechsen, Tejus): Nur in Neuer Welt, vor allem Südamerika, wo sie die nahe verwandten und oft ähnlichen Lacertiden vertreten. Ca. 150 Arten. Bis über 1 m groß *(Tupinambis, Tejovaranus, Dracaena);* mehrfach Reduktion der Extremitäten. Zahnform vielgestaltig, z. B. *Dracaena* mit abgerundeten, breiten Zähnen zum Zerbrechen von Schneckenhäusern. *Echinosaurus* (Stachelteju); *Ameiva* (*Lacerta* ähnlich), *Cnemidophorus* (Abb. 378 d; bis südl. USA, z. T. parthenogenetisch).

Gymnophthalmidae (Zwergtejus, früher zu den Teiidae gezählt): ca. 50 Arten; *Scolecosaurus* und *Bachia*, Bodenwühler mit «Brille», rechte Lunge und die Gliedmaßen teilweise reduziert.

Xantusiidae (Nachtechsen): Eidechsenähnlich; Jochbogen vorhanden; Augen von Brille bedeckt; vivipar, mit Placenta; *Xantusia, Klauberina;* südliche USA, Mittelamerika.

d) **Familiengruppe Diploglossa** (Anguimorpha): Gut entwickelte Hautknochen, häufig schlangenförmig, äußere Nasenöffnung rund oder oval, spezieller Zahnwechsel, zweiteilige Zunge mit Basalglied und zweizipfligem Anhang. Kopfschuppen oft zu Schilden differenziert, feste Unterkiefer, Schwanz kann regeneriert werden.

Anguidae (Schleichen): Echsen mit *(Gerrhonotus)* oder ohne Extremitäten *(Ophisaurus, Anguis*, Abb. 378 e). 80 Arten, vorwiegend im tropischen Amerika. In Südeuropa *Ophisaurus apodus* (Scheltopusik, bis 1 m lang, noch Hinterbeinrudimente), in Mitteleuropa *Anguis fragilis* (Blindschleiche, lebendgebärend).

Blindschleiche *(Anguis fragilis)*: Die Blindschleichen werden 40–45 cm lang, dabei entfallen zwei Drittel auf den Schwanz. Sie sind beinlos und bewegen sich viel langsamer und steifer als Schlangen. Die Färbung wechselt von Grautönen zu braun oder kupferfarben. Sie sind in Europa bis auf Randregionen weit verbreitet. Sie leben auf Wiesen, in Heiden, an Wegrändern und kommen auch in Gärten vor. Sie fallen wenig auf und sind besonders in der Dämmerung aktiv. Nach warmen Regenschauern findet man sie auch öfter.

Die Nahrung besteht vor allem aus Nacktschnecken und Regenwürmern, daneben auch Arthropoden. Die Winterruhe wird bei uns von Oktober bis Ende April meist in Gemeinschaft mit anderen Blindschleichen an frostfreien Unterschlupfen verbracht. Die Paarung erfolgt meist im April/Mai, und das Weibchen bringt nach ca. 3 Monaten 8–12 Junge zur Welt, die ca. 8 cm lang sind und während der Geburt die sehr dünnen Eihüllen abstreifen. Typische Feinde sind kleine Carnivoren, Greifvögel und auch die Glattnatter.

Anniellidae (Ringelschleichen): einzige Gattung *Anniella*, lebt unterirdisch, besitzt aber gut ausgebildete Augen. Beinlos, fester Schädel ohne Jochbögen. Kalifornien. Manchmal als Unterfamilie zu den Schleichen gestellt.

Xenosauridae (Höckerechsen): Zwischen feinen Hautschuppen größere Tuberkel, normale Extremitäten. Nur 2 Gattungen und 4 Arten. *Xenosaurus*, Mittelamerika, *Shinisaurus* (China, fängt Kaulquappen und Fische).

e) **Familiengruppe Platynota:** Zweiteilige Zunge wie Diploglossa; kleine, nicht überlappende Schuppen. Unterkieferknochen relativ locker, Tendenz zur Bildung eines Gelenkes im Unterkiefer. Äußere Nasenöffnung schlitzförmig. Schwanz kann nicht autotomiert werden, Extremitäten immer gut ausgebildet. Die 3 rezenten Familien bestehen nur aus je einer Gattung.

Helodermatidae (Krustenechsen): Plumpe, bis 90 cm lange Echsen der Trockengebiete Mexikos und der südwestlichen USA. Giftdrüsen im Unterkiefer, Gift lähmt Atemzentrum der Beutetiere. Zähne mit Rinnen, Jochbögen fehlen, große Hautknochen. Höckerig-perlartige Schuppen. Nachtaktiv. 2 Arten: *Heloderma inspectum* und *H. horridum* (Abb. 380 b).

Varanidae (Warane): Meist recht große Tiere, der Komodowaran Indonesiens erreicht mehr als 3 m Länge, der Papuawaran Neuguineas fast 4 m. Oberer Jochbogen vorhanden, relativ langer Hals mit 9 Halswirbeln; Zunge lang und gespalten; Nahrung und Fortbewegungsweisen sehr vielgestaltig; meist Lauftiere, viele können aber auch schwimmen, tauchen und in Bäumen klettern. *Varanus* (Abb. 380 a) mit mehr als 30 Arten, davon zwei Drittel in Australien, ansonsten Süd- und Südost-Asien und Afrika.

Lanthanotidae (Taubwarane): *Lanthanotus borneensis*, Nordborneo, gilt als lebendes Fossil (Abb. 380 c). Er ist vermutlich ein direkter Abkömmling der Aigialosaurier der Kreide. Äußere Gehöröffnung rückgebildet. Im unteren Augenlid ein Fenster. Oberer Jochbogen fehlt, kein Parietalauge, erhöhte Wirbelzahl (9 Halswirbel), Beine kurz, vermutlich nachtaktiv und amphibisch oder unterirdisch.

f) **Familiengruppe Amphisbaenia** (Doppelschleichen, Ringelechsen). Wühlende, wurmförmige Tiere (bis 70 cm lang) ohne Gliedmaßen (nur *Bipes* hat Vorderbeine). Körper

Abb. 380: Lacertilia. a. *Varanus* (Varanidae) Waran; b. *Heloderma* (Helodermatidae) Krustenechse; c. *Lanthanotus* (Lanthanotidae) Taubwaran. Nach Grzimek, Harrison

gleichmäßig dick, der massive Kopf und der kurze Schwanz ähneln einander (Name!). Auge von einer Schuppe bedeckt, Ohröffnung fehlt. Mittelohr über Stapes und Extracolumella mit dem Unterkiefer in Kontakt. Beute wird in den unterirdischen Gängen akustisch und olfaktorisch geortet. Wenige große, spitze Zähne; ein unpaarer medianer Zahn im Oberkiefer ergibt ein Zackenscherengebiß, bei dem die Zähne des Ober- und des Unterkiefers auf Lücke stehen (einzige Wirbeltiere mit unpaarer Zahnzahl). Haut in gleichmäßige Schuppenringe gegliedert, welche nur über Muskeln mit den Rippen in Kontakt stehen und daher unabhängig vom Skelet bewegt werden können. Die Fortbewegung ist ein raupenförmiges Kriechen, das sowohl vorwärts als auch rückwärts erfolgen kann. 3 Familien:

Trogonophidae: Schwanz nicht autotomiefähig, lebendgebärend, acrodont, 6 Arten in Nordafrika und Vorderasien *(Trogonophis, Diplometopon, Agamodon)*.

Amphisbaenidae: Schwanz autotomie-, aber nicht regenerationsfähig, eierlegend, pleurodont, sehr unterschiedliche Kopfformen und Grabweisen, 140 Arten in den Tropen Afrikas *(Monopeltis, Cynisca)*, Mittel- *(Rhineura)* und Südamerikas *(Amphisbaena*, Abb. 378 f*)*, doch auch im Mittelmeergebiet *(Blanus)*.

Bipedidae (Handwühlen): Schwanz autotomiefähig, pleurodont, kurze, maulwurfsartige Vorderbeine. 3 Arten der Gattung *Bipes* in Mexiko.

2. Unterordnung Serpentes (Ophidia, Schlangen). In Anpassung an große Beutetiere wird der Kieferapparat in bewegliche Spangen

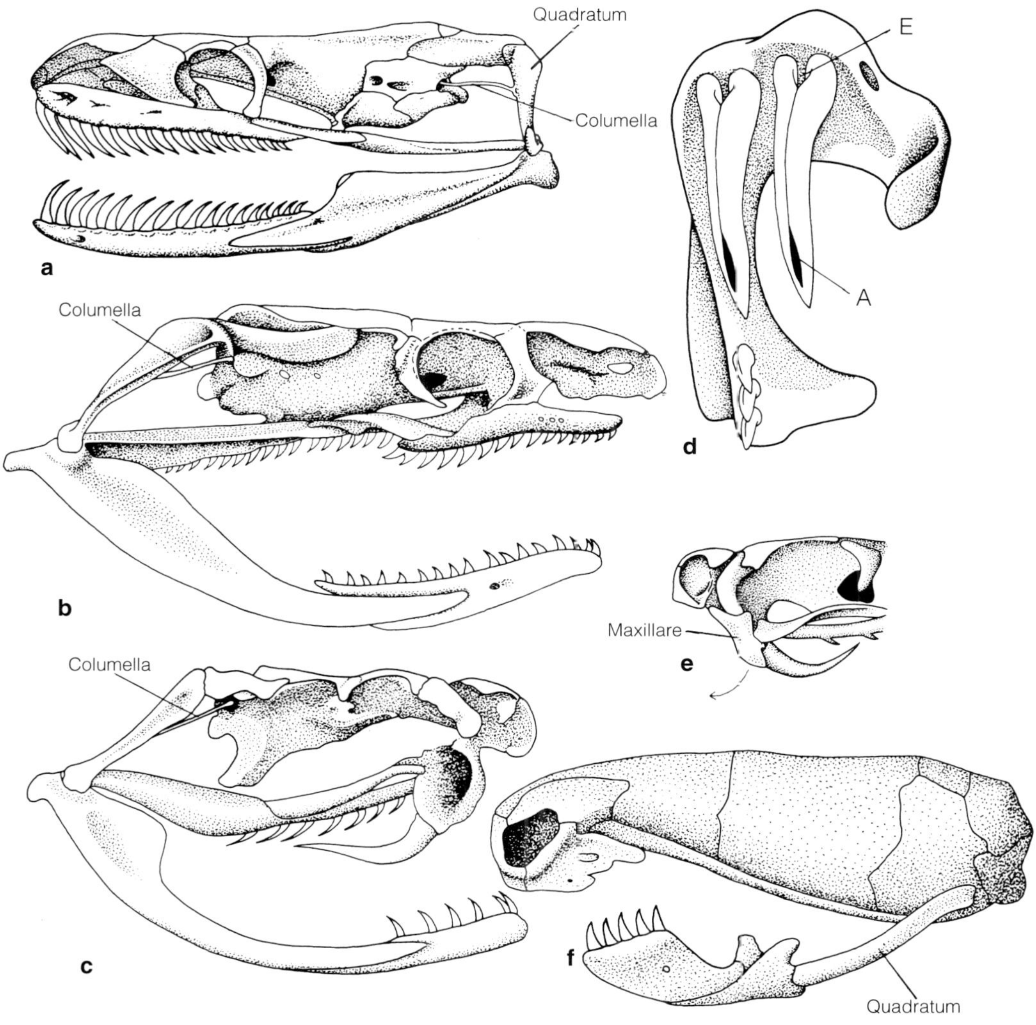

Abb. 381: Schlangenschädel. a. *Python* (Boidae), b. *Drymarchon* (Colubridae), c. *Crotalus* (Klapperschlange, Viperidae); d. Ventralansicht des linken Oberkiefers von *Ophiophagus* (Königskobra) mit 2 Giftzähnen, E: Eintritts-, A: Austrittsöffnung für das Gift, die ursprünglich offene Rinne ist zu einem Hohlkanal geschlossen. e. Oberkiefer einer Viper mit eingeschlagenem Giftzahn, Pfeil deutet Rotationsbewegung des Oberkiefers mit Giftzahn an. f. *Leptotyphlops* (Leptotyphlopidae), Beispiel für kompakten Schädel einer unterirdisch lebenden Art. Nach Anthony, Bogert, Boulenger, Edmund, Goin, Smith

aufgelöst; linke und rechte Kieferhälften sind nicht verwachsen, so daß sie voneinander unabhängig unter Dehnung des verbindenden Bandapparates nach außen bewegt und vorgeschoben werden können (Abb. 381). Die Schlange kann sich so durch abwechselndes Vorschieben der rechten und linken Kieferhälfte über die Beute, z. B. einen Frosch oder eine Maus, hinweghangeln. Im Extremfall (Vipern) ist das Maxillare mit den Giftzähnen so beweglich, daß dieser Knochen bei Öffnung des Mundes aufgerichtet werden kann (nicht muß), so daß die Spitzen der Giftzähne nach vorn weisen und in das Opfer eingestoßen werden können. Die Wirbel besitzen wie die mancher Echsen 2 zusätzliche Gelenke, die von besonderen Fortsätzen, Zygosphen und Zygantrum, gebildet werden. Der Körper der Schlangen besitzt meist keine Extremitäten und Extremitätengürtel, nur primitive Schlangen *(Python, Boa)* haben noch Stummel der Hinterbeine neben der Kloake und Reste des Beckengürtels. Trotz dieser Vereinfachung des Bewegungsapparates sind die Schlangen zu einer Vielfalt von Bewegungen fähig: Sie leben auf Bäumen, auf dem Boden, in dichtem Gestrüpp, unterirdisch, im Wüstensand, im Wasser, sie können an Baumstämmen emporklettern und kurze Sprünge ausführen *(Eryx)*. Die querverlaufenden Hornschuppen (Hornschienen) der Bauchseite, die recht beweglichen Rippen und die hochdifferenzierte Muskulatur der Leibeswand sind für die Fortbewegung besonders wichtig. Das Auge ist wie bei manchen Echsen (Skinke, Geckos) durch eine Brille geschützt. Diese entsteht durch Verwachsung der durchsichtig gewordenen Augenlider. Schlangenaugen weisen reduzierte Irismuskulatur und abweichende Lichtreceptorzellen auf; ihnen fehlen Öltropfen, eine Fovea centralis und Skleralknochen; dies wird als Indiz dafür genommen, daß die Vorfahren der Schlangen unterirdisch lebende Echsen mit reduzierten Augen waren. Columella vorhanden, aber Trommelfell und Mittelohr fehlen. Jacobsonsches Organ hochentwickelt, Zunge kann (wie bei Diploglossa, Platynota und Scincomorpha) Duftstoffe auffangen, die in diesem Organ geprüft werden.

Die Streckung des Körpers bedingt wie bei Gymnophionen Asymmetrie der Organe. Die linke Lunge wird schrittweise rückgebildet, die rechte wird hinten zu einem dünnwandigen Luftschlauch, ihr Vorderteil verwächst mit der Trachea zur sog. Tracheallunge. Diese besitzt ventral Knorpelstücke wie eine typische Trachea und dorsal Alveolen. Nieren und Gonaden liegen hinter- und nicht nebeneinander. Die Gallenblase befindet sich hinter der Leber.

Von besonderer Bedeutung für die Systematik der Schlangen ist die Bezahnung (Abb. 381). Ursprünglich (heute noch bei *Python*) bilden die Zähne einfache Reihen auf Prämaxillare, Maxillare, Pterygoid, Palatinum und Dentale. Die Zähne sind gleichartig spitz und weisen etwas nach hinten. Die Zähne auf dem Prämaxillare bilden sich bei den meisten Schlangen zurück, auf den anderen Knochen bleiben sie erhalten und behalten ihre einfache Form. Sie reduzieren aber ihre Zahl, und einzelne Zähne spezialisieren sich. Zum einen bilden sich einzelne stärker rückwärtsgebogene und verlängerte Zähne, zum anderen entstehen gefurchte oder ausgehöhlte Giftzähne. Die typischen Giftzähne besitzen eine außen-seitlich oder vorn gelegene Rinne (Glyphe) oder einen durch Einfaltung entstandenen Hohlkanal, mit deren Hilfe das Gift in die Beutetiere injiziert werden kann. Die ausgehöhlten Zähne haben an ihrer Basis eine Öffnung, durch die das Gift in den Kanal eintreten, und nahe ihrer Spitze eine Öffnung, durch die es wieder austreten kann. Schlangen mit hochentwickelten, äußerlich glatten und von einem inneren Kanal durchbohrten Giftzähnen werden solenoglyph genannt (z. B. Viperiden), Schlangen ohne Giftzähne aglyph (z. B. Boidae). Der Giftkanal ist bei Schlangen, die ihr Gift dem Beutetier oder Feind entgegenspeien, besonders kompliziert gebaut (z. B. Kobras).

Die Anordnung der Maxillarzähne spielt in der Evolution der Schlangen eine wichtige Rolle. Ursprünglich sind die Zähne gleichartig (isodont) und etwas zurückgeneigt. Von solchen Formen lassen sich mehrere Linien ableiten, die einzelne vergrößerte Zähne (einfach, gefurcht oder tubulär) aufweisen; häufig tritt ein Diastema auf. Die modifizierten Zähne liegen entweder vorn, in der Mitte oder hinten. Das Gebiß ist dann pro-, meso- oder opisthomegadont, wenn diese Zähne einfach gebaut sind; es ist pro-, meso- oder opisthoglyphodont, wenn diese Zähne eine Rinne besitzen oder tubulär sind. Es können mehrere gefurchte Zähne auftreten; bei den hochentwickelten Arten (Viperiden, Crotaliden, manche Elapiden) gibt es meist nur 1 oder 2 solcher Giftzähne pro Maxillare, andere Zähne fehlen an diesem Knochen. Bei den Vipern befindet sich ein großer Giftzahn vorn auf dem drehbaren Maxillare. Schlangen mit promegadontem Gebiß werden proterodont genannt, solche mit proglyphodontem Gebiß proteroglyph. Entsprechend gibt es opisthodonte und opisthoglyphe Schlangen. Auch der vorn gelegene solenoglyphe Zahn der Vipern leitet sich von einem Gebiß ab, in dem die spezialisierten Zähne hinten lagen; bei diesen Schlangen ist das Maxillare vorn reduziert (Abb. 381e). Die Giftzähne werden wie die anderen Zähne gewechselt, vor Ausfall verwächst der Nachfolger mit dem Kieferknochen und nimmt Kontakt mit dem Gang der Giftdrüse auf. Bei hochentwickelten promegadonten und proglyphodonten Formen werden die hinteren Zähne rückgebildet, bei opisthomegadonten und opisthoglyphen die vorderen. Keine Schlange ist zahnlos. *Emydocephalus* (Hydrophiinae) jedoch hat alle Zähne bis auf 2 Giftzähne reduziert, möglicherweise in Zusammenhang mit der Nahrung, die aus Fischeiern besteht. Die Eierschlange *Dasypeltis* besitzt noch 6–8 kleine Zähne pro Kieferseite.

Das Gift der Schlangen wird in der Parotisdrüse nahe dem Mundwinkel gebildet. Alle Schlangen besitzen diese Drüse, aber nicht bei allen bildet sie ein giftiges Sekret. Allerdings sind Speicheldrüsen aufgrund der Bildung von verdauenden Eiweißstoffen prädisponiert, sich in Giftdrüsen umzuwandeln. Im Gift einer Schlange lassen sich verschiedene Stoffe nachweisen. Nach der Wirkung werden folgende Gifte unterschieden: 1. Gifte, die Gewebe einschließlich Blutkörpern und Blutgefäßen zerstören (Cytolysine, Haemorrhagine, Haemolysine). 2. Anticoagulantien, die die Blutgerinnung aufheben und heftige Blutungen auslösen können. 3. Coagulantien, die Verklumpung des Blutes auslösen. 4. Gifte, die auf das Nervensystem einwirken (Neurotoxine), besonders auf das Atmungs- und Herzzentrum. Meist enthält das Gift auch Hyaluronidase, die seine Ausbreitung beschleunigt. Haemorrhagische Stoffe treten öfter bei Vipern auf, neurotoxische bei Kobras und Verwandten. Das Gift einer Schlange kann auf Beutetiere sehr unterschiedlich wirken; das Gift der indischen Kobra wirkt z. B. auf Kaninchen stärker als auf Hunde, diese sind wiederum viel anfälliger als Mungos.

Heute existieren ca. 2700 Schlangenarten, die auf gut 10 Familien und 3 Familiengruppen verteilt werden. Rund zwei Drittel der Arten entfallen auf 1 Familie, die Colubridae, die jedoch noch ungenügend bekannt ist und möglicherweise eine Sammelgruppe darstellt. Parallelbildungen im Gebiß erschweren die Aufstellung des natürlichen Systems. Schlangen kommen auf allen Kontinenten vor; am zahlreichsten sind sie in den Tropen der Alten Welt.

a) **Familiengruppe Henophidia:** Enthält eine Reihe konservativer Formen und abgeleitete, meist unterirdische Arten. Foramen opticum zwischen Frontale und Parietale. Sehr oft sind Reste des Beckengürtels und der Hinterextremitäten erhalten. 5 Familien.

Boidae (Riesenschlangen): Hierher zählen die längsten Schlangen, die um 10 m Länge und über 200 kg Gewicht erreichen *(Python, Eunectes)*. Seit der Kreide nachgewiesen, heute noch ca. 60 Arten. Ursprüngliche Merkmale: Reste des Beckens und der Oberschenkel, die als 2 neben der Kloakenöffnung liegende Sporne äußerlich erkennbar sind (bei Männchen größer als bei Weibchen) und eine Rolle bei der Kopulation spielen; meist zwei funktionstüchtige Lungen, keine Giftzähne; Zähne oft noch auf allen ursprünglich zahntragenden Knochen, Unterkiefer mit Coronoid. Viele Arten bevorzugen den Aufenthalt auf Bäumen und im Wasser. Viele der kleineren Formen leben subterran *(Eryx, Lichanura, Charina, Calabaria)*. Jagen vor allem Kleinsäuger, Vögel und Eidechsen. Töten ihre Beute durch Erdrosselung. Ovovivipar und ovipar. Mehrere Unterfamilien.

Boinae vor allem in Neuer Welt, Pythoninae in Alter Welt; Boas ovovivipar, Pythons ovipar, Weibchen bewachen und bebrüten durch Muskelwärme meist 2–3 Monate lang das Gelege, das aus max. 100 Eiern bestehen kann. Viele Formen mit Lippengruben (Abb. 377 c). *Eunectes, Boa, Python, Acranthophis* (Abb. 382 b).

Bolyeriinae: Beckengürtel und hintere Extremitäten fehlen, Maxillare geteilt, nur Round Island bei Mauritius, *Bolyeria* (ausgerottet), *Casarea*.

Erycinae: kurzschwänzig, klein, vor allem unterirdisch, mit *Eryx* (Sandboa) auch in Südost-Europa, *Candoia* in Melanesien und Polynesien; *Charina*, Nord-Amerika.

Loxoceminae: *Loxocemus*, mit großer linker Lunge, unterirdisch, Mittelamerika.

Aniliidae (Rollschlangen): Kleine Gruppe (8 Arten) unterirdisch lebender kleiner Schlangen, runder Körper, kleine Augen bisweilen von Kopfschildern überdeckt. Sehr fester Schädel, Beckenrudiment mit äußerlich sichtbaren Oberschenkelresten (Afterspornen), Süd-Amerika, Südost-Asien. *Anilius, Anomochilus, Cylindrophis*.

Uropeltidae (Schildschwänze): Kleine bunte Wühlschlangen mit zugespitztem Kopf, dessen Augen i. a. unter Kopfschildern liegen und der infolge besonderer Kopfgelenke ungewöhnlich beweglich ist; Schwanz kurz, endet stumpf oder erscheint wie schräg abgeschnitten. Am Schwanzende entweder eine große flache Schuppe oder einige gekielte oder dornige

Abb. 382: Verschiedene Schlangenformen. a. *Dendroaspis* (Grüne Mamba, Elapidae), b. *Acranthophis* (Madagaskar-Boa), c. *Microcephalophis* (Seeschlange), d. *Naja haje* (Uräusschlange), e. *Vipera aspis* (Aspisviper), f. *Crotalus* (Klapperschlange), g. *Typhlops* (Typhlopidae), h. *Uropeltis* (Uropeltidae), i. *Elaphe* (Natter). Nach Allyn, Grzimek

Schuppen (Abb. 382 h). Schädel sehr fest; Beckenreste, linke Lunge und Brille fehlen. 44 Arten: Feuchte Regionen, Süd-Indien, Sri Lanka, Myanmar.

Xenopeltidae: nur *Xenopeltis unicolor*, Südost-Asien, nachtaktiv. Schädel fest, kleine Reste des Beckengürtels und der Hinterextremitäten.

Acrochordidae (Warzenschlangen): Plumpe, bis 2 m lange Schlangen, Ventral- und Kopfschuppen nicht vergrößert, i. a. mit Tuberkeln. Beckenreste fehlen. Nur eine Lunge. Wasserlebende Fischfresser, oft im Meer. Beim Tauchen werden die inneren Nasenöffnungen verschlossen. Ovovivipar. Indien bis Australien. *Acrochordus*, *Chersydrus*, 3 Arten.

b) **Familiengruppe Scolecophidia** (Typhlopoidea): Kleine, meist unterirdisch wühlende Schlangen. Wirbel ohne Processus spinosus, Foramen opticum vom Frontale umgeben. Meist noch Reste des Beckengürtels, Leber meist viellappig (wie bei Gymnophionen). Nur ein Paar Thymusorgane (sonst 2 Paare).

Typhlopidae: Meist kleine, unterirdisch lebende Arten; glatter, von vorn bis hinten gleich dicker Rumpf, sehr kurzer Schwanz. Augen rückgebildet, liegen unter großen Kopfschilden; kleiner Mund; feste Schädelkapsel. Maxillare steht quer zum Schädel, trägt als einziger Knochen Zähne (manchmal nur 2). Nur 1Oviduct. Nahrung Insekten; ca. 200 Arten, in warmen Ländern verbreitet. 3 Gattungen: *Ramphotyphlops, Rhinotyphlops, Typhlops* (Abb. 382g), *T. vermicularis* auf dem Balkan.

Leptotyphlopidae: Ähneln äußerlich und in Lebensweise den Typhlopiden. Schädelkapsel fest, Zähne nur am Dentale, kleiner Mund. Becken- und Hinterextremitätenreste vorhanden. Nur 1 Oviduct. Brille fehlt den rückgebildeten Augen. Nahrung vor allem Termiten, die ausgesaugt werden; 1 Gattung *(Leptotyphlops)*, mit etwa 100 Arten. Vor allem trockenere Gebiete Südost-Asiens, Afrikas und Amerikas.

Anomalepidae: unterirdisch, klein, Ober- und Unterkiefer mit Zähnen, Beckenrest fehlt meistens, linker Oviduct kann fehlen. Primitiv ist das auf sie beschränkte Vorkommen eines Jochbeines. Ca. 20 Arten; *Anomalepis* u. a., Mittel- und Südamerika.

c) **Familiengruppe Caenophidia** (Xenophidia): Hierher gehört die große Mehrzahl der rezenten Schlangen. Sehr vielgestaltig und in zahlreichen Lebensräumen (terrestrisch, baumlebend, unterirdisch, in Süß- und Salzwasser). Nur eine Carotis, nur rechte Lunge vorhanden. Ventralseite in voller Breite von Bauchschienen bedeckt; Rückenschuppen in 11 bis 45 versetzten Längsreihen; Kopfoberseite ursprünglich von 9 großen Schilden bedeckt. Beweglicher Schädel, keine Becken- und Extremitätenreste, Foramen opticum fast immer von Frontale, Parietale und Parasphenoid umgeben, hierher auch die Giftschlangen, von denen aber nur wenige dem Menschen schaden können. Systematische Gliederung noch umstritten.

Colubridae (Nattern): Größte und vielgestaltigste Schlangenfamilie (mindestens 2000 Arten), aber wohl keine monophyletische Verwandtschaftsgruppe. Zähne meist auf Maxillare, Pterygoid, Palatinum und Dentale, oft aglyphe Zähne und keine Giftdrüsen, opisthoglyphe Formen mit Giftdrüsen. Das Gift wird durch kauende Bewegungen in das Beutetier gebracht. Meistens werden Beutetiere durch Erdrosselung getötet. Viele Formen fressen alle Tiere, die sie überwältigen können, andere sind Nahrungsspezialisten. *Lampropeltis* frißt vor allem andere Schlangen, *Dasypeltis* Eier, *Pareas* und *Dipsas* Schnecken, *Homalopsis* und *Natrix* Fische und Frösche. Terrestrische Formen meist ovi-, aquatische meist ovovivi- oder vivipar. *Thamnophis* besitzt z. B. eine Placenta.

Xenodermatinae: Schuppen meist nebeneinander und nicht überlappend, aglyphe Zähne, oft nachtaktiv, Südost-Asien. *Xenodermus, Achalinus* u. a.

Lycodontinae (Wolfszahnnattern): Südamerika, Afrika, Süd- und Südost-Asien. Aglyph, aber mit verlängerten Fangzähnen. *Lycophidion, Lamprophis.*

Pareinae: kleine Formen mit breiten Köpfen und großen Augen. Aglyphe Zähne; Nahrung: kleine Tiere wie Schnecken, die sie mit den Zähnen aus dem Gehäuse ziehen können. Meist nachtaktiv. Südost-Asien. *Pareas* u. a.

Dipsadinae: ähnlich Pareinae, auch schneckenfressend, Mittel- und Südamerika. *Dipsas* u. a.

Calamariinae: Kleine, meist unterirdische Schlangen, aglyphe Zähne, Foramen opticum zwischen Frontale und Parasphenoid. Südost-Asien. *Calamaria* u. a.

Sibynophinae: Kleine elegante Schlangen mit Gelenk im Unterkiefer; aglyphe, einheitliche Zähne, Südost-Asien *(Sibynophis)* und Mittelamerika.

Xenodontinae: Vergrößerte, aber ungefurchte hintere Zähne. Fressen hauptsächlich Kröten. Mittel- und Südamerika. *Xenodon, Lystrophis* u. v. a.

Dasypeltinae: Fingerdicke, eierfressende Schlangen; sehr kleine Zähne; Unterkieferknochen locker miteinander verbunden, Hypapophysen (basale Fortsätze) der Halswirbel sehr lang, ragen in den Oesophagus, wo sie die verschluckten Eier zerbrechen. Die leere Eierschale wird ausgewürgt. *Dasypeltis* (tropisches und südliches Afrika), *Elachistodon* (mit einem oder zwei gefurchten und vergrößerten hinteren Zähnen, Indien).

Homalopsinae: Opisthoglyphe Schlangen mit aquatischen, terrestrischen und baumlebenden Formen. Die Wasserformen (*Enhydris, Cerberus, Erpeton* u. a.) können die äußeren Nasenöffnungen verschließen und besitzen kleine ventrale Schuppen. Meist nachtaktiv; die terrestrischen Formen wurden früher oft in eine eigene Unterfamilie (Boiginae) gestellt. Tropisches Amerika, Afrika, Südost-Asien, Nord-Australien.

Natricinae: Artenreiche Gruppe, die nur in Südamerika fehlt. Aquatische und terrestrische, aglyphe und opisthoglyphe, ovi- bis vivipare Arten. *Natrix*, meist an Wasser gebundene Nattern. In Mitteleuropa kommen zwei Arten vor, die Ringelnatter *(N. natrix)* und die Würfelnatter *(N. tessellata)*.

Ringelnatter *(Natrix natrix)*: Die Ringelnatter ist in Europa mit Ausnahme nordwestlicher Randregionen weit verbreitet. Bei uns wird sie selten einen Meter lang, in Südeuropa wurden jedoch größere Tiere gefunden, die gut 2 m lang waren.
Sie lebt bevorzugt in feuchten Habitaten, an Ufern von Teichen, Seen, Bächen und Flüssen, auch in Mooren. Gelegentlich findet man sie auch entfernt von Gewässern, so in lichten Wäldern und auf Friedhöfen. Sie kann gut schwimmen und ist recht scheu. Bei Gefahr sondert sie eine schlecht riechende, gelbe Flüssigkeit ihrer Analdrüsen ab. Sie kann sich auch totstellen, wobei sie schlaff und mit heraushängender Zunge am Boden liegt und kann sogar blutigen Speichel absondern.
Ab März/April verläßt sie ihre frostfreien Winterquartiere (Erdhöhlen, Baumstümpfe o. ä.). Bald darauf erfolgt die Paarung, die öfter in Paarungsgesellschaften stattfindet. Ende Juli werden von einem Weibchen bis zu 50 Eier abgelegt, vorzugsweise an feucht-warmen Stellen, wie Komposthaufen, Baumstubben o. ä. Die Jungschlangen schlüpfen nach ca. 1½ Monaten. Die Ringelnatter hat viele Feinde: Greife, Reiher, Taucher, Marder, Igel, Hecht u. v. a. Sie selber ernährt sich von Molchen, Fröschen, Kaulquappen, Fischen, gelegentlich sogar von Mäusen und Eidechsen.
Heute geht der Bestand der Ringelnatter aufgrund vieler forst-, land- und teichwirtschaftlicher Maßnahmen und der Verschmutzung der Gewässer und wegen der Seltenheit der Frösche stark zurück.

Die Würfelnatter ist vorwiegend im östlichen Mittelmeerraum verbreitet und erreicht bei uns ihre Nordgrenze. Sie kommt in Mitteleuropa an wenigen Fließgewässern in Rheinland-Pfalz vor und lebt von Fischen. *Thamnophis* (Strumpfbandnatter, «garter snakes»), vivipar, Nordamerika. *Rhabdophis* (Tigernatter), opisthoglyph, Ostasien, können dem Menschen gefährlich werden.

Colubrinae: Schwer von voriger Gruppe abzugrenzen, ebenfalls große kosmopolitische Unterfamilie: *Coluber* (Zornnatter, bis 3 m lang, Südeuropa). *Elaphe* (Kletternatter) mit der mediterranen *E. longissima* (Äskulapnatter), auch in Mitteleuropa, wo die Nordgrenze der Verbreitung erreicht wird. Äskulapnattern kommen bei uns nur in wenigen, voneinander isolierten Restpopulationen an Trockenstandorten vor. Mit 1,8 m Länge übertreffen sie andere einheimische Schlangenarten an Länge. Können im Geäst von Sträuchern klettern; dringen als Kulturfolger auch in menschliche Siedlungen ein. Manche *Elaphe*-Arten fressen Eier und besitzen wie *Dasypeltis* verlängerte Hypapophysen; *Coronella* (Schling- und Glattnattern), Süd- und Mitteleuropa. Bei uns kommt *C. austriaca* an sonnenexponierten Standorten vor. Sie erreicht 80 cm Länge und lebt fast ausschließlich von Reptilien, die durch Umschlingen getötet werden. *Chrysopelea* («fliegende Schlange»), baumlebende Form, die durch die Luft gleiten kann, *Dispholidus* (Boomslang), Afrika, opisthoglyph mit Blutgift, kann dem Menschen gefährlich werden. *Malpolon* (Eidechsennatter), Südeuropa, Nordafrika, opisthoglyph mit wirksamem Gift.

Aparallactidae (auch Atractaspididae): unterirdische Schlangen mit vorn gelegenen, gefurchten oder solenoglyphen Zähnen; *Atractaspis* mit großen Giftdrüsen; ca. 40 Arten, Afrika, Mittlerer Osten.

Elapidae (Giftnattern): In diese Familie werden die giftigen Kobras, Mambas, Kraits, Korallenschlangen und Seeschlangen gestellt. Ca. 250 Arten. Giftzähne liegen vorn im Kiefer (proteroglyphe Formen). Giftzähne, von Kanal durchbohrt, bleiben, im Gegensatz zu denen der Vipern, stets in gleicher Stellung; die verschmolzenen Ränder der eingesunkenen Giftrinne als Längsnaht sichtbar.

Hinter dem funktionellen Giftzahn mehrere nachwachsende Giftzähne und einige aglyphe Zähne. Die Zahnzahl nimmt innerhalb der Familie ab, ursprüngliche Formen (*Demansia*, Australien) besitzen noch bis 17 Zähne, die Kobras 2–5, die Korallenschlangen nur noch 1–2 Zähne pro Oberkieferhälfte. Gifte meist neurotoxisch.

Elapinae: heterogene Gruppe, die wahrscheinlich weiter unterteilt werden muß. Gesamte Subtropen und Tropen, vor allem in Australien, in Europa fossil aus Mio- und Pliozän *(Palaeonaja)*. Mehrere Arten *(Ophiophagus, Bungarus* u. a.) fressen Schlangen. *Naja* (Abb. 382 d). *Naja naja* (Indische Kobra, Brillenschlange) mit typischem Drohverhalten: Der Hinterrumpf wird eingerollt, der Vorderrumpf erhoben und die Rippen des Halses abgespreizt. Durch ihren Biß sterben in Indien, Sri Lanka und Myanmar (die Länder mit den meisten Todesfällen durch Schlangenbisse) jedes Jahr zahlreiche Menschen. Die Brillenzeichnung fehlt manchen Unterarten. Speikobras in Afrika (z. B. *Hemachatus*) und Asien (*Naja*-Arten) können ihr Gift in die Augen ihrer Feinde spritzen. *Ophiophagus hannah* (Süd- und Südost-Asien, Königskobra, bis 5,5 m lang); *Bungarus* (Kraits, im Querschnitt dreieckig, helldunkel gebändert); *Boulengerina* (afrikanische Wasserkobras); *Dendroaspis* (Mamba, Afrika; Abb. 382 a); *Maticora* (Giftdrüsen reichen bis zum Ende des 1. Körperdrittels, Südost-Asien); *Micrurus* (Korallenschlangen, Amerika).

Hydrophiinae (Seeschlangen und Australnattern): Ins Meer gegangener Zweig der Elapiden, der in Australien möglicherweise sekundär wieder zum Landleben übergegangen ist. Bei Seeschlangen haben Mundhöhle und Kloake auch Atmungsfunktion. Die Lunge ist außerordentlich lang und reicht bis zum After. Körper oft seitlich abgeflacht, äußere Nasenöffnungen können meist verschlossen werden, Zunge relativ kurz, ventrale Schuppen meist klein oder rückgebildet, meist ovi- oder ovovivipar. Primitive Formen (z. B. *Laticauda*) legen Eier an Land ab und besitzen noch relativ breite Bauchschuppen. Sehr wirksames Gift. Oft in Küstennähe; Indopazifik. Von Menschen verfolgt (Fleisch, Haut, Eier). *Pelamis* von Madagaskar bis Pazifikküste Amerikas; *Lapemis*, *Microcephalophis* (Abb. 382 c), *Enhydrina*, *Astrotia* u. a. In Australien und z. T. auch auf Neuguinea *Oxyuranus* (Taipan); *Acanthophis* (Todesotter), *Denisonia* u. a.

Viperidae (Ottern, Vipern, Grubenottern): Ähneln strukturell den Elapiden, sind mit ihnen jedoch nicht näher verwandt. Schädel und Giftinjektionsapparat besonders hoch entwickelt. Erst seit Miozän bekannt. Solenoglyphe Formen, infolge des verkürzten Maxillare liegen die Giftzähne vorn. Maxillare hoch und drehbar mit Praefrontale und Ectopterygoid verbunden. Giftzahn in Ruhe nach hinten geneigt, bei Biß wird Maxillare nach vorn gedreht und der Zahn aufgerichtet. Nach dem raschen Biß und der Giftinjektion zieht sich die Schlange meist zurück und wartet die Giftwirkung ab. Meist haemorrhagische Gifte. Pupille vertikal, bei *Causus* rund. Ca. 180 Arten.

Causinae (Krötenottern): Afrika, nur *Causus*; natternartige Kopfbeschildung; primitive Gruppe mit runder Pupille, nachtaktive Froschfresser.

Viperinae (echte Vipern): kräftige Tiere mit kurzem Schwanz und oft breitem Kopf, bis 2 m lang (*Bitis gabonica*), die Männchen mancher Arten, z. B. der Kreuzotter, führen im Frühjahr Rivalitätskämpfe aus. Eurasien, Afrika. Hierher gehört die am weitesten verbreitete Giftschlange, die Kreuzotter (*Vipera berus*, Abb. 399 p).

Kreuzotter (*Vipera berus*): Die Kreuzotter wird 60–80 cm lang und kommt von Westeuropa bis an den Pazifik vor. In Skandinavien ist sie bis über den Polarkreis hinaus verbreitet. Sie bevorzugt feuchte Habitate wie Moore, im Gebirge auch Bergwiesen mit steinigen Plätzen. Weiterhin kommt sie an Bahndämmen, in Schonungen, an Waldrändern, an Bachufern u. ä. vor. Sie benötigt Plätze zum Sonnen. Sie ist eine tagaktive Schlange. Bei Bedrohung versucht sie zunächst zu entfliehen, kann sich aber auch aufrichten, zischen und in die Luft beißen. Menschen werden i. a. nur gebissen, wenn sie die Schlangen treten oder anfassen. Bisse sollten dringend ärztlich behandelt werden. Die Winterruhe wird oft in Gemeinschaftsquartieren verbracht und bei uns schon im März beendet. Im nördlichen Skandinavien kann sie 8 Monate dauern, so daß sie hier einen zweijährigen Fortpflanzungszyklus hat. Bei uns erfolgt die Paarung im April/Mai; Männchen führen Rivalitätskämpfe aus. Das Weibchen bildet eine Placenta aus und gebiert von August bis Oktober gut 10 bis 20 cm lange Junge; große alte Weibchen können bis zu 20 Junge zur Welt bringen. Die Jungen beginnen schon 1 Woche nach der Geburt zu jagen und fangen z. B. kleine Braunfrösche. Die Geschlechtsreife wird nach 3–4 Jahren erreicht. Feinde sind Greifvögel, Rabenvögel, Störche, Hühner, Igel und Iltis. Ihre Nahrung setzt sich v. a. aus Mäusen, Braunfröschen, Jungvögeln und Waldeidechsen zusammen.

Umweltveränderungen und gezielte Ausrottungskampagnen haben die Kreuzotter selten werden lassen. Sie steht, ebenso wie die anderen Reptilien, in den Ländern der Europäischen Union unter Schutz.

Aspisviper (*V. aspis*; Abb. 382 e) im Norden bis Südschwarzwald, Sandotter (*V. ammodytes*), Wiesenotter (Spitzkopfotter, *V. ursinii*), alle mit Placenta. *Echis* (Sandrasselotter), Nord-Afrika bis Indien, *Cerastes* (Hornviper), Nordafrika, Südwest-Asien, *Atheris* (Baumotter), Afrika, *Bitis* (Puffotter), Afrika.

Azemiopinae (Fea-Vipern). Südost-Asien, nur 1 Art (*Azemiops feae*), die nach biochemischen Befunden eine primitive Verwandte der Grubenottern ist. Natternartige Kopfbeschilderung, senkrechte Pupille, Bergwaldbewohner.

Crotalinae (Grubenottern): mit Wärme-

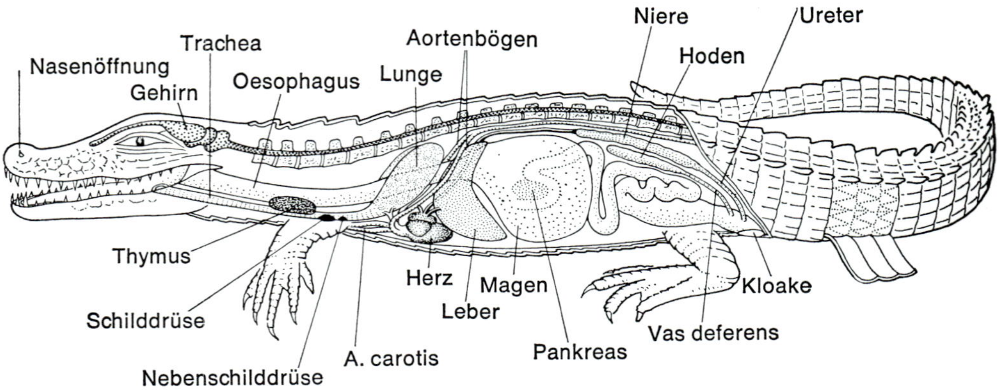

Abb. 383: Körperbau eines Krokodils. Nach Storer, Usinger

strahlung recipierenden Grubenorganen beidseitig am Kopf (Abb. 377d). Auch Viperinae besitzen sehr temperaturempfindliche Receptoren, deren Lokalisation aber noch unklar ist. Z. T. sehr giftig, ovi- oder ovovivipar, Männchen mit Rivalitätstänzen. Asien bis Indonesien, Mehrzahl der Arten in der Neuen Welt.

Agkistrodon (amerikanische Dreiecksköpfe), Nordamerika; *Gloydius* (asiatische Dreiecksköpfe), nördliches und östliches Asien; *Lachesis* (Buschmeister), bis 3,75 m lang, Südamerika; *Trimeresurus* (asiatische Lanzenottern), Südasien, *Bothrops* (amerikanische Lanzenottern), Mittel- und Südamerika, *Sistrurus* (Zwergklapperschlangen), Nord- und Mittelamerika; *Crotalus* (Klapperschlangen; Abb. 382f), Amerika.

c. Archosauria

Die Archosaurier sind die beherrschende Reptiliengruppe des Mesozoikums. Kennzeichnend sind: der diapside Schädel, die in Alveolen stehenden (thecodonten) Zähne und die Tendenz zum bipeden Gang, die mit zahlreichen Veränderungen in Becken- und Extremitätenskelet verbunden ist. Im Schädel tritt oft ein Fenster vor der Orbita auf (Antorbitalfenster, dadurch «triapsider» Schädel). Ein Parietalauge fehlt i. a. Im Unterkiefer erscheint ein Fenster zwischen Dentale, Angulare und Supraangulare. Am Ende des Mesozoikums starben fast alle Archosaurier aus.

1. Ordnung: Thecodontia

Grundgruppe aller Archosaurier. Thekodonte Zähne. Trias. 4 Unterordnungen. 1. Proterosuchia, primitiv, quadruped. 2. Pseudosuchia (*Euparkeria* u. a.), Zentralgruppe, eidechsenähnlich, oft bereits mit Andeutung der Bipedie. 3. Aetosauria, meist gepanzert. 4. Phytosauria, weltweit verbreitet, ähneln habituell den Krokodilen, ihre Nasenöffnung steht jedoch erhöht fast zwischen den Augen.

2. Ordnung: Crocodilia (Krokodile)

Mittelgroße bis große Reptilien (Abb. 383) mit massigem Kopf und langer Schnauze, kurzen Extremitäten und kräftigem, seitlich abgeflachtem Ruderschwanz. Leiten sich wahrscheinlich von bipeden Formen ab, ontogenetisch läßt sich noch zeigen, daß die Hinterbeine erst größer sind als die Vorderbeine, Pubis nicht am Acetabulum beteiligt, Clavicula fehlt. Schädel mit 2 Jochbögen und Schläfenfenstern. Großer, sekundärer, knöcherner Gaumen, Zähne stehen in Alveolen (Thecodontie); Haut mit Horn- und Knochenschuppen (auch im oberen Augenlid Knochenschuppe). Die verschließbaren äußeren Nasenöffnungen liegen leicht erhöht an der Schnauzenspitze. Das Trommelfell ist von beweglichen Hautfalten geschützt. Kloakenöffnung wie bei Schildkröten längsverlaufend. Einfacher Penis. Hochentwickeltes Gehirn mit Neocortex. Herz vierkammerig, linkes

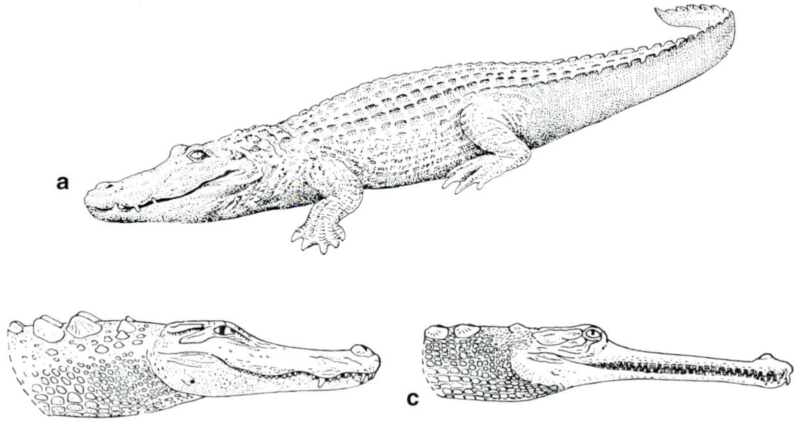

Abb. 384: Krokodile. a. *Crocodylus* (Nilkrokodil), b. *Alligator*, c. *Gavialis* (Gavial). Nach Herter und Schmeil

und rechtes Herz bis auf das verschließbare Foramen Panizzae an der Basis der Aortenbögen vollständig getrennt. Wie bei Vögeln ist ein Muskelmagen ausgebildet. Amphibische Lebensweise, Eiablage an Land, Eier werden oft von Weibchen bewacht. Ungünstige Perioden können im Schlamm eingegraben überdauert werden, z. B. bei Kälte in Nord-Amerika. Fleisch-, z. T. Aasfresser. Langschnauzige Formen *(Tomistoma, Gavialis)* leben vorwiegend von Fischen, andere Arten erbeuten oft Landtiere, die ins Wasser gezerrt und ertränkt werden. Sie vermögen auf dem Land kurze Strecken sehr rasch zu laufen, wobei der Rumpf hoch über dem Boden gehalten wird. Erwachsene haben nur den Menschen als Feind, der sie in vielen Gegenden stark dezimiert oder sogar ausgerottet hat. 2 Entwicklungsrichtungen: Formen mit breiter, relativ kurzer Schnauze und Formen mit langer Schnauze und Unterkiefersymphyse. Leiten sich von triassischen Thecodontiern ab. Protosuchia mit dem noch relativ hochbeinigen *Protosuchus* sind die ersten Krokodile aus der späten Trias.

Mesosuchia: Jura, Kreide, Hinterbeine noch relativ lang, sekundärer knöcherner Gaumen noch weniger entwickelt als bei rezenten Formen, Antorbitalfenster oft noch vorhanden. Zahlreiche marine Arten mit Ruderfüßen und Schwanzflosse.

Sebecosuchia: Eigenlinie (Kreide, Tertiär) mit hohem, schmalem Schädel.

Eusuchia: hochentwickelte Krokodile, rezent 21 Arten in folgenden Familien.

Crocodylidae: Süß- und Salzwasser, ruffreudig. Alle rezenten Krokodile sind in ihrem Bestand stark gefährdet (Gewinnsucht der Leder- und Andenkenindustrie u. a.). *Crocodylus* (Abb. 384 a), breit- *(C. palustris)* und schmalschnauzige *(C. cataphractus)* Arten, *C. porosus* (Leistenkrokodil) bis 8,5 m lang von S- über SO-Asien bis Nord-Australien; oft in Farmen gehalten. *Osteolaemus*, Stumpfkrokodil, Afrika.

Alligatoridae (Abb. 384 b): breitschnauzige Neuweltgattungen *(Alligator [A. mississippiensis*, Südosten der USA, und *A. sinensis*, Unterlauf des Yang-tse-Kiang], *Caiman, Melanosuchus, Paleosuchus);* außer einer verschiedenen Bezahnung und einer hohen molekulargenetischen Distanz sind keine tiefgreifenden Unterschiede zu den anderen Krokodilen vorhanden.

Gavialidae: die Errichtung dieser Familie ist umstritten. Nach biochemischen Untersuchungen 2 Arten, der Gangesgavial (*Gavialis gangeticus*, Abb. 384 c) im nördlichen Indien und Burma; sehr lange und schmale Schnauze, vor allem Fischfresser, vereinzelt bis 7 m lang, und der Sundagavial *(Tomistoma schlegeli)* in Malaya, Sumatra und Borneo.

3. Ordnung: Pterosauria (Flugsaurier)

Späte Trias *(Eudimorphodon)*, Jura, Kreide; Funde stammen fast alle aus marinen Ablagerungen, so daß vermutet wird, daß sie vor allem fliegende Bewohner der Meere waren. Ty-

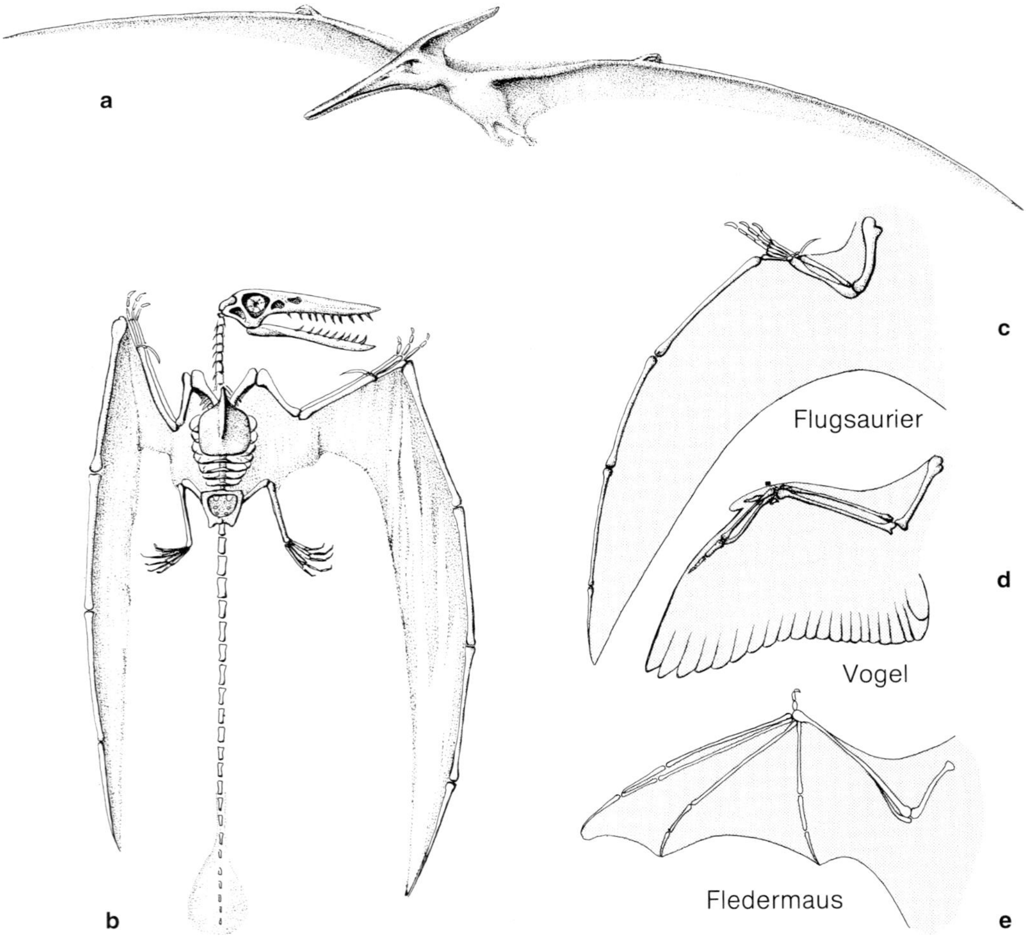

Abb. 385: a. *Pteranodon* (Flugsaurier), b. *Rhamphorhynchus* (Flugsaurier), c–e. Flügel fliegender Wirbeltiere

pische Archosaurierschädel, aber wie bei Vögeln Tendenz zum Verschmelzen der Knochennähte. Große Augen, Zähne, wenn vorhanden, kräftig und manchmal nach vorn gerichtet, kurzer Rumpf, Schwanz unterschiedlich lang. Sternum mit Kamm. Wie Fledermäuse Flughautflieger, Armskelet mit luftgefüllten Hohlräumen. Dermale Schultergürtelknochen (Clavicula etc.) fehlen, nur Scapula und Coracoid vorhanden. Bei einigen Pterosauriern erreicht die Scapula sogar eine Grube an der Seite einiger verschmolzener Rückenwirbel. Hauptstütze der Flügel ist der 4. Finger, die ersten drei sind kurz und tragen Krallen, der 5. ist rückgebildet. Schlanke, relativ schwache Beine, die kaum ein normales Gehen ermöglicht haben. Die Flügelkonstruktion war relativ einfach und erlaubte den Tieren vermutlich kein so geschicktes Fliegen, wie es von den Vögeln bekannt ist. Die große Flughaut, die nur von einem Finger gestützt wurde (bei Fledermäusen von 4 Fingern), erlaubte den großen Formen wohl vorwiegend einen Gleit- und Segelflug; die kleineren Arten waren vermutlich aktive Flieger. Möglicherweise hielten sich die Tiere nur selten am Boden auf und hingen häufig wie Flughunde an Zweigen und Felsvorsprüngen. Die kleineren Formen bewegten sich am Boden wohl mit allen 4 Extremitäten, vielleicht sogar biped fort. Die Endhirnhemisphären waren re-

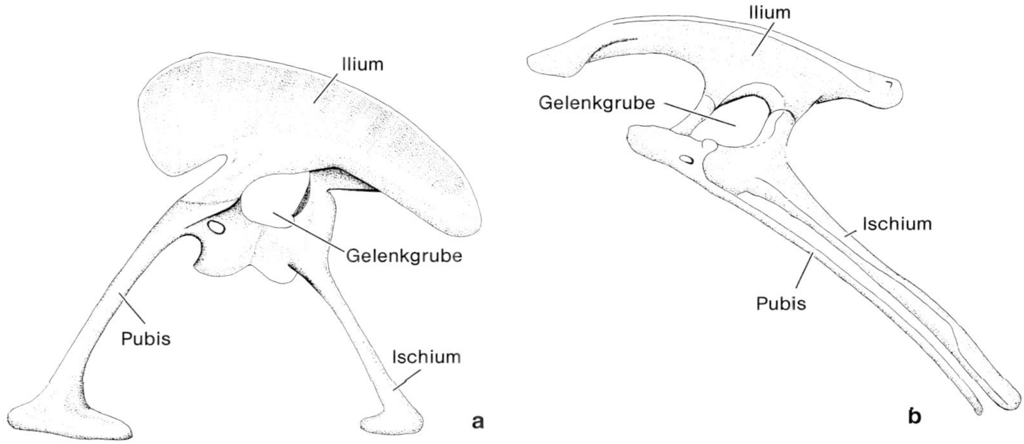

Abb. 386: Dinosaurier-Becken. a. Saurischia *(Ceratosaurus)* b. Ornithischia *(Heterodontosaurus)*

lativ groß, die Riechanteile reduziert. Wie bei Vögeln waren die Hemisphären des Mittelhirndaches zur Seite gedrängt. Möglicherweise waren die Tiere endotherm und besaßen vollständig getrennte Herzhälften. Der Körper war mit dicht stehenden, feinen haarähnlichen Schlauchschuppen bedeckt.

1. Unterordnung: Rhamphorhynchoidea. Späte Trias, Jura; langer Schwanz, meist zahlreiche Zähne (Abb. 385b). *Eudimorphodon, Rhamphorhynchus.*

2. Unterordnung: Pterodactyloidea. Kreide; sperlingsgroß bis 15 m Spannweite, *Pterodaustro* mit auffallend vielen, zarten Zähnen, mit denen u. U. Nahrung ausgeseiht wurde. *Pteranodon*, bis 8 m Spannweite, eigenartiger Schädel mit langem, nach hinten geneigtem Knochenfortsatz und langem, zahnlosem Schnabel (Abb. 385a). *Quetzalcoatlus*, bis 15 m Spannweite, *Pterodactylus*, singvogelgroß.

Die beiden folgenden Ordnungen, Saurischia und Ornithischia, bilden z. T. sehr große Formen aus. Sie werden als **Dinosaurier** bezeichnet. Eine frühe Dinosauriergruppe, die Herrerasauria aus der Trias, kann weder den Ornithischia noch den Saurischia zugeordnet werden.

4. Ordnung: Saurischia

Dreistrahliges Becken (Abb. 386a) wie bei Thecodontiern: Ilium verbindet sich mit Sacralwirbeln, Pubis weist schräg nach vorn unten, Ischium nach schräg hinten, der Schädel besaß i. a. große Antorbitalfenster, die primitiven Formen waren biped und carnivor, jedoch entstanden auch große quadrupede, amphibisch lebende Pflanzenfresser.

1. Unterordnung: Theropoda: Biped, carnivor, Spät-Trias, Jura, Kreide. Familiengruppe Coelurosauria: kleine (bis 3 m große), langschwänzige Formen mit vogelartigen Füßen, *Coelophysis, Compsognathus, Ornitholestes.* Ornithomimosauria und Oviraptosauria, zahnlose, bis ca. 6 m *(Deinocheirus)* große Tiere, die habituell Straußen ähnelten, aber lange Arme und Schwänze hatten. Nahrung u. a. Eier anderer Saurier. *Struthiomimus* (Abb. 387b), *Oviraptor, Dromiceiomimus* (relativ große Augen und großes Gehirn). Saurornithoidida, *Stenonychosaurus* (ca. 2 m lang), ungewöhnlich großes Gehirn und gut entwickelte Sinnesorgane. Deinonychosauria (Dromaeosauria), großköpfige carnivore Saurier mit relativ langen Armen, großer, sichelförmiger zweiter Zeh, vermutlich schnelle Läufer. *Velociraptor* (1,8 m lang, Abb. 388a), *Deinonychus* (3–3,3 m lang); *Troodon* (2 m lang), ein vogelartiger Saurier mit großem Gehirn, riesigen Augen und binokularem Sehvermögen. Die Deinonychosaurier sind möglicherweise mit den Vögeln näher verwandt. Carnosauria, große, schwere Theropoda mit gewaltigem Gebiß, die im Laufe ihrer Evolution die Arme verkürzten; möglicherweise unnatürliche Gruppe. *Allosaurus* (12 m lang), *Ceratosaurus* (6 m lang, Abb.

Abb. 387: Dinosaurier. a. *Ceratosaurus*, b. *Struthiomimus*, c. *Tuojiangosaurus*. Nach Norman

387a); *Tyrannosaurus* (14 m lang), *Albertosaurus* (9 m lang).

2. Unterordnung: Sauropoda (Sauropodomorpha): Trias, Jura, Kreide, sekundär quadrupede Formen. Pflanzenfresser von z. T. ungewöhnlich großen Ausmaßen, hierher gehören die größten landlebenden Tiere überhaupt. Der Schädel bleibt relativ klein, die äußeren Nasenöffnungen waren oft erhöht und lagen zwischen den Augen.

Die ältesten Formen (Trias bis Jura) werden als Prosauropoda zusammengefaßt. Es waren die ersten pflanzenfressenden Dinosaurier. Zu dieser vielgestaltigen Gruppe gehören 20 cm *(Mussaurus)* bis ca. 8 m *(Plateosaurus)* große Formen. Bei einigen wurden Magensteine gefunden, die vermutlich der Zerkleinerung der pflanzlichen Nahrung dienten.

Die großen Formen werfen hinsichtlich ihrer Lebensweise noch viele Fragen auf. Lange Zeit wurde vermutet, daß sie amphibisch lebten (gewaltiges Körpergewicht, z. T. hochgelegene äußere Nasenöffnungen u. a. begünstigen diese Interpretation). Neuere, detaillierte anatomische Untersuchungen der Extremitäten, des Thorax und der Zähne sowie Überlegungen zur Physiologie der Atmung – in ca. 10–12 m Tiefe würde der Wasserdruck auf den Thorax die Atmung behindern – sprechen eher für eine terrestrische Lebensweise. Mit giraffenartigen langen Hälsen erreichten sie auch Laub von hohen Zweigen. Ihre Extremitäten zeigen Übereinstimmung mit denen von Elefanten. Die Köpfe – und damit auch die Gehirne – waren relativ klein. Der Wirbelkanal war im Sacralbereich erweitert und barg vermutlich eine Auftreibung des Rückenmarks, die die gewaltigen Hinterextremitäten versorgte. Die großen Wirbel bestanden oft nur aus einem Knochenspangengerüst. Diplodocidae mit *Apatosaurus* (21 m lang, Gewicht ca. 30 Tonnen), *Diplodocus* (27 m lang), *Brachiosaurus* (12 m hoch, 22,5 m lang, Gewicht ca. 50 Tonnen), *Camarasaurus* (Abb. 388 d, 18 m lang), *Ultrasaurus* (ca. 30 m lang), *Supersaurus* (25–30 m lang, 16,5 m hoch), *Vulcanodon* (6,5 m lang), *Saltasaurus* (ca. 12 m lang, mit Knochenschuppen), *Titanosaurus, Cetiosaurus*. Verschiedene andere Gruppen.

3. Unterordnung: Segnosauria. Bipede, zahnlose Saurier (5–9 m lang) mit Schnabel, die im Becken Merkmale der Ornithischia und der Saurischia kombinieren. Bekannt aus der Oberkreide, doch vermutlich weit älter.

5. Ordnung: Ornithischia

Mannigfaltige herbivore Dinosauria mit vogelähnlichem Becken (Abb. 386 b), Unterkiefer mit hornbedeckter Spitze, die von eigenem Knochen (Prädentale) gebildet wird, in der Orbita oft eigener Knochen (Palpebrale). 5 Unterordnungen:

1. Unterordnung: Ornithopoda: Trias bis Obere Kreide, klein bis mittelgroß; mit Fabrosaurida, Heterodontosaurida, Hypsilophodontida, Iguanodontida (mit *Iguanodon*, Abb. 388 b, der bis 10 m lang wurde) und Hadrosaurida (bis 13 m große Saurier mit sehr variabler Kopfform: Schnabelbildungen, Scheitelleisten, Hornbildungen u. ä.).

2. Unterordnung: Ceratopsia: Kreide, Kiefer zu kräftigen Schnäbeln umgebildet, mit Psittacosauria, Protoceratopida, Ceratopida (mit Hornbildungen am Kopf und z. T. großen, phantastisch geformten Nackenschilden), *Triceratops*, 9 m (Abb. 388 c).

3. Unterordnung: Pachycephalosauria: Kreide; bis zu 8 m lange Saurier mit auffälligen Knochenverdickungen am Schädel, der halbkugelförmig aufgewölbt sein konnte (spielten möglicherweise bei Rivalitätskämpfen eine Rolle).

4. Unterordnung: Stegosauria: Jura, Kreide; große tetrapode Ornithischia mit Doppelreihen von Stacheln oder dreieckigen Knochenplatten entlang dem Rücken und Schwanz; schmale, flache Köpfe, schwaches Gebiß, an der Schnauzenspitze hornbedeckter Schnabel. *Tuojiangosaurus* (6 m lang, Abb. 387 c), *Stegosaurus* (6–7,5 m lang).

5. Unterordnung: Ankylosauria: Jura, Kreide; Saurier mit Hautpanzer; mit Nodosaurida und Ankylosaurida (bis 6 m lang), am Schwanzende kugelförmige Knochenverdikkungen. Möglicherweise zählt auch *Scelidosaurus*, der manchmal in eine eigene Unterordnung gestellt wird, zu den Ankylosauria.

d. Theropsida (Theromorpha, Synapsida, säugerähnliche Reptilien)

Seit dem Karbon läßt sich die artenreiche Reihe der Theromorpha verfolgen, die schließlich in die Säuger einmündet. Sie entstammt den Cotylosauriern, also der Basisgruppe der Reptilien, und zwar den Captorhinomorpha. Im Perm bildeten sie die beherrschende Reptiliengruppe, am Ende der Trias starben sie aus, nachdem sich aus ihnen die Säuger entwickelt hatten. Kennzeichnend ist der Schädel, der das eine, auch für Säuger typische Schläfenfenster besitzt, das unten von einem Jochbogen aus Jugale und Squamosum begrenzt wird (synapsider Schädel). Oben wird es von Postorbitale und Squamosum begrenzt. Es ist ursprünglich klein und seitlich gelegen, vergrößert sich aber bei den höheren Formen, dehnt sich nach oben aus und kann das Parietale erreichen. Das Parietalauge war meist vorhanden. Im Schultergürtel treten 2 Coracoide (ein neues hinteres Postcoracoid und das alte vorn gelegene Procoracoid) auf. Die älteren und primitiveren Formen werden in der Ordnung Pelycosaurier zusammengefaßt, die höheren bilden die Ordnung der Therapsida.

Pelycosauria (manchmal auch allein Thero-

Abb. 388: Dinosaurier. a. *Velociraptor*, b. *Iguanodon*, c. *Triceratops* mit Pflanzennahrung im Maul, d. *Camarasaurus*. Nach Norman

morpha genannt). Späteres Karbon und Perm Nord-Amerikas und Europas. Zahlreiche Familien primitiv gebauter Reptilien, unter denen es Fleisch- und Pflanzenfresser gab. Ursprüngliche Formen wie *Archaeothyris* waren klein und eidechsenähnlich, andere erreichten Größen bis ca. 4 m. Auffällig ist, daß verschiedene Gattungen extrem lange Dornfortsätze an den Wirbeln entwickelten, die vermutlich ein großes Rückensegel stützten. 3 Unterordnungen: **Ophiacodontia** (carnivor, *Varannosaurus*, *Ophiacodon*); **Sphenacodontia** (carnivor, *Di-*

metrodon); **Edaphosauria** (meist herbivor, niedrige abgerundete Zähne, vereinzelt mit zahnbesetzten Kauplatten im Mund, *Edaphosaurus*).

Therapsida. Sehr vielgestaltige Gruppe mit mehreren hundert Gattungen vor allem des späteren Perms und der Trias. Leiten sich vermutlich von den Sphenacodontia ab und bilden zwei Unterordnungen, die von der Primitivgruppe **Phthinosuchia** ausgehen.

1. Die **Anomodontia** entwickeln große, plumpe Formen, oft Herbivorie. Den oberen Anteil des Kiefergelenks bildet ein vertikaler, zum Squamosum gehörender Fortsatz des Schädels; das Kiefergelenk liegt dadurch sehr tief. Eine Gruppe, die Dicynodontier, reduzierten das Gebiß und besaßen einen kräftigen, von Hornscheiden bedeckten Schnabel, ähnlich dem der Schildkröten und Vögel. Sie starben ohne Nachkommen aus. Dinocephalia, Dromasauria, Dicynodontia.

2. Die **Theriodontia** nähern sich zunehmend den Säugern. Diese Annäherung erstreckt sich auf die Vorherrschaft des Dentale im Unterkiefer, die Bildung eines sekundären Gaumens vom Säugertyp, das Einrücken des Vomers in die für Säuger typische Lage in der Nasenscheidewand, die Bildung kompliziert gebauter Zähne und eines einmaligen Zahnwechsels, die Form des Beckens, des Schultergürtels, die Anordnung der Extremitäten, die nicht mehr vom Körper abstehen, sondern neben und unter den Körper gerückt werden, wobei das Ellenbogengelenk nach hinten und das Kniegelenk nach vorn weist, u. a. Diese Umänderungen lassen sich auf folgende biologische Besonderheiten zurückführen: Verarbeitung der Nahrung durch Kauen in der Mundhöhle mit entsprechender Muskulatur und neue Art der Fortbewegung durch Einwärtslagerung der Extremitäten. Bei solchen biologisch bedingten Umkonstruktionen sind Parallelentwicklungen nicht selten. Die Annäherung an den Fußbau der Säuger erfolgt bei einer Gruppe, den Bauriamorpha, schneller als bei einer anderen, den Cynodontia. Erstere reduzieren die Gliedzahl der Zehen rasch auf 2.3.3.3.3, während letztere noch lange die alte Zahl 2.3.4.5.3 bewahren. Im Schädelbau nähern sich die Cynodontier etwas stärker den Säugern als die Bauriamorpha. Der Musculus massetericus, ein kräftiger Kaumuskel, wandert mit seinem Ansatz ganz auf das Dentale über und gibt so das Angulare für die neue Funktion als Knochenring um das Trommelfell frei.

2 Entwicklungszweige mit mehreren Familiengruppen lassen sich unterscheiden. Der erste beginnt mit den Gorgonopsia und führt über die Cynodontia vermutlich zu den Tritylodontia und Ictidosauria. Der zweite beginnt mit den Theriocephalia und führt zu den Bauriamorpha. Wahrscheinlich waren alle Formen carnivor.

Die **Gorgonopsia** weisen noch primitive Merkmale auf (kein sekundärer knöcherner Gaumen, Palatinum noch mit Zähnen, noch 1 Condylus u. a.). Die **Cynodontia** besitzen bereits einen sekundären knöchernen Gaumen, ein stark vergrößertes Dentale, 2 Condylen, aber noch eine Knochenspange hinter der Orbita. *Cynognathus, Thrianoxodon.* Einem späteren Seitenzweig der Cynodontia gehört *Probainognathus* an, eine Form, die wie *Diarthrognathus* ein doppeltes Kiefergelenk (s. u.) besaß (Abb. 389 b).

Die noch recht primitiven **Theriocephalia** ähneln den Gorgonopsia, sind aber oft größer und führen zu den **Bauriamorpha**, einer recht hochentwickelten Gruppe mit vielen Parallelbildungen zu den Cynodontia; die Orbita war hinten bereits zur Schläfengrube geöffnet. *Bauria.*

Tritylodontia und **Ictidosauria** zeigen die größte Annäherung an die Säuger, zu denen die Tritylodontier mit *Tritylodon* auch zunächst gerechnet wurden. Heute ist durch besseres Fundmaterial, z. B. von *Bienotherium* und *Oligokyphus*, bekannt, daß es sich bei den Tritylodontiern noch um Theriodontia mit engeren Beziehungen zu den Cynodontia handelte. Das Dentale reicht zwar dicht an das Kiefergelenk heran, bildet es aber noch nicht. Säugermerkmale sind: Die Backenzähne sind mehrwurzelig, Prae- und Postfrontale fehlen, Wirbelkörper nicht mehr amphicoel, sondern biplan, Axis mit Zahn. Diese Tiere lebten in der Oberen Trias und im Jura und wurden in vielen Erdteilen gefunden. Als eigentliche Ahnen der Säuger scheiden sie durch die hohe Spezialisierung des Gebisses aus: Vorn befinden sich einige Incisivi, von denen die 2. meist sehr groß sind, es folgen ein weiteres Diastema und eine Reihe von gleichartigen Backenzähnen, deren Krone 2–4 Reihen von Höckern trägt. Eher sind die Vorfahren der Säuger unter den Ictidosauriern zu finden, die aus der späten Trias

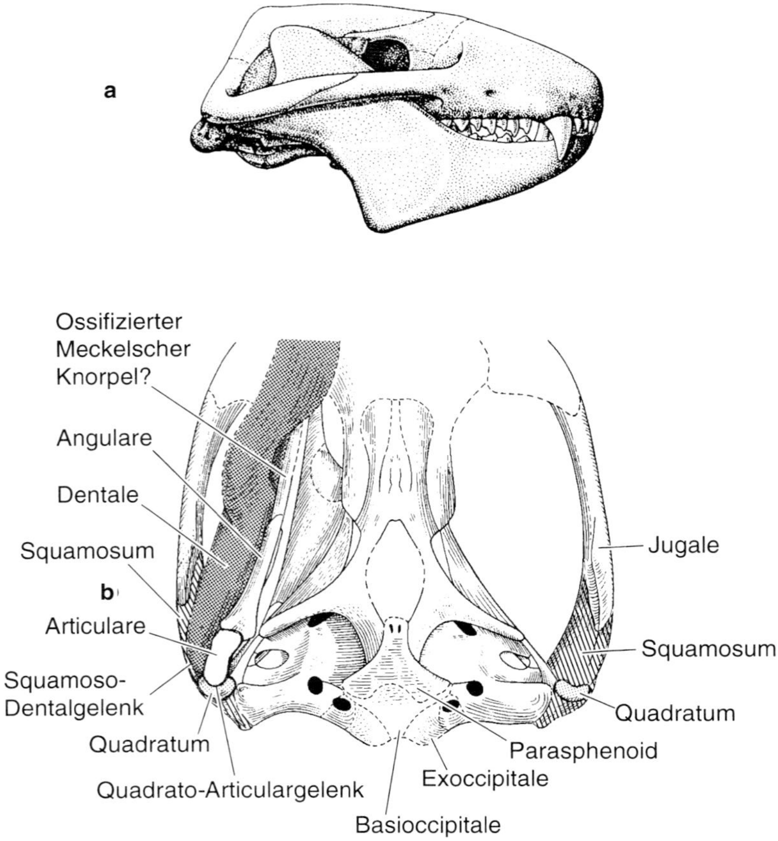

Abb. 389: *Diarthrognathus broomi* (Ictidosauria). a. Seitenansicht des Schädels. b. Schädel von basal, links ist der Unterkiefer entfernt. Nach Crompton

Südafrikas stammen. Nur eine Gattung, *Diarthrognathus*, ist genauer bekannt. Diesem Tier fehlten die Gebißspezialisationen der Tritylodontier, und es besaß ein doppeltes Kiefergelenk, innen das primäre zwischen Quadratum und Articulare, außen das sekundäre zwischen Squamosum und Dentale (Abb. 389b). Ein ganz ähnliches doppeltes Kiefergelenk wurde für *Probainognathus* nachgewiesen. *Probainognathus* ist etwas älter als *Diarthrognathus* und läßt sich als hochentwickelter Cynodontier beschreiben. *Diarthrognathus* und *Probainognathus* bilden also eine echte Zwischenform zwischen Reptilien und Säugern.

Die folgenden drei Gruppen lassen sich keiner der großen Linien der Reptilien einordnen und stehen vorläufig gleichberechtigt neben diesen.

e) Die **Mesosauria** waren wasserlebende Formen des späten Karbons und des Perms. Sie hatten eine lange Schnauze mit vielen schmalen Zähnen (Fischfang), einen Ruderschwanz und kräftige Hinterextremitäten.

f) Die **Ichthyosauria** (Fischsaurier, Abb. 390) waren meist große Reptilien aus dem Mesozoikum mit vielen Anpassungen an das Wasserleben: Umwandlung der Extremitäten zu Flossen, häutige Rückenflosse, Schwanzflosse (hypozerk), fischförmige Körpergestalt, lange spitze Schnauze, große Augen mit Scleralring, Nasenöffnungen weit zurückliegend, Parietalauge vermutlich vorhanden, hochgelegenes (oberes) Schläfenfenster, auffallend kräftiger Stapes (auch die Wale besitzen modifizierte Ohrknochen). Zähne i. a. labyrinthodont. *Omphalosaurus*, kurzer kräftiger Schädel mit runden knopfartigen Zähnen, vermutlich Molluscenfresser; *Ophthalmosaurus; Ichthyosaurus;*

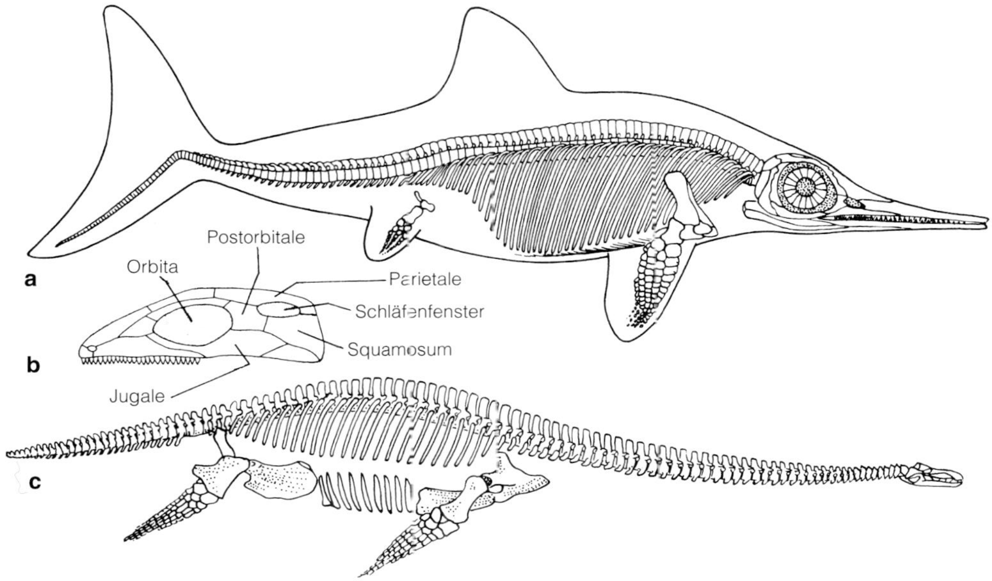

Abb. 390: a. Skelet und Umriß eines Ichthyosauriers, b. Schädel eines euryapsiden Reptils, c. Skelet eines Plesiosauriers. Nach Andrews, Romer

Eurhinosaurus mit kurzem Unter- und verlängertem Oberkiefer (wie Schwertfisch). Lebendgebärend, wie bei Walen wurden die Ichthyosaurierjungen mit dem Schwanz voran zur Welt gebracht. Zähne in Knochenrinnen der Kiefer. Das Schläfenfenster entsprach dem der Synaptosauria.

g) Die **Synaptosauria (Euryapsida)** sind durch ihr hochgelegenes Schläfenfenster, das von Postorbitale, Parietale und Squamosum umrandet wird, gekennzeichnet (Abb. 390 b), 3 Ordnungen: 1. Die Araeoscleidia sind eine Basisgruppe oft eidechsenähnlicher kleiner Formen, Perm, Trias. 2. Die Sauropterygia umfassen Plesiosaurier und Nothosaurier, aquatische mesozoische Reptilien mit vielen Anpassungen an das Wasserleben. Bei Plesiosauriern (Abb. 390 c) waren die Extremitäten zu langen, paddelartigen Flossen umgestaltet. Die Bauchrippen sind i. a. kräftig entwickelt, so daß der Rumpf von einem Skeletkorb umgeben wird. Die Plesiosaurier erreichten eine Länge von 15 m, der Körper war breit und flach, die Ruderextremitäten lang und kräftig, der Hals oft sehr lang, der Schwanz relativ kurz. Zähne in Alveolen, Schädel variabel gestaltet. 3. Die Placodontia waren kräftige, z. T. schwer gepanzerte Formen mit sehr flachen großen Zähnen, die auf Molluscennahrung schließen lassen.

3. Klasse: Aves (Vögel)

Die Vögel sind ein endothermer Zweig der Archosaurier. Sie entwickelten eine neue Art des Fliegens, die ihnen eine Ausbreitung in viele Lebensräume ermöglichte. Während die Flügelfläche der Pterosaurier und Fledermäuse aus lebendem Gewebe aufgebaut ist, das von Blutgefäßen versorgt wird und die Hinterbeine einschließt, bestehen die Vogelflügel zum großen Teil aus Federn, d. h. sehr leichten Gebilden aus toten, verhornten Zellen, die eine feine Regulation der Luftströmung und des Luftdurchtritts gestatten und die Hinterbeine für Laufen, Springen, Hüpfen, Schwimmen, Klettern und Ergreifen von Beute freilassen. Finger sind im Gegensatz zum Fledermausflügel als Stütze für den Federflügel nicht notwendig (Abb. 385 d).

Gefieder. Federn entstehen zunächst aus Epidermisverdickungen, die sich später einsenken und in die eine gefäßreiche Bindegewebspapille hineinragt (Abb. 391). Diese füllt während der Entwicklung die gesamte Federanlage aus (Fe-

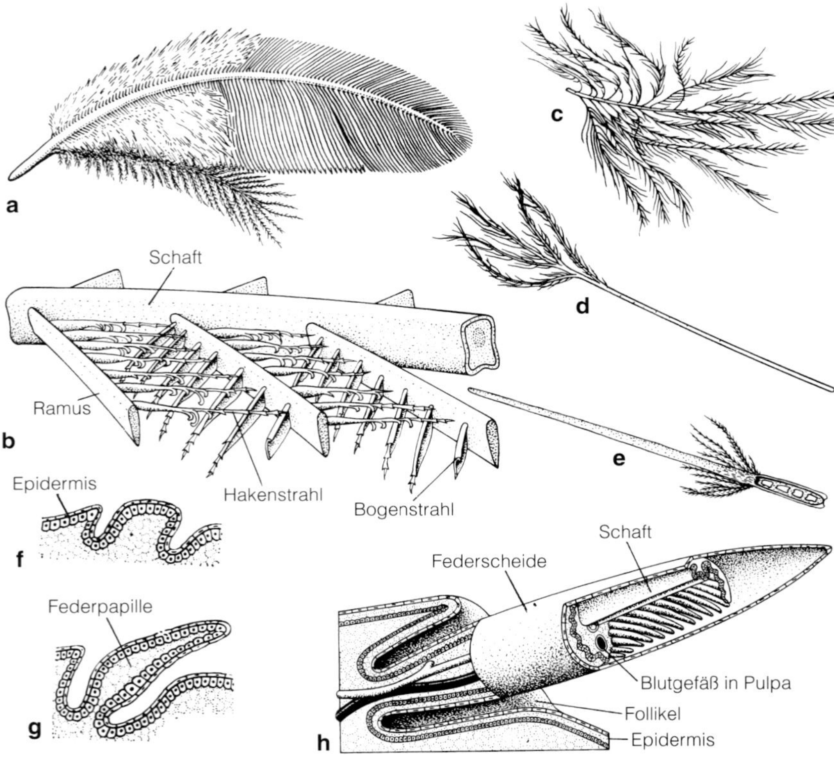

Abb. 391: Federn. a. Konturfeder mit doppelter Fahne, b. schematische Darstellung des Aufbaus der Fahne einer Konturfeder, c. Dunenfeder, d. Fadenfeder, e. «Borste», f–h. Federentwicklung, f, g. Frühstadien, h. Feder vor dem Durchbruch. Außen befindet sich eine epidermale Hülle, deren innere Schicht sich zu Längsleisten differenziert, aus denen Rami und Strahlen hervorgehen, auch die äußere Schicht verhornt (Federscheide) und bricht beim Durchbruch auf. Im Innern der Anlage ist die Pulpa mit Gefäßen. Nach Storer, Usinger

derpulpa), zieht sich aber nach Abschluß des Wachstums zurück. Die Epidermiszellen der Federanlage ordnen sich in Säulen an, die den späteren Rami entsprechen; an ihnen formieren sich wiederum Zellreihen, die die Radien bilden. Umgeben wird die auswachsende Feder von einer Hornscheide der Federanlage. Die gesamte definitive Feder besteht aus toten verhornten Zellen.

Von den verschiedenen Federtypen sollen die folgenden kurz beschrieben werden.

1. Konturfedern (Pennae, Abb. 391 a, b) begrenzen die Gestalt eines Vogels und bilden die Körperbedeckung (Körperkonturfedern) und Flugfedern (am Flügel Schwungfedern, am Schwanz Steuerfedern). Eine typische Konturfeder besitzt eine harte Längsachse (Federkiel, Scapus) und die von ihr ausgehende Federfahne (Vexillum). Der untere Teil des Kiels ist frei und steckt in der Haut; er wird Federspule (Calamus) genannt. Die Federspule ist hohl und enthält Reste aus der Wachstumszeit, die Federseele. Am unteren Ende der Spule befindet sich der untere, am oberen der obere Nabel (Umbilicus). Der distale Teil des Federkiels, der die Fahne trägt, heißt Federschaft (Rhachis). Die Fahne setzt sich aus den Federästen (Rami) zusammen. Von diesen gehen wiederum zwei Reihen kleinerer Verästelungen aus, die Federstrahlen (Radii). Die vorderen Federstrahlen, die zur Federspitze zeigen, weisen kleine Häkchen (Hamuli) auf und werden Hakenstrahlen genannt. Die hinteren tragen eine krempenartige Strukturierung, mit denen sich die Hamuli verbinden, und heißen Bogenstrahlen. Durch diese Verhakung entsteht die glatte Fläche der Fahne der Konturfeder.

2. Dunenfedern (Abb. 391 c). Pelzdunen

(Plumae) haben einen schlaffen Schaft und eine weiche Fahne, deren Radien nicht verhakt sind. Sie sitzen unter den Konturfedern und dienen dem Kälteschutz. Bei Pelikanen bilden sie auch das Halsgefieder. Nestlingsdunen bilden das erste Federkleid. Ihre Rami gehen nicht von einem Schaft, sondern vom Spulenende aus. Es handelt sich bei diesen Dunen um transformierte Spitzen der oberen Radien der definitiven Federn (Pelzdunen oder Konturfedern). Puderdunen sind vermutlich spezialisierte Konturfedern und sind besonders gut bei Reihern und Papageien entwickelt. Sie bestehen aus Calamus und einigen langen seidigen Filamenten, die in feine Keratinpartikel zerfallen. Diese Puderpartikel machen das Gefieder unbenetzbar.

Außerdem existieren Federtypen, die einen stark vereinfachten Bau aufweisen. Fadenfedern (Filoplumae) sind z. B. spezialisierte haarförmige Federn (Abb. 391 d). Sie haben entweder noch eine ganz lockere kleine Fahne an der Spitze und kommen an der Basis von Konturfedern vor, oder sie besitzen keine Fahne und ähneln oft einem langen Haar. Sie treten häufig in der Nackenregion auf und können einen Schopf bilden. Die Borsten an Mund, Nasenöffnung und Augen (z. B. Augenwimpern der Hornraben) vieler Vögel entsprechen spezialisierten Konturfedern mit oft noch vorhandener basaler Fahne (Abb. 391 e).

Primitive Federn besitzen allgemein 2 Schäfte (Abb. 391 a), einen äußeren, der der typischen Feder entspricht, und einen inneren, den Afterschaft, der dem oberen Umbilicus entspringt. Bei Emus und Kasuaren sind die beiden annähernd gleich groß, bei den meisten anderen Vögeln ist der Afterschaft klein oder fehlt sogar (z. B. bei Tauben). Viele Hühnervögel besitzen relativ große Afterschäfte. Die Schwungfedern (Remiges), die an der Hand befestigt sind, heißen Handschwingen, die am Vorderarm (Ulna) inserierenden Armschwingen (Abb. 392 b). Ihre Zahl ist i. a. für die einzelnen Familien typisch. Die Federgruppe, die der Daumen (Pollex) trägt, heißt Alula, sie spielt eine wichtige Rolle bei Flugmanövern. Am Humerus setzen selten Flugfedern an. Die Zahl der Schwanzfedern ist i. a. gerade, die Mehrzahl der Vögel besitzt 12, einige (Segler, Kolibris, viele Kuckucke u. a.) haben 10, viele Hühnervögel mehr (bis 32). Bei Straußen, Pinguinen und Anhimiden wachsen die Konturfedern gleichmäßig über den Körper verteilt, bei den meisten Vögeln stehen sie nur in bestimmten Regionen (Federfluren, Pterylae); die dazwischenliegenden konturfederfreien Abschnitte heißen Federraine oder Apteria (Abb. 392 a); diese sind normalerweise völlig von den Federn der Pterylae überdeckt. Die Anordnung der Pterylae ist systematisch wichtig.

Das erste Gefieder ist beim Schlüpfen ausgebildet oder wird während der ersten Tage gebildet (Pelikane u. a.). Das Gefieder wird vor Erreichen des Adultzustandes i. a. noch mehrfach gewechselt (gemausert). Danach wird das Gefieder oft einmal im Jahr gewechselt (bei manchen Arten zwei- oder sogar dreimal). Der Federwechsel (Mauser) umfaßt 2 Vorgänge: Federverlust (Ecdysis) und Federneubildung (Endysis). Viele Zugvögel wechseln die Federn nach der Brutzeit noch im Brutgebiet, andere (Schwalben, Bienenfresser) wechseln sie erst im Winterquartier. Die Art des Federwechsels verläuft in den einzelnen Familien sehr unterschiedlich. Oft wird die Flugfähigkeit dadurch nicht eingeschränkt. Viele Wasservögel (Entenvögel, Rallen, Alken) verlieren aber alle Schwungfedern gleichzeitig; Weibchen der Nashornvögel (Bucerotidae) verlieren alle Flügel- und Schwanzfedern gleichzeitig, manche sogar alle Konturfedern; während dieser Zeit sind sie in der Bruthöhle mit den Eiern eingemauert und werden vom Männchen mit Futter versorgt.

Das Nestlingsdunenkleid wird i. a. von einem meist schlichter gefärbten Juvenilgefieder abgelöst (Pinguine, die meisten Eulen u. a. besitzen 2 Dunenkleider), das oft nur kurze Zeit getragen wird; es folgen erstes Winterkleid und erstes Brutkleid, die vom 2. Winterkleid abgelöst werden. Viele Entenmännchen legen nach der Brutzeit ein Ruhekleid an, das dem der Weibchen ähnelt; nach einem bis mehreren Monaten bilden sie das Winterkleid aus, das dem Hochzeitskleid entspricht. Ein Ruhekleid ist auch von Bienenfressern, Nektarvögeln u. a. bekannt.

Die Farbe des Gefieders beruht auf dem Vorkommen von Pigmenten, auf oberflächlichen Federstrukturen, auf einer Kombination beider Phänomene oder auf sog. Kontaktfarben (z. B. Anlagerung von Eisenoxiden). Zu den Pigmenten gehören Melanine (dunkel-gelbe, braune, schwarze Farbtöne), Carotinoide (Gelb, Rot), Porphyrine (Grün, Rot, Rosa). Strukturfarbe ist z. B. Weiß (Totalreflexion). Blau ist entwe-

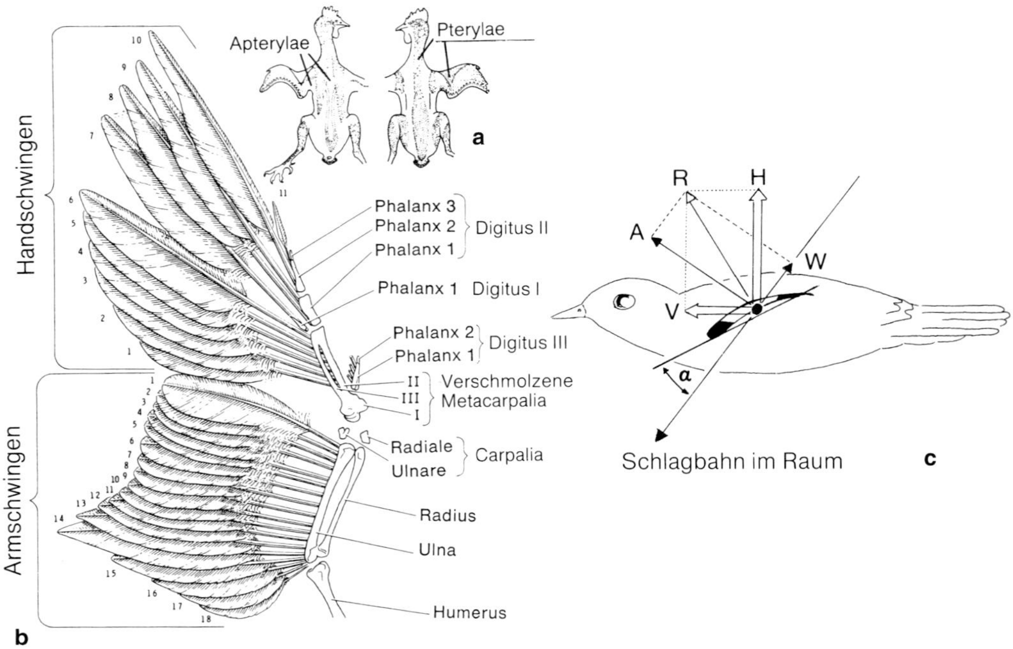

Abb. 392: Vogelflügel und Vogelflug. a. Verteilung federtragender (Pterylae) und federloser (Apterylae = Apteria) Bezirke in der Haut eines Huhns, b. Flügelfedern und Flügelknochen, Ansicht von unten, c. wesentliche Kräfteverhältnisse am Vogelflügel in einer mittleren Phase des Abschlages, α: Anstellwinkel des Flügelprofils gegen die Schlagbahn, A: Auftrieb (Querkraft), H: Hubkraft, R: Resultierende aus den Komponenten A und W, V: Schubkraft (Vortrieb), W: Widerstandskraft. Nach van Tyne, Berger, Nachtigall

der Interferenzfarbe oder entsteht, wenn ein trübendes Medium (feine Partikel oder Lufteinschlüsse im Keratin) vor absorbierendem Melanin liegen. Das Rosa der Flamingos ist auf Carotinoide in der Nahrung zurückzuführen, die in die wachsenden Federn eingelagert werden. Farbwechsel kann weiterhin durch Abstoßen peripherer Federteile erfolgen.

Fliegen. Die Bewegung der Flügel (Abb. 392c) erfolgt durch eine größere Zahl von Flugmuskeln, die besonders leistungsfähig sind. Wichtig sind 1. der Musculus (M.) pectoralis maior, der den Flügel senkt und die Flügelvorderkante nach unten dreht, 2. der M. supracoracoideus, der den Flügel hebt und 3. der M. deltoideus, der den Flügel hebt, die Flügelvorderkante nach oben dreht und das Ellenbogengelenk beugt. Festigkeit und Verwindbarkeit des Flügels sind von einem hochentwickelten Bandapparat abhängig. Viele für das Fliegen wichtige Voraussetzungen beruhen auf der Tatsache, daß Vogelflügel speziell im Bereich des Armfittichs nach dorsal aufgewölbt sind.

Die am Zustandekommen des Vogelfluges beteiligten Kräfte und Resultierenden sind im einzelnen schwer zu analysieren; sie differieren zudem in verschiedenen Phasen des Flügelschlages und bei verschiedenen Flugtypen. Stark vereinfacht soll hier zunächst nur eine bestimmte Phase mitten im Abschlag des Flügels betrachtet werden (Abb. 392c). Bei Bewegung des Vogelflügels – unter einem Anstellwinkel Alpha gegen die Schlagbahn – entsteht eine Widerstandskraft W entgegengesetzt zur Bewegungsrichtung. Das aufgewölbte Profil des Flügels, an dessen Vorderkante sich der Luftstrom staut und teilt, erzeugt senkrecht zur Schlagbahn eine Auftriebskraft (A; Querkraft), die bei der gegebenen Form des Vogels größer als die Widerstandskraft ist. Die Resultierende R aus A und W ist nach vorn oben gerichtet; sie läßt sich in zwei Komponenten zerlegen: eine nach oben hebende Kraft H (Hubkraft) und eine senkrecht dazu gerichtete Kraft V (Vortriebs- oder Schubkraft). H wirkt dem Körpergewicht entgegen, V bewegt den Vogel horizontal nach vorn.

Die Ursachen für die festgestellten Kräfte

liegen wohl vor allem darin, daß sich der Luftstrom an Ober- und Unterseite des Flügels unterschiedlich verhält: Auf der konvexen Oberseite strömt die an der Vorderkante zusammengedrängte Luft schneller als auf der konkaven Unterseite ab, was zu einer Druckdifferenz an beiden Seiten führt: Auf der Oberseite entsteht ein Unterdruck (Sog), auf der Unterseite ein Überdruck. Die Druckdifferenz erzeugt die hebende Kraft. Eine andere Erklärung geht davon aus, daß der von schräg vorn angeströmte Flügel die Luft nach unten ablenkt, und die gegen den Luftstrom gerichtete Kraft eine sich als Auftrieb bemerkbar machende Gegenkraft hervorruft. Die hebende Kraft wächst mit der Größe der Flügelfläche und dem Quadrat der Strömungsgeschwindigkeit.

Während die Auftriebskomponente der Energie des Luftstromes entstammt, ist die Schubkomponente beim einfachen Gleiten auf die Schwerkraft der Erde zurückzuführen, die aber auch bewirkt, daß der Vogel an Höhe verliert. Beim Schlag- oder Ruderflug liegt die Energiequelle für den Schub – ebenso wie für den Hub – im Flügel und den zugeordneten Muskeln. Beim aktiven, normalen Geradeausflug erzeugen Vögel ihren eigenen Schlagwind, und die Flügel bewegen den Körper sowohl gegen Widerstandskräfte als auch gegen die Schwerkraft nach vorn.

Beim Ab- und Aufschlag herrschen ganz unterschiedliche Kräfteverhältnisse. Der Abschlag führt überwiegend zu nach vorn und oben gerichteten Kräften, während beim Aufschlag nachteilige Rücktriebs- und Abtriebskräfte auftreten, die aber durch besonderes Verhalten der Flügel (Annäherung an den Körper, Faltung und Drehung) minimiert werden.

Wichtig ist der Widerstand, der beim Ausgleich der Druckdifferenz zwischen Ober- und Unterseite des Flügels entsteht. Dieser Ausgleich findet in besonderem Maße an den Flügelspitzen statt, deren Gestalt auffallend variabel ist. Schlanke, spitze Flügel erzeugen bei diesem Ausgleich besonders wenig Widerstand. Erforderlich ist Widerstand beim Abbremsen des Fluges. Der Flügel wird mit der Hinterkante abgekippt, es entstehen starke Wirbelbildungen in der Luft, und der Auftrieb wird unterbrochen. Ein Abreißen der Luftströmung wird aber unter anderem durch Abspreizen des Daumenfittichs meist vermieden.

Bei Flugbeginn kommt es zu deutlicher Verwindung des Flügels – besonders des distalen Teiles, des Handfittichs, der dann im wesentlichen den Vortrieb erzeugt. Der körpernahe, proximale Flügelteil, der Armfittich, besorgt vor allem den Auftrieb. Diese funktionelle Gliederung des Vogelflügels gilt generell beim Fliegen. Bei Kleinvögeln mit raschem Flügelschlag ist der den Vortrieb erzeugende Handfittich deutlich größer als der Armfittich, während bei Großvögeln mit langsamem Flügelschlag der tragende, Auftrieb erzeugende Armfittich stärker in den Vordergrund tritt. Aerodynamische und physiologische Leistungen sind während verschiedener Flugphasen, Flugrichtungen und Fluggeschwindigkeiten bei den einzelnen Vogelarten sehr verschieden. Die Art zu fliegen charakterisiert jede Vogelart. Beim Fliegen werden erstaunliche Leistungen erbracht; so wurde z. B. theoretisch berechnet, daß eine 400 g schwere Taube, der 37 g Körperfett als Brennstoff zur Verfügung stehen, maximal 400 km weit fliegen kann, was eine Flugzeit von 7 Stunden erfordern würde.

Bau. Die Epidermis der Vögel ist relativ lipidreich – möglicherweise übernimmt sie als ganzes die Funktion der Talgdrüsen der Säugetiere. Die einzigen typischen Drüsen der verhältnismäßig dünnen Haut sind Drüsen am äußeren Gehörgang und die Bürzeldrüse, mit deren Sekret die Federn gefettet werden. Die chemische Zusammensetzung der komplexen Lipide dieser Drüsen weist für die einzelnen Vogelgruppen jeweils spezifische Unterschiede auf und kann für die Systematik verwertet werden. Die funktionelle Bedeutung dieser Unterschiede ist noch unklar. Die Bürzeldrüsen fehlen öfter (Strauß, Emu, Kasuar, Kormorane, Trappen, einige Papageien, Tauben, Spechte u. a.). In der Haut verschiedener Vögel (Pelikane, Tölpel u. a.) treten luftgefüllte Räume auf, die mit dem Luftsacksystem in Verbindung stehen und gefüllt und geleert werden können.

Ober- und Unterkiefer sind von einer stark verhornten, harten Epidermis bedeckt (Schnabel), die z. T. in einzelne Felder gegliedert ist *(Fratercula, Procellaria)* oder am Schnabelrand ein feines Rillensystem ausbildet, das im Dienste der Nahrungsaufnahme steht (Entenvögel).

Anatomisch sind folgende Merkmale wichtig (Abb. 393): Nur der rechte Aortenbogen ist vorhanden, die Herzkammern und damit arterieller und venöser Kreislauf sind völlig getrennt. Kleine Vögel besitzen ein relativ großes

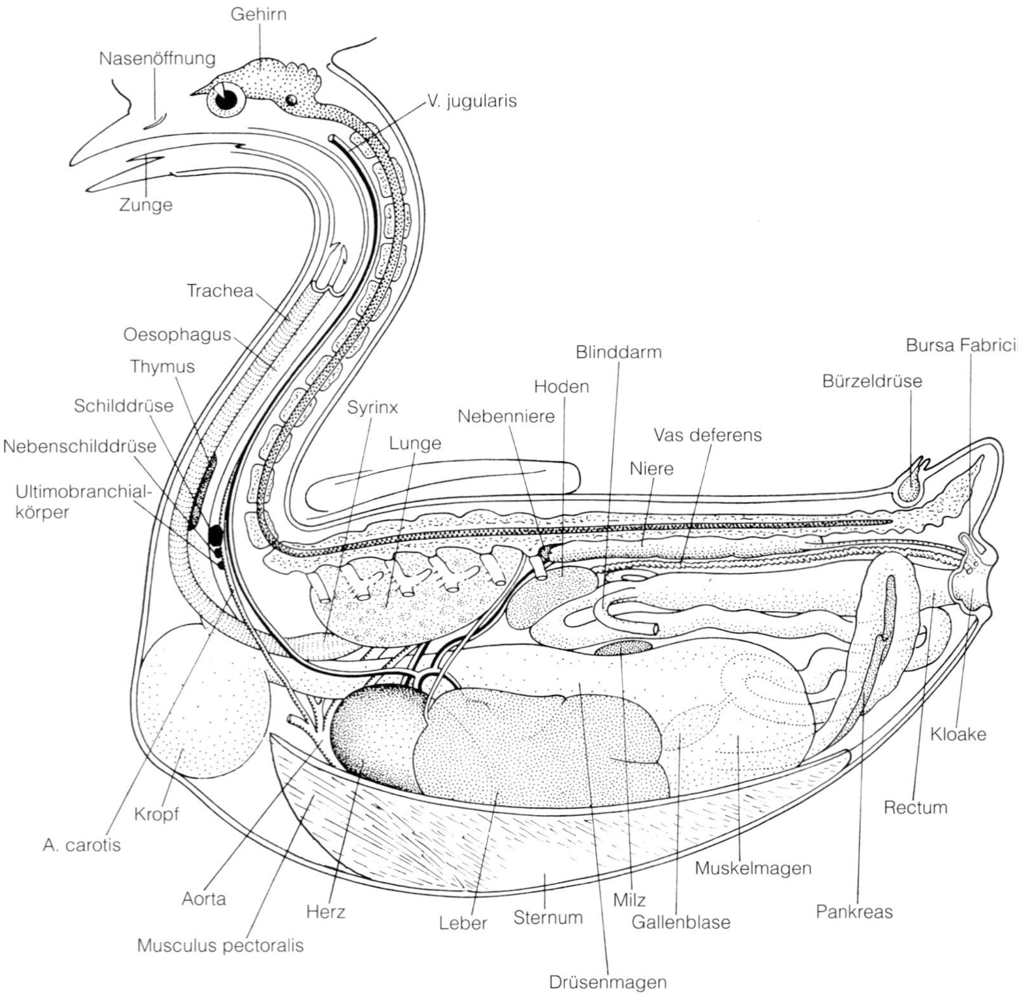

Abb. 393: Körperbau eines Vogels (Huhns). Nach Storer, Usinger

Herz, bei Kolibris entspricht sein Gewicht 2,4 % des Gesamtkörpergewichtes. Auch der Herzschlag ist bei kleineren Formen schneller als bei größeren (Kolibris bis 1200/min, Tauben 135/min). Das Lymphgefäßsystem ist gut ausgebildet, öfter noch mit Lymphherzen bei Adulten. Die Thermoregulation ist gut entwikkelt, die Körpertemperatur relativ hoch (um 41 °C). Im Zentralnervensystem sind Telencephalon, Mittelhirndach und Kleinhirn besonders entwickelt. Im Telencephalon sind, vermutlich im Zusammenhang mit dem reichentwickelten Instinktverhalten, palliale und striatale Anteile besonders mächtig ausgebildet. Die großen Sehhügel des Mittelhirns sind nach seitwärts verlagert. Im sakralen Bereich des Rükkenmarks ist häufig ein Glykogenkörper ausgebildet, der aus glykogengefüllten Gliazellen besteht.

Unter den Sinnesorganen sind die Augen besonders hoch differenziert. Sie besitzen oberes und unteres Lid und eine Nickhaut, sind relativ groß und z. T. völlig (Eulen) oder fast unbeweglich; nur bei Pinguinen, Pelikanen, Kormoranen, Möwen und Nashornvögeln sind sie normal beweglich. Die 6 okulomotorischen

Muskeln sind vorhanden, aber oft reduziert. Dieses wird kompensiert durch ungewöhnlich starke Beweglichkeit der Halswirbelsäule (bei Eulen ist sie um 270° drehbar). In der Sclera befindet sich ein Scleralring aus Knochen- oder Knorpelplatten.

Die Retina tagaktiver Vögel enthält zahlreiche Zapfen, die ihnen die Fähigkeit zum Farbsehen verleihen. Manche Zapfen besitzen ihr Empfindlichkeitsmaximum in Nähe des ultravioletten Bereichs. Die Retina dämmerungs- und nachtaktiver Eulen enthält überwiegend Stäbchen.

Die Zapfen der Retina enthalten oft rote, orangefarbige, gelbe oder farblose Öltropfen (letztere oft bei Nachtvögeln). Die Lichtreceptoren stehen sehr dicht, und ihre Verknüpfung mit den Bipolaren ist häufig 1:1. Die Area centralis, die Stelle schärfsten Sehens, ist kreisförmig oder bandartig (manche Wüstenvögel), oder zwei kreisförmige Areae sind durch ein Band verbunden. Gelegentlich findet sich eine sehr unterschiedlich gestaltete Einsenkung (Fovea) in einer Area, oft sind es 2 Foveae, eine zentrale und eine temporale (Abb. 394). Die zentrale dient dem monokularen, die laterale dem binokularen Sehen (Schwalben, Eisvögel, Tölpel u. a.). Der Pecten, eine i. a. gefaltete, gefäß- und pigmentreiche Struktur, die dem Augenhintergrund entspringt und in den Glaskörper hineinragt, dient vor allem der Ernährung der Retina, weitere Funktionen (Schattenwurf u. a.) werden vermutet. Die Akkommodationsmuskeln sind wie bei Reptilien quergestreift. Akkommodation erfolgt durch Formveränderung der Linse. Geschwindigkeit und Ausmaß der Akkommodation sind bei Vögeln größer als in jeder anderen Wirbeltiergruppe.

Amphibische Vögel (z. B. Taucher und Kormorane) besitzen Besonderheiten des dioptrischen Apparates: kleine Cornea, deren Krümmung verändert werden kann, Nickhaut mit durchsichtigem Fenster, die als Kontaktlinse dient. Außer bei manchen Pinguinen ist bei den meisten Formen ein gewisses Ausmaß an binokularem Sehen möglich (am besten wohl bei Eulen).

Das Gehör versorgt Vögel mit wesentlichen Informationen, z. B. im Bereich des komplexen Sozialverhaltens, bei der Beutefindung und beim Vermeiden von Feinden. Die Cochlea ist beim Vogel eine nur leicht gebogene, relativ kurze Röhre. Bei Singvögeln und bei Arten, die

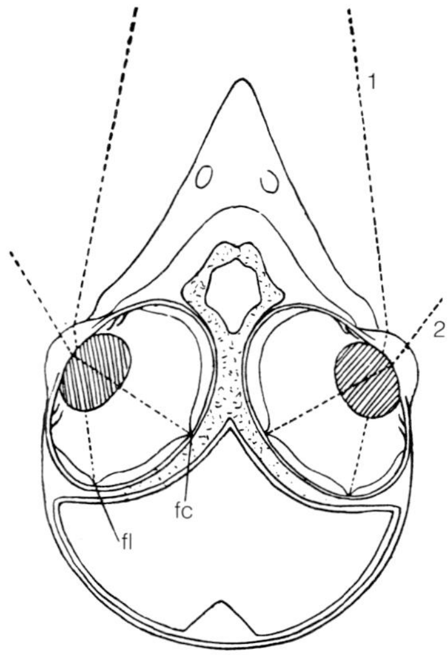

Abb. 394: Frontalschnitt durch den Kopf eines Greifvogels, der durch die beiden Foveae führt. fc: Fovea centralis, fl: Fovea lateralis, 1. optische Achse für binokulares Sehen, 2. optische Achse für monokulares Sehen. Nach Rochon-Duvigneaud

Beute mit dem Gehör lokalisieren, ist sie länger als bei den anderen Arten. Obwohl die Cochlea der Vögel generell kurz ist, weist sie bis zu zehnmal mehr sensorische Haarsinneszellen als bei Säugern auf. Äußere Federohren und auch Federstrukturen im Gesicht ermöglichen Eulen auch bei erheblicher Dunkelheit, Beute exakt zu lokalisieren, wobei die Präzision der Ortung durch asymmetrisch angeordnetes linkes und rechtes Ohr noch erhöht wird. Dies ist zum Beispiel bei der Schleiereule der Fall, bei der das linke Ohr höher am Kopf liegt als das rechte, und die selbst bei völliger Dunkelheit Beute mit dem Gehör sicher erkennen und ergreifen kann. Einige höhlenbewohnende Vögel *(Collocalia, Steatornis)* orientieren sich wenigstens teilweise mit dem Echolotsystem.

Der Riechsinn ist unterschiedlich gut entwickelt. Ausdehnung des Riechepithels, anatomische Ausgestaltung der Nasenhöhle, Größe des Bulbus olfactorius und der sekundären olfactorischen Gebiete im Gehirn schwanken von Gattung zu Gattung. Die phylogenetisch alten Gruppen haben tendenzweise die besser entwickelten olfaktorischen Systeme als die jüngeren Gruppen, besonders gut entwikkelt ist das System z. B. beim Kiwi. Für manche

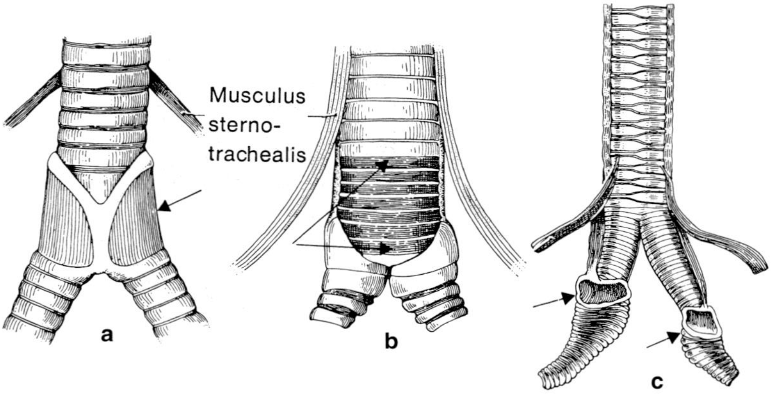

Abb. 395: Verschiedene Syrinx-Typen. a. Tracheo-bronchiale Syrinx *(Neodrepanis)*, b. tracheale Synrinx *(Conopophaga)*, c. bronchiale Syrinx *(Steatornis)*. Die Pfeile weisen auf schwingende Membranen. Nach verschiedenen Autoren aus van Tyne und Berger

Arten ist nachgewiesen, daß sie sich nach dem Geruchssinn orientieren können, z. B. der amerikanische Truthahngeier *(Cathartes aura)*. Auch bei vielen Sturmvögeln ist wahrscheinlich, daß sie Beute (Eissturmvogel) oder Nistplätze mit Hilfe des olfaktorischen Sinnes auffinden.

Der Geschmackssinn ist bei Vögeln nur schwach entwickelt. Geschmacksknospen kommen meist nur in geringer Zahl vor.

Druckreceptoren sind zahlreich, z. B. an Schnabel, Basis der Konturfedern u. a. (Grandrysche, Herbstsche Körperchen).

Schnabel und Zunge sind entsprechend der unterschiedlichen Lebensweise sehr vielgestaltig. Zähne fehlen allen rezenten Arten. Die meisten Vögel besitzen mehrere Speicheldrüsen, Spechte sehr große Glandulae picorum (eine Mandibulardrüse); Segler benutzen Speicheldrüsensekret zum Nestbau; der Kleiber *(Sitta)* kann sein Speicheldrüsensekret ebenfalls beim Bau der Brutstätte verwenden. Im unteren Oesophagus ist bei Hühnern, Tauben, Papageien, einigen Finken, Kleidervögeln, Icteriden u. a. ein permanenter Kropf ausgebildet, bei anderen Formen ist dieser Oesophagusabschnitt dehnbar.

Alle Vögel haben einen zweigeteilten Magen, einen cranialen Drüsenmagen und einen caudalen Muskel- oder Kaumagen. Relative Größe dieser zwei Magenteile spiegelt die Ernährungsweise wider; Körnerfresser wie z. B. Hühnervögel, Tauben und Finken besitzen einen kräftigen Muskelmagen, der Samen vor der Verdauung im Dünndarm zerreibt. Bei manchen Frucht- und Nektarfressern ist der Muskelmagen dagegen dünnwandig und reduziert. Bartmeisen besitzen im Winter, wenn sie im wesentlichen von Sämereien leben, einen deutlich kräftigeren Muskelmagen als im Sommer, wenn sie vor allem Insekten aufnehmen. Der Drüsenmagen ist bei Fischfressern und Greifvögeln hochentwickelt. Seine Enzyme und die Magensäure lösen große Nahrungsbrocken und Knochen oder auch ganze Beutetiere rasch auf.

Dünn- und Dickdarm sind durch eine Valvula ileocaecalis getrennt. Am Übergang zum Dickdarm sind i. a. 2 Blinddärme mit besonderer Bakterienflora (Vitaminbildung, cellulosespaltende Enzyme) ausgebildet. Je nach Ernährung ist die Ausbildung der Blinddärme sehr verschieden; stark reduzierte Blinddärme haben u. a. Reiher und Greifvögel, sehr große der Strauß und Rauhfußhühner, die sich von schwer abbaubaren Pflanzenteilen ernähren. Der Dickdarm ist meist kurz, bei manchen Formen *(Struthio)* dagegen lang und aufgeknäuelt. Die Gallenblase fehlt vielen Arten, vereinzelt kann ihr Vorkommen individuell variieren. Die Kloake bildet dorsal die Bursa Fabricii aus (lymphatisches Organ, in dem B-Lymphocyten determiniert werden, die sich in Plasmazellen umwandeln können).

In der langen Luftröhre, die z. T. gewunden verläuft (Kraniche, manche Schwäne), entsteht an der Gabelstelle der Trachea ein mit eigener Muskulatur versehenes Stimmorgan, die Syrinx, die nur selten fehlt (z. B. bei Geiern,

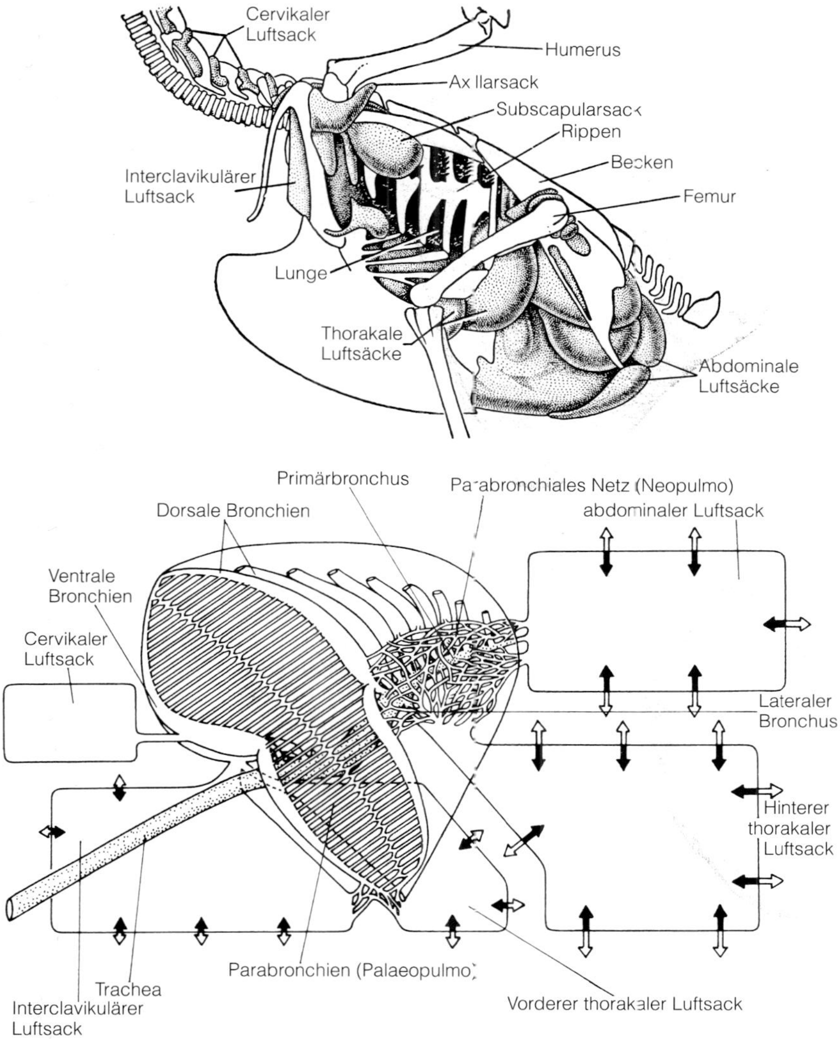

Abb. 396: Vogellunge und Luftsacksystem. a. Atmungssystem einer Taube, b. Schematische Darstellung einer Lunge mit Palaeopulmo und kleiner Neopulmo sowie ihrer Verbindung mit den großen Luftsäcken (Störche, Kraniche, Kormorane). Die Pfeile kennzeichnen die Exkursionsmöglichkeiten der Luftsäcke. Nach Müller, Duncker

Straußen, Störchen) und deren Hauptbestandteil schwingende Membranen zwischen den Tracheal- bzw. Bronchialknorpelringen sind (Abb. 395). Die Syrinx kann tracheal (auf die Trachea beschränkt; Kuckucke u. a.), bronchial (einige Neuweltpasseriformes) oder tracheobronchial (die meisten Vögel) sein.

Das Atmungsorgan ist in die relativ starre, weitgehend mit der Rumpfwand verwachsene Lunge und die mit ihr verbundenen Luftsäcke gegliedert (Abb. 396). Letztere sind blasebalgartige Einrichtungen zur Ventilation der Lungen. Abb. 396 gibt einen Eindruck vom komplizierten Aufbau der Luftwege in der Vogellunge, in der sich ein phylogenetisch älterer (Palaeopulmo) und ein jüngerer Anteil (Neopulmo) unterscheiden lassen. Kiwi und Pinguine besitzen nur eine Palaeopulmo, bei Hühnern und Singvögeln ist die Neopulmo am höchsten entwickelt. Der besondere Aufbau der Vogellunge ermöglicht die physiologisch vorteilhafte unidirektionale Durchströmung der Mehrzahl der Parabronchien bei In- und Exspiration.

Vögel, die ihre Nahrung dem Meer entnehmen (z. B. Pinguine, Möwen), aber auch manche limnischen und terrestrischen Arten, besitzen oberhalb der Augen Natriumchlorid ausscheidende Salzdrüsen.

Harnsäure ist das wesentliche Exkretionsprodukt. Der Harn ist sehr konzentriert; ihm wird noch in der Kloake Wasser entzogen.

Die Niere ist meist dreilappig, eine Harnblase fehlt.

Adulte Weibchen besitzen meist nur ein funktionstüchtiges Ovar (das linke), bei manchen Greifen (Falken, Weihen, Habichten) haben 50 % oder mehr der Weibchen 2 Ovarien, ebenfalls sind 2 Ovarien nicht selten bei einigen Papageien. Die normalerweise rudimentären rechten Ovarien können experimentell bei Herausnahme des linken heranwachsen und funktionstüchtig werden. Der Oviduct sezerniert für die Eier Albumen, Membranen, Schale und Pigmente. Bei Männchen sind 2 funktionstüchtige Hoden vorhanden. Während der Brutzeit bilden sich die Endabschnitte der Ductus deferentes zu Samenblasen (Glomerula seminalia) um, die bei Sperlingsvögeln so groß werden können, daß sie die gesamte Kloakenregion nach außen vorwölben.

Kopulationsorgane, die sich vom Boden der Kloake entwickeln, sind bei Straußen, Kasuaren, Emus, Kiwis und Enten gut entwickelt und können von eigenen Muskeln ausgestülpt und retrahiert werden. Einfachere Penes kommen vereinzelt bei einer Reihe von Vogelfamilien vor. Die Spermienübertragung erfolgt durch Aneinanderpressen der Kloaken.

Hauptkennzeichen des Skelets (Abb. 397) sind leichtes Gewicht und Festigkeit. Festigkeit wird erreicht durch Verschmelzen von Knochen in Schädel, Thorax, Sacrum und Extremitäten. Leichtes Gewicht ist die Folge der Rückbildung des Knochenmarks und der Pneumatisierung vieler Knochen.

Am Schädel fällt die Vergrößerung der Hirnkapsel auf, die beiden Schläfenfenster der Archosaurier werden dadurch und durch Knochenreduktion aufgelöst. Ähnlich wie bei Squamaten wird das Quadratum beweglich, der Jochbogen aus Jugale und Quadratojugale wird eine Schubstange, die den Oberschnabel an seiner Biegungsstelle heben kann (besonders deutlich bei Papageien). Die beweglichen Wirbel besitzen Sattelgelenke. Mit dem Kreuzbein verschmelzen Rumpf- und Schwanzwirbel zu einem großen Synsacrum. Der caudale Teil der Wirbelsäule, das Pygostyl, entsteht durch Verschmelzen einiger Wirbel. Bei vielen Familien (Tauben, Kranichen u. a.) verschmelzen 2–5 Rumpfwirbel zum Os dorsale (= Notarium), dem caudal ein oder mehr freibewegliche Wirbel folgen.

Außer bei einigen Papageien, Tukanen u. a. verschmelzen die beiden Claviculae zur Furcula. Die Claviculae fehlen oder sind reduziert, z. B. bei vielen flugunfähigen Vögeln, einigen Papageien und Tauben. Das Coracoid (Procoracoid) ist ein kräftiger Knochen, der den Schultergürtel mit dem Brustbein verbindet, die Scapula ist schmal. Im Handskelet sind die verbliebenen 3 Metacarpalia mit distalen Carpalia zu einem Carpometacarpus verschmolzen. Die Rippen sind durch Hakenfortsätze (Processus uncinati) verbunden. Die letzten Halswirbel tragen oft kurze Rippen. Im Fuß fehlen drei Wurzelknochen; die proximalen verschmelzen mit der Tibia zu einem Tibiotarsus, die distalen mit den meist verwachsenen Mittelfußknochen zu einem Tarsometatarsus. Das scheinbare Fersengelenk der Vögel ist also ein Intertarsalgelenk. Im Flügelskelet bleiben i. a. zwei Handwurzelknochen (Radiale, Ulnare) frei, die distalen verschmelzen mit den Metacarpalia. Die drei erhalten gebliebenen Finger tragen selten Krallen, der 1. bleibt abspreizbar und trägt den Daumenfittich (Alula), der 2. und 3. sind vereinfacht. Als Ansatzstelle der Flugmuskeln ist das Brustbein stark vergrößert und trägt bei flugfähigen Vögeln einen Kamm (Carina, Crista).

Systematisch wichtig ist die Struktur der Füße. Vögel besitzen i. a. 4 Zehen, einer (Hallux) ist nach hinten gerichtet, 3 nach vorn. Der Hallux liegt bei Rallen und Kranichen relativ hoch und berührt den Boden nicht. Viele Laufvögel, Baumkletterer, Alken u. a. besitzen nur 3 Zehen, der Strauß nur 2 (III, IV). Bei zygodaktylen Füßen (Spechte, Tukane, Kuckucke und Papageien) sind Zeh II und III nach vorn, Zeh I und IV nach hinten gerichtet. Eulen, Turakos und der Fischadler sind fakultativ zygodaktyl. Bei heterodaktylen Füßen sind Zehen I und II nach hinten, III und IV nach vorn gerichtet (Trogonidae). Schwimmvögel, Mö-

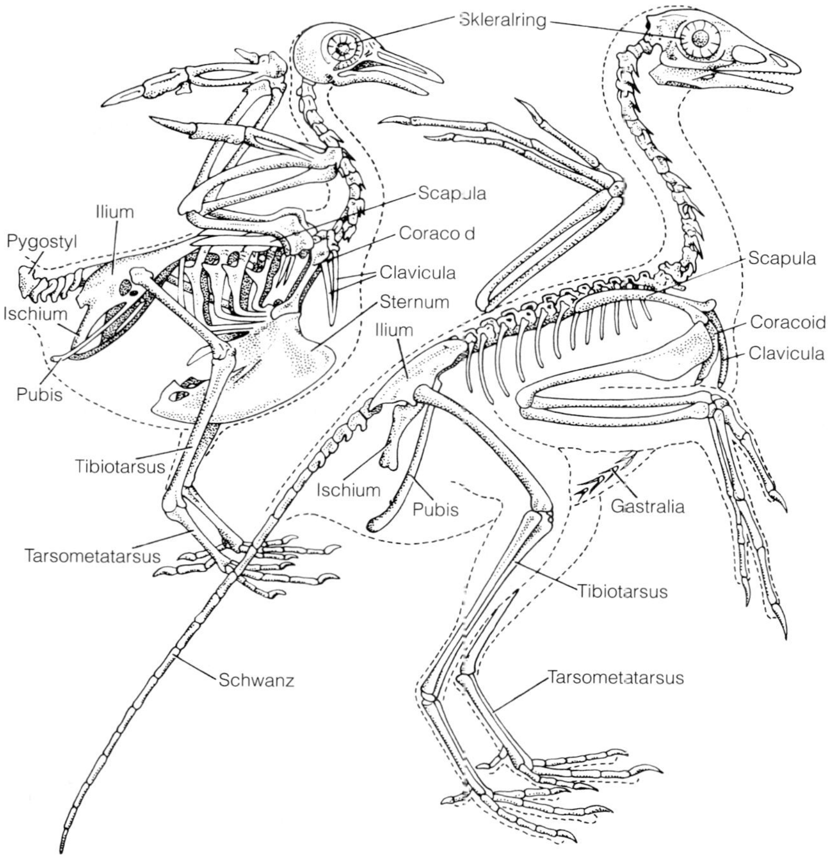

Abb. 397: Vergleich eines Skelets einer Taube (links) mit dem rekonstruierten Skelet von *Archaeopteryx*. Nach Heilmann

wen und Seeschwalben besitzen i. a. Schwimmhäute zwischen den vorderen Zehen; Kormorane und Pelikane zwischen allen 4 Zehen; Lappentaucher und Wassertreter weisen seitliche Lappen an den Zehen auf; die Wasseramsel schwimmt wie auch andere Vögel, z. B. Alken, mit Hilfe der Flügel.

Lebensweise. Aus den zahlreichen Lebensräumen, in denen Vögel eine besondere Rolle spielen, sind zwei auf Abb. 398 und 399 dargestellt. Viele Arten beziehen Territorien (z. B. Nist-, Nahrungs- und Paarungsterritorien). Hierunter versteht man ein bestimmtes Areal, das von einem Vogel (i. a. dem Männchen) wenigstens während eines Teils der Brutzeit gegen Angehörige derselben Art verteidigt wird. Territorien werden nicht nur durch angedrohten oder tatsächlichen Angriff verteidigt, sondern auch durch den Gesang oder die bloße Anwesenheit.

Paarbildung. Die Dauer der Verbindung eines Vogelpaares ist unterschiedlich lang.

1. Die Geschlechter treffen sich nur während der Kopulation (einige Paradiesvögel, Kampfläufer, Laubenvögel, manche Hühnervögel).

2. Die Geschlechter bleiben einige Tage zusammen, oft bis zum Beginn des Brütens (manche Kolibris, Beutelmeisen, Wassertreter).

3. Die Geschlechter bleiben Wochen oder Monate zusammen, sie trennen sich, wenn die Eier gelegt sind (die meisten Enten).

4. Die Geschlechter bleiben die gesamte Brutzeit zusammen, meist bis die Jungen großgezogen sind (sehr viele Arten).

5. Die Geschlechter bleiben das ganze Leben

a
b
c
d
e
f
g
h
i
j
k
l
m
n
o
p
q
r
s

zusammen (manche Gänse, vermutlich manche Eulen, Greifvögel, Tannenhäher, Kleiber, Haubenlerchen, Leierschwänze u. a.).

Zwischen den aufgeführten Gruppen gibt es Übergänge.

Die Mehrheit der Vögel (ca. 90 %) gilt als monogam; d. h. ein männliches und ein weibliches Tier binden sich zum Zweck der Aufzucht von Jungen. Die Verbindung dauert unterschiedlich lange (s. o.); sexuelle Kontakte außerhalb der Verbindung können jedoch vorkommen. Der Vorteil der Monogamie besteht offensichtlich darin, daß sich beide Eltern um eine effektive Aufzucht der Jungen kümmern können und daß der Energieaufwand, den beide Eltern dazu betreiben müssen, in Grenzen bleiben kann. Polygyne Arten (ein Männchen paart sich mit mehreren Weibchen) sind z. B. der Ringfasan und die große Rohrdommel. Bei manchen Arten sind nur einzelne Männchen polygyn (Trauerschnäpper, Zaunkönig u. a.). Polyandrisch sind einige Laufhühnchen, Odinshühnchen, Mornellregenpfeifer u. a. Hier paart sich ein i. a. relativ großes und buntgefärbtes Weibchen mit mehreren Männchen, die dann brüten und die Jungen aufziehen.

Promiskuität ist durch sofortige Trennung nach der Kopulation gekennzeichnet. Promiskuitive Männchen führen allein oder in Gruppen ein auffallendes Balzverhalten auf. Dies kann auf «Turnierplätzen» («Leks») erfolgen (Kampfläufer, manche Rauhfußhühner), wo dominante Männchen bevorzugt zur Paarung kommen.

Enten, viele Hühnervögel, Tauben, manche Spechte und die meisten Passeriformes brüten im Jahr nach ihrer Geburt (sie können dabei etwas jünger als ein Jahr sein); Gänse, viele Greife und Eulen, viele Möwen, Segler u. a. brüten im Alter von 2 Jahren, größere Greife und Störche im Alter von 4–6 Jahren, Albatrosse und Geier oft noch später.

Nester. Die meisten Vögel bauen für eine Brut 1 Nest; nur wenige Arten, vor allem größere Greifvögel, benutzen dasselbe Nest mehrere Jahre. Der Nistplatz kann vom Weibchen (Fasanen) oder vom Männchen (Star, Haussperling) ausgewählt werden. Beide Geschlechter bestimmen ihn bei Tauben und Krähen gemeinsam.

Folgende Möglichkeiten des Nestbaues bestehen: 1. beide Geschlechter bauen das Nest (Eisvögel, Spechte); 2. das Weibchen baut, und das Männchen bringt das Nistmaterial (viele Tauben); 3. das Weibchen baut ohne Hilfe des Männchens (Kolibris, Töpfervögel u. a.); 4. das Weibchen baut, und beide Geschlechter sammeln Nistmaterial (Kolkrabe, Saatkrähe); 5. das Männchen baut, und das Weibchen liefert das Nistmaterial (Fregattvögel); 6. allein das Männchen baut (einige Würger und Weber); 7. kein Nest wird gebaut (Tropikvögel, Brachschwalben, Alken, Nachtschwalben). Nestbau und Nistverhalten sind sehr vielgestaltig. Einige Besonderheiten sollen kurz erwähnt werden. Königs- und Kaiserpinguine halten z. B. ein Ei auf ihren Füßen und bebrüten es hier aufrecht stehend. Die Megapodiden vergraben ihre Eier im Sand oder in sich zersetzenden Haufen von Pflanzenteilen. Das turmartige Nest des Fettschwalms besteht aus Früchten und Kot, *Collocalia* baut sein Nest aus Speicheldrüsensekreten, der Palmsegler Afrikas baut ein vertikales Nest mit schmalem, unterem Rand an Palmenblättern, die Eier werden an diese Unterlage festgeleimt, die Vögel brüten in vertikaler Haltung. Schneidervögel und manche anderen Vögel nähen die Ränder eines oder mehrerer Blätter zusammen und bauen ihr Nest in die entstandene Höhlung. Manche Tyrannen verjagen andere Vögel von eben fertiggestellten Nestern und benutzen sie für sich. Viele Formen brüten in Nestern, die von anderen Arten gebaut und benutzt waren; manche Rallen und Wasserhühner bauen zwei Nester, eins zum Brüten und eins, in das die Jungen nach dem Schlüpfen überführt werden.

Eine Reihe von Vögeln nistet zusammen in Kolonien mit Artgenossen oder Tieren anderer Arten, manche kleineren Vögel nisten in den

◁ Abb. 398: Vögel, die regelmäßig in Städten Mitteleuropas vorkommen. a. Turmfalke *(Falco tinnunculus)*, b. Mauersegler *(Apus apus)*, c. Buntspecht *(Dendrocopus major)*, d. Waldkauz *(Strix aluco)*, e. Haustaube *(Columba livia forma domestica)*, f. Ringeltaube *(Columba palumbus)*, g. Star *(Sturnus vulgaris)*, h. Türkentaube *(Streptopelia decaocto)*, i. Singdrossel *(Turdus philomelos)*, j. Kleiber *(Sitta europaea)*, k. Kohlmeise *(Parus major)*, l. Blaumeise *(Parus caeruleus)*, m. Hausrotschwanz (oben ♂, unten ♀, *Phoenicurus ochruros*), n. Rotkehlchen *(Erithacus rubecula)*, o. Stockente *(Anas platyrhynchos)*, p. Buchfink *(Fringilla coelebs)*, q. Saatkrähe *(Corvus frugilegus)*, r. Haussperling *(Passer domesticus)*, s. Amsel (oben ♀, unten ♂, *Turdus merula*). Original

a
b
c
d
e
f
g
h
i
j
k
l
m
n
o
p
q

Horsten von größeren Arten, andere (Papageien, Eisvögel) bauen ihr Nest in Termitenhügeln, manche Passeriformes in Nähe von Hymenopterennestern.

Gelege. Viele Vögel legen wie die Reptilien weiße Eier (Albatrosse, Papageien, Eulen, Eisvögel, Spechte u. a.); diese Farbe findet man also bei vielen Höhlenbrütern und auch öfter bei in warmen Gebieten lebenden Formen. Häufiger sind pigmentierte Eier. Die Pigmente der Eischalen werden den Eiern im unteren Oviduct zugefügt (oft wohl von Amöbocyten) und ähneln den Blut- oder Gallenpigmenten. Die Zahl der Eier in einem Gelege variiert von 1 bis 20.

Vogel-, vor allem Hühnereier, stellen eine wichtige Nahrungsquelle der Menschen dar. Die Jahresproduktion beläuft sich derzeit auf etwa 30 Millionen Tonnen und entspricht damit etwa der Hälfte der Seefisch-Anlandungen.

Viele Vögel entwickeln während der Brutzeit Brutflecken, die durch Verlust der Dunenfedern und Zunahme der Hautblutgefäße gekennzeichnet sind. Bei der Mehrzahl der Vogelarten scheinen beide Geschlechter zu brüten, es folgen die Arten, wo allein das Weibchen brütet, bei nur wenigen Arten brütet allein das Männchen. Die Brutdauer reicht von 11 Tagen bis zu 12 Wochen. Beim Schlüpfen sind die Jungen entweder so weit entwickelt, daß sie selbständig das Nest verlassen können (Nestflüchter), oder sie werden in einem relativ hilflosen Zustand geboren und müssen gewärmt und gefüttert werden (Nesthocker). In diesem Zustand besitzen sie entweder haarartige Dunenfedern oder sind völlig nackt. Das Ei wird vom Embryo mit der Eischwiele (fälschlich Eizahn) geöffnet.

Die Nesthocker weisen im Schnabel i. a. besondere Markierungen auf, die beim Sperren gezeigt werden. Die Gewichtszunahme der Jungen kann u. a. bei Passeriformes sehr schnell erfolgen, so daß sie voll befiedert schon nach 12–14 Tagen das Nest verlassen können. Beim Mauersegler kann die tägliche Gewichtszunahme 7–8 g betragen. Die Jungvögel sind beim Schlüpfen im wesentlichen poikilotherm, der homoiotherme Zustand wird i. a. noch im Nest erreicht.

Einige Nestlinge werden nicht nur von ihren Eltern, sondern auch zusätzlich von anderen Vögeln gefüttert; bei Arten, die mehrfach im Jahr brüten, z. B. von älteren Geschwistern.

Brutparasitismus. In 5 Familien sind Brutparasiten entstanden, bei Anatiden, Cuculiden, Indicatoren, Icteriden und Ploceiden, bei Cuculiden und Ploceiden zweimal unabhängig voneinander. Die Brutparasiten legen ihre Eier in die Nester anderer Arten. Eine besondere Anpassung der parasitischen Indicatorenarten sind hakenartige Schnäbel der Jungen, mit denen sie die Jungen des Wirtes töten.

Gesang. Verschiedene Formen von Lauten und Gesängen werden unterschieden, sie haben meist die Funktion der sozialen Kommunikation. Territorialgesänge sollen z. B. einen Geschlechtspartner anlocken und einen Vogel gleichen Geschlechts abschrecken, sie sind mitunter individuell verschieden (Nachtigall); Signalgesänge koordinieren die Aktivität von Vögeln. Die Funktion einiger Gesangsarten ist aber noch unbekannt.

In vielen Fällen singt nur das Männchen, es gibt aber auch Arten, bei denen beide Geschlechter singen. Bei manchen Sperlingsvögeln und Kuckucken singen Männchen und Weibchen gleichzeitig oder abwechselnd, dabei können gleiche oder verschiedene Strophen vorgetragen werden. Manche Arten besitzen unterschiedliche Morgen- und Abendgesänge. Einfache Gesänge sind ererbt. Bei vielen Arten ist ein einfacher Jugendgesang ererbt, der volle Gesang wird später aus Umweltlauten aufgebaut; dabei können arteigene und fremde Laute eingefügt werden. Bekannte Sänger mit vielen fremden Gesangsanteilen sind die Spötter. Das Extrem bilden die brutparasitierenden Witwen Afrikas, die den Gesang ihrer jeweiligen Eltern vollkommen übernehmen.

Untersuchungen an einzelnen Singvogelarten ließen erkennen, daß der Gesang der Vögel von mehreren untereinander verbundenen Hirnker-

◁ Abb. 399: Alpenfauna. a. Steinadler *(Aquila chrysaetos)*, b. Steinbock *(Capra ibex)*, c. Gemse *(Rupicapra rupicapra)*, d. Alpendohle *(Phyrrhocorax graculus)*, e. Murmeltier *(Marmota marmota)*, f. Mauerläufer *(Tichodroma muraria)*, g. Alpenbraunelle *(Prunella collaris)*, h. Schneehase *(Lepus timidus)*, i. Schneehuhn *(Lagopus mutus)*, j. Steinschmätzer *(Oeanthe oeanthe)*, k. Alpenbock *(Rosalia alpina)*. l. Schneefink *(Montifringilla nivalis)*, m. Alpensalamander *(Salamandra atra)*, n. Silberfleckbläuling (♂, *Lyceana argus*), o. Apollofalter *(Parnassius apollo)*, p. Schneemaus *(Microtus nivalis)*, q. Kreuzotter *(Vipera berus)*. Original

nen im Telencephalon (vorderes Neostriatum, caudaler Kern im ventralen Hyperstriatum, Nucleus robustus im Archistriatum), Tectum opticum und bestimmten Anteilen des Kerngebietes des Nervus hypoglossus beeinflußt und kontrolliert wird. Letzterer Nerv versorgt über eigene Äste die Syrinx. Fast alle Kerngebiete, die sich dem Gesang zuordnen lassen, binden Testosteron. Bei jungen männlichen Zebrafinken bewirken Läsionen im Kern des vorderen Neostriatums ausgeprägte Störungen in der Ausbildung des Gesanges, bei Adulten wird der Gesang durch entsprechende Läsionen nicht mehr beeinträchtigt. In der Entwicklung des Gesanges spielt auch normales Hörvermögen eine entscheidende Rolle. Hierauf weisen experimentelle Verhaltens- und elektrophysiologische Befunde hin. Letztere zeigen direkte Beeinflussung des Gesangskernes im ventralen Hyperstriatum durch auditorische Nervenfasern.

Vogelzug. In allen Erdteilen gibt es Zug- und Standvögel. Letztere sind seßhaft und verlassen ihr Brutgebiet nicht, erstere unternehmen i. a. zweimal im Jahr ausgedehnte Wanderungen. Beide Gruppen sind nicht scharf voneinander getrennt. Zwischen ihnen vermitteln die Vögel mit «Dismigration» (Zerstreuungswanderung), die in wenig gerichteter Form umherstreifen. Standvögel Mitteleuropas sind z. B. Elster und Haussperling. Formen mit wenig ausgeprägtem Zugverhalten sind z. B. die Meisen, hier können aber vor allem Jungvögel Wanderungen unternehmen. Solche Zugbewegungen von Jungvögeln (Zwischenzug) sind oft ungerichtet (Möwen, Reiher), können aber Vorzugsrichtungen erkennen lassen (Stare). Der Zwischenzug dient der Ausnutzung des Nahrungsreichtums in einem größeren Gebiet. Unterschiedliches Zugverhalten findet sich selbst innerhalb einer Art; nördliche Populationen können wandern, südliche können Standvögel sein (Stare).

Nur wenige Arten benutzen schmale Wanderwege, also Zugstraßen, meist erfolgt der Zug über eine breite Front, besonders übers Meer oder über Ebenen. Besondere geographische Verhältnisse (Leitlinien) können jedoch diese breite Front wieder verengen. Für viele Arten ist die Küste eine solche Leitlinie.

Leitlinien bieten oft infolge von Aufwinden Möglichkeiten des kräftesparenden Segelfluges. Das Ausnutzen von Aufwinden ist auch beim Überfliegen von Wüsten bekannt. Die Sonnenstrahlung des Tages, die einer kühleren Nacht folgt, verursacht Aufsteigen warmer Luftmassen, in denen kreisende Vögel sich emporschrauben können.

Unabhängig von möglichen kürzeren Ablenkungen durch Leitlinien ist die Zugrichtung meist klar bestimmt. Viele nord- und mitteleuropäische Arten ziehen auf dem Herbstzug nach Südwesten oder Westen. Für manche Arten ist die südwestliche Richtung auf Europa beschränkt und ändert sich südlich des Mittelmeeres. Dies betrifft z. B. Arten, die in Südafrika überwintern. Manche Arten machen vor dem äquatorialen Waldgürtel Afrikas halt (viele Grasmücken). Der Weißstorch *(Ciconia ciconia)* ist eine der bekannten Arten, die in Europa nicht nur nach Südwesten, sondern auch nach Südosten abziehen. Der Südwestweg wird von westeuropäischen Tieren benutzt, die Mehrzahl der europäischen Störche benutzt den Südostweg in das südöstliche Südafrika. Arten, die Europa nicht verlassen, weichen erst spät im Sommer oder Herbst aus ihren Brutgebieten vor einem ungünstigen Klima zurück («Wetterzieher»). Europäische Arten, die Zentral-, Ost- und Südafrika erreichen, verlassen ihre Heimat oft recht früh im Sommer, ohne daß unmittelbar ein Nahrungsmangel vorliegt («Instinktzieher»).

Die längsten Zugwege legen Seeschwalben zurück. Bekannt ist die Küstenseeschwalbe, die aus der Arktis bis in die Antarktis zieht (S. 670). Auch Singvögel können Ozeane regelmäßig überqueren. Ein Beispiel ist der Grönländische Steinschmätzer, der nach Westeuropa zieht und im tropischen Afrika überwintert. Vermutlich folgt dieser Steinschmätzer der Richtung der Einwanderung nach Grönland, die von Europa aus erfolgte. Er zieht also im Herbst ständig in seine alte Heimat zurück. Beispiele, daß Zugwege historische Einwanderungswege rekapitulieren, sind zahlreich. So ziehen viele eurasische Arten, die ihr Brutgebiet bis an den Pazifischen Ozean ausgebreitet haben, zunächst westwärts und biegen dann erst nach Süden um und wandern nach Afrika, obwohl das tropische Südost-Asien sehr viel dichter liegt. Es gibt aber auch Beispiele für die Eröffnung neuer Zugwege nach Ausdehnung des Brutareals.

Herbst- und Frühjahrszug können über die gleichen Wege erfolgen, seltener über verschiedene (Schleifenzug).

Auch die Vögel der südlichen Halbkugel wandern – wegen des günstigen Klimas allerdings in geringem Ausmaß. So wandern manche südafrikanischen Arten im Winter nach Zentralafrika, neuseeländische Arten können nach Australien oder zu nördlich gelegenen Südseeinseln ziehen. Auch in Zentralafrika unternehmen Vögel Wanderungen. Dies betrifft vor allem Savannenvögel, die vor der Trockenheit ausweichen und in die Zone der Regenwälder wandern. Einige Ozeanvögel, die auf der Südhalbkugel brüten, erreichen im Südwinter den Nordatlantik bis in Höhe von Südgrönland.

Die Fluggeschwindigkeit ist meist nicht sehr hoch. Vom Storch weiß man, daß er am Tag i. a. ca. 120 km zurücklegt. Viele Arten scheinen aber schneller zu ziehen, doch dürften Tageswerte von 200–300 km kaum überschritten werden. Der Frühjahrszug erfolgt i. a. rascher als der Herbstzug.

Die Zughöhe liegt bei Kleinvögeln meist unter 300 m, Enten fliegen in 100–500 m Höhe, Greifvögel vereinzelt über 1000 m. Ebenso wie die Geschwindigkeit ist die Zughöhe natürlich stark von Witterungsbedingungen abhängig. Kraniche wurden in ca. 3000 m Höhe festgestellt, Gänse in 4000 m; Gänse können über den Himalaja sogar in 9600 m Höhe ziehen.

Oft ziehen Vögel in Gemeinschaften (Ausnahme z. B. Kuckuck, Pirol), die sogar mehrere Arten umfassen können. Das Rufverhalten solcher Schwärme ist unterschiedlich, manche Arten geben – vor allem Nachtzieher und unter den Tagesziehern z. B. Gänse – ständig Rufe ab, was vermutlich dem Zusammenhalt des Schwarmes dient (Kontaktrufe), andere wandern schweigsam, z. B. Tauben.

Neben Arten, die entweder nur nachts (viele Enten und Limicolen) oder tags (Schwalben, Greifvögel) ziehen, gibt es auch Formen, die tags und nachts ziehen, z. B. Lerchen. Die biologische Zweckmäßigkeit des Nachtzuges liegt vor allem in einer Schutzwirkung vor Feinden und erlaubt diesen Tieren tagsüber zu fressen. Weiterhin ist nachts die Wärmeabgabe größer. Wärme entsteht beim Dauerflug in ungewöhnlich starkem Ausmaß, so daß die Gefahr der Überhitzung besteht, besonders bei Flatterfliegern.

Eine Reihe von Vögeln unternimmt sehr unregelmäßige Wanderungen (Invasionsvögel). Die Ursache ist Nahrungsmangel. Große Invasionen werden durch den «Gedrängefaktor» (zu dichte Besiedlung eines Gebietes) und i. a. nicht durch Nahrungsmangel ausgelöst (z. B. bei Seidenschwänzen). Solche großen Invasionen enden meist als Katastrophe.

Eine besondere Form des Zuges ist der Mauserzug. Er wird von Arten unternommen, die alle Handschwingen gleichzeitig mausern und daher eine Zeitlang flugunfähig sind. Bevor diese Flugunfähigkeit einsetzt, suchen diese Vögel möglichst geschützte Gebiete auf, z. B. das offene Meer oder größere Seen. Besonders gut bekannt ist der Mauserzug der Enten. Diese Tiere legen oft Tausende von Kilometern zurück, um ein ruhiges Mausergebiet zu erreichen.

Orientierung. Zahlreiche Beobachtungen und vor allem Verfrachtungsexperimente beweisen die Existenz eines Richtungssinnes bei Vögeln. Verfrachtete Vögel sind imstande, aus allen Richtungen zur Brutstelle zurückzufinden, sind also nicht nur auf die Zugrichtung eingestellt. Mehrfach ist circumannuale Periodik der Zugdisposition nachgewiesen, die durch die Photoperiode als Zeitgeber reguliert wird.

Versuche mit Staren zeigten, daß diese sich mit Hilfe des Sonnenstandes orientieren. Da die Zugrichtung bei verändertem Sonnenstand gleichbleibt, sind sie also in der Lage, die Stellungsänderung der Sonne mit Hilfe eines sehr feinen Zeitsinnes zu kompensieren. Stare verlieren die Orientierung, wenn der Himmel ganz bedeckt ist. Nachtzieher orientieren sich wohl am Erdmagnetfeld und/oder an Sternbildern. Beobachtungen an amerikanischen Singvögeln lassen vermuten, daß manche Nachtwanderer der Sonne des späten Nachmittags Informationen für die Orientierung in der kommenden Nacht entnehmen. Es besteht die Möglichkeit, daß diese Vögel sich direkt an der Lage der Sonne oder indirekt am Polarisationsmuster des Dämmerungslichtes orientieren. Insgesamt werden mehrere verschiedene Formen der Orientierung unterschieden:

1. Führung durch erfahrene Tiere, jüngere lernen den Weg erst kennen (Gänse, Störche). Die erwachsenen Tiere besitzen andere Orientierungsmöglichkeiten.

2. Optische Orientierung (vor allem Tagwanderer, die sich an Leitlinien orientieren; aber auch Nachtwanderer, die sich an Sternen orientieren).

3. Orientierung nach ererbtem Richtungssinn, der den Vogel auf bestimmte Richtung einstellt. Beruht auf Sonnen- oder Sternenkonstellation. Wird von «innerer» Uhr kontrolliert. Ist mit Fähigkeit der Richtungsänderung verbunden, die ebenfalls erblich fixiert ist. Oft mit 2. und 4. verbunden.

4. Orientierung mittels eines echten navigatorischen Sinnes zur Erfassung der geographischen Position, Vogel kann Richtungsveränderungen, z. B. durch Wind, berichtigen. Besonders entwickelt bei Vögeln, die einförmige Strecken (Meer, Wüsten, Steppen) überqueren.

Für Brieftauben spielt wahrscheinlich auch der Geruchssinn – möglicherweise vor allem die Leistungsfähigkeit der sekundären olfaktorischen Zentren im Gehirn – eine Rolle für das Heimfindevermögen. Ebenfalls kann die Wahrnehmung des geomagnetischen Feldes am Heimfindevermögen beteiligt sein. Die Mechanismen dieser Wahrnehmung des Erdmagnetismus sind allerdings noch kaum bekannt. Für die Wahrnehmung des Magnetfeldes stehen vier Substanzgruppen in der Diskussion: Magnetit (Fe_3O_4), Melanin, biologische Radikale, Photopigmente. Vermutlich findet die Magnetfeldreception im Bereich des visuellen Systems statt, z. B. im Tectum opticum oder auch in den Photoreceptoren.

Der Zugtrieb ist eine periodische Erscheinung mit Jahres- (Frühjahr, Herbst) und Tagesrhythmus (Tag, Nacht). Außerhalb dieser «sensiblen» Zeiten ruht er.

Im Frühjahr besteht ein enger Zusammenhang zwischen Zug- und Fortpflanzungstrieb. Die Entwicklung der Geschlechtsorgane ist von der Lichtmenge abhängig (sexuelle Photoperiodizität). Die Kette: zunehmendes Licht – Entwicklung der Geschlechtsorgane – Zugtrieb gilt aber nur auf der nördlichen Erdhalbkugel, und auch hier liegen die Verhältnisse im einzelnen sehr kompliziert und treffen in dieser Form nur für den Frühjahrszug zu. Da Vögel auch im Herbst und auch kastrierte Vögel ziehen, werden Zugtrieb und Fortpflanzungstrieb wohl getrennt ausgelöst.

Bisher ist wenig Spezifisches zur Auslösung des Zuges bekannt. Allgemein läßt sich sagen, daß innere Rhythmen, die an andere Aspekte des Jahresrhythmus gekoppelt sind, das Zugverhalten bestimmen. Für manche Vögel wird vermutet, daß auch Prolactin zusammen mit Nebennierenrindenhormonen für die Auslösung des Zuges von Wichtigkeit sind.

Vor Beginn des Zuges wird ein umfangreiches Fettdepot angelegt, dem die Energie für den Flug entnommen wird. Es besteht eine Korrelation zwischen der angelegten Fettmenge und der Weite des Zuges. Nicht selten verdoppeln dabei kleine Zugvögel ihre Körpermasse. Der normalerweise knapp 4 g schwere nordamerikanische Kolibri *Archilochus colubris* deponiert im Herbst etwa 2 g Fett für seinen etwa 1500 km langen Flug über den zentralen Teil des Golfes von Mexiko; europäische Gartengrasmücken *(Sylvia borin)* verdoppeln ihre Fettmasse vor ihrem Trans-Sahara-Zug.

Systematik. Vögel stammen von mesozoischen Reptilien ab; die genaue Stammgruppe ist jedoch umstritten. Zufolge einer Theorie leiten sich die Vögel direkt von triassischen Thecodontiern her. Da auch die Krokodile, zu denen damals auch baumlebende Formen gehörten, z. B. *Longisquama*, von Thecodontiern abstammen, erklären sich gut die vielen anatomischen Übereinstimmungen zwischen Krokodilen und Vögeln. Zufolge einer anderen Theorie entstammen die Vögel theropoden Dinosauriern, die aber auch auf die Thecodontier zurückgehen. Kleine theropode Dinosaurier, wie *Compsognathus*, zeigen viele anatomische Übereinstimmungen mit ursprünglichen Vögeln.

Einschließlich der fossilen Formen werden vier Unterklassen unterschieden: a. Archaeornithes (mit *Archaeopteryx*), b. Odontornithes (mit *Ichthyornis*, *Hesperornis* u. a.), c. Enantiornithes und d. Neornithes (alle rezenten Arten und ihre unmittelbaren ausgestorbenen Verwandten).

a) Archaeornithes

Der spätjurassische krähengroße *Archaeopteryx* (150 Mill. Jahre alt, mehrere Funde) aus dem Jura von Eichstätt und Solnhofen ist der älteste bekannte Vogel. Er besaß Federn und eine Furcula, weist im übrigen aber auch typische Reptilienmerkmale auf (Abb. 397).

Archaeopteryx konnte sich vermutlich am Boden laufend und hüpfend fortbewegen, wobei die Federn und Flügel stabilisierend gewirkt haben könnten, aber er konnte wohl auch im Gezweig hüpfen und kurze Gleit- und Flatterflüge ausführen. Folgende anatomische Merkmale sind wichtig: Schnabel hoch und kräftig, kleine Zähne in Ober- und Unterkiefer mit Schmelzkappe, Flügel abgerundet und breit wie bei Hühnern. 3 Metacarpalia, nicht verschmolzen; 3 Finger mit 2, 3 und 4 Phalangen, deren letzte jeweils mit einer Kralle, 1. und 3. Finger vermutlich beschuppt, 2. Finger mit Federn. Beine etwas länger als Flügel; wie bei modernen Vögeln Intertarsalgelenk, Tibiotarsus vorhanden. Langer Hallux nach hinten gerichtet, 3 Zehen nach vorn. 15 Paar Federn entspringen seitlich am Schwanz. Wohl baumbewohnend ähnlich heutigen Musophagidae.

Ganz unsicher ist, ob sich den Archaeornithes 1984 in Texas gemachte Funde der Gattung *Protoavis* zuordnen lassen. Diese Form ist ca. 75 Millionen Jahre älter als *Archaeopteryx* und besaß schon relativ große Augen und ein relativ großes Gehirn.

b) Odontornithes

In der Kreide sind die Odontornithes nachgewiesen. 1. Ordnung Hesperornithiformes, besaßen noch echte Zähne. Meeresvögel, die oberflächlich den modernen Seetauchern ähneln, aber im Gegensatz zu diesen flugunfähig waren. *Hesperornis regalis* war bis zu 2 m groß. 2. Ordnung Ichthyornithiformes mit flugfähigen Formen *(Ichthyornis, Apatornis)* der Kreide Nordamerikas. Meeresvögel. Unklar, ob sie Zähne besaßen.

c) Enantiornithes

Nur lückenhaft bekannte Vögel der Kreide der Alten und Neuen Welt, z. T. Laufvögel, z. T. offenbar gute Flieger mit einer Spannweite von bis zu 1 m.

d) Neornithes

Die modernen Vogelordnungen werden als Neornithes zusammengefaßt. Sie entstanden vor mindestens 65 Mio. Jahren (Mitte bis Ende der Kreidezeit). Verwandte der Seetaucher, Alken, Möwen, Entenvögel, Kraniche, Sturmvögel und Spechte sind schon im Eozän und z. T. auch im Paleozän nachgewiesen. Verwandte der Racken, Eisvögel und Hornvögel sind seit dem Oligozän bekannt. Im Miozän ist eine intensive Evolution der landlebenden Singvögel parallel zu der der Blütenpflanzen zu beobachten. Singvögel gehen aber ins Eozän zurück. Im frühen Tertiär treten große flugunfähige carnivore Laufvögel auf, z. B. die Diatrymas, die über 2 m groß waren und gewaltige Schnäbel und pferdegroße Schädel besaßen. Im Pleistozän trat in der Neuen Welt eine Gruppe besonders großer geierartiger Vögel auf, die offensichtlich von den Kadavern der reich entwickelten Säuger dieser Zeit lebten; es waren dies Vertreter der Gattung *Teratornis*, von denen Arten mit einer Spannweite von 5–6 m in Nevada und von 8 m in Argentinien gefunden wurden. Die Mehrzahl der modernen Vogelarten entstand im Pleistozän oder sogar später.

Heute existieren gut 9000 Vogelarten, die auf ca. 95 nichtpasserine Familien mit ungefähr 3700 Arten und ca. 50 Familien der Passeriformen mit gut 5300 Arten verteilt werden. Die großen nicht flugfähigen Laufvögel (Strauße, Kasuare, Emus, Nandus, Kiwis) bilden zusammen mit den Steißhühnern eine eigene Verwandtschaftsgruppe, die neben eher primitiven Merkmalen spezielle Übereinstimmungen z. B. im Bau von Kiefer-, Becken- und Tarsalregion aufweisen und die chromosomale und biochemische Ähnlichkeiten, z. B. in der Aminosäurensequenz der Augenlinsenproteine, besitzen. Diese Vögel sind wohl sekundär flugunfähig und lassen sich in einer eigenen Überordnung (Palaeognathae) zusammenfassen und den restlichen Vögeln (Neognathae) gegenüberstellen. Im übrigen bestehen hinsichtlich des natürlichen Systems der Vögel noch viele Unklarheiten.

I Palaeognathae. Eigene knöcherne Gaumenstruktur. Meist mit Ausnahme der Tinamiformes werden die Palaeognathae auch Ratitae genannt. Die Gruppe ist ca. 80 Millionen Jahre alt und geht u. U. noch auf Formen Gondwanas zurück.

1. Struthioniformes (Strauße): 1 Art. Heute nur noch in Steppen und Savannen Afrikas südlich der Sahara, erst vor kurzem im Vorderen Orient und Arabien ausgerottet. Flugunfähig, leben i. a. in kleinen Gruppen mit 1 Männchen und mehreren Weibchen. In das Nest legen i. a. mehrere Weibchen ihre Eier, von denen eins 1100–1600 g wiegt. Bebrütung vorwiegend durch ein Männchen, das auch die Führung der Jungen übernimmt. Weitgehend omnivor, oft besteht die Nahrung aus Sukkulenten. Größte und schwerste lebende Vögel, Scheitelhöhe bis über 2,50 m, erreichen Gewicht von 150 kg. Die kurzen Flügel tragen Schmuckfedern, die vom Männchen bei der Balz zur Schau gestellt werden. Schlüsselbeine fehlen, Fuß nur mit 2 Zehen (3. und 4.). Kräftiger Muskelmagen mit vielen Steinen zum Zerreiben der harten Nahrung. Männchen besitzt retrahierbaren Penis. Strauße werden in Farmen gezüchtet.

Abb. 400: Vertreter verschiedener Vogelfamilien. a. *Aptenodytes* (Spheniscidae) Königspinguin; b. *Casuarius* (Casuaridae) Kasuar; c. *Dromiceius* (Dromiceiidae) Emu; d. *Oceanites* (Hydrobatidae) Sturmschwalbe; e. *Rhynchotus* (Tinami-

2. Rheiformes (Nandus): 2 Arten in offenen Landschaften Südamerikas; bis 1,40 m hoch, flugunfähig, Füße mit 3 Zehen.

3. Casuariiformes (Kasuare, Emus): Kasuare (Casuariidae), 3 Arten, schwere Laufvögel in tropischen Regenwäldern mit kräftigen Beinen und 3 Zehen; 2. Zeh mit dolchartigem Nagel, der als Waffe dient, und dessen Wirksamkeit sogar einzelne Todesfälle unter der Bevölkerung Neu-Guineas bezeugen. Schwarzes Gefieder, Jugendkleid braun, Kopf und Hals nackt, kräftig blau, rot und gelb gefärbt mit lappigen Anhängen; auf dem Kopf von Hornschicht bedeckter knöcherner Helm. Nordaustralien, Neuguinea und benachbarte Inseln. Leben von Früchten u. a. pflanzlicher Nahrung sowie von Kleintieren. Männchen übernimmt Brutgeschäft und Betreuung der Jungen. Weibchen größer und lebhafter gefärbt als Männchen (Abb. 400 b).

Emus (Dromiceidae): 2 Arten der Gattung *Dromiceius* = *Dromaius* in Steppen und Savannen Australiens, strähniges Gefieder, nackte, blaue Hautstelle an Kopf und Halsseiten, Flügel stark rückgebildet, flugunfähig, Nahrung vor allem vegetarisch (Beeren), Brutpflege fast allein durch das Männchen. Stark verfolgt (Abb. 400 c), z. T. in Farmen gezüchtet.

4. Dinornithiformes. Apterygidae (Kiwis): 3 Arten in Neuseeland (Abb. 400 f); flugunfähige, 3 kg schwere Laufvögel mit «haarigem» Gefieder und rückgebildeten Flügeln. Kleiner Kopf mit langem Schnabel, an dessen Spitze die Nasenlöcher liegen. Kleine Augen, Kleinhirn und Lobi optici klein. Füße mit 4 Zehen. Nachtaktive Waldvögel, die ihre Nahrung vorwiegend olfaktorisch auffinden (Würmer, Insektenlarven). Nur das Männchen bebrütet ein oder zwei ungewöhnlich große Eier. Die Eier entsprechen 25 % des Gewichtes eines Weibchens. 60 % des Eies sind Dotter. Dinornithidae (Moas), Neuseeland, nach Ankunft des Menschen ausgestorben. Hühner- bis mehr als straußengroß.

5. Aepyornithiformes (Elefantenvögel): Madagaskar, erst nach Ankunft des Menschen ausgestorben, flugunfähige Riesenlaufvögel, legten größte bekannte Vogeleier (1 Ei entsprach über 10 000 Kolibrieiern und 7 Straußeneiern).

6. Tinamiformes (Steißhühner): 47 Arten, Süd- und Mittelamerika. Bodenvögel; tropischer Regenwald, Pampas, Busch, Hochsteppen. Schlechte Flieger, oft dämmerungsaktiv, Nahrung vorwiegend Früchte, Samen, z. T. auch Kleintiere, Brutpflege durch das Männchen (Abb. 400 e).

II Neognathae. Eigene knöcherne Gaumenstruktur mit mehreren Subtypen.

1. Gaviiformes (Seetaucher): 5 Arten, nördliche Holarktis, große Tauchvögel, zwischen den Zehen Schwimmhäute (Abb. 400 g). Anatomisch bestehen manche Übereinstimmungen mit Möwen.

2. Podicipediformes (Lappentaucher): 30 Arten, weltweite Verbreitung, kleine bis mittelgroße Tauchvögel. Zehen mit seitlichen Lappen.

3. Procellariformes (Röhrennasen): 105 Arten mit Albatrossen (Diomedeidae), Sturmvögeln (Procellariidae), Sturmschwalben (Hydrobatidae, Abb. 400 d), Tauchsturmvögeln (Pelecanoididae). Marin, vorwiegend Südhalbkugel. Viele Formen wandern im Südwinter in den Bereich der Nordhalbkugel. Spannweite des Wanderalbatrosses 3,50 m. Schnabel von mehrteiliger Hornscheide bedeckt, röhrenförmige Nasenaufsätze. Füße mit Schwimmhäuten. Legen i. a. nur 1 Ei, Brutpflege durch Männchen und Weibchen. Sturmvögel speichern im Magen ein Öl, mit dem die Jungen gefüttert werden. Die kleinen Pelecanoididae tauchen, ähnlich wie Alken, indem sie sich mit Hilfe der Flügel unter Wasser fortbewegen.

4. Sphenisciformes (Pinguine): Leiten sich von Procellariformes ab. 18 flugunfähige Arten. Kalte Meere der Südhalbkugel, Küsten der Antarktis und Südkontinente, 1 Art auf Galapagos. Nahrung: Fische, Crustaceen, Tintenfische. Außerhalb der Brutzeit Wanderungen auf dem Meer, meist Koloniebrüter (Abb. 400 a).

5. Pelecaniformes (Ruderfüßler): 62 Arten mit Tropikvögeln (Phaethontidae), Pelikanen (Pelecanidae), Tölpeln (Sulidae), Kormoranen (Phalacrocoracidae Abb. 400 h), Schlangen-

◁ dae) Steißhuhn; f. *Apteryx* (Apterygidae) Kiwi; g. *Gavia* (Gaviidae) Seetaucher; h. *Phalacrocorax* (Phalacrocoracidae) Kormoran; i. *Falco* (Falconidae) Wanderfalke; j. *Eudocimus* (Threskiornithidae) Ibis; k. *Anhima* (Anhimidae) Hornwehrvogel; l. *Leipoa* (Megapodiidae) Großfußhuhn. Nach van Tyne, Berger

halsvögeln (Anhingidae), Fregattvögeln (Fregatidae). Alle 4 Zehen sind durch Schwimmhäute verbunden, geräumiger Drüsenmagen. Wasserlebende Fischfresser. Auf den Galapagosinseln lebt eine flugunfähige Kormoranart *(Phalacrocorax harrisi)*.

Der Kormoran *(Phalacrocorax carbo)* ist ein 80–90 cm großer Wasservogel mit einer Flügelspannweite von 130–140 cm. Er bewohnt Küsten und Binnengewässer Europas, Asiens, Afrikas und die Nordostküste Nordamerikas. Er schwimmt, taucht, fliegt und segelt ausgezeichnet. Das Gefieder des Kormorans ist nicht wasserabweisend. Der Kormoran kann daher seine langen Flügel beim Tauchen nicht vor Nässe schützen und setzt sich nach einem Fischzug auf einen Stein oder Pfahl und hält die Flügel vom Körper abgespreizt, um sie zu trocknen. Beute wird tauchend erjagt. Vor dem Abtauchen steckt der Kormoran oft den Kopf ins Wasser und späht nach Beute («Wasserlugen», auch beim Gänsesäger u. a.).

Das Schicksal des Kormorans im modernen Mitteleuropa hängt mit seiner Ernährungsweise zusammen. Er frißt ausschließlich Fische, ein Individuum braucht täglich ca. 300–500 g Fisch. Aus diesem Grund wird er erbarmungslos verfolgt, die meisten binnenländischen mitteleuropäischen Brutkolonien wurden vernichtet. Nach amtlichen Schutzmaßnahmen kam es in den letzten Jahren in Deutschland zu einer gewissen Erholung der Bestände (u. a. Küste, Bodensee, oberbayerische Seen). Dies hat erneut zu heftigen Reaktionen von Seiten der Binnenfischer, Anglervereine und Teichwirte geführt, die auch erheblichen politischen Druck für den erneuten Abschuß erzeugen. Natürliche Feinde fehlen ihnen bei uns weitgehend, der Schaden, der einzelnen Teichwirten entsteht, kann groß sein. In China werden Kormorane für den Fischfang abgerichtet.

6. Ciconiiformes (Schreitvögel): 270 Arten mit Ardeidae (Reihern), Cochleariidae (Kahnschnabel), Balaenicipitidae (Schuhschnabel), Scopidae (Schattenvögeln, Hammerkopf), Ciconiidae (Störchen), Threskiornithidae (Ibissen Abb. 400 j, Löfflern). Die Reiher und Störche (s. u.) sind weltweit verbreitet, die Ibisse kommen vorwiegend in tropischen und subtropischen Zonen vor. Kahnschnabel (Süd- und Mittelamerika) und Schuhschnabel (Zentralafrika) besitzen sehr breite Schnäbel, der Schuhschnabel (Abu Markub) frißt zum großen Teil Lungenfische; der Hammerkopf besitzt einen hohen komprimierten Schnabel und lebt im Südwesten Arabiens, in Afrika sowie Madagaskar und baut kennzeichnende große überdachte Nester, meist auf Bäumen. Marabus sind Aasfresser. Die systematische Stellung der Flamingos (Phoenicopteridae) ist stark umstritten. Sie werden traditionell den Ciconiiformes, aber auch den Anseriformes oder Charadriformes (als Verwandte der Stelzenläufer) zugeordnet, oder aber in eine eigene Ordnung gestellt. Sie leben in alkalischen Seen oder Brackwasserlagunen. Sie ernähren sich von Diatomeen, Blaualgen und Kleintieren, die mit dem umgekehrt ins flache Wasser gehaltenen Schnabel durch dessen Randlamellen ausgeseiht werden. Die Jungen werden in den ersten Tagen mit bluthaltigem Sekret gefüttert.

Der Weißstorch *(Ciconia ciconia)* brütet auf der Iberischen Halbinsel, in den Niederlanden, Mittel- und Osteuropa, Südskandinavien, Nordwestafrika, Vorderasien und Mittel-, sowie Ostasien. Wie beim Schwarzstorch brütet eine kleine Population des Weißstorchs in Südafrika. Die Bestände haben sich in den letzten Jahrzehnten stetig verringert. So ist z. B. in Mitteleuropa ein Rückgang der Brutpaare von ca. 10300 im Jahre 1934 auf ca. 5000 im Jahre 1958 dokumentiert, d. h. in 24 Jahren hat sich hier der Bestand halbiert. Der Rückgang hat sich seither in Europa fortgesetzt, 1988 brüteten in Westdeutschland nur noch 520 Tiere. Ursachen für den Rückgang sind vielseitig. Sicherlich spielen die Trokkenlegung von Feuchtgebieten, intensive Landwirtschaft, Ausdehnung der Städte und Dörfer, Straßenbau, Bau von Hochspannungsmasten, Vernichtung von Insekten usw. eine wichtige Rolle. Größere Verluste erleiden Störche regelmäßig auf der Wanderung nach Afrika, z. B. zunehmend durch Abschuß, über Gasabfakkelungsanlagen, an elektrischen Leitungen, vor allem aber durch Zerstörung der Lebensräume, und im Winterquartier, wo sie auch geschossen werden. In Deutschland genießen sie vollständigen Schutz und sind allgemein beliebt.

Ein Weibchen legt 3–6 Eier, die etwa 32 Tage bebrütet werden. Im Durchschnitt werden 2 Junge flügge, die im August mit erwachsenen Störchen nach Afrika fliegen. Nach 2–3 Jahren kehren sie geschlechtsreif aus Afrika zurück und siedeln sich normalerweise in Nähe ihres Geburtsortes an. Störche können mindestens 34 Jahre alt werden.

Störche sind ausgezeichnete Flieger, die segelnd in der Thermik kontinentaler Aufwinde so weit emporsteigen können, daß sie das Auge des Menschen nicht mehr erkennen kann.

Der Weißstorch ist kein Nahrungsspezialist. Je nach Jahreszeit bevorzugt er die am leichtesten zu fangende Beute: Feldgrillen, Heuschrecken, Raupen, Käfer und Käferlarven, Aas, Braunfrösche, Eidechsen und Blindschleichen, Schlangen, Mäuse und auch Ratten, Maulwürfe, Spitzmäuse, Mauswiesel, Ziesel, Hamster und Bisamratte. Grünfrösche (Wasserfrösche) werden weitgehend gemieden. In der Zeit der Jungenaufzucht ist der Anteil an Regenwürmern in der Nahrung groß.

Nester werden ursprünglich wohl auf Felsen angelegt (heute z. B. noch in Portugal). Man findet sie auch auf Bäumen, aber v. a. auf Dächern, Schornsteinen und Strommasten.

Die europäischen Störche ziehen im August in ihre bis zu 10000 km weit entfernten Winterquartiere in West-, Zentral-, Ost- und Südafrika. Sie benötigen für den Flug z. B. nach Südafrika etwa drei Monate. Störche aus Südwestdeutschland, Frankreich und Spanien wandern über Gibraltar vorwiegend nach Westafrika. Störche aus Nord-, Ost- und Süddeutschland wandern über den Bosporus und das Niltal nach Ost- und Südafrika. Einige Störche überqueren das Mittelmeer zwischen Sizilien und Tunesien und fliegen dann über die Sahara. Störche, die in Persien oder Mesopotamien brüten, wandern nach Indien. Im Süden der Iberischen Halbinsel und Marokko sind manche Störche ganzjährig anwesend. Neuerdings werden Zug und Überwinterung mittels Satelliten beobachtet.

Wachsendes Bewußtsein für die Umweltproblematik und vielfältige Bemühungen um den Storch – so auch Nachzucht in Gefangenschaft – haben in den letzten Jahren dazu geführt, daß in einigen Bereichen Mitteleuropas die Storchenpopulationen wieder zunehmen. In Baden-Württemberg z. B. gab es 1975 nur noch 15, 1993 dagegen wieder 101 Brutpaare.

7. Cathartidiformes (Neuweltgeier): 7 Arten mit Andenkondor *(Vultur)*, dem größten rezenten flugfähigen Vogel – Spannweite 3,60 m – und dem vom Aussterben bedrohten Kalifornischen Kondor *(Gymnogyps)*. Truthahngeier *(Cathartes)* mit sehr gutem Riechvermögen. Systematische Stellung umstritten. Oft den Accipitriformes zugeordnet; es bestehen außerdem chemische und Verhaltensähnlichkeiten mit Störchen.

8. Accipitriformes (Greife und Altweltgeier): 115 Arten. Vermutlich keine monophyletische Gruppe. *Sagittarius* (Sekretär, Sagittariidae) und *Pandion* (Fischadler, Pandionidae) nehmen Sonderstellungen ein. Accipitridae (Bussarde, Adler, Habichte, Weihen, Milane, Altweltgeier u. a.) sind deutlich von den Falken (Falconidae) abgesetzt, die anatomische Übereinstimmungen mit den Eulen erkennen lassen. Weitere Forschung ist erforderlich, um Parallelbildungen und Homologien in der Gruppe der Greifvögel herauszuarbeiten. Im allgemeinen handelt es sich um Fleisch- oder Aasfresser. Es kommen aber auch viele Nahrungsspezialisten darin vor. So lebt z. B. *Gypohierax* (der Geierseeadler) von Früchten der Ölpalme, der Wespenbussard gräbt Hymenopterennester auf, und *Rosthramus* frißt Süßwasserschnecken.

Der Mäusebussard *(Buteo buteo)* ist ein recht variabel gefärbter Greifvogel und brütet in mehreren Unterarten in ganz Europa und im Waldgürtel Asiens bis zum Pazifik. Die in Nordskandinavien und Rußland lebende Unterart, der Falkenbussard, ist ein Langstreckenzieher, der im tropischen und südlichen Afrika überwintert und lokal (z. B. am Bosporus) auf dem Herbstzug oder am Golf von Aqaba auf dem Frühjahrszug zu Tausenden zu beobachten ist.

Die anderen Unterarten sind Standvögel oder führen nur kurze Wanderungen aus. Der Mäusebussard ist der zweithäufigste Greifvogel Europas, wo er außerhalb Rußlands mit einem Brutbestand von ca. 290000 Paaren vorkommt. Der Bestand ist bei uns im wesentlichen stabil; es kommt aber zu erheblichen Schwankungen des Brutbestandes in Abhängigkeit von den zur Verfügung stehenden Mäusen. In Italien und auf dem Balkan ist sein Bestand infolge Abschießens und anderer Maßnahmen rückläufig. Infolge verminderten Jagddrucks entwickelt sich der Bestand in der Kulturlandschaft Mitteleuropas und Skandinaviens gut, viele Tiere leben bereits ohne Scheu vor Menschen oder haben sich – speziell im Winter – Futterquellen an Straßen oder Autobahnen erschlossen. Weil sie aber nicht sehr wendig sind, werden sie hier von schnellen Autos relativ oft totgefahren. Mancherorts brütet der Mäusebussard bereits in unmittelbarer Nähe von Dörfern und kleinen Städten. Die Brut erfolgt erstmals im Alter von 2–3 Jahren. Brutdauer (beide Eltern brüten) um 35 Tage. Bruterfolg je nach Nahrungsangebot von ca. 0,5 bis 2 Jungen pro Brutpaar. Die Nahrung besteht überwiegend aus kleinen Nagetieren (Wühlmäusen, Waldmäusen) und anderen Kleinsäugetieren (Kaninchen, Maulwürfen, Spitzmäusen u. a.), zusätzlich werden Vögel (oft Jungvögel oder Küken von Hühnervögeln), Reptilien (Eidechsen, Blindschleichen), Amphibien (Frösche, Kröten), seltener auch große Insekten (Heuschrecken, Käfer, Bienen) und z. T. in bedeutender Menge Regenwürmer gefressen. Aas wird im Winter gern genommen. Gejagt wird im allgemeinen von einer Warte (Zaunpfahl, Ast) aus, von der er im Gleitflug die Beute ergreift; rüttelt selten.

Der Seeadler *(Haliaeëtus albicilla)* und sein naher nordamerikanischer Verwandter, der Weißkopfseeadler, sind in Europa, Asien und Nordamerika das Vorbild für den Wappenadler (Abb. 401). Auch in anderen Regionen dienen andere Adler als Wappenvögel und Staatssymbole, wobei sie Kraft und Stärke symbolisieren sollen. Der Seeadler ist mit den Milanen enger verwandt als mit den «echten» Adlern der Gattung *Aquila*.

Der Seeadler ist der größte Adler Europas und brütet von Grönland über West-Island, Nordeuropa und Asien in einem breiten Gürtel bis an den Pazifik. Insgesamt gibt es wohl nur noch gut 3000 Brutpaare. Im östlichen Mittelmeerraum steht der Seeadler vor der Ausrottung, an der unteren Wolga und an der Wolgamündung findet sich derzeit der dichteste Bestand (ca. 300 Paare) auf der Erde. In Deutschland gibt es im Ostseeraum z. Z. noch gut 200 Brutpaare, deren Bruterfolg jedoch gering ist.

Der starke Rückgang in Europa, wo er früher verbreitet vorkam, beruht auf sinnlosem Abschießen, Eiersammeln, Giftauslegen, Umweltgiften und Biotopveränderungen, Störung in der Horstumgebung durch Freizeitaktivisten u. a. Verbote von Pestiziden und Auslegen von giftfreiem Fleisch führten in Schweden und Finnland zu langsamer Erholung der Bestände und verbessertem Bruterfolg. Insgesamt gibt es in Nord- und Westeuropa sehr intensive Bemühungen von Gruppierungen

Abb. 401: Adler als Wappentier. a. Russischer Doppeladler aus der Zarenzeit. b. Polnische Briefmarke von 1990.

des freiwilligen und amtlichen Naturschutzes, den Seeadler zu retten, wobei der persönliche Einsatz vielfach zu Erfolgen geführt hat.

Seeadler brüten an Küsten, großen Seen und Flüssen, die Horste werden auf Felsklippen, alten Bäumen (in Schleswig-Holstein Buchen) oder auch auf ebener Erde angelegt. Die Tiere werden im Alter von 5 Jahren geschlechtsreif. Es werden 1–3 Eier gelegt, die Bebrütung dauert ca. 38 Tage, im Alter von 70 Tagen sind die Jungen flugfähig, sie werden noch monatelang betreut.

Die Nahrung ist vielfältig und hängt von den örtlichen Gegebenheiten ab. Auf Grönland machen Meeresfische 90% der Nahrung aus, in Schleswig-Holstein besteht die Nahrung zu ca. 35% aus Süßwasserfischen (Brassen, Karpfen), zu ca. 60% aus Wasservögeln (vor allem Bläßhühnern) und zu ca. 3% aus Säugern, meist Aas. Aas macht einen regelmäßigen Anteil der Nahrung aus, vor allem im Winter. Aus überbesetzten Karpfenteichen werden gern tote Tiere aufgefischt. Die Jagdtechniken sind unterschiedlich; der Seeadler kann von einer Warte aus auf Beute lauern oder sie im Suchflug aufspüren. Wasservögel werden oft mittels Ermattungstaktik ergriffen.

Der Turmfalke *(Falco tinnunculus)* ist ein relativ kleiner Falke, der in Eurasien und Afrika weit verbreitet ist. Er hat sich in Europa gut behauptet und ist hier wohl der häufigste Greifvogel. In West-, Mittel-, Nord- und Südeuropa gibt es ca. 245000 Brutpaare (neuere Zahlen aus Osteuropa fehlen). Dennoch hat auch dieser Vogel im Vergleich zum vorigen Jahrhundert Bestandseinbußen erlitten, vor allem durch Ausdehnung der Kulturlandschaft. Auch der Turmfalke mußte 1950 bis Ende 1960 intensiven Rückgang des Bestandes infolge massiven Einsatzes von Bio(Pesti)ziden in der Landwirtschaft hinnehmen, konnte sich hiervon aber im allgemeinen in West-, Mittel- und Nordeuropa erholen. In Südeuropa weiter Rückgang durch Abschießen und Biotopveränderungen. Der Bestand ist natürlich auch immer abhängig von den i.a. schwankenden Kleinsäugerbeständen; auch strenge Winter können zu großen Verlusten führen.

Der Turmfalke lebt oft in Städten. Hier brütet er an Kirchen, Hochhäusern, Fabriken, Brücken u.ä. (Abb. 398a). Häufig ist er an größeren Straßen, besonders Autobahnen, anzutreffen. Außerhalb von Ortschaften brütet er oft an Rändern von Wäldern und Feldgehölzen in alten Krähennestern.

Die Nahrung besteht vorwiegend aus Kleinsäugern, v.a. aus Feldmäusen; Vögel (Haussperling, Stare, Drosseln u.a.) spielen als Nahrung nur dann eine größere Rolle, wenn Kleinsäuger seltener sind, z.B. in Städten. In Südeuropa bilden Eidechsen und Insekten wichtige Bestandteile der Nahrung.

Beim Jagen mittels Suchflug rüttelt der Turmfalke in kennzeichnender Weise («Rüttelfalke») und stürzt sich dann auf die Beutetiere am Boden. Er pflegt auch die weniger energieaufwendige Jagd von Ansitzen aus, z.B. Telegrafenmasten oder Straßenbeleuchtungen. Seltener kommt es zur Luftjagd auf Vögel.

Die Angehörigen der Stadtpopulationen sind i.a. Standvögel, die nord- und osteuropäischen Tiere sind Zugvögel, die bis nach Arabien und Afrika wandern können. In Mitteleuropa ist das Verhalten unterschiedlich, es finden sich Zugvögel und solche Tiere, die nur umherstreichen sowie Standvögel (v.a. in oder in der Nähe von Siedlungen).

Der Wanderfalke *(Falco peregrinus)* ist ein in vielen Unterarten weltweit verbreiteter, großer Falke, der seit Jahrhunderten durch Horstplünderung (Eiersammler, Falkner u.a.) und als Abschußobjekt (Jäger, Taubenzüchter) erbarmungslos verfolgt wird. Ab 1950 gingen die Bestände dramatisch zurück, in Deutschland auf ca. 50 Paare, wobei ursächlich Pestizide (v.a. DDT) eine große Rolle spielten. Aber auch Schwermetalle und Biotopveränderungen trugen und tragen zu dem Rückgang bei. Die genannten Substanzen akkumulieren in der Nahrungskette und führen dann beim Wanderfalken zu Vergiftungen, Embryonenschädigung und Störung der Eischalenbildung. In vielen Industrieländern der Nordhalbkugel nahm der Bestand um über 90% ab. Seit dem Verbot von DDT erholt sich der Bestand seit einigen Jahren in vielen Bereichen langsam, wobei intensive Horstbewachung rund um die Uhr eine wesentliche Rolle spielt. Die Tätigkeit der Arbeitsgemeinschaft Wanderfalkenschutz in Baden-Württemberg ist im Zusammenhang mit der Rettung des Wanderfalken besonders anerkennenswert.

In Deutschland brüten derzeit ca. 400 Paare. Der Bruterfolg bleibt jedoch auch heute noch oft aus, v.a. infolge einer eigentümlichen Renaissance der Falknerei (unter der andere Großfalken sogar noch stärker zu leiden haben) und wegen Störungen durch Freizeitaktivitäten wie der unbedachten Kletterei. In Europa liegen die Brutplätze i.a. in Felswänden oder – so in Norddeutschland – auch in Wäldern, wo die Nester von anderen Greifvögeln, Reihern oder Krähen übernommen werden. Mancherorts hat der Wanderfalke künstliche Horste in Großstädten (z.B. Los Angeles) oder Industriegebieten (z.B. Oberrheinebene) angenommen. Gerade in Großstädten ist das Nahrungsangebot durch die vielen Haustauben i.a. gut. Die nord- und nordosteuropäischen Populationen sind Zugvögel und überwintern in Dänemark, Norddeutschland und Westeuropa. Die mittel- und südeuropäischen Populationen sind Standvögel. Die Jungvögel verteilen sich in alle Himmelsrichtungen.

Die Nahrung besteht fast nur aus Vögeln, unter denen die Haustauben deutlich im Vordergrund stehen; weitere häufige Beutevögel sind in Deutschland Stare, Drosseln, Kiebitze und Rabenvögel, in Großbritannien auch Moorschneehühner.

Die Wanderfalken greifen ihre Beute im Fliegen. Sie warten i.a. auf einer erhöhten Warte auf vorbeifliegende Vögel, die sie in rasantem An- und Sturzflug (Geschwindigkeiten von bis zu 380 km/h wurden gemessen) ergreifen. Bei hungrigen Tieren liegt der Jagderfolg bei 50–60%, manche Tiere scheinen auch spielerisch Beutevögel «übungshalber» anzufliegen.

Die Vögel brüten i.a. erstmalig im Alter von 2–3 Jahren; die Brutpartner bleiben anscheinend lebenslang zusammen. Es werden in Mittel- und Nordeuropa Ende März bis Mitte April i.a. 3–4 Eier gelegt, die von beiden Eltern ca. 30 Tage lang bebrütet werden. Die Jungen bleiben ca. 40 Tage im Horst und werden 2 Monate lang gefüttert. Um die Bestände wieder zu vergrößern, müßten im Durchschnitt ca. 2,5 Junge pro Brutpaar aufgezogen werden können, was z.Z. in Europa wohl nur in Finnland erreicht wird. Der Bruterfolg in Mitteleuropa liegt z.Z. nur bei 1–2.

9. Anseriformes (Entenvögel): 150 Arten mit Anhimidae (Wehrvögeln, Abb. 400 k) und Anatidae (Sägern, Enten, Gänsen und Schwänen). Meist Tauch- und Schwimmvögel mit Schwimmhäuten zwischen den Zehen, die bei Anhimidae und der Spaltfußgans *(Anseranas)* jedoch rückgebildet sind. Die Wehrvögel sind sumpfbewohnende truthahngroße, hühnerähnliche Vögel Südamerikas, die am Vorderflügel Sporne ausgebildet haben. Die weltweit verbreiteten Anatiden besitzen meist einen breiten, vorn abgerundeten Schnabel mit seitlichen Hornlamellen.

Die Stockente *(Anas platyrhynchos)* ist eine weltweit verbreitete, sehr anpassungsfähige Ente. In Europa ist sie die häufigste Ente. Vielfach ist sie Kulturfolgerin geworden und brütet in Industriegebieten und Städten. In Parkgewässern überwintern Tausende von Stockenten und lassen sich sogar füttern. Die Stockente kann ihre Scheu vor dem Menschen rasch verlieren, so daß verständlich wird, daß sie domestiziert wurde. Die Hausenten der Alten Welt stammen von der Stockente ab. Stockenten bauen ihre Nester manchmal in erheblicher Entfernung von Gewässern («Stock»-ente – Stock bedeutet hier Gehölz, Wald). Sie können ihre Eier in alten Krähennestern o.ä. ablegen. In Städten brütet diese Art nicht selten auf Balkonen oder in städtischen Anlagen (Abb. 398 o). Das ritualisierte komplexe Balzverhalten der Stockente ist seit Konrad Lorenz ein klassisches Untersuchungsobjekt der Verhaltensforschung geworden. Die Gruppenbalz beginnt im Herbst, verlobte Paare bleiben den Winter über zusammen. Im Frühjahr können in der Luft mehrere Männchen ein Weibchen verfolgen. Dabei können ein oder mehrere fremde Männchen ein Weibchen vergewaltigen. Brüten und Jungenaufzucht übernimmt allein das Weibchen. Stockenten verpaaren sich zuweilen mit den artgleichen Hausenten, v.a. den sog. Hochbrutflugenten; die Nachkommen weisen oft buntscheckiges Gefieder auf.

Im Laufe des Sommers legen die Männchen ein Schlichtkleid an, das dem der Weibchen ähnelt. Die Weibchen mausern ihre Schwungfedern noch im August und sind dann ebenso wie Spätbruten nicht flugfähig. Männchen mausern ihre Schwungfedern früher. Die Stockente ist das meist geschossene Wasserwild (bei uns ca. ½ Mio. pro Jahr), erscheint aber nicht gefährdet.

Das ursprüngliche Verbreitungsgebiet des Höckerschwans *(Cygnus olor)* reichte vermutlich von Innerasien bis zum Schwarzen Meer, Kleinasien und in den Ostseeraum. Im übrigen Europa wurden Höckerschwäne immer wieder künstlich angesiedelt. Nach dem 2. Weltkrieg hat er sich in vielen Teilen Europas in auffälliger Weise vermehrt, wobei die ausgeprägte Territorialität der Überbesetzung von Gewässern Grenzen setzt.

Die Mehrheit der Gewässer hat jetzt einen maximalen Bestand erreicht. Viele der erwachsenen Schwäne, die wir im Sommer auf Seen sehen, sind Nichtbrüter, deren Zahl weiter zunimmt und die der Brüter übersteigen kann. In dichtbesiedelten Gebieten ist die Zahl der Nachkommen eines Paares gering. Es liegt also eine dichteabhängige Regulation der Höckerschwanzahl vor. In harten Wintern gehen viele Jungschwäne zugrunde (in Dänemark bis zu 90%). In einzelnen Regionen können Höckerschwäne in lockeren Kolonien leben, hier ist die Zahl der Ei- und Jungenverluste besonders hoch. Der Höckerschwan ist ein besonders interessantes Modell für Populationsuntersuchungen.

Höckerschwäne verteidigen in der Brutzeit ihre Reviere sehr heftig; die männlichen Tiere richten dabei ihre Flügel auf und attackieren Eindringlinge. Dunenjunge und ausgewachsene Junge im ersten Jahr tragen graues Gefieder. Eine erblich fixierte Form («immutabilis») der halbdomestizierten Höckerschwäne hat stets weiße Federn. Höckerschwäne sind vorwiegend Vegetarier und können den Bewuchs an Ufern und Flachgewässern schädigen. U.U. fressen sie auch Fischlaich. Höckerschwäne führen oft weite Wanderungen zum Mausern durch, so mausern Tausende jedes Jahr im Ijssel-Meer.

10. Galliformes (Hühnervögel): 270 Arten mit Megapodiidae (Großfußhühnern, Abb. 400 l), Cracidae (Hokkohühnern), Tetraonidae (Rauhfußhühnern), Phasianidae (Hühnern, Fasanen, Abb. 402 a), Numididae (Perlhühnern), Meleagrididae (Truthühnern), Opisthocomidae (Schopfhühnern). Meist Bodenvögel mit sehr mannigfaltiger Lebensweise. Die Großfußhühner der australischen Region besitzen ungewöhnliche Brutpflege, die Eier werden in heißem Sand oder Lavaasche verscharrt oder in einem komposthaufenähnlichen Hügel, der vom Männchen gebaut wurde, abgelegt; das Männchen sorgt durch Zu- und Abdecken von Material für eine Regulierung der Brutwärme. Die Jungen schlüpfen fast flugfähig und erfahren keine Betreuung durch die Eltern. Die mittel- und südamerikanischen Hokkohühner leben in Bäumen von Blättern und Früchten. Die Rauhfußhühner (bei uns mit Auer-, Birk-, Hasel- und Schneehuhn) der nördlichen Gebiete der Erde besitzen bis an die Zehen befiederte Füße. Die vielgestaltigen, weit verbreiteten Phasianiden mit scharrenden Laufbeinen, Männchen meist mit Prachtkleid. Die Perlhühner Afrikas sind nacktköpfig mit Scheitelhelm oder -haube. Von den nord- und mittelamerikanischen Truthühnern stammt die domestizierte Pute ab. Die südamerikanischen Schopfhühner (1 Art, Hoatzin) ernähren sich von harten Blättern. Die Jungen klettern bald nach dem Schlüpfen mit Füßen und Flügelkrallen im Gezweig. Die Hoatzins werden z. T. auch in eine eigene Ordnung (Opisthocomiformes) gestellt.

11. Gruiformes (Kranichverwandte): 210 Arten. In dieser Ordnung wird eine Reihe sehr verschiedenartiger Familien zusammengefaßt, die hier nur z. T. aufgeführt werden. Die Mesoenatidae (Stelzenrallen) Madagaskars sind starengroße Bodenvögel, die offenbar nie fliegen. Turnicidae (Laufhühnchen der Subtropen und Tropen der Alten Welt einschl. Südspaniens) besitzen polyandrische Weibchen, die Reviere besetzen und balzen. Die Jungen werden von den Männchen betreut. Gruidae (Kraniche) groß, langbeinig und langhälsig, Nordamerika, Eurasien, Australien und Afrika, Sumpf- und Steppengebiete. Psophiidae (Trompetenvögel, Südamerika). Die weltweit verbreiteten, artenreichen Rallidae (Rallen, Abb. 402 b) leben in Sümpfen, Mangroven, tropischen Wäldern und auch Trockengebieten, sie sind oft dämmerungs- und nachtaktiv. Einzelne flugunfähige Formen. Binsenhühner (Heliornithidae), Tropen Amerikas, Asiens und Afrikas, Schwimmvögel mit Lappenfüßen. Cariamidae: langbeinige, schlecht fliegende Laufvögel der Steppen- und Buschgebiete Südamerikas. Otidae (Trappen): mittel- bis sehr große Laufvögel Afrikas, Eurasiens und Australiens, die gut fliegen können. In Europa zwei stark bedrohte Arten (Groß- und Zwergtrappe), Männchen mit auffallender Balz.

12. Charadriformes (Larolimicolae): 335 Arten. Watvögel (Limicolen), Alken, Möwen. Zahlreiche Familien; darunter Jacanidae (Blatthühnchen): bewohnen schwimmende Wasserpflanzen in den Tropen, sehr lange dünne Zehen, z. T. polyandrisch. Austernfischer, Regenpfeifer (Abb. 402 c), Schnepfen, Säbelschnäbler, Wassertreter, Triele und Brachschwalben umfassen die häufigsten Watvögel. Der Reiherläufer *(Dromas)* der Küsten des Roten Meeres und des Indischen Ozeans legt ein Ei in selbstgegrabene Höhle, die Jungen sind im Gegensatz zu denen der anderen Watvögel Nesthocker. Thinacoridae (Höhenläufer): hochalpine Andenzone. Chionididae (Scheidenschnäbel): Küsten der Subantarktis. Stercorariidae (Raubmöwen) mit den arktischen und antarktischen großen Raubmöwen, jagen anderen Seevögeln die Nahrung ab. Laridae (Möwen und Seeschwalben): weltweit verbreitet, gute Flieger, lange, schlanke, Flügel, Füße mit Schwimmhäuten. Möwen sind Allesfresser, die die Nahrung mit dem Schnabel von der Oberfläche aufnehmen, Seeschwalben sind meistens Stoßtaucher, die Fische erbeuten.

Die Lachmöwe *(Larus ridibundus)* ist die häufigste Möwe Europas. Sie breitet sich nach Norden und Nordwesten aus, der erste Brutversuch auf Island erfolgte 1911, heute ist die Insel schon recht dicht besiedelt.

Abb. 402: Vertreter verschiedener Vogelfamilien. a. *Lophura* (Phasianidae) Silberfasan; b. *Rallus* (Rallidae) Ralle; c. *Eudromias* (Charadriidae) Mornellregenpfeifer; d. *Columba* (Columbidae) Taube; e. *Cacatua* (Psittacidae) Kakadu; f. *Geococcyx* (Cuculidae) Rennkuckuck; g. *Pulsatrix* (Strigidae) Kauz; h. *Podargus* (Podargidae) Schwalm; i. *Hemiprocne* (Hemiprocnidae) Baumsegler; j. *Ocreatus* (Trochilidae) Kolibri; k. *Colius* (Coliidae) Mausvogel; l. *Trogon* (Trogonidae) Trogon; m. *Coracias* (Coraciidae) Racke; n. *Leptosomus* (Leptosomatidae) Kurol; o. *Indicator* (Indicatoridae) Honiganzeiger; p. *Rhamphastos* (Rhamphastidae) Tukan. Nach van Tyne, Berger

Die erwachsenen Tiere sind in der Brutzeit leicht an ihrer dunkelbraunen Kopffärbung zu erkennen, wobei bemerkenswert ist, daß relativ viele Möwenarten eine dunkle Kopffärbung besitzen (Schwarzkopf-, Zwerg-, Fischmöwe, Bonapartemöwe, Aztekenmöwe, Präriemöwe, Schwalbenmöwe u. a.), ohne daß der biologische Vorteil dieser schwarzen Kopffärbung sicher bekannt ist. Lachmöwen wenden innerartlichen Gegnern das dunkle Gesicht entgegen, beschwichtigend können sie dem Partner den hellen Hinterkopf zuwenden. Sie können 30 Jahre alt werden.
Die Lachmöwe brütet in unterschiedlich großen Kolonien im Binnenland, auf Inseln oder am Ufer von Seen und auch an Ost- und Nordsee. Ihre olivgrünen, dunkel gefleckten Eier werden lokal gesammelt und verkauft. Seit ca. 100 Jahren überwintern osteuropäische Lachmöwen in Städten Mitteleuropas und lassen sich hier auch füttern. Mitteleuropäische Lachmöwen wandern im Winter nach Westen bis England und Westafrika.
Die Nahrung ist vielseitig und reicht von Abfällen des Menschen bis zu verschiedenen Käfern, Regenwürmern, Eintagsfliegen und kleinen Fischen. Sie halten sich gern an Mülldeponien und Abwasserkläranlagen auf, fliegen Pflügen nach und fangen Insekten im Flug.

Die Küstenseeschwalbe *(Sterna paradisaea)* ist circumpolar verbreitet und brütet bevorzugt an Meeresküsten; in Europa befinden sich die südlichsten Vorkommen in der Bretagne. Sie brütet in Deutschland in oft großen Kolonien v. a. an der Nordsee, nicht selten zusammen mit der ähnlichen Flußseeschwalbe. Der Bestand an der deutschen Nordseeküste umfaßt ca. 9000 Paare. Die Küstenseeschwalbe ist unter allen Zugvögeln derjenige, der die größten Strecken zurücklegt. Sie fliegt von der Arktis bis in die Antarktis. Grönländische und kanadische Tiere fliegen zunächst über den Atlantik, bevor sie nach Süden wandern. Küstenseeschwalben aus Sibirien fliegen über das nördliche Eismeer zum Atlantik und wandern dann an den Westküsten Europas und Afrikas nach Südafrika und in die Antarktis. Vögel des nördlichen Pazifik wandern an die Westküste Südamerikas und auch bis in die Antarktis. Manche Tiere umrunden sogar die Antarktis und legen insgesamt mehr als 40 000 km in einem Jahr zurück. Die Vögel deutscher Populationen beginnen Mitte Juli nach Süden zu ziehen, sie kehren ab Ende April zurück (Abb. 431 e).

Rhynchopidae (Scherenschnäbel): Tropen, Subtropen; mit verlängertem Unterschnabel, der beim Flug durch die Wasseroberfläche fährt. Alcidae (Alken): nördliche Nordhalbkugel auf Felsklippen am Meer oder in Höhlen pflanzenbewachsener Abhänge in Meeresnähe, meist in großen Kolonien. Bis auf den ausgerotteten Riesenalk sind alle Formen flugfähig; benutzen beim Tauchen die Flügel. Schnabel spitz, dolchförmig (Lumme, Gryllteiste) oder messerförmig schmal abgeflacht (Tordalk), z. T. mit sehr hoher Basis (Papageitaucher) oder kurz und spitz (Krabbentaucher).

13. Columbiformes (Taubenvögel): 320 Arten mit Pteroclidae (Flughühnern, die auch Beziehungen zu den Charadriformes besitzen) und den artenreichen Tauben (Columbidae, Abb. 398 e, f, h; 402 d). Schnabel an der Basis von weicher Wachshaut umgeben. Gefieder mit Puderdunen. Saugen Wasser mit dem Schnabel auf. Columbidae, einheitliche Familie, weltweit verbreitet, mit Schwerpunkt in den Tropen, meist sehr gute Flieger. Zahntaube mit Hornzähnen; Krontaube, schwerer Bodenvogel Neuguineas. Die Jungen (meist 2) werden mit einem Kropfsekret gefüttert.

Türkentaube *(Streptopelia decaocto)*: Die Türkentaube ist eine ursprünglich südasiatische Art, die sich teils mit, teils ohne Hilfe des Menschen einerseits bis Korea, andererseits bis West- und Nordeuropa ausgebreitet hat. Ende der 20er Jahre dieses Jahrhunderts erreichte sie Ungarn, Anfang der vierziger Jahre Österreich, 1944 wurden bereits Bruten in Deutschland beobachtet. Die Türkentaube hat dann bald Dänemark (1948), Schweden (1949) und Norwegen (1954) erreicht. Ab 1956 brütet sie in England. 1960 erreichte sie Spanien, 1964 Island, 1973 Moskau und das Weiße Meer. Heute ist das Tempo der Ausbreitung i. a. erheblich verlangsamt oder zum Stillstand gekommen. Manche eroberten Gebiete mit ungünstigen Lebensbedingungen (Kälte, schlechte Nahrungsbedingungen) sind sogar wieder geräumt. Die Ursachen für die Ausbreitung der Türkentaube sind nicht geklärt (u. U. Klimaschwankungen, gute Nahrungsbedingungen in der Kulturlandschaft, relativ warme Winter in Städten). Die Geschwindigkeit der Ausbreitung und das Ausmaß neubesiedelten Gebietes sind einzigartig in unserer Fauna.
In den neubesiedelten Regionen und Ländern hat sich die Türkentaube, die heute in Deutschland ein häufiger Brutvogel ist, eng dem Menschen angeschlossen. Sie gehört mit ihrem aus dreisilbigen Motiven bestehenden Reviergesang und ihrem gedehnten Ruf im Fliegen und beim Landen zur typischen Avifauna der Städte (Abb. 398 h) und Dörfer und lebt hier meist als Standvogel; in strengen Wintern gehen viele dieser ursprünglich indischen Tiere zugrunde oder erleiden Erfrierungen an den Füßen. Sie tauchen im Winter regelmäßig an Futterstellen auf und bilden Schlafgemeinschaften mit 100–200 Individuen. Die Nahrung der Türkentaube besteht aus Körnern, Samen und Beeren. Ihr Brutverhalten in den Städten folgt nicht streng dem Rhythmus der Jahreszeiten. Zwischen März und September finden 2–4 Bruten statt, man findet aber auch Bruten im Winter.

Den Taubenvögeln werden i. a. auch die erst vor relativ kurzer Zeit ausgerotteten Dronten (Dodos, Inseln des indischen Ozeans) zugerechnet. Nach anderer Auffassung leiten sie sich von Rallen ab.

14. Psittaciformes (Papageien): Mit 340 Arten sehr artenreiche und vielgestaltige Ordnung mit Loris, Sittichen, Aras, Kakadus (Abb.

402e) u. a. 2 Zehen nach vorn, 2 nach hinten gerichtet. Sehr kräftiger Schnabel, der beim Klettern als Greiforgan benutzt wird, Oberschnabel stark beweglich, meist schnelle Flieger, dickfleischige Zunge, bei nektarleckenden Loris mit pinselförmigem Borstenbesatz. Buntes Gefieder, oft mit Grüntönen, vorwiegend in den Tropen. Meist gesellig und Baumvögel, einzelne Bodenvögel.

15. Cuculiformes (Kuckucksvögel): 150 Arten mit Musophagidae (Turakos) und Cuculidae (Kuckucken); mit je 2 nach vorn und nach hinten gerichteten Zehen. Turakos, langschwänzige tauben- bis hühnergroße Vögel Afrikas mit abgerundeten Flügeln. Kuckucke weltweit verbreitet, Mehrzahl in den Tropen. Baum- und Bodenvögel (Abb. 402f). Ernährung: Insekten (oft Raupen), Früchte. Etwa 50 Arten sind in unterschiedlichem Ausmaß Brutparasiten. Manche besetzen nur fremde Nester, andere legen Eier zu denen anderer Vögel, einige entfernen außerdem Eier oder Junge des Wirtsvogels.

Der Kuckuck *(Cuculus canorus)* ist ein Brutparasit, d. h. er legt seine Eier in Nester anderer Vogelarten und läßt sie von diesen ausbrüten und großziehen. In Mitteleuropa sind ca. 60 Wirtsvögel bekannt, am häufigsten müssen hier Bachstelzen, Teichrohrsänger, Rotkehlchen, Heckenbraunellen, Sumpfrohrsänger, Grasmücken, Gartenrotschwanz und Zaunkönig diese Aufgabe übernehmen. Ein Weibchen kann in Einzelfällen über 10 bis fast 20 Eier legen. Es gibt eine gewisse Anpassung der Eifarbe an die der Wirtsvögel; ein Weibchen legt sein Leben lang nur einen Eityp.
Die Entwicklungsdauer des Kuckucks im Ei ist kürzer als die anderer Vögel. Die Entwicklung kann schon vor der Eiablage beginnen. Damit schlüpft das Junge noch vor seinen Stiefgeschwistern und verdrängt diese, indem es die Eier oder die frisch geschlüpften Jungen über den Nestrand nach außen wirft. Da das Junge schnell wächst, benötigt es die gesamte Nahrung, die seine Stiefeltern herbeibringen. Die Nahrung des Kuckucks besteht aus Insekten: v. a. Schmetterlingsraupen, Käfern und Heuschrecken. Weibchen fressen vor oder unmittelbar nach der Eiablage ein bis mehrere Eier des Wirtsvogels, vermutlich, um so Nährstoffe für die eigene Eibildung zu erhalten. Der Kuckuck ist Einzelgänger und Zugvogel. Ende Juli ziehen die Altvögel einzeln ab, im August und September die Jungvögel. Überwinterung in Afrika südlich der Sahara.

16. Strigiformes (Eulen): Ca. 50 Arten mit Tytonidae (Schleiereulen) und Strigidae (eigentliche Eulen), weiches, lockeres Gefieder, weit nach vorn gerichtete Augen, Innenohren oft unsymmetrisch und verschieden groß, Hakenschnabel, Füße mit kräftigen Krallen. Schleiereulen (11 Arten) mit Federkranz, der das Gesicht einrahmt, weltweit verbreitet, nachtaktiv. Strigidae ebenfalls weltweit, vorwiegend dämmerungs- und nachtaktiv (Abb. 402g).

Der Waldkauz *(Strix aluco)* kommt in einer rotbraunen und einer grauen Farbvariante vor und ist heute die häufigste Eule in Mitteleuropa. Er hat sich an die Kulturlandschaft angepaßt und brütet mitten in Städten («Stadtkauz», Abb. 398d). Hier brütet er in alten Bäumen, in Gebäuden wie Kirchen, Hausruinen oder Park- und Friedhofsanlagen. Ursprünglich ist er Waldvogel, der jedoch dichte, wirtschaftlich maximal genutzte Monokulturen meidet. Er bevorzugt lockere Wälder mit altem Baumbestand. Durch seine Zunahme bedrängt er leider andere kleinere Eulen, z. B. Sperlings- und Rauhfußkauz, die er schlägt. Die Balz beginnt oft schon im Winter mit den kennzeichnenden Rufen der Männchen; Brutbeginn im März. Zum Erfolg der Waldkäuze trägt sicher auch ihre vielseitige Nahrung bei, über die ihre Gewölle Auskunft geben. Gewölle sind Speiballen, die aus dem Magen emporgewürgt werden und nicht verdaute Nahrungsanteile enthalten. Folgende Anteile wurden analysiert: ca. 60% Mäuse, 4,5% Spitzmäuse, gut 12% Vögel (vor allem Haussperlinge, aber auch Grünfinken, Buchfinken und Stare), der Rest verteilt sich auf Amphibien, Reptilien, Fische, viele verschiedene Insekten, Tausendfüßer, Asseln, Schnecken und Würmer. Da Knochen kleiner Mäuse ganz verdaut werden, geben die Gewöllanalysen nur ein unvollständiges Bild der Ernährung.

17. Caprimulgiformes (Nachtschwalben): 105 Arten mit Podargidae (Schwalmen, Abb. 402h), Steatornithidae (Fettschwalmen), Caprimulgidae (Nachtschwalben) u. a. Schlanke, oft langflügelige Dämmerungs- und Nachtvögel, vereinzelt auch tagaktiv; mit weichem Gefieder, kurzen Füßen und weiter Mundöffnung, *Steatornis* (Südamerika) z. T. mit akustischer Orientierung, Fruchtfresser, Jungvögel fettreich. Schwalme recht groß, Insektenfresser, Südost-Asien, Australien. Nachtschwalben meist kleiner, weltweit, fehlen in kalten Gebieten. Vereinzelt Winterschlaf. Z. T. werden verwandtschaftliche Beziehungen zu den Eulen vermutet.

18. Coraciiformes: 200 vielgestaltige Arten mit Alcedinidae (Eisvögeln), Todidae (Todis), Meropidae (Bienenfressern), Coraciidae (Rakken, Abb. 402m), Upupidae (Wiedehopfen), Phoeniculidae (Baumhopfen), Bucerotidae (Nashornvögeln) sowie einzelnen madagassischen Gruppen, z. B. den Leptosomatidae (Abb. 402n). Oft sehr buntgefärbte Höhlenbrüter und Kleintierfresser. Eisvögel, weltweit verbreitet mit Schwerpunkt in den Tropen und Subtropen, kräftiger Keilschnabel, mit dem sie die Beute ergreifen, der sie auf Pfählen oder Zweigen sitzend oder rüttelnd auflauern, häufig an Wasser gebunden.

Der Eisvogel *(Alcedo atthis)* ist der einzige heimische Vertreter einer in Tropen und Subtropen reich entwickelten Vogelfamilie, die durch buntes Gefieder, großen Kopf, langen Schnabel und kurze Schwänze und Beine gekennzeichnet ist. Unser Eisvogel lebt an Binnengewässern (Abb. 225 c) und brütet in Höhlen der Uferböschung. Vereinzelt hat er sich neuerdings in Schleswig-Holstein Höhlen in Straßenböschungen gegraben und fliegt von hier zu seinen Nahrungsrevieren am Wasser. Seine Nahrung besteht überwiegend aus kleinen Fischen, weswegen er von Fischzüchtern erbarmungslos verfolgt und umgebracht wird. Wegen seines schönen Gefieders wird er auch gern von Präparatoren angenommen. Schutzbestimmungen werden oft nicht eingehalten. Strenge Winter dezimieren seine Bestände zusätzlich. Im Winter 1962/63 verhungerten 90–95% unserer Eisvögel. Auch Störungen an den Brutplätzen durch Angler oder Freizeitsportler und Verschmutzung der Gewässer sowie Betonierung von Uferböschungen führen zum Rückgang des Eisvogels. Im Winter streichen Eisvögel auf der Suche nach offenen Gewässern weit umher und erscheinen dann auch am Meer oder mitten in Städten. Sie sind an ihrem durchdringenden ein- bis dreiteiligem Ruf zu erkennen, den sie beim Wechsel der Warte, von der aus sie auf Nahrung lauern, ausstoßen. Eisvögel erkennen ihre Beute, zu der auch Kaulquappen und Insekten gehören, im Wasser und stoßen möglichst senkrecht über der Beute ins Wasser. Meist sind sie nur ca. 1 Sekunde unter Wasser, die Tauchtiefe geht kaum über 30–60 cm hinaus. Eisvögel können 3 Bruten im Jahr aufziehen, wobei das Weibchen schon auf dem neuen Gelege sitzen kann, während das Männchen noch die vorhergehende Brut füttert.

Die kleinen eisvogelähnlichen Todis kommen auf den Großen Antillen vor. Bienenfresser leben meist gesellig in warmen Gebieten der Alten Welt, häufig in Trockengebieten, elegante gute Flieger, die Insekten erbeuten; Racken leben in warmen und gemäßigten Gebieten der Alten Welt, sind dohlengroß und besitzen ein prächtiges Gefieder mit türkisblauen, violetten, rotbraunen und grünen Tönen. Lauern oft von Warte auf Beute. Wiedehopf (1 Art) mit aufrichtbarer Federhaube, Eurasien, Afrika. Die langschwänzigen afrikanischen Baumhopfe klettern an Stämmen und Ästen und ernähren sich vorwiegend von Insekten. Die Nashornvögel sind mittelgroß bis groß (Länge bis 1,60 cm) und besitzen einen auffallend großen Schnabel, der oft eine helmartige Auftreibung trägt sowie einen langen Schwanz. Leben in Wäldern und Steppen Afrikas, Süd- und Südost-Asiens und auf den Südseeinseln bis zu den Salomonen. Baumvögel mit elsterartigem Flug, nur der große Hornrabe *(Bucorvus)* Afrikas ist Bodenvogel. Weibchen wird bei fast allen Arten während der Brutzeit in einer Baumhöhle eingemauert (Abu Garn). Möglicherweise besteht ein etwas engerer Zusammenhang zwischen Coraciiformes, Spechten und Singvögeln, aber auch Nachtschwalben u. a.

19. Apodiformes (Macrochires, Micropodiformes): Ca. 430 Arten mit Apodidae (Seglern), Hemiprocnidae (Baumseglern, Abb. 402 i), Trochilidae (Kolibris, Abb. 402 j). Starke Verkürzung des Oberarms, Flügel mit kurzem Arm- und langem Handteil, sehr lange äußere Handschwingen, sehr kurze Füße. Apodidae mit kurzem Schnabel und breiter Mundöffnung, kurze Füße mit vier nach vorn gerichteten Klammerzehen. Schnelle Dauerflieger.

Das Leben der Mauersegler *(Apus apus)* spielt sich weitgehend in der Luft ab; nur zum Brüten suchen sie festen Untergrund auf. Auch nachts bleiben sie meist, v. a. an schönen Tagen, in der Luft und schlafen hier. Sie fliegen dann in z. T. großen Schwärmen abends in große Höhen und lassen sich von Luftströmungen treiben; bei Höhenverlust schlagen sie kurz mit den Flügeln. Sie leben in Mittel- und Nordeuropa fast nur in Städten (Abb. 398 b) und Dörfern und ernähren sich ausschließlich von Insekten in der Luft. Ihr geselliger, rastloser, reißender Flug (mit Geschwindigkeiten über 100 km/h) und ihr schriller Ruf gehören zur Stimmung warmer Sommerabende. Sie brüten unter Dächern auf Türmen, in Mehlschwalbennestern u. ä.; sie können aber auch in Felsspalten und Baumhöhlen brüten. Mauersegler bilden Brutkolonien mit 4–10 Paaren; ihre Jungen werden täglich mit bis zu 50 g Insekten gefüttert. Nestjunge können etwa eine Woche hungern (Hungerschlaf mit herabgesetzter Körpertemperatur und Atemfrequenz: Torpor), was die Chancen ihres Überlebens in Kälte- und Regenperioden verbessert. Altvögel ermatten rasch bei solchen widrigen Witterungsbedingungen und weichen ihnen z. T. tagelang aus (Wetterflüge). Bei anhaltend kalten und regnerischen Perioden kommen viele Mauersegler um. Geschwächte Vögel können nicht vom Boden auffliegen, gesunde dagegen leicht. Mauersegler sind typische Zugvögel, die bei uns i. a. Ende April oder Anfang Mai erscheinen und schon Ende Juli oder Anfang August wieder abziehen. Sie überwintern im tropischen und südlichen Afrika.

Bei den Salanganen Südost-Asiens *(Collocalia)* Nester ganz aus Speichelsekreten (Schwalbennestersuppe). Salangane orientieren sich wenigstens z. T. akustisch. Die Baumsegler Südost-Asiens bauen kleine Nester an Zweigen von Blättern, legen nur 1 Ei. Kolibris sind spezialisierte Blütenbesucher, z. T. sehr kleine Arten, oft metallisch glänzendes Gefieder. Gute Flieger, Fähigkeit zum Schwirrflug auf der Stelle; Nahrung: Nektar, Kleininsekten, Spinnen. Verfallen unterhalb bestimmter Außentemperaturen nachts in Ruhestarre mit herabgesetztem Stoffwechsel. Süd- und Nordamerika bis Alaska.

20. Coliiformes (Mausvögel): 6 Arten langschwänzige, kleine, graubraune Vögel (Abb. 402k), die meist in Trupps im Gezweig umherklettern, Ost-, Zentral- und Südafrika. Doppeltes Kiefergelenk.

21. Trogoniformes (Trogons): 37 Arten circumtropische mittelgroße Frucht- und Insektenfresser, breite kurze Flügel, langer Schwanz, prächtiges Gefieder (Abb. 402l). Hierher gehört auch der von Indianern Mittelamerikas seit altersher verehrte Quetzal *(Pharomachrurus mocina)*.

22. Piciformes (Spechtartige): Ca. 385 Arten mit Capitonidae (Bartvögeln), Indicatoridae (Honiganzeigern), Ramphastidae (Tukanen, Abb. 402p), Picidae (Spechten), Jyngidae (Wendehälsen, Abb. 403a) u. a. Bartvögel sind Baumbewohner Lateinamerikas, Afrikas und Süd- und Südost-Asiens. Indicatoridae (Honiganzeiger, Abb. 402o): meisen- bis starengroß, Afrika, Südost-Asien, leben in Wäldern und Savannen von Insekten, oft von Bienen, auch von Bienenwachs, das von Bakterien verdaut wird; einige Arten sind Brutparasiten; ihren Namen haben sie erhalten, weil sie den Menschen und den Honigdachs *Mellivora capensis* zu Bienennestern führen. Tukane: Lateinamerika; Waldbewohner, die sich von Kleintieren und Früchten ernähren. Riesiger Schnabel, oft mit grellen Farben. Die artenreichen Spechte besitzen i. a. einen meißelartigen Hackschnabel, mit dem sie Bruthöhlen in Baumstämme bauen und Nahrung aufsuchen. Ein keilförmiger Stützschwanz (außer Wendehals, Abb. 403a) und stark gekrümmte, spitze Krallen sind weitere Anpassungen an das Leben an Bäumen. Bei vielen Formen weit vorstreckbare Zunge. Mehrere Formen nehmen Nahrung, Ameisen und Termiten, auch am Boden auf; alle Kontinente außer Australien.

Der Große Buntspecht *(Picoides major)* ist der häufigste Specht in Europa; sein Verbreitungsgebiet reicht von England bis Japan und Nordwestafrika. In Mitteleuropa kommt er überall vor, wo er vor allem ältere Bäume findet, in denen er seine Bruthöhle anlegt. Er bevorzugt Eichen und Buchen, brütet aber in praktisch allen anderen Baumarten und sogar in hölzernen Leitungsmasten. Er besiedelt zunehmend Städte, auch Großstädte, und geht hier nicht nur an Bäumen, sondern auch an Gebäuden, z.B. in Regenrinnen und auf bepflanzten Dächern, der Nahrungssuche nach (Abb. 398c). Er trommelt zur Revierkennzeichnung im Wald oft an abgestorbenen Ästen, in Städten an Antennen oder anderen Metallgegenständen. Er verrät seine Anwesenheit durch seinen gut vernehmbaren «Kik»-Ruf. Die Nahrung ist außerordentlich vielseitig. Er sammelt alle möglichen Insekten bis hin zu Blattläusen, frißt Samen und Früchte, nimmt Eier und Jungvögel aus Nestern von Frei- und Höhlenbrütern und kann sogar Nistkästen aufschlagen. Im Frühjahr «ringeln» Buntspechte Laubbäume (bei uns v.a. Linde, Ulme, Eiche) und Nadelbäume (v.a. Fichte und Kiefer), um den aufsteigenden Saft aufzunehmen. Die Ringel sind meist waagerechte Linien, die aus nebeneinander liegenden Einschlägen bestehen, die 3–5 cm voneinander getrennt sind und bis zum Splintholz reichen. Spechte können über Jahre die Ringellöcher vertiefen. Koniferenzapfen werden gern in einem Baumspalt oder einer Astgabel eingeklemmt und hier bearbeitet, um an die Samen zu kommen (Spechtschmieden). Ein Specht kann mehrere Schmieden besitzen.

23. Passeriformes (Sperlingsvögel). Mit 5300 Arten. Artenreiche Ordnung ganz überwiegend kleinerer terristischer Vogelarten mit relativ hoher Stoffwechselrate. Aufgrund der unterschiedlichen Syrinxanatomie werden zwei Unterordnungen unterschieden: Tyranni (Suboscines) und Passeres (Oscines). Bei der weiteren systematischen Untergliederung haben sich biochemische Methoden bewährt. Vielfach sind parallel ähnliche Lebensformtypen entstanden, wie z. B. Körnerfresser, Formen, die an Baumstämmen laufen, Formen, die von einer Warte aus fliegende Insekten fangen usw. Besonders variabel sind Beine, Flügel und Schnabel gestaltet, alle Formen sind Nesthocker, die sperren.

Tyranni: Die Tyranni besitzen einen relativ einfachen Syrinxapparat, sind aber ansonsten recht vielgestaltig. Zu ihnen zählen 13 Familien, darunter die Pittidae (Pittas, altweltliche Tropen), Eurylaimidae (Breitmaulvögel, Afrika bis Indonesien), die artenreichen Furnariidae (Töpfervögel) Lateinamerikas, die oft riesige Nester aus Erde und Pflanzenteilen bauen. Aus der größeren Zahl lateinamerikanischer Familien sollen noch die Formicariidae (Ameisenvögel) erwähnt werden, die öfter den Zügen von Wanderameisen folgen; die Cotingidae (Schmuckvögel) mit oft sehr buntem Gefieder, Haubenbildungen, Hautlappen, mit Felsenhahn *(Rupicola)*, Glöckner *(Procuias)* und Ko-

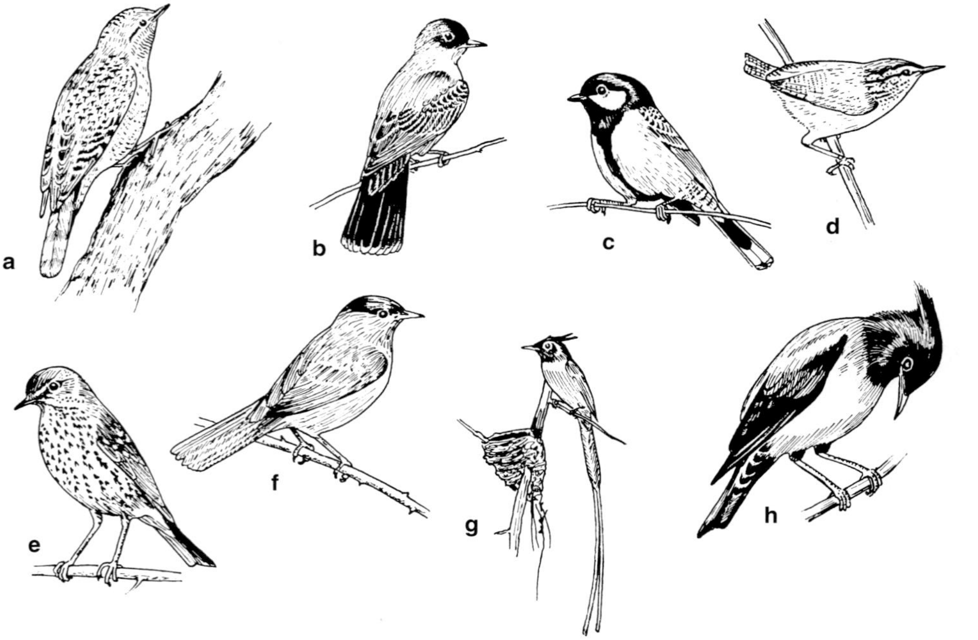

Abb. 403: Vertreter verschiedener Vogelfamilien. a. *Jynx* (Jyngidae) Wendehals; b. *Tyrannus* (Tyrannidae) Tyrannen; c. *Parus* (Paridae) Meise; d. *Henicorhina* (Troglodytidae) Zaunkönig; e. *Turdus* (Turdidae) Singdrossel; f. *Sylvia* (Sylviidae) Mönchsgrasmücke; g. *Terpsiphone* (Muscicapidae) Paradiesfliegenschnäpper; h. *Pastor* (Sturnidae) Rosenstar. Nach van Tyne, Berger

tinga *(Cotinga)*, und die sehr artenreichen Tyrannen (Tyrannidae, Abb. 403 b).

Passeres: Sie besitzen einen komplexen Syrinx-Stimmapparat und umfassen über 4000 Arten, schwerpunktmäßig Alte Welt. Auf der Basis von DNA-Übereinstimmungen lassen sich 4 größere Gruppen unterscheiden: 1. die mit den Krähen verwandten Formen, mit 27 Familien, von denen die Mehrzahl in Australien vorkommt, darunter die Menuridae (Leierschwänze), Paradisaeidae (Paradiesvögel, Neuguinea, Australien), die Corvidae (Krähenvögel mit Raben, Krähen, Hähern, Elstern u. a., weltweit), die Dicruridae (Drongos, Tropen Alte Welt), die Oriolidae (Pirole, Alte Welt), Vireonidae (Vireos, Neue Welt), Laniidae (Würger, Nordamerika, Eurasien, Afrika). 2. Die mit den Drosseln verwandten Formen mit 7 Familien, darunter Bombycillidae (Seidenschwänze, Holarktis), Cinclidae (Wasseramseln, Holarktis, Südamerika), Turdidae (Drosseln, weltweit; Amsel: s. u.), Sturnidae (Stare, Alte Welt, durch den Menschen in weitere Regionen verschleppt; s. u.), Muscicapidae (altweltliche Fliegenschnäpper, Steinschmätzer u. ä.). 3. Altweltliche Insektenfresser mit 12 Familien, darunter Sittidae (Kleiber, weit verbreitet außer Südamerika und Afrika südlich der Sahara), Troglodytidae (Zaunkönige, Neue Welt, 1 Art Holarktis; s. u.) Aegithalidae (Schwanzmeisen, Eurasien, westl. Nordamerika), Hirundinidae (Schwalben, weltweit), Pycnonotidae (Bülbüls, Afrika, Mittlerer Osten, Südasien), Zosteropidae (Weißaugen, Tropen und Subtropen Alte Welt), Sylviidae (Grasmücken, Laubsänger, Schwirle, Rohrsänger u. a., meist Alte Welt), Paridae (Meisen, Eurasien, Nordamerika, Afrika; s. u.). 4. Die mit den Webervögeln verwandten Formen, mit 11 Familien, darunter Alaudidae (Lerchen, weltweit), Passeridae (Sperlinge, Steinsperlinge, Alte Welt; s. u.), Estrildidae (Wachsschnäbel, Manakins u. a., Tropen der Alten Welt), Motacillidae (Bachstelzen, Pieper, weltweit), Ploceidae (Webervögel, Eurasien, Afrika), Nectariniidae (Nektarvögel, «Sonnenvögel», Tropen Alte Welt bis Südafrika), Fringillidae (Finkenvögel mit Finken, Zeisigen, Kreuzschnäbeln u. a., weltweit außer

Australien), Drepanididae (Kleidervögel, Hawaii); die folgenden drei Familien umfassen vorwiegend bunte neuweltliche Arten: Parulidae (Waldsänger, Neue Welt), Emberizidae (Ammern, Tangaren, Kardinäle u. a., Neue Welt, Ammern v. a. Alte Welt), Icteridae (Troupials, Neue Welt).

Die Amsel *(Turdus merula)* hat ihren Verbreitungsschwerpunkt in Europa, kommt aber auch auf den Azoren und Kanaren, in Nordwestafrika und in einem schmalen Streifen von Kleinasien bis Südchina vor. Ursprünglich Waldbewohner, haben sich seit über hundert Jahren Populationen entwickelt, die als Kulturfolger in Städten leben (Abb. 398s).
Stadtamseln wurden in Bamberg schon um 1830 beobachtet. Die Verstädterung erfolgte von Westen nach Osten; östlich der Weichsel erschien sie in Städten erst nach 1930 vereinzelt. Sie bevorzugen Friedhöfe, Parks, Villenviertel, können aber auch in Bahnhöfen oder Buchstaben von Leuchtreklamen brüten. Diese Stadtamseln haben viele Verhaltensweisen geändert: Sie nisten z. T. an Gebäuden (auf Balkonen) viel höher als im Wald, singen z. T. schon im Winter, haben bis zu 4 Bruten, relativ kleine Reviere und sind ausgeprägte Standvögel; die Waldamsel wandert im Herbst nach Frankreich und Italien. Die Amsel ist heute im Bewußtsein der meisten Menschen ein typischer Stadtvogel und ist hier hinter dem Haussperling der zweithäufigste Singvogel, an dritter Stelle folgt übrigens der Mauersegler. Stadtamseln erreichen im Durchschnitt ein etwas höheres Lebensalter als die Waldamseln, ihr Bruterfolg ist aber geringer. Verluste durch Katzen und Verkehr.
Die Nahrung der Amsel ist vielseitig und besteht aus Insekten, Früchten, Beeren und in der warmen Jahreszeit zu einem großen Teil aus Regenwürmern.

Der Star *(Sturnus vulgaris)* bewohnte ursprünglich Europa und Asien bis zum Baikalsee. Durch den Menschen wurde er nach Nordamerika, Südafrika, Australien, Neuseeland und anderswohin verschleppt, wo er sich z. T. rasch ausbreitete und einheimische Vogelarten verdrängte, indem er z. B. Baumhöhlen besetzt und einheimischen Höhlenbrütern die Nistplätze wegnimmt. Ursprünglich ist der Star Waldbewohner, der in Baumhöhlen o. ä. brütet. Er ist zum Kulturfolger geworden, seit der Mensch ihm Nistkästen anbietet und brütet auch verbreitet in Städten (Abb. 398g). Die Reifung der Gonaden erfolgt in der Stadt früher als im Umland, dadurch Verlängerung der fertilen Phase. Stellenweise hat er sich so stark vermehrt, daß er im Obst- und Weinbau Schäden verursachen kann, was auch für nordafrikanische Winterquartiere zutrifft, wo er sich über die reifen Oliven hermacht. Der Star wird daher in Nordafrika und auch anderswo in großen Mengen getötet. Andererseits hilft er beim Vertilgen von Insektenlarven, wie denen der Tipuliden und Eichenwickler. Außerhalb der Brutzeit sind Stare sehr gesellig und können riesige Schwärme bilden; sie besitzen Nachtquartiere, oft in großen Schilfbeständen, die sie z. T. zu Tausenden oder Hunderttausenden abends aufsuchen. Sie können auch in Städten, sogar an belebten Plätzen oder Straßen, Nächtigungsplätze besitzen, was nicht ohne Lärm und erhebliches Kotabsetzen abgeht. Stare sind typische Winterflüchter, wandern aber unterschiedlich weit. Manche bleiben schon im Oberrheintal, viele deutsche Stare wandern in das westliche Mittelmeergebiet bis Marokko. Bei mildem Wetter kehren sie z. T. schon im Januar oder Februar zurück.
Die Forschung mit Staren hat interessante Befunde zu Zugunruhe und Orientierung gebracht.

Unser Zaunkönig *(Troglodytes troglodytes)* ist der einzige altweltliche Vertreter einer insgesamt 59 Arten umfassenden, ansonsten rein neuweltlichen Vogelfamilie. Unser Zaunkönig ist holarktisch verbreitet. Für ihn gibt es ungewöhnlich viele Volksnamen (Künigle, Winterküninck, Zunschlüpfer, Tunkrüper, Musevogl, Backöfelchen u. v. a.), die alle auf etwas Charakteristisches seiner Lebensweise und seines Verhaltens hinweisen. Auch in Märchen kann er eine Rolle spielen. Sein schmetterndes Lied ist zu jeder Jahreszeit zu hören. Der Zaunkönig besitzt auch im Winter Reviere.
Männliche Zaunkönige bauen mehrere kugelförmige, zum großen Teil aus Moos bestehende Nester, von denen eins von einem Weibchen ausgewählt wird. Das Weibchen brütet alleine; an der Fütterung der Jungen beteiligen sich beide Eltern. Einzelne Männchen sind polygam und füttern dann bevorzugt eine Brut. Pro Brut werden i. a. 6 Eier abgelegt, im Jahr erfolgen meist zwei Bruten.
In Städten kann der Zaunkönig in großen Park- und Friedhofsanlagen auftreten, ansonsten lebt er gern in Gehölzen an Flüssen und Bächen oder in Wäldern mit umgestürzten Bäumen, wo er in den freigelegten Wurzeln Nester baut.
Zaunkönige sind Teilzieher, viele überwintern bei uns, andere ziehen bis in das nördliche Mittelmeergebiet. In kalten Nächten suchen sie dann Schlupfwinkel, z. B. in Holzschuppen, auf und können sogar Schlafgemeinschaften bilden.

Die Kohlmeise *(Parus major)* bewohnt ganz Eurasien und ist einer der häufigsten Brutvögel in Deutschland. Sie kommt in ganz unterschiedlichen Lebensräumen vor; in den Alpen brütet sie bis zu Höhen von fast 2000 m. Sie gedeiht in der vom Menschen geprägten Kulturlandschaft gut und besiedelt sehr erfolgreich Dörfer und Städte (Abb. 398k), teilweise mit ungewöhnlichen Neststandorten, wie z. B. Briefkästen. Viele Untersuchungen an der Kohlmeise haben – wie auch bei anderen Vögeln – gezeigt, daß die Gelegegröße (6–12 Eier) mit dem Nahrungsangebot in Beziehung steht; in Laubwäldern sind Gelege größer als in Fichtenwäldern, in Städten oder Dörfern mit relativ hoher Dichte an Kohlmeisen ist die Gelegegröße eher gering. Die Nahrung ist vielseitig: Samen, Früchte, Insekten, Raupen und überwiegend Blattläuse. Der Gesang variiert in auffälliger Weise, selbst bei einem Individuum, in Silbenzahl, Betonung und Klangfarbe; es werden auch Laute anderer Meisen und anderer Vögel nachgemacht. In Waldgebieten bestehen die Strophen aus weniger und mehr reintönigen Elementen als im offenen Gelände.

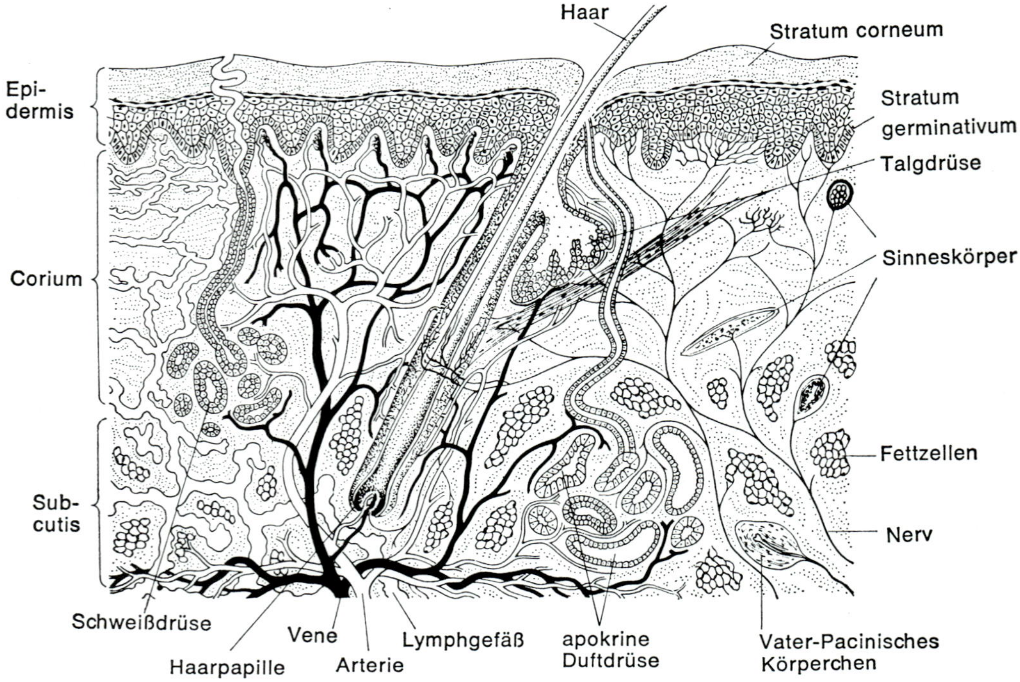

Abb. 404: Schematische Darstellung des Aufbaues der Säugetierhaut. Links sind vor allem die Lymphgefäße, in der Mitte die Blutgefäße und rechts die Nervenendigungen eingezeichnet. Bei den Sinneskörpern handelt es sich um unterschiedlich strukturierte Receptororgane, deren Funktion nicht immer gesichert ist. Bekannt sind die Vater-Pacinischen Körperchen, die Druckreceptoren sind. Nach Waldeyer

Der Haussperling *(Passer domesticus)* hat sich vermutlich seit 10000 bis 15000 Jahren in besonders intensiver Weise dem Menschen als Kulturfolger angeschlossen und lebt fast nur in Städten (Abb. 398r), Dörfern und Gehöften. Möglicherweise entstammt er dem Kaukasusgebiet und hat sich von hier aus in Asien, Europa und dem Mittelmeerraum ausgebreitet. Vom Menschen wurde er in die Neue Welt, nach Hawaii, Australien, Neuseeland, Südafrika und auch an andere Orte verschleppt. In China, Japan und Südostasien nimmt in Städten und Dörfern der Feldsperling *(Passer montanus)* die Stelle des Haussperlings ein. Obwohl der Haussperling anhaltend von Menschen verfolgt wurde und wird, ist sein Bestand nie gefährdet gewesen. Pferdehaltung und Getreideanbau begünstigen Populationen auf dem Land. Durch den Rückgang der Pferdehaltung in Städten in der Mitte des 20. Jahrhunderts kam es zeitweilig zur Abnahme des Bestandes. Im Gebirge folgt er dem Menschen bis in Höhen von über 2000 m; hier brütet er oft in alten Mehlschwalbennestern, in Städten an Gebäuden (z. B. unter Dächern). Nach der Brutzeit kommt es zu einer Schwarmphase, in der auf dem Land größere Sperlingsschwärme die Umgebung ihrer Brutplätze durchstreifen. Auch die Jungvögel bilden im Herbst Schwärme. Der Haussperling bildet v. a. im Herbst und Winter Schlafplatzgemeinschaften; z. T. finden sich Massenschlafplätze mit bis zu 1000 Individuen. In Städten haben die Haussperlinge wenig natürliche Feinde, u. U. Sperber, die z. B. auf Friedhöfen brüten können; viele kommen durch den Straßenverkehr um.

4. Klasse: Mammalia (Säugetiere, Säuger)

Die rezenten Säugetiere sind durch eine Vielzahl von Merkmalen von den übrigen Wirbeltieren unterschieden:

1. Besitz echter Haare (Pila, Abb. 404). Haare sind epidermale Gebilde, die im wesentlichen aus toten, verhornten Zellen bestehen und mit einem Wurzelteil (Radix) in die Haut eingesenkt sind. Die Haarwurzel ist basal verdickt und umfaßt eine gefäßhaltige Bindegewebspapille. Im Bereich der Wurzel besteht das Haar, solange es wächst, noch aus lebenden Zellen, die sich hier teilen und langsam verhornen. Der feinere Bau der Haare unterschei-

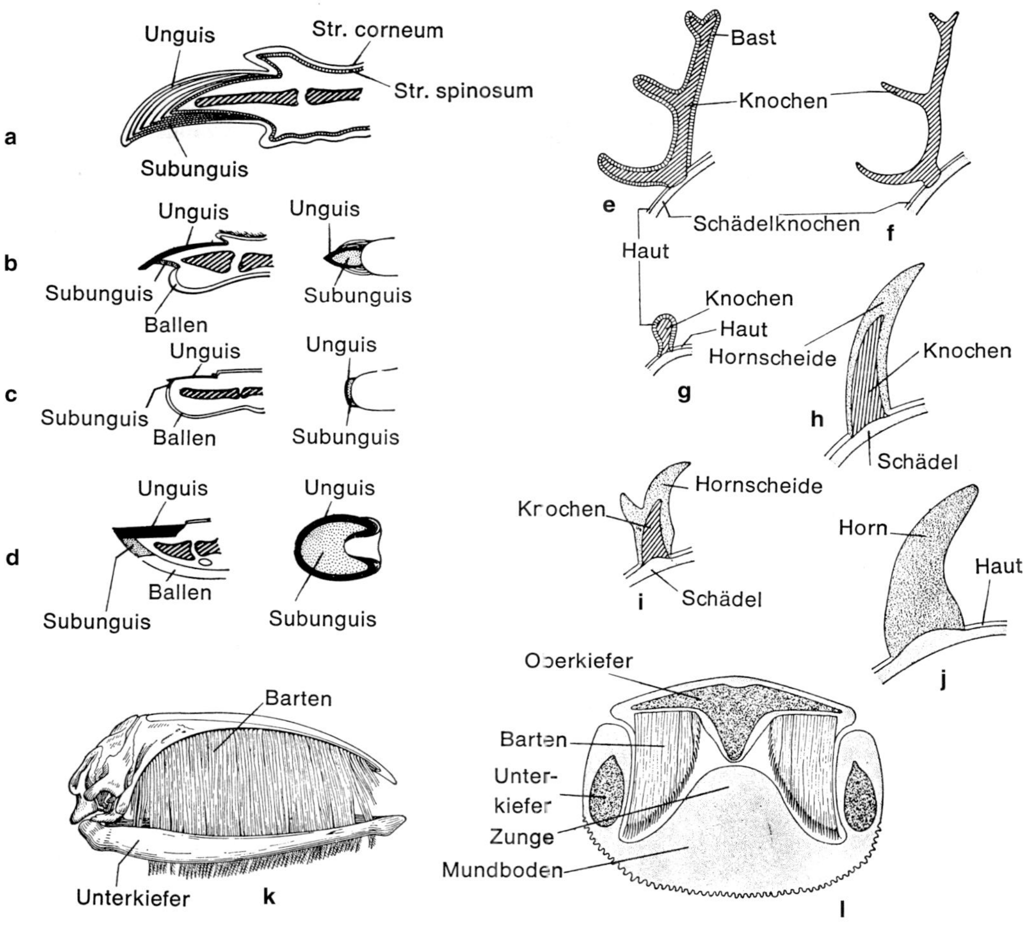

Abb. 405: Reptilienkralle (a) und Hautgebilde der Säuger. b–d. Krallen-, Nagel- und Hufbildungen, links Längsschnitt, rechts Ansicht von unten, b. Säugerkralle, c. Nagel (Affe), d. Huf (Pferd), e–j. Horn- und Geweihbildungen. e–f. Hirsche; e. jüngeres Stadium mit Hautüberzug (Bast), der in die Kopfhaut übergeht. f. fertiges Geweih. g. Giraffe. h. Bovide, i. *Antilocapra*, j. Nashorn, k–l. Barten eines Bartenwals. k. Seitenansicht eines Schädels mit Barten. l. Querschnitt durch die Schnauzenregion. Nach verschiedenen Autoren aus Smith

det sich bei den einzelnen Säugern und oft auch an einem Individuum beträchtlich, von weichen Hornfäden bis zu langen Mähnen- und Schweifhaaren oder Borsten und echten Stacheln (*Tachyglossus*, Igel, Stachelschwein) usw. Sinnesfunktion kommt großen Tasthaaren zu, die von venösen Bluträumen (Sinus) umgeben sind und daher Sinushaare heißen und reich mit sensiblen Nervenendigungen versehen sind. Die Haare werden periodisch gewechselt; hierbei spielen endogene Rhythmik oder die Jahreszeiten (Sommer-, Winterfell) eine auslösende Rolle. Selten lebt ein Haar mehrere Jahre (Kopfhaare von *Homo sapiens*). Die Haarfarbe beruht auf eingelagertem Melanin und Totalreflexion. Das Fellmuster kann tarnend wirken, aber auch die Funktion von Signalen haben. Haare fehlen weitgehend bei Walen, Sirenen, der Mehrzahl der Nashörner, erwachsenen Elefanten u. a. Hornschuppen sind noch relativ häufig, wenn auch oft nur auf bestimmte Regionen (oft Schwanz) beschränkt und im Zustand der Rückbildung. Sekundär haben z. B. die Schuppentiere *(Manis)* wieder ein vollständiges Schuppenkleid ausgebildet (Abb. 425).

Außer den Haaren gibt es zahlreiche weitere

Strukturen bei Säugern, die zu wesentlichen Teilen aus verhornten Zellen aufgebaut sind (Abb. 405).

2. Schlauch- oder traubenförmige Hautdrüsen. Hautdrüsen sind bei Säugern reich entwickelt; sie spielen eine wichtige Rolle in den Beziehungen der Artgenossen (Duftdrüsen) und im Körperhaushalt (Thermoregulation, Exkretion u. a.). Im einzelnen läßt sich eine Fülle von Bauprinzipien erkennen (holo-, apo- und ekkrine Extrusion, tubulär, alveolär u. a.). Die holokrinen Talgdrüsen stehen oft in Beziehung zu Haaren und liefern ein fettiges Sekret, das diese geschmeidig macht. Drüsen, die mit ihren Pheromonen dem sozialen Kontakt oder der territorialen Abgrenzung dienen, finden sich z. B. am Kopf (Präorbitaldrüsen der Artiodactylen), um den After herum, an den Genitalorganen, an den Füßen und an zahlreichen anderen Körperstellen.

Die Haut kann bei Primaten in exponierten Regionen (Gesicht, Genitalbereich) bunt pigmentiert sein (Signalfunktion).

Ein besonders kennzeichnendes Hautdrüsenorgan ist die Milchdrüse (Mamma), eine nutritive Drüse, deren Sekret erste Nahrung der Jungtiere ist. Ihr Bau ähnelt ursprünglich vermutlich dem einer gewundenen apokrinen Duftdrüse. Bei den Monotremen münden die großen Milchdrüsen an der Basis längerer Haare in einem Milchfeld, wo die Milch von den Jungen aufgesaugt wird. Wie bei allen Säugern befinden sich im laktierenden Epithel der Monotremen Myoepithelzellen, die sich unter dem Einfluß des Ocytocins kontrahieren und Milch nach außen pressen. Bei den übrigen Säugern münden die Einzeldrüsen an einer Zitze aus, ein besonders entwickeltes System der Myoepithelzellen kann die Milch in den Mund des Jungen einspritzen (vor allem bei Marsupialiern). Bei Walen wird dem Säugling die Milch mit einem Hautmuskel (M. compressor mammae) in den Mund gespritzt. Bei den Marsupialiern sind mehrere Zitzen ausgebildet, um die herum sich oft ein Brutbeutel ausbildet. Bei den Eutheria bilden die Anlagen der Milchdrüsen zuerst zwei Epidermisleisten (Milchleisten) längs der seitlichen Rumpfwand. In ihr differenzieren sich dann die einzelnen Drüsenorgane. Die Zahl der Zitzen schwankt zwischen 2 und 22 *(Hemicentetes)*. Bei Unpaarhufern, Paarhufern und Walen sind die Milchdrüsen auf die Genitalregion beschränkt, bei Primaten, Fledermäusen, Sirenen (Meerjungfrauen!), Elefanten und Xenarthra sind sie brustständig.

Die chemische Zusammensetzung der Milch schwankt erheblich (siehe Tabelle auf S. 679). Bei vielen Säugern werden dem Jungtier über die erste Milch auch Antikörper übertragen. Milch ist ein wichtiges Nahrungsmittel vieler Menschen. Weltweit produziert die Landwirtschaft derzeit zwischen 400 und 500 Millionen Tonnen pro Jahr.

3. Besondere Entwicklung der Hautmuskulatur im Kopfbereich (mimische Muskulatur).

4. Im Schädel entsteht ein sekundäres Kiefergelenk aus Dentale und Squamosum. Articulare und Quadratum, die das primäre Kiefergelenk bilden, wandern ins Mittelohr, so daß dem einen ursprünglichen Gehörknöchelchen (Columella = Stapes = Steigbügel) noch zwei weitere hinzugefügt werden, der Hammer (Malleus = Articulare) und der Amboß (Incus = Quadratum). Ein kleiner Hautknochen des Reptilienunterkiefers, das Präarticulare (= Goniale), wandert mit ins Mittelohr und bildet einen Fortsatz am Hammer. Das Trommelfell wird von einem ringförmigen Knochen, dem Tympanicum, umschlossen, der oft zu einem Knochenrohr unter dem Mittelohr auswächst und einen Teil des äußeren Gehörganges bildet. Das Tympanicum entstammt ebenfalls dem Unterkiefer und ist dem Angulare homolog.

Die Ohrmuschel der Säugetiere ist sehr vielgestaltig. Primär ist sie ein Schalltrichter; sie kann sehr groß und beweglich sein und eine wichtige Rolle bei der Ortung von Geräuschquellen spielen (z. B. Fledermäuse, Equiden, Nashörner, Hasen). Sie spielt oft eine Rolle im Ausdrucksverhalten (z. B. Elefanten, Fissipedier). Durch Einfaltung kann mit ihrer Hilfe der äußere Gehörgang verschlossen werden, im Schlaf bei Galagos, beim Tauchen z. B. bei Ottern und Bibern. Bei Walen fehlt sie sekundär.

Zum Aufbau des Säugerschädels vgl. Abb. 406.

5. Der 4. und 5. Kiemenbogen bilden den Schildknorpel, der den Sauropsiden fehlt.

6. Im Endhirn entwickelt sich das Pallium, vor allem das Neopallium, sehr stark; das Mittelhirndach mit seinen vier Hügeln wird klein. Die umfangreichen Endhirnhemisphären sind durch eine vordere Kommissur und durch den Balken (Corpus callosum) verbunden, der bei Monotremen und Marsupialiern noch sehr klein ist.

Durchschnittliche Zusammensetzung der Milch verschiedener Säugetiere (Gew. %)

Species	Fett	Protein	Lactose	Mineralstoffe, Spurenelemente
Mensch	3,8	1,0	7,0	0,2
Ratte	10,3	8,4	2,6	1,3
Hund	12,9	7,9	3,1	1,2
Kegelrobbe	53,2	11,2	2,6	0,7
Esel	1,4	2,0	7,4	0,5
Pferd	1,9	1,5	6,2	0,5
Indischer Elefant	4,0	7,0	6,5	0,5
Dromedar	3,3	2,7	4,7	0,8
Lama	4,7	4,2	5,9	0,8
Wasserbüffel	7,4	3,8	4,8	0,8
Kuh	3,8	3,3	4,7	0,7
Schaf	7,4	5,5	4,8	1,0
Ziege	4,5	2,9	4,1	0,8
Großer Tümmler	33,0	6,8	1,1	0,7

7. Vom vierkammerigen Herzen geht nur ein Aortenbogen aus, und zwar der linke (bei Vögeln der rechte).

8. Das Zwerchfell wird zum wichtigsten Atemmuskel und bildet eine muskulöse Platte zwischen Brust- und Bauchhöhle.

9. Mammaliar sind selten ovipar (Monotremen), meist vivipar (Marsupialia und Eutheria). Im letzteren Falle durchläuft der Embryo wenigstens einen Teil seiner Entwicklung im Uterus der Mutter, mit dem er meist durch eine Placenta mehr oder weniger innig verbunden ist (Tragzeiten: siehe Tabelle).

Tragzeiten verschiedener plazentaler Säuger (in Tagen)

Waldspitzmaus	20
Igel	34–49
Makaken, Paviane	170–180
Mensch	267
Hausmaus	18–21
Wanderratte	24
Wolf	61–63
Wildkatze	62–68
Afrikanischer Elefant	660–670
Spitzmaulnashorn	420
Zebra	360–390
Nilpferd	225–257
Impala	194–200
Kaffernbüffel	308
Schweinswal	280–300
Pottwal	390
Blauwal	3[illegible]0

10. Die Körpertemperatur wird meist in engen Grenzen konstant gehalten, kann aber auch noch von der Außentemperatur abhängig sein (z. B. Faultiere, Fledermäuse). Bei Winter- und Trockenschlaf kommt es zu längerfristiger Sollwertverstellung; auch hier gibt es eine Abhängigkeit von der Außentemperatur.

11. Das Gebiß ist in Incisivi, Canini, Praemolaren und Molaren gegliedert. Die Krone der oberen Molaren trägt ursprünglich drei Höcker (Trigon), denen sich auf verschiedene Weise ein vierter zugesellt (Abb. 407). Die unteren Molaren tragen zunächst ebenfalls drei Höcker (Trigonid); die Krone vergrößert sich jedoch bald um einen umfangreichen Auswuchs, das Talonid, dessen Randpartien sich auch in Höcker gliedern und dessen zentrale Grube den oberen Haupthöcker aufnimmt. Zur Nomenklatur und den Hauptmolarentypen siehe Abb. 407. Die Krone kann sekundär vereinfacht sein (Zahnwale) oder zunehmend kompliziert und vergrößert werden (vor allem bei Pflanzenfressern). Molaren mit kegelförmigen Höckern (Schweine) heißen bunodont. Bilden die Höcker Querjoche, spricht man von lophodonten Zähnen (viele Pflanzenfresser, Meerkatzen u. a.), formen sich die Höcker zu halbmondförmigen Gebilden um, werden die

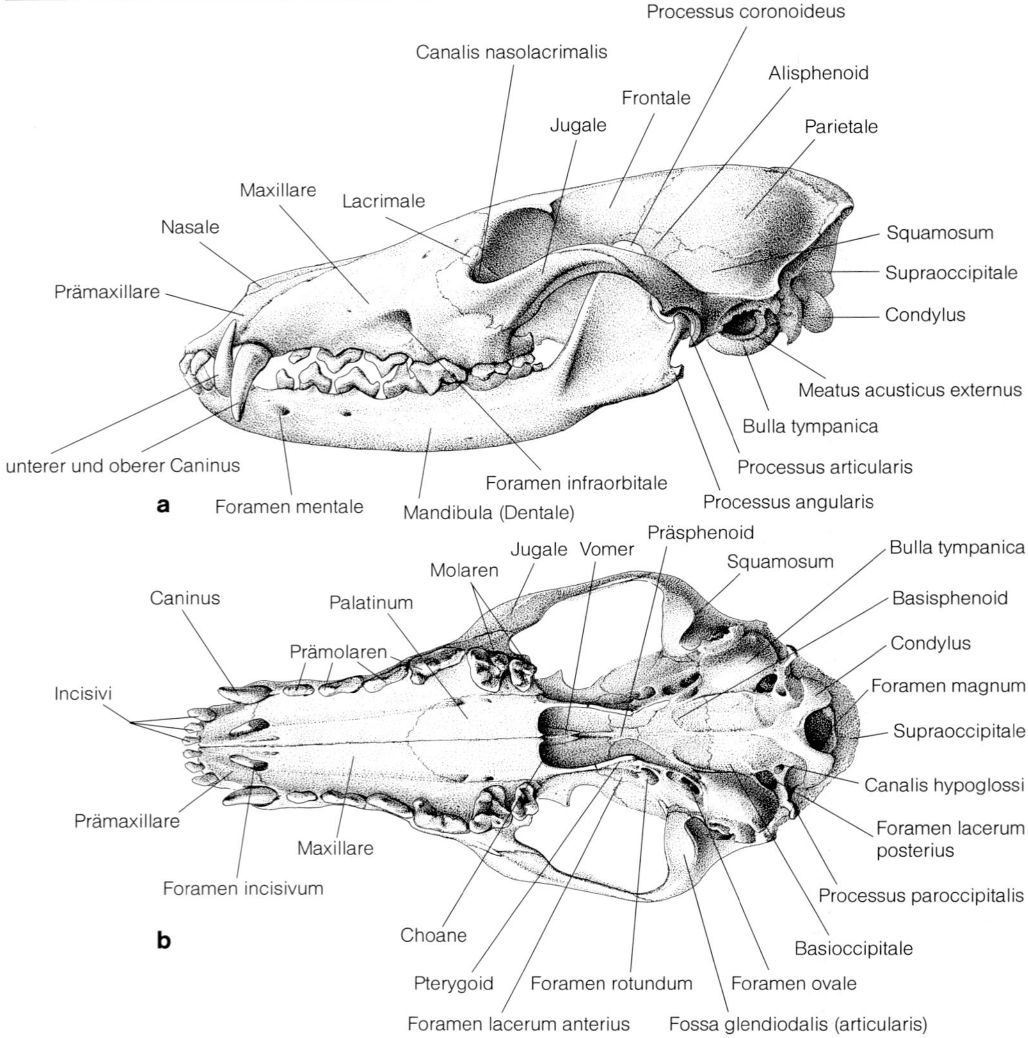

Abb. 406: Schädel eines männlichen Fuchses *(Vulpes vulpes)* oben in Seitenansicht mit Mandibula (Unterkiefer) und unten in Ansicht der Schädelbasis von unten. Durch folgende Foramina (For.) treten folgende Nerven (N) bzw. Gefäße: For. infraorbitale: ein Ast des N. trigeminus (N. infraorbitalis), For. ovale: ein Ast des N. trigeminus (N. mandibularis): For. lacerum anterius: N. oculomotorius, N. trochlearis, N. abducens und ein Trigeminusast (N. ophthalmicus); For. rotundum: ein Trigeminusast (N. maxillaris); For. mentale: ein Trigeminusast (N. mentalis); For. magnum: Rückenmark; For. lacerum posterius: N. glossopharyngeus, N. vagus, N. accessorius, Canalis hypoglossi; N. hypoglossus

Zähne selenodont genannt (Ruminantier). Niedrigkronige Zähne heißen brachyodont, hochkronige hypselodont (= hypsodont, viele Huftiere). Zähne mit Dauerwachstum (z. B. bei Nagern) behalten eine weit offene Wurzelspitze. Wühlmäuse (Arvicolidae) besitzen Bak-

Abb. 407: Säugetierzähne und Gebiß. a–d. Molaren jurassischer Mammalier. a. Triconodonter oberer Molar, oben Seitenansicht von außen, unten Aufsicht. b. Symmetrodonter oberer Molar, oben Seitenansicht von außen, unten Aufsicht. c. Oberer Molar eines Pantothers, oben Seitenansicht von außen, unten Aufsicht. d. Unterer Molar eines Pantothers, oben Seitenansicht von innen, Mitte Aufsicht, unten Seitenansicht von außen. e. Kronenaufsicht eines rechten oberen Molaren eines primitiven Säugers (*Omomys*, Tarsioidea, Paleozän). Die Haupthöcker (Para-, Meta- und Protoconus) bilden das Trigon. f. Kronenaufsicht eines linken unteren Molaren von *Omomys*. Die Höcker tragen im Unterkiefer die Endung -id. Para-, Meta- und Protoconid bilden das Trigonid. Das Talonid hat sich vergrößert und bildet 2 größere Höcker: Hypo- und ▷

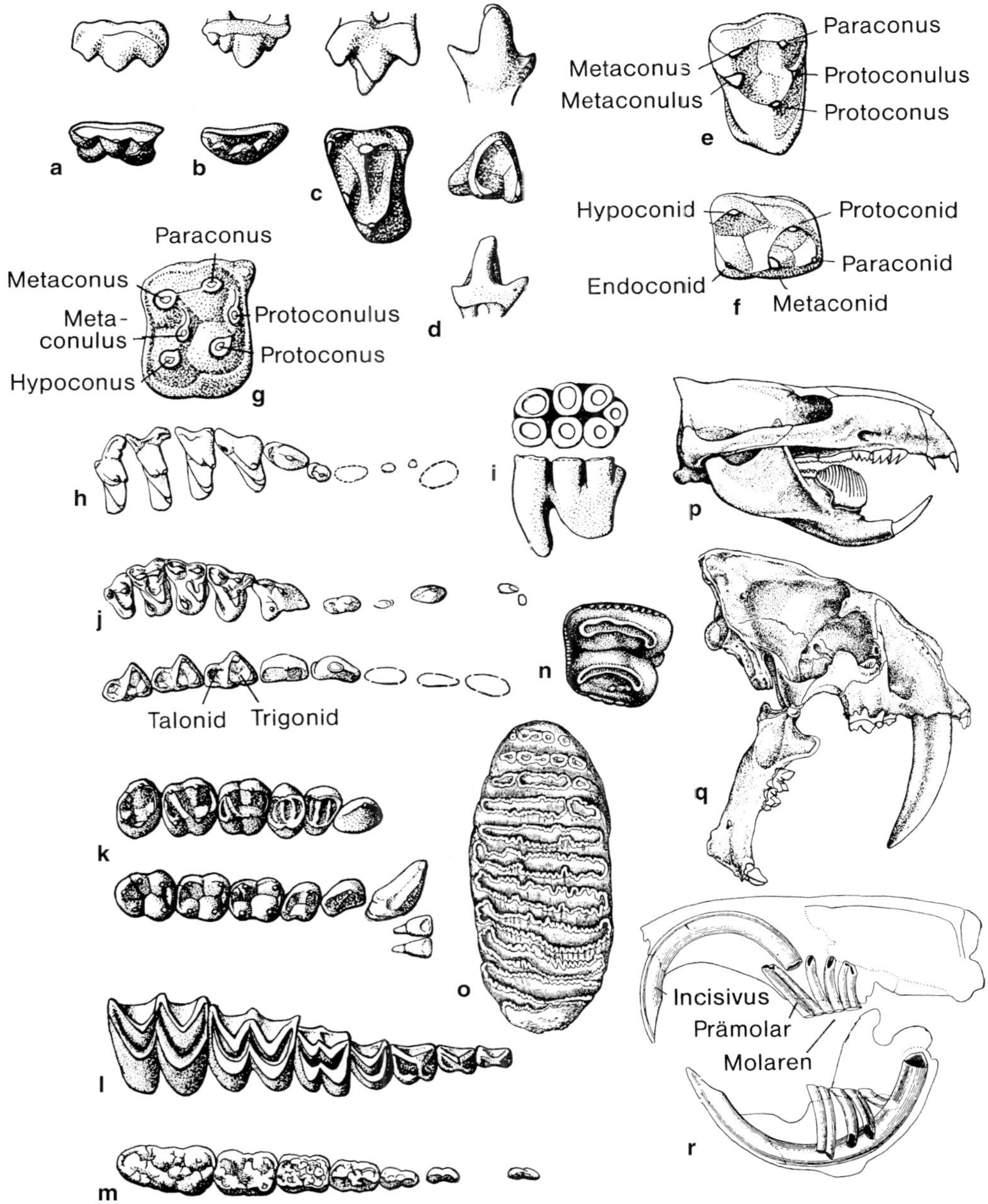

Endoconid. g. Oberer Molar mit 4 Haupthöckern, neuentstanden ist der Hypoconus, dadurch vergrößert sich die Kaufläche (*Hyracotherium*, eozänes Pferd). h. Rechte obere Molaren und Prämolaren eines paleozänen Zalambdodonten. i. Molaren (Aufsicht und Seitenansicht) von *Desmostylus* (Desmostylia). j. Kronenansicht eines Insectivors (*Diacodon*, Erinaceidae), oben rechte Oberkieferzähne, unten linke Unterkieferzähne, beachte die deutliche Trennung der unteren Molaren in Trigonid und Talonid. k. Gebiß eines pliozänen Menschenaffen, oben Oberkiefer (Schneidezähne fehlen), unten Unterkiefer. l. Selenodonte Zähne (Oberkiefer, miozänes Artiodactyl). m. Bunodonte Zähne (Unterkiefer, pliozänes Schwein). n–o. Lophodonte Zähne. n. Bilophodonter Molar von *Dinotherium* (Proboscidea, Miozän). o. Polylophodonter Molar eines Indischen Elefanten. p–r. Spezialisierte Gebißformen. p. Multituberculata *(Ptilodus)*. q. *Smilodon*, pleistozäner Säbeltiger. r. Rodentier *(Geomys)* mit Nagegebiß, Unterkiefer nur mit Incisivus und Molaren. Nach verschiedenen Autoren aus Romer und Weber

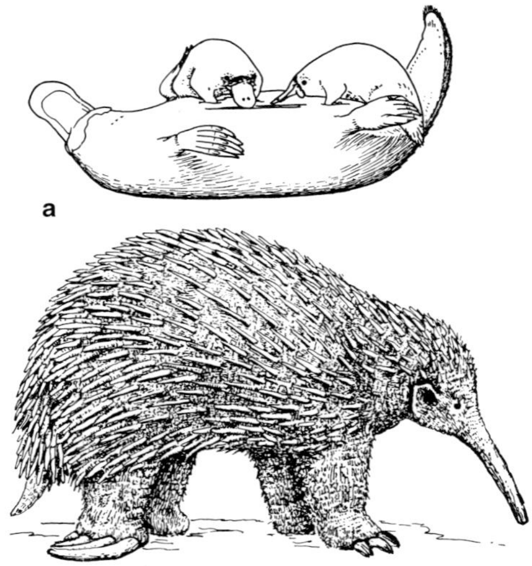

Abb. 408: Monotremen. a. *Ornithorhynchus anatinus* (Schnabeltier), Weibchen mit Jungen, die Milch aufnehmen. b. *Zaglossus bruijni* (Langschnabeligel). Nach Hartig und Grassé

kenzähne mit fehlenden oder unvollständigen Wurzeln.

Viele Merkmale, die heute für Säuger charakteristisch sind, bildeten sich schon bei den ausgestorbenen Reptilvorfahren aus, z. B. das doppelte Gelenk des Hinterhauptes, dem zwei Gelenkpfannen am Atlas entsprechen, das Drehgelenk zwischen Atlas und Epistropheus, das gegliederte Brustbein zwischen den Rippen, der knöcherne sekundäre Gaumen aus Prämaxillare, Maxillare und Palatinum, die Arbeitsteilung im Gebiß mit Schneide-, Eck- und mehrwurzeligen Backenzähnen, der einmalige Zahnwechsel mit Milch- und Dauergebiß, der Verlust zahlreicher Schädelknochen (Praefrontale, Postfrontale, Quadratojugale, Inter- und Supratemporale u. a.) sowie aller Unterkieferknochen außer dem Dentale und den ins Mittelohr verlagerten Articulare und Praearticulare sowie dem Angulare.

Die Säuger treten in der Oberen Trias auf, also früher als Teleosteer und Vögel. Ihre Verbindung zu den Reptilien ist über Formen wie *Diarthrognathus* (S. 641) gesichert. Über 100 Millionen Jahre blieben die Säuger eine nebensächliche kleine Gruppe, die sich früh in mehrere Linien aufspaltete. Die starke Entfaltung begann in der Kreide und führte im Tertiär zum Zeitalter der Säuger. Seit dem Pleistozän läßt sich ein deutlicher Rückgang in der Artenmannigfaltigkeit erkennen, zumindest bei den großen Arten.

Die systematische Gliederung der mesozoischen Säuger beruht vor allem auf der Struktur von Zähnen und Kieferteilen und ist noch mit vielen Unsicherheiten behaftet. Aufgrund des Baues der Schädelseitenwand wird jetzt oft eine frühe Zweiteilung der Säuger vermutet:

1. Prototheria im weiteren Sinne: kleines Alisphenoid, große Teile der Schädelseitenwand werden von einer eigenen Lamina obturans gebildet. Hierzu werden die Triconodonten, Docodonten, Multituberculaten und oft auch die Monotremen gerechnet.

2. Theria: Schädelseitenwand besteht vor allem aus Alisphenoid und Squamosum. Hierher zählt man Symmetrodonta, Pantotheria, Marsupialia und Eutheria; bisweilen werden auch die Triconodonta den Theria zugeordnet. Pantotheria, Marsupialia und Eutheria gehören eng zusammen.

1. Prototheria

Ordnung: Triconodonta. Spättrias bis Untere Kreide. Zahnformel bis 4-1-4-5. Molaren abgeflacht mit drei niedrigen hintereinanderliegenden Höckern. Interclavicula. *Sinoconodon, Amphilestes, Morganucodon.*

Ordnung: Docodonta. Jura, Kronenfläche der Molaren vergrößert, annähernd viereckiger Umriß. *Docodon.*

Ordnung: Multituberculata. Jura bis Eozän. Erinnern in Schädelstruktur und Gebiß an Nager, waren vermutlich herbivor. Große Nagezähne waren durch ein Diastema von den langgestreckten Backenzähnen getrennt, die zwei oder drei Reihen kleiner Höcker trugen. Oft waren im Unterkiefer ein oder mehr Prämolaren mit scharfer, gesägter Kante vorhanden.

Ordnung: Monotremata (Kloakentiere). Innerhalb der rezenten Säuger isoliert stehende, primitive Formen der australischen Region. Ursprüngliche Merkmale, die oft noch an die Verhältnisse bei Reptilien erinnern, sind Kloake, Bau der Geschlechtsorgane (Penis in Kloake, Harnröhre öffnet sich an der Basis des Penis, Eileiter münden getrennt in Kloake, Ovarien und Hoden intraabdominal an der Niere u. a.), Oviparie, polylecithale Eier, partielle Furchung, Bau der Eihüllen (bei *Ornithorhynchus* verkalkt), Milchdrüsen ohne Zitzen, im Schultergürtel Interclavicula, Procoracoid und Coracoid; Schädel mit Postorbitale; Halsrippen *(Tachyglossus);* im Gehirn Corpus callosum (klein) und Commissura dorsalis, Cochlea beschreibt nur ¾-Windung eines Kreises, dazu weitere primitive Merkmale in fast allen Organen. Eigenmerkmale sind: das rückgebildete Gebiß, die z. T. mit Hornscheiden bedeckten Kiefer, die fehlenden Magendrüsen; Fersensporn der Männchen mit Giftdrüsen (bei adulten Weibchen rückgebildet), das Stachelkleid und wahrscheinlich auch der Brutbeutel bei Schnabeligeln.

Zwei rezente Familien (Abb. 408).

Ornithorhynchidae (Schnabeltiere): Einzige Art ist *Ornithorhynchus anatinus*, wasserlebend und in unterirdischen Bauten am Wasser, mit breitem Schnabel und hornigen Kauplatten sowie mit Schwimmhäuten; elegante Schwimmer; Männchen wiegen ca. 1,7 kg und messen von Schnabel- bis zur Schwanzspitze etwa 50 cm, die Weibchen sind leichter und kleiner. Der Schnabel ist übersät mit Mechano- und Elektroreceptoren, die in einem sehr großen Endhirnareal repräsentiert sind. Die Elektroreceptoren registrieren elektrische Feldstärken, wie sie bei Muskelaktivität eines Beutetieres, z. B. dem Krebs *Macrobrachium*, entstehen. *Ornithorhynchus* besitzt gut ausgebildete Fähigkeit zur Thermoregulation; die normale Körpertemperatur beträgt 32 Grad Celsius. Jungtiere noch mit vielhöckrigen Zähnen, die an die Zähne der Docodontia erinnern. Nahrung besteht aus diversen Wassertieren, z. B. Insektenlarven und Kaulquappen; es wird bis zur Hälfte des Eigengewichts pro Tag aufgenommen. Gelege: 1–3 Eier, Eier rundlich (bis 16 mm lang), werden von Muttertier bebrütet, Jungtiere schlüpfen nach 10–11 Tagen. Sehr große Milchdrüsen, Zusammensetzung der Milch ähnlich wie bei anderen Säugern (Casein, Molkeproteine, Zucker, Milchfettkügelchen, Mineralien u. a.), zeigt aber einen sehr hohen Eisengehalt. Ostaustralien, Tasmanien. *Obdurodon* aus dem Miozän Queenslands hatte noch Zähne. *Steropodon* aus der Kreide Australiens ist ca. 100 Millionen Jahre alt und zeigt Beziehungen zu den Schnabeltieren.

Tachyglossidae (Schnabeligel, Ameisenigel): lange protraktile Zunge, keine Zähne, kräftige Grabkrallen, mit vorübergehend angelegtem Brutbeutel, der vermutlich nicht dem Marsupium der Beuteltiere homolog ist, nur 1 Ei (bis 17 mm lang), das im Brutbeutel in 10–11 Tagen ausgebrütet wird. Die Jungtiere bleiben wenigstens 6 Wochen im Beutel (bis sie ihre Stacheln entwickeln). *Tachyglossus* (Kurzschnabeligel): lebt vorwiegend von Ameisen und Insekten. *Zaglossus* (Langschnabeligel): lebt vorwiegend von Regenwürmern. Australien, Tasmanien, Neuguinea.

2. Theria

a) **Symmetrodonta.** Obere Trias bis Untere Kreide. Molaren mit dreieckigem Umriß und 3 Haupthöckern. *Spalacotherium, Kuehneotherium.*

b) **Pantotheria.** Jura bis Untere Kreide. Grundgruppe für Marsupialia und Eutheria. Unterkiefer mit Processus angularis, Zahnformel: 4 Incisivi, 1 Caninus, 4 Prämolaren, mehrere (bis 8) Molaren, Unterkiefermolaren mit dreieckigem Hauptanteil, der aber wie bei höheren Säugern einen Auswuchs (Talonid) trägt, wodurch die Kaufläche vergrößert und die Effektivität der Zahnleisten vergrößert wird. *Amphitherium, Dryolestes.*

c. Marsupialia (Metatheria, Didelphia, Beuteltiere)

Marsupialia und Eutheria leiten sich gemeinsam von jurassischen Pantotheria ab. Offensichtlich entstanden die Marsupialia in der Kreide. Vermutlich war Südamerika (Gondwana) das Entstehungszentrum, von wo aus in Spätkreide und im Frühtertiär Nordamerika besiedelt wurde. Hier starben die Marsupialier im Miozän wieder aus und wanderten erst wieder im Pleistozän in Nordamerika ein (Didelphidae). Westeuropa war in der Spätkreide vom frühen bis mittleren Tertiär von Marsupialiern besiedelt (Pariser Becken, Grube Messel); vermutlich wanderten sie von Nordamerika aus über Grönland ein. Im Tertiär entwickelten sie eine besonders reiche Fauna in Südamerika mit insecti-, carni- und herbivoren Formen. Die bekannteste Gruppe dieser tertiären südamerikanischen Beuteltiere sind die Borhyaenoidea, von denen *Thylacosmilus* sogar ein Säbelzahngebiß besaß. Heute noch zahlreiche Arten in der Neuen Welt mit Schwergewicht in der Neotropis sowie eine größere Formenfülle in der australischen Re-

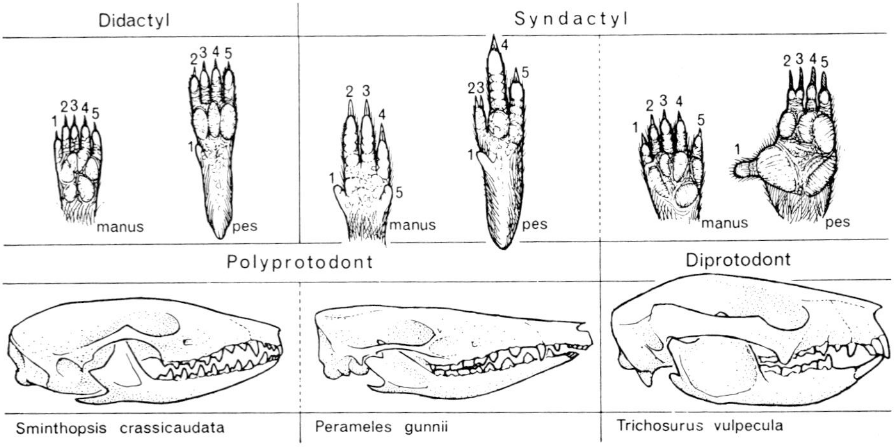

Abb. 409: Sohlenansicht des linken Vorderfußes (Hand, manus) und des linken Hinterfußes (pes) didactyler und syndactyler Beuteltierarten sowie Seitenansicht des Schädels derselben Arten, um die poly- und diprotodonte Gebißform zu zeigen. Nach Jones, Tyndale-Biscoe, Wood

gion, die jedoch durch den Menschen der Neuzeit bedroht ist. Eine Faunenverbindung zwischen Neuer Welt und Australien bestand ehemals über die Antarktis, von wo auch frühtertiäre Fossilfunde von Marsupialiern bekannt wurden. Seit dem Eintreffen der europäischen Siedler sind von etwa 200 Arten 15 ausgerottet worden, 25 werden als stark gefährdet eingestuft.

Die Beuteltiere verhalten sich in einigen Merkmalen gegenüber den Eutheria primitiv: Gehirnbau (noch kleines Corpus callosum), einige Merkmale des Genitaltraktes (s. u.), Gebiß zunächst mit hoher Zahnzahl $\frac{5\text{-}1\text{-}3\text{-}4}{4\text{-}1\text{-}3\text{-}4}$. Gefäßsystem mit Ductus Cuvieri und oft zwei Venae azygos, Stapes z. T. noch wie Columella gestaltet, Retina mit Doppelzapfen (d. h. Sinneszellen mit zwei Außensegmenten) und farbigen Öltropfen in den Receptoren. Aus solchen relativ ursprünglichen Kennzeichen sollten keine Schlüsse auf evolutive Unterlegenheit gegenüber den Eutheria gezogen werden. Abgesehen davon, daß das Gehirn in einzelnen Beuteltiergruppen sehr unterschiedlich groß ist, ergaben sich Übereinstimmungen mit vergleichbaren Placentalia: Opossum und Insektenfresser, Känguruh und Nagetiere haben beispielsweise jeweils etwa gleichgroße Gehirne. Auch früher oft für primitiv gehaltene physiologische Eigenarten (Temperaturregulation, Stoffwechselrate u. a.) sind offensichtlich spezielle, vorteilhafte Anpassungen. Die Körpertemperatur ist oft etwas niedriger (34–36 °C) als bei den Eutheria, wird aber meist innerhalb enger Grenzen konstant gehalten. Manche Arten weisen typische tageszyklische Temperaturschwankungen auf. Die Stoffwechselrate ist im allgemeinen niedriger als bei den Eutheria. Diesem Befund entspricht ein etwas langsamerer Herzschlag, eine niedrigere Schilddrüsenaktivität, ein geringerer Stickstoffbedarf u. a. Die Vorteile dieses Stoffwechsels liegen in einem geringeren Nahrungsbedarf und länger anhaltenden Nährstoffreserven im Körper. Das Wachstum der Marsupialia erfolgt relativ langsam.

Sondermerkmale betreffen vor allem den Bau der Genitalregion, die Embryonalentwicklung und das verbreitete Vorkommen des Marsupiums (= Beutels; die bei vielen Formen vorkommenden Namensanteile pera-, phascolo- und thylaco- beziehen sich auf die Existenz des Beutels). Weitere Kennzeichen sind: Beutelknochen (Epipubis) im Beckengürtel, die die Bauchwand verstärken, bei beiden Geschlechtern vorkommen und auch bei Weibchen auftreten, die keinen Beutel bilden. Paukenhöhle wird von Alisphenoidfortsatz bedeckt, Unterkieferwinkel fast immer mit einwärts gebogenem Fortsatz (Processus angularis, bleibt wohl in funktionellem Kontakt – vermutlich Schallübertragung – mit einem bindegewebig verschlossenem Fenster der Bulla tympanica), Lacrimale auch außerhalb der Orbita; weitgehend eingeschränkter Zahnwechsel: Nur ein Prämolar wird gewechselt, es können jedoch weitere

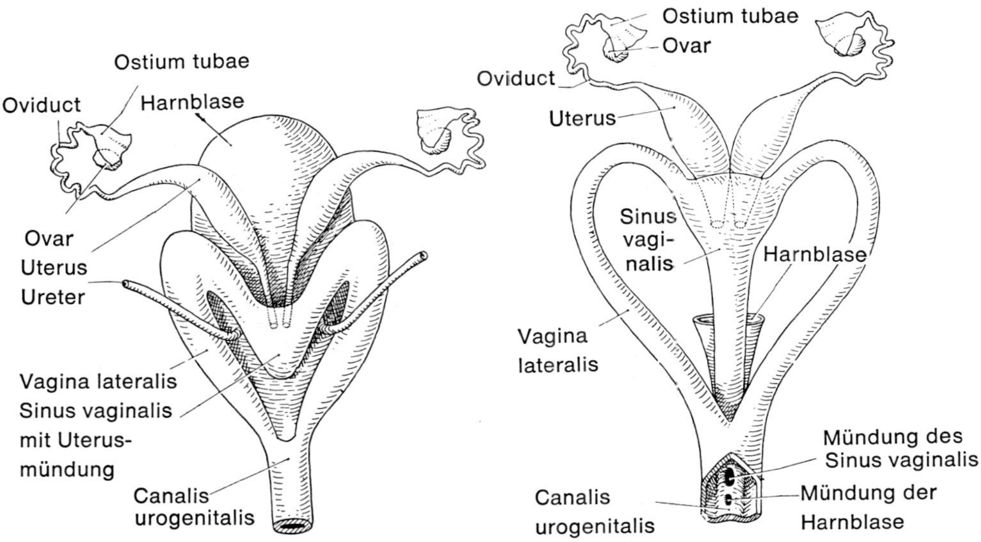

Abb. 410: Genitaltrakt weiblicher Beuteltiere; Dorsalansicht. Links *Didelphis* (nordamerikanisches Opossum), rechts *Macropus* (Känguruh). Nach Grassé, Portmann

Milchzähne auftreten, die aber früh verlorengehen und nicht ersetzt werden; bei vielen Känguruhs erstreckt sich der Durchbruch der Molaren über einen Zeitraum von einigen Jahren, bei älteren Tieren werden letzter Prämolar und erster Molar ausgestoßen, und die hinteren Molaren rücken nach vorn; Fuß bei vielen Formen, z. B. Känguruhs und Koalas, mit verschmolzenen Zehen II und III (Syndactylie); Großzehe oft reduziert (Abb. 409).

Der Beutel ist eine Hautbildung mit eigener Muskulatur, die die Region der Milchdrüsen umwächst. Er kann nicht selten fehlen oder rückgebildet sein (dann hängen die Jungen i. a. frei von den Zitzen herab), manche entwickeln ihn nur während des Säugens. Selten tritt er andeutungsweise auch bei Männchen auf *(Chironectes, Notoryctes)*. Der Beutel kann sich nach vorn, ventral oder hinten öffnen. Durch einen Schließmuskel kann er verschlossen werden. Die Hoden liegen vor dem Penis, der oft an der Spitze zweigespalten ist.

Der weibliche Genitaltrakt besteht ursprünglich aus 2 Müllerschen Gängen, die getrennt in den Sinus urogenitalis münden. Die unteren Abschnitte der Müllerschen Gänge sind als Vagina, die mittleren als Uteri, die oberen als Eileiter ausgebildet. Eigenartig ist der Verlauf der 2 Vaginae (Name: Didelphia = Doppelscheider). Sie verlaufen meist bogenförmig und berühren sich nach unterschiedlich weitem Verlauf median. An der Kontaktstelle können sich die trennenden Wandanteile während der Tragzeit oder ständig (*Trichosurus, Pseudocheirus, Tarsipes, Acrobates* u. a.) auflösen, und es entstehen hier 2 oder 1 gemeinsamer nach vorn gerichteter Blindsack (Medianvagina, Sinus vaginalis, Mittelscheide). Bei der Geburt wird die Wand dieses Blindsackes vorn durchbrochen, und die Jungen erreichen durch einen neugebildeten Kanal (Pseudovagina) den Sinus urogenitalis unter Umgehung der lateralen Vagina direkt. Im einzelnen existieren viele Abweichungen von diesem Grundschema: große, seitliche Vaginalblindsäcke bei Perameliden, gemeinsamer Endabschnitt der Vagina (viele Känguruhs), persistierende mediane Pseudovagina nach der 1. Geburt *(Thylogale, Macropus)*, Ausbildung einer echten medianen Vagina (zusätzlich zu den zwei seitlichen) vor der ersten Geburt *(Wallabia)*. Die Blindsäcke der Vagina bilden ein Receptaculum seminis, die Geburt erfolgt durch die seitlichen Vaginae *(Potorous, Bettongia)*.

Die Eizellen sind relativ groß und bei der Ovulation von einer dünnen Schicht (Zona pellucida) umgeben, eine Corona radiata fehlt. Nach der Befruchtung kommt es zur Ausbildung einer zusätzlichen Mucopolysaccharidschicht, der sich abschließend eine keratinöse

3. Schicht auflagert, welche den Eutheria fehlt, die aber wohl der ledrigen Schicht der Monotremeneier homolog ist. Bei einigen Arten umgibt diese Schicht den Embryo während der ganzen Entwicklungszeit im Uterus, bei anderen löst sie sich nach einiger Zeit auf. Die Amnionbildung erfolgt wie bei Monotremen und Reptilien. Die Allantois ist meistens klein und nicht an der Placenta beteiligt (außer bei *Perameles*, s. u.). Der Dottersack ist gut entwickelt und bildet eine Placentaregion (Choriovitellin-Placenta). Normalerweise ist der Kontakt zwischen Embryo und Mutter auf verzahnte Mikrovilli von Uterusschleimhaut und Dottersackepithel beschränkt. Es kann aber auch embryonales Gewebe in das Endometrium eindringen und den Embryo fester verankern. Die Gefäßwände von Embryo und Mutter bleiben stets erhalten. *Perameles* besitzt Dottersack- und Allantoisplacenta. Die placentaren Bildungen der Beuteltiere sind nicht so leistungsfähig und bilden keine so effektive immunbiologische Trennschicht wie bei Eutheria. Die Gravidität bleibt daher kurz.

Die Intrauterinzeit beträgt 8–12 Tage. Speziell bei Didelphiden, Dasyuriden und Macropodiden ist sie deutlich kürzer als bei gleichgroßen Eutheria. Bei der Geburt (1–21 Junge) sind die Marsupialier noch sehr unreif (ihr Gewicht beträgt dann 0,016–3 g; die Vorderextremitäten sind stark entwickelt und mit Krallen versehen); das Wachstum erfolgt vorwiegend im Beutel, den das neugeborene Tier entlang einer Spur, die die Mutter mit der Zunge entlang dem Bauchfell legt, selber aufsucht.

Beuteltragezeit: 1–7 Monate. Bei der Geburt sehen alle Marsupialier relativ ähnlich aus und besitzen auffallend gut entwickelte Hautgefäße. Die Lunge ist noch sehr klein. Die Jungen saugen sich an den Zitzen fest, die in der Mundhöhle knopfartig anschwellen. Der Kehlkopfdeckel des Jungen bildet eine röhrenartige Verlängerung, so daß Atem- und Nahrungsweg klar getrennt werden. Die Milch wird von den Zitzen aktiv eingespritzt. Die Atmung erfolgt über die Nase. Die Aufnahme der Milch geschieht mittels eines durch Zungenbewegungen in Gang gehaltenen Pumpsaugens, an dem das Kiefergelenk nicht beteiligt ist. Dieses wird nach der Geburt sogar ruhiggestellt, um die Umbauten, die mit dem Wechsel vom primären zum sekundären Kiefergelenk verbunden sind, zu erleichtern. Bei Geburt besitzen Marsupialier noch das primäre Kiefergelenk. Die Laktationszeit kann recht lange andauern. Dabei ändert die Milch ihre Zusammensetzung. Auffällig ist immer ihr niedriger Zucker- und oft hoher Eiweiß- und Fettgehalt. Vielfach werden 2 unterschiedlich alte Junge an verschiedenen Zitzen gesäugt, wobei die zugehörigen Drüsen unterschiedliche Milch produzieren. Bei manchen Formen bleiben die Jungen über 7 Monate im Beutel. Die Saugzeit ist kürzer; mit ihrem Abschluß verlassen die Jungtiere den Beutel gelegentlich.

System. Die systematische Beurteilung der Beuteltiere erfolgt immer noch verschiedenartig. Merkmale, die in der Systematik der Marsupialier eine wichtige Rolle spielen, sind Bezahnung und Fußbau. Normale (hohe) Zahl der Incisivi wird als polyprotodont (Beutelratten, *Caenolestes*, Raubbeutler), Reduktion der unteren Incisivi auf 2 oder 1 als diprotodont bezeichnet. Die unteren Incisivi sind im diprotodonten Gebiß vergrößert und meißelförmig (Känguruhs, Koalabär, Wombats, *Tarsipes*). Polyprotodontie ist ein ursprüngliches Merkmal. Wenn 2. und 3. Zehe zu einer Putzklaue verwachsen, spricht man von Syndactylie, was ein abgeleitetes Merkmal ist. Besonders schwer zu beurteilen ist die Stellung der Perameliden, deren Gebiß polyprotodont, deren Fuß aber syndactyl ist. Da die Zusammenfassung zu größeren Gruppen (Polyprotodontia, Diprotodontia o. ä.) besonders umstritten ist, werden im folgenden nur eine Reihe von Überfamilien nebeneinandergestellt. Ohne Frage sind die Didelphiden eine Gruppe mit vielen ursprünglichen Merkmalen. Etwa 260 Arten; meist dämmerungs- und nachtaktiv.

1. Didelphoidea (Beutelratten): Seit der Kreide (Süd- und Nordamerika, Europa [schon von Cuvier 1812 aus den Gipsen von Montmartre beschrieben]) bekannt.

Didelphidae: Heute noch in Süd- und Mittelamerika, nur Opossum (*Didelphis*, Abb. 411 i) bis Nordamerika. Die Einwanderung nach Mittel- und Nordamerika erfolgt erst im Pleistozän; *Didelphis virginiana* erreicht bisher Südkanada und dringt sogar in Städte ein. Diese Art ist sehr produktiv: Tragzeit 13 Tage, etwa 20 Junge (allerdings nur 13 Zitzen); Geburtsgewicht 0,13 g, Länge 1 cm; 2 Würfe pro Jahr. Beutel fehlt öfter *(Marmosa, Monodelphis, Philander)*. Als einzige Beuteltiere leben *Chironectes* und *Lutreolina* amphibisch. Der

Abb. 411: Verschiedene Beuteltiere mit polyprotodontem Gebiß. a. *Notoryctes* (Notoryctidae). b. *Dasyurops* (Dasyuridae). c. *Caenolestes* (Caenolestidae). d. *Phascogale* (Dasyuridae). e. *Thylacinus* (Thylacinidae). f. *Sminthopsis* (Dasyuridae). g. *Sarcophilus* (Dasyuridae). h. *Myrmecobius* (Myrmecobiidae). i. *Didelphis* (Didelphidae), weibliches Tier auf dem Rücken liegend, im Beutel zwei Junge sichtbar. Nach Carrington, Grassé, Troughton

Schwimmbeutler *(Chironectes minimus)* hat Schwimmhäute zwischen den Zehen, während die Vorderpfoten Greifhände sind. Der rückwärts offene Beutel kann wasserdicht zusammengezogen werden. Microbiotheriidae: *Dromiciops australis* ist vermutlich eine Reliktform, die in S.-Chile und W.-Argentinien vorkommt.

2. Caenolestoidea (Spitzmaulopossums). Hierher gehören die kleinen spitzmausähnlichen Caenolestiden der Gebirgswälder der Anden. Der Beutel ist fast völlig rückgebildet, sonst aber viele Primitivmerkmale, z. B. die hohe Incisivenzahl (fast immer 4 pro Kieferhälfte). Mittlere untere Incisivi stark verlängert, Fossilformen mit nagerähnlichem Gebiß. Nahrung vermutlich kleine Vögel und Eier. *Caenolestes* (Abb. 411 c).

3. Dasyuroidea (Raubbeutler). Australische Region.

Dasyuridae: über 50 Arten, meist carnivor; polyprotodont; mit sehr unterschiedlichen Lebensformtypen: *Phascogale* (Pinselschwanzbeutler) rattenähnlich, arboricol; *Murexia* (Beutelmäuse), Neuguinea, arboricol; *Antechinus*, bis rattengroß. Männchen sterben nach heftigen Kämpfen, bevor sie ein Jahr alt sind. Trächtige Weibchen überleben und bringen nach Tragzeit von einem Monat Junge zur Welt. *Phasocolosorex*, spitzmausähnlich, *Dasyurus*; marderähnlich: *Dasyroides* (Kowari), gräbt aktiv; *Sminthopsis*, mausähnlich (Abb. 411 f); *Sarcophilus* (Beutelteufel, Abb. 411 g), hyänenartig, Aasfresser.

Thylacinidae: *Thylacinus* (Beutelwolf, Tasmanischer Tiger, Abb. 411 e); Schädelform und

Bezahnung ähnlich wie beim Wolf; Rückenhöhe bis 60 cm. Europäische Siedler führten einen erbarmungslosen Vernichtungsfeldzug gegen den Beutelwolf, der mit dem letzten Abschuß um 1930 endete.

Myrmecobiidae (Ameisenbeutler): stark bedroht, v. a. tagaktiv, Westaustralien. Nahrung vor allem Termiten, 50–52 vereinfachte Zähne, Zunge erreicht fast halbe Körperlänge, Junge bei der Geburt so groß wie Weizenkorn, Beutel nur bei jungen Weibchen. *Myrmecobius* (Abb. 411 h).

4. Notoryctoidea (Beutelmulle). Systematische Stellung infolge vieler Sondermerkmale schwer erkennbar. Diese Merkmale beruhen auf der unterirdischen Lebensweise: Augenatrophie, Fehlen des äußeren Ohres, verhornter Nasenschild, intraabdominale Hoden, verschmolzene hintere Halswirbel, 3. und 4. Finger mit kräftiger Grabklaue, Insektenfresser. Ähnlich dem Maulwurf von rastloser Tätigkeit, kann aber plötzlich in winterschlafähnlichen Zustand verfallen. *Notoryctes* (Beutelmull, Abb. 411 a) im Zentrum Australiens.

5. Perameloidea (Beuteldachse, Nasenbeutler, Bandikuts). Gebiß polyprotodont, Hinterfüße syndaktyl. Syndaktylie Parallelentwicklung zu der der Känguruhs, Wombats, Koalas und von *Tarsipes*. Viele Sondermerkmale, wie z. B. die allantoide Placenta und die Tendenz zur Reduktion von Fingern. Proportionen der Extremitäten erinnern an Känguruhs. *Chaeropus* (Kaninchenbeutler) mit nur 2 funktionsfähigen Fingern (II. und III.) an der Vorderextremität und nur einem kräftigen Zeh an der hinteren (die verschmolzenen Zehen II und III bilden ein kleines Putzorgan). Auf Neuguinea (*Peroryctes, Echymipera* u. a.) und Ceram *(Rhynchomeles)* Waldbewohner, in Australien (*Perameles*, Beuteldachs), *Thylacomys* und *Chaeropus*) in offenen Landschaften.

6. Phascolarctoidea. Eine Art: *Phascolarctos cinereus* (Koalabär = Beutelbär; Abb. 412 a), Hand bildet Greifzange: Daumen und Zeigefinger können den anderen drei Fingern gegenübergestellt werden. Blinddarm bis 2,5 m lang und damit relativ am längsten unter allen Säugern. Nahrung fast ausschließlich aus Blättern und Trieben einiger *Eucalyptus*-Arten bestehend, daneben wird gelegentlich Erde aufgenommen. Tragzeit: 35 Tage, Verweildauer im Beutel: 7 Monate, anschließend werden Junge bis Vollendung des ersten Lebensjahres auf dem Rücken getragen. Junge fressen in der späten Beutelphase Blinddarmkot der Mutter.

7. Vombatoidea (Wombats). Bodenbewohnende, grabende Tiere, Zähne mit Dauerwachstum, nur noch je ein Incisivus in der Kieferhälfte. *Vombatus* (Abb. 412 g), *Lasiorhinus;* im Pleistozän Riesenformen.

8. Phalangeroidea (Kletterbeutler). Artenreichste und vielgestaltige Gruppe.

Phalangeridae: *Trichosurus* (*T. vulpecula*, Fuchskusu; erfolgreichster Kulturfolger in Australien, lebt in Vororten großer Städte, durchsucht – wie Opossum in Amerika – Abfalleimer. Wurde um 1940 in Neuseeland ausgesetzt und dort zu wichtigem Forstschädling). *Phalanger* (artenreich bis Sulawesi). Im Pleistozän starb der große Beutellöwe *(Thylacoleo)* aus, der mit seinem brechscherenartigen Gebiß möglicherweise hartschalige Früchte aufbrach.

Burramyidae (Zwergopossums): Kleine Formen. *Burramys* mit sägezahnartigen, vergrößerten, unteren Prämolaren, subalpine bis alpine Regionen in Neusüdwales. *Cercartetus, Acrobates* (mausgroße Flugbeutler) und *Distochoerus* sind nachtlebende, arboricole Insektenfresser.

Petauridae: Mehrere Arten in Neuguinea und Australien. *Dactylopsila* mit verlängertem dünnen 4. Finger, der beim Suchen und Ergreifen von Insektenlarven unter der Borke eingesetzt wird (ähnlich *Daubentonia*), *Pseudocheirus* mit Greifschwanz, *Petaurus* und *Schoinobates* sind Gleitflieger.

Macropodidae: Etwa 60 Arten; verkürzte Vorderbeine, verlängerte Hinterbeine, meist hüpfend-springende Fortbewegungsweise, wobei die Tiere übrigens weniger Sauerstoff verbrauchen als gleich schnell laufende Paarhufer. Bei einheitlichem Typus große habituelle und ökologische Mannigfaltigkeit, Pflanzenfresser, mit einem Magen, der anatomisch und funktionell dem der Ruminantier ähnelt. Wie bei den Wiederkäuern erfolgen auch Hochwürgen und erneutes Durchkauen der Nahrung. Bakterien besorgen den fermentativen Abbau der Cellulose u. a. zu flüchtigen Fettsäuren (v. a. Essig-, Propion- und Buttersäure), die bereits im Magen weitgehend resorbiert werden. Stickstoff, den die Bakterien für ihre Proteinsynthese benötigen, wird nicht nur mit der Nahrung zugeführt, sondern entstammt auch Harnstoff, der beim Stoffwechsel der Känguruhs anfällt. Der Harnstoff gelangt über verschluckten Spei-

Abb. 412: Syndactyle Beuteltiere. a. *Phascolarctos* (Phascolarctidae), b. *Trichosurus* (Phalangeridae), c. *Phalanger* (Phalangeridae), d. *Petaurus* (Phalangeridae), e. *Tarsipes* (Tarsipedidae), f. *Perameles* (Peramelidae), g. *Vombatus* (Vombatidae), h. *Caloprymnus* (Macropodidae), i. *Petrogale* (Macropodidae), j. *Hypsiprymnodon* (Macropodidae), k. *Thylogale* (Macropodidae), l. *Dendrolagus* (Macropodidae). Nach Grassé, Troughton

chel und aus Blutgefäßen der Magenwand in das Magenlumen. Das Eiweiß der Bakterien kann dann wieder vom Wirtsorganismus, dem Känguruh, genutzt werden. Harnstoff kann auch in der Niere zurückgehalten werden. Dadurch wird auch Wasser gespart, das sonst für die Ausscheidung des Harnstoffs benötigt würde. Im Unterkiefer 1 großer Incisivus, im Oberkiefer oft drittletzter Praemolar meist vergrößert und schneidend. Tendenz zur Rückbildung der Großzehe. Tragzeit 21–38 Tage, in der Regel 1 Junges (Ausnahme: *Hypsiprymnodon*).

Hypsiprymnodon (Abb. 412j; Moschusrattenkänguruh), rattengroße Primitivformen im Regenwald Nordostaustraliens, Großzehe noch vorhanden, läuft oft noch auf allen vieren. *Potorous* (Kaninchenkänguruh). Großzehe fehlt, Fortbewegung hüpfend und auf allen vieren, Schwanz mit Greiffunktion. Hinterbeine relativ kurz. *Caloprymnus* (Abb. 412h), wohl ausgerottet.

Die typischen Känguruhs, die Macropodinae, die über 40 hunde- bis menschengroße Arten umfassen, besitzen relativ lange und

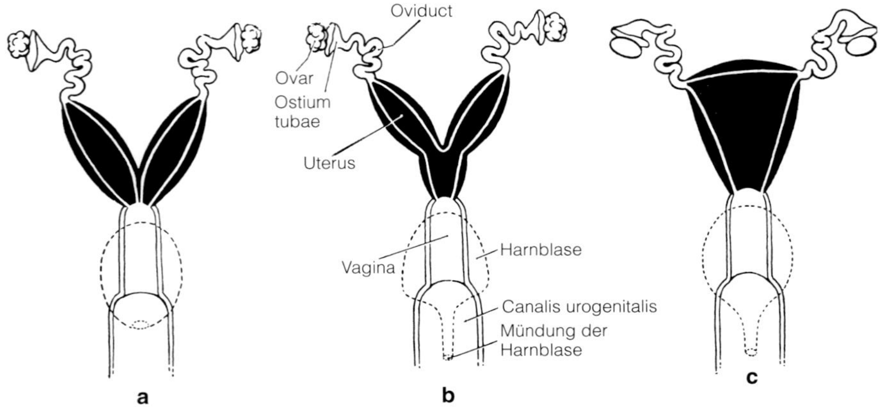

Abb. 413: Häufige Uterustypen bei Eutheria. a. Uterus duplex (viele Nager, Dermopteren, *Orycteropus*, manche Fledermäuse), b. Uterus bicornis (Insectivora, Perissodactyla, viele Wiederkäuer und Halbaffen, Wale, Seekühe), c. Uterus simplex (höhere Primaten). Nach Portmann

kräftige Hinterbeine, Großzehe fehlt. *Dendrolagus* (Baumkänguruh) sekundär baumlebend, Australien, Neuguinea; *Dorcopsis*, Waldbewohner Neuguineas; *Thylogale, Petrogale* (Felskänguruh); *Peradorcas* kann Molaren praktisch beliebig oft wechseln, gleichzeitig 4–6 Molaren und ein nachwachsender in jedem Kieferquadranten; *Setonyx* (Kurzschwanzkänguruh), *Macropus* (Riesenkänguruh) mit verlängertem Gesichtsschädel. Die Riesenkänguruhs sind die größten heute lebenden Beuteltiere. Männchen sind größer als Weibchen. Gewicht bis 90 kg, Höhe bis 1,8 m, Sprünge bis über 10 m weit und 3 m hoch. Tragzeit etwa 1 Monat, Geburtsgewicht knapp 1 g. Beuteltragzeit um 10 Monate. Ausgestorben sind die Kurzkopfkänguruhs, die im Pleistozän über 3 m hohe Riesenformen hervorbrachten *(Procoptodon)*. Ebenfalls nur fossil das nashorngroße *Diprotodon*.

9. Tarsipedoidea. Eine kleine Art, *Tarsipes spenserae*, der Honigbeutler, Pollen-, Nektar- und Insektenfresser; Pinselzunge, vereinfachtes Backengebiß; Magen mehrkammerig.

d. Eutheria (Placentalia)

Die Eutheria haben sich im Tertiär explosiv zur führenden Gruppe der Säuger entwickelt. Aus der unteren Kreide sind nur einige Reste von Insectivoren bekannt, z. B. *Deltatheridium, Pappotherium, Zalambdalestes* und *Procerberus*, doch muß zu dieser Zeit schon die Aufspaltung in die Hauptordnungen erfolgt sein.

Ein Schlüsselmerkmal der Eutheria ist der in der Embryonalentwicklung auftretende Trophoblast und die Entwicklung einer echten Chorion-Allantiosplazenta, die eine immunbiologische Barriere zwischen Keim und Mutter bildet, wodurch eine lange intrauterine Entwicklung möglich wurde.

Oft zeigt der Uterus noch Anzeichen der ursprünglichen Duplizität (Abb. 413). Hoden meist extraabdominal im Hautsack (Scrotum) hinter dem Penis. Die Jungen auf einem späteren Entwicklungsstadium geboren als die der Marsupialier; ein Beutelstadium, in dem die Jungen an den Zitzen festgeheftet sind, fehlt. Zwar gibt es Nesthocker, die ohne Fell und mit geschlossenen Augen geboren werden und daher zunächst in einem Lager betreut werden (Raubtiere, Kaninchen, manche Nager), daneben aber viele Nestflüchter, deren Junge bald nach der Geburt laufen und sehen können (Huftiere, Meerschweinchen u. a.). Die Zeit der Betreuung der Jungen durch die Eltern, vor allem die Mutter, ist bei den höheren Formen, z. B. den Simiern, recht lang. Die neopalliale Rinde erfährt eine zunehmende Faltung (Höhepunkte sind die Hominiden, Delphine, Elefanten und viele Huftiere). Die Zahnformel war ursprünglich 3-1-4-3. Incisiven, Canini und Praemolaren werden gewechselt. Tympanicum ringförmig, röhrenartig oder zu einer Bulla aufgebläht, die die Mittelohrknochen umschließt. Bei manchen Säugern beteiligt sich am Aufbau der Bulla ein zusätzliches Entotympanicum. Abb. 414 zeigt den Körperbau eines Vertreters der Eutheria (Katze).

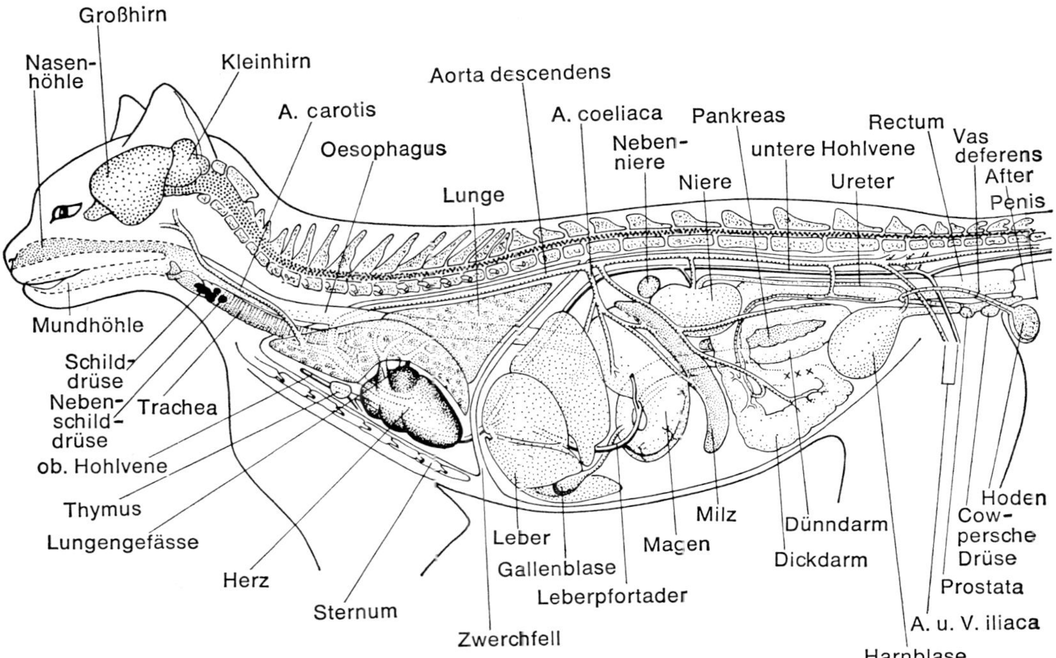

Abb. 414: Körperbau der Katze (Beispiel für Eutheria). Nach Storer, Usinger

System. Auch das System der Eutheria bietet noch viele Unsicherheiten. Versuche, die einzelnen Säugerordnungen zu größeren Einheiten zusammenzufassen, sind bisher nicht besonders überzeugend. Unbestritten ist die Sonderstellung der Xenarthra. Starken Schwankungen unterliegt die Bewertung der Insectivoren. Diese umfassen eine Reihe altertümlicher Säugetiere, die neben Primitivmerkmalen z. T. Beziehungen zu anderen Säugetieren zeigen, andererseits aber auch ausgeprägte Spezialisationen aufweisen. Ursprünglich umfaßten sie nicht nur Spitzmäuse, Igel, Goldmulle und Tenrecs u. a., sondern auch Rüsselspringer und Spitzhörnchen. Die beiden letztgenannten Gruppen werden heute trotz vieler Gemeinsamkeiten i. a. nicht mehr den Insectivoren zugezählt. Ein Teil der Insectivora weist einen eigenen Molarentyp auf: den zalambdodonten (V-förmigen). Die Gruppen mit diesen Molaren, die Tenrecidae, Solenodontidae, Chrysochloridae und Potamogalidae, wurden daher als Zalambdodonta zusammengefaßt. Da in hohem Maße wahrscheinlich ist, daß die zalambdodonten Molaren z. T. parallel entstanden, kennzeichnet dieses Merkmal offenbar keine natürliche Einheit. Der andere Molarentyp der Insectivoren wird dilambdodont (W-förmig) genannt. Von ihm läßt sich vermutlich der zalambdodonte Typ ableiten. Das System der Insectivora und auch vieler anderer Säugetierordnungen ist noch nicht als endgültig anzusehen.

1. Ordnung: Insectivora

Stammgruppe der placentalen Säugetiere; insgesamt mit vielen Primitivmerkmalen (Schädel, Gebiß, Gehirn, Jacobsonsches Organ, Extremitäten, Schultergürtel u. a.), die jedoch nicht gemeinsam bei allen Formen auftreten. Seit der Kreide nachgewiesen.

1. Überfamilie: Tenrecoidea:
Tenrecidae (Centetidae, Borstenigel, Abb. 415e). 30 Arten. Gruppe auf Madagaskar, die verschiedene Lebensformtypen hervorgebracht hat, nachtaktiv, z. T. mit Echoorientierung. Einzelne Arten mit Stacheln, andere kurzhaarig.

Hohe Zahl an Jungtieren in einem Wurf (bis

Abb. 415: Primitive Eutheria. a. *Solenodon* (Solenodontidae), b. *Elephantulus* (Macroscelidea). c. *Ptilocercus* (Scandentia), d. *Rhynchocyon* (Macroscelidea), e. *Setifer* (Tenrecidae). f. *Amblysomus* (Chrysochloridae). Nach Bourliere, Heim de Balsac in Grassé

22); *Setifer* mit Stacheln, igelähnlich; *Hemicentetes*, Stacheln am Rücken; *Echinops; Dasogale; Oryzorictes* (Reiswühler, maulwurfartig); *Microgale* (spitzmausähnlich); *Limnogale* (wasserlebend mit Schwimmhäuten), *Geogale.*

Potamogalidae: otterähnliche Wasserbewohner West- und Zentralafrikas mit langem, seitlich abgeplattetem Schwanz, keine Schwimmhäute, Gebiß 3-1-3-3; Insekten-, Krebs-, Fisch- und Amphibienfresser. *Potamogale* (Große Otterspitzmaus), *Micropotamogale.*

Solenodontidae (Schlitzrüßler); mit rüsselartig verlängerter Nase, I_2 mit tiefer Innenseitenfurche (Rinnenzahn, giftiger Speichel). Gebiß: 2-1-4-3. *Solenodon*, Cuba, Haiti (Abb. 415 a), fast ausgerottet.

2. Überfamilie: Chrysochloroidea:
Chrysochloridae (Goldmulle, Abb. 415 f): maulwurfähnliche Wühler in leichten Böden, viele Sondermerkmale in Anpassung an wühlende Lebensweise, verkümmerte Augen, 2. und 3. Finger mit Grabklaue und Hornschild auf der Nase. Stark verkürztes Gehirn, Fell mit Metallglanz. Gebißformel meist 3-1-3-3. Nahrung: Insekten, Lumbriciden. Afrika, südlich der Sahara, *Cryptochloris, Chrysochloris, Chrysospalax, Amblysomus, Eremitalpa.*

3. Überfamilie: Erinacoidea:
Fossil seit Paleozän nachgewiesen. In der Grube Messel bei Darmstadt wurde *Pholidocercus* aus dem Eozän gefunden, der in die Nähe der Rattenigel gestellt wird. Rezent nur Erinaceidae (Igel; Abb. 416 a). Alte Welt außer Australien.

Igel *(Erinaceus europaeus)* sind Einzelgänger, Nacht- und Dämmerungstiere und die einzigen echten Winterschläfer unter den Insektivoren. Der Winterschlaf erfolgt in Schlupfwinkeln und wird durch sinkende Temperaturen und eine Vielzahl endogener Vorgänge eingeleitet, das Aufwachen wird wohl nur durch die zunehmende Wärme ausgelöst.

Ursprünglich lebten sie im Wald, jetzt sind sie Kulturfolger. Sie zeigen keine Fluchtreaktion, sondern rollen sich bei Gefahr zusammen und warten ab. Sie haben wenig Feinde, sind aber gelegentlich Beute großer Eulen und Greifvögel, von Steinmardern, Hunden oder sie werden durch Pestizide vergiftet. Eine sehr ernste Gefahr ist jedoch der Straßenverkehr, dem nachts Tausende von Igeln zum Opfer fallen, weil sie bei Gefahr stehenbleiben und sich einrollen. Tagsüber schlafen sie i.a. in einem Versteck (Hecken, Reisighaufen, Holzstapeln). Selten können diese Bodentiere auch klettern oder sogar schwimmen. Auf ihren nächtlichen Wanderungen gehen sie auf festen Wegen, die sie einige hundert Meter von ihrem Versteck wegführen.

Ihr Speisezettel ist vielseitig: verschiedene Wirbellose (Regenwürmer, Asseln, Insekten, Spinnen, Schnekken) und kleine Wirbeltiere (u.a. kranke und nestjunge Mäuse), Eier, selten Beeren, Früchte und Aas. Da sie auch Schlangenjäger sind, wurden sie in mittelalterlicher christlicher Symbolik auch als Überwinder des Teufels (der Schlange) angesehen. Man findet sie daher auch als Attribut der Maria und des Jesuskindes. Wurfzeit Mai bis September. Tragzeit 5–6 Wochen, jährlich ein bis zwei Würfe. Pro Wurf um 5–6 blinde weichbestachelte Junge. Harte Stacheln erscheinen erst nach der Geburt. Die Augen öffnen sich nach 20 Tagen. Die Jungen werden nach ca. 1½ Monaten selbständig und nach 1 Jahr geschlechtsreif. Lebensdauer 8–10 Jahre.

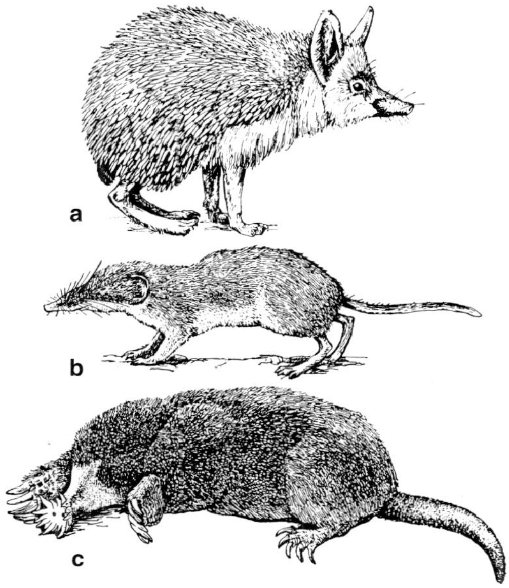

Abb. 416: Insectivoren im engeren Sinne. a. *Hemiechinus* (Erinaceidae), b. *Crocidura* (Soricidae), c. *Condylura cristata* (Talpidae). Nach Grassé

4. Überfamilie: Soricoidea:

Spitzmäuse und Maulwürfe, kleine Formen.

Soricidae (Spitzmäuse): Aktive, v. a. insectivore Kleinsäuger, die sehr verschiedene Lebensräume besiedeln und terrestrische, grabende, semiaquatische und gelegentlich kletternde Typen hervorgebracht haben. Sondermerkmale sind die verlängerte Schnauze, die vergrößerten vorderen Schneidezähne in Ober- und Unterkiefer, kleine Canini, reduziertes Prämolarengebiß, z. T. giftiges Speicheldrüsensekret und ungewöhnlich hohe Stoffwechselrate. Weit verbreitet, fehlen in Australien und großen Teilen Südamerikas. Ca. 280 Arten. Z. T. Einlagerung von Eisen in den Zahnschmelz (Rotzahnspitzmäuse).

Soricinae (Rotzahnspitzmäuse): *Sorex, Microsorex, Neomys* (halbaquatisch), *Blarina*. Crocidurinae (Weißzahn- oder Wimperspitzmäuse): *Myo-* und *Surdisorex*, primitive aethiopische Formen, *Sylvisorex, Scutisorex* (Afrika; hintere Brust- und Lendenwirbel seitlich durch Exostosen vergrößert, bis 25 cm lang), *Suncus (S. etruscus*, teilt sich mit *Sorex minutissimus* und der Fledermaus *Craseonycteris tonglongyai* [Thailand] den Ruhm, das kleinste Säugetier zu sein), *Crocidura* (Abb. 416b), *Chimarrogale* und *Nectogale* aquatisch, *Anourosorex* (Wühlspitzmaus). Z. T. Karawanenbildung zwischen Mutter und Jungtieren *(Crocidura)*.

Talpidae (Maulwürfe): Gebiß bleibt gegenüber den Spitzmäusen primitiver, in Zusammenhang mit der grabenden Lebensweise treten im Extremitäten- und Schultergürtelskelet Sondermerkmale auf. Schnauze gelegentlich rüsselartig verlängert oder mit Kranz tentakelförmiger Hautfortsätze, Augen klein mit Reduktionsmerkmalen, oft unter der Haut. Leben meist in kompliziertem System unterirdischer Gänge mit einer Hauptkammer. Eurasien, Nordamerika. Ca. 30 Arten, *Uropsilus*, sichtbare Ohrmuschel, langer Schwanz, spitzmausartige Lebensweise; *Desmana* (Südrußland) und *Galemys* (Iberische Halbinsel), langer Rüssel und Schwanz, Hinterfüße mit Schwimmhaut, an und in Gewässern. *Talpa* (Maulwurf, Eurasien), wie bei folgenden Gattungen mit zu Grabschaufeln umgestalteten Händen, legt im Winter Vorratsspeicher mit gelähmten Beutetieren an; *Parascaptor* (Ostasien), *Condylura* (Sternmull, Nordamerika [Abb. 416c]).

Der Maulwurf *(Talpa europaea)* ist bis auf Randregionen in Europa weit verbreitet. Er lebt unterirdisch in einem handgegrabenen Gangsystem mit ausgepolsterter Hauptnestkammer, über der meist ein Erdhaufen liegt. Zusätzlich gibt es Nebenkammern. In den langen verzweigten Gängen erfolgt die Jagd. Im Winter werden Vorratskammern mit bis zu 2 kg Regenwürmern angelegt. Die Regenwürmer sind durch Abbiß des Vorderendes gelähmt. Der Nahrungsbedarf des Maulwurfs ist groß. Mitunter kommt er zum Jagen an die Oberfläche und kann sogar schwimmen und etwas klettern. Sein Pelz ist sehr dicht und kurz und wurde zeitweilig, zuletzt in den 20er Jahren, kommerziell genutzt. Die Hände sind große breite Grabschaufeln mit langen abgeflachten Nägeln. Ein Os falciforme hilft als 6. Finger, die Grabschaufeln noch zu verbreitern. Ohrmuscheln fehlen, die Augen sind klein und offen. Der Ernährung dienen Regenwürmer, Insekten, Tausendfüßer, Schnekken, kleine Säuger, Eier und Junge von bodenbrütenden Vögeln. Maulwürfe sind ausgesprochene Einzelgänger und paaren sich von März bis Mai. Zur Paarungszeit können mehrere Männchen die Wohnung eines Weibchens aufsuchen, wobei heftige, z. T. tödliche Kämpfe zwischen Rivalen stattfinden. Nach 4 Wochen Tragzeit werden 2–5 nackte blinde Junge geboren, deren Augen sich nach 3 Wochen öffnen. Nach 5 Wochen werden die Jungen selbständig. Geschlechtsreife nach einem Jahr. Mitunter, so auf Friedhöfen, kann er, aus Sicht des Menschen, eine Plage werden.

2. Ordnung: Macroscelidea (Rüsselspringer)

Den Insectivoren nahestehende Ordnung mit einzelnen ursprünglichen Charakteren (4 Prämolaren, Jacobsonsches Organ, zeitlebens abdominale Testes u. a.) sowie zahlreichen abgeleiteten Merkmalen: hochentwickeltes Gehirn, hochentwickelter Lichtsinn, große Ohren, rüsselähnliche Schnauze, verlängerte Hinterextremitäten (Tibia und Fibula distal verschmolzen). 1. Finger und Zeh oft reduziert. Bewohner Afrikas in eher trockenen Gebieten. Komplex gegliederte Reviere mit Laufwegen, die gepflegt werden, und mehreren Verstecken und Unterschlupfmöglichkeiten. Revier wird von einem Paar verteidigt und bewacht. Tag-, Dämmerungs- und Nachttiere. Maus- bis rattengroß, ungesellig. 15 Arten. *Elephantulus* (Abb. 415 b), *Macroscelides, Petrodromus, Rhynchocyon* relativ groß, Hinterbeine kürzer als bei den anderen Arten, rennt, hüpft nicht (Abb. 415 d). Werden oft gemeinsam mit Spitzhörnchen als Menotyphla zusammengefaßt, weil bei ihnen Blinddarm (Caecum) erhalten ist. Neben Übereinstimmungen, die vor allem auf dem ähnlich hohen Evolutionsniveau beruhen, existieren aber tiefgreifende Unterschiede (Placentation, Serologie, Feinbau des Gehirns u. a.).

3. Ordnung: Scandentia (Spitzhörnchen)

In ihrer systematischen Stellung umstrittene Ordnung mit besonderen Beziehungen zu Macroscelidien, Insectivoren, Dermopteren und Primaten. Eichhörnchenähnliche Krallenkletterer, tagaktiv, auch bodenlebend. Gestreckter Schädel mit reduziertem Vordergebiß, relativ großen Incisivi und kleinen Canini; im Unterkiefer bilden die Incisivi eine kammähnliche Struktur. Daumen abduzierbar, aber nicht wie bei höheren Primaten opponierbar. Caecum nicht bei allen Formen vorhanden. Relativ hochentwickeltes Gehirn, aber kleine Fissura sylvii (bei Primaten groß), hochentwickelter Lichtsinn, reine Zapfenretina. Serologie und Fortpflanzungsbiologie sprechen auch gegen direkte Einordnung in Primaten. 18 Arten, Indien, Südost-Asien. *Ptilocercus* (primitiv: große Lobi olfactorii, Schuppen an Schwanzwurzel, Gebiß; Malaya, Sumatra, Borneo, Abb. 415 c), *Tupaia, Anathana, Dendrogale, Urogale.*

4. Ordnung: Primates

Zu den Primaten gehören Säugetiere ganz unterschiedlichen Evolutionsniveaus, was sich auch in den Begriffen Halbaffen, Affen, Menschenaffen und Mensch widerspiegelt, die im wesentlichen eine Entwicklungshöhe bezeichnen und keine streng systematischen Begriffe sind (Abb. 417). Es ist daher besonders schwer, für alle Primaten, einschließlich der fossilen Arten, zutreffende Kennzeichen zu finden. Primaten sind ursprünglich arboricol und haben primär ein hochentwickeltes visuelles System, ihr Endhirn entwickelt sich progressiv, ihr Riechsinn bildet sich zurück. Sie besitzen kennzeichnende Molaren. Sie wurzeln in Insectivoren der Kreidezeit. Die älteste bekannte Form ist *Purgatorius*, der wahrscheinlich bereits in der Spätkreide vorkam und noch drei Incisiven pro Kieferhälfte besaß.

Primaten besitzen für das Selbstverständnis des Menschen besonderes Interesse, da er selbst dieser Ordnung angehört. Von keiner Säuger-

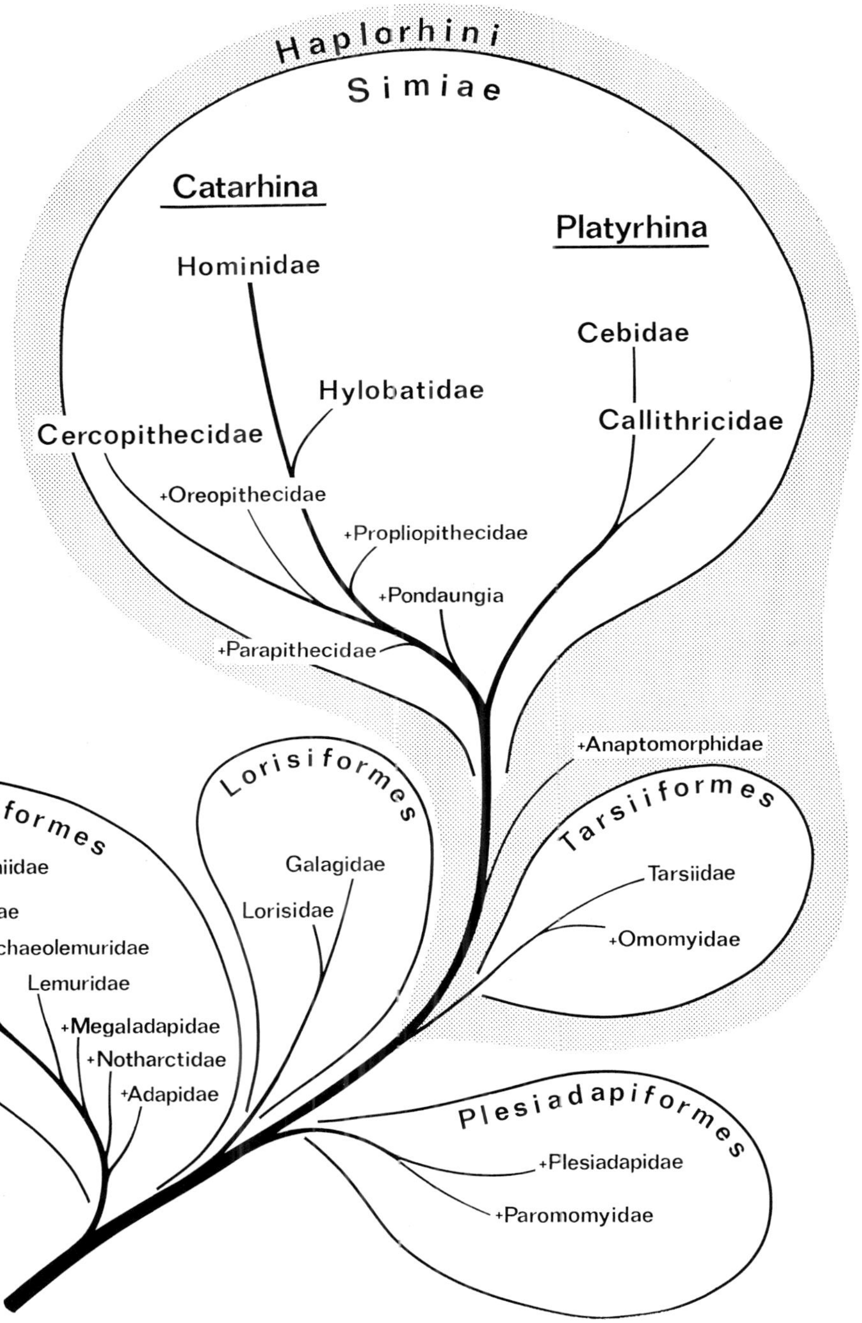

Abb. 417: Stammbaum der Primaten

ordnung sind so viele Fossilformen beschrieben wie von Primaten.

Primitiv sind, besonders im Vergleich mit Huftieren, die 5 Strahlen von Hand und Fuß, die Selbständigkeit von Radius und Ulna, Tibia und Fibula, das stets vorhandene Schlüsselbein und der relativ einfache Blinddarm. Fast stets sind alle Zahntypen vorhanden, also Schneide-, Eckzähne, Prämolaren und Molaren. Die beiden letztgenannten Zahnformen tragen Höcker oder Querleisten.

Viele Sonderentwicklungen erklären sich aus dem Leben in Bäumen, das sicher ursprünglich vorhanden gewesen war und noch heute für die Mehrzahl der Arten charakteristisch ist. Die Augen wandern aus der Seitenlage nach vorn, so daß zunehmend binokulares Sehen ermöglicht wird. Unter den Menschenaffen ist dies besonders beim Orang-Utan der Fall, bei dem der Raum zwischen den Augen stark eingeengt ist, sonst bei den nächtlich lebenden *Tarsius* und *Aotes*, deren Augenhöhlen stark vergrößert sind. Bei ihnen stoßen die Augenhöhlen im Nasenraum zusammen und sind nur durch eine dünne Scheidewand getrennt. Gegen die Schläfengrube sind die Augenhöhlen durch eine Knochenspange und bei Affen und *Tarsius* sogar durch eine Scheidewand abgegrenzt, so daß nur ein schmaler Spalt Augenhöhle und Schläfengrube verbindet.

Das Riechorgan bildet sich zunehmend zurück, sowohl in der Zahl der Nasenmuscheln als auch besonders in der Ausdehnung des Riechepithels. Beides ist bei Halbaffen noch relativ gut entwickelt, bei Affen und Mensch stärker eingeschränkt.

Hände und Füße sind primär Greiforgane. Der 1. Strahl nimmt eine Sonderstellung ein, die große Zehe ist fast stets opponierbar und ermöglicht einen festen Griff (Ausnahme Mensch). Die Hand ist in ihrer Greiffunktion vielgestaltiger: Sie kann den Daumen den übrigen Fingern opponieren, sie kann aber auch die Finger einrollen und eine Hakenhand bilden. Das ist besonders bei hangelnden und frei durchs Geäst springenden Arten der Fall (Orang-Utan, *Ateles, Colobus*), dann sind die Finger verlängert, der Daumen bleibt klein und kann reduziert werden *(Colobus, Ateles)*. Das Greifen mit gespreiztem Daumen hat verschiedene Gradstufen. Bei *Tarsius* und den Krallenaffen ist der Daumen nicht opponierbar, bei manchen Platyrhinen nur bedingt, hier können sogar 2 Finger (1. und 2.) gegen die äußeren eine Klammer bilden, z. B. bei *Callicebus* ähnlich wie bei manchen Beuteltieren. Meist aber gestattet der abgespreizte Daumen mit den übrigen Fingern einen gemeinsamen Zugriff, bei Halbaffen ist der lange 4. Finger der Gegenspieler des Daumens, und bei langsamen Greifkletterern unter den Lorisidae (Potto, *Arctocebus*) sind der 2. und 3. Finger rückgebildet. Bei den Altweltaffen besteht meist noch ein Feingriff zwischen Daumen und Zeigefinger. Der Fuß ist stets ein Greiffuß mit opponierbaren großen Zehen, die selten etwas reduziert sind (Orang-Utan). Finger und Zehen tragen Nägel, nur ausnahmsweise sind Krallen vorhanden, beim Fingertier am 3. Finger, sonst bei Halbaffen an der 2. oder 3. Zehe. Die Krallen der Krallenäffchen nehmen im Bau eine Zwischenstellung zwischen typischen Krallen und Nägeln ein und sind wahrscheinlich aus Nägeln entstanden.

Die Organe der Fortpflanzung zeigen primitive und fortschrittliche Merkmale. Fortschrittlich sind bei den Männchen die Lage der Hoden (stets außerhalb der Leibeshöhle) und der hängende Penis (P. pendulus), der meist einen Penisknochen enthält; dieser fehlt *Tarsius*, einigen Cebiden und *Homo*. Meist wird nur ein Junges geboren, doch kommen Zwillings- und Mehrlingsgeburten vor. Bei Krallenäffchen werden vorwiegend Zwillinge geboren und bei Mausmakis *(Microcebus)* 2–3 Junge. Es sind zwei brustständige Zitzen vorhanden, bei Halbaffen aber auch mehrfach noch ein Paar bauchständige. Der weibliche Genitalapparat wechselt von primitiven zu hochentwickelten Organen. Der Uterus ist bei Halbaffen noch zweihörnig (U. bicornis), bei Affen und Mensch einfach (U. simplex). Die Placenta ist bei Halbaffen außer *Tarsius* und *Galagao demidovii* noch epitheliochorial, diffus und löst sich bei der Geburt vom Uterusgewebe (adeciduat); bei Affen und *Tarsius* haemochorial, mit 1 oder 2 Scheiben von Zotten (discoidal) und nimmt bei der Geburt Bezirke der Uteruswand mit (decidual). Die Primaten sind «Traglinge», das Junge ist eine Zeit an der Brust der Mutter angeklammert und wird später auf dem Rükken getragen, bei Krallenäffchen vom Männchen.

Die Primaten kommen fast ausschließlich im Tropengürtel vor, nur wenige Arten überschreiten die Wendekreise, den nördlichen in Asien und Afrika vor allem Makaken, im Süden Afrikas Paviane u. a. Eine Anpassung an kalte Klimate vollzog erst der Mensch in der letzten Eiszeit, sowohl der Neandertaler in Europa als auch besonders der rezente *Homo s. sapiens*, der bis in die Arktis vordrang. Über 95 % der Arten leben im tropischen Wald, alle Affen Südamerikas und alle Halbaffen sowie der größte Teil der Altweltaffen. Innerhalb des Waldes bevorzugen sie verschiedene Etagen, die Baumkronen, z. B. *Colobus*. Größere Formen halten sich vorwiegend am Boden auf, z. B. Mandrill und Gorilla. Manche Arten sind in Savannen und Felsgebiete vorgedrungen. In Savannen lebt die Grüne Meerkatze. In Felsgebiete dringen manche Paviane ein, z. B. *Papio hamadryas*, und einzelne Populationen von *Semnopithecus entellus; Theropithecus* lebt im Hochgebirge (bis weit über 4000 m) Äthiopiens.

Die Bewegungen sind sehr vielfältig; Makaken können vierbeinig und bisweilen zweibeinig laufen, an Ästen hängen mit Armen und Beinen oder nur an einem Extremitätenpaar, sie können schwimmen usw. In dieser individuellen Vielfalt ist meist nur ein Bewegungstyp die Norm, und er bestimmt den Körperbau. Verbreitet sind quadrupede Läufer und Springer mit normalen Gliedmaßenproportionen (Makaken, Meerkatzen); bei vorwiegend vertikal an Ästen kletternden Arten werden die Beine verlängert, und ihre Bewegung wird am Boden und auf horizontalen Ästen biped springend. Hierher gehören die Indris und *Tarsius*, bei denen die springende Bewegung die Norm wird. Der Extremtyp eines Hanglers sind die Gibbons. Südamerikanische Affen *(Ateles, Alouatta)* verwenden ihren Schwanz als Greiforgan (5. Hand!) und können an ihm hängen. Erstaunlich ist, wie viele Primaten fähig sind, auf den Beinen biped zu laufen, das gilt für alle Menschenaffen einschließlich Gibbons, *Ateles* u. a.

Die Primaten sind meist omnivor, viele bevorzugen Früchte, nehmen aber auch Insektenlarven u. a. Vorwiegend Blätterfresser sind *Gorilla* und die Schlankaffen (Colobidae). Schimpansen jagen gelegentlich kleine Affen und Antilopen.

Das Sozialleben der Primaten variiert von Art zu Art. Neben vorwiegend Einzelgängern (Orang-Utan) gibt es kleine Familienverbände (Gibbons), Harems mit mehreren Weibchen (Mantelpaviane) und stärker gegliederte Verbände (Makaken, Paviane).

System und Stammesgeschichte

Bereits aus dem Paleozän sind viele fossile Primaten nachgewiesen; die älteste Form ist *Purgatorius*, der den Plesiadapiformes (= Paromomyiformes) zugezählt wird und vermutlich bis in die Obere Kreide zurückreicht. Die paleozänen Primaten bilden bereits zahlreiche Entwicklungslinien aus. In ihnen wurzeln alle weiteren Formen, die zwei großen Unterordnungen zugewiesen werden, den Strepsirhini und den Haplorhini. Beide haben ein vergrößertes Gehirn, eine knöcherne postorbitale Spange, die Orbita und Temporalgrube trennt, nach vorn gerichtete Augen, Nägel auf allen oder der Mehrzahl der Digiti u. a. Rezent ca. 170 Arten.

1. Unterordnung: Plesiadapiformes (= Paromomyiformes). Paleozän, vereinzelt bis ins Eozän. Kleines Gehirn, fehlende verknöcherte postorbitale Spange, auffallende postorbitale Einschnürung des Schädels, noch seitlich gerichtete Orbitae, Krallen an allen Digiti. Abgeleitet sind 1. die Tendenz zur Vergrößerung der mittleren Incisiven in Ober- und Unterkiefer, also die Ausbildung eines nagerähnlichen Gebisses, 2. die Reduktion der seitlichen Incisiven, der Eckzähne und der Prämolaren, so daß ein weites Diastema zwischen den vergrößerten mittleren Incisiven und den Backenzähnen entsteht. *Purgatorius* noch mit 3 Incisiven in jeder Kieferhälfte, *Plesiadapis, Carpolestes, Paromomys, Phenacolemur.*

2. Unterordnung: Strepsirhini.

Rezente Formen mit unbehaartem, drüsigem Hautstreifen (Nasenspiegel) zwischen Nase und Mund, mannigfachen Hautdrüsen, die auf wichtige Funktion des olfaktorischen Sinnes für das Sozialleben deuten, Spezialisierungen in den Fußgelenken, Putzkamm aus den stiftförmigen unteren Incisiven und Eckzähnen, Putzkralle an 2. Zehe, opponierbarem Daumen und opponierbarer Großzehe, zweihörnigem Uterus. *Daubentonia* ist für manche der genannten Merkmale die Ausnahme.

Familiengruppe **Adapoidea.** Im wesentlichen Eozän; Nordamerika, Europa, aber vermutlich noch anderswo, z. B. China (*Lushius* u. a.). Gebißspezialisierungen fehlen noch.

Lemuroidea. Rezent nur auf Madagaskar und einigen benachbarten Inseln. I. a. spitzschnauzig und langschwänzig. Zweite Zehe mit Kralle, Gehirn weniger differenziert als bei den Affen, Riechorgan und Riechhirn meist umfangreicher als bei diesen. Der Uterus ist zweihörnig (U. bicornis). Das ringförmige Tympanicum mit dem Trommelfell liegt innerhalb der knöchernen Gehörblase (Bulla). Die Spitzhörnchen (S. 694) zeigen eine ähnliche Anatomie, sie wurden daher oft den Lemuroidea eingereiht, aber die Bulla entsteht bei ihnen aus einem anderen Knochen, dem Entotympanicum, bei den Lemuroidea aus dem Felsenbein = Petrosum. Tasthaare am Kopf.

Lemuridae: Die Vorderzähne des Unterkiefers (Schneidezähne und Eckzähne) sind meist stiftförmig nach vorn geneigt und bilden einen Kamm. Die oberen Schneidezähne sind oft klein, weichen in der Mitte auseinander und lassen der Zunge mit ihrer starken Unterzunge eine Öffnung. Die oberen Eckzähne sind groß, die vorderen Prämolaren meist hoch und ohne Antagonisten. Ungefähr katzengroß. Am Vorderarm Tasthaare und Drüsen, deren Sekret zur Markierung verwendet wird. 3 Prämolaren. *Hapalemur* (3 Arten), *Lemur* (6 Arten), *Varecia* (Vari, 1 Art, die relativ groß ist – Kopf-Rumpflänge: 60 cm, Schwanz: 60 cm).

Cheirogaleidae (Katzenmakis): Nachtaktive kleine Arten, die während einer Lethargieperiode in der Trockenzeit von Fettreserven im Wurzelbereich des Schwanzes leben. Zeigen manche Ähnlichkeiten mit Lorisoidea. *Microcebus* (kleinste rezente Primaten; Abb. 419b), *Cheirogaleus, Allocebus, Phaner.*

Lepilemuridae (Wieselmakis): Nachtaktive überwiegend blattfressende, bis 65 cm (Kopf-Rumpflänge je bis 35 cm, Schwanz bis 30 cm) lange Formen; *Lepilemur.*

Indriidae: Vorwiegend Vertikalkletterer. Mittelgroße Tiere. Hinterbeine verlängert, am Boden biped hüpfend. 2 Prämolaren im Dauergebiß, unterer Eckzahn fehlt. Nur ein Paar bruständiger Zitzen. Rezent nur 4 Arten. *Indri*, Kopf-Rumpflänge bis 90 cm, Schwanz kurz. *Propithecus* (Abb. 419c), 2 Arten, Schwanz lang. *Avahi (Lichanotus)*, kleinere Art.

Daubentoniidae: Eine Art (*Daubentonia* = *Chiromys madagascariensis*, Fingertier = Aye-Aye). Schneidezähne nagezahnähnlich, lang, dauernd wachsend, Schmelz nur an der Vorderseite. Eckzähne und Prämolaren fehlen im Dauergebiß bis auf den oberen P^4. Hand mit langem Mittelfinger mit Kralle. Er dient zum Hervorholen von Nahrung (Käferlarven, fressen sonst Früchte und Nüsse), nachtaktiv. Nur ein Paar hintere Zitzen. In höchstem Maße von der Ausrottung bedroht.

Subfossil und vielleicht vom Menschen ausgerottet existierte eine Reihe großer Arten (bis zur Größe eines Schimpansen). Den Lemuridae steht *Megaladapis* nahe. Zahlreich sind Indriidae mit *Archaeoindris, Palaeopropithecus* u. a. Die Familie Archaeolemuridae weist auffallende Parallelen zu Makaken auf mit den meißelförmigen Schneidezähnen, den zweijochigen (bilophodonten) Molaren u. a.

Lorisoidea. Sie leben in Afrika und Südasien. Das Tympanicum liegt nicht in der Bulla, sondern bildet einen kurzen, knöchernen, äußeren Gehörgang. Das Ethmoid reicht bis in die Wand der Augenhöhle. Untere Schneide- und Eckzähne bilden Putzkamm. Reviermarkierungen mit Urin und Drüsensekreten. Nachtaktiv.

Lorisidae. Greifkletterer ohne Springvermögen, sehr langsame Bewegungen. Schwanzlos oder sehr kurzer Schwanz. Die Greifhand reduziert schrittweise den Zeigefinger. *Loris* in Asien (Südindien und Ceylon); *Nycticebus* (Abb. 419a), Südostasien und Bengalen bis Java und Borneo. In Afrika: *Perodicticus* (Potto), Dornfortsätze von Halswirbeln treten aus dem Fell heraus; von Ghana bis Uganda. *Arctocebus*, Zentralafrika.

Galagidae (Buschbabies): Langschwänzige Springer mit manchen Parallelen zu *Tarsius:* Hinterbeine lang, in der Fußwurzel Calcaneus und Naviculare verlängert. Ohren groß, faltbar; Körperlänge ca. 30 cm, in Afrika südlich der Sahara, *Galago*. Der Riesengalago (Ostafrika bis Natal) wird auch einer eigenen Gattung *(Otolemur)* zugeordnet.

3. Unterordnung: Haplorhini.

Behaarte Haut zwischen Nase und Mund (kein Rhinarium). Gemeinsamkeiten in der Schädelstruktur, des Gebisses, der Plazentation u. a.

Omomyidea. Vielgestaltige eozäne und oligozäne Formen, in denen alle rezenten Haplorhini wurzeln. Europa, Nordamerika. Microchoeridae mit *Necrolemur, Pseudoloris* u. a., bei *Pseudoloris* teilweise Fusion von Fibula und Tibia wie bei *Tarsius*. Omomyidae mit *Omomys, Washakius, Shoshonius, Ouraya, Rooneya;* Beziehungen zu den Catarrhini.

Tarsioidea. Viele Ähnlichkeiten mit Affen. Hinterbeine lang. Calcaneus und Naviculare verlängert. Tibia und Fibula distal verwachsen. Finger und Zehen mit Endballen, Zeh 2 und 3 mit Krallen. Augen groß (Abb. 418), wenig beweglich, dafür Kopf weit drehbar (ähnlich den Eulen). Incisivi (2 obere und 1 unterer pro Kieferhälfte) spitz und mit auffallendem Längsrelief; Greifzähne; innerer oberer Incisivus größer als Caninus. Molarenbau primitiv. Körpergröße bis 16 cm. 3 Arten in Südost-Asien von den Philippinen bis Sumatra und Timor.

Simiae (= Anthropoidea, Affen). Wohl natürliche Gruppe. Endhirn groß, überdeckt das Kleinhirn, dorsal mit Sulcus interparietalis und centralis. Riechhirn und Nasenmuscheln gering entwickelt. Augenhöhle und Schläfengrube durch eine Knochenwand bis auf einen engen Spalt getrennt. Primitive Merkmale finden sich an den Extremitäten, z. B. an Hand- und Fußwurzelknochen. Der Mittelfinger ist der längste. Zahnreihe geschlossen, nur zwischen oberem Eckzahn und den Schneidezähnen meist eine Lücke (Diastema). Oberer und unterer Eckzahn bilden mit den vorderen Prämolaren eine Funktionseinheit. Der untere vordere Prämolar besitzt meist einen nach vorn gerichteten Fortsatz, der dem oberen Eckzahn als Gegenlager oder -schneide dient. Gesicht weitgehend nackt, die mimische Muskulatur ist reich entwickelt und gestattet eine Gesichtszeichensprache. Uterus einheitlich (U. simplex). Placenta haemochorial. Zotten auf 1 oder 2 Scheiben beschränkt, discoidal, Menstruation vorhanden. Stets nur 2 brustständige Zitzen.

Ob die Simiae eine phylogenetische Einheit sind, ist nicht unumstritten. Als Argument gegen die Einheit werden v. a. die heutige Verbreitung und die Tatsache, daß sich der Südatlantik bereits im Mesozoikum ausbildete, ins Feld geführt. Platy- und Catarrhini müßten sich dann getrennt aus Omomyidea entwickelt haben. Eine Überwindung eines einige hundert km breiten Meeres – u. U. über Inseln – erscheint aber auch nicht unmöglich.

Platyrrhini (Platyrhina, Breitnasen). Nur in Süd- und Mittelamerika. Seit Oligozän nachgewiesen *(Branysella).* Alle Arten Baumbewohner. Primitivmerkmale der Neuweltaffen: der Besitz von 3 Prämolaren, das Tympanicum bildet nur einen kurzen Gehörgang. Der Hand fehlt der Feingriff von Daumen und Zeigefinger. Die Nasenlöcher sind seitwärts gerichtet, der Zwischenraum zwischen ihnen meist breit (Name!). Die systematische Gliederung der Neuweltaffen ist bis in den Bereich der Arten noch stark umstritten. Die vielgestaltige Gruppe wird hier auf 2 Familien verteilt.

Abb. 418: *Tarsius spectrum*

Callithricidae (Callitrichidae, Krallenäffchen): kleine Formen (Kopf-Rumpflänge ca. 15–30 cm). Krallenkletterer. Die Krallen sind wohl umgewandelte Nägel. Im Gebiß Reduktionen, der 3. Molar fehlt meist, den oberen Molaren fehlt der 2. Innenhöcker (Hypoconus). Endhirn glatt. Primitiv ist der Besitz von Tasthaaren. Meist Zwillingsgeburten, das Männchen trägt das Junge auf seinem Rücken. Ca. 40 Arten. Vielfältig gefärbt, oft mit Haarbüscheln. *Callithrix* (*Hapale*, Abb. 419 f), *Cebuella, Sanguineus, Leontideus. Callimico* mit primitiven Merkmalen: 3 Molaren, Krallen noch nagelähnlich.

Cebidae: 3 Molaren, Nägel an Fingern und Zehen. Kopf-Rumpflänge ca. 25–70 cm. Endhirn meist reich an Furchen. Die ca. 100 Arten sind in Gebiß, Schädel und Gliedmaßen recht verschieden. Primitive Gattungen sind *Callicebus* (Springaffe) und der einzige nachtlebende Affe *Aotes (Aotus)* mit großen Augen. Besonders Schädel und Gebiß von *Callicebus* sind

Abb. 419: Vertreter verschiedener Primatenfamilien. a. *Nycticebus* (Plumplori) Lorisidae, SO-Asien. b. *Microcebus* (Mausmaki) Cheirogaleidae, Madagaskar. c. *Propithecus* (Sifaka) Indriidae, Madagaskar. d. *Chiropotes satanas* (Satansaffe)

ursprünglich. Die *Callicebus*-Arten und *Aotes* könnten durchaus in je eine eigene Familie gestellt werden, das gleiche ließe sich auch für die folgenden Unterfamilien der Cebidae diskutieren. Bei den Pitheciinae ist der Schwanz kein Greiforgan, sondern schlaff und oft buschig. Im Gebiß sind die Schneidezähne, besonders die unteren, nach vorn geneigt und fast stiftförmig. *Pithecia, Cacajao, Chiropotes* (Abb. 419d).

Die drei folgenden Gruppen haben einen Greifschwanz, an dem sie hängen und mit dem sie sogar Gegenstände tragen können. Er hat nahe der Spitze eine nackte Taststelle.

Die Alouattinae mit *Alouatta* (Brüllaffen) erzeugen ihre Laute mit einem stark entwickelten Kehlkopf und einem aufgeblasenen Zungenbein als Resonanzkörper. Vorwiegend Blätterfresser. Die Cebinae mit *Cebus* (Kapuzineraffen) und *Saimiri* (Totenkopfäffchen) haben einen breiten kurzen Gaumen und kleine Molaren. Die Spinnenäffchen Atelinae haben lange Extremitäten und sind Hangler (Brachiatoren). Die Hand ist eine Hakenhand mit kleinem oder fehlendem Daumen. *Ateles, Brachyteles, Lagothrix* (Abb. 419e).

Catarrhini (Catarhina, Schmalnasen) Altweltaffen. Afrika excl. Madagaskar, Asien bis Japan, Celebes und Timor, in Europa auf Gibraltar durch Neueinführung ergänzt. Mensch auf der ganzen Erde. Nur 2 Prämolaren, insgesamt 32 Zähne. Vorderer unterer Prämolar (excl. Mensch) zweiwurzelig, Krone vorn mit größerem Widerlager für den oberen Eckzahn. Tympanicum bildet einen knöchernen Gehörgang. Die Gehörblase (Bulla) fehlt.

Erste primitive Catarrhini stammen aus dem Eozän: *Pondaungia* (Myanmar), *Amphipithecus* (noch 3 Prämolaren, Myanmar). Im Oligozän Ägyptens (Fayum) wurden verschiedene Catarrhini gefunden: Parapithecidae *(Parapithecus, Apidium)*, Propliopithecidae *(Propliopithecus, Aegyptopithecus, Oligopithecus)*. Oberhalb der bisher genannten ursprünglichen Formen lassen sich die Catarrhini zwei großen Gruppen zuordnen, den Cercopithecoidea und Hominoidea (s. u.). Fossile Cercopithecoidea *(Prophylobates, Mesopithecus, Victoriapithecus)* stammen aus dem Miozän. Die Hominoidea behalten im Vergleich mit den Cercopithecoidea viele ursprüngliche Gebißmerkmale. Die Pliopithecidae (Miozän) weisen zahlreiche Eigenmerkmale auf, spezielle Beziehungen zu den Hylobatidae, wie früher vermutet, bestehen nicht. Die Proconsulidae *(Proconsul, Nyanzapithecus, Limnopithecus)* sind im frühen Miozän Ostafrikas nachgewiesen und zeigen spezielle Übereinstimmungen mit den Hominidae (Schädel, Zähne). Die Dryopithecidae (Miozän) sind vor allem durch Zahn- und Kieferfunde bekannt, die auch Übereinstimmungen mit Zähnen und Kiefern der Hominiden aufweisen. Die Oreopithecidae (Miozän Italiens) repräsentieren eine eigenständige Linie, die Struktur der Zähne erinnert an die von Cercopithecoidea; die langen Arme lassen vermuten, daß sie sich hangelnd in Bäumen fortbewegten (Brachiatoren). Zahlreiche weitere miozäne Formen aus Afrika und Asien sind beschrieben worden, die schon recht enge Beziehungen zu den Hominiden zeigen: *Kenyapithecus, Sivapithecus* (schließt vermutlich *Ramapithecus* ein) u. a. *Sivapithecus* besitzt einige besondere Übereinstimmungen mit *Pongo*, aber auch mit *Gigantopithecus*, der im Pliozän und u. U. noch im frühen Pleistozän Indiens und Chinas lebte.

a) **Cercopithecoidea (= Cynomorpha, Hundsaffen).** Vierfüßige Läufer oder Springer. Brustkorb ventral kielförmig, Brustbein (Sternum) schmal, Brust- und Lendenwirbel 18–20. Haare der Unterarme handwärts gerichtet. Diesen primitiven Merkmalen steht das spezialisierte Gebiß gegenüber. Die Molaren haben zwei Querjoche (bilophodont), die Eckzähne sind, besonders bei den Männchen, sehr groß. Die beiden vorderen Molaren tragen im Unterkiefer nur 4 Höcker. Zwei Familien.

1. Colobidae: Blätter- oder Schlankaffen, Languren, vorwiegend Blattfresser, Magen gekammert, Backentaschen fehlen. Daumen kurz bis fehlend. In Afrika die *Colobus*-Arten. In Südasien mehrere Gattungen mit ca. 20 Arten, besonders in Indonesien; Nasenaffe (*Nasalis*; Abb. 203b), Borneo; Stumpfnasenaffen *(Rhinopithecus)*, Hinterindien bis Tibet und China.

◁ Pitheciinae, S-Amerika. e. *Lagothrix* (Wollaffe) Atelinae, S-Amerika. f. *Callithrix humeralifer* (Pinseläffchen), Callithricidae, S-Amerika. g. *Cerocopithecus diana* (Dianameerkatze) Cercopithecidae, W-Afrika. h. *Rhinopithecus* (Stumpfnasenaffe) Colobidae, China. i. *Hylobates lar* (Weißhandgibbon) Hylobatidae, SO-Asien. j. *Pygathrix nemaeus* (Kleideraffe) Colobidae, Indochina. k. *Pongo pygmaeus* (Orang-Utan), Ponginae, Borneo, Sumatra. Nach Vallois

Presbytis, Trachypithecus, Semnopithecus, Süd- und Südostasien, hierher auch der indische Hulman oder Hanuman *(S. entellus)*. *Simias*, mit Stupsnase, Mentawi-Inseln (Indonesien); *Pygathrix* (Kleideraffe; Abb. 419 j), Indochina, Hainan.

2. Cercopithecidae: mit Backentaschen. Cercopithecinae (Meerkatzen). Letzter unterer Molar mit 4 Höckern. Nur in Afrika. Gattung *Cercopithecus* mit 23 Arten (Abb. 419 g), *Erythrocebus* in besonders ausgeprägtem Maße an das Bodenleben der Savanne angepaßt. Macacinae mit Makaken und Pavianen haben gleichfalls Backentaschen. Untere dritte Molaren mit fünftem Höcker. Mit 26 Arten über Afrika, Südasien bis Japan und Celebes verbreitet. Primitiv und vorwiegend baumlebend ist *Cercocebus* in Zentralafrika. Die Paviane *(Papio)* sind weitgehend bodenlebend, auch der große waldbewohnende Mandrill *(Mandrillus)*. Der Mantelpavian *(Papio hamadryas)* auch in Südarabien. *Theropithecus* (Gelada, Blutbrustpavian) ist Gebirgsbewohner Äthiopiens, weitgehend herbivor; viele anatomische und ethologische Besonderheiten; nacktes rotes Feld auf der Brust (Genitalatrappe?). Die Makaken in Nordafrika, Gibraltar *(Macaca sylvana)* und von Indien (Rhesusaffe, *M. mulatta)* bis Japan und Sulawesi. Der Javaneraffe *M. irus (fascicularis)* ernährt sich gerne von Krabben. Auf Sulawesi 4 dunkel gefärbte Makakenarten, z. B. *Macaca nigra*, der Schopfmakak.

b) **Hominoidea (Menschenaffen und Mensch)** Die artenarme Gruppe ist gekennzeichnet durch ventral abgeplatteten Brustkorb mit breitem Sternum, fehlenden Schwanz (nur einige Schwanzwirbel sind vorhanden), vergrößertes Gehirn. Im Gebiß noch primitive Merkmale: Molaren mit Schrägleiste (Crista obliqua), Prämolaren einfacher als bei Cercopithecoidea. Urang-Utan und Gorilla mit starkem Sexualdimorphismus.

Hylobatidae, Gibbons: Hochentwickelte Hangler (Brachiatoren) mit stark verlängerten Armen. Sie laufen biped. Eckzähne in beiden Geschlechtern säbelförmig. Führen gern laute Chorgesänge auf; lebenslange Monogamie, i. a. kleine Familiengruppen. Von Hinterindien und Südchina bis Java; *Hylobates* (Abb. 419 i, 7 Arten), *Symphalangus* (1 Art) mit großem Kehlsack.

Hominidae: Die großen Menschenaffen und der Mensch. Gliederung in 2 Unterfamilien: Ponginae und Homininae. Zahlreiche fossile Formen (*Aegyptopithecus, Proconsul, Dryopithecus, Ramapithecus* u. a.).

Ponginae: Orang-Utan (*Pongo pygmaeus*; Abb. 419 k) und verwandte Fossilformen *(Sivapithecus, Gigantopithecus)*. Der Orang-Utan ist in hohem Maße in seiner Existenz bedroht. Die Vernichtung seines Lebensraumes durch den Menschen raubt ihm die Lebensgrundlage. Er besitzt neben einigen primitiven Merkmalen (Muskulatur, isoliertes Centrale in der Handwurzel bis ins hohe Alter) viele Besonderheiten: Daumen und große Zehen stehen weit hinten und sind klein, die Augenhöhlen sind nahe zusammengerückt, die Stirnhöhlen weitgehend reduziert, vom Kehlkopf gehen große, luftgefüllte Kehlsäcke aus. Einzeln lebender Greifhangler. Früher von Südchina bis Java verbreitet, heute nur noch auf Borneo und Sumatra. Erwachsene Männchen sind Einzelgänger, Weibchen dagegen bilden kleine Familiengruppen.

Homininae: Schimpanse, Gorilla und Mensch. Zahlreiche Gemeinsamkeiten, z. B. gut entwickelte Stirnhöhlen, kein freies Centrale, auffallend viele molekulargenetische und biochemische Übereinstimmungen. Der Gorilla *(Gorilla gorilla)* lebt in diskontinuierlicher Verbreitung in Äquatorialafrika; heute stark von Ausrottung bedroht. Es gibt Flachland- und Bergformen. Hand und Fuß denen des Menschen am nächsten. Lebt von Blättern und Früchten. Aufenthalt vielfach am Boden, alte Männchen schlafen auch dort. Größter Primat. Höhe bis 2 m, Gewicht bis über 4 Zentner. Bilden Haremsgruppen mit einem dominanten Männchen und mehreren Weibchen und Jungtieren.

Der Schimpanse *(Pan)* lebt in 2 Arten in Mittelafrika, von Liberia bis zum Tanganjika-See. Nördlich des Kongo *(Pan troglodytes)*, südlich des Kongo der Zwergschimpanse *(Pan paniscus)*. Sie sind mehr Springhangler mit gestrecktem Becken und einer Hakenhand mit langen Fingern. Weibchen mit starker Schwellung in der Genitalregion zur Empfängniszeit, ähnlich vielen Hundsaffen. Höhe ca. 1 m, Geschlechtsunterschiede geringer als bei Orang-Utan und Gorilla. Schimpansen bilden i. a. größere Gruppen von 25–50 Tieren, in denen die Weibchen in der Mehrzahl sind und die nicht sehr stabil sind; enge Beziehungen zwischen verwandten Tieren. *Pan troglodytes* ist recht aggressiv und kämpferisch.

Besonders der Schimpanse hat im Versuch hohe Intelligenzleistungen gezeigt, er kann einsichtig handeln, er kennt nicht nur einen Werkzeuggebrauch, sondern in geringem Maß auch eine Werkzeugherstellung. Zerkaute Blätter dienen als Schwamm für die Aufnahme von Wasser aus Baumhöhlen, Zweige werden für den Termitenfang zurechtgemacht.

Eine gewisse Verständigung zwischen Mensch und Schimpansen gelang durch Anwendung der Zeichensprache, die für Taubstumme ausgearbeitet wurde.

Menschen sind durch 2 Gattungen vertreten, *Australopithecus* (Afrika, nur fossil) und *Homo* (fossil und rezent, heute 1 Art, weltweit). Umbildungen sind durch den Übergang zum bipeden Laufen bedingt und betreffen den Fuß. Die große Zehe ist nicht abgespreizt, das «Rennen» erfolgt durch Aufsetzen nur des Vorderfußes, die Mittelfußknochen, besonders die inneren, werden hochgestellt und schaffen dadurch ein Fußgewölbe. Die Fußwurzelknochen lagern sich um. Das Becken wird breit, niedrig und gewölbt. Entsprechend der aufrechten Haltung verlagert sich das Hinterhauptsloch (Foramen magnum) am Schädel basalwärts. Eine zweite Umbildungsreihe betrifft das Gebiß. Die Eckzähne werden klein, die vorderen unteren Prämolaren reduzieren ihr Widerlager für den oberen Eckzahn.

Australopithecus ist der erste nachweisbare Vertreter menschenähnlicher Wesen. Er erscheint mit gesicherten Funden vor ungefähr 4 Millionen Jahren im Pliozän und läßt sich bis in den Zeitraum vor etwa 1 Million Jahren nachweisen. Aufrechter Gang mit relativ langen Beinen (Fußabdrücke wurden in Laetoli, Ostafrika gefunden); relativ großes Gehirn im Vergleich zur Körpergröße, menschenähnliches Becken, Gebiß u. a. unterscheiden die *Australopithecus*-Arten von den Menschenaffen. In der Zeit, in der *Australopithecus* nachgewiesen ist, läßt sich auffallenderweise kaum eine Zunahme des Hirnvolumens beobachten. *Australopithecus robustus* und *A. boisei* vergrößern ihre Molaren und steigern die Kauleistungen; diese Arten hatten auch kräftige Kiefer und eine Crista sagittalis und ernährten sich wohl von pflanzlicher Nahrung. *Australopithecus afarensis* ist die älteste bekannt gewordene Art (Äthiopien, Ostafrika). *Australopithecus africanus* ist jünger und wurde aus dem Zeitraum von vor 3 bis vor 2 Millionen Jahren v. a. aus Südafrika bekannt, war ca. 120–150 cm groß, wog ca. 22–40 kg und wurde vermutlich durchschnittlich 22 Jahre alt. Die genannten kräftigen *Australopithecus*-Arten *A. robustus* und *A. boisei*, denen auch der Gattungsname *Paranthropus* zuerkannt wird, lebten in Süd- und Ostafrika zwischen 2,5 und 1 Millionen Jahren vor der Jetztzeit.

Die zweite Gattung, *Homo*, läßt sich durch viele Funde ca. 2 Millionen Jahre zurückverfolgen. Die Zuordnung der zahlreichen Fossilfunde ist in vielen Fällen sehr umstritten; fast jeder neue Fund erregt die Aufmerksamkeit der Medien und führt oft zu anhaltenden Diskussionen über die Evolution der Gattung *Homo*. Im Gegensatz zu *Australopithecus* läßt sich eine eindrucksvolle Vergrößerung des Gehirns beobachten. In ca. 1,5 Millionen Jahren hat sich das Hirnvolumen verdoppelt. Die älteste *Homo*-Art ist vermutlich *H. habilis*, der in Süd- und Ostafrika zwischen 2 und 1,5 Millionen Jahren vor unserer Zeit lebte und schon Steinwerkzeuge kannte. Die zeitlich folgende Art von *Homo* ist *H. erectus*. Zu ihr gehören die früher als *Pithecanthropus* und *Sinanthropus* bezeichneten Funde. Er war über die Alte Welt von Java bis Nordchina und Afrika verbreitet. Sein Gehirn vergrößerte sich allmählich. Die ältesten Funde sind ca. 1,7 bis 1,8 Millionen Jahre alt, die jüngsten 200 000 bis 300 000 Jahre. *H. erectus* beherrschte das Feuer und jagte in Gruppen Großwild, z. B. das Mammut. Aus *H. erectus* entwickelte sich der heutige *H. sapiens*.

Eine Altschicht dieser rezenten Menschenart läßt sich in einem Zeitraum zwischen ca. 500 000 und 300 000 Jahren vor der Jetztzeit nachweisen, die sich von *H. erectus* durch ein etwas größeres Hirnvolumen, kleinere Zähne, grazileren Knochenbau u. a. unterschied. Funde stammen u. a. aus Arago (Frankreich), Mauer (bei Heidelberg), Ungarn und Griechenland. Etwas jünger sind die Funde aus Steinheim und Swanscombe (England), beide stammen aus dem Mindel-Riß-Interglazial. In Afrika verlief die Entwicklung von *H. erectus* zu *H. sapiens* ziemlich kontinuierlich. Der klassische Neanderthaler ist eine Unterart von *Homo sapiens (H. s. neanderthalensis)*, die sich als erste einem kalten Klima anpaßte und bis in die erste Hälfte der Würmeiszeit lebte. Er war in Europa und Vorderasien verbreitet.

Vor ca. 40 000–50 000 Jahren begann aus

Abb. 420: Die fünf Glücksgüter und das Symbol der Langlebigkeit in der noch heute lebendigen chinesischen Mythologie. Die Fledermaus ist in China eines der häufigsten Glückssymbole. Der Grund dafür liegt in der Lautgleichheit Fledermaus (fu) und Glück (fu). Fünf dargestellte Fledermäuse bedeuten die fünf Segnungen: hohes Alter, Reichtum, Gesundheit, Liebe zur Tugend, natürlicher Tod

einem noch unbekannten Zentrum die Expansion des *Homo s. sapiens*, dem alle heutigen Menschen angehören. Er kannte früh als Waffe Pfeil und Bogen, schuf Plastiken und Wandmalereien. Zu ihm gehören die Eiszeitjäger der Cromagnons, er besiedelte bald die Alte Welt und Australien, drang vor ca. 30000 Jahren über die damals trockene Beringstraße in mehreren Wellen nach Amerika vor und besiedelte selbst die unwirtlichen Gebiete der Arktis.

5. Ordnung: Chiroptera (Fledermäuse)

Nach den Nagern artenreichste Säugetierordnung (fast 1000 Arten). Fledermäuse wurden bei uns in der Vergangenheit vielfach als unheimliche, mit dem Bösen verbundene Tiere angesehen, in China dagegen sind sie in vielen Abwandlungen Symbole des Glücks (Abb. 420).

Einheitliche alte Gruppe (seit Alttertiär) mit vielen ursprünglichen Merkmalen (Molarenform, Darm, Gehirn). Sondermerkmale und für den Erfolg der Gruppe verantwortlich sind die Entstehung eines aktiven Flatterfluges und die Herausbildung eines Orientierungsapparates mit Ultraschall. Die Flügel bestehen aus einer häutigen Flughaut, die von der verlängerten Vorderextremität einschließlich 4 sehr langer Finger gestützt wird (Abb. 385). 1. Finger kurz mit Kralle, dient – ebenso wie Saugnäpfe an Daumen und Fuß bei einigen Arten *(Thyroptera, Myzopoda)* – der Festheftung. Die Flughaut umfaßt mehrere Bereiche. In der wenig behaarten Flughaut können Falten und Taschen mit Drüsen entstehen, sie ist reich an elastischen Faserzügen und besitzt eine eigene Muskulatur (wichtig beim Zusammenfalten der Flügel und bei Einstellung der Flügelwölbung beim Fliegen).

Hochbewegliches Schulterskelet, dadurch außerordentliche Wendigkeit beim Fliegen. Können rasch beschleunigen und abbremsen, fast senkrecht aufsteigen, rütteln usw. Schnellste gemessene Fluggeschwindigkeit etwa 27 m/sec. Flügelform ist an den bevorzugten Flugraum angepaßt. Arten, die v. a. im freien Raum jagen, haben spitze, Arten, die wendig im Gezweig jagen, breite, runde Flügel. Sternum mit cristaähnlichem Fortsatz. In Ruhe meist kopfunter mit den Füßen an Zweigen, in Baumhöhlen, Felsnischen, Dachböden, hinter Fensterläden u. a. (Abb. 421a). Viele funktionelle Anpassungen an den hohen Leistungsbedarf beim Fliegen. Das Herz ist relativ groß, Herzfrequenz beim Fliegen bis 1110/min, in Ruhe ca. 450/min; im Winterschlaf ca. 4/min. Hoher Hämatokrit, hoher Hämoglobingehalt (18–24 g/100 ml); beim Fliegen hohe Atemfrequenz (bis 600 Atemzüge/min).

Fledermäuse jagen ihre Beute in der Dämmerung und v. a. nachts. Sie erkennen ihre Beute und die Beschaffenheit ihrer Umwelt an Echos von Lauten, die sie selber mit dem Kehlkopf hervorbringen, mit den Ohren wahrnehmen und im Mittelhirndach (Colliculus inferior), Zwischenhirn (Corpus geniculatum mediale) und Endhirn (großer Hörcortex) verarbeiten und verstehen; eine Hufeisennase sendet z. B. in einer Nacht ca. 400000 Ortungslaute aus. Es liegt also eine Echoperception vor. Die Leistungen dieses Systems sind außerordentlich. Ausnahmen von dieser Orientierungsweise sind die Megachiropteren, die sich mit den Augen orientieren und unter denen lediglich *Rousettus* in dunklen Höhlen eine Echoortung einsetzt.

Die hochfrequenten Ortungslaute der Microchiropteren werden vom Menschen üblicherweise nicht gehört, sind i. a. harmonisch strukturiert und dauern nur wenige Millisekunden (ms) an. Drei Signalelemente, die einzeln oder in Kombination erzeugt werden, lassen sich unterscheiden:

1. Abwärts frequenzmodulierter Puls (FM ab), beginnt hochfrequent und fällt rasch kontinuierlich auf niedrige Frequenz ab. Häufiges Ortungssignal.

2. Constant Frequency (CF) Töne. Reine, z. T. geringfügig modulierte, bis 100 ms dauernde Töne, die als Suchlaute genutzt werden. CF-Laute sind Bestandteil der Ortungslaute der Hipposideriden und Rhinolophiden.

3. Frequenzaufwärts modulierter Puls (FM auf) geht oft einem CF-Laut voraus.

Schädel und Gebiß vielgestaltig, was durch unterschiedliche Ernährungsweise erklärt werden kann. Milchzähne oft mit Haken zur Festheftung am Fell der Mutter. Beckengürtel ohne knöcherne Symphyse.

Zungenspitze der Blütenbesucher bürstenähnlich mit sehr langen, nach hinten gerichteten Papillae filiformes. Magen einfach, mit Caecum (Fruchtfresser) oder sehr langem, schmalen Blindschlauch (Blutlecker). Blinddärme nur selten vorhanden. Hoden zur Fortpflanzungszeit in temporärem Hodensack (Scrotum). Penis ähnlich dem der Primaten, oft mit Knochen.

Fortpflanzungsbiologie mit manchen Besonderheiten. In gemäßigten Zonen i. a. ein Fortpflanzungszyklus (monöstrische Arten), in den Tropen auch mehr Zyklen (polyöstrische Arten). Oft nur eine freigesetzte Eizelle pro Zyklus, dementsprechend nur ein Junges; wenige Arten mit 2 oder mehr freigesetzten Eizellen pro Zyklus, dementsprechend 2 oder mehr Junge. Bei Arten mit Winterschlaf Begattung im Spätsommer oder Herbst, monatelange Speicherung der Spermien im weiblichen Genitaltrakt, Ovulation und Befruchtung 1 bis 3 Tage nach Beendigung des Winterschlafs. Manche Arten mit verzögerter Einnistung: Befruchtung im Herbst nach Kopulation, die Zygote macht einige Teilungsschritte durch und geht dann in Ruhestadium über; erst nach Winterschlaf Einnistung. Bei anderen Arten folgen Kopulation, Befruchtung, erste Teilungen und Einnistung rasch aufeinander; die implantierte Blastocyste ruht dann während der kalten Jahreszeit und entwickelt sich erst nach einigen Monaten in günstigerer Jahreszeit weiter. Bei tropischen Formen rasche Entwicklung.

Stillzeit bei insektenfressenden Fledermäusen 1–2 Monate, bei Fruchtfressern bis 5 Monate. Milch ist sehr energiereich, rel. hoher Fettanteil (bis 23–29 %), Milchfett entstammt wohl weitgehend aus der Nahrung (16C- und 18C-Fettsäuren, Milchdrüsenzellen können nur 14C Fettsäuren bilden). Junge können bei ungünstiger Witterung ebenso wie die Mütter in Torpor (ähnlich Winterschlaf) fallen. Z. T. Wochenstuben mit Tausenden von Individuen.

Die labile Körpertemperatur und der Winterschlaf bei Formen der gemäßigten Zonen werden meist als sekundäre Anpassungen aufgefaßt. Viele Fledermäuse führen saisonbedingte Wanderungen aus. Tagsüber Schlafgruppen (bis zu 1 Million Tiere) in Höhlen.

Verschiedene Ernährungstypen: Fruchtfresser (Megachiropteren, einige Phyllostomatiden), Nektar- und Pollenfresser (Glossophaginae, einige Megachiropteren, z. T. Blütenbestäuber: chiropterogame Blüten, z. B. *Hybiscus*), Blütenfresser (einige Pteropinae), Insektenfresser (Mehrzahl der Chiropteren), Arten, die vorwiegend Wirbeltiere (andere Fledermäuse, Vögel, Eidechsen u. a.) fressen *(Megaderma)*, Froschfresser *(Trachops)*, Fischfresser (Fische werden mit Füßen ergriffen, Abb. 421 c), Blutlecker (*Desmodus, Diaemus, Diphylla*, Südamerika; Abb. 422 e, f).

Systematik. Älteste bekannte Fossilfunde aus dem Eozän, die aber schon weitgehend modernen Fledermäusen entsprechen. Daher liegt der Ursprung der Fledermäuse wahrscheinlich viel weiter zurück, u. U. in der Kreide. Sehr wahrscheinlich monophyletische Gruppe mit 2 Unterordnungen.

Unterordnung: Megachiroptera (Flughunde). Gruppe mit primitiven Merkmalen (gestreckter Schädel), normaler Zwischenkiefer, Kralle am 2. Finger, der noch dreigliedrig ist, Nasen und Ohren ohne Anhänge, u. a.). Spezialisierungen betreffen das reduzierte Gebiß (Zahnzahl und Zahngestalt), die schwache Kaumuskulatur, die großen hochentwickelten Augen, Rückbildung des Schwanzes. Orientierung meist mit den Augen. *Rousettus* auch mit Echolotpeilung. Meist große Tiere (Abb. 421 a), *Pteropus vampyrus* (Malaiischer Flugfuchs oder Kalong) mit 150 cm Spannweite größtes Chiropter. Tropen und Subtropen der Alten Welt. 170 Arten. Flugfüchse (= Kurzzungenflughunde) *Pteropus, Rousettus, Cynopterus;* Langzungenflughunde, in der Haupt-

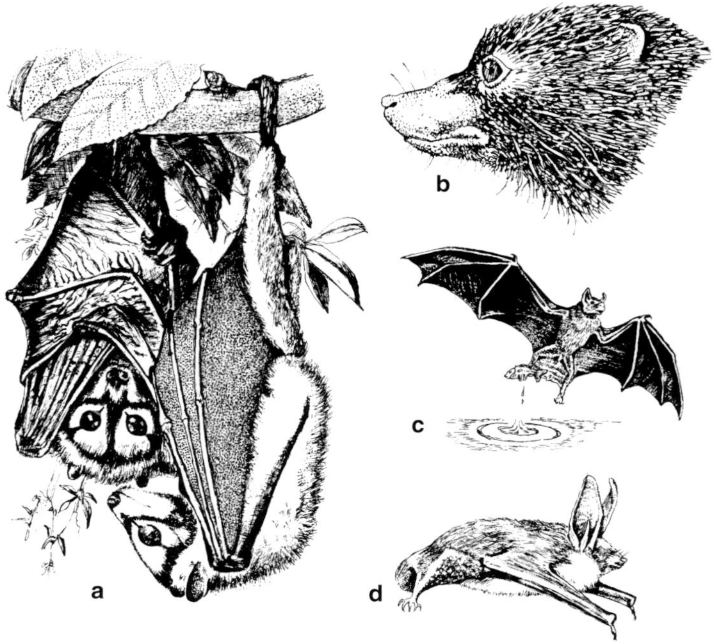

Abb. 421: Fledermäuse. a, b. Megachiroptera. c, d. Microchiroptera. a. *Pteropus* (Flughund) in Ruhestellung. b. *Pteropus*, Kopf in Seitenansicht. c. *Noctilio*, beim Fischfang. d. *Myotis*, am Boden. Nach Grassé, Van den Brink, Carrington

sache Pollen- und Nektarfresser, kleinere Arten *(Macroglossus)*, Röhrennasenflughunde mit röhrenartiger äußerer Nase und gut ausgebildetem Schwanz, Sulawesi bis Nordaustralien *(Nyctimene)*, Kurzbeinflughunde *(Harpyonycteris)*, Sulawesi, Philippinen.

Unterordnung: Microchiroptera. Ca. 850 Arten. Kurzer Gesichtsschädel, Nase oft mit komplizierten, häutigen Aufsätzen, Ohren z. T. sehr groß. 2. Finger zweigliedrig ohne Kralle, gelegentlich Haftscheiben, weltweit verbreitet.

4 Überfamilien. Emballonuroidea, Rhinolophoidea, Phyllostomatoidea, Vespertilionoidea.

1. Überfamilie: Emballonuroidea:

Fam. Rhinopomatidae: insektivor, Nordafrika bis Indien, langer Schwanz.

Fam. Emballonuridae (Abb. 422 d): insektivor, tropisch, Alte und Neue Welt, Schwanz endet frei.

Fam. Craseonycteridae: insektivor, 1973 in Thailand entdeckt, sehr klein, wiegt nur 3–4 g.

2. Überfamilie: Rhinolophoidea:

Fam. Nycteridae: verschließbare Grube an der Stirn, auf die 2 Furchen von der Nasenöffnung aus zulaufen. Fressen Insekten und andere Arthropoden, jagen auch am Boden. Afrika, Südostasien.

Fam. Megadermatidae: relativ groß, Tropen Alte Welt inkl. Australien. Nasenblätter, große Ohren median verwachsen. Jagen Arthropoden und Wirbeltiere am Boden und auf dem Wasser.

Fam. Rhinolophidae, Hufeisennasen: Nasenblätter bilden komplizierte hufeisenähnliche Struktur, insektivor, jagen bevorzugt im dichten Gezweig, gemäßigte Zonen bis Tropen der Alten Welt; 1 Gattung, fast 70 Arten, auch in Mitteleuropa.

Fam. Hipposideridae: Rundblattnasen (Abb. 422 c): ähneln Rhinolophidae, Hufeisen aber ohne mediane Längsfaltenstruktur (Sella), insektivor, jagen v. a. zwischen Bäumen und großen Ästen, Subtropen und Tropen der Alten Welt, 9 Gattungen, 60 Arten.

3. Überfamilie: Phyllostomatoidea:

Fam. Mystacinidae: 1 Art, Neuseeland, vielseitige Nahrung (Insekten, Vertebraten, Früchte), jagt im Flug und auf dem Boden laufend.

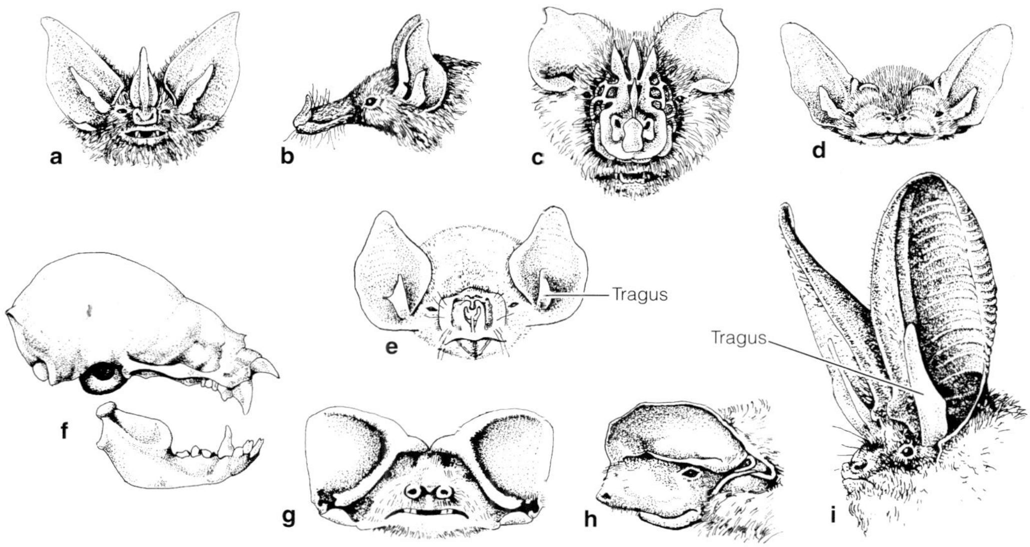

Abb. 422: Kopf verschiedener Microchiropteren. Beachte vor allem die unterschiedlich gestalteten äußeren Ohren und Nasenaufsätze, die Funktionen bei der Echolotorientierung übernehmen. a. *Mimon* (Phyllostomatidae). b. *Leptonycteris* (Phyllostomatidae, Blütenbestäuber). c. *Triaenops* (Hipposideridae). d. *Saccopteryx* (Emballonuridae). e. *Desmodus* (Phyllostomatidae). f. *Desmodus*, Schädel; die Vorderzähne einschließlich der Eckzähne besitzen Schneidekanten, mit denen in die Haut der Beutetiere eingeschnitten wird das austretende Blut wird ausgeleckt. g, h. *Eumops* (Molossidae) Kopf von vorn und von der Seite. i. *Plecotus* (Vespertilionidae) Ohreingang mit großem Deckel (Tragus). Nach Grassé, Carrington

Fam. Noctilionidae: Neotropis, nur 2 Arten, jagen v. a. Fische und Arthropoden an der Wasseroberfläche.

Fam. Mormoopidae: insektivor, elegante schnelle Flieger, Neotropis.

Fam. Phyllostomidae: umfangreiche neotropische Familie (fast 150 Arten), blattähnliche Nasenaufsätze (Abb. 422 a, b), unterschiedliche Ernährungsweisen: insektivor, Blutlecker (Vampirfledermäuse; *Desmodus*, Abb. 422 e, f), Früchte-, Nektar-, Pollenfresser (*Leptonycteris*, Abb. 422 b), vereinzelt Jagd auf kleine Wirbeltiere.

4. Überfamilie: Vespertilionoidea:

Fam. Natalidae: Ohrmuscheln erinnern an schlanke Trichter, insektivor, gaukelnder Flug, Neotropis.

Fam. Furipteridae: weitgehend reduzierter Daumen, insektivor, selten, Neotropis.

Fam. Thyropteridae: Haftscheiben an Daumen und Fuß, ruhen mit Kopf nach oben in eingerollten großen Blättern, insektivor, Neotropis.

Fam. Myzopodidae: Haftscheiben an Daumen und Fuß, Ernährungsweise nicht bekannt, selten, Madagaskar.

Fam. Vespertilionidae: große Familie (42 Gattungen mit fast 330 Arten), keine Nasenaufsätze, insektivor, weltweit, bis zur Baumgrenze, in Deutschland mehrere Arten (Abb. 421 d, 422 i).

Fam. Molossidae: Bulldoggenfledermäuse (Abb. 422 g, h), 12 Gattungen, fast 90 Arten, ausgezeichnete Flieger, die sich aber auch am Boden rasch und geschickt bewegen können, insektivor, Tropen und Subtropen der Alten und Neuen Welt. *Tadarida* auch in Südeuropa.

Der Große Abendsegler *(Nyctalus noctula)* gehört zu den größten einheimischen Fledermausarten: Kopf-Rumpf-Länge 6–8 cm, Spannweite 32–40 cm, Gewicht 20–40 g. In ganz Europa verbreitet außer in Randregionen, Fell der Oberseite im Sommer rostbraun glänzend. In den inneren Mundwinkeln große Drüsen, deren Sekret vermutlich für den kennzeichnenden Moschusgeruch der Tiere und ihrer Quartiere verantwortlich ist, besonders deutlich bei Erregung.

Lebt in lichten Wäldern, auch in Parkanlagen i.a. im Flachland, bei Wanderungen auch bis 2000 m Höhe (in Gebirgen) nachgewiesen.

Jagt über Wiesen, Seen, Alleen auch in Baumwipfel-

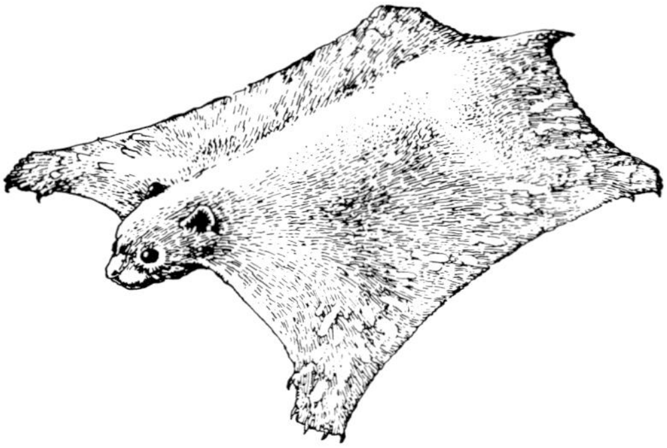

Abb. 423: *Cynocephalus* (Pelzflatterer) im Gleitflug. Nach Grassé

höhe, erbeutet Nachtfalter, Mai- und Junikäfer sowie andere größere Fluginsekten. Ausflug früh, z. T. vor Sonnenuntergang. Flug schnell, geradlinig mit schnellen Wendungen und Sturzflügen.

Sommerquartiere (auch Wochenstuben) in Baumhöhlen. Nimmt auch Fledermaus-Nistkästen an. Gelegentlich aus Quartieren für den Menschen hörbare Rufe (hohes lautes Zetern oder Zwitschern). Winterschlaf zwischen Ende Oktober/Mitte November und Mitte März/Anfang April in dickwandigen Baumhöhlen, tiefen Felsspalten, in Südosteuropa auch in Höhlen. Wurde in Städten auch in Lüftungsschächten von Gebäuden oder in Kirchen angetroffen. Bei Kiel großes Winterquartier von Tausenden Tieren in Spalten der Türme der Levensauer Hochbrücke, die den Nord-Ostsee-Kanal überspannt. Hier überwintern wohl vor allem die Tiere des westlichen Ostseeraumes. Erträgt tiefe Temperaturen, kurzfristig auch um 0 °C. In harten Wintern erfrieren jedoch ganze Überwinterungsgruppen.

Paarungszeit von August bis Oktober. Männchen besetzt mehrere Wochen ein Paarungsquartier (Baumhöhle) und stößt Paarungsrufe aus. Andere Männchen werden abgewehrt. Harem von 4–5 (–20) Weibchen, die 1–2 Tage beim Männchen bleiben. Spermien werden im Uterus während der Winterruhe gespeichert. Ovulation und Befruchtung erst nach der Winterruhe. Weibchen ab Mitte Mai in Wochenstubenverbänden mit 20–50 (–100) Weibchen, Männchen außerhalb der Wochenstuben in kleinen Gruppen. Geburt Mitte Juni/Anfang Juli. In Mitteleuropa oft 2 Junge. Ab 4. Woche Flugfähigkeit, ab 5.–7. Woche vollständiges Gebiß, dann selbständig.

Führt Wanderungen aus (Herbstzug Anfang September bis Mitte November), die i. a. nach Südwest gerichtet sind, Tiere aus Finnland und Rußland können in Mitteleuropa überwintern. In Deutschland (z. B. Oberrheintal) sind Wanderungen von kleineren bis größeren Gruppen im Herbst auch tagsüber zu beobachten. Es wurden Wanderstrecken von bis zu 1600 km festgestellt. Ob Teile der einheimischen Population ortstreu sind, ist unklar.

6. Ordnung: Dermoptera (Pelzflatterer)

Ein Seitenzweig, der sich früh von den Insectivoren abgespalten hat (noch unsichere Fossilfunde schon aus Paleozän), mit Gemisch primitiver und spezialisierter Merkmale.

Auffallendstes Merkmal sind die seitlichen muskularisierten Flughäute, die sich vom Kopf bis zum Schwanz ausspannen und die die Extremitäten einschließlich der Zehen umfassen (Abb. 423). Sie gestatten einen Gleit- und Fallschirmflug (bis 70 m) ähnlich dem einiger Nager (z. B. *Pteromys)* und Beuteltiere (*Acrobates)*. Brustbein vorn mit Kiel. Untere Incisivi sind Kammzähne (funktionell dem Unterkieferkamm der Lemuren und Pitheciinae vergleichbar). Lange, schlanke, 5zehige Extremitäten mit scharfen Krallen. Hoden extraabdominal in Scrotum. 2 Paar brustständige Mammae. Gleiche Zahl der Milch- und Dauerzähne. Pflanzenfresser. *Cynocephalus* mit 2 Arten in Südost-Asien.

7. Ordnung: Xenarthra (Zahnarme)

Früh isolierte und vielgestaltige, heute auf die Neue Welt (v. a. Südamerika) beschränkte Gruppe. Primitiv sind: Parasphenoid, Os nariale (= Septomaxillare) und meist ringförmiges Tympanicum am Schädel, Gehirnbau, der weibliche Genitaltrakt und die unvollkommene Homoiothermie. Sondermerkmale betreffen Gebiß, Wirbelsäule und Hautstrukturen. Das Gebiß fehlt (Ameisenbären) oder ist vereinfacht. Bei Faultieren ist die Zahnzahl auf 4–5 pro Kieferhälfte reduziert, bei Gürteltieren sind die Zähne sekundär homodont und oft vermehrt (*Priodontes* besitzt insgesamt ca. 100 Zähne). Zähne ohne Schmelz. Das Milchgebiß ist meist unterdrückt. Cervicalwirbel z. T. vermehrt, z. T. mit Halsrippen, z. T. verschmolzen. Lenden- und hintere Brustwirbel mit zusätzlichen Gelenken (Fremdgelenken, Name); bei Dasypodidae verschmelzen die Sacralwirbel mit den Lumbalwirbeln zu einem Block. Bis zu 25 Rippen *(Choloepus):* höchste Zahl bei Säugern. Gürteltiere mit Hautpanzer, der aus Knochen- und Hornschilden besteht. Extremitäten zu kräftigen Grabwerkzeugen oder Greifhaken umgebildet. Bei Ameisen- und Termitenfressern (Ameisenbären) lange Zunge, große Speichel-

Abb. 424: Xenarthra. a. *Dasypus* (Gürteltier), b. *Chlamyphorus*, c. *Myrmecophaga* (Großer Ameisenbär), d. *Bradypus* (Dreizehenfaultier), e. *Glyptodon* (Pleistozän Südamerikas). Nach Grassé, Romer

drüsen und Muskelwülste im Magen zum Zerkleinern der Nahrung. Magen bei den Pflanzenfressern (Faultieren) mit Blindsäcken. Auch die Augen oft mit Besonderheiten (Cornea mit Gefäßnetzen, Retina ohne Gefäße). Bei *Dasypus* Polyembryonie (bis zu 12 gleichgeschlechtliche Embryonen aus 1 befruchtetem Ei). Faultiere mit sehr niedriger Stoffwechselrate und Schilddrüsenaktivität sowie mit unregelmäßiger Atmung – sie nehmen mitunter minutenlang keine neue Luft auf. *Zaedyus* mit Winterschlaf.

Unterordnung: Cingulata (Loricata). Dasypodidae (Gürteltiere, Abb. 424 a, b): mit Hautpanzer, Bodentiere, grabende Allesfresser. Dasypodinae (Laufgürteltiere): Hautpanzer mit unterschiedlicher Zahl gürtelförmiger Schildreihen in der Mitte des Panzers. *Dasypus* (bis südliche USA, Abb. 424 a), nachtaktiv, kann sich rasch eingraben. *Tolypeutes*, igelgroß, kann sich kugelförmig zusammenrollen; *Priodontes* (Riesengürteltier), *Cabassus*, *Euphractus* und *Chaetophractus* (Borstengürteltiere), *Zaedyus* (Zwerggürteltier). Chlamyphorinae (Gürtelmulle): rattengroße Wühler mit sehr kleinen Augen, Panzer bei *Chlamyphorus* (Abb. 424 b) als Hautduplikatur, die von der Rückenmittellinie ausgeht und den Seitenwänden lose aufliegt; *Burmeisteria*, normaler Panzer. In der Eiszeit Riesenformen.

Abb. 425: *Manis gigantea* (Großes afrikanisches Schuppentier). Nach Grassé

Peltephilidae: ausgestorbene gehörnte Gürteltiere mit kräftigem Gebiß.

Glyptodontidae: erst zu Beginn der Jetztzeit ausgestorbene gepanzerte Formen mit kurzem hohem Schädel mit abwärtsgerichtetem Jochbogenfortsatz (Abb. 424e). Riesenformen in der Eiszeit.

Unterordnung: Tardigrada (Pilosa, Faultiere). Bradypodidae (Baumfaultiere): mit 2 recht unterschiedlichen Gattungen. Dicht behaarte baumlebende Blattfresser mit sehr langsamen Bewegungen, die aber auch schwimmen können. Arme länger als Beine. Schwanz reduziert. Komplizierter Magen. Xenarthrale Wirbelgelenke gering entwickelt. Leben i. a. einzeln, geben vermutlich Töne im Ultraschallbereich von sich. Mittel- und Südamerika. *Choloepus*, Hand mit 2 Krallen; *Bradypus*, Hand mit 3 Krallen (Abb. 424d).

In Tertiär und Pleistozän bodenlebende, z. T. sehr große Faultiere (Gravigrada). Einzelne überlebten bis ca. 6500 Jahre v. Chr. *(Megatherium, Megalonyx)*.

Unterordnung: Vermilingua. Langschwänzige Xenarthra mit langer Eigenentwicklung; heute nur noch eine Familie: Myrmecophagidae mit 3 Arten, deren Spezialisierungen (Zahnlosigkeit, komplizierter Zungenapparat, Speicheldrüsen u. a.) mit der Ernährungsweise (Ameisen- und Termitenfresser) zusammenhängen. Mittel- und Südamerika. *Myrmecophaga* (Großer Ameisenbär, Abb. 424c) meist bodenlebend; *Tamandua* (Kleiner Ameisenbär) boden- und baumlebend, *Cyclopes* (Zwergameisenbär) meist baumlebend mit Greifschwanz. Im Eozän z. B. auch in Mitteleuropa vorkommend; *Eurotamandua* wurde in der Grube Messel bei Darmstadt gefunden und steht *Tamandua* nahe.

8. Ordnung: Pholidota (Schuppentiere)

Körper mit Hornschuppen bedeckt, nur am Bauch und an den Innenseiten der Beine Haare; neben primitiven Kennzeichen (Gehirn, großes Nickhautrudiment, epitheliochoriale Placenta u. a.) viele anatomische Sondermerkmale, die in Zusammenhang mit der Ernährungsweise (Termiten, Ameisen) stehen. Grabkrallen an Vorderextremitäten, Zahnlosigkeit, sehr lange Zunge, sehr große Speicheldrüsen, stark verlängerter Gesichtsschädel, muskelstarker Magen mit ausgedehnten Anteilen verhornten Plattenepithels und verhorntem Wulst am Magenausgang zum Zermahlen der Insektennahrung. Oft Steinchen im Magen. Bodentiere und Kletterer. Afrika, Süd- bis Südost-Asien und südliches China.

Manidae (Schuppentiere), *Manis*, Abb. 425, 7 Arten. Fossil auch im Tertiär Europas (z. B. *Eomanis*, Eozän, Grube Messel bei Darmstadt).

9. Ordnung: Taeniodonta

Alttertiäre Säuger (Nord-Amerika) mit grabender Lebensweise. Vordergebiß stark vergrößert, Zahnschmelz bis auf bandförmige Streifen (Name) oder völlig reduziert. *Psittacotherium, Conoryctes.*

10. Ordnung: Rodentia (Nagetiere)

Größte Säugetierordnung (1800 Arten) mit Nagezähnen und spezifischer Ausbildung der Massetermuskulatur (Abb. 426). Lediglich ein Schneidezahnpaar in Ober- und Unterkiefer, Schmelz nur auf der Vorderseite. Schneidezähne und z. T. auch Backenzähne mit Dauerwachstum. Backenzähne mit Höckern oder aus diesen entstandenen Querleisten, im Dauergebiß oft nur 1 Prämolar und 3 Molaren. Primäre Pflanzenfresser. Condylus des Dentale longitudinal, 1–22 Junge, Nesthocker *(Rattus)* oder Nestflüchter (Meerschweinchen). Oft komplizierte Sozialstrukturen, in denen Duftstoffe (Pheromone) eine wichtige Rolle spielen. Bodengeher, Schnellläufer, bipede Hüpfer, Springer, Wühler, Gräber, Schwimmer, Kletterer, Gleitflieger. Unterirdische Wühler mit Reduktion von Augen und Ohren *(Spalax)*. Gleitflieger mit Flughaut. All diese Lebensformen sind mehrfach entstanden. Weltweit in allen Lebensräumen. In mehreren Linien existieren Winter- (Siebenschläfer, Murmeltiere) oder Sommerschläfer. Seit Paleozän nachgewiesen *(Paramys)*, leiten sich wahrscheinlich von kreidezeitlichen Insectivoren ab.

Verschiedene Klassifikationen, die entweder auf Zahnstrukturen, Bau des Dentale oder Ausbildung der Kaumuskulatur beruhen. Die klassischen Unterordnungen Sciuro-, Myo- und Hystricomorpha werden i. a. nur noch als Stadiengruppen aufgefaßt. Im folgenden werden 7 Unterordnungen unterschieden (Abb. 427, 428); die 19 Überfamilien entsprechen vermutlich natürlichen Gruppen, sie werden aber ausdrücklich nur aufgeführt, wenn sie mehrere Familien enthalten. Die vielen Parallelbildungen erschweren die systematische Gliederung.

Unterordnung: Protrogomorpha. Paramyidae (Paleozän, *Paramys, Eurymylus*): älteste bekannte Nager, Stammgruppe aller anderen Nagetiere. Schneidezähne schon typisch, Backenzähne noch niedrig und bunodont. Masseter setzt an Unterseite des Jochbogens an.

Aplodontidae: Reliktgruppe mit *Aplodontia rufa* (Abb. 427b), dem Bergbiber, einer rezenten Form mit mehreren ursprünglichen Merkmalen, daneben spezielle Anpassungen an grabende Lebensweise. Feuchte Bergregionen der Westküste Nordamerikas.

Mylagaulidae: mit *Epigaulus*, (Abb. 428j) aus dem Pliozän.

Unterordnung: Sciuromorpha (Hörnchenverwandte). Sciuridae (Hörnchen), bisweilen noch 2 P in einem Oberkieferast, buno- bis lophodonte Molaren. Anterodorsal vergrößerter Masseter. Weltweit außer Australien, maus- bis murmeltiergroß, ca. 250 Arten (Abb. 427a). Baum- oder Bodenbewohner. Flughörnchen (Petauristinae) mit seitlicher Flughaut, die von einem Knorpelstab, der vom Carpus ausgeht, gestützt wird. Einige Arten auch mit hinterer Flughaut, die Femora mit Schwanz verbindet. Erdhörnchen terrestrisch mit ausgedehnten Gangsystemen, Murmeltiere (Abb. 399d) in den Alpen bis 2700 m, im Himalaja bis 5000 m; Ziesel, Präriehunde; einige Arten insektivor (z. B. *Rhinosciurus*, Südost-Asien).

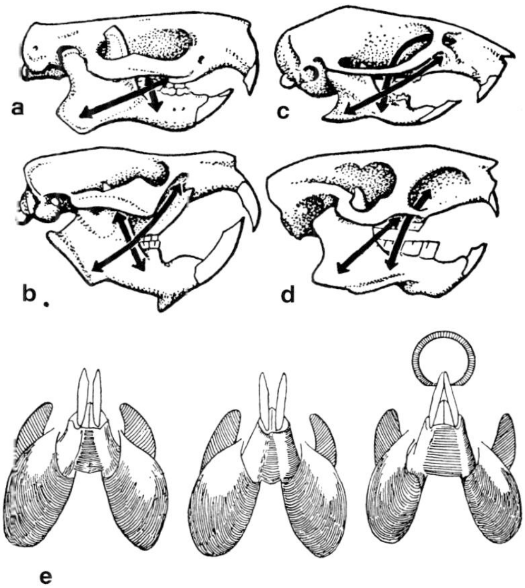

Abb. 426: Verlauf der oberflächlichen und tiefen Anteile des Masseters bei verschiedenen Rodentiern (kräftige Pfeile). Zunehmende Tendenz der Massetermuskulatur, durch das Foramen infraorbitale hindurchzutreten. a. Protrogomorpher Typ. Der Masseter entspringt hauptsächlich vom unteren Rand des Jochbogens. b. Sciuromorpher Typ. Der oberflächliche Anteil entspringt von der Außenseite des Schädels vor der Orbita. c. Myomorpher Typ. Der Ursprung des tiefen Anteils verlagert sich in das Foramen infraorbitale. d. Hystricomorpher Typ. Tiefer Anteil läuft durch ein großes Foramen vor der Orbita und entspringt am Vorderschädel. e. Bewegliche Unterkieferhälften beim Eichhörnchen. Durch Kontraktion eines querlaufenden Muskels werden die Vorderenden der Schneidezähne auseinandergedrängt, was beim Aufsprengen harter Schalen eingesetzt wird. Nach Romer, Weber

Das Eichhörnchen *(Sciurus vulgaris)* ist ein mittelgroßes Nagetier mit langem, buschigem Schwanz. Fellfärbung variiert von rotbraun bis schwarz, oft konstantes Verhältnis von roten und schwarzen Tieren, im Südwesten Europas und in Gebirgen Zunahme der schwarzen Tiere. Vereinzelt nur rote Tiere (z. B. zwischen Elbe und Weichsel), selten nur schwarze Tiere. Das Eichhörnchen lebt in Wald-, Park- und Gartenlandschaften, kann über Baumreihen ins Stadtzentrum vordringen und geht im Gebirge bis über 2000 m. Durch die unmittelbare Nähe zum Menschen hat sich die Fluchtdistanz erheblich eingeschränkt. Eichhörnchen sind Tagtiere, Einzelgänger, leben v. a. in Bäumen, laufen geschickt Baumstämme hinauf und hinab, nehmen aber auch am Boden Nahrung auf.

Nahrung v. a. Samen, Früchte, Nüsse, Rinde, Knospen, Säfte, Pilze, Vogeleier, Jungvögel aber auch Abfälle aus Papierkörben und Müllcontainern. Bei reichem Nahrungsangebot werden Nüsse oder Samen einzeln vergraben, oft werden in Baumhöhlen auch Wintervorräte angelegt.

Das Eichhörnchen wohnt in selbstgebauten Kugelnestern (Kobeln, Kogeln) und hält keinen Winterschlaf. Stimmfreudig.

Abb. 427: Rodentierformen. a. *Sciurus* (Sciuridae), b. *Aplodontia* (Aplodontidae), c. *Castor* (Castoridae) mit 2 Arten: *C. fiber* (Eurasien) und *C. canadensis* (N. amerika). d. *Peromyscus* (Cricetidae), e. *Rattus* (Muridae), f. *Ctenodactylus* (Ctenodactylidae), g. *Zapus* (Zapodidae), h. *Cricetus* (Cricetidae), i. *Gerbillus* (Cricetidae), j. *Dipodomys* (Heteromyidae), k. *Geomys* (Geomyidae), l. *Heterocephalus* (Bathyergidae), m. *Eliomys* (Gliridae), n. *Pygeretmus* (Dipodidae), o. *Spalax* (Spalacidae), p. *Ondatra* (Cricetidae); 1905 in Europa aus Nordamerika eingeschleppt. Nach Burt, Grassé, Grossenheider, Dekeyser

Tragzeit 38 Tage, jährlich 2–5 Würfe mit 3–7 nackten blinden Jungen, die die Augen erst nach 1 Monat öffnen. Säugezeit 5–6 Wochen. Geschlechtsreife mit 1 Jahr. Lebensdauer 8–10 Jahre.

Das Eichhörnchen, das heute i.a. ein beliebtes Tier ist, war in mittelalterlich christlicher Symbolik Sinnbild des Teufels. Es war auch Tier des germanischen Gottes Loki, des Gottes des zerstörenden Feuers.

In Europa wurde stellenweise, v.a. in Großbritannien, das kräftige, flinke amerikanische Grauhörnchen *(Sciurus carolinensis)* ausgesetzt, das das einheimische Eichhörnchen i.a. verdrängt. Die Grauhörnchen treten gern in Trupps auf.

Ctenodactylidae: Recht isoliert im System, Kammfinger oder Gundis Nordafrikas (Abb. 427f). Name bezieht sich auf Borsten über den Krallen. Backenzähne dauernd nachwachsend.

Castoridae (Biber): Kräftige Nagetiere (über 1 m groß) mit Anpassungen an das Wasserleben. Schwimmhäute an den Hinterfüßen, Schwanz (Kelle) weitgehend unbehaart und dorso-ventral abgeplattet, äußere Nasenöffnung und Gehörgang können verschlossen werden. Bauen Dämme und Wohnungen, können größere Bäume fällen (bis 80 cm im Durchmesser). Die Wohnburgen erreichen 2 m Höhe und 3,5 m Durchmesser, sie sind von Wasser umgeben, ihre Eingänge liegen immer unter der Wasseroberfläche. Sie sind sehr solide gebaut und werden jahrelang benutzt. *Castor*, 2 Arten (Abb. 427c), Eurasien, Nordamerika. In Deutschland heute noch an der Mittelelbe und wieder eingeführt an einigen Stellen in Süddeutschland. War früher in Deutschland weit verbreitet, wie viele Ortsbezeichnungen und Flurnamen zeigen.

Heteromyidae (Taschenmäuse): Amerika, meist in Trockengebieten, kleinere Formen, oft mit verlängerten Hinterextremitäten und hüpfender Fortbewegungsweise, Känguruhratten und -mäuse *(Dipodomys* [Abb. 427j], *Microdipodops)* springen bis 2,5 m weit; langer Schwanz, große Augen und Bullae, Backentaschen innen behaart, nachtaktiv, leben in komplizierten unterirdischen Gangsystemen.

Geomyidae (Taschenratten): Amerika, kräftige, oft hamstergroße, solitär lebende unterirdische Wühler mit kleinen Augen und Ohren. Backentaschen innen behaart, münden außerhalb der Mundhöhle seitlich vom Mundwinkel nach außen (Abb. 427k).

Unterordnung: Theridomorpha. Masseter mit einem Anteil, der durch das Foramen infraorbitale zieht, nur 1 rezente Familie. Anomaluridae (Dornschwanzhörnchen); arboricol, Afrika, meist mit Flughaut, die von Knorpelstab, der vom Ellenbogen ausgeht, gestützt wird (Abb. 428h). Gleitflieger. Schwanzunterseite mit großen, spitzen Hornschuppen (Kletterstütze). Fruchtfresser, z. B. Ölpalmenfrüchte.

Unterordnung: Glirimorpha (Schläferartige). Gliridae (Bilche, Schläfer), meist nachtaktive Waldlandbewohner Afrikas und Eurasiens. *Muscardinus* (Haselmaus) und *Glis* (Siebenschläfer), *Drycmys* (Baumschläfer), *Eliomys* (Gartenschläfer, Abb. 427m). Seleviniidae (Salzkrautbilche), Wüstenbewohner Kasachstans.

Unterordnung: Myomorpha. Keine natürliche Einheit, gemeinsam sind Bau des Masseters (Abb. 426) und die buno- bis lophodonten Backenzähne. Artenreichste Nagergruppe (über 1000 Arten).

Cricetidae (Wühler): Große und vielgestaltige Gruppe mit mehreren Unterfamilien: Hesperomyinae (Neuweltmäuse) sehr formen- und artenreich, mit Reisratte *Oryzomys*, der genetisch und ökologisch vielfach untersuchten Gattung *Peromyscus* (Abb. 427d) und der fischfressenden *Ichthyomys*. Cricetinae (Hamster): Wühler und Vorratssammler Europas, Asiens und Afrikas; *Cricetus* (Abb. 427h), *Mesocricetus* (Goldhamster). Myospalacinae (Mullmäuse): Mittel- und Ostasien, unterirdische Formen mit kleinen Augen und fehlendem äußeren Ohr, kräftigen Nägeln an den Fingern der Hände und flachem Schädel mit großen Incisiven, graben mit Händen oder Nagezähnen. Die Nesomyinae (Inselmäuse) vertreten die echten Mäuse auf Madagaskar mit vielen Parallelbildungen zu diesen. Lophiomyinae (Mähnenratten), Afrika, langhaarig mit hoher Rückenmähne, mit knöchernem Dach über der Fossa temporalis. Dendromurinae (Baummäuse), z. T. arboricol, mit opponierbarem Daumen, Afrika. Gerbillinae (Rennmäuse, Abb. 427i); verlängerte Hinterextremitäten, Trockengebiete Asiens und Afrikas. Hierher vielleicht auch die Stachelbilche, Süd- und Südost-Asien, die oft auch in einer eigenen Familie zusammengefaßt werden (Platacanthomyidae).

Arvicolidae (Wühlmäuse) mit der zur Massenvermehrung neigenden Feldmaus *Microtus arvalis* und der Schermaus *Arvicola terrestris*. Die phytophage *Arvicola terrestris* ist die schädlichste Nagerart in Obstgärten Europas. Sie lebt unterirdisch und frißt vorwiegend saftreiche unterirdische Pflanzenteile, legt ein weitverzweigtes Gangsystem an (bis 80 m lang und 50 cm tief) und wirft Erdhaufen auf. Innerhalb des Baues liegt das kugelige Nest, in dessen Nähe befinden sich Vorratskammern. 3–4 Würfe/Jahr mit je 2–5 Jungen. Bisamratte (*Ondatra*, Abb. 427p), Lemminge *(Lemmus)*.

Muridae (Mäuse): Alte Welt (einschließlich Australien), ca. 500 Arten, zwergmaus- *(Micromys)* bis kaninchengroß *(Phloeomys)*, vorwiegend herbivor, aber auch viele omnivore Arten.

Mehrere Unterfamilien, Murinae (echte Mäuse), lang- und kurzschwänzige, laufende, springende, schwimmende und kletternde Arten, glatt- oder stachelhaarig. In Mitteleuropa *Rattus norvegicus* (Wanderratte) und *R. rattus* (Hausratte, Abb. 427e), *Apodemus agrarius* (Brandmaus), *A. flavicollis* (Gelbhalsmaus), *A. sylvaticus* (Waldmaus), *Mus musculus* (Hausmaus und Ährenmaus). *Phloeomys*, Südasien bis Neuguinea, meist baumbewohnende, größere Arten. Rhynchomyinae (Nasenratten): Philippinen, spitzmausähnlich mit spitzer Schnauze, reduziertem Gebiß, vermutlich carnivor. Hydromyinae (Schwimmratten oder Wassermäuse): Neuguinea, einige Arten auch in Australien, Tasmanien, auf Salomonen und Philippinen. Reduziertes Gebiß (*Mayermys*, Neuguinea, nur noch mit einem Backenzahn in jeder Kieferhälfte). Nahrung: Molluscen, Krebse, Fische, Frösche, Vogeleier.

Die Hausratte *(Rattus rattus)* kam ursprünglich in den warmen Regionen Süd- und Ostasiens vor. Von hier aus wurde sie mit Schiffen praktisch in alle Welt verschleppt. Die Besiedlung Europas und Afrikas erfolgte vermutlich über Schiffe der Römer. In Deutschland stammt der älteste Nachweis aus dem 2. Jhdt. n. Chr. aus Ladenburg (bei Mannheim). Auch in Haithabu wurde die Hausratte um ca. 1050 n. Chr. nachgewiesen. Sie ist bei uns Kulturfolger und besiedelt gern trockene obere Stockwerke von Wohn- und Vorratsgebäuden. In warmen Regionen lebt sie auch im Freiland; sie sucht sich ganz unterschiedliche Schlupfwinkel, in denen sie Nester baut und kann hier in Gruppen von gut 50 Tieren auftreten. Sie ist – neben anderen Nagern – Träger des Pesterregers und hat im Mittelalter deswegen besonders große Bedeutung erlangt. Bis vor einigen Jahrzehnten war sie die wesentliche Schiffsratte. Heute ist sie in Europa stark im Rückgang begriffen und kommt zusammenhängend nur noch in den Mittelmeerländern vor.

Fortpflanzung oft ganzjährig, vor allem in Wohngebieten mit konstanten Bedingungen sowie oft auf Schiffen. Tragzeit 21–23 Tage; geboren werden pro Wurf ca. 8 blinde, nackte Junge, die nach 6 Wochen selbständig werden. Geschlechtsreife mit 6 Monaten.

Die Hausratte ist in Kulturlandschaften Dämmerungs- und Nachttier und klettert und springt gut. Sie ist praktisch Allesfresser. Die Hausratte zeigt geringe Scheu, ist neugierig und hat eine geringe Aggressionsbereitschaft gegenüber Artgenossen.

Die Ratte ist Tierkreiszeichen des chinesischen Kalenders und symbolisiert Fleiß, Überleben trotz Verfolgung und widriger Umstände, Anspruchslosigkeit u. ä.

Die Wanderratte *(Rattus norvegicus)* ist etwas größer als die Hausratte und stammt ursprünglich aus Zentralasien und Nordchina. Auch diese Ratte hat sich als Kulturfolger in alle Welt ausgebreitet, aber später als die Hausratte. Knochenfunde der Wanderratte aus Schleswig-Holstein stammen schon aus dem 9.–10. Jhdt. n. Chr. Ab dem 18. Jhdt. begann eine starke Expansion, die zur Verdrängung der Hausratte führte und die offenbar mit dem Bau moderner Häuser und Kanalisation sowie Änderungen der Lebensweisen des Menschen verbunden war. In Afrika ist sie noch heute auf See- und Großstädte beschränkt. Als Pestüberträgerin spielt sie eine geringe Rolle. In Notzeiten, wie dem letzten Weltkrieg, kommt es zu Vermehrungen der Wanderratte.

Ihr Verhalten ist sehr anpassungsfähig; sie baut Erdhaufen mit Gängen und Nest- und Vorratskammern. Sie lebt in Gruppen (Rudeln) von 50–60 Individuen unter denen sich ein Männchen, mehrere Weibchen und Jungtiere finden. Ein Rudel besitzt ein Revier, das verteidigt wird. Angehörige eines Rudels erkennen sich am Geruch. Erfahrungen der einzelnen Individuen werden den Mitgliedern des Rudels vermittelt. In einer Nestkammer können gleichzeitig mehrere Weibchen einen Wurf (6–10 Tiere) großziehen, bei Ausfall einer Mutter, kann eine Ersatzmutter einspringen. Jungtiere spielen gern. Eine weibliche Ratte bringt im Laufe ihres Lebens 6–8 Würfe hoch. In Freiheit werden Wanderratten meist kaum älter als ein Jahr.

In Mitteleuropa hat sich die Wanderratte in den letzten Jahren mit veränderter Einstellung zu Hygiene und Sauberkeit sowie bei gewaltiger Müllproduktion erheblich vermehrt und kann abends in allen Großstädten – sogar in U-Bahn-Anlagen – leicht beobachtet werden.

Sie ist Allesfresser, nimmt aber i.a. mehr tierische Nahrung als die Hausratte. Sie frißt auch Kadaver, sie kann sich monatelang allein von Pflanzen ernähren oder sich zeitweilig auch rein carnivor ernähren, z. B. in Kolonien von Seevögeln. Alle Laborratten stammen von der Wanderratte ab. Sie ist daher das in seinen Lebensäußerungen bekannteste Säugetier geworden.

Rhizomyidae (Wurzelratten): Afrika, Süd- und Südost-Asien, unterirdische Wühler mit normal ausgebildeten Augen und Ohrmuscheln. Bambusratten (*Rhizomys*, Abb. 428d), Rohrratten *(Cannomys)*, *Tachyorcytes*.

Spalacidae (Blindmäuse): Osteuropa, östliches Mittelmeergebiet, Nordafrika. Unterirdisch lebende Tiere mit reduzierten Augen (liegen unter der Haut), fehlenden Ohrmuscheln,

Abb. 428: Rodentierformen. a. *Dasyprocta* (Dasyproctidae), b. *Dinomys* (Dinomyidae), c. *Myocastor* (Myocastoridae), wird in Pelztierfarmen gezüchtet. d. *Rhizomys* (Rhizomyidae), e. *Chinchilla* (Chinchillidae), wird auf Farmen als Pelztier gezüchtet, f. *Erethizon* (Erethizontidae), g. *Pedetes* (Pededitae), h. *Anomalurus*, arborikol, mit Flughaut, die durch Knorpelstab gestützt wird (Anomaluridae), i. *Dolichotis* (Caviidae), j. *Epigaulus* (Pliozän, Mylagaulidae) gehörnte Form. Die auffälligen Mylagaulidae sind aus dem Miozän und dem Pliozän Nordamerikas bekannt. Sie erreichen die Größe von Murmeltieren, und ihre kräftigen Vorderbeine deuten auf grabende Lebensweise. k. *Atherurus* (Hystricidae), l. *Ctenomys* (Ctenomyidae). Nach Burt, Grassé, Grossenheider

äußerlich fehlendem Schwanz und dichtem, weichen Fell (Abb. 427o). Nasenschild. Ihre Anwesenheit ist an großen Erdhaufen (bis 2 m Durchmesser) erkennbar.

Zapodidae (Hüpfmäuse): verlängerte Hinterbeine (Abb. 427g), langschwänzig, holarktisch, Birkenmaus *(Sicista)* auch in Süddeutschland.

Dipodidae (Springmäuse), stark verlängerte Hinterbeine (Abb. 427n), große Augen und Ohren, langschwänzig, altweltliche Nachttiere, Steppen, Wüstengebiete, *Dipus, Jaculus, Euchoreutes* insektivor. Zwischen Zapodidae und Dipodidae besteht ein engerer stammesgeschichtlicher Zusammenhang; die Dipodidae sind die spezialisiertere Gruppe.

Unterordnung: Caviomorpha. Natürliche Gruppe, Neue Welt. Übereinstimmungen (Masseterstruktur, Backenzahnmuster, Fusion von Malleus und Incus) mit einigen altweltlichen Formen, den Hystricidae, lassen an Verwandtschaft der altweltlichen Stachelschweine mit Caviomorphen denken.

Erethizontidae (Baumstachler, Abb. 428f): stehen etwas isoliert. Kurze bis mittelgroße Körperstacheln, z. T. von langen Haaren bedeckt, Baumtiere, Schwanz meist als Greifschwanz ausgebildet.

Octodontidae (Trugratten): Bodenwühler.

Echimyidae (Stachel- oder Lanzenratten), Bodenbewohner, Gräber, Kletterer (Fingerratten), Schwimmer. Oberseitenhaare als flache Borsten.

Myocastoridae: mit der amphibischen Biberratte = Nutria (*Myocastor coypus*, Abb. 428c) z. T. in Farmen gezüchtet. Farmflüchtlinge haben sich z. T. in Europa im Freiland etabliert.

Capromyidae (Baum- oder Ferkelratten): plump, nacktschwänzig, meist Boden- oder Baumbewohner.

Ctenomyidae (Kammratten): Bodenwühler, Borstenhaarkamm an Hinterfußzehen, dient Fellreinigung (Abb. 428l).

Abrocomidae (Chinchillaratten): in Bodengängen oder Felsspalten.

Chinchillidae (Hasenmäuse): große Augen und Ohren, buschiger Schwanz, feines weiches Fell. Nachttiere, *Chinchilla* als Farmtier gehalten (Abb. 428e).

Caviidae (Meerschweinchen und Maras): Boden- oder Felsbewohner, Meerschweinchen kurzbeinig; Maras, hochbeinig, hasenartig (Abb. 428i).

Hydrochoeridae (Wasserschweine): schweinegroß und stumpfschnauzig. Hinterfüße mit Schwimmhäuten, bewohnen Ufer von Gewässern.

Dasyproctidae (Agutis): Bodenbewohner, bis 80 cm groß, relativ hochbeinig, großköpfig (Pacas) oder mit kleinerem Kopf (eigentliche Agutis, Abb. 428a). Zehen hufähnlich.

Dinomyidae (Pakaranas): bis 80 cm groß und plump, meerschweinchenähnlich (Abb. 428b).

Unterordnung: Hystricomorpha. Nur mit altweltlichen Formen, deren Zugehörigkeit zu dieser Unterordnung z. T. unsicher ist. Massetermuskulatur «hystricomorph» (Abb. 426).

Hystricidae (Erdstachelschweine): bis dachsgroße Bodentiere. Körper mit langen oder kürzeren Stacheln bedeckt, die aufrichtbar sind. *Hystrix* (auch Süd-Europa), *Atherurus* (Abb. 428k), *Trichys* (Pinselstachler, primitiv, einfache Stacheln).

Thryonomyidae (Rohrratten): Bodenbewohner, meist in Wassernähe, Afrika.

Petromuridae (Felsenratten): felsige Trokkengebiete Südwest-Afrikas.

Bathyergidae (Sandgräber): unterirdische Wühler, bis mardergroß, meist dichtes weiches Fell, nur *Heterocephalus glaber* (Abb. 427l) ist fast nackt (Nacktmull). Kleine oder verkümmerte Augen und Ohren. Abweichend angeordnete Kaumuskulatur. Graben mit Nagezähnen *(Georhychus)* oder Händen *(Bathyergus)*; Afrika. Der nordostafrikanische *Heterocephalus glaber* lebt in großen Kolonien mit komplexer Sozialstruktur, die 3 verschiedene Kasten umfaßt: 1. ein fortpflanzungsaktives großes Weibchen, 2. kleinere Arbeiter (Männchen und Weibchen mit gehemmter Gonadenaktivität), 3. große Tiere (Männchen und Weibchen), die sich nur wenig an den Arbeiten am Bau und an der Nahrungsbeschaffung beteiligen und offenbar der Verteidigung dienen (Soldaten).

Unklar die Stellung der Pedetidae (Springhasen), Steppen Ost- und Südafrikas, kaninchengroße Tiere mit kräftigen Hinterextremitäten und großem, buschigem Schwanz; biped hüpfend. 1 Art: *Pedetes cafer* (Abb. 428g).

11. Ordnung: Carnivora (Raubtiere)

Trotz großer Formenvielfalt natürliche Gruppe, seit Paleozän (Viverravidae, Miacidae) nachgewiesen. Die früher oft als Urraubtiere angesehenen Creodonta werden heute i. a. als Sammelgruppe primitiver Placentalia interpretiert, die zu verschiedenen Stämmen gehören. Die Übereinstimmungen mancher Formen, z. B. Oxyaenoidea, mit Carnivoren sind vermutlich Konvergenzen. Dennoch findet sich verbreitet die Auffassung, daß auch die Carnivoren in den Creodontiern wurzeln. Die rezenten Carnivoren lassen sich in Fissipedier (Landraubtiere) und Pinnipedier (Robben) gliedern; die Pinnipedier leiten sich von Fissipediern, speziell Formen aus der Bärenverwandtschaft, her, dafür sprechen serologische, entwicklungsgeschichtliche und anatomische Übereinstimmungen sowie palaeontologische Befunde. Ernährung überwiegend durch Fleisch anderer Wirbeltiere, aber z. T. auch sehr breites Nahrungsspektrum.

Unterordnung: Fissipedia (Landraubtiere). Wiesel- bis bärengroß, 220 Arten. Zehen mit Krallen (selten verkümmert: Ottern); Sohlen-, Halbsohlen- oder Zehengänger. Eckzahn groß, Prämolaren spitzkronig, Molaren schmal und spitz (z. B. Katzen) oder breitkronig-niedrighöckerig bei Arten mit Pflanzenkost. Brechscherenapparat P^4/M_1. Uterus bicornis oder duplex. Gürtelplacenta. 4–14 Zitzen, 1–15 Lagerjunge. Tragzeit 40–120 Tage. Manche Bären und Marder mit Vortragzeit und eigentlicher Tragzeit (insgesamt ca. 12 Monate). Vor allem Fleischfresser, aber auch Pflanzen-, Gemischtkost- und Kleintierfresser. Die systematische Gliederung ist umstritten. Die zahlreichen Familien lassen sich in 3 Gruppen zusammenfassen.

Überfamilie: Arctoidea. Ursprünglichste rezente Carnivoren mit Bären, Pandas, Waschbären und, etwas isoliert, den Marderartigen.

Ailuridae: mit *Ailurus* (Kleiner Panda), omnivor, Nepal bis Setschuan.

Procyonidae (Kleinbären): heterogene neuweltliche Gruppe, marder- bis dachsgroß, Schwanz meist lang und buschig, Molaren breitkronig; 9 Arten, *Potos* (Wickelbär) mit Greifschwanz, *Bassaricyon* (Schlankbär), *Bassariscus* (Katzenfrett), lebendes Fossil, *Procyon* (Waschbär, Abb. 429 a), *Nasua* (Nasenbär), *Nasuella* (Zwergnasenbär). Waschbären sind in Mitteleuropa mehrfach aus Farmen entwichen und haben sich hier im Freiland etabliert.

Ursidae (Bären): Große Tiere mit kurzem Schwanz, bis 3 m groß. Molaren breitkronig; Zehen mit langen Krallen; Zehenzahl 5; Sohlengänger; meist omnivor. Halten in gemäßigten und kalten Regionen Winterruhe (nicht Winterschlaf). 8 Arten: *Ursus arctos* (Braunbär) holarktisch; *U. americanus* (Schwarzbär = Baribal), Nordamerika; *U. (Thalarctos) maritimus*, Eisbär, nur carnivor, Arktis. *Tremarctos* (Brillenbär, Abb. 429 d), Südamerika; *Selenarctos* (Kragenbär), Zentral-Ost-Asien; *Helarctos* (Malaienbär), Südost-Asien; *Melursus* (Lippenbär), Vorderindien, Ceylon. Auch der vom Aussterben bedrohte Große Panda *(Ailuropoda)* kann aufgrund vieler anatomischer Übereinstimmungen den Ursiden zugezählt werden. Sondermerkmale: Er ernährt sich weitgehend von Bambusblättern, an der Hand besitzt er ein gegen die 5 Finger opponierbares Sesambein, mit dessen Hilfe Bambuszweige gehalten werden können.

Der Braunbär *(Ursus arctos)* ist das größte Raubtier Europas, er ist bis ca. 2,20 m lang und bis ca. 300 kg schwer. Ursprünglich in Europa weit verbreitet, worauf noch viele Namen von Dörfern und Städten (z. B. Bern, Berlin, Bernburg) und Flurnamen hindeuten. Bären tauchen auch in Wappen auf, heute z. B. in Berlin, Sachsen-Anhalt und in Kalifornien. In der Vorzeit (z. B. letzte Eiszeit Südfrankreich) und in Teilen Nordost-Asiens bis noch vor kurzem Bärenkulte. Auch auf mittelalterlichen christlichen Darstellungen ist er Herrschaftssymbol und dem Schöpfergott oft in unmittelbarer Nähe beigegeben. Bärenfett galt als Mittel der Wiederbelebung, Bären waren daher auch Heilsymbole. Der Bär wurde dennoch vom Menschen seit Jahrhunderten stark verfolgt und ist heute in Deutschland ausgerottet. Waldrodung (ab 8. Jhdt.) und Landbesiedlung verdrängten zunehmend Bären, aber auch Luchs und Wolf und führten zu immer stärkerer Zersplitterung des Lebensraums, die Entwicklung von Jagdtechniken und Waffen beschleunigten die Ausrottung. Verfolgung v. a. durch Bauern, denn weit bis ins 18. Jhdt. wurde der Wald regelmäßig als Raum für die Viehhaltung gebraucht. 1686 wurde der letzte Bär im Harz erlegt. Heute in Europa nur noch inselhaft in abgelegenen Bergregionen in Tschechien, Polen, Trentino, Skandinavien, Rußland, Pyrenäen, Abruzzen, Kantabrischem Gebirge, Dinarischem Gebirge, Balkan, Karpaten u. a.

Im Mittelalter wurden Bären zu Schau- und Prestigezwecken gehalten, auch um Tiere für Hetzjagden und andere Jagdvergnügen, die vom Adel gern veranstaltet wurden, zur Verfügung zu haben. Schausteller hielten und halten gezähmte Bären, denen in der Regel die Augen ausgestochen waren bzw. sind. Das «Tanzen» prägte man ihnen auf, indem die blinden Tiere auf heißem Blech festgemacht wurden; entsprechend zugerichtete Tiere sind psychisch deformiert.

1–4 Junge, meist 2 pro Wurf. Junge sind bei Geburt gut rattengroß und wiegen 400–500 g, die Augen sind noch verschlossen. Extreme Nesthocker, intensive Brutpflege, hoher Betreuungsaufwand für den Nachwuchs.

Abb. 429: Fissipedia. a. *Procyon lotor* (Waschbär, Procyonidae) Nord- und Mittelamerika, in Europa z.T. verwildert, anpassungsfähiger Allesfresser, kann seine Nahrung zum Wasser tragen und mit den Händen waschen, b. *Lycaon pictus* (Hyänenhund, Canidae), c. *Mustela erminea* (Hermelin, Mustelidae), d. *Tremarctos ornatus* (Brillenbär, Ursidae), e. *Lutra* (Otter, Mustelidae) mit vielen Anpassungen ans Wasserleben (verschließbare Ohren, Schwimmhäute, stromlinienförmige Gestalt). *Lutra lutra* ist in Mitteleuropa sehr selten geworden infolge Nachstellung durch den Menschen sowie Störung und Verschmutzung ihres Lebensraumes. f. *Leopardus pardalis* (Ozelot, Felidae). g. *Mungos mungo* (Zebramanguste, Viverridae). Nach Bourlière in Grassé und Mohr

Sie wachsen rasch und werden 1½ Jahre lang gesäugt, danach langsam selbständig. In freier Natur werden Bären ca. 20 Jahre alt. Charakteristisch für Braunbären ist eine Winterruhe. Atem- und Herzfrequenz sinken leicht, Körpertemperatur fällt auf 29–35 °C. Nach je 5–10 Atemzügen tritt eine Pause von 2–4 Minuten auf. Vor der Winterruhe wird der Darm gründlich entleert. Fette Tiere begeben sich eher in die Winterruhe als magere, Mütter mit Jungtieren früher als Einzeltiere.

Winterbehausung wird in Rußland ab September (bis Anfang Januar) bezogen, der Bär bleibt dort 75–135 Tage i.a. bis Mitte April (Anfang März–Mitte Mai). Schlaf unterschiedlich tief. Brunft Mai–Juli, meist mehrere Paarungen. Sommer und Herbst i.a. Einzelgänger auf Nahrungssuche, wobei «Speckschicht» angelegt wird für den Winter.

Breites Nahrungsspektrum, worauf auch ihr Gebiß mit breiten Backenzähnen und großen Eckzähnen hinweist. Nahrung wechselt auch nach Lebensraum und Jahreszeit. Stets hoher Anteil an Pflanzen in der Nahrung (Gras, Beeren, Wurzeln, Kräuter). Aber auch Insekten (Ameisen), Fische, Nager, Vögel, größere Säuger (bis Rentier und Elch), auch Aas.

Mustelidae (Marder): Niedrigbeinige, oft schlanke Tiere. Im Oberkiefer 1, im Unterkiefer 1–2 Molaren, M_1 schmal und scharfkantig; 24 Gattungen, 63 Arten, darunter *Mustela* (Wiesel), holarktisch, mit *M. nivalis* (Mauswiesel), *M. erminea* (Hermelin, Abb. 429c), *M. lutreola*, *M. vison* (Mink, amerikanischer Nerz), *M. putorius* (Waldiltis) *Martes* (Marder), holarktisch, mit *M. foina* (Steinmarder), *M. martes* (Baummarder), *M. zibellina* (Zobel), *Gulo* (Vielfraß), holarktisch, *Mellivora* (Honigdachs), Vorderasien, Afrika; *Meles* (Dachs), Eurasien; *Mydaus* (Stinkdachs), Süd- und Südost-Asien; *Melogale* (Sonnendachs), Südost-Asien; *Mephitis* (Streifenskunk), Amerika; *Lutra* (Otter, Abb. 429e), *Aonyx* (Fingerotter), Asien, Afrika; *Enhydra* (Seeotter, Abb. 431m), Nordpazifikküste, Seeigel- und Muschelfresser.

Der Steinmarder *(Martes foina)* ist in Europa weitverbreitet, er fehlt nur auf den Britischen Inseln und in Nordeuropa. Er ist gedrungen, hat kleine Ohren und einen weißen, meist tiefgegabelten Kehllatz, der bis an die Vorderfüße reicht. Als ursprünglicher Felsbewohner ist er heute weit in den menschlichen Siedlungsbereich vorgedrungen, wo er hauptsächlich in dörflichen Siedlungen, in Vorstädten und am Rande auch größerer Städte lebt («Stadtmarder»). In den letzten Jahren ist er sogar bis ins Zentrum von Großstädten vorgedrungen. Er zog in den letzten Jahren die Aufmerksamkeit und den Unwillen von Autobesitzern auf sich, weil er nachts in den Motorraum abgestellter Autos eindringt und hier gern an Kabeln nagt, Kühlschläuche und Dämmaterial zerbeißt u.ä. Die erste entsprechende Beobachtung erfolgte 1978 in Winterthur. Dieses Verhalten ist Ausdruck der sehr sorgfältigen Umwelterkundung des Steinmarders. Häufung von Schäden an Autos im Frühjahr deuten auf Revierauseinandersetzungen von Männchen, die in Motorräumen von Autos, die einerseits duftmarkiert sind und andererseits die Neugier anderer Männchen wecken, ausgetragen werden. Der Motorraum großer Wagen ist für Marder interessanter als der von Kleinwagen. Jeder Autotyp hat eine eigene «Hitliste» von Teilen, denen sich die Aufmerksamkeit der Marder zuwendet. Diese lassen sich mit elektrischen Abschrecksystemen oder lose unter den Motor gelegten ca. 1 m^2 großen Hühnerdraht vertreiben. Der Marder ist ein Einzelgänger, ist sehr bewegungsaktiv und kann gut klettern und springen. Er jagt vor allem nachts auf Friedhöfen, in Parks, Gärten, auf Bahngeländen u.ä. Ein Marderrevier im städtischen Raum ist i.a. 30 ha, in Waldgebieten mehrere 100 ha groß.

Die Nahrung des Steinmarders ist vielfältig und umfaßt tierische und pflanzliche Anteile. In dörflichen und urbanen Bereichen kann im Herbst pflanzliche Kost (Früchte v.a. Kirschen, Beeren u.ä.) deutlich überwiegen. In naturnahen Lebensräumen nehmen Steinmarder mehr tierische Kost zu sich, wobei *Microtus arvalis* und Wildkaninchen überwiegen. Es werden aber auch Ratten, Spitzmäuse, kleine Vögel, Eier und Insekten gefressen. Generell ist der Steinmarder Nahrungsopportunist und Generalist, was ihm das Leben in Städten erleichtert, er ist aber trotz seiner Nähe zum Menschen kein Kommensale des Menschen geworden.

Die Paarungszeit ist von Ende Juni bis Anfang August. Es folgt eine mehrmonatige Keimruhe, im März werden 2–3 Junge geboren, die sich recht langsam entwickeln und erst nach 5 Wochen die Augen öffnen. Sie werden allein von der Mutter aufgezogen und ungewöhnlich intensiv von ihr betreut. Im Spätsommer und Herbst verlassen die Jungen das Revier der Mutter. Im darauffolgenden Jahr paaren sich die weiblichen Tiere (Fähen) und bringen im Alter von 2 Jahren ihren ersten eigenen Nachwuchs zur Welt.

Dachs *(Meles meles)*: Größtes marderartiges Säugetier in Deutschland mit recht massigem Körper; auffallende Gesichtszeichnung mit breiten weißen und schwarzen Längsstreifen, graue Körperseite, schwarze Körperunterseite; Verbreitung in ganz Europa mit Ausnahme einiger Randregionen. In manchen Gegenden bis in den suburbanen Bereich. In Deutschland weit verbreitet, breites Spektrum an Habitaten, bevorzugt abwechslungsreiche Waldgebiete, kann in Wassernähe und an Meeresküsten vorkommen (Rügen ist z.B. gut besiedelt), im Gebirge bis 2000 m. Insgesamt ist der Bestand seit Reduzierung der Raubwildjagd gesichert, er nimmt lokal wieder zu. Straßenbau und Zersiedelung der Landschaft, hohes Verkehrsaufkommen sind wahrscheinlich nachteilig. Rückgänge außer Bejagung auch durch Tollwut und andere Krankheiten. Wiederholt wurden drastische Rückgänge des Dachsbestandes beobachtet, wobei die Ursachen nicht ganz klar sind.

Verzögerte Implantation. Durchschnittliche Wurfgröße ca. 3 Junge, Durchschnittsgewicht: Rüden 12,2 kg, Fähen 10,3 kg. Von März bis November Gewichtszunahme, dann Gewichtsrückgang ab Nov./Dez. bis März.

Die Verfolgung des Dachses in der Vergangenheit als «Schädling» beruhte vor allem auf mangelhafter Kenntnis seiner Lebensweise. Exakte langjährige Analysen aus dem nördlichen Harzvorland zeigten, daß der Dachs Allesfresser mit zeitweiliger starker Präferenz für Regenwürmer ist. Mit ca. 48% des Gesamtvolumens der Nahrung bilden Regenwürmer den Hauptteil der Ernährung in dem genannten Untersuchungsgebiet, aber auch anderswo, z.B. in Schottland. Weitere Nahrungsbestandteile sind Kleinsäuger, v.a. die Feldmaus *(Microtus arvalis)*, die ca. 20% des Gesamtvolumens der Nahrung ausmacht; Hamster machen 6,5% aus, andere Mäuse und Junghasen sind nur Gelegenheitsbeute. Insekten, besonders Carabiden und Scarabaeiden, aber auch Wespen und Hummeln und deren Erdnester machen ca. 2,1% aus. Schnecken, Amphibien und Aas treten als zufällige Beute auf. Obst und Beeren sind in der Nahrung mit 8,8%, Eicheln mit 13,1% vertreten. Wenn Obst (Vogelkirsche, Wildapfel, Wildbirne u.ä.) zur Verfügung steht, kann es eine bedeutsame Rolle bei der Ernährung spielen, zeitweise können Eicheln die wichtigste Nahrungskomponente sein. Im Mittelmeergebiet stehen weniger Regenwürmer zur Verfügung, dort spielen Insekten und Früchte eine größere Rolle.

Bei der Nahrungssuche ist er Einzelgänger, lebt im Bau aber in Familienverbänden (Clans). Gräbt sich Höhlensysteme mit mehreren Eingängen. Winterruhe in den kältesten Monaten des Jahres.

Überfamilie: **Cynoidea** (= **Canoidea**). Bis ins Oligozän zurückgehende recht einheitliche Gruppe, die jedoch auch Beziehungen zu den Herpestoidea (s. u.) hat. Nur eine Familie.

Canidae (Hunde): bodenlebende Lauftiere, größere Arten meist Hetzräuber, vielfach in Erdbauten, Schnauze i. a. spitz, Zehengänger, Daumen meist vorhanden, Großzehe fehlend. Das Gebiß ist verhältnismäßig ursprünglich; Ausnahme *Otocyon* als Insektenfresser mit 4 kleinen Prämolaren und 3–4 oberen und 4–5 unteren Molaren; ca. 110 Arten, *Canis* (Wölfe, Schakale), weltweit, *Chrysocyon* (Mähnenwolf), Süd-Amerika; *Nycterneutes* (Marderhund), Ostasien, in Rußland ausgesetzt, westwärts wandernd; *Speothos* (Waldhund), Mittel- und Südamerika; *Lycaon* (Hyänenhund, Abb. 429b), Großwildhetzer, Afrika, Bestände stark zurückgegangen; *Cuon* (Rothund), Süd-Ostasien; *Otocyon* (Löffelhund), sehr große Ohren, die er beim Aufspüren seiner Insektennahrung (vorwiegend Termiten) einsetzt, Afrika; *Urocyon* (Graufuchs), Amerika; *Vulpes* (echte Füchse): *Vulpes vulpes*, Rotfuchs, Kulturfolger, dringt z. T. selbst in Großstädte ein. *Fennecus* (Wüstenfuchs, Fenek), Nordafrika, Arabische Halbinsel.

Überfamilie **Herpestoidea** (= **Auluroidea** = **Feloidea**). In dieser vielgestaltigen Gruppe werden Schleichkatzen (Viverridae und Herpestidae), Hyänen und Katzen zusammengefaßt.

Viverridae: Schwanz lang, oft buschig; Krallen oft rückziehbar. Molaren relativ breit und spitzhöckerig, oft Baumtiere, Alte Welt, 72 Arten. *Genetta* (Ginsterkatze) auch in Süd-Europa; *Viverra* (Zibetkatzen), Südasien; *Paradoxurus* (Musangs), Süd- und Südostasien; *Paguma* (Larvenroller), Süd-Asien; *Arcticitis* (Binturong), Süd- und Südost-Asien; *Galidictis* (Breitstreifenmungo), Madagaskar.

Herpestidae (Ichneumons): Afrika, Iberische Halbinsel, Südasien. Mungos (Abb. 429g), *Suricata* (Erdmännchen), Südafrika; mit hochentwickelten Sozialstrukturen.

Felidae (Katzen): ursprünglich Baumtiere, kurze Schnauze, große und nach vorn gerichtete Augen, meist zurückziehbare Krallen. In Ober- und Unterkiefer nur 1 Molar. 35 Arten: *Felis* (Wildkatzen), Afrika, Eurasien, die europäische Wildkatze *(Felis silvestris)* noch in verschiedenen Mittelgebirgen in Deutschland, *F. lybica* (Afrika, Vorderasien), Stammform der Hauskatze, *Felis concolor* (Puma, Silberlöwe), bis leopardengroß, Nord- bis Südamerika; *Leopardus* (Ozelotkatzen, Abb. 429f), Südamerika; *Neofelis* (Nebelparder), Südasien; *Herpailurus* (Wieselkatze), Amerika, z. T. Pflanzenfresser; *Lynx* (Luchse), holarktisch; *Caracal* (Karakal), Afrika, Vorderasien; *Uncia* (Schneeleopard), Zentralasien; *Panthera* mit *P. leo* (Löwe).

Löwen sind die größten Carnivoren Afrikas, mit einem Körpergewicht von ca. 130 kg (Weibchen) bis ca. 190 kg (Männchen). Adulte Männchen bilden zumeist eine Mähne aus mit bis zu 15–16 cm langen Haaren. Sie wurden von vielen Völkern als königliches Symbol der Macht angesehen, sind oft als Wächter oder Beschützer von Herrschern, Palästen oder Grabmälern dargestellt. Im frühen und mittelalterlichen Christentum ist der Löwe Symbol Christi, geflügelte Löwen (Greife) sind stets ein Christussymbol. Er ist Attribut des Evangelisten Markus.

Löwen waren noch in historischen Zeiten weit verbreitet in Afrika, Vorder- und Südasien und Südosteuropa. Die letzten europäischen Löwen wurden im Jahre 100 n. Chr. ausgerottet, in Palästina hielten sie sich bis ins 12. Jhdt. In Asien kommen heute nur noch ca. 190 Tiere in Nordwestindien vor (Gir-Halbinsel). Sie fehlen heute in Nordafrika; im südlichen Afrika, wo sie im frühen 18. Jhdt. noch verbreitet vorkamen, existieren sie heute nur noch in Wildparks. Sonst sind sie in Afrika noch südlich der Sahara lückenhaft vom Senegal bis Äthiopien und Ostafrika verbreitet. Sie fehlen in geschlossenen Waldgebieten und bevorzugen Steppen und Halbwüsten.

Löwen sind vor allem nachtaktiv, können aber auch

tagsüber jagen. Sonst ruhen sie am Tage in Gruppen an schattigen Plätzen. Löwen sind die einzigen Feliden, die eine ausgeprägte Sozialstruktur aufweisen; sie leben und jagen in Rudeln, die aus wenigen, bis ca. 30 Individuen bestehen können. Im Durchschnitt gibt es in einem Rudel zwei erwachsene Männchen, von denen eins dominant ist. Die Verfügbarkeit von Nahrung beeinflußt die Gruppengröße. Reviergrößen variieren, in baumreichen Regionen werden Reviere verteidigt; in Steppengebieten, in denen die Beutetiere wandern können, gibt es keine festen Reviere, sondern «Wohngebiete», deren Größe wechselt. Löwinnen bilden den Kern des Rudels. Adulte Löwinnen bleiben ihr ganzes Leben in der Gruppe; eine von ihnen ist dominant. Innerhalb des Wohngebietes können die Rudel Untergruppen bilden, die freundlich miteinander verkehren. Verstoßene adulte Männchen und subadulte Tiere können ein Nomadenleben führen und weite Wanderungen ausführen. Territorien oder Wohngebiete werden durch Brüllen, Patroullieren und Duftmarken gekennzeichnet. Kämpfe zwischen Tieren benachbarter Gruppen sind relativ selten, jedoch kann es innerhalb einer Gruppe zwischen rivalisierenden Männchen zu schweren, z.T. tödlichen Kämpfen kommen. Öfters schließen sich mehrere männliche Tiere zur Durchsetzung ihres Reproduktionsdranges zusammen, so daß sie gemeinsam leichter das herrschende Männchen aus dem Rudel vertreiben können. Zwischen 5 und 9 Jahren sind männliche Tiere in stärkster körperlicher Verfassung. Da sie ein Rudel kaum länger als 2 Jahre gegen Mitkonkurrenten zu verteidigen vermögen, töten sie bei der Rudelübernahme alle Jungtiere ihres vertriebenen Vorgängers, die noch gesäugt werden, auch gegen den erbitterten Widerstand der weiblichen Tiere. Weibliche Tiere werden zum ersten Mal trächtig nach gut 3½ Jahren und haben alle 2 Jahre Junge bis ins Alter von ca. 15 Jahren. Trächtigkeit ca. 110 Tage. Die Wurfgröße ist im Durchschnitt 2,6 (1–6, selten mehr). Die Jungen bleiben ca. 2 Jahre bei der Mutter. Zum Werfen entfernt sich die Löwin vom Rudel und versteckt ihre Jungen. Sie kehrt mit ihnen erst wieder zurück, wenn diese 4–8 Wochen alt sind bzw. wenn im Rudel keine Jungtiere unter 3 Monaten vorhanden sind, da diese versuchen, von anderen Löwinnen mitgesäugt zu werden.

Das Nahrungsspektrum der Löwen ist groß und reicht von Mäusen bis zu Kaffernbüffeln, es können auch Vögel (Strauße), Reptilien und sogar Insekten gefressen werden; i.a. sind Paarhufer (Antilopen, Giraffen u.a.) und Zebras die häufigsten Beutetiere. Löwen können auch Aas fressen oder Fische in ausgetrockneten Gewässern erbeuten. Die Jagd erfolgt unter Beteiligung aller weiblichen Gruppenangehörigen. Die Gruppenjagd führt häufiger zum Erfolg als die Jagd eines Einzeltieres. Löwen schleichen sich an die Beute heran und rennen nur 100–200 m auf die Beutetiere zu. Beutetiere werden zu Boden gerissen und durch Biß in die Kehle erstickt. Die Männchen beteiligen sich wenig an der Jagd, fressen aber oft als erste von der Beute. Es können sich nachts erbitterte Kämpfe um Beute zwischen Löwen- und Tüpfelhyänenrudeln abspielen, deren Ausgang für die Löwen i.a. nur dann erfolgreich ist, wenn die Löwenmännchen intensiv in den Kampf eingreifen.

Panthera pardus (Leopard), Afrika, Asien, sehr anpassungsfähig (Trocken-, Wald-, Gebirgsgebiete u. a.), heute noch die verbreitetste Großkatze, jedoch überall verfolgt und bedroht. Fell mit relativ kleinen Rosetten ohne Innenflecken. Beute wird gern auf Bäume geschleppt und dort verzehrt. Melanistische Individuen mitunter, v. a. in Ostafrika und Südostasien: Schwarze Panther. *P. tigris* (Tiger), Süd- und Ostasien, von Ausrottung bedroht, vermutlich nur noch um 2000 Individuen. Einzeljäger, Bedrohung heute v. a. durch Einengung und Aufsplitterung der Lebensräume und Glauben an die Kraft verschiedener Organe, denen in Süd- und Südostasien medizinische Wunderwirkungen zugeschrieben werden. Früher bis in den Osten der Türkei und bis Bali. Bevorzugt Dschungel oder ähnliche Waldgebiete, lebt gern in Wassernähe. *P. onca* (Jaguar), Süd- und Mittelamerika bis südliche USA, Fell mit großen Rosetten, die i. a. einzelne Innenflecken haben. Wald bis Savannen, schwimmt gern, vereinzelt melanistische Individuen. *Acinonyx* (Gepard), hochbeinig, Schnelläufer, ursprünglich ganz Afrika, Vorderasien bis Indien, heute in weiten Bereichen ausgerottet und nur noch in ost- und südafrikanischen Reservaten regelmäßig anzutreffen, schnellstes Säugetier, Hetzjagd auf Beute (kleine Antilopen u. ä.), wobei kurzzeitig Geschwindigkeiten von ca. 100 km/h erreicht werden. Die Individuen von Populationen sind durch ungewöhnlich hohe genetische Ähnlichkeit gekennzeichnet. Ist Tüpfelhyänen und Löwen im gleichen Gebiet unterlegen. Als primitive Form kann die madagassische, z. T. an Katzen erinnernde *Cryptoprocta* (Katzenfrett, «Fossa») auch den Viverriden zugeordnet werden.

Hyaenidae: Erst seit dem Miozän bekannt. Im Plio- und Pleistozän Riesenformen. In Europa starben Hyänen mit der Höhlenhyäne (*Crocuta spelaea*) im späten Pleistozän aus. Meist sehr starke Backenzähne (zerbeißen Knochen). Großer schneidender P^4 und sehr kräftig schneidender M_1. P_4 und P_3 vergrößert. *Hyaena* und *Proteles* mit Mähnenbildungen. Typischer Körperbau: Vorderkörper kräftig und hoch, Hinterkörper schwächer, abfallende Rückenlinie. *Crocuta* (Tüpfelhyäne, Abb. 430 a), Afrika südlich der Sahara, Weibchen mit penisartiger Clitoris und Scrotaltaschen; Weibchen größer und kräftiger als Männchen (Weibchen bis 85 kg, Männchen bis 60 kg). Weibchen mit relativ hohem Spiegel an männlichen Geschlechtshormonen. Leben in z. T.

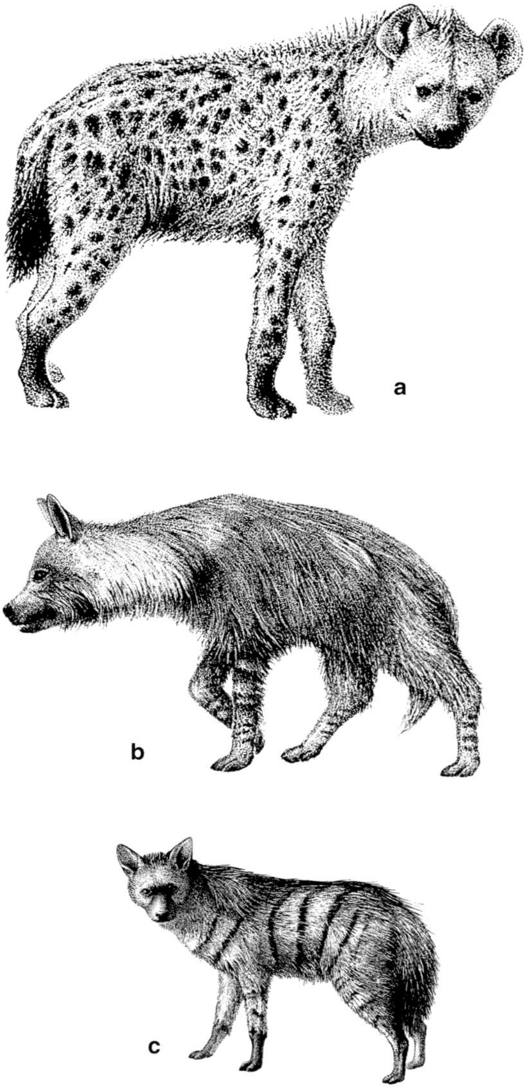

Abb. 430: Rezente Hyänen. a. *Crocuta crocuta* (Tüpfel- = Fleckenhyäne). b. *Hyaena brunnea* (Braune Hyäne, Strandwolf). c. *Proteles cristatus* (Erdwolf)

großen Verbänden, die im Kern von Weibchen gebildet werden und von dominantem Weibchen angeführt werden. Männchen in der Peripherie der Gruppe. Komplexes Sozialverhalten mit ritualisierter Begrüßungs- und Beschwichtigungszeremonie und differenzierter Körper- und Lautsprache. Rudeljäger fressen auch Aas und Knochen und gelegentlich Beeren u. a.; *Hyaena hyaena* (Streifenhyäne), Nord- und Ostafrika, Kleinasien bis Indien, nachtaktiv, meist allein oder paarweise lebend, Aas- und Abfallfresser, jagen aber auch kleine Beutetiere. *H. brunnea* (Braune Hyäne, Abb. 430 b), südliches Afrika, meist einzeln lebend, nachtaktiv, Aas- und Abfallfresser, jagt aber auch kleine oder junge Beutetiere. *Proteles* (Erdwolf, Abb. 430 c), verkümmerte Backenzähne, Termitenfresser, große Speicheldrüsen, die die weit vorstreckbare Zunge mit klebrigem Sekret bedekken.

Unterordnung: Pinnipedia (Flossenfüßer, Robben). Seit Miozän nachgewiesene, von arctoiden Fissipediern abstammende und ans Wasserleben angepaßte Carnivoren, deren Extremitäten zu Flossen umgewandelt sind (Abb. 431). Hinterbeine bilden Schwanzflosse, Schwanz reduziert. Die Haut zeigt viele Anpassungen an das Wasserleben: dicke Haut mit oft kaum verhornter, bis 1 mm hoher Epidermis und umfangreichem Unterhautfettgewebe (beim Walroß bis 5 cm dick); die Haare wachsen in Gruppen von 4 bis ca. 20; dabei ist ein Haar besonders lang und kräftig, während die anderen weicher sind und wellig verlaufen (Unterwolle); ihre hohe Zahl bei den Pelzrobben macht den Wert von deren Fellen aus. Luftblasen in der Unterwolle sind ein wichtiger Wärmeisolator. Vor der Paarungszeit wird das Fell gewechselt, gleichzeitig läßt sich bei vielen Robben eine Häutung der Epidermis beobachten. Große Sinushaare an der Schnauze. Nasen- und Ohrenöffnungen verschließbar, Ohrmuschel fehlend oder klein, große Augen. Backenzähne schmal und spitz, Tendenz zur Gleichförmigkeit (Homodontie). Niere und Leber viel-

Abb. 431: Tiere nordpazifischer Küsten. a. Schwertwal *(Orcinus orca)*, b. Bandrobbe *(Phoca fasciata)*, c. Eismeer-Ringelrobbe *(Phoca hispida)*, d. Beringmöwe *(Larus glaucescens)*, e. Küstenseeschwalbe *(Sterna paradisea)*, f. Walroß *(Odobenus rosmarus)*, g. Nördlicher See-Elefant *(Mirounga angustirostris)*, h. Stellerscher Seelöwe *(Eumetopias jubatus)*, i. Seehund *(Phoca vitulina)*, j. Nördlicher Seebär *(Callorhinus ursinus)*, k. Schopflund *(Fratercula cirrhata)*, l. Ohrenscharbe *(Phalacrocorax auritus)*, m. Seeotter *(Enhydra lutris)*, n. *Evasterias troschelii*, o. *Triopha catulinae*, p. *Myliobatis californica*, q. *Pelagia noctiluca*, r. *Macrocystis spec.*, s. *Octopus bimaculatus*, t. *Lepas anatifera*, u. *Tealia crassicornis*, v. *Strongylocentrotus droebachiensis*, w. *Patiria miniata*, x. *Strongylocentrotus purpuratus*, y. *Engraulis mordax*, z. *Microciona prolifera*, 1. *Allopora porphyra*, 2. *Balanus amphitrite*, 3. *Pollicipes polymerus*. Original ▷

a
b
c
d
e
f
g
h
i
j
k
l
m
n
o
p
q
r
s
t
v
w
x
y
z
1
2

lappig; After und Vulva in gemeinsamer verschließbarer Hauttasche; Uterus bicornis. Meist 1 Junges, 10–12 Monate Tragzeit, Geburten an Land oder auf Eisschollen, Neugeborenes voll behaart, mit offenen Augen, bald schwimmfähig, hochkalorische Milch, z. T. Echopeilung. 34 Arten.

Die Verbreitung der Robben wird stark von Meeresströmen bestimmt. Sie bevorzugen meist Kaltwassergebiete und kommen daher vor allem in Nordatlantik, Nordpazifik, in antarktischen Gewässern und an den Westküsten der Südkontinente vor. Ausnahmen bilden die Mönchsrobbe und die Baikalrobbe.

Otarioidea: primitivere Robbengruppe (Abb. 431). Hinterextremitäten mit flossenähnlichen Füßen, die nach vorn gewendet werden können, Flossen unbehaart, Hals lang; marin.

Otariidae (Seelöwen und Pelzrobben): kleines äußeres Ohr, kurzer freier Schwanz, Hoden in Scrotum. Seelöwen *(Otaria), Eumetopias* (Abb. 431 h), *Neophoca, Phocarctos, Zalophus*, kurzer Pelz mit gering entwickelter Unterwolle, kurze Schnauze; Pelzrobben *Callorhinus* (Abb. 431 j), *Arctocephalus*, längerer Pelz mit dichter Unterwolle, spitze Schnauze.

Odobenidae (Walrosse): äußeres Ohr fehlt, Schwanz liegt in Hautfalte, beide Geschlechter mit stark verlängerten oberen Eckzähnen, die zeitlebens wachsen, Schalentierfresser, innere Hoden. Nordpazifik, Nordatlantik. *Odobenus* (Walroß), 1 Art (Abb. 431 f).

Phocoidea: spezialisiertere Robbengruppe (Abb. 431 b, c, i). Die zu Flossen umgewandelten Hinterextremitäten können nicht mehr nach vorn gewendet werden, Flossen behaart; Hals kurz; marin, Brack- und Süßwasser.

Phocidae (Seehunde): bis 6,5 m lang, 18 Arten. *Monachus* (Mönchsrobben), mit primitiven Merkmalen, warme Meere, Hawaii, Karibik (hier ca. 1950 ausgerottet), Mittelmeer, Schwarzes Meer, Madeira, Kanarische Inseln, nordwestafrikanische Küste; überall stark bedroht. *Lobodon* (Krabbenfresserrobbe), Antarktis, ernährt sich überwiegend von Krill, bildet derzeit noch relativ große Populationen; *Hydrurga* (Seeleopard), Antarktis; *Leptonychotes* (Weddellrobbe), extrem an das antarktische Leben angepaßt, kann sehr tief und anhaltend (20–30 min, in Extremsituationen über 60 min) tauchen; *Phoca vitulina* (Seehund; Abb. 431 i), circumpolar, auch Ostsee; *Pusa* (Ringelrobben), klein, auch Ostsee, Seen in Finnland und Rußland bis Kaspisee und Baikalsee; *Pagophilus* (Sattelrobbe) circumpolar; *Halichoerus* (Kegelrobbe), Nordatlantik, auch Nord- und Ostsee; *Cystophora* (Klappmütze), Nordatlantik, Nase verlängert und aufblasbar; *Mirounga* (See-Elefanten, 2 Arten), größte Robben (5 m lang, Bullen 4 t schwer), Nase aufblasbar und verlängert, taucht über 1000 m tief (Abb. 431 g).

12. Ordnung: Lagomorpha (Hasen)

Seit langem isolierte Gruppe, die sich aus den Huftieren nahestehenden primitiven Säugern entwickelt hat. Nicht mit Rodentia verwandt, Nagegebiß und andere Merkmale sind parallel entstanden. Behaarte Sohlen, große Augen, Ohren bei Leporidae sehr groß, Schwanz kurz oder fehlend. 2 Paar obere Incisivi (das 3. Paar fällt gleich nach Geburt aus); der 2. obere Incisivus bleibt klein und rückt hinter den 1., der ganz von Schmelz umgeben ist (bei Rodentiern Schmelz nur auf der Vorderseite) und dauernd nachwächst. Der knöcherne Gaumen bildet eine enge Querbrücke. Einfacher Magen, spiralig aufgerollter Blinddarm; 2 Kotsorten: weicher Blinddarmkot (vitaminreich, wird wieder aufgenommen, Caecotrophie) und harter Darmkot. 60 Arten (Abb. 432).

Leporidae (Hasen und Kaninchen): Kaninchen mit Erdbauten, Nesthocker, bei Geburt nackt und blind; Hasen Nestflüchter. Kaninchen durch Menschen weltweit verbreitet, oft durch Massenentwicklung schädlich. *Lepus* mit Feld- und Schneehasen in unserem Gebiet. Seit Ende der 70er Jahre starker Rückgang der Feldhasen in Europa durch Straßenverkehr, Landmaschinen, Krankheiten und Monokulturen.

Oryctolagus cuniculus (Wildkaninchen), domestiziert, *Sylvilagus* (Baumwollschwanzkaninchen), Amerika, mit 13 Arten, darunter 1 sumpfbewohnende; *Nesolagus* (Sumatrakaninchen).

Die Kaninchen *(Oryctolagus cuniculus)* kamen nach der letzten Eiszeit nur in Spanien und Nordwest-Afrika vor. Sie sind heute seit vielen Jahrhunderten vor allem durch den Menschen in weiten Teilen Europas verbreitet, haben sich aber wohl auch infolge der Waldrodung alleine ausgebreitet. In jüngerer Zeit wurden sie in Australien, Neuseeland und Südamerika ausgesetzt und haben sich hier i. a. sehr rasch und zum Schaden der einheimischen Tierwelt ausgebreitet.

Im Jahre 1859 hat der australische Siedler Thomas Austin ein Dutzend Wildkaninchen aus England in der Nähe seines Besitzes in Geelong ausgesetzt, in der Hoffnung, daß sie sich fest etablieren und ausbreiten würden. Diese Hoffnung erfüllte sich rasch, verwandelte sich aber bald zu einem Alptraum und eine ökologische Katastrophe für ganz Australien. 1886 erreichten die Kaninchen Queensland, und 1907 hatten sie die Tausende km entfernte Westküste erreicht. Sie breiteten sich mit einer katastrophalen Geschwindigkeit von ca. 100 km/Jahr im gesamten Land außer den tropischen Regionen aus. Die rasche Vermehrung führte zu Nahrungs- und Lebensraummangel vieler kleinerer einheimischer Arten, so daß diese z.T. sogar ausstarben oder sehr selten wurden. Auch die seit 1953 wiederholt aufgetretene Myxomatose, eine virale Augenkrankheit, reduzierte die Kaninchenbestände nur zeitweise. Die Krankheit wird durch Stechmücken und Flöhe übertragen.

Auch die Landwirtschaft Australiens wurde massiv geschädigt. Das Kaninchen in Australien symbolisierte zum erstenmal eindringlich die Dummheit und Kurzsichtigkeit vieler moderner Europäer ökologischen Zusammenhängen gegenüber.

In Mitteleuropa leben die sehr anpassungsfähigen Kaninchen in Kolonien und graben sich Höhlen in dekkungsreicher Landschaft; in urbaner Umgebung wird weitestgehend auf Höhlenbau verzichtet, es werden Kunsthöhlen, wie z.B. Holzstapel, Betonröhren u.ä. genutzt. Sie finden sich häufig in Städten, Parks, Friedhöfen oder auch auf Universitätsgeländen. Durch die Nähe zum Menschen hat sich die Fluchtdistanz erheblich verringert. Sie sind vor allem früh morgens oder abends in den frühen Nachtstunden aktiv.

Nahrung: Pflanzen (Knospen, Blätter, Rinde, Früchte usw.) auch Pilze und tierische Beikost. Tragzeit 28–31 Tage, 5–6 Würfe von Mai bis November, je Wurf i.a. 4–6 nackte, blinde Lagerjunge (Nesthocker), Säugezeit 3–4 Wochen, Geschlechtsreife mit 8–10 Monaten. Stammart der Hauskaninchen.

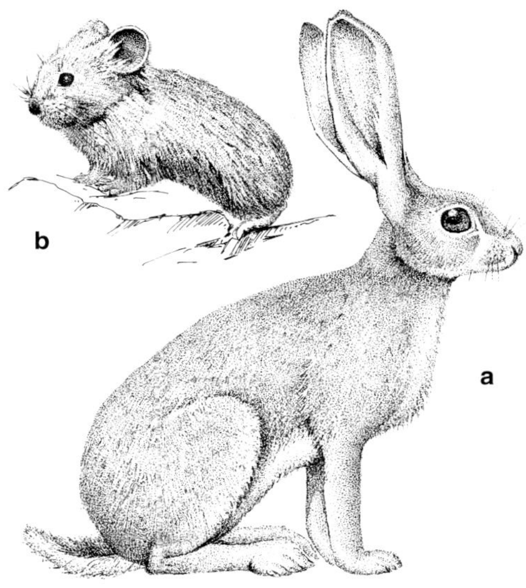

b

a

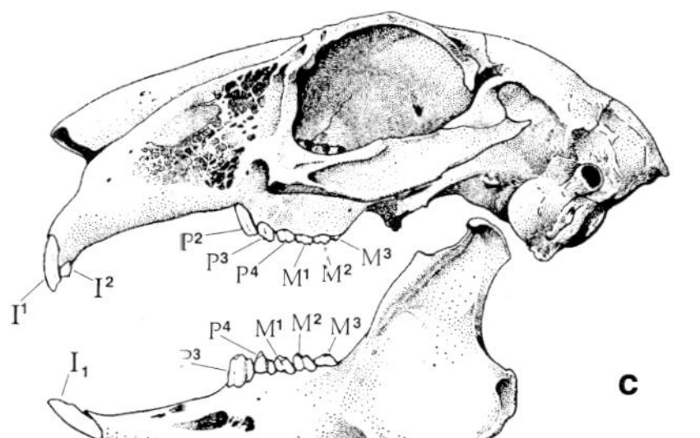

c

Abb. 432: Lagomorpha. a. *Lepus saxatilis* (Buschhase); lebt in Trockenbuschgebieten Afrikas. b. *Ochotona princeps* (Pfeifhase); lebt in Gebirgen SW-Kanadas und der westlichen USA. Die große Mehrzahl der *Ochotona*-Arten lebt in Gebirgen Asiens. c. *Lepus europaeus* (Feldhase); Schädel und Unterkiefer; der Gesichtsanteil des Os maxillare ist von zahlreichen Löchern durchsetzt, so daß ein netzartiger Aufbau entsteht. I: Incisivi, P: Praemolaren, M: Molaren. Nach Grassé, Nowak, Skinner, Smithers

Ochotonidae (Pfeifhasen): Gesellig lebende, stimmfreudige Formen, die in Aussehen an Meerschweinchen erinnern (Abb. 432 b).

Sie bewohnen Felsgebiete und Halbwüsten bis zu Waldgebieten und leben in Erdbauten und Felsspalten. Nordostasien bis Iran, Afghanistan und Myanmar; auch westliches Nordamerika. *Ochotona.*

13. Ordnung: Condylarthra

Alttertiäre Säuger mit vielen ursprünglichen Merkmalen, gehen bis in die Kreide zurück (Arctocyonidae). Nehmen zentrale Stellung in der Entwicklung der Placentalier ein. Phylogenetische Beziehungen bestehen zu Insectivoren, allen Huftieren und auch zu den Carnivoren. Meerschweinchen- bis tapirgroß. Primär wohl omnivor und herbivor (bunodonte Zähne), später auch reine Pflanzenfresser mit selenodonten Zähnen. *Phenacodus* (Abb. 433 a).

14. Ordnung: Tillodontia

Alttertiär, Schneidezähne wie bei Nagetieren. Herbi- oder omnivor; wurden bis braunbärengroß. Eurasien, Nordamerika.

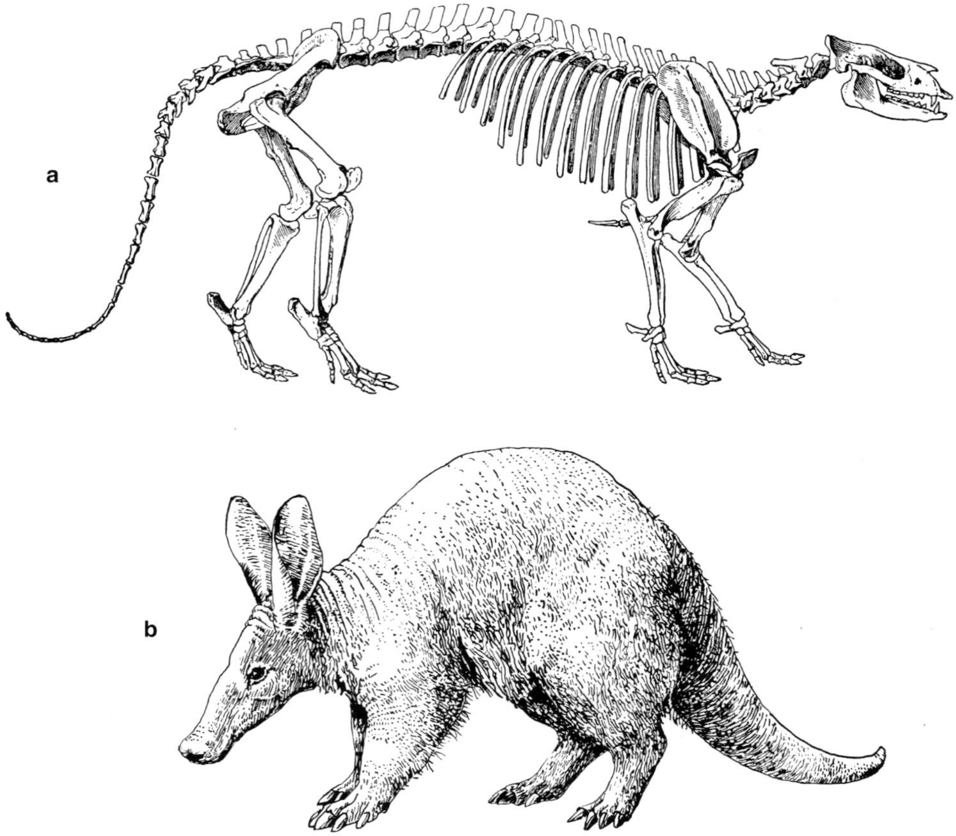

Abb. 433: a. Skelet von *Phenacodus* (oberes Paleozän bis mittleres Eozän, Nordamerika, Europa). b. *Orycteropus afer* (Erdferkel)

15. Ordnung: Tubulidentata (Erdferkel)

Heute nur noch 1 Art, *Orycteropus afer* (Abb. 433b), Afrika, südlich der Sahara; schweinegroß, spärlich behaart; Vorder- und Hinterfüße kräftige Grabwerkzeuge mit Nagelhufen. Eigenartiges Gebiß, Incisivi und Eckzähne fehlen, Backenzähne wurzellos, dauerwachsend und aus 1000 bis 1500 zementverkitteten feinen Dentinröhrchen bestehend, kein Schmelz. Lange, klebrige Zunge, Termiten- und Ameisenfresser, nachtaktiv, tagsüber in Erdbauten.

16. Ordnung: Litopterna

Ausgestorbene südamerikanische Huftierordnung, die im Extremitätenskelet konvergent zu den Pferden (Abb. 434) Einzehigkeit ausbildete (Toatherinen). Das Gebiß bleibt primitiver, zeigt aber auch Anklänge an das Pferdegebiß (Molarisierung der Prämolaren, Diastema, Hypsodontie). Alttertiär bis Pleistozän; leiten sich mit großer Wahrscheinlichkeit von den Condylarthra ab. Proterotheriidae; Macraucheniidae.

17. Ordnung: Notungulata

Formenreiche, ausgestorbene südamerikanische Huftiere. Meist drei- oder vierzehig, aber auch zwei- und fünfzehige Formen. Notioprogonia, primitive Formen; Toxodonta; Thypotheria; Hegetotheria, z. T. nashorngroß, Eckzähne z. T. sehr groß, z. T. vermutlich mit Rüssel (Homalodotheriidae).

18. Ordnung: Perissodactyla (Mesaxonia, Unpaarhufer)

Im Tertiär reich entwickelte Huftiergruppe, heute nur noch drei Familien mit wenigen Arten. In den Extremitäten ist der mittlere Strahl von Hand und Fuß (3. Mittelhand- bzw. Mittelfußknochen mit 3. Finger) stark entwickelt und trägt die Last des Körpers. Die seitlichen Finger sind schwächer oder fehlen (Abb. 434). Endphalangen tragen Nagelhufe oder Hufe. Backenzähne bilden geschlossene Reihe ähnlicher Zähne mit quadratischem Umriß, selenolophodont und plicident, Pflanzenfresser, Kopf groß mit auffällig beweglichen Lippen. Caecumfermentierer, großes Caecum, sehr langer Darm, davon ⅓ Colon.

Unterordnung: Ceratomorpha (Tapire und Nashörner). Tapire und Nashörner gehen auf eine gemeinsame Grundgruppe zurück, Extremitäten bleiben primitiv, Hand mit 3–4, Fuß mit 3 Zehen.

Tapiridae (Tapire): schweineähnliche Gestalt, fossil reich entwickelt, z. T. Lauftiere *(Lophiodon)*. Oberlippe und Nase rüsselartig, kurzes anliegendes Fell. Primitive Merkmale: Vorderfuß mit 4 Zehen, Gebiß vollständig, Backenzähne niedrigkronig. Spezialisationen betreffen Schädelgestalt, molarisierte Prämolaren, caniniformen I^3, Rüssel. Jungtiere mit geflecktem Fell, Erwachsene einfarbig braun (südamerikanische Formen) oder schwarzweiß (Schabrackentapir). Einzellebend in Wäldern. Die 4 rezenten Arten werden auf eine *(Tapirus)* oder auf mehrere Gattungen verteilt. Schabrakkentapir (Abb. 435), Malaya, Sumatra; übrige Formen in Süd- und Mittelamerika. Die Tapire sind durch Jagd und Lebensraumzerstörung stark gefährdet.

Rhinocerotidae (Nashörner). Bis über 4 m lange großköpfige Formen, Vorderextremität noch mit drei Zehen. Sondermerkmale: Reduktion des Vordergebisses, molarisierte Prämolaren, dicke wenig behaarte Haut mit z. T. plattenartigen Partien, die durch Falten getrennt sind; am Kopf epidermale Hörner; Gras- und Laubfresser. Heute nur noch 5 Arten, die fast alle von Ausrottung bedroht sind, vor allem die asiatischen Arten. *Dicerorhinus (= Didermoce-*

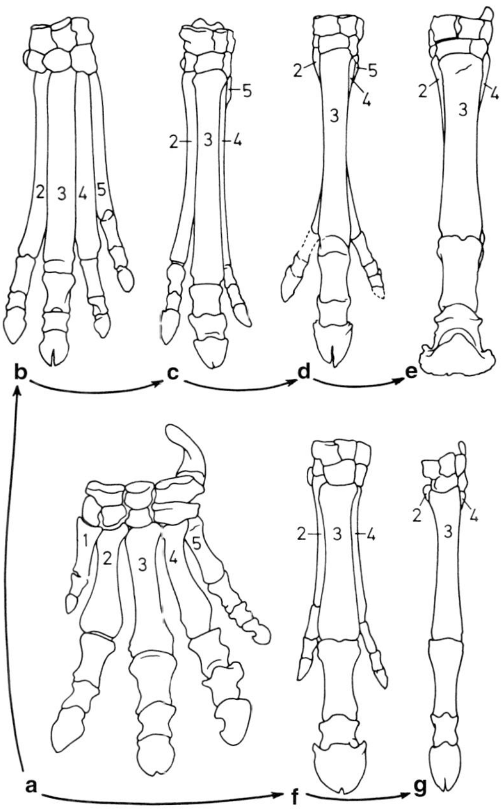

Abb. 434: Entwicklung der Vorderextremitäten vom eozänen Urhufer *Phenacodus* zu rezenten Pferden (b–e) sowie zu miozänen südamerikanischen pferdeähnlichen Formen (Litopterna f., g). 1–5: Metacarpalia. a. *Phenacodus*, b. *Eohippus*, c. *Miohippus*, d. *Parahippus*, e. *Equus*, f. *Diadiaphorus*, g. *Thoatherium*. Nach Gregory

rus) sumatrensis (Sumatra-Nashorn) früher in ganz Süd-Asien, heute sehr zurückgedrängt; relativ stark behaart und dünnhäutig (Abb. 436c); verwandt mit Wollnashorn der Eiszeit. *Rhinoceros unicornis* (Indisches Panzernashorn, Abb. 436a), früher in Nordindien verbreitet, heute noch in Nepal und Assam. *Rhinoceros sondiacus* (Java-Nashorn) früher von Hinterindien bis Java, heute nur noch vereinzelt (Abb. 436b). *Ceratotherium* (Breitmaulnashorn) und *Diceros* (Spitzmaulnashorn), beide in Afrika (Abb. 436d–f).

Indricotheriidae: Ausgestorbene, z. T. hornlose Riesenformen mit verlängertem Hals. *Baluchitherium, Paraceratherium.*

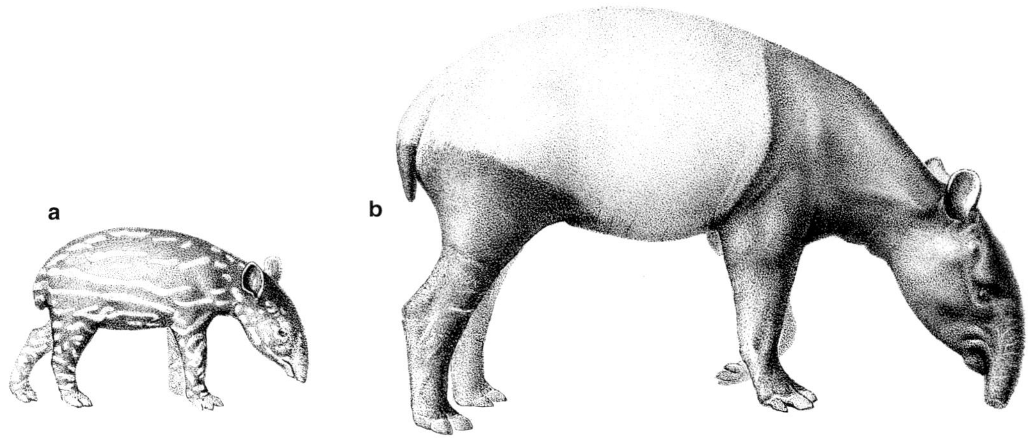

Abb. 435: Schabrackentapir *(Tapirus indicus)*. a. Jungtier, b. ausgewachsenes Individuum.

Unterordnung: Hippomorpha. Pferde und Brontotherien, die auf gemeinsame Wurzel zurückgehen.

Equidae (Pferde): seit Eozän bekannt. *Hyracotherium (= Eohippus)* mit vierfingerigen und dreizehigen Extremitäten. Abb. 437 zeigt die Entwicklung der Pferde. Rezente Arten (8) mit einzehigen Extremitäten (3. Zeh), Rundhuf, meißelförmigen Schneidezähnen, hochkronigen Backenzähnen, Diastema zwischen Schneide- und Backenzähnen; Eckzähne können fehlen; noch am Ende des Tertiärs weltweit verbreitet (excl. Australien). Savannen-, Steppen-, Halbwüstenbewohner; Gras- und Kräuterfresser. Heute eine Gattung: *Equus*. Dazu: Esel, Wildform noch in Nordost-Afrika; Halbesel, Artenzahl umstritten (1–3), fast ausgerottet, Mittelasien; Pferde und Zebras, Wildpferd *(Equus przewalskii)* in freier Wildbahn jetzt ausgestorben, war in historischer Zeit in der Steppenzone von Polen bis in die Mongolei verbreitet. In menschlicher Obhut befindliche Restbestände, von denen man nicht sicher weiß, ob sie reinen Wildpferden entsprechen, werden derzeit versuchsweise wieder ausgewildert. Stammform des Hauspferdes. In der ausgehenden letzten Eiszeit auch in Mittel- und Westeuropa, oft auf Höhlenmalereien in Südwestfrankreich (Abb. 438). 3 Zebraarten in Afrika mit großen Verhaltensunterschieden.

Brontotheriidae: mit Riesenformen, die bizarre Knochenhörner am Schädel trugen, Fußskelet bleibt primitiv, starben schon im älteren Tertiär aus.

19. Ordnung: Hyracoidea (Schliefer)

Felsen- oder baumbewohnende, kaninchengroße Huftiere, die sich an steilen Flächen fortbewegen können (Abb. 439). Ihre Stellung im System der Säugetiere ist noch umstritten. Neben ursprünglichen Merkmalen (z. B. intraabdominale Lage der Hoden in der Nierengegend) weisen sie auch viele abgeleitete Eigenmerkmale auf, z. B. paarige Blinddärme, Gürtelplacenta, Putzkralle u. a. Auffällig sind die hufähnlichen Bildungen (Nagelhufe) an den Endgliedern der Finger und Zehen. Die Sohlen sind reich mit Schweißdrüsen versehen. Serologische Merkmale und die Tatsache, daß die Schneidezähne ständig nachwachsen, wurden v. a. als Hinweis auf eine engere Verwandtschaft mit Elefanten und Seekühen angesehen.

Abb. 436: Die heute noch lebenden 5 Nashornarten: a. *Rhinoceros unicornis* (Indisches Panzernashorn), b. *Rhinoceros sondaicus* (Java-Nashorn), c. *Dicerorhinus sumatrensis* (Sumatra-Nashorn), d. Kopfansicht von *Diceros bicornis* (Spitzmaulnashorn) mit Fortsatz der Oberlippe. e. *Ceratotherium simum* (Breitmaulnashorn), f. Kopfansicht von *Ceratotherium* mit breiter annähernd gerade verlaufender Oberlippe. g. Vorderfuß von *Rhinoceros* mit 3 Fingerstrahlen (II, III, IV). ▷

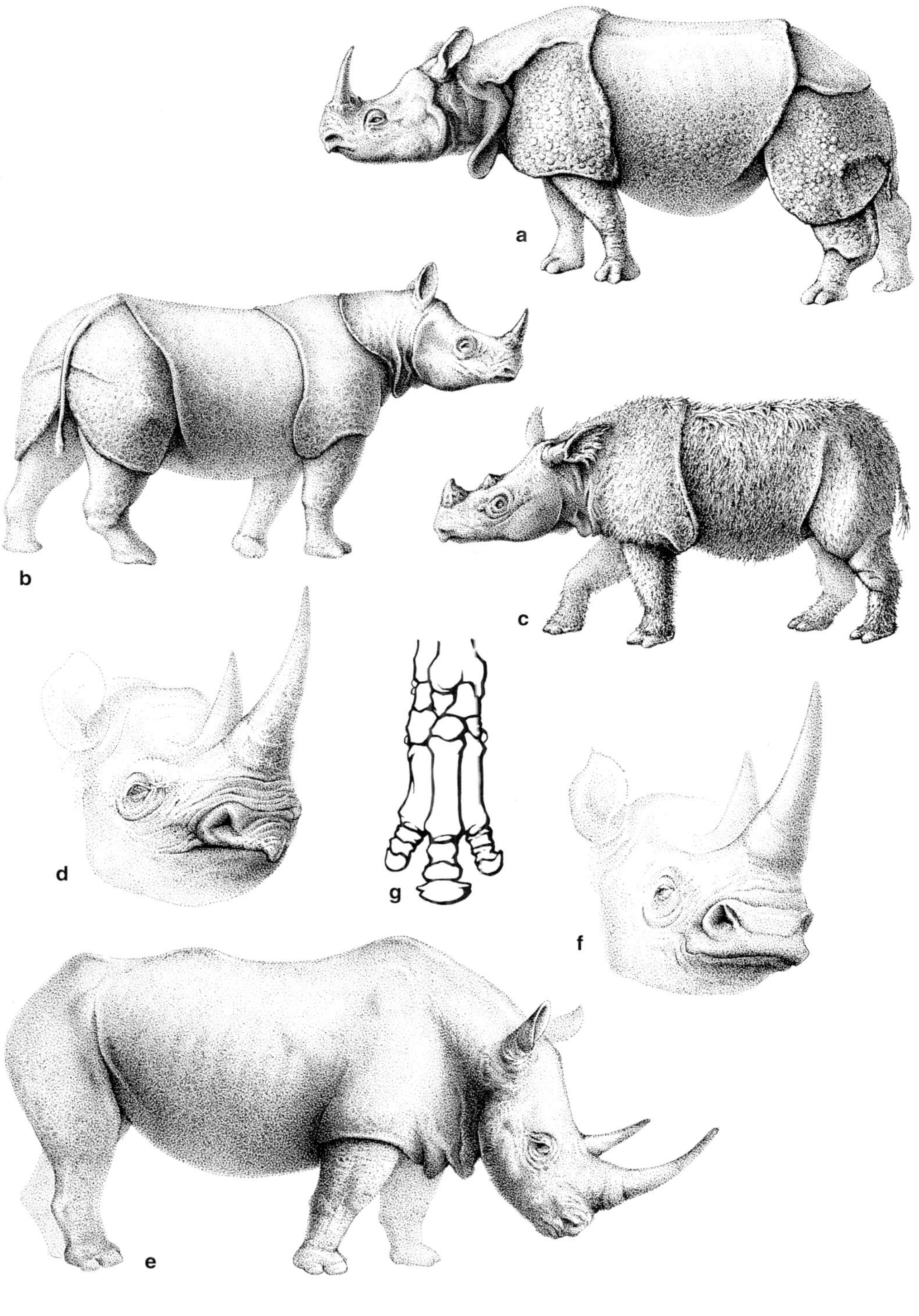
a
b
c
d
g
f
e

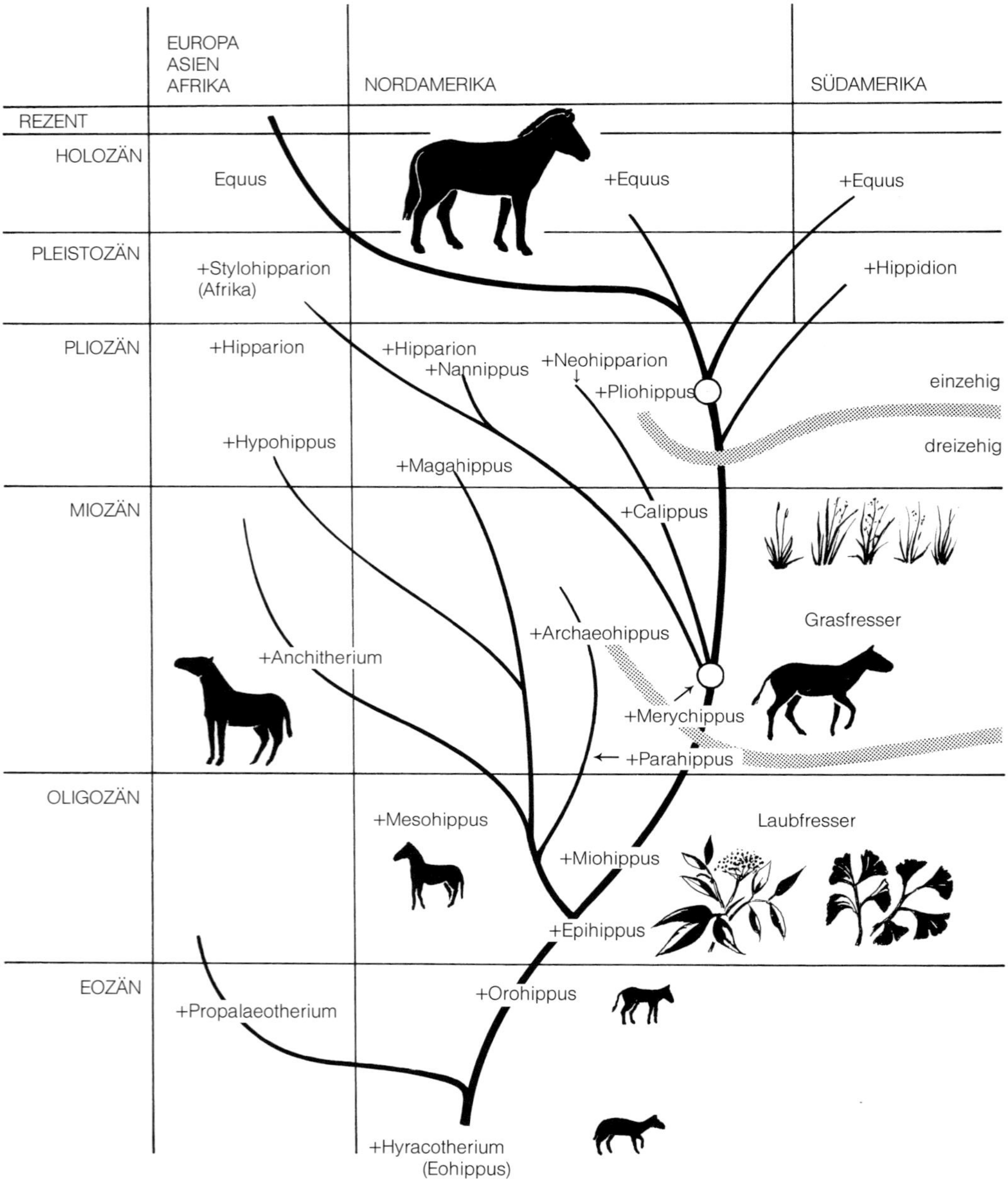

Abb. 437: Stammesgeschichte der Pferde. Die Entwicklung der Pferde vollzog sich hauptsächlich in Nordamerika; immer wieder erreichten aber Entwicklungslinien die Alte Welt und z.T. auch Südamerika. Die Urpferde (mit den bekannten Gattungen *Hyracotherium (Eohippus)* und *Propalaeotherium* wurden sowohl in Nordamerika als auch in Europa (besonders gut erhaltene Exemplare in der Grube Messel bei Darmstadt) gefunden; sie waren Laub- und Beerenfresser und besaßen vorn vier und hinten drei Zehen. Zwei Entwicklungstrends fallen besonders auf: 1) die kontinuierliche Rückbildung der Seitenzehen, bis der Mittelzeh alleine die Last des Körpers trägt und die Hauptrolle bei der Fortbewegung spielt (die ersten einzehigen Pferde traten vor ca. 5 Millionen Jahren auf); 2) im Miozän entstehen relativ rasch hochkronige Zähne, was parallel zur Ausbildung der Grasländer Nordamerikas erfolgte. Die Gattung *Equus* entstand in Nordamerika und starb hier erst vor einigen tausend Jahren aus, sie überlebte in Eurasien und Afrika.

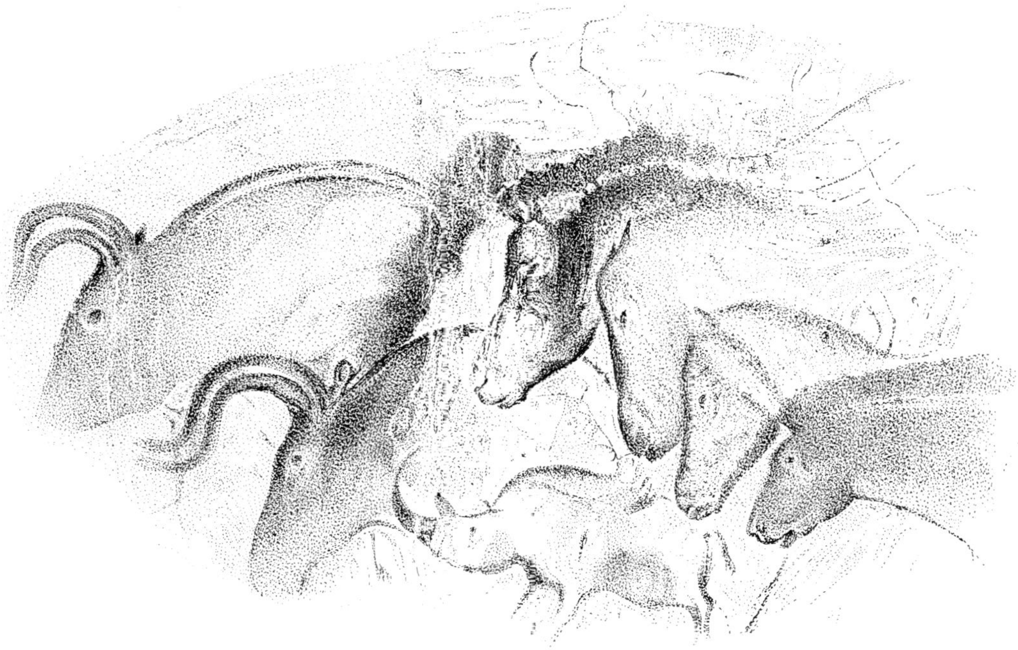

Abb. 438: Steinzeitliche Höhlenmalerei aus dem Südwesten Frankreichs mit Auerochsen, Wildpferden und Nashorn.

Mehrere Merkmalskomplexe im Bereich der Extremitätenanatomie, des Oberkiefers und des Mittelohres bzw. der Tuba Eustachii (mit Luftsäcken) sind sehr ähnlich wie bei den Perissodactyla ausgebildet, was im Sinne eines nahen Verwandtschaftsverhältnisses von Schliefern und Unpaarhufern zu interpretieren ist. Diese am Beispiel der Schliefer kurz angedeuteten Probleme innerhalb der Verwandtschaftsbeziehungen der Eutheria deuten darauf hin, daß die Aneinanderreihung der Ordnungen nur ein unvollkommener Ausdruck der tatsächlich vorhandenen Kenntnisse ist und daß es in Zukunft vermehrt zur Aufstellung höherer Kategorien kommen wird. So werden z. B. Elefanten und Seekühe auch als Tethytheria zusammengefaßt.

Die Schliefer sind pflanzenfressende Wiederkäuer mit zweiteiligem Magen. Sie waren im Tertiär formenreich und erreichten vereinzelt Nashorngröße. Bemerkenswert ist der Trend zur Vergrößerung der Mittelphalanx an Vorder- und Hinterfuß (mesaxoner Zustand, wie bei Perissodactyla). Heute nur noch wenige Arten in Afrika und Vorderasien. *Dendrohyrax*, Mittelafrika, *Heterohyrax*, Ost- bis Südafrika, *Procavia* (Klippschliefer), Afrika, Arabien, Palästina.

Abb. 439: *Procavia capensis* (Klippschliefer), beim erwachsenen männlichen Tier (oberes Tier) sind auch bei geschlossenem Maul die pro Kieferhälfte in Einzahl vorhandenen oberen Incisiven zu sehen. Die oberen großen Incisiven sind durch Dauerwachstum gekennzeichnet. Im Unterkiefer sind pro Kieferhälfte zwei Incisiven ohne Dauerwachstum vorhanden.

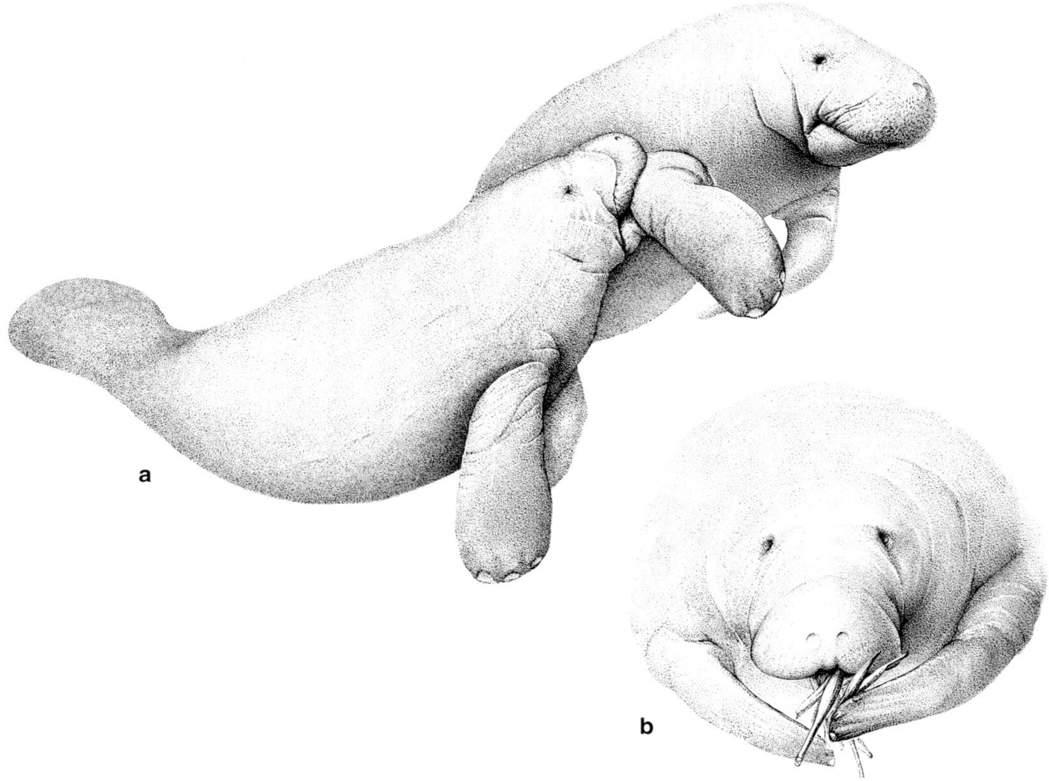

Abb. 440: *Trichechus manatus*. a. Weibliche Seekuh mit saugendem Jungtier, b. fressendes Tier

20. Ordnung: Ancylopoda

Hauptfamilie Chalicotheriidae. Unpaarhufer mit verlängerten Vorderextremitäten, die Hufkrallen trugen. Verschwanden erst im Pleistozän.

Die folgenden ausgestorbenen Huftierordnungen (21–24) gehen vermutlich ebenfalls auf alttertiäre Urhuftiere zurück.

21. Pantodonta. Mit plumpen Extremitäten und meist hufartigen Phalangen. **22. Dinocerata.** Zum Teil Großformen mit bizarren Knochenfortsätzen am Schädel, Extremitäten fünfzehig. **23. Xenungulata.** Nur im Paleozän Südamerikas. **24. Pyrotheria.** Alttertiär Südamerikas; in Unter- und Oberkiefer stoßzahnähnliche Incisivi; Rüssel; elefantenähnliche Pflanzenfresser. **25. Desmostylia.** Aquatische, flußpferdgroße Huftiere mit Stoßzähnen.

Die folgenden drei Säugetierordnungen werden als Subungulaten zusammengefaßt, sie sind vermutlich mit den vorausgegangenen Huftieren verwandt. Die rezenten Vertreter sind einander recht unähnlich (Elefanten, Seekühe), sind aber durch serologische und anatomische Gemeinsamkeiten, z. B. vergrößerte Schneidezähne – das Extrem stellen die Stoßzähne des Elefanten dar – geeint.

26. Ordnung: Sirenia (Seekühe)

Robbengroße, ans Wasserleben angepaßte Huftiere mit walzenförmigem Körper, der mit großer, horizontal gestellter Schwanzflosse endet. Weitere Merkmale, die man auf die aquatische Lebensweise zurückführt, sind flossenartige Vorderextremitäten, meist völlig reduzierte Hintergliedmaßen, fast unbehaarte Haut, Fehlen einer Halsregion, Ausdehnung der Lungen

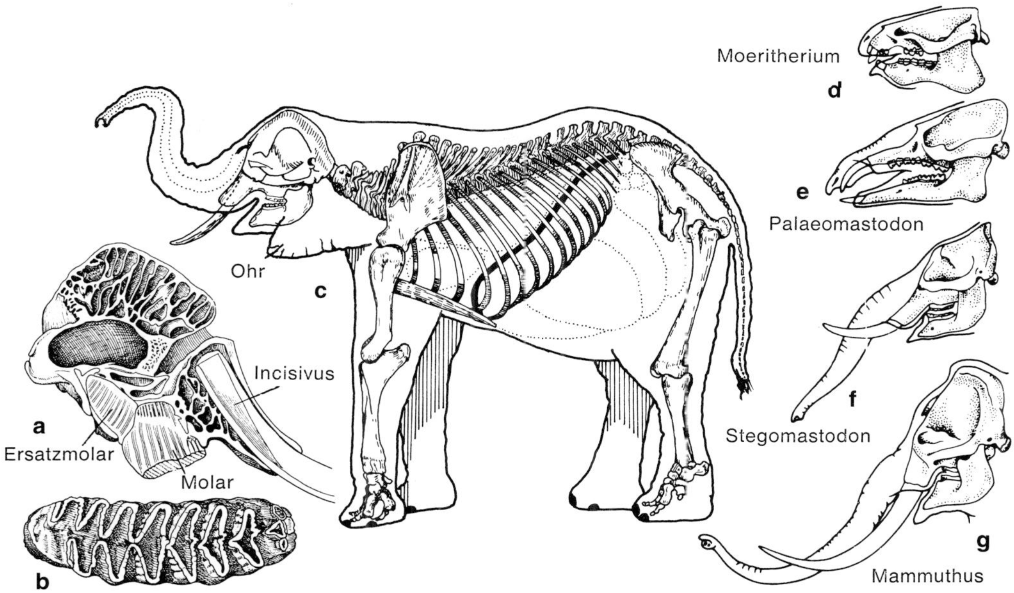

Abb. 441: Proboscidea. a. Längsschnitt durch den Schädel eines Elefanten. Beachte die pneumatisierten (mit Lufträumen versehenen) Knochen. b. Kronenoberfläche eines Molaren (*Loxodonta*). c. Skelet eines afrikanischen Elefanten mit Körperumriß. Die dunkle Linie im unteren Bereich der Rippen: Zwerchfell; punktierte Linien: Lage der Baucheingeweide. d–g. Entstehung des Rüssels und der Stoßzähne. d. *Moeritherium* (Eozän); e. *Palaeomastodon* (Oligozän) f. *Stegomastodon* (Plio-, Pleistozän), g. *Mammuthus* (Pleistozän). Nach Frade, Hofer und Smith, Thenius

nach caudal, schräg gestelltes Zwerchfell, Reduktion der äußeren Ohren, kompakter Knochenbau, von der Schädelwand isoliertes Tympano-Perioticum. Weitere Sondermerkmale betreffen Schädel und Gebiß: Kopf mit abgeknickter Schnauze, Vordergebiß durch Hornplatten ersetzt, Hintergebiß aus 3–10 Zähnen, die langsam von hinten nach vorn wandern, wo sie ausfallen.

Dugongmännchen mit kräftigen stoßzahnähnlichen Schneidezähnen. Endhirn mit ungewöhnlich großen Ventrikeln. Zwei brustständige Mamillen (Seejungfrauen, Sirenen). Träge, gesellige Weidetiere, die Wasserpflanzen fressen; Flachküsten und Süßgewässer. Geschlechtsreife mit 7–8 Jahren, Tragzeit ca. 14 Monate. Stark im Rückgang begriffen, durch Einengung des Lebensraumes, Verletzungen durch Motorboote, direkte Verfolgung (z. B. werden die großen Schneidezähne der Dugongmännchen zu Zigarettenspitzen u. a. verarbeitet).

Dugongidae: bis ca. 3 m lang, Schwanzflosse zweizipfelig, 7 Halswirbel; *Dugong (Halicore)*, Rotes Meer bis Australien.

Verwandt mit den Dugongs sind die 1741 entdeckten und 1768 ausgerotteten Hydrodamalinae. *Hydrodamalis gigas* (Stellersche Seekuh, Borkentier) war bis 7,5 m lang und bis 4 t schwer. Sie besaß eine dicke, borkenähnliche Haut. Nordpazifik (Kommandeur-Inseln).

Trichechidae (Manatis): bis 4,5 m lang, Schwanzflosse abgerundet (Abb. 440), 6 Halswirbel. 3 Arten, Karibisches Meer, Südamerika, Westafrika, Tschadsee. *Trichechus (Manatus)*.

27. Ordnung: Proboscidea (Rüsseltiere)

Heute größte Landsäugetiere mit nur noch 2 oder 3 Arten in Afrika und Süd- und Südost-Asien. Ein oberer Schneidezahn (I^2) stets zu Stoßzahn vergrößert. Reiche Entfaltung im Tertiär, weltweit exklusive Australien, starker Artenrückgang im Pleistozän.

Moeritheriidae: Eozän; Seitenzweig langgestreckter Formen, die auch Anklänge an die Sirenen zeigen (Abb. 441 d).

Mastodontidae: vielgestaltig, zunächst meist

stark vergrößerte obere und untere zweite Incisivi, dann oft Reduktion der unteren und Ausbildung eines elefantenähnlichen Zustandes mit nur oberen, z. T. grotesk langen Stoßzähnen; meist niedrigkronige Backenzähne, Rüssel vorhanden. *Palaeomastodon* (Oligozän, Abb. 441e), *Mastodon* (Miozän). In Amerika erst Ende der Eiszeiten ausgestorben.

Stegodontidae: elefantenähnlich, niedrigkronige Backenzähne, Prämolaren fehlen, Afrika bis weit nach Ost- und Südostasien, im Pleistozän ausgestorben.

Elephantidae (Elefanten): leiten sich von Mastodonten ab, bisher nur aus dem Quartär bekannt, hochkronige Backenzähne mit zahlreichen Querlamellen (bis 27 beim Mammut). Bei rezenten Formen nur noch 3 Milch- und 3 Dauermolaren, die mit zunehmender Abkauung im Kiefer nach vorn rücken. Von den Dauermolaren immer nur einer in Funktion.

Stoßzähne dauerwachsend, schmelzlos, bis 3 m. Schulterhöhe bis 4 m; Gewicht bis 6 t. Kopf groß, Nase und Oberlippe zu langem muskulösen Rüssel umgebildet (Abb. 441). Augen klein, Ohrmuscheln groß, senkrechte säulenartige Beine. 5 Zehen an Vorder- und Hinterextremitäten, meist jedoch nur 3–4 mit Nagelhuf, digitigrad mit Fußpolstern. Haut bei Erwachsenen fast haarlos. Stark gefurchtes Großhirn; langer Penis, in Ruhe schleifenförmig in Tasche.

Zwei brustständige Zitzen, meist ein Junges, Tragzeit 20–22 Monate, Laktationszeit etwa 2 Jahre, gesellige Pflanzenfresser, Lebensalter bis 60 Jahre, in Asien vielerorts als Nutztier gehalten.

Mammuthus (Mammut), Kaltsteppenform, vor ca. 10 000 Jahren ausgestorben. *Loxodonta* mit zwei Arten: *L. pumilio* (Zwergelefant) und *L. africana* (Afrikanischer Elefant mit den Ökotypen Wald- und Steppenelefant); flache Stirn, sehr große Ohrmuscheln, Afrika. *Elephas maximus* (Indischer Elefant), hohe Stirn, mittelgroße Ohren, Rüssel mit einem fingerförmigen Fortsatz. Früher von Kleinasien bis Mittelchina, heute nur noch in Indien und Ceylon bis Sumatra; Wildpopulationen werden vom Menschen unnachsichtig verfolgt.

Der Afrikanische Elefant *(Loxodonta africana)* ist heute das größte Landsäugetier der Erde. Er erreicht ein Gewicht von ca. 6000 kg und eine Schulterhöhe (Männchen) von bis zu 3,5 m. Männliche Tiere sind größer als weibliche. Im Vergleich mit den indischen Elefanten sind die Ohren sehr groß und der Rüssel besitzt außer einem längeren dorsalen fingerförmigen Fortsatz auch einen kürzeren ventralen. Es gibt 2 Formen (Ökotypen): den Wald- und den Savannenelefanten, von denen die Savannenform die größere ist. Früher in ganz Afrika verbreitet, heute auf Einzelregionen südlich der Sahara beschränkt. Im Süden Afrikas nur noch in Reservaten. Ursache des Rückganges sind die Ausbreitung des Lebensraumes des Menschen, die mit Vernichtung des Lebensraumes des Elefanten einherging, das Töten, um ihn aus Feldern und Siedlungsräumen zu entfernen und die gnadenlose Jagd auf das Elfenbein. Allein 1989 wurden ca. 90 000 Elefanten wegen des Elfenbeins gewildert. Beide Geschlechter tragen Stoßzähne, die aber bei Bullen viel größer werden als bei Elefantenkühen. Große Stoßzähne (obere Incisiven) werden maximal knapp 3,5 m lang und wiegen dann gut 100 kg. Linker und rechter Stoßzahn sind selten gleich groß oder identisch gekrümmt, sie werden individuell abgenutzt. Heute noch ca. 600 000 Tiere, weiter im Rückgang begriffen. In Nationalparks im südlichen Afrika erholen sich die Bestände seit 1990, was zu Bedrohung des ökologischen Gleichgewichts in diesen Parks geführt hat.

Die Sozialstruktur ist sowohl bei afrikanischen als auch indischen Elefanten matriarchalisch: Muttertiere und Jungtiere bilden Herden von ca. 10 Tieren mit einer führenden Leitkuh, von der die anderen Tiere der Herde abstammen. Männliche Tiere verlassen im Alter von ca. 12 Jahren die Herde und leben einzeln oder in Junggesellenherden. Zur Brunftzeit der weiblichen Tiere werden sie vorübergehend in der Herde geduldet. Tragzeit 22 Monate. Das Junge wiegt bei der Geburt ca. 115–120 kg und wird die ersten 5 Monate nur mit Milch ernährt. Geschlechtsreife nach 8–10 Jahren.

Auch afrikanische Elefanten können gezähmt werden, Hannibals Elefanten waren afrikanische Elefanten.

Die aufgenommene, rein pflanzliche Nahrung wird relativ schlecht verdaut. Der Verbrauch an Nahrung durch Elefanten ist daher hoch. In Reservaten, in die sie vom Menschen beschränkt werden, ist ihre Bejagung unumgänglich, um nicht die Vegetation nachhaltig zu zerstören. Sie nehmen in Trockenzeiten ca. 150–170 kg Nahrung pro Tag auf, in feuchten Jahreszeiten 240–280 kg. Sie sind ständig in Bewegung auf der Suche nach Nahrung, die in Trockenzeiten überwiegend aus holzigen Pflanzen, in Regenzeiten überwiegend aus Gras besteht. Sie nehmen auch gern mineralreiche Erde auf und trinken pro 24 h ca. 80 l Wasser. Sie können nach Wasser graben. Sie fressen gern die Früchte des Marulabaumes, die im Magen eine leichte alkoholische Gärung erfahren sollen. Geschlafen wird i.a. zwischen 3 und 7 Uhr, wobei sie laut schnarchen können; Pausen werden auch um die Mittagszeit eingelegt. Elefanten spielen in der Mythologie Afrikas und Asiens eine erhebliche Rolle. Bei manchen Völkern Afrikas gibt es einen Elefantenkult mit Totenritualen um erlegte Elefanten, bei dem die Seele des Elefanten durch Entschuldigung u.a. beschwichtigt wird. Im Hinduismus erfreut sich Ganesha, der elefantenköpfige Gott der Weisheit und des Lernens, besonderer Beliebtheit (Abb. 442).

Zwei weitere ausgestorbene Proboscidiergruppen sind die Dinotherien, sehr große Formen mit abgeknicktem Unterkiefer und Unterkieferstoßzähnen, und Barytherien.

28. Ordnung: Embrithopoda

Nur 1 Gattung: *Arsinoitherium*, nashorngroß, Oligozän Ägyptens, Anatoliens und Osteuropas. Vollständiges Gebiß, fünfzehige Extremitäten. 2 Paar großer Schädelhörner, große Nasalia, kleine Frontalia, Pflanzenfresser.

29. Ordnung: Artiodactyla (Paarhufer)

Einheitliche Gruppe mit Sondermerkmalen im Extremitätenskelet: Zehe 1 fehlt, Zehen 2 und 5 reduziert oder fehlend, Zehen 3 und 4 verstärkt und verlängert, tragen Hauptlast des Körpers; ihre Endphalangen mit Hornhufen. Zehen 2 und 5 berühren bei normaler Fortbewegung meist nicht den Boden (Ausnahmen: Flußpferde, Rentier). Längsachse der Extremitäten läuft durch eine Linie zwischen Zehe 3 und 4. In der Vorderextremität wird der Radius zunehmend größer, sein distales Ende gelenkt mit 3 Carpalia (Scaphoid, Lunatum, Triquetrum), bei Perissodactyla nur mit Scaphoid und Lunatum. Ulna mitunter bis auf Olecranon reduziert. In der Hinterextremität wird die Tibia zunehmend wichtiger (Fibula weitgehend rückgebildet), der große Talus bildet je eine Gelenkfläche mit Naviculare und Cuboid. Metacarpalia und Metatarsalia 3 und 4 verschmelzen in unterschiedlichem Ausmaß zum Kanonenbein. Metacarpalia und Metatarsalia 2 und 5 meist unbedeutend oder fehlend (Abb. 444).

Schädel meist gestreckt, Augenhöhle oft gegen Schläfengrube durch Knochenspange abgegrenzt. Bei vielen Wiederkäuern Präorbitalgrube (mit großer Drüse) und Ethmoidallücke am Schädel vor dem Auge. Tendenz zur Ausbildung von Geweihen oder Hörnern.

Mehrheitlich Pflanzenfresser mit verschieden stark gekammerten Mägen.

Herzskelet knorpelig oder knöchern, meist 2 Paar inguinale Mammae (Tendenz zur Euterbildung), nur bei *Sus* mehrere abdominale Mammae. Molaren buno- oder selenodont.

Herkunft noch unsicher; möglicherweise von Urhuftieren, jedoch fehlen fossile Reihen wie bei den Unpaarhufern, deren Herkunft aus den Condylarthra gut belegt ist.

Abb. 442: Ostjavanische Skulptur des hinduistischen Gottes Ganesha aus dem 13. Jahrhundert. Dieser wird stets mit einem Elefantenkopf dargestellt. Ganesha, der Sohn Shiwas und Parwatis, gilt als Gott der Weisheit und des Lernens.

System noch mit vielen Unsicherheiten. Meist Gliederung in 3 Unterordnungen: Suiformes (Nonruminantia), Tylopoda und Ruminantia (im engeren Sinne). Die Suiformes sind eine Sammelgruppe, Tylopoda und Ruminantia (im engeren Sinne) stehen einander näher und werden auch gemeinsam als Ruminantia (im weiteren Sinne) bezeichnet. Heute noch 9 Familien mit ca. 150 Arten. Im Tertiär sehr viel größere Formenfülle.

Unterordnung: Suiformes. Ursprüngliche Gruppe. Primitive Merkmale sind: meist relativ gut entwickelte Zehen 2 und 5, die hinter 3 und 4 rücken, Augenhöhle hinten offen, bei Flußpferden allerdings durch Spange gegen Schläfengrube abgesetzt, relativ vollständiges Gebiß, Darmtrakt mit unterschiedlich stark gekammertem Magen, keine Wiederkäuer, Pflan-

Abb. 443: *Hippopotamus amphibius* (Nilpferd). Das Maul kann ungewöhnlich weit geöffnet werden, bei geöffnetem Maul werden die großen unteren Canini sichtbar. Im Wasser sind vom Kopf oft nur Ohren, Augen und Nasenöffnungen zu sehen, die ungefähr in einer Linie liegen. Original

zen- oder Allesfresser. Eigenmerkmale: große Canini (Waffen), bunodonte Molaren.

Hippopotamidae (Flußpferde): Plumpe, bis 4,5 m große, bis 4500 kg schwere amphibisch lebende Pflanzenfresser, Haut fast nackt, breiter Gesichtsschädel; hochentwickeltes, relativ reichgefurchtes Gehirn. Magen stark gekammert, 3. Finger etwas stärker als 4. Afrika südlich der Sahara; *Choeropsis* (Zwergflußpferd), primitivere Gattung (Fuß, geringere Anpassungen ans Wasserleben), *Hippopotamus*, im Pleistozän in der Alten Welt weit verbreitet; *H. amphibius* (Nilpferd, Abb. 443); heute in seinem Bestand in Afrika erheblich gefährdet und nur noch lokal und in Wildparks in ausreichenden Beständen; die großen unteren Incisiven und die Canini werden als Elfenbeinersatz benutzt.

Familiengruppe Suoidea: Bunodonte, insgesamt relativ primitive Paarhufer mit verlängertem Gesichts- und kurzem hohen Hirnschädel. Bei Suidae noch rudimentäre Daumenmuskeln, bei Embryonen noch Metacarpale I. Unterschiedlich gekammerte Mägen. 2 Familien mit verschiedenen Entwicklungstendenzen: Tayassuidae und Suidae. Tayassuidae (Nabelschweine) mit spezialisierten Extremitäten (Reduktion der 5. Zehe des Fußes u. a.), Suidae mit Besonderheiten in Schädel und Gebiß.

Suidae: Gesellige Pflanzen- oder Allesfresser; Männchen mit spezialisierten oberen Canini, die wurzellos sind und gebogen verlaufen; verlängerte 3. Molaren. Gestreckte Schnauze mit Rüsselscheibe, Gesicht z. T. mit Höckern, Warzen oder Haarbüscheln usw. Heute nur noch 8 Arten: *Potamochoerus* (Flußschweine), Afrika südlich der Sahara; *Sus* (Wildschweine), Europa, Asien bis Neuguinea, Nordafrika; *Phacochoerus* (Warzenschwein, Abb. 445), reduziertes Gebiß (obere Incisiven und alle Prämolaren fehlen), Afrika südlich der Sahara; *Hylochoerus* (Riesenwaldschwein), mittleres Afrika; *Babyrousa* (Hirscheber), relativ komplizierter Magen, hohe obere Canini, die bei Männchen am Schnauzenrücken durchbrechen und dann bogenförmig nach rückwärts wachsen, kleine Rüsselscheibe, Celebes und benachbarte Inseln.

Tayassuidae (Nabelschweine): Magen komplizierter gebaut als bei Suidae, erinnert an Wiederkäuermagen, molarisierte Prämolaren, Vordergebiß konservativer als bei Suidae, Gesichtswarzen usw. fehlen, äußerer Schwanz fehlt, Nabeldrüse (= Duftdrüse am Rücken). *Tayassu* südliches Nord-Amerika bis Argentinien. *Catagonus*, Paraguay.

Oreodontidae: umfangreiche tertiäre Gruppe.

Unterordnung: Tylopoda (Schwielensohler). Große bis mittelgroße Tiere. Sondermerkmale: nicht durchbohrte Processus transversi der Halswirbel, I^2 und I^1 fehlen (im Milchgebiß noch vorhanden), Canini spitz und durch Diastema von Incisiven getrennt, gespaltene, be-

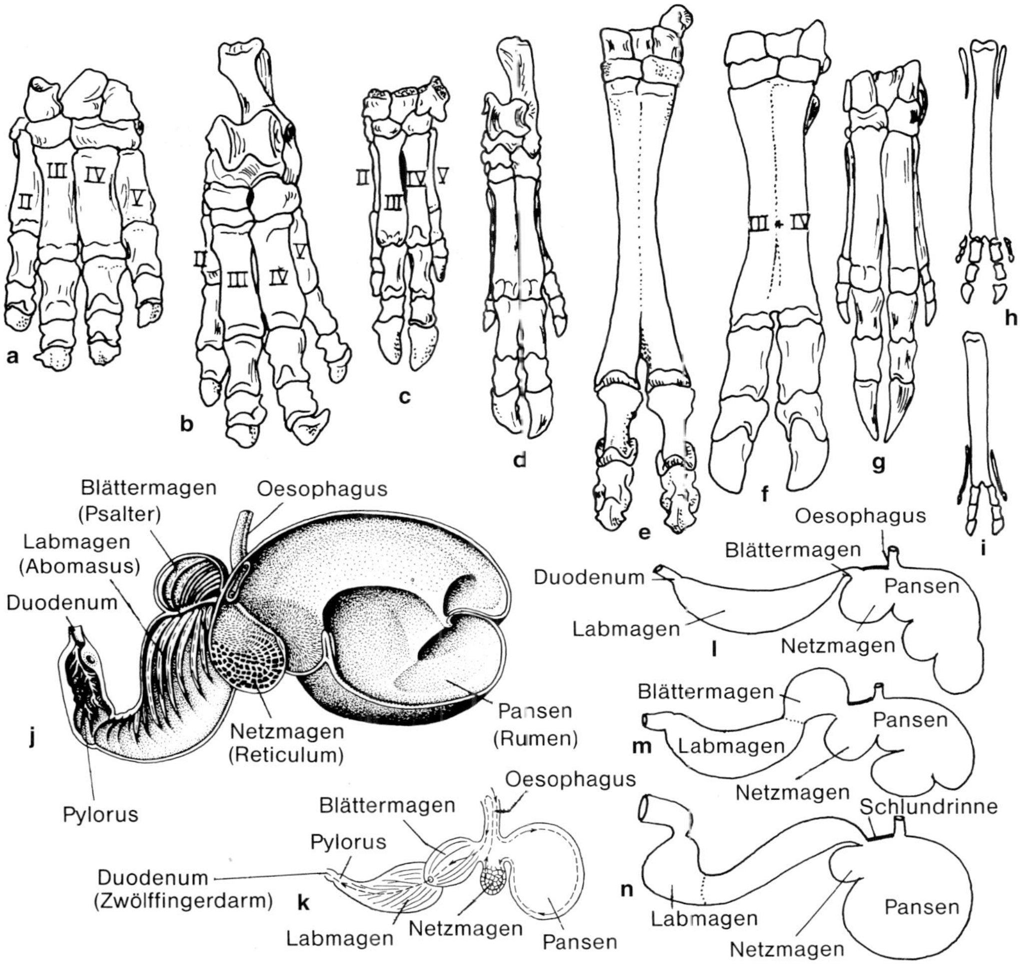

Abb. 444: a–i. Extremitäten von Artiodactylen. a, b. *Hippopctamus*, a. Vorder-, b. Hinterfuß; c, d. *Sus*, c. Vorder-, d. Hinterfuß, e. Vorderfuß, Kamel; f. Vorderfuß, Rind; g. Vorderfuß, Tragulide *(Hyemoschus)*, h. Vorderfuß, Hirsch, i. Vorderfuß, Reh. j–n. Wiederkäuermägen. j. Längsschnitt durch einen Rindermagen. k. Längsschnitt durch einen Bovidenmagen; Pfeile deuten den Weg der aufgenommenen Nahrung an. l. Außenansicht eines Tragulidenmagens, m. Außenansicht eines Bovidenmagens, n. Außenansicht eines Kamelmagens. Blättermagen = Psalter = Psalterium = Omasus; Netzmagen = Reticulum = Haube. Nach Grassé, Hilzheimer, Smith, Romer

wegliche große Oberlippe, große Hautdrüsen am Hinterkopf, Füße mit Sohlenpolstern, Cuboid und Naviculare getrennt, Extremitätenstrahlen 1, 2 und 5 völlig verschwunden, Zwerchfellknochen vorhanden, ovale, plane Erythrocyten in sehr hoher Zahl (bis 19 000 000/mm^3), Magen mehrkammerig: zwei vordere Räume (Rumen und Reticulum), denen ein schlauchförmiges Isthmus folgt, von dem die Nahrung portionsweise in den Abomasus geleitet wird. Ein Omasus fehlt. Rumen und Reticulum mit zahlreichen Taschen («Wasserzellen»), die allerdings nicht der Wasserspeicherung dienen. Wiederkäuer. Kamele sind ungewöhnlich gut an Hitze angepaßt. Ihre Gewebe sind generell relativ unempfindlich gegen Wasserverlust, ihr spezieller Pelz ist guter Hitzeschutz, und außerdem schwankt ihre Körpertemperatur bis zu 6 Grad am Tag, wodurch Wasser, das sonst zur Thermoregulation einge-

Abb. 445: *Phacochoerus aethiopicus* (Warzenschwein), links ♂, rechts ♀ Tier.

setzt werden müßte (Schweiß), gespart wird. Täglich ausgeschiedene Harnmenge gering, sehr konzentrierter Harn, trockener Kot. Die Fettspeicher sind Energiereserven.

Heute nur noch wenige Arten. *Camelus bactrianus*, 2 Fetthöcker auf dem Rücken, Zentralasien, unsicher, ob noch als Wildform existent, domestiziert von Vorder- bis Ostasien. *Camelus dromedarius*, 1 Fetthöcker auf dem Rücken, heute nur als domestizierte Tiere, von Nordafrika bis Südasien, auch in Australien eingeführt. 2 Arten der Gattung *Lama* in Südamerika, *L. guanicoe* (Guanaco) und *L. vicugna* (Abb. 446 a, Vicugna). Die domestizierten Formen Alpaka (auf Wolle gezüchtet) und Lama (als Tragtier gezüchtet) gehen wahrscheinlich auf das Guanaco zurück. Tertiär weit verbreitet.

Unterordnung: Ruminantia. Der Magen ist vierkammerig: Rumen, Reticulum, Omasus, Abomasus. Drüsen nur im Abomasus; schneidezahnähnlicher unterer Caninus, an die drei unteren Incisiven angelehnt, obere Incisiven fehlen, Verschmelzung von Cuboid und Naviculare zum Cubonaviculare. Meist wird aufgrund des verschiedenen Magenbaues angenommen, daß sich das Wiederkauen bei Kamelen und Ruminantia (s. str.) unabhängig voneinander entwickelt hat. Heute noch ca. 140 Arten.

Eine primitive Reliktgruppe, die im Tertiär weit verbreitet war, sind die Tragulina mit den Tragulidae (Zwerghirschen, Abb. 446 b): hasengroß, zahlreiche ursprüngliche Merkmale: ohne Geweihbildungen, niedrigkronige Molaren, Magen ohne Omasus, keine Tränengruben, gehen auf vier Zehen. Eigenmerkmale: obere Canini der Männchen dolchartig, Einzelheiten des Fußskelets u. a. *Hyemoschus* (Hirschferkel), Westafrika; *Tragulus* (Kantschil), Südasien.

Die folgenden Formen besitzen stark reduzierte Metacarpalia bzw. -tarsalia 2 und 5 oder haben diese völlig rückgebildet. Sie leiten sich von primitiven Traguliden ab und werden als Pecora zusammengefaßt.

Moschidae (Moschushirsche): nur noch eine Art, *Moschus moschiferus*, Ostasien; viele ursprüngliche Merkmale: kein Geweih, dolchartiger oberer Caninus der Männchen, keine Tränengrube u. a. Männchen besitzen Moschusbeutel hinter dem Nabel. Die Drüsen in der Wand dieses Beutels bilden ein lipidreiches Sekret (Moschus), das zur Brunftzeit Sexualhormone enthält und der Markierung von Territorien dient und wohl auch eine Rolle im Sexualverhalten spielt. Moschus wurde und wird in der Parfümindustrie und in der chinesischen Medizin gebraucht. Daher starke Verfolgung und in vielen Regionen erheblich gefährdet, v. a. in China und Vietnam. Moschus wird heute synthetisch hergestellt.

Cervidae: Männchen meistens mit Geweih, das gewechselt wird, bei Ren auch Weibchen geweihtragend. Obere Canini oft verkümmert. Am Vorderfuß Zehen 2 und 5 unterschiedlich groß und mit erhalten gebliebenen unteren oder oberen Mittelhandknochenenden (teleoder plesiometacarpal), am Hinterfuß keine Mittelfußknochen der Zehen 2 und 5. Stirnbein mit Knochenfortsätzen (Rosenstöcken), 32 Arten. Mehrere Unterfamilien, Hydropotinae mit Wasserreh *(Hydropotes)*, das noch primitive Merkmale aufweist: fehlendes Geweih, dolchartige obere Canini, China. Muntiacinae (Muntjakhirsche): klein, Männchen mit kurzem Geweih und verlängerten oberen Canini; *Muntiacus* (Muntjak), Süd- bis Ost-Asien; *Elaphodus* (Schopfhirsch), Myanmar, China. Odocoileinae (Trughirsche). Obere Canini klein oder fehlend. *Capreolus* (Reh).

Das Reh *(Capreolus capreolus)* ist in Europa weitverbreitet und als Kulturfolger hier die häufigste Cervidenart. Es kommt auch in Vorderasien und im europäischen Rußland vor. Nur die männlichen Tiere tragen ein «Gehörn» (kurzes Geweih), das gleich nach dem Abwerfen des alten im November/Dezember zu wachsen beginnt, allmählich verknöchert und dessen Hautschicht als Bast im März/April gefegt wird. Es bleibt unter dem Einfluß des Geschlechtshormons Testosteron bis in den Spätherbst erhalten. Das Fegen junger Bäume dient außer dem Abstreifen des Bastes der (regelmäßig wiederholten) Reviermarkierung, was durch das intensiv duftende Sekret des Stirnorgans wesentlich unterstützt wird.

Das Reh ist eine besonders kleine Cervidenart. Seine nördliche Verbreitung und örtliche Verteilung wird durch die Schneehöhe begrenzt. Sein ursprünglicher Lebensraum sind lichte, unterwuchsreiche Wälder und Buschgebiete. Sein Körperbau und sein Verhalten entsprechen dem eines Buschschlüpfers. In der Kulturlandschaft ist es in Feldgehölzen, Maisfeldern, großen Parks, aber auch in offenen Heidelandschaften und Kultursteppen weit verbreitet. In der Morgen- und Abenddämmerung ist es besonders aktiv, stoffwechselbedingt sollte es in der Vegetationsperiode alle 2–3 Stunden Nahrung aufnehmen.

Mit ihrem hochentwickelten Geruchssinn selektieren Rehe ihre Nahrung auf hohen Nährstoffgehalt, d.h. sie suchen Pflanzen oder Pflanzenteile die reich an löslichen Nährstoffen (Pflanzenzell-Inhalt), aber gering (unter 20%) an faserhaltigen Gerüstsubstanzen (Pflanzenzellwand/Zellulose) sind, die sie in ihrem vergleichsweise kleinem Pansen besonders im Winter nur schlecht aufschließen können – anders als Schaf, Rind oder Rothirsch. Daher äsen sie kaum Gras oder verholzte Pflanzen, sondern Kräuter, Blätter, Knospen, Triebe, Blüten, Beeren, Pilze und im Herbst Bucheckern, Eicheln, Fallobst etc. Im Winter reduzieren sie Stoffwechsel und Nahrungsaufnahme erheblich und bauen im Herbst (nach der Brunft) angelegte Fettdepots ab.

Rehböcke leben im Sommer einzeln, die Weibchen mit ein bis zwei Jungen (Kitzen) in Kleingruppen. Im Winter, v.a. in offenen Landschaften, bilden sie größere Verbände (Feldrehe).

Das Reh ist strikt monöstrisch, d.h. es kommt nur einmal im Jahr zum Eisprung. Die Brunftzeit ist Mitte Juli bis Anfang August. Von der Befruchtung bis etwa zur Wintersonnwende bleibt der Embryo im Blastocystenstadium frei im Uteruslumen und wächst kaum. Erst nach Ablauf dieser embryonalen Diapause («Eiruhe»,

a

b

Abb. 446: Artiodactyla. a. *Lama* (Vicugna, Camelidae). Es gibt zwei *Lama*-Arten in Südamerika: *L. guanicoe* (Guanako) und *L. vicugna* (Vicugna, abgebildet), beide sind weitgehend ausgerottet. Außerdem existieren zwei domestizierte Formen, Lama und Alpaka, die auf eine (Guanako) oder zwei Wildformen zurückgeführt werden, das Lama auf das Guanako, das Alpaka auf das Vicugna. b. *Tragulus (Moschiola)* (Zwergböckchen, Tragulidae). Die Tragulidae repräsentieren altertümliche Ruminantia, die heute nur noch mit wenigen Arten in Westafrika und Südasien vorkommen. Nach Mohr

Entwicklungsruhe) kommt es zur Implantation. Dadurch trägt das Reh fast 10 Monate. Von Anfang Mai bis Anfang Juni werden 1–2 Kitze gesetzt, die bis zur Brunftzeit regelmäßig, danach nur noch unregelmäßig gesäugt werden. Die Rehkitze nehmen bereits in der zweiten Lebenswoche saftige Blattnahrung auf. Ihre Nahrungswahl nährstoffreicher Äsungspflanzen (im Jahresverlauf eine große Zahl von Pflanzenarten) wird von der Mutter tradiert. Rehe werden aufgrund besonderer Sekrete ihrer sehr großen Speicheldrüsen mit pflanzlichen Abwehrstoffen (z.B. Tanninen, Terpenen) besser fertig als andere Wiederkäuer.

Vor dem Setzen der Kitze vertreibt die Mutter ihre vorjährigen Jungen, duldet ihre Töchter aber später in ihrer Nähe. Diese sind gegen Ende der Brunft (August) mit 14–15 Monaten geschlechtsreif und setzen im Alter von zwei Jahren stets ein Einzelkitz. Rehe leben in freier Wildbahn selten mehr als 10 Jahre.

In Deutschland werden pro Jahr 1 Mio. Rehe erlegt, eine unerläßliche Bestandsregelung, da die Hauptprädatoren Wolf und Luchs fehlen.

Da man Rehe, die jede Deckung ausnützen, nicht zählen kann, wurden die Bestände lange unterschätzt. Forstwirtschaftliche Monokulturen mit dunklen Altbeständen ohne Bodenvegetation befördern die Konzentration der Rehe auf Jungwuchsflächen, was zu Verbißschäden führen kann. In Naturwäldern entsteht dieses Problem nicht. Die Winterfütterung hat keinen nachweisbaren Einfluß auf die Vermehrungsrate, kommt aber schwachen Stücken zugute. Dort, wo man sich bemüht, die Artenzahl des Waldes zu vermehren, muß der Einfluß der Rehe durch verstärkten Abschuß zurückgedrängt werden. Andererseits sind Rehe integrale Bestandteile (Konsumenten) europäischer Ökosysteme, und ihr Wildbret ist nutzbar.

Alcinae (Elche): eine Art *(Alces)*, Holarktis; Rangiferinae (Rentiere): eine Art *(Rangifer)*, holarktisch, domestiziert, beide Geschlechter mit Geweih. Cervinae (Echthirsche): *Elaphurus* (Davidshirsch, Abb. 447b), China, *Cervus* (12 Arten, *C. axis, C. nippon, C. dama, C. unicolor, C. elaphus* u. a.), Holarktis, Südost-Asien. Im Pleistozän in Eurasien mehrere Arten von Riesenhirschen.

Giraffidae (Giraffen): Bis fast 6 m hohe, langbeinige und meist langhalsige Formen, die sich von primitiven Hirschen herleiten. Mehrere Sondermerkmale, eigenartige Körperproportionen, hautbedeckte knöcherne Schädelfortsätze, keine Ethmoidallücke. Laubfresser Afrikas, 2 Arten: *Okapia* (Okapi, Abb. 447c), nur mittellanger Hals, Regenwälder im Kongogebiet; *Giraffa* (Giraffe) sehr langer Hals, jedoch nur 7 Halswirbel, Savannengebiete südlich der Sahara. Fossil im Tertiär Eurasiens *Helladotherium* und *Sivatherium* mit gegabelten Hörnern.

Antilocapridae (Gabelböcke). Isolierte Gruppe mit dem gazellenähnlichen nordamerikanischen Gabelbock (*Antilocapra*, Abb. 447a). Am Schädel Knochenzapfen, dessen Haut von periodisch gewechselter Hornscheide bedeckt wird, im Jungtertiär viel formenreicher.

Bovidae (Rinderartige). Gegenwärtig formenreichste Ruminantier. Meist Bewohner offener Landschaften, hypsodontes Gebiß, obere Incisiven und Canini fehlen, unterer Caninus schneidezahnähnlich. Am Schädel Knochenzapfen, die zeitlebens von Hornscheide bedeckt sind. Haarkleid oft mit Sonderbildungen (Bärte, Schöpfe, Kragen, Mähnen u. a.). Duftdrüsen z. B. an Kopf und Füßen. Afrika, Nord-Amerika, Eurasien. Systematische Gliederung noch im Fluß. Ca. 100 Arten. Boselaphinae: ältere, etwas isolierte Gruppe, *Boselaphus* (Nilgauantilope), Vorderindien, *Tetracerus* (Vierhornantilope), Vorderindien. Bovinae (Wildrinder): *Anoa* (Gemsbüffel), ursprüngliche Art, Celebes; *Bubalus* (Wasserbüffel), Süd- bis Ost-Asien, domestiziert; *Syncerus* (Kaffernbüffel), Afrika; *Bison*, Bison, Nord-Amerika; Wisent, Europa; *Bos* mit mehreren Arten, Gaur, Banteng, Süd- und Südost-Asien; Yak, Zentralasien; Ur, im 17. Jahrhundert ausgerottet, Nord-Afrika und Eurasien. Der Ur ist Stammform der Hausrinder; Stammvater von Balirind und Gayal sind Banteng und Gaur, auch der Yak wurde domestiziert. Tragelaphinae: Afrika; Buschböcke, Nyalas, Bongo, Sumpfantilope, Kudus, Elenantilope u. a. Cephalophinae (Ducker): Afrika; kleine Formen mit einigen ursprünglichen Merkmalen; Gehörn kommt meist bei beiden Geschlechtern vor. Gazellinae: schlanke Formen mit meist bogig nach hinten geschwungenem Gehörn, Afrika, Asien, Hirschziegenantilope, Springbock, Lama-, Giraffen-, Dorcas-, Tibetgazelle u. a. Neotraginae (Böckchen): Afrika; kleine Formen (Dikdiks, Klippspringer u. a.). Reduncinae (Wasser- und Riedböcke): Afrika. Hippotraginae (Pferde- und Säbelantilopen): *Oryx*, Westasien, Afrika. Alcephalinae (Kuhantilopen und Gnus): Afrika. Caprinae: (Böcke), Eurasien, Nord-Amerika, Nord-Afrika: Gemsen, Schneeziegen, Goral, Serau, Takin, Wildziegen und Steinböcke, Mähnenschaf, Wildschaf, Moschusochse *(Ovibos)*. Das Wildschaf *(Ovis ammon)* ist Stammvater des Hausschafes, des vielleicht ältesten domestizierten Tieres (12 000 v. Chr., Irak); die Bezoarziege (*Capra aegagrus*, Abb.

Abb. 447: Artiodactylen-Formen. a. *Antilocapra* (Gabelbock Antilocapridae), b. *Elaphurus* (Davidshirsch, Cervidae), c. *Okapia* (Okapi, Giraffidae), d. *Capra* (Bezoarziege, Bovidae) Nach Mohr

Abb. 448: Wale. a. *Balaenoptera* (Blauwal), b. *Phocoenoides* (pazifischer Schweinswal), c. *Megaptera* (Buckelwal), d. *Delphinus* (Delphin), e. *Eubalaena* (Nordkaper), f. *Tursiops* (Großer Tümmler), g. *Monodon* (Narwal), h. *Mesoplodon* (Zweizahnwal), i. *Globicephala* (Grindwal), j. *Physeter* (Pottwal), k. *Inia* (Amazonasdelphin), l. *Platanista* (Gangesdelphin). Nach Burt, Grassé, Grossenheider, Murr

447d) ist die Wildform der Hausziege. Pantholopinae: Tschiru *(Pantholops)*, Tibet. Saiginae: *Saiga*, Südrußland und Kasachstan bis Westmongolei und Sinkiang, war um 1920 fast ausgerottet, Bestände haben sich z. Z. durch strenge Schutzmaßnahmen gut erholt; Steppen, Halbwüsten.

30. Ordnung: Cetacea (Wale)

Am stärksten dem Wasserleben angepaßte Säugetiere (Abb. 448), die auch die Jungen im Wasser zur Welt bringen; fischförmige Gestalt, Hautflossen (Schwanz- und oft Rückenflosse), bis auf einzelne Sinneshaare unbehaart. Vorderextremitäten auch flossenförmig, mit vermehrter Phalangenzahl. Hinterextremitäten rückgebildet. Haut mit bis zu 35 cm dicker Speckschicht (Panniculus adiposus), darunter Hautmuskelschlauch (Panniculus carnosus). Kleine Augen (bei Gangesdelphin verkümmert), Nasenlöcher stirnwärts verschoben, z. T. verschmolzen. Nur eine Zahngeneration, bei Bartenwalen Zähne nur embryonal, werden durch verhornte Gaumenleisten (Barten, Fischbein) ersetzt, die bis über 4 m lang werden können. Bei Zahnwalen sehr vielgestaltiges Gebiß: beim Narwalmännchen meist nur ein Oberkieferschneidezahn als langer Stoßzahn ausgebildet; Schnabelwale mit nur 2 größeren Unterkiefereckzähnen, bei Delphinen bis zu ca. 250 gleichartige, einspitzige Zähne.

Gehirn auf hohem Evolutionsniveau, besonders Zahnwale mit hochentwickeltem Telencephalon; reiche Furchung, komplizierter Schichtenbau der Rinde. Das hochentwickelte Telencephalon geht vermutlich primär auf stark vergrößerte akustische Zentren zurück. Orientierung mit Ultraschall bei Zahnwalen. Äußerer Gehörgang sehr eng, z. T. obliteriert. Eustachische Röhre mit großen luftgefüllten Divertikeln. Felsenbein und Tympanicum (Bulla) verschmelzen und sind mehr oder weniger durch Binde- und Fettgewebe von der Schädelkapsel isoliert.

Gekammerter Magen; Zitzen in Bauchtaschen; ruhender Penis spiralig eingezogen, Hoden bauchständig; 1 Junges nach 10–16monatiger Tragzeit. Hochentwickeltes Sozialleben; in allen Meeren, z. T. im Brackwasser und in großen Flüssen. 9 Familien, 38 Gattungen, 78 Arten (Abb. 448).

Die Anpassungen ans Wasserleben lassen die verwandtschaftlichen Beziehungen zu den übrigen Säugern nur schwer erkennen. Die Ähnlichkeiten mit Seekühen beruhen auf Konvergenz. Die Herkunft von quadrupeden Landsäugern zeigen rudimentäre Organe (Ohrmuskeln, Beckenknochen u.a.) und das Erscheinen von Hinterextremitäten in der Embryonalentwicklung. Anatomisch, karyologisch und serologisch weisen sie Übereinstimmungen mit primitiven Paarhufern auf (Magen, Urogenitalsystem, Placenta, Spermien u. a.).

Palaeontologisch bestehen Beziehungen der Urwale zu primitiven Huftieren. Die beiden rezenten Gruppen (Odonto- und Mysticeti) haben sich vermutlich früh getrennt.

Unterordnung: Archaeoceti (Urwale). Seit Untereozän bereits völlig dem Wasserleben angepaßt; gestreckter Schädel, primitives Gehirn mit großem Cerebellum, Gebißformel wie primitive Säuger (3-1-4-3). Einige Formen entwickeln sich in Richtung Mysticeti. Verbindende Formen zu den Odontoceti fehlen noch. Im Alttertiär ausgestorben, *Basilosaurus, Zeuglodon.*

Unterordnung: Mysticeti (Bartenwale). Primitive Merkmale sind: oft freie Halswirbel, Reste von Hinterextremitäten, Bulbi und Tractus olfactorii noch rudimentär erhalten (Mikrosmatiker), 2 getrennte äußere Nasenöffnungen u. a. 6–33 m lang. Gewicht bis zu 136 t, Kopf groß, bis ⅓ des Körpers ausmachend. Unterkiefer länger als Oberkiefer, Zähne nur embryonal, Barten (Planktonreusen; Abb. 405 k, l), große Nasalia. Plankton- oder Fischfresser (Kleinkrebse, Flügelschnecken). Alle Meere, 10 Arten.

Eschrichtiidae (Grauwale): bis 15 m lang, ursprünglichste Gruppe. *Eschrichtius*, Nordpazifik.

Balaenidae (Glattwale): Bis 20 m lang. 400 bis 800 bis 4,5 m lange Barten, Ober- und Unterkiefer gewölbt; keine Kehlfurchen; verschmolzene Halswirbel. *Balaena* (Grönlandwal), 20 m, fast ausgerottet, *Eubalaena* (Nord- und Südkaper; Abb. 448 e), fast ausgerottet, *Caperea* (Südmeere).

Balaenopteridae (Furchenwale): Bis 30 m lang, 500–950 1 m lange Barten, Kehlbereich mit Furchen; Rückenflosse; *Megaptera* (Buckelwal; Abb. 448 c), lange Brustflossen, Furchen und Höcker am Kopf; *Balaenoptera* mit *B. musculus* (Blauwal; Abb. 448 a), größtes Tier (bis 33 m lang und bis 136 t schwer), gefährdet; *B. borealis* (Seiwal).

Buckelwal *(Megaptera novaeangliae):* Bis zu 48 t schwere Bartenwale mit bis 5 m langen Brustflossen. Männchen 14–17 m, Weibchen 15–19 m lang. Kommen in allen Weltmeeren vor, wandern im Frühjahr in die Polarmeere, im Herbst in tropische Meere.

Nahrung: Krill (bei den Tieren der Südhalbkugel ganz überwiegend), Kleinfische, Tintenfische, Quallen.

Einzelgänger, können aber zeitweilig Kleingruppen bilden. Geschlechtsreife erfolgt mit 9–10 Jahren. In den Fortpflanzungsgebieten zeitweilig Verbände mit bestimmter Zusammensetzung (1 Weibchen mit entwöhntem Jungen, ein in der Nähe schwimmendes Männchen [«Begleiter»], andere Gruppenmitglieder, unter denen ein «Rivale» versucht, den «Begleiter» zu verdrängen). Weibchen haben nur einmal im Jahr einen Eisprung.

Nach erfolgter Paarung – senkrecht im Wasser stehend – verläßt das Männchen das Weibchen. Paarung im Winter in tropischen Gewässern. Tragzeit 11–12 Monate. Es wird ein Junges mit einem Gewicht von 900–1300 kg und einer Länge von 4,5 m geboren. Es trinkt 360–480 l Milch täglich. Diese Menge verteilt sich in 30–40 Einzelportionen von ca. 12 l Milch, die dem Jungen in einem wenige Sekunden dauernden Stillvorgang eingespritzt werden. Walmilch ist fett- und eiweißreich. Nach 6 Monaten ausschließlicher Milchnahrung beginnt das Junge auch Planktontiere zu fressen. Die Bindung von Mutter und Kind ist sehr eng. Entwöhnt wird das Junge mit ca. 11 Monaten, es ist dann 8–9 m lang, bleibt aber i.a. noch 3 weitere Jahre bei seiner Mutter und lernt Techniken der Nahrungsaufnahme. Buckelwale nehmen mit offenem Maul ca. 6 m^3 Wasser auf, das sie anschließend wieder auspressen. Dabei werden Krill, Fische oder Tintenfische von den Barten zurückgehalten. Eine besondere Jagdtechnik besteht darin, daß sie allein oder zu mehreren um einen Krill- oder Fischschwarm ein Fangnetz aus Luftperlen legen: Der Wal taucht unter den Krillschwarm und schwimmt dann um den Schwarm herum zur Oberfläche zurück. Dabei gibt er ständig kleine Bläschen von Atemluft ab; diese bilden eine silbrige Wand um den Beuteschwarm. Der Wal nimmt dann an der Oberfläche einen kräftigen Schluck aus der Krillsuppe. Buckelwale können 60–120 m (maximal ca. 250 m) tief tauchen und ca. 30 Minuten unter Wasser bleiben. Sie haben kein Echoortungssystem und finden ihre Beute mit den Augen. Auch Tastsinnesorgane, die sich auf Beulen am Kopf befinden, sollen bei der Auffindung der Beute helfen.

Insbesondere die Buckelwale produzieren langanhaltende, abwechslungsreiche «Gesänge», wobei nicht bekannt ist, wie diese erzeugt werden (Kehlkopf röhrenförmig, intranasal, ohne Stimmbänder). Die Laute sind viele km weit zu hören (nach manchen Angaben bis 100 km), ihre Frequenzen liegen zwischen 20 und 450 Hertz. Der Gesang besteht aus einer mehrfachen Wiederholung melodischer Strophen. Vor allem Männchen können stundenlang singen. Möglicherweise werden nur die besten Sänger von Weibchen akzeptiert. Einsame Männchen singen häufig, um Anschluß an eine Gruppe zu finden. Angehörige einer bestimmten Population benutzen bestimmte Frequenzen, um sich zu verständigen. Die Gesänge werden oft variiert.

Buckelwale werden etwa 30, selten 48 Jahre alt. Auf der nördlichen Halbkugel kommen noch ca. 4000 Tiere vor, vor allem im Pazifik, wo sie im Sommer in den nahrungsreichen Gewässern vor Alaska und im Winter nahe Hawaii leben. Auf der südlichen Halbkugel leben noch ca. 4000 bis 5000 Individuen. Eine eigene kleine Population lebt noch im arabischen Meer, sie wandert nicht. Die Tiere der nördlichen und südlichen Population treffen sich nie; wenn die nördlichen Tiere nach Süden ziehen, sind die südlichen Tiere auf dem Weg zur Antarktis; Ende des 18. Jhdts. gab es noch ca. 250000 Buckelwale. Jagd auf Buckelwale ist heute streng verboten.

Die rücksichtslose Vernichtung der Walbestände führte zu einem internationalen Abkommen, das vorläufig den Walfang völlig untersagt. Leider sind Regierungen einiger Länder wie Norwegen und Japan diesem Abkommen nicht beigetreten. Noch heute werden Tausende von Barten- und Zahnwalen getötet. In der Bevölkerung vieler Länder ist das Verständnis für den Schutz der Wale gestiegen. «Whale watching» wurde zum Beispiel in Nordamerika, Argentinien, Südafrika und Neuseeland eine Touristenattraktion.

Unterordnung: Odontoceti (Zahnwale). Primitiv im Besitz des Gebisses, sonst viele fortgeschrittene Charaktere: hochentwickeltes Gehirn, Bulbi und Tractus olfactorii fehlen (Anosmatiker). 68 Arten. Asymmetrischer Schädel, nur eine äußere Nasenöffnung u. a.

Squalodontidae: Oligozän-Miozän. Grundgruppe.

Platanistidae (Flußdelphine): rezente Familie mit primitiven Merkmalen: Haare, einfaches Gehirn, freie Halswirbel u. a. Leben in größeren tropischen Flüssen. Nahrung: Krebse, Bodenfische; kurze Tauchzeiten, 2–3 m lang, Becken fehlt z. T. völlig, rückgebildetes visuelles System, Orientierung in den trüben Flußgewässern mit Tastsinn und Echoortung, Ultraschall. *Platanista* (Abb. 448 l; Ganges, blind, nur noch knapp 1000 Individuen). *Pontoporia* (La Plata, v. a. Brackwasser). *Inia* (Abb. 448 k; Amazonas, Orinoko), *Lipotes* (Yangtse und Tung-ting-See; steht kurz vor der Ausrottung).

Ziphiidae (Schnabelwale): Zahnzahl i. a. reduziert bei Vergrößerung von Einzelzähnen. *Tasmacetus*, primitiv, noch ca. 90 Zähne; *Berardius, Mesoplodon* (Abb. 448 h), *Ziphius, Hyperoodon* (Entenwal, Dögling).

Physeteridae (Pottwale): Mit Ziphiiden verwandt, Zähne nur im Unterkiefer; *Kogia* (Zwergpottwal); *Physeter* (Pottwal; Abb. 448 j).

Pottwal *(Physeter macrocephalus):* Größter Zahnwal, adulte Männchen 19 m, adulte Weibchen 12 m. Ein 13 m langes Männchen wog 31450 kg. Weibchen werden ca. 50–55 Jahre alt, Männchen wohl nur 40–45 Jahre. Riesiger Kopf mit großer, kastenförmiger Schnauzenregion, in deren Bindegewebe eine helle ölige Flüssigkeit (Walrat, «Spermaceti», weil man früher z.T. glaubte, sie enthielte das Walsperma) eingelagert ist. Die Funktion dieses Walrat-Organs ist unbekannt; es dient u.U. der Bündelung der ausgestoßenen Laute (akustische Linse) oder dem Auftrieb. Die langen Unterkiefer tragen 18–28 Paare großer, konischer Zähne, in den Oberkiefern befinden sich 10–15 Paare kleiner Zähne, die z.T. im Alter durchbrechen können. Die Unterkieferzähne passen in Vertiefungen des Oberkiefers. Auf der Haut oft streifenförmige Narben, die wohl von Auseinandersetzungen mit anderen Männchen stammen. Weiße Wale sind extrem selten, waren aber wohl Anlaß für den Roman Moby Dick.

Vorkommen: alle Meere, selten in Flachmeeren.

Weibchen mit Jungen meist in wärmeren Gewässern zwischen 40° Nord und 40° Süd. Männchen wandern im Sommer bis ca. 70° Nord und Süd. Können weit wandern, ein Männchen wurde im Nordatlantik markiert und nach 5 Jahren bei Saldana (Südafrika) getötet. Offenbar mischen sich nördliche und südliche Populationen. Pottwale können lange (90–112 Minuten) tauchen und erreichen Tiefen von über 1000 m, vermutlich im Extrem bis über 2000 m. Solche Tieftauchgänge machen nur ca. 5% der Tauchgänge aus. Beim Ab- und Auftauchen legen sie in 1 Minute ca. 90–150 m zurück. Können kleine Boote angreifen, wenn sie herausgefordert oder gejagt werden. Die Tiere einer Gruppe formieren sich zur Abwehr, wenn sie z. B. von Schwertwalen *(Orcinus orca)* angegriffen werden. Können Kopf aus dem Wasser strecken und die Umgebung betrachten. Kämpfe zwischen Männchen können schwere Wunden und Kieferbrüche verursachen. Stoßen einfache Serien von Lauten («clicks») aus (von weniger als 1/s bis mehr als 75/s). Wahrscheinlich können sie einander bis über 11 km alarmieren, was zur Flucht oder gegenseitiger Hilfe führen kann. Ambra (Ambre gris) ist eine Substanz, die sich mitunter im Enddarm der Pottwale findet. Umstritten ist, ob es sich um ein körpereigenes oder körperfremdes Produkt handelt. Es wird in der Parfümindustrie gebraucht. Frisch ist es ein klebriges, braunes, schlecht riechendes Produkt, in dem Hornkiefer von Tintenfischen eingebacken sind, ausgeschieden wird es hell und faserig. Die Nahrung besteht überwiegend aus Tintenfischen, lokal auch aus Bodenfischen. Im Magen wurden auch Eihüllen und Reste von Haien, Knochenfischen und Krebsen gefunden. Die tägliche Nahrungsmenge beträgt bei Männchen ca. 300 kg, bei Weibchen 150 kg.

Die Sozialorganisation ist sehr ähnlich wie beim Afrikanischen Elefanten. Die typische soziale Einheit umfaßt ca. 20–25 Tiere und besteht aus weiblichen Tieren und ihren Jungen. Die alten Weibchen bilden lange anhaltende Verbindungen. Reife Männchen schließen sich während der Fortpflanzungszeit (Oktober–Dezember auf der Südhalbkugel) der Gruppe kurz an. U. U. gibt es eine Synchronisation des Oestrus durch die Ankunft der Männchen. Nach ca. 15–16 Monaten wird ein 4 m langes Junges geboren. Junge werden 1–2 Jahre (junge Mütter) –3 Jahre (alte Mütter) gesäugt. Feste Nahrung ab 1 Jahr. Weibchen sexuell reif mit 9 Jahren (8,5 m lang); Männchen bilden Spermien ab 9 Jahren, sind aber wohl erst mit ca. 20 Jahren ausgereift. Status als Männchen, das zur Fortpflanzung gelangt («Breeding-bull»-Status) wohl erst mit ca. 25 Jahren. Junge Männchen verlassen die Gruppe mit 4–5 Jahren und bilden «Junggesellen»-Herden (bis 50 Tiere), größere und ältere Junggesellen bilden nur kleine Gruppen, in denen die Einzeltiere relativ weit auseinander schwimmen (über einen halben km).

Monodontidae (Gründelwale): Bewohner flacher Küstengewässer des Nordens; *Delphinapterus* (Weißwal, Beluga) viele Zähne; *Monodon* (Narwal; Abb. 448 g), Gebiß meist auf 1 linksseitigen Stoßzahn (bis 2,5 m lang) beschränkt, der einem Schneidezahn entspricht, nur beim Männchen.

Stenidae (Brackwasserdelphine): Ursprüngliche Delphine mit Beziehungen zu den Flußdelphinen, *Steno*.

Delphinidae (Delphine): Schnelle, spielfreudige Tiere mit hoher Intelligenz. *Orcinus* (Schwertwal), greift größere Wale an. *Orcaella* (Irawadi-Delphin), *Globicephala* (Grindwal; Abb. 448 i), *Lagenorhynchus, Lagenodelphis* (Borneodelphin), *Tursiops* (Abb. 448 f), *Stenella, Delphinus* (Abb. 448 d).

Phocoenidae (Braunfische, Schweinswale; Abb. 448 b): spatelförmig abgeflachte kleine Zähne. *Neomeris*, Ostasien auch große Flüsse. *Phocoena*, auch Nord- und Ostsee; derzeit auffälliger Rückgang in Europa. In allen Weltmeeren durch Treibnetze starke Populationseinbußen bei allen Zahnwalen.

Literatur

Im folgenden sind vorwiegend neuere Buchveröffentlichungen aufgeführt, die zum vertieften Studium herangezogen werden können. In ihnen finden sich Literaturverzeichnisse, die zur Originalliteratur führen.

Grundlagen der Systematik

Darwin, C.R.: On the origin of species by means of natural selection. John Murray, London. 1859.
Hennig, W.: Phylogenetic Systematics. University of Illinois Press, Urbana. 1979.
Mayr, E., Provine, W. (eds.): The evolutionary synthesis. Harvard University Press, Cambridge, Massachusetts. 1980.
Remane, A.: Die Grundlagen des Natürlichen Systems, der Vergleichenden Anatomie und der Phylogenetik. Nachdruck. Otto Koeltz, Königstein im Taunus. 1971.
Riedl, R.: Order in living organisms. J. Wiley & Sons, Chichester. 1979.
Simpson, G.G.: The principles of classification and a classification of mammals. Bulletin of the American Museum of Natural History 85, New York. 1945.
Sudhaus, W., Rehfeld, K.: Einführung in die Phylogenetik und Systematik. G. Fischer, Stuttgart. 1992.

Hand- und Bestimmungsbücher, die das ganze Tierreich oder große Teile betreffen

Boardman, R.S., Cheetham, A.H., Rowell, A.J.: Fossil Invertebrates. Blackwell Scientific Publications, Oxford. 1987.
Brauer, A., Schwoerbel, J., Zwick, P.: Süßwasserfauna von Mitteleuropa. G. Fischer, Stuttgart. (vielbändig). wird fortgesetzt.
Brehm-Bücherei (Die Neue B.-B.). Westarp, Hohenwarsleben. Zahlreiche Monographien. wird fortgesetzt.
Brohmer, P., Tischler, W., Schaefer, M.: Fauna von Deutschland. Quelle und Meyer, Heidelberg. 1994.
Bronn, H.G.: Klassen und Ordnungen des Tierreichs. Walter de Gruyter + Co., Berlin. 1825 bis heute.
Brusca, R.C., Brusca, G.J.: Invertebrates. Sinauer, Sunderland. 1990.
Clarkson, E.N.K.: Invertebrate Palaeontology and Evolution. Unwin Hyman, London. 1986.
Conway Morris, S., George, J.D., Gibson, R., Platt, H.M. (Hrsg.): The Origins and Relationships of Lower Invertebrates, Oxford University Press, Oxford. 1985.
Dahl, F.: Die Tierwelt Deutschlands und der angrenzenden Meeresgebiete. G. Fischer, Stuttgart. 1925 bis heute.
Frank, W.: Parasitologie. Ulmer, Stuttgart. 1976.
Fritzsche, K., Keilbach, R.: Die Pflanzen-, Vorrats- und Materialschädlinge Mitteleuropas. G. Fischer, Stuttgart. 1994.
Giere, O.: Meiobenthology. Springer. Berlin. 1993.
Grassé, P.P., Tuzet, P., Poisson, R.: Traité de Zoologie. 17 Bände, Masson, Paris, 1952 ff.
Halstead, B.W.: Poisonous and venomous marine animals of the world. Northcote House, Plymouth. 1988.
Harrison, F.W. (Hrsg.): Microscopic Anatomy of Invertebrates. A. Liss, New York. (vielbändig). 1991–heute.
Higgins, R.P., Thiel, H. (Hrsg.): Introduction to the Study of Meiofauna. Smithsonian Inst. Press, Washington, D.C. 1988.
Hyman, L.H.: The Invertebrates. 5 Bände. McGraw-Hill, New York. 1940–1967.
Ivanova-Kazas, O.M.: Comparative embryology of invertebrates. 5 Bände. Nauka, Moscow. 1975–1981 (in Russisch).
Kaestner, A.: Lehrbuch der Speziellen Zoologie. G. Fischer, Jena. 1954 bis heute.
Knaurs Tierreich in Farben. 7 Bände. Droemer-Knaur, München. 1956–1961.
Kükenthal, W., Krumbach, T.: Handbuch der Zoologie, vielbändig. W. de Gruyter, Berlin. 1923 bis heute.
Lehmann, U., Hillmer, G.: Wirbellose Tiere der Vorzeit. Enke, München. 1997.
McKerrow, W.S.: The Ecology of Fossils. The MIT Press, Cambridge, Massachusetts. 1978.
Matthes, D.: Tiersymbiosen und ähnliche Formen

der Vergesellschaftung. G. Fischer, Stuttgart. 1978.
Möller, H., Anders, K.: Diseases and Parasites of Marine Fishes. H. Möller, Kiel. 1986.
Moore, R.C., Teichert, C.: Treatise on Invertebrate Paleontology. Mehrbändig. Geol. Soc. America & Univ Kansas, Boulder/Colorado. 1955–72.
Müller, A.H.: Lehrbuch der Paläozoologie. 3 Bände. G. Fischer, Jena. 1958–1994.
Nielsen, C.: Animal Evolution. Oxford University Press, Oxford. 1995.
Parker, S.P.: Synopsis and Classification of Living Organisms. 2 Bände. McGraw Hill, New York. 1982.
Riedl, R.: Fauna und Flora des Mittelmeeres. Parey, Hamburg. 1983.
Rohde, K.: Ecology of Marine Parasites. University of Queensland, St. Lucia. 1982.
Ruppert, E.E., Barnes, R.D.: Invertebrate Zoology. W.B. Saunders, Philadelphia. 1994.
Soule, D.F., Kleppel, G.S.: Marine Organisms as Indicators. Springer, Berlin. 1988.
Sterrer, W. (Hrsg.): Marine Fauna and Flora of Bermuda. J. Wiley & Sons, Chichester. 1986.
Streble, H., Krauter, D.: Das Leben im Wassertropfen. Kosmos, Stuttgart. 1978.
Stresemann, E.: Exkursionsfauna von Deutschland. G. Fischer, Stuttgart. 1994.
Tasch, P.: Paleobiology of the Invertebrates. J. Wiley & Sons, Chichester. 1980.
Trager, W.: Living Together. The Biology of Animal Parasitism. Plenum Press, New York. 1986.
Urania Tierreich. 6 Bände. Urania, Berlin. 1966–1969.
Wells, S.M., Pyle, R.M., Collins, N.M.: The IUCN Invertebrate Red Data Book. IUCN, Gland. 1983.
Westheide, W., Rieger, R. (Hrsg.): Spezielle Zoologie. 1. Teil: Einzeller und wirbellose Tiere. G. Fischer, Stuttgart. 1996.

Protozoa

Anderson, D.M., White, A.W., Baden, D.G. (ed.): Toxic Dinoflagellates. Elsevier, Amsterdam. 1985.
Anderson, O.R.: Comparative Protozoology. Springer, Berlin. 1988.
Fenchel, T.: Ecology of Protozoa. Springer, Berlin. 1987.
Görtz, H.D.: *Paramecium*. Springer, Berlin. 1988.
Grell, K.G.: Protozoology. Springer, Berlin. 1973.
Hausmann, K., Hülsmann, N.: Protozoology. G. Thieme, Stuttgart. 1996.
Kreier, J.P., Baker, J.R.: Parasitic Protozoa. Unwin Hyman, London. 1987.
Lee, J.J., Hutner, S.H., Bovee, E.C. (ed.): An Illustrated Guide to the Protozoa. Soc. Protozool. Lawrence, Kansas. 1985.
Levandowsky, M., Hutner, S.H. (Hrsg.): Biochemistry and Physiology of Protozoa. 4 Bde. Academic Press, New York. 1979–81.
Margulis, L., Corliss, J.O., Melkonian, M., Chapman, D.J.: Handbook of Protoctista. Jones and Bartlett, Boston. 1990.
Mehlhorn, H., Ruthmann, A.: Allgemeine Protozoologie. Gustav Fischer, Jena. 1992.
Röttger, R. (Hrsg.): Praktikum der Protozoologie. Gustav Fischer, Stuttgart. 1995.
Taylor, F.J.R. (ed.): The Biology of Dinoflagellates. Botanical Monographs. Vol. 21. Blackwell Scientific Publ., Oxford. 1987.
Williams, A.G., Coleman, G.S.: The Rumen Protozoa. Springer, Berlin. 1992.

Ediacara-Fauna

Glaessner, M.F.: The dawn of animal life. A biohistorical study. Cambridge University Press, Cambridge. 1984.

Placozoa

Grell, K.G., Ruthmann, A.: Placozoa. In: Harrison, F. (Hrsg.). Microscopic Anatomy of Invertebrates. A. Liss, New York. 1991.
Malakhov, V.V.: Enigmatic groups of marine invertebrates. Nauka, Moskau. 1990 (in Russisch).

Porifera

Bergquist, P.R.: Sponges. Hutchinson, London. 1978.
Harrison, F.W., Cowden, R.R.: Aspects of Sponge Biology. Academic Press, London. 1976.
Simpson,T.L.: Cell Biology of Sponges. Springer, Berlin. 1984.
Soest, R.W.M. van, Kempen, T.G.M. van, Braekman, J.C. (Hrsg.): Sponges in time and space. A.A. Balkema, Rotterdam. 1994.
Weissenfels, N.: Biologie und mikroskopische Anatomie der Süßwasser-Schwämme (Spongillidae). G. Fischer, Stuttgart. 1989.

Cnidaria

Bouillon, J., Boero, F., Cicogna, F., Cornelius, P.F.S. (Hrsg.): Modern Trends in the Systematics, Ecology, and Evolution of Hydroids and Hydromedusae. Clarendon Press, Oxford. 1987.
Gabrie, C., Salvat, B. (Hrsg.): Proceedings of the

5th International Coral Reef Congress, Tahiti. Antenne Museum, EPHE, Moorea. 1985.
Holstein, T., Emschermann, P.: Cnidaria: Hydrozoa und Kamptozoa. G. Fischer, Stuttgart. 1995.
Lenoff, H. M. (Hrsg.): *Hydra*: Research Methods. Plenum Press, New York. 1983.
Mackie, G. O. (Hrsg.): Coelenterate Ecology and Behavior. Plenum Press, New York. 1976.
Muscatine, L., Lenhoff, H. M.: Coelenterate Biology. Academic Press, London. 1974.
Rees, W. J.: The Cnidaria and their Evolution. Symp. zool. Soc. London 17. Academic Press, London. 1966.
Schuhmacher, H.: Korallenriffe. Ihre Verbreitung, Tierwelt und Ökologie. Bayerischer Landwirtschaftsverlag, München. 1994.
Tardent, P.: *Hydra*. Naturforsch. Gesellsch. Zürich. 1988.
Veron, J. E. N.: Corals of Australia and the Indo-Pacific. Angus and Robertson Publ. North Ryde NSW. 1986.
Wood, E. M.: Corals of the World. T. F. H. Publ. Redhill, Surrey. 1983.

Tentaculata

Larwood, G. P.: Living and Fossil Bryozoa. Academic Press, London. 1973.
Larwood, G. P., Abbott, M. B. (Hrsg.): Advances in Bryozoology. Academic Press, London–New York. 1979.
McKinney, F. K., Jackson, J. B.: Bryozoan Evolution. Unwin Hyman, London. 1988.
Rudwick, M.: Living and Fossil Brachiopods. Hutchinson University Library, London. 1970.
Ryland, J. S.: Bryozoans. Hutchinson University Library, London. 1970.
Woolacott, R. M., Zimmer, R. L.: Biology of Bryozoans. Academic Press, London 1977.

Sipunculida

Cutler, E. B.: The Sipuncula. Cornell University Press, Ithaca. 1995.
Rice, M. E., Todorović, M. (eds.): Proceedings of the International Symposium on the Biology of the Sipuncula & Echiura. Naucuo Delo, Beograd. 1975. 2 Bände.
Stephen, A. C., Edwards, S. J.: The phyla Sipuncula and Echiura. Brit. Mus. (Nat. Hist.), London. 1972.

Plathelminthes

Ax, P.: Das System der Metozoa I. G. Fischer, Stuttgart. 1995.
Cannon, L. R. G.: Turbellaria of the World: A Guide to Families and Genera. Queensland Museum, Brisbane. 1986.
Erasmus, D. A.: The Biology of Trematodes. W. Arnold, London. 1972.
Riser, N. W., Morse, M. P.: Biology of the Turbellaria. McGraw-Hill, New York. 1974.
Rollinson, D., Simpson, A. J. G. (eds.): The Biology of Schistosomes. From Genes to Latrines. Academic Press, London. 1987.
Schmidt, G. D.: Handbook of Tapeworm Identification. CRC Press. Boca Raton, Florida. 1986.
Smyth, J. D., Halton, D. W.: The Physiology of Trematodes. Cambridge University Press, Cambridge. 1983.
Thompson, R. C. A.: The biology of *Echinococcus* and hydatid disease. Unwin Hyman, London. 1986.
Tyler, S. (Hrsg.): Turbellarian biology. Kluwer, Dordrecht. 1991.
Wardle, R. A., McLeod, J. A., Radinovsky, S.: Advances in the Zoology of Tapeworms, 1950–1970. Univ. Minnesota Press, Minneapolis. 1974.

Nemertini

Gibson, R., Berg, G., Sundberg, P.: Advances in nemertine biology. Hydrobiologia 156 (1988).
Roe, P., Norenburg, J. L.: Comparative Biology of Nemertines. Amer. Zool. 25 (1985).

Gnathostomulida

Sterrer, W.: Systematics and evolution within the Gnathostomulida. Systematic Zoology 21 (1972).

Aschelminthes

Bird, A. F., Bird, J.: The Structure of Nematodes. Academic Press, New York. 1991.
Chitwood, B. G., Chitwood, M. B.: Introduction to Nematology, University Park Press, Baltimore. 1974.
Croll, N. A., Matthews, B. E.: Biology of Nematodes. Blackie, Glasgow. 1977.
Crompton, D. W. T., Nickol, B. (Hrsg.): Biology of the Acanthocephala. Cambridge University Press, Cambridge. 1985.
Gilbert, J. J., Lubzens, E., Miracle, M. R. (Hrsg.): Proceedings of the 6th International Rotifer Symposium. Hydrobiologia 256 (1993).
Higgins, R. P., Kristensen, R. M.: New Loricifera from Southeastern United States Coastal Waters. Smithsonian Contribut. Zoology 438. Washington, D. C. 1986.
Lorenzen, S.: The phylogenetic systematics of free-

living nematodes. The Ray Society, London. 1994.

Maggenti, A.R.: General Nematology. Springer, Heidelberg. 1981.

Malakhov, V.V.: Nematodes: structure, development, classification, and phylogeny. Smithsonian Institution Press, Washington. 1984.

Nicholas, W.L.: The Biology of Free-Living Nematodes. Oxford University Press, Oxford. 1984.

Nickle, W.R.: Plant and Insect Nematodes. M. Dekker AG, Basel. 1984.

Norton, D.C.: Ecology of plant parasitic nematodes. J. Wiley, New York. 1978.

Poinar, G.O.: The Natural History of Nematodes. Prentice-Hall, Englewood Cliffs, New Jersey. 1983.

Voigt, M., Koste, W.: Rotatoria. Die Rädertiere Mitteleuropas. 2 Bände, Gebr. Borntraeger, Berlin. 1978.

Wharton, D.A.: A Functional Biology of Nematodes. John Hopkins University Press, Baltimore. 1986.

Webster, J.M.: Economic Nematology. Academic Press, London. 1972.

Zuckermann, B.M.: Nematodes as biological models. 2 Bände. Academic Press, London. 1980.

Mollusca

Dance, P., Cosel, R.v.: Das große Buch der Meeresmuscheln. Ulmer, Stuttgart. 1977.

Fretter, V., Peake, J.: Pulmonates. Academic Press, London. 2 Bände. 1975.

Godan, D.: Mollusken. Parey, Berlin. 1996.

Götting, K.J.: Malakozoologie. Grundriß der Weichtierkunde. G. Fischer, Stuttgart. 1974.

Hughes, R.N.: A Functional Biology of Marine Gastropods. Chapman and Hall, London. 1986.

Kerney, M.P., Cymdfon, R.A.D., Jungbluth, J.H.: Die Landschnecken Nord- und Mitteleuropas. Parey, Hamburg. 1983.

Lehmann, U.: Ammoniten. Enke, Stuttgart. 1976.

Messenger, J.B., Nixon, M.: The Biology of Cephalopods. Symp. zool. Soc. London 38. Academic Press, London. 1977.

Ponder, W.F., Eernisse, D.J., Waterhouse, J.H. (Hrsg.): Prosobranch Phylogeny. Malacological Review. Mus. Zool. Univ. Michigan, Ann Arbor. 1988.

Saunders, W.B., Landman, N.H. (Hrsg.): *Nautilus*. The Biology and Paleobiology of a Living Fossil. Plenum Press, New York and London. 1987.

Taylor, J.D. (ed.): Origin and Evolutionary Radiation of the Mollusca. Oxford University Press, Oxford. 1995.

Ward, P.D.: The Natural History of *Nautilus*. Allen & Unwin, Boston. 1987.

Ward, P.D.: In Search of *Nautilus*. Simon and Schuster, New York. 1988.

Wells, M.J.: *Octopus*. Chapman and Hall, London. 1978.

Wilbur, K.M., Yonge, C.M.: Physiology of Mollusca. 12 Bände. Academic Press, London. 1964/1988.

Annelida

Brinkhurst, R.O., Cook, D.G.: Aquatic Oligochaete Biology. Plenum Press, New York. 1979.

Brinkhurst, R.O., Jamieson, B.G.M.: Aquatic Oligochaeta of the World. Univ. Toronto Press, Toronto. 1971.

Dales, R.P.: Annelids. Hutchinson Univ. Library, London. 1963.

Edwards, C.A., Lofty, J.R.: Biology of earthworms. Chapman & Hall, London. 1977.

Jamieson, B.G.M.: The ultrastructure of the Oligochaeta. Academic Press, London. 1981.

Lee, K.E.: Earthworms: Their ecology and relationships with soils and land use. Academic Press, Sydney. 1985.

Mill, P.J.: Physiology of Annelids. Academic Press, London. 1978.

Peters, W., Walldorf, V.: Der Regenwurm *Lumbricus terrestris*. Quelle & Meyer, Heidelberg. 1986.

Satchell, J.E.: Earthworm ecology. Chapman and Hall, London. 1983.

Sawyer, R.T.: Leech Biology and Behaviour. Clarendon Press, Oxford (3 Bde.). 1986.

Westheide, W., Hermans, C.O. (Hrsg.): The Ultrastructure of Polychaeta. G. Fischer, Stuttgart. 1988.

Arthropoda

Askew, R.R.: Parasitic Insects. Heinemann, London. 1971.

Bertolani, R. (Hrsg.): Biology of Tardigrades. Mucchi Editore, Modena. 1987.

Bliss, D.E.: The Biology of Crustacea (zehnbändig). Academic Press, London. 1982–1985.

Blower, J.G.: Myriapoda. Symp. zool. Soc. London 32. Academic Press, London. 1974.

Bonaventura, J., Bonaventura, C., Tesh, S.: Physiology and Biology of Horseshoe Crabs. Alan R. Liss, New York. 1982.

Burgren, W.W., McMahon, B.R. (Hrsg.): Biology of the Land Crabs. Canberra University Press. 1988.

Downer, R.G.H., Laufer, H. (Hrsg.): Endocrinology of Insects. Alan R. Liss, New York. 1983.

Dreyer, W.: Die Libellen. Gerstenberg, Hildesheim. 1986.
Engels, W. (Hrsg.): Social Insects. Springer, Berlin. 1990.
Ferrara, F. (Hrsg.). Proceedings of the second symposium on the biology of terrestrial isopods. Monitore zool. ital. (N. S.) Monogr. 4, 1989.
Foelix, R.: Biology of Spiders. G. Thieme, Stuttgart. 1996.
Freude, H., Harde, K. W., Lohse, G. A.: Die Käfer Mitteleuropas. G. Fischer, Stuttgart. 1965 bis heute.
Fritsche, G., Geiler, H., Sedlag, U.: Angewandte Entomologie. G. Fischer, Stuttgart. 1968.
Gößwald, K.: Organisation und Leben der Ameisen. Wissenschaftliche Verlagsgesellschaft, Stuttgart. 1985.
Gupta, A. P.: Arthropod Phylogeny. Van Nostrand Reinhold Company, London. 1979.
Holdich, D. M., Lowery, R. S. (Hrsg.): Freshwater Crayfish. Biology Management and Exploitation. Croom Helm, London & Timber Press, Portland. Oregon. 1988.
Hölldobler, B., Wilson, E. O.: The Ants. Springer, Berlin. 1990.
Jacobs, W., Renner, M.: Biologie und Ökologie der Insekten. G. Fischer, Stuttgart. 1988.
King, P. E.: Pycnogonids. Hutchinson, London. 1973.
Krantz, G. W.: A Manual of Acarology. Oregon State Univ. Book Stores, Corvallis. 1978.
Kullmann, E., Stern, H.: Leben am seidenen Faden. Kindler, München. 1981.
Levi-Setti, R.: Trilobites. A Photographic Atlas. Univ. Chicago Press, Chicago. 1975.
Merrett, P.: Arachnology. Symp. zool. Soc. London 42. Academic Press, London. 1978.
O'Donel, A. J.: Arthropods and Human Skin. Springer, Berlin. 1984.
Persoone, G., Sorgeloos, P., Roels, O., Jaspers, E.: The brine shrimp *Artemia* (3 Bände). Universa Press, Wetteren. 1980.
Peters, R. H., de Bernardi, R. (Hrsg.): *Daphnia*. Mem. Ist. Ital. Idrobiol. 45, Pallanza. 1987.
Pfadt, R. E.: Fundamentals of applied entomology. Mac Millan, New York. 1978.
Resh, V. H., Rosenberg, D. M. (Hrsg.): The ecology of aquatic insects. Praeger Scientific, New York. 1984.
Rockstein, M.: The Physiology of Insecta. 6 Bände. Academic Press, London. 1973–1974.
Ruhberg, H.: Die Peripatopsidae (Onychophora). Zoologica 137, Stuttgart. 1985.
Schram, F. R.: Crustacea. Oxford University Press, Oxford. 1986.
Schuster, R., Murphy, P. W. (Hrsg.): The Acari. Chapman and Hall, London. 1990.
Shear, W. A. (Hrsg.): Spiders – Webs, Behavior, and Evolution. Stanford Univ. Press, Stanford. 1986.
Warburg, M. R.: Evolutionary Biology of Land Isopods. Springer, Berlin. 1993.
Warner, G. G.: The Biology of Crabs. Elek Science, London. 1977.
Weber, H., Weidner, H.: Grundriß der Insektenkunde. G. Fischer, Stuttgart. 1974.
Weygoldt, P.: The Biology of Pseudoscorpions. Harvard University Press. Cambridge, Mass. 1969.
Williams, A. B.: Lobsters of the World – an illustrated guide. Osprey Books, Huntington, New York. 1988.

Pogonophora

Ivanov, A. V.: Pogonophora. Academic Press, London. 1963.
Jones, M. L.: Vestimentifera. Biol. Soc. Wash. Bull. 6. 1985.

Echinodermata

Burke, R. D., Mladenov, P. V., Lambert, P., Porsley, R.: Echinoderm Biology. A. A. Balkema Publishers, Rotterdam. 1988.
David, B., Guille, A., Féral, J.-P., Roux, M.: Echinoderms through time. A. A. Balkema Publishers, Rotterdam. 1994.
Jangoux, M., Lawrence, J. M.: Echinoderm studies. Mehrbändig. A. A. Balkema Publishers, Rotterdam. 1983–1989.
Lawrence, J. M.: A Functional Biology of Echinoderms. Chapman and Hall, London. 1987.

Chordata

Barrington, E. J. W.: The Biology of the Hemichordata and Protochordata. Oliver and Boyd, Edinburgh. 1965.
Berril, N. J.: The Origin of the Vertebrates. Oxford University Press, London. 1955.
Blackwelder, R. E.: Guide to the Taxonomic Literature of Vertebrates. Iowa State Univ. Press, Amos Town. 1972.
Bolk, L., Göppert, E., Kallius, E., Lubosch, W.: Handbuch der Vergleichenden Anatomie der Wirbeltiere. 6 Bände, Urban und Schwarzenberg, Berlin. 1931–1939.
Caroll, R. W.: Paläontologie und Evolution der Wirbeltiere. G. Thieme, Stuttgart. 1993.
Goodrich, E. S.: Studies on the Structure and Development of Vertebrates I, II. Dover, New York. 1958.
Gregory, W. K.: Evolution emerging. Macmillan Company, New York. 1951.
Grzimeks Tierleben. Mehrbändig. Kindler, München. Seit 1968.

Jefferies, R.P.S.: The Ancestry of the Vertebrates. British Museum (Nat. Hist.), London. 1986.

Kämpfe, L., Kittel, R., Klapperstück, J.: Leitfaden der Anatomie der Wirbeltiere. G. Fischer, Jena. 1993.

Pearson, R., Pearson, L.: The Vertebrate Brain. Academic Press, London. 1976.

Portmann, A.: Einführung in die vergleichende Morphologie der Wirbeltiere. Schwabe, Basel. 1969.

Romer, A.S., Parsons, T.S.: Vergleichende Anatomie der Wirbeltiere. Parey, Hamburg. 1983.

Starck, D.: Vergleichende Anatomie der Wirbeltiere, 3 Bände. Springer, Berlin. 1978/83.

Agnatha, Chondrichthyes, Osteichthyes

Bemis, W.E., Burggren, W.W. (Hrsg.): The Biology and Evolution of Lungfishes. A. Liss, New York. 1986.

Berra, T.M.: An Atlas of Distribution of the Freshwater Fish Families of the World. Univ. Nebraska Press, Lincoln & London. 1981.

Bone, Q., Marshall, N.B., Blaxter, J.H.S.: Biology of Fishes. Intercept, Andover. 1995.

Eschmeyer, W.N.: Catalog of the genera of recent fishes. California Academy of Sciences, San Francisco. 1990.

Foreman, R.E., Dodd, J.M., Gorbman, A., Olsson, R.: Evolutionary Biology of Primitive Fishes. Plenum Publ. Corp., New York. 1986.

Hardisty, M.W., Potter, J.C.: The biology of lampreys. 2 Bände. Academic Press, London. 1972.

Hoar, W.S., Randall, D.J.: Fish Physiology, 10 Bände. Academic Press, London. 1969–1984.

Holcik, J., Lelek, A. u.a.: The Freshwater Fishes of Europe. Aula, Wiesbaden. 1989 (mehrbändig).

Ladiges, W., Vogt, D.: Die Süßwasserfische Europas bis zum Ural und Kaspischen Meer. Parey, Hamburg. 1965.

Moller, P.: Electric Fishes. Chapman and Hall, London. 1995.

Moy-Thomas, J.A., Miles, R.S.: Palaeozoic Fishes. W.B. Saunders Co., Philadelphia. 1971.

Nelson, J.S.: Fishes of the World. Wiley and Sons, London. 1995.

Nilsson, S., Holmgren, S.: Fish Physiology. Recent Advances. Chapman and Hall, London. 1986.

Pitcher, T.J.: The Behaviour of Teleost Fishes. Chapman and Hall, London. 1986.

Whitehead, R.J.P., Bauchot, M.-L., Hureau, J.-C., Nielsen, J., Tortonese, E.: Fishes of the Northeastern Atlantic and the Mediterranean. 2 Bde. UNESCO, Paris. 1984–1986.

Wooton, R.J.: Ecology of Teleost Fishes. Chapman and Hall, London. 1989.

Amphibia

Deuchar, E.M.: *Xenopus*. John Wiley & Sons, Chichester. 1975.

Duellmann, W.E., Trueb, L.: Biology of Amphibians. McGraw Hill, New York. 1986.

Engelmann, W.-E., Fritzsche, J., Günther, R., Obst, F.J.: Lurche und Kriechtiere Europas. Neumann Verlag, Radebeul. 1993.

Moore, J.A., Lofts, B.: Physiology of the Amphibia, 3 Bände. Academic Press, London. 1964–1976.

Rhodin, A.G.J., Miyata, K.: Advances in Herpetology and Evolutionary Biology. Mus. Comp. Zool. Cambridge, Mass. 1983.

Taylor, E.H.: The Caecilians of the World. University of Kansas Press, Lawrence. 1968.

Reptilia

Arnold, E.N., Burton, J.A.: Reptiles and Amphibians of Britain and Europe. Collins, London. 1978.

Bellairs, A.: Die Reptilien, Enzyklopädie der Natur. Bd. 11. Edition Rencontre, Lausanne. 1971.

Czerkas, S.J., Olson, E.C.: Dinosaurs Past and Present. Univ. Washington Press, Seattle. 1986. (2 Bände).

Dunson, W.A. (ed.): The biology of sea snakes. Univ. Park Press, Baltimore. 1975.

Gans, C., Bellairs, A., Parsons, T.S., Dawson, W.R., Tinkle, D.W.: Biology of the Reptilia. Academic Press, London. 7 Bände. 1969–1979.

Goin, C.J., Goin, O.B.: Introduction to Herpetology. W.H. Freeman Company, San Francisco. 1975.

Günther, R.: Die Amphibien und Reptilien Deutschlands. G. Fischer, Stuttgart. 1996.

Heatwole, H.: Sea Snakes. The New South Wales University Press, Kensington. 1987.

Kabisch, K.: Wörterbuch der Herpetologie. G. Fischer, Stuttgart. 1990.

Norman, D.: The illustrated encyclopedia of Dinosaurs. Salamander Books, London. 1985.

Obst, F.J.: Turtles, Tortoises and Terrapins. MacMillan Company, Melbourne. 1986.

Paul, G.S.: Predatory Dinosaurs of the World. Simon & Schuster, New York. 1988.

Porter, K.P.: Herpetology. W.B. Saunders Co., Philadelphia. 1972.

Wermuth, H., Mertens, R.: Schildkröten, Krokodile, Brückenechsen. G. Fischer, Stuttgart. 1996.

Aves

Bairlein, F.: Ökologie der Vögel. G. Fischer, Stuttgart. 1996.

Barnard, C.J., Thompson, D.B.A.: Gulls and Plovers. Columbia Univ. Press, New York. 1985.
Berthold, P.: Vogelzug: eine Einführung. Wissenschaftliche Buchgesellschaft, Darmstadt. 1990.
Bezzel, E., Prinzinger, R.: Ornithologie. Ulmer, Stuttgart. 1990.
Farner, D.S., King, J.R.: Avian Biology. 6 Bände. Academic Press, London. 1971–1982.
Grant, P.R.: Ecology and Evolution of Darwin's Finches. Princeton Univ. Press. Princeton, New Jersey. 1986.
Medmaravis, Monbaillin, X.: Mediterranean Marine Avifauna. Springer, Berlin. 1986.
Nettleshop, D.N., Birkhead, T.R.: The Atlantic Alcidae. Academic Press, London. 1985.
Piiper, J.: Respiratory Function in Birds, Adult and Embryonic. Springer, Berlin. 1978.
Sibley, C.G., Ahlquist, J.E.: Avian phylogeny reconstructed from comparisons of the genetic material, DNA. In: Molecules and morphology in evolution (ed. C. Patterson). Cambridge University Press, Cambridge. 1987.
Stonehouse, B. (ed.): The Biology of Penguins. Univ. Park Press, Baltimore. 1975.
Sturkie, P.D.: Avian Physiology. Springer, Berlin. 1986.
Tyne, J. van, Berger, A.J.: Fundamentals of Ornithology. John Wiley & Sons, New York. 1978.

Mammalia

Boessneck, J.: Die Tierwelt des Alten Ägypten. C.H. Beck, München. 1988.
Eisenberg, J.F.: The Mammalian Radiations. Univ. Chicago Press, Chicago. 1981.
Estes, R.D.: The Behaviour Guide to African Mammals. Univ. California Press, Berkeley. 1992.
FAO: Mammals in the Sea. Food and Agricultural Organization of the United Nations, Roma. 4 Bände. 1979–1982.
Fleagle, J.G.: Primate adaptation and evolution. Academic Press, San Diego. 1988.
Griffiths, M.: Echidnas. Pergamon Press, Oxford. 1968.
Groves, C.P.: A Theory of Human and Primate Evolution. Clarendon Press, Oxford. 1991.
Harrison, R.J.: Functional anatomy of marine mammals. 3 Bände. Academic Press, London. 1972–1977.
Hill, W.C.O.: Primates. Comparative Anatomy and Taxonomy. University Press, Edinburgh. 8 Bände. 1953–1974.
Jensen, R.G.: Handbook of Milk Composition. Academic Press, New York. 1995.
Keast, A., Erk, F.C., Glass, B.: Evolution, Mammals, and Southern Continents. State University of New York Press, Albany. 1972.
Kermack, D.M., Kermack, K.A.: Early Mammals. Academic Press, London. 1971.
King, J.E.: Seals of the World. Oxford University Press, Oxford. 1983.
Kooyman, G.L.: Weddell Seal, consummate diver. Cambridge University Press, Cambridge. 1981.
Luckett, W.P., Szalay, F.S.: Phylogeny of the Primates. A multidisciplinary approach. Plenum Press, New York. 1975.
Martin, S.P., Klein, R.G. (Hrsg.): Quaternary Extinctions. The University of Arizona Press, Tucson. 1989.
Matthews, L.H.: Die Säugetiere. Die Enzyklopädie der Natur. Bd. 15. Editions Rencontre, Lausanne. 1971.
Mills, M.G.L.: Kalahari Hyaenas. Unwin Hyman Ltd., London. 1990.
Montgomery, G.G. (Hrsg.): The Evolution and Ecology of Armadillos, Sloths, and Vermilinguas. Smithsonian Institution Press, Washington. 1985.
Neuweiler, G.: Biologie der Fledermäuse. G. Thieme, Stuttgart. 1993.
Pflumm, W.: Biologie der Säugetiere. Parey, Hamburg. 1996.
Prins, H.: The Ecology of the African Buffalo. Chapman and Hall, London. 1995.
Ridgway, S.H., Harrison, K.J.: Handbook of Marine Mammals. Acad. Press, London. 2 Bände. 1981.
Skinner, J.D., Smithers, R.H.N.: The Mammals of the Southern African Subregion. University of Pretoria, Pretoria. 1991.
Tyndale-Biscoe, H.: Life of Marsupials. Edwards Arnold, London. 1973.
Watson, L.: Whales of the World, Hutchinson, London. 1981.

Register

Die kursiven Zahlen verweisen auf Abbildungen.

Aal *563*, *566*, *569*
Aalfische *569*
Aalmolch *596*, 598
Aalmutter *65*, 564, *585*
Aaskäfer 388
Abalone 172
Abatus 459
Abdomen 237, 292
Abendpfauenauge *403*, 406
Abendsegler 707
Ablepharus 624
Abomasus *527*, *737*
Abothrium *96*
Abramis *568*, 571
Abraxas *348*, 349, 405
Abu Garn 672
Abu Markub 664
Abudefduf 585
Acalitus 288
Acanthamoeba 18
Acantharia 22
Acanthaster 437, 445, *446*, 447
Acanthias *553*
Acanthobdella 218, 223, 224, 225, 226
Acanthobdellida 225
Acanthocephala 127
Acanthocephalus 130
Acanthochiton 164
Acanthochitonida 164
Acanthocystis *1*, *5*, 23
Acanthodactylus 624
Acanthodes 549
Acanthodii 549
Acanthodoris 178
Acanthogyrus 130
Acantholyda 345
Acanthometron 22
Acanthophis 633
Acanthopteri 566
Acanthopterygii 566
Acanthorlarve *128*, 129
Acanthoscelides 354, 391
Acanthurus *68*, *563*, 587
Acanthophthalmus 572
Acarapis 287
Acari 282, *285*
Acaridida 288
Acarina 282
Acaromantis *132*
Acarus 288
Acaudina 463
Accipitriformes 665
Acentropus 405
Acera 178, *179*
Acerentomon 330
Acetabulum 489
Achalinus 631
Achatina *181*, 184
Acherontia *403*, 406
Acheta 351, *370*, 371
Achroia 354
Acilius *183*, 388
Acineta 32
Acinonyx 721
Acipenser *525*, *569*
Acipenseriformes *559*
Ackerschnecke 183
Acmaea 171
Acochlidiamorpha 178
Acoela 101
Acrania 476
Acranthophis 629, *630*
Acrasina 18
Acrasis *19*
Acrobates 685, 688
Acrochordus 630
acrodont *523*, 611
Acroloxus 180
Acromyrmex 396
Acron 231, 238
Acropodium 491
Acropora 66, *68*
Acrothoracica 308
Acteon *177*, *179*
Actinedida 287
Actinia *65*
Actiniaria 64
Actinistia 591
Actinophrys 5, 23
Actinopteri *557*
Actinopterygien 490
Actinopterygii *557*
Actinosphaerium *7*, *23*
Actinotrichida 286
Actinotrocha *79*, 80
Actinulalarve *55*
Actyostelium 18
Aculeata 395
Adacna 190
Adalia *387*, 391
Adamantoblasten *522*
Adamsia *56*, 57
Adapedonta 195
Adapoidea 697
Adela *403*, 404
Adelges 339
Adelgidae 345
Adenohypophyse *515*, 520
Adenophorea 134
Adephaga 386
Aderhaut 505
Adler 665, *666*
Adlerrochen *555*, *556*
Admiral 407
Adoxophyes 349
Adrenalorgan 520
Aëdes 358, 411
Aegeria 405
Aegina 61
Aegyptopithecus 701, 702
Aelia 374, 377
Aeolidia 179, 180
Aeoliscus *581*, 582
Aeolosoma 221
Aepyornithiformes 663
Aequipecten 193
Aeshna 363, 365, *365*
Aestheten 163
Aetea 88
Aetosauria 634
Affen 694, 699
Afterskorpione 276
Agalychnis 602
Agama 623
Agamen 622
Agamodon 626
Agamogonie 9
Agamonten 9
Agapetus 363
Agelacrinites 443
Agelastica 391
Agelenidae 274

Agkistrodon 634
Aglais 406
Aglaophenia 58
Aglossa 173, 605
Agnatha 543, 544
Agonus 582, *582*
Agrilus *387*, 391
Agriolimax 184
Agrion 363
Agriotes *346*, 347
Agroeca 270, 275
Agromyzidae 413
Agrotis *349*, 405
Agutis 716
Ährenfische 579
Ährenmaus 714
Ailuropoda 717
Ailurus 717
Aistopoda 594, *595*
Akera 167, 178
Akkommodation 505
Akontien 48
Aktinien 64
Aland 572
Alaska-Pollack *566*, 577
Albatrosse 663
Albertia 126
Albertosaurus *638*
Alcedo 672
Alces 740
Alciopa *214*, 215
Alcyonaria 63
Alcyonidium *86*, 88
Alcyonium 63, *64*
Alderia 178, 179
Aleurochiton 383
Aleurodes 383, *383*
Aleurodina 383
Aleyrodina 383
Algyroides 624
Alicella 315
Alisphenoid 494, 497
Alken 668, 670
Allantois 542, 610
Allantoisplacenta 686
Alligator *635*
Allocebus 698
Allogastropoda 176
Allolobophora 222, 223
Allometabolie 383
Allopora *722*
Allosaurus *637*
Alloteuthis 205
Aloidis 196
Alona 299
Alopias *553*
Alosa *485*, *568*, 570
Alouatta 697, 701
Alpaka 738, *740*
Alpenbock 391, *657*
Alpenbraunelle *657*
Alpendohle *657*
Alpensalamander 598, *657*
Alpheus 319
Altimostomias *576*
Altweibersommer 268
Altweltgeier 665
Alula 645, 652
Alvinella 217
Alytes *601*, 605
Amara 347
Amaroucium *469*
Amaurobius *274*, 276
Amazonasdelphin *742*
Amblyomma 286
Amblyopsis 576
Amblypygi 263, 264
Amblyrhynchus 620, 622
Amblyseius 344
Amblysomus *692*
Amblystomoidea 599
Amboß 495, *496*, 678
Ambulakralfurche 434, 438
Ambulakralfüßchen *426*, 430
Ambulakralgefäßsystem 426, 430
Ambulakren 426, 597
Ambystoma *596*, 599, *601*, *602*
Ambystomatoidea 599
Ameisen 395
Ameisenbär 708, *709*, 710
Ameisenbeutler 688
Ameisenfischchen 334
Ameisenigel 683
Ameisenjungfer *385*, 386
Ameisenlöwe *385*
Ameisenvögel 673
Ameiva 625
Amia *485*, 486, *490*, 502, 530, 561, 562
Amicula 164
Amiskwia 417
Ammenhai *553*, 554
Ammern 675
Ammocoetes-Larven 547
Ammodytes 586
Ammonoida 203
Ammophila 399
Ammothea 291
Amnion 542, 610
Amniota 592, 610
Amöbenruhr 18
Amoeba 7, 18, *19*
Amoebina 18
Amphelia 66
Amphibia 592
Amphibiocorisae 375
Amphiblastula *39*, 40
Amphibola 180, *181*
Amphicoela 605
Amphiden 134
Amphidinium 12
Amphiesmenoptera 400
Amphilestes 682
Amphilina 110, 114
Amphilonche 22
Amphilycus 451
Amphimallus 390
Amphinomidae 214
Amphioxides-Larve 481
Amphioxus 476
Amphipholis 449, 451
Amphipithecus 701
Amphipoda 313
Amphiporus 121
Amphiprion *56*, *57*, 585
Amphisbaena *621*, 626
Amphisbaenia 625
Amphitherium 683
Amphiuma 533, *596*, *597*, 599
Amphiura 449, *450*, 451, *562*
Amplexus 597
Ampulla 156
Amsel *655*, *675*
Amurkarpfen 572
Amusium 193
Amygdala 518
Anabas *558*, 587
Anableps 579
Anactinotrichida 284
Anadara 160
anadrome Fische 562
Anaitides 215
Anamnia 592
Ananasgalle 339
anapsid 499
Anapsida 613
Anarhichas 585, *586*
Anas *655*, 667
Anasa *376*, 377
Anasca *82*
Anaspida 545
Anaspidea 178
Anaspides 311
Anathana 694
Anatis *379*
Ancestrula 84
Anchistropus 299
Anchitherium *730*
Anchovis 570
Ancistrus 574
Ancylopoda 732
Ancylostoma 138, 140, 142
Ancylus 167, 180, 181, *181*, *363*
Andenkondor 665

Andrena 399
Andrias 597
Andricus *341*, 342
Androctonus 263
Aneides *599*
Anemonenfisch *585*
Anemonia *65*
Anglaspis *545*, *546*
Anglerfisch *565*, *577*, *578*
Anguilla *535*, *563*, *564*, *569*
Anguilliformes 569
Anguina *143*, 144
Anguis 625
Angulare *496*, 498, 678
Anhima *663*
Anilius 629
Anisakis 140
Anisomyaria 190, 191
Anisonema 12
Anisoptera 363, *365*
Anisozygoptera 363
Ankylosauria 639
Ankylosaurida 639
Annelida 207
Anniella 625
Annulonemertes 119
Anoa 740
Anobiidae 390
Anobium *352*, 353, 390
Anodonta 185, 194
Anolis 618, 622
Anomala 390
Anomalepis 631
Anomalocaris *233*, 234
Anomalodesmata 197
Anomalurus *715*
Anomia 151, 188, 193
Anomiidae 191
Anomochilus 629
Anomocoela 607
Anomodontia 661
Anomopoda 299
Anomura 322
Anopheles *356*, 358, 411
Anopla 121
Anoplura 373
Anostraca 300
Anourosorex 693
Anseranas 667
Anseriformes 667
Anseropoda 444
Antechinus 687
Antedon 438, *441*, 442
Antennata 324
Antennen 238
Antennenwelse *574*
Antennula 292
Antheraea 406
Anthias 583
Anthobothrium *110*
Anthobranchia 178
Anthocaris 406
Anthocoridae 337, 377
Anthocoris *376*
Anthomedusae 59
Anthomyia *410*, 413
Anthomyiidae 413
Anthonomus *346*, 347, 392
Anthopolyp 48
Anthozoa 63
Anthracosauria *594*, *595*
Anthrax 412
Anthrenus *352*, 353, 391
Anthropoidea 699
Antiarchi 549
Antilocapra *677*, 740, *741*
Antipatharia 70
Antipathes *70*
Antliophora 407
Anura 600
Anurida 333
Aonyx 719
Aorta *527*, *529*
Aortenbögen *527*
Aortenwurzeln *527*
Aotes *695*, 699, 701
Aotus 699
Apanteles *395*
Apatornis 661
Apatosaurus 639
Apfelbaumgespinstmotte *348*
Apfelbaumglasflügler 347
Apfelblattlaus 344
Apfelblattsauger 344
Apfelblütenstecher *346*, 347, 392
Apfelwickler *348*, 349
Aphaniptera 357, 413
Aphanius *578*
Aphasmidia 134
Aphelenchoides *143*, 144
Aphelinus 394, 395
Aphelocheirus 247, *374*
Aphididae 344, 382
Aphidina 380
Aphidius *395*
Aphis 344, 382
Aphodius 390
Aphrodita 214, 214, 215
Aphrophora 344
Aphytis 394
Apicomplexa 23
Apidium 701
Apion 347
Apis 336, *398*, 399
Aplacophora 160, *162*
Aplexa 180
Aplodontia 711, *712*
Aplousobranchia 469
Aplysia 152, 155, 167, *169*, 178, *179*
Aplysiacea 178
Aplysina 44
Apocrita 394
Apoda 463, 599
Apodemus 714
Apodes 569
Apodida 463
Apodiformes 672
Apogon *583*
Apoidea 399
Apollofalter 406, *657*
Apopyle 37
Aporia 406
Aporrectodea 221, 222, 223
Aporrhais *171*, 174
Apostomea 30
Apothekerskink *621*, 624
Appendicularia 472
Appositionsauge *241*
Aprasia 623
Aprocrita 394
Apseudes 316
Aptenodytes *662*
Apteria 645, *646*
Apterygota 329, 330
Apterylae *646*
Apteryx *663*
Aptychen 201
Apus *655*, 672
Aquila *657*
Arachnactis-Larve 55
Arachnida 260
Arachnidium 88
Arachnocampa 412
Arachnoides 458
Araeoscleidia 643
Araeosoma *427*
Araneae *261*, *265*
Araneidae 273
Araneus 269, 273, *274*, *379*
Arapaima *568*
Araschnia 407
Aratus 323
Arawana *568*
Arbacia *457*, 458
Arca 151, 153, 160, 186, 187, 188, 191, *192*
Arcacea 191
Arcella 7, 19
Archaeoceti 743
Archaeocyatha 41
Archaeocyten 38
Archaeogastropoda *170*, 171
Archaeognatha 329, 334
Archaeohippus *730*
Archaeoindris 698

Archaeolemuridae 698
Archaeopteryx *653*, 660
Archaeornithes 660
Archaeothyris 640
Archaster 447
Archegonaster 447
Archenteron 33
Archeria *593*
Archiacanthocephala 130
Archiannelida 217, *218*
Archicerebrum 238
Archicoelomata 76
Archicortex 514
Archidoris 178, *179*
Archigetes 110, 112, 114
Archilochus 660
Archimerie 419
Archipallium 514, *517*, 518
Archips 349
Archipterygien 490
Architaenioglossa 172
Architeuthis 205
Architeuthoidea 205
Archosauria 634
Arcina 191
Arctia 406
Arctica 121, 160, 195, *196*
Arcticitis 719
Arctiidae 406
Arctocebus *695*, 698
Arctocephalus 724
Arctocyonidae 725
Arctoidea 717
Arcualia 485
Ardis 346
Arduenna 142
Arenicola *189*, *213*, *216*, 217
Argas 286
Arge 345
Argiope 268, 269, 270, 273
Argonauta 152, 157, 202, 207
Argonemertes 121
Argulus *304*
Argynnis *403*
Argyrodes 270
Argyroneta *183*, 247, 268, 275
Argyropelecus *573*, 576
Arianta *181*, 184
Arion 158, 167, *181*, 183
Arius 574
Arixenia 367
Arkarua 35, 437
Armadillidium 317
Armflosser 577
Armfüßer 88
Armiger 180
Armillifer 230
Armmolche 598
Armschwingen 645
Arolium 333
Aromia 391
Aromobates 608
Arothron 589
Arrenurus 288
Arsinoitherium 735
Artemia 255, 301
Arterien 527
Arthrodira 549
Arthroleptis 607
Arthropleona 333
Arthropoda 230
Articulare 495, *496*, 678
Articulata 207, 442
Artiodactyla 735
Arvicola 713
Ascalaphidae 386
Ascalaphus *385*, 386
Ascaphus 540, 600, *600*, 602, *603*, 604, 605, *606*
Ascaris 135, *138*, 140, 142
Ascarops 142
Aschelminthes 122
Äschen 575
Ascidia 470
Ascidiacea 469
Ascidiae 469
Ascidiella 470
Ascidiozoid 469
Ascoceras 201
Ascoglossa 178
Ascomyzon 304
Ascon-Typ *37*
Ascophora *82*
Ascothoracida 306
Ascothorax 306, *307*
Ascus 82
Asellus *183*, *317*
Asilidae 412
Asilus 412
Äskulapnatter 632
Aslopias 554
Aspidobothrii 106, *106*
Aspidochirota 461
Aspidochirotida 461
Aspidogaster 106
Aspidosiphon *56*, *57*, 94
Aspisviper *630*, 633
Asplanchna 123, *124*, 126, 127
Assa 604
Asseln 316
Asselspinnen 289
Assiminea 173
Astacidae *295*
Astacilla *317*
Astacoidea *295*
Astacura 321
Astacus 321, 322
Astasia 12
Asterias *65*, *427*, 434, 445, *446*, 447, 448
Asterina 445, *446*
Asteriscus *509*
Asteroidea 443
Asteronyx 452
Asterope 302
Asthenosoma *426*, 457
Astigmata 288
Astomata 30
Astomocnide *46*
Astroceras 452
Astrochlamys 453
Astrocystites *443*
Astropecten 434, 445, *446*, 447
Astrophiura 452
Astrophyton 453
Astropora 453
Astroschema 452
Astrospartus 453
Astrotia 633
Astyanax 561
Asymmetron 482
Ateles 695, 697, 701
Atelostomata 458
Atelura 334
Atemeles 389
Atentaculata 75
Athalia 394
Athecata 59
Atherina 579
Atheriniformes 579
Atheris 633
Atherurus *715*, 716
Atlanta 174
Atlantacea 174
Atlas 487
Atoll 66
Atractaspis 632
Atractonema 134
Atretia *90*, 92
Atriotaenia 112
Atrium 466, *529*
Atrypida 92
Atta 396
Attacidae 406
Attagenus *352*, 353, 391
Atubaria 422
Atyaephyra 319
Atypus 269, *270*, 271
Auchenorrhyncha 379
Auchmeromyia 360, 413
Auerbachscher Plexus 526
Augapfel 505
Auge, Wirbeltiere 505
Augenkröte 609
Aulacantha 22

Aulechinus 457
Aulopiformes 576
Aulostomus 582
Auluroidea 719
Aurelia 46, *47*, 54, 62
Auricularia *429*, 436, 461
Aurikel 529
Aurorafalter 406
Austern 191, 192, 193, *321*
Australnattern 633
Australopithecus 703
Australorbis 180
Austramphilina 114
Autarchoglossa 623
Autobranchia 191
Autogamie 9
Autographa 405
Autolytus 215
Autopalatinum 495
Autopodium 490, 491
Autostylie 497
Autozoide 51, 85
Auxis 587
Aves 643
Avicula *192*
Avicularia 271
Avicularien 84
Aviculariidae 271
Avicularium *85*
Axialorgan 430, 431
Axialsinus 431
Axialzelle 116, *117*
Axillaria 365
Axis 487
Axocoel 76, 428
Axolotl 599
Axonem 5
Axopodien 4
Aye-Aye 698
Aylax 342
Aysheaia 234
Azemiops 633

Babesia 26, *28*
Babyrousa 736
Bachforelle *363*, 575
Bachhafte 386
Bachia 625
Bachläufer *363*
Bachneunauge 547, 548
Bachschmerle 572
Bachstelzen 674
Bacillus thuringiensis 358
Backenzähne 524
Backobstmilbe 289
Baculites 204
Badeschwamm 44
Baëtis *360*
Bagrichthys 574
Balaena 743
Balaenoptera *742*, 743
Balanocystites 437
Balanoglossus 422, 425, 426
Balantidium 30
Balanus *65*, 308, *722*
Balcis 155
Baldachinspinne 273
Balistes 588
Balistoides 588, *589*
Baluchitherium 727
Bandfische 580, 585
Bandikuts 688
Bandrobbe *722*
Bandscheibe 610
Bandwürmer 110
Banteng 740
Barbatula 572
Barbe 572
Barbitistes 343
Barbourula 607
Barbus 572
Bären 717
Bärenkrebse *295*, 321
Bärenspinner 406
Barentsia *149*, 150
Baribal 717
Barnea 197
Barrakuda *584*
Barrandeocarpus 437
Barrandeocrinus 442
Barriereriff 66
Barrois-Organ 278
Barsche 583
Barten 522, *677*, 743
Bartenwale 743
Bärtierchen 228
Bartonella 359
Bartvögel 673
Barytherien 735
Basalganglion 514, *516*, *518*
Basalia 490
Basalkörper 5
Basibranchiale 494
Basicranialfenster *494*
Basidorsale 485
Basiliscus 620, 622
Basilosaurus 743
Basioccipitale 493, *494*, *497*
Basipodit 292
Basipodium 491
Basipterygoidgelenk 497, *497*, 498
Basisphenoid 493, *494*, *497*
Basiventrale 485
Basommatophora 180
Bassaricyon 717
Bassariscus 717
Bastardschildkröte 616
Bathyergus 716
Bathynella *310*, 311
Bathynomus 317
Bathyplotes 463
Bathyporeia 314
Bathypterois 576
Bathyspadella 417
Batidoidimorpha 556
Batillipes *132*, *228*, 229
Batrachoidiformes 577
Batrachophrynus 609
Batrachoseps *596*, 599
Bauchrippen 487
Bauchspeicheldrüse 527
Baumfaultiere 710
Baumhopfe 671
Baumkänguruh 690
Baummarder 719
Baummäuse 713
Baumotter 633
Baumratten 716
Baumschläfer 713
Baumsegler *669*, 672
Baumstachler 716
Baumsteiger 607
Baumweißling 406
Baumwollschwanzkaninchen 724
Bauria 661
Bauriamorpha 661
Bdella 288
Bdellidae 288
Bdellodes *283*, 288
Bdelloidea *124*, 127
Bdellonemertini 121
Bdellonyssus 284
Bdelloura 101, 102
Beckengürtel 489
Beerenwanze 377
Beilbauchfische 573
Beintastler 330
Belba *276*
Belemnoidea 205
Bellerophon *170*
Bellerophontacea 171
Bellicositermes *369*
Belone 578
Belonesox 579
Belostomatidae 375
Beluga 745
Bembecia *348*, 349, 405
Bemisia 344
Benedenipora 88
Benthodytes 460
Benthopecten 447
Berardius 744
Bergeidechse 624
Beringmöwe *722*
Bernsteinschnecke *181*, 184

Beroë 74, *74*, *75*
Berthelinia 178, *179*
Beryciformes 580
Beryx 580
Bethylidae 395
Betta 587
Bettongia 685
Bettwanzen 357, 377
Beutelbär 688
Beuteldachse 688
Beutellöwe 688
Beutelmulle 688
Beutelratten 686
Beutelteufel 687
Beuteltiere 683
Beutelwolf 687
Bezoarziege 740, *741*
Biber 713
Biberratte 716
Bibio 412
Bibionidae 412
Bicosoeca *13*
Biddersches Organ 608
Bienen 399
Bienenfresser 671
Bienenläuse 413
Bienenwolf 399
Bienotherium 661
Bilateria 75
Bilaterogastraea 34
Bilche 713
Bilharziose 108, 109
Binsenhühner 668
Binturong 719
Biomphalaria 109, *169*
Biorrhiza *341*, 342
Bipalium 102
Bipes 625, 626
Bipinnaria *429*, 436, 445
Birgus 322
Birkenia 545, *546*
Birkeniiformes 545
Birkenmaus 716
Birkenspanner *403*
Birnenwurzellaus 345
Bisamratte 714
Bison 740
Biston *403*, 405
Bithynia 173
Bitis 633
Bittacidae 408
Bittacus *407*, 408
Bitterling 571
Bittium 173
Bivalvia 184
Bivium 459
Blaberus 369
Blankaal 569
Blanus 626
Blaps 390
Blarina 693
Bläschendrüsen 539
Blasenfüße 373
Blastaea 33
Blastocoel 33
Blastodinium 12
Blastoidea 437, 442, *443*
Blastophaga 339, *392*, 395
Blastophagus 393
Blastoporus 33
Blastostyle 51
Blastozoa 442
Blastozoid 469
Blatta 351, *368*, 369
Blattbeine 292
Blattella 351, 369
Blätteraffen *701*
Blättermagen 527, *737*
Blattfisch 583
Blattflöhe 383
Blattfußkrebse 297
Blatthühnchen 668
Blattkäfer 391
Blattläuse 380
Blattlauslöwen 337
Blattminierer 347
Blattodea 368
Blattoidea 367
Blattopteroidea 367
Blattschneiderameisen 396
Blattwespen 394
Blaue Koralle 63
Blaufelchen 575
Blauhai *553*, 554
Bläulinge 406
Blaumeise *655*
Blausieb 347, *348*, 404
Blauwal *742*, 743
Blauzungenskink 624
Bledius 389
Blei *568*, 571
Blennius 585
Blephariceridae 410
Blepharisma 32
Blicca 572
Blicke 572
Blinddarm 522, 527
Blindmäuse 714
Blindschleiche *621*, 625
Blindwühlen 599
Blissus 377
Blitophaga *346*, 347, 388
Blumenfliegen 413
Blumenkohlqualle 63
Blumenwanzen 377
Blutbrustpavian 702
Blutegel 224, 226
Blütenbestäuber 338
Blutgefäßsystem, Wirbeltiere 527
Blutlaus *343*, 345, 394
Blutströpfchen *403*, 405
B-Lymphocyten 533
Boa *619*, 628, 629
Böckchen 740
Böcke 740
Bockkäfer 391
Bodotria 316
Bogengänge 508, *509*
Bogenstrahlen 644
Bohrfliegen 413
Bohrmuschel 191, *196*
Bohrschwämme 40
Boiga *321*
Boleophthalmus *321*
Bolinopsis *74*, *75*
Bolitoglossa 597, 599
Bolyeria 629
Bombardierkäfer 388
Bombidae *393*
Bombina 605
Bombus 337, *379*, *398*, 400
Bombycidae 406
Bombyliidae 412
Bombylius 338, *410*, 412
Bombyx 337, 406
Bonellia 226, 227, *227*
Bongo 740
Bonito 587
Boophilus 286
Boreidae 408
Boreus *407*
Borhyaenoidea 683
Borkenkäfer 392, *392*
Borkentier 733
Borneodelphin 745
Borrelia 286
Borstenigel 691
Bortryllus *464*
Bos 740
Boselaphus 740
Bosmina 299, *299*
Bothridien 110
Bothrien 110
Bothriocidaris 456
Bothriolepis 549
Bothrops 634
Bothynoderes 347
Botia 572
Botryllus *467*, 469, 470
Botryoidgewebe 224
Botula 191
Bougainvillia *47*, *59*
Boulengerina 633
Bourgueticrinida 442
Bovidae 740
Bowerbankia *86*, 88

Bowmansche Kapsel *534*, *536*
Brachialia 438
Brachiatoren 701
Brachinus 388
Brachiolaria *429*, 436, 445
Brachiolen 442, *443*
Brachionus *124*, 126, 127
Brachiopoda 88
Brachiosaurus 639
Brachsen *568*
Brachycephalus 610
Brachycera 412
Brachydanio *572*
Brachylophus 622
brachyodont 680
Brachyopterygii *559*
Brachyteles 701
Brachytrupes 338
Brachyura 322
Brackwasserdelphine 745
Bracon 395
Braconidae *393*
Bradynema 134
Bradypus *709*, 710
Branchellion 226
Branchialbogen 494
Branchialnerven 512
Branchiobdella 218, 223
Branchiocerianthus *59*
Branchiopoda 297
Branchiosaurus *595*
Branchiostegalmembran 557
Branchiostoma 424, 425, 437, 464, 466, 476, *477*, *481*, 485, *510*, 522, 524, 527, 534, 547
Branchipus 300, 301
Branchiura 304
Brandmaus 714
Brania 215
Branysella 699
Brassen *568*, 571
Braulidae 413
Braunbär 717
Braunfische 745
Brechites 152, 197
Breitmaulnashorn 727, *728*
Breitmaulvögel 673
Breitnasen 699
Bremsen 412
Breviceps 602
Brevicoryne 344, 382
Brieftauben 660
Brillenbär 717, *718*
Brillenschlange 632
Brisinga *446*, 448
Brisingida 448
Brissopsis 456, 459
Brombeermilbe 288
Bronchien 503
Brontotheriidae 728
Brookesia 623
Brotkäfer 353
Brotkrumenschwamm 44
Bruchidae 391
Bruchus *352*, 354, 391
Brückenechsen 617
Brugia 141
Brüllaffen 701
Brumliphora 359
Brunnenbauer 585
Brunnersche Drüsen 527
Brustbein 487
Brustwirbel 487
Brutflecken 657
Brutparasitismus 657
Bryobia 287
Bryozoa 80
Bti 358
Bubalus 740
Buccinum *56*, 158, 176, *562*
Buchdrucker *392*
Bücherlaus 351, 372
Bücherskorpion 279
Buchfink *655*
Buchneria 337
Buckelfliegen 412
Buckelwal *742*, 743
Bucorvus 672
Bufo *601*, 608
Bugula *79*, 84, *85*, *86*, 88
Bulbella 87, 88
Bülbüls 674
Bulbus cordis 529
Bulbus oculi 505
Bulbus olfactorius *508*, *515*, *517*
Bulinus 109, 173
Bulla *179*
Bulla tympanica 498
Bullamorpha 177
Bullaria *179*
Bulldoggenfledermäuse 707
Bungarus 632, 633
bunodont 679
Buntbarsche 583
Buntspecht *655*, 673
Bupalus 349, 405
Buprestidae 391
Burgess Shale 234
Burgessia 234
Burgessochaeta 212
Burmeisteria 709
Burramys 688
Bursa Fabricii 533
Bursaphelenchus 142
Bürzeldrüse 647
Buschbabies 698
Buschböcke 740
Buschhase *725*
Buschmeister 634
Buskia 88
Bussarde 665
Buteo 665
Buthus 263
Butte 588
Butterfisch 585
Byssus 184
Bythinella 173
Bythotrephes 300
Bytiscus 392
Byturus *346*, 347

Cabassus 709
Cacajao 701
Cacatua *669*
Cacops *595*
Cadulus 198
Caecilia 599, 600
Caecobarbus 561
Caecotrophie 527
Caecum 167, 173
Caelifera 371
Caenogastropoda 172
Caenolestes 686, 687
Caenolestoidea 687
Caenophidia 631
Caenorhabditis 137
Caiman 635
Calabaria 629
Calamaria 631
Calamocrinus 442
Calamoichthys *559*
Calamus 644
Calanoida 304
Calanthura *317*
Calanus 304
Calcarea 42
Calceola *69*
Calcichordata 437
Caligiformes 304
Caligus 304
Calippus *730*
Caliroa *343*, 346, 394
Calliactis *56*, 57
Callianira 75
Callicebus 695, 699, 701
Callichthys 574
Callimico 699
Callionymus 586
Calliostoma 172
Calliphora 355, 359, 413
Calliphoridae 413
Callithricidae 699
Callithrix 699, *701*
Callograptus *423*
Callopora *85*

Callorhinus 724
Callorhynchus 556
Calluella 608
Calma 180
Calocoris 345
Caloprymnus *689*
Calopteryx 363, *365*
Calosoma 388
Calotermes 370
Calotes 622
Calveriosoma 457
Calycophorida 61
Calyptraeacea 174
Camarasaurus 639, *640*
Camarodonta 458
Cambaridae *295*
Cambarus 321
Cambropachycope *233*
Camelus 738
Camerata 441
Campanularia 51, 58, *59*
Campanulina 58
Campodea 330, *331*
Campodeidae 330
Camponotus 397
Campsurus 361
Camptostroma 437
Canadia 212
Canalis gynaecophorus 108
Canalis neurentericus 464
Cancer 323
Cancridae *295*, 323
Candoia 629
Candona *301*, 303
Canidae 719
Caninus *523*, 524
Canis 719
Cannomys 714
Canoidea 719
Cantharidae 388
Cantharidin 337, 390
Cantharis *379*, *387*, 388
Canthocamptus *302*, 304
Canuella *132*
Caperea 743
Capillaria *138*, 140, 142
Capitella 217
Capitulum *286*
Capra *657*, 740, *741*
Caprella *314*, 315
Capreolus 739
Caprimulgiformes 671
Capros 580
Captorhinomorpha 594, 612
Captorhinus 612
Capulus *171*
Carabus *276*, *387*
Caracal 719
Caranx 583, *584*
Carapax 291, 614
Carapus 461, *564*, *577*, *580*
Carassius 571
Carausius 370
Carcharhinus 554
Carcharodon 551, *552*
Carchesium 30
Carcinonemertes 121
Carcinoscorpius 259, *321*
Carcinus *65*, *307*, *321*, 323
Cardinalvenen 479, 528
Cardiocephalus *593*
Cardioglossa 607
Cardisoma 323
Cardium 153, 160, 188, 194, *196*
Cardo *335*
Caretta 616
Carettochelys *615*, 617
Carina 652
Carinaria 174, *177*
Carnivora 716
Carnosauria 637
Carotiden 527
Carotiskörperchen 526
Carpoglyphus 289
Carpoidea 437, *443*
Carpolestes 697
Carpophilus *352*, 353
Carpus 491
Carrionsche Krankheit 359
Carybdea 61, *62*
Carychium 181
Caryophyllaeus 110, 114
Caryophyllia 68
Caryophyllidea 114
Casarea 629
Caspiomyzon 548
Cassida *346*, 347, 391
Cassiduloidea 458
Cassidulus 458
Cassiopea *62*, 63
Cassis 175
Castor *712*, 713
Casuariiformes 663
Casuarius 662
Catagonus 736
Catarhina 701
Catarrhini 701
Catenula 101
Catenulida 101
Catharidiformes 665
Cathartes 650, 665
Catocala 405
Caudata 596
Caudatum 518
Caudofoveata 161
Caulophacus 42
Causus 633
Caviomorpha 716
Cavolinia 178
Cavum tympani 507
Caymanostellidae 447, 449
Cebidae 699
Cebuella 699
Cebus 701
Cecidien 339
Cecidomyiidae 412
Cecidophyophis 288
Cecidoses 339
Cecidozoen 339
Cellaria 88
Cenchri 393
Cenocrinus *441*, 442
Centriscus 582
Centrodorsale 438
Centrolenella 610
Centropages 304
Centrostephanus 455, 458
Centrum 485
Cepaea 184
Cephalaspida 545
Cephalaspidea 177
Cephalaspidomorpha 545
Cephalaspis 545
Cephaleia 345
Cephalobaena 230
Cephalobaenida 230
Cephalocarida *296*, 297
Cephalochordata 476
Cephalodiscus *421*, 422, *423*
Cephalonomia 395
Cephalofovea 237
Cephalopoda 198
Cephalorhyncha 123
Cephalothorax 257
Cephalothrix 121
Cephenomyia 413
Cephidae 394
Cephus 345
Cepola 585
Ceractinomorpha 44
Ceramaster *446*, 447
Cerambycidae 391
Cerastes 633
Cerastoderma *189*, 194
Cerata 179
Ceratias 577
Ceratitis 350, 413
Ceratium *8*, 12
Ceratobranchiale 494
Ceratocystis 392, 437
Ceratomorpha 727
Ceratophrys 600, 609, 610
Ceratopida 639
Ceratopogonidae 359, 411
Ceratopsia 639
Ceratosaurus 637, *637*, *638*

Ceratotherium 727, *728*
Cerberus 631
Cercarie *105*
Cercartetus 688
Cercocebus 702
Cercomeromorpha 109
Cercopis 379
Cercopithecoidea 701
Cercopithecus 701, 702
Cercus *335*
Cerebellum 513
Cerebratulus 121
Ceriantharia 70
Cerianthus 58, *70*, 71
Cerithium 173
Cerura 405
Cervicola *372*
Cervus 740
Cestida 75
Cestoda 110
Cestodaria 114
Cestus *74*, *75*
Cetacea 742
Cetiosaurus 639
Cetoconcha 197
Cetonia 338, 390
Cetorhinus *554*
Ceutorhynchus 339, 347, 392
Chaenichthyidae 585
Chaeoborus *411*
Chaeropus 688
Chaetoderma 162, 163
Chaetodermomorpha 161
Chaetodon 583
Chaetogaster 221, *222*
Chaetognatha 415
Chaetonotida 133
Chaetonotus 133
Chaetophractus 709
Chaetopterus 215, *216*
Chagas-Krankheit 17, 357
Chalarodon 622
Chalcides 620, 624
Chalcididae *393*
Chalcidoidea 395
Chalcis 395
Chalicotheriidae 732
Chama 194
Chamaeleo *622*, 623
Chamäleons 622, 623
Champsosaurus 617
Channa *586*, 587
Channichthyidae 585
Chanos 570
Chaoboridae 411
Chaoborus 411
Chaperiopsis 85
Characiformes 570, *572*
Charadriformes 668
Charina 629
Charinus *264*, *265*
Charnia 34, *34*
Charniodiscus 34
Charonia *161*, 175
Chauliodus *576*
Cheilopogon 578
Cheilostomata *82*, *85*, 88
Cheiracanthium 258, 275, 276
Cheirogaleus 698
Chela 292
Chelicerata 257
Cheliceren 238, 260, *261*
Chelidurella *276*, *367*
Chelifer 279
Cheliplanilla 102, *102*
Chelmon 583
Chelodina 615
Chelonethi 276
Chelonia 613, 616
Chelonibia *307*, 308
Chelonoidea 616
Chelura *314*, 315
Chelus 615
Chelydra 616
Chelydroidea 615
Chemoreceptoren 504
Cherax 322
Chersydrus 630
Cheyletiella 288
Cheyletus 288
Chiasma opticum 505
Chiasmodon *563*, *565*
Chiastoneurie 164
Chilaria 259
Chilodochona 32
Chilodonella 30
Chilognatha 328
Chilomonas 12
Chilomycterus *563*, 589
Chilopoda 324
Chimaera 549, 556, *557*
Chimären 556
Chimarrogale 693
Chinchilla *715*, 716
Chinchillaratten 716
Chinianaster *446*, 447
Chioglossa 598
Chionoecetes *295*, 323
Chiridota 463
Chirocephalus 300
Chiromantis 608
Chiromys 698
Chironectes 685, 686, 687
Chironex 46, 61
Chironomidae 411
Chironomus *410*, 411
Chiropotes *700*, 701
Chiropsalmus 61
Chiroptera 704
Chiroteuthis 205
Chitinozoa 1
Chiton 164
Chitonen 163
Chitonida 164
Chitra 617
Chlamydia 360
Chlamydomonas 9, 12
Chlamydophrys 19
Chlamydosaurus 620, 622
Chlamydoselachus 551, *553*
Chlamyphorus 709
Chlamys *192*, 193
Chlidonophora 88, *90*
Chloragog 219
Chlorella 60
Chlorocruorin 210
Chloroperla 366
Chloropidae 413
Chlorops 350, 413
Choane *497*, 498, *505*, *522*, *589*
Choanichthyes 589
Choanocyten 37
Choanoderm 37
Choanoflagellata 12
Choeropsis 736
Choloepus 708, 710
Chondracanthus 303
Chondrichthyes 549
Chondrocranium 491
Chondrophor 185
Chondrosia 43
Chondrostei 559
Chondrosteus 560
Chonetes 92
Chonopeltis 304
Chonotricha 32
Chorda dorsalis 463, 476, 483, 540, *541*
Chorda tympani *496*
Chordata 463
Chordatiere 463
Chordotonalorgane 243
Chorioidea *506*
Chorion *542*, 610
Chorion-Allantios-Placenta 690
Chorionhöhle 543
Choriovitellin-Placenta 686
Choristoneura 349, 405
Choroidea 505
Chromis 585
Chromoplana 101
Chromulina 12
Chrysaora 62, *62*
Chrysemys 616
Chrysididae *393*, 395

Chrysis 395
Chrysochloris 692
Chrysochloroidea 692
Chrysocyon 719
Chrysomela 391
Chrysomelidae 391
Chrysomonadida 12
Chrysopa 251, *385*, 386
Chrysopelea 632
Chrysoperla 386
Chrysopidae 337, 386
Chrysops 142, *356*, 359, *379*, 412
Chrysospalax 692
Chrysozona 359
Chthamalophilus 308
Chthonerpeton 600
Chuniella 121
Chydorus 299
Chylusgefäße 532
Cicada 379
Cichlidae 583
Cicindela *387*
Cicindelidae 386
Ciconia 658, 664
Ciconiiformes 664
Cidaris *426*, 457
Cidaroida 457
Ciguatera 12
Ciliarkörper *506*
Ciliarmuskel 507
Ciliata 29
Cilien 5
Ciliophora 29
Cilliba *285*, 286
Cimex *356*, 357, 374, 377
Cinara 337
Cincliden 49
Cingulata 709
Ciona *464*, 468, 470
Cirratulus 215
Cirren 6
Cirripedia 306
Cirrothauma 201
Cladardis 346
Cladistia 559
Cladocera 298
Cladocopa 302
Cladonema *55*, 59
Cladoselache *490*, 551
Clarias 557, *558*, 574
Clathrina 42
Clathrulina *23*
Clathrus 170
Claudius 616
Clausilia *181*
Clava 51, 59, *59*, 286
Clavagella 197
Clavelina 469
Clavella 303
Clavicula *488*, 489
Clavula *426*, 428, 456
Cleithrum *488*, 489
Clemmys 616
Clibanarius *57*
Climatius *548*, 549
Clio 178
Cliona 40, 43, *43*
Clione 154, *177*, 178
Clitellata 218
Clitellum 208, 218
Clitoris 540
Cloacarus 284
Cloëon *360*, 361
Clonorchis 107
Cloudina *34*, 35
Clubiona *275*
Clubionidae 275
Clunio 411
Clupea *564*, *566*, *567*, 570
Clupeiformes 569
Clypeaster 458
Clypeasteroidea 458
Clypeus *335*
Clythia 51
Clytus 391
Cnemidophorus *621*, 625
Cnidaria 44
Cniden 44
Cnidoblasten 44
Cnidocil 45
Cnidocysten 44
Cnidocyten 44
Cnidom 45
Cnidosporidia 29
Cobitis *572*
Coccidia 24
Coccinea 345, 382
Coccinella 391
Coccinellidae 391
Coccolithus 12
Coccophagus 394
Coccosteus 549
Cochenille-Schildlaus 337, 383
Cochlea 509
Cochlicopa 184
Cochlodesma 197
Codosiga *13*
Coelacanthini 591
Coelenteron 44
Coeloblastula *54*
Coelom *75*
Coelom, Wirbeltiere 520
Coelomata 75
Coelomocyten 209
Coelophysis 637
Coeloplana 73, 74, 75
Coelopygus *279*, 280
Coelotes 274
Coelurosauria 637
Coenenchym 51
Coenobita 66
Coenobitidae 322
Coenobium *467*
Coenosark 51
Coenothecalia 63
Coleoida 198, 204, 205
Coleophora 347, 405
Coleophoridae 404
Coleoptera 386
Coleps 30
Coliiformes 673
Colisa 587
Colius 498, *669*
Collembola 331
Collencyten 38
Collocalia 649, 655, 672
Collophor 333
Collotheca 123, 127
Collozoum 21, 22
Colobocentrotus *427*, 456, 458
Colobus 695, 697, 701
Cololabis 578
Cololus 266
Colon 522, 527
Colophia 382
Colossoma 574
Colostetus 608
Colpoda 30
Coluber 632
Columba *655*, *669*
Columbicola 373
Columbiformes 670
Columella 66, 495, 678
Columnalia 438
Columnaria 438
Colurella *124*, 127
Colymbetes 388
Comantheria 438
Comanthus 442, 452, *452*
Comaster 442
Comatula 441, 442
Comatulida 442
Compsognathus 637, 660
Conacea 176
Concentricycloidea 448
Conchifera 164
Conchoecia 302
Concholepas 176
Conchostraca 298
Condylarthra 725
Conger 569
Congeria 195
Coniopterygidae 386
Conochilus *124*, 127
Conodonta 544
Conoid 23

Conolophus 622
Conopeum 87
Conopophaga *650*
Conoryctes 710
Contarinia 343, 350, *411*, 412
Conulata 62
Conus *161*, *168*, *169*, *175*
Conus arteriosus *529*
Convoluta 101
Cooperia 142
Copelata 472
Copella 572
Copepoda 303
Copepodit 303
Cophoscincophus 620
Copilia *302*
Copium 339
Coracias *669*
Coracidium 112, 113
Coraciiformes 671
Coracoid *488*, 489, *602*
Corallimorpharia 70
Corallium *50*, 63
Corallomyxa 18
Corbicula *186*, 197
Corbula 196
Cordulia *365*
Cordylobia 360
Cordylophora 51, *55*, *59*
Cordylus 624
Coregonus 107, *575*
Coreidae 377
Corella 470
Coris *585*
Corium 503
Corixa *183*, *374*
Corixidae 375
Cormidien 61
Cornea 505, *506*
Cornealmuskel 507
Cornubiscus *490*
Cornularia 63, *64*
Cornuta 437, *443*
Corolla 153
Coronatae 62
Coronella 632
Coronoid *496*, 498
Coronula 308
Corophium *189*, 314
Corpora allata 244
Corpora cardiaca 244
Corpora pedunculata 244
Corpora bigemina 518
Corpus cavernosum 540
Corpus ciliare *506*
Corpus spongiosum 540
Corpus striatum 518
Cortex 514
Cortisches Organ 509
Corvus *655*
Corycella *25*
Corydalis 384
Corydoras 574
Coryne *59*
Coryphella 179
Coryphopterus 587
Cosminschicht 500
Cosmoidschuppen 500
Cossidae 404
Cossus 347, 404
Cothurnocystis 437, *443*
Cotinga 674
Cottus 582
Cotylorhiza 63
Cotylosauria 612
cow-killer 395
Cowpersche Drüsen 539
Coxaldrüsen 235
Coxopodit 292
Crangon *295*, 318, 319, *321*
Crania *79*, *90*, 91, 92
Cranialnerven 512
Craniota 482, 543
Craseonycteris 693
Craspedacusta *46*, *55*, 60
Craspedotella 12, *14*
Crassostrea *160*, 193, *321*
Craterolophus 62
Crenobia 102
Creodonta 717
Crepidula 101, 155, 157, 158, *159*, *171*, 174
Creseis *177*
Cribellatae 276
Cribellum 266, 267, 271
Cribrilina *85*, *86*, 88
Cricetus *712*, 713
Criconema *136*
Crinoidea 437, 438
Crioceris *346*, 347, 391
Crisella 87
Crisia 81, *86*, 87
Crista ampullaris *508*
Cristatella *86*, 87
Crithidia 14
Crocidura 693
Crocodilia 634
Crocodilurus 620
Crocodylus *635*
Crocuta 721, *722*
Crossaster 445, *446*, 447
Crossopterygii 590
Crotalocrinus 438
Crotalus *627*, *630*, 634
Crotaphytus 622
Cruraldrüsen 235
Crustacea 291
Cryptobia 17
Cryptobranchoidea 597
Cryptobranchus *596*, 597
Cryptocellus 282
Cryptocerata 374
Cryptochiton 164
Cryptochloris 692
Cryptodira 615
Cryptodonta 191
Cryptomonadida 12
Cryptomonas 12
Cryptomyzus 344
Cryptoplax 164
Cryptoprocta 721
Cryptops 326
Cryptorhynchus 392
Cryptosporidium 24
Cryptostigmata 288
Cryptostomata 87
Cryptosyringida 438, 449
Ctenidae 268
Ctenidiobranchia 190
Ctenidium 156
Cteniza 271
Ctenizidae 269, 271
Ctenocephalides 357
Ctenodactylus *712*
Ctenodiscus 447
Ctenoglossa 173
Ctenoidschuppe 559
Ctenolabrus *585*, *586*
Ctenomys *715*
Ctenopharyngodon *567*, 572
Ctenophora 71
Ctenoplana 73, *74*, 75
Ctenopoda 299
Ctenosaura 622
Ctenostomata 88
Cubomeduse 51
Cubozoa 61, 62
Cuculiformes 671
Cucullus 282
Cuculus 671
Cucumaria 461, *462*
Culcita *68*, 444, 447
Culex 141, 358, 411
Culicidae 410
Culicoides *356*, 359, 411
Culiseta 358, 411
Cuma 316
Cumacea 315
Cunina 55, 61
Cuon 719
Cuora 614, 616
Cupuladria 85, *86*, 87, 88
Curculionidae 391
Curculio 392
Cuspidaria 156, *196*, 197
Cutaneus maximus 501
Cuticula (Euarthropoda) 239

Cuviersche Schläuche 436, 460
Cyamus 313
Cyanea *56*, 62
Cyanophythalma 121
Cyathidium 442
Cyathocidaris *426*
Cyathocystis 442, *443*
Cyathozoid 469
Cyclanorbis 617
Cycliophora *149*, 150
Cyclocosmia 271
Cycloderma 617
Cycloidschuppe *559*
Cyclomyaria 470
Cyclopes 710
Cyclophoracea 172
Cyclophyllidea 114
Cyclopoida 304
Cyclopothium 32
Cyclops *302*
Cyclopterus *582*
Cyclorana 602
Cyclorrhapha 412
Cyclosa 274
Cyclosalpa 472
Cyclose 6
Cyclostomata 87, 543
Cyclothone 576
Cyclotosaurus 594
Cydia *348*, 349, 405
Cydippe 74, *75*
Cydippe-Stadium 73
Cygnus 667
Cylichna 155, 177
Cylindrobulla 178
Cylindrophis 629
Cymbium 267
Cymbulia 178
Cynipidae *393*
Cynipiden-Gallen 341
Cynips *341*, 342
Cynisca 626
Cynocephalus 708
Cynodontia 661
Cynognathus 661
Cynoidea 719
Cynomorpha 701
Cynops 598
Cynopterus 705
Cyphocrania *370*
Cyphonautes *79*, 84
Cypraea *161*, *171*, 174
Cypraeacea 174
Cypridina 302
Cyprina *196*
Cypriniformes 570, 571
Cyprinodon 578
Cyprinodontiformes 578
Cyprinus 571
Cypris 303
Cypris-Larve 306, 308
Cypselurus 578
Cyrtocalpis 22, *22*
Cyrtocrinida 442
Cyrtophora 268, 270, 274
Cyrtopodion 623
Cyrtopodocyten 479
Cystacanthus 129
Cysticercoid 113
Cysticercus 113
Cystid 80
Cystideen-Stadium *441*
Cystidium 22
Cystoidea 437, 442, *443*
Cystonectida 61
Cystophora 724
Cystoporata 87
Cythereis *301*
Cytherella 303
Cytodites 284, 289
Cytopharynx 6
Cytopyge 6
Cytostom 6

Dachs 719
Dactylochirotida 461
Dactylogyrus 110
Dactylopius 337, 383
Dactylopodit 292
Dactylopsila 688
Dactylopteriformes 581
Dactylopterus 581
Dactylozoide 51
Dahlella 311
Dallia 576
Dallina 92
Damaeus 288
Danalia 318
Danaus 404, 407
Daphnia *298*, 299
Dardanus *321*
Darmbein 489
Darmegel 107
Darmsystem, Wirbeltiere 521
Darwinfrosch 610
Dascyllus 585
Dasineura *287*, 343, 350, *411*, 412
Dasogale 692
Dasselfliegen 413
Dasyatis 556
Dasypeltis 620, 629, 631, 632
Dasyprocta *715*
Dasypus 709
Dasyroides 687
Dasyuroidea 687
Dasyurus 687
Daubentonia 697, 698
Daudebardia 183
Dauerzähne 523
Daumenfittich 652
Davidshirsch 740, *741*
Decabrachia 205
Decalopoda 289, 291
Decapoda (Crustacea) 318
Decapoda (Cephalopoda) 205
Deckknochen 483
Decticus 371
Deima *462*, 463
Deinocheirus 637
Deinonychosauria 637
Deinonychus 637
Delia 350, 351, 413
Delphin *742*, *745*
Delphinapterus 745
Delphinus *742*, 745
Deltatheridium 690
Delthyrium 88
Demansia 632
Demodex *285*, 288
Demodicidae 288
Demospongiae 42
Dendroaspis *630*, 633
Dendrobaena 220
Dendrobates 608
Dendrochirota 461
Dendrocoelum 102, *102*, *183*
Dendrocometes 32
Dendrodoa *65*, *464*, 468, 470
Dendrodrilus 220
Dendrogale 694
Dendrohyrax 731
Dendrolagus *689*, 690
Dendrolasius 397
Dendrolimus 349, *403*, 406
Dendronephthya 57, 63
Dendronotus 180
Dendrosoma 32
Denguë-Fieber 358
Denisonia 633
Denrochirotida 461
Dens (Collembola) 333
Dentale *496*, 498
Dentaliida 197
Dentalium *159*, 197, *562*
Dentex 583
Dentikel 500
Dentin *522*, *523*
Dentinkanälchen 500
Dermacentor *285*, 286
Dermanyssus 284, *285*
Dermaptera 366
Dermatemys 615
Dermatobia 360
Dermatocranium 491, 497
Dermatom *541*
Dermestes 353, *387*, 391

Dermestidae 391
Dermis 503
Dermochelys 614, 616
Dermogenys 578
Dermophis 600
Dermoptera 708
Dero 218
Deroceras 183
Derocheilocaris *305*
Desis 268, 275
Desmana 693
Desmodus 527, 705, 707
Desmognathus 599, *601*
Desmomyaria 471
Desmoscolex *136*
Desmostylia 732
Desmostylus *681*
Desorsche Larve 120
Deuterostomia 419
Deutocerebrum 238
Deutomerit 24
Deutometameren 230
Deutonymphe 283
Diacodon *681*
Diadectes 612
Diadectomorpha 612
Diadema *68*, 455, 458, 582
Diadematoidea 457
Diadiaphorus *727*
Diaemus 705
Dialeurodes 383
Dialommus 585
Diamantbarsch 583
Diamesa 411
Dianameerkatze *701*
Diaphanosoma 299
Diaphragma 521
diapsid 499
Diaptomus *302*, 304
Diarthrognathus 642, 661, 682
Diastylis *315*, 316
Diatrymas 661
Dibranchiata 204
Dicamptodon 599
Dicentrarchus 583
Dicerorhinus 727, *728*
Diceros 727, *728*
Dichelestium 304
Dickdarm 527
Dickinsonia *34*, 35, 212
Dickkopffalter 406
Diclidophora 110
Dicondylia 329
Dicranura 405
Dicrocoelium *104*, 107
Dicrostichus 270, 274
Dictyla *376*
Dictyostelium 18, *19*
Dicyema 117, *117*
Dicyemennea *117*
Dicynodontia 661
Didacna 190
Didactylie *684*, 686
Didelphia 683
Didelphis 540, *685*, 686
Didelphoidea 686
Didemnum 469
Didermocerus *727*
Didinium 30
Diebskäfer 353, 391
Diencephalon 512, *515*, 518
Dientamoeba 13
Difflugia 7, 19
Digenea 106
Digitus 491
Dikdiks 740
Dileptus 30, *31*
Dilta 334
Dimetrodon 661
Dimyaria 190
Dinarda 389
Dinichthys *548*
Dinobdella 225
Dinobryon 12
Dinocephalia 661
Dinoflagellata 12
Dinomys *715*
Dinophilidae 217
Dinophilus *218*
Dinopilio 280
Dinopis 270, 276
Dinornithiformes 663
Dinosaurier 637, *638*, *640*
Dinotherium *681*, 734
Dioctophyme 142
Diodon 589
Dionocerata 732
Diotocardia 171
Diözie 9
Dipetalonema 359
Diphyes *60*, 61
Diphylla 705
Diphyllobothrium *110*, *111*, 112, 113, 114
diphyzerk *558*
Diplasiocoela 607
Dipleurula 429
Diplodactylus 623
Diplodasys *132*, 133
Diplodocus 639
Diploglossa 625
Diplojapyx 330
Diplolepis *341*, 342
Diplometopon 626
Diplomonadida 13
Diplopoda 327
Diploporita 442
Diplosegmente 327
Diplosomiten 327
Diplospondylie 486
Diplostomum 107
Diplovertebron 594, *595*
Diplozoon 99, 110
Diplura 271, 330
Dipnoi 589
Dipodomys *712*, 713
Diprionidae 394
Diprotodon 690
Diprotodontia 686
Diprotodontie *684*, 686
Dipsas 631
Diptera 408
Dipterus 590
Dipus 716
Dipylidium 116
Discina 92
Discinisca 92
Discoglossus *601*, 607
Discophrya *31*, 32
Discosauriscus *595*
Discosoma 70
Diskus-Buntbarsch 583
Dismigration 658
Dispholidus 632
Dissepiment 75, 207, 209
Dissodinium 12
Dissogonie 74
Dissostichus 585
Distelfalter 406
Distochoerus 688
Distomum 104, *105*
Distomus 470
Ditylenchus *143*
Docodon 682
Docodonta 682
Docoglossa 171
Dodecalopoda 289, 291
Dodos 670
Dogania 617
Dögling 744
Doktorfisch *68*, *563*, 587
Dolchwespen 395
Dolichopodidae 412
Dolichopus 412
Dolichotis *715*
Doliolaria 436, *441*, 461
Doliolida 470, 471
Doliolum 469, 471, *472*
Doliopsis 471
Dolium 155, *171*, 175
Dolomedes 268, *274*, *275*
Dolomiten 67
Dolops 304
Dolycoris 377
Donacia 391
Donax 160, 195
Dondersia 163

Donnerkeil 205
Doppelfüßer 327
Doppelschleiche *621*, 625
Doppelschwänze 330
Doppelsegmente 327
Doras 574
Dorcasgazelle 740
Dorcopsis 690
Dorcus 390
Dorippe 323
Dornauge 572
Dornhai *553*, *555*
Dornkorallen 70
Dornschwänze 622
Dornteufel *622*, 623
Dörrobstmotte 355
Dorsalblase 432
Dorsalorgan 478
Dorsalsack 518
Dorsch 576
Dorschfische 576
Dorylinae 397
Dosenschildkröten 616
Dotilla *321*, 323
Dottersack 541, *542*
Dottersackplacenta 543, 686
Dracaena 611, 620, 625
Drachenköpfe 582
Draco 621, *622*, 623
Draconema *136*
Dracunculus *139*, 140
Drahtwürmer *346*
Drassodes 275
Dreiecksköpfe 634
Dreiecksmuschel 195
Dreikantmuschel *183*
Dreissena 158, *159*, *183*, 184, 185, 195, *196*
Dreizehenfaultier *709*
Drepanaspis *546*
Drescherhai 554
Drilomorpha 215
Drilophaga 126
Dromaeosauria 637
Dromaius 663
Dromas 668
Dromasauria 661
Dromia *321*, 323
Dromiceiomimus 637
Dromiceius 662, 663
Dromiciops 687
Drongos 674
Dronten 670
Drosophila 337, 355, 408, 413
Drosophilidae 413
Drosseln 674
Drückerfische 588
Drulia 39
Drusenkopf 622
Dryinidae 395
Drymarchon *627*
Dryolestes 683
Dryomys 713
Dryopithecidae 701
Dryopithecus 702
Ducker 740
Ductus cochlearis *509*
Ductus Cuvieri 479, *528*
Ductus deferens 539
Ductus endolymphaticus 508
Ductus pneumaticus 566
Ductus thoracicus 532
Duftdrüsen 503, 678
Dugesia 102, *363*
Dugong 733
Dunaliella 9, 12
Dunenfeder *644*
Dungfliegen 413
Dunkleosteus *548*, 549
Duodenaldrüsen 527
Duodenum 522, 527
Duphronides 463
Duplorbis 308
Dysaphis 344
Dyscophus 608
Dysdera 273, *276*
Dysdercus 377
Dysidea 39, 42
Dysomma *569*
Dyspnoi 280
Dytiscidae 388
Dytiscus *183*, *387*, 388

Eberfisch 580
Ecardines *89*, 92
Ecaudata 600
Ecdyenurus *363*
Ecdysis 645
Echeneis *565*, *583*, *584*
Echidna *569*
Echinacea 458
Echinarachinus 458
Echinaster 448
Echiniscoides 229
Echiniscus *228*, 229
Echinocardium 426, *454*, 456, 457, 459, *562*
Echinococcose 116
Echinococcus 112, 113, *114*, 115
Echinocucumis 461
Echinocyamus 456, *457*, 458
Echinoderes *132*, 146
Echinodermata 426
Echinodiscus 451, 458
Echinoidea 453
Echinolampas 458
Echinometra 458
Echinoneus 458
Echinophthiriidae 373
Echinopluteus *429*, 436, 456
Echinops 692
Echinorhynchus 130
Echinosaurus 625
Echinosphaerium *1*
Echinospira-Larve 158
Echinostoma 107
Echinostrephus 455, 456
Echinothrix 458
Echinothuria 457
Echinothuroidea 457
Echinozoa 453
Echinus *427*, *433*, *454*, *457*, 458
Echis 633
Echiurida 226
Echiurus *189*, *227*
Echmatocrinea 441
Echmatocrinus 441
Echoperception 704
Echsen 618, 620
Echthirsche 740
Echymipera 688
Eckzähne 524
Ecribellatae 271
Ectobius *276*
Ectognatha 329, 333
Ectoplasma 2
Ectopterygoidea 498
Ectotropha 329, 333
Edaphosauria 661
Edaphosaurus 661
Edelkoralle 63
Edelsteinkärpfling 578
Ediacara-Fauna 34
Edops 594
Edrioaster 442, *443*
Edrioasteroidea 437, 442, *443*
Edriolychnus *577*, *578*
Edwardsia-Stadium 64
Egel 223
Egelschnecke 183
Egeria 190
Egretta *321*
Eichel 422, 425
Eichelwürmer 422
Eichenprozessionsspinner 405
Eichenwickler 349
Eichhörnchen 711
Eidechsen 624
Eifelocrinus 438
Eileiter 535
Eimeria 24
Eingeweideleishmaniose 15
Eingeweidenervensystem 519
Einsiedlerkrebs *562*
Eintagsfliegen 360

Einzeller 1
Eisbär 717
Eischwiele 657
Eisenia 222, 223
Eisfische 533, 585
Eisvogel *363*, 671, 672
Eizahn 657
Elachistodon 620, 631
Elaeoblast 472
Elaphe *630*, 632
Elaphodus 739
Elaphurus 740, *741*
Elapidae 632
Elasipoda 463
Elasipodida 463
Elasmobranchii 551
Elater *387*, 391
Elateridae 391
Elche 740
Electra 83, 84, 87, 88
Electrophorus 557, 570
Eledone 205
Elefanten 734
Elefantenvögel 663
Elektrischer Aal 570
Elektrische Rochen 556
Elektrische Welse 574
Elektroreceptoren 504
Elenantilope 740
Elephantiasis *141*
Elephantulus *692*, 694
Elephas 734
Eleutheria 55
Eleutherodactylus *603*, 604, 609
Eleutherokomma *90*
Eleutherozoa 437, 442
Eliomys *712*, 713
Elle 491
Ellenbogengelenk 491
Ellipura 330
Elminius 308
Elopiformes 569
Elops 569
Elpidia 459, 463
Elpistostega 592
Elritze *363*, 572
Elstern 674
Elysia *179*
Emballonuroidea 706
Embia 366
Embien 366
Embioptera 366
Embolomeri 594
Embrithopoda 735
Embryoblast *542*
Embryocrinus 441
Embryonalhüllen *542*
Empididae 412
Empis *410*, 412
Empodium 333
Emu *662*, 663
Emydocephalus 629
Emys *615*, 616
Ena 184
Enallagma 363, *365*
Enantiornithes 661
Enarmonia 405
Encarsia 344, 394
Encephalitozoon 28
Encephalon 510
Enchytraeidae 221
Enchytraeus 222
Encyrtus 395
Endhirn 512, *516*
Endite 291, 292
Endoceras 203
Endokrine Organe, Wirbeltiere 519
Endolymphe 507
Endoplasma 2
Endoplastron 614
Endopodite 292
Endopterygota 336
Endostyl 466, 471, 478, 520
Endotympanicum 498
Endysis 645
Engraulis *566*, 570, *722*
Enhydra 719, *722*
Enhydrina 633
Enhydris 631
Enneacanthus 583
Enoicyla 400, 401
Enopla 121
Enoplagnatha 273
Ensifera 371
Ensis 195
Entalina 198
Entamoeba 7, 18
Entelurus 582
Enten 667
Entenmuscheln 308
Entenvögel 667
Entenwal 744
Enterobius 138, *138*, 140
Enterogena 469
Enterohalacarus 284, 288
Enteropneusta 422
Enteroxenos 173
Entocolax 155
Entoconcha 155
Entocythere 302
Entodiniomorpha 32
Entodinium 32
Entognatha 329
Entökie 11
Entomobrya *276*, *332*, 333
Entomostraca 296
Entonyssus 284
Entosphenus 547
Entotropha 329
Entovalva 155, 190
Eoacanthocephala 130
Eocrinoidea 437
Eogyrinus 594
Eohippus *727*, 728, *730*
Eomanis 710
Eosentomon 330, *332*
Eosuchia 617, 620
Eoxenos 414
Ephelota *8*, 32
Ephemera *360*, 361
Ephemerida 360
Ephemeroptera 360
Ephestia *354*, 355
Ephialtes 395
Ephippium *298*
Ephoron 361
Ephydatia *38*, 40, 44
Ephydra 413
Ephydridae 413
Ephyra *47*, 53
Epibranchiale 494
Epibranchialrinne 478
Epicard 467
Epicoracoid *602*
Epidermis 503
Epididymis 539
Epigaulus 711, *715*
Epiglottis 495
Epigonichthys 482
Epihippus *730*
Epimenia 163
Epimerit 24
Epimorpha 324
Epinephelus 583, *584*
Epineuralkanal 436, 455
Epinotia 405
Epipedobates 608
Epiperipatus 237
Epiphanes 127
Epiphyse 505, *515*, 518
Epiplastron 614
Epipodit 292
Epiproct *335*
Epipterygoid 494, 497
Episphäre *211*, 212
Episternum *603*
Epistom 77
Epistropheus 487
Epistylis 30
Epithelkörperchen 520, 524
Epithelmuskelzellen 44
Epitonium 173
Epsilonema 132
Eptatretus *524*, 545, *546*
Equus *727*, 728, *730*

Erannis 405
Erax *410*, 412
Erbsenkäfer 354
Erbsenwickler 349
Erdferkel 726
Erdflöhe 346, 391
Erdhörnchen 711
Erdkröte 608
Erdmännchen 719
Erdstachelschweine 716
Erdwolf 722
Eremias *619*
Eremitalpa 692
Erethizon *715*
Eretmochelys *615*, 616
Ergasilus 304
Ergates 391
Erigone 268
Erinaceus 692
Erinacoidea 692
Eriocheir 323
Eriocraniidae 404
Eriophyes 287, *340*
Eriophyidae 288
Eriosoma *343*, 345, 382, 394
Eriosomatidae 382
Eristalis *379*, 412
Erithacus *655*
Ernobius 347
Erntemilbe 288
Ero 274
Erpetoichthys *559*
Erpeton 631
Erpobdella 225, 226
Errantia 214
Eryops *593*, 594, *595*, *602*
Erythrocebus 702
Erythrocyten 532
Erythromma *183*
Erythropsis *14*
Eryx 628, 629
Eschrichtius 743
Esel 728
Esomus *572*
Esox *575*
Espundia 15
Essigälchen 137
Essigfliegen 413
Etheriidae 194
Ethmoid 493
Ethmoturbinale *494*
Ethusa 323
Etmopterus *555*
Euarthropoda 237
Eubalaena *742*, 743
Eucarida 318
Eucestoda 114
Euchlora 74
Euchoreutes 716
Euconus *241*
Eudendrium *59*
Eudia 406
Eudimorphodon 635, 637
Eudiplogaster 137
Eudocimus *663*
Eudontomyzon 547
Eudromias *669*
Euechinoidea 457
Eufolliculina 30
Euglena 12, *14*
Euglenida 12
Euglypha 4, 7, *8*, 19
Eugyra *464*, 470
Eukoenenia *265*
Eukrohnia 417
Eulalia 215
Eulamellibranchia 190
Eulecanium 383
Eulen 405, 671
Eulimacea 173
Eulophus 395
Eumeces 620, 624
Eumetopias *722*, 724
Eumida 215
Eumops *707*
Eunectes 629
Eunice 215
Eunicella 64
Eupagurus 57
Euparkeria 634
Euphausia *295*, 318
Euphausiacea 318
Euphractus 709
Euphronides *462*, 463
Euplectella 42, 319
Euplexaura 64
Euplotes 32
Eupnoi 280
Eupoecilia *348*, 349, 405
Euproctis 349, 405
Euproctus 597, 598
Eupsophus 604
Eurhinosaurus 643
Euroleon 386
Eurotamandua 710
Euryalae 452
Euryale 453
euryapsid 499
Euryapsida 643
Eurycea *596*, *599*
Eurydema 374, 377
Eurygaster 374, 377
Eurymylus 711
Eurypelma 271, *274*
Eurypharynx *563*, *569*
Eurypterida 259
Euscorpius 263
Euselachii 551
Euspongia 42, *43*, 44
Eustachische Röhre 507, 526
Eusthenia 366
Eusthenopteron *490*, 591, *593*
Eustomias *563*, 576
Eusuchia 635
Eutardigrada 229
Eutelie 122
Eutheria 690
Euthynnus 587
Euthyneura 176
Eutonia *59*
Eutonina 58
Eutracheata 324
Eutreptia 12
Evadne 299, 300
Evasterias *722*
Evetria 405
Exoccipitalia 493, *494*, *497*
Exocoetus *564*, 578
Exogone 215
Exopodit 292
Exopterygota 336
Exumbrella 52
Exuviaella 12

Fabricia 217
Fabrosaurida 639
Facelina 179, *179*
Facettenaugen 240, 242
Fächerflügler 414
Fächerlunge *246*
Fächertrachee *246*
Fadenfeder *644*, 645
Fadenfische 587
Fadenhafte 386
Fadenwürmer 133
Fagotia 173
Fahnenquallen 62
Fahrnholzsche Organe 589
Falcidens 162
Falco *655*, *663*, *666*
Falculifer *285*, 289
Falken 665
Falltürspinne 269, *270*, 271
Faltenwespen 352, *379*, 397
Fanghafte 386
Fangheuschrecken 367
Fannia 355, *389*, *411*, 413
Fasanen 668
Fasciola *96*, *99*, *104*, 107
Fasciolen 428, *454*, 456
Fascioloides 107
Fasciolopsis 107
Faultiere 710
Favia *67*, 68
Federäste 644
Federentwicklung *644*
Federfahne 644

Federfluren 645
Federkiel 644
Federlinge 373
Federmotten 405
Federn 643
Federraine 645
Federspule 644
Federstrahlen 644
Federwechsel 645
Feenlämpchen 275
Feilenmuschel 191
Feldgrille 371
Feldhase *725*
Feldheuschrecken 371
Feldmaus 713
Felis 719
Fellmuster *677*
Feloidea 719
Felsenratten 716
Felsenspringer 334
Felskänguruh 690
Femur 491
Fenestra basicranialis 492
Fenestra ovalis 495, *509*
Fenestra rotunda *509*
Fennecus 719
Ferkelratten 716
Fettschwalm 671
Fetzenfisch *581*, 582
Feuerkoralle *68*
Feuerqualle 62
Feuersalamander *363*, 598
Feuerwalzen 470
Feuerwanzen 377
Feylinia 624
Fibula 491
Fibularia 458
Fichtenrüsselkäfer 392
Ficulina 40
Ficus 339
Fierasfer 577, *580*
Figites 395
Filariose 358
Filibranchia 186, 190, 191
Filinia *124*, 127
Filistatidae 276
Filoplumae 645
Filopodien 4
Filzlaus 355
Fimbria *177*, 180
Fingerratten 716
Fingertier 698
Finkenvögel 674
Finne 113, *115*
Finte *568*, 570
Fischadler 665
Fischbandwurm 113, 114
Fischbein 743
Fische 543
Fischegel *183*, 226
Fischsaurier 642
Fissipedia 717
Fissurella 167, *170*, 172
Fistularia *581*, 582
Flabelligera 215
Flachköpfe 582
Flagellata 12
Flagellen 5
Flamingos 664
Flechtlinge 372
Fleckenhyäne *722*
Fleckfieber 355
Flectonotus 609
Fledermäuse 704
Fledermausfische 577
Fleischfliege 359
Flexibilia 441
Fliegen 412, 646
Fliegende Fische 578
Fliegenschnäpper 574
Flöhe 413
Flohkrebse 313
Florfliegen 386
Floscularia 123, *124*, 127
Flösselhechte *559*
Flossenfüßer 722
Flossenstrahlen 490
Flugbarbe 572
Flugbeutler 688
Flugdrachen *622*, 623
Flügelschnecken 178
Flugfrösche 608
Flugfuchs 705
Flughähne 581
Flughühner 670
Flughunde 705
Flugsaurier 635
Flundern 565, 588
Flußbarsch 583
Flußdelphine 744
Flußkrebse *295*, 321
Flußmuschel 194, *196*
Flußneunauge 543
Flußperlmuschel 194
Flußpferde 736
Flußschweine 736
Flustra 65, *86*, 88
Flustrellidra 88
Foramen magnum *494*
Foramen panizzae 530, *531*, 635
Foraminifera 19
Forcipiger 583
Forcipulatida 448
Forelle 566, *575*
Forficula *366*, 367
Forleule 349, *403*, 405
Formatio reticularis 519
Formica 107, 337, 397, *398*
Formicidae *393*, 395
Fossa 721
Fovea centralis *505*, *506*
Francisella 359
Fransenflügler 373
Fratercula 647, *722*
Fredericella *86*, 87
Fregattvögel 664
Frenata 404
Frenulum *402*
Freyella 443
Fridericia 222
Fringilla *655*
Fritfliege *350*
Fritillaria 475, 476
Frontale *496*, *497*, 498
Froschfische 577
Froschlurche 600
Frostspanner *348*, 349, 405
Fruchtfliege 355
FSME 286
Fucellia 413
Fuchsbandwurm 116
Füchse 719
Fuchshai *553*, 554
Fuchskusu 688
Fumea 404
Fundatrigenien 380
Fundatrix 339, 380
Fundulus 578
Fungia *67*, 68, *68*
Funiculina 64
Funiculus 83
Furca (Crustacea) 292
Furchenfüßer 163
Furchenwale 743
Furcula 652
Fußwurzel 491
Fusulinida 21

Gabelböcke 740
Gadiformes 576
Gadilida 197
Gadus *558*, *566*, *567*, 576
Galago 695, 698
Galathea 322
Galatheathuria 463
Galaxea *67*, 68
Galba 180
Galea *335*, *517*
Galeaspida 545
Galemys 693
Galeodes *281*, 282
Galerucella 391
Galidictis 719
Galle 527
Galleria 354
Gallerzeuger 339

Galliformes 668
Gallmilben *287*, 288
Gallmücken 412
Gallwespen 342
Galumna 288
Gamasida 284
Gambierdiscus 12
Gambusia 578
Gameten 9
Gametogamie 9
Gametogonie 9
Gammaeule 405
Gammarus 313, *314*, *363*
Gamogonie 9
Gamonten 9
Gamontogamie 9
Gangesdelphin *742*
Ganglienhügel 517
Ganoidschuppen 500
Gänse 667
Gartengrasmücke 660
Gartenlaubkäfer 390
Gartenschläfer 713
Gartnerscher Gang 535
Garypus 279
Gasteracantha 269, 274, *274*
Gasteropelecus 573
Gasterophilidae 413
Gasterophilus 250, *411*, 413
Gasterosteiformes 580
Gasterosteus *580*, 581
Gasterozoide 56, 471
Gastraea-Theorie 33
Gastralfilamente 53
Gastralia 487
Gastraltaschen 48
Gastroblasta 55
Gastrocoel 33, 44
Gastrodelphys 253
Gastrodermis 48
Gastrodes 74
Gastroneuralia 77
Gastropholis 624
Gastropoda 164
Gastrosaccus 312
Gastrotheca 604, 605, *606*, 609
Gastrotricha 130
Gastrovaskularsystem 44, 96
Gastrula *54*
Gaumen 498, 522
Gaumenbeine 498
Gaur 740
Gavia *663*
Gavial *635*
Gavialis 635, *635*
Gaviiformes 663
Gebärmutter 539
Geburtshelferkröte *601*, 605
Gecarcinus 323
Geckos 623
Gefieder 643
Geflechtknochen 483
Gehörknöchelchen 495, 507, 678
Gehörorgan 507
Geierschildkröte 616
Geigenrochen *555*, 556
Geißelantenne *335*
Geißelkammern 36
Geißeln 5
Geißelskorpione 263, 264
Geißelspinnen 263, 264
Geißeltierchen 12
Geistchen 405
gekammertes Organ 436
Gekko 623
Gekkota 623
Gelada 702
Gelbaal 569
Gelbbauchunke 605
Gelbfieber 358
Gelbfußtermite 351
Gelbhalsmaus 714
Gelbrandkäfer *183*, 388
Gelege 657
Gemmula *38*, 40
Gemsbüffel 740
Gemse *657*, 740
Gemuendina *548*, 549
Generationswechsel 47
Genetta 719
Genitalorgane, Wirbeltiere 538
Geochelone 616
Geococcyx *669*
Geocorisae 377
Geodia 43
Geogale 692
Geograpsus 323
Geomelania 173
Geometridae 405
Geomys *681*, *712*
Geonemertes 120, 121
Geophilomorpha 326
Geophilus 326
Georgasia 569
Georhychus 716
Geotria 547, 548
Geotrupes 390
Geotrypetes 600
Gepard 721
Gephyrostegus *594*, 611
Geradflügler 370
Gerbillus *712*
Gerrhonotus 625
Gerrhosaurus 624
Gerris *183*, *376*
Gerrothorax *595*
Geruchsorgane 504
Gesang 657
Geschmacksreceptoren 504
Gespensterfrösche 610
Gespenstheuschrecken 370
Gespinstmotten 405
Getreidehähnchen 347, 391
Getreidekapuziner 353
Getreidemotte 354
Getreidenager 353
Geweih *677*
Geweihkoralle *68*
Gewittertierchen 344
Giardia 13, *14*
Gibbons 697, 702
Gibbula 172
Giebel 571
Gießkannenmuschel 197
Gießkannenschwamm 42
Giftfrösche 607
Giftnattern 632
Giftschlangen 631
Giftzähne 627, 628
Gigantocypris 302
Gigantopithecus 701, 702
Gigantoproductus 88
Gigantorana 607
Gigantorhynchus 130
Gigantostraca 259
Gilpinia 345
Ginglymostoma 554
Ginsterkatze 719
Giraffa 740
Giraffengazelle 740
Glandiceps 425, 426
Glasaal 533, 569
Glasflügler 405
Glaskrebse 312
Glasschwämme 42
Glaswels 574
Glattechsen 624
Glattnattern 632
Glattwale 743
Glaucomya 190
Glaucothoe 296
Glaucus *177*, 179
Gleichgewichtsorgan 507
Gletscherflöhe 333
Gletschergast 408
Gliederantenne *335*, 329
Gliederfüßler 230
Gliedertiere 207
Glirimorpha 713
Glis 713
Globicephala *742*, 745
Globigerinidae 21
Globigerinoides *20*
Globodera 142, 143
Globorotalidae 21

Glochidium 158
Glockentierchen *4*
Glomeridesmus 329
Glomeris 328
Glomerulus 419, 432, 534, 536
Glossa *335*
Glossata 404
Glossina *356*, 359, 408, 413
Glossiphonia 225, *225*
Glossobalanus 426
Glossoscolex 221
Glottidia 90, 92
Glottis 503
Gloydius 634
Glucken 406
Glugea 28
Glühwürmchen 388
Glutinante 45, *46*
Glycera 215
Glycymeris 191
Glycyphagus 288
Glykogenkörper 511, 648
Glyphe 628
Glypsus 376
Glyptocrinus 442
Glyptodon 709
Glyptodontidae 710
Glyptonotus 317
Glyptosphaerites 443
Gnaphosidae 275
Gnathia 317
Gnathobdellida 226
Gnathocerus 354, 390
Gnathochilarium 327
Gnathonemus 568, 569
Gnathophausia 311
Gnathosoma 282, *283*, *286*
Gnathostoma 142
Gnathostomata 458, 543, 548
Gnathostomula 118, *132*
Gnathostomulida 118
Gnitzen 359, 411
Gnus 740
Gobiesociformes 577
Gobiesox 577
Gobio 572
Gobius 586, *586*
Goldafter 349, 405
Goldaugen 386
Goldbutt 588
Goldfisch 571
Goldfliege 359, *379*
Goldhamster 713
Goldmulle 692
Goldorfe 572
Goldschmied 387
Goldwespen 395
Golfingia 93, 94
Goliathkäfer 390
Goliathus 390
Gomphus 363
Gonactinia 55
Gonapophyse *335*
Gonatodes 623
Gonepteryx 406
Gongylonema 142
Goniale *496*, 498, 678
Goniastrea 68
Gonimbratia 338
Gonionemus 55, *59*, 60
Goniophyllum 69
Goniopsis 321
Gonocephalus 622
Gonographis 328
Gonopoden 333
Gonopodium 564
Gonorhynchiformes 570
Gonothek 51
Gonozoide 51, *56*, 471
Gonyaulax 12, 190
Gonyleptes 280
Gopherus 616
Goral 740
Gordionus 145
Gordius 145
Gorgonaria 63
Gorgonin 51, 64
Gorgonocephalus 449, *452*, 453
Gorgonopsia 661
Gorilla 697, 702
Gottesanbeterinnen 367
Göttesche Larve *95*, 100
Gotteslachse 580
Gouania 577
Granat *295*
Granulocyten *533*
Graphium 392
Grapholitha 405
Graphosoma 379, *379*
Grapsidae 323
Graptemys 616
Graptolitha *423*, 426
Graskarpfen *567*, 572
Grasmücken 674
Gräten *485*, 487
Graufuchs 719
Grauhai 551
Grauwale 743
Gravidität 679
Gravigrada 710
Gregarina 24
Gregarinida 23
Greife 665
Grenadierfische 577
Grenzstrang 519
Grillen 371
Grindwal *742*, 745
Grönlandhai *555*
Grönlandwal 743
Groppe *363*, 582
Großer Panda 717
Großes Barriereriff 67
Großfußhuhn *663*, 668
Großkopfschildkröten 616
Grottenolm *596*
Grubenorgane *619*
Grubenotter *619*, 633
Grubenwurm 140
Gruiformes 668
Grundeln 586
Gründelwale 745
Gründling 572
Grüne Mamba *630*
Grylloblatta 366
Grylloblattodea 366
Gryllotalpa 344, *370*, 371
Gryllus 371
Guanako *738*, *740*
Gulo 719
Gundis 713
Guppy 578
Gurami 587
Gurkenkernbandwurm 116
Gürtelmulle 709
Gürtelschweife 624
Gürteltiere 709
Güster 572
Gwynia 92
Gymnarchus 569
Gymnocephalus 583
Gymnocorymbus 573
Gymnodactylus 623
Gymnodinium 12, 57
Gymnogyps 665
Gymnolaemata 87
Gymnomorpha 180
Gymnophiona 599
Gymnopis 600
Gymnosomata 178
Gymnostomata 30
Gymnotiformes 570
Gymnotus 570
Gypohierax 665
Gyratrix 98, 101
Gyrinidae 388
Gyrinocheilus 572
Gyrinophilus 599
Gyrocotyle 114
Gyrodactylus 109, 110
Gyrodinium 12

Haarbalgmilbe 288
Haare 676
Haarfrosch 608
Haarlinge 373

Haarmücken 412
Haarqualle 62
Haarsterne 442
Haarwurm 141
Habichte 665
Hablia 234
Habronema 142
Habrotrocha *124*, 127
Hacelia *427*
Haeckelia 74
Haemadipsa *225*
Haemagogus 358
Haemalbogen 485
Haematomyzus 373
Haematopinus *372*, 373
Haematopota 359, 412
Haementeria 225
Haemonchus 142
Haemopis 225, 226
Hagenowia 458
Häher 674
Haideotriton *599*
Haie 551
Hakenstrahlen 644
Hakenwurm 140
Halacarellus 288
Halacaridae 288
Halacarus 288
Halammohydra *55*, 58, *59*, 61, *132*
Halarachne 284
Halbaffen 694
Halbesel 728
Halbschnabelhechte 578
Halcampa 65
Halcyon *321*
Haleremita 60
Haliaeetus *321*
Halichoerus 724
Halichondria 42, *43*, 44, *65*
Haliclona 40, 44
Haliclystus 62
Halicore 733
Halicryptus 148
Halictus *396*
Haliotis 167, *170*, 172
Halisarca 44
Halitholus 59
Hallaeetus 665
Hallersches Organ 286
Halmfliegen 413
Halobates 375
Halsberger 615
Halswender 615
Halswirbel 487
Halteren 336
Halteria 32
Halticinae 391
Hamingia 227
Hamitermes 370
Hamites 204
Hammarstensche Larve 148
Hammer 495, *496*, 678
Hammerhai *553*, 554
Hammerkopf 664
Hammermuschel 191, *192*
Hämovanadium 467
Hamster 713
Handschwingen 645
Handwurzel 491
Hanleya 164
Hanseniella 326
Hanuman 702
Hapale 699
Hapalemur 698
Haplochromis 583
Haploops 314
Haplophilus 326
Haplophragmoides *132*
Haplopoda 300
Haplorhini 698
Haplotaxida 222
Haplotaxis 223
Haptocysten 6
Hardistiella 548
Hardun 622
Harlekinfrösche 608
Harmothoe *189*, 214
Harnischwelse 574
Harnleiter 534
Harnsamenleiter 534
Harpacticoida 304
Harpacticus 304
Harpago *331*
Harpalus *387*, 388
Harpyonycteris 706
Harrimania 420, 426
Harriotta 556
Hartigiola *340*, 343
Hartmannella 18
Haselmaus 713
Haselnußbohrer 392
Hasen 724
Hasenmäuse 716
Hastigerinidae 21
Hathrometra 442
Hatschekscke Grube 478
Hatteria 617
Hausbock 354
Hausen 560
Hauskatze 719
Hausmaus 714
Hausmilbe 289
Hausmutter 349, *403*
Hausratte 714
Hausrotschwanz *655*
Hausschädlinge (Insecta) 351
Haussperling *655*, 676
Hausspinne 274
Hausstaub-Allergie 289
Haustaube *655*
Haut, Wirbeltiere 503
Hautdrüsen 503, 678
Hautflügler 393
häutiges Labyrinth 507, 508
Hechtdorsche 577
Hechte 566, 575
Hechtkärpfling 579
Hectocotylus 202
Hedya 349
Hegetotheria 726
Heilbutt 565, 588
Heimchen 351, *370*, 371
Helarctos 717
Helcion *170*, 171
Heliaster 448
Helicella 180, 184
Helicigona 184
Helicoplacoidea 437
Helicoprion 556, *557*
Heliophanus *275*
Heliopora *50*, 63, *68*
Helioporida 63
Heliosphaera 21
Heliozoa 22
Helix 153, *169*, 180, 184
Helladotherium 740
Helobdella 225, 226
Heloderma 625, *626*
Helophilus *379*
Helostoma 587
Hemachatus 633
Hemerobiidae 337
Hemibranchie 524, *525*
Hemicentetes 678, 692
Hemichordata 419
Hemicyclaspis 545, *546*
Hemidactylus *619*, 623
Hemiechinus *693*
Hemilepistus 317
Hemimerus 367
Hemimetabolie 336
Hemipenis *619*, 620
Hemiphractus *606*, 609
Hemiprocne *669*
Hemiptera 374
Hemirhamphus 578
Hemithyris 92
Henicops 326
Henicorhina 674
Heniochus 583
Henlesche-Schleife 536
Henophidia 629
Henricia 434, 445, 447, 448
Hepialidae 404
Hepialus 404
Heptagenia 361

Heptasterias 448
Heptranchias 551
Heriades *396*
Hering *565*, *566*, *567*, 570
Heringshai 551
Heringskönig 580
Hermelin *718*, 719
Herpailurus 719
Herpestidae 719
Herpetomonas 14
Herrerasauria 637
Herzigel 458, 459
Herzkammer 529
Herzmuschel *189*, 194
Hesione 215
Hesionides 215
Hesperiidae 406
Hesperornis 661
Hesperornithiformes 661
Hessenmücke 350
Heterakis 142
Heteranomia *192*
Heterocentrotus *426*, 458
Heterocephalus *712*, 716
Heterocope 304
Heterocyathus *56*, *57*
Heterodaktylie 652
Heterodera *136*, 142, 143, *143*, *144*
Heterodonta 190, 194
Heterodontosaurida 639
Heterodontosaurus *637*
Heterodontus *553*, 555
Heterogonie 380
Heterohyrax 731
Heterojapyx 330
Heteromastus 217
Heterometra *435*
Heteronemertini 121
Heteronereis *214*
Heteroneura 404
Heterophyes 107
Heteropoda 174
Heteropsammia *57*
Heteroptera 374
Heterorhabditis 347
Heterostegina 11
Heterostelea 437
Heterostigma *132*
Heterostraci 545
Heterotanais *315*, 316
Heterotardigrada 229
Heterotis 568
Heterotricha 30
heterozerk *558*
Heterozoide 85
Heuhüpfer 371
Heupferd 371
Heuschreckenkrebse 311
Hexacontium 21, 22
Hexacorallia 64
Hexactinellida 42
Hexamita 13
Hexanchus 551
Hexapoda 329
Hexisopus 282
Hiatella 195
Hibernaculum 86
Higgins-Larve *148*
Himantarium *325*, 326
Himbeerkäfer *346*, 347
Hiria *175*
Hinterhirn 513
Hinterkiemer 177
Hippa 322
Hipparion *730*
Hippidion *730*
Hippobosca 413
Hippoboscidae 413
Hippocampus *517*, 518, 582
Hippoglossus 588
Hippomorpha 728
Hippoporidra 87
Hippopotamus *736*, *737*
Hippospongia 42, 44
Hippothoa 88
Hirnnerven 512
Hirsche 740
Hirscheber 736
Hirschferkel 738
Hirschkäfer 389, 390
Hirschziegenantilope 740
Hirudinea 223
Hirudo 224, 225, 226
Hislopia 88
Hispanorhynchia 92
Histomonas 13
Histrio 577
Histriobdella 215
Hoatzin 668
Höckerechsen 625
Höckerschmuckschildkröte 616
Höckerschwan 667
Hoden 538
Hogna 275
Höhenläufer 668
Höhlenhyäne 721
Höhlenkreuzspinne 273
Hohlvenen 528
Hokkohühner 668
Holbrookia 622
Holectypoidea 458
Holectypus 458
Holobranchie 524
Holocentropus 401
Holocentrus 580
Holocephali 556
Hologamie 9
Holometabola 336, 383
Holonephros 533
Holopedium 299
Holopeltidia 264
Holoptychus 591
Holopus *441*, 442
Holostei 560
Holostylie 497
Holothuria 461, *462*
Holothuroidea 459
Holothyrida 284
Holotricha 30
Holzbohrer 404
Holzwespen 394
Holzwurm 353
Homalodotheriidae 727
Homalopsis 631
Homalozoa 437
Homarus *295*, 321, 322
Hominidae 702
Hominoidea 702
Homo 677, 695, 697, 703, 704
Homoneura 404
Homonomie 212
Homoptera 374
Homopus 616
Homoscleromorpha 43
homozerk *558*
Honiganzeiger *669*, 673
Honigbeutler 690
Honigbiene 336, 399
Honigdachs 673, 719
Hoplocampa 345, 394
Hoplocarida 311
Hoplodactylus 623
Hoplonemertini 121
Hoplopleura 373
Horn *677*
Hörnchenverwandte 711
Hornera 80, 87
Hornfrosch 609
Hornhaut 505
Hornhechte 578
Hornisse 397
Hornmilben 288
Hornrabe 672
Hornviper 633
Hornwehrvogel *663*
Huf *677*
Hufeisennasen 706
Hühner 668
Hühnereier 657
Hühnerfloh 357
Hühnermilbe 284, *285*
Hühnervögel 668
Hulman 702
Hülsenwirbel 486

Humerus 491
Hummelfliegen 412
Hummeln 337, 400
Hummer *295*, 321, 322
Hunde 719
Hundebandwurm 115
Hundefloh 357
Hundelaus 373
Hundertfüßer 324
Hundsaffen 701
Hundsfische *573*, *576*
Hüpfmäuse 716
Huso 560
Hutchinsoniella *296*, 297
Hyaena 721, 722
Hyaenidae 721
Hyalopterus 344
Hyänen 721
Hyänenhund *718*, 719
Hyas *294*
Hybodontiformes 551
Hybridogenese 607
Hydra 44, *45*, *55*, *57*, *58*, *59*, 60, *183*
Hydrachna 288
Hydractinia *56*, 57, *59*, 60
Hydrallmania 58, *59*, *65*
Hydranth 47, 50
Hydrobia 158, 165, *189*
Hydrocaulus 48
Hydrocoel 76, 428
Hydrocorisae 374
Hydrodamalis 733
Hydrogenosomen 3
Hydroidea 58
Hydrolagus 556
Hydromantes 599
Hydromedusa 615
Hydromeduse 51, *52*
Hydrometra *376*
Hydrophilidae 389
Hydrophilus 389
Hydropolyp 48
Hydroporus 432
Hydropotes 739
Hydropsyche 400, 401, 402
Hydrorhiza 48
Hydrosaurus 622
Hydroschendyla 325, 326
Hydrotheca 50
Hydrous *387*, 389
Hydrozoa 58
Hydrurga 724
Hyemoschus *737*, 738
Hyla *600*, *601*, 602, 604, 609
Hylecoetus *387*, 391
Hylobates *701*, 702
Hylobius *387*, 392
Hylochoerus 736
Hylodes 604
Hylotrupes *352*, 354, 391
Hymenaster 447
Hymenochirus 605
Hymenolepis 112, 113, 116
Hymenoptera 393
Hymenopus 367
Hymenostomata 30
Hynobius *597*
Hyocrinus 438, 442
Hyoid *496*
Hyoidbogen *493*, 494, 495
Hyomandibulare 495, *496*
Hypania 217
Hyperia *56*, *314*
Hypermastigida 13
Hyperoartria 546
Hyperolius 608
Hyperoodon 744
Hyperotreta 545
Hyphessobrycon 573
Hypobranchialdrüse 151, *167*
Hypobranchiale 494
Hypobranchialrinne 466, 478
Hypocentrum 486, 592, *593*, 610
Hypochilidae 271
Hypochilus 276
Hypoctonus 264
Hypoderma *410*, 413
Hypogastrura 333
Hypogeophis 600
Hypohippus *730*
Hyponomeutidae 405
Hypophthalmichtys *566*, *567*, *572*
Hypopus-Stadium 288
Hyposphäre *211*, 212
Hypostom 283, *286*
Hypostracum 152
Hypothalamus 518, 519, 520
Hypotremata 556
Hypotricha 32
hypozerk *558*
hypselodont 680
Hypsibius *228*, 229
Hypsilophodontida 639
Hypsiprymnodon 689
hypsodont 680
Hyptiotes 276
Hyracoidea 728
Hyracotherium *681*, 728, *730*
Hysterosoma *283*
Hystrichopsylla 413
Hystricomorpha 716
Hystrix 716

Ibalia 395
Ibis *321*, *663*
Ibisse 664
Icerya 382, 391
Ichneumon 395
Ichneumonidae *393*
Ichneumons 719
Ichthyobodo 17
Ichthyomys 713
Ichthyophis *600*, *601*
Ichthyophthirius 8, 30
Ichthyornis 661
Ichthyornithiformes 661
Ichthyosauria 642
Ichthyosaurus 642
Ichthyosporidium 28
Ichthyostega 592, *593*, *595*
Ichthyostegalia 592, *595*
Ichthyotomus 215
Ictalurus 574
Ictidosauria 661
Idiacanthus *563*, 576
Idiocoris 238
Idiosepius 205
Idiosoma *283*
Idmidronea *85*
Idomonea *86*, 87
Idotea 316, *317*
Igel 692
Igelfische *563*, 588, 589
Iguana 622
Iguania 621
Iguanodon 639, *640*
Iguanodontida 639
Ihlea 472
Ileum 522
Ilium 489
Illex 160
Ilyocryptus 299
Imago 336
Immergentia 87
Inachis *403*
Inadunata 441
Inanidrilus 222
Inarticulata *89*, 92
Incisivi 524
Incurvariidae 404
Incus 495, *496*, 678
Indicator *669*
Indostomiformes 581
Indostomus 581
Indri 697, 698
Infracapitulum *283*, *286*
Infundibulum *515*
Inger *545*
Ingerana 607
Inia *742*, 744
Innenohr 507
Inocellia 385
Insecta 243, 329
Insectivora 691

Inselmäuse 713
Interambulakren 426
Interclavicula *488*, 489
Interdorsale 485
Interkalarsegment 237
Intermaxillare 498
Interparietale 498
Interradien 426
Interrenalorgan 520
Intertarsalgelenk 490
Intertemporale *497*, 498
Interventrale 485
Introvert 146
Invasionsvögel 659
Inzisiven *523*
Ips 392
Irawadi-Delphin 745
Iridina 184
Iris *506*
Irregularia 453, 456, 458
Ischium 489
Ischyropsalis 280
Isis 51, 63
Isochrysis 12
Isocrinida 442
Isofilibranchia 191
Isohypsibius 228
Isometra 441, 442
Isopedinschicht 500
Isoperla 366
Isopoda 316
Isoptera 369
Isospondyli 569
Isospora 24
Isotoma 333
Isotricha 30
Istiblennius 585
Istiophorus 587
Isurus 490
Iteomyia 340
Ixodes 286
Ixodida 286
I-Zellen 44

Jaapiella 340, 343, 412
Jacobsonsches Organ 504, 505, 620, 628
Jaculus 716
Jaera 316
Jagdspinne 275
Jaguar 721
Jakobsmuschel 193
Jamoytius 548
Janella 184
Janthina 165, 170, 173, *177*
Janthinacea 173
Japygidae 330
Japyx 330, *331*
Javanashorn 727, *728*
Javaneraffe 702
Jejunum 522
Jochbein 498
Johannisbeergallmilbe 288
Johannisechse 624
Johnstonsches Organ 329
Josephsche Zellen 480
Jugale *496*, *497*, 498
Jugata 404
Jugum 365, *402*
Julikäfer 390
Julus 328, *329*
Junikäfer 390
Jynx 674

Kabeljau 565, 566, *567*, 576
Käfer 386
Käfermilbe *285*
Käferschnecken 163
Kaffernbüffel 740
Kahnfüßer 197
Kahnschnabel 664
Kaiserfische 583
Kaisergranat *295*, 562
Kaisermantel *403*
Kakadu *669*
Kakerlak 351
Kakothrips 344
Kala-Azar 15
Kalksäckchen 508
Kalkschwämme 42
Kalong 705
Kaloula 608
Kalyptorhynchia 102
Kamelhalsfliegen 385
Kammfinger 713
Kammolch *596*, 598
Kammratten 716
Kammuschel 191, 192
Kampffisch 587
Kamptoderm 81
Kamptozoa 149
Känguruhs 688
Kaninchen 724
Kaninchenfische 587
Kantschil 738
Kapuzenspinne 282
Kapuzineraffen 701
Karbonadenfisch 585
Kardinalbarsche 583
Kardinalfisch 572
Karettschildkröte 616
Karmin 383
Karpfen *566*, 571
Karpfenfische 571
Karpfenläuse 304
Kartoffelkäfer *346*, 391
Kartoffelnematode 143
Käscherspinne 276
Käsefliege 355, 413
Käsemilbe 288
Kasuar *662*, 663
katadrome Fische 562
Katsuwonus 587
Kattfisch 585, *586*
Katzen 719
Katzenfloh 357
Katzenfrett 717, 721
Katzenfrosch 610
Katzenhai *553*, 554
Katzenmakis 698
Kaulbarsch 583
Kaulquappen *600*, 602
Kaumuskulatur 501
Kaurischnecken 174
Kegelrobbe 724
Kehlkopf 503
Kehlkopfskelet 495
Keilbeine 493
Keilfleckbarbe 572
Kellerassel 317
Kenozoide 85
Kentrogon-Stadium 308
Kenyapithecus 701
Keratella 124, 126, 127
Kerndualismus 2
Kettensalpen 471
Khaprakäfer 353
Khawia 114
Kieferbogen 494
Kieferegel 226
Kiefergelenk 495, *496*, 498, 678
Kieferlose 543, 544
Kiefermünder 543, 548
Kieferneule 349
Kiefernspanner 349, 405
Kiefernspinner 349, 406
Kieferstiel 495
Kiemen 524, *524*
Kiemenbogen *493*, 494, 524
Kiemenbogengefäße 530, *531*
Kiemenbogennerven 512
Kiemendarm 464
Kiemenkorb 494
Kiemenlamellen 524
Kiemensäcke *524*
Kiemenspalten 494
Kieselschwämme 40
Kimberella 34
Kinetoplasten 3
Kinetoplastida 14
Kinetoskias 87
Kinixys 614
Kinorhyncha 146
Kinorhynchus 146
Kinosternon 614, 616
Kirschblattwespe 346

Kirschfruchtfliege 350, *350*
Kissenseestern *68*
kissing bug 377
Kiwi 649, 663, *663*
Klaffmuschel *189*, 195, *196*
Klapperschlange 620, *627*, *630*, 634
Klappmütze 724
Klauberina 625
Klebzellen 71
Kleiber 650, *655*, 674
Kleideraffe *701*, 702
Kleiderlaus *355*
Kleidermotte 354
Kleidervögel *675*
Kleinbären 717
Kleiner Leberegel 107
Kleiner Panda 717
Kleinhirn 513, *515*, 518
Kleinkärpflinge *578*
Kleptocniden 74, 179, 180
Kletterbeutler 688
Kletternatter 632
Kliesche 588
Klippschliefer *731*
Klippspringer 740
Kloake *539*
Kloakentiere 682
Klopfkäfer 353, 390
Knemidocoptes 289
Kniegelenk 491
Knightoconus 203
Knoblauchkröte 607
Knochen 482
Knochenfische *557*
Knochenhechte *560*
Knochenschuppen 490
Knochenzüngler 568
knöchernes Labyrinth *507*
Knorpel 482
Knorpelfische *549*
Knotenwurm 141
Knurrhahn *582*
Koalabär 688
Kobra 632
Köcherfliegen 400
Kofferfisch *563*, 589
Kogia 744
Kohlblattlaus 344
Kohldrehherzmücke 350
Köhler *566*, *573*, *577*
Kohleule 349, *349*, 405
Kohlfliege 350
Kohlmeise *655*, *675*
Kohlschabe *348*
Kohlschnake 350
Kohlschotenmücke 350
Kohlweißling 349, *349*, 406
Kolbenwasserkäfer 389
Kolibris *669*, 672
Kolloblast *72*
Kolloblasten 71
Kommaschildlaus 383
Kommissur 209
Kompaßqualle 62
Komplexauge *241*, *335*
Koenenia 265
Königskobra *627*, 633
Königskrabben *295*
Königspinguin *662*
Konjugation 10
Konnektiv 209
kontraktile Vakuole 7
Konturfeder *644*
Koonunga 311
Kopffüßer 198
Kopflaus *355*
Kopfniere 534
Koprakäfer 353
Korallenfrosch 605
Korallenriffe 66, *69*
Korallenschlangen 633
Korallenwels *573*, 574
Korkpolyp 63
Kormoran *663*, 664
Kornkäfer 354, 392
Kornmotte 354
Kotlassia 594
Kottixerxes *233*
Kowalewskaia 475, 476
Krabben 318, 322
Krabbenfresserrobbe 724
Krabbenspinne 276, *379*
Kragenbär 717
Kragenechse 622
Kragengeißelzellen *38*
Kragenhai 551, *553*
Kragenmark 422
Krähen 674
Krähenvögel 674
Kraits 633
Kraken 205
Krallenäffchen 699
Krallenfrosch *606*
Kraniche 668
Kranichverwandte 668
Krankheitsüberträger (Insecta) 355
Krätze 289
Kratzer 127
Krätzmilbe 289
Krebse 291
Krebspest 321
Kreiselschnecke 172
Kreuzkröte 609
Kreuzotter 633, *657*
Kreuzspinne 269, *272*, 273, *274*, *379*
Kribbelmücken 359
Kriebelmücken 411
Kriechtiere 611
Krill *295*, 318
Kristallkegel *241*
Kristallstiel 155
Kristallzellen *241*
Krokodile 634
Kropf 526
Kropfmilch 526
Kröten 608
Krötenechse 622
Krötenköpfe 622
Krötenottern 633
Krustenanemonen 71
Krustenechse 625, *626*
Kryptobiose 229
Kryptopterus 574
Kuckuck 671
Kuckucksspeichel 379
Kuckucksvögel 671
Kudus 740
Kuehneosaurus 620
Kuehneotherium 683
Kugelfische 588, 589
Kugelspinne 273
Kugelspringer 333
Kuhantilopen 740
Kupferstecher *392*
Kurzflügler 389
Kurzkopffrösche 610
Küstenseeschwalbe 658, 670, *722*

Labia 367
Labidiaster 443
Labidognatha 271
Labidosaurus 612
Labidura 367
Labium 249, 335
Labmagen *527*, *737*
Labodon 724
Labridae 585
Labroides 585
Labrum 237, 238, *335*
Labrus 585
Labyrinthfische 557, 587
Labyrinthodontia 592
Labyrinthorgan 507, 508
Lacazella 92
Laccifer 383
Lacerta 617, *621*, 624
Lacertilia 620
Lachesis 634
Lachmöwe 668
Lachnidae 382
Lachs *566*, *567*, 574
Lachsfische 574
Lacinia *335*

Lacrimale *497*, 498
Lacrymaria 30
Lacuna 157, 173
Laelius 395
Laganum 451, 458
Lagena 19, *20*, 509
Lagenodelphis 745
Lagenolith *509*
Lagenorhynchus 745
Lagis 216
Lagocephalus 589
Lagomorpha 724
Lagopus 657
Lagothrix 701, *701*
Lagynocystis 437, *443*
Lakshadia 383
Lama 738, *740*
Lamagazelle 740
Lambeophyllum 69
Lambis 174
Lamellenknochen 483
Lamellibranchiata 184
Lamellisabella 418
Lamia 347
Lamina cribrosa 493
Lamna 551
Lampetra *517*, 547, 548
Lampriformes 580
Lampris 580
Lamprohiza 388
Lampropeltis 631
Lamprophis 631
Lampsilis 159
Lampyridae 388
Lampyris *387*, 388
Landeinsiedlerkrebse 322
Landkärtchen 407
Landraubtiere 717
Landschildkröten 616
Landwirbeltiere 543, 591
Langbeinfliegen 412
Langerhans-Zellen 503
Langfingerfrösche 607
Langhornminiermotten 347
Languetten 466
Languren 701
Languste 295, 321
Langwanzen 377
Laniatores 280
Lanice 217
Lanthanotus 625, 626
Lanzenottern 634
Lanzenseeigel 457
Lanzettfischchen 476
Laomedea 58, *59*
Lapemis 633
Lapillus *509*
Lappentaucher 663
Lärchenminiermotte 405
Larinus 338
Larolimicolae 668
Lartetia 173
Larus 668, 722
Larva migrans 142
Larvacea 472
Larynx 503
Lasidium-Larve 194
Lasiocampidae 406
Lasioderma 352, 353
Lasionectes 296, 296
Lasioptera 343
Lasiorhinus 688
Lasius 352, 397, *398*
Laspeyresia 349
Lassospinne 274
Lateralissystem 512
Laterne des Aristoteles 432, *433*, 455
Laticauda 32[illegible], 633
Latimeria 502, 527, 529, 590, 591
Latrodectus 268, *268*, 273
Laubfrösche 609
Laubheuschrecken 371
Laubsänger 674
Laudakia 622
Laufhühnchen 668
Laufkäfer 387
Laura 306
Laurerscher Kanal 98, *99*
Läuse 373
Läusefleckfieber 355
Leber 527
Leberegel *104*, 107
Leberpfortader 528
Lebervene 528
Lebia 251
Leda 191
Lederkorallen 63
Lederlaufkäfer 387
Lederschildkröte 616
Lederseeigel 457
Lederwanzen 377
Legebohrer 329
Leguane 622
Leierfische 586
Leierschwänze 674
Leiolepis 623
Leiopelma 600, 605
Leipoa 663
Leishmania 15, *16*
Leistenkrokodil 635
Lek 655
Lemminge 714
Lemmus 714
Lemnisken 127
Lemur 698
Lemuroidea 698
Lendenwirbel 487
Leng 577
Leontideus 699
Leopard 721
Leopardus *718*, 719
Lepadogaster 577
Lepas 722
Lepidobatrachus 610
Lepidocaris 301
Lepidochelys 616
Lepidochitona 164, *189*
Lepidonotus 214, *214*
Lepidophthirius 373
Lepidopleurida 164
Lepidopleurus 164
Lepidoptera 402
Lepidosaphes 345, 383, *383*, 394
Lepidosauria 617
Lepidosiren 589, *590*
Lepidotrichen 490
Lepidurus 297
Lepilemur 698
Lepisma *331*, 334
Lepisosteus 558, 560, *561*
Lepomis 583
Lepospondyli 594
Leptasterias 445
Leptinotarsa 346, *387*, 391
Leptocardii 476
Leptocephalus *564*, 569
Leptocyteris 707
Leptodactylus 604, 605, 609
Leptodiscus 12
Leptodora 298, *299*, 300
Leptogorgia 64
Leptohylemya 413
Leptoidschuppen 500
Leptomedusae 58
Leptomonas 14
Leptonemertes 121
Leptonychotes 724
Leptonycteris 707
Leptosomus 669
Leptostraca 310
Leptosynapta 432, 463
Leptotyphlops *627*, 631
Leptura *379*, 391
Lepus 657, 724, *725*
Lerchen 674
Lernaea *302*, 304
Lernaeopoda 303, 304
Leucandra 42
Leucaspius 571
Leuchtkäfer 388
Leuchtkrebse 318
Leuchtqualle 62
Leucifer 254
Leuciscus 572

Leucochloridium 106, 107
Leuconia 42
Leucon-Typ *37*
Leucosolenia *39*, 42, *43*
Leuctra 366
Leukocyten 533
Leuresthes 579
Leydigsche Drüse 534
Leydigsche Zwischenzellen 539
Lialis 623
Libellen 361
Libelloides *385*, 386
Libellula 363, *363*, *365*
Lichanotus 698
Lichanura 629
Lichenopora 87
Lidgeckos 623
Liebespfeil 180
Ligament (Muscheln) 184
Ligamentsack 129
Ligamentum botalli 531
Ligia 317
Ligula 114
Ligusterschwärmer 406
Lilienhähnchen *346*, 347, 391
Lilioceris *346*, 347, 391
Lima 187, 188, 189, 193
Limacina *177*, 178
Limanda 588
Limapontia 167, 178
Limax 167, *169*, *181*, 184, *276*
Limax-Amöben 18
Limicolen 668
Limidae 191
Limnatis 225
Limnephilus *183*, 401, *401*
Limnochares 283, *285*, 288
Limnodynastes 610
Limnogale 692
Limnopithecus 701
Limnoria 316
Limnoscelis 612
Limothrips 344
Limulitella 259
Limulus 255, *258*, 259
Linckia *68*, 434, 447
Lineus 118, 121, *562*
Linguatula *229*, 230
Lingula 88, 89, *90*, 91, 92
Linognathus 373
Linophryne *563*, 577
Linse 505, *506*
Linyphia 273
Linyphiidae 273
Liocarcinus *294*, 323
Liolaemus 622
Lipara 343
Liparis 582
Liphistius 266, *267*, 271
Lipocystis 24
Lipophrys 585, *586*
Lipoptena *410*, 413
Liposcelis 351, 372
Lipotes 744
Lippenbär 717
Lippenknorpel 491
Lippfische 585
Liriope 60
Lissamphibia 594
Lissemys 617
Listriobulus 227
Litarachna 284, 288
Lithobiomorpha 325
Lithobius 324, *325*
Lithodidae *295*, 322
Lithodomus 191
Lithophaga 190, 191, *192*
Litomosoides 284
Litopterna 726
Littorina *65*, 151, 165, 168, 170, *171*, 173, *189*
Littorinacea 173
Livia 339, *340*, 383
Liza 585
Lo 587
Loa *139*, 142, 359
Lobata 75
Lobophytum 51, 63
Lobopodien 4
Locusta 371, 372
Locustacarus 284
Lodde *566*
Löffelhund 719
Löffelstör 559, *560*
Löffler 664
Loliginoidea 205
Loligo 160, 205
Longisquama 660
Lophelia 66
Lophiiformes 577
Lophiodon 727
Lophius 562, *564*, 577, *578*
Lophocyten 38
lophodont 679
Lophogastrida 311
Lophomonas 14
Lophophore 77
Lophopoda 87
Lophopodella 87
Lophopus *86*, 87
Lophura *669*
Lorenzinische Ampullen 549
Lorica 123, 148
Loricaria 574
Loricata 709
Loricifera 148
Loripes 194
Loris 698
Lorisoidea 698
Lota 577
Lotsenfisch 583
Lovenia 459
Löwe 719
Loxocemus 629
Loxodes 30, *31*, *132*
Loxodonta 734
Loxomespilon 150
Loxomma 594
Loxosoma 150
Loxosomella *149*, 150
Lubomirskia 39
Lucanidae 389
Lucanus 390
Lucernaria 58, *62*
Lucernarida 61
Luchse 719
Lucilia 355, 359, *379*, *389*, 413
Lucinella 194
Lucinina 194
Luffariella 42
Luftröhre 503
Luftsäcke *651*
Luidia *427*, 434, 443, 445, 447
Lumbricillus 222
Lumbriculus 223
Lumbricus 220, 222
Lunatia 174
Lunge 501, 502
Lungenarterien 529
Lungenegel 108
Lungenfische 589
Lungenschnecken 180
Lungenvenen 529
Lungenwürmer 142
Lunulae 454, 458
Lurche 592
Lushius 697
Lutjanus *68*, 583
Lutra *718*, 719
Lutreolina 686
Lycaenidae 406
Lycaon *718*, 719
Lyceana *657*
Lycophidion 631
Lycophora 112
Lycosidae 275
Lycoteuthis 205
Lyctus *352*, 353
Lygaeidae 377
Lygaeus *376*
Lygodactylus 623
Lygosoma 624
Lygus 345, 374, *376*, 377
Lymantria 349, *349*, *403*, 405

Lymantriidae 405
Lyme-Borreliose 286
Lymexylonidae 391
Lymnaea 107, 158, 165, *169*, 180, *181*, *183*
Lymphatische Organe 533
Lymphgefäßsystem 532
Lymphherzen 532
Lymphknoten 533
Lymphocyten 533
Lynceus 298
Lynx 719
Lyonetia 347
Lyrakopfagamen 622
Lyriocephalus *593*, 622
Lystrophis 631
Lytechinus 458
Lytta 337, *387*, 390

Mäanderkoralle *68*
Mabuya 624
Macaca 702
Maccabeus *147*, 148
Machilis *331*, 334
Macoma 187, *189*, 195
Macracanthorhynchus *128*, 130
Macraucheniidae 726
Macrobiotus *228*, 229
Macrobrachium *295*, 318, 683
Macrocheira 322
Macrochires 672
Macroclemys 616
Macrodasyida 131
Macroglossum 338
Macroglossum stellatarum 406
Macroglossus 706
Macrolepidoptera 404
Macroperipatus *235*
Macropodia *321*
Macropodus *587*
Macropus 685, *685*, 690
Macroscelidea 694
Macroscelides 694
Macrosiphum 345
Macrostomida 101
Macrostomum 101
Macrotrachela *124*, 127
Macrourus *577*
Mactra 160, 195
Macula lagenae 509
Macula neglecta 508
Macula sacculi 509
Macula utriculi 508
Madenwurm 140
Madreporaria 66, *69*
Madreporenplatte *444*
Magellania *90*, 92
Magelona *211*
Magenbremsen 413
Magenbrüterfrosch 610
Magenwürmer 142
Magicicada *379*
Magnetit 660
Mähnenratten 713
Mähnenschaf 740
Mähnenwolf 719
Maifisch 570
Maikäfer 390
Maiszünsler 349, *349*
Majidae 323
Makaken 702
Makrelen *563*, *565*, 587
Makrelenhechte *573*
Makrogameten *9*
Makrogamont *9*
Makronucleus 2
Malacobdella 121
Malacochersus 614, 616
Malacopterygii 566
Malacosoma 349, *349*, 406
Malacostraca 296, 308
Malaienbär 717
Malapterurus 574
Malaria 26, 358
Malermuschel 194
Malleidae 191, 193
Malleoli 281
Malletia 191
Malleus 188, *192*, 495, *496*, 678
Mallophaga 373
Mallos 271
Mallotus *566*
Malpighische Gefäße 232, 324
Malpighische Körperchen 536
Malpolon 632
Mamba 633
Mamestra 349, *349*, 405
Mamma 678
Mammalia 676
Mammuthus 734
Manatis 733
Manatus 733
Manayunkia 213, 217
Manca-Stadium 315
Mandelkern 518
Mandibeln 238
Mandibularbogen *493*
Mandibulare 494, *496*
Mandibulata 291
Mandrillus 702
Mangrovenkrabbe *321*
Mangrovenqualle *63*
Manna 382
Manis 677, 710
Mansonella 359
Mansonia 141, 358, 411
Manta *555*, *556*
Mantelpavian 702
Manteltiere 464
Mantis *366*, 367
Mantispa *385*, 386
Mantispidae 386
Mantodea 367
Manubrium 52, 333
Maräne *575*
Maras 716
Marcusenius *569*
Marder 719
Marderhund 719
Margaritifera 194
Margelopsis *55*
Marienkäfer 391
Marifugia 213
Marionina 222
Marmorkarpfen 572
Marmosa 686
Marmota *657*
Marrella *233*, 234
Marsupialia 683
Marsupium 684
Martes 719
Marthasterias *446*, 448
Martinssonia *233*
Mastax 123
Mastdarm 527
Mastigophora 12
Mastigoproctus 264
Mastodon 734
Mastodonsaurus *593*, 594
Mastodontidae 733
Mastophora 270
Mastotermes 369
Matamata 615
Maticora 633
Mattesia 24
Mauerassel *276*
Mauerblatt 47
Mauereidechse 624
Mauergecko *621*
Mauerläufer *657*
Mauersegler *655*, 672
Maulwürfe 693
Maulwurfsgrille 343, *370*, 371
Mäuse 714
Mäusebussard 665
Mauser 645
Mauserzug 659
Mausmaki 695, 700
Mausvögel *669*, 673
Maxillare *496*, *497*, 498
Maxillen 238
Maxillipeden 293
Maxillopoda 303
Maxilloturbinale *494*
Mayermys 714

Mayetiola 343, 350, *410*, 412
Mayomyzon 548
Meantes 598
Meara 101
Meckelscher Knorpel 494, *496*
Mecoptera 407
Mecopteroidea 400
Medeterus 412
Medianauge 505
Medinawurm 140
Medulla oblongata 513
Medulla spinalis 510
Meduse 51
Medusenhäupter 453
Meeraale 569
Meeräsche *584*, 585
Meerbarben 583
Meerbrassen 583
Meerdattel 191, *192*
Meerechse 622
Meerengel *553*, 555
Meeresforelle 575
Meeresmilbe 288
Meeresneunauge 548
Meeresohr 172
Meereswelse 574
Meerkatzen 702
Meerschweinchen 716
Megabalanus 308
Megachasma 554
Megachiroptera 705
Megaderma 705
Megaladapis 698
Megalagrion 363
Megalichthys 591
Megalobatrachus 597
Megalonyx 710
Megalopa 294, 296
Megalops *568*, 569
Megaloptera 384
Megandiperla 365
Meganyctiphanes *314*, 318
Megaptera *742*, 743
Megascolecidae 218
Megascolex 223
Megascolia 395
Megascolides 221, 223
Megaskleren 39
Megatherium 710
Megophrys 607
Mehlissche Drüse *99*
Mehlkäfer 353
Mehlmilbe 288
Mehlmotte 355
Mehlwürmer 353
Meibomsche Drüse *506*
Meiomenia *132*, 163
Meiopriapulus *132*
Meisen 674
Meissnersche Körper 504
Meissnerscher Plexus 526
Melanogrammus *567*, 577
Melanolestes 377
Melanosuchus 635
Melanotaenia 579
Melasoma 347, 391
Melatonin 518
Meles 719
Meliartum 58
Melibe 180
Meligethes *346*, 347
Melinna *213*, 217
Mellita 458
Mellivora 673, 719
Melogale 719
Meloidae 390
Meloidogyne *143*, *144*
Melolontha *387*, 390
Melonechinus 456
Melophagus *410*, 413
Melursus 717
Membranellen 6
Membranipora *79*, 87, 88
Menopon 373
Mensch 694, 702
Menschenaffen 694, 702
Menschenfloh 357
Menschenhai 551
Menschenlaus 355
Mentum *335*
Meoma 459
Mephitis 719
Meretrix 160
Merkelsche Tastscheiben 504
Merkel-Zellen 503
Merlangius *56*, *562*, 577
Merluccius *567*, 577
Mermis 134
Merogamie 9
Merostomata 259, *321*
Merozoit *24*
Mertensiella 598
Merychippus *730*
Mesaxonia 727
Mesencephalon 513, 518
Mesenterien 75, 209, 520
Mesethmoid 493, *494*
Mesidotea 316
Mesobuthus 263
Mesocoel 76, 419, 428
Mesocricetus 713
Mesocypris 303
Mesoderm 75, 541, *541*
Mesogastropoda *171*, 172
Mesogloea 37
Mesohippus *730*
Mesohyl 37
Mesolimulus 259
Mesonephros *534*, *535*
Mesopiodon *742*
Mesopithecus 701
Mesoplodon 744
Mesoplophora *285*, 288
Mesosauria 642
Mesosoma 76, 77, 262, 419
Mesostigmata 284
Mesostoma 98, 101, 102, *102*
Mesosuchia 635
Mesoteloblast 212
Mesothelae 267, 271
Mesothorax 329
Mesozoa 116
Messerfische 568, 581
Messermuschel 195
Messingkäfer 353
Meta 273, *275*
Metacarpale 491
Metacercarie 106
Metacoel 76, 420, 428
Metacrinus 442
Metafolliculina 30
Metagenese 47, 210
Metajapyx 330
Metalia 459
Metamerie 207
Metanauplius 297
Metanephridien 75, 210
Metanephros 534, 535
Metapenaeus 318
Metaperipatus 237
Metaphycus 394
Metapodium 165, 174, 491
Metapodosoma *283*
Metapterygoid 495
Metarrhizium 347
Metartarsalia 490
Metasoma 76, 77, 262, 419
Metastigmata 286
Metastomium 207
Metastrongylidae 142
Metatarsale 491
Metatheria 683
Metathorax 329
Metatroch *211*, 212
Metatrochophora *211*
Metazoa 33
Metencephalon 513, 518
Metopaulias 323
Metopolophium 345
Metoposaurus *595*
Metridium 65
Mexikanischer Kaviar 338
Miacidae 716
Microbrachis *595*
Microcebus 695, 698, *700*
Microcephalophis *630*, 633
Microcerberus 317

Microchaetus 221, 223
Microchiroptera 706
Microciona *722*
Microcoryphia 329
Microcosmus *464*, 470
Microcyema 117
Microdipodops 713
Microgale 692
Microgeophagus 583
Microhedyle *132*, 178
Microhydra 60
Microhyla *600*, 604, 608
Microlepidoptera 404
Micromys 714
Microphthalmus 215
Micropodiformes 672
Micropotamogale *692*
Micropteryx *403*, 404
Microsauria 594, *595*
Microsorex 693
Microspora 28
Microsporidia 28
Microstomum 101, *102*
Microtrombidium *285*, 288
Microtus *657*, 713
Microvelia *376*
Micrurus 633
Mictacea 315
Mictocaris 315
Miesmuschel *65*, *189*, 191
Mikiola *340*, 343, 412
Mikrogameten *9*
Mikrogamont *9*
Mikronemen 23
Mikronucleus 2
Mikroskleren 39
Milacidae *183*
Milane 665
Milben 282
Milch 678, 679
Milchdrüsen 503, 678
Milchfisch 570
Milchleisten 678
Milchzähne 523
Millepora *59*, *68*
Millericrinida 442
Millionenfisch 578
Milnesium 229
Milz 533
Mimetaster 234
Mimetidae 274
Mimon *707*
Mimosella 88
Miniacina *20*, 21
Minierfliegen 413
Miniersackmotten 404
Mink 719
Minyas 66
Minyobates 608
Miohippus *727*, *730*
Miracidium 103, *105*
Miridae 377
Mirounga 722, 724
Misgurnus *557*, *568*, 572
Mistkäfer 390
Misumena 276, *379*
Misumenops 276
Mitraria-Larve *211*
Mitrata 437, *443*
Mitrocystella 437
Mitrocystis *443*
Mitsukurina *553*
Mitteldarmdrüse 155
Mittelfußknochen 491
Mittelhandknochen 491
Mittelhirn 513
Mittelmeerfruchtfliege 350
Mittelohr 495, 498, 507, 526
Mittelohrknochen *496*
Mixonephridien 76
Mixopterus *260*
Mixopterygium 540, 550
Mnemiopsis *75*
Moa 663
Mobula 556
Moderlieschen 571
Modiolus 121, *159*
Moeritheriidae 733
Möhrenblattfloh 344
Möhrenfliege *350*
Moina 299
Moira 459
Mola *563*, 565, 589
Molaren *523*, 524, *679*, *680*
Molche 598
Molgula 470
Mollusca 150, 155
Moloch *622*, 623
Molpadia *462*, 463
Molpadiida 463
Molva 577
Monachus 724
Monanthina *376*
Monarch 404, 407
Monascidien 469
Monaxonida 44
Mönchsrobben 724
Mondfisch *563*, 589
Mondschnecke *171*
Moniliformis 130
Monobryozoon 86, *86*, 88, *132*
Monocelis 101
Monochamus 142
Monocirrhus 583
Monocystis 24, *25*
Monocyten 533
Monodelphis 686
Monodon *742*, 745
Monogenea 109
Monogononta *124*, 127
Monomorium 352
Monomyaria 190
Mononchus 137
Monopeltis 626
Monophorus 173
Monoplacophora 164
Monopterus 580, 581
Monopylea 21
Monoraphis 39, 40, 42, *43*
Monospondylie 486
Monotarsobius 326
Monothalamia 19
Monotocardia 172
Monotremata 682
Monotylota 366, *366*
Monözie 9
Monstrilla 304
Monstrilloidea 304
Montifrigilla *657*
Mooreidechse 624
Moostiere 80
Mordacia 544, 548
Mördermuschel *196*
Morganucodon 682
Mormyridae 568
Mornellregenpfeifer *669*
Morphidae 406
Mosasaurier 620
Moschiola *740*
Moschus 738
Moschusbock 391
Moschushirsche 738
Moschusochse 740
Moschusschildkröte 616
Moskitofisch 578
Moskitos 358
Motten 404
Mottenschildläuse 383
Möwen 668
Mücken 409
Mücken-Gallen
Mückenhafte 408
Mucocysten 6
Mucro 333
Mugil *321*, *584*, 585
Mülleria 461
Müllersche Larve *95*, 100, 101
Müllerscher Gang 535, 539
Mullmäuse 713
Mullus 583
Mulmbock 391
Multiceps 113, *114*, 115
Multituberculata 682
Mumienpuppe 384
Mungos *718*, 719
Muntiacus 739

Muntjakhirsche 739
Muntjak 739
Muraena 569
Muränen 569
Murex *175*
Murexia 687
Muridae 714
Murines Fleckfieber 358
Murmeltier *657*, 711
Mus 714
Musangs 719
Musca 355, 359, *359*, *411*, 413
Muscardinus 713
Muschelkrebse 301
Muscheln 184
Muschelwächter 323
Muscidae 413
Musciformia 412
Muscina 355, 359, *389*
Museumskäfer 353
Muskelmagen 650
Muskulatur, Wirbeltiere 500
Mussaurus *638*
Mustela *718*, 719
Mustelus *525*
mutabiles Bindegewebe 428
Mutelacea 194
Mutillidae *393*
Mya 160, 185, *186*, *189*, 190, 195, *196*
Mycetophilidae 412
Myctophiformes 576
Myctophum 576
Mydaus 719
Myelencephalon 513, 519
Mygalomorphae 271
Myiasis 360
Myina 195
Myliobatis *555*, 556, *722*
Myobia 284
Myocastor *715*, 716
Myocoel *541*
Myodocopa 302
Myomeren 501
Myomorpha 713
Myoneme 3
Myophrisken 3
Myopterygii 543
Myosepten 501
Myosorex 693
Myotis *706*
Myotom 501
Myoxocephalus 582
Myriapoda 324
Myriotrochus 463
Myripristis 580
Myrmarachne 271, 276
Myrmecobius 688
Myrmecophaga *709*, 710
Myrmecophila 371
Myrmecoris *376*, 377
Myrmeleon 251, *385*, 386
Mysidacea 311
Mysidopsis 312
Mysis 312
Mystacocarida 305
Mysticeti 743
Mytilicola 304
Mytilus *65*, 151, 158, *160*, 185, 187, 188, *189*, 191
Myxicola *216*, 217
Myxine 485, 508, *509*, 518, 520, 522, *525*, 545, *547*
Myxinoidea 545
Myxobolus 29
Myxosoma 29
Myxosporidia 28
Myxozoa 28
Myzopoda 704
Myzostoma *218*
Myzostomida 217, *218*, 441
Myzostomidengalle *441*
Myzus 343, 344, 382

Nabelschnecke *171*
Nabelschweine 736
Nabeltiere 610
Nachhirn 513
Nachniere 535
Nachtigall 657
Nachtschwalben 671
Nacktmull 716
Nacktschnecke 183
Naegleria 18
Nagana 17
Nagel *677*
Nagetiere 710
Naididae 221
Nais 221, 222
Naja *630*, 632, 633
Najaden 194
Namalycastis 215
Namanereis 215
Nanaloricus *132*, *148*, 149
Nandus 663
Nannippus *730*
Nannophiura 451
Nanozoide 85
Naraoida 256
Narcomedusae 61
Narwal *742*, 745
Nasale *496*, *497*, 498
Nasalis *321*, 701
Nasenaffe *321*
Nasenbär 717
Nasenbeine 498
Nasenbeutler 688
Nasengruben 504
Nasenhai *553*
Nasenhöhle *504*
Nasen-Hypophysengang 544, *547*
Nasenmuscheln 493
Nasenratten 714
Nasensäcke 504
Nashörner 727
Nashornvögel 671
Naso 587
Nasoturbinale *494*
Nassarius *175*, 176
Nassellaria 21
Nassula 30
Nasua 717
Nasuella 717
Natantia 318
Natica *171*
Naticacea 174
Natrix 618, 631
Nattern 631
Naucoridae 375
Naucoris *374*, 375
Naucrates 583
Nauplius *294*
Naupliusauge 293, *294*
Nauplius-Larve 291
Nausithoë *62*
Nautiloida 203
Nautilus 152, 153, 156, 198, *199*, 201, 202, 203
Neala *334*
Neandertaler 703
Nebalia 310, *310*
Nebaliopsis 311
Nebelparder 719
Nebenhoden 539
Nebenniere 520
Nebenschilddrüse 520
Neblea 19
Necator 140, 142
Necrobia *352*, 353
Necrolemur 698
Necrophorus *387*, 388, *389*
Nectochaeta-Larve *211*
Nectogale 693
Nectonema 145
Nectonemertes 121
Nectophrynoides 604, 609
Nectridea 594
Necturus *596*, *599*
Neelus 333
Nektarvögel 674
Nelima 280
Nemapogon 354, *354*
Nemastoma 280
Nemastomoides 280
Nemathelminthes 123

Nematobothrium 106
Nematocera 409
Nematocysten 44
Nematoda 133
Nematomenia 163
Nematomorpha 145
Nematophoren 51
Nematus 345
Nemertini 118
Nemertoderma 101
Nemertodermatida 101
Nemertopsis 121
Nemesia 269, *270*, 271
Nemognatha 338
Nemopteridae 386
Nemoura 366
Neobatrachus 610
Neobisium 279
Neocephalopoda 203
Neoceratodus *490*, *590*
Neocortex 514
Neodermata 103
Neodermis 95, *96*
Neodrepanis *650*
Neoechinorhynchus 130
Neofelis 719
Neogastropoda 175, *175*
Neognathae 663
Neogossea 133
Neohipparion *730*
Neomenia 158, 163
Neomeniomorpha 163
Neomeris 745
Neomolgus 288
Neomorphaster 448
Neomphalacea 172
Neomphalus 172
Neomys 693
Neomysis 312
Neomyxine 545
Neonfisch 573
Neopallium 514, *517*, 518
Neophoca 724
Neopilina 156, 157, 159, 164, *165*
Neoptera 365
Neopulmo 651
Neornithes 661
Neoseps 624
Neotaenioglossa 173
Neotrigonia *186*, 194
Neotrombicula 288
Nepa *374*, 375
Nephila 274
Nephridialorgane 75
Nephrocoel 534, 536, *538*, *541*
Nephrocyten 251
Nephron 536
Nephrops *295*, 321, *321*, *562*
Nephrostom 210, 533
Nephrotom *541*
Nephrurus 623
Nephthea 58
Nephtys *214*, 215, *562*
Nepticula *343*, 404
Nepticulidae 404
Neptunea 176
Nereimyra 215
Nereis 215
Nerillidae 217
Nerillidium *218*
Nerita *170*
Neritimorpha 172
Neritina *168*, 172
Nerophis 582
Nervensystem, Wirbeltiere 510
Nerz 719
Nesomantis 607
Nesselkapseln 44, *46*
Nesseltiere 44
Nesselzellen 44, *46*
Nest 655
Nestbau (Vögel) 655
Nestflüchter 657
Nesthocker 657
Netze (Spinnen) 269
Netzflügler 384, 385
Netzhaut 505
Netzmagen 527, *737*
Netzreusenschnecke 176
Neunaugen 543, 546
Neuralbogen 485
Neuraldrüse 466, 468
Neuralleiste 520, 540
Neuralrohr 463
Neureclipsis 401
Neurergus 598
Neurocranium 491
Neuroectoderm 540
Neurohypophyse *515*, 520
Neuromasten 507
Neuronia *401*
Neuropodium 212
Neuropteroidea 384
Neuroterus *341*, 342
Neurotrochoid 212
Neusticurus 620
Neuston 59
Neuweltgeier 665
Nicolea 217
Nieren 533
Nierenbecken *534*
Nierenkanälchen 536
Nierenkörperchen 536
Nierentubulus 536
Nilgauantilope 740
Nilhecht *568*
Nilhechte 568
Nilkrokodil *635*
Nilpferd *736*
Nimmersatt *321*
Niphargus 315
Nipponites 200, 204
Niptus *352*, 353, 391
Nissen 355, *372*
Noctilio *706*
Noctiluca 7, 12, *14*
Noctua 349, *403*
Noctuidae 405
Nodosaurida 639
Nolella 88
Nomeus *60*, 587
Nonne 349, *403*, 405
Nonruminantia 735
Nordkaper *742*, 743
Nordseegarnele *295*, 319
Norwegischer Hummer 321
Nosema 28, *29*
Notacanthiformes 569
Notacanthus 569
Notaspidea 178
Nothosaurier 643
Notioprogonia 726
Notocrinus 441, 442
Notodelphyoidea 304
Notodelphys 304
Notodontidae 405
Notodromas 302, 303
Notomyotida 447
Notomyxine 545
Notonatolica 400
Notonecta *183*, *374*, 375
Notonectidae 375
Notoneuralia 419
Notophthalmus 598, *601*
Notopodium 212
Notoptera 366
Notopterus 568
Notorhynchus 551
Notoryctes 685, *687*, 688
Notoryctoidea 688
Notosaria *90*
Notostigmata 283, 284
Notostigmophora 325
Notostraca 297
Notothenia 585
Notungulata 726
Nuchalorgan 209
Nucella 154, 158, 175
Nucula 158, 186, 187, 188, 190
Nuculana 191
Nuculanida 190
Nuculida 190
Nuda 75
Nudibranchia 178

Nummuliten 21
Nummulites 20
Nutria 716
Nyalas 740
Nyanzapithecus 701
Nyctalus 707
Nycterneutes 719
Nycticebus 698, *700*
Nyctimene 706
Nyctiphanes 318
Nymphalidae 406
Nymphalis 407
Nymphen (Acari) 282
Nymphon *290*, 291

Oasisia 419
Obdurodon 683
Obelia 58
Oberarmknochen 491
Oberkiefer 498
Oberschenkelknochen 491
Obstmaden 349
Obturata 419
Occipitalia 493, *494*
Oceanites *662*
Ocellen *335*
Ochetostoma 227
Ochotona 725, *725*
Ochsenfrosch 607
Ocreatus *669*
Octacnemius 469
Octobrachia 205
Octochaetus 220
Octocorallia 63, *64*
Octopoda 205
Octopus 152, 153, 203, 204, 205, 207, 722
Ocypode 66, 323
Ocypodidae 323
Ocypus *387*, 389
Ocyropsis 73
Ocythoë 202
Ocytocin 678
Odinia 448
Odobenus *722*, 724
Odonata 361
Odontoblasten 522
Odontoceti 744
Odontornithes 661
Odonus 588
Odostomia 154, 169, 176
Oecanthus 371
Oeceoptoma *389*
Oecophylla 397
Oedipina 599
Oegophiurida 451
Oegopsida 205
Oenanthe *657*
Oesophagostomum 142
Oestridae 413
Oestrus 413
Ofenfischchen 334
Ogcocephalus *578*
Ohr 507
Ohrenqualle 62
Ohrenscharbe *722*
Ohrmuschel 678
Ohrwürmer 366
Oikoblasten 475
Oikopleura 473, *474*, 475, 476
Oinophila 354
Okapi 740, *741*
Okapia 740, *741*
Olavius 222
Olenoides *256*
Oligochaeta 218
Oligokyphus 661
Oligopithecus 701
Oligotricha 32
Oligotrophus 343
Ölkäfer 390
Olme 599
Olynthus 40
Omasus 527, *737*
Ommastrephes 159, 205
Ommatidium 240
Omomyidea 698
Omomys *680*, 698
Omosternum *603*
Omphalosaurus 642
Onceroxenus 305
Onchidiida 180
Onchocerca 141, 142, 359
Oncomelania 109
Oncorhynchus 575
Oncosphaera 112, 113, *115*
Ondatra *712*, 714
Onega 35
Oniscus *276*, *317*
Onychiurus 333
Onychodactylus 597
Onychophora 234
Onychopoda 300
Onychoteuthis 205
Onychura 298
Oodinium 12
Ooecium *82*, 88
Oogamie 9
Oostegite 292
Oothek 367, 368
Ootyp 97
Oozoid 469
Opalina 18
Opalinida 17
Operophtera *348*, 349, 405
Ophelia 217
Opheodesoma *435*
Ophiacantha 449, 451
Ophiacodon 640
Ophiacodontia 640
Ophiactis 450, 451
Ophiarachna 452
Ophiasaurus 625
Ophichthus 569
Ophicomina 435
Ophiderpeton *595*
Ophidia 626
Ophidiiformes 577
Ophidion 577
Ophiocanops 449, 451
Ophiocentrus 451
Ophiocephalus *586*
Ophiocistioidea 453
Ophiocoma *435*, 449, 452
Ophiocomina 452
Ophiodaphne 451
Ophioderma 452
Ophiodromus 215
Ophiohelus 452
Ophiomaza 452
Ophiomorus 624
Ophiomyxa 451
Ophion 395
Ophionereis 452
Ophiophagus *627*, 632, 633
Ophiopholis 452
Ophiophycis 452
Ophiopluteus *429*, 436, 451
Ophiopteron 449
Ophiopyrgus 452
Ophiosphaera 451
Ophiotholia *426*, 451
Ophiothrix 449, *450*, 451, 452
Ophisaurus 620
Ophiura 434, 451, 452
Ophiurae 451
Ophiuroidea 449
Ophryoscolex 32
Ophryotrocha 215
Ophthalmosaurus 642
Opilio 280
Opilioacarida 284
Opilioacarus *285*
Opiliones 279
Opisthobranchia 177
Opisthocoela 605
Opisthocomiformes 668
Opisthoglossa 605
Opisthognathus *585*
Opisthogoneata 324
Opisthonephros 534
Opisthopatus 237
Opisthopora 222
Opisthoproctus *563*
Opisthorchis 107
Opisthosoma 257, *283*

Opisthothelae 267, 271
Opisthoticum 494, *497*
Oplurus 622
Opossum 686
Oralia 438
Oralskelet 491
Orang-Utan 695, 697, *701*, 702
Orbitosphenoid *494*
Orbitosphenoidea 493
Orcaella 745
Orchesella 333
Orchestia 315
Orcinus 722, 745
Orconectes 321, 322
Ordensband 405
Oreaster 447
Orectochilus 363
Orectolobus 553, 554
Oreophrynella 606
Oreopithecidae 701
Orfe 572
Orgyia 405
Oribatida 288
Orientbeule 15
Ornithischia 639
Ornithodoros 283, 286
Ornitholestes 637
Ornithomimosauria 637
Ornithopoda 639
Ornithorhynchus 504, 682, 683
Orohippus *730*
Orophocrinus *443*
Orthezia 382
Orthida 92
Orthoceras *200*
Orthoceratoida 203
Orthocon 199
Orthognatha 271
Orthogon 95
Orthograptus *423*
Orthonectida 117
Orthopteria 370
Orthopteroidea 370
Orthopteromorpha 366
Orycteropus 726
Oryctes 347
Oryctolagus 724
Oryx 740
Oryzaephilus *352*, 353
Oryzias 578
Oryzomys 713
Oryzorictes 692
Os hyoideum 495
Oscanius *179*
Oscarella 37, *39*, 43
Oscinella *350*, 413
Oscines 673
Osculum 36
Osmaterium 406
Osmerus *573*, *575*
Osmia 396
Osmylidae 386
Osphradium 151
Osphronemus 587
Ospisthandria 328
Ostariophysi 570
Osteichthyes 557
Osteoglossiformes 568
Osteoglossum *568*
Osteolaemus 635
Osteolepiformes 591
Osteolepis 591
Osteostraci 545
Ostertagia 142
Ostracion *563*, 589
Ostracoda 301
Ostracodermata 543
Ostracum 152
Ostrea 156, 157, 160, 188, *192*, 193
Ostreidae 191
Ostrinia 349, *349*
Ostseegarnele 319
Otaria 724
Otariodea 724
Otica 493
Otiorhynchus 347, 392
Otocyon 719
Otolemur 698
Otolithen 509, *558*
Otonemertes 120
Ototyphlonemertes 120
Otter *718*, 719
Ottern 633
Otterspitzmaus 692
Ottoia 148
Oulema 347, 391
Ouraya 698
Oval 502
Ovarien 539
Ovatella 181
Ovibos 740
Ovicelle *82*, 88
Oviduct 535
Ovipositor 329, 333
Oviraptor 637
Oviraptosauria 637
Ovis 740
Owenia *211*
Oxyaenoidea 717
Oxynoë 178
Oxyuranus 633
Oxyuris 140
Ozelot *718*
Ozelotkatzen 719
Ozobranchus *225*, 226
Paarhufer 735
Pacas 716
Pachycephalosauria 639
Pachydiscus 204
Pachygrapsus 323
Pachymerium 326
Pachypalaminus 597
Pachytriton 598
Pacifastacus 322
Pacinische Körper 504
Pagellus 583
Pagophilus 724
Pagrus 583
Paguma 719
Pagurus *56*, 57, 322, *562*
Pakaranas 716
Palaeacanthocephala 130
Palaemon 318, 319
Palaeobranchia 191
Palaeocortex 514
Palaeocribellatae 276
Palaeodictyoptera 365
Palaeognathae 661
Palaeogyrinus 594
Palaeoheterodonta 194
Palaeolimulus 259
Palaeomastodon 734
Palaeonaja 632
Palaeonemertini 121
Palaeoniscoidea 559
Palaeopallium 514, *517*, 518
Palaeopropithecus 698
Palaeoptera 360
Palaeopulmo 651
Palaeotaxodonta 190
Palatina 498
Palatinum *497*
Palatoquadratum 494, *496*
Palcephalopoda 203
Paleoctenophora 75
Paleosuchus 635
Palingenia 361
Palinura 321
Palinuridae *295*
Palinurus *294*, 321, *321*
Palio 178
Pallidum 518
Pallium 514, *516*
Palmendieb 322
Palolo 215
Palomena 377, *379*
Palpatores 280
Palpigradi 265
Palpus labialis *335*
Palpus maxillaris *335*
Paludicella 87, 88
Palythoa *70*, 71
Pamphagus 7, 19
Pamphiliidae 394

Pan 702
Panagrellus 137
Pancarida 311
Panda 717
Pandaka *586*
Pandalidae *295*
Pandalus 319
Pandemis 349
Panderichthys 591
Pandersche Organe 257
Pandinus *262*, 263
Pandion 665
Pandora 197
Pandorina 12
Pankreas 527
Panniculus carnosus 501
Panolis 349, *403*, 405
Panonychus 287, 288
Panorpa 407
Panorpatae 407
Pansen 527, *737*
Panther 721
Panthera 719, 721
Pantholops 742
Pantinonemertes 121
Pantodon 565, 568
Pantodonta 732
Pantoffelschnecke *171*
Pantopoda 289
Pantotheria *680*, 683
Panzergroppen 582
Panzerwelse 574
Papageien 670
Papageienfische 585, 586
Papierboot 207
Papierwespen 397
Papilionidae 406
Papilla basilaris 509
Papio 697, 702
Pappatacifieber 359
Pappelblattkäfer 347
Pappelbock 347, 391
Pappotherium 690
Papulae 432
Parabasalkörper 3
Parabathynella 311
Parabothrium 111
Paracentrotus 455, *457*, 458
Paraceratherium 727
Paracheirodon 573
Parachordalia 491, *494*
Parachordodes 145, *145*
Paracrinoidea 437
Paradiesfisch 587
Paradiesvögel 674
Paradoxurus 719
Paraeiasaurus 613
Paragaleodes *281*, 282
Paraglossa *335*
Paragonimus 103, 108
Paragorgia 63
Parahippus *727*, *730*
Paralineus 121
Paralithodes 322
Paramecium *3*, 6, 30
Paramesotriton 598
Paramoeba 18
Paramuricea 64, *64*
Paramys 711
Paramysis 312, *314*
Paramyxine 545
Paranotum 334
Paranthropus 703
Paranthus 66
Paraperipatus 237
Paraphyse 518
Parapinealorgan 518
Parapithecus 701
Parapodium 212
Paraproct *335*
Parascaptor 693
Parasellus 317
Parasitengona 288
Parasitenwelse 574
Parasitus 284, *285*
Parasphenoid *497*, 498
Parastacoidea *295*
Parasympathicus 519
Paravertebralganglien 519
Paravespula *379*
Parazoanthus 71
Pärchenegel 108
Pardosa *275*
Pareas 631
Parenchymella 34, 40
Parenchymula *39*, 40
Parenteroxenos 155
Parietalauge 505, 518
Parietale *496*, *497*, 498
Parmula 39
Parnassius 406, *657*
Paromomyiformes 697
Paromomys 697
Parus *655*, *674*, 675
Parvancorina 35
Parvimolge 599
Passer *655*, 676
Passeres 674
Passeriformes 673
Pasteurella 357
Pastor *674*
Patella 153, 154, 156, 168, *170*, 171
Patellomorpha 171
Patiria *722*
Paukenhöhle 507
Pauropoda 328
Pauropus *326*, 329
Paviane 702
Paxillae 428
Paxillosida 447
Peachia *55*
Pecora 738
Pecten 151, 153, *160*, 187, 188, 189, 190, 193
Pecten (Skorpione) 262
Pecten (Vögel) *505*, *506*, 649
Pectinaria *216*, 217, *562*
Pectinaster *427*
Pectinatella 87
Pectinidae 193
Pectunculus 191
Pedetes *715*, 716
Pediaspis 342
Pedicellarien *426*, 428, 445, 455
Pedicellaster 448
Pedicellina 150
Pedicellus 329
Pediculati 577
Pediculoides 287
Pediculus 355, *356*, 373
Pedipalpen 238, 257, *261*
Pedipalpi 263
Pedipes 181, *181*
Pediveliger-Larve 188, 191
Pegasiformes 581
Pegasus 581
Pegomya *350*, 351, 413
Peitschenwurm 138
Pelagia 47, 54, 62, *722*
Pelagodiscus 92
Pelagohydra *55*
Pelagonemertes 121
Pelagosphaera *93*
Pelagothuria 459, 460, *462*, 463
Pelamis 633
Pelecaniformes 663
Pelikanaale 569
Pelikane 663
Pelikanfuß *171*, 174
Pellicula 2
Pelmatosphaera 117
Pelmatozoa 437, 438
Pelobates 602, 607
Pelochelys 617
Pelodytes *601*, 607
Pelomedusa 615
Pelomyxa 7, 18
Peltidium 257
Peltogaster 308
Pelusios 615
Pelycosauria 639
Pelzdunen 644
Pelzflatterer 708
Pelzkäfer 353

Pelzmotte 354
Pelzrobben 724
Pemphigus *340*, 342, 345, 382
Penaeidae *295*, 319
Penaeus 319, *321*
Penella 304
Penetrante 45, *46*
Penetrantia 87, 88
Penilia 299
Penis 540
Penna 644
Pennaria 59
Pennatula 64, *64*
Pennatularia 64
Pentacrinus-Stadium *441*
Pentactulalarven 461
Pentamerida 92
Pentanymphon 289
Pentapycnon 289
Pentastomida 229
Pentatomidae 377
Pentatrichomonas 13
Pentatrichopus 343
Penthetria *410*, 412
Pentracrinus-Stadium 442
Pentremites *443*
Pepsis 397
Peracarida 311
Peradorcas 690
Peraeopoden 293
Perameles 543, 686, 688, *689*
Perameloidea 688
Peranema 12
Perca *558*, 583
Perciformes 583
Percopsiformes 576
Pereiopoden 293
Peribranchialraum 466, *467*, 476
Pericalymma 163, 184, 188, 191
Pericardhöhle 520
Periderm 50
Peridinium 12
Perihaemalsystem 431
Perilymphe 508
Perinotum 163
Periophthalmus *321*, 557, 561, 565, 587
Periostracum 152
Peripatopsis 237
Peripatus 235, 237
Periplaneta 351, *368*, 369
Peripylea 21
Perischoechinoidea 456
Perissodactyla 727
Peristom 6, 47
Peristomium 212
Peritoneum 520
Peritricha 30
Perla 366
Perlen 152
Perlesta 366
Perlhühner 668
Perlmuschel 191
Perlmutt 152, 191
Permothrips 374
Permotipula 409
Perodicticus 698
Peromyscus *712*, 713
Perophora 470
Peroryctes 688
Perviata 417, 419
Pest 357
Pestfloh 357
Petalocrinus 438, 441
Petalodien 455
Petalograptus *423*
Petalomonas 12, *14*
Petasma 253
Petaurus 688, *689*
Petermännchen 585
Petersfisch 580
Petraster 447
Petricola 195
Petrobius 334
Petrodromus 694
Petrogale *689*, 690
Petrolisthes *294*
Petromyzon *509*, 518, *546*, 547, 548
Petromyzonta 546
Petrosum 507
Pfeffermuschel *189*
Pfeifhase *725*
Pfeilschwänze 259
Pfeilwürmer 415
Pferde 728, *730*
Pferdeaktinie *65*
Pferdeantilopen 740
Pferdeegel 226
Pferdeschwamm 44
Pfirsichblattlaus 344
Pflanzensauger 380
Pflasterkäfer 390
Pflaumenwickler 349
Pflugscharbeine 498
Phacochoerus 736, *738*
Phacops *256*
Phacus 12
Phaeocystis 12
Phaeodaria 22
Phaeodium 7
Phagocytella 34
Phalacrocorax *663*, 664, *722*
Phalanger 688, *689*
Phalangeroidea 688
Phalangium *276*, *279*, 280
Phallusia 466, 470
Phaner 698
Pharomachrurus 673
Pharyngobdellida 226
Pharyngobranchiale 494
Pharynx 524
Phascogale 687
Phascolarctoidea 688
Phascolarctos 688, *689*
Phascolion *93*, 94
Phascolosoma 94
Phasmatodea 370
Phasmida 370
Phasmiden 134
Phasmidia 134
Phasocolosorex 687
Phausis 388
Phelsuma *619*, 623
Phenacodus 725, *727*
Phenacolemur 697
Pheretima 223
Pherusa 215, *216*
Phialidium 58
Philaenus 344
Philander 686
Philanthus 399
Philine 155, 177
Philinoglossa 177
Philodina 127
Philodromus *275*
Philomedes 302
Philoria 610
Philoscia 317
Phlebobranchia 469
Phlebonotus 253
Phlebotomus *356*, 410
Phloeomys 714
Phoca *722*, 724
Phocarctos 724
Phocoena 745
Phocoenoides *742*
Phocoidea 724
Phoenicurus *655*
Pholadidae 196
Pholas 196
Pholcus 273
Pholidocercus 692
Pholidogaster 594
Pholidota 710
Pholis 585
Phoneutria 266, 268
Phoridae 412
Phormia 355, 359, 413
Phorocyten 470
Phoronidea 77
Phoronis *79*, 80
Phoronopsis 80
Phorozoide 471
Phoxichilidium 291

Phoxinus 572
Phronima 313, *314*
Phryganea 400, 401, *401*
Phrynichus 265
Phrynocephalus 622
Phrynosoma 620, 622
Phthinosuchia 661
Phthiracarus 288
Phthiraptera 372
Phylactolaemata *81*, 87
Phyllirrhoë 180
Phyllium *370*
Phyllobates 607, 608
Phyllocarida 310
Phyllodactylus 623
Phyllodoce *214*, 215, *562*
Phyllomedusa *606*, 609
Phyllopertha 390
Phyllopoda 297
Phyllopodien 292
Phyllopteryx *581*, 582
Phyllosoma *294*
Phyllostomatoidea 706
Phyllotreta *346*, 347
Phylloxeridae 345, 382
Phyrrhocorax *657*
Physa 167, 180
Physalaemus 609
Physalia *60*, 61
Physcosoma 94
Physeter *742*, 744
Physoclisten 502
Physoclisti 566
Physophora *60*, 61
Physophorida 61
Physostomen 502
Physostomi 566
Phytomonadida 12
Phytomonas 15
Phytonomus 251
Phytosauria 634
Phytoseiulus 287
Picassofisch 588
Piciformes 673
Picoides 673
Pieper 674
Pieridae 406
Pieris 349, *349*, 406
Piesma 345, 374
Pila 676
Pilchard 570
Pilgermuschel 191, 193
Pilidium-Larve *119*
Pilosa 710
Pilotenfisch 583
Pilzkoralle *68*
Pilzmücken 412
Pimelodus 574
Pinakocyten 36
Pinakoderm 36
Pinctada 152, *161*, 188, 191
Pinealauge 505
Pinealorgan 505, 518
Pinguine 663
Pinna *192*, 193
Pinnidae 191
Pinnipedia 717, 722
Pinnotheres 323
Pinnulae 438
Pinseläffchen *701*
Piophila 355, 413
Piophilidae 413
Pipa 602, 604, 605, *606*
Piranhas 573
Pirata 268
Pirole 674
Piroplasmida 26
Pisaster 448
Pisaura *275*
Pisces 543
Piscicola *183*, 225, *225*, 226
Pisidium 195
Pissodes 347
Pithecanthropus 703
Pithecia 701
Pittas 673
Pityogenes *392*
Placenta 543
Placentalia 690
Placentonema 133
Placodermi 548
Placoidschuppen 500, 549, *550*
Placopecten 160
Placozoa 35
Placula-Theorie 33
Placuna 193
Plagiopyxis 19
Plagiosaurus 594
Planaria 102
Planipennia 385
Planktonemertes 121
Planktothuria 463
Planorbarius 156, 180, *181*, *183*
Planorbis 107
Planula 40, *54*
Plasmodium 24, 26, *27*
Plastron 614
Platacanthomyidae 713
Platanista *742*, 744
Plateosaurus *638*
Plathelminthes 94
Platichthys *564*, 588
Platidia 91
Platigyra *68*
Plattfische 587
Plattmuschel *189*, 195
Plattwürmer 94
Platy 579
Platycephalus 582
Platycnemis 363
Platycopa 302, 303
Platyctenida 75
Platygaster 395
Platygyra *67*, 68
Platyhyla *606*
Platynereis *211*
Platynota 625
Platyparea 350, 413
Platyrhina 699
Platyrrhini 699
Platysma 501
Platysternon 616
Plazenta 543
Plecoptera 365
Plecotus *707*
Plectognathi 588
Plectronoceras 203
Pleon 292
Pleopoden 293
Pleotelson 292
Plerocercoid 113
Plesiadapiformes 697
Plesiadapis 697
Plesiopora 221
Plesiosaurier 643
Plethodon 599
Pleurahöhle 520
Pleurit 231
Pleurobrachia 74, *74*, 75
Pleurobranchus 178, *179*
Pleurocentrum 486, 592, *593*, 610
Pleurodeles 597, 598
Pleurodira 615
pleurodont *523*, 611
Pleurogonea 470
Pleuronectes *189*, 588
Pleuronectiformes 587
Pleuroperitonealhöhle 520
Pleuropterygium 490
Pleurosphenoid *494*
Pleurosphenoidea 493
Pleurostigmophora 325
Pleurotomaria *170*, 172
Pleurotremata 551
Pliciloricus 149
Pliohippus *730*
Pliopithecidae 701
Pliotrema 555
Plistophora 28
Plodia *354*, 355
Plotosus *573*, 574
Plötze 572
Plumae 645
Plumatella 85, 87, *183*

Plumplori *700*
Plumularia 58
Plutella 347, *348*, 405
Pluteuslarven 436
Pneumatophor 61
Pneumatophorus 587
Pneumocystis 28
Pneumodermopsis *177*, 178
Pneumonyssus 284
Pocillopora 66, *68*
Podagrion 395
Podapolipodidae 287
Podarcis 624
Podargus *669*
Podicipediformes 663
Podocnemis 615
Podocopa 303
Podon 299, 300
Podophora 456, *457*, 458
Podosoma *283*
Podura *332*, 333
Poecilia 578
Pogona 623
Pogonophora 417
Polachius 573
Polinices *169*
Polische Blasen *430*, 431
Polistes 397, *415*
Pollachius 577
Pollack 565
Pollicipes 308, *722*
Polring 23
Polybranchiaspis 545
Polycelis 102
Polycera 178, *179*
Polychaeta 212
Polycitor *464*, 469
Polycladida 101
Polyclinum *467*
Polycope 302
Polydesmus 328, *329*
Polydora *216*
Polygordiidae 217
Polygordius *218*
Polykrikos 12
Polymastia 43
Polyodon *560*
Polyophthalmus 217
Polyp 47
Polypenlaus 30
Polyphaga 388
Polyphemus *299*
Polyphylla 390
Polypid 80
Polyplacophora *162*, 163
Polyplax 373
Polypodium *57*
Polyprion 583
Polyprotodontia *684*, 686
Polypteriformes 559
Polypterus 487, 529, 530, 557, 558, *558*, 559, *560*
Polyspondylium 13
Polystoma *109*, 110
Polythalamia 20
Polytoma 9, 12
Polyxenus *276*, 328, *329*
Polyzoa 80
Pomacanthus 583
Pomacentrus 585
Pomatias 151, 165, 173
Pomatoceros *65*, 217
Pomatoschistus 587
Pomphorhynchus 130
Pompilidae *393*, 397
Pondaungia 701
Pongo *701*, 702
Pons 513, *515*
Pontania 394
Pontastacus 322
Pontaster 447
Pontifex 18
Pontomyia 411
Pontoporia 744
Porania 434, 447
Poraspis 545
Porcellana *321*, 322
Porcellanaster *446*
Porcellio 317
Porella 88
Porifera 36
Porites *68*
Porocephalida 230
Porocephalus 230
Porocyten 36
Porogynia 112
Poromya 197
Porphyrophora 382
Porpita 59
Portlandia *159*
Portugiesische Galeere 61
Portunidae *295*, 323
Portunus 322, 323
Porzellanschnecke *171*, 174
Postabdomen 262
Postantennalorgan 332
Postcleithrum *488*
Postcoracoid *488*, 489
Postfrontale *497*, 498
Posthodiplostomum 107
Posthornschnecke 180, *181*, *183*
Postminimus 490
Postorbitale *497*, 498
Postparietale *497*, 498
Posttemporale *488*
Potamochoerus 736
Potamogale 692
Potamolepidae 44
Potamon 323
Potamonemertes 121
Potamorrhaphis 578
Potamotrygon 538, 556
Potorous 685, 689
Potos 717
Potto 695, 698
Pottwal *742*, 744
Pourtalesia *457*, 458
Präarticulare 678
Prachtbarbe 572
Prachtkäfer 391
Pradesura *452*
Praeabdomen 262
Praeantennalsegment 231, 237
Praearticulare *496*, 498
Praecambridium 35
Praecoxa 239, 292
Praefrontale *497*, 498
Praemandibularbogen 493, 494
Praemaxillare *496*, *497*, 498
Praemolaren 523, 524
Praepollex 490
Praesphenoid 493, *494*
Praetarsus 239
Praobdella 225
Präriehunde 711
Pratylenchus 142, 144, *144*
Praunus 312
Prawns 318
Presbytis 701
Priapulida 146
Priapulites 148
Priapulus *147*, 148
primärer Harnleiter 533
primäres Kiefergelenk 495
Primates 694
Primnoa 64
Primordialcranium 491
Priodontes 708, 709
Prionace *553*, 554
Prionus 391
Pristiophorus 555
Pristiphora 345, 394
Pristis *555*, 556
Proales 126, *132*
Probainognathus 642, 661
Proboscidea 733
Procavia *731*
Procellaria 647
Procellariiformes 663
Procerberus 690
Procercoid 113
Procerodes 102
Processus coracoideus 489
Processus falciformis 505, *506*
Processus folianus *496*, 498

Processus odontoideus 487
Prochaetoderma 162
Procoela 608
Procolophon 613
Procolophonia 613
Proconsul 701, 702
Proconsulidae 701
Procoptodon 690
Procoracoid *488*, 489, *602*
Proctodaeum 540
Proctotrupes 395
Proctotrupoidea 395
Procuias 673
Procyon 717, *718*
Progamotaenia 112
Proglottiden 94, 110, 111
Progoneata 326
Prohamitermes 370
Projapygidae 330
Prokoenenia 265
Prolacerta 617
Proneomenia *162*, 163
Pronephros 534, 535
Pronuba 404
Prooticum 494, *497*
Propalaeotherium *730*
Propithecus 698, *700*
Propliopithecus 701
Propodeum 393
Propodit 292
Propodium 165, 174
Propodosoma *283*
Proporus 101
Prorhynchus 98
Prorocentrum 12
Prorodon 30
Prosauropoda *638*
Prosencephalon 512
Prosobranchia 170
Prosocerebrum 238
Prosoma 76, 77, 257, 419
Prosopora 223
Prosopyle 37
Prospaltella 394
Prostata 539
Prosthogonimus 103
Prostigmata 287
Prostoma 120, 121
Prostomium 207
Protacarus 283
Protarthropoda 234
Protaspis-Larve 256, 257
Proteles 721, 722
Protembia 366
Proterandria 328
Proterospongia *13*, 33
Proterosuchia 634
Proterotheriidae 726
Proteus *596*, 597, 599
Prothorax 329
Protista 1
Protoavis 661
Protobatrachus 605
Protobranchia 186, 190, 191
Protoceratopida 639
Protocerebrum 238, 244
Protocoel 76, 419, 428
Protodrilidae 217
Protodrilus *132*
Protoglossus 426
Protohydra *55*, *59*
Protomerit 24
Protonephridien 76, 98
Protonymphe 283
Protonymphon-Larve *290*
Protopalina 18
Protopilio 280
Protopodit 292
Protopterus 535, *590*
Protoselachii 551
Protosolpuga 282
Protosoma 76, 419
Protostomia 77
Protosuchia 635
Protosuchus 635
Prototheria 682
Prototroch *211*, 212
protozerk *558*
Protozoa 1
Protozoëa 295
Protrochula 101
Protrogomorpha 711
Protura 330
Prozessionsspinner *403*, 405
Prunella *657*
Pruvotina 163
Prymnesiida 12
Psalter *737*
Psalterium *737*
Psammechinus *65*, 458
Psammodromus 624
Psammonobiotus *132*
Pselaphognatha 328
Psephurus 560
Psettodes 588
Pseudaphycus 394
Pseudis 608
Pseudobranchus 598
Pseudocheirus *685*, 688
Pseudococcus 343
Pseudoconus *241*
Pseudoculi *326*
Pseudohymenochirus 605
Pseudoloris 698
Pseudophryne 610
Pseudophyllidea 114
Pseudoplatystoma 574
Pseudopodien 4
Pseudoregma 382
Pseudoscaphirhynchus 560
Pseudoscorpiones 276
Pseudosuchia 634
Pseudotriton 599
Pseudovermidae 179
Pseudovermis 167
Psila *350*
Psilopa 413
Psithyrus 400
Psittaciformes 670
Psittacosauria 639
Psittacotherium 710
Psocoptera 372
Psolus 461
Psorergates 284
Psoroptes 289
Psychidae 404
Psychoda *410*
Psychodidae 410
Psychropotes *462*, 463
Psylla 344, *383*
Psyllina 383
Psylliodes 347
Ptenoglossa 173
Pteranodon *636*, 637
Pteraspida 545
Pteraster 426
Pteria *192*
Pterichthyodes *548*, 549
Pteridinium *34*
Pteriidaea 191
Pteriina 191
Pteriomorpha 191
Pternohyla 609
Pterobranchia 420
Pterocorallia 68, *69*
Pterodactyloidea 637
Pterodactylus 637
Pterodaustro 637
Pterodina *126*
Pterodinea 394
Pteroeides 64, *64*
Pterois 582
Pterolichus 289
Pteromalus 395
Pteromys 708
Pterophoridae 405
Pterophorus *403*, 405
Pterophyllum 583
Pteropoda 178
Pteropus 705, *706*
Pterosauria 635
Pterotrachea 153, 174
Pterygoid *497*
Pterygoidea 498
Pterygopodium 540, 550

Pterygota 329, 334, 360
Pterygotus 259
Pterylae 645, *646*
Pthirus 355, *356*, 373
Ptilocercus *692*, 694
Ptilodus *681*
Ptinidae 391
Ptinus 353, 391
Ptychodera 422, 426
Ptyodactylus *619*
Pubis 489
Puellina 85
Puffotter 633
Pulex *356*, 357, 414
Pulmonata 180, *181*
Pulsatrix *669*
pulsierende Vakuole 7
Pulvillen 333
Puma 719
Pumilus *90*, 91, 92
Puncturella *170*
Pungitius *581*
Pupa adectica 384
Pupa dectica 384
Pupa exarata 384
Pupa obtecta 384
Pupilla 184
Pupille *505*, *506*
Puppenräuber 388
Puppenstadium 336
Purgatorius 694, *697*
Purpurigel 458
Purpurrose *65*
Purpurschnecke 176
Pusa 724
Putamen 518
Putzerfisch *585*
Pycnogonida 289
Pycnogonum 87, *290*, 291
Pycnopodia 448
Pyemotes *285*, 287
Pygathrix *701*, 702
Pygeretmus *712*
Pygidium 207
Pygocentrus *574*
Pygochord 424
Pygospio 215
Pylorusdrüsen 434, 445
Pyralidae 405
Pyramidellacea 176
Pyrophorus 391
Pyrosoma 469, 470, *471*
Pyrosomida 470
Pyrotheria 732
Pyrrhocoridae 377
Pyrrhocoris *376*, 377
Python 487, *627*, 628, 629
Pyura *464*, 470
Pyxis 616

Quadraspidiotus 345, 383, 394
Quadratojugale *497*, 498
Quadratum 494, 495, *496*, *497*, 498, 678
Qualle 47
Quappe *577*
Quappenwurm *189*
Quartana 26
Quastenflosser *590*
Querder *547*
Querzahnmolche *599*
Quesenbandwurm *115*
Quetzal 673
Quetzalcoatlus 637

Raben 674
Rabenschnabelfortsatz 489
Racke *669*, 671
Räderorgan 478
Rädertiere 123
Radialia 490
Radianthus *57*
Radiaster *447*
Radien 426
Radiolaria 21
Radius 491
Radix 180
Radnetz 269, *272*
Radula 154, *168*
Raillietiella 230
Raja *555*, *556*
Raketenfrösche 608
Ralle 668, *669*
Rallus *669*
Ramapithecus 701, 702
Ramphotyphlops 631
Rana 507, *593*, *600*, *601*, *602*, *606*, 607
Rangea 34
Rangifer 740
Rankenfüßer 306
Ranodon *597*
Ranzania *564*, *589*
Raphidia *384*, 385
Raphidioptera 385
Rapsglanzkäfer *346*, 347
Rasbora *572*
Rathkesche Tasche *520*, *544*
Ratiten 661
Rattenfloh *357*
Rattus 710, *712*, 714
Raubbeutler *687*
Raubfliegen 412
Raubmöwen 668
Raubtiere 716
Raubwanzen 357
Räude 289
Rauhfußhühner 668

Raupenfliegen 413
Rautenhirn *512*
Rebenstecher 392
Reblaus 345, *380*, 382
Rectaldrüse *527*
Rectum *522*, *527*
Redie 104, *105*
Reduktien 40
Reduviidae 377
Reduvius 377
Regalecus *564*, 580
Regenbogenfische *579*
Regenbogenforelle *575*
Regenbremse 359
Regenerationsstrang 94
Regenwürmer 220
Regularia 453, 456
Reh 739
Reighardia 230
Reiher 664
Reiskäfer 354
Reiskärpflinge *578*
Reismehlkäfer 354
Reissnerscher Faden 480
Remiges 645
Remipedia 296
Remora *583*
Renilla *64*
Renken *575*
Rennkuckuck *669*
Rennmäuse 713
Rentiere 740
Reptantia 321
Reptilia 611
Resilium 184
Reticulitermes 351, 370
Reticulocarpos 437
Reticulopodien *5*
Reticulum 527, *737*
Retina *505*, *506*, *508*
Retinaculum *402*
Retusa 155, 177
Rhabditen *95*
Rhabditis 137
Rhabdocoela 102
Rhabdom 241
Rhabdomer 241
Rhabdomolgus 461, *462*, 463
Rhabdophaga *340*, 343
Rhabdophis 632
Rhabdopleura 420, 421, 422, *423*
Rhabdosoma 313, *314*
Rhachis 136
Rhachitomi 594, *595*
Rhacodactylus 623
Rhacophorus 602, 608
Rhadinaphelenchus 144
Rhagio *410*, 412

Rhagionidae 412
Rhagium 391
Rhagoletis 350, *350*, 413
Rhagon 40
Rhagonycha 388
Rhamphastos *669*
Rhampholeon 623
Rhamphorhynchoidea 637
Rhamphorhynchus *636*, 637
Rhaycionia 349
Rheiformes 663
Rheinschnake 358
Rhenanida 549
Rheobatrachus 604, 610
Rhinatrema 600
Rhincholepis 545
Rhincodon *554*
Rhinecanthus 588
Rhineura 626
Rhinobatus *555*, *556*
Rhinoceros 727, *728*
Rhinocoris *376*, 377, *379*
Rhinoderma 604, 610
Rhinodrilus 221
Rhinolophoidea 706
Rhinomuraena 569
Rhinophor 203
Rhinophrynidae *606*
Rhinophrynus *606*, 607
Rhinopithecus 701, *701*
Rhinosciurus 711
Rhinotyphlops 631
Rhipicephalus 28, 286
Rhipidistia 590
Rhipidogorgia 64
Rhithrogena *363*
Rhizocephala 308
Rhizocrinus 442
Rhizodus 591
Rhizoide 85
Rhizomys 714, *715*
Rhizopertha *352*, 353
Rhizopoda 18
Rhizopodien 5
Rhizostoma *62*, 63
Rhizostomeae 63
Rhizostomites 61
Rhodeus 571
Rhombencephalon 512, 513
Rhombifera 437, 442
Rhombozoa 116
Rhopalocera 406
Rhopalodina 461, *462*
Rhopalomenia 163
Rhopalonema 60
Rhopalosiphum 345
Rhopalosoma 460
Rhopalura 117
Rhopilema 63
Rhoptrien 23
Rhyacionia 405
Rhyacophila *401*
Rhynchelmis 223
Rhynchobdellida 226
Rhynchocephalia 617
Rhynchocoel 120
Rhynchocyon *692*, 694
Rhynchodaeum 120
Rhynchodemus 102
Rhynchomeles 688
Rhynchonellida 92
Rhynchophorus 392
Rhynchophthirina 373
Rhynchota 374
Rhynchotus *662*
Rhyniella 333
Rhyssa *395*
Richthofenia 88
Richtungssinn 659, 660
Ricinoides 282, *282*
Ricinulei 282
Riechepithel *508*
Riechsinneszellen 504, 508
Riedböcke 740
Riedfrösche 608
Riemenfische 580
Riesenalk 670
Riesenhai *554*
Riesenkänguruhs 690
Riesenmeeresschlangen 580
Riesenmuschel *68*
Riesensalamander 597
Riesenschlangen 629
Riesenwaldschwein 736
Riffbarsche 585
Riftia 417, 419
Rimicaris 319
Rinderartige 740
Rinderbandwurm 115
Ringelechsen 625
Ringelnatter 632
Ringelrobbe *722*, 724
Ringelschleichen 625
Ringelspinner 349, *349*, 406
Ringeltaube *655*
Ringelwürmer 207
Ripistes 221, *222*
Rippen 487
Rippenquallen 71
Robben 717, 722
Robbenläuse 373
Rochen 551, 556
Rodentia 710
Rodolia 382, 391
Rohde-Zellen 480
Rohon-Beardsche Zellen 511
Röhrenaal *565*, 569
Röhrenläuse 344, 382
Röhrennasen 663
Rohrratten 716
Rollschlangen 629
Romeria 612
Rooneya 698
Rosalia *387*, 391, *657*
Rosenkäfer 390
Rosette 455
Rossia 205
Rosthramus 665
Rostrum (Cephalopoda) 201
Rotaria *124*
Rotasaccus 453
Rotatoria 123
Rotauge 572
Rotbarsch *567*, 582
Rotbauchunke 605
Roter Körper 502
Roter von Rio 573
Rote Spinne 287
Rotfeder 572
Rotfeuerfisch 582
Rotfuchs 719
Rothund 719
Rotiger 184, 188, 191
Rotkehlchen *655*
Rotula *457*
Rotylenchus 144
Rousettus 704, 705
Rübencystenälchen 143
Rübenfliege *350*, 351
Rückenmark 510
Rückenschwimmer *183*, 375
Rückenwirbel 487
Ruderfußkrebse 303
Ruderfüßler 663
Rudisten 89
Ruditapes *160*
Rugiloricus 149
Rugosa 68, *69*
Rumen 527, *737*
Ruminantia 735, 738
Rundmäuler 543
Rundwürmer 122
Runula 585
Rupicapra *657*
Rupicola 673
Rusconische Häkchen 597, *601*
Rüsselegel 225
Rüsselkäfer 391
Rüsselspringer 694
Rüsseltiere 733
Rutilus 572
Ryacosiredon 599

Saateule 405
Saatkrähe *655*
Säbelantilopen 740

Sabella *213*, 217
Sabellaria 214, *216*, 217
Sabellidae *321*
Sacchiphantes 339, *340*
Saccocoma 442
Saccoglossa 154, 178
Saccoglossus 420, 425, 426
Saccopharynx 569
Saccopteryx *707*
Sacculina *307*, 308
Sacculolith *509*
Sacculus *441*, 508, *509*
Saccus vasculosus 518
Sackkiemen 524
Sackspinne 275
Sackträger 404
Sackträgermotten 404
Sacralrippen 592
Saduria 316
Sagartia 65
Sägebock 391
Sägefische 555
Sägehai 555
Säger 667
Sägerochen *555*, 556
Sagitta *416*, 417, *509*
Sagittarius 665
Saiga 742
Saimiri 701
Saissetia 394
Saitenwürmer 145
Sakralwirbel 487
Salamander 598
Salamandra *593*, 598, *600*, *657*
Salamandrina 598
Salamandroidea 598
Salanganen 672
Salatwurzellaus 345
Salientia 600
Salmler 572
Salmo *525*, *567*, 575
Salmoniformes 574
Salpa 472
Salpen 470, 471
Salpida 471
Salpingoeca *14*
Saltasaurus 639
Saltatoria 371
Salticidae 276
Salticus *274*, 276
Salzdrüsen 652
Salzfliegen 413
Salzkrautbilche 713
Samenkäfer 354, 391
Samenkanälchen 539
Sammelrohre 536
Samtmilbe 288
Sanctacaris *233*
Sandaale 585
Sandbienen 399
Sandboa 629
Sanddollars 458
Sandfloh 357
Sandgräber 716
Sandhai 551
Sandklaffmuschel 196
Sandlaufkäfer 386
Sandmücken 358
Sandotter 633
Sandrasselotter 633
Sanguineus 699
Sanguinicola 107
San-José-Schildlaus 345, 383, 394
Sao *256*
Saperda 347, 391
Saprodinium 32
Sarax 265
Sarcocystis 24, 25, *28*
Sarcodina 18
Sarcophaga 355, 359, *359*, *389*, 413
Sarcophagidae 413
Sarcophilus 687
Sarcophyton 51, 63, *68*
Sarcopterygii 589
Sarcoptes 289
Sardelle 570
Sardina *566*, 570
Sardine 565, *566*, 570
Sardinops *566*
Sargassofische 577
Sarotherodon 583
Sarsia *59*
Satansaffe *700*
Sattelkröte 610
Sattelmuschel 191
Sattelrobbe 724
Saturnia 406
Saturniidae 406
Säuger 676
säugerähnliche Reptilien 639
Säugerschädel 678
Säugetiere 676
Saugwürmer 103
Saumriff 66
Sauria 620
Saurischia 637
Sauropoda *638*
Sauropsida 610
Sauropterygia 643
Saurornithoidida 637
Saxicava 195
Saxitoxin 190
Scalacea 173
Scalaria 173
Scandentia 694
Scapanorhynchus 551
Scaphiopus 602, 604
Scaphirhynchus 560
Scapholeberis 299, *299*
Scaphopoda 197
Scapula *488*, 489, *602*
Scapulocoracoid *602*
Scapus 329, 644
Scarabaeidae 390
Scarabaeus *390*
Scardinius 572
Scarus 585, *586*
Scathophagidae 413
Scelidosaurus 639
Schaben 368
Schabrackentapir 727, *728*
Schädel 491
Schakale 719
Schalendrüsen 539
Schalenschloß (Muscheln) 184
Schambein 489
Schamlaus 355
Schattenvögel 664
Schaumzikaden 379
Scheibenbarsch 583
Scheibenbauch 582
Scheibenputzer 572
Scheidenschnäbel 668
Scheitelbeine 498
Scheitelplatte *211*
Schellack 383
Schellfisch 565, *567*, 577
Scheltopusik 625
Scherenasseln 316
Scherenschnäbel 670
Schermaus 713
Schienbein 491
Schienenechse *621*
Schiffsbohrwurm *196*, 197
Schiffshalter 565, 583, *584*
Schilddrüse 520
Schildechsen 624
Schildfüßer 161
Schildkäfer 391
Schildknorpel *496*
Schildkröten 613
Schildläuse 382
Schildschwänze 629
Schildwanzen 377
Schilfkäfer 391
Schillerbärbling 572
Schimpanse 702
Schinkenkäfer 353
Schistocephalus 114
Schistocerca 338, 371, 372
Schistocystis 24
Schistometopum 600
Schistosoma 103, 106, 108, *108*

Schistosomula 106
Schizaster 459
Schizocardium 424, 426
Schizodonta 190, 194
Schizogonie 23
Schizomida 264
Schizomus 264
Schizoneura 345
Schizopeltidia 264
Schizoporella 83, *85*
Schizotarsia 325
Schläfenfenster 498
Schläferartige 713
Schlafkrankheit 17, 359
Schlammfische 561
Schlammfliegen 384
Schlammpeitzger *568*, 572
Schlammschnecke *181*
Schlammspringer 587
Schlammtaucher 607
Schlammteufel *596*, 597
Schlangen 618, 626
Schlangenaale 569
Schlangengifte 629
Schlangenhalsvögel 663, 664
Schlangenköpfe 587
Schlangensterne 449
Schlankaffen 701
Schlankbär 717
Schleichen 625
Schleie 566, *568*, 572
Schleiereule 649
Schleimaale 543, *545*
Schleimfische 585
Schlemmscher Kanal *506*
Schlickkrebs *189*
Schliefer 728, 731
Schlingnattern 632
Schlitzrüßler 692
Schloß (Muscheln) 184, *186*
Schlundegel 226
Schlüsselbein 489
Schmalnasen 701
Schmarotzerhummel 400
Schmeißfliege 355, 359
Schmelz 522, *523*
Schmerlen 572
Schmetterlinge 402
Schmetterlingsagamen 623
Schmetterlingsbuntbarsch 583
Schmetterlingsfische 568
Schmetterlingshafte 386
Schmetterlingsmücken 410
Schmidtsche Larve 120
Schmucksalmler 573
Schmuckschildkröten 616
Schnabelfliegen 407
Schnabeligel 683
Schnabelkerfe 374
Schnabelmilbe 288
Schnabeltiere 683
Schnabelwale 744
Schnaken 409
Schnäpel *575*
Schnapper 583
Schnappschildkröten 616
Schnecke (Innenohr) 507
Schnecken 164
Schneefink *657*
Schneefloh 408
Schneehase *657*
Schneehuhn *657*
Schneekrabben *295*
Schneeleopard 719
Schneemaus *657*
Schneeziegen 740
Schneidezähne 524
Schnellkäfer 391
Schnepfenaale 569
Schnepfenfliegen 412
Schnurwürmer 118
Schoinobates 688
Scholle *189*, 565, 588
Schopfhirsch 739
Schopfhühner 668
Schopflund *722*
Schopfmakak 702
Schoutedenella 607
Schrägsalmler 573
Schreitvögel 664
Schuhschnabel 664
Schulp 199, 205
Schultergürtel 488
Schuppen 491, 500, *559*
Schuppenbein 498
Schuppentiere 677, 710
Schuppenwürmer 214
Schützenfisch *321*, 565, 583, *584*
Schwalben 674
Schwalbennestersuppe 672
Schwalbenschwanz 406
Schwalme 671
Schwämme 36
Schwammhafte 386
Schwammspinner 349, *349*, 405
Schwäne 667
Schwanzlurche 596
Schwanzwirbel 487
Schwärmer 406
Schwarzbär 717
Schwarze Koralle 63
Schwarze Witwe 268
Schwarzkäfer 390
Schwebfliegen 337, 412
Schweine 736
Schweinebandwurm 114, *115*
Schweinelaus 373
Schweinswal *742*, 745
Schweißdrüsen 503
Schwellhai 554
Schwertfische 587
Schwertträger 579
Schwertwal *722*, 745
Schwielensohler 736
Schwimmblase 501, 502
Schwimmkäfer 388
Schwimmkrabben 322, 323
Schwimmratten 714
Schwingfliegen 413
Schwungfedern 645
Sciaena *558*, 583
Sciara 412
Sciaridae 412
Scincomorpha 624
Scincus *621*, 624
Scissurella *170*
Sciuromorpha 711
Sciurus 711, *712*
Scleractinia 66, *69*
Scleralknochen 493
Scleropages 568
Sceloporus 622
Sclerotom *541*
Scolecodonten 212
Scolecomorphus 600, *601*
Scolecophidia 630
Scolecosaurus 625
Scolelepis *213*, 215
Scolex 110
Scoliidae 395
Scolioplanes 325
Scolopendra *325*, 326
Scolopendrella 326
Scolopendromorpha 326
Scolopidium *243*
Scoloplos 215
Scolytidae 392
Scolytus 392
Scomber *563*, *566*, 587
Scomberesox 578
Scophthalmus *563*, 588
Scorpaena 582
Scorpaeniformes 582
Scorpiones 261, *261*
Scrobicularia *189*, 195
Scrotum 539
Scruparia 88
Scutigera 325, *325*
Scutigerella 326, *326*
Scutisorex 693
Scyliorhinus *550*, *553*, 554
Scylla *321*, 323
Scyllaridae *295*
Scyllarus 321, *321*
Scyphistoma 62

Scyphomeduse 51, *52*
Scyphopolyp 48
Scyphozoa 61, *62*
Scytodes 270, 273, *274*
Sebastes *567*, 582
Sebecosuchia *635*
Secernentea 134
Sedentaria *215*
Seeadler *665*
Seeanemonen 64, *65*
Seebär *722*
See-Elefant *722*
See-Elefanten 724
Seefedern 64
Seefledermaus *578*
Seeforelle *575*
Seegurken 459
Seehase 178, *582*
Seehecht *565*, *567*, *577*
Seehunde 722, 724
Seeigel 453
Seejungfrauen 733
Seekühe *732*
Seelachs *565*, *566*, *577*
Seeleopard 724
Seelilien 438, 442
Seelöwen 724
Seemaus 214
Seemotten 581
Seenadeln 581
Seenelke *65*
Seeohr 170
Seeotter 719, *722*
Seepferdchen 581, *582*
Seepocken *65*, *189*, 307, *321*
Seerosen 64
Seescheiden 469
Seeschlange *630*, 633
Seeschwalben 668
Seestachelbeere *75*
Seesterne 443
Seestichling 581
Seetaucher 663, *663*
Seeteufel *577*
Seewalzen 459
Seewolf *585*, *586*
Seezunge *562*, 588
Segelfische *587*
Segelflosser 583
Segestria *266*, 273
Segler *672*
Segmentalorgane 210
Segmentierung 207
Segmentina 180
Segnosauria 639
Seide 337
Seidenschwänze 674
Seidenspinner 337, 406
Seison *124*
Seisonidea *124*, 127
Seitenauge *505*
Seitenlinienorgan *507*, *512*
Seitenplattenmesoderm *541*
Seiwal 743
Sekretär *665*
Selachimorpha *551*
Selenarctos *717*
selenodont *680*
Selkirkia 148
Semaeostomeae 62
Semibalanus *307*, 308
Semnopithecus 697, 702
Sempersche Larven *55*
Sensillen *243*
Sepia 199, *201*, 204, *205*
Sepioidea *205*
Sepiola 205
Sepsidae 413
Septibranchia 190, 197
Septomaxillare *497*, 498
Septum *514*, *516*
Septum transversum *520*
Serau *740*
Seriata 101
Seriola *583*
Serosa *542*, *543*, 610
Serpentes 626
Serpula 214, 217
Serranus *490*, *583*
Serrasalmus *574*
Sertella 88
Sertularia *58*, *59*
Sesiidae *405*
Setaria 142
Setifer *692*
Setonyx *690*
Sexualis 380
Seychellenfrösche 607
Seymouria *593*, *594*
Seymouriamorpha 594, *595*
Sheimia *366*
Shinisaurus *625*
Shoshonius *698*
Shrimps 318
Sialis *384*
Siboglinum 417, *418*, 419
Sibynophis 631
Sicista *716*
Sicyonia *321*
Sida 299, *299*
Sidneyia 234
Sidnyum 469
Siebbein 493
Siebenpunkt 391
Siebenschläfer *713*
Siebentagefieber 358
Sifaka *700*
Siganus *587*
Silberbeilfisch *573*, *576*
Silberfischchen 334
Silberfleckbläuling *657*
Silberkarpfen *567*, *572*
Silberlöwe *719*
Silicea 42
Siliquaria *171*
Silpha 388, *389*
Silphidae 388
Siluriformes *570*, *574*
Silurus *574*
Simiae *699*
Simias *702*
Simuliidae *359*, 411
Simulium 141, *356*, 411
Sinanthropus *703*
Singdrossel *655*
Sinnesknorpel 493
Sinoconodon 682
Sinotubulites *35*
Sinularia *63*
Sinus venosus *528*, *529*
Sinushaare *677*
Sinusknoten *530*
Sipho 434, *455*
Siphonaptera *357*, 413
Siphonaria *159*
Siphonodentaliida 197
Siphonodentalium 198
Siphonoglyphe 48
Siphonophanes 301
Siphonophora *53*, 61
Siphonops 600
Siphonozoide *51*
Siphunkel 199
Sipunculida *93*
Sipunculus *94*
Siren *598*
Sirenen *733*
Sirenia *732*
Sirenoidea *598*
Sirex *352*
Siricidae *393*, 394
Siro *279*
Sistrurus 634
Sisyridae *386*
Siteroptes *287*
Sitodiplosis 412
Sitona *347*
Sitophilus *352*, 354, 392
Sitotroga *354*
Sitta 650, *655*
Sitzbein 489
Sivapithecus 701, 702
Sivatherium 740
Skalar *583*
Skaliden 146
Skenea 172

Skeneopsis 173
Skinke 624
Sklera *506*
Skleralknochen *494*
Skleroblasten 38
Sklerocyten 38
Sklerosepten 66
Skorpione 261
Skorpionsfliegen 407
Skorpionswanzen 375
Smaragdeidechsen 624
Smerinthus *403*, 406
Smilodon *681*
Sminthillus *603*
Sminthopsis 687
Sminthurides 333
Sminthurinus 333
Sminthurus 333
Solaster 432, 434
Soldatenfische 580
Solea *562*, 588
Solemya 186, 190, 191
Solen 160, 195
Solenia 63
Solenobia 404
Solenoconchae 197
Solenodon *692*
Solenodonsaurus 594
Solenogastres 163
Soleolifera 180
Solifugae *261*, 281
Solpuga 282
Somasteroidea 447
Somatocoel 76, 428
Somatoderm 116, *117*
Somatopleura 520, 541
Somit *541*
Somitenstiel *541*
Sommerwirt 380
Somniosus 555
Sonnenbarsche 583
Sonnendachs 719
Sonnenstern 447
Sonnentierchen 22
Sonnenvögel 674
Sooglossus 607
Sorex 693
Soricoidea 693
Sottyxerxes 233
Spadella 415, *416*, 417
Spalacotherium 683
Spalax 710, *712*
Spaltenschildkröte 616
Spaltfuß 292
Spanienkärpfling 578
Spanische Fliege 337, 390
Spanner 405
Sparganothis 405
Spargelfliege 350
Spargelhähnchen *346*, 347, 391
Sparus 583
Spasmoneme 4
Spatangoidea 458
Spatangus *457*, 458
Spathipora 87
Spathobothrium 111
Spechtartige 673
Spechte 673
Speckkäfer 353, 391
Speiche 491
Speikobras 633
Speisebohnenkäfer 354
Speispinne 273, *274*
Spelaeogriphacea 316
Spelaeogriphus *315*, 316
Spelaeomantes 599
Speleonectes 296
Speothos 719
Sperlinge 674
Sperlingsvögel 673
Spermiozeugmen 170
Sphaerechinus 458
Sphaeridien 428, 436
Sphaerium 195
Sphaerodactylus 623
Sphaeroeca *13*
Sphaeroma 316, *317*
Sphaeromicola 302
Sphaerosoma 29
Sphaerosyllis *214*
Sphaerotherium 328
Sphaerothuria 461, *462*
Sphaerularia *136*, 137
Sphecidae *393*, 399
Sphecispongia 37
Sphenacodontia 640
Sphenethmoid 493
Sphenisciformes 663
Sphenodon 487, 505, 518, 593, 612, 617, *618*
Sphenoidea 493
Sphenomorphus 620
Sphex 399
Sphinctozoa 42
Sphingidae 406
Sphinx 406
Sphoeroides 589
Sphyraena 584
Sphyrna *553*, 554
Spilonota 349
Spinachia 581
Spinalganglion 511
Spinalnerven 511
Spinnenfresser 274
Spinnenläufer 325
Spinnentiere 260
Spinmilben 287
Spinther *214*
Spinulosida 447
Spiomorpha 215
Spiraculum *496*, *549*, *557*
Spiralia 76, 92
Spiralzoid *56*
Spiratella *177*, 178
Spiriferida 92
Spirobrachia *418*, 419
Spirochona *31*, 32
Spirographis *216*, 217
Spiroloculina *20*
Spirorbis *216*, 217
Spirostomum 4, 7, 30, *31*
Spirostreptus 328
Spirotricha 30
Spirotrichonympha 14, *14*
Spirula 199, *200*, 204, 205
Spiruloidea 205
Spisula 160
Spitzhörnchen 694
Spitzkopfotter 633
Spitzmaulnashorn 727, *728*
Spitzmaulopossums 687
Spitzmäuse *363*, 693
Splanchnocoel *541*
Splanchnocranium 491
Splanchnopleura 520, 541
Spleniale *496*, 498
Splintholzkäfer 353
Spondylidae 191
Spondylus *186*, 187, 193
Spongicola 319
Spongilla *38*, 40, *43*, 44, *183*
Spongioblasten 38
Spongiocyten 38
Sporentierchen 23
Sporocyste 104, *105*
Sporogonie 23
Sporozoa 23
Sprattus 570
Spriggina 34, 212
Springaffe 699
Springbock 740
Springhasen 716
Springmäuse 716
Springschrecken 371
Springschwänze 331
Springspinne 276
Spritzloch *493*, *549*, *556*
Spritzlochkanal 495
Spritzsalmler 572
Sprotte 570
Sprunggabel 333
Spulwurm 140
Spumellaria 21
Spurilla *169*
Squalus *553*, *555*
Squamata 618

Squamosum *496*, *497*, 498
Squatina *553*, *555*
Squilla 311
Staatsquallen *53*, 61
Stäbchen *505*, *508*
Stabheuschrecken *370*
Stabilimente 269
Stachelaale *569*
Stachelaustern 191
Stachelbeermilbe 287
Stachelbeerspanner *348*, 349, 405
Stachelbilche 713
Stachelhäuter 426
Stachelmakrelen 583
Stachelschweine 716
Stachelwelse *574*
Stammreptilien 612
Standvögel 658
Stanniussche Körper *520*
Stapes 495, *496*, 678
Staphylinidae 389
Stare *655*, 674, *675*
Stationärkern *10*
Statoakustisches Organ 507
Statoblast 85, *86*
Statolithen *559*
Staubhafte 386
Staubläuse 351, 372
Staurocystis *443*
Staurois 607
Stauromedusae 61
Stauropus 405
Staurotypus 616
Steatoda 273
Steatornis 649, *650*, 671
Stechimmen 395
Stechmücken 410
Stechrochen 556
Steckmuschel 191, *192*, 193
Stefania 609
Stegobium *352*, 353, 390
Stegodontidae 734
Stegodyphus 271
Stegosauria 639
Stegosaurus 639
Steigbügel *496*, 678
Steinadler *657*
Steinbeißer *572*, *585*
Steinbock *657*, 740
Steinbutt *563*, *588*
Steinernema 145
Steinfische 582
Steinfliegen *365*
Steinkanal 430
Steinkorallen 66
Steinkrabben 322
Steinmarder 719
Steinpicker 582, *582*
Steinschmätzer *657*, 658, 674
Steißhühner 663
Stellersche Seekuh 733
Stellerscher Seelöwe *722*
Stelzenrallen 668
Stenelle 745
Stengelälchen 143
Steno 745
Stenobothrus 371
Stenochrus 264
Stenoglossa 175
Stenolaemata 87
Stenonema 361
Stenonychosaurus 637
Stenopodidae 319
Stenostomum 101
Stentor 4, 7, 30, *31*
Stephanoceros 123, 127
Stephanoscyphus 62
Stereocidaris 457
Stereom 428
Stereomyxa 18
Stereospondyli *594*, *595*
Sterlet 560
Sterna 670, *722*
Sternaspis *216*, 217
Sternit 231
Sternorrhyncha 380
Sternotherus 616
Sternum 487, *603*
Steropodon 683
Stichlinge *580*, 581
Sticholonche 23
Stichopus 461
Stielquallen 61
Stierkopfhai *553*, 554
Stigmellidae 404
Stigmen 246
Stilesia 112
Stilifer 155
Stimmbänder 503
Stinkdachs 719
Stinkwanzen 377, 379
Stint *573*, *575*
Stipes *335*
Stirnbeine 498
Stirodonta 458
Stizostedion 583
Stockälchen 143
Stockente *655*, 667
Stoecharthrum 117
Stoichactis 50, *57*
Stolidobranchia 470
Stolo prolifer 470, 471
Stomatopoda 311
Stomiiformes *576*
Stomochord 420, 424
Stomodaeum 540
Stomoxys 359, *359*, 408, 413
Stör *560*
Storch 658, 659, 664
Störe *559*
Strandflöhe 315
Strahlenflosser *557*
Strandkrabbe *65*, 323
Strandschnecke *65*, *171*, 173, *189*
Strandwolf 722
Strangalia 338
Stratiomyiidae 412
Stratiomys *410*, 412
Strauße 661
Strebleocerus 299
Streckerspinne 274
Streifenhyäne 722
Streifenskunk 719
Streifenwanze *379*
Strepsiptera 414
Strepsirhini 697
Streptoneura 170
Streptopelia *655*, 670
Striatum 514, *516*
Strickleiternervensystem 208, 230
Strigamia 325, 326
Strigiformes 671
Strix *655*, 671
Strobila *47*, 53
Strobilation 53
Stromatocystidea 442
Stromatocystites 437, 442
Strombacea 174
Strombidium 32
Strombus 151, *171*
Strongylocentrotus 455, 456, 458, *722*
Strongyloides 139, 142
Strongylura 578
Strongylus *138*, 142
Strophomenida 88, 92
Strudelwürmer 100
Strumardia 256
Strumpfbandnatter 632
Struthio 650
Struthiolaria 174
Struthiomimus 637, *638*
Struthioniformes 661
Stubenfliege 359
Stumpfkrokodil *635*
Stumpfnasenaffe *701*
Sturmschwalbe *662*, 663
Sturmvögel 663
Sturnus *655*, 675
Styela 470
Stygotantulus 305
Stylaria *222*
Stylarioides *216*
Stylaster 59

Styli 324
Stylocellus 280
Stylocheiron 318
Stylochus 101
Stylocidaris 457
Stylohipparion *730*
Stylommatophora 181
Stylonychia *31*, 32
Stylophora 68, *68*, 437
Stylopodium 490, 491
Stylops 414
Subchela 292
Subcoxa 292
Subcutis 504
Suberites 40, 43, *43*
Subimago 361
Submentum *335*
Suboscines 673
Subosculararaum 36
Subpallium 514, *516*
Subtriquetra *229*
Subumbrella 52
Succinea 106, 107, 180, *181*
Succineacea 184
Suctoria 32
Sudanonautes 108
Südkaper 743
Suiformes 735
Sumatrabarbe 572
Sumatra-Nashorn 727, *728*
Sumpfantilope 740
Sumpfdeckelschnecke *171*
Sumpfschildkröten 616
Suncus 693
Sundagavial 635
Suoidea 736
Supella 351
Superpositionsauge *241*
Supersaurus 639
Suppenschildkröte 616
Supraangulare *496*, 498
Supracleithrum *488*
Supraoccipitale 493, *494*
Suprapterygoid 495
Supratemporale *497*, 498
Surdisorex 693
Suricata 719
Sus 736, *737*
Süßwasserpolyp *183*
Sybota 276
Sycon *38*, 42
Sycon-Typ *37*
Sycozoa *464*, 469
Syllis 215
Sylvia 660, *674*
Sylvilagus 724
Sylvisorex 693
Symbiodinium 195
Symbiodon *149*, 150
Symmetrodonta *680*, 683
Sympathicus 519
Symperipatus 237
Sympetrum 363
Symphalangus 702
Symphorismus 11
Symphyla 326
Symphypleona 333
Symphyse 489
Symphysodon 583
Symphyta 394
Symplecticum 495
Synagoga 306
Synallactes 463
Synanceia 582
Synanthedon 347, 405
synapsid 499
Synapsida 639
Synapta 463
Synaptidae *68*
Synaptosauria 643
Synascidien 469
Synbranchiformes 581
Synbranchus 581
Syncarida 311
Syncerus 740
Synchaeta *124*, 126, 127
Syndactylie *684*, 686
Syngamus 142
Syngnathiformes 581
Syngnathus 582
Synodontis *565*, *573*, 574
Syphacia *138*
Syphocrinus 442
Syrinx 176, 503, *650*, 651
Syrphidae 337, 412
Syrphus *379*, *410*, *411*, 412
Systellommatophora 180

Tabakkäfer 353
Tabanidae 412
Tabanus 359, *410*, 412
Tabulare *497*, 498
Tachina *410*, 413
Tachinidae 413
Tachyglossus 677, 683
Tachyorcytes 714
Tachypleus 259
Tadarida 707
Taenia 98, *110*, *111*, 112, *115*
Taenioconger 565
Taeniodonta 710
Taeniogyrus 461
Taeniothrips 344
Tagmata 237
Tagpfauenauge *403*, 406
Tagschmetterlinge 406
Taipan 633
Takin 740
Talgdrüsen 503, 678
Talitroides 315
Talitrus 315
Talonid 679
Talpa 693
Tamandua 710
Tamanovalva 178
Tanaidacea 316
Tanais 316
Tangbeere 470
Tanichthys 572
Tannenhonig 337
Tannenläuse 339, 345
Tannenzapfenskink 624
Tantulocarida 305
Tantulus-Larve 305
Tanysphyrus 392
Tanzfliegen 412
Tapes 160, 195
Tapetenmotte 354
Tapire 727
Tapirus 727, *728*
Tarchops 705
Tardigrada 228, 710
Tarentola *621*, 623
Taricha 598
Tarpun *568*, *569*
Tarsenspinner 366
Tarsioidea 699
Tarsipedoidea 690
Tarsipes 338, 685, 688, *689*, 690
Tarsius 695, 697, 698, *699*
Tarsometatarsus 490, 652
Tarsonemus 287
Tarsus 491
Taschenkrebse *295*, 323
Taschenmäuse 713
Taschenratten 713
Tasmacetus 744
Taube *653*, *669*
Tauben 670
Taubenfloh 357
Taubenschwänzchen 338, 406
Taubenvögel 670
Taubenzecke 286
Taubwaran 625, *626*
Tauchsturmvögel 663
Taufliegen 413
Taumelkäfer *363*, 388
Tausendfüßer 324
Taxodonta 190, 191
Tayassu 736
Tealia 65, *722*
Tectum opticum 512, 518
Tegenaria 269, 274
Tegeticula 404
Tegmen 438
Tegmentum 512

Tegopelte 256
Teichfrosch 607
Teichmuschel 194
Tejovaranus 625
Tejus 625
Telencephalon 512, 513
Teleostei 561
Tellina *175*, 195
Telmatobius 609
Telohania *29*
Telotroch 212, 420
Telson 292
Temnocephala *102*
Temnocephalida 102
Temnospondyli 594, *595*
Temora 304
Tenagodus 173
Tendipes *410*
Tendra 84
Tenebrio 353, 390
Tenebrioides 353
Tenebrionidae 390
Tenrecoidea 691
Tentaculata 77
Tentaculifera 75
Tentaculozoid *56*
Tenthredinidae 394
Tentorium 333, *335*
Tephritidae 413
Teppichkäfer 353
Teratornis 661
Terebella 217
Terebrantes 394
Terebratalia 92
Terebratella 92
Terebratulida 92
Terebratulina 92
Teredo 152, 155, 156, 188, 190, 195, *196*, 197
Tergit 231
Terminalfilament *331*
Terminalzelle 98
Termiten 369
Termitoxenia 412
Terpsiphone *674*
Terrapene 614, 616
Tertiana 26
Tesseratoma 377
Testacea 19
Testacella *181*, 183
Testes 538
Testicardines 92
Testudines 613
Testudinoidea 616
Testudo 612, *615*, 616
Teteana 34
Tethya 40, 42, 43
Tethys *177*, 180
Tetrabranchiata 203
Tetracerus 740
Tetracorallia 68, *69*
Tetractinomorpha 43
Tetragnatha 274
Tetrahymena *2*
Tetramesa *340*, 342, 343
Tetramorium 352, 397
Tetraneura 382
Tetranychus 287
Tetraodon 589
Tetraodontiformes 588
Tetrapleurodon 547
Tetrapoda 543, 591
Tetrastemma 121
Tetrastigmata 284
Tetraxonida 43
Tetrix *370*, 371
Tetrodontophora 331
Tetrodotoxin 415, 589
Tetropium 347
Tettigonia 371
Teufelsrochen *555*, 556
Teuthoidea 205
Textularia *20*
Thais 175
Thalamus 518
Thalarctos 717
Thalassema 227
Thalassicola 21, *22*
Thalassina 322
Thalassocalyce 75
Thalassocalycida 75
Thalattosaurus 617
Thalia 472
Thaliacea 470
Thamnophis 631, 632
Thaumatops 313
Thaumetopoea *403*, 405
Thaumetopoeidae 405
Thayeria 573
Theca 51, 66, 438
Thecata 58
Thecidellina 92
thecodont *523*, 611
Thecodontia 634
Thecophorae 58
Thecosomata 177
Theileria 26, *28*
Thekamöben 19
Thekodontie 524
Thelohania 29
Thelyphonida 264
Thelyphonus 264
Theodoxus 172
Theolodonit 545
Theragra 565, *566*, 577
Theraphosa 271
Therapsida 661
Theria 682, 683
Theridion 273
Theridium 273
Theridomorpha 713
Theriocephalia 661
Theriodontia 661
Thermobia 334
Thermopalia 61
Thermosbaena 311
Thermosbaenacea 311
Theromorpha 639
Theropithecus 697, 702
Theropoda 637
Theropsida 610, 639
Thesocyten 38
Thetys 472
Thigmotricha 30
Thoatherium *727*
Thomisidae 276
Thoracica 308
Thoracocharax 573
Thoracopoden 292
Thorax 237, 292
Thorius 599
Thrianoxodon 661
Thrips 344
Thripse 373
Thrombocyten 533
Thunfisch 565, *567*, 587
Thunnus 564, *567*, 587
Thyasira 194
Thyca 155
Thylacinus 687
Thylacoleo 688
Thylacomys 688
Thylacosmilus 683
Thylogale 685, *689*, 690
Thymallus 575
Thymus 524, 533
Thyone 461
Thyonidium 461
Thypotheria 726
Thyroptera 704
Thysanoptera 373
Thysanosoma 112
Thysanozoon 101, *102*
Thysanura 333
Tiara 59
Tibetgazelle 740
Tibia 490, 491
Tibiotarsalgelenk (Insecta) 330
Tibiotarsus 490, 652
Tichodroma *657*
Tiedemannsche Körper *430*, 431
Tiefseeanglerfische 577
Tiefseebeilfische 576
Tierläuse 372
Tiger 721
Tigernatter 632

Tilapia 585
Tiliqua 620, 624
Tillodontia 725
Tinamiformes 663
Tinca *568*, 572
Tinea 354, *354*, 404
Tineidae 404
Tineola 354, *354*, 404
Tinodes 401
Tintenfische 198, 204
Tintinnopsis *31*, 32
Tipula 350, 409, *410*
Tipulidae 409
Tisbe 304
Tischeria 404
Tischeriidae 404
Titanichthys 549
Titanophilus 326
Titanosaurus 639
Tityus 263
Tjalfiella 73, 74, 75
Tjalfiellida 75
T-Lymphocyten 533
Toatherinen 726
Todarodes 160, *160*
Todesotter 633
Todis 671
Tokophrya *8*, 32
Tölpel 663
Tolypeutes 709
Tomistoma 635
Tomocerus 333
Tomopteris 215
Tömösvarysche Organe 324
Tonicia 164
Tonna 155, *171*
Tönnchenpuppe 408
Tonsillen 526
Töpfervögel 673
tormogene Zelle 239
Tornaria 420
Torpedo *555*, *556*
Torsion 164
Tortricidae 405
Tortrix 349, 405
Tote Mannshand 63
Totengräber 388
Totenkopf *403*
Totenkopfäffchen 701
Totenkopfschwärmer 406
Totenuhr 353, 372
Toxocara 142
Toxodonta 726
Toxoglossa 176
Toxonemen 23
Toxoplasma 24, *28*
Toxoplasmose 24
Toxopneustes 436, 455, 458
Toxotes *321*, 565, 583, *584*
Trabeculae 492, *494*
Trabutina 382
Trachea 503
Tracheata 324
Tracheen 246, *247*
Trachelomonas 12
Trachemys 616
Tracheopulmonata 184
Trachinus 585, *586*
Trachipterus 580
Trachom 360
Trachurus *566*, 583
Trachydosaurus 624
Trachylina 60
Trachymedusae 60
Trachypithecus 702
Trägspinner 405
Tragulina 738
Tragulus 533, 738, *740*
Tragzeiten 679
Tränenbein 498
Trappen 668
Traubenwickler 349, *349*
Trauermantel 407
Trauermantelsalmler 573
Trauermücken 412
Travisia *216*, 217
Trefusia *136*
Treiberameisen 396
Tremarctos 717, *718*
Trematoda 103
Trematosauria 594
Trepang 461
Trepostomata 87
Treptoplax 36
Triadobatrachus 605
Triaenodes 401
Triaenophorus 114
Triaenops *707*
Trialeurodes 344, 383, *383*, 394
Triassochelys 615
Triatoma *356*, 357, 374, 377
Tribolium *352*, 354, 390
Tribrachidium *34*, 35
Triceratops 639, *640*
Trichaster 453
Trichechus *732*, 733
Trichia 184
Trichine 138
Trichinella 138, *139*
Trichobatrachus *606*, 608
Trichobilharzia 109
Trichocera 409
Trichocerca *124*, 127
Trichoceridae 409
Trichocysten 6
Trichodina 30, *31*
Trichodorus *144*
Trichogaster 587
trichogene Zelle 239
Trichogramma 349, 394, 395
Trichomonadida 13
Trichomonas 13, *14*
Trichonema 142
Trichonympha 14
Trichophaga 354, *354*, 404
Trichoplax 33, 35, 36
Trichoptera 400
Trichosomum 142
Trichostomata 30
Trichostrongylidae 142
Trichosurus 685, 688
Trichterspinne 274
Trichuris 138, 142
Trichys 716
Tricladida 101
Triconodonta 682
Tridacna *68*, *161*, 195, *196*
Trigla 582, *582*
Trigon 679
Trigonia 194
Trigonid 679
Trigonida 194
Trilobita *256*
Trimeresurus 634
Trimmatom 586
Trinema 19
Trionychoidea 617
Trionyx 617
Triopha *722*
Triops 297, *298*
Trioza 344, 383
Triphora 173
Triplosoba 361
Tripneustes *68*
Tripterygion 585
Tripylea 22
Trithyreus 264
Triticella 87, 88
Tritocerebrum 238
Tritometameren 230
Tritogenia 223
Tritonium 175
Tritonshorn 175
Tritonymphe 283
Tritrichomonas 13
Triturus *596*, 597, 598
Tritylodon 661
Tritylodontia 661
Triungulinus 390
Trivia 174
Trivium 459
Trochoceras 200
Trochophora *211*
Trochosphaera *124*, 127
Trochus 152, *161*, *170*, 172
Trogium 351, 372, *372*

Troglochaetus 213
Troglodytes 675
Trogoderma 353, 391
Trogon 669
Trogoniformes 673
Trogonophis 626
Trogons 673
Trogulus 279, 280
Trombidium 288
Trommelfell 496, 498, 507, 678
Trompetenfisch 582
Trompetentierchen 30
Trompetenvögel 668
Troodon 637
Trophalampas 458
Trophi 123
Trophoblast 542, 690
Trophonemata 551
Trophozoide 51, 471
Tropidophis 620
Tropikvögel 663
Tropiometra 442
Troupials 675
Trughirsche 739
Trugmotten 404
Trugratten 716
Truncatella 173
Truncus arteriosus 527, 529
Truncus pulmonalis 530
Truncus sympathicus 519
Truthahngeier 650, 665
Truthühner 668
Trypanosoma 7, 8, 15, 16
Trypetesa 308
Trypodendron 392, 392
Trypoxylon 399
Tschiru 742
Tsetsefliegen 359
Tuataras 617
Tuba auditiva 507
Tuba uterina 539
Tubifex 221, 225, 363
Tubificidae 219
Tubiluchus 147, 148
Tubipora 63, 64
Tubulanus 119, 121
Tubularia 59, 65
Tubuli seminiferi 539
Tubulidentale 726
Tubulipora 87
Tukan 669, 673
Tularämie 359
Tümmler 742
Tunga 357, 413, 414
Tunica 466
Tunicata 464
Tunicin 466
Tuojiangosaurus 638, 639
Tupaia 694
Tüpfelhyäne 721
Tupinambis 625
Turakos 671
Turbanella 133
Turbatrix 137
Turbellaria 100
Turbinalia 493
Turbo 152, 170, 172
Turdus 655, 674, 675
Türkentaube 655, 670
Turmfalke 655, 666
Turmschnecke 171
Turrilites 200, 204
Turritella 93, 155, 171, 173, 562
Tursiops 742, 745
Tylenchulus 142
Tylopoda 735, 736
Tylototriton 597, 598, 603
Tympanicum 496, 498, 678
Typhlodromus 288
Typhlomolge 597, 599
Typhlonectes 599, 600, 601
Typhloperipatus 237
Typhloplana 101
Typhlopoidea 630
Typhlops 630, 631
Typhlosolis 218, 527
Typhlotriton 599
Typopeltis 264
Tyranni 673
Tyrannosaurus 638
Tyrannus 674
Tyrophagus 288
Tythiospeum 173

Uca 321, 323
Ulmenbeutelgallenlaus 345
Ulna 491
Uloborus 276
Ultimobranchialkörper 520, 526
Ultrasaurus 639
Umbellula 64, 64
Umberfische 583
Umbonula 88
Umbra 573, 576
Umbraculum 178, 179
Umbrella 179
Uncia 719
Uncinaria 142
Undina 591
Unela 178, 179
Unio 190, 194, 196
Unionicola 288
Unionida 194
Unken 605
Unpaarhufer 727
Unterkiefer 496, 498
Upogebia 321
Ur 740
Uralichas 256
Uranaster 447
Urania 405
Uraniidae 405
Uranoscopus 585
Uräusschlange 630
Urechis 227
Ureter 534
Urethra 539
Urinsekten 329
Urnatella 149, 150
Urniere 535
Urocerus 352
Urochordata 464
Urocyon 719
Urodela 596
Urodelomorpha 596
Urogale 694
Urogenitalsystem 533
Uromastyx 622
Uropeltis 630
Urophora 338
Urophyse 511, 520
Uropoda 286
Uropoden 293
Uropsilus 693
Uropygi 261, 263, 264
Urosalpinx 175
Urostyl 557, 600
Urpferde 730
Ursus 717
Urwale 743
Uterus 539
Uterusglocke 129
Utriculolith 509
Utriculus 508, 509
Uvea 505

Vagina 539
Vaginicola 30
Valkeria 86, 87, 88
Vallonia 184
Valvata 176
Valvatida 447
Valvula cardiaca 249
Vampirfledermäuse 707
Vampyromorpha 205
Vampyroteuthis 205
Vandellia 574
Vanessa 407
Vannus 365
Varannosaurus 640
Varanus 625, 626
Varecia 698
Varroa 284
Vegetatives Nervensystem 519

Veilchenschnecke 173
Velatida 447, 449
Velella *59*, *60*
Velia *363*
Veliger-Larve 158
Velociraptor 637, *640*
Vema 164
Vendia 35
Vendobionta 35
Venen *527*
Venerina 194
Venerupis 195
Ventraltubus 333
Ventrikel *529*
Venus 160, 195
Venusfächer 64
Venusgürtel *75*
Veretillum 64
Vermetacea 173
Vermetus 155, 174
Vermilingua 710
Verongia 42, *43*, 44
versenktes Epithel 95
Vertebrata 482, 543
Vertigo *181*, 184
Vesicularia 88
Vespa 397, *398*
Vespertilionoidea 707
Vespidae *393*, 397
Vespula 397
Vestibulum 508
Vestimentifera 417
Vetigastropoda 172
Vexillum 644
Vibracularium *85*
Victorella *86*, 87, 88
Victoriapithecus 701
Vicugna 738, *740*
Vielfraß 719
Vielzeller 33
Vieraugen *579*
Vierfüßer 543
Vierhornantilope 740
Vierhornkäfer 354
Villebrunaster 447
Vipera *630*, 633, *657*
Vipern 633
Virginopara 380
Virgularia 64
Visceralbogen 494
Viscerocranium 491, 494
Visceropleura *520*
Vitellarium 97
Viteus 342, 345, *380*, 382
Viverra 719
Viverravidae 716
Viverridae 719
Viviparus 155, 170, *171*, 172
Vögel 643
Vogeleier *657*
Vogelflug *646*
Vogelflügel *646*
Vogellunge *651*
Vogelmilbe 284, *285*
Vogelnester *655*
Vogelspinne 271, *274*
Vogelzug 658
Volutacea 176
Volutopsis 158
Volventen 45
Volvox 12
Vombatoidea 688
Vombatus 688, *689*
Vomer *497*, 498
Vomeronasalorgan *504*, *505*
Vorderhirn 512
Vorderkiemer 170
Vorhof *529*
Vorniere *534*
Vorratsschädlinge (Insecta) 351
Vorticella *4*, 9, 30
Vulcanodon 639
Vulpes *680*, 719
Vultur 665

Wabenkröte 605, *606*
Wachsmotte 354
Wadenbein 491
Wadenstecher *359*
Waffenfliegen 412
Waldameise 337, 397
Waldeidechse 624
Waldgärtner 392, 393
Waldhonig 337
Waldhund 719
Waldiltis 719
Waldkauz *655*, 671
Waldmaus 714
Waldsänger *675*
Wale 742
Walhai *554*
Walker 390
Wallabia 685
Wallago 574
Waller 574
Walroß *722*, 724
Waltonia *90*
Walzenskink 624
Walzenspinnen 281
Wandelndes Blatt *370*
Wanderameisen 397
Wanderfalke *663*, 666
Wanderfilarie 142
Wanderheuschrecken 338, 371
Wanderkern *10*
Wandermuschel 195, *196*
Wanderratte 714
Waptia 234
Waran *626*
Warane *625*
Warzenbeißer 371
Warzenschlangen 630
Warzenschwein 736, *738*
Waschbär 717, *718*
Washakius 698
Wasseramsel *363*, 674
Wasserassel *183*, 317
Wasserböcke 740
Wasserbüffel 740
Wasserflöhe 298
Wasserkälber 145
Wasserkobras 633
Wasserläufer *183*
Wasserlungen 460
Wassermäuse 714
Wasserreh 739
Wasserschweine 716
Wasserskorpion *375*
Wasserspinne *183*, *275*
Wasserwanzen 374
Wattschnecke *189*
Wattwurm *189*
Weberameisen 397
Weberknechte 279
Webersche Knöchelchen 487, 502, 507
Webervögel 674
Webspinnen *265*
Wechselkröte 608
Weddellrobbe 724
Wegschnecken 183
Wegwespen 397
Wehrdrüsen 234
Wehrvögel 667
Weichkäfer 388
Weichschildkröten 617
Weichtiere 150
Weichwanzen 377
Weidenbohrer 347, 404
Weihen 665
Weinbergschnecke 184
Weiße Fliege 344, 383
Weißfische 571
Weißhai 551
Weißhandgibbon *701*
Weißlinge 406
Weißstorch 664
Weißwal 745
Weizengallmücke 350
Wellhornschnecke 176
Welse *574*
Wendehälse 673
Wenigfüßer 328
Werftkäfer 391
Wickelbär 717
Wickler 405
Widderchen 405

Wiedehopfe 671
Wiesel 719
Wieselkatze 719
Wieselmakis 698
Wiesenotter 633
Wiesenschnake 350
Wildkaninchen 724
Wildkatzen 719
Wildpferd 728
Wildschaf 740
Wildschweine 736
Wildziegen 740
Willeyia 426
Wimpern 5
Wimpertierchen 29
Winkelzahnmolche *597*
Winkerkrabbe *321*, 323
Winterhafte 408
Wintermücken 409
Winterwirt 380
Wirbelkörper 485
Wirbelsäule 483
Wirbeltiere 482, 543
Wisent 740
Wittling *56*, *562*, *577*
Wohlfartia 360
Wölfe 719
Wolffscher Gang 533
Wolfspinnen 275
Wolfszahnnattern 631
Wolhynisches Fieber 355
Wollaffe *701*
Wollhandkrabbe 323
Wollkrabben 323
Wollnashorn 727
Wollschweber 412
Wombats 688
Wononemertes 121
Wuchereria 141
Wühler 713
Wühlmäuse 713
Würfelnatter 632
Würger 674
Wurmlöwe 412
Wurmmolluscen 160
Wurmschnecke *171*, 174
Wurzelbohrer 404
Wurzelfüßer 18
Wurzelmundquallen 63
Wurzelratten 714
Wüstenfuchs 719
Wyattia 35

Xancus 176
Xanthopan 338
Xantusia 620, 625
Xenacanthus *490*, 551
Xenarthra 708
Xenia 58
Xenodermus 631
Xenodon 631
Xenopeltis 630
Xenophidia 631
Xenophora *171*, 174
Xenophus 602
Xenophyophora 19
Xenopleura 425, 426
Xenopsylla 357, 414
Xenopus *600*, 605, *606*
Xenos 414, *415*
Xenosaurus 625
Xenoturbella 33
Xenungulata 732
Xenusion 234
Xiphias 587
Xiphinema 144, *144*
Xiphisternum *603*
Xiphophorus 579
Xiphosura 259
X-Organ 240
Xylocopidae *393*
Xylodrepa *387*, 388
Xylophaga 190
Xyloplax 448
Xysticus 276

Yak 740
Yersinia 357
Yohoia 234
Yoldia 158, 191
Yoldiella 191
Y-Organ 240
Youngina 617
Yponomeuta 347, *348*, 405
Yponomeutidae 405
Ypsiloneule 405
Yuccamotte 404

Zabrus *346*, 347, 388
Zackenbarsche 583
Zaedyus 709
Zaglossus *682*, 683
Zahnarme 708
Zähne 522
Zahnkarpfen 578
Zahnpulpa 522, *523*
Zahnspinner 405
Zahnwale 744
Zalambdalestes 690
Zalambdodonta *681*, 691
Zalophus 724
Zander *566*, 583
Zapfen 505, *508*
Zaphrentis 69
Zapus 712
Zauneidechse *621*, 624
Zaunkönig 674, 675
Zebrabärbling 572
Zebrakärpfling 578
Zebramanguste *718*
Zebras 728
Zebrasoma 587
Zebrina 180
Zecke *286*
Zeiformes 580
Zellafter 6
Zelleriella 18
Zellmund 6
Zelotes 275
Zenkersches Organ 301
Zentralkanal 510
Zerstreuungswanderung 658
Zetorchestes 288
Zeuglodon 743
Zeugloptera 404
Zeugopodium 490
Zeus 580
Zeuzera 347, *348*, 404
Zibetkatzen 719
Zierschildkröte 616
Ziesel 711
Zikaden 379
Zipfelfrosch 607
Ziphius 744
Zirbeldrüse 518
Zirfaea 196, *196*
Zitronenfalter 406
Zitterrochen *555*, *556*
Zitterspinne 273
Zitzen 678
Zoantharia 71
Zoanthus 71
Zoarces *65*, 564, *585*
Zoarien 80
Zoarium 84
Zobel 719
Zoëa *294*, 295
Zoecium 80
Zonosaurus *619*
Zonoskelet 487
Zonula ciliaris *506*
Zonulafasern 507
Zoobothryon 83
Zooid 80
Zoothamnium 30
Zoraptera 372
Zornnatter 632
Zoroaster 448
Zorotypus 372, *372*
Zuckergast 334
Zuckmücken 411
Zugdisposition 659
Zugrichtung 659
Zugtrieb 660
Zugvögel 658
Zunge 522
Zungenbein 495, *496*, 522

Zungenwürmer 229
Zünsler 405
Zweiflügler 408
Zweizahnwal *742*
Zwerchfell 521
Zwergameisenbär 710
Zwergbandwurm 116
Zwergboa 620
Zwergböckchen *740*
Zwergdarmegel 107
Zwergelefant 734
Zwergfadenwurm 139
Zwergflußpferd 736
Zwergfüßer 326
Zwerghirsche 738
Zwergklapperschlangen 634
Zwergläuse 345
Zwergnasenbär 717
Zwergopossums 688
Zwergpottwal 744
Zwergschimpanse 702
Zwergwelse 574
Zwiebelfliege 350
Zwischenhirn 512
Zwischenkiefer 498
Zwischenwirbelscheibe 486, 610
Zwischenzug 658
Zwölffingerdarm 527
Zygaena 403, 405, 554
Zygaenidae 405
Zyganthrum 486
Zygapophysen 486
Zygentoma 329, 334
Zygodactylie 623, 652
Zygoptera 363, *365*
Zygosphen 486
Zylinderrosen 70

Fachbücher der Zoologie*

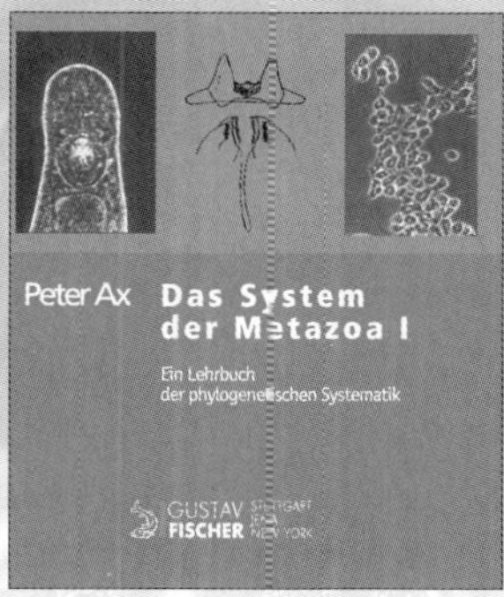

Das Standardwerk in deutscher Sprache

Band 1: Wirbellose Tiere
Teil 1: Einführung, Protozoa, Placozoa, Porifera
5. Aufl. 1993. 318 S., geb. DM 74,–
ISBN 3-334-60411-X
Teil 2: Cnidaria, Ctenophora, Mesozoa, Plathelminthes, Nemertini, Entoprocta, Nemathelminthes, Priapulida
5. Aufl. 1993. 621 S., geb. DM 98,–
ISBN 3-334-60474-8
Teil 3: Mollusca, Sipunculida, Echiurida, Annelida, Onychophora, Tardigrada, Pentastomida
5. Aufl. 1993. 608 S., geb. DM 98,–
ISBN 3-334-60412-8
Teil 4: Arthropoda (ohne Insecta)
4., völlig neu bearb. u. stark erw. Aufl. 1993. geb. DM 178,–
ISBN 3-334-60404-7
Teil 5: Insecta und Teil 6: Echinodermata
In Vorbereitung

Band 2: Wirbeltiere
Teil 2: Fische
1991. 498 S., geb. DM 85,–
ISBN 3-334-00338-8
Teil 5: Säugetiere
1995. In 2 Teilen, 1241 S., geb. DM 198,–
ISBN 3-334-60453-5

Neuer Weg der Systematik

1995. 226 S., 99 Abb., geb. DM 48,–
ISBN 3-437-30803-3

- Das System der Metazoa wurde unter den strengen Maßstäben der Theorie und Methodologie der phylogenetischen Systematik erstellt
- Alle Hypothesen sind in einer Form begründet und können anhand empirischer Prüfungen jederzeit Bestätigung ebenso wie Zurückweisung erfahren
- Eine Alternative zu herkömmlichen Lehrbuch-Klassifikationen, welche mit typologischen und nicht-monophyletischen Artengruppen sowie den Kategorien von Linné operieren

Faszinierende Welt der Insekten – jetzt auf CD-ROM!

1996. CD-ROM DM 98,–
ISBN 3-437-25020-5

Für dieses spannende Programm wurde das klassische Insektenlexikon von Jacobs/Renner völlig überarbeitet und aktualisiert. Brillante Farbbilder, Video- und Tonsequenzen machen die CD zu einem multimedialen Ereignis.
Systemvoraussetzungen:
Hardware: PC ab 386er mit 4 MB Arbeitsspeicher, 5 MB-freie Festplattenkapazität, VGA-Karte mit 256 Farben oder True Color, Soundkarte, CD-ROM Laufwerk, MS-kompatible Maus.
Software: MS-Windows ab Version 3.1 bzw. Windows '95.

Irrtümer und Preisänderungen vorbehalten.

*** auf dem neuesten Stand, lebendig und prägnant strukturiert.**

GUSTAV FISCHER

Lehrbücher der Zoologie*

Biologie der Tiere - kurzgefaßt und bestens zum Lernen geeignet

7., neubearb. Aufl. 1994. 593 S., 284 Abb.,
kt. DM 64,– ISBN 3-437-20507-2
geb. DM 84,– ISBN 3-437-20508-0

„Die von Auflage zu Auflage zunehmende Vervollkommnung ist inzwischen soweit fortgeschritten, daß man dieses Buch Studierenden der Zoologie im deutschen Sprachraum an erster Stelle empfehlen muß." (Zeitschrift für Säugetierkunde)

Praktikumsanleitung mit Tips und Anregungen zum Präparieren

22., überarb. Aufl. 1996. 482 S., 248 Abb., geb.
DM 72,– / ÖS 533,– / SFr 69,50
ISBN 3-437-20560-4

Die sorgfältig überarbeitete Neuauflage des bewährten zootomischen Praktikums wurde gestrafft, präzisiert und neben der Präparation des überall erhältlichen Speisetintenfisches *Logligo* um zahlreiche Neuerungen ergänzt. Das Standardwerk im biologischen Grundstudium vermittelt elementare Erkenntnisse zur zoologischen Morphologie durch praktische Anleitungen im Präparierkurs unter optimalen Bedingungen und der Achtung vor dem Leben.

- Lehrbuch und Nachschlagewerk
- Standardwerk im Grundstudium

Modernes Kompendium und Nachschlagewerk zugleich!

1996. 909 S., 1167 Abb., 5 Tab., geb.
DM 148,– / ÖS 1095,– / SFr 142,50
ISBN 3-437-20515-3

Das neue große Lehrbuch der zoologischen Systematik beschreibt die Vielzahl der tierischen Organismen anhand ihrer Baupläne (einschließlich Cytologie und Histologie), Funktionsmechanismen, Entwicklungsgeschichte und Lebensformen.
Die Tierarten werden zu Organisationsstufen zusammengefaßt und nach phylogenetischen Kriterien geordnet.
Völlig neu ist die Einteilung der ehemaligen „Protozoa" und deren Einbeziehung in ein aktuelles System aller einzelligen Eukaryota.

Irrtümer und Preisänderungen vorbehalten.

*** auf dem neuesten Stand, lebendig und prägnant strukturiert.**

GUSTAV FISCHER